国外优秀数学著作
原版系列

积分和级数

——第2卷，特殊函数（第2版）（俄文）

[俄罗斯]阿纳托利·普拉托诺维奇·普鲁德尼科夫
[俄罗斯]尤里·亚历山大罗维奇·布雷奇科夫
[美]奥列格·伊戈里耶维奇·马里切夫 著

HITP
哈爾濱工業大學出版社
HARBIN INSTITUTE OF TECHNOLOGY PRESS

黑版贸审字 08-2020-098 号

Автор А. П. Прудников,Ю. А. Брычков,О. И. Маричев Название Интегралы и ряды. В 3 т. Т. 2. Специальные функции. —2-е изд. ,исправ ISBN 5-9221-0324-5

图书在版编目(CIP)数据

积分和级数.第2卷,特殊函数:第2版:俄文/(俄罗斯)阿纳托利·普拉托诺维奇·普鲁德尼科夫,(俄罗斯)尤里·亚历山大罗维奇·布雷奇科夫,(美)奥列格·伊戈里耶维奇·马里切夫著.—哈尔滨:哈尔滨工业大学出版社,2021.1

ISBN 978-7-5603-9286-8

Ⅰ.①积… Ⅱ.①阿… ②尤… ③奥… Ⅲ.①特殊函数—俄文 Ⅳ.①O172.2 ②O173

中国版本图书馆 CIP 数据核字(2021)第 006098 号

策划编辑 刘培杰
责任编辑 刘立娟 钱辰琛
封面设计 孙茵艾
出版发行 哈尔滨工业大学出版社
社　　址 哈尔滨市南岗区复华四道街 10 号 邮编 150006
传　　真 0451-86414749
网　　址 http://hitpress.hit.edu.cn
印　　刷 哈尔滨圣铂印刷有限公司
开　　本 787 mm×1 092 mm 1/16 印张 43.25 字数 550 千字
版　　次 2021 年 1 月第 1 版 2021 年 1 月第 1 次印刷
书　　号 ISBN 978-7-5603-9286-8
定　　价 168.00 元

ОГЛАВЛЕНИЕ

ПРЕДИСЛОВИЕ

Разнообразие задач, при решении которых возникает необходимость вычисления интегралов и суммирования рядов, вызвало появление большого числа справочных руководств в этой области классического анализа. К числу таких справочников, наиболее полно отражающих основные результаты на период составления, принадлежат известные «Таблицы интегралов, сумм, рядов и произведений» И. С. Градштейна и И. М. Рыжика. Эти таблицы содержат формулы, которые были получены до конца 40-х годов. С тех пор интерес к этой области математического анализа не уменьшился, а требования практических приложений привели к необходимости издания более полного справочного руководства, в котором были бы отражены новые результаты. В связи с этим в 1981 году появилась наша книга «Интегралы и ряды. Элементарные функции», содержащая интегралы и ряды с элементарными функциями и существенно перекрывающая соответствующие разделы упомянутого справочника.

Предлагаемая вниманию читателя книга содержит неопределенные и определенные, в том числе кратные, интегралы, конечные суммы и ряды со специальными функциями. Она написана с целью удовлетворения запросов широкого круга специалистов в различных областях науки и техники и включает результаты, содержащиеся в аналогичных изданиях, а также в научной и периодической литературе, изданной в последнее время. Ряд результатов публикуется впервые.

Основному тексту предшествует достаточно подробное оглавление, с помощью которого можно отыскать нужные формулы. Используемые обозначения, как правило, общеприняты в математической литературе и приводятся в указателях в конце книги. При ссылках запись вида 2.2.4.3 обозначает формулу 3 из пункта 2.2.4. Во всех главах $k,\ l,\ m,\ n = 0,\ 1,\ 2,\ 3,\ \ldots,$ если не указаны другие ограничения.

Для компактности изложения используется сокращенная запись. Например, формула

$$\int_0^\infty x^{\alpha-1}\left\{\begin{matrix}\sin cx\\ \cos cx\end{matrix}\right\} J_\nu(cx)\,dx = \frac{2^{\nu-1}}{c^\alpha}\,\Gamma\left[\begin{matrix}(2\alpha+2\nu+1\pm1)/4,\ 1/2-\alpha\\ (3\pm1-2\alpha-2\nu)/4,\ 1+\nu-\alpha\end{matrix}\right]$$

$$\left[c>0;\ -\left\{\begin{matrix}1\\0\end{matrix}\right\}-\operatorname{Re}\nu<\operatorname{Re}\alpha<1/2\right]$$

представляет собой сокращенную запись двух формул:

$$\int_0^\infty x^{\alpha-1}\sin cx\,J_\nu(cx)\,dx = \frac{2^{\nu-1}}{c^\alpha}\,\Gamma\left[\begin{matrix}(\alpha+\nu+1)/2,\ 1/2-\alpha\\ 1-(\alpha+\nu)/2,\ 1+\nu-\alpha\end{matrix}\right]$$

$$[c>0;\ -1-\operatorname{Re}\nu<\operatorname{Re}\alpha<1/2]$$

(берутся только верхние знаки и верхние выражения в фигурных скобках) и

$$\int_0^\infty x^{\alpha-1}\cos cx\,J_\nu(cx)\,dx = \frac{2^{\nu-1}}{c^\alpha}\,\Gamma\left[\begin{matrix}(\alpha+\nu)/2,\ 1/2-\alpha\\ (1-\alpha-\nu)/2,\ 1+\nu-\alpha\end{matrix}\right]$$

(берутся только нижние знаки и нижние выражения в фигурных скобках); по определению

$$\Gamma\left[\begin{matrix}a_1,\ \ldots,\ a_m\\ b_1\ \ldots,\ b_n\end{matrix}\right] = \prod_{k=1}^m \Gamma(a_k)\Big/\prod_{l=1}^n \Gamma(b_l).$$

Различные представления одного и того же интеграла записываются под разными номерами, но без повторения левой части.

В приложениях содержится справочный материал, который может быть применен при вычислении интегралов и суммировании рядов, а также при преобразовании их к виду, содержащемуся в книге.

Список основных литературных источников, использованных при составлении настоящего справочного руководства, помещен в конце книги.

Мы будем весьма признательны всем читателям, которые обратят наше внимание на неизбежные в работе такого объема недосмотры.

Авторы

Глава 1. НЕОПРЕДЕЛЕННЫЕ ИНТЕГРАЛЫ

1.1. ВВЕДЕНИЕ

В этой главе содержатся неопределенные интегралы от специальных функций, а также определенные интегралы, у которых один из пределов интегрирования является переменным, в случаях, когда подынтегральная функция от него не зависит; постоянная интегрирования для краткости опущена.

Некоторые формулы при определенных значениях параметров теряют смысл. Если эти значения следуют из структуры формулы, то соответствующие разъяснения опускаются. Выражения для интегралов при соответствующих значениях параметров, как правило, даются в последующих формулах.

1.2. НЕПОЛНЫЕ ГАММА-ФУНКЦИИ $\gamma(\alpha, x)$, $\Gamma(\alpha, x)$ И БЕТА-ФУНКЦИЯ $\mathrm{B}_x(\alpha, \beta)$

Условие: $\operatorname{Re} a$, $\operatorname{Re}\alpha > 0$.

1.2.1. Интегралы вида $\int x^\lambda \begin{Bmatrix} \gamma(\alpha, ax^\nu) \\ \Gamma(\alpha, ax^\nu) \end{Bmatrix} dx$.

1. $$\int_0^x x^\lambda \begin{Bmatrix} \gamma(\alpha, ax^\nu) \\ \Gamma(\alpha, ax^\nu) \end{Bmatrix} dx = \frac{x^{\lambda+1}}{\lambda+1} \begin{Bmatrix} \gamma(\alpha, ax^\nu) \\ \Gamma(\alpha, ax^\nu) \end{Bmatrix} - \frac{1}{(\lambda+1)a^{(\lambda+1)/\nu}} \times$$
$$\times \begin{Bmatrix} \gamma((\lambda+\alpha\nu+1)/\nu, ax^\nu) \\ \Gamma((\lambda+\alpha\nu+1)/\nu, ax^\nu) \end{Bmatrix} + \frac{\Gamma(\alpha+(\lambda+1)/\nu)}{(\lambda+1)a^{(\lambda+1)/\nu}} \begin{Bmatrix} 0 \\ 1 \end{Bmatrix} \quad \left[\begin{Bmatrix} \operatorname{Re}(\lambda+\alpha\nu) > -1 \\ \operatorname{Re}(\lambda+\alpha\nu),\ \operatorname{Re}\lambda > -1 \end{Bmatrix}, \ \nu > 0 \right].$$

2. $$\int_0^x \begin{Bmatrix} \gamma(\alpha, ax) \\ \Gamma(\alpha, ax) \end{Bmatrix} dx = x \begin{Bmatrix} \gamma(\alpha, ax) \\ \Gamma(\alpha, ax) \end{Bmatrix} - \frac{1}{a} \begin{Bmatrix} \gamma(\alpha+1, ax) \\ \Gamma(\alpha+1, ax) \end{Bmatrix} + \frac{\Gamma(\alpha+1)}{a} \begin{Bmatrix} 0 \\ 1 \end{Bmatrix}.$$

3. $$\int_0^x x^n \begin{Bmatrix} \gamma(\alpha, (ax+b)^\nu) \\ \Gamma(\alpha, (ax+b)^\nu) \end{Bmatrix} dx = \frac{1}{a^{n+1}} \sum_{k=0}^n (-1)^k \binom{n}{k} \frac{b^{n-k}}{k+1} \times$$
$$\times \left[(ax+b)^{k+1} \begin{Bmatrix} \gamma(\alpha, (ax+b)^\nu) \\ \Gamma(\alpha, (ax+b)^\nu) \end{Bmatrix} \mp \gamma\left(\alpha + \frac{k+1}{\nu}, (ax+b)^\nu\right) \right]$$
$$\left[\begin{Bmatrix} b,\ \operatorname{Re}(n+\alpha\nu+1) > 0 \\ b > 0 \end{Bmatrix}, \ \nu > 0 \right].$$

1.2.2. Интегралы вида $\int f(x)\gamma(\alpha, \varphi(x))\, dx$.

1. $$\int_0^x e^{-bx}\gamma(\alpha, ax)\, dx = -\frac{e^{-bx}}{b}\gamma(\alpha, ax) + \frac{1}{b}\left(\frac{a}{a+b}\right)^\alpha \gamma(\alpha, ax+bx).$$

2. $$\int e^{-bx}\gamma\left(\frac{n+1}{2}, a^2x^2\right) dx = \frac{1}{b}\left\{ e^{b^2/(4a^2)} \sum_{k=0}^n (-1)^{n-k} \binom{n}{k} \left(\frac{b}{2a}\right)^{n-k} \times \right.$$
$$\left. \times\, \gamma\left(\frac{k+1}{2}, \left(ax + \frac{b}{2a}\right)^2\right) - e^{-bx}\gamma\left(\frac{n+1}{2}, a^2x^2\right) \right\}.$$

3. $\displaystyle\int xe^{a^2x^2}\gamma(\alpha,\,(ax+b)^2)\,dx=\frac{1}{2a^2}\,e^{a^2x^2}\gamma(\alpha,\,(ax+b)^2)-\frac{1}{a^2(2b)^{2\alpha}}\,e^{b^2}\gamma(2\alpha,\,2abx+2b^2).$

4. $\displaystyle\int e^x\gamma^2(\alpha,\,x)\,dx=e^x\gamma^2(\alpha,\,x)-\frac{2}{\alpha}\,x^\alpha\gamma(\alpha,\,x)+\frac{2}{\alpha}\,\gamma(2\alpha,\,x).$

1.2.3. Интегралы вида $\int f(x)\,\mathrm{B}_x(\alpha,\,\beta)\,dx$.

1. $\displaystyle\int x^\lambda\,\mathrm{B}_x(\alpha,\,\beta)\,dx=\frac{x^{\lambda+1}}{\lambda+1}\,\mathrm{B}_x(\alpha,\,\beta)-\frac{1}{\lambda+1}\,\mathrm{B}_x(\alpha+\lambda+1,\,\beta).$

2. $\displaystyle\int x^{n-\alpha}\,\mathrm{B}_x(\alpha,\,\beta)\,dx=\frac{x^{n-\alpha+1}}{n-\alpha+1}\,\mathrm{B}_x(\alpha,\,\beta)+\frac{1}{n-\alpha+1}\sum_{k=0}^{n}(-1)^k\binom{n}{k}\frac{(1-x)^{k+\beta}}{k+\beta}.$

3. $\displaystyle\int(1-x)^\lambda\,\mathrm{B}_x(\alpha,\,\beta)\,dx=-\frac{(1-x)^{\lambda+1}}{\lambda+1}\,\mathrm{B}_x(\alpha,\,\beta)+\frac{1}{\lambda+1}\,\mathrm{B}_x(\alpha,\,\beta+\lambda+1).$

4. $\displaystyle\int(1-x)^{n-\beta}\,\mathrm{B}_x(\alpha,\,\beta)\,dx=-\frac{(1-x)^{n-\beta+1}}{n-\beta+1}\,\mathrm{B}_x(\alpha,\,\beta)+\frac{1}{n-\beta+1}\sum_{k=0}^{n}(-1)^k\binom{n}{k}\frac{x^{k+\alpha}}{k+\alpha}.$

5. $\displaystyle\int x^{\alpha-1}(1-x)^{\beta-1}\,\mathrm{B}_x(\alpha,\,\beta)\,dx=\frac{1}{2}\,\mathrm{B}_x^2(\alpha,\,\beta).$

6. $\displaystyle\int\frac{1}{x}\,\mathrm{B}_x(\alpha,\,\beta)\,dx=\ln x\,\mathrm{B}_x(\alpha,\,\beta)-\frac{\partial}{\partial\alpha}\,\mathrm{B}_x(\alpha,\,\beta).$

7. $\displaystyle\int\frac{1}{1-x}\,\mathrm{B}_x(\alpha,\,\beta)\,dx=-\ln(1-x)\,\mathrm{B}_x(\alpha,\,\beta)+\frac{\partial}{\partial\beta}\,\mathrm{B}_x(\alpha,\,\beta).$

1.3. ИНТЕГРАЛЬНАЯ ПОКАЗАТЕЛЬНАЯ ФУНКЦИЯ Ei (x)

1.3.1. Интегралы вида $\int x^\lambda\,\mathrm{Ei}\,(-ax-b)\,dx$.

Условие: $a,\,b>0$.

1. $\displaystyle\int_0^x x^\lambda\,\mathrm{Ei}\,(-ax)\,dx=\frac{x^{\lambda+1}}{\lambda+1}\,\mathrm{Ei}\,(-ax)-\frac{1}{(\lambda+1)a^{\lambda+1}}\,\gamma(\lambda+1,\,ax)$ $[\mathrm{Re}\,\lambda>-1]$.

2. $\displaystyle\int_x^\infty x^\lambda\,\mathrm{Ei}\,(-ax)\,dx=\frac{x^{\lambda+1}}{\lambda+1}\,\mathrm{Ei}\,(-ax)-\frac{1}{(\lambda+1)a^{\lambda+1}}\,\Gamma(\lambda+1,\,ax).$

3. $$\int_0^x x^{-\lambda-n-1}\,\mathrm{Ei}\,(-ax)\,dx=\frac{x^{-n-\lambda}}{n+\lambda}\,\mathrm{Ei}\,(-ax)+(-1)^{n+1}\frac{a^{n+\lambda}}{(n+\lambda)}\,\Gamma\left[\begin{matrix}\lambda\\ \lambda+n+1\end{matrix}\right]\times$$
$$\times\,\Gamma(1-\lambda,\,ax)+\frac{x^{-n-\lambda}e^{-ax}}{(n+\lambda)\Gamma(\lambda+n+1)}\sum_{k=0}^{n}\Gamma(n+\lambda-k)(-ax)^k.$$

4. $\displaystyle\int x^n\,\mathrm{Ei}\,(-ax)\,dx=\frac{x^{n+1}}{n+1}\,\mathrm{Ei}\,(-ax)+\frac{n!}{(n+1)a^{n+1}}\,e^{-ax}\sum_{k=0}^{n}\frac{(ax)^k}{k!}.$

5. $$\int x^n\,\mathrm{Ei}\,(-ax-b)\,dx=\mathrm{Ei}\,(-ax-b)\sum_{k=0}^{n}(-1)^{n-k}\frac{n!}{(n-k)!}\times$$
$$\times\frac{(b/a)^{n-k}}{(k+1)!}\left(x+\frac{b}{a}\right)^{k+1}+\frac{1}{a^{n+1}}\,e^{-ax-b}\sum_{k=0}^{n}\frac{(-1)^{n-k}n!b^{n-k}}{(n-k)!(k+1)}\sum_{m=0}^{k}\frac{(ax+b)^m}{m!}.$$

6. $$\int\limits_x^\infty \frac{1}{x^n}\,\mathrm{Ei}\,(-ax)\,dx = \frac{1}{(n-1)!(n-1)x^{n-1}} \times \\ \times \left\{[(n-1)! - (-ax)^{n-1}]\,\mathrm{Ei}\,(-ax) + e^{-ax}\sum_{k=0}^{n-2}(n-k-2)!(-ax)^k\right\} \quad [n \geqslant 2].$$

7. $$\int \frac{1}{x^n}\,\mathrm{Ei}\,(-ax-b)\,dx = -\frac{1}{n-1}\left[\frac{1}{x^{n-1}} - \left(-\frac{a}{b}\right)^{n-1}\right]\mathrm{Ei}\,(-ax-b) - \frac{1}{n-1}\left(-\frac{a}{b}\right)^{n-1}e^{-b} \times \\ \times \mathrm{Ei}\,(-ax)\sum_{k=0}^{n-2}\frac{b^k}{k!} + \frac{1}{n-1}\left(-\frac{a}{b}\right)^{n-1}e^{-ax-b}\sum_{k=1}^{n-2}\frac{1}{k!}\left(-\frac{b}{ax}\right)^k\sum_{m=0}^{k-1}(k-m-1)!(-ax)^m \\ [n \geqslant 2].$$

8. $$\int \mathrm{Ei}\,(-ax)\,dx = x\,\mathrm{Ei}\,(-ax) + \frac{1}{a}\,e^{-ax}.$$

9. $$\int x\,\mathrm{Ei}\,(-ax)\,dx = \frac{x^2}{2}\,\mathrm{Ei}\,(-ax) + \frac{1}{2a^2}\,(1+ax)e^{-ax}.$$

10. $$\int \frac{1}{x}\,\mathrm{Ei}\,(-ax)\,dx = \ln x\,\mathrm{Ei}\,(-ax) - \int \frac{1}{x}\,e^{-ax}\ln x\,dx.$$

11. $$\int\limits_x^\infty \frac{1}{x}\,\mathrm{Ei}\,(-ax)\,dx = -\frac{1}{2}\,[(\mathbf{C} + \ln ax)^2 + \zeta(2)] - \sum_{k=1}^{\infty}\frac{(-ax)^k}{k!k^2}.$$

12. $$\int\limits_x^\infty \frac{1}{x^2}\,\mathrm{Ei}\,(-ax)\,dx = \frac{1}{x}\,[(1+ax)\,\mathrm{Ei}\,(-ax) + e^{-ax}].$$

13. $$\int \frac{1}{x^2}\,\mathrm{Ei}\,(-ax-b)\,dx = \frac{1}{b}\left[ae^{-b}\,\mathrm{Ei}\,(-ax) - \frac{1}{x}\,(ax+b)\,\mathrm{Ei}\,(-ax-b)\right].$$

1.3.2. Интегралы вида $\int x^\lambda e^{cx}\,\mathrm{Ei}\,(-ax-b)\,dx$.

Условие: $a,\ b,\ c > 0$.

1. $$\int x^\lambda e^{-cx}\,\mathrm{Ei}\,(-ax)\,dx = -\frac{1}{c}\,x^\lambda e^{-cx}\,\mathrm{Ei}\,(-ax) - \\ - \frac{1}{c}\,(a+c)^{-\lambda}\Gamma(\lambda,\ ax+cx) + \frac{\lambda}{c}\int x^{\lambda-1}e^{-cx}\,\mathrm{Ei}\,(-ax)\,dx.$$

2. $$\int x^n e^{-cx}\,\mathrm{Ei}\,(-ax)\,dx = \frac{n!}{c^{n+1}}\,\mathrm{Ei}\,(-ax-cx) - \frac{n!}{c^{n+1}}\,e^{-cx}\,\mathrm{Ei}\,(-ax)\sum_{k=0}^{n}\frac{(cx)^k}{k!} - \\ - \frac{n!}{c^{n+1}}\,e^{-(a+c)x}\sum_{k=1}^{n}\frac{1}{k}\left(\frac{c}{a+c}\right)^k\sum_{m=0}^{k-1}\frac{(a+c)^m x^m}{m!}.$$

3. $$\int e^{-cx}\,\mathrm{Ei}\,(-ax)\,dx = \frac{1}{c}\,[\mathrm{Ei}\,(-ax-cx) - e^{-cx}\,\mathrm{Ei}\,(-ax)] \quad [a \neq -c].$$

4. $$\int e^{\pm cx}\,\mathrm{Ei}\,(\mp ax)\,dx = \mp\frac{1}{c}\,[\mathrm{Ei}\,(\mp ax \pm cx) - e^{\pm cx}\,\mathrm{Ei}\,(\mp ax)].$$

5. $$\int\limits_0^x e^{cx}\,\mathrm{Ei}\,(-ax)\,dx = -\frac{1}{c}\left[\mathrm{Ei}\,(cx-ax) - e^{cx}\,\mathrm{Ei}\,(-ax) - \ln\left(1 - \frac{c}{a}\right)\right] \quad [a > c].$$

6. $$\int\limits_0^x e^{\pm ax}\,\mathrm{Ei}\,(\mp ax)\,dx = \pm\frac{1}{a}\,[e^{\pm ax}\,\mathrm{Ei}\,(\mp ax) - \ln ax - \mathbf{C}].$$

7. $$\int_0^x x^\lambda e^{\pm ax}\,\mathrm{Ei}\,(\mp ax)\,dx = -x^{\lambda+1}\sum_{k=0}^{\infty}\frac{(\pm ax)^k}{k!(k+\lambda+1)^2}\,[1+(k+\lambda+1)(\psi(k+1)-\ln ax)]$$
$$\left[\mathrm{Re}\,\lambda > -1,\ \left\{\begin{matrix}|\arg a| < \pi\\ a>0\end{matrix}\right\}\right].$$

8. $$\int_0^x xe^{ax}\,\mathrm{Ei}\,(-ax)\,dx = \frac{1}{a^2}\,[\mathbf{C} - ax + \ln ax - (1-ax)e^{ax}\,\mathrm{Ei}\,(-ax)].$$

9. $$\int xe^{ax}\,\mathrm{Ei}\,(-ax-b)\,dx = \frac{1}{a}\left(x-\frac{1}{a}\right)e^{ax}\,\mathrm{Ei}\,(-ax-b) - \frac{e^{-b}}{a}\left[x - \frac{1}{a}\,(1+b)\ln(ax+b)\right].$$

10. $$\int xe^{cx}\,\mathrm{Ei}\,(-ax-b)\,dx = \frac{1}{c}\left(x-\frac{1}{c}\right)e^{cx}\,\mathrm{Ei}\,(-ax-b) +$$
$$+\frac{1}{c(a-c)}\,e^{-(a-c)x-b} + \frac{1}{ac^2}\,(a+bc)e^{-bc/a}\,\mathrm{Ei}\left[\frac{(c-a)(ax+b)}{a}\right] \qquad [a>c].$$

11. $$\int \frac{1}{x}\,e^{-cx}\,\mathrm{Ei}\,(-ax)\,dx = \mathrm{Ei}\,(-ax)\,\mathrm{Ei}\,(-cx) - \int \frac{1}{x}\,e^{-ax}\,\mathrm{Ei}\,(-cx)\,dx.$$

12. $$\int_x^\infty \frac{1}{x}\,e^{-cx}\,\mathrm{Ei}\,(-ax)\,dx = [\mathbf{C} + \ln cx - \mathrm{Ei}\,(-cx)]\,\mathrm{Ei}\,(-ax) -$$
$$-\frac{1}{2}\,[\zeta(2) + (\mathbf{C}+\ln ax)^2] - e^{-ax}\sum_{k=0}^{\infty}\frac{1}{(k+1)^2}\left(-\frac{c}{a}\right)^{k+1}\sum_{m=0}^{k}\frac{(ax)^m}{m!} - \sum_{k=1}^{\infty}\frac{(-ax)^k}{k!k^2}.$$

13. $$\int \frac{1}{x}\,e^{-ax}\,\mathrm{Ei}\,(-ax)\,dx = \frac{1}{2}\,\mathrm{Ei}^{\,2}(-ax).$$

1.3.3. Интегралы вида $\int f(x)\,\mathrm{Ei}\,(-ax)\,dx$.

Условие: $a,\ b > 0$.

1. $$\int x^\lambda \ln x\,\mathrm{Ei}\,(-ax)\,dx = \frac{1}{(\lambda+1)a^{\lambda+1}}\left(\ln x - \frac{1}{\lambda+1}\right)\times$$
$$\times\,[(ax)^{\lambda+1}\,\mathrm{Ei}\,(-ax) - \gamma(\lambda+1,\,ax)] + \frac{x^{\lambda+1}}{\lambda+1}\sum_{k=0}^{\infty}\frac{(-ax)^k}{k!(k+\lambda+1)^2} \qquad [\mathrm{Re}\,\lambda > -1].$$

2. $$\int x^n \ln x\,\mathrm{Ei}\,(-ax)\,dx =$$
$$= \frac{n!e^{-ax}}{(n+1)a^{n+1}}\left[\sum_{k=0}^{n-1}\frac{1}{k+1}\sum_{m=0}^{k}\frac{(ax)^m}{m!} - \left(\frac{1}{n+1} - \ln x\right)\sum_{k=0}^{n}\frac{(ax)^k}{k!}\right] +$$
$$+\frac{1}{n+1}\left[x^{n+1}\ln x - \frac{x^{n+1}}{n+1} - \frac{n!}{a^{n+1}}\right]\mathrm{Ei}\,(-ax).$$

3. $$\int \ln x\,\mathrm{Ei}\,(-ax)\,dx = -\frac{1}{a}\,[(1-\ln x)e^{-ax} + (1+ax-ax\ln x)\,\mathrm{Ei}\,(-ax)].$$

4. $$\int x\ln x\,\mathrm{Ei}\,(-ax)\,dx = \frac{1}{2a^2}\left[1 + (1+ax)\ln x - \frac{1}{2}\,(1+ax)\right]e^{-ax} -$$
$$-\frac{1}{2a^2}\left(1 + \frac{1}{2}\,a^2x^2 - a^2x^2\ln x\right)\mathrm{Ei}\,(-ax).$$

5. $$\int e^{-bx}\ln x\,\mathrm{Ei}\,(-ax)\,dx = \frac{1}{b}\ln x[\mathrm{Ei}\,(-ax-bx) - \ln(ax+bx) - \mathbf{C}] -$$
$$-\frac{1}{b}\,[e^{-bx}\ln x - \mathrm{Ei}\,(-bx)]\,\mathrm{Ei}\,(-ax) + \frac{1}{2b}\ln^2 x - \frac{1}{b}\sum_{k=1}^{\infty}\frac{(-1)^k(a+b)^k x^k}{k!k^2} -$$
$$-\frac{1}{b}\int\frac{1}{x}\,e^{-ax}\,\mathrm{Ei}\,(-bx)\,dx \qquad [\text{см. 1.3.2.11–12}].$$

6. $\displaystyle\int \begin{Bmatrix} \operatorname{sh} bx \\ \operatorname{ch} bx \end{Bmatrix} \operatorname{Ei}(-ax)\,dx = \frac{1}{b}\begin{Bmatrix} \operatorname{ch} bx \\ \operatorname{sh} bx \end{Bmatrix} \operatorname{Ei}(-ax) - \frac{1}{2b}[\operatorname{Ei}(bx-ax) \pm \operatorname{Ei}(-bx-ax)].$

7. $\displaystyle\int \begin{Bmatrix} \sin bx \\ \cos bx \end{Bmatrix} \operatorname{Ei}(-ax)\,dx =$

$$= \mp\frac{1}{b}\begin{Bmatrix} \cos bx \\ \sin bx \end{Bmatrix} \operatorname{Ei}(-ax) + \frac{i^{(1\mp1)/2}}{2b}[\operatorname{Ei}(-ax-ibx) \pm \operatorname{Ei}(-ax+ibx)].$$

1.3.4. Интегралы, содержащие произведения функций $\operatorname{Ei}(-ax)$. Условие: $a,\ b > 0$.

1. $\displaystyle\int x^\lambda \operatorname{Ei}(-ax)\operatorname{Ei}(-bx)\,dx = \frac{x^{\lambda+1}}{\lambda+1}\operatorname{Ei}(-ax)\operatorname{Ei}(-bx) -$

$$- \frac{1}{\lambda+1}\int x^\lambda e^{-ax}\operatorname{Ei}(-bx)\,dx - \frac{1}{\lambda+1}\int x^\lambda e^{-bx}\operatorname{Ei}(-ax)\,dx \qquad \text{[см. 1.3.2.1].}$$

2. $\displaystyle\int x^n \operatorname{Ei}(-ax)\operatorname{Ei}(-bx)\,dx = \frac{x^{n+1}}{n+1}\operatorname{Ei}(-ax)\operatorname{Ei}(-bx) - \frac{n!}{n+1}\left(\frac{1}{a^{n+1}} + \frac{1}{b^{n+1}}\right) \times$

$$\times \operatorname{Ei}(-ax-bx) + \frac{n!}{(n+1)a^{n+1}}e^{-ax}\operatorname{Ei}(-bx)\sum_{k=0}^{n}\frac{(ax)^k}{k!} + \frac{n!}{(n+1)b^{n+1}}e^{-bx} \times$$

$$\times \operatorname{Ei}(-ax)\sum_{k=0}^{n}\frac{(bx)^k}{k!} + \frac{n!}{n+1}e^{-(a+b)x}\sum_{k=1}^{n}\frac{1}{k(a+b)^k}\left(a^{k-n-1} + b^{k-n-1}\right)\sum_{m=0}^{k-1}\frac{(a+b)^m x^m}{m!}.$$

3. $\displaystyle\int \operatorname{Ei}(-ax)\operatorname{Ei}(bx)\,dx = x\operatorname{Ei}(-ax)\operatorname{Ei}(bx) + \left(\frac{1}{b} - \frac{1}{a}\right)\operatorname{Ei}(bx-ax) +$

$$+ \frac{1}{a}e^{-ax}\operatorname{Ei}(bx) - \frac{1}{b}e^{bx}\operatorname{Ei}(-ax) \qquad [a > b].$$

4. $\displaystyle\int \operatorname{Ei}(-ax)\operatorname{Ei}(ax)\,dx = x\operatorname{Ei}(-ax)\operatorname{Ei}(ax) + \frac{1}{a}[e^{-ax}\operatorname{Ei}(ax) - e^{ax}\operatorname{Ei}(-ax)].$

5. $\displaystyle\int x\operatorname{Ei}(-ax)\operatorname{Ei}(-bx)\,dx = \frac{x^2}{2}\operatorname{Ei}(-ax)\operatorname{Ei}(-bx) - \frac{a^2+b^2}{2a^2b^2}\operatorname{Ei}(-ax-bx) +$

$$+ \frac{1}{2a^2}(1+ax)e^{-ax}\operatorname{Ei}(-bx) + \frac{1}{2b^2}(1+bx)e^{-bx}\operatorname{Ei}(-ax) + \frac{1}{2ab}e^{-(a+b)x}.$$

6. $\displaystyle\int \operatorname{Ei}^3(-ax)\,dx = x\operatorname{Ei}^3(-ax) + \frac{3}{a}e^{-ax}\operatorname{Ei}(-ax) - \frac{6}{a}\int\frac{1}{x}e^{-2ax}\operatorname{Ei}(-ax)\,dx.$

1.4. ИНТЕГРАЛЬНЫЕ СИНУС si (x) И КОСИНУС ci (x)

1.4.1. Интегралы вида $\displaystyle\int x^\lambda \begin{Bmatrix} \operatorname{si}(ax) \\ \operatorname{ci}(ax) \end{Bmatrix} dx.$

Условие: $a,\ b > 0$.

1. $\displaystyle\int x^\lambda \begin{Bmatrix} \operatorname{si}(ax) \\ \operatorname{ci}(ax) \end{Bmatrix} dx = \frac{x^{\lambda+1}}{\lambda+1}\begin{Bmatrix} \operatorname{si}(ax) \\ \operatorname{ci}(ax) \end{Bmatrix} + \frac{1}{\lambda+1}\begin{Bmatrix} S(x,\ \lambda+1) \\ C(x,\ \lambda+1) \end{Bmatrix}.$

2. $\displaystyle\int x^n \begin{Bmatrix} \operatorname{si}(ax) \\ \operatorname{ci}(ax) \end{Bmatrix} dx =$

$$= \frac{x^{n+1}}{n+1}\begin{Bmatrix} \operatorname{si}(ax) \\ \operatorname{ci}(ax) \end{Bmatrix} + \frac{n!}{a^{n+1}(n+1)}\sum_{k=0}^{n}\frac{(ax)^k}{k!}\begin{Bmatrix} \sin[ax + (n-k+1)\pi/2] \\ \cos[ax + (n-k+1)\pi/2] \end{Bmatrix}.$$

3. $\displaystyle\int_x^\infty \frac{1}{x^n}\begin{Bmatrix} \operatorname{si}(ax) \\ \operatorname{ci}(ax) \end{Bmatrix} dx =$

$$= \frac{1}{(n-1)!(n-1)x^{n-1}}\left[(n-1)! - (-ax)^{n-1}\cos\frac{n-1}{2}\pi\right]\begin{Bmatrix} \operatorname{si}(ax) \\ \operatorname{ci}(ax) \end{Bmatrix} \pm$$

$$\pm (-ax)^{n-1} \operatorname{si} n\frac{n-1}{2}\pi \begin{Bmatrix} \operatorname{ci}(ax) \\ \operatorname{si}(ax) \end{Bmatrix} + \sum_{k=0}^{n-2}(n-k-2)!(ax)^k \begin{Bmatrix} \sin(ax+k\pi/2) \\ \cos(ax+k\pi/2) \end{Bmatrix}.$$

4. $\displaystyle\int \begin{Bmatrix} \operatorname{si}(ax) \\ \operatorname{ci}(ax) \end{Bmatrix} dx = x \begin{Bmatrix} \operatorname{si}(ax) \\ \operatorname{ci}(ax) \end{Bmatrix} \pm \frac{1}{a} \begin{Bmatrix} \cos ax \\ \sin ax \end{Bmatrix}.$

5. $\displaystyle\int x \begin{Bmatrix} \operatorname{si}(ax) \\ \operatorname{ci}(ax) \end{Bmatrix} dx = \frac{x^2}{2} \begin{Bmatrix} \operatorname{si}(ax) \\ \operatorname{ci}(ax) \end{Bmatrix} - \frac{1}{2a^2}\left[\begin{Bmatrix} \sin ax \\ \cos ax \end{Bmatrix} \mp ax \begin{Bmatrix} \cos ax \\ \sin ax \end{Bmatrix}\right].$

6. $\displaystyle\int \frac{1}{x} \begin{Bmatrix} \operatorname{si}(ax) \\ \operatorname{ci}(ax) \end{Bmatrix} dx = \ln x \begin{Bmatrix} \operatorname{si}(ax) \\ \operatorname{ci}(ax) \end{Bmatrix} - \int \frac{1}{x} \ln x \begin{Bmatrix} \sin ax \\ \cos ax \end{Bmatrix} dx.$

7. $\displaystyle\int \frac{1}{x^2} \begin{Bmatrix} \operatorname{si}(ax+b) \\ \operatorname{ci}(ax+b) \end{Bmatrix} dx =$

$$= \frac{a}{b}\left[\begin{Bmatrix} \sin b \\ \cos b \end{Bmatrix} \operatorname{ci}(ax) \pm \begin{Bmatrix} \cos b \\ \sin b \end{Bmatrix} \operatorname{si}(ax)\right] - \frac{1}{bx}(ax+b) \begin{Bmatrix} \operatorname{si}(ax+b) \\ \operatorname{ci}(ax+b) \end{Bmatrix}.$$

8. $\displaystyle\int_x^\infty \frac{1}{x^2} \begin{Bmatrix} \operatorname{si}(ax) \\ \operatorname{ci}(ax) \end{Bmatrix} dx = \frac{1}{x}\left[\begin{Bmatrix} \operatorname{si}(ax) \\ \operatorname{ci}(ax) \end{Bmatrix} + \begin{Bmatrix} \sin ax \\ \cos ax \end{Bmatrix}\right] \mp a \begin{Bmatrix} \operatorname{ci}(ax) \\ \operatorname{si}(ax) \end{Bmatrix}.$

1.4.2. Интегралы вида $\displaystyle\int f(x) \begin{Bmatrix} \operatorname{si}(ax) \\ \operatorname{ci}(ax) \end{Bmatrix} dx.$

1. $\displaystyle\int \frac{1}{x} e^{-bx} \begin{Bmatrix} \operatorname{si}(ax) \\ \operatorname{ci}(ax) \end{Bmatrix} dx = \operatorname{Ei}(-bx) \begin{Bmatrix} \operatorname{si}(ax) \\ \operatorname{ci}(ax) \end{Bmatrix} - \int \frac{1}{x} \operatorname{Ei}(-bx) \begin{Bmatrix} \sin ax \\ \cos ax \end{Bmatrix} dx.$

2. $\displaystyle\int_0^x \begin{Bmatrix} \sin bx \\ \cos bx \end{Bmatrix} \operatorname{ci}(ax)\, dx = \mp\frac{1}{b} \begin{Bmatrix} \cos bx \\ \sin bx \end{Bmatrix} \operatorname{ci}(ax) \pm \frac{1}{2b} \begin{Bmatrix} \operatorname{ci}(ax+bx) + \operatorname{ci}|ax-bx| \\ \operatorname{si}(ax+bx) + \operatorname{si}|ax-bx| \end{Bmatrix} -$

$$- \frac{1}{2b} \begin{Bmatrix} 1 \\ 0 \end{Bmatrix} \ln\left|1 - \frac{b^2}{a^2}\right| \qquad \left[\begin{Bmatrix} a,\ b>0;\ a\neq b \\ a,\ b>0 \end{Bmatrix}\right].$$

3. $\displaystyle\int_0^x \begin{Bmatrix} \sin bx \\ \cos bx \end{Bmatrix} \operatorname{si}(ax)\, dx = \mp\frac{1}{b} \begin{Bmatrix} \cos bx \\ \sin bx \end{Bmatrix} \operatorname{si}(ax) + \frac{1}{2b} \begin{Bmatrix} \operatorname{si}(ax+bx) - \operatorname{si}|ax-bx| \\ \operatorname{ci}(ax+bx) - \operatorname{ci}|ax-bx| \end{Bmatrix} +$

$$+ \frac{1}{2b} \begin{Bmatrix} 0 \\ 1 \end{Bmatrix} \ln\left|\frac{a-b}{a+b}\right| \qquad \left[\begin{Bmatrix} a,\ b>0 \\ a,\ b>0;\ a\neq b \end{Bmatrix}\right].$$

4. $\displaystyle\int_0^x \begin{Bmatrix} \cos ax \operatorname{si}(ax) \\ \sin ax \operatorname{ci}(ax) \end{Bmatrix} dx = \frac{1}{2a}\left[\operatorname{ci}(2ax) \pm 2 \begin{Bmatrix} \sin ax \operatorname{si}(ax) \\ \cos ax \operatorname{ci}(ax) \end{Bmatrix} \mp \ln ax - \ln 2 \mp \mathbf{C}\right] \qquad [a>0].$

1.4.3. Интегралы, содержащие произведения функций $\operatorname{si}(ax)$ и $\operatorname{ci}(bx)$.

1. $\displaystyle\int \operatorname{ci}(ax)\operatorname{ci}(bx)\, dx = x\operatorname{ci}(ax)\operatorname{ci}(bx) + \frac{1}{2a}[\operatorname{si}(ax+bx) + \operatorname{si}(ax-bx)] +$

$$+ \frac{1}{2b}[\operatorname{si}(ax+bx) + \operatorname{si}(bx-ax)] - \frac{1}{a}\sin ax \operatorname{ci}(bx) - \frac{1}{b}\sin bx \operatorname{ci}(ax) \qquad [a,\ b>0].$$

2. $\displaystyle\int \operatorname{si}(ax)\operatorname{si}(bx)\, dx = x\operatorname{si}(ax)\operatorname{si}(bx) - \frac{1}{2b}[\operatorname{si}(ax+bx) + \operatorname{si}(ax-bx)] -$

$$- \frac{1}{2a}[\operatorname{si}(ax+bx) + \operatorname{si}(bx-ax)] + \frac{1}{a}\sin ax \operatorname{si}(bx) + \frac{1}{b}\cos bx \operatorname{si}(ax) \qquad [a,\ b>0].$$

3. $\displaystyle\int \operatorname{si}(ax)\operatorname{ci}(bx)\, dx = x\operatorname{si}(ax)\operatorname{ci}(bx) + \frac{1}{a}\cos ax \operatorname{ci}(bx) -$

$$- \frac{1}{b}\sin bx \operatorname{si}(ax) - \frac{a+b}{2ab}\operatorname{ci}(ax+bx) + \frac{a-b}{2ab}\operatorname{ci}(ax-bx) \qquad [a>b>0].$$

1.5. ИНТЕГРАЛЫ ВЕРОЯТНОСТИ erf (x), erfc (x)

1.5.1. Интегралы вида $\int x^\lambda \left\{ \begin{matrix} \operatorname{erf}(ax) \\ \operatorname{erfc}(ax) \end{matrix} \right\} dx$.

1. $$\int x^\lambda \left\{ \begin{matrix} \operatorname{erf}(ax) \\ \operatorname{erfc}(ax) \end{matrix} \right\} dx = \frac{\lambda(\lambda-1)}{2(\lambda+1)a^2} \int x^{\lambda-2} \left\{ \begin{matrix} \operatorname{erf}(ax) \\ \operatorname{erfc}(ax) \end{matrix} \right\} dx + \left(x^2 - \frac{\lambda}{2a^2} \right) \frac{x^{\lambda-1}}{\lambda+1} \left\{ \begin{matrix} \operatorname{erf}(ax) \\ \operatorname{erfc}(ax) \end{matrix} \right\} \pm \frac{1}{a\sqrt{\pi}\,(\lambda+1)}\, x^\lambda e^{-a^2x^2}.$$

2. $$= \frac{x^{\lambda+1}}{\lambda+1} \left\{ \begin{matrix} \operatorname{erf}(ax) \\ \operatorname{erfc}(ax) \end{matrix} \right\} \mp \frac{1}{(\lambda+1)a^{\lambda+1}\sqrt{\pi}}\, \gamma\left(\frac{\lambda}{2} + 1,\, a^2x^2 \right)$$
$[\operatorname{Re}\lambda > -(3 \pm 1)/2;\ \lambda \neq -1]$.

3. $$= \frac{x^{\lambda+1}}{\lambda+1} \left\{ \begin{matrix} \operatorname{erf}(ax) \\ \operatorname{erfc}(ax) \end{matrix} \right\} \pm \frac{1}{(\lambda+1)a^{\lambda+1}\sqrt{\pi}}\, \Gamma\left(\frac{\lambda}{2} + 1,\, a^2x^2 \right).$$

4. $$\int x^{2n} \left\{ \begin{matrix} \operatorname{erf}(ax) \\ \operatorname{erfc}(ax) \end{matrix} \right\} dx = \frac{x^{2n+1}}{2n+1} \left\{ \begin{matrix} \operatorname{erf}(ax) \\ \operatorname{erfc}(ax) \end{matrix} \right\} \pm \frac{n!}{a^{2n+1}\sqrt{\pi}\,(2n+1)}\, e^{-a^2x^2} \sum_{k=0}^{n} \frac{(ax)^{2k}}{k!}.$$

5. $$\int x^{2n+1} \left\{ \begin{matrix} \operatorname{erf}(ax) \\ \operatorname{erfc}(ax) \end{matrix} \right\} dx = \frac{x^{2n+2}}{2n+2} \left\{ \begin{matrix} \operatorname{erf}(ax) \\ \operatorname{erfc}(ax) \end{matrix} \right\} \pm \frac{(2n+1)!!x}{2^{n+1}a^{2n+1}(n+1)\sqrt{\pi}}\, e^{-a^2x^2} \sum_{k=0}^{n} \frac{(2a^2x^2)^k}{(2k+1)!!} \mp \frac{\Gamma(n+3/2)}{2(n+1)a^{2n+2}\sqrt{\pi}} \operatorname{erf}(ax).$$

6. $$\int (ax+b)^n \operatorname{erf}(x)\, dx = \frac{1}{(n+1)a} (ax+b)^{n+1} \operatorname{erf}(x) - \frac{b^{n+1}}{\sqrt{\pi}\,(n+1)a} \sum_{k=0}^{n+1} \binom{n+1}{k} \left(\frac{a}{b} \right)^k \gamma\left(\frac{k+1}{2},\, x^2 \right).$$

7. $$\int \frac{1}{x^{2n}} \left\{ \begin{matrix} \operatorname{erf}(ax) \\ \operatorname{erfc}(ax) \end{matrix} \right\} dx = -\frac{1}{(2n-1)x^{2n-1}} \left\{ \begin{matrix} \operatorname{erf}(ax) \\ \operatorname{erfc}(ax) \end{matrix} \right\} \pm \frac{x^{-2n}}{a\sqrt{\pi}\,(n-1)!(2n-1)}\, e^{-a^2x^2} \sum_{k=1}^{n-1} (-1)^k (n-k-1)!(ax)^{2k} \pm \frac{(-1)^{n-1}a^{2n-1}}{\sqrt{\pi}\,(n-1)!(2n-1)} \operatorname{Ei}(-a^2x^2).$$

8. $$\int \frac{1}{x^{2n+1}} \left\{ \begin{matrix} \operatorname{erf}(ax) \\ \operatorname{erfc}(ax) \end{matrix} \right\} dx = -\frac{1}{2nx^{2n}} \left\{ \begin{matrix} \operatorname{erf}(ax) \\ \operatorname{erfc}(ax) \end{matrix} \right\} \pm \frac{1}{2an\sqrt{\pi}\,\Gamma(n+1/2)}\, e^{-a^2x^2} \sum_{k=1}^{n} (-1)^k \Gamma\left(n-k+\frac{1}{2} \right) a^{2k} x^{2k-2n-1} \pm \frac{(-1)^n a^{2n}\sqrt{\pi}}{2n\Gamma(n+1/2)} \operatorname{erf}(ax).$$

9. $$\int \left\{ \begin{matrix} \operatorname{erf}(ax) \\ \operatorname{erfc}(ax) \end{matrix} \right\} dx = x \left\{ \begin{matrix} \operatorname{erf}(ax) \\ \operatorname{erfc}(ax) \end{matrix} \right\} \pm \frac{1}{a\sqrt{\pi}}\, e^{-a^2x^2}.$$

10. $$\int x \left\{ \begin{matrix} \operatorname{erf}(ax) \\ \operatorname{erfc}(ax) \end{matrix} \right\} dx = \frac{x^2}{2} \left\{ \begin{matrix} \operatorname{erf}(ax) \\ \operatorname{erfc}(ax) \end{matrix} \right\} \mp \frac{1}{4a^2} \operatorname{erf}(ax) \pm \frac{x}{2a\sqrt{\pi}}\, e^{-a^2x^2}.$$

11. $$\int \frac{1}{x} \left\{ \begin{matrix} \operatorname{erf}(ax) \\ \operatorname{erfc}(ax) \end{matrix} \right\} dx = \ln x \left\{ \begin{matrix} \operatorname{erf}(ax) \\ \operatorname{erfc}(ax) \end{matrix} \right\} \mp \frac{2a}{\sqrt{\pi}} \int \ln x\, e^{-a^2x^2}\, dx.$$

12. $$\int \frac{x^2-b}{(x^2+b)^2} \operatorname{erf}(ax)\, dx = -\frac{x}{x^2+b} \operatorname{erf}(ax) + \frac{a}{\sqrt{\pi}}\, e^{a^2b} \operatorname{Ei}(-a^2x^2 - a^2b).$$

1.5.2. Интегралы вида $\int x^\lambda e^{bx} \begin{Bmatrix} \operatorname{erf}(ax) \\ \operatorname{erfc}(ax) \end{Bmatrix} dx$.

1. $$\int x^\lambda e^{bx} \begin{Bmatrix} \operatorname{erf}(ax) \\ \operatorname{erfc}(ax) \end{Bmatrix} dx = \frac{1}{b} x^\lambda e^{bx} \begin{Bmatrix} \operatorname{erf}(ax) \\ \operatorname{erfc}(ax) \end{Bmatrix} - \\ - \frac{\lambda}{b} \int x^\lambda e^{bx} \begin{Bmatrix} \operatorname{erf}(ax) \\ \operatorname{erfc}(ax) \end{Bmatrix} dx \mp \frac{2a}{b\sqrt{\pi}} \int x^\lambda e^{-a^2x^2+bx}\, dx.$$

2. $$\int x^n e^{bx} \begin{Bmatrix} \operatorname{erf}(ax) \\ \operatorname{erfc}(ax) \end{Bmatrix} dx = (-1)^n \frac{n!}{b^{n+1}} e^{bx} \begin{Bmatrix} \operatorname{erf}(ax) \\ \operatorname{erfc}(ax) \end{Bmatrix} \sum_{k=0}^{n} \frac{(-bx)^k}{k!} \mp \\ \mp (-1)^n \frac{2an!}{\sqrt{\pi}\, b^{n+1}} \sum_{k=0}^{n} \frac{(-b)^k}{k!} \int x^k e^{-a^2x^2+bx}\, dx.$$

3. $$\int e^{bx} \begin{Bmatrix} \operatorname{erf}(ax) \\ \operatorname{erfc}(ax) \end{Bmatrix} dx = \frac{1}{b} e^{bx} \begin{Bmatrix} \operatorname{erf}(ax) \\ \operatorname{erfc}(ax) \end{Bmatrix} \mp \frac{1}{b} e^{b^2/(4a^2)} \begin{Bmatrix} \operatorname{erf}[ax - b/(2a)] \\ \operatorname{erfc}[ax - b/(2a)] \end{Bmatrix}.$$

4. $$\int x e^{bx} \begin{Bmatrix} \operatorname{erf}(ax) \\ \operatorname{erfc}(ax) \end{Bmatrix} dx = \frac{1}{b}\left(x - \frac{1}{b}\right) e^{bx} \begin{Bmatrix} \operatorname{erf}(ax) \\ \operatorname{erfc}(ax) \end{Bmatrix} \mp \\ \mp \frac{1}{b} e^{b^2/(4a^2)} \left[\left(\frac{b}{2a^2} - \frac{1}{b}\right) \operatorname{erf}\left(ax - \frac{b}{2a}\right) - \frac{1}{a\sqrt{\pi}} e^{-(2ax-b/a)^2/4}\right].$$

1.5.3. Интегралы вида $\int x^\lambda e^{-b^2x^2} \begin{Bmatrix} \operatorname{erf}(ax) \\ \operatorname{erfc}(ax) \end{Bmatrix} dx$.

1. $$\int x^\lambda e^{-b^2x^2} \operatorname{erf}(ax)\, dx = -\frac{1}{2b^2} x^{\lambda-1} e^{-b^2x^2} \operatorname{erf}(ax) + \\ + \frac{a}{b^2\sqrt{\pi}} \int x^{\lambda-1} e^{-(a^2+b^2)x^2}\, dx + \frac{\lambda-1}{2b^2} \int x^{\lambda-2} e^{-b^2x^2} \operatorname{erf}(ax)\, dx.$$

2. $$\int_0^x x^\lambda e^{a^2x^2} \begin{Bmatrix} \operatorname{erf}(ax) \\ \operatorname{erfc}(ax) \end{Bmatrix} dx = \pm \frac{2ax^{\lambda+2}}{\sqrt{\pi}\,(\lambda+2)}\, {}_2F_2\left(1, \frac{\lambda}{2}+1;\ \frac{3}{2}, \frac{\lambda}{2}+2;\ a^2x^2\right) + \\ + \begin{Bmatrix} 0 \\ 1 \end{Bmatrix} \frac{x^{\lambda+1}}{\lambda+1}\, {}_1F_1\left(\frac{\lambda+1}{2};\ \frac{\lambda+3}{2};\ a^2x^2\right) \qquad [\operatorname{Re}\lambda > -(3\pm 1)/2].$$

3. $$\int_x^\infty x^\lambda e^{\mp a^2x^2} \begin{Bmatrix} \operatorname{erfi}(ax) \\ \operatorname{erfc}(ax) \end{Bmatrix} dx = \\ = \mp \frac{2ax^{\lambda+2}}{\sqrt{\pi}\,(\lambda+2)}\, {}_2F_2\left(1, \frac{\lambda}{2}+1;\ \frac{3}{2}, \frac{\lambda}{2}+2;\ \mp a^2x^2\right) - \frac{\Gamma((\lambda+1)/2)}{2a^{\lambda+1}} \begin{Bmatrix} \operatorname{ctg}(\lambda\pi/2) \\ \operatorname{cosec}(\lambda\pi/2) \end{Bmatrix} - \\ - \begin{Bmatrix} 0 \\ 1 \end{Bmatrix} \frac{x^{\lambda+1}}{\lambda+1}\, {}_1F_1\left(\frac{\lambda+1}{2};\ \frac{\lambda+3}{2};\ a^2x^2\right) \qquad [\operatorname{Re}\lambda < 0;\ |\arg a| < \pi/4].$$

4. $$\int_0^x x^\lambda e^{\pm a^2x^2} \begin{Bmatrix} \operatorname{erf}(ax) \\ \operatorname{erfi}(ax) \end{Bmatrix} dx = \frac{2a}{\sqrt{\pi}\,(\lambda+2)} x^{\lambda+2}\, {}_2F_2\left(1, \frac{\lambda+2}{2};\ \frac{3}{2}, \frac{\lambda}{2}+2;\ \pm a^2x^2\right) \\ [\operatorname{Re}\lambda > -2].$$

5. $$\int x^{2n} e^{-a^2x^2} \operatorname{erf}(ax)\, dx = \frac{(2n)!}{n!} \frac{\sqrt{\pi}}{(2a)^{2n+1}} \left[\frac{1}{2} \operatorname{erf}^2(ax) - \right. \\ \left. - \frac{2a}{\sqrt{\pi}} x e^{-a^2x^2} \operatorname{erf}(ax) \sum_{k=0}^{n-1} \frac{k!}{(2k+1)!} (4a^2x^2)^k - \frac{1}{\pi} e^{-2a^2x^2} \sum_{k=0}^{n-1} \frac{2^k (k!)^2}{(2k+1)!} \sum_{m=0}^{k} \frac{(2a^2x^2)^m}{m!}\right].$$

6. $$\int x^{2n+1}e^{-a^2x^2}\operatorname{erf}(ax)\,dx=\frac{n!}{a^{2n+2}}\left[\frac{1}{2^{3/2}}\operatorname{erf}(ax\sqrt{2})\sum_{k=0}^{n}\binom{2k}{k}\frac{1}{8^k}-\right.$$
$$\left.-\frac{1}{2}e^{-a^2x^2}\operatorname{erf}(ax)\sum_{k=0}^{n}\frac{(a^2x^2)^k}{k!}-\frac{ax}{\sqrt{\pi}}e^{-2a^2x^2}\sum_{k=1}^{n}\binom{2k}{k}\frac{1}{8^k}\sum_{m=0}^{k-1}\frac{m!}{(2m+1)!}(8a^2x^2)^m\right].$$

7. $$\int e^{-a^2x^2}\begin{Bmatrix}\operatorname{erf}(ax)\\\operatorname{erfc}(ax)\end{Bmatrix}dx=\pm\frac{\sqrt{\pi}}{4a}\begin{Bmatrix}\operatorname{erf}(ax)\\\operatorname{erfc}(ax)\end{Bmatrix}^2.$$

8. $$\int xe^{a^2x^2}\begin{Bmatrix}\operatorname{erf}(ax)\\\operatorname{erfc}(ax)\end{Bmatrix}dx=\frac{1}{2a^2}e^{a^2x^2}\begin{Bmatrix}\operatorname{erf}(ax)\\\operatorname{erfc}(ax)\end{Bmatrix}\mp\frac{x}{a\sqrt{\pi}}.$$

9. $$\int xe^{-b^2x^2}\begin{Bmatrix}\operatorname{erf}(ax)\\\operatorname{erfc}(ax)\end{Bmatrix}dx=\pm\frac{a}{2b^2\sqrt{a^2+b^2}}\operatorname{erf}(\sqrt{a^2+b^2}\,x)-\frac{e^{-b^2x^2}}{2b^2}\begin{Bmatrix}\operatorname{erf}(ax)\\\operatorname{erfc}(ax)\end{Bmatrix}.$$

10. $$\int xe^{-b^2x^2}\begin{Bmatrix}\operatorname{erf}(ax+c)\\\operatorname{erfc}(ax+c)\end{Bmatrix}dx=\pm\frac{a}{2b^2\sqrt{a^2+b^2}}e^{-b^2c^2/(a^2+b^2)}\times$$
$$\times\operatorname{erf}\left(x\sqrt{a^2+b^2}+\frac{ac}{\sqrt{a^2+b^2}}\right)-\frac{1}{2b^2}e^{-b^2x^2}\begin{Bmatrix}\operatorname{erf}(ax+c)\\\operatorname{erfc}(ax+c)\end{Bmatrix}.$$

11. $$\int\frac{1}{x^2}e^{-a^2x^2}\operatorname{erf}(ax)\,dx=-\frac{1}{x}e^{-a^2x^2}\operatorname{erf}(ax)-\frac{a\sqrt{\pi}}{2}\operatorname{erf}^2(ax)+\frac{a}{\sqrt{\pi}}\operatorname{Ei}(-2a^2x^2).$$

12. $$\int[ae^{-a^2x^2}\operatorname{erf}(bx)+be^{-b^2x^2}\operatorname{erf}(ax)]\,dx=\frac{\sqrt{\pi}}{2}\operatorname{erf}(ax)\operatorname{erf}(bx).$$

1.5.4. Интегралы, содержащие гиперболические и тригонометрические функции и $\begin{Bmatrix}\operatorname{erf}(ax)\\\operatorname{erfc}(ax)\end{Bmatrix}$.

1. $$\int\operatorname{sh}bx\begin{Bmatrix}\operatorname{erf}(ax)\\\operatorname{erfc}(ax)\end{Bmatrix}dx=$$
$$=\frac{1}{b}\operatorname{ch}bx\begin{Bmatrix}\operatorname{erf}(ax)\\\operatorname{erfc}(ax)\end{Bmatrix}\mp\frac{1}{2b}e^{b^2/(4a^2)}\left[\operatorname{erf}\left(ax+\frac{b}{2a}\right)+\operatorname{erf}\left(ax-\frac{b}{2a}\right)\right].$$

2. $$\int\operatorname{ch}bx\begin{Bmatrix}\operatorname{erf}(ax)\\\operatorname{erfc}(ax)\end{Bmatrix}dx=$$
$$=\frac{1}{b}\operatorname{sh}bx\begin{Bmatrix}\operatorname{erf}(ax)\\\operatorname{erfc}(ax)\end{Bmatrix}\pm\frac{1}{2b}e^{b^2/(4a^2)}\left[\operatorname{erf}\left(ax+\frac{b}{2a}\right)-\operatorname{erf}\left(ax-\frac{b}{2a}\right)\right].$$

3. $$\int\sin bx\begin{Bmatrix}\operatorname{erf}(ax)\\\operatorname{erfc}(ax)\end{Bmatrix}dx=$$
$$=-\frac{1}{b}\cos bx\begin{Bmatrix}\operatorname{erf}(ax)\\\operatorname{erfc}(ax)\end{Bmatrix}\pm\frac{1}{2b}e^{-b^2/(4a^2)}\left[\operatorname{erf}\left(ax-i\frac{b}{2a}\right)+\operatorname{erf}\left(ax+i\frac{b}{2a}\right)\right].$$

4. $$\int\cos bx\begin{Bmatrix}\operatorname{erf}(ax)\\\operatorname{erfc}(ax)\end{Bmatrix}dx=$$
$$=\frac{1}{b}\sin bx\begin{Bmatrix}\operatorname{erf}(ax)\\\operatorname{erfc}(ax)\end{Bmatrix}\pm\frac{i}{2b}e^{-b^2/(4a^2)}\left[\operatorname{erf}\left(ax-\frac{ib}{2a}\right)-\operatorname{erf}\left(ax+\frac{ib}{2a}\right)\right].$$

5. $$\int e^{-bx}\sin cx\operatorname{erf}(ax)\,dx=-\frac{1}{b^2+c^2}e^{-bx}(c\cos cx+b\sin cx)\operatorname{erf}(ax)+$$
$$+\frac{1}{b^2+c^2}e^{(b^2-c^2)/(4a^2)}\left[\frac{c+ib}{2}e^{ibc/(2a^2)}\operatorname{erf}\left(ax+\frac{b+ic}{2a}\right)\right]+$$
$$+\frac{c-ib}{2}e^{-ibc/(2a^2)}\operatorname{erf}\left(ax+\frac{b-ic}{2a}\right)\Bigg].$$

6. $$\int xe^{-bx^2}\begin{Bmatrix}\sin cx^2\\ \cos cx^2\end{Bmatrix}\operatorname{erf}(ax)\,dx =$$
$$= \frac{1}{4(b-ic)}\left[\frac{a}{\sqrt{a^2+b-ic}}\operatorname{erf}(x\sqrt{a^2+b-ic}) - e^{-(b-ic)x^2}\operatorname{erf}(ax)\right]\begin{Bmatrix}-i\\ 1\end{Bmatrix} \mp$$
$$\mp \frac{1}{4(b+ic)}\left[\frac{a}{\sqrt{a^2+b+ic}}\operatorname{erf}(x\sqrt{a^2+b+ic}) - e^{-(b+ic)x^2}\operatorname{erf}(ax)\right].$$

1.5.5. Интегралы вида $\int x^\lambda \ln x\begin{Bmatrix}\operatorname{erf}(ax)\\ \operatorname{erfc}(ax)\end{Bmatrix}dx$.

1. $$\int x^\lambda \ln x\begin{Bmatrix}\operatorname{erf}(ax)\\ \operatorname{erfc}(ax)\end{Bmatrix}dx = \frac{1}{\lambda+1}\left[x^{\lambda+1}\ln x\begin{Bmatrix}\operatorname{erf}(ax)\\ \operatorname{erfc}(ax)\end{Bmatrix} \pm\right.$$
$$\pm \frac{1}{a\sqrt{\pi}}\,x^\lambda e^{-a^2x^2}\ln x - \int x^\lambda\begin{Bmatrix}\operatorname{erf}(ax)\\ \operatorname{erfc}(ax)\end{Bmatrix}dx \mp \frac{1}{a\sqrt{\pi}}\int x^{\lambda-1}e^{-a^2x^2}\,dx \mp$$
$$\left.\mp \frac{\lambda}{a\sqrt{\pi}}\int x^{\lambda-1}e^{-a^2x^2}\ln x\,dx\right]\begin{Bmatrix}-i\\ 1\end{Bmatrix}.$$

2. $$\int x^\lambda \ln x\begin{Bmatrix}\operatorname{erf}(ax)\\ \operatorname{erfc}(ax)\end{Bmatrix}dx =$$
$$= \frac{\lambda^2+2\lambda-1}{2a^2(\lambda+1)^2}\int x^{\lambda-2}\begin{Bmatrix}\operatorname{erf}(ax)\\ \operatorname{erfc}(ax)\end{Bmatrix}dx + \frac{\lambda(\lambda-1)}{2a^2(\lambda+1)}\int x^{\lambda-2}\ln x\begin{Bmatrix}\operatorname{erf}(ax)\\ \operatorname{erfc}(ax)\end{Bmatrix}dx +$$
$$+ x^{\lambda-1}\frac{(\lambda+1)\ln x - 1}{(\lambda+1)^2}\left[\left(x^2 - \frac{\lambda}{2a^2}\right)\begin{Bmatrix}\operatorname{erf}(ax)\\ \operatorname{erfc}(ax)\end{Bmatrix} \pm \frac{x}{a\sqrt{\pi}}\,e^{-a^2x^2}\right] -$$
$$- \frac{x^{\lambda+1}}{2a^2(\lambda+1)}\begin{Bmatrix}\operatorname{erf}(ax)\\ \operatorname{erfc}(ax)\end{Bmatrix} - \frac{x^\lambda}{2a^2(\lambda+1)}\,e^{-a^2x^2}.$$

3. $$\int \ln x\begin{Bmatrix}\operatorname{erf}(ax)\\ \operatorname{erfc}(ax)\end{Bmatrix}dx = (\ln x - 1)\left[x\begin{Bmatrix}\operatorname{erf}(ax)\\ \operatorname{erfc}(ax)\end{Bmatrix} \pm \frac{1}{a\sqrt{\pi}}\,e^{-a^2x^2}\right] \mp \frac{1}{2a\sqrt{\pi}}\operatorname{Ei}(-a^2x^2).$$

4. $$\int x\ln x\begin{Bmatrix}\operatorname{erf}(ax)\\ \operatorname{erfc}(ax)\end{Bmatrix}dx = \frac{x^2}{4}(2\ln x - 1)\begin{Bmatrix}\operatorname{erf}(ax)\\ \operatorname{erfc}(ax)\end{Bmatrix} \pm$$
$$\pm \frac{x}{4a\sqrt{\pi}}\,e^{-a^2x^2}(2\ln x - 1) \mp \frac{1}{8a^2}\operatorname{erf}(ax) \mp \frac{1}{2a\sqrt{\pi}}\int e^{-a^2x^2}\ln x\,dx.$$

1.5.6. Интегралы вида $\int x^\lambda \operatorname{erf}(ax)\operatorname{erf}(bx)\,dx$.

1. $$\int x^\lambda \operatorname{erf}(ax)\operatorname{erf}(bx)\,dx = \frac{1}{\lambda+1}\,x^{\lambda+1}\operatorname{erf}(ax)\operatorname{erf}(bx) -$$
$$- \frac{2b}{(\lambda+1)\sqrt{\pi}}\int x^{\lambda+1}e^{-b^2x^2}\operatorname{erf}(ax)\,dx - \frac{2a}{(\lambda+1)\sqrt{\pi}}\int x^{\lambda+1}e^{-a^2x^2}\operatorname{erf}(bx)\,dx$$ [см. 1.5.3].

2. $$\int \operatorname{erf}(ax)\operatorname{erf}(bx)\,dx = x\operatorname{erf}(ax)\operatorname{erf}(bx) -$$
$$- \frac{\sqrt{a^2+b^2}}{ab\sqrt{\pi}}\operatorname{erf}(x\sqrt{a^2+b^2}) + \frac{1}{a\sqrt{\pi}}\,e^{-a^2x^2}\operatorname{erf}(bx) + \frac{1}{b\sqrt{\pi}}\,e^{-b^2x^2}\operatorname{erf}(ax).$$

3. $$\int \operatorname{erf}^2(ax)\,dx = x\operatorname{erf}^2(ax) - \frac{1}{a}\sqrt{\frac{2}{\pi}}\operatorname{erf}(ax\sqrt{2}) + \frac{2}{a\sqrt{\pi}}\,e^{-a^2x^2}\operatorname{erf}(ax).$$

4. $$\int x^{2n}\operatorname{erf}^2(ax)\,dx = \frac{x^{2n+1}}{2n+1}\operatorname{erf}^2(ax) -$$
$$- \frac{4(n!)}{(2n+1)\sqrt{\pi}\,a^{2n+1}}\left[\frac{1}{2\sqrt{2}}\operatorname{erf}(ax\sqrt{2})\sum_{k=0}^{n}\binom{2k}{k}\frac{1}{8^k} - \frac{1}{2}\,e^{-a^2x^2}\operatorname{erf}(ax)\sum_{k=0}^{n}\frac{(a^2x^2)^k}{k!} -\right.$$
$$\left.- \frac{ax}{\sqrt{\pi}}\,e^{-2a^2x^2}\sum_{k=0}^{n}\binom{2k}{k}\frac{1}{8^k}\sum_{m=0}^{k-1}\frac{m!}{(2m+1)!}(8a^2x^2)^m\right].$$

5. $$\int x^{2n+1}\operatorname{erf}^2(ax)\,dx = \left[x^{2n+2} - \frac{2(2n+1)!}{(2a)^{2n+2}n!}\right]\frac{\operatorname{erf}^2(ax)}{2n+2} + \frac{(2n+1)!}{(2a)^{2n+1}(n+1)!}\left[\frac{2x}{\sqrt{\pi}}\,e^{-a^2x^2}\operatorname{erf}(ax)\sum_{k=0}^{n}\frac{k!}{(2k+1)!}(4a^2x^2)^k + \frac{1}{\pi a}\,e^{-2a^2x^2}\sum_{k=0}^{n}\frac{2^k(k!)^2}{(2k+1)!}\sum_{m=0}^{k}\frac{(2a^2x^2)^m}{m!}\right].$$

6. $$\int x\operatorname{erf}^2(ax)\,dx = \left(\frac{x^2}{2} - \frac{1}{4a^2}\right)\operatorname{erf}^2(ax) + \frac{x}{a\sqrt{\pi}}\,e^{-a^2x^2}\operatorname{erf}(ax) + \frac{1}{2\pi a^2}\,e^{-2a^2x^2}.$$

7. $$\int \operatorname{erf}(ax)\operatorname{erf}(iax)\,dx = x\operatorname{erf}(ax)\operatorname{erf}(iax) + \frac{1}{a\sqrt{\pi}}\,e^{-a^2x^2}\operatorname{erf}(iax) - \frac{i}{a\sqrt{\pi}}\,e^{a^2x^2}\operatorname{erf}(ax).$$

8. $$\int_0^x x^{\lambda}\operatorname{erf}(ax)\operatorname{erf}(iax)\,dx = \frac{4ia^2x^{\lambda+3}}{\pi(\lambda+3)}\,{}_3F_4\left(\frac{1}{2},\,1,\,\frac{\lambda+3}{4};\,\frac{3}{4},\,\frac{5}{4},\,\frac{3}{2},\,\frac{\lambda+7}{4};\,\frac{a^4x^4}{4}\right)$$ $[\operatorname{Re}\lambda > -3]$.

9. $$\int e^{-a^2x^2}\operatorname{erf}^{\mu}(ax)\,dx = \frac{\sqrt{\pi}}{2a(\mu+1)}\operatorname{erf}^{\mu+1}(ax).$$

10. $$\int \frac{e^{-a^2x^2}}{\operatorname{erf}(ax)}\,dx = \frac{\sqrt{\pi}}{2a}\ln[\operatorname{erf}(ax)].$$

1.6. ИНТЕГРАЛЫ ФРЕНЕЛЯ $S(x)$ И $C(x)$

1.6.1. Интегралы вида $\int x^{\lambda}\begin{Bmatrix} S(ax) \\ C(ax) \end{Bmatrix} dx$.

1. $$\int x^{\lambda}\begin{Bmatrix} S(ax) \\ C(ax) \end{Bmatrix} dx = \frac{x^{\lambda+1}}{\lambda+1}\begin{Bmatrix} S(ax) \\ C(ax) \end{Bmatrix} + \frac{1}{(\lambda+1)a^{\lambda+1}\sqrt{2\pi}}\begin{Bmatrix} S(ax,\,\lambda+3/2) \\ C(ax,\,\lambda+3/2) \end{Bmatrix}.$$

2. $$\int x^{n-1/2}\begin{Bmatrix} S(ax) \\ C(ax) \end{Bmatrix} dx = \frac{2x^{n+1/2}}{2n+1}\begin{Bmatrix} S(ax) \\ C(ax) \end{Bmatrix} \pm \frac{n!}{2n+1}\sqrt{\frac{2}{\pi a}}\sum_{k=0}^{n}\frac{1}{(n-k)!}\,\frac{x^{n-k}}{a^k}\begin{Bmatrix} \cos(ax+k\pi/2) \\ \sin(ax+k\pi/2) \end{Bmatrix}.$$

3. $$\int x^{n}\begin{Bmatrix} S(ax) \\ C(ax) \end{Bmatrix} dx = \frac{x^{n+1}}{n+1}\begin{Bmatrix} S(ax) \\ C(ax) \end{Bmatrix} - \frac{\sqrt{a}}{(n+1)\sqrt{2\pi}}\int x^{n+1/2}\begin{Bmatrix} \sin ax \\ \cos ax \end{Bmatrix} dx.$$

4. $$\int \begin{Bmatrix} S(ax) \\ C(ax) \end{Bmatrix} dx = x\begin{Bmatrix} S(ax) \\ C(ax) \end{Bmatrix} \mp \frac{1}{2a}\begin{Bmatrix} C(ax) \\ S(ax) \end{Bmatrix} \pm \sqrt{\frac{x}{2\pi a}}\begin{Bmatrix} \cos ax \\ \sin ax \end{Bmatrix}.$$

5. $$\int \frac{1}{\sqrt{x}}\begin{Bmatrix} S(ax) \\ C(ax) \end{Bmatrix} dx = 2\sqrt{x}\begin{Bmatrix} S(ax) \\ C(ax) \end{Bmatrix} \pm \sqrt{\frac{2}{\pi a}}\begin{Bmatrix} \cos ax \\ \sin ax \end{Bmatrix}.$$

1.6.2. Интегралы вида $\int f(x)\begin{Bmatrix} S(ax) \\ C(ax) \end{Bmatrix} dx$.

1. $$\int \frac{1}{\sqrt{x}}\,e^{-b\sqrt{x}}\begin{Bmatrix} S(ax) \\ C(ax) \end{Bmatrix} dx = -\frac{2}{b}\,e^{-b\sqrt{x}}\begin{Bmatrix} S(ax) \\ C(ax) \end{Bmatrix} + \frac{1}{b}\left[S\left(ax+ib\sqrt{x}-\frac{b^2}{4a}\right) + S\left(ax-ib\sqrt{x}-\frac{b^2}{4a}\right) \pm iC\left(ax-ib\sqrt{x}-\frac{b^2}{4a}\right) \mp iC\left(ax+ib\sqrt{x}-\frac{b^2}{4a}\right)\right]\begin{Bmatrix} \cos[b^2/(4a)] \\ \sin[b^2/(4a)] \end{Bmatrix} + \frac{1}{b}\left[C\left(ax+ib\sqrt{x}-\frac{b^2}{4a}\right) + C\left(ax-ib\sqrt{x}-\frac{b^2}{4a}\right) + iS\left(ax+ib\sqrt{x}-\frac{b^2}{4a}\right) - iS\left(ax-ib\sqrt{x}-\frac{b^2}{4a}\right)\right]\begin{Bmatrix} \sin[b^2/(4a)] \\ \cos[b^2/(4a)] \end{Bmatrix}.$$

2. $$\int \sin bx \begin{Bmatrix} S(ax) \\ C(ax) \end{Bmatrix} dx = -\frac{\cos bx}{b} \begin{Bmatrix} S(ax) \\ C(ax) \end{Bmatrix} + \frac{\sqrt{a}}{2b}\left[\frac{1}{\sqrt{a+b}} \begin{Bmatrix} S(ax+bx) \\ C(ax+bx) \end{Bmatrix} + \frac{\operatorname{sgn}(a-b)}{\sqrt{|a-b|}} \begin{Bmatrix} S(|a-b|x) \\ C(|a-b|x) \end{Bmatrix}\right].$$

3. $$\int \cos bx \begin{Bmatrix} S(ax) \\ C(ax) \end{Bmatrix} dx = \frac{\sin bx}{b} \begin{Bmatrix} S(ax) \\ C(ax) \end{Bmatrix} \pm \frac{\sqrt{a}}{2b}\left[\frac{1}{\sqrt{a+b}} \begin{Bmatrix} C(ax+bx) \\ S(ax+bx) \end{Bmatrix} - \frac{\operatorname{sgn}(a-b)}{\sqrt{|a-b|}} \begin{Bmatrix} C(|a-b|x) \\ S(|a-b|x) \end{Bmatrix}\right].$$

4. $$\int \frac{1}{\sqrt{x}} \sin b\sqrt{x} \begin{Bmatrix} S(ax) \\ C(ax) \end{Bmatrix} dx = -\frac{2}{b}\cos b\sqrt{x} \begin{Bmatrix} S(ax) \\ C(ax) \end{Bmatrix} + \frac{1}{b}\cos\frac{b^2}{4a} \begin{Bmatrix} S(ax+b\sqrt{x}+b^2/(4a)) + S(ax-b\sqrt{x}+b^2/(4a)) \\ C(ax+b\sqrt{x}+b^2/(4a)) + C(ax-b\sqrt{x}+b^2/(4a)) \end{Bmatrix} \mp \frac{1}{b}\sin\frac{b^2}{4a} \begin{Bmatrix} C(ax+b\sqrt{x}+b^2/(4a)) + C(ax-b\sqrt{x}+b^2/(4a)) \\ S(ax+b\sqrt{x}+b^2/(4a)) + S(ax-b\sqrt{x}+b^2/(4a)) \end{Bmatrix}.$$

5. $$\int \frac{1}{\sqrt{x}} \cos b\sqrt{x} \begin{Bmatrix} S(ax) \\ C(ax) \end{Bmatrix} dx = \frac{2}{b}\sin b\sqrt{x} \begin{Bmatrix} S(ax) \\ C(ax) \end{Bmatrix} + \frac{1}{b}\sin\frac{b^2}{4a} \begin{Bmatrix} S(ax+b\sqrt{x}+b^2/(4a)) - S(ax-b\sqrt{x}+b^2/(4a)) \\ C(ax+b\sqrt{x}+b^2/(4a)) - C(ax-b\sqrt{x}+b^2/(4a)) \end{Bmatrix} \pm \frac{1}{b}\cos\frac{b^2}{4a} \begin{Bmatrix} C(ax+b\sqrt{x}+b^2/(4a)) - C(ax-b\sqrt{x}+b^2/(4a)) \\ S(ax+b\sqrt{x}+b^2/(4a)) - S(ax-b\sqrt{x}+b^2/(4a)) \end{Bmatrix}.$$

6. $$\int \frac{1}{\sqrt{x}} \ln x \begin{Bmatrix} S(ax) \\ C(ax) \end{Bmatrix} dx = 2\sqrt{x}\ln x \begin{Bmatrix} S(ax) \\ C(ax) \end{Bmatrix} - 4\sqrt{x} \begin{Bmatrix} S(ax) \\ C(ax) \end{Bmatrix} \mp 2\sqrt{\frac{2}{\pi a}} \begin{Bmatrix} \cos ax \\ \sin ax \end{Bmatrix} \pm \sqrt{\frac{2}{\pi a}} \begin{Bmatrix} \cos ax \\ \sin ax \end{Bmatrix} \ln x \mp \sqrt{\frac{2}{\pi a}} \begin{Bmatrix} \operatorname{ci}(ax) \\ \operatorname{si}(ax) \end{Bmatrix}.$$

1.6.3. Интегралы, содержащие произведения функций $S(ax)$ и $C(bx)$.

1. $$\int \frac{1}{\sqrt{x}} \begin{Bmatrix} S(ax) \\ C(ax) \end{Bmatrix}^2 dx = 2\sqrt{x} \begin{Bmatrix} S(ax) \\ C(ax) \end{Bmatrix}^2 \pm 2\sqrt{\frac{2}{\pi a}} \begin{Bmatrix} \cos ax\, S(ax) \\ \sin ax\, C(ax) \end{Bmatrix} \mp \frac{1}{\sqrt{\pi a}} S(2ax).$$

2. $$\int \frac{1}{\sqrt{x}} S(ax)S(bx)\, dx = 2\sqrt{x}\, S(ax)S(bx) + \sqrt{\frac{2}{\pi a}} \cos ax\, S(bx) + \sqrt{\frac{2}{\pi b}} \cos bx\, S(ax) - \frac{(a+b)^{1/2}}{\sqrt{2\pi ab}} S(ax+bx) - \frac{|a-b|^{1/2}}{\sqrt{2\pi ab}} S(|a-b|x).$$

3. $$\int \frac{1}{\sqrt{x}} C(ax)C(bx)\, dx = 2\sqrt{x}\, C(ax)C(bx) - \sqrt{\frac{2}{\pi a}} \sin ax\, C(bx) - \sqrt{\frac{2}{\pi b}} \sin bx\, C(ax) + \frac{(a+b)^{1/2}}{\sqrt{2\pi ab}} S(ax+bx) - \frac{|a-b|^{1/2}}{\sqrt{2\pi ab}} S(|a-b|x).$$

4. $$\int \frac{1}{\sqrt{x}} S(ax)C(bx)\, dx = 2\sqrt{x}\, S(ax)C(bx) + \sqrt{\frac{2}{\pi a}} \cos ax\, C(bx) - \sqrt{\frac{2}{\pi b}} \sin bx\, S(ax) + \frac{(a+b)^{1/2}}{\sqrt{2\pi ab}} C(ax+bx) + \operatorname{sgn}(a-b)\frac{|a-b|^{1/2}}{\sqrt{2\pi ab}} C(|a-b|x).$$

5. $$\int \frac{1}{\sqrt{x}} S(ax)C(ax)\, dx = 2\sqrt{x}\, S(ax)C(ax) + \sqrt{\frac{2}{\pi a}} [\cos ax\, C(ax) - \sin ax\, S(ax)] - \frac{1}{\sqrt{\pi a}} C(2ax).$$

1.7. ФУНКЦИЯ ПАРАБОЛИЧЕСКОГО ЦИЛИНДРА $D_\nu(x)$

1.7.1. Интегралы вида $\int x^\lambda e^{\pm a^2x^2/4} D_\nu(ax)\,dx$.

1. $$\int x^\lambda e^{\pm x^2/4} D_\nu(x)\,dx = \begin{Bmatrix} 1/(\lambda+\nu+1) \\ -1 \end{Bmatrix} x^{\lambda+1} e^{\pm x^2/4} D_{\nu-1\pm1}(x) \mp \\ \mp \begin{Bmatrix} \nu(\nu-1)/(\lambda+\nu+1) \\ \lambda-\nu+2 \end{Bmatrix} \int x^\lambda e^{\pm x^2/4} D_{\nu-2}(x)\,dx.$$

2. $$\int\limits_0^x x^\lambda e^{\pm a^2x^2/4} D_\nu(ax)\,dx = \\ = \frac{2^{\nu/2}\sqrt{\pi}\,x^{\lambda+1}}{(\lambda+1)\Gamma(1/2-\nu/2)}\,{}_2F_2\left(\frac{\lambda+2}{2},\ \frac{1\mp1}{4}\mp\frac{\nu}{2};\ \frac{1}{2},\ \frac{\lambda+3}{2};\ \pm\frac{a^2x^2}{2}\right) - \\ - \frac{2^{(\nu+1)/2}\sqrt{\pi}\,x^{\lambda+2}}{(\lambda+2)\Gamma(-\nu/2)}\,{}_2F_2\left(\frac{\lambda+2}{2},\ \frac{3\mp1}{4}\mp\frac{\nu}{2};\ \frac{3}{2},\ \frac{\lambda+4}{2};\ \pm\frac{a^2x^2}{4}\right) \quad [\operatorname{Re}\lambda > -1].$$

3. $$\int\limits_x^\infty x^\lambda e^{\pm a^2x^2/4} D_\nu(ax)\,dx = \\ = -\frac{2^{\nu/2}\sqrt{\pi}\,x^{\lambda+1}}{(\lambda+1)\Gamma(1/2-\nu/2)}\,{}_2F_2\left(\frac{\lambda+2}{2},\ \frac{1\mp1}{4}\mp\frac{\nu}{2};\ \frac{1}{2},\ \frac{\lambda+3}{2};\ \pm\frac{a^2x^2}{2}\right) + \\ + \frac{2^{(\nu+1)/2}\sqrt{\pi}\,x^{\lambda+2}}{(\lambda+2)\Gamma(-\nu/2)}\,{}_2F_2\left(\frac{\lambda+2}{2},\ \frac{3\mp1}{4}\mp\frac{\nu}{2};\ \frac{3}{2},\ \frac{\lambda+4}{2};\ \pm\frac{a^2x^2}{4}\right) + (\sqrt{2}\,a)^{-\lambda-1} A_\pm \\ \left[\begin{Bmatrix} \operatorname{Re}(\lambda+\nu) < -1;\ |\arg a| < 3\pi/4 \\ |\arg a| < \pi/4 \end{Bmatrix},\ A_+ = 2^{-\nu/2-1}\Gamma\begin{bmatrix} \lambda+1,\ -(\lambda+\nu+1)/2 \\ -\nu \end{bmatrix}, \right. \\ \left. A_- = 2^{\nu/2}\sqrt{\pi}\,\Gamma\begin{bmatrix} \lambda+1 \\ (\lambda-\nu+2)/2 \end{bmatrix}\right].$$

4. $$\int x^n e^{\pm x^2/4} D_\nu(x)\,dx = -\frac{1}{n+1}\,e^{\pm x^2/4}\sum_{k=1}^{n+1}(-n-1)_k \begin{Bmatrix} 1/(\nu+1)_k \\ (-1)^k \end{Bmatrix} x^{n-k+1} D_{\nu\pm k}(x).$$

5. $$\int e^{\pm x^2/4} D_\nu(x)\,dx = \begin{Bmatrix} 1/(\nu+1) \\ -1 \end{Bmatrix} e^{\pm x^2/4} D_{\nu\pm1}(x).$$

6. $$\int x e^{\pm x^2/4} D_\nu(x)\,dx = \begin{Bmatrix} 1/(\nu+2) \\ 1/(\nu-1) \end{Bmatrix} e^{\pm x^2/4}\left[D_\nu(x) \pm \begin{Bmatrix} 1 \\ \nu \end{Bmatrix} x D_{\nu\pm1}(x)\right].$$

7. $$\int x^2 e^{\pm x^2/4} D_\nu(x)\,dx = \begin{Bmatrix} 1/(3+\nu) \\ 1/(2-\nu) \end{Bmatrix} e^{\pm x^2/4}\left[\pm 2x D_\nu(x) + \begin{Bmatrix} x^2 - 2/(\nu+1) \\ \nu x^2 - 2 \end{Bmatrix} D_{\nu\pm1}(x)\right].$$

8. $$\int x^{-\nu-3} e^{x^2/4} D_\nu(x)\,dx = \frac{1}{(\nu+1)(\nu+2)}\,x^{-\nu-2} e^{x^2/4} D_{\nu+2}(x).$$

9. $$\int x^{\nu-2} e^{-x^2/4} D_\nu(x)\,dx = -x^{\nu-1} e^{-x^2/4} D_{\nu-2}(x).$$

1.7.2. Интегралы вида $\int f(x) D_\nu^2(x)\,dx$.

1. $$\int D_\nu^2(x)\,dx = \nu\int D_{\nu-1}^2(x)\,dx - D_{\nu-1}(x) D_\nu(x).$$

2. $$\int x^{2n+1} e^{\pm x^2/2} D_\nu^2(x)\,dx = \pm\frac{x^{2n}}{2}\,e^{\pm x^2/2}\left[D_\nu^2(x) + \begin{Bmatrix} 1/(\nu+1) \\ \nu \end{Bmatrix} D_{\nu\pm1}^2(x)\right] \mp \\ \mp n\int x^{2n-1} e^{\pm x^2/2} D_\nu^2(x)\,dx \mp \begin{Bmatrix} n/(\nu+1) \\ 2n \end{Bmatrix} \int x^{2n-1} e^{\pm x^2/2} D_{\nu\pm1}^2(x)\,dx.$$

1.8. ФУНКЦИЯ БЕССЕЛЯ $J_\nu(x)$

1.8.1. Интегралы вида $\int x^\lambda J_\nu(x)\,dx$.

1. $$\int_0^x x^\lambda J_\nu(x)\,dx = \frac{x^{\lambda+\nu+1}}{2^\nu(\lambda+\nu+1)\Gamma(\nu+1)}\,{}_1F_2\left(\frac{\lambda+\nu+1}{2};\ \frac{\lambda+\nu+3}{2},\ \nu+1;\ -\frac{x^2}{4}\right)$$ $[\operatorname{Re}(\lambda+\nu) > -1]$.

2. $$\int_x^\infty x^\lambda J_\nu(x)\,dx = 2^\lambda\Gamma\left[\begin{matrix}(\nu+\lambda+1)/2\\(\nu-\lambda+1)/2\end{matrix}\right] - \frac{x^{\lambda+\nu+1}}{2^\nu(\lambda+\nu+1)\Gamma(\nu+1)}\,{}_1F_2\left(\frac{\lambda+\nu+1}{2};\ \nu+1,\ \frac{\lambda+\nu+3}{2};\ -\frac{x^2}{4}\right)$$ $[\operatorname{Re}\lambda < 1/2]$.

3. $$\int x^\lambda J_\nu(x)\,dx = x^\lambda J_{\nu+1}(x) - (\lambda-\nu-1)\int x^{\lambda-1}J_{\nu+1}(x)\,dx.$$

4. $$= x^\lambda J_{\nu+1}(x) + (\lambda-\nu-1)x^{\lambda-1}J_\nu(x) - [(\lambda-1)^2-\nu^2]\int x^{\lambda-2}J_\nu(x)\,dx.$$

5. $$= x[(\lambda+\nu-1)J_\nu(x)s_{\lambda-1,\,\nu-1}(x) - J_{\nu-1}(x)s_{\lambda,\,\nu}(x)].$$

6. $$\int x^{n+1/2}J_{m+1/2}(ax)\,dx = \frac{1}{a^{n+3/2}}\sqrt{\frac{2}{\pi}}\left[\sin\left(ax-\frac{m\pi}{2}\right)\sum_{k=0}^{[(n-1)/2]} C_{n-2k-1}(ax)^{n-2k-1} + \cos\left(ax-\frac{m\pi}{2}\right)\sum_{k=0}^{[n/2]} C_{n-2k}(ax)^{n-2k}\right]$$

$\Big[n \geqslant m;\ C_n = -1,\ C_{n-k-1} = (-1)^k[P_{k+1}-(n-k)C_{n-k}],\ k=0,\,1,\,\ldots,\,n-1;$
$P_k = (-1)^{[k/2]}\dfrac{(m+k)!}{k!(m-k)!2^k}$ при $k=0,\,1,\,\ldots,\,m$, $P_k = 0$ при $k > m\Big]$.

7. $$= \frac{1}{2^{n+3/2}}\sqrt{\frac{2}{\pi}}\left[\sin\left(ax-\frac{m\pi}{2}\right)\sum_{k=[(n+1)/2]}^{[(m-2)/2]} C_{n-2k-1}(ax)^{n-2k-1} + \cos\left(ax-\frac{m\pi}{2}\right)\times\right.$$
$$\left.\times\sum_{k=[(n+2)/2]}^{[(m-1)/2]} C_{n-2k}(ax)^{n-2k} + (-1)^{[n/2]}C_{-1}\left(\sin\frac{n-m}{2}\pi\operatorname{si}(ax) - \cos\frac{n-m}{2}\pi\operatorname{ci}(ax)\right)\right] +$$
$$+\ \delta_{-n,\,1}(-1)^{[n/2]}\sqrt{\frac{2}{\pi a}}\sin\frac{n\pi}{2}\left(\cos\frac{m\pi}{2}\operatorname{si}(ax) - \sin\frac{m\pi}{2}\operatorname{ci}(ax)\right)$$

$\Big[n < 0;\ m \neq 0;\ C_{n-m+1} = \dfrac{P_m}{n-m+1},\ C_{n-m+k+1} = \dfrac{1}{n-m+k+1}((-1)^{k+m}C_{n-m+k} + P_{m-k}),$
$k = 1,\,2,\,\ldots,\,m-n-2;\ P_k$ см. в 1.8.1.6$\Big]$.

8. $$= \frac{1}{a^{n+3/2}}\sqrt{\frac{2}{\pi}}\left[\sin\left(ax-\frac{m\pi}{2}\right)\sum_{k=1}^{[m/2]} C_{n-2k-1}(ax)^{n-2k-1} + \cos\left(ax-\frac{m\pi}{2}\right)\sum_{k=0}^{[(m-1)/2]} C_{n-2k}(ax)^{n-2k} +\right.$$
$$\left.+\ (-1)^{[n/2]}(P_{n+1} + (-1)^{n+1}C_{-1})\left(\sin\frac{m+n}{2}\pi\operatorname{si}(ax) + \cos\frac{m+n}{2}\pi\operatorname{ci}(ax)\right)\right].$$

$\Big[0 \leqslant n \leqslant m;\ C_n = -1,\ C_{n-k-1} = (-1)^k(P_{k+1}-(n-k)C_{n-k}),\ k=0,\,1,\,\ldots,\,n-1;$
$C_{n-m+1} = \dfrac{P_m}{n-m+1},\ C_{n-m+k+1} = \dfrac{1}{n-m+k-1}\left((-1^{k+m}C_{n-m+k} + P_{m-k}\right),$

$k = 1,\ 2,\ \ldots,\ m-n-2;\ C_{-1} = 0$ при $n = m-1$; P_k см. в 1.8.1.6$\Big]$.

9. $\int\limits_0^x J_\nu(x)\,dx = 2\sum\limits_{k=0}^{\infty} J_{\nu+2k+1}(x)$ $\quad$ [$\operatorname{Re}\nu > -1$].

10. $\int J_\nu(x)\,dx = \int J_{\nu+2n}(x)\,dx + 2\sum\limits_{k=0}^{n-1} J_{\nu+2k+1}(x)$.

11. $\int\limits_0^x J_n(x)\,dx = (n-1)xJ_n(x)s_{-1,\,n-1}(x) - xJ_{n-1}(x)s_{0,\,n}(x)$.

12. $\int\limits_0^x J_{2n}(x)\,dx = \int\limits_0^x J_0(x)\,dx - 2\sum\limits_{k=0}^{n-1} J_{2k+1}(x)$ $\quad$ [см. 1.8.1.14].

13. $\int\limits_0^x J_{2n+1}(x)\,dx = 1 - J_0(x) - 2\sum\limits_{k=1}^{n} J_{2k}(x)$.

14. $\int\limits_0^x J_0(x)\,dx = xJ_0(x) + \frac{\pi x}{2}\left[J_1(x)\mathbf{H}_0(x) - J_0(x)\mathbf{H}_1(x)\right]$.

15. $\int\limits_0^x J_{\pm 1/2}(x)\,dx = 2\left\{\begin{matrix} S(x) \\ C(x) \end{matrix}\right\}$.

16. $\int\limits_{x_1}^{x_2} J_1(x)\,dx = \left\{\begin{matrix} 1 \\ 0 \end{matrix}\right\} \mp J_0(x)$ $\quad$ $\left[\left\{\begin{matrix} x_1 = 0,\ x_2 = x \\ x_1 = x,\ x_2 = \infty \end{matrix}\right\}\right]$.

17. $\int\limits_0^x x^{\nu+3} J_\nu(x)\,dx = x^{\nu+3}J_{\nu+1}(x) - 2x^{\nu+2}J_{\nu+2}(x)$ $\quad$ [$\operatorname{Re}\nu > -2$].

18. $\int \frac{1}{x}\,J_{2n}(x)\,dx = \frac{1}{2n}\left[1 - \frac{2}{x}\sum\limits_{k=0}^{n-1}(2k+1)J_{2k+1}(x)\right]$.

19. $\int\limits_0^x \frac{1}{x}\,J_{2n+1}(x)\,dx = \frac{1}{2n+1}\left[\int\limits_0^x J_0(x)\,dx - J_1(x) - \frac{4}{x}\sum\limits_{k=1}^{n} kJ_{2k}(x)\right]$ $\quad$ [см. 1.8.1.14].

20. $\int\limits_x^\infty \frac{1}{x}\,J_0(x)\,dx = \frac{x^2}{8}\,{}_2F_3\left(1,\ 1;\ 2,\ 2,\ 2;\ -\frac{x^2}{4}\right) - \ln\frac{x}{2} - \mathbf{C}$ $\quad$ [$x > 0$].

21. $\int\limits_0^x x^{1\pm\nu} J_\nu(x)\,dx = \pm x^{1\pm\nu}J_{\nu\pm1}(x) + \frac{1}{2^{\nu-1}\Gamma(\nu)}\left\{\begin{matrix} 0 \\ 1 \end{matrix}\right\}$ $\quad$ $\left[\left\{\begin{matrix} \operatorname{Re}\nu > -1 \\ \nu \text{ любое} \end{matrix}\right\}\right]$.

22. $\int\limits_0^x x^\nu J_\nu(x)\,dx = 2^{\nu-1}\sqrt{\pi}\,\Gamma\left(\frac{1}{2}+\nu\right)x\left[J_\nu(x)\mathbf{H}_{\nu-1}(x) - J_{\nu-1}(x)\mathbf{H}_\nu(x)\right]$ $\quad$ [$\operatorname{Re}\nu > -1/2$].

23. $\int\limits_0^x x^\lambda\left[1 - J_0(x)\right]dx = \frac{x^{\lambda+3}}{4(\lambda+3)}\,{}_2F_3\left(1,\ \frac{\lambda+3}{2};\ 2,\ 2,\ \frac{\lambda+5}{2};\ -\frac{x^2}{4}\right)$ $\quad$ [$\operatorname{Re}\lambda > -3$].

1.8.2. Интегралы, содержащие степенную, показательную, тригонометрические функции и $J_\nu(x)$.

1. $\int\limits_0^x x^\lambda e^{ix} J_\nu(x)\,dx = \frac{x^{\lambda+\nu+1}}{2^\nu(\lambda+\nu+1)\Gamma(\nu+1)}\,{}_2F_2\left(\nu+\frac{1}{2};\ \lambda+\nu+1;\ 2\nu+1,\ \lambda+\nu+2;\ 2ix\right)$

[$\operatorname{Re}(\lambda+\nu) > -1$].

2. $$\int_0^x x^\lambda e^{\pm ix} J_\nu(x)\,dx = xe^{\pm i\lambda\pi/2}\left[\frac{\lambda-\nu}{\lambda+\nu+1}\,J_\nu(x)h_{\lambda,\,\nu+1}(xe^{\mp i\pi/2}) \pm \pm\, iJ_{\nu+1}(x)h_{\lambda,\,\nu}(xe^{\mp i\pi/2})\right] + \frac{x^{\lambda+1}}{\lambda+\nu+1}\,e^{\pm ix}J_\nu(x) \qquad [\operatorname{Re}(\lambda+\nu)>-1].$$

3. $$\int_0^x x^{\pm\nu} e^{ix} J_\nu(x)\,dx = \frac{x^{1\pm\nu}e^{ix}}{1\pm 2\nu}\,[J_\nu(x) \mp iJ_{\nu\pm1}(x)] + \frac{i}{2^{\nu-1}(2\nu-1)\Gamma(\nu)}\begin{Bmatrix}0\\1\end{Bmatrix} \qquad \left[\begin{Bmatrix}\operatorname{Re}\nu>-1/2\\ \nu\neq 1/2\end{Bmatrix}\right].$$

4. $$\int_0^x x^{\nu+1}e^{ax^2}J_\nu(bx)\,dx = \frac{b^\nu e^{ax^2}}{(2ia)^{\nu+1}}\,[U_{\nu+1}(2iax^2,\,bx) + iU_{\nu+2}(2iax^2,\,bx)] \qquad [\operatorname{Re}\nu>-1].$$

5. $$\int x^\nu \begin{Bmatrix}\sin x\\ \cos x\end{Bmatrix} J_\nu(x)\,dx = \frac{x^{\nu+1}}{2\nu+1}\left[\begin{Bmatrix}\sin x\\ \cos x\end{Bmatrix}J_\nu(x) \mp \begin{Bmatrix}\cos x\\ \sin x\end{Bmatrix}J_{\nu+1}(x)\right].$$

6. $$\int x^{\nu+1}\begin{Bmatrix}\sin x\\ \cos x\end{Bmatrix}J_\nu(x)\,dx = x^{\nu+1}\begin{Bmatrix}\sin x\\ \cos x\end{Bmatrix}J_{\nu+1} - \frac{x^{\nu+2}}{2\nu+3}\left[\begin{Bmatrix}\sin x\\ \cos x\end{Bmatrix}J_{\nu+2}(x) \pm \begin{Bmatrix}\cos x\\ \sin x\end{Bmatrix}J_{\nu+1}(x)\right].$$

7. $$\int_0^x x^{-3/2}\begin{Bmatrix}\sin x\\ \cos x\end{Bmatrix}J_\nu(x)\,dx = \mp\frac{2\sqrt{x}}{2\nu^2-1}\begin{Bmatrix}\cos x\\ \sin x\end{Bmatrix}J_\nu(x) + \begin{Bmatrix}\sin x\\ \cos x\end{Bmatrix}\left[\frac{2}{(2\nu-1)\sqrt{x}}\,J_\nu(x) - \left(\nu^2-\frac14\right)\sqrt{x}\,J_\nu(x)\right] \qquad [\operatorname{Re}\nu>\mp1/2].$$

8. $$\int_0^x x^{\nu+1}\begin{Bmatrix}\sin ax^2\\ \cos ax^2\end{Bmatrix}J_\nu(bx)\,dx = (2a)^{-\nu-1}b^\nu\left[U_{\nu+1}(2ax^2,\,bx)\begin{Bmatrix}\sin ax^2\\ \cos ax^2\end{Bmatrix} \mp U_{\nu+2}(2ax^2,\,bx)\begin{Bmatrix}\cos ax^2\\ \sin ax^2\end{Bmatrix}\right] \qquad [\operatorname{Re}\nu>-(3\pm1)/2].$$

1.8.3. Интегралы вида $\int x^\lambda J_\mu(ax)J_\nu(bx)\,dx$.

1. $$\int_0^x x^\lambda J_\mu(x)J_\nu(x)\,dx = \frac{x^{\lambda+\mu+\nu+1}}{2^{\mu+\nu}(\lambda+\mu+\nu+1)\Gamma(\mu+1)\Gamma(\nu+1)}\times {}_3F_4\left(\frac{\mu+\nu+1}{2},\,\frac{\mu+\nu+2}{2},\,\frac{\lambda+\mu+\nu+1}{2};\;\mu+1,\,\nu+1,\,\mu+\nu+1,\;\frac{\lambda+\mu+\nu+3}{2};\;-x^2\right) \qquad [\operatorname{Re}(\lambda+\mu+\nu)>-1].$$

2. $$\int x^\lambda J_\mu(x)J_\nu(x)\,dx = \frac{x^{\lambda+2}}{\lambda-\mu-\nu+1}\,[J_{\mu-1}(x)J_{\nu-1}(x) + J_\mu(x)J_\nu(x)] - \frac{\lambda+\mu+\nu-1}{\lambda-\mu-\nu+1}\int x^\lambda J_{\mu-1}(x)J_{\nu-1}(x)\,dx.$$

3. $$\int x^{\pm\mu\pm\nu+1}J_\mu(x)J_\nu(x)\,dx = \pm\frac{x^{\pm\mu\pm\nu+1}}{2(\mu+\nu\pm1)}\,[J_\mu(x)J_\nu(x) + J_{\mu\pm1}(x)J_{\nu\pm1}(x)].$$

4. $$\int x^\lambda J_\nu^2(x)\,dx = \frac{\lambda-1}{\lambda}\left[\nu^2 - \frac{(\lambda-1)^2}{4}\right]\int x^{\lambda-2}J_\nu^2(x)\,dx + \frac{1}{2\lambda}\,x^{\lambda-1}\left\{\left[xJ_\nu'(x) - \frac{\lambda-1}{2}\,J_\nu(x)\right]^2 + \left[x^2-\nu^2+\frac{(\lambda-1)^2}{4}\right]J_\nu^2(x)\right\}.$$

5. $\int x^{\pm 2\nu+1} J_\nu^2(x)\,dx = \dfrac{1}{2(1\pm 2\nu)}\,x^{2\pm 2\nu}[J_\nu^2(x) + J_{\nu\pm 1}^2(x)].$

6. $\int\limits_0^x J_{3/2}^2(x)\,dx = \dfrac{1}{\pi}\left[\dfrac{\sin 2x}{x} - \dfrac{\sin^2 x}{x^2} + \ln 2x - \mathrm{ci}\,(2x) + \mathbf{C} - 1\right].$

7. $\int J_\nu(x) J_{\nu+1}(x)\,dx = \sum\limits_{k=0}^{\infty} J_{\nu+k+1}^2(x).$

8. $\int\limits_0^x J_n(x) J_{n+1}(x)\,dx = \dfrac{1}{2} - \dfrac{1}{2}\,J_0^2(x) - \sum\limits_{k=1}^{n} J_k^2(x).$ **9.** $\int\limits_0^x J_0(x) J_1(x)\,dx = \dfrac{1}{2} - \dfrac{1}{2}\,J_0^2(x).$

10. $\int x J_\nu(ax) J_\nu(bx)\,dx = \dfrac{x}{a^2 - b^2}\,[a J_{\nu+1}(ax) J_\nu(bx) - b J_\nu(ax) J_{\nu+1}(bx)].$

11. $\int\limits_0^x x J_\nu^2(ax)\,dx = \dfrac{x^2}{2}\,[J_\nu'(ax)]^2 + \dfrac{1}{2}\left(x^2 - \dfrac{\nu^2}{a^2}\right) J_\nu^2(ax)$ $[\mathrm{Re}\,\nu > -1].$

12. $\int x J_\nu^2(ax)\,dx = \dfrac{x^2}{2}\,[J_\nu^2(ax) - J_{\nu-1}(ax) J_{\nu+1}(ax)].$

13. $\int\limits_0^x x J_0^2(x)\,dx = \dfrac{x^2}{2}\,[J_0^2(x) + J_1^2(x)].$ **14.** $\int x[J_{\nu-1}^2(x) - J_{\nu+1}^2(x)]\,dx = 2\nu J_\nu^2(x).$

15. $\int\limits_0^x x^2 J_{3/2}^2(x)\,dx = \dfrac{1}{\pi}\left[\dfrac{x^2}{2} + \dfrac{x}{2}\sin 2x - \dfrac{5}{2}\sin^2 x + \ln 2x - \mathrm{ci}\,(2x) + \mathbf{C}\right].$

16. $\int \dfrac{1}{x}\,J_\nu^2(x)\,dx = \dfrac{1}{2\nu}\,J_\nu^2(x) + \dfrac{x}{2\nu}\left[J_{\nu+1}(x)\dfrac{\partial}{\partial\nu}\,J_\nu(x) - J_\nu(x)\dfrac{\partial}{\partial\nu}\,J_{\nu+1}(x)\right].$

17. $\int\limits_0^x \dfrac{1}{x}\,J_n^2(x)\,dx = \dfrac{1}{2n}\left[1 + J_0^2(x) + J_n^2(x) - 2\sum\limits_{k=0}^{n} J_k^2(x)\right]$ $[n \geqslant 1].$

18. $\int \dfrac{1}{x}\,J_\mu(ax) J_\nu(ax)\,dx =$

$$= -\frac{ax}{\mu^2 - \nu^2}\,[J_{\mu+1}(ax) J_\nu(ax) - J_\mu(ax) J_{\nu+1}(ax)] + \frac{1}{\mu+\nu}\,J_\mu(ax) J_\nu(ax).$$

19. $\int \dfrac{1}{x}\,J_{\mu+n}(x) J_{\nu+n}(x)\,dx = \dfrac{1}{\mu+\nu+2n}\,\times$

$$\times\left[(\mu+\nu)\int \frac{1}{x}\,J_\mu(x) J_\nu(x)\,dx - J_\mu(x) J_\nu(x) - J_{\mu+n}(x) J_{\nu+n}(x) - 2\sum_{k=1}^{n-1} J_{\mu+k}(x) J_{\nu+k}(x)\right].$$

20. $\int \dfrac{1}{x^2}\,J_\nu^2(x)\,dx = \dfrac{2}{(4\nu^2 - 1)x}\left\{\left[x J_\nu'(x) + \dfrac{1}{2}\,J_\nu(x)\right]^2 + \left(x^2 - \nu^2 + \dfrac{1}{4}\right) J_\nu^2(x)\right\}.$

21. $\int \dfrac{1}{x^2}\,J_n^2(x)\,dx = -\dfrac{2}{4n^2 - 1}\,J_{n-1}(x) J_n(x) +$

$$+ \frac{2x}{4n^2 - 1}\,[J_{n-1}^2(x) - J_{n-2}(x) J_n(x)] - \frac{1}{(2n+1)x}\,J_n^2(x).$$

22. $\int\limits_0^x \dfrac{1}{x^2}\,J_{3/2}^2(x)\,dx = \dfrac{1}{2\pi} - \dfrac{1}{4x}\,[J_{1/2}^2(x) + J_{3/2}^2(x)].$

23. $$\int \frac{1}{x^2} J_{n-1}(x)J_n(x)\,dx = -\frac{1}{2x} J_{n-1}(x)J_n(x) - \frac{1}{4n(n-1)}\left[J_0^2(x) + 2\sum_{k=1}^{n-2} J_k^2(x) - (n-2)J_{n-1}^2(x) - (n-1)J_n^2(x)\right].$$

24. $$\int \frac{1}{x^2} J_m(x)J_n(x)\,dx = -\frac{1}{(m+n+1)x} J_m(x)J_n(x) - \frac{1}{(n+m)^2-1} \times \times [J_{m-1}(x)J_n(x) + J_m(x)J_{n-1}(x)] - \frac{2x}{[(m+n)^2-1][(m-n)^2-1]} J_{m-1}(x)J_{n-1}(x) - \frac{xJ_m(x)J_{n-2}(x)}{(m+n+1)[m^2-(n-1)^2]} - \frac{xJ_{m-2}(x)J_n(x)}{(m+n+1)[n^2-(m-1)^2]}.$$

25. $$\int \frac{1}{x^3} J_n^2(x)\,dx = -\frac{1}{n(n^2-1)x^2}\left[\frac{n(n-1)}{2} J_n^2(x) + \sum_{k=1}^{n-1} k^2 J_k^2(x)\right].$$

26. $$\int \frac{1}{x^3} J_m(x)J_n(x)\,dx = -\frac{1}{m+n+2}\left\{\frac{J_m(x)J_n(x)}{x^2} + \frac{1}{m+n}\,\frac{J_{m-1}(x)J_n(x) + J_m(x)J_{n-1}(x)}{x} + \frac{1}{(m+n-1)^2-1}[J_{m-2}(x)J_n(x) + 2J_{m-1}(x)J_{n-1}(x) + J_m(x)J_{n-2}(x)] + \frac{x}{m+n}\left[\frac{J_{n-3}(x)J_m(x)}{m^2-(n-2)^2} + \frac{n-m-4}{(n-m)[m^2-(n-2)^2]} J_{n-2}(x)J_{m-1}(x) + \frac{n-m+4}{(n-m)[n^2-(m-2)^2]} J_{n-1}(x)J_{m-2}(x) + \frac{J_n(x)J_{m-3}(x)}{n^2-(m-2)^2}\right]\right\}.$$

1.8.4. Интегралы вида $\int \frac{f(x)}{J_\mu(x)J_\nu(x)}\,dx$.

1. $$\int \frac{dx}{xJ_\nu^2(x)} = \frac{\pi}{2}\,\frac{Y_\nu(x)}{J_\nu(x)}.$$

2. $$\int \frac{dx}{xJ_\nu(x)J_{-\nu}(x)} = \frac{\pi}{2\sin\nu\pi} \ln\frac{J_\nu(x)}{J_{-\nu}(x)}.$$

3. $$\int \frac{(1-\nu^2/x^2)\,dx}{x[J_\nu'(x)]^2} = \frac{\pi}{2}\,\frac{Y_\nu'(x)}{J_\nu'(x)}.$$

1.9. ФУНКЦИЯ НЕЙМАНА $Y_\nu(x)$

1.9.1. Интегралы вида $\int x^\lambda Y_\nu(x)\,dx$.

1. $$\int_{x_1}^{x_2} x^\lambda Y_\nu(x)\,dx = -\frac{\cos\nu\pi\,\Gamma(-\nu)}{2^\nu\pi(\lambda+\nu+1)} x^{\lambda+\nu+1}\,{}_1F_2\left(\frac{\lambda+\nu+1}{2};\ 1+\nu,\ \frac{\lambda+\nu+3}{2};\ -\frac{x^2}{4}\right) - \frac{2^\nu\Gamma(\nu)}{\lambda-\nu+1} x^{\lambda-\nu+1}\,{}_1F_2\left(\frac{\lambda-\nu+1}{2};\ 1-\nu,\ \frac{\lambda-\nu+3}{2};\ -\frac{x^2}{4}\right) - \begin{Bmatrix} 0 \\ 1 \end{Bmatrix} \frac{2^\lambda}{\pi} \cos\frac{\lambda-\nu+1}{2}\pi\,\Gamma\left(\frac{\lambda+\nu+1}{2}\right)\Gamma\left(\frac{\lambda-\nu+1}{2}\right)$$
$$\left[\begin{Bmatrix} x_1 = 0,\ x_2 = x;\ \operatorname{Re}\lambda > |\operatorname{Re}\nu| - 1 \\ x_1 = x,\ x_2 = \infty;\ \operatorname{Re}\lambda < 1/2 \end{Bmatrix}\right].$$

2. $$\int_0^x x^\lambda Y_\nu(x)\,dx = (\lambda+\nu-1)xY_\nu(x)s_{\lambda-1,\,\nu-1}(x) - xY_{\nu-1}(x)s_{\lambda,\,\nu}(x).$$

3. $$\int_0^x x^\nu Y_\nu(x)\,dx = 2^{\nu-1}\sqrt{\pi}\,\Gamma\left(\nu+\frac{1}{2}\right)x[Y_\nu(x)\mathbf{H}_{\nu-1}(x) - Y_{\nu-1}(x)\mathbf{H}_\nu(x)] \qquad [\operatorname{Re}\nu > -1/2].$$

4. $\displaystyle\int_0^x x^{1\pm\nu}Y_\nu(x)\,dx = \pm x^{1\pm\nu}Y_{\nu\pm1}(x) + \frac{2^{1\pm\nu}\Gamma(1\pm\nu)}{\pi}\left\{\begin{matrix}1\\ \cos\nu\pi\end{matrix}\right\}$ $[\pm\operatorname{Re}\nu > -1]$.

5. $\displaystyle\int_x^\infty x^{\nu+1}Y_\nu(x)\,dx = -x^{\nu+1}Y_{\nu+1}(x) + \frac{2^{\nu+1}\Gamma(\nu+1)}{\pi}$ $[\operatorname{Re}\nu < -1/2]$.

6. $\displaystyle\int Y_\nu(x)\,dx = 2\sum_{k=0}^\infty Y_{\nu+2k+1}(x).$

7. $\displaystyle\int_0^x Y_0(x)\,dx = xY_0(x) + \frac{\pi x}{2}\,[Y_1(x)\mathbf{H}_0(x) - Y_0(x)\mathbf{H}_1(x)].$

1.9.2. Интегралы вида $\int x^\lambda e^{\pm ix}Y_\nu(x)\,dx$.

1. $$\int_0^x x^\lambda e^{\pm ix}Y_\nu(x)\,dx = xe^{\pm i\lambda\pi/2}\left[\frac{\lambda-\nu}{\lambda+\nu+1}\,Y_\nu(x)h_{\lambda,\,\nu+1}(xe^{\mp i\pi/2}) \pm\right.$$
$$\left.\pm\, iY_{\nu+1}(x)h_{\lambda,\,\nu}(xe^{\mp i\pi/2})\right] + \frac{x^{\lambda+1}}{\lambda+\nu+1}\,e^{\pm ix}Y_\nu(x)$$ $[\operatorname{Re}\lambda > |\operatorname{Re}\nu| - 1]$.

2. $\displaystyle\int_0^x x^\nu e^{ix}Y_\nu(x)\,dx = \frac{x^{\nu+1}e^{ix}}{2\nu+1}\,[Y_\nu(x) - iY_{\nu+1}(x)] - \frac{2^{\nu+1}i\Gamma(\nu+1)}{\pi(2\nu+1)}$ $[\operatorname{Re}\nu > -1/2]$.

1.9.3. Интегралы вида $\int x^\lambda Y_\mu(ax)Y_\nu(bx)\,dx$.

1. $\displaystyle\int x^{\pm\mu\pm\nu+1}Y_\mu(x)Y_\nu(x)\,dx = \pm\frac{x^{\pm\mu\pm\nu+2}}{2(\mu+\nu\pm1)}\,[Y_\mu(x)Y_\nu(x) + Y_{\mu\pm1}(x)Y_{\nu\pm1}(x)].$

2. $\displaystyle\int xY_\nu(ax)Y_\nu(bx)\,dx = \frac{x}{a^2-b^2}\,[aY_{\nu+1}(ax)Y_\nu(bx) - bY_\nu(ax)Y_{\nu+1}(bx)].$

3. $$\int \frac{1}{x}\,Y_\mu(ax)Y_\nu(ax)\,dx = $$
$$= -\frac{ax}{\mu^2-\nu^2}\,[Y_{\mu+1}(ax)Y_\nu(ax) - Y_\mu(ax)Y_{\nu+1}(ax)] + \frac{1}{\mu+\nu}\,Y_\mu(ax)Y_\nu(ax).$$

4. $\displaystyle\int \frac{1}{x}\,Y_\nu^2(ax)\,dx = \frac{ax}{2\nu}\left[Y_{\nu+1}(ax)\frac{\partial Y_\nu(ax)}{\partial\nu} - Y_\nu(ax)\frac{\partial Y_{\nu+1}(ax)}{\partial\nu}\right] + \frac{1}{2\nu}\,Y_\nu^2(ax).$

5. $$\int x^\lambda Y_\nu^2(x)\,dx = \frac{\lambda-1}{\lambda}\left[\nu^2 - \left(\frac{\lambda-1}{2}\right)^2\right]\int x^{\lambda-2}Y_\nu^2(x)\,dx +$$
$$+ \frac{1}{2\lambda}\,x^{\lambda-1}\left\{\left[xY_\nu'(x) - \frac{\lambda-1}{2}\,Y_\nu(x)\right]^2 + \left[x^2 - \nu^2 + \left(\frac{\lambda-1}{2}\right)^2\right]Y_\nu^2(x)\right\}.$$

6. $\displaystyle\int x^{1\pm2\nu}Y_\nu^2(x)\,dx = \frac{1}{2(1\pm2\nu)}\,x^{2\pm2\nu}[Y_\nu^2(x) + Y_{\nu\pm1}^2(x)].$

7. $\displaystyle\int_0^x xY_\nu^2(ax)\,dx = \frac{x^2}{2}\,[Y_\nu^2(ax) - Y_{\nu-1}(ax)Y_{\nu+1}(ax)]$ $[|\operatorname{Re}\nu| < 2]$.

8. $\displaystyle\int \frac{1}{x}\,Y_n^2(x)\,dx = -\frac{1}{2n}\left[Y_0^2(x) + Y_n^2(x) + 2\sum_{k=0}^{n-1}Y_k^2(x)\right].$

9. $\displaystyle\int \frac{1}{x^2}\,Y_\nu^2(x)\,dx = \frac{2}{(4\nu^2-1)x}\left\{\left[xJ_\nu'(x) + \frac{1}{2}\,Y_\nu(x)\right]^2 + \left(x^2 - \nu^2 + \frac{1}{4}\right)Y_\nu^2(x)\right\}.$

1.9.4. Интегралы, содержащие $\int \frac{f(x)}{Y_\nu(x)}\,dx$.

1. $\int \frac{dx}{xY_\nu^2(x)} = -\frac{\pi}{2}\frac{J_\nu(x)}{Y_\nu(x)}$. **2.** $\int \frac{(1-\nu^2/x^2)\,dx}{x[Y_\nu'(x)]^2} = -\frac{\pi}{2}\frac{J_\nu'(x)}{Y_\nu'(x)}$.

3. $\int \frac{(1-\nu^2/x^2)\,dx}{xJ_\nu'(x)Y_\nu'(x)} = \frac{\pi}{2}\ln\frac{Y_\nu'(x)}{J_\nu'(x)}$.

1.9.5. Интегралы, содержащие $J_\mu(ax)Y_\nu(bx)$.

1. $\int x^{\pm\mu\pm\nu+1}J_\mu(x)Y_\nu(x)\,dx = \pm\frac{x^{\pm\mu\pm\nu+2}}{2(\mu+\nu\pm1)}[J_\mu(x)Y_\nu(x)+J_{\mu\pm1}(x)Y_{\nu\pm1}(x)]$.

2. $\int xJ_\nu(ax)Y_\nu(bx)\,dx = \frac{x}{b^2-a^2}[bJ_\nu(ax)Y_{\nu+1}(bx)-aJ_{\nu+1}(ax)Y_\nu(bx)]$.

3. $\int xJ_\nu(ax)Y_\nu(ax)\,dx = \frac{x^2}{4}[2J_\nu(ax)Y_\nu(ax)-J_{\nu+1}(ax)Y_{\nu-1}(ax)-J_{\nu-1}(ax)Y_{\nu+1}(ax)]$.

4. $\int_0^x xJ_0(ax)Y_0(bx)\,dx = \frac{2}{\pi(b^2-a^2)}+\frac{x}{b^2-a^2}[bJ_0(ax)Y_1(bx)-aY_0(bx)J_1(ax)]$.

5. $\int \frac{1}{x}J_\mu(ax)Y_\nu(ax)\,dx =$

$$= -\frac{ax}{\mu^2-\nu^2}[J_{\mu+1}(ax)Y_\nu(ax)-J_\mu(ax)Y_{\nu+1}(ax)]+\frac{1}{\mu+\nu}J_\mu(ax)Y_\nu(ax).$$

6. $\int \frac{1}{x}J_n(x)Y_n(x)\,dx = -\frac{1}{2n}\left[J_0(x)Y_0(x)+J_n(x)Y_n(x)+2\sum_{k=1}^{n-1}J_k(x)Y_k(x)\right]$.

7. $\int \frac{dx}{xJ_\nu(x)Y_\nu(x)} = \frac{\pi}{2}\ln\frac{Y_\nu(x)}{J_\nu(x)}$.

1.10. ФУНКЦИИ ГАНКЕЛЯ $H_\nu^{(1)}(x)$ И $H_\nu^{(2)}(x)$

Обозначение: $j = 1$ или 2.

1.10.1. Интегралы вида $\int x^\lambda H_\nu^{(j)}(x)\,dx$.

1. $\int_0^x x^\lambda H_\nu^{(j)}(x)\,dx = \frac{2^\lambda}{\pi}e^{(-1)^{j+1}i(\lambda-\nu)\pi/2}\Gamma\left(\frac{\lambda-\nu+1}{2}\right)\Gamma\left(\frac{\lambda+\nu+1}{2}\right)+$

$$+(\lambda+\nu-1)xH_\nu^{(j)}(x)S_{\lambda-1,\,\nu-1}(x)-xH_{\nu-1}^{(j)}(x)S_{\lambda,\,\nu}(x) \qquad [\operatorname{Re}\lambda > |\operatorname{Re}\nu|-1].$$

2. $\int_0^x H_0^{(j)}(x)\,dx = xH_0^{(j)}(x)+\frac{\pi x}{2}[H_1^{(j)}(x)\mathbf{H}_0(x)-H_0^{(j)}(x)\mathbf{H}_1(x)]$.

3. $\int_0^x x^\nu H_\nu^{(j)}(x)\,dx = 2^{\nu-1}\sqrt{\pi}\,\Gamma\left(\nu+\frac{1}{2}\right)x[H_\nu^{(j)}(x)\mathbf{H}_{\nu-1}(x)-H_{\nu-1}^{(j)}(x)\mathbf{H}_\nu(x)]$

$[\operatorname{Re}\nu > -1/2]$.

4. $\int x^{1\pm\nu}H_\nu^{(j)}(x)\,dx = \pm x^{1\pm\nu}H_{\nu+1}^{(j)}(x)$.

5. $\int H_\nu^{(j)}(x)\,dx = \int H_{\nu+2n}^{(j)}(x)\,dx + 2\sum_{k=0}^{n-1}H_{\nu+2k+1}^{(j)}(x)$.

6. $\int_x^\infty \frac{1}{x}H_0^{(j)}(x)\,dx = 2xH_0^{(j)}(x)S_{-2,\,1}(x)-xH_1^{(j)}(x)S_{-1,\,0}(x)$.

1.10.2. Интегралы вида $\int x^{\lambda} e^{px} H_{\nu}^{(j)}(x)\,dx$.

1. $$\int_0^x x^{\lambda} e^{ix} H_{\nu}^{(j)}(x)\,dx = \frac{(-\sec\lambda\pi\cos\nu\pi)^{j-1}}{2^{\lambda}\sqrt{\pi}\,\Gamma(\lambda+3/2)}\, e^{(-1)^{j-1} i(\lambda-\nu)\pi/2}\Gamma(\lambda+\nu+1)\Gamma(\lambda-\nu+1) + \\ + x e^{i\lambda\pi/2}\left[\frac{\lambda-\nu}{\lambda+\nu+1} H_{\nu}^{(j)}(x) H_{\lambda,\,\nu+1}(xe^{-i\pi/2}) + iH_{\nu+1}^{(j)}(x) H_{\lambda,\,\nu}(xe^{-i\pi/2})\right] + \\ + \frac{x^{\lambda+1}}{\lambda+\nu+1}\, e^{ix} H_{\nu}^{(j)}(x) \qquad [\operatorname{Re}\lambda > |\operatorname{Re}\nu| - 1].$$

1.10.3. Интегралы вида $\int \frac{f(x)}{H_{\nu}^{(j)}(x)}\,dx$.

1. $$\int \frac{dx}{x[H_{\nu}^{(1)}(x)]^2} = -\frac{\pi}{4i}\,\frac{H_{\nu}^{(2)}(x)}{H_{\nu}^{(1)}(x)}.$$

2. $$\int \frac{dx}{x[H_{\nu}^{(2)}(x)]^2} = \frac{\pi}{4i}\,\frac{H_{\nu}^{(1)}(x)}{H_{\nu}^{(2)}(x)}.$$

3. $$\int \frac{dx}{xH_{\nu}^{(1)}(x)H_{\nu}^{(2)}(x)} = -\frac{\pi}{4i}\ln\frac{H_{\nu}^{(2)}(x)}{H_{\nu}^{(1)}(x)}.$$

1.11. МОДИФИЦИРОВАННАЯ ФУНКЦИЯ БЕССЕЛЯ $I_{\nu}(x)$

1.11.1. Интегралы вида $\int x^{\lambda} I_{\nu}(x)\,dx$.

1. $$\int_0^x x^{\lambda} I_{\nu}(x)\,dx = \frac{x^{\lambda+\nu+1}}{2^{\nu}(\lambda+\nu+1)\Gamma(\nu+1)}\,{}_1F_2\left(\frac{\lambda+\nu+1}{2};\ \frac{\lambda+\nu+3}{2},\ \nu+1;\ \frac{x^2}{4}\right) \qquad [\operatorname{Re}(\lambda+\nu) > -1].$$

2. $$\int x^{\lambda} I_{\nu}(x)\,dx = e^{-i\lambda\pi/2}[(\lambda+\nu-1)xI_{\nu}(x)s_{\lambda-1,\,\nu-1}(xe^{i\pi/2}) + ixI_{\nu-1}(x)s_{\lambda,\,\nu}(xe^{i\pi/2})].$$

3. $$\int_0^x x^{\nu} I_{\nu}(x)\,dx = 2^{\nu-1}\sqrt{\pi}\,\Gamma\left(\nu+\frac{1}{2}\right)x[I_{\nu}(x)\mathbf{L}_{\nu-1}(x) - I_{\nu-1}(x)\mathbf{L}_{\nu}(x)] \qquad [\operatorname{Re}\nu > -1/2].$$

4. $$\int_0^x I_0(x)\,dx = xI_0(x) + \frac{\pi x}{2}[I_0(x)\mathbf{L}_1(x) - I_1(x)\mathbf{L}_0(x)].$$

5. $$\int_0^x x^{1\pm\nu} I_{\nu}(x)\,dx = x^{1\pm\nu} I_{\nu\pm1}(x) - \frac{1}{2^{\nu-1}\Gamma(\nu)}\begin{Bmatrix}0\\1\end{Bmatrix} \qquad \left[\begin{Bmatrix}\operatorname{Re}\nu > -1\\ \nu - \text{любое}\end{Bmatrix}\right].$$

6. $$\int_0^x I_{\nu}(x)\,dx = 2\sum_{k=0}^{\infty}(-1)^k I_{\nu+2k+1}(x) \qquad [\operatorname{Re}\nu > -1].$$

1.11.2. Интегралы вида $\int x^{\lambda} e^{\pm x} I_{\nu}(x)\,dx$.

1. $$\int_0^x x^{\lambda} e^{\pm x} I_{\nu}(x)\,dx = \frac{x^{\lambda+\nu+1}}{2^{\nu}(\lambda+\nu+1)\Gamma(\nu+1)}\,{}_2F_2\left(\nu+\frac{1}{2};\ \lambda+\nu+1;\ 2\nu+1,\ \lambda+\nu+2;\ \pm 2x\right).$$

2. $$= \frac{(\lambda-\nu)x}{\lambda+\nu+1}\,e^{-i\delta\lambda\pi} I_{\nu}(x) h_{\lambda,\,\nu+1}(xe^{i\delta\pi}) \pm \\ \pm xe^{-i\delta\lambda\pi} I_{\nu+1}(x) h_{\lambda,\,\nu}(xe^{i\delta\pi}) + \frac{x^{\lambda+1}}{\lambda+\nu+1}\,e^{\pm x} I_{\nu}(x) \qquad \left[\operatorname{Re}(\lambda+\nu) > -1,\ \delta = \begin{Bmatrix}1\\0\end{Bmatrix}\right].$$

3. $$\int_0^x x^{\nu} e^{\pm x} I_{\nu}(x)\,dx = \frac{x^{\nu+1}e^{\pm x}}{2\nu+1}[I_{\nu}(x) \mp I_{\nu+1}(x)] \qquad [\operatorname{Re}\nu > -1/2].$$

4. $\displaystyle\int_0^x e^{-x} I_n(x)\,dx = xe^{-x}[I_n(x)+I_{n+1}(x)] + n[e^{-x}I_0(x)-1] + 2ne^{-x}\sum_{k=1}^{n} I_k(x).$

5. $\displaystyle\int_0^x x^{-\nu}e^{\pm x} I_\nu(x)\,dx = -\frac{x^{-\nu+1}e^{\pm x}}{2\nu-1}\,[I_\nu(x)\mp I_{\nu-1}(x)] \mp \frac{2^{1-\nu}}{(2\nu-1)\Gamma(\nu)}.$

1.11.3. Интегралы вида $\int x^\lambda I_\mu(ax) I_\nu(bx)\,dx$.

1. $\displaystyle\int_0^x I_{\nu+1}(ax) I_\nu(ax)\,dx = \frac{1}{a}\sum_{k=0}^{\infty}(-1)^k I^2_{k+\nu+1}(ax)$ $\quad[\operatorname{Re}\nu > -1]$.

2. $\displaystyle\int_0^x x^\lambda I_\mu(ax) I_\nu(ax)\,dx = \frac{(a/2)^{\mu+\nu}x^{\lambda+\mu+\nu+1}}{(\lambda+\mu+\nu+1)\Gamma(\mu+1)\Gamma(\nu+1)}\,\times$

$\displaystyle\times\,{}_3F_4\left(\frac{\lambda+\mu+\nu+1}{2},\,\frac{\mu+\nu+1}{2},\,\frac{\mu+\nu}{2}+1;\,\mu+1,\,\nu+1,\,\mu+\nu+1,\,\frac{\lambda+\mu+\nu+3}{2};\,a^2x^2\right)$

$[\operatorname{Re}(\lambda+\mu+\nu) > -1]$.

3. $\displaystyle\int_0^x xI_\nu(ax)I_\nu(bx)\,dx = \frac{x}{a^2-b^2}\,[aI_{\nu+1}(ax)I_\nu(bx) - bI_\nu(ax)I_{\nu+1}(bx)]$ $\quad[\operatorname{Re}\nu > -1]$.

4. $\displaystyle\int_0^x xI_\nu^2(ax)\,dx = -\frac{x^2}{2}\,[I'_\nu(ax)]^2 + \frac{1}{2}\left(x^2+\frac{\nu^2}{a^2}\right)I_\nu^2(ax)$ $\quad[\operatorname{Re}\nu > -1]$.

1.11.4. Интегралы вида $\displaystyle\int \frac{f(x)}{I_\nu(x)}\,dx$.

1. $\displaystyle\int \frac{dx}{xI_\nu^2(x)} = -\frac{K_\nu(x)}{I_\nu(x)}.$ 2. $\displaystyle\int \frac{(1+\nu^2/x^2)\,dx}{x[I'_\nu(x)]^2} = \frac{K'_\nu(x)}{I'_\nu(x)}.$

1.11.5. Интегралы вида $\int x^\lambda J_\nu(ax) I_\nu(bx)\,dx$.

1. $\displaystyle\int_0^x x^\lambda J_\nu(x)I_\nu(x)\,dx =$

$\displaystyle= \frac{x^{\lambda+2\nu+1}}{2^{2\nu}(\lambda+2\nu+1)\Gamma^2(\nu+1)}\,{}_1F_4\left(\frac{\lambda+2\nu+1}{4};\,\nu+1,\,\frac{\nu+1}{2},\,\frac{\nu+2}{2},\,\frac{\lambda+2\nu+5}{4};\,-\frac{x^4}{64}\right)$

$[\operatorname{Re}(\lambda+2\nu) > -1]$.

2. $\displaystyle\int_0^x xJ_\nu(ax)I_\nu(bx)\,dx = \frac{x}{a^2+b^2}\,[aJ_{\nu+1}(ax)I_\nu(bx) + bJ_\nu(ax)I_{\nu+1}(bx)]$ $\quad[\operatorname{Re}\nu > -1]$.

1.12. ФУНКЦИЯ МАКДОНАЛЬДА $K_\nu(x)$

1.12.1. Интегралы вида $\int x^\lambda K_\nu(x)\,dx$.

1. $\displaystyle\int x^\lambda K_\nu(x)\,dx = e^{-i\lambda\pi/2}(\lambda+\nu-1)xK_\nu(x)s_{\lambda-1,\,\nu-1}(xe^{i\pi/2}) +$

$\displaystyle+\,e^{-i(\lambda+1)\pi/2}xK_{\nu-1}(x)s_{\lambda,\,\nu}(xe^{i\pi/2}).$

2. $\displaystyle\int_0^x x^\lambda K_\nu(x)\,dx = \frac{2^{\nu-1}\Gamma(\nu)}{\lambda-\nu+1}\,x^{\lambda-\nu+1}\,{}_1F_2\left(\frac{\lambda-\nu+1}{2};\,1-\nu,\,\frac{\lambda-\nu+3}{2};\,\frac{x^2}{4}\right) +$

$\displaystyle+\,\frac{2^{-\nu-1}\Gamma(-\nu)}{\lambda+\nu+1}\,x^{\lambda+\nu+1}\,{}_1F_2\left(\frac{\lambda+\nu+1}{2};\,1+\nu,\,\frac{\lambda+\nu+3}{2};\,\frac{x^2}{4}\right)$ $\quad[\operatorname{Re}\lambda > |\operatorname{Re}\nu| - 1]$.

3. $\int_0^x x^\nu K_\nu(x)\,dx = 2^{\nu-1}\sqrt{\pi}\,\Gamma\left(\nu+\frac{1}{2}\right)x[K_\nu(x)\mathbf{L}_{\nu-1}(x)+K_{\nu-1}(x)\mathbf{L}_\nu(x)]$ $[\operatorname{Re}\nu > -1/2]$.

4. $\int_0^x K_0(x)\,dx = xK_0(x)+\frac{\pi x}{2}[K_0(x)\mathbf{L}_1(x)+K_1(x)\mathbf{L}_0(x)]$.

5. $\int_0^x x^{1\pm\nu}K_\nu(x)\,dx = -x^{1\pm\nu}K_{1\pm\nu}(x)+2^{\pm\nu}\Gamma(1\pm\nu)$ $[\pm\operatorname{Re}\nu > -1]$.

6. $\int_0^x x^n K_0(x)\,dx = \frac{x^{n+1}}{n+1}K_0(x)\,{}_1F_2\left(1;\ \frac{n+1}{2},\ \frac{n+3}{2};\ \frac{x^2}{4}\right)+$
$+\frac{x^{n+2}}{(n+1)^2}K_1(x)\,{}_1F_2\left(1;\ \frac{n+3}{2},\ \frac{n+3}{2};\ \frac{x^2}{4}\right)$.

1.12.2. Интегралы вида $\int x^\lambda e^{\pm x}K_\nu(x)\,dx$.

1. $\int_0^x x^\lambda e^{\pm x}K_\nu(x)\,dx = \frac{(\lambda-\nu)x}{\lambda+\nu+1}e^{-i\delta\lambda\pi}K_\nu(x)h_{\lambda,\,\nu+1}(xe^{i\delta\pi})\mp$
$\mp xe^{-i\delta\lambda\pi}K_{\nu+1}(x)h_{\lambda,\,\nu}(xe^{i\delta\pi})+\frac{x^{\lambda+1}}{\lambda+\nu+1}e^{\pm x}K_\nu(x)$ $\left[\operatorname{Re}\lambda > |\operatorname{Re}\nu|-1,\ \delta=\begin{Bmatrix}1\\0\end{Bmatrix}\right]$.

2. $\int_0^x x^\nu e^{\pm x}K_\nu(x)\,dx = \frac{x^{\nu+1}e^{\pm x}}{2\nu+1}[K_\nu(x)\pm K_{\nu+1}(x)]\mp\frac{2^\nu\Gamma(\nu+1)}{2\nu+1}$ $[\operatorname{Re}\nu > -1/2]$.

3. $\int_x^\infty x^{-\nu}e^x K_\nu(x)\,dx = \frac{x^{-\nu+1}e^x}{2\nu+1}[K_\nu(x)+K_{\nu-1}(x)]$ $[\operatorname{Re}\nu > 1/2]$.

1.12.3. Интегралы вида $\int x^\lambda K_\mu(ax)K_\nu(bx)\,dx$.

1. $\int_x^\infty xK_\nu(ax)K_\nu(bx)\,dx = \frac{x}{a^2-b^2}[aK_{\nu-1}(ax)K_\nu(bx)-bK_\nu(ax)K_{\nu-1}(bx)]$
$[\operatorname{Re}(a+b) > 0]$.

2. $\int_x^\infty xK_\nu^2(ax)\,dx = -\frac{x^2}{2}[K_\nu'(ax)]^2-\frac{1}{2}\left(x^2+\frac{\nu^2}{a^2}\right)K_\nu^2(ax)$ $[\operatorname{Re}a > 0]$.

3. $\int_x^\infty \frac{1}{x}K_\mu(x)K_\nu(x)\,dx = \frac{x}{\mu^2-\nu^2}[K_\mu(x)K_\nu'(x)-K_\nu(x)K_\mu'(x)]$.

1.12.4. Интегралы, содержащие $J_\mu(ax)K_\nu(bx)$ или $I_\mu(ax)K_\nu(bx)$.

1. $\int_0^x xJ_\nu(ax)K_\nu(bx)\,dx =$
$=\frac{x}{a^2+b^2}\{aJ_{\nu+1}(ax)K_\nu(bx)-bJ_\nu(ax)K_{\nu+1}(bx)\}+\frac{(a/b)^\nu}{a^2+b^2}$ $[\operatorname{Re}\nu > -1]$.

2. $\int_0^x xI_\nu(ax)K_\nu(bx)\,dx = \frac{(a/b)^\nu}{b^2-a^2}-\frac{x}{b^2-a^2}[aI_{\nu+1}(ax)K_\nu(bx)+bI_\nu(ax)K_{\nu+1}(bx)]$
$[\operatorname{Re}\nu > -1]$.

3. $\int_0^x xI_\nu(ax)K_\nu(ax)\,dx = \frac{x^2}{2}\left[\left(1+\frac{\nu^2}{a^2x^2}\right)I_\nu(ax)K_\nu(ax)-I_\nu'(ax)K_\nu'(ax)\right]-\frac{\nu}{2a^2}$
$[\operatorname{Re}\nu > -1]$.

4. $$\int_0^x \frac{1}{x} I_\mu(ax)K_\nu(ax)\,dx = \frac{ax}{\nu^2-\mu^2}\left[I_\mu(ax)K'_\nu(ax) - K_\nu(ax)I'_\mu(ax)\right] \qquad [\operatorname{Re}\mu > |\operatorname{Re}\nu|].$$

1.12.5. Интегралы вида $\int \frac{f(x)}{K_\nu(x)}\,dx$.

1. $$\int \frac{dx}{xI_\nu(x)K_\nu(x)} = \ln\frac{I_\nu(x)}{K_\nu(x)}.$$ **2.** $$\int \frac{dx}{xK_\nu^2(x)} = \frac{I_\nu(x)}{K_\nu(x)}.$$

1.13. ЦИЛИНДРИЧЕСКИЕ ФУНКЦИИ $Z_\nu(x)$

Обозначения:
$Z_\nu(x) = c_1J_\nu(x) + c_2Y_\nu(x) + c_3H_\nu^{(1)}(x) + c_4H_\nu^{(2)}(x)$,
$Z_\nu^{(1)}(x) = c_1^{(1)}J_\nu(x) + c_2^{(1)}Y_\nu(x) + c_3^{(1)}H_\nu^{(1)}(x) + c_4^{(1)}H_\nu^{(2)}(x)$,
$Z_\nu^{(2)}(x) = c_1^{(2)}J_\nu(x) + c_2^{(2)}Y_\nu(x) + c_3^{(2)}H_\nu^{(1)}(x) + c_4^{(2)}H_\nu^{(2)}(x)$,
$c_i^{(j)}$ — комплексные постоянные.

1.13.1. Интегралы вида $\int x^\lambda Z_\nu(x)\,dx$.

1. $$\int x^\lambda Z_\nu(x)\,dx = [\nu^2-(\lambda-1)^2]\int x^{\lambda-2}Z_\nu(x)\,dx + x^{\lambda-1}[xZ_{\nu+1}(x) + (\lambda-\nu-1)Z_\nu(x)].$$

2. $$\int Z_\nu(x)\,dx = 2\sum_{k=0}^{\infty} Z_{\nu+2k+1}(x).$$

1.13.2. Интегралы вида $\int x^\lambda Z_\mu^{(1)}(ax)Z_\nu^{(2)}(bx)\,dx$.

1. $$\int x^\lambda Z_\mu^{(1)}(x)Z_\nu^{(2)}(x)\,dx = \frac{1}{\lambda-\mu-\nu+1}\times$$
$$\times\left\{x^{\lambda+1}[Z_{\mu-1}^{(1)}(x)Z_{\nu-1}^{(2)}(x) + Z_\mu^{(1)}(x)Z_\nu^{(2)}(x)] - (\lambda+\mu+\nu-1)\int x^\lambda Z_{\mu-1}^{(1)}(x)Z_{\nu-1}^{(2)}(x)\,dx\right\}.$$

2. $$\int x^{\pm\mu\pm\nu+1}Z_\mu^{(1)}(x)Z_\nu^{(2)}(x)\,dx = \pm\frac{x^{\pm\mu\pm\nu+2}}{2(\mu+\nu\pm1)}\left[Z_\mu^{(1)}(x)Z_\nu^{(2)}(x) + Z_{\mu\pm1}^{(1)}(x)Z_{\nu\pm1}^{(2)}(x)\right].$$

3. $$\int xZ_\nu^{(1)}(ax)Z_\nu^{(2)}(bx)\,dx = \frac{x}{a^2-b^2}\left[aZ_{\nu+1}^{(1)}(ax)Z_\nu^{(2)}(bx) - bZ_\nu^{(1)}(ax)Z_{\nu+1}^{(2)}(ax)\right].$$

4. $$\int xZ_\nu^{(1)}(ax)Z_\nu^{(2)}(ax)\,dx =$$
$$= \frac{x^2}{4}\left[2Z_\nu^{(1)}(ax)Z_\nu^{(2)}(ax) - Z_{\nu-1}^{(1)}(ax)Z_{\nu+1}^{(2)}(ax) - Z_{\nu+1}^{(1)}(ax)Z_{\nu-1}^{(2)}(ax)\right].$$

5. $$\int \frac{1}{x}Z_\mu^{(1)}(ax)Z_\nu^{(2)}(ax)\,dx =$$
$$= -\frac{ax}{\mu^2-\nu^2}\left[Z_{\mu+1}^{(1)}(ax)Z_\nu^{(2)}(ax) - Z_\mu^{(1)}(ax)Z_{\nu+1}^{(2)}(ax)\right] + \frac{1}{\mu+\nu}Z_\mu^{(1)}(ax)Z_\nu^{(2)}(ax).$$

6. $$\int \frac{1}{x}Z_\nu^{(1)}(ax)Z_\nu^{(2)}(ax)\,dx =$$
$$= \frac{ax}{2\nu}\left[Z_{\nu+1}^{(1)}(ax)\frac{\partial Z_\nu^{(2)}(ax)}{\partial\nu} - Z_\nu^{(1)}(ax)\frac{\partial Z_{\nu+1}^{(2)}(ax)}{\partial\nu}\right] + \frac{1}{2\nu}Z_\nu^{(1)}(ax)Z_\nu^{(2)}(ax).$$

7. $$\int \frac{1}{x}Z_n^{(1)}(x)Z_n^{(2)}(x)\,dx = -\frac{1}{2n}\left[Z_0^{(1)}(x)Z_0^{(2)}(x) + Z_n^{(1)}(x)Z_n^{(2)}(x) + 2\sum_{k=1}^{n-1}Z_k^{(1)}(x)Z_k^{(2)}(x)\right].$$

8. $$\int \frac{1}{x}Z_{\mu+n}^{(1)}(x)Z_{\nu+n}^{(2)}(x)\,dx = \frac{1}{\mu+\nu+2n}\left[(\mu+\nu)\int\frac{1}{x}Z_\mu^{(1)}(x)Z_\nu^{(2)}(x)\,dx -\right.$$
$$\left. - Z_\mu^{(1)}(x)Z_\nu^{(2)}(x) - Z_{\mu+n}^{(1)}(x)Z_{\nu+n}^{(2)}(x) - 2\sum_{k=1}^{n-1}Z_{\mu+k}^{(1)}(x)Z_{\nu+k}^{(2)}(x)\right].$$

9. $\displaystyle\int\left[(a^2-b^2)x-\frac{\mu^2-\nu^2}{x}\right]Z_\mu^{(1)}(ax)Z_\nu^{(2)}(bx)\,dx =$

$$= bxZ_\mu^{(1)}(ax)Z_{\nu-1}^{(2)}(bx) - axZ_{\mu-1}^{(1)}(ax)Z_\nu^{(2)}(bx) + (\mu-\nu)Z_\mu^{(1)}(ax)Z_\nu^{(2)}(bx).$$

1.13.3. Интегралы вида $\int x^\lambda Z_\nu^2(x)\,dx$.

1. $\displaystyle\int x^\lambda Z_\nu^2(x)\,dx = \frac{\lambda-1}{\lambda}\left[\nu^2-\frac{(\lambda-1)^2}{4}\right]\int x^{\lambda-2}Z_\nu^2(x)\,dx +$

$$+\frac{x^{\lambda-1}}{2\lambda}\left\{\left[xZ_\nu'(x)-\frac{\lambda-1}{2}\,Z_\nu(x)\right]^2+\left[x^2-\nu^2+\frac{(\lambda-1)^2}{4}\right]Z_\nu^2(x)\right\}.$$

2. $\displaystyle\int x^{\pm 2\nu+1}Z_\nu^2(x)\,dx = \pm\frac{x^{\pm2\nu+2}}{2(2\nu\pm1)}\,[Z_{\nu\pm1}^2(x)+Z_\nu^2(x)].$

3. $\displaystyle\int \frac{1}{x}\,Z_n^2(x)\,dx = -\frac{1}{2n}\left[Z_0^2(x)-Z_n^2(x)+2\sum_{k=1}^{n}Z_k^2(x)\right].$

4. $\displaystyle\int \frac{1}{x^2}\,Z_\nu^2(x)\,dx = \frac{2}{(4\nu^2-1)x}\left\{\left[xZ_\nu'(x)+\frac{1}{2}\,Z_\nu(x)\right]^2+\left(x^2-\nu^2+\frac{1}{4}\right)Z_\nu^2(x)\right\}.$

1.14. ОРТОГОНАЛЬНЫЕ МНОГОЧЛЕНЫ ЛЕЖАНДРА $P_n(x)$, ЧЕБЫШЕВА $T_n(x)$, $U_n(x)$, ЛАГЕРРА $L_n(x)$, $L_n^\alpha(x)$, ЭРМИТА $H_n(x)$, ГЕГЕНБАУЭРА $C_n^\nu(x)$ И ЯКОБИ $P_n^{(\alpha,\beta)}(x)$

1.14.1. Интегралы, содержащие $P_n(x)$.
(См. также 1.14.5–6; $P_n(x) = C_n^{1/2}(c) = P_n^{(0,0)}(x)$.)

1. $\displaystyle\int P_n(x)\,dx = -\frac{1}{n(n+1)}\,(1-x^2)P_n'(x) = \frac{1}{2n+1}\,[P_{n+1}(x)-P_{n-1}(x)]$ $[n=1,\,2,\,3,\,\ldots]$.

2. $\displaystyle\int(1-x^2)^{(n-2)/2}P_n(x)\,dx = -\frac{1}{n}\,(1-x^2)^{n/2}P_{n-1}(x)$ $[n=1,\,2,\,3,\,\ldots]$.

3. $\displaystyle\int(1-x^2)^{-(n+3)/2}P_n(x)\,dx = \frac{1}{n+1}\,(1-x^2)^{-(n+1)/2}P_{n+1}(x).$

4. $\displaystyle\int\ln\left|\frac{1+x}{1-x}\right|P_n(x)\,dx = -\frac{1}{n(n+1)}\left[(1-x^2)P_n'(x)\ln\left|\frac{1+x}{1-x}\right|-2P_n(x)\right].$

1.14.2. Интегралы, содержащие $T_n(x)$ и $U_n(x)$.
См. также 1.14.5–6;

$$T_n(x) = 2^{2n}\frac{(n!)^2}{(2n)!}\,P_n^{(-1/2,\,-1/2)}(x),\qquad U_n(x) = C_n^1(x) = 2^{2n+1}\frac{[(n+1)!]^2}{(2n+2)!}\,P_n^{(1/2,\,1/2)}(x).$$

1. $\displaystyle\int T_n(x)\,dx = \frac{1}{2}\left[\frac{1}{n+1}\,T_{n+1}(x)-\frac{1}{n-1}\,T_{n-1}(x)\right]$ $[n\geqslant1]$.

2. $\displaystyle\qquad = 2^{2n+1}\frac{(n!)^2}{(2n)!(n-1)}\,P_{n+1}^{(-3/2,\,-3/2)}(x).$

3. $\displaystyle\int(1-x^2)^{(n-3)/2}T_n(x)\,dx = -\frac{1}{n-1}\,(1-x^2)^{(n-1)/2}T_{n-1}(x)$ $[n\geqslant1]$.

4. $\displaystyle\int(1-x^2)^{-(n+3)/2}T_n(x)\,dx = \frac{1}{n+1}\,(1-x^2)^{-(n+1)/2}T_{n+1}(x).$

5. $\displaystyle\int U_n(x)\,dx = \frac{1}{2(n+1)}\,[U_{n+1}(x)-U_{n-1}(x)]$ $[n\geqslant1]$.

6. $$= \frac{1}{n+1}\,T_{n+1}(x).$$

7. $$\int (1-x^2)^{(n-1)/2} U_n(x)\,dx = -\frac{1}{n}\,(1-x^2)^{(n+1)/2} U_{n-1}(x) \qquad [n \geqslant 1].$$

8. $$\int (1-x^2)^{-(n+3)/2} U_n(x)\,dx = \frac{1}{n+2}\,(1-x^2)^{-(n+1)/2} U_{n+1}(x).$$

1.14.3. Интегралы, содержащие $L_n(x)$ и $L_n^\alpha(x)$.

1. $$\int_0^x L_n(x)\,dx = \frac{x}{n+1}\,[L_n(x) - L_n'(x)] = L_n(x) - L_{n+1}(x).$$

2. $$\int_0^x L_n^\alpha(x)\,dx = -L_{n+1}^{\alpha-1}(x) + \frac{(\alpha)_{n+1}}{(n+1)!}.$$

3. $$\int_{x_1}^{x_2} x^\lambda L_n^\alpha(ax)\,dx = \pm\frac{(\alpha+1)_n}{n!(\lambda+1)}\,x^{\lambda+1}\,{}_2F_2(-n,\ \lambda+1;\ \alpha+1,\ \lambda+2;\ ax)$$
$$\left[\left\{\begin{matrix} x_1 = 0,\ x_2 = x;\ \operatorname{Re}\lambda > -1 \\ x_1 = x,\ x_2 = \infty;\ \operatorname{Re}\lambda < -n-1 \end{matrix}\right\}\right].$$

4. $$\int_0^x x^\alpha L_n^\alpha(x)\,dx = \frac{1}{n+\alpha+1}\,x^{\alpha+1} L_n^{\alpha+1}(x).$$

5. $$\int x^{-n-2} L_n^\alpha(x)\,dx = -\frac{1}{n+\alpha+1}\,x^{-n-1} L_{n+1}^\alpha(x).$$

6. $$\int_x^\infty e^{-x} L_n^\alpha(x)\,dx = e^{-x}[L_n^\alpha(x) - L_{n-1}^\alpha(x)] \qquad [n = 1,\ 2,\ 3,\ \ldots].$$

7. $$\int_{x_1}^{x_2} x^\lambda e^{-ax} L_n^\alpha(ax)\,dx = \pm\frac{(\alpha+1)_n}{n!(\lambda+1)}\,x^{\lambda+1}\,{}_2F_2(\alpha+n+1,\ \lambda+1;\ \alpha+1,\ \lambda+2;\ -ax) +$$
$$+\frac{(\alpha-\lambda)_n}{n!a^{\lambda+1}}\,\Gamma(\lambda+1)\left\{\begin{matrix}0\\1\end{matrix}\right\} \qquad \left[\left\{\begin{matrix} x_1 = 0,\ x_1 = x;\ \operatorname{Re}\lambda > -1 \\ x_1 = x,\ x_2 = \infty;\ \operatorname{Re}a > 0 \end{matrix}\right\},\ x > 0\right].$$

8. $$\int x^\alpha e^{-x} L_n^\alpha(x)\,dx = \frac{1}{n}\,x^{\alpha+1} e^{-x} L_{n-1}^{\alpha+1}(x) \qquad [n = 1,\ 2,\ 3,\ \ldots].$$

9. $$\int x^{\alpha+n-1} e^{-x} L_n^\alpha(x)\,dx = \frac{1}{n}\,x^{n+\alpha} e^{-x} L_{n-1}^\alpha(x) \qquad [n = 1,\ 2,\ 3,\ \ldots].$$

10. $$\int \left(1 - \frac{2n+\alpha+2}{x}\right) x^{-2(n+1)}[L_n^\alpha(x)]^2\,dx =$$
$$= \frac{1}{2}\,x^{-2(n+1)}[L_n^\alpha(x)]^2 + \frac{n+1}{2(n+\alpha+1)}\,x^{-2(n+1)}[L_{n+1}^\alpha(x)]^2.$$

11. $$\int \left(1 - \frac{2n+\alpha}{x}\right) x^{2(n+\alpha)} e^{-2x}[L_n^\alpha(x)]^2\,dx =$$
$$= -\frac{1}{2}\,x^{2(n+\alpha)} e^{-2x}[L_n^\alpha(x)]^2 - \frac{n+\alpha}{2n}\,x^{2(n+\alpha)} e^{-2x}[L_{n-1}^\alpha(x)]^2 \qquad [n = 1,\ 2,\ 3,\ \ldots].$$

1.14.4. Интегралы, содержащие $H_n(x)$.

(См. также 1.14.3; $H_{2n+\varepsilon}(x) = (-1)^n 2^{2n+\varepsilon} n! x^\varepsilon L_n^{\varepsilon-1/2}(x^2)$ $[\varepsilon = 0$ или $1]$.)

1. $$\int_{x_1}^{x_2} x^\lambda H_{2n+\varepsilon}(ax)\,dx =$$
$$= \pm(-1)^n\,\frac{2^{2n+\varepsilon} a^\varepsilon x^{\lambda+\varepsilon+1}}{\lambda+\varepsilon+1}\left(\varepsilon+\frac{1}{2}\right)_n {}_2F_2\left(-n,\ \frac{\lambda+\varepsilon+1}{2};\ \varepsilon+\frac{1}{2},\ \frac{\lambda+\varepsilon+3}{2};\ a^2x^2\right)$$
$$\left[\varepsilon = 0 \text{ или } 1,\ \left\{\begin{matrix} x_1 = 0,\ x_2 = x;\ \operatorname{Re}\lambda > -\varepsilon-1 \\ x_1 = x,\ x_2 = \infty;\ \operatorname{Re}\lambda < -2n-\varepsilon-1 \end{matrix}\right\}\right].$$

2. $\int H_n(x)\,dx = \frac{1}{2(n+1)}\,H_{n+1}(x).$

3. $\int xH_n(x)\,dx = \frac{x}{2(n+1)}\,H_{n+1}(x) - \frac{1}{4(n+1)(n+2)}\,H_{n+2}(x).$

4. $\int x^{-n-3}H_n(x)\,dx = \frac{x^{-n-2}}{2(n+1)(n+2)}\,H_{n+2}(x).$

5. $$\int\limits_{x_1}^{x_2} x^{\lambda}e^{-a^2x^2}H_{2n+\varepsilon}(ax)\,dx = \pm(-1)^n\frac{2^{2n+\varepsilon}a^{\varepsilon}x^{\lambda+\varepsilon+1}}{\lambda+\varepsilon+1}\left(\varepsilon+\frac{1}{2}\right)_n \times$$
$$\times\ {}_2F_2\left(\frac{2\varepsilon+2n+1}{2},\ \frac{\lambda+\varepsilon+1}{2};\ \varepsilon+\frac{1}{2},\ \frac{\lambda+\varepsilon+3}{2};\ -a^2x^2\right) +$$
$$+ (-1)^n\begin{Bmatrix}0\\1\end{Bmatrix}2^{2n+\varepsilon-1}a^{-\lambda-1}\left(\frac{\varepsilon-\lambda}{2}\right)_n\Gamma\left(\frac{\varepsilon+\lambda+1}{2}\right)$$
$$\left[\varepsilon = 0 \text{ или } 1,\ \begin{Bmatrix}x_1 = 0,\ x_2 = x;\ \operatorname{Re}\lambda > -\varepsilon-1\\ x_1 = x,\ x_2 = \infty;\ |\arg a| < \pi/4\end{Bmatrix}\right].$$

6. $\int e^{-x^2}H_n(x)\,dx = -e^{-x^2}H_{n-1}(x).$

7. $\int x^{n-2}e^{-x^2}H_n(x)\,dx = -2x^{n-1}e^{-x^2}H_{n-2}(x)$ $[n \geqslant 2].$

8. $\int \operatorname{erf}(ax)H_n(ax)\,dx = \frac{1}{2a(n+1)}\left[\operatorname{erf}(ax)H_{n+1}(ax) + \frac{2}{\sqrt{\pi}}\,e^{-a^2x^2}H_n(ax)\right].$

9. $\int e^{-x^2}\operatorname{erfi}(x)H_n(x)\,dx = \frac{1}{n\sqrt{\pi}}\,H_n(x) - e^{-x^2}\operatorname{erfi}(x)H_{n-1}(x).$

10. $\int xH_n^2(x)\,dx = \frac{1}{4}\,H_n^2(x) + \frac{1}{8(n+1)}\,H_{n+1}^2(x).$

11. $\int xe^{-2x^2}H_n^2(x)\,dx = -\frac{1}{4}\,e^{-2x^2}H_n^2(x) - \frac{n}{2}\,e^{-2x^2}H_{n-1}^2(x).$

1.14.5. Интегралы, содержащие $C_n^{\nu}(x)$.

$\left(\text{См. также 1.14.6; } C_n^{\nu}(x) = \frac{(2\nu)_n}{(\nu+1/2)_n}\,P_n^{(\nu-1/2,\,\nu-1/2)}(x).\right)$

1. $\int C_n^{\nu}(x)\,dx = \frac{1}{2(n+\nu)}\,[C_{n+1}^{\nu}(x) - C_{n-1}^{\nu}(x)]$ $[n \geqslant 1].$

2. $\qquad = \frac{1}{2(\nu-1)}\,C_{n+1}^{\nu-1}(x).$

3. $\int C_n^{3/2}(x)\,dx = P_{n+1}(x).$ **4.** $\int C_n^2(x)\,dx = \frac{1}{2}\,U_{n+1}(x).$

5. $\int (1-x^2)^{(n+2\nu-3)/2}C_n^{\nu}(x)\,dx = -\frac{1}{n}\,(1-x^2)^{(n+2\nu-1)/2}C_{n-1}^{\nu}(x)$ $[n \geqslant 1].$

6. $\int (1-x^2)^{-(n+3)/2}C_n^{\nu}(x)\,dx = \frac{1}{n+2\nu}\,(1-x^2)^{-(n+1)/2}C_{n+1}^{\nu}(x).$

7. $\int\limits_0^x (1-x^2)^{\nu-1/2}C_n^{\nu}(x)\,dx = -\frac{2\nu(1-x^2)^{\nu+1/2}}{n(n+2\nu)}\,C_{n-1}^{\nu+1}(x).$

1.14.6. Интегралы, содержащие $P_n^{(\alpha,\,\beta)}(x)$.

1. $\int P_n^{(\alpha,\,\beta)}(x)\,dx = \frac{2}{\alpha+\beta+n}\,P_{n+1}^{(\alpha-1,\,\beta-1)}(x).$

2. $\int (1-x)^{\alpha}(1+x)^{\beta}P_n^{(\alpha,\,\beta)}(x)\,dx = -\frac{1}{2n}\,(1-x)^{\alpha+1}(1+x)^{\beta+1}P_{n-1}^{(\alpha+1,\,\beta+1)}(x)$

$[n = 1,\,2,\,3,\,\ldots].$

3. $$\int x^m(1-x)^\alpha(1+x)^\beta P_n^{(\alpha,\,\beta)}(x)\,dx =$$
$$= \frac{1}{m+1}\sum_{k=1}^{N}(-1)^k(-m-1)_k(1-x)^{\alpha+k}(1+x)^{\beta+k}P_{n-k}^{(\alpha+k,\,\beta+k)}(x) +$$
$$+\begin{Bmatrix}1\\0\end{Bmatrix}(-1)^n(-m)_{n-1}\int x^{m-n}(1-x)^{\alpha+n}(1+x)^{\beta+n}\,dx \qquad \left[\begin{Bmatrix}m\geqslant n;\ N=n\\ m<n;\ N=m+1\end{Bmatrix}\right].$$

4. $$\int_{x_1}^{x_2}(x-1)^{\mu-1}P_n^{(\alpha,\,\beta)}(x)\,dx =$$
$$= \pm\frac{(\alpha+1)_n}{n!\mu}(x-1)^\mu\,{}_3F_2\left(-n,\ \alpha+\beta+n+1,\ \mu;\ \alpha+1,\ \mu+1;\ \frac{1-x}{2}\right)$$
$$\left[\begin{Bmatrix}x_1=1,\ x_2=x;\ \operatorname{Re}\mu>0\\ x_1=x,\ x_2=\infty;\ \operatorname{Re}\mu<-n\end{Bmatrix},\ x>1\right].$$

5. $$\int_{x_1}^{x_2}(x-1)^{\mu-1}(x+1)^\beta P_n^{(\alpha,\,\beta)}(x)\,dx =$$
$$= \pm\frac{(\alpha+1)_n}{n!\mu}2^\mu(x-1)^\mu\,{}_3F_2\left(\alpha+n+1,\ -\beta-n,\ \mu;\ \beta+1,\ \mu+1;\ \frac{1-x}{2}\right) +$$
$$+\begin{Bmatrix}0\\1\end{Bmatrix}\frac{2^{\beta+\mu}}{n!}\Gamma\begin{bmatrix}\alpha-\mu+n+1,\ \mu,\ -\beta-\mu-n\\ \alpha-\mu+1,\ -\beta-n\end{bmatrix}$$
$$\left[\begin{Bmatrix}x_1=1,\ x_2=x;\ \operatorname{Re}\mu>0\\ x_1=x,\ x_2=\infty;\ \operatorname{Re}(\beta+\mu)<-n\end{Bmatrix},\ x>1\right].$$

6. $$\int_{-1}^{x}(x+1)^{\mu-1}P_n^{(\alpha,\,\beta)}(x)\,dx =$$
$$= \frac{(-1)^n(\beta+1)_n}{n!\mu}(x+1)^\mu\,{}_3F_2\left(-n,\ \alpha+\beta+n+1,\ \mu;\ \beta+1,\ \mu+1;\ \frac{x+1}{2}\right)$$
$$[x>-1;\ \operatorname{Re}\mu>0].$$

7. $$\int_{x}^{\infty}(x+1)^{\mu-1}P_n^{(\alpha,\,\beta)}(x)\,dx = -\frac{(x+1)^{n+\mu}}{2^n n!(n+\mu)}\Gamma\begin{bmatrix}\alpha+\beta+2n+1\\ \alpha+\beta+n+1\end{bmatrix}\times$$
$$\times\,{}_3F_2\left(-n,\ -n-\beta,\ -n-\mu;\ -2n-\alpha-\beta,\ 1-n-\mu;\ \frac{2}{x+1}\right) \qquad [x>-1;\ \operatorname{Re}\mu<-n].$$

8. $$\int_{x_1}^{x_2}(1-x)^\alpha(1+x)^{\mu-1}P_n^{(\alpha,\,\beta)}(x)\,dx =$$
$$= \pm(-1)^n\frac{(\beta+1)_n}{n!\mu}2^\alpha(1+x)^\mu\,{}_3F_2\left(-\alpha-n,\ n+\beta+1,\ \mu;\ \beta+1,\ \mu+1;\ \frac{1+x}{2}\right) +$$
$$+\begin{Bmatrix}0\\1\end{Bmatrix}(-1)^n\frac{(\beta-\mu+1)_n}{n!}2^{\alpha+\mu}\,\mathrm{B}(\alpha+n+1,\ \mu)$$
$$\left[\begin{Bmatrix}x_1=-1,\ x_2=x;\ \operatorname{Re}\mu>0\\ x_1=x,\ x_2=1;\ \operatorname{Re}\alpha>-1\end{Bmatrix},\ -1<x<1\right].$$

9. $$\int_{x_1}^{x_2}(1-x)^{\mu-1}(1+x)^{-\mu-n-1}P_n^{(\alpha,\,\beta)}(x)\,dx =$$
$$= \mp\frac{(\alpha+1)_n}{n!\mu}2^{-n-1}\left(\frac{1-x}{1+x}\right)^\mu{}_3F_2\left(-n,\ -n-\beta,\ \mu;\ \alpha+1,\ \mu+1;\ \frac{x-1}{x+1}\right)$$
$$\left[\begin{Bmatrix}x_1=-1,\ x_2=x;\ \operatorname{Re}\mu<-n\\ x_1=x,\ x_2=1;\ \operatorname{Re}\mu>0\end{Bmatrix},\ -1<x<1\right].$$

10. $$\int_{x_1}^{x_2}(x-1)^{\alpha}(x+1)^{\mu-1}P_n^{(\alpha,\,\beta)}(x)\,dx = \pm\frac{2^{-n}}{n!(\alpha+\mu+n)}\,\Gamma\begin{bmatrix}\alpha+\beta+2n+1\\ \alpha+\beta+n+1\end{bmatrix}(x+1)^{\alpha+\mu+n}\times$$
$$\times\,{}_3F_2\left(-\alpha-n,\ -\alpha-\beta-n,\ -\alpha-\mu-n;\ -\alpha-\beta-2n,\ -\alpha-\mu-n-1;\ \frac{2}{x+1}\right)+$$
$$+\begin{Bmatrix}0\\1\end{Bmatrix}\frac{(\beta-\mu+1)_n}{n!}2^{\alpha+\mu}\,\mathrm{B}\,(\alpha+1,\ -\alpha-\mu-n)$$
$$\left[\begin{Bmatrix}x_1=-1,\ x_2=x;\ \operatorname{Re}\alpha>-1\\ x_1=x,\ x_2=\infty;\ \operatorname{Re}(\alpha+\mu)<-n\end{Bmatrix},\ x>1\right].$$

11. $$\int_{x_1}^{x_2}(1-x)^{\mu-1}(1+x)^{\alpha+\beta-\mu+n}P_n^{(\alpha,\,\beta)}(x)\,dx = \pm\frac{(\alpha+1)_n}{n!\mu}2^{\alpha+\beta+n}\times$$
$$\times\left(\frac{1-x}{1+x}\right)^{\mu}{}_3F_2\left(\alpha+n+1,\ \alpha+\beta+n+1,\ \mu;\ \alpha+1,\ \mu+1;\ \frac{x-1}{x+1}\right)+$$
$$+\begin{Bmatrix}0\\1\end{Bmatrix}\frac{2^{\alpha+\beta+n}}{n!}(\alpha-\mu+1)_n\,\mathrm{B}\,(\mu,\ \alpha+\beta-\mu+n-1)$$
$$\left[\begin{Bmatrix}x_1=x,\ x_2=1;\ \operatorname{Re}\mu>0\\ x_1=-1,\ x_2=x;\ \operatorname{Re}(\mu-\alpha-\beta)<n+1\end{Bmatrix},\ -1<x<1\right].$$

12. $$\int_{x_1}^{x_2}(1-x)^{\mu-1}(1+x)^{\beta}P_n^{(\alpha,\,\beta)}(x)\,dx =$$
$$=\pm\frac{(\alpha+1)_n}{n!\mu}2^{\beta}(1-x)^{\mu}{}_3F_2\left(\alpha+n+1,\ -\beta-n,\ \mu;\ \alpha+1,\ \mu+1;\ \frac{1-x}{2}\right)+$$
$$+\begin{Bmatrix}0\\1\end{Bmatrix}\frac{(\alpha-\mu+1)_n}{n!}2^{\beta+\mu}\,\mathrm{B}\,(\beta+n+1,\ \mu)\qquad\left[\begin{Bmatrix}x_1=x,\ x_2=1;\ \operatorname{Re}\mu>0\\ x_1=-1,\ x_2=x;\ \operatorname{Re}\beta>-1\end{Bmatrix},\ -1<x<1\right].$$

Глава 2. ОПРЕДЕЛЕННЫЕ ИНТЕГРАЛЫ

2.1. ВВЕДЕНИЕ

В этой главе содержатся определенные интегралы от специальных функций. Интегралы, у которых один из пределов интегрирования является переменным, в случаях, когда подынтегральная функция от него не зависит, помещены в главе 1. Интегралы, содержащие произвольные функции, имеются в [12] (п. 2.1.2). Отметим, что многие определенные интегралы могут быть вычислены с помощью преобразования Меллина [10]. Указанные в формулах условия сходимости интегралов обеспечивают их существование либо в обычном смысле, либо как несобственных интегралов, либо в смысле главного значения.

Некоторые формулы при частных значениях параметров теряют смысл, так как в их правых частях возникают неопределенности; раскрытие неопределенностей позволяет получить формулы, справедливые при этих значениях параметров.

В начале разделов, как правило, помещены интегралы общего вида, у которых аргумент одной из подынтегральных функций зависит от параметра $r > 0$. При рациональных значениях этого параметра правые части равенств выражаются через обобщенные гипергеометрические функции. Частные значения интегралов общего вида помещены среди формул последующих пунктов.

В качестве примера найдем некоторые частные значения интеграла общего вида

$$I(r) = \int_0^\infty x^{\alpha-1} e^{-px^r} J_\nu(cx)\, dx.$$

В силу формулы 2.12.1.5 при $r > 1$ имеем

$$I(r) = \frac{c^\nu p^{-(\alpha+\nu)/r}}{2^\nu r \Gamma(\nu+1)} \sum_{k=0}^\infty \frac{(-1)^k}{k!(\nu+1)_k} \Gamma\left(\frac{2k+\alpha+\nu}{r}\right)\left(\frac{c}{2p^{1/r}}\right)^{2k}$$

$[\operatorname{Re} p,\ \operatorname{Re}(\alpha+\nu) > 0;\ |\arg c| < \pi]$.

После перехода к пределу при $r \to 1+0$ с учетом формулы для $\Gamma(z+2k)$ из приложения II.1 получим

$$I(1) = I(1+0) = \left(\frac{c}{2}\right)^\nu p^{-\alpha-\nu} \frac{\Gamma(\alpha+\nu)}{\Gamma(\nu+1)} \sum_{k=0}^\infty \frac{(-1)^k}{k!(\nu+1)_k} \left(\frac{\alpha+\nu}{2}\right)_k \left(\frac{\alpha+\nu+1}{2}\right)_k 2^{2k} \left(\frac{c^2}{4p^2}\right)^k;$$

используя определение гипергеометрической функции ${}_2F_1(a,\ b;\ c;\ z)$, последнему выражению можно придать следующий вид:

$$I(1) = \frac{c^\nu}{2^\nu p^{\alpha+\nu}} \Gamma\begin{bmatrix}\alpha+\nu\\ \nu+1\end{bmatrix} {}_2F_1\left(\frac{\alpha+\nu}{2},\ \frac{\alpha+\nu+1}{2};\ \nu+1;\ -\frac{c^2}{p^2}\right)$$

(см. 2.12.8.3); при этом условия сходимости интеграла $\operatorname{Re} p > 0$, $|\arg c| < \pi$ следует заменить на $\operatorname{Re} p > |\operatorname{Im} c|$. Отметим, что то же выражение для рассматриваемого интеграла можно вывести и исходя из формулы 2.12.1.5 при $r < 1$ с помощью перехода к пределу при $r \to 1-0$.

Преобразовав теперь гамма-функцию по формуле для $\Gamma(z+k)$ из приложения II.1 и воспользовавшись определением вырожденной гипергеометрической функции, можно получить

$$I(2)=\frac{c^{\nu}\Gamma((\alpha+\nu)/2)}{2^{\nu+1}p^{(\alpha+\nu)/2}\Gamma(\nu+1)}\sum_{k=0}^{\infty}\frac{((\alpha+\nu)/2)_k}{k!(\nu+1)_k}\left(-\frac{c^2}{4p}\right)^k=$$

$$=\frac{c^{\nu}}{2^{\nu+1}p^{(\alpha+\nu)/2}}\Gamma\left[\begin{matrix}(\alpha+\nu)/2\\ \nu+1\end{matrix}\right]{}_1F_1\left(\frac{\alpha+\nu}{2};\ \nu+1;\ -\frac{c^2}{4p}\right)$$

(см. 2.12.9.3).

Рассмотрим еще случай, когда $r=2m/n$, где m, n — взаимно простые целые числа и $2m>n>0$. Представим индекс суммирования k в виде $k=ml+j$; $j=0, 1, 2, \ldots, m-1$; $l=0, 1, 2, \ldots$, и разобьем сумму по k на m бесконечных сумм по l:

$$I\left(\frac{2m}{n}\right)=\frac{nc^{\nu}p^{-(\alpha+\nu)n/(2m)}}{2^{\nu+1}m}\sum_{j=0}^{m-1}\sum_{l=0}^{\infty}\frac{(-1)^{ml+j}}{(ml+j)!\Gamma(1+\nu+ml+j)}\times$$

$$\times\Gamma\left(\frac{\alpha+\nu+2j}{2m}n+ln\right)\left(\frac{c}{2p^{n/(2m)}}\right)^{2ml+2j}.$$

С помощью формулы для $\Gamma(z+nk)$ из приложения II.1 и формулы для $(nk+m)!$ из приложения I.2 получаем соотношение

$$I\left(\frac{2m}{n}\right)=\frac{nc^{\nu}p^{-(\alpha+\nu)n/(2m)}}{2^{\nu+1}m}\sum_{j=0}^{m-1}\left(-\frac{c^2}{4p^{n/m}}\right)^j\frac{1}{j!\Gamma(1+\nu+j)}\times$$

$$\times\Gamma\left(\frac{\alpha+\nu+2j}{2m}n\right)\sum_{l=0}^{\infty}\frac{((\alpha+\nu+2j)/(2m))_l((\alpha+\nu+2j)/(2m)+1/n)_l\ldots}{((j+1)/m)_l((j+2)/m)_l\ldots((j+m)/m)_l m^{ml}}\times$$

$$\times\frac{\ldots((\alpha+\nu+2j)/(2m)+(n-1)/n)_l n^{nl}}{((1+\nu+j)/m)_l((2+\nu+j)/m)_l\ldots((m+\nu+j)/m)_l m^{ml}}\left(-\frac{c^2}{4p^{n/m}}\right)^{ml}.$$

Используя теперь символ обобщенной гипергеометрической функции, приходим к окончательному выражению

$$I\left(\frac{2m}{n}\right)=\frac{nc^{\nu}}{2^{\nu+1}mp^{(\alpha+\nu)n/(2m)}}\sum_{j=0}^{m-1}\left(-\frac{c^2}{4p^{n/m}}\right)^j\frac{1}{j!\Gamma(\nu+j+1)}\times$$

$$\times\Gamma\left(\frac{\alpha+\nu+2j}{2m}n\right){}_{n+1}F_{2m}\left(\begin{matrix}1,\ \Delta(n,\ (\alpha+\nu+2j)n/(2m));\\ \Delta(m,\ j+1),\ \Delta(m,\ \nu+j+1);\end{matrix}\ (-1)^m\left(\frac{c}{2m}\right)^{2m}\left(\frac{n}{p}\right)^n\right),$$

где

$$\Delta(n,\ a)=\frac{a}{n},\ \frac{a+1}{n},\ \ldots,\ \frac{a+n-1}{n}.$$

2.2. ГАММА-ФУНКЦИЯ $\Gamma(x)$

Таблицу интегралов по прямой $(\gamma-i\infty,\ \gamma+i\infty)$, $\gamma=\operatorname{Re}s$, см. в [10, §10].

2.2.1. Интегралы, содержащие $\Gamma(c+x)$ $(0<x<\infty)$.

1. $\displaystyle\int_a^{\infty}(x-a)^{\alpha-1}\frac{b^x}{\Gamma(1+x)}\,dx=\Gamma(\alpha)\mu(b,\ \alpha-1,\ a)$ $[a,\ b,\ \operatorname{Re}\alpha>0]$.

2. $\displaystyle\int_0^{\infty}\frac{b^x}{\Gamma(1+x)}\,dx=e^b-\int_{-\infty}^{\infty}\frac{1}{t^2+\pi^2}\,e^{-be^t}\,dt=\nu(b)$ $[b>0]$.

3. $\displaystyle\int_0^{\infty}\frac{b^x}{\Gamma(c+x)}\,dx=b^{1-c}\nu(b,\ c-1)$ $[b,\ \operatorname{Re}c>0]$.

4. $\displaystyle\int_0^{\infty}\frac{x^{\alpha-1}b^x}{\Gamma(1+x)}\,dx=\Gamma(\alpha)\mu(b,\ \alpha-1)$ $[b,\ \operatorname{Re}\alpha>0]$.

5. $$\int_0^\infty \frac{x^{\alpha-1}b^x}{\Gamma(c+x)}\,dx = \Gamma(\alpha)b^{1-c}\mu(b,\,\alpha-1,\,c-1) \qquad [b,\ \operatorname{Re}c,\ \operatorname{Re}\alpha>0].$$

6. $$\int_0^\infty \frac{dx}{\Gamma(c+x)\Gamma(c-x)} = \frac{2^{2c-3}}{\Gamma(2c-1)} \qquad [\operatorname{Re}c>1/2].$$

7. $$\int_0^\infty \frac{\sin\pi nx}{\sin\pi x}\,\frac{dx}{\Gamma(c+x)\Gamma(c-x)} = \frac{1-(-1)^n}{2}\,\frac{2^{2c-3}}{\Gamma(2c-1)} \qquad [\operatorname{Re}c>1/2].$$

8. $$\int_0^\infty \frac{dx}{[\Gamma(c+x)\Gamma(c-x)]^2} = \frac{\Gamma(4c-3)}{2\Gamma^4(2c-1)} \qquad [\operatorname{Re}c>3/4].$$

9. $$\int_0^\infty \frac{\cos\pi x}{[\Gamma(c+x)\Gamma(c-x)]^2}\,dx = \frac{1}{4\Gamma[2c-1,\,c,\,c]} \qquad [\operatorname{Re}c>1/2].$$

2.2.2. Интегралы, содержащие $\Gamma(a\pm x)$ $(-\infty<x<\infty)$.

1. $$\int_{-\infty}^\infty \Gamma(a+x)\Gamma(b-x)\,dx = \mp 2^{1-a-b}\pi i\Gamma(a+b) \qquad \left[\operatorname{Re}(a+b)<1,\ \left\{\begin{matrix}\operatorname{Im}a,\ \operatorname{Im}b>0\\ \operatorname{Im}a,\ \operatorname{Im}b<0\end{matrix}\right\}\right].$$

2. $$= 0 \qquad [\operatorname{Re}(a+b)<1;\ \operatorname{Im}a\cdot\operatorname{Im}b<0].$$

3. $$\int_{-\infty}^\infty \Gamma\begin{bmatrix}a+x\\c+x\end{bmatrix}dx = 0 \qquad [\operatorname{Im}a\neq 0;\ \operatorname{Re}(c-a)>1].$$

4. $$\int_{-\infty}^\infty \frac{dx}{\Gamma(c+x)\Gamma(d-x)} = \frac{2^{c+d-2}}{\Gamma(c+d-1)} \qquad [\operatorname{Re}(c+d)>1].$$

5. $$\int_{-\infty}^\infty \Gamma\begin{bmatrix}a_1+x,\ a_2+x\\c_1+x,\ c_2+x\end{bmatrix}dx = \pm\frac{2\pi^2 i}{\sin(a_2-a_1)\pi}\,\Gamma\begin{bmatrix}c_1+c_2-a_1-a_2-1\\c_1-a_1,\ c_1-a_2,\ c_2-a_1,\ c_2-a_2\end{bmatrix}$$
$$\left[\operatorname{Re}(c_1+c_2-a_1-a_2)>1,\ \left\{\begin{matrix}\operatorname{Im}a_1<\operatorname{Im}a_2<0\\ \operatorname{Im}a_2<\operatorname{Im}a_1<0\end{matrix}\right\}\right].$$

6. $$= 0 \qquad [\operatorname{Re}(c_1+c_2-a_1-a_2)>1;\ \operatorname{Im}a_1,\ \operatorname{Im}a_2>0].$$

7. $$\int_{-\infty}^\infty \Gamma[a_1+x,\ a_2+x,\ b_1-x,\ b_2-x]\,dx = 2\pi i\Gamma\begin{bmatrix}a_1+b_1,\ a_1+b_2,\ a_2+b_1,\ a_2+b_2\\a_1+a_2+b_1+b_2\end{bmatrix}$$
$$[\operatorname{Re}(a_1+a_2+b_1+b_2)<1].$$

8. $$\int_{-\infty}^\infty \Gamma\begin{bmatrix}a+x\\c_1+x,\ c_2+x,\ d-x\end{bmatrix}dx = \frac{\pi\exp[\pm\pi(a-c_1)i/2]}{\Gamma[d+c_1-1,\ (d-c_2)/2,\ (c_1-a+1)/2]}$$
$$\left[a=c_2-c_1-d+1,\ \operatorname{Im}a\neq 0;\ \operatorname{Re}(d+c_1)>3/2,\ \left\{\begin{matrix}\operatorname{Im}a>0\\ \operatorname{Im}a<0\end{matrix}\right\}\right].$$

9. $$\int_{-\infty}^\infty \frac{dx}{\Gamma[c_1+x,\ c_2+x,\ d_1-x,\ d_2-x]} =$$
$$= \Gamma\begin{bmatrix}c_1+c_2+d_1+d_2-3\\c_1+d_1-1,\ c_1+d_2-1,\ c_2+d_1-1,\ c_2+d_2-1\end{bmatrix} \qquad [\operatorname{Re}(c_1+c_2+d_1+d_2)>3].$$

10. $$\int_{-\infty}^{\infty} \frac{R(x)\,dx}{\Gamma[c_1+x,\, c_2+x,\, d_1-x,\, d_2-x]} = \Gamma\begin{bmatrix} c_1+c_2+d_1+d_2-3 \\ c_1+d_1-1,\ c_1+d_2-1,\ c_2+d_1-1,\ c_2+d_2-1 \end{bmatrix} \int_0^1 R(t)\,dt$$

$[\operatorname{Re}(c_1+c_2+d_1+d_2)>3;\ R(x)=R(x+1)]$.

11. $$= \frac{1}{\Gamma[(c_1+d_1)/2,\ (c_2+d_2)/2,\ c_1+d_2-1]} \int_0^1 R(t)\cos\frac{2t+c_1-d_1}{2}\pi\,dt$$

$[c_1+d_2=c_2+d_1;\ \operatorname{Re}(c_1+c_2+d_1+d_2)>2;\ R(x+1)=-R(x)]$.

12. $$\int_{-\infty}^{\infty} \exp[2(\pi n+\varphi)xi]\Gamma(a+x)\Gamma(b-x)\,dx = 2\pi i\Gamma(a+b)(2\cos\varphi)^{-a-b}e^{(b-a)\varphi i}\left[\eta_n(b)e^{2\pi nbi}-\eta_n(-a)e^{-2\pi nai}\right]$$

$\left[\operatorname{Re}(a+b)<1;\ -\frac{\pi}{2}<\varphi<\frac{\pi}{2};\ n \text{ целое },\ \begin{Bmatrix} \eta_n(z)=0, \text{ если } (1/2-n)\operatorname{Im} z>0 \\ \eta_n(z)=\operatorname{sgn}(1/2-n), \text{ если } (1/2-n)\operatorname{Im} z<0 \end{Bmatrix}\right]$.

13. $$\int_{-\infty}^{\infty} \exp[(2\pi n+\pi-2\varphi)xi]\Gamma\begin{bmatrix} a+x \\ c+x \end{bmatrix} dx = \begin{Bmatrix} 1 \\ 0 \end{Bmatrix} 2\pi i\operatorname{sgn}\left(n+\frac{1}{2}\right)\frac{(2\cos\varphi)^{c-a-1}}{\Gamma(c-a)}\exp[-(2\pi n+\pi-\varphi)ai+\varphi i(c-1)]$$

$[\operatorname{Re}(c-a)>0;\ -\pi/2<\varphi<\pi/2;\ n=\ldots-2,\,-1,\,0,\,1,\,2,\,\ldots;\ \pm(n+1/2)\operatorname{Im} a<0]$.

14. $$\int_{-\infty}^{\infty} \frac{e^{i\varphi x}}{\Gamma(c+x)\Gamma(d-x)}\,dx = \begin{Bmatrix} 1 \\ 0 \end{Bmatrix} \frac{[2\cos(\varphi/2)]^{c+d-2}}{\Gamma(c+d-1)} e^{(d-c)\varphi i/2}$$

$\left[\begin{Bmatrix} -\pi<\varphi<\pi \\ \varphi\geqslant\pi \text{ или } \varphi\leqslant-\pi \end{Bmatrix},\ \operatorname{Re}(c+d)>1\right]$.

15. $$\int_{-\infty}^{\infty} \frac{R(x)e^{(2\pi n+\varphi)xi}}{\Gamma(c+x)\Gamma(d-x)}\,dx = \frac{[2\cos(\varphi/2)]^{c+d-2}}{\Gamma(c+d-1)} e^{(d-c)\varphi i/2}\int_0^1 R(t)e^{2\pi nti}\,dt$$

$[\operatorname{Re}(c+d)>1;\ -\pi<\varphi<\pi;\ n \text{ целое };\ R(x+1)=R(x)]$.

16. $$\int_{-\infty}^{\infty} \frac{e^{i\pi ax}}{\Gamma[c_1+x,\ c_2+gx,\ d_1-x,\ d_2-gx]}\,dx = 0$$

$[\operatorname{Re}(c_1+c_2+d_1+d_2)>2;\ \operatorname{Im} a=\operatorname{Im} g=0;\ |a|>|g|+1]$.

17. $$\int_{-\infty}^{\infty} \frac{e^{i\pi x}}{\Gamma[c_1+x,\ c_2+2x,\ d_1-x,\ d_2-2x]}\,dx = \frac{2^{c_1+c_2+d_1+d_2-5}}{\sqrt{\pi}} e^{i\pi(d_1-c_1)/2}\Gamma\begin{bmatrix} (c_1+c_2+d_1+d_2-3)/2 \\ (c_1+d_1)/2,\ c_2+d_2-1,\ 2c_1+d_2-2 \end{bmatrix}$$

$[2(c_1-d_1)=c_2-d_2;\ \operatorname{Re}(c_1+c_2+d_1+d_2)>3]$.

18. $$\int_{-\infty}^{\infty} \frac{1}{\Gamma(c+x)\Gamma(d-x)}\begin{Bmatrix} \sin bx \\ \cos bx \end{Bmatrix} dx = \frac{[2\cos(b/2)]^{c+d-2}}{\Gamma(c+d-1)}\begin{Bmatrix} \sin\varphi \\ \cos\varphi \end{Bmatrix}$$

$[\varphi=b(d-c)/2;\ -\pi<b<\pi;\ \operatorname{Re}(c+d)>1]$.

19. $= 0$ $[b>\pi \text{ или } b<-\pi;\ \operatorname{Re}(c+d)>1]$.

20. $$\int_{-\infty}^{\infty} \frac{\sin(n+1)\pi x}{\sin \pi x} \frac{dx}{\Gamma(c+x)\Gamma(d-x)} = \frac{1+(-1)^n}{2} \frac{2^{c+a-2}}{\Gamma(c+d-1)} \qquad [\operatorname{Re}(c+d) > 1].$$

21. $$\int_{-\infty}^{\infty} \frac{1}{\Gamma[c_1+x,\, c_2+x,\, d_1-x,\, d_2-x]} \begin{Bmatrix} \sin \pi x \\ \cos \pi x \end{Bmatrix} dx =$$
$$= \frac{1}{2\Gamma[(c_1+d_1)/2,\, (c_2+d_2)/2,\, c_1+d_2-1]} \begin{Bmatrix} \sin \varphi \\ \cos \varphi \end{Bmatrix}$$
$$[\varphi = \pi(d_1-c_1)/2;\ c_1+d_2 = c_2+d_1;\ \operatorname{Re}(c_1+c_2-d_1-d_2) > 2].$$

22. $$\int_{-\infty}^{\infty} \frac{\cos(c_2+d_1+x)\pi}{\Gamma[c_1+x,\, c_2+2x,\, d_1-x,\, d_2-2x]} dx = \frac{1}{2\Gamma[c_2+d_2,\, 2c_1+d_2-2,\, 2d_1+c_2-2]}$$
$$[c_1+c_2+d_1+d_2 = 4].$$

23. $$\int_{-\infty}^{\infty} \frac{\sin(c_1-d_1+2x)\pi}{\Gamma[c_1+x,\, c_2+2x,\, d_1-x,\, d_2-2x]} dx =$$
$$= \pm \frac{2^{2c_1-c_2-3}}{\sqrt{\pi}\,\Gamma(c_2-c_1+d_1+1/2)\Gamma(2c_1+d_2-2)} \qquad [2(c_1-d_1) = c_2-d_2+k,\ k = \pm 1,\ \pm 2].$$

24. $$\int_{-\infty}^{\infty} \frac{\sin(c_1-d_1+2x)\pi}{\Gamma[c_1+x,\, c_2+3x,\, d_1-x,\, d_2-3x]} dx = \pm \frac{3^{3c_1+d_2-4}}{4\pi} \Gamma\begin{bmatrix} 2c_1-d_1+d_2-2 \\ c_2+d_2-1,\ 3c_1+d_2-3 \end{bmatrix}$$
$$[3(c_1-d_1) = c_2-d_2+k,\ k = \pm 1,\ \pm 2].$$

2.2.3. Интегралы, содержащие $\ln\Gamma(a+x)$.

1. $$\int_0^1 \ln\Gamma(x)\, dx = \frac{\ln(2\pi)}{2}.$$

2. $$\int_a^{a+1} \ln\Gamma(x)\, dx = a\ln a - a + \frac{\ln(2\pi)}{2} \qquad [a \geqslant 0].$$

3. $$\int_0^n \ln\Gamma(a+x)\, dx = \sum_{k=0}^{n-1} (a+k)\ln(a+k) - na + \frac{n}{2}\ln(2\pi) - \frac{n(n-1)}{2} \qquad [a \geqslant 0].$$

4. $$\int_0^{\infty} x^{\alpha-1} \ln\left(\sqrt{x}\,\Gamma\begin{bmatrix} x \\ x+1/2 \end{bmatrix}\right) dx = \frac{\Gamma(\alpha)(2^{\alpha+1}-1)}{2^{2\alpha+1}\pi^{\alpha}\cos(\alpha\pi/2)} \zeta(\alpha+1) \qquad [0 < \operatorname{Re}\alpha < 1].$$

5. $$\int_0^1 e^{2\pi nxi} \ln\Gamma(a+x)\, dx = \frac{1}{2\pi ni} [\ln a - e^{-2\pi nai} \operatorname{Ei}(2\pi nai)] \qquad [a > 0;\ n = \pm 1,\ \pm 2,\ \pm 3,\ \ldots].$$

6. $$\int_0^1 \sin(2n+1)\pi x\, \ln\Gamma(x)\, dx = \frac{1}{(2n+1)\pi}\left[\ln\frac{\pi}{2} + \frac{1}{2n+1} + 2\sum_{k=1}^{n} \frac{1}{2k-1}\right].$$

7. $$\int_0^1 \begin{Bmatrix} \sin 2\pi nx \\ \cos 2\pi nx \end{Bmatrix} \ln\Gamma(x)\, dx = \frac{1}{4\pi n} \begin{Bmatrix} 2\mathbf{C} + 2\ln(2\pi n) \\ \pi \end{Bmatrix} \qquad [n = 1,\ 2,\ 3,\ \ldots].$$

8. $$\int_0^1 \begin{Bmatrix} \sin 2\pi nx \\ \cos 2\pi nx \end{Bmatrix} \ln\Gamma(a+x)\, dx = -\frac{1}{2\pi n}\left[\begin{Bmatrix} \ln a \\ 0 \end{Bmatrix} + \begin{Bmatrix} \cos 2\pi na \\ \sin 2\pi na \end{Bmatrix} \operatorname{ci}(2\pi na) \mp\right.$$
$$\left.\mp \begin{Bmatrix} \sin 2\pi na \\ \cos 2\pi na \end{Bmatrix} \operatorname{si}(2\pi na)\right] \qquad [a > 0;\ n = 1,\ 2,\ 3,\ \ldots].$$

2.2.4. Интегралы, содержащие $\Gamma(a+ix)$.

1. $$\int_0^\infty |\Gamma(a+ix)|^2\,dx = \frac{\pi}{2^{2a}}\,\Gamma(2a) \qquad [a>0].$$

2. $$\int_{-\infty}^\infty \Gamma(1+ix)\,dx = \frac{2\pi}{e}.$$

3. $$\int_0^\infty |\Gamma(a_1+ix)\Gamma(a_2+ix)|^2\,dx = 2^{1-2a_1-2a_2}\pi^{3/2}\Gamma\begin{bmatrix}2a_1,\ 2a_2,\ a_1+a_2\\ a_1+a_2+1/2\end{bmatrix} \qquad [a_1,\ a_2>0].$$

4. $$\int_0^\infty \left|\Gamma\begin{bmatrix}a+ix\\ c+ix\end{bmatrix}\right|^2 dx = 2^{2c-2a-2}\sqrt{\pi}\,\Gamma\begin{bmatrix}2a,\ c-a-1/2\\ 2c-1,\ c-a\end{bmatrix} \qquad [0<a<c-1/2].$$

5. $$\int_0^\infty \cos bx|\Gamma(a+ix)|^2\,dx = \frac{\pi}{2^{2a}}\,\Gamma(2a)\operatorname{sech}^{2a}\frac{b}{2} \qquad [a,\ b>0].$$

6. $$\int_0^\infty \frac{1}{\operatorname{ch}2\pi x}\left|\Gamma\left(\frac{1}{4}+ix\right)\right|^4 dx = 4\pi\mathbf{G}.$$

7. $$\int_0^\infty x^2\operatorname{ch}\pi x|\Gamma(a+ix)|^4\,dx = \frac{\pi}{2}\,\Gamma[a+1,\ a+1,\ 2a] \qquad [\operatorname{Re}a>0].$$

2.3. ПСИ-ФУНКЦИЯ $\psi(x)$

Интегралы, содержащие $\psi(x)$, могут быть также получены путем дифференцирования по параметру соответствующих формул из раздела 2.2, так как имеет место равенство

$$\frac{d}{da}\ln\Gamma(a+x) = \psi(a+x).$$

2.3.1. Интегралы от $\psi(x)$.

1. $$\int_a^b \psi(x+c)\,dx = \ln\Gamma\begin{bmatrix}b+c\\ a+c\end{bmatrix} \qquad [a,\ b,\ c>0].$$

2. $$\int_0^{a+1} x\psi(x)\,dx = a+\ln\Gamma(a+1)-\frac{1}{2}\ln(2\pi) \qquad [a\geqslant 0].$$

3. $$\int_0^n x\psi(x+a)\,dx = n\ln\Gamma(n+a)-\sum_{k=0}^{n-1}(a+k)\ln(a+k)+na-\frac{n}{2}\ln(2\pi)+\frac{n(n-1)}{2}$$
$[a\geqslant 0;\ n=1,\ 2,\ 3,\ \ldots]$.

4. $$\int_0^\infty x^{\alpha-1}[\mathbf{C}+\psi(x+1)]\,dx = -\frac{\pi}{\sin\pi a}\,\zeta(1-\alpha) \qquad [-1<\operatorname{Re}\alpha<0].$$

5. $$\int_0^\infty x^{\alpha-1}[\psi(x+a)-\psi(x+b)]\,dx = \frac{\pi}{\sin\alpha\pi}\,[\zeta(1-\alpha,\ b)-\zeta(1-\alpha,\ a)]$$
$[a,\ b>0;\ 0<\operatorname{Re}\alpha<0]$.

6. $$\int_0^1 e^{2\pi nxi}\psi(x+a)\,dx = e^{-2\pi nai}\operatorname{Ei}(2\pi nai) \qquad [a>0;\ n=\pm1,\ \pm2,\ \ldots].$$

7. $$\int_0^1 \sin bx\psi(x)\,dx = -\frac{\pi}{2}\begin{Bmatrix}1\\0\end{Bmatrix} \qquad \left[\begin{Bmatrix}b = 2\pi n,\ n = 1, 2, 3, \ldots\\ b = \pi\end{Bmatrix}\right].$$

8. $$\int_0^1 \begin{Bmatrix}\sin 2\pi nx\\ \cos 2\pi nx\end{Bmatrix}\psi(x+a)\,dx = \sin(2\pi na)\begin{Bmatrix}\operatorname{ci}(2\pi na)\\ \operatorname{si}(2\pi na)\end{Bmatrix} \pm \cos(2\pi na)\begin{Bmatrix}\operatorname{si}(2\pi na)\\ \operatorname{ci}(2\pi na)\end{Bmatrix}$$
$$[a \geqslant 0;\ n = 1, 2, 3, \ldots].$$

9. $$\int_0^1 \sin\pi x \sin\pi nx\psi(x)\,dx = \frac{1-(-1)^n}{4}\ln\frac{n-1}{n+1} \qquad [n \neq 1].$$

10. $$= -\frac{1}{2}[\mathbf{C} + \ln(2\pi)] \qquad [n = 1].$$

11. $$\int_0^1 x(1-x)\cos\pi x\psi(\pm x)\,dx = \mp\frac{7}{2\pi^2}\zeta(3) + \frac{2}{\pi^2}\begin{Bmatrix}1\\0\end{Bmatrix}.$$

12. $$\int_0^1 x(1-x)\cos\pi x\psi\left(x \pm \frac{1}{2}\right)dx = \frac{5\pm 1}{\pi^2} - \frac{1}{2}\begin{Bmatrix}1\\0\end{Bmatrix}\operatorname{Si}\left(\frac{\pi}{2}\right).$$

13. $$\int_0^{1/2} x\left(\frac{1}{2} - x\right)\cos 2\pi x\left[\psi\left(x + \frac{1}{2}\right) - \psi(x)\right]dx = \frac{1}{2\pi^2} - \frac{7}{8\pi^2}\zeta(3).$$

14. $$\int_0^\infty \sin bx[\psi(a+ix) - \psi(a-ix)]\,dx = \pi i e^{-ab}(1-e^{-b})^{-1} \qquad [a,\ b > 0].$$

15. $$\int_0^\infty x^{\alpha-1}[\ln x - \psi(x+1)]\,dx = \frac{\pi}{\sin\alpha\pi}\zeta(1-\alpha) \qquad [0 < \operatorname{Re}\alpha < 1].$$

16. $$\int_0^\infty x^{\alpha-1}\left[\ln x - \psi\left(x + \frac{1}{2}\right)\right]dx = \frac{2^{1-\alpha}-1}{\sin\alpha\pi}\zeta(\alpha) \qquad [0 < \operatorname{Re}\alpha < 1].$$

17. $$\int_0^\infty x^{\alpha-1}[\ln(x+1) - \psi(x+1)]\,dx = \frac{\pi}{\sin\alpha\pi}\left[\zeta(1-\alpha) + \frac{1}{\alpha}\right] \qquad [0 < \operatorname{Re}\alpha < 1].$$

18. $$\int_0^\infty \cos bx[\ln x - \psi(x+1)]\,dx = \frac{1}{2}\left[\ln\frac{b}{2\pi} - \psi\left(\frac{b}{2\pi} + 1\right)\right] \qquad [b > 0].$$

19. $$\frac{1}{2\pi i}\int_{\gamma - i\infty}^{\gamma + i\infty}[\ln z - \psi(z+1)]z^{-s}\,dz = -2\pi i e^{-s\pi i}\zeta(s) \qquad [-1 < \gamma < 0].$$

2.3.2. Интегралы от $\psi^{(n)}(x)$.

1. $$\int_0^\infty x^{\alpha-1}\left[\frac{1}{x} - \psi'(x+1)\right]dx = \frac{\pi(\alpha-1)}{\sin\alpha\pi}\zeta(2-\alpha) \qquad [1 < \operatorname{Re}\alpha < 2].$$

2. $$\int_0^\infty x^{\alpha-1}\left[\frac{1}{x+1} - \psi'(x+1)\right]dx = \frac{\pi(\alpha-1)}{\sin\alpha\pi}\left[\zeta(2-\alpha) + \frac{1}{\alpha-1}\right] \qquad [0 < \operatorname{Re}\alpha < 2].$$

3. $$\int_a^{a+1} x^{n+1}\psi^{(n)}(x)\,dx = I_n \qquad [a \geqslant 0],$$
$$I_n = [(a+1)^{n+1} - a^{n+1}]\psi^{(n-1)}(a+1) - (-1)^n(n-1)!a - (n+1)I_{n-1},$$

$$I_0 = \ln\Gamma(a+1) + a - \frac{1}{2}\ln 2\pi.$$

4. $\int\limits_0^m x^{n+1}\psi^{(n)}(x+a)\,dx = J_n$ $[a \geqslant 0;\ m = 1,\,2,\,3,\,\ldots\,],$

$$J_n = m^{n+1}\psi^{(n-1)}(m) - (n+1)J_{n-1},$$

$$J_0 = m\ln\Gamma(m+a) - \sum_{k=0}^{m}(a+k)\ln(a+k) + ma - \frac{m}{2}\ln(2\pi) + \frac{m(m-1)}{2}.$$

5. $\int\limits_0^\infty x^{\alpha-1}\psi^{(n)}(x+1)\,dx = (-1)^{n-1}\frac{\pi(1-\alpha)_n}{\sin\alpha\pi}\zeta(1+n-\alpha)$ $[0 < \operatorname{Re}\alpha < n;\ n = 1,\,2,\,3,\,\ldots\,].$

2.4. ДЗЕТА-ФУНКЦИЯ РИМАНА $\zeta(x)$

2.4.1. Интегралы, содержащие $\zeta(x)$ $(0 < x < \infty)$.

1. $\int\limits_0^\infty x^{2n}\pi^{-ix}\operatorname{ch} bx\Gamma\left(\frac{1}{4}+ix\right)\zeta\left(\frac{1}{2}+2ix\right)dx =$

$$= \pi^{5/4}\left[\frac{(-1)^{n+1}}{2^{4n+1}}e^{-ib/4} + \frac{d^{2n}}{db^{2n}}\left(e^{ib/4}\sum_{k=1}^{\infty}\exp(-\pi k^2 e^{ib})\right)\right].$$

2. $\int\limits_0^\infty \pi^{-ix}\cos bx\Gamma\left(\frac{1}{4}+ix\right)\zeta\left(\frac{1}{2}+2ix\right)dx = -\frac{\pi^{5/4}}{2}\left[e^{b/4} - 2e^{-b/4}\sum_{k=1}^{\infty}\exp(-\pi k^2 e^{-b})\right].$

2.4.2. Интегралы, содержащие $\zeta(s)$, по прямой $(\gamma - i\infty,\ \gamma + i\infty)$. Условие: $|\arg z| < \pi$.

1. $\int\limits_{\gamma-i\infty}^{\gamma+i\infty}\Gamma(s)\zeta(s)z^{-s}\,ds = \frac{2\pi i}{e^z - 1}$ $[\gamma > 1].$

2. $\int\limits_{\gamma-i\infty}^{\gamma+i\infty}\Gamma(s)\zeta(2s)z^{-s}\,ds = \pi i\theta_3(0,\,e^z) - \pi i$ $[\gamma > 1/2].$

3. $\qquad = \pi i\theta_3(0,\,e^z) - \frac{\pi^{3/2}i}{\sqrt{z}} - \pi i$ $[\gamma = 1/4].$

4. $\int\limits_{\gamma-i\infty}^{\gamma+i\infty}\frac{\zeta(1-s)}{\sin\pi s}z^{-s}\,ds = 2i[\ln z - \psi'(1+z)]$ $[0 < \gamma < 1].$

5. $\int\limits_{\gamma-i\infty}^{\gamma+i\infty}\frac{\zeta(s)z^{-s}}{s\sin\pi s}\,ds = 2i[z\ln z - z - \ln\Gamma(1+z)]$ $[0 < \gamma < 1].$

6. $\int\limits_{\gamma-i\infty}^{\gamma+i\infty}\Gamma(s)\Gamma(b-s)\zeta(s)\zeta(b-s)\,ds = 2\pi i\Gamma(b)[\zeta(b-1) - \zeta(b)]$ $[1 < \gamma < \operatorname{Re} b - 1].$

7. $\int\limits_{\gamma-i\infty}^{\gamma+i\infty}\Gamma(s)\Gamma(b-s)\zeta(2s)\zeta(2b-2s)\,ds = 2\pi i\Gamma(b)[(1-2^{-b})\zeta^2(b) - \zeta(2b)]$ $[1/2 < \gamma < \operatorname{Re} b - 1/2].$

2.5. ИНТЕГРАЛЬНАЯ ПОКАЗАТЕЛЬНАЯ ФУНКЦИЯ Ei (x)

2.5.1. Интегралы общего вида.

1. $$\int_0^a x^{\alpha-1}(a^r-x^r)^{\beta-1}\,\mathrm{Ei}(-cx)\,dx = a^{\alpha+r\beta-r}\Gamma(\beta)\sum_{k=1}^{\infty}\frac{(-1)^k}{k!k}\Gamma\left[\begin{matrix}(\alpha+k)/r\\ \beta+(\alpha+k)/r\end{matrix}\right](ac)^k + \frac{a^{\alpha+\beta r-r}}{r^2}\,\mathrm{B}\left(\beta,\,\frac{\alpha}{r}\right)\left[\psi\left(\frac{\alpha}{r}\right)-\psi\left(\beta+\frac{\alpha}{r}\right)+r\mathbf{C}+r\ln(ac)\right]$$
$[a,\ r,\ \mathrm{Re}\,\alpha,\ \mathrm{Re}\,\beta>0;\ |\arg c|<\pi]$.

2. $$\int_a^\infty x^{\alpha-1}(x^r-a^r)^{\beta-1}\,\mathrm{Ei}(-cx)\,dx = a^{\alpha+r\beta-r}\Gamma(\beta)\sum_{k=1}^{\infty}\frac{(-1)^k}{k!k}\Gamma\left[\begin{matrix}1-\beta-(\alpha+k)/r\\ 1-(\alpha+k)/r\end{matrix}\right](ac)^k + c^{r-r\beta-\alpha}\sum_{k=0}^{\infty}\frac{(1-\beta)_k\Gamma(\alpha+\beta r-r-kr)}{k!(r-\beta r-\alpha+kr)}(ac)^{rk} + \frac{a^{\alpha+\beta r-r}}{r^2}\,\mathrm{B}\left(\beta,\,1-\beta-\frac{\alpha}{r}\right)\left[\psi\left(1-\frac{\alpha}{r}\right)-\psi\left(1-\beta-\frac{\alpha}{r}\right)+r\mathbf{C}+r\ln(ac)\right]$$
$[a,\ r,\ \mathrm{Re}\,\beta,\ \mathrm{Re}\,c>0]$.

3. $$\int_0^\infty \frac{x^{\alpha-1}}{(x^r+z^r)^\rho}\,\mathrm{Ei}(-cx)\,dx = \frac{z^{\alpha-r\rho}}{\Gamma(\rho)}\sum_{k=1}^{\infty}\frac{(-1)^k}{k!k}\times \Gamma\left(\frac{\alpha+k}{r}\right)\Gamma\left(\rho-\frac{\alpha+k}{r}\right)(cz)^k + c^{r\rho-\alpha}\sum_{k=0}^{\infty}\frac{(-1)^k(\rho)_k\Gamma(\alpha-r\rho-rk)}{k!(r\rho-\alpha+rk)}(cz)^{rk} + \frac{z^{\alpha-r\rho}}{r^2}\,\mathrm{B}\left(\frac{\alpha}{r},\,\rho-\frac{\alpha}{r}\right)\left[\psi\left(\frac{\alpha}{r}\right)-\psi\left(\rho-\frac{\alpha}{r}\right)+r\mathbf{C}+r\ln(cz)\right]$$
$[r,\ \mathrm{Re}\,\alpha,\ \mathrm{Re}\,c>0;\ r|\arg z|<\pi]$.

4. $$\int_0^\infty \frac{x^{\alpha-1}}{x^r-y^r}\,\mathrm{Ei}(-cx)\,dx = -\pi y^{\alpha-r}\sum_{k=1}^{\infty}\frac{(-1)^k}{k!k}\,\mathrm{ctg}\left(\frac{\alpha+k}{r}\pi\right)(cy)^k + c^{r-\alpha}\sum_{k=0}^{\infty}\frac{\Gamma(\alpha-r-rk)}{r-\alpha+rk}(cy)^{rk} - \frac{\pi y^{\alpha-r}}{r^2}\,\mathrm{ctg}\,\frac{\alpha\pi}{r}\left[r\mathbf{C}+r\ln(cy)-2\pi\,\mathrm{cosec}\,\frac{2\alpha\pi}{r}\right]$$
$[r,\ y,\ \mathrm{Re}\,\alpha,\ \mathrm{Re}\,c>0]$.

5. $$\int_0^\infty x^{\alpha-1}e^{-px^r}\,\mathrm{Ei}(-cx)\,dx = U(r)$$
$[r,\ \mathrm{Re}\,\alpha,\ \mathrm{Re}\,c,\ \mathrm{Re}\,\rho>0]$,

$$U(r) = \frac{p^{-\alpha/r}}{r}\sum_{k=1}^{\infty}\Gamma\left(\frac{\alpha+k}{r}\right)\frac{(-1)^k}{k!k}\left(\frac{c^r}{p}\right)^{k/r} + \frac{p^{-\alpha/r}}{r^2}\Gamma\left(\frac{\alpha}{r}\right)\left[\psi\left(\frac{\alpha}{r}\right)+r\mathbf{C}-\ln\frac{p}{c^r}\right]\quad [r>1],$$
$$U(r) = -c^{-\alpha}\sum_{k=0}^{\infty}\frac{\Gamma(\alpha+rk)}{k!(\alpha+rk)}\left(-\frac{p}{c^r}\right)^k\quad [r<1],$$

$U(1)$ см. в 2.5.3.1–12.

6. $$\int_0^\infty x^{\alpha-1}e^{-px^{-r}}\,\mathrm{Ei}(-cx)\,dx = \frac{p^{\alpha/r}}{r}\sum_{k=1}^{\infty}\Gamma\left(-\frac{\alpha+k}{r}\right)\frac{(-p^{1/r}c)^k}{k!k} - c^{-\alpha}\sum_{k=0}^{\infty}\frac{\Gamma(\alpha-kr)}{k!(\alpha-kr)}(-pc^r)^k + \frac{p^{\alpha/r}}{r^2}\Gamma\left(-\frac{\alpha}{r}\right)\left[\ln(pc^r)-\psi\left(-\frac{\alpha}{r}\right)+r\mathbf{C}\right]$$
$[r,\ \mathrm{Re}\,c,\ \mathrm{Re}\,p>0]$.

7. $$\int_0^a x^{\alpha-1}(a^r-x^r)^{\beta-1}e^{\pm cx}\,\mathrm{Ei}\,(\mp cx)\,dx = \frac{a^{\alpha+r\beta-r}}{r^2}\,\Gamma(\beta)\sum_{k=0}^{\infty}\Gamma\begin{bmatrix}(\alpha+k)/r\\(\alpha+k)/r+\beta\end{bmatrix}\times$$
$$\times\left[\psi\left(\frac{\alpha+k}{r}\right)-\psi\left(\frac{\alpha+k}{r}+\beta\right)-r\psi(k+1)+r\ln(ac)\right]\frac{(\pm ac)^k}{k!}$$
$$\left[a,\ r,\ \mathrm{Re}\,\alpha,\ \mathrm{Re}\,\beta>0,\ \begin{Bmatrix}|\arg c|<\pi\\c>0\end{Bmatrix}\right].$$

8. $$\int_a^\infty x^{\alpha-1}(x^r-a^r)^{\beta-1}e^{\pm cx}\,\mathrm{Ei}\,(\mp cx)\,dx =$$
$$=\frac{a^{\alpha+r\beta-r}}{r^2}\,\Gamma(\beta)\sum_{k=0}^{\infty}\frac{(-1)^k}{k!k}\,\Gamma\begin{bmatrix}1-\beta-(\alpha+k)/r\\1-(\alpha+k)/r\end{bmatrix}\left[\psi\left(1-\frac{\alpha+k}{r}\right)-\right.$$
$$\left.-\psi\left(1-\beta-\frac{\alpha+k}{r}\right)-r\psi(k+1)+r\ln(ac)\right]\frac{(\pm ac)^k}{k!}+$$
$$+\pi c^{r-\alpha-\beta r}\sum_{k=0}^{\infty}\frac{(1-\beta)_k}{k!}\,\Gamma(\alpha+\beta r-r-kr)\begin{Bmatrix}\mathrm{cosec}\,[(kr+r-\alpha-\beta r)\pi]\\\mathrm{ctg}\,[(kr+r-\alpha-\beta r)\pi]\end{Bmatrix}(ac)^{rk}$$
$$\left[a,\ r,\ \mathrm{Re}\,\beta>0;\ \mathrm{Re}\,(\alpha+\beta r)<r+1,\ \begin{Bmatrix}|\arg c|<\pi\\c>0\end{Bmatrix}\right].$$

9. $$\int_0^\infty \frac{x^{\alpha-1}}{(x^r+z^r)^\rho}\,e^{\pm cx}\,\mathrm{Ei}\,(\mp cx)\,dx = \frac{z^{\alpha-r\rho}}{r^2\Gamma(\rho)}\sum_{k=0}^{\infty}\Gamma\left(\frac{\alpha+k}{r}\right)\Gamma\left(\rho-\frac{\alpha+k}{r}\right)\left[\psi\left(\frac{\alpha+k}{r}\right)-\right.$$
$$\left.-\psi\left(\rho-\frac{\alpha+k}{r}\right)-r\psi(k+1)+r\ln(cz)\right]\frac{(\pm cz)^k}{k!}+$$
$$+\pi c^{r\rho-\alpha}\sum_{k=0}^{\infty}\frac{(-1)^k(\rho)_k}{k!}\,\Gamma(\alpha-r\rho-rk)\begin{Bmatrix}\mathrm{cosec}\,[(r\rho+rk-\alpha)\pi]\\\mathrm{ctg}\,[(r\rho+rk-\alpha)\pi]\end{Bmatrix}(cz)^{rk}$$
$$\left[r>0;\ 0<\mathrm{Re}\,\alpha<r\,\mathrm{Re}\,\rho+1;\ r|\arg z|<\pi,\ \begin{Bmatrix}|\arg c|<\pi\\c>0\end{Bmatrix}\right].$$

10. $$\int_0^\infty \frac{x^{\alpha-1}}{x^r-y^r}\,e^{\pm cx}\,\mathrm{Ei}\,(\mp cx)\,dx = \frac{y^{\alpha-r}}{r^2}\sum_{k=0}^{\infty}\frac{(\pm cy)^k}{k!}\left[\pi\,\mathrm{cosec}^2\,\frac{\alpha+k}{r}\,\pi+\right.$$
$$\left.+r\psi(k+1)+r\ln(cy)\right]+\pi c^{r-\alpha}\sum_{k=0}^{\infty}\Gamma(\alpha-r-rk)\begin{Bmatrix}\mathrm{cosec}\,[(rk+r-\alpha)\pi]\\\mathrm{ctg}\,[(rk+r-\alpha)\pi]\end{Bmatrix}(cy)^{rk}$$
$$\left[r,\ y>0;\ 0<\mathrm{Re}\,\alpha<r+1,\ \begin{Bmatrix}|\arg c|<\pi\\c>0\end{Bmatrix}\right].$$

11. $$\int_0^\infty x^{\alpha-1}e^{-px^r\pm cx}\,\mathrm{Ei}\,(\mp cx)\,dx = V(r) \qquad \left[r,\ \mathrm{Re}\,\alpha,\ \mathrm{Re}\,p>0,\ \begin{Bmatrix}|\arg c|<\pi\\c>0\end{Bmatrix}\right],$$
$$V(r)=\frac{p^{-\alpha/r}}{r^2}\sum_{k=0}^{\infty}\Gamma\left(\frac{\alpha+k}{r}\right)\left[\psi\left(\frac{\alpha+k}{r}\right)-r\psi(k+1)+\ln\frac{c^r}{p}\right]\frac{1}{k!}\left(\pm\frac{c}{p^{1/r}}\right)^k \qquad [r>1],$$
$$V(r)=-\frac{\pi}{c^\alpha}\sum_{k=0}^{\infty}\frac{(-1)^k}{k!}\,\Gamma(\alpha+rk)\begin{Bmatrix}\mathrm{cosec}\,[(\alpha+rk)\pi]\\\mathrm{ctg}\,[(\alpha+rk)\pi]\end{Bmatrix}\left(\frac{p}{c^r}\right)^k-$$
$$-\frac{p^{-\alpha/r}}{r}\sum_{k=0}^{\infty}(-1)^k\Gamma\left(\frac{\alpha-k-1}{r}\right)k!\left(\frac{p}{c^r}\right)^{(k+1)/r} \qquad [r<1],$$

$V(1)$ см. в 2.5.3.1–12.

12. $$\int_0^\infty x^{\alpha-1}e^{-px^{-r}\pm cx}\operatorname{Ei}(\mp cx)\,dx = -\frac{\pi}{c^\alpha}\sum_{k=0}^\infty \frac{(-1)^k}{k!}\Gamma(\alpha-rk)(c^rp)^k \begin{Bmatrix}\operatorname{cosec}[(\alpha-kr)\pi]\\ \operatorname{ctg}[(\alpha-kr)\pi]\end{Bmatrix} + \\ + \frac{p^{\alpha/r}}{r}\sum_{k=0}^\infty \frac{(\pm cp^{1/r})^k}{k!}\Gamma\left(-\frac{\alpha+k}{r}\right)\left[\ln(cp^{1/r}) - \psi(k+1) - \frac{1}{r}\psi\left(-\frac{\alpha+k}{r}\right)\right]$$
$$\left[r,\ \operatorname{Re}p>0;\ \operatorname{Re}\alpha<1,\ \begin{Bmatrix}|\arg c|<\pi\\ c>0\end{Bmatrix}\right].$$

13. $$\int_0^\infty x^{\alpha-1}\begin{Bmatrix}\sin bx^r\\ \cos bx^r\end{Bmatrix}\operatorname{Ei}(-cx)\,dx = W(r) \qquad \left[b,\ r,\ \operatorname{Re}c>0;\ \operatorname{Re}\alpha>-r\delta;\ \delta=\begin{Bmatrix}1\\0\end{Bmatrix}\right],$$

$$W(r) = \frac{b^{-\alpha/r}}{r}\left[\sum_{k=1}^\infty \frac{1}{k!k}\Gamma\left(\frac{\alpha+k}{r}\right)\begin{Bmatrix}\sin[(\alpha+k)\pi/(2r)]\\ \cos[(\alpha+k)\pi/(2r)]\end{Bmatrix}\left(-\frac{c}{b^{1/r}}\right)^k + \right.\\ \left. + \left(\mathbf{C} + \frac{1}{2r}\psi\left(\frac{\delta}{2}+\frac{\alpha}{2r}\right) + \frac{1}{2r}\psi\left(\frac{1+\delta}{2}-\frac{\alpha}{2r}\right) + \ln c - \frac{1}{r}\ln\frac{b}{2}\right)\Gamma\left(\frac{\alpha}{r}\right)\begin{Bmatrix}\sin[\alpha\pi/(2r)]\\ \cos[\alpha\pi/(2r)]\end{Bmatrix}\right]$$
$$[r>1],$$

$$W(r) = -b^\delta c^{-\alpha-\delta r}\sum_{k=0}^\infty \frac{(-1)^k\Gamma(\alpha+r\delta+2rk)}{(1/2+\delta)_k k!(\alpha+r\delta+2rk)}\left(\frac{b}{2c^r}\right)^{2k} \qquad [r<1],$$

$W(1)$ см. в 2.5.7.4.

14. $$\int_0^\infty x^{\alpha-1}e^{-px^r}\begin{Bmatrix}\sin bx^r\\ \cos bx^r\end{Bmatrix}\operatorname{Ei}(-cx)\,dx = X(r)$$
$$\left[b,\ r,\ \operatorname{Re}c,\ \operatorname{Re}p>0;\ \operatorname{Re}\alpha>-r\delta;\ \delta=\begin{Bmatrix}1\\0\end{Bmatrix}\right],$$

$$X(r) = \frac{1}{r(\sqrt{b^2+p^2}\,)^{\alpha/r}}\left\{\sum_{k=0}^\infty \frac{(-1)^k}{k!k}\Gamma\left(\frac{\alpha+k}{r}\right)\times\right.\\ \times\cos\left(\frac{\delta\pi}{2} - \frac{\alpha+k}{r}\arccos\frac{p}{\sqrt{b^2+p^2}}\right)\frac{c^k}{(\sqrt{b^2+p^2}\,)^{k/r}} + \cos\left(\frac{\delta\pi}{2} - \frac{\alpha}{r}\arccos\frac{p}{\sqrt{b^2+p^2}}\right)\times\\ \left.\times\left[\mathbf{C} + \frac{1}{r}\psi\left(\frac{\alpha}{r}\right) + \ln\frac{c}{(\sqrt{b^2+p^2}\,)^{1/r}} + \frac{1}{r}\operatorname{tg}\left(\frac{\delta\pi}{2} - \frac{\alpha}{r}\arccos\frac{p}{\sqrt{b^2+p^2}}\right)\arccos\frac{p}{\sqrt{b^2+p^2}}\right]\right\}$$
$[r>1]$ или $[r=1;\ |c|^2<|b^2+p^2|]$,

$$X(r) = -\frac{1}{c^\alpha}\sum_{k=0}^\infty \frac{(-1)^k\Gamma(\alpha+kr)}{k!(\alpha+kr)}\cos\left(\frac{\delta\pi}{2} + k\arccos\frac{p}{\sqrt{b^2+p^2}}\right)\left(\frac{\sqrt{b^2+p^2}}{c^r}\right)^k$$
$[r<1]$ или $[r=1;\ |c|^2>|b^2+p^2|]$.

15. $$\int_0^\infty x^{\alpha-1}e^{\pm cx}\sin bx^r\operatorname{Ei}(\mp cx)\,dx = Y(1,\ r)$$
$$\left[b,\ r>0;\ -r<\operatorname{Re}\alpha<r+1,\ \begin{Bmatrix}|\arg c|<\pi\\ c>0\end{Bmatrix},\ \delta=\begin{Bmatrix}1\\0\end{Bmatrix}\right],$$

$$Y(\delta,\ r) = -\frac{b^{-\alpha/r}}{r}\sum_{k=0}^\infty \frac{1}{k!}\Gamma\left(\frac{\alpha+k}{r}\right)\cos\frac{\alpha+k-r\delta}{2r}\pi\times\\ \times\left(\pm\frac{c}{b^{1/r}}\right)^k\left[\psi(k+1) - \frac{1}{2r}\psi\left(\frac{\delta}{2}+\frac{\alpha+k}{2r}\right) - \frac{1}{2r}\psi\left(\frac{1+\delta}{2}-\frac{\alpha+k}{2r}\right) - \frac{1}{r}\ln\left(\frac{2c^r}{b}\right)\right]$$
$$[r>1],$$

$$Y(\delta,\, r) = \frac{b^{(1-\alpha)/r}}{cr} \sum_{k=0}^{\infty} (\mp 1)^{k+1} k! \Gamma\left(\frac{\alpha-k-1}{r}\right) \cos\frac{\alpha-k-r\delta-1}{2r}\pi \left(\frac{2c^r}{b}\right)^{-k/r} -$$

$$- \frac{b^{\delta}\pi}{c^{\alpha+r\delta}} \sum_{k=0}^{\infty} \frac{(-1)^k \Gamma(\alpha+r\delta+2rk)}{k!(\delta+1/2)_k} \begin{Bmatrix} \operatorname{cosec}(\alpha+r\delta+2rk)\pi \\ \operatorname{ctg}(\alpha+r\delta+2rk)\pi \end{Bmatrix} \left(\frac{b}{2c^r}\right)^{2k} \qquad [r<1],$$

$Y(\delta,\, 1)$ см. в 2.5.8.4–5.

16. $$\int_0^\infty x^{\alpha-1} e^{\pm cx} \cos bx^r \operatorname{Ei}(\mp cx)\, dx = Y(0,\, r)$$

$$\left[b,\, r>0;\ 0<\operatorname{Re}\alpha<r+1,\ \begin{Bmatrix} |\arg c|<\pi \\ c>0 \end{Bmatrix},\ Y(\delta,\, r) \text{ см. в } 2.5.1.15\right].$$

17. $$\int_0^\infty x^{\alpha-1} \begin{Bmatrix} \ln(x^r+z^r) \\ \ln|x^r-z^r| \end{Bmatrix} \operatorname{Ei}(-cx)\, dx = \pi z^{\alpha} \sum_{k=1}^{\infty} \frac{(-cz)^k}{k!k(\alpha+k)} \begin{Bmatrix} \operatorname{cosec}[(\alpha+k)\pi/r] \\ \operatorname{ctg}[(\alpha+k)\pi/r] \end{Bmatrix} +$$

$$+ \frac{\pi z^{\alpha}}{\alpha r} \operatorname{cosec}\frac{\alpha\pi}{r} \left[r\mathbf{C} - \begin{Bmatrix} 0 \\ 1 \end{Bmatrix} \pi \sin\frac{\alpha\pi}{r} - \pi \operatorname{ctg}\frac{\alpha\pi}{r} - \frac{r}{\alpha} + r\ln(cz)\right] +$$

$$+ c^{-\alpha} \sum_{k=1}^{\infty} \frac{\Gamma(\alpha-kr)}{k(\alpha-kr)} (\mp c^r z^r)^k + \frac{r\Gamma(\alpha)}{\alpha c^{\alpha}} \left[\frac{1}{\alpha} - \psi(\alpha) + \ln(c)\right]$$

$$[r,\ \operatorname{Re} c,\ \operatorname{Re}\alpha>0;\ r|\arg z|<\pi].$$

18. $$\int_0^\infty x^{\alpha-1} \operatorname{Ei}(-bx^r) \operatorname{Ei}(-cx)\, dx = -b^{-\alpha/r} \sum_{k=1}^{\infty} \frac{(-1)^k}{k!k(\alpha+k)} \Gamma\left(\frac{\alpha+k}{r}\right) \left(\frac{c^r}{b}\right)^{k/r} +$$

$$+ \frac{b^{-\alpha/r}}{\alpha^2 r} \Gamma\left(\frac{\alpha}{r}\right) \left[r - \alpha r\mathbf{C} - \alpha\psi\left(\frac{\alpha}{r}\right) + \alpha\ln\frac{b}{c^r}\right]$$

$[r>1$ (или $r=1$, $|c|<|b|$); $\operatorname{Re}\alpha$, $\operatorname{Re} b>0$; $|\arg c|<\pi$; при $r<1$ — замена $x^r=t]$.

19. $$\int_0^\infty x^{\alpha-1} \operatorname{Ei}\left(-\frac{b}{x^r}\right) \operatorname{Ei}(-cx)\, dx = b^{\alpha/r} \sum_{k=1}^{\infty} \frac{1}{k!k(\alpha+k)} \Gamma\left(-\frac{\alpha+k}{r}\right) (-b^{1/r}c)^k -$$

$$- c^{-\alpha} \sum_{k=1}^{\infty} \frac{\Gamma(\alpha-kr)}{k!k(\alpha-kr)} (-bc^r)^k + \frac{b^{\alpha/r}}{\alpha^2 r} \Gamma\left(-\frac{\alpha}{r}\right) \left[\alpha r\mathbf{C} - r + \alpha\ln(bc^r) - \alpha\psi\left(-\frac{\alpha}{r}\right)\right] -$$

$$- \frac{\Gamma(\alpha)}{\alpha^2 c^{\alpha}} [\alpha\mathbf{C} - \alpha r + r - \alpha r\psi(\alpha) + \alpha\ln(bc^r)] \qquad [r,\ \operatorname{Re} b,\ \operatorname{Re} c>0].$$

20. $$\int_0^\infty x^{\alpha-1} e^{\pm cx} \operatorname{Ei}(-bx^r) \operatorname{Ei}(\mp cx)\, dx = Z(r) \qquad \left[r,\ \operatorname{Re}\alpha,\ \operatorname{Re} b>0,\ \begin{Bmatrix} |\arg c|<\pi \\ c>0 \end{Bmatrix}\right],$$

$$Z(r) = b^{-\alpha/r} \sum_{k=0}^{\infty} \frac{(\pm 1)^k}{k!(\alpha+k)} \Gamma\left(\frac{\alpha+k}{r}\right) \times$$

$$\times \left[\psi(k+1) - \frac{1}{r}\psi\left(\frac{\alpha+k}{r}\right) + \frac{1}{r}\ln\frac{b}{c^r} + \frac{1}{\alpha+k}\right] \left(\frac{c^r}{b}\right)^{k/r} \qquad [r>1],$$

$$Z(r) = \pm \frac{b^{(1-\alpha)/r}}{c} \sum_{k=0}^{\infty} \frac{(\mp 1)^k k!}{\alpha-k-1} \Gamma\left(\frac{\alpha-k-1}{r}\right) \left(\frac{b}{c^r}\right)^{k/r} -$$

$$- \pi c^{-\alpha} \sum_{k=1}^{\infty} \frac{(-1)^k}{k!} \Gamma(\alpha+rk) \begin{Bmatrix} \operatorname{cosec}[(\alpha+kr)\pi] \\ \operatorname{ctg}[(\alpha+kr)\pi] \end{Bmatrix} \left(\frac{b}{c^r}\right)^k -$$

$$- \frac{\pi\Gamma(\alpha)}{c^{\alpha}} \left[\mathbf{C} + r\psi(\alpha) - r\pi \begin{Bmatrix} \operatorname{ctg}\alpha\pi \\ 2\operatorname{cosec} 2\alpha\pi \end{Bmatrix} + \ln\frac{b}{c^r}\right] \begin{Bmatrix} \operatorname{cosec}\alpha\pi \\ \operatorname{ctg}\alpha\pi \end{Bmatrix} \qquad [r<1].$$

21. $$\int_0^\infty x^{\alpha-1}e^{\pm bx^r\pm cx}\,\mathrm{Ei}\,(\mp bx^r)\,\mathrm{Ei}\,(\mp cx)\,dx =$$
$$= \frac{\pi b^{-\alpha/r}}{r}\sum_{k=0}^{\infty}\frac{(\pm 1)^k}{k!}\Gamma\left(\frac{\alpha+k}{r}\right)\left\{\begin{matrix}\operatorname{cosec}[(\alpha+k)\pi/r]\\ \operatorname{ctg}[(\alpha+k)\pi/r]\end{matrix}\right\}\times$$
$$\times\left[\psi(k+1)-\frac{1}{r}\psi\left(\frac{\alpha+k}{r}\right)+\frac{\pi}{r}\left\{\begin{matrix}\operatorname{ctg}[(\alpha+k)\pi/r]\\ 2\operatorname{cosec}[2(\alpha+k)\pi/r]\end{matrix}\right\}+\frac{1}{r}\ln\frac{b}{c^r}\right]\left(\frac{c^r}{b}\right)^{k/r}-$$
$$-\frac{\pi c^{r-\alpha}}{b}\sum_{k=0}^{\infty}(\mp 1)^{k+1}k!\Gamma(\alpha-r-kr)\left\{\begin{matrix}\operatorname{cosec}[(\alpha-r-kr)\pi]\\ \operatorname{ctg}[(\alpha-r-kr)\pi]\end{matrix}\right\}\left(\frac{c^r}{b}\right)^k$$
$\left[r>1\ (\text{или } r=1,\ |c|<|b|);\ 0<\operatorname{Re}\alpha<r+1,\ \left\{\begin{matrix}|\arg b|,\ |\arg c|<\pi\\ b,\ c>0\end{matrix}\right\},\ \text{при } r<1 \text{ — замена } x^r=t\right]$.

22. $$\int_0^\infty x^{\alpha-1}e^{-bx^r+cx}\,\mathrm{Ei}\,(bx^r)\,\mathrm{Ei}\,(-cx)\,dx = U(r)\qquad [b,\ r>0;\ 0<\operatorname{Re}\alpha<r+1;\ |\arg c|<\pi],$$

$$U(r)=\frac{\pi b^{-\alpha/r}}{r}\sum_{k=0}^{\infty}\frac{1}{k!}\Gamma\left(\frac{\alpha+k}{r}\right)\operatorname{ctg}\frac{\alpha+k}{r}\pi\left[\psi(k+1)-\frac{1}{r}\psi\left(\frac{\alpha+k}{r}\right)+\right.$$
$$\left.+\frac{2\pi}{r}\operatorname{cosec}\frac{2(\alpha+k)}{r}\pi+\frac{1}{r}\ln\frac{b}{c^r}\right]\left(\frac{c^r}{b}\right)^{k/r}+\frac{\pi c^{r-\alpha}}{b}\sum_{k=0}^{\infty}\frac{k!\Gamma(\alpha-r-kr)}{\sin(\alpha-r-kr)\pi}\left(-\frac{c^r}{b}\right)^k\qquad [r>1],$$

$$U(r)=\pi c^{-\alpha}\sum_{k=0}^{\infty}\frac{(-1)^k\Gamma(\alpha+kr)}{k!\sin(\alpha+kr)\pi}\left[\psi(k+1)-r\psi(\alpha+kr)+\pi r\operatorname{ctg}(\alpha+kr)\pi+\ln\frac{c^r}{b}\right]\left(\frac{b}{c^r}\right)^k+$$
$$+\frac{\pi b^{(1-\alpha)/r}}{cr}\sum_{k=0}^{\infty}(-1)^k k!\operatorname{ctg}\frac{\alpha-k-1}{r}\pi\Gamma\left(\frac{\alpha-k-1}{r}\right)\left(\frac{b}{c^r}\right)^{k/r}\qquad [r<1].$$

2.5.2. Интегралы от $A(x)\,\mathrm{Ei}\,(cx+d)$.

1. $$\int_0^\infty \mathrm{Ei}\,(-cx)\,dx = -\frac{1}{c}\qquad [\operatorname{Re}c>0].$$

2. $$\int_0^\infty x^{\alpha-1}\,\mathrm{Ei}\,(-cx)\,dx = -\frac{\Gamma(\alpha)}{\alpha c^\alpha}\qquad [\operatorname{Re}\alpha,\ \operatorname{Re}c>0].$$

3. $$\int_0^\infty x^n\,\mathrm{Ei}\,(-cx)\,dx = -\frac{n!}{(n+1)c^{n+1}}\qquad [\operatorname{Re}c>0].$$

4. $$\int_0^\infty x^{-1/2}\,\mathrm{Ei}\,(-cx)\,dx = -2\sqrt{\frac{\pi}{c}}\qquad [\operatorname{Re}c>0].$$

5. $$\int_0^\infty \frac{\mathrm{Ei}\,(-cx)}{(x+z)^2}\,dx = \frac{1}{z}e^{cz}\,\mathrm{Ei}\,(-cz)\qquad [\operatorname{Re}c>0;\ |\arg z|<\pi].$$

6. $$\int_0^a x^{\alpha-1}(a-x)^{\beta-1}\,\mathrm{Ei}\,(-cx)\,dx = -a^{\alpha+\beta}c\,\mathrm{B}\,(\alpha+1,\ \beta)\,{}_3F_3(\alpha+1,\ 1,\ 1;\ \alpha+\beta+1,\ 2,\ 2;\ -ac)+$$
$$+a^{\alpha+\beta-1}\,\mathrm{B}\,(\alpha,\ \beta)[\psi(\alpha)-\psi(\alpha+\beta)+\ln(ac)+\mathbf{C}]\qquad [a,\ \operatorname{Re}\alpha,\ \operatorname{Re}\beta>0;\ |\arg c|<\pi].$$

7. $$\int_0^\infty x^{\alpha-1}(x-a)^{\beta-1}\,\mathrm{Ei}\,(-cx)\,dx =$$
$$= -a^{\alpha+\beta}c\,\mathrm{B}\,(\beta,\ -\alpha-\beta)\,{}_3F_3(\alpha+1,\ 1,\ 1;\ \alpha+\beta+1,\ 2,\ 2;\ -ac)+$$

$$+\frac{c^{1-\alpha-\beta}\Gamma(\alpha+\beta-1)}{1-\alpha-\beta}\,{}_2F_2(1-\beta,\,1-\alpha-\beta;\;2-\alpha-\beta,\,2-\alpha-\beta;\;-ac)+$$
$$+a^{\alpha+\beta-1}\,\mathrm{B}\,(\beta,\,1-\alpha-\beta)[\psi(1-\alpha)-\psi(1-\alpha-\beta)+\ln(ac)+\mathbf{C}]\qquad [a,\,\mathrm{Re}\,\beta,\,\mathrm{Re}\,c>0].$$

8. $$\int_0^\infty \frac{x^{\alpha-1}}{(x+z)^\rho}\,\mathrm{Ei}\,(-cx)\,dx=$$
$$=-cz^{1+\alpha-\rho}\,\mathrm{B}\,(\alpha+1,\,\rho-\alpha-1)\,{}_3F_3(\alpha+1,\,1,\,1;\;2+\alpha-\rho,\,2,\,2;\;cz)+$$
$$+\frac{c^{\rho-\alpha}\Gamma(\alpha-\rho)}{\rho-\alpha}\,{}_2F_2(\rho,\,\rho-\alpha;\;1+\rho-\alpha,\,1+\rho-\alpha;\;cz)+$$
$$+z^{\alpha-\rho}\,\mathrm{B}\,(\alpha,\,\rho-\alpha)[\psi(\alpha)-\psi(\rho-\alpha)+\ln(cz)+\mathbf{C}]\qquad [\mathrm{Re}\,\alpha,\,\mathrm{Re}\,c>0;\;|\arg c|<\pi].$$

9. $$\int_0^\infty \frac{x^{\alpha-1}}{(x+z)^{\alpha+1}}\,\mathrm{Ei}\,(-cx)\,dx=-\frac{\Gamma(\alpha)}{\alpha z^{3/2}\sqrt{c}}\,e^{cz/2}W_{1/2-\alpha,\,0}(cz)\qquad [\mathrm{Re}\,\alpha,\,\mathrm{Re}\,c>0;\;|\arg c|<\pi].$$

10. $$\int_0^\infty \frac{x^{\alpha-1}}{x-y}\,\mathrm{Ei}\,(-cx)\,dx=\pi y^{\alpha-1}\,\mathrm{ctg}\,\alpha\pi\left[\frac{2\pi}{\sin 2\alpha\pi}-\mathrm{Ei}\,(-cy)\right]+$$
$$+\frac{c^{1-\alpha}\Gamma(\alpha-1)}{1-\alpha}\,{}_2F_2(1-\alpha,\,1;\;2-\alpha,\,2-\alpha;\;-cy)\qquad [y,\,\mathrm{Re}\,\alpha,\,\mathrm{Re}\,c>0].$$

11. $$\int_0^\infty x^{\alpha-1}\,\mathrm{Ei}\,(-cx-b)\,dx=-b^{(\alpha-1)/2}c^{-\alpha}\Gamma(\alpha)e^{-b/2}W_{-(\alpha+1)/2-\alpha/2}(b)$$
$$[\mathrm{Re}\,c,\,\mathrm{Re}\,\alpha>0;\;|\arg c|<\pi].$$

12. $$\int_0^\infty x^n\,\mathrm{Ei}\,(-cx-b)\,dx=\frac{1}{(n+1)c^{n+1}}\left[(-b)^{n+1}\,\mathrm{Ei}\,(-b)-e^{-b}\sum_{k=0}^n (n-k)!(-b)^k\right]$$
$$[\mathrm{Re}\,c>0;\;|\arg c|<\pi].$$

13. $$\int_a^\infty x^n\,\mathrm{Ei}\,(a-x)\,dx=-\sum_{k=0}^n \binom{n}{k}\frac{k!}{k+1}\,a^{n-k}\qquad [a\geqslant 0].$$

14. $$\int_0^\infty x^n\,\mathrm{Ei}\,(-|x-y|)\,dx=-2\sum_{k=0}^{[n/2]}\binom{n}{2k}\frac{(2k)!}{2k+1}\,y^{n-2k}+$$
$$+e^{-y}\sum_{k=0}^n(-1)^k\binom{n}{k}\frac{k!}{k+1}\,y^{n-k}\sum_{j=0}^k\frac{y^j}{j!}+\frac{y^{n+1}}{n+1}\,\mathrm{Ei}\,(-y)\qquad [\mathrm{Im}\,y=0].$$

15. $$\int_0^\infty \frac{x^{\rho-2}}{(x+b)^\rho}\,\mathrm{Ei}\,(-x-b)\,dx=-\frac{\Gamma(\rho-1)}{b^{3/2}}\,e^{-b/2}W_{1/2-\rho,\,0}(b)\qquad [\mathrm{Re}\,\rho>1;\;|\arg b|<\pi].$$

16. $$\int_0^\infty x^{\alpha-1}[e^{bx}\,\mathrm{Ei}\,(-b\sqrt{x^2+z^2}-bz)+e^{-bx}\,\mathrm{Ei}\,(b\sqrt{x^2+z^2}-bz)]\,dx=$$
$$=-\sqrt{\pi}\left(\frac{b}{2}\right)^{(1-\alpha)/2}z^{(\alpha+1)/2}\,\mathrm{ctg}\,\frac{\alpha\pi}{2}\,\Gamma\left(\frac{\alpha}{2}\right)K_{(\alpha+1)/2}(bz)\qquad [b,\,\mathrm{Re}\,z>0;\;0<\mathrm{Re}\,\alpha<1].$$

2.5.3. Интегралы, содержащие $A(x)$, e^{px} и $\mathrm{Ei}\,(cx+d)$.

1. $$\int_0^\infty e^{-px}\,\mathrm{Ei}\,(-cx)\,dx=-\frac{1}{p}\ln\left(1+\frac{p}{c}\right)\qquad [\mathrm{Re}\,(p+c)>0;\;|\arg c|<\pi].$$

2. $$\int_0^\infty x^{\alpha-1}e^{\mp px}\,\mathrm{Ei}\,(-cx)\,dx=-\frac{\Gamma(\alpha)}{\alpha(c\pm p)^\alpha}\,{}_2F_1\left(\alpha,\,1;\;\alpha+1;\;\frac{p}{p\pm c}\right)=$$
$$=-\frac{\Gamma(\alpha)}{(c\pm p)^\alpha}\,\Phi\left(\frac{p}{p\pm c},\,1,\,\alpha\right)\qquad \left[\mathrm{Re}\,\alpha>0,\,\begin{cases}\mathrm{Re}\,(p+c)>0;\;|\arg c|<\pi\\ \mathrm{Re}\,(c-p)>0\end{cases}\right].$$

3. $\int\limits_0^\infty x^{-1/2}e^{px}\,\mathrm{Ei}\,(-cx)\,dx = -2\sqrt{\frac{\pi}{p}}\arcsin\sqrt{\frac{p}{c}}$ $[c > p]$.

4. $\int\limits_0^\infty x^{-1/2}e^{-px}\,\mathrm{Ei}\,(-cx)\,dx = -2\sqrt{\frac{\pi}{p}}\ln\frac{\sqrt{p+c}+\sqrt{p}}{\sqrt{c}}$ $[\mathrm{Re}\,(p+c) > 0;\ |\arg c| < \pi]$.

5. $\int\limits_0^\infty xe^{-px}\,\mathrm{Ei}\,(-cx)\,dx = \frac{1}{p(p+c)} - \frac{1}{p^2}\ln\left(1+\frac{p}{c}\right)$ $[\mathrm{Re}\,(p+c) > 0;\ |\arg c| < \pi]$.

6. $\int\limits_0^\infty x^{\alpha-1}e^{cx}\,\mathrm{Ei}\,(-cx)\,dx = -\frac{\pi\Gamma(\alpha)}{c^\alpha\sin\alpha\pi}$ $[0 < \mathrm{Re}\,\alpha < 1;\ |\arg c| < \pi]$.

7. $\int\limits_0^\infty x^n e^{-px}\,\mathrm{Ei}\,(\pm cx)\,dx = \frac{n!}{p^{n+1}}\left[\sum_{k=1}^n \frac{1}{k}\left(\frac{p}{p\mp c}\right)^k - \ln\left(\frac{p}{c}\mp 1\right)\right]$

$\left[\left\{\begin{matrix}\mathrm{Re}\,p > c > 0 \\ \mathrm{Re}\,(p+c) > 0,\ |\arg c| < \pi\end{matrix}\right\}\right]$.

8. $\int\limits_0^\infty e^{-px}\,\mathrm{Ei}\,(cx)\,dx = -\frac{1}{p}\ln\left(\frac{p}{c}-1\right)$ $[\mathrm{Re}\,p > c > 0]$.

9. $\int\limits_0^\infty x^{\alpha-1}e^{-px}\,\mathrm{Ei}\,(cx)\,dx = -\frac{\pi}{p^\alpha}\,\mathrm{ctg}\,\alpha\pi\Gamma(\alpha) + \frac{\Gamma(\alpha-1)}{c(p-c)^{\alpha-1}}\,{}_2F_1\left(1,\ 1;\ 2-\alpha;\ \frac{c-p}{c}\right)$

$[\mathrm{Re}\,\alpha > 0,\ \mathrm{Re}\,p > c > 0]$.

10. $\int\limits_0^\infty x^{\alpha-1}e^{-cx}\,\mathrm{Ei}\,(cx)\,dx = -\frac{\pi\,\mathrm{ctg}\,\alpha\pi}{c^\alpha}\,\Gamma(\alpha)$ $[0 < \mathrm{Re}\,\alpha < 1;\ c > 0]$.

11. $\int\limits_0^\infty x^{-1/2}e^{-px}\,\mathrm{Ei}\,(cx)\,dx = -\sqrt{\frac{\pi}{p}}\ln\left[2\frac{p+\sqrt{p(p-c)}}{c} - 1\right]$ $[\mathrm{Re}\,p > c > 0]$.

12. $\int\limits_0^\infty xe^{-px}\,\mathrm{Ei}\,(cx)\,dx = -\frac{1}{p^2}\left[\ln\left(\frac{p}{c}-1\right) - \frac{p}{p-c}\right]$ $[\mathrm{Re}\,p > c > 0]$.

13. $\int\limits_{-\infty}^\infty e^{-(c+ib)x}\,\mathrm{Ei}\,(cx)\,dx = -\frac{\pi\,\mathrm{sgn}\,b}{b-ic}$ $[\mathrm{Im}\,b = \mathrm{Im}\,c = 0]$.

14. $\int\limits_0^\infty x^{\alpha-1}e^{cx}\,\mathrm{Ei}\,(-cx-b)\,dx = \frac{\pi b^{(\alpha-1)/2}c^{-\alpha}}{\sin\alpha\pi}\,e^{-b/2}W_{(\alpha-1)/2,\,\alpha/2}(b)$ $[0 < \mathrm{Re}\,\alpha < 1]$.

15. $\int\limits_0^\infty \frac{1-e^{-px}}{x}\,\mathrm{Ei}\,(-cx)\,dx = \mathrm{Li}_2\left(-\frac{p}{c}\right)$ $[c \geqslant p > 0]$.

16. $\int\limits_0^\infty \frac{1}{1\mp be^{\mp px}}\,\mathrm{Ei}\,(-cx)\,dx = -\left\{\begin{matrix}c^{-1} \\ 0\end{matrix}\right\} \mp \frac{1}{p}\sum_{k=1}^\infty \frac{(\pm b)^{\pm k}}{k}\ln\left(1+\frac{kp}{c}\right)$

$\left[\mathrm{Re}\,c,\ \mathrm{Re}\,p > 0,\ \left\{\begin{matrix}-1 \leqslant b < 1 \\ b > 1\end{matrix}\right\}\right]$.

2.5.4. Интегралы от $x^{\alpha} e^{f(x)} \operatorname{Ei}(cx)$.

1. $$\int_0^\infty x^{\alpha-1} e^{-p/x} \operatorname{Ei}(-cx)\, dx = \Gamma(-\alpha) p^{\alpha} \left[\frac{cp}{\alpha+1}\, {}_2F_3(1,\, 1;\; 2,\, 2,\, \alpha+2;\; cp) - \psi(-\alpha) + \right.$$
$$\left. + \mathbf{C} + \ln(cp) \right] - \frac{\Gamma(\alpha)}{\alpha c^{\alpha}}\, {}_1F_2(-\alpha;\; 1-\alpha,\, 1-\alpha;\; cp) \qquad [\operatorname{Re} c,\ \operatorname{Re} p > 0].$$

2. $$\int_0^\infty x^{-1/2} e^{-p/x} \operatorname{Ei}(-cx)\, dx = -2\sqrt{\frac{\pi}{c}}\, e^{-2\sqrt{cp}} - 4\sqrt{p\pi}\, \operatorname{Ei}(-2\sqrt{cp}\,) \qquad [\operatorname{Re} c,\ \operatorname{Re} p > 0].$$

3. $$\int_0^\infty x^{-3/2} e^{-p/x} \operatorname{Ei}(-cx)\, dx = 2\sqrt{\frac{\pi}{p}}\, \operatorname{Ei}(-2\sqrt{cp}\,) \qquad [\operatorname{Re} c,\ \operatorname{Re} p > 0].$$

4. $$\int_0^\infty x^{-2} e^{-p/x} \operatorname{Ei}(-cx)\, dx = -\frac{2}{p}\, K_0(2\sqrt{cp}\,) \qquad [\operatorname{Re} c,\ \operatorname{Re} p > 0].$$

5. $$\int_0^\infty x^{-3/2} e^{-px-b/x} \operatorname{Ei}(\pm cx)\, dx = \sqrt{\frac{\pi}{b}} \left[e^{2\sqrt{bp}}\, \operatorname{Ei}\left(-2\sqrt{bp} - 2\sqrt{b(p\mp c)}\right) + \right.$$
$$\left. + e^{-2\sqrt{bp}}\, \operatorname{Ei}\left(2\sqrt{bp} - 2\sqrt{b(p\mp c)}\right) \right] \qquad \left[\operatorname{Re} b > 0,\ \begin{Bmatrix} \operatorname{Re} p > c > 0 \\ \operatorname{Re}(p+c) > 0,\ |\arg c| < \pi \end{Bmatrix} \right].$$

6. $$\int_0^\infty x^{-1/2} e^{cx-b/x} \operatorname{Ei}(-cx)\, dx = 2\sqrt{\frac{\pi}{c}} \left[\cos 2\sqrt{bc}\, \operatorname{si}(2\sqrt{bc}\,) - \sin 2\sqrt{bc}\, \operatorname{ci}(2\sqrt{bc}\,) \right]$$
$$[\operatorname{Re} b > 0;\ |\arg c| < \pi].$$

7. $$\int_0^\infty x^{-3/2} e^{cx-b/x} \operatorname{Ei}(-cx)\, dx = 2\sqrt{\frac{\pi}{b}} \left[\cos 2\sqrt{bc}\, \operatorname{ci}(2\sqrt{bc}\,) + \sin 2\sqrt{bc}\, \operatorname{si}(2\sqrt{bc}\,) \right]$$
$$[\operatorname{Re} b > 0;\ |\arg c| < \pi].$$

2.5.5. Интегралы, содержащие $e^{f(x)}$ и $\varphi(x) \operatorname{Ei}(bx) + \chi(x) \operatorname{Ei}(cx)$.

1. $$\int_0^\infty x^{\alpha-1} e^{cx} [\operatorname{Ei}(-2cx) - \operatorname{Ei}(-cx)]\, dx = \frac{\Gamma(\alpha)}{2c^{\alpha}} \left[\psi\left(1 - \frac{\alpha}{2}\right) - \psi\left(\frac{1-\alpha}{2}\right) \right]$$
$$[0 < \operatorname{Re} \alpha < 1;\ |\arg c| < \pi].$$

2. $$\int_0^\infty x^{\alpha-1} e^{cx} [\operatorname{Ei}(-bx) - \operatorname{Ei}(-cx)]\, dx = \frac{(b-c)^{1-\alpha}}{(1-\alpha)c}\, \Gamma(\alpha) \Phi\left(\frac{c-b}{c},\, 1,\, 1-\alpha \right)$$
$$[0 < \operatorname{Re} \alpha < 1;\ \operatorname{Re}(b-c) > 0;\ |\arg c| < \pi].$$

3. $$\int_0^\infty \left[\frac{e^{-cx}}{x-y} \operatorname{Ei}(cx) - \frac{e^{cx}}{x+y} \operatorname{Ei}(-cx) \right] dx = \begin{Bmatrix} 1 \\ 0 \end{Bmatrix} \pi^2 e^{-cy} \qquad \left[c > 0,\ \begin{Bmatrix} y > 0 \\ y < 0 \end{Bmatrix} \right].$$

4. $$\int_0^\infty e^{-px^2} [\operatorname{Ei}(-cx) + \operatorname{Ei}(cx)]\, dx = \frac{1}{2}\sqrt{\frac{\pi}{p}}\, \operatorname{Ei}\left(\frac{c^2}{4p}\right) \qquad [\operatorname{Re} p > 0].$$

5. $$\int_0^\infty e^{-px^2} [e^{cx} \operatorname{Ei}(-cx) + e^{-cx} \operatorname{Ei}(cx)]\, dx = \frac{1}{2}\sqrt{\frac{\pi}{p}}\, \exp\left(\frac{c^2}{4p}\right) \operatorname{Ei}\left(-\frac{c^2}{4p}\right) \qquad [\operatorname{Re} p > 0].$$

6. $$\int_0^\infty e^{-px^2} \left\{ e^{(b+c)x/2} [\operatorname{Ei}(-bx) + \operatorname{Ei}(-cx)] + e^{-(b+c)x/2} [\operatorname{Ei}(bx) + \operatorname{Ei}(cx)] \right\} dx =$$
$$= \sqrt{\frac{\pi}{p}}\, \exp\left[\frac{(b+c)^2}{4p}\right] \operatorname{Ei}\left(-\frac{bc}{p}\right) \qquad [\operatorname{Re} p > 0].$$

2.5.6. Интегралы, содержащие гиперболические функции и Ei $(-cx)$.

1. $\displaystyle\int\limits_0^\infty \operatorname{ch} bx \operatorname{Ei}(-cx)\,dx = \frac{1}{2b}\ln\frac{c-b}{c+b}$ $[c > b > 0]$.

2. $\displaystyle\int\limits_0^\infty \frac{1}{x}\operatorname{sh} bx \operatorname{Ei}(-cx)\,dx = \frac{1}{2}\left[\operatorname{Li}_2\left(-\frac{b}{c}\right) - \operatorname{Li}_2\left(\frac{b}{c}\right)\right]$ $[c > b > 0]$.

2.5.7. Интегралы, содержащие тригонометрические функции и Ei (cx).

Обозначение: $\delta = \begin{Bmatrix} 1 \\ 0 \end{Bmatrix}$.

1. $\displaystyle\int\limits_0^\infty \begin{Bmatrix} \sin bx \\ \cos bx \end{Bmatrix} \operatorname{Ei}(-cx)\,dx = -\frac{1}{2b}\begin{Bmatrix} \ln(1+b^2c^{-2}) \\ 2\operatorname{arctg}(b/c) \end{Bmatrix}$ $[b,\ \operatorname{Re} c > 0]$.

2. $\displaystyle\int\limits_0^\infty \frac{\sin 2nx}{\sin x}\operatorname{Ei}(-cx)\,dx = -2\sum_{k=0}^{n-1}\frac{1}{2k+1}\operatorname{arctg}\frac{2k+1}{c}$ $[\operatorname{Re} c > 0]$.

3. $\displaystyle\int\limits_0^\infty \frac{\sin(2n+1)x}{\sin x}\operatorname{Ei}(-cx)\,dx = -\frac{1}{c} - \sum_{k=1}^{n}\frac{1}{k}\operatorname{arctg}\frac{2k}{c}$ $[\operatorname{Re} c > 0]$.

4. $\displaystyle\int\limits_0^\infty x^{\alpha-1}\begin{Bmatrix} \sin bx \\ \cos bx \end{Bmatrix}\operatorname{Ei}(-cx)\,dx = -\frac{b^\delta\Gamma(\alpha+\delta)}{(\alpha+\delta)c^{\alpha+\delta}} \times$

$\displaystyle\times\ {}_3F_2\left(\frac{\alpha+1}{2},\ \frac{\alpha+\delta}{2},\ \frac{\alpha}{2}+\delta;\ \frac{1}{2}+\delta,\ 1+\frac{\alpha+\delta}{2};\ -\frac{b^2}{c^2}\right)$ $[b,\ \operatorname{Re} c > 0;\ \operatorname{Re}\alpha > -\delta]$.

5. $\displaystyle\int\limits_0^\infty x\cos bx \operatorname{Ei}(-cx)\,dx = \frac{1}{2b^2}\ln\left(1+\frac{b^2}{c^2}\right) - \frac{1}{b^2+c^2}$ $[b,\ \operatorname{Re} c > 0]$.

6. $\displaystyle\int\limits_0^\infty x\sin b\sqrt{x}\operatorname{Ei}(-cx)\,dx = -\frac{2\pi}{b^2}\operatorname{erf}\left(\frac{b}{2\sqrt{c}}\right) + \frac{2}{b}\sqrt{\frac{\pi}{c}}\ \exp\left(-\frac{b^2}{4c}\right)$ $[b,\ \operatorname{Re} c > 0]$.

7. $\displaystyle\int\limits_0^\infty x^{\alpha-1}\begin{Bmatrix} \sin b\sqrt{x} \\ \cos b\sqrt{x} \end{Bmatrix}\operatorname{Ei}(-cx)\,dx = -\frac{2b^\delta\Gamma(\alpha+\delta/2)}{c^{\alpha+\delta/2}(2\alpha+\delta)} \times$

$\displaystyle\times\ {}_2F_2\left(\alpha+\frac{\delta}{2},\ \alpha+\frac{\delta}{2},\ \frac{1}{2}+\delta;\ \alpha+\frac{\delta}{2}+1;\ -\frac{b^2}{4c}\right)$ $[b,\ \operatorname{Re} c > 0;\ \operatorname{Re}\alpha > -\delta/2]$.

8. $\displaystyle\int\limits_0^\infty x^{-1/2}\cos b\sqrt{x}\operatorname{Ei}(-cx)\,dx = -\frac{2\pi}{b}\operatorname{erf}\left(\frac{b}{2\sqrt{c}}\right)$ $[b,\ \operatorname{Re} c > 0]$.

2.5.8. Интегралы, содержащие e^{-px}, тригонометрические функции и Ei (cx).

1. $\displaystyle\int\limits_0^\infty e^{-px}\begin{Bmatrix} \sin bx \\ \cos bx \end{Bmatrix}\operatorname{Ei}(-cx)\,dx = -\frac{1}{p^2+b^2}\left[\begin{Bmatrix} b \\ p \end{Bmatrix}\ln\frac{\sqrt{(p+c)^2+b^2}}{c} \mp \begin{Bmatrix} p \\ b \end{Bmatrix}\operatorname{arctg}\frac{b}{p+c}\right]$

$[b,\ \operatorname{Re}(p+c) > 0;\ |\arg c| < \pi]$.

2. $\displaystyle\int\limits_0^\infty e^{-px}\begin{Bmatrix} \sin bx \\ \cos bx \end{Bmatrix}\operatorname{Ei}(cx)\,dx = -\frac{1}{p^2+b^2}\left[\begin{Bmatrix} b \\ p \end{Bmatrix}\ln\frac{\sqrt{(p-c)^2+b^2}}{c} \mp \begin{Bmatrix} p \\ b \end{Bmatrix}\operatorname{arctg}\frac{b}{p-c}\right]$

$[b \geqslant 0;\ \operatorname{Re} p \geqslant c > 0]$.

3. $\int\limits_0^\infty e^{cx}\left\{\begin{matrix}\sin bx\\ \cos bx\end{matrix}\right\}\operatorname{Ei}(-cx)\,dx = -\frac{1}{b^2+c^2}\left[\frac{\pi}{2}\left\{\begin{matrix}c\\ b\end{matrix}\right\} \pm \left\{\begin{matrix}b\\ c\end{matrix}\right\}\ln\frac{b}{|c|}\right]$ $[b>0;\ |\arg c|<\pi]$.

4. $\int\limits_0^\infty x^{\alpha-1}e^{\pm cx}\sin bx\operatorname{Ei}(\mp cx)\,dx = U(1)$ $\left[b>0;\ -1<\operatorname{Re}\alpha<2,\ \left\{\begin{matrix}|\arg c|<\pi\\ c>0\end{matrix}\right\}\right]$,

$$U(\delta) = \mp\frac{b^{1-\alpha}}{c}\Gamma(\alpha-1)\sin\frac{\alpha-\delta}{2}\pi\,{}_3F_2\left(1,\ 1,\ \frac{1}{2};\ 1-\frac{\alpha}{2},\ \frac{3-\alpha}{2};\ -\frac{b^2}{c^2}\right) - \\ -\frac{b^{2-\alpha}}{c^2}\Gamma(\alpha-2)\cos\frac{\alpha-\delta}{2}\pi\,{}_3F_2\left(1,\ 1,\ \frac{3}{2};\ 2-\frac{\alpha}{2},\ \frac{3-\alpha}{2};\ -\frac{b^2}{c^2}\right) - \\ -\frac{\pi b^\delta}{c^{\alpha+\delta}}\Gamma(\alpha+\delta)\,{}_2F_1\left(\frac{\alpha+1}{2},\ \frac{\alpha}{2}+\delta;\ \delta+\frac{1}{2};\ -\frac{b^2}{c^2}\right).$$

5. $\int\limits_0^\infty x^{\alpha-1}e^{\pm cx}\cos bx\operatorname{Ei}(\mp cx)\,dx = U(0)$

$\left[b>0;\ 0<\operatorname{Re}\alpha<2,\ \left\{\begin{matrix}|\arg c|<\pi\\ c>0\end{matrix}\right\},\ U(\delta)\text{ см. в 2.5.8.4}\right]$.

2.5.9. Интегралы от $x^\alpha\ln^n x\operatorname{Ei}(cx)$.

1. $\int\limits_0^\infty \ln x\operatorname{Ei}(-cx)\,dx = \frac{1}{c}(1+\mathbf{C}+\ln c)$ $[\operatorname{Re}c>0]$.

2. $\int\limits_0^\infty x^{\alpha-1}\ln x\operatorname{Ei}(-cx)\,dx = I_\alpha$,

$$I_\alpha = \frac{\Gamma(\alpha)}{\alpha^2c^\alpha}[1+\alpha\ln c-\alpha\psi(\alpha)],\qquad I_2 = \frac{1}{4c^2}(-1+2\mathbf{C}+2\ln c),$$
$$I_{n+1} = \frac{n!}{(n+1)c^{n+1}}\left(\frac{1}{n+1}+\mathbf{C}+\ln c-\sum_{k=1}^n\frac{1}{k}\right).$$

3. $\int\limits_0^\infty x^{\alpha-1}\ln^n x\operatorname{Ei}(-cx)\,dx = -\frac{d^n}{d\alpha^n}\left(\frac{\Gamma(\alpha)}{\alpha c^\alpha}\right)$ $[\operatorname{Re}\alpha,\ \operatorname{Re}c>0]$.

2.5.10. Интегралы от $x^\alpha e^{-px}\ln^n x\operatorname{Ei}(cx)$.

1. $\int\limits_0^\infty e^{-cx}\ln x\operatorname{Ei}(-cx)\,dx = \frac{1}{2c}[\zeta(2)+(\mathbf{C}+\ln c)\ln 4+\ln^2 2]$ $[\operatorname{Re}c>0]$.

2. $\int\limits_0^\infty x^{\alpha-1}e^{\pm cx}\ln^n x\operatorname{Ei}(\mp cx)\,dx = I_n$ $\left[0<\operatorname{Re}\alpha<1,\ \left\{\begin{matrix}|\arg c|<\pi\\ c>0\end{matrix}\right\}\right]$,

$$I_n = -\pi\frac{d^n}{d\alpha^n}\left(\frac{\Gamma(\alpha)}{c^\alpha}\left\{\begin{matrix}\operatorname{cosec}\alpha\pi\\ \operatorname{ctg}\alpha\pi\end{matrix}\right\}\right),$$
$$I_1 = -\pi\frac{\Gamma(\alpha)}{c^\alpha}\left\{\begin{matrix}\operatorname{cosec}\alpha\pi\\ \operatorname{ctg}\alpha\pi\end{matrix}\right\}\left[\psi(\alpha)-\ln c-\pi\left\{\begin{matrix}\operatorname{ctg}\alpha\pi\\ 2\operatorname{cosec}2\alpha\pi\end{matrix}\right\}\right].$$

3. $\int\limits_0^\infty e^{-px}\ln x\operatorname{Ei}(-cx)\,dx = \frac{1}{p}\left[(\ln(p+c)+\mathbf{C})\ln\left(1+\frac{p}{c}\right)+\frac{p}{p+c}\Phi\left(\frac{p}{p+c},\ 2,\ 1\right)\right]$

$[\operatorname{Re}(p+c)>0;\ |\arg c|<\pi]$.

4. $\int\limits_0^\infty e^{-px}\ln x\operatorname{Ei}(cx)\,dx = \frac{1}{2p}\left[2\operatorname{Li}_2\left(-\frac{c}{p}\right)+\ln^2\frac{c}{p}+\ln^2(\mathbf{C}p-\mathbf{C}c)-\ln^2(\mathbf{C}c)+\frac{\pi^2}{3}\right]$

$[\operatorname{Re}p>c>0]$.

5. $$\int_0^\infty x^{\alpha-1}e^{-px}\ln^n x\,\mathrm{Ei}\,(-cx)\,dx = -\frac{d^n}{d\alpha^n}\left[\frac{\Gamma(\alpha)}{(c+p)^\alpha}\,\Phi\left(\frac{p}{p+c},\,1,\,\alpha\right)\right]$$

$[\mathrm{Re}\,\alpha,\ \mathrm{Re}\,(p+c)>0;\ |\arg c|<\pi]$.

6. $$\int_0^\infty x^{\alpha-1}e^{-px}\ln x\,\mathrm{Ei}\,(-cx)\,dx = I_\alpha$$ $[\mathrm{Re}\,\alpha,\ \mathrm{Re}\,(p+c)>0;\ |\arg c|<\pi]$,

$$I_\alpha = \frac{\Gamma(\alpha)}{(p+c)^\alpha}\left\{[\ln(p+c)-\psi(\alpha)]\Phi\left(\frac{p}{p+c},\,1,\,\alpha\right)+\Phi\left(\frac{p}{p+c},\,2,\,\alpha\right)\right\},$$

$$I_{n+1} = \frac{n!}{p^{n+1}}\left[\ln\left(1+\frac{p}{c}\right)-\sum_{k=1}^n\frac{1}{k}\left(\frac{p}{p+c}\right)^k\right]\left[\mathbf{C}+\ln(p+c)-\sum_{k=1}^n\frac{1}{k}\right]+ + \frac{n!}{(p+c)^{n+1}}\,\Phi\left(\frac{p}{p+c},\,2,\,n+1\right).$$

2.5.11. Интегралы от $x^\alpha\,\mathrm{Ei}\left(bx^{\pm1}+d\right)\mathrm{Ei}\,(cx)$.

1. $$\int_0^\infty \mathrm{Ei}\,(-cx)\,\mathrm{Ei}\,(cx)\,dx = 0$$ $[c>0]$.

2. $$\int_0^\infty x^{\alpha-1}\,\mathrm{Ei}\,(-cx)\,\mathrm{Ei}\,(cx)\,dx = \frac{2^{\alpha-2}\sqrt{\pi}}{c^\alpha}\,\mathrm{ctg}\,\frac{\alpha\pi}{2}\,\Gamma^2\left(\frac{\alpha}{2}\right)$$ $[0<\mathrm{Re}\,\alpha<2;\ c>0]$.

3. $$\int_0^\infty \mathrm{Ei}\,(-bx)\,\mathrm{Ei}\,(\mp cx)\,dx = \frac{c\pm b}{bc}\ln(b\pm c)-\frac{1}{b}\ln c\mp\frac{1}{c}\ln b$$ $\left[\begin{Bmatrix}\mathrm{Re}\,(b+c)>0\\ \mathrm{Re}\,b>c>0\end{Bmatrix}\right]$.

4. $$\int_0^\infty x^{\alpha-1}\,\mathrm{Ei}^2(-cx)\,dx = \frac{\Gamma(\alpha)}{2^{\alpha-1}\alpha c^\alpha}\,\Phi\left(\frac{1}{2},\,1,\,\alpha\right)$$ $[\mathrm{Re}\,\alpha,\ \mathrm{Re}\,c>0]$.

5. $$\int_0^\infty x^{\alpha-1}\,\mathrm{Ei}\,(-bx)\,\mathrm{Ei}\,(-cx)\,dx = I_\alpha$$ $[\mathrm{Re}\,(b+c),\ \mathrm{Re}\,\alpha>0]$,

$$I_\alpha = \frac{\Gamma(\alpha)}{b^\alpha}\left\{\frac{\alpha c}{(\alpha+1)b}\,{}_4F_3\left(1,\,1,\,\alpha+1,\,\alpha+1;\ 2,\,2,\,\alpha+2;\ -\frac{c}{b}\right)+\frac{1}{\alpha}\left[\frac{1}{\alpha}-\psi(\alpha)-\mathbf{C}+\ln\frac{b}{c}\right]\right\},$$

$$I_2 = \frac{b^2+c^2}{2b^2c^2}\ln(b+c)-\frac{\ln b}{2c^2}-\frac{\ln c}{2b^2}-\frac{1}{2bc},$$

$$I_3 = \frac{2}{3}\left[\frac{b^3+c^3}{b^3c^3}\ln(b+c)-\frac{\ln b}{c^3}-\frac{\ln c}{b^3}-\frac{b^2-bc+c^2}{b^2c^2(b+c)}\right],$$

$$I_{n+1} = -\frac{n!}{n+1}\left\{\frac{1}{b^{n+1}}\left[\ln\frac{c}{b+c}+\sum_{k=1}^n\frac{1}{k}\left(\frac{b}{b+c}\right)^k\right]+\frac{1}{c^{n+1}}\left[\ln\frac{b}{b+c}+\sum_{k=1}^n\frac{1}{k}\left(\frac{c}{b+c}\right)^k\right]\right\}.$$

6. $$\int_0^a \mathrm{Ei}\,(x-a)\,\mathrm{Ei}\,(-x)\,dx = 2(\mathbf{C}+\ln a)e^{-a}-2(1-a\mathbf{C}-a\ln a)\,\mathrm{Ei}\,(-a)- - a[\zeta(2)+(\mathbf{C}+\ln a)^2]-2a\sum_{k=1}^\infty\frac{(-a)^k}{k!k^2}$$ $[a>0]$.

7. $$\int_0^\infty \operatorname{Ei}(a-x)\operatorname{Ei}(-x)\,dx = e^{-a}[\ln 2 + e^{2a}\operatorname{Ei}(-2a)] + \frac{a}{2}[(\mathbf{C}+\ln a)^2 - 2\zeta(2)] - \\ - a(\mathbf{C}+\ln a)\operatorname{Ei}(a) + a\ln 2[\operatorname{Ei}(-a) - \operatorname{Ei}(a)] - \operatorname{Ei}(-a) + a\sum_{k=1}^\infty b_k \frac{a^k}{k!k^2}$$
$$\left[b_k = \frac{1}{k} + 2\sum_{j=1}^{[(k+1)/2]} \frac{1}{2j-1};\ a>0\right].$$

8. $$\int_0^\infty \operatorname{Ei}\left(-\frac{b}{x}\right)\operatorname{Ei}(-cx)\,dx = \frac{1}{c}\sum_{k=0}^\infty \frac{(bc)^k}{(k!)^2(k-1)}\left[\frac{1}{1-k} - 2\psi(k+1) + \ln(bc)\right]$$
$[\operatorname{Re} b,\ \operatorname{Re} c > 0]$.

9. $$\int_0^\infty x^{-1/2}\operatorname{Ei}\left(-\frac{b}{x}\right)\operatorname{Ei}(-cx)\,dx = -4\sqrt{\frac{\pi}{c}}\left[(1+2\sqrt{bc})\operatorname{Ei}(-2\sqrt{bc}) + e^{-2\sqrt{bc}}\right]$$
$[\operatorname{Re} b,\ \operatorname{Re} c > 0]$.

2.5.12. Интегралы от $x^\alpha e^{f(x)}\operatorname{Ei}(bx^{\pm 1})\operatorname{Ei}(cx)$.

1. $$\int_0^\infty e^{kcx}\operatorname{Ei}^2(-cx)\,dx = \frac{\pi^2}{6kc}$$ $[k=1,\ 2;\ \operatorname{Re} c > 0]$.

2. $$\int_0^\infty e^{-cx}\operatorname{Ei}^2(-cx)\,dx = \frac{1}{c}\left[\frac{\pi^2}{6} - 2\operatorname{Li}_2\left(\frac{1}{3}\right) + 2\ln 2\ln 3 - \ln^2 3\right] = c^{-1}\cdot 1{,}228558\ldots$$
$[\operatorname{Re} c > 0]$.

3. $$\int_0^\infty e^{2(c-1)x}\operatorname{Ei}^2(-cx)\,dx = \frac{1}{c-1}\left[\frac{\pi^2}{12} + \operatorname{Li}_2\left(\frac{c-2}{c}\right)\right]$$ $[|\arg c| < \pi]$.

4. $$\int_0^\infty e^{-2cx}\operatorname{Ei}^2(cx)\,dx = \frac{\pi^2}{4c}$$ $[c > 0]$.

5. $$\int_0^\infty e^{-cx}\operatorname{Ei}(-cx)\operatorname{Ei}(cx)\,dx = \frac{\pi^2}{12c}$$ $[c > 0]$.

6. $$\int_0^\infty x^{\alpha-1}e^{-px}\operatorname{Ei}(-cx)\operatorname{Ei}(cx)\,dx = 2^{\alpha-2}\sqrt{\pi}\,c^{-\alpha}\operatorname{ctg}\frac{\alpha\pi}{2}\,\Gamma^2\left(\frac{\alpha}{2}\right){}_2F_1\left(\frac{\alpha}{2},\ \frac{\alpha}{2};\ \frac{1}{2};\ \frac{p^2}{c^2}\right) + \\ + \frac{2^{\alpha-1}p\sqrt{\pi}}{c^{\alpha+1}}\operatorname{tg}\frac{\alpha\pi}{2}\,\Gamma^2\left(\frac{\alpha+1}{2}\right){}_2F_1\left(\frac{\alpha+1}{2},\ \frac{\alpha+1}{2};\ \frac{3}{2};\ \frac{p^2}{c^2}\right) - \\ - \frac{2p^{2-\alpha}\Gamma(\alpha-2)}{\sqrt{\pi}\,c^2}\,{}_3F_2\left(1,\ 1,\ 1;\ 2-\frac{\alpha}{2},\ \frac{3-\alpha}{2};\ \frac{p^2}{c^2}\right)$$ $[c,\ \operatorname{Re}\alpha,\ \operatorname{Re} p > 0]$.

7. $$\int_0^\infty x^{\alpha-1}e^{cx}\operatorname{Ei}^2(-cx)\,dx = \frac{\Gamma(\alpha)}{2}\left[\frac{4\pi\operatorname{ctg}\alpha\pi}{\sin\alpha\pi} - \psi'\left(1-\frac{\alpha}{2}\right) + \psi'\left(\frac{1-\alpha}{2}\right)\right]$$
$[\operatorname{Re}\alpha,\ \operatorname{Re} c > 0]$.

8. $$\int_0^\infty xe^{-cx}\operatorname{Ei}^2(-cx)\,dx = \frac{1}{c^2}\left[\frac{\pi^2}{6} - 2\operatorname{Li}_2\left(\frac{1}{3}\right) + 2\ln 2\ln 3 - \ln^2 3 - \ln 3\right] = c^{-2}\cdot 0{,}129946\ldots$$
$[\operatorname{Re} c > 0]$.

9. $$\int_0^\infty [e^{-cx} + cx\operatorname{Ei}(-cx)]^2\,dx = \frac{2}{3c}(1-\ln 2)$$ $[\operatorname{Re} c > 0]$.

10. $\int\limits_0^\infty e^{-(b+c)x}\,\mathrm{Ei}\,(-bx)\,\mathrm{Ei}\,(cx)\,dx = \frac{1}{b+c}\left[\frac{\pi^2}{12}+\frac{1}{2}\ln^2\frac{c}{b}-\ln\frac{2b+c}{b}\ln\frac{c}{b}+\mathrm{Li}_2\left(\frac{c}{2b+c}\right)\right]$

$[c,\ \mathrm{Re}\, b>0].$

11. $\int\limits_0^\infty e^{(b-c)x}\,\mathrm{Ei}\,(-bx)\,\mathrm{Ei}\,(-cx)\,dx = \frac{1}{c-b}\left[\frac{\pi^2}{12}+\frac{1}{2}\ln^2 2-\mathrm{Li}_2\left(1-\frac{c}{2b}\right)+\ln 2\ln\frac{c}{2b}\right]$

$[\mathrm{Re}\, c>0;\ |\arg b|<\pi].$

12. $\int\limits_0^\infty x^n e^{-px}\,\mathrm{Ei}\,(-bx)\,\mathrm{Ei}\,(-cx)\,dx = I_n$ $\quad[\mathrm{Re}\,(b+c+p)>0],$

$$I_n=\frac{n!}{p^{n+1}}\left\{\frac{\pi^2}{6}-\mathrm{Li}_2\left(\frac{b}{b+c+p}\right)-\mathrm{Li}_2\left(\frac{c}{b+c+p}\right)+\ln b\ln c-\ln^2(b+c+p)+\right.$$

$$+\left[\ln(b+p)-\sum_{k=1}^{n}\frac{1}{k}\left(\frac{p}{b+p}\right)^k\right]\ln\frac{b+c+p}{c}+\left[\ln(c+p)-\sum_{k=1}^{n}\frac{1}{k}\left(\frac{p}{c+p}\right)^k\right]\ln\frac{b+c+p}{b}+$$

$$\left.+\sum_{k=2}^{n}\frac{1}{k}\left\{\sum_{l=1}^{k-1}\left[\left(\frac{b+c+p}{b+p}\right)^l+\left(\frac{b+c+p}{c+p}\right)^l\right]\right\}\left(\frac{p}{b+c+p}\right)^k\right\}.$$

13. $\int\limits_0^\infty x^{-1/2}e^{cx+b/x}\,\mathrm{Ei}\left(-\frac{b}{x}\right)\mathrm{Ei}\,(-cx)\,dx = -\frac{2\pi^{3/2}}{\sqrt{c}}\,e^{2\sqrt{bc}}\,\mathrm{Ei}\,(-2\sqrt{bc}\,)$

$[\,|\arg b|,\ |\arg c|<\pi].$

2.5.13. Интегралы от $x^\alpha \ln^n x\,\mathrm{Ei}^2(cx)$.

1. $\int\limits_0^\infty \ln x\,\mathrm{Ei}^2(-x)\,dx = -\zeta(2)-2(\mathbf{C}+1)\ln 2-\ln^2 2.$

2. $\int\limits_0^\infty x^{\alpha-1}\ln^n x\,\mathrm{Ei}^2(-cx)\,dx = \frac{d^n}{d\alpha^n}\left[\frac{\Gamma(\alpha)}{2^{\alpha-1}\alpha c^\alpha}\,\Phi\left(\frac{1}{2},\,1,\,\alpha\right)\right]$ $\quad[\mathrm{Re}\,\alpha,\ \mathrm{Re}\,c>0].$

3. $\int\limits_0^\infty x^{\alpha-1}\ln x\,\mathrm{Ei}^2(-x)\,dx = I_\alpha$ $\quad[\mathrm{Re}\,\alpha>0],$

$$I_\alpha=\frac{2^{1-\alpha}}{\alpha}\,\Gamma(\alpha)\left\{\left[\psi(\alpha)-\frac{1}{\alpha}-\ln 2\right]\sum_{k=0}^{\infty}\frac{1}{2^k(k+\alpha)}-\sum_{k=0}^{\infty}\frac{1}{2^k(k+\alpha)^2}\right\},$$

$$I_{n+1}=-\frac{n!}{n+1}\left\{\zeta(2)+\ln^2 2-2\mathbf{C}\sum_{k=1}^{n}\frac{1}{2^k k}+\right.$$

$$\left.+2\left[\mathbf{C}+\frac{1}{n+1}-\sum_{k=1}^{n}\frac{1}{k}\left(1+\frac{1}{2^k}\right)\right]\ln 2-2\sum_{k=1}^{n}\frac{1}{2^k k}\left[\frac{1}{n+1}+\frac{1}{k}-\sum_{j=1}^{n}\frac{1}{j}\right]\right\}.$$

2.6. ИНТЕГРАЛЬНЫЕ СИНУС si (x) И КОСИНУС ci (x)

2.6.1. Интегралы общего вида.

Обозначение: $\delta=\begin{Bmatrix}1\\0\end{Bmatrix}.$

1. $\int\limits_0^a x^{\alpha-1}(a^r-x^r)^{\beta-1}\begin{Bmatrix}\mathrm{si}\,(cx)\\ \mathrm{ci}\,(cx)\end{Bmatrix}dx =$

$$=\frac{a^{\alpha+r\beta+\delta-r}c^\delta}{2r}\,\Gamma(\beta)\left\{\sum_{k=1}^{\infty}\frac{(-a^2c^2/4)^k}{(1/2+\delta)_k(\delta/2+k)k!}\,\Gamma\left[\begin{matrix}(\alpha+\delta+2k)/r\\(\alpha+\delta+2k)/r+\beta\end{matrix}\right]+\right.$$

$$+ 2\Gamma \begin{bmatrix} (\alpha+\delta)/r \\ (\alpha+\delta)/r+\beta \end{bmatrix} \left[\delta + (1-\delta)\left(\mathbf{C} + \ln(ac) + \frac{1}{r}\,\psi\Big(\frac{\alpha}{r}\Big) - \frac{1}{r}\,\psi\Big(\frac{\alpha}{r}+\beta\Big)\right)\right]\Bigg\} - \\ - \frac{\delta\pi a^{\alpha+r\beta-r}}{2r}\,\mathrm{B}\left(\beta,\ \frac{\alpha}{r}\right) \qquad [a,\ r,\ \operatorname{Re}\alpha,\ \operatorname{Re}\beta > 0].$$

2. $$\int\limits_a^\infty x^{\alpha-1}(x^r-a^r)^{\beta-1} \begin{Bmatrix} \operatorname{si}(cx) \\ \operatorname{ci}(cx) \end{Bmatrix} dx = \frac{a^{\alpha+r\beta+\delta-r}c^\delta}{2r}\,\Gamma(\beta) \times \\ \times \left\{\sum_{k=1}^\infty \frac{(-a^2c^2/4)^k}{(\delta/2+k)(1/2+\delta)_k k!}\,\Gamma\begin{bmatrix} 1-\beta-(\alpha+\delta+2k)/r \\ 1-(\alpha+\delta+2k)/r \end{bmatrix} + \right. \\ + 2\Gamma\begin{bmatrix} 1-\beta-(\alpha+\delta)/r \\ 1-(\alpha+\delta)/r \end{bmatrix}\left[\delta + (1-\delta)\left(\mathbf{C} + \ln(ac) + \frac{1}{r}\,\psi\Big(1-\frac{\alpha}{r}\Big) - \frac{1}{r}\,\psi\Big(1-\beta-\frac{\alpha}{r}\Big)\right)\right]\Bigg\} - \\ - \frac{\delta\pi a^{\alpha+r\beta-r}}{2r}\,\mathrm{B}\left(\beta,\ 1-\beta-\frac{\alpha}{r}\right) \pm \\ \pm\, c^{r-r\beta-\alpha}\sum_{k=0}^\infty \frac{(1-\beta)_k\Gamma(r\beta+\alpha-r-rk)}{k!(r\beta+\alpha-r-rk)} \begin{Bmatrix} \sin[(1-\beta-\alpha/r+k)r\pi/2] \\ \cos[(1-\beta-\alpha/r+k)r\pi/2] \end{Bmatrix}(ac)^{kr} \\ [a,\ c,\ r,\ \operatorname{Re}\beta > 0;\ \operatorname{Re}(\alpha+\beta r) < r+2].$$

3. $$\int\limits_0^\infty \frac{x^{\alpha-1}}{(x^r+z^r)^\rho} \begin{Bmatrix} \operatorname{si}(cx) \\ \operatorname{ci}(cx) \end{Bmatrix} dx = \frac{c^\delta z^{\alpha-r\rho+\delta}}{2r\Gamma(\rho)}\left\{\sum_{k=1}^\infty \frac{(-c^2z^2/4)^k}{(\delta/2+k)(1/2+\delta)_k k!} \times \right. \\ \times \Gamma\Big(\frac{\alpha+\delta+2k}{r}\Big)\Gamma\Big(\rho - \frac{\alpha+\delta+2k}{r}\Big) + 2\Gamma\Big(\frac{\alpha+\delta}{r}\Big)\Gamma\Big(\rho-\frac{\alpha+\delta}{r}\Big) \times \\ \times \left[\delta + (1-\delta)\left(\mathbf{C} + \ln(ac) + \frac{1}{r}\,\psi\Big(\frac{\alpha}{r}\Big) - \frac{1}{r}\,\psi\Big(\rho-\frac{\alpha}{r}\Big)\right)\right]\Bigg\} - \frac{\delta\pi a^{\alpha-r\rho}}{2r}\,B\Big(\frac{\alpha}{r},\ \rho-\frac{\alpha}{r}\Big) \pm \\ \pm\, c^{\rho r-\alpha}\sum_{k=0}^\infty \frac{(\rho)_k(-c^rz^r)^k}{k!(\alpha-r\rho-rk)}\,\Gamma(\alpha-r\rho-rk) \begin{Bmatrix} \sin[(\rho-\alpha/r+k)r\pi/2] \\ \cos[(\rho-\alpha/r+k)r\pi/2] \end{Bmatrix} \\ [c,\ r>0;\ 0<\operatorname{Re}\alpha<r\operatorname{Re}\rho+2;\ r|\arg z|<\pi].$$

4. $$\int\limits_0^\infty \frac{x^{\alpha-1}}{x^r-y^r} \begin{Bmatrix} \operatorname{si}(cx) \\ \operatorname{ci}(cx) \end{Bmatrix} dx = -\frac{\pi c^\delta y^{\alpha-r+\delta}}{2r}\left\{\sum_{k=1}^\infty \frac{(-c^2y^2/4)^k}{(\delta/2+k)(1/2+\delta)_k k!}\operatorname{ctg}\frac{\alpha+\delta+2k}{r}\,\pi + \right. \\ + 2\operatorname{ctg}\frac{\alpha+\delta}{r}\,\pi\left[\delta + (1-\delta)\left(\mathbf{C} + \ln(cy) - \frac{2\pi}{r}\operatorname{cosec}\frac{2\alpha\pi}{r}\right)\right]\Bigg\} + \frac{\delta\pi^2y^{\alpha-r}}{2r}\operatorname{ctg}\frac{\alpha\pi}{r} \mp \\ \mp \frac{c^{r-\alpha}}{r}\sum_{k=0}^\infty \frac{(yc)^{rk}\Gamma(\alpha-r-kr)}{(1-\alpha/r+k)} \begin{Bmatrix} \sin[(1-\alpha/r+k)r\pi/2] \\ \cos[(1-\alpha/r+k)r\pi/2] \end{Bmatrix} \\ [c,\ r,\ y>0;\ 0<\operatorname{Re}\alpha<r+2].$$

5. $$\int\limits_0^\infty x^{\alpha-1}e^{-px^r} \begin{Bmatrix} \operatorname{si}(cx) \\ \operatorname{ci}(cx) \end{Bmatrix} dx = U(r) \qquad [c,\ r,\ \operatorname{Re}\alpha,\ \operatorname{Re}p > 0],$$

$$U(r) = \frac{c^\delta}{2rp^{(\alpha+\delta)/r}}\left\{\sum_{k=1}^\infty \frac{(-1)^k}{(k+\delta/2)(1/2+\delta)_k}\,\Gamma\Big(\frac{\alpha+\delta+2k}{r}\Big)\Big(\frac{c}{2p^{1/r}}\Big)^{2k} + \right. \\ + 2\Gamma\Big(\frac{\alpha+\delta}{r}\Big)\left[\delta + (1-\delta)\left(\mathbf{C} + \ln c - \frac{1}{r}\ln p + \frac{1}{r}\,\psi\Big(\frac{\alpha}{r}\Big)\right)\right]\Bigg\} - \frac{\delta\pi}{2rp^{\alpha/r}}\,\Gamma\Big(\frac{\alpha}{r}\Big) \qquad [r>1],$$

$$U(r) = -c^{-\alpha}\sum_{k=0}^\infty \frac{\Gamma(\alpha+rk)}{k!(\alpha+rk)}\Big(-\frac{p}{c^r}\Big)^k \begin{Bmatrix} \sin[(\alpha+rk)\pi/2] \\ \cos[(\alpha+rk)\pi/2] \end{Bmatrix} \qquad [r<1],$$

$U(1)$ см. в. 2.6.3.3.

6. $$\int_0^\infty x^{\alpha-1}e^{-px^{-r}}\left\{\begin{matrix}\operatorname{si}(cx)\\ \operatorname{ci}(cx)\end{matrix}\right\}dx = \frac{c^\delta p^{(\alpha+\delta)/r}}{2r}\left\{\sum_{k=1}^\infty \frac{(-1)^k}{(k+\delta/2)(1/2+\delta)_k}\Gamma\left(-\frac{\alpha+\delta+2k}{r}\right)\times\right.$$
$$\times\left(\frac{cp^{1/r}}{2}\right)^{2k} + 2\Gamma\left(-\frac{\alpha+\delta}{r}\right)\left[\delta+(1-\delta)\left(\mathbf{C}+\ln c+\frac{1}{r}\ln p-\frac{1}{r}\psi\left(-\frac{\alpha}{r}\right)\right)\right]\Bigg\}+$$
$$+\frac{c^{-\alpha}}{r}\sum_{k=0}^\infty \frac{(-pc^r)^k}{(k-\alpha/r)k!}\Gamma(\alpha-rk)\left\{\begin{matrix}\sin[(\alpha-rk)\pi/2]\\ \cos[(\alpha-rk)\pi/2]\end{matrix}\right\}+\frac{\delta\pi p^{\alpha/r}}{2r}\Gamma\left(-\frac{\alpha}{r}\right)$$

$[c,\ r,\ \operatorname{Re}p>0,\ \operatorname{Re}\alpha<2]$.

7. $$\int_0^\infty x^{\alpha-1}\sin bx^r\left\{\begin{matrix}\operatorname{si}(cx)\\ \operatorname{ci}(cx)\end{matrix}\right\}dx = V(1,\ r)$$ $[b,\ c,\ r>0;\ -r<\operatorname{Re}\alpha<2]$,

$$V(\gamma,\ r)=\frac{c^\delta}{2b^{(\alpha+\delta)/r}r}\left\{\sum_{k=1}^\infty \frac{(-1)^k}{(k+\delta/2)(1/2+\delta)_k k!}\Gamma\left(\frac{2k+\alpha+\delta}{r}\right)\times\right.$$
$$\times\left(\frac{c}{2b^{1/r}}\right)^{2k}\cos\frac{2k+\alpha+\delta-r\gamma}{2r}\pi+2\Gamma\left(\frac{\alpha+\delta}{r}\right)\cos\frac{\alpha+\delta-r\gamma}{2r}\pi\times$$
$$\times\left[\delta+(1-\delta)\left(\mathbf{C}+\ln\frac{c}{b^{1/r}}+\frac{\pi}{2r}\operatorname{tg}\frac{r\gamma-\alpha}{2r}\pi+\frac{1}{r}\psi\left(\frac{\alpha}{r}\right)\right)\right]\Bigg\}-\frac{\delta\pi}{2b^{\alpha/r}r}\Gamma\left(\frac{\alpha}{r}\right)\cos\frac{\alpha-r\gamma}{2r}\pi$$

$[r>1]$,

$$V(\gamma,\ r)=-\frac{b^\gamma}{c^{\alpha+\gamma r}}\sum_{k=0}^\infty \frac{(-1)^k\Gamma(\alpha+r\gamma+2rk)}{(1/2+\gamma)_k k!(\alpha+r\gamma+2rk)}\left\{\begin{matrix}\sin[(\alpha+r\gamma+2rk)\pi/2]\\ \cos[(\alpha+r\gamma+2rk)\pi/2]\end{matrix}\right\}\left(\frac{b}{2c^r}\right)^{2k}$$

$[r<1]$,

$V(\gamma,\ 1)$ см. в 2.6.3.5–6.

8. $$\int_0^\infty x^{\alpha-1}\cos bx^r\left\{\begin{matrix}\operatorname{si}(cx)\\ \operatorname{ci}(cx)\end{matrix}\right\}dx = V(0,\ r)$$ $[b,\ c,\ r>0;\ 0<\operatorname{Re}\alpha<2;\ V(\gamma,\ r)$ см. в 2.6.1.7$]$.

9. $$\int_0^\infty x^{\alpha-1}e^{-px^r}\sin bx^r\left\{\begin{matrix}\operatorname{si}(cx)\\ \operatorname{ci}(cx)\end{matrix}\right\}dx = W(1)$$ $[b,\ c,\ r,\ \operatorname{Re}p>0;\ \operatorname{Re}\alpha>-r]$,

$$W(\gamma)=\frac{c^\delta(b^2+p^2)^{-(\alpha+\delta)/(2r)}}{2r}\left\{\sum_{k=1}^\infty\frac{(-1)^k}{(k+\delta/2)(1/2+\delta)_k k!}\times\right.$$
$$\times\Gamma\left(\frac{\alpha+\delta+2k}{r}\right)\cos\left(\frac{\gamma\pi}{2}-\frac{\alpha+\delta+2k}{r}\arccos\frac{p}{\sqrt{b^2+p^2}}\right)\frac{c^{2k}}{4^k(b^2+p^2)^{k/r}}+$$
$$+2\Gamma\left(\frac{\alpha+\delta}{r}\right)\cos\left(\frac{\gamma\pi}{2}-\frac{\alpha+\delta}{r}\arccos\frac{p}{\sqrt{b^2+p^2}}\right)\left[\delta+(1-\delta)\left(\mathbf{C}+\frac{1}{r}\psi\left(\frac{\alpha}{r}\right)+\right.\right.$$
$$\left.\left.+\frac{1}{2r}\ln\frac{c^{2r}}{b^2+p^2}+\frac{1}{r}\arccos\frac{p}{\sqrt{b^2+p^2}}\operatorname{tg}\left(\frac{\gamma\pi}{2}-\frac{\alpha}{r}\arccos\frac{p}{\sqrt{b^2+p^2}}\right)\right)\right]\Bigg\}$$

$[r>1]$ или $[r=1;\ |c|^2<|b^2+p^2|]$,

$$W(\gamma)=-c^{-\alpha}\sum_{k=0}^\infty\frac{(-1)^k\Gamma(\alpha+rk)}{k!(\alpha+rk)}\left\{\begin{matrix}\sin[(\alpha+rk)\pi/2]\\ \cos[(\alpha+rk)\pi/2]\end{matrix}\right\}\times$$
$$\times\cos\left(\frac{\gamma\pi}{2}+k\arccos\frac{p}{\sqrt{b^2+p^2}}\right)\frac{(b^2+p^2)^{k/2}}{c^{rk}}$$ $[r<1]$ или $[r=1;\ |c|^2>|b^2+p^2|]$.

10. $\int_0^\infty x^{\alpha-1}e^{-px^r}\cos bx^r \left\{\begin{matrix}\operatorname{si}(cx)\\ \operatorname{ci}(cx)\end{matrix}\right\} dx = W(0)$ $[b,\ c,\ r,\ \operatorname{Re} p,\ \operatorname{Re}\alpha > 0;\ W(\gamma)$ см. в 2.6.1.9].

11. $\int_0^\infty x^{\alpha-1}\ln(x^r+z^r)\left\{\begin{matrix}\operatorname{si}(cx)\\ \operatorname{ci}(cx)\end{matrix}\right\} dx = Y(1)$ $[c,\ r>0;\ 0<\operatorname{Re}\alpha<2;\ r|\arg z|<\pi]$,

$$Y(\gamma) = -\frac{1}{c^\alpha}\sum_{k=1}^\infty \frac{(-1)^{\gamma k}(cz)^{rk}\Gamma(\alpha-rk)}{k(rk-\alpha)}\left\{\begin{matrix}\sin[(\alpha-rk)\pi/2]\\ \cos[(\alpha-rk)\pi/2]\end{matrix}\right\} +$$
$$+\pi c^\delta z^{\alpha+\delta}\left\{\sum_{k=1}^\infty \frac{(-1)^k(cz/2)^{2k}\cos^{1-\gamma}[(\alpha+\delta+2k)\pi/r]}{k!(2k+\delta)(1/2+\delta)_k(\alpha+\delta+2k)\sin[(\alpha+\delta+2k)\pi/r]} +\right.$$
$$\left.+\frac{\cos^{1-\gamma}[(\alpha+\delta)\pi/r]}{(\alpha+\delta)\sin[(\alpha+\delta)\pi/r]}\left[\delta+(1-\delta)\left(\mathbf{C}-\frac{1}{\alpha}+\ln(cz)-\frac{\pi}{r}\operatorname{ctg}\frac{\alpha\pi}{r}-\frac{(1-\gamma)\pi}{r}\operatorname{tg}\frac{\alpha\pi}{r}\right)\right]\right\}-$$
$$-\frac{\delta\pi^2 z^\alpha\cos^{1-\gamma}(\alpha\pi/r)}{2\alpha\sin(\alpha\pi/r)}+\frac{r\Gamma(\alpha)}{\alpha c^\alpha}\left\{\begin{matrix}\sin(\alpha\pi/2)\\ \cos(\alpha\pi/2)\end{matrix}\right\}\left[\frac{1}{\alpha}+\ln(c)-\psi(\alpha)\mp\frac{\pi}{2}\operatorname{tg}^{\mp1}\frac{\alpha\pi}{2}\right].$$

12. $\int_0^\infty x^{\alpha-1}\ln|x^r-z^r|\left\{\begin{matrix}\operatorname{si}(cx)\\ \operatorname{ci}(cx)\end{matrix}\right\} dx = Y(0)$ $[c,\ r,\ z>0;\ 0<\operatorname{Re}\alpha<2;\ Y(\gamma)$ см. в 2.6.1.11].

13. $\int_0^\infty x^{\alpha-1}\operatorname{si}(bx^r)\left\{\begin{matrix}\operatorname{si}(cx)\\ \operatorname{ci}(cx)\end{matrix}\right\} dx = Z(1,\ r)$

$[b,\ c,\ r>0;\ 0<\operatorname{Re}\alpha<r+2;$ при $0<r<1$ — замена $x^r=t]$,

$$Z(\gamma,\ r) = \frac{c^\delta}{b^{(\alpha+\delta)/r}}\left\{\sum_{k=1}^\infty \frac{(-1)^k\Gamma((2k+\alpha+\delta)/r)}{(2k+\delta)(2k+\alpha+\delta)(\delta+1/2)_k k!}\,\frac{c^2k}{2^{2k}b^{2k/r}}\times\right.$$
$$\times\cos\frac{\alpha+\delta+2k-r\gamma}{2r}\pi+\frac{4}{\alpha+\delta}\Gamma\left(\frac{\alpha+\delta}{r}\right)\cos\frac{\alpha+\delta-r\gamma}{2r}\pi\times$$
$$\left.\times\left[\delta+(1-\delta)\left(\mathbf{C}-\frac{1}{\alpha}+\ln\frac{c}{b^{1/r}}+\frac{1}{r}\psi\left(\frac{\alpha}{r}\right)+\frac{\pi}{2r}\operatorname{tg}\frac{r\gamma-\alpha}{2r}\pi\right)\right]\right\}-$$
$$-\frac{\delta\pi}{2\alpha b^{\alpha/r}}\Gamma\left(\frac{\alpha}{r}\right)\cos\frac{r\gamma-\alpha}{2r}\pi \qquad [r>1],$$

$Z(\gamma,\ 1)$ см. в. 2.6.7.1–5.

14. $\int_0^\infty x^{\alpha-1}\operatorname{ci}(bx^r)\left\{\begin{matrix}\operatorname{si}(cx)\\ \operatorname{ci}(cx)\end{matrix}\right\} dx = Z(0,\ r)$

$[b,\ c,\ r>0;\ 0<\operatorname{Re}\alpha<r+2;\ Z(\gamma,\ r)$ см. в 2.6.1.13].

2.6.2. Интегралы от $A(x)\left\{\begin{matrix}\operatorname{si}(cx)\\ \operatorname{ci}(cx)\end{matrix}\right\}$ и $A(x)\operatorname{Si}(cx)$.

Обозначение: $\delta = \left\{\begin{matrix}1\\ 0\end{matrix}\right\}$.

1. $\int_0^\infty \left\{\begin{matrix}\operatorname{si}(cx)\\ \operatorname{ci}(cx)\end{matrix}\right\} dx = -\frac{1}{c}\left\{\begin{matrix}1\\ 0\end{matrix}\right\}$ $[c>0]$.

2. $\int_0^\infty x^{\alpha-1}\left\{\begin{matrix}\operatorname{si}(cx)\\ \operatorname{ci}(cx)\end{matrix}\right\} dx = -\frac{\Gamma(\alpha)}{\alpha c^\alpha}\left\{\begin{matrix}\sin(\alpha\pi/2)\\ \cos(\alpha\pi/2)\end{matrix}\right\}$ $[c>0;\ 0<\operatorname{Re}\alpha<2]$.

3. $\displaystyle\int\limits_0^\infty x^{\alpha-1}\operatorname{Si}(cx)\,dx = -\frac{\Gamma(\alpha)}{\alpha c^\alpha}\sin\frac{\alpha\pi}{2}$ $[c>0;\ -1<\operatorname{Re}\alpha<0]$.

4. $\displaystyle\int\limits_0^\infty \frac{\operatorname{ci}(cx)}{x+z}\,dx = -\frac{1}{2}\operatorname{si}^2(cz)-\frac{1}{2}\operatorname{ci}^2(cz)$ $[c>0;\ |\arg z|<\pi]$.

5. $\displaystyle\int\limits_{-\infty}^\infty \frac{\operatorname{sgn}x}{x-y}\operatorname{si}(c|x|)\,dx = \pi\operatorname{ci}(c|y|)$ $[c>0;\ y\neq 0]$.

6. $\displaystyle\int\limits_{-\infty}^\infty \frac{\operatorname{ci}(c|x|)}{x-y}\,dx = -\pi\operatorname{sgn}y\operatorname{si}(c|y|)$ $[c>0;\ y\neq 0]$.

7. $$\int\limits_0^a x^{\alpha-1}(a^2-x^2)^{\beta-1}\begin{Bmatrix}\operatorname{si}(cx)\\ \operatorname{ci}(cx)\end{Bmatrix}dx = -\frac{a^{\alpha+2\beta+\delta}c^{\delta+2}}{4(\delta+2)(1+2\delta)}\operatorname{B}\left(\beta,\ \frac{\alpha+\delta}{2}+1\right)\times$$
$$\times\ {}_3F_4\left(\begin{matrix}1,\ 1+\delta/2,\ (\alpha+\delta)/2+1; & -a^2c^2/4\\ 2,\ 3/2+\delta,\ 2+\delta/2,\ (\alpha+\delta)/2+\beta+1 & \end{matrix}\right)+\frac{a^{\alpha+2\beta+\delta-2}c^\delta}{2}\operatorname{B}\left(\frac{\alpha+\delta}{2},\ \beta\right)\times$$
$$\times\left[\delta+(1-\delta)\left(\mathbf{C}+\frac{1}{2}\psi\left(\frac{\alpha}{2}\right)-\frac{1}{2}\psi\left(\frac{\alpha}{2}+\beta\right)+\ln(ac)\right)\right]-\frac{\delta\pi a^{\alpha+2\beta-2}}{4}\operatorname{B}\left(\beta,\ \frac{\alpha}{2}\right)$$
$[a,\ c,\ \operatorname{Re}\alpha,\ \operatorname{Re}\beta>0]$.

8. $$\int\limits_a^\infty x^{\alpha-1}(x^2-a^2)^{\beta-1}\begin{Bmatrix}\operatorname{si}(cx)\\ \operatorname{ci}(cx)\end{Bmatrix}dx = -\frac{a^{\alpha+2\beta+\delta}c^{2+\delta}}{4(1+2\delta)(2+\delta)}\operatorname{B}\left(\beta,\ -\beta-\frac{\alpha+\delta}{2}\right)\times$$
$$\times\ {}_3F_4\left(\begin{matrix}1,\ 1+\delta/2,\ 1+(\alpha+\delta)/2; & -a^2c^2/4\\ 2,\ 3/2+\delta,\ 2+\delta/2,\ 1+\beta+(\alpha+\delta)/2 & \end{matrix}\right)+\frac{a^{\alpha+2\beta+\delta-2}c^\delta}{2}\times$$
$$\times\operatorname{B}\left(\beta,\ 1-\beta-\frac{\alpha+\delta}{2}\right)\left[\delta+(1-\delta)\left(\mathbf{C}+\frac{1}{2}\psi\left(1-\frac{\alpha}{2}\right)-\frac{1}{2}\psi\left(1-\frac{\alpha}{2}-\beta\right)+\ln(ac)\right)\right]-$$
$$-\frac{\delta\pi a^{\alpha+2\beta-2}}{4}\operatorname{B}\left(\beta,\ 1-\beta-\frac{\alpha}{2}\right)-\frac{c^{2-2\beta-\alpha}}{2-2\beta-\alpha}\Gamma(\alpha-2+2\beta)\begin{Bmatrix}\sin(\beta+\alpha/2)\pi\\ \cos(\beta+\alpha/2)\pi\end{Bmatrix}\times$$
$$\times\ {}_2F_3\left(\begin{matrix}1-\beta,\ 1-\beta-\alpha/2; & -a^2c^2/4\\ 2-\beta-\alpha/2,\ 2-\beta-\alpha/2,\ (3-\alpha)/2-\beta & \end{matrix}\right)$$
$[a,\ c,\ \operatorname{Re}\beta>0;\ \operatorname{Re}(\alpha+2\beta)<4]$.

9. $$\int\limits_0^\infty \frac{x^{\alpha-1}}{(x^2+z^2)^\rho}\begin{Bmatrix}\operatorname{si}(cx)\\ \operatorname{ci}(cx)\end{Bmatrix}dx = -\frac{c^{2+\delta}z^{\alpha+2-2\rho+\delta}}{4(1+2\delta)(2+\delta)}\operatorname{B}\left(\frac{\alpha+\delta}{2}+1,\ \rho-\frac{\alpha+\delta}{2}-1\right)\times$$
$$\times\ {}_3F_4\left(\begin{matrix}1,\ 1+\delta/2,\ (\alpha+\delta)/2+1; & c^2z^2/4\\ 2,\ 3/2+\delta,\ 2+\delta/2,\ 2+(\alpha+\delta)/2-\rho & \end{matrix}\right)+\frac{z^{\alpha-2\rho+\delta}c^\delta}{2}\times$$
$$\times\operatorname{B}\left(\frac{\alpha+\delta}{2},\ \rho-\frac{\alpha+\delta}{2}\right)\left[\delta+(1-\delta)\left(\mathbf{C}+\frac{1}{2}\psi\left(\frac{\alpha}{2}\right)-\frac{1}{2}\psi\left(\rho-\frac{\alpha}{2}\right)+\ln(cz)\right)\right]-$$
$$-\frac{\delta z^{\alpha-2\rho}\pi}{4}\operatorname{B}\left(\frac{\alpha}{2},\ \rho-\frac{\alpha}{2}\right)+\frac{c^{2\rho-\alpha}}{2\rho-\alpha}\Gamma(\alpha-2\rho)\begin{Bmatrix}\sin(\alpha/2-\rho)\pi\\ \cos(\alpha/2-\rho)\pi\end{Bmatrix}\times$$
$$\times\ {}_2F_3\left(\begin{matrix}\rho-\alpha/2,\ \rho; & c^2z^2/4\\ 1+\rho-\alpha/2,\ 1+\rho-\alpha/2,\ (1-\alpha)/2+\rho & \end{matrix}\right)$$
$[c,\ \operatorname{Re}z>0;\ 0<\operatorname{Re}\alpha<2\operatorname{Re}\rho+2]$.

10. $\int\limits_0^\infty \frac{1}{x^2+z^2} \begin{Bmatrix} x\,\mathrm{si}\,(cx) \\ \mathrm{ci}\,(cx) \end{Bmatrix} dx = \frac{\pi}{2} \begin{Bmatrix} 1 \\ z^{-1} \end{Bmatrix} \mathrm{Ei}\,(-cz)$ $[c,\ \mathrm{Re}\, z > 0].$

11. $\int\limits_0^\infty \frac{x^{-1}}{x^2+z^2} \mathrm{Si}\,(cx)\, dx = \frac{\pi}{2z^2} [\mathbf{C} + \ln(cz) - \mathrm{Ei}\,(-cz)]$ $[c,\ \mathrm{Re}\, z > 0].$

12. $$\int\limits_0^\infty \frac{x^{\alpha-1}}{x^2-y^2} \begin{Bmatrix} \mathrm{si}\,(cx) \\ \mathrm{ci}\,(cx) \end{Bmatrix} dx = \frac{\pi c^{2+\delta} y^{\alpha+\delta}}{4(1+2\delta)(2+\delta)} \mathrm{ctg}\, \frac{\alpha+\delta}{2}\pi \times$$
$$\times\ {}_2F_3\left(\begin{matrix} 1,\ 1+\delta/2; \\ 2,\ 3/2+\delta,\ 2+\delta/2 \end{matrix}\ -c^2y^2/4\right) - \frac{\pi c^\delta y^{\alpha+\delta-2}}{2} \times$$
$$\times\, \mathrm{ctg}\, \frac{\alpha+\delta}{2}\pi[\delta + (1-\delta)(\mathbf{C} + \ln(cy) - \pi\,\mathrm{cosec}\,\alpha\pi)] + \frac{\delta\pi^2 y^{\alpha-2}}{4} \mathrm{ctg}\, \frac{\alpha\pi}{2} +$$
$$+ \frac{c^{2-\alpha}\Gamma(\alpha-2)}{\alpha-2} \begin{Bmatrix} \sin(\alpha\pi/2) \\ \cos(\alpha\pi/2) \end{Bmatrix} {}_2F_3\left(\begin{matrix} 1,\ 1-\alpha/2; \\ 2-\alpha/2,\ 2-\alpha/2,\ (3-\alpha)/2 \end{matrix}\ -c^2y^2/4\right)$$
$[c,\ y > 0;\ 0 < \mathrm{Re}\,\alpha < 4].$

13. $\int\limits_0^\infty \frac{1}{x^2-y^2} \begin{Bmatrix} x\,\mathrm{si}\,(cx) \\ \mathrm{ci}\,(cx) \end{Bmatrix} dx = \pm\frac{\pi}{2} \begin{Bmatrix} \mathrm{ci}\,(cy) \\ y^{-1}\,\mathrm{si}\,(cy) \end{Bmatrix}$ $[c,\ y > 0].$

2.6.3. Интегралы от $x^\alpha e^{-px^r} \begin{Bmatrix} \mathrm{si}\,(cx) \\ \mathrm{ci}\,(cx) \end{Bmatrix}$ и $x^\alpha e^{-px^r}\, \mathrm{Si}\,(cx)$.

1. $\int\limits_0^\infty e^{-px} \begin{Bmatrix} \mathrm{si}\,(cx) \\ \mathrm{ci}\,(cx) \end{Bmatrix} dx = -\frac{1}{p} \begin{Bmatrix} \mathrm{arctg}\,(p/c) \\ \ln\sqrt{1+p^2/c^2} \end{Bmatrix}$ $[c,\ \mathrm{Re}\, p > 0].$

2. $\int\limits_0^\infty e^{-px}\, \mathrm{Si}\,(cx)\, dx = \frac{1}{p} \mathrm{arcctg}\, \frac{p}{c}$ $[c,\ \mathrm{Re}\, p > 0].$

3. $$\int\limits_0^\infty x^{\alpha-1} e^{-px} \begin{Bmatrix} \mathrm{si}\,(cx) \\ \mathrm{ci}\,(cx) \end{Bmatrix} dx =$$
$$= \pm\frac{p\Gamma(\alpha+1)}{(\alpha+1)c^{\alpha+1}} \begin{Bmatrix} \cos(\alpha\pi/2) \\ \sin(\alpha\pi/2) \end{Bmatrix} {}_3F_2\left(\frac{\alpha+1}{2},\ \frac{\alpha+1}{2},\ \frac{\alpha+2}{2};\ \frac{3}{2},\ \frac{\alpha+3}{2};\ -\frac{p^2}{c^2}\right) -$$
$$- \frac{\Gamma(\alpha)}{\alpha c^\alpha} \begin{Bmatrix} \sin(\alpha\pi/2) \\ \cos(\alpha\pi/2) \end{Bmatrix} {}_3F_2\left(\frac{\alpha}{2},\ \frac{\alpha}{2},\ \frac{\alpha+1}{2};\ \frac{1}{2},\ \frac{\alpha}{2}+1;\ -\frac{p^2}{c^2}\right)$$
$[c,\ \mathrm{Re}\,\alpha,\ \mathrm{Re}\, p > 0].$

4. $\int\limits_0^\infty x e^{-px}\, \mathrm{ci}\,(cx)\, dx = \frac{1}{p^2+c^2} - \frac{1}{2p^2} \ln\left(1 + \frac{p^2}{c^2}\right)$ $[c,\ \mathrm{Re}\, p > 0].$

5. $\int\limits_0^\infty e^{-px^2}\, \mathrm{ci}\,(cx)\, dx = \frac{1}{4}\sqrt{\frac{\pi}{p}}\, \mathrm{Ei}\left(-\frac{c^2}{4p}\right)$ $[c,\ \mathrm{Re}\, p > 0].$

6. $$\int\limits_0^\infty x^{\alpha-1} e^{-px^2} \begin{Bmatrix} \mathrm{si}\,(cx) \\ \mathrm{ci}\,(cx) \end{Bmatrix} dx = -\frac{c^{\delta+2}}{4p^{(\alpha+\delta)/2+1}(\delta+2)(1+2\delta)} \Gamma\left(\frac{\alpha+\delta}{2}+1\right) \times$$
$$\times\ {}_3F_3\left(\begin{matrix} 1,\ \delta/2+1,\ (\alpha+\delta)/2+1; \\ 2,\ \delta/2+2,\ 3/2+\delta \end{matrix}\ -c^2/(4p)\right) + \frac{c^\delta}{4p^{(\alpha+\delta)/2}} \Gamma\left(\frac{\alpha+\delta}{2}\right) \times$$
$$\times \left[2\delta + (1-\delta)\left(2\mathbf{C} + \psi\left(\frac{\alpha}{2}\right) + \ln\frac{c^2}{p}\right)\right] - \frac{\delta\pi}{4p^{\alpha/2}} \Gamma\left(\frac{\alpha}{2}\right)$$
$\left[c,\ \mathrm{Re}\,\alpha,\ \mathrm{Re}\, p > 0;\ \delta = \begin{Bmatrix} 1 \\ 0 \end{Bmatrix}\right].$

7. $\int\limits_0^\infty xe^{-px^2}\,\mathrm{si}\,(cx)\,dx = -\frac{\pi}{4p}\,\mathrm{erfc}\left(\frac{c}{2\sqrt{p}}\right)$ [$\mathrm{Re}\,p > 0$].

8. $\int\limits_0^\infty x^{-1/2}e^{-p\sqrt{x}}\,\mathrm{si}\,(cx)\,dx = -2\sqrt{\frac{2\pi}{c}}\left\{\left[\frac{1}{2} - S\left(\frac{p^2}{4c}\right)\right]^2 + \left[\frac{1}{2} - C\left(\frac{p^2}{4c}\right)\right]^2\right\}$ [$c,\ \mathrm{Re}\,p > 0$].

9. $\int\limits_0^\infty \frac{1}{x^2}\,e^{-p/x}\begin{Bmatrix}\mathrm{si}\,(cx)\\ \mathrm{ci}\,(cx)\end{Bmatrix}dx = \pm\frac{2}{p}\begin{Bmatrix}\mathrm{kei}\,(2\sqrt{pc}\,)\\ \mathrm{ker}\,(2\sqrt{pc}\,)\end{Bmatrix}$ [$c,\ \mathrm{Re}\,p > 0$].

2.6.4. Интегралы, содержащие степенную, тригонометрические функции, $\begin{Bmatrix}\mathrm{si}\,(cx)\\ \mathrm{ci}\,(cx)\end{Bmatrix}$ или $\mathrm{Si}\,(cx)$.

Обозначение: $\delta = \begin{Bmatrix}1\\0\end{Bmatrix}$.

1. $\int\limits_0^\infty \begin{Bmatrix}\sin bx\,\mathrm{si}\,(cx)\\ \cos bx\,\mathrm{ci}\,(cx)\end{Bmatrix}dx = 0$ [$0 < b < c$].

2. $\int\limits_0^\infty \begin{Bmatrix}\sin bx\,\mathrm{si}\,(cx)\\ \cos bx\,\mathrm{ci}\,(cx)\end{Bmatrix}dx = -\frac{\pi}{2b}$ [$0 < c < b$].

3. $\int\limits_0^\infty \begin{Bmatrix}\sin cx\,\mathrm{si}\,(cx)\\ \cos cx\,\mathrm{ci}\,(cx)\end{Bmatrix}dx = -\frac{\pi}{4c}$ [$c > 0$].

4. $\int\limits_0^\infty \begin{Bmatrix}\cos bx\,\mathrm{si}\,(cx)\\ \sin bx\,\mathrm{ci}\,(cx)\end{Bmatrix}dx = -\frac{1}{2b}\begin{Bmatrix}\ln|(b+c)(b-c)^{-1}|\\ \ln[1 - \min^2(b,\ c)/\max^2(b,\ c)]\end{Bmatrix}$ [$b,\ c > 0;\ b \neq c$].

5. $\int\limits_0^\infty x^{\alpha-1}\sin bx\begin{Bmatrix}\mathrm{si}\,(cx)\\ \mathrm{ci}\,(cx)\end{Bmatrix}dx = U(1),$

$$U(\gamma) = \frac{c^{\delta+2}\Gamma(2+\alpha+\delta)}{2(\delta+2)(1+2\delta)b^{2+\alpha+\delta}}\cos\frac{\alpha+\delta-\gamma}{2}\times$$
$$\times\ {}_4F_3\left(\begin{matrix}1,\ 1+\delta/2,\ (\alpha+3)/2,\ \alpha/2+\delta+1;\ c^2/b^2\\ 2,\ 2+\delta/2,\ 3/2+\delta\end{matrix}\right)+$$
$$+\frac{c^\delta}{b^{\alpha+\delta}}\,\Gamma(\alpha+\delta)\cos\frac{\alpha+\delta-\gamma}{2}\,\pi\left[\delta + (1-\delta)\left(\mathbf{C} + \psi(\alpha) + \frac{\pi}{2}\,\mathrm{tg}\,\frac{\gamma-\alpha}{2}\,\pi + \ln\frac{c}{b}\right)\right]-$$
$$-\frac{\delta\pi\Gamma(\alpha)}{2b^\alpha}\cos\frac{\alpha-\gamma}{2}\,\pi \qquad [0 < c < b;\ -1 < \mathrm{Re}\,\alpha < 2],$$

$$U(\gamma) = -\frac{b^\gamma\Gamma(\alpha+\gamma)}{c^{\alpha+\gamma}(\alpha+\gamma)}\begin{Bmatrix}\sin[(\alpha+\gamma)\pi/2]\\ \cos[(\alpha+\gamma)\pi/2]\end{Bmatrix}{}_3F_2\left(\begin{matrix}(\alpha+1)/2,\ (\alpha+\gamma)/2,\ \alpha/2+\gamma;\ b^2/c^2\\ (\alpha+\gamma)/2+1,\ \gamma+1/2\end{matrix}\right)$$
[$0 < b < c;\ -1 < \mathrm{Re}\,\alpha < 2$].

6. $\int\limits_0^\infty x^{\alpha-1}\cos bx\begin{Bmatrix}\mathrm{si}\,(cx)\\ \mathrm{ci}\,(cx)\end{Bmatrix}dx = U(0)$ [$b,\ c > 0;\ b \neq c;\ 0 < \mathrm{Re}\,\alpha < 2;\ U(\gamma)$ см. в 2.6.4.5].

7. $\int\limits_0^\infty \frac{1}{x}\sin bx\,\mathrm{Si}\,(cx)\,dx = \frac{1}{2}\left[\mathrm{Li}_2\left(\frac{c}{b}\right) - \mathrm{Li}_2\left(-\frac{c}{b}\right)\right]$ [$b,\ c > 0$].

8. $$\int_0^\infty \frac{1}{x^2}\sin\frac{b}{x}\,\mathrm{Si}\,(cx)\,dx = \frac{\pi}{2b}\left[1 - J_0(2\sqrt{bc}\,)\right] \qquad [b,\ c > 0].$$

9. $$\int_0^\infty x^{\alpha-1}\left[\begin{Bmatrix}\sin cx\\ \cos cx\end{Bmatrix}\mathrm{ci}\,(cx) \mp \begin{Bmatrix}\cos cx\\ \sin cx\end{Bmatrix}\mathrm{si}\,(cx)\right]dx = \pm\frac{\pi\Gamma(\alpha)}{2c^\alpha}\begin{Bmatrix}\sec(\alpha\pi/2)\\ \mathrm{cosec}\,(\alpha\pi/2)\end{Bmatrix}$$ $$[c > 0;\ 0 < \mathrm{Re}\,\alpha < 1].$$

10. $$\int_{-\infty}^\infty \frac{1}{x-y}\left[\begin{Bmatrix}\cos cx\\ \sin cx\end{Bmatrix}\mathrm{ci}\,(c|x|) \pm \mathrm{sgn}\,x\begin{Bmatrix}\sin cx\\ \cos cx\end{Bmatrix}\mathrm{si}\,(c|x|)\right]dx =$$ $$= -\pi\left[\mathrm{sgn}\,y\begin{Bmatrix}\cos cy\\ \sin cy\end{Bmatrix}\mathrm{si}\,(c|y|) \mp \begin{Bmatrix}\sin cy\\ \cos cy\end{Bmatrix}\mathrm{ci}\,(c|y|)\right] \qquad [c > 0;\ \mathrm{Im}\,y = 0;\ y \neq 0].$$

11. $$\int_0^\infty \frac{1}{x^2+z^2}\begin{Bmatrix}\sin bx\,\mathrm{si}\,(cx)\\ \cos bx\,\mathrm{ci}\,(cx)\end{Bmatrix}dx = \frac{\pi}{2z}\begin{Bmatrix}\mathrm{sh}\,bz\\ \mathrm{ch}\,bz\end{Bmatrix}\mathrm{Ei}\,(-cz) \qquad [0 < b \leqslant c;\ \mathrm{Re}\,z > 0].$$

12. $$= \pm\frac{\pi}{4z}\,e^{-bz}[\mathrm{Ei}\,(bz) - \mathrm{Ei}\,(-cz) - \mathrm{Ei}\,(cz)] + \frac{\pi}{4z}\,e^{bz}\,\mathrm{Ei}\,(-bz) \qquad [0 < c \leqslant b;\ \mathrm{Re}\,z > 0].$$

13. $$\int_0^\infty \frac{x}{x^2+z^2}\sin bx\,\mathrm{ci}\,(cx)\,dx = -\frac{\pi}{2}\,\mathrm{sh}\,bz\,\mathrm{Ei}\,(-cz) \qquad [0 < b \leqslant c;\ \mathrm{Re}\,z > 0].$$

14. $$= \frac{\pi}{4}\,e^{-bz}[\mathrm{Ei}\,(-bz) + \mathrm{Ei}\,(bz) - \mathrm{Ei}\,(-cz) - \mathrm{Ei}\,(cz)] - \frac{\pi}{2}\,\mathrm{sh}\,bz\,\mathrm{Ei}\,(-bz)$$ $$[0 < c \leqslant b;\ \mathrm{Re}\,z > 0].$$

15. $$\int_0^\infty \frac{1}{x^2+z^2}\begin{Bmatrix}\sin bx\\ x\cos bx\end{Bmatrix}\mathrm{Si}\,(cx)\,dx =$$ $$= \frac{\pi}{4}\begin{Bmatrix}z^{-1}\\ 1\end{Bmatrix}\{e^{bz}[\mathrm{Ei}\,(-cz) - \mathrm{Ei}\,(-bz)] \pm e^{-bz}[\mathrm{Ei}\,(bz) - \mathrm{Ei}\,(-cz)]\} \qquad [0 < b \leqslant c;\ \mathrm{Re}\,z > 0].$$

16. $$= \pm\frac{\pi}{4}\begin{Bmatrix}z^{-1}\\ 1\end{Bmatrix}e^{-bz}[\mathrm{Ei}\,(cz) - \mathrm{Ei}\,(-cz)] \qquad [0 < c \leqslant b;\ \mathrm{Re}\,z > 0].$$

17. $$\int_0^\infty \frac{\sin bx}{a - \cos x}\,\mathrm{si}\,(cx)\,dx = -\frac{\pi(r+1)r}{2b(r-1)(r^2-1)}\begin{Bmatrix}r^n\\ 2 - r^n\end{Bmatrix}$$ $$\left[b = c \mp n;\ r = a + \sqrt{a^2-1};\ a > 1\right].$$

18. $$= -\frac{\pi r}{b(r-1)(r^2-1)}\begin{Bmatrix}r^{n+1}\\ 1 + r - r^{n+1}\end{Bmatrix} \qquad \left[\begin{Bmatrix}c - n - 1 < b < c - n\\ c + n < b < c + n + 1\end{Bmatrix},\ r \text{ см. в } 2.6.4.17\right].$$

19. $$\int_a^\infty (x^2 - a^2)^{\beta-1}\left[\begin{Bmatrix}\cos cx\\ \sin cx\end{Bmatrix}\mathrm{ci}\,(cx) \pm \begin{Bmatrix}\sin cx\\ \cos cx\end{Bmatrix}\mathrm{si}\,(cx)\right]dx =$$ $$= -a^{\beta-1/2}c^{1/2-\beta}\Gamma(\beta)\begin{Bmatrix}\pi^{-1/2}\Gamma(3/2-\beta)S_{\beta-3/2,\,\beta-1/2}(ac)\\ 2^{\beta-5/2}\pi^{3/2}\,\mathrm{cosec}\,\beta\pi[Y_{\beta-1/2}(ac) - \mathbf{H}_{\beta-1/2}(ac)]\end{Bmatrix}$$ $$[a,\ c > 0;\ 0 < \mathrm{Re}\,\beta < (5 \pm 1)/4].$$

20. $$\int_a^\infty x(x^2 - a^2)^{\beta-1}\left[\begin{Bmatrix}\cos cx\\ \sin cx\end{Bmatrix}\mathrm{ci}\,(cx) \pm \begin{Bmatrix}\sin cx\\ \cos cx\end{Bmatrix}\mathrm{si}\,(cx)\right]dx =$$ $$= \mp\frac{a^{\beta+1/2}c^{1/2-\beta}}{2\sqrt{\pi}}\begin{Bmatrix}2\pi\,\mathrm{cosec}\,\beta\pi\,S_{\beta-3/2,\,\beta+1/2}(ac)\\ \Gamma(\beta)\Gamma(1/2-\beta)S_{\beta-1/2,\,\beta+1/2}(ac)\end{Bmatrix} \qquad [a,\ c > 0;\ 0 < \mathrm{Re}\,\beta < (3 \pm 1)/4].$$

2.6.5. Интегралы, содержащие показательную, тригонометрические функции, $\left\{\begin{matrix}\operatorname{si}(cx)\\ \operatorname{ci}(cx)\end{matrix}\right\}$ или $\operatorname{Si}(cx)$.

1. $$\int_0^\infty e^{-px}\left\{\begin{matrix}\sin bx\\ \cos bx\end{matrix}\right\}\operatorname{ci}(cx)\,dx = \frac{1}{2(b^2+p^2)}\left[\pm\left\{\begin{matrix}p\\ b\end{matrix}\right\}\operatorname{arctg}\frac{2bp}{p^2+c^2-b^2}-\frac{1}{2}\left\{\begin{matrix}b\\ p\end{matrix}\right\}\ln\frac{(p^2+c^2-b^2)^2+4b^2p^2}{c^4}\right]$$ $[c>b>0;\ \operatorname{Re}p>0]$.

2. $$\int_0^\infty e^{-px}\cos bx\operatorname{si}(cx)\,dx = -\frac{1}{2(b^2+p^2)}\left[\frac{b}{2}\ln\frac{p^2+(b+c)^2}{p^2+(b-c)^2}+p\operatorname{arctg}\frac{2pc}{c^2-b^2-p^2}\right] = -\frac{1}{2(p+ib)}\operatorname{arctg}\frac{p+ib}{c}-\frac{1}{2(p-ib)}\operatorname{arctg}\frac{p-ib}{c}$$ $[b,\ c,\ \operatorname{Re}p>0]$.

3. $$\int_0^\infty e^{-px}\sin cx\operatorname{si}(cx)\,dx = \frac{1}{2(p^2+c^2)}\left(c\operatorname{arctg}\frac{2c}{p}+p\ln\frac{\sqrt{p^2+4c^2}}{p}\right)$$ $[c,\ \operatorname{Re}p>0]$.

4. $$\int_0^\infty e^{-px}\left[\pm\left\{\begin{matrix}\sin cx\\ \cos cx\end{matrix}\right\}\operatorname{ci}(cx)+\left\{\begin{matrix}\cos cx\\ \sin cx\end{matrix}\right\}\operatorname{si}(cx)\right]dx = \frac{1}{p^2+c^2}\left(\left\{\begin{matrix}p\\ c\end{matrix}\right\}\operatorname{arctg}\frac{2c}{p}\mp\left\{\begin{matrix}c\\ p\end{matrix}\right\}\ln\frac{\sqrt{p^2+4c^2}}{c}\right)$$ $[c,\ \operatorname{Re}p>0]$.

5. $$\int_0^\infty e^{-px}\left[\left\{\begin{matrix}\sin cx\\ \cos cx\end{matrix}\right\}\operatorname{ci}(cx)\mp\left\{\begin{matrix}\cos cx\\ \sin cx\end{matrix}\right\}\operatorname{si}(cx)\right]dx = \frac{1}{p^2+c^2}\left\{\begin{matrix}c\\ p\end{matrix}\right\}\ln\frac{c}{p}$$ $[c,\ \operatorname{Re}p>0]$.

6. $$\int_0^\infty x^{\alpha-1}e^{-px}\left[\left\{\begin{matrix}\sin cx\\ \cos cx\end{matrix}\right\}\operatorname{ci}(cx)\mp\left\{\begin{matrix}\cos cx\\ \sin cx\end{matrix}\right\}\operatorname{si}(cx)\right]dx = \frac{\pi p\Gamma(\alpha+1)}{2c^{\alpha+1}}\left\{\begin{matrix}\operatorname{cosec}(\alpha\pi/2)\\ \sec(\alpha\pi/2)\end{matrix}\right\}\times$$ $$\times\,{}_2F_1\left(\frac{\alpha+1}{2},\ \frac{\alpha}{2}+1;\ \frac{3}{2};\ -\frac{p^2}{c^2}\right)\pm\frac{\pi\Gamma(\alpha)}{2c^\alpha}\left\{\begin{matrix}\sec(\alpha\pi/2)\\ \operatorname{cosec}(\alpha\pi/2)\end{matrix}\right\}{}_2F_1\left(\frac{\alpha}{2},\ \frac{\alpha+1}{2};\ \frac{1}{2};\ -\frac{p^2}{c^2}\right)\pm$$ $$\pm\,c^{\delta-2}p^{2-\alpha-\delta}\Gamma(\alpha+\delta-2)\,{}_3F_2\left(1,\ 1,\ \frac{3}{2}-\delta;\ \frac{3-\alpha}{2},\ 2-\delta-\frac{\alpha}{2};\ -\frac{p^2}{c^2}\right)$$ $\left[c,\ \operatorname{Re}\alpha,\ \operatorname{Re}p>0,\ \delta=\left\{\begin{matrix}1\\ 0\end{matrix}\right\}\right]$.

7. $$\int_0^\infty x^{-1/2}e^{-px}\left[\left\{\begin{matrix}\sin(cx/2)\\ \cos(cx/2)\end{matrix}\right\}\operatorname{ci}(cx)\mp\left\{\begin{matrix}\cos(cx/2)\\ \sin(cx/2)\end{matrix}\right\}\operatorname{Si}(cx)\right]dx = -\sqrt{\frac{\pi(\sqrt{4p^2+c^2}\mp 2p)}{(4p^2+c^2)}}\ln\frac{\sqrt{4p^2+c^2}+2p}{c}$$ $[c,\ \operatorname{Re}p>0]$.

8. $$\int_0^\infty e^{-px^2}[\cos cx\operatorname{ci}(cx)+\sin cx\operatorname{si}(cx)]\,dx = \sqrt{\frac{\pi}{8p}}\exp\left(-\frac{c^2}{4p}\right)\left[\pi i\operatorname{erf}\left(\frac{ic}{2\sqrt{p}}\right)+\operatorname{Ei}\left(\frac{c^2}{4p}\right)\right]$$ $[\operatorname{Re}p>0;\ |\arg c|<\pi]$.

9. $$\int_0^\infty e^{-px^2}[\cos cx\operatorname{ci}(cx)+\sin cx\operatorname{Si}(cx)]\,dx = \frac{1}{4}\sqrt{\frac{\pi}{p}}\exp\left(-\frac{c^2}{4p}\right)\operatorname{Ei}\left(\frac{c^2}{4p}\right)$$ $[\operatorname{Re}p>0,\ |\arg c|<\pi]$.

10. $\int\limits_0^\infty e^{-px^2}\left\{\cos\frac{b\pm c}{2}x[\operatorname{ci}(bx)+\operatorname{ci}(cx)]+\sin\frac{b\pm c}{2}x[\operatorname{Si}(bx)\pm\operatorname{Si}(cx)]\right\}dx=$

$$=\frac{1}{2}\sqrt{\frac{\pi}{p}}\exp\left(-\frac{(b\pm c)^2}{16p}\right)\operatorname{Ei}\left(\pm\frac{bc}{4p}\right)\qquad [\operatorname{Re}p>0,\ |\arg c|<\pi].$$

11. $\int\limits_0^\infty x^{-3/2}e^{-px-b/x}\left[\begin{Bmatrix}\sin(cx/2)\\ \cos(cx/2)\end{Bmatrix}\operatorname{ci}(cx)\mp\begin{Bmatrix}\cos(cx/2)\\ \sin(cx/2)\end{Bmatrix}\operatorname{Si}(cx)\right]dx=$

$$=\sqrt{\frac{\pi}{b}}\left\{e^{-z_+}\left[\begin{Bmatrix}\sin z_-\\ \cos z_-\end{Bmatrix}\operatorname{ci}(2z_+)\mp\begin{Bmatrix}\cos z_-\\ \sin z_-\end{Bmatrix}\operatorname{Si}(2z_+)\right]\mp e^{z_+}\begin{Bmatrix}\sin z_-\\ \cos z_-\end{Bmatrix}\operatorname{Ei}(-2z_+)\right\}$$

$$\left[z_\pm=\sqrt{b/2}\,(\sqrt{4p^2+c^2}\pm 2p);\ c,\ \operatorname{Re}b>0;\ \operatorname{Re}p\geqslant 0\right].$$

2.6.6. Интегралы от $x^\alpha\ln^n x\begin{Bmatrix}\operatorname{si}(cx)\\ \operatorname{ci}(cx)\end{Bmatrix}$.

1. $\int\limits_0^\infty x^{\alpha-1}\ln^n x\begin{Bmatrix}\operatorname{si}(cx)\\ \operatorname{ci}(cx)\end{Bmatrix}dx=I_n\qquad [c>0;\ 0<\operatorname{Re}\alpha<1],$

$$I_n=-\frac{d^n}{d\alpha^n}\left[\frac{\Gamma(\alpha)}{\alpha c^\alpha}\begin{Bmatrix}\sin(\alpha\pi/2)\\ \cos(\alpha\pi/2)\end{Bmatrix}\right],$$

$$I_1=\frac{\Gamma(\alpha)}{\alpha c^\alpha}\begin{Bmatrix}\sin(\alpha\pi/2)\\ \cos(\alpha\pi/2)\end{Bmatrix}\left[\frac{1}{\alpha}+\ln c-\psi(\alpha)\mp\frac{\pi}{2}\begin{Bmatrix}\operatorname{ctg}(\alpha\pi/2)\\ \operatorname{tg}(\alpha\pi/2)\end{Bmatrix}\right].$$

2.6.7. Интегралы, содержащие $\begin{Bmatrix}\operatorname{si}(bx)\operatorname{si}(cx)\\ \operatorname{ci}(bx)\operatorname{ci}(cx)\end{Bmatrix}$ или $\operatorname{si}(bx)\operatorname{ci}(cx)$.

Обозначение: $\delta=\begin{Bmatrix}1\\ 0\end{Bmatrix}$.

1. $\int\limits_0^\infty \operatorname{si}(bx)\operatorname{ci}(cx)\,dx=\frac{1}{2c}\ln\left|\frac{b+c}{b-c}\right|+\frac{1}{2b}\ln\left|\frac{b^2-c^2}{c^2}\right|\qquad [b,\ c>0;\ b\neq c].$

2. $\qquad =\frac{1}{c}\ln 2\qquad [b=c>0].$

3. $\int\limits_0^\infty \begin{Bmatrix}\operatorname{si}(bx)\operatorname{si}(cx)\\ \operatorname{ci}(bx)\operatorname{ci}(cx)\end{Bmatrix}dx=\frac{\pi}{2b}\qquad [b\geqslant c>0].$

4. $\int\limits_0^\infty x^{\alpha-1}\operatorname{si}(bx)\begin{Bmatrix}\operatorname{si}(cx)\\ \operatorname{ci}(cx)\end{Bmatrix}dx=U(1)\qquad [0<c<b;\ 0<\operatorname{Re}\alpha<2],$

$$U(\gamma)=\frac{c^{2+\delta}\Gamma(\alpha+\delta+2)}{2b^{\alpha+\delta+2}(\delta+2)(2\delta+1)(\alpha+\delta+2)}\begin{Bmatrix}\sin[(\gamma-\alpha)\pi/2]\\ \cos[(\gamma-\alpha)\pi/2]\end{Bmatrix}\times$$

$$\times\,{}_5F_4\left(\begin{matrix}1,\ \delta/2+1,\ (\alpha+\delta)/2+1,\ \alpha/2+\delta+1,\ (\alpha+3)/2;\ c^2/b^2\\ 2,\ \delta/2+2,\ (\alpha+\delta)/2+2,\ \delta+3/2\end{matrix}\right)+$$

$$+\frac{c^\delta\Gamma(\alpha+\delta)}{(\alpha+\delta)b^{\alpha+\delta}}\begin{Bmatrix}\sin[(\gamma-\alpha)\pi/2]\\ \cos[(\gamma-\alpha)\pi/2]\end{Bmatrix}\times$$

$$\times\left[\delta+(1-\delta)\left(\mathbf{C}+\psi(\alpha)-\frac{1}{\alpha}+\frac{\pi}{2}\operatorname{tg}\frac{\gamma-\alpha}{2}\pi+\ln\frac{c}{b}\right)\right]-\frac{\delta\pi\Gamma(\alpha)}{2\alpha b^\alpha}\cos\frac{\gamma-\alpha}{2}\pi.$$

5. $\int\limits_0^\infty x^{\alpha-1}\operatorname{ci}(bx)\begin{Bmatrix}\operatorname{si}(cx)\\ \operatorname{ci}(cx)\end{Bmatrix}dx=U(0)\qquad [0<c<b;\ 0<\operatorname{Re}\alpha<2;\ U(\gamma)$ см. в 2.6.7.4].

6. $$\int_0^\infty x^{\alpha-1}[\mathrm{si}^2(cx)+\mathrm{ci}^2(cx)]\,dx=\frac{\pi\Gamma(\alpha)}{\alpha c^\alpha}\operatorname{cosec}\frac{\alpha\pi}{2}\qquad[0<\operatorname{Re}\alpha<2].$$

7. $$\int_0^\infty \begin{Bmatrix}\sin bx\\ \cos bx\end{Bmatrix}[\mathrm{si}^2(cx)+\mathrm{ci}^2(cx)]\,dx=\begin{Bmatrix}-2\ln(b/c)\ln(1-b^2c^{-2})-\mathrm{Li}_2(b^2c^{-2})\\ \pi b^{-1}\ln(1+bc^{-1})\end{Bmatrix}\qquad[b,\ c>0].$$

8. $$\int_0^\infty x^{\alpha-1}\begin{Bmatrix}\sin bx\\ \cos bx\end{Bmatrix}[\mathrm{si}^2(cx)+\mathrm{ci}^2(cx)]\,dx=-\frac{b^{2-\alpha}}{c^2}\Gamma(\alpha-2)\begin{Bmatrix}\sin(\alpha\pi/2)\\ \cos(\alpha\pi/2)\end{Bmatrix}\times$$
$$\times\,{}_4F_3\left(\begin{matrix}1,\ 1,\ 1,\ 3/2; & b^2/c^2\\ 2,\ 2-\alpha/2,\ (3-\alpha)/2\end{matrix}\right)+\frac{\pi b^\delta\Gamma(\alpha+\delta)}{(\alpha+\delta)c^{\alpha+\delta}}\begin{Bmatrix}\sec(\alpha\pi/2)\\ \operatorname{cosec}(\alpha\pi/2)\end{Bmatrix}\times$$
$$\times\,{}_3F_2\left(\frac{\alpha+\delta}{2},\ \frac{\alpha+1}{2},\ \frac{\alpha}{2}+\delta;\ \delta+\frac12,\ \frac{\alpha+\delta}{2}+1;\ \frac{b^2}{c^2}\right)\qquad[b,\ c>0;\ -\delta<\operatorname{Re}\alpha<2].$$

9. $$\int_0^\infty [\cos cx\,\mathrm{ci}(cx)+\sin cx\,\mathrm{si}(cx)]^2\,dx=\frac{\pi}{2c}\qquad[c>0].$$

10. $$\int_0^\infty \left[\begin{Bmatrix}\cos bx\\ \sin bx\end{Bmatrix}\mathrm{ci}(bx)\pm\begin{Bmatrix}\sin bx\\ \cos bx\end{Bmatrix}\mathrm{si}(bx)\right]\left[\begin{Bmatrix}\cos cx\\ \sin cx\end{Bmatrix}\mathrm{ci}(cx)\pm\right.$$
$$\left.\pm\begin{Bmatrix}\sin cx\\ \cos cx\end{Bmatrix}\mathrm{si}(cx)\right]dx=\frac{\pi}{2(b-c)}\ln\frac{b}{c}\qquad[b,\ c>0;\ b\neq c].$$

2.6.8. Интегралы от $x^\alpha\,\mathrm{Ei}(-bx^n)\begin{Bmatrix}\mathrm{si}(cx)\\ \mathrm{ci}(cx)\end{Bmatrix}$.

Обозначение: $\delta=\begin{Bmatrix}1\\0\end{Bmatrix}$.

1. $$\int_0^\infty \mathrm{Ei}(-bx)\,\mathrm{si}(cx)\,dx=\frac1b\operatorname{arctg}\frac bc+\frac{1}{2c}\ln\left(1+\frac{c^2}{b^2}\right)\qquad[c,\ \operatorname{Re}b>0].$$

2. $$\int_0^\infty \mathrm{Ei}(-cx)\,\mathrm{ci}(cx)\,dx=\frac{1}{4c}(\pi+2\ln2)\qquad[c>0].$$

3. $$\int_0^\infty x^{\alpha-1}\,\mathrm{Ei}(-bx)\begin{Bmatrix}\mathrm{si}(cx)\\ \mathrm{ci}(cx)\end{Bmatrix}dx=\frac{c^{2+\delta}\Gamma(\alpha+\delta+2)}{2(\delta+2)(1+2\delta)(\alpha+\delta+2)b^{\alpha+\delta+2}}\times$$
$$\times\,{}_5F_4\left(\begin{matrix}1,\ \delta/2+1,\ (\alpha+\delta)/2+1,\ (\alpha+3)/2,\ \alpha/2+\delta+1; & -c^2/b^2\\ 2,\ 3/2+\delta,\ \delta/2+2,\ (\alpha+\delta)/2+2\end{matrix}\right)-$$
$$-\frac{c^\delta\Gamma(\alpha+\delta)}{(\alpha+\delta)b^{\alpha+\delta}}\left[\delta+(1-\delta)\left(\mathbf{C}+\psi(\alpha)-\frac1\alpha+\ln\frac cb\right)\right]+\frac{\delta\pi\Gamma(\alpha)}{2\alpha b^\alpha}\qquad[c,\ \operatorname{Re}b,\ \operatorname{Re}\alpha>0].$$

4. $$\int_0^\infty x^{\alpha-1}\,\mathrm{Ei}(-bx^2)\begin{Bmatrix}\mathrm{si}(cx)\\ \mathrm{ci}(cx)\end{Bmatrix}dx=\frac{c^{2+\delta}}{2(\delta+2)(1+2\delta)(\alpha+\delta+2)b^{(\alpha+\delta)/2+1}}\times$$
$$\times\,\Gamma\left(\frac{\alpha+\delta}{2}+1\right){}_4F_4\left(\begin{matrix}1,\ \delta/2+1,\ (\alpha+\delta)/2+1,\ (\alpha+\delta)/2+1; & -c^2/(4b)\\ 2,\ 3/2+\delta,\ \delta/2+2,\ (\alpha+\delta)/2+2\end{matrix}\right)-$$
$$-\frac{c^\delta}{(\alpha+\delta)b^{(\alpha+\delta)/2}}\Gamma\left(\frac{\alpha+\delta}{2}\right)\left[\delta+(1-\delta)\left(\mathbf{C}+\frac12\psi\left(\frac\alpha2\right)-\frac1\alpha+\ln\frac{c}{b^{1/2}}\right)\right]+\frac{\delta\pi}{2\alpha b^{\alpha/2}}\Gamma\left(\frac\alpha2\right)$$
$$[\operatorname{Re}b,\ \operatorname{Re}\alpha>0].$$

2.7. ИНТЕГРАЛЬНЫЕ ГИПЕРБОЛИЧЕСКИЕ СИНУС shi (x) И КОСИНУС chi (x)

2.7.1. Интегралы общего вида.

Обозначение: $\delta = \begin{Bmatrix} 1 \\ 0 \end{Bmatrix}$.

1. $$\int_0^a x^{\alpha-1}(a^r - x^r)^{\beta-1} \begin{Bmatrix} \operatorname{shi}(cx) \\ \operatorname{chi}(cx) \end{Bmatrix} dx =$$
$$= \frac{a^{\alpha+r\beta+\delta-r}c^\delta}{2r}\Gamma(\beta)\left\{\sum_{k=1}^{\infty}\frac{(a^2c^2/4)^k}{(1/2+\delta)_k(\delta/2+k)k!}\Gamma\begin{bmatrix}(\alpha+\delta+2k)/r \\ (\alpha+\delta+2k)/r+\beta\end{bmatrix} + \right.$$
$$\left. + 2\Gamma\begin{bmatrix}(\alpha+\delta)/r \\ (\alpha+\delta)/r+\beta\end{bmatrix}\left[\delta+(1-\delta)\left(\ln(ac)+\frac{1}{r}\psi\left(\frac{\alpha}{r}\right)-\frac{1}{r}\psi\left(\frac{\alpha}{r}+\beta\right)+\mathbf{C}\right)\right]\right\}$$
$[a,\ r,\ \operatorname{Re}\alpha,\ \operatorname{Re}\beta > 0]$.

2. $$\int_0^\infty x^{\alpha-1}e^{-px^r}\begin{Bmatrix} \operatorname{shi}(cx) \\ \operatorname{chi}(cx) \end{Bmatrix} dx = \frac{c^\delta}{2rp^{(\alpha+\delta)/r}}\left\{\sum_{k=1}^{\infty}\frac{1}{(k+\delta/2)(1/2+\delta)_k k!}\Gamma\left(\frac{\alpha+\delta+2k}{r}\right) \times \right.$$
$$\left. \times \left(\frac{c}{2p^{1/r}}\right)^{2k} + 2\Gamma\left(\frac{\alpha+\delta}{r}\right)\left[\delta+(1-\delta)\left(\ln c-\frac{1}{r}\ln p+\frac{1}{r}\psi\left(\frac{\alpha}{r}\right)+\mathbf{C}\right)\right]\right\}$$
$[r>1;\ \operatorname{Re}p,\ \operatorname{Re}\alpha>0]$ или $[r=1;\ |p|>|c|;\ \operatorname{Re}p>|\operatorname{Re}c|;\ \operatorname{Re}\alpha>0]$.

3. $$\int_0^\infty x^{\alpha-1}e^{-px^r}\sin bx^r\begin{Bmatrix} \operatorname{shi}(cx) \\ \operatorname{chi}(cx) \end{Bmatrix} dx = U(1)$$
$[r>1;\ \operatorname{Re}p>|\operatorname{Im}b|;\ \operatorname{Re}\alpha>-r]$ или $[r=1;\ |c|^2<|b^2+p^2|;\ \operatorname{Re}p>|\operatorname{Re}c|+|\operatorname{Im}b|;\ \operatorname{Re}\alpha>-1]$,

$$U(\gamma) = \frac{c^\delta}{2r(b^2+p^2)^{(\alpha+\delta)/(2r)}}\left\{\sum_{k=1}^{\infty}\frac{1}{(k+\delta/2)(1/2+\delta)_k k!} \times \right.$$
$$\times\Gamma\left(\frac{\alpha+\delta+2k}{r}\right)\cos\left(\frac{\gamma\pi}{2}-\frac{\alpha+\delta+2k}{r}\arccos\frac{p}{\sqrt{b^2+p^2}}\right)\frac{c^{2k}}{2^{2k}(b^2+p^2)^{k/r}} +$$
$$+ 2\Gamma\left(\frac{\alpha+\delta}{r}\right)\cos\left(\frac{\gamma\pi}{2}-\frac{\alpha+\delta}{r}\arccos\frac{p}{\sqrt{b^2+p^2}}\right)\left[\delta+(1-\delta)\left(\frac{1}{r}\psi\left(\frac{\alpha}{r}\right) + \right.\right.$$
$$\left.\left.\left. + \frac{1}{2r}\ln\frac{c^{2r}}{b^2+p^2}+\frac{1}{r}\arccos\frac{p}{\sqrt{b^2+p^2}}\operatorname{tg}\left(\frac{\gamma\pi}{2}-\frac{\alpha}{r}\arccos\frac{p}{\sqrt{b^2+p^2}}\right)+\mathbf{C}\right)\right]\right\}.$$

4. $$\int_0^\infty x^{\alpha-1}e^{-px^r}\cos bx^r\begin{Bmatrix} \operatorname{shi}(cx) \\ \operatorname{chi}(cx) \end{Bmatrix} dx = U(0)$$
$[r>1;\ \operatorname{Re}p>|\operatorname{Im}b|;\ \operatorname{Re}\alpha>-r]$ или $[r=1;\ |c|^2<|b^2+p^2|;$ $\operatorname{Re}p>|\operatorname{Re}c|+|\operatorname{Im}b|;\ \operatorname{Re}\alpha>0;\ U(\gamma)$ см. в 2.7.1.3].

2.7.2. Интегралы от $A(x)\begin{Bmatrix} \operatorname{shi}(cx) \\ \operatorname{chi}(cx) \end{Bmatrix}$.

1. $$\int_0^a x^{\alpha-1}(a^2-x^2)^{\beta-1}\begin{Bmatrix} \operatorname{shi}(cx) \\ \operatorname{chi}(cx) \end{Bmatrix} dx = \frac{a^{\alpha+2\beta+\delta}c^{2+\delta}}{4(\delta+2)(1+2\delta)} \times$$
$$\times \mathrm{B}\left(\beta,\ \frac{\alpha+\delta}{2}+1\right){}_3F_4\left(\begin{matrix}1,\ 1+\delta/2,\ (\alpha+\delta)/2+1; \\ 2,\ 3/2+\delta,\ 2+\delta/2,\ (\alpha+\delta)/2+\beta+1\end{matrix}\ \frac{a^2c^2}{4}\right) +$$

$$+\frac{a^{\alpha+2\beta+\delta-2}c^{\delta}}{2}\mathrm{B}\left(\frac{\alpha+\delta}{2},\,\beta\right)\left[\delta+(1-\delta)\left(\ln(ac)+\frac{1}{2}\psi\left(\frac{\alpha}{2}\right)-\frac{1}{2}\psi\left(\frac{\alpha}{2}+\beta\right)+\mathbf{C}\right)\right]$$

$$\left[a,\ \operatorname{Re}\alpha,\ \operatorname{Re}\beta>0;\ \delta=\begin{Bmatrix}1\\0\end{Bmatrix}\right].$$

2.7.3. Интегралы от $x^{\alpha}e^{-px^m}\begin{Bmatrix}\operatorname{shi}(cx)\\ \operatorname{chi}(cx)\end{Bmatrix}$.

Обозначение: $\delta=\begin{Bmatrix}1\\0\end{Bmatrix}$.

1. $\displaystyle\int_0^\infty e^{-px}\begin{Bmatrix}\operatorname{shi}(cx)\\ \operatorname{chi}(cx)\end{Bmatrix}dx=\frac{1}{2p}\begin{Bmatrix}\ln[(p+c)/(p-c)]\\ \ln[c^2/(p^2-c^2)]\end{Bmatrix}$ $\quad[\operatorname{Re}p>|\operatorname{Re}c|;\ c\neq 0].$

2. $\displaystyle\int_0^\infty x^{\alpha-1}e^{-px}\begin{Bmatrix}\operatorname{shi}(cx)\\ \operatorname{chi}(cx)\end{Bmatrix}dx=\frac{c^{2+\delta}\Gamma(\alpha+\delta+2)}{2(\delta+2)(1+2\delta)p^{\alpha+\delta+2}}\times$

$$\times\,{}_4F_3\left(\begin{matrix}1,\ \delta/2+1,\ (\alpha+3)/2,\ \alpha/2+\delta+1;\ c^2/p^2\\ 2,\ 3/2+\delta,\ \delta/2+2\end{matrix}\right)+$$

$$+\frac{c^{\delta}\Gamma(\alpha+\delta)}{p^{\alpha+\delta}}\left[\delta+(1-\delta)\left(\ln\frac{c}{p}+\psi(\alpha)+\mathbf{C}\right)\right]\quad[\operatorname{Re}\alpha>0;\ \operatorname{Re}p>|\operatorname{Re}c|].$$

3. $\displaystyle\int_0^\infty xe^{-px}\operatorname{chi}(cx)\,dx=\frac{1}{p^2-c^2}-\frac{1}{2p^2}\ln\left(\frac{p^2}{c^2}-1\right)$ $\quad[\operatorname{Re}p>|\operatorname{Re}c|].$

4. $\displaystyle\int_0^\infty e^{-px^2}\operatorname{chi}(cx)\,dx=\frac{1}{4}\sqrt{\frac{\pi}{p}}\left[\operatorname{Ei}\left(\frac{c^2}{4p}\right)-\pi i\right]$ $\quad[\operatorname{Re}p>0;\ |\arg c|<\pi].$

5. $\displaystyle\int_0^\infty x^{\alpha-1}e^{-px^2}\begin{Bmatrix}\operatorname{shi}(cx)\\ \operatorname{chi}(cx)\end{Bmatrix}dx=\frac{c^{\delta+2}}{4(\delta+2)(1+2\delta)p^{(\alpha+\delta)/2+1}}\Gamma\left(\frac{\alpha+\delta}{2}+1\right)\times$

$$\times\,{}_3F_3\left(\begin{matrix}1,\ \delta/2+1,\ (\alpha+\delta)/2+1;\ c^2/(4p)\\ 2,\ 3/2+\delta,\ \delta/2+2\end{matrix}\right)+\frac{c^{\delta}}{2p^{(\alpha+\delta)/2}}\Gamma\left(\frac{\alpha+\delta}{2}\right)\times$$

$$\times\left[\delta+(1-\delta)\left(\mathbf{C}+\frac{1}{2}\psi\left(\frac{\alpha}{2}\right)+\ln\frac{c}{\sqrt{p}}\right)\right]\quad[\operatorname{Re}\alpha,\ \operatorname{Re}p>0,\ |\arg c|<\pi].$$

2.7.4. Интегралы, содержащие e^{-px^m}, гиперболические функции и $\begin{Bmatrix}\operatorname{shi}(cx)\\ \operatorname{chi}(cx)\end{Bmatrix}$.

1. $\displaystyle\int_0^\infty e^{-px}\left[\begin{Bmatrix}\operatorname{sh}cx\\ \operatorname{ch}cx\end{Bmatrix}\operatorname{chi}(cx)\mp\begin{Bmatrix}\operatorname{ch}cx\\ \operatorname{sh}cx\end{Bmatrix}\operatorname{shi}(cx)\right]dx=\frac{1}{p^2-c^2}\begin{Bmatrix}c\\p\end{Bmatrix}\ln\frac{c}{p}$ $\quad[\operatorname{Re}p>2|\operatorname{Re}c|].$

2. $\displaystyle\int_0^\infty x^{(1\mp1)/2}e^{-px^2}\left[\begin{Bmatrix}\operatorname{sh}cx\\ \operatorname{ch}cx\end{Bmatrix}\operatorname{chi}(cx)\mp\begin{Bmatrix}\operatorname{ch}cx\\ \operatorname{sh}cx\end{Bmatrix}\operatorname{shi}(cx)\right]dx=$

$$=\mp\frac{1}{4}\sqrt{\frac{\pi}{p}}\begin{Bmatrix}1\\ c/p\end{Bmatrix}\exp\left(\frac{c^2}{4p}\right)\operatorname{Ei}\left(-\frac{c^2}{4p}\right)\quad[\operatorname{Re}p>0;\ |\arg c|<\pi].$$

2.7.5. Интегралы, содержащие e^{-px}, тригонометрические функции и $\begin{Bmatrix}\operatorname{shi}(cx)\\ \operatorname{chi}(cx)\end{Bmatrix}$.

1. $\displaystyle\int_0^\infty e^{-px}\begin{Bmatrix}\sin bx\\ \cos bx\end{Bmatrix}\operatorname{chi}(cx)\,dx=\frac{1}{2(b^2+p^2)}\left[\pm\begin{Bmatrix}p\\b\end{Bmatrix}\operatorname{arctg}\frac{2bp}{p^2-b^2-c^2}-\pi i\begin{Bmatrix}b\\p\end{Bmatrix}-\right.$

$$- \frac{1}{2}\begin{Bmatrix} b \\ p \end{Bmatrix} \ln \frac{(p^2 - b^2 - c^2)^2 + 4b^2p^2}{c^4}\Bigg] \qquad [b > 0;\ \operatorname{Re} p > |\operatorname{Re} c|,\ c \neq 0].$$

2. $$\int_0^\infty e^{-px} \cos bx \operatorname{shi}(cx)\, dx = \frac{i}{2(p+ib)} \operatorname{arctg} \frac{b-ip}{c} - \frac{i}{2(p-ib)} \operatorname{arctg} \frac{b+ip}{c} - \frac{\pi i p}{2(p^2+b^2)}$$
$$[b > 0;\ \operatorname{Re} p > |\operatorname{Re} c|,\ c \neq 0].$$

2.8. ИНТЕГРАЛЫ ВЕРОЯТНОСТИ erf (x), erfc (x)

Некоторые интегралы, содержащие функции erf (x), erfc (x), можно получить из формул раздела 2.10, поскольку

$$\begin{Bmatrix} \gamma(1/2,\ x^2) \\ \Gamma(1/2,\ x^2) \end{Bmatrix} = \sqrt{\pi} \begin{Bmatrix} \operatorname{erf}(x) \\ \operatorname{erfc}(x) \end{Bmatrix}.$$

2.8.1. Интегралы общего вида.

1. $$\int_0^a x^{\alpha-1}(a^r - x^r)^{\beta-1} \begin{Bmatrix} \operatorname{erf}(cx) \\ \operatorname{erfc}(cx) \end{Bmatrix} dx =$$
$$= \pm \frac{a^{\alpha+r\beta+1-r} c\Gamma(\beta)}{r\sqrt{\pi}} \sum_{k=0}^\infty \frac{(-a^2c^2)^k}{k!(k+1/2)} \Gamma\begin{bmatrix} (2k+\alpha+1)/r \\ (2k+\alpha+1)/r+\beta \end{bmatrix} + \begin{Bmatrix} 0 \\ 1 \end{Bmatrix} \frac{a^{\alpha+r\beta-r}}{r} \mathrm{B}\left(\frac{\alpha}{r},\ \beta\right)$$
$$[a,\ r,\ \operatorname{Re}\beta > 0;\ \operatorname{Re}\alpha > -(1 \pm 1)/2].$$

2. $$\int_a^\infty x^{\alpha-1}(x^r - a^r)^{\beta-1} \begin{Bmatrix} \operatorname{erf}(cx) \\ \operatorname{erfc}(cx) \end{Bmatrix} dx =$$
$$= \pm \frac{a^{\alpha+r\beta+1-r} c\Gamma(\beta)}{r\sqrt{\pi}} \sum_{k=0}^\infty \frac{(-a^2c^2)^k}{k!(k+1/2)} \Gamma\begin{bmatrix} 1-\beta-(2k+\alpha+1)/r \\ 1-(2k+\alpha+1)/r \end{bmatrix} \pm$$
$$\pm \frac{c^{r-r\beta-\alpha}}{\sqrt{\pi}} \sum_{k=0}^\infty \frac{(1-\beta)_k (ac)^{rk}}{k!(rk+r-r\beta-\alpha)} \Gamma\left(\frac{1+\alpha-r+r\beta-rk}{2}\right) +$$
$$+ \begin{Bmatrix} 0 \\ 1 \end{Bmatrix} \frac{a^{\alpha+r\beta-r}}{r} B\left(1-\beta-\frac{\alpha}{r},\ \beta\right) \qquad \left[r,\ \operatorname{Re}\beta > 0;\ |\arg c| < \pi/4,\ \begin{Bmatrix} a > 0;\ \operatorname{Re}(\alpha+r\beta) < r \\ a > 0 \end{Bmatrix}\right].$$

3. $$\int_0^\infty \frac{x^{\alpha-1}}{(x^r+z^r)^\rho} \begin{Bmatrix} \operatorname{erf}(cx) \\ \operatorname{erfc}(cx) \end{Bmatrix} dx =$$
$$= \pm \frac{cz^{\alpha-r\rho+1}}{r\sqrt{\pi}\,\Gamma(\rho)} \sum_{k=0}^\infty \frac{(-c^2z^2)^k}{k!(k+1/2)} \Gamma\left(\frac{2k+\alpha+1}{r}\right) \Gamma\left(\rho - \frac{2k+\alpha+1}{r}\right) \pm$$
$$\pm \frac{c^{r\rho-\alpha}}{\sqrt{\pi}} \sum_{k=0}^\infty \frac{(\rho)_k(-c^rz^r)^k}{k!(rk+r\rho-\alpha)} \Gamma\left(\frac{1+\alpha-r\rho-rk}{2}\right) + \begin{Bmatrix} 0 \\ 1 \end{Bmatrix} \frac{z^{\alpha-r\rho}}{r} \mathrm{B}\left(\frac{\alpha}{r},\ \rho - \frac{\alpha}{r}\right)$$
$$\left[r > 0;\ r|\arg z| < \pi;\ |\arg c| < \pi/4,\ \begin{Bmatrix} -1 < \operatorname{Re}\alpha < r \operatorname{Re}\rho \\ \operatorname{Re}\alpha > 0 \end{Bmatrix}\right].$$

4. $$\int_0^\infty \frac{x^{\alpha-1}}{x^r - y^r} \begin{Bmatrix} \operatorname{erf}(cx) \\ \operatorname{erfc}(cx) \end{Bmatrix} dx = \mp \frac{\sqrt{\pi}\, cy^{\alpha-r+1}}{r} \sum_{k=0}^\infty \frac{(-c^2y^2)^k}{k!(k+1/2)} \operatorname{ctg} \frac{rk+\alpha+1}{r} \pi \pm$$
$$\pm \frac{c^{r-\alpha}}{\sqrt{\pi}} \sum_{k=0}^\infty \frac{(cy)^{rk}}{rk+r-\alpha} \Gamma\left(\frac{1+\alpha-r-rk}{2}\right) - \begin{Bmatrix} 0 \\ 1 \end{Bmatrix} \frac{\pi y^{\alpha-r}}{r} \operatorname{ctg} \frac{\alpha\pi}{r}$$
$$\left[r,\ y > 0;\ |\arg c| < \pi/4,\ \begin{Bmatrix} -1 < \operatorname{Re}\alpha < r \\ \operatorname{Re}\alpha > 0 \end{Bmatrix}\right].$$

5. $$\int\limits_0^\infty x^{\alpha-1}e^{-px^r}\begin{Bmatrix}\operatorname{erf}(cx)\\ \operatorname{erfc}(cx)\end{Bmatrix}dx = U(r)$$ $[r,\ \operatorname{Re}p>0;\ |\arg c|<\pi/4;\ \operatorname{Re}\alpha>-(1\pm1)/2]$,

$$U(r)=\pm\frac{c}{\sqrt{\pi}\,p^{(\alpha+1)/r}r}\sum_{k=0}^\infty\frac{(-1)^k}{(k+1/2)k!}\Gamma\left(\frac{2k+\alpha+1}{r}\right)\left(\frac{c}{p^{1/r}}\right)^{2k}+\begin{Bmatrix}0\\1\end{Bmatrix}\frac{1}{p^{\alpha/r}r}\Gamma\left(\frac{\alpha}{r}\right)$$ $[r>2]$,

$$U(r)=\mp\frac{1}{c^\alpha\sqrt{\pi}}\sum_{k=0}^\infty\frac{1}{k!(rk+\alpha)}\Gamma\left(\frac{1+\alpha+rk}{2}\right)\left(-\frac{p}{c^r}\right)^k+\begin{Bmatrix}1\\0\end{Bmatrix}\frac{1}{p^{\alpha/r}r}\Gamma\left(\frac{\alpha}{r}\right)$$ $[r<2]$,

$U(2)$ см. в 2.8.5.6.

6. $$\int\limits_0^\infty x^{\alpha-1}e^{-px^{-r}}\begin{Bmatrix}\operatorname{erf}(cx)\\ \operatorname{erfc}(cx)\end{Bmatrix}dx=\pm\frac{cp^{(\alpha+1)/r}}{r\sqrt{\pi}}\sum_{k=0}^\infty\frac{(-1)^k}{k!(k+1/2)}\Gamma\left(-\frac{2k+\alpha+1}{r}\right)(cp^{1/r})^{2k}\pm$$
$$\pm\frac{1}{c^\alpha\sqrt{\pi}}\sum_{k=0}^\infty\frac{(-c^rp)^k}{k!(rk-\alpha)}\Gamma\left(\frac{1+\alpha-rk}{2}\right)+\begin{Bmatrix}0\\1\end{Bmatrix}\frac{p^{\alpha/r}}{r}\Gamma\left(-\frac{\alpha}{r}\right)$$
$$\left[r>0;\ |\arg c|<\pi/4,\ \begin{Bmatrix}\operatorname{Re}p>0;\ \operatorname{Re}\alpha<0\\ \operatorname{Re}p>0\end{Bmatrix}\right].$$

7. $$\int\limits_0^a x^{\alpha-1}(a^r-x^r)^{\beta-1}e^{c^2x^2}\begin{Bmatrix}\operatorname{erf}(cx)\\ \operatorname{erfc}(cx)\end{Bmatrix}dx=$$
$$=\pm\frac{2a^{1+\alpha+r\beta-r}c}{r\sqrt{\pi}}\Gamma(\beta)\sum_{k=0}^\infty\frac{(ac)^{2k}}{(3/2)_k}\Gamma\begin{bmatrix}(2k+\alpha+1)/r\\(2k+\alpha+1)/r+\beta\end{bmatrix}+$$
$$+\begin{Bmatrix}0\\1\end{Bmatrix}\frac{a^{\alpha+r\beta-r}}{r}\Gamma(\beta)\sum_{k=0}^\infty\frac{(ac)^{2k}}{k!}\Gamma\begin{bmatrix}(2k+\alpha)/r\\(2k+\alpha)/r+\beta\end{bmatrix}$$ $[a,\ r,\ \operatorname{Re}\beta>0;\ \operatorname{Re}\alpha>-(1\pm1)/2]$.

8. $$\int\limits_a^\infty x^{\alpha-1}(a^r-x^r)^{\beta-1}e^{\mp c^2x^2}\begin{Bmatrix}\operatorname{erf}(icx)\\ \operatorname{erfc}(cx)\end{Bmatrix}dx=$$
$$=\begin{Bmatrix}i\\-1\end{Bmatrix}\frac{2a^{1+\alpha+r\beta-r}c}{r\sqrt{\pi}}\Gamma(\beta)\sum_{k=0}^\infty\frac{(\mp a^2c^2)^k}{(3/2)_k}\Gamma\begin{bmatrix}1-\beta-(2k+\alpha+1)/r\\1-(2k+\alpha+1)/r\end{bmatrix}+$$
$$+\begin{Bmatrix}0\\1\end{Bmatrix}\frac{a^{\alpha+r\beta-r}}{r}\Gamma(\beta)\sum_{k=0}^\infty\frac{(ac)^{2k}}{k!}\Gamma\begin{bmatrix}1-\beta-(2k+\alpha)/r\\1-(2k+\alpha)/r\end{bmatrix}-\begin{Bmatrix}i\\-1\end{Bmatrix}\frac{c^{r-r\beta-\alpha}}{2}\times$$
$$\times\sum_{k=0}^\infty\frac{(1-\beta)_k}{k!}\frac{\sin^{(1\pm1)/2}[(r-\alpha-r\beta+rk)\pi/2]}{\cos[(r-\alpha-r\beta+rk)\pi/2]}\Gamma\left(\frac{\alpha-r+r\beta-rk}{2}\right)(ac)^{rk}$$
$$[a,\ r,\ \operatorname{Re}\beta>0;\ \operatorname{Re}(\alpha+r\beta)<r+1;\ |\arg c|<\pi/4].$$

9. $$\int\limits_0^\infty\frac{x^{\alpha-1}}{(x^r+z^r)^\rho}e^{\mp c^2x^2}\begin{Bmatrix}\operatorname{erf}(icx)\\ \operatorname{erfc}(cx)\end{Bmatrix}dx=$$
$$=\begin{Bmatrix}i\\-1\end{Bmatrix}\frac{2cz^{\alpha-r\rho+1}}{r\sqrt{\pi}\,\Gamma(\rho)}\sum_{k=0}^\infty\frac{(\mp c^2z^2)^k}{(3/2)_k}\Gamma\left(\frac{2k+\alpha+1}{r}\right)\Gamma\left(\rho-\frac{2k+\alpha+1}{r}\right)+$$
$$+\begin{Bmatrix}0\\1\end{Bmatrix}\frac{z^{\alpha-r\rho}}{r\Gamma(\rho)}\sum_{k=0}^\infty\frac{(cz)^{2k}}{k!}\Gamma\left(\frac{2k+\alpha}{r}\right)\Gamma\left(\rho-\frac{2k+\alpha}{r}\right)\mp$$
$$\mp\begin{Bmatrix}i\\1\end{Bmatrix}\frac{c^{r\rho-\alpha}}{2}\sum_{k=0}^\infty\frac{(\rho)_k\sin^{(1\pm1)/2}[(r\rho+rk-\alpha)\pi/2]}{k!\cos[(r\rho+rk-\alpha)\pi/2]}\Gamma\left(\frac{\alpha-r\rho-rk}{2}\right)(-c^rz^r)^k$$
$$[r>0;\ -(1\pm1)/2<\operatorname{Re}\alpha<r\operatorname{Re}\rho+1;\ |\arg c|<\pi/4;\ r|\arg z|<\pi].$$

10. $$\int_0^\infty \frac{x^{\alpha-1}}{x^r-y^r}\,e^{\mp c^2x^2}\begin{Bmatrix}\operatorname{erf}(icx)\\ \operatorname{erfc}(cx)\end{Bmatrix}dx = \begin{Bmatrix}-i\\ 1\end{Bmatrix}\frac{2}{r}\,c\sqrt{\pi}\,y^{\alpha-r+1}\sum_{k=0}^\infty \frac{(\mp c^2y^2)^k}{(3/2)_k}\operatorname{ctg}\frac{2k+\alpha+1}{r}\pi - \\ -\begin{Bmatrix}0\\ 1\end{Bmatrix}\frac{\pi y^{\alpha-r}}{r}\sum_{k=0}^\infty\frac{(cy)^{2k}}{k!}\operatorname{ctg}\frac{\alpha+2k}{r}\pi \mp \begin{Bmatrix}i\\ 1\end{Bmatrix}\frac{c^{r-\alpha}}{2}\sum_{k=0}^\infty\frac{\sin^{(1\pm1)/2}[(r-\alpha+rk)\pi/2]}{\cos[(r-\alpha+rk)\pi/2]}\times \\ \times\Gamma\left(\frac{\alpha-r-rk}{2}\right)(cy)^{rk} \qquad [r,\ y>0;\ -(1\pm1)/2<\operatorname{Re}\alpha<r+1;\ |\arg c|<\pi/4].$$

11. $$\int_0^\infty x^{\alpha-1}e^{-px^r\mp c^2x^2}\begin{Bmatrix}\operatorname{erf}(icx)\\ \operatorname{erfc}(cx)\end{Bmatrix}dx = U(r) \\ [r,\ \operatorname{Re}p>0;\ |\arg c|<\pi/4;\ \operatorname{Re}\alpha>-(1\pm1)/2],$$

$$U(r) = \begin{Bmatrix}i\\ -1\end{Bmatrix}\frac{2c}{r\sqrt{\pi}\,p^{(\alpha+1)/r}}\sum_{k=0}^\infty\frac{1}{(3/2)_k}\Gamma\left(\frac{\alpha+1+2k}{r}\right)\left(\mp\frac{c^2}{p^{2/r}}\right)^k + \\ +\begin{Bmatrix}0\\ 1\end{Bmatrix}\frac{1}{p^{\alpha/r}r}\sum_{k=0}^\infty\frac{1}{k!}\Gamma\left(\frac{2k+\alpha}{r}\right)\left(\frac{c}{p^{1/r}}\right)^{2k} \qquad [r>2],$$

$$U(r) = \begin{Bmatrix}i\\ 1\end{Bmatrix}\frac{p^{(1-\alpha)/r}}{cr\sqrt{\pi}}\sum_{k=0}^\infty\left(\frac{1}{2}\right)_k\Gamma\left(\frac{\alpha-1-2k}{r}\right)\left(\pm\frac{p^{2/r}}{c^2}\right)^k + \\ +\begin{Bmatrix}i\\ 1\end{Bmatrix}\frac{1}{2c^\alpha}\sum_{k=0}^\infty\frac{1}{k!}\Gamma\left(\frac{\alpha+rk}{2}\right)\frac{\sin^{(1\pm1)/2}[(\alpha+rk)\pi/2]}{\cos[(\alpha+rk)\pi/2]}\left(-\frac{p}{c^r}\right)^k \qquad [r<2],$$

$U(2)$ см. в 2.8.5.6.

12. $$\int_0^\infty x^{\alpha-1}e^{-px^{-r}\mp c^2x^2}\begin{Bmatrix}\operatorname{erf}(icx)\\ \operatorname{erfc}(cx)\end{Bmatrix}dx = \begin{Bmatrix}i\\ -1\end{Bmatrix}\frac{2c}{r\sqrt{\pi}}\,p^{(\alpha+1)/r}\times \\ \times\sum_{k=0}^\infty\frac{1}{(3/2)_k}\Gamma\left(-\frac{2k+\alpha+1}{r}\right)(\mp c^2p^{2/r})^k + \begin{Bmatrix}0\\ 1\end{Bmatrix}\frac{p^{\alpha/r}}{r}\sum_{k=0}^\infty\frac{1}{k!}\Gamma\left(-\frac{2k+\alpha}{r}\right)(cp^{1/r})^{2k} + \\ +\begin{Bmatrix}i\\ 1\end{Bmatrix}\frac{1}{2c^\alpha}\sum_{k=0}^\infty\frac{1}{k!}\Gamma\left(\frac{\alpha-rk}{2}\right)\frac{\sin^{(1\pm1)/2}[(\alpha-rk)\pi/2]}{\cos[(\alpha-rk)\pi/2]}(-c^rp)^k \\ [r,\ \operatorname{Re}p>0;\ |\arg c|<\pi/4;\ \operatorname{Re}\alpha<1].$$

13. $$\int_0^\infty x^{\alpha-1}\begin{Bmatrix}\sin bx^r\\ \cos bx^r\end{Bmatrix}\operatorname{erf}(cx)\,dx = U(1) \\ [b,\ r>0;\ |\arg c|<\pi/4;\ -(r\pm r)/2-1<\operatorname{Re}\alpha<r],$$

$$U(\gamma) = (-1)^{\gamma-1}\frac{c}{r\sqrt{\pi}\,b^{(\alpha+1)/r}}\sum_{k=0}^\infty\frac{1}{k!(k+1/2)}\Gamma\left(\frac{2k+\alpha+1}{r}\right)\times \\ \times\begin{Bmatrix}\sin[(2k+\alpha+1)\pi/(2r)]\\ \cos[(2k+\alpha+1)\pi/(2r)]\end{Bmatrix}\left(-\frac{c^2}{b^{2/r}}\right)^k + \frac{1-\gamma}{b^{\alpha/r}r}\Gamma\left(\frac{\alpha}{r}\right)\begin{Bmatrix}\sin[\alpha\pi/(2r)]\\ \cos[\alpha\pi/(2r)]\end{Bmatrix} \qquad [r>2],$$

$$U(\gamma) = (-1)^\gamma\frac{b^\delta}{c^{\alpha+r\delta}\sqrt{\pi}}\sum_{k=0}^\infty\frac{1}{k!(\delta+1/2)_k(2rk+\alpha+r\delta)}\times \\ \times\Gamma\left(\frac{1+\alpha+r\delta}{2}+rk\right)\left(-\frac{b^2}{4c^{2r}}\right)^k + \frac{\gamma}{b^{\alpha/r}r}\Gamma\left(\frac{\alpha}{r}\right)\begin{Bmatrix}\sin[\alpha\pi/(2r)]\\ \cos[\alpha\pi/(2r)]\end{Bmatrix} \qquad \left[r<2;\ \delta=\begin{Bmatrix}1\\ 0\end{Bmatrix}\right],$$

$U(\gamma)$ при $r=2$ см. в 2.8.11.18.

14. $$\int_0^\infty x^{\alpha-1} \begin{Bmatrix} \sin bx^r \\ \cos bx^r \end{Bmatrix} \operatorname{erfc}(cx)\,dx = U(0)$$

$[b,\ r>0;\ |\arg c|<\pi/4;\ \operatorname{Re}\alpha > -(r\pm r)/2;\ U(\gamma)$ см. в 2.8.1.13$]$.

15. $$\int_0^\infty x^{\alpha-1} e^{-px^r} \begin{Bmatrix} \sin bx^r \\ \cos bx^r \end{Bmatrix} \operatorname{erf}(cx)\,dx = V(1)$$

$[b,\ r,\ \operatorname{Re}p>0;\ |\arg c|<\pi/4;\ \operatorname{Re}\alpha > -(r\pm r)/2-1]$,

$$V(\gamma) = (-1)^{\gamma-1} \frac{c}{r\sqrt{\pi}\,(\sqrt{b^2+p^2}\,)^{(\alpha+1)/r}} \sum_{k=0}^\infty \frac{(-1)^k}{k!(k+1/2)} \times$$
$$\times \Gamma\left(\frac{2k+\alpha+1}{r}\right) \cos\left(\frac{1\pm1}{4}\pi - \frac{2k+\alpha+1}{r} \arccos\frac{p}{\sqrt{b^2+p^2}}\right) \frac{c^{2k}}{(b^2+p^2)^{k/r}} +$$
$$+ (1-\gamma) \frac{\Gamma(\alpha/r)}{r(\sqrt{b^2+p^2}\,)^{\alpha/r}} \cos\left(\frac{1\pm1}{4}\pi - \frac{\alpha}{r}\arccos\frac{p}{\sqrt{b^2+p^2}}\right)$$

$[r>2]$ или $[r=2,\ |c|^4<|b^2+p^2|]$,

$$V(\gamma) = \frac{(-1)^\gamma}{c^\alpha\sqrt{\pi}} \sum_{k=0}^\infty \frac{1}{k!(rk+\alpha)} \Gamma\left(\frac{rk+\alpha+1}{2}\right) \cos\left(\frac{1\pm1}{4}\pi + k\arccos\frac{p}{\sqrt{b^2+p^2}}\right) \times$$
$$\times \left(-\frac{\sqrt{b^2+p^2}}{c^r}\right)^k + \frac{\gamma\Gamma(\alpha/r)}{r(\sqrt{b^2+p^2}\,)^{\alpha/r}} \cos\left(\frac{1\pm1}{4}\pi - \frac{\alpha}{r}\arccos\frac{p}{\sqrt{b^2+p^2}}\right)$$

$[r<2]$ или $[r=2,\ |c|^4>|b^2+p^2|]$.

16. $$\int_0^\infty x^{\alpha-1} e^{-px^r} \begin{Bmatrix} \sin bx^r \\ \cos bx^r \end{Bmatrix} \operatorname{erfc}(cx)\,dx = V(0)$$

$[b,\ r,\ \operatorname{Re}p>0;\ |\arg c|<\pi/4;\ \operatorname{Re}\alpha > -(r\pm r)/2;\ V(\gamma)$ см. в 2.8.1.15$]$.

17. $$\int_0^\infty x^{\alpha-1} e^{-c^2x^2} \begin{Bmatrix} \sin bx^r \\ \cos bx^r \end{Bmatrix} \operatorname{erf}(icx)\,dx = W(1)$$

$\left[b,\ r>0;\ -1-\delta r<\operatorname{Re}\alpha<r+1;\ |\arg c|<\pi/4;\ \delta=\begin{Bmatrix}1\\0\end{Bmatrix}\right]$,

$$W(\gamma) = -(-i)^\gamma \frac{2c}{r\sqrt{\pi}\,b^{(\alpha+1)/r}} \sum_{k=0}^\infty \frac{(-1)^{\gamma k}}{(3/2)_k} \Gamma\left(\frac{2k+\alpha+1}{r}\right) \begin{Bmatrix} \sin[(2k+\alpha+1)\pi/(2r)] \\ \cos[(2k+\alpha+1)\pi/(2r)] \end{Bmatrix} \times$$
$$\times \left(\frac{c}{b^{1/r}}\right)^{2k} + \frac{1-\gamma}{b^{\alpha/r}r} \sum_{k=0}^\infty \frac{1}{k!} \Gamma\left(\frac{2k+\alpha}{r}\right) \begin{Bmatrix} \sin[(2k+\alpha)\pi/(2r)] \\ \cos[(2k+\alpha)\pi/(2r)] \end{Bmatrix} \left(\frac{c}{b^{1/r}}\right)^{2k} \qquad [r>2],$$

$$W(\gamma) = \frac{i^\gamma b^{(1-\alpha)/r}}{cr\sqrt{\pi}} \sum_{k=0}^\infty (-1)^{(\gamma+1)k} \left(\frac{1}{2}\right)_k \Gamma\left(\frac{\alpha-2k-1}{r}\right) \begin{Bmatrix} \sin[(\alpha-2k-1)\pi/(2r)] \\ \cos[(\alpha-2k-1)\pi/(2r)] \end{Bmatrix} \left(\frac{b^{1/r}}{c}\right)^{2k} +$$
$$+ \frac{i^\gamma b^\delta}{2c^{\alpha+r\delta}} \sum_{k=0}^\infty \frac{(-1)^k}{k!(1/2+\delta)_k} \Gamma\left(\frac{\alpha+\delta r+2rk}{2}\right) \frac{\sin^\gamma[(\alpha+\delta r+2rk)\pi/2]}{\cos[(\alpha+\delta r+2rk)\pi/2]} \left(\frac{b}{2c^r}\right)^{2k} \qquad [r<2],$$

$W(\gamma)$ при $r=2$ см. в 2.8.14.13–14.

18. $$\int_0^\infty x^{\alpha-1} e^{c^2x^2} \begin{Bmatrix} \sin bx^r \\ \cos bx^r \end{Bmatrix} \operatorname{erfc}(cx)\,dx = W(0)$$

$\left[b,\ r>0;\ -\delta r<\operatorname{Re}\alpha<r+1;\ |\arg c|<\pi/4;\ W(\gamma)\text{ см. в 2.8.1.17};\ \delta=\begin{Bmatrix}1\\0\end{Bmatrix}\right]$.

19. $\displaystyle\int_0^\infty x^{\alpha-1}e^{-c^2x^2-px^r}\left\{\begin{matrix}\sin bx^r\\ \cos bx^r\end{matrix}\right\}\operatorname{erf}(icx)\,dx = X(1)$

$$\left[b,\ r,\ \operatorname{Re}p>0;\ \operatorname{Re}\alpha>-1-r\delta;\ |\arg c|<\pi/4;\ \delta=\left\{\begin{matrix}1\\0\end{matrix}\right\}\right],$$

$$X(\gamma)=-\frac{2(-1)^\gamma c}{\sqrt{\pi}\,r(\sqrt{b^2+p^2}\,)^{(\alpha+1)/r}}\sum_{k=0}^\infty\frac{(-1)^{\gamma k}}{(3/2)_k}\Gamma\left(\frac{2k+\alpha+1}{r}\right)\times$$

$$\times\cos\left(\frac{\delta\pi}{2}-\frac{2k+\alpha+1}{r}\arccos\frac{p}{\sqrt{b^2+p^2}}\right)\frac{c^{2k}}{(b^2+p^2)^{k/r}}+$$

$$+\frac{1-\gamma}{r(\sqrt{b^2+p^2}\,)^{\alpha/r}}\sum_{k=0}^\infty\frac{1}{k!}\Gamma\left(\frac{2k+\alpha}{r}\right)\cos\left(\frac{\delta\pi}{2}-\frac{2k+\alpha}{r}\arccos\frac{p}{\sqrt{b^2+p^2}}\right)\frac{c^{2k}}{(b^2+p^2)^{k/r}}$$

$$[r>2]\ \text{или}\ [r=2;\ |c|^4<|b^2+p^2|],$$

$$X(\gamma)=\frac{i^\gamma}{2c^\alpha}\sum_{k=0}^\infty\frac{(-1)^k}{k!}\Gamma\left(\frac{\alpha+rk}{2}\right)\cos\left(\frac{\delta\pi}{2}+k\arccos\frac{p}{\sqrt{b^2+p^2}}\right)\times$$

$$\times\frac{\sin^\gamma[(\alpha+rk)\pi/2]}{\cos[(\alpha+rk)\pi/2]}\left(\frac{\sqrt{b^2+p^2}}{c^r}\right)^k+\frac{i^\gamma}{\sqrt{\pi}\,cr(\sqrt{b^2+p^2}\,)^{(\alpha-1)/r}}\sum_{k=0}^\infty(-1)^{k(\gamma+1)}\left(\frac{1}{2}\right)_k\times$$

$$\times\Gamma\left(\frac{\alpha-2k-1}{r}\right)\cos\left(\frac{\delta\pi}{2}+\frac{1-\alpha+2k}{r}\arccos\frac{p}{\sqrt{b^2+p^2}}\right)\frac{(b^2+p^2)^{k/r}}{c^{2k}}$$

$$[r<2]\ \text{или}\ [r=2;\ |c|^4>|b^2+p^2|].$$

20. $\displaystyle\int_0^\infty x^{\alpha-1}e^{c^2x^2-px^r}\left\{\begin{matrix}\sin bx^r\\ \cos bx^r\end{matrix}\right\}\operatorname{erfc}(cx)\,dx = X(0)$

$$\left[b,\ r,\ \operatorname{Re}p>0;\ \operatorname{Re}\alpha>-r\delta;\ |\arg c|<\pi/4;\ X(\gamma)\ \text{см. в 2.8.1.19};\ \delta=\left\{\begin{matrix}1\\0\end{matrix}\right\}\right].$$

21. $\displaystyle\int_0^\infty x^{\alpha-1}\left\{\begin{matrix}\ln(x^r+z^r)\\ \ln|x^r-z^r|\end{matrix}\right\}\operatorname{erf}(cx)\,dx = Y(1)$

$$\left[r>0;\ -1<\operatorname{Re}\alpha<0;\ |\arg c|<\pi/4,\ \left\{\begin{matrix}r|\arg z|<\pi\\ z>0\end{matrix}\right\}\right],$$

$$Y(\gamma)=-(-1)^\gamma\sqrt{\pi}\,cz^{\alpha+1}\sum_{k=0}^\infty\frac{(-c^2z^2)^k}{(r+1/2)(2k+\alpha+1)k!}\left\{\begin{matrix}\operatorname{cosec}[(2k+\alpha+1)\pi/r]\\ \operatorname{ctg}[(2k+\alpha+1)\pi/r]\end{matrix}\right\}+$$

$$+\frac{(-1)^\gamma}{\sqrt{\pi}\,c^\alpha}\sum_{k=1}^\infty\frac{(\mp c^rz^r)^k}{k(rk-\alpha)}\Gamma\left(\frac{1+\alpha-rk}{2}\right)-$$

$$-\frac{(-1)^\gamma r}{2\alpha\sqrt{\pi}\,c^\alpha}\Gamma\left(\frac{\alpha+1}{2}\right)\left[\frac{2}{\alpha}-\psi\left(\frac{\alpha+1}{2}\right)+2\ln c\right]+(1-\gamma)\frac{\pi z^\alpha}{\alpha}\left\{\begin{matrix}\operatorname{cosec}(\alpha\pi/r)\\ \operatorname{ctg}(\alpha\pi/r)\end{matrix}\right\}.$$

22. $\displaystyle\int_0^\infty x^{\alpha-1}\left\{\begin{matrix}\ln(x^r+z^r)\\ \ln|x^r-z^r|\end{matrix}\right\}\operatorname{erfc}(cx)\,dx = Y(0)$

$$\left[r,\ \operatorname{Re}\alpha>0;\ |\arg c|<\pi/4,\ \left\{\begin{matrix}r|\arg z|<\pi\\ z>0\end{matrix}\right\},\ Y(\gamma)\ \text{см. в 2.8.1.21}\right].$$

23. $\displaystyle\int_0^\infty x^{\alpha-1}e^{-c^2x^2}\left\{\begin{matrix}\ln(x^r+z^r)\\ \ln|x^r-z^r|\end{matrix}\right\}\operatorname{erf}(icx)\,dx = Z(1)$

$$\left[r>0;\ |\operatorname{Re}\alpha|<1;\ |\arg c|<\pi/4,\ \left\{\begin{matrix}r|\arg z|<\pi\\ z>0\end{matrix}\right\}\right],$$

$$Z(\gamma) = -2(-1)^\gamma \sqrt{\pi}\, c z^{\alpha+1} \sum_{k=0}^{\infty} \frac{(-1)^{\gamma k}(cz)^{2k}}{(3/2)_k(2k+\alpha+1)} \left\{ \begin{matrix} \operatorname{cosec}[(2k+\alpha+1)\pi/r] \\ \operatorname{ctg}[(2k+\alpha+1)\pi/r] \end{matrix} \right\} +$$

$$+ (1-\gamma)\pi z^\alpha \sum_{k=0}^{\infty} \frac{(cz)^{2k}}{k!(2k+\alpha)} \left\{ \begin{matrix} \operatorname{cosec}[(2k+\alpha)\pi/r] \\ \operatorname{ctg}[(2k+\alpha)\pi/r] \end{matrix} \right\} - \frac{(-i)^\gamma}{2c^\alpha} \sum_{k=1}^{\infty} \frac{(\mp c^r z^r)^k}{k} \Gamma\left(\frac{\alpha - rk}{2}\right) \times$$

$$\times \frac{\sin^\gamma[(rk-\alpha)\pi/2]}{\cos[(rk-\alpha)\pi/2]} + \frac{i^\gamma r}{4c^\alpha} \Gamma\left(\frac{\alpha}{2}\right) \frac{\sin^\gamma(\alpha\pi/2)}{\cos(\alpha\pi/2)} \left[\frac{\sin^{1-2\gamma}(\alpha\pi/2)}{\cos(\alpha\pi/2)} + \psi\left(\frac{\alpha}{2}\right) - 2\ln c \right].$$

24. $$\int_0^\infty x^{\alpha-1} e^{c^2x^2} \left\{ \begin{matrix} \ln(x^r + z^r) \\ \ln|x^r - z^r| \end{matrix} \right\} \operatorname{erfc}(cx)\, dx = Z(0)$$

$$\left[r > 0;\ 0 < \operatorname{Re}\alpha < 1;\ |\arg c| < \pi/4,\ \left\{ \begin{matrix} r|\arg z| < \pi \\ z > 0 \end{matrix} \right\},\ Z(\gamma) \text{ см. в } 2.8.1.23 \right].$$

25. $$\int_0^\infty x^{\alpha-1} \left\{ \begin{matrix} \operatorname{erf}(bx^r) \\ \operatorname{erfc}(bx^r) \end{matrix} \right\} \operatorname{erf}(cx)\, dx = U(1)$$

$$\left[r > 0;\ |\arg b|,\ |\arg c| < \pi/4,\ \left\{ \begin{matrix} -1-r < \operatorname{Re}\alpha < 0 \\ \operatorname{Re}\alpha > -1 \end{matrix} \right\} \right],$$

$$U(\gamma) = \pm \frac{2(-1)^\gamma c}{\pi b^{(\alpha+1)/r}} \sum_{k=0}^{\infty} \frac{1}{k!(2k+1)(2k+\alpha+1)} \Gamma\left(\frac{2k+\alpha+r+1}{2r}\right) \left(-\frac{c^2}{b^{2/r}}\right)^k \mp$$

$$\mp \frac{1-\gamma}{\alpha\sqrt{\pi}\, b^{\alpha/r}} \Gamma\left(\frac{\alpha+r}{2r}\right) + \left\{ \begin{matrix} 1 \\ 0 \end{matrix} \right\} \frac{(-1)^\gamma}{\alpha\sqrt{\pi}\, c^\alpha} \Gamma\left(\frac{\alpha+1}{2}\right) \qquad [r > 1],$$

$$U(\gamma) = \pm \frac{2(-1)^\gamma b}{\pi c^{\alpha+r}} \sum_{k=0}^{\infty} \frac{\Gamma(rk + (\alpha+r+1)/2)}{k!(2k+1)(2kr+\alpha+r)} \left(-\frac{b^2}{c^{2r}}\right)^k \mp$$

$$\mp \frac{\gamma}{\alpha\sqrt{\pi}\, b^{\alpha/r}} \Gamma\left(\frac{\alpha+r}{2r}\right) + \left\{ \begin{matrix} 0 \\ 1 \end{matrix} \right\} \frac{(-1)^\gamma}{\alpha\sqrt{\pi}\, c^\alpha} \Gamma\left(\frac{\alpha+1}{2}\right) \qquad [r < 1],$$

$U(\gamma)$ при $r = 1$ см. в 2.8.18.3, 2.8.20.5, 2.8.21.4.

26. $$\int_0^\infty x^{\alpha-1} \left\{ \begin{matrix} \operatorname{erf}(bx^r) \\ \operatorname{erfc}(bx^r) \end{matrix} \right\} \operatorname{erfc}(cx)\, dx = U(0)$$

$[r > 0;\ |\arg b|,\ |\arg c| < \pi/4,\ \operatorname{Re}\alpha > -(r \pm r)/2;\ V(\gamma)$ см. в 2.8.1.25].

27. $$\int_0^\infty x^{\alpha-1} e^{-c^2x^2} \left\{ \begin{matrix} \operatorname{erf}(bx^r) \\ \operatorname{erfc}(bx^r) \end{matrix} \right\} \operatorname{erf}(icx)\, dx = V(1)$$

$$\left[r > 0;\ |\arg b|,\ |\arg c| < \pi/4,\ \left\{ \begin{matrix} -1-r < \operatorname{Re}\alpha < 1 \\ \operatorname{Re}\alpha > -1 \end{matrix} \right\} \right],$$

$$V(\gamma) = \pm \frac{2(-i)^\gamma c}{\pi b^{(\alpha+1)/r}} \sum_{k=0}^{\infty} \frac{(-1)^{k\gamma}}{(3/2)_k(2k+\alpha+1)} \Gamma\left(\frac{2k+\alpha+r+1}{2r}\right) \left(\frac{c}{b^{1/r}}\right)^{2k} \mp$$

$$\mp \frac{1-\gamma}{\sqrt{\pi}\, b^{\alpha/r}} \sum_{k=0}^{\infty} \frac{1}{k!(2k+\alpha)} \Gamma\left(\frac{2k+\alpha+r}{2r}\right) \left(\frac{c}{b^{1/r}}\right)^{2k} + \left\{ \begin{matrix} 1 \\ 0 \end{matrix} \right\} \frac{i^\gamma \sin^\gamma(\alpha\pi/2)}{2c^\alpha \cos(\alpha\pi/2)} \Gamma\left(\frac{\alpha}{2}\right) \qquad [r > 1],$$

$$V(\gamma) = \pm \frac{i^\gamma}{\pi c b^{(\alpha-1)/r}} \sum_{k=0}^{\infty} \frac{(-1)^{k(\gamma+1)}(1/2)_k}{2k-\alpha+1} \Gamma\left(\frac{r+\alpha-1-2k}{2r}\right) \left(\frac{b^{1/r}}{c}\right)^{2k} \pm \frac{i^\gamma b}{\sqrt{\pi}\, c^{\alpha+r}} \times$$

$$\times \sum_{k=0}^{\infty} \frac{\Gamma(rk + (\alpha+r)/2)}{k!(2k+1)} \frac{\sin^\gamma[(2rk+\alpha+r)\pi/2]}{\cos[(2rk+\alpha+r)\pi/2]} \left(-\frac{b^2}{c^{2r}}\right)^k + \left\{ \begin{matrix} 0 \\ 1 \end{matrix} \right\} \frac{i^\gamma \sin^\gamma(\alpha\pi/2)}{2c^\alpha \cos(\alpha\pi/2)} \Gamma\left(\frac{\alpha}{2}\right)$$

$$[r < 1],$$

$V(\gamma)$ при $r = 1$ см. в 2.8.19.5, 2.8.20.12, 2.8.21.14–15.

28. $$\int_0^\infty x^{\alpha-1}e^{c^2x^2}\left\{\begin{matrix}\operatorname{erf}(bx^r)\\ \operatorname{erfc}(bx^r)\end{matrix}\right\}\operatorname{erfc}(cx)\,dx = V(0)$$

$$\left[r>0;\ |\arg b|,\ |\arg c|<\pi/4,\ \left\{\begin{matrix}-r<\operatorname{Re}\alpha<1\\ \operatorname{Re}\alpha>0\end{matrix}\right\},\ V(\gamma)\ \text{см. в 2.8.1.27}\right].$$

29. $$\int_0^\infty x^{\alpha-1}e^{-c^2x^2\mp b^2x^{2r}}\left\{\begin{matrix}\operatorname{erf}(ibx^r)\\ \operatorname{erfc}(bx^r)\end{matrix}\right\}\operatorname{erf}(icx)\,dx = W(1)$$

$$\left[r>0;\ |\arg b|,\ |\arg c|<\pi/4,\ \left\{\begin{matrix}|\operatorname{Re}\alpha|<1+r\\ -1<\operatorname{Re}\alpha<1+r\end{matrix}\right\}\right],$$

$$W(\gamma) = -\left\{\begin{matrix}i\\1\end{matrix}\right\}\frac{(-i)^\gamma c}{\sqrt{\pi}\,b^{(\alpha+1)/r}r}\sum_{k=0}^\infty\frac{(-1)^{k\gamma}}{(3/2)_k}\Gamma\left(\frac{2k+\alpha+1}{2r}\right)\times$$
$$\times\left\{\begin{matrix}\operatorname{tg}[(2k+\alpha+1)\pi/(2r)]\\ \sec[(2k+\alpha+1)\pi/(2r)]\end{matrix}\right\}\left(\frac{c}{b^{1/r}}\right)^{2k}+\left\{\begin{matrix}i\\1\end{matrix}\right\}\frac{1-\gamma}{2b^{\alpha/r}r}\times$$
$$\times\sum_{k=0}^\infty\frac{1}{k!}\Gamma\left(\frac{2k+\alpha}{2r}\right)\left\{\begin{matrix}\operatorname{tg}[(\alpha+2k)\pi/(2r)]\\ \sec[(\alpha+2k)\pi/(2r)]\end{matrix}\right\}\left(\frac{c}{b^{1/r}}\right)^{2k}+$$
$$+\left\{\begin{matrix}i\\1\end{matrix}\right\}\frac{i^\gamma c^{r-\alpha}}{2b\sqrt{\pi}}\sum_{k=0}^\infty\left(\frac{1}{2}\right)_k\Gamma\left(\frac{\alpha-r}{2}-rk\right)\frac{\sin^\gamma[(\alpha-r-2rk)\pi/2]}{\cos[(\alpha-r-2rk)\pi/2]}\left(\mp\frac{c^{2r}}{b^2}\right)^k \qquad [r>1],$$

$$W(\gamma) = \left\{\begin{matrix}i\\1\end{matrix}\right\}\frac{i^\gamma b^{(1-\alpha)/r}}{2cr\sqrt{\pi}}\sum_{k=0}^\infty(-1)^{k(\gamma+1)}\left(\frac{1}{2}\right)_k\Gamma\left(\frac{\alpha-2k-1}{2r}\right)\times$$
$$\times\left\{\begin{matrix}\operatorname{tg}[(\alpha-2k-1)\pi/(2r)]\\ \sec[(\alpha-2k-1)\pi/(2r)]\end{matrix}\right\}\left(\frac{b^{1/r}}{c}\right)^{2k}-\left\{\begin{matrix}-i\\1\end{matrix}\right\}\frac{i^\gamma b}{\sqrt{\pi}\,c^{\alpha+r}}\times$$
$$\times\sum_{k=0}^\infty\frac{1}{(3/2)_k}\Gamma\left(kr+\frac{\alpha+r}{2}\right)\frac{\sin^\gamma[(\alpha+r+2rk)\pi/2]}{\cos[(\alpha+r+2rk)\pi/2]}\left(\mp\frac{b^2}{c^{2r}}\right)^k+$$
$$+\left\{\begin{matrix}0\\1\end{matrix}\right\}\frac{i^\gamma}{2c^\alpha}\sum_{k=0}^\infty\frac{1}{k!}\Gamma\left(rk+\frac{\alpha}{2}\right)\frac{\sin^\gamma[(\alpha+2rk)\pi/2]}{\cos[(\alpha+2rk)\pi/2]}\left(\frac{b}{c^r}\right)^{2k} \qquad [r<1],$$

$W(\gamma)$ при $r=1$ см. в 2.8.19.7, 2.8.20.14.

30. $$\int_0^\infty x^{\alpha-1}e^{c^2x^2\mp b^2x^{2r}}\left\{\begin{matrix}\operatorname{erf}(ibx^r)\\ \operatorname{erfc}(bx^r)\end{matrix}\right\}\operatorname{erfc}(cx)\,dx = W(0)$$

$[r>0;\ |\arg b|,\ |\arg c|<\pi/4;\ -(r\pm r)/2<\operatorname{Re}\alpha<r+1;\ W(\gamma)$ см. в 2.8.1.29].

31. $$\int_0^\infty x^{\alpha-1}\operatorname{Ei}(-bx^r)\left\{\begin{matrix}\operatorname{erf}(cx)\\ \operatorname{erfc}(cx)\end{matrix}\right\}dx = X(r)$$

$[r,\ \operatorname{Re}b>0;\ |\arg c|<\pi/4;\ \operatorname{Re}\alpha>-(1\pm1)/2]$,

$$X(r) = \mp\frac{c}{\sqrt{\pi}\,b^{(\alpha+1)/r}}\sum_{k=0}^\infty\frac{1}{k!(k+1/2)(2k+\alpha+1)}\Gamma\left(\frac{2k+\alpha+1}{r}\right)\left(-\frac{c^2}{b^{2/r}}\right)^k-$$
$$-\left\{\begin{matrix}0\\1\end{matrix}\right\}\frac{1}{\alpha b^{\alpha/r}}\Gamma\left(\frac{\alpha}{r}\right) \qquad [r>2],$$

$$X(r) = \mp\frac{1}{\sqrt{\pi}\,c^\alpha}\sum_{k=1}^\infty\frac{1}{k!(\alpha+kr)}\Gamma\left(\frac{1+\alpha+rk}{2}\right)\left(-\frac{b}{c^r}\right)^k-\left\{\begin{matrix}1\\0\end{matrix}\right\}\frac{1}{\alpha b^{\alpha/r}}\Gamma\left(\frac{\alpha}{r}\right)\mp$$
$$\mp\frac{1}{\alpha\sqrt{\pi}\,c^\alpha}\Gamma\left(\frac{\alpha+1}{2}\right)\left[\mathbf{C}-\frac{r}{2}+\frac{r}{2}\psi\left(\frac{\alpha+1}{2}\right)-\ln\frac{c^r}{b}\right] \qquad [r<2],$$

$X(2)$ см. в 2.8.25.3.

32. $$\int\limits_0^\infty x^{\alpha-1} e^{\mp c^2 x^2} \operatorname{Ei}(-bx^r) \begin{Bmatrix} \operatorname{erf}(icx) \\ \operatorname{erfc}(cx) \end{Bmatrix} dx = Y(r)$$
$[r,\ \operatorname{Re} b > 0;\ |\arg c| < \pi/4;\ \operatorname{Re}\alpha > -(1 \pm 1)/2]$,

$$Y(r) = \mp \begin{Bmatrix} i \\ 1 \end{Bmatrix} \frac{2c}{\sqrt{\pi}\, b^{(\alpha+1)/r}} \sum_{k=0}^\infty \frac{1}{(3/2)_k (2k+\alpha+1)} \Gamma\left(\frac{2k+\alpha+1}{r}\right) \left(\mp \frac{c^2}{b^{2/r}}\right)^k -$$
$$- \begin{Bmatrix} 0 \\ 1 \end{Bmatrix} b^{-\alpha/r} \sum_{k=0}^\infty \frac{1}{k!(2k+\alpha)} \Gamma\left(\frac{2k+\alpha}{r}\right) \left(\frac{c}{b^{1/r}}\right)^{2k} \qquad [r > 2],$$

$$Y(r) = \begin{Bmatrix} i \\ 1 \end{Bmatrix} \frac{b^{(1-\alpha)/r}}{c\sqrt{\pi}} \sum_{k=0}^\infty \frac{(1/2)_k}{2k-\alpha+1} \Gamma\left(\frac{\alpha-2k-1}{r}\right) \left(\pm \frac{b^{2/r}}{c^2}\right)^k +$$
$$+ \begin{Bmatrix} i \\ 1 \end{Bmatrix} \frac{1}{2c^\alpha} \sum_{k=1}^\infty \frac{1}{k!k} \Gamma\left(\frac{\alpha+rk}{2}\right) \begin{Bmatrix} \operatorname{tg}[(\alpha+rk)\pi/2] \\ \sec[(\alpha+rk)\pi/2] \end{Bmatrix} \left(-\frac{b}{c^r}\right)^k +$$
$$+ \begin{Bmatrix} i \\ 1 \end{Bmatrix} \frac{1}{4c^\alpha} \begin{Bmatrix} \operatorname{tg}(\alpha\pi/2) \\ \sec(\alpha\pi/2) \end{Bmatrix} \Gamma\left(\frac{\alpha}{2}\right) \left[2\mathbf{C} + r\psi\left(\frac{\alpha}{2}\right) + \frac{\pi r \sin^{\mp 1}(\alpha\pi/2)}{\cos(\alpha\pi/2)} + 2\ln\frac{b}{c^r}\right] \qquad [r < 2],$$

$Y(2)$ см. в 2.8.25.4.

33. $$\int\limits_0^\infty x^{\alpha-1} \begin{Bmatrix} \operatorname{si}(bx^r) \\ \operatorname{ci}(bx^r) \end{Bmatrix} \operatorname{erf}(cx)\, dx = Z(1) \qquad [b,\ r > 0;\ -1 < \operatorname{Re}\alpha < 2r;\ |\arg c| < \pi/4],$$

$$Z(\gamma) = \frac{(-1)^\gamma c}{\sqrt{\pi}\, b^{(\alpha+1)/r}} \sum_{k=0}^\infty \frac{1}{k!(k+1/2)(2k+\alpha+1)} \Gamma\left(\frac{2k+\alpha+1}{r}\right) \times$$
$$\times \begin{Bmatrix} \sin[(2k+\alpha+1)\pi/(2r)] \\ \cos[(2k+\alpha+1)\pi/(2r)] \end{Bmatrix} \left(-\frac{c^2}{b^{2/r}}\right)^k - \frac{1-\gamma}{\alpha b^{\alpha/r}} \Gamma\left(\frac{\alpha}{r}\right) \begin{Bmatrix} \sin[\alpha\pi/(2r)] \\ \cos[\alpha\pi/(2r)] \end{Bmatrix} \qquad [r > 2],$$

$$Z(\gamma) = \frac{(-1)^\gamma b^\delta}{\sqrt{\pi}\, c^{\alpha+r\delta}} \sum_{k=1}^\infty \frac{\Gamma((\alpha+1+r\delta)/2+kr)}{k!(2rk+\alpha+\delta r)(2k+\delta)} \frac{1}{(1/2+\delta)_k} \left(-\frac{b^2}{4c^{2r}}\right)^k +$$
$$+ \frac{(-1)^\gamma b^\delta}{\sqrt{\pi}\, c^{\alpha+r\delta}(\alpha+\delta r)} \Gamma\left(\frac{\alpha+1+r\delta}{2}\right) \begin{Bmatrix} 1 \\ R \end{Bmatrix} - \frac{\gamma}{\alpha b^{\alpha/r}} \Gamma\left(\frac{\alpha}{r}\right) \begin{Bmatrix} \sin[\alpha\pi/(2r)] \\ \cos[\alpha\pi/(2r)] \end{Bmatrix} -$$
$$- \begin{Bmatrix} 1 \\ 0 \end{Bmatrix} \frac{(-1)^\gamma \sqrt{\pi}}{2\alpha c^\alpha} \Gamma\left(\frac{\alpha+1}{2}\right) \qquad \left[r < 2;\ R = \frac{r}{2}\psi\left(\frac{\alpha+1}{2}\right) + \mathbf{C} - \frac{r}{\alpha} - \ln\frac{c^r}{b}\right],$$

$Z(\gamma)$ при $r = 2$ см. в 2.8.26.6–7.

34. $$\int\limits_0^\infty x^{\alpha-1} \begin{Bmatrix} \operatorname{si}(bx^r) \\ \operatorname{ci}(bx^r) \end{Bmatrix} \operatorname{erfc}(cx)\, dx = Z(0)$$
$[b,\ r,\ \operatorname{Re}\alpha > 0;\ |\arg c| < \pi/4;\ Z(\gamma)$ см. в 2.8.1.33].

2.8.2. Интегралы от $x^\alpha (z \pm x)^\beta \begin{Bmatrix} \operatorname{erf}(cx) \\ \operatorname{erfc}(cx) \end{Bmatrix}$.

1. $$\int\limits_0^\infty x^{\alpha-1} \begin{Bmatrix} \operatorname{erf}(cx) \\ \operatorname{erfc}(cx) \end{Bmatrix} dx = \mp \frac{1}{\alpha c^\alpha \sqrt{\pi}} \Gamma\left(\frac{\alpha+1}{2}\right) \qquad \left[|\arg c| < \pi/4,\ \begin{Bmatrix} -1 < \operatorname{Re}\alpha < 0 \\ \operatorname{Re}\alpha > 0 \end{Bmatrix}\right].$$

2. $$\int\limits_a^\infty x^{\alpha-1}(x-a)^{\beta-1} \begin{Bmatrix} \operatorname{erf}(cx) \\ \operatorname{erfc}(cx) \end{Bmatrix} dx = \pm \frac{2a^{\alpha+\beta} c}{\sqrt{\pi}} \mathrm{B}(-\alpha-\beta,\ \beta) \times$$
$$\times\ {}_3F_3\left(\frac{\alpha}{2}+1,\ \frac{\alpha+1}{2},\ \frac{1}{2};\ \frac{3}{2},\ \frac{\alpha+\beta}{2}+1,\ \frac{\alpha+\beta+1}{2};\ -a^2c^2\right) \pm$$

$$\pm \frac{c^{1-\alpha-\beta}}{\sqrt{\pi}\,(1-\alpha-\beta)}\,\Gamma\left(\frac{\alpha+\beta}{2}\right){}_3F_3\left(\frac{1-\beta}{2},\,1-\frac{\beta}{2},\,\frac{1-\alpha-\beta}{2};\right.$$
$$\left.\frac{3-\alpha-\beta}{2},\,\frac{1}{2},\,1-\frac{\alpha+\beta}{2};\,-a^2c^2\right) \pm \frac{ac^{2-\alpha-\beta}(1-\beta)}{\sqrt{\pi}\,(2-\alpha-\beta)}\,\Gamma\left(\frac{\alpha+\beta-1}{2}\right)\times$$
$$\times\,{}_3F_3\left(1-\frac{\beta}{2},\,\frac{3-\beta}{2},\,1-\frac{\alpha+\beta}{2};\,\frac{3}{2},\,2-\frac{\alpha+\beta}{2},\,\frac{3-\alpha-\beta}{2};\,-a^2c^2\right)+$$
$$+\left\{\begin{matrix}0\\1\end{matrix}\right\}a^{\alpha+\beta-1}\,\mathrm{B}\,(1-\alpha-\beta,\,\beta) \qquad \left[\operatorname{Re}\beta>0;\ |\arg c|<\pi/4,\ \left\{\begin{matrix}a>0;\ \operatorname{Re}(\alpha+\beta)<1\\ a>0\end{matrix}\right\}\right].$$

3. $$\int_0^a x^{\alpha-1}(a-x)^{\beta-1}\left\{\begin{matrix}\operatorname{erf}(cx)\\ \operatorname{erfc}(cx)\end{matrix}\right\}dx = \pm\frac{2a^{\alpha+\beta}c}{\sqrt{\pi}}\,\mathrm{B}\,(\alpha+1,\,\beta)\times$$
$$\times\,{}_3F_3\left(\frac{\alpha+1}{2},\,\frac{\alpha}{2}+1,\,\frac{1}{2};\,\frac{\alpha+\beta+1}{2},\,\frac{\alpha+\beta}{2}+1,\,\frac{3}{2};\,-a^2c^2\right)+$$
$$+\left\{\begin{matrix}0\\1\end{matrix}\right\}a^{\alpha+\beta-1}\,\mathrm{B}\,(\alpha,\,\beta) \qquad [a,\ \operatorname{Re}\beta>0;\ \operatorname{Re}\alpha>-(1\pm1)/2].$$

4. $$\int_0^\infty \frac{x^{\alpha-1}}{(x+z)^\rho}\left\{\begin{matrix}\operatorname{erf}(cx)\\ \operatorname{erfc}(cx)\end{matrix}\right\}dx = \pm\frac{2cz^{1+\alpha-\rho}}{\sqrt{\pi}}\,\mathrm{B}\,(\alpha+1,\,\rho-\alpha-1)\times$$
$$\times\,{}_3F_3\left(\frac{1}{2},\,\frac{\alpha+1}{2},\,\frac{\alpha}{2}+1;\,\frac{3+\alpha-\rho}{2},\,1+\frac{\alpha-\rho}{2},\,\frac{3}{2};\,-c^2z^2\right)\pm\frac{c^{\rho-\alpha}}{\sqrt{\pi}\,(\rho-\alpha)}\,\Gamma\left(\frac{\alpha+1-\rho}{2}\right)\times$$
$$\times\,{}_3F_2\left(\frac{\rho}{2},\,\frac{\rho+1}{2},\,\frac{\rho-\alpha}{2};\,\frac{1}{2},\,\frac{\rho-\alpha}{2}+1,\,\frac{1+\rho-\alpha}{2};\,-c^2z^2\right)\mp\frac{\rho c^{1+\rho-\alpha}z}{\sqrt{\pi}\,(1+\rho-\alpha)}\,\Gamma\left(\frac{\alpha-\rho}{2}\right)\times$$
$$\times\,{}_3F_3\left(\frac{\rho+1}{2},\,\frac{\rho}{2}+1,\,\frac{1+\rho-\alpha}{2};\,\frac{3}{2},\,\frac{3+\rho-\alpha}{2},\,1+\frac{\rho-\alpha}{2};\,-c^2z^2\right)+$$
$$+\left\{\begin{matrix}0\\1\end{matrix}\right\}z^{\alpha-\rho}\,\mathrm{B}\,(\alpha,\,\rho-\alpha) \qquad \left[|\arg z|<\pi;\ |\arg c|<\pi/4,\ \left\{\begin{matrix}-1<\operatorname{Re}\alpha<\operatorname{Re}\rho\\ \operatorname{Re}\alpha>0\end{matrix}\right\}\right].$$

5. $$\int_0^\infty \frac{x^{\alpha-1}}{x-y}\left\{\begin{matrix}\operatorname{erf}(cx)\\ \operatorname{erfc}(cx)\end{matrix}\right\}dx = \mp\frac{\pi y^{\alpha-1}}{c}\operatorname{ctg}\alpha\pi\operatorname{erf}(cy)\pm$$
$$\pm\frac{c^{1-\alpha}}{\sqrt{\pi}\,(1-\alpha)}\,\Gamma\left(\frac{\alpha}{2}\right){}_2F_2\left(\frac{1-\alpha}{2},\,1;\,\frac{3-\alpha}{2},\,1-\frac{\alpha}{2};\,-c^2y^2\right)\pm$$
$$\pm\frac{c^{2-\alpha}y}{\sqrt{\pi}\,(2-\alpha)}\,\Gamma\left(\frac{\alpha-1}{2}\right){}_2F_2\left(1-\frac{\alpha}{2},\,1;\,2-\frac{\alpha}{2},\,\frac{3-\alpha}{2};\,-c^2y^2\right)-\left\{\begin{matrix}0\\1\end{matrix}\right\}\pi y^{\alpha-1}\operatorname{ctg}\alpha\pi$$
$$\left[y>0;\ |\arg c|<\pi/4,\ \left\{\begin{matrix}|\operatorname{Re}\alpha|<1\\ \operatorname{Re}\alpha>0\end{matrix}\right\}\right].$$

6. $$\int_{-\infty}^\infty \frac{\operatorname{erf}(cx)}{(x+z)^2}\,dx = -2i\sqrt{\pi}\,ce^{-c^2z^2}\operatorname{erf}(icz) \qquad [\operatorname{Im}z\neq0;\ c>0].$$

2.8.3. Интегралы от $x^\alpha(z^2\pm x^2)^\beta\left\{\begin{matrix}\operatorname{erf}(cx)\\ \operatorname{erfc}(cx)\end{matrix}\right\}$.

1. $$\int_0^a x^{\alpha-1}(a^2-x^2)^{\beta-1}\left\{\begin{matrix}\operatorname{erf}(cx)\\ \operatorname{erfc}(cx)\end{matrix}\right\}dx = = \pm\frac{a^{\alpha+2\beta-1}c}{\sqrt{\pi}}\,\mathrm{B}\left(\frac{\alpha+1}{2},\,\beta\right)\times$$
$$\times\,{}_2F_2\left(\frac{\alpha+1}{2},\,\frac{1}{2};\,\frac{\alpha+1}{2}+\beta,\,\frac{3}{2};\,-a^2c^2\right)+\left\{\begin{matrix}0\\1\end{matrix}\right\}\frac{a^{\alpha+2\beta-2}}{2}\,\mathrm{B}\left(\frac{\alpha}{2},\,\beta\right)$$
$$[a,\ \operatorname{Re}\beta>0;\ \operatorname{Re}\alpha>-(1\pm1)/2].$$

2. $$\int_a^\infty x^{\alpha-1}(x^2-a^2)^{\beta-1}\begin{Bmatrix}\operatorname{erf}(cx)\\ \operatorname{erfc}(cx)\end{Bmatrix}dx =$$
$$= \pm\frac{a^{\alpha+2\beta-1}c}{\sqrt{\pi}}\,\mathrm{B}\left(\beta,\ \frac{1-\alpha}{2}-\beta\right){}_2F_2\left(\frac{1}{2},\ \frac{\alpha+1}{2};\ \frac{\alpha+1}{2}+\beta,\ \frac{3}{2};\ -a^2c^2\right)\pm$$
$$\pm\frac{c^{2-2\beta-\alpha}}{\sqrt{\pi}\,(2-2\beta-\alpha)}\Gamma\left(\frac{\alpha-1}{2}+\beta\right){}_2F_2\left(1-\beta-\frac{\alpha}{2},\ 1-\beta;\ 2-\beta-\frac{\alpha}{2},\ \frac{3-\alpha}{2}-\beta;\ -a^2c^2\right)+$$
$$+\begin{Bmatrix}0\\1\end{Bmatrix}\frac{a^{\alpha+2\beta-2}}{2}\,\mathrm{B}\left(1-\beta-\frac{\alpha}{2},\ \beta\right)\qquad\left[\operatorname{Re}\beta>0;\ |\arg c|<\pi/4,\ \begin{Bmatrix}a>0;\ \operatorname{Re}(\alpha+2\beta)<2\\ a>0\end{Bmatrix}\right].$$

3. $$\int_a^\infty x^{-2\beta-1}(x^2-a^2)^{\beta-1}\operatorname{erf}(cx)\,dx = \frac{1}{\beta a^2}\left[1-\frac{\Gamma(\beta+1)}{\sqrt{\pi}ac}\exp\left(-\frac{a^2c^2}{2}\right)W_{-\beta-1/4,\,1/4}(a^2c^2)\right]$$
$[a,\ \operatorname{Re}\beta>0;\ |\arg c|<\pi/4]$.

4. $$\int_0^\infty x^{\alpha-1}(a+bx^2)^n\operatorname{erfc}(cx)\,dx = \frac{a^n}{\sqrt{\pi}\,\alpha c^\alpha}\Gamma\left(\frac{\alpha+1}{2}\right){}_3F_1\left(-n,\ \frac{\alpha}{2},\ \frac{\alpha+1}{2};\ \frac{\alpha}{2}+1;\ -\frac{b}{ac^2}\right)$$
$[\operatorname{Re}\alpha>0;\ |\arg c|<\pi/4]$.

5. $$\int_0^\infty \frac{x^{\alpha-1}}{(x^2+z^2)^\rho}\begin{Bmatrix}\operatorname{erf}(cx)\\ \operatorname{erfc}(cx)\end{Bmatrix}dx =$$
$$= \pm\frac{cz^{1+\alpha-2\rho}}{\sqrt{\pi}}\,\mathrm{B}\left(\frac{\alpha+1}{2},\ \rho-\frac{\alpha+1}{2}\right){}_2F_2\left(\frac{\alpha+1}{2},\ \frac{1}{2};\ \frac{3}{2},\ \frac{3+\alpha}{2}-\rho;\ c^2z^2\right)\pm$$
$$\pm\frac{c^{2\rho-\alpha}}{\sqrt{\pi}\,(2\rho-\alpha)}\Gamma\left(\frac{\alpha+1}{2}-\rho\right){}_2F_2\left(\rho,\ \rho-\frac{\alpha}{2};\ 1+\rho-\frac{\alpha}{2},\ \frac{1-\alpha}{2}+\rho;\ c^2z^2\right)+$$
$$+\begin{Bmatrix}0\\1\end{Bmatrix}\frac{z^{\alpha-2\rho}}{2}\,\mathrm{B}\left(\frac{\alpha}{2},\ \rho-\frac{\alpha}{2}\right)\qquad\left[\operatorname{Re}z>0;\ |\arg c|<\pi/4,\ \begin{Bmatrix}-1<\operatorname{Re}\alpha<2\operatorname{Re}\rho\\ \operatorname{Re}\alpha>0\end{Bmatrix}\right].$$

6. $$\int_0^\infty \frac{\operatorname{erf}(cx)}{(x^2+z^2)^{3/2}}\,dx = \frac{1}{z^2}\left[1-e^{c^2z^2}\operatorname{erfc}(cz)\right]\qquad[\operatorname{Re}z>0;\ |\arg c|<\pi/4].$$

7. $$\int_0^\infty \frac{x\operatorname{erf}(cx)}{(x^2+z^2)^2}\,dx = \frac{\sqrt{\pi}\,c}{2z}e^{c^2z^2}\operatorname{erfc}(cz)\qquad[\operatorname{Re}z>0;\ |\arg c|<\pi/4].$$

8. $$\int_0^\infty \frac{x}{(x^2+z^2)^{3/2}}\operatorname{erf}(cx)\,dx = \frac{c}{\sqrt{\pi}}\exp\left(\frac{c^2z^2}{2}\right)K_0\left(\frac{c^2z^2}{2}\right)\qquad[\operatorname{Re}z>0;\ |\arg c|<\pi/4].$$

9. $$\int_0^\infty \frac{x^{\alpha-1}}{x^2-y^2}\begin{Bmatrix}\operatorname{erf}(cx)\\ \operatorname{erfc}(cx)\end{Bmatrix}dx = \pm\frac{\pi y^{\alpha-2}}{2}\operatorname{tg}\frac{\alpha\pi}{2}\operatorname{erf}(cy)\pm$$
$$\pm\frac{c^{2-\alpha}}{\sqrt{\pi}\,(2-\alpha)}\Gamma\left(\frac{\alpha-1}{2}\right){}_2F_2\left(1-\frac{\alpha}{2},\ 1;\ \frac{3-\alpha}{2},\ 2-\frac{\alpha}{2};\ -c^2y^2\right)-$$
$$-\begin{Bmatrix}0\\1\end{Bmatrix}\frac{\pi y^{\alpha-2}}{2}\operatorname{ctg}\frac{\alpha\pi}{2}\qquad\left[y>0;\ |\arg c|<\pi/4,\ \begin{Bmatrix}-1<\operatorname{Re}\alpha<2\\ \operatorname{Re}\alpha>0\end{Bmatrix}\right].$$

2.8.4. Интегралы, содержащие x^α и $\begin{Bmatrix}\operatorname{erf}(\varphi(x))\\ \operatorname{erfc}(\varphi(x))\end{Bmatrix}$.

1. $$\int_0^\infty x^{\alpha-1}[\operatorname{erf}(ax+b)-\operatorname{erf}(cx+d)]\,dx = \frac{\Gamma(\alpha)}{2^{(\alpha-1)/2}\sqrt{\pi}}\times$$
$$\times\left[c^{-\alpha}e^{-d^2/2}D_{-\alpha-1}(\sqrt{2}\,d)-a^{-\alpha}e^{-b^2/2}D_{-\alpha-1}(\sqrt{2}\,b)\right]\qquad[\operatorname{Re}\alpha>0;\ |\arg a|,\ |\arg c|<\pi/4].$$

2. $\int\limits_0^\infty \frac{\operatorname{erf}(ax+b)-\operatorname{erf}(cx+b)}{x}\,dx = \ln\frac{a}{c}\operatorname{erfc}(b)$ $[\,|\arg a|,\ |\arg c| < \pi/4]$.

3. $\int\limits_0^\infty x^{\alpha-1}\operatorname{erfc}\left(cx \pm \frac{b}{x}\right)dx = \frac{2b}{\alpha\sqrt{\pi}}\left(\frac{b}{c}\right)^{(\alpha-1)/2} e^{\mp 2bc}[K_{(\alpha+1)/2}(2bc) \mp K_{(\alpha-1)/2}(2bc)]$

$[b > 0;\ |\arg c| < \pi/4]$.

2.8.5. Интегралы от $x^\alpha e^{px\pm m}\begin{Bmatrix}\operatorname{erf}(cx)\\ \operatorname{erfc}(cx)\end{Bmatrix}$.

1. $\int\limits_0^\infty e^{-px}\begin{Bmatrix}\operatorname{erf}(cx)\\ \operatorname{erfc}(cx)\end{Bmatrix}dx = \frac{1}{p}\left[\begin{Bmatrix}0\\1\end{Bmatrix} \pm \exp\left(\frac{p^2}{4c^2}\right)\operatorname{erfc}\left(\frac{p}{2c}\right)\right]$ $\left[\begin{Bmatrix}|\arg c| < \pi/4;\ \operatorname{Re} p > 0\\ |\arg c| < \pi/4\end{Bmatrix}\right]$.

2. $\int\limits_0^\infty x^{\alpha-1}e^{-px}\begin{Bmatrix}\operatorname{erf}(cx)\\ \operatorname{erfc}(cx)\end{Bmatrix}dx = \mp\frac{1}{c^\alpha\sqrt{\pi}\,\alpha}\Gamma\left(\frac{\alpha+1}{2}\right){}_2F_2\left(\frac{\alpha}{2},\ \frac{\alpha+1}{2};\ \frac{\alpha}{2}+1,\ \frac{1}{2};\ \frac{p^2}{4c^2}\right) \pm$

$\pm\frac{p}{c^{\alpha+1}\sqrt{\pi}\,(\alpha+1)}\Gamma\left(\frac{\alpha}{2}+1\right){}_2F_2\left(\frac{\alpha+1}{2},\ \frac{\alpha}{2}+1;\ \frac{\alpha+3}{2},\ \frac{3}{2};\ \frac{p^2}{4c^2}\right) + \begin{Bmatrix}1\\0\end{Bmatrix}\frac{\Gamma(\alpha)}{p^\alpha}$

$\left[|\arg c| < \pi/4,\ \begin{Bmatrix}\operatorname{Re} p > 0;\ \operatorname{Re}\alpha > -1\\ \operatorname{Re}\alpha > 0\end{Bmatrix}\right]$.

3. $\int\limits_0^\infty \frac{1}{x}e^{-px}\operatorname{erf}(cx)\,dx = -\frac{1}{2}\operatorname{Ei}\left(\frac{p^2}{4c^2}\right) - \frac{p}{\sqrt{\pi}\,c}\,{}_2F_2\left(\frac{1}{2},\ 1;\ \frac{3}{2},\ \frac{3}{2};\ \frac{p^2}{4c^2}\right)$

$[\operatorname{Re} p > 0;\ |\arg c| < \pi/4]$.

4. $\int\limits_0^\infty x^n e^{-px}\begin{Bmatrix}\operatorname{erf}(cx)\\ \operatorname{erfc}(cx)\end{Bmatrix}dx = I_n$ $\left[\begin{Bmatrix}\operatorname{Re} p > 0;\ |\arg c| < \pi/4\\ |\arg c| < \pi/4\end{Bmatrix}\right]$,

$$I_1 = \pm\frac{2c^2-p^2}{2c^2p^2}\exp\left(\frac{p^2}{4c^2}\right)\operatorname{erfc}\left(\frac{p}{2c}\right) + \begin{Bmatrix}0\\p^{-2}\end{Bmatrix} \pm \frac{1}{\sqrt{\pi}\,cp},$$

$$I_n = \begin{Bmatrix}0\\1\end{Bmatrix}\frac{n!}{p^{n+1}} \pm \sqrt{\frac{2}{\pi}}\sum_{k=0}^{n}\frac{n!}{p^{k+1}}(\sqrt{2}\,c)^{k-n}\exp\left(\frac{p^2}{8c^2}\right)D_{k-n-1}\left(\frac{p}{\sqrt{2}\,c}\right) =$$

$$= \pm(-1)^n\frac{\partial^n}{\partial p^n}\left[\frac{1}{p}\exp\left(\frac{p^2}{4c^2}\right)\operatorname{erfc}\left(\frac{p}{2c}\right) - \begin{Bmatrix}0\\p^{-1}\end{Bmatrix}\right].$$

5. $\int\limits_0^\infty e^{px^2}\operatorname{erfc}(cx)\,dx = \frac{1}{2\sqrt{\pi p}}\ln\frac{c+\sqrt{p}}{c-\sqrt{p}}$ $[\,|\arg c| < \pi/4;\ \operatorname{Re}(c^2-p) > 0]$.

6. $\int\limits_0^\infty x^{\alpha-1}e^{-px^2}\begin{Bmatrix}\operatorname{erf}(cx)\\ \operatorname{erfc}(cx)\end{Bmatrix}dx =$

$$= \pm\frac{c}{\sqrt{\pi}\,p^{(\alpha+1)/2}}\Gamma\left(\frac{\alpha+1}{2}\right){}_2F_1\left(\frac{1}{2},\ \frac{\alpha+1}{2};\ \frac{3}{2};\ -\frac{c^2}{p}\right) + \begin{Bmatrix}0\\1\end{Bmatrix}\frac{\Gamma(\alpha/2)}{2p^{\alpha/2}}$$

$[\operatorname{Re} p > 0;\ \operatorname{Re}\alpha > -(1\pm 1)/2;\ |\arg c| < \pi/4]$.

7. $\int\limits_0^\infty x^{\alpha-1}e^{px^2}\operatorname{erfc}(cx)\,dx = \frac{c^{-\alpha}}{\alpha\sqrt{\pi}}\Gamma\left(\frac{\alpha+1}{2}\right){}_2F_1\left(\frac{\alpha}{2},\ \frac{\alpha+1}{2};\ \frac{\alpha}{2}+1;\ \frac{p}{c^2}\right)$

$[\operatorname{Re}\alpha,\ \operatorname{Re}(c^2-p) > 0]$.

8. $\int\limits_0^\infty \frac{1}{x}e^{-px^2}\operatorname{erf}(cx)\,dx = \frac{1}{2}\ln\frac{\sqrt{c^2+p}+c}{\sqrt{c^2+p}-c}$ $[\operatorname{Re} p > 0;\ |\arg c| < \pi/4]$.

9. $$\int_0^\infty x^n e^{-px^2} \begin{Bmatrix} \operatorname{erf}(cx) \\ \operatorname{erfc}(cx) \end{Bmatrix} dx = I_n \qquad \left[\begin{Bmatrix} \operatorname{Re} p,\ \operatorname{Re}(c^2+p) > 0 \\ \operatorname{Re}(c^2+p) > 0 \end{Bmatrix}\right],$$

$$I_1 = \frac{1}{2p}\left(\begin{Bmatrix} 0 \\ 1 \end{Bmatrix} \pm \frac{c}{\sqrt{c^2+p}}\right), \qquad I_2 = \pm\frac{1}{2\sqrt{\pi}\,p^{3/2}}\left(\frac{c\sqrt{p}}{c^2+p} - \operatorname{arctg}\frac{\sqrt{p}}{c}\right) + \begin{Bmatrix} 1 \\ 0 \end{Bmatrix}\frac{\sqrt{\pi}}{4p^{3/2}},$$

$$I_{2m} = \frac{\sqrt{\pi}\,(2m-1)!}{2^{m+1}p^{m+1/2}}\begin{Bmatrix} 1 \\ 0 \end{Bmatrix} \mp \frac{(-1)^m}{\sqrt{\pi}}\frac{\partial^m}{\partial p^m}\left(\frac{1}{\sqrt{p}}\operatorname{arctg}\frac{\sqrt{p}}{c}\right) = \frac{(-1)^m}{\sqrt{\pi}}\frac{\partial^m}{\partial p^m}\left[\frac{1}{\sqrt{p}}\operatorname{arctg}\left(\frac{c}{\sqrt{p}}\right)^{\pm 1}\right],$$

$$I_{2m+1} = \frac{(-1)^m m!}{2p^{m+1}}\begin{Bmatrix} 0 \\ 1 \end{Bmatrix} \pm \frac{(-1)^m c}{2}\frac{\partial^m}{\partial p^m}\left(\frac{1}{p\sqrt{p+c^2}}\right).$$

10. $$\int_0^\infty x^{\alpha-1}e^{-c^2x^2}\operatorname{erf}(icx)\,dx = \frac{\pi i}{2c^\alpha\Gamma(1-\alpha/2)}\sec\frac{\alpha\pi}{2} \qquad [\,|\operatorname{Re}\alpha| < 1;\ |\arg c| < \pi/4].$$

11. $$\int_0^\infty x^{\alpha-1}e^{c^2x^2}\operatorname{erfc}(cx)\,dx = \frac{\Gamma(\alpha/2)}{2c^\alpha}\sec\frac{\alpha\pi}{2} \qquad [0 < \operatorname{Re}\alpha < 1].$$

12. $$\int_1^\infty \frac{1}{x^3}e^{c^2x^2}\operatorname{erfc}(cx)\,dx = \frac{1+2c^2}{2}e^{c^2}\operatorname{erfc}(c) - \frac{c}{\sqrt{\pi}} \qquad [\,|\arg c| < \pi/4].$$

13. $$\int_0^\infty x^3 e^{-px^4}\operatorname{erf}(cx)\,dx = \frac{c^2}{8\sqrt{\pi}\,p^{3/2}}\exp\left(\frac{c^4}{8p}\right)K_{1/4}\left(\frac{c^4}{8p}\right) \qquad [\operatorname{Re} p > 0;\ |\arg c| < \pi/4].$$

14. $$\int_0^\infty x^{\alpha-1}e^{-p/x}\begin{Bmatrix} \operatorname{erf}(cx) \\ \operatorname{erfc}(cx) \end{Bmatrix} dx = \pm\frac{2cp^{\alpha+1}}{\sqrt{\pi}}\Gamma(-\alpha-1)\,{}_1F_3\left(\frac{1}{2};\ \frac{3}{2},\ \frac{3+\alpha}{2},\ 1+\frac{\alpha}{2};\ -\frac{c^2p^2}{4}\right) \mp$$
$$\mp \frac{1}{c^\alpha\sqrt{\pi}\,\alpha}\Gamma\left(\frac{\alpha+1}{2}\right){}_1F_3\left(-\frac{\alpha}{2};\ 1-\frac{\alpha}{2},\ \frac{1}{2},\ \frac{1-\alpha}{2};\ -\frac{c^2p^2}{4}\right) \mp$$
$$\mp \frac{p}{c^{\alpha-1}\sqrt{\pi}\,(1-\alpha)}\Gamma\left(\frac{\alpha}{2}\right){}_1F_3\left(\frac{1-\alpha}{2};\ \frac{3-\alpha}{2},\ 1-\frac{\alpha}{2},\ \frac{3}{2};\ -\frac{c^2p^2}{4}\right) + \begin{Bmatrix} 0 \\ 1 \end{Bmatrix}p^\alpha\Gamma(-\alpha)$$
$$\left[\,|\arg c| < \pi/4,\ \begin{Bmatrix} \operatorname{Re} p > 0;\ \operatorname{Re}\alpha < 0 \\ \operatorname{Re} p > 0 \end{Bmatrix}\right].$$

15. $$\int_0^\infty x^{\alpha-1}e^{-p/x^2}\begin{Bmatrix} \operatorname{erf}(cx) \\ \operatorname{erfc}(cx) \end{Bmatrix} dx = \pm\frac{cp^{(\alpha+1)/2}}{\sqrt{\pi}}\Gamma\left(-\frac{\alpha+1}{2}\right){}_1F_2\left(\frac{1}{2};\ \frac{3}{2},\ \frac{3+\alpha}{2};\ c^2p\right) \mp$$
$$\mp \frac{1}{c^\alpha\sqrt{\pi}\,\alpha}\Gamma\left(\frac{\alpha+1}{2}\right){}_1F_2\left(-\frac{\alpha}{2};\ 1-\frac{\alpha}{2},\ \frac{1-\alpha}{2};\ c^2p\right) + \begin{Bmatrix} 0 \\ 1 \end{Bmatrix}\frac{p^{\alpha/2}}{2}\Gamma\left(-\frac{\alpha}{2}\right)$$
$$\left[\,|\arg c| < \pi/4,\ \begin{Bmatrix} \operatorname{Re} p > 0;\ \operatorname{Re}\alpha < 0 \\ \operatorname{Re} p > 0 \end{Bmatrix}\right].$$

16. $$\int_0^\infty xe^{-p/x^2}\operatorname{erfc}(cx)\,dx = \frac{1+2c\sqrt{p}}{4c^2}e^{-2c\sqrt{p}} + p\operatorname{Ei}(-2c\sqrt{p}) \qquad [\operatorname{Re} p > 0;\ |\arg c| < \pi/4].$$

17. $$\int_0^\infty \frac{1}{x}e^{-p/x^2}\operatorname{erfc}(cx)\,dx = -\operatorname{Ei}(-2c\sqrt{p}) \qquad [\operatorname{Re} p > 0;\ |\arg c| < \pi/4].$$

18. $$\int_0^\infty \frac{1}{x^3}e^{-p/x^2}\begin{Bmatrix} \operatorname{erf}(cx) \\ \operatorname{erfc}(cx) \end{Bmatrix} dx = \frac{1}{2p}\left(\begin{Bmatrix} 1 \\ 0 \end{Bmatrix} \mp e^{-2c\sqrt{p}}\right) \qquad [\operatorname{Re} p > 0;\ |\arg c| < \pi/4].$$

19. $\int_0^\infty x^{-n} e^{-p/x^2} \operatorname{erf}(cx)\, dx = I_n$ $\quad [\operatorname{Re} p > 0;\ |\arg c| < \pi/4]$,

$$I_2 = \frac{2c}{\sqrt{\pi}} K_0(2c\sqrt{p}) + \sqrt{\pi}\, c[K_0(2c\sqrt{p})\mathbf{L}_1(2c\sqrt{p}) + K_1(2c\sqrt{p})\mathbf{L}_0(2c\sqrt{p})],$$

$$I_5 = \frac{1}{2p^2}\Big[1 - (1 + c\sqrt{p})e^{-2c\sqrt{p}}\Big], \quad I_{2m+3} = \frac{m!}{2p^{m+1}}\Bigg[1 - \frac{2\sqrt[4]{c^2 p}}{\sqrt{\pi}} \sum_{k=0}^{m} \frac{(c\sqrt{p})^k}{k!} K_{k-1/2}(2c\sqrt{p})\Bigg].$$

2.8.6. Интегралы от $x^\alpha e^{f(x)} \begin{Bmatrix} \operatorname{erf}(cx) \\ \operatorname{erfc}(cx) \end{Bmatrix}$.

1. $\int_0^\infty e^{-px+c^2x^2} \operatorname{erfc}(cx)\, dx = -\frac{1}{2c\sqrt{\pi}} \exp\left(-\frac{p^2}{4c^2}\right)\left[\pi i \operatorname{erf}\left(\frac{ip}{2c}\right) + \operatorname{Ei}\left(\frac{p^2}{4c^2}\right)\right]$ $\quad [\operatorname{Re} p > 0]$.

2. $\int_0^\infty e^{-px-c^2x^2} \operatorname{erf}(cx)\, dx = \frac{\sqrt{\pi}}{4c} \exp\left(\frac{p^2}{4c^2}\right) \operatorname{erfc}^2\left(\frac{p}{2\sqrt{2}\,c}\right)$ $\quad [|\arg c| < \pi/4]$.

3. $\int_0^\infty x^{\alpha-1} e^{-px\mp c^2x^2} \begin{Bmatrix} \operatorname{erf}(icx) \\ \operatorname{erfc}(cx) \end{Bmatrix} dx =$

$$= \begin{Bmatrix} i \\ 1 \end{Bmatrix} \frac{p^{1-\alpha}\Gamma(\alpha-1)}{c\sqrt{\pi}}\, {}_2F_2\left(1, \frac{1}{2}; \frac{3-\alpha}{2}, 1 - \frac{\alpha}{2}; \pm\frac{p^2}{4c^2}\right) +$$
$$+ \begin{Bmatrix} i \\ 1 \end{Bmatrix} \frac{\Gamma(\alpha/2)}{2c^\alpha} \begin{Bmatrix} \operatorname{tg}(\alpha\pi/2) \\ \sec(\alpha\pi/2) \end{Bmatrix} {}_1F_1\left(\frac{\alpha}{2}; \frac{1}{2}; \pm\frac{p^2}{4c^2}\right) +$$
$$+ \begin{Bmatrix} -i \\ 1 \end{Bmatrix} \frac{p}{2c^{\alpha+1}} \Gamma\left(\frac{\alpha+1}{2}\right) \begin{Bmatrix} \operatorname{ctg}(\alpha\pi/2) \\ \operatorname{cosec}(\alpha\pi/2) \end{Bmatrix} {}_1F_1\left(\frac{\alpha+1}{2}; \frac{3}{2}; \pm\frac{p^2}{4c^2}\right)$$

$[\operatorname{Re} p > 0;\ |\arg c| < \pi/4;\ \operatorname{Re}\alpha > -(1\pm 1)/2]$.

4. $\int_0^\infty x^n e^{-px-c^2x^2} \operatorname{erf}(icx)\, dx = I_n$ $\quad [\operatorname{Re} p > 0;\ |\arg c| < \pi/4]$,

$$I_n = \frac{(-1)^n}{2ic\sqrt{\pi}} \frac{\partial^n}{\partial p^n}\left[\exp\left(\frac{p^2}{4c^2}\right) \operatorname{Ei}\left(-\frac{p^2}{4c^2}\right)\right],$$
$$I_1 = \frac{i}{4pc^3\sqrt{\pi}}\left[4c^2 + p^2 \exp\left(\frac{p^2}{4c^2}\right) \operatorname{Ei}\left(-\frac{p^2}{4c^2}\right)\right].$$

5. $\int_0^\infty x^{\alpha-1} e^{-px-bx^2} \operatorname{erf}(cx)\, dx = \frac{c}{\sqrt{\pi}\, b^{(\alpha+1)/2}} \Gamma\left(\frac{\alpha+1}{2}\right) \Psi_1\left(\frac{\alpha+1}{2}, \frac{1}{2}, \frac{3}{2}, \frac{1}{2}; -\frac{c^2}{b}, \frac{p^2}{4b}\right) -$

$$- \frac{cp}{\sqrt{\pi}\, b^{\alpha/2+1}} \Gamma\left(\frac{\alpha}{2} + 1\right) \Psi_1\left(\frac{\alpha}{2} + 1, \frac{1}{2}, \frac{3}{2}, \frac{3}{2}; -\frac{c^2}{b}, \frac{p^2}{4b}\right)$$

$[\operatorname{Re}\alpha > -1;\ \operatorname{Re} b,\ \operatorname{Re}(b + c^2) > 0]$

или $[\operatorname{Re}\alpha > -1;\ \operatorname{Re} b = \max(0, -\operatorname{Re} c^2);\ \operatorname{Re} p = 0]$,

или $[-1 < \operatorname{Re}\alpha < 0;\ |\arg c| < \pi/4;\ \operatorname{Re} b = \max(0, -\operatorname{Re} c^2);\ \operatorname{Re} p = 0]$,

или $[\operatorname{Re}\alpha < 0;\ \operatorname{Re} c^2 < 0;\ \operatorname{Re} b = \max(0, -\operatorname{Re} c^2);\ \operatorname{Re} p = 0]$.

6. $\int_0^\infty x^{\alpha-1} e^{\mp c^2x^2 - b/x^2} \begin{Bmatrix} \operatorname{erf}(icx) \\ \operatorname{erfc}(cx) \end{Bmatrix} dx = \begin{Bmatrix} -i \\ 1 \end{Bmatrix} \frac{\pi b^{\alpha/4}}{2c^{\alpha/2}} \sec\frac{\alpha\pi}{2} \times$

$$\times \left[\begin{Bmatrix} \mathbf{L}_{\alpha/2}(2c\sqrt{b}) - I_{-\alpha/2}(2c\sqrt{b}) \\ \mathbf{H}_{\alpha/2}(2c\sqrt{b}) - Y_{\alpha/2}(2c\sqrt{b}) \end{Bmatrix}\right]$$

$[\operatorname{Re} p > 0;\ |\arg c| < \pi/4;\ \operatorname{Re}\alpha < 1,\ \alpha \neq -1, -3, \ldots]$.

7. $\int\limits_0^\infty x^{-n} e^{c^2x^2-b/x^2} \operatorname{erfc}(cx)\, dx = I_n$ [$\operatorname{Re} p > 0$; $|\arg c| < \pi/4$],

$$I_1 = \frac{\pi}{2}\left[\mathbf{H}_0(2c\sqrt{b}) - Y_0(2c\sqrt{b})\right], \quad I_2 = \frac{1}{\sqrt{\pi b}}\left[\sin(2c\sqrt{b})\operatorname{ci}(2c\sqrt{b}) - \cos(2c\sqrt{b})\operatorname{si}(2c\sqrt{b})\right],$$

$$I_3 = \frac{\pi c}{2\sqrt{b}}\left[\mathbf{H}_1(2c\sqrt{b}) - Y_1(2c\sqrt{b})\right] - \frac{c}{\sqrt{b}}.$$

2.8.7. Интегралы от $x^\alpha (z \pm x)^\beta e^{px^2} \begin{Bmatrix} \operatorname{erf}(cx) \\ \operatorname{erfc}(cx) \end{Bmatrix}$.

1. $\int\limits_0^a x^{\alpha-1}(a-x)^{\beta-1} e^{c^2x^2} \begin{Bmatrix} \operatorname{erf}(cx) \\ \operatorname{erfc}(cx) \end{Bmatrix} dx =$

$$= \pm \frac{2a^{\alpha+\beta}c}{\sqrt{\pi}} \mathrm{B}(\alpha+1, \beta)\, {}_3F_3\left(1, \frac{\alpha+1}{2}, \frac{\alpha}{2}+1;\ \frac{3}{2}, \frac{\alpha+\beta+1}{2}, \frac{\alpha+\beta}{2}+1;\ a^2c^2\right) +$$

$$+ \begin{Bmatrix} 0 \\ 1 \end{Bmatrix} a^{\alpha+\beta-1} \mathrm{B}(\alpha, \beta)\, {}_2F_2\left(\frac{\alpha}{2}, \frac{\alpha+1}{2};\ \frac{\alpha+\beta}{2}, \frac{\alpha+\beta+1}{2};\ a^2c^2\right)$$

[a, $\operatorname{Re}\beta > 0$; $\operatorname{Re}\alpha > -(1 \pm 1)/2$].

2. $\int\limits_0^\infty \frac{x^{\alpha-1}}{(x+z)^\rho} e^{\mp c^2x^2} \begin{Bmatrix} \operatorname{erf}(icx) \\ \operatorname{erfc}(cx) \end{Bmatrix} dx = \begin{Bmatrix} i \\ -1 \end{Bmatrix} \frac{2cz^{\alpha-\rho+1}}{\sqrt{\pi}} \times$

$$\times \mathrm{B}(\alpha+1, \rho-\alpha-1)\, {}_3F_3\left(1, \frac{\alpha+1}{2}, \frac{\alpha}{2}+1;\ \frac{3}{2}, \frac{3+\alpha-\rho}{2}, 1+\frac{\alpha-\rho}{2};\ \mp c^2z^2\right) \mp$$

$$\mp \begin{Bmatrix} i \\ 1 \end{Bmatrix} \frac{c^{\rho-\alpha}}{2} \begin{Bmatrix} \operatorname{tg}[(\rho-\alpha)\pi/2] \\ \sec[(\rho-\alpha)\pi/2] \end{Bmatrix} \Gamma\left(\frac{\alpha-\rho}{2}\right) {}_2F_2\left(\frac{\rho}{2}, \frac{\rho+1}{2};\ \frac{1}{2}, 1+\frac{\rho-\alpha}{2};\ \mp c^2z^2\right) \pm$$

$$\pm \begin{Bmatrix} i \\ 1 \end{Bmatrix} \frac{c^{\rho-\alpha+1}z\rho}{2} \Gamma\left(\frac{\alpha-\rho-1}{2}\right) \begin{Bmatrix} \operatorname{ctg}[(\alpha-\rho)\pi/2] \\ \operatorname{cosec}[(\alpha-\rho)\pi/2] \end{Bmatrix} \times$$

$$\times {}_2F_2\left(\frac{\rho+1}{2}, \frac{\rho}{2}+1;\ \frac{3}{2}, \frac{3+\rho-\alpha}{2};\ \mp c^2z^2\right) +$$

$$+ \begin{Bmatrix} 0 \\ 1 \end{Bmatrix} z^{\alpha-\rho} \mathrm{B}(\alpha, \rho-\alpha)\, {}_2F_2\left(\frac{\alpha}{2}, \frac{\alpha+1}{2};\ 1+\frac{\alpha-\rho}{2}, \frac{1+\alpha-\rho}{2};\ c^2z^2\right)$$

[$-(1 \pm 1)/2 < \operatorname{Re}\alpha < \operatorname{Re}\rho + 1$; $|\arg c| < \pi/4$; $|\arg z| < \pi$].

3. $\int\limits_0^\infty \frac{x^{\alpha-1}}{x+z} e^{-c^2x^2} \operatorname{erf}(icx)\, dx = \frac{z^{\alpha-1}}{2} e^{-c^2z^2}\left[i^\alpha \operatorname{ctg}\frac{\alpha\pi}{2} \Gamma\left(\frac{\alpha+1}{2}\right) \gamma\left(\frac{1-\alpha}{2}, -c^2z^2\right) +\right.$

$$\left. + i^{\alpha-1} \operatorname{tg}\frac{\alpha\pi}{2} \Gamma\left(\frac{\alpha}{2}\right) \gamma\left(1-\frac{\alpha}{2}, -c^2z^2\right) - \frac{\pi}{\sin\alpha\pi} \operatorname{erf}(icz)\right]$$

[$-1 < \operatorname{Re}\alpha < 2$; $|\arg z| < \pi$; $|\arg c| < \pi/4$].

4. $\int\limits_0^\infty \frac{x^{\alpha-1}}{x-y} e^{\mp c^2x^2} \begin{Bmatrix} \operatorname{erf}(icx) \\ \operatorname{erfc}(cx) \end{Bmatrix} dx = -\pi y^{\alpha-1} \operatorname{ctg}\alpha\pi\, e^{\mp c^2y^2} \begin{Bmatrix} \operatorname{erf}(icy) \\ \operatorname{erfc}(cy) \end{Bmatrix} \mp$

$$\mp \begin{Bmatrix} i \\ 1 \end{Bmatrix} \frac{c^{1-\alpha}}{2} \Gamma\left(\frac{\alpha-1}{2}\right) \begin{Bmatrix} \operatorname{ctg}(\alpha\pi/2) \\ \operatorname{cosec}(\alpha\pi/2) \end{Bmatrix} {}_1F_1\left(1;\ \frac{3-\alpha}{2};\ \mp c^2y^2\right) \pm$$

$$\pm \begin{Bmatrix} i \\ 1 \end{Bmatrix} \frac{c^{2-\alpha}y}{2} \Gamma\left(\frac{\alpha}{2}-1\right) \begin{Bmatrix} \operatorname{tg}(\alpha\pi/2) \\ \cos(\alpha\pi/2) \end{Bmatrix} {}_1F_1\left(1;\ 2-\frac{\alpha}{2};\ \mp c^2y^2\right)$$

[$y > 0$; $-(1 \pm 1)/2 < \operatorname{Re}\alpha < 2$; $|\arg c| < \pi/4$].

5. $\int\limits_{-\infty}^\infty \frac{e^{-c^2x^2}}{x+z} \operatorname{erf}(icx)\, dx = \pi i e^{-c^2z^2}$ [$|\arg c| < \pi/4$; $\operatorname{Im} z \neq 0$].

6. $\displaystyle\int_{-\infty}^{\infty} \frac{e^{-c^2x^2}}{x(x-y)} \operatorname{erf}(icx)\,dx = \frac{\pi i}{y}\left(e^{-c^2y^2} - 1\right)$ $[y > 0;\ |\arg c| < \pi/4]$.

2.8.8. Интегралы от $x^\alpha(z^2 \pm x^2)^\beta e^{px^2}\begin{Bmatrix}\operatorname{erf}(cx)\\ \operatorname{erfc}(cx)\end{Bmatrix}$.

1. $\displaystyle\int_0^a x^{\alpha-1}(a^2-x^2)^{\beta-1}e^{c^2x^2}\begin{Bmatrix}\operatorname{erf}(cx)\\ \operatorname{erfc}(cx)\end{Bmatrix}dx = \pm\frac{a^{\alpha+2\beta-1}c}{\sqrt{\pi}}\,\mathrm{B}\left(\frac{\alpha+1}{2},\,\beta\right)\times$

$\displaystyle\times\,{}_2F_2\left(1,\,\frac{\alpha+1}{2};\,\frac{3}{2},\,\beta+\frac{\alpha+1}{2};\,a^2c^2\right) + \begin{Bmatrix}0\\1\end{Bmatrix}\frac{a^{\alpha+2\beta-2}}{2}\,\mathrm{B}\left(\frac{\alpha}{2},\,\beta\right){}_1F_1\left(\frac{\alpha}{2};\,\frac{\alpha}{2}+\beta;\,a^2c^2\right)$

$[a,\ \operatorname{Re}\beta > 0;\ \operatorname{Re}\alpha > -(1\pm 1)/2]$.

2. $\displaystyle\int_0^a \frac{1}{x\sqrt{a^2-x^2}}\,e^{-c^2x^2}\operatorname{erf}(icx)\,dx = \frac{\pi i}{2a}\operatorname{erf}(ac)$ $[a > 0]$.

3. $\displaystyle\int_0^a x(a^2-x^2)^{\beta-1}e^{-c^2x^2}\operatorname{erf}(icx)\,dx = \frac{ia^{\beta-1/2}}{2c^{\beta+1/2}}\,\Gamma(\beta)e^{-a^2c^2/2}M_{(1-2\beta)/4,\,(1+2\beta)/4}(a^2c^2)$

$[a,\ \operatorname{Re}\beta > 0]$.

4. $\displaystyle\int_0^a \frac{x}{\sqrt{a^2-x^2}}\,e^{c^2x^2}\begin{Bmatrix}\operatorname{erf}(cx)\\ \operatorname{erfc}(cx)\end{Bmatrix}dx = \pm\frac{\sqrt{\pi}}{2c}\left[e^{a^2c^2}\begin{Bmatrix}1\\ \operatorname{erfc}(ac)\end{Bmatrix} - 1\right]$ $[a > 0]$.

5. $\displaystyle\int_0^a x^{-2\beta}(a^2-x^2)^{\beta-1}e^{c^2x^2}\operatorname{erfc}(cx)\,dx = \frac{\Gamma(1-2\beta)}{2^{1/2-\beta}\sqrt{\pi}\,a}\,\Gamma(\beta)e^{a^2c^2/2}D_{2\beta-1}(ac\sqrt{2})$

$[a > 0;\ 0 < \operatorname{Re}\beta < 1/2]$.

6. $\displaystyle\int_a^\infty x^{\alpha-1}(x^2-a^2)^{\beta-1}e^{\mp c^2x^2}\begin{Bmatrix}\operatorname{erf}(cx)\\ \operatorname{erfc}(cx)\end{Bmatrix}dx =$

$\displaystyle= \begin{Bmatrix}i\\-1\end{Bmatrix}\frac{a^{\alpha+2\beta-1}c}{\sqrt{\pi}}\,\mathrm{B}\left(\frac{1-\alpha}{2}-\beta,\,\beta\right){}_2F_2\left(\frac{1+\alpha}{2},\,1;\,\frac{3}{2},\,\frac{1+\alpha}{2}+\beta;\,\mp a^2c^2\right) +$

$\displaystyle+\begin{Bmatrix}0\\1\end{Bmatrix}\frac{a^{\alpha+2\beta-2}}{2}\,\mathrm{B}\left(1-\beta-\frac{\alpha}{2},\,\beta\right){}_1F_1\left(\frac{\alpha}{2};\,\frac{\alpha}{2}+\beta;\,a^2c^2\right) +$

$\displaystyle+\begin{Bmatrix}i\\-1\end{Bmatrix}\frac{c^{2-2\beta-\alpha}}{2}\begin{Bmatrix}\operatorname{tg}(\alpha/2+\beta)\pi\\ \sec(\alpha/2+\beta)\pi\end{Bmatrix}\Gamma\left(\frac{\alpha}{2}+\beta-1\right){}_1F_1\left(1-\beta;\,2-\beta-\frac{\alpha}{2};\,\mp a^2c^2\right)$

$[a,\ \operatorname{Re}\beta > 0;\ \operatorname{Re}(\alpha+2\beta) < 3;\ |\arg c| < \pi/4]$.

7. $\displaystyle\int_0^\infty \frac{x^{\alpha-1}}{(x^2+z^2)^\rho}\,e^{\mp c^2x^2}\begin{Bmatrix}\operatorname{erf}(icx)\\ \operatorname{erfc}(cx)\end{Bmatrix}dx =$

$\displaystyle= \begin{Bmatrix}i\\-1\end{Bmatrix}\frac{cz^{\alpha-2\rho+1}}{\sqrt{\pi}}\,\mathrm{B}\left(\frac{\alpha+1}{2},\,\rho-\frac{\alpha+1}{2}\right){}_2F_2\left(1,\,\frac{\alpha+1}{2};\,\frac{3}{2},\,\frac{3+\alpha}{2}-\rho;\,\mp c^2z^2\right)\mp$

$\displaystyle\mp\begin{Bmatrix}i\\1\end{Bmatrix}\frac{c^{2\rho-\alpha}}{2}\begin{Bmatrix}\operatorname{tg}[(\rho-\alpha/2)\pi]\\ \sec[(\rho-\alpha/2)\pi]\end{Bmatrix}\Gamma\left(\frac{\alpha}{2}-\rho\right){}_1F_1\left(\rho;\,1+\rho-\frac{\alpha}{2};\,\pm c^2z^2\right) +$

$\displaystyle+\begin{Bmatrix}0\\1\end{Bmatrix}\frac{z^{\alpha-2\rho}}{2}\,\mathrm{B}\left(\frac{\alpha}{2},\,\rho-\frac{\alpha}{2}\right){}_1F_1\left(\frac{\alpha}{2};\,1+\frac{\alpha}{2}-\rho;\,-c^2z^2\right)$

$[\operatorname{Re}z > 0;\ -(1\pm 1)/2 < \operatorname{Re}\alpha < 2\operatorname{Re}\rho + 1;\ |\arg c| < \pi/4]$.

8. $\displaystyle\int_0^\infty \frac{x^{\alpha-1}}{x^2+z^2}\,e^{-c^2x^2}\operatorname{erf}(icx)\,dx = \frac{\pi i z^{\alpha-2}}{2\cos(\alpha\pi/2)}\,e^{c^2z^2}\times$

$\displaystyle\times\left[\operatorname{erf}(cz) - \frac{1}{\Gamma(1-\alpha/2)}\,\gamma\left(1-\frac{\alpha}{2},\,c^2z^2\right)\right]$ $[-1 < \operatorname{Re}\alpha < 3;\ \operatorname{Re}z > 0;\ |\arg c| < \pi/4]$.

9. $$\int_0^\infty \frac{x^{\alpha-1}}{x^2+z^2} e^{c^2x^2} \operatorname{erfc}(cx)\,dx = \frac{\pi z^{\alpha-2}}{2\cos(\alpha\pi/2)} e^{-c^2z^2}\left[i \operatorname{erf}(icz) + \frac{i^{\alpha-2}}{\pi}\Gamma\left(\frac{\alpha}{2}\right)\gamma\left(1-\frac{\alpha}{2},\, -c^2z^2\right) + \operatorname{ctg}\frac{\alpha\pi}{2}\right]$$
$[0 < \operatorname{Re}\alpha < 3;\ \operatorname{Re} z > 0;\ |\arg c| < \pi/4]$.

10. $$\int_0^\infty \frac{x^k}{x^2+z^2} e^{-c^2x^2} \operatorname{erf}(icx)\,dx = I_k$$ $[\operatorname{Re} z > 0;\ |\arg c| < \pi/4]$,
$$I_{-1} = \frac{\pi i}{2z^2}[1 - e^{c^2z^2}\operatorname{erfc}(cz)], \qquad I_0 = -\frac{ci}{\sqrt{\pi}}\sum_{k=0}^\infty \frac{2\ln(cz) - \psi(3/2+k)}{(3/2)_k}(cz)^{2k},$$
$$I_1 = \frac{\pi i}{2} e^{c^2z^2}\operatorname{erfc}(cz).$$

11. $$\int_0^\infty \frac{x^k}{(x^2+z^2)^2} e^{-c^2x^2} \operatorname{erf}(icx)\,dx = J_k$$ $[\operatorname{Re} z > 0;\ |\arg c| < \pi/4]$,
$$J_{-1} = \frac{\pi i}{2z^4}[1 - (1 - c^2z^2)e^{c^2z^2}\operatorname{erfc}(cz)] - \frac{\sqrt{\pi}\,ic}{2z^3}, \qquad J_1 = \frac{\pi i c^2}{2} e^{c^2z^2}\operatorname{erf}(cz) - \frac{\sqrt{\pi}\,ic}{2z},$$
$$J_3 = \frac{\pi i}{2}(1 + c^2z^2)e^{c^2z^2}\operatorname{erfc}(cz) - \frac{\sqrt{\pi}\,i}{2}cz.$$

12. $$\int_0^\infty \frac{x^{\alpha-1}}{x^2-y^2} e^{\mp c^2x^2} \begin{Bmatrix} \operatorname{erf}(icx) \\ \operatorname{erfc}(cx) \end{Bmatrix} dx = \frac{\pi}{2} y^{\alpha-2}\operatorname{tg}\frac{\alpha\pi}{2} e^{\mp c^2y^2}\begin{Bmatrix} \operatorname{erf}(icy) \\ \operatorname{erfc}(cy) \end{Bmatrix} - \begin{Bmatrix} 0 \\ 1 \end{Bmatrix}\frac{\pi y^{\alpha-2}}{\sin\alpha\pi} e^{c^2y^2} \pm \begin{Bmatrix} i \\ 1 \end{Bmatrix}\frac{c^{2-\alpha}}{2}\Gamma\left(\frac{\alpha}{2}-1\right)\begin{Bmatrix} \operatorname{tg}(\alpha\pi/2) \\ \sec(\alpha\pi/2) \end{Bmatrix} {}_1F_1\left(1;\ 2-\frac{\alpha}{2};\ \mp c^2y^2\right)$$
$[y > 0;\ |\arg c| < \pi/4;\ -(1\pm 1)/2 < \operatorname{Re}\alpha < 3]$.

2.8.9. Интегралы от $A(x)e^{f(x)}\begin{Bmatrix} \operatorname{erf}(\varphi(x)) \\ \operatorname{erfc}(\varphi(x)) \end{Bmatrix}$.

1. $$\int_0^\infty x^n e^{-px}\begin{Bmatrix} \operatorname{erf}(cx+b) \\ \operatorname{erfc}(cx+b) \end{Bmatrix} dx = (-1)^n \frac{\partial^n}{\partial p^n}\left[\frac{1}{p}\begin{Bmatrix} \operatorname{erf}(b) \\ \operatorname{erfc}(b) \end{Bmatrix} \pm \frac{1}{p}\exp\left(\frac{p^2+4pbc}{4c^2}\right)\operatorname{erfc}\left(b+\frac{p}{2c}\right)\right]$$ $[\operatorname{Re} p > 0;\ |\arg c| < \pi/4]$.

2. $$\int_0^\infty x^{2n+1}e^{-px^2}\begin{Bmatrix} \operatorname{erf}(cx+b) \\ \operatorname{erfc}(cx+b) \end{Bmatrix} dx = \begin{Bmatrix} 0 \\ 1 \end{Bmatrix}\frac{n!}{2p^{n+1}} \pm \frac{(-1)^n}{2}\frac{\partial^n}{\partial p^n}\left[\frac{1}{p}\operatorname{erf}(b) + \frac{c}{p\sqrt{c^2+p}}\exp\left(-\frac{pb^2}{c^2+p}\right)\operatorname{erfc}\left(\frac{bc}{\sqrt{c^2+p}}\right)\right]$$
$[\operatorname{Re} p > 0;\ |\arg c| < \pi/4]$.

3. $$\int_0^\infty x^{\alpha-1}e^{c^2x^2}\operatorname{erfc}(cx+b)\,dx = \frac{\Gamma(\alpha)}{(2c)^\alpha\sqrt{\pi}}\Gamma\left(\frac{1-\alpha}{2},\, b^2\right)$$ $[0 < \operatorname{Re}\alpha < 1;\ |\arg c| < \pi/4]$.

4. $$\int_0^\infty xe^{-px^2}[\operatorname{erf}(cx+b) \pm \operatorname{erf}(cx-b)]\,dx = \pm\frac{c}{p\sqrt{c^2+p}}\exp\left(-\frac{b^2p}{c^2+p}\right)\begin{Bmatrix} 1 \\ B \end{Bmatrix} + \frac{1}{p}\begin{Bmatrix} 0 \\ 1 \end{Bmatrix}\operatorname{erf}(b)$$
$\left[B = \operatorname{erf}(bc/\sqrt{c^2+p});\ \operatorname{Re} p > 0;\ |\arg c| < \pi/4\right]$.

5. $$\int_0^\infty x^3 e^{-px^2}[\operatorname{erf}(cx+b)+\operatorname{erf}(cx-b)]\,dx = \\ = \frac{c}{p^2(c^2+p)^{5/2}}\left[(c^2+p)^2 - \frac{p}{2}(1-2b^2)(c^2+p) - b^2p^2\right]\exp\left(-\frac{b^2p}{c^2+p}\right)$$
$[\operatorname{Re} p > 0;\ |\arg c| < \pi/4]$.

6. $$\int_0^\infty x e^{-px^2}\operatorname{erf}\left(cx \pm \frac{b}{x}\right)dx = \frac{1}{2p}\exp[-2b(\sqrt{c^2+p}\pm c)]\left(\frac{c}{\sqrt{c^2+p}} \mp 1\right) \pm \frac{1}{2p}$$
$[b,\ \operatorname{Re} p > 0;\ |\arg c| < \pi/4]$.

7. $$\int_0^\infty x^{2n+1}e^{-px^2}\operatorname{erfc}\left(cx\pm\frac{b}{x}\right)dx = \\ = \begin{Bmatrix}0\\1\end{Bmatrix}\frac{n!}{2p^{n+1}} \pm \frac{n!\sqrt{b}\,(c^2+p)^{1/4}}{\sqrt{\pi}\,p^{n+1}}e^{\mp 2bc}\sum_{k=0}^{n}\frac{p^k}{k!}\left(\frac{b^2}{c^2+p}\right)^{k/2}\times \\ \times\left[K_{k-1/2}(2b\sqrt{c^2+p}) \mp \frac{c}{\sqrt{c^2+p}}K_{k+1/2}(2b\sqrt{c^2+p})\right]$$
$[b,\ \operatorname{Re}(c^2+p) > 0]$.

2.8.10. Интегралы, содержащие e^{px^m}, гиперболические функции и $\begin{Bmatrix}\operatorname{erf}(cx)\\ \operatorname{erfc}(cx)\end{Bmatrix}$.

1. $$\int_0^\infty e^{-px}\begin{Bmatrix}\operatorname{sh} bx\\ \operatorname{ch} bx\end{Bmatrix}\operatorname{erf}(cx)\,dx = \frac{1}{2}\left[\frac{1}{p-b}\exp\left(\frac{(p-b)^2}{4c^2}\right)\operatorname{erfc}\left(\frac{p-b}{2c}\right)\mp \\ \mp\frac{1}{p+b}\exp\left(\frac{(p+b)^2}{4c^2}\right)\operatorname{erfc}\left(\frac{p+b}{2c}\right)\right]$$
$[\operatorname{Re} p > |\operatorname{Re} b|;\ |\arg c| < \pi/4]$.

2. $$\int_0^\infty e^{-px^2}\operatorname{sh} bx\operatorname{erf}(cx)\,dx = \frac{\sqrt{\pi}}{2\sqrt{p}}\exp\left(\frac{b^2}{4p}\right)\operatorname{erf}\left(\frac{bc}{2\sqrt{c^2p+p^2}}\right)$$
$[\operatorname{Re} p > 0;\ |\arg c| < \pi/4]$.

3. $$\int_0^\infty e^{-px^2}\operatorname{sh}^n bx^2\operatorname{erf}(cx)\,dx = \frac{2^{-n}}{\sqrt{\pi}}\sum_{k=0}^{n}\binom{n}{k}\frac{(-1)^k}{\sqrt{p-nb+2kb}}\operatorname{arctg}\frac{c}{\sqrt{p-nb+2kb}}$$
$[\operatorname{Re} p > n|\operatorname{Re} b|;\ |\arg c| < \pi/4]$.

2.8.11. Интегралы, содержащие тригонометрические функции и $\begin{Bmatrix}\operatorname{erf}(cx)\\ \operatorname{erfc}(cx)\end{Bmatrix}$.

Обозначение: $\delta = \begin{Bmatrix}1\\0\end{Bmatrix}$.

1. $$\int_0^\infty x^{\alpha-1}\begin{Bmatrix}\sin bx\\ \cos bx\end{Bmatrix}\operatorname{erf}(cx)\,dx = U(1)$$
$[b > 0;\ |\arg c| < \pi/4;\ -1-\delta < \operatorname{Re}\alpha < 1]$,

$$U(\gamma) = \frac{(-1)^\gamma b^\delta}{\sqrt{\pi}\,(\alpha+\delta)c^{\alpha+\delta}}\Gamma\left(\frac{1+\alpha+\delta}{2}\right){}_2F_2\left(\frac{1+\alpha}{2},\ \frac{\alpha}{2}+\delta;\ \delta+\frac{1}{2},\ \frac{\alpha+\delta}{2}+1;\ -\frac{b^2}{4c^2}\right) + \\ + \frac{\gamma\Gamma(\alpha)}{b^\alpha}\begin{Bmatrix}\sin(\alpha\pi/2)\\ \cos(\alpha\pi/2)\end{Bmatrix}.$$

2. $$\int_0^\infty x^{\alpha-1}\begin{Bmatrix}\sin bx\\ \cos bx\end{Bmatrix}\operatorname{erfc}(cx)\,dx = U(0)$$
$[b > 0;\ |\arg c| < \pi/4;\ \operatorname{Re}\alpha > -\delta;\ U(\gamma)$ см. в 2.8.11.1$]$.

3. $$\int_0^\infty \begin{Bmatrix} x^{-2}\sin bx \\ x^{-1}\cos bx \end{Bmatrix} \operatorname{erf}(cx)\,dx = -\frac{b^{(1\pm1)/2}}{2}\operatorname{Ei}\left(-\frac{b^2}{4c^2}\right) + \begin{Bmatrix} 1 \\ 0 \end{Bmatrix} c\sqrt{\pi}\operatorname{erf}\left(\frac{b}{2c}\right)$$
$[b > 0;\ |\arg c| < \pi/4]$.

4. $$\int_0^\infty x\cos bx \operatorname{erfc}(cx)\,dx = \frac{1}{2c^2}\exp\left(-\frac{b^2}{4c^2}\right) - \frac{1}{b^2}\left[1-\exp\left(-\frac{b^2}{4c^2}\right)\right]$$
$[b > 0;\ |\arg c| < \pi/4]$.

5. $$\int_0^\infty \begin{Bmatrix} \sin^{2n} bx \\ \cos^{2n} bx \end{Bmatrix} \operatorname{erfc}(cx)\,dx = \frac{1}{2^{2n}b}\left[\binom{2n}{n}\frac{b}{\sqrt{\pi}\,c} - i\sum_{k=0}^{n-1}\frac{(\mp1)^{n-k}}{n-k}\binom{2n}{k}\exp\left(-b^2\frac{(n-k)^2}{c^2}\right)\operatorname{erf}\left(ib\frac{n-k}{c}\right)\right]$$
$[b > 0;\ |\arg c| < \pi/4;\ n = 1, 2, 3, \ldots]$.

6. $$\int_0^\infty \begin{Bmatrix} \sin^{2n+1} bx \\ \cos^{2n+1} bx \end{Bmatrix} \operatorname{erfc}(cx)\,dx = \frac{1}{2^{2n}b}\sum_{k=0}^{n}\frac{(\mp1)^{n+k}}{2n-2k+1}\binom{2n+1}{k}\begin{Bmatrix} A \\ B \end{Bmatrix}$$
$\left[A = 1-\exp\left(-\left(n-k+\frac{1}{2}\right)^2\frac{b^2}{c^2}\right),\ B = -i\exp\left(-\left(n-k+\frac{1}{2}\right)^2\frac{b^2}{c^2}\right)\operatorname{erf}\left(i\left(n-k+\frac{1}{2}\right)\frac{b}{c}\right);\right.$
$\left. b > 0;\ |\arg c| < \pi/4\right]$.

7. $$\int_0^\infty x^{\alpha-1}\begin{Bmatrix} \sin^{2n} bx \\ \cos^{2n} bx \end{Bmatrix} \operatorname{erfc}(cx)\,dx = \frac{1}{2^{2n}\sqrt{\pi}\,\alpha c^{\alpha}}\Gamma\left(\frac{\alpha+1}{2}\right)\times$$
$$\times\left[2\sum_{k=0}^{n-1}(\mp1)^{n-k}\binom{2n}{k}\,{}_2F_2\left(\frac{\alpha}{2},\frac{\alpha+1}{2};\frac{1}{2},\frac{\alpha}{2}+1;-(n-k)^2\left(\frac{b^2}{c^2}\right)+\binom{2n}{n}\right)\right]$$
$[b > 0;\ \operatorname{Re}\alpha > -n \mp n;\ |\arg c| < \pi/4;\ n = 1, 2, 3, \ldots]$.

8. $$\int_0^\infty x^{\alpha-1}\begin{Bmatrix} \sin^{2n+1} bx \\ \cos^{2n+1} bx \end{Bmatrix} \operatorname{erfc}(cx)\,dx = \frac{b^{\delta}}{2^{2n}\sqrt{\pi}\,(\alpha+\delta)c^{\alpha+\delta}}\Gamma\left(\frac{\alpha+\delta+1}{2}\right)\sum_{k=0}^{n}(\mp1)^{n+k}\binom{2n+1}{k}\begin{Bmatrix} 2n-2k+1 \\ 1 \end{Bmatrix}\times$$
$$\times\,{}_2F_2\left(\frac{\alpha+1}{2},\frac{\alpha}{2}+\delta;\frac{1}{2}+\delta,\frac{\alpha+\delta}{2}+1;-\left(n-k+\frac{1}{2}\right)^2\frac{b^2}{c^2}\right)$$
$\left[b > 0;\ \operatorname{Re}\alpha > \begin{Bmatrix} -2n-3 \\ 0 \end{Bmatrix};\ |\arg c| < \pi/4\right]$.

9. $$\int_0^\infty \frac{1}{x}\cos^{2n+1} bx \operatorname{erf}(cx)\,dx = -2^{-2n-1}\sum_{k=0}^{n}\binom{2n+1}{k}\operatorname{Ei}\left[-\left(n-k+\frac{1}{2}\right)^2\frac{b^2}{c^2}\right]$$
$[b > 0;\ |\arg c| < \pi/4]$.

10. $$\int_0^\infty \frac{1}{x^2}\sin^{2n+1} bx \operatorname{erf}(cx)\,dx = \frac{(-1)^{n+1}}{2^{2n}}\sum_{k=0}^{n}(-1)^{k+1}\times$$
$$\times\binom{2n+1}{k}\left\{\sqrt{\pi}\,c\operatorname{erf}\left(\frac{2n-2k+1}{2}\,\frac{b}{c}\right) - \left(n-k+\frac{1}{2}\right)b\operatorname{Ei}\left[-\left(n-k+\frac{1}{2}\right)^2\frac{b^2}{c^2}\right]\right\}$$
$[b > 0;\ |\arg c| < \pi/4]$.

11. $$\int_0^\infty \frac{\sin^2 bx}{x}\operatorname{erfc}(cx)\,dx = \frac{1}{4}\left[C + 2\ln\frac{b}{c} - \operatorname{Ei}\left(-\frac{b^2}{c^2}\right)\right]$$
$[b > 0;\ |\arg c| < \pi/4]$.

12. $$\int_0^\infty \begin{Bmatrix} \sin(bx+a) \\ \cos(bx+a) \end{Bmatrix} \operatorname{erfc}(cx)\,dx =$$
$$= \frac{1}{b}\left[\begin{Bmatrix} \cos a \\ \sin a \end{Bmatrix} \mp \exp\left(-\frac{b^2}{4c^2}\right)\left(\begin{Bmatrix} \cos a \\ \sin a \end{Bmatrix} \pm i\begin{Bmatrix} \sin a \\ \cos a \end{Bmatrix} \operatorname{erf}\left(\frac{ib}{2c}\right)\right)\right] \qquad [a,\ b,\ c > 0].$$

13. $$\int_{-\infty}^\infty \frac{1}{x}\begin{Bmatrix} \sin(bx+a) \\ \cos(bx+a) \end{Bmatrix} \operatorname{erf}(cx)\,dx = -\operatorname{Ei}\left(-\frac{b^2}{4c^2}\right)\begin{Bmatrix} \sin a \\ \cos a \end{Bmatrix} \qquad [a,\ b > 0;\ |\arg c| < \pi/4].$$

14. $$\int_0^\infty x^{-n}(\cos ax - \cos bx)\operatorname{efr}(cx)\,dx = I_n \qquad [a,\ b > 0;\ |\arg c| < \pi/4],$$
$$I_2 = \frac{1}{2\sqrt{\pi}\,c}\left[b^2\,{}_3F_3\left(\frac{1}{2},\,1,\,1;\ \frac{3}{2},\,\frac{3}{2},\,2;\ -\frac{b^2}{4c^2}\right) - a^2\,{}_3F_3\left(\frac{1}{2},\,1,\,1;\ \frac{3}{2},\,\frac{3}{2},\,2;\ -\frac{a^2}{4c^2}\right)\right],$$
$$I_3 = \sqrt{\pi}\,c\left[b\operatorname{erf}\left(\frac{b}{2c}\right) - a\operatorname{erf}\left(\frac{a}{2c}\right)\right] + c^2\left[\exp\left(-\frac{b^2}{4c^2}\right) - \exp\left(-\frac{a^2}{4c^2}\right)\right] -$$
$$- \frac{1}{4}\left[b^2\operatorname{Ei}\left(-\frac{b^2}{4c^2}\right) - a^2\operatorname{Ei}\left(-\frac{a^2}{4c^2}\right)\right].$$

15. $$\int_0^\infty \frac{1}{x}\begin{Bmatrix} \sin ax \sin bx \\ \cos ax \cos bx \end{Bmatrix} \operatorname{erf}(cx)\,dx = -\frac{1}{4}\left[\operatorname{Ei}\left(-\frac{(b-a)^2}{4c^2}\right) \mp \operatorname{Ei}\left(-\frac{(b+a)^2}{4c^2}\right)\right]$$
$$[a,\ b > 0;\ a \neq b;\ |\arg c| < \pi/4].$$

16. $$\int_0^\infty \begin{Bmatrix} \sin bx^2 \\ \cos bx^2 \end{Bmatrix} \operatorname{erf}(cx)\,dx = \frac{1}{4\sqrt{2\pi b}}\left(\pm\ln\frac{b + c^2 + c\sqrt{2b}}{b + c^2 - c\sqrt{2b}} + 2\operatorname{arctg}\frac{c\sqrt{2b}}{b - c^2}\right)$$
$$[b > 0;\ |\arg c| < \pi/4].$$

17. $$\int_0^\infty \begin{Bmatrix} \sin c^2x^2 \\ \cos c^2x^2 \end{Bmatrix} \operatorname{erf}(cx)\,dx = \frac{1}{4c\sqrt{2\pi}}\left[\pi + 2\ln(3 \pm 2\sqrt{2})\right] \qquad [c > 0].$$

18. $$\int_0^\infty x^{\alpha-1}\begin{Bmatrix} \sin bx^2 \\ \cos bx^2 \end{Bmatrix} \operatorname{erf}(cx)\,dx = -\frac{b^\delta}{\sqrt{\pi}\,(\alpha+2\delta)c^{\alpha+2\delta}}\,\Gamma\left(\frac{1+\alpha}{2} + \delta\right) \times$$
$$\times\,{}_3F_2\left(\frac{\alpha+3}{4},\ \frac{\alpha+2\delta}{4},\ \delta + \frac{\alpha+1}{4};\ \frac{\alpha+2\delta}{4} + 1,\ \delta + \frac{1}{2};\ -\frac{b^2}{c^4}\right) + \frac{1}{2b^{\alpha/2}}\,\Gamma\left(\frac{\alpha}{2}\right)\begin{Bmatrix} \sin(\alpha\pi/4) \\ \cos(\alpha\pi/4) \end{Bmatrix}$$
$$[b > 0;\ -(2 \pm 1) < \operatorname{Re}\alpha < 2;\ |\arg c| < \pi/4].$$

19. $$\int_0^\infty \frac{1}{x^2}\sin bx^2 \operatorname{erf}(cx)\,dx = \frac{c}{\sqrt{\pi}}\ \operatorname{arctg}\frac{b}{c^2} + \sqrt{\frac{b}{2\pi}}\ \operatorname{arctg}\frac{c\sqrt{2b}}{b - c^2} + \frac{1}{2}\sqrt{\frac{b}{2\pi}}\ \ln\frac{b + c^2 - c\sqrt{2b}}{b + c^2 + c\sqrt{2b}}$$
$$[b > 0;\ |\arg c| < \pi/4].$$

20. $$\int_0^\infty x\begin{Bmatrix} \sin bx^2 \\ \cos bx^2 \end{Bmatrix} \operatorname{erfc}(cx)\,dx = \begin{Bmatrix} 1 \\ 0 \end{Bmatrix}\frac{1}{2b} \mp \frac{c(\sqrt{b^2 + c^4} \mp c^2)^{-1/2}}{2\sqrt{2(b^2 + c^4)}} \qquad [b > 0;\ |\arg c| < \pi/4].$$

21. $$\int_0^\infty x\cos^{2n+1} bx^2 \operatorname{erfc}(cx)\,dx =$$
$$= \frac{c}{2^{2n+3/2}}\sum_{k=0}^{n} \frac{\dbinom{2n+1}{k}}{\sqrt{c^4 + (2n-2k+1)^2b^2}\ \sqrt{c^2 + \sqrt{c^4 + (2n-2k+1)^2b^2}}}$$
$$[b > 0;\ |\arg c| < \pi/4].$$

22. $\int\limits_0^\infty \frac{1}{x^3}\left\{\begin{matrix}\sin(b/x^2)\\ \cos(b/x^2)\end{matrix}\right\}\operatorname{erf}(cx)\,dx = \frac{1}{2b}\left[\left\{\begin{matrix}1\\0\end{matrix}\right\} \mp e^{-c\sqrt{2b}}\left\{\begin{matrix}\cos(c\sqrt{2b})\\ \sin(c\sqrt{2b})\end{matrix}\right\}\right]$

$[b>0;\ |\arg c|<\pi/4]$.

23. $\int\limits_0^\infty \operatorname{tg} bx \operatorname{erfc}(cx)\,dx = \frac{1}{b}\left[\sum_{k=1}^{\infty}\frac{(-1)^k}{k}\exp\left(-\frac{k^2b^2}{c^2}\right)+\ln 2\right]$ $[b>0;\ |\arg c|<\pi/4]$.

24. $\int\limits_0^\infty \frac{\sin nbx}{\sin bx}\operatorname{erfc}(cx)\,dx = \frac{1}{\sqrt{\pi}\,c}\left(n-2\left[\frac{n}{2}\right]\right) - \frac{2i}{b}\sum_{k=1}^{[n/2]}\frac{1}{l_k}\exp\left(-\frac{l_k^2b^2}{4c^2}\right)\operatorname{erf}\left(\frac{il_kb}{2c}\right)$

$\left[l_k = \left\{\begin{matrix}2k,\ n=1,\,3,\,5,\,\ldots,\\ 2k-1,\ n=2,\,4,\,6,\,\ldots,\end{matrix}\right. \quad b>0;\ |\arg c|<\pi/4\right]$.

25. $\int\limits_0^\infty \frac{\sin 2nbx}{\cos bx}\operatorname{erfc}(cx)\,dx = \frac{2}{b}\sum_{k=1}^{n}\frac{(-1)^{n-k}}{2k-1}\left[1-\exp\left(-\left(k-\frac{1}{2}\right)^2\frac{b^2}{c^2}\right)\right]$

$[b>0;\ |\arg c|<\pi/4]$.

26. $\int\limits_0^\infty \frac{\cos(2n+1)bx}{\cos bx}\operatorname{erfc}(cx)\,dx = \frac{(-1)^n}{\sqrt{\pi}\,c} - \frac{i}{b}\sum_{k=1}^{n}\frac{(-1)^{n-k}}{k}\exp\left(-\frac{k^2b^2}{c^2}\right)\operatorname{erf}\left(\frac{ikb}{c}\right)$

$[b>0;\ |\arg c|<\pi/4]$.

27. $\int\limits_0^\infty \frac{\sin(2n+1)bx}{x\sin bx}[\operatorname{erf}(ax)-\operatorname{erf}(cx)]\,dx = \ln\frac{a}{c} + \sum_{k=1}^{n}\left[\operatorname{Ei}\left(-\frac{k^2b^2}{c^2}\right)-\operatorname{Ei}\left(-\frac{k^2b^2}{a^2}\right)\right]$

$[b>0;\ |\arg a|,\ |\arg c|<\pi/4]$.

28. $\int\limits_0^\infty \frac{\sin(4n+1)bx}{x\cos bx}[\operatorname{erf}(ax)-\operatorname{erf}(cx)]\,dx = \ln\frac{a}{c} + \sum_{k=1}^{2n}(-1)^k\left[\operatorname{Ei}\left(-\frac{k^2b^2}{c^2}\right)-\operatorname{Ei}\left(-\frac{k^2b^2}{a^2}\right)\right]$

$[b>0;\ |\arg a|,\ |\arg c|<\pi/4]$.

29. $\int\limits_0^\infty \frac{1}{x}\left\{\begin{matrix}\sin^2 bx\\ \cos^2 bx\end{matrix}\right\}[\operatorname{erf}(ax)-\operatorname{erf}(cx)]\,dx = \frac{1}{2}\ln\frac{a}{c} \pm \frac{1}{4}\left[\operatorname{Ei}\left(-\frac{b^2}{a^2}\right)-\operatorname{Ei}\left(-\frac{b^2}{c^2}\right)\right]$

$[b>0;\ |\arg a|,\ |\arg c|<\pi/4]$.

2.8.12. Интегралы, содержащие тригонометрические функции и $\left\{\begin{matrix}\operatorname{erf}(cx+d)\\ \operatorname{erfc}(cx+d)\end{matrix}\right\}$.

1. $\int\limits_0^\infty \left\{\begin{matrix}\sin bx\\ \cos bx\end{matrix}\right\}\operatorname{erfc}(cx+a)\,dx = \left\{\begin{matrix}1\\0\end{matrix}\right\}\frac{1}{b}\operatorname{erfc}(a) -$

$- \left\{\begin{matrix}1\\i\end{matrix}\right\}\frac{1}{2b}\exp\left(-\frac{b^2}{4c^2}\right)\left[\pm e^{iab/c}\operatorname{erfc}\left(a+i\frac{b}{2c}\right)+e^{-iab/c}\operatorname{erfc}\left(a-i\frac{b}{2c}\right)\right]$ $[b,\ c>0]$.

2. $\int\limits_0^\infty \left\{\begin{matrix}\sin^{2n} bx\\ \cos^{2n} bx\end{matrix}\right\}[\operatorname{erf}(cx+a)-\operatorname{erf}(cx-a)]\,dx = \frac{1}{2^{2n-1}b}\left[\binom{2n}{n}\frac{ab}{c} +\right.$

$\left. + \sum_{k=0}^{n-1}\frac{(\mp 1)^{n-k}}{n-k}\binom{2n}{k}\exp\left(-\frac{(n-k)^2b^2}{c^2}\right)\sin\frac{2(n-k)ab}{c}\right]$ $[a,\ b,\ c>0]$.

3. $\int\limits_0^\infty \cos^{2n+1} bx[\operatorname{erf}(cx+a)-\operatorname{erf}(cx-a)]\,dx =$

$= \frac{1}{2^{2n-1}b}\sum_{k=0}^{n}\frac{1}{2n-2k+1}\binom{2n+1}{k}\exp\left[-\frac{(2n-2k+1)^2b^2}{4c^2}\right]\sin\frac{(2n-2k+1)ab}{c}$

$[a,\ b,\ c>0]$.

2.8.13. Интегралы, содержащие $\left\{\begin{matrix} \operatorname{erf}(\varphi(\sin x,\,\cos x)) \\ \operatorname{erfc}(\varphi(\sin x,\,\cos x)) \end{matrix}\right\}$.

1. $$\int_0^{\pi/2} \sin(2n+1)x \operatorname{erf}(c\sin x)\,dx = \frac{\sqrt{\pi}\,c}{2(2n+1)}\,e^{-c^2/2}\left[I_n\left(\frac{c^2}{2}\right) + I_{n+1}\left(\frac{c^2}{2}\right)\right].$$

2. $$\int_0^{\pi/2} \left\{\begin{matrix} \sin 2x \\ \cos 2x \end{matrix}\right\} \operatorname{erf}(c\operatorname{tg} x)\,dx = \pm\pi^{\pm 1/2} c e^{c^2} \left\{\begin{matrix} \operatorname{erfc}(c) \\ \operatorname{Ei}(-c^2) \end{matrix}\right\}.$$

3. $$\int_0^{\pi/2^\sigma} \cos bx \operatorname{erf}(c\sin x)\,dx = \frac{2^{2-\sigma} c\cos^{2-\sigma}(b\pi/2)}{\sqrt{\pi}\,(1-b^2)}\;{}_2F_2\left(\frac{1}{2},\,1;\;\frac{3-b}{2},\,\frac{3+b}{2};\;-c^2\right)$$

$[\sigma = 0$ или $1]$.

4. $$\int_0^{\pi} \sin nx \operatorname{erf}(c\sin x)\,dx = \frac{1-(-1)^n}{2}\,\frac{c^n}{n!}\,\Gamma\left(\frac{n}{2}\right)\,{}_1F_1\left(\frac{n}{2};\;n+1;\;-c^2\right).$$

5. $$\int_0^{\pi} \frac{1}{\sin x} \operatorname{erf}\left(\frac{c\sin x}{a+b\cos x}\right)dx = \frac{2c\sqrt{\pi}}{\sqrt{a^2-b^2}}\;{}_2F_2\left(\frac{1}{2},\,\frac{1}{2};\;1,\,\frac{3}{2};\;\frac{c^2}{b^2-a^2}\right) \qquad [a>b>0;\ c>0].$$

6. $$\int_0^{n\pi} x\operatorname{erf}(c\sin x)\,dx = (-1)^{n+1} 2\sqrt{\pi}\,nc\;{}_2F_2\left(\frac{1}{2},\,1;\;\frac{3}{2},\,\frac{3}{2};\;-c^2\right).$$

7. $$\int_{m\pi}^{n\pi} \frac{x}{\cos x} \operatorname{erf}(c\cos x)\,dx = \pi^{3/2}(n^2-m^2)c\;{}_2F_2\left(\frac{1}{2},\,\frac{1}{2};\;1,\,\frac{3}{2};\;-c^2\right).$$

2.8.14. Интегралы, содержащие x^α, e^{px^2}, тригонометрические функции и $\left\{\begin{matrix} \operatorname{erf}(cx+d) \\ \operatorname{erfc}(cx+d) \end{matrix}\right\}$.

1. $$\int_0^{\infty} e^{px^2} \sin bx \operatorname{erfc}(cx)\,dx = \frac{1}{2}\sqrt{\frac{\pi}{p}}\,\exp\left(\frac{b^2}{4p}\right)\left[\operatorname{erf}\left(\frac{bc}{2\sqrt{c^2p-p^2}}\right) - \operatorname{erf}\left(\frac{b}{2\sqrt{p}}\right)\right]$$

$[b,\ \operatorname{Re}(c^2-p) > 0;\ |\arg c| < \pi/4]$.

2. $$\int_0^{\infty} xe^{-px^2} \cos bx \operatorname{erf}(cx)\,dx = \frac{c}{2p\sqrt{c^2+p}}\exp\left(-\frac{c^2}{4c^2+4p}\right) + $$
$$+\frac{ib\sqrt{\pi}}{4p^{3/2}}\exp\left(-\frac{b^2}{4p}\right)\operatorname{erf}\left(\frac{ibc}{a\sqrt{c^2p+p^2}}\right) \qquad [b,\ \operatorname{Re} p > 0;\ |\arg c| < \pi/4].$$

3. $$\int_0^{\infty} x^{2n} e^{-px^2} \sin bx \operatorname{erf}(cx)\,dx = (-1)^{n+1} i\,\frac{\sqrt{\pi}}{2\sqrt{p}}\,\frac{\partial^{2n}}{\partial b^{2n}}\left[\exp\left(-\frac{b^2}{4p}\right)\operatorname{erf}\left(\frac{ibc}{a\sqrt{c^2p+p^2}}\right)\right]$$

$[b,\ \operatorname{Re} p > 0;\ |\arg c| < \pi/4]$.

4. $$\int_0^{\infty} e^{-c^2x^2} \sin bx \operatorname{erf}(icx)\,dx = \frac{\sqrt{\pi}\,i}{2c}\exp\left(-\frac{b^2}{4c^2}\right) \qquad [b>0;\ |\arg c| < \pi/4].$$

5. $$\int_0^{\infty} e^{c^2x^2} \left\{\begin{matrix} \sin bx \\ \cos bx \end{matrix}\right\} \operatorname{erfc}(cx)\,dx = \pm\frac{\pi^{\pm 1/2}}{2c}\exp\left(\frac{b^2}{4c^2}\right)\left\{\begin{matrix} \operatorname{erfc}[b/(2c)] \\ \operatorname{Ei}[-b^2/(4c^2)] \end{matrix}\right\}$$

$[b>0;\ |\arg c| < \pi/4]$.

6. $$\int_0^\infty x^{\alpha-1}e^{-c^2x^2}\left\{\begin{matrix}\sin bx\\ \cos bx\end{matrix}\right\}\operatorname{erf}(icx)\,dx = U(1)$$

$$\left[b>0;\ -1-\delta<\operatorname{Re}\alpha<2;\ |\arg c|<\pi/4,\ \delta=\left\{\begin{matrix}1\\0\end{matrix}\right\}\right],$$

$$U(\gamma) = \mp\frac{i^\gamma b^{1-\alpha}\Gamma(\alpha-1)}{c\sqrt{\pi}}\left\{\begin{matrix}\cos(\alpha\pi/2)\\ \sin(\alpha\pi/2)\end{matrix}\right\}{}_2F_2\left(1,\ \frac{1}{2};\ \frac{3-\alpha}{2},\ 1-\frac{\alpha}{2};\ (-1)^\gamma\frac{b^2}{4c^2}\right)\mp$$
$$\mp\frac{i^\gamma b^\delta}{2c^{\alpha+\delta}}\Gamma\left(\frac{\alpha+\delta}{2}\right)\left\{\begin{matrix}\cos(\alpha\pi/2)\\ \sin(\alpha\pi/2)\end{matrix}\right\}^\gamma\left\{\begin{matrix}\operatorname{cosec}(\alpha\pi/2)\\ \sec(\alpha\pi/2)\end{matrix}\right\}{}_1F_1\left(\frac{\alpha+\delta}{2};\ \delta+\frac{1}{2};\ (-1)^\gamma\frac{b^2}{4c^2}\right).$$

7. $$\int_0^\infty x^{\alpha-1}e^{c^2x^2}\left\{\begin{matrix}\sin bx\\ \cos bx\end{matrix}\right\}\operatorname{erfc}(cx)\,dx = U(0)$$

$$\left[b>0;\ -\delta<\operatorname{Re}\alpha<2;\ |\arg c|<\pi/4,\ \delta=\left\{\begin{matrix}1\\0\end{matrix}\right\},\ U(\gamma)\text{ см. в 2.8.14.6}\right].$$

8. $$\int_0^\infty \frac{1}{x}e^{-kc^2x^2}\cos bx\operatorname{erf}(icx)\,dx = \frac{\pi i}{2k}\operatorname{erfc}\left(\frac{b}{2\sqrt{k}\,c}\right)\qquad [k=1,\ 2;\ b>0;\ |\arg c|<\pi/4].$$

9. $$\int_0^\infty \frac{1}{x^2}e^{-kc^2x^2}\sin bx\operatorname{erf}(icx)\,dx = I_k\qquad [b>0;\ |\arg c|<\pi/4],$$

$$I_1 = i\sqrt{\pi}\,c\left[1-\exp\left(-\frac{b^2}{4c^2}\right)\right]+\frac{\pi ib}{2}\operatorname{erfc}\left(\frac{b}{2c}\right),$$
$$I_2 = \frac{\pi ib}{4}\left[1-\operatorname{erf}^2\left(\frac{b}{2\sqrt{2}\,c}\right)\right]+\sqrt{\pi}\,ic\operatorname{erf}\left(\frac{b}{2c}\right)-ic\exp\left(-\frac{b^2}{8c^2}\right)\operatorname{erf}\left(\frac{b}{2\sqrt{2}\,c}\right).$$

10. $$\int_0^\infty e^{-px^2}\sin^{2n+1}bx\operatorname{erf}(cx)\,dx = \frac{i\sqrt{\pi}}{2^{2n+1}\sqrt{p}}\sum_{k=0}^n(-1)^{n+k-1}\binom{2n+1}{k}\times$$
$$\times\exp\left[-\left(n-k+\frac{1}{2}\right)^2\frac{b^2}{p}\right]\operatorname{erf}\left(ibc\frac{2n-2k+1}{2\sqrt{c^2p+p^2}}\right)\qquad [b,\ \operatorname{Re}p>0;\ |\arg c|<\pi/4].$$

11. $$\int_0^\infty e^{-c^2x^2}\sin^{2n+1}bx\operatorname{erf}(icx)\,dx = \frac{i\sqrt{\pi}}{2^{2n+1}c}\sum_{k=0}^n(-1)^{n+k}\binom{2n+1}{k}\times$$
$$\times\exp\left[-\left(n-k+\frac{1}{2}\right)^2\frac{b^2}{c^2}\right]\qquad [b>0;\ |\arg c|<\pi/4].$$

12. $$\int_0^\infty \frac{1}{x}e^{-c^2x^2}\sin^2 bx\operatorname{erf}(icx)\,dx = \frac{\pi i}{4}\operatorname{erf}\left(\frac{b}{c}\right)\qquad [b>0;\ |\arg c|<\pi/4].$$

13. $$\int_0^\infty x^{\alpha-1}e^{-c^2x^2}\left\{\begin{matrix}\sin bx^2\\ \cos bx^2\end{matrix}\right\}\operatorname{erf}(icx)\,dx = V(1)$$

$$\left[b>0;\ -1-2\delta<\operatorname{Re}\alpha<3;\ |\arg c|<\pi/4,\ \delta=\left\{\begin{matrix}1\\0\end{matrix}\right\}\right],$$

$$V(\gamma) = \frac{i^\gamma b^{(1-\alpha)/2}}{2c\sqrt{\pi}}\Gamma\left(\frac{\alpha-1}{2}\right)\left\{\begin{matrix}\sin[(\alpha-1)\pi/4]\\ \cos[(\alpha-1)\pi/4]\end{matrix}\right\}{}_3F_2\left(1,\ \frac{1}{4},\ \frac{3}{4};\ \frac{5-\alpha}{4},\ \frac{3-\alpha}{4};\ -\frac{b^2}{c^4}\right)+$$
$$+\frac{(-i)^\gamma b^{(3-\alpha)/2}}{4c^3\sqrt{\pi}}\Gamma\left(\frac{\alpha-3}{2}\right)\left\{\begin{matrix}\sin[(\alpha+1)\pi/4]\\ \cos[(\alpha+1)\pi/4]\end{matrix}\right\}{}_3F_2\left(1,\ \frac{3}{4},\ \frac{5}{4};\ \frac{5-\alpha}{4},\ \frac{7-\alpha}{4};\ -\frac{b^2}{c^4}\right)\mp$$
$$\mp\frac{(\mp i)^\gamma b^\delta}{2c^{\alpha+2\delta}}\Gamma\left(\frac{\alpha}{2}+\delta\right)\frac{\sin^\gamma(\alpha\pi/2)}{\cos(\alpha\pi/2)}\,{}_2F_1\left(\frac{\alpha+2}{4},\ \frac{\alpha}{4}+\delta;\ \delta+\frac{1}{2};\ -\frac{b^2}{c^4}\right).$$

14. $\displaystyle\int\limits_0^\infty x^{\alpha-1}e^{c^2x^2}\left\{\begin{matrix}\sin bx^2\\ \cos bx^2\end{matrix}\right\}\operatorname{erfc}(cx)\,dx = V(0)$

$\left[b>0;\ -2\delta<\operatorname{Re}\alpha<3;\ |\arg c|<\pi/4;\ \delta=\left\{\begin{matrix}1\\0\end{matrix}\right\},\ V(\gamma)\ \text{см. в 2.8.14.13}\right].$

15. $\displaystyle\int\limits_0^\infty xe^{-px^2}\left\{\begin{matrix}\sin bx^2\\ \cos bx^2\end{matrix}\right\}\operatorname{erf}(cx)\,dx =$

$$= \frac{c}{2\sqrt{2}}\,\frac{b\sqrt{\sqrt{(c^2+p)^2+b^2}\pm c^2\pm p}\mp p\sqrt{\sqrt{(c^2+p)^2+b^2}\mp c^2\mp p}}{c^2+p\sqrt{(c^2+p)^2+b^2}}$$

$[b,\ \operatorname{Re}p>0;\ |\arg c|<\pi/4].$

16. $\displaystyle\int\limits_0^\infty e^{c^2x^2}\cos bx\operatorname{erfc}(cx+a)\,dx = -\frac{1}{2\sqrt{\pi}\,c}\exp\left(\frac{b^2}{4c^2}\right)\operatorname{Ei}\left(-a^2-\frac{b^2}{4c^2}\right)$

$[a,\ b>0;\ |\arg c|<\pi/4].$

17. $\displaystyle\int\limits_0^\infty e^{c^2x^2}\sin bx\operatorname{erfc}\left(cx+\frac{b}{2c}\right)dx = \frac{\sqrt{\pi}}{4c}\left[1-\operatorname{erf}^2\left(\frac{b}{2c}\right)\right]$ $[b>0;\ |\arg c|<\pi/4].$

2.8.15. Интегралы, содержащие гиперболические, тригонометрические функции и $\operatorname{erfc}(cx+d)$.

1. $\displaystyle\int\limits_0^\infty \left\{\begin{matrix}\operatorname{sh}bx\sin bx\\ \operatorname{ch}bx\cos bx\end{matrix}\right\}\operatorname{erfc}(cx)\,dx = \frac{1}{b}\left[\left\{\begin{matrix}\sin\varphi\\ \cos\varphi\end{matrix}\right\}C(\varphi)\mp\left\{\begin{matrix}\cos\varphi\\ \sin\varphi\end{matrix}\right\}S(\varphi)\right]$

$[\varphi=b^2/(2c^2);\ |\arg c|<\pi/4].$

2. $\displaystyle\int\limits_0^\infty \left\{\begin{matrix}\operatorname{sh}ax\cos bx\\ \operatorname{ch}ax\sin bx\end{matrix}\right\}\operatorname{erfc}(cx)\,dx =$

$$= \frac{1}{a^2+b^2}\left[\exp\left(\frac{a^2-b^2}{4c^2}\right)\left(\left\{\begin{matrix}b\\a\end{matrix}\right\}\sin\frac{ab}{2c}\pm\left\{\begin{matrix}a\\b\end{matrix}\right\}\cos\frac{ab}{2c}\right)\mp\left\{\begin{matrix}a\\b\end{matrix}\right\}\right]$$ $[|\arg c|<\pi/4].$

3. $\displaystyle\int\limits_0^\infty \left\{\begin{matrix}\operatorname{sh}bx\sin bx\\ \operatorname{ch}bx\cos bx\end{matrix}\right\}\operatorname{erfc}(cx)\,dx = \frac{1}{2b}\left[\frac{b^2}{c^2}\left\{\begin{matrix}\sin[b^2/(2c^2)]\\ \cos[b^2/(2c^2)]\end{matrix}\right\}\pm\left\{\begin{matrix}\cos[b^2/(2c^2)]\\ \sin[b^2/(2c^2)]\end{matrix}\right\}-\left\{\begin{matrix}1\\0\end{matrix}\right\}\right]$

$[|\arg c|<\pi/4].$

4. $\displaystyle\int\limits_0^\infty \left\{\begin{matrix}\operatorname{sh}bx\\ \operatorname{ch}bx\end{matrix}\right\}\operatorname{erfc}(cx+a)\,dx = -\frac{1}{b}\left\{\begin{matrix}1\\0\end{matrix}\right\}\operatorname{erfc}(a)+\frac{1}{2b}\exp\left(\frac{b^2}{4c^2}\right)\times$

$$\times\left[\pm e^{ab/c}\operatorname{erfc}\left(a+\frac{b}{2c}\right)+e^{-ab/c}\operatorname{erfc}\left(a-\frac{b}{2c}\right)\right]$$ $[|\arg c|<\pi/4].$

2.8.16. Интегралы, содержащие логарифмическую функцию и $\left\{\begin{matrix}\operatorname{erf}(cx)\\ \operatorname{erfc}(cx)\end{matrix}\right\}$.

1. $\displaystyle\int\limits_0^1 x^{\alpha-1}\ln^n x\operatorname{erf}(cx)\,dx =$

$$= \frac{(-1)^n n!}{(\alpha+1)^{n+1}}\,\frac{2c}{\sqrt{\pi}}\,{}_{n+2}F_{n+2}\left(\frac{1}{2},\ \frac{\alpha+1}{2},\ \ldots,\ \frac{\alpha+1}{2};\ \frac{3}{2},\ \frac{\alpha+3}{2},\ \ldots,\ \frac{\alpha+3}{2};\ -c^2\right)$$

$[\operatorname{Re}\alpha>-1].$

2. $\int\limits_0^\infty x^{\alpha-1} \ln^n x \operatorname{erf}(cx)\, dx = -\frac{1}{\sqrt{\pi}} \frac{\partial^n}{\partial \alpha^n}\left[\frac{c^{-\alpha}}{\alpha} \Gamma\left(\frac{\alpha+1}{2}\right)\right]$ $[-1 < \operatorname{Re}\alpha < 0;\ |\arg c| < \pi/4]$.

3. $\int\limits_0^\infty \ln^n x \operatorname{erfc}(cx)\, dx = I_n$ $[|\arg c| < \pi/4]$,

$$I_1 = -\frac{1}{\sqrt{\pi}\, c}\left(1 + \frac{\mathbf{C}}{2} + \ln c\right), \quad I_2 = \frac{1}{\sqrt{\pi}\, c}\left[\frac{\mathbf{C}^2}{4} + \mathbf{C}(\ln c + 1) + \frac{\pi^2}{24} + 2 + \ln c(2 + \ln c)\right],$$

$$I_3 = -\frac{1}{8\sqrt{\pi}\, c}\left[\mathbf{C}^3 + 6\mathbf{C}^2 + \mathbf{C}\left(\frac{\pi^2}{2} + 24\right) + \pi^2 + 48 - \psi''(1) + \right.$$
$$\left. + (6\mathbf{C}^2 + 24\mathbf{C} + \pi^2 + 48)\ln c + 12(\mathbf{C} + 2)\ln^2 c + 8\ln^3 c\right].$$

4. $\int\limits_0^\infty x^{\alpha-1} \ln(x^2 + z^2) \begin{Bmatrix} \operatorname{erf}(cx) \\ \operatorname{erfc}(cx) \end{Bmatrix} dx = U(1)$ $\left[\operatorname{Re} z > 0;\ |\arg c| < \pi/4,\ \begin{Bmatrix} -1 < \operatorname{Re}\alpha < 0 \\ 0 < \operatorname{Re}\alpha \end{Bmatrix}\right]$,

$$U(\gamma) = \mp\frac{(-1)^\gamma 2\sqrt{\pi}\, c z^{\alpha+1} \sin^{1-\gamma}(\alpha\pi/2)}{(\alpha+1)\cos(\alpha\pi/2)}\, {}_2F_2\left(\frac{1}{2},\ \frac{\alpha+1}{2};\ \frac{3}{2},\ \frac{\alpha+3}{2};\ (-1)^{1-\gamma} c^2 z^2\right) \mp$$
$$\mp \frac{(-1)^\gamma c^{2-\alpha} z^2}{(2-\alpha)\sqrt{\pi}} \Gamma\left(\frac{\alpha-1}{2}\right) {}_3F_3\left(1 - \frac{\alpha}{2},\ 1,\ 1;\ 2,\ 2 - \frac{\alpha}{2},\ \frac{3-\alpha}{2};\ (-1)^{1-\gamma} c^2 z^2\right) \pm$$
$$\pm \frac{1}{\alpha c^\alpha \sqrt{\pi}} \Gamma\left(\frac{\alpha+1}{2}\right)\left[\frac{2}{\alpha} - \psi\left(\frac{\alpha+1}{2}\right) + 2\ln c\right] + \begin{Bmatrix} 0 \\ 1 \end{Bmatrix} \frac{\pi z^\alpha}{\alpha \sin(\alpha\pi/2)}.$$

5. $\int\limits_0^\infty x^{\alpha-1} \ln|x^2 - z^2| \begin{Bmatrix} \operatorname{erf}(cx) \\ \operatorname{erfc}(cx) \end{Bmatrix} dx = U(0)$

$\left[z > 0;\ |\arg c| < \pi/4,\ \begin{Bmatrix} -1 < \operatorname{Re}\alpha < 0 \\ 0 < \operatorname{Re}\alpha \end{Bmatrix},\ U(\gamma) \text{ см. в } 2.8.16.4\right]$.

6. $\int\limits_0^\infty \ln\left|\frac{x^2 - y^2}{x^2 + y^2}\right| \operatorname{erfc}(cx)\, dx = \frac{\sqrt{2cy^2}}{\sqrt{\pi}\,(c^2y^2 + 1)} -$

$$- \frac{2y}{\sqrt{\pi}} \operatorname{arctg}\frac{1}{cy} - \frac{2}{\sqrt{\pi}\, c}\left[\operatorname{shi}(c^2y^2)\operatorname{ch}(c^2y^2) - \operatorname{chi}(c^2y^2)\operatorname{sh}(c^2y^2)\right]$$ $[y > 0;\ |\arg c| < \pi/4]$.

7. $\int\limits_0^\infty x^{\alpha-1} e^{-px^2} \ln(bx) \operatorname{erf}(cx)\, dx =$

$$= -\frac{c^{-\alpha}}{2\sqrt{\pi}\,\alpha} \Gamma\left(\frac{\alpha+1}{2}\right)\left[\psi\left(\frac{\alpha+1}{2}\right) {}_2F_1\left(\left(\frac{\alpha+1}{2}\right),\ \frac{\alpha}{2};\ \frac{\alpha}{2} + 1;\ -\frac{p}{c^2}\right) - \right.$$
$$- \frac{c^\alpha}{(c^2+p)^{\alpha/2}} \ln\frac{c^2+p}{b^2}\, {}_2F_1\left(\frac{1}{2},\ \frac{\alpha}{2};\ \frac{\alpha}{2} + 1;\ \frac{p}{c^2+p}\right) -$$
$$\left. - \frac{2c^\alpha}{\alpha(c^2+p)^{\alpha/2}}\, {}_3F_2\left(\frac{1}{2},\ \frac{\alpha}{2},\ \frac{\alpha}{2};\ \frac{\alpha}{2} + 1,\ \frac{\alpha}{2} + 1;\ \frac{p}{c^2+p}\right)\right]$$

$[\operatorname{Re} p,\ \operatorname{Re} a > 0;\ |\arg b| < \pi;\ |\arg c| < \pi/4]$.

8. $\int\limits_0^\infty x e^{-px^2} \ln(cx) \operatorname{erf}(cx)\, dx =$

$$= -\frac{1}{2p}\left[\frac{\mathbf{C}}{2} + 2\ln\frac{c + \sqrt{c^2+p}}{c} - c\frac{\mathbf{C} + \ln 4 - 2\ln c + \ln(c^2+p)}{\sqrt{(c^2+p)}}\right]$$

$[\operatorname{Re} p > 0;\ |\arg c| < \pi/4]$.

2.8.17. Интегралы, содержащие обратные тригонометрические функции и $\left\{ \begin{matrix} \operatorname{erf}(\varphi(x)) \\ \operatorname{erfc}(\varphi(x)) \end{matrix} \right\}$.

1. $$\int_0^1 \left\{ \begin{matrix} \arcsin x \\ \arccos x \end{matrix} \right\} \operatorname{erf}(cx)\,dx = \frac{\sqrt{\pi}}{2}\, c \left[\left\{ \begin{matrix} 1 \\ 0 \end{matrix} \right\} {}_2F_2\left(\frac{1}{2},\,1;\;\frac{3}{2},\,2;\;-c^2\right) \mp \frac{1}{2}\,{}_2F_2\left(\frac{1}{2},\,1;\;2,\,2;\;-c^2\right)\right].$$

2. $$\int_0^1 x^{\alpha-1} \left\{ \begin{matrix} \arcsin x \\ \arccos x \end{matrix} \right\} \operatorname{erf}(cx)\,dx = \left\{ \begin{matrix} 1 \\ 0 \end{matrix} \right\} \frac{c\sqrt{\pi}}{\alpha+1}\,{}_2F_2\left(\frac{1}{2},\,\frac{\alpha+1}{2};\;\frac{3}{2},\,\frac{\alpha+3}{2};\;-c^2\right) \mp$$
$$\mp \frac{c}{\alpha+1}\,\Gamma\left[\begin{matrix} \alpha/2+1 \\ (\alpha+3)/2 \end{matrix}\right] {}_3F_3\left(\frac{1}{2},\,\frac{\alpha+1}{2},\,\frac{\alpha}{2}+1;\;\frac{3}{2},\,\frac{\alpha+3}{2},\,\frac{\alpha+3}{2};\;-c^2\right)$$
$[\operatorname{Re}\alpha > -(3\pm 1)/2]$.

3. $$\int_0^1 x^{\alpha-1} e^{c^2x^2} \left\{ \begin{matrix} \arcsin x \\ \arccos x \end{matrix} \right\} \operatorname{erf}(cx)\,dx = \left\{ \begin{matrix} 1 \\ 0 \end{matrix} \right\} \frac{c\sqrt{\pi}}{\alpha+1}\,{}_2F_2\left(1,\,\frac{\alpha+1}{2};\;\frac{3}{2},\,\frac{\alpha+3}{2};\;c^2\right) \mp$$
$$\mp \frac{c}{\alpha+1}\,\Gamma\left[\begin{matrix} \alpha/2+1 \\ (\alpha+3)/2 \end{matrix}\right] {}_3F_3\left(1,\,\frac{\alpha+1}{2},\,\frac{\alpha}{2}+1;\;\frac{3}{2},\,\frac{\alpha+3}{2},\,\frac{\alpha+3}{2};\;c^2\right)$$
$[\operatorname{Re}\alpha > -(3\pm 1)/2]$.

4. $$\int_{-1}^1 \arccos x \operatorname{erf}\left(c\sqrt{1-x^2}\right) dx = \frac{\pi^{3/2}c}{2}\,{}_1F_1\left(\frac{1}{2};\;2;\;-c^2\right).$$

5. $$\int_{-1}^1 \frac{\arccos x}{(1-x^2)^{\sigma}} \operatorname{erf}\left(c\sqrt{1-x^2}\right) dx = 2^{2-2\sigma}\pi^{2\sigma-1/2}c\,{}_2F_2\left(\frac{1}{2},\,\frac{3}{2}-\sigma;\;2-\sigma,\,\frac{3}{2};\;-c^2\right)$$
$[\sigma = 1/2$ или $1]$.

6. $$\int_{-1}^1 e^{-c^2x^2} \arccos x \operatorname{erf}\left(c\sqrt{1-x^2}\right) dx = \frac{\pi^{3/2}}{2c}\left(1-e^{-c^2}\right).$$

7. $$\int_0^\infty x^{\alpha-1} \operatorname{arctg} x \operatorname{erf}(cx)\,dx = \frac{\sqrt{\pi}\,c}{2\sin(\alpha\pi/2)}\,{}_2F_2\left(\frac{1}{2},\,\frac{\alpha+1}{2};\;\frac{3}{2},\,\frac{\alpha+3}{2};\;c^2\right)$$
$[-2 < \operatorname{Re}\alpha < 0;\ |\arg c| < \pi/4]$.

2.8.18. Интегралы, содержащие $A(x)$ и $\prod_k \operatorname{erf}(\varphi_k(x))$.

1. $$\int_0^\infty x^{\alpha-1} \operatorname{erf}^2(cx)\,dx = -\frac{2}{(\alpha+1)\pi c^{\alpha}}\,\Gamma\left(\frac{\alpha}{2}+1\right){}_3F_2\left(\frac{1}{2},\,\frac{\alpha+1}{2},\,\frac{\alpha}{2}+1;\;\frac{3}{2},\,\frac{\alpha+3}{2};\;-1\right) -$$
$$- \frac{1}{\alpha\sqrt{\pi}\,c^{\alpha}}\,\Gamma\left(\frac{\alpha+1}{2}\right)$$
$[-2 < \operatorname{Re}\alpha < 0;\ |\arg c| < \pi/4]$.

2. $$\int_0^\infty \frac{1}{x^2} \operatorname{erf}^2(cx)\,dx = \frac{4c}{\sqrt{\pi}}\ln\left(\sqrt{2}+1\right)$$
$[|\arg c| < \pi/4]$.

3. $$\int_0^\infty x^{\alpha-1} \operatorname{erf}(bx) \operatorname{erf}(cx)\,dx =$$
$$= -\frac{2c}{\pi(\alpha+1)b^{\alpha+1}}\,\Gamma\left(\frac{\alpha}{2}+1\right){}_3F_2\left(\frac{1}{2},\,\frac{\alpha+1}{2},\,\frac{\alpha}{2}+1;\;\frac{3}{2},\,\frac{\alpha+3}{2};\;-\frac{c^2}{b^2}\right) - \frac{1}{\alpha\sqrt{\pi}\,c^{\alpha}}\,\Gamma\left(\frac{\alpha+1}{2}\right)$$
$[-2 < \operatorname{Re}\alpha < 0;\ |\arg b|,\ |\arg c| < \pi/4]$.

4. $$\int\limits_0^\infty \frac{1}{x^2}\operatorname{erf}(bx)\operatorname{erf}(cx)\,dx = \frac{2}{\sqrt{\pi}}\left(c\ln\frac{b+\sqrt{b^2+c^2}}{c} + b\ln\frac{c+\sqrt{b^2+c^2}}{b}\right)$$
$[|\arg b|,\ |\arg c| < \pi/4]$.

5. $$\int\limits_0^a x^{\alpha-1}(a^4-x^4)^{\beta-1}\operatorname{erf}(cx)\operatorname{erf}(icx)\,dx = \frac{ia^{\alpha+4\beta-2}c^2}{\pi}\,\mathrm{B}\left(\frac{\alpha+2}{4},\ \beta\right)\times$$
$$\times\ {}_3F_4\left(\frac{1}{2},\ 1,\ \frac{\alpha+2}{4};\ \frac{3}{4},\ \frac{5}{4},\ \frac{3}{2},\ \beta+\frac{\alpha+2}{4};\ \frac{a^4c^4}{4}\right)$$
$[a,\ \operatorname{Re}\beta > 0;\ \operatorname{Re}\alpha > -2]$.

6. $$\int\limits_0^1 x\operatorname{erf}(\sqrt{1-x^2})\operatorname{erf}(x)\,dx = \frac{1}{2e}.$$

7. $$\int\limits_0^\infty [\operatorname{erf}(ax)-\operatorname{erf}(bx)][\operatorname{erf}(cx)-\operatorname{erf}(dx)]\,dx =$$
$$= \frac{1}{\sqrt{\pi}}\left(\frac{\sqrt{b^2+c^2}}{bc} + \frac{\sqrt{a^2+d^2}}{ad} - \frac{\sqrt{a^2+c^2}}{ac} - \frac{\sqrt{b^2+d^2}}{bd}\right)$$
$[|\arg a|,\ |\arg b|,\ |\arg c|,\ |\arg d| < \pi/4]$.

8. $$\int\limits_0^\infty x^{\alpha-1}[1-\operatorname{erf}^2(cx)]\,dx = \frac{2}{\pi c^\alpha}\,\Gamma\left(\frac{\alpha}{2}\right)\,{}_2F_1\left(\frac{1}{2},\ \frac{\alpha}{2}+1;\ \frac{3}{2};\ -1\right)$$
$[\operatorname{Re}\alpha > 0;\ |\arg c| < \pi/4]$.

9. $$\int\limits_0^\infty [1-\operatorname{erf}^n(cx)]\,dx = I_n$$
$[|\arg c| < \pi/4]$,
$$I_1 = \frac{1}{\sqrt{\pi}\,c},\qquad I_2 = \frac{1}{c}\sqrt{\frac{2}{\pi}},\qquad I_3 = \frac{6\sqrt{2}}{\pi^{3/2}c}\operatorname{arctg}\frac{\sqrt{2}}{2},\qquad I_4 = \frac{12\sqrt{2}}{\pi^{3/2}c}\operatorname{arctg}\frac{\sqrt{2}}{4}.$$

10. $$\int\limits_0^\infty [1-\operatorname{erf}^2(cx+d)]\,dx = \frac{2e^{-d^2}\operatorname{erf}(d)}{\sqrt{\pi}\,c} - \frac{d}{c}[1-\operatorname{erf}^2(d)] + \frac{\sqrt{2}}{\sqrt{\pi}\,c}\operatorname{erfc}(\sqrt{2}\,d)$$
$[|\arg c| < \pi/4]$.

11. $$\int\limits_0^\infty [\operatorname{erf}(ax)-\operatorname{erf}(bx)]\operatorname{erf}\left(\frac{c}{x}\right)dx =$$
$$= \frac{1}{\sqrt{\pi}}\left[\frac{1}{b} - \frac{1}{a} + \frac{1}{a}e^{-2ac} - \frac{1}{b}e^{-2bc} + 2c\operatorname{Ei}(-2ac) - 2c\operatorname{Ei}(-2bc)\right]$$
$[|\arg a|,\ |\arg b|,\ |\arg c| < \pi/4]$.

12. $$\int\limits_0^\infty \frac{1}{x^2}\operatorname{erf}(ax)\left[\operatorname{erf}\left(\frac{b}{x}\right) - \operatorname{erf}\left(\frac{c}{x}\right)\right]dx =$$
$$= \frac{1}{\sqrt{\pi}}\left[\frac{1}{c} - \frac{1}{b} + \frac{1}{b}e^{-2ab} - \frac{1}{c}e^{-2ac} + 2a\operatorname{Ei}(-2ab) - 2a\operatorname{Ei}(-2ac)\right]$$
$[|\arg a|,\ |\arg b|,\ |\arg c| < \pi/4]$.

13. $$\int\limits_0^\infty \frac{1}{x^3}\operatorname{erf}^3(cx)\,dx = \frac{12c^2}{\pi}\ln\frac{\sqrt{3}+1}{\sqrt{2}} - c^2$$
$[|\arg c| < \pi/4]$.

14. $$\int\limits_0^\infty \frac{1}{x^3}\operatorname{erf}(ax)\operatorname{erf}(bx)\operatorname{erf}(cx)\,dx = \frac{4}{\pi}\left(ab\operatorname{Arsh}\frac{c}{\sqrt{a^2+b^2}} + ac\operatorname{Arsh}\frac{b}{\sqrt{a^2+c^2}} +\right.$$
$$\left. + bc\operatorname{Arsh}\frac{a}{\sqrt{b^2+c^2}}\right) - \frac{2}{\sqrt{\pi}}\left(a^2\operatorname{arctg}\frac{bc}{a\Delta} + b^2\operatorname{arctg}\frac{ac}{b\Delta} + c^2\operatorname{arctg}\frac{ab}{c\Delta}\right)$$
$\left[\Delta = \sqrt{a^2+b^2+c^2};\ |\arg a|,\ |\arg b|,\ |\arg c| < \pi/4\right]$.

15. $\int\limits_0^\infty [1-\operatorname{erf}^2(cx)]^2\,dx = \frac{2\sqrt{2}}{\pi^{3/2}c}\left(\pi - 6\operatorname{arctg}\frac{\sqrt{2}}{4}\right)$ $[|\arg c| < \pi/4]$.

16. $\int\limits_0^\infty \operatorname{erf}(icx)[1-\operatorname{erf}^n(cx)]\,dx = I_n$ $[|\arg c| < \pi/4]$,

$$I_2 = \frac{i}{\sqrt{\pi}\,c} + \frac{2\sqrt{2}\,i}{\pi^{3/2}c}\ln\frac{2+\sqrt{2}}{2-\sqrt{2}}, \qquad I_3 = \frac{i}{\sqrt{\pi}\,c} + \frac{3\sqrt{2}\,i}{\pi^{3/2}c}\ln 3.$$

2.8.19. Интегралы, содержащие e^{px^m} и $\prod\limits_k \operatorname{erf}(\varphi_k(x))$.

1. $\int\limits_0^\infty x^n e^{-px}\operatorname{erf}^2(cx)\,dx = (-1)^n\frac{\partial^n}{\partial p^n}\left[\frac{1}{p}\exp\left(\frac{p^2}{4c^2}\right)\operatorname{erfc}^2\left(\frac{p}{2\sqrt{2}\,c}\right)\right]$
$[\operatorname{Re} p > 0;\ |\arg c| < \pi/4]$.

2. $\int\limits_0^\infty x^{2n+1}e^{-px^2}\operatorname{erf}^2(cx)\,dx = \frac{(-1)^n c}{\pi}\frac{\partial^n}{\partial p^n}\left(\frac{1}{p\sqrt{c^2+p}}\operatorname{arctg}\frac{c}{\sqrt{c^2+p}}\right)$
$[\operatorname{Re} p > 0;\ |\arg c| < \pi/4]$.

3. $\int\limits_0^\infty x^{\alpha-1}e^{-px^2}\operatorname{erf}(icx)\operatorname{erf}(cx)\,dx = \frac{2ic^2}{\pi p^{\alpha/2+1}}\,{}_4F_3\left(\frac{1}{2},\,1,\,\frac{\alpha+2}{4},\,\frac{\alpha}{4}+1;\,\frac{3}{2},\,\frac{3}{4},\,\frac{5}{4};\,\frac{c^4}{p^2}\right)$
$[\operatorname{Re}\alpha > -2;\ |\arg c| < \pi/4;\ \operatorname{Re}(p-c^2) > 0]$.

4. $\int\limits_0^\infty x^{2n}e^{-px^2}\operatorname{erf}(icx)\operatorname{erf}(cx)\,dx = \frac{(-1)^n i}{\sqrt{\pi}}\frac{\partial^n}{\partial p^n}\left(\frac{1}{\sqrt{p}}\operatorname{Arth}\frac{c^2}{p}\right)$
$[|\arg c| < \pi/4;\ \operatorname{Re}(p-c^2) > 0]$.

5. $\int\limits_0^\infty x^{\alpha-1}e^{-b^2x^2}\operatorname{erf}(ibx)\operatorname{erf}(cx)\,dx =$
$$= -\frac{2ib}{\pi(\alpha+1)c^{\alpha+1}}\Gamma\left(\frac{\alpha}{2}+1\right){}_3F_2\left(1,\,\frac{\alpha+1}{2},\,\frac{\alpha}{2}+1;\,\frac{\alpha+3}{2},\,\frac{3}{2};\,-\frac{b^2}{c^2}\right) + \frac{i}{2b^\alpha}\operatorname{tg}\frac{\alpha\pi}{2}\Gamma\left(\frac{\alpha}{2}\right)$$
$[-2 < \operatorname{Re}\alpha < 1;\ |\arg b|,\ |\arg c| < \pi/4]$.

6. $\int\limits_0^\infty e^{-2c^2x^2}\operatorname{erf}^2(icx)\,dx = -\frac{1}{2c}\sqrt{\frac{\pi}{2}}$ $[|\arg c| < \pi/4]$.

7. $\int\limits_0^\infty x^{\alpha-1}e^{-(b^2+c^2)x^2}\operatorname{erf}(ibx)\operatorname{erf}(icx)\,dx = \frac{c}{\sqrt{\pi}\,b^{\alpha+1}}\Gamma\left(\frac{\alpha+1}{2}\right)\operatorname{ctg}\frac{\alpha\pi}{2}\times$
$$\times\,{}_2F_1\left(\frac{\alpha+1}{2},\,1;\,\frac{3}{2};\,-\frac{c^2}{b^2}\right) + \frac{c^{1-\alpha}}{2b\sqrt{\pi}}\Gamma\left(\frac{\alpha-1}{2}\right)\operatorname{ctg}\frac{\alpha\pi}{2}\,{}_2F_1\left(1,\,\frac{1}{2};\,\frac{3-\alpha}{2};\,-\frac{c^2}{b^2}\right)$$
$[|\operatorname{Re}\alpha| < 2;\ |\arg b|,\ |\arg c| < \pi/4]$.

8. $\int\limits_0^\infty x^n e^{-px^2}\operatorname{erf}(bx)\operatorname{erf}(cx)\,dx = I_n$ $\left[\Delta = \sqrt{b^2+c^2+p};\ \operatorname{Re} p > 0;\ |\arg b|,\ |\arg c| < \pi/4\right]$,

$$I_{-2} = \frac{2}{\pi}\left(c\ln\frac{b+\Delta}{\sqrt{p+c^2}} + b\ln\frac{c+\Delta}{\sqrt{p+b^2}} - \sqrt{p}\operatorname{arctg}\frac{bc}{\Delta\sqrt{p}}\right), \qquad I_0 = \frac{1}{\sqrt{\pi p}}\operatorname{arctg}\frac{bc}{\Delta\sqrt{p}},$$

$$I_1 = \frac{1}{\pi p}\left(\frac{b}{\sqrt{b^2+p}}\operatorname{arctg}\frac{c}{\sqrt{b^2+p}} + \frac{c}{\sqrt{c^2+p}}\operatorname{arctg}\frac{b}{\sqrt{c^2+p}}\right).$$

9. $$\int_0^\infty x^{\alpha-1}e^{-px^4}\operatorname{erf}(icx)\operatorname{erf}(cx)\,dx = \frac{ic^2}{\pi p^{(\alpha+2)/4}}\Gamma\left(\frac{\alpha+2}{4}\right)\times$$
$$\times\,{}_3F_3\left(\frac{1}{2},\,1,\,\frac{\alpha+2}{4};\,\frac{3}{4},\,\frac{5}{4},\,\frac{3}{2};\,\frac{c^4}{4p}\right)\qquad [\operatorname{Re}\alpha > -2;\ \operatorname{Re}p > 0;\ |\arg c| < \pi/4].$$

10. $$\int_0^\infty \frac{1}{x}e^{-4c^2x^2}\operatorname{erf}(i\sqrt{2}\,cx)\operatorname{erf}^2(icx)\,dx = -\frac{i}{2\sqrt{\pi}}\qquad [|\arg c| < \pi/4].$$

11. $$\int_0^\infty xe^{-px^2}\operatorname{erf}(ax)\operatorname{erf}(bx)\operatorname{erf}(cx)\,dx = \frac{1}{\pi p}\times$$
$$\times\left(\frac{a}{\sqrt{a^2+p}}\operatorname{arctg}\frac{bc}{\Delta\sqrt{a^2+p}} + \frac{b}{\sqrt{b^2+p}}\operatorname{arctg}\frac{ac}{\Delta\sqrt{b^2+p}} + \frac{c}{\sqrt{c^2+p}}\operatorname{arctg}\frac{ab}{\Delta\sqrt{c^2+p}}\right)$$
$$\left[\Delta = \sqrt{a^2+b^2+c^2+p};\ \operatorname{Re}p > 0;\ |\arg a|,\ |\arg b|,\ |\arg c| < \pi/4\right].$$

2.8.20. Интегралы, содержащие $\prod\limits_k \operatorname{erfc}(\varphi_k(x))$.

1. $$\int_0^\infty \operatorname{erfc}^n(cx)\,dx = I_n\qquad [|\arg c| < \pi/4],$$
$$I_1 = \frac{1}{\sqrt{\pi}\,c},\quad I_2 = \frac{2-\sqrt{2}}{\sqrt{\pi}\,c},\quad I_3 = \frac{3}{\pi^{3/2}c}\left[\pi(1-\sqrt{2}) + 2\sqrt{2}\operatorname{arctg}\frac{\sqrt{2}}{2}\right],$$
$$I_4 = \frac{2}{\pi^{3/2}c}\left[\pi(2-3\sqrt{2}) + 6\sqrt{2}\left(2\operatorname{arctg}\frac{\sqrt{2}}{2} - \operatorname{arctg}\frac{\sqrt{2}}{4}\right)\right].$$

2. $$\int_0^\infty \operatorname{erfc}(bx)\operatorname{erfc}(cx)\,dx = \frac{b+c-\sqrt{b^2+c^2}}{\sqrt{\pi}\,bc}\qquad [|\arg b|,\ |\arg c| < \pi/4].$$

3. $$\int_0^\infty x^2\operatorname{erfc}^2(cx)\,dx = \frac{1}{3\sqrt{\pi}\,c^3}\qquad [|\arg c| < \pi/4].$$

4. $$\int_0^\infty x^{\alpha-1}\operatorname{erfc}^2(cx)\,dx =$$
$$= -\frac{2}{\pi(\alpha+1)c^\alpha}\Gamma\left(\frac{\alpha}{2}+1\right){}_3F_2\left(\frac{1}{2},\,\frac{\alpha+1}{2},\,\frac{\alpha}{2}+1;\,\frac{3}{2},\,\frac{\alpha+3}{2};\,-1\right) + \frac{1}{\alpha\sqrt{\pi}\,c^\alpha}\Gamma\left(\frac{\alpha+1}{2}\right)$$
$$[\operatorname{Re}\alpha > 0;\ |\arg c| < \pi/4].$$

5. $$\int_0^\infty x^{\alpha-1}\operatorname{erfc}(bx)\operatorname{erfc}(cx)\,dx =$$
$$= -\frac{2c}{\pi(\alpha+1)b^{\alpha+1}}\Gamma\left(\frac{\alpha}{2}+1\right){}_3F_2\left(\frac{1}{2},\,\frac{\alpha+1}{2},\,\frac{\alpha}{2}+1;\,\frac{3}{2},\,\frac{\alpha+3}{2};\,-\frac{c^2}{b^2}\right) + \frac{1}{\alpha b^\alpha\sqrt{\pi}}\Gamma\left(\frac{\alpha+1}{2}\right)$$
$$[\operatorname{Re}\alpha > 0;\ |\arg b|,\ |\arg c| < \pi/4].$$

6. $$\int_0^\infty \prod_{k=1}^4 \operatorname{erfc}(c_kx)\,dx = \frac{1}{\sqrt{\pi}}\left(\frac{1}{c_1}+\frac{1}{c_2}+\frac{1}{c_3}+\frac{1}{c_4}\right) - \frac{2}{\pi^{3/2}}\sum_{k=1}^4 c_k^{-1}\sum_{\substack{j=1\\ j\ne k}}^4 \frac{c_j}{\sqrt{c_k^2+c_j^2}}\times$$
$$\times\left(\frac{\pi}{2} - \operatorname{arctg}\frac{c_l}{\sqrt{c_k^2+c_j^2}} - \operatorname{arctg}\frac{c_m}{\sqrt{c_k^2+c_j^2}} + \operatorname{arctg}\frac{c_lc_m}{\sqrt{c_k^2+c_j^2}\sqrt{c_1^2+c_2^2+c_3^2+c_4^2}}\right)$$
$$[l,\ m \ne j;\ l,\ m \ne k;\ |\arg c_k| < \pi/4].$$

7. $\displaystyle\int_0^\infty \operatorname{erfc}^2(cx+a)\,dx = \frac{2}{\sqrt{\pi}\,c}\operatorname{erfc}(a)e^{-a^2} - \frac{a}{c}\operatorname{erfc}^2(a) - \frac{1}{c}\sqrt{\frac{2}{\pi}}\operatorname{erfc}(a\sqrt{2})$ $[|\arg c| < \pi/4]$.

8. $\displaystyle\int_0^\infty \operatorname{erfc}\left(\frac{b}{x}\right)\operatorname{erfc}(cx)\,dx = \frac{1}{\sqrt{\pi}\,c}\,e^{-2bc} + \frac{2b}{\sqrt{\pi}}\operatorname{Ei}(-2bc)$ $[|\arg b|,\ |\arg c| < \pi/4]$.

9. $\displaystyle\int_0^\infty x^2\operatorname{erfc}\left(\frac{b}{x}\right)\operatorname{erfc}(cx)\,dx = \frac{1}{6c^3\sqrt{\pi}}\,[e^{-2bc}(2+bc-2b^2c^2) - 4b^3c^3\operatorname{Ei}(-2bc)]$ $[|\arg b|,\ |\arg c| < \pi/4]$.

10. $\displaystyle\int_0^\infty e^{px}\operatorname{erfc}^2(cx)\,dx = \frac{1}{p} - \frac{1}{p}\exp\left(\frac{p^2}{4c^2}\right)\left[1 - 2\operatorname{erf}\left(\frac{p}{2c}\right) + 2\operatorname{erf}\left(\frac{p}{2\sqrt{2}\,c}\right) - \operatorname{erf}^2\left(\frac{p}{2\sqrt{2}\,c}\right)\right]$ $[|\arg c| < \pi/4]$.

11. $\displaystyle\int_0^\infty e^{c^2x^2}\operatorname{erfc}(bx)\operatorname{erfc}(cx)\,dx = \frac{1}{c\sqrt{\pi}}\ln\left(1+\frac{c}{b}\right)$ $[|\arg b|,\ |\arg c| < \pi/4]$.

12. $\displaystyle\int_0^\infty x^{\alpha-1}e^{c^2x^2}\operatorname{erfc}(bx)\operatorname{erfc}(cx)\,dx =$
$$= -\frac{2c}{\pi(\alpha+1)b^{\alpha+1}}\,\Gamma\left(\frac{\alpha}{2}+1\right){}_3F_2\left(1,\ \frac{\alpha+1}{2},\ \frac{\alpha}{2}+1;\ \frac{\alpha+3}{2},\ \frac{3}{2};\ \frac{c^2}{b^2}\right) + \frac{1}{\alpha\sqrt{\pi}\,b^\alpha}\,\Gamma\left(\frac{\alpha+1}{2}\right){}_2F_1\left(\frac{\alpha}{2},\ \frac{\alpha+1}{2};\ \frac{\alpha}{2}+1;\ \frac{c^2}{b^2}\right)$$
$[\operatorname{Re}\alpha > 0;\ |\arg b|,\ |\arg c| < \pi/4]$.

13. $\displaystyle\int_0^\infty e^{-px^2}\operatorname{erfc}(bx)\operatorname{erfc}(cx)\,dx =$
$$= \frac{1}{\pi p}\left(\frac{\pi}{2} - \operatorname{arctg}\frac{b}{\sqrt{p}} - \operatorname{arctg}\frac{c}{\sqrt{p}} + \operatorname{arctg}\frac{bc}{\sqrt{p(b^2+c^2+p)}}\right)$$
$[|\arg b|,\ |\arg c| < \pi/4;\ \operatorname{Re}(p+c^2+b^2) > 0]$.

14. $\displaystyle\int_0^\infty x^{\alpha-1}e^{(b^2+c^2)x^2}\operatorname{erfc}(bx)\operatorname{erfc}(cx)\,dx =$
$$= \frac{c}{\sqrt{\pi}\,b^{\alpha-1}}\,\Gamma\left(\frac{\alpha+1}{2}\right)\operatorname{cosec}\left(\frac{\alpha\pi}{2}\right){}_2F_1\left(\frac{\alpha+1}{2},\ 1;\ \frac{3}{2};\ -\frac{c^2}{b^2}\right) + \frac{\Gamma(\alpha/2)}{2(b^2+c^2)^{\alpha/2}}\sec\left(\frac{\alpha\pi}{2}\right) + \frac{c^{1-\alpha}}{2b\sqrt{\pi}}\,\Gamma\left(\frac{\alpha-1}{2}\right)\operatorname{cosec}\left(\frac{\alpha\pi}{2}\right){}_2F_1\left(1,\ \frac{1}{2};\ \frac{3-\alpha}{2};\ -\frac{c^2}{b^2}\right)$$
$[0 < \operatorname{Re}\alpha < 2;\ |\arg b|,\ |\arg c| < \pi/4]$.

15. $\displaystyle\int_0^\infty xe^{c^2x^2}\operatorname{erfc}^n(cx)\,dx = I_n$ $[|\arg c| < \pi/4]$,
$$I_2 = \frac{4-\pi}{2\pi c^2},\quad I_3 = \frac{3(2-\sqrt{2})}{\pi c^2},\quad I_4 = \frac{12(1-\sqrt{2})}{\pi c^2} + \frac{24\sqrt{2}}{\pi^2c^2}\operatorname{arctg}\frac{\sqrt{2}}{2},$$
$$I_5 = \frac{10(2-3\sqrt{2})}{\pi c^2} + \frac{60\sqrt{2}}{\pi^2c^2}\left(2\operatorname{arctg}\frac{\sqrt{2}}{2} - \operatorname{arctg}\frac{\sqrt{2}}{4}\right).$$

2.8.21. Интегралы, содержащие $\prod\limits_{k,\,l}\operatorname{erf}(\varphi_k(x))\operatorname{erfc}(\psi_l(x))$.

1. $\displaystyle\int_0^\infty \frac{1}{x}\operatorname{erf}(cx)\operatorname{erfc}(cx)\,dx = \frac{2}{\pi}\,\mathbf{G}$ $[|\arg c| < \pi/4]$.

2. $\int_0^\infty x^{\alpha-1} \operatorname{erf}(icx) \operatorname{erfc}(cx)\, dx = \frac{i}{\alpha\sqrt{\pi}\, c^\alpha} \Gamma\left(\frac{\alpha+1}{2}\right) \operatorname{tg} \frac{\alpha\pi}{4}$ $[-1 < \operatorname{Re}\alpha < 2;\ |\arg c| < \pi/4]$.

3. $\int_0^\infty \operatorname{erf}(bx) \operatorname{erfc}(cx)\, dx = \frac{\sqrt{b^2+c^2} - c}{\sqrt{\pi}\, bc}$ $[|\arg b|,\ |\arg c| < \pi/4]$.

4. $\int_0^\infty x^{\alpha-1} \operatorname{erf}(bx) \operatorname{erfc}(cx)\, dx =$

$$= \frac{2c}{\pi(\alpha+1)b^{\alpha+1}} \Gamma\left(\frac{\alpha}{2}+1\right) {}_3F_2\left(\frac{1}{2},\ \frac{\alpha+1}{2},\ \frac{\alpha}{2}+1;\ \frac{3}{2},\ \frac{\alpha+3}{2};\ -\frac{c^2}{b^2}\right) + \frac{1}{\alpha\sqrt{\pi}} \Gamma\left(\frac{\alpha+1}{2}\right)\left(\frac{1}{c^\alpha} - \frac{1}{b^\alpha}\right)$$ $[\operatorname{Re}\alpha > -1;\ |\arg b|,\ |\arg c| < \pi/4]$.

5. $\int_0^\infty \frac{1}{x} \operatorname{erf}(bx) \operatorname{erfc}(cx)\, dx = \frac{2b}{\pi c}\, {}_3F_2\left(\frac{1}{2},\ \frac{1}{2},\ 1;\ \frac{3}{2},\ \frac{3}{2};\ -\frac{b^2}{c^2}\right)$ $[|\arg b|,\ |\arg c| < \pi/4]$.

6. $\int_0^\infty \operatorname{erf}^n(cx) \operatorname{erfc}(cx)\, dx = I_n$ $[|\arg c| < \pi/4]$,

$$I_1 = \frac{\sqrt{2}-1}{\sqrt{\pi}\, c}, \quad I_2 = -\frac{\sqrt{2}}{\pi^{3/2}c}\left(\pi - 6 \operatorname{arctg} \frac{\sqrt{2}}{2}\right), \quad I_3 = \frac{6\sqrt{2}}{\pi^{3/2}c}\left(2 \operatorname{arctg} \frac{\sqrt{2}}{4} - \operatorname{arctg} \frac{\sqrt{2}}{2}\right).$$

7. $\int_0^\infty \operatorname{erf}(cx) \operatorname{erfc}^2(cx)\, dx = \frac{2\sqrt{2}-1}{\sqrt{\pi}\, c} - \frac{6\sqrt{2}}{\pi^{3/2}c} \operatorname{arctg} \frac{\sqrt{2}}{2}$ $[|\arg c| < \pi/4]$.

8. $\int_0^\infty \operatorname{erf}(cx) \operatorname{erfc}^2(cx)\, dx = -\frac{\sqrt{2}}{\pi^{3/2}c}\left(\pi + 12 \operatorname{arctg} \frac{\sqrt{2}}{4} - 12 \operatorname{arctg} \frac{\sqrt{2}}{2}\right)$ $[|\arg c| < \pi/4]$.

9. $\int_0^\infty \operatorname{erf}(icx) \operatorname{erfc}^n(cx)\, dx = I_n$ $[|\arg c| < \pi/4]$,

$$I_1 = \frac{i}{\sqrt{\pi}\, c}, \quad I_2 = \frac{i}{\sqrt{\pi}\, c} - \frac{i\sqrt{2}}{\pi^{3/2}c} \ln \frac{2+\sqrt{2}}{2-\sqrt{2}}, \quad I_3 = \frac{i}{\sqrt{\pi}\, c} - \frac{3i\sqrt{2}}{\pi^{3/2}c} \ln \frac{2+\sqrt{2}}{3(2-\sqrt{2})}.$$

10. $\int_0^\infty x^{\alpha-1} \operatorname{erf}(ibx) \operatorname{erf}(bx) \operatorname{erfc}(cx)\, dx = \frac{4ib^2}{\pi^{3/2}(\alpha+2)c^{\alpha+2}} \times$

$$\times \Gamma\left(\frac{\alpha+3}{2}\right) {}_5F_4\left(\frac{1}{2},\ 1,\ \frac{\alpha+2}{4},\ \frac{\alpha+3}{4},\ \frac{\alpha}{4}+1;\ \frac{3}{4},\ \frac{5}{4},\ \frac{3}{2},\ \frac{\alpha+6}{4};\ \frac{b^4}{4c^4}\right)$$

$[\operatorname{Re}\alpha > -2;\ |\arg b|,\ |\arg c| < \pi/4;\ \operatorname{Re}(c^2 - b^2) > 0]$.

11. $\int_0^\infty \operatorname{erf}\left(\frac{b}{x}\right) \operatorname{erfc}(cx)\, dx = \frac{1 - e^{-2bc}}{\sqrt{\pi}\, c} - \frac{2b}{\sqrt{\pi}} \operatorname{Ei}(-2bc)$ $[|\arg b|,\ |\arg c| < \pi/4]$.

12. $\int_0^\infty \frac{1}{x^2}\left[\operatorname{erf}\left(\frac{a}{x}\right) - \operatorname{erf}\left(\frac{b}{x}\right)\right] \operatorname{erfc}(cx)\, dx =$

$$= \frac{1}{\sqrt{\pi}}\left[\frac{1}{b} e^{-2bc} - \frac{1}{a} e^{-2ac} + 2c \operatorname{Ei}(-2bc) - 2c \operatorname{Ei}(-2ac)\right]$$ $[|\arg b|,\ |\arg c| < \pi/4]$.

13. $\int_0^\infty e^{b^2x^2} \operatorname{erf}(bx) \operatorname{erfc}(cx)\, dx = -\frac{1}{2b\sqrt{\pi}} \ln\left(1 - \frac{b^2}{c^2}\right)$ $[\operatorname{Re}(c^2 - b^2) > 0;\ |\arg c| < \pi/4]$.

14. $\int_0^\infty x^{\alpha-1}e^{b^2x^2}\operatorname{erf}(bx)\operatorname{erfc}(cx)\,dx = \frac{2b}{\pi(\alpha+1)c^{\alpha+1}}\Gamma\left(\frac{\alpha}{2}+1\right)\times$

$\times\,{}_3F_2\left(1,\ \frac{\alpha+1}{2},\ \frac{\alpha}{2}+1;\ \frac{3}{2},\ \frac{\alpha+3}{2};\ \frac{b^2}{c^2}\right)$ $[\operatorname{Re}\alpha > -1;\ \operatorname{Re}(c^2-b^2) > 0;\ |\arg c| < \pi/4]$.

15. $\int_0^\infty x^{\alpha-1}e^{c^2x^2}\operatorname{erf}(bx)\operatorname{erfc}(cx)\,dx =$

$$= \frac{2c}{\pi(\alpha+1)b^{\alpha+1}}\Gamma\left(\frac{\alpha}{2}+1\right){}_3F_2\left(1,\ \frac{\alpha+1}{2},\ \frac{\alpha}{2}+1;\ \frac{\alpha+3}{2},\ \frac{3}{2};\ \frac{c^2}{b^2}\right) -$$

$$- \frac{1}{\alpha\sqrt{\pi}\,b^\alpha}\Gamma\left(\frac{\alpha+1}{2}\right){}_2F_1\left(\frac{\alpha}{2},\ \frac{\alpha+1}{2};\ \frac{\alpha}{2}+1;\ \frac{c^2}{b^2}\right) + \frac{\Gamma(\alpha/2)}{2c^\alpha}\sec\frac{\alpha\pi}{2}$$

$[|\operatorname{Re}\alpha| < 1;\ |\arg b|,\ |\arg c| < \pi/4]$.

2.8.22. Интегралы, содержащие гиперболические функции и $\begin{Bmatrix}\operatorname{erf}(cx)\\ \operatorname{erfc}(cx)\end{Bmatrix}^2$.

1. $\int_0^\infty \begin{Bmatrix}\operatorname{sh} bx\\ \operatorname{ch} bx\end{Bmatrix}[1-\operatorname{erf}^2(cx)]\,dx = \frac{1}{b}\exp\left(\frac{b^2}{4c^2}\right)\begin{Bmatrix}A\\ B\end{Bmatrix}$

$$\left[A = 1-\exp\left(-\frac{b^2}{4c^2}\right)+\operatorname{erf}^2\left(\frac{b}{2\sqrt{2}\,c}\right),\ B = 2\operatorname{erf}\left(\frac{b}{2\sqrt{2}\,c}\right);\ |\arg c| < \pi/4\right].$$

2. $\int_0^\infty \begin{Bmatrix}\operatorname{sh} bx\\ \operatorname{ch} bx\end{Bmatrix}\operatorname{erfc}^2(cx)\,dx = \frac{1}{b}\exp\left(\frac{b^2}{4c^2}\right)\begin{Bmatrix}A\\ B\end{Bmatrix}$

$$\left[A = 1-\exp\left(-\frac{b^2}{4c^2}\right)-\operatorname{erf}^2\left(\frac{b}{2\sqrt{2}\,c}\right),\ B = 2\operatorname{erf}\left(\frac{b}{2c}\right)-2\operatorname{erf}\left(\frac{b}{2\sqrt{2}\,c}\right);\ |\arg c| < \pi/4\right].$$

3. $\int_0^\infty \begin{Bmatrix}\operatorname{sh} bx\\ \operatorname{ch} bx\end{Bmatrix}^2\operatorname{erfc}^2(cx)\,dx = \pm\frac{1-\sqrt{2}}{\sqrt{2\pi}\,c}+\frac{1}{2b}e^{b^2/c^2}\left[\operatorname{erf}\left(\frac{b}{c}\right)-\operatorname{erf}\left(\frac{b}{\sqrt{2}\,c}\right)\right]$

$[|\arg c| < \pi/4]$.

2.8.23. Интегралы, содержащие тригонометрические функции и произведения функций $\operatorname{erf}(bx)$, $\operatorname{erfc}(cx)$.

1. $\int_0^\infty \begin{Bmatrix}\sin bx\\ \cos bx\end{Bmatrix}^n[1-\operatorname{erf}^2(cx)]\,dx = I_n$ $[b > 0;\ |\arg c| < \pi/4]$,

$$I_{2m} = \frac{1}{2^{2m}}\left[\binom{2m}{m}\frac{\sqrt{2}}{\sqrt{\pi}\,c}-\frac{2i}{b}\sum_{k=0}^{m-1}\frac{(\mp1)^{m-k}}{m-k}\binom{2m}{k}\exp\left(-(m-k)^2\frac{b^2}{c^2}\right)\operatorname{erf}\left(ib\frac{m-k}{\sqrt{2}\,c}\right)\right],$$

$$I_{2m+1} = \frac{1}{2^{2m}b}\sum_{k=0}^{m}\frac{(\mp1)^{m-k}}{2m-2k+1}\binom{2m+1}{k}\begin{Bmatrix}A_k\\ B_k\end{Bmatrix}$$

$$\left[A_k = 1-\exp\left(-\left(m-k+\frac{1}{2}\right)^2\frac{b^2}{c^2}\right)\operatorname{erfc}\left(-ib\frac{2m-2k+1}{2\sqrt{2}\,c}\right),\right.$$

$$\left.B_k = -2i\exp\left(-\left(m-k+\frac{1}{2}\right)^2\frac{b^2}{c^2}\right)\operatorname{erf}\left(ib\frac{2m-2k+1}{2\sqrt{2}\,c}\right)\right].$$

2. $\int_0^\infty \cos bx[1-\operatorname{erf}(ax)\operatorname{erf}(cx)]\,dx = -\frac{i}{b}\left[\exp\left(-\frac{b^2}{4c}\right)\operatorname{erf}\left(\frac{iab}{2c\sqrt{a^2+c^2}}\right)+\right.$

$$\left.+\operatorname{erf}\left(-\frac{b^2}{4a}\right)\operatorname{erf}\left(\frac{ibc}{2a\sqrt{a^2+c^2}}\right)\right]$$ $[b > 0;\ |\arg a|,\ |\arg c| < \pi/4]$.

3. $$\int\limits_0^\infty \cos^{2n+1} bx[1 - \operatorname{erf}(ax)\operatorname{erf}(cx)]\,dx =$$
$$= -\frac{i}{2^{2n}b}\sum_{k=0}^{n}\frac{1}{2n-2k+1}\binom{2n+1}{k}\left\{\exp\left[-\left(n-k+\frac{1}{2}\right)^2\frac{b^2}{a^2}\right]\times\right.$$
$$\left.\times\operatorname{erf}\left(ibc\frac{2n-2k+1}{2a\sqrt{a^2+c^2}}\right)+\exp\left[-\left(n-k+\frac{1}{2}\right)^2\frac{b^2}{c^2}\right]\operatorname{erf}\left(iab\frac{2n-2k+1}{2c\sqrt{a^2+c^2}}\right)\right\}$$
$[b > 0;\ |\arg a|,\ |\arg c| < \pi/4]$.

4. $$\int\limits_0^\infty \left\{\begin{matrix}\sin bx\\ \cos bx\end{matrix}\right\}^n \operatorname{erfc}^2(cx)\,dx = I_n \qquad [b > 0;\ |\arg c| < \pi/4],$$
$$I_{2m} = \binom{2m}{m}\frac{2-\sqrt{2}}{2^{2m}c\sqrt{\pi}} - \frac{i}{2^{2m-1}b}\sum_{k=0}^{m-1}\frac{(\mp 1)^{m-k}}{m-k}\times$$
$$\times\binom{2m}{k}\exp\left[-(m-k)^2\frac{b^2}{c^2}\right]\left[\operatorname{erf}\left(ib\frac{m-k}{c}\right)-\operatorname{erf}\left(ib\frac{m-k}{\sqrt{2}\,c}\right)\right],$$
$$I_{2m+1} = \frac{1}{2^{2m}b}\sum_{k=0}^{m}\frac{(\mp 1)^{m-k}}{2m-2k+1}\binom{2m+1}{k}\left\{\begin{matrix}A\\ B\end{matrix}\right\}$$
$$\left[A = 1 - \exp\left[-\left(m-k+\frac{1}{2}\right)^2\frac{b^2}{c^2}\right]\operatorname{erfc}\left(ib\frac{2m-2k+1}{2\sqrt{2}\,c}\right),\right.$$
$$\left.B = -2i\exp\left[-\left(m-k+\frac{1}{2}\right)^2\frac{b^2}{c^2}\right]\left[\operatorname{erf}\left(ib\frac{2m-2k+1}{2c}\right)-\operatorname{erf}\left(ib\frac{2m-2k+1}{2\sqrt{2}\,c}\right)\right]\right].$$

5. $$\int\limits_0^\infty \cos ax\left\{\begin{matrix}\operatorname{erf}(bx)\\ \operatorname{erfc}(bx)\end{matrix}\right\}\operatorname{erfc}(cx)\,dx =$$
$$= \mp\frac{i}{a}\left\{\exp\left(-\frac{a^2}{4b^2}\right)\left[\operatorname{erf}\left(\frac{iac}{2b\sqrt{b^2+c^2}}\right)-\operatorname{erf}\left(\frac{ia}{2b}\right)\right]+\right.$$
$$\left.+\exp\left(-\frac{a^2}{4c^2}\right)\left[\operatorname{erf}\left(\frac{iab}{2c\sqrt{b^2+c^2}}\right)-\left\{\begin{matrix}0\\ 1\end{matrix}\right\}\operatorname{erf}\left(\frac{ia}{2c}\right)\right]\right\} \qquad [a > 0;\ |\arg b|,\ |\arg c| < \pi/4].$$

6. $$\int\limits_0^\infty \left\{\begin{matrix}\sin ax\\ \cos ax\end{matrix}\right\}^2 \operatorname{erfc}(bx)\operatorname{erfc}(cx)\,dx =$$
$$= \frac{1}{2\sqrt{\pi}}\left\{\frac{b+c-\sqrt{b^2+c^2}}{bc} \pm \frac{i\sqrt{\pi}}{2a}e^{-a^2/b^2}\left[\operatorname{erf}\left(\frac{ia}{b}\right)-\operatorname{erf}\left(\frac{iac}{b\sqrt{b^2+c^2}}\right)\right]\pm\right.$$
$$\left.\pm\frac{i\sqrt{\pi}}{2a}e^{-a^2/c^2}\left[\operatorname{erf}\left(\frac{ia}{c}\right)-\operatorname{erf}\left(\frac{iab}{c\sqrt{b^2+c^2}}\right)\right]\right\} \qquad [a > 0;\ |\arg b|,\ |\arg c| < \pi/4].$$

7. $$\int\limits_0^\infty \left\{\begin{matrix}\operatorname{sh} bx\cos bx\\ \operatorname{ch} bx\sin bx\end{matrix}\right\}\operatorname{erfc}^2(cx)\,dx = \frac{1}{2b}(\sin\varphi \pm \cos\varphi - 1) +$$
$$+\frac{\sqrt{2}}{2b}\left[(\sin\varphi \mp \cos\varphi)\left(C^2\left(\frac{\varphi}{2}\right)-S^2\left(\frac{\varphi}{2}\right)\right)-2(\cos\varphi \pm \sin\varphi)C\left(\frac{\varphi}{2}\right)S\left(\frac{\varphi}{2}\right)\right]$$
$[\varphi = b^2/(2c^2);\ |\arg c| < \pi/4]$.

2.8.24. Интегралы, содержащие $\ln x$ и произведения функций $\operatorname{erf}(bx)$, $\operatorname{erfc}(cx)$.

1. $$\int\limits_0^1 x^{\alpha-1}\ln x\operatorname{erf}(icx)\operatorname{erf}(cx)\,dx =$$
$$= -\frac{4ic^2}{\pi(\alpha+2)^2}\,{}_4F_5\left(\frac{1}{2},1,\frac{\alpha+2}{4},\frac{\alpha+2}{4};\frac{3}{4},\frac{5}{4},\frac{3}{2},\frac{\alpha+6}{4},\frac{\alpha+6}{4};\frac{c^4}{4}\right) \qquad [\operatorname{Re}\alpha > -2].$$

2. $\int\limits_0^\infty xe^{x^2}\ln x\,\mathrm{erfc}^2(x)\,dx = \frac{2}{\pi}\left(\mathbf{G} - 1 + \frac{\pi-4}{8}\mathbf{C}\right).$

2.8.25. Интегралы, содержащие $\mathrm{Ei}\,(-bx^{\pm 2})\left\{\begin{matrix}\mathrm{erf}\,(cx)\\ \mathrm{erfc}\,(cx)\end{matrix}\right\}$.

1. $\int\limits_0^\infty \mathrm{Ei}\,(-bx^2)\left\{\begin{matrix}\mathrm{erf}\,(cx)\\ \mathrm{erfc}\,(cx)\end{matrix}\right\}dx = \pm\frac{1}{\sqrt{\pi}\,c}\ln\left(1+\frac{c^2}{b}\right) - \frac{2}{\sqrt{\pi b}}\,\mathrm{arctg}\left(\frac{c}{\sqrt{b}}\right)^{\pm 1}$

$[\mathrm{Re}\,b>0;\ |\arg c|<\pi/4]$.

2. $\int\limits_0^\infty x\,\mathrm{Ei}\,(-bx^2)\,\mathrm{erf}\,(cx)\,dx = \frac{\sqrt{b+c^2}}{2bc} - \frac{1}{4c^2}\ln\frac{\sqrt{b+c^2}-c}{\sqrt{b+c^2}+c}$ $[\mathrm{Re}\,b>0;\ |\arg c|<\pi/4]$.

3. $\int\limits_0^\infty x^{\alpha-1}\,\mathrm{Ei}\,(-bx^2)\,\mathrm{erf}\,(cx)\,dx = -\frac{2c}{\sqrt{\pi}\,(\alpha+1)b^{(\alpha+1)/2}}\Gamma\left(\frac{\alpha+1}{2}\right)\times$

$\times\ {}_3F_2\left(\frac{1}{2},\ \frac{\alpha+1}{2},\ \frac{\alpha+1}{2};\ \frac{3}{2},\ \frac{\alpha+3}{2};\ -\frac{c^2}{b}\right)$ $[\mathrm{Re}\,\alpha>-1;\ \mathrm{Re}\,b>0;\ |\arg c|<\pi/4]$.

4. $\int\limits_0^\infty x^{\alpha-1}e^{c^2x^2}\,\mathrm{Ei}\,(-bx^2)\,\mathrm{erf}\,(cx)\,dx = -\frac{2c}{\sqrt{\pi}\,(\alpha+1)b^{(\alpha+1)/2}}\Gamma\left(\frac{\alpha+1}{2}\right)\times$

$\times\ {}_3F_2\left(1,\ \frac{\alpha+1}{2},\ \frac{\alpha+1}{2};\ \frac{3}{2},\ \frac{\alpha+3}{2};\ \frac{c^2}{b}\right)$ $[\mathrm{Re}\,\alpha>-1;\ \mathrm{Re}\,(b-c^2)>0;\ |\arg c|<\pi/4]$.

5. $\int\limits_0^\infty xe^{-px^2}\,\mathrm{Ei}\,(-bx^2)\,\mathrm{erf}\,(cx)\,dx = \frac{1}{p}\ln\frac{c+\sqrt{c^2+b+p}}{\sqrt{b+p}} -$

$-\frac{c}{p\sqrt{c^2+b}}\ln\frac{\sqrt{c^2+b}+\sqrt{c^2+b+p}}{\sqrt{b}}$ $[\mathrm{Re}\,(b+p)>0;\ |\arg c|<\pi/4]$.

6. $\int\limits_0^\infty x^{-n}\,\mathrm{Ei}\left(-\frac{b}{x^2}\right)\mathrm{erfc}\,(cx)\,dx = I_n$ $[\mathrm{Re}\,b>0;\ |\arg c|<\pi/4]$,

$$I_1 = -\zeta(2) - \left[\mathbf{C} + 2\ln(2c\sqrt{b}\,)\right]^2 - 2\sum_{k=1}^{\infty}\frac{(-2c\sqrt{b}\,)^k}{k!k^2},$$

$$I_3 = \frac{2c\sqrt{b}-1}{2b}\,e^{-2c\sqrt{b}} + 2c^2\,\mathrm{Ei}\,(-2c\sqrt{b}\,).$$

7. $\int\limits_0^\infty \mathrm{Ei}\,(-bx^2)\,\mathrm{erf}^2(cx)\,dx = \frac{4}{\sqrt{\pi(c^2+b)}}\ln\left(c\sqrt{\frac{2}{b}}+\sqrt{\frac{2c^2+b}{b}}\right) -$

$-\frac{4}{\sqrt{\pi}\,c}\ln\frac{c+\sqrt{2c^2+b}}{\sqrt{c^2+b}} - \frac{2}{\sqrt{\pi b}}\,\mathrm{arctg}\,\frac{c^2}{\sqrt{2bc^2+b^2}}$ $[\mathrm{Re}\,b>0;\ |\arg c|<\pi/4]$.

8. $\int\limits_0^\infty \mathrm{Ei}\,(-bx^2)\,\mathrm{erf}\,(icx)\,\mathrm{erf}\,(cx)\,dx = \frac{i}{\sqrt{\pi}}\left[c\ln\frac{\sqrt{b}+c}{\sqrt{b}-c} - 2c\,\mathrm{arctg}\,\frac{c}{\sqrt{b}} - \frac{1}{\sqrt{b}}\ln\frac{b+c^2}{b-c^2}\right]$

$[\mathrm{Re}\,(b-c^2)>0;\ |\arg c|<\pi/4]$.

9. $\int\limits_0^\infty \mathrm{Ei}\,(-ax^2)\,\mathrm{erf}\,(bx)\,\mathrm{erf}\,(cx)\,dx =$

$$= \frac{2}{\sqrt{\pi}\,b}\left(\frac{c}{\sqrt{a+c^2}}\ln\frac{\sqrt{b^2+c^2}+\sqrt{a+b^2+c^2}}{\sqrt{a}} - \ln\frac{c+\sqrt{a+b^2+c^2}}{\sqrt{a+b^2}}\right) +$$

$$+\frac{2}{\sqrt{\pi}\,c}\left(\frac{c}{\sqrt{a+b^2}}\ln\frac{\sqrt{b^2+c^2}+\sqrt{a+b^2+c^2}}{\sqrt{a}}-\ln\frac{b+\sqrt{a+b^2+c^2}}{\sqrt{a+c^2}}\right)-$$
$$-\frac{2}{\sqrt{\pi a}}\operatorname{arctg}\frac{bc}{\sqrt{a(a+b^2+c^2)}}\qquad [\operatorname{Re}a>0;\ |\arg b|,\ |\arg c|<\pi/4].$$

2.8.26. Интегралы, содержащие $\left\{\begin{matrix}\operatorname{si}(bx^n)\\ \operatorname{ci}(bx^n)\end{matrix}\right\}\left\{\begin{matrix}\operatorname{erf}(cx)\\ \operatorname{erfc}(cx)\end{matrix}\right\}$.

1. $$\int\limits_0^\infty x^{\alpha-1}\left\{\begin{matrix}\operatorname{si}(bx)\\ \operatorname{ci}(bx)\end{matrix}\right\}\operatorname{erf}(cx)\,dx=U(1)\qquad \left[b>0;\ -1<\operatorname{Re}\alpha<2;\ |\arg c|<\pi/4,\ \delta=\left\{\begin{matrix}1\\0\end{matrix}\right\}\right],$$

$$U(\gamma)=\frac{(-1)^{\gamma+1}b^{2+\delta}}{2\sqrt{\pi}\,c^{\alpha+2+\delta}(\alpha+2+\delta)(2+\delta)(1+2\delta)}\Gamma\left(\frac{\alpha+3+\delta}{2}\right)\times$$
$$\times{}_4F_4\left(1,\ \frac{\alpha+3}{2},\ \frac{\alpha}{2}+\delta+1,\ \frac{\delta}{2}+1;\ 2,\ \frac{\alpha+\delta}{2}+2,\ \frac{\delta}{2}+2,\ \frac{3}{2}+\delta;\ -\frac{b^2}{4c^2}\right)+$$
$$+\frac{(-1)^\gamma b^\delta}{\sqrt{\pi}\,c^{\alpha+\delta}(\alpha+\delta)}\Gamma\left(\frac{\alpha+1+\delta}{2}\right)\left\{\begin{matrix}1\\R\end{matrix}\right\}-\frac{\gamma\Gamma(\alpha)}{\alpha b^\alpha}\left\{\begin{matrix}\sin(\alpha\pi/2)\\ \cos(\alpha\pi/2)\end{matrix}\right\}+$$
$$+\left\{\begin{matrix}1\\0\end{matrix}\right\}\frac{(-1)^{\gamma-1}\sqrt{\pi}}{2\alpha c^\alpha}\Gamma\left(\frac{\alpha+1}{2}\right)\qquad \left[R=\frac{1}{2}\psi\left(\frac{\alpha+1}{2}\right)+\mathbf{C}-\frac{1}{\alpha}-\ln\frac{c}{b}\right].$$

2. $$\int\limits_0^\infty x^{\alpha-1}\left\{\begin{matrix}\operatorname{si}(bx)\\ \operatorname{ci}(bx)\end{matrix}\right\}\operatorname{erfc}(cx)\,dx=U(0)\qquad [b,\ \operatorname{Re}\alpha>0;\ |\arg c|<\pi/4;\ U(\gamma)\ \text{см. в 2.8.26.1}].$$

3. $$\int\limits_0^\infty \frac{1}{x}\operatorname{ci}(bx)\operatorname{erf}(cx)\,dx=-\frac{1}{8}\left[\zeta(2)+\left(\mathbf{C}-2\ln\frac{2c}{b}\right)^2\right]-\frac{1}{4}\sum_{k=0}^\infty\left(-\frac{b^2}{4c^2}\right)^{k+1}\frac{1}{k!(k+1)^3}$$
$$[b>0;\ |\arg c|<\pi/4].$$

4. $$\int\limits_0^\infty \frac{1}{x^2}[\operatorname{si}(ax)-\operatorname{si}(bx)]\operatorname{erf}(cx)\,dx=a\,{}_2F_2\left(\frac{1}{2},\ \frac{1}{2};\ \frac{3}{2},\ \frac{3}{2};\ -\frac{a^2}{4c^2}\right)-$$
$$-b\,{}_2F_2\left(\frac{1}{2},\ \frac{1}{2};\ \frac{3}{2},\ \frac{3}{2};\ -\frac{b^2}{4c^2}\right)-\frac{a}{2}\operatorname{Ei}\left(-\frac{a^2}{4c^2}\right)+\frac{b}{2}\operatorname{Ei}\left(-\frac{b^2}{4c^2}\right)+$$
$$+\sqrt{\pi}\,c\left[\operatorname{erf}\left(\frac{a}{2c}\right)-\operatorname{erf}\left(\frac{b}{2c}\right)\right]\qquad [a,\ b>0;\ |\arg c|<\pi/4].$$

5. $$\int\limits_0^\infty \operatorname{si}(bx)\operatorname{erfc}(cx)\,dx=\frac{1}{b}\left[\exp\left(-\frac{b^2}{4c^2}\right)-1\right]-\frac{\sqrt{\pi}}{2c}\operatorname{erfc}\left(\frac{b}{2c}\right)\qquad [b>0;\ |\arg c|<\pi/4].$$

6. $$\int\limits_0^\infty x^{\alpha-1}\left\{\begin{matrix}\operatorname{si}(bx^2)\\ \operatorname{ci}(bx^2)\end{matrix}\right\}\operatorname{erf}(cx)\,dx=V(1)\qquad [b>0;\ -1<\operatorname{Re}\alpha<4;\ |\arg c|<\pi/4],$$

$$V(\gamma)=\frac{2(-1)^\gamma c}{\sqrt{\pi}\,b^{(\alpha+1)/2}(\alpha+1)}\Gamma\left(\frac{\alpha+1}{2}\right)\left\{\begin{matrix}\sin[(\alpha+1)\pi/4]\\ \cos[(\alpha+1)\pi/4]\end{matrix}\right\}\times$$
$$\times{}_4F_3\left(\frac{1}{4},\ \frac{\alpha+1}{4},\ \frac{\alpha+1}{4},\ \frac{\alpha+3}{4};\ \frac{1}{2},\ \frac{5}{4},\ \frac{\alpha+5}{4};\ \frac{c^4}{b^2}\right)+$$
$$+\frac{2(-1)^\gamma c^3}{\sqrt{\pi}\,b^{(\alpha+3)/2}(\alpha+1)}\Gamma\left(\frac{\alpha+3}{2}\right)\left\{\begin{matrix}\sin[(\alpha-1)\pi/4]\\ \cos[(\alpha-1)\pi/4]\end{matrix}\right\}\times$$
$$\times{}_4F_3\left(\frac{3}{4},\ \frac{\alpha+3}{4},\ \frac{\alpha+3}{4},\ \frac{\alpha+5}{4};\ \frac{3}{2},\ \frac{\alpha+7}{4},\ \frac{7}{4};\ \frac{c^4}{b^2}\right)-\frac{1-\gamma}{\alpha b^{\alpha/2}}\Gamma\left(\frac{\alpha}{2}\right)\left\{\begin{matrix}\sin(\alpha\pi/4)\\ \cos(\alpha\pi/4)\end{matrix}\right\}.$$

7. $\int\limits_0^\infty x^{\alpha-1}\left\{\begin{matrix}\operatorname{si}(bx^2)\\ \operatorname{ci}(bx^2)\end{matrix}\right\}\operatorname{erfc}(cx)\,dx = V(0)$ $\quad[b,\ \operatorname{Re}\alpha>0;\ |\arg c|<\pi/4;\ V(\gamma)$ см. в 2.8.26.6].

8. $\int\limits_0^\infty e^{-c^2x^2}\operatorname{si}(bx)\operatorname{erf}(icx)\,dx = \frac{\sqrt{\pi}\,i}{4c}\operatorname{Ei}\left(-\frac{b^2}{4c^2}\right)$ $\quad[b>0;\ |\arg c|<\pi/4]$.

9. $\int\limits_0^\infty \frac{1}{x}e^{-c^2x^2}\operatorname{ci}(bx)\operatorname{erf}(icx)\,dx = \frac{\pi i}{2}\left[\frac{\mathbf{C}}{2}+\ln\frac{b}{c}-\frac{b}{c\sqrt{\pi}}\,{}_2F_2\left(\frac{1}{2},\frac{1}{2};\,\frac{3}{2},\frac{3}{2};\,-\frac{b^2}{4c^2}\right)\right]$

$[b>0;\ |\arg c|<\pi/4]$.

2.9. ИНТЕГРАЛЫ ФРЕНЕЛЯ $S(x)$, $C(x)$

2.9.1. Интегралы общего вида.

Обозначение: $\delta=\left\{\begin{matrix}1\\0\end{matrix}\right\}$.

1. $\int\limits_0^a x^{\alpha-1}(a^r-x^r)^{\beta-1}\left\{\begin{matrix}S(cx)\\C(cx)\end{matrix}\right\}dx = \frac{\sqrt{2}\,a^{\alpha+r\beta+\delta-r+1/2}c^{\delta+1/2}}{r\sqrt{\pi}}\times$

$$\times\,\Gamma(\beta)\sum_{k=0}^\infty\frac{1}{(4k+2\delta+1)(\delta+1/2)_k k!}\,\Gamma\left[\begin{matrix}(2k+\alpha+\delta+1/2)/r\\(2k+\alpha+\delta+1/2)/r+\beta\end{matrix}\right]\left(-\frac{a^2c^2}{4}\right)^k$$

$[a,\ r,\ \operatorname{Re}\beta>0;\ \operatorname{Re}\alpha>-\delta-1/2]$.

2. $\int\limits_a^\infty x^{\alpha-1}(x^r-a^r)^{\beta-1}\left\{\begin{matrix}S(cx)\\C(cx)\end{matrix}\right\}dx = \frac{\sqrt{2}\,a^{\alpha+r\beta+\delta-r+1/2}c^{\delta+1/2}}{r\sqrt{\pi}}\times$

$$\times\,\Gamma(\beta)\sum_{k=0}^\infty\frac{1}{(4k+2\delta+1)(\delta+1/2)_k k!}\,\Gamma\left[\begin{matrix}1-\beta-(2k+\alpha+\delta+1/2)/r\\1-(2k+\alpha+\delta+1/2)/r\end{matrix}\right]\left(-\frac{a^2c^2}{4}\right)^k+$$

$$+\,\frac{c^{r-r\beta-\alpha}}{r\sqrt{2\pi}}\sum_{k=0}^\infty\frac{(1-\beta)_k(ac)^{rk}}{k!(k+1-\beta-a/r)}\Gamma\left(\alpha-r-rk+r\beta+\frac{1}{2}\right)\times$$

$$\times\left\{\begin{matrix}\cos[(r+rk-r\beta-\alpha+1/2)\pi/2]\\ \sin[(r+rk-r\beta-\alpha+1/2)\pi/2]\end{matrix}\right\}$$

$[a,\ c,\ r,\ \operatorname{Re}\beta>0;\ \operatorname{Re}(\alpha+r\beta)<r]$.

3. $\int\limits_0^\infty \frac{x^{\alpha-1}}{(x^r+z^r)^\rho}\left\{\begin{matrix}S(cx)\\C(cx)\end{matrix}\right\}dx = \frac{\sqrt{2}\,c^{\delta+1/2}z^{\alpha+\delta-r\rho+1/2}}{r\sqrt{\pi}\,\Gamma(\rho)}\times$

$$\times\sum_{k=0}^\infty\frac{(-c^2z^2)^k}{2^{2k}(4k+2\delta+1)(\delta+1/2)_k k!}\,\Gamma\left(\frac{4k+2\alpha+2\delta+1}{2r}\right)\Gamma\left(\rho-\frac{4k+2\alpha+2\delta+1}{2r}\right)+$$

$$+\,\frac{c^{r\rho-\alpha}}{\sqrt{2\pi}}\sum_{k=0}^\infty\frac{(-1)^k(\rho)_k(cz)^{rk}}{k!(rk+r\rho-\alpha)}\Gamma\left(\alpha-rk-r\rho+\frac{1}{2}\right)\left\{\begin{matrix}\cos[(rk+r\rho-\alpha+1/2)\pi/2]\\ \sin[(rk+r\rho-\alpha+1/2)\pi/2]\end{matrix}\right\}$$

$[c,\ r>0;\ r|\arg z|<\pi;\ -\delta-1/2<\operatorname{Re}\alpha<r\operatorname{Re}\rho]$.

4. $\int\limits_0^\infty \frac{x^{\alpha-1}}{x^r-y^r}\left\{\begin{matrix}S(cx)\\C(cx)\end{matrix}\right\}dx = -\frac{\sqrt{2\pi}\,c^{\delta+1/2}y^{\alpha+\delta-r+1/2}}{r}\times$

$$\times\sum_{k=0}^\infty\frac{(-c^2y^2)^k}{2^{2k}(4k+2\delta+1)(\delta+1/2)_k k!}\operatorname{ctg}\frac{4k+2\alpha+2\delta+1}{2r}\pi+$$

$$+\,\frac{c^{r-\alpha}}{\sqrt{2\pi}}\sum_{r=0}^\infty\frac{(cy)^{rk}}{rk+r-\alpha}\Gamma\left(\alpha-rk-r+\frac{1}{2}\right)\left\{\begin{matrix}\cos[(rk+r-\alpha+1/2)\pi/2]\\ \sin[(rk+r-\alpha+1/2)\pi/2]\end{matrix}\right\}$$

$[c,\ r,\ y>0;\ r-\delta-1/2<\operatorname{Re}\alpha<r]$.

5. $\displaystyle\int\limits_0^\infty x^{\alpha-1}e^{-px^r}\begin{Bmatrix} S(cx)\\ C(cx)\end{Bmatrix}dx = U(r)$ $\quad[c,\ r,\ \operatorname{Re}p>0;\ \operatorname{Re}\alpha>-\delta-1/2]$,

$$U(r)=\frac{\sqrt{2}\,c^{\delta+1/2}}{r\sqrt{\pi}\,p^{(\alpha+\delta+1/2)/r}}\sum_{k=0}^{\infty}\frac{(-1)^k}{(1/2+\delta)_k(4k+2\delta+1)k!}\Gamma\left(\frac{4k+2\alpha+2\delta+1}{2r}\right)\left(\frac{c}{2p^{1/r}}\right)^{2k}\quad[r>1],$$

$$U(r)=-\frac{1}{c^\alpha\sqrt{2\pi}}\sum_{k=0}^{\infty}\frac{(-1)^k\Gamma(rk+\alpha+1/2)}{(rk+\alpha)k!}\begin{Bmatrix}\cos[(1/2-\alpha-rk)\pi/2]\\ \sin[(1/2-\alpha-rk)\pi/2]\end{Bmatrix}\left(\frac{p}{c^r}\right)^k+\frac{1}{2p^{\alpha/r}r}\Gamma\left(\frac{\alpha}{r}\right)\quad[r<1],$$

$U(1)$ см. в 2.9.3.2.

6. $$\int\limits_0^\infty x^{\alpha-1}e^{-px^{-r}}\begin{Bmatrix} S(cx)\\ C(cx)\end{Bmatrix}dx=\frac{\sqrt{2}\,c^{\delta+1/2}p^{(\alpha+\delta+1/2)/r}}{r\sqrt{\pi}}\times$$
$$\times\sum_{k=0}^{\infty}\frac{(-1)^k}{(1/2+\delta)_k(4k+2\delta+1)k!}\Gamma\left(-\frac{4k+2\alpha+2\delta+1}{2r}\right)\left(\frac{cp^{1/r}}{2}\right)^{2k}+$$
$$+\frac{1}{\sqrt{2\pi}\,c^\alpha}\sum_{k=0}^{\infty}\frac{(-1)^k\Gamma(\alpha-rk+1/2)}{(rk-\alpha)k!}\begin{Bmatrix}\cos[(rk-\alpha+1/2)\pi/2]\\ \sin[(rk-\alpha+1/2)\pi/2]\end{Bmatrix}(c^rp)^k$$
$[c,\ r,\ \operatorname{Re}p>0;\ \operatorname{Re}\alpha<0]$.

7. $\displaystyle\int\limits_0^\infty x^{\alpha-1}\sin bx^r\begin{Bmatrix} S(cx)\\ C(cx)\end{Bmatrix}dx=V(1)$ $\quad[b,\ c,\ r>0;\ -r-\delta-1/2<\operatorname{Re}\alpha<r]$,

$$V(\gamma)=\frac{\sqrt{2}\,c^{\delta+1/2}}{r\sqrt{\pi}\,b^{(\alpha+\delta+1/2)/r}}\sum_{k=0}^{\infty}\frac{(-1)^k}{(4k+2\delta+1)(\delta+1/2)_kk!}\times$$
$$\times\Gamma\left(\frac{4k+2\alpha+2\delta+1}{2r}\right)\cos\frac{4k+2\alpha+2\delta-2r\gamma+1}{4r}\pi\left(\frac{c}{2b^{1/r}}\right)^{2k}\quad[r>1],$$

$$V(\gamma)=-\frac{b^\gamma}{\sqrt{2\pi}\,c^{\alpha+r\gamma}}\sum_{k=0}^{\infty}\frac{(-1)^k}{(2rk+\alpha+r\gamma)(\gamma+1/2)_kk!}\Gamma\left(\frac{4rk+2\alpha+2r\gamma+1}{2}\right)\times$$
$$\times\begin{Bmatrix}\cos[(4rk+2\alpha+2r\gamma-1)\pi/4]\\ \sin[(4rk+2\alpha+2r\gamma-1)\pi/4]\end{Bmatrix}\left(\frac{b}{2c^r}\right)^{2k}+\frac{1}{2b^{\alpha/r}r}\Gamma\left(\frac{\alpha}{r}\right)\cos\frac{\alpha-r\gamma}{2r}\pi\quad[r<1],$$

$V(\gamma)$ при $r=1$ см. в 2.9.4.3–4.

8. $\displaystyle\int\limits_0^\infty x^{\alpha-1}\cos bx^r\begin{Bmatrix} S(cx)\\ C(cx)\end{Bmatrix}dx=V(0)$
$[b,\ c,\ r>0;\ -\delta-1/2<\operatorname{Re}\alpha<r;\ V(\gamma)$ см. в 2.9.1.7].

9. $\displaystyle\int\limits_0^\infty x^{\alpha-1}e^{-px^r}\sin bx^r\begin{Bmatrix} S(cx)\\ C(cx)\end{Bmatrix}dx=W(1)$ $\quad[b,\ c,\ r,\ \operatorname{Re}p>0;\ \operatorname{Re}\alpha>-r-\delta-1/2]$,

$$W(\gamma)=\frac{\sqrt{2}\,c^{\delta+1/2}}{r\sqrt{\pi}\,(b^2+p^2)^{(2\alpha+2\delta+1)/(4r)}}\sum_{k=0}^{\infty}\frac{(-1)^k}{(4k+2\delta+1)(\delta+1/2)_kk!}\Gamma\left(\frac{4k+2\alpha+2\delta+1}{2r}\right)\times$$
$$\times\cos\left(\frac{\gamma\pi}{2}-\frac{4k+2\alpha+2\delta+1}{2r}\arccos\frac{p}{\sqrt{b^2+p^2}}\right)\frac{c^{2k}}{2^{2k}(b^2+p^2)^{k/r}}$$
$[r>1]$ или $[r=1;\ |c|^2<|b^2+p^2|]$,

$$W(\gamma) = -\frac{1}{\sqrt{2}\,c^{\alpha}}\sum_{k=0}^{\infty}\frac{(-1)^k\Gamma(rk+\alpha+1/2)}{k!(rk+\alpha)}\times$$
$$\times\left\{\begin{matrix}\cos[(1-2rk-2\alpha)\pi/4]\\ \sin[(1-2rk-2\alpha)\pi/4]\end{matrix}\right\}\cos\left(\frac{\gamma\pi}{2}+k\arccos\frac{p}{\sqrt{b^2+p^2}}\right)\times$$
$$\times\left(\frac{\sqrt{b^2+p^2}}{c^r}\right)^k+\frac{(b^2+p^2)^{-\alpha/(2r)}}{2r}\Gamma\left(\frac{\alpha}{r}\right)\cos\left(\frac{\gamma\pi}{2}-\frac{\alpha}{r}\arccos\frac{p}{\sqrt{b^2+p^2}}\right)$$

$[r<1]$ или $[r=1;\ |c|^2>|b^2+p^2|]$.

10. $\int\limits_0^{\infty} x^{\alpha-1}e^{-px^r}\cos bx^r\left\{\begin{matrix}S(cx)\\ C(cx)\end{matrix}\right\}dx = W(0)$

$[b,\ c,\ r,\ \operatorname{Re}p>0;\ \operatorname{Re}\alpha>-\delta-1/2;\ W(\gamma)$ см. в 2.9.1.9].

11. $\int\limits_0^{\infty} x^{\alpha-1}\ln(x^r+z^r)\left\{\begin{matrix}S(cx)\\ C(cx)\end{matrix}\right\}dx = X(1)$ $\quad[c,\ r>0;\ -\delta-1/2<\operatorname{Re}\alpha<0;\ r|\arg z|<\pi]$,

$$X(\gamma) = -2\sqrt{2\pi}\,c^{\delta+1/2}z^{\alpha+\delta+1/2}\times$$
$$\times\sum_{k=0}^{\infty}\frac{(-c^2z^2)^k\cos^{1-\gamma}\dfrac{2k+\alpha+\delta+1/2}{r}\pi\operatorname{cosec}\dfrac{2k+\alpha+\delta+1/2}{r}\pi}{2^{2k}(4k+2\delta+1)(4k+2\alpha+2\delta+1)(\delta+1/2)_k k!}-$$
$$-\frac{1}{\sqrt{2\pi}\,c^{\alpha}}\sum_{k=1}^{\infty}\frac{(-1)^{k\gamma}(cz)^{rk}\Gamma(\alpha-kr+1/2)}{k(kr-\alpha)}\left\{\begin{matrix}\cos[(2kr-2\alpha+1)\pi/4]\\ \sin[(2kr-2\alpha+1)\pi/4]\end{matrix}\right\}+$$
$$+\frac{r\Gamma(\alpha+1/2)}{\sqrt{2\pi}\,\alpha c^{\alpha}}\left\{\begin{matrix}\cos[(1-2\alpha)\pi/4]\\ \sin[(1-2\alpha)\pi/4]\end{matrix}\right\}\left[\frac{1}{\alpha}-\psi\left(\alpha+\frac{1}{2}\right)+\frac{\pi}{2}\operatorname{tg}\frac{2\alpha\mp1}{4}\pi+\ln c\right].$$

12. $\int\limits_0^{\infty} x^{\alpha-1}\ln|x^r-z^r|\left\{\begin{matrix}S(cx)\\ C(cx)\end{matrix}\right\}dx = X(0)$

$[c,\ r,\ z>0;\ -\delta-1/2<\operatorname{Re}\alpha<0;\ X(\gamma)$ см. в 2.9.1.11].

13. $\int\limits_0^{\infty} x^{\alpha-1}S(bx^r)\left\{\begin{matrix}S(cx)\\ C(cx)\end{matrix}\right\}dx = Y(1)$

$\left[b,\ c,\ r>0;\ -\delta-(3r+1)/2<\operatorname{Re}\alpha<0,\ \text{при } r<1 \text{ — замена } x=t^{1/r}\right]$,

$$Y(\gamma) = \frac{c^{\delta+1/2}}{8\pi b^{(2\alpha+2\delta+1)/(2r)}}\sum_{k=0}^{\infty}\frac{(-1)^k}{(1/2+\delta)_k(k+(2\delta+1)/4)(k+(1+2\alpha+2\delta)/4)k!}\times$$
$$\times\Gamma\left(\frac{4k+2\alpha+2\delta+1+r}{2r}\right)\sin\left[\left(\frac{2\gamma+1}{4}-\frac{4k+2\alpha+2\delta+1}{4r}\right)\pi\right]\times$$
$$\times\left(\frac{c}{2b^{1/r}}\right)^{2k}+\frac{\Gamma(\alpha+1/2)}{2\alpha\sqrt{2\pi}\,c^{\alpha}}\left\{\begin{matrix}\cos[(1-2\alpha)\pi/4]\\ \sin[(1-2\alpha)\pi/4]\end{matrix}\right\}\qquad [r>1],$$

$Y(\gamma)$ при $r=1$ см. в 2.9.6.1–2.

14. $\int\limits_0^{\infty} x^{\alpha-1}C(bx^r)\left\{\begin{matrix}S(cx)\\ C(cx)\end{matrix}\right\}dx = Y(0)$

$[b,\ c,\ r>0;\ -\delta-(r+1)/2<\operatorname{Re}\alpha<0;\ Y(\gamma)$ см. в 2.9.1.13].

15. $\int\limits_0^{\infty} x^{\alpha-1}\operatorname{erf}(bx^r)\left\{\begin{matrix}S(cx)\\ C(cx)\end{matrix}\right\}dx = Z(1)$ $\quad[c,\ r>0;\ -1\mp1/2-r<\operatorname{Re}\alpha<0;\ |\arg b|<\pi/4]$,

$$Z(\gamma) = (-1)^\gamma \frac{c^{\delta+1/2}}{4\pi\sqrt{2}\, b^{(\alpha+\delta+1/2)/r}} \sum_{k=0}^{\infty} \frac{1}{k!(\delta+1/2)_k} \times$$
$$\times \Gamma\left(\frac{2k+r+\alpha+\delta+1/2}{2r}\right)\left(-\frac{c^2}{4b^{2/r}}\right)^k - \gamma \frac{\Gamma(\alpha+1/2)}{\sqrt{2\pi}\,\alpha c^\alpha} \begin{Bmatrix} \sin[(2\alpha+1)\pi/4] \\ \cos[(2\alpha+1)\pi/4] \end{Bmatrix} \quad [r > 1/2],$$
$$Z(\gamma) = \frac{(-1)^\gamma \sqrt{2}\, b}{\pi c^{\alpha+r}} \sum_{k=0}^{\infty} \frac{\Gamma(2rk+\alpha+r+1/2)}{k!(2k+1)(2rk+\alpha+r)} \begin{Bmatrix} \sin[(4rk+2\alpha+2r+1)\pi/4] \\ \cos[(4rk+2\alpha+2r+1)\pi/4] \end{Bmatrix} +$$
$$+ \frac{(-1)^\gamma}{2\alpha\sqrt{\pi}\, b^{\alpha/r}} \Gamma\left(\frac{\alpha+r}{2r}\right) - (1-\gamma)\frac{\Gamma(\alpha+1/2)}{\sqrt{2\pi}\,\alpha c^\alpha} \begin{Bmatrix} \sin[(2\alpha+1)\pi/4] \\ \cos[(2\alpha+1)\pi/4] \end{Bmatrix} \quad [r < 1/2],$$

$Z(\gamma)$ при $r = 1/2$ см. в 2.9.8.1–2.

16. $$\int_0^\infty x^{\alpha-1} \operatorname{erfc}(bx^r) \begin{Bmatrix} S(cx) \\ C(cx) \end{Bmatrix} dx = Z(0)$$
$[c,\ r > 0;\ \operatorname{Re}\alpha > -1 \mp 1/2;\ |\arg b| < \pi/4;\ Z(\gamma)$ см. в 2.9.1.15].

2.9.2. Интегралы от $A(x)\begin{Bmatrix} S(cx) \\ C(cx) \end{Bmatrix}$.

Обозначение: $\delta = \begin{Bmatrix} 1 \\ 0 \end{Bmatrix}$.

1. $$\int_0^\infty x^{\alpha-1} \begin{Bmatrix} S(cx) \\ C(cx) \end{Bmatrix} dx = -\frac{\Gamma(\alpha+1/2)}{\sqrt{2\pi}\,\alpha c^\alpha} \begin{Bmatrix} \sin[(2\alpha+1)\pi/4] \\ \cos[(2\alpha+1)\pi/4] \end{Bmatrix}$$
$[c > 0;\ -1 \mp 1/2 < \operatorname{Re}\alpha < 0;\ \alpha \neq -1/2]$.

2. $$\int_0^\infty x^{-3/2} S(cx)\, dx = \sqrt{\frac{\pi c}{2}} \quad [c > 0].$$

3. $$\int_0^\infty x^{\alpha-1}\left[\frac{1}{2} - \begin{Bmatrix} S(cx) \\ C(cx) \end{Bmatrix}\right] dx = \frac{\Gamma(\alpha+1/2)}{\sqrt{2\pi}\,\alpha c^\alpha} \begin{Bmatrix} \sin[(2\alpha+1)\pi/4] \\ \cos[(2\alpha+1)\pi/4] \end{Bmatrix} \quad [c > 0;\ 0 < \operatorname{Re}\alpha < 3/2].$$

4. $$\int_0^\infty \frac{1}{x} \begin{Bmatrix} S(bx) - S(cx) \\ C(bx) - C(cx) \end{Bmatrix} dx = \frac{1}{2}\ln\frac{b}{c} \quad [b,\ c > 0].$$

5. $$\int_0^a x^{\alpha-1}(a^2-x^2)^{\beta-1} \begin{Bmatrix} S(cx) \\ C(cx) \end{Bmatrix} dx = \frac{a^{\alpha+2\beta+\delta-3/2} c^{\delta+1/2}}{\sqrt{2\pi}\,(2\delta+1)} \mathrm{B}\left(\beta,\ \frac{\alpha+\delta}{2}+\frac{1}{4}\right) \times$$
$$\times\ {}_2F_3\left(\frac{\alpha+\delta}{2}+\frac{1}{4},\ \frac{2\delta+1}{4};\ \delta+\frac{1}{2},\ \frac{5+2\delta}{4},\ \frac{\alpha+\delta}{2}+\frac{1}{4}+\beta;\ -\frac{a^2c^2}{4}\right)$$
$[a,\ \operatorname{Re}\beta > 0;\ \operatorname{Re}\alpha > -\delta - 1/2]$.

6. $$\int_a^\infty x^{\alpha-1}(x^2-a^2)^{\beta-1} \begin{Bmatrix} S(cx) \\ C(cx) \end{Bmatrix} dx = \frac{a^{\alpha+2\beta+\delta-3/2} c^{\delta+1/2}}{\sqrt{2\pi}\,(1+2\delta)} \mathrm{B}\left(\beta,\ \frac{3}{4} - \frac{\alpha+\delta}{2} - \beta\right) \times$$
$$\times\ {}_2F_3\left(\frac{1}{4}+\frac{\alpha+\delta}{2},\ \frac{1+2\delta}{4};\ \frac{5+2\delta}{4},\ \frac{1}{2}+\delta,\ \frac{1}{4}+\beta+\frac{\alpha+\delta}{2};\ -\frac{a^2c^2}{4}\right) +$$
$$+ \frac{c^{2-\alpha-2\beta}}{(2\beta+\alpha-2)\sqrt{2\pi}} \Gamma\left(\alpha+2\beta-\frac{3}{2}\right) \begin{Bmatrix} \sin[((2\alpha+1)/4+\beta)\pi] \\ \cos[((2\alpha+1)/4+\beta)\pi] \end{Bmatrix} \times$$
$$\times\ {}_2F_3\left(1-\beta,\ 1-\beta-\frac{\alpha}{2};\ 2-\beta-\frac{\alpha}{2},\ \frac{5-2\alpha}{4}-\beta,\ \frac{7-2\alpha}{4}-\beta;\ -\frac{a^2c^2}{4}\right)$$
$[a,\ c,\ \operatorname{Re}\beta > 0;\ \operatorname{Re}(\alpha+2\beta) < 2]$.

7. $$\int_0^\infty \frac{x^{\alpha-1}}{(x^2+z^2)^\rho}\begin{Bmatrix} S(cx) \\ C(cx)\end{Bmatrix} dx = \frac{c^{\delta+1/2} z^{\alpha+\delta-2\rho+1/2}}{(2\delta+1)\sqrt{2\pi}}\,\mathrm{B}\left(\rho-\frac{\alpha+\delta}{2}-\frac{1}{4},\ \frac{\alpha+\delta}{2}+\frac{1}{4}\right)\times$$
$$\times\,{}_2F_3\left(\frac{1+2\delta}{4},\ \frac{\alpha+\delta}{2}+\frac{1}{4};\ \frac{5+2\delta}{4},\ \frac{1}{2}+\delta,\ \frac{5}{4}+\frac{\alpha+\delta}{2}-\rho;\ \frac{c^2z^2}{4}\right)+$$
$$+\frac{c^{2\rho-\alpha}}{\sqrt{2\pi}\,(2\rho-\alpha)}\begin{Bmatrix}\sin\left[((2\alpha+1)/4-\rho)\pi\right] \\ \cos\left[((2\alpha+1)/4-\rho)\pi\right]\end{Bmatrix}\Gamma\left(\frac{1}{2}+\alpha-2\rho\right)\times$$
$$\times\,{}_2F_3\left(\rho-\frac{\alpha}{2},\ \rho;\ 1+\rho-\frac{\alpha}{2},\ \frac{3-2\alpha}{4}+\rho,\ \frac{1-2\alpha}{4}+\rho;\ \frac{c^2z^2}{4}\right)$$
$[c,\ \operatorname{Re} z>0;\ -\delta-1/2<\operatorname{Re}\alpha<2\operatorname{Re}\rho]$.

8. $$\int_0^\infty \frac{x^{\pm1/2}}{x^2+z^2}\begin{Bmatrix} S(cx) \\ C(cx)\end{Bmatrix} dx = \frac{\pi}{2\sqrt{2z}}\begin{Bmatrix} 1 \\ z^{-1}\end{Bmatrix}\operatorname{erf}(\sqrt{cz}\,)$$ $[c,\ \operatorname{Re} z>0]$.

9. $$\int_0^\infty \frac{x}{(x^2+z^2)^{3/2}}\begin{Bmatrix} S(cx) \\ C(cx)\end{Bmatrix} dx = \frac{c}{2}\,I_{\pm1/4}\left(\frac{cz}{2}\right)K_{1/4}\left(\frac{cz}{2}\right)$$ $[c,\ \operatorname{Re} z>0]$.

10. $$\int_0^\infty \frac{x^{\alpha-1}}{x^2-y^2}\begin{Bmatrix} S(cx) \\ C(cx)\end{Bmatrix} dx = \frac{c^{2-\alpha}}{(\alpha-2)\sqrt{2\pi}}\,\Gamma\left(\alpha-\frac{3}{2}\right)\times$$
$$\times\begin{Bmatrix}\sin\left[(2\alpha+1)\pi/4\right] \\ \cos\left[(2\alpha+1)\pi/4\right]\end{Bmatrix}{}_2F_3\left(1,\ 1-\frac{\alpha}{2};\ 2-\frac{\alpha}{2},\ \frac{7-2\alpha}{4},\ \frac{5-2\alpha}{4};\ -\frac{c^2y^2}{4}\right)\pm$$
$$\pm\sqrt{\frac{\pi c}{2}}\,\frac{c^\delta y^{\alpha+\delta-3/2}}{2\delta+1}\left(\operatorname{tg}\frac{2\alpha+1}{4}\,\pi\right)^{\pm1}{}_1F_2\left(\frac{2\delta+1}{4};\ \delta+\frac{1}{2},\ \frac{2\delta+5}{4};\ -\frac{c^2y^2}{4}\right)$$
$[c,\ y>0;\ -1/2-\delta<\operatorname{Re}\alpha<2]$.

11. $$\int_0^\infty \frac{x^{-1/2}}{\sqrt{x^2+z^2}}\,(\sqrt{x^2+z^2}\mp z)^{1/2}\left[\frac{1}{2}-\begin{Bmatrix} S(cx) \\ C(cx)\end{Bmatrix}\right] dx = -\frac{1}{2}\operatorname{Ei}(-cz)$$ $[c,\ \operatorname{Re} z>0]$.

12. $$\int_0^\infty \frac{C(cx)}{(x^2+z^2)(x^2+3^2z^2)\ldots(x^2+(2n+1)^2z^2)}\,dx =$$
$$=\frac{(-1)^n\pi}{(2n+1)!\,2^{2n+3/2}z^{2n+1}}\sum_{k=0}^{n}(-1)^k\binom{2n+1}{k}\frac{\operatorname{erf}(\sqrt{(2n-2k+1)cz}\,)}{\sqrt{2n-2k+1}}$$ $[c,\ \operatorname{Re} z>0]$.

2.9.3. Интегралы от $x^\alpha e^{-px^r}\begin{Bmatrix} S(cx) \\ C(cx)\end{Bmatrix}$.

Обозначение: $\delta=\begin{Bmatrix}1\\0\end{Bmatrix}$.

1. $$\int_0^\infty e^{-px}\begin{Bmatrix} S(cx) \\ C(cx)\end{Bmatrix} dx = \frac{\sqrt{c}}{2p\sqrt{p^2+c^2}}\sqrt{\sqrt{p^2+c^2}\mp p}$$ $[c,\ \operatorname{Re} p>0]$.

2. $$\int_0^\infty x^{\alpha-1}e^{-px}\begin{Bmatrix} S(cx) \\ C(cx)\end{Bmatrix} dx = \sqrt{\frac{2}{\pi}}\,\frac{c^{\delta+1/2}\Gamma(\alpha+\delta+1/2)}{p^{\alpha+\delta+1/2}(2\delta+1)}\times$$
$$\times\,{}_3F_2\left(\frac{2\delta+1}{4},\ \frac{2\alpha+3}{4},\ \frac{2\alpha+1}{4}+\delta;\ \frac{2\delta+5}{4},\ \delta+\frac{1}{2};\ -\frac{c^2}{p^2}\right)$$
$[c,\ \operatorname{Re} p>0;\ \operatorname{Re}\alpha>-\delta-1/2]$.

3. $$\int_0^\infty x^{-1/2}e^{-px}\begin{Bmatrix} S(cx) \\ C(cx) \end{Bmatrix} dx = \frac{1}{4\sqrt{\pi p}}\left(2\,\mathrm{arctg}\,\frac{\sqrt{2cp}}{p-c} \pm \ln\frac{c-\sqrt{2cp}+p}{c+\sqrt{2cp}+p}\right) \qquad [c,\ \mathrm{Re}\,p>0].$$

4. $$\int_0^\infty xe^{-px}S(cx)\,dx = \frac{\sqrt{c}}{2p^2}\left(\frac{p}{2\sqrt{p^2+c^2}} + \frac{p^2}{p^2+c^2} + 1\right)\left(\frac{\sqrt{p^2+c^2}-p}{p^2+c^2}\right)^{1/2}$$
$$[c,\ \mathrm{Re}\,p>0].$$

5. $$\int_0^\infty x^{\alpha-1}e^{-px^2}\begin{Bmatrix} S(cx) \\ C(cx) \end{Bmatrix} dx = \frac{c^{\delta+1/2}}{\sqrt{2\pi}\,(2\delta+1)p^{(2\alpha+2\delta+1)/4}}\,\Gamma\left(\frac{2\alpha+2\delta+1}{4}\right) \times$$
$$\times\ {}_2F_2\left(\frac{2\delta+1}{4},\ \frac{2\alpha+2\delta+1}{4};\ \frac{2\delta+5}{4},\ \delta+\frac{1}{2};\ -\frac{c^2}{4p}\right) \qquad [\mathrm{Re}\,p>0;\ \mathrm{Re}\,\alpha>-\delta-1/2].$$

6. $$\int_0^\infty xe^{-px^2}\begin{Bmatrix} S(cx) \\ C(cx) \end{Bmatrix} dx = \frac{\sqrt{\pi}\,c}{8p^{3/2}}\exp\left(-\frac{c^2}{8p}\right)I_{\pm1/4}\left(\frac{c^2}{8p}\right) \qquad [\mathrm{Re}\,p>0].$$

7. $$\int_0^\infty x^{-1/2}e^{-px^2}C(cx)\,dx = \frac{1}{4\sqrt[4]{p}}\,\gamma\left(\frac{1}{4},\ \frac{c^2}{8p}\right) \qquad [\mathrm{Re}\,p>0].$$

8. $$\int_0^\infty x^{-1/2}e^{-p\sqrt{x}}\begin{Bmatrix} S(cx) \\ C(cx) \end{Bmatrix} dx = \frac{2}{p}\left[\left(\frac{1}{2}-S(\varphi)\right)\begin{Bmatrix} \sin\varphi \\ \cos\varphi \end{Bmatrix} \pm \left(\frac{1}{2}-C(\varphi)\right)\begin{Bmatrix} \cos\varphi \\ \sin\varphi \end{Bmatrix}\right]$$
$$[\varphi = p^2/(4c);\ \mathrm{Re}\,p>0].$$

9. $$\int_0^\infty x^{-2}e^{-p/x}\begin{Bmatrix} S(cx) \\ C(cx) \end{Bmatrix} dx = \frac{1}{2p}\left[1-e^{-\sqrt{2pc}}\left(\cos\sqrt{2pc} \pm \sin\sqrt{2pc}\right)\right] \qquad [c,\ \mathrm{Re}\,p>0].$$

2.9.4. Интегралы, содержащие тригонометрические функции и $\begin{Bmatrix} S(cx) \\ C(cx) \end{Bmatrix}$.

Обозначение: $\delta = \begin{Bmatrix} 1 \\ 0 \end{Bmatrix}$.

1. $$\int_0^\infty \sin bx\left[\frac{1}{2}-\begin{Bmatrix} S(cx) \\ C(cx) \end{Bmatrix}\right] dx = \frac{1}{2b} - \frac{\sqrt{c}}{4b}\left[\frac{1}{\sqrt{b+c}} + \frac{1}{\sqrt{|b-c|}}\begin{Bmatrix} \mathrm{sgn}\,(c-b) \\ 1 \end{Bmatrix}\right]$$
$$[b,\ c>0;\ b\neq c].$$

2. $$\int_0^\infty \cos bx\left[\frac{1}{2}-\begin{Bmatrix} S(cx) \\ C(cx) \end{Bmatrix}\right] dx = \frac{\sqrt{c}}{4b}\left[\frac{1}{\sqrt{|b-c|}}\begin{Bmatrix} 1 \\ \mathrm{sgn}\,(b-c) \end{Bmatrix} \mp \frac{1}{\sqrt{b+c}}\right]$$
$$[b,\ c>0;\ b\neq c].$$

3. $$\int_0^\infty x^{\alpha-1}\sin bx\begin{Bmatrix} S(cx) \\ C(cx) \end{Bmatrix} dx = U(1)$$
$$[b,\ c>0;\ -3/2-\delta<\mathrm{Re}\,\alpha<1 \text{ при } b\neq c,\ -3/2-\delta<\mathrm{Re}\,\alpha<1/2 \text{ при } b=c],$$

$$U(\gamma) = \sqrt{\frac{2}{\pi}}\,\frac{c^{\delta+1/2}\Gamma(\alpha+\delta+1/2)}{(2\delta+1)b^{\alpha+\delta+1/2}}\begin{Bmatrix} \sin[(2\gamma-2\alpha-1)\pi/4] \\ \cos[(2\gamma-2\alpha-1)\pi/4] \end{Bmatrix} \times$$
$$\times\ {}_3F_2\left(\frac{2\delta+1}{4},\ \frac{2\alpha+3}{4},\ \frac{2\alpha+1}{4}+\delta;\ \frac{2\delta+5}{4},\ \delta+\frac{1}{2};\ \frac{c^2}{b^2}\right) \qquad [0<c\leqslant b],$$

$$U(\gamma) = -\frac{b^\gamma\Gamma(\alpha+\gamma+1/2)}{\sqrt{2\pi}\,(\alpha+\gamma)c^{\alpha+\gamma}}\begin{Bmatrix} \cos[(1-2\alpha-2\gamma)\pi/4] \\ \sin[(1-2\alpha-2\gamma)\pi/4] \end{Bmatrix} \times$$

$$\times\ {}_3F_2\left(\frac{\alpha+\gamma}{2},\ \frac{2\alpha+3}{4},\ \frac{2\alpha+1}{4}+\gamma;\ \frac{\alpha+\gamma}{2}+1,\ \frac{1}{2}+\gamma;\ \frac{b^2}{c^2}\right)+\frac{1}{2b^\alpha}\Gamma(\alpha)\cos\frac{\gamma-\alpha}{2}\pi \qquad [0<b<c].$$

4. $$\int_0^\infty x^{\alpha-1}\cos bx\begin{Bmatrix} S(cx)\\ C(cx)\end{Bmatrix}dx = U(0)$$

$[b,\ c>0;\ -1/2-\delta<\operatorname{Re}\alpha<1$ при $b\neq c;\ -1/2-\delta<\operatorname{Re}\alpha<1/2$ при $b=c;\ U(\gamma)$ см. в 2.9.4.3].

5. $$\int_0^\infty x^{-1/2}\begin{Bmatrix} \sin bx\,S(cx)\\ \cos bx\,C(cx)\end{Bmatrix}dx = \frac{1}{2}\sqrt{\frac{\pi}{2b}} \qquad [c>b>0],$$

$$= \frac{1}{4}\sqrt{\frac{\pi}{2c}}\begin{Bmatrix} 0\\ 1\end{Bmatrix} \qquad \left[\begin{Bmatrix} b>c>0\\ b=c>0\end{Bmatrix}\right].$$

6. $$\int_0^\infty \frac{1}{x}\begin{Bmatrix} \cos bx\,S(cx)\\ \sin bx\,C(cx)\end{Bmatrix}dx = \frac{1}{2}\left(\ln\frac{\sqrt{c}+\sqrt{b+c}}{\sqrt{b}}\mp\arcsin\sqrt{\frac{c}{b}}\right) \qquad [b>c>0],$$

$$= \frac{1}{2}\left(\ln\frac{\sqrt{c}+\sqrt{c+b}}{\sqrt{c}+\sqrt{c-b}}\mp\frac{\pi}{2}\right) \qquad [c>b>0].$$

7. $$\int_0^\infty \frac{1}{x}\sin cx\begin{Bmatrix} S(cx)\\ C(cx)\end{Bmatrix}dx = \frac{1}{2}\left[\frac{\pi}{2}\mp\ln(\sqrt{2}+1)\right] \qquad [c>0].$$

8. $$\int_0^\infty \frac{1}{x}\cos cx\begin{Bmatrix} S(cx)\\ C(cx)\end{Bmatrix}dx = \frac{1}{2}\ln(\sqrt{2}+1)\mp\frac{\pi}{2} \qquad [c>0].$$

9. $$\int_0^\infty x\sin bx^2\left[\frac{1}{2}-\begin{Bmatrix} S(cx)\\ C(cx)\end{Bmatrix}\right]dx = \frac{1}{2b}-\frac{\sqrt{\pi}\,c}{8b^{3/2}}J_{\pm1/4}\left(\frac{c^2}{8b}\right)\cos\left(\frac{c^2}{8b}-\frac{2\pm1}{8}\pi\right) \qquad [b,\ c>0].$$

10. $$\int_0^\infty x\cos bx^2\left[\frac{1}{2}-\begin{Bmatrix} S(cx)\\ C(cx)\end{Bmatrix}\right]dx = -\frac{\sqrt{\pi}\,c}{8b^{3/2}}J_{\pm1/4}\left(\frac{c^2}{8b}\right)\sin\left(\frac{c^2}{8b}-\frac{2\pm1}{8}\pi\right) \qquad [b,\ c>0].$$

11. $$\int_0^\infty \frac{1}{x}\cos b\sqrt{x}\begin{Bmatrix} S(cx)\\ C(cx)\end{Bmatrix}dx = -\frac{1}{2}\left[\operatorname{ci}\left(\frac{b^2}{4c}\right)\mp\operatorname{si}\left(\frac{b^2}{4c}\right)\right] \qquad [b,\ c>0].$$

12. $$\int_0^\infty x^{-1/2}\sin b\sqrt{x}\left[\frac{1}{2}-\begin{Bmatrix} S(cx)\\ C(cx)\end{Bmatrix}\right]dx = \frac{1}{b}\left(1-\cos\frac{b^2}{4c}\pm\sin\frac{b^2}{4c}\right) \qquad [b,\ c>0].$$

13. $$\int_0^\infty x^{-1/2}\cos b\sqrt{x}\left[\frac{1}{2}-\begin{Bmatrix} S(cx)\\ C(cx)\end{Bmatrix}\right]dx =$$

$$= \frac{2}{b}\left[C\left(\frac{b}{2\sqrt{c}}\right)\begin{Bmatrix} \cos[b^2/(4c)]\\ \sin[b^2/(4c)]\end{Bmatrix}\pm S\left(\frac{b}{2\sqrt{c}}\right)\begin{Bmatrix} \sin[b^2/(4c)]\\ \cos[b^2/(4c)]\end{Bmatrix}\right] \qquad [b,\ c>0].$$

14. $$\int_0^\infty \frac{1}{x}\sin\frac{b}{x}\left[\frac{1}{2}-\begin{Bmatrix} S(cx)\\ C(cx)\end{Bmatrix}\right]dx = -\frac{1}{2}\left[\operatorname{si}(2\sqrt{bc})\mp\operatorname{ci}(2\sqrt{bc})+\operatorname{Ei}(-2\sqrt{bc})\right] \qquad [b,\ c>0].$$

15. $$\int_0^\infty \frac{1}{x}\cos\frac{b}{x}\left[\frac{1}{2}-\begin{Bmatrix} S(cx)\\ C(cx)\end{Bmatrix}\right]dx = -\frac{1}{2}\left[\operatorname{ci}(2\sqrt{bc})\pm\operatorname{si}(2\sqrt{bc})+\operatorname{Ei}(-2\sqrt{bc})\right] \qquad [b,\ c>0].$$

16. $$\int_0^\infty x^{\alpha-1}\left[\begin{Bmatrix}\sin cx\\ \cos cx\end{Bmatrix}C(cx)\mp\begin{Bmatrix}\cos cx\\ \sin cx\end{Bmatrix}S(cx)\right]dx = \frac{\pi}{2^{3/2}c^\alpha\Gamma(1-\alpha)}\begin{Bmatrix}\operatorname{cosec}[(1-2\alpha)\pi/4]\\ \sec[(1-2\alpha)\pi/4]\end{Bmatrix}$$ $[c>0;\ -1\mp 1/2<\operatorname{Re}\alpha<1/2]$.

17. $$\int_0^\infty x^{\alpha-1}\left[\begin{Bmatrix}\sin cx\\ \cos cx\end{Bmatrix}\left(\frac{1}{2}-S(cx)\right)\pm\begin{Bmatrix}\cos cx\\ \sin cx\end{Bmatrix}\left(\frac{1}{2}-C(cx)\right)\right]dx = \frac{\Gamma(\alpha)}{2^{3/2}c^\alpha}\begin{Bmatrix}\sec[(1-2\alpha)\pi/4]\\ \operatorname{cosec}[(1-2\alpha)\pi/4]\end{Bmatrix}$$ $[c>0;\ 0<\operatorname{Re}\alpha<1\pm 1/2]$.

18. $$\int_a^\infty (x^2-a^2)^{\beta-1}\left[\begin{Bmatrix}\sin cx\\ \cos cx\end{Bmatrix}\left(\frac{1}{2}-S(cx)\right)\pm\begin{Bmatrix}\cos cx\\ \sin cx\end{Bmatrix}\left(\frac{1}{2}-C(cx)\right)\right]dx = \frac{a^{\beta-1/2}c^{1/2-\beta}}{2^{1+\delta}\sqrt{2\pi}}\,\mathrm{B}\left(\beta,\ \frac{3+2\delta}{4}-\beta\right)S_{\beta-\delta,\,\beta-1/2}(ac)$$ $[a,\ c>0;\ 0<\operatorname{Re}\beta<(3+2\delta)/4]$.

19. $$\int_a^\infty x(x^2-a^2)^{\beta-1}\left[\begin{Bmatrix}\sin cx\\ \cos cx\end{Bmatrix}\left(\frac{1}{2}-S(cx)\right)\pm\begin{Bmatrix}\cos cx\\ \sin cx\end{Bmatrix}\left(\frac{1}{2}-C(cx)\right)\right]dx = \frac{a^{\beta+3/2-\delta}c^{3/2-\beta-\delta}}{2^{5/2}\pi^{3/2-\delta}}\,\mathrm{B}\left(\beta,\ \frac{1+2\delta}{4}-\beta\right)S_{\beta-\delta,\,\beta+1/2}(ac)$$ $[a,\ c>0;\ 0<\operatorname{Re}\beta<(2\pm 1)/4]$.

2.9.5. Интегралы, содержащие e^{-px^r}, тригонометрические функции и $\begin{Bmatrix}S(cx)\\ C(cx)\end{Bmatrix}$.

1. $$\int_0^\infty x^{-1/2}e^{-b\sqrt{x}}\begin{Bmatrix}\sin b\sqrt{x}\,S(cx)\\ \cos b\sqrt{x}\,C(cx)\end{Bmatrix}dx = \frac{1}{2b}\exp\left(-\frac{b^2}{2c}\right)$$ $[b,\ c>0]$.

2. $$\int_0^\infty x^{-1/2}e^{-b\sqrt{x}}\begin{Bmatrix}\cos b\sqrt{x}\,S(cx)\\ \sin b\sqrt{x}\,C(cx)\end{Bmatrix}dx = \frac{1}{2b}\left[\exp\left(\frac{b^2}{2c}\right)\operatorname{erfc}\left(\frac{b}{\sqrt{2c}}\right)\mp\frac{2}{\sqrt{\pi}}\exp\left(-\frac{b^2}{2c}\right)\operatorname{erfi}\left(\frac{b}{\sqrt{2c}}\right)\right]$$ $[b,\ c>0]$.

3. $$\int_0^\infty x^{-1/2}e^{-px}[\cos cx\,C(cx)\pm\sin cx\,S(cx)]\,dx = \frac{p}{4c^{3/4}\sqrt{\pi(p+c)}}\left[\frac{1}{\sqrt{\sqrt{p+c}\mp\sqrt{c}}}\left(\frac{\pi}{2}-\operatorname{arctg}\frac{\sqrt{p+c}-\sqrt{c}}{\sqrt[4]{4c}\sqrt{\sqrt{p+c}\pm\sqrt{c}}}\right)-\right.$$
$$\left.-\frac{1}{2\sqrt{\sqrt{p+c}\mp\sqrt{c}}}\ln\frac{\sqrt{c}-\sqrt[4]{4c}\sqrt{\sqrt{p+c}\pm\sqrt{c}}+\sqrt{p+c}}{\sqrt{c}+\sqrt[4]{4c}\sqrt{\sqrt{p+c}\pm\sqrt{c}}+\sqrt{p+c}}\right]$$ $[c,\ \operatorname{Re}p>0]$.

4. $$\int_0^\infty x^{-1/2}e^{-p\sqrt{x}}\left[\cos cx\begin{Bmatrix}C(cx)\\ S(cx)\end{Bmatrix}\pm\sin cx\begin{Bmatrix}S(cx)\\ C(cx)\end{Bmatrix}\right]dx = \sqrt{\frac{\pi}{2c}}\left[\operatorname{ci}(\varphi)\begin{Bmatrix}\sin\varphi\\ \cos\varphi\end{Bmatrix}\mp\operatorname{si}(\varphi)\begin{Bmatrix}\cos\varphi\\ \sin\varphi\end{Bmatrix}\right]$$ $[\varphi=p^2/(4c);\ c,\ \operatorname{Re}p>0]$.

2.9.6. Интегралы, содержащие произведения функций $S(bx)$, $C(cx)$. Обозначение: $\delta = \left\{ \begin{matrix} 1 \\ 0 \end{matrix} \right\}$.

1. $\int\limits_0^\infty x^{\alpha-1} S(bx) \left\{ \begin{matrix} S(cx) \\ C(cx) \end{matrix} \right\} dx = U(1)$ $\quad [b,\ c > 0;\ -2-\delta < \operatorname{Re}\alpha < 0]$,

$$U(\gamma) = -\frac{2c^{\delta+1/2}\Gamma(\alpha+\delta+1)}{\pi(2\delta+1)(2\delta+\alpha+1)b^{\alpha+\delta+1/2}} \left\{ \begin{matrix} \cos[(1+2\alpha-2\gamma)\pi/4] \\ \sin[(1+2\alpha-2\gamma)\pi/4] \end{matrix} \right\} \times$$

$$\times {}_4F_3\left(\frac{2\delta+1}{4},\ \frac{2\alpha+2\delta+1}{4},\ \frac{\alpha+\delta+1}{4},\ \frac{\alpha+\delta+3}{4};\ \delta+\frac{1}{2},\ \frac{2\delta+5}{4},\ \frac{2\alpha+2\delta+5}{4};\ \frac{c^2}{b^2}\right) +$$

$$+ \frac{\Gamma(\alpha+1/2)}{2\alpha\sqrt{2\pi}\,c^\alpha} \left\{ \begin{matrix} \cos[(1-2\alpha)\pi/4] \\ \sin[(1-2\alpha)\pi/4] \end{matrix} \right\}.$$

2. $\int\limits_0^\infty x^{\alpha-1} C(bx) \left\{ \begin{matrix} S(cx) \\ C(cx) \end{matrix} \right\} dx = U(0)$ $\quad [b,\ c > 0;\ -\delta-1 < \operatorname{Re}\alpha < 0;\ U(\gamma)$ см. в 2.9.6.1].

3. $\int\limits_0^\infty x^{-3/2} C(bx) S(cx)\, dx = \frac{1}{2\pi}\left[\sqrt{b}\left(\ln\frac{\sqrt{c}+\sqrt{b+c}}{\sqrt{b}} \arcsin\sqrt{\frac{c}{b}}\right) + \right.$

$$\left. + \sqrt{c}\left(\ln\frac{\sqrt{b}+\sqrt{b+c}}{\sqrt{b}+\sqrt{b-c}} + \frac{\pi}{2}\right)\right] \quad [b > c > 0].$$

4. $= \frac{1}{\sqrt{2\pi}}\left[\sqrt{c}\left(\ln\frac{\sqrt{b}+\sqrt{b+c}}{\sqrt{c}} + \arcsin\sqrt{\frac{b}{c}}\right) + \sqrt{b}\left(\ln\frac{\sqrt{c}+\sqrt{c+b}}{\sqrt{c}+\sqrt{c-b}} - \frac{\pi}{2}\right)\right]$ $\quad [c > b > 0]$.

5. $\int\limits_0^\infty x^{-3/2} C(cx) S(cx)\, dx = \sqrt{\frac{2c}{\pi}}\ln(\sqrt{2}+1)$ $\quad [c > 0]$.

6. $\int\limits_0^\infty x^{-3/2} \left\{ \begin{matrix} S(cx) \\ C(cx) \end{matrix} \right\}^2 dx = \sqrt{\frac{2c}{\pi}}\left[\frac{\pi}{2} \mp \ln(\sqrt{2}+1)\right]$ $\quad [c > 0]$.

7. $\int\limits_0^\infty x^{\alpha-1}[C^2(cx) - S^2(cx)]\, dx = \frac{2\Gamma(\alpha)}{\pi c^\alpha}\sin\frac{\alpha\pi}{2}\, {}_2F_1\left(\alpha+1,\ \frac{1}{2};\ \frac{3}{2};\ -1\right)$ $\quad [c > 0;\ 0 < \operatorname{Re}\alpha < 1]$.

8. $\int\limits_0^\infty x^{-1/2}[C^2(cx) - S^2(cx)]\, dx = \frac{1}{\sqrt{\pi c}}$ $\quad [c > 0]$.

9. $\int\limits_0^\infty \frac{1}{x}[C^2(cx) - S^2(cx)]\, dx = \frac{\pi}{4}$ $\quad [c > 0]$.

10. $\int\limits_0^\infty \frac{x}{x^2+z^2}[C^2(cx) - S^2(cx)]\, dx = \frac{\pi}{4}[1 - \operatorname{erf}^2(cz)]$ $\quad [c,\ \operatorname{Re} z > 0]$.

11. $\int\limits_0^\infty x^{-1/2} S(bx)[C^2(cx) - S^2(cx)]\, dx = \sqrt{\frac{b-c}{2\pi bc}}$ $\quad [0 \leqslant c \leqslant b < 2c]$.

12. $\int\limits_0^\infty x^{\alpha-1}\left\{\left[\frac{1}{2} - C(cx)\right]^2 + \left[\frac{1}{2} - S(cx)\right]^2\right\} dx = \frac{\Gamma(\alpha+1/2)}{2\sqrt{\pi}\,\alpha c^\alpha}\sec\frac{\alpha\pi}{2}$ $\quad [c > 0;\ 0 < \operatorname{Re}\alpha < 1]$.

13. $$\int_0^\infty x^{-1/2}\left[\frac{1}{2}-\begin{Bmatrix} S(cx) \\ C(cx) \end{Bmatrix}\right]^2 dx = \frac{1}{2\sqrt{\pi c}}\begin{Bmatrix} 2\sqrt{2}-1 \\ 1 \end{Bmatrix} \qquad [c>0].$$

14. $$\int_0^\infty \sin bx\left[\frac{1}{2}-C(cx)\right]^2 dx = \frac{1}{2b}-\frac{\sqrt{c}}{4b\sqrt{b+c}}-\frac{\sqrt{c}}{4b\sqrt{|b-c|}}\begin{Bmatrix} 1 \\ 0 \end{Bmatrix} \qquad \left[\begin{Bmatrix} b>2c \\ b<2c \end{Bmatrix};\ b,\ c>0\right].$$

15. $$\int_0^\infty \frac{1}{x}\begin{Bmatrix} S(bx) \\ C(bx) \end{Bmatrix}\left[\frac{1}{2}-\begin{Bmatrix} S(cx) \\ C(cx) \end{Bmatrix}\right] dx = \frac{1}{4}\begin{Bmatrix} 1 \\ 0 \end{Bmatrix}\ln\frac{b}{c} \qquad \left[\begin{Bmatrix} 0<c<b \\ 0<b<c \end{Bmatrix}\right].$$

16. $$\int_0^\infty x^{-1/2}\left[\frac{1}{2}-\begin{Bmatrix} S(bx) \\ C(bx) \end{Bmatrix}\right]\left[\frac{1}{2}-\begin{Bmatrix} S(cx) \\ C(cx) \end{Bmatrix}\right] dx =$$
$$= \frac{\sqrt{b}+\sqrt{c}}{\sqrt{2\pi bc}}\begin{Bmatrix} 1 \\ 0 \end{Bmatrix} - \frac{1}{\sqrt{2\pi bc}}\left(\sqrt{|b-c|}\pm\sqrt{b+c}\right) \qquad [b,\ c>0].$$

17. $$\int_0^\infty x^{-1/2}\left[\frac{1}{2}-C(bx)\right]\left[\frac{1}{2}-S(cx)\right] dx =$$
$$= \frac{1}{\sqrt{2\pi c}} - \frac{1}{2\sqrt{2\pi bc}}\left[\sqrt{b+c}+\operatorname{sgn}(b-c)\sqrt{|b-c|}\right] \qquad [b,\ c>0].$$

2.9.7. Интегралы, содержащие $\begin{Bmatrix} \operatorname{si}(bx^r) \\ \operatorname{ci}(bx^r) \end{Bmatrix}\begin{Bmatrix} S(cx) \\ C(cx) \end{Bmatrix}$.

Обозначение: $\delta = \begin{Bmatrix} 1 \\ 0 \end{Bmatrix}$.

1. $$\int_0^\infty x^{\alpha-1}\operatorname{si}(bx)\begin{Bmatrix} S(cx) \\ C(cx) \end{Bmatrix} dx = V(1) \qquad [b,\ c>0;\ -\delta-1/2<\operatorname{Re}\alpha<2],$$

$$V(\gamma) = -\frac{2^{3/2}c^{\delta+1/2}\Gamma(\alpha+\delta+1/2)}{\sqrt{\pi}\,(2\delta+1)(2\alpha+2\delta+1)b^{\alpha+\delta+1/2}}\begin{Bmatrix} \sin[(2\gamma-2\alpha-1)\pi/4] \\ \cos[(2\gamma-2\alpha-1)\pi/4] \end{Bmatrix}\times$$
$$\times\ {}_4F_3\left(\frac{2\delta+1}{4},\ \frac{2\alpha+2\delta+1}{4},\ \frac{2\alpha+3}{4},\ \frac{2\alpha+1}{4}+\delta;\ \delta+\frac{1}{2},\ \frac{2\delta+5}{4},\ \frac{2\alpha+2\delta+5}{4};\ \frac{c^2}{b^2}\right)$$
$$[c<b] \text{ или } [c=b;\ \operatorname{Re}\alpha<1],$$

$$V(\gamma) = -\frac{b^{\gamma+2}\Gamma(\alpha+\gamma+5/2)}{2\sqrt{2\pi}\,(\gamma+2)(\alpha+\gamma+2)(2\gamma+1)c^{\alpha+\gamma+2}}\begin{Bmatrix} \cos[(1-2\alpha-2\gamma)\pi/4] \\ \sin[(1-2\alpha-2\gamma)\pi/4] \end{Bmatrix}\times$$
$$\times\ {}_5F_4\left(\frac{\gamma}{2}+1,\ \frac{\alpha+\gamma}{2}+1,\ \frac{2\alpha+7}{4},\ \frac{2\alpha+5}{4}+\gamma,\ 1;\ \frac{\gamma}{2}+2,\ \frac{\alpha+\gamma}{2}+2,\ \frac{3}{2}+\gamma,\ 2;\ \frac{b^2}{c^2}\right)\pm$$
$$\pm\frac{\gamma b\Gamma(\alpha+3/2)}{\sqrt{2\pi}\,(\alpha+1)c^{\alpha+1}}\begin{Bmatrix} \cos[(2\alpha+1)\pi/4] \\ \sin[(2\alpha+1)\pi/4] \end{Bmatrix}+\frac{\Gamma(\alpha+1/2)}{\sqrt{2\pi}\,\alpha c^{\alpha}}\begin{Bmatrix} \cos[(1-2\alpha)\pi/4] \\ \sin[(1-2\alpha)\pi/4] \end{Bmatrix}\times$$
$$\times\left\{\frac{\gamma\pi}{2}+(1-\gamma)\left[\mathbf{C}-\frac{1}{\alpha}+\psi\left(\alpha+\frac{1}{2}\right)-\frac{\pi}{2}\operatorname{tg}\frac{2\alpha\mp 1}{4}\pi-\ln\frac{c}{b}\right]\right\}+\frac{\Gamma(\alpha)}{2\alpha b^{\alpha}}\cos\frac{\alpha-\gamma}{2}\pi$$
$$[c>b].$$

2. $$\int_0^\infty x^{\alpha-1}\operatorname{ci}(bx)\begin{Bmatrix} S(cx) \\ C(cx) \end{Bmatrix} dx = V(0) \qquad [b,\ c>0;\ -\delta-1/2<\operatorname{Re}\alpha<2;\ V(\gamma) \text{ см. в 2.9.7.1}].$$

3. $$\int_0^\infty x^{-1/2}\operatorname{si}(b\sqrt{x})\left[\frac{1}{2}-\begin{Bmatrix} S(cx) \\ C(cx) \end{Bmatrix}\right] dx = 2\sqrt{\frac{4\pm 2\sqrt{2}}{\pi c}}\left[\frac{1}{2}-S\left(\frac{b^2}{2c}\right)\right] \qquad [b,\ c>0].$$

2.9.8. Интегралы, содержащие $\left\{\begin{matrix}\operatorname{erf}(bx^r)\\ \operatorname{erfc}(bx^r)\end{matrix}\right\}\left\{\begin{matrix}S(cx)\\ C(cx)\end{matrix}\right\}$.

1. $$\int_0^\infty x^{\alpha-1}\operatorname{erf}(b\sqrt{x})\left\{\begin{matrix}S(cx)\\ C(cx)\end{matrix}\right\}dx = U(1)$$
$$\left[c>0;\ -(3\pm1)/2<\operatorname{Re}\alpha<0;\ |\arg b|<\pi/4;\ \delta=\left\{\begin{matrix}1\\0\end{matrix}\right\}\right],$$

$$U(\gamma)=\frac{(-1)^\gamma 2^{3/2}c^{\delta+1/2}\Gamma(\alpha+\delta+1)}{\pi(2\delta+1)(2\alpha+2\delta+1)b^{2\alpha+2\delta+1}}\times$$
$$\times\ {}_4F_3\left(\frac{\alpha}{2}+1,\ \frac{\alpha+1}{2}+\delta,\ \frac{2\delta+1}{4},\ \frac{2\alpha+2\delta+1}{4};\ \delta+\frac{1}{2},\ \frac{2\delta+5}{4},\ \frac{2\alpha+2\delta+5}{4};\ -\frac{c^2}{b^4}\right)-$$
$$-\gamma\frac{\Gamma(\alpha+1/2)}{\sqrt{2\pi}\,\alpha c^\alpha}\left\{\begin{matrix}\sin[(2\alpha+1)\pi/4]\\ \cos[(2\alpha+1)\pi/4]\end{matrix}\right\}.$$

2. $$\int_0^\infty x^{\alpha-1}\operatorname{erfc}(b\sqrt{x})\left\{\begin{matrix}S(cx)\\ C(cx)\end{matrix}\right\}dx = U(0)$$
$[c>0;\ \operatorname{Re}\alpha>-1\mp1/2;\ |\arg b|<\pi/4;\ U(\gamma)$ см. в 2.9.8.1].

3. $$\int_0^\infty \operatorname{erfc}(cx)\left\{\begin{matrix}S(cx)\\ C(cx)\end{matrix}\right\}dx = \frac{1}{2\sqrt{2\pi}\,c}\left(\sqrt{\sqrt{2}+1}\pm\sqrt{\sqrt{2}-1}-\left\{\begin{matrix}2\\0\end{matrix}\right\}\right)\qquad [c>0].$$

4. $$\int_0^\infty \operatorname{erfc}(bx)\left\{\begin{matrix}S(cx)\\ C(cx)\end{matrix}\right\}dx = \frac{1}{2\sqrt{\pi}\,\sqrt{b^4+c^4}}\times$$
$$\times\left(\frac{c}{b}\sqrt{\sqrt{b^4+c^4}\mp b^2}\pm\frac{b}{c}\sqrt{\sqrt{b^4+c^4}\pm b^2}\right)-\left\{\begin{matrix}1\\0\end{matrix}\right\}\frac{1}{\sqrt{2\pi}\,c}\qquad [c>0;\ |\arg b|<\pi/4].$$

2.10. НЕПОЛНЫЕ ГАММА-ФУНКЦИИ $\Gamma(\nu,\,x)$ И $\gamma(\nu,\,x)$

2.10.1. Интегралы общего вида.

1. $$\int_0^a x^{\alpha-1}(a^r-x^r)^{\beta-1}\left\{\begin{matrix}\Gamma(\nu,\,cx)\\ \gamma(\nu,\,cx)\end{matrix}\right\}dx = \mp\frac{a^{\alpha+r\beta-r+\nu}c^\nu}{r}\Gamma(\beta)\times$$
$$\times\sum_{k=0}^\infty\frac{(-ac)^k}{k!(\nu+k)}\Gamma\left[\begin{matrix}(\alpha+\nu+k)/r\\ (\alpha+\nu+k)/r+\beta\end{matrix}\right]+\left\{\begin{matrix}1\\0\end{matrix}\right\}\frac{a^{\alpha+r\beta-r}}{r}\Gamma(\nu)\,\mathrm{B}\left(\frac{\alpha}{r},\,\beta\right)$$
$$\left[a,\ r,\ \operatorname{Re}(\alpha+\nu),\ \operatorname{Re}\beta>0,\ \left\{\begin{matrix}\operatorname{Re}\alpha>0\\ \operatorname{Re}\nu>0\end{matrix}\right\}\right].$$

2. $$\int_a^\infty x^{\alpha-1}(x^r-a^r)^{\beta-1}\left\{\begin{matrix}\Gamma(\nu,\,cx)\\ \gamma(\nu,\,cx)\end{matrix}\right\}dx =$$
$$=\mp\frac{a^{\alpha+r\beta-r+\nu}c^\nu}{r}\Gamma(\beta)\sum_{k=0}^\infty\frac{(-ac)^k}{k!(\nu+k)}\Gamma\left[\begin{matrix}1-\beta-(\alpha+\nu+k)/r\\ 1-(\alpha+\nu+k)/r\end{matrix}\right]\mp c^{r-\beta r-\alpha}\times$$
$$\times\sum_{k=0}^\infty\frac{(1-\beta)_k\Gamma(\nu+\alpha-r+r\beta-rk)}{k!(kr+r-\beta r-\alpha)}(ac)^{rk}+\left\{\begin{matrix}1\\0\end{matrix}\right\}\frac{a^{\alpha+r\beta-r}}{r}\Gamma(\nu)\,\mathrm{B}\left(1-\beta-\frac{\alpha}{r},\,\beta\right)$$
$$\left[a,\ r,\ \operatorname{Re}\beta>0,\ \left\{\begin{matrix}\operatorname{Re}c>0\\ \operatorname{Re}c,\ \operatorname{Re}\nu>0;\ \operatorname{Re}(\alpha+r\beta)<r\end{matrix}\right\}\right].$$

3. $$\int_0^\infty\frac{x^{\alpha-1}}{(x^r+z^r)^\rho}\left\{\begin{matrix}\Gamma(\nu,\,cx)\\ \gamma(\nu,\,cx)\end{matrix}\right\}dx =$$
$$=\mp\frac{c^\nu z^{\alpha-r\rho+\nu}}{r\Gamma(\rho)}\sum_{k=0}^\infty\frac{(-cz)^k}{k!(\nu+k)}\Gamma\left(\frac{\alpha+\nu+k}{r}\right)\Gamma\left(\rho-\frac{\alpha+\nu+k}{r}\right)\mp$$

$$\mp c^{\rho r-\alpha} \sum_{k=0}^{\infty} \frac{(-1)^k (\rho)_k \Gamma(\nu+\alpha-r\rho-rk)}{k!(kr+\rho r-\alpha)} (cz)^{rk} + \begin{Bmatrix} 1 \\ 0 \end{Bmatrix} \frac{z^{\alpha-r\rho}}{r} \Gamma(\nu) \mathrm{B}\left(\frac{\alpha}{r}, \rho-\frac{\alpha}{r}\right)$$

$$\left[r, \operatorname{Re}(\alpha+\nu), \operatorname{Re} c>0;\ r|\arg z|<\pi, \begin{Bmatrix} \operatorname{Re}\alpha>0 \\ \operatorname{Re}\nu, \operatorname{Re}(r\rho-\alpha)>0 \end{Bmatrix}\right].$$

4. $$\int_0^\infty \frac{x^{\alpha-1}}{x^r-y^r} \begin{Bmatrix} \Gamma(\nu, cx) \\ \gamma(\nu, cx) \end{Bmatrix} dx = \pm \frac{\pi c^\nu y^{\alpha+\nu-r}}{r} \sum_{k=0}^{\infty} \frac{(-cy)^k}{k!(\nu+k)} \operatorname{ctg} \frac{\alpha+\nu+k}{r}\pi \mp$$

$$\mp c^{r-\alpha} \sum_{k=0}^{\infty} \frac{\Gamma(\nu+\alpha-r-kr)}{kr+r-\alpha} (cy)^{kr} + \begin{Bmatrix} 1 \\ 0 \end{Bmatrix} \frac{\pi y^{\alpha-r}\Gamma(\nu)}{r} \operatorname{ctg}\frac{\alpha\pi}{r}$$

$$\left[r, y, \operatorname{Re}(\alpha+\nu), \operatorname{Re} c>0, \begin{Bmatrix} \operatorname{Re}\alpha>0 \\ \operatorname{Re}\nu>0;\ \operatorname{Re}\alpha<r \end{Bmatrix}\right].$$

5. $$\int_0^\infty x^{\alpha-1} e^{-px^r} \begin{Bmatrix} \Gamma(\nu, cx) \\ \gamma(\nu, cx) \end{Bmatrix} dx = U(r) \qquad \left[r, \operatorname{Re} c, \operatorname{Re} p, \operatorname{Re}(\alpha+\nu)>0, \begin{Bmatrix} \operatorname{Re}\alpha>0 \\ \operatorname{Re}\nu>0 \end{Bmatrix}\right],$$

$$U(r) = \mp \frac{c^\nu}{p^{(\nu+\alpha)/r} r} \sum_{k=0}^{\infty} \frac{1}{k!(k+\nu)} \Gamma\left(\frac{\alpha+\nu+k}{r}\right) \left(-\frac{c}{p^{1/r}}\right)^k + \begin{Bmatrix} 1 \\ 0 \end{Bmatrix} \frac{\Gamma(\nu)}{p^{\alpha/r} r} \Gamma\left(\frac{\alpha}{r}\right) \qquad [r>1],$$

$$U(r) = \pm c^{-\alpha} \sum_{k=0}^{\infty} \frac{\Gamma(\alpha+\nu+kr)}{k!(kr+\alpha)} \left(-\frac{p}{c^r}\right)^k + \frac{\Gamma(\nu)}{rp^{\alpha/r}} \Gamma\left(\frac{\alpha}{r}\right) \qquad [r<1],$$

$U(1)$ см. в 2.10.3.2.

6. $$\int_0^a x^{\alpha-1}(a^r-x^r)^{\beta-1} e^{cx} \Gamma(\nu, cx)\, dx = \frac{a^{\alpha+\beta r-r}}{r} \Gamma(\beta)\Gamma(\nu) \sum_{k=0}^{\infty} \frac{(ac)^k}{k!} \Gamma\begin{bmatrix} (\alpha+k)/r \\ (\alpha+k)/r+\beta \end{bmatrix} -$$

$$- \frac{a^{\alpha+\nu+\beta r-r} c^\nu}{r\nu} \Gamma(\beta) \sum_{k=0}^{\infty} \frac{(ac)^k}{(1+\nu)_k} \Gamma\begin{bmatrix} (\alpha+\nu+k)/r \\ (\alpha+\nu+k)/r+\beta \end{bmatrix}$$

$$[a, r, \operatorname{Re}\alpha, \operatorname{Re}\beta, \operatorname{Re}(\alpha+\nu)>0;\ |\arg c|<\pi].$$

7. $$\int_a^\infty x^{\alpha-1}(x^r-a^r)^{\beta-1} e^{cx} \Gamma(\nu, cx)\, dx = \frac{a^{\alpha+\beta r-r}}{r} \Gamma(\beta)\Gamma(\nu) \sum_{k=0}^{\infty} \frac{(ac)^k}{k!} \Gamma\begin{bmatrix} 1-\beta-(\alpha+k)/r \\ 1-(\alpha+k)/r \end{bmatrix} -$$

$$- \frac{a^{\alpha+\nu+\beta r-r} c^\nu}{r\nu} \Gamma(\beta) \sum_{k=0}^{\infty} \frac{(ac)^k}{(\nu+1)_k} \Gamma\begin{bmatrix} 1-\beta-(\alpha+\nu+k)/r \\ 1-(\alpha+\mu+k)/r \end{bmatrix} +$$

$$+ \frac{\pi c^{r-\beta r-\alpha}}{\Gamma(1-\nu)} \sum_{k=0}^{\infty} \frac{(1-\beta)_k \Gamma(\alpha-r+\beta r-rk)}{k! \sin(\alpha+\nu-r+\beta r-rk)\pi} (ac)^{rk}$$

$$[a, r, \operatorname{Re}\beta>0;\ \operatorname{Re}(\alpha+\nu+r\beta)<r+1;\ |\arg c|<\pi].$$

8. $$\int_0^\infty \frac{x^{\alpha-1}}{(x^r+z^r)^\rho} e^{cx} \Gamma(\nu, cx)\, dx = \frac{z^{\alpha-r\rho}}{r} \Gamma\begin{bmatrix} \nu \\ \rho \end{bmatrix} \sum_{k=0}^{\infty} \frac{(cz)^k}{k!} \Gamma\left(\frac{\alpha+k}{r}\right) \Gamma\left(\rho-\frac{\alpha+k}{r}\right) -$$

$$- \frac{c^\nu z^{\alpha+\nu-r\rho}}{r\nu\Gamma(\rho)} \sum_{k=0}^{\infty} \frac{(cz)^k}{(1+\nu)_k} \Gamma\left(\frac{\alpha+\nu+k}{r}\right) \Gamma\left(\rho-\frac{\alpha+\nu+k}{r}\right) +$$

$$+ \frac{\pi c^{\rho r-\alpha}}{\Gamma(1-\nu)} \sum_{k=0}^{\infty} \frac{(-1)^k (\rho)_k \Gamma(\alpha-r\rho-rk)(cz)^{rk}}{k! \sin(\alpha+\nu-r\rho-rk)\pi}$$

$$[r, \operatorname{Re}\alpha, \operatorname{Re}(\alpha+\nu)>0;\ \operatorname{Re}(\alpha+\nu-r\rho)<1;\ |\arg c|, r|\arg z|<\pi].$$

9. $$\int_0^\infty \frac{x^{\alpha-1}}{x^r - y^r}\, e^{cx}\Gamma(\nu,\, cx)\, dx =$$
$$= -\frac{\pi y^{\alpha-r}}{r}\,\Gamma(\nu)\sum_{k=0}^\infty \frac{(cy)^k}{k!}\operatorname{ctg}\frac{\alpha+k}{r}\pi + \frac{\pi c^\nu y^{\alpha+\nu-r}}{r\nu}\sum_{k=0}^\infty \frac{(cy)^k}{(1+\nu)_k}\operatorname{ctg}\frac{\alpha+\nu+k}{r}\pi +$$
$$+ \frac{\pi c^{r-\alpha}}{\Gamma(1-\nu)}\sum_{k=0}^\infty \frac{\Gamma(\alpha-r-rk)(cy)^{rk}}{\sin(\nu+\alpha-r-rk)\pi} \qquad [r,\ y,\ \operatorname{Re}\alpha > 0;\ 0 < \operatorname{Re}(\alpha+\nu) < r+1;\ |\arg c| < \pi].$$

10. $$\int_0^\infty x^{\alpha-1}e^{-px^r+cx}\Gamma(\nu,\, cx)\, dx = V(r) \qquad [r,\ \operatorname{Re}\alpha,\ \operatorname{Re}(\alpha+\nu),\ \operatorname{Re}p > 0;\ |\arg c| < \pi],$$

$$V(r) = \frac{\Gamma(\nu)}{p^{\alpha/r}r}\sum_{k=0}^\infty \frac{1}{k!}\Gamma\left(\frac{\alpha+k}{r}\right)\left(\frac{c}{p^{1/r}}\right)^k -$$
$$- \frac{c^\nu}{\nu p^{(\alpha+\nu)/r}r}\sum_{k=0}^\infty \frac{1}{(1+\nu)_k}\Gamma\left(\frac{\alpha+\nu+k}{r}\right)\left(\frac{c}{p^{1/r}}\right)^k \qquad [r > 1],$$

$$V(r) = \frac{c^{\nu-1}}{p^{(\alpha+\nu-1)/r}r}\sum_{k=0}^\infty (1+\nu)_k\Gamma\left(\frac{\alpha+\nu-1-k}{r}\right)\left(-\frac{p^{1/r}}{c}\right)^k +$$
$$+ \frac{\pi}{c^\alpha\Gamma(1-\nu)}\sum_{k=0}^\infty \frac{\Gamma(\alpha+rk)}{k!\sin(\alpha+\nu+rk)\pi}\left(-\frac{p}{c^r}\right)^k \qquad [r < 1],$$

$V(1)$ см. в 2.10.3.2.

11. $$\int_0^\infty x^{\alpha-1}e^{-px^{-r}+cx}\Gamma(\nu,\, cx)\, dx = \frac{\Gamma(\nu)}{r}\,p^{\alpha/r}\sum_{k=0}^\infty \frac{1}{k!}\Gamma\left(-\frac{\alpha+k}{r}\right)(cp^{1/r})^k -$$
$$- \frac{c^\nu p^{(\alpha+\nu)/r}}{r\nu}\sum_{k=0}^\infty \frac{1}{(1+\nu)_k}\Gamma\left(-\frac{\alpha+\nu+k}{r}\right)(cp^{1/r})^k +$$
$$+ \frac{\pi}{c^\alpha\Gamma(1-\nu)}\sum_{k=0}^\infty \frac{\Gamma(\alpha-rk)}{k!\sin(\alpha+\nu-rk)\pi}(-c^r p)^k \qquad [r,\ \operatorname{Re}p > 0;\ \operatorname{Re}(\alpha+\nu) < 1;\ |\arg c| < \pi].$$

12. $$\int_0^\infty x^{\alpha-1}e^{-px^{-r}}\begin{Bmatrix}\Gamma(\nu,\, cx)\\ \gamma(\nu,\, cx)\end{Bmatrix} dx = \mp\frac{c^\nu p^{(\alpha+\nu)/r}}{r}\sum_{k=0}^\infty \frac{1}{k!(k+\nu)}\Gamma\left(-\frac{\alpha+\nu+k}{r}\right)(-cp^{1/r})^k +$$
$$+ \begin{Bmatrix}1\\ 0\end{Bmatrix}\frac{p^{\alpha/r}}{r}\Gamma(\nu)\Gamma\left(-\frac{\alpha}{r}\right) \mp c^{-\alpha}\sum_{k=0}^\infty \frac{\Gamma(\alpha+\nu-rk)}{k!(rk-\alpha)}(-c^r p)^k$$
$$\left[r,\ \operatorname{Re}p > 0,\ \begin{Bmatrix}\operatorname{Re}c > 0\\ \operatorname{Re}c,\ \operatorname{Re}\nu > 0;\ \operatorname{Re}\alpha < 0\end{Bmatrix}\right].$$

13. $$\int_0^\infty x^{\alpha-1}\sin bx^r\begin{Bmatrix}\Gamma(\nu,\, cx)\\ \gamma(\nu,\, cx)\end{Bmatrix} dx = W(1)$$
$$\left[b,\ r,\ \operatorname{Re}c > 0;\ \operatorname{Re}(\alpha+\nu) > -r,\ \begin{Bmatrix}\operatorname{Re}\alpha > -r\\ \operatorname{Re}\nu > 0;\ \operatorname{Re}\alpha < r\end{Bmatrix}\right],$$

$$W(\gamma) = \mp\frac{c^\nu}{r}\,b^{-(\alpha+\nu)/r}\sum_{k=0}^\infty \frac{1}{k!(k+\nu)}\Gamma\left(\frac{\alpha+\nu+k}{r}\right)\times$$
$$\times\cos\frac{\gamma r-\alpha-\nu-k}{2r}\pi\left(-\frac{c}{b^{1/r}}\right)^k + \begin{Bmatrix}1\\ 0\end{Bmatrix}\frac{\Gamma(\nu)\Gamma(\alpha/r)}{b^{\alpha/r}r}\cos\frac{r\gamma-\alpha}{2r}\pi \qquad [r > 1],$$

$$W(\gamma) = \pm \frac{b^\gamma}{c^{\alpha+r\gamma}} \sum_{k=0}^{\infty} \frac{\Gamma(\alpha+\nu+r\gamma+2rk)}{(1/2+\gamma)_k(\alpha+r\gamma+2rk)k!} \left(-\frac{b^2}{4c^{2r}}\right)^k +$$
$$+ \begin{Bmatrix} 0 \\ 1 \end{Bmatrix} \frac{\Gamma(\nu)\Gamma(\alpha/r)}{b^{\alpha/r} r} \cos\frac{r\gamma-\alpha}{2r}\pi \qquad [r<1],$$

$W(\gamma)$ при $r=1$ см. в 2.10.4.1–2.

14. $$\int_0^\infty x^{\alpha-1} \cos bx^r \begin{Bmatrix} \Gamma(\nu,\, cx) \\ \gamma(\nu,\, cx) \end{Bmatrix} dx = W(0)$$
$$\left[b,\ r,\ \operatorname{Re} c,\ \operatorname{Re}(\alpha+\nu)>0,\ \begin{Bmatrix} \operatorname{Re}\alpha>0 \\ \operatorname{Re}\nu>0;\ \operatorname{Re}\alpha<r \end{Bmatrix},\ W(\gamma) \text{ см. в } 2.10.1.13\right].$$

15. $$\int_0^\infty x^{\alpha-1} e^{-px^r} \sin bx^r \begin{Bmatrix} \Gamma(\nu,\, cx) \\ \gamma(\nu,\, cx) \end{Bmatrix} dx = X(1)$$
$$\left[b,\ r,\ \operatorname{Re} p,\ \operatorname{Re} c>0;\ \operatorname{Re}(\alpha+\nu)>-r,\ \begin{Bmatrix} \operatorname{Re}\alpha>-r \\ \operatorname{Re}\nu>0 \end{Bmatrix}\right],$$

$$X(\gamma) = \mp \frac{c^\nu}{r(\sqrt{b^2+p^2}\,)^{(\alpha+\nu)/r}} \sum_{k=0}^{\infty} \frac{(-1)^k}{k!(k+\nu)} \Gamma\left(\frac{\alpha+\nu+k}{r}\right) \times$$
$$\times \cos\left(\frac{\gamma\pi}{2} - \frac{\alpha+\nu+k}{r} \arccos\frac{p}{\sqrt{b^2+p^2}}\right) \frac{c^k}{(\sqrt{b^2+p^2}\,)^{k/r}} +$$
$$+ \begin{Bmatrix} 1 \\ 0 \end{Bmatrix} \frac{\Gamma(\nu)\Gamma(\alpha/r)}{r(\sqrt{b^2+p^2}\,)^{\alpha/r}} \cos\left(\frac{\gamma\pi}{2} - \frac{\alpha}{r}\arccos\frac{p}{\sqrt{b^2+p^2}}\right)$$
$$[r>1] \text{ или } [r=1;\ |c|^2<|b^2+p^2|],$$

$$X(\gamma) = \pm c^{-\alpha} \sum_{k=0}^{\infty} \frac{\Gamma(\alpha+\nu+rk)}{k!(\alpha+rk)} \cos\left(\frac{\gamma\pi}{2} + k\arccos\frac{p}{\sqrt{b^2+p^2}}\right)\left(-\frac{\sqrt{b^2+p^2}}{c^r}\right)^k +$$
$$+ \begin{Bmatrix} 0 \\ 1 \end{Bmatrix} \frac{\Gamma(\nu)\Gamma(\alpha/r)}{r(\sqrt{b^2+p^2}\,)^{\alpha/r}} \cos\left(\frac{\gamma\pi}{2} - \frac{\alpha}{r}\arccos\frac{p}{\sqrt{b^2+p^2}}\right)$$
$$[r<1] \text{ или } [r=1;\ |c|^2>|b^2+p^2|].$$

16. $$\int_0^\infty x^{\alpha-1} e^{-px^r} \cos bx^r \begin{Bmatrix} \Gamma(\nu,\, cx) \\ \gamma(\nu,\, cx) \end{Bmatrix} dx = X(0)$$
$$\left[b,\ r,\ \operatorname{Re} c,\ \operatorname{Re} p,\ \operatorname{Re}(\alpha+\nu)>0,\ \begin{Bmatrix} \operatorname{Re}\alpha>0 \\ \operatorname{Re}\nu>0 \end{Bmatrix};\ X(\gamma) \text{ см. в } 2.10.1.15\right].$$

17. $$\int_0^\infty x^{\alpha-1} e^{cx} \begin{Bmatrix} \sin bx^r \\ \cos bx^r \end{Bmatrix} \Gamma(\nu,\, cx)\, dx = Y(r)$$
$$\left[b,\ r>0;\ \operatorname{Re}\alpha>-r\delta;\ -r\delta<\operatorname{Re}(\alpha+\nu)<r+1;\ |\arg c|<\pi,\ \delta=\begin{Bmatrix} 1 \\ 0 \end{Bmatrix}\right],$$

$$Y(r) = \frac{\Gamma(\nu)}{b^{\alpha/r} r} \sum_{k=0}^{\infty} \frac{1}{k!} \Gamma\left(\frac{\alpha+k}{r}\right) \begin{Bmatrix} \sin[(\alpha+k)\pi/(2r)] \\ \cos[(\alpha+k)\pi/(2r)] \end{Bmatrix} \frac{c^k}{b^{k/r}} -$$
$$- \frac{c^\nu}{\nu b^{(\alpha+\nu)/r} r} \sum_{k=0}^{\infty} \frac{1}{(\alpha+\nu)_k} \Gamma\left(\frac{\alpha+\nu+k}{r}\right) \begin{Bmatrix} \sin[(\alpha+\nu+k)\pi/(2r)] \\ \cos[(\alpha+\nu+k)\pi/(2r)] \end{Bmatrix} \frac{c^k}{b^{k/r}} \qquad [r>1],$$

$$Y(r) = \frac{\pi b^{\delta}}{\Gamma(1-\nu)c^{\alpha+\delta r}} \sum_{k=0}^{\infty} \frac{\Gamma(\alpha+\delta r+2rk)}{(\delta+1/2)_k k!} \operatorname{cosec}(\alpha+\nu+\delta r+2rk)\pi \left(-\frac{b^2}{4c^{2r}}\right)^k +$$

$$+ \frac{b^{(1-\alpha-\nu)/r}c^{\nu-1}}{r} \sum_{k=0}^{\infty} (1-\nu)_k \Gamma\left(\frac{\alpha+\nu-k-1}{r}\right) \left\{ \begin{matrix} \sin[(\alpha+\nu-k-1)\pi/(2r)] \\ \cos[(\alpha+\nu-k-1)\pi/(2r)] \end{matrix} \right\} \left(-\frac{b^{1/r}}{c}\right)^k$$

$[r < 1]$,

$Y(1)$ см. в 2.10.5.1.

18. $$\int_0^{\infty} x^{\alpha-1} \ln(x^r + z^r) \left\{ \begin{matrix} \Gamma(\nu,\, cx) \\ \gamma(\nu,\, cx) \end{matrix} \right\} dx = Z(1)$$

$$\left[r,\ \operatorname{Re} c,\ \operatorname{Re}(\alpha+\nu) > 0;\ r|\arg z| < \pi,\ \left\{ \begin{matrix} \operatorname{Re}\alpha > 0 \\ \operatorname{Re}\nu > 0;\ \operatorname{Re}\alpha < 0 \end{matrix} \right\}\right],$$

$$Z(\gamma) = \mp \pi c^{\nu} z^{\alpha+\nu} \sum_{k=0}^{\infty} \frac{(-cz)^k}{k!(k+\nu)(\alpha+\nu+k)} \frac{\cos^{1-\gamma}[(\alpha+\nu+k)\pi/r]}{\sin[(\alpha+\nu+k)\pi/r]} \pm$$

$$\pm \frac{1}{c^{\alpha}} \sum_{k=1}^{\infty} \frac{(-1)^{\gamma k}\Gamma(\alpha+\nu-rk)}{k(rk-\alpha)} (cz)^{rk} \pm$$

$$\pm \frac{r\Gamma(\alpha+\nu)}{\alpha c^{\alpha}} \left[\psi(\alpha+\nu) - \frac{1}{\alpha} - \ln c\right] + \left\{ \begin{matrix} 1 \\ 0 \end{matrix} \right\} \frac{\pi\Gamma(\nu)\cos^{1-\gamma}(\alpha\pi/r)}{\alpha\sin(\alpha\pi/r)} z^{\alpha}.$$

19. $$\int_0^{\infty} x^{\alpha-1} \ln|x^r - z^r| \left\{ \begin{matrix} \Gamma(\nu,\, cx) \\ \gamma(\nu,\, cx) \end{matrix} \right\} dx = Z(0)$$

$$\left[r,\ z,\ \operatorname{Re} c,\ \operatorname{Re}(\alpha+\nu) > 0,\ \left\{ \begin{matrix} \operatorname{Re}\alpha > 0 \\ \operatorname{Re}\nu > 0;\ \operatorname{Re}\alpha < 0 \end{matrix} \right\},\ Z(\gamma) \text{ см. в 2.10.1.18}\right].$$

20. $$\int_0^{\infty} x^{\alpha-1} e^{cx} \left\{ \begin{matrix} \ln(x^r + z^r) \\ \ln|x^r - z^r| \end{matrix} \right\} \Gamma(\nu,\, cx)\, dx = \pi\Gamma(\nu) z^{\alpha} \sum_{k=0}^{\infty} \frac{(cz)^k}{k!(k+\alpha)} \left\{ \begin{matrix} \operatorname{cosec}[(\alpha+k)\pi/r] \\ \operatorname{ctg}[(\alpha+k)\pi/r] \end{matrix} \right\} -$$

$$- \frac{\pi}{\nu} c^{\nu} z^{\alpha+\nu} \sum_{k=0}^{\infty} \frac{(cz)^k}{(1+\nu)_k(k+\alpha+\nu)} \left\{ \begin{matrix} \operatorname{cosec}[(\alpha+\nu+k)\pi/r] \\ \operatorname{ctg}[(\alpha+\nu+k)\pi/r] \end{matrix} \right\} -$$

$$- \frac{\pi}{c^{\alpha}\Gamma(1-\nu)} \sum_{k=1}^{\infty} \frac{(\mp 1)^k \Gamma(\alpha-rk)}{k\sin(\alpha+\nu-rk)\pi} (cz)^{rk} + \frac{\pi r}{c^{\alpha}\sin(\alpha+\nu)\pi} \Gamma\left[\begin{matrix} \alpha \\ 1-\nu \end{matrix}\right] \times$$

$$\times [\psi(\alpha) - \pi \operatorname{ctg}(\alpha+\nu)\pi - \ln c]$$

$$\left[r,\ \operatorname{Re}\alpha,\ \operatorname{Re}(\alpha+\nu) > 0;\ \operatorname{Re}(\alpha+\nu) < 1;\ |\arg c| < \pi,\ \left\{ \begin{matrix} r|\arg z| < \pi \\ z > 0 \end{matrix} \right\}\right].$$

21. $$\int_0^{\infty} x^{\alpha-1} \Gamma(\mu,\, bx^r) \left\{ \begin{matrix} \Gamma(\nu,\, cx) \\ \gamma(\nu,\, cx) \end{matrix} \right\} dx = P(1)$$

$$\left[r,\ \operatorname{Re} b,\ \operatorname{Re} c,\ \operatorname{Re}(\alpha+\nu),\ \operatorname{Re}(\alpha+r\mu+\nu) > 0,\ \left\{ \begin{matrix} \operatorname{Re}\alpha,\ \operatorname{Re}(\alpha+r\mu) > 0 \\ \operatorname{Re}\mu,\ \operatorname{Re}\nu > 0 \end{matrix} \right\};\right.$$

$$\left.\text{при } r < 1 \text{ — замена } x = t^{1/r}\right],$$

$$P(\gamma) = \pm(-1)^{\gamma} \frac{c^{\gamma}}{b^{(\alpha+\nu)/r}} \sum_{k=0}^{\infty} \frac{1}{k!(k+\nu)(k+\alpha+\nu)} \times$$

$$\times \Gamma\left(\mu + \frac{\alpha+\nu+k}{r}\right) \left(-\frac{c}{b^{1/r}}\right)^k - (-1)\gamma \left\{ \begin{matrix} 1 \\ 0 \end{matrix} \right\} \frac{\Gamma(\nu)\Gamma(\mu+\alpha/r)}{\alpha b^{\alpha/r}} \pm (1-\gamma) \frac{\Gamma(\mu)\Gamma(\nu+\alpha)}{\alpha c^{\alpha}}$$

$[r > 1]$,

$P(\gamma)$ при $r = 1$ см. в 2.10.6.1–2.

22. $$\int_0^\infty x^{\alpha-1}\gamma(\mu, bx^r)\begin{Bmatrix}\Gamma(\nu, cx)\\ \gamma(\nu, cx)\end{Bmatrix}dx = P(0)$$

$$\left[r,\ \operatorname{Re} b,\ \operatorname{Re} c,\ \operatorname{Re}\mu,\ \operatorname{Re}(\alpha + r\mu + \nu) > 0,\ \begin{Bmatrix}\operatorname{Re}(\alpha+\mu r) > 0\\ \operatorname{Re}\nu > 0;\ \operatorname{Re}\alpha < 0\end{Bmatrix},\ P(\gamma) \text{ см. в } 2.10.1.21\right].$$

23. $$\int_0^\infty x^{\alpha-1}\operatorname{Ei}(-bx^r)\begin{Bmatrix}\Gamma(\nu, cx)\\ \gamma(\nu, cx)\end{Bmatrix}dx = Q(r) \qquad \left[r,\ \operatorname{Re} b,\ \operatorname{Re} c,\ \operatorname{Re}(\alpha+\nu) > 0,\ \begin{Bmatrix}\operatorname{Re}\alpha > 0\\ \operatorname{Re}\nu > 0\end{Bmatrix}\right],$$

$$Q(r) = \pm\frac{c^\gamma}{b^{(\alpha+\nu)/r}}\sum_{k=0}^\infty \frac{1}{k!(k+\nu)(k+\alpha+\nu)}\Gamma\left(\frac{\alpha+\nu+k}{r}\right)\left(-\frac{c}{b^{1/r}}\right)^k - \begin{Bmatrix}1\\0\end{Bmatrix}\frac{\Gamma(\nu)\Gamma(\alpha/r)}{\alpha b^{\alpha/r}} \qquad [r > 1],$$

$$Q(r) = \pm c^{-\alpha}\sum_{k=0}^\infty \frac{\Gamma(\alpha+\nu+kr)}{k!k(\alpha+kr)}\left(-\frac{b}{c^r}\right)^k \pm$$
$$\pm\frac{\Gamma(\alpha+\nu)}{\alpha c^\alpha}\left[r\psi(\alpha+\nu) - \frac{r}{\alpha} + \mathbf{C} - \ln\frac{c^r}{b}\right] \pm \begin{Bmatrix}1\\0\end{Bmatrix}\frac{\Gamma(\nu)\Gamma(\alpha/r)}{\alpha b^\alpha} \qquad [r < 1],$$

$Q(1)$ см. в 2.10.7.1.

24. $$\int_0^\infty x^{\alpha-1}\operatorname{erf}(bx^r)\begin{Bmatrix}\Gamma(\nu, cx)\\ \gamma(\nu, cx)\end{Bmatrix}dx = R(1)$$

$$\left[r,\ \operatorname{Re} c > 0;\ \operatorname{Re}(\alpha+\nu) > -r;\ |\arg b| < \pi/4,\ \begin{Bmatrix}\operatorname{Re}\alpha > -r\\ \operatorname{Re}\nu > 0;\ \operatorname{Re}\alpha < 0\end{Bmatrix}\right],$$

$$R(\gamma) = \mp\frac{(-1)^\gamma c^\nu}{\sqrt{\pi}\, b^{(\alpha+\nu)/r}}\sum_{k=0}^\infty \frac{1}{k!(k+\nu)(k+\alpha+\nu)}\Gamma\left(\frac{r+\alpha+\nu+k}{2r}\right)\left(-\frac{c}{b^{1/r}}\right)^k +$$
$$+\begin{Bmatrix}1\\0\end{Bmatrix}\frac{(-1)^\gamma\Gamma(\nu)}{\alpha\sqrt{\pi}\, b^{\alpha/r}}\Gamma\left(\frac{\alpha+r}{2r}\right) \pm \gamma\frac{\Gamma(\alpha+\nu)}{\alpha c^\alpha} \qquad [r > 1/2],$$

$$R(\gamma) = \mp\frac{(-1)^\gamma 2b}{\sqrt{\pi}\, c^{\alpha+r}}\sum_{k=0}^\infty \frac{\Gamma(\alpha+\nu+r+2rk)}{k!(2k+1)(2rk+r+\alpha)}\left(-\frac{b^2}{c^{2r}}\right)^k +$$
$$+\begin{Bmatrix}0\\1\end{Bmatrix}\frac{(-1)^\gamma\Gamma(\nu)}{\alpha\sqrt{\pi}\, b^{\alpha/r}}\Gamma\left(\frac{\alpha+r}{2r}\right) \mp (\gamma-1)\frac{\Gamma(\alpha+\nu)}{\alpha c^\alpha} \qquad [r < 1/2],$$

$R(\gamma)$ при $r = 1/2$ см. в 2.10.8.1–2.

25. $$\int_0^\infty x^{\alpha-1}\operatorname{erfc}(bx^r)\begin{Bmatrix}\Gamma(\nu, cx)\\ \gamma(\nu, cx)\end{Bmatrix}dx = R(0)$$

$$\left[r,\ \operatorname{Re} c,\ \operatorname{Re}(\alpha+\nu) > 0;\ |\arg b| < \pi/4,\ \begin{Bmatrix}\operatorname{Re}\alpha > 0\\ \operatorname{Re}\nu > 0\end{Bmatrix},\ R(\gamma) \text{ см. в } 2.10.1.24\right].$$

2.10.2. Интегралы от $A(x)\begin{Bmatrix}\Gamma(\nu, cx)\\ \gamma(\nu, cx)\end{Bmatrix}$.

1. $$\int_0^\infty x^{\alpha-1}\begin{Bmatrix}\Gamma(\nu, cx)\\ \gamma(\nu, cx)\end{Bmatrix}dx = \pm\frac{\Gamma(\alpha+\nu)}{\alpha c^\alpha} \qquad [\operatorname{Re}(\alpha+\nu),\ \operatorname{Re} c,\ \pm\operatorname{Re}\alpha > 0].$$

2. $$\int_0^a x^{\alpha-1}(a-x)^{\beta-1}\begin{Bmatrix}\Gamma(\nu, cx)\\ \gamma(\nu, cx)\end{Bmatrix}dx = \mp\frac{a^{\alpha+\beta+\nu-1}c^\nu}{\nu}\operatorname{B}(\beta,\ \alpha+\nu) \times$$
$$\times\ {}_2F_2(\nu,\ \alpha+\nu;\ \nu+1,\ \alpha+\beta+\nu;\ -ac)\begin{Bmatrix}1\\0\end{Bmatrix}a^{\alpha+\beta-1}\Gamma(\nu)\operatorname{B}(\alpha,\ \beta)$$
$$\left[a,\ \operatorname{Re}\beta,\ \operatorname{Re}(\alpha+\nu) > 0,\ \begin{Bmatrix}\operatorname{Re}\alpha > 0\\ \operatorname{Re}\nu > 0\end{Bmatrix}\right].$$

3. $$\int_0^\infty x^{\alpha-1}(x-a)^{\beta-1}\begin{Bmatrix}\Gamma(\nu,\,cx)\\ \gamma(\nu,\,cx)\end{Bmatrix}dx =$$
$$= \mp\frac{a^{\alpha+\beta+\nu-1}c^\nu}{\nu}\,\mathrm{B}\,(\beta,\,1-\alpha-\beta-\nu)\,{}_2F_2(\alpha+\nu,\,\nu;\;\nu+1,\,\alpha+\beta+\nu;\;-ac)\mp$$
$$\mp\frac{c^{1-\alpha-\beta}}{1-\alpha-\beta}\,\Gamma(\alpha+\beta+\nu-1)\,{}_2F_2(1-\alpha-\beta,\,1-\beta;\;2-\alpha-\beta-\nu,\,2-\alpha-\beta;\;-ac)+$$
$$+\begin{Bmatrix}1\\0\end{Bmatrix}a^{\alpha+\beta-1}\Gamma(\nu)\,\mathrm{B}\,(\beta,\,1-\alpha-\beta)\qquad\left[a,\ \operatorname{Re}\beta>0,\ \begin{Bmatrix}\operatorname{Re}c>0\\ \operatorname{Re}c,\ \operatorname{Re}\nu>0;\ \operatorname{Re}(\alpha+\beta)<1\end{Bmatrix}\right].$$

4. $$\int_0^\infty \frac{x^{\alpha-1}}{(x+z)^\rho}\begin{Bmatrix}\Gamma(\nu,\,cx)\\ \gamma(\nu,\,cx)\end{Bmatrix}dx =$$
$$= \mp\frac{c^\nu z^{\alpha+\nu-\rho}}{\gamma}\,\mathrm{B}\,(\alpha+\nu,\,\rho-\alpha-\nu)\,{}_2F_2(\nu,\,\alpha+\nu;\;\nu+1,\,1+\alpha+\nu-\rho;\;cz)\mp$$
$$\mp\frac{c^{\rho-\alpha}}{\rho-\alpha}\,\Gamma(\alpha+\nu-\rho)\,{}_2F_2(\rho-\alpha,\,\rho;\;1+\rho-\alpha,\,1+\rho-\alpha-\nu;\;cz)+$$
$$+\begin{Bmatrix}1\\0\end{Bmatrix}z^{\alpha-\rho}\Gamma(\nu)\,\mathrm{B}\,(\alpha,\,\rho-\alpha)\qquad\left[\operatorname{Re}(\alpha+\nu)>0;\ |\arg z|<\pi,\ \begin{Bmatrix}\operatorname{Re}\alpha,\ \operatorname{Re}c>0\\ \operatorname{Re}\nu,\ \operatorname{Re}c,\ \operatorname{Re}(\rho-\alpha)>0\end{Bmatrix}\right].$$

5. $$\int_0^\infty \frac{x^{\alpha-1}}{x-y}\begin{Bmatrix}\Gamma(\nu,\,cx)\\ \gamma(\nu,\,cx)\end{Bmatrix}dx = \pm\pi y^{\alpha-1}\operatorname{ctg}(\alpha+\nu)\pi\,\gamma(\nu,\,cy)\mp$$
$$\mp\frac{c^{1-\alpha}}{1-\alpha}\,\Gamma(\alpha+\nu-1)\,{}_2F_2(1-\alpha,\,1;\;2-\alpha,\,2-\alpha-\nu;\;-cy)-$$
$$-\begin{Bmatrix}1\\0\end{Bmatrix}\pi\Gamma(\nu)y^{\alpha-1}\operatorname{ctg}\alpha\pi\qquad\left[y,\ \operatorname{Re}(\alpha+\nu)>0,\ \begin{Bmatrix}\operatorname{Re}\alpha,\ \operatorname{Re}c>0\\ \operatorname{Re}c,\ \operatorname{Re}\nu>0;\ \operatorname{Re}\alpha<1\end{Bmatrix}\right].$$

2.10.3. Интегралы от $A(x)e^{f(x)}\begin{Bmatrix}\Gamma(\nu,\,cx)\\ \gamma(\nu,\,cx)\end{Bmatrix}$.

1. $$\int_0^\infty e^{-px}\begin{Bmatrix}\Gamma(\nu,\,cx)\\ \gamma(\nu,\,cx)\end{Bmatrix}dx = \frac{\Gamma(\nu)}{p}\left[\begin{Bmatrix}1\\0\end{Bmatrix}\mp\left(\frac{c}{p+c}\right)^\nu\right]\qquad[\operatorname{Re}c,\ \operatorname{Re}p>0;\ \operatorname{Re}\nu>-(1\pm1)/2].$$

2. $$\int_0^\infty x^{\alpha-1}e^{-px}\begin{Bmatrix}\Gamma(\nu,\,cx)\\ \gamma(\nu,\,cx)\end{Bmatrix}dx = \mp\frac{c^\nu\Gamma(\alpha+\nu)}{\nu p^{\alpha+\nu}}\,{}_2F_1\!\left(\nu,\,\alpha+\nu;\;\nu+1;\;-\frac{c}{p}\right)+\begin{Bmatrix}1\\0\end{Bmatrix}\frac{\Gamma(\nu)\Gamma(\alpha)}{p^\alpha}$$
$$\left[\operatorname{Re}c,\ \operatorname{Re}p,\ \operatorname{Re}(\alpha+\nu)>0,\ \begin{Bmatrix}\operatorname{Re}\alpha>0\\ \operatorname{Re}\nu>0\end{Bmatrix}\right].$$

3. $$\int_0^\infty x^{\alpha-1}e^{cx}\Gamma(\nu,\,cx)\,dx = \frac{\pi}{c^\alpha\sin(\alpha+\nu)\pi}\,\Gamma\begin{bmatrix}\alpha\\1-\nu\end{bmatrix}\qquad[\operatorname{Re}\alpha,\ \operatorname{Re}c>0;\ 0<\operatorname{Re}(\alpha+\nu)<1].$$

4. $$\int_0^a x^{-\nu}(a-x)^{\beta-1}e^{cx}\gamma(\nu,\,cx)\,dx = \mathrm{B}\,(\beta,\,\nu)a^\beta c^\nu e^{ac}\gamma(\beta+\nu,\,ac)$$
$$[a,\ \operatorname{Re}\beta>0;\ 0<\operatorname{Re}\nu<1].$$

5. $$\int_0^a x^{\alpha-1}(a-x)^{\beta-1}e^{cx}\Gamma(\nu,\,cx)\,dx = a^{\alpha+\beta-1}\Gamma(\nu)\,\mathrm{B}\,(\alpha,\,\beta)\,{}_1F_1(\alpha;\;\alpha+\beta;\;ac)-$$
$$-\frac{a^{\alpha+\beta+\nu-1}c^\nu}{\nu}\,\mathrm{B}\,(\beta,\,\alpha+\nu)\,{}_2F_2(\alpha+\nu,\,1;\;\nu+1,\,\alpha+\beta+\nu;\;ac)$$
$$[a,\ \operatorname{Re}\alpha,\ \operatorname{Re}\beta,\ \operatorname{Re}(\alpha+\nu)>0;\ |\arg c|<\pi].$$

6. $$\int_a^\infty x^{\alpha-1}(x-a)^{\beta-1}e^{cx}\Gamma(\nu, cx)\,dx = a^{\alpha+\beta-1}\Gamma(\nu)\,\mathrm{B}(\beta, 1-\alpha-\beta)\,{}_1F_1(\alpha;\ \alpha+\beta;\ ac) - \frac{a^{\alpha+\beta+\nu-1}c^\nu}{\nu}\,\mathrm{B}(\beta, 1-\alpha-\beta-\nu)\,{}_2F_2(\alpha+\nu, 1;\ \nu+1, \alpha+\beta+\nu;\ ac) - \frac{\pi c^{1-\alpha-\beta}}{\sin(\alpha+\beta+\nu)\pi}\,\Gamma\begin{bmatrix}\alpha+\beta-1\\ 1-\nu\end{bmatrix}{}_1F_1(1-\beta;\ 2-\alpha-\beta;\ ac)$$
$[a,\ \mathrm{Re}\,\beta > 0;\ \mathrm{Re}\,(\alpha+\beta+\nu) < 2;\ |\arg c| < \pi]$.

7. $$\int_0^\infty \frac{x^{\alpha-1}}{(x+z)^\rho}e^{cx}\Gamma(\nu, cx)\,dx = z^{\alpha-\rho}\Gamma(\nu)\,\mathrm{B}(\alpha, \rho-\alpha)\,{}_1F_1(\alpha;\ 1+\alpha-\rho;\ -cz) - \frac{c^\nu z^{\alpha+\nu-\rho}}{\nu}\,\mathrm{B}(\alpha+\nu, \rho-\alpha-\nu)\,{}_2F_2(\alpha+\nu, 1;\ \nu+1, 1-\rho+\alpha+\nu;\ -cz) + \frac{\pi c^{\rho-\alpha}}{\sin(\alpha+\nu-\rho)\pi}\,\Gamma\begin{bmatrix}\alpha-\rho\\ 1-\nu\end{bmatrix}{}_1F_1(\rho;\ 1+\rho-\alpha;\ -cz)$$
$[\mathrm{Re}\,\alpha,\ \mathrm{Re}\,(\alpha+\nu) > 0;\ \mathrm{Re}\,(\alpha+\nu-\rho) < 1;\ |\arg c|,\ |\arg z| < \pi]$.

8. $$\int_0^\infty \frac{x^{\alpha-1}}{x-y}e^{cx}\Gamma(\nu, cx)\,dx = -\pi y^{\alpha-1}e^{cy}\Gamma(\nu)\,\mathrm{ctg}\,\alpha\pi + \pi y^{\alpha-1}e^{-cy}\,\mathrm{ctg}\,(\alpha+\nu)\pi\,\gamma(\nu, cy) - \frac{\pi}{\sin(\alpha+\nu)\pi}\,\Gamma\begin{bmatrix}\alpha\\ 1-\nu\end{bmatrix}y^{\alpha-1}e^{-cy}\gamma(1-\alpha, cy)$$
$[y,\ \mathrm{Re}\,\alpha > 0;\ 0 < \mathrm{Re}\,(\alpha+\nu) < 2;\ |\arg c| < \pi]$.

9. $$\int_0^\infty x^{\alpha-1}e^{-px^2}\begin{Bmatrix}\Gamma(\nu, cx)\\ \gamma(\nu, cx)\end{Bmatrix}dx = \mp\frac{c^\nu}{2\nu}\,p^{-(\alpha+\nu)/2}\Gamma\left(\frac{\alpha+\nu}{2}\right){}_2F_2\left(\frac{\nu}{2}, \frac{\alpha+\nu}{2};\ \frac{1}{2}, \frac{\nu}{2}+1;\ \frac{c^2}{4p}\right) \pm \frac{c^{\nu+1}}{2(\nu+1)}\,p^{-(\alpha+\nu+1)/2}\Gamma\left(\frac{\alpha+\nu+1}{2}\right){}_2F_2\left(\frac{\nu+1}{2}, \frac{\alpha+\nu+1}{2};\ \frac{3}{2}, \frac{\nu+3}{2};\ \frac{c^2}{4p}\right) + \begin{Bmatrix}1\\ 0\end{Bmatrix}\frac{\Gamma(\nu)\Gamma(\alpha/2)}{2p^{\alpha/2}}$$
$\left[\mathrm{Re}\,c,\ \mathrm{Re}\,p,\ \mathrm{Re}\,(\alpha+\nu) > 0,\ \begin{Bmatrix}\mathrm{Re}\,\alpha > 0\\ \mathrm{Re}\,\nu > 0\end{Bmatrix}\right]$.

10. $$\int_0^\infty xe^{-px^2}\gamma(\nu, cx)\,dx = \frac{c^\nu\Gamma(\nu)}{(2p)^{\nu/2+1}}\exp\left(\frac{c^2}{8p}\right)D_{-\nu}\left(\frac{c}{\sqrt{2p}}\right)$$ $[\mathrm{Re}\,c,\ \mathrm{Re}\,p > 0;\ \mathrm{Re}\,\nu > -2]$.

11. $$\int_0^\infty x^{\alpha-1}e^{-p\sqrt{x}}\begin{Bmatrix}\Gamma(\nu, cx)\\ \gamma(\nu, cx)\end{Bmatrix}dx = \pm\frac{\Gamma(\nu+\alpha)}{\alpha c^\alpha}\,{}_2F_2\left(\alpha, \alpha+\nu;\ \alpha+1, \frac{1}{2};\ \frac{p^2}{4c}\right) \mp \frac{2p\Gamma(\alpha+\nu+1/2)}{(2\alpha+1)c^{\alpha+1/2}}\,{}_2F_2\left(\alpha+\frac{1}{2}, \alpha+\nu+\frac{1}{2};\ \frac{3}{2}, \alpha+\frac{3}{2};\ \frac{p^2}{4c}\right) + \begin{Bmatrix}1\\ 0\end{Bmatrix}\frac{2\Gamma(2\alpha)\Gamma(\nu)}{p^{2\alpha}}$$
$\left[\mathrm{Re}\,c,\ \mathrm{Re}\,p,\ \mathrm{Re}\,(\alpha+\nu) > 0,\ \begin{Bmatrix}\mathrm{Re}\,\alpha > 0\\ \mathrm{Re}\,\nu > 0\end{Bmatrix}\right]$.

12. $$\int_0^\infty x^{-1/2}e^{-p\sqrt{x}}\gamma(\nu, cx)\,dx = \frac{\Gamma(2\nu)}{2^{\nu-1}p}\exp\left(\frac{p^2}{8c}\right)D_{-2\nu}\left(\frac{p}{\sqrt{2c}}\right)$$ $[\mathrm{Re}\,c,\ \mathrm{Re}\,p,\ \mathrm{Re}\,\nu > 0]$.

13. $$\int_0^\infty x^{-1/2}e^{-p\sqrt{x}-cx}\gamma(\nu, e^{\pi i}cx)\,dx = \frac{2^{1-2\nu}\Gamma(2\nu)}{\sqrt{c}}\exp\left(\nu\pi i + \frac{p^2}{4c}\right)\Gamma\left(\frac{1}{2}-\nu, \frac{p^2}{4c}\right)$$
$[\mathrm{Re}\,c,\ \mathrm{Re}\,p,\ \mathrm{Re}\,\nu > 0]$.

14. $\int\limits_0^\infty x^{\alpha-1}e^{-p/x}\begin{Bmatrix}\Gamma(\nu,\,cx)\\ \gamma(\nu,\,cx)\end{Bmatrix}dx = \mp\frac{c^\nu p^{\alpha+\nu}}{\nu}\Gamma(-\alpha-\nu)\,{}_1F_2(\nu;\;\nu+1,\;1+\alpha+\nu;\;cp)\,\pm$

$\pm\frac{\Gamma(\alpha+\nu)}{\alpha c^\alpha}\,{}_1F_2(-\alpha;\;1-\alpha,\;1-\alpha-\nu;\;cp)+\begin{Bmatrix}1\\0\end{Bmatrix}p^\alpha\Gamma(\nu)\Gamma(-\alpha)$

$\left[\operatorname{Re}p>0,\;\begin{Bmatrix}\operatorname{Re}c>0\\ \operatorname{Re}c,\;\operatorname{Re}\nu>0;\;\operatorname{Re}\alpha<0\end{Bmatrix}\right].$

15. $\int\limits_0^\infty \frac{1}{x^2}\,e^{-p/x}\Gamma(\nu,\,cx)\,dx = 2c^{\nu/2}p^{\nu/2-1}K_\nu(2\sqrt{cp})$ $[\operatorname{Re}c,\;\operatorname{Re}p>0].$

16. $\int\limits_0^\infty x^{-\nu-3/2}e^{-p/x}\begin{Bmatrix}\Gamma(\nu,\,cx)\\ \gamma(\nu,\,cx)\end{Bmatrix}dx = \frac{2^{1-2\nu}\sqrt{\pi}}{p^{\nu+1/2}}\begin{Bmatrix}\Gamma(2\nu,\;2\sqrt{cp})\\ \gamma(2\nu,\;2\sqrt{cp})\end{Bmatrix}$

$\left[\operatorname{Re}p>0,\;\begin{Bmatrix}\operatorname{Re}c>0\\ \operatorname{Re}c,\;\operatorname{Re}\nu>0\end{Bmatrix}\right].$

17. $\int\limits_0^\infty x^{-\nu-1/2}e^{-p/x}\begin{Bmatrix}\Gamma(\nu,\,cx)\\ \gamma(\nu,\,cx)\end{Bmatrix}dx = \frac{2^{-2\nu}\sqrt{\pi}}{cp^{\nu-1/2}}\begin{Bmatrix}\Gamma(2\nu-1,\;2\sqrt{cp})\\ \gamma(2\nu-1,\;2\sqrt{cp})\end{Bmatrix}$

$\left[\operatorname{Re}p>0,\;\begin{Bmatrix}\operatorname{Re}c>0\\ \operatorname{Re}c>0;\;\operatorname{Re}\nu>1/2\end{Bmatrix}\right].$

18. $\int\limits_0^\infty x^{\alpha-1}e^{cx-p/x}\Gamma(\nu,\,cx)\,dx = 2^{2-\alpha-2\nu}\Gamma(1-\alpha-\nu)c^{-\alpha/2}p^{\alpha/2}S_{2\nu+\alpha-1,\,-\alpha}(2\sqrt{cp})$

$[\operatorname{Re}p>0;\;\operatorname{Re}(\alpha+\nu)<1;\;|\arg c|<\pi].$

2.10.4. Интегралы, содержащие тригонометрические функции и $\begin{Bmatrix}\Gamma(\nu,\,cx)\\ \gamma(\nu,\,cx)\end{Bmatrix}$.

1. $\int\limits_0^\infty x^{\alpha-1}\sin bx\begin{Bmatrix}\Gamma(\nu,\,cx)\\ \gamma(\nu,\,cx)\end{Bmatrix}dx = U(1)$

$\left[b,\;\operatorname{Re}c>0;\;\operatorname{Re}(\alpha+\nu)>-1,\;\begin{Bmatrix}\operatorname{Re}\alpha>-1\\ \operatorname{Re}\nu>0;\;\operatorname{Re}\alpha<1\end{Bmatrix}\right],$

$U(\gamma)=\pm\frac{b^\gamma\Gamma(\alpha+\nu+\gamma)}{(\alpha+\gamma)c^{\alpha+\gamma}}\,{}_3F_2\left(\frac{\alpha+\gamma}{2},\;\frac{\alpha+\nu+1}{2},\;\frac{\alpha+\nu}{2}+\gamma;\;\frac{\alpha+\gamma}{2}+1,\;\gamma+\frac{1}{2};\;-\frac{b^2}{c^2}\right)+$

$+\begin{Bmatrix}0\\1\end{Bmatrix}\frac{\Gamma(\alpha)\Gamma(\nu)}{b^\alpha}\cos\frac{\gamma-\alpha}{2}\,\pi.$

2. $\int\limits_0^\infty x^{\alpha-1}\cos bx\begin{Bmatrix}\Gamma(\nu,\,cx)\\ \gamma(\nu,\,cx)\end{Bmatrix}dx = U(0)$

$\left[b,\;\operatorname{Re}c,\;\operatorname{Re}(\alpha+\nu)>0,\;\begin{Bmatrix}\operatorname{Re}\alpha>0\\ \operatorname{Re}\nu>0;\;\operatorname{Re}\alpha<1\end{Bmatrix},\;U(\gamma)\text{ см. в 2.10.4.1}\right].$

3. $\int\limits_0^\infty x^{\alpha-1}\sin b\sqrt{x}\begin{Bmatrix}\Gamma(\nu,\,cx)\\ \gamma(\nu,\,cx)\end{Bmatrix}dx = V(1)$

$\left[b,\;\operatorname{Re}c>0;\;\operatorname{Re}(\alpha+\nu)>-1/2,\;\begin{Bmatrix}\operatorname{Re}\alpha>-1/2\\ \operatorname{Re}\nu>0;\;\operatorname{Re}\alpha<1/2\end{Bmatrix}\right],$

$V(\gamma)=\pm\frac{2b^\gamma\Gamma(\alpha+\nu+\gamma/2)}{(2\alpha+\gamma)c^{\alpha+\gamma/2}}\,{}_2F_2\left(\alpha+\nu+\frac{\gamma}{2},\;\alpha+\frac{\gamma}{2};\;\alpha+\frac{\gamma}{2}+1,\;\gamma+\frac{1}{2};\;-\frac{b^2}{4c}\right)+$

$+\begin{Bmatrix}0\\1\end{Bmatrix}\frac{2\Gamma(\nu)\Gamma(2\alpha)}{b^{2\alpha}}\cos\frac{\gamma-2\alpha}{2}\,\pi.$

4. $$\int\limits_0^\infty x^{\alpha-1}\cos b\sqrt{x}\begin{Bmatrix}\Gamma(\nu,\, cx)\\ \gamma(\nu,\, cx)\end{Bmatrix}dx = V(0)$$

$$\left[b,\ \mathrm{Re}\, c,\ \mathrm{Re}\,(\alpha+\nu)>0,\ \begin{Bmatrix}\mathrm{Re}\,\alpha>0\\ \mathrm{Re}\,\nu>0;\ \mathrm{Re}\,\alpha<1/2\end{Bmatrix},\ V(\gamma)\text{ см. в 2.10.4.3}\right].$$

2.10.5. Интегралы, содержащие e^{cx}, тригонометрические функции и $\begin{Bmatrix}\Gamma(\nu,\, cx)\\ \gamma(\nu,\, cx)\end{Bmatrix}$.

Обозначение: $\delta=\begin{Bmatrix}1\\0\end{Bmatrix}$.

1. $$\int\limits_0^\infty x^{\alpha-1}e^{cx}\begin{Bmatrix}\sin bx\\ \cos bx\end{Bmatrix}\Gamma(\nu,\, cx)\,dx = \mp\frac{b^\delta\pi}{c^{\alpha+\delta}\sin(\alpha+\nu)\pi}\,\Gamma\begin{bmatrix}\alpha+\delta\\ 1-\nu\end{bmatrix}\times$$
$$\times\,{}_4F_3\left(\frac{\alpha+1}{2},\ \frac{\alpha}{2}+\delta,\ \frac{\alpha+\nu+1}{2},\ \frac{\alpha+\nu}{2}+\delta;\ \delta+\frac{1}{2},\ \frac{\alpha+\nu+1}{2},\ \frac{\alpha+\nu}{2}+\delta;\ -\frac{b^2}{c^2}\right)\mp$$
$$\mp\, b^{1-\alpha-\nu}c^{\nu-1}\Gamma(\alpha+\nu-1)\begin{Bmatrix}\cos[(\alpha+\nu)\pi/2]\\ \sin[(\alpha+\nu)\pi/2]\end{Bmatrix}\times$$
$$\times\,{}_3F_2\left(\frac{1-\nu}{2},\ 1-\frac{\nu}{2},\ 1;\ 1-\frac{\alpha+\nu}{2},\ \frac{3-\alpha-\nu}{2};\ -\frac{b^2}{c^2}\right)+\frac{(1-\nu)c^{\nu-2}\Gamma(\alpha+\nu-2)}{b^{\alpha+\nu-2}}\times$$
$$\times\begin{Bmatrix}\sin[(\alpha+\nu)\pi/2]\\ \cos[(\alpha+\nu)\pi/2]\end{Bmatrix}{}_3F_2\left(1-\frac{\nu}{2},\ \frac{3-\nu}{2},\ 1;\ \frac{3-\alpha-\nu}{2},\ 2-\frac{\alpha+\nu}{2};\ -\frac{b^2}{c^2}\right)$$

$$[b>0;\ \mathrm{Re}\,\alpha>-\delta;\ -\delta<\mathrm{Re}\,(\alpha+\nu)<r+1;\ |\arg c|<\pi].$$

2. $$\int\limits_0^\infty x^{\alpha-1}e^{cx}\begin{Bmatrix}\sin b\sqrt{x}\\ \cos b\sqrt{x}\end{Bmatrix}\Gamma(\nu,\, cx)\,dx =$$
$$=\frac{\pi b^\delta\Gamma(\alpha+\delta/2)}{\Gamma(1-\nu)c^{\alpha+\delta/2}}\operatorname{cosec}\frac{2\alpha+2\nu+\delta}{2}\pi\,{}_1F_1\left(\alpha+\frac{\delta}{2};\ \delta+\frac{1}{2};\ \frac{b^2}{4c}\right)-$$
$$-\,2b^{2-2\alpha-2\nu}c^{\nu-1}\Gamma(2\alpha+2\nu-2)\begin{Bmatrix}\sin(\alpha+\nu)\pi\\ \cos(\alpha+\nu)\pi\end{Bmatrix}{}_2F_2\left(1-\nu,\ 1;\ 2-\alpha-\nu,\ \frac{3}{2}-\alpha-\nu;\ -\frac{b^2}{4c}\right)$$

$$[b>0;\ \mathrm{Re}\,\alpha>-\delta/2;\ -\delta/2<\mathrm{Re}\,(\alpha+\nu)<3/2;\ |\arg c|<\pi].$$

3. $$\int\limits_0^\infty x^{-\nu}e^{cx}\sin b\sqrt{x}\,\Gamma(\nu,\, cx)\,dx = 2^{1-\nu}\sqrt{\pi}\,c^{\nu-1}\Gamma\left(\frac{3}{2}-\nu\right)\exp\left(\frac{b^2}{8c}\right)D_{2\nu-2}\left(\frac{b}{2\sqrt{2c}}\right)$$

$$[b>0;\ \mathrm{Re}\,\nu<3/2;\ |\arg c|<\pi].$$

2.10.6. Интегралы, содержащие произведения функций $\Gamma(\mu,\, bx)$ и $\gamma(\nu,\, cx)$.

1. $$\int\limits_0^\infty x^{\alpha-1}\Gamma(\mu,\, bx)\begin{Bmatrix}\Gamma(\nu,\, cx)\\ \gamma(\nu,\, cx)\end{Bmatrix}dx = U(1)$$

$$\left[\mathrm{Re}\, b,\ \mathrm{Re}\, c,\ \mathrm{Re}\,(\alpha+\nu),\ \mathrm{Re}\,(\alpha+\mu+\nu)>0,\ \begin{Bmatrix}\mathrm{Re}\,\alpha,\ \mathrm{Re}\,(\alpha+\mu)>0\\ \mathrm{Re}\,\mu,\ \mathrm{Re}\,\nu>0\end{Bmatrix}\right],$$

$$U(\gamma)=\pm(-1)^\gamma\frac{c^\nu\Gamma(\alpha+\mu+\nu)}{\nu(\alpha+\nu)b^{\alpha+\nu}}\,{}_3F_2\left(\alpha+\mu+\nu,\ \nu,\ \alpha+\nu;\ \nu+1,\ \alpha+\nu+1;\ -\frac{c}{b}\right)-$$
$$-\,(-1)^\gamma\begin{Bmatrix}1\\0\end{Bmatrix}\frac{\Gamma(\nu)\Gamma(\alpha+\mu)}{\alpha b^\alpha}\pm(1-\gamma)\frac{\Gamma(\mu)\Gamma(\alpha+\nu)}{\alpha c^\alpha}.$$

2. $\int\limits_0^\infty x^{\alpha-1}\gamma(\mu,\, bx)\begin{Bmatrix}\Gamma(\nu,\, cx)\\ \gamma(\nu,\, cx)\end{Bmatrix} dx = U(0)$

$$\left[\operatorname{Re} b,\ \operatorname{Re} c,\ \operatorname{Re}\mu,\ \operatorname{Re}(\alpha+\mu+\nu)>0,\ \begin{Bmatrix}\operatorname{Re}(\alpha+\mu)>0\\ \operatorname{Re}\nu>0;\ \operatorname{Re}\alpha<0\end{Bmatrix},\ U(\gamma)\ \text{см. в 2.10.6.1}\right].$$

3. $\int\limits_0^\infty x^{\alpha-1}e^{-px}\gamma(\mu,\, bx)\gamma(\nu,\, cx)\, dx =$

$$= \frac{\Gamma(\alpha+\mu+\nu)b^\mu c^\nu}{\mu\nu p^{\alpha+\mu+\nu}}\, F_2\left(\alpha+\mu+\nu,\, \mu,\, \nu;\ \mu+1,\, \nu+1;\ -\frac{b}{p},\, -\frac{c}{p}\right)$$

[$\operatorname{Re} b$, $\operatorname{Re} c$, $\operatorname{Re} p$, $\operatorname{Re}\mu$, $\operatorname{Re}\nu$, $\operatorname{Re}(\alpha+\mu+\nu>0)$].

2.10.7. Интегралы, содержащие $\operatorname{Ei}(bx)\begin{Bmatrix}\Gamma(\nu,\, cx)\\ \gamma(\nu,\, cx)\end{Bmatrix}$.

1. $\int\limits_0^\infty x^{\alpha-1}\operatorname{Ei}(-bx)\begin{Bmatrix}\Gamma(\nu,\, cx)\\ \gamma(\nu,\, cx)\end{Bmatrix} dx =$

$$= \pm\frac{c^\nu\Gamma(\alpha+\nu)}{\nu(\alpha+\nu)b^{\alpha+\nu}}\, {}_3F_2\left(\nu,\, \alpha+\nu,\, \alpha+\nu;\ \nu+1,\, \alpha+\nu+1;\ -\frac{c}{b}\right) - \begin{Bmatrix}1\\0\end{Bmatrix}\frac{\Gamma(\nu)\Gamma(\alpha)}{\alpha b^\alpha}$$

$$\left[\operatorname{Re} b,\ \operatorname{Re} c,\ \operatorname{Re}(\alpha+\nu)>0,\ \begin{Bmatrix}\operatorname{Re}\alpha>0\\ \operatorname{Re}\nu>0\end{Bmatrix}\right].$$

2. $\int\limits_0^\infty e^{cx}\operatorname{Ei}(-bx)\gamma(\nu,\, cx)\, dx = -\frac{\Gamma(\nu)c^\nu}{b^{\nu+1}}\, \Phi\left(\frac{c}{b},\, 1,\, \nu+1\right)$ [$\operatorname{Re}(b-c)$, $\operatorname{Re}\nu>0$].

3. $\int\limits_0^\infty e^{cx}\operatorname{Ei}(-bx)\gamma(n,\, cx)\, dx = \frac{(n-1)!}{c}\left[\ln\frac{b-c}{c} + \sum_{k=1}^{n-2}\frac{1}{k}\left(\frac{c}{b}\right)^k\right]$

[$\operatorname{Re}(b-c)>0$; $n=1,\, 2,\, 3,\, \ldots$].

2.10.8. Интегралы, содержащие $\begin{Bmatrix}\operatorname{erf}(b\sqrt{x})\\ \operatorname{erfc}(b\sqrt{x})\end{Bmatrix}\begin{Bmatrix}\Gamma(\nu,\, cx)\\ \gamma(\nu,\, cx)\end{Bmatrix}$.

1. $\int\limits_0^\infty x^{\alpha-1}\operatorname{erf}(b\sqrt{x})\begin{Bmatrix}\Gamma(\nu,\, cx)\\ \gamma(\nu,\, cx)\end{Bmatrix} dx = U(1)$

$$\left[\operatorname{Re} c>0;\ \operatorname{Re}(\alpha+\nu)>-1/2;\ |\arg b|<\pi/4,\ \begin{Bmatrix}\operatorname{Re}\alpha>-1/2\\ \operatorname{Re}\nu>0\end{Bmatrix}\right],$$

$$U(\gamma) = \mp\frac{(-1)^\gamma\Gamma(\alpha+\nu+1/2)c^\nu}{\nu(\alpha+\nu)\sqrt{\pi}\, b^{2\alpha+2\nu}}\, {}_3F_2\left(\nu,\, \alpha+\nu,\, \alpha+\nu+\frac{1}{2};\ \nu+1,\, \alpha+\nu+1;\ -\frac{c}{b^2}\right) +$$

$$+ \begin{Bmatrix}1\\0\end{Bmatrix}\frac{(-1)^\gamma\Gamma(\nu)\Gamma(\alpha+1/2)}{\alpha\sqrt{\pi}\, b^{2\alpha}} \pm \gamma\frac{\Gamma(\alpha+\nu)}{\alpha c^\alpha}.$$

2. $\int\limits_0^\infty x^{\alpha-1}\operatorname{erfc}(b\sqrt{x})\begin{Bmatrix}\Gamma(\nu,\, cx)\\ \gamma(\nu,\, cx)\end{Bmatrix} dx = U(0)$

$$\left[\operatorname{Re} c,\ \operatorname{Re}(\alpha+\nu)>0;\ |\arg b|<\pi/4,\ \begin{Bmatrix}\operatorname{Re}\alpha>0\\ \operatorname{Re}\nu>0\end{Bmatrix},\ U(\gamma)\ \text{см. в 2.10.8.1}\right].$$

3. $\int\limits_0^\infty x^{\alpha-1}e^{cx}\operatorname{erfc}(b\sqrt{x})\gamma(\nu,\, cx)\, dx =$

$$= \frac{c^\nu\Gamma(\alpha+\nu+1/2)}{\sqrt{\pi}\,\nu(\alpha+\nu)b^{2\alpha+2\nu}}\, {}_3F_2\left(1,\, \alpha+\nu,\, \alpha+\nu+\frac{1}{2};\ \nu+1,\, \alpha+\nu+1;\ \frac{c}{b^2}\right)$$

[$\operatorname{Re}(\alpha+\nu)$, $\operatorname{Re}\nu$, $\operatorname{Re}(b^2-c)>0$; $|\arg b|<\pi/4$].

4. $$\int_0^\infty x^{\alpha-1}e^{b^2x}\operatorname{erf}(b\sqrt{x})\Gamma(\nu,\,cx)\,dx = \frac{4b\Gamma(\alpha+\nu+1/2)}{\sqrt{\pi}\,(2\alpha+1)c^{\alpha+1/2}}\,{}_3F_2\left(1,\,\alpha+\frac{1}{2},\,\alpha+\nu+\frac{1}{2};\,\frac{3}{2},\,\alpha+\frac{3}{2};\,\frac{b^2}{c}\right)$$

$[\operatorname{Re}\alpha,\ \operatorname{Re}(\alpha+\nu)>-1/2;\ \operatorname{Re}(c-b^2)>0;\ |\arg b|<\pi/4]$.

5. $$\int_0^\infty x^{\alpha-1}\operatorname{erfi}(b\sqrt{x})\operatorname{erf}(b\sqrt{x})\Gamma(\nu,\,cx)\,dx = \frac{4ib^2\Gamma(\alpha+\nu+1)}{\pi(\alpha+1)c^{\alpha+1}}\times {}_5F_4\left(\frac{1}{2},\,1,\,\frac{\alpha+1}{2},\,\frac{\alpha+\nu+1}{2},\,\frac{\alpha+\nu}{2}+1;\,\frac{3}{4},\,\frac{5}{4},\,\frac{3}{2},\,\frac{\alpha+3}{2};\,\frac{b^4}{c^2}\right)$$

$[\operatorname{Re}\alpha,\ \operatorname{Re}(\alpha+\nu)>-1;\ b,\ \operatorname{Re}c>0]$.

2.11. ФУНКЦИЯ ПАРАБОЛИЧЕСКОГО ЦИЛИНДРА $D_\nu(x)$

2.11.1. Интегралы общего вида.

1. $$\int_0^a x^{\alpha-1}(a^r-x^r)^{\beta-1}e^{\pm c^2x^2/4}D_\nu(cx)\,dx = \frac{2^{\nu/2}\sqrt{\pi}}{r}\Gamma(\beta)a^{\alpha+r\beta-r}\sum_{k=0}^\infty\frac{[(-\nu)_k]^{(1\pm1)/2}}{k!}\times \Gamma\begin{bmatrix}(\alpha+k)/r\\(\alpha+k)/r+\beta,\ (1-\nu\pm k)/2\end{bmatrix}\left(-\sqrt{2^{\mp1}}\,ac\right)^k$$

$[a,\ r,\ \operatorname{Re}\alpha,\ \operatorname{Re}\beta>0]$.

2. $$\int_a^\infty x^{\alpha-1}(a^r-x^r)^{\beta-1}e^{\pm c^2x^2/4}D_\nu(cx)\,dx = \frac{2^{\nu/2}\sqrt{\pi}}{r}\Gamma(\beta)a^{\alpha+r\beta-r}\times \sum_{k=0}^\infty\frac{[(-\nu)_k]^{(1\pm1)/2}}{k!}\Gamma\begin{bmatrix}1-\beta-(\alpha+k)/r\\1-(\alpha+k)/r,\ (1-\nu\pm k)/2\end{bmatrix}\left(-\sqrt{2^{\mp1}}\,ac\right)^k + 2^{(\nu+r-\beta r-\alpha)/2}\sqrt{\pi}\left[2^{\nu+1}\sqrt{\pi}\,\Gamma(-\nu)\right]^{(\mp1-1)/2}c^{r-r\beta-\alpha}\times \sum_{k=0}^\infty\frac{(1-\beta)_k\Gamma(\alpha-r+r\beta-rk)}{k!}\Gamma^{\pm1}\left(\frac{1\mp1}{4}-\frac{\nu\pm\alpha\mp r(1-\beta+k)}{2}\right)\left(\sqrt{2}\,ac\right)^{rk}$$

$\left[r,\ \operatorname{Re}\beta>0;\ |\arg c|<(2\pm1)\pi/4,\ \begin{Bmatrix}a>0;\ \operatorname{Re}(\alpha+\nu+r\beta)<r\\a>0\end{Bmatrix}\right]$.

3. $$\int_0^\infty \frac{x^{\alpha-1}}{(x^r+z^r)^\rho}e^{\pm c^2x^2/4}D_\nu(cx)\,dx = \frac{2^{\nu/2}\sqrt{\pi}}{r\Gamma(\rho)}z^{\alpha-r\rho}\times \sum_{k=0}^\infty\frac{[(-\nu)_k]^{(1\pm1)/2}}{k!}\Gamma\begin{bmatrix}(\alpha+k)/r,\ \rho-(\alpha+k)/r\\(1-\nu\pm k)/2\end{bmatrix}\left(-\sqrt{2^{\mp1}}\,cz\right)^k + 2^{(\nu+r\rho-\alpha)/2}\sqrt{\pi}\left[2^{\nu+1}\sqrt{\pi}\,\Gamma(-\nu)\right]^{(\mp1-1)/2}c^{r\rho-\alpha}\times \sum_{k=0}^\infty\frac{(-1)^k(\rho)_k\Gamma(\alpha-r\rho-rk)}{k!}\Gamma^{\pm1}\left(\frac{1\mp1}{4}-\frac{\nu\pm\alpha\mp r(\rho+k)}{2}\right)\left(\sqrt{2}\,cz\right)^{rk}$$

$\left[r>0;\ |\arg c|<(2\pm1)\pi/4;\ r|\arg z|<\pi,\ \begin{Bmatrix}0<\operatorname{Re}\alpha<\operatorname{Re}(r\rho-\nu)\\\operatorname{Re}\alpha>0\end{Bmatrix}\right]$.

4. $$\int_0^\infty \frac{x^{\alpha-1}}{x^r-y^r}e^{\pm c^2x^2/4}D_\nu(cx)\,dx = -\frac{2^{\nu/2}\pi^{3/2}}{r}y^{\alpha-r}\sum_{k=0}^\infty\frac{[(-\nu)_k]^{(1\pm1)/2}}{k!}\Gamma^{-1}\left(\frac{1-\nu\pm k}{2}\right)\times \operatorname{ctg}\frac{\alpha+k}{r}\pi\left(-\sqrt{2^{\mp1}}\,cy\right)^k + 2^{(\nu+r-\alpha)/2}\sqrt{\pi}\left[2^{\nu+1}\sqrt{\pi}\,\Gamma(-\nu)\right]^{(\mp1-1)/2}c^{r-\alpha}\times$$

$$\times \sum_{k=0}^{\infty} \Gamma(\alpha - r - rk) \Gamma^{\pm 1}\left(\frac{1 \mp 1}{4} - \frac{\nu \pm \alpha \mp r(1+k)}{2}\right)\left(\sqrt{2}\, cy\right)^{rk}$$

$$\left[r,\ y > 0;\ |\arg c| < (2 \pm 1)\pi/4,\ \begin{Bmatrix} 0 < \operatorname{Re}\alpha < r - \operatorname{Re}\nu \\ \operatorname{Re}\alpha > 0 \end{Bmatrix}\right].$$

5. $$\int_0^\infty x^{\alpha-1} e^{-px^r \pm c^2x^2/4} D_\nu(cx)\, dx = U(r) \qquad [r,\ \operatorname{Re} p,\ \operatorname{Re}\alpha > 0;\ |\arg c| < (2 \pm 1)\pi/4],$$

$$U(r) = \frac{2^{\nu/2}\sqrt{\pi}}{p^{\alpha/r} r} \sum_{k=0}^{\infty} \frac{[(-\nu)_k]^{(1\pm 1)/2}}{k!} \Gamma\begin{bmatrix} (\alpha+k)/r \\ (1-\nu \pm k/2) \end{bmatrix} \left(-\frac{\sqrt{2^{\mp 1}}\, c}{p^{1/r}}\right)^k \qquad [r > 2],$$

$$U(r) = \frac{2^{(\nu-\alpha)/2}\sqrt{\pi}}{c^\alpha} \left[2^{\nu+1}\sqrt{\pi}\,\Gamma(-\nu)\right]^{-(1\mp 1)/2} \sum_{k=0}^{\infty} \frac{(-1)^k \Gamma(\alpha + rk)}{k!} \times$$

$$\times \Gamma^{\pm 1}\left(\frac{-\nu \mp \alpha \mp rk}{2} + \frac{1 \mp 1}{4}\right)\left(\frac{p}{2^{r/2} c^r}\right)^k +$$

$$+ \begin{Bmatrix} 1 \\ 0 \end{Bmatrix} \frac{c^\nu}{p^{(\alpha+\nu)/r} r} \sum_{k=0}^{\infty} \frac{(-\nu)_{2k}}{k!} \Gamma\left(\frac{\alpha+\nu-2k}{r}\right)\left(-\frac{p^{2/r}}{2c^2}\right)^k \qquad [r < 2],$$

$U(2)$ см. в 2.11.3.2.

6. $$\int_0^\infty x^{\alpha-1} e^{-px^{-r} \pm c^2x^2/4} D_\nu(cx)\, dx = \frac{2^{\nu/2}\sqrt{\pi}\, p^{\alpha/r}}{r} \sum_{k=0}^{\infty} \frac{[(-\nu)_k]^{(1\pm 1)/2}}{k!} \Gamma\begin{bmatrix} -(\alpha+k)/r \\ (1-\nu \pm k)/2 \end{bmatrix} \times$$

$$\times \left(-\sqrt{2^{\mp 1}}\, cp^{1/r}\right)^k + \frac{2^{(\nu-\alpha)/2}\sqrt{\pi}}{c^\alpha} \left[2^{\nu+1}\sqrt{\pi}\,\Gamma(-\nu)\right]^{-(1\pm 1)/2} \times$$

$$\times \sum_{k=0}^{\infty} \frac{(-1)^k \Gamma(\alpha - rk)}{k!} \Gamma^{\pm 1}\left(\frac{-\nu \mp \alpha \pm rk}{2} + \frac{1 \mp 1}{4}\right)\left(2^{r/2} c^r p\right)^k$$

$$\left[r > 0;\ |\arg c| < (2 \pm 1)\pi/4,\ \begin{Bmatrix} \operatorname{Re} p > 0;\ \operatorname{Re}(\alpha+\nu) < 0 \\ \operatorname{Re} p > 0 \end{Bmatrix}\right].$$

7. $$\int_0^\infty x^{\alpha-1} e^{\pm c^2x^2/4} \sin bx^r\, D_\nu(cx)\, dx = V(1)$$

$$\left[b,\ r > 0;\ |\arg c| < (2 \pm 1)\pi/4,\ \begin{Bmatrix} -r < \operatorname{Re}\alpha < r - \operatorname{Re}\nu \\ \operatorname{Re}\alpha > -r \end{Bmatrix}\right],$$

$$V(\gamma) = \frac{2^{\nu/2}\sqrt{\pi}}{b^{\alpha/r} r} \sum_{k=0}^{\infty} \frac{[(-\nu)_k]^{(1\pm 1)/2}}{k!} \Gamma\begin{bmatrix} (\alpha+k)/r \\ (1-\nu \pm k)/2 \end{bmatrix} \cos\frac{\gamma r - \alpha - k}{2r}\pi \left(-\frac{\sqrt{2^{\mp 1}}\, c}{b^{1/r}}\right)^k$$

$$[r > 2],$$

$$V(\gamma) = \frac{2^{(\nu-\alpha-\gamma r)/2} b^\gamma \sqrt{\pi}}{c^{\alpha+\gamma r}} \left[2^{\nu+1}\sqrt{\pi}\,\Gamma(-\nu)\right]^{-(1\pm 1)/2} \times$$

$$\times \sum_{k=0}^{\infty} \frac{\Gamma(\alpha + r\gamma + 2rk)}{(1/2+\gamma)_k k!} \Gamma^{\pm 1}\left(\frac{-\nu \mp \alpha \mp r\gamma}{2} \mp rk + \frac{1 \mp 1}{4}\right)\left(-\frac{b^2}{2^{r+2} c^{2r}}\right)^k +$$

$$+ \begin{Bmatrix} 1 \\ 0 \end{Bmatrix} \frac{c^\nu}{b^{(\alpha+\nu)/r} r} \sum_{k=0}^{\infty} \frac{(-\nu)_{2k}}{k!} \Gamma\left(\frac{\alpha+\nu-2k}{r}\right) \cos\frac{r\gamma - \alpha - \nu + 2k}{2r}\pi \left(-\frac{b^{2/r}}{2c^2}\right)^k \qquad [r < 2],$$

$V(\gamma)$ при $r = 2$ см. в 2.11.6.4–5.

8. $$\int_0^\infty x^{\alpha-1} e^{\pm c^2x^2/4} \cos bx^r\, D_\nu(cx)\, dx = V(0)$$

$$\left[b,\ r > 0;\ |\arg c| < (2 \pm 1)\pi/4,\ \begin{Bmatrix} 0 < \operatorname{Re}\alpha < r - \operatorname{Re}\nu \\ \operatorname{Re}\alpha > 0 \end{Bmatrix},\ V(\gamma) \text{ см. в } 2.11.1.7\right].$$

9. $\int\limits_0^\infty x^{\alpha-1}e^{-px^r\pm c^2x^2/4}\sin bx^r D_\nu(cx)\,dx = W(1)$

$[b,\ r,\ \operatorname{Re}p>0;\ \operatorname{Re}\alpha>-r;\ |\arg c|<(2\pm1)\pi/4]$,

$$W(\gamma)=\frac{2^{\nu/2}\sqrt{\pi}}{r(\sqrt{b^2+p^2}\,)^{\alpha/r}}\sum_{k=0}^{\infty}\frac{(-1)^k[(-\nu)_k]^{(1\pm1)/2}}{k!}\times$$
$$\times\Gamma\left[\begin{matrix}(\alpha+k)/r\\(1-\nu\pm k)/2\end{matrix}\right]\cos\left(\frac{\gamma\pi}{2}-\frac{\alpha+k}{r}\arcsin\frac{b}{\sqrt{b^2+p^2}}\right)\frac{2^{\mp k/2}c^k}{(\sqrt{b^2+p^2}\,)^{k/r}}$$

$[r>2]$ или $[r=2;\ |c|^4<4|b^2+p^2|]$,

$$W(\gamma)=\frac{2^{(\nu-\alpha)/2}\sqrt{\pi}}{c^\alpha}\left[2^{\nu+1}\sqrt{\pi}\,\Gamma(-\nu)\right]^{-(1\pm1)/2}\sum_{k=0}^{\infty}\frac{\Gamma(\alpha+rk)}{k!}\times$$
$$\times\Gamma^{\pm1}\left(\frac{-\nu\mp\alpha\mp rk}{2}+\frac{1\mp1}{4}\right)\cos\left(\frac{\pi\gamma}{2}+k\arcsin\frac{b}{\sqrt{b^2+p^2}}\right)\left(-\frac{\sqrt{b^2+p^2}}{2^{r/2}c^r}\right)^k+$$
$$+\left\{\begin{matrix}1\\0\end{matrix}\right\}\frac{c^\nu}{r(\sqrt{b^2+p^2}\,)^{(\alpha+\nu)/r}}\sum_{k=0}^{\infty}\frac{(-1)^k(-\nu)_{2k}}{k!}\Gamma\left(\frac{\alpha+\nu-2k}{r}\right)\times$$
$$\times\cos\left(\frac{\gamma\pi}{2}+\frac{2k-\alpha-\nu}{r}\arcsin\frac{b}{\sqrt{b^2+p^2}}\right)\frac{(b^2+p^2)^{k/r}}{2^kc^{2k}}\qquad [r<2] \text{ или } [r=2;\ |c|^4>4|b^2+p^2|].$$

10. $\int\limits_0^\infty x^{\alpha-1}e^{-px^r\pm c^2x^2/4}\cos bx^r D_\nu(cx)\,dx = W(0)$

$[b,\ r,\ \operatorname{Re}p,\ \operatorname{Re}\alpha>0;\ |\arg c|<(2\pm1)\pi/4;\ W(\gamma)$ см. в 2.11.1.9].

11. $\int\limits_0^\infty x^{\alpha-1}\ln(x^r+z^r)e^{\pm c^2x^2/4}D_\nu(cx)\,dx = X(1)$

$\left[r>0;\ |\arg c|<(2\pm1)\pi/4;\ r|\arg z|<\pi,\ \left\{\begin{matrix}0<\operatorname{Re}\alpha<-\operatorname{Re}\nu\\ \operatorname{Re}\alpha>0\end{matrix}\right\}\right]$,

$$X(\gamma)=-2^{\nu/2}\pi^{3/2}z^\alpha\sum_{k=0}^{\infty}\frac{[(-\nu)_k]^{(1\pm1)/2}\left(-\sqrt{2\mp1}\,cz\right)^k\cos^{1-\gamma}[(\alpha+k)\pi/r]}{k!(k-\alpha)\Gamma((1-\nu\pm k)/2)\sin[(\alpha+k)\pi/r]}-$$
$$-\frac{2^{(\nu-\alpha)/2}\sqrt{\pi}}{c^\alpha}\left[2^{\nu+1}\sqrt{\pi}\,\Gamma(-\nu)\right]^{-(1\pm1)/2}\sum_{k=0}^{\infty}(-1)^{\gamma k}\frac{\Gamma(\alpha-rk)}{k}\times$$
$$\times\Gamma^{\pm1}\left(\frac{-\nu\mp\alpha\pm rk}{2}+\frac{1\mp1}{4}\right)\left(\sqrt{2}\,cz\right)^{rk}+\frac{2^{(\nu-\alpha)/2-1}r\sqrt{\pi}\,\Gamma(\alpha)}{c^\alpha}\times$$
$$\times\left[2^{\nu+1}\sqrt{\pi}\,\Gamma(-\nu)\right]^{-(1\pm1)/2}\Gamma^{\pm1}\left(\frac{-\nu\mp\alpha}{2}+\frac{1\mp1}{4}\right)\left[2\psi(\alpha)-\psi\left(\frac{1\mp1}{4}-\frac{\nu\pm\alpha}{2}\right)-\ln(2c^2)\right].$$

12. $\int\limits_0^\infty x^{\alpha-1}\ln|x^r-z^r|e^{\pm c^2x^2/4}D_\nu(cx)\,dx = X(0)$

$\left[r,\ z>0;\ |\arg c|<(2\pm1)\pi/4,\ \left\{\begin{matrix}0<\operatorname{Re}\alpha<-\operatorname{Re}\nu\\ \operatorname{Re}\alpha>0\end{matrix}\right\},\ X(\gamma) \text{ см. в 2.11.1.11}\right]$.

13. $\int\limits_0^\infty x^{\alpha-1}e^{b^2x^{2r}/4\pm c^2x^2/4}D_\mu(bx^r)D_\nu(cx)\,dx = Y(1)$

$\left[r>0;\ |\arg b|<3\pi/4;\ |\arg c|<(2\pm1)\pi/4,\ \left\{\begin{matrix}0<\operatorname{Re}\alpha<-\operatorname{Re}(\nu+r\mu)\\ \operatorname{Re}\alpha>0\end{matrix}\right\};\right.$

$\left.\text{при } r<1 \text{ — замена } x=t^r\right]$,

$$Y(\gamma)=\frac{\pi}{b^{\alpha/r}r}2^{-(\mu+\nu+\alpha/r)/2+\alpha\gamma/r}\Gamma^{-\gamma}(-\mu)\times$$
$$\times\sum_{k=0}^{\infty}\frac{[(-\nu)_k]^{(1\pm1)/2}}{k!}\Gamma\left[\begin{matrix}(\alpha+k)/r\\ (1\pm k-\nu)/2,\ [r-\mu r+(-1)^{\gamma}(k+\alpha)]/(2r)\end{matrix}\right]\times$$
$$\times\Gamma^{\gamma}\left(-\mu-\frac{\alpha+k}{r}\right)\left[-\frac{2^{\mp\frac{1}{2}-\frac{(-1)^{\gamma}}{2r}}c}{b^{1/r}}\right]^k+\frac{\gamma 2^{\varphi}b^{\mu}[\Gamma(-\nu)]^{-(1\pm1)/2}\Gamma^{1-\gamma}(-\mu)}{\pi^{\gamma/2}c^{\alpha+\mu r}}\times$$
$$\times\sum_{k=0}^{\infty}\frac{(-\nu)_{2k}}{k!}\Gamma\left[\begin{matrix}\alpha+\mu r-2rk\\ (1-\nu\mp\alpha\mp\mu r)/2\pm rk\end{matrix}\right]\Gamma^{(1\pm1)/2}(2rk-\alpha-\nu-\mu r)\left(-\frac{2^{\mp r-1}c^{2r}}{b^2}\right)^k$$
$[r>1;\ \varphi=(\alpha+\mu r)(\delta-1/2)+\mu(1-\gamma)-\gamma+\nu/2+1]$,

$Y(\gamma)$ при $r=1$ см. в 2.11.8.2–3.

14. $\displaystyle\int_0^{\infty}x^{\alpha-1}e^{-b^2x^{2r}/4\pm c^2x^2/4}D_{\mu}(bx^r)D_{\nu}(cx)\,dx=Y(0)$

$[r,\ \operatorname{Re}\alpha>0;\ |\arg b|<\pi/4;\ |\arg c|<(2\pm1)\pi/4;\ Y(\gamma)$ см. в 2.11.1.13].

15. $\displaystyle\int_0^{\infty}x^{\alpha-1}e^{\pm c^2x^2/4}\operatorname{erf}(bx^r)D_{\nu}(cx)\,dx=Z(1)$

$\left[r,\ \operatorname{Re}b>0;\ |\arg c|<(2\pm1)\pi/4,\ \left\{\begin{matrix}-r<\operatorname{Re}\alpha<-\operatorname{Re}\nu\\ \operatorname{Re}\alpha>-r\end{matrix}\right\}\right]$,

$$Z(\gamma)=(-1)^{\gamma}2^{\nu/2}b^{-\alpha/r}\sum_{k=0}^{\infty}\frac{[(-\nu)_k]^{(1\pm1)/2}}{k!(k+\alpha)}\Gamma\left[\begin{matrix}(\alpha+r+k)/(2r)\\ (1-\nu\pm k)/2\end{matrix}\right]\left(-\frac{\sqrt{2^{\mp1}}\,c}{b^{1/r}}\right)^k+$$
$$+\gamma\frac{2^{(\mu-\alpha)/2}\sqrt{\pi}}{c^{\alpha}}\Gamma(\alpha)\Gamma^{\pm1}\left(\frac{-\nu\mp\alpha}{2}+\frac{1\mp1}{4}\right)\left[2^{\nu+1}\sqrt{\pi}\,\Gamma(-\nu)\right]^{-(1\pm1)/2}\qquad[r>1],$$
$$Z(\gamma)=-(-1)^{\gamma}\frac{2^{(\nu-\alpha-r)/2}b}{c^{\alpha+r}}\left[2^{\nu+1}\sqrt{\pi}\,\Gamma(-\nu)\right]^{-(1\pm1)/2}\times$$
$$\times\sum_{k=0}^{\infty}\frac{\Gamma(\alpha+r+2rk)}{k!(k+1/2)}\Gamma^{\pm1}\left(\frac{-\nu\mp(\alpha+r+2rk)}{2}+\frac{1\mp1}{4}\right)\left(-\frac{b^2}{2^rc^{2r}}\right)^k-$$
$$-\left\{\begin{matrix}1\\0\end{matrix}\right\}(-1)^{\gamma}\frac{c^{\nu}}{2\sqrt{\pi}\,b^{(\alpha+\nu)/r}}\sum_{k=0}^{\infty}\frac{(-\nu)_{2k}}{k![k-(\alpha+\nu)/2]}\Gamma\left(\frac{\alpha+\nu+r-2k}{2r}\right)\left(-\frac{b^{2/r}}{2c^2}\right)^k+$$
$$+(1-\gamma)\frac{2^{(\nu-\alpha)/2}\sqrt{\pi}}{c^{\alpha}}\Gamma(\alpha)\Gamma^{\pm1}\left(\frac{-\nu\mp\alpha}{2}+\frac{1\mp1}{4}\right)\qquad[r<1],$$

$Z(\gamma)$ при $r=1$ см. в 2.11.9.1–2.

16. $\displaystyle\int_0^{\infty}x^{\alpha-1}e^{\pm c^2x^2/4}\operatorname{erfc}(bx^r)D_{\nu}(cx)\,dx=Z(0)$

$[r,\ \operatorname{Re}\alpha>0;\ |\arg b|<\pi/4;\ |\arg c|<(2\pm1)\pi/4;\ Z(\gamma)$ см. в 2.11.1.15].

2.11.2. Интегралы от $A(x)D_{\nu}(cx)$.

1. $\displaystyle\int_0^{\infty}x^{\alpha-1}D_{\nu}(cx)\,dx=2^{(\nu-\alpha)/2}\sqrt{\pi}\,c^{-\alpha}\Gamma\left[\begin{matrix}\alpha\\ (1+\alpha-\nu)/2\end{matrix}\right]{}_2F_1\left(\frac{\alpha}{2},\ \frac{\alpha+1}{2};\ \frac{1+\alpha-\nu}{2};\ \frac{1}{2}\right)$

$[\operatorname{Re}\alpha>0;\ |\arg c|<\pi/4]$.

2. $\displaystyle\int_0^{\infty}x^{-1/2}D_{\nu}(cx)\,dx=\frac{2^{\nu}\pi^{3/2}}{\sqrt{c}\,\Gamma((3-\nu)/4)\Gamma((2-\nu)/4)}$ $\qquad[|\arg c|<\pi/4]$.

3. $$\int\limits_0^\infty \frac{x}{x^2+z^2}\,[D_\nu(-cx)-D_\nu(cx)]\,dx = -\sqrt{2\pi}\,\Gamma(\nu+1)\sin\frac{\nu\pi}{2}\,e^{c^2z^2/4}D_{-\nu-1}(cz)$$ $[\operatorname{Re} z>0;\ |\arg c|<\pi/4]$.

2.11.3. Интегралы от $A(x)e^{px^2}D_\nu(cx)$.

1. $$\int\limits_0^\infty e^{-px^2}D_{2n}(cx)\,dx = \frac{\sqrt{\pi}\,(2n)!(c^2-4p)^n}{2^n n!(c^2+4p)^{n+1/2}}$$ $[\operatorname{Re}(c^2+4p)>0]$.

2. $$\int\limits_0^\infty x^{\alpha-1}e^{-px^2}D_\nu(cx)\,dx = 2^{(\nu-\alpha)/2}\sqrt{\pi}\,c^{-\alpha}\Gamma\left\{\begin{matrix}\alpha\\ (1+\alpha-\nu)/2\end{matrix}\right\}\times$$ $$\times\,{}_2F_1\left(\frac{\alpha}{2},\ \frac{\alpha+1}{2};\ \frac{1+\alpha-\nu}{2};\ \frac{c^2-4p}{2c^2}\right)$$ $[\operatorname{Re}\alpha,\ \operatorname{Re}(c^2+4p)>0]$ или $[\operatorname{Re}(c^2+4p)=0;\ 0<\operatorname{Re}\alpha<-\operatorname{Re}\nu]$.

3. $$\int\limits_0^\infty x^{-1/2}e^{-px^2}D_\nu(cx)\,dx = \frac{2^{(2\nu+1)/4}\sqrt{\pi c}\,e^{-i\pi/4}}{(16p^2-c^4)^{1/4}}\left(\frac{4p+c^2}{4p-c^2}\right)^{-(2\nu+1)/8}\times$$ $$\times\,Q^{1/4}_{-(2\nu+3)/4}\left(\sqrt{\frac{8p}{16p^2-c^4}}\right)$$ $[\operatorname{Re}(c^2+4p)>0]$.

4. $$\int\limits_0^\infty x^{-\nu}e^{-px^2}D_\nu(cx)\,dx = \frac{2^{-\nu/2}\sqrt{\pi}}{\sqrt{c^2+4p}}\,(\sqrt{c^2+4p}+\sqrt{2}\,c)^\nu$$ $[\operatorname{Re}(c^2+4p)>0;\ \operatorname{Re}\nu<1]$.

5. $$\int\limits_0^\infty x^{\nu-2n}e^{-px^2}D_\nu(cx)\,dx = \frac{\sqrt{\pi}\,\Gamma(\nu+1)(c^2-4p)^n}{2^{2n+1/2}n!c^{\nu+1}}\,{}_2F_1\left(\frac{\nu+1}{2},\ \frac{\nu}{2}+1;\ n+1;\ \frac{c^2-4p}{2c^2}\right)$$ $[\operatorname{Re}(c^2+4p)>0;\ \operatorname{Re}\nu>2n-1]$.

6. $$\int\limits_0^\infty x^{-\nu-2}e^{-px^2}D_\nu(cx)\,dx = -\frac{\sqrt{\pi}\,(\sqrt{c^2+4p}+\sqrt{2}\,c)^{\nu+1}}{2^{\nu/2+1}(\nu+1)}$$ $[\operatorname{Re}(c^2+4p)>0;\ \operatorname{Re}\nu<-1]$.

7. $$\int\limits_0^\infty xe^{-px^2}D_{2n+1}(cx)\,dx = \frac{2^{n+3/2}c}{(c^2+4p)^{3/2}}\,\Gamma\left(n+\frac{3}{2}\right)\left(\frac{c^2-4p}{c^2+4p}\right)^n$$ $[\operatorname{Re}(c^2+4p)>0]$.

8. $$\int\limits_0^\infty x^{\nu-1}e^{-3c^2x^2/4}D_\nu(cx)\,dx = \frac{\Gamma(\nu)\cos(\nu\pi/4)}{2^{\nu/2}c^\nu}$$ $[\operatorname{Re}\nu>0;\ |\arg c|<\pi/4]$.

9. $$\int\limits_0^\infty x^{\nu+1}e^{-3c^2x^2/4}D_\nu(cx)\,dx = \frac{\Gamma(\nu+1)}{2^{(\nu+3)/2}c^{\nu+2}}\sin\left(\frac{\nu+1}{4}\right)\pi$$ $[\operatorname{Re}\nu>-2;\ |\arg c|<\pi/4]$.

10. $$\int\limits_0^\infty x^{\alpha-1}e^{c^2x^2/4}D_\nu(cx)\,dx = \frac{c^{-\alpha}}{2^{(\alpha+\nu)/2+1}}\,\Gamma\left\{\begin{matrix}\alpha,\ -(\alpha+\nu)/2\\ -\nu\end{matrix}\right\}$$ $[0<\operatorname{Re}\alpha<-\operatorname{Re}\nu;\ |\arg c|<3\pi/4]$.

11. $$\int\limits_0^\infty x^{\alpha-1}e^{-c^2x^2/4}D_\nu(cx)\,dx = \frac{2^{(\nu-\alpha)/2}\sqrt{\pi}}{c^\alpha}\,\Gamma\left\{\begin{matrix}\alpha\\ (1+\alpha-\nu)/2\end{matrix}\right\}$$ $[\operatorname{Re}\alpha>0;\ |\arg c|<\pi/4]$.

12. $$\int\limits_0^\infty x^{(1\mp1)/2}e^{-px^2}[D_\nu(-cx)\pm D_\nu(cx)]\,dx =$$ $$= \frac{2^{\nu/2+1}\pi}{\Gamma((1\pm1-2\nu)/4)}\left\{\begin{matrix}1\\ 2^{3/2}c\end{matrix}\right\}(4p\pm c^2)^{-(1\pm\nu)/2}(4p\mp c^2)^{\pm(\nu+1\mp1)/2}$$ $[\operatorname{Re}(4p+c^2)>0]$.

13. $$\int_0^a x^{\alpha-1}(a^2-x^2)^{\beta-1}e^{\pm c^2x^2/4}D_\nu(cx)\,dx =$$
$$= \frac{2^{\nu/2-1}\sqrt{\pi}\,a^{\alpha+2\beta-2}}{\Gamma(1/2-\nu/2)}\,\mathrm{B}\left(\frac{\alpha}{2},\,\beta\right){}_2F_2\left(\mp\frac{\nu}{2}+\frac{1\mp1}{4},\,\frac{\alpha}{2};\,\frac{1}{2},\,\frac{\alpha}{2}+\beta;\,\pm\frac{a^2c^2}{2}\right) -$$
$$- \frac{2^{(\nu-1)/2}\sqrt{\pi}\,a^{\alpha+2\beta-1}c}{\Gamma(-\nu/2)}\,\mathrm{B}\left(\frac{\alpha+1}{2},\,\beta\right){}_2F_2\left(\mp\frac{\nu}{2}+\frac{3\mp1}{4},\,\frac{\alpha+1}{2};\,\frac{3}{2},\,\frac{\alpha+1}{2}+\beta;\,\pm\frac{a^2c^2}{2}\right)$$
$[a,\ \operatorname{Re}\alpha,\ \operatorname{Re}\beta > 0]$.

14. $$\int_0^a x^{-\nu-2\beta-1}(a^2-x^2)^{\beta-1}e^{c^2x^2/4}D_\nu(cx)\,dx =$$
$$= 2^{\beta-1}\Gamma\left\{\begin{matrix}\beta,\ -\nu-2\beta\\ -\nu\end{matrix}\right\}a^{-\nu-2}e^{a^2c^2/4}D_{\nu+2\beta}(ac)$$
$[a>0;\ 0<\operatorname{Re}\beta<-\operatorname{Re}\nu/2]$.

15. $$\int_a^\infty x^{\alpha-1}(x^2-a^2)^{\beta-1}e^{\pm c^2x^2/4}D_\nu(cx)\,dx = \frac{2^{\nu/2-1}\sqrt{\pi}\,a^{\alpha+2\beta-2}}{\Gamma(1/2-\nu/2)}\times$$
$$\times\mathrm{B}\left(\beta,\,1-\beta-\frac{\alpha}{2}\right){}_2F_2\left(\mp\frac{\nu}{2}+\frac{1\mp1}{4},\,\frac{\alpha}{2};\,\frac{1}{2},\,\frac{\alpha}{2}+\beta;\,\pm\frac{a^2c^2}{2}\right) - \frac{2^{(\nu-1)/2}\sqrt{\pi}\,a^{\alpha+2\beta-1}c}{\Gamma(-\nu/2)}\times$$
$$\times\mathrm{B}\left(\beta,\,\frac{1-\alpha}{2}-\beta\right){}_2F_2\left(\mp\frac{\nu}{2}+\frac{3\mp1}{4},\,\frac{\alpha+1}{2};\,\frac{3}{2},\,\frac{\alpha+1}{2}+\beta;\,\pm\frac{a^2c^2}{2}\right)+$$
$$+2^{1-\beta-(\alpha\pm\nu)/2}\sqrt{\pi}\,\Gamma^{\pm1}\left(\frac{1\pm3}{4}\mp\beta-\frac{\nu\pm\alpha}{2}\right)[2\sqrt{\pi}\,\Gamma(-\nu)]^{-(1\pm1)/2}\times$$
$$\times\Gamma(\alpha+2\beta-2)c^{2-2\beta-\alpha}\,{}_2F_2\left(1-\beta,\,\frac{5\mp1}{4}-\beta-\frac{\alpha\pm\nu}{2};\,2-\beta-\frac{\alpha}{2},\,\frac{3-\alpha}{2}-\beta;\,\pm\frac{a^2c^2}{2}\right)$$
$\left[\operatorname{Re}\beta>0;\ |\arg c|<(2\pm1)\pi/4,\ \left\{\begin{matrix}a>0;\ \operatorname{Re}(\alpha+\nu+2\beta)<2\\ a>0\end{matrix}\right\}\right]$.

16. $$\int_a^\infty x^{\nu-2\beta}(x^2-a^2)^{\beta-1}e^{\pm c^2x^2/4}D_\nu(cx)\,dx = 2^{\beta-1}a^{\nu-1}\Gamma(\beta)e^{\pm a^2c^2/4}D_{\nu-2\beta}(ac)$$
$\left[\operatorname{Re}\beta>0;\ |\arg c|<(2\pm1)\pi/4,\ \left\{\begin{matrix}a>0;\ \operatorname{Re}\nu<1/2\\ a>0\end{matrix}\right\}\right]$.

17. $$\int_0^\infty \frac{x^{\alpha-1}}{(x^2+z^2)^\rho}\,e^{\pm c^2x^2/4}D_\nu(cx)\,dx = \frac{2^{\nu/2-1}\sqrt{\pi}\,z^{\alpha-2\rho}}{\Gamma(1/2-\nu/2)}\,\mathrm{B}\left(\frac{\alpha}{2},\,\rho-\frac{\alpha}{2}\right)\times$$
$$\times\,{}_2F_2\left(\mp\frac{\nu}{2}+\frac{1\mp1}{4},\,\frac{\alpha}{2};\,\frac{1}{2},\,1+\frac{\alpha}{2}-\rho;\,\mp\frac{c^2z^2}{2}\right) - \frac{2^{(\nu-1)/2}\sqrt{\pi}\,cz^{\alpha-2\rho+1}}{\Gamma(-\nu/2)}\times$$
$$\times\mathrm{B}\left(\frac{\alpha+1}{2},\,\rho-\frac{\alpha+1}{2}\right){}_2F_2\left(\mp\frac{\nu}{2}+\frac{3\mp1}{4},\,\frac{\alpha+1}{2};\,\frac{3}{2},\,\frac{3+\alpha}{2}-\rho;\,\mp\frac{c^2z^2}{2}\right)+$$
$$+2^{\rho-(\alpha\pm\nu)/2}\sqrt{\pi}\,[2\sqrt{\pi}\,\Gamma(-\nu)]^{-(1\pm1)/2}\Gamma^{\pm1}\left(\frac{-\nu\mp\alpha}{2}\pm\rho+\frac{1\mp1}{4}\right)\times$$
$$\times\Gamma(\alpha-2\rho)c^{2\rho-\alpha}\,{}_2F_2\left(\rho,\,\frac{1\mp1}{4}+\rho-\frac{\alpha\pm\nu}{2};\,1+\rho-\frac{\alpha}{2},\,\frac{1-\alpha}{2}+\rho;\,\mp\frac{c^2z^2}{2}\right)$$
$\left[|\arg c|<(2\pm1)\pi/4;\ \operatorname{Re}z>0,\ \left\{\begin{matrix}0<\operatorname{Re}\alpha<\operatorname{Re}(2\rho-\nu)\\ \operatorname{Re}\alpha>0\end{matrix}\right\}\right]$.

18. $$\int_0^\infty \frac{x^\nu}{x^2+z^2}\,e^{-c^2x^2/4}D_\nu(cx)\,dx = \sqrt{\frac{\pi}{2}}\,\Gamma(\nu+1)z^{\nu-1}e^{c^2z^2/4}D_{-\nu-1}(cz)$$
$[\operatorname{Re}z>0;\ \operatorname{Re}\nu>-1;\ |\arg c|<\pi/4]$.

19. $$\int_0^\infty \frac{x^{\nu-1}}{\sqrt{x^2+z^2}} e^{-c^2x^2/4} D_\nu(cx)\,dx = \Gamma(\nu) z^{\nu-1} e^{c^2z^2/4} D_{-\nu}(cz)$$
$[\operatorname{Re}\nu > 0;\ \operatorname{Re} z > 0;\ |\arg c| < \pi/4]$.

20. $$\int_0^\infty \frac{x^{\alpha-1}}{x^2-y^2} e^{\pm c^2x^2/4} D_\nu(cx)\,dx =$$
$$= -\frac{2^{\nu/2-1}\pi^{3/2}}{\Gamma(1/2-\nu/2)} \operatorname{ctg}\frac{\alpha\pi}{2}\, y^{\alpha-2}\, {}_1F_1\left(\mp\frac{\nu}{2}+\frac{1\mp 1}{4};\ \frac{1}{2};\ \pm\frac{c^2y^2}{2}\right) -$$
$$- \frac{2^{(\nu-1)/2}\pi^{3/2}}{\Gamma(-\nu/2)} \operatorname{tg}\frac{\alpha\pi}{2}\, cy^{\alpha-1}\, {}_1F_1\left(\mp\frac{\nu}{2}+\frac{3\mp 1}{4};\ \frac{3}{2};\ \pm\frac{c^2y^2}{2}\right) +$$
$$+ 2^{1-(\alpha\pm\nu)/2}\sqrt{\pi}\, c^{2-\alpha}\Gamma^{\pm 1}\left(\frac{-\nu\mp\alpha}{2}+\frac{1\pm 3}{4}\right)[2\sqrt{\pi}\,\Gamma(-\nu)]^{-(1\pm 1)/2} \times$$
$$\times \Gamma(\alpha-2)\, {}_2F_2\left(\frac{5\mp 1}{4}-\frac{\alpha\pm\nu}{2},\ 1;\ 2-\frac{\alpha}{2},\ \frac{3-\alpha}{2};\ \pm\frac{c^2y^2}{2}\right)$$
$\left[y > 0;\ |\arg c| < (2\pm 1)\pi/4,\ \begin{Bmatrix} 0 < \operatorname{Re}\alpha < 2-\operatorname{Re}\nu \\ \operatorname{Re}\alpha > 0 \end{Bmatrix}\right]$.

21. $$\int_{-\infty}^\infty \frac{1}{x-z} e^{-c^2x^2/4} D_n(cx)\,dx = \pm(-1)^n i\sqrt{2\pi}\, n!\, e^{-c^2z^2/4} D_{-n-1}(\mp icz)$$
$\left[|\arg c| < \pi/4,\ \begin{Bmatrix} \operatorname{Im} z > 0 \\ \operatorname{Im} z < 0 \end{Bmatrix}\right]$.

2.11.4. Интегралы от $A(x)e^{f(x)}D_\nu(cx)$.

1. $$\int_0^\infty x^{\alpha-1} e^{-px\pm c^2x^2/4} D_\nu(cx)\,dx = 2^{-(\alpha\pm\nu)/2}\sqrt{\pi}\,\Gamma(\alpha)[2\sqrt{\pi}\,\Gamma(-\nu)]^{-(1\pm 1)/2} \times$$
$$\times \Gamma^{\pm 1}\left(\frac{\mp\alpha-\nu}{2}+\frac{1\mp 1}{4}\right) c^{-\alpha}\, {}_2F_2\left(\frac{\alpha}{2},\ \frac{\alpha+1}{2};\ \frac{1}{2},\ \frac{\alpha\pm\nu}{2}+\frac{3\pm 1}{4};\ \mp\frac{p^2}{2c^2}\right) -$$
$$- 2^{-(\alpha\pm\nu+1)/2}\sqrt{\pi}\,\Gamma(\alpha+1)[2\sqrt{\pi}\,\Gamma(-\nu)]^{-(1\pm 1)/2}\Gamma^{\pm 1}\left(\frac{\mp\alpha-\nu}{2}+\frac{1\mp 3}{4}\right) pc^{-\alpha-1} \times$$
$$\times\, {}_2F_2\left(\frac{\alpha+1}{2},\ \frac{\alpha}{2}+1;\ \frac{3}{2},\ \frac{\alpha\pm\nu}{2}+\frac{5\pm 1}{4};\ \mp\frac{p^2}{2c^2}\right) +$$
$$+ \begin{Bmatrix} 1 \\ 0 \end{Bmatrix} \Gamma(\alpha+\nu) c^\nu p^{-\alpha-\nu}\, {}_2F_2\left(-\frac{\nu}{2},\ \frac{1-\nu}{2};\ \frac{1-\alpha-\nu}{2},\ 1-\frac{\alpha+\nu}{2};\ -\frac{p^2}{2c^2}\right)$$
$\left[|\arg c| < (2\pm 1)\pi/4,\ \begin{Bmatrix} \operatorname{Re}\alpha,\ \operatorname{Re} p > 0 \\ \operatorname{Re}\alpha > 0 \end{Bmatrix}\right]$.

2. $$\int_0^\infty x^{\alpha-1} e^{-p/x\pm c^2x^2/4} D_\nu(cx)\,dx =$$
$$= 2^{\nu/2}\sqrt{\pi}\, p^\alpha \Gamma\begin{bmatrix} -\alpha \\ (1-\nu)/2 \end{bmatrix} {}_1F_3\left(\mp\frac{\nu}{2}+\frac{1\mp 1}{4};\ \frac{\alpha}{2}+1,\ \frac{\alpha+1}{2},\ \frac{1}{2};\ \pm\frac{c^2p^2}{8}\right) -$$
$$- 2^{(\nu+1)/2}\sqrt{\pi}\, p^{\alpha+1} c\Gamma\begin{bmatrix} -\alpha-1 \\ -\nu/2 \end{bmatrix} {}_1F_3\left(\mp\frac{\nu}{2}+\frac{3\mp 1}{4};\ \frac{\alpha}{2}+1,\ \frac{\alpha+3}{2},\ \frac{3}{2};\ \pm\frac{c^2p^2}{8}\right) +$$
$$+ 2^{-(\alpha\pm\nu)/2}\sqrt{\pi}\,\Gamma(\alpha)[2\sqrt{\pi}\,\Gamma(-\nu)]^{-(1\pm 1)/2}\Gamma^{\pm 1}\left(\frac{\mp\alpha-\nu}{2}+\frac{1\mp 1}{4}\right) c^{-\alpha} \times$$
$$\times\, {}_1F_3\left(\frac{-\alpha\mp\nu}{2}+\frac{1\mp 1}{4};\ 1-\frac{\alpha}{2},\ \frac{1-\alpha}{2},\ \frac{1}{2};\ \pm\frac{c^2p^2}{8}\right) -$$
$$- 2^{(1-\alpha\mp\nu)/2}\sqrt{\pi}\,\Gamma(\alpha-1)[2\sqrt{\pi}\,\Gamma(-\nu)]^{-(1\pm 1)/2}\Gamma^{\pm 1}\left(\frac{\mp\alpha-\nu}{2}+\frac{1\mp 1}{4}\right) c^{1-\alpha} p \times$$

$$\times {}_1F_3\left(\frac{-\alpha\mp\nu}{2}+\frac{3\mp 1}{4};\ \frac{3-\alpha}{2},\ 1-\frac{\alpha}{2},\ \frac{3}{2};\ \pm\frac{c^2p^2}{8}\right)$$

$$\left[|\arg c|<(2\pm 1)\pi/4,\ \left\{\begin{matrix}\operatorname{Re}p>0;\ \operatorname{Re}(\alpha+\nu)<0\\ \operatorname{Re}p>0\end{matrix}\right\}\right].$$

3. $$\int\limits_0^\infty x^{\alpha-1}e^{-px^{-2}\pm c^2x^2/4}D_\nu(cx)\,dx=$$
$$=2^{\nu/2-1}\sqrt{\pi}\,\Gamma\begin{bmatrix}-\alpha/2\\(1-\nu)/2\end{bmatrix}r^{\alpha/2}\,{}_1F_2\left(\mp\frac{\nu}{2}+\frac{1\mp 1}{4};\ 1+\frac{\alpha}{2},\ \frac{1}{2};\ \mp\frac{c^2p}{2}\right)-$$
$$-2^{(\nu-1)/2}\sqrt{\pi}\,\Gamma\begin{bmatrix}-(\alpha+1)/2\\-\nu/2\end{bmatrix}cp^{(1+\alpha)/2}\,{}_1F_2\left(\mp\frac{\nu}{2}+\frac{3\mp 1}{4};\ \frac{3+\alpha}{2},\ \frac{3}{2};\ \mp\frac{c^2p}{2}\right)+$$
$$+2^{-(\alpha\pm\nu)/2}\sqrt{\pi}\,[2\sqrt{\pi}\,\Gamma(-\nu)]^{-(1\pm 1)/2}\Gamma^{\pm 1}\left(\frac{-\nu\mp\alpha}{2}+\frac{1\mp 1}{4}\right)\Gamma(\alpha)c^{-\alpha}\times$$
$$\times {}_1F_2\left(\frac{-\alpha\mp\nu}{2}+\frac{1\mp 1}{4};\ 1-\frac{\alpha}{2},\ \frac{1-\alpha}{2};\ \mp\frac{c^2p}{2}\right)$$
$$\left[|\arg c|<(2\pm 1)\pi/4,\ \left\{\begin{matrix}\operatorname{Re}p>0;\ \operatorname{Re}(\alpha+\nu)<0\\ \operatorname{Re}p>0\end{matrix}\right\}\right].$$

4. $$\int\limits_0^\infty x^{\nu-2}e^{-px^{-2}-c^2x^2/4}D_\nu(cx)\,dx=2^{\nu/2-1}\sqrt{\pi}\,p^{(\nu-1)/2}e^{-c\sqrt{2p}}\qquad [\operatorname{Re}p>0;\ |\arg c|<\pi/4].$$

5. $$\int\limits_0^\infty e^{-px-c^2x^2/4}[D_\nu(-cx)-D_\nu(cx)]\,dx=\frac{\sqrt{2\pi}\,p^\nu}{c^{\nu+1}\Gamma(-\nu/2)}\exp\left(\frac{p^2}{2c^2}\right)\Gamma\left(-\frac{\nu}{2},\ \frac{p^2}{2c^2}\right)$$
$$[\operatorname{Re}p>0;\ |\arg c|<\pi/4].$$

6. $$\int\limits_a^\infty x^{\nu-2\beta}(x-a)^{\beta-1}e^{-(x-a)^2c^2/4}D_\nu(cx)\,dx=2^{2\beta-2}a^{\nu-1}c^{\beta-1}\Gamma(\beta)D_{\nu-2\beta}(ac)$$
$$[a,\ \operatorname{Re}\beta>0;\ |\arg c|<\pi/4].$$

7. $$\int\limits_{-\infty}^\infty e^{-b(x-y)^2+c^2x^2/4}D_\nu(cx)\,dx=\sqrt{2\pi}\,(2b)^{-(\nu+1)/2}(2b-c^2)^{\nu/2}\times$$
$$\times\exp\left[\frac{bc^2y^2}{2(2b-c^2)}\right]D_\nu\left(\frac{cy\sqrt{2b}}{\sqrt{2b-c^2}}\right)\qquad [y,\ \operatorname{Re}b>0;\ |\arg c|<3\pi/4].$$

2.11.5. Интегралы, содержащие гиперболические функции и $D_\nu(\varphi(x))$.

1. $$\int\limits_0^\infty \operatorname{ch}bx\,e^{c^2\operatorname{sh}^2x}D_\nu(2c\operatorname{ch}x)\,dx=2^{-(\nu+5)/2}c^{-1}\,\mathrm{B}\left(\frac{b-\nu}{2},\ -\frac{b+\nu}{2}\right)W_{(\nu+1)/2,\,b/2}(2c^2)$$
$$[\operatorname{Re}\nu<-|\operatorname{Re}b|;\ |\arg c|<3\pi/4].$$

2. $$\int\limits_0^\infty \operatorname{ch}bx\,e^{-c^2\operatorname{sh}^2x}D_\nu(2c\operatorname{ch}x)\,dx=2^{(\nu-3)/2}\sqrt{\pi}\,c^{-1}W_{\nu/2,\,b/2}(2c^2)\qquad [|\arg c|<\pi/4].$$

2.11.6. Интегралы от $x^\alpha e^{px^2}\left\{\begin{matrix}\sin bx^n\\ \cos bx^n\end{matrix}\right\}D_\nu(cx)$.

1. $$\int\limits_0^\infty x^{\alpha-1}e^{\pm c^2x^2/4}\sin bx\,D_\nu(cx)\,dx=U(1)$$
$$\left[b>0;\ |\arg c|<(2\pm 1)\pi/4,\ \left\{\begin{matrix}-1<\operatorname{Re}\alpha<1-\operatorname{Re}\nu\\ \operatorname{Re}\alpha>-1\end{matrix}\right\}\right],$$

$$U(\gamma)=\frac{2^{(\nu-\alpha-\gamma)/2}b^\gamma\sqrt{\pi}}{c^{\alpha+\gamma}}\,[2^{\nu+1}\sqrt{\pi}\,\Gamma(-\nu)]^{-(1\pm 1)/2}\Gamma(\alpha+\gamma)\Gamma^{\pm 1}\left(\frac{-\nu\mp\alpha\mp\gamma}{2}+\frac{1\mp 1}{4}\right)\times$$

$$\times\, {}_2F_2\left(\frac{\alpha+\gamma}{2},\ \frac{\alpha+\gamma+1}{2};\ \frac{\alpha+\gamma\pm\nu}{2}+\frac{3\pm 1}{4},\ \frac{1}{2}+\gamma;\ \pm\frac{b^2}{2c^2}\right)+$$

$$+\begin{Bmatrix}1\\0\end{Bmatrix}\frac{c^\nu\Gamma(\alpha+\nu)}{b^{\alpha+\nu}}\cos\frac{\gamma-\alpha-\nu}{2}\pi\,{}_2F_2\left(-\frac{\nu}{2},\ \frac{1-\nu}{2};\ 1-\frac{\alpha+\nu}{2},\ \frac{1-\alpha-\nu}{2};\ \frac{b^2}{2c^2}\right).$$

2. $$\int_0^\infty x^{\alpha-1}e^{\pm c^2x^2/4}\cos bx\,D_\nu(cx)\,dx=U(0)$$

$$\left[b>0;\ |\arg c|<(2\pm 1)\pi/4,\ \begin{Bmatrix}-1<\operatorname{Re}\alpha<1-\operatorname{Re}\nu\\ \operatorname{Re}\alpha>0\end{Bmatrix},\ U(\gamma)\text{ см. в 2.11.6.1}\right].$$

3. $$\int_0^\infty e^{-c^2x^2/4}\begin{Bmatrix}\sin bx\\ \cos bx\end{Bmatrix}D_{2n+(1\pm1)/2}(cx)\,dx=$$

$$=(-1)^n\sqrt{\frac{\pi}{2}}\,b^{2n+(1\pm1)/2}c^{-2n-(3\pm1)/2}\exp\left(-\frac{b^2}{2c^2}\right)\qquad[b>0;\ |\arg c|<\pi/4].$$

4. $$\int_0^\infty x^{\alpha-1}e^{\pm c^2x^2/4}\sin bx^2\,D_\nu(cx)\,dx=V(1)$$

$$\left[b>0;\ |\arg c|<(2\pm 1)\pi/4,\ \begin{Bmatrix}-2<\operatorname{Re}\alpha<2-\operatorname{Re}\nu\\ \operatorname{Re}\alpha>-2\end{Bmatrix}\right],$$

$$V(\gamma)=\frac{2^{\nu/2-1}\sqrt{\pi}}{b^{\alpha/2}}\,\Gamma\begin{bmatrix}\alpha/2\\ (1-\nu)/2\end{bmatrix}\cos\frac{2\gamma-\alpha}{2}\pi\,{}_2F_1\left(\mp\frac{\nu}{2}+\frac{1\mp1}{4},\ \frac{\alpha}{2};\ \frac{1}{2};\ \mp\frac{c^2}{2b}\right)-$$

$$-\frac{2^{(\nu+1)/2}\sqrt{\pi}\,c}{b^{(\alpha+1)/2}}\,\Gamma\begin{bmatrix}(\alpha+1)/2\\ -\nu/2\end{bmatrix}\sin\frac{2\gamma-\alpha}{2}\pi\,{}_2F_1\left(\mp\frac{\nu}{2}+\frac{3\mp1}{4},\ \frac{\alpha+1}{2};\ \frac{3}{2};\ \mp\frac{c^2}{2b}\right).$$

5. $$\int_0^\infty x^{\alpha-1}e^{\pm c^2x^2/4}\cos bx^2\,D_\nu(cx)\,dx=V(0)$$

$$\left[b>0;\ |\arg c|<(2\pm 1)\pi/4,\ \begin{Bmatrix}0<\operatorname{Re}\alpha<2-\operatorname{Re}\nu\\ \operatorname{Re}\alpha>0\end{Bmatrix},\ V(\gamma)\text{ см. в 2.11.6.4}\right].$$

2.11.7. Интегралы от $A(x)[D_\mu(\varphi(x))D_\nu(cx)]^{\pm1}$.

1. $$\int_0^\infty D_\mu(cx)D_\nu(cx)\,dx=\frac{2^{-(\mu+\nu+3)/2}}{c(\mu-\nu)\Gamma(-\mu)\Gamma(-\nu)}\left[\Gamma\left(-\frac{\mu}{2}\right)\Gamma\left(\frac{1-\nu}{2}\right)-\Gamma\left(-\frac{\nu}{2}\right)\Gamma\left(\frac{1-\mu}{2}\right)\right]$$

$$[|\arg c|<\pi/4].$$

2. $$\int_0^\infty D_\nu^2(cx)\,dx=\frac{\sqrt{\pi}\,2^{-3/2}}{c\Gamma(-\nu)}\left[\psi\left(\frac{1-\nu}{2}\right)-\psi\left(-\frac{\nu}{2}\right)\right]\qquad[|\arg c|<\pi/4].$$

3. $$\int_0^\infty D_\mu(-cx)D_\nu(cx)\,dx=\frac{2^{-(\mu+\nu+3)/2}}{c(\mu-\nu)\Gamma(-\mu)\Gamma(-\nu)}\times$$

$$\times\left[\Gamma\left(-\frac{\mu}{2}\right)\Gamma\left(\frac{1-\nu}{2}\right)+\Gamma\left(-\frac{\nu}{2}\right)\Gamma\left(\frac{1-\mu}{2}\right)\right]\qquad[\operatorname{Re}(\mu-\nu)>0;\ |\arg c|<\pi/4].$$

4. $$\int_0^\infty x^{\alpha-1}D_{-\nu-1}(cx)D_\nu(cx)\,dx=2^{-\alpha-1/2}\pi c^{-\alpha}\,\Gamma\begin{bmatrix}\alpha\\ (2+\alpha-2\nu)/4,\ (\alpha+2\nu)/4+1\end{bmatrix}$$

$$[\operatorname{Re}\alpha>0;\ |\arg c|<\pi/4].$$

5. $$\int_0^\infty x^{\alpha-1}D_\nu(e^{-\pi i/4}cx)D_\nu(e^{\pi i/4}cx)\,dx=\frac{\sqrt{\pi}}{2^{\alpha+1}c^\alpha}\,\Gamma\begin{bmatrix}\alpha,\ -(\alpha+2\nu)/4\\ -\nu,\ \ (2+\alpha-2\nu)/4\end{bmatrix}$$

$$[0<\operatorname{Re}\alpha<-2\operatorname{Re}\nu;\ \operatorname{Re}c>0].$$

6. $$\int\limits_0^\infty x^{\alpha-1}[D_{-n}^2(-icx)-D_{-n}^2(icx)]\,dx=\frac{(-1)^{n-1}2^{\alpha/2}\pi i}{[(n-1)!]^2c^\alpha}\,\Gamma\begin{bmatrix}n+(\alpha-1)/2,\ (1-\alpha)/2\\1-\alpha/2\end{bmatrix}$$
$[n>0;\ 1-2n<\operatorname{Re}\alpha<1;\ |\arg c|<\pi/4]$.

7. $$\int\limits_{-\infty}^\infty D_m(cx)D_n(cx)\,dx=\frac{n!}{c}\sqrt{2\pi}\,\delta_{m,\,n}$$ $[\,|\arg c|<\pi/4]$.

8. $$\int\limits_0^a x^{-\nu}(a^2-x^2)^{-(\mu+3)/2}D_\mu(c\sqrt{a^2-x^2}\,)D_\nu(cx)\,dx=-\sqrt{\frac{\pi}{2}}\,\frac{a^{-\mu-\nu-2}}{\mu+1}\,D_{\mu+\nu+1}(ac)$$
$[a>0;\ \operatorname{Re}\mu<-1;\ \operatorname{Re}\nu<1]$.

9. $$\int\limits_0^\infty \frac{1}{x^2+z^2}|D_\nu(icx)|^{-2}\,dx=\sqrt{\frac{\pi}{2}}\,\frac{\Gamma(1-\nu)}{z}\,D_{\nu-1}(cz)/D_\nu(cz)$$ $[c,\ \operatorname{Re}z>0;\ \nu<0]$.

10. $$\int\limits_0^\infty \frac{x^2}{x^2+z^2}|D_\nu(icx)|^{-2}\,dx=\sqrt{\frac{\pi}{2}}\,\frac{\Gamma(1-\nu)}{c}\,[1-czD_{\nu-1}(cz)/D_\nu(cz)]$$
$[c,\ \operatorname{Re}z>0;\ \nu<0]$.

2.11.8. Интегралы от $f(x)D_\mu(bx)D_\nu(cx)$.

1. $$\int\limits_0^\infty e^{-px^2}D_n(bx)D_n(cx)\,dx=\frac{\sqrt{\pi}\,n!}{\sqrt{b^2+c^2+4p}}\left(\frac{b^2+c^2-4p}{b^2+c^2+4p}\right)^{n/2}P_n\left(\frac{2bc}{\sqrt{(b^2+c^2)-16p^2}}\right)$$
$[\operatorname{Re}(b^2+c^2+4p)>0;\ |\arg b|,\ |\arg c|<\pi/4]$.

2. $$\int\limits_0^\infty x^{\alpha-1}e^{(b^2\pm c^2)x^2/4}D_\mu(bx)D_\nu(cx)\,dx=U(1)$$
$$\left[|\arg b|<3\pi/4;\ |\arg c|<(2\pm1)\pi/4,\ \begin{Bmatrix}0<\operatorname{Re}\alpha<-\operatorname{Re}(\mu+\nu)\\ \operatorname{Re}\alpha>0\end{Bmatrix}\right],$$

$$U(\gamma)=\frac{2^{(\mu+\nu-\alpha)/2}\pi}{b^\alpha}\,\Gamma\begin{bmatrix}\alpha\\(1-\nu)/2\end{bmatrix}[2^{\mu+1}\sqrt{\pi}\,\Gamma(-\mu)]^{-\gamma}\Gamma^{2\gamma-1}\left(\frac{(-1)^\gamma\alpha-\mu+1-\gamma}{2}\right)\times$$
$$\times\ {}_3F_2\left(\frac{\alpha}{2},\ \frac{\alpha+1}{2},\ \mp\frac{\nu}{2}+\frac{1\mp1}{4};\ \frac{1+\gamma+\alpha-(-1)^\gamma\mu}{2},\ \frac{1}{2};\ \pm(-1)^\gamma\frac{c^2}{b^2}\right)-$$
$$-\frac{2^{(\mu+\nu-\alpha)/2}\pi c}{b^{\alpha+1}}\,\Gamma\begin{bmatrix}\alpha+1\\-\nu/2\end{bmatrix}[2^{\mu+1}\sqrt{\pi}\,\Gamma(-\mu)]^{-\gamma}\Gamma^{2\gamma-1}\left(\frac{2-3\gamma-\mu+(-1)^\gamma\alpha}{2}\right)\times$$
$$\times\ {}_3F_2\left(\frac{\alpha+1}{2},\ \frac{\alpha}{2}+1,\ \mp\frac{\nu}{2}+\frac{3\mp1}{4};\ \frac{2+\gamma+\alpha-(-1)^\gamma\mu}{2},\ \frac{3}{2};\ \pm(-1)^\gamma\frac{c^2}{b^2}\right)+$$
$$+\gamma\frac{2^{(\nu-\mu-\alpha)/2}\sqrt{\pi}\,\Gamma(\alpha+\mu)}{c^{\alpha+\mu}}\,[2^{\nu+1}\sqrt{\pi}\,\Gamma(-\nu)]^{-(1\pm1)/2}b^\mu\Gamma^{\pm1}\left(\frac{-\nu\mp\mu\mp\alpha}{2}+\frac{1\mp1}{4}\right)\times$$
$$\times\ {}_3F_2\left(-\frac{\mu}{2},\ \frac{1-\mu}{2},\ -\frac{\alpha+\mu\pm\nu}{2}+\frac{1\mp1}{4};\ 1-\frac{\alpha+\mu}{2},\ \frac{1-\alpha-\mu}{2};\ \pm(-1)^\gamma\frac{c^2}{b^2}\right).$$

3. $$\int\limits_0^\infty x^{\alpha-1}e^{(-b^2\pm c^2)x^2/4}D_\mu(bx)D_\nu(cx)\,dx=U(0)$$
$[\operatorname{Re}\alpha>0;\ |\arg b|<\pi/4;\ |\arg c|<(2\pm1)\pi/4;\ U(\gamma)$ см. в 2.11.8.2$]$.

4. $$\int\limits_0^\infty xe^{-px^2}[D_{-n}^2(-icx)-D_{-n}^2(icx)]\,dx=\frac{(-1)^{n-1}}{(n-1)!}\sqrt{\frac{2}{p}}\,\frac{\pi ic^{2n-1}}{(2p+c^2)^n}$$
$[n,\ \operatorname{Re}p>0;\ |\arg c|<\pi/4]$.

5. $$\int\limits_0^\infty \sin bx[D_{-n}^2(-icx) - D_{-n}^2(icx)]\,dx = \frac{(-1)^{n-1}\pi i\sqrt{2}}{(n-1)!c}\exp\left(-\frac{b^2}{2c^2}\right)L_{n-1}\left(\frac{b^2}{2c^2}\right)$$ $[b,\ n > 0;\ |\arg c| < \pi/4]$.

6. $$\int\limits_0^\infty x\left\{\begin{matrix}\sin bx^2\\ \cos bx^2\end{matrix}\right\}[D_{-\nu-1}(-cx) \mp D_{-\nu-1}(cx)]D_\nu(cx)\,dx =$$ $$= -2^{-\nu-(1\mp1)/4}\sqrt{\pi}\,b^{-\nu-1}c\left\{\begin{matrix}\cos(\nu\pi/2)\\ \sin(\nu\pi/2)\end{matrix}\right\}\frac{(c^2+\sqrt{c^4+4b^2}\,)^{\nu+1/2}}{\sqrt{c^4+4b^2}}$$ $[b,\ c > 0]$.

2.11.9. Интегралы, содержащие $\left\{\begin{matrix}\operatorname{erf}(bx)\\ \operatorname{erfc}(bx)\end{matrix}\right\}$ **и** $D_\nu(cx)$.

1. $$\int\limits_0^\infty x^{\alpha-1}e^{\pm c^2x^2/4}\operatorname{erf}(bx)D_\nu(cx)\,dx = U(1)$$ $$\left[\operatorname{Re} b > 0;\ |\arg c| < (2\pm1)\pi/4,\ \left\{\begin{matrix}-1 < \operatorname{Re}\alpha < -\operatorname{Re}\nu\\ \operatorname{Re}\alpha > -1\end{matrix}\right\}\right],$$

$$U(\gamma) = (-1)^{\gamma-1}\frac{2^{(\nu-\alpha+1)/2}b}{c^{\alpha+1}}[2^{\nu+1}\sqrt{\pi}\,\Gamma(-\nu)]^{-(1\pm1)/2}\Gamma(\alpha+1)\Gamma^{\pm1}\left(\frac{-\nu\mp\alpha}{2}+\frac{1\mp3}{4}\right)\times$$ $$\times{}_3F_2\left(\frac{1}{2},\ \frac{\alpha+1}{2},\ \frac{\alpha}{2}+1;\ \frac{3}{2},\ \frac{\alpha\pm\nu}{2}+\frac{5\pm1}{4};\ \pm\frac{2b^2}{c^2}\right)+\left\{\begin{matrix}1\\0\end{matrix}\right\}\frac{(-1)^\gamma c^\nu}{\sqrt{\pi}\,(\alpha+\nu)b^{\alpha+\nu}}\times$$ $$\times\Gamma\left(\frac{\alpha+\nu+1}{2}\right){}_3F_2\left(-\frac{\nu}{2},\ \frac{1-\nu}{2},\ -\frac{\alpha+\nu}{2};\ 1-\frac{\alpha+\nu}{2},\ \frac{1-\alpha-\nu}{2};\ \frac{2b^2}{c^2}\right)+$$ $$+(1-\gamma)\frac{2^{(\gamma-\alpha)/2}\sqrt{\pi}}{c^\alpha}\Gamma(\alpha)\Gamma^{\pm1}\left(\frac{-\nu\mp\alpha}{2}+\frac{1\mp1}{4}\right).$$

2. $$\int\limits_0^\infty x^{\alpha-1}e^{\pm c^2x^2/4}\operatorname{erfc}(bx)D_\nu(cx)\,dx = U(0)$$ $[\operatorname{Re}\alpha > 0;\ |\arg b| < \pi/4;\ |\arg c| < (2\pm1)\pi/4;\ U(\gamma)$ см. в 2.11.9.1].

3. $$\int\limits_0^\infty e^{-c^2x^2/4}\operatorname{erf}(bx)D_{2n+1}(cx)\,dx = (-1)^n\frac{(2n-1)!!}{c}\left(\frac{2b^2}{2b^2+c^2}\right)^{n+1/2}$$ $[\operatorname{Re} b > 0;\ |\arg c| < \pi/4]$.

4. $$\int\limits_0^\infty e^{c^2x^2/4}\operatorname{erfc}\left(\frac{cx}{\sqrt{2}}\right)D_\nu(\pm cx)\,dx = \frac{2^{(\nu+1)/2}}{(\nu+1)c}\left[\frac{1}{\Gamma(1/2-\nu/2)}\mp\frac{\sqrt{\pi}}{\Gamma(-\nu/2)}\right]$$ $$\left[c > 0,\ \left\{\begin{matrix}\operatorname{Re}\nu \neq -1\\ \operatorname{Re}\nu > -1\end{matrix}\right\}\right].$$

5. $$\int\limits_0^\infty x^{\alpha-1}e^{-c^2x^2/4}\operatorname{erfc}(bc)[D_\nu(-cx) - D_\nu(cx)]\,dx =$$ $$= -\frac{2^{(\nu+3)/2}c\sin(\nu\pi/2)}{\pi(\alpha+1)b^{\alpha+1}}\Gamma\left(\frac{\alpha}{2}+1\right)\Gamma\left(\frac{\nu}{2}+1\right){}_3F_2\left(\frac{\alpha+1}{2},\ \frac{\alpha}{2}+1,\ \frac{\nu}{2}+1;\ \frac{3}{2},\ \frac{\alpha+3}{2};\ -\frac{c^2}{2b^2}\right)$$ $[\operatorname{Re}\alpha,\ \operatorname{Re}(2b^2+c^2) > 0;\ |\arg b| < \pi/4]$.

6. $$\int\limits_0^\infty xe^{b^2x^2-c^2x^2/4}\operatorname{erfc}(bx)[D_\nu(-cx) - D_\nu(cx)]\,dx =$$ $$= -\frac{2^{(\nu+1)/2}c}{(2+\nu)\Gamma(1-\nu/2)b^3}\,{}_2F_1\left(2,\ \frac{\nu}{2}+1;\ \frac{\nu}{2}+2;\ 1-\frac{c^2}{2b^2}\right)$$ $[|\arg b|,\ |\arg c| < \pi/4]$.

7. $$\int_0^\infty e^{-c^2x^2/4} \operatorname{erf}(bx)[D_\nu(cx) - D_\nu(-cx)]\,dx = -\frac{2^{\nu+1/2}\sqrt{\pi}\,b^\nu(2b^2+c^2)^{-\nu/2}}{c\Gamma(\nu/2+1)}$$

$[|\arg b|,\ |\arg c| < \pi/4]$.

8. $$\int_0^\infty e^{-c^2x^2/2} \operatorname{erf}\left(\frac{icx}{\sqrt{2}}\right) D_{\nu-1}(cx) D_\nu(cx)\,dx = i\frac{\psi(1-\nu/2) - \psi(1/2-\nu/2)}{4c\Gamma(1-\nu)}$$

$[c > 0;\ \operatorname{Re}\nu < 0]$.

9. $$\int_0^\infty e^{-b^2x^2} \operatorname{erf}(ibx)[D_{-n}^2(-icx) - D_{-n}^2(icx)]\,dx =$$
$$= \frac{(-1)^n}{(n-1)!}\,\frac{(2\pi)^{3/2}}{\sqrt{2b^2+c^2}}\ {}_2F_1\left(1-n,\ \frac{1}{2};\ 1;\ \frac{2b^2}{2b^2+c^2}\right)$$

$[|\arg b|,\ |\arg c| < \pi/4;\ n = 1, 2, 3, \ldots]$.

2.11.10. Интегралы по индексу, содержащие $D_x(c)$.

1. $$\int_0^\infty \cos bx\, D_{x-1/2}(c) D_{-x-1/2}(c)\,dx = \frac{1}{2}\begin{Bmatrix}1\\0\end{Bmatrix}\sqrt{\frac{\pi}{\cos b}}\exp\left(-\frac{c^2\cos b}{2}\right) \qquad \left[\begin{Bmatrix}0 < b < \pi/2\\ b > \pi/2\end{Bmatrix}\right].$$

2. $$\int_{\gamma-i\infty}^{\gamma+i\infty} a^x\Gamma(-x) D_x(c)\,dx = 2\pi i\exp\left(-\frac{a^2}{2} - \frac{c^2}{4} - ac\right) \qquad [\gamma < 0;\ |\arg a| < \pi/4].$$

3. $$\int_{-1/2-i\infty}^{-1/2+i\infty} \frac{a^x}{\sin\pi x}\, D_{-x-1}(b) D_x(c)\,dx = -\frac{2i}{\sqrt{a^2+1}}\, D_0\left(\frac{ab-c}{\sqrt{a^2+1}}\right) D_{-1}\left(\frac{ac+b}{\sqrt{a^2+1}}\right).$$

4. $$\int_{\gamma-i\infty}^{\gamma+i\infty} \Gamma\left(-\frac{x}{2}\right)\Gamma\left(\frac{x+1}{2}\right) D_{-x-1}(b) D_x(c)\,dx = 2\sqrt{2}\,\pi i K_0\left(\frac{b^2+c^2}{4i}\right) \qquad [-2 < \gamma < 0].$$

5. $$\int_{\gamma-i\infty}^{\gamma+i\infty} \frac{a^x}{\sin\pi x}\,[D_{-x-1}(-b) D_x(-ic) + D_{-x-1}(b) D_x(ic)]\,dx =$$
$$= -\frac{2i\sqrt{2\pi}}{\sqrt{a^2+1}}\exp\left[-\frac{(a^2-1)(b^2-c^2) - 4iabc}{4(a^2+1)}\right] \qquad [-1 < \gamma < 0;\ |\arg a| < \pi/2].$$

2.12. ФУНКЦИЯ БЕССЕЛЯ $J_\nu(x)$

При $\nu = \pm\frac{1}{2},\ \pm\frac{3}{2},\ \ldots$ функция $J_\nu(x)$ сводится к элементарным, в частности,
$$J_{\pm 1/2}(cx) = \sqrt{\frac{2}{\pi cx}}\begin{Bmatrix}\sin cx\\ \cos cx\end{Bmatrix};$$
соответствующие интегралы см. в [12].

2.12.1. Интегралы общего вида.

Обозначение: $\delta = \begin{Bmatrix}1\\0\end{Bmatrix}$.

1. $$\int_0^a x^{\alpha-1}(a^r - x^r)^{\beta-1} J_\nu(cx)\,dx = U(0) \qquad [a,\ r,\ \operatorname{Re}\beta,\ \operatorname{Re}(\alpha+\nu) > 0],$$

$$U(\varepsilon) = \frac{a^{\alpha+\nu+r\beta-r}c^\nu}{2^\nu r}\,\Gamma\begin{bmatrix}\beta\\ \nu+1\end{bmatrix}\sum_{k=0}^\infty \frac{1}{k!(\nu+1)_k(2k+\nu)^\varepsilon}\,\Gamma\begin{bmatrix}(2k+\alpha+\nu)/r\\ (2k+\alpha+\nu)/r+\beta\end{bmatrix}\left(-\frac{a^2c^2}{4}\right)^k.$$

2. $\displaystyle\int_a^\infty x^{\alpha-1}(x^r-a^r)^{\beta-1}J_\nu(cx)\,dx = V(0)$ $[a,\ c,\ r,\ \operatorname{Re}\beta>0;\ \operatorname{Re}(\alpha+r\beta)<r+3/2]$,

$$V(\varepsilon)=\frac{a^{\alpha+\nu+r\beta-r}c^\nu}{2^\nu r}\Gamma\begin{bmatrix}\beta\\ \nu+1\end{bmatrix}\sum_{k=0}^\infty\frac{1}{k!(\nu+1)_k(2k+\nu)^\varepsilon}\times$$
$$\times\Gamma\begin{bmatrix}1-\beta-(2k+\alpha+\nu)/r\\ 1-(2k+\alpha+\nu)/r\end{bmatrix}\left(-\frac{a^2c^2}{4}\right)^k+\frac{1}{2}\left(\frac{c}{2}\right)^{r-\alpha-r\beta}\times$$
$$\times\sum_{k=0}^\infty\frac{(1-\beta)_k}{k!(r-r\beta+rk-\alpha)^\varepsilon}\Gamma\begin{bmatrix}(\nu+\alpha-rk+r\beta-r)/2\\ (\nu-\alpha+rk-r\beta+r)/2+1\end{bmatrix}\left(\frac{ac}{2}\right)^{rk}.$$

3. $\displaystyle\int_0^\infty\frac{x^{\alpha-1}}{(x^r+z^r)^\rho}J_\nu(cx)\,dx=W(0)$ $[c,\ r>0;\ -\operatorname{Re}\nu<\operatorname{Re}\alpha<r\operatorname{Re}\rho+3/2;\ r|\arg c|<\pi]$,

$$W(\varepsilon)=\frac{c^\nu z^{\alpha+\nu-r\rho}}{2^\nu r\Gamma(\rho)\Gamma(\nu+1)}\sum_{k=0}^\infty\frac{1}{k!(1+\nu)_k(2k+\nu)^\varepsilon}\Gamma\left(\frac{2k+\alpha+\nu}{r}\right)\times$$
$$\times\Gamma\left(\rho-\frac{2k+\alpha+\nu}{r}\right)\left(-\frac{c^2z^2}{4}\right)^k+\frac{1}{2}\left(\frac{c}{2}\right)^{r\rho-\alpha}\times$$
$$\times\sum_{k=0}^\infty\frac{(-1)^k(\rho)_k}{k!(r\rho+rk-\alpha)^\varepsilon}\Gamma\begin{bmatrix}(\nu+\alpha-r\rho-rk)/2\\ (\nu-\alpha+r\rho+rk)/2+1\end{bmatrix}\left(\frac{cz}{2}\right)^{rk}.$$

4. $\displaystyle\int_0^\infty\frac{x^{\alpha-1}}{x^r-y^r}J_\nu(cx)\,dx=X(0)$ $[c,\ r,\ y>0;\ -\operatorname{Re}\nu<\operatorname{Re}\alpha<r+3/2]$,

$$X(\varepsilon)=-\frac{\pi c^\nu y^{\alpha+\nu-r}}{2^\nu r\Gamma(\nu+1)}\sum_{k=0}^\infty\frac{1}{k!(\nu+1)_k(2k+\nu)^\varepsilon}\operatorname{ctg}\frac{2k+\alpha+\nu}{r}\pi\left(-\frac{c^2y^2}{4}\right)^k+$$
$$+\frac{1}{2}\left(\frac{2}{c}\right)^{\alpha-r}\sum_{k=0}^\infty\frac{1}{(r+rk-\alpha)^\varepsilon}\Gamma\begin{bmatrix}(\nu+\alpha-r-rk)/2\\ (\nu-\alpha+r+rk)/2+1\end{bmatrix}\left(\frac{cy}{2}\right)^{rk}.$$

5. $\displaystyle\int_0^\infty x^{\alpha-1}e^{-px^r}J_\nu(cx)\,dx=Y(0)$

$[r,\ \operatorname{Re}p>0;\ \operatorname{Re}(\alpha+\nu)>0;\ c>0$ при $r\leqslant1,\ |\arg c|<\pi$ при $r>1]$,

$$Y(\varepsilon)=\frac{c^\nu p^{-(\alpha+\nu)/r}}{2^\nu r\Gamma(\nu+1)}\sum_{k=0}^\infty\frac{(-1)^k}{k!(\nu+1)_k(2k+\nu)^\varepsilon}\Gamma\left(\frac{2k+\alpha+\nu}{r}\right)\left(\frac{c}{2p^{1/r}}\right)^{2k}\qquad[r>1],$$

$$Y(\varepsilon)=\frac{2^{\alpha-1}}{c^\alpha}\sum_{k=0}^\infty\frac{1}{k!(rk+\alpha)^\varepsilon}\Gamma\begin{bmatrix}(\nu+\alpha+rk)/2\\ (\nu-\alpha-rk)/2+1\end{bmatrix}\left(-\frac{2^rp}{c^r}\right)^k\qquad[r<1],$$

$Y(0)$ при $r=1$ см. в 2.12.8.4.

6. $\displaystyle\int_0^\infty x^{\alpha-1}e^{-px^{-r}}J_\nu(cx)\,dx=Z(0)$ $[c,\ r,\ \operatorname{Re}p>0;\ \operatorname{Re}\alpha<3/2]$,

$$Z(\varepsilon)=\frac{c^\nu p^{(\alpha+\nu)/r}}{2^\nu r\Gamma(\nu+1)}\sum_{k=0}^\infty\frac{(-1)^k}{k!(\nu+1)_k(2k+\nu)^\varepsilon}\Gamma\left(-\frac{2k+\alpha+\nu}{r}\right)\left(\frac{cp^{1/r}}{2}\right)^{2k}+$$
$$+\frac{2^{\alpha-1}}{c^\alpha}\sum_{k=0}^\infty\frac{1}{k!(rk-\alpha)^\varepsilon}\Gamma\begin{bmatrix}(\nu+\alpha-rk)/2\\ (\nu-\alpha+rk)/2+1\end{bmatrix}\left(-\frac{c^r\rho}{2^r}\right)^k.$$

7. $$\int_0^\infty x^{\alpha-1} \begin{Bmatrix} \sin bx^r \\ \cos bx^r \end{Bmatrix} J_\nu(cx)\,dx = P(0)$$

$[b,\ c,\ r > 0;\ -r\delta - \operatorname{Re}\nu < \operatorname{Re}\alpha < 1/2 + \max(r,\ 1);\ -r\delta - \operatorname{Re}\nu \leqslant \operatorname{Re}\alpha < 1/2$ при $r = 1,\ b = c]$,

$$P(\varepsilon) = \frac{b^{-(\alpha+\nu)/r} c^\nu}{2^\nu r \Gamma(\nu+1)} \sum_{k=0}^\infty \frac{1}{k!(\nu+1)_k (2k+\nu)^\varepsilon} \Gamma\left(\frac{2k+\alpha+\nu}{r}\right) \times$$
$$\times \begin{Bmatrix} \sin[(2k+\alpha+\nu)\pi/(2r)] \\ \cos[(2k+\alpha+\nu)\pi/(2r)] \end{Bmatrix} \left(-\frac{c^2}{4b^{2/r}}\right)^k \qquad [r > 1],$$

$$P(\varepsilon) = \frac{2^{\alpha+r\delta-1} b^\delta}{c^{\alpha+r\delta}} \sum_{k=0}^\infty \frac{(-1)^k}{k!(\delta+1/2)_k (\delta r + \alpha + 2rk)^\varepsilon} \Gamma\begin{bmatrix} (\nu+\alpha+r\delta)/2 + rk \\ (\nu-\alpha-r\delta)/2 + 1 - rk \end{bmatrix} \left(\frac{2^{r-1} b}{c^r}\right)^{2k}$$
$$[r < 1].$$

$P(0)$ при $r = 1$ см. в 2.12.15.3–4.

8. $$\int_0^\infty x^{\alpha-1} e^{-px^r} \begin{Bmatrix} \sin bx^r \\ \cos bx^r \end{Bmatrix} J_\nu(cx)\,dx = Q(0)$$

$[b,\ r,\ \operatorname{Re}p > 0;\ \operatorname{Re}(\alpha+\nu) > -\delta r;\ c > 0$ при $r \leqslant 1$, $|\arg c| < \pi$ при $r > 1]$,

$$Q(\varepsilon) = \frac{2^{-\nu} c^\nu}{r(\sqrt{b^2+p^2})^{(\alpha+\nu)/r} \Gamma(\nu+1)} \sum_{k=0}^\infty \frac{(-1)^k}{k!(\nu+1)_k (2k+\nu)^\varepsilon} \times$$
$$\times \Gamma\left(\frac{2k+\alpha+\nu}{r}\right) \cos\left(\frac{\delta\pi}{2} - \frac{2k+\alpha+\nu}{r} \arccos\frac{p}{\sqrt{b^2+p^2}}\right) \frac{c^{2k}}{2^{2k}(b^2+p^2)^{k/r}}$$

$[r > 1]$ или $[r = 1,\ |c|^2 < |b^2+p^2|]$,

$$Q(\varepsilon) = \frac{2^{\alpha-1}}{c^\alpha} \sum_{k=0}^\infty \frac{(-1)^k}{k!(rk+\alpha)^\varepsilon} \Gamma\begin{bmatrix} (\nu+\alpha+rk)/2 \\ (\nu-\alpha-rk)/2+1 \end{bmatrix} \times$$
$$\times \cos\left(\frac{\delta\pi}{2} + k \arccos\frac{p}{\sqrt{b^2+p^2}}\right) \left(\frac{2^r\sqrt{b^2+p^2}}{c^r}\right)^k$$

$[r < 1]$ или $[r = 1,\ |c|^2 > |b^2+p^2|]$.

9. $$\int_0^\infty x^{\alpha-1} \begin{Bmatrix} \ln(x^r+z^r) \\ \ln|x^r - z^r| \end{Bmatrix} J_\nu(cx)\,dx = R(0)$$

$$\left[c,\ r,\ \operatorname{Re}(\alpha+\nu) > 0;\ \operatorname{Re}\alpha < 3/2;\ \begin{Bmatrix} r|\arg z| < \pi \\ z > 0 \end{Bmatrix}\right],$$

$$R(\varepsilon) = (-1)^\varepsilon \frac{\pi c^\nu z^{\alpha+\nu}}{2^\nu \Gamma(\nu+1)} \sum_{k=0}^\infty \frac{(-c^2z^2/4)^k}{k!(\nu+1)_k (2k+\nu)^\varepsilon (2k+\alpha+\nu)} \begin{Bmatrix} \operatorname{cosec}[(2k+\alpha+\nu)\pi/r] \\ \operatorname{ctg}[(2k+\alpha+\nu)\pi/r] \end{Bmatrix} +$$
$$+ \frac{2^{\alpha-2} r}{\alpha^\varepsilon c^\alpha} \Gamma\begin{bmatrix} (\nu+\alpha)/2 \\ (\nu-\alpha)/2+1 \end{bmatrix} \left[\psi\left(\frac{\nu+\alpha}{2}\right) + \psi\left(\frac{\nu-\alpha}{2}+1\right) - \frac{2\varepsilon}{\alpha} - 2\ln\frac{c}{2}\right] -$$
$$- \frac{2^{\alpha-1}}{c^\alpha} \sum_{k=1}^\infty \frac{(\mp 1)^k}{k(\alpha-rk)^\varepsilon} \Gamma\begin{bmatrix} (\nu+\alpha-rk)/2 \\ 1+(\nu-\alpha+rk)/2 \end{bmatrix} \left(\frac{cz}{2}\right)^{rk}.$$

10. $$\int_0^\infty x^{\alpha-1} J_\mu(bx^r) J_\nu(cx)\,dx = S(0)$$

$[b,\ c,\ r,\ \operatorname{Re}(\alpha+\nu+r\mu) > 0;\ \operatorname{Re}\alpha < (3r+1)/2$ при $r > 1$, $\operatorname{Re}\alpha < (3+r)/2$ при $r < 1$;
$\operatorname{Re}\alpha < 2$ при $r = 1,\ b \neq c$, $\operatorname{Re}\alpha < 1$ при $r = 1,\ b = c$; при $r < 1$— замена $x = t^{1/r}]$,

$$S(\varepsilon)=\frac{2^{(\alpha+\nu)/r-\nu-1}c^{\nu}}{b^{(\alpha+\nu)/r}r\Gamma(\nu+1)}\sum_{k=0}^{\infty}\frac{(-1)^k}{k!(\nu+1)_k(\nu+2k)^{\varepsilon}}\times$$

$$\times\Gamma\left[\begin{matrix}(\mu r+\alpha+\nu+2k)/(2r)\\ 1+(\mu r-\alpha-\nu-2k)/(2r)\end{matrix}\right]\left(\frac{2^{1/r-1}c}{b^{1/r}}\right)^{2k}\qquad [r>1],$$

$S(0)$ при $r=1$ см. в 2.12.31.1.

11. $\displaystyle\int_0^{\infty}x^{\alpha-1}J_{\mu}\left(\frac{b}{x^r}\right)J_{\nu}(cx)\,dx=T(0)$ $\qquad [b,\ c,\ r>0;\ -3r/2-\operatorname{Re}\nu<\operatorname{Re}\alpha<3/2+r\operatorname{Re}\mu],$

$$T(\varepsilon)=\frac{b^{(\alpha+\nu)/r}c^{\nu}}{2^{(\alpha+\nu)/r+\nu+1}r\Gamma(\nu+1)}\sum_{k=0}^{\infty}\frac{(-1)^k}{k!(\nu+1)_k(2k+\nu)^{\varepsilon}}\times$$

$$\times\Gamma\left[\begin{matrix}(\mu r-\alpha-\nu-2k)/(2r)\\ 1+(\mu r+\alpha+\nu+2k)/(2r)\end{matrix}\right]\left(\frac{b^{1/r}c}{2^{1/r+1}}\right)^{2k}+\frac{2^{\alpha-\mu-\mu r}b^{\mu}}{c^{\alpha-\mu r-1}\Gamma(\mu+1)}\times$$

$$\times\sum_{k=0}^{\infty}\frac{(-1)^k}{k!(\mu+1)_k(2k+\mu r-\alpha)^{\varepsilon}}\Gamma\left[\begin{matrix}(\nu+\alpha-\mu r)/2-rk\\ 1+(\nu-\alpha+\mu r)/2+rk\end{matrix}\right]\left(\frac{bc^r}{2^{r+1}}\right)^{2k}.$$

12. $\displaystyle\int_0^{\infty}x^{\alpha-1}\operatorname{Ei}(-bx^r)J_{\nu}(cx)\,dx=X(0)$ $\qquad [c,\ r,\ \operatorname{Re}b,\ \operatorname{Re}(\alpha+\nu)>0],$

$$X(\varepsilon)=-\frac{c^{\nu}}{2^{\nu}b^{(\alpha+\nu)/r}\Gamma(\nu+1)}\sum_{k=0}^{\infty}\frac{(-1)^k}{k!(\nu+1)_k(2k+\nu)^{\varepsilon}(2k+\alpha+\nu)}\Gamma\left(\frac{\alpha+\nu+2k}{r}\right)\left(\frac{c}{2b^{1/r}}\right)^{2k}$$

$[r>1],$

$$X(\varepsilon)=\frac{2^{\alpha-1}}{c^{\alpha}}\sum_{k=1}^{\infty}\frac{1}{k!k(\alpha+rk)^{\varepsilon}}\Gamma\left[\begin{matrix}(\nu+\alpha+rk)/2\\ (\nu-\alpha-rk)/2+1\end{matrix}\right]\left(-\frac{2^r b}{c^r}\right)^{k}+$$

$$+\frac{2^{\alpha-2}}{\alpha^{\varepsilon}c^{\alpha}}\Gamma\left[\begin{matrix}(\nu+\alpha)/2\\ (\nu-\alpha)/2+1\end{matrix}\right]\left[2\mathbf{C}-\frac{2\varepsilon r}{\alpha}+r\psi\left(\frac{\alpha+\nu}{2}\right)+r\psi\left(\frac{\nu-\alpha}{2}+1\right)+2\ln\frac{2^r b}{c^r}\right]$$

$[r<1],$

$X(0)$ при $r=1$ см. в 2.12.47.2.

13. $\displaystyle\int_0^{\infty}x^{\alpha-1}e^{\pm bx^r}\operatorname{Ei}(\mp bx^r)J_{\nu}(cx)\,dx=Y(0)$ $\qquad [c,\ r,\ \operatorname{Re}b>0;\ -\operatorname{Re}\nu<\operatorname{Re}\alpha<r+3/2],$

$$Y(\varepsilon)=-\frac{\pi(c/2)^{\nu}}{b^{(\alpha+\nu)/r}\Gamma(\nu+1)}\sum_{k=0}^{\infty}\frac{(-1)^k}{k!(\nu+1)_k(2k+\nu)^{\varepsilon}}\times$$

$$\times\Gamma\left(\frac{2k+\alpha+\nu}{r}\right)\left\{\begin{matrix}\operatorname{cosec}[(2k+\alpha+\nu)\pi/r]\\ \operatorname{ctg}[(2k+\alpha+\nu)\pi/r]\end{matrix}\right\}\left(\frac{c}{2b^{1/r}}\right)^{2k}\mp$$

$$\mp\left(\frac{c}{2}\right)^{r-\alpha}\frac{1}{2b}\sum_{k=0}^{\infty}\frac{k!}{(rk+r-\alpha)^{\varepsilon}}\Gamma\left[\begin{matrix}(\nu+\alpha-r-rk)/2\\ (\nu-\alpha+r+rk)/2+1\end{matrix}\right]\left(\mp\frac{c^r}{2^r b}\right)^{k}\qquad [r>1],$$

$$Y(\varepsilon)=-\frac{2^{\alpha-2}}{c^{\alpha}}\sum_{k=0}^{\infty}\frac{1}{k!(\alpha+rk)^{\varepsilon}}\Gamma\left[\begin{matrix}(\nu+\alpha+rk)/2\\ (\nu-\alpha-rk)/2+1\end{matrix}\right]\times$$

$$\times\left[2\psi(k+1)-r\psi\left(\frac{\nu+\alpha+rk}{2}\right)-r\psi\left(\frac{\nu-\alpha-rk}{2}+1\right)+\frac{2\varepsilon r}{\alpha+rk}-2\ln\frac{2^r b}{c^r}\right]\left(\pm\frac{2^r b}{c^r}\right)^{k}$$

$[r<1],$

$Y(0)$ при $r=1$ см. в 2.12.47.11.

14. $$\int_0^\infty x^{\alpha-1}\begin{Bmatrix}\operatorname{si}(bx^r)\\ \operatorname{ci}(bx^r)\end{Bmatrix}J_\nu(cx)\,dx = Z(0)$$

$[b,\ c,\ r,\ \operatorname{Re}(\alpha+\nu)>0;\ \operatorname{Re}\alpha<r+1/2+\max(r,\ 1)]$,

$$Z(\varepsilon)=-\frac{b^{-(\alpha+\nu)/r}}{\Gamma(\nu+1)}\left(\frac{c}{2}\right)^\nu\sum_{k=0}^\infty\frac{(-1)^k}{k!(\nu+1)_k(2k+\nu)^\varepsilon(2k+\alpha+\nu)}\times$$
$$\times\Gamma\left(\frac{2k+\alpha+\nu}{r}\right)\begin{Bmatrix}\sin[(2k+\alpha+\nu)\pi/(2r)]\\ \cos[(2k+\alpha+\nu)\pi/(2r)]\end{Bmatrix}\left(\frac{c}{2b^{1/r}}\right)^{2k}\qquad [r>1],$$

$$Z(\varepsilon)=\frac{2^{\alpha+\delta r-1}b^\delta}{c^{\alpha+\delta r}}\sum_{k=1}^\infty\frac{(-1)^k}{k!(2k+\delta)(\delta+1/2)_k(\delta r+2rk+\alpha)^\varepsilon}\times$$
$$\times\Gamma\begin{bmatrix}(\nu+\alpha+\delta r)/2+kr\\ 1+(\nu-\alpha-\delta r)/2-kr\end{bmatrix}\left(\frac{b}{2^{1-r}c^r}\right)^{2k}+$$
$$+\frac{2^{\alpha+\delta r-1}b^\delta}{(\delta r+\alpha)^\varepsilon c^{\alpha+\delta r}}\Gamma\begin{bmatrix}(\nu+\alpha+\delta r)/2\\ (\nu-\alpha-\delta r)/2+1\end{bmatrix}\begin{Bmatrix}1\\ R\end{Bmatrix}-\begin{Bmatrix}1\\ 0\end{Bmatrix}\frac{2^{\alpha-2}\pi}{\alpha^\varepsilon c^\alpha}\Gamma\begin{bmatrix}(\nu+\alpha)/2\\ (\nu-\alpha)/2+1\end{bmatrix}$$
$$\left[r<1;\ R=\mathbf{C}+\frac{r}{2}\psi\left(\frac{\nu+\alpha}{2}\right)+\frac{r}{2}\psi\left(\frac{\nu-\alpha}{2}+1\right)-\frac{r\varepsilon}{2}-\ln\frac{c^r}{2^rb}\right],$$

$Z(0)$ при $r=1$ см. в 2.12.48.2.

15. $$\int_0^\infty x^{\alpha-1}\begin{Bmatrix}\operatorname{erf}(bx^r)\\ \operatorname{erfc}(bx^r)\end{Bmatrix}J_\nu(cx)\,dx=U(0)$$

$$\left[c,\ r>0;\ |\arg b|<\pi/4,\ \begin{Bmatrix}-r-\operatorname{Re}\nu<\operatorname{Re}\alpha<3/2\\ \operatorname{Re}(\alpha+\nu)>0\end{Bmatrix}\right],$$

$$U(\varepsilon)=\mp\frac{b^{-(\alpha+\nu)/r}}{\sqrt{\pi}\,\Gamma(\nu+1)}\left(\frac{c}{2}\right)^\nu\sum_{k=0}^\infty\frac{(-1)^k}{k!(\nu+1)_k(2k+\nu)^\varepsilon(2k+\alpha+\nu)}\times$$
$$\times\Gamma\left(\frac{2k+\alpha+\nu+r}{2r}\right)\left(\frac{c}{2b^{1/r}}\right)^{2k}+\begin{Bmatrix}1\\ 0\end{Bmatrix}\frac{2^{\alpha-1}}{(-\alpha)^\varepsilon c^\alpha}\Gamma\begin{bmatrix}(\nu+\alpha)/2\\ (\nu-\alpha)/2+1\end{bmatrix}\qquad [r>1/2],$$

$$U(\varepsilon)=\pm\frac{b}{\sqrt{\pi}}\left(\frac{2}{c}\right)^{\alpha+r}\sum_{k=0}^\infty\frac{(-1)^k}{k!(2k+1)(r+\alpha+2rk)^\varepsilon}\times$$
$$\times\Gamma\begin{bmatrix}(\nu+\alpha+r)/2+kr\\ (\nu-\alpha-r)/2+1-kr\end{bmatrix}\left(\frac{2^rb}{c^r}\right)^{2k}+\begin{Bmatrix}0\\ 1\end{Bmatrix}\frac{2^{\alpha-1}}{\alpha^\varepsilon c^\alpha}\Gamma\begin{bmatrix}(\nu+\alpha)/2\\ (\nu-\alpha)/2+1\end{bmatrix}\qquad [r<1/2],$$

$U(0)$ при $r=1/2$ см. в 2.12.49.8.

16. $$\int_0^\infty x^{\alpha-1}e^{\mp b^2x^{2r}}\begin{Bmatrix}\operatorname{erf}(ibx^r)\\ \operatorname{erfc}(bx^r)\end{Bmatrix}J_\nu(cx)\,dx=V(0)$$

$[c,\ r>0;\ |\arg b|<\pi/4;\ -\operatorname{Re}\nu-(1\pm1)r/2<\operatorname{Re}\alpha<r+3/2]$,

$$V(\varepsilon)=\begin{Bmatrix}i\\ 1\end{Bmatrix}\frac{c^\nu}{2^{\nu+1}b^{(\alpha+\nu)/r}r\Gamma(\nu+1)}\sum_{k=0}^\infty\frac{(-1)^k}{k!(\nu+1)_k(2k+\nu)^\varepsilon}\times$$
$$\times\Gamma\left(\frac{2k+\alpha+\nu}{2r}\right)\begin{Bmatrix}\operatorname{tg}[(2k+\alpha+\nu)\pi/(2r)]\\ \sec[(2k+\alpha+\nu)\pi/(2r)]\end{Bmatrix}\left(\frac{c}{2b^{1/r}}\right)^{2k}+$$
$$+\begin{Bmatrix}i\\ 1\end{Bmatrix}\frac{2^{\alpha-r-1}c^{r-\alpha}}{\sqrt{\pi}\,b}\sum_{k=0}^\infty\frac{(\pm1)^k(1/2)_k}{(2rk+r-\alpha)^\varepsilon}\Gamma\begin{bmatrix}(\nu+\alpha-r)/2-kr\\ (\nu-\alpha+r)/2+1+kr\end{bmatrix}\left(\frac{c^r}{2^rb}\right)^{2k}\qquad [r>1/2],$$

$$V(\varepsilon)=\begin{Bmatrix} i \\ -1 \end{Bmatrix}\left(\frac{2}{c}\right)^{\alpha+r}\frac{b}{\sqrt{\pi}}\sum_{k=0}^{\infty}\frac{(\mp 1)^k}{(\alpha+r+2rk)^{\varepsilon}(3/2)_k}\Gamma\begin{bmatrix}(\nu+\alpha+r)/2+rk \\ (\nu-\alpha-r)/2-rk+1\end{bmatrix}\left(\frac{2^r b}{c^r}\right)^{2k}+$$

$$+\begin{Bmatrix} 0 \\ 1 \end{Bmatrix}\frac{2^{\alpha-1}}{c^{\alpha}}\sum_{k=0}^{\infty}\frac{1}{k!(\alpha+2rk)^{\varepsilon}}\Gamma\begin{bmatrix}(\nu+\alpha)/2+rk \\ (\nu-\alpha)/2+1-rk\end{bmatrix}\left(\frac{2^r b}{c^r}\right)^{2k} \qquad [r<1/2],$$

$V(0)$ при $r=1/2$ см. в 2.12.49.18.

17. $$\int_0^{\infty} x^{\alpha-1}\begin{Bmatrix} S(bx^r) \\ C(bx^r) \end{Bmatrix} J_\nu(cx)\,dx = W(0) \qquad [b,\ c,\ r>0;\ -(2\pm 1)r/2-\operatorname{Re}\nu<\operatorname{Re}\alpha<3/2],$$

$$W(\varepsilon)=-\frac{c^{\nu}}{2^{\nu+1/2}\sqrt{\pi}\,b^{(\alpha+\nu)/r}\Gamma(\nu+1)}\sum_{k=0}^{\infty}\frac{(-1)^k}{k!(\nu+1)_k(2k+\nu)^{\varepsilon}(2k+\alpha+\nu)}\times$$

$$\times\Gamma\left(\frac{1}{2}+\frac{2k+\alpha+\nu}{r}\right)\begin{Bmatrix}\cos[(r/2-\alpha-\nu-2k)\pi/(2r)] \\ \sin[(r/2-\alpha-\nu-2k)\pi/(2r)]\end{Bmatrix}\left(\frac{c}{2b^{1/r}}\right)^{2k}+$$

$$+\frac{2^{\alpha-2}}{(-\alpha)^{\varepsilon}c^{\alpha}}\Gamma\begin{bmatrix}(\nu+\alpha)/2 \\ (\nu-\alpha)/2+1\end{bmatrix} \qquad [r>1],$$

$$W(\varepsilon)=\frac{2^{\alpha+\delta r+(r-1)/2}b^{\delta+1/2}}{\sqrt{\pi}\,c^{\alpha+\delta r+r/2}}\sum_{k=0}^{\infty}\frac{(-1)^k}{k!(\delta+1/2)_k(4k+2\delta+1)(\alpha+r\delta+r/2+2rk)^{\varepsilon}}\times$$

$$\times\Gamma\begin{bmatrix}(\nu+\alpha+\delta r+1/2)/2+rk \\ (\nu-\alpha-\delta r+3/2)/2-rk\end{bmatrix}\left(\frac{b}{2^{1-r}c^r}\right)^{2k} \qquad [r<1],$$

$W(0)$ при $r=1$ см. в 2.12.50.1.

18. $$\int_0^{\infty} x^{\alpha-1}\begin{Bmatrix}\gamma(\mu,\ bx^r) \\ \Gamma(\mu,\ bx^r)\end{Bmatrix} J_\nu(cx)\,dx = X(0)$$

$$\left[c,\ r,\ \operatorname{Re}b,\ \operatorname{Re}(\alpha+\nu+\mu r)>0,\ \begin{Bmatrix}\operatorname{Re}\mu>0;\ \operatorname{Re}\alpha<3/2 \\ \operatorname{Re}(\alpha+\nu)>0\end{Bmatrix}\right],$$

$$X(\varepsilon)=\mp\frac{b^{-(\alpha+\nu)/r}}{\Gamma(\nu+1)}\left(\frac{c}{2}\right)^{\nu}\sum_{k=0}^{\infty}\frac{(-1)^k}{k!(\nu+1)_k(2k+\nu)^{\varepsilon}(\alpha+\nu+2k)}\times$$

$$\times\Gamma\left(\mu+\frac{\alpha+\nu+2k}{r}\right)\left(\frac{c}{2b^{1/r}}\right)^{2k}+\begin{Bmatrix}1 \\ 0\end{Bmatrix}\frac{2^{\alpha-1}}{(-\alpha)^{\varepsilon}c^{\alpha}}\Gamma\begin{bmatrix}\mu,\ (\alpha+\nu)/2 \\ (\nu-\alpha)/2+1\end{bmatrix} \qquad [r>1],$$

$$X(\varepsilon)=\pm\frac{2^{\alpha+\mu r-1}b^{\mu}}{c^{\alpha+\mu r}}\sum_{k=0}^{\infty}\frac{1}{k!(\mu+k)(\alpha+r\mu+rk)^{\varepsilon}}\times$$

$$\times\Gamma\begin{bmatrix}(\nu+\alpha+\mu r+rk)/2 \\ (\nu-\alpha-\mu r-rk)/2+1\end{bmatrix}\left(-\frac{2^r b}{c^r}\right)^{k}+\begin{Bmatrix}0 \\ 1\end{Bmatrix}\frac{2^{\alpha-1}}{\alpha^{\varepsilon}c^{\alpha}}\Gamma\begin{bmatrix}\mu,\ (\nu+\alpha)/2 \\ (\nu-\alpha)/2+1\end{bmatrix} \qquad [r<1],$$

$X(0)$ при $r=1$ см. в 2.12.51.1.

19. $$\int_0^{\infty} x^{\alpha-1}e^{\pm b^2x^{2r}/4}D_\mu(bx^r)J_\nu(cx)\,dx = Y(0)$$

$$\left[c,\ r>0;\ |\arg b|<(2\pm 1)\pi/4,\ \begin{Bmatrix}-\operatorname{Re}\nu<\operatorname{Re}\alpha<3/2-r\operatorname{Re}\mu \\ \operatorname{Re}(\alpha+\nu)>0\end{Bmatrix}\right],$$

$$Y(\varepsilon)=\frac{2^{-(\alpha+\nu)/(2r)-\nu\mp(\mu+1\pm 1)/2}c^{\nu}}{b^{(\alpha+\nu)/r}r\Gamma(\nu+1)}\begin{Bmatrix}\Gamma^{-1}(-\mu) \\ \sqrt{\pi}\end{Bmatrix}\times$$

$$\times\sum_{k=0}^{\infty}\frac{1}{k!(\nu+1)_k(2k+\nu)^{\varepsilon}}\Gamma\left(\frac{2k+\alpha+\nu}{r}\right)\Gamma^{\pm 1}\left(\frac{1\mp 1}{4}\mp\frac{2k+\alpha+\nu\pm r\mu}{2r}\right)\times$$

$$\times\left(-\frac{c^2}{2^{2+1/r}b^{2/r}}\right)^k+\begin{Bmatrix}1\\0\end{Bmatrix}\frac{2^{\mu r+\alpha-1}b^\mu}{c^{\alpha+\mu r}}\sum_{k=0}^{\infty}\frac{(-\mu)_{2k}}{k!(2rk-\mu r-\alpha)^\varepsilon}\times$$

$$\times\Gamma\begin{bmatrix}(\nu+\alpha+r\mu)/2-rk\\(\nu-\alpha-r\mu)/2+1+rk\end{bmatrix}\left(-\frac{c^{2r}}{2^{2r+1}b^2}\right)^k\qquad[r>1/2],$$

$$Y(\varepsilon)=\frac{2^{\alpha\mp(\mu+1\pm3)/2}}{c^\alpha}\begin{Bmatrix}\Gamma^{-1}(-\mu)\\\sqrt{\pi}\end{Bmatrix}\sum_{k=0}^{\infty}\frac{1}{k!(\alpha+rk)^\varepsilon}\times$$

$$\times\Gamma\begin{bmatrix}(\alpha+\nu+rk)/2\\(\nu-\alpha-rk)/2+1\end{bmatrix}\Gamma^{\pm1}\left(\frac{1\mp1}{4}-\frac{\mu\mp k}{2}\right)\left(-\frac{2^{r+1/2}b}{c^r}\right)^k\qquad[r<1/2].$$

2.12.2. Интегралы от $x^\alpha J_\nu(cx)$.

1. $\int\limits_0^\infty J_\nu(cx)\,dx=\frac{1}{c}$ $\qquad[c>0;\ \operatorname{Re}\nu>-1]$.

2. $\int\limits_0^\infty x^{\alpha-1}J_\nu(cx)\,dx=2^{\alpha-1}c^{-\alpha}\Gamma\begin{bmatrix}(\alpha+\nu)/2\\1+(\nu-\alpha)/2\end{bmatrix}$ $\qquad[c>0;\ -\operatorname{Re}\nu<\operatorname{Re}\alpha<3/2]$.

3. $\int\limits_0^\infty x^{\alpha-1}[1-J_0(cx)]\,dx=-\frac{2^{\alpha-1}}{c^\alpha}\Gamma\begin{bmatrix}\alpha/2+1\\1-\alpha/2\end{bmatrix}$ $\qquad[c>0;\ -2<\operatorname{Re}\alpha<0]$.

2.12.3. Интегралы от $x^\alpha(z\pm x)^\beta J_\nu(cx)$.

1. $$\int\limits_0^a x^{\alpha-1}(a-x)^{\beta-1}J_\nu(cx)\,dx=a^{\alpha+\beta+\nu-1}\left(\frac{c}{2}\right)^\nu\Gamma\begin{bmatrix}\beta,\ \alpha+\nu\\\nu+1,\ \alpha+\beta+\nu\end{bmatrix}\times$$

$$\times\ {}_2F_3\left(\frac{\alpha+\nu}{2},\ \frac{\alpha+\nu+1}{2};\ \nu+1,\ \frac{\alpha+\beta+\nu}{2},\ \frac{\alpha+\beta+\nu+1}{2};\ -\frac{a^2c^2}{4}\right)$$

$[a,\ \operatorname{Re}\beta,\ \operatorname{Re}(\alpha+\nu)>0]$.

2. $\int\limits_0^a\frac{1}{\sqrt{a-x}}J_\nu(cx)\,dx=\pi\sqrt{\frac{a}{2}}\,J_{(2\nu+1)/4}\left(\frac{ac}{2}\right)J_{(2\nu-1)/4}\left(\frac{ac}{2}\right)$ $\qquad[a>0;\ \operatorname{Re}\nu>-1]$.

3. $$\int\limits_0^a\frac{x^n}{\sqrt{a-x}}J_\nu(cx)\,dx=\pi\left(\frac{a}{2}\right)^{n+1/2}\sum_{k=0}^{n}\binom{n}{k}J_{(2\nu+2n+1)/4-k}\left(\frac{ac}{2}\right)J_{(2\nu-2n-1)/4+k}\left(\frac{ac}{2}\right)$$

$[a>0;\ \operatorname{Re}\nu>-n-1]$.

4. $$\int\limits_a^\infty x^{\alpha-1}(x-a)^{\beta-1}J_\nu(cx)\,dx=\frac{2^{\alpha+\beta-2}}{c^{\alpha+\beta-1}}\Gamma\begin{bmatrix}(\alpha+\beta+\nu-1)/2\\(3+\nu-\alpha-\beta)/2\end{bmatrix}\times$$

$$\times\ {}_2F_3\left(1-\frac{\beta}{2},\ \frac{1-\beta}{2};\ \frac{1}{2},\ \frac{3-\alpha-\beta-\nu}{2},\ \frac{3+\nu-\alpha-\beta}{2};\ -\frac{a^2c^2}{4}\right)-$$

$$-\frac{2^{\alpha+\beta-3}a}{c^{\alpha+\beta-2}}(\beta-1)\Gamma\begin{bmatrix}(\alpha+\beta+\nu)/2-1\\2+(\nu-\alpha-\beta)/2\end{bmatrix}\times$$

$$\times\ {}_2F_3\left(1-\frac{\beta}{2},\ \frac{3-\beta}{2};\ \frac{3}{2},\ 2-\frac{\alpha+\beta+\nu}{2},\ 2+\frac{\nu-\alpha-\beta}{2};\ -\frac{a^2c^2}{4}\right)+$$

$$+\ a^{\alpha+\beta+\nu-1}\left(\frac{c}{2}\right)^\nu\Gamma\begin{bmatrix}\beta,\ 1-\beta-\alpha-\nu\\1-\alpha-\nu,\ \nu+1\end{bmatrix}\times$$

$$\times\ {}_2F_3\left(\frac{1+\alpha+\nu}{2},\ \frac{\alpha+\nu}{2};\ \nu+1,\ \frac{1+\alpha+\beta+\nu}{2},\ \frac{\alpha+\beta+\nu}{2};\ -\frac{a^2c^2}{4}\right)$$

$[a,\ c,\ \operatorname{Re}\beta>0;\ \operatorname{Re}(\alpha+\beta)<5/2]$.

5. $$\int\limits_0^\infty \frac{1}{x+z}\,J_\nu(cx)\,dx = \frac{\pi}{\sin\nu\pi}\,[\mathbf{J}_\nu(cz) - J_\nu(cz)] \qquad [c>0;\ \operatorname{Re}\nu > -1;\ |\arg z| < \pi].$$

6. $$\int\limits_0^\infty \frac{1}{x+z}\,J_0(cx)\,dx = \frac{\pi}{2}\,[\mathbf{H}_0(cz) - Y_0(cz)] \qquad [c>0;\ |\arg z| < \pi].$$

7. $$\int\limits_0^\infty \frac{x^{\alpha-1}}{x+z}\,J_\nu(cx)\,dx = (2z)^{\alpha-1}\times$$
$$\times\left\{\Gamma\begin{bmatrix}(\alpha+\nu)/2\\ 1+(\nu-\alpha)/2\end{bmatrix} S_{1-\alpha,\,\nu}(cz) - 2\Gamma\begin{bmatrix}(1+\alpha+\nu)/2\\ (1+\nu-\alpha)/2\end{bmatrix} S_{-\alpha,\,\nu}(cz)\right\} + \frac{\pi z^{\alpha-1}}{\sin(\alpha+\nu)\pi}\,J_\nu(cz)$$
$$[c>0;\ -\operatorname{Re}\nu < \operatorname{Re}\alpha < 5/2;\ |\arg z| < \pi].$$

8. $$\int\limits_0^\infty \frac{x^\nu}{x+z}\,J_\nu(cx)\,dx = \frac{\pi z^\nu}{2\cos\nu\pi}\,[\mathbf{H}_{-\nu}(cz) - Y_{-\nu}(cz)]$$
$$[c>0;\ -1/2 < \operatorname{Re}\nu < 3/2;\ |\arg z| < \pi].$$

9. $$\int\limits_0^\infty \frac{x^{\alpha-1}}{(x+z)^\rho}\,J_\nu(cx)\,dx = \left(\frac{c}{2}\right)^\nu z^{\alpha-\rho+\nu}\Gamma\begin{bmatrix}\rho-\alpha-\nu,\ \alpha+\nu\\ \rho,\ \nu+1\end{bmatrix}\times$$
$$\times\ {}_2F_3\left(\frac{\alpha+\nu}{2},\ \frac{\alpha+\nu+1}{2};\ 1+\frac{\alpha+\nu-\rho}{2},\ \frac{1+\alpha+\nu-\rho}{2},\ \nu+1;\ -\frac{c^2z^2}{4}\right)+$$
$$+\,2^{\alpha-\rho-1}c^{\rho-\alpha}\Gamma\begin{bmatrix}(\alpha+\nu-\rho)/2\\ 1+(\rho+\nu-\alpha)/2\end{bmatrix}\times$$
$$\times\ {}_2F_3\left(\frac{\rho}{2},\ \frac{\rho+1}{2};\ \frac{1}{2},\ 1+\frac{\rho-\nu-\alpha}{2},\ 1+\frac{\rho+\nu-\alpha}{2};\ -\frac{c^2z^2}{4}\right)-$$
$$-\,2^{\alpha-\rho-2}\rho c^{1+\rho-\alpha}z\Gamma\begin{bmatrix}(\alpha+\nu-\rho-1)/2\\ (3+\rho+\nu-\alpha)/2\end{bmatrix}\times$$
$$\times\ {}_2F_3\left(\frac{\rho+1}{2},\ \frac{\rho}{2}+1;\ \frac{3}{2},\ \frac{3-\alpha-\nu+\rho}{2},\ \frac{3+\rho+\nu-\alpha}{2};\ -\frac{c^2z^2}{4}\right)$$
$$[c>0;\ \operatorname{Re}(\alpha+\nu)>0;\ \operatorname{Re}(\alpha-\rho)<3/2;\ |\arg z|<\pi].$$

10. $$\int\limits_0^\infty \frac{x^{\alpha-1}}{x-y}\,J_\nu(cx)\,dx = 2^{\alpha-2}c^{1-\alpha}\Gamma\begin{bmatrix}(\alpha+\nu-1)/2\\ (\nu-\alpha+3)/2\end{bmatrix}\times$$
$$\times\ {}_1F_2\left(1;\ \frac{3-\alpha-\nu}{2},\ \frac{3+\nu-\alpha}{2};\ -\frac{c^2y^2}{4}\right) + 2^{\alpha-3}c^{2-\alpha}y\Gamma\begin{bmatrix}(\nu+\alpha)/2-1\\ 2+(\nu-\alpha)/2\end{bmatrix}\times$$
$$\times\ {}_1F_2\left(1;\ 2-\frac{\alpha+\nu}{2},\ 2+\frac{\nu-\alpha}{2};\ -\frac{c^2y^2}{4}\right) - \pi y^{\alpha-1}\operatorname{ctg}(\alpha+\nu)\pi\,J_\nu(cy)$$
$$[c,\ y>0;\ -\operatorname{Re}\nu < \operatorname{Re}\alpha < 5/2].$$

11. $$\int\limits_0^\infty \frac{x^{\nu+1}}{x-y}\,J_\nu(cx)\,dx = \frac{\pi y^{\nu+1}}{2\cos\nu\pi}\,[\sin\nu\pi\,J_\nu(cy) - \cos\nu\pi\,Y_\nu(cy) - \mathbf{H}_{-\nu}(cy)] + \frac{2^\nu\Gamma(\nu+1/2)}{\sqrt{\pi}\,c^{\nu+1}}$$
$$[c,\ y>0;\ -1 < \operatorname{Re}\nu < 1/2].$$

12. $$\int\limits_0^\infty \frac{x^\nu}{x-y}\,J_\nu(cx)\,dx = \frac{\pi y^\nu}{2\cos\nu\pi}\,[\sin\nu\pi\,J_\nu(cy) - \cos\nu\pi\,Y_\nu(cy) - \mathbf{H}_{-\nu}(cy)]$$
$$[c,\ y>0;\ -1/2 < \operatorname{Re}\nu < 3/2].$$

2.12.4. Интегралы от $x^{\alpha}(z^2 \pm x^2)^{\beta} J_{\nu}(cx)$.

1. $\displaystyle\int_0^a \frac{1}{\sqrt{a^2-x^2}} J_\nu(cx)\,dx = \frac{\pi}{2} J_{\nu/2}^2\left(\frac{ac}{2}\right)$ $[a>0;\ \operatorname{Re}\nu>-1]$.

2. $\displaystyle\int_0^a \frac{1}{\sqrt{a^2-x^2}} J_1(cx)\,dx = \frac{1-\cos ac}{ac}$ $[a>0]$.

3. $$\int_0^a x^{\alpha-1}(a^2-x^2)^{\beta-1} J_\nu(cx)\,dx = \frac{a^{2\beta+\alpha+\nu-2}c^\nu}{2^{\nu+1}}\Gamma\left[\begin{matrix}\beta,\ (\alpha+\nu)/2\\ \beta+(\alpha+\nu)/2,\ \nu+1\end{matrix}\right]\times$$
$$\times\,{}_1F_2\left(\frac{\alpha+\nu}{2};\ \frac{\alpha+\nu}{2}+\beta,\ \nu+1;\ -\frac{a^2c^2}{4}\right)$$ $[a,\ \operatorname{Re}\beta,\ \operatorname{Re}(\alpha+\nu)>0]$.

4. $$\int_0^a x^{\nu+2n+1}(a^2-x^2)^{\beta-1} J_\nu(cx)\,dx = \frac{1}{2}(\nu+1)_n\Gamma(\beta)a^{2n+2\beta+\nu}\left(\frac{2}{ac}\right)^{n+\beta}\times$$
$$\times\sum_{k=0}^{n}\frac{(-1)^k}{(\nu+1)_k}\binom{n}{k}\left(\frac{ac}{2}\right)^k J_{k+n+\beta+\nu}(ac)$$ $[a,\ \operatorname{Re}\beta>0;\ \operatorname{Re}\nu>-n-1]$.

5. $$\int_0^a x^{1-n}(a^2-x^2)^{\beta-1} J_n(cx)\,dx =$$
$$=(-1)^n 2^{\beta-1}\Gamma(\beta)\frac{a^{\beta-n}}{c^\beta}\left[J_{\beta-n}(ac)-\sum_{k=0}^{n-1}\frac{(-1)^k(ac/2)^{\beta-n+2k}}{k!\Gamma(\beta-n+k+1)}\right]$$ $[a,\ \operatorname{Re}\beta>0]$.

6. $\displaystyle\int_0^a x^{\nu+1}(a^2-x^2)^{\beta-1} J_\nu(cx)\,dx = \frac{2^{\beta-1}a^{\beta+\nu}}{c^\beta}\Gamma(\beta)J_{\beta+\nu}(ac)$ $[a,\ \operatorname{Re}\beta>0;\ \operatorname{Re}\nu>-1]$.

7. $\displaystyle\int_0^a x^{1-\nu}(a^2-x^2)^{\beta-1} J_\nu(cx)\,dx = \frac{2^{1-\nu}a^{\beta-\nu}}{c^\beta\Gamma(\nu)} s_{\nu+\beta-1,\,\beta-\nu}(ac)$ $[a,\ \operatorname{Re}\beta>0]$.

8. $\displaystyle\int_0^a x^{\nu}(a^2-x^2)^{\nu-1/2} J_\nu(cx)\,dx = 2^{\nu-1}\sqrt{\pi}\left(\frac{a^2}{c}\right)^\nu\Gamma\left(\nu+\frac{1}{2}\right)J_\nu^2\left(\frac{ac}{2}\right)$
$[a>0;\ \operatorname{Re}\nu>-1/2]$.

9. $\displaystyle\int_0^a x^{\nu}(a^2-x^2)^{\nu-3/2} J_\nu(cx)\,dx = \frac{\sqrt{\pi}}{2^{2-\nu}}a^{2\nu-1}c^{1-\nu}\Gamma\left(\nu-\frac{1}{2}\right)J_{\nu-1}\left(\frac{ac}{2}\right)J_\nu\left(\frac{ac}{2}\right)$
$[a>0;\ \operatorname{Re}\nu>1/2]$.

10. $\displaystyle\int_0^a x^{-\nu}(a^2-x^2)^{-\nu-1/2} J_\nu(cx)\,dx = \frac{c^\nu\sqrt{\pi}}{2^{\nu+1}a^{2\nu}}\Gamma\left(\frac{1}{2}-\nu\right)J_\nu\left(\frac{ac}{2}\right)J_{-\nu}\left(\frac{ac}{2}\right)$
$[a>0;\ \operatorname{Re}\nu<1/2]$.

11. $\displaystyle\int_0^a \frac{x^{1-\nu}}{\sqrt{a^2-x^2}} J_\nu(cx)\,dx = a^{1/2-\nu}\sqrt{\frac{\pi}{2c}}\,\mathbf{H}_{\nu-1/2}(ac)$ $[a>0]$.

12. $\displaystyle\int_0^a \frac{x}{\sqrt{a^2-x^2}} J_\nu(cx)\,dx = \frac{\pi a}{2} J_{(\nu+1)/2}\left(\frac{ac}{2}\right)J_{(\nu-1)/2}\left(\frac{ac}{2}\right)$ $[a>0;\ \operatorname{Re}\nu>-2]$.

13. $\displaystyle\int_0^a \frac{x}{\sqrt{a^2-x^2}} J_0(cx)\,dx = \frac{\sin ac}{c}$ $[a>0]$.

14. $\displaystyle\int_a^\infty \frac{1}{\sqrt{x^2-a^2}}\,J_\nu(cx)\,dx = -\frac{\pi}{2}\,J_{\nu/2}\Big(\frac{ac}{2}\Big)Y_{\nu/2}\Big(\frac{ac}{2}\Big)$ $[a,\ c>0].$

15. $\displaystyle\int_a^\infty \frac{1}{\sqrt{x^2-a^2}}\,J_1(cx)\,dx = \frac{\sin ac}{ac}$ $[a,\ c>0].$

16. $\displaystyle\int_a^\infty x^{\alpha-1}(x^2-a^2)^{\beta-1}J_\nu(cx)\,dx = \frac{a^{\alpha+2\beta+\nu-2}c^\nu}{2^{\nu+1}}\,\Gamma\begin{bmatrix}\beta,\ 1-\beta-(\alpha+\nu)/2\\ \nu+1,\ 1-(\alpha+\nu)/2\end{bmatrix}\times$

$\displaystyle\times\ {}_1F_2\Big(\frac{\alpha+\nu}{2};\ \nu+1,\ \frac{\alpha+\nu}{2}+\beta;\ -\frac{a^2c^2}{4}\Big) + 2^{\alpha+2\beta-3}c^{2-\alpha-2\beta}\Gamma\begin{bmatrix}\beta+(\alpha+\nu)/2-1\\ 2-\beta+(\nu-\alpha)/2\end{bmatrix}\times$

$\displaystyle\times\ {}_1F_2\Big(1-\beta;\ 2-\beta-\frac{\alpha+\nu}{2},\ 2-\beta+\frac{\nu-\alpha}{2};\ -\frac{a^2c^2}{4}\Big)$

$[a,\ c,\ \operatorname{Re}\beta>0;\ \operatorname{Re}(\alpha+2\beta)<7/2].$

17. $\displaystyle\int_a^\infty x^{1\pm\nu}(x^2-a^2)^{\beta-1}J_\nu(cx)\,dx = 2^{\beta-1}a^{\beta\pm\nu}c^{-\beta}\Gamma(\beta)\begin{Bmatrix}[\cos\beta\pi\,J_{\nu+\beta}(ac)-\sin\beta\pi\,Y_{\nu+\beta}(ac)]\\ J_{\nu-\beta}(ac)\end{Bmatrix}$

$[a,\ c,\ \operatorname{Re}\beta>0;\ \operatorname{Re}(2\beta\pm\nu)<3/2].$

18. $\displaystyle\int_a^\infty x^{\pm\nu}(x^2-a^2)^{\pm\nu-1/2}J_\nu(cx)\,dx = \pm 2^{\pm\nu-2}\sqrt{\pi}\,a^{\pm2\nu}c^{\mp\nu}\Gamma\Big(\frac{1}{2}\pm\nu\Big)\times$

$\displaystyle\times\begin{Bmatrix}[J_\nu(z)Y_{-\nu}(z)+Y_\nu(z)J_{-\nu}(z)]\\ 2J_\nu(z)Y_\nu(z)\end{Bmatrix}$ $[a,\ c>0;\ |\operatorname{Re}\nu|<1/2;\ z=ac/2].$

19. $\displaystyle\int_a^\infty \frac{1}{x\sqrt{x^2-a^2}}\,J_0(cx)\,dx = \frac{\pi}{2a}-\frac{1}{a}\operatorname{Si}(ac)$ $[a,\ c>0].$

20. $\displaystyle\int_0^\infty \frac{x^{\alpha-1}}{x^2+z^2}\,J_\nu(cx)\,dx = \frac{\pi z^{\alpha-2}}{2}\operatorname{cosec}\frac{(\nu+\alpha)\pi}{2}\,I_\nu(cz) -$

$\displaystyle - 2^{\alpha-3}e^{\alpha\pi i/2}(2+\nu-\alpha)(2-\nu-\alpha)\Gamma\begin{bmatrix}(\alpha+\nu)/2-1\\ 2+(\nu-\alpha)/2\end{bmatrix}z^{\alpha-2}s_{1-\alpha,\,\nu}(icz)$

$[c,\ \operatorname{Re}z>0;\ -\operatorname{Re}\nu<\operatorname{Re}\alpha<7/2].$

21. $\displaystyle\int_0^\infty \frac{x^{\pm\nu}}{x^2+z^2}\,J_\nu(cx)\,dx = \frac{\pi}{2}\,z^{\pm\nu-1}\begin{Bmatrix}\cos\nu\pi\\ 1\end{Bmatrix}[I_\nu(cz)-\mathbf{L}_{\mp\nu}(cz)]$

$\left[c,\ \operatorname{Re}z>0,\ \begin{Bmatrix}-1/2<\operatorname{Re}\nu<5/2\\ \operatorname{Re}\nu>-5/2\end{Bmatrix}\right].$

22. $\displaystyle\int_0^\infty \frac{x}{x^2+z^2}\,J_\nu(cx)\,dx = \frac{\pi}{2\sin\nu\pi}\Big[\mathbf{J}_\nu(icz)+\mathbf{J}_\nu(-icz)-2\cos\frac{\nu\pi}{2}\,I_\nu(cz)\Big]$

$[c,\ \operatorname{Re}z>0;\ \operatorname{Re}\nu>-2].$

23. $\displaystyle\int_0^\infty \frac{x}{x^2+z^2}\,J_0(cx)\,dx = K_0(cz)$ $[c,\ \operatorname{Re}z>0].$

24. $\displaystyle\int_0^\infty \frac{1}{x(x^2+z^2)}\,J_{2n+1}(cx)\,dx = \frac{(-1)^n\pi}{2z^2}\,[I_{2n+1}(cz)-\mathbf{L}_{2n+1}(cz)]$ $[c,\ \operatorname{Re}z>0].$

25. $\displaystyle\int_0^\infty \frac{1}{\sqrt{x^2+z^2}}\,J_\nu(cx)\,dx = I_{\nu/2}\Big(\frac{cz}{2}\Big)K_{\nu/2}\Big(\frac{cz}{2}\Big)$ $[c,\ \operatorname{Re}z>0;\ \operatorname{Re}\nu>-1].$

26. $\displaystyle\int_0^\infty \frac{1}{\sqrt{x^2+z^2}}\, J_1(cx)\, dx = \frac{1}{cz}\,(1-e^{-cz})$ $\quad[c,\ \operatorname{Re} z>0]$.

27. $\displaystyle\int_0^\infty \frac{x^{\alpha-1}}{(x^2+z^2)^\rho}\, J_\nu(cx)\, dx = 2^{-\nu-1}c^\nu z^{\alpha+\nu-2\rho}\Gamma\left[\begin{matrix}(\alpha+\nu)/2,\ \rho-(\alpha+\nu)/2\\ \rho,\ \nu+1\end{matrix}\right]\times$

$\displaystyle\times\ {}_1F_2\left(\frac{\alpha+\nu}{2};\ \frac{\alpha+\nu}{2}+1-\rho,\ \nu+1;\ \frac{c^2z^2}{4}\right)+2^{\alpha-2\rho-1}c^{2\rho-\alpha}\Gamma\left[\begin{matrix}(\alpha+\nu)/2-\rho\\ 1+\rho+(\nu-\alpha)/2\end{matrix}\right]\times$

$\displaystyle\times\ {}_1F_2\left(\rho;\ 1+\rho+\frac{\nu-\alpha}{2},\ \rho+1-\frac{\nu+\alpha}{2};\ \frac{c^2z^2}{4}\right)$

$[c,\ \operatorname{Re} z>0;\ -\operatorname{Re}\nu<\operatorname{Re}\alpha<2\operatorname{Re}\rho+3/2]$.

28. $\displaystyle\int_0^\infty \frac{x^{\nu+1}}{(x^2+z^2)^\rho}\, J_\nu(cx)\, dx = \frac{c^{\rho-1}z^{\nu-\rho+1}}{2^{\rho-1}\Gamma(\rho)}\, K_{\nu-\rho+1}(cz)$

$[c,\ \operatorname{Re} z>0;\ -1<\operatorname{Re}\nu<2\operatorname{Re}\rho-1/2]$.

29. $\displaystyle\int_0^\infty \frac{x^{1-\nu}}{(x^2+z^2)^\rho}\, J_\nu(cx)\, dx = c^{\rho-1}z^{1-\rho-\nu}\left\{2^{-\rho}\Gamma\left[\begin{matrix}1-\rho\\ 1-\nu\end{matrix}\right]I_{\nu+\rho-1}(cz)\ -\right.$

$\displaystyle\left.-\ \frac{2^{1-\nu}}{\Gamma(\nu)}\exp\left[-\frac{i\pi}{2}\,(\nu-\rho+1)\right]s_{\nu-\rho,\,1-\nu-\rho}(icz)\right\}$ $\quad[c,\ \operatorname{Re} z>0;\ \operatorname{Re}(2\rho+\nu)>1/2]$.

30. $\displaystyle\int_0^\infty \frac{x^{-\nu}}{(x^2+z^2)^{\nu+1/2}}\, J_\nu(cx)\, dx = (2c)^\nu z^{-2\nu}\Gamma\left[\begin{matrix}\nu+1\\ 2\nu+1\end{matrix}\right] I_\nu\left(\frac{cz}{2}\right)K_\nu\left(\frac{cz}{2}\right)$

$[c,\ \operatorname{Re} z>0;\ \operatorname{Re}\nu>-1/2]$.

31. $\displaystyle\int_0^\infty \frac{x^{1-\nu}}{\sqrt{x^2+z^2}}\, J_\nu(cx)\, dx = \sqrt{\frac{\pi}{2c}}\, z^{1/2-\nu}[I_{\nu-1/2}(cz)-\mathbf{L}_{\nu-1/2}(cz)]$

$[c,\ \operatorname{Re} z>0,\ \operatorname{Re}\nu>-1/2]$.

32. $\displaystyle\int_0^\infty \frac{1}{x^2-y^2}\, J_\nu(cx)\, dx = \frac{\pi}{2y}\left\{\operatorname{tg}\frac{\nu\pi}{2}\,[J_\nu(cy)-\mathbf{J}_\nu(cy)]+\mathbf{E}_\nu(cy)\right\}$ $\quad[c,\ y>0;\ \operatorname{Re}\nu>-1]$.

33. $\displaystyle\int_0^\infty \frac{x^{\alpha-1}}{x^2-y^2}\, J_\nu(cx)\, dx = 2^{\alpha-3}c^{2-\alpha}\Gamma\left[\begin{matrix}(\alpha+\nu)/2-1\\ (\nu-\alpha)/2+2\end{matrix}\right]\times$

$\displaystyle\times\ {}_1F_2\left(1;\ 2-\frac{\alpha+\nu}{2},\ 2-\frac{\alpha-\nu}{2};\ -\frac{c^2y^2}{4}\right)-\frac{\pi y^{\alpha-2}}{2}\operatorname{ctg}\frac{\alpha+\nu}{2}\,\pi J_\nu(cy)$

$[c,\ y>0;\ -\operatorname{Re}\nu<\operatorname{Re}\alpha<7/2]$.

34. $\displaystyle\int_0^\infty \frac{x^\nu}{x^2-y^2}\, J_\nu(cx)\, dx = \frac{\pi y^{\nu-1}}{2\cos\nu\pi}\,[\sin\nu\pi\, J_\nu(cy)-\mathbf{H}_{-\nu}(cy)]$

$[c,\ y>0;\ -1/2<\operatorname{Re}\nu<5/2]$.

35. $\displaystyle\int_0^\infty \frac{x^{\nu+1}}{x^2-y^2}\, J_\nu(cx)\, dx = -\frac{\pi}{2}\, y^\nu Y_\nu(cy)$ $\quad[c,\ y>0;\ -1<\operatorname{Re}\nu<3/2]$.

36. $\displaystyle\int_0^\infty \frac{x^{-\nu}}{x^2-y^2}\, J_\nu(cx)\, dx = -\frac{\pi}{2}\, y^{-\nu-1}\mathbf{H}_\nu(cy)$ $\quad[c,\ y>0;\ \operatorname{Re}\nu>-5/2]$.

37. $\displaystyle\int_0^\infty \frac{x^{|n-1|}}{x^2-y_{m,n}^2}\, J_n(x)\, dx = \frac{1-J_0(y_{m,n})}{y_{m,n}\alpha_{m,n}}$

[$n=0,\ 1,\ 2$; $y_{m,n}$ — корни уравнения $J_n(y)=0$, $m=1,\ 2,\ 3,\ \ldots$;
$a_{m,0}=-J_1(y_{m,0})$, $\alpha_{m,1}=y_{m,1}J_0(y_{m,1})$, $\alpha_{m,2}=J_1(y_{m,2})$].

2.12.5. Интегралы от $x^\alpha(x^4 \pm z^4)^\beta J_\nu(cx)$.

1. $$\int_0^\infty \frac{x^{\alpha-1}}{(x^4+z^4)^\rho} J_\nu(cx)\,dx = 2^{\alpha-4\rho-1}c^{4\rho-\alpha}\Gamma\left[\begin{matrix}(\alpha+\nu)/2-2\rho\\(\nu-\alpha)/2+2\rho+1\end{matrix}\right]\times$$
$$\times\, {}_1F_4\left(\rho;\ 1+\rho-\frac{\alpha+\nu}{4},\ \rho+\frac{1-\alpha-\nu}{4},\ \rho+\frac{2+\nu-\alpha}{4},\ \rho+1+\frac{\nu-\alpha}{4};\ -\frac{c^4z^4}{256}\right)-$$
$$-\frac{c^{\nu+2}z^{2+\nu+\alpha-4\rho}}{2^{\nu+4}}\Gamma\left[\begin{matrix}\rho-(\alpha+\nu+2)/4,\ (2+\alpha+\nu)/4\\\rho,\ \nu+2\end{matrix}\right]\times$$
$$\times\, {}_1F_4\left(\frac{\alpha+\nu+2}{4};\ \frac{3}{2},\ \frac{3+\nu+\alpha}{4}-\rho,\ \frac{\nu}{2}+1,\ \frac{\nu+3}{2};\ -\frac{c^4z^4}{256}\right)+\frac{c^\nu z^{\alpha+\nu-4\rho}}{2^{\nu+2}}\times$$
$$\times\Gamma\left[\begin{matrix}\rho-(\alpha+\nu)/4,\ (\alpha+\nu)/4\\\rho,\ \nu+1\end{matrix}\right]{}_1F_4\left(\frac{\alpha+\nu}{4};\ \frac{1}{2},\ 1-\rho+\frac{\alpha+\nu}{4},\ \frac{\nu+1}{2},\ \frac{\nu}{2}+1;\ -\frac{c^4z^4}{256}\right)$$
$[c>0;\ |\arg z|<\pi/4;\ -\operatorname{Re}\nu<\operatorname{Re}\alpha<4\operatorname{Re}\rho+3/2]$.

2. $$\int_0^\infty \frac{x^{\nu+2\pm1}}{(x^4+z^4)^{\nu+1/2}} J_\nu(cx)\,dx = \frac{\sqrt{\pi}\,c^\nu z^{-2\nu+1\pm1}}{2^{(1\mp1)\nu}\Gamma(\nu+1/2)} J_{\nu-(1\pm1)/2}\left(\frac{cz}{\sqrt2}\right)K_{\nu-(1\pm1)/2}\left(\frac{cz}{\sqrt2}\right)$$
$[c>0;\ |\arg z|<\pi/4;\ \operatorname{Re}\nu>-(1\mp2)/6]$.

3. $$\int_0^\infty \frac{x^{2\pm1}}{x^4+z^4} J_0(cx)\,dx = \left\{\begin{matrix}\operatorname{ker}(cz)\\-z^{-2}\operatorname{kei}(cz)\end{matrix}\right\}$$ $[c>0;\ |\arg z|<\pi/4]$.

4. $$\int_0^\infty \frac{x^{\alpha-1}}{x^4-y^4} J_\nu(cx)\,dx = 2^{\alpha-5}c^{4-\alpha}\Gamma\left[\begin{matrix}(\alpha+\nu)/2-2\\(\nu-\alpha)/2+3\end{matrix}\right]\times$$
$$\times\, {}_1F_4\left(1;\ 2-\frac{\nu+\alpha}{4},\ \frac{6-\nu-\alpha}{4},\ \frac{6+\nu-\alpha}{4},\ 2+\frac{\nu-\alpha}{4};\ \frac{c^4y^4}{256}\right)-$$
$$-\frac{\pi c^{\nu+2}y^{\alpha+\nu-2}}{2^{\nu+4}\Gamma(\nu+2)}\operatorname{tg}\frac{\alpha+\nu}{4}\,\pi\,{}_0F_3\left(\frac{3}{2},\ \frac{\nu}{2}+1,\ \frac{\nu+3}{2};\ \frac{c^4y^4}{256}\right)-$$
$$-\frac{\pi c^{\nu}y^{\alpha+\nu-4}}{2^{\nu+2}\Gamma(\nu+1)}\operatorname{ctg}\frac{\alpha+\nu}{4}\,\pi\,{}_0F_3\left(\frac{1}{2},\ \frac{\nu+1}{2},\ \frac{\nu}{2}+1;\ \frac{c^4y^4}{256}\right)$$
$[c,\ y>0;\ -\operatorname{Re}\nu<\operatorname{Re}\alpha<11/2]$.

5. $$\int_0^\infty \frac{x^3}{x^4-y^4} J_0(cx)\,dx = \frac{1}{2}K_0(cy)-\frac{\pi}{4}Y_0(cy)$$ $[c,\ y>0]$.

2.12.6. Интегралы от $A(x)J_\nu(cx)$.

1. $$\int_a^b x^{1-\nu}[(b^2-x^2)(x^2-a^2)]^{\nu-1/2}J_\nu(cx)\,dx = 2^{\nu-1}\sqrt{\pi}\left(\frac{b^2-a^2}{c}\right)^\nu\Gamma\left(\nu+\frac12\right)\times$$
$$\times J_\nu\left(\frac{b+a}{2}c\right)J_\nu\left(\frac{b-a}{2}c\right)$$ $[0<a<b;\ \operatorname{Re}\nu>-1/2;\ |\arg c|<\pi]$.

2. $$\int_0^\infty x^{\alpha-1}\frac{(\sqrt{x^2+z^2}\pm z)^\mu}{(x^2+z^2)^r}J_\nu(cx)\,dx = \frac{2^{\alpha+\mu-2r-1}}{c^{\alpha+\mu-2r}}\Gamma\left[\begin{matrix}(\alpha+\nu+\mu)/2-r\\1+r+(\nu-\alpha-\mu)/2\end{matrix}\right]\times$$
$$\times\, {}_2F_3\left(r+\frac{\mu}{2},\ r-\frac{\mu}{2};\ \frac12,\ \frac{1-\alpha-\nu-\mu}{2}+r,\ 1+r+\frac{\nu-\alpha-\mu}{2};\ \frac{c^2z^2}{4}\right)\pm$$
$$\pm\frac{2^{\alpha+\mu-2r-2}\mu z}{c^{\alpha+\mu-2r-1}}\Gamma\left[\begin{matrix}(\alpha+\mu+\nu-1)/2-r\\(\nu-\alpha-\mu+3)/2+r\end{matrix}\right]\times$$

$$\times\ {}_2F_3\left(\frac{1+\mu}{2}+r,\ \frac{1-\mu}{2}+r;\ \frac{3}{2},\ \frac{3-\alpha-\mu-\nu}{2}+r,\ \frac{3+\nu-\alpha-\mu}{2}+r;\ \frac{c^2z^2}{4}\right)+$$

$$+\,2^{\alpha+\mu-1}(\mp\mu)^{1-2r}c^{\nu}z^{\alpha+\mu+\nu-2r}\Gamma\begin{bmatrix}2r-\mu-\alpha-\nu,\ (\alpha+\nu+\mu\mp\mu)/2\\ \nu+1,\ 1-(\mu\pm\mu+\alpha+\nu)/2\end{bmatrix}\times$$

$$\times\ {}_2F_3\left(\mu+\frac{\alpha+\nu}{2},\ \frac{\alpha+\nu}{2};\ \nu+1,\ 1+\frac{\alpha+\nu+\mu}{2}-2r,\ \frac{1+\alpha+\mu+\nu}{2};\ \frac{c^2z^2}{4}\right)$$

$[r=0$ или $1/2;\ c,\ \operatorname{Re}z>0;\ \operatorname{Re}(\pm\mu-\mu-\nu)<\operatorname{Re}\alpha<2r+3/2-\operatorname{Re}\mu]$.

3. $$\int_0^\infty x^{-\mu}\frac{(\sqrt{x^2+z^2}\,\pm z)^{\mu}}{\sqrt{x^2+z^2}}J_\nu(cx)\,dx=\frac{1}{cz}\Gamma\begin{bmatrix}(1+\nu\mp\mu)/2\\ \nu+1\end{bmatrix}W_{\pm\mu/2,\,\nu/2}(cz)M_{\mp\mu/2,\,\nu/2}(cz)$$

$[c,\ \operatorname{Re}z>0;\ \operatorname{Re}(\nu\mp\mu)>-1]$.

4. $$\int_0^\infty x^{1\pm\nu}\frac{(\sqrt{x^2+z^2}\,\pm z)^{\mp\nu}}{\sqrt{x^2+z^2}}J_\nu(cx)\,dx=\frac{1}{c}e^{-cz}$$ $[c,\ \operatorname{Re}z>0;\ \operatorname{Re}\nu>-1]$.

5. $$\int_0^\infty x^{\alpha-1}\frac{(\sqrt{x^2+z^2}\,\pm x)^{\mu}}{(x^2+z^2)^r}J_\nu(cx)\,dx=\frac{c^{2r\mp\mu-\alpha}z^{\mu\mp\mu}}{2^{2r\mp2\mu-\alpha+1}}\Gamma\begin{bmatrix}(\alpha+\nu\pm\mu)/2-r\\ 1+r+(\nu-\alpha\mp\mu)/2\end{bmatrix}\times$$

$$\times\ {}_2F_3\left(\frac{1\mp\mu}{2},\ 2r\mp\frac{\mu}{2};\ 1\mp\mu,\ 1+r-\frac{\alpha+\nu\pm\mu}{2},\ 1+r+\frac{\nu-\alpha\mp\mu}{2};\ \frac{c^2z^2}{4}\right)+$$

$$+\,(\mp\mu)^{1-2r}c^{\nu}\frac{z^{\alpha+\mu+\nu-2r}}{2^{\alpha+2\nu-2r+1}}\Gamma\begin{bmatrix}\alpha+\nu,\ r-(\alpha+\nu\pm\mu)/2\\ \nu+1,\ 1-r+(\alpha+\nu\mp\mu)/2\end{bmatrix}\times$$

$$\times\ {}_2F_3\left(\frac{\alpha+\nu}{2},\ \frac{\alpha+\nu+1}{2};\ 1+\frac{\alpha+\nu+\mu}{2}-r,\ 1-r+\frac{\alpha+\nu-\mu}{2},\ \nu+1;\ \frac{c^2z^2}{4}\right)$$

$[r=0$ или $1/2;\ c,\ \operatorname{Re}z>0;\ -\operatorname{Re}\nu<\operatorname{Re}\alpha<2r+3/2\mp\operatorname{Re}\mu]$.

6. $$\int_0^\infty\frac{(\sqrt{x^2+z^2}\,\pm x)^{\mu}}{\sqrt{x^2+z^2}}J_\nu(cx)\,dx=z^{\mu}I_{(\nu\mp\mu)/2}\left(\frac{cz}{2}\right)K_{(\nu\pm\mu)/2}\left(\frac{cz}{2}\right)$$

$[c,\ \operatorname{Re}z>0;\ \operatorname{Re}\nu>-1;\ \pm\operatorname{Re}\mu<3/2]$.

7. $$\int_0^\infty(\sqrt{x^2+z^2}\,-x)^2J_0(cx)\,dx=\frac{z^2}{c}+\frac{2}{c^3}\left(cze^{-cz}+e^{-cz}-1\right)$$ $[c,\ \operatorname{Re}z>0]$.

8. $$\int_0^\infty x(\sqrt{x^2+z^2}\,-x)^2J_0(cx)\,dx=-\frac{2z^2}{c}\frac{\partial}{\partial c}\left[I_1\left(\frac{cz}{2}\right)K_1\left(\frac{cz}{2}\right)\right]$$ $[c,\ \operatorname{Re}z>0]$.

9. $$\int_0^\infty x\frac{(\sqrt{x^4+z^4}\,+x^2)^{\mu}}{\sqrt{x^4+z^4}}J_0(cx)\,dx=z^{2\mu}J_{-\mu}\left(\frac{cz}{\sqrt2}\right)K_{\mu}\left(\frac{cz}{\sqrt2}\right)$$

$[c>0;\ |\arg z|<\pi/4;\ \operatorname{Re}\mu<3/4]$.

10. $$\int_0^\infty\frac{x}{\sqrt{x^4+2a^2x^2+b^4}}J_0(cx)\,dx=I_0\left(c\sqrt{\frac{a^2-b^2}{2}}\right)K_0\left(c\sqrt{\frac{a^2+b^2}{2}}\right)$$

$[0\leqslant b<a;\ c>0]$.

11. $$\int_0^\infty\frac{x}{\sqrt{x^4+2a^2x^2+b^4}}J_0(cx)\,dx=J_0\left(c\sqrt{\frac{b^2-a^2}{2}}\right)K_0\left(c\sqrt{\frac{b^2+a^2}{2}}\right)$$

$[0\leqslant a<b;\ c>0]$.

12. $$\int_0^\infty\frac{x^{\nu+1}[b^2+x^2+\sqrt{x^4\pm2a^2x^2+b^4}\,]^{-2\nu}}{\sqrt{x^4\pm2a^2x^2-b^4}}J_\nu(cx)\,dx=$$

$$= \frac{(b^2 \mp a^2)^{-\nu}}{2^{4\nu} a^\nu} J_{2\nu}\left(c\sqrt{\frac{b^2 \mp a^2}{2}}\right) K_\nu\left(c\sqrt{\frac{b^2 \pm a^2}{2}}\right) \qquad [0 < a < b;\ c > 0;\ \operatorname{Re}\nu > -1/2].$$

13. $$\int_0^a x^{-\mu} \frac{(a + \sqrt{a^2 - x^2})^\mu + (a - \sqrt{a^2 - x^2})^\mu}{\sqrt{a^2 - x^2}} J_\nu(cx)\, dx =$$
$$= \frac{1}{ac} \Gamma \begin{bmatrix} (1+\nu+\mu)/2,\ (1+\nu-\mu)/2 \\ 1+\nu,\ 1+\nu \end{bmatrix} M_{\mu/2,\,\nu/2}(iac) M_{\mu/2,\,\nu/2}(-iac)$$
$$[a > 0;\ \operatorname{Re}(\mu - \nu) < 1].$$

14. $$\int_0^a x^{\mu} \frac{(x + i\sqrt{a^2 - x^2})^\mu + (x - i\sqrt{a^2 - x^2})^\mu}{\sqrt{a^2 - x^2}} J_\nu(cx)\, dx =$$
$$= \pi a^{2\mu} J_{(\nu+\mu)/2}\left(\frac{ac}{2}\right) J_{(\nu-\mu)/2}\left(\frac{ac}{2}\right) \qquad [a > 0;\ \operatorname{Re}(\mu + \nu) > -1].$$

15. $$\int_a^\infty \frac{(x + \sqrt{x^2 - a^2})^\mu + (x - \sqrt{x^2 - a^2})^\mu}{\sqrt{x^2 - a^2}} J_\nu(cx)\, dx =$$
$$= -\frac{\pi a^\mu}{2} \left[J_{(\nu+\mu)/2}\left(\frac{ac}{2}\right) Y_{(\nu-\mu)/2}\left(\frac{ac}{2}\right) + J_{(\nu-\mu)/2}\left(\frac{ac}{2}\right) Y_{(\nu+\mu)/2}\left(\frac{ac}{2}\right)\right]$$
$$[a,\ c > 0;\ \operatorname{Re}\mu < 3/2].$$

16. $$\int_a^\infty \frac{(x + \sqrt{x^2 - a^2})^{\nu\pm1} + (x - \sqrt{x^2 - a^2})^{\nu\pm1}}{\sqrt{x^2 - a^2}} J_\nu(cx)\, dx =$$
$$= \mp\sqrt{\frac{\pi}{c}}\, a^{\nu\pm1-1/2} \left[\begin{Bmatrix} \sin(ac/2) \\ \cos(ac/2) \end{Bmatrix} J_{\nu\pm1/2}\left(\frac{ac}{2}\right) \pm \begin{Bmatrix} \cos(ac/2) \\ \sin(ac/2) \end{Bmatrix} Y_{\nu\pm1/2}\left(\frac{ac}{2}\right)\right]$$
$$[a,\ c > 0;\ \operatorname{Re}\nu < 3/2 \mp 1].$$

2.12.7. Интегралы от $A(x)J_\nu(\varphi(x))$.

1. $$\int_0^1 x^{\alpha-1} J_\nu\left(\frac{c}{x} - cx\right) dx = I_{(\nu+\alpha)/2}(c) K_{(\nu-\alpha)/2}(c) \qquad [c > 0;\ \operatorname{Re}\nu > -1;\ \operatorname{Re}\alpha > -3/2].$$

2. $$\int_1^\infty x^{\alpha-1} J_\nu\left(cx - \frac{c}{x}\right) dx = I_{(\nu-\alpha)/2}(c) K_{(\nu+\alpha)/2}(c) \qquad [c > 0;\ \operatorname{Re}\nu > -1;\ \operatorname{Re}\alpha < 3/2].$$

3. $$\int_0^\infty x^{\alpha-1} J_\nu\left(\left|cx - \frac{c}{x}\right|\right) dx = I_{(\nu-\alpha)/2}(c) K_{(\nu+\alpha)/2}(c) + I_{(\nu+\alpha)/2}(c) K_{(\nu-\alpha)/2}(c)$$
$$[c > 0;\ \operatorname{Re}\nu > -1;\ |\operatorname{Re}\alpha| < 3/2].$$

4. $$\int_0^\infty x^{\alpha-1} J_\nu\left(cx + \frac{c}{x}\right) dx = -\frac{\pi}{2} \left[J_{(\nu-\alpha)/2}(c) Y_{(\nu+\alpha)/2}(c) + J_{(\nu+\alpha)/2}(c) Y_{(\nu-\alpha)/2}(c)\right]$$
$$[c > 0;\ |\operatorname{Re}\alpha| < 3/2].$$

5. $$\int_0^\infty x^{\alpha-1} \left(x + \frac{1}{x}\right)^{-1} J_\nu\left(cx + \frac{c}{x}\right) dx = \frac{1}{c} \Gamma \begin{bmatrix} (1+\nu+\alpha)/2,\ (1+\nu-\alpha)/2 \\ 1+\nu,\ 1+\nu \end{bmatrix} \times$$
$$\times M_{\alpha/2,\,\nu/2}\left(\frac{c}{2}\right) M_{-\alpha/2,\,\nu/2}\left(\frac{c}{2}\right) \qquad [c > 0;\ |\operatorname{Re}\alpha| < |1 + \operatorname{Re}\nu|].$$

6. $$\int_0^\infty x^{\alpha-1} \left(\frac{a + bx}{b + ax}\right)^{\nu/2} J_\nu\left(\sqrt{a^2 + b^2 + ab(x + x^{-1})}\,\right) dx =$$
$$= -\pi \left[J_{\nu/2-\alpha}(a) Y_{\nu/2+\alpha}(b) + J_{\nu/2+\alpha}(b) Y_{\nu/2-\alpha}(a)\right] \qquad [a,\ b > 0;\ |\operatorname{Re}\alpha| < 3/2].$$

2.12.8. Интегралы от $A(x,\, e^{px},\, J_\nu(cx))$.

1. $\displaystyle\int_0^1 \frac{dx}{J_0(x)} = 1,101140\ldots$ **2.** $\displaystyle\int_0^1 \frac{x\,dx}{J_1(x)} = 1,418865\ldots$

3. $$\int_0^\infty e^{-px} J_\nu(cx)\,dx = \frac{c^\nu}{\sqrt{p^2+c^2}}\,(p+\sqrt{p^2+c^2}\,)^{-\nu} \qquad [\operatorname{Re} p > |\operatorname{Im} c|;\ \operatorname{Re}\nu > -1].$$

4. $$\int_0^\infty x^{\alpha-1} e^{-px} J_\nu(cx)\,dx = I_\nu^\alpha$$
$$\left[\operatorname{Re}(\alpha+\nu) > 0;\ \operatorname{Re} p > |\operatorname{Im} c|;\ k = 2^{-1/2}(1 - p/\sqrt{p^2+c^2}\,)^{1/2}\right],$$

$$I_\nu^\alpha = \frac{c^\nu}{2^\nu p^{\alpha+\nu}}\,\Gamma\begin{bmatrix}\nu+\alpha\\ \nu+1\end{bmatrix} {}_2F_1\left(\frac{\alpha+\nu}{2},\ \frac{\alpha+\nu+1}{2};\ \nu+1;\ -\frac{c^2}{p^2}\right) =$$
$$= (p^2+c^2)^{-\alpha/2}\Gamma(\alpha+\nu) P_{\alpha-1}^{-\nu}\left(\frac{p}{\sqrt{p^2+c^2}}\right),$$

$$I_\nu^{\nu+1} = \frac{(2c)^\nu}{\sqrt{\pi}}\,(p^2+c^2)^{-\nu-1/2}\Gamma\left(\nu+\frac{1}{2}\right) \qquad [\operatorname{Re}\nu > -1/2],$$

$$I_\nu^{\nu+2} = \frac{2p(2c)^\nu\Gamma(\nu+3/2)}{\sqrt{\pi}\,(p^2+c^2)^{\nu+3/2}} \qquad [\operatorname{Re}\nu > -1],$$

$$I_\nu^{-1} = \frac{c}{2\nu}\left[\frac{1}{\nu-1}\left(\frac{c}{p+\sqrt{p^2+c^2}}\right)^{\nu-1} + \frac{1}{\nu+1}\left(\frac{c}{p+\sqrt{p^2+c^2}}\right)^{\nu+1}\right] \qquad [\operatorname{Re}\nu > 1],$$

$$I_\nu^0 = \frac{c^\nu}{\nu}\,(p+\sqrt{p^2+c^2}\,)^{-\nu} \qquad [\operatorname{Re}\nu > 0],$$

$$I_\nu^n = (-1)^{n-1} c^{-\nu}\,\frac{\partial^{n-1}}{\partial p^{n-1}}\,\frac{(\sqrt{p^2+c^2}\,-p)^\nu}{\sqrt{p^2+c^2}} \qquad [n = 1,\,2,\,3,\,\ldots;\ \operatorname{Re}\nu > -n],$$

$$I_0^{1/2} = 2\sqrt{\frac{1-2k^2}{\pi p}}\,\mathbf{K}(k), \qquad I_0^{3/2} = \sqrt{\frac{(1-2k^2)^3}{\pi p^3}}\,[2\mathbf{E}(k) - \mathbf{K}(k)],$$

$$I_0^{5/2} = \frac{1}{2}\sqrt{\frac{(1-2k^2)^5}{\pi p^5}}\,[8(1-2k^2)\mathbf{E}(k) - (5-8k^2)\mathbf{K}(k)],$$

$$I_0^{7/2} = \frac{1}{4}\sqrt{\frac{(1-2k^2)^7}{\pi p^7}}\,[2(23-128k^2+128k^4)\mathbf{E}(k) - (31-144k^2+128k^4)\mathbf{K}(k)],$$

$$I_1^{-1/2} = \frac{4\sqrt{p}}{3k\sqrt{\pi(1-k^2)(1-2k^2)}}\,[(1-k^2)\mathbf{K}(k) - (1-2k^2)\mathbf{E}(k)],$$

$$I_1^{1/2} = \frac{2}{k}\sqrt{\frac{1-2k^2}{\pi p(1-k^2)}}\,[\mathbf{E}(k) - (1-k^2)\mathbf{K}(k)],$$

$$I_1^{3/2} = \frac{1}{k}\sqrt{\frac{(1-2k^2)^3}{\pi p^3(1-k^2)}}\,[(1-k^2)\mathbf{K}(k) - (1-2k^2)\mathbf{E}(k)],$$

$$I_1^{5/2} = \frac{1}{2k}\sqrt{\frac{(1-2k^2)^5}{\pi p^5(1-k^2)}}\,[(1-k^2)(1-8k^2)\mathbf{K}(k) - (1-16k^2+16k^4)\mathbf{E}(k)],$$

$$I_2^{-1/2} = \frac{4\sqrt{p}}{15k^2(1-k^2)\sqrt{\pi(1-2k^2)}}\,[2(1-k^2+k^4)\mathbf{E}(k) - (1-k^2)(2-k^2)\mathbf{K}(k)],$$

$$I_2^{1/2} = \frac{2\sqrt{1-2k^2}}{3k^2(1-k^2)\sqrt{\pi p}}\,[(1-k^2)(2-3k^2)\mathbf{K}(k) - 2(1-2k^2)\mathbf{E}(k)],$$

$$I_2^{3/2} = \frac{\sqrt{(1-2k^2)^3}}{k^2(1-k^2)\sqrt{\pi p^3}}\,[2(1-k^2+k^4)\mathbf{E}(k) - (1-k^2)(2-k^2)\mathbf{K}(k)],$$

$$I_2^{5/2} = \frac{\sqrt{(1-2k^2)^5}}{k^2(1-k^2)\sqrt{\pi p^5}}\,[(2+5k^2-8k^4)\mathbf{K}(k) - 2(1-2k^2)(1+4k^2-4k^4)\mathbf{E}(k)],$$

$$I_2^{7/2} = \frac{\sqrt{(1-2k^2)^7}}{k^2(1-k^2)\sqrt{\pi p^7}}\,[(2+15k^2-144k^4+128k^6)(1-k^2)\mathbf{K}(k) - {} \\ - 2(1+7k^2-135k^4+256k^6-128k^8)\mathbf{E}(k)],$$

$$I_3^{-1/2} = \frac{4\sqrt{p}}{105k^3\sqrt{\pi(1-k^2)^3(1-2k^2)}}\,[(1-k^2)(8-15k^2+3k^4)\mathbf{K}(k) - {} \\ - (8-19k^2+9k^4-6k^6)\mathbf{E}(k)],$$

$$I_3^{1/2} = \frac{2}{15k^3}\sqrt{\frac{1-2k^2}{\pi p(1-k^2)^3}}\,[(8-23k^2+23k^4)\mathbf{E}(k) - (1-k^2)(8-19k^2+15k^4)\mathbf{K}(k)],$$

$$I_3^{3/2} = \frac{1}{3k^3}\sqrt{\frac{(1-2k^2)^3}{\pi p^3(1-k^2)^3}}\,[(8-15k^2+3k^4)(1-k^2)\mathbf{K}(k) - (8-19k^2+9k^4-6k^6)\mathbf{E}(k)].$$

5. $$\int_0^\infty \frac{1}{x}(1-e^{-px})J_0(cx)\,dx = \ln\frac{p+\sqrt{p^2+c^2}}{c} \qquad [c,\ \operatorname{Re} p > 0].$$

6. $$\int_0^\infty \frac{1}{x}e^{-px}[1-J_0(cx)]\,dx = -\ln\frac{2p}{p+\sqrt{p^2+c^2}} \qquad [\operatorname{Re} p > 0].$$

7. $$\int_0^\infty e^{ipx}J_0(cx)\,dx = \begin{Bmatrix}1\\ i\end{Bmatrix}\frac{1}{\sqrt{c^2-p^2}} \qquad \left[\begin{Bmatrix}0 \leqslant p < c\\ 0 < c < p\end{Bmatrix}\right].$$

8. $$\int_0^\infty x^{-1/2}e^{ipx}J_{n+1/2}(cx)\,dx = i^{n+1}\sqrt{\frac{2}{\pi c}}\left[Q_n\left(\frac{p}{c}\right) - \frac{i\pi}{2}P_n\left(\frac{p}{c}\right)\right] \qquad [-c \leqslant p \leqslant c].$$

9. $$\int_0^\infty x^{\alpha-1}e^{\pm icx}J_\nu(cx)\,dx = \frac{1}{\pi^{3/2}(2c)^\alpha}\,e^{\pm i\pi(\alpha+\nu)/2}\Gamma\left[\alpha+\nu,\ \alpha-\nu,\ \frac{1}{2}-\alpha\right]\sin(\nu-\alpha)\pi$$
$$[c,\ \operatorname{Re}(\alpha+\nu) > 0;\ \operatorname{Re}\alpha < 1/2].$$

10. $$\int_{-\infty}^\infty e^{ipx}J_n(cx)\,dx = \begin{Bmatrix}1\\ 0\end{Bmatrix}\frac{2i^n}{\sqrt{c^2-p^2}}\,T_n\left(\frac{p}{c}\right) \qquad \left[\begin{Bmatrix}-c < p < c\\ |p| > c\end{Bmatrix}\right].$$

11. $$\int_{-\infty}^\infty \frac{1}{x}e^{ipx}J_n(cx)\,dx = -\begin{Bmatrix}1\\ 0\end{Bmatrix}\frac{2i^{n-1}}{nc}\sqrt{c^2-p^2}\,U_{n-1}\left(\frac{p}{c}\right) \qquad \left[\begin{Bmatrix}-c < p < c\\ |p| > c\end{Bmatrix}\right].$$

12. $$\int_{-\infty}^\infty x^{-1/2}e^{ipx}J_{n+1/2}(cx)\,dx = \begin{Bmatrix}1\\ 0\end{Bmatrix}i^n\sqrt{\frac{2\pi}{c}}\,P_n\left(\frac{p}{c}\right) \qquad \left[\begin{Bmatrix}-c < p < c\\ |p| > c\end{Bmatrix}\right].$$

13. $$\int_0^\infty \frac{e^{icx}}{x+z}J_0(cx)\,dx = \frac{\pi i}{2}\,e^{-icz}H_0^{(1)}(cz) \qquad [c > 0;\ |\arg z| < \pi].$$

14. $\int\limits_0^\infty \frac{1}{x}\,[e^{-ax} - J_0(cx)]\,dx = \ln\frac{c}{2a}$ $\quad [a,\ c > 0].$

15. $\int\limits_0^a x^{\alpha-1}(a-x)^{\beta-1}e^{\pm icx}J_\nu(cx)\,dx = a^{\alpha+\beta+\nu-1}\left(\frac{c}{2}\right)^\nu \Gamma\begin{bmatrix}\alpha+\nu,\ \beta\\ \alpha+\nu+\beta,\ \nu+1\end{bmatrix}\times$

$\times\,{}_2F_2\left(\nu+\frac{1}{2},\ \alpha+\nu;\ 2\nu+1,\ \alpha+\beta+\nu;\ \pm 2iac\right)$ $\quad [a,\ c,\ \operatorname{Re}\beta,\ \operatorname{Re}(\alpha+\nu) > 0].$

16. $\int\limits_a^\infty x^{-\nu}(x-a)^{\beta-1}e^{icx}J_\nu(cx)\,dx = \frac{e^{i\beta\pi/2}}{\sqrt{\pi}}\,(2c)^{\nu-\beta}\Gamma\begin{bmatrix}\beta,\ \nu-\beta+1/2\\ 1+2\nu-\beta\end{bmatrix}\times$

$\times\,{}_1F_1\left(\frac{1}{2}+\nu-\beta;\ 1+2\nu-\beta;\ 2iac\right)$ $\quad [a,\ c > 0;\ 0 < \operatorname{Re}\beta < \operatorname{Re}\nu + 1/2].$

17. $\int\limits_0^\infty \frac{x^\nu J_\nu(cx)}{e^{ax}-1}\,dx = \frac{(2c)^\nu}{\sqrt{\pi}}\,\Gamma\left(\nu+\frac{1}{2}\right)\sum_{k=1}^\infty \frac{1}{(a^2k^2+c^2)^{\nu+1/2}}$ $\quad [\operatorname{Re}\nu > 0;\ \operatorname{Re}a > |\operatorname{Im}c|].$

2.12.9. Интегралы от $x^\alpha e^{-px\pm r}J_\nu(cx)$.

1. $\int\limits_0^\infty e^{-px^2}J_\nu(cx)\,dx = \frac{1}{2}\sqrt{\frac{\pi}{p}}\,\exp\left(-\frac{c^2}{8p}\right)I_{\nu/2}\left(\frac{c^2}{8p}\right)$ $\quad [\operatorname{Re}p > 0;\ \operatorname{Re}\nu > -1;\ |\arg c| < \pi].$

2. $\int\limits_0^\infty e^{-px^2}J_1(cx)\,dx = \frac{1}{c}\left[1 - \exp\left(-\frac{c^2}{4p}\right)\right]$ $\quad [\operatorname{Re}p > 0;\ |\arg c| < \pi].$

3. $\int\limits_0^\infty x^{\alpha-1}e^{-px^2}J_\nu(cx)\,dx = A_\nu^\alpha$ $\quad [\operatorname{Re}p,\ \operatorname{Re}(\alpha+\nu) > 0;\ |\arg c| < \pi],$

$$A_\nu^\alpha = c^\nu p^{-(\alpha+\nu)/2}2^{-\nu-1}\Gamma\begin{bmatrix}(\alpha+\nu)/2\\ \nu+1\end{bmatrix}\,{}_1F_1\left(\frac{\alpha+\nu}{2};\ \nu+1;\ -\frac{c^2}{4p}\right),$$

$$A_\nu^\nu = 2^{\nu-1}c^{-\nu}\gamma\left(\nu,\ \frac{c^2}{4p}\right) \qquad [\operatorname{Re}\nu > 0],$$

$$A_\nu^{2n+\nu+2} = \frac{n!c^\nu}{2^{\nu+1}p^{n+\nu+1}}\exp\left(-\frac{c^2}{4p}\right)L_n^\nu\left(\frac{c^2}{4p}\right) \qquad [\operatorname{Re}\nu > -n-1],$$

$$A_\nu^2 = \frac{c\sqrt{\pi}}{8p^{3/2}}\exp\left(-\frac{c^2}{8p}\right)\left[I_{(\nu-1)/2}\left(\frac{c^2}{8p}\right) - I_{(\nu+1)/2}\left(\frac{c^2}{8p}\right)\right] \qquad [\operatorname{Re}\nu > -2],$$

$$A_1^{2n+1} = \frac{(-1)^{n-1}n!}{cp^n}\exp\left(-\frac{c^2}{8p}\right)k_{2n}\left(\frac{c^2}{8p}\right).$$

4. $\int\limits_0^\infty x^{\alpha-1}e^{-p\sqrt{x}}J_\nu(cx)\,dx =$

$$= \frac{2^{\alpha-1}}{c^\alpha}\,\Gamma\begin{bmatrix}(\alpha+\nu)/2\\ 1+(\nu-\alpha)/2\end{bmatrix}\,{}_2F_3\left(\frac{\alpha-\nu}{2},\ \frac{\alpha+\nu}{2};\ \frac{1}{4},\ \frac{1}{2},\ \frac{3}{4};\ -\frac{p^4}{64c^2}\right) -$$

$$- \frac{2^{\alpha-1/2}p}{c^{\alpha+1/2}}\,\Gamma\begin{bmatrix}(1+2\nu+2\alpha)/4\\ (3+2\nu-2\alpha)/4\end{bmatrix}\,{}_2F_3\left(\frac{1+2\alpha-2\nu}{4},\ \frac{1+2\alpha+2\nu}{4};\ \frac{1}{2},\ \frac{3}{4},\ \frac{5}{4};\ -\frac{p^4}{64c^2}\right) +$$

$$+ \frac{2^{\alpha-1}p^2}{c^{\alpha+1}}\,\Gamma\begin{bmatrix}(1+\alpha+\nu)/2\\ (1+\nu-\alpha)/2\end{bmatrix}\,{}_2F_3\left(\frac{1+\alpha-\nu}{2},\ \frac{1+\alpha+\nu}{2};\ \frac{3}{4},\ \frac{5}{4},\ \frac{3}{2};\ -\frac{p^4}{64c^2}\right) -$$

$$- \frac{2^{\alpha-1/2}p^3}{3c^{\alpha+3/2}}\,\Gamma\begin{bmatrix}(3+2\alpha+2\nu)/4\\ (1-2\alpha+2\nu)/4\end{bmatrix}\,{}_2F_3\left(\frac{3+2\alpha-2\nu}{4},\ \frac{3+2\alpha+2\nu}{4};\ \frac{5}{4},\ \frac{3}{2},\ \frac{7}{4};\ -\frac{p^4}{64c^2}\right)$$

$[c,\ \operatorname{Re}p,\ \operatorname{Re}(\alpha+\nu) > 0].$

5. $$\int\limits_0^\infty x^{-1/2}e^{-p\sqrt{x}}\,J_\nu(cx)\,dx=\sqrt{\frac{2}{c\pi}}\,\Gamma\left(\nu+\frac{1}{2}\right)D_{-\nu-1/2}\left(\frac{p}{\sqrt{2c}}\,e^{\pi i/4}\right)\times$$
$$\times\,D_{-\nu-1/2}\left(\frac{p}{\sqrt{2c}}\,e^{-\pi i/4}\right)\qquad[c,\ \operatorname{Re}p>0;\ \operatorname{Re}\nu>-1/2].$$

6. $$\int\limits_0^\infty x^{-1/2}e^{-p\sqrt{x}}\,J_0(cx)\,dx=\frac{\pi p}{8c}\left[J_{1/4}^2\left(\frac{p^2}{8c}\right)+Y_{1/4}^2\left(\frac{p^2}{8c}\right)\right]\qquad[c,\ \operatorname{Re}p>0].$$

7. $$\int\limits_0^\infty x^{-1/2}e^{-p\sqrt{x}}\,J_{3/2}(cx)\,dx=\frac{p^2}{8\sqrt{2\pi c^3}}\,\Gamma\left(-\frac{1}{2},\,\frac{ip^2}{4c}\right)\Gamma\left(-\frac{1}{2},\,-\frac{ip^2}{4c}\right)\qquad[c,\ \operatorname{Re}p>0].$$

8. $$\int\limits_0^\infty x^{-1/4}e^{-p\sqrt{x}}\,J_{\pm1/4}(cx)\,dx=\frac{\sqrt{\pi p}}{2c}\left[\mathbf{H}_{\mp1/4}\left(\frac{p^2}{4c}\right)-Y_{\mp1/4}\left(\frac{p^2}{4c}\right)\right]\qquad[c,\ \operatorname{Re}p>0].$$

9. $$\int\limits_0^\infty x^{1/4}e^{-p\sqrt{x}}\,J_{-(2\pm1)/4}(cx)\,dx=\pm\frac{\sqrt{\pi}}{4c^2}\,p^{3/2}\left[\mathbf{H}_{-(2\mp1)/4}\left(\frac{p^2}{4c}\right)-Y_{-(2\mp1)/4}\left(\frac{p^2}{4c}\right)\right]$$
$$[c,\ \operatorname{Re}p>0].$$

10. $$\int\limits_0^\infty x^{\alpha-1}e^{-p/x}\,J_\nu(cx)\,dx=\frac{2^{\alpha-1}}{c^\alpha}\,\Gamma\begin{bmatrix}(\nu+\alpha)/2\\1+(\nu-\alpha)/2\end{bmatrix}\times$$
$$\times\,{}_0F_3\left(\frac{1}{2},\,1-\frac{\nu+\alpha}{2},\,1+\frac{\nu-\alpha}{2};\,-\frac{c^2p^2}{16}\right)-$$
$$-\,2^{\alpha-2}c^{1-\alpha}p\Gamma\begin{bmatrix}(\alpha+\nu-1)/2\\(3+\nu-\alpha)/2\end{bmatrix}{}_0F_3\left(\frac{3}{2},\,\frac{3-\nu-\alpha}{2},\,\frac{3+\nu-\alpha}{2};\,-\frac{c^2p^2}{16}\right)+$$
$$+\,\frac{c^\nu p^{\alpha+\nu}}{2^\nu}\,\Gamma\begin{bmatrix}-\alpha-\nu\\\nu+1\end{bmatrix}{}_0F_3\left(1+\frac{\alpha+\nu}{2},\,\frac{1+\alpha+\nu}{2},\,\nu+1;\,-\frac{c^2p^2}{16}\right)$$
$$[c,\ \operatorname{Re}p>0;\ \operatorname{Re}\alpha<3/2].$$

11. $$\int\limits_0^\infty \frac{1}{x}\,e^{-p/x}\,J_\nu(cx)\,dx=2J_\nu(\sqrt{2cp}\,)K_\nu(\sqrt{2cp}\,)\qquad[c,\ \operatorname{Re}p>0].$$

12. $$\int\limits_0^\infty \frac{1}{x^2}\,e^{-p/x}\,J_0(cx)\,dx=\sqrt{\frac{2c}{p}}\,[J_0(\sqrt{2cp}\,)K_1(\sqrt{2cp}\,)+J_1(\sqrt{2cp}\,)K_0(\sqrt{2cp}\,)]$$
$$[c,\ \operatorname{Re}p>0].$$

13. $$\int\limits_0^\infty \frac{1}{x^3}\,e^{-p/x}\,J_1(cx)\,dx=\frac{2c}{p}\,J_2(\sqrt{2cp}\,)K_2(\sqrt{2cp}\,)\qquad[c,\ \operatorname{Re}p>0].$$

14. $$\int\limits_0^\infty x^{\alpha-1}e^{-p/x^2}\,J_\nu(cx)\,dx=\frac{2^{\alpha-1}}{c^\alpha}\,\Gamma\begin{bmatrix}(\alpha+\nu)/2\\1+(\nu-\alpha)/2\end{bmatrix}{}_0F_2\left(1-\frac{\nu+\alpha}{2},\,1+\frac{\nu-\alpha}{2};\,\frac{c^2p}{4}\right)+$$
$$+\,\frac{c^\nu p^{(\alpha+\nu)/2}}{2^{\nu+1}}\,\Gamma\begin{bmatrix}-(\alpha+\nu)/2\\\nu+1\end{bmatrix}{}_0F_2\left(1+\frac{\alpha+\nu}{2},\,\nu+1;\,\frac{c^2p}{4}\right)\qquad[c,\ \operatorname{Re}p>0;\ \operatorname{Re}\alpha<3/2].$$

15. $$\int\limits_0^\infty \frac{1}{x^2}\,e^{-p/x^2}\,J_{\pm1/3}(cx)\,dx=\frac{c}{4}\left(\frac{c^2p}{4}\right)^{1/3}[e^{-z}+\varepsilon^{1\pm1}e^{-\varepsilon z}+\varepsilon^{(1\pm1)/2}e^{-\varepsilon^2 z}]$$
$$\left[\varepsilon=e^{2\pi i/3},\ z=-3\left(\frac{c^2p}{4}\right)^{1/3};\ c,\ \operatorname{Re}p>0\right].$$

2.12.10. Интегралы от $A(x)e^{f(x)}J_\nu(cx)$.

1. $$\int_0^\infty \frac{1}{x}\, e^{-px-b/x} J_\nu(cx)\,dx = 2J_\nu(z_-)K_\nu(z_+)$$
$$\left[z_\pm = \sqrt{2b}\,(\sqrt{p^2+c^2} \pm p)^{1/2};\ \operatorname{Re} p > |\operatorname{Im} c|;\ \operatorname{Re} b > 0\right].$$

2. $$\int_0^\infty \frac{1}{x^2}\, e^{-px-b/x} J_0(cx)\,dx = 2c[z_+^{-1}J_1(z_-)K_0(z_+) + z_-^{-1}J_0(z_-)K_1(z_+)]$$
$$\left[z_\pm = \sqrt{2b}\,(\sqrt{p^2+c^2} \pm p)^{1/2};\ \operatorname{Re} p > |\operatorname{Im} c|;\ \operatorname{Re} b > 0\right].$$

3. $$\int_0^a \frac{x}{\sqrt{a^2-x^2}} \exp(ip\sqrt{a^2-x^2}\,)J_0(cx)\,dx = I(p,\,c),$$
$$I(p,\,c) = (p^2+c^2)^{-1/2}[\exp(ia\sqrt{p^2+c^2}\,) + 2iU_0(a\sqrt{p^2+c^2} - ap,\,ac) - iJ_0(ac)]$$
$$[a,\,p > 0].$$

4. $$\int_0^a x^{n+1}(a^2-x^2)^{(m-1)/2} \exp(ip\sqrt{a^2-x^2}\,)J_n(cx)\,dx =$$
$$= (-1)^n c^n e^{-m\pi i/2}\left(\frac{\partial}{\partial p}\right)^m \left(\frac{\partial}{c\partial c}\right)^n I(p,\,c) \qquad [a,\,c,\,p > 0;\ I(p,\,c) \text{ см. в } 2.12.10.3].$$

5. $$\int_0^\infty \exp(-p\sqrt{x^2+z^2}\,)J_1(cx)\,dx = \frac{1}{c}\,[e^{-pz} - p(p^2+c^2)^{-1/2}\exp(-z\sqrt{p^2+x^2}\,)]$$
$$[\operatorname{Re} p > |\operatorname{Im} c|;\ \operatorname{Re} z > 0].$$

6. $$\int_0^\infty x^{\nu+1}\exp(-p\sqrt{x^2+z^2}\,)J_\nu(cx)\,dx = \sqrt{\frac{2}{\pi}}\,c^\nu p z^{3/2}(p^2+c^2)^{-\nu-3/4}K_{\nu+3/2}(z\sqrt{p^2+c^2}\,)$$
$$[\operatorname{Re} p > |\operatorname{Im} c|;\ \operatorname{Re} z > 0;\ \operatorname{Re}\nu > -1].$$

7. $$\int_0^\infty x\exp(-p\sqrt{x^2+z^2}\,)J_0(cx)\,dx = p(p^2+c^2)^{-3/2}(1+z\sqrt{p^2+c^2}\,)\exp(-z\sqrt{p^2+c^2}\,)$$
$$[\operatorname{Re} p > |\operatorname{Im} c|;\ \operatorname{Re} z > 0].$$

8. $$\int_0^\infty \frac{\exp(-p\sqrt{x^2+z^2}\,)}{\sqrt{x^2+z^2}}\,J_\nu(cx)\,dx = A_\nu$$
$$\left[\operatorname{Re} p > |\operatorname{Im} c|;\ \operatorname{Re} z > 0;\ \operatorname{Re}\nu > -1;\ 2z_\pm = z(\sqrt{p^2+c^2} \pm p)\right],$$
$$A_\nu = I_{\nu/2}(z_-)K_{\nu/2}(z_+), \qquad A_1 = \frac{1}{cz}\,[e^{-pz} - \exp(-z\sqrt{p^2+c^2}\,)].$$

9. $$\int_0^\infty x^{\alpha-1}\frac{\exp(-p\sqrt{x^2+z^2}\,)}{\sqrt{x^2+z^2}}\,J_\nu(cx)\,dx =$$
$$= \frac{z^{\alpha+\nu-1}c^\nu}{2^{(\nu-\alpha+1)/2}\sqrt{\pi}\,p^{(\alpha+\nu-1)/2}} \sum_{k=0}^\infty \frac{(-1)^k(cz)^{2k}}{(2p)^k k!}\,\Gamma\begin{bmatrix}(\alpha+\nu)/2+k\\ \nu+k+1\end{bmatrix} K_{(\alpha+\nu-1)/2+k}(pz)$$
$$[\operatorname{Re} p > |\operatorname{Im} c|;\ \operatorname{Re} z > 0,\ \operatorname{Re}(\alpha+\nu) > 0].$$

10. $$\int_0^\infty x^{\nu+1}\frac{\exp(-p\sqrt{x^2+z^2}\,)}{\sqrt{x^2+z^2}}\,J_\nu(cx)\,dx = B_\nu \qquad [\operatorname{Re} p > |\operatorname{Im} c|;\ \operatorname{Re} z > 0;\ \operatorname{Re}\nu > -1],$$
$$B_\nu = \sqrt{\frac{2}{\pi}}\,c^\nu z^{\nu+1/2}(p^2+c^2)^{-(2\nu+1)/4}K_{\nu+1/2}(z\sqrt{p^2+c^2}\,),$$
$$B_0 = (p^2+c^2)^{-1/2}\exp(-z\sqrt{p^2+c^2}\,),$$
$$B_1 = c(p^2+c^2)^{-3/2}(1+z\sqrt{p^2+c^2}\,)\exp(-z\sqrt{p^2+c^2}\,).$$

11. $$\int_0^\infty x\frac{\exp(-p\sqrt{x^2-z^2})}{\sqrt{x^2-z^2}}J_0(cx)\,dx=(p^2+c^2)^{-1/2}\exp(-iz\sqrt{p^2+c^2})$$
$\left[\operatorname{Re}p>|\operatorname{Im}c|;\ \arg\sqrt{x^2-z^2}=\pi/2 \text{ при } x<z\right]$.

12. $$\int_0^\infty \frac{x^{-\mu}}{\sqrt{x^2+z^2}}(\sqrt{x^2+z^2}\pm z)^{\mu}\exp(-p\sqrt{x^2+z^2})J_\nu(cx)\,dx=$$
$$=\frac{1}{cz}\Gamma\begin{bmatrix}(1+\nu\mp\mu)/2\\ 1+\nu\end{bmatrix}W_{\pm\mu/2,\,\nu/2}(z\sqrt{p^2+c^2}+pz)M_{\mp\mu/2,\,\nu/2}(z\sqrt{p^2+c^2}-pz)$$
$[\operatorname{Re}p>|\operatorname{Im}c|;\ \operatorname{Re}z>0;\ \operatorname{Re}(\nu\mp\mu)>-1]$.

13. $$\int_0^\infty \frac{x^{1\pm\nu}}{\sqrt{x^2+z^2}}(\sqrt{x^2+z^2}\pm z)^{\mp\nu}\exp(-p\sqrt{x^2+z^2})J_\nu(cx)\,dx=$$
$$=c^\nu(\sqrt{p^2+c^2}+p)^{-\nu}(p^2+c^2)^{-1/2}\exp(-z\sqrt{p^2+c^2})$$
$[\operatorname{Re}p>|\operatorname{Im}c|;\ \operatorname{Re}z>0;\ \operatorname{Re}\nu>-1]$.

14. $$\int_0^\infty \frac{x^{\nu-1}}{\sqrt{x^2+z^2}}(\sqrt{x^2+z^2}+z)^{1-\nu}\exp(-p\sqrt{x^2+z^2})J_\nu(cx)\,dx=$$
$$=(cz)^{-\nu}e^{-pz}\gamma(\nu,\,z\sqrt{p^2+c^2}-pz)$$ $[\operatorname{Re}p>|\operatorname{Im}c|;\ \operatorname{Re}z,\ \operatorname{Re}\nu>0]$.

2.12.11. Интегралы от $A(x)e^{-px}J_\nu(\varphi(x))$.

1. $$\int_0^\infty e^{-px}J_0(c\sqrt{x^2+xz})\,dx=(p^2+c^2)^{-1/2}\exp\left(\frac{pz-z\sqrt{p^2+c^2}}{2}\right)$$
$[\operatorname{Re}p>|\operatorname{Im}c|;\ |\arg z|<\pi]$.

2. $$\int_0^\infty \frac{x^{\rho-1}}{(x+z)^\rho}e^{-px}J_\nu(c\sqrt{x^2+xz})\,dx=\frac{2}{cz}\Gamma\begin{bmatrix}\rho+\nu/2\\ \nu+1\end{bmatrix}e^{pz/2}W_{1/2-\rho,\,\nu/2}(z_+)M_{\rho-1/2,\,\nu/2}(z_-)$$
$\left[2z_\pm=z(\sqrt{p^2+c^2}\pm p);\ \operatorname{Re}p>|\operatorname{Im}c|;\ \operatorname{Re}(\nu+2\rho)>0;\ |\arg z|<\pi\right]$.

3. $$\int_0^\infty \frac{x^{-\rho}}{(x+z)^\rho}e^{-px}J_\nu(c\sqrt{x^2+xz})\,dx=$$
$$=\left(\frac{c}{2}\right)^\nu\frac{z^{(\nu+1)/2-\rho}}{\sqrt{\pi}}e^{pz/2}\Gamma(\nu/2-\rho+1)(p^2+c^2)^{(2\rho-\nu-1)/4}\times$$
$$\times\sum_{k=0}^\infty\frac{(\nu/2+\rho)_k}{k!\Gamma(\nu+k+1)}\left(\frac{c^2z}{4\sqrt{p^2+c^2}}\right)^kK_{(\nu+1)/2+k-\rho}\left(\frac{z}{2}\sqrt{p^2+c^2}\right)$$
$[\operatorname{Re}p>|\operatorname{Im}c|;\ \operatorname{Re}(\nu-2\rho)>-2;\ |\arg z|<\pi]$.

4. $$\int_0^\infty \frac{x^{\nu/2-1}}{(x+z)^{\nu/2}}e^{-px}J_\nu(c\sqrt{x^2+xz})\,dx=\left(\frac{2}{cz}\right)^\nu\gamma\left(\nu,\,\frac{z}{2}\sqrt{p^2+c^2}-\frac{zp}{2}\right)$$
$[\operatorname{Re}p>|\operatorname{Im}c|;\ \operatorname{Re}\nu>0;\ |\arg z|<\pi]$.

5. $$\int_0^\infty \frac{x^{\nu/2}}{(x+z)^{\nu/2}}e^{-px}J_\nu(c\sqrt{x^2+xz})\,dx=\frac{c^\nu}{\sqrt{p^2+c^2}}(p+\sqrt{p^2+c^2})^{-\nu}\times$$
$$\times\exp\left(\frac{pz-z\sqrt{p^2+c^2}}{2}\right)$$ $[\operatorname{Re}p>|\operatorname{Im}c|;\ \operatorname{Re}\nu>-1;\ |\arg z|<\pi]$.

6. $$\int_0^\infty (x^2+xz)^{\nu/2} e^{-px} J_\nu(c\sqrt{x^2+xz})\,dx = \frac{1}{\sqrt{\pi}}\left(\frac{c}{2}\right)^\nu \left(\frac{z}{\sqrt{p^2+c^2}}\right)^{\nu+1/2} \times$$
$$\times\, e^{pz/2} K_{\nu+1/2}\left(\frac{z}{2}\sqrt{p^2+c^2}\right) \qquad [\operatorname{Re} p > |\operatorname{Im} c|;\ \operatorname{Re}\nu > -1;\ |\arg z| < \pi].$$

7. $$\int_0^\infty \frac{e^{-px}}{\sqrt{x^2+xz}} J_\nu(c\sqrt{x^2+xz})\,dx = e^{pz/2} I_{\nu/2}(z_-) K_{\nu/2}(z_+)$$
$$\left[4z_\pm = z(\sqrt{p^2+c^2} \pm p);\ \operatorname{Re} p > |\operatorname{Im} c|;\ \operatorname{Re}\nu > -1;\ |\arg z| < \pi\right].$$

8. $$\int_0^\infty \frac{e^{-px}}{\sqrt{x^2+xz}} J_1(c\sqrt{x^2+xz})\,dx = \frac{2}{cz}\left[1 - \exp\left(\frac{pz - z\sqrt{p^2+c^2}}{2}\right)\right]$$
$$[\operatorname{Re} p > |\operatorname{Im} c|;\ |\arg z| < \pi].$$

9. $$\int_0^\infty (x^2+xz)^{1/2} e^{-px} J_1(c\sqrt{x^2+xz})\,dx =$$
$$= \frac{c}{(p^2+c^2)^{3/2}}\left(1 + \frac{z}{2}\sqrt{p^2+c^2}\right)\exp\left(\frac{pz - z\sqrt{p^2+c^2}}{2}\right) \qquad [\operatorname{Re} p > |\operatorname{Im} c|;\ |\arg z| < \pi].$$

2.12.12. Интегралы от $A(x)e^{f(x)}J_\nu(\varphi(x))$.

1. $$\int_0^a \frac{x^{\alpha-1}}{x^2-a^2} \exp\left(-b\frac{a^2+x^2}{a^2-x^2}\right) J_\nu\left(\frac{2cx}{a^2-x^2}\right)dx = -\frac{a^{\alpha-1}}{2c}\,\Gamma\begin{bmatrix}(\nu+\alpha)/2\\ \nu+1\end{bmatrix} M_{(\alpha-1)/2,\,\nu/2}(z_-) \times$$
$$\times\, W_{(1-\alpha)/2,\,\nu/2}(z_+) \qquad \left[z_\pm = a^{-1}(\sqrt{a^2b^2+c^2} \pm ab);\ a,\ b,\ c,\ \operatorname{Re}(\alpha+\nu) > 0\right].$$

2. $$\int_a^\infty \frac{x^{\alpha-1}}{x^2-a^2} \exp\left(-b\frac{x^2+a^2}{x^2-a^2}\right) J_\nu\left(\frac{2cx}{x^2-a^2}\right)dx =$$
$$= \frac{a^{\alpha-1}}{2c}\,\Gamma\begin{bmatrix}1+(\nu-\alpha)/2\\ \nu+1\end{bmatrix} M_{(1-\alpha)/2,\,\nu/2}(z_-) W_{(\alpha-1)/2,\,\nu/2}(z_+)$$
$$\left[z_\pm = a^{-1}(\sqrt{a^2b^2+c^2} \pm ab);\ a,\ b,\ c > 0;\ \operatorname{Re}\alpha < \operatorname{Re}\nu + 2\right].$$

3. $$\int_0^\infty \frac{x^{\alpha-1}}{x^2+z^2} \exp\left(\pm b\frac{z^2-x^2}{z^2+x^2}\right) J_\nu\left(\frac{2cx}{x^2+z^2}\right)dx =$$
$$= \frac{z^{\alpha-1}}{2c}\,\Gamma\begin{bmatrix}1+(\nu-\alpha)/2,\ (\nu+\alpha)/2\\ 1+\nu,\ 1+\nu\end{bmatrix} M_{\mp(1-\alpha)/2,\,\nu/2}(z_-) M_{\mp(1-\alpha)/2,\,\nu/2}(z_+)$$
$$\left[z_\pm = z^{-1}(bz \pm \sqrt{b^2z^2-c^2} \pm bz);\ b,\ c,\ \operatorname{Re} z > 0;\ -\operatorname{Re}\nu < \operatorname{Re}\alpha < \operatorname{Re}\nu + 2\right].$$

2.12.13. Интегралы, содержащие гиперболические функции и $J_\nu(cx)$.

1. $$\int_0^\infty x^{\nu+1}\frac{\operatorname{sh} ax}{\operatorname{sh} bx} J_\nu(cx)\,dx = \frac{2}{b}\left(\frac{\pi}{b}\right)^{\nu+1}\sum_{k=1}^\infty (-1)^{k-1} k^{\nu+1} \sin\frac{ak\pi}{b}\, K_\nu\left(\frac{ck\pi}{b}\right)$$
$$[\operatorname{Re}\nu > -1;\ \operatorname{Re} b > |\operatorname{Re} a| + |\operatorname{Im} c|].$$

2. $$\int_0^a x^{n+1} \operatorname{sh}(c\sqrt{a^2-x^2}) J_n(cx)\,dx = \frac{a^{2n+3}c^{n+1}}{(2n+3)!!} \qquad [a > 0].$$

3. $$\int_0^a \frac{x^{n+1}}{\sqrt{a^2-x^2}} \operatorname{ch}(c\sqrt{a^2-x^2}) J_n(cx)\,dx = \frac{a^{2n+1}c^n}{(2n+1)!!} \qquad [a > 0].$$

4. $\displaystyle\int_0^\infty e^{-px}\begin{Bmatrix}\operatorname{sh} bx\\ \operatorname{ch} bx\end{Bmatrix}J_0(cx)\,dx=\frac{u_+\mp u_-}{2u_+u_-}$ $\left[c>0;\ \operatorname{Re}p>|\operatorname{Re}b|;\ u_\pm=\sqrt{c^2+(p\pm b)^2}\right].$

5. $\displaystyle\int_0^\infty \frac{1}{x}\,e^{-bx}\operatorname{sh} bx\,J_0(cx)\,dx=\frac{1}{2}\ln\frac{2b+\sqrt{c^2+4b^2}}{c}$ $[c,\ \operatorname{Re}b>0].$

6. $\displaystyle\int_0^\infty xe^{-b/x}\operatorname{sh}\frac{b}{x}\,J_0(cx)\,dx=\frac{2b}{c}\,J_1(2\sqrt{bc}\,)K_1(2\sqrt{bc}\,)$ $[c,\ \operatorname{Re}b>0].$

7. $\displaystyle\int_0^\infty e^{-px^2}\operatorname{sh} bx^2J_1(cx)\,dx=\frac{1}{c}\exp\left(-\frac{c^2p}{4p^2-4b^2}\right)\operatorname{sh}\frac{bc^2}{4p^2-4b^2}$ $[\operatorname{Re}(p-b)>0].$

2.12.14. Интегралы, содержащие $J_\nu(c\operatorname{sh}x)$ и $J_\nu(c\operatorname{ch}^{\pm1}x)$.

1. $\displaystyle\int_0^\infty \begin{Bmatrix}\operatorname{sh} bx\\ \operatorname{ch} bx\end{Bmatrix}J_\nu(c\operatorname{sh}x)\,dx=\frac{1}{2}\left[I_{(\nu-b)/2}\left(\frac{c}{2}\right)K_{(\nu+b)/2}\left(\frac{c}{2}\right)\mp I_{(\nu+b)/2}\left(\frac{c}{2}\right)K_{(\nu-b)/2}\left(\frac{c}{2}\right)\right]$

$[c>0;\ \operatorname{Re}\nu>-(3\pm1)/2;\ |\operatorname{Re}b|<1/2].$

2. $\displaystyle\int_0^\infty \operatorname{sh} bx\,J_0(c\operatorname{sh}x)\,dx=\frac{1}{\pi}\sin\frac{b\pi}{2}\,K_{b/2}^2\left(\frac{c}{2}\right)$ $[c>0;\ |\operatorname{Re}b|<1/2].$

3. $\displaystyle\int_0^\infty \operatorname{ch} bx\,J_\nu(c\operatorname{ch}x)\,dx=-\frac{\pi}{4}\left[I_{(\nu+b)/2}\left(\frac{c}{2}\right)Y_{(\nu-b)/2}\left(\frac{c}{2}\right)+J_{(\nu-b)/2}\left(\frac{c}{2}\right)Y_{(\nu+b)/2}\left(\frac{c}{2}\right)\right]$

$[c>0;\ |\operatorname{Re}b|<1/2].$

4. $\displaystyle\int_{-\infty}^\infty e^{-px-b\operatorname{th}x}J_\nu\left(\frac{c}{\operatorname{ch}x}\right)\frac{dx}{\operatorname{ch}x}=\frac{1}{c}\,\Gamma\begin{bmatrix}(1+\nu+p)/2,\ (1+\nu-p)/2\\ 1+\nu,\qquad 1+\nu\end{bmatrix}\times$

$\times\, M_{-p/2,\,\nu/2}(b+\sqrt{b^2-c^2}\,)M_{-p/2,\,\nu/2}(b-\sqrt{b^2-c^2}\,)$ $[b,\ c>0;\ |\operatorname{Re}p|<\operatorname{Re}\nu+1].$

2.12.15. Интегралы от $x^\alpha\begin{Bmatrix}\sin bx\\ \cos bx\end{Bmatrix}J_\nu(cx)$.

Обозначение: $\delta=\begin{Bmatrix}1\\ 0\end{Bmatrix}$.

1. $\displaystyle\int_0^1 x^{\alpha-1}\begin{Bmatrix}\sin cx\\ \cos cx\end{Bmatrix}J_\nu(cx)\,dx=$

$\displaystyle=\begin{Bmatrix}0\\ 1\end{Bmatrix}\frac{J_\nu(c)}{\alpha+\nu}+2\sum_{k=0}^\infty\frac{(\nu-\alpha+1)_{k-1}}{(\nu+\alpha)_{k+1}}\,(\nu+k)\begin{Bmatrix}\sin(c-k\pi/2)\\ \cos(c-k\pi/2)\end{Bmatrix}J_{\nu+k}(c)$ $[\operatorname{Re}(\alpha+\nu)>-\delta].$

2. $\displaystyle\int_0^\infty \begin{Bmatrix}\sin bx\\ \cos bx\end{Bmatrix}J_\nu(cx)\,dx=(c^2-b^2)^{-1/2}\begin{Bmatrix}\sin[\nu\arcsin(b/c)]\\ \cos[\nu\arcsin(b/c)]\end{Bmatrix}$ $[0<b<c;\ \operatorname{Re}\nu>-1-\delta],$

$\displaystyle=\pm\frac{c^\nu}{\sqrt{b^2-c^2}}\,(b+\sqrt{b^2-c^2}\,)^{-\nu}\begin{Bmatrix}\cos(\nu\pi/2)\\ \sin(\nu\pi/2)\end{Bmatrix}$ $[0<c<b;\ \operatorname{Re}\nu>-1-\delta].$

3. $\displaystyle\int_0^\infty x^{\alpha-1}\begin{Bmatrix}\sin bx\\ \cos bx\end{Bmatrix}J_\nu(cx)\,dx=\frac{2^{\alpha+\delta-1}b^\delta}{c^{\alpha+\delta}}\,\Gamma\begin{bmatrix}(\alpha+\nu+\delta)/2\\ 1+(\nu-\alpha-\delta)/2\end{bmatrix}\times$

$\displaystyle\times\,{}_2F_1\left(\frac{\alpha+\delta+\nu}{2},\ \frac{\alpha+\delta-\nu}{2};\ \delta+\frac{1}{2};\ \frac{b^2}{c^2}\right)$ $[0<b<c;\ -\delta-\operatorname{Re}\nu<\operatorname{Re}\alpha<3/2].$

4. $$= \frac{c^\nu}{2^\nu b^{\nu+\alpha}} \begin{Bmatrix} \sin[(\alpha+\nu)\pi/2] \\ \cos[(\alpha+\nu)\pi/2] \end{Bmatrix} \Gamma\begin{bmatrix} \nu+\alpha \\ \nu+1 \end{bmatrix} {}_2F_1\left(\frac{\alpha+\nu}{2}, \frac{\alpha+\nu+1}{2}; \nu+1; \frac{c^2}{b^2}\right)$$

$[0 < c < b;\ -\delta - \operatorname{Re}\nu < \operatorname{Re}\alpha < 3/2]$.

5. $$\int\limits_0^\infty x^{\nu+(1\pm1)/2} \begin{Bmatrix} \sin bx \\ \cos bx \end{Bmatrix} J_\nu(cx)\,dx = \frac{2^{\nu+\delta}}{\sqrt{\pi}} (-b)^\delta c^\nu \Gamma\left(\nu+\delta+\frac{1}{2}\right)(c^2-b^2)^{-\nu-\delta-1/2}$$

$[0 < b < c;\ -\delta - 1/2 < \operatorname{Re}\nu < 1/2 - \delta]$.

6. $$= -\frac{2^{\nu+\delta}}{\sqrt{\pi}} b^\delta c^\nu \Gamma\left(\nu+\delta+\frac{1}{2}\right) \sin\nu\pi (b^2-c^2)^{-\nu-\delta-1/2}$$

$[0 < c < b;\ -\delta - 1/2 < \operatorname{Re}\nu < 1/2 - \delta]$.

7. $$\int\limits_0^\infty x^{\nu+(1\mp1)/2} \begin{Bmatrix} \sin bx \\ \cos bx \end{Bmatrix} J_\nu(cx)\,dx = 2^{\nu+1-\delta} \frac{\sqrt{\pi}\, c^\nu b^{1-\delta}}{\Gamma(\delta-\nu-1/2)} (b^2-c^2)_+^{\delta-\nu-3/2}$$

$[b,\ c > 0;\ b \neq c;\ -1 < \operatorname{Re}\nu < \pm 1/2]$.

8. $$\int\limits_0^\infty \frac{1}{x^2} \begin{Bmatrix} \sin bx \\ \cos bx \end{Bmatrix} J_\nu(cx)\,dx = \frac{\sqrt{c^2-b^2}}{\nu^2-1} \begin{Bmatrix} \sin t \\ \cos t \end{Bmatrix} \mp \frac{b}{\nu(\nu^2-1)} \begin{Bmatrix} \cos t \\ \sin t \end{Bmatrix}$$

$[0 < b < c;\ \operatorname{Re}\nu > 1 - \delta;\ t = \nu \arcsin(b/c)]$.

9. $$= \mp \frac{c^\nu (b + \nu\sqrt{b^2-c^2})}{\nu(\nu^2-1)(b+\sqrt{b^2-c^2})^\nu} \begin{Bmatrix} \cos(\nu\pi/2) \\ \sin(\nu\pi/2) \end{Bmatrix}$$ $[0 < c < b;\ \operatorname{Re}\nu > 1 - \delta]$.

10. $$\int\limits_0^\infty \frac{1}{x} \begin{Bmatrix} \sin bx \\ \cos bx \end{Bmatrix} J_\nu(cx)\,dx = \frac{1}{\nu} \begin{Bmatrix} \sin[\nu\arcsin(b/c)] \\ \cos[\nu\arcsin(b/c)] \end{Bmatrix}$$ $[0 < b \leqslant c;\ \operatorname{Re}\nu > -\delta]$.

11. $$= \frac{c^\nu}{\nu(b+\sqrt{b^2-c^2})^\nu} \begin{Bmatrix} \sin(\nu\pi/2) \\ \cos(\nu\pi/2) \end{Bmatrix}$$ $[0 < c \leqslant b;\ \operatorname{Re}\nu > -\delta]$.

12. $$\int\limits_0^\infty x^{1-\nu} \sin bx\, J_\nu(cx)\,dx = \frac{2^{1-\nu}\sqrt{\pi}\, b}{\Gamma(\nu-1/2)} c^\nu (c^2-b^2)_+^{\nu-3/2}$$ $[b,\ c > 0;\ b \neq c;\ \operatorname{Re}\nu > 1/2]$.

13. $$\int\limits_0^\infty \frac{\sin bx}{x} J_0(cx)\,dx = \begin{Bmatrix} \arcsin(b/c) \\ \pi/2 \end{Bmatrix}$$ $\left[\begin{Bmatrix} 0 < b < c \\ 0 < c < b \end{Bmatrix}\right]$.

14. $$\int\limits_0^\infty x^{-3/2} \sin bx\, J_0(cx)\,dx = 4\sqrt{\frac{c}{\pi}} [\mathbf{E}(k) - (1-k^2)\mathbf{K}(k) + k^2\mathbf{K}(\sqrt{1-k^2}) - \mathbf{E}(\sqrt{1-k^2})]$$

$\left[0 < b < c;\ k = \sqrt{b+c}/\sqrt{2c}\right]$.

15. $$= 4k\sqrt{\frac{c}{\pi}}\, \mathbf{E}\left(\frac{1}{k}\right)$$ $\left[0 < c < b;\ k = \sqrt{b+c}/\sqrt{2c}\right]$.

16. $$\int\limits_0^\infty x^{-5/2} \sin bx\, J_1(cx)\,dx = \frac{16c^{3/2}}{15\sqrt{\pi}} [2(1-k^2+k^4)\mathbf{E}(k) -$$
$$- (1-k^2)(2-k^2)\mathbf{K}(k) + k^2(1+k^2)\mathbf{K}(\sqrt{1-k^2}) - 2(1-k^2+k^4)\mathbf{E}(\sqrt{1-k^2})]$$

$\left[0 < b < c;\ k = \sqrt{b+c}/\sqrt{2c}\right]$.

17. $$= \frac{16kc^{3/2}}{15\sqrt{\pi}} \left[2(1-k^2+k^4)\mathbf{E}\left(\frac{1}{k}\right) - (1-k^2)(1-2k^2)\mathbf{K}\left(\frac{1}{k}\right)\right]$$

$\left[0 < c < b;\ k = \sqrt{b+c}/\sqrt{2c}\right]$.

18. $$\int\limits_0^\infty x^{-m-1/2} \begin{Bmatrix} \sin bx \\ \cos bx \end{Bmatrix} J_n(cx)\,dx = A_n^m$$ $\left[b,\ c > 0;\ k = \sqrt{b+c}/\sqrt{2c}\right]$,

$$A_0^0 = \frac{1}{\sqrt{\pi c}}\,[\mathbf{K}(k) \mp \mathbf{K}(\sqrt{1-k^2}\,)] \qquad [b<c],$$

$$A_0^0 = \frac{1}{k\sqrt{\pi c}}\,\mathbf{K}\left(\frac{1}{k}\right) \qquad [c<b];$$

$$A_1^0 = \frac{1}{\sqrt{\pi c}}\left[2\mathbf{E}(\sqrt{1-k^2}\,) - \mathbf{K}(\sqrt{1-k^2}\,) \mp 2\mathbf{E}(k) \pm \mathbf{K}(k)\right] \qquad [b<c],$$

$$A_1^0 = \frac{\pm 1}{k\sqrt{\pi c}}\left[(2k^2-1)\mathbf{K}\left(\frac{1}{k}\right) - 2k^2\mathbf{E}\left(\frac{1}{k}\right)\right] \qquad [c<b];$$

$$A_1^1 = \frac{4}{3}\sqrt{\frac{c}{\pi}}\left[(1-k^2)\mathbf{K}(k) - (1-2k^2)\mathbf{E}(k) \mp (1-2k^2)\mathbf{E}(\sqrt{1-k^2}\,) \mp k^2\mathbf{K}(\sqrt{1-k^2})\right] \qquad [b<c],$$

$$A_1^1 = \frac{4k}{3}\sqrt{\frac{c}{\pi}}\left[(2k^2-1)\mathbf{E}\left(\frac{1}{k}\right) + 2(1-k^2)\mathbf{K}\left(\frac{1}{k}\right)\right] \qquad [c<b];$$

$$A_2^0 = -\frac{1}{3\sqrt{\pi c}}\Big[8(1-2k^2)(\mathbf{E}(k) \pm \mathbf{E}(\sqrt{1-k^2}\,)) \mp \mp (3-8k^2)\mathbf{K}(\sqrt{1-k^2}\,) - (5-8k^2)\mathbf{K}(k)\Big] \qquad [b<c],$$

$$A_2^0 = -\frac{1}{3k\sqrt{\pi c}}\left[(1-4k^2)(3-4k^2)\mathbf{K}\left(\frac{1}{k}\right) + 8(1-2k^2)\mathbf{E}\left(\frac{1}{k}\right)\right] \qquad [c<b];$$

$$A_2^1 = \mp\frac{4\sqrt{c}}{15\sqrt{\pi}}\Big[(1-k^2)(1-8k^2)\mathbf{K}(k) \pm k^2(7-8k^2)\mathbf{K}(\sqrt{1-k^2}\,) - - (1-16k^2+16k^4)(\mathbf{E}(k) \mp \mathbf{E}(\sqrt{1-k^2}\,))\Big] \qquad [b<c],$$

$$A_2^1 = \pm\frac{4k\sqrt{c}}{15\sqrt{\pi}}\left[(1-16k^2+16k^4)\mathbf{E}\left(\frac{1}{k}\right) - 8(1-k^2)(1-2k^2)\mathbf{K}(\sqrt{1-k^2}\,)\right] \qquad [c<b];$$

$$A_2^2 = \frac{16c^{3/2}}{105\sqrt{\pi}}\Big[(1-k^2)(2+5k^2-8k^4)\mathbf{K}(k) \pm k^2(1-11k^2+8k^4)\mathbf{K}(\sqrt{1-k^2}\,) - - 2(1-2k^2)(1+4k^2-4k^4)(\mathbf{E}(k) \mp \mathbf{E}(\sqrt{1-k^2}\,))\Big] \qquad [b<c],$$

$$A_2^2 = \frac{16c^{3/2}k}{105\sqrt{\pi}}\left[(1-k^2)(1+16k^2-16k^4)\mathbf{K}\left(\frac{1}{k}\right) - 2(1-2k^2)(1+4k^2-4k^4)\mathbf{E}\left(\frac{1}{k}\right)\right] \qquad [c<b];$$

$$A_3^0 = \frac{1}{15\sqrt{\pi c}}\Big[\pm 2(23-128k^2+128k^4)(\mathbf{E}(k) \mp \mathbf{E}(\sqrt{1-k^2}\,)) \mp \mp (31-144k^2+128k^4)\mathbf{K}(k) + (15-112k^2+128k^4)\mathbf{K}(\sqrt{1-k^2}\,)\Big] \qquad [b<c],$$

$$A_3^0 = \pm\frac{1}{15k\sqrt{\pi c}}\left[(1-2k^2)(15-128k^2+128k^4)\mathbf{K}\left(\frac{1}{k}\right) + 2(23-128k^2+128k^4)\mathbf{E}\left(\frac{1}{k}\right)\right] \qquad [c<b];$$

$$A_3^1 = -\frac{4}{105}\sqrt{\frac{c}{\pi}}\,\Big[(1-k^2)(3-80k^2+128k^4)\mathbf{K}(k) \mp k^2(51-176k^2+128k^4)\mathbf{K}(\sqrt{1-k^2}\,) - - (3-134k^2+384k^4-256k^6)(\mathbf{E}(k) \pm \mathbf{E}(\sqrt{1-k^2}\,))\Big] \qquad [b<c],$$

$$A_3^1 = \frac{4k\sqrt{c}}{105\sqrt{\pi}}\Big[(1-2k^2)(3-128k^2+128k^4)\mathbf{E}\left(\frac{1}{k}\right) - - 2(1-k^2)(27-128k^2+128k^4)\mathbf{K}\left(\frac{1}{k}\right)\Big] \qquad [c<b];$$

$$A_3^2 = \frac{16c^{3/2}}{945\sqrt{\pi}} [\mp(1-k^2)(2+15k^2-144k^4+128k^6)\mathbf{K}(k) + \\ + k^2(1-103k^2+232k^4-128k^6)\mathbf{K}(\sqrt{1-k^2}) \pm \\ \pm 2(1+7k^2-135k^4+256k^6-128k^8)(\mathbf{E}(k) \mp \mathbf{E}(\sqrt{1-k^2}))] \quad [b<c],$$

$$A_3^2 = \mp\frac{16c^{3/2}k}{945\sqrt{\pi}} \left[(1-k^2)(1-2k^2)(1+128k^2-128k^4)\mathbf{K}\left(\frac{1}{k}\right) - \\ - (2+14k^2-270k^4+512k^6-256k^8)\mathbf{K}\left(\frac{1}{k}\right)\right] \quad [c<b].$$

19. $$\int_0^\infty x^{\alpha-1} \begin{Bmatrix} \sin cx \\ \cos cx \end{Bmatrix} J_\nu(cx)\,dx = \frac{1}{(2c)^\alpha\sqrt{\pi}}\,\Gamma\begin{bmatrix} \nu+\alpha,\ 1/2-\alpha \\ 1+\nu-\alpha \end{bmatrix} \begin{Bmatrix} \sin[(\alpha+\nu)\pi/2] \\ \cos[(\alpha+\nu)\pi/2] \end{Bmatrix}$$
$$[c>0;\ -\delta-\operatorname{Re}\nu<\operatorname{Re}\alpha<1/2].$$

20. $$\int_0^\infty x^{-\nu-1}\sin cx\, J_\nu(cx)\,dx = \frac{\pi c^\nu}{2^{\nu+1}\Gamma(\nu+1)} \quad [c>0;\ \operatorname{Re}\nu>-1/2].$$

2.12.16. Интегралы, содержащие $A(x)$, $\begin{Bmatrix} \sin bx \\ \cos bx \end{Bmatrix}$ и $J_\nu(cx)$.

Обозначение: $\delta = \begin{Bmatrix} 1 \\ 0 \end{Bmatrix}$.

1. $$\int_0^a \frac{1}{\sqrt{a^2-x^2}} \begin{Bmatrix} \sin bx \\ \cos bx \end{Bmatrix} J_\nu(cx)\,dx = \begin{Bmatrix} 0 \\ 1 \end{Bmatrix} \frac{\pi}{2} J_0(ab) J_{\nu/2}^2\left(\frac{ac}{2}\right) + \\ + \pi\sum_{k=1}^\infty (-1)^k J_{2k+\delta}(ab) J_{k+(\nu+\delta)/2}\left(\frac{ac}{2}\right) J_{(\nu-\delta)/2-k}\left(\frac{ac}{2}\right) \quad [a>0;\ \operatorname{Re}\nu>1-\delta].$$

2. $$\int_0^\infty \frac{x^{(1\pm1)/2-\nu}}{x^2+z^2} \begin{Bmatrix} \sin bx \\ \cos bx \end{Bmatrix} J_\nu(cx)\,dx = \frac{\pi}{2} z^{(\pm1-1)/2-\nu} e^{-bz} I_\nu(cz)$$
$$[0<c\leqslant b;\ \operatorname{Re}z>0;\ \operatorname{Re}\nu>-(2\mp1)/2].$$

3. $$\int_0^\infty \frac{x^{\nu+2n+(1\mp1)/2}}{x^2+z^2} \begin{Bmatrix} \sin bx \\ \cos bx \end{Bmatrix} J_\nu(cx)\,dx = (-1)^n z^{\nu+2n-(1\pm1)/2} \begin{Bmatrix} \operatorname{sh} bz \\ \operatorname{ch} bz \end{Bmatrix} K_\nu(cz)$$
$$[0<b\leqslant c;\ \operatorname{Re}z>0;\ -n-1<\operatorname{Re}\nu<2\pm1/2-2n].$$

4. $$\int_0^\infty \frac{x^{2n-\nu-(1\pm1)/2}}{x^2+z^2} \begin{Bmatrix} \sin bx \\ \cos bx \end{Bmatrix} J_\nu(cx)\,dx = (-1)^{n+\delta} \frac{\pi}{2} z^{2n-\nu-\delta-1} e^{-bz} I_\nu(cz)$$
$$[0<c\leqslant b;\ \operatorname{Re}z>0;\ \operatorname{Re}\nu>2n-\delta-5/2].$$

5. $$\int_0^\infty \frac{1-\cos bx}{x} J_0(cx)\,dx = \begin{Bmatrix} 1 \\ 0 \end{Bmatrix} \ln\frac{b+\sqrt{b^2-c^2}}{c} \quad \left[\begin{Bmatrix} 0<c\leqslant b \\ 0<b<c \end{Bmatrix}\right].$$

6. $$\int_0^\infty \frac{1-\cos bx}{x^2} J_0(cx)\,dx = \frac{\pi b}{2} - c \quad [0<c\leqslant b].$$

7. $$= \sqrt{c^2-b^2} - c + b\arcsin\frac{b}{c} \quad [0<b<c].$$

8. $$\int_0^\infty \frac{1-\cos cx}{x^2} J_{4n+2\pm1}(cx)\,dx = \frac{c}{2(2n+1)(4n+2\pm1)} \quad [c>0].$$

9. $$\int_0^\infty \frac{bx-\sin bx}{x^2}\,J_0(cx)\,dx = \begin{Bmatrix}1\\0\end{Bmatrix}\left(b\ln\frac{b+\sqrt{b^2-c^2}}{c}-\sqrt{b^2-c^2}\right) \qquad \left[\begin{Bmatrix}0<c\leqslant b\\0<b<c\end{Bmatrix}\right].$$

10. $$\int_0^\infty \frac{bx-\sin bx}{x^3}\,J_0(cx)\,dx = \frac{\pi b^2}{4}-bc+\frac{\pi c^2}{8} \qquad [0<c\leqslant b].$$

11. $$= \frac{3}{4}\,b\sqrt{c^2-b^2}-bc+\frac{2b^2+c^2}{4}\arcsin\frac{b}{c} \qquad [0<b<c].$$

12. $$\int_0^\infty \frac{\sin bx}{x}\,[1-J_0(cx)]\,dx = \begin{Bmatrix}0\\1\end{Bmatrix}\arccos\frac{b}{c} \qquad \left[\begin{Bmatrix}0<c\leqslant b\\0<b<c\end{Bmatrix}\right].$$

13. $$\int_0^\infty \frac{\cos bx}{x}\,[1-J_0(cx)]\,dx = \ln\frac{b+\sqrt{b^2-c^2}}{2b} \qquad [0<c\leqslant b].$$

14. $$= \ln\frac{c}{2b} \qquad [0<b<c].$$

15. $$\int_0^\infty \frac{\sin bx}{x^2}\,[1-J_0(cx)]\,dx = b-\sqrt{b^2-c^2}+b\ln\frac{b+\sqrt{b^2-c^2}}{2b} \qquad [0<c\leqslant b].$$

16. $$= b+b\ln\frac{c}{2b} \qquad [0<b<c].$$

17. $$\int_0^\infty \frac{\cos bx}{x^2}\,[1-J_0(cx)]\,dx = \begin{Bmatrix}0\\1\end{Bmatrix}\left(b\arccos\frac{b}{c}-\sqrt{c^2-b^2}\right) \qquad \left[\begin{Bmatrix}0<c\leqslant b\\0<b<c\end{Bmatrix}\right].$$

18. $$\int_0^\infty \frac{\sin bx}{x^3}\,[1-J_0(cx)]\,dx = \frac{\pi c^2}{8} \qquad [0<c\leqslant b].$$

19. $$= \frac{1}{4}\left[3b\sqrt{c^2-b^2}-\pi b^2+(2b^2+c^2)\arcsin\frac{b}{c}\right] \qquad [0<b<c].$$

20. $$\int_0^\infty \frac{1}{x}\,[\cos bx-J_0(cx)]\,dx = \ln\frac{c}{2b} \qquad [b,\ c>0].$$

2.12.17. Интегралы от $A(x)\begin{Bmatrix}\sin(a+bx)\\\cos(a+bx)\end{Bmatrix}J_\nu(cx)$.

1. $$\int_0^a x^{\alpha-1}\begin{Bmatrix}\sin(a-x)\\\cos(a-x)\end{Bmatrix}J_\nu(x)\,dx = B_\nu^\alpha \qquad \left[a,\ \mathrm{Re}\,(\alpha+\nu)>0;\ \delta=\begin{Bmatrix}1\\0\end{Bmatrix}\right],$$

$$B_\nu^\alpha = \pm 2a^\alpha\sum_{k=0}^\infty \frac{(-1)^k(1+\nu-\alpha)_{2k+1-\delta}}{(\nu+\alpha)_{2k+3-\delta}}\,(\nu+2k+2-\delta)J_{\nu+2k+2-\delta}(a)+\begin{Bmatrix}0\\1\end{Bmatrix}\frac{a^\alpha J_{\nu+\delta}(a)}{\alpha+\nu},$$

$$B_\nu^1 = aJ_{\nu+\delta}(a)-2\nu\sum_{k=0}^\infty(-1)^kJ_{\nu+2k+\delta+1}(a),$$

$$B_{2n}^1 = aJ_{2n+\delta}(a)\pm(-1)^n2n\left[\begin{Bmatrix}\cos a-J_0(a)\\\sin a\end{Bmatrix}\pm 2\sum_{k=0}^{n-1}(-1)^kJ_{2k+1+\delta}(a)\right],$$

$$B_{2n+1}^1 = aJ_{2n+1+\delta}(a)\pm(-1)^n(2n+1)\left[\begin{Bmatrix}\sin a\\J_0(a)-\cos a\end{Bmatrix}\mp 2\sum_{k=1-\delta}^{n}(-1)^kJ_{2k+\delta}(a)\right],$$

$$B_\nu^{\nu+1} = \frac{a^{\nu+1}}{2\nu+1}\,J_{\nu+\delta}(a),$$

$$B_\nu^{1-\nu} = \pm\frac{a^{1-\nu}}{2\nu-1}\,J_{\nu-\delta}(a) \mp \frac{2^{1-\nu}}{(2\nu-1)\Gamma(\nu)}\left\{\begin{matrix}\cos a\\ \sin a\end{matrix}\right\} \qquad [\nu\neq 1/2],$$

$$B_\nu^{0} = \frac{1+\delta}{\nu}\,J_{\nu+\delta}(a) + \frac{2}{\nu}\sum_{k=1}^{\infty}(-1)^k J_{\nu+2k+\delta}(a).$$

2. $$\int_0^a \sin(a-x)J_1(x)\,dx = \sin a - aJ_0(a) \qquad [a>0].$$

3. $$\int_a^{a+\pi} x^{-3/2}\sin(x-a)J_0(x)\,dx = -4\sqrt{a+\pi}\,J_0(a+\pi) \qquad [J_0(a)=0;\ a>0].$$

4. $$\int_0^\infty \frac{x^\nu}{x+z}\left\{\begin{matrix}\sin(x+z)\\ \cos(x+z)\end{matrix}\right\}J_\nu(x)\,dx = \pm\frac{\pi z^\nu}{2\cos\nu\pi}\left\{\begin{matrix}J_{-\nu}(z)\\ Y_{-\nu}(z)\end{matrix}\right\} \qquad [|\arg z|<\pi;\ |\operatorname{Re}\nu|<1/2].$$

5. $$\int_0^\infty \frac{\sin(x-y)}{x-y}\,J_0(x)\,dx = \frac{\pi}{2}\,J_0(y) \qquad [y>0].$$

6. $$\int_{-\infty}^\infty \frac{|x|^{2n-\nu}}{x+z}\sin(bx+bz)J_\nu(cx)\,dx = \pi z^{2n-\nu}J_\nu(cz)$$
$$[0<c\leqslant b;\ \operatorname{Re}\nu>2n-3/2;\ \operatorname{Im}z\neq 0].$$

7. $$\int_{-\infty}^\infty \frac{|x|}{x+z}\sin(bx+bz)J_0(cx)\,dx = 0 \qquad [0\leqslant b<c;\ \operatorname{Im}z\neq 0].$$

8. $$\int_{-\infty}^\infty |x|^{-\nu}\frac{\sin(x-y)}{x-y}\,J_\nu(x)\,dx = \frac{\pi}{y^\nu}\,J_\nu(y) \qquad [y>0;\ \operatorname{Re}\nu>-3/2].$$

2.12.18. Интегралы от $x^\alpha\left\{\begin{matrix}\sin(a+bx^2)\\ \cos(a+bx^2)\end{matrix}\right\}J_\nu(cx)$.

1. $$\int_0^a x^{1-n}\left\{\begin{matrix}\sin bx^2\\ \cos bx^2\end{matrix}\right\}J_n(cx)\,dx = \frac{(2b)^{n-1}}{c^n}\left[\mp\left\{\begin{matrix}\cos a^2b\\ \sin a^2b\end{matrix}\right\}U_n\left(\frac{c^2}{2b},\,ac\right) -\right.$$
$$\left.-\left\{\begin{matrix}\sin a^2b\\ \cos a^2b\end{matrix}\right\}U_{n+1}\left(\frac{c^2}{2b},\,ac\right) + U_{n+(1\mp1)/2}\left(\frac{c^2}{2b},\,ac\right)\right] \qquad [a>0].$$

2. $$\int_0^\infty \left\{\begin{matrix}\sin bx^2\\ \cos bx^2\end{matrix}\right\}J_\nu(cx)\,dx = \frac{1}{2}\sqrt{\frac{\pi}{b}}\left\{\begin{matrix}\sin t\\ \cos t\end{matrix}\right\}J_{\nu/2}\left(\frac{c^2}{8b}\right)$$
$$[t=(\nu+1)\pi/4-c^2/(8b);\ b,\ c>0;\ \operatorname{Re}\nu>-2\mp 1].$$

3. $$\int_0^\infty \left\{\begin{matrix}\sin bx^2\\ \cos bx^2\end{matrix}\right\}J_1(cx)\,dx = \frac{2}{c}\sin\frac{c^2}{8b}\left\{\begin{matrix}\cos[c^2/(8b)]\\ \sin[c^2/(8b)]\end{matrix}\right\} \qquad [b,\ c>0].$$

4. $$\int_0^\infty x^{\alpha-1}\left\{\begin{matrix}\sin bx^2\\ \cos bx^2\end{matrix}\right\}J_\nu(cx)\,dx = 2^{-\nu-1}b^{-(\alpha+\nu)/2}c^\nu\left\{\begin{matrix}\sin[(\alpha+\nu)\pi/4]\\ \cos[(\alpha+\nu)\pi/4]\end{matrix}\right\}\Gamma\left[\begin{matrix}(\alpha+\nu)/2\\ \nu+1\end{matrix}\right]\times$$
$$\times\,{}_2F_3\left(\frac{\alpha+\nu}{4},\,\frac{2+\alpha+\nu}{4};\ \frac{1}{2},\,\frac{\nu+1}{2},\,\frac{\nu}{2}+1;\ -\frac{c^4}{64b^2}\right)\mp 2^{-\nu-3}b^{-(\alpha+\nu)/2-1}\times$$
$$\times\,c^{\nu+2}\left\{\begin{matrix}\cos[(\alpha+\nu)\pi/4]\\ \sin[(\alpha+\nu)\pi/4]\end{matrix}\right\}\Gamma\left[\begin{matrix}(\alpha+\nu)/2+1\\ \nu+2\end{matrix}\right]{}_2F_3\left(\frac{2+\alpha+\nu}{4},\,1+\frac{\alpha+\nu}{4};\right.$$
$$\left.\frac{3}{2},\,\frac{\nu}{2}+1,\,\frac{\nu+3}{2};\ -\frac{c^4}{64b^2}\right) \qquad [b,\ c>0;\ -1\mp1-\operatorname{Re}\nu<\operatorname{Re}\alpha<5/2].$$

5. $$\int_0^\infty x^{\nu+1}\begin{Bmatrix}\sin bx^2\\ \cos bx^2\end{Bmatrix}J_\nu(cx)\,dx=\frac{c^\nu}{(2b)^{\nu+1}}\begin{Bmatrix}\cos\varphi\\ \sin\varphi\end{Bmatrix}$$
$[\varphi=c^2/(4b)-\nu\pi/2;\ b,\ c>0;\ -(3\pm1)/2<\operatorname{Re}\nu<1/2]$.

6. $$\int_0^\infty x\begin{Bmatrix}\sin bx^2\\ \cos bx^2\end{Bmatrix}J_\nu(cx)\,dx=\frac{c}{8b}\sqrt{\frac{\pi}{b}}\left[\begin{Bmatrix}\cos\varphi\\ \sin\varphi\end{Bmatrix}J_{(\nu-1)/2}\left(\frac{c^2}{8b}\right)\mp\begin{Bmatrix}\sin\varphi\\ \cos\varphi\end{Bmatrix}J_{(\nu+1)/2}\left(\frac{c^2}{8b}\right)\right]$$
$[\varphi=c^2/(8b)-\pi\nu/4;\ b,\ c>0;\ \operatorname{Re}\nu>-3\mp1]$.

7. $$\int_0^\infty x\begin{Bmatrix}\sin bx^2\\ \cos bx^2\end{Bmatrix}J_0(cx)\,dx=\frac{1}{2b}\begin{Bmatrix}\cos[c^2/(4b)]\\ \sin[c^2/(4b)]\end{Bmatrix}\qquad [b,\ c>0].$$

8. $$\int_0^\infty \frac{\sin bx^2}{x}J_0(cx)\,dx=-\frac{1}{2}\operatorname{si}\left(\frac{c^2}{4b}\right)\qquad [b,\ c>0].$$

9. $$\int_0^\infty \sin^2 bx^2 J_1(cx)\,dx=\frac{1}{2c}\cos\frac{c^2}{8b}\qquad [b,\ c>0].$$

10. $$\int_0^a x^{\nu+1}\begin{Bmatrix}\sin b\,(a^2-x^2)\\ \cos b\,(a^2-x^2)\end{Bmatrix}J_\nu(cx)\,dx=(2b)^{-\nu-1}c^\nu U_{\nu+(3\pm1)/2}(2a^2b,\ ac)$$
$[a>0;\ \operatorname{Re}\nu>-1]$.

11. $$\int_0^a x^{1-\nu}\begin{Bmatrix}\sin b\,(a^2-x^2)\\ \cos b\,(a^2-x^2)\end{Bmatrix}J_\nu(cx)\,dx=(2b)^{\nu-1}c^{-\nu}\left[\pm U_{\nu+(1\mp1)/2}\left(\frac{c^2}{2b},\ ac\right)+\right.$$
$$\left.+\sin a^2bU_{\nu+(1\pm1)/2}\left(\frac{c^2}{2b},\ 0\right)\mp\cos a^2bU_{\nu-(1\mp1)/2}\left(\frac{c^2}{2b},\ 0\right)\right]\qquad [a>0].$$

12. $$\int_a^\infty x^{\nu+1}\begin{Bmatrix}\sin b\,(x^2-a^2)\\ \cos b\,(x^2-a^2)\end{Bmatrix}J_\nu(cx)\,dx=\pm(2b)^{-\nu-1}c^\nu V_{(3\pm1)/2-\nu}(2a^2b,\ ac)$$
$[b,\ c>0;\ \operatorname{Re}\nu>1/2]$.

13. $$\int_0^\infty x^{\nu+1}\begin{Bmatrix}\sin(b-bx^2)\\ \cos(b-bx^2)\end{Bmatrix}J_\nu(cx)\,dx=\mp\frac{c^\nu}{(2b)^{\nu+1}}\begin{Bmatrix}\cos\varphi\\ \sin\varphi\end{Bmatrix}$$
$[\varphi=b+c^2/(4b)-\nu\pi/2;\ -1<\operatorname{Re}\nu<1/2;\ b,\ c>0]$.

2.12.19. Интегралы, содержащие $x^\alpha\begin{Bmatrix}\sin b\sqrt{x}\\ \cos b\sqrt{x}\end{Bmatrix}J_\nu(cx)$.

1. $$\int_0^\infty x^{\alpha-1}\begin{Bmatrix}\sin b\sqrt{x}\\ \cos b\sqrt{x}\end{Bmatrix}J_\nu(cx)\,dx=b^\delta\left(\frac{2}{c}\right)^{\alpha+\delta/2}\Gamma\begin{bmatrix}(\nu+\alpha)/2+\delta/4\\ 1+(\nu-\alpha)/2-\delta/4\end{bmatrix}\times$$
$$\times\,{}_2F_3\left(\frac{\alpha-\nu}{2}+\frac{\delta}{4},\ \frac{\alpha+\nu}{2}+\frac{\delta}{4};\ \frac12,\ \frac14+\delta,\ \frac34;\ -\frac{b^4}{64c^2}\right)-\frac{b^{\delta+2}}{3^\delta c^2}\left(\frac{2}{c}\right)^{\alpha+\delta/2-1}\times$$
$$\times\,\Gamma\begin{bmatrix}(\nu+\alpha-1)/2-\delta/4\\ (1+\nu-\alpha)/2-\delta/4\end{bmatrix}{}_2F_3\left(\frac{1-\nu+\alpha}{2}+\frac{\delta}{4},\ \frac{\nu+\alpha-1}{2}-\frac{\delta}{4};\ \frac32,\ \frac34+\delta,\ \frac54;\ -\frac{b^4}{64c^2}\right)$$
$\left[b,\ c>0;\ -\delta/2-\operatorname{Re}\nu<\operatorname{Re}\alpha<3/2;\ \delta=\begin{Bmatrix}1\\ 0\end{Bmatrix}\right]$.

2. $$\int_0^\infty x^{1/4}\begin{Bmatrix}\sin b\sqrt{x}\\ \cos b\sqrt{x}\end{Bmatrix}J_{\mp1/4}(cx)\,dx=\frac{\sqrt{\pi}}{c^2}\left(\frac{b}{2}\right)^{3/2}J_{\pm3/4}\left(\frac{b^2}{4c}\right)\qquad [b,\ c>0].$$

3. $\int_0^\infty x^{1/4} \begin{Bmatrix} \sin b\sqrt{x} \\ \cos b\sqrt{x} \end{Bmatrix} J_{\pm 3/4}(cx)\,dx = \frac{\sqrt{\pi}}{c^2}\left(\frac{b}{2}\right)^{3/2} J_{\mp 1/4}\left(\frac{b^2}{4c}\right)$ $[b,\ c>0]$.

4. $\int_0^\infty x^{-1/4} \begin{Bmatrix} \sin b\sqrt{x} \\ \cos b\sqrt{x} \end{Bmatrix} J_{\pm 1/4}(cx)\,dx = \frac{1}{c}\sqrt{\frac{\pi b}{2}}\, J_{\pm 1/4}\left(\frac{b^2}{4c}\right)$ $[b,\ c>0]$.

5. $\int_0^\infty x^{-1/2} \sin b\sqrt{x}\, J_0(cx)\,dx = \frac{\pi b}{4c}\left[J_{1/4}\left(\frac{b^2}{8c}\right) - Y_{1/4}\left(\frac{b^2}{8c}\right)\right]$ $[b,\ c>0]$.

6. $\int_0^\infty x^{-1/2} \cos b\sqrt{x}\, J_0(cx)\,dx = \frac{\pi b}{8c}\{Y_{1/4}(z)[Y_{1/4}(z) - J_{1/4}(z)] - J_{1/4}(z)[J_{1/4}(z) + Y_{1/4}(z)]\}$
$[z = b^2/(8c);\ b,\ c>0]$.

7. $\int_0^\infty x^{-1/2} \sin b\sqrt{x} \begin{Bmatrix} \sin cx \\ \cos cx \end{Bmatrix} J_0(cx)\,dx = \sqrt{\frac{\pi}{2c}}\cos\left(\frac{b^2}{16c} \pm \frac{\pi}{4}\right) J_0\left(\frac{b^2}{16c}\right)$ $[b,\ c>0]$.

8. $\int_0^\infty x^{-1/2} \cos b\sqrt{x} \begin{Bmatrix} \sin cx \\ \cos cx \end{Bmatrix} J_0(cx)\,dx = -\frac{1}{2}\sqrt{\frac{\pi}{2c}}\left[\begin{Bmatrix} \cos t \\ \sin t \end{Bmatrix} J_0\left(\frac{b^2}{16c}\right) \mp \begin{Bmatrix} \sin t \\ \cos t \end{Bmatrix} Y_0\left(\frac{b^2}{16c}\right)\right]$
$[t = b^2/(16c) - \pi/4;\ b,\ c>0]$.

2.12.20. Интегралы, содержащие $x^\alpha \begin{Bmatrix} \sin(bx + a/x) \\ \cos(bx + a/x) \end{Bmatrix} J_\nu(cx)$.

1. $\int_0^\infty x^{\alpha-1} \begin{Bmatrix} \sin(b/x) \\ \cos(b/x) \end{Bmatrix} J_\nu(cx)\,dx = 2^{\alpha-\delta-1} b^\delta c^{\delta-\alpha}\Gamma\left[\begin{matrix}(\nu+\alpha-\delta)/2 \\ 1 + (\delta+\nu-\alpha)/2\end{matrix}\right] \times$
$\times\ {}_0F_3\left(1 - \frac{\nu+\alpha-\delta}{2},\ \frac{1}{2} + \delta,\ 1 + \frac{\delta+\nu-\alpha}{2};\ \frac{b^2c^2}{16}\right) \mp$
$\mp\, b^{\alpha+\nu}\left(\frac{c}{2}\right)^\nu \begin{Bmatrix} \sin[(\alpha+\nu)\pi/2] \\ \cos[(\alpha+\nu)\pi/2] \end{Bmatrix} \Gamma\left[\begin{matrix}-\nu-\alpha \\ 1+\nu\end{matrix}\right] {}_0F_3\left(1 + \frac{\alpha+\nu}{2},\ 1+\nu,\ \frac{1+\alpha+\nu}{2};\ \frac{b^2c^2}{16}\right)$
$\left[b,\ c>0;\ -1 - \operatorname{Re}\nu < \operatorname{Re}\alpha < \delta + 3/2;\ \delta = \begin{Bmatrix} 1 \\ 0 \end{Bmatrix}\right]$.

2. $\int_0^\infty \frac{1}{x}\sin bx \begin{Bmatrix} \sin(a/x) \\ \cos(a/x) \end{Bmatrix} J_\nu(cx)\,dx = \frac{\pi}{2} J_\nu(z_+\sqrt{a})\left[\begin{Bmatrix} \sin(\nu\pi/2) \\ \cos(\nu\pi/2) \end{Bmatrix} J_\nu(z_-\sqrt{a}) \pm\right.$
$\left.\pm \begin{Bmatrix} \cos(\nu\pi/2) \\ \sin(\nu\pi/2) \end{Bmatrix} Y_\nu(z_-\sqrt{a})\right] + \begin{Bmatrix} \cos(\nu\pi/2) \\ \sin(\nu\pi/2) \end{Bmatrix} I_\nu(z_+\sqrt{a}) K_\nu(z_-\sqrt{a})$
$[0 < c < b;\ a > 0;\ z_\pm = \sqrt{b+c} \pm \sqrt{b-c}]$.

3. $\int_0^\infty \frac{1}{x}\cos bx \begin{Bmatrix} \sin(a/x) \\ \cos(a/x) \end{Bmatrix} J_\nu(cx)\,dx = \pm\frac{\pi}{2} J_\nu(z_+\sqrt{a})\left[\begin{Bmatrix} \cos(\nu\pi/2) \\ \sin(\nu\pi/2) \end{Bmatrix} J_\nu(z_-\sqrt{a}) \mp\right.$
$\left.\mp \begin{Bmatrix} \sin(\nu\pi/2) \\ \cos(\nu\pi/2) \end{Bmatrix} Y_\nu(z_-\sqrt{a})\right] \mp \begin{Bmatrix} \sin(\nu\pi/2) \\ \cos(\nu\pi/2) \end{Bmatrix} I_\nu(z_+\sqrt{a}) K_\nu(z_-\sqrt{a})$
$[0 < c < b;\ a > 0;\ z_\pm = \sqrt{b+c} \pm \sqrt{b-c}]$.

4. $\int_0^\infty \frac{1}{x} \begin{Bmatrix} \sin(bx - a/x) \\ \cos(bx - a/x) \end{Bmatrix} J_\nu(cx)\,dx = 2\begin{Bmatrix} \sin(\nu\pi/2) \\ \cos(\nu\pi/2) \end{Bmatrix} I_\nu(z_+\sqrt{a}) K_\nu(z_-\sqrt{a})$
$[0 < c < b;\ a > 0;\ z_\pm = \sqrt{b+c} \pm \sqrt{b-c}]$.

5. $$\int_0^\infty \frac{1}{x}\left\{\begin{matrix}\sin(bx+a/x)\\ \cos(bx+a/x)\end{matrix}\right\}J_\nu(cx)\,dx = J_\nu\left(z_+\sqrt{a}\right)\left[\pm\left\{\begin{matrix}\cos(\nu\pi/2)\\ \sin(\nu\pi/2)\end{matrix}\right\}J_\nu\left(z_-\sqrt{a}\right) - \right.$$
$$\left. - \left\{\begin{matrix}\sin(\nu\pi/2)\\ \cos(\nu\pi/2)\end{matrix}\right\}Y_\nu\left(z_-\sqrt{a}\right)\right] \qquad \left[0<c<b;\ a>0;\ z_\pm = \sqrt{b+c}\pm\sqrt{b-c}\right].$$

2.12.21. Интегралы от $A(x)\left\{\begin{matrix}\sin\left(b\sqrt{a^2-x^2}\right)\\ \cos\left(b\sqrt{a^2-x^2}\right)\end{matrix}\right\}J_\nu(cx)$.

1. $$\int_0^a x^{\nu+1}\sin\left(b\sqrt{a^2-x^2}\right)J_\nu(cx)\,dx =$$
$$= \sqrt{\frac{\pi}{2}}\,a^{\nu+3/2}bc^\nu\left(b^2+c^2\right)^{-(2\nu+3)/4}J_{\nu+3/2}\left(a\sqrt{b^2+c^2}\right) \qquad [a>0;\ \operatorname{Re}\nu>-1].$$

2. $$\int_0^a x\sin\left(b\sqrt{a^2-x^2}\right)J_0(cx)\,dx = \frac{ab}{b^2+c^2}\left[\frac{\sin\left(a\sqrt{b^2+c^2}\right)}{a\sqrt{b^2+c^2}} - \cos\left(a\sqrt{b^2+c^2}\right)\right] \qquad [a>0].$$

3. $$\int_0^a \frac{\cos\left(b\sqrt{a^2-x^2}\right)}{\sqrt{a^2-x^2}}J_\nu(cx)\,dx = \frac{\pi}{2}J_{\nu/2}\left(\frac{a\sqrt{b^2+c^2}+ab}{2}\right)J_{\nu/2}\left(\frac{a\sqrt{b^2+c^2}-ab}{2}\right)$$
$$[a>0;\ \operatorname{Re}\nu>-1].$$

4. $$\int_0^a \frac{\cos\left(b\sqrt{a^2-x^2}\right)}{\sqrt{a^2-x^2}}J_1(cx)\,dx = \frac{1}{ac}\cos ab - \frac{1}{ac}\cos\left(a\sqrt{b^2+c^2}\right) \qquad [a>0].$$

5. $$\int_0^a x^{\nu+1}\frac{\cos\left(b\sqrt{a^2-x^2}\right)}{\sqrt{a^2-x^2}}J_\nu(cx)\,dx = \sqrt{\frac{\pi}{2}}\,a^{\nu+1/2}c^\nu\left(b^2+c^2\right)^{-(2\nu+1)/4}J_{\nu+1/2}\left(a\sqrt{b^2+c^2}\right)$$
$$[a>0;\ \operatorname{Re}\nu>-1].$$

6. $$\int_0^a x\frac{\cos\left(b\sqrt{a^2-x^2}\right)}{\sqrt{a^2-x^2}}J_0(cx)\,dx = \frac{\sin\left(a\sqrt{b^2+c^2}\right)}{\sqrt{b^2+c^2}} \qquad [a>0].$$

2.12.22. Интегралы от $A(x)\left\{\begin{matrix}\sin\left(b\sqrt{x^2-a^2}\right)\\ \cos\left(b\sqrt{x^2-a^2}\right)\end{matrix}\right\}J_\nu(cx)$.

1. $$\int_a^\infty \sin\left(b\sqrt{x^2-a^2}\right)J_1(cx)\,dx = \frac{b}{c}\left(c^2-b^2\right)_+^{-1/2}\cos\left(a\sqrt{c^2-b^2}\right) \qquad [a,\ b,\ c>0;\ b\neq c].$$

2. $$\int_a^\infty x^{1-\nu}\sin\left(b\sqrt{x^2-a^2}\right)J_\nu(cx)\,dx = \sqrt{\frac{\pi}{2}}\,a^{3/2-\nu}bc^{-\nu}\left(c^2-b^2\right)_+^{(2\nu-3)/4}J_{\nu-3/2}\left(a\sqrt{c^2-b^2}\right)$$
$$[a>0;\ b\neq c;\ \operatorname{Re}\nu>-1/2].$$

3. $$\int_a^\infty x^{\nu+1}\sin\left(b\sqrt{x^2-a^2}\right)J_\nu(cx)\,dx = \pm\left(\frac{\pi}{2}\right)^{\pm1/2}a^{\nu+3/2}c^\nu\left\{\begin{matrix}b\\ \sin\nu\pi\end{matrix}\right\}\times$$
$$\times\left|b^2-c^2\right|^{-(2\nu+3)/4}\left\{\begin{matrix}Y_{\nu+3/2}\left(a\sqrt{c^2-b^2}\right)\\ K_{\nu+3/2}\left(a\sqrt{b^2-c^2}\right)\end{matrix}\right\} \qquad \left[\left\{\begin{matrix}0<b<c\\ 0<c<b\end{matrix}\right\},\ a>0;\ \operatorname{Re}\nu<-1/2\right].$$

4. $$\int_a^\infty \frac{\cos\left(b\sqrt{x^2-a^2}\right)}{\sqrt{x^2-a^2}}J_\nu(cx)\,dx = \cos\frac{\nu\pi}{2}\,I_{\nu/2}\left(\frac{ab-a\sqrt{b^2-c^2}}{2}\right)K_{\nu/2}\left(\frac{ab+a\sqrt{b^2-c^2}}{2}\right)$$
$$[0<c<b;\ a>0].$$

5. $$\int_a^\infty \frac{\cos\left(b\sqrt{x^2-a^2}\right)}{\sqrt{x^2-a^2}}\,J_1(cx)\,dx = \begin{Bmatrix}1\\0\end{Bmatrix}\frac{1}{ac}\sin\left(a\sqrt{c^2-b^2}\right) \qquad \left[\begin{Bmatrix}0<b<c\\0<c<b\end{Bmatrix},\ a>0\right].$$

6. $$\int_a^\infty \frac{x}{\sqrt{x^2-a^2}}\cos\left(b\sqrt{x^2-a^2}\right)J_0(cx)\,dx = \left(c^2-b^2\right)_+^{-1/2}\cos\left(a\sqrt{c^2-b^2}\right)$$

$[a,\ b,\ c>0;\ c\neq b]$.

7. $$\int_0^\infty x^{1-\nu}\frac{\cos\left(b\sqrt{x^2-a^2}\right)}{\sqrt{x^2-a^2}}\,J_\nu(cx)\,dx = \sqrt{\frac{\pi}{2}}\,a^{1/2-\nu}c^{-\nu}\left(c^2-b^2\right)_+^{(2\nu-1)/4}J_{\nu-1/2}\left(a\sqrt{c^2-b^2}\right)$$

$[a,\ b,\ c>0;\ b\neq c;\ \operatorname{Re}\nu>-1/2]$.

8. $$\int_a^\infty \frac{x^{1-\nu}}{x^2+z^2}\begin{Bmatrix}\sin\left(b\sqrt{x^2-a^2}\right)\\ \left(x^2-a^2\right)^{-1/2}\cos\left(b\sqrt{x^2-a^2}\right)\end{Bmatrix}J_\nu(cx)\,dx = \frac{\pi}{2}\,z^{-\nu}\left(z^2+a^2\right)^{-(1\mp1)/4}\times$$
$$\times\exp\left(-b\sqrt{z^2+a^2}\right)I_\nu(cz) \qquad [0<c<b;\ a,\ \operatorname{Re}z>0;\ \operatorname{Re}\nu>-(4\mp1)/2].$$

2.12.23. Интегралы от $A(x)\begin{Bmatrix}\sin\left(b\sqrt{x^2+z^2}\right)\\ \cos\left(b\sqrt{x^2+z^2}\right)\end{Bmatrix}J_\nu(cx)$.

1. $$\int_0^\infty x^{\nu+1}\begin{Bmatrix}\sin\left(b\sqrt{x^2+z^2}\right)\\ \cos\left(b\sqrt{x^2+z^2}\right)\end{Bmatrix}J_\nu(cx)\,dx = \sqrt{\frac{\pi}{2}}\,bc^\nu z^{\nu+3/2}\left(b^2-c^2\right)^{-(2\nu+3)/4}\times$$
$$\times\left[\begin{Bmatrix}\sin\nu\pi\\ \cos\nu\pi\end{Bmatrix}J_{\nu+3/2}\left(z\sqrt{b^2-c^2}\right)\pm\begin{Bmatrix}\cos\nu\pi\\ \sin\nu\pi\end{Bmatrix}Y_{\nu+3/2}\left(z\sqrt{b^2-c^2}\right)\right]$$

$[0<c<b;\ \operatorname{Re}z>0;\ -1<\operatorname{Re}\nu<-1/2]$.

2. $$= \begin{Bmatrix}-1\\0\end{Bmatrix}\sqrt{\frac{2}{\pi}}\,bc^\nu z^{\nu+3/2}\left(c^2-b^2\right)^{-(2\nu+3)/4}K_{\nu+3/2}\left(z\sqrt{c^2-b^2}\right)$$

$[0<b<c;\ \operatorname{Re}z>0;\ -1<\operatorname{Re}\nu<-1/2]$.

3. $$\int_0^\infty \frac{1}{\sqrt{x^2+z^2}}\begin{Bmatrix}\sin\left(b\sqrt{x^2+z^2}\right)\\ \cos\left(b\sqrt{x^2+z^2}\right)\end{Bmatrix}J_\nu(cx)\,dx = \pm\frac{\pi}{2}\,J_{\nu/2}(\xi_-)\begin{Bmatrix}J_{-\nu/2}(\xi_+)\\ Y_{-\nu/2}(\xi_+)\end{Bmatrix}$$

$\left[2\xi_\pm = z\left(b\pm\sqrt{b^2-c^2}\right);\ 0<c<b;\ \operatorname{Re}z>0;\ \operatorname{Re}\nu>-1\right]$.

4. $$\int_0^\infty \frac{1}{\sqrt{x^2+z^2}}\begin{Bmatrix}\sin\left(b\sqrt{x^2+z^2}\right)\\ \cos\left(b\sqrt{x^2+z^2}\right)\end{Bmatrix}J_1(cx)\,dx = \frac{1}{cz}\begin{Bmatrix}\sin bz-\sin\left(z\sqrt{b^2-c^2}\right)\\ \cos bz-\cos\left(z\sqrt{b^2-c^2}\right)\end{Bmatrix}$$

$[0<c<b;\ \operatorname{Re}z>0]$.

5. $$= \frac{1}{cz}\left[\begin{Bmatrix}\sin bz\\ \cos bz\end{Bmatrix}-\begin{Bmatrix}0\\1\end{Bmatrix}\exp\left(-z\sqrt{c^2-b^2}\right)\right] \qquad [0<b\leqslant c;\ \operatorname{Re}z>0].$$

6. $$\int_0^\infty \frac{x^{\nu+1}}{\sqrt{x^2+z^2}}\begin{Bmatrix}\sin\left(b\sqrt{x^2+z^2}\right)\\ \cos\left(b\sqrt{x^2+z^2}\right)\end{Bmatrix}J_\nu(cx)\,dx =$$
$$= \pm\sqrt{\frac{\pi}{2}}\,c^\nu z^{\nu+1/2}\left(b^2-c^2\right)^{-(2\nu+1)/4}\begin{Bmatrix}J_{-\nu-1/2}\left(z\sqrt{b^2-c^2}\right)\\ Y_{-\nu-1/2}\left(z\sqrt{b^2-c^2}\right)\end{Bmatrix}$$

$[0<c<b;\ \operatorname{Re}z>0;\ -1<\operatorname{Re}\nu<1/2]$.

7. $$= \begin{Bmatrix} 0 \\ 1 \end{Bmatrix} \sqrt{\frac{2}{\pi}}\, c^\nu z^{\nu+1/2} (c^2 - b^2)^{-(2\nu+1)/4} K_{\nu+1/2}\left(z\sqrt{c^2 - b^2}\right)$$

$[0 < b < c;\ \operatorname{Re} z > 0;\ -1 < \operatorname{Re} \nu < 1/2]$.

8. $$\int_0^\infty \frac{x}{\sqrt{x^2+z^2}} \begin{Bmatrix} \sin\left(b\sqrt{x^2+z^2}\right) \\ \cos\left(b\sqrt{x^2+z^2}\right) \end{Bmatrix} J_0(cx)\,dx = \pm\frac{1}{\sqrt{b^2-c^2}} \begin{Bmatrix} \cos\left(z\sqrt{b^2-c^2}\right) \\ \sin\left(z\sqrt{b^2-c^2}\right) \end{Bmatrix}$$

$[0 < c < b;\ \operatorname{Re} z > 0]$.

9. $$= \begin{Bmatrix} 0 \\ 1 \end{Bmatrix} \frac{1}{\sqrt{c^2-b^2}} \exp\left(-z\sqrt{c^2-b^2}\right)$$ $[0 < b < c;\ \operatorname{Re} z > 0]$.

10. $$\int_0^\infty \frac{x^{\nu+1}}{(x^2+z^2)^{(5\pm1)/4}} \begin{Bmatrix} \sin\left(b\sqrt{x^2+z^2}\right) \\ \cos\left(b\sqrt{x^2+z^2}\right) \end{Bmatrix} J_\nu(cx)\,dx = \begin{Bmatrix} b \\ 1 \end{Bmatrix} z^\nu K_\nu(cz)$$

$[0 < b < c;\ \operatorname{Re} z > 0;\ -1 < \operatorname{Re} \nu < (4\pm1)/2]$.

11. $$\int_0^\infty \frac{x^{1-\nu}}{\sqrt{x^2+z^2}} \left(\sqrt{x^2+z^2} - z\right)^\nu \begin{Bmatrix} \sin\left(b\sqrt{x^2+z^2}\right) \\ \cos\left(b\sqrt{x^2+z^2}\right) \end{Bmatrix} J_\nu(cx)\,dx =$$

$$= \pm\frac{c^\nu}{\sqrt{b^2-c^2}} \left(\sqrt{b^2-c^2} + b\right)^{-\nu} \begin{Bmatrix} \cos\varphi \\ \sin\varphi \end{Bmatrix}$$

$\left[\varphi = z\sqrt{b^2-c^2} + \nu\pi/2;\ 0 < c < b;\ \operatorname{Re} z > 0;\ \operatorname{Re}\nu > -1\right]$.

12. $$= \frac{1}{c\sqrt{c^2-b^2}} \exp\left(-z\sqrt{c^2-b^2}\right) \begin{Bmatrix} \sin\psi \\ \cos\psi \end{Bmatrix}$$

$[\psi = \nu \arcsin(b/c);\ 0 < b < c;\ \operatorname{Re} z > 0;\ \operatorname{Re}\nu > -1]$.

13. $$\int_0^\infty \frac{x^{\nu+1}}{x^2+\xi^2} \frac{\sin\left(b\sqrt{x^2+z^2}\right)}{\sqrt{x^2+z^2}} J_\nu(cx)\,dx = \xi^\nu \begin{Bmatrix} \left(\xi^2 - z^2\right)^{-1/2} \operatorname{sh}\left(b\sqrt{\xi^2-z^2}\right) \\ \left(z^2 - \xi^2\right)^{-1/2} \sin\left(b\sqrt{z^2-\xi^2}\right) \end{Bmatrix} K_\nu(\xi c)$$

$\left[0 < b < c;\ \operatorname{Re} z,\ \operatorname{Re}\xi > 0;\ -1 < \operatorname{Re}\nu < 5/2,\ \begin{Bmatrix} |\arg(\xi^2 - z^2)| < \pi \\ \xi < z \end{Bmatrix}\right]$.

14. $$\int_0^\infty \frac{x^{\nu+1}}{x^2+\xi^2} \cos\left(b\sqrt{x^2+z^2}\right) J_\nu(cx)\,dx = \xi^\nu \begin{Bmatrix} \operatorname{ch}\left(b\sqrt{\xi^2-z^2}\right) \\ \cos\left(b\sqrt{z^2-\xi^2}\right) \end{Bmatrix} K_\nu(\xi c)$$

$\left[0 < b < c;\ \operatorname{Re} z,\ \operatorname{Re}\xi > 0;\ -1 < \operatorname{Re}\nu < 3/2,\ \begin{Bmatrix} |\arg(\xi^2 - z^2)| < \pi \\ \xi < z \end{Bmatrix}\right]$.

2.12.24. Интегралы от $A(x)\sin(a+bx)J_\nu(\varphi(x))$.

1. $$\int_{-\infty}^\infty \frac{\sin b\,(x-y)}{x-y} J_0\left(c\sqrt{x^2+z^2}\right)dx = \pi J_0\left(c\sqrt{y^2+z^2}\right)$$ $[b,\ c,\ y,\ \operatorname{Re} z > 0]$.

2.12.25. Интегралы, содержащие e^{px^r}, тригонометрические функции и $J_\nu(cx)$.

1. $$\int_0^\infty e^{-px} \begin{Bmatrix} \sin bx \\ \cos bx \end{Bmatrix} J_0(cx)\,dx = \frac{1}{\sqrt{(p^2+(b+c)^2)(p^2+(b-c)^2)}} \begin{Bmatrix} A^2 - c^2 - p^2 \\ A^2 - b^2 \end{Bmatrix}^{1/2}$$

$\left[A = \left(\sqrt{p^2+(b+c)^2} + \sqrt{p^2+(b-c)^2}\right)/2;\ \operatorname{Re} p > |\operatorname{Im} b| + |\operatorname{Im} c|\right]$.

2. $\int\limits_0^\infty e^{-px}\cos bx\,J_1(cx)\,dx = \frac{1}{c}\left[1 - \frac{\sqrt{b^2+p^2}}{R}\cos(\theta-\eta)\right]$

$[R^4 = (c^2+p^2-b^2)^2 + 4b^2p^2,\ \operatorname{tg}\theta = b/p,\ 2bp\operatorname{ctg}2\eta = c^2+p^2-b^2;\ \operatorname{Re}p > |\operatorname{Im}b| + |\operatorname{Im}c|]$.

3. $\int\limits_0^\infty x^{\alpha-1}e^{-px}\left\{\begin{matrix}\sin bx\\ \cos bx\end{matrix}\right\}J_\nu(cx)\,dx = I_\alpha \quad \left[\operatorname{Re}p > |\operatorname{Im}b| + |\operatorname{Im}c|;\ \operatorname{Re}(\alpha+\nu) > -\delta,\ \delta = \left\{\begin{matrix}1\\0\end{matrix}\right\}\right]$,

$$I_{\nu+1} = \frac{(2c)^\nu}{\sqrt{\pi}}\Gamma\left(\nu+\frac{1}{2}\right)R^{-2\nu-1}\left\{\begin{matrix}\sin(2\nu+1)\eta\\ \cos(2\nu+1)\eta\end{matrix}\right\} \quad [\operatorname{Re}\nu > -(1+\delta)/2],$$

$$I_{\nu+2} = \frac{2^{\nu+1}c^\nu p}{\sqrt{\pi}}\Gamma\left(\nu+\frac{3}{2}\right)R^{-2\nu-3}\left\{\begin{matrix}\sin(2\nu+3)\eta\\ \cos(2\nu+3)\eta\end{matrix}\right\} \quad [\operatorname{Re}\nu > -\delta/2-1],$$

$$I_0 = \frac{c^\nu}{\nu}\left[(p+R\cos\eta)^2 + (b+R\sin\eta)^2\right]^{-\nu/2}\left\{\begin{matrix}\sin\nu\psi\\ \cos\nu\psi\end{matrix}\right\} \quad [\operatorname{Re}\nu > -\delta],$$

$\left[\operatorname{tg}\psi = \frac{b+R\sin\eta}{p+R\cos\eta};\ R,\ \eta\ \text{см. в 2.12.25.2}\right]$

4. $\int\limits_0^\infty \frac{1}{x}e^{-px}\sin bx\,J_0(cx)\,dx = \arcsin\frac{2b}{r}$

$\left[r = \sqrt{(b+c)^2+p^2} + \sqrt{(b-c)^2+p^2};\ \operatorname{Re}p > |\operatorname{Im}b| + |\operatorname{Im}c|\right]$.

5. $\int\limits_0^\infty \frac{1}{x}e^{-px}\left\{\begin{matrix}\sin bx\\ \cos bx\end{matrix}\right\}J_1(cx)\,dx = \frac{c}{(p+R\cos\eta)^2+(b+R\sin\eta)^2}\left\{\begin{matrix}b+R\sin\eta\\ p+R\cos\eta\end{matrix}\right\}$

$[R,\ \eta\ \text{см. в 2.12.25.2};\ \operatorname{Re}p > |\operatorname{Im}b| + |\operatorname{Im}c|]$.

6. $\int\limits_0^\infty \frac{1}{x^2}e^{-px}\sin bx\,J_1(cx)\,dx = \frac{1}{2b^2c^2}\left[R\sqrt{b^2+p^2}\sin(\theta+\varphi) - (b^2+p^2)\sin 2\theta\right] +$

$+\frac{c}{2b^2}\operatorname{arctg}\left(\frac{R\sin\varphi + \sqrt{b^2+p^2}\sin\theta}{R\cos\varphi + \sqrt{b^2+p^2}\cos\theta}\right) \quad [R,\ \eta,\ \theta\ \text{см. в 2.12.25.2};\ \operatorname{Re}p > |\operatorname{Im}b| + |\operatorname{Im}c|]$.

7. $\int\limits_0^\infty x^{\alpha-1}e^{-px}\left\{\begin{matrix}\sin cx\\ \cos cx\end{matrix}\right\}J_\nu(cx)\,dx = \frac{(2c)^{\nu+\delta}}{p^{\nu+\alpha+\delta}\sqrt{\pi}}\Gamma\left[\begin{matrix}\alpha+\nu+\delta,\ \nu+\delta+1/2\\ 2\nu+\delta+1\end{matrix}\right]\times$

$$\times\,{}_4F_3\left(\frac{\alpha+\nu+1}{2},\ \frac{\alpha+\nu}{2}+\delta,\ \frac{2\nu+3}{4},\ \frac{2\nu+1}{4}+\delta;\ \delta+\frac{1}{2},\ \frac{1}{2}+\delta+\nu,\ 1+\nu;\ -\frac{4c^2}{p^2}\right)$$

$\left[c,\ \operatorname{Re}p > 0;\ \operatorname{Re}(\alpha+\nu) - \delta;\ \delta = \left\{\begin{matrix}1\\0\end{matrix}\right\}\right]$.

8. $\int\limits_0^\infty x^{-1/2}e^{-p\sqrt{x}}\left\{\begin{matrix}\sin cx\\ \cos cx\end{matrix}\right\}J_0(cx)\,dx = \frac{1}{2}\sqrt{\frac{\pi}{c}}\left[J_0\left(\frac{p^2}{16c}\right)\left\{\begin{matrix}\sin\varphi\\ \cos\varphi\end{matrix}\right\} \mp Y_0\left(\frac{p^2}{16c}\right)\left\{\begin{matrix}\cos\varphi\\ \sin\varphi\end{matrix}\right\}\right]$

$[\varphi = p^2/(16c) - \pi/4;\ c,\ \operatorname{Re}p > 0]$.

9. $\int\limits_0^\infty e^{-px^2}\sin bx^2\,J_1(cx)\,dx = \frac{1}{c}\exp\left(-\frac{pc^2}{4b^2+4p^2}\right)\sin\frac{bc^2}{4(b^2+p^2)} \quad [b,\ \operatorname{Re}p > 0]$.

10. $\int\limits_0^\infty x^{\alpha-1}e^{-b\sqrt{x}}\left\{\begin{matrix}\sin b\sqrt{x}\\ \cos b\sqrt{x}\end{matrix}\right\}J_\nu(cx)\,dx = \frac{2^{\alpha+1/2}b^3}{3c^{\alpha+3/2}}\Gamma\left[\begin{matrix}(2\nu+2\alpha+3)/4\\ (2\nu-2\alpha+1)/4\end{matrix}\right]\times$

$$\times\,{}_2F_3\left(\frac{2\alpha+2\nu+3}{4},\ \frac{2\alpha-2\nu+3}{4};\ \frac{3}{2},\ \frac{5}{4},\ \frac{7}{4};\ \frac{b^4}{16c^2}\right) \pm$$

$$\pm \frac{2^{\alpha-1/2}b}{c^{\alpha+1/2}}\,\Gamma\begin{bmatrix}(2\nu+2\alpha+1)/4\\(2\nu-2\alpha+3)/4\end{bmatrix}{}_2F_3\left(\frac{2\alpha+2\nu+1}{4},\,\frac{2\alpha-2\nu+1}{4};\;\frac{1}{2},\,\frac{3}{4},\,\frac{5}{4};\;\frac{b^4}{16c^2}\right)\mp$$

$$\mp\frac{2^{\alpha+\delta-1}b^{2\delta}}{c^{\alpha+\delta}}\,\Gamma\begin{bmatrix}(\alpha+\nu+\delta)/2\\(\nu-\alpha-\delta)/2+1\end{bmatrix}{}_2F_3\left(\frac{\alpha+\nu+\delta}{2},\,\frac{\alpha+\delta-\nu}{2};\;\delta+\frac{1}{2},\,\frac{3}{4},\,\frac{1}{4}+\delta;\;\frac{b^4}{16c^2}\right)$$

$$\left[c>0;\ \operatorname{Re}(\alpha+\nu)>-\delta/2,\ |\arg b|<\pi/4,\ \delta=\begin{Bmatrix}1\\0\end{Bmatrix}\right].$$

11. $$\int_0^\infty x^{-1/2}e^{-b\sqrt{x}}\begin{Bmatrix}\sin b\sqrt{x}\\\cos b\sqrt{x}\end{Bmatrix}J_0(cx)\,dx=\frac{b}{2c}\,I_{\pm1/4}\left(\frac{b^2}{4c}\right)K_{1/4}\left(\frac{b^2}{4c}\right)\qquad [c>0;\ |\arg b|<\pi/4].$$

2.12.26. Интегралы, содержащие тригонометрические функции и $J_\nu(c\operatorname{sh}x)$ или $J_\nu(c\operatorname{ch}x)$.

1. $$\int_0^\infty\begin{Bmatrix}\sin bx\\\cos bx\end{Bmatrix}J_\nu(c\operatorname{sh}x)\,dx=\frac{1}{2}\begin{Bmatrix}i\\1\end{Bmatrix}\left[I_{(\nu+ib)/2}\left(\frac{c}{2}\right)K_{(\nu-ib)/2}\left(\frac{c}{2}\right)\mp\right.$$

$$\left.\mp I_{(\nu-ib)/2}\left(\frac{c}{2}\right)K_{(\nu+ib)/2}\left(\frac{c}{2}\right)\right]\qquad [b,\ c>0;\ \operatorname{Re}\nu>-(3\pm1)/2].$$

2. $$\int_0^\infty\sin bx\,J_0(c\operatorname{sh}x)\,dx=\frac{1}{\pi}\,\operatorname{sh}\frac{b\pi}{2}\,K_{ib/2}^2\left(\frac{c}{2}\right)\qquad [b,\ c>0].$$

3. $$\int_0^\infty\cos bx\,J_\nu(c\operatorname{ch}x)\,dx=-\frac{\pi}{4}\left[J_{(\nu+ib)/2}\left(\frac{c}{2}\right)Y_{(\nu-ib)/2}\left(\frac{c}{2}\right)+J_{(\nu-ib)/2}\left(\frac{c}{2}\right)Y_{(\nu-ib)/2}\left(\frac{c}{2}\right)\right]$$

$$[b,\ c>0].$$

2.12.27. Интегралы, содержащие показательную, тригонометрические функции и $J_\nu(\varphi(\sin x,\,\cos x))$.

1. $$\int_0^\pi\begin{Bmatrix}\sin bx\\\cos bx\end{Bmatrix}J_\nu(c\sin x)\,dx=\pi\begin{Bmatrix}\sin(b\pi/2)\\\cos(b\pi/2)\end{Bmatrix}J_{(\nu-b)/2}\left(\frac{c}{2}\right)J_{(\nu+b)/2}\left(\frac{c}{2}\right)$$

$$[b,\ c>0;\ \operatorname{Re}\nu>(-3\mp1)/2].$$

2. $$\int_0^\pi\cos 2nx\,J_0\left(c\begin{Bmatrix}\sin x\\\cos x\end{Bmatrix}\right)dx=(\pm1)^n\pi J_n^2\left(\frac{c}{2}\right)\qquad [c>0].$$

3. $$\int_0^\pi e^{p\cos x}\operatorname{tg}^{2m}\frac{x}{2}\,J_{2n}(c\sin x)\,dx=\frac{1}{c}\,\Gamma\begin{bmatrix}m+n+1/2,\ n-m+1/2\\2n+1,\ 2n+1\end{bmatrix}M_{m,\,n}(z_+)M_{m,\,n}(z_-)$$

$$\left[z_\pm=p\pm\sqrt{p^2-c^2}\right].$$

4. $$\int_0^\pi\cos 2nx\,J_0\left(\sqrt{a^2-b^2\sin^2x}\right)dx=(-1)^n\pi J_n\left(\frac{a+\sqrt{a^2-b^2}}{2}\right)J_n\left(\frac{a-\sqrt{a^2-b^2}}{2}\right)$$

$$[0<b\leqslant a].$$

5. $$\int_0^\pi\frac{\cos 2nx}{\sqrt{a^2-b^2\sin^2x}}\,J_1\left(\sqrt{a^2-b^2\sin^2x}\right)dx=\frac{(-1)^n\pi}{a\sqrt{a^2-b^2}}[u_+J_n(u_-)J_{n+1}(u_+)-$$

$$-u_-J_{n+1}(u_-)J_n(u_+)]\qquad\left[2u_\pm=a\pm\sqrt{a^2-b^2};\ 0<b<a\right].$$

6. $$\int_0^{2\pi}\cos nx\,J_0\left(\sqrt{a^2+b^2+2ab\cos x}\right)dx=(-1)^n2\pi J_n(a)J_n(b).$$

7. $$\int_0^{2\pi} \frac{1}{\sqrt{a^2+b^2+2ab\cos x}} \left\{ \begin{matrix} \sin(x/2)\sin[(2n+1)x/2] \\ \cos(x/2)\cos[(2n+1)x/2] \end{matrix} \right\} J_1\left(\sqrt{a^2+b^2+2ab\cos x}\right) dx = \\ = \frac{(-1)^n \pi}{b \mp a} [J_n(a) J_{n+1}(b) \mp J_{n+1}(a) J_n(b)] \qquad [a \neq \pm b].$$

8. $$\int_0^{2\pi} \left(\frac{a+be^{ix}}{\left(\sqrt{a^2+b^2+2ab\cos x}\right)} \right)^n e^{-imx} J_n\left(\sqrt{a^2+b^2+2ab\cos x}\right) dx = 2\pi J_{n-m}(a) J_m(b) \\ [a,\ b > 0].$$

9. $$\int_{-\pi/2}^{\pi/2} [\varphi(x)]^{-\mu-\nu} e^{i(\mu-\nu)x} \cos^{\mu+\nu} x\, J_{\mu+\nu}(c\varphi(x))\, dx = \pi(2a)^{-\mu}(2b)^{-\nu} J_\mu(ac) J_\nu(bc) \\ \left[\varphi(x) = \sqrt{2(a^2e^{ix}+b^2e^{-ix})\cos x};\ \operatorname{Re}(\mu+\nu) > -1\right].$$

2.12.28. Интегралы от $A(x)\ln\varphi(x) J_\nu(cx)$.

1. $$\int_a^b x \ln\frac{b}{x}\, J_0(cx)\, dx = \frac{1}{c^2}[J_0(ac) - J_0(bc)] - \frac{a}{c} J_1(ac) \ln\frac{b}{a} \qquad [0 < a < b].$$

2. $$\int_0^1 x \ln x\, J_0(cx)\, dx = \frac{1}{c^2}[J_0(c) - 1].$$

3. $$\int_0^\infty \ln x\, J_\nu(cx)\, dx = \frac{1}{c}\left[\ln\frac{2}{c} + \psi\left(\frac{\nu+1}{2}\right)\right] \qquad [c > 0;\ \operatorname{Re}\nu > -1].$$

4. $$\int_0^\infty \ln x\, J_0(cx)\, dx = -\frac{1}{c}[\ln(2c) + \mathbf{C}] \qquad [c > 0].$$

5. $$\int_0^\infty \ln x\, J_1(cx)\, dx = -\frac{1}{c}\left(\ln\frac{c}{2} + \mathbf{C}\right) \qquad [c > 0].$$

6. $$\int_0^\infty x^{\alpha-1} \ln^n x\, J_\nu(cx)\, dx = I_n \qquad [c > 0;\ -\operatorname{Re}\nu < \operatorname{Re}\alpha < 3/2],$$

$$I_n = \frac{1}{2}\frac{\partial^n}{\partial\alpha^n}\left\{\left(\frac{2}{c}\right)^\alpha \Gamma\left[\begin{matrix}(\alpha+\nu)/2 \\ (\nu-\alpha)/2+1\end{matrix}\right]\right\},$$

$$I_1 = 2^{\alpha-2}c^{-\alpha}\Gamma\left[\begin{matrix}(\alpha+\nu)/2 \\ (\nu-\alpha)/2+1\end{matrix}\right]\left\{\psi\left(\frac{\alpha+\nu}{2}\right) + \psi\left(\frac{\nu-\alpha}{2}+1\right) + 2\ln\frac{2}{c}\right\},$$

$$I_2 = 2^{\alpha-3}c^{-\alpha}\Gamma\left[\begin{matrix}(\alpha+\nu)/2 \\ (\nu-\alpha)/2+1\end{matrix}\right] \times \\ \times \left\{\left[\psi\left(\frac{\alpha+\nu}{2}\right) + \psi\left(\frac{\nu-\alpha}{2}+1\right) + 2\ln\frac{2}{c}\right]^2 + 2\psi'\left(\frac{\alpha+\nu}{2}\right) - 2\psi'\left(\frac{\nu-\alpha}{2}+1\right)\right\}.$$

7. $$\int_0^\infty \ln(x^2+z^2) J_1(cx)\, dx = \frac{2}{c}[K_0(cz) + \ln z] \qquad [c,\ \operatorname{Re} z > 0].$$

8. $$\int_0^\infty x \ln\left(1 + \frac{z^2}{x^2}\right) J_0(cx)\, dx = \frac{2}{c}\left[\frac{1}{c} - zK_1(cz)\right] \qquad [c,\ \operatorname{Re} z > 0].$$

9. $\int\limits_0^\infty \ln(1+x^4z^4)J_1(cx)\,dx = \frac{4}{c}\operatorname{ker}\left(\frac{c}{z}\right)$ $[c>0;\ |\arg z|<\pi/4]$.

10. $\int\limits_0^\infty \ln\left(xz+\sqrt{1+x^2z^2}\right)J_1(cx)\,dx = \frac{1}{c}\,I_0\left(\frac{c}{2z}\right)K_0\left(\frac{c}{2z}\right)$ $[c,\ \operatorname{Re} z>0]$.

11. $\int\limits_0^\infty x\ln\frac{z+\sqrt{x^2+z^2}}{x}\,J_0(cx)\,dx = \frac{1}{c^2}(1-e^{-cz})$ $[c,\ \operatorname{Re} z>0]$.

12. $\int\limits_0^\infty \frac{\ln\left(x+\sqrt{x^2+z^2}\right)}{\sqrt{x^2+z^2}}\,J_0(cx)\,dx = \frac{1}{2}\,K_0^2\left(\frac{cz}{2}\right)+\ln z\,I_0\left(\frac{cz}{2}\right)K_0\left(\frac{cz}{2}\right)$ $[c,\ \operatorname{Re} z>0]$.

13. $\int\limits_0^\infty \frac{1}{\sqrt{x^2+z^2}}\ln\frac{\sqrt{x^2+z^2}+x}{\sqrt{x^2+z^2}-x}\,J_0(cx)\,dx = K_0^2\left(\frac{cz}{2}\right)$ $[c,\ \operatorname{Re} z>0]$.

14. $\int\limits_0^\infty \frac{x}{\sqrt{x^4+z^4}}\ln\frac{\sqrt{x^4+z^4}+x^2}{z^2}\,J_0(cx)\,dx = -\frac{\pi}{2}\,Y_0\left(\frac{cz}{\sqrt{2}}\right)K_0\left(\frac{cz}{\sqrt{2}}\right)$

$[c>0;\ |\arg z|<\pi/4]$.

15. $\int\limits_0^\infty \frac{x}{\sqrt{\varphi^2-1}}\ln\left(\sqrt{\varphi^2-1}+\varphi\right)J_0(cx)\,dx = 2abK_0(ac)K_0(bc)$

$\left[\varphi=(2ab)^{-1}(a^2+b^2+x^2);\ a,\ b,\ c>0\right]$.

2.12.29. Интегралы, содержащие показательную, тригонометрические и логарифмическую функции и $J_\nu(\varphi(x))$.

1. $\int\limits_0^\infty e^{-px}\ln x\,J_0(cx)\,dx = (p^2+c^2)^{-1/2}\left[\ln\left(p+\sqrt{p^2+c^2}\right)-\ln(p^2+c^2)-\ln 2-\mathbf{C}\right]$

$[\operatorname{Re} p>|\operatorname{Im} c|]$.

2. $\int\limits_0^\infty x^{(1\pm1)/2}e^{-px^2}\ln x\,J_0(cx)\,dx = \frac{2^{\mp1}}{p}\exp\left(-\frac{c^2}{4p}\right)\left[\ln\frac{c}{2p}-\frac{1}{2}\operatorname{Ei}\left(\frac{c^2}{4p}\right)\right]$ $[\operatorname{Re} p>0]$.

3. $\int\limits_0^\infty x^3e^{-px^2}\ln(px^2)J_0(cx)\,dx =$

$$= \frac{c^2-4p}{8p^3}\exp\left(-\frac{c^2}{4p}\right)\left[\operatorname{Ei}\left(\frac{c^2}{4p}\right)-\ln\frac{c^2}{4p}+16\exp\left(-\frac{c^2}{4p}\right)-8\right]$$ $[\operatorname{Re} p>0]$.

4. $\int\limits_0^\infty x\frac{\exp\left(-p\sqrt{x^2+z^2}\right)}{\sqrt{x^2+z^2}}\ln\left(\sqrt{x^2+z^2}\pm z\right)J_0(cx)\,dx =$

$$= \frac{1}{r}\left[e^{-rz}\ln\frac{rz\pm pz}{r}-e^{rz}\operatorname{Ei}(-2rz)\right]+\frac{1}{r}\left\{\begin{matrix}0\\1\end{matrix}\right\}\left[e^{rz}\operatorname{Ei}(-rz-pz)-e^{-rz}\operatorname{Ei}(rz-pz)\right]$$

$\left[r=\sqrt{p^2+c^2};\ \operatorname{Re} p>|\operatorname{Im} c|;\ \operatorname{Re} z>0\right]$.

5. $\int\limits_0^\infty e^{-px}\ln x\,J_0\left(c\sqrt{x^2+xz}\right)dx =$

$$= \frac{1}{r}\,e^{pz/2}\left\{e^{-rz/2}\ln\frac{rz-pz}{2r}-e^{-rz/2}\operatorname{Ei}\left(\frac{rz-pz}{2}\right)+e^{rz/2}\left[\operatorname{Ei}\left(-\frac{rz+pz}{2}\right)-\operatorname{Ei}(-rz)\right]\right\}$$

$\left[r=\sqrt{c^2+p^2};\ \operatorname{Re} p>|\operatorname{Im} c|;\ |\arg z|<\pi\right]$.

6. $\int\limits_0^\infty e^{-px}\ln(x+z)J_0\left(c\sqrt{x^2+xz}\right)dx = \frac{1}{r}\left[\exp\left(\frac{pz-rz}{2}\right)\ln\frac{pz+rz}{2r} - \right.$

$\left. - \exp\left(\frac{pz+rz}{2}\right)\operatorname{Ei}(-zr)\right]$ $\left[r=\sqrt{c^2+p^2};\ \operatorname{Re}p > |\operatorname{Im}c|;\ |\arg z|<\pi\right]$.

7. $\int\limits_0^\infty \cos bx \ln ax J_0(cx)\,dx = -\frac{\pi}{2}(b^2-c^2)^{-1/2}$ $[0<c<b]$.

8. $= -(c^2-b^2)^{-1/2}\left[\mathbf{C} - \ln\frac{ac}{2} + \ln(c^2-b^2)\right]$ $[0<b<c]$.

9. $\int\limits_0^\infty \frac{1}{x^2}\left[\nu\ln\left(\frac{x}{2}\right) - \ln\Gamma(\nu+1) - \ln|J_\nu(x)|\right]dx = \frac{\pi}{2}$ $[\operatorname{Re}\nu > -1/2]$.

10. $\int\limits_0^1 \ln J_n(x)\,dx = A_n,\quad A_0=-0{,}086734\ldots,\quad A_1=-1{,}735351\ldots,\quad A_2=-4{,}108958\ldots$

2.12.30. Интегралы, содержащие обратные тригонометрические функции и $J_\nu(cx)$.

1. $\int\limits_0^a \frac{x^{\alpha-1}}{\sqrt{a^2-x^2}}\cos\left(\mu\arccos\frac{x}{a}\right)J_\nu(cx)\,dx =$

$= \frac{\pi a^{\alpha+\nu-1}c^\nu}{2^{\alpha+2\nu}}\Gamma\left[\begin{matrix}\alpha+\nu\\ \nu+1,\ (\alpha+\mu+\nu+1)/2,\ (\alpha-\mu+\nu+1)/2\end{matrix}\right]\times$

$\times\,{}_1F_3\left(\alpha+\nu;\ \nu+1,\ \frac{\alpha+\mu+\nu+1}{2},\ \frac{\alpha-\mu+\nu+1}{2};\ -\frac{a^2c^2}{16}\right)$ $[a,\ \operatorname{Re}(\alpha+\nu)>0]$.

2. $\int\limits_0^a \frac{\cos[\mu\arccos(x/a)]}{\sqrt{a^2-x^2}}J_\nu(cx)\,dx = \frac{\pi}{2}J_{(\nu+\mu)/2}\left(\frac{ac}{2}\right)J_{(\nu-\mu)/2}\left(\frac{ac}{2}\right)$ $[a>0;\ \operatorname{Re}\nu>-1]$.

3. $\int\limits_0^\infty \operatorname{arctg}x^2 J_1(cx)\,dx = -\frac{2}{c}\operatorname{kei}(c)$ $[a>0]$.

2.12.31. Интегралы от $x^\alpha J_\mu(bx)J_\nu(cx)$.

1. $\int\limits_0^\infty x^{\alpha-1}J_\mu(bx)J_\nu(cx)\,dx = A^\alpha_{\mu,\nu}$ $\left[b,\ c,\ \operatorname{Re}(\alpha+\mu+\nu)>0;\ \operatorname{Re}\alpha<2;\ k=2\sqrt{bc}/(b+c)\right]$,

$A^\alpha_{\mu,\nu} = 2^{\alpha-1}b^{-\nu-\alpha}c^\nu\Gamma\left[\begin{matrix}(\nu+\mu+\alpha)/2\\ (\mu-\nu-\alpha)/2+1,\ \nu+1\end{matrix}\right]{}_2F_1\left(\frac{\nu+\mu+\alpha}{2},\ \frac{\nu-\mu+\alpha}{2};\ \nu+1;\ \frac{c^2}{b^2}\right)$

$[0<c<b]$,

$A^\alpha_{\mu,\nu} = 2^{\alpha-1}b^\mu c^{-\mu-\alpha}\Gamma\left[\begin{matrix}(\alpha+\mu+\nu)/2\\ (\nu-\mu-\alpha)/2+1,\ \mu+1\end{matrix}\right]{}_2F_1\left(\frac{\alpha+\mu+\nu}{2},\ \frac{\alpha+\mu-\nu}{2};\ \mu+1;\ \frac{b^2}{c^2}\right)$

$[0<b<c]$;

$A^{1-\mu}_{\mu,\nu} = \frac{2^{1-\mu}}{c}e^{-i\mu\pi}\Gamma\left[\begin{matrix}(1+\nu)/2+\mu\\ (1-\nu)/2+\mu\end{matrix}\right](b^2-c^2)^{\mu/2}Q^\mu_{(\nu-1)/2}\left(\frac{2b^2-c^2}{c^2}\right)$

$[0<c<b;\ \operatorname{Re}\mu,\ \operatorname{Re}\nu>-1]$,

$A^{1-\mu}_{\mu,\nu} = \frac{2^{-\mu}}{c}(c^2-b^2)^{\mu/2}P^{-\mu}_{(\nu-1)/2}\left(\frac{c^2-2b^2}{c^2}\right)$ $[0<b<c;\ \operatorname{Re}\mu,\ \operatorname{Re}\nu>-1]$;

$$A_{\mu,\,\nu}^{1+\mu} = \frac{2^\mu \cos(\nu\pi/2)}{\sqrt{\pi b}}\,\Gamma\left(\frac{\nu+1}{2}+\mu\right)(b^2-c^2)^{-(2\mu+1)/4}P_{\mu-1/2}^{-\nu/2}\left(\frac{2b^2-c^2}{b\sqrt{b^2-c^2}}\right) = \frac{2^{\mu+1}}{\pi c}\cos\frac{\nu\pi}{2}\,e^{-i\mu\pi}(b^2-c^2)^{-\mu/2}Q_{(\nu+1)/2}^{\mu}\left(\frac{2b^2-c^2}{c^2}\right)$$

$[0 < c < b;\ \operatorname{Re}\mu < 1;\ \operatorname{Re}(2\mu+\nu) > -1]$,

$$A_{\mu,\,\nu}^{1+\mu} = \frac{2^\mu}{c}\,\Gamma\begin{bmatrix}\mu+(\nu+1)/2\\(1+\nu)/2-\mu\end{bmatrix}(c^2-b^2)^{-\mu/2}P_{(\nu-1)/2}^{-\mu}\left(\frac{c^2-2b^2}{c^2}\right)$$

$[0 < b < c;\ \operatorname{Re}\mu < 1;\ \operatorname{Re}(2\mu+\nu) > -1]$;

$$A_{\mu,\,\nu}^{\mu-\nu+2} = 2^{\mu+1-\nu}b^\mu\,\frac{c^{-\nu}}{\Gamma(\nu-\mu)}\,(c^2-b^2)_+^{\nu-\mu-1} \qquad [b \neq c;\ -1 < \operatorname{Re}\mu < \operatorname{Re}\nu];$$

$$A_{\mu,\,\nu}^{\mu+\nu+2} = -\frac{2^{\mu+\nu+1}}{\pi}\begin{Bmatrix}\sin\mu\pi\\ \sin\nu\pi\end{Bmatrix}\Gamma(\mu+\nu+1)b^\mu c^\nu|b^2-c^2|^{-\mu-\nu-1}$$

$\left[\begin{Bmatrix}0<b<c\\0<c<b\end{Bmatrix},\ -1 < \operatorname{Re}(\mu+\nu) < 0\right]$;

$$A_{\mu,\,\nu}^{1/2} = \frac{2^{\nu-1/2}}{\sqrt{b}}\,\Gamma\begin{bmatrix}1/4+(\mu+\nu)/2\\3/4+(\mu-\nu)/2\end{bmatrix}P_{\mu-1/2}^{-\nu}\left(\frac{\sqrt{b^2-c^2}}{b}\right) \qquad [0 < c < b;\ \operatorname{Re}(\mu+\nu) > -1/2];$$

$$A_{\mu,\,\nu}^{3/2} = \frac{2^{\nu+1/2}}{\sqrt{b}}\,\Gamma\begin{bmatrix}(\mu+\nu)/2+3/4\\(\mu-\nu)/2+1/4\end{bmatrix}(b^2-c^2)^{-1/2}P_{\mu-1/2}^{-\nu}\left(\frac{\sqrt{b^2-c^2}}{b}\right)$$

$[0 < c < b;\ \operatorname{Re}(\mu+\nu) > -3/2]$;

$$A_{\nu,\,\nu}^{\alpha} = \frac{2^{\alpha-1}(bc)^\nu}{(b+c)^{2\nu+\alpha}}\,\Gamma\begin{bmatrix}\nu+\alpha/2\\ \nu+1,\ 1-\alpha/2\end{bmatrix}{}_2F_1\left(\nu+\frac{\alpha}{2},\ \nu+\frac{1}{2};\ 2\nu+1;\ \frac{4bc}{(b+c)^2}\right) = 2^{\alpha-1}\Gamma\begin{bmatrix}\nu+\alpha/2\\1-\alpha/2\end{bmatrix}|b^2-c^2|^{-\alpha/2}P_{-\alpha/2}^{-\nu}\left(\frac{b^2+c^2}{|b^2-c^2|}\right) =$$

$$= 2^\alpha\Gamma\begin{bmatrix}\nu+(\alpha+1)/2\\(1-\alpha)/2\end{bmatrix}|b^2-c^2|^{-(\alpha+1)/2}P_{-(\alpha+1)/2}^{-\nu}\left(\frac{b^2+c^2}{|b^2-c^2|}\right) = \frac{2^\alpha e^{-\alpha\pi i/2}\sqrt{c}}{\sqrt{b\pi}\,\Gamma((1-\alpha)/2)}|b^2-c^2|^{-\alpha/2}Q_{\nu-1/2}^{\alpha/2}\left(\frac{b^2+c^2}{2bc}\right)$$

$[b \neq c;\ -2\operatorname{Re}\nu < \operatorname{Re}\alpha < 2]$;

$$A_{-\nu,\,\nu}^{\alpha} = 2^{\alpha-1}|c^2-b^2|^{-\alpha/2}\Gamma\begin{bmatrix}\alpha/2\\1\pm\nu-\alpha/2\end{bmatrix}P_{-\alpha/2}^{\pm\nu}\left(\frac{c^2+b^2}{|c^2-b^2|}\right) \qquad [b \neq c;\ 0 < \operatorname{Re}\alpha < 2];$$

$$A_{\nu-1,\,\nu}^{1} = \frac{b^{\nu-1}}{c^\nu}\begin{Bmatrix}1\\0\end{Bmatrix} \qquad \left[\begin{Bmatrix}0<b<c\\0<c<b\end{Bmatrix},\ \operatorname{Re}\nu > 0\right];$$

$$A_{\nu,\,\nu}^{0} = \frac{1}{2\nu}\left(\frac{b}{c}\right)^\nu \qquad [0 < b < c;\ \operatorname{Re}\nu > 0];$$

$$A_{1,\,1}^{-1} = \frac{b+c}{3\pi bc}\left[(b^2+c^2)\mathbf{E}(k)-(b-c)^2\mathbf{K}(k)\right];$$

$$A_{1,\,0}^{0} = \frac{2}{\pi}\,\mathbf{E}\left(\frac{c}{b}\right) \qquad [0 < c < b];$$

$$A_{1,\,0}^{0} = \frac{2c}{\pi b}\left[\mathbf{K}\left(\frac{b}{c}\right)-\frac{c^2-b^2}{c^2}\,\mathbf{E}\left(\frac{b}{c}\right)\right] \qquad [0 < b < c];$$

$$A_{2,\,1}^{0} = \frac{1}{3\pi b^2c}\left[(b-c)(b^2+2c^2)\mathbf{K}(k)-(b+c)(b^2-2c^2)\mathbf{E}(k)\right];$$

$$A_{3,\,2}^{0} = \frac{1}{15\pi b^3c^2}\left[(b-c)(2b^4+5b^2c^2+8c^4)\mathbf{K}(k)-(b+c)(2b^4+3b^2c^2-8c^4)\mathbf{E}(k)\right];$$

$$A_{\nu,\,\nu+2n+1}^{1} = (-1)^n\begin{Bmatrix}1\\0\end{Bmatrix}\frac{b^\nu}{c^{\nu+1}}P_n^{(0,\,\nu)}\left(\frac{2c^2}{b^2}-1\right) \qquad \left[\begin{Bmatrix}0<b<c\\0<c<b\end{Bmatrix};\ \operatorname{Re}\nu > -n-1\right];$$

$$A_{0,\,0}^{1} = \frac{2}{\pi c}\,\mathbf{K}\left(\frac{b}{c}\right) \qquad [0 < b < c];$$

$$A_{1,\,1}^{1} = \frac{2b}{\pi c^2}\,\mathbf{D}\left(\frac{b}{c}\right) \qquad [0 < b < c];$$

$$A^1_{3,\,1} = \frac{1}{3\pi b^3 c(b+c)}\left[(b^4 + b^2c^2 - 8c^4)\mathbf{K}(k) - (b+c)^2(b^2 - 8c^2)\mathbf{E}(k)\right];$$

$$A^1_{4,\,2} = \frac{2}{15\pi b^4 c^2(b+c)}\left[(b^6 + 4b^4c^2 + 4b^2c^4 - 24c^6)\mathbf{K}(k) - (b+c)^2(b^4 + 4b^2c^2 - 24c^4)\mathbf{E}(k)\right];$$

$$A^{1\pm 1/2}_{0,\,0} = \frac{2^{1\pm 1/2}}{\pi\sqrt{b}}\,\Gamma\begin{bmatrix}(2\pm 1)/4\\(2\mp 1)/4\end{bmatrix}(b^2-c^2)^{\mp 1/2}\mathbf{K}\left[\left(\frac{b-\sqrt{b^2-c^2}}{2b}\right)^{1/2}\right] \qquad [0<c<b].$$

2. $\displaystyle\int_0^\infty x^{\alpha-1}J_\mu(cx)J_\nu(cx)\,dx =$

$$= 2^{\alpha-1}c^{-\alpha}\Gamma\begin{bmatrix}1-\alpha,\ (\alpha+\nu+\mu)/2\\1+(\mu-\nu-\alpha)/2,\ 1+(\nu+\mu-\alpha)/2,\ 1+(\nu-\mu-\alpha)/2\end{bmatrix}$$

$[\operatorname{Re}\alpha<1;\ c,\ \operatorname{Re}(\alpha+\mu+\nu)>0].$

3. $\displaystyle\int_0^\infty \frac{1}{x}\,J_\mu(cx)J_\nu(cx)\,dx = \frac{2}{\pi(\nu^2-\mu^2)}\sin\frac{\nu-\mu}{2}\,\pi \qquad [c,\ \operatorname{Re}(\mu+\nu)>0].$

4. $\displaystyle\int_{-\infty}^\infty \frac{1}{x}\,J_{m+1/2}(cx)J_{n+1/2}(cx)\,dx = \frac{2}{2n+1}\,\delta_{m,\,n} \qquad [c>0].$

5. $\displaystyle\int_0^\infty \frac{1}{x}\,[1-J_0(bx)]J_0(cx)\,dx = \begin{Bmatrix}1\\0\end{Bmatrix}\ln\frac{b}{c} \qquad \left[\begin{Bmatrix}0<b<c\\0<c<b\end{Bmatrix}\right].$

6. $\displaystyle\int_0^\infty \frac{1}{x^2}\,[1-J_0(bx)]J_1(cx)\,dx = \frac{c}{4}\left(1+2\ln\frac{b}{c}\right) \qquad [0<c<b].$

$$= \frac{b^2}{4c} \qquad [0<b<c].$$

7. $\displaystyle\int_0^\infty \frac{1}{x}\,[J_0(bx)-J_0(cx)]^2\,dx = \ln\frac{b}{c} \qquad [b>c>0].$

2.12.32. Интегралы от $A(x)J_\mu(bx)J_\nu(cx)$.

1. $\displaystyle\int_0^\infty \frac{1}{x\pm z}\,J_\nu^2(cx)\,dx = -\frac{\pi}{2}\,J_\nu(cz)Y_\nu(cz)\mp$

$$\mp\frac{cz}{\pi}\,\Gamma\begin{bmatrix}\nu-1/2\\\nu+3/2\end{bmatrix}{}_2F_3\left(1,\ 1;\ \frac{3}{2},\ \frac{3}{2}+\nu,\ \frac{3}{2}-\nu;\ -c^2z^2\right)\mp$$

$$\mp\frac{\pi(cz)^{2\nu}\operatorname{tg}\nu\pi}{2^{2\nu+1}\Gamma^2(\nu+1)}\,{}_1F_2\left(\nu+\frac{1}{2};\ \nu+1,\ 2\nu+1;\ -c^2z^2\right) \qquad \left[c>0,\ \begin{Bmatrix}|\arg z|<\pi\\z>0\end{Bmatrix}\right].$$

2. $\displaystyle\int_0^a x^{\alpha-1}(a-x)^{\beta-1}J_\mu(cx)J_\nu(cx)\,dx =$

$$= a^{\alpha+\beta+\mu+\nu-1}\left(\frac{c}{2}\right)^{\mu+\nu}\Gamma\begin{bmatrix}\beta,\ \alpha+\mu+\nu\\\mu+1,\ \nu+1,\ \alpha+\beta+\mu+\nu\end{bmatrix}\times$$

$$\times\,{}_4F_5\left(\frac{\mu+\nu+1}{2},\ \frac{\mu+\nu+2}{2},\ \frac{\mu+\nu+\alpha}{2},\ \frac{\mu+\nu+\alpha+1}{2};\ \mu+1,\ \nu+1,\right.$$

$$\left.\mu+\nu+1,\ \frac{\mu+\nu+\alpha+\beta}{2},\ \frac{\mu+\nu+\alpha+\beta+1}{2};\ -a^2c^2\right) \qquad [a,\ \operatorname{Re}\beta,\ \operatorname{Re}(\alpha+\mu+\nu)>0].$$

3. $\displaystyle\int_0^a x^{\alpha-1}(a^2-x^2)^{\beta-1}J_\mu(cx)J_\nu(cx)\,dx =$

$$= \frac{1}{2} a^{\alpha+2\beta+\mu+\nu-2}\left(\frac{c}{2}\right)^{\mu+\nu}\Gamma\left[\begin{matrix}\beta,\ (\alpha+\mu+\nu)/2\\ \beta+(\alpha+\mu+\nu)/2,\ 1+\mu,\ 1+\nu\end{matrix}\right]\times$$

$$\times\ {}_3F_4\left(\frac{\alpha+\mu+\nu}{2},\ \frac{\mu+\nu+1}{2},\ \frac{\mu+\nu}{2}+1;\ \beta+\frac{\alpha+\mu+\nu}{2},\ \mu+1,\ \mu+\nu+1,\ \nu+1;\ -a^2c^2\right)$$

$[a,\ \mathrm{Re}\,\beta,\ \mathrm{Re}\,(\alpha+\mu+\nu)>0]$.

4. $$\int_0^a \frac{x^{\pm 2\nu+1}}{(a^2-x^2)^{\pm\nu+3/2}}\, J_{-\nu}(cx)J_\nu(cx)\,dx = \frac{(ac)^{\pm\nu}}{2a\sqrt{\pi}}\,\Gamma\left(\mp\nu-\frac{1}{2}\right)J_{-\nu}(2ac)$$

$[a>0;\ -1<\pm\mathrm{Re}\,\nu<-1/2]$.

5. $$\int_0^a x^{2\nu+2}(a^2-x^2)^{-\nu-3/2}J_{\nu+1}(cx)J_\nu(cx)\,dx = \frac{1}{2\sqrt{\pi}}\,\Gamma\left(-\nu-\frac{1}{2}\right)(ac)^\nu J_{\nu+1}(2ac)$$

$[a>0;\ -1<\mathrm{Re}\,\nu<-1/2]$.

6. $$\int_0^a \frac{1}{x\sqrt{a^2-x^2}}\, J_1^2(cx)\,dx = \frac{1}{2a}-\frac{1}{2a^2c}\,J_1(2ac)$$ $[a>0]$.

7. $$\int_0^a \frac{1}{x^3\sqrt{a^2-x^2}}\, J_2^2(cx)\,dx = \frac{1}{4a^5c^2}\left[\frac{a^2c^2}{2}+\frac{a^4c^4}{6}-J_2(2ac)-2acJ_3(2ac)\right]$$ $[a>0]$.

8. $$\int_a^\infty x^{\alpha-1}(x^2-a^2)^{\beta-1}J_\mu(cx)J_\nu(cx)\,dx = \frac{1}{2}\left(\frac{2}{c}\right)^{\alpha+2\beta-2}\times$$

$$\times\Gamma\left[\begin{matrix}(\alpha+\mu+\nu)/2+\beta-1,\ 3-\alpha-2\beta\\ 2-\beta+(\mu-\nu-\alpha)/2,\ 2-\beta+(\mu+\nu-\alpha)/2,\ 2-\beta+(\nu-\mu-\alpha)/2\end{matrix}\right]\times$$

$$\times\ {}_3F_4\left(1-\beta,\ \frac{3-\alpha}{2}-\beta,\ 2-\beta-\frac{\alpha}{2};\ 2-\beta-\frac{\mu+\nu+\alpha}{2},\ 2-\beta+\frac{\mu-\nu-\alpha}{2},\right.$$

$$\left.2-\beta+\frac{\mu+\nu-\alpha}{2},\ 2-\beta+\frac{\nu-\mu-\alpha}{2};\ -a^2c^2\right)+$$

$$+\ \frac{a^{\mu+\nu+\alpha+2\beta-2}c^{\mu+\nu}}{2^{\mu+\nu+1}}\,\Gamma\left[\begin{matrix}\beta,\ 1-\beta-(\alpha+\mu+\nu)/2\\ 1-(\alpha+\mu+\nu)/2,\ 1+\mu,\ 1+\nu\end{matrix}\right]\times$$

$$\times\ {}_3F_4\left(\frac{\alpha+\mu+\nu}{2},\ \frac{1+\mu+\nu}{2},\ 1+\frac{\mu+\nu}{2};\ \beta+\frac{\alpha+\mu+\nu}{2},\ 1+\mu,\ 1+\nu,\ 1+\mu+\nu;\ -a^2c^2\right)$$

$[a,\ c,\ \mathrm{Re}\,\beta>0;\ \mathrm{Re}\,(\alpha+2\beta)<3]$.

9. $$\int_a^\infty x^{1-2\nu}(x^2-a^2)^{\nu-3/2}J_\nu^2(cx)\,dx = \frac{\Gamma(\nu-1/2)}{2a^{\nu+1}c^\nu\sqrt{\pi}}\,\mathbf{H}_\nu(2ac)$$ $[a,\ c>0;\ \mathrm{Re}\,\nu>1/2]$.

10. $$\int_0^\infty \frac{x^{\alpha-1}}{(x^2+z^2)^\rho}\, J_\mu(cx)J_\nu(cx)\,dx = \frac{1}{2}\left(\frac{c}{2}\right)^{2\rho-\alpha}\times$$

$$\times\Gamma\left[\begin{matrix}(\mu+\nu+\alpha)/2-\rho,\ 1+2\rho-\alpha\\ (\mu-\nu-\alpha)/2+\rho+1,\ (\mu+\nu-\alpha)/2+\rho+1,\ (\nu-\mu-\alpha)/2+\rho+1\end{matrix}\right]\times$$

$$\times\ {}_3F_4\left(\frac{1-\alpha}{2}+\rho,\ 1-\frac{\alpha}{2}+\rho,\ \rho;\ \rho+1-\frac{\mu+\nu+\alpha}{2},\ \rho+1+\frac{\mu-\nu-\alpha}{2},\right.$$

$$\left.\rho+1+\frac{\mu+\nu-\alpha}{2},\ \rho+1+\frac{\nu-\mu-\alpha}{2};\ c^2z^2\right)+\frac{z^{\alpha-2\rho}}{2}\left(\frac{cz}{2}\right)^{\mu+\nu}\times$$

$$\times\Gamma\left[\begin{matrix}\rho-(\alpha+\mu+\nu)/2,\ (\alpha+\mu+\nu)/2\\ \rho,\ \mu+1,\ \nu+1\end{matrix}\right]{}_3F_4\left(\frac{1+\mu+\nu}{2},\ 1+\frac{\mu+\nu}{2},\right.$$

$$\left.\frac{\alpha+\mu+\nu}{2};\ 1-\rho+\frac{\alpha+\mu+\nu}{2},\ \mu+1,\ \nu+1,\ \mu+\nu+1;\ c^2z^2\right)$$

$[c,\ \mathrm{Re}\,z,\ \mathrm{Re}\,(\alpha+\mu+\nu)>0;\ \mathrm{Re}\,(\alpha-2\rho)<1]$.

11. $$\int\limits_0^\infty \frac{x^{\mu-\nu+2n+1}}{x^2+z^2} J_\mu(bx)J_\nu(cx)\,dx = (-1)^n z^{\mu-\nu+2n} I_\nu(cz)K_\mu(bz)$$
$[0 < c < b;\ \operatorname{Re} z > 0;\ -1-n < \operatorname{Re}\mu < \operatorname{Re}\nu + 1 - 2n]$.

12. $$\int\limits_0^\infty \frac{x^{1-2n}}{x^2+z^2} J_\nu(bx)J_\nu(cx)\,dx = (-1)^n z^{-2n}\Bigg[I_\nu(cz)K_\nu(bz) - \\ - \frac{(c/b)^\nu}{2\nu}\sum_{p=0}^{n-1}\frac{(bz/2)^{2p}}{p!(1-\nu)_p}\sum_{k=0}^{n-p-1}\frac{(cz/2)^{2k}}{k!(1+\nu)_k}\Bigg]$$
$[0 < c < b;\ \operatorname{Re} z > 0;\ \operatorname{Re}\nu > n-1]$.

13. $$\int\limits_0^\infty \left[\frac{1}{c(x+z)} - \pi J_\nu^2(cx)\right]dx = \frac{1}{c}\left[\ln(2cz) - \psi\left(\nu+\frac{1}{2}\right)\right]$$
$[c > 0;\ \operatorname{Re}\nu > -1/2;\ |\arg z| < \pi]$.

2.12.33. Интегралы от $A(x)J_\mu(a \pm cx)J_\nu(cx+d)$.

1. $$\int\limits_0^a J_\mu(ca-cx)J_\nu(cx)\,dx = \frac{2}{c}\sum_{k=0}^\infty (-1)^k J_{\mu+\nu+2k+1}(ac)$$ $[a > 0;\ \operatorname{Re}\mu,\ \operatorname{Re}\nu > -1]$.

2. $$\int\limits_0^a J_0(ca-cx)J_\nu(cx)\,dx = \frac{2}{c}U_{\nu+1}(ac,\ ac)$$ $[a > 0;\ \operatorname{Re}\nu > -1]$.

3. $$\int\limits_0^a J_{-\nu}(ca-cx)J_\nu(cx)\,dx = \frac{\sin ac}{c}$$ $[a > 0;\ |\operatorname{Re}\nu| < 1]$.

4. $$\int\limits_0^a J_{1-\nu}(ca-cx)J_\nu(cx)\,dx = \frac{1}{c}[J_0(ac) - \cos ac]$$ $[a > 0;\ -1 < \operatorname{Re}\nu < 2]$.

5. $$\int\limits_0^a x^{\alpha-1}J_\mu(ca-cx)J_\nu(cx)\,dx = \left(\frac{2}{c}\right)^\alpha \sum_{k=0}^\infty \frac{(-1)^k}{k!}(\alpha)_k\Gamma\begin{bmatrix}\alpha+\nu+k\\ \nu+k+1\end{bmatrix}J_{\alpha+\mu+\nu+2k}(ac)$$
$[a,\ \operatorname{Re}(\alpha+\nu) > 0;\ \operatorname{Re}\mu > -1]$.

6. $$\int\limits_0^a \frac{1}{x}J_\mu(ca-cx)J_\nu(cx)\,dx = \frac{1}{\nu}J_{\mu+\nu}(ac)$$ $[a,\ \operatorname{Re}\nu > 0;\ \operatorname{Re}\mu > -1]$.

7. $$\int\limits_0^a \frac{x^{\alpha-1}}{a-x}J_\mu(ca-cx)J_\nu(cx)\,dx = \left(\frac{2}{c}\right)^\alpha \frac{1}{a\mu}\sum_{k=0}^\infty \frac{(\alpha)_k(-1)^k}{k!}\Gamma\begin{bmatrix}\alpha+\nu+k\\ \nu+k+1\end{bmatrix}\times \\ \times(\alpha+\mu+\nu+2k)J_{\alpha+\mu+\nu+2k}(ac)$$ $[a,\ \operatorname{Re}\mu,\ \operatorname{Re}(\alpha+\nu) > 0]$.

8. $$\int\limits_0^a \frac{1}{x(a-x)}J_\mu(ca-cx)J_\nu(cx)\,dx = \frac{\mu+\nu}{a\mu\nu}J_{\mu+\nu}(ac)$$ $[a,\ \operatorname{Re}\nu,\ \operatorname{Re}\mu > 0]$.

9. $$\int\limits_0^a x^\nu(a-x)^{\mu+(1\pm1)/2}J_\mu(ca-cx)J_\nu(cx)\,dx = \frac{a^{\mu+\nu+1\pm1/2}}{\sqrt{2\pi c}}\times \\ \times B\left(\mu+1\pm\frac{1}{2},\ \nu+\frac{1}{2}\right)J_{\mu+\nu+1/2}(ac)$$ $[a > 0;\ \operatorname{Re}\nu > -1/2;\ \operatorname{Re}\mu > (-3\mp1)/4]$.

10. $$\int\limits_0^a x^{\nu+1}(a-x)^{\mu+1}J_\mu(ca-cx)J_\nu(cx)\,dx = \frac{1}{\sqrt{2\pi}}\Gamma\begin{bmatrix}\mu+3/2,\ \nu+3/2\\ \mu+\nu+2\end{bmatrix}\times \\ \times a^{\mu+\nu+3/2}c^{-3/2}\left[J_{\mu+\nu+3/2}(ac) - \frac{ac}{2(\mu+\nu+2)}J_{\mu+\nu+5/2}(ac)\right]$$ $[a > 0;\ \operatorname{Re}\mu,\ \operatorname{Re}\nu > -1]$.

11. $$\int\limits_0^a x^{\nu+1}(a-x)^{-\nu-2}J_\mu(ca-cx)J_\nu(cx)\,dx = \frac{2^{2\nu+1}}{\sqrt{\pi}}\,\Gamma\left[\begin{matrix}\nu+3/2,\ \mu-\nu-1\\ \mu+\nu+1\end{matrix}\right]\times$$
$$\times\left(\frac{ac}{2}\right)^\nu\left[J_\mu(ac)-\frac{ac}{\mu+\nu+1}\,J_{\mu+1}(ac)\right]\qquad [a>0;\ \operatorname{Re}(\mu-\nu)>1;\ \operatorname{Re}\nu>-1].$$

12. $$\int\limits_0^a x^{\nu}(a-x)^{-\nu-1}J_\mu(ca-cx)J_\nu(cx)\,dx = \frac{(2ac)^\nu}{\sqrt{\pi}}\,\Gamma\left[\begin{matrix}\nu+1/2,\ \mu-\nu\\ \mu+\nu+1\end{matrix}\right]J_\mu(ac)$$
$$[a>0;\ -1/2<\operatorname{Re}\nu<\operatorname{Re}\mu].$$

13. $$\int\limits_0^a \frac{a-x}{x^2}\,J_0(ca-cx)J_\nu(cx)\,dx = \frac{1}{\nu(\nu-1)}\left[J_\nu(ac)-\frac{ac}{\nu+1}\,J_{\nu+1}(ac)\right]$$
$$[a>0;\ \operatorname{Re}\nu>1].$$

14. $$\int\limits_{-\infty}^{\infty} \frac{J_\mu(ab+ax)J_\nu(ac+ax)}{(b+x)^\mu(c+x)^\nu}\,dx = \sqrt{\frac{2\pi}{a}}\,\Gamma\left[\begin{matrix}\mu+\nu\\ \mu+1/2,\ \nu+1/2\end{matrix}\right]\times$$
$$\times(b-c)^{1/2-\mu-\nu}J_{\mu+\nu-1/2}(ab-ac)\qquad [a,\ \operatorname{Re}(\mu+\nu)>0,\ b>c>0].$$

2.12.34. Интегралы от $x^\alpha J_\mu(bx^{\pm r})J_\nu(cx)$.

1. $$\int\limits_0^\infty J_{2\nu}(b\sqrt{x})J_\nu(cx)\,dx = \frac{1}{c}\,J_\nu\left(\frac{b^2}{4c}\right)\qquad [b,\ c>0;\ \operatorname{Re}\nu>-1/2].$$

2. $$\int\limits_0^\infty x^{\alpha-1}J_\mu(b\sqrt{x})J_\nu(cx)\,dx = \frac{2^{\alpha-\mu/2-1}b^\mu}{c^{\alpha+\mu/2}}\,\Gamma\left[\begin{matrix}(\nu+\alpha)/2+\mu/4\\ (\nu-\alpha)/2-\mu/4+1,\ \mu+1\end{matrix}\right]\times$$
$$\times{}_2F_3\left(\frac{\mu}{4}+\frac{\alpha-\nu}{2},\ \frac{\mu}{4}+\frac{\alpha+\nu}{2};\ \frac{1}{2},\ \frac{\mu+1}{2},\ \frac{\mu}{2}+1;\ -\frac{b^4}{64c^2}\right)-$$
$$-\frac{2^{\alpha-\mu/2-2}b^{\mu+2}}{c^{\alpha+\mu/2+1}}\,\Gamma\left[\begin{matrix}(\nu+\alpha+1)/2+\mu/4\\ (\nu-\alpha+1)/2-\mu/4,\ \mu/2\end{matrix}\right]\times$$
$$\times{}_2F_3\left(\frac{1+\alpha-\nu}{2}+\frac{\mu}{4},\ \frac{\nu+\alpha+1}{2}+\frac{\mu}{4};\ \frac{3}{2},\ \frac{\mu}{2}+1,\ \frac{\mu+3}{2};\ -\frac{b^4}{64c^2}\right)$$
$$[b,\ c>0;\ -\operatorname{Re}(\nu+\mu/2)<\operatorname{Re}\alpha<7/4].$$

3. $$\int\limits_0^\infty \sqrt{x}\,J_{2\nu\pm1}(b\sqrt{x})J_\nu(cx)\,dx = \frac{b}{2c^2}\,J_{\nu\pm1}\left(\frac{b^2}{4c}\right)\qquad [b,\ c>0;\ \operatorname{Re}\nu>(\mp1-3)/4].$$

4. $$\int\limits_0^\infty \frac{1}{x^{1\pm1}}\,J_\nu\left(\frac{b}{x}\right)J_\nu(cx)\,dx = \left\{\begin{matrix}b^{-1}\\ c^{-1}\end{matrix}\right\}J_{2\nu}\left(2\sqrt{bc}\right)\qquad [b,\ c>0;\ \operatorname{Re}\nu>-1/2].$$

5. $$\int\limits_0^\infty \frac{1}{x}\,J_{\nu-1}\left(\frac{b}{x}\right)J_\nu(cx)\,dx = \frac{1}{\sqrt{bc}}\,J_{2\nu-1}\left(2\sqrt{bc}\right)\qquad [b,\ c>0;\ \operatorname{Re}\nu>-1/2].$$

6. $$\int\limits_0^\infty x^{\alpha-1}J_\mu\left(\frac{b}{x}\right)J_\nu(cx)\,dx = \frac{b^\mu c^{\mu-\alpha}}{2^{2\mu-\alpha+1}}\,\Gamma\left[\begin{matrix}(\nu+\alpha-\mu)/2\\ \mu+1,\ (\mu+\nu-\alpha)/2+1\end{matrix}\right]\times$$
$$\times{}_0F_3\left(\mu+1,\ \frac{\mu-\nu-\alpha}{2}+1,\ \frac{\mu+\nu-\alpha}{2}+1;\ \frac{b^2c^2}{16}\right)+$$
$$+\frac{b^{\nu+\alpha}c^\nu}{2^{2\nu+\alpha+1}}\,\Gamma\left[\begin{matrix}(\mu-\nu-\alpha)/2\\ \nu+1,\ (\mu+\nu+\alpha)/2+1\end{matrix}\right]{}_0F_3\left(\nu+1,\ \frac{\nu-\mu+\alpha}{2}+1,\ \frac{\mu+\nu+\alpha}{2}+1;\ \frac{b^2c^2}{16}\right)$$
$$[b,\ c>0;\ -\operatorname{Re}\nu-3/2<\operatorname{Re}\alpha<\operatorname{Re}\mu+3/2].$$

7. $\displaystyle\int\limits_0^\infty x^{1/2-2\nu} J_{1/2-\nu}\left(\frac{b}{x}\right) J_\nu(cx)\,dx =$

$$= -\frac{ib^{1/2-\nu}c^{\nu-1}}{2\sin 2\nu\pi}\left[e^{2\pi i\nu}J_{1-2\nu}(u_+)J_{2\nu-1}(u_-) - e^{-2\pi i\nu}J_{2\nu-1}(u_+)J_{1-2\nu}(u_-)\right]$$

$\left[u_\pm = \sqrt{bc/2}\,e^{\pm\pi i/4};\ b,\ c > 0;\ -1/2 < \operatorname{Re}\nu < 3\right].$

2.12.35. Интегралы от $A(x)J_\mu\left(b\sqrt{z^2 \pm x^2}\right)J_\nu(cx)$.

1. $\displaystyle\int\limits_0^a x^\nu J_0\left(c\sqrt{a^2-x^2}\right)J_\nu(cx)\,dx = \frac{2^\nu\Gamma(\nu+1/2)}{\sqrt{\pi}\,\Gamma(2\nu+2)}\,a^{2\nu+1}c^\nu\,{}_1F_2\left(\frac{1}{2};\ \nu+1,\ \frac{2\nu+3}{2};\ \frac{a^2c^2}{4}\right)$

$[a > 0;\ \operatorname{Re}\nu > -1/2].$

2. $\displaystyle\int\limits_0^a x^{\nu+2n+1}(a^2-x^2)^{m+\mu/2}J_\mu\left(b\sqrt{a^2-x^2}\right)J_\nu(cx)\,dx =$

$$= a^{\mu+\nu-m-n+1}b^\mu c^\nu\left(\frac{\partial}{b\partial b}\right)^m\left(\frac{\partial}{c\partial c}\right)^n\left[(b^2+c^2)^{-(\mu+\nu+m+n+1)/2}J_{\mu+\nu+m+n+1}\left(a\sqrt{b^2+c^2}\right)\right]$$

$[a > 0;\ \operatorname{Re}\nu > -n-1;\ \operatorname{Re}\mu > -m-1].$

3. $\displaystyle\int\limits_a^\infty x^{\nu+1}(x^2-a^2)^{\mu/2}J_\mu\left(b\sqrt{x^2-a^2}\right)J_\nu(cx)\,dx = -\frac{2}{\pi}\,a^{\mu+\nu+1}b^\mu c^\nu(b^2-c^2)^{-(\mu+\nu+1)/2}\times$

$\times K_{\mu+\nu+1}\left(a\sqrt{b^2-c^2}\right)$ $[0 < c < b;\ a > 0;\ \operatorname{Re}\mu > -1;\ \operatorname{Re}(\mu+\nu) < -1].$

4. $= a^{\mu+\nu+1}b^\mu c^\nu(c^2-b^2)^{-(\mu+\nu+1)/2}\left[\sin\mu\pi\,Y_{\mu+\nu+1}\left(a\sqrt{c^2-b^2}\right) - \right.$

$\left.-\cos\mu\pi\,J_{\mu+\nu+1}\left(a\sqrt{c^2-b^2}\right)\right]$ $[0 < b < c;\ a > 0;\ \operatorname{Re}\mu > -1;\ \operatorname{Re}(\mu+\nu) < -1].$

5. $\displaystyle\int\limits_a^\infty x(x^2-a^2)^{n/2}J_n\left(c\sqrt{x^2-a^2}\right)J_{2n+1}(cx)\,dx = (c^2-a^2)_+^{n/2}J_n\left(a\sqrt{c^2-a^2}\right)$

$[a,\ c > 0;\ a \ne c].$

6. $\displaystyle\int\limits_a^\infty x^{1-\nu}(x^2-a^2)^{\mu/2}J_\mu\left(b\sqrt{x^2-a^2}\right)J_\nu(cx)\,dx =$

$$= a^{\mu-\nu+1}b^\mu c^{-\nu}(c^2-b^2)_+^{(\nu-\mu-1)/2}J_{\nu-\mu-1}\left(a\sqrt{c^2-b^2}\right)$$

$[a,\ b,\ c > 0;\ \operatorname{Re}\mu > -1;\ \operatorname{Re}(\mu-\nu) < -1].$

7. $\displaystyle\int\limits_a^\infty \frac{x^{1-\nu}(x^2-a^2)^{\mu/2+n-1}}{x^2+z^2}J_\mu\left(b\sqrt{x^2-a^2}\right)J_\nu(cx)\,dx =$

$$= (-1)^{n+1}z^{-\nu}(a^2+z^2)^{\mu/2+n-1}K_\mu\left(b\sqrt{a^2+c^2}\right)I_\nu(cz)$$

$[0 < c < b;\ a,\ \operatorname{Re}z > 0;\ -n < \operatorname{Re}\mu < 4-2n+\operatorname{Re}\nu].$

8. $\displaystyle\int\limits_0^\infty (x^2+z^2)^{-\nu/2}J_\nu\left(b\sqrt{x^2+z^2}\right)J_1(cx)\,dx =$

$\displaystyle = \frac{1}{c}\,z^{-\nu}J_\nu(bz) - \frac{(b^2-c^2)^{\nu/2}}{(bz)^\nu c}\,J_\nu\left(z\sqrt{b^2-c^2}\right)$ $[0 < c < b;\ \operatorname{Re}z > 0;\ \operatorname{Re}\nu > -1].$

9. $\displaystyle\int\limits_0^\infty x^{\nu-1}(x^2+z^2)^{-\mu/2}J_\mu\left(b\sqrt{x^2+z^2}\right)J_\nu(cx)\,dx = \frac{2^{\nu-1}\Gamma(\nu)}{c^\nu z^\mu}\,J_\mu(bz)$

$[0 < b < c;\ \operatorname{Re}z > 0;\ 0 < \operatorname{Re}\nu < \operatorname{Re}\mu + 2].$

10. $$\int_0^\infty x^{\nu+1}(x^2+z^2)^{\mu/2}J_\mu\left(b\sqrt{x^2+z^2}\right)J_\nu(cx)\,dx = b^\mu c^\nu z^{\mu+\nu+1}(b^2-c^2)^{-(\mu+\nu+1)/2}\times$$ $$\times\left[\sin\nu\pi\, Y_{\mu+\nu+1}\left(z\sqrt{b^2-c^2}\right)-\cos\nu\pi\, J_{\mu+\nu+1}\left(z\sqrt{b^2-c^2}\right)\right]$$

$[0<c<b;\ \operatorname{Re}z>0;\ -1<\operatorname{Re}\nu<-\operatorname{Re}\mu]$.

11. $$=\frac{2\sin\mu\pi}{\pi}\,b^\mu c^\nu z^{\mu+\nu+1}(c^2-b^2)^{-(\mu+\nu+1)/2}K_{\mu+\nu+1}\left(z\sqrt{c^2-b^2}\right)$$

$[0<b<c;\ \operatorname{Re}z>0;\ -1<\operatorname{Re}\nu<-\operatorname{Re}\mu]$.

12. $$\int_0^\infty x^{\nu+1}(x^2+z^2)^{-\mu/2}J_\mu\left(b\sqrt{x^2+z^2}\right)J_\nu(cx)\,dx = \frac{c^\nu z^{1+\nu-\mu}}{b^\mu}(b^2-c^2)_+^{(\mu-\nu-1)/2}\times$$ $$\times J_{\mu-\nu-1}\left(z\sqrt{b^2-c^2}\right)$$ $[b,\ c,\ \operatorname{Re}z>0;\ b\neq c;\ -1<\operatorname{Re}\nu<\operatorname{Re}\mu]$.

13. $$\int_0^\infty x^{\nu+1}(x^2+z^2)^{-(\mu+3)/2}J_\mu\left(b\sqrt{x^2+z^2}\right)J_\nu(cx)\,dx = \frac{b^\mu}{2^{\mu-1/2}}\sqrt{\frac{c}{\pi}}\,\frac{z^{\nu-1/2}}{\Gamma(\mu+1)}K_{\nu-1/2}(cz)$$

$[0<b<c;\ \operatorname{Re}z>0;\ -1<\operatorname{Re}\nu<\operatorname{Re}\mu+3]$.

14. $$\int_0^\infty x^{\nu+2n-1}\frac{J_\mu\left(b\sqrt{x^2+z^2}\right)J_\nu(cx)}{(x^2+z^2)^{\mu/2}(x^2+\zeta^2)}\,dx=$$ $$=(-1)^{n+1}\zeta^{\nu+2n-2}\left\{\begin{matrix}(z^2-\zeta^2)^{-\mu/2}J_\mu\left(b\sqrt{z^2-\zeta^2}\right)\\(\zeta^2-z^2)^{-\mu/2}I_\mu\left(b\sqrt{\zeta^2-z^2}\right)\end{matrix}\right\}K_\nu(c\zeta)$$ $$\left[0<b\leqslant c;\ \operatorname{Re}\zeta,\ \operatorname{Re}z>0;\ -n<\operatorname{Re}\nu<\operatorname{Re}\mu+2,\ \left\{\begin{matrix}|\arg(z^2-\zeta^2)|<\pi\\ z<\zeta\end{matrix}\right\}\right].$$

2.12.36. Интегралы от $x^\alpha J_\mu(\varphi(x))J_\nu(\chi(x))$.

1. $$\int_0^\infty x^{\alpha-1}J_{\pm\nu}\left(b\sqrt{x^2+z^2}+bz\right)J_\nu\left(b\sqrt{x^2+z^2}-bz\right)dx = \frac{1}{2\sqrt{\pi}}\left(\frac{z}{b}\right)^{\alpha/2}\times$$ $$\times\Gamma\left[\begin{matrix}\nu+\alpha/2,\ (1-\alpha)/2\\ 1+\nu-\alpha/2\end{matrix}\right]\left(\left\{\begin{matrix}1\\ \cos\nu\pi\end{matrix}\right\}J_{-\alpha/2}(2bz)-\left\{\begin{matrix}0\\ \sin\nu\pi\end{matrix}\right\}Y_{-\alpha/2}(2bz)\right)$$

$[b,\ \operatorname{Re}z>0;\ -2\operatorname{Re}\nu<\operatorname{Re}\alpha<1]$.

2.12.37. Интегралы, содержащие $J_\mu(cx)/J_\nu(cx)$.

1. $$\int_0^1 \frac{x^kJ_m(x)}{J_n(x)}\,dx = A_{m,\,n}^k,$$

$A_{0,1}^1 = 1{,}914485\ldots,\quad A_{1,0}^0 = 0{,}279773\ldots,\quad A_{2,1}^0 = 0{,}127718\ldots$

2. $$\int_0^\infty \frac{J_{\nu+1}(cx)}{xJ_\nu(cx)}\,dx = \frac{\pi}{2}$$ $[c>0]$.

3. $$\int_0^\infty \frac{J_{\nu+1}(cx)}{x(x^2+z^2)J_\nu(cx)}\,dx = \frac{\pi I_{\nu+1}(cz)}{2z^2I_\nu(cz)}$$ $[c,\ \operatorname{Re}z>0]$.

2.12.38. Интегралы от $x^\alpha e^{-px}J_\mu(bx)J_\nu(cx)$.

1. $$\int_0^\infty e^{-px}J_\mu(bx)J_\nu(cx)\,dx = I_{\mu,\,\nu}$$ $\Big[\operatorname{Re}p>|\operatorname{Im}b|+|\operatorname{Im}c|;\ \operatorname{Re}(\mu+\nu)>-1;$

$k=\sin\varphi = 2\sqrt{bc}\Big/\sqrt{p^2+(b+c)^2},\ \sin\psi = p\Big/\sqrt{p^2+(b-c)^2}\ \Big],$

$$I_{\nu,\,\nu} = \frac{1}{\pi\sqrt{bc}}\, Q_{\nu-1/2}\left(\frac{p^2+b^2+c^2}{2bc}\right) \qquad [\operatorname{Re}\nu > -1/2],$$

$$I_{0,\,0} = \frac{k}{\pi\sqrt{bc}}\,\mathbf{K}(k),$$

$$I_{1,\,0} = -\frac{pk}{2\pi(b^3c)^{1/2}}\left[\mathbf{K}(k) \pm \frac{1}{2b}\,\Lambda_0(\varphi,\,\psi)\right] + \begin{Bmatrix} 0 \\ b^{-1} \end{Bmatrix} \qquad \left[\begin{Bmatrix} b<c \\ b>c \end{Bmatrix}\right],$$

$$I_{1,\,1} = \frac{1}{\pi k\sqrt{bc}}\left[(2-k^2)\mathbf{K}(k) - 2\mathbf{E}(k)\right],$$

$$I_{2,\,0} = \frac{4\sqrt{c}}{\pi b^{3/2}k}\,\mathbf{E}(k) - \frac{kc^{3/2}}{\pi b^{5/2}}\,\mathbf{K}(k) \mp \frac{p}{b^2}\,\Lambda_0(\varphi,\,\psi) - \begin{Bmatrix} 0 \\ 2pb^{-2} \end{Bmatrix} \qquad \left[\begin{Bmatrix} b<c \\ b>c \end{Bmatrix}\right],$$

$$I_{2,\,1} = \frac{2p}{\pi k(b^3c)^{1/2}}\,\mathbf{E}(k) - \frac{pk(p^2+b^2+2c^2)}{2\pi b^{5/2}c^{3/2}}\,\mathbf{K}(k) \pm \frac{c}{2b^2}\,\Lambda_0(\varphi,\,\psi) + \begin{Bmatrix} c^{-1} \\ b^{-2}c \end{Bmatrix} \qquad \left[\begin{Bmatrix} b<c \\ b>c \end{Bmatrix}\right],$$

$$I_{2,\,2} = \frac{1}{3\pi k^3\sqrt{bc}}\left[(4-k^2)(4-3k^2)\mathbf{K}(k) - 8(2-k^2)\mathbf{E}(k)\right],$$

$$I_{3,\,3} = \frac{1}{15\pi k^5\sqrt{bc}}\left[(128-128k^2+15k^4)(2-k^2)\mathbf{K}(k) - 2(128-128k^2+23k^4)\mathbf{E}(k)\right],$$

$$I_{4,\,4} = \frac{1}{105\pi k^7\sqrt{bc}}\left[(6144-12288k^2+8000k^4 - {}\right.$$
$$\left. - 1856k^6 + 105k^8)\mathbf{K}(k) - 32(2-k^2)(96-96k^2+11k^4)\mathbf{E}(k)\right].$$

2. $\displaystyle\int_0^\infty x^{\alpha-1}e^{-px}J_\mu(bx)J_\nu(cx)\,dx = A^\alpha_{\mu,\,\nu}$

$\Big[\operatorname{Re}(\alpha+\mu+\nu) > 0;\ \operatorname{Re}p > |\operatorname{Im}b| + |\operatorname{Im}c|;\ k,\ \varphi,\ \psi$ см. в 2.12.38.1; $2k_b = \left(1-\sqrt{1-b^2\gamma^2}\right)^{1/2}$,

$2k_c = \left(1-\sqrt{1-c^2}\right)^{1/2},\ 2\gamma = \sqrt{p^2+(b+c)^2} + \sqrt{p^2+(b-c)^2}\Big]$,

$$A^\alpha_{\mu,\,\nu} = \frac{b^\mu c^\nu}{2^{\mu+\nu}p^{\alpha+\mu+\nu}}\,\Gamma\begin{bmatrix}\alpha+\mu+\nu \\ \mu+1,\ \nu+1\end{bmatrix} \times$$
$$\times F_4\left(\frac{\alpha+\mu+\nu}{2},\ \frac{\alpha+\mu+\nu+1}{2};\ \mu+1,\ \nu+1;\ -\frac{b^2}{p^2},\ -\frac{c^2}{p^2}\right) =$$
$$= \frac{b^\mu c^\nu}{2^{\mu+\nu}(p+ib+ic)^{\alpha+\mu+\nu}}\,\Gamma\begin{bmatrix}\alpha+\mu+\nu \\ \mu+1,\ \nu+1\end{bmatrix} \times$$
$$\times F_2\left(\alpha+\mu+\nu,\ \mu+\frac{1}{2},\ \nu+\frac{1}{2};\ 2\mu+1,\ 2\nu+1;\ \frac{2ib}{p+ib+ic},\ \frac{2ic}{p+ib+ic}\right) =$$
$$= \frac{b^\mu c^\nu}{2^{\mu+\nu}p^{\alpha+\mu+\nu}\Gamma(\nu+1)}\sum_{k=0}^\infty \frac{1}{k!}\,\Gamma\begin{bmatrix}\alpha+\mu+\nu+2k \\ \mu+k+1\end{bmatrix}\,{}_2F_1\left(-k,\ -\mu-k;\ \nu+1;\ \frac{c^2}{b^2}\right)\left(-\frac{b^2}{4p^2}\right)^k,$$

$$A^{1/2}_{\mu,\,\nu} = \gamma^{-1/2}\Gamma\left(\mu+\nu+\frac{1}{2}\right)P^{-\mu}_{\nu-1/2}\left(\sqrt{1-b^2\gamma^{-2}}\right)P^{-\nu}_{\mu-1/2}\left(\sqrt{1-c^2\gamma^{-2}}\right) =$$
$$= \frac{b^\mu c^\nu}{2^{\mu+\nu}\gamma^{\mu+\nu+1/2}}\,\Gamma\begin{bmatrix}\mu+\nu+1/2 \\ \mu+1,\ \nu+1\end{bmatrix}\,{}_2F_1\left(\frac{2\mu+2\nu+1}{4},\ \frac{2\mu-2\nu+1}{4};\ \mu+1;\ \frac{b^2}{\gamma^2}\right) \times$$
$$\times\ {}_2F_1\left(\frac{2\mu+2\nu+1}{4},\ \frac{2\nu-2\mu+1}{4};\ \nu+1;\ \frac{c^2}{\gamma^2}\right) \qquad [\operatorname{Re}(\mu+\nu) > -1/2],$$

$$A^{\mu+\nu+(3\pm1)/2}_{\mu,\,\nu} = \frac{b^\mu c^\nu}{2^{\mu+\nu}p^{2\mu+2\nu+(3\pm1)/2}}\,\Gamma\begin{bmatrix}2\mu+2\nu+(3\pm1)/2 \\ \mu+1,\ \nu+1\end{bmatrix} \times$$
$$\times F_2\left(\mu+\nu+1,\ \mu+\nu+1\pm\frac{1}{2},\ \mu+\nu+1\pm\frac{1}{2};\ \mu+1,\ \nu+1;\ 1+\frac{c^2-\gamma^2}{p^2},\ 1+\frac{b^2-\gamma^2}{p^2}\right)$$
$$[\operatorname{Re}(\mu+\nu) > -(3\pm1)/4],$$

$$A_{\mu,\,\nu}^{\mu-\nu+(3\pm1)/2} = \frac{b^\mu c^\nu}{2^{\nu-\mu-(1\pm1)/2}\sqrt{\pi}}\,\Gamma\left[\begin{matrix}\mu+1\pm1/2\\ \nu+1\end{matrix}\right]\times$$
$$\times(\gamma^2-c^2)^{-\mu-1\mp1/2}F_1\left(\mu+1\pm\frac{1}{2},\,\nu\mp\frac{1}{2},\,\mu+\nu+1\pm\frac{1}{2};\;\nu+1;\;\frac{c^2}{c^2-\gamma^2},\,\frac{\gamma^2-p^2-b^2}{c^2-\gamma^2}\right)$$
$$[\operatorname{Re}\mu>-(3\pm1)/4],$$

$$A_{\mu,\,\nu}^{(m+n)/2}\Big|_{2\nu-2\mu-m-n} = \frac{b^\mu c^\nu}{2^{\mu+\nu+1}(2\mu+1)_{m-1}(2\nu+1)_{n-1}}\,\Gamma\left[\begin{matrix}\mu+\nu+(m+n)/2\\ \mu+1,\,\nu+1\end{matrix}\right]\times$$
$$\times\sum_{k=0}^{m-1}\sum_{l=0}^{n-1}\binom{m-1}{k}\binom{n-1}{l}\left(\mu+\frac{1}{2}\right)_k\left(\mu+\frac{1}{2}\right)_{m-k-1}\left(\nu+\frac{1}{2}\right)_l\left(\nu+\frac{1}{2}\right)_{n-l-1}\times$$
$$\times\Big[(p+ib+ic)^{k+l-(m+n)/2+1}(p+ib-ic)^{k-l+(n-m)/2}+(p-ib-ic)^{k+l-(m+n)/2+1}\times$$
$$\times(p-ib+ic)^{k-l+(n-m)/2}\Big]\left(\frac{\sin\psi}{p}\right)^{2k+2\mu+1}\times$$
$$\times{}_2F_1\left(\mu+k+\frac{1}{2},\,\nu+l+\frac{1}{2};\;2\nu+n;\;1-\frac{4bc\sin^2\psi}{p^2\sin^2\varphi}\right)$$
$$[\operatorname{Re}(\mu+\nu)>-(m+n)/2;\;m,\,n=1,\,2,\,3,\,\ldots],$$

$$A_{\nu,\,\nu}^{2\nu+n+1} = \frac{(bc)^\nu}{2^{2\nu-n}p^{n+4\nu+1}}\,\Gamma\left[\begin{matrix}4\nu+1\\ \nu+1,\,\nu+1\end{matrix}\right]\sum_{k=0}^{[n/2]}\frac{(-1)^k}{k!}(-n)_{2k}\times$$
$$\times\left(2\nu+\frac{1}{2}\right)_{n-k}2^{-2k}F_1\left(2\nu+n-k+\frac{1}{2},\,\nu+\frac{1}{2},\,\nu+\frac{1}{2};\;\nu+1;\;1-\frac{4bc}{p^2\sin^2\varphi},\,-\operatorname{ctg}^2\psi\right)$$
$$[\operatorname{Re}\nu>-(n+1)/4],$$

$$A_{\nu,\,\nu}^{n+1} = \frac{2^n(bc)^\nu\sin^{2n+2\nu+1}\psi}{\sqrt{\pi}\,p^{n+2\nu+1}}\,\Gamma\left[\begin{matrix}\nu+1/2\\ \nu+1\end{matrix}\right]\sum_{k=0}^{[n/2]}\frac{(-1)^k}{k!}(-n)_{2k}\left(\nu+\frac{1}{2}\right)_{n-k}(2\sin\psi)^{-2k}\times$$
$$\times{}_2F_1\left(\nu+n-k+\frac{1}{2},\,\nu+\frac{1}{2};\;2\nu+1;\;1-\frac{4bc\sin^2\psi}{p^2\sin^2\varphi}\right)\frac{(-1)^n}{\pi\sqrt{bc}}\,\frac{\partial^n}{\partial p^n}\,Q_{\nu-1/2}\left(\frac{2-k^2}{k^2}\right)$$
$$[\operatorname{Re}\nu>-(n+1)/2],$$

$$A_{\nu,\,\nu}^{2} = -\frac{pk^2(bc)^{-3/2}}{2\pi\sqrt{1-k^2}}\,Q_{\nu-1/2}^{1}\left(\frac{2-k^2}{k^2}\right)\qquad[\operatorname{Re}\nu>-1],$$

$$A_{\nu,\,\nu+1/2}^{3/2} = \sqrt{\frac{2}{\pi}}\,b^\nu c^{\nu+1/2}\frac{\gamma^{-2\nu-1}\sqrt{\gamma^2-b^2}}{\sqrt{(p^2+(b+c)^2)(p^2+(b-c)^2)}}\qquad[\operatorname{Re}\nu>-1],$$

$$A_{1,\,0}^{0} = \frac{2\sqrt{c}}{\pi k\sqrt{b}}\,\mathbf{E}(k)+\frac{k(b^2-c^2)}{2\pi(b^3c)^{1/2}}\,\mathbf{K}(k)\mp\frac{p}{2b}\,\Lambda_0(\varphi,\,\psi)-\left\{\begin{matrix}0\\ pb^{-1}\end{matrix}\right\}\qquad\left[\left\{\begin{matrix}b<c\\ b>c\end{matrix}\right\}\right],$$

$$A_{1,\,1}^{0} = \frac{p}{\pi k\sqrt{bc}}\,\mathbf{E}(k)-\frac{pk(p^2+2b^2+2c^2)}{4\pi(bc)^{3/2}}\,\mathbf{K}(k)\mp\frac{b^2-c^2}{4bc}\,\Lambda(\varphi,\,\psi)+\frac{1}{2}\left(\frac{b}{c}\right)^{\pm1}\qquad\left[\left\{\begin{matrix}b<c\\ b>c\end{matrix}\right\}\right],$$

$$A_{1,\,0}^{2} = \frac{k}{8\pi b^{5/2}c^{3/2}(1-k^2)}[k^2(b^2-c^2-p^2)\mathbf{E}(k)+4bc(1-k^2)\mathbf{K}(k)],$$

$$A_{0,\,0}^{2} = \frac{pk^3}{4\pi(1-k^2)(bc)^{3/2}}\,\mathbf{E}(k),$$

$$A_{1,\,1}^{2} = \frac{pk}{4\pi(1-k^2)(bc)^{3/2}}\big[(2-k^2)\mathbf{E}(k)-2(1-k^2)\mathbf{K}(k)\big],$$

$$A_{2,\,0}^{2} = -\frac{pk}{\pi b^{5/2}c^{1/2}}\,\mathbf{K}(k)-\frac{pk^3}{4\pi(1-k^2)(bc)^{3/2}}\,\mathbf{E}(k)\pm\frac{1}{b^2}\,\Lambda_0(\varphi,\,\psi)+\left\{\begin{matrix}0\\ 2b^{-2}\end{matrix}\right\}\qquad\left[\left\{\begin{matrix}b<c\\ b>c\end{matrix}\right\}\right],$$

$$A_{1,\,0}^{3} = \frac{pk^3}{32\pi b^{7/2}c^{5/2}(1-k^2)^2}\big[(2k^4(b^2-c^2-p^2)+12bc(1-k^2))\mathbf{E}(k)\;-$$
$$-\;k^2(1-k^2)(b^2-c^2-p^2)\mathbf{K}(k)\big],$$

$$A^3_{1,\,0} = \frac{k}{16\pi(bc)^{5/2}(1-k^2)^2}\big[2k^2(k^4p^2-(1-k^2)(b^2+c^2))\mathbf{E}(k) + {} + (1-k^2)(8bc(1-k^2)-k^2(2-k^2)p^2)\mathbf{K}(k)\big],$$

$$A^{1/2}_{0,\,0} = \frac{4}{\sqrt{\pi^3\gamma}}\,\mathbf{K}(k_b)\mathbf{K}(k_c),$$

$$A^{1/2}_{1,\,0} = \frac{4}{k_b\sqrt{\pi^3\gamma(1-k_b^2)}}\big[\mathbf{E}(k_b)-(1-k_b^2)\mathbf{K}(k_b)\big][2\mathbf{E}(k_c)-\mathbf{K}(k_c)],$$

$$A^{1/2}_{1,\,1} = \frac{4}{3k_bk_c\sqrt{\pi^3\gamma(1-k_b^2)(1-k_c^2)}}\big[(1-2k_b^2)\mathbf{E}(k_b) - {} - (1-k_b^2)\mathbf{K}(k_b)\big]\big[(1-k_c^2)\mathbf{E}(k_c)-(1-k_c^2)\mathbf{K}(k_c)\big],$$

$$A^{1/2}_{2,\,0} = \frac{4}{9k_b^2(1-k_b^2)\sqrt{\pi^3\gamma}}\big[(1-k_b^2)(2-3k_b^2)\mathbf{K}(k_b) - {} - 2(1-2k_b^2)\mathbf{E}(k_b)\big]\big[8(1-2k_c^2)\mathbf{E}(k_c)-(5-8k_c^2)\mathbf{K}(k_c)\big],$$

$$A^{1/2}_{2,\,1} = \frac{4}{15k_b^2k_c(1-k_b^2)\sqrt{\pi^3\gamma(1-k_c^2)}}\big[2(1-k_b^2+k_b^4)\mathbf{E}(k_b) - {} - (1-k_b^2)(2-k_b^2)\mathbf{K}(k_b)\big]\big[(1-k_c^2)(1-8k_c^2)\mathbf{K}(k_c)-(1-16k_c^2+16k_c^4)\mathbf{E}(k_c)\big],$$

$$A^{1/2}_{2,\,2} = \frac{4}{105k_b^2k_c^2(1-k_b^2)(1-k_c^2)\sqrt{\pi^3\gamma}}\big[(1-k_b^2)(2+5k_b^2-8k_b^4)\mathbf{K}(k_b) - {} - 2(1-2k_b^2)(1+4k_b^2-4k_b^4)\mathbf{E}(k_b)\big] \times {} \times \big[(1-k_c^2)(2+5k_c^2-8k_c^4)\mathbf{K}(k_c)-2(1-2k_c^2)(1+4k_c^2-4k_c^4)\mathbf{E}(k_c)\big].$$

3. $\displaystyle\int\limits_0^\infty e^{-px}J_\mu(cx)J_\nu(cx)\,dx = B_{\mu,\,\nu}$ $\quad\Big[\operatorname{Re}(\mu+\nu)>-1;\ \operatorname{Re}p>2|\operatorname{Im}c|;\ k=2c/\sqrt{p^2+4c^2}\Big],$

$$B_{\nu+n,\,\nu} = -B_{\nu+n-2,\,\nu} + \frac{2(\nu+n-1)}{n-1}\Big[B_{\nu+n-2,\,\nu}-B_{\nu+n-1,\,\nu+1}-\frac{p}{c}\,B_{\nu+n-1,\,\nu}\Big],$$

$$B_{\nu,\,\nu} = \frac{1}{\pi c}\,Q_{\nu-1/2}\Big(1+\frac{p^2}{2c^2}\Big) \qquad [\operatorname{Re}\nu>-1/2],$$

$$B_{\nu+1,\,\nu} = \frac{p}{\pi c^2}\sum_{k=1}^\infty Q_{\nu+k-1/2}\Big(1+\frac{p^2}{2c^2}\Big) \qquad [\operatorname{Re}\nu>-1],$$

$$B_{n+1,\,n} = \frac{1}{2c}-\frac{p}{2\pi c^2}\,Q_{-1/2}\Big(1+\frac{p^2}{2c^2}\Big)-\frac{p}{\pi c^2}\sum_{k=1}^n Q_{k-1/2}\Big(1+\frac{p^2}{2c^2}\Big),$$

$$B_{n+2,\,n} = -\frac{p}{c^2}\,(n+1)+\frac{p^2}{\pi c^3}\,(n+1)Q_{-1/2}\Big(1+\frac{p^2}{2c^2}\Big)+\frac{2n+1}{\pi c}\,Q_{n-1/2}\Big(1+\frac{p^2}{2c^2}\Big) - {} - \frac{2}{\pi c}\,(n+1)Q_{n+1/2}\Big(1+\frac{p^2}{2c^2}\Big)+\frac{2p^2}{\pi c^3}\,(n+1)\sum_{k=1}^n Q_{k-1/2}\Big(1+\frac{p^2}{2c^2}\Big),$$

$$B_{0,\,0} = \frac{k}{\pi c}\,\mathbf{K}(k), \quad B_{1,\,0} = \frac{1}{2c}-\frac{pk}{2\pi c^2}\,\mathbf{K}(k), \quad B_{1,\,1} = \frac{1}{\pi ck}\big[(2-k^2)\mathbf{K}(k)-2\mathbf{E}(k)\big],$$

$$B_{2,\,0} = \frac{4}{\pi ck}\,\mathbf{E}(k)-\frac{k}{\pi c}\,\mathbf{K}(k)-\frac{p}{c^2}, \quad B_{2,\,1} = \frac{2p}{\pi c^2k}\,\mathbf{E}(k)-\frac{pk(p^2+3c^2)}{2\pi c^4}\,\mathbf{K}(k)+\frac{1}{2c},$$

$$B_{3,\,1} = \frac{1}{3\pi ck^3}\big[(32-38k^2+3k^4)\mathbf{K}(k)-2(16-23k^2)\mathbf{E}(k)\big]-\frac{2p}{c^2},$$

$$B_{n+1/2,\,n-1/2} = \frac{1}{\pi c}\,\operatorname{arcctg}\frac{p}{2c}-\frac{p}{\pi c^2}\sum_{k=1}^n Q_{k-1}\Big(1+\frac{p^2}{2c^2}\Big),$$

$$B_{n+3/2,\,n-1/2} = -\frac{p}{\pi c^2}(2n+1)\operatorname{arcctg}\frac{p}{2c} + \frac{2n}{\pi c}Q_{n-1}\left(1+\frac{p^2}{2c^2}\right) - \\ - \frac{2n+1}{\pi c}Q_n\left(1+\frac{p^2}{2c^2}\right) + \frac{p^2}{\pi c^3}(2n+1)\sum_{k=1}^{n}Q_{k-1}\left(1+\frac{p^2}{2c^2}\right),$$

$$B_{5/2,\,-1/2} = \frac{1}{2\pi c^3}(3p^2-c^2)\operatorname{arcctg}\frac{p}{2c} + \frac{3p}{\pi c^2}\left[Q_0\left(1+\frac{p^2}{2c^2}\right)-1\right].$$

4. $\displaystyle\int_0^\infty x^{\alpha-1}e^{-px}J_\mu(cx)J_\nu(cx)\,dx = C^\alpha_{\mu,\,\nu}$

$\left[\operatorname{Re}(\alpha+\mu+\nu)>0;\ \operatorname{Re}p>2|\operatorname{Im}c|;\ k=2c/\sqrt{p^2+4c^2},\ z=\sqrt{p^2+4c^2}/p\right],$

$$C^\alpha_{\mu,\,\nu} = \left(\frac{c}{2}\right)^{\mu+\nu}p^{-\alpha-\mu-\nu}\Gamma\left[\begin{matrix}\alpha+\mu+\nu\\ \mu+1,\ \nu+1\end{matrix}\right]\times \\ \times\,{}_4F_3\left(\frac{\mu+\nu+1}{2},\ \frac{\mu+\nu}{2}+1,\ \frac{\alpha+\mu+\nu}{2},\ \frac{\alpha+\mu+\nu+1}{2};\ \mu+\nu+1,\ \mu+1,\ \nu+1;\ -\frac{4c^2}{p^2}\right),$$

$$C^{2\nu+1}_{\nu,\,\nu} = \frac{2^{4\nu}c^{2\nu}}{\pi p^{4\nu+1}}\Gamma\left[\begin{matrix}\nu+1/2,\ 2\nu+1/2\\ \nu+1\end{matrix}\right]{}_2F_1\left(\nu+\frac{1}{2},\ 2\nu+\frac{1}{2};\ \nu+1;\ -\frac{4c^2}{p^2}\right) \qquad [\operatorname{Re}\nu>-1/4],$$

$$C^{1/2}_{\nu,\,\nu} = \frac{\Gamma(2\nu+1/2)}{2^{2\nu}\sqrt{p}}\left[P^{-\nu}_{-1/4}(z)\right]^2 \qquad [\operatorname{Re}\nu>-1/4],$$

$$C^{1/2}_{\nu,\,-\nu} = \sqrt{\frac{\pi}{p}}\,P^{\nu}_{-1/4}(z)P^{-\nu}_{-1/4}(z),$$

$$C^{3/2}_{\nu,\,\nu} = \frac{\sqrt{1-k^2}}{2^{2\nu}p^{3/2}}\Gamma\left(2\nu+\frac{3}{2}\right)p^{-\nu}_{1/4}(z)P^{-\nu}_{-1/4}(z) \qquad [\operatorname{Re}\nu>-3/4],$$

$$C^{3/2}_{\nu,\,\nu+1} = \frac{c\sqrt{1-k^2}}{2^{2\nu+1}p^{3/2}}\Gamma\left(2\nu+\frac{5}{2}\right)P^{-\nu}_{-1/4}(z)P^{-\nu-1}_{-1/4}(z) = \\ = \frac{\sqrt{2}\,\Gamma(\nu+3/4)}{\pi^{3/2}c\sqrt{p(1-k^2)}}Q^{1/4}_{\nu-1/2}(k^{-1})Q^{-1/4}_{\nu+1/2}(k^{-1}) \qquad [\operatorname{Re}\nu>-5/4],$$

$$C^{3/2}_{\nu,\,-\nu} = \frac{\sqrt{\pi(1-k^2)}}{p^{3/2}}\left\{\left(\nu+\frac{1}{4}\right)P^{\nu}_{-1/4}(z)P^{-\nu}_{1/4}(z) - \left(\nu-\frac{1}{4}\right)P^{\nu}_{1/4}(z)P^{-\nu}_{-1/4}(z)\right\},$$

$$C^{2}_{\nu,\,\nu} = \frac{2^{2\nu}(2\nu+1)c^{2\nu}}{\pi p^{2\nu+2}}B\left(\nu+\frac{1}{2},\ \nu+\frac{1}{2}\right){}_2F_1\left(\nu+\frac{1}{2},\ \nu+\frac{3}{2};\ 2\nu+1;\ -\frac{4c^2}{p^2}\right) \qquad [\operatorname{Re}\nu>-1],$$

$$C^{2}_{\nu,\,\nu+1} = \frac{2\nu+1}{\pi(2c^2+p^2)}\left[Q_{\nu-1/2}\left(1+\frac{p^2}{2c^2}\right)+Q_{\nu+1/2}\left(1+\frac{p^2}{2c^2}\right)\right] \qquad [\operatorname{Re}\nu>-3/2],$$

$$C^{-1}_{1,\,1} = \frac{4c}{3\pi k^2}\left[(1-k^2)\mathbf{K}(k)-(1-2k^2)\mathbf{E}(k)\right]-\frac{p}{2},$$

$$C^{-1}_{2,\,2} = \frac{4c}{15\pi k^5}\left[(1-k^2)(4+3k^2)\mathbf{K}(k)-(4+k^2-6k^4)\mathbf{E}(k)\right]-\frac{p}{4},$$

$$C^{0}_{1,\,0} = \frac{2}{\pi k}\mathbf{E}(k)-\frac{p}{2c}, \qquad C^{0}_{1,\,1} = \frac{p}{\pi ck}\mathbf{E}(k)-\frac{pk(p^2+4c^2)}{4\pi c^3}\mathbf{K}(k)+\frac{1}{2},$$

$$C^{0}_{2,\,1} = \frac{2}{3\pi k^3}\left[4(1-k^2)\mathbf{K}(k)-(4-5k^2)\mathbf{E}(k)\right]-\frac{p}{2c},$$

$$C^{0}_{3,\,2} = \frac{2}{15\pi k^5}\left[4(1-k^2)(8+k^2)\mathbf{K}(k)-(32-12k^2-23k^4)\mathbf{E}(k)\right]-\frac{p}{2c},$$

$$C^{2}_{0,\,0} = \frac{k}{\pi cp}\mathbf{E}(k), \qquad C^{2}_{1,\,0} = \frac{k}{4\pi c^2}\left[\mathbf{K}(k)-\mathbf{E}(k)\right],$$

$$C^{2}_{2,\,0} = \frac{1}{c^2}-\frac{pk}{\pi c^3}\mathbf{K}(k)-\frac{pk^3}{4\pi(1-k^2)c^3}\mathbf{E}(k),$$

$$C^{2}_{2,\,2} = \frac{1}{\pi cpk^3}\left[(16-16k^2+k^4)\mathbf{E}(k)-8(1-k^2)(2-k^2)\mathbf{K}(k)\right],$$

$$C_{0,\,0}^{3}=\frac{k}{\pi cp^{2}}\left[(3-2k^{2})\mathbf{E}(k)-(1-k^{2})\mathbf{K}(k)\right],$$

$$C_{1,\,1}^{3}=\frac{k}{\pi cp^{2}}\left[(1-k^{2})\mathbf{K}(k)-(1-2k^{2})\mathbf{E}(k)\right],$$

$$C_{-1/4,\,1/4}^{3/2}=\sqrt{\frac{2}{\pi p(p^{2}+4c^{2})}},\qquad C_{-1/4,\,-3/4}^{3/2}=\frac{p+\sqrt{p^{2}+4c^{2}}}{c\sqrt{2\pi p(p^{2}+4c^{2})}}.$$

2.12.39. Интегралы от $A(x)e^{f(x)}J_{\mu}(\varphi(x))J_{\nu}(cx)$.

1. $$\int_0^\infty e^{-px^2}J_0(bx)J_1(cx)\,dx=\frac{1}{c}\left[1-J\left(\frac{c^2}{4p},\,\frac{b^2}{4p}\right)\right]\qquad [b>c].$$

2. $$\int_0^\infty x^{\alpha-1}e^{-px^2}J_{\mu}(bx)J_{\nu}(cx)\,dx=\frac{b^{\mu}c^{\nu}p^{-(\alpha+\mu+\nu)/2}}{2^{\mu+\nu+1}\Gamma(\nu+1)}\sum_{k=0}^{\infty}\Gamma\left[\begin{matrix}k+(\alpha+\mu+\nu)/2\\ \mu+k+1\end{matrix}\right]\frac{1}{k!}\times$$
$$\times\left(-\frac{b^2}{4p}\right)^k{}_2F_1\left(-k,\,-\mu-k;\;\nu+1;\;\frac{c^2}{b^2}\right)\qquad [\operatorname{Re}p,\ \operatorname{Re}(\alpha+\mu+\nu)>0].$$

3. $$\int_0^\infty xe^{-px^2}J_{\nu}(bx)J_{\nu}(cx)\,dx=\frac{1}{2p}\exp\left(-\frac{b^2+c^2}{4p}\right)I_{\nu}\left(\frac{bc}{2p}\right)\qquad [\operatorname{Re}p>0;\ \operatorname{Re}\nu>-1].$$

4. $$\int_0^\infty x^3e^{-px^2}J_{n+2}(bx)J_n(cx)\,dx=$$
$$=\frac{1}{8p^3b^2}\left\{bc(4p-b^2)I_{n+1}\left(\frac{bc}{2p}\right)-bc(4pn+8p+b^2)I_{n-1}\left(\frac{bc}{2p}\right)+\right.$$
$$\left.+\left[16p^2n(n+2)+(4pn+c^2)b^2+b^4\right]I_n\left(\frac{bc}{2p}\right)\right\}\exp\left(-\frac{b^2+c^2}{4p}\right)\qquad [\operatorname{Re}p>0].$$

5. $$\int_0^\infty e^{-px^2}J_{\nu}\left(ce^{-\pi i/4}x\right)J_{\nu}\left(ce^{-\pi i/4}x\right)dx=$$
$$=\frac{2^{-\nu}}{c^2\sqrt{p}}\Gamma\left[\begin{matrix}\nu+1/2\\ \nu+1,\ \nu+1\end{matrix}\right]M_{1/4,\,\nu/2}\left(\frac{c^2}{2p}\right)M_{-1/4,\,\nu/2}\left(\frac{c^2}{2p}\right)\qquad [\operatorname{Re}c,\ \operatorname{Re}p>0;\ \operatorname{Re}\nu>-1/2].$$

6. $$\int_0^\infty x^{\alpha-1}e^{-px^2}J_{\mu}(cx)J_{\nu}(cx)\,dx=2^{-\mu-\nu-1}c^{\mu+\nu}p^{-(\alpha+\mu+\nu)/2}\Gamma\left[\begin{matrix}(\alpha+\mu+\nu)/2\\ \mu+1,\ \nu+1\end{matrix}\right]\times$$
$$\times{}_3F_3\left(\frac{\mu+\nu+1}{2},\,\frac{\mu+\nu}{2}+1,\,\frac{\alpha+\mu+\nu}{2};\;\mu+1,\,\nu+1,\,\mu+\nu+1;\;-\frac{c^2}{p}\right)$$
$$[\operatorname{Re}p,\ \operatorname{Re}(\alpha+\mu+\nu)>0].$$

7. $$\int_0^\infty\frac{1}{x}e^{-px^2}J_{\nu}^2(cx)\,dx=\frac{1}{2\nu}\exp\left(-\frac{c^2}{2p}\right)\left[I_{\nu}\left(\frac{c^2}{2p}\right)+2\sum_{k=1}^{\infty}I_{\nu+k}\left(\frac{c^2}{2p}\right)\right]\qquad [\operatorname{Re}p,\ \operatorname{Re}\nu>0].$$

8. $$\int_0^\infty x^{-1/4}e^{-p\sqrt{x}}J_{\nu+1/4}(cx)J_{\nu}(cx)\,dx=\left(\frac{2}{\pi p}\right)^{3/2}\Gamma\left(\nu+\frac{1}{2}\right)\Gamma\left(\nu+\frac{3}{4}\right)\times$$
$$\times W_{-\nu-1/8,\,1/8}\left(\frac{ip^2}{8c}\right)W_{-\nu-1/8,\,1/8}\left(\frac{-ip^2}{8c}\right)\qquad [c,\ \operatorname{Re}p>0;\ \operatorname{Re}\nu>-1/2].$$

9. $$\int_0^\infty x^{-1/4}e^{-p\sqrt{x}}J_{1/8}(cx)J_{-1/8}(cx)\,dx=\frac{\sqrt{\pi p}}{16c}\sec\frac{\pi}{8}\,H_{1/8}^{(1)}\left(\frac{p^2}{16c}\right)H_{1/8}^{(2)}\left(\frac{p^2}{16c}\right)$$
$$[c,\ \operatorname{Re}p>0].$$

10. $$\int_0^\infty e^{-px} J_{2\nu}(b\sqrt{x})\, J_\nu(cx)\, dx = \frac{1}{\sqrt{p^2+c^2}} \exp\left(-\frac{b^2 p}{4p^2+4c^2}\right) J_\nu\left(\frac{b^2 c}{4p^2+4c^2}\right)$$

[$\operatorname{Re}\nu > -1/2$; $\operatorname{Re}p > |\operatorname{Im}c|$].

11. $$\int_0^\infty \frac{x}{\sqrt{x^2+z^2}} \exp\left(-\frac{b^2 z}{x^2+z^2}\right) J_\nu\left(\frac{b^2 x}{x^2+z^2}\right) J_\nu(cx)\, dx = \frac{e^{-cz}}{c} J_{2\nu}(2b\sqrt{c})$$

[b, c, $\operatorname{Re}z > 0$; $\operatorname{Re}\nu > -1/2$].

2.12.40. Интегралы, содержащие тригонометрические функции и $J_\mu(bx^{\pm r})\, J_\nu(cx)$.

1. $$\int_0^\infty \begin{Bmatrix} \sin ax \\ \cos ax \end{Bmatrix} J_n(bx) J_n(cx)\, dx = I_n \qquad \left[a,\ b,\ c > 0;\ 2k = \sqrt{\pm a^2 \mp (b \mp c)^2} \,/ \sqrt{bc}\right],$$

$$I_0 = \begin{Bmatrix} 0 \\ 1 \end{Bmatrix} \frac{1}{\pi k\sqrt{bc}} \mathbf{K}\left(\frac{1}{k}\right) \qquad [0 < a < b - c],$$

$$I_0 = \frac{1}{\pi\sqrt{bc}} \mathbf{K}(k) \qquad [b - c < a < b + c],$$

$$I_0 = \begin{Bmatrix} 1 \\ 0 \end{Bmatrix} \frac{1}{\pi k\sqrt{bc}} \mathbf{K}\left(\frac{1}{k}\right) \qquad [a > b + c];$$

$$I_1 = \begin{Bmatrix} 1 \\ 0 \end{Bmatrix} \frac{1}{\pi k\sqrt{bc}} \left[(2k^2-1)\mathbf{K}\left(\frac{1}{k}\right) - 2k^2\mathbf{E}\left(\frac{1}{k}\right)\right] \qquad [0 < a < b - c],$$

$$I_1 = \mp\frac{1}{\pi\sqrt{bc}} [\mathbf{K}(k) - 2\mathbf{E}(k)] \qquad [b - c < a < b + c],$$

$$I_1 = \begin{Bmatrix} 1 \\ 0 \end{Bmatrix} \frac{1}{\pi k\sqrt{bc}} \left[2k^2\mathbf{E}\left(\frac{1}{k}\right) + (1-2k^2)\mathbf{K}\left(\frac{1}{k}\right)\right] \qquad [a > b + c];$$

$$I_2 = \begin{Bmatrix} 0 \\ 1 \end{Bmatrix} \frac{1}{3\pi k\sqrt{bc}} \left[(3 - 16k^2 + 16k^4)\mathbf{K}\left(\frac{1}{k}\right) + 8(1-2k^2)k^2\mathbf{E}\left(\frac{1}{k}\right)\right] \qquad [0 < a < b - c],$$

$$I_2 = \frac{1}{3\pi\sqrt{bc}} [8(1-2k^2)\mathbf{E}(k) - (5-8k^2)\mathbf{K}(k)] \qquad [b - c < a < b + c],$$

$$I_2 = \begin{Bmatrix} 1 \\ 0 \end{Bmatrix} \frac{1}{3\pi k\sqrt{bc}} \left[(3 - 16k^2 + 16k^4)\mathbf{K}\left(\frac{1}{k}\right) + 8(1-2k^2)\mathbf{E}\left(\frac{1}{k}\right)\right] \qquad [a > b + c];$$

$$I_3 = \begin{Bmatrix} 0 \\ 1 \end{Bmatrix} \frac{1}{15\pi k\sqrt{bc}} \left[(15 - 128k^2 + 128k^4)(2k^2-1)\mathbf{K}\left(\frac{1}{k}\right) - \right.$$
$$\left. - 2k^2(23 - 128k^2 + 128k^4)\mathbf{E}\left(\frac{1}{k}\right)\right] \qquad [0 < a < b - c],$$

$$I_3 = \mp\frac{1}{15\pi\sqrt{bc}} [(31 - 144k^2 + 128k^4)\mathbf{K}(k) - 2(23 - 128k^2 + 128k^4)\mathbf{E}(k)] \qquad [b - c < a < b + c],$$

$$I_3 = \begin{Bmatrix} 1 \\ 0 \end{Bmatrix} \frac{1}{15\pi k\sqrt{bc}} \left[2k^2(23 - 128k^2 + 128k^4)\mathbf{E}\left(\frac{1}{k}\right) + \right.$$
$$\left. + (15 - 128k^2 + 128k^4)(1-2k^2)\mathbf{K}\left(\frac{1}{k}\right)\right] \qquad [a > b + c].$$

2. $$\int_0^\infty x^{\nu-\mu+(1\mp1)/2} \begin{Bmatrix} \sin ax \\ \cos ax \end{Bmatrix} J_\mu(bx) J_\nu(cx)\, dx = 0$$

[$0 < a < c - b$; $b > 0$; $-1 < \operatorname{Re}\nu < \operatorname{Re}\mu + (1 \pm 1)/2$].

3. $$\int_0^\infty x^{\nu-\mu-(3\pm1)/2} \begin{Bmatrix} \sin ax \\ \cos ax \end{Bmatrix} J_\mu(bx) J_\nu(cx)\, dx = 2^{\nu-\mu-1} a^{(1\pm1)/2} b^\mu c^{-\nu} \Gamma\begin{bmatrix} \nu \\ \mu+1 \end{bmatrix}$$

[$0 < a < c - b$; $b > 0$; $0 < \operatorname{Re}\nu < \operatorname{Re}\mu + (5 \pm 1)/2$].

4. $$\int_0^\infty \sin ax\, J_\nu(bx) J_\nu(cx)\, dx = \frac{1}{2\sqrt{bc}}\, P_{\nu-1/2}\left(\frac{b^2+c^2-a^2}{2bc}\right)$$
$[b,\ c>0;\ |c-b|<a<b+c;\ \operatorname{Re}\nu>-1]$.

5. $$= -\frac{\cos\nu\pi}{\pi\sqrt{bc}}\, Q_{\nu-1/2}\left(\frac{a^2-b^2-c^2}{2bc}\right)$$ $[0<b<c;\ a>b+c;\ \operatorname{Re}\nu>-1]$.

6. $$\int_0^\infty \cos ax\, J_1(bx) J_0(cx)\, dx = J$$ $\left[a,\ b,\ c>0;\ 2k=\sqrt{a^2-(b-c)^2}\,/\sqrt{bc}\right]$,

$$J = \frac{1}{b}\left[1-\Lambda_0\left(\arcsin\sqrt{\frac{2c}{a+b+c}},\ k\right)+\frac{c-a}{\pi\sqrt{bc}}\,\mathbf{K}(k)\right]$$ $[0<|c-b|<a<c+b]$,

$$J = \frac{1}{b}\left[1-\Lambda_0\left(\arcsin\sqrt{\frac{a+c-b}{a+b+c}},\ \frac{1}{k}\right)-\frac{1}{\pi k}\sqrt{\frac{b}{c}}\,\mathbf{K}\left(\frac{1}{k}\right)\right]$$ $[b,\ c>0;\ a>b+c]$,

$$J = b^{-1}$$ $[0<|a-c|<a+c<b]$.

7. $$\int_0^\infty \begin{Bmatrix}\sin ax\\ \cos ax\end{Bmatrix} J_\nu^2(cx)\, dx = \pm\frac{1}{\pi c}\begin{Bmatrix}\cos\nu\pi\\ \sin\nu\pi\end{Bmatrix} Q_{\nu-1/2}\left(\frac{a^2}{2c^2}-1\right)$$
$[0<2c<a;\ \operatorname{Re}\nu>-(3\pm1)/4]$.

8. $$\int_0^\infty \cos ax\, J_{-\nu}(cx) J_\nu(cx)\, dx = \begin{Bmatrix}1\\ 0\end{Bmatrix}\frac{1}{2c}\, P_{\nu-1/2}\left(\frac{a^2}{2c^2}-1\right)$$ $\left[\begin{Bmatrix}0<a<2c\\ 0<2c<a\end{Bmatrix}\right]$.

9. $$\int_0^\infty \sin ax\, J_1(cx) J_3(cx)\, dx = \frac{2a}{c^2}-\frac{1}{6\pi c^4(a+2c)}\big[(4a^4-17a^2c^2+16c^4)\mathbf{K}(k)-$$
$$-(4a^2+7c^2)(a+2c)^2\mathbf{E}(k)\big]$$ $\left[a,\ c>0;\ k=\sqrt{8ac}\,/(a+2c)\right]$.

10. $$\int_0^\infty \cos ax\, J_m(cx) J_n(cx)\, dx = I_{m,\,n}$$ $\left[a,\ c>0;\ k=\sqrt{8ac}\,/(a+2c)\right]$,

$$I_{0,\,1} = \frac{1}{2c}-\frac{1}{\pi c(a+2c)}\,\mathbf{K}(k),\qquad I_{1,\,2} = \frac{1}{2c}+\frac{a}{2\pi c^3}\left[\frac{a^2-2c^2}{a+2c}\,\mathbf{K}(k)-(a+2c)\mathbf{E}(k)\right],$$
$$I_{2,\,3} = \frac{1}{2c}-\frac{a}{2\pi c^5}\big[(2a^4-a^2c^2+2c^4)\mathbf{K}(k)-c(a+2c)(2a^2+7c^2)\mathbf{E}(k)\big].$$

11. $$\int_0^\infty x^{\alpha-1}\begin{Bmatrix}\sin ax\\ \cos ax\end{Bmatrix} J_\mu(cx) J_\nu(cx)\, dx = I^\alpha_{\mu,\,\nu}$$ $\Big[a,\ c>0;\ \operatorname{Re}(\alpha+\mu+\nu)>-\delta;\ \operatorname{Re}\alpha<2;$

$\delta=\begin{Bmatrix}1\\ 0\end{Bmatrix};\ k=2^{1/2}\left(\sqrt{a+2c}-\sqrt{a-2c}\right)^{1/2}\left(2\sqrt{a}+\sqrt{a+2c}-\sqrt{a-2c}\right)^{-1/2}\Big]$,

$$I^\alpha_{\mu,\,\nu} = \left(\frac{c}{2}\right)^{\mu+\nu} a^{-\alpha-\mu-\nu}\Gamma\begin{bmatrix}\alpha+\mu+\nu\\ \mu+1,\ \nu+1\end{bmatrix}\begin{Bmatrix}\sin[(\alpha+\mu+\nu)\pi/2]\\ \cos[(\alpha+\mu+\nu)\pi/2]\end{Bmatrix}\times$$
$$\times\ {}_4F_3\left(\frac{1+\mu+\nu+\alpha}{2},\ \frac{\mu+\nu+\alpha}{2},\ \frac{1+\mu+\nu}{2},\ 1+\frac{\mu+\nu}{2};\ 1+\mu+\nu,\ 1+\nu,\ 1+\mu;\ \frac{4c^2}{a^2}\right)$$
$[0<2c<a]$ или $[a=2c;\ \operatorname{Re}\alpha<1]$,

$$I^\alpha_{\mu,\,\nu} = \frac{a^\delta}{2}\left(\frac{2}{c}\right)^{\alpha+\delta}\Gamma\begin{bmatrix}1-\alpha-\delta,\ (\mu+\nu+\alpha+\delta)/2\\ 1+(\mu+\nu-\alpha-\delta)/2,\ 1+(\nu-\mu-\alpha-\delta)/2,\ 1+(\mu-\nu-\alpha-\delta)/2\end{bmatrix}\times$$
$$\times$$
$$\times\ {}_4F_3\left(\frac{\alpha+\delta-\mu-\nu}{2},\ \frac{\mu+\alpha+\delta-\nu}{2},\ \frac{\nu+\alpha+\delta-\mu}{2},\ \frac{\mu+\nu+\alpha+\delta}{2};\ \frac{1+\alpha}{2},\ \frac{\alpha}{2}+\delta,\right.$$

$$\frac{1}{2}+\delta;\ \frac{a^2}{4c^2}\Big) \mp \frac{a^{1-\alpha}}{c}\left\{\begin{matrix}\cos(\alpha\pi/2)\\ \sin(\alpha\pi)/2\end{matrix}\right\}\Gamma\left[\begin{matrix}\alpha-1\\ (1+\nu-\mu)/2,\ (1+\mu-\nu)/2\end{matrix}\right]\times$$

$$\times\ {}_4F_3\left(\frac{1-\mu-\nu}{2},\ \frac{1-\nu+\mu}{2},\ \frac{1-\mu+\nu}{2},\ \frac{\mu+\nu+1}{2};\ \frac{1}{2},\ \frac{3-\alpha}{2},\ 1-\frac{\alpha}{2};\ \frac{a^2}{4c^2}\right)+$$

$$+(\mu+\nu)a^{2-\alpha}c^{-2}\left\{\begin{matrix}\sin(\alpha\pi)/2\\ \cos(\alpha\pi)/2\end{matrix}\right\}\Gamma\left[\begin{matrix}\alpha-2\\ (\mu-\nu)/2,\ (\nu-\mu)/2\end{matrix}\right]\times$$

$$\times\ {}_4F_3\left(1-\frac{\mu+\nu}{2},\ 1+\frac{\mu-\nu}{2},\ 1+\frac{\nu-\mu}{2},\ 1+\frac{\mu+\nu}{2};\ \frac{3}{2},\ 2-\frac{\alpha}{2},\ \frac{3-\alpha}{2};\ \frac{a^2}{4c^2}\right)$$

$[0 < a < 2c]$;

$$I^{2\nu+1}_{\nu,\,\nu} = \pm\frac{(4c)^{2\nu}}{a^{4\nu+1}\cos\nu\pi}\,\Gamma\left[\begin{matrix}2\nu+1/2\\ \nu+1,\ 1/2-\nu\end{matrix}\right]\left\{\begin{matrix}\cos 2\nu\pi\\ \sin 2\nu\pi\end{matrix}\right\}{}_2F_1\left(\nu+\frac{1}{2},\ \frac{1}{2}+2\nu;\ 1+\nu;\ \frac{4c^2}{a^2}\right)$$

$[0 < 2c < a;\ -(\delta+1)/4 < \operatorname{Re}\nu < 1/2]$,

$$I^{2\nu+1}_{\nu,\,\nu} = \frac{a^{-2\nu}2^{2\nu-1}}{c\sqrt{\pi}}\,\Gamma\left[\begin{matrix}\nu+\delta/2\\ (1+\delta)/2-\nu\end{matrix}\right]{}_2F_1\left(\nu+\frac{1}{2},\ \frac{1}{2};\ 1-\nu;\ \frac{a^2}{4c^2}\right)+$$

$$+\left\{\begin{matrix}0\\ 1\end{matrix}\right\}\frac{c^{-2\nu-1}}{2\pi}\,\Gamma\left[\begin{matrix}1/2+2\nu,\ -\nu\\ 1/2-\nu\end{matrix}\right]{}_2F_1\left(\frac{1}{2}+\nu,\ \frac{1}{2}+2\nu;\ 1+\nu;\ \frac{a^2}{4c^2}\right)$$

$[0 < a < 2c;\ -(\delta+1)/4 < \operatorname{Re}\nu < 1/2]$;

$$I^{3/2}_{-\nu\pm1/2,\,\nu} = 0 \qquad [0 < 2c < a],$$

$$I^{3/2}_{-\nu\pm1/2,\,\nu} = \sqrt{\frac{2}{\pi a(4c^2-a^2)}}\,\cos\left[\left(2\nu-\frac{1}{2}\right)\arccos\frac{a}{2c}\right] \qquad [0 < a < 2c];$$

$$I^{1/2}_{0,\,0} = \frac{2^{3/2}k^2}{\pi^{3/2}\left(\sqrt{a+2c}-\sqrt{a-2c}\right)}\,\mathbf{K}^2(k) \qquad [0 < 2c < a];$$

$$I^{1/2}_{1,\,1} = -\frac{2^{7/2}c^2k^2}{3\pi^{3/2}(1-k^2)^2}\left(\sqrt{a+2c}-\sqrt{a-2c}\right)^{-5}\left[(2-k^2)\mathbf{E}(k)-2(1-k^2)\mathbf{K}(k)\right]^2$$

$[0 < 2c < a]$;

$$I^{1/2}_{2,\,2} = \frac{32\sqrt{2}\,c^4k^2}{105\pi^{3/2}(1-k^2)^4}\left(\sqrt{a+2c}-\sqrt{a-2c}\right)^{-9}\times$$

$$\times\left[(1-k^2)(16-16k^2-k^4)\mathbf{K}(k)-2(2-k^2)(4-4k^2-k^4)\mathbf{E}(k)\right]^2 \qquad [0 < 2c < a].$$

12. $$\int\limits_0^\infty x^{l-1}\sin ax\,J_m(cx)J_n(cx)\,dx = A^l_{m,\,n} \qquad \left[a,\ c>0;\ k=\sqrt{8ac}/(a+2c)\right],$$

$$A^{-1}_{1,\,1} = \frac{a}{2}-\frac{a+2c}{12\pi c^2}\left[(a^2+4c^2)\mathbf{E}(k)-(a-2c)^2\mathbf{K}(k)\right],$$

$$A^{-1}_{2,\,2} = \frac{a}{4}-\frac{a+2c}{60\pi c^4}\left[(a-2c)^2(a^2-c^2)\mathbf{K}(k)+(4c^4+9a^2c^2-a^4)\mathbf{E}(k)\right],$$

$$A^{0}_{2,\,1} = \frac{a}{2c}+\frac{1}{6\pi c^3}\left[(a-2c)(a^2-c^2)\mathbf{K}(k)-(a+2c)(a^2+c^2)\mathbf{E}(k)\right],$$

$$A^{0}_{3,\,2} = \frac{a}{2c}+\frac{1}{30\pi c^5}\left[(a-2c)(3c^4-5a^2c^2+2a^4)\mathbf{K}(k)+(a+2c)(3c^4+13a^2c^2-2a^4)\mathbf{E}(k)\right].$$

13. $$\int\limits_{-\infty}^\infty \frac{\sin(ax+az)}{x+z}\,J_{\pm n\pm1/2}(cx)J_{n+1/2}(cx)\,dx = \pi J_{n+1/2}(cz)J_{\pm n\pm1/2}(cz)$$

$[0 < 2c \leqslant a;\ \operatorname{Im} z \neq 0]$.

14. $$\int\limits_0^\infty x\left\{\begin{matrix}\sin ax^2\\ \cos ax^2\end{matrix}\right\}J_\nu(bx)J_\nu(cx)\,dx = \frac{1}{2a}\,J_\nu\left(\frac{bc}{2a}\right)\left\{\begin{matrix}\cos\varphi\\ \sin\varphi\end{matrix}\right\}$$

$\left[a,\ b,\ c>0;\ \varphi=(b^2+c^2)/(4a)-\nu\pi/2;\ \operatorname{Re}\nu > (\mp1-3)/2\right]$.

15. $$\int_0^\infty x^{(2-\nu)/3} \left\{ \begin{matrix} \sin bx^2 \\ \cos bx^2 \end{matrix} \right\} J_{(2\nu-1)/6}(bx^2) J_\nu(cx)\,dx = (4b)^{(\nu-2)/3} c^{-(\nu+1)/3} \left\{ \begin{matrix} \sin\varphi \\ \cos\varphi \end{matrix} \right\} \times$$
$$\times J_{(2\nu-1)/6}\left(\frac{c^2}{16b}\right) \qquad [\varphi = (\nu+1)\pi/6 - c^2/(16b);\ b,\ c > 0;\ \operatorname{Re}\nu > -(7\pm 3)/4].$$

16. $$\int_0^\infty x^{-1/4} \left\{ \begin{matrix} \sin a\sqrt{x} \\ \cos a\sqrt{x} \end{matrix} \right\} J_{-\nu\pm 1/4}(cx) J_\nu(cx)\,dx =$$
$$= \sqrt{\frac{8}{\pi}}\, a^{-3/2} \left[e^{-\pi i/8} W_{-\nu\pm 1/8,\ \pm 1/8}\left(-\frac{ia^2}{8c}\right) W_{\nu\mp 1/8,\ \pm 1/8}\left(-\frac{ia^2}{8c}\right) + \right.$$
$$\left. + e^{\pi i/8} W_{-\nu\pm 1/8,\ \pm 1/8}\left(\frac{ia^2}{8c}\right) W_{\nu\mp 1/8,\ \pm 1/8}\left(\frac{ia^2}{8c}\right) \right] \qquad [a,\ c > 0].$$

17. $$\int_0^\infty \left\{ \begin{matrix} \sin ax \\ \cos ax \end{matrix} \right\} J_{2\nu}(b\sqrt{x}) J_\nu(cx)\,dx = \frac{1}{\sqrt{|c^2-a^2|}}\, R\left(\frac{ab^2}{4|c^2-a^2|}\right) J_\nu\left(\frac{b^2c}{4|c^2-a^2|}\right)$$
$$\left[a,\ b,\ c > 0;\ a \neq c;\ \operatorname{Re}\nu > -(3\pm 1)/4;\ R(y) = \left\{ \begin{matrix} \sin y \\ \cos y \end{matrix} \right\} \text{ при } a < c,\ R(y) = \left\{ \begin{matrix} \cos y \\ \sin y \end{matrix} \right\} \text{ при } a > c\right].$$

18. $$\int_0^1 \left(1 + \frac{1}{x^2}\right) \cos\left(ax - \frac{a}{x}\right) J_\nu\left(\frac{c}{x}\right) J_\nu(cx)\,dx = (c^2-a^2)_+^{-1/2} J_{2\nu}\left(2\sqrt{c^2-a^2}\right)$$
$$[a,\ c > 0;\ a \neq c;\ \operatorname{Re}\nu > -1/2].$$

2.12.41. Интегралы, содержащие $J_\nu(c\sin x)$.

1. $$\int_0^{\pi/2} \sin^{2\alpha-1} x \cos^{2\beta-1} x\, J_\mu(c\sin 2x) J_\nu(c\sin 2x)\,dx =$$
$$= \frac{1}{2}\Gamma\left[\begin{matrix} \alpha + (\mu+\nu)/2,\ \beta + (\mu+\nu)/2 \\ \mu+1,\ \nu+1,\ \alpha+\beta+\mu+\nu \end{matrix} \right] c^{\mu+\nu}\, {}_4F_5\left(\alpha + \frac{\mu+\nu}{2},\ \beta + \frac{\mu+\nu}{2},\right.$$
$$\left. \frac{\mu+\nu+1}{2},\ \frac{\mu+\nu}{2} + 1;\ \mu+1,\ \nu+1,\ \mu+\nu+1,\ \frac{\alpha+\beta+\mu+\nu}{2},\ \frac{\alpha+\beta+\mu+\nu+1}{2};\ -c^2\right)$$
$$[\operatorname{Re}(2\alpha+\mu+\nu),\ \operatorname{Re}(2\beta+\mu+\nu) > 0].$$

2. $$\int_0^{\pi/2} \operatorname{tg}^{\mu-\nu+1} x\, J_\mu(c\sin 2x) J_\nu(c\sin 2x)\,dx = (2c)^{\mu-\nu} \int_0^{2c} x^{\nu-\mu-1} J_{\mu+\nu}(x)\,dx$$
$$[\operatorname{Re}(\mu+1),\ \operatorname{Re}\nu > 0;\ \text{см. } 1.8.1].$$

2.12.42. Интегралы от $x^\alpha J_\lambda(ax) J_\mu(bx) J_\nu(cx)$.

1. $$\int_0^\infty J_\lambda(ax) J_\mu(bx) J_\nu(cx)\,dx = \frac{a^\lambda b^\mu}{c^{\lambda+\mu+1}} \Gamma\left[\begin{matrix} (\mu+\lambda+\nu+1)/2 \\ \lambda+1,\ \mu+1,\ (1+\nu-\lambda-\mu)/2 \end{matrix} \right] \times$$
$$\times {}_2F_1\left(\frac{1+\lambda+\mu-\nu}{2},\ \frac{1+\lambda+\mu+\nu}{2};\ 1+\lambda;\ z_+\right) \times$$
$$\times {}_2F_1\left(\frac{1+\lambda+\mu-\nu}{2},\ \frac{1+\lambda+\mu+\nu}{2};\ 1+\mu;\ z_-\right)$$
$$\left[c > a+b;\ a,\ b > 0;\ \operatorname{Re}(\lambda+\mu+\nu) > -1;\ 2c^2 z_\pm = \pm a^2 \mp b^2 + c^2 + \sqrt{(a^2+b^2-c^2)^2 - 4a^2b^2}\right].$$

2. $$\int_0^\infty J_0(ax) J_0(bx) J_1(cx)\,dx = \left\{ \begin{matrix} 0 \\ 1 \end{matrix} \right\} \frac{1}{c} \qquad \left[\left\{ \begin{matrix} 0 < c < |a-b| \\ c > a+b \end{matrix} \right\},\ a,\ b > 0\right].$$

3. $$= \frac{1}{\pi c} \arccos \frac{a^2+b^2-c^2}{2ab} \qquad [|a-b| < c < a+b;\ a,\ b > 0].$$

4. $\displaystyle\int_0^\infty J_m(ax)J_{n-m}(bx)J_n(cx)\,dx = I$ $[a,\ b,\ c>0]$,

$$I = \frac{2e^{-im\varphi}(b+ae^{i\varphi})^n}{\pi c^{n-1}\sqrt{4a^2b^2-(c^2-a^2-b^2)^2}} \qquad \left[|a-b|<c<a+b;\ \varphi = \arccos\frac{c^2-a^2-b^2}{2ab}\right];$$

$$I = 0 \qquad \text{[в остальных случаях]}.$$

5. $\displaystyle\int_0^\infty x^{\alpha-1}J_\lambda(ax)J_\mu(bx)J_\nu(cx)\,dx = I_\alpha$ $[a,\ b,\ \operatorname{Re}(\alpha+\lambda+\mu+\nu)>0;\ c>a+b;\ \operatorname{Re}\alpha<5/2]$,

$$I_\alpha = 2^{\alpha-1}a^\lambda b^\mu c^{-\alpha-\lambda-\mu}\Gamma\left[\begin{matrix}(\alpha+\lambda+\mu+\nu)/2\\ \lambda+1,\ \mu+1,\ 1-(\alpha+\lambda+\mu-\nu)/2\end{matrix}\right]\times$$
$$\times F_4\left(\frac{\alpha+\lambda+\mu-\nu}{2},\ \frac{\alpha+\lambda+\mu+\nu}{2};\ \lambda+1,\ \mu+1;\ \frac{a^2}{c^2},\ \frac{b^2}{c^2}\right),$$

$$I_{\nu-\lambda-\mu+2} = 0 \qquad [-1<\operatorname{Re}\nu<\operatorname{Re}(\lambda+\mu)+1/2],$$

$$I_{\nu-\lambda-\mu} = 2^{\nu-\lambda-\mu-1}a^\lambda b^\mu c^{-\nu}\Gamma\left[\begin{matrix}\nu\\ \lambda+1,\ \mu+1\end{matrix}\right] \qquad [0<\operatorname{Re}\nu<\operatorname{Re}(\lambda+\mu)+5/2].$$

6. $\displaystyle\int_0^\infty xJ_{\mu+\nu}(ax)J_\mu(bx)J_\nu(cx)\,dx = \frac{2\sin\mu\pi}{\pi c}(1-z_+)^{-\mu/2}(1-z_-)^{-(\mu+\nu)/2}\times$

$$\times \arcsin^{\mu+\nu}\sqrt{z_+}\,\arcsin^\lambda\sqrt{z_-}\left(\sqrt{c^2-(a+b)^2}-\sqrt{c^2-(a-b)^2}\right)^{-1}$$

$$\left[c>a+b;\ a,\ b>0;\ \operatorname{Re}(\mu+\nu)>-1;\ 2c^2z_\pm = \pm a^2\mp b^2+c^2+\sqrt{(a^2+b^2-c^2)^2-4a^2b^2}\right].$$

7. $\displaystyle\int_0^\infty x^{\nu+1}J_\mu(ax)J_\mu(bx)J_\nu(cx)\,dx = -\frac{\sqrt{2}\,c^\nu\sin\nu\pi}{\pi^{3/2}(ab)^{\nu+1}}\operatorname{sh}^{-\nu-1/2}v\,e^{-(2\nu+1)\pi i/2}Q_{\mu-1/2}^{\nu+1/2}(\operatorname{ch}v)$

$$[0<c<|a-b|;\ a,\ b>0;\ 2ab\operatorname{ch}v = a^2+b^2-c^2;\ \operatorname{Re}(\mu+\nu)>-1;\ \operatorname{Re}\nu<1/2].$$

8. $\displaystyle = \frac{c^\nu\sin^{-\nu-1/2}v}{\sqrt{2\pi}\,(ab)^{\nu+1}}\left[\cos\nu\pi P_{\mu-1/2}^{\nu+1/2}(\cos v) - \frac{2}{\pi}\sin\nu\pi Q_{\mu-1/2}^{\nu+1/2}(\cos v)\right]$

$$[|a-b|<c<a+b;\ a,\ b>0;\ 2ab\cos v = a^2+b^2-c^2;\ \operatorname{Re}(\mu+\nu)>-1;\ \operatorname{Re}\nu<1/2].$$

9. $\displaystyle = -\frac{\sqrt{2}\,c^\nu\sin\mu\pi}{\pi^{3/2}(ab)^{\nu+1}}e^{-(2\nu+1)\pi i/2}\operatorname{sh}^{-\nu-1/2}u\,Q_{\mu-1/2}^{\nu+1/2}(\operatorname{ch}u)$

$$[c>a+b;\ a,\ b>0;\ 2ab\operatorname{ch}u = c^2-a^2-b^2;\ \operatorname{Re}(\mu+\nu)>-1;\ \operatorname{Re}\nu<1/2].$$

10. $\displaystyle\int_0^\infty x^{2-\nu}J_\mu(ax)J_\mu(bx)J_\nu(cx)\,dx = \frac{\pi}{4abc}\left(\frac{ab}{c}\sin\varphi\right)^\nu P_\mu^{-\nu}(\cos\varphi)$

[$a,\ b,\ c>0;\ c<a+b;\ \operatorname{Re}\nu>1/2;\ \operatorname{Re}\mu>-3/2;\ \varphi$ — угол треугольника, стороны которого равны $a,\ b,\ c$, заключенный между сторонами a и b].

11. $\displaystyle\int_0^\infty x^{1-\nu}J_\mu(ax)J_\mu(bx)J_\nu(cx)\,dx = 0$ $[0<c<|a-b|;\ a,\ b>0;\ \operatorname{Re}\mu>-1;\ \operatorname{Re}\nu>-1/2]$.

12. $\displaystyle = \frac{(ab)^{\nu-1}}{\sqrt{2\pi}\,c^\nu}\sin^{\nu-1/2}v\,P_{\mu-1/2}^{1/2-\nu}(\cos v)$

$$[|a-b|<c<a+b;\ a,\ b>0;\ 2ab\cos v = a^2+b^2-c^2;\ \operatorname{Re}\mu>-1;\ \operatorname{Re}\nu>-1/2].$$

13. $\displaystyle = -\frac{\sqrt{2}\,(ab)^{\nu-1}}{\pi^{3/2}c^\nu}\operatorname{sh}^{\nu-1/2}u\,\sin[(\mu-\nu)\pi]e^{(2\nu-1)\pi i/2}Q_{\mu-1/2}^{1/2-\nu}(\operatorname{ch}u)$

$$[c>a+b;\ a,\ b>0;\ 2ab\operatorname{ch}u = c^2-a^2-b^2;\ \operatorname{Re}\mu>-1;\ \operatorname{Re}\nu>-1/2].$$

14. $\int\limits_0^\infty x^{1-\nu} J_\nu(ax)J_\nu(bx)J_\nu(cx)\,dx = 0$

$[0 < c < |a-b|$ или $c > a+b;\ a,\ b,\ c > 0;\ \operatorname{Re}\nu > -1/2].$

15. $$= \frac{2^{1-3\nu}}{\sqrt{\pi}\,(abc)^\nu\Gamma(\nu+1/2)}\bigl[c^2-(a-b)^2\bigr]^{\nu-1/2}\bigl[(a+b)^2-c^2\bigr]^{\nu-1/2} = \frac{2^{\nu-1}\Delta^{2\nu-1}}{\sqrt{\pi}\,(abc)^\nu\Gamma(\nu+1/2)}$$

$[|a-b| < c < a+b;\ a,\ b,\ c > 0;\ \operatorname{Re}\nu > -1/2,$ Δ — площадь треугольника, стороны которого равны $a,\ b,\ c]$.

16. $\int\limits_0^\infty xJ_\mu(ax)J_\mu(bx)J_0(cx)\,dx = I$ $\quad [r_\pm = \pm(a^2+b^2-c^2)/(2ab)],$

$$I = \begin{Bmatrix}0\\1\end{Bmatrix}\frac{1}{\pi ab}\,(1-r_+^2)^{-1/2}\cos(\mu\arccos r_+) \qquad \left[\begin{Bmatrix}0<c<|a-b|\\|a-b|<c<a+b\end{Bmatrix},\ a,\ b>0;\ \operatorname{Re}\mu>-1\right],$$

$$I = \frac{1}{\pi ab}\,(r_-^2-1)^{-1/2}\sin\mu\pi\left(r_- + \sqrt{r_-^2-1}\right)^{-\mu} \qquad [c > a+b;\ a,\ b > 0;\ \operatorname{Re}\mu > -1].$$

17. $\int\limits_0^\infty J_\lambda(bx)J_\mu(bx)J_\nu(cx)\,dx = A(\lambda,\ \mu,\ \nu)$

$$\left[0<2b<c;\ \operatorname{Re}(\mu+\lambda+\nu)>-1;\ k=\left(c-\sqrt{c^2-4b^2}\right)^{1/2}\Big/\sqrt{2c},\ z=\sqrt{c^2-4b^2}\Big/c\right],$$

$$A(\mu,\ \mu,\ \nu) = b^{2\mu}c^{-2\mu-1}\Gamma\begin{bmatrix}\mu+(\nu+1)/2\\ \mu+1,\ \mu+1,\ (\nu+1)/2-\mu\end{bmatrix}\times$$
$$\times\left[{}_2F_1\left(\mu+\frac{1-\nu}{2},\ \mu+\frac{1+\nu}{2};\ \mu+1;\ k^2\right)\right]^2 = \frac{1}{c}\,\Gamma\begin{bmatrix}(1+\nu)/2+\mu\\(1+\nu)/2-\mu\end{bmatrix}\left[P^{-\mu}_{(\nu-1)/2}(z)\right]^2$$

$[\operatorname{Re}(\nu+2\mu) > -1],$

$$A(-\mu,\ \mu,\ \nu) = \frac{1}{c}\,P^{-\mu}_{(\nu-1)/2}(z)P^{\mu}_{(\nu-1)/2}(z) \qquad [\operatorname{Re}\nu > -1],$$

$$A(0,\ 0,\ 0) = \frac{4}{\pi^2c}\,\mathbf{K}^2(k),\quad A(0,\ 0,\ 1) = \frac{1}{c},\quad A(1,\ 1,\ 0) = -\frac{4c}{\pi^2b^2}\bigl[\mathbf{E}(k)-(1-k^2)\mathbf{K}(k)\bigr]^2,$$

$$A(1,\ 1,\ 1) = 0,\quad A(0,\ 0,\ 2) = \frac{4}{\pi^2c}\,[2\mathbf{E}(k)-\mathbf{K}(k)]^2,$$

$$A(1,\ 1,\ 2) = \frac{4c}{3\pi^2b^2}\bigl[(1-k^2)\mathbf{K}(k)-(1-2k^2)\mathbf{E}(k)\bigr]^2,$$

$$A(2,\ 2,\ 0) = \frac{4c^3}{9\pi^2b^4}\bigl[(2-3k^2)(1-k^2)\mathbf{K}(k)-2(1-2k^2)\mathbf{E}(k)\bigr]^2,$$

$$A(2,\ 2,\ 2) = -\frac{4c^3}{15\pi^2b^4}\bigl[2(1-k^2+k^4)\mathbf{E}(k)-(1-k^2)(2-k^2)\mathbf{K}(k)\bigr]^2,$$

$$A(2,\ 2,\ 4) = \frac{4c^3}{105\pi^2b^4}\bigl[(2+5k^2-8k^4)(1-k^2)\mathbf{K}(k)-2(1-2k^2)(1+4k^2-4k^4)\mathbf{E}(k)\bigr]^2,$$

$$A(3,\ 3,\ 0) = -\frac{4c^5}{225\pi^2b^6}\bigl[(8-23k^2+23k^4)\mathbf{E}(k)-(1-k^2)(8-19k^2+15k^4)\mathbf{K}(k)\bigr]^2,$$

$$A(3,\ 3,\ 2) = \frac{4c^5}{315\pi^2b^6}\bigl[(8-15k^2+3k^4)(1-k^2)\mathbf{K}(k)-(8-19k^2+9k^4-6k^6)\mathbf{E}(k)\bigr]^2.$$

18. $\int\limits_0^\infty J_\nu^3(cx)\,dx = \frac{2}{3c}\,\Gamma\begin{bmatrix}(3\nu+1)/6\\(3\nu+5)/6,\ 2/3,\ 2/3\end{bmatrix}$ $\quad [c > 0;\ \operatorname{Re}\nu > -1/3].$

19. $\int\limits_0^\infty J_{-\nu}^2(cx)J_\nu(cx)\,dx = \frac{4}{3^{3/2}c}\sin\frac{1-3\nu}{3}\,\pi\Gamma\begin{bmatrix}(1-3\nu)/6\\(5-3\nu)/6,\ 2/3,\ 2/3\end{bmatrix}$ $\quad [c > 0;\ \operatorname{Re}\nu < 1].$

20. $$\int_0^\infty x^{\alpha-1}J_\lambda(bx)J_\mu(bx)J_\nu(cx)\,dx = 2^{\alpha-1}b^{\mu+\lambda}c^{-\alpha-\mu-\lambda}\times$$
$$\times\Gamma\left[\begin{matrix}(\alpha+\mu+\lambda+\nu)/2\\ 1+\mu,\ 1+\lambda,\ 1+(\nu-\alpha-\mu-\lambda)/2\end{matrix}\right]{}_4F_3\left(\frac{\alpha+\mu+\lambda-\nu}{2},\right.$$
$$\left.\frac{\alpha+\mu+\lambda+\nu}{2},\ \frac{1+\mu+\lambda}{2},\ 1+\frac{\mu+\lambda}{2};\ 1+\mu+\lambda,\ 1+\mu,\ 1+\lambda;\ \frac{4b^2}{c^2}\right)$$

$[0<2b<c;\ -\operatorname{Re}(\mu+\nu+\lambda)<\operatorname{Re}\alpha<5/2]$.

21. $$=\frac{2^{\alpha-2}c^{1-\alpha}}{b}\Gamma\left[\begin{matrix}(\nu+\alpha-1)/2\\ (1+\mu-\lambda)/2,\ (1+\lambda-\mu)/2,\ (\nu+3-\alpha)/2\end{matrix}\right]\times$$
$$\times{}_4F_3\left(\frac{1-\lambda-\mu}{2},\ \frac{1+\lambda-\mu}{2},\ \frac{1-\lambda+\mu}{2},\ \frac{1+\lambda+\mu}{2};\ \frac{1}{2},\ \frac{3-\alpha-\nu}{2},\ \frac{3-\alpha+\nu}{2};\ \frac{c^2}{4b^2}\right)+$$
$$+\,2^{\alpha-1}b^{-\alpha-\nu}c^{\nu}\times$$
$$\times\Gamma\left[\begin{matrix}1-\alpha-\nu,\ (\alpha+\lambda+\mu+\nu)/2\\ 1+(\mu+\lambda-\alpha-\nu)/2,\ 1+(\mu-\lambda-\alpha-\nu)/2,\ 1+(\lambda-\mu-\alpha-\nu)/2,\ 1+\nu\end{matrix}\right]\times$$
$$\times{}_4F_3\left(\frac{\alpha+\nu-\mu-\lambda}{2},\ \frac{\alpha+\nu+\lambda-\mu}{2},\ \frac{\alpha+\nu+\mu-\lambda}{2},\ \frac{\alpha+\nu+\mu+\lambda}{2};\ \frac{1+\alpha+\nu}{2},\right.$$
$$\left.\frac{\alpha+\nu}{2},\ 1+\nu;\ \frac{c^2}{4b^2}\right)-\frac{2^{\alpha-3}c^{2-\alpha}(\mu+\lambda)}{b^2}\Gamma\left[\begin{matrix}(\nu+\alpha)/2-1\\ (\mu-\lambda)/2,\ (\lambda-\mu)/2,\ 2+(\nu-\alpha)/2\end{matrix}\right]\times$$
$$\times{}_4F_3\left(1-\frac{\mu+\lambda}{2},\ 1+\frac{\lambda-\mu}{2},\ 1+\frac{\mu-\lambda}{2},\ 1+\frac{\mu+\lambda}{2};\ \frac{3}{2},\ 2-\frac{\nu+\alpha}{2},\ 2+\frac{\nu-\alpha}{2};\ \frac{c^2}{4b^2}\right)$$

$[0<c<2b;\ -\operatorname{Re}(\mu+\nu+\lambda)<\operatorname{Re}\alpha<5/2]$.

22. $$\int_0^\infty x^{1-\mu}J_\mu(bx)J_\nu(bx)J_\nu(cx)\,dx = \frac{c^{\mu-1}(4b^2-c^2)_+^{(2\mu-1)/4}}{2^\mu\sqrt{\pi}\,b^{\mu+1/2}}P_{\nu-1/2}^{1/2-\mu}\left(\frac{c}{2b}\right)$$

$[b,\ c>0;\ c\neq 2b;\ \operatorname{Re}\mu>-1/2;\ \operatorname{Re}(\mu+\nu)>-1]$.

23. $$\int_0^\infty x^{\nu+1}J_\mu(bx)J_{-\mu}(bx)J_\nu(cx)\,dx = \frac{2^\nu}{b\sqrt{\pi c}}(4b^2-c^2)_+^{-(2\nu+1)/4}P_{\mu-1/2}^{\nu+1/2}\left(\frac{c^2}{4b^2}-1\right)$$

$[b,\ c>0;\ c\neq 2b;\ -1<\operatorname{Re}\nu<1/2]$.

24. $$\int_0^\infty x^{\nu+1}J_{-\nu}(bx)J_\nu(bx)J_\nu(cx)\,dx = \frac{2^{3\nu+1}b^{2\nu}c^{-\nu-1}}{\sqrt{\pi}\,\Gamma(1/2-\nu)}(4b^2-c^2)_+^{-\nu-1/2}$$

$[b,\ c>0;\ c\neq 2b;\ -1<\operatorname{Re}\nu<1/2]$.

25. $$\int_0^\infty x^{\nu+1}J_\nu^2(bx)J_\nu(cx)\,dx = \pm\frac{2^{3\nu+1}b^{2\nu}}{\pi^{3/2}c^{\nu+1}}\Gamma\left(\nu+\frac{1}{2}\right)\left\{\begin{matrix}1\\ \sin\nu\pi\end{matrix}\right\}|4b^2-c^2|^{-\nu-1/2}$$

$\left[\left\{\begin{matrix}0<c<2b\\ 0<2b<c\end{matrix}\right\},\ |\operatorname{Re}\nu|<1/2\right]$.

26. $$\int_0^\infty xJ_{\nu/2+\mu}(bx)J_{\nu/2-\mu}(bx)J_\nu(cx)\,dx =$$
$$=\frac{(2b)^{-2\mu}}{\pi c}(4b^2-c^2)_+^{-1/2}\left[\left(c+i\sqrt{4b^2-c^2}\right)^{2\mu}+\left(c-i\sqrt{4b^2-c^2}\right)^{2\mu}\right]=$$
$$=\frac{2}{\pi c}(4b^2-c^2)_+^{-1/2}\cos\left(2\mu\arccos\frac{c}{2b}\right)$$

$[b,\ c>0;\ c\neq 2b;\ \operatorname{Re}\nu>-1]$.

27. $\int\limits_0^\infty x J_{(\nu+n)/2}(bx) J_{(\nu-n)/2}(bx) J_\nu(cx)\,dx = \frac{2}{\pi c}(4b^2-c^2)_+^{-1/2} T_n\left(\frac{c}{2b}\right)$

$[b,\ c>0;\ c\neq 2b;\ \operatorname{Re}\nu>-1].$

28. $\int\limits_0^\infty x J_\mu^2(bx) J_0(cx)\,dx = \frac{2}{\pi c}(4b^2-c^2)^{-1/2}\cos\left[\mu\arccos\left(1-\frac{c^2}{2b^2}\right)\right]$

$[0<c<2b;\ \operatorname{Re}\mu>-1].$

29. $= -\frac{2^{\mu+1}b^{2\mu}}{\pi c}\sin\mu\pi(c^2-4b^2)^{-1/2}\left(c^2-2b^2+c\sqrt{c^2-4b^2}\right)^{-\mu}$

$[0<2b<c;\ \operatorname{Re}\mu>-1].$

30. $\int\limits_0^\infty x J_\mu(bx) J_0(bx) J_0(cx)\,dx = \frac{2}{\pi c}(4b^2-c^2)_+^{-1/2}\cos\left(\mu\arccos\frac{c}{2b}\right)$ $[b,\ c>0;\ c\neq 2b].$

31. $\int\limits_0^\infty \frac{1}{x} J_1^2(bx) J_0(cx)\,dx = \begin{Bmatrix}1\\0\end{Bmatrix}\left(\frac{1}{\pi}\arccos\frac{c}{2b}-\frac{c}{4b^2}\sqrt{4b^2-c^2}\right)$ $\left[\begin{Bmatrix}0<c<2b\\0<2b<c\end{Bmatrix}\right].$

32. $\int\limits_0^\infty x^{-1/2} J_1^2(bx) J_0(cx)\,dx = \begin{Bmatrix}1\\0\end{Bmatrix}\frac{1}{\pi\sqrt{c}}\left(\arccos\frac{c}{2b}-\frac{c}{4b^2}\sqrt{4b^2-c^2}\right)$ $\left[\begin{Bmatrix}0<c<2b\\0<2b<c\end{Bmatrix}\right].$

33. $\int\limits_0^\infty x^{1-\nu}\left[J_{-\mu}^2(bx)-J_\mu^2(bx)\right] J_\nu(cx)\,dx = \frac{2^{1-\nu}}{b\sqrt{\pi c}}\sin\mu\pi(c^2-4b^2)_+^{(2\nu-1)/4} P_{\mu-1/2}^{1/2-\nu}\left(\frac{c^2}{2b^2}-1\right)$

$[b,\ c>0;\ c\neq 2b;\ |\operatorname{Re}\mu|<1;\ \operatorname{Re}\nu>-1/2].$

2.12.43. Интегралы от $A(x)J_\lambda(\varphi(x))J_\mu(\chi(x))J_\nu(cx)$.

1. $\int\limits_0^\infty \frac{x^{2n-\mu-1}}{x^2+z^2} J_\nu(ax) J_\mu(bx) J_\nu(cx)\,dx = (-1)^{n+1} z^{2n-\mu-2} I_\mu(az) I_\nu(cz) K_\nu(bz)$

$[a>b+c;\ b,\ c,\ \operatorname{Re}z>0;\ \operatorname{Re}\nu>-n;\ \operatorname{Re}\mu>2n-9/2].$

2. $\int\limits_0^\infty x J_{\nu/4-\mu}(bx^2) J_{\nu/4+\mu}(bx^2) J_\nu(cx)\,dx =$

$$= \frac{2}{\pi c^2}\left[e^{\nu\pi i/4} W_{\mu,\,\nu/4}(u_+) W_{-\mu,\,\nu/4}(u_+) + e^{-\nu\pi i/4} W_{\mu,\,\nu/4}(u_-) W_{-\mu,\,\nu/4}(u_-)\right]$$

$[u_\pm=\pm ic^2/(8b);\ b,\ c>0;\ \operatorname{Re}\nu>-1/2].$

3. $\int\limits_0^\infty x J_{\nu/4}^2(bx^2) J_\nu(cx)\,dx = -\frac{1}{4b} J_{\nu/4}\left(\frac{c^2}{16b}\right) Y_{\nu/4}\left(\frac{c^2}{16b}\right)$ $[b,\ c>0;\ \operatorname{Re}\nu>-1].$

4. $\int\limits_0^\infty x^{\alpha-1} J_\lambda\left(\frac{b}{x}\right) J_\mu\left(\frac{b}{x}\right) J_\nu(cx)\,dx =$

$$= \frac{b^{\lambda+\mu}c^{\lambda+\mu-\alpha}}{2^{2\lambda+2\mu-\alpha+1}}\Gamma\left[\begin{matrix}(\nu+\alpha-\lambda-\mu)/2\\(\nu-\alpha+\lambda+\mu)/2+1,\ \lambda+1,\ \mu+1\end{matrix}\right] {}_2F_5\left(\frac{\lambda+\mu+1}{2},\ \frac{\lambda+\mu}{2}+1;\right.$$

$$\left.\frac{\lambda+\mu-\alpha-\nu}{2}+1,\ \frac{\lambda+\mu-\alpha+\nu}{2}+1,\ \lambda+1,\ \mu+1,\ \lambda+\mu+1;\ \frac{b^2c^2}{4}\right) + \frac{b^{\alpha+\nu}c^\nu}{2^{\alpha+2\nu+1}}\times$$

$$\times\Gamma\left[\begin{matrix}\alpha+\nu+1,\ (\lambda+\mu-\alpha-\nu)/2\\\nu+1,\ (\alpha+\lambda+\mu+\nu)/2+1,\ (\alpha-\lambda+\mu+\nu)/2+1,\ (\alpha+\lambda-\mu+\nu)/2+1\end{matrix}\right]\times$$

$$\times\ {}_2F_5\left(\frac{\alpha+\nu+1}{2},\ \frac{\alpha+\nu}{2}+1;\ \frac{\alpha+\lambda+\mu+\nu}{2}+1,\ \frac{\alpha-\lambda-\mu+\nu}{2}+1,\ \frac{\alpha-\lambda+\mu+\nu}{2}+1,\right.$$

$$\left.\frac{\alpha+\lambda-\mu+\nu}{2}+1,\ \nu+1;\ \frac{b^2c^2}{4}\right)$$

$[b,\ c>0;\ \operatorname{Re}(\alpha+\nu)>-1;\ \operatorname{Re}(\alpha-\lambda-\mu)<3/2].$

5. $$\int_0^\infty \left[J_\mu^2\left(\frac{b}{x}\right) - J_{-\mu}^2\left(\frac{b}{x}\right)\right] J_0(cx)\,dx = \frac{\sec\mu\pi}{c}\Big[J_{2\mu}\left(e^{i\pi/4}2\sqrt{bc}\right)J_{2\mu}\left(e^{-i\pi/4}2\sqrt{bc}\right) - {}$$
$$- J_{-2\mu}\left(e^{i\pi/4}2\sqrt{bc}\right)J_{-2\mu}\left(e^{-i\pi/4}2\sqrt{bc}\right)\Big] \qquad [b,\ c>0;\ |\operatorname{Re}\mu|<1/4].$$

6. $$\int_0^\infty x^{\nu-1}(x^2+z^2)^{-\mu} J_\mu\left(a\sqrt{x^2+z^2}\right)J_\mu\left(b\sqrt{x^2+z^2}\right)J_\nu(cx)\,dx =$$
$$= 2^{\nu-1}\Gamma(\nu)c^{-\nu}z^{-2\mu}J_\mu(az)J_\mu(bz) \qquad [a,\ b>0;\ c>a+b;\ 0<\operatorname{Re}\nu<2\operatorname{Re}\mu+5/2].$$

7. $$\int_0^\infty x^{\nu+1} J_\mu\left(b\sqrt{x^2+z^2}-bx\right)J_\mu\left(b\sqrt{x^2+z^2}+bx\right)J_\nu(cx)\,dx =$$
$$= \left(\frac{z}{4b}\right)^\mu \frac{c^\nu}{\Gamma(\mu+1)\Gamma(\mu-\nu)}(4b^2-c^2)_+^{\mu-\nu-1}\,{}_1F_2\left(\mu+\frac{1}{2};\ 2\mu+1,\ \mu-\nu;\ -\frac{4b^2-c^2}{4b}z\right)$$
$$[b,\ c,\ \operatorname{Re}z>0;\ c\neq 2b;\ -1<\operatorname{Re}\nu<\operatorname{Re}\mu].$$

8. $$\int_0^\infty x J_{\nu/2}\left(b\sqrt{x^2+z^2}-bz\right)J_{\nu/2}\left(b\sqrt{x^2+z^2}+bz\right)J_\nu(cx)\,dx =$$
$$= \frac{2}{\pi c}(4b^2-c^2)_+^{-1/2}\cos\left(z\sqrt{4b^2-c^2}\right) \qquad [b,\ c,\ \operatorname{Re}z>0;\ c\neq 2b;\ \operatorname{Re}\nu>-1].$$

2.12.44. Интегралы, содержащие $\prod\limits_{k=1}^{n} J_{\nu_k}(\varphi_k(x))$, $n\geqslant 4$.

1. $$= \frac{1}{2\pi bc}\,{}_2F_1\left(\frac{1}{2},\ \frac{1}{2};\ 1;\ \frac{(b^2+c^2)^3(3b^2-c^2)}{16b^6c^2}\right) \qquad \left[0<b<c<b\sqrt{3}\right].$$

2. $$\int_0^\infty x^{1-2\nu}J_\nu^2(bx)J_\nu^2(cx)\,dx = \frac{b^{2\nu-1}}{2\pi c}\Gamma\left[\begin{matrix}\nu\\ \nu+1/2,\ 2\nu+1/2\end{matrix}\right]{}_2F_1\left(\nu,\ \frac{1}{2}-\nu;\ 2\nu+\frac{1}{2};\ \frac{b^2}{c^2}\right)$$
$$[0<b<c;\ \operatorname{Re}\nu>0].$$

3. $$\int_0^\infty x^{1-2\nu}J_\nu^4(cx)\,dx = \frac{(2c)^{2\nu-2}}{\pi^{3/2}}\Gamma\left[\begin{matrix}\nu,\ \nu\\ 3\nu,\ \nu+1/2\end{matrix}\right] \qquad [c,\ \operatorname{Re}\nu>0].$$

4. $$\int_0^\infty x^{1/2}J_{1/4}^2(bx)J_{1/4}^2(cx)\,dx = \frac{\Gamma^2(1/4)}{\pi^3 c\sqrt{2b}}\,\mathbf{K}\left(\sqrt{\frac{c-\sqrt{c^2-b^2}}{2c}}\right) \qquad [0<b<c].$$

5. $$\int_0^\infty x^{\alpha-1}\prod_{k=1}^{n} J_{\nu_k}(c_kx)\,dx = I_\alpha$$
$$[n=2,\ 3,\ 4,\ \ldots;\ c_k>0,\ k=1,\ 2,\ 3,\ \ldots,\ n;\ c_n>c_1+\ldots+c_{n-1};$$
$$-\operatorname{Re}(\nu_1+\ldots+\nu_n)<\operatorname{Re}\alpha<n/2+1;\ \mu=\alpha+\nu_1+\ldots+\nu_n],$$
$$I_\alpha = 2^{\alpha-1}c_n^{\nu_n-\mu}\Gamma\left[\begin{matrix}\mu/2\\ \nu_n-\mu/2+1\end{matrix}\right]\prod_{k=1}^{n}\frac{c_k^{\nu_k}}{\Gamma(\nu_k+1)}\ \times$$
$$\times F_c^{(n-1)}\left(\frac{\mu}{2},\ \frac{\mu}{2}-\nu_n;\ \nu_1+1,\ \ldots,\ \nu_{n-1}+1;\ \frac{c_1^2}{c_n^2},\ \ldots,\ \frac{c_{n-1}^2}{c_n^2}\right),$$
$$I_{\nu_n-\nu_1-\ldots-\nu_{n-1}} = 2^{\nu_n-\nu_1-\ldots-\nu_{n-1}-1}\frac{\Gamma(\nu_n)}{c_n^{\nu_n}}\prod_{k=1}^{n-1}\frac{c_k^{\nu_k}}{\Gamma(\nu_k+1)}$$
$$[0<\operatorname{Re}\nu_n<\operatorname{Re}(\nu_1+\ldots+\nu_{n-1})+n/2+1],$$
$$I_\alpha = 0 \qquad [\alpha=\nu_n-\nu_1-\ldots-\nu_{n-1}+2m+2;$$
$$-m-1<\operatorname{Re}\nu_n<\operatorname{Re}\nu_n<\operatorname{Re}(\nu_1+\ldots+\nu_{n+1})+n/2-2m-1].$$

6. $$\int_0^\infty x^{\alpha-1}\prod_{k=1}^n (x^2+z_k^2)^{-\mu_k/2} J_{\mu_k}\left(b_k\sqrt{x^2+z_k^2}\right) J_\nu(cx)\,dx = A_\alpha$$
$$\left[b_k,\ \operatorname{Re} z_k>0;\ k=1,\,2,\,\ldots,\,n;\ c>\sum_{k=1}^n b_k\right],$$
$$A_\nu = 2^{\nu-1}\Gamma(\nu)c^{-\nu}\prod_{k=1}^n z_k^{-\mu_k} J_{\mu_k}(b_k z_k) \qquad \left[0<\operatorname{Re}\nu<\sum_{k=1}^n \operatorname{Re}\mu_k+(n+3)/2\right],$$
$$A_{\nu+2}=0 \qquad \left[-1<\operatorname{Re}\nu<\sum_{k=1}^n \operatorname{Re}\mu_k+(n-1)/2\right].$$

7. $$\int_0^\infty x^{\nu-1}(x^2+z^2)^{-n\mu/2}\prod_{k=1}^n J_\mu\left(b_k\sqrt{x^2+z^2}\right)J_\nu(cx)\,dx = 2^{\nu-1}c^{-\nu}z^{-n\mu}\Gamma(\nu)\prod_{k=1}^n J_\mu(b_k z)$$
$$\left[b_k,\ \operatorname{Re} z>0;\ k=1,\,2,\,\ldots,\,n;\ c>\sum_{k=1}^n b_k;\ 0<\operatorname{Re}\nu<n\operatorname{Re}\mu+(n+1)/2\right].$$

2.12.45. Интегралы по индексу, содержащие $J_{\nu\pm x}(c)$ или $J_{ix}(c)$.

1. $$\int_{-\infty}^\infty e^{iax}J_x(c)\,dx = e^{ic\sin a}\begin{Bmatrix}1\\0\end{Bmatrix} \qquad \left[\begin{Bmatrix}-\pi<a<\pi\\ a<-\pi \text{ или } a>\pi\end{Bmatrix};\ c>0\right].$$

2. $$= 1/2 \qquad [a=\pi;\ c>0].$$

3. $$\int_{-\infty}^\infty \begin{Bmatrix}\operatorname{cosech}(\pi x/2)\\ \operatorname{sech}(\pi x)/2\end{Bmatrix}\cos bx\,J_{ix}(c)\,dx = \begin{Bmatrix}-2i\cos(c\operatorname{ch} b)\\ 2\sin(c\operatorname{ch} b)\end{Bmatrix} \qquad [b\geqslant 0;\ c>0].$$

4. $$\int_{-\infty}^\infty e^{\pi x/2}\frac{\cos bx}{\operatorname{sh}\pi x}J_{ix}(c)\,dx = -ie^{ic\operatorname{ch} b} \qquad [b,\ c>0].$$

5. $$\int_0^\infty \begin{Bmatrix}\operatorname{cosech}(\pi x/2)\\ \operatorname{sech}(\pi x/2)\end{Bmatrix}\cos bx[J_{ix}(c)\mp J_{-ix}(c)]\,dx = \mp 2\begin{Bmatrix}i\cos(c\operatorname{ch} b)\\ \sin(c\operatorname{ch} b)\end{Bmatrix} \qquad [b,\ c>0].$$

6. $$\int_0^\infty \cos\pi x\,J_x(cx)J_{-x}(cx)\,dx = \frac{1}{4\sqrt{1-c^2}} \qquad [0<c<1].$$

7. $$\int_0^\infty \frac{1}{x^2}\left[\cos cx\,J_x(cx)J_{-x}(cx)-1\right]dx = -\frac{\pi^2}{2} \qquad [c>0].$$

8. $$\int_{-\infty}^\infty J_{\mu+x}(c)J_{\nu-x}(c)\,dx = J_{\mu+\nu}(2c) \qquad [\operatorname{Re}(\mu+\nu)>1;\ c>0].$$

9. $$\int_{-\infty}^\infty e^{ipx}b^{-x}c^x J_{\mu+x}(b)J_{\nu-x}(c)\,dx = \begin{Bmatrix}1\\0\end{Bmatrix}b^\mu c^\nu\left(2\cos\frac{p}{2}\right)^{(\mu+\nu)/2}\times$$
$$\times\left(b^2e^{-ip/2}+c^2e^{ip/2}\right)^{-(\mu+\nu)/2}\exp\left(ip\frac{\nu-\mu}{2}\right)J_{\nu+\mu}\left(\sqrt{2\cos\frac{p}{2}(b^2e^{-ip/2}+c^2e^{ip/2})}\right)$$
$$\left[b,\ c>0;\ \operatorname{Re}(\mu+\nu)>1,\ \begin{Bmatrix}-\pi<p<\pi\\ p\geqslant\pi \text{ или } p\leqslant-\pi\end{Bmatrix}\right].$$

10. $$\int\limits_{-\infty}^{\infty} \cos bx\, J_{\mu+x}(c) J_{\nu-x}(c)\,dx = \begin{Bmatrix} 1 \\ 0 \end{Bmatrix} \cos\frac{\mu-\nu}{2}\,b J_{\mu+\nu}\left(2c\cos\frac{b}{2}\right)$$

$$\left[\begin{Bmatrix} |b|<\pi \\ |b|\geqslant\pi \end{Bmatrix},\ \operatorname{Im} b = 0;\ \operatorname{Re}(\mu+\nu)>0 \text{ при } |b|=\pi;\ \operatorname{Re}(\mu+\nu)>-1 \text{ при } |b|\neq\pi\right].$$

11. $$\int\limits_{-\infty}^{\infty} J_{\varkappa+x}(c) J_{\lambda-x}(c) J_{\mu+x}(c) J_{\nu-x}(c)\,dx =$$
$$= \Gamma\left[\begin{matrix} \varkappa+\lambda+\mu+\nu+1 \\ \varkappa+\lambda+1,\ \lambda+\mu+1,\ \mu+\nu+1,\ \nu+\varkappa+1 \end{matrix}\right] \times$$
$$\times {}_4F_5\left(\frac{\varkappa+\lambda+\mu+\nu+1}{2},\ \frac{\varkappa+\lambda+\mu+\nu+1}{2},\ \frac{\varkappa+\lambda+\mu+\nu}{2}+1,\ \frac{\varkappa+\lambda+\mu+\nu}{2}+1;\right.$$
$$\left.\varkappa+\lambda+\mu+\nu+1,\ \varkappa+\lambda+1,\ \lambda+\mu+1,\ \nu+\varkappa+1;\ -4c^2\right)$$
$$[c>0;\ \operatorname{Re}(\varkappa+\lambda+\mu+\nu)>-1].$$

2.12.46. Интегралы, содержащие $\Gamma(x)$ и $J_\nu(cx)$.

1. $$\int\limits_0^{\infty} \frac{x^{\nu+2n-1/2}}{\Gamma(a+x)\Gamma(a-x)} J_\nu(cx)\,dx = 0 \qquad [c\geqslant\pi;\ -1<\operatorname{Re}\nu<2a-2n-7/2].$$

2.12.47. Интегралы, содержащие $\operatorname{Ei}(\varphi(x))J_\nu(cx)$.

1. $$\int\limits_0^{\infty} \operatorname{Ei}(-bx) J_0(cx)\,dx = -\frac{1}{c}\ln\frac{c+\sqrt{b^2+c^2}}{b} \qquad [c,\ \operatorname{Re} b>0].$$

2. $$\int\limits_0^{\infty} x^{\alpha-1}\operatorname{Ei}(-bx) J_\nu(cx)\,dx = -\frac{c^\nu}{2^\nu(\alpha+\nu)b^{\alpha+\nu}}\Gamma\left[\begin{matrix}\alpha+\nu \\ \nu+1\end{matrix}\right] \times$$
$$\times {}_3F_2\left(\frac{\alpha+\nu}{2},\ \frac{\alpha+\nu}{2},\ \frac{\alpha+\nu+1}{2};\ \frac{\alpha+\nu}{2}+1,\ \nu+1;\ -\frac{c^2}{b^2}\right) \qquad [c,\ \operatorname{Re} b>0;\ \operatorname{Re}(\alpha+\nu)>0].$$

3. $$\int\limits_0^{\infty} x\operatorname{Ei}(-bx) J_0(cx)\,dx = \frac{1}{c^2}\left(\frac{b}{\sqrt{b^2+c^2}}-1\right) \qquad [c,\ \operatorname{Re} b>0].$$

4. $$\int\limits_0^{\infty} \operatorname{Ei}\left(-\frac{b}{x}\right) J_1(cx)\,dx = -\frac{2}{c} J_0\left(\sqrt{2bc}\right) K_0\left(\sqrt{2bc}\right) \qquad [c,\ \operatorname{Re} b>0].$$

5. $$\int\limits_0^{\infty} \operatorname{Ei}(-bx^2) J_1(cx)\,dx = -\frac{1}{c}\left[\mathbf{C}+\ln\frac{c^2}{4b}-\operatorname{Ei}\left(\frac{c^2}{4b}\right)\right] \qquad [\operatorname{Re} b>0].$$

6. $$\int\limits_0^{\infty} x^{\alpha-1}\operatorname{Ei}(-bx^2) J_\nu(cx)\,dx = -\frac{c^\nu}{2^\nu(\alpha+\nu)b^{(\alpha+\nu)/2}} \times$$
$$\times \Gamma\left[\begin{matrix}(\alpha+\nu)/2 \\ \nu+1\end{matrix}\right] {}_2F_2\left(\frac{\alpha+\nu}{2},\ \frac{\alpha+\nu}{2};\ \nu+1,\ \frac{\alpha+\nu}{2}+1;\ -\frac{c^2}{4b}\right) \qquad [\operatorname{Re} b,\ \operatorname{Re}(\alpha+\nu)>0].$$

7. $$\int\limits_0^{\infty} x^{\nu+1}\operatorname{Ei}(-bx^2) J_\nu(cx)\,dx = -\frac{2^{\nu+1}}{c^{\nu+2}}\gamma\left(\nu+1,\ \frac{c^2}{4b}\right) \qquad [\operatorname{Re} b>0;\ \operatorname{Re}\nu>-1].$$

8. $$\int\limits_0^{\infty} x^{n+1}\operatorname{Ei}(-bx^2) J_n(cx)\,dx = -\frac{2^{n+1}n!}{c^{n+2}}\left[1-\exp\left(-\frac{c^2}{4b}\right)\sum_{k=1}^{n}\frac{1}{k!}\left(\frac{c^2}{4b}\right)^k\right] \qquad [\operatorname{Re} b>0].$$

9. $\int\limits_0^\infty x\,\mathrm{Ei}\left(-bz - b\sqrt{x^2+z^2}\right)J_0(cx)\,dx = -\dfrac{\exp\left(-zb - z\sqrt{b^2+c^2}\right)}{\left(b+\sqrt{b^2+c^2}\right)\sqrt{b^2+c^2}}$ $[c,\ \mathrm{Re}\,b,\ \mathrm{Re}\,z > 0]$.

10. $\int\limits_0^\infty x^{\alpha-1}e^{\pm bx}\,\mathrm{Ei}\,(\mp bx)J_\nu(cx)\,dx =$

$$= -\frac{\pi}{b^{\alpha+\nu}}\left(\frac{c}{2}\right)^\nu\Gamma\begin{bmatrix}\alpha+\nu\\ \nu+1\end{bmatrix}\begin{Bmatrix}\operatorname{cosec}\,(\alpha+\nu)\pi\\ \operatorname{ctg}\,(\alpha+\nu)\pi\end{Bmatrix}{}_2F_1\left(\frac{\alpha+\nu}{2},\ \frac{\alpha+\nu+1}{2};\ \nu+1;\ -\frac{c^2}{b^2}\right)\mp$$
$$\mp\frac{c^{1-\alpha}}{2^{2-\alpha}b}\Gamma\begin{bmatrix}(\alpha+\nu-1)/2\\ (\nu-\alpha+3)/2\end{bmatrix}{}_3F_2\left(1,\ 1,\ \frac{1}{2};\ \frac{3-\alpha-\nu}{2},\ \frac{3+\nu-\alpha}{2};\ -\frac{c^2}{b^2}\right)+$$
$$+\frac{c^{2-\alpha}}{2^{3-\alpha}b^2}\Gamma\begin{bmatrix}(\alpha+\nu)/2-1\\ (\nu-\alpha)/2+2\end{bmatrix}{}_3F_2\left(1,\ 1,\ \frac{3}{2};\ 2-\frac{\alpha+\nu}{2},\ 2+\frac{\nu-\alpha}{2};\ -\frac{c^2}{b^2}\right)$$

$[c,\ \mathrm{Re}\,b > 0;\ -\mathrm{Re}\,\nu < \mathrm{Re}\,\alpha < 5/2]$.

11. $\int\limits_0^\infty x^{\alpha-1}e^{\pm bx^2}\,\mathrm{Ei}\,(\mp bx^2)J_\nu(cx)\,dx =$

$$= -\frac{\pi}{b^{(\alpha+\nu)/2}}\left(\frac{c}{2}\right)^\nu\Gamma\begin{bmatrix}(\alpha+\nu)/2\\ \nu+1\end{bmatrix}\begin{Bmatrix}\operatorname{cosec}\,[(\alpha+\nu)\pi/2]\\ \operatorname{ctg}\,[(\alpha+\nu)\pi/2]\end{Bmatrix}{}_1F_1\left(\frac{\alpha+\nu}{2};\ \nu+1;\ \pm\frac{c^2}{4b}\right)\mp$$
$$\mp\frac{c^{2-\alpha}}{2^{3-\alpha}b}\Gamma\begin{bmatrix}(\alpha+\nu)/2-1\\ (\nu-\alpha)/2+2\end{bmatrix}{}_2F_2\left(1,\ 1;\ 2-\frac{\alpha+\nu}{2},\ \frac{\nu-\alpha}{2}+2;\ \pm\frac{c^2}{4b}\right)$$

$[c,\ \mathrm{Re}\,b > 0;\ -\mathrm{Re}\,\nu < \mathrm{Re}\,\alpha < 5/2]$.

12. $\int\limits_0^\infty x^{\nu+1}e^{bx^2}\,\mathrm{Ei}\,(-bx^2)J_\nu(cx)\,dx = -(2b)^{-\nu-1}c^\nu\Gamma(\nu+1)\exp\left(\dfrac{c^2}{4b}\right)\Gamma\left(-\nu,\ \dfrac{c^2}{4b}\right)$

$[c,\ \mathrm{Re}\,b > 0;\ -1 < \mathrm{Re}\,\nu < 1/2]$.

13. $\int\limits_0^\infty xe^{bx^2}\,\mathrm{Ei}\,(-bx^2)J_0(cx)\,dx = \dfrac{1}{2b}\exp\left(\dfrac{c^2}{4b}\right)\mathrm{Ei}\left(-\dfrac{c^2}{4b}\right)$ $[c,\ \mathrm{Re}\,b > 0]$.

14. $\int\limits_0^\infty x\ln x\,\mathrm{Ei}\,(-bx^2)J_0(cx)\,dx =$

$$= \frac{2}{c^2}\left[\ln\frac{c^2}{4\sqrt{b}} - \mathrm{Ei}\left(-\frac{c^2}{4b}\right)+\frac{3}{2}\mathbf{C}\right]-\frac{1}{c^2}\exp\left(-\frac{c^2}{4b}\right)\left[\ln\frac{4b^2}{c^2}+\mathrm{Ei}\left(\frac{c^2}{4b}\right)\right]$$ $[\mathrm{Re}\,b > 0]$.

15. $\int\limits_0^\infty\left[\mathbf{C}+\ln(bx^2)-2\,\mathrm{Ei}\,(-bx^2)\right]J_1(cx)\,dx = \dfrac{1}{c}\left[\ln\dfrac{c^2}{4b}+\mathbf{C}-2\,\mathrm{Ei}\left(-\dfrac{c^2}{4b}\right)\right]$ $[\mathrm{Re}\,b > 0]$.

16. $\int\limits_0^\infty x^{\alpha-1}\,\mathrm{Ei}\,(-bx^2)J_\mu(cx)J_\nu(cx)\,dx = -\dfrac{b^{-(\alpha+\mu+\nu)/2}}{\alpha+\mu+\nu}\left(\dfrac{c}{2}\right)^{\mu+\nu}\Gamma\begin{bmatrix}(\alpha+\mu+\nu)/2\\ \mu+1,\ \nu+1\end{bmatrix}\times$

$$\times\,{}_4F_4\left(\frac{\mu+\nu+1}{2},\ \frac{\mu+\nu}{2}+1,\ \frac{\alpha+\mu+\nu}{2},\ \frac{\alpha+\mu+\nu}{2};\ \mu+1,\ \nu+1,\right.$$
$$\left.\mu+\nu+1,\ \frac{\alpha+\mu+\nu}{2}+1;\ -\frac{c^2}{b}\right)$$ $[\mathrm{Re}\,b,\ \mathrm{Re}\,(\alpha+\mu+\nu) > 0]$.

2.12.48. Интегралы от $x^\alpha\begin{Bmatrix}\mathrm{si}\,(bx^n)\\ \mathrm{ci}\,(bx^n)\end{Bmatrix}J_\nu(cx)$.

1. $\int\limits_0^\infty \mathrm{si}\,(bx)J_0(cx)\,dx = -\begin{Bmatrix}1\\0\end{Bmatrix}\dfrac{1}{c}\arcsin\dfrac{c}{b}$ $\left[\begin{Bmatrix}0 < c < b\\ 0 < b < c\end{Bmatrix}\right]$.

2. $\int\limits_0^\infty x^{\alpha-1}\left\{\begin{matrix}\operatorname{si}(bx)\\ \operatorname{ci}(bx)\end{matrix}\right\}J_\nu(cx)\,dx = U$

$[b,\ c>0;\ -\operatorname{Re}\nu<\operatorname{Re}\alpha<5/2 \text{ при } b\neq c;\ -\operatorname{Re}\nu<\operatorname{Re}\alpha<3/2 \text{ при } b=c],$

$$U=-\frac{b^{-\alpha-\nu}}{\alpha+\nu}\left(\frac{c}{2}\right)^\nu\Gamma\left[\begin{matrix}\alpha+\nu\\ \nu+1\end{matrix}\right]\left\{\begin{matrix}\sin[(\alpha+\nu)\pi/2]\\ \cos[(\alpha+\nu)\pi/2]\end{matrix}\right\}\times$$
$$\times\ {}_3F_2\left(\frac{\alpha+\nu}{2},\ \frac{\alpha+\nu}{2},\ \frac{\alpha+\nu+1}{2};\ \nu+1,\ \frac{\alpha+\nu}{2}+1;\ \frac{c^2}{b^2}\right)\qquad [0<c<b],$$

$$U=-\frac{2^{\alpha+\delta}b^{\delta+2}}{(2\delta+1)(2+\delta)c^{\alpha+\delta+2}}\Gamma\left[\begin{matrix}(\alpha+\nu+\delta)/2+1\\ (\nu-\alpha-\delta)/2\end{matrix}\right]\times$$
$$\times\ {}_4F_3\left(1,\ \frac{\delta}{2}+1,\ \frac{\alpha+\nu+\delta}{2}+1,\ 1+\frac{\alpha+\delta-\nu}{2};\ 2,\ \frac{\delta}{2}+2,\ \delta+\frac{3}{2};\ \frac{b^2}{c^2}\right)+$$
$$+\frac{2^{\alpha+\delta-1}b^\delta}{c^{\alpha+\delta}}\Gamma\left[\begin{matrix}(\alpha+\nu+\delta)/2\\ (\nu-\alpha-\delta)/2+1\end{matrix}\right]\left\{\begin{matrix}1\\ R\end{matrix}\right\}-\left\{\begin{matrix}1\\ 0\end{matrix}\right\}\frac{2^{\alpha-2}\pi}{c^\alpha}\Gamma\left[\begin{matrix}(\alpha+\nu)/2\\ (\nu-\alpha)/2+1\end{matrix}\right]$$
$$\left[0<b<c;\ R=\mathbf{C}+\frac{1}{2}\psi\left(\frac{\alpha+\nu}{2}\right)+\frac{1}{2}\psi\left(\frac{\nu-\alpha}{2}+1\right)-\ln\frac{c}{2b}\right].$$

3. $\int\limits_0^\infty \operatorname{si}(bx^2)J_1(cx)\,dx = -\frac{1}{c}\operatorname{Si}\left(\frac{c^2}{4b}\right)$ $\qquad [b,\ c>0].$

4. $\int\limits_0^\infty \operatorname{ci}(bx^2)J_{(1\pm1)/2}(cx)\,dx = \frac{1}{c}\left[\operatorname{ci}\left(\frac{c^2}{4b}\right)+\frac{1\mp3}{1}\mathbf{C}\mp\ln\frac{c^2}{4b}\right]$ $\qquad [b,\ c>0].$

5. $\int\limits_0^\infty x^{\alpha-1}\left\{\begin{matrix}\operatorname{si}(bx^2)\\ \operatorname{ci}(bx^2)\end{matrix}\right\}J_\nu(cx)\,dx = -\frac{c^\nu}{2^\nu(\alpha+\nu)b^{(\alpha+\nu)/2}}\Gamma\left[\begin{matrix}(\alpha+\nu)/2\\ \nu+1\end{matrix}\right]\times$

$$\times\left\{\begin{matrix}\sin[(\alpha+\nu)\pi/4]\\ \cos[(\alpha+\nu)\pi/4]\end{matrix}\right\}{}_3F_4\left(\frac{\alpha+\nu}{4},\ \frac{\alpha+\nu}{4},\ \frac{\alpha+\nu+2}{4};\ \frac{1}{2},\ \frac{\nu+1}{2},\ \frac{\nu}{2}+1,\right.$$
$$\left.\frac{\alpha+\nu}{4}+1;\ -\frac{c^4}{64b^2}\right)\pm\frac{c^{\nu+2}}{2^{\nu+2}(\alpha+\nu+2)b^{(\alpha+\nu)/2+1}}\Gamma\left[\begin{matrix}(\alpha+\nu)/2+1\\ \nu+2\end{matrix}\right]\times$$
$$\times\left\{\begin{matrix}\cos[(\alpha+\nu)\pi/4]\\ \sin[(\alpha+\nu)\pi/4]\end{matrix}\right\}{}_3F_4\left(\frac{\alpha+\nu+2}{4},\ \frac{\alpha+\nu+2}{4},\ \frac{\alpha+\nu}{4}+1;\ \frac{3}{2},\ \frac{\nu}{2}+1,\right.$$
$$\left.\frac{\nu+3}{2},\ \frac{\alpha+\nu+6}{4};\ -\frac{c^4}{64b^2}\right)\qquad [b,\ c>0;\ -\operatorname{Re}\nu<\operatorname{Re}\alpha<5/2].$$

6. $\int\limits_0^\infty x\left\{\begin{matrix}\operatorname{si}(bx^2)\\ \operatorname{ci}(bx^2)\end{matrix}\right\}J_0(cx)\,dx = -\frac{2}{c^2}\left\{\begin{matrix}\sin\varphi\\ 1-\cos\varphi\end{matrix}\right\}$ $\qquad [\varphi=c^2/(4b);\ b,\ c>0].$

2.12.49. Интегралы, содержащие $\left\{\begin{matrix}\operatorname{erf}(\varphi(x))\\ \operatorname{erfc}(\varphi(x))\end{matrix}\right\}$ и $J_\nu(\chi(x))$.

1. $\int\limits_0^\infty \left\{\begin{matrix}\operatorname{erf}(bx)\\ \operatorname{erfc}(bx)\end{matrix}\right\}J_0(cx)\,dx = \frac{1}{c}\left\{\begin{matrix}\operatorname{erfc}(\varphi)\\ \operatorname{erf}(\varphi)\end{matrix}\right\}$ $\qquad \left[\varphi=\frac{c}{2b},\ \left\{\begin{matrix}c>0;\ |\arg b|<\pi/4\\ |\arg b|<\pi/4\end{matrix}\right\}\right].$

2. $\int\limits_0^\infty x^{\alpha-1}\left\{\begin{matrix}\operatorname{erf}(bx)\\ \operatorname{erfc}(bx)\end{matrix}\right\}J_\nu(cx)\,dx = \mp\frac{b^{-\alpha-\nu}}{(\alpha+\nu)\sqrt{\pi}}\left(\frac{c}{2}\right)^\nu\Gamma\left[\begin{matrix}(\alpha+\nu+1)/2\\ \nu+1\end{matrix}\right]\times$

$$\times\ {}_2F_2\left(\frac{\alpha+\nu}{2},\ \frac{\alpha+\nu+1}{2};\ \nu+1,\ \frac{\alpha+\nu}{2}+1;\ -\frac{c^2}{4b^2}\right)+\left\{\begin{matrix}1\\ 0\end{matrix}\right\}\frac{2^{\alpha-1}}{c^\alpha}\Gamma\left[\begin{matrix}(\alpha+\nu)/2\\ (\nu-\alpha)/2+1\end{matrix}\right]$$
$$\left[|\arg b|<\pi/4,\ \left\{\begin{matrix}c>0;\ -1-\operatorname{Re}\nu<\operatorname{Re}\alpha<3/2\\ \operatorname{Re}(\alpha+\nu)>0\end{matrix}\right\}\right].$$

3. $$\int\limits_0^\infty x^\nu \begin{Bmatrix} \operatorname{erf}(bx) \\ \operatorname{erfc}(bx) \end{Bmatrix} J_\nu(cx)\,dx = \frac{2^\nu}{\sqrt{\pi}\,c^{\nu+1}} \begin{Bmatrix} \Gamma(\nu+1/2,\ z) \\ \gamma(\nu+1/2,\ z) \end{Bmatrix}$$

$$\left[z = \frac{c^2}{4b^2};\ |\arg b| < \frac{\pi}{4},\ \begin{Bmatrix} c>0;\ -1<\operatorname{Re}\nu<1/2 \\ \operatorname{Re}\nu > -1/2 \end{Bmatrix}\right].$$

4. $$\int\limits_0^\infty x^{1-\nu} \operatorname{erf}(bx) J_\nu(cx)\,dx = \frac{c^{\nu-2}}{2^{\nu-1}\Gamma(\nu)}\,{}_1F_1\left(\frac{1}{2};\ \nu;\ -\frac{c^2}{4b^2}\right)$$

$[c>0;\ \operatorname{Re}\nu > 1/2;\ |\arg b| < \pi/4]$.

5. $$\int\limits_0^\infty x^{\nu+1} \operatorname{erfc}(bx) J_\nu(cx)\,dx = \frac{2b^{-\nu}}{\sqrt{\pi}\,c^2}\,\Gamma\begin{bmatrix} \nu+3/2 \\ \nu+2 \end{bmatrix} \exp\left(-\frac{c^2}{8b^2}\right) M_{-(\nu+1)/2,\,(\nu+1)/2}\left(\frac{c^2}{4b^2}\right)$$

$[\operatorname{Re}\nu > -1;\ |\arg b| < \pi/4]$.

6. $$\int\limits_0^\infty x^{-1/2} \operatorname{erf}(bx) J_{3/2}(cx)\,dx = \frac{b\sqrt{2}}{c^{3/2}}\ \operatorname{erf}\left(\frac{c}{2b}\right)$$ $[c>0;\ |\arg b| < \pi/4]$.

7. $$\int\limits_0^\infty x^n \operatorname{erf}(bx) J_1(cx)\,dx = I_n$$ $[c>0;\ |\arg b| < \pi/4]$,

$$I_0 = \frac{1}{c}\exp\left(-\frac{c^2}{8b^2}\right) I_0\left(\frac{c^2}{8b^2}\right),\qquad I_{-1} = \operatorname{erfc}\left(\frac{c}{2b}\right) + \frac{2b}{\sqrt{\pi}\,c}\left[1-\exp\left(-\frac{c^2}{4b^2}\right)\right].$$

8. $$\int\limits_0^\infty x^{\alpha-1} \begin{Bmatrix} \operatorname{erf}(b\sqrt{x}) \\ \operatorname{erfc}(b\sqrt{x}) \end{Bmatrix} J_\nu(cx)\,dx = \mp\frac{b^{-2\alpha-2\nu}}{(\alpha+\nu)\sqrt{\pi}}\left(\frac{c}{2}\right)^\nu \Gamma\begin{bmatrix} \alpha+\nu+1/2 \\ \nu+1 \end{bmatrix} \times$$

$$\times\ {}_3F_2\left(\frac{\alpha+\nu}{2},\ \frac{2\alpha+2\nu+1}{4},\ \frac{2\alpha+2\nu+3}{4};\ \nu+1,\ \frac{\alpha+\nu}{2}+1;\ -\frac{c^2}{b^4}\right) +$$

$$+ \begin{Bmatrix} 1 \\ 0 \end{Bmatrix} \frac{2^{\alpha-1}}{c^\alpha}\,\Gamma\begin{bmatrix} (\alpha+\nu)/2 \\ (\nu-\alpha)/2+1 \end{bmatrix}\qquad \left[c>0;\ |\arg b| < \frac{\pi}{4},\ \begin{Bmatrix} -1/2-\operatorname{Re}\nu < \operatorname{Re}\alpha < 3/2 \\ \operatorname{Re}(\alpha+\nu) > 0 \end{Bmatrix}\right].$$

9. $$\int\limits_0^\infty x^{\nu-1/2} \operatorname{erf}(b\sqrt{x}) J_\nu(cx)\,dx = \frac{2^{\nu+1}b}{\pi c^{\nu+1}}\,\Gamma\left(\nu+\frac{1}{2}\right)\,{}_2F_1\left(\nu+\frac{1}{2},\ \frac{1}{4};\ \frac{5}{4};\ -\frac{b^4}{c^2}\right)$$

$[c>0;\ -1/2 < \operatorname{Re}\nu < 1;\ |\arg b| < \pi/4]$.

10. $$\int\limits_0^\infty x^{\nu-1/2} \operatorname{erfc}(b\sqrt{x}) J_\nu(cx)\,dx = \frac{2^{\nu+1}c^\nu\Gamma(\nu+1/2)}{(4\nu+1)\pi b^{4\nu+1}}\ {}_2F_1\left(\nu+\frac{1}{2},\ \nu+\frac{1}{4};\ \nu+\frac{5}{4};\ -\frac{c^2}{b^4}\right)$$

$[c>0;\ \operatorname{Re}\nu > -1/4;\ |\arg b| < \pi/4]$.

11. $$\int\limits_0^\infty \frac{1}{x}\left[\frac{\sqrt{\pi}}{2cx}\ \operatorname{erf}(cx) - J_0(x^2)\right] dx = 1 - \ln\left(\sqrt{2}\,c\right)$$ $[\,|\arg c| < \pi/4]$.

12. $$\int\limits_0^\infty x^{\alpha-1} \operatorname{erf}\left(\frac{b}{x}\right) J_\nu(cx)\,dx = \frac{b^{\alpha+\nu}c^\nu}{2^\nu(\alpha+\nu)\sqrt{\pi}}\,\Gamma\begin{bmatrix} (1-\alpha-\nu)/2 \\ \nu+1 \end{bmatrix} \times$$

$$\times\ {}_1F_3\left(\frac{\alpha+\nu}{2};\ \nu+1,\ \frac{\alpha+\nu+1}{2},\ \frac{\alpha+\nu}{2}+1;\ \frac{b^2c^2}{4}\right) + \frac{2^{\alpha-1}b}{\sqrt{\pi}\,c^{\alpha-1}}\,\Gamma\begin{bmatrix} (\nu+\alpha-1)/2 \\ (3+\nu-\alpha)/2 \end{bmatrix} \times$$

$$\times\ {}_1F_3\left(\frac{1}{2};\ \frac{3}{2},\ \frac{3-\alpha-\nu}{2},\ \frac{\nu-\alpha+3}{2};\ \frac{b^2c^2}{4}\right)$$ $[c>0;\ |\arg b| < \pi/4;\ -\operatorname{Re}\nu < \operatorname{Re}\alpha < 5/2]$.

13. $$\int\limits_0^\infty e^{\mp b^2x^2} \begin{Bmatrix} \operatorname{erf}(ibx) \\ \operatorname{erfc}(bx) \end{Bmatrix} J_0(cx)\,dx = \begin{Bmatrix} i \\ 1 \end{Bmatrix} \frac{1}{2b\sqrt{\pi}}\exp\left(\mp\frac{c^2}{8b^2}\right) K_0\left(\frac{c^2}{8b^2}\right)$$

$[c>0;\ |\arg b| < \pi/4]$.

14. $$\int_0^\infty x^{\alpha-1} e^{\mp b^2x^2} \begin{Bmatrix} \operatorname{erf}(ibx) \\ \operatorname{erfc}(bx) \end{Bmatrix} J_\nu(cx)\,dx =$$
$$= \begin{Bmatrix} i \\ 1 \end{Bmatrix} \frac{c^\nu}{2^{\nu+1}b^{\alpha+\nu}} \Gamma\begin{bmatrix} (\alpha+\nu)/2 \\ \nu+1 \end{bmatrix} \begin{Bmatrix} \operatorname{tg}[(\alpha+\nu)\pi/2] \\ \sec[(\alpha+\nu)\pi/2] \end{Bmatrix} {}_1F_1\left(\frac{\alpha+\nu}{2};\ \nu+1;\ \mp\frac{c^2}{4b^2}\right) +$$
$$+ \begin{Bmatrix} i \\ 1 \end{Bmatrix} \frac{2^{\alpha-2}c^{1-\alpha}}{\sqrt{\pi}\,b} \Gamma\begin{bmatrix} (\alpha+\nu-1)/2 \\ (\nu-\alpha+3)/2 \end{bmatrix} {}_2F_2\left(\frac{1}{2},\ 1;\ \frac{3-\alpha-\nu}{2},\ \frac{3-\alpha+\nu}{2};\ \mp\frac{c^2}{4b^2}\right)$$
$[c>0;\ |\arg b|<\pi/4;\ -\operatorname{Re}\nu-(1\pm1)/2<\operatorname{Re}\alpha<5/2]$.

15. $$\int_0^\infty x e^{b^2x^2} \operatorname{erfc}(bx) J_0(cx)\,dx = \frac{1}{bc\sqrt{\pi}} - \frac{1}{2b^2}\exp\left(\frac{c^2}{4b^2}\right)\operatorname{erfc}\left(\frac{c}{2b}\right)$$
$[c>0;\ |\arg b|<\pi/4]$.

16. $$\int_0^\infty x^\nu e^{b^2x^2} \operatorname{erfc}(bx) J_\nu(cx)\,dx = \frac{1}{\sqrt{\pi}\,b^\nu c}\Gamma\left(\nu+\frac{1}{2}\right)\exp\left(\frac{c^2}{8b^2}\right) W_{-\nu/2,\,\nu/2}\left(\frac{c^2}{4b^2}\right)$$
$[c>0;\ -1/2<\operatorname{Re}\nu<3/2;\ |\arg b|<\pi/4]$.

17. $$\int_0^\infty x^{\nu+1} e^{b^2x^2} \operatorname{erfc}(bx) J_\nu(cx)\,dx = \frac{c^\nu}{2^{\nu+1}\pi b^{2\nu+2}}\Gamma\left(\nu+\frac{3}{2}\right)\exp\left(\frac{c^2}{4b^2}\right)\Gamma\left(-\nu-\frac{1}{2},\ \frac{c^2}{4b^2}\right)$$
$[c>0;\ -1<\operatorname{Re}\nu<1/2;\ |\arg b|<\pi/4]$.

18. $$\int_0^\infty x^{\alpha-1} e^{\mp b^2x} \begin{Bmatrix} \operatorname{erf}(ib\sqrt{x}) \\ \operatorname{erfc}(b\sqrt{x}) \end{Bmatrix} J_\nu(cx)\,dx =$$
$$= \begin{Bmatrix} i \\ 1 \end{Bmatrix} \frac{c^\nu}{2^\nu b^{2\alpha+2\nu}} \Gamma\begin{bmatrix} \alpha+\nu \\ \nu+1 \end{bmatrix} \begin{Bmatrix} \operatorname{tg}(\alpha+\nu)\pi \\ \sec(\alpha+\nu)\pi \end{Bmatrix} {}_2F_1\left(\frac{\alpha+\nu}{2},\ \frac{\alpha+\nu+1}{2};\ \nu+1;\ -\frac{c^2}{b^4}\right) +$$
$$+ \begin{Bmatrix} i \\ 1 \end{Bmatrix} \frac{2^{\alpha-3/2}c^{1/2-\alpha}}{\sqrt{\pi}\,b} \Gamma\begin{bmatrix} (2\nu+2\alpha-1)/4 \\ (2\nu-2\alpha+5)/4 \end{bmatrix} {}_3F_2\left(\frac{1}{4},\ \frac{3}{4},\ 1;\ \frac{5-2\nu-2\alpha}{4},\ \frac{5+2\nu-2\alpha}{4};\ -\frac{c^2}{b^4}\right) +$$
$$+ \begin{Bmatrix} i \\ -1 \end{Bmatrix} \frac{2^{\alpha-7/2}c^{3/2-\alpha}}{\sqrt{\pi}\,b^3} \Gamma\begin{bmatrix} (2\nu+2\alpha-3)/4 \\ (2\nu-2\alpha+7)/4 \end{bmatrix} {}_3F_2\left(\frac{3}{4},\ \frac{5}{4},\ 1;\ \frac{7-2\nu-2\alpha}{4},\ \frac{7+2\nu-2\alpha}{4};\ -\frac{c^2}{b^4}\right)$$
$[c>0;\ -\operatorname{Re}\nu-(1\pm1)/4<\operatorname{Re}\alpha<2;\ |\arg b|<\pi/4]$.

19. $$\int_0^\infty \frac{1}{x} e^{-b^2x^2}[\operatorname{erf}(ibx+d)+\operatorname{erf}(ibx-d)] J_0(cx)\,dx = \pi i \operatorname{erfc}(d)$$
$[2bd>c>0]$.

20. $$\int_0^\infty \frac{x^{1-\nu}}{x^2+z^2} e^{-b^2x^2}[\operatorname{erf}(ibx+d)+\operatorname{erf}(ibx-d)] J_\nu(cx)\,dx = \frac{\pi i}{z^\nu} e^{b^2z^2}\operatorname{erfc}(bz+d) I_\nu(cz)$$
$[2bd>c>0;\ \operatorname{Re}z>0;\ \operatorname{Re}\nu>5/2]$.

21. $$\int_0^\infty x^{\alpha-1} \begin{Bmatrix} \sin cx \\ \cos cx \end{Bmatrix} \operatorname{erfc}(bx) J_\nu(cx)\,dx = \frac{(2c)^{\nu+\delta}}{(\alpha+\nu+\delta)\pi b^{\alpha+\nu+\delta}} \times$$
$$\times \Gamma\begin{bmatrix} \nu+\delta+1/2,\ (\alpha+\nu+\delta+1)/2 \\ 2\nu+\delta+1 \end{bmatrix} {}_4F_4\left(\frac{2\nu+3}{4},\ \frac{2\nu+1}{4}+\delta,\right.$$
$$\left.\frac{\alpha+\nu+1}{2},\ \frac{\alpha+\nu}{2}+\delta;\ \delta+\frac{1}{2},\ \nu+1,\ \nu+\delta+\frac{1}{2},\ \frac{\alpha+\nu+\delta}{2}+1;\ -\frac{4c^2}{b^2}\right)$$
$[\operatorname{Re}(\alpha+\nu)>-(1\pm1)/2;\ |\arg b|<\pi/4]$.

22. $$\int_0^\infty \operatorname{erf}(bx) J_0(cx) J_1(cx)\,dx = \frac{1}{2c}\,{}_2F_2\left(\frac{1}{2},\ \frac{1}{2};\ 1,\ 1;\ -\frac{c^2}{b^2}\right)$$
$[c>0;\ |\arg b|<\pi/4]$.

23. $$\int_0^\infty \operatorname{erfc}(bx) J_\nu^2(cx)\,dx = \frac{b^{-2\nu-1}c^{2\nu}}{2^{2\nu}\sqrt{\pi}\,(2\nu+1)\Gamma(\nu+1)} \times$$
$$\times\ {}_2F_2\left(\nu+\frac{1}{2},\ \nu+\frac{1}{2};\ \nu+\frac{3}{2},\ 2\nu+1;\ -\frac{c^2}{b^2}\right) \qquad [\operatorname{Re}\nu > -1/2;\ |\arg b| < \pi/4].$$

24. $$\int_0^\infty x^{2\nu} \operatorname{erfc}(bx) J_\nu^2(cx)\,dx = \frac{c^{2\nu}}{(4\nu+1)\pi b^{4\nu+1}}\,\Gamma\left[\begin{matrix}\nu+1/2\\ \nu+1\end{matrix}\right] \times$$
$$\times\ {}_2F_2\left(\nu+\frac{1}{2},\ 2\nu+\frac{1}{2};\ \nu+1,\ 2\nu+\frac{3}{2};\ -\frac{c^2}{b^2}\right) \qquad [\operatorname{Re}\nu > -1/4;\ |\arg b| < \pi/4].$$

25. $$\int_0^\infty x^{\alpha-1} \operatorname{erfc}(bx) J_\mu(cx) J_\nu(cx)\,dx = \frac{1}{(\alpha+\mu+\nu)\sqrt{\pi}\,b^{\alpha+\mu+\nu}}\left(\frac{c}{2}\right)^{\mu+\nu} \times$$
$$\times\,\Gamma\left[\begin{matrix}(\alpha+\mu+\nu+1)/2\\ \mu+1,\ \nu+1\end{matrix}\right]{}_4F_4\left(\frac{\mu+\nu}{2}+1,\ \frac{\mu+\nu+1}{2},\ \frac{\alpha+\mu+\nu+1}{2},\ \frac{\alpha+\mu+\nu}{2};\ \mu+1,\right.$$
$$\left.\nu+1,\ \mu+\nu+1,\ \frac{\alpha+\mu+\nu}{2}+1;\ -\frac{c^2}{b^2}\right) \qquad [\operatorname{Re}(\alpha+\mu+\nu) > 0;\ |\arg b| < \pi/4].$$

26. $$\int_0^\infty x^{\alpha-1} \operatorname{erf}\left(\frac{b}{x}\right) J_\nu^2(cx)\,dx = \frac{bc^{1-\alpha}}{\pi^{3/2}}\,\Gamma\left[\begin{matrix}1-\alpha/2,\ \nu+(\alpha-1)/2\\ (3-\alpha)/2,\ (3-\alpha)/2+\nu\end{matrix}\right] \times$$
$$\times\ {}_2F_4\left(\frac{1}{2},\ 1-\frac{\alpha}{2};\ \frac{3}{2},\ \frac{3-\alpha}{2}-\nu,\ \frac{3-\alpha}{2},\ \frac{3-\alpha}{2}+\nu;\ b^2c^2\right) + \frac{b^{\alpha+2\nu}c^{2\nu}}{2^{2\nu}\sqrt{\pi}\,(\alpha+2\nu)} \times$$
$$\times\,\Gamma\left[\begin{matrix}(1-\alpha)/2-\nu\\ \nu+1,\ \nu+1\end{matrix}\right]{}_2F_4\left(\frac{\alpha}{2}+\nu,\ \nu+\frac{1}{2};\ \frac{\alpha+1}{2}+\nu,\ \frac{\alpha}{2}+\nu+1,\ \nu+1,\ 2\nu+1;\ b^2c^2\right)$$
$$[c > 0;\ -2\operatorname{Re}\nu < \operatorname{Re}\alpha < 2;\ |\arg b| < \pi/4].$$

2.12.50. Интегралы от $x^\alpha \left\{\begin{matrix} S(bx^n) \\ C(bx^n)\end{matrix}\right\} J_\nu(cx)$.

1. $$\int_0^\infty x^{\alpha-1}\left\{\begin{matrix} S(bx) \\ C(bx)\end{matrix}\right\} J_\nu(cx)\,dx = U$$
$[b,\ c > 0;\ -(2\pm1)/2 - \operatorname{Re}\nu < \operatorname{Re}\alpha < 3/2$ при $b \ne c,\ -(2\pm1)/2 - \operatorname{Re}\nu < \operatorname{Re}\alpha < 1$ при $b = c]$,
$$U = -\frac{c^\nu}{2^{\nu+1/2}(\alpha+\nu)\sqrt{\pi}\,b^{\alpha+\nu}}\,\Gamma\left[\begin{matrix}\alpha+\nu+1/2\\ \nu+1\end{matrix}\right]\left\{\begin{matrix}\cos[(1-2\alpha-2\nu)\pi/4]\\ \sin[(1-2\alpha-2\nu)\pi/4]\end{matrix}\right\} \times$$
$$\times\ {}_3F_2\left(\frac{2\alpha+2\nu+1}{4},\ \frac{2\alpha+2\nu+3}{4},\ \frac{\alpha+\nu}{2};\ \nu+1,\ \frac{\alpha+\nu}{2}+1;\ \frac{c^2}{b^2}\right) +$$
$$+\ \frac{2^{\alpha-2}}{c^\alpha}\,\Gamma\left[\begin{matrix}(\alpha+\nu)/2\\ (\nu-\alpha)/2+1\end{matrix}\right] \qquad [0 < c \leqslant b],$$
$$U = \frac{2^{\alpha+\delta}b^{\delta+1/2}}{3^\delta\sqrt{\pi}\,c^{\alpha+\delta+1/2}}\,\Gamma\left[\begin{matrix}(2\nu+2\alpha+2\delta+1)/4\\ (2\nu-2\alpha-2\delta+3)/4\end{matrix}\right] \times$$
$$\times\ {}_3F_2\left(\frac{2\delta+1}{4},\ \frac{2\alpha+2\delta+2\nu+1}{4},\ \frac{2\alpha+2\delta-2\nu+1}{4};\ \frac{2\delta+5}{4},\ \delta+\frac{1}{2};\ \frac{b^2}{c^2}\right) \qquad [0 < b < c].$$

2. $$\int_0^\infty x^{-1/2} C(bx) J_0(cx)\,dx = \frac{1}{4\pi\sqrt{c}}\,\Gamma^2\left(\frac{1}{4}\right) - \frac{1}{\sqrt{\pi c}}\,F\left(\arccos\sqrt{\frac{b}{c}},\ \frac{1}{\sqrt{2}}\right) \qquad [0 < b < c].$$

3. $$\int_0^\infty \left\{\begin{matrix} S(bx^2) \\ C(bx^2)\end{matrix}\right\} J_0(cx)\,dx = \frac{1}{2c} - \frac{1}{c}\left\{\begin{matrix} C(\varphi) \\ S(\varphi)\end{matrix}\right\} \qquad [\varphi = c^2/(4b);\ b,\ c > 0].$$

4. $$\int_0^\infty x^{\alpha-1}\begin{Bmatrix} S(bx^2) \\ C(bx^2)\end{Bmatrix} J_\nu(cx)\,dx =$$
$$= -\frac{b^{-(\alpha+\nu)/2}c^\nu}{2^{\nu+1/2}(\alpha+\nu)\sqrt{\pi}}\,\Gamma\begin{bmatrix}(\alpha+\nu+1)/4\\ \nu+1\end{bmatrix}\begin{Bmatrix}\cos[(1-\alpha-\nu)\pi/4]\\ \sin[(1-\alpha-\nu)\pi/4]\end{Bmatrix}\times$$
$$\times\,{}_3F_4\left(\frac{\alpha+\nu}{4},\,\frac{\alpha+\nu+1}{4},\,\frac{\alpha+\nu+3}{4};\,\frac{1}{2},\,\frac{\nu+1}{2},\,\frac{\nu}{2}+1,\,\frac{\alpha+\nu}{4}+1;\,-\frac{c^4}{64b^2}\right)\pm$$
$$\pm\frac{b^{-(\alpha+\nu)/2-1}c^{\nu+2}}{2^{\nu+5/2}(\alpha+\nu+2)\sqrt{\pi}}\,\Gamma\begin{bmatrix}(\alpha+\nu+3)/4\\ \nu+2\end{bmatrix}\begin{Bmatrix}\cos[(1+\alpha+\nu)\pi/4]\\ \sin[(1+\alpha+\nu)\pi/4]\end{Bmatrix}\times$$
$$\times\,{}_3F_4\left(\frac{\alpha+\nu+2}{4},\,\frac{\alpha+\nu+3}{4},\,\frac{\alpha+\nu+5}{4};\,\frac{3}{2},\,\frac{\nu}{2}+1,\,\frac{\nu+3}{2},\,\frac{\alpha+\nu+6}{4};\,-\frac{c^4}{64b^2}\right)$$
$[b,\,c>0;\ -2\mp1-\operatorname{Re}\nu<\operatorname{Re}\alpha<3/2]$.

5. $$\int_0^\infty x\begin{Bmatrix} S(bx^2) \\ C(bx^2)\end{Bmatrix} J_1(cx)\,dx = \frac{1}{2c^2}-\frac{1}{c^2}\begin{Bmatrix}C(\varphi)\\ S(\varphi)\end{Bmatrix}+\frac{1}{\sqrt{2\pi b}\,c}\begin{Bmatrix}\cos\varphi\\ \sin\varphi\end{Bmatrix}$$
$[\varphi=c^2/(4b);\ b,\,c>0]$.

2.12.51. Интегралы, содержащие $\begin{Bmatrix}\gamma(\mu,\,bx^n)\\ \Gamma(\mu,\,bx^n)\end{Bmatrix}J_\nu(cx)$.

1. $$\int_0^\infty x^{\alpha-1}\begin{Bmatrix}\gamma(\mu,\,bx)\\ \Gamma(\mu,\,bx)\end{Bmatrix}J_\nu(cx)\,dx = \mp\frac{b^{-\alpha-\nu}}{\alpha+\nu}\left(\frac{c}{2}\right)^\nu\Gamma\begin{bmatrix}\alpha+\mu+\nu\\ \nu+1\end{bmatrix}\times$$
$$\times\,{}_3F_2\left(\frac{\alpha+\nu}{2},\,\frac{\alpha+\mu+\nu}{2},\,\frac{\alpha+\mu+\nu+1}{2};\,\frac{\alpha+\nu}{2}+1;\,\nu+1;\,-\frac{c^2}{b^2}\right)+$$
$$+\begin{Bmatrix}1\\0\end{Bmatrix}\frac{2^{\alpha-1}}{c^\alpha}\,\Gamma\begin{bmatrix}\mu,\,(\alpha+\nu)/2\\ (\nu-\alpha)/2+1\end{bmatrix}\qquad\left[c,\,\operatorname{Re}b,\,\operatorname{Re}(\alpha+\mu+\nu)>0,\,\begin{Bmatrix}\operatorname{Re}\mu>0;\ \operatorname{Re}\alpha<3/2\\ \operatorname{Re}(\alpha+\nu)>0\end{Bmatrix}\right].$$

2. $$\int_0^\infty x^{\alpha-1}\begin{Bmatrix}\gamma(\mu,\,bx^2)\\ \Gamma(\mu,\,bx^2)\end{Bmatrix}J_\nu(cx)\,dx = \mp\frac{b^{-(\alpha+\nu)/2}}{\alpha+\nu}\left(\frac{c}{2}\right)^\nu\Gamma\begin{bmatrix}\mu+(\alpha+\nu)/2\\ \nu+1\end{bmatrix}\times$$
$$\times\,{}_2F_2\left(\frac{\alpha+\nu}{2},\,\mu+\frac{\alpha+\nu}{2};\,\nu+1,\,\frac{\alpha+\nu}{2}+1;\,-\frac{c^2}{4b}\right)+\begin{Bmatrix}1\\0\end{Bmatrix}\frac{2^{\alpha-1}}{c^\alpha}\,\Gamma\begin{bmatrix}\mu,\,(\alpha+\nu)/2\\ (\nu-\alpha)/2+1\end{bmatrix}$$
$$\left[\operatorname{Re}b,\,\operatorname{Re}(\alpha+\nu+2\mu)>0;\,\begin{Bmatrix}c,\,\operatorname{Re}\mu>0;\ \operatorname{Re}\alpha<3/2\\ \operatorname{Re}(\alpha+\nu)>0\end{Bmatrix}\right].$$

3. $$\int_0^\infty x^{-\nu}\gamma\left(\nu+\frac{1}{2},\,bx^2\right)J_\nu(cx)\,dx = \frac{\sqrt{\pi}}{2^\nu}\,c^{\nu-1}\operatorname{erfc}\left(\frac{c}{2\sqrt{b}}\right)$$
$[c,\,\operatorname{Re}b>0;\ \operatorname{Re}\nu>-1/2]$.

4. $$\int_0^\infty x^{-\nu-1}\gamma(\nu+1,\,bx^2)J_\nu(cx)\,dx = -2^{-\nu-1}c^\nu\operatorname{Ei}\left(-\frac{c^2}{4b}\right)$$
$[c,\,\operatorname{Re}b>0;\ \operatorname{Re}\nu>-1]$.

5. $$\int_0^\infty x^{\nu+1}e^{bx^2}\Gamma(-\nu,\,bx^2)J_\nu(cx)\,dx = -\frac{(2b)^{-\nu-1}c^\nu}{\Gamma(\nu+1)}\exp\left(\frac{c^2}{4b}\right)\operatorname{Ei}\left(-\frac{c^2}{4b}\right)$$
$[c,\,\operatorname{Re}b>0;\ \operatorname{Re}\nu>-1]$.

2.12.52. Интегралы, содержащие $D_\mu(\varphi(x))J_\nu(cx)$.

1. $$\int_0^\infty x^{\alpha-1}e^{\pm b^2x^2/4}D_\mu(bx)J_\nu(cx)\,dx =$$
$$=\frac{2^{-(\alpha+3\nu\pm\mu\pm1+1)/2}c^\nu}{b^{\alpha+\nu}}\begin{Bmatrix}\Gamma^{-1}(-\mu)\\ \sqrt{\pi}\end{Bmatrix}\Gamma\begin{bmatrix}\alpha+\nu\\ \nu+1\end{bmatrix}\Gamma^{\pm1}\left(\frac{1\mp1}{4}\mp\frac{\alpha+\nu\pm\mu}{2}\right)\times$$

$$\times\ {}_2F_2\left(\frac{\alpha+\nu}{2},\ \frac{\alpha+\nu+1}{2};\ \frac{3\pm1}{4}+\frac{\alpha+\nu\pm\mu}{2},\ \nu+1;\ \pm\frac{c^2}{2b^2}\right)+\begin{Bmatrix}1\\0\end{Bmatrix}\frac{2^{\mu+\alpha-1}b^{\mu}}{c^{\alpha+\mu}}\times$$

$$\times\Gamma\left[\begin{matrix}(\alpha+\nu+\mu)/2\\(\nu-\alpha-\mu)/2+1\end{matrix}\right]{}_2F_2\left(-\frac{\mu}{2},\ \frac{1-\mu}{2};\ 1-\frac{\alpha+\mu+\nu}{2},\ 1+\frac{\nu-\alpha-\mu}{2};\ \frac{c^2}{2b^2}\right)$$

$$\left[|\arg b|<(2\pm1)\pi/4,\ \begin{Bmatrix}c>0;\ -\operatorname{Re}\nu<\operatorname{Re}\alpha<3/2-\operatorname{Re}\mu\\ \operatorname{Re}(\alpha+\nu)>0\end{Bmatrix}\right].$$

2. $$\int\limits_0^\infty x^\nu e^{b^2x^2/4}D_\mu(bx)J_\nu(cx)\,dx=I_\mu \qquad [-1/2<\operatorname{Re}\nu<1/2-\operatorname{Re}\mu;\ |\arg b|<3\pi/4],$$

$$I_\mu=\frac{2^{(2\nu+3\mu+1)/4}b^{(1+\mu)/2-\nu}}{c^{(\mu+3)/2}}\Gamma\left[\begin{matrix}\nu+1/2\\(1-\mu)/2\end{matrix}\right]\exp\left(\frac{c^2}{4b^2}\right)W_{(1+\mu-2\nu)/4,\,(1+\mu+2\nu)/4}\left(\frac{c^2}{2b^2}\right),$$

$$I_{-2\nu-2}=\frac{c^\nu}{(2\nu+1)b^{2\nu+1}}\exp\left(\frac{c^2}{4b^2}\right)D_{-2\nu-1}\left(\frac{c}{b}\right) \qquad [\operatorname{Re}\nu>-1/2],$$

$$I_{-2\nu}=\frac{c^{\nu-1}}{b^{2\nu}}\exp\left(\frac{c^2}{4b^2}\right)D_{-2\nu}\left(\frac{c}{b}\right) \qquad [\operatorname{Re}\nu>-1/2],$$

$$I_{2\nu-1}=\frac{2^{1/2-\nu}\pi\sin\nu\pi}{bc^\nu}\Gamma(2\nu)\exp\left(\frac{c^2}{4b^2}\right)K_\nu\left(\frac{c^2}{4b^2}\right) \qquad [|\operatorname{Re}\nu|<1/2].$$

3. $$\int\limits_0^\infty x^{\nu+1}e^{b^2x^2/4}D_\mu(bx)J_\nu(cx)\,dx=J_\mu \qquad [-1<\operatorname{Re}\nu<-\operatorname{Re}\mu-1/2;\ |\arg b|<3\pi/4],$$

$$J_\mu=2^{(3\mu+2\nu)/4+1}b^{\mu/2-\nu}c^{-\mu/2-2}\Gamma\left[\begin{matrix}\nu+3/2\\-\mu/2\end{matrix}\right]\exp\left(\frac{c^2}{4b^2}\right)W_{(\mu-2\nu-2)/4,\,(\mu+2\nu+2)/4}\left(\frac{c^2}{2b^2}\right),$$

$$J_{-2\nu-3}=\frac{c^\nu}{b^{2\nu+2}}\exp\left(\frac{c^2}{4b^2}\right)D_{-2\nu-3}\left(\frac{c}{b}\right) \qquad [\operatorname{Re}\nu>-1],$$

$$J_{-2\nu-1}=\frac{(2\nu+1)c^{\nu-1}}{b^{2\nu+1}}\exp\left(\frac{c^2}{4b^2}\right)D_{-2\nu-2}\left(\frac{c}{b}\right) \qquad [\operatorname{Re}\nu>-1/2],$$

$$J_{2\nu+2}=\frac{\sin\nu\pi\Gamma(2\nu+3)}{\pi c^{\nu+2}}\exp\left(\frac{c^2}{4b^2}\right)K_{\nu+1}\left(\frac{c^2}{4b^2}\right) \qquad [-1<\operatorname{Re}\nu<-5/6].$$

4. $$\int\limits_0^\infty x^\nu e^{-b^2x^2/4}D_\mu(bx)J_\nu(cx)\,dx=I_\mu \qquad [\operatorname{Re}\nu>-1/2;\ |\arg b|<\pi/4],$$

$$I_\mu=\frac{2^{(\mu+2\nu)/4}c^{\mu/2-1}}{b^{\nu+\mu/2}}\Gamma\left[\begin{matrix}\nu+1/2\\\nu-\mu/2+1\end{matrix}\right]\exp\left(-\frac{c^2}{4b^2}\right)M_{(2\nu+\mu)/4,\,(2\nu-\mu)/4}\left(\frac{c^2}{2b^2}\right),$$

$$I_{-2\nu}=\sqrt{\frac{\pi}{2}}\,\frac{1}{bc^\nu}\exp\left(-\frac{c^2}{4b^2}\right)I_\nu\left(\frac{c^2}{4b^2}\right),$$

$$I_{2\nu-1}=-\frac{c^{\nu-1}}{2b^{2\nu}\cos\nu\pi}\exp\left(-\frac{c^2}{4b^2}\right)\left[D_{2\nu-1}\left(\frac{c}{b}\right)-D_{2\nu-1}\left(\frac{c}{b}\right)\right],$$

$$I_{2\nu}=\frac{2^{\nu-1/2}c^\nu}{b^{2\nu+1}}\Gamma\left(\nu+\frac{1}{2}\right){}_1F_1\left(\nu+\frac{1}{2};\ 1;\ -\frac{c^2}{2b^2}\right),$$

$$I_{2\nu+1}=\frac{c^\nu}{2b^{2\nu+1}\cos\nu\pi}\exp\left(-\frac{c^2}{4b^2}\right)\left[D_{2\nu}\left(\frac{c}{b}\right)+D_{2\nu}\left(-\frac{c}{b}\right)\right].$$

5. $$\int\limits_0^\infty x^{\nu+1}e^{-b^2x^2/4}D_\mu(bx)J_\nu(cx)\,dx=J_\mu \qquad [\operatorname{Re}\nu>-1;\ |\arg b|<\pi/4],$$

$$J_\mu=\frac{2^{(2\nu+\mu+3)/4}c^{(\mu-3)/2}}{b^{\nu+(\mu+1)/2}}\Gamma\left[\begin{matrix}\nu+3/2\\(3-\mu)/2+\nu\end{matrix}\right]\exp\left(-\frac{c^2}{4b^2}\right)M_{(2\nu+\mu+3)/4,\,(2\nu-\mu+1)/4}\left(\frac{c^2}{2b^2}\right),$$

$$J_{-2\nu-3} = \sqrt{\frac{\pi}{2}}\, c^{-\nu-2} \exp\left(-\frac{c^2}{4b^2}\right) I_{\nu+1}\left(\frac{c^2}{4b^2}\right),$$

$$J_{2\nu} = \frac{c^{\nu-1}}{\sqrt{2}\, b^{2\nu+1}\cos\nu\pi} \exp\left(-\frac{c^2}{4b^2}\right)\left[D_{2\nu+1}\left(\frac{c}{b}\right) - D_{2\nu+1}\left(-\frac{c}{b}\right)\right],$$

$$J_{2\nu+1} = \frac{2^{\nu+1/2}c^\nu}{b^{2\nu+2}}\,\Gamma\left(\nu+\frac{3}{2}\right){}_1F_1\left(\nu+\frac{3}{2};\ 1;\ -\frac{c^2}{2b^2}\right),$$

$$J_{2\nu+2} = -\frac{c^\nu \sec\nu\pi}{2b^{2\nu+2}} \exp\left(-\frac{c^2}{4b^2}\right)\left[D_{2\nu+2}\left(\frac{c}{b}\right) + D_{2\nu+2}\left(-\frac{c}{b}\right)\right].$$

6. $$\int_0^\infty x^{\alpha-1} e^{\pm b^2x^{-2}/4} D_\mu\left(\frac{b}{x}\right) J_\nu(cx)\,dx =$$

$$= 2^{(\alpha\mp\mu-\nu-1\mp1)/2} b^{\alpha+\nu} c^\nu \Gamma\begin{bmatrix}-\alpha-\nu\\ \nu+1\end{bmatrix}\begin{Bmatrix}\Gamma^{-1}(-\mu)\\ \sqrt{\pi}\end{Bmatrix}\Gamma^{\pm1}\left(\frac{1\pm1}{4} \pm \frac{\alpha+\nu\mp\mu}{2}\right)\times$$

$$\times\, {}_1F_3\left(\frac{1\mp1}{4} + \frac{\alpha+\nu\mp\mu}{2};\ \frac{\alpha+\nu}{2}+1,\ \frac{\alpha+\nu+1}{2},\ \nu+1;\ \pm\frac{b^2c^2}{8}\right)+$$

$$+\, 2^{\alpha+\mu/2-1}\sqrt{\pi}\, c^{-\alpha}\Gamma\begin{bmatrix}(\alpha+\nu)/2\\ (\nu-\alpha)/2+1,\ (1-\mu)/2\end{bmatrix}\times$$

$$\times\, {}_1F_3\left(\frac{1\mp1-2\mu}{4};\ \frac{1}{2},\ 1-\frac{\alpha+\nu}{2},\ 1+\frac{\nu-\alpha}{2};\ \pm\frac{b^2c^2}{8}\right) - 2^{\alpha+(\mu-3)/2}\sqrt{\pi}\, bc^{1-\alpha}\times$$

$$\times\,\Gamma\begin{bmatrix}(\nu+\alpha-1)/2\\ -\mu/2,\ (3+\nu-\alpha)/2\end{bmatrix}{}_1F_3\left(\frac{3\mp1-2\mu}{4};\ \frac{3}{2},\ \frac{3-\alpha-\nu}{2},\ \frac{3+\nu-\alpha}{2};\ \pm\frac{b^2c^2}{8}\right)$$

$$\left[\operatorname{Re}\alpha < \frac{3}{2};\ |\arg b| < \frac{(2\pm1)\pi}{4},\ \begin{Bmatrix}c>0\\ c>0;\ \operatorname{Re}(\alpha+\nu-\mu)>0\end{Bmatrix}\right].$$

7. $$\int_0^\infty x^\nu e^{-b^2x^2/4}[(1\pm2\cos\nu\pi)D_\mu(bx) - D_\mu(-bx)]J_\nu(cx)\,dx = I_\mu$$

$[\operatorname{Re}\nu > -1/2;\ |\arg b| < \pi/4]$,

$$I_{2\nu-1} = \mp\frac{c^{\nu-1}}{b^{2\nu}} \exp\left(-\frac{c^2}{4b^2}\right)\left[(1\pm2\cos\nu\pi)D_{2\nu-1}\left(\frac{c}{b}\right) - D_{2\nu-1}\left(-\frac{c}{b}\right)\right],$$

$$I_{2\nu+1} = \pm\frac{c^\nu}{b^{2\nu+1}} \exp\left(-\frac{c^2}{4b^2}\right)\left[(1\pm2\cos\nu\pi)D_{2\nu}\left(\frac{c}{b}\right) + D_{2\nu}\left(-\frac{c}{b}\right)\right].$$

8. $$\int_0^\infty x^{\nu+1} e^{-b^2x^2/4}[(1\pm2\cos\nu\pi)D_\mu(bx) + D_\mu(-bx)]J_\nu(cx)\,dx = J_\mu$$

$[\operatorname{Re}\nu > -1;\ |\arg b| < \pi/4]$,

$$J_{2\nu} = \pm\frac{c^{\nu-1}}{b^{2\nu+1}} \exp\left(-\frac{c^2}{4b^2}\right)\left[(1\pm2\cos\nu\pi)D_{2\nu+1}\left(\frac{c}{b}\right) - D_{2\nu+1}\left(-\frac{c}{b}\right)\right],$$

$$J_{2\nu+2} = \mp\frac{c^\nu}{b^{2\nu+2}} \exp\left(-\frac{c^2}{4b^2}\right)\left[(1\pm2\cos\nu\pi)D_{2\nu+2}\left(\frac{c}{b}\right) + D_{2\nu+2}\left(-\frac{c}{b}\right)\right].$$

9. $$\int_0^\infty D_{\nu-1}(bx)D_\nu(bx)J_0(cx)\,dx = \frac{1}{2c}\left[D_\nu\left(\frac{c}{b}\right)D_{\nu-1}\left(-\frac{c}{b}\right) - D_{\nu-1}\left(\frac{c}{b}\right)D_\nu\left(-\frac{c}{b}\right)\right]$$

$[\,|\arg b| < \pi/4]$.

10. $$\int_0^\infty D_{\nu-1}(\mp bx)D_\nu(\pm bx)J_0(cx)\,dx =$$

$$= \frac{1}{2}\begin{Bmatrix}c^{-1}\\ b^{-1}\end{Bmatrix}\left[D_\nu\left(\frac{c}{b}\right)D_{\nu-1}\left(-\frac{c}{b}\right) + D_\nu\left(-\frac{c}{b}\right)D_{\nu-1}\left(\frac{c}{b}\right) \pm 2D_\nu\left(\frac{c}{b}\right)D_{\nu-1}\left(\frac{c}{b}\right)\right] \qquad [b>0].$$

11. $\int\limits_0^\infty D_n(bx)D_{n+\sigma}(bx)J_{1-\sigma}(cx)\,dx = \frac{(-1)^{n+\sigma+1}}{c}D_n\left(\frac{c}{b}\right)D_{n+\sigma}\left(\frac{c}{b}\right)$

[$\sigma = 0$ или 1; $|\arg b| < \pi/4$].

12. $\int\limits_0^\infty x^{\alpha-1}D_{-\mu-1}(b\sqrt{x})\,D_\mu(b\sqrt{x})\,J_\nu(cx)\,dx = \frac{2^{1/2-2\alpha-3\nu}\pi c^\nu}{b^{2\alpha+2\nu}}\times$

$$\times\Gamma\left[\begin{matrix}2\alpha+2\nu\\ \nu+1,\,(\alpha+\mu+\nu)/2+1,\,(\alpha+\nu-\mu+1)/2\end{matrix}\right]{}_4F_3\left(\frac{\alpha+\nu}{2},\,\frac{\alpha+\nu+1}{2},\,\frac{2\alpha+2\nu+1}{4},\right.$$
$$\left.\frac{2\alpha+2\nu+3}{4};\ \nu+1,\ \frac{\alpha+\mu+\nu}{2}+1,\ \frac{\alpha+\nu-\mu+1}{2};\ -\frac{4c^2}{b^2}\right)$$

[c, $\mathrm{Re}\,(\alpha+\nu) > 0$; $|\arg b| < \pi/4$].

13. $\int\limits_0^\infty x^{-1/2}D_{-\nu-1}(b\sqrt{x})\,D_\nu(b\sqrt{x})\,J_0(cx)\,dx = \frac{\pi}{2^{3/2}b}P_{-1/4}^{(2\nu+1)/4}\left(\frac{\sqrt{b^4+4c^2}}{b^2}\right)\times$

$$\times P_{-1/4}^{-(2\nu+1)/4}\left(\frac{\sqrt{b^4+4c^2}}{b^2}\right) = \frac{ib}{2^{3/2}c\Gamma(-\nu/2)\Gamma((\nu+1)/2)}Q_{-(2\nu+3)/4}^{-1/4}\left(\frac{\sqrt{b^4+4c^2}}{2c}\right)\times$$
$$\times Q_{(2\nu-1)/4}^{-1/4}\left(\frac{\sqrt{b^4+4c^2}}{2c}\right)$$

[b, $c > 0$].

14. $\int\limits_0^\infty x^{1/2}D_{-\nu-1/2}\left(b\sqrt{x}\,e^{\pi i/4}\right)D_{-\nu-1/2}\left(b\sqrt{x}\,e^{-\pi i/4}\right)J_\nu(cx)\,dx =$

$$= \frac{2^{-\nu}\sqrt{\pi}\,c^{-\nu-1}}{\Gamma(\nu+1/2)\sqrt{b^2+2c}}\left(\sqrt{b^2+2c}-b\right)^{2\nu}$$

[b, $c > 0$; $\mathrm{Re}\,\nu > -1/2$].

15. $\int\limits_0^\infty D_{-\nu-1/2}\left(\frac{b}{\sqrt{x}}e^{\pi i/4}\right)D_{-\nu-1/2}\left(\frac{b}{\sqrt{x}}e^{-\pi i/4}\right)J_\nu(cx)\,dx = \frac{\sqrt{2\pi}}{c\Gamma(\nu+1/2)}e^{-b\sqrt{2c}}$

[b, $c > 0$; $\mathrm{Re}\,\nu > -3/4$].

16. $\int\limits_0^\infty x^{1/2}D_{\nu-1/2}\left(\frac{b}{\sqrt{x}}\right)D_{-\nu-1/2}\left(\frac{b}{\sqrt{x}}\right)J_\nu(cx)\,dx = c^{-3/2}e^{-b\sqrt{c}}\cos\left(b\sqrt{c}+\frac{1-2\nu}{4}\pi\right)$

[$c > 0$; $|\arg b| < \pi/4$; $\mathrm{Re}\,\nu > -2$].

2.13. ФУНКЦИЯ НЕЙМАНА $Y_\nu(x)$

При $\nu = \pm\frac{1}{2}$, $\pm\frac{3}{2}$, … функция $Y_\nu(x)$ сводится к элементарным, в частности,

$$Y_{\pm1/2}(cx) = \mp\sqrt{\frac{2}{\pi cx}}\left\{\begin{matrix}\cos cx\\ \sin cx\end{matrix}\right\}.$$

При вычислении интегралов от $Y_\nu(x)$ можно использовать формулу

$$Y_\nu(cx) = \frac{1}{\sin\nu\pi}\left[J_\nu(cx)\cos\nu\pi - J_{-\nu}(cx)\right]$$

[$\nu \neq 0$, ±1, ±2, …].

2.13.1. Интегралы общего вида, содержащие $\left\{\begin{matrix}Y_\nu(cx)\\ K_\nu(cx)\end{matrix}\right\}$.

1. $\int\limits_0^a x^{\alpha-1}(a^r-x^r)^{\beta-1}\left\{\begin{matrix}Y_\nu(cx)\\ K_\nu(cx)\end{matrix}\right\}dx = U_\nu(0)$ [a, r, $\mathrm{Re}\,\beta > 0$; $\mathrm{Re}\,\alpha > |\mathrm{Re}\,\nu|$],

$$U_\nu(\varepsilon) = \mp\frac{a^{\alpha+r\beta-r}}{2\pi r}\Gamma(\beta)\left\{\begin{matrix}2\\ \pi\end{matrix}\right\}\sum_{k=0}^\infty\frac{(\mp1)^k}{k!}\left[A_k(\nu)+\left\{\begin{matrix}\cos\nu\pi\\ 1\end{matrix}\right\}A_k(-\nu)\right]\left(\frac{ac}{2}\right)^{2k},$$

$$A_k(\nu)=\left(\frac{2}{ac}\right)^{\nu}\frac{\Gamma(\nu)}{(1-\nu)_k(2k-\nu)^{\varepsilon}}\,\Gamma\begin{bmatrix}(\alpha-\nu+2k)/r\\ \beta+(\alpha-\nu+2k)/r\end{bmatrix}\qquad[\nu\neq\ldots,\,-2,\,-1,\,0,\,1,\,2,\,\ldots],$$

$$U_n(\varepsilon)=\mp\frac{a^{\alpha+r\beta-r}}{2\pi r}\,\Gamma(\beta)\begin{Bmatrix}2\\ \pi\end{Bmatrix}\left\{\sum_{k=0}^{n-1}(\mp1)^k\frac{A_k(n)}{k!}\left(\frac{ac}{2}\right)^{2k}+\left(\pm\frac{ac}{2}\right)^n\sum_{k=0}^{\infty}\frac{(\mp1)^k}{k!\,(n+k)!\,(2k+n)^{\varepsilon}}\times\right.$$
$$\times\Gamma\begin{bmatrix}(\alpha+n+2k)/r\\ \beta+(\alpha+n+2k)/r\end{bmatrix}\left[\psi(k+1)+\psi(n+k+1)+\frac{2}{r}\,\psi\left(\beta+\frac{\alpha+n+2k}{r}\right)-\right.$$
$$\left.\left.-\frac{2}{r}\,\psi\left(\frac{\alpha+n+2k}{r}\right)+\frac{2\varepsilon}{n+2k}-2\ln\frac{ac}{2}\right]\left(\frac{ac}{2}\right)^{2k}\right\}.$$

2. $$\int\limits_a^\infty x^{\alpha-1}(x^r-a^r)^{\beta-1}\begin{Bmatrix}Y_\nu(cx)\\ K_\nu(cx)\end{Bmatrix}dx=V_\nu(0)$$

$$\left[a,\ r,\ \operatorname{Re}\beta>0,\ \begin{Bmatrix}\operatorname{Re}(\alpha+r\beta)<r+3/2;\ c>0\\ \operatorname{Re}c>0\end{Bmatrix}\right],$$

$$V_\nu(\varepsilon)=\mp\frac{a^{\alpha+r\beta-r}}{2\pi r}\,\Gamma(\beta)\begin{Bmatrix}2\\ \pi\end{Bmatrix}\sum_{k=0}^{\infty}\frac{(\mp1)^k}{k!}\left[B_k(\nu)+\begin{Bmatrix}\cos\nu\pi\\ 1\end{Bmatrix}B_k(-\nu)\right]\left(\frac{ac}{2}\right)^{2k}\mp\sum_{l=0}^{\infty}C_l(\nu),$$

$$B_k(\nu)=\left(\frac{2}{ac}\right)^{\nu}\frac{\Gamma(\nu)}{(1-\nu)_k(2k-\nu)^{\varepsilon}}\,\Gamma\begin{bmatrix}1-\beta-(\alpha-\nu+2k)/r\\ 1-(\alpha-\nu+2k)/r\end{bmatrix},$$

$$C_l(\nu)=\frac{1}{2\pi}\left(\frac{c}{2}\right)^{r-r\beta-\alpha}\frac{(1-\beta)_l}{l!\,(r-r\beta+rl-\alpha)^{\varepsilon}}\begin{Bmatrix}\cos[(\nu-\alpha+r-r\beta+rl)\pi/2]\\ \pi/2\end{Bmatrix}\times$$
$$\times\Gamma\left(\frac{\nu+\alpha-r(1-\beta+l)}{2}\right)\Gamma\left(\frac{\alpha-\nu-r(1-\beta+l)}{2}\right)\left(\frac{ac}{2}\right)^{rl}$$

$$[\nu\neq\ldots,\,-2,\,-1,\,0,\,1,\,2,\,\ldots;\ rl-2k-\alpha-\beta r+r\neq\nu,\,-\nu;\ k,\,l=0,\,1,\,2,\,\ldots],$$

$$V_n(\varepsilon)=\mp\frac{a^{\alpha+r\beta-r}}{2\pi r}\,\Gamma(\beta)\begin{Bmatrix}2\\ \pi\end{Bmatrix}\left[\sum_{k=0}^{n-1}\frac{(\mp1)^kB_k(n)}{k!}\left(\frac{ac}{2}\right)^{2k}+\sum_{m=0}^{\infty}D_m\right]\mp\sum_{l=0}^{\infty}C_l(n),$$

$$D_m=\left(\pm\frac{ac}{2}\right)^n\frac{(\mp1)^m}{m!\,(n+m)!\,(2m+n)^{\varepsilon}}\,\Gamma\begin{bmatrix}1-\beta-(\alpha+n+2m)/r\\ 1-(\alpha+n+2m)/r\end{bmatrix}\times$$
$$\times\left[\psi(m+1)+\psi(n+m+1)+\frac{2}{r}\,\psi\left(1-\beta-\frac{\alpha+n+2m}{r}\right)-\right.$$
$$\left.-\frac{2}{r}\,\psi\left(1-\frac{\alpha+n+2m}{r}\right)+\frac{2\varepsilon}{n+2m}-2\ln\frac{ac}{2}\right]\left(\frac{ac}{2}\right)^{2m}$$

$$[rl-2k-\alpha-r\beta+r\neq n,\,-n;\ k,\,l,\,n=0,\,1,\,2,\,\ldots].$$

3. $$\int\limits_0^\infty\frac{x^{\alpha-1}}{(x^r+z^r)^{\rho}}\begin{Bmatrix}Y_\nu(cx)\\ K_\nu(cx)\end{Bmatrix}dx=W_\nu(0)$$

$$\left[r>0;\ \operatorname{Re}\alpha>|\operatorname{Re}\nu|;\ r|\arg z|<\pi,\ \begin{Bmatrix}\operatorname{Re}(\alpha-r\rho)<3/2;\ c>0\\ \operatorname{Re}c>0\end{Bmatrix}\right],$$

$$W_\nu(\varepsilon)=\mp\frac{z^{\alpha-r\rho}}{2\pi r\Gamma(\rho)}\begin{Bmatrix}2\\ \pi\end{Bmatrix}\sum_{k=0}^{\infty}\frac{(\mp1)^k}{k!}\left[E_k(\nu)+\begin{Bmatrix}\cos\nu\pi\\ 1\end{Bmatrix}E_k(-\nu)\right]\left(\frac{cz}{2}\right)^{2k}\mp\sum_{l=0}^{\infty}F_l(\nu),$$

$$E_k(\nu)=\left(\frac{2}{cz}\right)^{\nu}\frac{\Gamma(\nu)}{(1-\nu)_k(2k-\nu)^{\varepsilon}}\,\Gamma\left(\frac{\alpha-\nu+2k}{r}\right)\Gamma\left(\rho-\frac{\alpha-\nu+2k}{r}\right),$$

$$F_l(\nu)=\left(\frac{2}{c}\right)^{\alpha-r\rho}\frac{(-1)^l(\rho)_l}{2\pi l!\,(r\rho+rl-\alpha)^{\varepsilon}}\,\Gamma\left(\frac{\nu+\alpha-r\rho-rl}{2}\right)\times$$
$$\times\Gamma\left(\frac{\alpha-\nu-r\rho-rl}{2}\right)\begin{Bmatrix}\cos[(\nu-\alpha+r\rho+rl)\pi/2]\\ \pi/2\end{Bmatrix}\left(\frac{cz}{2}\right)^{rl}$$

$$[\nu\neq\ldots,\,-2,\,-1,\,0,\,1,\,2,\,\ldots;\ rl-2k-\alpha+r\rho\neq\nu,\,-\nu;\ k,\,l=0,\,1,\,2,\,\ldots],$$

$$W_n(\varepsilon) = \mp \frac{z^{\alpha - r\rho}}{2\pi r \Gamma(\rho)} \begin{Bmatrix} 2 \\ \pi \end{Bmatrix} \left[\sum_{k=0}^{n-1} \frac{(\pm 1)^k E_k(n)}{k!} \left(\frac{cz}{2} \right)^{2k} + \sum_{m=0}^{\infty} G_m \right] \mp \sum_{l=0}^{\infty} F_l(n),$$

$$G_m = \left(\pm \frac{cz}{2} \right)^n \frac{(\mp 1)^m}{m!\,(n+m)!\,(2m+n)^{\varepsilon}} \Gamma\left(\frac{\alpha + 2m + n}{r} \right) \Gamma\left(\rho - \frac{\alpha + 2m + n}{2} \right) \times$$
$$\times \left[\psi(m+1) + \psi(m+n+1) + \frac{2\varepsilon}{2m+n} - \frac{2}{r} \psi\left(\frac{\alpha + 2m + n}{r} \right) + \right.$$
$$\left. + \frac{2}{r} \psi\left(\rho - \frac{\alpha + 2m + n}{r} \right) - 2 \ln \frac{cz}{2} \right] \left(\frac{cz}{2} \right)^{2m}$$

$[rl - 2k - \alpha + \rho r \neq n,\ -n;\ k,\ l,\ n = 0,\ 1,\ 2,\ \ldots].$

4. $$\int_0^{\infty} \frac{x^{\alpha-1}}{x^r - y^r} \begin{Bmatrix} Y_{\nu}(cx) \\ K_{\nu}(cx) \end{Bmatrix} dx = X_{\nu}(0) \qquad \left[r,\ y > 0;\ \operatorname{Re}\alpha > |\operatorname{Re}\nu|,\ \begin{Bmatrix} \operatorname{Re}\alpha < r + 3/2;\ c > 0 \\ \operatorname{Re} c > 0 \end{Bmatrix} \right],$$

$$X_{\nu}(\varepsilon) = \pm \frac{y^{\alpha - r}}{2r} \begin{Bmatrix} 2 \\ \pi \end{Bmatrix} \sum_{k=0}^{\infty} \frac{(\mp 1)^k}{k!} \left[\widehat{B}_k(\nu) + \begin{Bmatrix} \cos \nu\pi \\ 1 \end{Bmatrix} \widehat{B}_k(-\nu) \right] \left(\frac{cy}{2} \right)^{2k} \mp \sum_{l=0}^{\infty} \widehat{C}_l(\nu),$$

$$\widehat{B}_k(\nu) = \left(\frac{2}{cy} \right)^{\nu} \frac{\Gamma(\nu)}{(1-\nu)_k (2k - \nu)^{\varepsilon}} \operatorname{ctg} \frac{\alpha - \nu + 2k}{r} \pi,$$

$$\widehat{C}_l(\nu) = \frac{1}{2\pi (r + rl - \alpha)^{\varepsilon}} \left(\frac{2}{c} \right)^{\alpha - r} \Gamma\left(\frac{\nu + \alpha - r - rl}{2} \right) \times$$
$$\times \Gamma\left(\frac{\alpha - \nu - r - rl}{2} \right) \begin{Bmatrix} \cos[(\nu - \alpha + r + rl)\pi/2] \\ \pi/2 \end{Bmatrix} \left(\frac{cy}{2} \right)^{rl}$$

$[\nu \neq \ldots,\ -2,\ -1,\ 0,\ 1,\ 2,\ \ldots;\ rl - 2k - \alpha + r \neq \nu,\ -\nu;\ k,\ l = 0,\ 1,\ 2,\ \ldots],$

$$X_n(\varepsilon) = \pm \frac{y^{\alpha - r}}{2r} \begin{Bmatrix} 2 \\ \pi \end{Bmatrix} \left[\sum_{k=0}^{n-1} \frac{(\mp 1)^k \widehat{B}_k(n)}{k!} \left(\frac{cy}{2} \right)^{2k} + \sum_{m=0}^{\infty} \widehat{D}_m \right] \mp \sum_{l=0}^{\infty} \widehat{C}_l(n),$$

$$\widehat{D}_m = \left(\pm \frac{cy}{2} \right)^n \frac{(\mp 1)^m}{m!\,(m+n)!\,(2m+n)^{\varepsilon}} \operatorname{ctg} \frac{\alpha + n + 2m}{r} \pi \times$$
$$\times \left[\psi(m+1) + \psi(n+m+1) + \frac{2\varepsilon}{n+2m} - \frac{4\pi}{r} \operatorname{cosec} 2 \frac{\alpha + n + 2m}{r} \pi - 2 \ln \frac{cy}{2} \right] \left(\frac{cy}{2} \right)^{2m}$$

$[rl - 2k - \alpha + r \neq n,\ -n;\ k,\ l,\ n = 0,\ 1,\ 2,\ \ldots].$

5. $$\int_0^{\infty} x^{\alpha - 1} e^{-px^r} \begin{Bmatrix} Y_{\nu}(cx) \\ K_{\nu}(cx) \end{Bmatrix} dx = Y_{\nu}(0) \qquad \left[r,\ \operatorname{Re} p > 0;\ \operatorname{Re}\alpha > |\operatorname{Re}\nu|,\ \begin{Bmatrix} c > 0 \\ \operatorname{Re} c > 0 \end{Bmatrix} \right],$$

$$Y_{\nu}(\varepsilon) = \mp \frac{p^{-\alpha/r}}{2r\pi} \begin{Bmatrix} 2 \\ \pi \end{Bmatrix} \sum_{k=0}^{\infty} \frac{(\mp 1)^k}{k!} \left[\widehat{A}_k(\nu) + \begin{Bmatrix} \cos \nu\pi \\ 1 \end{Bmatrix} \widehat{A}_k(-\nu) \right] \left(\frac{c}{2p^{1/r}} \right)^{2k},$$

$$\widehat{A}_k(\nu) = \left(\frac{2p^{1/r}}{c} \right)^{\nu} \frac{\Gamma(\nu)}{(1-\nu)_k (2k - \nu)^{\varepsilon}} \Gamma\left(\frac{\alpha - \nu + 2k}{r} \right)$$

$[r > 1;\ \nu \neq \ldots,\ -2,\ -1,\ 0,\ 1,\ 2,\ \ldots],$

$$Y_n(\varepsilon) = \mp \frac{p^{-\alpha/r}}{2r\pi} \begin{Bmatrix} 2 \\ \pi \end{Bmatrix} \left\{ \sum_{k=0}^{n-1} \frac{(\mp 1)^k \widehat{A}_k(n)}{k!} \left(\frac{c}{2p^{1/r}} \right)^{2k} + \right.$$
$$+ \left(\pm \frac{c}{2p^{1/r}} \right)^n \sum_{k=0}^{\infty} \frac{(\mp 1)^k}{k!\,(n+k)!\,(2k+n)^{\varepsilon}} \Gamma\left(\frac{\alpha + n + 2k}{r} \right) \times$$
$$\left. \times \left[\psi(k+1) + \psi(n+k+1) + \frac{2\varepsilon}{2k+n} - \frac{2}{r} \psi\left(\frac{\alpha + n + 2k}{r} \right) - 2 \ln \frac{c}{2p^{1/r}} \right] \left(\frac{c}{2p^{1/r}} \right)^{2k} \right\}$$

$[r > 1;\ n = 0,\ 1,\ 2,\ \ldots],$

$$Y_\nu(\varepsilon)=\mp\frac{2^{\alpha-1}}{c^\alpha\pi}\sum_{k=0}^\infty\frac{1}{k!\,(kr+\alpha)^\varepsilon}\Gamma\left(\frac{\alpha+\nu+rk}{2}\right)\times$$
$$\times\Gamma\left(\frac{\alpha-\nu+rk}{2}\right)\left\{\begin{matrix}\cos[(\alpha-\nu+rk)\pi/2]\\ \pi/2\end{matrix}\right\}\left(-\frac{2^rp}{c^r}\right)^k\qquad[r<1],$$

$Y_\nu(0)$ при $r=1$ см. в 2.13.6.3, 2.16.6.3.

6. $$\int_0^\infty x^{\alpha-1}e^{-px^{-r}}\left\{\begin{matrix}Y_\nu(cx)\\ K_\nu(cx)\end{matrix}\right\}dx=Z_\nu(0)\qquad\left[r,\ \operatorname{Re}p>0,\ \left\{\begin{matrix}\operatorname{Re}\alpha<3/2;\ c>0\\ \operatorname{Re}c>0\end{matrix}\right\}\right],$$

$$Z_\nu(\varepsilon)=\mp\frac{p^{\alpha/r}}{2r\pi}\left\{\begin{matrix}2\\ \pi\end{matrix}\right\}\sum_{k=0}^\infty\frac{(\mp1)^k}{k!}\left[\widehat{E}_k(\nu)+\left\{\begin{matrix}\cos\nu\pi\\ 1\end{matrix}\right\}\widehat{E}_k(-\nu)\right]\left(\frac{cp^{1/r}}{2}\right)^{2k}\mp\sum_{l=0}^\infty\widehat{F}_l(\nu),$$

$$\widehat{E}_k(\nu)=\left(\frac{2}{cp^{1/r}}\right)^\nu\frac{\Gamma(\nu)}{(1-\nu)_k(2k-\nu)^\varepsilon}\Gamma\left(\frac{\nu-\alpha-2k}{r}\right),$$

$$\widehat{F}_l(\nu)=\frac{2^{\alpha-1}}{\pi c^\alpha}\frac{(-1)^\varepsilon}{l!\,(rl-\alpha)^\varepsilon}\Gamma\left(\frac{\alpha+\nu-rl}{2}\right)\Gamma\left(\frac{\alpha-\nu-rl}{2}\right)\left\{\begin{matrix}\cos[(\alpha-\nu-rl)\pi/2]\\ \pi/2\end{matrix}\right\}\times$$
$$\times\left(-\frac{c^rp}{2^r}\right)^l\qquad[\nu\neq\ldots,\,-2,\,-1,\,0,\,1,\,2,\,\ldots;\ rl-2k-\alpha\neq\nu,\,-\nu;\ k,\,l=0,\,1,\,2,\,\ldots],$$

$$Z_n(\varepsilon)=\mp\frac{p^{\alpha/r}}{2r\pi}\left\{\begin{matrix}2\\ \pi\end{matrix}\right\}\left[\sum_{k=0}^{n-1}\frac{(\mp1)^k}{k!}\widehat{E}_k(n)\left(\frac{cp^{1/r}}{2}\right)^{2k}+\sum_{m=0}^\infty\widehat{G}_m\right]\mp\sum_{l=0}^\infty\widehat{F}_l(n),$$

$$\widehat{G}_m=\left(\pm\frac{cp^{1/r}}{2}\right)^n\frac{(\mp1)^m}{m!\,(n+m)!\,(2k+n)^\varepsilon}\Gamma\left(-\frac{\alpha+n+2m}{r}\right)\times$$
$$\times\left[\psi(m+1)+\psi(m+n+1)+\frac{2}{r}\psi\left(-\frac{\alpha+n+2m}{r}\right)\frac{2\varepsilon}{n+2m}-2\ln\frac{cp^{1/r}}{2}\right]\left(\frac{cp^{1/r}}{2}\right)^{2m}$$
$$[rl-2k-\alpha\neq n,\,-n;\ k,\,l,\,n=0,\,1,\,2,\,\ldots].$$

7. $$\int_0^\infty x^{\alpha-1}\left\{\begin{matrix}\sin bx^r\\ \cos bx^r\end{matrix}\right\}Y_\nu(cx)\,dx=U_\nu(1,\,0)$$
$$\left[b,\ c,\ r>0;\ |\operatorname{Re}\nu|-\delta r<\operatorname{Re}\alpha<1/2+\max(r,\,1),\ \delta=\left\{\begin{matrix}1\\ 0\end{matrix}\right\}\right],$$

$$U_\nu(\gamma,\,\varepsilon)=-\frac{b^{-\alpha/r}}{\pi r}\sum_{k=0}^\infty\frac{(-1)^{k\gamma}}{k!}[A_k(\nu)+\cos^\gamma\nu\pi\,A_k(-\nu)]\left(\frac{c}{2b^{1/r}}\right)^{2k},$$

$$A_k(\nu)=\left(\frac{2b^{1/r}}{c}\right)^\nu\frac{\Gamma(\nu)}{(1-\nu)_k(2k-\nu)^\varepsilon}\Gamma\left(\frac{\alpha+2k-\nu}{r}\right)\left\{\begin{matrix}\sin[(\alpha+2k-\nu)\pi/(2r)]\\ \cos[(\alpha+2k-\nu)\pi/(2r)]\end{matrix}\right\}$$
$$[r>1;\ \nu\neq\ldots,\,-2,\,-1,\,0,\,1,\,2,\,\ldots],$$

$$U_n(\gamma,\,\varepsilon)-\frac{b^{-\alpha/r}}{\pi r}\left\{\sum_{k=0}^{n-1}\frac{(-1)^kA_k(n)}{k!}\left(\frac{c}{2b^{1/r}}\right)^{2k}+\left(\frac{(-1)^{1-\gamma}c}{2b^{1/r}}\right)^n\sum_{k=0}^\infty\frac{(-1)^{k\gamma}}{k!\,(n+k)!(2k+n)^\varepsilon}\times\right.$$
$$\times\Gamma\left(\frac{\alpha+n+2k}{r}\right)\left\{\begin{matrix}\sin[(\alpha+2k+n)\pi/(2r)]\\ \cos[(\alpha+2k+n)\pi/(2r)]\end{matrix}\right\}\left[\psi(k+1)+\psi(n+k+1)+\frac{2\varepsilon}{2k+n}-\right.$$
$$\left.\left.-\frac{2}{r}\psi\left(\frac{\alpha+n+2k}{r}\right)\mp\frac{\pi}{r}\operatorname{tg}^{\mp1}\frac{\alpha+2k+n}{2r}\pi-2\ln\frac{c}{2b^{1/r}}\right]\left(\frac{c}{2b^{1/r}}\right)^{2k}\right\}$$
$$[r>1;\ n=0,\,1,\,2,\,\ldots],$$

$$U_\nu(\gamma,\,\varepsilon)=-\frac{2^{\alpha+\delta r-1}b^\delta}{\pi c^{\alpha+\delta r}}\sum_{k=0}^\infty\frac{(-1)^k}{k!\,(1/2+\delta)_k(\alpha+\delta r+2rk)^\varepsilon}\Gamma\left(\frac{\alpha+\nu+\delta r}{2}+rk\right)\times$$
$$\times\Gamma\left(\frac{\alpha-\nu+\delta r}{2}+rk\right)\cos^\gamma\left(\frac{\nu-\alpha-\delta r-2rk}{2}\pi\right)\left(\frac{b}{2^{1-r}c^r}\right)^{2k}\qquad[r<1],$$

$U_\nu(\gamma,\,0)$ при $r=1$ см. в 2.13.8.2, 2.16.14.3.

8. $$\int_0^\infty x^{\alpha-1} e^{-px^{-r}} \begin{Bmatrix} \sin bx^r \\ \cos bx^r \end{Bmatrix} Y_\nu(cx)\,dx = V_\nu(1,\,0)$$

$$\left[b,\ c,\ r,\ \operatorname{Re} p > 0;\ \operatorname{Re}\alpha > |\operatorname{Re}\nu| - r\delta,\ \delta = \begin{Bmatrix} 1 \\ 0 \end{Bmatrix}\right],$$

$$V_\nu(\gamma,\,\varepsilon) = -\frac{1}{\pi r}\sum_{k=0}^\infty \frac{(-1)^{k\gamma}}{k!}\left[\widetilde{A}_k(\nu) + \cos^\gamma \nu\pi\, \widetilde{A}_k(-\nu)\right]\frac{c^{2k}}{2^{2k}(b^2+p^2)^{k/r}},$$

$$\widetilde{A}_k(\nu) = \frac{2^\nu (b^2+p^2)^{(\nu-\alpha)/(2r)}\Gamma(\nu)}{c^\nu (1-\nu)_k (2k-\nu)^\varepsilon}\,\Gamma\!\left(\frac{\alpha-\nu+2k}{r}\right) \times$$
$$\times \cos\left(\frac{\alpha-\nu+2k}{r}\arccos\frac{p}{\sqrt{b^2+p^2}} - \frac{\delta\pi}{2}\right)$$

$$[r > 1;\ |c|^2 < |b^2+p^2| \text{ при } r = 1;\ \nu \ne \ldots,\ -2,\ -1,\ 0,\ 1,\ 2,\ \ldots],$$

$$V_n(\gamma,\,\varepsilon) = -\frac{1}{\pi r}\Biggl\{\sum_{k=0}^{n-1}\frac{(-1)^{k\gamma}\widetilde{A}_k(n)}{k!}\frac{c^{2k}}{2^{2k}(b^2+p^2)^{k/r}} + (-1)^{(1-\gamma)n}(b^2+p^2)^{-(\alpha+n)/(2r)} \times$$
$$\times \left(\frac{c}{2}\right)^n \sum_{k=0}^\infty \frac{(-1)^{k\gamma}}{k!\,(n+k)!(2k+n)^\varepsilon}\Gamma\!\left(\frac{\alpha+n+2k}{r}\right)\cos\left(\frac{\alpha+n+2k}{r}\arccos\frac{p}{\sqrt{b^2+p^2}} - \frac{\delta\pi}{2}\right) \times$$
$$\times \Biggl[\psi(k+1) + \psi(n+k+1) - \frac{2}{r}\psi\!\left(\frac{\alpha+n+2k}{r}\right) + \frac{2\varepsilon}{2k+n} +$$
$$+ \frac{2}{r}\arccos\frac{p}{\sqrt{b^2+p^2}}\ \operatorname{tg}\left(\frac{\alpha+n+2k}{r}\arccos\frac{p}{\sqrt{b^2+p^2}} - \frac{\delta\pi}{2}\right) - \ln\frac{c^2}{4(b^2+p^2)^{1/r}}\Biggr] \times$$
$$\times \left(\frac{c^2}{4(b^2+p^2)^{1/r}}\right)^k\Biggr\} \qquad [r > 1;\ |c|^2 < |b^2+p^2| \text{ при } r = 1;\ n = 0,\ 1,\ 2,\ \ldots],$$

$$V_\nu(\gamma,\,\varepsilon) = -\frac{2^{\alpha-1}}{\pi c^\alpha}\sum_{k=0}^\infty \frac{1}{k!\,(\alpha+rk)^\varepsilon}\Gamma\!\left(\frac{\alpha+\nu+rk}{2}\right)\Gamma\!\left(\frac{\alpha-\nu+rk}{2}\right)\cos^\gamma\frac{\nu-\alpha-rk}{2}\pi \times$$
$$\times \cos\left(k\arccos\frac{p}{\sqrt{b^2+p^2}} + \frac{\delta\pi}{2}\right)\left(-\frac{2^r\sqrt{b^2+p^2}}{c^r}\right)^k \qquad [r < 1;\ |c|^2 > |b^2+p^2| \text{ при } r = 1].$$

9. $$\int_0^\infty x^{\alpha-1}\begin{Bmatrix} \ln(x^r+z^r) \\ \ln|x^r-z^r| \end{Bmatrix} Y_\nu(cx)\,dx = W_\nu(1,\,0)$$

$$\left[c,\ r > 0;\ |\operatorname{Re}\nu| < \operatorname{Re}\alpha < 3/2;\ rl - 2k - \alpha \ne \nu,\ -\nu;\ k,\ l \ne 0,\ 1,\ 2,\ \ldots,\ \begin{Bmatrix} r|\arg z| < \pi \\ z > 0 \end{Bmatrix}\right],$$

$$W_\nu(\gamma,\,\varepsilon) = -z^\alpha \sum_{k=0}^\infty \frac{(-1)^{k\gamma}}{k!}\left[B_k(\nu) + \cos^\gamma \nu\pi\, B_k(-\nu)\right]\left(\frac{cz}{2}\right)^{2k} + \sum_{l=0}^\infty C_l(\nu) - C^*(\nu),$$

$$B_k(\nu) = \left(\frac{cz}{2}\right)^{-\nu}\frac{\Gamma(\nu)}{(1-\nu)_k(\alpha-\nu+2k)(\nu-2k)^\varepsilon}\begin{Bmatrix} \operatorname{cosec}[(\alpha-\nu+2k)\pi/r] \\ \operatorname{ctg}[(\alpha-\nu+2k)\pi/r] \end{Bmatrix},$$

$$C_l(\nu) = \frac{(\mp 1)^{k+1}2^{\alpha-r-1}z^r}{(\alpha-r-rk)^\varepsilon \pi c^{\alpha-r}(k+1)}\cos^\gamma\frac{\nu-\alpha+r+rk}{2}\pi \times$$
$$\times \Gamma\!\left(\frac{\nu+\alpha-r-rk}{2}\right)\Gamma\!\left(\frac{\alpha-\nu-r-rk}{2}\right)\left(\frac{cz}{2}\right)^{rk},$$

$$C^*(\nu) = \frac{2^{\alpha-2}r}{\alpha^\varepsilon \pi c^\alpha}\Gamma\!\left(\frac{\alpha+\nu}{2}\right)\Gamma\!\left(\frac{\alpha-\nu}{2}\right)\cos^\gamma\frac{\nu-\alpha}{2}\pi \times$$
$$\times \left[\psi\!\left(\frac{\alpha+\nu}{2}\right) + \psi\!\left(\frac{\alpha-\nu}{2}\right) + \gamma\pi\operatorname{tg}\frac{\nu-\alpha}{2}\pi - \frac{2\varepsilon}{\alpha} - 2\ln\frac{c}{2}\right]$$

$$[\nu \ne \ldots,\ -2,\ -1,\ 0,\ 1,\ 2,\ \ldots],$$

$$W_n(\gamma,\,\varepsilon) = -z^{\alpha}\left\{\sum_{k=0}^{n-1} \frac{(-1)^{k\gamma} B_k(n)}{k!}\left(\frac{cz}{2}\right)^{2k} + \sum_{m=0}^{\infty} D_m\right\} + \sum_{l=0}^{\infty} C_l(n) - C^*(n),$$

$$D_m = \frac{(-1)^{n+(m+n)\gamma+\varepsilon}(cz/2)^n}{m!\,(m+n)!\,(2m+n+\alpha)(2m+n)^{\varepsilon}} \times$$
$$\times \left\{\begin{matrix} \operatorname{cosec}[(\alpha+2m+n)\pi/r] \\ \operatorname{ctg}[(\alpha+2m+n)\pi/r] \end{matrix}\right\}\left[\psi(m+1)+\psi(m+n+1)+\frac{2}{\alpha+2m+n}+\frac{2\varepsilon}{2m+n}+\right.$$
$$\left.+\frac{2\pi}{r}\left\{\begin{matrix} \operatorname{ctg}[(\alpha+2m+n)\pi/r] \\ 2\operatorname{cosec}[2(\alpha+2m+n)\pi/r] \end{matrix}\right\} - 2\ln\frac{cz}{2}\right]\left(\frac{cz}{2}\right)^{2m} \quad [n=0,\,1,\,2,\,\ldots].$$

10. $\displaystyle\int_0^{\infty} x^{\alpha-1} J_\mu(bx^r) Y_\nu(cx)\,dx = \widetilde{U}_\nu(1,\,0)$

$[b,\,c,\,r>0;\ |\operatorname{Re}\nu| - r\operatorname{Re}\mu < \operatorname{Re}\alpha < (r+1)/2 + \max(r,\,1)],$

$$\widetilde{U}_\nu(\gamma,\,\varepsilon) = -\frac{2^{\alpha/r-1}}{\pi r b^{\alpha/r}} \sum_{k=0}^{\infty} \frac{(-1)^{\gamma k}}{k!}\,[E_k(\nu) + \cos^{\gamma}\nu\pi\ E_k(-\nu)]\left(\frac{2^{1/r-1}c}{b^{1/r}}\right)^{2k},$$

$$E_k(\nu) = \left(\frac{2^{1-1/r}b^{1/r}}{c}\right)^{\nu} \frac{\Gamma(\nu)}{(1-\nu)_k(2k-\nu)^{\varepsilon}}\,\Gamma\left[\begin{matrix}(\mu r+\alpha+2k-\nu)/(2r) \\ 1+(\mu r+\nu-\alpha-2k)/(2r)\end{matrix}\right]$$

$[r>1;\ \nu \neq \ldots,\,-2,\,-1,\,0,\,1,\,2,\,\ldots],$

$$\widetilde{U}_n(\gamma,\,\varepsilon) = -\frac{2^{\alpha/r-1}}{\pi r b^{\alpha/r}}\left\{\sum_{k=0}^{n-1} \frac{(-1)^{k\gamma}E_k(n)}{k!}\left(\frac{2^{1/r-1}c}{b^{1/r}}\right)^{2k} +\right.$$
$$+\left(\frac{(-1)^{1-\gamma}c}{2^{1-1/r}b^{1/r}}\right)^{n} \sum_{k=0}^{\infty} \frac{(-1)^{k\gamma}}{k!\,(n+k)!\,(2k+n)^{\varepsilon}}\,\Gamma\left[\begin{matrix}(\mu r+\alpha+2k+n)/(2r) \\ 1+(\mu r-n-\alpha-2k)/(2r)\end{matrix}\right] \times$$
$$\times\left[\psi(k+1)+\psi(k+n+1)+\frac{2\varepsilon}{2k+n}-\frac{1}{r}\,\psi\left(\frac{\mu r+\alpha+2k+n}{2r}\right)-\right.$$
$$\left.\left.-\frac{1}{r}\,\psi\left(1+\frac{\mu r-n-\alpha-2k}{2r}\right)-2\ln\frac{2^{1/r-1}c}{b^{1/r}}\right]\left(\frac{2^{1/r-1}c}{b^{1/r}}\right)^{2k}\right\}$$

$[r>1;\ n=0,\,1,\,2,\,\ldots],$

$$\widetilde{U}_\nu(\gamma,\,\varepsilon) = U_\nu^-(\gamma,\,\varepsilon),$$

$$U_\nu^{\mp}(\gamma,\,\varepsilon) = -\frac{2^{\alpha+\mu r-\mu-1}b^{\mu}}{\pi c^{\alpha+\mu r}\Gamma(\mu+1)} \sum_{k=0}^{\infty} \frac{(\mp 1)^k}{k!\,(1+\mu)_k(\alpha+\mu r+2rk)^{\varepsilon}} \times$$
$$\times \cos^{\gamma}\frac{\alpha-\nu+\mu r+2rk}{2}\,\pi\Gamma\left(\frac{\alpha+\nu+\mu r}{2}+rk\right)\Gamma\left(\frac{\alpha-\nu+\mu r}{2}+rk\right)\left(\frac{2^{r-1}b}{c^r}\right)^{2k} \qquad [r<1],$$

$\widetilde{U}_\nu(\gamma,\,0)$ при $r=1$ см. в 2.13.15.4, 2.16.21.1.

11. $\displaystyle\int_0^{\infty} x^{\alpha-1}\left\{\begin{matrix} Y_\mu(bx^r) \\ K_\mu(bx^r)\end{matrix}\right\} Y_\nu(cx)\,dx = U_{\mu,\,\nu}(1,\,0)$

$\left[c,\,r>0;\ \operatorname{Re}\alpha > r|\operatorname{Re}\mu| + |\operatorname{Re}\nu|,\ \left\{\begin{matrix} b>0,\ \operatorname{Re}\alpha < (r+1)/2+\max(r,\,1) \\ \operatorname{Re} b > 0 \end{matrix}\right\}\right],$

$$U_{\mu,\,\nu}(\gamma,\,\varepsilon) = \pm\frac{2^{\alpha/r-2}}{\pi^2 r b^{\alpha/r}}\left\{\begin{matrix}2 \\ \pi\end{matrix}\right\} \sum_{k=0}^{\infty} \frac{(-1)^{k\gamma}}{k!}\,[F_k(\nu) + \cos^{\gamma}\nu\pi F_k(-\nu)]\left(\frac{2^{1/r-1}c}{b^{1/r}}\right)^{2k},$$

$$F_k(\nu) = \left(\frac{2^{1-1/r} b^{1/r}}{c}\right)^{\nu} \frac{\Gamma(\nu)}{(1-\nu)_k (2k-\nu)^{\varepsilon}} \begin{Bmatrix} \cos[(\alpha+2k-\mu r-\nu)\pi/(2r)] \\ 1 \end{Bmatrix} \times$$

$$\times \Gamma\left(\frac{\alpha+2k+\mu r-\nu}{2r}\right)\Gamma\left(\frac{\alpha+2k-\mu r-\nu}{2r}\right) \qquad [r>1;\ \nu \neq \ldots,\ -2,\ -1,\ 0,\ 1,\ 2,\ \ldots],$$

$$U_{\mu,n}(\gamma,\ \varepsilon) = \pm\frac{2^{\alpha/r-2}}{\pi^2 r b^{\alpha/r}} \begin{Bmatrix} 2 \\ \pi \end{Bmatrix} \left\{ \sum_{k=0}^{n-1} \frac{(-1)^{k\gamma} F_k(n)}{k!} \left(\frac{2^{1/r-1} c}{b^{1/r}}\right)^{2k} + \right.$$

$$+ \left(\frac{(-1)^{1-\gamma} c}{2^{1-1/r} b^{1/r}}\right)^{n} \sum_{k=0}^{\infty} \frac{(-1)^{k\gamma}}{k!\,(n+k)!\,(2k+n)^{\varepsilon}} \Gamma\left(\frac{\alpha+2k+\mu r+n}{2r}\right) \times$$

$$\times \Gamma\left(\frac{\alpha+2k-\mu r+n}{2r}\right) \begin{Bmatrix} \cos[(\alpha+2k-\mu r+n)\pi/(2r)] \\ 1 \end{Bmatrix} \times$$

$$\times \left[\psi(k+1) + \psi(k+n+1) + \frac{2\varepsilon}{2k+n} - \frac{1}{r}\psi\left(\frac{\alpha+2k+\mu r+n}{2r}\right) - \right.$$

$$\left. \left. - \frac{1}{r}\psi\left(\frac{\alpha+2k-\mu r+n}{2r}\right) + \begin{Bmatrix} 1 \\ 0 \end{Bmatrix} \frac{\pi}{r} \operatorname{tg}\frac{\alpha+2k-\mu r+n}{2r}\pi - 2\ln\frac{2^{1/r-1} c}{b^{1/r}}\right] \left(\frac{2^{1/r-1} c}{b^{1/r}}\right)^{2k} \right\}$$

$$[r>1;\ n=0,\ 1,\ 2,\ \ldots],$$

$$U_{\mu,\nu}(\gamma,\ \varepsilon) = \pm\frac{2^{\alpha-2}}{\pi^2 c^{\alpha}} \begin{Bmatrix} 2 \\ \pi \end{Bmatrix} \sum_{k=0}^{\infty} \frac{(\mp 1)^k}{k!} \left[G_k(\mu) + \begin{Bmatrix} \cos\mu\pi \\ 1 \end{Bmatrix} G_k(-\mu)\right] \left(\frac{2^{r-1} b}{c^r}\right)^{2k},$$

$$G_k(\mu) = \left(\frac{c^r}{2^{r-1} b}\right)^{\mu} \frac{\Gamma(\mu)}{(1-\mu)_k (\alpha-\mu r+2rk)^{\varepsilon}} \Gamma\left(\frac{\alpha+\nu-\mu r}{2}+rk\right) \times$$

$$\times \Gamma\left(\frac{\alpha-\nu-\mu r}{2}+rk\right) \cos^{\gamma}\frac{\alpha-\nu-\mu r+2rk}{2}\pi \qquad [r<1;\ \mu \neq \ldots,\ -2,\ -1,\ 0,\ 1,\ 2,\ \ldots],$$

$$U_{m,\nu}(\gamma,\ \varepsilon) = \pm\frac{2^{\alpha-2}}{\pi^2 c^{\alpha}} \begin{Bmatrix} 2 \\ \pi \end{Bmatrix} \left\{ \sum_{k=0}^{m-1} \frac{(\mp 1)^k G_k(m)}{k!} \left(\frac{2^{r-1} b}{c^r}\right)^{2k} + \right.$$

$$+ \left(\pm\frac{2^{r-1} b}{c^r}\right)^{m} \sum_{k=0}^{\infty} \frac{(\mp 1)^k}{k!\,(m+k)!\,(\alpha+mr+2rk)^{\varepsilon}} \Gamma\left(\frac{\alpha+\nu+mr}{2}+rk\right) \times$$

$$\times \Gamma\left(\frac{\alpha-\nu+mr}{2}+rk\right) \cos^{\gamma}\frac{\alpha-\nu+mr+2rk}{2}\pi \left[\psi(k+1) + \psi(k+m+1) + \right.$$

$$+ \frac{2\varepsilon r}{2rk+mr+\alpha} - r\psi\left(\frac{\alpha+\nu+mr}{2}+rk\right) - r\psi\left(\frac{\alpha-\nu+mr}{2}+rk\right) +$$

$$\left.\left. + \gamma r\pi \operatorname{tg}\frac{\alpha-\nu+mr+2rk}{2}\pi + 2\ln\frac{2^{1-r} c^r}{b}\right] \left(\frac{2^{r-1} b}{c^r}\right)^{2k} \right\} \qquad [r<1;\ m=0,\ 1,\ 2,\ \ldots],$$

$U_{\mu,\nu}(\gamma,\ 0)$ при $r=1$ см. в 2.13.20.2, 2.16.27.2, 2.16.33.1.

12. $$\int_0^{\infty} x^{\alpha-1} \operatorname{Ei}(-bx^r) \begin{Bmatrix} Y_\nu(cx) \\ K_\nu(cx) \end{Bmatrix} dx = \widehat{U}_\nu(0) \qquad \left[r,\ \operatorname{Re} b>0;\ \operatorname{Re}\alpha > |\operatorname{Re}\nu|,\ \begin{Bmatrix} c>0 \\ \operatorname{Re} c>0 \end{Bmatrix}\right],$$

$$\widehat{U}_\nu(\varepsilon) = \mp\frac{b^{-\alpha/r}}{2\pi} \begin{Bmatrix} 2 \\ \pi \end{Bmatrix} \sum_{k=0}^{\infty} \frac{(\mp 1)^k}{k!} \left[\widehat{A}_k(\nu) + \begin{Bmatrix} \cos\nu\pi \\ 1 \end{Bmatrix} \widehat{A}_k(-\nu)\right] \left(\frac{c}{2b^{1/r}}\right)^{2k},$$

$$A_k(\nu) = \left(\frac{2b^{1/r}}{c}\right)^{\nu} \frac{\Gamma(\nu)}{(1-\nu)_k (\nu-\alpha-2k)(2k-\nu)^{\varepsilon}} \Gamma\left(\frac{\alpha+2k-\nu}{r}\right)$$

$$[r>1;\ \nu \neq \ldots,\ -2,\ -1,\ 0,\ 1,\ 2,\ \ldots],$$

$$\widehat{U}_n(\varepsilon) = \mp\frac{b^{-\alpha/r}}{2\pi}\begin{Bmatrix}2\\ \pi\end{Bmatrix}\left\{\sum_{k=0}^{n-1}\frac{(\mp1)^k\widehat{A}_k(n)}{k!}\left(\frac{c}{2b^{1/r}}\right)^{2k} - \right.$$

$$-\left(\pm\frac{c}{2b^{1/r}}\right)^n\sum_{k=0}^{\infty}\frac{(\mp1)^k}{k!\,(n+k)!\,(\alpha+n+2k)(2k+n)^\varepsilon}\,\Gamma\left(\frac{\alpha+n+2k}{r}\right)\times$$

$$\left.\times\left[\psi(k+1)+\psi(n+k+1)+\frac{2}{\alpha+n+2k}+\frac{2\varepsilon}{n+2k}-\frac{2}{r}\,\psi\left(\frac{\alpha+n+2k}{r}\right)-2\ln\frac{c}{2b^{1/r}}\right]\left(\frac{c}{2b^{1/r}}\right)^{2k}\right\}$$

$[r>1;\ n=0,\,1,\,2,\,\ldots]$,

$$\widehat{U}_\nu(\varepsilon) = \mp\frac{2^{\alpha-1}}{\pi c^\alpha}\sum_{k=1}^{\infty}\frac{1}{k!\,k(\alpha+rk)^\varepsilon}\,\Gamma\left(\frac{\alpha+\nu+rk}{2}\right)\times$$

$$\times\Gamma\left(\frac{\alpha-\nu+rk}{2}\right)\begin{Bmatrix}\cos[(\alpha-\nu+rk)\pi/2]\\ \pi/2\end{Bmatrix}\left(-\frac{2^rb}{c^r}\right)^k\mp$$

$$\mp\frac{2^{\alpha-2}}{\alpha^\varepsilon\pi c^\alpha}\,\Gamma\left(\frac{\alpha+\nu}{2}\right)\Gamma\left(\frac{\alpha-\nu}{2}\right)\begin{Bmatrix}\cos[(\alpha-\nu)\pi/2]\\ \pi/2\end{Bmatrix}\times$$

$$\times\left[r\psi\left(\frac{\alpha+\nu}{2}\right)+r\psi\left(\frac{\alpha-\nu}{2}\right)-r\pi\begin{Bmatrix}1\\ 0\end{Bmatrix}\operatorname{tg}\frac{\alpha-\nu}{2}\pi+2\mathbf{C}-\frac{2\varepsilon r}{\alpha}+2\ln\frac{2^rb}{c^r}\right]\qquad [r<1],$$

$\widehat{U}_\nu(0)$ при $r=1$ см. в 2.13.28.1, 2.16.57.1.

13. $\int\limits_0^\infty x^{\alpha-1}e^{\pm bx^r}\operatorname{Ei}(\mp bx^r)Y_\nu(cx)\,dx = \widehat{U}_\nu(1,\,0)$ $\qquad[c,\,r,\,\operatorname{Re}b>0;\ |\operatorname{Re}\nu|<\operatorname{Re}\alpha<r+3/2]$,

$$\widehat{U}_\nu(\gamma,\,\varepsilon) = -\frac{b^{-\alpha/r}}{r}\sum_{k=0}^{\infty}\frac{(-1)^{k\gamma}}{k!}\left[\widehat{B}_k(\nu)+\cos^\gamma\nu\pi\,\widehat{B}_k(-\nu)\right]\left(\frac{c}{2b^{1/r}}\right)^{2k}+\widehat{C}_\nu(\gamma,\,\varepsilon),$$

$$\widehat{B}_k(\nu) = \left(\frac{2b^{1/r}}{c}\right)^\nu\frac{\Gamma(\nu)}{(1-\nu)_k(2k-\nu)^\varepsilon}\,\Gamma\left(\frac{\alpha+2k-\nu}{r}\right)\begin{Bmatrix}\operatorname{cosec}[(\nu-\alpha-2k)\pi/r]\\ \operatorname{ctg}[(\nu-\alpha-2k)\pi/r]\end{Bmatrix},$$

$$\widehat{C}_\nu(\gamma,\,\varepsilon) = \pm\frac{2^{\alpha-r-1}}{\pi bc^{\alpha-r}}\sum_{k=0}^{\infty}\frac{k!}{(rk+r-\alpha)^\varepsilon}\,\Gamma\left(\frac{\alpha+\nu-r-rk}{2}\right)\times$$

$$\times\Gamma\left(\frac{\alpha-\nu-r-rk}{2}\right)\cos^\gamma\frac{\alpha-\nu-r-rk}{2}\pi\left(\mp\frac{c^r}{2^rb}\right)^k$$

$[r>1;\ \nu\neq\ldots,\,-2,\,-1,\,0,\,1,\,2,\,\ldots;\ rl-2k-\alpha\neq\nu,\,-\nu;\ k,\,l=0,\,1,\,2,\,\ldots]$,

$$\widehat{U}_n(\gamma,\,\varepsilon) = -\frac{b^{-\alpha/r}}{r}\left\{\sum_{k=0}^{n-1}\frac{(-1)^{k\gamma}\widehat{B}_k(n)}{k!}\left(\frac{c}{2b^{1/r}}\right)^{2k}-\right.$$

$$-\left(\frac{(-1)^{1-\gamma}c}{2b^{1/r}}\right)^n\sum_{k=0}^{\infty}\frac{(-1)^{k\gamma}}{k!\,(n+k)!\,(n+2k)^\varepsilon}\,\Gamma\left(\frac{\alpha+n+2k}{r}\right)\times$$

$$\times\begin{Bmatrix}\operatorname{cosec}[(\alpha+n+2k)\pi/r]\\ \operatorname{ctg}[(\alpha+n+2k)\pi/r]\end{Bmatrix}\left[\psi(k+1)+\psi(n+k+1)+\frac{2\varepsilon}{n+2k}-\frac{2}{r}\,\psi\left(\frac{\alpha+n+2k}{r}\right)+\right.$$

$$\left.\left.+\frac{2\pi}{r}\begin{Bmatrix}\operatorname{ctg}[(\alpha+n+2k)\pi/r]\\ 2\operatorname{cosec}[2(\alpha+n+2k)\pi/r]\end{Bmatrix}-2\ln\frac{c}{2b^{1/r}}\right]\left(\frac{c}{2b^{1/r}}\right)^{2k}\right\}+\widehat{C}_n(\gamma,\,\varepsilon)$$

$[r>1;\ n=0,\,1,\,2,\,\ldots;\ rl-2k-\alpha+r\neq n,\,-n;\ k,\,l=0,\,1,\,2,\,\ldots]$,

$$\widehat{U}_\nu(\gamma,\,\varepsilon) = \frac{2^{\alpha-2}}{\pi c^\alpha}\sum_{k=0}^{\infty}\frac{1}{k!\,(\alpha+rk)^\varepsilon}\,\Gamma\left(\frac{\alpha+\nu+rk}{2}\right)\Gamma\left(\frac{\alpha-\nu+rk}{2}\right)\times$$

$$\times\cos^{\gamma}\frac{\alpha-\nu+kr}{2}\pi\left[2\psi(k+1)+\frac{2\varepsilon r}{\alpha+rk}-r\psi\left(\frac{\alpha+\nu+rk}{2}\right)-r\psi\left(\frac{\alpha-\nu+rk}{2}\right)+\right.$$

$$\left.+\gamma r\pi\,\mathrm{tg}\,\frac{\alpha-\nu+kr}{2}\pi+2\ln\frac{c^r}{2^rb}\right]\left(\pm\frac{2^rb}{c^r}\right)^k \qquad [r<1],$$

$\widehat{U}_\nu(\gamma,\,0)$ при $r=1$ см. в 2.13.28.6, 2.16.57.4.

14. $$\int\limits_0^\infty x^{\alpha-1}\left\{\begin{matrix}\mathrm{si}\,(bx^r)\\ \mathrm{ci}\,(bx^r)\end{matrix}\right\}Y_\nu(cx)\,dx=\widehat{V}_\nu(1,\,0)$$

$$\left[b,\ c,\ r>0;\ |\mathrm{Re}\,\nu|<\mathrm{Re}\,\alpha<1/2+r+\max(r,\,1);\ \delta=\left\{\begin{matrix}0\\1\end{matrix}\right\}\right],$$

$$\widehat{V}_\nu(\gamma,\,\varepsilon)=-\frac{b^{-\alpha/r}}{\pi}\sum_{k=0}^{\infty}\frac{(-1)^{k\gamma}}{k!}\,[\widehat{D}_k(\nu)+\cos^{\gamma}\nu\pi\,\widehat{D}_k(-\nu)]\left(\frac{c}{2b^{1/r}}\right)^{2k},$$

$$\widehat{D}_k(\nu)=\left(\frac{2b^{1/r}}{c}\right)^{\nu}\frac{\Gamma(\nu)}{(1-\nu)_k(\nu-\alpha-2k)(2k-\nu)^{\varepsilon}}\,\Gamma\left(\frac{\alpha-\nu+2k}{r}\right)\times$$

$$\times\left\{\begin{matrix}\sin\,[(\alpha+2k-\nu)\pi/(2r)]\\ \cos\,[(\alpha+2k-\nu)\pi/(2r)]\end{matrix}\right\} \qquad [r>1;\ \nu\neq\ldots,\,-2,\,-1,\,0,\,1,\,2,\,\ldots],$$

$$\widehat{V}_n(\gamma,\,\varepsilon)=-\frac{b^{-\alpha/r}}{\pi}\left\{\sum_{k=0}^{n-1}\frac{(-1)^{k\gamma}\widehat{D}_k(n)}{k!}\left(\frac{c}{2b^{1/r}}\right)^{2k}-\left(\frac{(-1)^{1-\gamma}c}{2b^{1/r}}\right)^{n}\times\right.$$

$$\times\sum_{k=0}^{\infty}\frac{(-1)^{k\gamma}}{k!\,(n+k)!\,(\alpha+n+2k)(2k+n)^{\varepsilon}}\,\Gamma\left(\frac{\alpha+n+2k}{r}\right)\left\{\begin{matrix}\sin\,[(\alpha+2k+n)\pi/(2r)]\\ \cos\,[(\alpha+2k+n)\pi/(2r)]\end{matrix}\right\}\times$$

$$\times\left[\psi(k+1)+\psi(k+n+1)+\frac{2\varepsilon}{2k+n}+\frac{2}{\alpha+n+2k}-\frac{2}{r}\,\psi\left(\frac{\alpha+n+2k}{r}\right)\mp\right.$$

$$\left.\left.\mp\frac{\pi}{r}\,\mathrm{tg}^{\mp1}\,\frac{\alpha+2k+n}{2r}\pi-2\ln\frac{c}{2b^{1/r}}\right]\left(\frac{c}{2b^{1/r}}\right)^{2k}\right\} \qquad [r>1;\ n=0,\,1,\,2,\,\ldots],$$

$$\widehat{V}_\nu(\gamma,\,\varepsilon)=-\frac{2^{\alpha+\delta r-1}b^{\delta}}{\pi c^{\alpha+\delta r}}\sum_{k=1}^{\infty}\frac{(-1)^k}{k!\,(1/2+\delta)_k(2k+\delta)(\alpha+\delta r+2rk)^{\varepsilon}}\times$$

$$\times\cos^{\gamma}\frac{\alpha-\nu+\delta r+2rk}{2}\pi\Gamma\left(\frac{\alpha+\nu+\delta r}{2}+rk\right)\Gamma\left(\frac{\alpha-\nu+\delta r}{2}+rk\right)\times$$

$$\times\left(\frac{b}{2^{1-r}c^r}\right)^{2k}-\frac{2^{\alpha+\delta r-1}b^{\delta}}{\pi c^{\alpha+\delta r}(\alpha+\delta r)^{\varepsilon}}\,\Gamma\left(\frac{\alpha+\nu+\delta r}{2}\right)\Gamma\left(\frac{\alpha-\nu+\delta r}{2}\right)\times$$

$$\times\cos^{\gamma}\left(\frac{\alpha-\nu+\delta r}{2}\pi\right)\left\{\begin{matrix}1\\R\end{matrix}\right\}+\left\{\begin{matrix}1\\0\end{matrix}\right\}\frac{2^{\alpha-2}}{c^{\alpha}\alpha^{\varepsilon}}\,\Gamma\left(\frac{\alpha+\nu}{2}\right)\Gamma\left(\frac{\alpha-\nu}{2}\right)\cos^{\gamma}\frac{\alpha-\nu}{2}\pi$$

$$\left[r<1;\ R=\mathbf{C}-\frac{r\varepsilon}{\alpha}+\frac{r}{2}\,\psi\left(\frac{\alpha+\nu}{2}\right)+\frac{r}{2}\,\psi\left(\frac{\alpha-\nu}{2}\right)-\frac{\gamma r\pi}{2}\,\mathrm{tg}\,\frac{\alpha-\nu}{2}\pi-\ln\frac{c^r}{2^rb}\right],$$

$\widehat{V}_\nu(\gamma,\,0)$ при $r=1$ см. в 2.13.29.1, 2.16.58.1.

15. $$\int\limits_0^\infty x^{\alpha-1}\left\{\begin{matrix}\mathrm{erf}\,(bx^r)\\ \mathrm{erfc}\,(bx^r)\end{matrix}\right\}Y_\nu(cx)\,dx=\widehat{W}_\nu(1,\,0)$$

$$\left[r>0;\ |\arg b|<\pi/4;\ \mathrm{Re}\,\alpha>|\mathrm{Re}\,\nu|-(1\pm1)r/2,\ \left\{\begin{matrix}\mathrm{Re}\,\alpha<3/2;\ c>0\\ c>0\end{matrix}\right\}\right],$$

$$\widehat{W}_\nu(\gamma,\,\varepsilon)=\mp\frac{b^{-\alpha/r}}{\pi^{3/2}}\sum_{k=0}^{\infty}\frac{(-1)^{k\gamma}}{k!}\,[\widehat{E}_k(\nu)+\cos^{\gamma}\nu\pi\,\widehat{E}_k(-\nu)]\left(\frac{c}{2b^{1/r}}\right)^{2k}-\widehat{F}_\nu,$$

$$\widehat{E}_k(\nu) = \left(\frac{2b^{1/r}}{c}\right)^{\nu} \frac{\Gamma(\nu)}{(1-\nu)_k(\nu-\alpha-2k)(2k-\nu)^{\varepsilon}}\,\Gamma\left(\frac{r+\alpha+2k-\nu}{2r}\right),$$

$$\widehat{F}_\nu = \begin{Bmatrix}1\\0\end{Bmatrix} \frac{2^{\alpha-1}(-\alpha)^{-\varepsilon}}{\pi c^{\alpha}}\,\Gamma\left(\frac{\alpha+\nu}{2}\right)\Gamma\left(\frac{\alpha-\nu}{2}\right)\cos^{\gamma}\frac{\alpha-\nu}{2}\pi$$

$$[r > 1/2;\ \nu \neq \ldots,\ -2,\ -1,\ 0,\ 1,\ 2,\ \ldots],$$

$$\widehat{W}_n(\gamma,\,\varepsilon) = \mp\frac{b^{-\alpha/r}}{\pi^{3/2}}\left\{\sum_{k=0}^{n-1}\frac{(-1)^{k\gamma}\widehat{E}_k(n)}{k!}\left(\frac{c}{2b^{1/r}}\right)^{2k} - \right.$$

$$-\left(\frac{(-1)^{1-\gamma}c}{2b^{1/r}}\right)^{n}\sum_{k=0}^{\infty}\frac{(-1)^{k\gamma}}{k!\,(n+k)!\,(n+\alpha+2k)(2k+n)^{\varepsilon}}\times$$

$$\times\Gamma\left(\frac{r+\alpha+n+2k}{2r}\right)\left[\psi(k+1)+\psi(k+n+1)+\frac{2\varepsilon}{2k+n}+\frac{2}{\alpha+n+2k}-\right.$$

$$\left.\left.-\frac{1}{r}\psi\left(\frac{r+\alpha+n+2k}{2r}\right)-2\ln\frac{c}{2b^{1/r}}\right]\left(\frac{c}{2b^{1/r}}\right)^{2k}\right\} - \widehat{F}_n \qquad [r > 1/2;\ n = 0,\ 1,\ 2,\ \ldots],$$

$$\widehat{W}_\nu(\gamma,\,\varepsilon) = \mp\frac{2^{\alpha+r}b}{\pi^{3/2}c^{\alpha+r}}\sum_{k=0}^{\infty}\frac{(-1)^k}{k!\,(2k+1)(\alpha+r+2rk)^{\varepsilon}}\times$$

$$\times\Gamma\left(\frac{\alpha+\nu+r}{2}+rk\right)\Gamma\left(\frac{\alpha-\nu+r}{2}+rk\right)\cos^{\gamma}\frac{\alpha-\nu+r+2rk}{2}\pi\left(\frac{2^r b}{c^r}\right)^{2k} -$$

$$-\begin{Bmatrix}0\\1\end{Bmatrix}\frac{2^{\alpha-1}}{\alpha^{\varepsilon}\pi c^{\alpha}}\,\Gamma\left(\frac{\alpha+\nu}{2}\right)\Gamma\left(\frac{\alpha-\nu}{2}\right)\cos^{\gamma}\left(\frac{\alpha-\nu}{2}\pi\right) \qquad [r < 1/2],$$

$\widehat{W}_\nu(\gamma,\,0)$ при $r = 1/2$ см. в 2.13.30.1, 2.16.59.1.

16. $$\int_0^\infty x^{\alpha-1}\begin{Bmatrix}S(bx^r)\\C(bx^r)\end{Bmatrix}Y_\nu(cx)\,dx = X_\nu(1,\,0)$$

$$\left[b,\ c,\ r > 0;\ |\operatorname{Re}\nu| - (2\pm1)r/2 < \operatorname{Re}\alpha < 3/2;\ \delta = \begin{Bmatrix}1\\0\end{Bmatrix}\right],$$

$$X_\nu(\gamma,\,\varepsilon) = -\frac{b^{-\alpha/r}}{\sqrt{2\pi^3}}\sum_{k=0}^{\infty}\frac{(-1)^{k\gamma}}{k!}\,[\widehat{G}_k(\nu)+\cos^{\gamma}\nu\pi\,\widehat{G}_k(-\nu)]\left(\frac{c}{2b^{1/r}}\right)^{2k} - \widehat{H}_\nu,$$

$$\widehat{G}_k(\nu) = \left(\frac{2b^{1/r}}{c}\right)^{\nu}\frac{\Gamma(\nu)}{(1-\nu)_k(\nu-\alpha-2k)(2k-\nu)^{\varepsilon}}\times$$

$$\times\Gamma\left(\frac{1}{2}+\frac{\alpha-\nu+2k}{r}\right)\begin{Bmatrix}\sin\,[(r+2\alpha-2\nu+4k)\pi/(4r)]\\\cos\,[(r+2\alpha-2\nu+4k)\pi/(4r)]\end{Bmatrix},$$

$$\widehat{H}_\nu = \frac{2^{\alpha-2}}{(-\alpha)^{\varepsilon}\pi c^{\alpha}}\,\Gamma\left(\frac{\alpha+\nu}{2}\right)\Gamma\left(\frac{\alpha-\nu}{2}\right)\cos^{\gamma}\frac{\alpha-\nu}{2}\pi \qquad [r > 1;\ \nu \neq \ldots,\ -2,\ -1,\ 0,\ 1,\ 2,\ \ldots],$$

$$X_n(\gamma,\,\varepsilon) = -\frac{b^{-\alpha/r}}{\sqrt{2\pi^3}}\left\{\sum_{k=0}^{n-1}\frac{(-1)^{k\gamma}\widehat{G}_k(n)}{k!}\left(\frac{c}{2b^{1/r}}\right)^{2k} - \right.$$

$$-\left(\frac{(-1)^{1-\gamma}c}{2b^{1/r}}\right)^{n}\sum_{k=0}^{\infty}\frac{(-1)^{k\gamma}}{k!\,(n+k)!\,(\alpha+n+2k)(2k+n)^{\varepsilon}}\times$$

$$\times\Gamma\left(\frac{1}{2}+\frac{\alpha+n+2k}{r}\right)\begin{Bmatrix}\sin\,[(r+2\alpha+2n+4k)\pi/(4r)]\\\cos\,[(r+2\alpha+2n+4k)\pi/(4r)]\end{Bmatrix}\times$$

$$\times\left[\psi(k+1)+\psi(k+n+1)+\frac{2\varepsilon}{2k+n}+\frac{2}{\alpha+n+2k}-\frac{2}{r}\psi\left(\frac{1}{2}+\frac{\alpha+n+2k}{r}\right)\mp\right.$$

$$\mp \frac{\pi}{r} \operatorname{tg}^{\mp 1} \frac{r + 2\alpha + 2n + 4k}{4r} \pi - 2 \ln \frac{c}{2b^{1/r}} \Bigr] \Bigl(\frac{c}{2b^{1/r}} \Bigr)^{2k} \Bigr\} - \widehat{H}_n$$

$[r > 1;\ n = 0,\ 1,\ 2,\ \ldots],$

$$X_\nu(\gamma,\, \varepsilon) = -\frac{2^{\alpha + r\delta + (r-1)/2} b^{1/2+\delta}}{\pi^{3/2} c^{\alpha + r\delta + r/2}} \sum_{k=0}^{\infty} \frac{(-1)^k (\alpha + r\delta + r/2 + 2rk)^{-\varepsilon}}{k!\, (1/2 + \delta)_k (1 + 2\delta + 4k)} \times$$

$$\times \cos^\gamma \Bigl(\frac{\alpha - \nu + r\delta}{2} + \frac{r}{4} + rk \Bigr) \pi \Gamma\Bigl(\frac{\alpha + \nu + r\delta}{2} + \frac{r}{4} + rk \Bigr) \times$$

$$\times \Gamma\Bigl(\frac{\alpha - \nu + r\delta}{2} + \frac{r}{4} + rk \Bigr) \Bigl(\frac{b}{2^{1-r} c^r} \Bigr)^{2k} \qquad [r < 1],$$

$X_\nu(\gamma,\, 0)$ при $r = 1$ см. в 2.13.31.1, 2.16.60.1.

17. $$\int_0^\infty x^{\alpha-1} \begin{Bmatrix} \gamma(\mu,\, bx^r) \\ \Gamma(\mu,\, bx^r) \end{Bmatrix} Y_\nu(cx)\, dx = Y_\nu(1,\, 0)$$

$$\Bigl[c,\ r,\ \operatorname{Re} b > 0;\ \operatorname{Re}(\alpha + r\mu) > |\operatorname{Re}\nu|,\ \begin{Bmatrix} \operatorname{Re}\mu > 0;\ \operatorname{Re}\alpha < 3/2 \\ \operatorname{Re}\alpha > |\operatorname{Re}\nu| \end{Bmatrix} \Bigr],$$

$$Y_\nu(\gamma,\, \varepsilon) = \mp \frac{b^{-\alpha/r}}{\pi} \sum_{k=0}^{\infty} \frac{(-1)^{k\gamma}}{k!} [A_k(\nu) + \cos^\gamma \nu\pi\, A_k(-\nu)] \Bigl(\frac{c}{2b^{1/r}} \Bigr)^{2k} - B_\nu,$$

$$A_k(\nu) = \Bigl(\frac{2b^{1/r}}{c} \Bigr)^\nu \frac{\Gamma(\nu)}{(1-\nu)_k (\nu - \alpha - 2k)(2k - \nu)^\varepsilon} \Gamma\Bigl(\mu + \frac{\alpha + 2k - \nu}{r} \Bigr),$$

$$B_\nu = \begin{Bmatrix} 1 \\ 0 \end{Bmatrix} \frac{2^{\alpha-1}}{(-\alpha)^\varepsilon \pi c^\alpha} \Gamma\Bigl[\mu,\ \frac{\alpha + \nu}{2},\ \frac{\alpha - \nu}{2} \Bigr] \cos^\gamma \frac{\alpha - \nu}{2} \pi$$

$[r > 1;\ \nu \neq \ldots,\ -2,\ -1,\ 0,\ 1,\ 2,\ \ldots],$

$$Y_n(\gamma,\, \varepsilon) = \mp \frac{b^{-\alpha/r}}{\pi} \Bigl\{ \sum_{k=0}^{n-1} \frac{(-1)^{k\gamma} A_k(n)}{k!} \Bigl(\frac{c}{2b^{1/r}} \Bigr)^{2k} -$$

$$- \Bigl(\frac{(-1)^{1-\gamma} c}{2b^{1/r}} \Bigr)^n \sum_{k=0}^{\infty} \frac{(-1)^{k\gamma}}{k!\, (n+k)!\, (\alpha + n + 2k)(2k + n)^\varepsilon} \times$$

$$\times \Gamma\Bigl(\mu + \frac{\alpha + n + 2k}{r} \Bigr) \Bigl[\psi(k+1) + \psi(k+n+1) + \frac{2\varepsilon}{2k + n} + \frac{2}{\alpha + n + 2k} -$$

$$- \frac{2}{r} \psi\Bigl(\mu + \frac{\alpha + n + 2k}{r} \Bigr) - 2 \ln \frac{c}{2b^{1/r}} \Bigr] \Bigl(\frac{c}{2b^{1/r}} \Bigr)^{2k} \Bigr\} - B_n$$

$[r > 1;\ n = 0,\ 1,\ 2,\ \ldots],$

$$Y_\nu(\gamma,\, \varepsilon) = \mp \frac{2^{\alpha + \mu r - 1} b^\mu}{\pi c^{\alpha + \mu r}} \sum_{k=0}^{\infty} \frac{(\alpha + \mu r + rk)^{-\varepsilon}}{k!\, (\mu + k)} \Gamma\Bigl(\frac{\alpha + \nu + \mu r + kr}{2} \Bigr) \times$$

$$\times \Gamma\Bigl(\frac{\alpha - \nu + \mu r + kr}{2} \Bigr) \cos^\gamma \frac{\alpha - \nu + \mu r + kr}{2} \pi \Bigl(-\frac{2^r b}{c^r} \Bigr)^k -$$

$$- \begin{Bmatrix} 0 \\ 1 \end{Bmatrix} \frac{2^{\alpha-1}}{\alpha^\varepsilon \pi c^\alpha} \Gamma\Bigl[\mu,\ \frac{\alpha + \nu}{2},\ \frac{\alpha - \nu}{2} \Bigr] \cos^\gamma \frac{\alpha - \nu}{2} \pi,$$

$Y_\nu(\gamma,\, 0)$ при $r = 1$ см. в 2.13.32.1, 2.16.61.1.

18. $$\int_0^\infty x^{\alpha-1} e^{\pm b^2 x^{2r}/4} D_\mu(bx^r) Y_\nu(cx)\, dx = Z_\nu(1,\, 0)$$

$$\Bigl[c,\ r > 0,\ \begin{Bmatrix} |\operatorname{Re}\nu| < \operatorname{Re}\alpha < 3/2 - r \operatorname{Re}\mu \\ |\operatorname{Re}\nu| < \operatorname{Re}\alpha \end{Bmatrix},\ |\arg b| < (2 \pm 1)\pi/4 \Bigr],$$

$$Z_\nu(\gamma,\,\varepsilon)=-\frac{2^{\mp(\mu\pm1+1)/2-\alpha/(2r)}}{\pi b^{\alpha/r}r}\left\{\begin{matrix}\Gamma^{-1}(-\mu)\\ \sqrt{\pi}\end{matrix}\right\}\times$$

$$\times\sum_{k=0}^{\infty}\frac{(-1)^{k\gamma}}{k!}\left[C_k(\nu)+\cos^\gamma\nu\pi C_k(-\nu)\right]\left(\frac{c^2}{2^{1/r+2}b^{2/r}}\right)^k-D_\nu,$$

$$C_k(\nu)=\left(\frac{2^{1+1/(2r)}b^{1/r}}{c}\right)^\nu\frac{\Gamma(\nu)}{(1-\nu)_k(2k-\nu)^\varepsilon}\Gamma\left(\frac{\alpha+2k-\nu}{r}\right)\times$$

$$\times\Gamma^{\pm1}\left(\frac{1\mp1}{4}\mp\frac{\alpha-\nu+2k\pm r\mu}{2r}\right),$$

$$D_\nu=\left\{\begin{matrix}1\\0\end{matrix}\right\}\frac{2^{\alpha+\mu r-1}b^\mu}{\pi c^{\alpha+\mu r}}\sum_{k=0}^{\infty}\frac{(-\mu)_{2k}}{k!\,(2rk-\mu r-\alpha)^\varepsilon}\times$$

$$\times\cos^\gamma\frac{\alpha-\nu+\mu r-2rk}{2}\,\pi\Gamma\left(\frac{\alpha+\nu+\mu r}{2}-rk\right)\Gamma\left(\frac{\alpha-\nu+\mu r}{2}-rk\right)\left(-\frac{c^{2r}}{2^{1+2r}b^2}\right)^k$$

$[r>1/2;\ \nu\neq\ldots,\,-2,\,-1,\,0,\,1,\,2,\,\ldots],$

$$Z_n(\gamma,\,\varepsilon)=-\frac{2^{\mp(\mu\pm1+1)/2-\alpha/(2r)}}{\pi b^{\alpha/r}r}\left\{\begin{matrix}\Gamma^{-1}(-\mu)\\ \sqrt{\pi}\end{matrix}\right\}\times$$

$$\times\left\{\sum_{k=0}^{n-1}\frac{(-1)^{k\gamma}C_k(n)}{k!}\left(\frac{c^2}{2^{1/r+2}b^{2/r}}\right)^k+\left(\frac{(-1)^{1-\gamma}c}{2^{1/(2r)+1}b^{1/r}}\right)^n\times\right.$$

$$\times\sum_{k=0}^{\infty}\frac{(-1)^{k\gamma}}{k!\,(n+k)!\,(2k+n)^\varepsilon}\Gamma\left(\frac{\alpha+n+2k}{r}\right)\Gamma^{\pm1}\left(\frac{1\mp1}{4}\mp\frac{\alpha+n+2k\pm r\mu}{2r}\right)\times$$

$$\times\left[\psi(k+1)+\psi(n+k+1)+\frac{2\varepsilon}{2k+n}-\frac{2}{r}\psi\left(\frac{\alpha+n+2k}{r}\right)+\right.$$

$$\left.\left.+\frac{1}{r}\psi\left(\frac{1\mp1}{4}\mp\frac{\alpha+n+2k\pm r\mu}{2r}\right)-\ln\frac{c^2}{2^{1/r+2}b^{2/r}}\right]\left(\frac{c^2}{2^{1/r+2}b^{2/r}}\right)^k\right\}-D_n$$

$[r>1/2;\ n=0,\,1,\,2,\,\ldots],$

$$Z_\nu(\gamma,\,\varepsilon)=-\frac{2^{\alpha\mp(\mu\pm3+1)/2}}{\pi c^\alpha}\left\{\begin{matrix}\Gamma^{-1}(-\mu)\\ \sqrt{\pi}\end{matrix}\right\}\sum_{k=0}^{\infty}\frac{1}{k!\,(\alpha+rk)^\varepsilon}\Gamma\left(\frac{\alpha+\nu+rk}{2}\right)\times$$

$$\times\Gamma\left(\frac{\alpha-\nu+rk}{2}\right)\cos^\gamma\frac{\alpha-\nu+rk}{2}\,\pi\Gamma^{\pm1}\left(\frac{1\mp1}{4}-\frac{\mu\mp k}{2}\right)\left(-\frac{2^{1/2+r}b}{c^r}\right)^k\qquad[r<1/2],$$

$Z_\nu(\gamma,\,0)$ при $r=1/2$ см. в 2.13.33.3, 2.16.62.3.

2.13.2. Интегралы от $x^\alpha(x+z)^\beta Y_\nu(cx)$.

1. $$\int\limits_0^\infty Y_\nu(cx)\,dx=-\frac{1}{c}\operatorname{tg}\frac{\nu\pi}{2}\qquad[c>0;\ |\operatorname{Re}\nu|<1].$$

2. $$\int\limits_0^\infty x^{\alpha-1}Y_\nu(cx)\,dx=2^{\alpha-1}c^{-\alpha}\operatorname{ctg}\frac{\nu-\alpha}{2}\,\pi\Gamma\left[\begin{matrix}(\alpha+\nu)/2\\(\nu-\alpha)/2+1\end{matrix}\right]$$

$[c>0;\ |\operatorname{Re}\nu|<\operatorname{Re}\alpha<3/2].$

3. $$\int\limits_0^\infty x^\nu Y_\nu(cx)\,dx=0\qquad[c>0;\ |\operatorname{Re}\nu|<1/2].$$

4. $$\int_0^\infty \frac{1}{x+z}\,Y_\nu(cx)\,dx = \frac{\pi}{\sin\nu\pi}\,[\mathbf{E}_\nu(cz)+Y_\nu(cz)] + 2\operatorname{ctg}\nu\pi\,[\mathbf{J}_\nu(cz)-J_\nu(cz)]$$
$[c>0;\ |\operatorname{Re}\nu|<1;\ |\arg z|<\pi]$.

5. $$\int_0^\infty \frac{1}{x+z}\,Y_0(cx)\,dx = \mathbf{H}_0(cz) - Y_0(cz)$$ $[c>0;\ |\arg z|<\pi]$.

6. $$\int_0^\infty \frac{x^{\alpha-1}}{x+z}\,Y_\nu(cx)\,dx = -\frac{(2z)^{\alpha-1}}{\pi}\Big\{\cos\frac{\nu-\alpha}{2}\,\pi\Gamma\Big(\frac{\alpha+\nu}{2}\Big)\times$$
$$\times\Gamma\Big(\frac{\alpha-\nu}{2}\Big)S_{1-\alpha,\,\nu}(cz) + 2\sin\frac{\alpha-\nu}{2}\,\pi\Gamma\Big(\frac{\alpha+\nu+1}{2}\Big)\Gamma\Big(\frac{\alpha-\nu+1}{2}\Big)S_{-\alpha,\,\nu}(cz)\Big\}$$
$[c>0;\ |\operatorname{Re}\nu|<\operatorname{Re}\alpha<5/2;\ |\arg z|<\pi]$.

7. $$\int_0^\infty \frac{x^{-\nu}}{x+z}\,Y_\nu(cx)\,dx = z^{-\nu}\Big\{\frac{\pi}{2}\operatorname{tg}\nu\pi[Y_\nu(cz)-\mathbf{H}_\nu(cz)] - \frac{2^{1-\nu}}{\pi}\cos\nu\pi\Gamma(1-\nu)S_{\nu-1,\,\nu}(cz)\Big\}$$
$[c>0;\ -3/2<\operatorname{Re}\nu<1/2;\ |\arg z|<\pi]$.

8. $$\int_0^\infty \frac{x^{\alpha-1}}{(x+z)^\rho}\,Y_\nu(cx)\,dx = -\Big(\frac{c}{2}\Big)^\nu\frac{z^{\alpha+\nu-\rho}}{\pi}\cos\nu\pi\Gamma\begin{bmatrix}-\nu,\ \rho-\alpha-\nu,\ \alpha+\nu\\ \rho\end{bmatrix}\times$$
$$\times\,{}_2F_3\Big(\frac{\alpha+\nu}{2},\ \frac{\alpha+\nu+1}{2};\ \nu+1,\ 1+\frac{\alpha+\nu-\rho}{2},\ \frac{1+\alpha+\nu-\rho}{2};\ -\frac{c^2z^2}{4}\Big) -$$
$$-\Big(\frac{2}{c}\Big)^\nu\frac{z^{\alpha-\nu-\rho}}{\pi}\Gamma\begin{bmatrix}\nu,\ \rho-\alpha+\nu,\ \alpha-\nu\\ \rho\end{bmatrix}\times$$
$$\times\,{}_2F_3\Big(\frac{\alpha-\nu}{2},\ \frac{\alpha-\nu+1}{2};\ 1-\nu,\ 1+\frac{\alpha-\rho-\nu}{2},\ \frac{1+\alpha-\rho-\nu}{2};\ -\frac{c^2z^2}{4}\Big) -$$
$$-\frac{1}{2\pi}\Big(\frac{c}{2}\Big)^{\rho-\alpha}\cos\frac{\nu+\rho-\alpha}{2}\,\pi\Gamma\Big(\frac{\alpha+\nu-\rho}{2}\Big)\Gamma\Big(\frac{\alpha-\nu-\rho}{2}\Big)\times$$
$$\times\,{}_2F_3\Big(\frac{\rho}{2},\ \frac{\rho+1}{2};\ \frac{1}{2},\ 1+\frac{\rho-\nu-\alpha}{2},\ 1+\frac{\rho+\nu-\alpha}{2};\ -\frac{c^2z^2}{4}\Big) -$$
$$-\Big(\frac{c}{2}\Big)^{\rho+1-\alpha}\frac{z\rho}{2\pi}\sin\frac{\nu+\rho-\alpha}{2}\,\pi\Gamma\Big(\frac{\nu+\alpha-\rho-1}{2}\Big)\Gamma\Big(\frac{\alpha-\nu-\rho-1}{2}\Big)\times$$
$$\times\,{}_2F_3\Big(\frac{\rho+1}{2},\ \frac{\rho+2}{2};\ \frac{3}{2},\ \frac{3+\rho-\nu-\alpha}{2},\ \frac{3+\rho+\nu-\alpha}{2};\ -\frac{c^2z^2}{4}\Big)$$
$[c>0;\ |\operatorname{Re}\nu|<\operatorname{Re}\alpha<3/2+\operatorname{Re}\rho;\ |\arg z|<\pi]$.

9. $$\int_0^\infty \frac{1}{x-y}\,Y_\nu(cx)\,dx = \pi\operatorname{ctg}\nu\pi[\mathbf{E}_\nu(cy)+Y_\nu(cy)] + 2\pi\operatorname{ctg}^2\nu\pi[\mathbf{J}_\nu(cy)-J_\nu(cy)] + \pi\mathbf{J}_\nu(cy)$$
$[c,\ y>0;\ |\operatorname{Re}\nu|<1]$.

10. $$\int_0^\infty \frac{x^{\alpha-1}}{x-y}\,Y_\nu(cx)\,dx = \pi y^{\alpha-1}J_\nu(cy) + \frac{(2y)^{\alpha-1}}{\pi}\Big[\cos\frac{\alpha-\nu}{2}\,\pi\Gamma\Big(\frac{\alpha-\nu}{2}\Big)\Gamma\Big(\frac{\alpha+\nu}{2}\Big)\times$$
$$\times S_{1-\alpha,\,\nu}(cy) - \sin\frac{\alpha-\nu}{2}\,\pi\Gamma\Big(\frac{\alpha-\nu+1}{2}\Big)\Gamma\Big(\frac{\alpha+\nu+1}{2}\Big)S_{-\alpha,\,\nu}(cy)\Big]$$
$[c,\ y>0;\ |\operatorname{Re}\nu|<\operatorname{Re}\alpha<5/2]$.

11. $$\int_0^\infty \frac{x^{-\nu}}{x-y}\,Y_\nu(cx)\,dx = y^{-\nu}\Big\{\frac{\pi}{2}\operatorname{tg}\nu\pi[\mathbf{H}_\nu(cy)-Y_\nu(cy)] +$$
$$+\pi J_\nu(cy) - \frac{2^{1-\nu}}{\pi}\cos\nu\pi\Gamma(1-\nu)S_{\nu-1,\,\nu}(cy)\Big\}$$ $[c,\ y>0;\ -3/2<\operatorname{Re}\nu<1/2]$.

12. $$\int\limits_0^\infty \frac{x^\nu}{x-y}\,Y_\nu(cx)\,dx = y^\nu\left[\pi J_\nu(cy) - \frac{2^{\nu+1}}{\pi}\,\Gamma(\nu+1)S_{-\nu-1,\,\nu}(cy)\right]$$
$[c,\ y>0;\ -1/2<\operatorname{Re}\nu<3/2]$.

2.13.3. Интегралы от $x^\alpha(z^2\pm x^2)^\beta Y_\nu(cx)$.

1. $$\int\limits_0^a \frac{1}{\sqrt{a^2-x^2}}\,Y_\nu(cx)\,dx = \frac{\pi}{2}\left[\operatorname{ctg}\nu\pi\,J^2_{\nu/2}\left(\frac{ac}{2}\right) - \operatorname{cosec}\nu\pi\,J^2_{-\nu/2}\left(\frac{ac}{2}\right)\right]$$
$[a>0;\ |\operatorname{Re}\nu|<1]$.

2. $$\int\limits_0^a x^{\alpha-1}(a^2-x^2)^{\beta-1}Y_\nu(cx)\,dx = \frac{a^{\alpha+\nu+2\beta-2}c^\nu}{2^{\nu+1}}\operatorname{ctg}\nu\pi\ \times$$
$$\times\,\Gamma\left[\begin{matrix}(\alpha+\nu)/2,\ \beta\\ 1+\nu,\ \beta+(\alpha+\nu)/2\end{matrix}\right]{}_1F_2\left(\frac{\alpha+\nu}{2};\ 1+\nu,\ \beta+\frac{\alpha+\nu}{2};\ -\frac{a^2c^2}{4}\right) -$$
$$-\ \frac{2^{\nu-1}a^{\alpha-\nu+2\beta-2}}{c^\nu\pi}\,\Gamma\left[\begin{matrix}\beta,\ \nu,\ (\alpha-\nu)/2\\ \beta+(\alpha-\nu)/2\end{matrix}\right]{}_1F_2\left(\frac{\alpha-\nu}{2};\ 1-\nu,\ \beta+\frac{\alpha-\nu}{2};\ -\frac{a^2c^2}{4}\right)$$
$[a,\ \operatorname{Re}\beta>0;\ \operatorname{Re}\alpha>|\operatorname{Re}\nu|]$.

3. $$\int\limits_0^a x^{\nu+1}(a^2-x^2)^{\beta-1}Y_\nu(cx)\,dx =$$
$$= \frac{a^{\beta+\nu}}{c^\beta}\left[2^{\beta-1}\Gamma(\beta)Y_{\nu+\beta}(ac) + \frac{2^{\nu+1}}{\pi}\,\Gamma(\nu+1)S_{\beta-\nu-1,\,\beta+\nu}(ac)\right]$$
$[a,\ \operatorname{Re}\beta>0;\ \operatorname{Re}\nu>-1]$.

4. $$\int\limits_0^a x^{1-\nu}(a^2-x^2)^{\beta-1}Y_\nu(cx)\,dx = a^{\beta-\nu}c^{-\beta}\left[\frac{2^{1-\nu}}{\pi}\cos\nu\pi\Gamma(1-\nu)S_{\beta+\nu-1,\,\beta-\nu}(ac)\ -\right.$$
$$\left. -\ \frac{2^{\beta-1}\Gamma(\beta)}{\sin\nu\pi}\,J_{\beta-\nu}(ac)\right]$$
$[a,\ \operatorname{Re}\beta>0;\ \operatorname{Re}\nu<1]$.

5. $$\int\limits_0^a x^\nu(a^2-x^2)^{\nu-1/2}Y_\nu(cx)\,dx = 2^{\nu-1}a^{2\nu}c^{-\nu}\sqrt{\pi}\ \Gamma\left(\nu+\frac{1}{2}\right)J_\nu\left(\frac{ac}{2}\right)Y_\nu\left(\frac{ac}{2}\right)$$
$[a>0;\ \operatorname{Re}\nu>-1/2]$.

6. $$\int\limits_0^a \frac{x^{1-\nu}}{\sqrt{a^2-x^2}}\,Y_\nu(cx)\,dx = a^{1/2-\nu}\sqrt{\frac{\pi}{2c}}\ \{\operatorname{ctg}\nu\pi[\mathbf{H}_{\nu-1/2}(ac) - Y_{\nu-1/2}(ac)] - J_{\nu-1/2}(ac)\}$$
$[a>0;\ \operatorname{Re}\nu<1]$.

7. $$\int\limits_0^a \frac{x^{\nu+1}}{\sqrt{a^2-x^2}}\,Y_\nu(cx)\,dx = \frac{a^{\nu+1/2}}{\sin\nu\pi}\sqrt{\frac{\pi}{2c}}\ [\cos\nu\pi\,J_{\nu+1/2}(ac) - \mathbf{H}_{-\nu-1/2}(ac)]$$
$[a>0;\ \operatorname{Re}\nu>-1]$.

8. $$\int\limits_a^\infty \frac{1}{\sqrt{x^2-a^2}}\,Y_\nu(cx)\,dx = \frac{\pi}{4}\left[J^2_{\nu/2}\left(\frac{ac}{2}\right) - Y^2_{\nu/2}\left(\frac{ac}{2}\right)\right]$$
$[a,\ c>0]$.

9. $$\int\limits_a^\infty x^{\alpha-1}(x^2-a^2)^{\beta-1}Y_\nu(cx)\,dx = \frac{a^{\alpha+\nu+2\beta-2}c^\nu}{2^{\nu+1}}\operatorname{ctg}\nu\pi\ \times$$
$$\times\,\Gamma\left[\begin{matrix}\beta,\ 1-\beta-(\alpha+\nu)/2\\ 1+\nu,\ 1-(\alpha+\nu)/2\end{matrix}\right]{}_1F_2\left(\frac{\alpha+\nu}{2};\ 1+\nu,\ \beta+\frac{\alpha+\nu}{2};\ -\frac{a^2c^2}{4}\right) -$$
$$-\left(\frac{2}{c}\right)^\nu\frac{a^{\alpha-\nu+2\beta-2}}{2\pi}\,\Gamma\left[\begin{matrix}\nu,\ \beta,\ 1-\beta+(\nu-\alpha)/2\\ 1+(\nu-\alpha)/2\end{matrix}\right]{}_1F_2\left(\frac{\alpha-\nu}{2};\ 1-\nu,\ \beta+\frac{\alpha-\nu}{2};\right.$$
$$\left.-\ \frac{a^2c^2}{4}\right) + \frac{1}{2\pi}\left(\frac{2}{c}\right)^{\alpha+2\beta-2}\cos\left(\frac{\nu-\alpha}{2}-\beta\right)\pi\Gamma\left(\beta-1+\frac{\alpha+\nu}{2}\right)\times$$

$$\times\Gamma\left(\beta-1+\frac{\alpha-\nu}{2}\right){}_1F_2\left(1-\beta;\ 2-\beta-\frac{\alpha+\nu}{2},\ 2-\beta+\frac{\nu-\alpha}{2};\ -\frac{a^2c^2}{4}\right)$$

$[a,\ c,\ \mathrm{Re}\,\beta>0;\ \mathrm{Re}\,(\alpha+2\beta)<7/2]$.

10. $$\int_a^\infty x^{\nu+1}(x^2-a^2)^{\beta-1}Y_\nu(cx)\,dx=\frac{2^{\beta-1}a^{\beta+\nu}}{c^\beta}\,\Gamma(\beta)[\sin\beta\pi J_{\nu+\beta}(ac)+\cos\beta\pi Y_{\nu+\beta}(ac)]$$

$[a,\ c>0;\ 0<\mathrm{Re}\,\beta<(3-2\,\mathrm{Re}\,\nu)/4]$.

11. $$\int_a^\infty x^{1-\nu}(x^2-a^2)^{\beta-1}Y_\nu(cx)\,dx=\frac{2^{\beta-1}a^{\beta-\nu}}{c^\beta}\,\Gamma(\beta)Y_{\nu-\beta}(ac)$$

$[a,\ c>0;\ 0<\mathrm{Re}\,\beta<(2\,\mathrm{Re}\,\nu+3)/4]$.

12. $$\int_a^\infty x^{1-\nu}(x^2-a^2)^{\nu-1/2}Y_\nu(cx)\,dx=\frac{2^\nu}{\sqrt{\pi}}\,\Gamma\left(\nu+\frac{1}{2}\right)c^{-\nu-1}\sin ac$$ $[a,\ c>0;\ |\mathrm{Re}\,\nu|<1/2]$.

13. $$\int_a^\infty x^{\nu}(x^2-a^2)^{\nu-1/2}Y_\nu(cx)\,dx=2^{\nu-2}a^{2\nu}c^{-\nu}\sqrt{\pi}\,\Gamma\left(\nu+\frac{1}{2}\right)\times$$
$$\times\left[J_\nu\left(\frac{ac}{2}\right)J_{-\nu}\left(\frac{ac}{2}\right)-Y_\nu\left(\frac{ac}{2}\right)Y_{-\nu}\left(\frac{ac}{2}\right)\right]$$ $[a,\ c>0;\ |\mathrm{Re}\,\nu|<1/2]$.

14. $$\int_a^\infty x^{-\nu}(x^2-a^2)^{-\nu-1/2}Y_\nu(cx)\,dx=2^{-\nu-2}\sqrt{\pi}\ a^{-2\nu}c^\nu\Gamma\left(\frac{1}{2}-\nu\right)\left[J_\nu^2\left(\frac{ac}{2}\right)-Y_\nu^2\left(\frac{ac}{2}\right)\right]$$

$[a,\ c>0;\ |\mathrm{Re}\,\nu|<1/2]$.

15. $$\int_a^\infty \frac{x^{\nu+1}}{\sqrt{x^2-a^2}}\,Y_\nu(cx)\,dx=\sqrt{\frac{\pi}{2c}}\ a^{\nu+1/2}J_{\nu+1/2}(ac)$$ $[a,\ c>0;\ \mathrm{Re}\,\nu<1/2]$.

16. $$\int_0^\infty \frac{1}{x^2+z^2}\,Y_\nu(cx)\,dx=-\sec\frac{\nu\pi}{2}\left[\frac{\pi}{2z}\,\mathrm{tg}\,\frac{\nu\pi}{2}\,I_\nu(cz)+\frac{1}{z}\,K_\nu(cz)-\right.$$
$$\left.-\frac{c}{1-\nu^2}\sin\frac{\nu\pi}{2}\,{}_1F_2\left(1;\ \frac{3-\nu}{2},\ \frac{3+\nu}{2};\ \frac{c^2z^2}{4}\right)\right]$$ $[c,\ \mathrm{Re}\,z>0;\ |\mathrm{Re}\,\nu|<1]$.

17. $$\int_0^\infty \frac{1}{\sqrt{x^2+z^2}}\,Y_\nu(cx)\,dx=-\frac{1}{\pi}\sec\frac{\nu\pi}{2}\,K_{\nu/2}\left(\frac{cz}{2}\right)\left[K_{\nu/2}\left(\frac{cz}{2}\right)+\pi\sin\frac{\nu\pi}{2}\,I_{\nu/2}\left(\frac{cz}{2}\right)\right]$$

$[c,\ \mathrm{Re}\,z>0;\ |\mathrm{Re}\,\nu|<1]$.

18. $$\int_0^\infty \frac{x^{\alpha-1}}{x^2+z^2}\,Y_\nu(cx)\,dx=\frac{1}{2\pi}\left(\frac{c}{2}\right)^{2-\alpha}\cos\frac{\alpha-\nu}{2}\,\pi\Gamma\left(\frac{\alpha+\nu}{2}-1\right)\times$$
$$\times\Gamma\left(\frac{\alpha-\nu}{2}-1\right){}_1F_2\left(1;\ 2-\frac{\alpha+\nu}{2},\ 2+\frac{\nu-\alpha}{2};\ \frac{c^2z^2}{4}\right)-$$
$$-\frac{\pi z^{\alpha-2}}{2}\,\mathrm{cosec}\,\frac{\alpha+\nu}{2}\,\pi\,\mathrm{ctg}\,\frac{\alpha-\nu}{2}\,\pi I_\nu(cz)-z^{\alpha-2}\,\mathrm{cosec}\,\frac{\alpha-\nu}{2}\,\pi K_\nu(cz)$$

$[c,\ \mathrm{Re}\,z>0;\ |\mathrm{Re}\,\nu|<\mathrm{Re}\,\alpha<7/2]$.

19. $$\int_0^\infty \frac{x^{-\nu}}{x^2+z^2}\,Y_\nu(cx)\,dx=\frac{z^{-\nu-1}}{2\cos\nu\pi}\,\{\pi\sin\nu\pi[\mathbf{L}_\nu(cz)-I_\nu(cz)]-2K_\nu(cz)\}$$

$[c,\ \mathrm{Re}\,z>0;\ -5/2<\mathrm{Re}\,\nu<1/2]$.

20. $$\int_0^\infty \frac{x^{\nu+1\pm1}}{x^2+z^2}\,Y_\nu(cx)\,dx=\pm z^{\nu\pm1}K_\nu(cx)$$ $[c,\ \mathrm{Re}\,z>0;\ -(2\pm1)/2<\mathrm{Re}\,\nu<(3\mp2)/2]$.

21. $$\int_0^\infty \frac{x^{\alpha-1}}{(x^2+z^2)^\rho} Y_\nu(cx)\,dx = \left(\frac{c}{2}\right)^\nu \frac{z^{\alpha+\nu-2\rho}}{2} \operatorname{ctg}\nu\pi \times \\ \times \Gamma\left[\begin{matrix}\rho-(\alpha+\nu)/2,\ (\alpha+\nu)/2 \\ \rho,\ \nu+1\end{matrix}\right] {}_1F_2\left(\frac{\alpha+\nu}{2};\ \nu+1,\ 1-\rho+\frac{\alpha+\nu}{2};\ \frac{c^2z^2}{4}\right) - \\ - \left(\frac{2}{c}\right)^\nu \frac{z^{\alpha-\nu-2\rho}}{2\sin\nu\pi} \Gamma\left[\begin{matrix}\rho+(\nu-\alpha)/2,\ (\alpha-\nu)/2 \\ \rho,\ 1-\nu\end{matrix}\right] {}_1F_2\left(\frac{\alpha-\nu}{2};\ 1-\nu,\ 1-\rho+\frac{\alpha-\nu}{2};\ \frac{c^2z^2}{4}\right) - \\ - \left(\frac{c}{2}\right)^{2\rho-\alpha} \frac{1}{2\pi} \cos\left(\frac{\nu-\alpha}{2}+\rho\right)\pi\Gamma\left(\frac{\alpha+\nu}{2}-\rho\right)\Gamma\left(\frac{\alpha-\nu}{2}-\rho\right) \times \\ \times {}_1F_2\left(\rho;\ 1+\rho-\frac{\nu+\alpha}{2},\ 1+\rho+\frac{\nu-\alpha}{2};\ \frac{c^2z^2}{4}\right)$$
$[c,\ \operatorname{Re} z > 0;\ |\operatorname{Re}\nu| < \operatorname{Re}\alpha < 3/2 + 2\operatorname{Re}\rho]$.

22. $$\int_0^\infty \frac{x^{\nu+1}}{(x^2+z^2)^\rho} Y_\nu(cx)\,dx = \frac{2^{\nu-1}c^{-\nu}}{\pi(1-\rho)} \Gamma(\nu) z^{2-2\rho} {}_1F_2\left(1;\ 1-\nu,\ 2-\rho;\ \frac{c^2z^2}{4}\right) - \\ - \frac{c^{\rho-1}z^{\nu+1-\rho}}{2^\rho \sin\nu\pi} \Gamma(1-\rho)[I_{\nu-\rho+1}(cz) - 2\cos\rho\pi K_{\nu-\rho+1}(cz)]$$
$[c,\ \operatorname{Re} z > 0;\ -1 < \operatorname{Re}\nu < 2\operatorname{Re}\rho - 1/2]$.

23. $$\int_0^\infty \frac{x^{1-\nu}}{(x^2+z^2)^\rho} Y_\nu(cx)\,dx = \frac{c^{\rho-1}z^{1-\rho-\nu}}{2^\rho\pi} \cos\nu\pi\Gamma(\nu)\Gamma(1-\rho) I_{\nu+\rho-1}(cz) - \\ - \left(\frac{c}{2}\right)^{\rho-1} \frac{z^{1-\rho-\nu}}{\sin\nu\pi\Gamma(\rho)} K_{\nu+\rho-1}(cz) - \frac{c^\nu z^{2-2\rho}\operatorname{ctg}\nu\pi}{2^{\nu+1}(1-\rho)\Gamma(\nu+1)} {}_1F_2\left(1;\ 1+\nu,\ 2-\rho;\ \frac{c^2z^2}{4}\right)$$
$[c,\ \operatorname{Re} z > 0;\ 1/2 - 2\operatorname{Re}\rho < \operatorname{Re}\nu < 1]$.

24. $$\int_0^\infty \frac{x}{\sqrt{x^2+z^2}} Y_0(cx)\,dx = \frac{1}{\pi c}[e^{-cz}\operatorname{Ei}(cz) - e^{cz}\operatorname{Ei}(-cz)]$$ $[c,\ \operatorname{Re} z > 0]$.

25. $$\int_0^\infty \frac{1}{x^2-y^2} Y_\nu(cx)\,dx = \frac{\pi}{2y}\left\{J_\nu(cy) + \operatorname{tg}\frac{\nu\pi}{2}[\mathbf{J}_\nu(cy) - J_\nu(cy) - \mathbf{E}_\nu(cy) - Y_\nu(cy)]\right\}$$
$[c,\ y > 0;\ |\operatorname{Re}\nu| < 1]$.

26. $$\int_0^\infty \frac{x^{\alpha-1}}{x^2-y^2} Y_\nu(cx)\,dx = \frac{1}{2\pi}\left(\frac{c}{2}\right)^{2-\alpha} \cos\frac{\nu-\alpha}{2}\pi\Gamma\left(\frac{\alpha+\nu}{2}-1\right)\Gamma\left(\frac{\alpha-\nu}{2}-1\right) \times \\ \times {}_1F_2\left(1;\ 2-\frac{\alpha+\nu}{2},\ 2-\frac{\alpha-\nu}{2};\ -\frac{c^2y^2}{4}\right) - \frac{\pi}{2} y^{\alpha-2} \operatorname{ctg}\nu\pi \operatorname{ctg}\frac{\alpha+\nu}{2}\pi J_\nu(cy) + \\ + \frac{\pi y^{\alpha-2}}{2\sin\nu\pi} \operatorname{ctg}\frac{\alpha-\nu}{2}\pi J_{-\nu}(cy)$$ $[c,\ y > 0;\ |\operatorname{Re}\nu| < \operatorname{Re}\alpha < 7/2]$.

27. $$\int_0^\infty \frac{x^{\nu+\sigma}}{x^2-y^2} Y_\nu(cx)\,dx = \frac{\pi y^{\nu+\sigma-1}}{2} J_\nu(cy) - 2^\nu \frac{1-(-1)^\sigma}{\pi} \Gamma(\nu+1) S_{-\nu-1,\,\nu}(cy)$$
$[\sigma = 0$ или $1;\ c,\ y > 0;\ -(1+\sigma)/2 < \operatorname{Re}\nu < (5-2\sigma)/2]$.

28. $$\int_0^\infty \frac{x^{-\nu}}{x^2-y^2} Y_\nu(cx)\,dx = \frac{\pi y^{-\nu-1}}{2\cos\nu\pi}[J_{-\nu}(cy) + \sin\nu\pi\mathbf{H}_\nu(cy)]$$
$[c,\ y > 0;\ -5/2 < \operatorname{Re}\nu < 1/2]$.

2.13.4. Интегралы от $A(x)Y_\nu(cx)$.

1. $$\int_a^b x^{1-\nu}[(b^2-x^2)(x^2-a^2)]^{\nu-1/2}Y_\nu(cx)\,dx =$$
$$= \frac{2^{\nu-1}}{c^\nu}\sqrt{\pi}\,(b^2-c^2)^\nu\Gamma\left(\nu+\frac{1}{2}\right)J_\nu\left(\frac{bc+ac}{2}\right)J_\nu\left(\frac{bc-ac}{2}\right) \qquad [a,\ b,\ c>0;\ \operatorname{Re}\nu>-1/2].$$

2. $$\int_0^\infty x^{\alpha-1}\frac{(\sqrt{x^2+z^2}\pm z)^\mu}{(x^2+z^2)^r}\,Y_\nu(cx)\,dx =$$
$$= \left(\frac{c}{2}\right)^{1-\alpha-\mu}\frac{(\pm\mu z)^{1-2r}}{2\pi}\sin\frac{\nu-\mu-\alpha}{2}\,\pi\Gamma\left(\frac{\alpha+\mu-\nu-1}{2}\right)\Gamma\left(\frac{\alpha+\mu+\nu-1}{2}\right)\times$$
$$\times\ {}_2F_3\left(\frac{1+\mu}{2},\ \frac{1-\mu}{2};\ \frac{3-\mu-\alpha-\nu}{2},\ \frac{3-\mu-\alpha+\nu}{2},\ \frac{3}{2}-2r;\ \frac{c^2z^2}{4}\right)-$$
$$-\left(\frac{c}{2}\right)^{4r-\mu-\alpha}\frac{(\mp\mu z)^{2r}}{2\pi}\cos\frac{\nu-\mu-\alpha}{2}\,\pi\Gamma\left(\frac{\nu+\mu+\alpha}{2}-2r\right)\Gamma\left(\frac{\mu+\alpha-\nu}{2}-2r\right)\times$$
$$\times\ {}_2F_3\left(2r+\frac{\mu}{2},\ 2r-\frac{\mu}{2};\ 1+2r-\frac{\nu+\mu+\alpha}{2},\ 1+2r-\frac{\mu+\alpha-\nu}{2},\ \frac{1}{2}+2r;\ \frac{c^2z^2}{4}\right)-$$
$$-\ 2^{\alpha+\mu-1}(-\mu)^{1-2r}c^\nu z^{\alpha+\nu+\mu-2r}\cos\nu\pi\operatorname{cosec}\frac{\mu\mp\mu+\alpha+\nu}{2}\,\pi\times$$
$$\times\Gamma\left[\begin{matrix}-\nu,\ 2r-\alpha-\mu-\nu\\ 1-\mu-(\alpha+\nu)/2,\ 1-(\alpha+\nu)/2\end{matrix}\right]\times$$
$$\times\ {}_2F_3\left(\mu+\frac{\alpha+\nu}{2},\ \frac{\alpha+\nu}{2};\ 1+\nu,\ \frac{1+\mu+\alpha+\nu}{2},\ 1-2r+\frac{\mu+\alpha+\nu}{2};\ \frac{c^2z^2}{4}\right)-$$
$$-\ 2^{\alpha+\mu-1}(\mp\mu)^{1-2r}c^{-\nu}z^{\alpha+\mu-\nu-2r}\operatorname{cosec}\frac{\mu\mp\mu+\alpha-\nu}{2}\,\pi\times$$
$$\times\Gamma\left[\begin{matrix}\nu,\ 2r-\mu-\alpha+\nu\\ 1-\mu+(\nu-\alpha)/2,\ 1+(\nu-\alpha)/2\end{matrix}\right]\times$$
$$\times\ {}_2F_3\left(\mu+\frac{\alpha-\nu}{2},\ \frac{\alpha-\nu}{2};\ 1-\nu,\ \frac{1+\alpha+\mu-\nu}{2},\ 1-2r+\frac{\alpha+\mu-\nu}{2};\ \frac{c^2z^2}{4}\right)$$
$[r = 0$ или $1/2;\ c,\ \operatorname{Re}z>0;\ |\operatorname{Re}\nu|<(\operatorname{Re}\alpha+\mu\mp\mu);\ \operatorname{Re}(\alpha+\mu)<2r+3/2]$.

3. $$\int_0^\infty x^{-\mu}\frac{(\sqrt{x^2+z^2}\pm z)^\mu}{\sqrt{x^2+z^2}}\,Y_\nu(cx)\,dx = -\frac{1}{cz}\,W_{\pm\mu/2,\,\nu/2}(cz)\times$$
$$\times\left\{\operatorname{tg}\frac{\nu\pm\mu}{2}\,\pi\Gamma\left[\begin{matrix}(1+\nu\mp\mu)/2\\ \nu+1\end{matrix}\right]M_{\mp\mu/2,\,\nu/2}(cz)+\sec\frac{\nu\pm\mu}{2}\,\pi W_{\mp\mu/2,\,\nu/2}(cz)\right\}$$
$[c,\ \operatorname{Re}z>0;\ |\operatorname{Re}\nu|<1\mp|\operatorname{Re}\mu|]$.

4. $$\int_0^\infty x^{\alpha-1}\frac{(\sqrt{x^2+z^2}\pm x)^\mu}{(x^2+z^2)^r}\,Y_\nu(cx)\,dx = -\frac{2^{\alpha\pm2\mu-2r-1}}{\pi}\,c^{2r-\alpha\mp\mu}\times$$
$$\times\ z^{\mu\mp\mu}\cos\frac{\nu-\alpha\mp\mu+2r}{2}\,\pi\Gamma\left(\frac{\nu+\alpha\pm\mu}{2}-r\right)\Gamma\left(\frac{\alpha-\nu\pm\mu}{2}-r\right)\times$$
$$\times\ {}_2F_3\left(r\mp\frac{\mu}{2},\ \frac{1\mp\mu}{2}+r;\ 1+r-\frac{\nu+\alpha\pm\mu}{2},\ 1+r-\frac{\alpha-\nu\pm\mu}{2},\ 1\mp\mu;\ \frac{c^2z^2}{4}\right)-$$
$$-\ 2^{2r-2\nu-\alpha-1}(\mp\mu)^{1-2r}c^\nu z^{\alpha+\nu+\mu-2r}\times$$
$$\times\cos\nu\pi\operatorname{cosec}\frac{2r-\alpha-\nu\mp\mu}{2}\,\pi\Gamma\left[\begin{matrix}\alpha+\nu,\ -\nu\\ 1-r+(\alpha+\nu\mp\mu)/2,\ 1-r+(\alpha+\nu\pm\mu)/2\end{matrix}\right]\times$$
$$\times\ {}_2F_3\left(\frac{\alpha+\nu}{2},\ \frac{\alpha+\nu+1}{2};\ 1+\nu,\ 1-r+\frac{\alpha+\nu\pm\mu}{2},\ 1-r+\frac{\alpha+\nu\mp\mu}{2};\ \frac{c^2z^2}{4}\right)-$$

$$-\,2^{2\nu-\alpha+2r-1}(\mp\mu)^{1-2r}c^{-\nu}z^{\alpha+\mu-2r-\nu}\operatorname{cosec}\frac{2r+\nu-\alpha\mp\mu}{2}\pi\times$$
$$\times\,\Gamma\left[\begin{matrix}\nu,\ \alpha-\nu\\ 1-r+(\alpha-\nu\mp\mu)/2,\ 1-r+(\alpha-\nu\mp\mu)/2\end{matrix}\right]\times$$
$$\times\,{}_2F_3\left(\frac{\alpha-\nu}{2},\ \frac{\alpha+1-\nu}{2};\ 1-\nu,\ 1-r+\frac{\alpha-\nu\pm\mu}{2},\ 1-r+\frac{\alpha-\nu\mp\mu}{2};\ \frac{c^2z^2}{4}\right)$$

[$r=0$ или $1/2$; $c,\ \operatorname{Re}z>0$; $|\operatorname{Re}\nu|<\operatorname{Re}\alpha<3/2\mp\operatorname{Re}\mu+2r$].

5. $$\int_0^\infty\frac{(\sqrt{x^2+z^2}\pm x)^\mu}{\sqrt{x^2+z^2}}Y_\nu(cx)\,dx=z^\mu\operatorname{ctg}\nu\pi\,I_{(\nu\mp\mu)/2}\left(\frac{cz}{2}\right)K_{(-\nu\mp\mu)/2}\left(\frac{cz}{2}\right)-$$
$$-\frac{z^\mu}{\sin\nu\pi}I_{(-\nu\mp\mu)/2}\left(\frac{cz}{2}\right)K_{(\nu\mp\mu)/2}\left(\frac{cz}{2}\right)$$ [$c,\ \operatorname{Re}z>0$; $|\operatorname{Re}\nu|<1$; $\pm\operatorname{Re}\mu<3/2$].

6. $$\int_0^\infty\frac{(x+\sqrt{x^2-a^2}\,)^\mu+(x-\sqrt{x^2-a^2}\,)^\mu}{\sqrt{x^2-a^2}}Y_\nu(cx)\,dx=$$
$$=\frac{\pi}{2}a^\mu\left[J_{(\nu+\mu)/2}\left(\frac{ac}{2}\right)J_{(\nu-\mu)/2}\left(\frac{ac}{2}\right)-Y_{(\nu+\mu)/2}\left(\frac{ac}{2}\right)Y_{(\nu-\mu)/2}\left(\frac{ac}{2}\right)\right]$$

[$a,\ c>0$; $|\operatorname{Re}\mu|<3/2$].

2.13.5. Интегралы от $A(x)Y_\nu(\varphi(x))$.

1. $$\int_0^\infty x^{\alpha-1}Y_0\left(c\left|x-\frac{1}{x}\right|\right)dx=\frac{2}{\pi}\cos\frac{\alpha\pi}{2}K^2_{\alpha/2}(c)$$ [$c>0$; $|\operatorname{Re}\alpha|<3/2$].

2. $$\int_0^\infty x^{\alpha-1}Y_\nu\left(cx+\frac{c}{x}\right)dx=\frac{\pi}{2}\left[J_{(\nu-\alpha)/2}(c)J_{(\nu+\alpha)/2}(c)-Y_{(\nu-\alpha)/2}(c)Y_{(\nu+\alpha)/2}(c)\right]$$

[$c>0$; $|\operatorname{Re}\alpha|<3/2$].

3. $$\int_0^\infty x^{\alpha-1}\left(\frac{a+bx}{b+ax}\right)^{\nu/2}Y_\nu\left(\sqrt{a^2+b^2+abx+\frac{ab}{x}}\right)dx=$$
$$=\pi\left[J_{\nu/2-\alpha}(a)J_{\nu/2+\alpha}(b)-Y_{\nu/2-\alpha}(a)Y_{\nu/2+\alpha}(b)\right]$$ [$a,\ b>0$; $|\operatorname{Re}\alpha|<3/2$].

2.13.6. Интегралы от $x^\alpha e^{-px^n}Y_\nu(cx)$.

1. $$\int_0^\infty e^{-px}Y_\nu(cx)\,dx=(p^2+c^2)^{-1/2}\left[c^\nu\operatorname{ctg}\nu\pi(\sqrt{p^2+c^2}+p)^{-\nu}-\frac{c^{-\nu}}{\sin\nu\pi}(\sqrt{p^2+c^2}+p)^\nu\right]$$

[$\operatorname{Re}p>|\operatorname{Im}c|$; $|\operatorname{Re}\nu|<1$, $\nu\neq0$].

2. $$\int_0^\infty e^{-px}Y_0(cx)\,dx=-\frac{2}{\pi\sqrt{p^2+c^2}}\ln\frac{p+\sqrt{p^2+c^2}}{c}$$ [$\operatorname{Re}p>|\operatorname{Im}c|$].

3. $$\int_0^\infty x^{\alpha-1}e^{-px}Y_\nu(cx)\,dx=I_\nu^\alpha$$

$\left[\operatorname{Re}\alpha>|\operatorname{Re}\nu|;\ \operatorname{Re}p>|\operatorname{Im}c|;\ k=2^{-1/2}(\sqrt{p^2+c^2}+p)^{1/2}/(p^2+c^2)^{1/4}\right]$,

$$I_\nu^\alpha=-\left(\frac{c}{2}\right)^\nu\frac{\cos\nu\pi}{\pi p^{\alpha+\nu}}\Gamma(\alpha+\nu)\Gamma(-\nu)\,{}_2F_1\left(\frac{\alpha+\nu}{2},\ \frac{\alpha+\nu+1}{2};\ 1+\nu;\ -\frac{c^2}{p^2}\right)-$$
$$-\left(\frac{2}{c}\right)^\nu\frac{p^{\nu-\alpha}}{\pi}\Gamma(\nu)\Gamma(\alpha-\nu)\,{}_2F_1\left(\frac{\alpha-\nu}{2},\ \frac{\alpha-\nu+1}{2};\ 1-\nu;\ -\frac{c^2}{p^2}\right)=$$
$$=-\frac{2}{\pi}\Gamma(\alpha+\nu)(p^2+c^2)^{-\alpha/2}Q^{-\nu}_{\alpha-1}\left(\frac{p}{\sqrt{p^2+c^2}}\right)=-\frac{\sin\alpha\pi}{\pi\sin(\alpha+\nu)\pi}\frac{\Gamma(\alpha-\nu)}{(p^2+c^2)^{\alpha/2}}\times$$

$$\times \left[e^{\nu\pi i/2} Q_{\alpha-1}^{\nu}\left(\frac{p}{\sqrt{p^2+c^2}} + i0\right) + e^{-\nu\pi i/2} Q_{\alpha-1}^{\nu}\left(\frac{p}{\sqrt{p^2+c^2}} - i0\right)\right] =$$

$$= (p^2+c^2)^{-\alpha/2}\left[\Gamma(\alpha+\nu)\operatorname{ctg}\nu\pi\, P_{\alpha-1}^{-\nu}\left(\frac{p}{\sqrt{p^2+c^2}}\right) - \frac{\Gamma(\alpha-\nu)}{\sin\nu\pi} P_{\alpha-1}^{\nu}\left(\frac{p}{\sqrt{p^2+c^2}}\right)\right],$$

$$I_0^2 = \frac{2}{\pi(p^2+c^2)}\left[1 - \frac{p}{\sqrt{p^2+c^2}}\ln\frac{p+\sqrt{p^2+c^2}}{c}\right],$$

$$I_1^2 = -\frac{2}{\pi(p^2+c^2)}\left[\frac{p}{c} + \frac{c}{\sqrt{p^2+c^2}}\ln\frac{p+\sqrt{p^2+c^2}}{c}\right],$$

$$I_0^{1/2} = -2\sqrt{\frac{2k^2-1}{\pi p}}\,\mathbf{K}(k), \qquad I_0^{3/2} = \sqrt{\frac{(2k^2-1)^3}{\pi p^3}}\,[2\mathbf{E}(k) - \mathbf{K}(k)],$$

$$I_0^{5/2} = -\frac{1}{2}\sqrt{\frac{(2k^2-1)^5}{\pi p^5}}\,[8(1-2k^2)\mathbf{E}(k) - (5-8k^2)\mathbf{K}(k)],$$

$$I_0^{7/2} = \frac{1}{4}\sqrt{\frac{(2k^2-1)^7}{\pi p^7}}\,[2(23-128k^2+128k^4)\mathbf{E}(k) - (31-144k^2+128k^4)\mathbf{K}(k)],$$

$$I_1^{3/2} = -\frac{1}{k}\sqrt{\frac{(2k^2-1)^3}{\pi p^3(1-k^2)}}\,[(1-k^2)\mathbf{K}(k) - (1-2k^2)\mathbf{E}(k)],$$

$$I_1^{5/2} = \frac{1}{2k}\sqrt{\frac{(2k^2-1)^5}{\pi p^5(1-k^2)}}\,[(1-k^2)(1-8k^2)\mathbf{K}(k) - (1-16k^2+16k^4)\mathbf{E}(k)],$$

$$I_1^{7/2} = -\frac{1}{4k}\sqrt{\frac{(2k^2-1)^7}{\pi p^7(1-k^2)}}\times$$
$$\times [(3-80k^2+128k^4)(1-k^2)\mathbf{K}(k) - (3-134k^2+384k^4-256k^6)\mathbf{E}(k)],$$

$$I_2^{5/2} = -\frac{1}{2k(1-k^2)}\sqrt{\frac{(2k^2-1)^5}{\pi p^5}}\times$$
$$\times [(2+5k^2-8k^4)(1-k^2)\mathbf{K}(k) - 2(1-2k^2)(1+4k^2-4k^4)\mathbf{E}(k)],$$

$$I_2^{7/2} = \frac{1}{4k^2(1-k^2)}\sqrt{\frac{(2k^2-1)^7}{\pi p^7}}\times$$
$$\times [(2+15k^2-144k^4+128k^6)(1-k^2)\mathbf{K}(k) - 2(1+7k^2-135k^4+256k^6-128k^8)\mathbf{E}(k)].$$

4. $$\int_0^\infty e^{ipx} Y_0(cx)\,dx = \frac{2i}{\pi\sqrt{c^2-p^2}}\arcsin\frac{p}{c} \qquad [0 \leqslant p < c].$$

5. $$= -\frac{1}{\sqrt{p^2-c^2}} + \frac{2i}{\pi\sqrt{p^2-c^2}}\ln\frac{p-\sqrt{p^2-c^2}}{c} \qquad [0 < c < p].$$

6. $$\int_0^\infty x^{\alpha-1} e^{\pm icx} Y_\nu(cx)\,dx = -\pi^{-3/2}(2c)^{-\alpha} e^{\pm(\alpha+\nu)\pi i/2}\times$$
$$\times [2\cos\alpha\pi\cos\nu\pi \mp i\sin(\alpha+\nu)\pi]\,\Gamma\left[\alpha+\nu,\ \alpha-\nu,\ \frac{1}{2}-\alpha\right]$$

$$[c > 0;\ \operatorname{Re}\alpha > |\operatorname{Re}\nu|;\ \operatorname{Re}\alpha < 1/2].$$

7. $$\int\limits_0^\infty e^{-px^2} Y_\nu(cx)\,dx = -\frac{1}{2}\sqrt{\frac{\pi}{p}}\,\sec\frac{\nu\pi}{2}\exp\left(-\frac{c^2}{8p}\right)\left[\sin\frac{\nu\pi}{2}\,I_{\nu/2}\left(\frac{c^2}{8p}\right)+\frac{1}{\pi}\,K_{\nu/2}\left(\frac{c^2}{8p}\right)\right]$$

[$\operatorname{Re} p > 0$; $|\operatorname{Re}\nu < 1$].

8. $$\int\limits_0^\infty x^{\alpha-1}e^{-px^2} Y_\nu(cx)\,dx = -\frac{2^{-\nu-1}c^\nu}{\pi p^{(\alpha+\nu)/2}}\cos\nu\pi\Gamma(-\nu)\Gamma\left(\frac{\alpha+\nu}{2}\right){}_1F_1\left(\frac{\alpha+\nu}{2};\ 1+\nu;\ -\frac{c^2}{4p}\right)-$$
$$-\frac{2^{\nu-1}c^{-\nu}}{\pi p^{(\alpha-\nu)/2}}\Gamma(\nu)\Gamma\left(\frac{\alpha-\nu}{2}\right){}_1F_1\left(\frac{\alpha-\nu}{2};\ 1-\nu;\ -\frac{c^2}{4p}\right)$$

[$\operatorname{Re} p > 0$; $\operatorname{Re}\alpha > |\operatorname{Re}\nu|$].

9. $$\int\limits_0^\infty xe^{-px^2} Y_\nu(cx)\,dx = \frac{c\sqrt{\pi}}{8p^{3/2}}\exp\left(-\frac{c^2}{8p}\right)\times$$
$$\times\left\{\operatorname{ctg}\nu\pi\left[I_{(\nu-1)/2}\left(\frac{c^2}{8p}\right)-I_{(\nu+1)/2}\left(\frac{c^2}{8p}\right)\right]-\frac{1}{\sin\nu\pi}\left[I_{-(\nu+1)/2}\left(\frac{c^2}{8p}\right)+I_{(1-\nu)/2}\left(\frac{c^2}{8p}\right)\right]\right\}$$

[$\operatorname{Re} p > 0$; $|\operatorname{Re}\nu| < 2$, $\nu \neq 0, \pm 1$].

10. $$\int\limits_0^\infty xe^{-px^2} Y_0(cx)\,dx = \frac{1}{2\pi p}\exp\left(-\frac{c^2}{4p}\right)\operatorname{Ei}\left(\frac{c^2}{4p}\right)$$ [$\operatorname{Re} p > 0$].

2.13.7. Интегралы от $A(x)e^{f(x)}Y_\nu(\varphi(x))$.

Обозначения: $u_\pm = \sqrt{2b}\,\left(\sqrt{p^2+c^2}\pm p\right)^{1/2}$, $z_\pm = z\left(\sqrt{p^2+c^2}\pm p\right)$.

1. $$\int\limits_0^\infty \frac{1}{x}\,e^{-px-b/x} Y_\nu(cx)\,dx = 2Y_\nu(u_-)K_\nu(u_+)$$

[$\operatorname{Re} p > |\operatorname{Im} c|$; $\operatorname{Re} b > 0$] или [$p = 0$; c, $\operatorname{Re} b > 0$].

2. $$\int\limits_0^\infty \frac{1}{x^2}\,e^{-px-b/x} Y_0(cx)\,dx = 2c\left[\frac{1}{u_-}\,Y_0(u_-)K_1(u_+)+\frac{1}{u_+}\,Y_1(u_-)K_0(u_+)\right]$$

[$\operatorname{Re} p > |\operatorname{Im} c|$; $\operatorname{Re} b > 0$] или [$p = 0$; c, $\operatorname{Re} b > 0$].

3. $$\int\limits_0^\infty \frac{\exp\left(-p\sqrt{x^2+z^2}\right)}{\sqrt{x^2+z^2}}\,Y_\nu(cx)\,dx = -\frac{1}{\pi}\sec\frac{\nu\pi}{2}\,K_{\nu/2}\left(\frac{z_+}{2}\right)\times$$
$$\times\left[K_{\nu/2}\left(\frac{z_-}{2}\right)+\pi\sin\frac{\nu\pi}{2}\,I_{\nu/2}\left(\frac{z_-}{2}\right)\right]$$

[$\operatorname{Re} p > |\operatorname{Im} c|$; $\operatorname{Re} z > 0$; $|\operatorname{Re}\nu| < 1$].

4. $$\int\limits_0^\infty \frac{x}{\sqrt{x^2+z^2}}\exp\left(-p\sqrt{x^2+z^2}\right)Y_0(cx)\,dx =$$
$$= \frac{(p^2+c^2)^{-1/2}}{\pi}\left[\exp\left(-z\sqrt{p^2+c^2}\right)\operatorname{Ei}(z_-)-\exp\left(z\sqrt{p^2+c^2}\right)\operatorname{Ei}(-z_+)\right]$$

[$\operatorname{Re} p > |\operatorname{Im} c|$; $\operatorname{Re} z > 0$].

5. $$\int\limits_0^\infty x^{-\mu}\frac{\left(\sqrt{x^2+z^2}\pm z\right)^\mu}{\sqrt{x^2+z^2}}\exp\left(-p\sqrt{x^2+z^2}\right)Y_\nu(cx)\,dx =$$
$$= -\frac{1}{cz}\sec\frac{(\nu\pm\mu)}{2}\,\pi W_{\pm\mu/2,\,\nu/2}(z_+)W_{\mp\mu/2,\,\nu/2}(z_-)-$$
$$-\frac{1}{cz}\operatorname{tg}\frac{\nu\pm\mu}{2}\,\pi\Gamma\begin{bmatrix}(1+\nu\mp\mu)/2\\ \nu+1\end{bmatrix}W_{\pm\mu/2,\,\nu/2}(z_+)M_{\mp\mu/2,\,\nu/2}(z_-)$$

[$\operatorname{Re} p > |\operatorname{Im} c|$; $\operatorname{Re} z > 0$; $|\operatorname{Re}\nu| < 1 \mp \operatorname{Re}\mu$].

6. $$\int\limits_0^\infty e^{-px}Y_0\left(c\sqrt{x^2+xz}\right)dx = \frac{(p^2+c^2)^{-1/2}}{\pi}\left[e^{-z_-/2}\operatorname{Ei}\left(\frac{z_-}{2}\right)-e^{z_+/2}\operatorname{Ei}\left(-\frac{z_+}{2}\right)\right]$$

[$\operatorname{Re} p > |\operatorname{Im} c|$; $|\arg z| < \pi$].

7. $\int\limits_0^\infty \frac{e^{-px}}{\sqrt{x^2+xz}}\, Y_0(c\sqrt{x^2+xz}\,)\,dx = -\frac{e^{pz/2}}{\pi}\, K_0\left(\frac{z_+}{4}\right) K_0\left(\frac{z_-}{4}\right)$ $[\operatorname{Re} p > |\operatorname{Im} c|;\ |\arg z| < \pi]$.

2.13.8. Интегралы, содержащие тригонометрические функции и $Y_\nu(cx)$.

1. $\int\limits_0^\infty \begin{Bmatrix} \sin bx \\ \cos bx \end{Bmatrix} Y_\nu(cx)\,dx = I_\nu$ $[b,\ c > 0;\ |\operatorname{Re}\nu| < (3 \pm 1)/2]$,

$$I_\nu = \pm(c^2-b^2)^{-1/2}\operatorname{tg}^{\mp 1}\frac{\nu\pi}{2}\begin{Bmatrix} \sin\varphi \\ \cos\varphi \end{Bmatrix} \qquad [\varphi = \nu\arcsin(b/c);\ 0 < b < c;\ \nu \neq 0].$$

$$I_\nu = -\frac{c^{-\nu}}{2\sqrt{b^2-c^2}}\begin{Bmatrix} \operatorname{cosec}(\nu\pi/2) \\ \sec(\nu\pi/2) \end{Bmatrix}[(b+\sqrt{b^2-c^2}\,)^\nu \mp \cos\nu\pi(b-\sqrt{b^2-c^2}\,)^\nu] \qquad [0 < c < b;\ \nu \neq 0];$$

$$I_0 = \begin{Bmatrix} 1 \\ 0 \end{Bmatrix}\frac{2}{\pi}(c^2-b^2)^{-1/2}\arcsin\frac{b}{c} \qquad [0 < b < c],$$

$$I_0 = -\begin{Bmatrix} A \\ 1 \end{Bmatrix}(b^2-c^2)^{-1/2} \qquad \left[0 < c < b;\ A = \frac{2}{\pi}\ln\frac{b+\sqrt{b^2-c^2}}{c}\right].$$

2. $\int\limits_0^\infty x^{\alpha-1}\begin{Bmatrix} \sin bx \\ \cos bx \end{Bmatrix} Y_\nu(cx)\,dx = I_\nu^\alpha$ $\left[b,\ c > 0;\ |\operatorname{Re}\nu| - \delta < \operatorname{Re}\alpha < 3/2,\ \delta = \begin{Bmatrix} 1 \\ 0 \end{Bmatrix}\right]$,

$$I_\nu^\alpha = -\frac{2^{\alpha+\delta-1}b^\delta}{c^{\alpha+\delta}\pi}\begin{Bmatrix} \sin[(\nu-\alpha)\pi/2] \\ \cos[(\nu-\alpha)\pi/2] \end{Bmatrix}\Gamma\left(\frac{\alpha+\nu+\delta}{2}\right)\Gamma\left(\frac{\alpha-\nu+\delta}{2}\right) \times$$
$$\times\, {}_2F_1\left(\frac{\alpha+\nu+\delta}{2},\ \frac{\alpha-\nu+\delta}{2};\ \delta+\frac{1}{2};\ \frac{b^2}{c^2}\right) \qquad [0 < b < c],$$

$$I_\nu^\alpha = -\frac{c^\nu\cos\nu\pi}{2^{\nu+1}b^{\alpha+\nu}}\begin{Bmatrix} \sec[(\alpha+\nu)\pi/2] \\ \operatorname{cosec}[(\alpha+\nu)\pi/2] \end{Bmatrix}\Gamma\begin{bmatrix} -\nu \\ 1-\alpha-\nu \end{bmatrix} \times$$
$$\times\, {}_2F_1\left(\frac{1+\alpha+\nu}{2},\ \frac{\alpha+\nu}{2};\ 1+\nu;\ \frac{c^2}{b^2}\right) - \frac{2^{\nu-1}b^{\nu-\alpha}}{c^\nu}\begin{Bmatrix} \sec[(\alpha-\nu)\pi/2] \\ \operatorname{cosec}[(\alpha-\nu)\pi/2] \end{Bmatrix} \times$$
$$\times\,\Gamma\begin{bmatrix} \nu \\ 1+\nu-\alpha \end{bmatrix}{}_2F_1\left(\frac{1+\alpha-\nu}{2},\ \frac{\alpha-\nu}{2};\ 1-\nu;\ \frac{c^2}{b^2}\right) \qquad [0 < c < b],$$

$$I_\nu^{\nu+\delta+1} = \pm\frac{2^{\nu+\delta}b^\delta c^\nu\sqrt{\pi}}{\Gamma(\mp 1/2-\nu)}(b^2-c^2)_+^{-\nu-\delta-1/2} \qquad [b \neq c;\ |\operatorname{Re}\nu| < 1/2+\delta];$$

$$I_\nu^{1+\delta-\nu} = -A\frac{(2b)^\delta}{\sqrt{\pi}\,(2c)^\nu}\,\Gamma\left(\delta+\frac{1}{2}-\nu\right)|c^2-b^2|^{\nu-\delta-1/2}$$
$$\left[\begin{Bmatrix} A = \mp\sin\nu\pi;\ 0 < b < c \\ A = 1;\ 0 < c < b \end{Bmatrix},\ -1/2 < \operatorname{Re}\nu < \delta+1/2\right].$$

3. $\int\limits_0^\infty \frac{1}{x}\sin bx\, Y_\nu(cx)\,dx = -\frac{1}{\nu}\operatorname{tg}\frac{\nu\pi}{2}\sin\left(\nu\arcsin\frac{b}{c}\right)$ $[0 < b < c;\ |\operatorname{Re}\nu| < 1]$.

4. $\quad = \frac{c^{-\nu}}{2\nu}\sec\frac{\nu\pi}{2}[\cos\nu\pi(b-\sqrt{b^2-c^2}\,)^\nu - (b+\sqrt{b^2-c^2}\,)^\nu]$ $[0 < c < b;\ |\operatorname{Re}\nu| < 1]$.

5. $\int\limits_0^\infty \frac{\sin bx}{x}\, Y_0(cx)\,dx = \begin{Bmatrix} 0 \\ 1 \end{Bmatrix}\ln\frac{b-\sqrt{b^2-c^2}}{c}$ $\left[\begin{Bmatrix} 0 < b < c \\ 0 < c < b \end{Bmatrix}\right]$.

6. $$\int_0^\infty x^{\alpha-1}\begin{Bmatrix}\sin cx\\ \cos cx\end{Bmatrix}Y_\nu(cx)\,dx = -\frac{2^{\alpha-1}}{\alpha\sqrt{\pi}}\begin{Bmatrix}\sin[(\nu-\alpha)\pi/2]\\ \cos[(\nu-\alpha)\pi/2]\end{Bmatrix}\times$$
$$\times\Gamma\begin{bmatrix}(\alpha+\nu+\delta)/2,\ (\alpha-\nu+\delta)/2,\ 1/2-\alpha\\ (1+\delta-\nu-\alpha)/2,\ (1+\delta+\nu-\alpha)/2\end{bmatrix}\qquad \left[c>0;\ |\operatorname{Re}\nu|-\delta<\operatorname{Re}\alpha<1/2,\ \delta=\begin{Bmatrix}1\\0\end{Bmatrix}\right].$$

7. $$\int_0^\infty \begin{Bmatrix}\sin bx^2\\ \cos bx^2\end{Bmatrix}Y_\nu(cx)\,dx = \frac{1}{4}\sqrt{\frac{\pi}{b}}\sec\frac{\nu\pi}{2}\left[\begin{Bmatrix}\sin\varphi\\ \cos\varphi\end{Bmatrix}Y_{\nu/2}\left(\frac{c^2}{8b}\right)\mp\begin{Bmatrix}\cos\psi\\ \sin\psi\end{Bmatrix}J_{\nu/2}\left(\frac{c^2}{8b}\right)\right]$$
$$\left[\varphi=\frac{c^2}{8b}+\frac{\nu-1}{4}\pi,\ \psi=\frac{c^2}{8b}-\frac{3\nu+1}{4}\pi;\ b,\ c>0;\ |\operatorname{Re}\nu|<2\pm1\right].$$

8. $$\int_0^\infty x\cos bx^2\,Y_0(cx)\,dx = \frac{1}{2\pi b}\left\{\operatorname{ci}\left(\frac{c^2}{4b}\right)\sin\frac{c^2}{4b}-\left[\pi+\operatorname{si}\left(\frac{c^2}{4b}\right)\right]\cos\frac{c^2}{4b}\right\}\qquad [b,\ c>0].$$

9. $$\int_0^\infty x^{-1/4}\begin{Bmatrix}\sin b\sqrt{x}\\ \cos b\sqrt{x}\end{Bmatrix}Y_{\pm1/4}(cx)\,dx = -\frac{1}{c}\sqrt{\frac{\pi b}{2}}\,\mathbf{H}_{\pm1/4}\left(\frac{b^2}{4c}\right)\qquad [b,\ c>0].$$

10. $$\int_0^\infty x^{-1/2}\cos b\sqrt{x}\begin{Bmatrix}\sin cx\\ \cos cx\end{Bmatrix}Y_0(cx)\,dx =$$
$$= -\frac{1}{2}\sqrt{\frac{\pi}{2c}}\left[\begin{Bmatrix}\cos\varphi\\ \sin\varphi\end{Bmatrix}Y_0\left(\frac{b^2}{16c}\right)\pm3\begin{Bmatrix}\sin\varphi\\ \cos\varphi\end{Bmatrix}J_0\left(\frac{b^2}{16c}\right)\right]\qquad [\varphi=b^2/(16c)-\pi/4;\ b,\ c>0].$$

11. $$\int_0^\infty \frac{1}{x}\sin bx\begin{Bmatrix}\sin(a/x)\\ \cos(a/x)\end{Bmatrix}Y_\nu(cx)\,dx =$$
$$= \frac{\pi}{2}Y_\nu(u_+)\left[\begin{Bmatrix}\sin(\nu\pi/2)\\ \cos(\nu\pi/2)\end{Bmatrix}J_\nu(u_-)\pm\begin{Bmatrix}\cos(\nu\pi/2)\\ \sin(\nu\pi/2)\end{Bmatrix}Y_\nu(u_-)\right]\mp$$
$$\mp K_\nu(u_-)\left[\begin{Bmatrix}\sin(\nu\pi/2)\\ \cos(\nu\pi/2)\end{Bmatrix}I_\nu(u_+)+\frac{2}{\pi}\begin{Bmatrix}\cos(\nu\pi/2)\\ \sin(\nu\pi/2)\end{Bmatrix}K_\nu(u_+)\right]$$
$$\left[a>0;\ b>c>0;\ u_\pm=\sqrt{a}\,(\sqrt{b+c}\pm\sqrt{b-c});\ |\operatorname{Re}\nu|<2\right].$$

12. $$\int_0^\infty \frac{1}{x}\cos bx\begin{Bmatrix}\sin(a/x)\\ \cos(a/x)\end{Bmatrix}Y_\nu(cx)\,dx =$$
$$= -\frac{\pi}{2}Y_\nu(u_+)\left[\begin{Bmatrix}\cos(\nu\pi/2)\\ \sin(\nu\pi/2)\end{Bmatrix}J_\nu(u_-)+\begin{Bmatrix}\sin(\nu\pi/2)\\ \cos(\nu\pi/2)\end{Bmatrix}Y_\nu(u_-)\right]-$$
$$-K_\nu(u_-)\left[\begin{Bmatrix}\cos(\nu\pi/2)\\ \sin(\nu\pi/2)\end{Bmatrix}I_\nu(u_+)+\frac{2}{\pi}\begin{Bmatrix}\sin(\nu\pi/2)\\ \cos(\nu\pi/2)\end{Bmatrix}K_\nu(u_+)\right]$$
$$\left[a>0;\ b>c>0;\ u_\pm=\sqrt{a}\,(\sqrt{b+c}\pm\sqrt{b-c});\ |\operatorname{Re}\nu|<1\right].$$

13. $$\int_0^a \frac{x}{\sqrt{a^2-x^2}}\cos(b\sqrt{a^2-x^2})Y_0(cx)\,dx = \frac{1}{\pi}(b^2+c^2)^{-1/2}\{\sin\varphi[\operatorname{ci}(z_+)+\operatorname{ci}(z_-)]-$$
$$-\cos\varphi[\operatorname{Si}(z_+)+\operatorname{Si}(z_-)]\}\qquad \left[\varphi=a\sqrt{b^2+c^2},\ z_\pm=\varphi\pm ab;\ a>0\right].$$

14. $$\int_a^\infty \frac{x^{1-\nu}}{\sqrt{x^2-a^2}}\cos(b\sqrt{x^2-a^2})Y_\nu(cx)\,dx = \pm\left(\frac{\pi}{2}\right)^{\pm1/2}a^{1/2-\nu}c^{-\nu}\times$$
$$\times|c^2-b^2|^{(2\nu-1)/4}\begin{Bmatrix}Y_{\nu-1/2}(a\sqrt{c^2-b^2})\\ K_{\nu-1/2}(a\sqrt{b^2-c^2})\end{Bmatrix}\qquad \left[\begin{Bmatrix}0<b<c\\ 0<c<b\end{Bmatrix},\ a>0;\ \operatorname{Re}\nu>-1/2\right].$$

15. $$\int_a^\infty \frac{\cos(b\sqrt{x^2-a^2})}{\sqrt{x^2-a^2}}\,Y_1(cx)\,dx = -\frac{1}{ac}\begin{Bmatrix}\cos(a\sqrt{c^2-b^2})\\ \exp(-a\sqrt{b^2-c^2})\end{Bmatrix} \qquad \left[a>0,\ \begin{Bmatrix}0<b<c\\0<c<b\end{Bmatrix}\right].$$

16. $$\int_a^\infty x\frac{\cos(b\sqrt{x^2-a^2})}{\sqrt{x^2-a^2}}\,Y_0(cx)\,dx = \pm\frac{1}{\sqrt{|c^2-b^2|}}\begin{Bmatrix}\sin(a\sqrt{c^2-b^2})\\ \exp(-a\sqrt{b^2-c^2})\end{Bmatrix}$$
$$\left[a>0,\ \begin{Bmatrix}0<b<c\\0<c<b\end{Bmatrix}\right].$$

17. $$\int_0^\infty \frac{1}{\sqrt{x^2+z^2}}\begin{Bmatrix}\sin(b\sqrt{x^2+z^2})\\ \cos(b\sqrt{x^2+z^2})\end{Bmatrix}Y_\nu(cx)\,dx = \pm\frac{\pi}{4}\sec\frac{\nu\pi}{2}\left[Y_{\nu/2}(u_-)\begin{Bmatrix}J_{\nu/2}(u_+)\\ Y_{\nu/2}(u_+)\end{Bmatrix} -\right.$$
$$\left. - J_{\nu/2}(u_-)\left(\begin{Bmatrix}\cos\nu\pi\\ \sin\nu\pi\end{Bmatrix}Y_{\nu/2}(u_+) \mp \begin{Bmatrix}\sin\nu\pi\\ \cos\nu\pi\end{Bmatrix}J_{\nu/2}(u_+)\right)\right]$$
$$\left[\operatorname{Re} z>0;\ 0<c<b;\ |\operatorname{Re}\nu|<1;\ 2u_\pm = z(b\pm\sqrt{b^2-c^2})\right].$$

2.13.9. Интегралы, содержащие e^{px^r}, тригонометрические функции и $Y_\nu(cx)$.

1. $$\int_0^\infty x^{\alpha-1}e^{-p\sqrt{x}}\begin{Bmatrix}\sin cx\\ \cos cx\end{Bmatrix}Y_\nu(cx)\,dx = \frac{c^{-\alpha}}{4\pi^{3/2}}\times$$
$$\times G_{7,5}^{2,6}\left(\frac{256c^2}{p^4}\,\middle|\,\begin{matrix}(2\alpha+1)/4,\ (2\alpha+3)/4,\ 1/4,\ 1/2,\ 3/4,\ 1,\ (\alpha-\nu+\delta-1)/2\\ \frac{\alpha+\nu+\delta}{2},\ \frac{\alpha-\nu+\delta}{2},\ \frac{\alpha-\nu+\delta-1}{2},\ \frac{\alpha-\nu-\delta+1}{2},\ \frac{\alpha+\nu-\delta+1}{2}\end{matrix}\right)$$
$$\left[\operatorname{Re}\alpha>|\operatorname{Re}\nu|-\delta;\ c,\ \operatorname{Re}p>0;\ \delta=\begin{Bmatrix}1\\0\end{Bmatrix}\right].$$

2.13.10. Интегралы, содержащие $Y_\nu(c\operatorname{sh}x)$ или $Y_\nu(c\operatorname{ch}x)$.

1. $$\int_0^\infty \begin{Bmatrix}\operatorname{sh}bx\\ \operatorname{ch}bx\end{Bmatrix}Y_0(c\operatorname{sh}x)\,dx = -\frac{1}{\pi}\cos\frac{b\pi}{2}\,K_{b/2}^2\left(\frac{c}{2}\right) +$$
$$+\begin{Bmatrix}1\\0\end{Bmatrix}\frac{2}{\pi}\left[I_{b/2}\left(\frac{c}{2}\right)\frac{\partial}{\partial b}K_{b/2}\left(\frac{c}{2}\right) - K_{b/2}\left(\frac{c}{2}\right)\frac{\partial}{\partial b}I_{b/2}\left(\frac{c}{2}\right)\right] \qquad [c>0;\ |\operatorname{Re}b|<1/2].$$

2. $$\int_0^\infty \operatorname{ch}bx\,Y_\nu(c\operatorname{ch}x)\,dx = \frac{\pi}{4}\left[J_{(\nu+b)/2}\left(\frac{c}{2}\right)J_{(\nu-b)/2}\left(\frac{c}{2}\right) - Y_{(\nu+b)/2}\left(\frac{c}{2}\right)Y_{(\nu-b)/2}\left(\frac{c}{2}\right)\right]$$
$$[c>0;\ |\operatorname{Re}b|<1/2].$$

3. $$\int_0^\infty \cos bx\,Y_0(c\operatorname{sh}x)\,dx = -\frac{1}{\pi}\operatorname{ch}\frac{b\pi}{2}\,K_{ib/2}^2\left(\frac{c}{2}\right) \qquad [b,\ c>0].$$

2.13.11. Интегралы, содержащие тригонометрические функции и $Y_\nu(\varphi(\sin x,\ \cos x))$.

1. $$\int_0^\pi \cos 2nx\,Y_0(\sqrt{a^2-b^2\sin^2x})\,dx = (-1)^n\pi J_n\left(\frac{a-\sqrt{a^2-b^2}}{2}\right)Y_n\left(\frac{a+\sqrt{a^2-b^2}}{2}\right)$$
$$[0<b\leqslant a].$$

2. $$\int_0^\pi \frac{\cos 2nx}{\sqrt{a^2-b^2\sin^2x}}\,Y_1(\sqrt{a^2-b^2\sin^2x})\,dx = \frac{(-1)^n}{2a\sqrt{a^2-b^2}}\left[z_+J_n\left(\frac{z_-}{2}\right)Y_{n+1}\left(\frac{z_+}{2}\right) -\right.$$
$$\left. - z_-J_{n+1}\left(\frac{z_-}{2}\right)Y_n\left(\frac{z_+}{2}\right)\right] \qquad \left[z_\pm = a\pm\sqrt{a^2-b^2};\ 0<b\leqslant a\right].$$

3. $$\int\limits_0^{2\pi} \cos nx Y_0(\sqrt{a^2+b^2+2ab\cos x})\,dx = (-1)^n 2\pi J_n(a)Y_n(b) \qquad [0<a<b].$$

4. $$\int\limits_0^{2\pi} \frac{1}{\sqrt{a^2+b^2+2ab\cos x}} \left\{ \begin{matrix} \sin(x/2)\sin[(2n+1)x/2] \\ \cos(x/2)\cos[(2n+1)x/2] \end{matrix} \right\} \times$$
$$\times Y_1(\sqrt{a^2+b^2+2ab\cos x})\,dx = \frac{(-1)^n\pi}{b\mp a}[J_n(a)Y_{n+1}(b) \mp J_{n+1}(a)Y_n(b)] \qquad [0<a<b].$$

5. $$\int\limits_0^{2\pi} \frac{\sin x \sin(n+1)x}{a^2+b^2+2ab\cos x} Y_2(\sqrt{a^2+b^2+2ab\cos x})\,dx =$$
$$= \frac{(-1)^n\pi}{b^2-a^2}[J_n(a)Y_{n+2}(b) - J_{n+2}(a)Y_n(b)] \qquad [0<a<b].$$

2.13.12. Интегралы, содержащие $\ln ax Y_\nu(cx)$.

1. $$\int\limits_0^{\infty} \ln x Y_\nu(cx)\,dx = \frac{\pi}{2c} - \frac{1}{2c}\operatorname{tg}\frac{\nu\pi}{2}\left[2\ln\frac{2}{c} + \pi\operatorname{tg}\frac{\nu\pi}{2} + 2\psi\left(\frac{1-\nu}{2}\right)\right] \qquad [c>0;\ |\operatorname{Re}\nu|<1].$$

2. $$\int\limits_0^{\infty} x^{\alpha-1}\ln x Y_\nu(cx)\,dx = \frac{2^{\alpha-2}}{c^\alpha}\Gamma\left(\frac{\alpha+\nu}{2}\right)\Gamma\left(\frac{\alpha-\nu}{2}\right) \times$$
$$\times \left\{\sin\frac{\alpha-\nu}{2}\pi - \frac{1}{\pi}\cos\frac{\alpha-\nu}{2}\pi\left[\psi\left(\frac{\alpha+\nu}{2}\right) + \psi\left(\frac{\alpha-\nu}{2}\right) - 2\ln\frac{c}{2}\right]\right\}$$
$$[c>0;\ |\operatorname{Re}\nu| < \operatorname{Re}\alpha < 3/2].$$

3. $$\int\limits_0^{\infty} \frac{\ln x}{x^2+z^2} Y_0(cx)\,dx = -\frac{\pi^2}{4z}[\mathbf{L}_0(cz) - I_0(cz)] - \frac{1}{z}\ln z K_0(cz) \qquad [c,\ \operatorname{Re} z>0].$$

4. $$\int\limits_0^{\infty} \cos bx \ln ax Y_0(cx)\,dx = \frac{\pi}{2}(c^2-b^2)^{-1/2} \qquad [0<b<c;\ |\arg a|<\pi].$$

5. $$= (b^2-c^2)^{-1/2}\left[\mathbf{C} + \ln(b^2-c^2) - \ln\frac{ac}{2}\right] \qquad [0<c<b;\ |\arg a|<\pi].$$

2.13.13. Интегралы, содержащие обратные тригонометрические функции и $Y_\nu(cx)$.

1. $$\int\limits_0^{1} \frac{\cos(b\arccos x)}{\sqrt{1-x^2}} Y_\nu(cx)\,dx =$$
$$= \frac{\pi}{2}\left[\operatorname{ctg}\nu\pi J_{(\nu+b)/2}\left(\frac{c}{2}\right)J_{(\nu-b)/2}\left(\frac{c}{2}\right) - \frac{1}{\sin\nu\pi}J_{(b-\nu)/2}\left(\frac{c}{2}\right)J_{-(b+\nu)/2}\left(\frac{c}{2}\right)\right] \qquad [|\operatorname{Re}\nu|<1].$$

2. $$\int\limits_0^{1} \frac{\cos(2n\arcsin x)}{\sqrt{1-x^2}} Y_0(cx)\,dx = \frac{\pi}{2}J_n\left(\frac{c}{2}\right)Y_n\left(\frac{c}{2}\right).$$

2.13.14. Интегралы, содержащие $\varphi(x)J_\nu(cx) + \chi(x)Y_\nu(cx)$.

1. $$\int\limits_0^{\infty} x^{-3/2}e^{-p/x}\left[\left\{\begin{matrix}\sin cx\\ \cos cx\end{matrix}\right\}J_\nu(cx) \pm \left\{\begin{matrix}\cos cx\\ \sin cx\end{matrix}\right\}Y_\nu(cx)\right]dx =$$
$$= -\frac{4}{\sqrt{\pi p}}\left[\left\{\begin{matrix}\cos(\nu\pi/2)\\ \sin(\nu\pi/2)\end{matrix}\right\}\operatorname{ker}_{2\nu}(\sqrt{8pc}) \mp \left\{\begin{matrix}\sin(\nu\pi/2)\\ \cos(\nu\pi/2)\end{matrix}\right\}\operatorname{kei}_{2\nu}(\sqrt{8pc})\right] \qquad [c,\ \operatorname{Re}p>0].$$

2. $\int\limits_0^\infty \frac{1}{x}\, e^{-p/x}\left[\begin{Bmatrix}\sin cx\\ \cos cx\end{Bmatrix} J_\nu(cx) \pm \begin{Bmatrix}\cos cx\\ \sin cx\end{Bmatrix} Y_\nu(cx)\right] dx =$

$= \frac{4}{\pi}\left[\begin{Bmatrix}\cos(\nu\pi)/2\\ \sin(\nu\pi)/2\end{Bmatrix}(\operatorname{kei}_\nu^2(\sqrt{2pc}) - \operatorname{ker}_\nu^2(\sqrt{2pc})) \pm 2\begin{Bmatrix}\sin(\nu\pi/2)\\ \cos(\nu\pi/2)\end{Bmatrix} \operatorname{ker}_\nu(\sqrt{2pc})\operatorname{kei}_\nu(\sqrt{2pc})\right]$

$[c,\ \operatorname{Re} p > 0].$

3. $\int\limits_0^\infty \frac{1}{x}\begin{Bmatrix}\sin(b/x)\\ \cos(b/x)\end{Bmatrix}\left[\begin{Bmatrix}\sin cx\\ \cos cx\end{Bmatrix} J_0(cx) \pm \begin{Bmatrix}\cos cx\\ \sin cx\end{Bmatrix} Y_0(cx)\right] dx = \pi J_0(\sqrt{2bc})\, Y_0(\sqrt{2bc})$

$[b,\ c > 0].$

2.13.15. Интегралы, содержащие $J_\mu(bx)Y_\nu(cx)$.

1. $\int\limits_0^\infty J_{\nu+n}(cx)Y_{\nu-n}(cx)\,dx = \frac{(-1)^{n+1}}{2c}$ $[c > 0;\ \operatorname{Re}\nu > -1/2].$

2. $\int\limits_0^\infty J_0(bx)Y_0(cx)\,dx = -\begin{Bmatrix}0\\1\end{Bmatrix}\frac{2}{\pi b}\mathbf{K}\left(\sqrt{1-\frac{c^2}{b^2}}\right)$ $\left[\begin{Bmatrix}0 < b < c\\ 0 < c < b\end{Bmatrix}\right].$

3. $\int\limits_0^\infty J_1(bx)Y_0(cx)\,dx = -\frac{1}{\pi b}\ln\left(1-\frac{b^2}{c^2}\right)$ $[0 < b < c].$

4. $\int\limits_0^\infty x^{\alpha-1}J_\mu(bx)Y_\nu(cx)\,dx = A^\alpha_{\mu,\,\nu}$

$\left[b,\ c > 0;\ |\operatorname{Re}\nu| - \operatorname{Re}\mu < \operatorname{Re}\alpha < 2;\ k = (c - \sqrt{c^2-b^2}\,)^{1/2}/(2c)^{1/2} \text{ при } c > b\right],$

$$A^\alpha_{\mu,\,\nu} = -\frac{2^{\alpha-1}b^\mu}{\pi c^{\alpha+\mu}}\cos\frac{\alpha+\mu-\nu}{2}\,\pi\Gamma\left[\begin{matrix}(\alpha+\mu+\nu)/2,\ (\alpha+\mu-\nu)/2\\ \mu+1\end{matrix}\right]\times$$
$$\times\ {}_2F_1\left(\frac{\alpha+\mu+\nu}{2},\ \frac{\alpha+\mu-\nu}{2};\ \mu+1;\ \frac{b^2}{c^2}\right) \qquad [0 < b < c],$$

$$A^\alpha_{\mu,\,\nu} = -\frac{2^{\alpha-1}c^\nu}{\pi b^{\alpha+\nu}}\cos\nu\pi\,\Gamma\left[\begin{matrix}-\nu,\ (\alpha+\mu+\nu)/2\\ 1-(\alpha+\nu-\mu)/2\end{matrix}\right]\times$$
$$\times\ {}_2F_1\left(\frac{\alpha-\mu+\nu}{2},\ \frac{\alpha+\mu+\nu}{2};\ 1+\nu;\ \frac{c^2}{b^2}\right) - \frac{2^{\alpha-1}b^{\nu-\alpha}}{\pi c^\nu}\times$$
$$\times\,\Gamma\left[\begin{matrix}\nu,\ (\alpha+\mu-\nu)/2\\ 1+(\nu+\mu-\alpha)/2\end{matrix}\right]{}_2F_1\left(\frac{\alpha-\mu-\nu}{2},\ \frac{\alpha+\mu-\nu}{2};\ 1-\nu;\ \frac{c^2}{b^2}\right) \qquad [0 < c < b];$$

$$A^\alpha_{\nu,\,\nu} = -\frac{2^{\alpha-1}}{\pi}\cos\frac{\alpha\pi}{2}\,\Gamma\left(\frac{\alpha}{2}\right)\Gamma\left(\nu+\frac{\alpha}{2}\right)(c^2-b^2)^{-\alpha/2}P^{-\nu}_{-\alpha/2}\left(\frac{c^2+b^2}{c^2-b^2}\right)$$

$[0 < b < c;\ -2\operatorname{Re}\nu < \operatorname{Re}\alpha < 2;\ \operatorname{Re}\alpha > 0],$

$$A^\alpha_{\nu,\,\nu} = -\frac{2^{\alpha-1}}{\pi}(b^2-c^2)^{-\alpha/2}\Gamma\left(\frac{\alpha}{2}\right)\Gamma\left(\nu+\frac{\alpha}{2}\right)\times$$
$$\times\left[\cos\frac{\alpha\pi}{2}\,P^{-\nu}_{-\alpha/2}\left(\frac{b^2+c^2}{b^2-c^2}\right) + \frac{2}{\pi}\,e^{-i\nu\pi}\sin\frac{2\nu+\alpha}{2}\,\pi Q^{\nu}_{-\alpha/2}\left(\frac{b^2+c^2}{b^2-c^2}\right)\right]$$

$[0 < c < b;\ -2\operatorname{Re}\nu < \operatorname{Re}\alpha < 2;\ \operatorname{Re}\alpha > 0];$

$$A^\alpha_{-\nu,\,\nu} = -\frac{2^{\alpha-1}}{\pi}\cos\frac{\alpha-2\nu}{2}\,\pi\Gamma\left(\frac{\alpha}{2}\right)\Gamma\left(\frac{\alpha}{2}-\nu\right)(c^2-b^2)^{-\alpha/2}P^{\nu}_{-\alpha/2}\left(\frac{c^2+b^2}{c^2-b^2}\right)$$

$[0 < b < c;\ 2\operatorname{Re}\nu < \operatorname{Re}\alpha < 2;\ \operatorname{Re}\alpha > 0],$

$$A^{\alpha}_{-\nu,\,\nu} = -\frac{2^{\alpha-1}}{\pi}\,\Gamma\Big(\frac{\alpha}{2}\Big)\Gamma\Big(\frac{\alpha}{2}-\nu\Big)(b^2-c^2)^{-\alpha/2}\Big[\cos\frac{\alpha-2\nu}{2}\,\pi P^{\nu}_{-\alpha/2}\Big(\frac{b^2+c^2}{b^2-c^2}\Big) + {} + \frac{2}{\pi}\,e^{i\nu\pi}\cos\nu\pi\sin\frac{\alpha-2\nu}{2}\,\pi Q^{-\nu}_{-\alpha/2}\Big(\frac{b^2+c^2}{b^2-c^2}\Big)\Big]$$

[$0<c<b$; $2\operatorname{Re}\nu<\operatorname{Re}\alpha<2$; $\operatorname{Re}\alpha>0$];

$$A^{\mu+\nu+2}_{\mu,\,\nu} = \pm\frac{2^{\mu+\nu+1}}{\pi}\left\{\begin{matrix}\cos\mu\pi\\ \cos\nu\pi\end{matrix}\right\}\Gamma(\mu+\nu+1)b^{\mu}c^{\nu}|b^2-c^2|^{-\mu-\nu-1}$$

$\left[\left\{\begin{matrix}0<b<c\\0<c<b\end{matrix}\right\},\ \operatorname{Re}\mu>-1;\ \operatorname{Re}(\mu+\nu)>-1\right]$;

$$A^{\mu-\nu+2}_{\mu,\,\nu} = \frac{2^{\mu-\nu+1}}{\pi}\left\{\begin{matrix}\cos(\mu-\nu)\pi\\ -1\end{matrix}\right\}b^{\mu}c^{-\nu}\Gamma(\mu-\nu+1)|b^2-c^2|^{\nu-\mu-1}$$

$\left[\left\{\begin{matrix}0<b<c\\0<c<b\end{matrix}\right\},\ \operatorname{Re}\mu>-1;\ \operatorname{Re}(\nu-\mu)<1\right]$;

$$A^{1/2}_{0,\,0} = -\frac{1}{\pi^2\sqrt{c}}\,\Gamma^2\Big(\frac{1}{4}\Big)\mathbf{K}(k)$$ [здесь и ниже $0<b<c$],

$$A^{3/2}_{0,\,0} = \frac{2\Gamma^2(3/4)}{\pi^2\sqrt{c(c^2-b^2)}}\mathbf{K}(k),\qquad A^{1/2}_{1,\,0} = \frac{8\sqrt{c}}{\pi^2 b}\,\Gamma^2\Big(\frac{3}{4}\Big)[\mathbf{E}(k)-(1-k^2)\mathbf{K}(k)],$$

$$A^{1/2}_{2,\,0} = -\frac{4c^{3/2}}{9\pi^2 b^2}\,\Gamma^2\Big(\frac{1}{4}\Big)[(2-3k^2)(1-k^2)\mathbf{K}(k)-2(1-2k^2)\mathbf{E}(k)],$$

$$A^{1/2}_{1,\,1} = -\frac{2\sqrt{c}}{3\pi^2 b}\,\Gamma^2\Big(\frac{1}{4}\Big)[(1-k^2)\mathbf{K}(k)-(1-2k^2)\mathbf{E}(k)],$$

$$A^{3/2}_{1,\,1} = \frac{4\sqrt{c}}{\pi^2 b\sqrt{c^2-b^2}}\,\Gamma^2\Big(\frac{3}{4}\Big)[(1-k^2)\mathbf{K}(k)-(1-2k^2)\mathbf{E}(k)],$$

$$A^{1/2}_{2,\,1} = \frac{16c^{3/2}}{5\pi^2 b^2}\,\Gamma^2\Big(\frac{3}{4}\Big)[2(1-k^2+k^4)\mathbf{E}(k)-(2-k^2)(1-k^2)\mathbf{K}(k)],$$

$$A^{1/2}_{2,\,2} = -\frac{4c^{3/2}}{21\pi^2 b^2}\,\Gamma^2\Big(\frac{1}{4}\Big)[(2+5k^2-8k^4)(1-k^2)\mathbf{K}(k)-2(1-2k^2)(1+4k^2-4k^4)\mathbf{E}(k)].$$

5. $$\int\limits_0^\infty x^{\alpha-1}J_\mu(cx)Y_\nu(cx)\,dx = -\frac{2^{\alpha-1}}{\pi c^{\alpha}}\cos\frac{\alpha+\mu-\nu}{2}\,\pi\times{} \times\Gamma\left[\begin{matrix}(\alpha+\mu+\nu)/2,\ (\alpha+\mu-\nu)/2,\ 1-\alpha\\ 1+(\mu+\nu-\alpha)/2,\ 1+(\mu-\nu-\alpha)/2\end{matrix}\right]$$ [$c>0$; $|\operatorname{Re}\nu|-\operatorname{Re}\mu<\operatorname{Re}\alpha<1$].

6. $$\int\limits_0^\infty x^{\alpha-1}[J_\nu(bx)Y_{-\nu}(cx)+J_{-\nu}(bx)Y_\nu(cx)]\,dx = {} = -\frac{2^{\alpha-1}}{\sqrt{\pi bc}}\,\Gamma\left[\begin{matrix}\alpha/2+\nu,\ \alpha/2-\nu\\ 1-\alpha/2\end{matrix}\right]|b^2-c^2|^{(1-\alpha)/2}P^{(1-\alpha)/2}_{-(1+\nu)/2}\Big(\frac{b^2+c^2}{2bc}\Big) = {} = -\frac{2^{\alpha}}{\pi}|b^2-c^2|^{-\alpha/2}e^{-i\pi\nu}\Gamma\left[\begin{matrix}\alpha/2-\nu\\ 1-\alpha/2\end{matrix}\right]Q^{\nu}_{\alpha/2-1}\Big(\frac{b^2+c^2}{|b^2-c^2|}\Big)$$ [$b,\ c>0$; $2|\operatorname{Re}\nu|<\operatorname{Re}\alpha<2$].

7. $$\int\limits_0^\infty \frac{x}{x^2+z^2}\,J_{\nu+2n+1}(bx)Y_\nu(cx)\,dx = (-1)^n I_{\nu+2n+1}(bz)K_\nu(cz)$$ [$0<b\leqslant c$; $\operatorname{Re}\nu>-n-3/2$].

8. $$\int\limits_0^\infty \frac{x^{\alpha-1}}{x^2+z^2}\,J_\mu(bx)\Big[\cos\frac{\alpha+\mu-\nu}{2}\,\pi J_\nu(cx)+\sin\frac{\alpha+\mu-\nu}{2}\,\pi Y_\nu(cx)\Big]\,dx = {} = -z^{\alpha-2}I_\mu(bz)K_\nu(cz)$$ [$0<b\leqslant c$; $|\operatorname{Re}\nu|-\operatorname{Re}\mu<\operatorname{Re}\alpha<3$].

2.13.16. Интегралы от $A(x)J_\mu(\varphi(x))Y_\nu(\chi(x))$.

1. $$\int_0^\infty xJ_{\nu/2}(bx^2)Y_\nu(cx)\,dx = \frac{\sec(\nu\pi/2)}{4b}\left[2\cos\frac{\nu\pi}{2}\,Y_{\nu/2}\left(\frac{c^2}{4b}\right) - Y_{-\nu/2}\left(\frac{c^2}{4b}\right) + \mathbf{H}_{-\nu/2}\left(\frac{c^2}{4b}\right)\right]$$

$[b,\ c>0;\ \operatorname{Re}\nu > -1]$.

2. $$\int_0^\infty J_{2\nu}(b\sqrt{x})Y_\nu(cx)\,dx = -\frac{1}{c}\mathbf{H}_\nu\left(\frac{b^2}{4c}\right)$$ $[b,\ c>0;\ \operatorname{Re}\nu > -1/2]$.

3. $$\int_0^\infty x^{1/2}J_{2\nu-1}(b\sqrt{x})Y_\nu(cx)\,dx = -\frac{b}{2c^2}\mathbf{H}_{\nu-1}\left(\frac{b^2}{4c}\right)$$ $[b,\ c>0;\ \operatorname{Re}\nu > -1/2]$.

4. $$\int_0^\infty x^{\pm1-1}J_\nu\left(\frac{b}{x}\right)Y_\nu(cx)\,dx = \begin{Bmatrix} c^{-1} \\ b^{-1}\end{Bmatrix}\left[Y_{2\nu}(2\sqrt{bc}) \pm \frac{2}{\pi}K_{2\nu}(2\sqrt{bc})\right]$$

$[b,\ c>0;\ -1/2 < \operatorname{Re}\nu < (3\pm2)/2]$.

5. $$\int_a^\infty x^{1-\nu}(x^2-a^2)^{\mu/2}J_\mu(b\sqrt{x^2-a^2})Y_\nu(cx)\,dx =$$
$$= \frac{a^{\mu-\nu+1}b^\mu}{c^\nu}|c^2-b^2|^{(\nu-\mu-1)/2}\begin{Bmatrix} Y_{\nu-\mu-1}(a\sqrt{c^2-b^2}) \\ -(2/\pi)K_{\nu-\mu-1}(a\sqrt{b^2-c^2})\end{Bmatrix}$$

$\left[\begin{Bmatrix} 0<b<c \\ 0<c<b\end{Bmatrix};\ a>0;\ -1<\operatorname{Re}\mu<\operatorname{Re}\nu\right]$.

6. $$\int_a^\infty x^{\nu+1}(x^2-a^2)^{\mu/2}J_\mu(b\sqrt{x^2-a^2})Y_\nu(cx)\,dx =$$
$$= -a^{\mu+\nu+1}b^\mu c^\nu(c^2-b^2)^{-(\mu+\nu+1)/2}[\sin\nu\pi\,J_{\mu+\nu+1}(a\sqrt{c^2-b^2}) + \cos\mu\pi\,Y_{\mu+\nu+1}(a\sqrt{c^2-b^2})]$$

$[0<b<c;\ a>0;\ \operatorname{Re}\mu>-1;\ \operatorname{Re}(\mu+\nu)<0]$.

7. $$= -\frac{2}{\pi}\,a^{\mu+\nu+1}b^\mu c^\nu(b^2-c^2)^{-(\mu+\nu+1)/2}K_{\mu+\nu+1}(a\sqrt{b^2-c^2})$$

$[0<c<b;\ a>0;\ \operatorname{Re}\mu>-1;\ \operatorname{Re}(\mu+\nu)<0]$.

8. $$\int_0^\infty \frac{x^{\nu+2n}}{(x^2+\xi^2)(x^2+z^2)^{\mu/2}}\,J_\mu(b\sqrt{x^2+z^2})Y_\nu(cx)\,dx =$$
$$= (-1)^{n+1}\xi^{\nu+2n-1}(\pm\xi^2\mp z^2)^{-\mu/2}\begin{Bmatrix} I_\mu(b\sqrt{\xi^2-z^2}) \\ J_\mu(b\sqrt{z^2-\xi^2})\end{Bmatrix}K_\nu(c\xi)$$

$[b,\ c,\ \operatorname{Re}z,\ \operatorname{Re}\xi>0;\ -1/2-n<\operatorname{Re}\nu<3-2n+\operatorname{Re}\mu;\ |\arg(\pm\xi^2\mp z^2)|<\pi]$.

9. $$\int_0^\infty x^{\alpha-1}J_\nu(b\sqrt{x^2+z^2}\pm bz)Y_\nu(b\sqrt{x^2+z^2}\mp bz)\,dx =$$
$$= \frac{1}{2\sqrt{\pi}}\left(\frac{z}{b}\right)^{\alpha/2}\Gamma\left(\frac{1-\alpha}{2}\right)\left(\Gamma\begin{bmatrix}\nu+\alpha/2 \\ 1+\nu-\alpha/2\end{bmatrix}Y_{-\alpha/2}(2bz)\ -\right.$$
$$\left. -\begin{Bmatrix}1 \\ 0\end{Bmatrix}\frac{2\cos\nu\pi}{\pi}\Gamma\left(\frac{\alpha}{2}-\nu\right)\Gamma\left(\frac{\alpha}{2}+\nu\right)J_{\alpha/2}(2bz)\right)$$ $\left[b,\ \operatorname{Re}z>0;\ 2\begin{Bmatrix}|\operatorname{Re}\nu| \\ -\operatorname{Re}\nu\end{Bmatrix}<\operatorname{Re}\alpha<1\right]$.

10. $$\int_0^\infty x^{\alpha-1}J_{-\nu}(b\sqrt{x^2+z^2}-bz)Y_\nu(b\sqrt{x^2+z^2}+bz)\,dx =$$
$$= -\frac{1}{2\sqrt{\pi}}\left(\frac{z}{b}\right)^{\alpha/2}\Gamma\begin{bmatrix}\alpha/2-\nu,\ (1-\alpha)/2 \\ 1-\nu-\alpha/2\end{bmatrix}[\sin\nu\pi\,J_{-\alpha/2}(2bz)-\cos\nu\pi\,Y_{-\alpha/2}(2bz)]$$

$[b,\ \operatorname{Re}z>0;\ 2\operatorname{Re}\nu<\operatorname{Re}\alpha<1]$.

11. $\int\limits_0^\infty x^{\alpha-1} J_{-\nu}(b\sqrt{x^2+z^2}+bz) Y_\nu(b\sqrt{x^2+z^2}-bz)\,dx =$

$= -\frac{1}{2\pi^{3/2}}\left(\frac{z}{b}\right)^{\alpha/2}\Gamma\left[\frac{\alpha}{2}+\nu,\ \frac{\alpha}{2}-\nu,\ \frac{1-\alpha}{2}\right]\Big[\Big(\cos\nu\pi\cos\left(\frac{\alpha}{2}+\nu\right)\pi+\cos\frac{\alpha\pi}{2}\Big)\times$

$\times J_{-\alpha/2}(2bz)+\cos\nu\pi\sin\left(\frac{\alpha}{2}+\nu\right)\pi Y_{-\alpha/2}(2bz)\Big]$ $[b,\ \operatorname{Re} z>0;\ 2|\operatorname{Re}\nu|<\operatorname{Re}\alpha<1]$.

2.13.17. Интегралы от $\varphi(x)[aJ_\nu^2(cx)+bY_\nu^2(cx)]^{-1}$.

1. $\int\limits_0^\infty \frac{J_\nu(cx)Y_\nu(bx)-J_\nu(bx)Y_\nu(cx)}{x[J_\nu^2(cx)+Y_\nu^2(cx)]}\,dx = \frac{\pi}{2}\left(\frac{c}{b}\right)^\nu$ $[0<c<b]$.

2.13.18. Интегралы, содержащие e^{px^n} и $J_\mu(bx^r)Y_\nu(cx)$.

1. $\int\limits_0^\infty x^n e^{-px} J_0(cx)Y_0(cx)\,dx = I_n$ $\left[\operatorname{Re} p>2|\operatorname{Im} c|;\ k=p/\sqrt{p^2+4c^2}\right]$,

$$I_0=-\frac{2k}{\pi p}\mathbf{K}(k),\qquad I_1=-\frac{2k}{\pi p^2}[\mathbf{K}(k)-\mathbf{E}(k)],$$

$$I_2=-\frac{2k}{\pi p^3}[(1+k^2)\mathbf{K}(k)-(1+2k^2)\mathbf{E}(k)],$$

$$I_3=-\frac{2k}{\pi p^4}[2(1-2k^4)\mathbf{K}(k)+(2+k^2+8k^4)\mathbf{E}(k)].$$

2. $\int\limits_0^\infty e^{-px}[J_\nu(cx)Y_{-\nu}(bx)+J_{-\nu}(bx)Y_\nu(cx)]\,dx = -\frac{\sec\nu\pi}{\sqrt{bc}}\,P_{\nu-1/2}\left(\frac{b^2+c^2+p^2}{2bc}\right)$

$[\operatorname{Re} p>|\operatorname{Im} b|+|\operatorname{Im} c|]$.

3. $\int\limits_0^\infty e^{-px}[J_0(cx)Y_0(bx)+J_0(bx)Y_0(cx)]\,dx = -\frac{4}{\pi\sqrt{p^2+(b+c)^2}}\mathbf{K}\left(\sqrt{\frac{p^2+(b-c)^2}{p^2+(b+c)^2}}\right)$

$[\operatorname{Re} p>|\operatorname{Im} b|+|\operatorname{Im} c|]$.

4. $\int\limits_0^\infty x^{2\nu+1}e^{-px^2}J_\nu(cx)Y_\nu(cx)\,dx = -\frac{c^{\nu-1}}{2\sqrt{\pi}}\,p^{-(3\nu+1)/2}\exp\left(-\frac{c^2}{2p}\right)W_{\nu/2,\,\nu/2}\left(\frac{c^2}{p}\right)$

$[c,\ \operatorname{Re} p>0;\ \operatorname{Re}\nu>-1/2]$.

5. $\int\limits_0^\infty xe^{-px^2}[J_0(cx)Y_0(bx)+J_0(bx)Y_0(cx)]\,dx = -\frac{1}{\pi p}\exp\left(-\frac{b^2+c^2}{4p}\right)K_0\left(\frac{bc}{2p}\right)$

$[\operatorname{Re} p>0]$.

6. $\int\limits_0^\infty e^{-px}[J_0(b\sqrt{x})Y_0(cx)+2J_0(cx)Y_0(b\sqrt{x})]\,dx =$

$= (p^2+c^2)^{-1/2}\exp\left(-\frac{b^2p}{4p^2+4c^2}\right)Y_0\left(\frac{b^2c}{4p^2+4c^2}\right)$ $[\operatorname{Re} p>|\operatorname{Im} c|]$.

2.13.19. Интегралы, содержащие тригонометрические функции и $J_\mu(bx^{\pm1})Y_\nu(cx)$.

1. $\int\limits_0^\infty \sin ax\,J_0(bx)Y_0(cx)\,dx = \frac{l}{\pi\sqrt{bc}}\left[F\left(\arcsin\sqrt{\frac{b+c-a}{2b}},\ l\right)-\right.$

$\left.-F\left(\arcsin\sqrt{\frac{a+b+c}{2b}},\ l\right)\right]$ $\left[0<c<b-a;\ a>0;\ l=\sqrt{4bc}\,/\sqrt{(b+c)^2-a^2}\right]$.

2. $$= \frac{1}{\pi k\sqrt{bc}}\left[F\left(\arcsin\sqrt{\frac{a+c-b}{a+b+c}},\, t\right) - F\left(\arcsin\sqrt{\frac{a+b-c}{a+b+c}},\, t\right) - \mathbf{K}(t)\right]$$

$$\left[0 < c < a-b;\ b > 0;\ t = \sqrt{a^2-(b+c)^2}\,/\sqrt{a^2-(b-c)^2},\ k = \sqrt{a^2-(b-c)^2}\,/\sqrt{4bc}\right].$$

3. $$= \frac{1}{\pi\sqrt{bc}}\left[F\left(\arcsin\sqrt{\frac{2c}{a+b+c}},\, \frac{1}{l}\right) - F\left(\arcsin\sqrt{\frac{2b}{a+b+c}},\, \frac{1}{l}\right)\right]$$

$[0 < |a-b| < c < a+b;\ l$ см. выше$]$.

4. $$= \frac{l}{\pi\sqrt{bc}}\left[F\left(\arcsin\sqrt{\frac{a+b+c}{2c}},\, l\right) - F\left(\arcsin\sqrt{\frac{b+c-a}{2c}},\, l\right)\right]$$

$[c > a+b;\ a,\ b > 0;\ l$ см. выше$]$.

5. $$\int\limits_0^\infty \sin ax[J_0(cx)Y_0(bx) + J_0(bx)Y_0(cx)]\,dx =$$

$$= -\begin{Bmatrix} 0 \\ 1 \end{Bmatrix}\frac{4}{\pi\sqrt{a^2-(b-c)^2}}\mathbf{K}\left(\sqrt{\frac{a^2-(b+c)^2}{a^2-(b-c)^2}}\right) \qquad \left[\begin{Bmatrix} 0 < a < b+c \\ a > b+c \end{Bmatrix},\ b,\ c > 0\right].$$

6. $$\int\limits_0^\infty \cos ax\, J_n(bx)Y_n(cx)\,dx = I_n \qquad \left[a,\ b,\ c > 0;\ k = \sqrt{a^2-(b-c)^2}\,/\sqrt{4bc}\right],$$

$$I_0 = -\begin{Bmatrix} 1 \\ 0 \end{Bmatrix}\frac{2}{\pi\sqrt{bc}}\mathbf{K}(k) \qquad \left[\begin{Bmatrix} 0 < a < b-c \\ 0 < a < c-b \end{Bmatrix}\right],$$

$$I_0 = -\frac{k^{-(1\mp1)/2}}{\pi\sqrt{bc}}\mathbf{K}(k^{\pm1}) \qquad \left[\begin{Bmatrix} |b-c| < a < b+c \\ a > b+c \end{Bmatrix}\right];$$

$$I_1 = \begin{Bmatrix} 1 \\ 0 \end{Bmatrix}\frac{2}{\pi\sqrt{bc}}\,[\mathbf{K}(k) - 2\mathbf{E}(k)] \qquad \left[\begin{Bmatrix} 0 < a < b-c \\ 0 < a < c-b \end{Bmatrix}\right],$$

$$I_1 = \frac{1}{\pi\sqrt{bc}}\,[\mathbf{K}(k) - 2\mathbf{E}(k)] \qquad [|b-c| < a < b+c],$$

$$I_1 = \frac{1}{\pi k\sqrt{bc}}\left[(2k^2-1)\mathbf{K}\left(\frac{1}{k}\right) - 2k^2\mathbf{E}\left(\frac{1}{k}\right)\right] \qquad [a > b+c];$$

$$I_2 = \begin{Bmatrix} 1 \\ 0 \end{Bmatrix}\frac{2}{3\pi\sqrt{bc}}\,[8(2k^2-1)\mathbf{E}(k) + (8k^2-5)\mathbf{K}(k)] \qquad \left[\begin{Bmatrix} 0 < a < b-c \\ 0 < a < c-b \end{Bmatrix}\right],$$

$$I_2 = \frac{1}{3\pi\sqrt{bc}}\,[(5-8k^2)\mathbf{K}(k) - 8(1-2k^2)\mathbf{E}(k)] \qquad [|b-c| < a < b+c],$$

$$I_2 = -\frac{1}{3\pi k\sqrt{bc}}\left[(3-16k^2+16k^4)\mathbf{K}\left(\frac{1}{k}\right) + 8k^2(1-2k^2)\mathbf{E}\left(\frac{1}{k}\right)\right] \qquad [a > b+c];$$

$$I_3 = \begin{Bmatrix} 2 \\ 1 \end{Bmatrix}\frac{1}{15\pi\sqrt{bc}}\,[(31-144k^2+128k^4)\mathbf{K}(k) - 2(23-128k^2+128k^4)\mathbf{E}(k)]$$

$$\left[\begin{Bmatrix} 0 < a < b-c \\ |b-c| < a < b+c \end{Bmatrix}\right],$$

$$I_3 = 0 \qquad [0 < a < c-b],$$

$$I_3 = \frac{1}{15\pi k\sqrt{bc}}\left[(15-128k^2+128k^4)(2k^2-1)\mathbf{K}\left(\frac{1}{k}\right) - 2k^2(23-128k^2+128k^4)\mathbf{E}\left(\frac{1}{k}\right)\right]$$

$[a > b+c]$.

7. $$\int\limits_0^\infty \sin ax[J_1(cx)Y_0(cx) + J_0(cx)Y_1(cx)]\,dx = -\frac{a}{\pi c^2}\mathbf{K}\left(\frac{a}{2c}\right) \qquad [0 < a < 2c].$$

8. $\displaystyle\int\limits_0^\infty x^{\alpha-1}\begin{Bmatrix}\sin ax\\ \cos ax\end{Bmatrix} J_\nu(cx)Y_\nu(cx)\,dx = I \qquad \left[a,\ c>0;\ -2\operatorname{Re}\nu-\delta,\ -\delta<\operatorname{Re}\alpha<2;\ \delta=\begin{Bmatrix}1\\0\end{Bmatrix}\right],$

$$= -\frac{a^\delta c^{-\alpha-\delta}}{2\sqrt{\pi}}\,\Gamma\begin{bmatrix}(\alpha+\delta)/2,\ \nu+(\alpha+\delta)/2\\ 1+\nu-(\alpha+\delta)/2,\ (1+\alpha+\delta)/2\end{bmatrix}\times$$

$$\times\ {}_3F_2\left(\frac{\alpha+\delta}{2}-\nu,\ \frac{\alpha+\delta}{2},\ \frac{\alpha+\delta}{2}+\nu;\ \frac{1+\alpha+\delta}{2},\ \frac{1}{2}+\delta;\ \frac{a^2}{4c^2}\right) \qquad [0<a<2c],$$

$$I = -\frac{\Gamma(\alpha)}{\pi\nu a^\alpha}\begin{Bmatrix}\sin(\alpha\pi/2)\\ \cos(\alpha\pi/2)\end{Bmatrix}{}_3F_2\left(\frac{1}{2},\ \frac{1+\alpha}{2},\ \frac{\alpha}{2};\ 1-\nu,\ 1+\nu;\ \frac{4c^2}{a^2}\right)-$$

$$-\left(\frac{c}{2}\right)^{2\nu}\frac{\cos\nu\pi}{\pi a^{\alpha+2\nu}}\begin{Bmatrix}\sin[(\alpha+2\nu)\pi/2]\\ \cos[(\alpha+2\nu)\pi/2]\end{Bmatrix}\Gamma\begin{bmatrix}-\nu,\ \alpha+2\nu\\ 1+\nu\end{bmatrix}\times$$

$$\times\ {}_3F_2\left(\frac{1}{2}+\nu,\ \frac{1+\alpha}{2}+\nu,\ \nu+\frac{\alpha}{2};\ 1+\nu,\ 1+2\nu;\ \frac{4c^2}{a^2}\right) \qquad [0<2c<a].$$

9. $\displaystyle\int\limits_0^1 \left(1+\frac{1}{x^2}\right)\sin\left(\frac{a}{x}-ax\right)\left[J_\nu(cx)Y_\nu\left(\frac{c}{x}\right)-J_\nu\left(\frac{c}{x}\right)Y_\nu(cx)\right]dx =$

$$=\begin{Bmatrix}0\\1\end{Bmatrix}\frac{4\cos\nu\pi}{\pi\sqrt{a^2-c^2}}\,K_{2\nu}\left(2\sqrt{a^2-c^2}\right) \qquad \left[\begin{Bmatrix}0<a<c\\ 0<c<a\end{Bmatrix},\ |\operatorname{Re}\nu|<1/2\right].$$

2.13.20. Интегралы от $x^\alpha Y_\mu(\varphi(x))Y_\nu(\chi(x))$.

1. $\displaystyle\int\limits_0^\infty Y_0(bx)Y_0(cx)\,dx = \frac{4}{\pi(b+c)}\mathbf{K}\left(\frac{2\sqrt{bc}}{b+c}\right)-\frac{2}{\pi c}\mathbf{K}\left(\frac{b}{c}\right) \qquad [0<b<c].$

2. $\displaystyle\int\limits_0^\infty x^{\alpha-1}Y_\mu(bx)Y_\nu(cx)\,dx = \frac{2^{\alpha-1}b^\mu}{\pi^2c^{\alpha+\mu}}\cos\mu\pi\cos\frac{\alpha+\mu-\nu}{2}\pi\times$

$$\times\Gamma\left[-\mu,\ \frac{\alpha+\mu+\nu}{2},\ \frac{\alpha+\mu-\nu}{2}\right]{}_2F_1\left(\frac{\alpha+\mu+\nu}{2},\ \frac{\alpha+\mu-\nu}{2};\ 1+\mu;\ \frac{b^2}{c^2}\right)+$$

$$+\frac{2^{\alpha-1}c^{\mu-\alpha}}{\pi^2b^\mu}\cos\frac{\alpha-\mu-\nu}{2}\pi\Gamma\left[\mu,\ \frac{\alpha+\nu-\mu}{2},\ \frac{\alpha-\nu-\mu}{2}\right]\times$$

$$\times\ {}_2F_1\left(\frac{\alpha+\nu-\mu}{2},\ \frac{\alpha-\nu-\mu}{2};\ 1-\mu;\ \frac{b^2}{c^2}\right) \qquad [0<b<c;\ |\operatorname{Re}\mu|+|\operatorname{Re}\nu|<\operatorname{Re}\alpha<2].$$

3. $\displaystyle\int\limits_0^\infty Y_{2\nu}(b\sqrt{x})Y_\nu(cx)\,dx = \frac{1}{2c}\left[\frac{1}{\cos\nu\pi}J_{-\nu}\left(\frac{b^2}{4c}\right)+\frac{1}{\sin\nu\pi}\mathbf{H}_{-\nu}\left(\frac{b^2}{4c}\right)-2\operatorname{ctg}2\nu\pi\mathbf{H}_\nu\left(\frac{b^2}{4c}\right)\right]$

$[b,\ c>0;\ |\operatorname{Re}\nu|<1/2].$

4. $\displaystyle\int\limits_0^\infty x^{\pm1-1}Y_\nu\left(\frac{b}{x}\right)Y_\nu(cx)\,dx = -\begin{Bmatrix}c^{-1}\\ b^{-1}\end{Bmatrix}J_{2\nu}(2\sqrt{bc}) \qquad [b,\ c>1;\ |\operatorname{Re}\nu|<1/2].$

5. $\displaystyle\int\limits_0^\infty \frac{1}{x}Y_{\nu+1}\left(\frac{b}{x}\right)Y_\nu(cx)\,dx = -\frac{1}{\sqrt{bc}}J_{2\nu+1}(2\sqrt{bc}) \qquad [b,\ c>0;\ -3/2<\operatorname{Re}\nu<1/2].$

6. $\displaystyle\int\limits_0^\infty x^{\alpha-1}Y_\nu\left(b\sqrt{x^2+z^2}+bz\right)Y_\nu\left(b\sqrt{x^2+z^2}-bz\right)dx =$

$$=-\frac{1}{2\sqrt{\pi}}\left(\frac{z}{b}\right)^{\alpha/2}\Gamma\left(\frac{1-\alpha}{2}\right)\left\{\frac{2\cos\nu\pi}{\pi}Y_{\alpha/2}(2bz)+\Gamma\begin{bmatrix}\nu+\alpha/2\\ 1+\nu-\alpha/2\end{bmatrix}J_{-\alpha/2}(2bz)\right\}$$

$[b,\ \operatorname{Re}z>0;\ 2|\operatorname{Re}\nu|<\operatorname{Re}\alpha<1].$

2.13.21. Интегралы, содержащие тригонометричекие функции и $Y_\mu(bx^{\pm 1})Y_\nu(cx)$.

1. $\displaystyle\int_0^\infty \cos ax Y_0(bx)Y_0(cx)\,dx = I \qquad \left[a,\ b,\ c>0;\ k=\sqrt{(b+c)^2-a^2}\,/\sqrt{4bc}\right],$

$$I=\frac{1}{\pi k\sqrt{bc}}\,\mathbf{K}\left(\frac{1}{k}\right) \qquad [0<a<|b-c|],$$

$$I=\begin{Bmatrix}1\\2\end{Bmatrix}\frac{1}{\pi\sqrt{bc}}\,\mathbf{K}(k) \qquad \left[\begin{Bmatrix}|b-c|<a<b+c\\ a>b+c\end{Bmatrix}\right].$$

2. $\displaystyle\int_0^\infty \cos ax[J_0(bx)J_0(cx)+Y_0(bx)Y_0(cx)]\,dx=\frac{4}{\pi\sqrt{(b+c)^2-a^2}}\mathbf{K}\left(\sqrt{\frac{4bc}{(b+c)^2-a^2}}\right)$

$[0<a<|b-c|;\ b,\ c>0].$

3. $\displaystyle = \frac{8}{\pi}\,(\sqrt{a^2-(b-c)^2}+2\sqrt{bc}\,)^{-1}\mathbf{K}\left(\left|\frac{\sqrt{a^2-(b-c)^2}-2\sqrt{bc}}{\sqrt{a^2-(b-c)^2}+2\sqrt{bc}}\right|\right)$

$[a>|b-c|;\ b,\ c>0].$

4. $\displaystyle\int_0^1 \left(1+\frac{1}{x^2}\right)\cos\left(a\frac{1-x^2}{x}\right)Y_\nu(cx)Y_\nu\left(\frac{c}{x}\right)dx=-\frac{1}{\sqrt{c^2-a^2}}\,J_{2\nu}(2\sqrt{c^2-a^2}\,)$

$[0<a<c;\ |\operatorname{Re}\nu|<1].$

5. $\displaystyle = \frac{4\cos\nu\pi}{\pi\sqrt{a^2-c^2}}\,K_{2\nu}(2\sqrt{a^2-c^2}\,) \qquad [0<c<a;\ |\operatorname{Re}\nu|<1].$

2.13.22. Интегралы от $A(x)J_\lambda(ax)J_\mu(bx)Y_\nu(cx)$.

1. $\displaystyle\int_0^\infty x^{\mu+1}J_\nu(ax)J_\mu(bx)Y_\nu(cx)\,dx=I$

$[a,\ b,\ c>0;\ \operatorname{Re}(\mu+\nu)>-1;\ -1<\operatorname{Re}\mu<1/2;\ 2acu_\pm=\pm(a^2+c^2-b^2)],$

$$I=\frac{\sqrt2\,b^\mu\cos\mu\pi}{\pi^{3/2}(ac)^{\mu+1}}\,e^{-(2\mu+1)\pi i/2}(u_+^2-1)^{-(2\mu+1)/4}Q_{\nu-1/2}^{\mu+1/2}(u_+) \qquad [b<c-a],$$

$$I=-\frac{b^\mu}{\sqrt{2\pi}\,(ac)^{\mu+1}}\,(u_+^2-1)^{-(2\mu+1)/4}\left[2P_{\nu-1/2}^{\mu+1/2}(u_+)-\frac{2}{\pi}\cos\mu\pi e^{-(2\mu+1)\pi i/2}Q_{\nu-1/2}^{\mu+1/2}(u_+)\right]$$

$[b<a-c],$

$$I=\frac{b^\mu}{\sqrt{2\pi}\,(ac)^{\mu+1}}\,(1-u_+^2)^{-(2\mu+1)/4}\left[\sin\mu\pi P_{\nu-1/2}^{\mu+1/2}(u_+)+\frac{2}{\pi}\cos\mu\pi Q_{\nu-1/2}^{\mu+1/2}(u_+)\right]$$

$[0<c-a<b<a+c],$

$$I=-\frac{\sqrt2\,b^\mu\cos\nu\pi}{\pi^{3/2}(ac)^{\mu+1}}\,(u_-^2-1)^{-(2\mu+1)/4}e^{-(2\mu+1)\pi i/2}Q_{\nu-1/2}^{\mu+1/2}(u_-) \qquad [a<c,\ b>a+c].$$

2. $\displaystyle\int_0^\infty x^{\nu+1}J_\mu(ax)J_\mu(bx)Y_\nu(cx)\,dx=I$

$[a,\ b,\ c>0;\ \operatorname{Re}\nu<1/2;\ \operatorname{Re}\mu,\ \operatorname{Re}(\mu+\nu)>-1;\ 2abz_\pm=\pm(a^2+b^2-c^2)],$

$$I=\mp\frac{\sqrt2\,c^\nu}{\pi^{3/2}(ab)^{\nu+1}}\begin{Bmatrix}\cos\nu\pi\\ \cos\mu\pi\end{Bmatrix}(z_+^2-1)^{-(2\nu+1)/4}e^{-(2\nu+1)\pi i/2}Q_{\mu-1/2}^{\nu+1/2}(z_+) \qquad \left[\begin{Bmatrix}c<|a-b|\\ c>a+b\end{Bmatrix}\right],$$

$$I=-\frac{c^\nu}{\sqrt{2\pi}\,(ab)^{\nu+1}}\,(1-z_+^2)^{-(2\nu+1)/4}\left[\sin\nu\pi P_{\mu-1/2}^{\nu+1/2}(z_+)+\frac{2}{\pi}\cos\nu\pi Q_{\mu-1/2}^{\nu+1/2}(z_+)\right]\qquad [|a-b|<c<a+b].$$

3. $$\int_0^\infty x^{1-\nu}J_\mu(ax)J_\mu(bx)Y_\nu(cx)\,dx=I$$
$[a,\ b,\ c>0;\ \operatorname{Re}\nu>-1/2;\ \operatorname{Re}\mu>-1;\ \operatorname{Re}(\nu-\mu)<1;\ 2abz_\pm=\pm(a^2+b^2-c^2)]$,

$$I=-\frac{\sqrt{2}\,(ab)^{\nu-1}}{\pi^{3/2}c^\nu}\,(z_+^2-1)^{(2\nu-1)/4}e^{(2\nu-1)\pi i/2}Q_{\mu-1/2}^{1/2-\nu}(z_+)\qquad [c<|a-b|],$$
$$I=-\frac{\sqrt{2}\,(ab)^{\nu-1}}{\pi^{3/2}c^\nu}\,(1-z_+^2)^{(2\nu-1)/4}Q_{\mu-1/2}^{1/2-\nu}(z_+)\qquad [|a-b|<c<a+b],$$
$$I=\frac{\sqrt{2}\,(ab)^{\nu-1}}{\pi^{3/2}c^\nu}\cos(\mu-\nu)\pi e^{(2\nu-1)\pi i/2}(z_-^2-1)^{(2\nu-1)/4}Q_{\mu-1/2}^{1/2-\nu}(z_-)\qquad [c>a+b].$$

4. $$\int_0^\infty xJ_0(ax)J_0(bx)Y_\nu(cx)\,dx=-\begin{Bmatrix}1\\0\end{Bmatrix}\frac{1}{\pi ab}\,(z^2-1)^{-1/2}$$
$$\left[\begin{Bmatrix}c<|a-b|\ \text{или}\ c>a+b\\ |a-b|<c<a+b\end{Bmatrix},\ a,\ b,\ c>0;\ |\operatorname{Re}\nu|<2;\ 2abz=a^2+b^2-c^2\right].$$

5. $$\int_0^\infty xJ_\nu(ax)J_0(bx)Y_\nu(cx)\,dx=I\qquad [a,\ b,\ c>0;\ \operatorname{Re}\nu>-1;\ 2acu_\pm=\pm(a^2+c^2-b^2)],$$

$$I=\pm\frac{1}{\pi ac}\,(u_+^2-1)^{-1/2}\left(u_++\sqrt{u_+^2-1}\,\right)^{\mp\nu}\qquad \left[\begin{Bmatrix}0<b<c-a\\0<b<a-c\end{Bmatrix}\right],$$
$$I=-\frac{1}{\pi ac}\,(1-u_+^2)^{-1/2}\sin(\nu\arccos u_+)\qquad [0<|a-c|<b<a+c],$$
$$I=-\frac{\cos\nu\pi}{\pi ac}\,(u_-^2-1)^{-1/2}\left(u_-+\sqrt{u_-^2-1}\,\right)^{-\nu}\qquad [b>a+c].$$

6. $$\int_0^\infty J_\mu^2(bx)Y_\nu(cx)\,dx=\frac{1}{c}\operatorname{tg}\frac{2\mu-\nu}{2}\,\pi\Gamma\begin{bmatrix}(1+\nu)/2+\mu\\(1+\nu)/2-\mu\end{bmatrix}\left[P_{(\nu-1)/2}^{-\mu}\left(\frac{\sqrt{c^2-4b^2}}{c}\right)\right]^2$$
$$[0<2b<c;\ 2\operatorname{Re}\mu>|\operatorname{Re}\nu|-1].$$

7. $$\int_0^\infty J_{-\mu}(bx)J_\mu(bx)Y_\nu(cx)\,dx=-\frac{1}{c}\operatorname{tg}\frac{\nu\pi}{2}\,P_{(\nu-1)/2}^{\mu}\left(\frac{\sqrt{c^2-4b^2}}{c}\right)P_{(\nu-1)/2}^{-\mu}\left(\frac{\sqrt{c^2-4b^2}}{c}\right)$$
$$[0<2b<c;\ |\operatorname{Re}\mu|<1].$$

8. $$\int_0^\infty x^{\alpha-1}J_\lambda(bx)J_\mu(bx)Y_\nu(cx)\,dx=I\qquad [b,\ c>0;\ |\operatorname{Re}\nu|-\operatorname{Re}(\lambda+\mu)<\operatorname{Re}\alpha<5/2],$$

$$I=-\frac{2^{\alpha-1}b^{\lambda+\mu}}{\pi c^{\alpha+\lambda+\mu}}\cos\frac{\alpha+\lambda+\mu-\nu}{2}\,\pi\Gamma\begin{bmatrix}(\alpha+\lambda+\mu+\nu)/2,\ (\alpha+\lambda+\mu-\nu)/2\\1+\lambda,\ 1+\mu\end{bmatrix}\times$$
$$\times{}_4F_3\left(\frac{1+\lambda+\mu}{2},\ 1+\frac{\lambda+\mu}{2},\ \frac{\alpha+\lambda+\mu+\nu}{2},\ \frac{\alpha+\lambda+\mu-\nu}{2};\right.$$
$$\left.1+\lambda,\ 1+\mu,\ 1+\lambda+\mu;\ \frac{4b^2}{c^2}\right)\qquad [0<2b<c],$$

$$I=\frac{2^{\alpha-2}c^{1-\alpha}}{\pi b}\sin\frac{\nu-\alpha}{2}\,\pi\Gamma\begin{bmatrix}(\alpha+\nu-1)/2,\ (\alpha-\nu-1)/2\\(1+\lambda-\mu)/2,\ (1+\mu-\lambda)/2\end{bmatrix}\times$$
$$\times{}_4F_3\left(\frac{1-\mu-\lambda}{2},\ \frac{1+\mu-\lambda}{2},\ \frac{1+\lambda-\mu}{2},\ \frac{1+\lambda+\mu}{2};\ \frac{1}{2},\ \frac{3-\nu-\alpha}{2},\ \frac{3+\nu-\alpha}{2};\ \frac{c^2}{4b^2}\right)-$$

$$-\frac{2^{\alpha-3}c^{2-\alpha}}{\pi b^2}(\lambda+\mu)\cos\frac{\nu-\alpha}{2}\pi\Gamma\left[\begin{matrix}(\alpha+\nu)/2-1,\ (\alpha-\nu)/2-1\\ (\mu-\lambda)/2,\ (\lambda-\mu)/2\end{matrix}\right]\times$$

$$\times\ {}_4F_3\left(1-\frac{\lambda+\mu}{2},\ 1+\frac{\lambda-\mu}{2},\ 1+\frac{\mu-\lambda}{2},\ 1+\frac{\mu+\lambda}{2};\ \frac{3}{2},\right.$$

$$\left.2-\frac{\alpha+\nu}{2},\ 2-\frac{\alpha-\nu}{2};\ \frac{c^2}{4b^2}\right)-\frac{2^{\alpha-1}c^{\nu}}{\pi b^{\alpha+\nu}}\times$$

$$\times\cos\nu\pi\Gamma\left[\begin{matrix}1-\alpha-\nu,\ -\nu,\ (\alpha+\lambda+\mu+\nu)/2\\ 1+(\lambda+\mu-\nu-\alpha)/2,\ 1+(\lambda-\mu-\nu-\alpha)/2,\ 1+(\mu-\lambda-\nu-\alpha)/2\end{matrix}\right]\times$$

$$\times\ {}_4F_3\left(\frac{\alpha+\nu-\mu-\lambda}{2},\ \frac{\alpha+\nu+\mu-\lambda}{2},\ \frac{\alpha+\nu+\lambda-\mu}{2},\ \frac{\alpha+\nu+\lambda+\mu}{2};\right.$$

$$\left.1+\nu,\ \frac{\alpha+\nu}{2},\ \frac{1+\alpha+\nu}{2};\ \frac{c^2}{4b^2}\right)-\frac{2^{\alpha-1}b^{\nu-\alpha}}{c^{\nu}\pi}\times$$

$$\times\Gamma\left[\begin{matrix}1+\nu-\alpha,\ \nu,\ (\lambda+\mu+\alpha-\nu)/2\\ 1+(\lambda+\mu+\nu-\alpha)/2,\ 1+(\lambda+\nu-\mu-\alpha)/2,\ 1+(\mu+\nu-\lambda-\alpha)/2\end{matrix}\right]\times$$

$$\times\ {}_4F_3\left(\frac{\alpha-\lambda-\mu-\nu}{2},\ \frac{\alpha+\mu-\nu-\lambda}{2},\ \frac{\alpha+\lambda-\mu-\nu}{2},\ \frac{\alpha+\lambda+\mu-\nu}{2};\right.$$

$$\left.1-\nu,\ \frac{1+\alpha-\nu}{2},\ \frac{\alpha-\nu}{2};\ \frac{c^2}{4b^2}\right)\qquad [0<c<2b].$$

9. $$\int_0^\infty x^{\nu+1}J_\nu^2(bx)Y_\nu(cx)\,dx=\frac{2^{3\nu+1}b^{2\nu}c^{-\nu-1}}{\sqrt{\pi}\ \Gamma(1/2-\nu)}(c^2-4b^2)_+^{-\nu-1/2}$$
$[b,\ c>0;\ 2b\neq c;\ |\operatorname{Re}\nu|<1/2]$.

10. $$\int_0^\infty x^{\alpha-1}J_\lambda(ax)J_\mu(cx)Y_\nu(cx)\,dx=I\qquad [a,\ c>0;\ |\operatorname{Re}\nu|-\operatorname{Re}(\lambda+\mu)<\operatorname{Re}\alpha<5/2],$$

$$I=\frac{2^{\alpha-1}a^{\nu-\mu-\alpha}}{\pi c^{\nu-\mu}}\Gamma\left[\begin{matrix}\nu,\ (\alpha+\lambda+\mu-\nu)/2\\ \mu+1,\ 1+(\lambda+\nu-\mu-\alpha)/2\end{matrix}\right]\times$$

$$\times\ {}_4F_3\left(\frac{\alpha+\mu-\lambda-\nu}{2},\ \frac{1+\mu-\nu}{2},\ 1+\frac{\mu-\nu}{2},\ \frac{\alpha+\lambda+\mu-\nu}{2};\right.$$

$$\left.1-\nu,\ 1+\mu,\ 1+\mu-\nu;\ \frac{4c^2}{a^2}\right)-\frac{2^{\alpha-1}c^{\mu+\nu}}{\pi a^{\mu+\nu+\alpha}}\cos\nu\pi\Gamma\left[\begin{matrix}-\nu,\ (\alpha+\lambda+\mu+\nu)/2\\ 1+(\lambda-\mu-\nu-\alpha)/2,\ 1+\mu\end{matrix}\right]\times$$

$$\times\ {}_4F_3\left(\frac{\alpha+\mu+\nu-\lambda}{2},\ \frac{\mu+\nu+1}{2},\ \frac{\mu+\nu}{2}+1,\ \frac{\alpha+\lambda+\mu+\nu}{2};\right.$$

$$\left.1+\mu,\ 1+\mu+\nu,\ 1+\nu;\ \frac{4c^2}{a^2}\right)\qquad [0<2c<a],$$

$$I=\frac{2^{\alpha-2}a^{1-\alpha}}{\pi c}\sin\frac{\mu-\nu}{2}\pi\Gamma\left[\begin{matrix}(\lambda+\alpha-1)/2\\ (3+\lambda-\alpha)/2\end{matrix}\right]\times$$

$$\times\ {}_4F_3\left(\frac{1-\mu-\nu}{2},\ \frac{1+\nu-\mu}{2},\ \frac{1+\mu+\nu}{2},\ \frac{1+\mu-\nu}{2};\ \frac{1}{2},\ \frac{3-\lambda-\alpha}{2},\ \frac{3+\lambda-\alpha}{2};\ \frac{a^2}{4c^2}\right)+$$

$$+\left(\frac{a}{2}\right)^{2-\alpha}\frac{\nu^2-\mu^2}{\pi c^4}\cos\frac{\mu-\nu}{2}\pi\Gamma\left[\begin{matrix}(\lambda+\alpha)/2-1\\ 2+(\lambda-\alpha)/2\end{matrix}\right]\times$$

$$\times\ {}_4F_3\left(1-\frac{\mu+\nu}{2},\ 1+\frac{\nu-\mu}{2},\ 1+\frac{\mu+\nu}{2},\ 1+\frac{\mu-\nu}{2};\ \frac{3}{2},\ 2-\frac{\lambda+\alpha}{2},\ 2+\frac{\lambda-\alpha}{2};\ \frac{a^2}{4c^2}\right)-$$

$$-\frac{2^{\alpha-1}a^{\lambda}}{\pi c^{\alpha+\lambda}}\cos\frac{\alpha+\lambda+\mu-\nu}{2}\pi\Gamma\left[\begin{matrix}1-\alpha-\lambda,\ (\alpha+\lambda+\mu+\nu)/2,\ (\alpha+\lambda+\mu-\nu)/2\\ 1+\lambda,\ 1+(\mu+\nu-\lambda-\alpha)/2,\ 1+(\mu-\lambda-\nu-\alpha)/2\end{matrix}\right]\times$$

$$\times {}_4F_3\left(\frac{\alpha+\lambda-\mu-\nu}{2}, \frac{\alpha+\lambda+\nu-\mu}{2}, \frac{\alpha+\lambda+\mu+\nu}{2}, \frac{\alpha+\lambda+\mu-\nu}{2}; \frac{1+\alpha+\lambda}{2}, \frac{\alpha+\lambda}{2}, 1+\lambda; \frac{a^2}{4c^2}\right) \qquad [0 < a < 2c].$$

11. $$\int_0^\infty x^{\nu+1} J_\nu(ax) J_\nu(cx) Y_\nu(cx)\,dx = -\frac{2^{3\nu+1} c^{2\nu} a^{-\nu-1}}{\sqrt{\pi}\,\Gamma(1/2-\nu)} (a^2-4c^2)_+^{-\nu-1/2}$$ $[a,\ c > 0;\ a \neq 2c;\ |\operatorname{Re}\nu| < 1/2]$.

12. $$\int_0^\infty x J_{2\nu}(ax) J_\nu(cx) Y_\nu(cx)\,dx = -\frac{2}{\pi a}(a^2-4c^2)_+^{-1/2}$$ $[a,\ c > 0;\ a \neq 2c;\ \operatorname{Re}\nu > -1/2]$.

13. $$\int_0^\infty x J_0(ax) J_\nu(cx) Y_\nu(cx)\,dx = -\frac{2^{\nu+1} c^{2\nu}}{\pi a} \cos\nu\pi (a^2-4c^2)^{-1/2} (a^2-2c^2+a\sqrt{a^2-4c^2}\,)^{-\nu}$$ $[0 < 2c < a;\ \operatorname{Re}\nu > -1]$.

14. $$= -\frac{2}{\pi a}(4c^2-a^2)^{-1/2} \sin\left[\nu \arccos\left(1-\frac{a^2}{2c^2}\right)\right]$$ $[0 < a < 2c;\ \operatorname{Re}\nu > -1]$.

15. $$\int_0^\infty \frac{x^{\alpha-1}}{x^2+z^2} J_\mu(ax) J_\nu(bx)\left[\cos\frac{\alpha+\mu}{2}\pi J_\nu(cx) + \sin\frac{\alpha+\mu}{2}\pi Y_\nu(cx)\right] dx = -z^{\alpha-2} J_\mu(az) I_\nu(bz) K_\nu(cz)$$ $[c > a+b;\ a,\ b > 0;\ \operatorname{Re}\alpha < 9/2;\ \operatorname{Re}(\alpha+\mu),\ \operatorname{Re}(\alpha+\mu+2\nu) > 0]$.

2.13.23. Интегралы от $x^\alpha J_\lambda(\varphi(x)) J_\mu(\chi(x)) Y_\nu(cx)$.

1. $$\int_0^\infty x J_{\nu/4}(bx^2) I_{-\nu/4}(bx^2) Y_\nu(cx)\,dx = \frac{1}{16b}\sec\frac{\nu\pi}{4} \times \left[2\cos^2\frac{\nu\pi}{2} J_{\nu/4}^2\left(\frac{c^2}{16b}\right) + 2\sin\frac{\nu\pi}{2} J_{\nu/4}\left(\frac{c^2}{16b}\right) Y_{\nu/4}\left(\frac{c^2}{16b}\right) - Y_{\nu/4}^2\left(\frac{c^2}{16b}\right)\right]$$ $[b,\ c > 0;\ |\operatorname{Re}\nu| < 2]$.

2. $$\int_0^\infty J_{4\nu}(a\sqrt{x}\,) J_\nu(cx) Y_\nu(cx)\,dx = -\frac{1}{2c} J_\nu^2\left(\frac{a^2}{16c}\right)$$ $[a,\ c > 0;\ \operatorname{Re}\nu > -1/4]$.

3. $$\int_0^\infty J_{4\nu}(a\sqrt{x}\,) J_\nu(cx)[\sin\nu\pi J_\nu(cx) - \cos\nu\pi Y_\nu(cx)]\,dx = \frac{1}{2c} J_\nu\left(\frac{a^2}{16c}\right) J_{-\nu}\left(\frac{a^2}{16c}\right)$$ $[a,\ c > 0;\ \operatorname{Re}\nu > -1]$.

4. $$\int_0^\infty x J_{2\nu}(ax) J_\nu(b\sqrt{x^2+z^2} - bz) Y_\nu(b\sqrt{x^2+z^2} + bz)\,dx = \frac{2}{\pi a}(4b^2-a^2)^{-1/2} \sin(z\sqrt{4b^2-a^2}\,)$$ $[0 < a < 2b;\ \operatorname{Re} z > 0;\ \operatorname{Re}\nu > -1/2]$.

5. $$= -\frac{2}{\pi a}(a^2-4b^2)^{-1/2} \exp(-z\sqrt{a^2-4b^2}\,)$$ $[0 < 2b < a;\ \operatorname{Re} z > 0;\ \operatorname{Re}\nu > -1/2]$.

2.13.24. Интегралы, содержащие $A(x)\prod_k J_{\mu_k}(b_k x) Y_\nu(cx)$.

1. $$\int_0^\infty x J_\nu^2(bx) J_\nu(cx) Y_\nu(cx)\,dx = 0$$ $[0 < b < c;\ \operatorname{Re}\nu > -1/2]$.

2. $$= -\frac{1}{2\pi bc}\begin{Bmatrix} 0 \\ 1 \end{Bmatrix}$$ $\left[\begin{Bmatrix} 0 < b < c \\ 0 < c < b \end{Bmatrix},\ \operatorname{Re}\nu > -1/2\right]$.

3. $$\int_0^\infty \frac{x^{\alpha-1}}{x^2+z^2}\prod_{k=1}^n J_{\mu_k}(b_k x)\left[\cos\frac{\alpha+\lambda-\nu}{2}\pi J_\nu(cx)+\sin\frac{\alpha+\lambda-\nu}{2}\pi Y_\nu(cx)\right]dx = -z^{\alpha-2}K_\nu(cz)\prod_{k=1}^n I_{\mu_k}(b_k z)$$

$$\left[\lambda=\sum_{k=1}^n \mu_k;\ c>\sum_{k=1}^n b_k;\ b_k>0;\ 2\operatorname{Re}\alpha<n+7;\ |\operatorname{Re}\nu|<\operatorname{Re}(\alpha+\lambda)\right].$$

2.13.25. Интегралы, содержащие $x^\alpha J_\lambda(ax)Y_\mu(bx)Y_\nu(cx)$.

1. $$\int_0^\infty xJ_0(ax)Y_0^2(cx)\,dx = \frac{4}{\pi^2 a}(4c^2-a^2)^{-1/2}\arcsin\left(1-\frac{a^2}{2c^2}\right) \qquad [0<a<2c].$$

2. $$= \frac{4}{\pi^2 a}(a^2-4c^2)^{-1/2}\ln\frac{a^2-2c^2+a\sqrt{a^2-4c^2}}{2c^2} \qquad [0<2c<a].$$

3. $$\int_0^\infty x^{\nu+1}J_\nu(ax)[J_0(bx)J_0(cx)+Y_0(bx)Y_0(cx)]\,dx = \frac{4a^\nu}{\pi^{3/2}[a^2-(b-c)^2]^{\nu+1}}\Gamma\left[\begin{matrix}\nu+1,\ \nu+1\\ \nu+3/2\end{matrix}\right]{}_2F_1\left(\nu+1,\ \frac{1}{2};\ \nu+\frac{3}{2};\ \frac{a^2-(b+c)^2}{a^2-(b-c)^2}\right)$$ $$[a>|b-c|].$$

4. $$\int_0^\infty xJ_0(ax)[J_0(bx)J_0(cx)+Y_0(bx)Y_0(cx)]\,dx = \frac{1}{\sqrt{(b-c)^2-a^2}\sqrt{(b+c)^2-a^2}}\{\ln 2\sqrt{bc}-\ln[\sqrt{(b-c)^2-a^2}+\sqrt{(b+c)^2-a^2}\,]\}$$ $$[a<|b-c|].$$

5. $$= \frac{1}{\sqrt{a^2-(b-c)^2}\sqrt{(b+c)^2-a^2}}\arcsin\sqrt{\frac{(b+c)^2-a^2}{4bc}} \qquad [\,|b-c|<a<b+c].$$

6. $$= \frac{1}{\sqrt{a^2-(b-c)^2}\sqrt{a^2-(b+c)^2}}\operatorname{Arsh}\sqrt{\frac{a^2-(b+c)^2}{4bc}} \qquad [a>b+c].$$

7. $$\int_0^\infty J_\mu(ax)[J_\nu^2(cx)+Y_\nu^2(cx)]\,dx = \frac{2\operatorname{cosec}\nu\pi}{\pi a}\left[P^\nu_{(\mu-1)/2}\left(\frac{\sqrt{a^2-4c^2}}{a}\right)Q^{-\nu}_{(\mu-1)/2}\left(\frac{\sqrt{a^2-4c^2}}{a}\right) - P^{-\nu}_{(\mu-1)/2}\left(\frac{\sqrt{a^2-4c^2}}{a}\right)Q^{\nu}_{(\mu-1)/2}\left(\frac{\sqrt{a^2-4c^2}}{a}\right)\right]$$ $$[0<2c<a;\ \operatorname{Re}\mu>2|\operatorname{Re}\nu|-1].$$

8. $$\int_0^\infty x^{\mu+1}J_\mu(ax)[J_\nu^2(cx)+Y_\nu^2(cx)]\,dx = \frac{2^{\mu+1}}{\pi^{3/2}c\sqrt{a}}\Gamma(\mu-\nu+1)\Gamma(\mu+\nu+1)\times (a^2-4c^2)^{-(2\mu+1)/4}P^{-\mu-1/2}_{\nu-1/2}\left(\frac{a^2}{2c^2}-1\right)$$ $$[0<2c<a;\ 2|\operatorname{Re}\nu|-2<\operatorname{Re}\mu<1/2].$$

9. $$\int_0^\infty xJ_0(ax)[J_\nu^2(cx)+Y_\nu^2(cx)]\,dx = \frac{2^{2\nu+1}c^{2\nu}}{\pi a\sin\nu\pi\sqrt{a^2-4c^2}}\times [(a-\sqrt{a^2-4c^2}\,)^{-2\nu}-(a+\sqrt{a^2-4c^2}\,)^{-2\nu}]$$ $$[0<2c<a;\ |\operatorname{Re}\nu|<1].$$

2.13.26. Интегралы от $x^\alpha J_\nu(bx)J_\nu(cx)Y_\nu(bx)Y_\nu(cx)$.

1. $$\int_0^\infty x^{2\nu+1}J_\nu(bx)J_\nu(cx)Y_\nu(bx)Y_\nu(cx)\,dx = \frac{b^{2\nu}}{2\pi c^{4\nu+2}}\Gamma\begin{bmatrix}3\nu+1\\1/2-\nu,\ 2\nu+3/2\end{bmatrix}\times$$ $$\times\,{}_2F_1\left(\nu+\frac{1}{2},\ 3\nu+1;\ 2\nu+\frac{3}{2};\ \frac{b^2}{c^2}\right)\qquad [0<b<c;\ -1/3<\operatorname{Re}\nu<1/2].$$

2. $$\int_0^\infty xJ_0(bx)J_0(cx)Y_0(bx)Y_0(cx)\,dx = \frac{1}{2\pi^2 bc}\ln\frac{c+b}{c-b}\qquad [0<b<c].$$

3. $$\int_0^\infty x^{1/2}J_{-1/4}(bx)J_{-1/4}(cx)Y_{-1/4}(bx)Y_{-1/4}(cx)\,dx = \frac{\Gamma^2(1/4)}{\pi^3 c\sqrt{2b}}\mathbf{K}(k)$$ $$\left[0<b<c;\ k=(c-\sqrt{c^2-b^2})^{1/2}/\sqrt{2c}\right].$$

4. $$\int_0^\infty x^{3/2}J_{1/4}(bx)J_{1/4}(cx)Y_{1/4}(bx)Y_{1/4}(cx)\,dx = \frac{\Gamma^2(3/4)\sqrt{b}}{2\sqrt{2}\,\pi^3c^3k^2(1-k^2)(1-2k^2)}\times$$ $$\times\,[(1-k^2)\mathbf{K}(k)-(1-2k^2)\mathbf{E}(k)]\qquad [0<b<c;\ k \text{ см. в } 2.13.26.3].$$

2.13.27. Интегралы по индексу, содержащие $Y_{\nu+ix}(c)$.

1. $$\int_0^\infty \frac{1}{\operatorname{ch}\pi x}\,[J_{ix}^2(c)+Y_{ix}^2(c)]\,dx = \mathbf{H}_0(2c)-Y_0(2c)\qquad [c>0].$$

2. $$\int_0^\infty \frac{\cos bx}{\operatorname{ch}\pi x}\,[J_{ix}^2(c)+Y_{ix}^2(c)]\,dx = \mathbf{H}_0\left(2c\operatorname{ch}\frac{b}{2}\right)-Y_0\left(2c\operatorname{ch}\frac{b}{2}\right)\qquad [c>0].$$

3. $$\int_{-\infty}^\infty e^{ipx}\left[J_{\nu-ix}(b)\begin{bmatrix}Y_{\nu+ix}(c)\\J_{\nu+ix}(c)\end{bmatrix}\pm Y_{\nu-ix}(b)\begin{Bmatrix}J_{\nu+ix}(c)\\Y_{\nu+ix}(c)\end{Bmatrix}\right]dx =$$ $$=\mp 2\left(\frac{z_+}{z_-}\right)^\nu\begin{Bmatrix}J_{2\nu}(\sqrt{z_+z_-})\\Y_{2\nu}(\sqrt{z_+z_-})\end{Bmatrix}\qquad \left[z_\pm = be^{\mp p/2}+ce^{\pm p/2};\ b,\ c>0;\ \operatorname{Im}p=0\right].$$

2.13.28. Интегралы, содержащие $\operatorname{Ei}(bx^{\pm n})Y_\nu(cx)$.

1. $$\int_0^\infty x^{\alpha-1}\operatorname{Ei}(-bx)Y_\nu(cx)\,dx = -\frac{2^\alpha b}{\pi c^{\alpha+1}}\sin\frac{\alpha-\nu}{2}\pi\Gamma\left(\frac{\alpha+\nu+1}{2}\right)\times$$ $$\times\,\Gamma\left(\frac{\alpha-\nu+1}{2}\right){}_3F_2\left(\frac{\alpha+\nu+1}{2},\ \frac{\alpha-\nu+1}{2},\ \frac{1}{2};\ \frac{3}{2},\ \frac{3}{2};\ -\frac{b^2}{c^2}\right)+$$ $$+\,\frac{2^{\alpha-1}b^2}{\pi c^{\alpha+2}}\Gamma\left(\frac{\alpha+\nu}{2}+1\right)\Gamma\left(\frac{\alpha-\nu}{2}+1\right)\cos\frac{\alpha-\nu}{2}\pi\,{}_4F_3\left(\frac{\alpha+\nu}{2}+1,\ \frac{\alpha-\nu}{2}+1,\right.$$ $$\left.1,\ 1;\ 2,\ 2,\ \frac{3}{2};\ -\frac{b^2}{c^2}\right)-\frac{2^{\alpha-2}}{\pi c^\alpha}\Gamma\left(\frac{\alpha+\nu}{2}\right)\Gamma\left(\frac{\alpha-\nu}{2}\right)\times$$ $$\times\cos\frac{\alpha-\nu}{2}\pi\left[\psi\left(\frac{\alpha+\nu}{2}\right)+\psi\left(\frac{\alpha-\nu}{2}\right)-\pi\operatorname{tg}\frac{\alpha-\nu}{2}\pi+2\mathbf{C}+2\ln\frac{2b}{c}\right]$$ $$[c,\ \operatorname{Re}b>0;\ \operatorname{Re}\alpha>|\operatorname{Re}\nu|].$$

2. $$\int_0^\infty x^{\alpha-1}\operatorname{Ei}(-bx^2)Y_\nu(cx)\,dx = \frac{2^\nu b^{(\nu-\alpha)/2}\Gamma(\nu)}{(\alpha-\nu)\pi c^\nu}\times$$ $$\times\,\Gamma\left(\frac{\alpha-\nu}{2}\right){}_2F_2\left(\frac{\alpha-\nu}{2},\ \frac{\alpha-\nu}{2};\ \frac{\alpha-\nu}{2}+1,\ 1-\nu;\ -\frac{c^2}{4b}\right)+$$

$$+\frac{c^{\nu}\cos\nu\pi\Gamma(-\nu)}{2^{\nu}(\alpha+\nu)\pi b^{(\alpha+\nu)/2}}\Gamma\left(\frac{\alpha+\nu}{2}\right){}_2F_2\left(\frac{\alpha+\nu}{2},\ \frac{\alpha+\nu}{2};\ \frac{\alpha+\nu}{2}+1,\ 1+\nu;\ -\frac{c^2}{4b}\right)$$

$[c,\ \operatorname{Re} b>0;\ \operatorname{Re}\alpha>|\operatorname{Re}\nu|]$.

3. $$\int\limits_0^{\infty} x\operatorname{Ei}(-bx^2)Y_0(cx)\,dx=-\frac{2}{\pi c^2}\left[\mathbf{C}+\ln\frac{c^2}{4b}-\exp\left(-\frac{c^2}{4b}\right)\operatorname{Ei}\left(\frac{c^2}{4b}\right)\right]$$ $[c,\ \operatorname{Re} b>0]$.

4. $$\int\limits_0^{\infty}\operatorname{Ei}\left(-\frac{b}{x}\right)Y_1(cx)\,dx=-\frac{2}{c}\,Y_0(\sqrt{2bc}\,)K_0(\sqrt{2bc}\,)$$ $[c,\ \operatorname{Re} b>0]$.

5. $$\int\limits_0^{\infty} x^{\alpha-1}e^{\pm bx}\operatorname{Ei}(\mp bx)Y_\nu(cx)\,dx=U(1)$$ $[c,\ \operatorname{Re} b>0;\ |\operatorname{Re}\nu|<\operatorname{Re}\alpha<5/2]$,

$$U(\gamma)=-\frac{2^{\nu}\Gamma(\nu)\Gamma(\alpha-\nu)}{b^{\alpha-\nu}c^{\nu}}\left\{\begin{matrix}\operatorname{cosec}(\nu-\alpha)\pi\\ \operatorname{ctg}(\nu-\alpha)\pi\end{matrix}\right\}{}_2F_1\left(\frac{\alpha-\nu}{2},\ \frac{\alpha-\nu+1}{2};\ 1-\nu;\ \frac{(-1)^{\gamma}c^2}{b^2}\right)+$$
$$+\frac{c^{\nu}\Gamma(-\nu)}{2^{\nu}b^{\alpha+\nu}}\Gamma(\alpha+\nu)\left\{\begin{matrix}\operatorname{cosec}(\alpha+\nu)\pi\\ \operatorname{ctg}(\alpha+\nu)\pi\end{matrix}\right\}{}_2F_1\left(\frac{\alpha+\nu}{2},\ \frac{\alpha+\nu+1}{2};\ \nu+1;\ \frac{(-1)^{\gamma}c^2}{b^2}\right)\pm$$
$$\pm\frac{2^{\alpha-2}}{\pi bc^{\alpha-1}}\sin^{\gamma}\frac{\alpha-\nu}{2}\,\pi\Gamma\left(\frac{\alpha+\nu-1}{2}\right)\Gamma\left(\frac{\alpha-\nu-1}{2}\right)\times$$
$$\times{}_3F_2\left(\frac{1}{2},\ 1,\ 1;\ \frac{3-\alpha-\nu}{2},\ \frac{3-\alpha+\nu}{2};\ \frac{(-1)^{\gamma}c^2}{b^2}\right)-$$
$$-\frac{(-1)^{\gamma}2^{\alpha-3}}{\pi b^2c^{\alpha-2}}\cos^{\gamma}\frac{\alpha-\nu}{2}\,\pi\Gamma\left(\frac{\alpha+\nu}{2}-1\right)\Gamma\left(\frac{\alpha-\nu}{2}-1\right)\times$$
$$\times{}_3F_2\left(1,\ 1,\ \frac{3}{2};\ 2-\frac{\alpha+\nu}{2},\ 2-\frac{\alpha-\nu}{2};\ \frac{(-1)^{\gamma}c^2}{b^2}\right).$$

6. $$\int\limits_0^{\infty} x^{\nu+3\pm1}e^{bx^2}\operatorname{Ei}(-bx^2)Y_\nu(cx)\,dx=\pm\frac{3^{(1\pm1)/2}\sqrt{\pi}}{2^{(3\pm1)/2}b^{(\nu+3\pm1)/2}c}\Gamma\left(\nu+\frac{4\pm1}{2}\right)\times$$
$$\times\exp\left(\frac{c^2}{8b}\right)W_{-(\nu+3\pm1)/2,\,\nu/2}\left(\frac{c^2}{4b}\right)$$ $[c,\ \operatorname{Re} b>0;\ -(4\pm1)/2<\operatorname{Re}\nu<-(1\pm2)/2]$.

2.13.29. Интегралы от $x^{\alpha}\left\{\begin{matrix}\operatorname{si}(bx)\\ \operatorname{ci}(bx)\end{matrix}\right\}Y_\nu(cx)$.

1. $$\int\limits_0^{\infty} x^{\alpha-1}\left\{\begin{matrix}\operatorname{si}(bx)\\ \operatorname{ci}(bx)\end{matrix}\right\}Y_\nu(cx)\,dx=V(1)$$
$[0<c\leqslant b;\ |\operatorname{Re}\nu|<\operatorname{Re}\alpha<5/2$ при $c<b;\ |\operatorname{Re}\nu|<\operatorname{Re}\alpha<3/2$ при $b=c]$,

$$V(\gamma)=\frac{2^{\nu}b^{\nu-\alpha}\Gamma(\nu)\Gamma(\alpha-\nu)}{(\alpha-\nu)\pi c^{\nu}}\left\{\begin{matrix}\sin[(\alpha-\nu)\pi/2]\\ \cos[(\alpha-\nu)\pi/2]\end{matrix}\right\}\times$$
$$\times{}_3F_2\left(\frac{\alpha-\nu}{2},\ \frac{\alpha-\nu}{2},\ \frac{\alpha-\nu+1}{2};\ \frac{\alpha-\nu}{2}+1,\ 1-\nu;\ \frac{(-1)^{\gamma+1}c^2}{b^2}\right)+$$
$$+\frac{c^{\nu}\Gamma(-\nu)\Gamma(\alpha+\nu)}{2^{\nu}(\alpha+\nu)\pi b^{\alpha+\nu}}\cos^{\gamma}\nu\pi\left\{\begin{matrix}\sin[(\alpha+\nu)\pi/2]\\ \cos[(\alpha+\nu)\pi/2]\end{matrix}\right\}\times$$
$$\times{}_3F_2\left(\frac{\alpha+\nu}{2},\ \frac{\alpha+\nu}{2},\ \frac{\alpha+\nu+1}{2};\ \frac{\alpha+\nu}{2}+1,\ 1+\nu;\ \frac{(-1)^{\gamma+1}c^2}{b^2}\right).$$

2.13.30. Интегралы, содержащие $\left\{\begin{matrix}\operatorname{erf}(bx^r)\\ \operatorname{erfc}(bx^r)\end{matrix}\right\}Y_\nu(cx)$.

1. $\displaystyle\int\limits_0^\infty x^{\alpha-1}\left\{\begin{matrix}\operatorname{erf}(bx)\\ \operatorname{erfc}(bx)\end{matrix}\right\}Y_\nu(cx)\,dx = U(1)$

$$\left[|\arg b|<\pi/4;\ \operatorname{Re}\alpha>|\operatorname{Re}\nu|-(1\pm1)/2,\ \left\{\begin{matrix}\operatorname{Re}\alpha<3/2;\ c>0\\ c>0\end{matrix}\right\}\right],$$

$$U(\gamma)=\mp\frac{2^\nu b^{\nu-\alpha}}{(\nu-\alpha)\pi^{3/2}c^\nu}\Gamma(\nu)\Gamma\left(\frac{\alpha-\nu+1}{2}\right)\times$$
$$\times{}_2F_2\left(\frac{\alpha-\nu}{2},\ \frac{\alpha-\nu+1}{2};\ \frac{\alpha-\nu}{2}+1,\ 1-\nu;\ \frac{(-1)^\gamma c^2}{4b^2}\right)\pm\frac{c^\nu\cos^\gamma\nu\pi}{2^\nu(\alpha+\nu)\pi^{3/2}b^{\alpha+\nu}}\times$$
$$\times\Gamma(-\nu)\Gamma\left(\frac{\alpha+\nu+1}{2}\right){}_2F_2\left(\frac{\alpha+\nu}{2},\ \frac{\alpha+\nu+1}{2};\ \frac{\alpha+\nu}{2}+1,\ 1+\nu;\ \frac{(-1)^\gamma c^2}{4b^2}\right)-$$
$$-\left\{\begin{matrix}1\\0\end{matrix}\right\}\frac{2^{\alpha-1}}{\pi c^\alpha}\Gamma\left(\frac{\alpha+\nu}{2}\right)\Gamma\left(\frac{\alpha-\nu}{2}\right)\cos^\gamma\frac{\alpha-\nu}{2}\pi.$$

2. $\displaystyle\int\limits_0^\infty x^{\alpha-1}\left\{\begin{matrix}\operatorname{erf}(b\sqrt{x})\\ \operatorname{erfc}(b\sqrt{x})\end{matrix}\right\}Y_\nu(cx)\,dx = V(1)$

$$\left[|\arg b|<\pi/4;\ |\operatorname{Re}\nu|<\operatorname{Re}\alpha+(1\pm1)/4,\ \left\{\begin{matrix}\operatorname{Re}\alpha<3/2;\ c>0\\ c>0\end{matrix}\right\}\right],$$

$$V(\gamma)=\mp\frac{2^{\alpha+1/2}b}{\pi^{3/2}c^{\alpha+1/2}}\Gamma\left(\frac{2\alpha+2\nu+1}{4}\right)\Gamma\left(\frac{2\alpha-2\nu+1}{4}\right)\cos^\gamma\frac{2\alpha-2\nu+1}{4}\pi\times$$
$$\times{}_3F_2\left(\frac{2\alpha+2\nu+1}{4},\ \frac{2\alpha-2\nu+1}{4},\ \frac{1}{4};\ \frac{5}{4},\ \frac{1}{2};\ \frac{(-1)^\gamma b^4}{c^2}\right)\pm$$
$$\pm(-1)^\gamma\frac{2^{\alpha+3/2}b^3}{3\pi^{3/2}c^{\alpha+3/2}}\Gamma\left(\frac{2\alpha+2\nu+3}{4}\right)\Gamma\left(\frac{2\alpha-2\nu+3}{4}\right)\sin^\gamma\frac{2\alpha-2\nu+1}{4}\pi\times$$
$$\times{}_3F_2\left(\frac{2\alpha+2\nu+3}{4},\ \frac{2\alpha-2\nu+3}{4},\ \frac{3}{4};\ \frac{7}{4},\ \frac{3}{2};\ \frac{(-1)^\gamma b^4}{c^2}\right)-$$
$$-\left\{\begin{matrix}0\\1\end{matrix}\right\}\frac{2^{\alpha-1}}{\pi c^\alpha}\Gamma\left(\frac{\alpha+\nu}{2}\right)\Gamma\left(\frac{\alpha-\nu}{2}\right)\cos^\gamma\frac{\alpha-\nu}{2}\pi.$$

3. $\displaystyle\int\limits_0^\infty x^{\alpha-1}e^{\mp b^2x^2}\left\{\begin{matrix}\operatorname{erf}(ibx)\\ \operatorname{erfc}(bx)\end{matrix}\right\}Y_\nu(cx)\,dx = W(1)$

$$[c>0;\ |\operatorname{Re}\nu|-(1\pm1)/2<\operatorname{Re}\alpha<5/2;\ |\arg b|<(2\mp1)\pi/4],$$

$$W(\gamma)=-\frac{c^\nu\cos^\gamma\nu\pi}{2^{\nu+(1\pm1)/2}b^{\alpha+\nu}}\Gamma\left[\begin{matrix}-\nu\\1-(\alpha+\nu)/2\end{matrix}\right]\left\{\begin{matrix}i\sec[(\alpha+\nu)\pi/2]\\ \operatorname{cosec}(\alpha+\nu)\pi\end{matrix}\right\}\times$$
$$\times{}_1F_1\left(\frac{\alpha+\nu}{2};\ 1+\nu;\ \pm\frac{(-1)^\gamma c^2}{4b^2}\right)-\frac{2^{\nu-(1\pm1)/2}}{b^{\alpha-\nu}c^\nu}\times$$
$$\times\Gamma\left[\begin{matrix}\nu\\1-(\alpha-\nu)/2\end{matrix}\right]\left\{\begin{matrix}i\sec[(\alpha-\nu)\pi/2]\\ \operatorname{cosec}(\alpha-\nu)\pi\end{matrix}\right\}{}_1F_1\left(\frac{\alpha-\nu}{2};\ 1-\nu;\ \pm\frac{(-1)^\gamma c^2}{4b^2}\right)-$$
$$-\frac{2^{\alpha-2}}{\pi^{3/2}b^{\alpha-1}}\left\{\begin{matrix}i\\1\end{matrix}\right\}\sin^\gamma\frac{\alpha-\nu}{2}\pi\Gamma\left(\frac{\alpha+\nu-1}{2}\right)\Gamma\left(\frac{\alpha-\nu-1}{2}\right)\times$$
$$\times{}_2F_2\left(\frac{1}{2},\ 1;\ \frac{3-\alpha-\nu}{2},\ \frac{3-\alpha+\nu}{2};\ \pm\frac{(-1)^\gamma c^2}{4b^2}\right).$$

4. $\int\limits_0^\infty x^{\nu+1}e^{-b^2x^2}\operatorname{erf}(ibx)Y_\nu(cx)\,dx = \frac{ic^\nu}{2^{\nu+1}b^{2\nu+2}}\exp\left(-\frac{c^2}{4b^2}\right)$

$[c>0;\ -3/2<\operatorname{Re}\nu<1/2;\ |\arg b|<\pi/4].$

5. $\int\limits_0^\infty x^{\nu+1}e^{b^2x^2}\operatorname{erfc}(bx)Y_\nu(cx)\,dx = \frac{c^\nu}{2^{\nu+1}\pi b^{2\nu+2}}\Gamma(\nu+1)\exp\left(\frac{c^2}{4b^2}\right)\Gamma\left(-\nu,\ \frac{c^2}{4b^2}\right)$

$[c>0;\ |\arg b|<3\pi/4;\ -1<\operatorname{Re}\nu<1/2].$

6. $\int\limits_0^\infty x^{\nu+3}e^{b^2x^2}\operatorname{erfc}(bx)Y_\nu(cx)\,dx = -\frac{\Gamma(\nu+2)}{\pi b^{\nu+3}c}\exp\left(\frac{c^2}{8b^2}\right)W_{-(\nu+3)/2,\,\nu/2}\left(\frac{c^2}{4b^2}\right)$

$[c>0;\ |\arg b|<3\pi/4;\ -2<\operatorname{Re}\nu<3/2].$

2.13.31. Интегралы от $x^\alpha\left\{\begin{matrix}S(bx)\\C(bx)\end{matrix}\right\}Y_\nu(cx)$.

1. $\int\limits_0^\infty x^{\alpha-1}\left\{\begin{matrix}S(bx)\\C(bx)\end{matrix}\right\}Y_\nu(cx)\,dx = U(1)\qquad \left[b,\ c>0;\ |\operatorname{Re}\nu|-(2\pm1)/2<\operatorname{Re}\alpha<3/2,\ \delta=\left\{\begin{matrix}1\\0\end{matrix}\right\}\right],$

$$U(\gamma) = -\frac{2^{\alpha+\delta}b^{1/2+\delta}}{3^\delta\pi^{3/2}c^{\alpha+\delta+1/2}}\cos^\gamma\frac{2\alpha-2\nu+2\delta+1}{4}\pi\Gamma\left(\frac{\alpha+\nu+\delta}{2}+\frac{1}{4}\right)\Gamma\left(\frac{\alpha-\nu+\delta}{2}+\frac{1}{4}\right)\times$$
$$\times\ {}_3F_2\left(\frac{1+2\delta}{4},\ \frac{\alpha+\nu+\delta}{2}+\frac{1}{4},\ \frac{\alpha-\nu+\delta}{2}+\frac{1}{4};\ \frac{5+2\delta}{4},\ \frac{1}{2}+\delta;\ \frac{(-1)^{\gamma+1}b^2}{c^2}\right).$$

2.13.32. Интегралы, содержащие $\left\{\begin{matrix}\gamma(\mu,\ bx^n)\\\Gamma(\mu,\ bx^n)\end{matrix}\right\}Y_\nu(cx)$.

1. $\int\limits_0^\infty x^{\alpha-1}\left\{\begin{matrix}\gamma(\mu,\ bx)\\\Gamma(\mu,\ bx)\end{matrix}\right\}Y_\nu(cx)\,dx = V(1)$

$\left[c,\ \operatorname{Re}b>0;\ \operatorname{Re}(\alpha+\mu)>|\operatorname{Re}\nu|,\ \left\{\begin{matrix}\operatorname{Re}\mu>0;\ \operatorname{Re}\alpha<3/2\\\operatorname{Re}\alpha>|\operatorname{Re}\nu|\end{matrix}\right\}\right],$

$$V(\gamma) = \mp\frac{2^{\alpha+\mu-1}b^\mu}{\mu\pi c^{\alpha+\mu}}\Gamma\left(\frac{\alpha+\mu+\nu}{2}\right)\Gamma\left(\frac{\alpha+\mu-\nu}{2}\right)\cos^\gamma\frac{\alpha+\mu-\nu}{2}\pi\times$$
$$\times\ {}_3F_2\left(\frac{\mu}{2},\ \frac{\alpha+\mu+\nu}{2},\ \frac{\alpha+\mu-\nu}{2};\ \frac{\mu}{2}+1,\ \frac{1}{2};\ \frac{(-1)^\gamma b^2}{c^2}\right)\pm$$
$$\pm(-1)^\gamma\frac{2^{\alpha+\mu}b^{\mu+1}}{(\mu+1)\pi c^{\alpha+\mu+1}}\Gamma\left(\frac{\alpha+\mu+\nu+1}{2}\right)\Gamma\left(\frac{\alpha+\mu-\nu+1}{2}\right)\sin^\gamma\frac{\alpha+\mu-\nu}{2}\pi\times$$
$$\times\ {}_3F_2\left(\frac{\mu+1}{2},\ \frac{\alpha+\mu+\nu+1}{2},\ \frac{\alpha+\mu-\nu+1}{2};\ \frac{\mu+3}{2},\ \frac{3}{2};\ \frac{(-1)^\gamma b^2}{c^2}\right)-$$
$$-\left\{\begin{matrix}0\\1\end{matrix}\right\}\frac{2^{\alpha-1}}{\pi c^\alpha}\Gamma\left[\mu,\ \frac{\alpha+\nu}{2},\ \frac{\alpha-\nu}{2}\right]\cos^\gamma\frac{\alpha-\nu}{2}\pi.$$

2. $\int\limits_0^\infty x^{\alpha-1}\left\{\begin{matrix}\gamma(\mu,\ bx^2)\\\Gamma(\mu,\ bx^2)\end{matrix}\right\}Y_\nu(cx)\,dx = W(1)$

$\left[c,\ \operatorname{Re}b>0;\ \operatorname{Re}(\alpha+2\mu)>|\operatorname{Re}\nu|,\ \left\{\begin{matrix}\operatorname{Re}\mu<0,\ \operatorname{Re}\alpha<3/2\\\operatorname{Re}\alpha>|\operatorname{Re}\nu|\end{matrix}\right\}\right],$

$$W(\gamma) = \mp\frac{2^\nu b^{(\nu-\alpha)/2}\Gamma(\nu)}{(\nu-\alpha)\pi c^\nu}\Gamma\left(\mu+\frac{\alpha-\nu}{2}\right)\times$$
$$\times\ {}_2F_2\left(\frac{\alpha-\nu}{2},\ \mu+\frac{\alpha-\nu}{2};\ \frac{\alpha-\nu}{2}+1,\ 1-\nu;\ \frac{(-1)^\gamma c^2}{4b}\right)\pm\frac{c^\nu\cos^\gamma\nu\pi\Gamma(-\nu)}{2^\nu(\alpha+\nu)\pi b^{(\alpha+\nu)/2}}\times$$

$$\times\Gamma\Big(\mu+\frac{\alpha+\nu}{2}\Big)\,{}_2F_2\Big(\frac{\alpha+\nu}{2},\ \mu+\frac{\alpha+\nu}{2};\ \frac{\alpha+\nu}{2}+1,\ 1+\nu;\ \frac{(-1)^\gamma c^2}{4b}\Big)-$$

$$-\begin{Bmatrix}1\\0\end{Bmatrix}\frac{2^{\alpha-1}}{\pi c^\alpha}\Gamma\Big[\mu,\ \frac{\alpha+\nu}{2},\ \frac{\alpha-\nu}{2}\Big]\cos^\gamma\frac{\alpha-\nu}{2}\pi.$$

3. $\displaystyle\int\limits_0^\infty x^{\nu+2n-2\mu+2}\Gamma(\mu,\ bx^2)Y_\nu(cx)\,dx=$

$$=(-1)^{n-1}\frac{b^{\mu-n-\nu/2-1}}{c}\Gamma\begin{bmatrix}3/2+n,\ (3+\nu)/2+n\\1-\mu\end{bmatrix}\exp\Big(\frac{c^2}{8b}\Big)W_{-\nu/2-n-1,\ \nu/2}\Big(\frac{c^2}{4b}\Big)$$

$[c,\ \operatorname{Re}b>0;\ \operatorname{Re}\mu<n+3/2;\ \operatorname{Re}\nu>-n-3/2;\ \operatorname{Re}(\nu-\mu)>-n-3/2]$.

4. $\displaystyle\int\limits_0^\infty x^{\alpha-1}e^{bx^2}\Gamma(\mu,\ bx^2)Y_\nu(cx)\,dx=$

$$=-\frac{2^{\nu-1}b^{(\nu-\alpha)/2}}{c^\nu}\Gamma\begin{bmatrix}\nu,\ (\alpha-\nu)/2\\1-\mu\end{bmatrix}\operatorname{cosec}\frac{\alpha-\nu+2\mu}{2}\pi\,{}_1F_1\Big(\frac{\alpha-\nu}{2};\ 1-\nu;\ \frac{c^2}{4b}\Big)-$$

$$-\frac{c^\nu}{2^{\nu+1}b^{(\alpha+\nu)/2}}\Gamma\begin{bmatrix}-\nu,\ (\alpha+\nu)/2\\1-\mu\end{bmatrix}\cos\nu\pi\operatorname{cosec}\frac{\alpha+\nu+2\mu}{2}\pi\times$$

$$\times{}_1F_1\Big(\frac{\alpha+\nu}{2};\ 1+\nu;\ \frac{c^2}{4b}\Big)+\frac{2^{\alpha+2\mu-3}b^{\mu-1}}{c^{\alpha+2\mu-2}\pi}\Gamma\Big(\frac{\alpha+\nu}{2}+\mu-1\Big)\times$$

$$\times\Gamma\Big(\frac{\alpha-\mu}{2}+\mu-1\Big)\cos\frac{\alpha-\nu+2\mu}{2}\pi\,{}_2F_2\Big(1-\mu,\ 1;\ 2-\mu+\frac{\nu-\alpha}{2},\ 2-\mu-\frac{\nu+\alpha}{2};\ \frac{c^2}{4b}\Big)$$

$[c>0;\ |\arg b|<\pi;\ \operatorname{Re}\alpha>|\operatorname{Re}\nu|;\ |\operatorname{Re}\nu|<\operatorname{Re}(\alpha+2\mu)<7/2]$.

2.13.33. Интегралы, содержащие $D_\mu(bx^r)Y_\nu(cx)$.

1. $\displaystyle\int\limits_0^\infty x^{\alpha-1}e^{\pm b^2x^2/4}D_\mu(bx)Y_\nu(cx)\,dx=U(1)$

$$\left[\operatorname{Re}\alpha>|\operatorname{Re}\nu|;\ |\arg b|<(2\pm1)\pi/4,\ \begin{Bmatrix}c>0;\ \operatorname{Re}(\alpha+\mu)<3/2\\c>0\end{Bmatrix}\right],$$

$$U(\gamma)=-\frac{2^{(3\nu-\alpha-1\mp\mu\mp1)/2}}{\pi b^{\alpha-\nu}c^\nu}\Gamma(\nu)\Gamma(\alpha-\nu)\Gamma^{\pm1}\Big(\frac{1\mp1}{4}\mp\frac{\alpha-\nu\pm\mu}{2}\Big)\times$$

$$\times\begin{Bmatrix}\Gamma^{-1}(-\mu)\\\sqrt{\pi}\end{Bmatrix}{}_2F_2\Big(\frac{\alpha-\nu}{2},\ \frac{\alpha-\nu+1}{2};\ 1-\nu,\ \frac{3\pm1}{4}+\frac{\alpha-\nu\pm\mu}{2};\ \mp\frac{(-1)^\gamma c^2}{2b^2}\Big)-$$

$$-\frac{2^{-(\alpha+3\nu\pm\mu+1\pm1)/2}c^\nu}{\pi b^{\alpha+\nu}}\Gamma(-\nu)\Gamma(\alpha+\nu)\cos^\gamma\nu\pi\,\Gamma^{\pm1}\Big(\frac{1\mp1}{4}\mp\frac{\alpha+\nu\pm\mu}{2}\Big)\times$$

$$\times\begin{Bmatrix}\Gamma^{-1}(-\mu)\\\sqrt{\pi}\end{Bmatrix}{}_2F_2\Big(\frac{\alpha+\nu}{2},\ \frac{\alpha+\nu+1}{2};\ \nu+1,\ \frac{3\pm1}{4}+\frac{\alpha+\nu\pm\mu}{2};\ \mp\frac{(-1)^\gamma c^2}{2b^2}\Big)-$$

$$-\begin{Bmatrix}1\\0\end{Bmatrix}\frac{2^{\alpha+\mu-1}b^\mu}{\pi c^{\alpha+\mu}}\Gamma\Big(\frac{\alpha+\mu+\nu}{2}\Big)\Gamma\Big(\frac{\alpha+\mu-\nu}{2}\Big)\cos^\gamma\frac{\alpha+\mu-\nu}{2}\pi\times$$

$$\times\,{}_2F_2\Big(-\frac{\mu}{2},\ \frac{1-\mu}{2};\ 1-\frac{\alpha+\mu+\nu}{2},\ 1-\frac{\alpha+\mu-\nu}{2};\ \frac{(-1)^{\gamma-1}c^2}{2b^2}\Big).$$

2. $\displaystyle\int\limits_0^\infty x^\nu e^{b^2x^2/4}D_{(\nu-1)/2}(bx)Y_\nu(cx)\,dx=-\frac{2^{3(\nu+1)/4}}{\pi b^\nu c}\Gamma(\nu+1)\exp\Big(\frac{c^2}{4b^2}\Big)W_{(\nu-1)/2,\ \nu/2}\Big(\frac{c^2}{2b^2}\Big)$

$[c>0;\ |\arg b|<3\pi/4;\ -1/2<\operatorname{Re}\nu<2/3]$.

3. $$\int_0^\infty x^{\alpha-1}e^{\pm b^2x/4}D_\mu(b\sqrt{x}\,)Y_\nu(cx)\,dx = V(1)$$

$$\left[\operatorname{Re}\alpha > |\operatorname{Re}\nu|;\ |\arg b| < (2\pm 1)\pi/4,\ \left\{\begin{matrix} c>0;\ \operatorname{Re}(2\alpha+\mu)<3 \\ c>0\end{matrix}\right\}\right],$$

$$V(\gamma) = -\frac{2^{2\nu\mp(\mu\mp1+1)/2-\alpha}}{\pi b^{2\alpha-2\nu}c^\nu}\left\{\begin{matrix}\Gamma^{-1}(-\mu)\\ \sqrt{\pi}\end{matrix}\right\}\Gamma(\nu)\Gamma(2\alpha-2\nu)\times$$
$$\times\Gamma^{\pm1}\left(\frac{1\mp1-2\mu}{4}\mp\alpha\pm\nu\right){}_4F_3\left(\frac{\alpha-\nu}{2},\frac{2\alpha-2\nu+1}{4},\frac{\alpha-\nu+1}{2},\frac{2\alpha-2\nu+3}{4};\right.$$
$$\left.1-\nu,\frac{7\pm1\pm2\mu}{8}+\frac{\alpha-\nu}{2},\frac{3\pm1\pm2\mu}{8}+\frac{\alpha-\nu}{2};\frac{4(-1)^\gamma c^2}{b^4}\right)-$$
$$-\frac{2^{-2\nu\mp(\mu\mp1+1)/2-\alpha}c^\nu\cos^\gamma\nu\pi}{\pi b^{2\alpha+2\nu}}\left\{\begin{matrix}\Gamma^{-1}(-\mu)\\ \sqrt{\pi}\end{matrix}\right\}\Gamma(-\nu)\Gamma(2\alpha+2\nu)\times$$
$$\times\Gamma^{\pm1}\left(\frac{1\mp1-2\mu}{4}\mp\alpha\pm\nu\right){}_4F_3\left(\frac{\alpha+\nu}{2},\frac{2\alpha+2\nu+1}{4},\frac{\alpha+\nu+1}{2},\frac{2\alpha+2\nu+3}{4};\right.$$
$$\left.1+\nu,\frac{7\pm1\pm2\mu}{8}+\frac{\alpha+\nu}{2},\frac{3\pm1\pm2\mu}{8}+\frac{\alpha+\nu}{2};\frac{4(-1)^\gamma c^2}{b^4}\right)-\left\{\begin{matrix}1\\0\end{matrix}\right\}\frac{2^{\alpha-\mu/2-1}b^\mu}{\pi c^{\alpha+\mu/2}}\times$$
$$\times\Gamma\left(\frac{2\alpha+2\nu+\mu}{4}\right)\Gamma\left(\frac{2\alpha-2\nu+\mu}{4}\right)\cos^\gamma\frac{2\alpha-2\nu+\mu}{4}\times$$
$$\times\pi\,{}_4F_3\left(-\frac{\mu}{4},\frac{1-\mu}{4},\frac{2-\mu}{4},\frac{3-\mu}{4};1-\frac{2\alpha+2\nu+\mu}{4},1-\frac{2\alpha-2\nu+\mu}{4},\frac{1}{2};\frac{4(-1)^\gamma c^2}{b^4}\right)-$$
$$-\left\{\begin{matrix}1\\0\end{matrix}\right\}\frac{2^{\alpha-\mu/2-3}b^{\mu-2}}{\pi c^{\alpha+\mu/2-1}}\mu(1-\mu)\Gamma\left(\frac{2\alpha+2\nu+\mu-2}{4}\right)\Gamma\left(\frac{2\alpha-2\nu+\mu-2}{4}\right)\sin^\gamma\frac{2\alpha-2\nu+\mu}{4}\pi\times$$
$$\times{}_4F_3\left(\frac{2-\mu}{4},\frac{3-\mu}{4},1-\frac{\mu}{4},\frac{5-\mu}{4};\frac{6-2\alpha+2\nu-\mu}{4},\frac{6-2\alpha-2\nu-\mu}{4};\frac{3}{2};\frac{4(-1)^\gamma c^2}{b^4}\right).$$

2.14. ФУНКЦИИ ГАНКЕЛЯ $H_\nu^{(1)}(x)$ и $H_\nu^{(2)}(x)$

Функции $H_\nu^{(j)}(x)$, $j=1,\,2$ связаны с функциями $J_\nu(x)$, $Y_\nu(x)$ формулой
$$H_\nu^{(j)}(cx) = J_\nu(cx)-(-1)^j iY_\nu(cx),\qquad j=1,\,2.$$

2.14.1. Интегралы, содержащие элементарные функции и $H_\nu^{(j)}(cx)$. Обозначение: $j=1,\,2$.

1. $$\int_a^\infty x^{1-\nu}(x^2-a^2)^{\beta-1}H_\nu^{(j)}(cx)\,dx = 2^{\beta-1}\Gamma(\beta)a^{\beta-\nu}c^{-\beta}H_{\nu-\beta}^{(j)}(ac)$$
$$[a,\ \operatorname{Re}\beta>0;\ (-1)^j\operatorname{Im}c<0].$$

2. $$\int_0^\infty e^{-px}H_\nu^{(j)}(cx)\,dx = \frac{(-1)^j i}{\sqrt{p^2+c^2}\,\sin\nu\pi}\left[\frac{(p+\sqrt{p^2+c^2}\,)^\nu}{c^\nu}-\frac{e^{(-1)^j i\nu\pi}c^\nu}{(p+\sqrt{p^2+c^2}\,)^\nu}\right]$$
$$[\operatorname{Re}p>|\operatorname{Im}c|;\ |\operatorname{Re}\nu|<1;\ \nu\neq0].$$

3. $$\int_0^\infty e^{-px}H_0^{(j)}(cx)\,dx = \frac{1}{\sqrt{p^2+c^2}}\left[1+(-1)^j\frac{2i}{\pi}\ln\frac{p+\sqrt{p^2+c^2}}{c}\right]\qquad[\operatorname{Re}p>|\operatorname{Im}c|].$$

4. $$\int_0^\infty xe^{-px}H_0^{(j)}(cx)\,dx = \frac{p}{(p^2+c^2)^{3/2}}\left[1+\frac{2(-1)^j i}{\pi}\ln\frac{p+\sqrt{p^2+c^2}}{c}\right]-\frac{2(-1)^j i}{\pi(p^2+c^2)}$$
$$[\operatorname{Re}p>|\operatorname{Im}c|].$$

5. $$\int_0^\infty xe^{-px}H_1^{(j)}(cx)\,dx = \frac{1}{p^2+c^2}\left[\frac{c}{\sqrt{p^2+c^2}}\left(1+\frac{2(-1)^j i}{\pi}\ln\frac{p+\sqrt{p^2+c^2}}{c}\right)+\frac{2i(-1)^j p}{\pi c}\right]$$ $[\operatorname{Re} p > |\operatorname{Im} c|]$.

6. $$\int_0^\infty e^{ipx}H_0^{(j)}(cx)\,dx = \frac{1+(-1)^j}{\sqrt{c^2-p^2}} - \frac{2(-1)^j}{\pi\sqrt{c^2-p^2}}\arccos\frac{p}{c}$$ $[0 \leqslant p < c]$.

7. $$= 2i\frac{1+(-1)^j}{\sqrt{p^2-c^2}} + \frac{(-1)^j}{\pi\sqrt{p^2-c^2}}\ln\frac{p-\sqrt{p^2-c^2}}{c}$$ $[0 < c < p]$.

8. $$\int_0^\infty e^{icx}H_0^{(1)}(cx)\,dx = \frac{2}{\pi c}$$ $[c > 0]$.

9. $$\int_0^\infty e^{-px^2}H_\nu^{(j)}(cx)\,dx = \frac{\sqrt{\pi}}{2\sqrt{p}}\sec\frac{\nu\pi}{2}\exp\left(-\frac{c^2}{8p}\right)\times \\ \times\left[e^{(-1)^j i\nu\pi/2}I_{\nu/2}\left(\frac{c^2}{8p}\right)+\frac{(-1)^j i}{\pi}K_{\nu/2}\left(\frac{c^2}{8p}\right)\right]$$ $[\operatorname{Re} p > 0;\ |\operatorname{Re}\nu| < 1]$.

10. $$\int_0^\infty x^{\alpha-1}e^{-px^2}H_\nu^{(j)}(cx)\,dx = \frac{p^{(1-\alpha)/2}}{\pi c}\Gamma\left(\frac{\alpha+\nu}{2}\right)\Gamma\left(\frac{\alpha-\nu}{2}\right)\times \\ \times\exp\left[(-1)^j i\frac{\nu\pi}{2}-\frac{c^2}{8p}\right]W_{(1-\alpha)/2,\,\nu/2}\left(\frac{c^2}{4p}e^{(-1)^j i\pi}\right)$$ $[\operatorname{Re} p > 0;\ \operatorname{Re}\alpha > |\operatorname{Re}\nu|]$.

11. $$\int_0^\infty x^{\alpha-1}e^{-px^2}H_1^{(j)}(cx)\,dx = \frac{(-1)^{j-1}ic}{p^{(\alpha-1)/2}}\sec\frac{\alpha\pi}{2}\Gamma\left(\frac{\alpha+1}{2}\right)\exp\left(-\frac{c^2}{8p}\right)k_{1-\alpha}\left(\frac{c^2}{8p}e^{(-1)^j i\pi}\right)$$ $[\operatorname{Re} p > 0;\ \operatorname{Re}\alpha > 1]$.

12. $$\int_0^\infty x^{1-\nu}e^{-px^2}H_\nu^{(j)}(cx)\,dx = (-1)^j\frac{(2p)^{\nu-1}i}{\pi c^\nu}\Gamma(1-\nu)\Gamma\left(\nu,\ e^{(-1)^j i\pi}\frac{c^2}{4p}\right)$$ $[\operatorname{Re} p > 0;\ \operatorname{Re}\nu < 1]$.

13. $$\int_0^\infty \frac{1}{x}e^{-p/x}H_\nu^{(j)}(cx)\,dx = 2H_\nu^{(j)}(\sqrt{2pc}\,)K_\nu(\sqrt{2pc}\,)$$ $\left[\operatorname{Re} p > 0;\ (-1)^j\operatorname{Im} c < 0\right]$.

2.14.2. Интегралы, содержащие элементарные функции и $H_\nu^{(j)}(\varphi(x))$. Обозначение: $j = 1,\ 2$.

1. $$\int_0^\infty e^{-px}H_0^{(j)}(c\sqrt{x^2-b^2}\,)\,dx = \frac{\exp(-b\sqrt{p^2+c^2}\,)}{\sqrt{p^2+c^2}}\left[1+\frac{2(-1)^j i}{\pi}\ln\frac{p+\sqrt{p^2+c^2}}{c}\right]$$ $[b > 0;\ \operatorname{Re} p > |\operatorname{Im} c|]$.

2. $$\int_0^\infty xe^{-px}H_0^{(j)}(c\sqrt{x^2-b^2}\,)\,dx = \frac{\exp(-b\sqrt{p^2+c^2}\,)}{p^2+c^2}\times \\ \times\left[p\left(b+\frac{1}{\sqrt{p^2+c^2}}\right)\left(1+\frac{2(-1)^j i}{\pi}\ln\frac{p+\sqrt{p^2+c^2}}{c}\right)-\frac{2(-1)^j i}{\pi}\right]$$ $[b > 0;\ \operatorname{Re} p > |\operatorname{Im} c|]$.

3. $$\int_0^\infty \sqrt{x^2-b^2}\,e^{-px}H_0^{(j)}(c\sqrt{x^2-b^2}\,)\,dx = \frac{\exp(-b\sqrt{p^2+c^2}\,)}{p^2+c^2}\times \\ \times\left[c\left(b+\frac{1}{\sqrt{p^2+c^2}}\right)\left(1+\frac{2(-1)^j i}{\pi}\ln\frac{p+\sqrt{p^2+c^2}}{c}\right)+\frac{2i(-1)^j p}{\pi c}\right]$$ $[b > 0;\ \operatorname{Re} p > |\operatorname{Im} c|]$.

4. $$\int_{-\infty}^{\infty} e^{ipx} H_0^{(j)}(c\sqrt{b^2-x^2})\,dx = \frac{2(-1)^j i}{\sqrt{c^2+p^2}} \exp[(-1)^{j+1} ib\sqrt{c^2+p^2}]$$

$$\left[\operatorname{Im} c = \operatorname{Im} p = 0;\ 0 \leqslant (-1)^{j+1} \arg\sqrt{b^2-x^2} < \pi;\ 0 \leqslant (-1)^{j+1} \arg b < \pi\right].$$

5. $$\int_{-\infty}^{\infty} e^{\nu\varphi-\mu x} H_\nu^{(j)}(\sqrt{a^2+b^2+2ab\operatorname{ch} x})\,dx = (-1)^{j+1}\pi i H_{\nu-\mu}^{(j)}(a) H_\mu^{(j)}(b)$$

$$[a,\ b>0;\ \operatorname{th}\varphi = b\operatorname{sh} x/(a+b\operatorname{ch} x)].$$

6. $$\int_0^{\pi} \frac{\cos 2nx}{\sqrt{a^2-b^2\sin^2 x}} H_1^{(j)}(x)\,dx =$$
$$= \frac{(-1)^n\pi}{2a\sqrt{a^2-b^2}}\left[(a+\sqrt{a^2-b^2})J_n\left(\frac{a-\sqrt{a^2-b^2}}{2}\right)H_{n+1}^{(j)}\left(\frac{a+\sqrt{a^2-b^2}}{2}\right) -\right.$$
$$\left.-(a-\sqrt{a^2-b^2})J_{n+1}\left(\frac{a-\sqrt{a^2-b^2}}{2}\right)H_n^{(j)}\left(\frac{a+\sqrt{a^2-b^2}}{2}\right)\right] \qquad [0<b\leqslant a].$$

7. $$\int_0^{2\pi} \frac{\sin x\sin(n+1)x}{a^2+b^2+2ab\cos x} H_2^{(j)}(x)\,dx = \frac{(-1)^n\pi}{b^2-a^2}[J_n(a)H_{n+2}^{(j)}(b) - J_{n+2}(a)H_n^{(j)}(b)]$$

$$[0<a<b].$$

8. $$\int_0^{2\pi} \frac{1}{\sqrt{a^2+b^2+2ab\cos x}} \left\{\begin{matrix}\sin(x/2)\sin[(2n+1)x/2]\\ \cos(x/2)\cos[(2n+1)x/2]\end{matrix}\right\} H_1^{(j)}(x)\,dx =$$
$$= \frac{(-1)^n\pi}{b\mp a}[J_n(a)H_{n+1}^{(j)}(b) \mp J_{n+1}(a)H_n^{(j)}(b)] \qquad [0<a<b].$$

9. $$\int_0^{\infty} \cos ax\, H_0^{(j)}(c\sqrt{b^2-x^2})\,dx = \frac{(-1)^j i}{\sqrt{a^2+c^2}} \exp[(-1)^{j+1} ib\sqrt{a^2+c^2}]$$

$$[a,\ c>0;\ 0\leqslant (-1)^{j+1}\arg(b^2-x^2) < \pi].$$

10. $$\int_0^{\pi} \cos 2nx\, H_0^{(j)}(\sqrt{a^2-b^2\sin^2 x})\,dx = (-1)^n\pi J_n\left(\frac{a-\sqrt{a^2-b^2}}{2}\right)H_n^{(j)}\left(\frac{a+\sqrt{a^2-b^2}}{2}\right)$$

$$[0<b\leqslant a].$$

11. $$\int_0^{2n} \cos nx\, H_0^{(j)}(\sqrt{a^2+b^2+2ab\cos x})\,dx = (-1)^n 2\pi J_n(a) H_n^{(j)}(b) \qquad [0<a<b].$$

2.14.3. Интегралы, содержащие $J_\nu(bx)$ и $H_\nu^{(j)}(cx)$.
Обозначение: $j = 1,\ 2$.

1. $$\int_0^{\infty} x^{\alpha-1} J_\mu(bx) H_\nu^{(j)}(cx)\,dx = \frac{2^{\alpha-1}b^\mu}{\pi c^{\alpha+\mu}} e^{(-1)^{j+1}(\alpha+\mu-\nu-1)/2} \times$$
$$\times\Gamma\left[\begin{matrix}(\alpha+\mu+\nu)/2,\ (\alpha+\mu-\nu)/2\\ \mu+1\end{matrix}\right] {}_2F_1\left(\frac{\alpha+\mu+\nu}{2},\ \frac{\alpha+\mu-\nu}{2};\ \mu+1;\ \frac{b^2}{c^2}\right)$$

$[|b|<|c|;\ \operatorname{Re}(ic+(-1)^{j+1}ib)>0$ при $\operatorname{Re}(\alpha+\mu\pm\nu)>0;\ \operatorname{Re}(ic+(-1)^{j+1}ib)=0$ при $\operatorname{Re}(\alpha+\mu\pm\nu)>0,\ \operatorname{Re}\alpha<2]$.

2. $$\int_0^{\infty} \frac{x^{\mu+1}}{(x^2+z^2)^{\nu/2}} J_\mu(bx) H_\nu^{(j)}(c\sqrt{x^2+z^2})\,dx = \frac{b^\mu(c^2-b^2)^{(\nu-\mu-1)/2}}{c^\nu z^{\nu-\mu-1}} H_{\nu-\mu-1}^{(j)}(z\sqrt{c^2-b^2})$$

$$[0<b<c;\ \operatorname{Re} z,\ \operatorname{Re}(\mu-\nu)>0;\ \operatorname{Re}\mu>-1].$$

3. $$\int_0^{\infty} \frac{1}{x^2} J_0\left(\frac{b}{x}\right) H_\mu^{(1)}(cx) H_\nu^{(2)}(cx)\,dx = \frac{16}{\pi^2 b}\cos\nu\pi\, K_{2\nu}(2e^{\pi i/4}\sqrt{bc})K_{2\nu}(2e^{-\pi i/4}\sqrt{bc})$$

$$[b,\ \operatorname{Re} c>0;\ |\operatorname{Re}\nu|<1/4].$$

2.14.4. Интегралы по индексу, содержащие $H^{(j)}_{\nu+ix}(c)$.
Обозначение: $j = 1,\ 2$.

1. $\int\limits_0^\infty e^{(-1)^j\pi x/2}\cos bx\, H^{(j)}_{ix}(c)\,dx = (-1)^j i e^{(-1)^{j+1}ic\,\mathrm{ch}\, b}$ $[c>0]$.

2. $\int\limits_{-\infty}^\infty e^{ipx} H^{(2)}_{\nu-ix}(b) H^{(2)}_{\nu+ix}(c)\,dx = 2i\left(\frac{z_+}{z_-}\right)^\nu H^{(2)}_{2\nu}(\sqrt{z_+z_-})$

$\left[z_\pm = be^{\mp p/2}+ce^{\pm p/2};\ b,\ c>0;\ \mathrm{Im}\, p=0\right]$.

3. $\int\limits_0^\infty xe^{\pi x}\frac{\mathrm{sh}\,\pi x}{\mathrm{ch}^2\,\pi x} H^{(2)}_{ix}(b) H^{(2)}_{ix}(c)\,dx = \frac{2\sqrt{bc}}{\pi^2(c-b)}\left[e^{i(b-c)}\,\mathrm{Ei}\,(-2ib)+e^{i(c-b)}\,\mathrm{Ei}\,(-2ic)\right]$

$[b,\ c>0]$.

4. $\int\limits_0^\infty e^{\pi x}\cos ax\, H^{(2)}_{ix}(b) H^{(2)}_{ix}(c)\,dx = iH^{(2)}_0(\sqrt{b^2+c^2+2bc\,\mathrm{ch}\, a})$ $[a,\ b,\ c>0]$.

5. $\int\limits_0^\infty xe^{\pi x}\,\mathrm{sh}\,\pi nx\,\Gamma(\nu+iax)\Gamma(\nu-iax) H^{(2)}_{ix}(b) H^{(2)}_{ix}(c)\,dx = I_n(a)$ $[b,\ c,\ \mathrm{Re}\,\nu>0]$,

$$I_1(1) = i(2bc)^\nu(b+c)^{-\nu}\sqrt{\pi}\,\Gamma(\nu+1/2)K_\nu(b+c),$$

$$I_2(1) = \frac{2^{\nu+1}\pi^{3/2}i}{\Gamma(1/2-\nu)}(c-b)^{-\nu}H^{(2)}_\nu(c-b) \qquad [c>b;\ \mathrm{Re}\,\nu<1/2],$$

$$I_1\left(\frac{1}{2}\right) = 2^{2-2\nu}\pi i(bc)^{2\nu}(b^2+c^2)^{-\nu}H^{(2)}_{2\nu}(\sqrt{b^2+c^2}).$$

2.15. МОДИФИЦИРОВАННАЯ ФУНКЦИЯ БЕССЕЛЯ $I_\nu(x)$

При $\nu = \pm\frac{1}{2},\ \pm\frac{3}{2},\ \ldots$ функция $I_\nu(x)$ сводится к элементарным, в частности,

$$I_{\pm 1/2}(cx) = \sqrt{\frac{2}{\pi cx}}\begin{Bmatrix}\mathrm{sh}\, cx\\ \mathrm{ch}\, cx\end{Bmatrix}.$$

При вычислении интегралов от $I_\nu(x)$ можно использовать формулу

$$I_\nu(cx) = i^{-\nu}J_\nu(icx).$$

2.15.1. Интегралы общего вида.

1. $\int\limits_0^a x^{\alpha-1}(a^r-x^r)^{\beta-1}I_\nu(cx)\,dx =$

$$= \frac{a^{\alpha+\nu+r\beta-r}c^\nu}{2^\nu r}\Gamma\left[\begin{matrix}\beta\\ \nu+1\end{matrix}\right]\sum_{k=0}^\infty\frac{1}{k!\,(\nu+1)_k}\Gamma\left[\begin{matrix}(2k+\alpha+\nu)/r\\ (2k+\alpha+\nu)/r+\beta\end{matrix}\right]\left(\frac{ac}{2}\right)^2$$

$[a,\ r,\ \mathrm{Re}\,\beta,\ \mathrm{Re}\,(\alpha+\nu)>0]$.

2. $\int\limits_0^\infty x^{\alpha-1}e^{-px^r}I_\nu(cx)\,dx = \frac{c^\nu}{2^\nu rp^{(\alpha+\nu)/r}\Gamma(\nu+1)}\sum_{k=0}^\infty\frac{1}{k!\,(\nu+1)_k}\Gamma\left(\frac{2k+\alpha+\nu}{r}\right)\left(\frac{c}{2p^{1/r}}\right)^{2k}$

$[\mathrm{Re}\, p,\ \mathrm{Re}\,(\alpha+\nu)>0;\ r>1$ ($r=1$ см. в 2.15.3.2)$]$.

3. $\int\limits_0^a x^{\alpha-1}(a^r-x^r)^{\beta-1}e^{-cx}I_\nu(cx)\,dx = \frac{a^{\alpha+\nu+r\beta-r}c^\nu}{2^\nu r\Gamma(\nu+1)}\sum_{k=0}^\infty\frac{(\nu+1/2)_k(-2ac)^k}{k!\,(2\nu+1)_k}\ \times$

$\times\,\Gamma\left[\begin{matrix}(k+\alpha+\nu)/r\\ \beta+(k+\alpha+\nu)/r\end{matrix}\right]$ $[a,\ r,\ \mathrm{Re}\,\beta,\ \mathrm{Re}\,(\alpha+\nu)>0]$.

4. $$\int\limits_a^\infty x^{\alpha-1}(x^r-a^r)^{\beta-1}e^{-cx}I_\nu(cx)\,dx =$$

$$= \frac{a^{\alpha+\nu+r\beta-r}c^\nu}{2^\nu r}\Gamma\begin{bmatrix}\beta\\ \nu+1\end{bmatrix}\sum_{k=0}^\infty \frac{(\nu+1/2)_k(-2ac)^k}{k!\,(2\nu+1)_k}\Gamma\begin{bmatrix}1-\beta-(\alpha+\nu+k)/r\\ 1-(\alpha+\nu+k)/r\end{bmatrix}+$$

$$+\frac{(2c)^{r-r\beta-\alpha}}{\sqrt{\pi}}\sum_{k=0}^\infty \frac{(1-\beta)_k}{k!}\Gamma\begin{bmatrix}\nu+\alpha-r(1-\beta+k),\ 1/2-\alpha+r(1-\beta+k)\\ 1+\nu-\alpha+r(1-\beta+k)\end{bmatrix}(2ac)^{rk}$$

$[a,\ r,\ \operatorname{Re} c,\ \operatorname{Re}\beta>0;\ \operatorname{Re}(\alpha+r\beta)<r+1/2]$.

5. $$\int\limits_0^\infty \frac{x^{\alpha-1}}{(x^r+z^r)^\rho}e^{-cx}I_\nu(cx)\,dx =$$

$$= \frac{c^\nu z^{\alpha+\nu-r\rho}}{2^\nu r\Gamma(\nu+1)\Gamma(\rho)}\sum_{k=0}^\infty \frac{(\nu+1/2)_k(-2cz)^k}{k!\,(2\nu+1)_k}\Gamma\left(\frac{k+\alpha+\nu}{r}\right)\Gamma\left(\rho-\frac{k+\alpha+\nu}{r}\right)+$$

$$+\frac{(2c)^{r\rho-\alpha}}{\sqrt{\pi}}\sum_{k=0}^\infty \frac{(-1)^k(\rho)_k}{k!}\Gamma\begin{bmatrix}\alpha+\nu-r\rho-rk,\ 1/2-\alpha+r\rho+rk\\ 1+\nu-\alpha+r\rho+rk\end{bmatrix}(2cz)^{rk}$$

$[r,\ \operatorname{Re} c,\ \operatorname{Re}(\alpha+\nu)>0;\ \operatorname{Re}(\alpha-r\rho)<1/2]$.

6. $$\int\limits_0^\infty \frac{x^{\alpha-1}}{x^r-y^r}e^{-cx}I_\nu(cx)\,dx = -\frac{c^\nu y^{\alpha+\nu-r}}{2^\nu r\Gamma(\nu+1)}\sum_{k=0}^\infty \frac{(\nu+1/2)_k(-2cy)^k}{k!\,(2\nu+1)_k}\operatorname{ctg}\frac{\alpha+\nu+k}{r}\pi+$$

$$+\frac{(2c)^{r-\alpha}}{\sqrt{\pi}}\sum_{k=0}^\infty \Gamma\begin{bmatrix}\alpha+\nu-r-rk,\ 1/2-\alpha+r+rk\\ 1+\nu-\alpha+r+rk\end{bmatrix}(2cy)^{rk}$$

$[r,\ y,\ \operatorname{Re} c,\ \operatorname{Re}(\alpha+\nu)>0;\ \operatorname{Re}\alpha<r+1/2]$.

7. $$\int\limits_0^\infty x^{\alpha-1}e^{-px^r-cx}I_\nu(cx)\,dx = U \qquad [r,\ \operatorname{Re} p,\ \operatorname{Re}(\alpha+\nu),\ \operatorname{Re} c>0],$$

$$U = \left(\frac{c}{2}\right)^\nu \frac{p^{-(\alpha+\nu)r}}{r\Gamma(\nu+1)}\sum_{k=0}^\infty \frac{(\nu+1/2)_k}{k!\,(2\nu+1)_k}\Gamma\left(\frac{\alpha+\nu+k}{r}\right)\left(-\frac{2c}{p^{1/r}}\right)^k \qquad [r>1],$$

$$U = \frac{p^{(1-2\alpha)/(2r)}}{r\sqrt{2\pi c}}\sum_{k=0}^\infty \frac{(1/2+\nu)_k(1/2-\nu)_k}{k!}\Gamma\left(\frac{2\alpha-2k-1}{2r}\right)\left(\frac{p^{1/r}}{2c}\right)^k+$$

$$+\frac{1}{\sqrt{\pi}\,(2c)^\alpha}\sum_{k=0}^\infty \frac{1}{k!}\Gamma\begin{bmatrix}\alpha+\nu+kr,\ 1/2-\alpha-kr\\ 1+\nu-\alpha-kr\end{bmatrix}\left(-\frac{p}{2^r c^r}\right)^k \qquad [r<1],$$

U при $r=1$ см. в 2.15.3.2.

8. $$\int\limits_0^\infty x^{\alpha-1}e^{-px^{-r}-cx}I_\nu(cx)\,dx = \left(\frac{c}{2}\right)^\nu \frac{p^{(\alpha+\nu)/r}}{r\Gamma(\nu+1)}\sum_{k=0}^\infty \frac{(\nu+1/2)_k}{k!\,(2\nu+1)_k}\Gamma\left(-\frac{k+\alpha+\nu}{r}\right)\times$$

$$\times(-2cp^{1/r})^k+\frac{1}{\sqrt{\pi}\,(2c)^\alpha}\sum_{k=0}^\infty \frac{1}{k!}\Gamma\begin{bmatrix}\alpha+\nu-kr,\ 1/2-\alpha+kr\\ 1+\nu-\alpha+kr\end{bmatrix}(-2^r c^r p)^k$$

$[r,\ \operatorname{Re} c,\ \operatorname{Re} p>0;\ \operatorname{Re}\alpha<1/2]$.

9. $$\int\limits_0^\infty x^{\alpha-1}e^{-px^r}\begin{Bmatrix}\sin bx^r\\ \cos bx^r\end{Bmatrix}I_\nu(cx)\,dx =$$

$$= \frac{2^{-\nu}c^\nu}{r(\sqrt{b^2+p^2}\,)^{(\alpha+\nu)/r}\Gamma(\nu+1)}\sum_{k=0}^\infty \frac{1}{k!\,(\nu+1)_k}\Gamma\left(\frac{\alpha+\nu+2k}{r}\right)\times$$

$$\times \cos\left(\frac{\delta\pi}{2} - \frac{\alpha+\nu+2k}{r}\arccos\frac{p}{\sqrt{b^2+p^2}}\right)\frac{c^{2k}}{2^{2k}(b^2+p^2)^{k/r}}$$

$\left[b>0;\ \operatorname{Re}(\alpha+\nu)>-\delta r;\ \operatorname{Re}p>0 \text{ при } r>1;\ \operatorname{Re}p>|\operatorname{Re}c|,\ |c|^2<|b^2+p^2| \text{ при } r=1;\ \delta=\begin{Bmatrix}1\\0\end{Bmatrix}\right].$

10. $\displaystyle\int_0^\infty x^{\alpha-1}e^{-cx}\begin{Bmatrix}\sin bx^r\\ \cos bx^r\end{Bmatrix}I_\nu(cx)\,dx = V$

$\left[b,\ r,\ \operatorname{Re}c>0;\ \operatorname{Re}(\alpha+\nu)>-\delta r;\ \operatorname{Re}\alpha<r+1/2;\ \delta=\begin{Bmatrix}1\\0\end{Bmatrix}\right],$

$$V = \frac{b^{-(\alpha+\nu)/r}}{r\Gamma(\nu+1)}\left(\frac{c}{2}\right)^\nu\sum_{k=0}^\infty\frac{(\nu+1/2)_k}{k!\,(2\nu+1)_k}\Gamma\left(\frac{k+\alpha+\nu}{r}\right)\times$$

$$\times\begin{Bmatrix}\sin[(k+\alpha+\nu)\pi/(2r)]\\ \cos[(k+\alpha+\nu)\pi/(2r)]\end{Bmatrix}\left(-\frac{2c}{b^{1/r}}\right)^k \qquad [r>1],$$

$$V = \frac{b^{(1-2\alpha)/(2r)}}{r\sqrt{2\pi c}}\sum_{k=0}^\infty\frac{(1/2+\nu)_k(1/2-\nu)_k}{k!}\Gamma\left(\frac{2\alpha-2k-1}{2r}\right)\times$$

$$\times\begin{Bmatrix}\sin[(2\alpha-2k-1)\pi/(4r)]\\ \cos[(2\alpha-2k-1)\pi/(4r)]\end{Bmatrix}\left(\frac{b^{1/r}}{2c}\right)^k + \frac{b^\delta}{\sqrt{\pi}\,(2c)^{\alpha+r\delta}}\sum_{k=0}^\infty\frac{(-1)^k}{k!\,(\delta+1/2)_k}\times$$

$$\times\Gamma\left[\begin{matrix}\alpha+\nu+r\delta+2rk,\ 1/2-\alpha-r\delta-2rk\\ 1+\nu-\alpha-r\delta-2rk\end{matrix}\right]\left(\frac{b}{2^{r+1}c^r}\right)^2 \qquad [r<1],$$

U при $r=1$ см. в 2.15.11.8.

11. $\displaystyle\int_0^\infty x^{\alpha-1}e^{-px^r-cx}\begin{Bmatrix}\sin bx^r\\ \cos bx^r\end{Bmatrix}I_\nu(cx)\,dx = W$

$\left[b,\ r,\ \operatorname{Re}c,\ \operatorname{Re}p>0;\ \operatorname{Re}(\alpha+\nu)>-\delta r;\ \delta=\begin{Bmatrix}1\\0\end{Bmatrix}\right],$

$$W = \left(\frac{c}{2}\right)^\nu\frac{(\sqrt{b^2+p^2}\,)^{-(\alpha+\nu)/r}}{r\Gamma(\nu+1)}\sum_{k=0}^\infty\frac{(\nu+1/2)_k}{k!\,(2\nu+1)_k}\times$$

$$\times\Gamma\left(\frac{\alpha+\nu+k}{r}\right)\cos\left(\frac{\delta\pi}{2}-\frac{\alpha+\nu+k}{r}\arccos\frac{p}{\sqrt{b^2+p^2}}\right)\frac{(-2c)^k}{(\sqrt{b^2+p^2}\,)^{k/r}}$$

$[r>1]$ или $[r=1;\ 4|c|^2<|b^2+p^2|]$,

$$W = \frac{(b^2+p^2)^{(1-2\alpha)/(4r)}}{r\sqrt{2\pi c}}\sum_{k=0}^\infty\frac{(1/2+\nu)_k(1/2-\nu)_k}{k!}\Gamma\left(\frac{2\alpha-2k-1}{2r}\right)\times$$

$$\times\cos\left(\frac{\delta\pi}{2}+\frac{1-2\alpha+2k}{2r}\arccos\frac{p}{\sqrt{b^2+p^2}}\right)\frac{(\sqrt{b^2+p^2}\,)^{k/r}}{(2c)^k}+$$

$$+\frac{(2c)^{-\alpha}}{\sqrt{\pi}}\sum_{k=0}^\infty\frac{1}{k!}\Gamma\left[\begin{matrix}\alpha+\nu+rk,\ 1/2-\alpha-rk\\ 1+\nu-\alpha-rk\end{matrix}\right]\left(-\frac{\sqrt{b^2+p^2}}{2^rc^r}\right)^k$$

$[r<1]$ или $[r=1;\ 4|c|^2>|b^2+p^2|]$.

12. $\displaystyle\int_0^\infty x^{\alpha-1}e^{-cx}\begin{Bmatrix}\ln(x^r+z^r)\\ \ln|x^r-z^r|\end{Bmatrix}I_\nu(cx)\,dx =$

$$=\left(\frac{c}{2}\right)^\nu\frac{\pi z^\alpha}{\Gamma(\nu+1)}\sum_{k=0}^\infty\frac{(\nu+1/2)_k}{k!\,(2\nu+1)_k}\begin{Bmatrix}\operatorname{cosec}[(\alpha+\nu+k)\pi/r]\\ \operatorname{ctg}[(\alpha+\nu+k)\pi/r]\end{Bmatrix}(-2cz)^k -$$

$$- \frac{(2c)^{-\alpha}}{\sqrt{\pi}} \sum_{k=1}^{\infty} \frac{(\mp 1)^k}{k} \Gamma\left[\begin{matrix} \nu+\alpha-rk,\ 1/2-\alpha+rk \\ 1+\nu-\alpha+rk \end{matrix}\right] (2cz)^{rk} +$$

$$+ \frac{(2c)^{-\alpha} r}{\sqrt{\pi}} \Gamma\left[\begin{matrix} \nu+\alpha,\ 1/2-\alpha \\ 1+\nu-\alpha \end{matrix}\right] [\psi(\nu+\alpha)+\psi(1+\nu-\alpha)-\psi(1/2-\alpha)-\ln(2c)]$$

$$\left[r,\ \operatorname{Re} c,\ \operatorname{Re}(\alpha+\nu)>0;\ \operatorname{Re}\alpha<1/2,\ \left\{\begin{matrix} r|\arg z|<\pi \\ z>0 \end{matrix}\right\}\right].$$

13. $$\int_0^\infty x^{\alpha-1} e^{-cx} J_\mu(bx^r) I_\nu(cx)\,dx = X \qquad [b,\ r,\ \operatorname{Re} c,\ \operatorname{Re}(\alpha+\nu+r\mu)>0;\ \operatorname{Re}\alpha<(3r+1)/2],$$

$$X = \frac{2^{(\alpha+\nu)/r-\nu-1} c^\nu}{b^{(\alpha+\nu)/r} r\Gamma(\nu+1)} \sum_{k=0}^{\infty} \frac{(\nu+1/2)_k}{k!\,(2\nu+1)_k} \Gamma\left[\begin{matrix} (r\mu+\alpha+\nu+k)/(2r) \\ 1+(r\mu-\alpha-\nu-k)/(2r) \end{matrix}\right] \left(-\frac{2^{1+1/r}c}{b^{1/r}}\right)^k \qquad [r>1],$$

$$X = \frac{2^{(2\alpha-3r-1)/(2r)}}{r\sqrt{\pi c}\ b^{(2\alpha-1)/(2r)}} \sum_{k=0}^{\infty} \frac{(1/2+\nu)_k (1/2-\nu)_k}{k!} \times$$

$$\times \Gamma\left[\begin{matrix} (2\mu r+2\alpha-2k-1)/(4r) \\ 1+(2\mu r-2\alpha+2k+1)/(4r) \end{matrix}\right] \left(\frac{b^{1/r}}{2^{1+1/r}c}\right)^k + \frac{2^{-\alpha-\mu-r\mu} b^\mu}{c^{\alpha+\mu r}\sqrt{\pi}\ \Gamma(\mu+1)} \sum_{k=0}^{\infty} \frac{(-1)^k}{k!\,(\mu+1)_k} \times$$

$$\times \Gamma\left[\begin{matrix} \alpha+\nu+\mu r+2rk,\ 1/2-\alpha-\mu r-2rk \\ 1+\nu-\alpha-\mu r-2rk \end{matrix}\right] \left(\frac{b}{2^{r+1}c^r}\right)^{2k} \qquad [r<1],$$

X при $r=1$ см. в 2.15.16.3.

14. $$\int_0^\infty x^{\alpha-1} e^{-bx^r-cx} I_\mu(bx^r) I_\nu(cx)\,dx = Z$$

$$[r \geqslant 1;\ \operatorname{Re} b,\ \operatorname{Re} c>0;\ -\operatorname{Re}(\mu r+\nu)<\operatorname{Re}\alpha<(r+1)/2],$$

$$Z = \frac{2^{-\nu-(\alpha+\nu)/r} c^\nu}{r\sqrt{\pi}\ b^{(\alpha+\nu)/r}\Gamma(\nu+1)} \sum_{k=0}^{\infty} \frac{(1/2+\nu)_k}{k!\,(2\nu+1)_k} \times$$

$$\times \Gamma\left[\begin{matrix} \mu+(\alpha+\nu+k)/r,\ 1/2-(\alpha+\nu+k)/r \\ 1+\mu-(\alpha+\nu+k)/r \end{matrix}\right] \left(-\frac{2^{1-1/r}c}{b^{1/r}}\right)^k +$$

$$+ \frac{c^{r/2-\alpha}}{2^{\alpha+(1-r)/2}\pi\sqrt{b}} \sum_{k=0}^{\infty} \frac{(1/2+\mu)_k (1/2-\mu)_k}{k!} \times$$

$$\times \Gamma\left[\begin{matrix} \alpha+\nu-r/2-rk,\ (1+r)/2+rk-\alpha \\ 1+\nu-\alpha+r/2+kr \end{matrix}\right] \left(\frac{2^{r-1}c^r}{b}\right)^k \qquad [r>1],$$

Z при $r=1$ см. в 2.15.20.6.

15. $$\int_0^\infty x^{\alpha-1} e^{-cx} \left\{\begin{matrix} Y_\mu(bx^r) \\ K_\mu(bx^r) \end{matrix}\right\} I_\nu(cx)\,dx = U_\mu$$

$$\left[r,\ \operatorname{Re} c>0;\ \operatorname{Re}(\alpha+\nu)>r|\operatorname{Re}\mu|,\ \left\{\begin{matrix} b>0;\ \operatorname{Re}\alpha<(3r+1)/2 \\ \operatorname{Re} b>0 \end{matrix}\right\}\right],$$

$$U_\mu = \mp \frac{2^{\nu+(\alpha+\nu)/r-2} c^\nu}{\pi^{3/2} b^{(\alpha+\nu)/r} r\Gamma(\nu+1)} \left\{\begin{matrix} 2 \\ \pi \end{matrix}\right\} \sum_{k=0}^{\infty} \frac{(\nu+1/2)_k}{k!\,(2\nu+1)_k} \times$$

$$\times \Gamma\left(\frac{\alpha+\nu+k+\mu r}{2r}\right) \Gamma\left(\frac{\alpha+\nu+k-\mu r}{2r}\right) \cos^{(1\pm 1)/2} \frac{\alpha+\nu+k-\mu r}{2}\pi \left(-\frac{2^{1/r+1}c}{b^{1/r}}\right)^k \qquad [r>1],$$

$$U_\mu = \mp\frac{(2c)^{-\alpha}}{2\pi^{3/2}}\begin{Bmatrix}2\\ \pi\end{Bmatrix}\sum_{k=0}^{\infty}\frac{(\mp1)^k}{k!}\left[A_k(\mu)+\begin{Bmatrix}\cos\mu\pi\\ 1\end{Bmatrix}A_k(-\mu)\right]\left(\frac{b}{2^{r+1}c^r}\right)^{2k}+V_\mu,$$

$$A_k(\mu)=\left(\frac{2^{r+1}c^r}{b}\right)^{\mu}\frac{\Gamma(\mu)}{(1-\mu)_k}\,\Gamma\left[\begin{matrix}\alpha+\nu-\mu r+2rk,\ 1/2-\alpha+\mu r-2rk\\ 1+\nu-\alpha+\mu r-2rk\end{matrix}\right],$$

$$V_\mu=\mp\frac{2^{(2\alpha-5r-1)/(2r)}}{\pi^{3/2}b^{(2\alpha-1)/(2r)}\sqrt{c}\ r}\begin{Bmatrix}2\\ \pi\end{Bmatrix}\sum_{k=0}^{\infty}\frac{(1/2+\nu)_k(1/2-\nu)_k}{k!}\,\Gamma\left(\frac{r\mu+\alpha-k-1/2}{2r}\right)\times$$

$$\times\,\Gamma\left(\frac{\alpha-r\mu-k-1/2}{2r}\right)\cos^{(1\pm1)/2}\frac{\mu r-\alpha+k+1/2}{2r}\,\pi\left(\frac{b^{1/r}}{2^{1/r+1}c}\right)^{k}$$

$$\left[r<1;\ \mu\neq\ldots,\ -2,\ -1,\ 0,\ 1,\ 2,\ \ldots;\ l-2rk\neq\alpha+\mu r-\frac{1}{2},\ \alpha-\mu r-\frac{1}{2};\ l,\ k=0,\ 1,\ 2,\ \ldots\right],$$

$$U_n=\mp\frac{(2c)^{-\alpha}}{2\pi^{3/2}}\begin{Bmatrix}2\\ \pi\end{Bmatrix}\left\{\sum_{k=0}^{n-1}\frac{(\mp1)^k}{k!}\,A_k(n)\left(\frac{b}{2^{r+1}c^r}\right)^{2k}+\right.$$

$$+\left(\pm\frac{b}{2^{r+1}c^r}\right)^{n}\sum_{k=0}^{\infty}\frac{(\mp1)^k}{k!\,(n+k)!}\,\Gamma\left[\begin{matrix}\alpha+\nu+nr+2rk,\ 1/2-\alpha-nr-2rk\\ 1+\nu-\alpha-nr-2rk\end{matrix}\right]\times$$

$$\times\left[\psi(k+1)+\psi(n+k+1)-2r\psi(\alpha+\nu+nr+2rk)+2r\psi\left(\frac{1}{2}-\alpha-nr-2rk\right)-\right.$$

$$\left.-\,2r\psi(1+\nu-\alpha-nr-2rk)-2\ln\frac{b}{2^{r+1}c^r}\right]\left(\frac{b}{2^{r+1}c^r}\right)^{2k}+V_n$$

$$[r<1;\ l-2rk\neq\alpha+\mu r-1/2,\ \alpha-\mu r-1/2;\ l,\ k,\ n=0,\ 1,\ 2,\ \ldots],$$

U_μ при $r=1$ см. в 2.15.18.1, 2.16.29.2.

16. $\displaystyle\int_0^\infty x^{\alpha-1}\,\mathrm{Ei}\,(-bx^r)I_\nu(cx)\,dx=$

$$=-\frac{c^\nu}{2^\nu b^{(\alpha+\nu)/r}\Gamma(\nu+1)}\sum_{k=0}^{\infty}\frac{1}{k!\,(\nu+1)_k(2k+\alpha+\nu)}\,\Gamma\left(\frac{\alpha+\nu+2k}{r}\right)\left(\frac{c}{2b^{1/r}}\right)^{2k}$$

$[r\geqslant1;\ \mathrm{Re}\,(\alpha+\nu)>0;\ \mathrm{Re}\,b>0$ при $r<1;\ \mathrm{Re}\,b>|\,\mathrm{Re}\,c|,\ |c|<|b|$ при $r=1]$.

17. $\displaystyle\int_0^\infty x^{\alpha-1}e^{-cx}\,\mathrm{Ei}\,(-bx^r)I_\nu(cx)\,dx=\widehat{X}$ $\quad[r,\ \mathrm{Re}\,b,\ \mathrm{Re}\,c,\ \mathrm{Re}\,(\alpha+\nu)>0]$,

$$\widehat{X}=-\frac{b^{-(\alpha+\nu)/r}}{\Gamma(\nu+1)}\left(\frac{c}{2}\right)^{\nu}\sum_{k=0}^{\infty}\frac{(1/2+\nu)_k}{k!\,(2\nu+1)_k(k+\alpha+\nu)}\,\Gamma\left(\frac{k+\alpha+\nu}{r}\right)\left(-\frac{2c}{b^{1/r}}\right)^{k}\qquad[r>1],$$

$$\widehat{X}=\frac{b^{(1-2\alpha)/(2r)}}{\sqrt{2\pi c}}\sum_{k=0}^{\infty}\frac{(1/2+\nu)_k(1/2-\nu)_k}{k!\,(1/2-\alpha+k)}\,\Gamma\left(\frac{2\alpha-2k-1}{2r}\right)\left(\frac{b^{1/r}}{2c}\right)^{k}+$$

$$+\,\frac{(2c)^{-\alpha}}{\sqrt{\pi}}\sum_{k=0}^{\infty}\frac{(-1)^k}{k!\,k}\,\Gamma\left[\begin{matrix}\alpha+\nu+rk,\ 1/2-\alpha-rk\\ 1+\nu-\alpha-rk\end{matrix}\right]\left(\frac{b}{2^rc^r}\right)^{k}+$$

$$+\,\Gamma\left[\begin{matrix}\alpha+\nu,\ 1/2-\alpha\\ 1+\nu-\alpha\end{matrix}\right][\mathbf{C}+r\psi(\alpha+\nu)+r\psi(1+\nu-\alpha)-r\psi(1/2-\alpha)-r\ln(2c)+\ln b]$$

$[r<1]$,

$\widehat{X}$ при $r=1$ см. в 2.15.24.8.

18. $\displaystyle\int_0^\infty x^{\alpha-1}e^{\pm bx^r-cx}\,\mathrm{Ei}\,(\mp bx^r)I_\nu(cx)\,dx=\widehat{Y}$ $\quad[r,\ \mathrm{Re}\,b,\ \mathrm{Re}\,c,\ \mathrm{Re}\,(\alpha+\nu)>0;\ \mathrm{Re}\,\alpha<1+1/2]$,

$$\widehat{Y} = -\frac{b^{-(\alpha+\nu)/r}}{r\Gamma(\nu+1)}\left(\frac{c}{2}\right)^{\nu}\sum_{k=0}^{\infty}\frac{(1/2+\nu)_k}{k!\,(1+2\nu)_k}\left\{\begin{matrix}\operatorname{cosec}[(\alpha+\nu+k)\pi/r]\\ \operatorname{ctg}[(\alpha+\nu+k)\pi/r]\end{matrix}\right\}\Gamma\left(\frac{\alpha+\nu+k}{r}\right)\times$$

$$\times\left(-\frac{2c}{b^{1/r}}\right)^{k} \mp \frac{(2c)^{r-\alpha}}{b\sqrt{\pi}}\sum_{k=0}^{\infty}k!\,\Gamma\left[\begin{matrix}\alpha+\nu-r-rk,\ 1/2-\alpha+r+rk\\ 1+\nu-\alpha+r+rk\end{matrix}\right]\left(\mp\frac{2^r c^r}{b}\right)^{k} \qquad [r>1],$$

$$\widehat{Y} = -\frac{\sqrt{\pi}\ b^{(1-2\alpha)/(2r)}}{r\sqrt{2c}}\sum_{k=0}^{\infty}\frac{(1/2+\nu)_k(1/2-\nu)_k}{k!}\,\Gamma\left(\frac{2\alpha-2k-1}{2r}\right)\times$$

$$\times\left\{\begin{matrix}\operatorname{cosec}[(2\alpha-2k-1)\pi/(2r)]\\ \operatorname{ctg}[(2\alpha-2k-1)\pi/(2r)]\end{matrix}\right\}\left(\frac{b^{1/r}}{2c}\right)^{k} - \frac{(2c)^{-\alpha}}{\sqrt{\pi}}\sum_{k=0}^{\infty}\frac{1}{k!}\,\Gamma\left[\begin{matrix}\alpha+\nu+rk,\ 1/2-\alpha-rk\\ 1+\nu-\alpha-rk\end{matrix}\right]\times$$

$$\times[\psi(k+1)-r\psi(\alpha+\nu+rk)-r\psi(1+\nu-\alpha-rk)+r\psi(1/2-\alpha-rk)+$$

$$+r\ln(2c)-\ln b]\left(\pm\frac{b}{2^r c^r}\right)^{k} \qquad [r<1],$$

$\widehat{Y}$ при $r=1$ см. в 2.15.24.9.

19. $$\int\limits_0^{\infty} x^{\alpha-1}e^{-cx}\left\{\begin{matrix}\operatorname{si}(bx^r)\\ \operatorname{ci}(bx^r)\end{matrix}\right\}I_\nu(cx)\,dx = \widehat{Z}$$

$$\left[b,\ r,\ \operatorname{Re}c,\ \operatorname{Re}(\alpha+\nu)>0;\ \operatorname{Re}\alpha<2r+1/2;\ \delta=\left\{\begin{matrix}1\\0\end{matrix}\right\}\right],$$

$$\widehat{Z} = -\frac{b^{-(\alpha+\nu)/r}}{\Gamma(\nu+1)}\left(\frac{c}{2}\right)^{\nu}\sum_{k=0}^{\infty}\frac{(\nu+1/2)_k}{k!\,(2\nu+1)_k(\alpha+\nu+k)}\times$$

$$\times\Gamma\left(\frac{\alpha+\nu+k}{r}\right)\left\{\begin{matrix}\sin[(\alpha+\nu+k)\pi/(2r)]\\ \cos[(\alpha+\nu+k)\pi/(2r)]\end{matrix}\right\}\left(-\frac{2c}{b^{1/r}}\right)^{k} \qquad [r>1],$$

$$\widehat{Z} = \sqrt{\frac{2}{\pi c}}\ b^{(1-2\alpha)/(2r)}\sum_{k=0}^{\infty}\frac{(1/2+\nu)_k(1/2-\nu)_k}{k!\,(1-2\alpha+2k)}\,\Gamma\left(\frac{2\alpha-2k-1}{2r}\right)\times$$

$$\times\left\{\begin{matrix}\sin[(2\alpha-2k-1)\pi/(4r)]\\ \cos[(2\alpha-2k-1)\pi/(4r)]\end{matrix}\right\}\left(\frac{b^{1/r}}{2c}\right)^{k} + \frac{b^{\delta}}{(2c)^{\alpha+r\delta}\sqrt{\pi}}\sum_{k=1}^{\infty}\frac{(-1)^k}{(\delta+1/2)_k k!\,(2k+\delta)}\times$$

$$\times\Gamma\left[\begin{matrix}\alpha+\nu+r\delta+2rk,\ 1/2-\alpha-r\delta-2rk\\ 1+\nu-\alpha-r\delta-2rk\end{matrix}\right]\left(\frac{b}{2^{r+1}c^r}\right)^{2k}+$$

$$+\frac{b^{\delta}}{(2c)^{\alpha+r\delta}\sqrt{\pi}}\,\Gamma\left[\begin{matrix}\alpha+\nu+r\delta,\ 1/2-\alpha-r\delta\\ 1+\nu-\alpha-r\delta\end{matrix}\right]\left\{\begin{matrix}1\\R\end{matrix}\right\} - \left\{\begin{matrix}1\\0\end{matrix}\right\}\frac{(2c)^{-\alpha}\sqrt{\pi}}{2}\,\Gamma\left[\begin{matrix}\alpha+\nu,\ 1/2-\alpha\\ 1+\nu-\alpha\end{matrix}\right]$$

$$\left[r<1;\ R=\mathbf{C}+r\psi(\alpha+\nu)-r\psi\left(\frac{1}{2}-\alpha\right)+r\psi(1+\nu-\alpha)-\ln\frac{(2c)^r}{b}\right],$$

$\widehat{Z}$ при $r=1$ см. в 2.15.25.1.

20. $$\int\limits_0^{\infty} x^{\alpha-1}\operatorname{erfc}(bx^r)I_\nu(cx)\,dx =$$

$$= \frac{b^{-(\alpha+\nu)/r}}{\sqrt{\pi}\ \Gamma(\nu+1)}\left(\frac{c}{2}\right)^{\nu}\sum_{k=0}^{\infty}\frac{1}{k!\,(\nu+1)_k(2k+\alpha+\nu)}\,\Gamma\left(\frac{2k+\alpha+\nu+r}{2r}\right)\left(\frac{c}{2b^{1/r}}\right)^{2k}$$

[$r\geqslant 1/2$; $\operatorname{Re}(\alpha+\nu)>0$; $|\arg b|<\pi/4$ при $r>1/2$; $\operatorname{Re}b^2>|\operatorname{Re}c|$, $|c|<|b|^2$ при $r=1/2$; также см. 2.15.26.3].

21. $$\int\limits_0^{\infty} x^{\alpha-1}e^{-cx}\left\{\begin{matrix}\operatorname{erf}(bx^r)\\ \operatorname{erfc}(bx^r)\end{matrix}\right\}I_\nu(cx)\,dx = \widehat{U}$$

$$\left[r,\ \operatorname{Re}c>0,\ \left\{\begin{matrix}\operatorname{Re}\alpha<1/2;\ \operatorname{Re}(\alpha+\nu)>-r\\ \operatorname{Re}(\alpha+\nu)>0\end{matrix}\right\},\ |\arg b|<\pi/4\right],$$

$$\widehat{U} = \mp\frac{c^\nu}{2^\nu\sqrt{\pi}\,b^{(\alpha+\nu)/r}\Gamma(\nu+1)}\sum_{k=0}^{\infty}\frac{(\nu+1/2)_k}{k!\,(2\nu+1)_k(k+\alpha+\nu)}\times$$

$$\times\Gamma\left(\frac{k+r+\alpha+\nu}{2r}\right)\left(-\frac{2c}{b^{1/r}}\right)^k+\begin{Bmatrix}1\\0\end{Bmatrix}\frac{(2c)^{-\alpha}}{\sqrt{\pi}}\Gamma\begin{bmatrix}\alpha+\nu,\ 1/2-\alpha\\ 1+\nu-\alpha\end{bmatrix}\quad [r>1/2],$$

$$\widehat{U} = \mp\frac{b^{(1-2\alpha)/(2r)}}{\pi\sqrt{2c}}\sum_{k=0}^{\infty}\frac{(1/2+\nu)_k(1/2-\nu)_k}{k!\,(\alpha-1/2-k)}\Gamma\left(\frac{2r+2\alpha-2k-1}{4r}\right)\times$$

$$\times\left(\frac{b^{1/r}}{2c}\right)^k\pm\frac{2b}{\pi(2c)^{\alpha+r}}\sum_{k=0}^{\infty}\frac{(-1)^k}{k!\,(2k+1)}\Gamma\begin{bmatrix}\alpha+\nu+r+2rk,\ 1/2-\alpha-r-2rk\\ 1+\nu-\alpha-r-2rk\end{bmatrix}\times$$

$$\times\left(\frac{b}{2^rc^r}\right)^{2k}+\begin{Bmatrix}0\\1\end{Bmatrix}\frac{(2c)^{-\alpha}}{\sqrt{\pi}}\Gamma\begin{bmatrix}\alpha+\nu,\ 1/2-\alpha\\ 1+\nu-\alpha\end{bmatrix}\quad [r<1/2],$$

$\widehat{U}$ при $r=1/2$ см. в 2.15.26.5.

22. $$\int_0^\infty x^{\alpha-1}e^{-cx}\begin{Bmatrix}S(bx^r)\\ C(bx^r)\end{Bmatrix}I_\nu(cx)\,dx=\widehat{V}$$

$$\left[b,\ r,\ \operatorname{Re}c>0;\ \operatorname{Re}(\alpha+\nu)>-(2\pm1)r/2;\ \operatorname{Re}\alpha<(3r+1)/2;\ \delta=\begin{Bmatrix}1\\0\end{Bmatrix}\right],$$

$$\widehat{V} = -\frac{c^\nu}{2^{\nu+1/2}\sqrt{\pi}\,b^{(\alpha+\nu)/r}\Gamma(\nu+1)}\sum_{k=0}^{\infty}\frac{(1/2+\nu)_k}{k!\,(2\nu+1)_k(\alpha+\nu+k)}\Gamma\left(\frac{r+2\nu+2\alpha+2k}{2r}\right)\times$$

$$\times\begin{Bmatrix}\cos[(r-2\nu-2\alpha-2k)\pi/(4r)]\\ \sin[(r-2\nu-2\alpha-2k)\pi/(4r)]\end{Bmatrix}\left(-\frac{2c}{b^{1/r}}\right)^k+\frac{(2c)^{-\alpha}}{2\sqrt{\pi}}\Gamma\begin{bmatrix}\alpha+\nu,\ 1/2-\alpha\\ 1+\nu-\alpha\end{bmatrix}\quad [r>1],$$

$$\widehat{V} = \frac{b^{(1-2\alpha)/(2r)}}{2\pi\sqrt{c}}\sum_{k=0}^{\infty}\frac{(1/2+\nu)_k(1/2-\nu)_k}{k!\,(1/2-\alpha+k)}\Gamma\left(\frac{r+2\alpha-2k-1}{2r}\right)\times$$

$$\times\begin{Bmatrix}\cos[(r+1-2\alpha+2k)\pi/(4r)]\\ \sin[(r+1-2\alpha+2k)\pi/(4r)]\end{Bmatrix}\left(\frac{b^{1/r}}{2c}\right)^k+$$

$$+\frac{b^{\delta+1/2}\sqrt{2}}{(2c)^{\alpha+r\delta+r/2}\pi}\sum_{k=0}^{\infty}\frac{(-1)^k}{k!\,(\delta+1/2)_k(1+2\delta+4k)}\times$$

$$\times\Gamma\begin{bmatrix}\alpha+\nu+r\delta+r/2+2rk,\ 1/2-\alpha-r/2-r\delta-2rk\\ 1+\nu-\alpha-r/2-r\delta-2rk\end{bmatrix}\left(\frac{b}{2^{r+1}c^r}\right)^{2k}\quad [r<1],$$

$\widehat{V}$ при $r=1$ см. в 2.15.27.1.

23. $$\int_0^\infty x^{\alpha-1}\Gamma(\mu,\ bx^r)I_\nu(cx)\,dx=\frac{b^{-(\alpha+\nu)/r}}{\Gamma(\nu+1)}\left(\frac{c}{2}\right)^\nu\times$$

$$\times\sum_{k=0}^{\infty}\frac{1}{k!\,(\nu+1)_k(2k+\alpha+\nu)}\Gamma\left(\mu+\frac{2k+\alpha+\nu}{r}\right)\left(\frac{c}{2b^{1/r}}\right)^{2k}.$$

[$r\geqslant 1$; $\operatorname{Re}(\alpha+\nu+\mu r)$, $\operatorname{Re}(\alpha+\nu)>0$; $\operatorname{Re}b>0$ при $r>1$; $\operatorname{Re}b>|\operatorname{Re}c|$, $|c|<|b|$ при $r=1$; также см. 2.15.28.1].

24. $$\int_0^\infty x^{\alpha-1}e^{-cx}\begin{Bmatrix}\gamma(\mu,\ bx^r)\\ \Gamma(\mu,\ bx^r)\end{Bmatrix}I_\nu(cx)\,dx=\widehat{W}$$

$$\left[r,\ \operatorname{Re}b,\ \operatorname{Re}c,\ \operatorname{Re}(\alpha+\nu+r\mu)>0,\ \begin{Bmatrix}\operatorname{Re}\mu>0;\ \operatorname{Re}\alpha<1/2\\ \operatorname{Re}(\alpha+\nu)>0\end{Bmatrix}\right],$$

$$\widehat{W} = \mp \frac{b^{-(\alpha+\nu)/r}}{\Gamma(\nu+1)} \left(\frac{c}{2}\right)^{\nu} \sum_{k=0}^{\infty} \frac{(1/2+\nu)_k}{k!\,(2\nu+1)_k(\alpha+\nu+k)} \times$$

$$\times\, \Gamma\left(\mu + \frac{\alpha+\nu+k}{r}\right)\left(-\frac{2c}{b^{1/r}}\right)^{k} + \begin{Bmatrix}1\\0\end{Bmatrix} \frac{(2c)^{-\alpha}}{\sqrt{\pi}}\, \Gamma\left[\begin{matrix}\mu,\ \alpha+\nu,\ 1/2-\alpha\\ 1+\nu-\alpha\end{matrix}\right] \qquad [r>1],$$

$$\widehat{W} = \pm \frac{b^{(1-2\alpha)/(2r)}}{\sqrt{2\pi c}} \sum_{k=0}^{\infty} \frac{(1/2+\nu)_k(1/2-\nu)_k}{k!\,(1/2-\alpha+k)}\, \Gamma\left(\mu + \frac{2\alpha-2k-1}{2r}\right) \times$$

$$\times \left(\frac{b^{1/r}}{2c}\right)^{k} \pm \frac{b^{\mu}}{\sqrt{\pi}\,(2c)^{\alpha+\mu r}} \sum_{k=0}^{\infty} \frac{1}{k!\,(\mu+k)}\, \Gamma\left[\begin{matrix}\alpha+\nu+\mu r+rk,\ 1/2-\alpha-\mu r-rk\\ 1+\nu-\alpha-\mu r-rk\end{matrix}\right] \times$$

$$\times \left(-\frac{b}{2^r c^r}\right)^{k} + \begin{Bmatrix}0\\1\end{Bmatrix} \frac{(2c)^{-\alpha}}{\sqrt{\pi}}\, \Gamma\left[\begin{matrix}\mu,\ \alpha+\nu,\ 1/2-\alpha\\ 1+\nu-\alpha\end{matrix}\right] \qquad [r<1],$$

$\widehat{W}$ при $r=1$ см. в 2.15.28.3.

25. $$\int_0^{\infty} x^{\alpha-1} e^{-b^2x^{2r}/4} D_{\mu}(bx^r) I_{\nu}(cx)\,dx = \frac{2^{-(\alpha+\nu)/(2r)-\nu+\mu/2}\sqrt{\pi}\,c^{\nu}}{b^{(\alpha+\nu)/r}\, r\Gamma(\nu+1)} \sum_{k=0}^{\infty} \frac{1}{k!\,(\nu+1)_k} \times$$

$$\times\, \Gamma\left[\begin{matrix}(2k+\alpha+\nu)/r\\ (2k+r+\alpha+\nu-r\mu)/(2r)\end{matrix}\right]\left(\frac{c^2}{2^{2+1/r}b^{2/r}}\right)^{k}$$

$[r \geqslant 1/2;\ \operatorname{Re}(\alpha+\nu)>0;\ |\arg b|<\pi/4$ при $r>1/2;\ \operatorname{Re} b^2 > 2|\operatorname{Re} c|,\ 2|c|<|b|^2$ при $r=1/2]$.

26. $$\int_0^{\infty} x^{\alpha-1} e^{\pm b^2x^{2r}/4-cx} D_{\mu}(bx^r) I_{\nu}(cx)\,dx = \widetilde{X}$$

$$\left[r,\ \operatorname{Re} c>0;\ |\arg b|<(2\pm1)\pi/4,\ \begin{Bmatrix}-\operatorname{Re}\nu < \operatorname{Re}\alpha < -r\operatorname{Re}\mu+1/2\\ \operatorname{Re}(\alpha+\nu)>0\end{Bmatrix}\right],$$

$$\widetilde{X} = \frac{2^{-(\nu+\alpha)/(2r)-\nu\mp(\mu+1\pm1)/2}c^{\nu}}{b^{(\alpha+\nu)/r}\, r\Gamma(\nu+1)} \begin{Bmatrix}\Gamma^{-1}(-\mu)\\ \sqrt{\pi}\end{Bmatrix} \times$$

$$\times \sum_{k=0}^{\infty} \frac{(\nu+1/2)_k}{k!\,(2\nu+1)_k}\, \Gamma\left(\frac{\alpha+\nu+k}{r}\right)\Gamma^{\pm1}\left(\frac{1\mp1}{4} \mp \frac{\nu+\alpha+k\pm r\mu}{2r}\right) \times$$

$$\times \left(-\frac{2^{1-1/(2r)}c}{b^{1/r}}\right)^{k} + \begin{Bmatrix}1\\0\end{Bmatrix} \frac{b^{\mu}}{\sqrt{\pi}\,(2c)^{\alpha+\mu r}} \sum_{k=0}^{\infty} \frac{(-\mu)_{2k}}{k!} \times$$

$$\times\, \Gamma\left[\begin{matrix}\alpha+\nu+\mu r-2rk,\ 1/2-\alpha-\mu r+2rk\\ 1+\nu-\alpha-\mu r+2rk\end{matrix}\right]\left(-\frac{2^{2r-1}c^{2r}}{b^2}\right)^{k} \qquad [r>1/2],$$

$$\widetilde{X} = \frac{2^{(1-2\alpha)/(4r)\mp(\mu+1\pm2)/2}}{\sqrt{\pi c}\, b^{(2\alpha-1)/(2r)}\, r} \begin{Bmatrix}\Gamma^{-1}(-\mu)\\ \sqrt{\pi}\end{Bmatrix} \times$$

$$\times \sum_{k=0}^{\infty} \frac{(1/2+\nu)_k(1/2-\nu)_k}{k!}\, \Gamma\left(\frac{2\alpha-2k-1}{2r}\right)\Gamma^{\pm1}\left(\frac{1\mp1}{4} \mp \frac{2\alpha-2k-1\pm2r\mu}{4r}\right) \times$$

$$\times \left(\frac{b^{1/r}}{2^{1-1/(2r)}c}\right)^{k} + \frac{2^{\mp(\mu+1\pm1)/2-\alpha}}{c^{\alpha}\sqrt{\pi}} \begin{Bmatrix}\Gamma^{-1}(-\mu)\\ \sqrt{\pi}\end{Bmatrix} \sum_{k=0}^{\infty} \frac{1}{k!}\, \Gamma\left[\begin{matrix}\alpha+\nu+rk,\ 1/2-\alpha-rk\\ 1+\nu-\alpha-rk\end{matrix}\right] \times$$

$$\times\, \Gamma^{\pm1}\left(\frac{1\mp1}{4} \pm \frac{k\mp\mu}{2}\right)\left(-\frac{b}{2^{r-1/2}c^r}\right)^{k} \qquad [r<1/2],$$

$\widetilde{X}$ при $r=1/2$ см. в 2.15.29.4.

2.15.2. Интегралы от $A(x)I_\nu(\varphi(x))$.

1. $$\int_0^a x^{\alpha-1}(a-x)^{\beta-1}I_\nu(cx)\,dx = a^{\alpha+\beta+\nu-1}\left(\frac{c}{2}\right)\Gamma\left[\begin{matrix}\alpha+\nu,\ \beta\\ \nu+1,\ \alpha+\beta+\nu\end{matrix}\right]\times$$
$$\times\ {}_2F_3\left(\frac{\alpha+\nu}{2},\ \frac{\alpha+\nu+1}{2};\ \nu+1,\ \frac{\alpha+\nu+\beta}{2},\ \frac{\alpha+\nu+\beta+1}{2};\ \frac{a^2c^2}{4}\right)$$
$[a,\ \operatorname{Re}\beta,\ \operatorname{Re}(\alpha+\nu)>0]$.

2. $$\int_0^a \frac{x^n}{\sqrt{a-x}}\,I_\nu(cx)\,dx = \pi\left(\frac{a}{2}\right)^{n+1/2}\sum_{k=0}^{n}\binom{n}{k}I_{(2\nu+2n+1)/4-k}\left(\frac{ac}{2}\right)I_{(2\nu-2n-1)/4+k}\left(\frac{ac}{2}\right)$$
$[a>0;\ \operatorname{Re}\nu>-n-1]$.

3. $$\int_0^a \frac{1}{\sqrt{a^2-x^2}}\,I_\nu(cx)\,dx = \frac{\pi}{2}\,I_{\nu/2}^2\left(\frac{ac}{2}\right)$$ $[a>0;\ \operatorname{Re}\nu>-1]$.

4. $$\int_0^a \frac{1}{\sqrt{a^2-x^2}}\,I_1(cx)\,dx = \frac{\operatorname{ch}ac-1}{ac}$$ $[a>0]$.

5. $$\int_0^a x^{\alpha-1}(a^2-x^2)^{\beta-1}I_\nu(cx)\,dx = 2^{-\nu-1}a^{2\beta+\alpha+\nu-2}c^\nu\Gamma\left[\begin{matrix}\beta,\ (\alpha+\nu)/2\\ \beta+(\alpha+\nu)/2,\ \nu+1\end{matrix}\right]\times$$
$$\times\ {}_1F_2\left(\frac{\alpha+\nu}{2};\ \beta+\frac{\alpha+\nu}{2},\ \nu+1;\ \frac{a^2c^2}{4}\right)$$ $[a,\ \operatorname{Re}\beta,\ \operatorname{Re}(\alpha+\nu)>0]$.

6. $$\int_0^a x^{\nu+1}(a^2-x^2)^{\beta-1}I_\nu(cx)\,dx = 2^{\beta-1}a^{\nu+\beta}c^{-\beta}\Gamma(\beta)I_{\nu+\beta}(ac)$$ $[a,\ \operatorname{Re}\beta>0;\ \operatorname{Re}\nu>-1]$.

7. $$\int_0^a x^\nu(a^2-x^2)^{\nu-1/2}I_\nu(cx)\,dx = 2^{\nu-1}\sqrt{\pi}\ a^{2\nu}c^{-\nu}\Gamma\left(\nu+\frac{1}{2}\right)I_\nu^2\left(\frac{ac}{2}\right)$$
$[a>0;\ \operatorname{Re}\nu>-1/2]$.

8. $$\int_0^a x^\nu(a^2-x^2)^{\nu-3/2}I_\nu(cx)\,dx = \frac{a^{2\nu-1}c^{1-\nu}\sqrt{\pi}}{2^{2-\nu}}\,\Gamma\left(\nu-\frac{1}{2}\right)I_{\nu-1}\left(\frac{ac}{2}\right)I_\nu\left(\frac{ac}{2}\right)$$
$[a>0;\ \operatorname{Re}\nu>1/2]$.

9. $$\int_0^a x^{-\nu}(a^2-x^2)^{-\nu-1/2}I_\nu(cx)\,dx = \frac{c^\nu\sqrt{\pi}}{2^{\nu+1}a^{2\nu}}\,\Gamma\left(\frac{1}{2}-\nu\right)I_\nu\left(\frac{ac}{2}\right)I_{-\nu}\left(\frac{ac}{2}\right)$$
$[a>0;\ \operatorname{Re}\nu<1/2]$.

10. $$\int_0^a \frac{x^{1-\nu}}{\sqrt{a^2-x^2}}\,I_\nu(cx)\,dx = a^{1/2-\nu}\sqrt{\frac{\pi}{2c}}\,\mathbf{L}_{\nu-1/2}(ac)$$ $[a>0]$.

11. $$\int_0^a \frac{x}{\sqrt{a^2-x^2}}\,I_\nu(cx)\,dx = \frac{\pi a}{2}\,I_{(\nu+1)/2}\left(\frac{ac}{2}\right)I_{(\nu-1)/2}\left(\frac{ac}{2}\right)$$ $[a>0;\ \operatorname{Re}\nu>-2]$.

12. $$\int_0^a \frac{x}{\sqrt{a^2-x^2}}\,I_0(cx)\,dx = \frac{\operatorname{sh}ac}{c}$$ $[a>0]$.

13. $$\int_a^b x^{1-\nu}(b^2-x^2)^{\nu-1/2}(x^2-a^2)^{\nu-1/2}I_\nu(cx)\,dx =$$
$$= 2^{\nu-1}\sqrt{\pi}\ \Gamma\left(\nu+\frac{1}{2}\right)(b^2-a^2)^\nu c^{-\nu}I_\nu\left(\frac{cb+ca}{2}\right)I_\nu\left(\frac{cb-ca}{2}\right)$$ $[a,\ b>0;\ \operatorname{Re}\nu>-1/2]$.

14. $\displaystyle\int_0^a x^{-\mu}\frac{(a+\sqrt{a^2-x^2})^\mu+(a-\sqrt{a^2-x^2})^\mu}{\sqrt{a^2-x^2}}\,I_\nu(cx)\,dx=$

$$=\frac{1}{ac}\Gamma\left[\begin{matrix}(1+\nu+\mu)/2,\ (1+\nu-\mu)/2\\ 1+\nu,\ 1+\nu\end{matrix}\right]M_{\mu/2,\,\nu/2}(ac)M_{\mu/2,\,\nu/2}(-ac)$$

$[a>0;\ \operatorname{Re}(\mu-\nu)<1].$

15. $\displaystyle\int_0^a x^{\mu}\frac{(x+i\sqrt{a^2-x^2})^\mu+(x-i\sqrt{a^2-x^2})^\mu}{\sqrt{a^2-x^2}}\,I_\nu(cx)\,dx=$

$$=\pi a^{2\mu}I_{(\nu+\mu)/2}\left(\frac{ac}{2}\right)I_{(\nu-\mu)/2}\left(\frac{ac}{2}\right)\qquad[a>0;\ \operatorname{Re}(\mu+\nu)>-1].$$

16. $\displaystyle\int_0^\infty \frac{x^{\alpha-1}}{x^2+z^2}\,I_\nu\left(\frac{cx}{x^2+z^2}\right)dx=\frac{z^{\alpha-1}}{2^{\nu+1}c}\,\Gamma\left[\begin{matrix}(\nu+\alpha)/2,\ 1+(\nu-\alpha)/2\\ \nu+1,\ \nu+1\end{matrix}\right]\times$

$$\times M_{(\alpha-1)/2,\,\nu/2}\left(\frac{c}{z}\right)M_{(1-\alpha)/2,\,\nu/2}\left(\frac{c}{z}\right)\qquad[c,\ \operatorname{Re}z>0;\ -\operatorname{Re}\nu<\operatorname{Re}\alpha<\operatorname{Re}\nu+2].$$

2.15.3. Интегралы от $x^\alpha e^{-px}I_\nu(cx)$.

1. $\displaystyle\int_0^\infty e^{-px}I_\nu(cx)\,dx=\frac{c^\nu}{\sqrt{p^2-c^2}\,(p+\sqrt{p^2-c^2})^\nu}$ $\qquad[\operatorname{Re}p>|\operatorname{Re}c|;\ \operatorname{Re}\nu>-1].$

2. $\displaystyle\int_0^\infty x^{\alpha-1}e^{-px}I_\nu(c)\,dx=I_\nu^\alpha$ $\qquad\left[\operatorname{Re}(\alpha+\nu)>0;\ \operatorname{Re}p>|\operatorname{Re}c|;\ k=\sqrt{2c}/\sqrt{p+c}\right],$

$$I_\nu^\alpha=p^{-\alpha-\nu}\left(\frac{c}{2}\right)^\nu\Gamma\left[\begin{matrix}\nu+\alpha\\ \nu+1\end{matrix}\right]{}_2F_1\left(\frac{\alpha+\nu}{2},\ \frac{\alpha+\nu+1}{2};\ \nu+1;\ \frac{c^2}{p^2}\right)=$$

$$=e^{-\pi\nu i/2}\Gamma(\alpha+\nu)(p^2-c^2)^{-\alpha/2}P_{\alpha-1}^{-\nu}\left(\frac{p}{\sqrt{p^2-c^2}}\right),$$

$$I_\nu^{\nu+1}=\frac{(2c)^\nu\Gamma(\nu+1/2)}{\sqrt{\pi}\,(p^2-c^2)^{\nu+1/2}}\qquad[\operatorname{Re}\nu>-1/2],$$

$$I_\nu^{\nu+2}=\frac{2p(2c)^\nu\Gamma(\nu+3/2)}{\sqrt{\pi}\,(p^2-c^2)^{\nu+3/2}}\qquad[\operatorname{Re}\nu>-1],$$

$$I_\nu^{-1}=\frac{c^{-\nu}}{\nu(\nu^2-1)}\,(p+\nu\sqrt{p^2-c^2})(p-\sqrt{p^2-c^2})^\nu\qquad[\operatorname{Re}\nu>1],$$

$$I_\nu^0=\frac{c^\nu}{\nu}\,(p+\sqrt{p^2-c^2})^{-\nu}\qquad[\operatorname{Re}\nu>0],$$

$$I_\nu^n=c^\nu(-1)^{n-1}\frac{\partial^{n-1}}{\partial p^{n-1}}\left[\frac{(p+\sqrt{p^2-c^2})^{-\nu}}{\sqrt{p^2-c^2}}\right]\qquad[\operatorname{Re}\nu>-n],$$

$$I_\nu^2=\frac{c^\nu(p+\nu\sqrt{p^2-c^2})}{(p+\sqrt{p^2-c^2})^\nu(p^2-c^2)^{3/2}}\qquad[\operatorname{Re}\nu>-2],$$

$$I_\nu^{1/2}=\sqrt{\frac{2}{\pi c}}\;Q_{\nu-1/2}\left(\frac{p}{c}\right)\qquad[\operatorname{Re}\nu>-1/2],$$

$$I_0^{1/2}=k\sqrt{\frac{2}{\pi c}}\,\mathbf{K}(k),\qquad I_0^{3/2}=\frac{k^3}{2(1-k^2)\sqrt{2\pi c^3}}\mathbf{E}(k),$$

$$I_0^{5/2}=\frac{k^5}{8(1-k^2)^2\sqrt{2\pi c^5}}\,[2(2-k^2)\mathbf{E}(k)-(1-k^2)\mathbf{K}(k)],$$

$$I_0^{7/2}=\frac{k^7}{32(1-k^2)^3\sqrt{2\pi c^7}}\,[(23-23k^2+8k^4)\mathbf{E}(k)-4(1-k^2)(2-k^2)\mathbf{K}(k)],$$

$$I_1^{-1/2} = \frac{4}{3}\sqrt{\frac{2c}{\pi k^3}}\,[(2-k^2)\mathbf{E}(k) - 2(1-k^2)\mathbf{K}(k)],$$

$$I_1^{1/2} = \frac{1}{k}\sqrt{\frac{2}{\pi c}}\,[(2-k^2)\mathbf{K}(k) - 2\mathbf{E}(k)],$$

$$I_1^{3/2} = \frac{k}{2(1-k^2)\sqrt{2\pi c}}\,[(2-k^2)\mathbf{E}(k) - 2(1-k^2)\mathbf{K}(k)],$$

$$I_1^{5/2} = \frac{k^3}{8(1-k^2)^2\sqrt{2\pi c^5}}\,[2(1-k^2+k^4)\mathbf{E}(k) - (1-k^2)(2-k^2)\mathbf{K}(k)],$$

$$I_2^{-1/2} = \frac{4}{15}\sqrt{\frac{2c}{\pi k^5}}\,[(16-16k^2+k^4)\mathbf{E}(k) - 8(1-k^2)(2-k^2)\mathbf{K}(k)],$$

$$I_2^{1/2} = \frac{1}{3k^3}\sqrt{\frac{2}{\pi c}}\,[(16-16k^2+3k^4)\mathbf{K}(k) - 8(1-k^2)(2-k^2)\mathbf{E}(k)],$$

$$I_2^{3/2} = \frac{1}{2k(1-k^2)\sqrt{2\pi c^3}}\,[(16-16k^2+k^4)\mathbf{E}(k) - 8(1-k^2)(2-k^2)\mathbf{K}(k)],$$

$$I_2^{5/2} = \frac{k}{8(1-k^2)^2\sqrt{2\pi c^5}}\,[(16-16k^2-k^4)(1-k^2)\mathbf{K}(k) - 2(2-k^2)(4-4k^2-k^4)\mathbf{E}(k)],$$

$$I_2^{7/2} = \frac{k^3}{32(1-k^2)^3\sqrt{2\pi c^7}}\,[4(2-2k^2-k^4)(1-k^2)(2-k^2)\mathbf{K}(k) -$$
$$- (16-32k^2+9k^4+7k^6-8k^8)\mathbf{E}(k)],$$

$$I_3^{-5/2}\frac{64}{10395}\sqrt{\frac{2c^5}{\pi k^{11}}}\,[(128-256k^2+99k^4+29k^6+8k^8)(2-k^2)\mathbf{E}(k) -$$
$$- 2(1-k^2)(128-256k^2+123k^4+5k^6+2k^8)\mathbf{K}(k)],$$

$$I_3^{-3/2} = \frac{16}{945}\sqrt{\frac{2c^3}{\pi k^9}}\,[(128-128k^2-k^4)(1-k^2)(2-k^2)\mathbf{K}(k) -$$
$$- 2(128-256k^2+135k^4-7k^6-k^8)\mathbf{E}(k)],$$

$$I_3^{-1/2} = \frac{4}{105}\sqrt{\frac{2c}{\pi k^7}}\,[(128-128k^2+3k^4)(2-k^2)\mathbf{E}(k) -$$
$$- 2(1-k^2)(128-128k^2+27k^4)\mathbf{K}(k)],$$

$$I_3^{1/2} = \frac{2}{15k^5\sqrt{2\pi c}}\,[(128-128k^2+15k^4)(2-k^2)\mathbf{K}(k) - 2(128-128k^2+23k^4)\mathbf{E}(k)],$$

$$I_3^{3/2} = \frac{1}{6k^3(1-k^2)\sqrt{2\pi c^3}}\,[(128-128k^2+3k^4)(2-k^2)\mathbf{E}(k) -$$
$$- 2(1-k^2)(128-128k^2+27k^4)\mathbf{K}(k)],$$

$$I_3^{5/2} = \frac{1}{8k(1-k^2)^2\sqrt{2\pi c^5}}\,[(128-128k^2-k^4)(1-k^2)(2-k^2)\mathbf{K}(k) -$$
$$- 2(128-256k^2+135k^4-7k^6-k^8)\mathbf{E}(k)],$$

$$I_3^{7/2} = \frac{k}{32(1-k^2)^3\sqrt{2\pi c^7}}\,[(128-256k^2+99k^4+29k^6+8k^8)(2-k^2)\mathbf{E}(k) -$$
$$- 2(1-k^2)(128-256k^2+123k^4+5k^6+2k^8)\mathbf{K}(k)].$$

3. $$\int_0^\infty x^{\alpha-1}e^{-cx}I_\nu(cx)\,dx = \frac{(2c)^{-\alpha}}{\sqrt{\pi}}\,\Gamma\begin{bmatrix}\alpha+\nu,\ 1/2-\alpha\\ 1+\nu-\alpha\end{bmatrix}$$ $[\operatorname{Re} c > 0;\ -\operatorname{Re}\nu < \operatorname{Re}\alpha < 1/2]$.

2.15.4. Интегралы от $A(x,\,e^{px})I_\nu(cx)$.

1. $$\int_0^a x^{\alpha-1}(a-x)^{\beta-1}e^{\pm cx}I_\nu(cx)\,dx = a^{\alpha+\beta+\nu-1}\left(\frac{c}{2}\right)^\nu \times$$
$$\times\,\Gamma\begin{bmatrix}\alpha+\nu,\ \beta\\ \alpha+\beta+\nu,\ \nu+1\end{bmatrix}{}_2F_2\left(\nu+\frac{1}{2},\ \alpha+\nu;\ 2\nu+1,\ \alpha+\beta+\nu;\ \pm 2ac\right)$$
$[a,\ \operatorname{Re}\beta,\ \operatorname{Re}(\alpha+\nu) > 0]$.

2. $$\int_a^\infty a^{\alpha-1}(x-a)^{\beta-1}c^{-cx}I_\nu(cx)\,dx = \frac{(2c)^{1-\alpha-\beta}}{\sqrt{\pi}}\,\Gamma\begin{bmatrix}\alpha+\beta+\nu-1,\ 3/2-\alpha-\beta\\ 2-\alpha-\beta+\nu\end{bmatrix}\times$$
$$\times\,{}_2F_2\left(1-\beta,\ \frac{3}{2}-\alpha-\beta;\ 2-\alpha-\beta-\nu,\ 2+\nu-\alpha-\beta;\ -2ac\right)+$$
$$+\,a^{\alpha+\beta+\nu-1}\left(\frac{c}{2}\right)^\nu\Gamma\begin{bmatrix}\beta,\ 1-\alpha-\beta-\nu\\ 1-\alpha-\nu,\ \nu+1\end{bmatrix}\times$$
$$\times\,{}_2F_2\left(\alpha+\nu,\ \nu+\frac{1}{2};\ \alpha+\beta+\nu,\ 2\nu+1;\ -2ac\right)$$ $[a,\ \operatorname{Re} c,\ \operatorname{Re}\beta > 0;\ \operatorname{Re}(\alpha+\beta) < 3/2]$.

3. $$\int_0^\infty \frac{e^{-cx}}{x+z}\,I_0(cx)\,dx = e^{cz}K_0(cz)$$ $[\operatorname{Re} c > 0;\ |\arg z| < \pi]$.

4. $$\int_0^\infty x^{\alpha-1}\frac{e^{-cx}}{(x+z)^\rho}\,I_\nu(cx)\,dx = \frac{(2c)^{\rho-\alpha}}{\sqrt{\pi}}\,\Gamma\begin{bmatrix}\nu+\alpha-\rho,\ 1/2+\rho-\alpha\\ \nu+\rho-\alpha+1\end{bmatrix}\times$$
$$\times\,{}_2F_2\left(\frac{1}{2}+\rho-\alpha,\ \rho;\ 1-\nu-\alpha+\rho,\ 1+\nu+\rho-\alpha;\ 2cz\right)+$$
$$+\left(\frac{c}{2}\right)^\nu z^{\alpha+\nu-\rho}\Gamma\begin{bmatrix}\rho-\alpha-\nu,\ \alpha+\nu\\ \rho,\ \nu+1\end{bmatrix}{}_2F_2\left(\nu+\frac{1}{2},\ \alpha+\nu;\ 1+\alpha+\nu-\rho,\ 2\nu+1;\ 2cz\right)$$
$[-\operatorname{Re}\nu < \operatorname{Re}\alpha < \operatorname{Re}\rho + 1/2;\ \operatorname{Re} c > 0;\ |\arg z| < \pi]$.

5. $$\int_0^\infty \frac{x^\nu}{(x+z)^\rho}\,e^{-cx}I_\nu(cx)\,dx = \frac{z^{\nu-\rho/2}}{\sqrt{\pi}\ (2c)^{1-\rho/2}}\,\mathrm{B}\left(\nu+\frac{1}{2},\ \rho-\nu-\frac{1}{2}\right)\times$$
$$\times\,e^{cz}W_{(1-\rho)/2,\ \nu+(1-\rho)/2}(2cz)$$ $[\operatorname{Re} c > 0;\ \operatorname{Re}\nu > -1/2;\ \operatorname{Re}(\rho-\nu) > 1/2;\ |\arg z| < \pi]$.

6. $$\int_0^\infty \frac{x^\nu}{e^{ax}-1}\,I_\nu(cx)\,dx = \frac{(2c)^\nu}{\sqrt{\pi}}\,\Gamma\left(\nu+\frac{1}{2}\right)\sum_{k=1}^\infty \frac{1}{(a^2k^2-c^2)^{\nu+1/2}}$$
$[\operatorname{Re}\nu > 0;\ \operatorname{Re} a > |\operatorname{Re} c|]$.

2.15.5. Интегралы от $A(x)e^{-px^2}I_\nu(cx)$.

1. $$\int_0^a x^\nu e^{-px^2}I_\nu(cx)\,dx = a^{\nu+1}e^{-ap^2}\sum_{k=0}^\infty\left(\frac{2a^2}{c}\right)^k I_{k+\nu+1}(ac)$$ $[a > 0;\ \operatorname{Re}\nu > -1/2]$.

2. $$\int_0^\infty e^{-px^2}I_\nu(cx)\,dx = \frac{1}{2}\sqrt{\frac{\pi}{p}}\ \exp\left(\frac{c^2}{8p}\right)I_{\nu/2}\left(\frac{c^2}{8p}\right)$$ $[\operatorname{Re} p > 0;\ \operatorname{Re}\nu > -1;\ |\arg c| < \pi]$.

3. $$\int_0^\infty e^{-px^2}I_1(cx)\,dx = \frac{1}{c}\left[\exp\left(\frac{c^2}{4p}\right)-1\right]$$ $[\operatorname{Re} p > 0;\ |\arg c| < \pi]$.

4. $\int\limits_0^\infty x^{\alpha-1}e^{-px^2}I_\nu(cx)\,dx = A_\nu^\alpha$ $\qquad$ $[\operatorname{Re}p,\ \operatorname{Re}(\alpha+\nu)>0;\ |\arg c|<\pi]$,

$$A_\nu^\alpha = 2^{-\nu-1}c^\nu p^{-(\alpha+\nu)/2}\Gamma\begin{bmatrix}(\alpha+\nu)/2\\ \nu+1\end{bmatrix}{}_1F_1\left(\frac{\alpha+\nu}{2};\ \nu+1;\ \frac{c^2}{4p}\right),$$

$$A_\nu^{2-\nu} = \frac{(2p)^{\nu-1}}{c^\nu\Gamma(\nu)}\exp\left(\frac{c^2}{4p}\right)\gamma\left(\nu,\ \frac{c^2}{4p}\right),$$

$$A_\nu^\nu = \frac{2^{\nu-1}e^{-\pi\nu i}}{c^\nu}\gamma\left(\nu,\ \frac{c^2e^{\pi i}}{4p}\right) \qquad [\operatorname{Re}\nu>0],$$

$$A_\nu^{\nu+2} = \frac{c^\nu}{(2p)^{\nu+1}}\exp\left(\frac{c^2}{4p}\right) \qquad [\operatorname{Re}\nu>-1],$$

$$A_\nu^{\nu+2n+2} = \frac{n!\,c^\nu}{2^{\nu+1}p^{n+\nu+1}}\exp\left(\frac{c^2}{4p}\right)L_n^\nu\left(-\frac{c^2}{4p}\right) \qquad [\operatorname{Re}\nu>-n-1],$$

$$A_\nu^2 = \frac{c}{8p}\sqrt{\frac{\pi}{p}}\ \exp\left(\frac{c^2}{8p}\right)\left[I_{(\nu-1)/2}\left(\frac{c^2}{8p}\right)+I_{(\nu+1)/2}\left(\frac{c^2}{8p}\right)\right] \qquad [\operatorname{Re}\nu>-2].$$

2.15.6. Интегралы от $A(x)e^{f(x)}I_\nu(cx)$.

1. $\int\limits_0^\infty x^{\alpha-1}e^{-cx-b\sqrt{x}}I_\nu(cx)\,dx =$

$$= b^{1-2\alpha}\sqrt{\frac{2}{\pi c}}\ \Gamma(2\alpha-1)\,{}_2F_2\left(\frac{1}{2}-\nu,\ \frac{1}{2}+\nu;\ 1-\alpha,\ \frac{3}{2}-\alpha;\ \frac{b^2}{8c}\right)+$$
$$+\frac{(2c)^{-\alpha}}{\sqrt{\pi}}\Gamma\begin{bmatrix}1/2-\alpha,\ \nu+a\\ \nu+1-\alpha\end{bmatrix}{}_2F_2\left(\alpha-\nu,\ \alpha+\nu;\ \frac{1}{2},\ \frac{1}{2}+\alpha;\ \frac{b^2}{8c}\right)-$$
$$-\frac{b}{\sqrt{\pi}\ (2c)^{\alpha+1/2}}\Gamma\begin{bmatrix}-\alpha,\ \alpha+\nu-1/2\\ \nu-\alpha+1/2\end{bmatrix}{}_2F_2\left(\frac{1}{2}+\alpha-\nu,\ \frac{1}{2}+\alpha+\nu;\ \frac{3}{2};\ 1+\alpha;\ \frac{b^2}{8c}\right)$$

$[\operatorname{Re}b,\ \operatorname{Re}c,\ \operatorname{Re}(\alpha+\nu)>0]$.

2. $\int\limits_0^\infty x^{\nu-1/2}e^{-cx-b\sqrt{x}}I_\nu(cx)\,dx = \dfrac{2^{\nu/2+1}b^{-\nu-1}}{\pi c^{\nu/2}}\Gamma\left(2\nu+\dfrac{1}{2}\right)\Gamma\left(\nu+\dfrac{1}{2}\right)\times$

$$\times\exp\left(\frac{b^2}{16c}\right)W_{-3\nu/2,\,\nu/2}\left(\frac{b^2}{8c}\right) \qquad [\operatorname{Re}b,\ \operatorname{Re}c>0;\ \operatorname{Re}\nu>-1/4].$$

3. $\int\limits_0^\infty x^{-1/2}e^{-cx-b\sqrt{x}}I_0(cx)\,dx = \dfrac{1}{\sqrt{2\pi c}}\exp\left(\dfrac{b^2}{16c}\right)K_0\left(\dfrac{b^2}{16c}\right)$ $\qquad$ $[\operatorname{Re}b,\ \operatorname{Re}c>0]$.

4. $\int\limits_0^\infty \dfrac{1}{x}\,e^{-px-b/x}I_\nu(cx)\,dx = 2I_\nu(z_-)K_\nu(z_+)$

$\left[z_\pm = \sqrt{b}\,(\sqrt{p+c}\pm\sqrt{p-c});\ \operatorname{Re}b>0;\ \operatorname{Re}p>|\operatorname{Re}c|\right]$.

5. $\int\limits_0^\infty \dfrac{1}{x^2}\,e^{-px-b/x}I_0(cx)\,dx = 2c[z_-^{-1}I_0(z_-)K_1(z_+)-z_+^{-1}I_1(z_-)K_0(z_+)]$

$\left[z_\pm = \sqrt{b}\,(\sqrt{p+c}\pm\sqrt{p-c});\ \operatorname{Re}b>0;\ \operatorname{Re}p>|\operatorname{Re}c|\right]$.

6. $\int\limits_0^\infty x^{\alpha-1}e^{-cx-b/x}I_\nu(cx)\,dx =$

$$= \frac{(2c)^{-\alpha}}{\sqrt{\pi}}\Gamma\begin{bmatrix}\alpha+\nu,\ 1/2-\alpha\\ 1+\nu-\alpha\end{bmatrix}{}_1F_2\left(\frac{1}{2}-\alpha;\ 1-\nu-\alpha,\ 1+\nu-\alpha;\ 2bc\right)+$$

$$+ b^{\alpha+\nu}\left(\frac{c}{2}\right)^{\nu}\Gamma\begin{bmatrix}-\nu-\alpha\\ 1+\nu\end{bmatrix}{}_1F_2\left(\frac{1}{2}+\nu;\ 1+\nu+\alpha,\ 1+2\nu;\ 2bc\right)$$

[$\operatorname{Re} b$, $\operatorname{Re} c > 0$; $\operatorname{Re}\alpha < 1/2$].

7. $$\int_0^\infty x^{-3/2}e^{-cx-b/x}I_0(cx)\,dx = \sqrt{\frac{\pi}{c}}\,[I_0(\sqrt{8bc}) - \mathbf{L}_0(\sqrt{8bc})]$$ [$\operatorname{Re} b$, $\operatorname{Re} c > 0$].

8. $$\int_0^\infty \exp(-p\sqrt{x^2+z^2})I_1(cx)\,dx = \frac{p}{c\sqrt{p^2-c^2}}\exp(-z\sqrt{p^2-c^2}) - \frac{1}{c}e^{-pz}$$

[$\operatorname{Re} p > |\operatorname{Re} c|$; $\operatorname{Re} z > 0$].

9. $$\int_0^\infty x^{\nu+1}\exp(-p\sqrt{x^2+z^2})I_\nu(cx)\,dx = \sqrt{\frac{2}{\pi}}\,pz^{\nu+3/2}c^\nu(p^2-c^2)^{-(2\nu+3)/4}\times$$
$$\times K_{\nu+3/2}(z\sqrt{p^2-c^2})$$ [$\operatorname{Re} p > |\operatorname{Re} c|$; $\operatorname{Re} z > 0$; $\operatorname{Re}\nu > -1$].

10. $$\int_0^\infty x\exp(-p\sqrt{x^2+z^2})I_0(cx)\,dx = p(p^2-c^2)^{-3/2}(1+z\sqrt{p^2-c^2})\exp(-z\sqrt{p^2-c^2})$$

[$\operatorname{Re} p > |\operatorname{Re} c|$; $|\operatorname{Re} z| > 0$].

11. $$\int_0^\infty \frac{\exp(-p\sqrt{x^2+z^2})}{\sqrt{x^2+z^2}}I_\nu(cx)\,dx = A_\nu$$

$\left[\operatorname{Re} p > |\operatorname{Re} c|;\ \operatorname{Re} z > 0;\ \operatorname{Re}\nu > -1;\ z_\pm = \frac{z}{2}(p \pm \sqrt{p^2-c^2})\right]$,

$$A_\nu = I_{\nu/2}(z_-)K_{\nu/2}(z_+),\qquad A_1 = \frac{1}{cz}[\exp(-z\sqrt{p^2-c^2}) - e^{-pz}].$$

12. $$\int_0^\infty x^{\alpha-1}\frac{\exp(-p\sqrt{x^2+z^2})}{\sqrt{x^2+z^2}}I_\nu(cx)\,dx = \frac{c^\nu z^{\alpha+\nu-1}}{2^{(1+\nu-\alpha)/2}\sqrt{\pi}\,p^{(\alpha+\nu-1)/2}}\sum_{k=0}^\infty\frac{(cz)^{2k}}{(2p)^k k!}\times$$
$$\times\Gamma\begin{bmatrix}(\alpha+\nu)/2+k\\ \nu+k+1\end{bmatrix}K_{(\alpha+\nu-1)/2+k}(pz)$$ [$\operatorname{Re} p > |\operatorname{Re} c|$; $\operatorname{Re} z$, $\operatorname{Re}(\alpha+\nu) > 0$].

13. $$\int_0^\infty x^{\nu+1}\frac{\exp(-p\sqrt{x^2+z^2})}{\sqrt{x^2+z^2}}I_\nu(cx)\,dx = B_\nu$$ [$\operatorname{Re} p > |\operatorname{Re} c|$; $\operatorname{Re} z > 0$; $\operatorname{Re}\nu > -1$],

$$B_\nu = (cz)^\nu\sqrt{\frac{2z}{\pi}}\,(p^2-c^2)^{-(2\nu+1)/4}K_{\nu+1/2}(z\sqrt{p^2-c^2}),$$
$$B_0 = (p^2-c^2)^{-1/2}\exp(-z\sqrt{p^2-c^2}),$$
$$B_1 = c\exp(-z\sqrt{p^2-c^2})\left[\frac{z}{p^2-c^2} + \frac{1}{(p^2-c^2)^{3/2}}\right].$$

14. $$\int_0^\infty \frac{x^{-\mu}}{\sqrt{x^2+z^2}}(\sqrt{x^2+z^2}\pm z)^\mu \mp \left(-p\sqrt{x^2+z^2}\right)I_\nu(cx)\,dx =$$
$$= \frac{1}{cz}\Gamma\begin{bmatrix}(1+\nu\mp\mu)/2\\ 1+\nu\end{bmatrix}W_{\pm\mu/2,\,\nu/2}(z_+)M_{\pm\mu/2,\,\nu/2}(z_-)$$

$\left[z_\pm = z(p\pm\sqrt{p^2-c^2});\ \operatorname{Re} p > |\operatorname{Re} c|;\ \operatorname{Re} z > 0;\ \operatorname{Re}(\nu\mp\mu) > -1\right]$.

15. $$\int_0^\infty x^{x^{1\pm\nu}}\frac{(\sqrt{x^2+z^2}\pm z)^{\mp\nu}}{\sqrt{x^2+z^2}}\exp(-p\sqrt{x^2+z^2})I_\nu(cx)\,dx =$$
$$= \frac{c^\nu}{\sqrt{p^2-c^2}}\frac{\exp(-z\sqrt{p^2-c^2})}{(p+\sqrt{p^2-c^2})^\nu}$$ [$\operatorname{Re} p > |\operatorname{Re} c|$; $\operatorname{Re} z > 0$; $\operatorname{Re}\nu > -1$].

2.15.7. Интегралы от $A(x)e^{-px}I_\nu(\varphi(x))$.

1. $$\int\limits_0^a x^{\alpha-1}(a-x)^{-\alpha}e^{-px}I_\nu(\sqrt{ax-x^2})\,dx = \frac{2}{a}\Gamma\left[\begin{matrix}\nu/2+\alpha,\ 1+\nu/2-\alpha\\ \nu+1,\ \nu+1\end{matrix}\right]\times$$
$$\times e^{-pz/2}M_{\alpha-1/2,\,\nu/2}\left[\frac{z}{2}(\sqrt{p^2+1}+p)\right]M_{1/2-\alpha,\,\nu/2}\left[\frac{z}{2}(\sqrt{p^2+1}-p)\right]$$
$[a>0;\ -\operatorname{Re}\nu<2\operatorname{Re}\alpha<2+\operatorname{Re}\nu]$.

2. $$\int\limits_0^\infty e^{-px}I_0(c\sqrt{x^2+xz})\,dx = \frac{1}{\sqrt{p^2-c^2}}\exp\left[\frac{z}{2}(p-\sqrt{p^2-c^2})\right]$$
$[\operatorname{Re}p>|\operatorname{Re}c|;\ |\arg z|<\pi]$.

3. $$\int\limits_0^\infty \frac{x^{\rho-1}}{(x+z)^\rho}e^{-px}I_\nu(c\sqrt{x^2+xz})\,dx = \frac{2}{cz}\Gamma\left[\begin{matrix}\rho+\nu/2\\ \nu+1\end{matrix}\right]e^{pz/2}M_{1/2-\rho,\,\nu/2}(z_-)W_{1/2-\rho,\,\nu/2}(z_+)$$
$\left[z_\pm = z(p\pm\sqrt{p^2-c^2})/2;\ \operatorname{Re}p>|\operatorname{Re}c|;\ \operatorname{Re}(2\rho+\nu)>0;\ |\arg z|<\pi\right]$.

4. $$\int\limits_0^\infty \frac{x^{-\rho}}{(x+z)^\rho}e^{-px}I_\nu(c\sqrt{x^2+xz})\,dx = \left(\frac{c}{2}\right)^\nu\frac{z^{(\nu+1)/2-\rho}}{\sqrt{\pi}}\Gamma\left(\frac{\nu}{2}-\rho+1\right)\times$$
$$\times(p^2-c^2)^{(2\rho-\nu-1)/4}e^{pz/2}\sum_{k=0}^\infty\frac{(-1)^k(\nu/2+\rho)_k}{k!\,\Gamma(\nu+k+1)}\left(\frac{c^2z}{4\sqrt{p^2-c^2}}\right)^k\times$$
$$\times K_{(\nu+1)/2+k-\rho}\left(\frac{z}{2}\sqrt{p^2-c^2}\right)$$
$[\operatorname{Re}p>|\operatorname{Re}c|;\ \operatorname{Re}(\nu-2\rho)>-2;\ |\arg z|<\pi]$.

5. $$\int\limits_0^\infty \frac{x^{\nu/2}}{(x+z)^{\nu/2}}e^{-px}I_\nu(c\sqrt{x^2+xz})\,dx = \frac{c^\nu}{\sqrt{p^2-c^2}}(p+\sqrt{p^2-c^2})^{-\nu}\times$$
$$\times\exp\left(\frac{z}{2}(p-\sqrt{p^2-c^2})\right)$$
$[\operatorname{Re}p>|\operatorname{Re}c|;\ \operatorname{Re}\nu>-1;\ |\arg z|<\pi]$.

6. $$\int\limits_0^\infty x^{\nu/2}(x+z)^{\nu/2}e^{-px}I_\nu(c\sqrt{x^2+xz})\,dx = \frac{c^\nu}{2^\nu\sqrt{\pi}}\left(\frac{z}{\sqrt{p^2-c^2}}\right)^{\nu+1/2}\times$$
$$\times e^{pz/2}K_{\nu+1/2}\left(\frac{z}{2}\sqrt{p^2-c^2}\right)$$
$[\operatorname{Re}p>|\operatorname{Re}c|;\ \operatorname{Re}\nu>-1;\ |\arg z|<\pi]$.

7. $$\int\limits_0^\infty \frac{x^{-1/2}}{\sqrt{x+z}}e^{-px}I_\nu(c\sqrt{x^2+xz})\,dx = e^{pz/2}I_{\nu/2}(z_-)K_{\nu/2}(z_+)$$
$\left[z_\pm=\frac{z}{4}(p\pm\sqrt{p^2-c^2});\ \operatorname{Re}p>|\operatorname{Re}c|;\ \operatorname{Re}\nu>-1;\ |\arg z|<\pi\right]$.

8. $$\int\limits_0^\infty \frac{x^{-1/2}}{\sqrt{x+z}}e^{-px}I_1(c\sqrt{x^2+xz})\,dx = \frac{2}{cz}\left\{\exp\left[\frac{z}{2}(p-\sqrt{p^2-c^2})\right]-1\right\}$$
$[\operatorname{Re}p>|\operatorname{Re}c|;\ |\arg z|<\pi]$.

9. $$\int\limits_0^\infty x^{1/2}(x+z)^{1/2}e^{-px}I_1(c\sqrt{x^2+xz})\,dx =$$
$$=\frac{c}{(p^2-c^2)^{3/2}}\left(1+\frac{z}{2}\sqrt{p^2-c^2}\right)\exp\left[\frac{z}{2}(p-\sqrt{p^2-c^2})\right]$$
$[\operatorname{Re}p>|\operatorname{Re}c|;\ |\arg z|<\pi]$.

2.15.8. Интегралы от $A(x)e^{f(x)}I_\nu(\varphi(x))$.

1. $$\int\limits_0^a \frac{x^{\alpha-1}}{a^2-x^2}\exp\left(-b\frac{a^2+x^2}{a^2-x^2}\right)I_\nu\left(\frac{2cx}{a^2-x^2}\right)dx = -\frac{a^{\alpha-1}}{2c}\Gamma\left[\begin{matrix}(\alpha+\nu)/2\\ \nu+1\end{matrix}\right]\times$$
$$\times M_{(1-\alpha)/2,\,\nu/2}(z_-)W_{(1-\alpha)/2,\,\nu/2}(z_+)$$
$\left[z_\pm=a^{-1}(ab\pm\sqrt{a^2b^2-c^2});\ ab>c>0;\ a,\ \operatorname{Re}(\alpha+\nu)>0\right]$.

2. $$\int_a^\infty \frac{x^{\alpha-1}}{x^2-a^2}\exp\left(-b\frac{x^2+a^2}{x^2-a^2}\right)I_\nu\left(\frac{2cx}{x^2-a^2}\right)dx =$$
$$= \frac{a^{\alpha-1}}{2c}\Gamma\begin{bmatrix}1+(\nu-\alpha)/2\\ \nu+1\end{bmatrix}M_{(\alpha-1)/2,\,\nu/2}(z_-)W_{(\alpha-1)/2,\,\nu/2}(z_+)$$
$$\left[z_\pm = a^{-1}(ab\pm\sqrt{a^2b^2-c^2}\,);\ ab>c>0;\ a>0;\ \operatorname{Re}(\alpha-\nu)<2\right].$$

3. $$\int_0^\infty \frac{x^{\alpha-1}}{x^2+z^2}\exp\left(\pm b\frac{x^2-z^2}{x^2+z^2}\right)I_\nu\left(\frac{2cx}{x^2+z^2}\right)dx =$$
$$= \frac{z^{\alpha-1}}{2c}\Gamma\begin{bmatrix}1+(\nu-\alpha)/2,\ (\nu+\alpha)/2\\ 1+\nu,\ 1+\nu\end{bmatrix}M_{\mp(1-\alpha)/2,\,\nu/2}(z_-)M_{\mp(\alpha-1)/2,\,\nu/2}(z_+)$$
$$\left[z_\pm = z^{-1}(\sqrt{b^2z^2+c^2}\,\pm bz);\ b,\ \operatorname{Re}z>0;\ -\operatorname{Re}\nu<\operatorname{Re}\alpha<\operatorname{Re}\nu+2\right].$$

2.15.9. Интегралы, содержащие гиперболические функции и $I_\nu(\varphi(x))$.

1. $$\int_0^\infty x^{\nu+1}\frac{\operatorname{sh}ax}{\operatorname{sh}bx}I_\nu(cx)\,dx = \left(\frac{\pi}{b}\right)^{\nu+2}e^{-(\nu+1/2)\pi i}\sum_{k=1}^\infty(-1)^{k-1}k^{\nu+1}\sin\frac{ak\pi}{b}H_\nu^{(2)}\left(\frac{ck\pi}{b}\right)$$
$$[\operatorname{Re}\nu>-1;\ \operatorname{Re}b>|\operatorname{Re}a|+|\operatorname{Re}c|].$$

2. $$\int_0^a \frac{\operatorname{ch}(b\sqrt{a^2-x^2}\,)}{\sqrt{a^2-x^2}}I_\nu(cx)\,dx = \frac{\pi}{2}I_{\nu/2}(a\sqrt{b^2+c^2}\,+ab)I_{\nu/2}(a\sqrt{b^2+c^2}\,-ab)$$
$$[a>0;\ \operatorname{Re}\nu>-1].$$

3. $$\int_0^\infty \frac{\operatorname{ch}ax}{\operatorname{ch}x}I_\nu\left(\frac{c}{\operatorname{ch}x}\right)dx = \frac{1}{2c}\Gamma\begin{bmatrix}(1+\nu+a)/2,\ (1+\nu-a)/2\\ \nu+1,\ \nu+1\end{bmatrix}M_{a/2,\,\nu/2}(c)M_{-a/2,\,\nu/2}(c)$$
$$[c>0;\ |\operatorname{Re}a|<1+\operatorname{Re}\nu].$$

4. $$\int_{-\infty}^\infty e^{-px-b\operatorname{th}x}I_\nu\left(\frac{c}{\operatorname{ch}x}\right)\frac{dx}{\operatorname{ch}x} = \frac{1}{c}\Gamma\begin{bmatrix}(1+\nu+p)/2,\ (1+\nu-p)/2\\ 1+\nu,\ 1+\nu\end{bmatrix}\times$$
$$\times M_{-p/2,\,\nu/2}(\sqrt{b^2+c^2}\,+b)M_{p/2,\,\nu/2}(\sqrt{b^2+c^2}\,-b)\qquad [c>0;\ |\operatorname{Re}p|<\operatorname{Re}\nu+1].$$

2.15.10. Интегралы, содержащие тригонометрические функции и $I_\nu(\varphi(x))$.

1. $$\int_0^a \frac{1}{\sqrt{a^2-x^2}}\begin{Bmatrix}\sin bx\\ \cos bx\end{Bmatrix}I_\nu(cx)\,dx = \begin{Bmatrix}0\\1\end{Bmatrix}\frac{\pi}{2}J_0(ab)I_{\nu/2}^2\left(\frac{ac}{2}\right)+\pi\sum_{k=1}^\infty(-1)^kJ_{2k+\delta}(ab)\times$$
$$\times I_{(\nu+\delta)/2+k}\left(\frac{ac}{2}\right)I_{(\nu-\delta)/2-k}\left(\frac{ac}{2}\right)\qquad \left[a>0;\ \operatorname{Re}\nu>-(3\pm1)/2;\ \delta=\begin{Bmatrix}1\\0\end{Bmatrix}\right].$$

2. $$\int_0^a x^{\nu+1}\begin{Bmatrix}\sin[cx^2/(2a)]\\ \cos[cx^2/(2a)]\end{Bmatrix}I_\nu(cx)\,dx =$$
$$= \frac{a^{\nu+1}}{2c}\left[\begin{Bmatrix}\sin(ac/2)\\ \cos(ac/2)\end{Bmatrix}\int_0^{ac}I_\nu(x)\,dx \mp \begin{Bmatrix}\cos(ac/2)\\ \sin(ac/2)\end{Bmatrix}\int_0^{ac}I_{\nu+1}(x)\,dx\right]\qquad [a>0;\ \text{см. 1.11.1}].$$

3. $$\int_0^a x^{\nu+1}\sin(b\sqrt{a^2-x^2}\,)I_\nu(cx)\,dx = \sqrt{\frac{\pi}{2}}\,a^{\nu+3/2}bc^\nu(b^2-c^2)^{-(2\nu+3)/4}J_{\nu+3/2}(a\sqrt{b^2-c^2}\,)$$
$$[a>0;\ \operatorname{Re}\nu>-1].$$

4. $$\int_0^a x\sin(b\sqrt{a^2-x^2}\,)I_0(cx)\,dx = \frac{b\sin(a\sqrt{b^2-c^2}\,)}{(b^2-c^2)^{3/2}} - \frac{ab\cos(a\sqrt{b^2-c^2}\,)}{b^2-c^2}\qquad [a>0].$$

5. $$\int_0^a \frac{\cos(b\sqrt{a^2-x^2})}{\sqrt{a^2-x^2}}\, I_\nu(cx)\,dx = \frac{\pi}{2}\, J_{\nu/2}(z_+)J_{\nu/2}(z_-)$$
$\left[2z_\pm = a(b \pm \sqrt{b^2-c^2});\ a>0;\ \operatorname{Re}\nu > -1\right]$.

6. $$\int_0^a \frac{\cos(b\sqrt{a^2-x^2})}{\sqrt{a^2-x^2}}\, I_1(cx)\,dx = \frac{1}{ac}\,[\cos(a\sqrt{b^2-c^2}) - \cos ab]$$ $[a>0]$.

7. $$\int_0^a x^{\nu+1}\frac{\cos(b\sqrt{a^2-x^2})}{\sqrt{a^2-x^2}}\, I_\nu(cx)\,dx = \sqrt{\frac{\pi}{2}}\ a^{\nu+1/2}c^\nu(b^2-c^2)^{-(2\nu+1)/4}J_{\nu+1/2}(a\sqrt{b^2-c^2})$$
$[a>0;\ \operatorname{Re}\nu>-1]$.

8. $$\int_0^a x\frac{\cos(b\sqrt{a^2-x^2})}{\sqrt{a^2-x^2}}\, I_0(cx)\,dx = \frac{\sin(a\sqrt{b^2-c^2})}{\sqrt{b^2-c^2}}$$ $[a>0]$.

9. $$\int_0^a x^{n+1}\sin(c\sqrt{a^2-x^2})\,I_n(cx)\,dx = \frac{a^{2n+3}c^{n+1}}{(2n+3)!!}$$ $[a>0]$.

10. $$\int_0^a x^{\nu+1}\frac{\cos(c\sqrt{a^2-x^2})}{\sqrt{a^2-x^2}}\, I_\nu(cx)\,dx = \frac{\sqrt{\pi}\ a^{2\nu+1}c^\nu}{2^{\nu+1}\Gamma(\nu+3/2)}$$ $[a>0;\ \operatorname{Re}\nu>-1]$.

11. $$\int_0^\pi \begin{Bmatrix}\sin bx\\ \cos bx\end{Bmatrix} I_\nu(c\sin x)\,dx = \pi\begin{Bmatrix}\sin(b\pi/2)\\ \cos(b\pi/2)\end{Bmatrix} I_{(\nu-b)/2}\left(\frac{c}{2}\right)I_{(\nu+b)/2}\left(\frac{c}{2}\right)$$
$[b>0;\ \operatorname{Re}\nu > -(3\pm1)/2]$.

12. $$\int_0^\pi \cos 2nx\, I_0\left(c\begin{Bmatrix}\sin x\\ \cos x\end{Bmatrix}\right)dx = (\mp1)^n\pi I_n^2\left(\frac{c}{2}\right).$$

13. $$\int_0^{2\pi} \cos nx\, I_0(\sqrt{a^2+b^2-2ab\cos x}\,)\,dx = (-1)^n 2\pi I_n(a)I_n(b)$$ $[a,\ b>0]$.

14. $$\int_0^{2\pi} \frac{1}{\sqrt{a^2+b^2-2ab\cos x}}\begin{Bmatrix}\sin(x/2)\sin[(2n+1)x/2]\\ \cos(x/2)\cos[(2n+1)x/2]\end{Bmatrix} I_1(\sqrt{a^2+b^2-2ab\cos x}\,)\,dx =$$
$$= \frac{(-1)^n\pi}{b\pm a}\,[I_n(a)I_{n+1}(b) \pm I_{n+1}(a)I_n(b)]$$ $[a,\ b>0;\ a\neq b]$.

15. $$\int_0^{2\pi} \frac{\sin x\sin(n+1)x}{\sqrt{a^2+b^2-2ab\cos x}}\, I_2(\sqrt{a^2+b^2-2ab\cos x}\,)\,dx =$$
$$= \frac{(-1)^n\pi}{b^2-a^2}\,[I_n(a)I_{n+2}(b) - I_{n+2}(a)I_n(b)]$$ $[a,\ b>0;\ a\neq b]$.

2.15.11. Интегралы от $x^\alpha e^{-px}\begin{Bmatrix}\sin bx\\ \cos bx\end{Bmatrix} I_\nu(cx)$.

Обозначение: $\delta = \begin{Bmatrix}1\\0\end{Bmatrix}$.

1. $$\int_0^\infty e^{-px}\cos bx\, I_0(cx)\,dx = \sqrt{\frac{R^2+p^2-b^2-c^2}{2R^4}}$$
$\left[R^4 = (p^2-b^2-c^2)^2 + 4p^2b^2;\ \operatorname{Re}p > |\operatorname{Re}c| + |\operatorname{Im}b|\right]$.

2. $\int\limits_0^\infty x^{\alpha-1}e^{-px}\left\{\begin{matrix}\sin bx\\ \cos bx\end{matrix}\right\}I_\nu(cx)\,dx = A_\alpha$ $\qquad$ $[\operatorname{Re} p > |\operatorname{Re} c| + |\operatorname{Im} b|;\ \operatorname{Re}(\alpha+\nu) > -(1\pm 1)/2]$,

$$A_{\nu+1} = \frac{2^{2\nu}c^\nu r^{3\nu+2}}{\sqrt{\pi}}\,\Gamma\left(\nu+\frac{1}{2}\right)(r^4+16b^2c^2)^{-\nu-1/2}\left\{\begin{matrix}\sin\varphi\\ \cos\varphi\end{matrix}\right\} \qquad [\operatorname{Re}\nu > -(3\pm 1)/4],$$

$$A_{\nu+2} = \frac{2^{2\nu+1}}{\sqrt{\pi}}\,c^\nu r^{3\nu+6}\Gamma\left(\nu+\frac{3}{2}\right)(r^4+16b^2c^2)^{-\nu-3/2}\left\{\begin{matrix}\sin\psi\\ \cos\psi\end{matrix}\right\} \qquad [\operatorname{Re}\nu > -(5\pm 1)/4],$$

$$A_0 = \frac{(2c)^\nu}{\nu}\,(r+\sqrt{r^2+4c^2}\,)^{-\nu}\left\{\begin{matrix}\sin\theta\\ \cos\theta\end{matrix}\right\} \qquad [\operatorname{Re}\nu > -(1\pm 1)/2]$$

$$\Bigg[r = \sqrt{2}\,\{b^2+p^2-c^2+\sqrt{[b^2+(p+c)^2][b^2+(p-c)^2]}\,\}^{1/2},$$

$$\varphi = (2\nu+2\delta+1)\operatorname{arctg}\frac{2b}{r}\sqrt{\frac{r^2+4c^2}{r^2-4b^2}},\ \psi = (2\nu+3)\operatorname{arctg}\frac{2b}{r}\sqrt{\frac{r^2+4c^2}{r^2-4b^2}},\ \theta = \nu\arcsin\frac{2b}{r}\Bigg].$$

3. $\int\limits_0^\infty \frac{1}{x}\,e^{-px}\sin bx\,I_0(cx)\,dx = \arcsin\frac{2b}{r}$ $\qquad$ $[\operatorname{Re} p > |\operatorname{Re} c| + |\operatorname{Im} b|;\ r$ см. в 2.15.11.2].

4. $\int\limits_0^\infty \frac{1}{x}\,e^{-px}\sin bx\,I_1(cx)\,dx = \frac{1}{c}\,(R\sin\varphi - b)$

$[R^4 = (p^2-b^2-c^2)^2+4p^2b^2,\ 2pb\operatorname{ctg}2\varphi = p^2-b^2-c^2;\ \operatorname{Re} p > |\operatorname{Re} c| + |\operatorname{Im} b|]$.

5. $\int\limits_0^\infty \frac{1}{x}\,e^{-px}\cos bx\,I_1(cx)\,dx = \frac{1}{c}\,(p - R\cos\varphi)$ $\qquad$ $[R,\ \varphi$ см. в 2.15.11.4; $\operatorname{Re} p > |\operatorname{Re} c| + |\operatorname{Im} b|]$.

6. $\int\limits_0^\infty \frac{1}{x^2}\,e^{-px}\sin bx\,I_1(cx)\,dx = \frac{1}{2b^2c}\,[(p^2+b^2)\sin 2\theta - R\sqrt{p^2+b^2}\,\sin(\varphi+\theta)] +$

$$+\frac{c}{2b^2}\operatorname{arctg}\left(\frac{R\sin\varphi+\sqrt{p^2+b^2}\,\sin\theta}{R\cos\varphi+\sqrt{p^2+b^2}\,\cos\theta}\right)$$

$[R^4 = (p^2-b^2-c^2)^2+4b^2p^2,\ \operatorname{tg}\theta = b/p,\ 2pb\operatorname{ctg}2\varphi = p^2-b^2-c^2;\ \operatorname{Re} p > |\operatorname{Re} c| + |\operatorname{Im} b|]$.

7. $\int\limits_0^\infty e^{-cx}\left\{\begin{matrix}\sin bx\\ \cos bx\end{matrix}\right\}I_0(cx)\,dx = \frac{(2c)^{1-\delta}}{\sqrt{2b(b^2+4c^2)}}\,(b+\sqrt{b^2+4c^2}\,)^{\pm 1/2}$ $\qquad$ $[b,\ \operatorname{Re} c > 0]$.

8. $\int\limits_0^\infty x^{\alpha-1}e^{-cx}\left\{\begin{matrix}\sin bx\\ \cos bx\end{matrix}\right\}I_\nu(cx)\,dx = \frac{b^{-\nu-\alpha}}{\sqrt{\pi}}\left(\frac{c}{2}\right)^\nu\Gamma\left[\begin{matrix}\alpha+\nu\\ 1+\nu\end{matrix}\right]\left\{\begin{matrix}\sin[(\alpha+\nu)\pi/2]\\ \cos[(\alpha+\nu)\pi/2]\end{matrix}\right\}\times$

$$\times\,{}_4F_3\left(\frac{\alpha+\nu}{2},\ \frac{\alpha+\nu+1}{2},\ \frac{2\nu+1}{4},\ \frac{2\nu+3}{4};\ \frac{1}{2},\ \nu+\frac{1}{2},\ \nu+1;\ -\frac{4c^2}{b^2}\right)+$$

$$+(-1)^\delta\frac{b^{-\alpha-\nu-1}c^{\nu+1}}{2^\nu\sqrt{\pi}}\left\{\begin{matrix}\cos[(\alpha+\nu)\pi/2]\\ \sin[(\alpha+\nu)\pi/2]\end{matrix}\right\}\Gamma\left[\begin{matrix}\alpha+\nu+1\\ \nu+1\end{matrix}\right]\times$$

$$\times\,{}_4F_3\left(\frac{\alpha+\nu+1}{2},\ \frac{\alpha+\nu+2}{2},\ \frac{2\nu+3}{4},\ \frac{2\nu+5}{4};\ \frac{3}{2},\ \nu+1,\ \nu+\frac{3}{2};\ -\frac{4c^2}{b^2}\right)$$

$[0 < 2c < b;\ -\delta - \operatorname{Re}\nu < \operatorname{Re}\alpha < 3/2]$.

9. $\qquad = \frac{b^\delta}{(2c)^{\alpha+\delta}\sqrt{\pi}}\,\Gamma\left[\begin{matrix}\alpha+\nu+\delta,\ 1/2-\alpha-\delta\\ \nu-\alpha-\delta+1\end{matrix}\right]\times$

$$\times\,{}_4F_3\left(\frac{\alpha-\nu+1}{2},\ \frac{\alpha-\nu}{2}+\delta,\ \frac{\alpha+\nu+1}{2},\ \frac{\alpha+\nu}{2}+\delta;\ \frac{3+2\alpha}{4},\ \frac{1+2\alpha}{4}+\delta,\ \delta+\frac{1}{2};\ -\frac{b^2}{4c^2}\right)+$$

$$+\frac{b^{1/2-\alpha}}{\sqrt{2\pi c}}\left\{\begin{matrix}\sin[(2\alpha-1)\pi/4]\\ \cos[(2\alpha-1)\pi/4]\end{matrix}\right\}\Gamma\left(\alpha-\frac{1}{2}\right)\times$$
$$\times\,{}_4F_3\left(\frac{1+2\nu}{4},\,\frac{1-2\nu}{4},\,\frac{3+2\nu}{4},\,\frac{3-2\nu}{4};\;\frac{1}{2},\,\frac{5-2\alpha}{4},\,\frac{3-2\alpha}{4};\;-\frac{b^2}{4c^2}\right)+$$
$$+\frac{b^{3/2-\alpha}}{(2c)^{3/2}\sqrt{\pi}}\left\{\begin{matrix}\cos[(1-2\alpha)\pi/4]\\ \sin[(1-2\alpha)\pi/4]\end{matrix}\right\}\Gamma\left(\alpha-\frac{3}{4}\right)\times$$
$$\times\,{}_4F_3\left(\frac{3+2\nu}{4},\,\frac{3-2\nu}{4},\,\frac{5+2\nu}{4},\,\frac{5-2\nu}{4};\;\frac{3}{2},\,\frac{7-2\alpha}{4},\,\frac{5-2\alpha}{4};\;-\frac{b^2}{4c^2}\right)$$

$[0 < b < 2c;\; -\delta-\operatorname{Re}\nu < \operatorname{Re}\alpha < 3/2]$.

2.15.12. Интегралы от $x^\alpha e^{-px}\left\{\begin{matrix}\sin b\sqrt{x}\\ \cos b\sqrt{x}\end{matrix}\right\}I_\nu(cx)$.

Обозначение: $\delta=\left\{\begin{matrix}1\\0\end{matrix}\right\}$.

1. $$\int_0^\infty x^{\alpha-1}e^{-cx}\left\{\begin{matrix}\sin b\sqrt{x}\\ \cos b\sqrt{x}\end{matrix}\right\}I_\nu(cx)\,dx=(-1)^\delta\sqrt{\frac{2}{\pi c}}\,b^{1-2\alpha}\left\{\begin{matrix}\cos\alpha\pi\\ \sin\alpha\pi\end{matrix}\right\}\Gamma(2\alpha-1)\times$$
$$\times\,{}_2F_2\left(\frac{1}{2}-\nu,\,\frac{1}{2}+\nu,\,\frac{3}{2}-\alpha,\,1-\alpha;\;-\frac{b^2}{8c}\right)+\frac{b^\delta}{(2c)^{\alpha+\delta/2}\sqrt{\pi}}\,\Gamma\left[\begin{matrix}(1-\delta)/2-\alpha,\;\nu+\alpha+\delta/2\\ 1+\nu-\alpha-\delta/2\end{matrix}\right]\times$$
$$\times\,{}_2F_2\left(\frac{\delta}{2}+\alpha-\nu,\,\frac{\delta}{2}+\alpha+\nu;\;\frac{1+\delta}{2}+\alpha,\,\frac{1}{2}+\delta;\;-\frac{b^2}{8c}\right)$$

$[b,\;\operatorname{Re}c>0;\;\operatorname{Re}\alpha<1;\;\operatorname{Re}(\alpha+\nu)>-\delta/2]$.

2. $$\int_0^\infty x^{-\nu-(1\mp1)/4}e^{-cx}\left\{\begin{matrix}\sin b\sqrt{x}\\ \cos b\sqrt{x}\end{matrix}\right\}I_\nu(cx)\,dx=2^{1-(\delta+\nu)/2}b^{\nu-1}c^{(\nu-\delta)/2}\times$$
$$\times\exp\left(-\frac{b^2}{16c}\right)W_{(\delta-3\nu)/2,\,(\nu-\delta)/2}\left(\frac{b^2}{8c}\right)$$ $[b,\;\operatorname{Re}c>0;\;\operatorname{Re}\nu>(\delta-1)/2]$.

3. $$\int_0^\infty x^{-1/2}e^{-cx}\left\{\begin{matrix}\sin b\sqrt{x}\\ \cos b\sqrt{x}\end{matrix}\right\}I_0(cx)\,dx=\sqrt{\frac{\pi^{\pm1}}{2c}}\,\exp\left(-\frac{b^2}{16c}\right)\left\{\begin{matrix}I_0(b^2/(16c))\\ K_0(b^2/(16c))\end{matrix}\right\}$$

$[b,\;\operatorname{Re}c>0]$.

2.15.13. Интегралы, содержащие логарифмическую функцию и $I_\nu(\varphi(x))$.

1. $$\int_a^b x\ln\frac{b}{x}\,I_0(cx)\,dx=\frac{1}{c^2}\,I_0(bc)-\frac{1}{c^2}\,I_0(ac)-\frac{a}{c}\,I_1(ac)\ln\frac{b}{a}$$ $[0<a<b]$.

2. $$\int_0^1 x\ln x\,I_0(cx)\,dx=\frac{1}{c^2}-\frac{1}{c^2}\,I_0(c).$$

3. $$\int_0^\infty e^{-px}\ln x\,I_0(cx)\,dx=(p^2-c^2)^{-1/2}[\ln(p+\sqrt{p^2-c^2})-\ln(p^2-c^2)-\ln2-\mathbf{C}]$$

$[\operatorname{Re}p>|\operatorname{Re}c|]$.

4. $$\int_0^\infty e^{-px^2}\ln x\,I_0(cx)\,dx=\frac{2}{p}\exp\left(\frac{c^2}{4p}\right)\left[\ln\frac{c}{2p}-\frac{1}{2}\operatorname{Ei}\left(-\frac{c^2}{4p}\right)\right]$$ $[\operatorname{Re}p>0]$.

5. $$\int_0^\infty xe^{-px^2}\ln x\,I_0(cx)\,dx=-\frac{1}{4p}\exp\left(\frac{c^2}{4p}\right)\left[2\ln\frac{2p}{c}+\operatorname{Ei}\left(-\frac{c^2}{4p}\right)\right]$$ $[\operatorname{Re}p>0]$.

6. $\int\limits_0^\infty x\frac{\exp(-p\sqrt{x^2+z^2})}{\sqrt{x^2+z^2}}\ln(\sqrt{x^2+z^2}\pm z)I_0(cx)\,dx =$

$$= \frac{1}{r}\left[e^{-rz}\ln\frac{z(p\pm r)}{r} - e^{rz}\operatorname{Ei}(-2rz)\right] + \begin{Bmatrix}0\\A\end{Bmatrix}$$

$\left[r=\sqrt{p^2-c^2},\ A=\frac{1}{r}\left[e^{rz}\operatorname{Ei}(-rz-pz)-e^{-rz}\operatorname{Ei}(rz-pz)\right];\ \operatorname{Re}z>0;\ \operatorname{Re}p>|\operatorname{Re}c|\right]$.

7. $\int\limits_0^\infty e^{-px}\ln x\,I_0(c\sqrt{x^2+xz})\,dx = \frac{1}{r}e^{pz/2}\left\{e^{-rz/2}\left[\ln\frac{z(p-r)}{2r} - \operatorname{Ei}\left(\frac{rz-pz}{2}\right)\right] + \right.$
$\left. + e^{rz/2}\left[\operatorname{Ei}\left(-\frac{rz+pz}{2}\right) - \operatorname{Ei}(-rz)\right]\right\}$ $\left[r=\sqrt{p^2-c^2};\ \operatorname{Re}p>|\operatorname{Re}c|;\ |\arg z|<\pi\right]$.

8. $\int\limits_0^\infty e^{-px}\ln(x+z)I_0(c\sqrt{x^2+xz})\,dx = \frac{1}{r}e^{pz/2}\left[e^{-rz/2}\ln\frac{z(p+r)}{2r} - e^{rz/2}\operatorname{Ei}(-rz)\right]$

$\left[r=\sqrt{p^2-c^2};\ \operatorname{Re}p>|\operatorname{Re}c|;\ |\arg z|<\pi\right]$.

9. $\int\limits_0^\infty \frac{1}{x^2}\ln I_0(x)\,dx = \frac{\pi}{2}$.

2.15.14. Интегралы, содержащие обратные тригонометрические функции и $I_\nu(cx)$.

1. $\int\limits_0^1 \frac{\cos(b\arccos x)}{\sqrt{1-x^2}}I_\nu(cx)\,dx = \frac{\pi}{2}I_{(\nu+b)/2}\left(\frac{c}{2}\right)I_{(\nu-b)/2}\left(\frac{c}{2}\right)$ $[\operatorname{Re}\nu>-1]$.

2.15.15. Интегралы от $A(x)J_\mu(\varphi(x))I_\nu(cx)$.

1. $\int\limits_0^a x^{\nu+1}(a^2-x^2)^{\mu/2}J_\mu(b\sqrt{a^2-x^2})I_\nu(cx)\,dx =$

$= a^{\mu+\nu+1}b^\mu c^\nu(b^2-c^2)^{-(\mu+\nu+1)/2}J_{\mu+\nu+1}(a\sqrt{b^2-c^2})$ $[a>0;\ \operatorname{Re}\mu,\ \operatorname{Re}\nu>-1]$.

2. $\int\limits_0^a x^{\nu+1}(a^2-x^2)^{-\nu/2-1}J_\mu(c\sqrt{a^2-x^2})I_\nu(cx)\,dx = \Gamma\left[\begin{matrix}(\mu-\nu)/2\\(\mu+\nu)/2+1\end{matrix}\right]\left(\frac{ac}{2}\right)^\nu I_\mu(ac)$

$[a>0;\ -1<\operatorname{Re}\nu<\operatorname{Re}\mu]$.

3. $\int\limits_0^a x^{\alpha-1}(a^2-x^2)^{\mu/2}J_\mu(c\sqrt{a^2-x^2})I_\nu(cx)\,dx = \frac{1}{2^{\mu+\nu+1}}\Gamma\left[\begin{matrix}(\alpha+\nu)/2\\\nu+1,\ 1+\mu+(\alpha+\nu)/2\end{matrix}\right]\times$

$$\times a^{\alpha+2\mu+\nu}c^{\mu+\nu}\,{}_1F_2\left(\frac{\nu-\alpha}{2}+1;\ \nu+1,\ \frac{\alpha+\nu}{2}+\mu+1;\ -\frac{a^2c^2}{4}\right)$$

$[a,\ \operatorname{Re}(\alpha+\nu)>0;\ \operatorname{Re}\mu>-1]$.

4. $\int\limits_0^a x^{-\mu-1}(a^2-x^2)^{\mu/2}J_\mu(c\sqrt{a^2-x^2})I_\nu(cx)\,dx = 2^{-\mu-1}\Gamma\left[\begin{matrix}(\nu-\mu)/2\\(\mu+\nu)/2+1\end{matrix}\right]a^\mu c^\mu J_\nu(ac)$

$[a>0;\ -1<\operatorname{Re}\mu<\operatorname{Re}\nu]$.

5. $\int\limits_0^a x^{1-\nu}(a^2-x^2)^{\mu/2}J_\mu(c\sqrt{a^2-x^2})I_\nu(cx)\,dx = \frac{a^{2\mu-2\nu+2}c^{\mu-\nu}}{2^{\nu-1}\Gamma(\nu)}\int\limits_0^{ac} x^{2\nu-\mu-2}J_{\mu+1}(x)\,dx$

$[a,\ \operatorname{Re}\nu>0;\ \operatorname{Re}\mu>-1]$.

6. $$\int_0^a x(a^2-x^2)^{\mu/2} J_\mu(c\sqrt{a^2-x^2})\, I_0(cx)\,dx = \frac{a^{2\mu+2}c^\mu}{2^{\mu+1}\Gamma(\mu+2)} \quad [a>0;\ \operatorname{Re}\mu>-1].$$

7. $$\int_0^a x^{\mp\nu}(a^2-x^2)^{\pm\nu-1/4} J_{\pm 2\nu-1/2}(c\sqrt{a^2-x^2})\, I_\nu(cx)\,dx = 2^{\mp\nu-1/2}\pi^{(1\pm1)/2}\times$$
$$\times\,\Gamma^{\mp1}\left(\nu+\frac{1}{2}\right)a^{\pm2\nu}c^{\pm\nu-1/2}J_\nu\left(\frac{ac}{2}\right)J_{\pm\nu}\left(\frac{ac}{2}\right) \quad [a>0;\ \pm\operatorname{Re}\nu>-1/4].$$

2.15.16. Интегралы от $x^\alpha e^{-px^n}J_\mu(bx)I_\nu(cx)$.

1. $$\int_0^\infty e^{-px}J_\mu(bx)I_\nu(cx)\,dx = A_{\mu,\nu}$$
$$\left[\operatorname{Re}p>|\operatorname{Re}c|+|\operatorname{Im}b|;\ \operatorname{Re}(\mu+\nu)>-1;\ k=\frac{1}{\sqrt2}\left(1-\frac{p^2+b^2-c^2}{\sqrt{(p^2+b^2-c^2)^2+4b^2c^2}}\right)^{1/2}\right],$$
$$A_{0,0}=\frac{2}{\pi}\sqrt{\frac{k}{bc}}\,(1-k^2)^{1/4}\mathbf{K}(k),\qquad A_{1,1}=\frac{2}{\pi\sqrt{bck}}\,(1-k^2)^{-1/4}[\mathbf{E}(k)-(1-k^2)\mathbf{K}(k)],$$
$$A_{2,2}=\frac{2}{3\pi\sqrt{bck^3}}\,(1-k^2)^{-3/4}[(1-k^2)(2-3k^2)\mathbf{K}(k)-2(1-2k^2)\mathbf{E}(k)],$$
$$A_{3,3}=\frac{2}{15\pi\sqrt{bc}\,k^{5/2}}\,(1-k^2)^{-5/4}[(8-23k^2+23k^4)\mathbf{E}(k)-(1-k^2)(8-19k^2+15k^4)\mathbf{K}(k)].$$

2. $$\int_0^\infty x^{\alpha-1}e^{-px}J_\mu(bx)I_\nu(cx)\,dx = B^\alpha_{\mu,\nu}$$
$$\Big[\operatorname{Re}p>|\operatorname{Re}c|+|\operatorname{Im}b|;\ \operatorname{Re}(\alpha+\mu+\nu)>0;\ r=2^{-1/2}\{p^2+c^2-b^2+$$
$$+\sqrt{[c^2+(p+b)^2][c^2+(p-b)^2]}\}^{1/2},\ k=\frac{1}{\sqrt2}\left(1-\frac{p^2+b^2-c^2}{\sqrt{(p^2+b^2-c^2)^2+4b^2c^2}}\right)^{1/2}\Big],$$
$$B^\alpha_{\mu,\nu}=\frac{b^\mu c^\nu}{\Gamma(\mu+1)}2^{-\mu-\nu}p^{-\alpha-\mu-\nu}\sum_{k=0}^\infty\frac{1}{k!}\Gamma\begin{bmatrix}\alpha+\mu+\nu+2k\\ \nu+k+1\end{bmatrix}\times$$
$$\times\,{}_2F_1\left(-k,\,-\nu-k;\,\mu+1;\,-\frac{b^2}{c^2}\right)\left(\frac{c}{2p}\right)^{2k},$$
$$B^{1/2}_{\mu,\nu}=r^{-1/2}\Gamma\left(\mu+\nu+\frac12\right)P^{-\nu}_{\mu-1/2}\left(\frac{\sqrt{r^2+c^2}}{r}\right)P^{-\mu}_{\nu-1/2}\left(\frac{\sqrt{r^2-b^2}}{r}\right)e^{-i\nu\pi/2}$$
$$[\operatorname{Re}(\mu+\nu)>-1/2],$$
$$B^2_{0,0}=\frac{2p}{\pi}\left(\frac{k}{bc}\right)^{3/2}(1-k^2)^{3/4}[2\mathbf{E}(k)-\mathbf{K}(k)],$$
$$B^2_{1,1}=\frac{2p\sqrt{k}}{\pi(ac)^{3/2}}\,(1-k^2)^{-1/4}[(1-k^2)\mathbf{K}(k)-(1-2k^2)\mathbf{E}(k)],$$
$$B^2_{2,2}=\frac{2p}{\pi(ac)^{3/2}\sqrt{k}}\,(1-k^2)^{-1/4}[2(1-k^2+k^4)\mathbf{E}(k)-(1-k^2)(2-k^2)\mathbf{K}(k)],$$
$$B^2_{3,3}=\frac{2p}{3\pi(ack)^{3/2}}\,(1-k^2)^{-3/4}[(8-15k^2+3k^4)(1-k^2)\mathbf{K}(k)-(8-19k^2+9k^4-6k^6)\mathbf{E}(k)].$$

3. $$\int_0^\infty x^{\alpha-1}e^{-cx}J_\mu(bx)I_\nu(cx)\,dx=\frac{2^{\alpha-1}c^\nu}{b^{\alpha+\nu}}\Gamma\begin{bmatrix}(\alpha+\mu+\nu)/2\\ \nu+1,\ (\mu-\alpha-\nu)/2+1\end{bmatrix}\times$$
$$\times\,{}_4F_3\left(\frac{\alpha+\nu-\mu}{2},\,\frac{\alpha+\mu+\nu}{2},\,\frac{2\nu+1}{4},\,\frac{2\nu+3}{4};\,\frac12,\,\nu+\frac12,\,\nu+1;\,-\frac{4c^2}{b^2}\right)-$$

$$-\frac{2^{\alpha}c^{\nu+1}}{b^{\alpha+\nu+1}}\Gamma\left[\begin{matrix}(\alpha+\mu+\nu+1)/2\\ \nu+1,\ (1+\mu-\alpha-\nu)/2\end{matrix}\right]\times$$
$$\times\,{}_4F_3\left(\frac{1+\alpha-\mu+\nu}{2},\ \frac{1+\alpha+\mu+\nu}{2},\ \frac{2\nu+3}{4},\ \frac{2\nu+5}{4};\ \frac{3}{2},\ \nu+1,\ \nu+\frac{3}{2};\ -\frac{4c^2}{b^2}\right)$$

[$0<2c<b$; $\mathrm{Re}\,(\alpha+\mu+\nu)>0$; $\mathrm{Re}\,\alpha<2$].

4. $$=\frac{2^{\alpha-2}b^{1/2-\alpha}}{\sqrt{\pi c}}\Gamma\left[\begin{matrix}(\mu+\alpha)/2-1/4\\ (\mu-\alpha)/2+5/4\end{matrix}\right]\times$$
$$\times\,{}_4F_3\left(\frac{1+2\nu}{4},\ \frac{1-2\nu}{4},\ \frac{3+2\nu}{4},\ \frac{3-2\nu}{4};\ \frac{1}{2},\ \frac{5}{4}-\frac{\mu+\alpha}{2},\ \frac{5}{4}+\frac{\mu-\alpha}{2};\ -\frac{b^2}{4c^2}\right)-$$
$$-\frac{2^{\alpha-4}b^{3/2-\alpha}}{c^{3/2}\sqrt{\pi}}\left(\nu^2-\frac{1}{4}\right)\Gamma\left[\begin{matrix}(\mu+\alpha)/2-3/4\\ (\mu-\alpha)/2+7/4\end{matrix}\right]\times$$
$$\times\,{}_4F_3\left(\frac{3+2\nu}{4},\ \frac{3-2\nu}{4},\ \frac{5+2\nu}{4},\ \frac{5-2\nu}{4};\ \frac{3}{2},\ \frac{7}{4}-\frac{\mu+\alpha}{2},\ \frac{7}{4}+\frac{\mu-\alpha}{2};\ -\frac{b^2}{4c^2}\right)+$$
$$+\frac{b^{\mu}2^{-2\mu-\alpha}}{c^{\mu+\alpha}\sqrt{\pi}}\Gamma\left[\begin{matrix}1/2-\alpha-\mu,\ \mu+\nu+\alpha\\ 1+\mu,\ \nu-\mu-\alpha+1\end{matrix}\right]{}_4F_3\left(\frac{1+\mu+\alpha-\nu}{2},\ \frac{\mu+\alpha-\nu}{2},\right.$$
$$\left.\frac{1+\mu+\nu+\alpha}{2},\ \frac{\mu+\nu+\alpha}{2};\ \frac{3}{4}+\frac{\mu+\alpha}{2},\ \frac{1}{4}+\frac{\mu+\alpha}{2},\ 1+\mu;\ -\frac{b^2}{4c^2}\right)$$

[$0<b<2c$; $\mathrm{Re}\,(\alpha+\mu+\nu)>0$; $\mathrm{Re}\,\alpha<2$].

5. $$\int_0^\infty x^{1/2}e^{-cx}J_{\nu+1/2}(bx)I_\nu(cx)\,dx=\frac{(2c)^\nu}{b\sqrt{\pi}}(b^2+4c^2)^{-1/2}(\sqrt{b^2+4c^2}+b)^{1/2-\nu}$$

[b, $\mathrm{Re}\,c>0$; $\mathrm{Re}\,\nu>-1$].

6. $$\int_0^\infty x^{\alpha-1}e^{-px^2}J_\mu(bx)I_\nu(cx)\,dx=\frac{b^\mu c^\nu}{2^{\mu+\nu+1}\Gamma(\mu+1)}p^{-(\alpha+\mu+\nu)/2}\times$$
$$\times\sum_{k=0}^\infty\frac{1}{k!}\Gamma\left[\begin{matrix}k+(\alpha+\mu+\nu)/2\\ \nu+k+1\end{matrix}\right]\left(\frac{c}{2p}\right)^{2k}{}_2F_1\left(-k,\ -\nu-k;\ \mu+1;\ -\frac{b^2}{c^2}\right)$$

[$\mathrm{Re}\,p$, $\mathrm{Re}\,(\alpha+\mu+\nu)>0$].

7. $$\int_0^\infty xe^{-px^2}J_\nu(bx)I_\nu(cx)\,dx=\frac{1}{2p}\exp\left(\frac{c^2-b^2}{4p}\right)J_\nu\left(\frac{bc}{2p}\right)$$ [$\mathrm{Re}\,p>0$; $\mathrm{Re}\,\nu>-1$].

8. $$\int_0^\infty x^3e^{-px^2}J_{n+2}(bx)I_n(cx)\,dx=\frac{1}{8p^3b^2}\exp\left(\frac{c^2-b^2}{4p}\right)\left\{bc(b^2-4p)J_{n+1}\left(\frac{bc}{2p}\right)-\right.$$
$$\left.-\,bc(4pn+8p+b^2)J_{n-1}\left(\frac{bc}{2p}\right)+[16p^2n(n+2)+(4pn-c^2)b^2+b^4]J_n\left(\frac{bc}{2p}\right)\right\}$$

[$\mathrm{Re}\,p>0$].

9. $$\int_0^\infty x^3e^{-px^2}J_n(bx)I_{n+2}(cx)\,dx=-\frac{1}{8p^3c^2}\exp\left(\frac{c^2-b^2}{4p}\right)\left\{bc(c^2+4p)J_{n+1}\left(\frac{bc}{2p}\right)+\right.$$
$$\left.+\,bc(4pn+8p-c^2)J_{n-1}\left(\frac{bc}{2p}\right)-[16p^2n(n+2)-(4pn+b^2)c^2+c^4]J_n\left(\frac{bc}{2p}\right)\right\}$$ [$\mathrm{Re}\,p>0$].

10. $$\int_0^\infty x^3e^{-px^2}J_1(cx)I_1(cx)\,dx=\frac{c^2}{4p^3}J_0\left(\frac{c^2}{2p}\right)$$ [$\mathrm{Re}\,p>0$].

2.15.17. Интегралы от $x^\alpha e^{-px} J_\mu(b\sqrt{x}\,) I_\nu(cx)$.

1. $$\int_0^\infty e^{-px} J_{2\nu}(b\sqrt{x}\,) I_\nu(cx)\,dx = \frac{1}{\sqrt{p^2-c^2}} \exp\left(-\frac{b^2 p}{4p^2-4c^2}\right) I_\nu\left(\frac{b^2 c}{4p^2-4c^2}\right)$$

$[b>0;\ \operatorname{Re} p > |\operatorname{Re} c|;\ \operatorname{Re}\nu > -1]$.

2. $$\int_0^\infty e^{-cx} J_{2\nu}(b\sqrt{x}\,) I_\nu(cx)\,dx = \frac{1}{b\sqrt{2\pi c}} \exp\left(-\frac{b^2}{8c}\right) \qquad [b,\ \operatorname{Re} c>0;\ \operatorname{Re}\nu>-1].$$

3. $$\int_0^\infty x^{\alpha-1} e^{-cx} J_\mu(b\sqrt{x}\,) I_\nu(cx)\,dx = \frac{b^\mu c^{-\alpha-\mu/2}}{2^{\alpha+3\mu/2}\sqrt{\pi}} \Gamma\begin{bmatrix}(1-\mu)/2-\alpha,\ \nu+\alpha+\mu/2\\ \mu+1,\ 1+\nu-\alpha+\mu/2\end{bmatrix} \times$$
$$\times\ {}_2F_2\left(\alpha+\frac{\mu}{2}-\nu,\ \alpha+\frac{\mu}{2}+\nu;\ \frac{1+\mu}{2}+\alpha,\ \mu+1;\ -\frac{b^2}{8c}\right) +$$
$$+\ \frac{2^{2\alpha-3/2} b^{1-2\alpha}}{\sqrt{\pi c}} \Gamma\begin{bmatrix}\alpha+(\mu-1)/2\\ (\mu+3)/2-\alpha\end{bmatrix} {}_2F_2\left(\frac{1}{2}-\nu,\ \frac{1}{2}+\nu;\ \frac{3-\mu}{2}-\alpha,\ \frac{3+\mu}{2}-\alpha;\ -\frac{b^2}{8c}\right)$$

$[b,\ \operatorname{Re} c,\ \operatorname{Re}(\alpha+\nu+\mu/2)>0;\ \operatorname{Re}\alpha<5/2]$.

4. $$\int_0^\infty x^{\pm\nu\mp\mu/2} e^{-cx} J_\mu(b\sqrt{x}\,) I_\nu(cx)\,dx =$$
$$= \frac{2^{(5\pm2\mu\pm2\nu)/4}}{\sqrt{\pi}\ b^{3/2\pm\nu}} c^{(\pm2\mu\mp2\nu-1)/4} \Gamma^{(1\pm1)/2}\begin{bmatrix}\nu+1/2\\ \mu-\nu+1/2\end{bmatrix} e^{-z/2} \begin{Bmatrix} M_{\rho,\sigma}(z)\\ W_{\rho,\sigma}(z)\end{Bmatrix}$$

$$\left[b,\ \operatorname{Re} c>0;\ z=\frac{b^2}{8c},\ \rho=(1\pm6\nu\mp2\mu)/4,\ \sigma=(\pm2\mu\mp2\nu-1)/4,\ \begin{Bmatrix}-1<2\operatorname{Re}\nu<\operatorname{Re}\mu-1/2\\ -1<\operatorname{Re}\mu<2\operatorname{Re}\nu+1/2\end{Bmatrix}\right].$$

5. $$\int_0^\infty x^{(\pm1-1\mp\nu)/2} e^{-cx} J_{\nu-(1\mp1)/2}(b\sqrt{x}\,) I_\nu(cx)\,dx =$$
$$= \frac{b^{\nu-1} 2^{1\mp1/2}}{\sqrt{\pi}\ c^{(1\pm1)/4}} \exp\left(-\frac{b^2}{16c}\right) D_{-2\nu-(1\mp1)/2}\left(\frac{b}{2\sqrt{c}}\right) \qquad [b,\ \operatorname{Re} c>0;\ \operatorname{Re}\nu>\mp1/2].$$

6. $$\int_0^\infty x^{(2\nu-1)/4} e^{-cx} J_{3\nu-1/2}(b\sqrt{x}\,) I_\nu(cx)\,dx = \frac{2^{2\nu+2} b^{\nu-1/2} c^{\nu+1/2}}{\pi} \exp\left(-\frac{b^2}{16c}\right) K_\nu\left(\frac{b^2}{16c}\right)$$

$[b,\ \operatorname{Re} c>0;\ -1/6<\operatorname{Re}\nu<1]$.

7. $$\int_0^\infty x^{-(2\nu+1)/4} e^{-cx} J_{3\nu+1/2}(b\sqrt{x}\,) I_\nu(cx)\,dx = 2^{2\nu} b^{-\nu-1/2} c^{\nu-1/2} \exp\left(-\frac{b^2}{16c}\right) I_{2\nu}\left(\frac{b^2}{16c}\right)$$

$[b,\ \operatorname{Re} c>0;\ \operatorname{Re}\nu>-1/2]$.

2.15.18. Интегралы от $x^\alpha e^{-px^n} Y_\mu(bx) I_\nu(cx)$.

1. $$\int_0^\infty x^{\alpha-1} e^{-cx} Y_\mu(bx) I_\nu(cx)\,dx =$$
$$= -\frac{2^{\alpha+2\nu-1} c^\nu}{\pi^{3/2} b^{\alpha+\nu}\Gamma(\nu+1)} \cos\frac{\alpha-\mu+\nu}{2}\pi\,\Gamma\left(\frac{\alpha+\mu+\nu}{2}\right)\Gamma\left(\frac{\alpha-\mu+\nu}{2}\right) \times$$
$$\times\ {}_4F_3\left(\frac{\alpha+\mu+\nu}{2},\ \frac{\alpha-\mu+\nu}{2},\ \frac{2\nu+1}{4},\ \frac{2\nu+3}{4};\ \nu+\frac{1}{2},\ \nu+1,\ \frac{1}{2};\ -\frac{4c^2}{b^2}\right) -$$
$$-\ \frac{2^{\alpha+2\nu} c^{\nu+1}}{\pi^{3/2} b^{\alpha+\nu+1}} \sin\frac{\alpha-\mu+\nu}{2}\pi\,\Gamma\begin{bmatrix}(\alpha+\mu+\nu+1)/2,\ (\alpha-\mu+\nu+1)/2\\ \nu+1\end{bmatrix} \times$$
$$\times\ {}_4F_3\left(\frac{\alpha+\mu+\nu+1}{2},\ \frac{\alpha-\mu+\nu+1}{2},\ \frac{2\nu+3}{4},\ \frac{2\nu+5}{4};\ \nu+1,\ \nu+\frac{3}{2},\ \frac{3}{2};\ -\frac{4c^2}{b^2}\right)$$

$[b,\ \operatorname{Re} c>0;\ \operatorname{Re}(\alpha+\nu)>|\operatorname{Re}\mu|,\ \operatorname{Re}\alpha<2]$.

2. $\int\limits_0^\infty xe^{-px^2} Y_0(cx) I_0(cx)\,dx = \frac{1}{4p}\mathbf{H}_0\left(\frac{c^2}{2p}\right) + \frac{1}{4p} Y_0\left(\frac{c^2}{2p}\right)$ $[\operatorname{Re} p > 0]$.

2.15.19. Интегралы от $A(x)I_\mu(\varphi(x))I_\nu(cx)$.

1. $\int\limits_0^a x^{\alpha-1}(a^2-x^2)^{\beta-1} I_\mu(cx) I_\nu(cx)\,dx =$

$$= 2^{-\mu-\nu-1} a^{\alpha+\mu+\nu+2\beta-2} c^{\mu+\nu} \Gamma\left[\begin{matrix} \beta,\ (\alpha+\mu+\nu)/2 \\ \beta+(\alpha+\mu+\nu)/2,\ 1+\mu,\ 1+\nu \end{matrix}\right] \times$$

$$\times\ {}_3F_4\left(\frac{\alpha+\mu+\nu}{2}, \frac{\mu+\nu+1}{2}, \frac{\mu+\nu}{2}+1;\ \beta+\frac{\alpha+\mu+\nu}{2}, \mu+\nu+1, \mu+1, \nu+1;\ a^2c^2\right)$$

$[a,\ \operatorname{Re}\beta,\ \operatorname{Re}(\alpha+\mu+\nu) > 0]$.

2. $\int\limits_0^a x^{\mu+\nu+1}(a^2-x^2)^{-(\mu+\nu)/2-1} I_\mu(cx) I_\nu(cx)\,dx =$

$$= \frac{1}{2\sqrt{\pi}} \Gamma\left[\begin{matrix} (\mu+\nu+1)/2,\ -(\mu+\nu)/2 \\ \mu+1,\ \nu+1 \end{matrix}\right] (ac)^{\mu+\nu}\ {}_1F_2\left(\frac{\mu+\nu+1}{2};\ \mu+1, \nu+1;\ a^2c^2\right)$$

$[a > 0;\ -1 < \operatorname{Re}(\mu+\nu) < 0]$.

3. $\int\limits_0^a x^{2\nu}(a^2-x^2)^{-\nu-1/2} I_{\nu-1}(cx) I_\nu(cx)\,dx = \frac{1}{2}\Gamma\left(\frac{1}{2}-\nu\right)(ac)^{\nu-1} I_\nu(2ac)$

$[a > 0;\ 0 < \operatorname{Re}\nu < 1/2]$.

4. $\int\limits_0^a \frac{1}{x\sqrt{a^2-x^2}} I_1^2(cx)\,dx = \frac{1}{2a^2c} I_1(2ac) - \frac{1}{2a}$ $[a > 0]$.

5. $\int\limits_0^a \frac{1}{x^3\sqrt{a^2-x^2}} I_2^2(cx)\,dx = \frac{1}{4a^5c^2}\left[\frac{a^2c^2}{2} - \frac{a^4c^4}{6} - J_2(2ac) + 2acJ_3(2ac)\right]$ $[a > 0]$.

6. $\int\limits_0^a I_{-\nu}(ac-cx) I_\nu(cx)\,dx = \frac{\operatorname{sh} ac}{c}$ $[a > 0;\ |\operatorname{Re}\nu| < 1]$.

7. $\int\limits_0^a I_{1-\nu}(ac-cx) I_\nu(cx)\,dx = \frac{1}{c}\operatorname{ch} ac - \frac{1}{c} I_0(ac)$ $[a > 0;\ -1 < \operatorname{Re}\nu < 2]$.

8. $\int\limits_0^a x^{\alpha-1} I_\mu(ac-cx) I_\nu(cx)\,dx = \left(\frac{2}{c}\right)^\alpha \sum\limits_{k=0}^\infty \frac{(-1)^k(\alpha)_k}{k!}\Gamma\left[\begin{matrix}\alpha+\nu+k \\ \nu+k+1\end{matrix}\right] I_{\alpha+\mu+\nu+2k}(ac)$

$[a,\ \operatorname{Re}(\alpha+\nu) > 0;\ \operatorname{Re}\mu > -1]$.

9. $\int\limits_0^a \frac{1}{x} I_\mu(ac-cx) I_\nu(cx)\,dx = \frac{1}{\nu} I_{\mu+\nu}(ac)$ $[a,\ \operatorname{Re}\nu > 0;\ \operatorname{Re}\mu > -1]$.

10. $\int\limits_0^a \frac{x^{\alpha-1}}{a-x} I_\mu(ac-cx) I_\nu(cx)\,dx = \frac{1}{a\mu}\left(\frac{2}{c}\right)^\alpha \sum\limits_{k=0}^\infty \frac{(\alpha)_k}{k!} \times$

$$\times\ \Gamma\left[\begin{matrix}\alpha+\nu+k \\ \nu+k+1\end{matrix}\right](\alpha+\mu+\nu+2k) I_{\alpha+\mu+\nu+2k}(ac)$$ $[a,\ \operatorname{Re}\mu,\ \operatorname{Re}(\alpha+\nu) > 0]$.

11. $\int\limits_0^a \frac{1}{x(a-x)} I_\mu(ac-cx) I_\nu(cx)\,dx = \frac{\mu+\nu}{a\mu\nu} I_{\mu+\nu}(ac)$ $[a,\ \operatorname{Re}\mu,\ \operatorname{Re}\nu > 0]$.

12. $\displaystyle\int_0^a x^\nu (a-x)^{\mu+(1\pm1)/2} I_\mu(ac-cx) I_\nu(cx)\,dx = \frac{a^{\mu+\nu+1\pm1/2}}{\sqrt{2\pi c}}\times$

$$\times\Gamma\begin{bmatrix}\mu+1\pm1/2,\ \nu+1/2\\ \mu+\nu+(3\pm1)/2\end{bmatrix} I_{\mu+\nu+1/2}(ac)\qquad [a>0;\ \operatorname{Re}\mu>-(3\pm1)/4;\ \operatorname{Re}\nu>-1/2].$$

13. $\displaystyle\int_0^a x^\nu (a-x)^{-\nu-1} I_\mu(ac-cx) I_\nu(cx)\,dx = \frac{(2ac)^\nu}{\sqrt{\pi}}\Gamma\begin{bmatrix}\nu+1/2,\ \mu-\nu\\ \mu+\nu+1\end{bmatrix} I_\mu(ac)$

$[a>0;\ -1/2<\operatorname{Re}\nu<\operatorname{Re}\mu]$.

14. $\displaystyle\int_0^a x^{\nu+1}(a^2-x^2)^{\mu/2} I_\mu(b\sqrt{a^2-x^2})I_\nu(cx)\,dx =$

$$= a^{\mu+\nu+1}b^\mu c^\nu (b^2+c^2)^{-(\mu+\nu+1)/2} I_{\mu+\nu+1}(a\sqrt{b^2+c^2})\qquad [a,\ \operatorname{Re}b,\ \operatorname{Re}c>0;\ \operatorname{Re}\mu,\ \operatorname{Re}\nu>-1].$$

2.15.20. Интегралы от $x^\alpha e^{-px^n} I_\mu(bx)I_\nu(cx)$.

1. $\displaystyle\int_0^\infty e^{-px} I_\nu(bx)I_\nu(cx)\,dx = A_\nu\qquad \left[\operatorname{Re}p>|\operatorname{Re}b|+|\operatorname{Re}c|;\ \operatorname{Re}\nu>-1/2;\ k=\sqrt{\frac{4bc}{p^2-(b-c)^2}}\right],$

$$A_\nu=\frac{1}{\pi\sqrt{bc}}Q_{\nu-1/2}\left(\frac{p^2-b^2-c^2}{2bc}\right),\qquad A_0=\frac{k}{\pi\sqrt{bc}}\mathbf{K}(k),$$

$$A_1=\frac{1}{\pi k\sqrt{bc}}[(2-k^2)\mathbf{K}(k)-2\mathbf{E}(k)].$$

2. $\displaystyle\int_0^\infty x^{\alpha-1}e^{-px} I_\mu(bx)I_\nu(cx)\,dx = \frac{b^\mu c^\nu}{2^{\mu+\nu}p^{\alpha+\mu+\nu}}\Gamma\begin{bmatrix}\alpha+\mu+\nu\\ \mu+1,\ \nu+1\end{bmatrix}\times$

$$\times F_4\left(\frac{\alpha+\mu+\nu}{2},\ \frac{\alpha+\mu+\nu+1}{2};\ \mu+1,\ \nu+1;\ \frac{b^2}{p^2},\ \frac{c^2}{p^2}\right)=$$

$$=\frac{b^\mu c^\nu}{2^{\mu+\nu}}\frac{p^{-\alpha-\mu-\nu}}{\Gamma(\nu+1)}\sum_{k=0}^\infty\frac{1}{k!}\Gamma\begin{bmatrix}\alpha+\mu+\nu+2k\\ \mu+k+1\end{bmatrix}{}_2F_1\left(-k,\ -\mu-k;\ \nu+1;\ \frac{c^2}{b^2}\right)\left(\frac{b}{2p}\right)^{2k}$$

$[\operatorname{Re}p>|\operatorname{Re}b|+|\operatorname{Re}c|;\ \operatorname{Re}(\alpha+\mu+\nu)>0]$.

3. $\displaystyle\int_0^\infty x^{-1/2}e^{-px} I_\mu(bx)I_\nu(cx)\,dx =$

$$= r^{-1/2}\Gamma\left(\mu+\nu+\frac12\right)P^{-\mu}_{\nu-1/2}\left(\frac{\sqrt{r^2+b^2}}{r}\right)P^{-\nu}_{\mu-1/2}\left(\frac{\sqrt{r^2+c^2}}{r}\right)$$

$\left[2r=\sqrt{p^2-(b+c)^2}+\sqrt{p^2-(b-c)^2};\ \operatorname{Re}(\mu+\nu)>-1/2;\ \operatorname{Re}p>|\operatorname{Re}b|+|\operatorname{Re}c|\right]$.

4. $\displaystyle\int_0^\infty e^{-px} I_\mu(cx)I_\nu(cx)\,dx = B_{\mu,\nu}\qquad [\operatorname{Re}p>2|\operatorname{Re}c|;\ \operatorname{Re}(\mu+\nu)>-1],$

$$B_{0,0}=\frac{2}{\pi p}\mathbf{K}\left(\frac{2c}{p}\right),\quad B_{0,1}=\frac{1}{\pi c}\mathbf{K}\left(\frac{2c}{p}\right)-\frac{1}{2c},\quad B_{1,1}=\frac{p}{\pi c^2}\left[\left(1-\frac{2c^2}{p^2}\right)\mathbf{K}\left(\frac{2c}{p}\right)-\mathbf{E}\left(\frac{2c}{p}\right)\right].$$

5. $\displaystyle\int_0^\infty x^{\alpha-1}e^{-px} I_\mu(cx)I_\nu(cx)\,dx = C^\alpha_{\mu,\nu}$

$\left[\operatorname{Re}(\alpha+\mu+\nu)>0;\ \operatorname{Re}p>2|\operatorname{Re}c|;\ z=\frac{\sqrt{p^2-4c^2}}{p}\right],$

$$C^\alpha_{\mu,\nu}=\left(\frac{c}{2}\right)^{\mu+\nu}p^{-\alpha-\mu-\nu}\Gamma\begin{bmatrix}\alpha+\mu+\nu\\ \mu+1,\ \nu+1\end{bmatrix}\times$$

$$\times\ {}_4F_3\left(\frac{\mu+\nu+1}{2},\ \frac{\mu+\nu}{2}+1,\ \frac{\alpha+\mu+\nu}{2},\ \frac{\alpha+\mu+\nu+1}{2};\ \mu+\nu+1,\ \nu+1,\ \mu+1;\ \frac{4c^2}{p^2}\right),$$

$$C_{\nu,\,\nu}^{2\nu+1} = \frac{2^{4\nu}c^{2\nu}}{\pi p^{4\nu+1}}\,\Gamma\left[\begin{matrix}\nu+1/2,\ 2\nu+1/2\\ \nu+1\end{matrix}\right]{}_2F_1\left(\nu+\frac{1}{2},\ 2\nu+\frac{1}{2};\ \nu+1;\ \frac{4c^2}{p^2}\right)$$

$[\operatorname{Re}\nu > -1/4]$,

$$C_{\nu,\,\nu}^{1/2} = 2^{-2\nu}p^{-1/2}\Gamma\left(2\nu+\frac{1}{2}\right)[P_{-1/4}^{-\nu}(z)]^2 \qquad [\operatorname{Re}\nu > -1/4],$$

$$C_{-\nu,\,\nu}^{1/2} = \sqrt{\frac{\pi}{p}}\;P_{-1/4}^{\nu}(z)P_{-1/4}^{-\nu}(z), \qquad C_{0,\,1}^{0} = \frac{p}{2c} - \frac{p}{\pi c}\mathbf{E}\left(\frac{2c}{p}\right),$$

$$C_{1,\,1}^{0} = \frac{p^2}{2\pi c^2}\left[\mathbf{E}\left(\frac{2c}{p}\right) - \left(1-\frac{4c^2}{p^2}\right)\mathbf{K}\left(\frac{2c}{p}\right)\right] - \frac{1}{2}, \qquad C_{0,\,0}^{2} = \frac{2}{\pi(p^2-4c^2)}\mathbf{E}\left(\frac{2c}{p}\right),$$

$$C_{0,\,1}^{2} = \frac{1}{2\pi c}\left[\frac{p}{p^2-4c^2}\mathbf{E}\left(\frac{2c}{p}\right) - \frac{2}{p}\mathbf{K}\left(\frac{2c}{p}\right)\right].$$

6. $$\int_0^\infty x^{\alpha-1}e^{-(b+c)x}I_\mu(cx)I_\nu(cx)\,dx = \frac{b^\mu c^{-\alpha-\mu}}{2^{\alpha+2\mu}\sqrt{\pi}}\,\Gamma\left[\begin{matrix}1/2-\mu-\alpha,\ \alpha+\mu+\nu\\ 1+\nu-\mu-\alpha,\ \mu+1\end{matrix}\right]\times$$
$$\times\,{}_3F_2\left(\alpha+\mu-\nu,\ \alpha+\mu+\nu,\ \mu+\frac{1}{2};\ \alpha+\mu+\frac{1}{2},\ 2\mu+1;\ -\frac{b}{c}\right)+$$
$$+\frac{b^{1/2-\alpha}}{2^\alpha\pi\sqrt{c}}\,\Gamma\left[\begin{matrix}\mu+\alpha-1/2,\ 1-\alpha\\ \mu+3/2-\alpha\end{matrix}\right]{}_3F_2\left(\frac{1}{2}-\nu,\ \frac{1}{2}+\nu,\ 1-\alpha;\ \frac{3}{2}-\alpha+\mu,\ \frac{3}{2}-\alpha-\mu;\ -\frac{b}{c}\right)$$

$[\operatorname{Re}(b+c),\ \operatorname{Re}(\alpha+\mu+\nu) > 0;\ \operatorname{Re}\alpha < 1]$.

7. $$\int_0^\infty x^{\alpha-1}e^{-px^2}I_\mu(bx)I_\nu(cx)\,dx = \frac{b^\mu c^\nu p^{-(\alpha+\mu+\nu)/2}}{2^{\mu+\nu+1}\Gamma(\nu+1)}\sum_{k=0}^\infty\Gamma\left[\begin{matrix}k+(\alpha+\mu+\nu)/2\\ \mu+k+1\end{matrix}\right]\times$$
$$\times\frac{1}{k!}\left(\frac{b}{2p}\right)^{2k}{}_2F_1\left(-k,\ -\mu-k;\ \nu+1;\ \frac{c^2}{b^2}\right) \qquad [\operatorname{Re}p,\ \operatorname{Re}(\alpha+\mu+\nu) > 0].$$

8. $$\int_0^\infty xe^{-px^2}I_\nu(bx)I_\nu(cx)\,dx = \frac{1}{2p}\exp\left(\frac{b^2+c^2}{4p}\right)I_\nu\left(\frac{bc}{2p}\right) \qquad [\operatorname{Re}p > 0;\ \operatorname{Re}\nu > -1].$$

9. $$\int_0^\infty x^3e^{-px^2}I_{n+2}(bx)I_n(cx)\,dx = \frac{1}{8p^3b^2}\exp\left(\frac{b^2+c^2}{4p}\right)\left\{bc(4p+b^2)I_{n+1}\left(\frac{bc}{2p}\right)-\right.$$
$$\left.-\,bc(4pn+8p-b^2)I_{n-1}\left(\frac{bc}{2p}\right) + [16p^2n(n+2)-(4pn-c^2)b^2+b^4]I_n\left(\frac{bc}{2p}\right)\right\}$$

$[\operatorname{Re}p > 0]$.

10. $$\int_0^\infty x^{\alpha-1}e^{-px^2}I_\mu(cx)I_\nu(cx)\,dx = 2^{-\mu-\nu-1}c^{\mu+\nu}p^{-(\alpha+\mu+\nu)/2}\Gamma\left[\begin{matrix}(\alpha+\mu+\nu)/2\\ \mu+1,\ \nu+1\end{matrix}\right]\times$$
$$\times\,{}_3F_3\left(\frac{\mu+\nu+1}{2},\ \frac{\mu+\nu}{2}+1,\ \frac{\alpha+\mu+\nu}{2};\ \mu+1,\ \nu+1,\ \mu+\nu+1;\ \frac{c^2}{p}\right)$$

$[\operatorname{Re}p,\ \operatorname{Re}(\alpha+\mu+\nu) > 0]$.

11. $$\int_0^\infty \frac{1}{x}\,e^{-px^2}I_\nu^2(cx)\,dx = \frac{1}{2\nu}\exp\left(\frac{c^2}{2p}\right)\left[I_\nu\left(\frac{c^2}{2p}\right) + 2\sum_{k=1}^\infty(-1)^kI_{\nu+k}\left(\frac{c^2}{2p}\right)\right]$$

$[\operatorname{Re}p,\ \operatorname{Re}\nu > 0]$.

12. $$\int_0^\infty xe^{-px^2}I_\nu^2(cx)\,dx = \frac{1}{2p}\exp\left(\frac{c^2}{2p}\right)I_\nu\left(\frac{c^2}{2p}\right) \qquad [\operatorname{Re}p > 0;\ \operatorname{Re}\nu > -1].$$

2.15.21. Интегралы, содержащие произведения трех и более функций $I_\nu(\varphi(x))$ и $J_\nu(\chi(x))$.

1. $$\int_0^\infty e^{-(2b+c)x} I_0^2(bx) I_0(cx)\,dx = \frac{4\sqrt{2}}{\pi^2 c\sqrt{b}}\left(\sqrt{2b+2c}-\sqrt{2b+c}\right)\mathbf{K}(k)\mathbf{K}(\sqrt{1-k^2})$$
$$\left[k = c^{-1}(\sqrt{2b+c}-\sqrt{2b})(\sqrt{2b+2c}-\sqrt{2b+c});\ \operatorname{Re} b,\ \operatorname{Re} c > 0\right].$$

2. $$\int_0^\infty e^{-3cx} I_0^3(cx)\,dx = \frac{4}{c\pi^2}\left(18+12\sqrt{2}-10\sqrt{3}-7\sqrt{6}\right)\mathbf{K}^2[(2-\sqrt{3})(\sqrt{3}-\sqrt{2})] \qquad [\operatorname{Re} c > 0].$$

3. $$\int_0^a x J_\mu(cx) J_\nu(c\sqrt{a^2-x^2}) I_\mu(cx) I_\nu(c\sqrt{a^2-x^2})\,dx = \left(\frac{c}{2}\right)^{2\mu+2\nu} \times$$
$$\times \frac{a^{2\mu+2\nu+2}}{2\Gamma[\mu+1,\ \nu+1,\ \mu+\nu+2]}\, {}_1F_4\left(\frac{\mu+\nu+1}{2};\ \mu+1,\ \nu+1,\ \mu+\nu+1,\ \frac{\mu+\nu+3}{2};\ -\frac{a^4c^4}{16}\right)$$
$$[a > 0;\ \operatorname{Re}\mu,\ \operatorname{Re}\nu > -1].$$

2.15.22. Интегралы по индексу, содержащие $I_{\nu\pm x}(c)$.

1. $$\int_0^\infty I_x(c)\,dx = \frac{c}{2} - \int_0^\infty \frac{e^{-c\operatorname{ch} x}}{x^2+\pi^2}\,dx \qquad [\operatorname{Re} c > 0].$$

2. $$\int_0^\infty \cos bx\, I_{\nu+x}(c) I_{\nu-x}(c)\,dx = \frac{1}{2}\begin{Bmatrix}1\\0\end{Bmatrix} I_{2\nu}\left(2c\cos\frac{b}{2}\right) \qquad \left[\begin{Bmatrix}0<b<\pi\\ b>\pi\end{Bmatrix}\right].$$

2.15.23. Интегралы от $f(x)/I_\nu(x)$.

1. $$\int_0^\infty \frac{x^\nu}{I_0(x)}\,dx = \pi\operatorname{cosec}\frac{\pi\nu}{2}\sum_{k=1}^\infty \frac{\gamma_k^{\nu-1}}{J_1(\gamma_k)}$$ [γ_k — k-й положительный нуль $J_0(x)$].

2.15.24. Интегралы, содержащие $\operatorname{Ei}(\varphi(x)) I_\nu(cx)$.

1. $$\int_0^\infty \operatorname{Ei}(-bx) I_0(cx)\,dx = -\frac{1}{c}\arcsin\frac{c}{b} \qquad [\operatorname{Re}(b-c) > 0].$$

2. $$\int_0^\infty x^{\alpha-1}\operatorname{Ei}(-bx) I_\nu(cx)\,dx = -\frac{c^\nu}{2^\nu b^{\alpha+\nu}(\alpha+\nu)}\Gamma\begin{bmatrix}\alpha+\nu\\ \nu+1\end{bmatrix} \times$$
$$\times\, {}_3F_2\left(\frac{\alpha+\nu}{2},\ \frac{\alpha+\nu}{2},\ \frac{\alpha+\nu+1}{2};\ \frac{\alpha+\nu}{2}+1,\ \nu+1;\ \frac{c^2}{b^2}\right) \qquad [\operatorname{Re}(b-c),\ \operatorname{Re}(\alpha+\nu) > 0].$$

3. $$\int_0^\infty x\operatorname{Ei}(-bx) I_0(cx)\,dx = \frac{1}{c^2}\left(1-\frac{b}{\sqrt{b^2-c^2}}\right) \qquad [\operatorname{Re}(b-c) > 0].$$

4. $$\int_0^\infty x^{\alpha-1}\operatorname{Ei}(-bx^2) I_\nu(cx)\,dx = -\frac{c^\nu}{2^\nu(a+\nu)b^{(\alpha+\nu)/2}}\Gamma\begin{bmatrix}(\alpha+\nu)/2\\ \nu+1\end{bmatrix} \times$$
$$\times\, {}_2F_2\left(\frac{\alpha+\nu}{2},\ \frac{\alpha+\nu}{2};\ \nu+1,\ \frac{\alpha+\nu}{2}+1;\ \frac{c^2}{4b}\right) \qquad [\operatorname{Re} b,\ \operatorname{Re}(\alpha+\nu) > 0].$$

5. $$\int_0^\infty x^{n+1}\operatorname{Ei}(-bx^2) I_n(cx)\,dx = (-1)^n n!\frac{2^{n+1}}{c^{n+2}}\left[1-\exp\frac{c^2}{4b}\sum_{k=0}^n \frac{1}{k!}\left(-\frac{c^2}{4b}\right)^k\right] \qquad [\operatorname{Re} b > 0].$$

6. $$\int_0^\infty x\operatorname{Ei}[-b(z+\sqrt{x^2+z^2})] I_0(cx)\,dx = -\frac{\exp[-z(b+\sqrt{b^2-c^2})]}{(b+\sqrt{b^2-c^2})\sqrt{b^2-c^2}} \qquad [\operatorname{Re}(b-c),\ \operatorname{Re} z > 0].$$

7. $\int\limits_0^\infty e^{\pm cx}\,\mathrm{Ei}\,(-bx)I_0(cx)\,dx = -\frac{2}{\sqrt{b}\,(\sqrt{b}+\sqrt{b\mp 2c})}$ $[\mathrm{Re}\,(b-c\mp c)>0]$.

8. $\int\limits_0^\infty x^{\alpha-1}e^{-cx}\,\mathrm{Ei}\,(-bx)I_\nu(cx)\,dx = -\frac{b^{-\alpha-\nu}}{\alpha+\nu}\left(\frac{c}{2}\right)^\nu \Gamma\begin{bmatrix}\alpha+\nu\\ \nu+1\end{bmatrix}\times$

$\times\,{}_3F_2\left(\alpha+\nu,\,\alpha+\nu,\,\nu+\frac{1}{2};\,\alpha+\nu+1,\,2\nu+1;\,-\frac{2c}{b}\right)$ $[\mathrm{Re}\,b,\ \mathrm{Re}\,c,\ \mathrm{Re}\,(\alpha+\nu)>0]$.

9. $\int\limits_0^\infty x^{\alpha-1}e^{(\pm b-c)x}\,\mathrm{Ei}\,(\mp bx)I_\nu(cx)\,dx =$

$= -b^{-\alpha-\nu}\left(\frac{c}{2}\right)^\nu \begin{Bmatrix}\mathrm{cosec}\,(\alpha+\nu)\pi\\ \mathrm{ctg}\,(\alpha+\nu)\pi\end{Bmatrix}\Gamma\begin{bmatrix}\alpha+\nu\\ \nu+1\end{bmatrix}{}_2F_1\left(\nu+\frac{1}{2},\,\alpha+\nu;\,2\nu+1;\,\pm\frac{2c}{b}\right)\mp$

$\mp\frac{(2c)^{1-\alpha}}{b\sqrt{\pi}}\Gamma\begin{bmatrix}\alpha+\nu-1,\,3/2-\alpha\\ 2+\nu-\alpha\end{bmatrix}{}_3F_2\left(1,\,1,\,\frac{3}{2}-\alpha;\,2-\alpha-\nu,\,2-\alpha+\nu;\,\pm\frac{2c}{b}\right)$

$[\mathrm{Re}\,b,\ \mathrm{Re}\,c,\ \mathrm{Re}\,(\alpha+\nu)>0;\ \mathrm{Re}\,\alpha<3/2]$.

10. $\int\limits_0^\infty x^\nu e^{(b-c)x}\,\mathrm{Ei}\,(-bx)I_\nu(cx)\,dx = -\frac{2^{\nu+1}c^\nu\Gamma(2\nu+1)}{(2\nu+1)\sqrt{\pi}\,b^{2\nu+1}}\,\Gamma\left(\frac{1}{2}-\nu\right)\times$

$\times\,{}_2F_1\left(\nu+\frac{1}{2},\,2\nu+1;\,\nu+\frac{3}{2};\,1-\frac{2c}{b}\right)$ $[\mathrm{Re}\,b,\ \mathrm{Re}\,c>0;\ |\,\mathrm{Re}\,\nu|<1/2]$.

11. $\int\limits_0^\infty x^\nu e^{cx}\,\mathrm{Ei}\,(-2cx)I_\nu(cx)\,dx = -\frac{2^\nu\sec\nu\pi\,\Gamma(\nu+1)}{(2\nu+1)c^{\nu+1}}$ $[\mathrm{Re}\,c>0;\ |\,\mathrm{Re}\,\nu|<1/2]$.

12. $\int\limits_0^\infty x^{\alpha-1}\,\mathrm{Ei}\,(-bx^2)I_\mu(cx)I_\nu(cx)\,dx = -\frac{b^{-(\alpha+\mu+\nu)/2}}{\alpha+\mu+\nu}\left(\frac{c}{2}\right)^{\mu+\nu}\Gamma\begin{bmatrix}(\alpha+\mu+\nu)/2\\ \mu+1,\,\nu+1\end{bmatrix}\times$

$\times\,{}_4F_4\left(\frac{\mu+\nu+1}{2},\,\frac{\mu+\nu}{2}+1,\,\frac{\alpha+\mu+\nu}{2},\,\frac{\alpha+\mu+\nu}{2};\right.$

$\left.\mu+1,\,\nu+1,\,\mu+\nu+1,\,\frac{\alpha+\mu+\nu}{2}+1;\,\frac{c^2}{b}\right)$ $[\mathrm{Re}\,b,\ \mathrm{Re}\,(\alpha+\mu+\nu)>0;\ |\arg c|<\pi]$.

2.15.25. Интегралы от $x^\alpha e^{-cx}\begin{Bmatrix}\mathrm{si}\,(bx)\\ \mathrm{ci}\,(bx)\end{Bmatrix}I_\nu(cx)$.

1. $\int\limits_0^\infty x^{\alpha-1}e^{-cx}\begin{Bmatrix}\mathrm{si}\,(bx)\\ \mathrm{ci}\,(bx)\end{Bmatrix}I_\nu(cx)\,dx = -\frac{b^{-\alpha-\nu}}{\alpha+\nu}\left(\frac{c}{2}\right)^\nu\Gamma\begin{bmatrix}\alpha+\nu\\ \nu+1\end{bmatrix}\begin{Bmatrix}\sin\,[(\alpha+\nu)\pi/2]\\ \cos\,[(\alpha+\nu)\pi/2]\end{Bmatrix}\times$

$\times\,{}_5F_4\left(\frac{2\nu+1}{4},\,\frac{2\nu+3}{4},\,\frac{\alpha+\nu}{2},\,\frac{\alpha+\nu+1}{2},\,\frac{\alpha+\nu}{2};\,\frac{\alpha+\nu}{2}+1,\,\nu+\frac{1}{2},\,\nu+1,\,\frac{1}{2};\,\frac{4c^2}{b^2}\right)\pm$

$\pm\frac{c^{\nu+1}}{2^\nu b^{\alpha+\nu+1}}\Gamma\begin{bmatrix}\alpha+\nu+1\\ \nu+1\end{bmatrix}\begin{Bmatrix}\cos\,[(\alpha+\nu)\pi/2]\\ \sin\,[(\alpha+\nu)\pi/2]\end{Bmatrix}{}_5F_4\left(\frac{2\nu+3}{4},\,\frac{2\nu+5}{4},\right.$

$\left.\frac{\alpha+\nu+1}{2},\,\frac{\alpha+\nu}{2}+1,\,\frac{\alpha+\nu+1}{2};\,\frac{\alpha+\nu+3}{2},\,\nu+1,\,\nu+\frac{3}{2},\,\frac{3}{2};\,\frac{4c^2}{b^2}\right)$

$[b,\ \mathrm{Re}\,c,\ \mathrm{Re}\,(\alpha+\nu)>0;\ \mathrm{Re}\,\alpha<5/2]$.

2.15.26. Интегралы, содержащие $\begin{Bmatrix}\mathrm{erf}\,(bx^r)\\ \mathrm{erfc}\,(bx^r)\end{Bmatrix}I_\nu(cx)$.

1. $\int\limits_0^\infty \mathrm{erfc}\,(bx)I_0(cx)\,dx = -\frac{i}{c}\,\mathrm{erf}\left(i\frac{c}{2b}\right)$ $[\,|\arg b|<\pi/4]$.

2. $$\int\limits_0^\infty x^{\alpha-1}\operatorname{erfc}(bx)I_\nu(cx)\,dx = \frac{c^\nu}{2^\nu(\alpha+\nu)\sqrt{\pi}\,b^{\alpha+\nu}}\Gamma\left[\begin{matrix}(\alpha+\nu+1)/2\\ \nu+1\end{matrix}\right]\times$$
$$\times\,{}_2F_2\left(\frac{\alpha+\nu}{2},\ \frac{\alpha+\nu+1}{2};\ \frac{\alpha+\nu}{2}+1,\ \nu+1;\ \frac{c^2}{4b^2}\right)$$
$[\operatorname{Re}(\alpha+\nu)>0;\ |\arg b|<\pi/4;\ \operatorname{Re}c>0]$.

3. $$\int\limits_0^\infty x^{\alpha-1}\operatorname{erfc}(b\sqrt{x})I_\nu(cx)\,dx = \frac{b^{-2\alpha-2\nu}}{(\alpha+\nu)\sqrt{\pi}}\left(\frac{c}{2}\right)^\nu\Gamma\left[\begin{matrix}\alpha+\nu+1/2\\ \nu+1\end{matrix}\right]\times$$
$$\times\,{}_3F_2\left(\frac{\alpha+\nu}{2},\ \frac{2\alpha+2\nu+1}{4},\ \frac{2\alpha+2\nu+3}{4};\ \nu+1,\ \frac{\alpha+\nu}{2}+1;\ \frac{c^2}{b^4}\right)$$
$[|\arg b|<\pi/4;\ \operatorname{Re}(\alpha+\nu)>0;\ \operatorname{Re}(b^2-c)>0]$.

4. $$\int\limits_0^\infty x^{\alpha-1}e^{-cx}\left\{\begin{matrix}\operatorname{erf}(bx)\\ \operatorname{erfc}(bx)\end{matrix}\right\}I_\nu(cx)\,dx = \mp\frac{c^\nu}{2^\nu(\alpha+\nu)\sqrt{\pi}\,b^{\alpha+\nu}}\Gamma\left[\begin{matrix}(\alpha+\nu+1)/2\\ \nu+1\end{matrix}\right]\times$$
$$\times\,{}_4F_4\left(\frac{2\nu+1}{4},\ \frac{2\nu+3}{4},\ \frac{\alpha+\nu}{2},\ \frac{\alpha+\nu+1}{2};\ \nu+\frac{1}{2},\ \nu+1,\ \frac{\alpha+\nu}{2}+1,\ \frac{1}{2};\ \frac{c^2}{b^2}\right)\pm$$
$$\pm\frac{c^{\nu+1}}{2^\nu(\alpha+\nu+1)\sqrt{\pi}\,b^{\alpha+\nu+1}}\Gamma\left[\begin{matrix}(\alpha+\nu)/2+1\\ \nu+1\end{matrix}\right]{}_4F_4\left(\frac{2\nu+3}{4},\ \frac{2\nu+5}{4},\right.$$
$$\left.\frac{\alpha+\nu+1}{2},\ \frac{\alpha+\nu}{2}+1;\ \nu+1,\ \nu+\frac{3}{2},\ \frac{\alpha+\nu+3}{2},\ \frac{3}{2};\ \frac{c^2}{b^2}\right)+\left\{\begin{matrix}1\\0\end{matrix}\right\}\frac{(2c)^{-\alpha}}{\sqrt{\pi}}\times$$
$$\times\Gamma\left[\begin{matrix}\alpha+\nu,\ 1/2-\alpha\\ 1+\nu-\alpha\end{matrix}\right]$$
$\left[\operatorname{Re}c>0;\ |\arg b|<\pi/4,\ \left\{\begin{matrix}-\operatorname{Re}\nu-1<\operatorname{Re}\alpha<1/2\\ \operatorname{Re}(\alpha+\nu)>0\end{matrix}\right\}\right]$.

5. $$\int\limits_0^\infty x^{\alpha-1}e^{-cx}\left\{\begin{matrix}\operatorname{erf}(b\sqrt{x})\\ \operatorname{erfc}(b\sqrt{x})\end{matrix}\right\}I_\nu(cx)\,dx = \mp\frac{c^\nu}{2^\nu(\alpha+\nu)\sqrt{\pi}\,b^{2\alpha+2\nu}}\Gamma\left[\begin{matrix}\alpha+\nu+1/2\\ \nu+1\end{matrix}\right]\times$$
$$\times\,{}_3F_2\left(\nu+\frac{1}{2},\ \alpha+\nu+\frac{1}{2},\ \alpha+\nu;\ \alpha+\nu+1,\ 2\nu+1;\ -\frac{2c}{b^2}\right)+\left\{\begin{matrix}1\\0\end{matrix}\right\}\frac{(2c)^{-\alpha}}{\sqrt{\pi}}\Gamma\left[\begin{matrix}\alpha+\nu,\ 1/2-\alpha\\ 1+\nu-\alpha\end{matrix}\right]$$
$\left[\operatorname{Re}c>0;\ |\arg b|<\pi/4,\ \left\{\begin{matrix}-\operatorname{Re}\nu-1/2<\operatorname{Re}\alpha<1/2\\ \operatorname{Re}(\alpha+\nu)>0\end{matrix}\right\}\right]$.

6. $$\int\limits_0^\infty x^{-1/2}e^{-cx}\operatorname{erfc}(b\sqrt{x})I_0(cx)\,dx = \frac{1}{\sqrt{2\pi c}}\ln\left(1+\frac{2c}{b^2}+\frac{2\sqrt{c}}{b^2}\sqrt{b^2+c}\right)$$
$[\operatorname{Re}c>0;\ |\arg b|<\pi/4]$.

7. $$\int\limits_0^\infty x^\nu e^{(b^2-c)x}\operatorname{erfc}(b\sqrt{x})I_\nu(cx)\,dx = \frac{2^{\nu+1}c^\nu\Gamma(-\nu)\Gamma(2\nu+3/2)}{(2\nu+1)\pi^{3/2}b^{4\nu+2}}\times$$
$$\times\,{}_2F_1\left(\nu+\frac{1}{2},\ 2\nu+\frac{3}{2};\ \nu+\frac{3}{2};\ 1-\frac{2c}{b^2}\right)$$
$[\operatorname{Re}c>0;\ |\arg b|<\pi/4;\ -1/2<\operatorname{Re}\nu<0]$.

8. $$\int\limits_0^\infty x^{\nu-1/2}e^{cx}\operatorname{erfc}(\sqrt{2cx})I_\nu(cx)\,dx = \frac{(2c)^{-\nu-1/2}}{\cos\nu\pi}\Gamma\left[\begin{matrix}2\nu+1/2\\ \nu+1\end{matrix}\right]$$
$[\operatorname{Re}c>0;\ -1/4<\operatorname{Re}\nu<1/2]$.

9. $$\int\limits_0^\infty x^{\nu\pm\nu}\operatorname{erfc}(bx)I_\nu^2(cx)\,dx = \frac{b^{-3\nu\mp\nu-1}c^{2\nu}}{2^{\nu\mp\nu}(3\nu\pm\nu+1)\pi}\Gamma\left[\begin{matrix}(\nu\pm\nu+1)/2\\ \nu+1\end{matrix}\right]\times$$
$$\times\,{}_2F_2\left(\nu+\frac{1}{2},\ \frac{3\nu\pm\nu+1}{2};\ \frac{3\nu\mp\nu}{2}+1,\ \frac{3\nu\pm\nu+3}{2};\ \frac{c^2}{b^2}\right)$$
$[\operatorname{Re}\nu>-(2\mp1)/4;\ |\arg b|<\pi/4]$.

10. $$\int_0^\infty x^{\alpha-1}\operatorname{erfc}(bx)I_\mu(cx)I_\nu(cx)\,dx = \frac{1}{(\alpha+\mu+\nu)\sqrt{\pi}\;b^{\alpha+\mu+\nu}}\left(\frac{c}{2}\right)^{\mu+\nu}\times$$
$$\times\Gamma\left[\begin{matrix}(\alpha+\mu+\nu+1)/2\\ \mu+1,\ \nu+1\end{matrix}\right]{}_4F_4\left(\frac{\mu+\nu}{2}+1,\ \frac{\mu+\nu+1}{2},\ \frac{\alpha+\mu+\nu}{2},\ \frac{\alpha+\mu+\nu+1}{2};\ \mu+1,\right.$$
$$\left.\nu+1,\ \mu+\nu+1,\ \frac{\alpha+\mu+\nu}{2}+1;\ \frac{c^2}{b^2}\right)\qquad [\operatorname{Re}(\alpha+\mu+\nu)>0;\ |\arg b|<\pi/4].$$

11. $$\int_0^\infty x^{\alpha-1}\operatorname{erfc}(bx^2)J_\nu(cx)I_\nu(cx)\,dx = \frac{c^{2\nu}}{2^{2\nu}(\alpha+2\nu)\sqrt{\pi}\;b^{\alpha/2+\nu}}\Gamma\left[\begin{matrix}(\alpha+2\nu+2)/4\\ \nu+1,\ \nu+1\end{matrix}\right]\times$$
$$\times{}_2F_4\left(\frac{\alpha+2\nu}{4},\ \frac{\alpha+2\nu+2}{4};\ \frac{\alpha+2\nu}{4}+1,\ \frac{\nu+1}{2},\ \frac{\nu}{2}+1,\ \nu+1;\ -\frac{c^4}{64b^2}\right)$$
$$[\operatorname{Re}(\alpha+2\nu)>0;\ |\arg b|<\pi/4].$$

2.15.27. Интегралы от $x^\alpha e^{-cx}\left\{\begin{matrix}S(bx)\\ C(bx)\end{matrix}\right\}I_\nu(cx)$.

1. $$\int_0^\infty x^{\alpha-1}e^{-cx}\left\{\begin{matrix}S(bx)\\ C(bx)\end{matrix}\right\}I_\nu(cx)\,dx =$$
$$= -\frac{c^\nu}{2^{\nu+1/2}(\alpha+\nu)\sqrt{\pi}\;b^{\alpha+\nu}}\Gamma\left[\begin{matrix}\alpha+\nu+1/2\\ \nu+1\end{matrix}\right]\left\{\begin{matrix}\cos[(1-2\alpha-2\nu)\pi/4]\\ \sin[(1-2\alpha-2\nu)\pi/4]\end{matrix}\right\}\times$$
$$\times{}_5F_4\left(\frac{2\nu+1}{4},\ \frac{2\nu+3}{4},\ \frac{2\alpha+2\nu+1}{4},\ \frac{2\alpha+2\nu+3}{4},\ \frac{\alpha+\nu}{2};\ \frac{\alpha+\nu}{2}+1,\ \nu+\frac{1}{2},\right.$$
$$\left.\nu+1,\ \frac{1}{2};\ -\frac{4c^2}{b^2}\right)\pm\frac{c^{\nu+1}}{2^{\nu+1/2}(\alpha+\nu+1)\sqrt{\pi}\;b^{\alpha+\nu+1}}\Gamma\left[\begin{matrix}\alpha+\nu+3/2\\ \nu+1\end{matrix}\right]\times$$
$$\times\left\{\begin{matrix}\sin[(1-2\alpha-2\nu)\pi/4]\\ \cos[(1-2\alpha-2\nu)\pi/4]\end{matrix}\right\}{}_5F_4\left(\frac{2\nu+3}{4},\ \frac{2\nu+5}{4},\ \frac{2\alpha+2\nu+3}{4},\ \frac{2\alpha+2\nu+5}{4},\right.$$
$$\left.\frac{\alpha+\nu+1}{2};\ \frac{\alpha+\nu+3}{2},\ \nu+1,\ \nu+\frac{3}{2},\ \frac{3}{2};\ -\frac{4c^2}{b^2}\right)+\frac{(2c)^{-\alpha}}{2\sqrt{\pi}}\Gamma\left[\begin{matrix}\alpha+\nu,\ 1/2-\alpha\\ 1+\nu-\alpha\end{matrix}\right]$$
$$[b,\ \operatorname{Re}c>0;\ -(2\pm1)/2-\operatorname{Re}\nu<\operatorname{Re}\alpha<2].$$

2.15.28. Интегралы, содержащие $\left\{\begin{matrix}\gamma(\mu,\ bx^n)\\ \Gamma(\mu,\ bx^n)\end{matrix}\right\}I_\nu(cx)$.

1. $$\int_0^\infty x^{\alpha-1}\Gamma(\mu,\ bx)I_\nu(cx)\,dx = \frac{b^{-\alpha-\nu}}{\alpha+\nu}\left(\frac{c}{2}\right)^\nu\Gamma\left[\begin{matrix}\alpha+\mu+\nu\\ \nu+1\end{matrix}\right]\times$$
$$\times{}_3F_2\left(\frac{\alpha+\nu}{2},\ \frac{\alpha+\mu+\nu}{2},\ \frac{\alpha+\mu+\nu+1}{2};\ \frac{\alpha+\nu}{2}+1,\ \nu+1;\ \frac{c^2}{b^2}\right)$$
$$[\operatorname{Re}(\alpha+\mu+\nu),\ \operatorname{Re}(\alpha+\nu)>0;\ \operatorname{Re}b>|\operatorname{Re}c|].$$

2. $$\int_0^\infty x^{\alpha-1}\Gamma(\mu,\ bx^2)I_\nu(cx)\,dx = \frac{b^{-(\alpha+\nu)/2}}{\alpha+\nu}\left(\frac{c}{2}\right)^\nu\Gamma\left[\begin{matrix}\mu+(\alpha+\nu)/2\\ \nu+1\end{matrix}\right]\times$$
$$\times{}_2F_2\left(\frac{\alpha+\nu}{2},\ \mu+\frac{\alpha+\nu}{2};\ \nu+1,\ \frac{\alpha+\nu}{2}+1;\ \frac{c^2}{4b}\right)\qquad[\operatorname{Re}b,\ \operatorname{Re}(\alpha+\nu+2\mu),\ \operatorname{Re}(\alpha+\nu)>0].$$

3. $$\int_0^\infty x^{\alpha-1}e^{-cx}\left\{\begin{matrix}\gamma(\mu,\ bx)\\ \Gamma(\mu,\ bx)\end{matrix}\right\}I_\nu(cx)\,dx = \mp\frac{b^{-\alpha-\nu}}{\alpha+\nu}\left(\frac{c}{2}\right)^\nu\Gamma\left[\begin{matrix}\alpha+\mu+\nu\\ \nu+1\end{matrix}\right]\times$$
$$\times{}_3F_2\left(\nu+\frac{1}{2},\ \alpha+\mu+\nu,\ \alpha+\nu;\ \alpha+\nu+1,\ 2\nu+1;\ -\frac{2c}{b}\right)+\left\{\begin{matrix}1\\ 0\end{matrix}\right\}\frac{(2c)^{-\alpha}}{\sqrt{\pi}}\times$$

$$\times\Gamma\begin{bmatrix}\mu,\ \alpha+\nu,\ 1/2-\alpha\\ 1+\nu-\alpha\end{bmatrix}\qquad \left[\operatorname{Re}b,\ \operatorname{Re}c,\ \operatorname{Re}(\alpha+\mu+\nu)>0,\ \begin{Bmatrix}\operatorname{Re}\mu>0;\ \operatorname{Re}\alpha<1/2\\ \operatorname{Re}(\alpha+\nu)>0\end{Bmatrix}\right].$$

2.15.29. Интегралы, содержащие $D_\mu(bx^r)I_\nu(cx)$.

1. $$\int_0^\infty x^{\alpha-1}e^{-b^2x^2/4}D_\mu(bx)I_\nu(cx)\,dx=\frac{2^{-(\alpha+3\nu-\mu)/2}\sqrt{\pi}\,c^\nu}{b^{\alpha+\nu}}\Gamma\begin{bmatrix}\alpha+\nu\\ \nu+1,\ (1+\alpha+\nu-\mu)/2\end{bmatrix}\times$$
$$\times\,{}_2F_2\left(\frac{\alpha+\nu}{2},\ \frac{\alpha+\nu+1}{2};\ \frac{1+\alpha+\nu-\mu}{2},\ \nu+1;\ \frac{c^2}{2b^2}\right)\qquad[\operatorname{Re}(\alpha+\nu)>0;\ |\arg b|<\pi/4].$$

2. $$\int_0^\infty x^{\alpha-1}e^{-b^2x^2/4-cx}D_\mu(bx)I_\nu(cx)\,dx=$$
$$=\frac{2^{-(\alpha+3\nu-\mu)/2}\sqrt{\pi}\,c^\nu}{b^{\alpha+\nu}}\Gamma\begin{bmatrix}\alpha+\nu\\ \nu+1,\ (1+\alpha+\nu-\mu)/2\end{bmatrix}\times$$
$$\times\,{}_4F_4\left(\frac{\alpha+\nu}{2},\ \frac{\alpha+\nu+1}{2},\ \frac{2\nu+1}{4},\ \frac{2\nu+3}{4};\ \frac{1}{2},\ \nu+\frac{1}{2},\ \nu+1,\ \frac{1+\alpha+\nu-\mu}{2};\ \frac{2c^2}{b^2}\right)-$$
$$-\frac{2^{-(\alpha-\mu+3\nu+1)/2}\sqrt{\pi}\,c^{\nu+1}}{b^{\alpha+\nu+1}}\Gamma\begin{bmatrix}\alpha+\nu+1\\ \nu+1,\ (\alpha+\nu-\mu)/2+1\end{bmatrix}\times$$
$$\times\,{}_4F_4\left(\frac{\alpha+\nu+1}{2},\ \frac{\alpha+\nu}{2}+1,\ \frac{2\nu+3}{4},\ \frac{2\nu+5}{4};\ \frac{3}{2},\ \nu+1,\ \nu+\frac{3}{2},\ \frac{\alpha+\nu-\mu}{2}+1;\ \frac{2c^2}{b^2}\right)$$
$$[\operatorname{Re}c,\ \operatorname{Re}(\alpha+\nu)>0;\ |\arg b|<\pi/4].$$

3. $$\int_0^\infty x^{\nu}e^{-b^2x^2/4-cx}D_{\nu+(2\mp1)/2}(bx)I_\nu(cx)\,dx=$$
$$=\frac{(2c)^\nu}{\sqrt{\pi}\,b^{2\nu+1}}\Gamma\left(\nu+\frac{2\mp1}{2}\right)e^{c^2b^{-2}}D_{-\nu-(2\mp1)/2}\left(\frac{2c}{b}\right)\qquad[\operatorname{Re}\nu>-1/2;\ |\arg b|<\pi/4].$$

4. $$\int_0^\infty x^{\alpha-1}e^{(\pm b^2/4-c)x}D_\mu(b\sqrt{x}\,)I_\nu(cx)\,dx=$$
$$=\frac{2^{-\alpha-2\nu\mp(\mu+1\mp1)/2}c^\nu}{b^{2\alpha+2\nu}}\Gamma\left[\frac{2\alpha+2\nu}{\nu+1}\right]\begin{Bmatrix}\Gamma^{-1}(-\mu)\\ \sqrt{\pi}\end{Bmatrix}\Gamma^{\pm1}\left(\frac{1\mp1-2\mu}{4}\mp\nu\mp\alpha\right)\times$$
$$\times\,{}_3F_2\left(\alpha+\nu,\ \alpha+\nu+\frac{1}{2},\ \nu+\frac{1}{2};\ 2\nu+1,\ \frac{3\pm1\pm2\mu}{4}+\alpha+\nu;\ \pm\frac{4c}{b^2}\right)+$$
$$+\begin{Bmatrix}1\\0\end{Bmatrix}\frac{b^\mu}{\sqrt{\pi}\,(2c)^{\alpha+\mu/2}}\Gamma\begin{bmatrix}\alpha+\nu+\mu/2,\ (1-\mu)/2-\alpha\\ 1+\nu-\alpha-\mu/2\end{bmatrix}\times$$
$$\times\,{}_3F_2\left(-\frac{\mu}{2},\ \frac{1-\mu}{2},\ \frac{1-\mu}{2}-\alpha;\ 1-\alpha-\nu-\frac{\mu}{2},\ 1+\nu-\alpha-\frac{\mu}{2};\ \frac{4c}{b^2}\right)$$
$$\left[\operatorname{Re}c>0;\ |\arg b|<(2\pm1)\pi/4,\ \begin{Bmatrix}-\operatorname{Re}\nu<\operatorname{Re}\alpha<(1-\operatorname{Re}\mu)/2\\ \operatorname{Re}(\alpha+\nu)>0\end{Bmatrix}\right].$$

5. $$\int_0^\infty x^{\alpha-1}D_{-\mu-1}(b\sqrt{x}\,)D_\mu(b\sqrt{x}\,)I_\nu(cx)\,dx=$$
$$=\frac{2^{1/2-2\alpha-3\nu}\pi c^\nu}{b^{2\alpha+2\nu}}\Gamma\begin{bmatrix}2\alpha+2\nu\\ \nu+1,\ (\alpha+\mu+\nu)/2+1,\ (\alpha+\nu-\mu+1)/2\end{bmatrix}\times$$
$$\times\,{}_4F_3\left(\frac{\alpha+\nu}{2},\ \frac{2\alpha+2\nu+1}{4},\ \frac{\alpha+\nu+1}{2},\ \frac{2\alpha+2\nu+3}{4};\right.$$
$$\left.\nu+1,\ \frac{\alpha+\mu+\nu}{2}+1,\ \frac{\alpha-\mu+\nu+1}{2};\ \frac{4c^2}{b^4}\right)\qquad[\operatorname{Re}(\alpha+\nu)>0;\ \operatorname{Re}(b^2-2c)>0].$$

6. $$\int_0^\infty x^{-1/2} D_{-\nu-1}(b\sqrt{x}\,) D_\nu(b\sqrt{x}\,) I_0(cx)\,dx =$$
$$= \frac{\pi}{2^{3/2}b}\, P_{-1/4}^{(2\nu+1)/4}\left(\frac{\sqrt{b^4-4c^2}}{b^2}\right) P_{-1/4}^{-(2\nu+1)/4}\left(\frac{\sqrt{b^4-4c^2}}{b^2}\right) \qquad [\mathrm{Re}\,(b^2-2c)>0].$$

2.16. ФУНКЦИЯ МАКДОНАЛЬДА $K_\nu(x)$

При $\nu = \pm\frac{1}{2},\ \pm\frac{3}{2},\ \ldots$ функция $K_\nu(x)$ сводится к элементарным, в частности,
$$K_{\pm1/2}(cx) = \sqrt{\frac{\pi}{2cx}}\ e^{-cx}.$$
При вычислении интегралов от $K_\nu(x)$ можно использовать формулу
$$K_\nu(cx) = \frac{\pi}{2\sin\nu\pi}\,[I_{-\nu}(cx) - I_\nu(cx)] \qquad [\nu \neq 0,\ \pm1,\ \pm2,\ \ldots\,].$$

2.16.1. Интегралы общего вида.
(Интегралы, содержащие $K_\nu(cx)$, см. также в 2.13.1.)

1. $$\int_0^a x^{\alpha-1}(a^r - x^r)^{\beta-1} e^{\pm cx} K_\nu(cx)\,dx = U_\nu^\pm \qquad [a,\ r,\ \mathrm{Re}\,\beta>0;\ \mathrm{Re}\,\alpha > |\,\mathrm{Re}\,\nu|],$$
$$U_\nu^\pm = \frac{a^{\alpha+r\beta-r}}{2r}\,\Gamma(\beta) \sum_{k=0}^\infty \frac{1}{k!}\,[A_k(\nu) + A_k(-\nu)](\pm 2ac)^k,$$
$$A_k(\nu) = \left(\frac{2}{ac}\right)^\nu \Gamma(\nu) \frac{(1-2-\nu)_k}{k!\,(1-2\nu)_k}\,\Gamma\begin{bmatrix} (\alpha-\nu+k)/r \\ \beta + (\alpha-\nu+k)/r \end{bmatrix} \qquad [2\nu \neq \ldots,\ -2,\ -1,\ 0,\ 1,\ 2,\ \ldots\,],$$
$$U_n^\pm = \frac{a^{\alpha+r\beta-r}}{2r}\,\Gamma(\beta) \Biggl\{ \sum_{k=0}^{2n-1} \frac{A_k(n)}{k!}\,(\pm 2ac)^k + \frac{2(2n)!}{n!}\left(-\frac{ac}{2}\right)^n \sum_{k=0}^\infty \frac{(1/2+n)_k}{k!\,(2n+k)!}\ \times$$
$$\times\,\Gamma\begin{bmatrix} (\alpha+n+k)/r \\ \beta + (\alpha+n+k)/r \end{bmatrix} \biggl[\psi(1+k) + \psi(1+2n+k) - \psi\left(\frac{1}{2} \pm n \pm k\right) -$$
$$- \frac{1}{r}\,\psi\left(\frac{\alpha+n+k}{r}\right) + \frac{1}{r}\,\psi\left(\beta + \frac{\alpha+n+k}{r}\right) - \ln(2ac)\biggr](\pm 2ac)^k \Biggr\},$$
$$U_{n+1/2}^- = \frac{a^{\alpha+r\beta-r}}{2r}\,\Gamma(\beta) \Biggl\{ \sum_{k=0}^n \frac{1}{k!}\,A_k\left(n+\frac{1}{2}\right)(-2ac)^k -$$
$$- (-1)^n 2\sqrt{\pi}\,(2ac)^{n+1/2} \sum_{k=0}^\infty \frac{(n+k)!}{k!\,(2n+k+1)!}\,\Gamma\begin{bmatrix} (\alpha+n+k+1/2)/r \\ \beta + (\alpha+n+k+1/2)/r \end{bmatrix} (-2ac)^k \Biggr\}.$$

2. $$\int_a^\infty x^{\alpha-1}(x^r - a^r)^{\beta-1} e^{\pm cx} K_\nu(cx)\,dx = V_\nu^\pm$$
$$\Biggl[a,\ r,\ \mathrm{Re}\,\beta>0;\ rl-k-\alpha-r\beta+r \neq \nu,\ -\nu;\ k,\ l = 0,\ 1,\ 2,\ \ldots,$$
$$\begin{Bmatrix} \mathrm{Re}\,(\alpha+r\beta) < r+1/2;\ |\arg c| < \pi \\ \mathrm{Re}\,c > 0 \end{Bmatrix}\Biggr],$$
$$V_\nu^\pm = \frac{a^{\alpha+r\beta-r}}{2r}\,\Gamma(\beta) \sum_{k=0}^\infty \frac{1}{k!}\,[B_k(\nu) + B_k(-\nu)](\pm 2ac)^k + \sum_{l=0}^\infty C_l(\nu),$$
$$B_k(\nu) = \left(\frac{2}{ac}\right)^\nu \Gamma(\nu) \frac{(1/2-\nu)_k}{k!\,(1-2\nu)_k}\,\Gamma\begin{bmatrix} 1-\beta-(\alpha-\nu+k)/r \\ 1-(\alpha-\nu+k)/r \end{bmatrix},$$
$$C_l(\nu) = (2c)^{r-r\beta-\alpha}\sqrt{\pi}\ \frac{(1-\beta)_l}{l!}\,\Gamma\begin{bmatrix} \alpha+\nu-(1-\beta+l)r,\ \alpha-\nu-(1-\beta+l)r \\ 1/2+\alpha-(1-\beta+l)r \end{bmatrix} \times$$

$$\times [\sec(\alpha - (1-\beta+l)r)\pi \cos\nu\pi]^{(1\pm 1)/2}(2ac)^{lr} \qquad [2\nu \neq \ldots, -2, -1, 0, 1, 2, \ldots],$$

$$V_n^{\pm} = \frac{a^{\alpha+r\beta-r}}{2r}\,\Gamma(\beta)\left\{\sum_{k=0}^{2n-1}\frac{B_k(n)}{k!}\,(\pm 2ac)^k + \sum_{m=0}^{\infty} D_m\right\} + \sum_{l=0}^{\infty} C_l(n),$$

$$D_m = \frac{2(2n)!}{n!}\Big(-\frac{ac}{2}\Big)^n \frac{(1/2+n)_m}{m!\,(m+2n)!}\,\Gamma\begin{bmatrix}1-\beta-(m+n+\alpha)/r\\ 1-(m+n+\alpha)/r\end{bmatrix}\times$$

$$\times\Big[\psi(m+1)+\psi(m+2n+1)-\psi\Big(\frac{1}{2}\pm n\pm m\Big)-\frac{1}{r}\,\psi\Big(1-\frac{m+n+\alpha}{r}\Big)+$$

$$+\frac{1}{r}\,\psi\Big(1-\beta-\frac{m+n+\alpha}{r}\Big)-\ln(2ac)\Big](\pm 2ac)^m,$$

$$V_{n+1/2}^{-} = \frac{a^{\alpha+r\beta-r}\Gamma(\beta)}{2r}\left\{\sum_{k=0}^{n}\frac{1}{k!}\,B_k\Big(n+\frac{1}{2}\Big)(-2ac)^k - (-1)^n 2\sqrt{\pi}\,(2ac)^{n+1/2}\times\right.$$

$$\left.\times\sum_{k=0}^{\infty}\frac{(n+k)!}{k!\,(2n+k+1)!}\,\Gamma\begin{bmatrix}1-\beta-(\alpha+n+k+1/2)/r\\ 1-(\alpha+n+k+1/2)/r\end{bmatrix}(-2ac)^k\right\}+\sum_{l=0}^{\infty}C_l\Big(n+\frac{1}{2}\Big).$$

3. $$\int\limits_0^\infty \frac{x^{\alpha-1}}{(x^r+z^r)^\rho}\,e^{\pm cx}K_\nu(cx)\,dx = W_\nu^{\pm}$$

$$\Big[r>0;\ \operatorname{Re}\alpha > |\operatorname{Re}\nu|;\ r|\arg z|<\pi;\ rl-k-\alpha+r\rho\neq\nu,\ -\nu;$$

$$k,\ l=0,\ 1,\ 2,\ \ldots,\ \begin{Bmatrix}\operatorname{Re}(\alpha-r\rho)<1/2;\ |\arg c|<\pi\\ \operatorname{Re}c>0\end{Bmatrix}\Big],$$

$$W_\nu^{\pm} = \frac{z^{\alpha-r\rho}}{2r\Gamma(\rho)}\sum_{k=0}^{\infty}\frac{1}{k!}\,[E_k(\nu)+E_k(-\nu)](\pm 2cz)^k + \sum_{l=0}^{\infty}F_l(\nu),$$

$$E_k(\nu) = \Big(\frac{2}{cz}\Big)^\nu \frac{\Gamma(\nu)(1/2-\nu)_k}{k!\,(1-2\nu)_k}\,\Gamma\Big(\frac{\alpha-\nu+k}{r}\Big)\Gamma\Big(\rho-\frac{\alpha-\nu+k}{r}\Big),$$

$$F_l(\nu) = (2c)^{r\rho-\alpha}\sqrt{\pi}\,\frac{(-1)^l(\rho)_l}{l!}\,\Gamma\begin{bmatrix}\alpha+\nu-r\rho-lr,\ \alpha-\nu-r\rho-lr\\ 1/2+\alpha-r\rho-lr\end{bmatrix}\times$$

$$\times[\sec(\alpha-r\rho-lr)\pi\cos\nu\pi]^{(1\pm 1)/2}(2cz)^{lr} \qquad [2\nu\neq\ldots, -2, -1, 0, 1, 2, \ldots],$$

$$W_n^{\pm} = \frac{z^{\alpha-r\rho}}{2r\Gamma(\rho)}\left\{\sum_{k=0}^{2n-1}\frac{E_k(n)}{k!}\,(\pm 2cz)^k + \sum_{m=0}^{\infty}G_m\right\}+\sum_{l=0}^{\infty}F_l(n),$$

$$G_m = \frac{2(2n)!}{n!}\Big(-\frac{cz}{2}\Big)^n\frac{(1/2+n)_m}{m!\,(m+2n)!}\,\Gamma\Big(\frac{\alpha+m+n}{r}\Big)\times$$

$$\times\Gamma\Big(\rho-\frac{\alpha+m+n}{r}\Big)\Big[\psi(1+m)+\psi(1+m+2n)-\psi\Big(\frac{1}{2}\pm m\pm n\Big)-$$

$$-\frac{1}{r}\,\psi\Big(\frac{\alpha+m+n}{r}\Big)+\frac{1}{r}\,\psi\Big(\rho-\frac{\alpha+m+n}{r}\Big)-\ln(2cz)\Big](\pm 2cz)^m,$$

$$W_{n+1/2}^{-} = \frac{z^{\alpha-r\rho}}{2r\Gamma(\rho)}\left\{\sum_{k=0}^{n}\frac{1}{k!}\,E_k\Big(n+\frac{1}{2}\Big)(-2cz)^k-\right.$$

$$-(-1)^n 2\sqrt{\pi}\,(2cz)^{n+1/2}\sum_{k=0}^{\infty}\frac{(n+k)!}{k!\,(2n+k+1)!}\times$$

$$\left.\times\Gamma\Big(\frac{\alpha+n+k+1/2}{r}\Big)\Gamma\Big(\rho-\frac{\alpha+n+k+1/2}{r}\Big)(-2cz)^k\right\}+\sum_{l=0}^{\infty}F_l\Big(n+\frac{1}{2}\Big).$$

4. $$\int_0^\infty \frac{x^{\alpha-1}}{x^r-y^r}\,e^{\pm cx}K_\nu(cx)\,dx = X_\nu^\pm$$

$$\left[r,\ y>0;\ \operatorname{Re}\alpha > |\operatorname{Re}\nu|;\ rl-k-\alpha+r\ne\nu,\ -\nu;\ k,\ l=0,\ 1,\ 2,\ \ldots,\ \left\{\begin{matrix}\operatorname{Re}\alpha < r+1/2;\ |\arg c|<\pi\\ \operatorname{Re}c>0\end{matrix}\right\}\right],$$

$$X_\nu^\pm = -\frac{y^{\alpha-r}\pi}{2r}\sum_{k=0}^\infty \frac{1}{k!}\,[M_k(\nu)+M_k(-\nu)](\pm 2cy)^k + \sum_{l=0}^\infty N_l(\nu),$$

$$M_k(\nu) = \left(\frac{2}{cy}\right)^\nu \frac{\Gamma(\nu)(1/2-\nu)_k}{k!\,(1-2\nu)_k}\operatorname{ctg}\frac{\alpha-\nu+k}{r}\,\pi,$$

$$N_l(\nu) = (2c)^{r-\alpha}\sqrt{\pi}\,\Gamma\left[\begin{matrix}\alpha+\nu-r-lr,\ \alpha-\nu-r-lr\\ 1/2+\alpha-r-lr\end{matrix}\right]\times$$
$$\times\,[\sec(\alpha-r-lr)\pi\cos\nu\pi]^{(1\pm1)/2}(2cy)^r \qquad [2\nu\ne\ldots,\ -2,\ -1,\ 0,\ 1,\ 2,\ \ldots],$$

$$X_n^\pm = -\frac{y^{\alpha-r}\pi}{2r}\left\{\sum_{k=0}^{2n-1}\frac{M_k(n)}{k!}\,(\pm 2cy)^k + \sum_{m=0}^\infty P_m\right\} + \sum_{l=0}^\infty N_l(n),$$

$$P_m = \frac{2(2n)!}{n!}\left(-\frac{cy}{2}\right)^n \frac{(1/2+n)_m}{m!\,(m+2n)!}\operatorname{ctg}\frac{\alpha+m+n}{r}\,\pi[\psi(1+m)+\psi(1+m+2n)-$$
$$-\psi\left(\frac12\pm m\pm n\right)+\frac{2\pi}{r}\operatorname{cosec}2\frac{\alpha+m+n}{r}\,\pi-\ln(2cy)\Big](\pm 2cy)^m,$$

$$X_{n+1/2}^- = -\frac{y^{\alpha-r}\pi}{2r}\left\{\sum_{k=0}^n \frac{1}{k!}\,M_k\left(n+\frac12\right)(-2cy)^k-(-1)^n 2\sqrt{\pi}\,(2cy)^{n+1/2}\times\right.$$
$$\left.\times\sum_{k=0}^\infty \frac{(n+k)!}{k!\,(2n+k+1)!}\operatorname{ctg}\frac{\alpha+n+k+1/2}{r}\,\pi(-2cy)^k\right\}+\sum_{l=0}^\infty N_l\left(n+\frac12\right).$$

5. $$\int_0^\infty x^{\alpha-1}e^{-px^r\pm cx}K_\nu(cx)\,dx = Y_\nu^\pm \qquad \left[r,\ \operatorname{Re}p>0;\ \operatorname{Re}\alpha>|\operatorname{Re}\nu|,\ \left\{\begin{matrix}|\arg c|<\pi\\ \operatorname{Re}c>0\end{matrix}\right\}\right],$$

$$Y_\nu^\pm = \frac{p^{-\alpha/r}}{2r}\sum_{k=0}^\infty\frac{1}{k!}\,[R_k(\nu)+R_k(-\nu)]\left(\pm\frac{2c}{p^{1/r}}\right)^k,$$

$$R_k(\nu) = \left(\frac{2p^{1/r}}{c}\right)^\nu \frac{\Gamma(\nu)(1/2-\nu)_k}{k!\,(1-2\nu)_k}\,\Gamma\left(\frac{\alpha-\nu+k}{r}\right) \qquad [r>1;\ 2\nu\ne\ldots,\ -2,\ -1,\ 0,\ 1,\ 2,\ \ldots],$$

$$Y_n^\pm = \frac{p^{-\alpha/r}}{2r}\left\{\sum_{k=0}^{2n-1}\frac{R_k(n)}{k!}\left(\pm\frac{2c}{p^{1/r}}\right)^k+\frac{2(2n)!}{n!}\left(-\frac{c}{2p^{1/r}}\right)^n\times\right.$$
$$\times\sum_{k=0}^\infty\frac{(1/2+n)_k}{k!\,(2n+k)!}\,\Gamma\left(\frac{\alpha+k+n}{r}\right)\Big[\psi(1+k)+\psi(1+2n+k)-$$
$$\left.-\psi\left(\frac12\pm n\pm k\right)-\frac1r\,\psi\left(\frac{\alpha+n+k}{r}\right)-\ln\frac{2c}{p^{1/r}}\Big]\left(\pm\frac{2c}{p^{1/r}}\right)^k\right\} \qquad [r>1],$$

$$Y_{n+1/2}^- = \frac{p^{-\alpha/r}}{2r}\left\{\sum_{k=0}^n\frac{1}{k!}\,R_k\left(n+\frac12\right)\left(-\frac{2c}{p^{1/r}}\right)^k-\right.$$
$$\left.-(-1)^n 2\sqrt{\pi}\left(\frac{2c}{p^{1/r}}\right)^{n+1/2}\sum_{k=0}^\infty\frac{(n+k)!}{k!\,(2n+k+1)!}\,\Gamma\left(\frac{\alpha+n+k+1/2}{r}\right)\left(-\frac{2c}{p^{1/r}}\right)^k\right\} \qquad [r>1],$$

$$Y_\nu^{\pm} = (2c)^{-\alpha}\sqrt{\pi}\sum_{k=0}^{\infty}\frac{1}{k!}\Gamma\left[\begin{matrix}\alpha+\nu+rk,\ \alpha-\nu+rk\\ 1/2+\alpha+rk\end{matrix}\right]\times$$
$$\times[\sec(\alpha+rk)\pi\cos\nu\pi]^{(1\pm1)/2}\left(-\frac{p}{2^r c^r}\right)^k+\begin{Bmatrix}1\\0\end{Bmatrix}\frac{\sqrt{\pi}\,p^{(1-2\alpha)/(2r)}}{r\sqrt{2c}}\times$$
$$\times\sum_{k=0}^{\infty}\frac{(1/2+\nu)_k(1/2-\nu)_k}{k!}\Gamma\left(\frac{2\alpha-2k-1}{2r}\right)\left(-\frac{p^{1/r}}{2c}\right)^k \qquad [r<1],$$

$Y_\nu^{\pm}$ при $r=1$ см. в 2.16.6.3.

6. $$\int_0^\infty x^{\alpha-1}e^{-px^{-r}\pm cx}K_\nu(cx)\,dx = Z_\nu^{\pm}$$

$$\left[r,\ \operatorname{Re}p>0;\ rl-k-\alpha\neq\nu,\ -\nu;\ k,\ l=0,\ 1,\ 2,\ \ldots,\ \begin{Bmatrix}\operatorname{Re}\alpha<1/2;\ |\arg c|<\pi\\ \operatorname{Re}c>0\end{Bmatrix}\right],$$

$$Z_\nu^{\pm} = \frac{p^{\alpha/r}}{2r}\sum_{k=0}^{\infty}\frac{1}{k!}[S_k(\nu)+S_k(-\nu)](\pm 2cp^{1/r})^k+\sum_{l=0}^{\infty}T_l(\nu),$$

$$S_k(\nu) = \left(\frac{cp^{1/r}}{2}\right)^{-\nu}\frac{\Gamma(\nu)(1/2-\nu)_k}{k!\,(1-2\nu)_k}\Gamma\left(\frac{\nu-\alpha-k}{r}\right),$$

$$T_l(\nu) = (2c)^{-\alpha}\sqrt{\pi}\,\frac{1}{l!}\Gamma\left[\begin{matrix}\alpha+\nu-rl,\ \alpha-\nu-rl\\ 1/2+\alpha-rk\end{matrix}\right][\sec(\alpha-rl)\pi\cos\nu\pi]^{(1\pm1)/2}(-2^r c^r p)^l$$

$$[2\nu\neq\ldots,\ -2,\ -1,\ 0,\ 1,\ 2,\ \ldots],$$

$$Z_n^{\pm} = \frac{p^{\alpha/r}}{2r}\left\{\sum_{k=0}^{2n-1}\frac{S_k(n)}{k!}(\pm 2cp^{1/r})^k+\sum_{m=0}^{\infty}\Delta_m\right\}+\sum_{l=0}^{\infty}T_l(n),$$

$$\Delta_m = \frac{2(2n)!}{n!}\left(-\frac{cp^{1/r}}{2}\right)^n\frac{(1/2+n)_m}{m!\,(m+2n)!}\Gamma\left(-\frac{\alpha+m+n}{r}\right)\times$$
$$\times\left[\psi(1+m)+\psi(1+m+n)+\frac{1}{r}\psi\left(-\frac{\alpha+m+n}{r}\right)-\psi\left(\frac{1}{2}\pm m\pm n\right)-\ln(2cp^{1/r})\right](\pm 2cp^{1/r})^m,$$

$$Z_{n+1/2}^{-} = \frac{p^{\alpha/r}}{2r}\left\{\sum_{k=0}^{n}\frac{1}{k!}S_k\left(n+\frac{1}{2}\right)(-2cp^{1/r})^k(-1)^n 2\sqrt{\pi}\,(2cp^{1/r})^{n+1/2}\times\right.$$
$$\left.\times\sum_{k=0}^{\infty}\frac{(n+k)!}{k!\,(2n+k+1)!}\Gamma\left(-\frac{\alpha+n+k+1/2}{r}\right)(-2cp^{1/r})^k\right\}+\sum_{l=0}^{\infty}T_l\left(n+\frac{1}{2}\right).$$

7. $$\int_0^\infty x^{\alpha-1}\begin{Bmatrix}\sin bx^r\\ \cos bx^r\end{Bmatrix}K_\nu(cx)\,dx = -\frac{\pi}{2}U_\nu(0,\ 0)$$

$[b,\ r,\ \operatorname{Re}c>0;\ |\operatorname{Re}\nu|-(r\pm r)/2<\operatorname{Re}\alpha;\ U_\nu(\gamma,\ \varepsilon)$ см. в 2.13.1.7].

8. $$\int_0^\infty x^{\alpha-1}e^{-px^r}\begin{Bmatrix}\sin bx^r\\ \cos bx^r\end{Bmatrix}K_\nu(cx)\,dx = -\frac{\pi}{2}V_\nu(0,\ 0)$$

$[b,\ r,\ \operatorname{Re}c,\ \operatorname{Re}p>0;\ \operatorname{Re}\alpha>|\operatorname{Re}\nu|-r(1\pm1)/2;\ V_\nu(\gamma,\ \varepsilon)$ см. в 2.13.1.8].

9. $$\int_0^\infty x^{\alpha-1}e^{-cx}\begin{Bmatrix}\sin bx^r\\ \cos bx^r\end{Bmatrix}K_\nu(cx)\,dx = \widehat{V}_\nu(1) \qquad \left[b,\ r,\ \operatorname{Re}c>0;\ \operatorname{Re}\alpha>|\operatorname{Re}\nu|-r\delta;\ \delta=\begin{Bmatrix}1\\0\end{Bmatrix}\right],$$

$$\widehat{V}_\nu(\gamma) = \frac{b^{-\alpha/r}}{2r}\sum_{k=0}^{\infty}\frac{(-1)^{k\gamma}}{k!}[A_k(\nu)+A_k(-\nu)]\left(\frac{2c}{b^{1/r}}\right)^k,$$

$$A_k(\nu) = \left(\frac{2b^{1/r}}{c}\right)^{\nu} \frac{\Gamma(\nu)(1/2-\nu)_k}{(1-2\nu)_k}\, \Gamma\left(\frac{\alpha-\nu+k}{r}\right) \left\{\begin{matrix} \sin\left[(\alpha+k-\nu)\pi/(2r)\right] \\ \cos\left[(\alpha+k-\nu)\pi/(2r)\right] \end{matrix}\right\}$$

$[r > 1;\ 2\nu \neq \ldots,\ -2,\ -1,\ 0,\ 1,\ 2,\ \ldots],$

$$\widehat{V}_n(\gamma) = \frac{b^{-\alpha/r}}{2r}\left[\sum_{k=0}^{2n-1} \frac{(-1)^{k\gamma} A_k(n)}{k!} \left(\frac{2c}{b^{1/r}}\right)^k + \frac{2(2n)!}{n!}\left(-\frac{c}{2b^{1/r}}\right)^n \times\right.$$

$$\times \sum_{k=0}^{\infty} \frac{(-1)^{k\gamma}(1/2+n)_k}{k!\,(2n+k)!}\, \Gamma\left(\frac{\alpha+n+k}{r}\right) \left\{\begin{matrix} \sin\left[(\alpha+n+k)\pi/(2r)\right] \\ \cos\left[(\alpha+n+k)\pi/(2r)\right] \end{matrix}\right\} \times$$

$$\times \left[\psi(1+k) + \psi(1+2n+k) - \psi\left(\frac{1}{2} + (-1)^{\gamma}(n+k)\right) - \frac{1}{r}\,\psi\left(\frac{\alpha+n+k}{r}\right) \mp\right.$$

$$\left.\left. \mp \frac{\pi}{2r}\, \mathrm{tg}^{\mp 1}\left(\frac{\alpha+n+k}{2r}\,\pi\right) - \ln\frac{2c}{b^{1/r}}\right]\left(\frac{2c}{b^{1/r}}\right)^k\right] \qquad [r > 1],$$

$$\widehat{V}_{n+1/2}(1) = \frac{b^{-\alpha/r}}{2r} \sum_{k=0}^{n} \frac{1}{k!}\, A_k\left(n+\frac{1}{2}\right)\left(-\frac{2c}{b^{1/r}}\right)^k -$$

$$- \frac{(-1)^n\sqrt{\pi}}{b^{\alpha/r} r}\left(\frac{2c}{b^{1/r}}\right)^{n+1/2} \sum_{k=0}^{\infty} \frac{(n+k)!}{k!\,(2n+k+1)!} \times$$

$$\times \Gamma\left(\frac{\alpha+n+k+1/2}{r}\right) \left\{\begin{matrix} \sin\left[(\alpha+n+k+1/2)\pi/(2r)\right] \\ \cos\left[(\alpha+n+k+1/2)\pi/(2r)\right] \end{matrix}\right\} \left(-\frac{2c}{b^{1/r}}\right)^k \qquad [r > 1],$$

$$\widehat{V}_\nu(\gamma) = \frac{b^{\delta}\sqrt{\pi}\ \cos^{1-\gamma}\nu\pi}{(2c)^{\alpha+r\delta}} \sum_{k=0}^{\infty} \frac{(-1)^k}{k!\,(1/2+\delta)_k} \times$$

$$\times \Gamma\left[\begin{matrix} \alpha+\nu+r\delta+2rk,\ \alpha-\nu+r\delta+2rk \\ 1/2+\alpha+r\delta+2rk \end{matrix}\right] \cos^{\gamma-1}(\alpha+r\delta+2rk)\pi \times$$

$$\times \left(\frac{b}{2^{r+1}c^r}\right)^{2k} + (1-\gamma)\frac{\sqrt{\pi}\ b^{(1-2\alpha)/(2r)}}{r\sqrt{2c}} \sum_{k=0}^{\infty} \frac{(1/2+\nu)_k(1/2-\nu)_k}{k!}\, \Gamma\left(\frac{2\alpha-2k-1}{2r}\right) \times$$

$$\times \left\{\begin{matrix} \sin\left[(2\alpha-2k-1)\pi/(4r)\right] \\ \cos\left[(2\alpha-2k-1)\pi/(4r)\right] \end{matrix}\right\} \left(-\frac{b^{1/r}}{2c}\right)^k \qquad [r < 1],$$

$\widehat{V}_\nu(\gamma)$ при $r = 1$ см. в 2.16.18.1.

10. $$\int_0^\infty x^{\alpha-1} e^{cx} \left\{\begin{matrix} \sin bx^r \\ \cos bx^r \end{matrix}\right\} K_\nu(cx)\, dx = \widehat{V}_\nu(0)$$

$\left[b,\ r > 0;\ |\operatorname{Re}\nu| - r(1 \pm 1)/2 < \operatorname{Re}\alpha < r + 1/2;\ |\arg c| < \pi,\ \widehat{V}_\nu(\gamma) \text{ см. в } 2.16.1.9\right].$

11. $$\int_0^\infty x^{\alpha-1} \left\{\begin{matrix} \ln(x^r + z^r) \\ \ln|x^r - z^r| \end{matrix}\right\} K_\nu(cx)\, dx = -\frac{\pi}{2}\, W_\nu(0,\ 0)$$

$\left[r,\ \operatorname{Re}c > 0;\ |\operatorname{Re}\nu| < \operatorname{Re}\alpha;\ rl - 2k - \alpha \neq \nu,\ -\nu;\ l,\ k = 0,\ 1,\ 2,\ \ldots,\right.$

$\left.\left\{\begin{matrix} r|\arg z| < \pi \\ z > 0 \end{matrix}\right\},\ W_\nu(\gamma,\ \varepsilon) \text{ см. в } 2.13.1.9\right].$

12. $$\int_0^\infty x^{\alpha-1} J_\mu(bx^r) K_\nu(cx)\, dx = -\frac{\pi}{2}\widetilde{U}_\nu(0,\ 0)$$

$\left[b,\ r,\ \operatorname{Re}c > 0;\ \operatorname{Re}(\alpha + \mu r) > |\operatorname{Re}\nu|;\ \widetilde{U}_\nu(\gamma,\ \varepsilon) \text{см. в } 2.13.1.10\right].$

13. $\int\limits_0^\infty x^{\alpha-1}e^{\pm cx}J_\mu(bx^r)K_\nu(cx)\,dx = \widetilde{Y}_\nu^\pm$

$$\left[b,\ r>0;\ \operatorname{Re}(\alpha+\mu r)>|\operatorname{Re}\nu|,\ \left\{\begin{matrix}\operatorname{Re}\alpha<(3r+1)/2;\ |\arg c|<\pi\\ \operatorname{Re}c>0\end{matrix}\right\}\right],$$

$$\widetilde{Y}_\nu^\pm = \frac{2^{\alpha/r-2}}{b^{\alpha/r}r}\sum_{k=0}^{\infty}\frac{1}{k!}\left[\widetilde{A}_k(\nu)+\widetilde{A}_k(-\nu)\right]\left(\pm\frac{2^{1/r+1}c}{b^{1/r}}\right)^k,$$

$$\widetilde{A}_k(\nu) = \left(\frac{b^{1/r}}{2^{1/r-1}c}\right)^\nu \frac{\Gamma(\nu)(1/2-\nu)_k}{(1-2\nu)_k}\,\Gamma\left[\begin{matrix}(\mu r+\alpha+k-\nu)/(2r)\\ (\mu r-\alpha-k+\nu)/(2r)+1\end{matrix}\right]$$
$$[r>1;\ 2\nu\neq\ldots,-2,-1,0,1,2,\ldots],$$

$$\widetilde{Y}_n^\pm = \frac{2^{\alpha/r-2}}{b^{\alpha/r}r}\left\{\sum_{k=0}^{2n-1}\frac{\widetilde{A}_k(n)}{k!}\left(\pm\frac{2^{1/r+1}c}{b^{1/r}}\right)^k + 2\left(-\frac{2^{1/r-1}c}{b^{1/r}}\right)^n \times\right.$$
$$\times\frac{(2n)!}{n!}\sum_{k=0}^{\infty}\frac{(1/2+n)_k}{k!\,(2n+k)!}\,\Gamma\left[\begin{matrix}(\mu r+\alpha+k+n)/(2r)\\ (\mu r-\alpha-k-n)/(2r)+1\end{matrix}\right]\times$$
$$\times\left[\psi(k+1)+\psi(2n+k+1)-\psi\left(\frac{1}{2}\pm n\pm k\right)-\frac{1}{2r}\,\psi\left(\frac{\mu r+\alpha+k+n}{2r}\right)-\right.$$
$$\left.\left.-\frac{1}{2r}\,\psi\left(\frac{\mu r-\alpha-k-n}{2r}+1\right)-\ln\frac{2^{1/r+1}c}{b^{1/r}}\right]\left(\pm\frac{2^{1/r+1}c}{b^{1/r}}\right)^k\right\}\qquad [r>1;\ n=0,1,2,\ldots],$$

$$\widetilde{Y}_{n+1/2}^- = \frac{2^{\alpha/r-2}}{b^{\alpha/r}}\left[\sum_{k=0}^{n}\frac{1}{k!}\widetilde{A}_k\left(n+\frac{1}{2}\right)\left(-\frac{2^{1/r+1}c}{b^{1/r}}\right)^k - 2\sqrt{\pi}\,(-1)^n\left(\frac{2^{1/r+1}c}{b^{1/r}}\right)^{n+1/2}\times\right.$$
$$\left.\times\sum_{k=0}^{\infty}\frac{(n+k)!}{k!\,(2n+k+1)!}\Gamma\left[\begin{matrix}(\mu r+\alpha+k+n+1/2)/(2r)\\ (\mu r-\alpha-k-n-1/2)/(2r)+1\end{matrix}\right]\left(-\frac{2^{1/r+1}c}{b^{1/r}}\right)^k\right]\qquad [r>1],$$

$$\widetilde{Y}_\nu^\pm = \frac{\sqrt{\pi}\,b^\mu}{2^{\alpha+\mu r+\mu}c^{\alpha+\mu r}\Gamma(1+\mu)}\sum_{k=0}^{\infty}\frac{(-1)^k}{k!\,(1+\mu)_k}\,\Gamma\left[\begin{matrix}\alpha+\nu+\mu r+2rk,\ \alpha-\nu+\mu r+2rk\\ 1/2+\alpha+\mu r+2rk\end{matrix}\right]\times$$
$$\times\left[\sec(\alpha+\mu r+2rk)\pi\cos\nu\pi\right]^{(1\pm1)/2}\left(\frac{b}{2^{r+1}c^r}\right)^{2k}+\left\{\begin{matrix}1\\0\end{matrix}\right\}\frac{2^{(2\alpha-3r-1)/(2r)}\sqrt{\pi}}{r\sqrt{c}\,b^{(2\alpha-1)/(2r)}}\times$$
$$\times\sum_{k=0}^{\infty}\frac{(1/2+\nu)_k(1/2-\nu)_k}{k!}\,\Gamma\left[\begin{matrix}(\mu r+\alpha-k-1/2)/(2r)\\ (\mu r-\alpha+k+1/2)/(2r)+1\end{matrix}\right]\left(-\frac{b^{1/r}}{2^{1/r+1}c}\right)^k\qquad [r<1].$$

14. $\int\limits_0^\infty x^{\alpha-1}\left\{\begin{matrix}Y_\mu(bx^r)\\ K_\mu(bx^r)\end{matrix}\right\}K_\nu(cx)\,dx = -\frac{\pi}{2}\,U_{\mu,\,\nu}(0,\,0)$

$$\left[r,\ \operatorname{Re}c>0;\ \operatorname{Re}\alpha>r|\operatorname{Re}\mu|+|\operatorname{Re}\nu|,\ \left\{\begin{matrix}b>0\\ \operatorname{Re}b>0\end{matrix}\right\},\ U_{\mu,\,\nu}(\gamma,\,\varepsilon)\ \text{см. в 2.13.1.11}\right].$$

15. $\int\limits_0^\infty x^{\alpha-1}I_\mu(bx^r)K_\nu(cx)\,dx = -\frac{\pi}{2}\,U_\nu^+(0,\,0)$

$[r\leqslant 1;\ |\arg b|<\pi;\ \operatorname{Re}c>0$ при $r<1;\ \operatorname{Re}(c-b)>0$ при $r=1;$
$\operatorname{Re}(\alpha+\mu r)>|\operatorname{Re}\nu|;\ U_\nu^+(\gamma,\,\varepsilon)$ см. в 2.13.1.10$]$.

16. $\int\limits_0^\infty x^{\alpha-1}e^{-cx}I_\mu(bx^r)K_\nu(cx)\,dx = \frac{\sqrt{\pi}\,b^\mu}{2^{\alpha+\mu r+\mu}c^{\alpha+\mu r}\Gamma(\mu+1)}\sum_{k=0}^{\infty}\frac{1}{k!\,(\mu+1)_k}\times$

$$\times\,\Gamma\left[\begin{matrix}\alpha+\nu+\mu r+2rk,\ \alpha-\nu+\mu r+2rk\\ 1/2+\alpha+\mu r+2rk\end{matrix}\right]\left(\frac{b}{2^{r+1}c^r}\right)^{2k}$$

$[r\leqslant 1,\ |\arg b|<\pi;\ \operatorname{Re}c>0$ при $r<1;\ \operatorname{Re}(2c-b)>0$ при $r=1;\ \operatorname{Re}(\alpha+\mu r)>|\operatorname{Re}\nu|]$.

17. $\int\limits_0^\infty x^{\alpha-1}e^{-bx^r\pm cx}I_\mu(bx^r)K_\nu(cx)\,dx = \widetilde{Z}_\nu^\pm$

$$\left[r,\ \operatorname{Re}b>0;\ \operatorname{Re}(\alpha+r\mu)>|\operatorname{Re}\nu|,\ \left\{\begin{matrix}|\arg c|<\pi;\ \operatorname{Re}\alpha<(r+1)/2\\ \operatorname{Re}c>0\end{matrix}\right\}\right],$$

$$\widetilde{Z}_\nu^\pm = \frac{(2b)^{-\alpha/r}}{2r\sqrt{\pi}}\sum_{k=0}^\infty \frac{1}{k!}\left[\widetilde{B}_k(\nu)+\widetilde{B}_k(-\nu)\right]\left(\pm\frac{2^{1-1/r}c}{b^{1/r}}\right)^k + V_\nu^\pm,$$

$$\widetilde{B}_k(\nu) = \left(\frac{2^{1+1/r}b^{1/r}}{c}\right)^\nu \frac{\Gamma(\nu)(1/2-\nu)_k}{(1-2\nu)_k}\,\Gamma\left[\begin{matrix}\mu+(\alpha+k-\nu)/r,\ 1/2+(\nu-\alpha-k)/r\\ 1+\mu+(\nu-\alpha-k)/r\end{matrix}\right],$$

$$V_\nu^\pm = \frac{2^{(r-1)/2-\alpha}}{c^{\alpha-r/2}\sqrt{b}}\sum_{k=0}^\infty \frac{(1/2+\mu)_k(1/2-\mu)_k}{k!}\,\Gamma\left[\begin{matrix}\alpha+\nu-r/2-rk,\ \alpha-\nu-r/2-rk\\ (1-r)/2+\alpha-rk\end{matrix}\right]\times$$

$$\times\left[\sec\left(\alpha-\frac{r}{2}-rk\right)\pi\cos\nu\pi\right]^{(1\pm1)/2}\left(\frac{2^{r-1}c^r}{b}\right)^k$$

$$[r>1;\ 2\nu\neq\ldots-2,\,-1,\,0,\,1,\,2,\,\ldots;\ l-kr-r/2-\alpha\neq\nu,\,-\nu;\ k,\,l=0,\,1,\,2,\,\ldots],$$

$$\widetilde{Z}_n^\pm = \frac{(2b)^{-\alpha/r}}{2r\sqrt{\pi}}\left\{\sum_{k=0}^{2n-1}\frac{\widetilde{B}_k(n)}{k!}\left(\pm\frac{2^{1-1/r}c}{b^{1/r}}\right)^k + \right.$$

$$+2\left(-\frac{c}{2^{1/r+1}b^{1/r}}\right)^n\frac{(2n)!}{n!}\sum_{k=0}^\infty\frac{(1/2+n)_k}{k!\,(2n+k)!}\,\Gamma\left[\begin{matrix}\mu+(\alpha+k+n)/r,\ 1/2-(\alpha+k+n)/r\\ 1+\mu-(\alpha+k+n)/r\end{matrix}\right]\times$$

$$\times\left[\psi(k+1)+\psi(2n+k+1)-\psi\left(\frac{1}{2}\pm n\pm k\right)-\frac{1}{r}\psi\left(\mu+\frac{\alpha+k+n}{r}\right)+\right.$$

$$\left.+\frac{1}{r}\psi\left(\frac{1}{2}-\frac{\alpha+k+n}{r}\right)-\frac{1}{r}\psi\left(1+\mu-\frac{\alpha+k+n}{r}\right)-\ln\frac{2^{1-1/r}c}{b^{1/r}}\right]\times$$

$$\left.\times\left(\pm\frac{2^{1-1/r}c}{b^{1/r}}\right)^k\right\}+V_n^\pm \qquad [r>1],$$

$$\widetilde{Z}_{n+1/2}^- = \frac{(2b)^{-\alpha/r}}{2r\sqrt{\pi}}\left\{\sum_{k=0}^n\frac{1}{k!}\widetilde{B}_k\left(n+\frac{1}{2}\right)\left(-\frac{2^{1-1/r}c}{b^{1/r}}\right)^k - \right.$$

$$-2(-1)^n\sqrt{\pi}\left(\frac{2^{1-1/r}c}{b^{1/r}}\right)^{n+1/2}\sum_{k=0}^\infty\frac{(n+1)!}{k!\,(2n+k+1)!}\times$$

$$\left.\times\Gamma\left[\begin{matrix}\mu+(\alpha+k+n+1/2)/r,\ 1/2-(\alpha+k+n+1/2)/r\\ 1+\mu-(\alpha+k+n+1/2)/r\end{matrix}\right]\left(-\frac{2^{1-1/r}c}{b^{1/r}}\right)^k\right\} \qquad [r>1],$$

$$\widetilde{Z}_\nu^\pm = \left\{\begin{matrix}1\\0\end{matrix}\right\}\frac{2^{(1-2\alpha-r)/(2r)}}{r\sqrt{c}\,b^{(2\alpha-1)/(2r)}}\sum_{k=0}^\infty\frac{(1/2+\nu)_k(1/2-\nu)_k}{k!}\times$$

$$\times\Gamma\left[\begin{matrix}\mu+(\alpha-k-1/2)/r,\ (1+r-2\alpha+2k)/(2r)\\ 1+\mu+(1/2-\alpha+k)/r\end{matrix}\right]\left(-\frac{b^{1/r}}{2^{1-1/r}c}\right)^k+$$

$$+\frac{b^\mu\sqrt{\pi}}{2^{\alpha+\mu+r\mu}c^{\alpha+r\mu}\Gamma(\mu+1)}\sum_{k=0}^\infty\frac{(1/2+\mu)_k}{k!\,(2\mu+1)_k}\,\Gamma\left[\begin{matrix}\alpha+\nu+r\mu+rk,\ \alpha-\nu+r\mu+rk\\ 1/2+\alpha+r\mu+rk\end{matrix}\right]\times$$

$$\times\left[\sec(\alpha+r\mu+rk)\pi\cos\nu\pi\right]^{(1\pm1)/2}\left(-\frac{b}{2^{r-1}c^r}\right)^k \qquad [r<1],$$

$\widetilde{Z}_\nu^\pm$ при $r=1$ см. в 2.16.29.4.

18. $\displaystyle\int\limits_0^\infty x^{\alpha-1}e^{\pm bx^r}\,\mathrm{Ei}\,(\mp bx^r)K_\nu(cx)\,dx = -\frac{\pi}{2}\widehat{U}_\nu(0,\,0)$

$\left[r,\ \mathrm{Re}\,b,\ \mathrm{Re}\,c>0;\ |\,\mathrm{Re}\,\nu|<\mathrm{Re}\,\alpha;\ \widehat{U}_\nu(\gamma,\,\varepsilon)\text{ см. в 2.13.1.13}\right].$

19. $\displaystyle\int\limits_0^\infty x^{\alpha-1}e^{\pm cx}\,\mathrm{Ei}\,(-bx^r)K_\nu(cx)\,dx = X_\nu^\pm$ $[r,\ \mathrm{Re}\,c,\ \mathrm{Re}\,\beta>0;\ \mathrm{Re}\,\alpha>|\,\mathrm{Re}\,\nu|].$

$$X_\nu^\pm = \frac{b^{-\alpha/r}}{2}\sum_{k=0}^\infty \frac{1}{k!}\,[B_k(\nu)+B_k(-\nu)]\left(\pm\frac{2c}{b^{1/r}}\right)^k,$$

$$B_k(\nu) = \left(\frac{2b^{1/r}}{c}\right)^\nu \frac{\Gamma(\nu)(1/2-\nu)_k}{(\nu-\alpha-k)(1-2\nu)_k}\,\Gamma\left(\frac{\alpha+k-\nu}{r}\right)$$

$[r>1;\ 2\nu\neq\ldots,\ -2,\ -1,\ 0,\ 1,\ 2,\ \ldots],$

$$X_n^\pm = \frac{b^{-\alpha/r}}{2}\left\{\sum_{k=0}^{2n-1}\frac{B_k(n)}{k!}\left(\pm\frac{2c}{b^{1/r}}\right)^k - 2\left(-\frac{c}{2b^{1/r}}\right)^n\frac{(2n)!}{n!}\sum_{k=0}^\infty\frac{(1/2+n)_k}{k!\,(2n+k)!(\alpha+n+k)}\times\right.$$
$$\times\Gamma\left(\frac{\alpha+n+k}{r}\right)\left[\psi(k+1)+\psi(2n+k+1)-\psi\left(\frac12\pm n\pm k\right)+\frac{1}{\alpha+n+k}-\right.$$
$$\left.\left.-\frac1r\,\psi\left(\frac{\alpha+n+k}{r}\right)-\ln\frac{2c}{b^{1/r}}\right]\left(\pm\frac{2c}{b^{1/r}}\right)^k\right\}$$ $[r>1],$

$$X_{n+1/2}^- = \frac{b^{-\alpha/r}}{2}\sum_{k=0}^n\frac{1}{k!}\,B_k\left(n+\frac12\right)\left(-\frac{2c}{b^{1/r}}\right)^k - \frac{(-1)^n\sqrt\pi}{b^{\alpha/r}}\left(\frac{2c}{b^{1/r}}\right)^{n+1/2}\times$$
$$\times\sum_{k=0}^\infty\frac{(n+k)!}{k!(2n+k+1)!(\alpha+n+k+1/2)}\,\Gamma\left(\frac{\alpha+n+k+1/2}{r}\right)\left(-\frac{2c}{b^{1/r}}\right)^k$$

$[r>1;\ n=0,\ 1,\ 2,\ \ldots],$

$$X_\nu^\pm = \frac{\sqrt\pi}{(2c)^\alpha}\sum_{k=1}^\infty\frac{1}{k!\,k}\,\Gamma\left[\begin{matrix}\alpha+\nu+rk,\ \alpha-\nu+rk\\ \alpha+1/2+rk\end{matrix}\right]\times$$
$$\times[\sec(\alpha+rk)\pi\cos\nu\pi]^{(1\pm1)/2}\left(-\frac{b}{2^rc^r}\right)^k+\frac{\sqrt\pi}{(2c)^\alpha}\,\Gamma\left[\begin{matrix}\alpha+\nu,\ \alpha-\nu\\ \alpha+1/2\end{matrix}\right]\times$$
$$\times(\sec\alpha\pi\cos\nu\pi)^{(1\pm1)/2}\left[\mathbf{C}-r\psi(\alpha+\nu)-r\psi(\alpha-\nu)-r\psi\left(\frac12\mp\alpha\right)-\ln\frac{2^rc^r}{b}\right]+$$
$$+\left\{\begin{matrix}1\\0\end{matrix}\right\}\sqrt{\frac{\pi}{2c}}\,b^{(1-2\alpha)/(2r)}\sum_{k=0}^\infty\frac{(1/2+\nu)_k(1/2-\nu)_k}{k!\,(1/2-\alpha+k)}\,\Gamma\left(\frac{2\alpha-2k-1}{2r}\right)\left(-\frac{b^{1/r}}{2c}\right)^k$$

$[r<1;\ rl-k\neq1/2-\alpha;\ k,\ l=0,\ 1,\ 2,\ \ldots],$

$X_\nu^\pm$ при $r=1$ см. в 2.16.57.5.

20. $\displaystyle\int\limits_0^\infty x^{\alpha-1}e^{bx^r\pm cx}\,\mathrm{Ei}\,(-bx^r)K_\nu(cx)\,dx = Y_\nu^\pm(1)$

$\left[r,\ \mathrm{Re}\,b>0;\ \mathrm{Re}\,\alpha>|\,\mathrm{Re}\,\nu|,\ \left\{\begin{matrix}\mathrm{Re}\,\alpha<r+1/2;\ |\arg c|<\pi\\ \mathrm{Re}\,c>0\end{matrix}\right\}\right],$

$$Y_\nu^\pm(\gamma) = -\frac{b^{-\alpha/r}\pi}{2r}\sum_{k=0}^\infty\frac{1}{k!}\,[C_k(\nu)+C_k(-\nu)]\left(\pm\frac{2c}{b^{1/r}}\right)^k+V_\nu^\pm(\gamma),$$

$$C_k(\nu) = \left(\frac{2b^{1/r}}{c}\right)^\nu\frac{\Gamma(\nu)(1/2-\nu)_k}{(1-2\nu)_k}\,\Gamma\left(\frac{\alpha+k-\nu}{r}\right)\frac{\cos^{1-\gamma}[(\alpha+k-\nu)\pi/r]}{\sin[(\alpha+k-\nu)\pi/r]},$$

$$V_\nu^\pm(\gamma)=\frac{(-1)^\gamma\sqrt{\pi}}{b(2c)^{\alpha-r}}\sum_{k=0}^{\infty}(-1)^{k\gamma}k!\,\Gamma\left[\begin{matrix}\alpha+\nu-r-rk,\ \alpha-\nu-r-rk\\ 1/2+\alpha-r-rk\end{matrix}\right]\times$$
$$\times\left[\sec(\alpha-r-rk)\pi\cos\nu\pi\right]^{(1\pm1)/2}\left(\frac{2^rc^r}{b}\right)^k \qquad [r>1;\ 2\nu\neq\ldots,\ -2,\ -1,\ 0,\ 1,\ 2,\ \ldots],$$

$$Y_n^\pm(\gamma)=-\frac{b^{-\alpha/r}\pi}{2r}\left\{\sum_{k=0}^{2n-1}\frac{C_k(n)}{k!}\left(\pm\frac{2c}{b^{1/r}}\right)^k+2\left(-\frac{c}{2b^{1/r}}\right)^n\frac{(2n)!}{n!}\times\right.$$
$$\times\sum_{k=0}^{\infty}\frac{(1/2+n)_k}{k!\,(2n+k)!}\Gamma\left(\frac{\alpha+n+k}{r}\right)\frac{\cos^{1-\gamma}[(\alpha+n+k)\pi/r]}{\sin[(\alpha+n+k)\pi/r]}\left[\psi(k+1)+\psi(2n+k+1)-\right.$$
$$-\psi\left(\frac{1}{2}\pm n\pm k\right)-\frac{1}{r}\psi\left(\frac{\alpha+n+k}{r}\right)+\frac{\pi}{r}\operatorname{ctg}\frac{\alpha+n+k}{r}\pi+$$
$$\left.\left.+(1-\gamma)\frac{\pi}{r}\operatorname{tg}\frac{\alpha+n+k}{r}\pi-\ln\frac{2c}{b^{1/r}}\right]\left(\pm\frac{2c}{b^{1/r}}\right)^k\right\}+V_n^\pm(\gamma)$$
$$[r>1;\ rl-k-\alpha+r\neq\nu,\ -\nu;\ l,\ n=0,\ 1,\ 2,\ \ldots],$$

$$Y_{n+1/2}^-(\gamma)=-\frac{b^{-\alpha/r}\pi}{2r}\left\{\sum_{k=0}^{n}\frac{1}{k!}C_k\left(n+\frac{1}{2}\right)\left(-\frac{2c}{b^{1/r}}\right)^k-\right.$$
$$-(-1)^n2\sqrt{\pi}\left(\frac{2c}{b^{1/r}}\right)^{n+1/2}\sum_{k=0}^{\infty}\frac{(n+k)!}{k!\,(2n+k+1)!}\Gamma\left(\frac{\alpha+n+k+1/2}{r}\right)\times$$
$$\left.\times\frac{\cos^{1-\gamma}[(\alpha+n+k+1/2)\pi/r]}{\sin[(\alpha+n+k+1/2)\pi/r]}\left(-\frac{2c}{b^{1/r}}\right)^k\right\}+V_{n+1/2}^-(\gamma)$$
$$[r>1;\ rl-k-\alpha+r\neq n+1/2,\ -n-1/2;\ l,\ n=0,\ 1,\ 2,\ \ldots],$$

$$Y_\nu^\pm(\gamma)=-\frac{\sqrt{\pi}}{(2c)^\alpha}\sum_{k=0}^{\infty}\frac{(-1)^{(1-\gamma)k}}{k!}\Gamma\left[\begin{matrix}\alpha+\nu+rk,\ \alpha-\nu+rk\\ 1/2+\alpha+rk\end{matrix}\right]\times$$
$$\times\left[\sec(\alpha+rk)\pi\cos\nu\pi\right]^{(1\pm1)/2}\left[\psi(k+1)-r\psi(\alpha+\nu+rk)-\right.$$
$$\left.-r\psi(\alpha-\nu+rk)+r\psi\left(\frac{1}{2}\mp\alpha\mp rk\right)+\ln\frac{2^rc^r}{b}\right]\left(\frac{b}{2^rc^r}\right)^k-$$
$$-\left\{\begin{matrix}1\\0\end{matrix}\right\}\frac{b^{(1-2\alpha)/(2r)}\pi^{3/2}}{r\sqrt{2c}}\sum_{k=0}^{\infty}\frac{(1/2+\nu)_k(1/2-\nu)_k}{k!}\times$$
$$\times\Gamma\left(\frac{2\alpha-2k-1}{2r}\right)\frac{\cos^{1-\gamma}[(2\alpha-2k-1)\pi/(2r)]}{\sin[(2\alpha-2k-1)\pi/(2r)]}\left(-\frac{b^{1/r}}{2c}\right)^k$$
$$[r<1;\ rl-k\neq1/2-\alpha;\ k,\ l=0,\ 1,\ 2,\ \ldots],$$

$Y_\nu^\pm(\gamma)$ при $r=1$ см. в 2.16.57.6.

21. $$\int_0^\infty x^{\alpha-1}e^{-bx^r\pm cx}\operatorname{Ei}(bx^r)K_\nu(cx)\,dx=Y_\nu^\pm(0)$$
$$\left[r,\ \operatorname{Re}b>0;\ \operatorname{Re}\alpha>|\operatorname{Re}\nu|,\ \left\{\begin{matrix}\operatorname{Re}\alpha<r+1/2;\ |\arg c|<\pi\\ \operatorname{Re}c>0\end{matrix}\right\},\ Y_\nu(\delta)\text{ см. в 2.16.1.20}\right].$$

22. $$\int_0^\infty x^{\alpha-1}\left\{\begin{matrix}\operatorname{si}(bx^r)\\ \operatorname{ci}(bx^r)\end{matrix}\right\}K_\nu(cx)\,dx=-\frac{\pi}{2}\widehat{V}_\nu(0,\ 0)$$
$$\left[b,\ r,\ \operatorname{Re}c>0;\ \operatorname{Re}\alpha>|\operatorname{Re}\nu|;\ \widehat{V}_\nu(\gamma,\ \varepsilon)\text{ см. в 2.13.1.14}\right].$$

23. $$\int_0^\infty x^{\alpha-1}e^{-cx}\left\{\begin{matrix}\mathrm{si}\,(bx^r)\\ \mathrm{ci}\,(bx^r)\end{matrix}\right\}K_\nu(cx)\,dx = Z_\nu(1) \qquad \left[b,\ r,\ \operatorname{Re} c>0;\ \operatorname{Re}\alpha>|\operatorname{Re}\nu|;\ \delta=\left\{\begin{matrix}1\\0\end{matrix}\right\}\right],$$

$$Z_\nu(\gamma)=\frac{b^{-\alpha/r}}{2}\sum_{k=0}^{\infty}\frac{(-1)^{k\gamma}}{k!}\left[D_k(\nu)+D_k(-\nu)\right]\left(\frac{2c}{b^{1/r}}\right)^k,$$

$$D_k(\nu)=\left(\frac{2b^{1/r}}{c}\right)^\nu\frac{\Gamma(\nu)(1/2-\nu)_k}{(1-2\nu)_k(\nu-\alpha-k)}\,\Gamma\left(\frac{\alpha+k-\nu}{r}\right)\left\{\begin{matrix}\sin\left[(\alpha+k-\nu)\pi/(2r)\right]\\ \cos\left[(\alpha+k-\nu)\pi/(2r)\right]\end{matrix}\right\}$$
$$[r>1;\ 2\nu\neq\ldots,\ -2,\ -1,\ 0,\ 1,\ 2,\ \ldots],$$

$$Z_n(\gamma)=\frac{b^{-\alpha/r}}{2}\left\{\sum_{k=0}^{2n-1}\frac{(-1)^{k\gamma}D_k(n)}{k!}\left(\frac{2c}{b^{1/r}}\right)^k-2\left(-\frac{c}{2b^{1/r}}\right)^n\frac{(2n)!}{n!}\sum_{k=0}^{\infty}\frac{(-1)^{k\gamma}(1/2+n)_k}{k!\,(2n+k)!\,(\alpha+n+k)}\times\right.$$
$$\times\Gamma\left(\frac{\alpha+k+n}{r}\right)\left\{\begin{matrix}\sin\left[(\alpha+k+n)\pi/(2r)\right]\\ \cos\left[(\alpha+k+n)\pi/(2r)\right]\end{matrix}\right\}\left[\psi(k+1)+\psi(2n+k+1)-\psi\left(\frac{1}{2}+(-1)^\gamma(n+k)\right)+\right.$$
$$\left.\left.+\frac{1}{\alpha+n+k}-\frac{1}{r}\,\psi\left(\frac{\alpha+k+n}{r}\right)\mp\frac{\pi}{2r}\operatorname{tg}^{\mp1}\left(\frac{\alpha+k+n}{2r}\,\pi\right)-\ln\frac{2c}{b^{1/r}}\right]\left(\frac{2c}{b^{1/r}}\right)^k\right\} \qquad [r>1],$$

$$Z_{n+1/2}(1)=\frac{b^{-\alpha/r}}{2}\sum_{k=0}^{n}\frac{1}{k!}\,D_k\left(n+\frac{1}{2}\right)\left(-\frac{2c}{b^{1/r}}\right)^k-$$
$$-\frac{(-1)^n\sqrt{\pi}}{b^{\alpha/r}}\left(\frac{2c}{b^{1/r}}\right)^{n+1/2}\sum_{k=0}^{\infty}\frac{(n+k)!}{k!\,(2n+k+1)!(\alpha+k+n+1/2)}\times$$
$$\times\Gamma\left(\frac{\alpha+k+n+1/2}{r}\right)\left\{\begin{matrix}\sin\left[(\alpha+k+n+1/2)\pi/(2r)\right]\\ \cos\left[(\alpha+k+n+1/2)\pi/(2r)\right]\end{matrix}\right\}\left(-\frac{2c}{b^{1/r}}\right)^k \qquad [r>1],$$

$$Z_\nu(\gamma)=\frac{\sqrt{\pi}\,b^\delta\cos^{1-\gamma}\nu\pi}{2(2c)^{\alpha+\delta r}}\sum_{k=1}^{\infty}\frac{(-1)^k}{k!\,(1/2+\delta)_k(k+\delta/2)}\times$$
$$\times\Gamma\left[\begin{matrix}\alpha+\nu+\delta r+2rk,\ \alpha-\nu+\delta r+2rk\\ 1/2+\alpha+\delta r+2rk\end{matrix}\right]\cos^{\gamma-1}(\alpha+\delta r+2rk)\pi\times$$
$$\times\left(\frac{b}{2^{r+1}c^r}\right)^{2k}+\frac{\sqrt{\pi}\,b^\delta}{(2c)^{\alpha+\delta r}}\left(\frac{\cos\nu\pi}{\cos(\alpha+\delta r)\pi}\right)^{1-\gamma}\Gamma\left[\begin{matrix}\alpha+\nu+\delta r,\ \alpha-\nu+\delta r\\ 1/2+\alpha+\delta r\end{matrix}\right]\left\{\begin{matrix}1\\R\end{matrix}\right\}+$$
$$+\frac{\delta\pi^{3/2}}{2^{\alpha+1}c^\alpha}\,\Gamma\left[\begin{matrix}\alpha+\nu,\ \alpha-\nu\\ \alpha+1/2\end{matrix}\right]\left(\frac{\cos\nu\pi}{\cos\alpha\pi}\right)^{1-\gamma}+(1-\gamma)\sqrt{\frac{\pi}{2c}}\,b^{(1-2\alpha)/(2r)}\times$$
$$\times\sum_{k=0}^{\infty}\frac{(1/2+\nu)_k(1/2-\nu)_k}{k!\,(1/2-\alpha+k)}\,\Gamma\left(\frac{2\alpha-2k-1}{2r}\right)\left\{\begin{matrix}\sin\left[(2\alpha-2k-1)\pi/(4r)\right]\\ \cos\left[(2\alpha-2k-1)\pi/(4r)\right]\end{matrix}\right\}\left(-\frac{b^{1/r}}{2c}\right)^k$$
$$\left[r<1;\ R=\mathbf{C}+r\psi(\alpha+\nu)+r\psi(\alpha-\nu)-r\psi\left(\alpha+\frac{1}{2}\right)-(1-\gamma)\pi r\operatorname{tg}\alpha\pi-\ln\frac{2^rc^r}{b}\right],$$

$Z_\nu(\gamma)$ при $r=1$ см. в 2.16.58.2.

24. $$\int_0^\infty x^{\alpha-1}e^{cx}\left\{\begin{matrix}\mathrm{si}\,(bx^r)\\ \mathrm{ci}\,(bx^r)\end{matrix}\right\}K_\nu(cx)\,dx = Z_\nu(0)$$
$$[b,\ r,\ \operatorname{Re} c>0;\ |\operatorname{Re}\nu|<\operatorname{Re}\alpha<r+1/2;\ Z_\nu(\gamma)\ \text{см. в 2.16.1.23}].$$

25. $$\int_0^\infty x^{\alpha-1}\left\{\begin{matrix}\mathrm{erf}\,(bx^r)\\ \mathrm{erfc}\,(bx^r)\end{matrix}\right\}K_\nu(cx)\,dx = -\frac{\pi}{2}\widehat{W}_\nu(0,\ 0)$$
$$\left[r,\ \operatorname{Re} c>0;\ |\arg b|<\pi/4;\ |\operatorname{Re}\nu|-(1\pm1)r/2<\operatorname{Re}\alpha;\ \widehat{W}_\nu(\gamma,\ \varepsilon)\ \text{см. в 2.13.1.15}\right].$$

26. $\int\limits_0^\infty x^{\alpha-1}e^{\pm cx}\operatorname{erf}(bx^r)K_\nu(cx)\,dx=\widetilde{U}_\nu^\pm(1)$

$$\left[r,\ \operatorname{Re}c>0;\ |\arg b|<\pi/4,\ \left\{\begin{matrix}|\operatorname{Re}\nu|-r<\operatorname{Re}\alpha<1/2\\ \operatorname{Re}\alpha>|\operatorname{Re}\nu|-r\end{matrix}\right\}\right],$$

$$\widetilde{U}_\nu^\pm(\gamma)=(-1)^\gamma\frac{b^{-\alpha/r}}{2\sqrt{\pi}}\sum_{k=0}^\infty\frac{1}{k!}\left[E_k(\nu)+E_k(-\nu)\right]\left(\pm\frac{2c}{b^{1/r}}\right)^k+\gamma V_\nu^\pm,$$

$$E_k(\nu)=\left(\frac{2b^{1/r}}{c}\right)^\nu\frac{\Gamma(\nu)(1/2-\nu)_k}{(1-2\nu)_k(\alpha-\nu+k)}\Gamma\left(\frac{r+\alpha-\nu+k}{2r}\right),$$

$$V_\nu^\pm=\frac{\sqrt{\pi}}{(2c)^\alpha}\Gamma\left[\begin{matrix}\alpha+\nu,\ \alpha-\nu\\ \alpha+1/2\end{matrix}\right](\sec\alpha\pi\cos\nu\pi)^{(1\pm1)/2}$$

$$[r>1/2;\ 2\nu\neq\ldots,\ -2,\ -1,\ 0,\ 1,\ 2,\ \ldots],$$

$$\widetilde{U}_n^\pm(\gamma)=(-1)^\gamma\frac{b^{-\alpha/r}}{2\sqrt{\pi}}\left\{\sum_{k=0}^{2n-1}\frac{E_k(n)}{k!}\left(\pm\frac{2c}{b^{1/r}}\right)^k+2\left(-\frac{c}{2b^{1/r}}\right)^n\frac{(2n)!}{n!}\times\right.$$

$$\times\sum_{k=0}^\infty\frac{(1/2+n)_k}{k!\,(2n+k)!\,(\alpha+n+k)}\Gamma\left(\frac{r+\alpha+n+k}{2r}\right)\left[\psi(k+1)+\psi(2n+k+1)-\psi\left(\frac12\pm n\pm k\right)+\right.$$

$$\left.\left.+\frac{1}{\alpha+n+k}-\frac{1}{2r}\psi\left(\frac{r+\alpha+n+k}{2r}\right)-\ln\frac{2c}{b^{1/r}}\right]\left(\pm\frac{2c}{b^{1/r}}\right)^k\right\}+\gamma V_n^\pm\qquad[r>1/2],$$

$$\widetilde{U}_{n+1/2}^-(\gamma)=(-1)^\gamma\frac{b^{-\alpha/r}}{2\sqrt{\pi}}\sum_{k=0}^n\frac{1}{k!}E_k\left(n+\frac12\right)\left(-\frac{2c}{b^{1/r}}\right)^k-$$

$$-\frac{(-1)^{n+\gamma}}{b^{\alpha/r}}\left(\frac{2c}{b^{1/r}}\right)^{n+1/2}\sum_{k=0}^\infty\frac{(n+k)!}{k!\,(2n+k+1)!(n+1/2+\alpha+k)}\times$$

$$\times\Gamma\left(\frac{r+\alpha+n+k+1/2}{2r}\right)\left(-\frac{2c}{b^{1/r}}\right)^k+\frac{\gamma\sqrt{\pi}}{(2c)^\alpha}\Gamma\left[\begin{matrix}\alpha+n+1/2,\ \alpha-n-1/2\\ \alpha+1/2\end{matrix}\right]\qquad[r>1/2],$$

$$\widetilde{U}_\nu^\pm(\gamma)=\frac{(-1)^{\gamma-1}b}{(2c)^{\alpha+r}}\sum_{k=0}^\infty\frac{(-1)^k}{k!\,(k+1/2)}\Gamma\left[\begin{matrix}\alpha+\nu+r+2rk,\ \alpha-\nu+r+2rk\\ 1/2+\alpha+r+2rk\end{matrix}\right]\times$$

$$\times[\sec(\alpha+r+2rk)\pi\cos\nu\pi]^{(1\pm1)/2}\left(\frac{b}{2^rc^r}\right)^{2k}-\left\{\begin{matrix}1\\0\end{matrix}\right\}\frac{(-1)^\gamma b^{(1-2\alpha)/(2r)}}{\sqrt{2c}}\times$$

$$\times\sum_{k=0}^\infty\frac{(1/2+\nu)_k(1/2-\nu)_k}{k!\,(1/2-\alpha+k)}\Gamma\left(\frac{r+\alpha-k-1/2}{2r}\right)\left(-\frac{b^{1/r}}{2c}\right)^k+(1-\gamma)V_\nu^\pm\qquad[r<1/2],$$

$\widetilde{U}_\nu^\pm(\gamma)$ при $r=1/2$ см. в 2.16.59.6.

27. $\int\limits_0^\infty x^{\alpha-1}e^{\pm cx}\operatorname{erfc}(bx^r)K_\nu(cx)\,dx=\widetilde{U}_\nu^\pm(0)$

$$\left[r,\ \operatorname{Re}c>0;\ |\arg b|<\pi/4;\ \operatorname{Re}\alpha>|\operatorname{Re}\nu|;\ \widetilde{U}_\nu^\pm(\gamma)\text{ см. в 2.16.1.26}\right].$$

28. $\int\limits_0^\infty x^{\alpha-1}\left\{\begin{matrix}S(bx^r)\\ C(bx^r)\end{matrix}\right\}K_\nu(cx)\,dx=-\frac{\pi}{2}X_\nu(0,\ 0)$

$$[b,\ r,\ \operatorname{Re}c>0;\ |\operatorname{Re}\nu|-(2\pm1)r/2<\operatorname{Re}\alpha,\ X_\nu(\gamma,\ \varepsilon)\text{ см. в 2.13.1.16}].$$

29. $\int\limits_0^\infty x^{\alpha-1}e^{-cx}\left\{\begin{matrix}S(bx^r)\\ C(bx^r)\end{matrix}\right\}K_\nu(cx)\,dx=\widetilde{U}_\nu(1)$

$$\left[b,\ r,\ \operatorname{Re}c>0;\ \operatorname{Re}\alpha>|\operatorname{Re}\nu|-(2\pm1)r/2;\ \delta=\left\{\begin{matrix}1\\0\end{matrix}\right\}\right],$$

$$\widetilde{U}_\nu(\gamma)=\frac{b^{-\alpha/r}}{2\sqrt{2\pi}}\sum_{k=0}^{\infty}\frac{(-1)^{k\gamma}}{k!}\left[F_k(\nu)+F_k(-\nu)\right]\left(\frac{2c}{b^{1/r}}\right)^k+V_\nu(\gamma),$$

$$F_k(\nu)=\left(\frac{2b^{1/r}}{c}\right)^\nu\frac{\Gamma(\nu)(1/2-\nu)_k}{(1-2\nu)_k(\nu-\alpha-k)}\Gamma\left(\frac{1}{2}+\frac{\alpha+k-\nu}{r}\right)\times$$
$$\times\left\{\begin{matrix}\sin\left[(r+2\alpha+2k-2\nu)\pi/(4r)\right]\\ \cos\left[(r+2\alpha+2k-2\nu)\pi/(4r)\right]\end{matrix}\right\},$$

$$V_\nu(\gamma)=\frac{\sqrt{\pi}}{2(2c)^\alpha}\left(\frac{\cos\nu\pi}{\cos\alpha\pi}\right)^{1-\gamma}\Gamma\left[\begin{matrix}\alpha+\nu,\ \alpha-\nu\\ \alpha+1/2\end{matrix}\right]\qquad [r>1;\ 2\nu\neq\ldots,\,-2,\,-1,\,0,\,1,\,2,\,\ldots],$$

$$\widetilde{U}_n(\gamma)=\frac{b^{-\alpha/r}}{2\sqrt{2\pi}}\left\{\sum_{k=0}^{2n-1}\frac{(-1)^{k\gamma}}{k!}F_k(n)\left(\frac{2c}{b^{1/r}}\right)^k-2\left(-\frac{c}{2b^{1/r}}\right)^n\frac{(2n)!}{n!}\times\right.$$
$$\times\sum_{k=0}^{\infty}\frac{(-1)^{k\gamma}(1/2+n)_k}{k!\,(2n+k)!\,(\alpha+n+k)}\Gamma\left(\frac{1}{2}+\frac{\alpha+k+n}{r}\right)\left\{\begin{matrix}\sin\left[(r+2\alpha+2k+2n)\pi/(4r)\right]\\ \cos\left[(r+2\alpha+2k+2n)\pi/(4r)\right]\end{matrix}\right\}\times$$
$$\times\left[\psi(k+1)+\psi(2n+k+1)-\psi\left(\frac{1}{2}+(-1)^\gamma(n+k)\right)+\frac{1}{\alpha+n+k}-\frac{1}{r}\psi\left(\frac{1}{2}+\frac{\alpha+k+n}{r}\right)\mp\right.$$
$$\left.\left.\mp\frac{\pi}{2r}\operatorname{tg}^{\mp1}\frac{r+2\alpha+2k+2n}{4r}\pi-\ln\frac{2c}{b^{1/r}}\right]\left(\frac{2c}{b^{1/r}}\right)^k\right\}+V_n(\gamma)\qquad [r>1],$$

$$\widetilde{U}_{n+1/2}(1)=\frac{b^{-\alpha/r}}{2\sqrt{2\pi}}\sum_{k=0}^{n}\frac{1}{k!}F_k\left(n+\frac{1}{2}\right)\left(-\frac{2c}{b^{1/r}}\right)^k-\frac{(-1)^n}{\sqrt{2}\,b^{\alpha/r}}\left(\frac{2c}{b^{1/r}}\right)^{n+1/2}\times$$
$$\times\sum_{k=0}^{\infty}\frac{(n+k)!}{k!\,(2n+k+1)!\,(\alpha+n+k+1/2)}\Gamma\left(\frac{1}{2}+\frac{\alpha+k+n+1/2}{r}\right)\times$$
$$\times\left\{\begin{matrix}\sin\left[(1+r+2\alpha+2k+2n)\pi/(4r)\right]\\ \cos\left[(1+r+2\alpha+2k+2n)\pi/(4r)\right]\end{matrix}\right\}\left(-\frac{2c}{b^{1/r}}\right)^k+V_{n+1/2}(1)\qquad [r>1],$$

$$\widetilde{U}_\nu(\gamma)=\frac{\sqrt{2}\,b^{\delta+1/2}\cos^{1-\gamma}\nu\pi}{(2c)^{\alpha+\delta r+r/2}}\sum_{k=0}^{\infty}\frac{(-1)^k}{k!\,(1/2+\delta)_k(4k+2\delta+1)}\times$$
$$\times\Gamma\left[\begin{matrix}\alpha+\nu+\delta r+2rk+r/2,\ \alpha-\nu+\delta r+2rk+r/2\\ (1+r)/2+\delta r+2rk+\alpha\end{matrix}\right]\cos^{\gamma-1}\left(\frac{r}{2}+\delta r+2rk+\alpha\right)\pi\times$$
$$\times\left(\frac{b}{2^{r+1}c^r}\right)^{2k}+(1-\gamma)\frac{b^{(1-2\alpha)/(2r)}}{2\sqrt{c}}\sum_{k=0}^{\infty}\frac{(1/2+\nu)_k(1/2-\nu)_k}{k!\,(1/2-\alpha+k)}\times$$
$$\times\Gamma\left(\frac{r+2\alpha-2k-1}{2r}\right)\left\{\begin{matrix}\sin\left[(r+2\alpha-2k-1)\pi/(4r)\right]\\ \cos\left[(r+2\alpha-2k-1)\pi/(4r)\right]\end{matrix}\right\}\left(-\frac{b^{1/r}}{2c}\right)^k\qquad [r<1],$$

$\widetilde{U}_\nu(\gamma)$ при $r=1$ см. в 2.16.60.3.

30. $$\int_0^\infty x^{\alpha-1}e^{cx}\left\{\begin{matrix}S(bx^r)\\ C(bx^r)\end{matrix}\right\}K_\nu(cx)\,dx=\widetilde{U}_\nu(0)$$

$\left[b,\ r>0;\ |\operatorname{Re}\nu|-(2\pm1)r/2<\operatorname{Re}\alpha<1/2;\ |\arg c|<\pi;\ \widetilde{U}_\nu(\gamma)\text{ см. в 2.16.1.29}\right].$

31. $$\int_0^\infty x^{\alpha-1}\left\{\begin{matrix}\gamma(\mu,\ bx^r)\\ \Gamma(\mu,\ bx^r)\end{matrix}\right\}K_\nu(cx)\,dx=-\frac{\pi}{2}Y_\nu(0,\ 0)$$

$\left[r,\ \operatorname{Re}b,\ \operatorname{Re}c>0;\ \operatorname{Re}(\alpha+\mu r)>|\operatorname{Re}\nu|,\ \left\{\begin{matrix}\operatorname{Re}\mu>0\\ \operatorname{Re}\alpha>|\operatorname{Re}\nu|\end{matrix}\right\},\ Y_\nu(\gamma,\ \varepsilon)\text{ см. в 2.13.1.17}\right].$

32. $$\int_0^\infty x^{\alpha-1}e^{-cx}\left\{\begin{matrix}\gamma(\mu,\,bx^r)\\ \Gamma(\mu,\,bx^r)\end{matrix}\right\}K_\nu(cx)\,dx=\widetilde{W}_\nu(1)$$

$$\left[r,\ \operatorname{Re}b,\ \operatorname{Re}c>0;\ \operatorname{Re}(\alpha+\mu r)>|\operatorname{Re}\nu|,\ \left\{\begin{matrix}\operatorname{Re}\mu>0\\ \operatorname{Re}\alpha>|\operatorname{Re}\nu|\end{matrix}\right\}\right],$$

$$\widetilde{W}_\nu(\gamma)=\pm\frac{b^{-\alpha/r}}{2}\sum_{k=0}^\infty\frac{(-1)^{k\gamma}}{k!}\left[G_k(\nu)+G_k(-\nu)\right]\left(\frac{2c}{b^{1/r}}\right)^k+\left\{\begin{matrix}1\\0\end{matrix}\right\}V_\nu(\gamma),$$

$$G_k(\nu)=\left(\frac{2b^{1/r}}{c}\right)^\nu\frac{\Gamma(\nu)(1/2-\nu)_k}{(1-2\nu)_k(\nu-\alpha-k)}\,\Gamma\left(\mu+\frac{\alpha+k-\nu}{r}\right),$$

$$V_\nu(\gamma)=\frac{\sqrt{\pi}}{(2c)^\alpha}\left(\frac{\cos\nu\pi}{\cos\alpha\pi}\right)^{1-\gamma}\Gamma\left[\begin{matrix}\mu,\ \alpha+\nu,\ \alpha-\nu\\ \alpha+1/2\end{matrix}\right]$$

$$[r>1;\ 2\nu\neq\ldots,\,-2,\,-1,\,0,\,1,\,2,\,\ldots],$$

$$\widetilde{W}_n(\gamma)=\pm\frac{b^{-\alpha/r}}{2}\left\{\sum_{k=0}^{2n-1}\frac{(-1)^{k\gamma}G_k(n)}{k!}\left(\frac{2c}{b^{1/r}}\right)^k-\right.$$

$$-2\left(-\frac{c}{2b^{1/r}}\right)^n\frac{(2n)!}{n!}\sum_{k=0}^\infty\frac{(-1)^{k\gamma}(1/2+n)_k}{k!\,(2n+k)!\,(\alpha+n+k)}\,\Gamma\left(\mu+\frac{\alpha+k+n}{r}\right)\times$$

$$\times\left[\psi(k+1)+\psi(2n+k+1)-\psi\left(\frac12+(-1)^\gamma(n+k)\right)+\frac{1}{\alpha+n+k}-\right.$$

$$\left.\left.-\frac1r\,\psi\left(\mu+\frac{\alpha+k+n}{r}\right)-\ln\frac{2c}{b^{1/r}}\right]\left(\frac{2c}{b^{1/r}}\right)^k\right\}+\left\{\begin{matrix}1\\0\end{matrix}\right\}V_n(\gamma)\qquad[r>1],$$

$$\widetilde{W}_{n+1/2}(1)=\pm\frac{b^{-\alpha/r}}{2}\sum_{k=0}^n\frac{1}{k!}\,G_k\left(n+\frac12\right)\left(-\frac{2c}{b^{1/r}}\right)^k\mp$$

$$\mp\frac{(-1)^n\sqrt{\pi}}{b^{\alpha/r}}\left(\frac{2c}{b^{1/r}}\right)^{n+1/2}\sum_{k=0}^\infty\frac{(n+k)!}{k!\,(2n+k+1)!\,(\alpha+k+n+1/2)}\times$$

$$\times\Gamma\left(\mu+\frac{\alpha+k+n+1/2}{r}\right)\left(-\frac{2c}{b^{1/r}}\right)^k+\left\{\begin{matrix}1\\0\end{matrix}\right\}V_{n+1/2}(1)\qquad[r>1],$$

$$\widetilde{W}_\nu(\gamma)=\pm\frac{b^\mu\sqrt{\pi}\ \cos^{1-\gamma}\nu\pi}{(2c)^{\alpha+\mu r}}\sum_{k=0}^\infty\frac{1}{k!\,(\mu+k)}\times$$

$$\times\Gamma\left[\begin{matrix}\alpha+\nu+\mu r+rk,\ \alpha-\nu+\mu r+rk\\ \alpha+1/2+\mu r+rk\end{matrix}\right]\cos^{\gamma-1}(\alpha+\mu r+rk)\pi\times$$

$$\times\left(-\frac{b}{2^rc^r}\right)^k\pm(1-\gamma)\frac{b^{(1-2\alpha)/(2r)}\sqrt{\pi}}{\sqrt{2c}}\sum_{k=0}^\infty\frac{(1/2+\nu)_k(1/2-\nu)_k}{k!\,(1/2-\alpha+k)}\times$$

$$\times\Gamma\left(\mu+\frac{2\alpha-2k-1}{2r}\right)\left(-\frac{b^{1/r}}{2c}\right)^k+\left\{\begin{matrix}0\\1\end{matrix}\right\}V_\nu(\gamma)\qquad[r<1],$$

$\widetilde{W}_\nu(\gamma)$ при $r=1$ см. в 2.16.61.3.

33. $$\int_0^\infty x^{\alpha-1}e^{cx}\left\{\begin{matrix}\gamma(\mu,\,bx^r)\\ \Gamma(\mu,\,bx^r)\end{matrix}\right\}K_\nu(cx)\,dx=\widetilde{W}_\nu(0)$$

$$\left[r,\ \operatorname{Re}b,\ \operatorname{Re}c>0;\ \operatorname{Re}(\alpha+\mu r)>|\operatorname{Re}\nu|,\ \left\{\begin{matrix}\operatorname{Re}\mu>0;\ \operatorname{Re}\alpha<1/2\\ \operatorname{Re}\alpha>|\operatorname{Re}\nu|\end{matrix}\right\},\ \widetilde{W}_\nu(\gamma)\text{ см. в 2.16.1.32}\right].$$

34. $$\int\limits_0^\infty x^{\alpha-1}e^{\pm b^2x^{2r}/4}D_\mu(bx^r)K_\nu(cx)\,dx=-\frac{\pi}{2}\,Z_\nu(0,\,0)$$

[r, $\operatorname{Re}c>0$; $\operatorname{Re}\alpha>|\operatorname{Re}\nu|$; $|\arg b|<(2\pm 1)\pi/4$; $Z_\nu(\gamma,\,\varepsilon)$ см. в 2.13.1.18].

35. $$\int\limits_0^\infty x^{\alpha-1}e^{\pm b^2x^{2r}/4-cx}D_\mu(bx^r)K_\nu(cx)\,dx=\widetilde{X}_\nu^{\pm}(1)$$

[r, $\operatorname{Re}c>0$; $\operatorname{Re}\alpha>|\operatorname{Re}\nu|$; $|\arg b|<(2\pm 1)\pi/4$],

$$\widetilde{X}_\nu^{\pm}(\gamma)=\frac{2^{\alpha/(2r)\mp(\pm 7+1+\mu)/2}}{b^{\alpha/r}r}\begin{Bmatrix}\Gamma^{-1}(-\mu)\\ \sqrt{\pi}\end{Bmatrix}\times$$
$$\times\sum_{k=0}^\infty\frac{(-1)^{k\gamma}}{k!}\left[A_k^{\pm}(\nu)+A_k^{\pm}(-\nu)\right]\left(\frac{2^{1/(2r)+1}c}{b^{1/r}}\right)^k+\begin{Bmatrix}1\\0\end{Bmatrix}V_\nu^{\pm}(\gamma),$$

$$A_k^{\pm}(\nu)=\left(\frac{b^{1/r}}{2^{1/(2r)-1}c}\right)^\nu\frac{\Gamma(\nu)(1/2-\nu)_k}{(1-2\nu)_k}\,\Gamma\left(\frac{\alpha+k-\nu}{r}\right)\Gamma^{\pm 1}\left(\frac{1\mp 1-2\mu}{4}\mp\frac{\alpha+k-\nu}{2r}\right),$$

$$V_\nu^{\pm}(\gamma)=\frac{\sqrt{\pi}\,b^\mu\cos^{1-\gamma}\nu\pi}{2^{\alpha+\mu+\mu r}c^{\alpha+\mu r}}\sum_{k=0}^\infty\frac{(-\mu)_{2k}}{k!}\times$$
$$\times\Gamma\begin{bmatrix}\alpha+\nu+\mu r-2rk,\ \alpha-\nu+\mu r-2rk\\ 1/2+\alpha+\mu r-2rk\end{bmatrix}\cos^{\gamma-1}(\alpha+\mu r-2rk)\pi\left(-\frac{2^{2r+1}c^{2r}}{b^2}\right)^k$$

[$r>1/2$; $2\nu\neq\ldots,\,-2,\,-1,\,0,\,1,\,2,\,\ldots$],

$$\widetilde{X}_n^{\pm}(\gamma)=\frac{2^{\alpha/(2r)\mp(\pm 7+1+\mu)/2}}{b^{\alpha/r}r}\begin{Bmatrix}\Gamma^{-1}(-\mu)\\ \sqrt{\pi}\end{Bmatrix}\left\{\sum_{k=0}^{2n-1}\frac{(-1)^{k\gamma}A_k^{\pm}(n)}{k!}\left(\frac{2^{1/(2r)+1}c}{b^{1/r}}\right)^k+\right.$$
$$+2\left(-\frac{2^{1/(2r)-1}c}{b^{1/r}}\right)^n\frac{(2n)!}{n!}\sum_{k=0}^\infty\frac{(-1)^{k\gamma}(1/2+n)_k}{k!\,(2n+k)!}\,\Gamma\left(\frac{\alpha+k+n}{r}\right)\times$$
$$\times\Gamma^{\pm 1}\left(\frac{1\mp 1-2\mu}{4}\mp\frac{\alpha+k+n}{2r}\right)\left[\psi(k+1)+\psi(2n+k+1)-\psi\left(\frac{1}{2}+(-1)^\gamma(n+k)\right)-\right.$$
$$-\frac{1}{r}\,\psi\left(\frac{\alpha+k+n}{r}\right)+\frac{1}{2r}\,\psi\left(\frac{1\mp 1-2\mu}{4}\mp\frac{\alpha+k+n}{2r}\right)-$$
$$\left.\left.-\ln\frac{2^{1/(2r)+1}c}{b^{1/r}}\right]\left(\frac{2^{1/(2r)+1}c}{b^{1/r}}\right)^k\right\}+V_n^{\pm}(\gamma)\qquad [r>1/2],$$

$$\widetilde{X}_{n+1/2}^{\pm}(1)=\frac{2^{\alpha/(2r)\mp(\mu+1\pm 7)/2}}{b^{\alpha/r}r}\begin{Bmatrix}\Gamma^{-1}(-\mu)\\ \sqrt{\pi}\end{Bmatrix}\times$$
$$\times\left[\sum_{k=0}^n\frac{1}{k!}\,A_k^{\pm}\left(n+\frac{1}{2}\right)\left(-\frac{2^{1/(2r)+1}c}{b^{1/r}}\right)^k-(-1)^n2\sqrt{\pi}\,\left(\frac{2^{1/(2r)+1}c}{b^{1/r}}\right)^{n+1/2}\times\right.$$
$$\times\sum_{k=0}^\infty\frac{(n+k)!}{k!\,(2n+k+1)!}\,\Gamma\left(\frac{\alpha+k+n+1/2}{r}\right)\times$$
$$\left.\times\Gamma^{\pm 1}\left(\frac{1\mp 1-2\mu}{4}\mp\frac{\alpha+k+n+1/2}{2r}\right)\left(-\frac{2^{1/(2r)+1}c}{b^{1/r}}\right)^k\right]+V_{n+1/2}^{\pm}(\gamma)\qquad [r>1/2],$$

$$\widetilde{X}_\nu^{\pm}(\gamma)=\frac{2^{\mp(\mu+1\pm 1)/2-\alpha}\sqrt{\pi}}{c^\alpha\cos^{\gamma-1}\nu\pi}\begin{Bmatrix}\Gamma^{-1}(-\mu)\\ \sqrt{\pi}\end{Bmatrix}\sum_{k=0}^\infty\frac{1}{k!}\,\Gamma\begin{bmatrix}\alpha+\nu+rk,\ \alpha-\nu+rk\\ 1/2+\alpha+rk\end{bmatrix}\times$$

$$\times\Gamma^{\pm 1}\left(\frac{1\mp 1-2\mu\pm 2k}{4}\right)\cos^{\gamma-1}(\alpha+rk)\pi\left(-\frac{b}{2^{r+1/2}c^r}\right)^k+$$

$$+(1-\gamma)\frac{2^{(2\alpha-1)/(4r)\mp(\mu+1\pm 2)/2}\sqrt{\pi}}{r\sqrt{c}\,b^{(2\alpha-1)/(2r)}}\left\{\begin{matrix}\Gamma^{-1}(-\mu)\\ \sqrt{\pi}\end{matrix}\right\}\sum_{k=0}^{\infty}\frac{(1/2+\nu)_k(1/2-\nu)_k}{k!}\times$$

$$\times\Gamma\left(\frac{2\alpha-2k-1}{2r}\right)\Gamma^{\pm 1}\left(\frac{1\mp 1-2\mu}{4}\mp\frac{2\alpha-2k-1}{4r}\right)\left(-\frac{b^{1/r}}{2^{1+1/(2r)}c}\right)^k \qquad [r<1/2],$$

$\widetilde{X}_\nu^\pm(\gamma)$ при $r=1/2$ см. в 2.16.62.4.

36. $$\int_0^\infty x^{\alpha-1}e^{\pm b^2x^{2r}/4+cx}D_\mu(bx^r)K_\nu(cx)\,dx=\widetilde{X}_\nu^\pm(0)$$

$$\left[r,\ \operatorname{Re}c>0;\ |\arg b|<(2\pm 1)\pi/4,\ \left\{\begin{matrix}|\operatorname{Re}\nu|<\operatorname{Re}\alpha\\ |\operatorname{Re}\nu|<\operatorname{Re}\alpha<1/2-r\operatorname{Re}\mu\end{matrix}\right\},\ \widetilde{X}_\nu^\pm(\gamma)\text{ см. в 2.16.1.35}\right].$$

2.16.2. Интегралы от $x^\alpha(z\pm x)^\beta K_\nu(cx)$.

1. $$\int_0^\infty K_\nu(cx)\,dx=\frac{\pi}{2c}\sec\frac{\nu\pi}{2} \qquad [|\operatorname{Re}\nu|<1;\ \operatorname{Re}c>0].$$

2. $$\int_0^\infty x^{\alpha-1}K_\nu(cx)\,dx=2^{\alpha-2}c^{-\alpha}\Gamma\left(\frac{\alpha+\nu}{2}\right)\Gamma\left(\frac{\alpha-\nu}{2}\right) \qquad [\operatorname{Re}\alpha>|\operatorname{Re}\nu|;\ \operatorname{Re}c>0].$$

3. $$\int_0^a x^{\alpha-1}(a-x)^{\beta-1}K_\nu(cx)\,dx=2^{\nu-1}a^{\alpha+\beta-\nu-1}c^{-\nu}\Gamma(\nu)\mathrm{B}(\beta,\,\alpha-\nu)\times$$

$$\times{}_2F_3\left(\frac{\alpha-\nu}{2},\frac{1+\alpha-\nu}{2};\,1-\nu,\,\frac{\alpha+\beta-\nu}{2},\frac{1+\alpha+\beta-\nu}{2};\,\frac{a^2c^2}{4}\right)+$$

$$+2^{-\nu-1}a^{\alpha+\beta+\nu-1}c^\nu\Gamma(-\nu)\mathrm{B}(\beta,\,\alpha+\nu)\times$$

$$\times{}_2F_3\left(\frac{a+\nu}{2},\frac{1+\alpha+\nu}{2};\,1+\nu,\,\frac{\alpha+\beta+\nu}{2},\frac{1+\alpha+\beta+\nu}{2};\,\frac{a^2c^2}{4}\right)$$

$$[a,\ \operatorname{Re}\beta>0;\ \operatorname{Re}\alpha>|\operatorname{Re}\nu|].$$

4. $$\int_a^\infty x^{\alpha-1}(x-a)^{\beta-1}K_\nu(cx)\,dx=2^{\alpha+\beta-3}c^{1-\alpha-\beta}\Gamma\left(\frac{\alpha+\beta+\nu-1}{2}\right)\Gamma\left(\frac{\alpha+\beta-\nu-1}{2}\right)\times$$

$$\times{}_2F_3\left(\frac{1-\beta}{2},1-\frac{\beta}{2};\,\frac{1}{2},\frac{3-\alpha-\beta-\nu}{2},\frac{3+\nu-\alpha-\beta}{2};\,\frac{a^2c^2}{4}\right)-$$

$$-2^{\alpha+\beta-4}ac^{2-\alpha-\beta}(\beta-1)\Gamma\left(\frac{\alpha+\beta+\nu}{2}-1\right)\Gamma\left(\frac{\alpha+\beta-\nu}{2}-1\right)\times$$

$$\times{}_2F_3\left(1-\frac{\beta}{2},\frac{3-\beta}{2};\,\frac{3}{2},2+\frac{\nu-\alpha-\beta}{2},2-\frac{\nu+\alpha+\beta}{2};\,\frac{a^2c^2}{4}\right)+$$

$$+2^{\nu-1}a^{\alpha+\beta-\nu-1}c^{-\nu}\Gamma(\nu)\mathrm{B}(\beta,\,1-\alpha-\beta+\nu)\times$$

$$\times{}_2F_3\left(\frac{\alpha-\nu}{2},\frac{1+\alpha-\nu}{2};\,1-\nu,\,\frac{\alpha+\beta-\nu}{2},\frac{1+\alpha+\beta-\nu}{2};\,\frac{a^2c^2}{4}\right)+$$

$$+2^{-\nu-1}a^{\alpha+\beta+\nu-1}c^\nu\Gamma(-\nu)\mathrm{B}(\beta,\,1-\alpha-\beta-\nu)\times$$

$$\times{}_2F_3\left(\frac{\alpha+\nu}{2},\frac{1+\alpha+\nu}{2};\,1+\nu,\,\frac{\alpha+\beta+\nu}{2},\frac{1+\alpha+\beta+\nu}{2};\,\frac{a^2c^2}{4}\right) \qquad [a,\ \operatorname{Re}c,\ \operatorname{Re}\beta>0].$$

5. $$\int_0^\infty\frac{1}{x+z}K_\nu(cx)\,dx=\frac{\pi^2}{2}\operatorname{cosec}^2\nu\pi[I_\nu(cz)+I_{-\nu}(cz)-e^{-i\pi\nu/2}\mathbf{J}_\nu(icz)-e^{i\pi\nu/2}\mathbf{J}_{-\nu}(icz)]$$

$$[\operatorname{Re}c>0;\ |\operatorname{Re}\nu|<1;\ |\arg z|<\pi].$$

6. $$\int\limits_0^\infty \frac{x^{\alpha-1}}{(x+z)^\rho} K_\nu(cx)\,dx = 2^{\alpha-\rho-2}c^{\rho-\alpha}\Gamma\Big(\frac{\alpha+\nu-\rho}{2}\Big)\Gamma\Big(\frac{\alpha-\nu-\rho}{2}\Big)\times$$
$$\times\,{}_2F_3\Big(\frac{\rho}{2},\ \frac{1+\rho}{2};\ \frac{1}{2},\ 1+\frac{\rho-\nu-\alpha}{2},\ 1+\frac{\rho+\nu-\alpha}{2};\ \frac{c^2z^2}{4}\Big)-$$
$$-\,2^{\alpha-\rho-3}c^{\rho-\alpha+1}\rho z\Gamma\Big(\frac{\alpha+\nu-\rho-1}{2}\Big)\Gamma\Big(\frac{\alpha-\nu-\rho-1}{2}\Big)\times$$
$$\times\,{}_2F_3\Big(\frac{\rho+1}{2},\ 1+\frac{\rho}{2};\ \frac{3}{2},\ \frac{3+\rho-\nu-\alpha}{2},\ \frac{3+\rho+\nu-\alpha}{2};\ \frac{c^2z^2}{4}\Big)+$$
$$+\,2^{\nu-1}c^{-\nu}z^{\alpha-\rho-\nu}\Gamma(\nu)\mathrm{B}(\alpha-\nu,\ \rho-\alpha+\nu)\times$$
$$\times\,{}_2F_3\Big(\frac{\alpha-\nu}{2},\ \frac{1+\alpha-\nu}{2};\ 1-\nu,\ 1+\frac{\alpha-\nu-\rho}{2},\ \frac{1+\alpha-\nu-\rho}{2};\ \frac{c^2z^2}{4}\Big)+$$
$$+\,2^{-\nu-1}c^{\nu}z^{\alpha+\nu-\rho}\Gamma(-\nu)\mathrm{B}(\alpha+\nu,\ \rho-\alpha-\nu)\times$$
$$\times\,{}_2F_3\Big(\frac{\alpha+\nu}{2},\ \frac{\alpha+\nu+1}{2};\ 1+\nu,\ 1+\frac{\alpha+\nu-\rho}{2},\ \frac{1+\alpha+\nu-\rho}{2};\ \frac{c^2z^2}{4}\Big)$$

[$\operatorname{Re} c > 0$; $\operatorname{Re}\alpha > |\operatorname{Re}\nu|$; $|\arg z| < \pi$].

7. $$\int\limits_0^\infty \frac{x^{\alpha-1}}{x-y} K_\nu(cx)\,dx =$$
$$= 2^{\alpha-3}c^{1-\alpha}\Gamma\Big(\frac{\alpha+\nu-1}{2}\Big)\Gamma\Big(\frac{\alpha-\nu-1}{2}\Big)\,{}_1F_2\Big(1;\ \frac{3-\nu-\alpha}{2},\ \frac{3+\nu-\alpha}{2};\ \frac{c^2y^2}{4}\Big)+$$
$$+\,2^{\alpha-4}c^{2-\alpha}y\Gamma\Big(\frac{\alpha+\nu}{2}-1\Big)\Gamma\Big(\frac{\alpha-\nu}{2}-1\Big)\,{}_1F_2\Big(1;\ 2-\frac{\nu+\alpha}{2},\ 2+\frac{\nu-\alpha}{2};\ \frac{c^2y^2}{4}\Big)+$$
$$+\,\frac{\pi^2y^{\alpha-1}}{2\sin\nu\pi}\,[\operatorname{ctg}(\alpha+\nu)\pi I_\nu(cy)-\operatorname{ctg}(\alpha-\nu)\pi I_{-\nu}(cy)]$$

[y, $\operatorname{Re} c > 0$; $\operatorname{Re}\alpha > |\operatorname{Re}\nu|$].

2.16.3. Интегралы от $x^\alpha(z^2 \pm x^2)^\beta K_\nu(cx)$.

1. $$\int\limits_0^a \frac{1}{\sqrt{a^2-x^2}} K_\nu(cx)\,dx = \frac{\pi}{2}\sec\frac{\nu\pi}{2}\Big[I_{\nu/2}\Big(\frac{ac}{2}\Big)+I_{-\nu/2}\Big(\frac{ac}{2}\Big)\Big]K_{\nu/2}\Big(\frac{ac}{2}\Big)$$

[$a > 0$; $|\operatorname{Re}\nu| < 1$].

2. $$\int\limits_0^a x^{\alpha-1}(a^2-x^2)^{\beta-1}K_\nu(cx)\,dx =$$
$$= 2^{\nu-2}a^{\alpha+2\beta-\nu-2}c^{-\nu}\Gamma(\nu)\mathrm{B}\Big(\beta,\ \frac{\alpha-\nu}{2}\Big)\,{}_1F_2\Big(\frac{\alpha-\nu}{2};\ 1-\nu,\ \beta+\frac{\alpha-\nu}{2};\ \frac{a^2c^2}{4}\Big)+$$
$$+\,2^{-\nu-2}a^{\alpha+2\beta+\nu-2}c^{\nu}\Gamma(-\nu)\mathrm{B}\Big(\beta,\ \frac{\alpha+\nu}{2}\Big)\,{}_1F_2\Big(\frac{\alpha+\nu}{2};\ 1+\nu,\ \beta+\frac{\alpha+\nu}{2};\ \frac{a^2c^2}{4}\Big)$$

[a, $\operatorname{Re}\beta > 0$; $\operatorname{Re}\alpha > |\operatorname{Re}\nu|$].

3. $$\int\limits_0^a x^{1-\nu}(a^2-x^2)^{\beta-1}K_\nu(cx)\,dx = \frac{2^{\beta-2}\pi a^{\beta-\nu}c^{-\beta}}{\sin\nu\pi}\Gamma(\beta)I_{\beta-\nu}(ac)+$$
$$+\,\frac{2^{-\nu-2}a^{2\beta}c^\nu}{\beta}\Gamma(-\nu)\,{}_1F_2\Big(1;\ \nu+1,\ \beta+1;\ \frac{a^2c^2}{4}\Big)$$

[a, $\operatorname{Re}\beta > 0$; $\operatorname{Re}\nu < 1$].

4. $$\int\limits_0^a x^\nu(a^2-x^2)^{\nu-1/2}K_\nu(cx)\,dx = 2^{\nu-1}\sqrt{\pi}\,a^{2\nu}c^{-\nu}\Gamma\Big(\nu+\frac{1}{2}\Big)I_\nu\Big(\frac{ac}{2}\Big)K_\nu\Big(\frac{ac}{2}\Big)$$

[$a > 0$; $\operatorname{Re}\nu > -1/2$].

5. $\displaystyle\int_a^\infty \frac{1}{\sqrt{x^2-a^2}}\,K_\nu(cx)\,dx = \frac{1}{2}\,K_{\nu/2}^2\Big(\frac{ac}{2}\Big)$ $[a,\ \mathrm{Re}\,c>0]$.

6. $$\int_a^\infty x^{\alpha-1}(x^2-a^2)^{\beta-1}K_\nu(cx)\,dx = 2^{\nu-2}a^{\alpha+2\beta-\nu-2}c^{-\nu}\times$$
$$\times\,\Gamma(\nu)\mathrm{B}\Big(\beta,\,1-\beta+\frac{\nu-\alpha}{2}\Big)\,{}_1F_2\Big(\frac{\alpha-\nu}{2};\ 1-\nu,\,\beta+\frac{\alpha-\nu}{2};\ \frac{a^2c^2}{4}\Big)+$$
$$+\,2^{-\nu-2}a^{\alpha+2\beta+\nu-2}c^{\nu}\Gamma(-\nu)\mathrm{B}\Big(\beta,\,1-\beta-\frac{\alpha+\nu}{2}\Big)\times$$
$$\times\,{}_1F_2\Big(\frac{\alpha+\nu}{2};\ 1+\nu,\,\beta+\frac{\alpha+\nu}{2};\ \frac{a^2c^2}{4}\Big)+2^{\alpha+2\beta-4}c^{2-\alpha-2\beta}\Gamma\Big(\beta+\frac{\alpha+\nu}{2}-1\Big)\times$$
$$\times\,\Gamma\Big(\beta+\frac{\alpha-\nu}{2}-1\Big)\,{}_1F_2\Big(1-\beta;\ 2-\beta-\frac{\alpha+\nu}{2},\,2-\beta-\frac{\alpha-\nu}{2};\ \frac{a^2c^2}{4}\Big)$$
$[a,\ \mathrm{Re}\,c,\ \mathrm{Re}\,\beta>0]$.

7. $\displaystyle\int_a^\infty x^{1\pm\nu}(x^2-a^2)^{\beta-1}K_\nu(cx)\,dx = 2^{\beta-1}a^{\beta\pm\nu}c^{-\beta}\Gamma(\beta)K_{\nu\pm\beta}(ac)$ $[a,\ \mathrm{Re}\,c,\ \mathrm{Re}\,\beta>0]$.

8. $\displaystyle\int_a^\infty x^{\nu}(x^2-a^2)^{\nu-1/2}K_\nu(cx)\,dx = \frac{2^{\nu-1}}{\sqrt{\pi}}\,a^{2\nu}c^{-\nu}\Gamma\Big(\nu+\frac{1}{2}\Big)K_\nu^2\Big(\frac{ac}{2}\Big)$
$[a,\ \mathrm{Re}\,c>0;\ \mathrm{Re}\,\nu>-1/2]$.

9. $\displaystyle\int_a^\infty \frac{x}{\sqrt{x^2-a^2}}\,K_0(cx)\,dx = \frac{\pi}{2c}\,e^{-ac}$ $[a,\ \mathrm{Re}\,c>0]$.

10. $\displaystyle\int_0^\infty \frac{1}{x^2+z^2}\,K_\nu(cx)\,dx = \frac{\pi^2}{4z}\sec\frac{\nu\pi}{2}\Big\{\mathrm{tg}\,\frac{\nu\pi}{2}\,[\mathbf{J}_\nu(cz)-J_\nu(cx)]-\mathbf{E}_\nu(cz)-Y_\nu(cz)\Big\}$
$[\mathrm{Re}\,c,\ \mathrm{Re}\,z>0;\ |\mathrm{Re}\,\nu|<1]$.

11. $\displaystyle\int_0^\infty \frac{1}{\sqrt{x^2+z^2}}\,K_\nu(cx)\,dx = \frac{\pi^2}{8}\sec\frac{\nu\pi}{2}\Big[J_{\nu/2}^2\Big(\frac{cz}{2}\Big)+Y_{\nu/2}^2\Big(\frac{cz}{2}\Big)\Big]$
$[\mathrm{Re}\,c,\ \mathrm{Re}\,z>0;\ |\mathrm{Re}\,\nu|<1]$.

12. $$\int_0^\infty \frac{x^{\alpha-1}}{(x^2+z^2)^\rho}\,K_\nu(cx)\,dx = 2^{\nu-2}c^{-\nu}z^{\alpha-2\rho-\nu}\Gamma(\nu)\mathrm{B}\Big(\rho+\frac{\nu-\alpha}{2},\,\frac{\alpha-\nu}{2}\Big)\times$$
$$\times\,{}_1F_2\Big(\frac{\alpha-\nu}{2};\ 1-\nu,\,1-\rho+\frac{\alpha-\nu}{2};\ -\frac{c^2z^2}{4}\Big)+2^{-\nu-2}c^{\nu}z^{\alpha+\nu-2\rho}\Gamma(-\nu)\times$$
$$\times\,\mathrm{B}\Big(\rho-\frac{\alpha+\nu}{2},\,\frac{\alpha+\nu}{2}\Big)\,{}_1F_2\Big(\frac{\alpha+\nu}{2};\ 1+\nu,\,1-\rho+\frac{\alpha+\nu}{2};\ -\frac{c^2z^2}{4}\Big)+2^{\alpha-2\rho-2}c^{2\rho-\alpha}\times$$
$$\times\,\Gamma\Big(\frac{\alpha+\nu}{2}-\rho\Big)\Gamma\Big(\frac{\alpha-\nu}{2}-\rho\Big)\,{}_1F_2\Big(\rho;\ 1+\rho-\frac{\alpha+\nu}{2},\,1+\rho-\frac{\alpha-\nu}{2};\ -\frac{c^2z^2}{4}\Big)$$
$[\mathrm{Re}\,c,\ \mathrm{Re}\,z>0;\ |\mathrm{Re}\,\nu|<\mathrm{Re}\,\alpha]$.

13. $\displaystyle\int_0^\infty \frac{x^{\nu+1}}{(x^2+z^2)^\rho}\,K_\nu(cx)\,dx = (2z)^\nu\Big(\frac{z}{c}\Big)^{1-\rho}\Gamma(\nu+1)S_{-\nu-\rho,\,1+\nu-\rho}(cz)$
$[\mathrm{Re}\,c,\ \mathrm{Re}\,z>0;\ \mathrm{Re}\,\nu>-1]$.

14. $\displaystyle\int_0^\infty \frac{x^{\alpha-1}}{x^2+z^2}\,K_\nu(cx)\,dx = (2z)^{\alpha-2}\Gamma\Big(\frac{\alpha-\nu}{2}\Big)\Gamma\Big(\frac{\alpha+\nu}{2}\Big)S_{1-\alpha,\,\nu}(cz)$
$[\mathrm{Re}\,c,\ \mathrm{Re}\,z>0;\ \mathrm{Re}\,\alpha>|\mathrm{Re}\,\nu|]$.

15. $\displaystyle\int_0^\infty \frac{x^{\pm\nu}}{x^2+z^2} K_\nu(cx)\,dx = \frac{\pi^2 z^{\pm\nu-1}}{4\cos\nu\pi}\left[\mathbf{H}_{\mp\nu}(cz) - Y_{\mp\nu}(cz)\right]$ [$\operatorname{Re} c,\ \operatorname{Re} z > 0;\ \pm\operatorname{Re}\nu > -1/2$].

16. $\displaystyle\int_0^\infty \frac{x}{\sqrt{x^2+z^2}} K_0(cx)\,dx = \frac{2}{c}\left[\sin cz\operatorname{ci}(cz) - \cos cz\operatorname{si}(cz)\right]$ [$\operatorname{Re} c,\ \operatorname{Re} z > 0$].

17. $$\int_0^\infty \frac{x^{\alpha-1}}{x^2-y^2} K_\nu(cx)\,dx = 2^{\alpha-4}c^{2-\alpha}\Gamma\left(\frac{\alpha+\nu}{2}-1\right)\Gamma\left(\frac{\alpha-\nu}{2}-1\right){}_1F_2\left(1;\ 2-\frac{\nu+\alpha}{2},\ 2+\frac{\nu-\alpha}{2};\ \frac{c^2y^2}{4}\right) + \frac{\pi^2 y^{\alpha-2}}{4\sin\nu\pi}\left[\operatorname{ctg}\frac{\alpha+\nu}{2}\pi I_\nu(cy) - \operatorname{ctg}\frac{\alpha-\nu}{2}\pi I_{-\nu}(cy)\right]$$ [$y,\ \operatorname{Re} c > 0;\ \operatorname{Re}\alpha > |\operatorname{Re}\nu|$].

18. $\displaystyle\int_0^\infty \frac{x^{\pm\nu}}{x^2-y^2} K_\nu(cx)\,dx = \frac{\pi^2 y^{\pm\nu-1}}{4\cos\nu\pi}\left[\mathbf{L}_{\mp\nu}(cy) - I_{\mp\nu}(cy)\right]$ [$y,\ \operatorname{Re} c > 0;\ \pm\operatorname{Re}\nu > -1/2$].

2.16.4. Интегралы от $A(x)K_\nu(cx)$.

1. $\displaystyle\int_a^b \frac{x}{\sqrt{(b^2-x^2)(x^2-a^2)}} K_0(cx)\,dx = \frac{\pi}{2} I_0\left(\frac{bc-|a|c}{2}\right)K_0\left(\frac{bc+|a|c}{2}\right)$ [$|a| < b$].

2. $$\int_0^\infty x^{\alpha-1}\frac{(\sqrt{x^2+z^2}\pm z)^\mu}{(x^2+z^2)^r} K_\nu(cx)\,dx = 2^{\alpha+\mu-3}(\pm\mu z)^{1-2r}c^{1-\mu-\alpha}\Gamma\left(\frac{\alpha+\mu+\nu-1}{2}\right)\Gamma\left(\frac{\alpha+\mu-\nu-1}{2}\right)\times$$
$$\times\ {}_2F_3\left(\frac{1+\mu}{2},\ \frac{1-\mu}{2};\ \frac{3}{2}-2r,\ \frac{3-\nu-\alpha-\mu}{2},\ \frac{3+\nu-\alpha-\mu}{2};\ -\frac{c^2z^2}{4}\right) + 2^{\alpha+\mu-4r-2}(\pm\mu z)^{2r}c^{4r-\alpha-\mu}\Gamma\left(\frac{\alpha+\mu+\nu}{2}-2r\right)\Gamma\left(\frac{\alpha+\mu-\nu}{2}-2r\right)\times$$
$$\times\ {}_2F_3\left(2r+\frac{\mu}{2},\ 2r-\frac{\mu}{2};\ \frac{1}{2}+2r,\ 1+2r-\frac{\alpha+\mu+\nu}{2},\ 1+2r-\frac{\alpha+\mu-\nu}{2};\ -\frac{c^2z^2}{4}\right) + 2^{\alpha+\mu-2}(\mp\mu)^{1-2r}c^{-\nu}z^{\alpha+\mu-\nu-2r}\Gamma\left[\begin{matrix}\nu,\ (\alpha+\mu\mp\mu-\nu)/2,\ \nu-\alpha-\mu+2r\\ 1-(\mu\pm\mu-\nu+\alpha)/2\end{matrix}\right]\times$$
$$\times\ {}_2F_3\left(\mu+\frac{\alpha-\nu}{2},\ \frac{\alpha-\nu}{2};\ 1-\nu,\ 1-2r+\frac{\alpha+\mu-\nu}{2},\ \frac{1+\alpha+\mu-\nu}{2};\ -\frac{c^2z^2}{4}\right) + 2^{\alpha+\mu-2}(\mp\mu)^{1-2r}c^{\nu}z^{\alpha+\mu+\nu-2r}\Gamma\left[\begin{matrix}-\nu,\ (\alpha+\nu+\mu\mp\mu)/2,\ 2r-\alpha-\mu-\nu\\ 1-(\mu\pm\mu+\nu+\alpha)/2\end{matrix}\right]\times$$
$$\times\ {}_2F_3\left(\mu+\frac{\alpha+\nu}{2},\ \frac{\alpha+\nu}{2};\ 1+\nu,\ 1-2r+\frac{\alpha+\mu+\nu}{2},\ \frac{1+\alpha+\mu+\nu}{2};\ -\frac{c^2z^2}{4}\right)$$
[$r = 0$ или $1/2$; $\operatorname{Re} z,\ \operatorname{Re} c > 0;\ \operatorname{Re}(\alpha+\mu\mp\mu) > |\operatorname{Re}\nu|$].

3. $$\int_0^\infty x^{-\mu}\frac{(\sqrt{x^2+z^2}\pm z)^\mu}{\sqrt{x^2+z^2}} K_\nu(cx)\,dx = \frac{1}{2cz}\Gamma\left(\frac{1+\nu\mp\mu}{2}\right)\Gamma\left(\frac{1-\nu\mp\mu}{2}\right)\times W_{\pm\mu/2,\,\nu/2}(icz)W_{\pm\mu/2,\,\nu/2}(-icz)$$ [$\operatorname{Re} z,\ \operatorname{Re} c > 0;\ |\operatorname{Re}\nu| \pm \operatorname{Re}\mu < 1$].

4. $$\int_0^\infty x^{\alpha-1}\frac{(\sqrt{x^2+z^2}\pm x)^\mu}{(x^2+z^2)^r} K_\nu(cx)\,dx = 2^{\alpha\pm2\mu-2r-2}c^{2r-\alpha\mp\mu}z^{\mu\mp\mu}\Gamma\left(\frac{\alpha+\nu\pm\mu}{2}-r\right)\Gamma\left(\frac{\alpha-\nu\pm\mu}{2}-r\right)\times$$

$$\times\ {}_2F_3\left(2r\mp\frac{\mu}{2},\ \frac{1\mp\mu}{2};\ 1\mp\mu,\ 1+r-\frac{\alpha+\nu\pm\mu}{2},\ 1+r-\frac{\alpha-\nu\pm\mu}{2};\ -\frac{c^2z^2}{4}\right)+$$

$$+\,2^{2r+2\nu-\alpha-2}(\mp\mu)^{1-2r}c^{-\nu}z^{\alpha+\mu-2r-\nu}\Gamma\begin{bmatrix}\nu,\ r+(\nu-\alpha\mp\mu)/2,\ \alpha-\nu\\ 1-r+(\alpha-\nu\mp\mu)/2\end{bmatrix}\times$$

$$\times\ {}_2F_3\left(\frac{\alpha-\nu}{2},\ \frac{1+\alpha-\nu}{2};\ 1-r+\frac{\alpha-\nu\mp\mu}{2},\ 1-\nu,\ 1-r+\frac{\alpha-\nu\pm\mu}{2};\ -\frac{c^2z^2}{4}\right)+$$

$$+\,2^{2r-2\nu-\alpha-2}(\mp\mu)^{1-2r}c^{\nu}z^{\alpha+\mu+\nu-2r}\Gamma\begin{bmatrix}-\nu,\ r-(\alpha+\nu\pm\mu)/2,\ \alpha+\nu\\ 1-r+(\alpha+\nu\mp\mu)/2\end{bmatrix}\times$$

$$\times\ {}_2F_3\left(\frac{\alpha+\nu}{2},\ \frac{\alpha+\nu+1}{2};\ 1+\nu,\ 1-r+\frac{\alpha+\nu-\mu}{2},\ 1-r+\frac{\alpha+\mu+\nu}{2};\ -\frac{c^2z^2}{4}\right)$$

$[r=0$ или $1/2;\ \operatorname{Re}z,\ \operatorname{Re}c>0;\ |\operatorname{Re}\nu|<\operatorname{Re}\alpha]$.

5. $$\int_0^\infty \frac{(\sqrt{x^2+z^2}\pm x)^\mu}{\sqrt{x^2+z^2}}K_\nu(cx)\,dx=$$
$$=\frac{\pi^2z^\mu}{4\sin\nu\pi}\left[J_{(\nu\mp\mu)/2}\left(\frac{cz}{2}\right)Y_{(\mp\mu-\nu)/2}\left(\frac{cz}{2}\right)-J_{(\mp\mu-\nu)/2}\left(\frac{cz}{2}\right)Y_{(\nu\mp\mu)/2}\left(\frac{cz}{2}\right)\right]$$

$[\operatorname{Re}z,\ \operatorname{Re}c>0;\ |\operatorname{Re}\nu|<1]$.

6. $$\int_a^\infty \frac{(x+\sqrt{x^2-a^2}\,)^\mu+(x-\sqrt{x^2-a^2}\,)^\mu}{\sqrt{x^2-a^2}}K_\nu(cx)\,dx=a^\mu K_{(\nu+\mu)/2}\left(\frac{ac}{2}\right)K_{(\nu-\mu)/2}\left(\frac{ac}{2}\right)$$

$[a,\ \operatorname{Re}c>0]$.

7. $$\int_a^\infty x^{-\mu}\frac{(a+i\sqrt{x^2-a^2}\,)^\mu+(a-i\sqrt{x^2-a^2}\,)^\mu}{\sqrt{x^2-a^2}}K_\nu(cx)\,dx=$$
$$=\frac{\pi}{ac}W_{\mu/2,\,\nu/2}(ac)W_{-\mu/2,\,\nu/2}(ac)$$ $[a,\ \operatorname{Re}c>0]$.

2.16.5. Интегралы от $A(x)K_\nu(\varphi(x))$.

1. $$\int_0^1 x^{\alpha-1}K_\nu\left(\frac{c}{x}-cx\right)dx=\frac{\pi^2}{4\sin\nu\pi}\left[J_{(\alpha+\nu)/2}(c)Y_{(\alpha-\nu)/2}(c)-J_{(\alpha-\nu)/2}(c)Y_{(\alpha+\nu)/2}(c)\right]$$

$[\operatorname{Re}c>0;\ |\operatorname{Re}\nu|<1]$.

2. $$\int_1^\infty x^{\alpha-1}K_\nu\left(cx-\frac{c}{x}\right)dx=\frac{\pi^2}{4\sin\nu\pi}\left[J_{(\nu-\alpha)/2}(c)Y_{-(\nu+\alpha)/2}(c)-J_{-(\nu+\alpha)/2}(c)Y_{(\nu-\alpha)/2}(c)\right]$$

$[\operatorname{Re}c>0;\ |\operatorname{Re}\nu|<1]$.

3. $$\int_0^\infty x^{\alpha-1}K_0\left(c\left|x-\frac{1}{x}\right|\right)dx=\frac{\pi^2}{4}\left[J_{\alpha/2}^2(c)+Y_{\alpha/2}^2(c)\right]$$ $[\operatorname{Re}c>0]$.

4. $$\int_0^\infty x^{\alpha-1}K_\nu\left(cx+\frac{c}{x}\right)dx=K_{(\nu+\alpha)/2}(c)K_{(\nu-\alpha)/2}(c)$$ $[\operatorname{Re}c>0]$.

5. $$\int_0^\infty x^{\alpha-1}\left(\frac{a+bx}{b+ax}\right)^{\nu/2}K_\nu\left(\sqrt{a^2+b^2+ab(x+x^{-1})}\,\right)dx=2K_{\alpha+\nu/2}(a)K_{\alpha-\nu/2}(b)$$

$[a,\ b>0]$.

2.16.6. Интегралы от $x^\alpha e^{-px}K_\nu(cx)$.

1. $$\int_0^\infty e^{-px}K_\nu(cx)\,dx=\frac{\pi c^{-\nu}}{2\sin\nu\pi\sqrt{p^2-c^2}}\left[(p+\sqrt{p^2-c^2}\,)^\nu-(p-\sqrt{p^2-c^2}\,)^\nu\right]=$$
$$=\frac{\pi\operatorname{cosec}\nu\pi}{\sqrt{c^2-p^2}}\sin\left(\nu\arccos\frac{p}{c}\right)$$ $[\operatorname{Re}(c+p)>0;\ |\operatorname{Re}\nu|<1,\ \nu\neq0]$.

2. $$\int\limits_0^\infty e^{-px}K_0(cx)\,dx = \frac{1}{\sqrt{p^2-c^2}}\ln\frac{p+\sqrt{p^2-c^2}}{c} = \frac{\arccos(p/c)}{\sqrt{c^2-p^2}} \qquad [\operatorname{Re}(c+p)>0].$$

3. $$\int\limits_0^\infty x^{\alpha-1}e^{-px}K_\nu(cx)\,dx = I_\nu^\alpha$$

$$\left[\operatorname{Re}(c+p)>0;\ \operatorname{Re}\alpha>|\operatorname{Re}\nu|;\ k_1=\sqrt{p-c}\,/\sqrt{p+c}\,,\ k_2=\sqrt{c-p}\,/\sqrt{2c}\,\right],$$

$$I_\nu^\alpha = \frac{p^{\nu-\alpha}c^{-\nu}}{2^\alpha}\sqrt{\pi}\,\Gamma\begin{bmatrix}\alpha-\nu,\ \alpha+\nu\\ \alpha+1/2\end{bmatrix}{}_2F_1\left(\frac{\alpha-\nu}{2},\ \frac{\alpha-\nu+1}{2};\ \alpha+\frac{1}{2};\ 1-\frac{c^2}{p^2}\right) =$$

$$= \frac{(2c)^\nu\sqrt{\pi}}{(p+c)^{\alpha+\nu}}\,\Gamma\begin{bmatrix}\alpha-\nu,\ \alpha+\nu\\ \alpha+1/2\end{bmatrix}{}_2F_1\left(\alpha+\nu,\ \nu+\frac{1}{2};\ \alpha+\frac{1}{2};\ \frac{p-c}{p+c}\right) =$$

$$= e^{-\pi i\nu}\Gamma(\alpha-\nu)(p^2-c^2)^{-\alpha/2}Q_{\alpha-1}^\nu\left(\frac{p}{\sqrt{p^2-c^2}}\right) =$$

$$= \sqrt{\frac{\pi}{2c}}\,\Gamma(\alpha-\nu)\Gamma(\alpha+\nu)(c^2-p^2)^{(1-2\alpha)/4}P_{\nu-1/2}^{1/2-\alpha}\left(\frac{p}{c}\right);$$

$$I_0^2 = \frac{1}{p^2-c^2}\left(\frac{p}{\sqrt{p^2-c^2}}\ln\frac{p+\sqrt{p^2-c^2}}{c}-1\right);$$

$$I_1^2 = \frac{p}{c(p^2-c^2)} - \frac{c}{(p^2-c^2)^{3/2}}\ln\frac{p+\sqrt{p^2-c^2}}{c};$$

$$I_0^{1/2} = 2\sqrt{\frac{\pi}{p+c}}\,\mathbf{K}(k_1) \qquad [0<c<p],$$

$$I_0^{1/2} = \sqrt{\frac{2\pi}{c}}\,\mathbf{K}(k_2) \qquad [0<p<c];$$

$$I_0^{3/2} = \frac{\sqrt{\pi(p+c)}}{p^2-c^2}\,[\mathbf{K}(k_1)-\mathbf{E}(k_1)] \qquad [0<c<p],$$

$$I_0^{3/2} = \frac{\sqrt{\pi}}{(c^2-p^2)\sqrt{2c}}\,[2c\mathbf{E}(k_2)-(p+c)\mathbf{K}(k_2)] \qquad [0<p<c];$$

$$I_0^{5/2} = \frac{\sqrt{\pi(p+c)}}{2(p^2-c^2)^2}\,[(3p+c)\mathbf{K}(k_1)-4p\mathbf{E}(k_1)] \qquad [0<c<p],$$

$$I_0^{5/2} = \frac{\sqrt{\pi}}{2(c^2-p^2)^2\sqrt{2c}}\,[(p+c)(3p+c)\mathbf{K}(k_2)-8cp\mathbf{E}(k_2)] \qquad [0<p<c];$$

$$I_0^{7/2} = \frac{\sqrt{\pi(p+c)}}{4(p^2-c^2)^3}\,[(15p^2+8cp+9c^2)\mathbf{K}(k_1)-(23p^2+9c^2)\mathbf{E}(k_1)] \qquad [0<c<p],$$

$$I_0^{7/2} = \frac{\sqrt{\pi}}{4(c^2-p^2)^3\sqrt{2c}}\,[2c(23p^2+9c^2)\mathbf{E}(k_2)-(p+c)(15p^2+8cp+9c^2)\mathbf{K}(k_2)] \qquad [0<p<c];$$

$$I_1^{3/2} = \frac{\sqrt{\pi(p+c)}}{c(p^2-c^2)}\,[p\mathbf{E}(k_1)-c\mathbf{K}(k_1)] \qquad [0<c<p],$$

$$I_1^{3/2} = \frac{\sqrt{\pi}}{(c^2-p^2)\sqrt{2c}}\,[(p+c)\mathbf{K}(k_2)-2p\mathbf{E}(k_2)] \qquad [0<p<c];$$

$$I_1^{5/2} = \frac{\sqrt{\pi(p+c)}}{2c(p^2-c^2)^2}\,[(p^2+3c^2)\mathbf{E}(k_1)-c(p+3c)\mathbf{K}(k_1)] \qquad [0<c<p],$$

$$I_1^{5/2} = \frac{\sqrt{\pi}}{2(c^2-p^2)^2\sqrt{2c}}\,[2(p^2+3c^2)\mathbf{E}(k_2)-(p+c)(p+3c)\mathbf{K}(k_2)] \qquad [0<p<c];$$

$$I_1^{7/2} = \frac{\sqrt{\pi(p+c)}}{4c(p^2-c^2)^3}\,[p(3p^2+29c^2)\mathbf{E}(k_1) - c(3p^2+24cp+5c^2)\mathbf{K}(k_1)] \qquad [0<c<p],$$

$$I_1^{7/2} = \frac{\sqrt{\pi}}{4(c^2-p^2)^3\sqrt{2c}}\,[(p+c)(3p^2+24cp+5c^2)\mathbf{K}(k_2) - 2p(3p^2+29c^2)\mathbf{E}(k_2)] \quad [0<p<c];$$

$$I_2^{5/2} = \frac{\sqrt{\pi(p+c)}}{2c^2(p^2-c^2)^2}\,[c(5c^2+3cp-4p^2)\mathbf{K}(k_1) - 4p(2c^2-p^2)\mathbf{E}(k_1)] \qquad [0<c<p],$$

$$I_2^{5/2} = \frac{\sqrt{\pi}}{2c(c^2-p^2)^2\sqrt{2c}}\,[(p+c)(5c^2+3cp-4p^2)\mathbf{K}(k_2) - 8p(2c^2-p^2)\mathbf{E}(k_2)] \quad [0<p<c].$$

4. $$\int_0^\infty x^{\alpha-1}e^{-cx}K_\nu(cx)\,dx = \sqrt{\pi}\,(2c)^{-\alpha}\Gamma\begin{bmatrix}\alpha+\nu,\ \alpha-\nu\\ \alpha+1/2\end{bmatrix} \qquad [\operatorname{Re} c>0;\ \operatorname{Re}\alpha>|\operatorname{Re}\nu|].$$

5. $$\int_0^\infty x^{\alpha-1}e^{cx}K_\nu(cx)\,dx = \frac{\cos\nu\pi}{\sqrt{\pi}}\,(2c)^{-\alpha}\Gamma[\alpha+\nu,\ \alpha-\nu,\ 1/2-\alpha]$$
$$[\operatorname{Re} c>0;\ |\operatorname{Re}\nu|<\operatorname{Re}\alpha<1/2].$$

6. $$\int_{-\infty}^\infty |x|^\nu e^{-px}K_\nu(c|x|)\,dx = \frac{\sqrt{\pi}\,\Gamma(\nu+1/2)(2c)^\nu}{(c^2-p^2)^{\nu+1/2}} \qquad [\operatorname{Re} p<|\operatorname{Re} c|;\ \operatorname{Re}\nu<1/2].$$

2.16.7. Интегралы от $x^\alpha(z\pm x)^\beta e^{px}K_\nu(cx)$.

1. $$\int_0^a x^{\alpha-1}(a-x)^{\beta-1}e^{\pm cx}K_\nu(cx)\,dx = 2^{\nu-1}a^{\alpha+\beta-\nu-1}c^{-\nu}\Gamma\begin{bmatrix}\nu,\ \beta,\ \alpha-\nu\\ \alpha+\beta-\nu\end{bmatrix}\times$$
$$\times\,{}_2F_2\left(\frac{1}{2}-\nu,\ \alpha-\nu;\ 1-2\nu,\ \alpha+\beta-\nu;\ \pm 2ac\right) + 2^{-\nu-1}a^{\alpha+\beta+\nu-1}c^\nu\Gamma\begin{bmatrix}-\nu,\ \beta,\ \alpha+\nu\\ \alpha+\beta+\nu\end{bmatrix}\times$$
$$\times\,{}_2F_2\left(\frac{1}{2}+\nu,\ \alpha+\nu;\ 1+2\nu,\ \alpha+\beta+\nu;\ \pm 2ac\right) \qquad [a,\ \operatorname{Re}\beta>0;\ \operatorname{Re}\alpha>|\operatorname{Re}\nu|].$$

2. $$\int_a^\infty x^{\alpha-1}(x-a)^{\beta-1}e^{\mp cx}K_\nu(cx)\,dx = 2^{\nu-1}a^{\alpha+\beta-\nu-1}c^{-\nu}\Gamma\begin{bmatrix}\nu,\ \beta,\ 1-\beta-\alpha+\nu\\ 1-\alpha+\nu\end{bmatrix}\times$$
$$\times\,{}_2F_2\left(\alpha-\nu,\ \frac{1}{2}-\nu;\ 1-2\nu,\ \alpha+\beta-\nu;\ \mp 2ac\right) + 2^{-\nu-1}a^{\alpha+\beta+\nu-1}c^\nu\times$$
$$\times\,\Gamma\begin{bmatrix}-\nu,\ \beta,\ 1-\beta-\alpha-\nu\\ 1-\alpha-\nu\end{bmatrix}{}_2F_2\left(\alpha+\nu,\ \frac{1}{2}+\nu;\ 1+2\nu,\ \alpha+\beta+\nu;\ \mp 2ac\right)\pm$$
$$\pm\begin{Bmatrix}1\\ \cos\nu\pi\sec(\alpha+\beta)\pi\end{Bmatrix}\sqrt{\pi}\,(2c)^{1-\alpha-\beta}\Gamma\begin{bmatrix}\alpha+\beta+\nu-1,\ \alpha+\beta-\nu-1\\ \alpha+\beta-1/2\end{bmatrix}\times$$
$$\times\,{}_2F_2\left(1-\beta,\ \frac{3}{2}-\alpha-\beta;\ 2-\alpha-\beta-\nu,\ 2-\alpha-\beta+\nu;\ \mp 2ac\right)$$
$$\left[a,\ \operatorname{Re}\beta>0,\ \begin{Bmatrix}\operatorname{Re} c>0\\ \operatorname{Re} c>0;\ \operatorname{Re}(\alpha+\beta)<3/2\end{Bmatrix}\right].$$

3. $$\int_a^\infty x^{-\beta-1/2}(x-a)^{\beta-1}e^{-cx}K_\nu(cx)\,dx = \sqrt{\frac{\pi}{2a^2c}}\,\Gamma(\beta)e^{-ac}W_{-\beta,\,\nu}(2ac) \qquad [a,\ \operatorname{Re} c,\ \operatorname{Re}\beta>0].$$

4. $$\int_a^\infty \frac{x^{-1}}{\sqrt{x-a}}\,e^{-cx}K_{i\tau}(cx)\,dx = \frac{\sqrt{2\pi c}}{\tau}\,e^{-ac}\operatorname{Im}K_{1/2+i\tau}(ac) \qquad [a,\ c,\ \tau>0].$$

5. $$\int_a^\infty x^{-\nu}(x-a)^{\beta-1}e^{\pm cx}K_\nu(cx)\,dx = \frac{\sqrt{\pi}\,a^{(\beta-1)/2-\nu}}{(2c)^{(\beta+1)/2}}\begin{Bmatrix}\mathrm{B}(\beta,\ 1/2+\nu-\beta)\\ \Gamma(\beta)\end{Bmatrix}\times$$
$$\times\,e^{\pm ac}W_{\pm\beta/2,\,\nu-\beta/2}(2ac) \qquad \left[a,\ \operatorname{Re} c>0,\ \begin{Bmatrix}0<\operatorname{Re}\beta<\operatorname{Re}\nu+1/2\\ \operatorname{Re}\beta>0\end{Bmatrix}\right].$$

6. $$\int_0^\infty \frac{x^{\alpha-1}}{(x+z)^\rho} e^{\pm cx} K_\nu(cx)\,dx =$$
$$= \sqrt{\pi}\,(2c)^{\rho-\alpha}(\cos\nu\pi\sec(\rho-\alpha)\pi)^{(1\pm1)/2}\Gamma\begin{bmatrix}\alpha+\nu-\rho,\ \alpha-\nu-\rho\\ \alpha+1/2-\rho\end{bmatrix}\times$$
$$\times\,{}_2F_2\left(\frac{1}{2}+\rho-\alpha,\ \rho;\ 1+\rho-\alpha-\nu,\ 1+\rho-\alpha+\nu;\ \mp2cz\right)+2^{\nu-1}c^{-\nu}z^{\alpha-\nu-\rho}\times$$
$$\times\Gamma\begin{bmatrix}\nu,\ \rho+\nu-\alpha,\ \alpha-\nu\\ \rho\end{bmatrix}{}_2F_2\left(\frac{1}{2}-\nu,\ \alpha-\nu;\ 1-2\nu,\ 1+\alpha-\rho-\nu;\ \mp2cz\right)+$$
$$+2^{-\nu-1}c^{\nu}z^{\alpha+\nu-\rho}\Gamma\begin{bmatrix}-\nu,\ \rho-\nu-\alpha,\ \alpha+\nu\\ \rho\end{bmatrix}{}_2F_2\left(\frac{1}{2}+\nu,\ \alpha+\nu;\ 1+2\nu,\ 1+\alpha+\nu-\rho;\ \mp2cz\right)$$
$$\left[\operatorname{Re}\alpha>|\operatorname{Re}\nu|;\ |\arg z|<\pi,\ \begin{Bmatrix}\operatorname{Re}c>0;\ \operatorname{Re}(\alpha-\rho)<1/2\\ \operatorname{Re}c>0\end{Bmatrix}\right].$$

7. $$\int_0^\infty \frac{x^{\rho-3/2}}{(x+z)^\rho} e^{-cx} K_0(cx)\,dx = \sqrt{\frac{\pi}{2c}}\,\Gamma\begin{bmatrix}\rho-1/2,\ \rho-1/2\\ \rho\end{bmatrix}\frac{1}{z}e^{cz}W_{1-\rho,\,0}(2cz)$$
$$[\operatorname{Re}c>0;\ \operatorname{Re}\rho>1/2;\ |\arg z|<\pi].$$

8. $$\int_0^\infty \frac{x^{-1/2}}{x+z} e^{-cx} K_\nu(cx)\,dx = \frac{\pi\sec\nu\pi\,e^{cz}}{\sqrt{z}}K_\nu(cz)\qquad [\operatorname{Re}c>0;\ |\operatorname{Re}\nu|<1/2;\ |\arg z|<\pi].$$

9. $$\int_0^\infty \frac{x^{\alpha-1}}{x-y} e^{\mp cx} K_\nu(cx)\,dx = \pm(2c)^{1-\alpha}\sqrt{\pi}\begin{Bmatrix}1\\ \cos\nu\pi\sec\alpha\pi\end{Bmatrix}\times$$
$$\times\Gamma\begin{bmatrix}\alpha+\nu-1,\ \alpha-\nu-1\\ \alpha-1/2\end{bmatrix}{}_2F_2\left(1,\ \frac{3}{2}-\alpha;\ 2-\alpha-\nu,\ 2-\alpha+\nu;\ \mp2cy\right)-$$
$$-\frac{\pi c^\nu y^{\alpha+\nu-1}}{2^{\nu+1}}\Gamma(-\nu)\operatorname{ctg}(\alpha+\nu)\pi\,{}_1F_1\left(\nu+\frac{1}{2};\ 2\nu+1;\ \mp2cy\right)-$$
$$-\frac{\pi y^{\alpha-\nu-1}}{2^{1-\nu}c^\nu}\Gamma(\nu)\operatorname{ctg}(\alpha-\nu)\pi\,{}_1F_1\left(\frac{1}{2}-\nu;\ 1-2\nu;\ \mp2cy\right)$$
$$\left[y>0;\ |\operatorname{Re}\nu|<\operatorname{Re}\alpha,\ \begin{Bmatrix}\operatorname{Re}c>0\\ \operatorname{Re}c>0;\ \operatorname{Re}\alpha<3/2\end{Bmatrix}\right].$$

2.16.8. Интегралы от $x^\alpha e^{-px^{\pm r}}K_\nu(cx)$.

1. $$\int_a^\infty x^{\nu+1}e^{\pm cx^2/(2a)}K_\nu(cx)\,dx = \frac{a^{\nu+1}}{2c}e^{\mp ac/2}\int_{ac}^\infty e^{\pm x}[K_\nu(x)\mp K_{\nu+1}(x)]\,dx\qquad [a,\ c>0].$$

2. $$\int_a^\infty x^{\nu+1}e^{icx^2/(2a)}K_\nu(cx)\,dx = \frac{a^{\nu+1}}{2c}e^{iac/2}\int_{ac}^\infty [K_\nu(x)+iK_{\nu+1}(x)]\,dx\qquad [a,\ c>0].$$

3. $$\int_0^\infty e^{-px^2}K_\nu(cx)\,dx = \frac{1}{4}\sqrt{\frac{\pi}{p}}\sec\frac{\nu\pi}{2}\exp\left(\frac{c^2}{8p}\right)K_{\nu/2}\left(\frac{c^2}{8p}\right)\qquad [\operatorname{Re}p>0;\ |\operatorname{Re}\nu|<1].$$

4. $$\int_0^\infty x^{\alpha-1}e^{-px^2}K_\nu(cx)\,dx = \frac{p^{(1-\alpha)/2}}{2c}\Gamma\left(\frac{\alpha+\nu}{2}\right)\Gamma\left(\frac{\alpha-\nu}{2}\right)\exp\left(\frac{c^2}{8p}\right)W_{(1-\alpha)/2,\,\nu/2}\left(\frac{c^2}{4p}\right)$$
$$[\operatorname{Re}\alpha>|\operatorname{Re}\nu|;\ \operatorname{Re}p>0].$$

5. $$\int_0^\infty x^{\nu+1}e^{-px^2}K_\nu(cx)\,dx = \frac{c^\nu\Gamma(\nu+1)}{2^{\nu+2}p^{\nu+1}}\exp\left(\frac{c^2}{4p}\right)\Gamma\left(-\nu,\ \frac{c^2}{4p}\right)\qquad [\operatorname{Re}p>0;\ \operatorname{Re}\nu>-1].$$

6. $$\int_0^\infty xe^{-px^2}K_0(cx)\,dx = -\frac{1}{4p}\exp\left(\frac{c^2}{4p}\right)\mathrm{Ei}\left(-\frac{c^2}{4p}\right) \qquad [\operatorname{Re} p > 0].$$

7. $$\int_0^\infty xe^{-px^2}K_1(cx)\,dx = \frac{c\sqrt{\pi}}{16p^{3/2}}\exp\left(\frac{c^2}{8p}\right)\left[K_1\left(\frac{c^2}{8p}\right) - K_0\left(\frac{c^2}{8p}\right)\right] \qquad [\operatorname{Re} p > 0].$$

8. $$\int_0^\infty x^{\alpha-1}e^{-p\sqrt{x}}K_\nu(cx)\,dx = \frac{2^{\alpha-2}}{c^\alpha}\Gamma\Big(\frac{\alpha+\nu}{2}\Big)\Gamma\Big(\frac{\alpha-\nu}{2}\Big)\times$$
$$\times\,{}_2F_3\left(\frac{\alpha+\nu}{2},\ \frac{\alpha-\nu}{2};\ \frac{1}{4},\ \frac{1}{2},\ \frac{3}{4};\ \frac{p^4}{64c^2}\right) - \frac{2^{\alpha-3/2}p}{c^{\alpha+1/2}}\Gamma\left(\frac{1+2\alpha+2\nu}{4}\right)\times$$
$$\times\Gamma\left(\frac{1+2\alpha-2\nu}{4}\right){}_2F_3\left(\frac{1+2\alpha+2\nu}{4},\ \frac{1+2\alpha-2\nu}{4};\ \frac{1}{2},\ \frac{3}{4},\ \frac{5}{4};\ \frac{p^4}{64c^2}\right) +$$
$$+\frac{2^{\alpha-2}p^2}{c^{\alpha+1}}\Gamma\left(\frac{1+\alpha+\nu}{2}\right)\Gamma\left(\frac{1+\alpha-\nu}{2}\right){}_2F_3\left(\frac{1+\alpha+\nu}{2},\ \frac{1+\alpha-\nu}{2};\ \frac{3}{4},\ \frac{5}{4},\ \frac{3}{2};\ \frac{p^4}{64c^2}\right) -$$
$$-\frac{2^{\alpha-3/2}p^3}{3c^{\alpha+3/2}}\Gamma\left(\frac{3+2\alpha+2\nu}{4}\right)\Gamma\left(\frac{3+2\alpha-2\nu}{4}\right)\times$$
$$\times\,{}_2F_3\left(\frac{3+2\alpha+2\nu}{4},\ \frac{3+2\alpha-2\nu}{4};\ \frac{5}{4},\ \frac{3}{2},\ \frac{7}{4};\ \frac{p^4}{64c^2}\right) \qquad [\operatorname{Re} c > 0;\ \operatorname{Re}\alpha > |\operatorname{Re}\nu|].$$

9. $$\int_0^\infty x^{\alpha-1}e^{-p/x}K_\nu(cx)\,dx =$$
$$= \frac{2^{\alpha-2}}{c^\alpha}\Gamma\Big(\frac{\alpha+\nu}{2}\Big)\Gamma\Big(\frac{\alpha-\nu}{2}\Big){}_0F_3\Big(\frac{1}{2},\ 1-\frac{\alpha+\nu}{2},\ 1-\frac{\alpha-\nu}{2};\ \frac{c^2p^2}{16}\Big) -$$
$$-\frac{2^{\alpha-3}p}{c^{\alpha-1}}\Gamma\left(\frac{\alpha+\nu-1}{2}\right)\Gamma\left(\frac{\alpha-\nu-1}{2}\right){}_0F_3\left(\frac{3}{2},\ \frac{3-\alpha-\nu}{2},\ \frac{3+\nu-\alpha}{2};\ \frac{c^2p^2}{16}\right) +$$
$$+2^{-\nu-1}p^{\alpha+\nu}c^\nu\Gamma(-\nu)\Gamma(-\nu-\alpha)\,{}_0F_3\left(1+\nu,\ 1+\frac{\alpha+\nu}{2},\ \frac{1+\alpha+\nu}{2};\ \frac{c^2p^2}{16}\right) +$$
$$+2^{\nu-1}p^{\alpha-\nu}c^{-\nu}\Gamma(\nu)\Gamma(\nu-\alpha)\,{}_0F_3\left(1-\nu,\ 1+\frac{\alpha-\nu}{2},\ \frac{1+\alpha-\nu}{2};\ \frac{c^2p^2}{16}\right) \qquad [\operatorname{Re} c,\ \operatorname{Re} p > 0].$$

10. $$\int_0^\infty xe^{-p/x}K_0(cx)\,dx = \frac{2p}{c}K_1(\sqrt{2icp}\,)K_1(\sqrt{-2icp}\,) \qquad [\operatorname{Re} c,\ \operatorname{Re} p > 0].$$

11. $$\int_0^\infty \frac{1}{x}e^{-p/x}K_0(cx)\,dx = 2K_0(\sqrt{2icp}\,)K_0(\sqrt{-2icp}\,) \qquad [\operatorname{Re} c,\ \operatorname{Re} p > 0].$$

12. $$\int_0^\infty \frac{1}{x^2}e^{-p/x}K_0(cx)\,dx = 2\sqrt{\frac{2c}{\pi}}\ \{\ker(\sqrt{2cp}\,)[\ker_1(\sqrt{2cp}\,) - \mathrm{kei}_1(\sqrt{2cp}\,)] +$$
$$+\mathrm{kei}(\sqrt{2cp}\,)[\ker_1(\sqrt{2cp}\,) + \mathrm{kei}_1(\sqrt{2cp}\,)]\} \qquad [\operatorname{Re} c,\ \operatorname{Re} p > 0].$$

13. $$\int_0^\infty x^{\alpha-1}e^{-p/x^2}K_\nu(cx)\,dx =$$
$$= \frac{2^{\alpha-2}}{c^\alpha}\Gamma\Big(\frac{\alpha+\nu}{2}\Big)\Gamma\Big(\frac{\alpha-\nu}{2}\Big){}_0F_2\left(1-\frac{\alpha+\nu}{2},\ 1-\frac{\alpha-\nu}{2};\ -\frac{c^2p}{4}\right) +$$
$$+\frac{c^\nu p^{(\alpha+\nu)/2}}{2^{\nu+2}}\Gamma(-\nu)\Gamma\Big(-\frac{\alpha+\nu}{2}\Big){}_0F_2\left(1+\frac{\alpha+\nu}{2},\ 1+\nu;\ -\frac{c^2p}{4}\right) +$$
$$+\frac{c^{-\nu}p^{(\alpha-\nu)/2}}{2^{2-\nu}}\Gamma(\nu)\Gamma\Big(\frac{\nu-\alpha}{2}\Big){}_0F_2\left(1+\frac{\alpha-\nu}{2},\ 1-\nu;\ -\frac{c^2p}{4}\right) \qquad [\operatorname{Re} c,\ \operatorname{Re} p > 0].$$

14. $$\int_0^\infty e^{-p/x^2} K_{1/3}(cx)\,dx = \frac{2\pi}{c\sqrt{3}} \exp\left[-3\left(\frac{c^2 p}{4}\right)^{1/3}\right] \qquad [\operatorname{Re} c,\ \operatorname{Re} p > 0].$$

15. $$\int_0^\infty \frac{1}{x^2} e^{-p/x^2} K_{1/3}(cx)\,dx = \frac{\pi}{\sqrt{3}}\left(\frac{2}{cp^2}\right)^{1/3} \exp\left[-3\left(\frac{c^2 p}{4}\right)^{1/3}\right] \qquad [\operatorname{Re} c,\ \operatorname{Re} p > 0].$$

16. $$\int_0^\infty \frac{1}{x} e^{-p/x^2} K_{2/3}(cx)\,dx = \pi\left(\frac{4}{3c^2 p}\right)^{1/3} \exp\left[-3\left(\frac{c^2 p}{4}\right)^{1/3}\right] \qquad [\operatorname{Re} c,\ \operatorname{Re} p > 0].$$

2.16.9. Интегралы от $A(x)e^{f(x)}K_\nu(cx)$.

1. $$\int_0^\infty \frac{1}{x} e^{-px-b/x} K_\nu(cx)\,dx = 2K_\nu(z_+)K_\nu(z_-)$$
$$\left[z_\pm = \sqrt{b}\,(\sqrt{p+c} \pm \sqrt{p-c});\ \operatorname{Re}(p+c),\ \operatorname{Re} b > 0\right].$$

2. $$\int_0^\infty \frac{1}{x^2} e^{-px-b/x} K_0(cx)\,dx = 2c[z_-^{-1} K_0(z_+)K_1(z_-) + z_+^{-1} K_1(z_+)K_0(z_-)]$$
$$\left[z_\pm = \sqrt{b}\,(\sqrt{p+c} \pm \sqrt{p-c});\ \operatorname{Re}(p+c),\ \operatorname{Re} b > 0\right].$$

3. $$\int_0^\infty x^{\alpha-1} e^{\mp cx-b/x} K_\nu(cx)\,dx =$$
$$= \frac{b^{\alpha+\nu}c^\nu}{2^{\nu+1}} \Gamma(-\nu)\Gamma(-\alpha-\nu)\,{}_1F_2\left(\frac{1}{2}+\nu;\ 1+2\nu,\ 1+\nu+\alpha;\ \pm 2bc\right) +$$
$$+ \frac{b^{\alpha-\nu}c^{-\nu}}{2^{1-\nu}} \Gamma(\nu)\Gamma(\nu-\alpha)\,{}_1F_2\left(\frac{1}{2}-\nu;\ 1-2\nu,\ 1+\alpha-\nu;\ \pm 2bc\right) +$$
$$+ \left\{\begin{matrix} 1 \\ \cos\nu\pi\sec\alpha\pi \end{matrix}\right\} \frac{\sqrt{\pi}}{(2c)^\alpha} \Gamma\left[\begin{matrix} \alpha+\nu,\ \alpha-\nu \\ \alpha+1/2 \end{matrix}\right] {}_1F_2\left(\frac{1}{2}-\alpha;\ 1-\alpha+\nu,\ 1-\alpha-\nu;\ \pm 2bc\right)$$
$$[\operatorname{Re} b,\ \operatorname{Re} c > 0].$$

4. $$\int_0^\infty x^{-3/2} e^{-cx-b/x} K_\nu(cx)\,dx = 2\sqrt{\frac{\pi}{b}}\ K_{2\nu}(\sqrt{8bc}) \qquad [\operatorname{Re} b,\ \operatorname{Re} c > 0].$$

5. $$\int_0^\infty \frac{1}{x} e^{cx-b/x} K_\nu(cx)\,dx = \frac{\pi^2}{2}\,[J_\nu^2(\sqrt{2bc}) + Y_\nu^2(\sqrt{2bc})] \qquad [\operatorname{Re} b,\ \operatorname{Re} c > 0].$$

6. $$\int_0^\infty x^{-3/2} e^{cx-b/x} K_0(cx)\,dx = \sqrt{\frac{\pi^3}{b}}\ [\mathbf{H}_0(\sqrt{8bc}) - Y_0(\sqrt{8bc})] \qquad [\operatorname{Re} b,\ \operatorname{Re} c > 0].$$

7. $$\int_0^\infty x^{-1/2} e^{cx-b/x} [K_1(cx) - K_0(cx)]\,dx = -\sqrt{\frac{2\pi^3}{c}}\ [Y_1(\sqrt{8bc}) - \mathbf{H}_{-1}(\sqrt{8bc})]$$
$$[\operatorname{Re} b,\ \operatorname{Re} c > 0].$$

8. $$\int_0^\infty \frac{\exp(-p\sqrt{x^2+z^2})}{\sqrt{x^2+z^2}} K_\nu(cx)\,dx = \frac{1}{2}\sec\frac{\nu\pi}{2}\ K_{\nu/2}\left(\frac{z_+}{2}\right) K_{\nu/2}\left(\frac{z_-}{2}\right)$$
$$\left[\operatorname{Re} z,\ \operatorname{Re}(p+c) > 0;\ |\operatorname{Re}\nu| < 1;\ z_\pm = z(p \pm \sqrt{p^2-c^2})\right].$$

9. $$\int_0^\infty \frac{x}{\sqrt{x^2+z^2}} \exp\left(-p\sqrt{x^2+z^2}\right) K_0(cx)\,dx = \frac{1}{2R}\,[e^{zR}\operatorname{Ei}(-z_+) - e^{-zR}\operatorname{Ei}(-z_-)]$$
$$\left[\operatorname{Re} z,\ \operatorname{Re}(p+c) > 0;\ R = \sqrt{p^2-c^2};\ z_\pm = z(p \pm \sqrt{p^2-c^2})\right].$$

10. $$\int_0^\infty \frac{x^{1-\nu}}{\sqrt{x^2+z^2}}\left(\sqrt{x^2+z^2}\pm z\right)^\nu \exp\left(-p\sqrt{x^2+z^2}\right)K_\nu(cx)\,dx =$$
$$= \frac{(cz)^{\pm\nu}\Gamma(1\mp\nu)}{2R}\left\{z_-^{\mp\nu}e^{-zR}\Gamma(\pm\nu,\, z_-) - z_+^{\mp\nu}e^{zR}\Gamma(\pm\nu,\, z_+)\right\}$$
$$\left[\operatorname{Re} z,\ \operatorname{Re}(p+c)>0;\ \operatorname{Re}\nu<1;\ R=\sqrt{p^2-c^2};\ z_\pm = z\left(p\pm\sqrt{p^2-c^2}\right)\right].$$

11. $$\int_0^\infty \frac{x^{-\mu}}{\sqrt{x^2+z^2}}\left(\sqrt{x^2+z^2}\pm z\right)^\mu \exp\left(-p\sqrt{x^2+z^2}\right)K_\nu(cx)\,dx =$$
$$= \frac{1}{2cz}\Gamma\left(\frac{1+\nu\mp\mu}{2}\right)\Gamma\left(\frac{1-\nu\mp\mu}{2}\right)W_{\pm\mu/2,\,\nu/2}(z_+)W_{\pm\mu/2,\,\nu/2}(z_-)$$
$$\left[\operatorname{Re} z,\ \operatorname{Re}(p+c)>0;\ |\operatorname{Re}\nu|<1\mp\operatorname{Re}\mu;\ z_\pm = z\left(p\pm\sqrt{p^2-c^2}\right)\right].$$

12. $$\int_0^\infty x^{-1/2}\frac{\exp\left(-c\sqrt{(x-a)^2+b^2}\right)}{\sqrt{(x-a)^2+b^2}}K_\nu(cx)\,dx =$$
$$= \frac{\pi\sec\nu\pi}{c(a^2+b^2)^{1/4}}P_{\nu-1/2}\left(-\frac{a}{\sqrt{a^2+b^2}}\right)K_\nu\left(c\sqrt{a^2+b^2}\right) \qquad [a,\ b,\ c>0;\ |\operatorname{Re}\nu|<1/2].$$

2.16.10. Интегралы от $A(x)e^{f(x)}K_\nu(\varphi(x))$.

1. $$\int_0^\infty e^{-px}K_0\left(c\sqrt{x^2+xz}\right)dx = -\frac{1}{2R}e^{pz/2}\left[e^{-Rz/2}\operatorname{Ei}\left(-\frac{z_-}{2}\right) - e^{Rz/2}\operatorname{Ei}\left(-\frac{z_+}{2}\right)\right]$$
$$\left[\operatorname{Re}(p+c)>0;\ |\arg z|<\pi;\ R=\sqrt{p^2-c^2};\ z_\pm = z\left(p\pm\sqrt{p^2-c^2}\right)\right].$$

2. $$\int_0^\infty \frac{x^{\rho-1}}{(x+z)^\rho}e^{-px}K_\nu\left(c\sqrt{x^2+xz}\right)dx = \frac{1}{cz}\Gamma\left(\rho+\frac{\nu}{2}\right)\Gamma\left(\rho-\frac{\nu}{2}\right)e^{pz/2}W_{1/2-\rho,\,\nu/2}\left(\frac{z_+}{2}\right)\times$$
$$\times W_{1/2-\rho,\,\nu/2}\left(\frac{z_-}{2}\right) \qquad \left[\operatorname{Re}(p+c)>0;\ |\arg z|<\pi;\ 2\operatorname{Re}\rho>|\operatorname{Re}\nu|;\ z_\pm = z\left(p\pm\sqrt{p^2-c^2}\right)\right].$$

3. $$\int_0^\infty \frac{x^{-1/2}}{\sqrt{x+z}}e^{-px}K_\nu\left(c\sqrt{x^2+xz}\right)dx = \frac{e^{pz/2}}{2\cos(\nu\pi/2)}K_{\nu/2}\left(\frac{z_+}{4}\right)K_{\nu/2}\left(\frac{z_-}{4}\right)$$
$$\left[\operatorname{Re}(p+c)>0;\ |\arg z|<\pi;\ |\operatorname{Re}\nu|<1;\ z_\pm = z\left(p\pm\sqrt{p^2-c^2}\right)\right].$$

4. $$\int_0^\infty \frac{x^{\nu/2}}{(x+z)^{\nu/2}}e^{-px}K_\nu\left(c\sqrt{x^2+xz}\right)dx =$$
$$= \frac{\Gamma(1+\nu)}{2R(cz)^\nu}e^{pz/2}\left[z_-^\nu e^{-Rz/2}\Gamma\left(-\nu,\ \frac{z_-}{2}\right) - z_+^\nu e^{Rz/2}\Gamma\left(-\nu,\ \frac{z_+}{2}\right)\right]$$
$$\left[\operatorname{Re}(p+c)>0;\ |\arg z|<\pi;\ \operatorname{Re}\nu>-1;\ R=\sqrt{p^2-c^2};\ z_\pm = z\left(p\pm\sqrt{p^2-c^2}\right)\right].$$

5. $$\int_0^y \frac{x^{\alpha-1}}{x^2-y^2}\exp\left(-b\frac{y^2+x^2}{y^2-x^2}\right)K_\nu\left(\frac{2cx}{y^2-x^2}\right)dx = -\frac{y^{\alpha-1}}{4c}\Gamma\left(\frac{\alpha-\nu}{2}\right)\Gamma\left(\frac{\alpha+\nu}{2}\right)\times$$
$$\times W_{(1-\alpha)/2,\,\nu/2}(y_+)W_{(1-\alpha)/2,\,\nu/2}(y_-)$$
$$\left[b,\ y,\ \operatorname{Re} c>0;\ \operatorname{Re}\alpha>|\operatorname{Re}\nu|;\ y_\pm = b\pm\sqrt{b^2-c^2y^{-2}}\right].$$

6. $$\int_y^\infty \frac{x^{\alpha-1}}{x^2-y^2}\exp\left(-b\frac{x^2+y^2}{x^2-y^2}\right)K_\nu\left(\frac{2cx}{x^2-y^2}\right)dx =$$
$$= \frac{y^{\alpha-1}}{4c}\Gamma\left(1-\frac{\alpha+\nu}{2}\right)\Gamma\left(1+\frac{\nu-\alpha}{2}\right)W_{(\alpha-1)/2,\,\nu/2}(y_+)W_{(\alpha-1)/2,\,\nu/2}(y_-)$$
$$\left[b,\ y,\ \operatorname{Re} c>0;\ \operatorname{Re}\alpha<|\operatorname{Re}\nu|+2;\ y_\pm = b\pm\sqrt{b^2-c^2y^{-2}}\right].$$

2.16.11. Интегралы от $x^\alpha \left\{\begin{matrix}\operatorname{sh} bx\\ \operatorname{ch} bx\end{matrix}\right\} K_\nu(cx)$.

1. $$\int_0^\infty \left\{\begin{matrix}\operatorname{sh} bx\\ \operatorname{ch} bx\end{matrix}\right\} K_\nu(cx)\,dx = \frac{\pi}{2\sqrt{c^2-b^2}} \left\{\begin{matrix}\operatorname{cosec}(\nu\pi/2)\sin\varphi\\ \sec(\nu\pi/2)\cos\varphi\end{matrix}\right\}$$

$[\varphi = \nu \arcsin(b/c);\ \operatorname{Re} c > |\operatorname{Re} b|;\ |\operatorname{Re}\nu| < (3\pm 1)/2]$.

2. $$\int_0^\infty \operatorname{sh} bx\, K_0(cx)\,dx = \frac{\arcsin(b/c)}{\sqrt{c^2-b^2}} \qquad [\operatorname{Re} c > |\operatorname{Re} b|].$$

3. $$\int_0^\infty x^{\alpha-1} \left\{\begin{matrix}\operatorname{sh} bx\\ \operatorname{ch} bx\end{matrix}\right\} K_\nu(cx)\,dx = \frac{2^{\alpha+\delta-2} b^\delta}{c^{\alpha+\delta}} \Gamma\left(\frac{\alpha+\delta+\nu}{2}\right)\Gamma\left(\frac{\alpha+\delta-\nu}{2}\right) \times$$
$$\times\, {}_2F_1\left(\frac{\alpha+\delta+\nu}{2}, \frac{\alpha+\delta-\nu}{2};\ \delta+\frac{1}{2};\ \frac{b^2}{c^2}\right) \qquad \left[\operatorname{Re} c > |\operatorname{Re} b|;\ |\operatorname{Re}\nu| < \operatorname{Re}\alpha+\delta,\ \delta = \left\{\begin{matrix}1\\0\end{matrix}\right\}\right].$$

4. $$\int_0^\infty x^{m-1/2} \left\{\begin{matrix}\operatorname{sh} bx\\ \operatorname{ch} bx\end{matrix}\right\} K_n(cx)\,dx = J_n^m \qquad \left[\operatorname{Re} c > |\operatorname{Re} b|;\ m-n > -1 \mp 1/2;\ k = \sqrt{b+c}\,/\sqrt{2c}\right],$$

$$J_0^0 = \sqrt{\frac{\pi}{2c}}\,[\mathbf{K}(k) \mp \mathbf{K}(\sqrt{1-k^2}\,)],$$

$$J_0^1 = \frac{\sqrt{\pi}}{2(c^2-b^2)\sqrt{2c}}\,[2c\mathbf{E}(k) - (c-b)\mathbf{K}(k) \pm (c+b)\mathbf{K}(\sqrt{1-k^2}\,) \mp 2c\mathbf{E}(\sqrt{1-k^2}\,)],$$

$$J_0^2 = \frac{\sqrt{\pi}}{4(c^2-b^2)^2\sqrt{2c}}\,[(c-b)(c-3b)\mathbf{K}(k) + 8bc\mathbf{E}(k) \pm$$
$$\pm\, 8bc\mathbf{E}(\sqrt{1-k^2}\,) \mp (b+c)(3b+c)\mathbf{K}(\sqrt{1-k^2}\,)],$$

$$J_0^3 = \frac{\sqrt{\pi}}{8(c^2-b^2)^3\sqrt{2c}}\,[2c(9c^2+23b^2)\mathbf{E}(k) - (c-b)(9c^2-8bc+15b^2)\mathbf{K}(k) \pm$$
$$\pm\, (c+b)(9c^2+8bc+15b^2)\mathbf{K}(\sqrt{1-k^2}\,) \mp 2c(9c^2+23b^2)\mathbf{E}(\sqrt{1-k^2}\,)],$$

$$J_1^1 = \frac{\sqrt{\pi}}{2(c^2-b^2)\sqrt{2c}}\,[(c-b)\mathbf{K}(k) + 2\mathbf{E}(k) \pm 2b\mathbf{E}(\sqrt{1-k^2}\,) \mp (c+b)\mathbf{K}(\sqrt{1-k^2}\,)],$$

$$J_1^2 = \frac{\sqrt{\pi}}{4(c^2-b^2)^2\sqrt{2c}}\,[2(3c^2+b^2)\mathbf{E}(k) - (c-b)(3c-b)\mathbf{K}(k) \pm$$
$$\pm\, (c+b)(3c+b)\mathbf{K}(\sqrt{1-k^2}\,) \mp 2(3c^2+b^2)\mathbf{E}(\sqrt{1-k^2}\,)],$$

$$J_1^3 = \frac{\sqrt{\pi}}{8(c^2-b^2)^3\sqrt{2c}}\,[(5c^2-24bc+3b^2)(c-b)\mathbf{K}(k) + 2b(29c^2+3b^2)\mathbf{E}(k) \pm$$
$$\pm\, 2b(29c^2+3b^2)\mathbf{E}(\sqrt{1-k^2}\,) \mp (5c^2+24bc+3b^2)(b+c)\mathbf{K}(\sqrt{1-k^2}\,)],$$

$$J_2^2 = \frac{\sqrt{\pi}}{4(c^2-b^2)^2\sqrt{2c^3}}\,[(5c^2-3bc-4b^2)(c-b)\mathbf{K}(k) + 8b(2c^2-b^2)\mathbf{E}(k) \pm$$
$$\pm\, 8b(2c^2-b^2)\mathbf{E}(\sqrt{1-k^2}\,) \mp (b+c)(5c^2+3bc-4b^2)\mathbf{K}(\sqrt{1-k^2}\,)].$$

5. $$\int_0^\infty \frac{1}{x} \operatorname{sh} bx\, K_\nu(cx)\,dx = \frac{\pi}{2\nu} \sec\frac{\nu\pi}{2} \sin\left(\nu \arcsin\frac{b}{c}\right) \qquad [\operatorname{Re} c > |\operatorname{Re} b|;\ |\operatorname{Re}\nu| < 1].$$

6. $\int\limits_0^\infty \frac{1}{x}\operatorname{sh} bx\, K_0(cx)\,dx = \frac{\pi}{2}\arcsin\frac{b}{c}$ $[\operatorname{Re} c > |\operatorname{Re} b|]$.

2.16.12. Интегралы от $A(x)e^{-px}\left\{\begin{matrix}\operatorname{sh}\varphi(x)\\ \operatorname{ch}\varphi(x)\end{matrix}\right\}K_\nu(cx)$.

Условие: $|\arg b|,\ |\arg c| < \pi$.

1. $\int\limits_0^a \frac{\operatorname{ch}(b\sqrt{a^2-x^2})}{\sqrt{a^2-x^2}}K_\nu(cx)\,dx = \frac{\pi^2}{4}\operatorname{cosec}\frac{\nu\pi}{2}\,[I_{-\nu/2}(z_+)I_{-\nu/2}(z_-) - I_{\nu/2}(z_+)I_{\nu/2}(z_-)]$

$\left[a > 0;\ |\operatorname{Re}\nu| < 1,\ \nu \neq 0;\ 2z_\pm = a(\sqrt{b^2+c^2} \pm b)\right]$.

2. $\int\limits_0^a \frac{\operatorname{ch}(b\sqrt{a^2-x^2})}{\sqrt{a^2-x^2}}K_0(cx)\,dx = \frac{\pi}{2}\,[I_0(z_-)K_0(z_+) + I_0(z_+)K_0(z_-)]$

$\left[a > 0;\ 2z_\pm = a(\sqrt{b^2+c^2} \pm b)\right]$.

3. $\int\limits_a^\infty x^{1\pm\nu}\operatorname{sh}(b\sqrt{x^2-a^2})K_\nu(cx)\,dx =$

$= \sqrt{\frac{\pi}{2}}\,a^{3/2\pm\nu}bc^{\pm\nu}(c^2-b^2)^{(\mp 2\nu-3)/4}K_{\mp\nu-3/2}(a\sqrt{c^2-b^2})$ $[a > 0;\ \operatorname{Re} c > |\operatorname{Re} b|]$.

4. $\int\limits_a^\infty x^{1\pm\nu}\frac{\operatorname{ch}(b\sqrt{x^2-a^2})}{\sqrt{x^2-a^2}}K_\nu(cx)\,dx =$

$= \sqrt{\frac{\pi}{2}}\,c^{\pm\nu}a^{1/2\pm\nu}(c^2-b^2)^{(\mp 2\nu-1)/4}K_{\mp\nu-1/2}(a\sqrt{c^2-b^2})$ $[a > 0;\ \operatorname{Re} c > |\operatorname{Re} b|]$.

5. $\int\limits_a^\infty x\frac{\operatorname{ch}(b\sqrt{x^2-a^2})}{\sqrt{x^2-a^2}}K_0(cx)\,dx = \frac{\pi}{2\sqrt{c^2-b^2}}\,e^{-a\sqrt{c^2-b^2}}$ $[a > 0;\ \operatorname{Re} c > |\operatorname{Re} b|]$.

6. $\int\limits_0^\infty \frac{1}{x}\,e^{-px}\operatorname{sh} bx\,K_0(cx)\,dx =$

$= \frac{1}{4}\ln^2\frac{p+b+\sqrt{(p+b)^2-c^2}}{c} - \frac{1}{4}\ln^2\frac{p-b+\sqrt{(p-b)^2-c^2}}{c}$ $[\operatorname{Re}(p+c) > |\operatorname{Re} b|]$.

2.16.13. Интегралы, содержщащие гиперболические функции и $K_\nu(\varphi(\operatorname{sh} x,\ \operatorname{ch} x))$.

1. $\int\limits_0^\infty \operatorname{ch} bx\,K_0(c\operatorname{sh} x)\,dx = \frac{\pi^2}{8}\left[J_{b/2}^2\left(\frac{c}{2}\right) + Y_{b/2}^2\left(\frac{c}{2}\right)\right]$ $[\operatorname{Re} c > 0]$.

2. $\int\limits_0^\infty \operatorname{ch} bx\,K_\nu(c\operatorname{ch} x)\,dx = \frac{1}{2}\,K_{(\nu+b)/2}\left(\frac{c}{2}\right)K_{(\nu-b)/2}\left(\frac{c}{2}\right)$ $[\operatorname{Re} c > 0]$.

3. $\int\limits_0^\infty \operatorname{cth}^\mu\frac{x}{2}\,K_\nu(c\operatorname{sh} x)\,dx = \frac{1}{2c}\,\Gamma\left(\frac{1+\nu-\mu}{2}\right)\Gamma\left(\frac{1-\nu-\mu}{2}\right)W_{\mu/2,\,\nu/2}(ic)W_{\mu/2,\,\nu/2}(-ic)$

$[\operatorname{Re} c > 0;\ |\operatorname{Re}\nu| + \operatorname{Re}\mu < 1]$.

4. $\int\limits_{-\infty}^\infty e^{cx}\left(\frac{a+be^x}{ae^x+b}\right)^\nu K_{2\nu}(\sqrt{a^2+b^2+2ab\operatorname{ch} x})\,dx = 2K_{\nu+c}(a)K_{\nu-c}(b)$ $[\operatorname{Re} a,\ \operatorname{Re} b > 0]$.

2.16.14. Интегралы от $x^\alpha \begin{Bmatrix} \sin bx \\ \cos bx \end{Bmatrix} K_\nu(cx)$.

1. $$\int_0^\infty \begin{Bmatrix} \sin bx \\ \cos bx \end{Bmatrix} K_\nu(cx)\,dx = \frac{\pi}{4c^\nu} \begin{Bmatrix} \operatorname{cosec}(\nu\pi/2) \\ \sec(\nu\pi/2) \end{Bmatrix} \frac{1}{\sqrt{b^2+c^2}} \times$$
$$\times \left[(\sqrt{b^2+c^2}+b)^\nu \mp (\sqrt{b^2+c^2}-b)^\nu\right] \qquad [\operatorname{Re} c > |\operatorname{Im} b|;\ |\operatorname{Re}\nu| < (3\pm 1)/2,\ \nu \neq 0].$$

2. $$\int_0^\infty \sin bx\, K_0(cx)\,dx = \frac{1}{\sqrt{b^2+c^2}} \ln \frac{b+\sqrt{b^2+c^2}}{c} \qquad [\operatorname{Re} c > |\operatorname{Im} b|].$$

3. $$\int_0^\infty x^{\alpha-1} \begin{Bmatrix} \sin bx \\ \cos bx \end{Bmatrix} K_\nu(cx)\,dx = \frac{2^{\alpha+\delta-2} b^\delta}{c^{\alpha+\delta}} \Gamma\left(\frac{\alpha+\delta+\nu}{2}\right) \Gamma\left(\frac{\alpha+\delta-\nu}{2}\right) \times$$
$$\times {}_2F_1\left(\frac{\alpha+\delta+\nu}{2}, \frac{\alpha+\delta-\nu}{2};\ \delta+\frac{1}{2};\ -\frac{b^2}{c^2}\right) = \mp\frac{\pi}{2}\Gamma(\alpha+\nu)(b^2+c^2)^{-\alpha/2} \times$$
$$\times \begin{Bmatrix} \sec[(\alpha-\nu)\pi/2] \\ \operatorname{cosec}[(\alpha-\nu)\pi/2] \end{Bmatrix} \left[P_{\alpha-1}^{-\nu}\left(\frac{b}{\sqrt{b^2+c^2}}\right) \mp P_{\alpha-1}^{-\nu}\left(-\frac{b}{\sqrt{b^2+c^2}}\right)\right]$$
$$\left[\operatorname{Re} c > |\operatorname{Im} b|;\ |\operatorname{Re}\nu| < \operatorname{Re}\alpha + \delta,\ \delta = \begin{Bmatrix} 1 \\ 0 \end{Bmatrix}\right].$$

4. $$\int_0^\infty x^{\nu+(1\pm1)/2} \begin{Bmatrix} \sin bx \\ \cos bx \end{Bmatrix} K_\nu(cx)\,dx = 2^{\nu+\delta-1}\sqrt{\pi}\, b^\delta c^\nu \Gamma\left(\nu+\delta+\frac{1}{2}\right)(b^2+c^2)^{-\nu-\delta-1/2}$$
$$\left[\operatorname{Re} c > |\operatorname{Im} b|;\ \operatorname{Re}\nu > -1/2-\delta,\ \delta = \begin{Bmatrix} 1 \\ 0 \end{Bmatrix}\right].$$

5. $$\int_0^\infty x^{m-1/2} \begin{Bmatrix} \sin bx \\ \cos bx \end{Bmatrix} K_n(cx)\,dx = I_n^m$$
$$\left[\operatorname{Re} c > |\operatorname{Im} b|;\ m-n > -1 \mp 1/2;\ k = \frac{b+\sqrt{b^2+c^2}}{2\sqrt{b^2+c^2}}\right],$$

$$I_0^0 = \sqrt{\frac{\pi k}{c}}\,(1-k^2)^{1/4}[\mathbf{K}(k) \mp \mathbf{K}(\sqrt{1-k^2})],$$

$$I_0^1 = \sqrt{\frac{\pi k^3}{c^3}}\,(1-k^2)^{3/4}[2\mathbf{E}(\sqrt{1-k^2}) - \mathbf{K}(\sqrt{1-k^2}) \mp 2\mathbf{E}(k) \pm \mathbf{K}(k)],$$

$$I_0^2 = -\sqrt{\frac{\pi k^5}{c^5}}\,(1-k^2)^{5/4}[8(1-2k^2)(\mathbf{E}(k) \pm \mathbf{E}(\sqrt{1-k^2})) -$$
$$-(5-8k^2)\mathbf{K}(k) \mp (3-8k^2)\mathbf{K}(\sqrt{1-k^2})],$$

$$I_0^3 = \sqrt{\frac{\pi k^7}{c^7}}\,(1-k^2)^{7/4}[(15-112k^2+128k^4)\mathbf{K}(\sqrt{1-k^2}) \mp$$
$$\mp(31-144k^2+128k^4)\mathbf{K}(k) - 2(23-128k^2+128k^4)(\mathbf{E}(\sqrt{1-k^2}) \mp \mathbf{E}(k))],$$

$$I_1^1 = \sqrt{\frac{\pi k}{c^3}}\,(1-k^2)^{1/4}[(1-k^2)\mathbf{K}(k) \mp k^2\mathbf{K}(\sqrt{1-k^2}) - (1-2k^2)(\mathbf{E}(k) \pm \mathbf{E}(\sqrt{1-k^2}))],$$

$$I_1^2 = -\sqrt{\frac{\pi k^3}{c^5}}\,(1-k^2)^{3/4}[k^2(7-8k^2)\mathbf{K}(\sqrt{1-k^2}) \pm (1-k^2)(1-8k^2)\mathbf{K}(k) +$$
$$+(1-16k^2+16k^4)(\mathbf{E}(\sqrt{1-k^2}) \mp \mathbf{E}(k))],$$

$$I_1^3 = -\sqrt{\frac{\pi k^5}{c^7}}\,(1-k^2)^{5/4}[(1-k^2)(3-80k^2+128k^4)\mathbf{K}(k) \mp$$
$$\mp k^2(51-176k^2+128k^4)\mathbf{K}(\sqrt{1-k^2}) -$$
$$-(3-134k^2+384k^4-256k^6)(\mathbf{E}(k) \pm \mathbf{E}(\sqrt{1-k^2}))],$$

$$I_2^2 = \sqrt{\frac{\pi k}{c^5}}\,(1-k^2)^{1/4}[(1-k^2)(2+5k^2-8k^4)\mathbf{K}(k) \pm k^2(1-11k^2+8k^4)\mathbf{K}(\sqrt{1-k^2}\,) - $$
$$- 2(1-2k^2)(1+4k^2-4k^4)(\mathbf{E}(k) \pm \mathbf{E}(\sqrt{1-k^2}\,))],$$

$$I_2^3 = \sqrt{\frac{\pi k^3}{c^7}}\,(1-k^2)^{3/4}[k^2(1-103k^2-520k^4-128k^6)\mathbf{K}(\sqrt{1-k^2}\,) \mp$$
$$\mp (1-k^2)(2+15k^2-144k^4+128k^6)\mathbf{K}(k) -$$
$$- 2(1+7k^2-135k^4+256k^6-128k^8)(\mathbf{E}(1-k^2) \mp \mathbf{E}(k))].$$

6. $\displaystyle\int_0^\infty x^{n-3/2}\sin bx\,K_n(cx)\,dx = J_n$ $\left[\operatorname{Re} c > |\operatorname{Im} b|;\ k = \dfrac{b+\sqrt{b^2+c^2}}{2\sqrt{b^2+c^2}}\right]$,

$$J_0 = -\sqrt{\frac{\pi c}{k}}\,(1-k^2)^{-1/4}[2\mathbf{E}(k) - \mathbf{K}(k) + \mathbf{K}(\sqrt{1-k^2}\,) - 2\mathbf{E}(1-k^2)],$$

$$J_1 = \sqrt{\frac{\pi}{ck}}\,(1-k^2)^{-1/4}[\mathbf{E}(k) - (1-k^2)\mathbf{K}(k) + k^2\mathbf{K}(\sqrt{1-k^2}\,) - \mathbf{E}(1-k^2)],$$

$$I_2 = \sqrt{\frac{\pi}{kc^3}}\,(1-k^2)^{-1/4}[2(1-k^2+k^4)(\mathbf{E}(k) - \mathbf{E}(\sqrt{1-k^2}\,)) +$$
$$+ k^2(1+k^2)\mathbf{K}(\sqrt{1-k^2}\,) - (1-k^2)(2-k^2)\mathbf{K}(k)].$$

7. $\displaystyle\int_0^\infty x\cos bx\,K_0(cx)\,dx = \frac{1}{b^2+c^2} - \frac{b}{(b^2+c^2)^{3/2}}\ln\frac{b+\sqrt{b^2+c^2}}{c}$ $[\operatorname{Re} c > |\operatorname{Im} b|]$.

8. $\displaystyle\int_0^\infty x^{-\nu}\sin ax\sin bx\,K_\nu(cx)\,dx = \frac{\sqrt{\pi}\ ab\Gamma(3/2-\nu)}{(2c)^\nu(a^2+b^2+c^2)^{3/2-\nu}} \times$

$$\times\ {}_2F_1\left(\frac{5-2\nu}{4},\ \frac{3-2\nu}{4};\ \frac{3}{2};\ \frac{4a^2b^2}{(a^2+b^2+c^2)^2}\right)$$ $[\operatorname{Re} c > |\operatorname{Im} a| + |\operatorname{Im} b|;\ \operatorname{Re}\nu < 3/2]$.

9. $\displaystyle\int_0^\infty x^{\alpha-1}(1-\cos bx)K_\nu(cx)\,dx = \frac{2^{\alpha-1}b^2}{c^{\alpha+2}}\,\Gamma\left(1+\frac{\alpha+\nu}{2}\right)\Gamma\left(1+\frac{\alpha-\nu}{2}\right) \times$

$$\times\ {}_3F_2\left(1,\ 1+\frac{\alpha+\nu}{2},\ 1+\frac{\alpha-\nu}{2};\ \frac{3}{2},\ 2;\ -\frac{b^2}{c^2}\right)$$ $[\operatorname{Re} c > |\operatorname{Im} b|;\ \operatorname{Re}\alpha > |\operatorname{Re}\nu| - 2]$.

2.16.15. Интегралы от $x^\alpha\begin{Bmatrix}\sin bx^{\pm r}\\ \cos bx^{\pm r}\end{Bmatrix}K_\nu(cx)$.

1. $\displaystyle\int_a^\infty x^{\nu+1}\begin{Bmatrix}\sin[cx^2/(2a)]\\ \cos[cx^2/(2a)]\end{Bmatrix}K_\nu(cx)\,dx =$

$$= \frac{a^{\nu+1}}{2c}\left[\begin{Bmatrix}\sin(ac/2)\\ \cos(ac/2)\end{Bmatrix}\int_{ac}^\infty K_\nu(x)\,dx - \begin{Bmatrix}\cos(ac/2)\\ \sin(ac/2)\end{Bmatrix}\int_{ac}^\infty K_{\nu+1}(x)\,dx\right]$$ $[a,\ c > 0]$.

2. $\displaystyle\int_0^\infty \begin{Bmatrix}\sin bx^2\\ \cos bx^2\end{Bmatrix}K_\nu(cx)\,dx = \mp\frac{\pi^3}{\sqrt{8b}}\sec\frac{\nu\pi}{2}\left[\begin{Bmatrix}\sin\varphi\\ \cos\varphi\end{Bmatrix}J_{\nu/2}\left(\frac{c^2}{8b}\right) \pm \begin{Bmatrix}\cos\varphi\\ \sin\varphi\end{Bmatrix}Y_{\nu/2}\left(\frac{c^2}{8b}\right)\right]$

$[b,\ \operatorname{Re} c > 0;\ |\operatorname{Re}\nu| < 2 \pm 1;\ \varphi = -c^2/(8b) + (\nu+1)/4]$.

3. $\displaystyle\int_0^\infty x\cos bx^2\,K_0(cx)\,dx = \frac{1}{4b}\left[\sin\frac{c^2}{4b}\ \operatorname{ci}\left(\frac{c^2}{4b}\right) - \cos\frac{c^2}{4b}\ \operatorname{si}\left(\frac{c^2}{4b}\right)\right]$ $[b,\ c > 0]$.

4. $$\int_0^\infty x^{\alpha-1}\begin{Bmatrix}\sin bx^2\\ \cos bx^2\end{Bmatrix}K_\nu(cx)\,dx = 2^{-\nu/4-2}b^{-(2\alpha+\nu)/4}c^{\nu/2}\begin{Bmatrix}\sin[(\alpha+\nu)\pi/4]\\ \cos[(\alpha+\nu)\pi/4]\end{Bmatrix}\Gamma(-\nu)\times$$
$$\times\Gamma\left(\frac{\alpha+\nu}{2}\right){}_2F_3\left(\frac{\alpha+\nu}{4},\ \frac{\alpha+\nu+2}{4};\ \frac{1}{2},\ 1+\frac{\nu}{2},\ \frac{1+\nu}{2};\ -\frac{c^2}{8b}\right)+$$
$$+2^{\nu/4-2}b^{(\nu-2\alpha)/4}c^{-\nu/2}\begin{Bmatrix}\sin[(\alpha-\nu)\pi/4]\\ \cos[(\alpha-\nu)\pi/4]\end{Bmatrix}\Gamma(\nu)\Gamma\left(\frac{\alpha-\nu}{2}\right)\times$$
$$\times\ {}_2F_3\left(\frac{\alpha-\nu}{4},\ \frac{\alpha-\nu+2}{4};\ \frac{1}{2},\ 1-\frac{\nu}{2},\ \frac{1-\nu}{2};\ -\frac{c^2}{8b}\right)\mp$$
$$\mp 2^{-(\nu+10)/4}b^{-(2\alpha+\nu+2)/4}c^{\nu/2+1}\begin{Bmatrix}\cos[(\alpha+\nu)\pi/4]\\ \sin[(\alpha+\nu)\pi/4]\end{Bmatrix}\Gamma(-\nu-1)\Gamma\left(1+\frac{\alpha+\nu}{2}\right)\times$$
$$\times\ {}_2F_3\left(\frac{\alpha+\nu+2}{4},\ \frac{\alpha+\nu}{4}+1;\ \frac{3}{2},\ \frac{3+\nu}{2},\ 1+\frac{\nu}{2};\ -\frac{c^2}{8b}\right)\mp$$
$$\mp 2^{(\nu-10)/4}b^{(\nu-2\alpha-2)/4}c^{1-\nu/2}\begin{Bmatrix}\cos[(\alpha-\nu)\pi/4]\\ \sin[(\alpha-\nu)\pi/4]\end{Bmatrix}\Gamma(\nu-1)\Gamma\left(1+\frac{\alpha-\nu}{2}\right)\times$$
$$\times\ {}_2F_3\left(\frac{\alpha-\nu+2}{4},\ \frac{\alpha-\nu}{4}+1;\ \frac{3}{2},\ \frac{3-\nu}{2},\ 1-\frac{\nu}{2};\ -\frac{c^2}{8b}\right)$$
$[b,\ \operatorname{Re} c>0;\ |\operatorname{Re}\nu|<\operatorname{Re}\alpha+1\pm1]$.

5. $$\int_0^\infty x^{\alpha-1}\begin{Bmatrix}\sin b\sqrt{x}\\ \cos b\sqrt{x}\end{Bmatrix}K_\nu(cx)\,dx = 2^{\alpha+5\delta/4-2}b^{\delta/2}c^{-\alpha-\delta/4}\Gamma\left(\frac{\alpha+\nu}{2}+\frac{\delta}{4}\right)\Gamma\left(\frac{\alpha-\nu}{2}+\frac{\delta}{4}\right)\times$$
$$\times\ {}_2F_3\left(\frac{\alpha+\nu}{2}+\frac{\delta}{4},\ \frac{\alpha-\nu}{2}+\frac{\delta}{4};\ \frac{1}{2},\ \frac{1}{4}+\delta,\ \frac{3}{4};\ \frac{b^2}{8c}\right)-$$
$$-2^{\alpha+(5\delta-2)/4}3^{-\delta}b^{1+\delta/2}c^{-\alpha-(\delta+2)/4}\Gamma\left(\frac{\alpha+\nu+1}{2}+\frac{\delta}{4}\right)\Gamma\left(\frac{\alpha-\nu+1}{2}+\frac{\delta}{4}\right)\times$$
$$\times\ {}_2F_3\left(\frac{\alpha+\nu+1}{2}+\frac{\delta}{4},\ \frac{\alpha-\nu+1}{2}+\frac{\delta}{4};\ \frac{3}{2},\ \frac{3}{4}+\delta,\ \frac{5}{4};\ \frac{b^2}{8c}\right)$$
$\left[b,\ \operatorname{Re} c>0;\ |\operatorname{Re}\nu|<\operatorname{Re}\alpha+\delta/2,\ \delta=\begin{Bmatrix}1\\0\end{Bmatrix}\right]$.

6. $$\int_0^\infty x^{-1/4}\begin{Bmatrix}\sin b\sqrt{x}\\ \cos b\sqrt{x}\end{Bmatrix}K_{1/4}(cx)\,dx = \sqrt{\frac{\pi^3 b}{8c}}\left[I_{\pm1/4}\left(\frac{b^2}{4c}\right)-\mathbf{L}_{\pm1/4}\left(\frac{b^2}{4c}\right)\right]$$
$[b,\ \operatorname{Re} c>0]$.

7. $$\int_0^\infty x^{-1/2}\cos b\sqrt{x}\ K_\nu(cx)\,dx = \frac{\pi\sec\nu\pi}{2\sqrt{c}}\left[D_{\nu-1/2}\left(\frac{b}{\sqrt{2c}}\right)D_{-\nu-1/2}\left(-\frac{b}{\sqrt{2c}}\right)+\right.$$
$$\left.+D_{\nu-1/2}\left(-\frac{b}{\sqrt{2c}}\right)D_{-\nu-1/2}\left(\frac{b}{\sqrt{2c}}\right)\right]$$
$[b,\ \operatorname{Re} c>0;\ |\operatorname{Re}\nu|<1/2]$.

8. $$\int_0^\infty x^{\alpha-1}\begin{Bmatrix}\sin(b/x)\\ \cos(b/x)\end{Bmatrix}K_\nu(cx)\,dx = 2^{\alpha-\delta-2}b^\delta c^{\delta-\alpha}\Gamma\left(\frac{\alpha+\nu-\delta}{2}\right)\Gamma\left(\frac{\alpha-\nu-\delta}{2}\right)\times$$
$$\times\ {}_0F_3\left(1+\frac{\delta-\alpha-\nu}{2},\ 1+\frac{\delta+\nu-\alpha}{2},\ \frac{1}{2}+\delta;\ -\frac{b^2c^2}{16}\right)\mp 2^{-1-\nu}b^{\alpha+\nu}c^\nu\begin{Bmatrix}\sin[(\alpha+\nu)\pi/2]\\ \cos[(\alpha+\nu)\pi/2]\end{Bmatrix}\times$$
$$\times\Gamma(-\nu)\Gamma(-\alpha-\nu)\,{}_0F_3\left(1+\nu,\ 1+\frac{\alpha+\nu}{2},\ \frac{1+\alpha+\nu}{2};\ -\frac{b^2c^2}{16}\right)\mp$$
$$\mp 2^{\nu-1}b^{\alpha-\nu}c^{-\nu}\begin{Bmatrix}\sin[(\alpha-\nu)\pi/2]\\ \cos[(\alpha-\nu)\pi/2]\end{Bmatrix}\Gamma(\nu)\Gamma(\nu-\alpha)\times$$
$$\times\ {}_0F_3\left(1-\nu,\ 1+\frac{\alpha-\nu}{2},\ \frac{1+\alpha-\nu}{2};\ -\frac{b^2c^2}{16}\right)$$
$\left[b,\ \operatorname{Re} c>0;\ |\operatorname{Re}\nu|<\operatorname{Re}\alpha+1,\ \delta=\begin{Bmatrix}1\\0\end{Bmatrix}\right]$.

9. $\int\limits_0^\infty \frac{1}{x}\left\{\begin{matrix}\sin(b/x)\\ \cos(b/x)\end{matrix}\right\} K_0(cx)\,dx = \pm\pi \left\{\begin{matrix}J_0(\sqrt{2bc})\\ Y_0(\sqrt{2bc})\end{matrix}\right\} K_0(\sqrt{2bc})$ $[b,\ \operatorname{Re} c > 0]$.

10. $\int\limits_0^\infty x\left\{\begin{matrix}\sin(b/x)\\ \cos(b/x)\end{matrix}\right\} K_0(cx)\,dx = \pm\frac{\pi b}{c} \left\{\begin{matrix}J_1(\sqrt{2bc})\\ Y_1(\sqrt{2bc})\end{matrix}\right\} K_1(\sqrt{2bc})$ $[b,\ \operatorname{Re} c > 0]$.

2.16.16. Интегралы от $A(x)\left\{\begin{matrix}\sin(b\sqrt{z^2-x^2})\\ \cos(b\sqrt{z^2-x^2})\end{matrix}\right\} K_\nu(cx)$.

1. $\int\limits_0^a \frac{\cos(b\sqrt{a^2-x^2})}{\sqrt{a^2-x^2}} K_\nu(cx)\,dx = \frac{\pi^2}{4\sin(\nu\pi/2)}[J_{-\nu/2}(z_+)J_{-\nu/2}(z_-) - J_{\nu/2}(z_+)J_{\nu/2}(z_-)]$

$\left[0 < c < b;\ a > 0;\ |\operatorname{Re}\nu| < 1,\ \nu \neq 0;\ 2z_\pm = a(b \pm \sqrt{b^2-c^2})\right]$.

2. $\int\limits_0^a \frac{\cos(b\sqrt{a^2-x^2})}{\sqrt{a^2-x^2}} K_0(cx)\,dx = -\frac{\pi^2}{8}[J_0(z_+)Y_0(z_-) + J_0(z_-)Y_0(z_+)]$

$\left[0 < c < b;\ a > 0;\ 2z_\pm = a(b \pm \sqrt{b^2-c^2})\right]$.

3. $\int\limits_0^a \frac{x}{\sqrt{a^2-x^2}} \cos(b\sqrt{a^2-x^2}) K_0(cx)\,dx =$

$= \frac{1}{2}(b^2-c^2)^{-1/2}\{\cos u[\operatorname{si}(2z_+) - \operatorname{si}(2z_-)] - \sin u[\operatorname{ci}(2z_+) + \operatorname{ci}(2z_-)]\}$

$\left[0 < c < b;\ a > 0;\ u = a\sqrt{b^2-c^2};\ 2z_\pm = a(b \pm \sqrt{b^2-c^2})\right]$.

4. $\int\limits_a^\infty x^{1\pm\nu} \sin(b\sqrt{x^2-a^2}) K_\nu(cx)\,dx = \sqrt{\frac{\pi}{2}}\, a^{3/2\pm\nu} b c^{\pm\nu} (b^2+c^2)^{(\mp 2\nu-3)/4} \times$

$\times K_{\mp\nu-3/2}(a\sqrt{b^2+c^2})$ $[a > 0;\ \operatorname{Re} c > |\operatorname{Im} b|]$.

5. $\int\limits_a^\infty \frac{\sin(b\sqrt{x^2-a^2})}{\sqrt{x^2-a^2}} K_0(cx)\,dx - \int\limits_0^a \frac{\exp(-b\sqrt{a^2-x^2})}{\sqrt{a^2-x^2}} K_0(cx)\,dx =$

$= -\frac{\pi}{2} I_0(z_-)K_0(z_+)$ $\left[a > 0;\ \operatorname{Re} c > |\operatorname{Im} b|;\ 2z_\pm = a(\sqrt{b^2+c^2} \pm b)\right]$.

6. $\int\limits_a^\infty \frac{\cos(b\sqrt{x^2-a^2})}{\sqrt{x^2-a^2}} K_\nu(cx)\,dx = \frac{1}{2} K_{\nu/2}(z_+)K_{\nu/2}(z_-)$

$\left[a > 0;\ \operatorname{Re} c > |\operatorname{Im} b|;\ 2z_\pm = a(\sqrt{b^2+c^2} \pm b)\right]$.

7. $\int\limits_a^\infty x^{1\pm\nu} \frac{\cos(b\sqrt{x^2-a^2})}{\sqrt{x^2-a^2}} K_\nu(cx)\,dx =$

$= \sqrt{\frac{\pi}{2}}\, a^{1/2\pm\nu} c^{\pm\nu} (b^2+c^2)^{(\mp 2\nu-1)/4} K_{\mp\nu-1/2}(a\sqrt{b^2+c^2})$ $[a > 0;\ \operatorname{Re} c > |\operatorname{Im} b|]$.

8. $\int\limits_a^\infty x \frac{\cos(b\sqrt{x^2-a^2})}{\sqrt{x^2-a^2}} K_0(cx)\,dx = \frac{\pi}{2\sqrt{b^2+c^2}} \exp(-a\sqrt{b^2+c^2})$ $[a > 0;\ \operatorname{Re} c > |\operatorname{Im} b|]$.

9. $\int\limits_a^\infty \frac{\cos(b\sqrt{x^2-a^2})}{x\sqrt{x^2-a^2}} K_0(cx)\,dx = \frac{1}{4a}\frac{\partial}{\partial\lambda}[K_{\lambda+1/2}(z_+)K_{\lambda+1/2}(z_-)]_{\lambda=0}$

$\left[a > 0;\ \operatorname{Re} c > |\operatorname{Im} b|;\ 2z_\pm = a(\sqrt{b^2+c^2} \pm b)\right]$.

10. $$\int_0^\infty \frac{1}{\sqrt{x^2+z^2}} \begin{Bmatrix} \sin(b\sqrt{x^2+z^2}) \\ \cos(b\sqrt{x^2+z^2}) \end{Bmatrix} K_\nu(cx)\,dx =$$
$$= \frac{\pi^2}{8} \sec\frac{\nu\pi}{2} \left[J_{\nu/2}(z_-) \begin{Bmatrix} Y_{\nu/2}(z_+) \\ J_{\nu/2}(z_+) \end{Bmatrix} \mp Y_{\nu/2}(z_-) \begin{Bmatrix} J_{\nu/2}(z_+) \\ Y_{\nu/2}(z_+) \end{Bmatrix} \right]$$
$\left[\operatorname{Re} z > 0;\ \operatorname{Re} c > |\operatorname{Im} b|;\ |\operatorname{Re}\nu| < 1;\ 2z_\pm = z(\sqrt{b^2+c^2} \pm b)\right]$.

11. $$\int_0^\infty \frac{x}{\sqrt{x^2+z^2}} \begin{Bmatrix} \sin(b\sqrt{x^2+z^2}) \\ \cos(b\sqrt{x^2+z^2}) \end{Bmatrix} K_0(cx)\,dx =$$
$$= \frac{1}{2}(b^2+c^2)^{-1/2} \left[\begin{Bmatrix} \cos\varphi \\ \sin\varphi \end{Bmatrix} [\operatorname{ci}(2z_+) \mp \operatorname{ci}(2z_-)] \pm \begin{Bmatrix} \sin\varphi \\ \cos\varphi \end{Bmatrix} [\operatorname{si}(2z_+) \mp \operatorname{si}(2z_-)] \right]$$
$\left[\operatorname{Re} z > 0;\ \operatorname{Re} c > |\operatorname{Im} b|;\ \varphi = z\sqrt{b^2+c^2};\ 2z_\pm = z(\sqrt{b^2+c^2} \pm b)\right]$.

2.16.17. Интегралы от $\begin{Bmatrix} \sin bx \\ \cos bx \end{Bmatrix} K_\nu(\varphi(x))$.

1. $$\int_{-\infty}^\infty \begin{Bmatrix} \sin bx \\ \cos bx \end{Bmatrix} K_0(c\sqrt{(x-y)^2+z^2})\,dx = \frac{\pi}{\sqrt{b^2+c^2}} \exp(-z\sqrt{b^2+c^2}) \begin{Bmatrix} \sin by \\ \cos by \end{Bmatrix}$$
$[b,\ y,\ \operatorname{Re} c,\ \operatorname{Re} z > 0]$.

2.16.18. Интегралы, содержащие e^{px^r}, тригонометрические функции и $K_\nu(cx)$.

Обозначение: $\delta = \begin{Bmatrix} 1 \\ 0 \end{Bmatrix}$.

1. $$\int_0^\infty x^{\alpha-1} e^{-cx} \begin{Bmatrix} \sin bx \\ \cos bx \end{Bmatrix} K_\nu(cx)\,dx = \sqrt{\pi}\,(2c)^{-\alpha-\delta} b^\delta \Gamma\left[\begin{matrix} \alpha+\delta+\nu,\ \alpha+\delta-\nu \\ \alpha+\delta+1/2 \end{matrix}\right] \times$$
$$\times\ {}_4F_3\left(\frac{\alpha+\nu}{2}+\delta,\ \frac{\alpha+\nu+1}{2},\ \frac{\alpha-\nu}{2}+\delta,\ \frac{\alpha-\nu+1}{2};\ \frac{1}{2}+\delta,\ \frac{2\alpha+3}{4},\ \frac{2\alpha+1}{4}+\delta;\ -\frac{b^2}{4c^2}\right)$$
$[b,\ \operatorname{Re} c > 0;\ |\operatorname{Re}\nu| < \operatorname{Re}\alpha + \delta]$.

2. $$\int_0^\infty x^{\alpha-1} e^{-cx} \begin{Bmatrix} \sin b\sqrt{x} \\ \cos b\sqrt{x} \end{Bmatrix} K_\nu(cx)\,dx = \sqrt{\pi}\,(2c)^{-\alpha-\delta/2} b^\delta \Gamma\left[\begin{matrix} \alpha+\nu+\delta/2,\ \alpha-\nu+\delta/2 \\ \alpha+(1+\delta)/2 \end{matrix}\right] \times$$
$$\times\ {}_2F_2\left(\alpha+\nu+\frac{\delta}{2},\ \alpha-\nu+\frac{\delta}{2};\ \delta+\frac{1}{2},\ \alpha+\frac{1+\delta}{2};\ -\frac{b^2}{8c}\right)$$
$[b,\ \operatorname{Re} c > 0;\ |\operatorname{Re}\nu| < \operatorname{Re}\alpha + \delta/2]$.

3. $$\int_0^\infty x^{-1/2} e^{-cx} \cos b\sqrt{x}\ K_0(cx)\,dx = \sqrt{\frac{\pi^3}{2c}} \exp\left(-\frac{b^2}{16c}\right) I_0\left(\frac{b^2}{16c}\right)$$ $[b,\ \operatorname{Re} c > 0]$.

4. $$\int_0^\infty \frac{1}{x} e^{-b\sqrt{x}} \cos\left(b\sqrt{x} + \frac{1-2\nu}{4}\pi\right) K_\nu(cx)\,dx =$$
$$= \sqrt{\frac{\pi}{2}}\,\Gamma\left(\frac{1}{2}-\nu\right) D_{\nu-1/2}\left(\frac{b}{\sqrt{-ic}}\right) D_{\nu-1/2}\left(\frac{b}{\sqrt{ic}}\right)$$ $[b,\ \operatorname{Re} c > 0;\ |\operatorname{Re}\nu| < 1/2]$.

5. $$\int_0^\infty x^{\alpha-1} e^{cx} \begin{Bmatrix} \sin b\sqrt{x} \\ \cos b\sqrt{x} \end{Bmatrix} K_\nu(cx)\,dx =$$
$$= (2c)^{-\alpha-\delta/2} \frac{b^\delta}{\sqrt{\pi}} \cos\nu\pi\,\Gamma\left[\frac{1-\delta}{2}-\alpha,\ \alpha+\nu+\frac{\delta}{2},\ \alpha-\nu+\frac{\delta}{2}\right] \times$$

$$\times\ {}_2F_2\left(\alpha+\nu+\frac{\delta}{2},\ \alpha-\nu+\frac{\delta}{2};\ \alpha+\frac{1+\delta}{2},\ \delta+\frac{1}{2};\ \frac{b^2}{8c}\right)\pm$$

$$\pm\sqrt{\frac{\pi}{2c}}\,b^{1-2\alpha}\cos\nu\pi\left\{\begin{matrix}\operatorname{cosec}\alpha\pi\\ \sec\alpha\pi\end{matrix}\right\}\Gamma\left[\begin{matrix}1/2+\nu,\ 1/2-\nu\\ 2-2\alpha\end{matrix}\right]\times$$

$$\times\ {}_2F_2\left(\frac{1}{2}+\nu,\ \frac{1}{2}-\nu;\ \frac{3}{2}-\alpha,\ 1-\alpha;\ \frac{b^2}{8c}\right)\qquad [b,\ \operatorname{Re}c>0;\ |\operatorname{Re}\nu|-\delta/2<\operatorname{Re}\alpha<1].$$

6. $$\int\limits_0^\infty x^{-(1\mp1)/4-\nu}e^{cx}\left\{\begin{matrix}\sin b\sqrt{x}\\ \cos b\sqrt{x}\end{matrix}\right\}K_\nu(cx)\,dx=$$

$$=2^{1-(\nu+\delta)/2}\pi b^{\nu-1}c^{(\nu-\delta)/2}\Gamma\left[\begin{matrix}\delta+1/2-2\nu\\ \nu+1/2\end{matrix}\right]\exp\left(\frac{b^2}{16c}\right)W_{(3\nu-\delta)/2,\,(\delta-\nu)/2}\left(\frac{b^2}{8c}\right)$$

$$[b,\ \operatorname{Re}c>0;\ -(1\mp1)/4<\operatorname{Re}\nu<(2\pm1)/4].$$

7. $$\int\limits_0^\infty x^{-1/2}e^{cx}\cos b\sqrt{x}\ K_0(cx)\,dx=\sqrt{\frac{\pi}{2c}}\ \exp\left(\frac{b^2}{16c}\right)K_0\left(\frac{b^2}{16c}\right)\qquad [b,\ \operatorname{Re}c>0].$$

2.16.19. Интегралы, содержащие тригонометрические функции и $K_\nu(c\operatorname{sh}x)$ или $K_\nu(c\cos^{\pm1}x)$.

1. $$\int\limits_0^\infty \cos bx\,K_0(c\operatorname{sh}x)\,dx=\frac{\pi^2}{8}\left[J^2_{ib/2}\left(\frac{c}{2}\right)+Y^2_{ib/2}\left(\frac{c}{2}\right)\right]\qquad [b,\ \operatorname{Re}c>0].$$

2. $$\int\limits_0^{\pi/2}\cos bx\,K_\nu(c\cos x)\,dx=\frac{\pi}{2\sin\nu\pi}\left[I_{-(\nu+b)/2}\left(\frac{c}{2}\right)I_{(b-\nu)/2}\left(\frac{c}{2}\right)-I_{(\nu+b)/2}\left(\frac{c}{2}\right)I_{(\nu-b)/2}\left(\frac{c}{2}\right)\right]$$

$$[|\operatorname{Re}\nu|<1].$$

3. $$\int\limits_0^{\pi/2}\cos(\nu+2n)x\,K_\nu(c\cos x)\,dx=\frac{(-1)^n\pi^2}{4}\,I_n\left(\frac{c}{2}\right)K_{\nu+n}\left(\frac{c}{2}\right)\qquad [|\operatorname{Re}\nu|<1].$$

4. $$\int\limits_0^{\pi/2}\frac{\cos bx}{\cos x}\,K_\nu\left(\frac{c}{\cos x}\right)dx=\frac{\pi}{2c}\,W_{b/2,\,\nu/2}(c)W_{-b/2,\,\nu/2}(c)\qquad [b,\ \operatorname{Re}c>0].$$

2.16.20. Интегралы, содержащие логарифмическую функцию и $K_\nu(cx)$.

1. $$\int\limits_0^\infty x^{\alpha-1}\ln x\,K_\nu(cx)\,dx=\frac{2^{\alpha-3}}{c^\alpha}\,\Gamma\left(\frac{\alpha+\nu}{2}\right)\Gamma\left(\frac{\alpha-\nu}{2}\right)\left[\psi\left(\frac{\alpha+\nu}{2}\right)+\psi\left(\frac{\alpha-\nu}{2}\right)-2\ln\frac{c}{2}\right]$$

$$[c>0;\ |\operatorname{Re}\alpha|>\operatorname{Re}\nu].$$

2. $$\int\limits_0^\infty \cos bx\ln(ax)K_0(cx)\,dx=\frac{\pi}{2}\,(b^2+c^2)^{-1/2}\left[\ln\frac{ac}{2}-\mathbf{C}-\ln(b^2+c^2)\right]\qquad [a,\ b,\ \operatorname{Re}c>0].$$

3. $$\int\limits_1^\infty \frac{1}{\sqrt{x^2-1}}\cos\left[b\ln\left(x+\sqrt{x^2-1}\,\right)\right]K_0(cx)\,dx=\frac{1}{2}\,K^2_{ib/2}\left(\frac{c}{2}\right)\qquad [b,\ \operatorname{Re}c>0].$$

2.16.21. Интегралы от $x^\alpha J_\mu(bx)K_\nu(cx)$.

1. $$\int\limits_0^\infty x^{\alpha-1}J_\mu(bx)K_\nu(cx)\,dx=A^\alpha_{\mu,\,\nu}$$

$$\left[\operatorname{Re}c>|\operatorname{Im}b|;\ \operatorname{Re}(\alpha+\mu)>|\operatorname{Re}\nu|;\ k=b/\sqrt{b^2+c^2}\,;\ l=b/\left(\sqrt{b^2+c^2}\,+c\right)\right],$$

$$A^{\alpha}_{\mu,\,\nu} = 2^{\alpha-2} b^{\mu} c^{-\alpha-\mu} \Gamma\left[\begin{matrix}(\alpha+\mu+\nu)/2,\ (\alpha+\mu-\nu)/2\\ \mu+1\end{matrix}\right] \times$$

$$\times\ {}_2F_1\left(\frac{\alpha+\mu+\nu}{2},\ \frac{\alpha+\mu-\nu}{2};\ \mu+1;\ -\frac{b^2}{c^2}\right),$$

$$A^{\mu\pm\nu+2}_{\mu,\,\nu} = 2^{\mu\pm\nu} b^{\mu} c^{\pm\nu} \Gamma(\mu\pm\nu+1)(b^2+c^2)^{\mp\nu-\mu-1},$$

$$A^{\alpha}_{\nu,\,\nu} = 2^{\alpha-2}\Gamma\left(\frac{\alpha}{2}\right)\Gamma\left(\nu+\frac{\alpha}{2}\right)(b^2+c^2)^{-\alpha/2} P^{-\nu}_{-\alpha/2}\left(\frac{c^2-b^2}{c^2+b^2}\right),$$

$$A^1_{0,\,0} = \frac{k}{b}\mathbf{K}(k), \quad A^2_{0,\,0} = \frac{1}{b^2+c^2}, \quad A^3_{0,\,0} = \frac{k^3}{b^3}\,[2\mathbf{E}(k)-\mathbf{K}(k)],$$

$$A^5_{0,\,0} = \frac{3k^5}{b^5}\,[8(1-2k^2)\mathbf{E}(k)-(5-8k^2)\mathbf{K}(k)],$$

$$A^7_{0,\,0} = \frac{15k^7}{b^7}\,[2(23-128k^2+128k^4)\mathbf{E}(k)-(31-144k^2+128k^4)\mathbf{K}(k)],$$

$$A^0_{1,\,0} = k^{-1}[\mathbf{K}(k)-\mathbf{E}(k)], \quad A^1_{1,\,0} = \frac{1}{2b}\ln\frac{b^2+c^2}{c^2}, \quad A^2_{1,\,0} = \frac{k}{b^2}\,[\mathbf{K}(k)-\mathbf{E}(k)],$$

$$A^3_{1,\,0} = \frac{2b}{(b^2+c^2)^2}, \quad A^4_{1,\,0} = \frac{k^3}{b^4}\,[(1-4k^2)\mathbf{K}(k)-(1-8k^2)\mathbf{E}(k)],$$

$$A^0_{1,\,0} = \frac{3k^5}{b^6}\,[(3-4k^2)(1-16k^2)\mathbf{K}(k)-(3-88k^2+128k^4)\mathbf{E}(k)],$$

$$A^{-1}_{2,\,0} = \frac{b}{9k^3}\,[(2+k^2)\mathbf{K}(k)-2(1+k^2)\mathbf{E}(k)],$$

$$A^1_{2,\,0} = \frac{1}{bk}\,[(2-k^2)\mathbf{K}(k)-2\mathbf{E}(k)],$$

$$A^3_{2,\,0} = \frac{k}{b^3}\,[(2+k^2)\mathbf{K}(k)-2(1+k^2)\mathbf{E}(k)],$$

$$A^5_{2,\,0} = \frac{k^3}{b^5}\,[(2+7k^2-24k^4)\mathbf{K}(k)-2(1+4k^2-24k^4)\mathbf{E}(k)],$$

$$A^{-2}_{3,\,0} = \frac{b^2}{225k^5}\,[(8+3k^2+4k^4)\mathbf{K}(k)-(8+7k^2+8k^4)\mathbf{E}(k)],$$

$$A^0_{3,\,0} = \frac{1}{9k^3}\,[(8-5k^2)\mathbf{K}(k)-(8-k^2)\mathbf{E}(k)],$$

$$A^2_{3,\,0} = \frac{1}{b^2k}\,[(8-5k^2)\mathbf{K}(k)-(8-k^2)\mathbf{E}(k)],$$

$$A^4_{3,\,0} = \frac{k}{b^4}\,[(8+3k^2+4k^4)\mathbf{K}(k)-(8+7k^2+8k^4)\mathbf{E}(k)],$$

$$A^0_{3,\,0} = \frac{k^3}{b^6}\,[(8+19k^2+60k^4-192k^6)\mathbf{K}(k)-(8+23k^2+72k^4-384k^6)\mathbf{E}(k)],$$

$$A^2_{0,\,1} = \frac{k}{bc}\mathbf{E}(k), \quad A^3_{0,\,1} = \frac{2c}{(b^2+c^2)^2}, \quad A^4_{0,\,1} = \frac{k^3}{b^3c}\,[(7-8k^2)\mathbf{E}(k)-4(1-k^2)\mathbf{K}(k)],$$

$$A^6_{0,\,1} = \frac{3k^5}{b^5c}\,[(43-168k^2+128k^4)\mathbf{E}(k)-4(1-k^2)(7-16k^2)\mathbf{K}(k)],$$

$$A^8_{0,\,1} = \frac{15k^7}{b^7c}\,[(337-2784k^2+5504k^4-3072k^6)\mathbf{E}(k)-8(1-k^2)(29-176k^2+192k^4)\mathbf{K}(k)],$$

$$A^1_{1,\,1} = \frac{1}{ck}\,[\mathbf{E}(k)-(1-k^2)\mathbf{K}(k)], \quad A^2_{1,\,1} = \frac{b}{c(b^2+c^2)},$$

$$A^3_{1,\,1} = \frac{k}{b^2c}\,[(1-k^2)\mathbf{K}(k)-(1-2k^2)\mathbf{E}(k)],$$

$$A^5_{1,\,1} = \frac{3k^3}{b^4c}\,[(1-8k^2)(1-k^2)\mathbf{K}(k)-(1-16k^2+16k^4)\mathbf{E}(k)],$$

$$A^7_{1,\,1} = \frac{15k^5}{b^6c}\,[(1-k^2)(3-80k^2+128k^4)\mathbf{K}(k) - (3-134k^2+384k^4-256k^6)\mathbf{E}(k)],$$

$$A^0_{2,\,1} = \frac{b}{3ck^3}\,[(2-k^2)\mathbf{E}(k) - 2(1-k^2)\mathbf{K}(k)], \qquad A^2_{2,\,1} = \frac{1}{bck}\,[(2-k^2)\mathbf{E}(k) - 2(1-k^2)\mathbf{K}(k)],$$

$$A^4_{2,\,1} = \frac{k}{b^3c}\,[2(1-k^2)(1+2k^2)\mathbf{K}(k) - (2+3k^2-8k^4)\mathbf{E}(k)],$$

$$A^6_{2,\,1} = \frac{3k^3}{b^5c}\,[2(1-k^2)(1+6k^2-32k^4)\mathbf{K}(k) - (2+11k^2-136k^4+126k^6)\mathbf{E}(k)],$$

$$A^{-1}_{3,\,1} = \frac{b^2}{45ck^5}\,[(8-3k^2-2k^4)\mathbf{E}(k) - (1-k^2)(8+k^2)\mathbf{K}(k)],$$

$$A^1_{3,\,1} = \frac{1}{3ck^3}\,[(8-7k^2)\mathbf{E}(k) - (8-3k^2)(1-k^2)\mathbf{K}(k)],$$

$$A^3_{3,\,1} = \frac{1}{b^2ck}\,[(8-3k^2-2k^4)\mathbf{E}(k) - (1-k^2)(8+k^2)\mathbf{K}(k)],$$

$$A^5_{3,\,1} = \frac{k}{b^4c}\,[(1-k^2)(8+13k^2+24k^4)\mathbf{K}(k) - (8+9k^2+16k^4-48k^6)\mathbf{E}(k)],$$

$$A^3_{0,\,2} = \frac{k}{bc^2}\,[2(2-k^2)\mathbf{E}(k) - (1-k^2)\mathbf{K}(k)],$$

$$A^5_{0,\,2} = \frac{k^3}{b^3c^2}\,[2(19-44k^2+24k^4)\mathbf{E}(k) - (1-k^2)(23-24k^2)\mathbf{K}(k)],$$

$$A^7_{0,\,2} = \frac{3k^5}{b^5c^2}\,[2(158-923k^2+1408k^4-640k^6)\mathbf{E}(k) - (1-k^2)(211-848k^2+640k^4)\mathbf{K}(k)],$$

$$A^2_{1,\,2} = \frac{1}{c^2k}\,[(1+k^2)\mathbf{E}(k) - (1-k^2)\mathbf{K}(k)],$$

$$A^4_{1,\,2} = \frac{k}{b^2c^2}\,[(1-k^2)(3-4k^2)\mathbf{K}(k) - (3-13k^2+8k^4)\mathbf{E}(k)],$$

$$A^6_{1,\,2} = \frac{3k^3}{b^4c^2}\,[(1-k^2)(5-68k^2+64k^4)\mathbf{K}(k) - (5-123k^2+248k^4-128k^6)\mathbf{E}(k)],$$

$$A^1_{2,\,2} = \frac{b}{3c^2k^3}\,[(1-k^2)(2-3k^2)\mathbf{K}(k) - 2(1-2k^2)\mathbf{E}(k)],$$

$$A^3_{2,\,2} = \frac{1}{bc^2k}\,[2(1-k^2+k^4)\mathbf{E}(k) - (1-k^2)(2-k^2)\mathbf{K}(k)],$$

$$A^5_{2,\,2} = \frac{3k}{b^3c^2}\,[(1-k^2)(2+5k^2-8k^4)\mathbf{K}(k) - 2(1-2k^2)(1+4k^2-4k^4)\mathbf{E}(k)],$$

$$A^7_{2,\,2} = \frac{15k^3}{b^5c^2}\,[(2+15k^2-144k^4+128k^6)(1-k^2)\mathbf{K}(k) - {} - 2(1+7k^2-135k^4+256k^6-128k^8)\mathbf{K}(k)],$$

$$A^0_{3,\,2} = \frac{b^2}{15c^2k^5}\,[(1-k^2)(8-9k^2)\mathbf{K}(k) - (8-13k^2+3k^4)\mathbf{E}(k)],$$

$$A^2_{3,\,2} = \frac{1}{3c^2k^3}\,[(1-k^2)(8-9k^2)\mathbf{K}(k) - (8-13k^2+3k^4)\mathbf{E}(k)],$$

$$A^4_{3,\,2} = \frac{1}{b^2c^2k}\,[(1+k^2)(8-13k^2+8k^4)\mathbf{E}(k) - (1-k^2)(8-k^2-4k^4)\mathbf{K}(k)],$$

$$A^4_{0,\,3} = \frac{k}{bc^3}\,[(23-23k^2+8k^4)\mathbf{E}(k) - 4(1-k^2)(2-k^2)\mathbf{K}(k)],$$

$$A^6_{0,\,3} = \frac{k^3}{b^3c^3}\,[(281-985k^2+1080k^4-384k^6)\mathbf{E}(k) - 4(1-k^2)(44-93k^2+48k^4)\mathbf{K}(k)],$$

$$A^3_{1,\,3} = \frac{1}{c^3k}\,[(2+7k^2-2k^4)\mathbf{E}(k) - (1-k^2)(3+k^2)\mathbf{K}(k)],$$

$$A^5_{1,\,3} = \frac{k}{b^2c^3}\,[(15-43k^2+24k^4)(1-k^2)\mathbf{K}(k) - (15-103k^2+128k^4-48k^6)\mathbf{E}(k)],$$

$$A_{2,3}^{2} = \frac{b}{3c^3k^3}\,[2(1-k^2)(1-3k^2)\mathbf{K}(k) - (2-7k^2-3k^4)\mathbf{E}(k)],$$

$$A_{2,3}^{4} = \frac{1}{bc^3k}\,[(6-9k^2+19k^4-8k^6)\mathbf{E}(k) - 2(1-k^2)(3-3k^2+2k^4)\mathbf{K}(k)],$$

$$A_{3,3}^{1} = \frac{b^2}{15c^3k^5}\,[(8-23k^2+23k^4)\mathbf{E}(k) - (1-k^2)(8-19k^2+15k^4)\mathbf{K}(k)],$$

$$A_{3,3}^{3} = \frac{1}{3c^3k^3}\,[(8-15k^2+3k^4)(1-k^2)\mathbf{K}(k) - (8-19k^2+9k^4-6k^6)\mathbf{E}(k)],$$

$$A_{0,4}^{5} = \frac{k}{bc^4}\,[8(11-11k^2+6k^4)(2-k^2)\mathbf{E}(k) - (1-k^2)(71-71k^2+24k^4)\mathbf{K}(k)],$$

$$A_{1,4}^{4} = \frac{1}{b^4k}\,[(15+58k^2-33k^4+8k^6)\mathbf{E}(k) - (1-k^2)(15+13k^2-4k^4)\mathbf{K}(k)],$$

$$A_{2,4}^{3} = \frac{b}{c^4k^3}\,[(1-k^2)(2-9k^2-k^4)\mathbf{K}(k) - 2(1+k^2)(1-6k^2+k^4)\mathbf{E}(k)],$$

$$A_{3,4}^{2} = \frac{b^2}{15c^4k^5}\,[(8-33k^2+58k^4+15k^6)\mathbf{E}(k) - (1-k^2)(8-29k^2+45k^4)\mathbf{K}(k)],$$

$$A_{0,0}^{1/2} = \sqrt{\frac{l}{b}}\,\frac{\Gamma^2(1/4)}{\pi}\mathbf{K}(l), \qquad A_{0,0}^{3/2} = \frac{2\sqrt{l}\,\Gamma^2(3/4)}{\pi\sqrt{b(b^2+c^2)}}\mathbf{K}(l),$$

$$A_{1,0}^{1/2} = \frac{4\Gamma^2(3/4)}{\pi\sqrt{bl}}\,[\mathbf{K}(l) - \mathbf{E}(l)], \qquad A_{2,0}^{1/2} = \frac{\Gamma^2(1/4)}{9\pi\sqrt{bl^3}}\,[(2+l^2)\mathbf{K}(l) - 2(l+l^2)\mathbf{E}(l)],$$

$$A_{1,1}^{1/2} = \frac{\sqrt{b}\,\Gamma^2(1/4)}{6\pi c l^{3/2}}\,[(1+l^2)\mathbf{E}(l) - (1-l^2)\mathbf{K}(l)],$$

$$A_{1,1}^{3/2} = \frac{\sqrt{b}\,\Gamma^2(3/4)}{\pi c\sqrt{l^3(b^2+c^2)}}\,[(1+l^2)\mathbf{E}(l) - (1-l^2)\mathbf{K}(l)],$$

$$A_{2,1}^{1/2} = \frac{2\sqrt{b}\,\Gamma^2(3/4)}{5\pi c l^{5/2}}\,[2(1-l^2+l^4)\mathbf{E}(l) - (1-l^2)(2-l^2)\mathbf{K}(l)],$$

$$A_{2,2}^{1/2} = \frac{b^{3/2}\Gamma^2(1/4)}{84\pi c^2 l^{7/2}}\,[(2-9l^2-l^4)(1-l^2)\mathbf{K}(l) - 2(1+l^2)(1-6l^2+l^4)\mathbf{E}(l)].$$

2. $$\int_0^\infty x^{\alpha-1}J_\nu(cx)K_\nu(cx)\,dx = 2^{\alpha-3}c^{-\alpha}\Gamma\begin{bmatrix}\alpha/2,\ (\alpha+2\nu)/4\\ 1+(2\nu-\alpha)/4\end{bmatrix}$$

[$\mathrm{Re}\,\alpha,\ \mathrm{Re}\,(\alpha+2\nu) > 0;\ |\arg c| < \pi/4$].

2.16.22. Интегралы от $A(x)J_\mu(\varphi(x))K_\nu(\chi(x))$.

1. $$\int_0^\infty \frac{x^{\alpha-1}}{(x^4+z^4)^\rho}\,J_\nu(cx)K_\nu(cx)\,dx =$$
$$= \frac{z^{\alpha-4\rho}}{8\nu}\,\mathrm{B}\Big(\rho-\frac{\alpha}{4},\ \frac{\alpha}{4}\Big)\,{}_1F_4\Big(\frac{\alpha}{4};\ \frac{1}{2},\ 1-\frac{\nu}{2},\ 1+\frac{\nu}{2},\ 1+\frac{\alpha}{4}-\rho;\ \frac{c^4z^4}{64}\Big) -$$
$$- \frac{c^2z^{\alpha+2-4\rho}}{16(\nu^2-1)}\,\mathrm{B}\Big(\rho-\frac{\alpha+2}{4},\ \frac{\alpha+2}{4}\Big)\,{}_1F_4\Big(\frac{\alpha+2}{4};\ \frac{3}{2},\ \frac{3-\nu}{2},\ \frac{3+\nu}{2},\ \frac{\alpha+6}{4}-\rho;\ \frac{c^4z^4}{64}\Big) +$$
$$+ \frac{c^{2\nu}z^{\alpha+2\nu-4\rho}}{2^{2\nu+3}}\,\Gamma\begin{bmatrix}-\nu,\ \rho-(\alpha+2\nu)/4,\ (\alpha+2\nu)/4\\ \nu+1,\ \rho\end{bmatrix}\times$$
$$\times\ {}_1F_4\Big(\frac{\alpha+2\nu}{4};\ 1+\frac{\nu}{2},\ \frac{1+\nu}{2},\ \nu+1,\ 1-\rho+\frac{\alpha+2\nu}{4};\ \frac{c^4z^4}{64}\Big) +$$
$$+ \frac{2^{\alpha-4\rho-3}}{c^{\alpha-4\rho}}\,\Gamma\begin{bmatrix}\alpha/2-2\rho,\ (2\nu+\alpha)/4-\rho\\ (2\nu-\alpha)/4+\rho+1\end{bmatrix}\times$$
$$\times\ {}_1F_4\Big(\rho;\ 1+\rho-\frac{\alpha}{4},\ \rho+\frac{2-\alpha}{4},\ 1+\rho+\frac{2\nu-\alpha}{4},\ 1-\frac{2\nu+\alpha}{4}+\rho;\ \frac{c^4z^4}{64}\Big)$$

[$\mathrm{Re}\,\alpha,\ \mathrm{Re}\,(\alpha-2\nu) > 0;\ |\arg c|,\ |\arg z| < \pi/4$].

2. $$\int_0^\infty x^{\alpha-1}J_\mu(bx^2)K_\nu(cx)\,dx = 2^{(\alpha-\nu)/2-4}b^{-(\alpha+\nu)/2}c^\nu\Gamma\begin{bmatrix}-\nu,\ (\alpha+2\mu+\nu)/4\\ 1+(\alpha+2\mu-\nu)/4\end{bmatrix}\times$$
$$\times\ {}_2F_3\left(\frac{\nu-\alpha-2\mu}{4},\ \frac{\nu+\alpha+2\mu}{4};\ \frac{1}{2},\ 1+\frac{\nu}{2},\ \frac{1+\nu}{2};\ -\frac{c^4}{64b^2}\right)-$$
$$-\ 2^{(\alpha-\nu)/2-5}b^{-(\alpha+\nu)/2-1}c^{\nu+2}\Gamma\begin{bmatrix}-\nu-1,\ (2+2\mu+\alpha+\nu)/4\\ (2+2\mu+\alpha-\nu)/4\end{bmatrix}\times$$
$$\times\ {}_2F_3\left(\frac{2+\nu-\alpha-2\mu}{4},\ \frac{2+\nu+\alpha+2\mu}{4};\ \frac{3}{2},\ \frac{3+\nu}{2},\ 1+\frac{\nu}{2};\ -\frac{c^4}{64b^2}\right)+$$
$$+\ 2^{(\alpha+\nu)/2-4}b^{(\nu-\alpha)/2}c^{-\nu}\Gamma\begin{bmatrix}\nu,\ (2\mu+\alpha-\nu)/4\\ 1+(2\mu+\alpha+\nu)/4\end{bmatrix}\times$$
$$\times\ {}_2F_3\left(-\frac{2\mu+\alpha+\nu}{4},\ \frac{2\mu+\alpha-\nu}{4};\ \frac{1}{2},\ 1-\frac{\nu}{2},\ \frac{1-\nu}{2};\ -\frac{c^4}{64b^2}\right)-$$
$$-\ 2^{(\alpha+\nu)/2-5}b^{(\nu-\alpha)/2-1}c^{2-\nu}\Gamma\begin{bmatrix}1+\nu,\ (2+2\mu+\alpha-\nu)/4\\ (2+2\mu+\alpha+\nu)/4\end{bmatrix}\times$$
$$\times\ {}_2F_3\left(\frac{2-\alpha-2\mu-\nu}{4},\ \frac{2+\alpha+2\mu-\nu}{4};\ \frac{3}{2},\ \frac{3-\nu}{2},\ 1-\frac{\nu}{2};\ -\frac{c^4}{64b^2}\right)$$

[$b,\ \operatorname{Re} c>0;\ \operatorname{Re}(\alpha+2\mu)>|\operatorname{Re}\nu|$].

3. $$\int_0^\infty xJ_{\nu/2}(bx^2)K_\nu(cx)\,dx = \frac{\pi\sec(\nu\pi/2)}{8b}\left[\mathbf{H}_{-\nu/2}\left(\frac{c^2}{4b}\right)-Y_{-\nu/2}\left(\frac{c^2}{4b}\right)\right]$$

[$b,\ \operatorname{Re} c>0;\ \operatorname{Re}\nu>-1$].

4. $$\int_0^\infty x^2J_{(\nu-1)/2}(bx^2)K_\nu(cx)\,dx = -\frac{\pi c\operatorname{cosec}(\nu\pi/2)}{16b^2}\left[\mathbf{H}_{-(\nu+1)/2}\left(\frac{c^2}{4b}\right)-Y_{-(\nu+1)/2}\left(\frac{c^2}{4b}\right)\right]$$

[$b,\ \operatorname{Re} c>0;\ \operatorname{Re}\nu>-1$].

5. $$\int_0^\infty J_{2\nu}(b\sqrt{x})K_\nu(cx)\,dx = \frac{\pi}{2c}I_\nu\left(\frac{b^2}{4c}\right)-\frac{\pi}{2c}\mathbf{L}_\nu\left(\frac{b^2}{4c}\right)$$ [$\operatorname{Re} c>0;\ \operatorname{Re}\nu>-1/2$].

6. $$\int_0^\infty x^{\alpha-1}J_\mu(b\sqrt{x})K_\nu(cx)\,dx =$$
$$= 2^{\alpha-\mu/2-2}b^\mu c^{-\mu/2-\alpha}\Gamma\begin{bmatrix}(\alpha+\nu)/2+\mu/4,\ (\alpha-\nu)/2+\mu/4\\ \mu+1\end{bmatrix}\times$$
$$\times\ {}_2F_3\left(\frac{\alpha+\nu}{2}+\frac{\mu}{4},\ \frac{\alpha-\nu}{2}+\frac{\mu}{4};\ \frac{1}{2},\ \frac{\mu+1}{2},\ \frac{\mu}{2}+1;\ \frac{b^4}{64c^2}\right)-$$
$$-\ 2^{\alpha-\mu/2-3}b^{\mu+2}c^{-\mu/2-\alpha-1}\Gamma\begin{bmatrix}(\alpha+\nu+1)/2+\mu/4,\ (\alpha-\nu+1)/2+\mu/4\\ \mu+2\end{bmatrix}\times$$
$$\times\ {}_2F_3\left(\frac{\alpha+\nu+1}{2}+\frac{\mu}{4},\ \frac{\alpha-\nu+1}{2}+\frac{\mu}{4};\ \frac{3}{2},\ \frac{\mu}{2}+1,\ \frac{\mu+3}{2};\ \frac{b^4}{64c^2}\right)$$

[$\operatorname{Re} c>0;\ \operatorname{Re}\mu>2|\operatorname{Re}\nu|-2\operatorname{Re}\alpha$].

7. $$\int_0^\infty x^{1/2}J_{2\nu-1}(b\sqrt{x})K_\nu(cx)\,dx = \frac{\pi b}{4c^2}\left[I_{\nu-1}\left(\frac{b^2}{4c}\right)-\mathbf{L}_{\nu-1}\left(\frac{b^2}{4c}\right)\right]$$ [$\operatorname{Re} c>0;\ \operatorname{Re}\nu>-1/2$].

8. $$\int_0^\infty x^{\alpha-1}J_\mu\left(\frac{b}{x}\right)K_\nu(cx)\,dx = 2^{-\alpha-2\nu-2}b^{\alpha+\nu}c^\nu\Gamma\begin{bmatrix}-\nu,\ (\mu-\alpha-\nu)/2\\ 1+(\alpha+\mu+\nu)/2\end{bmatrix}\times$$
$$\times\ {}_0F_3\left(1+\nu,\ 1+\frac{\alpha-\mu+\nu}{2},\ 1+\frac{\alpha+\mu+\nu}{2};\ -\frac{b^2c^2}{16}\right)+$$

$$+\,2^{2\nu-\alpha-2}b^{\alpha-\nu}c^{-\nu}\Gamma\left[\begin{matrix}(\mu+\nu-\alpha)/2\\ 1+(\mu-\nu+\alpha)/2\end{matrix}\right]{}_0F_3\Big(1-\nu,\,1-\frac{\mu+\nu-\alpha}{2},$$

$$1+\frac{\mu-\nu+\alpha}{2};\,-\frac{b^2c^2}{16}\Big)+2^{\alpha-2\mu-2}b^{\mu}c^{\mu-\alpha}\Gamma\left[\begin{matrix}(\alpha+\nu-\mu)/2,\,(\alpha-\mu-\nu)/2\\ 1+\mu\end{matrix}\right]\times$$

$$\times\,{}_0F_3\Big(1+\frac{\mu-\nu-\alpha}{2},\,1+\frac{\mu+\nu-\alpha}{2},\,1+\mu;\,-\frac{b^2c^2}{16}\Big)\qquad [b,\ \operatorname{Re}c>0;\ \operatorname{Re}\alpha>|\operatorname{Re}\nu|-3/2].$$

9. $$\int_0^\infty x^{\pm1-1}J_\nu\Big(\frac{b}{x}\Big)K_\nu(cx)\,dx=i\left\{\begin{matrix}c^{-1}\\ b^{-1}\end{matrix}\right\}[e^{\pi\nu i/2}K_{2\nu}(e^{\pi i/4}2\sqrt{bc})-e^{-\pi\nu i/2}K_{2\nu}(e^{-\pi i/4}2\sqrt{bc})]$$
$$[b,\ \operatorname{Re}c>0;\ |\operatorname{Re}\nu|<3/2\pm1].$$

10. $$\int_0^\infty x^{2\nu-3/2}J_{\nu+1/2}\Big(\frac{b}{x}\Big)K_\nu(cx)\,dx=\frac{\sqrt{2\pi}}{c^\nu}\,b^{\nu-1/2}J_{2\nu}(\sqrt{2bc})K_{2\nu}(\sqrt{2bc})$$
$$[b,\ \operatorname{Re}c>0;\ \operatorname{Re}\nu>-1/3].$$

11. $$\int_0^\infty x^{2\nu+1/2}J_{\nu+1/2}\Big(\frac{b}{x}\Big)K_\nu(cx)\,dx=\sqrt{2\pi}\,b^{\nu+1/2}c^{-\nu-1}J_{2\nu+1}(\sqrt{2bc})K_{2\nu+1}(\sqrt{2bc})$$
$$[b,\ \operatorname{Re}c>0;\ \operatorname{Re}\nu>-1].$$

12. $$\int_0^\infty x^{-2\nu+1/2}J_{\nu-1/2}\Big(\frac{b}{x}\Big)K_\nu(cx)\,dx=$$
$$=\sqrt{2\pi}\,b^{1/2-\nu}c^{\nu-1}K_{2\nu-1}(\sqrt{2bc})[\sin\nu\pi\,J_{2\nu-1}(\sqrt{2bc})+\cos\nu\pi\,Y_{2\nu-1}(\sqrt{2bc})]$$
$$[b,\ \operatorname{Re}c>0;\ \operatorname{Re}\nu<1].$$

13. $$\int_a^\infty x^{1-\nu}(x^2-a^2)^{\mu/2}J_\mu(b\sqrt{x^2-a^2})K_\nu(cx)\,dx=$$
$$=a^{\mu-\nu+1}b^\mu c^{-\nu}(b^2+c^2)^{(\nu-\mu-1)/2}K_{\nu-\mu-1}(a\sqrt{b^2+c^2})\qquad [a>0;\ \operatorname{Re}c>|\operatorname{Im}b|;\ \operatorname{Re}\mu>-1].$$

14. $$\int_0^\infty x^{\mu+1}(x^2-y^2)^{-\nu/2}J_\mu(bx)K_\nu(c\sqrt{x^2-y^2})\,dx=$$
$$=\frac{\pi b^\mu}{2c^\nu}\,y^{1+\mu-\nu}e^{\pi i(\mu-\nu+1/2)}(b^2+c^2)^{(\nu-\mu-1)/2}H^{(2)}_{\nu-\mu-1}(y\sqrt{b^2+c^2})$$
$[\operatorname{Re}c>|\operatorname{Im}b|;\ \operatorname{Re}\mu>-1;\ \operatorname{Re}\nu<1;\ \operatorname{Im}y=0;\ \arg\sqrt{x^2-y^2}=0$ при $x>y$, $\arg(x^2-y^2)^\varphi=\pi\varphi$ при $x<y]$.

15. $$\int_0^\infty x^{\alpha-1}J_\nu(c\sqrt{x^2+z^2}-cz)K_\nu(c\sqrt{x^2+z^2}+cz)\,dx=$$
$$=2^{\alpha-2}\Big(\frac{z}{c}\Big)^{\alpha/2}\Gamma\left[\begin{matrix}(\alpha+2\nu)/4\\ 1+(2\nu-\alpha)/4\end{matrix}\right]K_{\alpha/2}(2cz)\qquad [\operatorname{Re}z>0;\ |\arg c|<\pi/4;\ \operatorname{Re}(\alpha+2\nu)>0].$$

2.16.23. Интегралы от $x^\alpha e^{-px^n}J_\mu(bx^r)K_\nu(cx)$.

1. $$\int_0^\infty x^{-1/2}e^{-px}J_m(bx)K_n(cx)\,dx=A_{m,\,n}$$
$$\left[\operatorname{Re}(p+c)>|\operatorname{Im}b|;\ k=\left(\frac{2}{1+\sqrt{1+c^2\gamma^2}}\right)^{1/2},\ \ l=\left(\frac{1-\sqrt{1-b^2\gamma^2}}{2}\right)^{1/2},\right.$$
$$\left.\gamma=\frac{2}{p^2+b^2-c^2+\sqrt{(p^2+b^2-c^2)^2+4b^2c^2}}\right],$$

$$A_{0,\,0}=2k\sqrt{\frac{\gamma}{\pi}}\,\mathbf{K}(k)\mathbf{K}(l),$$

$$A_{1,\,0}=\frac{2}{kl}\sqrt{\frac{\gamma}{\pi(1-l^2)}}\,[(2-k^2)\mathbf{K}(k)-2\mathbf{E}(k)][\mathbf{E}(l)-(1-l^2)\mathbf{K}(l)],$$

$$A_{2,0} = \frac{2\sqrt{\gamma}}{9\sqrt{\pi}\, k^3 l^2(1-l^2)} [(16 - 16k^2 + 3k^4)\mathbf{K}(k) - 8(2-k^2)\mathbf{E}(k)] \times$$
$$\times [(1-l^2)(2-3l^2)\mathbf{K}(l) - 2(1-2l^2)\mathbf{E}(l)],$$

$$A_{1,1} = \frac{2\sqrt{\gamma}}{3kl\sqrt{\pi(1-k^2)(1-l^2)}} [(2-k^2)\mathbf{E}(k) - 2(1-k^2)\mathbf{K}(k)] \times$$
$$\times [(1-l^2)\mathbf{K}(l) - (1-2l^2)\mathbf{E}(l)],$$

$$A_{2,1} = \frac{2\sqrt{\gamma}}{15\sqrt{\pi}\, k^3 l^2(1-l^2)\sqrt{1-k^2}} [(16 - 16k^2 + k^4)\mathbf{E}(k) -$$
$$- 8(1-k^2)(2-k^2)\mathbf{K}(k)][2(1-l^2+l^4)\mathbf{E}(l) - (1-l^2)(2-l^2)\mathbf{K}(l)],$$

$$A_{2,2} = \frac{2\sqrt{\gamma}}{105\sqrt{\pi}\, k^3 l^2(1-k^2)(1-l^2)} [(1-k^2)(16-16k^2-k^4)\mathbf{K}(k) -$$
$$- 2(2-k^2)(4-4k^2-k^4)\mathbf{E}(k)][(1-l^2)(2+5l^2-8l^4)\mathbf{K}(l) -$$
$$- 2(1-2l^2)(1+4l^2-4l^4)\mathbf{E}(l)].$$

2. $\displaystyle\int_0^\infty x e^{-px^2} J_0(cx) K_0(cx)\, dx = \frac{\pi}{8p}\mathbf{H}_0\left(\frac{c^2}{2p}\right) - \frac{\pi}{8p} Y_0\left(\frac{c^2}{2p}\right)$ [$\operatorname{Re} p > 0$].

3. $\displaystyle\int_0^\infty e^{cx} J_0(b\sqrt{x}\,) K_0(cx)\, dx = \frac{1}{b\sqrt{\pi^3 c}} \exp\left(\frac{b^2}{8c}\right) \operatorname{erfc}\left(\frac{b}{\sqrt{8c}}\right)$ [$b,\ \operatorname{Re} c > 0$].

4. $\displaystyle\int_0^\infty x^{\alpha-1} e^{\mp cx} J_\mu(b\sqrt{x}\,) K_\nu(cx)\, dx =$

$$= \begin{Bmatrix} 1 \\ \cos\nu\pi \sec(\alpha+\mu/2)\pi \end{Bmatrix} 2^{-\alpha-3\mu/2}\sqrt{\pi}\, b^\mu c^{-\alpha-\mu/2} \Gamma\begin{bmatrix} \mu/2+\alpha+\nu,\ \mu/2+\alpha-\nu \\ \mu+1,\ \alpha+(\mu+1)/2 \end{bmatrix} \times$$
$$\times\ {}_2F_2\left(\frac{\mu}{2}+\alpha+\nu,\ \frac{\mu}{2}+\alpha-\nu;\ \mu+1,\ \alpha+\frac{\mu+1}{2};\ \mp\frac{b^2}{8c}\right) +$$
$$+ \begin{Bmatrix} 0 \\ 1 \end{Bmatrix} \sqrt{\frac{\pi}{c}}\ 2^{2\alpha-3/2} b^{1-2\alpha} \Gamma\begin{bmatrix} \alpha+(\mu-1)/2 \\ (3+\mu)/2-\alpha \end{bmatrix} {}_2F_2\left(\frac{1}{2}+\nu,\ \frac{1}{2}-\nu;\ \frac{3-\mu}{2}-\alpha,\ \frac{3+\mu}{2}-\alpha;\ \frac{b^2}{8c}\right)$$
$$\left[\operatorname{Re}(2\alpha+\mu) > 2|\operatorname{Re}\nu|,\ \begin{Bmatrix} \operatorname{Re} c > 0 \\ b,\ \operatorname{Re} c > 0;\ \operatorname{Re}\alpha < 5/4 \end{Bmatrix}\right].$$

2.16.24. Интегралы от $x^\alpha \begin{Bmatrix} \operatorname{sh} ax \\ \operatorname{ch} ax \end{Bmatrix} J_\mu(bx) K_\nu(cx)$.

1. $\displaystyle\int_0^\infty \operatorname{sh} ax\, J_0(bx) K_1(cx)\, dx = \frac{1}{c}\left[u\mathbf{E}(k) - \mathbf{K}(k)\mathbf{E}(u) + \frac{\operatorname{sn}(u)\operatorname{dn}(u)}{\operatorname{cn}(u)}\mathbf{K}(k)\right]$

$$\left[\operatorname{Re} c > |\operatorname{Re} a| + |\operatorname{Im} b|;\ \operatorname{cn} u = \frac{b\sqrt{2}}{[\sqrt{(c^2-a^2-b^2)^2+4b^2c^2} - (c^2-a^2-b^2)]^{1/2}},\right.$$
$$\left. k = \frac{1}{\sqrt{2}}\left(1 - \frac{c^2-a^2-b^2}{\sqrt{(c^2-a^2-b^2)^2+4b^2c^2}}\right)^{1/2}\right].$$

2. $\displaystyle\int_0^\infty x \operatorname{sh} ax\, J_n(bx) K_n(cx)\, dx = A_n$ [$\operatorname{Re} c > |\operatorname{Re} a| + |\operatorname{Im} b|$; k см. в 2.16.24.1],

$$A_0 = a\left(\frac{k}{bc}\right)^{3/2} (1-k^2)^{3/4} [2\mathbf{E}(k) - \mathbf{K}(k)],$$

$$A_1 = \frac{a\sqrt{k}}{(bc)^{3/2}}\,(1-k^2)^{1/4}[(1-k^2)\mathbf{K}(k)-(1-2k^2)\mathbf{E}(k)],$$

$$A_2 = \frac{a}{\sqrt{k}\,(bc)^{3/2}}\,(1-k^2)^{-1/4}[2(1-k^2+k^4)\mathbf{E}(k)-(1-k^2)(2-k^2)\mathbf{K}(k)],$$

$$A_3 = \frac{a}{3(bck)^{3/2}}\,(1-k^2)^{-3/4}[(8-15k^2+3k^4)(1-k^2)\mathbf{K}(k)-(8-19k^2+9k^4-6k^6)\mathbf{E}(k)].$$

3. $\displaystyle\int_0^\infty \operatorname{ch} ax\, J_n(bx)K_n(cx)\,dx = B_n$ $\quad [\operatorname{Re} c > |\operatorname{Re} a| + |\operatorname{Im} b|;\ k$ см. в 2.16.24.1],

$$B_0 = \sqrt{\frac{k}{bc}}\,(1-k^2)^{1/4}\mathbf{K}(k), \qquad B_1 = \frac{1}{\sqrt{bck}}\,(1-k^2)^{-1/4}[\mathbf{E}(k)-(1-k^2)\mathbf{K}(k)],$$

$$B_2 = \frac{1}{3\sqrt{bck^3}}\,(1-k^2)^{-3/4}[(1-k^2)(2-3k^2)\mathbf{K}(k)-2(1-2k^2)\mathbf{E}(k)],$$

$$B_3 = \frac{1}{15\sqrt{bck^5}}\,(1-k^2)^{-5/4}[(8-23k^2+23k^4)\mathbf{E}(k)-(1-k^2)(8-19k^2+15k^4)\mathbf{K}(k)].$$

4. $\displaystyle\int_0^\infty x^{1/2}\operatorname{sh} cx\, J_{\nu+1/2}(bx)K_\nu(cx)\,dx = \frac{\sqrt{\pi}\,c^{1-\nu}}{2^\nu b}\,(b^2+4c^2)^{-1/2}(\sqrt{b^2+4c^2}+b)^{\nu-1/2}$

$[b,\ \operatorname{Re} c > 0;\ \operatorname{Re}\nu > -3/2].$

2.16.25. Интегралы от $x^\alpha\begin{Bmatrix}\sin ax^n\\ \cos ax^n\end{Bmatrix}J_\nu(bx)K_\nu(cx)$.

1. $\displaystyle\int_0^\infty x\sin ax\, J_n(bx)K_n(cx)\,dx = A_n$

$$\left[\operatorname{Re} c > |\operatorname{Im} a| + |\operatorname{Im} b|;\ k = \frac{1}{\sqrt{2}}\left(1-\frac{a^2+c^2-b^2}{\sqrt{(a^2+c^2-b^2)^2+4b^2c^2}}\right)^{1/2};\ A_n \text{ см. в 2.16.24.2}\right].$$

2. $\displaystyle\int_0^\infty \cos ax\, J_n(bx)K_n(cx)\,dx = B_n$

$[\operatorname{Re} c > |\operatorname{Im} a| + |\operatorname{Im} b|;\ k$ см. в 2.16.25.1; B_n см. в 2.16.24.3].

3. $$\int_0^\infty x^{\alpha-1}\begin{Bmatrix}\sin ax^2\\ \cos ax^2\end{Bmatrix}J_\nu(cx)K_\nu(cx)\,dx = \frac{a^{-\alpha/2}}{4\nu}\,\Gamma\left(\frac{\alpha}{2}\right)\begin{Bmatrix}\sin(\alpha\pi/4)\\ \cos(\alpha\pi/4)\end{Bmatrix}\times$$

$$\times\,{}_2F_3\left(\frac{\alpha+2}{4},\ \frac{\alpha}{4};\ \frac{1}{2},\ 1-\frac{\nu}{2},\ 1+\frac{\nu}{2};\ \frac{c^4}{16a^2}\right) \mp \frac{a^{-\alpha/2-1}c^2}{8(\nu^2-1)}\,\Gamma\left(\frac{\alpha}{2}+1\right)\begin{Bmatrix}\cos(\alpha\pi/4)\\ \sin(\alpha\pi/4)\end{Bmatrix}\times$$

$$\times\,{}_2F_3\left(1+\frac{\alpha}{4},\ \frac{2+\alpha}{4};\ \frac{3}{2},\ \frac{3-\nu}{2},\ \frac{3+\nu}{2};\ \frac{c^4}{16a^2}\right)+$$

$$+\,2^{2\nu-2}a^{-\alpha/2-\nu}c^{2\nu}\Gamma\begin{bmatrix}-\nu,\ \nu+\alpha/2\\ \nu+1\end{bmatrix}\begin{Bmatrix}\sin[(2\nu+\alpha)\pi/4]\\ \cos[(2\nu+\alpha)\pi/4]\end{Bmatrix}\times$$

$$\times\,{}_2F_3\left(\frac{2\nu+\alpha}{4},\ \frac{1+\nu}{2}+\frac{\alpha}{4};\ 1+\frac{\nu}{2},\ \frac{1+\nu}{2},\ 1+\nu;\ \frac{c^4}{16a^2}\right)$$

$[a > 0;\ |\arg c| < \pi/4;\ \operatorname{Re}\alpha,\ \operatorname{Re}(\alpha+2\nu) > -1 \mp 1].$

4. $\displaystyle\int_0^\infty x\sin ax^2\, J_0(cx)K_0(cx)\,dx = \frac{1}{4a}\,K_0\left(\frac{c^2}{2a}\right)$ $\quad [a > 0;\ |\arg c| < \pi/4].$

5. $\displaystyle\int_0^\infty x\cos ax^2\, J_0(cx)K_0(cx)\,dx = \frac{\pi}{8a}\left[I_0\left(\frac{c^2}{2a}\right)-\mathbf{L}_0\left(\frac{c^2}{2a}\right)\right]$ $\quad [a > 0;\ |\arg c| < \pi/4].$

2.16.26. Интегралы, содержащие $Y_0(cx) - \frac{2}{\pi}K_0(cx)$.

1. $$\int_a^\infty x^3(x^4-a^4)^{\beta-1}\left[Y_0(cx)-\frac{2}{\pi}K_0(cx)\right]dx =$$
$$= \frac{a^{4\beta}\operatorname{cosec}\beta\pi}{4\beta}\,{}_0F_3\left(\frac{1}{2},\,\frac{1}{2},\,\beta+1;\,\frac{a^4c^4}{256}\right) - 2^{8\beta-2}c^{-4\beta}\Gamma\left[\begin{matrix}\beta,\,\beta\\ 1/2-\beta,\,1/2-\beta\end{matrix}\right]\times$$
$$\times\,{}_0F_3\left(\frac{1}{2}-\beta,\,\frac{1}{2}-\beta,\,1-\beta;\,\frac{a^4c^2}{256}\right)\qquad [a,\,c>0;\ 0<\operatorname{Re}\beta<3/8].$$

2. $$\int_0^\infty [(z^2+ix^2)^{\rho-1}+(z^2-ix^2)^{\rho-1}]\left[Y_0(cx)-\frac{2}{\pi}K_0(cx)\right]dx =$$
$$= -\frac{2^\rho}{\Gamma(1-\rho)}\,c^{-\rho}z^\rho[e^{-i\rho\pi/4}K_\rho(e^{i\pi/4}cz)+e^{i\rho\pi/4}K_\rho(e^{-i\pi/4}cz)]\qquad [c,\,\operatorname{Re}z>0;\ \operatorname{Re}\rho<3/4].$$

3. $$\int_0^\infty \frac{x}{x^4+z^4}\left[Y_0(cx)-\frac{2}{\pi}K_0(cx)\right]dx = -\frac{1}{z^2}\operatorname{ker}(cz)\qquad [c>0;\ |\arg z|<\pi/4].$$

4. $$\int_0^\infty \frac{x}{\sqrt{x^4+z^4}}\left[Y_0(cx)-\frac{2}{\pi}K_0(cx)\right]dx = Y_0\left(\frac{cz}{\sqrt{2}}\right)K_0\left(\frac{cz}{\sqrt{2}}\right)\qquad [c>0;\ |\arg z|<\pi/4].$$

5. $$\int_0^\infty x\frac{(\sqrt{x^4+z^4}+z^2)^{1/2}}{\sqrt{x^4+z^4}}\left[Y_0(cx)-\frac{2}{\pi}K_0(cx)\right]dx = \frac{1}{c}\exp\left(-\frac{cz}{\sqrt{2}}\right)\left(\sin\frac{cz}{\sqrt{2}}-\cos\frac{cz}{\sqrt{2}}\right)$$
$$[c>0;\ |\arg z|<\pi/4].$$

6. $$\int_0^\infty x\frac{(\sqrt{x^4+z^4}+x^2)^\nu+(\sqrt{x^4+z^4}-x^2)^\nu}{\sqrt{x^4+z^4}}\left[Y_0(cx)-\frac{2}{\pi}K_0(cx)\right]dx =$$
$$= 2z^{2\nu}\cos\frac{\nu\pi}{2}\,K_\nu\left(\frac{cz}{\sqrt{2}}\right)\left[\sin\frac{\nu\pi}{2}\,J_\nu\left(\frac{cz}{\sqrt{2}}\right)+\cos\frac{\nu\pi}{2}\,Y_\nu\left(\frac{cz}{\sqrt{2}}\right)\right]$$
$$[c>0;\ |\arg z|<\pi/4;\ |\operatorname{Re}\nu|<3/4].$$

7. $$\int_0^\infty \frac{1}{x}\sin bx^2\left[Y_0(cx)-\frac{2}{\pi}K_0(cx)\right]dx = \frac{1}{2}\operatorname{ci}\left(\frac{c^2}{4b}\right)\qquad [b,\,c>0].$$

8. $$\int_0^\infty \frac{1}{x^3}\sin^2 bx^2\left[Y_0(cx)-\frac{2}{\pi}K_0(cx)\right]dx = \frac{b}{2}\operatorname{ci}\left(\frac{c^2}{8b}\right)+\frac{b}{2}\cos\frac{c^2}{8b}+\frac{c^2}{16}\operatorname{si}\left(\frac{c^2}{8b}\right)$$
$$[b,\,c>0].$$

9. $$\int_0^\infty xe^{-px}\cos px\left[Y_0(cx)-\frac{2}{\pi}K_0(cx)\right]dx =$$
$$= -\sqrt{2}\,p(4p^4+c^4)^{-3/4}\cos\left(\frac{3}{2}\operatorname{arctg}\frac{c^2}{2p^2}\right)\qquad [c>0;\ |\arg p|<\pi/4].$$

10. $$\int_0^\infty e^{-px}\cos\left(px+\frac{\pi}{4}\right)\left[Y_0(cx)-\frac{2}{\pi}K_0(cx)\right]dx =$$
$$= -\frac{1}{\sqrt{2}}(4p^4+c^4)^{-1/2}(\sqrt{4p^4+c^4}+2p^2)^{1/2}\qquad [c>0;\ |\arg p|<\pi/4].$$

11. $\displaystyle\int_0^1 x\ln x\left[Y_0(cx)-\frac{2}{\pi}K_0(cx)\right]dx=\frac{1}{c^2}Y_0(c)+\frac{2}{\pi c^2}K_0(c)$ [$|\arg c|<\pi$].

12. $\displaystyle\int_0^\infty x\ln\frac{x^4+z^4}{x^4}\left[Y_0(cx)-\frac{2}{\pi}K_0(cx)\right]dx=\frac{2z}{c}\left[e^{-i\pi/4}K_1(e^{i\pi/4}cz)+e^{i\pi/4}K_1(e^{-i\pi/4}cz)\right]$

[$c>0;\ |\arg z|<\pi/4$].

13. $\displaystyle\int_0^\infty x\ln\frac{|x^4-a^4|}{x^4}\left[Y_0(cx)-\frac{2}{\pi}K_0(cx)\right]dx=-\frac{\pi a}{c}J_1(ac)$ [$a,\ c>0$].

14. $\displaystyle\int_0^\infty\frac{x}{\sqrt{x^4+z^4}}\ln\frac{\sqrt{x^4+z^4}+z^2}{x^2}\left[Y_0(cx)-\frac{2}{\pi}K_0(cx)\right]dx=-\frac{\pi^2}{2}J_0(cz)K_0(cz)$

[$c>0;\ |\arg z|<\pi/4$].

2.16.27. Интегралы, содержащие $Y_\mu(bx^{\pm r})K_\nu(cx)$.

1. $\displaystyle\int_0^\infty Y_0(bx)K_0(cx)\,dx=-\frac{1}{\sqrt{b^2+c^2}}\mathbf{K}\left(\frac{c}{\sqrt{b^2+c^2}}\right)$ [$\operatorname{Re}c>|\operatorname{Im}b|$].

2. $\displaystyle\int_0^\infty x^{\alpha-1}Y_\mu(bx)K_\nu(cx)\,dx=-\frac{2^{\alpha-2}}{\pi}b^{-\mu}c^{\mu-\alpha}\times$

$$\times\Gamma\left[\mu,\ \frac{\alpha+\nu-\mu}{2},\ \frac{\alpha-\nu-\mu}{2}\right]{}_2F_1\left(\frac{\alpha+\nu-\mu}{2},\ \frac{\alpha-\nu-\mu}{2};\ 1-\mu;\ -\frac{b^2}{c^2}\right)-$$

$$-\frac{2^{\alpha-2}b^\mu}{\pi c^{\alpha+\mu}}\cos\mu\pi\Gamma\left[-\mu,\ \frac{\alpha+\mu+\nu}{2},\ \frac{\alpha+\mu-\nu}{2}\right]{}_2F_1\left(\frac{\alpha+\mu+\nu}{2},\ \frac{\alpha+\mu-\nu}{2};\ 1+\mu;\ -\frac{b^2}{c^2}\right)$$

[$\operatorname{Re}c>|\operatorname{Im}b|;\ \operatorname{Re}\alpha>|\operatorname{Re}\mu|+|\operatorname{Re}\nu|$].

3. $\displaystyle\int_0^\infty x^{\alpha-1}Y_\nu(cx)K_\nu(cx)\,dx=-\frac{2^{\alpha-3}}{\pi c^\alpha}\cos\frac{\alpha-2\nu}{4}\pi\Gamma\left[\frac{\alpha}{2},\ \frac{\alpha+2\nu}{4},\ \frac{\alpha-2\nu}{4}\right]$

[$\operatorname{Re}\alpha>2|\operatorname{Re}\nu|;\ |\arg c|<\pi/4$].

4. $\displaystyle\int_0^\infty xY_{\nu/2}(bx^2)K_\nu(cx)\,dx=\frac{\pi}{8b}\left[\operatorname{cosec}\frac{\nu\pi}{2}\mathbf{H}_{-\nu/2}\left(\frac{c^2}{4b}\right)-\sec\frac{\nu\pi}{2}J_{-\nu/2}\left(\frac{c^2}{4b}\right)-\right.$

$$\left.-2\operatorname{cosec}\nu\pi\mathbf{H}_{\nu/2}\left(\frac{c^2}{4b}\right)\right]$$ [$b,\ \operatorname{Re}c>0;\ |\operatorname{Re}\nu|<1$].

5. $\displaystyle\int_0^\infty Y_{2\nu}(b\sqrt{x})K_\nu(cx)\,dx=\frac{\pi}{2c}\left[\operatorname{cosec}2\nu\pi\mathbf{L}_{-\nu}\left(\frac{b^2}{4c}\right)-\operatorname{ctg}2\nu\pi\mathbf{L}_\nu\left(\frac{b^2}{4c}\right)-\right.$

$$\left.-\operatorname{tg}\nu\pi I_\nu\left(\frac{b^2}{4c}\right)-\frac{\sec\nu\pi}{\pi}K_\nu\left(\frac{b^2}{4c}\right)\right]$$ [$\operatorname{Re}c>0;\ |\operatorname{Re}\nu|<1/2$].

6. $\displaystyle\int_0^\infty x^{\alpha-1}Y_\mu\left(\frac{b}{x}\right)K_\nu(cx)\,dx=-\frac{2^{\alpha-2\mu-2}b^\mu}{\pi c^{\alpha-\mu}}\cos\mu\pi\Gamma\left[-\mu,\ \frac{\alpha+\nu-\mu}{2},\ \frac{\alpha-\nu-\mu}{2}\right]\times$

$$\times{}_0F_3\left(1+\mu,\ 1+\frac{\mu-\nu-\alpha}{2},\ 1+\frac{\mu+\nu-\alpha}{2};\ -\frac{b^2c^2}{16}\right)-$$

$$-\frac{2^{\alpha+2\mu-2}}{\pi b^\mu c^{\alpha+\mu}}\Gamma\left[\mu,\ \frac{\alpha+\mu+\nu}{2},\ \frac{\alpha+\mu-\nu}{2}\right]\times$$

$$\times{}_0F_3\left(1-\mu,\ 1-\frac{\alpha+\mu+\nu}{2},\ 1-\frac{\alpha+\mu-\nu}{2};\ -\frac{b^2c^2}{16}\right)-$$

$$-\frac{b^{\alpha+\nu}c^{\nu}}{2^{\alpha+2\nu+2}\pi}\cos\frac{\alpha+\mu+\nu}{2}\pi\Gamma\left[-\nu,\ \frac{\mu-\nu-\alpha}{2},\ -\frac{\mu+\nu+\alpha}{2}\right]\times$$
$$\times\ {}_0F_3\left(1+\nu,\ 1+\frac{\alpha-\mu+\nu}{2},\ 1+\frac{\alpha+\mu+\nu}{2};\ -\frac{b^2c^2}{16}\right)-$$
$$-\frac{b^{\alpha-\nu}c^{-\nu}}{2^{\alpha-2\nu+2}\pi}\cos\frac{\alpha+\mu-\nu}{2}\pi\Gamma\left[\nu,\ \frac{\mu+\nu-\alpha}{2},\ \frac{\nu-\mu-\alpha}{2}\right]\times$$
$$\times\ {}_0F_3\left(1-\nu,\ 1+\frac{\alpha-\mu-\nu}{2},\ 1+\frac{\alpha+\mu-\nu}{2};\ -\frac{b^2c^2}{16}\right)\qquad [b,\ \operatorname{Re}c>0;\ \operatorname{Re}\alpha>|\operatorname{Re}\nu|-3/2].$$

7. $$\int_0^\infty x^{-1\pm1}Y_\nu\left(\frac{b}{x}\right)K_\nu(cx)\,dx=$$
$$=2\begin{Bmatrix}c^{-1}\\b^{-1}\end{Bmatrix}\left[\pm\begin{Bmatrix}\sin(3\nu\pi/2)\\\cos(3\nu\pi/2)\end{Bmatrix}\operatorname{kei}_{2\nu}(2\sqrt{bc})-\begin{Bmatrix}\cos(3\nu\pi/2)\\\sin(3\nu\pi/2)\end{Bmatrix}\operatorname{ker}_{2\nu}(2\sqrt{bc})\right]=$$
$$=\begin{Bmatrix}c^{-1}\\-ib^{-1}\end{Bmatrix}[\mp e^{-\pi\nu i/2}K_{2\nu}(2\sqrt{-ibc})-e^{\pi\nu i/2}K_{2\nu}(2\sqrt{ibc})]\qquad [b,\ \operatorname{Re}c>0;\ |\operatorname{Re}\nu|<3/2\pm1].$$

8. $$\int_0^\infty x^{2\nu\pm1-1/2}Y_{\nu+1/2}\left(\frac{b}{x}\right)K_\nu(cx)\,dx=\sqrt{2\pi}\,b^{\nu\pm1/2}c^{-\nu-(1\pm1)/2}\times$$
$$\times\ Y_{2\nu+(1\pm1)/2}(\sqrt{2bc})K_{2\nu+(1\pm1)/2}(\sqrt{2bc})\qquad [b,\ \operatorname{Re}c>0;\ \operatorname{Re}\nu>(-2\mp1)/3].$$

9. $$\int_0^\infty x^{-2\nu+1/2}Y_{\nu-1/2}\left(\frac{b}{x}\right)K_\nu(cx)\,dx=$$
$$=\sqrt{\frac{\pi}{2}}\,\frac{b^{1/2-\nu}c^{\nu-1}}{\cos\nu\pi}K_{2\nu-1}(\sqrt{2bc})[J_{1-2\nu}(\sqrt{2bc})-J_{2\nu-1}(\sqrt{2bc})]\qquad [b,\ \operatorname{Re}c>0;\ \operatorname{Re}\nu<1].$$

10. $$\int_0^\infty x^{\nu-1/2}e^{cx}Y_0(b\sqrt{x})K_\nu(cx)\,dx=-\frac{2\sqrt{\pi}\,(2c)^{-\nu}}{b}\Gamma\begin{bmatrix}1/2+2\nu,\ 1/2+2\nu\\1+2\nu\end{bmatrix}\times$$
$$\times\exp\left(\frac{b^2}{16c}\right)W_{-2\nu,\,0}\left(\frac{b^2}{8c}\right)\qquad [b,\ \operatorname{Re}c>0;\ -1/4<\operatorname{Re}\nu<3/4].$$

11. $$\int_0^\infty x^{-1/2}e^{cx}Y_0(b\sqrt{x})K_0(cx)\,dx=-\frac{\pi}{\sqrt{2c}}\exp\left(\frac{b^2}{16c}\right)K_0\left(\frac{b^2}{16c}\right)\qquad [b,\ \operatorname{Re}c>0].$$

12. $$\int_0^\infty x^{\alpha-1}\begin{Bmatrix}\sin ax^2\\\cos ax^2\end{Bmatrix}Y_\nu(cx)K_\nu(cx)\,dx=$$
$$=\frac{a^{-\alpha/2}}{4\pi\nu}\operatorname{ctg}\frac{\nu\pi}{2}\begin{Bmatrix}\sin(\alpha\pi/4)\\\cos(\alpha\pi/4)\end{Bmatrix}\Gamma\left(\frac{\alpha}{2}\right){}_2F_3\left(\frac{\alpha}{4},\ \frac{\alpha+2}{4};\ \frac{1}{2},\ 1-\frac{\nu}{2},\ 1+\frac{\nu}{2};\ \frac{c^4}{16a^2}\right)\mp$$
$$\mp\frac{c^2}{8\sqrt{\pi}\,a^{\alpha/2+1}(1-\nu^2)}\operatorname{tg}\frac{\nu\pi}{2}\begin{Bmatrix}\cos(\alpha\pi/4)\\\sin(\alpha\pi/4)\end{Bmatrix}\Gamma\left(1+\frac{\alpha}{2}\right)\times$$
$$\times\ {}_2F_3\left(\frac{2+\alpha}{4},\ 1+\frac{\alpha}{4};\ \frac{3}{2},\ \frac{3-\nu}{2},\ \frac{3+\nu}{2};\ \frac{c^4}{16a^2}\right)-\frac{2^{-2\nu-2}}{\pi}a^{-\nu-\alpha/2}c^{2\nu}\cos\nu\pi\times$$
$$\times\Gamma\left[-\nu,\ -\nu,\ \nu+\frac{\alpha}{2}\right]{}_2F_3\left(\frac{1+\nu}{2}+\frac{\alpha}{4},\ \frac{2\nu+\alpha}{4};\ 1+\frac{\nu}{2},\ \frac{1+\nu}{2},\ 1+\nu;\ \frac{c^4}{16a^2}\right)-$$
$$-\frac{2^{\nu-2}}{\pi}a^{\nu-\alpha/2}c^{-2\nu}\begin{Bmatrix}\sin[(\alpha-2\nu)\pi/4]\\\cos[(\alpha-2\nu)\pi/4]\end{Bmatrix}\Gamma\left[\nu,\ \nu,\ \frac{\alpha}{2}-\nu\right]\times$$
$$\times\ {}_2F_3\left(\frac{1-\nu}{2}+\frac{\alpha}{4},\ \frac{\alpha-2\nu}{4};\ 1-\frac{\nu}{2},\ \frac{1-\nu}{2},\ 1-\nu;\ \frac{c^4}{16a^2}\right)$$
$$[a>0;\ |\arg c|<\pi/4;\ \operatorname{Re}\alpha>2|\operatorname{Re}\nu|-1\mp1].$$

13. $\int\limits_0^\infty x^{1+2\sigma}\cos ax^2 Y_\sigma(cx)K_\sigma(cx)\,dx = -\frac{c^{2\sigma}}{2^{2+\sigma}a^{1+2\sigma}}\,K_0\left(\frac{c^2}{2a}\right)$

[$\sigma = 0$ или 1; $a > 0$; $|\arg c| < \pi/4$].

2.16.28. Интегралы от $A(x)I_\mu(\varphi(x))K_\nu(\chi(x))$.

1. $\int\limits_0^\infty x^{\alpha-1}I_\mu(bx)K_\nu(cx)\,dx = B^\alpha_{\mu,\,\nu}$ [$\operatorname{Re} c > |\operatorname{Re} b|$; $\operatorname{Re}(\alpha+\nu) > |\operatorname{Re}\nu|$],

$B^\alpha_{\mu,\,\nu} = i^{-\mu}A^\alpha_{\mu,\,\nu}(ib)$, $A^\alpha_{\mu,\,\nu}(b) = A^\alpha_{\mu,\,\nu}$ см. в 2.16.21.1, $B^\alpha_{m,\,n}$ получаются из $A^\alpha_{m,\,n}$ с помощью формул

$$\mathbf{K}(z) = \frac{1}{\sqrt{1-z^2}}\mathbf{K}\left(\frac{iz}{\sqrt{1-z^2}}\right), \quad \mathbf{E}(z) = \sqrt{1-z^2}\,\mathbf{E}\left(\frac{iz}{\sqrt{1-z^2}}\right),$$

$$B^\alpha_{\mu,\,\nu} = 2^{\alpha-2}b^\mu c^{-\alpha-\mu}\Gamma\left[\begin{matrix}(\alpha+\mu+\nu)/2,\ (\alpha+\mu-\nu)/2\\ \mu+1\end{matrix}\right]\times$$
$$\times\ {}_2F_1\left(\frac{\alpha+\mu+\nu}{2},\ \frac{\alpha+\mu-\nu}{2};\ \mu+1;\ \frac{b^2}{c^2}\right),$$

$$B^\alpha_{\nu,\,\nu} = 2^{\alpha-2}(c^2-b^2)^{-\alpha/2}\Gamma\left(\frac{\alpha}{2}\right)\Gamma\left(\nu+\frac{\alpha}{2}\right)P^{-\nu}_{-\alpha/2}\left(\frac{c^2+b^2}{c^2-b^2}\right) =$$
$$= \frac{2^{\alpha-2}}{\sqrt{\pi bc}}\,(c^2-b^2)^{(1-\alpha)/2}\Gamma\left(\frac{\alpha}{2}\right)\exp\left(-i\frac{\alpha-1}{2}\pi\right)Q^{(\alpha-1)/2}_{\nu-1/2}\left(\frac{c^2+b^2}{2cb}\right),$$

$$B^1_{0,\,0} = \frac{1}{c}\mathbf{K}\left(\frac{b}{c}\right), \quad B^3_{0,\,0} = \frac{1}{c(c^2-b^2)}\left[\frac{2c^2}{c^2-b^2}\mathbf{E}\left(\frac{b}{c}\right) - \mathbf{K}\left(\frac{b}{c}\right)\right],$$

$$B^0_{1,\,0} = \frac{c}{b}\mathbf{E}\left(\frac{b}{c}\right) - \frac{c^2-b^2}{bc}\mathbf{K}\left(\frac{b}{c}\right), \quad B^1_{1,\,0} = -\frac{1}{2b}\ln\left(1-\frac{b^2}{c^2}\right),$$

$$B^3_{1,\,0} = \frac{2b}{(c^2-b^2)^2}, \quad B^2_{0,\,1} = \frac{1}{c^2-b^2}\mathbf{E}\left(\frac{b}{c}\right),$$

$$B^3_{0,\,1} = \frac{2c}{(c^2-b^2)^2}, \quad B^1_{1,\,1} = \frac{c}{b^2}\left[\mathbf{K}\left(\frac{b}{c}\right) - \mathbf{E}\left(\frac{b}{c}\right)\right], \quad B^2_{1,\,1} = \frac{b}{c(c^2-b^2)},$$

$$B^3_{1,\,1} = \frac{b}{(c^2-b^2)^2}\left\{\mathbf{E}\left(\frac{b}{c}\right) + \mathbf{K}\left(\frac{b}{c}\right) - \frac{c^2}{b^2}\left[\mathbf{K}\left(\frac{b}{c}\right) - \mathbf{E}\left(\frac{b}{c}\right)\right]\right\}.$$

2. $\int\limits_0^\infty \frac{1}{x}\,[I_0(bx)-1]K_1(cx)\,dx = \frac{\pi}{2} - \mathbf{E}\left(\frac{b}{c}\right)$ [$\operatorname{Re} c > |\operatorname{Re} b|$].

3. $\int\limits_0^\infty x^{\alpha-1}I_\mu(cx)K_\nu(cx)\,dx = \frac{2^{\alpha-2}}{c^\alpha}\,\Gamma\left[\begin{matrix}(\alpha+\mu+\nu)/2,\ (\alpha+\mu-\nu)/2,\ 1-\alpha\\ 1+(\mu+\nu-\alpha)/2,\ 1+(\mu-\nu-\alpha)/2\end{matrix}\right]$

[$\operatorname{Re} c > 0$; $|\operatorname{Re}\nu| - \operatorname{Re}\mu < \operatorname{Re}\alpha < 1$].

4. $\int\limits_0^\infty \frac{1}{x}\left[I_\nu(cx) - \left(\frac{cx}{2}\right)^\nu\frac{1}{\Gamma(\nu+1)}\right]K_\nu(cx)\,dx = \frac{1}{4\nu}\left[\psi(\nu) + \mathbf{C} + \frac{1}{\nu}\right]$ [$\operatorname{Re} c > 0$; $\operatorname{Re}\nu > -1$].

5. $\int\limits_0^\infty I_{2\nu}(b\sqrt{x}\,)K_\nu(cx)\,dx = \frac{\pi}{2c}\,I_\nu\left(\frac{b^2}{4c}\right) + \frac{\pi}{2c}\mathbf{L}_\nu\left(\frac{b^2}{4c}\right)$ [$\operatorname{Re} c > 0$; $\operatorname{Re}\nu > -1/2$].

6. $\int\limits_0^\infty x^{\alpha-1}I_\mu(b\sqrt{x}\,)K_\nu(cx)\,dx =$

$$= 2^{\alpha-\mu/2-2}b^\mu c^{-\mu/2-\alpha}\Gamma\left[\begin{matrix}(\alpha+\nu)/2+\mu/4,\ (\alpha-\nu)/2+\mu/4\\ \mu+1\end{matrix}\right]\times$$

$$\times\ {}_2F_3\left(\frac{\alpha+\nu}{2}+\frac{\mu}{4},\ \frac{\alpha-\nu}{2}+\frac{\mu}{4};\ \frac{1}{2},\ \frac{\mu+1}{2},\ \frac{\mu}{2}+1;\ \frac{b^4}{64c^2}\right)+$$
$$+\,2^{\alpha-\mu/2-3}b^{\mu+2}c^{-\mu/2-1}\Gamma\left[\begin{matrix}(\alpha+\nu+1)/2+\mu/4,\ (\alpha-\nu+1)/2+\mu/4\\ \mu+2\end{matrix}\right]\times$$
$$\times\ {}_2F_3\left(\frac{\alpha+\nu+1}{2}+\frac{\mu}{4},\ \frac{\alpha-\nu+1}{2}+\frac{\mu}{4};\ \frac{3}{2},\ \frac{\mu}{2}+1,\ \frac{\mu+3}{2};\ \frac{b^4}{64c^2}\right)$$
$[\operatorname{Re} c>0;\ \operatorname{Re}\mu>2|\operatorname{Re}\nu|-2\operatorname{Re}\alpha]$.

7. $$\int_0^\infty x^{1/2}I_{2\nu-1}(b\sqrt{x})K_\nu(cx)\,dx=\frac{\pi b}{4c^2}\left[I_{\nu-1}\left(\frac{b^2}{4c}\right)+\mathbf{L}_{\nu-1}\left(\frac{b^2}{4c}\right)\right]$$ $[\operatorname{Re} c>0;\ \operatorname{Re}\nu>1/2]$.

8. $$\int_a^\infty x^{-\nu}(x^2-a^2)^{\mu/2}I_\mu(b\sqrt{x^2-a^2})K_\nu(cx)\,dx=$$
$$=a^{\mu-\nu+1}b^\mu c^{-\nu}(c^2-b^2)^{(\nu-\mu-1)/2}K_{\nu-\mu-1}(a\sqrt{c^2-b^2})$$ $[a>0;\ \operatorname{Re} c>|\operatorname{Re} b|;\ \operatorname{Re}\mu>-1]$.

9. $$\int_a^\infty x^{1-\nu}(x^2-a^2)^{\mu/2}I_\mu(c\sqrt{x^2-a^2})K_\nu(cx)\,dx=$$
$$=2^{2\nu-2\mu-3}\Gamma(\nu-\mu-1)a^{3(\mu-\nu)/2+1}c^{2(\mu-\nu+1)}$$ $[a,\ \operatorname{Re} c>0;\ -1<\operatorname{Re}\mu<\operatorname{Re}\nu-1]$.

10. $$\int_0^\infty \frac{x^{\mu+1}}{(x^2-y^2)^{\nu/2}}\,I_\mu(bx)K_\nu(c\sqrt{x^2-y^2})\,dx=$$
$$=\frac{\pi b^\mu}{2c^\nu}\,y^{1+\mu-\nu}e^{-\pi i(\nu-\mu-1/2)}(c^2-b^2)^{(\nu-\mu-1)/2}H^{(2)}_{\nu-\mu-1}(y\sqrt{c^2-b^2})$$
$[y>0;\ \operatorname{Re} c>|\operatorname{Re} b|;\ \operatorname{Re}\mu>-1;\ \operatorname{Re}\nu<1;\ \arg\sqrt{x^2-y^2}=0$ при $x>y$, $\arg(x^2-y^2)^\varphi=\pi\varphi$ при $x<y]$.

11. $$\int_0^\infty x^{\alpha-1}I_\nu(c\sqrt{x^2+z^2}-cz)K_\nu(c\sqrt{x^2+z^2}+cz)\,dx=$$
$$=\frac{1}{2\sqrt{\pi}}\left(\frac{z}{c}\right)^{\alpha/2}\Gamma\left[\begin{matrix}\nu+\alpha/2,\ (1-\alpha)/2\\ 1+\nu-\alpha/2\end{matrix}\right]K_{\alpha/2}(2cz)$$ $[\operatorname{Re} c>0;\ -2\operatorname{Re}\nu<\operatorname{Re}\alpha<1]$.

2.16.29. Интегралы от $x^\alpha e^{-px^n}I_\mu(bx^r)K_\nu(cx)$.

1. $$\int_0^\infty x^{-1/2}e^{-px}I_\mu(bx)K_\nu(cx)\,dx=\frac{\sqrt{d}\,\cos\mu\pi}{\cos(\mu+\nu)\pi}\Gamma\left(\mu-\nu+\frac{1}{2}\right)\times$$
$$\times\,P^{-\mu}_{\nu-1/2}(\sqrt{1+b^2d^2})Q^{-\nu}_{\mu-1/2}(\sqrt{1+c^2d^2})$$
$[(1+b^2d^2)(1+c^2d^2)=p^2d^2;\ \operatorname{Re}\mu>|\operatorname{Re}\nu|-1/2;\ \operatorname{Re}(p+c-b)>0]$.

2. $$\int_0^\infty x^{\alpha-1}e^{-bx}I_\mu(bx)K_\nu(cx)\,dx=\frac{2^{\alpha-2}b^\mu}{c^{\alpha+\mu}}\,\Gamma\left[\begin{matrix}(\alpha+\mu+\nu)/2,\ (\alpha+\mu-\nu)/2\\ \mu+1\end{matrix}\right]\times$$
$$\times\ {}_4F_3\left(\frac{\alpha+\mu+\nu}{2},\ \frac{\alpha+\mu-\nu}{2},\ \frac{2\mu+1}{4},\ \frac{2\mu+3}{4};\ \mu+\frac{1}{2},\ \mu+1,\ \frac{1}{2};\ \frac{4b^2}{c^2}\right)-$$
$$-\,\frac{2^{\alpha-1}b^{\mu+1}}{c^{\alpha+\mu+1}}\,\Gamma\left[\begin{matrix}(\alpha+\mu+\nu+1)/2,\ (\alpha+\mu-\nu+1)/2\\ \mu+1\end{matrix}\right]\times$$
$$\times\ {}_4F_3\left(\frac{\alpha+\mu+\nu+1}{2},\ \frac{\alpha+\mu-\nu+1}{2},\ \frac{2\mu+3}{4},\ \frac{2\mu+5}{4};\ \mu+1,\ \mu+\frac{3}{2},\ \frac{3}{2};\ \frac{4b^2}{c^2}\right)$$
$[\operatorname{Re} b,\ \operatorname{Re} c>0;\ \operatorname{Re}(\alpha+\mu)>|\operatorname{Re}\nu|]$.

3. $$\int_0^\infty e^{-px}[I_0(bx)K_0(cx)+I_0(cx)K_0(bx)]\,dx=\frac{2}{\sqrt{p^2-(b-c)^2}}\mathbf{K}\left(\sqrt{\frac{p^2-(b+c)^2}{p^2-(b-c)^2}}\right)$$
$[\operatorname{Re}p>|\operatorname{Re}(b-c)|]$.

4. $$\int_0^\infty x^{\alpha-1}e^{-bx\pm cx}I_\mu(bx)K_\nu(cx)\,dx=$$
$$=\frac{\sqrt{\pi}\,b^\mu}{2^{\alpha+2\mu}c^{\alpha+\mu}}\Gamma\left[\begin{matrix}\alpha+\mu+\nu,\ \alpha+\mu-\nu\\ \alpha+\mu+1/2\end{matrix}\right]\left\{\begin{matrix}\cos\nu\pi\sec(\alpha+\mu)\pi\\ 1\end{matrix}\right\}\times$$
$$\times\,{}_3F_2\left(\frac{1}{2}+\mu,\ \alpha+\mu+\nu,\ \alpha+\mu-\nu;\ \frac{1}{2}+\alpha+\mu,\ 2\mu+1;\ \pm\frac{b}{c}\right)+$$
$$+\left\{\begin{matrix}1\\0\end{matrix}\right\}\frac{b^{1/2-\alpha}}{2^\alpha\sqrt{c}}\Gamma\left[\begin{matrix}\mu+\alpha-1/2,\ 1-\alpha\\ 3/2+\mu-\alpha\end{matrix}\right]{}_3F_2\left(\frac{1}{2}+\nu,\ \frac{1}{2}-\nu,\ 1-\alpha;\right.$$
$$\left.\frac{3}{2}-\alpha-\mu,\ \frac{3}{2}+\mu-\alpha;\ \pm\frac{b}{c}\right)\qquad\left[\operatorname{Re}b>0;\ \operatorname{Re}(\alpha+\mu)>|\operatorname{Re}\nu|,\ \left\{\begin{matrix}|\arg c|<\pi;\ \operatorname{Re}\alpha<1\\ \operatorname{Re}c>0\end{matrix}\right\}\right].$$

5. $$\int_0^\infty x^{-3/2}e^{-(b+c)x}I_\mu(bx)K_0(cx)\,dx=\sqrt{\frac{\pi c}{2}}\left[\Gamma\left(\mu+\frac{1}{2}\right)P_{-1/2}^{-\mu}\left(\frac{b+c}{c}\right)\right]^2$$
$[\operatorname{Re}\mu>1/2;\ \operatorname{Re}c>0]$.

6. $$\int_0^\infty x^{\alpha-1}e^{-px}I_\mu(cx)K_\nu(cx)\,dx=2^{-\mu-\nu-1}c^{\mu+\nu}p^{-\alpha-\mu-\nu}\Gamma\left[\begin{matrix}-\nu,\ \alpha+\mu+\nu\\ 1+\mu\end{matrix}\right]\times$$
$$\times\,{}_4F_3\left(\frac{\mu+\nu+1}{2},\ \frac{\mu+\nu}{2}+1,\ \frac{\alpha+\mu+\nu}{2},\ \frac{\alpha+\mu+\nu+1}{2};\right.$$
$$\left.1+\nu,\ 1+\mu,\ 1+\mu+\nu;\ \frac{4c^2}{p^2}\right)+2^{\nu-\mu-1}c^{\mu-\nu}p^{\nu-\mu-\alpha}\Gamma\left[\begin{matrix}\nu,\ \alpha+\mu-\nu\\ 1+\mu\end{matrix}\right]\times$$
$$\times\,{}_4F_3\left(\frac{1+\mu-\nu}{2},\ 1+\frac{\mu-\nu}{2},\ \frac{\alpha+\mu-\nu}{2},\ \frac{\alpha+\mu-\nu+1}{2};\ 1-\nu,\ 1+\mu,\ 1+\mu-\nu;\ \frac{4c^2}{p^2}\right)$$
$[\operatorname{Re}c,\ \operatorname{Re}p>0;\ \operatorname{Re}(\alpha+\mu)>|\operatorname{Re}\nu|]$.

7. $$\int_0^\infty e^{-px}[I_\nu(cx)+I_{-\nu}(cx)]K_\nu(cx)\,dx=\frac{\pi\sec\nu\pi}{2c}P_{\nu-1/2}\left(\frac{p^2-2c^2}{2c^2}\right)$$
$[\operatorname{Re}p,\ \operatorname{Re}c>0;\ |\operatorname{Re}\nu|<1/2]$.

8. $$\int_0^\infty x^{\alpha-1}e^{-px}I_\nu(cx)K_\nu(cx)\,dx=A_\nu^\alpha\qquad[\operatorname{Re}c,\ \operatorname{Re}p,\ \operatorname{Re}\alpha,\ \operatorname{Re}(\alpha+2\nu)>0],$$
$$A_\nu^{2\nu+1}=\frac{\pi c^{-2\nu-1}}{4\cos^2\nu\pi}P_{\nu-1/2}\left(\frac{p^2-2c^2}{2c^2}\right)\qquad[\operatorname{Re}\nu>-1/4],$$
$$A_\nu^{1/2}=-\frac{1}{2c}\sqrt{\frac{\pi p}{2}}\,[P_{\nu-1/2}^{-1/4}(z)Q_{\nu-1/2}^{1/4}(z)-P_{\nu-1/2}^{1/4}(z)Q_{\nu-1/2}^{-1/4}(z)]$$
$$\left[z=\sqrt{4c^2-p^2}/(2c);\ \operatorname{Re}\nu>-1/4\right],$$
$$A_0^1=\frac{2}{p+2c}\mathbf{K}(k),\qquad A_0^2=\frac{1}{p(4c^2-p^2)}[(p+2c)\mathbf{E}(k)-2p\mathbf{K}(k)],$$
$$A_0^3=\frac{1}{p^2(2c+p)(2c-p)^2}[(4c^2-3p^2)\mathbf{E}(k)+4p(p-c)\mathbf{K}(k)]\qquad[k=(p-2c)/(p+2c)].$$

9. $$\int_0^\infty xe^{-px^2}[I_0(bx)K_0(cx)+I_0(cx)K_0(bx)]\,dx=\frac{1}{2p}\exp\left(\frac{b^2+c^2}{4p}\right)K_0\left(\frac{bc}{2p}\right)\qquad[\operatorname{Re}p>0].$$

10. $$\int_0^\infty x^{\alpha-1}e^{-px^2}I_\mu(cx)K_\nu(cx)\,dx = 2^{-\mu-\nu-2}c^{\mu+\nu}p^{-(\alpha+\mu+\nu)/2}\Gamma\begin{bmatrix}-\nu,\ (\alpha+\mu+\nu)/2\\ 1+\mu\end{bmatrix}\times$$
$$\times\ {}_3F_3\left(\frac{1+\mu+\nu}{2},\ 1+\frac{\mu+\nu}{2},\ \frac{\alpha+\mu+\nu}{2};\ 1+\nu,\ 1+\mu,\ 1+\mu+\nu;\ \frac{c^2}{p}\right)+$$
$$+\,2^{\nu-\mu-2}c^{\mu-\nu}p^{(\nu-\mu-\alpha)/2}\Gamma\begin{bmatrix}\nu,\ (\alpha+\mu-\nu)/2\\ 1+\mu\end{bmatrix}\times$$
$$\times\ {}_3F_3\left(\frac{1+\mu-\nu}{2},\ 1+\frac{\mu-\nu}{2},\ \frac{\alpha+\mu-\nu}{2};\ 1-\nu,\ 1+\mu-\nu,\ 1+\mu;\ \frac{c^2}{p}\right)$$
[$\operatorname{Re} p > 0$; $\operatorname{Re}(\alpha+\mu) > |\operatorname{Re}\nu|$].

11. $$\int_0^\infty x^{2\nu+1}e^{-px^2}I_\nu(cx)K_\nu(cx)\,dx = \frac{c^{\nu-1}}{4p^{(3\nu+1)/2}}\Gamma\left(\nu+\frac{1}{2}\right)\exp\left(\frac{c^2}{2p}\right)W_{-\nu/2,\,\nu/2}\left(\frac{c^2}{p}\right)$$
[$\operatorname{Re} p > 0$; $\operatorname{Re}\nu > -1/2$].

12. $$\int_0^\infty x^{\alpha-1}e^{-bx^2}I_\mu(bx^2)K_\nu(cx)\,dx =$$
$$= \frac{2^{-(\alpha+3\nu)/2-2}}{\sqrt{\pi}}c^\nu p^{-(\alpha+\nu)/2}\Gamma\begin{bmatrix}-\nu,\ (1-\alpha-\nu)/2,\ \mu+(\alpha+\nu)/2\\ 1+\mu-(\alpha+\nu)/2\end{bmatrix}\times$$
$$\times\ {}_2F_2\left(\frac{\alpha+\nu}{2}-\mu,\ \frac{\alpha+\nu}{2}+\mu;\ 1+\nu,\ \frac{1+\alpha+\nu}{2};\ \frac{c^2}{8b}\right)+$$
$$+\ \frac{2^{(3\nu-\alpha)/2-2}}{\sqrt{\pi}}b^{(\nu-\alpha)/2}c^{-\nu}\Gamma\begin{bmatrix}\nu,\ (1+\nu-\alpha)/2,\ \mu+(\alpha-\nu)/2\\ 1+\mu+(\nu-\alpha)/2\end{bmatrix}\times$$
$$\times\ {}_2F_2\left(\frac{\alpha-\nu}{2}-\mu,\ \frac{\alpha-\nu}{2}+\mu;\ 1-\nu,\ \frac{1+\alpha-\nu}{2};\ \frac{c^2}{8b}\right)+$$
$$+\,2^{\alpha-7/2}\frac{c^{1-\alpha}}{\sqrt{\pi p}}\Gamma\left(\frac{\alpha+\nu-1}{2}\right)\Gamma\left(\frac{\alpha-\nu-1}{2}\right)\times$$
$$\times\ {}_2F_2\left(\frac{1}{2}-\mu,\ \frac{1}{2}+\mu;\ \frac{3-\nu-\alpha}{2},\ \frac{3+\nu-\alpha}{2};\ \frac{c^2}{8b}\right)$$
[$\operatorname{Re} b$, $\operatorname{Re} c > 0$; $\operatorname{Re}(\alpha+2\mu) > |\operatorname{Re}\nu|$].

13. $$\int_0^\infty x^{2\mu+\nu+1}e^{-bx^2}I_\mu(bx^2)K_\nu(cx)\,dx =$$
$$= \frac{2^{(2\mu-2\nu-3)/4}}{\sqrt{\pi}}b^{-(2\mu+2\nu+1)/4}c^{-\mu-3/2}\Gamma(2\mu+\nu+1)\Gamma\left(\mu+\frac{1}{2}\right)\exp\left(\frac{c^2}{16b}\right)W_{k,\,m}\left(\frac{c^2}{8b}\right)$$
[$2k = -3\mu-\nu-1/2$, $2m = \mu+\nu+1/2$; $\operatorname{Re} c$, $\operatorname{Re} b > 0$; $\operatorname{Re}\mu > -1/2$; $\operatorname{Re}(2\mu+\nu) > -1$].

14. $$\int_0^\infty x^{\alpha-1}e^{-cx}I_\mu(b\sqrt{x})K_\nu(cx)\,dx =$$
$$= 2^{-\alpha-3\nu/2}\sqrt{\pi}\,b^\mu c^{-\alpha-\mu/2}\Gamma\begin{bmatrix}\alpha+\nu+\mu/2,\ \alpha-\nu+\mu/2\\ \mu+1,\ \alpha+(\mu+1)/2\end{bmatrix}\times$$
$$\times\ {}_2F_2\left(\alpha+\nu+\frac{\mu}{2},\ \alpha-\nu+\frac{\mu}{2};\ \mu+1,\ \alpha+\frac{\mu+1}{2};\ \frac{b^2}{8c}\right)$$
[$\operatorname{Re} c > 0$; $\operatorname{Re}(\alpha+\mu/2) > |\operatorname{Re}\nu|$].

2.16.30. Интегралы от $x^\alpha\begin{Bmatrix}\operatorname{sh} ax\\ \operatorname{ch} ax\end{Bmatrix}I_\mu(bx)K_\nu(cx)$.

1. $$\int_0^\infty \operatorname{sh} ax\, I_0(bx)K_1(cx)\,dx = \frac{1}{c}\left[u\mathbf{E}(k) - \mathbf{K}(k)\mathbf{E}(u) + \frac{\operatorname{sn} u\operatorname{dn} u}{\operatorname{cn} u}\mathbf{K}(k)\right]$$
[$\operatorname{cn}^2 u = -2b^2\left(\sqrt{(a^2-b^2+c^2)^2-4a^2c^2}+a^2-b^2-c^2\right)^{-1}$,
$2k^2 = 1+(a^2-b^2-c^2)((a^2-b^2+c^2)^2-4a^2c^2)^{-1/2}$; $\operatorname{Re} c > |\operatorname{Re} a| + |\operatorname{Re} b|$].

2. $\displaystyle\int_0^\infty x\,\mathrm{sh}\,ax\,I_n(bx)K_n(cx)\,dx = B_n \qquad \left[\mathrm{Re}\,c > |\,\mathrm{Re}\,a| + |\,\mathrm{Re}\,b|;\ k = 2\sqrt{bc}\,/\sqrt{(b+c)^2-a^2}\,\right],$

$$B_0 = \frac{ak^3}{8(1-k^2)(bc)^{3/2}}\mathbf{E}(k),\qquad B_1 = \frac{ak}{8(1-k^2)(bc)^{3/2}}\,[(2-k^2)\mathbf{E}(k) - 2(1-k^2)\mathbf{K}(k)],$$

$$B_2 = \frac{a}{8k(1-k^2)(bc)^{3/2}}\,[(16-16k^2+k^4)\mathbf{E}(k) - 8(1-k^2)(2-k^2)\mathbf{K}(k)],$$

$$B_3 = \frac{a}{24k^3(1-k^2)(bc)^{3/2}}\,[(2-k^2)(128-128k^2+3k^4)\mathbf{E}(k) - {}$$
$$- 2(1-k^2)(128-128k^2+27k^4)\mathbf{K}(k)].$$

3. $\displaystyle\int_0^\infty \mathrm{ch}\,ax\,I_n(bx)K_n(cx)\,dx = C_n \qquad [\mathrm{Re}\,c > |\,\mathrm{Re}\,a| + |\,\mathrm{Re}\,b|;\ k$ см. в 2.16.30.2],

$$C_0 = \frac{k}{2\sqrt{bc}}\mathbf{K}(k),\qquad C_1 = \frac{1}{2k\sqrt{bc}}\,[(2-k^2)\mathbf{K}(k) - 2\mathbf{E}(k)],$$

$$C_2 = \frac{1}{6k^3\sqrt{bc}}\,[(4-k^2)(4-3k^2)\mathbf{K}(k) - 8(2-k^2)\mathbf{E}(k)],$$

$$C_3 = \frac{1}{30k^5\sqrt{bc}}\,[(128-128k^2+15k^4)(2-k^2)\mathbf{K}(k) - 2(128-128k^2+23k^4)\mathbf{E}(k)],$$

$$C_4 = \frac{1}{210k^7\sqrt{bc}}\,[(6144-12288k^2+8000k^4-1856k^6 + {}$$
$$+ 105k^8)\mathbf{K}(k) - 32(2-k^2)(96-96k^2+11k^4)\mathbf{E}(k)].$$

2.16.31. Интегралы от $x^\alpha \left\{\begin{matrix}\sin ax^r\\ \cos ax^r\end{matrix}\right\} I_\mu(bx)K_\nu(cx)$.

1. $\displaystyle\int_0^\infty \sin ax\,I_{n+1}(bx)K_n(cx)\,dx = P_n$

$$\left[\mathrm{Re}\,c > |\,\mathrm{Re}\,b| + |\,\mathrm{Im}\,a|;\ k = \sqrt{bc}\,/\sqrt{(b+c)^2+a^2} = \sin\alpha,\ \sin\beta = a/\sqrt{(b-c)^2+a^2}\,\right],$$

$$P_0 = -\frac{ak}{4\sqrt{b^3c}}\mathbf{K}(k) + \frac{\pi}{4b}\,\Lambda_0(\alpha,\ \beta),$$

$$P_1 = \frac{a}{k\sqrt{b^3c}}\mathbf{E}(k) - \frac{ak(a^2+b^2+2c^2)}{4b(bc)^{3/2}}\mathbf{K}(k) + \frac{\pi c}{4b^2}\,\Lambda_0(\alpha,\ \beta) + \frac{\pi}{2c}.$$

2. $\displaystyle\int_0^\infty x\sin ax\,I_\nu(bx)K_\nu(cx)\,dx = A_\nu$

$$\left[\mathrm{Re}\,c > |\,\mathrm{Re}\,b| + |\,\mathrm{Im}\,a|;\ \mathrm{Re}\,\nu > -3/2;\ k = 2\sqrt{bc}\,/\sqrt{a^2+(b+c)^2}\,\right],$$

$$A_\nu = -\frac{a(u^2-1)^{-1/2}}{2(bc)^{3/2}}\,Q^1_{\nu-1/2}(u) \qquad \left[u = \frac{a^2+b^2+c^2}{2bc}\right],$$

$A_n = B_n$ при $k = 2\sqrt{bc}\,/\sqrt{a^2+(b+c)^2}$ [см. 2.16.30.2].

3. $\displaystyle\int_0^\infty \cos ax\,I_\nu(bx)K_\nu(cx)\,dx = D_\nu$

$$\left[\mathrm{Re}\,c > |\,\mathrm{Re}\,b| + |\,\mathrm{Im}\,a|;\ \mathrm{Re}\,\nu > -1/2;\ k = 2\sqrt{bc}\,/\sqrt{a^2+(b+c)^2}\,\right],$$

$$D_\nu = \frac{1}{2\sqrt{bc}}\,Q_{\nu-1/2}\left(\frac{a^2+b^2+c^2}{2bc}\right),$$

$D_n = C_n$ при $k = 2\sqrt{bc}\,/\sqrt{a^2+(b+c)^2}$ [см. 2.16.30.3].

4. $$\int_0^\infty x\cos ax\, I_0(bx)K_1(cx)\,dx = \frac{k}{16(1-k^2)c(bc)^{3/2}}\left[k^2(c^2-a^2-b^2)\mathbf{E}(k)+4bc(1-k^2)\mathbf{K}(k)\right]$$
$$\left[\operatorname{Re} c > |\operatorname{Re} b| + |\operatorname{Im} a|;\ k = 2\sqrt{bc}\,/\sqrt{a^2+(b+c)^2}\,\right].$$

5. $$\int_0^\infty \frac{1}{x}\cos ax\, I_1(bx)K_0(cx)\,dx = \frac{\sqrt{c}}{k\sqrt{b}}\mathbf{E}(k) + \frac{k(b^2-c^2)}{4\sqrt{b^3c}}\mathbf{K}(k) - \frac{\pi a}{4b}\Lambda_0(\alpha,\beta)$$
$$\left[\operatorname{Re} c > |\operatorname{Re} b| + |\operatorname{Im} a|;\ k = 2\sqrt{bc}\,/\sqrt{a^2+(b+c)^2} = \sin\alpha,\ \sin\beta = a/\sqrt{a^2+(b-c)^2}\,\right].$$

6. $$\int_0^\infty x^{\alpha-1}\left\{\begin{matrix}\sin ax\\ \cos ax\end{matrix}\right\} I_\mu(cx)K_\nu(cx)\,dx =$$
$$= 2^{-\mu-\nu-1}a^{-\alpha-\mu-\nu}c^{\mu+\nu}\left\{\begin{matrix}\sin[(\alpha+\mu+\nu)\pi/2]\\ \cos[(\alpha+\mu+\nu)\pi/2]\end{matrix}\right\}\Gamma\left[\begin{matrix}-\nu,\ \alpha+\mu+\nu\\ 1+\mu\end{matrix}\right]\times$$
$$\times\,{}_4F_3\left(\frac{\alpha+\mu+\nu}{2},\ \frac{1+\alpha+\mu+\nu}{2},\ \frac{1+\mu+\nu}{2},\ 1+\frac{\mu+\nu}{2};\ 1+\nu,\ 1+\mu,\ 1+\mu+\nu;\ -\frac{4c^2}{a^2}\right)+$$
$$+\,2^{\nu-\mu-1}a^{\nu-\mu-\alpha}c^{\mu-\nu}\left\{\begin{matrix}\sin[(\alpha+\mu-\nu)\pi/2]\\ \cos[(\alpha+\mu-\nu)\pi/2]\end{matrix}\right\}\Gamma\left[\begin{matrix}\nu,\ \alpha+\mu-\nu\\ 1+\mu\end{matrix}\right]\times$$
$$\times\,{}_4F_3\left(\frac{\alpha+\mu-\nu}{2},\ \frac{1+\alpha+\mu-\nu}{2},\ \frac{1+\mu-\nu}{2},\ 1+\frac{\mu-\nu}{2};\ 1-\nu,\ 1+\mu,\ 1+\mu-\nu;\ -\frac{4c^2}{a^2}\right)$$
$$[a,\ \operatorname{Re} c>0;\ |\operatorname{Re}\nu| - \operatorname{Re}\mu - (1\pm1)/2 < \operatorname{Re}\alpha < 2].$$

7. $$\int_0^\infty x^{1/2}\left\{\begin{matrix}\sin ax\\ \cos ax\end{matrix}\right\} I_{\nu\pm1/2}(cx)K_\nu(cx)\,dx = 2^{2\nu-(1\mp1)/2}\sqrt{\frac{\pi}{a}}\,c^{2\nu\pm1/2}\frac{(a+\sqrt{a^2+4c^2}\,)^{-2\nu\mp1/2}}{\sqrt{a^2+4c^2}}$$
$$[a,\ \operatorname{Re} c>0;\ \operatorname{Re}\nu > -(3\pm3)/4].$$

8. $$\int_0^\infty x^{-1/2}\left\{\begin{matrix}\sin ax\\ \cos ax\end{matrix}\right\} I_0(cx)K_0(cx)\,dx = \frac{1-2k^2}{\sqrt{\pi a}}\sqrt{2}\,\mathbf{K}(k)[\mathbf{K}(\sqrt{1-k^2}\,)\mp\mathbf{K}(k)]$$
$$\left[a,\ \operatorname{Re} c>0;\ 2k^2 = 1-\sqrt{2a}\,/(a+\sqrt{a^2+4c^2}\,)\right].$$

9. $$\int_0^\infty \frac{1}{x}\cos ax\, I_{n+1}(cx)K_n(cx)\,dx = C_n \qquad \left[a,\ \operatorname{Re} c>0;\ k = 2c/\sqrt{a^2+4c^2}\,\right],$$
$$C_1 = \frac{1}{3k^3}\left[4(1-k^2)\mathbf{K}(k)-(4-5k^2)\mathbf{E}(k)\right]-\frac{\pi a}{4c},$$
$$C_2 = \frac{1}{15k^5}\left[4(1-k^2)(8+k^2)\mathbf{K}(k)-(32-12k^2-23k^4)\mathbf{E}(k)\right]-\frac{\pi a}{4c}.$$

10. $$\int_0^\infty x^{\alpha-1}\left\{\begin{matrix}\sin a\sqrt{x}\\ \cos a\sqrt{x}\end{matrix}\right\} I_\mu(cx)K_\nu(cx)\,dx =$$
$$= \frac{a^\delta}{4}\left(\frac{2}{c}\right)^{\alpha+\delta/2}\Gamma\left[\begin{matrix}1-\alpha-\delta/2,\ (\alpha+\mu+\nu)/2+\delta/4,\ (\alpha+\mu-\nu)/2+\delta/4\\ 1+(\mu-\nu-\alpha)/2-\delta/4,\ 1+(\mu+\nu-\alpha)/2-\delta/4\end{matrix}\right]\times$$
$$\times\,{}_4F_5\left(\frac{\delta}{4}-\frac{\mu-\nu-\alpha}{2},\ \frac{\delta}{4}-\frac{\mu+\nu-\alpha}{2},\ \frac{\delta}{4}+\frac{\alpha+\mu+\nu}{2},\ \frac{\delta}{4}+\frac{\alpha+\mu-\nu}{2};\right.$$
$$\left.\frac{1}{2},\ \frac{1+\alpha}{2}+\frac{\delta}{4},\ \frac{2\alpha+\delta}{4},\ \frac{2\delta+1}{4},\ \frac{2\delta+3}{4};\ \frac{a^4}{256c^2}\right)-2^{\alpha+\delta/2-2}\frac{a^{\alpha+2}}{3^\delta}c^{-\alpha-\delta/2-1}\times$$
$$\times\,\Gamma\left[\begin{matrix}-\alpha-\delta/2,\ \delta/4+(\alpha+\mu+\nu+1)/2,\ \delta/4+(\alpha+\mu-\nu+1)/2\\ (1+\mu-\nu-\alpha)/2-\delta/4,\ (1+\mu+\nu-\alpha)/2-\delta/4\end{matrix}\right]\times$$

$$\times {}_4F_5\left(\frac{\delta}{4}+\frac{1+\alpha+\nu-\mu}{2},\ \frac{\delta}{4}+\frac{1+\alpha-\mu-\nu}{2},\ \frac{\delta}{4}+\frac{\alpha+\mu+\nu+1}{2},\right.$$
$$\left.\frac{\delta}{4}+\frac{\alpha+\mu-\nu+1}{2};\ \frac{3}{2},\ 1+\frac{2\alpha+\delta}{4},\ \frac{1+\alpha}{2}+\frac{\delta}{4},\ \frac{2\delta+3}{4},\ \frac{2\delta+5}{4};\ \frac{a^4}{256c^2}\right)-$$
$$-\frac{a^{2-2\alpha}}{c}\begin{Bmatrix}\sin\alpha\pi\\ \cos\alpha\pi\end{Bmatrix}\Gamma(2\alpha-2)\,{}_4F_5\left(\frac{1+\nu-\mu}{2},\ \frac{1-\mu-\nu}{2},\ \frac{1+\mu+\nu}{2},\ \frac{1+\mu-\nu}{2};\ \frac{1}{2},\ \frac{3-\alpha}{2},\right.$$
$$\left.1-\frac{\alpha}{2},\ \frac{3-2\alpha}{4},\ \frac{5-2\alpha}{4};\ \frac{a^4}{256c^2}\right)-\frac{a^{4-2\alpha}}{8c^2}(\mu^2-\nu^2)\begin{Bmatrix}\sin\alpha\pi\\ \cos\alpha\pi\end{Bmatrix}\Gamma(2\alpha-4)\times$$
$$\times {}_4F_5\left(1+\frac{\nu-\mu}{2},\ 1-\frac{\mu+\nu}{2},\ 1+\frac{\mu+\nu}{2},\ 1+\frac{\mu-\nu}{2};\ \frac{3}{2},\right.$$
$$\left.2-\frac{\alpha}{2},\ \frac{3-\alpha}{2},\ \frac{5-2\alpha}{4},\ \frac{7-2\alpha}{4};\ \frac{a^4}{256c^2}\right)$$
$$\left[a,\ \operatorname{Re}c>0;\ |\operatorname{Re}\nu|-\operatorname{Re}\mu-\delta/2<\operatorname{Re}\alpha<3/2,\ \delta=\begin{Bmatrix}1\\0\end{Bmatrix}\right].$$

11. $$\int_0^\infty x^{-1/4}\begin{Bmatrix}\sin a\sqrt{x}\\ \cos a\sqrt{x}\end{Bmatrix}I_{\pm1/4-\nu}(cx)K_\nu(cx)\,dx=2\sqrt{2\pi}\,a^{-3/2}\Gamma\left[\begin{matrix}(2\pm1)/4-\nu\\ 1\pm1/4\end{matrix}\right]\times$$
$$\times W_{\nu\mp1/8,\,\pm1/8}\left(\frac{a^2}{8c}\right)M_{-\nu\pm1/8,\,\pm1/8}\left(\frac{a^2}{8c}\right)\qquad[a,\ \operatorname{Re}c>0;\ \operatorname{Re}\nu<(2\pm1)/4].$$

2.16.32. Интегралы, содержащие $I_1(x)/K_1(x)$.

1. $$\int_0^\infty \frac{1}{x}\left[4x-\ln\left(1+\frac{\pi^2I_1^2(x)}{K_1^2(x)}\right)\right]dx=\frac{\pi^2}{2}.$$

2. $$\int_0^\infty \frac{x}{x^2+z^2}\left[2x-\ln\left(i+\frac{\pi I_1(x)}{K_1(x)}\right)\right]dx=-\pi i\left[i\left(\frac{3\pi}{4}-z\right)+\ln\left(\sqrt{\frac{\pi z}{2}}\,H_1^{(1)}(z)\right)\right].$$

3. $$\int_0^\infty x\operatorname{arctg}\frac{K_1(x)}{\pi I_1(x)}\,dx=\frac{3\pi}{16}.$$

2.16.33. Интегралы от $A(x)K_\mu(\varphi(x))K_\nu(\chi(x))$.

1. $$\int_0^\infty x^{\alpha-1}K_\mu(bx)K_\nu(cx)\,dx=A^\alpha_{\mu,\,\nu}\qquad\left[\operatorname{Re}(b+c)>0;\ \operatorname{Re}\alpha>|\operatorname{Re}\mu|+|\operatorname{Re}\nu|;\ k=\frac{b-c}{b+c},\right.$$
$$\left.k_b=(b-\sqrt{b^2-c^2})^{1/2}/(2b)^{1/2},\ k_c=(c-\sqrt{c^2-b^2})^{1/2}/(2c)^{1/2}\right],$$

$$A^\alpha_{\mu,\,\nu}=\frac{2^{\alpha-3}}{\Gamma(\alpha)}b^{-\alpha-\nu}c^{-\nu}\times$$
$$\times\left\{b^{2\nu}\Gamma\left[\frac{\alpha-\mu-\nu}{2},\ \frac{\alpha+\mu-\nu}{2},\ \nu\right]{}_2F_1\left(\frac{\alpha-\mu-\nu}{2},\ \frac{\alpha+\mu-\nu}{2},\ 1-\nu;\ \frac{c^2}{b^2}\right)+\right.$$
$$\left.+c^{2\nu}\Gamma\left[\frac{\alpha-\mu+\nu}{2},\ \frac{\alpha+\mu+\nu}{2},\ -\nu\right]{}_2F_1\left(\frac{\alpha-\mu+\nu}{2},\ \frac{\alpha+\mu+\nu}{2},\ 1+\nu;\ \frac{c^2}{b^2}\right)\right\}$$

$$A^\alpha_{\nu,\,\nu}=2^{\alpha-3}\sqrt{\frac{\pi}{bc}}\,\Gamma\left[\frac{\alpha}{2},\ \frac{\alpha}{2}+\nu,\ \frac{\alpha}{2}-\nu\right]|b^2-c^2|^{(1-\alpha)/2}P^{(1-\alpha)/2}_{\nu-1/2}\left(\frac{b^2+c^2}{2bc}\right)=$$
$$=2^{\alpha-2}\Gamma\left(\frac{\alpha}{2}\right)\Gamma\left(\nu+\frac{\alpha}{2}\right)e^{i\nu\pi}|b^2-c^2|^{-\alpha/2}Q^{-\nu}_{\alpha/2-1}\left(\frac{b^2+c^2}{|b^2-c^2|}\right)\qquad[\operatorname{Re}\alpha>2|\operatorname{Re}\nu|],$$
$$A^2_{\nu,\,\nu}=\frac{\pi(bc)^{-\nu}(c^{2\nu}-b^{2\nu})}{2\sin\nu\pi(c^2-b^2)}\qquad[b\neq c;\ |\operatorname{Re}\nu|<1],$$

$$A_{0,\nu}^{1-\nu} = \frac{\pi}{2^{\nu+2}b}(c^2-b^2)^{\nu/2}\Gamma^2\left(\frac{1}{2}-\nu\right)P_{-1/2}^{\nu}\left(\frac{2c^2-b^2}{b^2}\right) \qquad [\operatorname{Re}\nu < 1/2],$$

$$A_{0,0}^{1} = \frac{\pi}{b+c}\mathbf{K}(k); \qquad A_{0,0}^{2} = \frac{\ln c - \ln b}{c^2-b^2} \qquad [b \neq c],$$

$$A_{0,0}^{2} = \frac{1}{2a^2} \qquad [c = a];$$

$$A_{0,0}^{3} = \frac{\pi}{(b+c)(b-c)^2}[\mathbf{K}(k) - \mathbf{E}(k)];$$

$$A_{1,0}^{2} = \frac{\pi}{2b(b^2-c^2)}[2b\mathbf{K}(k) - (b+c)\mathbf{E}(k)];$$

$$A_{1,0}^{3} = \frac{1}{b(c^2-b^2)}\left(1 + \frac{2b^2}{c^2-b^2}\ln\frac{b}{c}\right) \qquad [b \neq c];$$

$$A_{1,0}^{1} = \frac{\pi}{2b(b+c)^2(b-c)^3}[2b(3b+c)\mathbf{K}(k) - (7b^2+c^2)\mathbf{E}(k)];$$

$$A_{2,0}^{3} = \frac{\pi}{b^2(b+c)(b-c)^2}[b(3b-2c)\mathbf{K}(k) - (2b^2-c^2)\mathbf{E}(k)];$$

$$A_{1,1}^{3} = \frac{\pi}{2bc(b+c)(b-c)^2}[(b^2+c^2)\mathbf{E}(k) - 2bc\mathbf{K}(k)];$$

$$A_{2,1}^{4} = \frac{\pi}{2b^2c(b+c)^2(b-c)^3}[(3b^4+7b^2c^2-2c^4)\mathbf{E}(k) - 2bc(3b^2+3bc-2c^2)\mathbf{K}(k)];$$

$$A_{0,0}^{1/2} = \frac{\Gamma^2(1/4)}{2\sqrt{2b}}[\mathbf{K}(k_b) + \mathbf{K}(\sqrt{1-k_b^2})];$$

$$A_{0,0}^{3/2} = \frac{\Gamma^2(3/4)}{\sqrt{2b^3}\,(1-2k_b^2)}[\mathbf{K}(\sqrt{1-k_b^2}) - \mathbf{K}(k_b)];$$

$$A_{1,0}^{3/2} = \frac{\Gamma^2(1/4)}{4\sqrt{2b^2}\,(1-2k_b^2)}[2\mathbf{E}(k_b) - \mathbf{K}(k_b) + \mathbf{K}(\sqrt{1-k_b^2}) - 2\mathbf{E}(\sqrt{1-k_b^2})] \qquad [0 < c < b],$$

$$A_{1,0}^{3/2} = \frac{b\Gamma^2(1/4)}{8\sqrt{2c^5}\,(1-2k_c^2)k_c^2(1-k_c^2)}[(1-k_c^2)\mathbf{K}(k_c) - \\ - \mathbf{E}(k_c) + \mathbf{E}(\sqrt{1-k_c^2}) - k_c^2\mathbf{K}(\sqrt{1-k_c^2})] \qquad [0 < b < c].$$

2. $$\int_0^\infty x^{\alpha-1}K_\mu(cx)K_\nu(cx)\,dx = \frac{2^{\alpha-2}}{c^\alpha\Gamma(\alpha)}\Gamma\left[\frac{\alpha+\mu+\nu}{2}, \frac{\alpha+\mu-\nu}{2}, \frac{\alpha+\nu-\mu}{2}, \frac{\alpha-\mu-\nu}{2}\right]$$
$[\operatorname{Re} c > 0;\ \operatorname{Re}\alpha > |\operatorname{Re}\mu| + |\operatorname{Re}\nu|]$.

3. $$\int_0^\infty K_{2\nu}(b\sqrt{x})K_\nu(cx)\,dx = \frac{\pi}{4c\cos\nu\pi}\left\{K_\nu\left(\frac{b^2}{4c}\right) + \frac{\pi}{2\sin\nu\pi}\left[\mathbf{L}_{-\nu}\left(\frac{b^2}{4c}\right) - \mathbf{L}_\nu\left(\frac{b^2}{4c}\right)\right]\right\}$$
$[\operatorname{Re} c > 0;\ |\operatorname{Re}\nu| < 1/2]$.

4. $$\int_0^\infty x^{\alpha-1}K_\mu(b\sqrt{x})K_\nu(cx)\,dx = 2^{\alpha-\mu/2-3}b^\mu c^{-\alpha-\mu/2}\Gamma\left[-\mu, \frac{\alpha+\nu}{2}+\frac{\mu}{4}, \frac{\alpha-\nu}{2}+\frac{\mu}{4}\right] \times \\ \times {}_3F_3\left(\frac{\alpha+\nu}{2}+\frac{\mu}{4}, \frac{\alpha-\nu}{2}+\frac{\mu}{4}; \frac{1}{2}, 1+\frac{\mu}{2}, \frac{1+\mu}{2}; \frac{b^4}{64c^3}\right) + \\ + 2^{\alpha+\mu/2-3}b^{-\mu}c^{\mu/2-\alpha}\Gamma\left[\mu, \frac{\alpha+\nu}{2}-\frac{\mu}{4}, \frac{\alpha-\nu}{2}-\frac{\mu}{4}\right] \times \\ \times {}_2F_3\left(\frac{\alpha+\nu}{2}-\frac{\mu}{4}, \frac{\alpha-\nu}{2}-\frac{\mu}{4}; \frac{1}{2}, 1-\frac{\mu}{2}, \frac{1-\mu}{2}; \frac{b^4}{64c^2}\right) - \\ - 2^{\alpha-\mu/2-4}b^{\mu+2}c^{-\alpha-\mu/2-1}\Gamma\left[-\mu-1, \frac{\alpha+\nu+1}{2}+\frac{\mu}{4}, \frac{\alpha-\nu+1}{2}+\frac{\mu}{4}\right] \times$$

$$\times\ {}_2F_3\left(\frac{\alpha+\nu+1}{2}+\frac{\mu}{4},\ \frac{\alpha-\nu+1}{2}+\frac{\mu}{4};\ \frac{3}{2},\ \frac{3+\mu}{2},\ 1+\frac{\mu}{2};\ \frac{b^4}{64c^2}\right)-$$
$$-\ 2^{\alpha+\mu/2-4}b^{2-\mu}c^{\mu/2-\alpha-1}\Gamma\left[\mu-1,\ \frac{\alpha+\nu+1}{2}-\frac{\mu}{4},\ \frac{\alpha-\nu+1}{2}-\frac{\mu}{4}\right]\times$$
$$\times\ {}_2F_3\left(\frac{\alpha+\nu+1}{2}-\frac{\mu}{4},\ \frac{\alpha-\nu+1}{2}-\frac{\mu}{4};\ \frac{3}{2},\ \frac{3-\mu}{2},\ 1-\frac{\mu}{2};\ \frac{b^4}{64c^2}\right)$$

$[\operatorname{Re} c>0;\ 2\operatorname{Re}\alpha>|\operatorname{Re}\mu|+2|\operatorname{Re}\nu|]$.

5. $$\int_0^\infty x^{\alpha-1}K_\mu\left(\frac{b}{x}\right)K_\nu(cx)\,dx=2^{\alpha-2\mu-3}b^\mu c^{\mu-\alpha}\Gamma\left[-\mu,\ \frac{\alpha+\nu-\mu}{2},\ \frac{\alpha-\nu-\mu}{2}\right]\times$$
$$\times\ {}_0F_3\left(1+\mu,\ 1+\frac{\mu-\nu-\alpha}{2},\ 1+\frac{\mu+\nu-\alpha}{2};\ \frac{b^2c^2}{16}\right)+2^{\alpha+2\mu-3}b^{-\mu}c^{-\mu-\alpha}\times$$
$$\times\Gamma\left[\mu,\ \frac{\alpha+\mu+\nu}{2},\ \frac{\alpha+\mu-\nu}{2}\right]{}_0F_3\left(1-\mu,\ 1-\frac{\alpha+\mu+\nu}{2},\ 1-\frac{\alpha+\mu-\nu}{2};\ \frac{b^2c^2}{16}\right)+$$
$$+\ 2^{-\alpha-2\nu-3}b^{\alpha+\nu}c^\nu\Gamma\left[-\nu,\ \frac{\mu-\nu-\alpha}{2},\ -\frac{\mu+\nu+\alpha}{2}\right]{}_0F_3\left(1+\nu,\ 1+\frac{\alpha+\nu-\mu}{2},\right.$$
$$\left.1+\frac{\alpha+\mu+\nu}{2};\ \frac{b^2c^2}{16}\right)+2^{2\nu-\alpha-3}b^{\alpha-\nu}c^{-\nu}\Gamma\left[\nu,\ \frac{\mu+\nu-\alpha}{2},\ \frac{\nu-\mu-\alpha}{2}\right]\times$$
$$\times\ {}_0F_3\left(1-\nu,\ 1+\frac{\alpha-\mu-\nu}{2},\ 1+\frac{\alpha+\mu-\nu}{2};\ \frac{b^2c^2}{16}\right)$$

$[\operatorname{Re} b,\ \operatorname{Re} c>0]$.

6. $$\int_0^\infty x^{-1\pm1}K_\nu\left(\frac{b}{x}\right)K_\nu(cx)\,dx=\pi\begin{Bmatrix}c^{-1}\\ b^{-1}\end{Bmatrix}K_{2\nu}(2\sqrt{bc})$$

$[\operatorname{Re} b,\ \operatorname{Re} c>0]$.

7. $$\int_0^\infty x^{2\nu-3/2+2\sigma}K_{\nu+1/2}\left(\frac{b}{x}\right)K_\nu(cx)\,dx=$$
$$=\sqrt{2\pi}\ \frac{b^{\nu-1/2+\sigma}}{c^{\nu+\sigma}}\ K_{2\nu+\sigma}(e^{\pi i/4}\sqrt{2bc})K_{2\nu+\sigma}(e^{-\pi i/4}\sqrt{2bc})$$

$[\sigma=0$ или $1;\ \operatorname{Re} b,\ \operatorname{Re} c>0]$.

8. $$\int_0^\infty x^{\mu-1}|x-y|^{-\mu}K_\mu(|x-y|)K_\nu(x)\,dx=\frac{(2y)^{-\mu}}{\sqrt{\pi}}\ \Gamma\left[\frac{1}{2}-\mu,\ \mu+\nu,\ \mu-\nu\right]K_\nu(y)$$

$[y>0;\ |\operatorname{Re}\nu|<\operatorname{Re}\mu<1/2]$.

9. $$\int_0^\infty x^{\mu-1}(x+z)^{-\mu}K_\mu(x+z)K_\nu(x)\,dx=\frac{\sqrt{\pi}}{(2z)^\mu}\ \Gamma\left[\begin{matrix}\mu+\nu,\ \mu-\nu\\ \mu+1/2\end{matrix}\right]K_\nu(z)$$

$[|\arg z|<\pi;\ \operatorname{Re}\mu>|\operatorname{Re}\nu|]$.

10. $$\int_0^\infty x^{\alpha-1}K_\nu(c\sqrt{x^2+z^2}-cz)K_\nu(c\sqrt{x^2+z^2}+cz)\,dx=$$
$$=\frac{\sqrt{\pi}}{2}\left(\frac{z}{c}\right)^{\alpha/2}\Gamma\left[\begin{matrix}\alpha/2-\nu,\ \alpha/2+\nu\\ (\alpha+1)/2\end{matrix}\right]K_{\alpha/2}(2cz)$$

$[\operatorname{Re} c,\ \operatorname{Re} z>0;\ \operatorname{Re}\alpha>2|\operatorname{Re}\nu|]$.

11. $$\int_0^\infty \frac{K_1(c\sqrt{x^2+z^2+2xz\cos b})}{\sqrt{x^2+z^2+2xz\cos b}}\ K_0(cx)\,dx=\frac{bK_0(cz)}{cz\sin b}$$

$[|b|<\pi;\ \operatorname{Re} c,\ \operatorname{Re} z>0]$.

2.16.34. Интегралы от $x^\alpha e^{f(x)}K_\mu(bx^{\pm n})K_\nu(cx)$.

1. $$\int_0^\infty x^{-1/2}e^{-px}K_\mu(bx)K_\nu(cx)\,dx=$$
$$=\frac{\sqrt{d}\ \cos\mu\pi\cos\nu\pi}{\cos(\mu+\nu)\pi\cos(\mu-\nu)\pi}\ \Gamma\left(\frac{1}{2}-\mu-\nu\right)Q^{-\mu}_{\nu+1/2}(\sqrt{1+b^2d^2})Q^{-\nu}_{\mu-1/2}(\sqrt{1+c^2d^2})$$

$[(1+b^2d^2)(1+c^2d^2)=p^2d^2;\ \operatorname{Re}(p+b+c)>0;\ |\operatorname{Re}\mu|+|\operatorname{Re}\nu|<1/2]$.

2. $$\int\limits_0^\infty x^{\alpha-1}e^{(b\mp c)x}K_\mu(bx)K_\nu(cx)\,dx =$$
$$= \frac{\sqrt{\pi}\ b^\mu}{2^{2\mu+\alpha-1}c^{\alpha+\mu}}\left[\cos\nu\pi\sec(\alpha+\mu)\pi\right]^{(1\mp1)/2}\Gamma\left[\begin{matrix}-\mu,\ \alpha+\mu+\nu,\ \alpha+\mu-\nu\\ \alpha+\mu+1/2\end{matrix}\right]\times$$
$$\times\ {}_3F_2\left(\frac{1}{2}+\mu,\ \alpha+\mu+\nu,\ \alpha+\mu-\nu;\ 2\mu+1,\ \alpha+\mu+\frac{1}{2};\ \pm\frac{b}{c}\right)+$$
$$+\frac{\sqrt{\pi}\ b^{-\mu}}{2^{\alpha-2\mu-1}c^{\alpha-\mu}}\left[\cos\nu\pi\sec(\alpha-\mu)\pi\right]^{(1\mp1)/2}\Gamma\left[\begin{matrix}\mu,\ \alpha+\nu-\mu,\ \alpha-\mu-\nu\\ \alpha-\mu+1/2\end{matrix}\right]\times$$
$$\times\ {}_3F_2\left(\frac{1}{2}-\mu,\ \alpha+\nu-\mu,\ \alpha-\nu-\mu;\ 1-2\mu,\ \alpha-\mu+\frac{1}{2};\ \pm\frac{b}{c}\right)+$$
$$+\left\{\begin{matrix}0\\1\end{matrix}\right\}\frac{b^{1/2-\alpha}\cos\mu\pi}{2^\alpha\sqrt{c}}\,\Gamma\left[\alpha+\mu-\frac{1}{2},\ \alpha-\mu-\frac{1}{2},\ 1-\alpha\right]\times$$
$$\times\ {}_3F_2\left(1-\alpha,\ \frac{1}{2}+\nu,\ \frac{1}{2}-\nu;\ \frac{3}{2}+\mu-\alpha,\ \frac{3}{2}-\mu-\alpha;\ -\frac{b}{c}\right)$$
$$\left[\operatorname{Re}\alpha > |\operatorname{Re}\mu|+|\operatorname{Re}\nu|,\ \left\{\begin{matrix}\operatorname{Re}c>0\\ \operatorname{Re}b,\ \operatorname{Re}c>0;\ \operatorname{Re}\alpha<1\end{matrix}\right\}\right].$$

3. $$\int\limits_0^\infty x^{\alpha-1}e^{-(b+c)x}K_\mu(bx)K_\nu(cx)\,dx = 2^{-\alpha-2\nu-1}\sqrt{\pi}\ b^{-\alpha-\nu}c^\nu\times$$
$$\times\Gamma\left[\begin{matrix}-\nu,\ \alpha+\mu+\nu,\ \alpha+\nu-\mu\\ \alpha+\nu+1/2\end{matrix}\right]{}_3F_2\left(\frac{1}{2}+\nu,\ \alpha+\mu+\nu,\ \alpha+\nu-\mu;\ 1+2\nu,\right.$$
$$\left.\frac{1}{2}+\nu+\alpha;\ -\frac{c}{b}\right)+2^{2\nu-\alpha-1}\sqrt{\pi}\ b^{\nu-\alpha}c^{-\nu}\Gamma\left[\begin{matrix}\nu,\ \alpha+\mu-\nu,\ \alpha-\mu-\nu\\ \alpha-\nu+1/2\end{matrix}\right]\times$$
$$\times\ {}_3F_2\left(\frac{1}{2}-\nu,\ \alpha+\mu-\nu,\ \alpha-\mu-\nu;\ 1-2\nu,\ \frac{1}{2}+\alpha-\nu;\ -\frac{c}{b}\right)$$
$$[\operatorname{Re}(b+c)>0;\ \operatorname{Re}\alpha>|\operatorname{Re}\mu|+|\operatorname{Re}\nu|].$$

4. $$\int\limits_0^\infty x^{\alpha-1}e^{b/x\mp cx}K_\mu\left(\frac{b}{x}\right)K_\nu(cx)\,dx =$$
$$=\frac{2^{\alpha-1}}{\sqrt{\pi}}\,b^{\alpha+\nu}c^\nu\cos\mu\pi\,\Gamma\left[-\nu,\ \mu-\alpha-\nu,\ -\mu-\alpha-\nu,\ \frac{1}{2}+\alpha+\nu\right]\times$$
$$\times\ {}_2F_3\left(\frac{1}{2}+\nu,\ \frac{1}{2}+\alpha+\nu;\ 1+2\nu,\ 1+\alpha+\nu-\mu,\ 1+\alpha+\mu+\nu;\ \mp4bc\right)+$$
$$+\frac{2^{\alpha-1}}{\sqrt{\pi}}\,b^{\alpha-\nu}c^{-\nu}\cos\mu\pi\,\Gamma\left[\nu,\ \mu+\nu-\alpha,\ \nu-\mu-\alpha,\ \frac{1}{2}+\alpha-\nu\right]\times$$
$$\times\ {}_2F_3\left(\frac{1}{2}-\nu,\ \frac{1}{2}+\alpha-\nu;\ 1-2\nu,\ 1+\alpha+\mu-\nu,\ 1+\alpha-\mu-\nu;\ \mp4bc\right)+$$
$$+2^{-\alpha-1}\sqrt{\pi}\ b^\mu c^{\mu-\alpha}\left[\cos\nu\pi\sec(\alpha-\mu)\pi\right]^{(1\mp1)/2}\Gamma\left[\begin{matrix}-\mu,\ \alpha+\nu-\mu,\ \alpha-\nu-\mu\\ 1/2+\alpha-\mu\end{matrix}\right]\times$$
$$\times\ {}_2F_3\left(\frac{1}{2}+\mu-\alpha,\ \frac{1}{2}+\mu;\ 1+2\mu,\ 1+\mu-\nu-\alpha,\ 1+\mu+\nu-\alpha;\ \mp4bc\right)+$$
$$+2^{-\alpha-1}\sqrt{\pi}\ b^{-\mu}c^{-\mu-\alpha}\left[\cos\nu\pi\sec(\alpha+\mu)\pi\right]^{(1\mp1)/2}\Gamma\left[\begin{matrix}\mu,\ \alpha+\mu+\nu,\ \alpha+\mu-\nu\\ 1/2+\alpha+\mu\end{matrix}\right]\times$$
$$\times\ {}_2F_3\left(\frac{1}{2}-\alpha-\mu,\ \frac{1}{2}-\mu;\ 1-2\mu,\ 1-\nu-\mu-\alpha,\ 1+\nu-\mu-\alpha;\ \mp4bc\right)$$
$$\left[\operatorname{Re}\alpha>|\operatorname{Re}\nu|-1/2,\ \left\{\begin{matrix}\operatorname{Re}c>0\\ \operatorname{Re}b,\ \operatorname{Re}c>0;\ \operatorname{Re}\alpha+|\operatorname{Re}\mu|<1/2\end{matrix}\right\}\right].$$

5. $\int\limits_0^\infty x^{\alpha-1}e^{-b/x-cx}K_\mu\left(\frac{b}{x}\right)K_\nu(cx)\,dx =$

$$= 2^{-\alpha-1}\pi^{3/2}b^{-\mu}c^{-\alpha-\mu}\Gamma\left[\begin{matrix}\mu,\ \alpha+\nu-\mu,\ \alpha-\nu-\mu\\ 1/2+\alpha+\mu\end{matrix}\right]\times$$
$$\times\ {}_2F_3\left(\frac{1}{2}-\mu,\ \frac{1}{2}-\alpha-\mu;\ 1-2\mu,\ 1+\mu-\nu-\alpha,\ 1+\mu+\nu-\alpha;\ 4bc\right)+$$
$$+\,2^{-\alpha-1}\pi^{3/2}b^{\mu}c^{\mu-\alpha}\Gamma\left[\begin{matrix}-\mu,\ \alpha+\mu+\nu,\ \alpha+\mu-\nu\\ 1/2+\alpha-\mu\end{matrix}\right]\times$$
$$\times\ {}_2F_3\left(\frac{1}{2}+\mu,\ \frac{1}{2}+\mu-\alpha;\ 1+2\mu,\ 1-\alpha-\mu-\nu,\ 1+\nu-\mu-\alpha;\ 4bc\right)+$$
$$+\,2^{\alpha-1}\pi^{3/2}b^{\alpha+\nu}c^{\nu}\Gamma\left[\begin{matrix}-\nu,\ \mu-\alpha-\nu,\ -\mu-\alpha-\nu\\ 1/2-\alpha-\nu\end{matrix}\right]\times$$
$$\times\ {}_2F_3\left(\frac{1}{2}+\nu,\ \frac{1}{2}+\alpha+\nu;\ 1+2\nu,\ 1+\alpha+\nu-\mu,\ 1+\alpha+\nu+\mu;\ 4bc\right)+$$
$$+\,2^{\alpha-1}\pi^{3/2}b^{\alpha-\nu}c^{-\nu}\Gamma\left[\begin{matrix}\nu,\ \mu+\nu-\alpha,\ \nu-\mu-\alpha\\ 1/2+\nu-\alpha\end{matrix}\right]\times$$
$$\times\ {}_2F_3\left(\frac{1}{2}-\nu,\ \frac{1}{2}+\alpha-\nu;\ 1-2\nu,\ 1+\alpha-\mu-\nu,\ 1+\alpha+\mu-\nu;\ 4bc\right)\qquad [\operatorname{Re} b,\ \operatorname{Re} c>0].$$

6. $\int\limits_0^\infty x^{\alpha-1}e^{\mp bx^2}K_\mu(bx^2)K_\nu(cx)\,dx = \frac{\sqrt{\pi}\ c^{\nu}}{2^{(\alpha+3\nu)/2+2}b^{(\alpha+\nu)/2}}\times$

$$\times\left(\cos\mu\pi\sec\frac{\alpha+\nu}{2}\pi\right)^{(1\mp1)/2}\Gamma\left[\begin{matrix}-\nu,\ (\alpha+\nu)/2+\mu,\ (\alpha+\nu)/2-\mu\\ (1+\alpha+\nu)/2\end{matrix}\right]\times$$
$$\times\ {}_2F_2\left(\frac{\alpha+\nu}{2}+\mu,\ \frac{\alpha+\nu}{2}-\mu;\ \nu+1,\ \frac{1+\alpha+\nu}{2};\ \pm\frac{c^2}{8b}\right)+$$
$$+\ \frac{\sqrt{\pi}\ b^{(\nu-\alpha)/2}c^{-\nu}}{2^{(\alpha-3\nu)/2+2}}\left(\cos\mu\pi\sec\frac{\alpha-\nu}{2}\pi\right)^{(1\mp1)/2}\times$$
$$\times\,\Gamma\left[\begin{matrix}\nu,\ (\alpha-\nu)/2+\mu,\ (\alpha-\nu)/2-\mu\\ (1+\alpha-\nu)/2\end{matrix}\right]{}_2F_2\left(\frac{\alpha-\nu}{2}+\mu,\ \frac{\alpha-\nu}{2}-\mu;\ 1-\nu,\right.$$
$$\left.\frac{1+\alpha-\nu}{2};\ \pm\frac{c^2}{8b}\right)+\begin{Bmatrix}0\\1\end{Bmatrix}2^{\alpha-7/2}c^{1-\alpha}\sqrt{\frac{\pi}{b}}\ \Gamma\left(\frac{\alpha+\nu-1}{2}\right)\Gamma\left(\frac{\alpha-\nu-1}{2}\right)\times$$
$$\times\ {}_2F_2\left(\frac{1}{2}+\mu,\ \frac{1}{2}-\mu;\ \frac{3-\nu-\alpha}{2},\ \frac{3+\nu-\alpha}{2};\ -\frac{c^2}{8b}\right)$$
$$\left[\operatorname{Re}\alpha>2|\operatorname{Re}\mu|+|\operatorname{Re}\nu|,\ \begin{Bmatrix}\operatorname{Re} b>0\\ \operatorname{Re} c>0\end{Bmatrix}\right].$$

7. $\int\limits_0^\infty x^{\alpha-1}e^{\mp bx^{-2}}K_\mu\left(\frac{b}{x^2}\right)K_\nu(cx)\,dx = 2^{\alpha-3\mu-3}b^{\mu}c^{2\mu-\alpha}\Gamma\left[-\mu,\ \frac{\alpha+\nu}{2}-\mu,\ \frac{\alpha-\nu}{2}-\mu\right]\times$

$$\times\ {}_1F_3\left(\frac{1}{2}+\mu;\ 1+2\mu,\ 1+\mu-\frac{\alpha+\nu}{2},\ 1+\mu-\frac{\alpha-\nu}{2};\ \mp\frac{bc^2}{2}\right)+$$
$$+\,2^{\alpha+3\mu-3}b^{-\mu}c^{-2\mu-\alpha}\Gamma\left[\mu,\ \frac{\alpha+\nu}{2}+\mu,\ \frac{\alpha-\nu}{2}+\mu\right]\times$$
$$\times\ {}_1F_3\left(\frac{1}{2}-\mu;\ 1-2\mu,\ 1-\mu-\frac{\alpha+\nu}{2},\ 1-\mu-\frac{\alpha-\nu}{2};\ \mp\frac{bc^2}{2}\right)+2^{(\alpha-\nu)/2-2}\sqrt{\pi}\ b^{(\alpha+\nu)/2}c^{\nu}\times$$
$$\times\left(\cos\mu\pi\sec\frac{\alpha+\nu}{2}\pi\right)^{(1\mp1)/2}\Gamma\left[\begin{matrix}-\nu,\ \mu-(\alpha+\nu)/2,\ -\mu-(\alpha+\nu)/2\\ (1-\alpha-\nu)/2\end{matrix}\right]\times$$
$$\times\ {}_1F_3\left(\frac{1+\alpha+\nu}{2};\ 1+\nu,\ 1-\mu+\frac{\alpha+\nu}{2},\ 1+\mu+\frac{\alpha+\nu}{2};\ \mp\frac{bc^2}{2}\right)+2^{(\alpha+\nu)/2-2}\sqrt{\pi}\ \times$$

$$\times\, b^{(\alpha-\nu)/2}c^{-\nu}\left(\cos\mu\pi\sec\frac{\alpha-\nu}{2}\,\pi\right)^{(1\mp1)/2}\Gamma\begin{bmatrix}\nu,\ \mu+(\nu-\alpha)/2,\ (\nu-\alpha)/2-\mu\\ (1+\nu-\alpha)/2\end{bmatrix}\times$$

$$\times\ {}_1F_3\left(\frac{1+\alpha-\nu}{2};\ 1-\nu,\ 1-\mu+\frac{\alpha-\nu}{2},\ 1+\mu+\frac{\alpha-\nu}{2};\ \mp\frac{bc^2}{2}\right)$$

$$\left[\operatorname{Re}c>0,\ \begin{Bmatrix}\operatorname{Re}b>0\\ \operatorname{Re}\alpha>|\operatorname{Re}\nu|-1\end{Bmatrix}\right].$$

2.16.35. Интегралы от $x^{\alpha}\begin{Bmatrix}\operatorname{sh}ax\\ \operatorname{ch}ax\end{Bmatrix}K_\mu(bx)K_\nu(cx)$.

1. $\displaystyle\int\limits_0^\infty x\operatorname{sh}ax\,K_n(bx)K_n(cx)\,dx=I_n$ $\quad[\operatorname{Re}(b+c)>|\operatorname{Re}a|;\ k=(a^2-(b-c)^2)/(4bc)]$,

$$I_0=\frac{\pi a(1-k^2)}{8k^2(bc)^{3/2}}\,[\mathbf{E}(k)-(1-k^2)\mathbf{K}(k)],$$

$$I_1=\frac{\pi a}{8k^2(1-k^2)(bc)^{3/2}}\,[(1-k^2)\mathbf{K}(k)-(1-2k^2)\mathbf{E}(k)].$$

2. $\displaystyle\int\limits_0^\infty \operatorname{ch}ax\,K_0(bx)K_0(cx)\,dx=\frac{\pi}{2\sqrt{bc}}\mathbf{K}\left(\frac{a^2-(b-c)^2}{4bc}\right)$ $\quad[\operatorname{Re}(b+c)>|\operatorname{Re}a|]$.

3. $\displaystyle\int\limits_0^\infty x^{2n+2}\operatorname{sh}ax\,K_{n+1}(cx)K_n(cx)\,dx=J_n$ $\quad[2\operatorname{Re}c>|\operatorname{Re}a|;\ k=a/(2c)]$,

$$J_0=\frac{\pi a}{16c^4k^2(1-k^2)^2}\,[(1+k^2)\mathbf{E}(k)-(1-k^2)\mathbf{K}(k)],$$

$$J_1=\frac{3\pi a}{64c^3k^4(1-k^2)^4}\,[(1-k^2)(2-9k^2-k^4)\mathbf{K}(k)-2(1+k^2)(1-6k^2+k^4)\mathbf{E}(k)].$$

4. $\displaystyle\int\limits_0^\infty x^{2n+1}\operatorname{ch}ax\,K_{n+1}(cx)K_n(cx)\,dx=R_n$ $\quad[2\operatorname{Re}c>|\operatorname{Re}a|;\ k=a/(2c)]$,

$$R_0=\frac{\pi}{4c^2(1-k^2)}\mathbf{E}(k),\qquad R_1=\frac{\pi}{16c^4k^2(1-k^2)^3}\,[(3+7k^2-2k^4)\mathbf{E}(k)-(1-k^2)(3+k^2)\mathbf{K}(k)].$$

2.16.36. Интегралы от $x^{\alpha}\begin{Bmatrix}\sin ax^n\\ \cos ax^n\end{Bmatrix}K_\mu(bx)K_\nu(cx)$.

1. $\displaystyle\int\limits_0^\infty x\sin ax\,K_\nu(bx)K_\nu(cx)\,dx=I_\nu$

$$\left[\operatorname{Re}(b+c)>|\operatorname{Im}a|;\ |\operatorname{Re}\nu|<3/2;\ k=\sqrt{a^2+(b-c)^2}\,/\sqrt{a^2+(b+c)^2}\,,\ l=(a^2+b^2+c^2)/(2bc)\right],$$

$$I_\nu=\frac{(1-4\nu^2)\pi^2a}{16(bc)^{3/2}\cos\nu\pi}\,(l^2-1)^{-1/2}P^{-1}_{\nu-1/2}(l),$$

$$I_0=\frac{\pi a}{8k^2}\left(\frac{1-k^2}{bc}\right)^{3/2}[\mathbf{K}(k)-\mathbf{E}(k)],\qquad I_1=\frac{\pi a\sqrt{1-k^2}}{8k^2(bc)^{3/2}}\,[(1+k^2)\mathbf{E}(k)-(1-k^2)\mathbf{K}(k)].$$

2. $\displaystyle\int\limits_0^\infty \cos ax\,K_\nu(bx)K_\nu(cx)\,dx=J_\nu$ $\quad[\operatorname{Re}(b+c)>|\operatorname{Im}a|;\ |\operatorname{Re}\nu|<1/2]$,

$$J_\nu=\frac{\pi^2}{4\sqrt{bc}\ \cos\nu\pi}\,P_{\nu-1/2}\left(\frac{a^2+b^2+c^2}{2bc}\right),\qquad J_0=\frac{\pi}{2}\sqrt{\frac{1-k^2}{bc}}\ \mathbf{K}(k)=\frac{\pi}{2}\sqrt{\frac{u}{bc}}\ \mathbf{K}(\sqrt{1-u^2}\,)$$

$$\left[k=\sqrt{a^2+(b-c)^2}\,/\sqrt{a^2+(b+c)^2}\,,\ u=l-\sqrt{l^2-1}\,,\ l=(a^2+b^2+c^2)/(2bc)\right].$$

3. $$\int\limits_0^\infty x^{\alpha-1}\begin{Bmatrix}\sin ax\\ \cos ax\end{Bmatrix}K_\mu(cx)K_\nu(cx)\,dx=\frac{2^{\alpha+\delta-3}a^\delta}{c^{\alpha+\delta}}\times$$
$$\times\Gamma\begin{bmatrix}(\alpha+\delta+\mu+\nu)/2,\ (\alpha+\delta+\mu-\nu)/2,\ (\alpha+\delta-\mu+\nu)/2,\ (\alpha+\delta-\mu-\nu)/2\\ \alpha+\delta\end{bmatrix}\times$$
$$\times\,{}_4F_3\left(\frac{\alpha+\delta+\mu+\nu}{2},\ \frac{\alpha+\delta+\mu-\nu}{2},\ \frac{\alpha+\delta-\mu+\nu}{2},\ \frac{\alpha+\delta-\mu-\nu}{2};\right.$$
$$\left.\delta+\frac{1}{2},\ \frac{\alpha+1}{2},\ \frac{\alpha}{2}+\delta;\ -\frac{a^2}{4c^2}\right)\qquad\left[2\operatorname{Re}c>|\operatorname{Im}a|;\ \operatorname{Re}\alpha>|\operatorname{Re}\mu|+|\operatorname{Re}\nu|-\delta,\ \delta=\begin{Bmatrix}1\\0\end{Bmatrix}\right].$$

4. $$\int\limits_0^\infty x^{-1/2}\begin{Bmatrix}\sin ax\\ \cos ax\end{Bmatrix}K_0^2(cx)\,dx=\sqrt{\frac{\pi}{2c}}\,(1-2k^2)[\mathbf{K}(k)\mp\mathbf{K}(\sqrt{1-k^2}\,)]^2$$
$$\left[2\operatorname{Re}c>|\operatorname{Im}a|;\ k=\frac{1}{\sqrt{2}}\left(1-\sqrt{\frac{2a}{a+\sqrt{a^2+4c^2}}}\right)^{1/2}\right].$$

5. $$\int\limits_0^\infty x^{1/2}\begin{Bmatrix}\sin ax\\ \cos ax\end{Bmatrix}K_0(cx)K_1(cx)\,dx=\frac{(1-2k^2)\sqrt{2\pi}}{4k\sqrt{(1-k^2)a(a^2+4c^2)}}\,[\mathbf{K}(\sqrt{1-k^2}\,)\mp\mathbf{K}(k)]\times$$
$$\times[k^2\mathbf{K}(\sqrt{1-k^2}\,)-(1-2k^2)\mathbf{E}(\sqrt{1-k^2}\,)\mp(1-k^2)\mathbf{K}(k)\pm(1-2k^2)\mathbf{E}(k)]$$
$[2\operatorname{Re}c>|\operatorname{Im}a|;\ k$ см. в 2.16.36.4].

6. $$\int\limits_0^\infty x^{2n+2}\sin ax\,K_{n+1}(cx)K_n(cx)\,dx=J_n\qquad\left[2\operatorname{Re}c>|\operatorname{Im}a|;\ k=a/\sqrt{a^2+4c^2}\,\right],$$
$$J_0=\frac{\pi k}{2a^2c}\,[(1-k^2)\mathbf{K}(k)-(1-2k^2)\mathbf{E}(k)],$$
$$J_1=\frac{3\pi k}{2a^4c}\,[(1-k^2)(2+5k^2-8k^4)\mathbf{K}(k)-2(1-2k^2)(1+4k^2-4k^4)\mathbf{E}(k)].$$

7. $$\int\limits_0^\infty x^{2n+1}\cos ax\,K_{n+1}(cx)K_n(cx)\,dx=I_n\qquad\left[2\operatorname{Re}c>|\operatorname{Im}a|;\ k=a/\sqrt{a^2+4c^2}\,\right],$$
$$I_0=\frac{\pi k}{2ac}\mathbf{E}(k),\qquad I_1=\frac{\pi k}{2a^3c}\,[(1-k^2)(3-4k^2)\mathbf{K}(k)-(3-13k^2+8k^4)\mathbf{E}(k)].$$

8. $$\int\limits_0^\infty \cos ax^2\,K_\nu(ce^{\pi i/4}x)K_\nu(ce^{-\pi i/4}x)\,dx=\frac{\sqrt{2a\pi}}{8c^2}\,\Gamma\left(\frac{1}{4}+\nu\right)\Gamma\left(\frac{1}{4}-\nu\right)\times$$
$$\times W_{1/4,\,\nu}\left(\frac{c^2}{2a}\,e^{\pi i/2}\right)W_{1/4,\,\nu}\left(\frac{c^2}{2a}\,e^{-\pi i/2}\right)\qquad[a>0;\ |\arg c|<\pi/4;\ |\operatorname{Re}\nu|<1/2].$$

9. $$\int\limits_0^\infty x\cos ax^2\,K_0(ce^{\pi i/4}x)K_0(ce^{-\pi i/4}x)\,dx=\frac{\pi^2}{16a}\left[\mathbf{H}_0\left(\frac{c^2}{2a}\right)-Y_0\left(\frac{c^2}{2a}\right)\right]$$
$[a>0;\ |\arg c|<\pi/4]$.

2.16.37. Интегралы от $x^\alpha J_\lambda(ax)J_\mu(bx)K_\nu(cx)$.

1. $$\int\limits_0^\infty J_\lambda(ax)J_\mu(bx)K_\nu(cx)\,dx=$$
$$=\frac{a^\lambda b^\mu}{2c^{\lambda+\mu+1}}\,\Gamma\begin{bmatrix}(\lambda+\mu+\nu+1)/2,\ (\lambda+\mu-\nu+1)/2\\ \lambda+1,\ \mu+1\end{bmatrix}A_{\mu,\,\lambda}(u)A_{\lambda,\,\mu}(v)$$
$$\left[A_{\mu,\,\lambda}(u)={}_2F_1\left(\frac{\lambda+\mu+\nu}{2},\ \frac{\lambda+\mu-\nu}{2};\ \mu+1;\ u\right),\ u=\frac{c^2-a^2+b^2-\sqrt{(c^2-a^2+b^2)^2+4a^2c^2}}{2c^2},\right.$$
$$\left.v=\frac{c^2+a^2-b^2-\sqrt{(c^2+a^2-b^2)^2+4b^2c^2}}{2c^2};\ \operatorname{Re}(\lambda+\mu)>|\operatorname{Re}\nu|-1\right].$$

2. $$\int_0^\infty x^{\alpha-1} J_\lambda(ax) J_\mu(bx) K_\nu(cx)\,dx = B^\alpha(\lambda,\,\mu,\,\nu)$$

$[\operatorname{Re}(\alpha+\lambda+\mu) > |\operatorname{Re}\nu|;\ |c| > |a| + |b|;\ \operatorname{Re} c > |\operatorname{Im} a| + |\operatorname{Im} b|;\ u = (a^2+b^2+c^2)/(2ab)]$,

$$B^\alpha(\lambda,\,\mu,\,\nu) = \frac{2^{\alpha-2}a^\lambda b^\mu}{c^{\alpha+\lambda+\mu}}\Gamma\begin{bmatrix}(\alpha+\lambda+\mu-\nu)/2,\ (\alpha+\lambda+\mu+\nu)/2\\ \lambda+1,\ \mu+1\end{bmatrix}\times$$
$$\times F_4\left(\frac{\alpha+\lambda+\mu-\nu}{2},\ \frac{\alpha+\lambda+\mu+\nu}{2};\ \lambda+1,\ \mu+1;\ -\frac{a^2}{c^2},\ -\frac{b^2}{c^2}\right),$$

$$B^{\lambda+\nu-\mu+2}(\lambda,\,\mu,\,\nu) = 2^{\lambda+\nu-\mu-1} b^{\mu-\nu-\lambda-2}\Gamma\begin{bmatrix}\lambda+1,\ \lambda+\nu+1,\ \nu+1\\ \mu+1\end{bmatrix}\times$$
$$\times (\operatorname{ch}\varphi - \cos\psi) P^{-\nu}_{\lambda+\nu-\mu}(\cos\psi) P^{-\lambda}_{\lambda+\nu-\mu}(\operatorname{ch}\varphi)$$

$\left[\operatorname{Re}\lambda,\ \operatorname{Re}\mu,\ \operatorname{Re}\nu,\ \operatorname{Re}(\lambda+\nu) > -1;\ a + ic = ib\operatorname{ctg}\dfrac{\psi+i\varphi}{2},\right.$

т. е. $\dfrac{c}{b} = \dfrac{\operatorname{ch}\varphi\sin\psi}{\operatorname{ch}^2\varphi - \cos^2\psi}(1 + \cos\psi\operatorname{ch}\varphi - \operatorname{sh}\varphi\sin\psi),$

$\left.\dfrac{a}{b} = \dfrac{\cos\psi\operatorname{sh}\varphi}{\operatorname{ch}^2\varphi - \cos^2\psi}(1 + \cos\psi\operatorname{ch}\varphi - \operatorname{sh}\varphi\sin\psi)\right],$

$$B^{2\pm\nu}(\mu,\,\mu,\,\nu) = \frac{c^{\pm\nu}(ab)^{\mp\nu-1}}{\sqrt{2\pi}}\exp\left[\left(\mp\nu - \frac{1}{2}\right)\pi i\right](u^2-1)^{-(1\mp2\nu)/4} Q^{1/2\pm\nu}_{\mu-1/2}(u)$$

$[\operatorname{Re}\mu,\ \operatorname{Re}(\mu+\nu) > -1]$,

$$B^{\nu+2}(\nu,\,\nu,\,\nu) = \frac{2^{\nu-1}c^\nu\Gamma(\nu+1/2)}{\sqrt{\pi}\,(ab)^{\nu+1}(u^2-1)^{\nu+1/2}}$$ $[\operatorname{Re}\nu > -1/2]$,

$$B^{\mu+2}(\nu,\,\mu,\,\nu) = \frac{(2a)^\mu r^{2\mu+3}\Gamma(\mu+\nu+1)(r^4-a^2b^2)^{-\mu-1/2}}{(r^2-b^2)^{3/2}} P^{-\nu}_\mu\left(\frac{r^4-2b^2r^2+a^2b^2}{r^4-a^2b^2}\right) =$$
$$= \frac{a^\mu}{\sqrt{2\pi}\,(bc)^{\mu+1}}\exp\left[-\frac{i\pi(4\mu-2\nu+1)}{4}\right](z^2-1)^{-(2\mu+1)/4} Q^{\mu+1/2}_{\nu-1/2}(iz)$$

$\left[2bcz = a^2+c^2-b^2,\ r = \sqrt{ab(u+\sqrt{u^2-1})};\ \operatorname{Re}\mu,\ \operatorname{Re}(\mu+\nu) > -1\right]$,

$$B^2(\mu+\nu,\,\mu,\,\nu) = \frac{a^\mu b^{\mu+\nu}}{r^{2\mu+\nu-2}(r^4-a^2b^2)}\left(\frac{r^2-a^2}{r^2-b^2}\right)^{\nu/2}$$

$\left[r = \sqrt{ab(u+\sqrt{u^2-1})};\ \operatorname{Re}\mu,\ \operatorname{Re}(\mu+\nu) > -1\right]$,

$$B^2(\mu,\,\mu,\,0) = r_1^{-1}r_2^{-1}(r_2-r_1)^\mu(r_2+r_1)^{-\mu}$$

$\left[r_1 = \sqrt{(a-b)^2+c^2},\ r_2 = \sqrt{(a+b)^2+c^2};\ \operatorname{Re}\mu > -1\right]$,

$$B^2(1,\,1,\,0) = \frac{1}{2ab}\left(\frac{u}{\sqrt{u^2-1}} - 1\right),\qquad B^3(0,\,1,\,0) = \frac{au-b}{2a^2b^2(u^2-1)^{3/2}},$$
$$B^3(0,\,0,\,1) = \frac{cu}{2a^2b^2(u^2-1)^{3/2}},\qquad B^3(1,\,1,\,1) = \frac{c}{2a^2b^2(u^2-1)^{3/2}}.$$

3. $$\int_0^\infty x^{\alpha-1} J_\lambda(bx) J_\mu(bx) K_\nu(cx)\,dx = A^\alpha(\lambda,\,\mu,\,\nu)$$

$\left[\operatorname{Re}(\alpha+\lambda+\mu) > |\operatorname{Re}\nu|;\ |c| > |2b|;\ \operatorname{Re} c > 2|\operatorname{Im} b|;\ z = \sqrt{4b^2+c^2}/c,\ k = 2b/(\sqrt{4b^2+c^2}+c)\right]$,

$$A^{\alpha}(\lambda,\,\mu,\,\nu)=\frac{2^{\alpha-2}b^{\lambda+\mu}}{c^{\alpha+\lambda+\mu}}\,\Gamma\begin{bmatrix}(\alpha+\lambda+\mu+\nu)/2,\,(\alpha+\lambda+\mu-\nu)/2\\ \mu+1,\,\lambda+1\end{bmatrix}{}_4F_3\biggl(\frac{1+\lambda+\mu}{2},$$
$$1+\frac{\lambda+\mu}{2},\,\frac{\alpha+\lambda+\mu+\nu}{2},\,\frac{\alpha+\lambda+\mu-\nu}{2};\;\lambda+\mu+1,\,\mu+1,\,\lambda+1;\;-\frac{4b^2}{c^2}\biggr),$$

$$A^{2-\nu}(\mu,\,\mu,\,\nu)=\frac{\Gamma(1+\mu-\nu)}{2^{\nu}c}\,(4b^2+c^2)^{(\nu-1)/2}P_{\nu-1}^{-\mu}\biggl(\frac{2b^2+c^2}{c\sqrt{4b^2+c^2}}\biggr)$$
$$[\operatorname{Re}\mu>-1;\ -1/2<\operatorname{Re}\nu<\operatorname{Re}\mu+1],$$

$$A^{2+\nu}(\nu,\,\nu,\,\nu)=\frac{2^{3\nu}b^{2\nu}}{\sqrt{\pi}\;c^{\nu+1}}\,\Gamma\Bigl(\nu+\frac12\Bigr)(4b^2+c^2)^{-\nu-1/2}\qquad[\operatorname{Re}\nu>-1/2],$$

$$A^{1}(\mu,\,\mu,\,\nu)=\frac{1}{2c}\,\Gamma\Bigl(\mu+\frac{\nu+1}{2}\Bigr)\Gamma\Bigl(\mu+\frac{1-\nu}{2}\Bigr)[P_{(\nu-1)/2}^{-\mu}(z)]^2\qquad[2\operatorname{Re}\mu>|\operatorname{Re}\nu|-1],$$

$$A^{2}(\mu,\,\mu,\,\nu)=\Gamma\Bigl(\mu+\frac{\nu}{2}+1\Bigr)\Gamma\Bigl(\mu-\frac{\nu}{2}+1\Bigr)\frac{1}{c^2z}\,P_{\nu/2}^{-\mu}(z)P_{-\nu/2}^{-\mu}(z)\qquad[2\operatorname{Re}\mu>|\operatorname{Re}\nu|-2],$$

$$A^{1}(-\mu,\,\mu,\,\nu)=\frac{\pi}{2c}\sec\frac{\nu\pi}{2}\,P_{(\nu-1)/2}^{\mu}(z)P_{(\nu-1)/2}^{-\mu}(z)\qquad[|\operatorname{Re}\nu|<1],$$

$$A^{2}(-\mu,\,\mu,\,\nu)=-\frac{\pi}{2c^2z}\operatorname{cosec}\frac{\nu\pi}{2}\Bigl[\Bigl(\mu-\frac{\nu}{2}\Bigr)P_{\nu/2}^{\mu}(z)P_{-\nu/2}^{-\mu}(z)-\Bigl(\mu+\frac{\nu}{2}\Bigr)P_{\nu/2}^{-\mu}(z)P_{-\nu/2}^{\mu}(z)\Bigr]$$
$$[|\operatorname{Re}\nu|<2],$$

$$A^{2}(-\mu-1,\,\mu,\,\nu)=\frac{\pi}{2c^2z}\sec\frac{\nu\pi}{2}\Bigl[P_{(\nu-1)/2}^{-\mu}(z)P_{(\nu-1)/2}^{\mu+1}(z)+$$
$$+\frac{\nu^2-(2\mu+1)^2}{4}\,P_{(\nu-1)/2}^{-\mu-1}(z)P_{(\nu-1)/2}^{\mu}(z)\Bigr]-\frac{\sin\mu\pi}{4\pi}\sec\frac{\nu\pi}{2}\qquad[|\operatorname{Re}\nu|<1],$$

$$A^{2}(\mu+1,\,\mu,\,\nu)=\Gamma\Bigl(\mu+\frac{3+\nu}{2}\Bigr)\Gamma\Bigl(\mu+\frac{3-\nu}{2}\Bigr)c^{-3}\sqrt{c^2+4b^2}\;P_{(\nu-1)/2}^{-\mu}(z)P_{(\nu-1)/2}^{-\mu-1}(z)$$
$$[2\operatorname{Re}\mu>|\operatorname{Re}\nu|-3],$$

$$A^{1}(0,\,0,\,0)=\frac{2k}{\pi b}\mathbf{K}^2(k),\qquad A^{1}(1,\,1,\,0)=\frac{2}{\pi bk}\,[\mathbf{K}(k)-\mathbf{E}(k)]^2,$$

$$A^{1}(2,\,2,\,0)=\frac{2}{9\pi bk^2}\,[(2+k^2)\mathbf{K}(k)-2(1+k^2)\mathbf{E}(k)]^2,$$

$$A^{1}(3,\,3,\,0)=\frac{2}{225\pi bk^5}\,[(8+3k^2+4k^4)\mathbf{K}(k)-(8+7k^2+8k^4)\mathbf{E}(k)]^2,$$

$$A^{1}(1,\,1,\,1)=\frac{k^2}{2c},\qquad A^{1}(1,\,1,\,2)=\frac{2b}{3\pi c^2k^3}\,[(1+k^2)\mathbf{E}(k)-(1-k^2)\mathbf{K}(k)]^2,$$

$$A^{1}(2,\,2,\,2)=\frac{2b}{15\pi c^2k^5}\,[2(1-k^2+k^4)\mathbf{E}(k)-(1-k^2)(2-k^2)\mathbf{K}(k)]^2,$$

$$A^{1}(3,\,3,\,2)=\frac{2b}{315\pi c^2k^7}\,[(8-13k^2+8k^4)(1+k^2)\mathbf{E}(k)-(1-k^2)(8-k^2-4k^4)\mathbf{K}(k)]^2,$$

$$A^{2}(0,\,0,\,0)=\frac{1}{c\sqrt{4b^2+c^2}},$$

$$A^{2}(1,\,0,\,0)=\frac{2\sqrt{4b^2+c^2}}{\pi bc^2}\mathbf{K}(k)[\mathbf{K}(k)-\mathbf{E}(k)],\qquad A^{1}(1,\,1,\,0)=\frac{1}{c^2z}\,\frac{z-1}{z+1},$$

$$A^{2}(2,\,1,\,0)=\frac{2\sqrt{4b^2+c^2}}{\pi bc^2k^2}\,[\mathbf{K}(k)-\mathbf{E}(k)][(2+k^2)\mathbf{K}(k)-2(1+k^2)\mathbf{E}(k)],$$

$$A^{2}(3,\,2,\,0)=\frac{2\sqrt{4b^2+c^2}}{9\pi bc^2k^4}\,[(2+k^2)\mathbf{K}(k)-2(1+k^2)\mathbf{E}(k)]\times$$
$$\times[(8+3k^2+4k^4)\mathbf{K}(k)-(8+7k^2+8k^4)\mathbf{E}(k)],$$

$$A^{2}(0,\,0,\,1)=\frac{2}{\pi c\sqrt{4b^2+c^2}}\mathbf{K}(k)[2\mathbf{E}(k)-(1-k^2)\mathbf{K}(k)],\qquad A^{2}(0,\,1,\,1)=\frac{z-1}{2bcz},$$

$$A^2(1,\,1,\,1) = \frac{2}{\pi c k^2\sqrt{4b^2+c^2}}\,[\mathbf{K}(k)-\mathbf{E}(k)][(1+k^2)\mathbf{E}(k)-(1-k^2)\mathbf{K}(k)],$$

$$A^2(2,\,2,\,1) = \frac{2}{3\pi c k^4\sqrt{4b^2+c^2}}\,[2(1-k^2+k^4)\mathbf{E}(k)-(1-k^2)(2-k^2)\mathbf{K}(k)]\times \\ \times[(2+k^2)\mathbf{K}(k)-2(1+k^2)\mathbf{E}(k)],$$

$$A^2(1,\,0,\,2) = \frac{2b\sqrt{4b^2+c^2}}{\pi c^4 k^2}\,[(1+k^2)\mathbf{E}(k)-(1-k^2)\mathbf{K}(k)][2\mathbf{E}(k)-(1-k^2)\mathbf{K}(k)],$$

$$A^1(2,\,1,\,2) = \frac{2b\sqrt{4b^2+c^2}}{3\pi c^4 k^4}\,[(1+k^2)\mathbf{E}(k)-(1-k^2)\mathbf{K}(k)]\times \\ \times[2(1-k^2+k^4)\mathbf{E}(k)-(1-k^2)(2-k^2)\mathbf{K}(k)],$$

$$A^2(3,\,2,\,2) = \frac{2b\sqrt{4b^2+c^2}}{15\pi c^4 k^6}\,[2(1-k^2+k^4)\mathbf{E}(k)-(1-k^2)(2-k^2)\mathbf{K}(k)]\times \\ \times[(1+k^2)(8-13k^2+8k^4)\mathbf{E}(k)-(1-k^2)(8-k^2-4k^4)\mathbf{K}(k)],$$

$$A^2(1,\,1,\,3) = \frac{2b^2}{3\pi c^3 k^4\sqrt{4b^2+c^2}}\,[(1+14k^2+k^4)\mathbf{E}(k)-(1-k^2)(1+7k^2)\mathbf{K}(k)]\times \\ \times[(1+k^2)\mathbf{E}(k)-(1-k^2)\mathbf{K}(k)].$$

2.16.38. Интегралы от $x^\alpha J_\lambda(ax^m)J_\mu(bx^n)K_\nu(cx)$.

1. $$\int_0^\infty x^{\alpha-1}J_\mu(ax^2)J_\nu(cx)K_\nu(cx)\,dx = \frac{1}{8\nu}\left(\frac{2}{a}\right)^{\alpha/2}\Gamma\begin{bmatrix}(2\mu+\alpha)/4\\ 1+(2\mu-\alpha)/4\end{bmatrix}\times \\ \times\,{}_2F_3\left(\frac{\alpha-2\mu}{4},\,\frac{\alpha+2\mu}{4};\,\frac{1}{2},\,1-\frac{\nu}{2},\,1+\frac{\nu}{2};\,\frac{c^4}{16a^2}\right)-\frac{2^{\alpha/2-3}c^2}{(\nu^2-1)a^{\alpha/2+1}}\times \\ \times\,\Gamma\begin{bmatrix}(2+2\mu+\alpha)/4\\ (2+2\mu-\alpha)/4\end{bmatrix}{}_2F_3\left(\frac{1-\mu}{2}+\frac{\alpha}{4},\,\frac{1+\mu}{2}+\frac{\alpha}{4};\,\frac{3}{2},\,\frac{3-\nu}{2},\,\frac{3+\nu}{2};\,\frac{c^4}{16a^2}\right)+ \\ +\,\frac{2^{\alpha/2-\nu-3}c^{2\nu}}{a^{\alpha/2+\nu}}\Gamma\begin{bmatrix}-\nu,\,(2\mu+2\nu+\alpha)/4\\ \nu+1,\,1+(2\mu-2\nu-\alpha)/4\end{bmatrix}\times \\ \times\,{}_2F_3\left(\frac{\alpha}{4}+\frac{\nu-\mu}{2},\,\frac{\alpha}{4}+\frac{\nu+\mu}{2};\,1+\frac{\nu}{2},\,\frac{1+\nu}{2},\,1+\nu;\,\frac{c^4}{16a^2}\right)$$

$[a,\ \operatorname{Re} c,\ \operatorname{Re}(\alpha+2\mu),\ \operatorname{Re}(\alpha+2\mu+2\nu)>0]$.

2. $$\int_0^\infty xJ_\mu(ax^2)J_\nu(cx)K_\nu(cx)\,dx = \frac{1}{2c^2}\Gamma\begin{bmatrix}(\mu+\nu+1)/2\\ \nu+1\end{bmatrix}M_{-\mu/2,\,\nu/2}\left(\frac{c^2}{2a}\right)W_{-\mu/2,\,\nu/2}\left(\frac{c^2}{2a}\right)$$

$[a>0;\ |\arg c|<\pi/4;\ \operatorname{Re}\mu,\ \operatorname{Re}(\mu+\nu)>-1]$.

3. $$\int_0^\infty xJ_0(ax^2)J_\nu(cx)K_\nu(cx)\,dx = \frac{1}{4a}\,I_{\nu/2}\left(\frac{c^2}{4a}\right)K_{\nu/2}\left(\frac{c^2}{4a}\right)$$

$[a>0;\ |\arg c|<\pi/4;\ \operatorname{Re}\nu>-1]$.

4. $$\int_0^\infty x^{\nu+2}J_{(\nu+1)/2}(ax^2)J_\nu(cx)K_\nu(cx)\,dx = \frac{c^\nu}{2^{(\nu+3)/2}\sqrt{\pi}\,a^{\nu+3/2}}\,K_{\nu/2}\left(\frac{c^2}{2a}\right)$$

$[a>0;\ |\arg c|<\pi/4;\ \operatorname{Re}\nu>-1]$.

5. $$\int_0^\infty x^{\nu+3}J_{\nu/2}(ax^2)J_\nu(cx)K_\nu(cx)\,dx = \frac{c^{\nu+1}}{2^{\nu/2+2}\sqrt{\pi}\,a^{\nu+5/2}}\,K_{(\nu-1)/2}\left(\frac{c^2}{2a}\right)$$

$[a>0;\ |\arg c|<\pi/4;\ \operatorname{Re}\nu>-1]$.

6. $\int\limits_0^\infty x^{2-\nu} J_{(\nu-1)/2}(ax^2) J_\nu(cx) K_\nu(cx)\,dx =$

$$= 2^{(\nu-5)/2}\sqrt{\pi}\, a^{\nu-3/2} c^{-\nu}\left[I_{\nu/2}\left(\frac{c^2}{2a}\right) - \mathbf{L}_{\nu/2}\left(\frac{c^2}{2a}\right)\right] \qquad [a>0;\ |\arg c|<\pi/4;\ \operatorname{Re}\nu>-1].$$

7. $\int\limits_0^\infty x^3 J_\nu(ax^2) J_\nu(cx) K_\nu(cx)\,dx = \frac{1}{4a^2}\exp\left(-\frac{c^2}{2a}\right)$ $\qquad [a,\ \operatorname{Re} c>0;\ \operatorname{Re}\nu>-1].$

8. $\int\limits_0^\infty x^5 J_1(ax^2) J_2(cx) K_2(cx)\,dx = \frac{c^2}{8a^4}\exp\left(-\frac{c^2}{2a}\right)$ $\qquad [a>0;\ |\arg c|<\pi/4].$

9. $\int\limits_0^\infty x J_{\mu+\nu/4}(bx^2) J_{\mu-\nu/4}(bx^2) K_\nu(cx)\,dx = \frac{1}{\pi c^2}\Gamma\left(\mu+\frac{2+\nu}{4}\right)\Gamma\left(\mu+\frac{2-\nu}{4}\right)\times$

$$\times W_{-\mu,\,\nu/4}\left(\frac{ic^2}{8b}\right) W_{-\mu,\,\nu/4}\left(-\frac{ic^2}{8b}\right) \qquad [b,\ \operatorname{Re} c>0;\ 4\operatorname{Re}\mu>|\operatorname{Re}\nu|-2].$$

10. $\int\limits_0^\infty x J_{\nu/4}(bx^2) J_{-\nu/4}(bx^2) K_\nu(cx)\,dx = \frac{\pi}{2^5 b}\sec\frac{\nu\pi}{4}\left[J_{\nu/2}^2\left(\frac{c^2}{16b}\right) + Y_{\nu/2}^2\left(\frac{c^2}{16b}\right)\right]$

$[b,\ \operatorname{Re} c>0;\ |\operatorname{Re}\nu|<2].$

2.16.39. Интегралы от $x^\alpha J_\lambda(ax^{\pm m}) Y_\mu(bx^{\pm n}) K_\nu(cx)$.

1. $\int\limits_0^\infty x^{\nu+1}[J_\mu(ax)Y_{-\mu}(bx) + J_{-\mu}(bx)Y_\mu(ax)] K_\nu(cx)\,dx =$

$$= -\frac{c^\nu}{\sqrt{2\pi}\,(ab)^{\nu+1}}\Gamma(\mu+\nu+1)\Gamma(\nu-\mu+1)(z^2-1)^{-(2\nu+1)/4} P_{\mu-1/2}^{-\nu-1/2}(z)$$

$[2abz = a^2+b^2+c^2;\ \operatorname{Re} c>|\operatorname{Im} a|+|\operatorname{Im} b|;\ \operatorname{Re}\mu,\ \operatorname{Re}\nu,\ \operatorname{Re}(\mu+\nu)>-1].$

2. $\int\limits_0^\infty x J_0(ax) Y_0(cx) K_0(cx)\,dx = -\frac{2(a^4+4c^4)^{-1/2}}{\pi}\ln\frac{a^2+\sqrt{a^4+4c^4}}{2c^2}$

$[a>0;\ |\arg c|<\pi/4].$

3. $\int\limits_0^\infty x J_\nu(ax^2) Y_\nu(cx) K_\nu(cx)\,dx = -\frac{1}{2c^2} W_{\nu/2,\,\nu/2}\left(\frac{c^2}{2a}\right) W_{-\nu/2,\,\nu/2}\left(\frac{c^2}{2a}\right)$

$[a>0;\ |\arg c|<\pi/4;\ \operatorname{Re}\nu>-1/2].$

4. $\int\limits_0^\infty x J_0(ax^2) Y_0(cx) K_0(cx)\,dx = -\frac{1}{4\pi a} K_0^2\left(\frac{c^2}{4a}\right)$ $\qquad [a>0;\ |\arg c|<\pi/4].$

5. $\int\limits_0^\infty x J_0(ax^2) Y_\nu(cx) K_\nu(cx)\,dx = -\frac{1}{4a}\sec\frac{\nu\pi}{2} K_{\nu/2}\left(\frac{c^2}{4a}\right)\times$

$$\times\left[\frac{1}{\pi}K_{\nu/2}\left(\frac{c^2}{4a}\right) + \sin\frac{\nu\pi}{2} I_{\nu/2}\left(\frac{c^2}{4a}\right)\right] \qquad [a>0;\ |\arg c|<\pi/4;\ |\operatorname{Re}\nu|<1].$$

6. $\int\limits_0^\infty x^{\nu+2} J_\nu(cx) Y_{(\nu+1)/2}(bx^2) K_\nu(cx)\,dx =$

$$= \frac{\sqrt{\pi}\,c^\nu}{2^{(\nu+5)/2} b^{\nu+3/2}}\sec\frac{\nu\pi}{2}\left[\mathbf{L}_{-\nu/2}\left(\frac{c^2}{2b}\right) - I_{\nu/2}\left(\frac{c^2}{2b}\right)\right] \qquad [b>0;\ |\arg c|<\pi/4;\ \operatorname{Re}\nu>-1].$$

7. $\int\limits_0^\infty J_\mu\left(\frac{b}{x}\right) Y_\mu\left(\frac{b}{x}\right) K_0(cx)\,dx = -\frac{2}{c} J_{2\mu}(2\sqrt{bc}\,) K_{2\mu}(2\sqrt{bc}\,)$ $\qquad [b,\ \operatorname{Re} c>0].$

8. $\int\limits_0^\infty \left[J_\mu^2\left(\frac{b}{x}\right) - Y_\mu^2\left(\frac{b}{x}\right)\right] K_0(cx)\,dx = \frac{4}{c} Y_{2\mu}(2\sqrt{bc}\,) K_{2\mu}(2\sqrt{bc}\,)$ $[b,\ \operatorname{Re} c > 0]$.

2.16.40. Интегралы от $x^\alpha J_\lambda(ax^{\pm r}) I_\mu(\varphi(x)) K_\nu(\chi(x))$.

1. $\int\limits_0^\infty x^{\alpha-1} J_\lambda(ax) I_\mu(bx) K_\nu(cx)\,dx = B^\alpha(\lambda,\ \mu,\ \nu)$

$[\operatorname{Re}(\alpha+\lambda+\mu) > |\operatorname{Re}\nu|;\ |c| > |a| + |b|;\ \operatorname{Re} c > |\operatorname{Re} b| + |\operatorname{Im} a|;\ u = (a^2+b^2+c^2)/(2bc)]$,

$$B^\alpha(\lambda,\ \mu,\ \nu) = 2^{\alpha-2} a^\lambda b^\mu c^{-\alpha-\lambda-\mu} \Gamma\left[\begin{matrix}(\alpha+\lambda+\mu-\nu)/2,\ (\alpha+\lambda+\mu+\nu)/2\\ \lambda+1,\ \mu+1\end{matrix}\right] \times$$
$$\times F_4\left(\frac{\alpha+\lambda+\mu-\nu}{2},\ \frac{\alpha+\lambda+\mu+\nu}{2};\ \lambda+1,\ \mu+1;\ -\frac{a^2}{c^2},\ \frac{b^2}{c^2}\right),$$

$$B^{\nu+2}(\mu,\ \mu,\ \nu) = \frac{c^\nu}{\sqrt{2\pi}\ (ab)^{\nu+1}} \exp\left[-\frac{(4\nu-2\mu+1)\pi i}{4}\right] (v^2+1)^{-(2\nu+1)/4} Q_{\mu-1/2}^{\nu+1/2}(iv)$$

$[2abv = c^2 + a^2 - b^2;\ \operatorname{Re}\mu,\ \operatorname{Re}(\mu+\nu) > -1]$,

$$B^{\nu+2}(\nu,\ \nu,\ \nu) = \frac{2^{\nu-1} a^\nu \Gamma(\nu+1/2)}{\sqrt{\pi}\ (bc)^{\nu+1} (u^2-1)^{\nu+1/2}} \qquad [\operatorname{Re}\nu > -1/2],$$

$$B^{\mu+2}(\mu,\ \nu,\ \nu) = \frac{(bc)^{-\mu-1} a^\mu e^{-(2\mu+1)\pi i/2}}{\sqrt{2\pi}\ (u^2-1)^{(2\mu+1)/4}} Q_{\nu-1/2}^{\mu+1/2}(u) \qquad [\operatorname{Re}\mu,\ \operatorname{Re}(\mu+\nu) > -1],$$

$$B^0(0,\ \nu,\ \nu) = \frac{1}{2bc} (u^2-1)^{-1/2} (u + \sqrt{u^2-1}\,)^{-\nu} \qquad [\operatorname{Re}\nu > -1],$$

$$B^2(0,\ 0,\ 0) = \frac{1}{2bc\sqrt{u^2-1}}, \quad B^2(0,\ 1,\ 1) = \frac{1}{2bc}\left(\frac{u}{\sqrt{u^2-1}} - 1\right),$$

$$B^3(1,\ 0,\ 0) = \frac{au}{2b^2c^2(u^2-1)^{3/2}}, \quad B^3(0,\ 0,\ 1) = \frac{cu-b}{2b^2c^2(u^2-1)^{3/2}},$$

$$B^3(1,\ 1,\ 1) = \frac{a}{2b^2c^2(u^2-1)^{3/2}}.$$

2. $\int\limits_0^\infty x^{\alpha-1} J_\lambda(ax) I_\mu(cx) K_\nu(cx)\,dx = A^\alpha(\lambda,\ \mu,\ \nu)$

$[a,\ \operatorname{Re} c > 0;\ \operatorname{Re}(\alpha+\lambda+\mu) > |\operatorname{Re}\nu|;\ \operatorname{Re}\alpha < 5/2;\ k = a/(\sqrt{a^2+4c^2} + 2c)]$,

$$A^\alpha(\lambda,\ \mu,\ \nu) = 2^{\alpha-2} a^{-\mu-\nu-\alpha} c^{\mu+\nu} \Gamma\left[\begin{matrix}-\nu,\ (\lambda+\mu+\nu+\alpha)/2\\ 1+(\lambda-\mu-\nu-\alpha)/2,\ 1+\mu\end{matrix}\right] \times$$
$$\times {}_4F_3\left(\frac{\alpha+\mu+\nu-\lambda}{2},\ \frac{\lambda+\mu+\nu+\alpha}{2},\ \frac{1+\mu+\nu}{2},\ 1+\frac{\mu+\nu}{2};\ 1+\nu,\right.$$
$$\left.1+\mu,\ 1+\mu+\nu;\ -\frac{4c^2}{a^2}\right) + 2^{\alpha-2} a^{\nu-\alpha-\mu} c^{\mu-\nu} \Gamma\left[\begin{matrix}\nu,\ (\alpha+\mu+\lambda-\nu)/2\\ 1+(\lambda+\nu-\mu-\alpha)/2,\ 1+\mu\end{matrix}\right] \times$$
$$\times {}_4F_3\left(\frac{\alpha+\mu-\lambda-\nu}{2},\ \frac{\alpha+\lambda+\mu-\nu}{2},\ \frac{1+\mu-\nu}{2},\ 1+\frac{\mu-\nu}{2};\right.$$
$$\left.1-\nu,\ 1+\mu,\ 1+\mu-\nu;\ -\frac{4c^2}{a^2}\right),$$

$$A^{\nu+2}(\mu,\ \mu,\ \nu) = \frac{2^\nu c^{\nu-1/2}}{\sqrt{\pi}\ a^{\nu+1}} \exp\left[-\frac{(2\nu-2\mu+1)\pi i}{4}\right] (a^2+4c^2)^{-(2\nu+1)/4} Q_{\mu-1/2}^{\nu+1/2}\left(\frac{ia}{2c}\right)$$

$[\operatorname{Re}\mu > -1;\ -\operatorname{Re}\mu < \operatorname{Re}\nu < 1/2]$,

$$A^{\nu+3/2}\left(\nu+\frac{1}{2},\,\nu,\,\nu\right)=a^{-\nu-1/2}(4c)^{\nu-1/2}\Gamma\left(\nu+\frac{1}{2}\right)P_{-\nu-1/2}\left(\frac{a^2+8c^2}{4c\sqrt{a^2+4c^2}}\right)$$
$[-1/2<\operatorname{Re}\nu<1]$,

$$A^1(\mu,\,\nu,\,\nu)=\frac{e^{-i\pi\nu}}{a}\,P^{-\nu}_{(\mu-1)/2}\left(\frac{\sqrt{a^2+4c^2}}{a}\right)Q^{\nu}_{(\mu-1)/2}\left(\frac{\sqrt{a^2+4c^2}}{a}\right)\quad[\operatorname{Re}\mu,\ \operatorname{Re}(\mu+2\nu)>-1],$$

$$A^2(\mu+\nu,\,\mu,\,\nu)=\frac{(2c)^{\mu-\nu}}{a\sqrt{a^2+4c^2}}\,(a+\sqrt{a^2+4c^2}\,)^{\nu-\mu}\quad[\operatorname{Re}\mu,\ \operatorname{Re}(\mu+\nu)>-1],$$

$$A^1(0,\,0,\,0)=\frac{1}{2a\sqrt{\pi}}\,G^{22}_{33}\left(\frac{a^2}{4c^2}\,\middle|\,\begin{matrix}1, & 1, & 1\\ 1/2, & 1/2, & 1/2\end{matrix}\right)$$

$$A^1(1,\,0,\,0)=\frac{1}{a}\ln\frac{a+\sqrt{a^2+4c^2}}{2c},$$

$$A^1(0,\,1,\,1)=\frac{2(1-k^2)}{\pi ck^2}\mathbf{E}(\sqrt{1-k^2}\,)[\mathbf{K}(k)-\mathbf{E}(k)],\qquad A^1(1,\,1,\,1)=0,$$

$$A^1(2,\,0,\,0)=\frac{2}{\pi a(1-k^2)}\,[2\mathbf{E}(k)-(1-k^2)\mathbf{K}(k)][(1+k^2)\mathbf{K}(\sqrt{1-k^2}\,)-2\mathbf{E}(\sqrt{1-k^2}\,)],$$

$$A^1(2,\,1,\,1)=\frac{2}{3\pi ck^2(1-k^2)}\,[(1+k^2)\mathbf{E}(k)-(1-k^2)\mathbf{K}(k)]\times$$
$$\times[(1+k^2)\mathbf{E}(\sqrt{1-k^2}\,)-2k^2\mathbf{K}(\sqrt{1-k^2}\,)],$$

$$A^1(0,\,2,\,2)=\frac{2(1-k^2)}{9\pi ck^4}\,[(2+k^2)\mathbf{K}(k)-2(1+k^2)\mathbf{E}(k)]\times$$
$$\times[2(1+k^2)\mathbf{E}(\sqrt{1-k^2}\,)-k^2\mathbf{K}(\sqrt{1-k^2}\,)].$$

3. $$\int\limits_0^\infty J_{2\nu+2\mu}(a\sqrt{x}\,)I_\mu(cx)K_\nu(cx)\,dx=\frac{4}{a^2}\,\Gamma\begin{bmatrix}\mu+1/2\\ \nu+\mu+1\end{bmatrix}M_{(\mu-\nu)/2,\,(\mu+\nu)/2}\left(\frac{a^2}{8c}\right)\times$$
$$\times W_{(\nu-\mu)/2,\,(\nu+\mu)/2}\left(\frac{a^2}{8c}\right)\qquad[a,\ \operatorname{Re}c>0;\ \operatorname{Re}\mu,\ \operatorname{Re}(\mu+\nu)>-1/2].$$

4. $$\int\limits_0^\infty J_{4\nu}(a\sqrt{x}\,)I_\nu(cx)K_\nu(cx)\,dx=\frac{1}{2c}\,I_\nu\left(\frac{a^2}{16c}\right)K_\nu\left(\frac{a^2}{16c}\right)\qquad[a,\ \operatorname{Re}c>0;\ \operatorname{Re}\nu>-1/4].$$

5. $$\int\limits_0^\infty x^{\nu+1}J_{2\nu}(b\sqrt{x}\,)I_{2\nu}(b\sqrt{x}\,)K_\nu(cx)\,dx=\frac{\sqrt{\pi}}{2^{\nu+1}}\,b^{2\nu+1}c^{-2\nu-5/2}J_{\nu-1/2}\left(\frac{b^2}{2c}\right)$$
$[\operatorname{Re}c>0;\ \operatorname{Re}\nu>-1/2]$.

6. $$\int\limits_0^\infty x^{1-\nu}[J_{-2\nu}(b\sqrt{x}\,)I_{2\nu}(b\sqrt{x}\,)-J_{2\nu}(b\sqrt{x}\,)I_{-2\nu}(b\sqrt{x}\,)]K_\nu(cx)\,dx=$$
$$=-2^\nu\sqrt{\pi}\,b^{1-2\nu}c^{2\nu-5/2}\sin\nu\pi\,J_{\nu+1/2}\left(\frac{b^2}{2c}\right)\qquad[\operatorname{Re}c>0;\ \operatorname{Re}\nu<3/2].$$

7. $$\int\limits_0^\infty x^\nu J_{2\nu-1}(b\sqrt{x}\,)I_{2\nu-1}(b\sqrt{x}\,)K_\nu(cx)\,dx=2^{-\nu}\sqrt{\pi}\,b^{2\nu-1}c^{-2\nu-1/2}J_{\nu-1/2}\left(\frac{b^2}{2c}\right)$$
$[\operatorname{Re}c,\ \operatorname{Re}\nu>0]$.

8. $$\int\limits_0^\infty x^{-\nu}J_{\pm(2\nu+1)}(b\sqrt{x}\,)I_{\mp(2\nu+1)}(b\sqrt{x}\,)K_\nu(cx)\,dx=\pm2^\nu\sqrt{\pi}\,b^{-2\nu-1}c^{2\nu-1/2}\times$$
$$\times\left[\cos\nu\pi\,\mathbf{H}_{\nu+1/2}\left(\frac{b^2}{2c}\right)\mp\sin\nu\pi\,J_{\nu+1/2}\left(\frac{b^2}{2c}\right)\right]\qquad[\operatorname{Re}c>0;\ \operatorname{Re}\nu<1/2].$$

9. $\int\limits_0^\infty x J_0(b\sqrt{x}\,) I_0(b\sqrt{x}\,) K_0(cx)\,dx = \frac{1}{c^2}\cos\frac{b^2}{2c}$ $\quad$ [$\operatorname{Re} c > 0$].

10. $\int\limits_0^\infty \frac{1}{x^2} J_0\left(\frac{a}{x}\right) I_\nu(cx) K_\nu(cx)\,dx = \frac{2}{a} J_{2\nu}(2\sqrt{ac}\,) K_{2\nu}(2\sqrt{ac}\,)$ $\quad$ [a, $\operatorname{Re} c > 0$; $\operatorname{Re}\nu > -1/4$].

11. $\int\limits_0^\infty \frac{1}{x^2} J_0\left(\frac{a}{x}\right) I_{\pm 1/4}(cx) K_{1/4}(cx)\,dx = \frac{1}{\sqrt{a^3 c}} \exp(-2\sqrt{ac}\,) \begin{Bmatrix} \sin 2\sqrt{ac} \\ \cos 2\sqrt{ac} \end{Bmatrix}$ $\quad$ [a, $\operatorname{Re} c > 0$].

12. $\int\limits_0^\infty x J_\nu(ax) I_{\nu/2}(c\sqrt{x^2+z^2} - cz) K_{\nu/2}(c\sqrt{x^2+z^2} + cz)\,dx =$

$$= \frac{1}{a\sqrt{a^2+4c^2}} \exp(-z\sqrt{a^2+4c^2}\,)$$ [a, $\operatorname{Re} c$, $\operatorname{Re} z > 0$; $\operatorname{Re}\nu > -1$].

2.16.41. Интегралы от $x^\alpha Y_\mu(b\sqrt{x}\,) I_\mu(b\sqrt{x}\,) K_\nu(cx)$.

1. $\int\limits_0^\infty x^\nu Y_{2\nu-1}(b\sqrt{x}\,) I_{2\nu-1}(b\sqrt{x}\,) K_\nu(cx)\,dx = 2^{-\nu-1}\sqrt{\pi}\, b^{2\nu-1} c^{-2\nu-1/2} \times$

$$\times \operatorname{cosec}\nu\pi \left[\mathbf{H}_{1/2-\nu}\left(\frac{b^2}{2c}\right) + \cos\nu\pi\, J_{\nu-1/2}\left(\frac{b^2}{2c}\right) + \sin\nu\pi\, Y_{\nu-1/2}\left(\frac{b^2}{2c}\right)\right]$$ [b, $\operatorname{Re} c$, $\operatorname{Re}\nu > 0$].

2.16.42. Интегралы, содержащие $x^\alpha I_\lambda(ax) I_\mu(bx) K_\nu(cx)$.

1. $\int\limits_0^\infty x^{\alpha-1} I_\lambda(ax) I_\mu(bx) K_\nu(cx)\,dx = A^\alpha(\lambda,\,\mu,\,\nu)$

[$\operatorname{Re}(\alpha+\lambda+\mu) > |\operatorname{Re}\nu|$; $|c| > |a| + |b|$; $\operatorname{Re} c > |\operatorname{Re} a| + |\operatorname{Re} b|$; $z = (b^2+c^2-a^2)/(2ab)$],

$$A^\alpha(\lambda,\,\mu,\,\nu) = \frac{2^{\alpha-1} a^\lambda b^\mu}{c^{\alpha+\lambda+\mu}} \Gamma\left[\begin{matrix}(\alpha+\lambda+\mu-\nu)/2,\ (\alpha+\lambda+\mu+\nu)/2 \\ \lambda+1,\ \mu+1\end{matrix}\right] \times$$
$$\times F_4\left(\frac{\alpha+\lambda+\mu-\nu}{2},\ \frac{\alpha+\lambda+\mu+\nu}{2};\ \lambda+1,\ \mu+1;\ \frac{a^2}{c^2},\ \frac{b^2}{c^2}\right),$$

$$A^{\mu+2}(\mu,\,\nu,\,\nu) = \frac{a^\nu}{\sqrt{2\pi}\,(bc)^{\nu+1}} (z^2-1)^{-(2\mu+1)/4} \exp\left(-\frac{2\mu+1}{4}\pi i\right) Q_{\nu-1/2}^{\mu+1/2}(z)$$

[$\operatorname{Re}\mu$, $\operatorname{Re}(\mu+\nu) > -1$],

$$A^{\nu+2}(\nu,\,\mu,\,\nu) = \frac{a^\mu}{\sqrt{2\pi}\,(bc)^{\mu+1}} (z^2-1)^{-(2\nu+1)/4} \exp\left[-\frac{2\nu+1}{4}\pi i\right] Q_{\mu-1/2}^{\nu+1/2}(z)$$

[$\operatorname{Re}\nu$, $\operatorname{Re}(\mu+\nu) > -1$].

2. $\int\limits_0^\infty x^{\alpha-1} I_\lambda(bx) I_\mu(bx) K_\nu(cx)\,dx = B^\alpha(\lambda,\,\mu,\,\nu)$

$\left[\operatorname{Re}(\alpha+\lambda+\mu) > |\operatorname{Re}\nu|;\ |c| > 2|b|;\ \operatorname{Re} c > 2|\operatorname{Re} b|;\ z = \sqrt{c^2-4b^2}/c\right]$,

$$B^\alpha(\lambda,\,\mu,\,\nu) = \frac{2^{\alpha-2} b^{\lambda+\mu}}{c^{\alpha+\lambda+\mu}} \Gamma\left[\begin{matrix}(\alpha+\lambda+\mu+\nu)/2,\ (\alpha+\lambda+\mu-\nu)/2 \\ \mu+1,\ \lambda+1\end{matrix}\right] \times$$
$$\times {}_4F_3\left(\frac{1+\lambda+\mu}{2},\ 1+\frac{\lambda+\mu}{2},\ \frac{\alpha+\lambda+\mu+\nu}{2},\ \frac{\alpha+\lambda+\mu-\nu}{2};\right.$$
$$\left.\lambda+\mu+1,\ \mu+1,\ \lambda+1;\ \frac{4b^2}{c^2}\right),$$

$$B^1(\mu,\,\mu,\,\nu)=\frac{1}{2c}\,\Gamma\left(\mu+\frac{\nu+1}{2}\right)\Gamma\left(\mu+\frac{1-\nu}{2}\right)[P^{-\mu}_{(\nu-1)/2}(z)]^2 \qquad [|\operatorname{Re}\nu|<2\operatorname{Re}\mu+1],$$

$$B^1(-\mu,\,\mu,\,\nu)=\frac{\pi}{2c}\sec\frac{\nu\pi}{2}\,P^{\mu}_{(\nu-1)/2}(z)P^{-\mu}_{(\nu-1)/2}(z) \qquad [|\operatorname{Re}\nu|<1],$$

$$B^1(0,\,0,\,0)=\frac{2}{\pi c}\mathbf{K}^2\left(\sqrt{\frac{1-z}{2}}\right).$$

3. $$\int\limits_0^\infty x^{\nu+1}\left[I^2_{-\mu}\left(\frac{cx}{2}\right)-I^2_{\mu}\left(\frac{cx}{2}\right)\right]K_\nu(cx)\,dx=\frac{2^{\nu+1}\sin\mu\pi}{\sqrt{\pi}\,c^{\nu+2}}\,\Gamma\left[\begin{matrix}\nu+\mu+1,\,\nu-\mu+1\\ \nu+3/2\end{matrix}\right]$$

$[\operatorname{Re}c>0;\ \operatorname{Re}\nu<-1/2;\ |\operatorname{Re}(\nu+2\mu)|<2+\operatorname{Re}\nu]$.

2.16.43. Интегралы от $x^\alpha J_\lambda(ax^{\pm q})K_\mu(bx^r)K_\nu(cx)$.

1. $$\int\limits_0^\infty x^{\alpha-1}J_\lambda(ax)K_\mu(bx)K_\nu(cx)\,dx=\frac{2^{\alpha-3}a^\lambda}{c^{\alpha+\lambda}\Gamma(\lambda+1)}\,[A(\mu)+A(-\mu)],$$

$$A(\mu)=\left(\frac{b}{c}\right)^\mu\Gamma\left[-\mu,\,\frac{\alpha+\lambda+\mu-\nu}{2},\,\frac{\alpha+\lambda+\mu+\nu}{2}\right]\times$$
$$\times F_4\left(\frac{\alpha+\lambda+\mu-\nu}{2},\,\frac{\alpha+\lambda+\mu+\nu}{2};\,\lambda+1,\,\mu+1;\,-\frac{a^2}{c^2},\,\frac{b^2}{c^2}\right)$$

$[\operatorname{Re}(\alpha+\lambda)>|\operatorname{Re}\mu|+|\operatorname{Re}\nu|;\ \operatorname{Re}(b+c)>|\operatorname{Im}a|]$.

2. $$\int\limits_0^\infty x^{\mu+1}J_\mu(ax)K_\nu(bx)K_\nu(cx)\,dx=A(\mu,\,\nu)$$

$[\operatorname{Re}\mu>|\operatorname{Re}\nu|-1;\ \operatorname{Re}(b+c)>|\operatorname{Im}a|;\ u=(a^2+b^2+c^2)/(2bc)]$,

$$A(\mu,\,\nu)=\frac{\sqrt{\pi}\,a^\mu}{2^{3/2}(bc)^{\mu+1}}\,(u^2-1)^{-(2\mu+1)/4}\Gamma(\mu+\nu+1)\Gamma(\mu-\nu+1)P^{-\mu-1/2}_{\nu-1/2}(u),$$

$$A(0,\,\nu)=\frac{\pi}{4bc\sin\nu\pi}\,(u^2-1)^{-1/2}[(u+\sqrt{u^2-1})^\nu-(u+\sqrt{u^2-1})^{-\nu}] \qquad [|\operatorname{Re}\nu|<1],$$

$$A(0,\,0)=\frac{1}{2bc\sqrt{u^2-1}}\ln(u+\sqrt{u^2-1}),$$

$$A(1,\,0)=\frac{1}{2b^2c(u^2-1)}\left[\frac{u}{\sqrt{u^2-1}}\ln(u+\sqrt{u^2-1})-1\right],$$

$$A(1,\,1)=\frac{a}{2b^2c^2(u^2-1)}\left[u-\frac{1}{\sqrt{u^2-1}}\ln(u+\sqrt{u^2-1})\right].$$

3. $$\int\limits_0^\infty x^{\alpha-1}J_\lambda(ax)K_\mu(cx)K_\nu(cx)\,dx=A^\alpha(\lambda,\,\mu,\,\nu)$$

$\left[\operatorname{Re}(\alpha+\lambda)>|\operatorname{Re}\mu|+|\operatorname{Re}\nu|;\ 2\operatorname{Re}c>|\operatorname{Im}\alpha|;\ k=a/(\sqrt{a^2+4c^2}+2c),\ z=\sqrt{a^2+4c^2}/a\right]$,

$$A^\alpha(\lambda,\,\mu,\,\nu)=\frac{2^{\alpha-3}a^\lambda}{c^{\alpha+\lambda}}\times$$
$$\times\Gamma\left[\begin{matrix}(\alpha+\lambda+\mu+\nu)/2,\,(\alpha+\lambda+\mu-\nu)/2,\,(\alpha+\lambda+\nu-\mu)/2,\,(\alpha+\lambda-\mu-\nu)/2\\ \alpha+\lambda,\,\lambda+1\end{matrix}\right]\times$$
$$\times\,{}_4F_3\left(\frac{\alpha+\lambda+\mu+\nu}{2},\,\frac{\alpha+\lambda+\mu-\nu}{2},\,\frac{\alpha+\lambda+\nu-\mu}{2},\,\frac{\alpha+\lambda-\mu-\nu}{2};\right.$$
$$\left.\frac{\alpha+\lambda}{2},\,\frac{\alpha+\lambda+1}{2},\,\lambda+1;\,-\frac{a^2}{4c^2}\right),$$

$$A^1(\mu,\,\nu,\,\nu)=\frac{e^{2\nu\pi i}}{c}\,\Gamma\left[\begin{matrix}(\mu+1)/2+\nu\\ (\mu+1)/2-\nu\end{matrix}\right][Q^{-\nu}_{(\mu-1)/2}(z)]^2 \qquad [\operatorname{Re}\mu>2|\operatorname{Re}\nu|-1],$$

$$A^2(\mu,\,\nu,\,\nu)=\frac{2e^{2\nu\pi i}}{a^2z}\,\Gamma\begin{bmatrix}1+\nu+\mu/2\\ \mu/2-\nu\end{bmatrix}Q^{-\nu}_{\mu/2}(z)Q^{-\nu}_{\mu/2-1}(z)\qquad[\operatorname{Re}\mu>2|\operatorname{Re}\nu|-2],$$

$$A^2(\mu,\,\nu+1,\,\nu)=\frac{2e^{2\nu\pi i}}{a^2z}\,\Gamma\begin{bmatrix}(\mu+3)/2+\nu\\ (\mu-1)/2-\nu\end{bmatrix}Q^{-\nu}_{(\mu-1)/2}(z)Q^{-\nu-1}_{(\nu-1)/2}(z)$$
$$[\operatorname{Re}\mu,\ \operatorname{Re}(\mu-2\nu)>-1;\ \operatorname{Re}(\mu+2\nu)>-3],$$

$$A^{3/2-\nu}\left(\nu-\frac{1}{2},\,\nu,\,\nu\right)=\frac{\pi a^{2\nu-1}z^{\nu-1/2}}{2^{2\nu+1}c^{\nu+1/2}}\,\Gamma\left(\frac{1}{2}-\nu\right)P_{\nu-1/2}\left(\frac{a^2+8c^2}{4c\sqrt{a^2+4c^2}}\right)\qquad[|\operatorname{Re}\nu|<1/2],$$

$$A^1(0,\,0,\,0)=\frac{4k}{a}\mathbf{K}^2(k),\qquad A^1(1,\,0,\,0)=\frac{1}{a}\ln^2\frac{a+\sqrt{a^2+4c^2}}{2c},$$

$$A^1(2,\,0,\,0)=\frac{4}{ak}\,[\mathbf{K}(k)-\mathbf{E}(k)]^2,$$

$$A^1(4,\,0,\,0)=\frac{4}{9ak^3}\,[(2+k^2)\mathbf{K}(k)-2(1+k^2)\mathbf{E}(k)]^2,$$

$$A^1(2,\,1,\,1)=\frac{a}{12c^2k^3}\,[(1+k^2)\mathbf{E}(k)-(1-k^2)\mathbf{K}(k)]^2,$$

$$A^2(0,\,0,\,0)=\frac{1}{a^2z}\ln\frac{z+1}{z-1},\qquad A^2(1,\,0,\,0)=\frac{4}{a\sqrt{a^2+4c^2}}\mathbf{K}(k)[\mathbf{K}(k)-\mathbf{E}(k)],$$

$$A^2(3,\,0,\,0)=\frac{4}{ak^2\sqrt{u^2+4c^2}}\,[\mathbf{K}(k)-\mathbf{E}(k)][(2+k^2)\mathbf{K}(k)-2(1+k^2)\mathbf{E}(k)],$$

$$A^2(0,\,0,\,1)=\frac{1}{c\sqrt{a^2+4c^2}}\mathbf{K}(k)[2\mathbf{E}(k)-(1-k^2)\mathbf{K}(k)],$$

$$A^2(2,\,0,\,1)=\frac{1}{ck^2\sqrt{a^2+4c^2}}\,[\mathbf{K}(k)-\mathbf{E}(k)][(1+k^2)\mathbf{E}(k)-(1-k^2)\mathbf{K}(k)],$$

$$A^2(4,\,0,\,1)=\frac{1}{3k^4c\sqrt{a^2+4c^2}}\,[(2+k^2)\mathbf{K}(k)-2(1+k^2)\mathbf{E}(k)]\times$$
$$\times[2(1-k^2+k^4)\mathbf{E}(k)-(1-k^2)(2-k^2)\mathbf{K}(k)],$$

$$A^1(1,\,1,\,1)=\frac{a}{4k^2c^2\sqrt{a^2+4c^2}}\,[(1+k^2)\mathbf{E}(k)-(1-k^2)\mathbf{K}(k)][2\mathbf{E}(k)-(1-k^2)\mathbf{K}(k)],$$

$$A^2(2,\,1,\,2)=\frac{a^2}{48k^4c^3\sqrt{a^2+4c^2}}\,[(1+k^2)\mathbf{E}(k)-(1-k^2)\mathbf{K}(k)]\times$$
$$\times[(1+14k^2+k^4)\mathbf{E}(k)-(1-k^2)(1+7k^2)\mathbf{K}(k)],$$

$$A^2(4,\,2,\,3)=\frac{a^4}{26880k^8c^5\sqrt{a^2+4c^2}}\,[(1-k^2)(2-9k^2-k^4)\mathbf{K}(k)-2(1+k^2)(1-6k^2+k^4)\mathbf{E}(k)]\times$$
$$\times[(1-k^2)(2-21k^2-108k^4-6k^6)\mathbf{K}(k)-2(1-11k^2-108k^4-11k^6+k^8)\mathbf{E}(k)].$$

4. $$\int\limits_0^\infty\frac{1}{x^2}\,J_0\left(\frac{a}{x}\right)K_\nu^2(cx)\,dx=-\frac{2\pi}{a}\,K_{2\nu}(2\sqrt{ac}\,)[\sin\nu\pi\,J_{2\nu}(2\sqrt{ac}\,)+\cos\nu\pi\,Y_{2\nu}(2\sqrt{ac}\,)]$$
$$[a,\ \operatorname{Re}c>0;\ |\operatorname{Re}\nu|<1/4].$$

5. $$\int\limits_0^\infty\frac{1}{x^2}\,J_0\left(\frac{a}{x}\right)K_{1/4}^2(cx)\,dx=\frac{\pi}{a\sqrt{2ac}}\exp(-2\sqrt{ac}\,)[\cos2\sqrt{ac}-\sin2\sqrt{ac}\,]\qquad[a,\ \operatorname{Re}c>0].$$

6. $$\int\limits_0^\infty xJ_\mu(ax^2)K_\nu\left(ce^{\pi i/4}x\right)K_\nu\left(ce^{-\pi i/4}x\right)dx=\frac{1}{4c^2}\,\Gamma\left(\frac{\mu+\nu+1}{2}\right)\Gamma\left(\frac{\mu-\nu+1}{2}\right)\times$$
$$\times W_{-\mu/2,\,\nu/2}\left(\frac{ic^2}{2a}\right)W_{-\mu/2,\,\nu/2}\left(-\frac{ic^2}{2a}\right)\qquad[a>0;\ |\arg c|<\pi/4;\ \operatorname{Re}\mu>|\operatorname{Re}\nu|-1].$$

7. $$\int_0^\infty xJ_0(ax^2)K_\nu\left(ce^{\pi i/4}x\right)K_\nu\left(ce^{-\pi i/4}x\right)dx = \frac{\pi^2}{32a}\sec\frac{\nu\pi}{2}H^{(1)}_{\nu/2}\left(\frac{c^2}{4a}\right)H^{(2)}_{\nu/2}\left(\frac{c^2}{4a}\right)$$
$[a>0,\ |\arg c|<\pi/4;\ |\operatorname{Re}\nu|<1]$.

8. $$\int_0^\infty x^{2-\nu}J_{(\nu-1)/2}(ax^2)K_\nu\left(ce^{\pi i/4}x\right)K_\nu\left(ce^{-\pi i/4}x\right)dx = \frac{2^{(\nu-5)/2}\pi^{3/2}a^{\nu-3/2}}{c^\nu}\times$$
$$\times\sec\frac{\nu\pi}{2}\left[\mathbf{H}_{\nu/2}\left(\frac{c^2}{2a}\right)-Y_{\nu/2}\left(\frac{c^2}{2a}\right)\right]$$
$[a>0;\ |\arg c|<\pi/4;\ |\operatorname{Re}\nu|<1]$.

9. $$\int_0^\infty x^{\alpha-1}J_\mu(b\sqrt{x})K_\mu(b\sqrt{x})K_\nu(cx)\,dx =$$
$$= \frac{2^{\alpha-3}}{\mu c^\alpha}\Gamma\left(\frac{\alpha+\nu}{2}\right)\Gamma\left(\frac{\alpha-\nu}{2}\right){}_2F_3\left(\frac{\alpha+\nu}{2},\ \frac{\alpha-\nu}{2};\ \frac{1}{2},\ 1-\frac{\mu}{2},\ 1+\frac{\mu}{2};\ -\frac{b^4}{16c^2}\right)-$$
$$-\frac{2^{\alpha-3}b^2}{c^{\alpha+1}(\mu^2-1)}\Gamma\left(\frac{\alpha+\nu+1}{2}\right)\Gamma\left(\frac{\alpha-\nu+1}{2}\right)\times$$
$$\times{}_2F_3\left(\frac{\alpha+\nu+1}{2},\ \frac{\alpha-\nu+1}{2};\ \frac{3}{2},\ \frac{3-\mu}{2},\ \frac{3+\mu}{2};\ -\frac{b^4}{16c^2}\right)+$$
$$+\frac{2^{\alpha-\mu-3}b^{2\mu}}{c^{\alpha+\mu}}\Gamma\left[\begin{matrix}-\mu,\ (\alpha+\mu+\nu)/2,\ (\alpha+\mu-\nu)/2\\ 1+\mu\end{matrix}\right]\times$$
$$\times{}_2F_3\left(\frac{\alpha+\mu+\nu}{2},\ \frac{\alpha+\mu-\nu}{2};\ 1+\frac{\mu}{2},\ \frac{1+\mu}{2},\ 1+\mu;\ -\frac{b^4}{16c^2}\right)$$
$[\operatorname{Re}(\alpha+\nu),\ \operatorname{Re}(\alpha+\mu+\nu),\ \operatorname{Re}c>0]$.

10. $$\int_0^\infty x^\nu J_{2\nu-1}(b\sqrt{x})K_{2\nu-1}(b\sqrt{x})K_\nu(cx)\,dx =$$
$$= 2^{-\nu-2}\pi^{3/2}b^{2\nu-1}c^{-2\nu-1/2}\operatorname{cosec}\nu\pi\left[\mathbf{H}_{1/2-\nu}\left(\frac{b^2}{2c}\right)-Y_{1/2-\nu}\left(\frac{b^2}{2c}\right)\right]$$
$[\operatorname{Re}c,\ \operatorname{Re}\nu>0]$.

2.16.44. Интегралы, содержащие $x^\alpha Y_\lambda(ax^{\pm q})K_\mu(bx^r)K_\nu(cx)$.

1. $$\int_0^\infty\frac{1}{x^2}Y_0\left(\frac{a}{x}\right)K_\nu^2(cx)\,dx = \frac{2\pi}{a}K_{2\nu}(2\sqrt{ac})\left[\cos\nu\pi J_{2\nu}(2\sqrt{ac})-\sin\nu\pi Y_{2\nu}(2\sqrt{ac})\right]$$
$[a,\ \operatorname{Re}c>0;\ |\operatorname{Re}\nu|<1/4]$.

2. $$\int_0^\infty\left[\sin\frac{\mu-\nu}{2}\pi J_\nu(b\sqrt{x})+\cos\frac{\mu-\nu}{2}\pi Y_\mu(b\sqrt{x})\right]K_\mu(b\sqrt{x})K_\nu(cx)\,dx = I_\nu$$
$[\operatorname{Re}c>0;\ |\operatorname{Re}(\mu+\nu)|<1]$,

$$I_\nu = -\frac{1}{2b^2}\Gamma\left(\frac{1+\mu-\nu}{2}\right)\Gamma\left(\frac{1-\mu-\nu}{2}\right)W_{\nu/2,\,\mu/2}\left(\frac{ib^2}{2c}\right)W_{\nu/2,\,\mu/2}\left(-\frac{ib^2}{2c}\right),$$
$$I_0 = -\frac{\pi^2}{16c}\sec\frac{\mu\pi}{2}H^{(1)}_{\mu/2}\left(\frac{b^2}{4c}\right)H^{(2)}_{\mu/2}\left(\frac{b^2}{4c}\right).$$

2.16.45. Интегралы от $x^\alpha I_\lambda(ax)K_\mu(bx)K_\nu(cx)$.

1. $$\int_0^\infty I_\mu(bx)K_\mu(bx)K_\nu(cx)\,dx = -\frac{\pi}{4b\sin\nu\pi}\left[P^{-\nu/2}_{\mu-1/2}(z)Q^{\nu/2}_{\mu-1/2}(z)-P^{\nu/2}_{\mu-1/2}(z)Q^{-\nu/2}_{\mu-1/2}(z)\right]$$
$\left[0<c<2b;\ z=\sqrt{4b^2-c^2}/(2b);\ |\operatorname{Re}\nu|<1;\ 2\operatorname{Re}\mu>|\operatorname{Re}\nu|-1\right]$.

2. $$= \frac{\pi}{4c}\sec\mu\pi\sec\frac{\nu\pi}{2}P^{-\mu}_{-(\nu+1)/2}(\zeta)\Big[Q^{\mu}_{-(\nu+1)/2}(\zeta)+Q^{\mu}_{(\nu-1)/2}(\zeta)\Big]$$
$$\Big[0<2b<c;\ \zeta=\sqrt{c^2-4b^2}\,/c;\ |\operatorname{Re}\nu|<1;\ 2\operatorname{Re}\mu>|\operatorname{Re}\nu|-1\Big].$$

3. $$\int_0^\infty I_0(bx)K_0(bx)K_0(cx)\,dx=\frac{1}{c}\mathbf{K}\left(\sqrt{\frac{c-\sqrt{c^2-4b^2}}{2c}}\right)\mathbf{K}\left(\sqrt{\frac{c+\sqrt{c^2-4b^2}}{2c}}\right)$$
$$[0<2b<c].$$

4. $$\int_0^\infty x^{\alpha-1}I_\lambda(bx)K_\mu(bx)K_\nu(cx)\,dx=$$
$$=2^{\alpha-3}b^{\lambda+\mu}c^{-\alpha-\lambda-\mu}\Gamma\left[\begin{matrix}-\mu, & (\alpha+\lambda+\mu+\nu)/2, & (\alpha+\lambda+\mu-\nu)/2\\ 1+\lambda\end{matrix}\right]\times$$
$$\times{}_4F_3\Big(\frac{1+\lambda+\mu}{2},\,1+\frac{\lambda+\mu}{2},\,\frac{\alpha+\lambda+\mu+\nu}{2},\,\frac{\alpha+\lambda+\mu-\nu}{2};\,1+\lambda,\,1+\mu,$$
$$1+\lambda+\mu;\,\frac{4b^2}{c^2}\Big)+2^{\alpha-3}b^{\lambda-\mu}c^{\mu-\lambda-\alpha}\Gamma\left[\begin{matrix}\mu, & (\alpha+\lambda+\nu-\mu)/2, & (\alpha+\lambda-\mu-\nu)/2\\ 1+\lambda\end{matrix}\right]\times$$
$$\times{}_4F_3\Big(\frac{1+\lambda-\mu}{2},\,1+\frac{\lambda-\mu}{2},\,\frac{\alpha+\lambda+\nu-\mu}{2},\,\frac{\alpha+\lambda-\mu-\nu}{2};\,1-\mu,\,1+\lambda-\mu,$$
$$1+\lambda;\,\frac{4b^2}{c^2}\Big)\qquad[\operatorname{Re}c>0;\ \operatorname{Re}(\alpha+\lambda)>|\operatorname{Re}\mu|+|\operatorname{Re}\nu|].$$

5. $$\int_0^\infty x^{-1/2}I_\mu(bx)K_\mu(bx)K_\nu(2bx)\,dx=$$
$$=\frac{1}{4\sqrt{b}}\Gamma\left[\begin{matrix}(1+2\nu)/4, & (1-2\nu)/4, & (1+2\nu)/4+\mu, & (1-2\nu)/4+\mu\\ (3+2\nu)/4+\mu, & (3-2\nu)/4+\mu\end{matrix}\right]$$
$$[\operatorname{Re}b>0;\ |\operatorname{Re}\nu|<1/2,\ 2\operatorname{Re}\mu+1/2].$$

6. $$\int_0^\infty x^{\alpha-1}I_\lambda(ax)K_\mu(cx)K_\nu(cx)\,dx=\frac{2^{\alpha-3}a^\lambda}{c^{\alpha+\lambda}}\times$$
$$\times\Gamma\left[\begin{matrix}(\alpha+\lambda+\mu+\nu)/2, & (\alpha+\lambda+\mu-\nu)/2, & (\alpha+\lambda+\nu-\mu)/2, & (\alpha+\lambda-\mu-\nu)/2\\ \alpha+\lambda,\ \lambda+1\end{matrix}\right]\times$$
$$\times{}_4F_3\Big(\frac{\alpha+\lambda+\mu+\nu}{2},\,\frac{\alpha+\lambda+\mu-\nu}{2},\,\frac{\alpha+\lambda+\nu-\mu}{2},\,\frac{\alpha+\lambda-\mu-\nu}{2};$$
$$\frac{\alpha+\lambda}{2},\,\frac{\alpha+\lambda+1}{2},\,\lambda+1;\,\frac{a^2}{4c^2}\Big)\qquad[\operatorname{Re}(\alpha+\lambda)>|\operatorname{Re}\mu|+|\operatorname{Re}\nu|;\ 2\operatorname{Re}c>|\operatorname{Re}a|].$$

2.16.46. Интегралы от $x^\alpha K_\lambda(ax^{\pm1})K_\mu(bx^{\pm1})K_\nu(cx)$.

1. $$\int_0^\infty x^{\alpha-1}K_\lambda(ax)K_\mu(bx)K_\nu(cx)\,dx=\frac{2^{\alpha-4}}{c^\alpha}[A(\lambda,\,\mu)+A(\lambda,\,-\mu)+A(-\lambda,\,\mu)+A(-\lambda,\,-\mu)],$$

$$A(\lambda,\,\mu)=\Big(\frac{a}{c}\Big)^\lambda\Big(\frac{b}{c}\Big)^\mu\Gamma\Big[-\lambda,\,-\mu,\,\frac{\alpha+\lambda+\mu-\nu}{2},\,\frac{\alpha+\lambda+\mu+\nu}{2}\Big]\times$$
$$\times F_4\Big(\frac{\alpha+\lambda+\mu-\nu}{2},\,\frac{\alpha+\lambda+\mu+\nu}{2};\,\lambda+1,\,\mu+1;\,\frac{a^2}{c^2},\,\frac{b^2}{c^2}\Big)$$
$$[\operatorname{Re}\alpha>|\operatorname{Re}\lambda|+|\operatorname{Re}\mu|+|\operatorname{Re}\nu|;\ \operatorname{Re}(a+b+c)>0].$$

2. $$\int_0^\infty K_\mu^2(bx)K_\nu(cx)\,dx = \frac{\pi^2}{16b}\sec\mu\pi\sec^2\frac{\nu\pi}{2}\times$$
$$\times\left\{P_{\mu-1/2}^{\nu/2}(z)\left[Q_{\mu-1/2}^{-\nu/2}(z)+Q_{-\mu-1/2}^{-\nu/2}(z)\right]+P_{\mu-1/2}^{-\nu/2}(z)\left[Q_{\mu-1/2}^{\nu/2}(z)+Q_{-\mu-1/2}^{\nu/2}(z)\right]\right\}$$
$$\left[0<c<2b;\ z=\sqrt{4b^2-c^2}\,/(2b);\ |\operatorname{Re}\nu|<1;\ |\operatorname{Re}\mu|<1/2\right].$$

3. $$= \frac{\pi^2}{4c}\sec\frac{\nu\pi}{2}\operatorname{cosec}2\mu\pi\times$$
$$\times\left\{P_{-(\nu+1)/2}^{\mu}(\zeta)\left[Q_{-(\nu+1)/2}^{-\mu}(\zeta)+Q_{(\nu-1)/2}^{-\mu}(\zeta)\right]+P_{-(\nu+1)/2}^{-\mu}(z)\left[Q_{-(\nu+1)/2}^{\mu}(\zeta)+Q_{(\nu-1)/2}^{\mu}(\zeta)\right]\right\}$$
$$\left[0<2b<c;\ \zeta=\sqrt{c^2-4b^2}\,/c;\ |\operatorname{Re}\nu|<1;\ |\operatorname{Re}\mu|<1/2\right].$$

4. $$\int_0^\infty K_0^2(bx)K_0(cx)\,dx = \frac{\pi}{2b}\mathbf{K}\left(\sqrt{\frac{2b-\sqrt{4b^2-c^2}}{4b}}\right)\mathbf{K}\left(\sqrt{\frac{2b+\sqrt{4b^2-c^2}}{4b}}\right)\qquad [0<c<2b].$$

5. $$= \frac{\pi}{2c}\left[\mathbf{K}^2\left(\sqrt{\frac{c-\sqrt{c^2-4b^2}}{2c}}\right)+\mathbf{K}^2\left(\sqrt{\frac{c+\sqrt{c^2-4b^2}}{2c}}\right)\right]\qquad [0<2b<c].$$

6. $$\int_0^\infty x^{\alpha-1}K_\lambda(bx)K_\mu(bx)K_\nu(cx)\,dx = 2^{\alpha-4}b^{\nu-\alpha}c^{-\nu}\times$$
$$\times\Gamma\left[\begin{matrix}\nu,\ (\alpha+\lambda+\mu-\nu)/2,\ (\alpha+\mu-\lambda-\nu)/2,\ (\alpha+\lambda-\mu-\nu)/2,\ (\alpha-\lambda-\mu-\nu)/2\\ \alpha-\nu\end{matrix}\right]\times$$
$$\times\,{}_4F_3\left(\frac{\alpha+\lambda+\mu-\nu}{2},\ \frac{\alpha+\mu-\lambda-\nu}{2},\ \frac{\alpha+\lambda-\mu-\nu}{2},\right.$$
$$\left.\frac{\alpha-\lambda-\mu-\nu}{2};\ 1-\nu,\ \frac{\alpha-\nu}{2},\ \frac{1+\alpha-\nu}{2};\ \frac{c^2}{4b^2}\right)+2^{\alpha-4}b^{-\nu-\alpha}c^{\nu}\times$$
$$\times\Gamma\left[\begin{matrix}-\nu,\ (\alpha+\lambda+\mu+\nu)/2,\ (\alpha+\mu+\nu-\lambda)/2,\ (\alpha+\lambda+\nu-\mu)/2,\ (\alpha+\nu-\lambda-\mu)/2\\ \alpha+\nu\end{matrix}\right]\times$$
$$\times\,{}_4F_3\left(\frac{\alpha+\lambda+\mu+\nu}{2},\ \frac{\alpha+\mu+\nu-\lambda}{2},\ \frac{\alpha+\lambda+\nu-\mu}{2},\ \frac{\alpha+\nu-\lambda-\mu}{2};\right.$$
$$\left.1+\nu,\ \frac{\alpha+\nu}{2},\ \frac{1+\alpha+\nu}{2};\ \frac{c^2}{4b^2}\right)\qquad [\operatorname{Re}\alpha>|\operatorname{Re}\lambda|+|\operatorname{Re}\mu|+|\operatorname{Re}\nu|;\ \operatorname{Re}(2b+c)>0].$$

7. $$\int_0^\infty K_\mu^2\left(\frac{b}{x}\right)K_0(cx)\,dx = \frac{2\pi}{c}\,K_{2\mu}\left(2e^{\pi i/4}\sqrt{bc}\right)K_{2\mu}\left(2e^{-\pi i/4}\sqrt{bc}\right)\qquad [\operatorname{Re}b,\ \operatorname{Re}c>0].$$

2.16.47. Интегралы, содержащие четыре и более функций $J_\mu(bx)$ и $K_\nu(cx)$.

1. $$\int_0^\infty x^{2\nu+1}J_\nu(bx)J_\nu(cx)K_\nu(bx)K_\nu(cx)\,dx =$$
$$= \frac{2^{\nu-3}b^{2\nu}}{\sqrt{\pi}\,c^{4\nu+2}}\Gamma\left[\begin{matrix}(\nu+1)/2, & \nu+1/2, & (3\nu+1)/2\\ \nu+1\end{matrix}\right]{}_2F_1\left(\nu+\frac{1}{2},\ \frac{3\nu+1}{2};\ 2\nu+1;\ 1-\frac{b^4}{c^4}\right)$$
$$[0<b<c,\ \operatorname{Re}\nu>-1/3].$$

2. $$\int_0^\infty xJ_0(bx)J_0(cx)K_0(bx)K_0(cx)\,dx = \frac{\pi}{4c^2}\mathbf{K}\left(\frac{\sqrt{c^4-b^4}}{c^2}\right) = \frac{1}{2(b^2+c^2)}\mathbf{K}\left(\frac{c^2-b^2}{c^2+b^2}\right)$$
$$[0<b<c].$$

3. $\int_0^\infty x J_0^2(bx) K_0^2(cx)\,dx = \frac{1}{2bc}\operatorname{arctg}\frac{b}{c}$ $[b,\ \operatorname{Re} c > 0]$.

4. $$\int_0^\infty x^{\alpha-1}\prod_{j=1}^n J_{\mu_j}(b_j x) K_\nu(cx)\,dx = 2^{\alpha-2}c^{-\alpha-\lambda}\Gamma\left(\frac{\alpha+\lambda-\nu}{2}\right)\Gamma\left(\frac{\alpha+\lambda+\nu}{2}\right)\times$$
$$\times\prod_{j=1}^n \frac{b_j^{\mu_j}}{\Gamma(\mu_j+1)} F_C^{(n)}\left(\frac{\alpha+\lambda-\nu}{2}, \frac{\alpha+\lambda+\nu}{2};\ \mu_1+1, \ldots, \mu_n+1;\ -\frac{b_1^2}{c^2}, \ldots, -\frac{b_n^2}{c^2}\right)$$
$$\left[\lambda = \sum_{j=1}^n \mu_j;\ \operatorname{Re}(\alpha+\lambda) > |\operatorname{Re}\nu|;\ \operatorname{Re} c > \sum_{j=1}^n |\operatorname{Im} b_j|\right].$$

2.16.48. Интегралы по индексу от произведений $K_{ix}(c)$ на элементарные функции.
Условие: $c > 0$.

1. $\int_0^\infty K_{ix}(c)\,dx = \frac{\pi}{2}e^{-c}$. **2.** $\int_0^\infty x^{2n}K_{ix}(c)\,dx = (-1)^n\frac{\pi}{2}\left[\frac{\partial^{2n}}{\partial z^{2n}} e^{-c\operatorname{ch} z}\right]_{z=0}$.

3. $\int_0^\infty \frac{K_{ix}(c)}{x^2+z^2}\,dx = \frac{\pi}{2z}\int_0^\infty e^{-c\operatorname{ch} t - zt}\,dt$. **4.** $\int_0^\infty \frac{K_{ix}(c)}{\sqrt{x^2+z^2}}\,dx = \int_0^\infty e^{-c\operatorname{ch} t}K_0(zt)\,dt$.

5. $\int_0^\infty e^{-px}K_{ix}(c)\,dx = p\int_0^\infty \frac{e^{-c\operatorname{ch} t}}{p^2+t^2}\,dt$ $[\operatorname{Re} p > -\pi/2]$.

6. $\int_0^\infty \operatorname{ch}\frac{\pi x}{2} K_{ix}(c)\,dx = \frac{\pi}{2}$.

7. $\int_0^\infty \frac{1}{\operatorname{ch}(\pi x/2)} K_{ix}(c)\,dx = -\frac{\pi c}{2}[K_0(c)\mathbf{L}_{-1}(c) + K_1(c)\mathbf{L}_0(c)]$.

8. $\int_0^\infty \frac{x^2}{\operatorname{ch}\pi x} K_{ix}(c)\,dx = -\frac{e^{-c}}{2}\left[\sqrt{\frac{\pi c}{2}} - \pi c e^{2c}\operatorname{erfc}(\sqrt{2c})\right]$.

9. $$\int_0^\infty \begin{Bmatrix} \operatorname{sh} ax \operatorname{sh} bx \\ \operatorname{ch} ax \operatorname{ch} bx \end{Bmatrix} K_{ix}(c)\,dx = \frac{\pi}{2}e^{-c\cos a\cos b}\begin{Bmatrix} \operatorname{sh}(c\sin a\sin b) \\ \operatorname{ch}(c\sin a\sin b) \end{Bmatrix}$$ $[\operatorname{Re} a + \operatorname{Re} b \leqslant \pi/2]$.

10. $\int_0^\infty \frac{\operatorname{sh} ax}{\operatorname{sh}\pi x} K_{ix}(c)\,dx = \frac{\sin a}{2}\int_0^\infty e^{-t\cos a}K_0(c+t)\,dt$ $[\operatorname{Re} a < \pi/2]$.

11. $\int_0^\infty \frac{\operatorname{sh} ax}{\operatorname{sh}(\pi x/2)} K_{ix}(c)\,dx = \sin a\int_0^\infty e^{-t\cos a}K_0(\sqrt{c^2+t^2})\,dt$ $[\operatorname{Re} a \leqslant \pi]$.

12. $\int_0^\infty \frac{\operatorname{ch} ax}{\operatorname{ch}\pi x} K_{ix}(c)\,dx = \frac{\pi}{2}e^{c\cos a}\operatorname{erfc}\left(\sqrt{2c}\left|\cos\frac{a}{2}\right|\right)$ $[\operatorname{Re} a \leqslant 3\pi/2]$.

13. $\int_0^\infty \frac{\operatorname{ch} ax}{\operatorname{ch}(\pi x/2)} K_{ix}(c)\,dx = c\int_0^\infty (c^2+t^2)^{-1/2}e^{-t\cos a}K_1(\sqrt{c^2+t^2})\,dt$ $[\operatorname{Re} a \leqslant \pi]$.

14. $\displaystyle\int_0^\infty x\,\mathrm{th}\,\frac{\pi x}{2}\,K_{ix}(c)\,dx = cK_0(c).$

15. $\displaystyle\int_0^\infty \mathrm{sh}\,ax\,\mathrm{th}\,\pi x K_{ix}(c)\,dx = \frac{\pi}{2}\,e^{-c\cos a}\,\mathrm{erf}\left(\sqrt{2c}\,\sin\frac{a}{2}\right)$ $[\mathrm{Re}\,a \leqslant \pi/2]$.

16. $\displaystyle\int_0^\infty \frac{1}{\mathrm{ch}\,\pi x}\left\{\begin{matrix}\mathrm{sh}\,ax\,\mathrm{sh}\,bx\\ \mathrm{ch}\,ax\,\mathrm{ch}\,bx\end{matrix}\right\}K_{ix}(c)\,dx = \frac{\pi}{4}\left[e^{c\cos(a+b)}\,\mathrm{erfc}\left(\sqrt{2c}\left|\cos\frac{a+b}{2}\right|\right) \mp\right.$

$\displaystyle\left.\mp e^{c\cos(a-b)}\,\mathrm{erfc}\left(\sqrt{2c}\left|\cos\frac{a-b}{2}\right|\right)\right]$ $[|\mathrm{Re}\,a| + |\mathrm{Re}\,b| \leqslant 3\pi/2]$.

17. $\displaystyle\int_0^\infty \frac{\mathrm{sh}\,\pi x\,\mathrm{ch}\,ax}{\mathrm{sh}\,bx}\,K_{ix}(c)\,dx = \frac{\pi^2}{2b}\,I_0(c) + \frac{\pi^2}{b}\sum_{k=1}^\infty(-1)^k I_{k\pi/b}(c)\cos\frac{ka\pi}{b}$

$[|\mathrm{Re}\,b| - |\mathrm{Re}\,a| \geqslant \pi/2]$.

18. $\displaystyle\int_0^\infty \frac{\mathrm{sh}\,ax\,\mathrm{th}\,\pi x}{\mathrm{sh}\,bx}\,K_{ix}(c)\,dx = \frac{\pi}{4}\left[e^{-c\cos(a+b)}\,\mathrm{erf}\left(\sqrt{2c}\,\sin\frac{a+b}{2}\right) +\right.$

$\displaystyle\left.+\,e^{-c\cos(a-b)}\,\mathrm{erf}\left(\sqrt{2c}\,\sin\frac{a-b}{2}\right)\right]$ $[|\mathrm{Re}\,a| - |\mathrm{Re}\,b| \leqslant \pi/2]$.

19. $\displaystyle\int_0^\infty \left\{\begin{matrix}x\sin bx\\ \cos bx\end{matrix}\right\}K_{ix}(c)\,dx = \frac{\pi}{2}\left\{\begin{matrix}c\,\mathrm{sh}\,b\\ 1\end{matrix}\right\}e^{-c\,\mathrm{ch}\,b}$ $[|\mathrm{Im}\,b| < \pi/2]$.

20. $\displaystyle\int_0^\infty \left\{\begin{matrix}\mathrm{sh}\,ax\sin bx\\ \mathrm{ch}\,ax\cos bx\end{matrix}\right\}K_{ix}(c)\,dx = \frac{\pi}{2}\,e^{-c\cos a\,\mathrm{ch}\,b}\left\{\begin{matrix}\sin(c\sin a\,\mathrm{sh}\,b)\\ \cos(c\sin a\,\mathrm{sh}\,b)\end{matrix}\right\}$

$[|\mathrm{Re}\,a| + |\mathrm{Im}\,b| < \pi/2]$.

21. $\displaystyle\int_0^\infty \mathrm{th}\,\pi x\sin bx K_{ix}(c)\,dx = \frac{\pi}{2}\,e^{-c\,\mathrm{ch}\,b}\,\mathrm{erfi}\left(\sqrt{2c}\,\mathrm{sh}\,\frac{b}{2}\right)$ $[|\mathrm{Im}\,b| \leqslant \pi/2]$.

2.16.49. Интегралы по индексу от произведений $K_{ix}(c)$ на специальные функции.

Условие: $b,\ c > 0$.

1. $\displaystyle\int_0^\infty x\,\mathrm{sh}\,\pi x\left|\Gamma\left(\nu + \frac{ix}{2}\right)\right|^2 K_{ix}(c)\,dx = 2^{1-2\nu}\pi^2 c^{2\nu}$ $[0 \leqslant \mathrm{Re}\,\nu \leqslant 1/4]$.

2. $\displaystyle\int_0^\infty x\,\mathrm{sh}\,\pi x\left|\Gamma\left(\nu + \frac{ix}{2}\right)\Gamma\left(\frac{1}{2} - \nu + \frac{ix}{2}\right)\right|^2 K_{ix}(c)\,dx = 2^{3/2}\pi^{5/2}\sqrt{c}\,K_{1/2-2\nu}(c).$

3. $\displaystyle\int_0^\infty [\mathrm{Re}\,J_{ix}(b)]K_{ix}(c)\,dx = \frac{\pi}{2}\left\{\begin{matrix}1\\ 0\end{matrix}\right\}J_0(\sqrt{b^2 - c^2}\,)$ $\left[\left\{\begin{matrix}0 < c < b\\ 0 < b < c\end{matrix}\right\}\right]$.

4. $\displaystyle\int_0^\infty \left\{\begin{matrix}\sin ax\,\mathrm{Im}\,J_{ix}(b)\\ \cos ax\,\mathrm{Re}\,J_{ix}(b)\end{matrix}\right\}K_{ix}(c)\,dx = I$ $\left[b \ne c;\ z_\pm = \sqrt{b^2 - c^2 \pm 2bc\,\mathrm{sh}\,a}\,\right]$,

$\displaystyle I = \frac{\pi}{4}\,[J_0(z_-) \mp J_0(z_+)]$ $[c < b;\ 2bc\,\mathrm{sh}\,a < b^2 - c^2]$,

$I = 0$ $[c > b;\ 2bc\,\mathrm{sh}\,a < c^2 - b^2]$,

$\displaystyle I = \mp\frac{\pi}{4}\,J_0(z_+)$ $[2bc\,\mathrm{sh}\,a > |b^2 - c^2|]$.

5. $$\int_0^\infty x\,\mathrm{Im}\,[J_{\nu+ix/2}(b)Y_{\nu-ix/2}(b)]K_{ix}(c)\,dx = 2^{2\nu}b^{2\nu}(4b^2+c^2)^{-1/2}(c+\sqrt{4b^2+c^2}\,)^{-2\nu}.$$

6. $$\int_0^\infty x\,\mathrm{sh}\,\frac{\pi x}{2}\,\mathrm{Re}\,[J_{ix/2}(b)Y_{-ix/2}(a)]K_{ix}(c)\,dx = -\begin{Bmatrix}1\\0\end{Bmatrix}\frac{c}{\sqrt{4ab-c^2}}\cos\left(\frac{a+b}{2\sqrt{ab}}\sqrt{4ab-c^2}\right)$$
$$\left[\begin{Bmatrix}0<c<2\sqrt{ab}\\ c>2\sqrt{ab}\end{Bmatrix}\right].$$

7. $$\int_0^\infty x\,\mathrm{sh}\,\frac{\pi x}{2}\left[J_{ix/2}(a)\begin{Bmatrix}J_{ix/2}(b)\\Y_{ix/2}(b)\end{Bmatrix}\pm Y_{ix/2}(a)\begin{Bmatrix}Y_{ix/2}(b)\\J_{ix/2}(b)\end{Bmatrix}\right]K_{ix}(c)\,dx =$$
$$= \frac{2c}{\sqrt{c^2+4ab}}\begin{Bmatrix}\cos\varphi\\ \sin\varphi\end{Bmatrix}\qquad \left[\varphi=(b-a)\sqrt{c^2+4ab}\,/(2\sqrt{ab}\,)\right].$$

8. $$\int_0^\infty \frac{1}{\mathrm{sh}\,(\pi x/2)}\,\mathrm{Im}\,[J_{ix/2}(b)Y_{-ix/2}(b)]K_{ix}(c)\,dx =$$
$$= \frac{1}{\pi}K_0\left(\frac{c+\sqrt{c^2-4b^2}}{2}\right)K_0\left(\frac{c-\sqrt{c^2-4b^2}}{2}\right).$$

9. $$\int_0^\infty \frac{x}{\mathrm{ch}\,\pi x}\,\mathrm{Im}\,[J_{ix}(b)Y_{-ix}(b)]K_{ix}(c)\,dx = \frac{1}{2}\exp\left(\frac{b^2}{2c}-c\right)\mathrm{erfc}\left(\frac{b}{\sqrt{2c}}\right).$$

10. $$\int_0^\infty [J^2_{ix/2}(b)+Y^2_{ix/2}(b)]K_{ix}(c)\,dx = \int_0^\infty H^{(1)}_{ix/2}(b)H^{(2)}_{ix/2}(b)K_{ix}(c)\,dx =$$
$$= \frac{2}{\pi}K_0\left(\frac{c+\sqrt{c^2-4b^2}}{2}\right)K_0\left(\frac{c-\sqrt{c^2-4b^2}}{2}\right).$$

11. $$\int_0^\infty x\,\mathrm{sh}\,\frac{\pi x}{2}\,[J^2_{ix/2}(b)+Y^2_{ix/2}(b)]K_{ix}(c)\,dx =$$
$$= \int_0^\infty x\,\mathrm{sh}\,\frac{\pi x}{2}\,H^{(1)}_{ix/2}(b)H^{(2)}_{ix/2}(b)K_{ix}(c)\,dx = \frac{2c}{\sqrt{4b^2+c^2}}.$$

12. $$\int_0^\infty x\,\mathrm{th}\,\pi x[J^2_{ix}(b)+Y^2_{ix}(b)]K_{ix}(c)\,dx =$$
$$= \int_0^\infty x\,\mathrm{th}\,\pi x\,H^{(1)}_{ix}(b)H^{(2)}_{ix}(b)K_{ix}(c)\,dx = \exp\left(\frac{b^2}{2c}-c\right)\mathrm{erfc}\left(\frac{b}{\sqrt{2c}}\right).$$

13. $$\int_0^\infty x\,\mathrm{Im}\,[I_{ix/2}(a)I_{ix/2}(b)]K_{ix}(c)\,dx = -\begin{Bmatrix}1\\0\end{Bmatrix}\frac{c}{\sqrt{4ab-c^2}}\,\mathrm{ch}\left(\frac{a-b}{s\sqrt{ab}}\sqrt{4ab-c^2}\right)$$
$$\left[\begin{Bmatrix}0<c<2\sqrt{ab}\\ c>2\sqrt{ab}\end{Bmatrix}\right].$$

14. $$\int_0^\infty x\,\mathrm{th}\,\pi x\,\mathrm{Re}\,[D_{ix-1/2}(b)D_{-ix-1/2}(-b)]K_{ix}(c)\,dx = \frac{\pi\sqrt{c}}{2}\cos(b\sqrt{2c}\,).$$

2.16.50. Интегралы по индексу от произведений $\left\{\begin{matrix}\operatorname{Re} K_{\nu+ix}(c)\\ \operatorname{Im} K_{\nu+ix}(c)\end{matrix}\right\}$ на элементарные функции.

Условие: $c > 0$.

1. $$\int\limits_0^\infty \left\{\begin{matrix}\operatorname{Re} K_{1/2+ix}(c)\\ x\operatorname{Im} K_{1/2+ix}(c)\end{matrix}\right\} dx = \frac{\pi}{2^{(3\mp 1)/2}}\, e^{-c}.$$

2. $$\int\limits_0^\infty \frac{1}{x^2+1/4}\left\{\begin{matrix}\operatorname{Re} K_{1/2+ix}(c)\\ x\operatorname{Im} K_{1/2+ix}(c)\end{matrix}\right\} dx = \frac{\pi}{2^{(3\mp 1)/2}}\left[K_0(c)\pm K_1(c)\mp\frac{e^{-c}}{c}\right].$$

3. $$\int\limits_0^\infty \frac{x}{\operatorname{sh}\pi x}\operatorname{Re} K_{1/2+ix}(c)\, dx = \frac{\pi}{4}\, e^{c}\operatorname{erfc}(\sqrt{2c}\,).$$

4. $$\int\limits_0^\infty \left\{\begin{matrix}\operatorname{ch} bx\operatorname{Re} K_{1/2+ix}(c)\\ \operatorname{sh} bx\operatorname{Im} K_{1/2+ix}(c)\end{matrix}\right\} dx = \frac{\pi}{2}\left\{\begin{matrix}\cos(b/2)\\ \sin(b/2)\end{matrix}\right\} e^{-c\cos b} \qquad [0 < b < \pi/2].$$

5. $$\int\limits_0^\infty \left\{\begin{matrix}\operatorname{sech}\pi x\operatorname{Re} K_{1/2+ix}(c)\\ \operatorname{th}\pi x\operatorname{Im} K_{1/2+ix}(c)\end{matrix}\right\} dx = \frac{1}{2}\, K_0(c).$$

6. $$\int\limits_0^\infty \frac{1}{\operatorname{ch}(\pi x/2)}\operatorname{Re} K_{1/2+ix}(c)\, dx = \frac{\pi}{\sqrt{2}}\operatorname{erfc}(\sqrt{c}\,).$$

7. $$\int\limits_0^\infty \frac{\operatorname{sh} bx}{\operatorname{sh}\pi x}\operatorname{Re} K_{1/2+ix}(c)\, dx = \frac{\pi}{2}\sin\frac{b}{2}\, e^{c\cos b}\operatorname{erfc}\left(\sqrt{2c}\,\cos\frac{b}{2}\right) \qquad [0 \leqslant b \leqslant \pi].$$

8. $$\int\limits_0^\infty \frac{1}{\operatorname{ch} 2\pi x+\cos 2\pi\nu}\left\{\begin{matrix}\operatorname{ch}\pi x\operatorname{Re} K_{1/2+ix}(c)\\ \operatorname{sh} 2\pi x\operatorname{Im} K_{1/2+ix}(c)\end{matrix}\right\} dx = \frac{1}{4}\left\{\begin{matrix}\sec\nu\pi\\ 2\end{matrix}\right\} K_\nu(c) \qquad [\,|\operatorname{Re}\nu| < 1/2].$$

9. $$\int\limits_0^\infty \operatorname{cth}\pi x\left\{\begin{matrix}x\operatorname{Re} K_{1/2+ix}(c)\\ x^2\operatorname{Im} K_{1/2+ix}(c)\end{matrix}\right\} dx = \sqrt{\frac{\pi c}{2}}\, e^{-c}.$$

10. $$\int\limits_0^\infty \left\{\begin{matrix}\cos bx\operatorname{Re} K_{1/2+ix}(c)\\ \sin bx\operatorname{Im} K_{1/2+ix}(c)\end{matrix}\right\} dx = \frac{\pi}{2}\left\{\begin{matrix}\operatorname{ch}(b/2)\\ \operatorname{sh}(b/2)\end{matrix}\right\} e^{-c\operatorname{ch} b} \qquad [\,|\operatorname{Im} b| < \pi/2].$$

11. $$\int\limits_0^\infty \cos bx\operatorname{Re} K_{\nu-ix}(c)\, dx = \frac{\pi}{2}\, e^{-c\operatorname{ch} b}\operatorname{ch}\nu b \qquad [b > 0].$$

2.16.51. Интегралы по индексу от произведений $\left\{\begin{matrix}\operatorname{Re} K_{1/2+ix}(c)\\ \operatorname{Im} K_{1/2+ix}(c)\end{matrix}\right\}$ на специальные функции.

Условие: $c > 0$.

1. $$\int\limits_0^\infty \left|\Gamma\left(\frac{\nu+ix}{2}\right)\right|^2\left\{\begin{matrix}\operatorname{Re} K_{1/2+ix}(c)\\ x\operatorname{Im} K_{1/2+ix}(c)\end{matrix}\right\} dx = 2^{\pm 1/2-\nu}\pi^{3/2}\Gamma\left(\nu+\frac{1\mp 1}{2}\right) c^{(2\nu-3)/4}\times$$
$$\times\, e^{-c/2} W_{-(2\nu+1\mp 2)/4,\,-(2\nu-1/4)}(c) \qquad [\operatorname{Re}\nu > -(1\mp 1)/2].$$

2. $$\int\limits_0^\infty \left|\Gamma\left(\frac{1}{4}+\frac{ix}{2}\right)\right|^2\operatorname{Re} K_{1/2+ix}(c)\, dx = \pi^{3/2} e^{-c/2} K_0\left(\frac{c}{2}\right).$$

3. $$\int_0^\infty \operatorname{ch}\pi x|\Gamma(\nu+ix)|^2 \left\{ \begin{matrix} \operatorname{Re} K_{1/2+ix}(c) \\ x \operatorname{Im} K_{1/2+ix}(c) \end{matrix} \right\} dx = 2^{\nu-3/2}\pi^{3/2}\Gamma\left(\nu+\frac{1\mp1}{2}\right)c^{\nu-1/2}e^{-c}$$ $[\operatorname{Re}\nu > (-1\pm1)/2]$.

4. $$\int_0^\infty H_{ix}^{(1)}(b)H_{ix}^{(2)}(b) \operatorname{Re} K_{1/2+ix}(c)\,dx = \frac{1}{\sqrt{2\pi c}} \exp\left(\frac{b^2}{4c}-c\right) K_0\left(\frac{b^2}{4c}\right)$$ $[b > 0]$.

2.16.52. Интегралы по индексу от произведений $K_{\mu+irx}(b)K_{\nu\pm ix}(c)$ на специальные функции.

1. $$\int_{-\infty}^\infty e^{ipx} K_{\nu+ix}(b)K_{\nu-ix}(c)\,dx = \pi\left(\frac{b+ce^p}{be^p+c}\right)^\nu K_{2\nu}(\sqrt{b^2+c^2+2bc\operatorname{ch}p})$$ $[|\arg b| + |\arg c| + |\operatorname{Im} p| < \pi]$.

2. $$\int_{-\infty}^\infty e^{(\pi-A)x} K_{i\nu+ix}(b)K_{i\mu+ix}(c)\,dx = \pi K_{i(\nu-\mu)}(a)e^{-\mu B-\nu C}$$ [A, B и C — углы треугольника, стороны которого равны a, b и c].

3. $$= \pi e^{-\mu\pi} K_{i(\nu-\mu)}(b-c)$$ $[A = 0;\ 0 < c < b]$.

4. $$= \pi K_{i(\nu-\mu)}(b+c)$$ $[A = \pi;\ |\arg b| + |\arg c| < \pi]$.

5. $$\int_0^\infty \operatorname{ch} ax K_{\nu+ix}(c)K_{\nu-ix}(c)\,dx = \frac{\pi}{2} K_{2\nu}\left(2c\cos\frac{a}{2}\right)$$ $[2|\arg c| + |\operatorname{Re} a| < \pi]$.

6. $$\int_0^\infty \operatorname{ch} ax K_{ix}(b)K_{ix}(c)\,dx = \frac{\pi}{2} K_0(\sqrt{b^2+c^2+2bc\cos a})$$ $[|\operatorname{Re} a| + |\arg b| + |\arg c| < \pi]$.

7. $$\int_0^\infty \frac{1}{\operatorname{ch}\pi x} K_{ix}^2(c)\,dx = -\frac{\pi}{2} \operatorname{Ei}(-2c)$$ $[c > 0]$.

8. $$\int_0^\infty x \operatorname{sh} ax K_{ix}(b)K_{ix}(c)\,dx = \frac{\pi bc}{2z} \sin a K_1(z)$$ $\left[z = \sqrt{b^2+c^2+2bc\cos a};\ 0 \leqslant a < \pi\right]$.

9. $$\int_0^\infty x \operatorname{sh}\pi x K_{2ix}(b)K_{ix}(c)\,dx = \frac{b}{4}\sqrt{\frac{\pi^3}{2c}} \exp\left(-\frac{b^2}{8c}-c\right)$$ $[|\arg b| < \pi/4;\ c > 0]$.

10. $$\int_0^\infty x \operatorname{th}\pi x K_{ix}(b)K_{ix}(c)\,dx = \frac{\pi}{2}\frac{\sqrt{bc}}{b+c} e^{-b-c}$$ $[|\arg b|,\ |\arg c| < \pi]$.

11. $$\int_0^\infty \frac{x\operatorname{sh}\pi x}{x^2+z^2} K_{ix}(b)K_{ix}(c)\,dx = \frac{\pi^2}{2} I_z(c)K_z(b)$$ $[0 < c < b]$.

12. $$= \frac{\pi^2}{2} I_z(b)K_z(c)$$ $[0 < b < c]$.

13. $$\int_0^\infty \cos ax K_{ix}(b)K_{ix}(c)\,dx = \frac{\pi}{2} K_0(\sqrt{b^2+c^2+2bc\operatorname{ch} a})$$ $[|\operatorname{Im} a| + |\arg b| + |\arg c| < \pi]$.

14. $$\int_0^\infty x \sin\frac{\pi x}{2} K_{ix/2}(b)K_{ix}(c)\,dx = c\sqrt{\frac{\pi^3}{2b}} \exp\left(-\frac{c^2}{8b}-b\right)$$ $[|\arg c| < \pi/2;\ b > 0]$.

15. $\displaystyle\int\limits_{-\infty}^{\infty} \frac{\sin(\nu+ix)\pi}{n+\nu+ix} K_{\nu+ix}(b)K_{\nu-ix}(c)\,dx = \pi^2 I_n(b)K_{n+2\nu}(c) \qquad [0<b<c].$

16. $\displaystyle = \pi^2 I_n(c)K_{n+2\nu}(b) \qquad [0<c<b].$

17. $\displaystyle\int\limits_0^{\infty} \left\{\begin{matrix}\operatorname{sh}\pi x\sin bx\\ \operatorname{ch}\pi x\cos bx\end{matrix}\right\} K_{ix}^2(c)\,dx = \pm\frac{\pi^2}{4}\left\{\begin{matrix}J_0(z)\\ Y_0(z)\end{matrix}\right\} \qquad [b,\ c>0;\ z=2c\operatorname{sh}(b/2)].$

2.16.53. Интегралы по индексу от произведений $K_{\mu+irx}(b)K_{\nu+ix}(c)$ на специальные функции.
Условие: $a,\ b,\ c>0$.

1. $\displaystyle\int\limits_0^{\infty} x\operatorname{sh}(\pi nx)|\Gamma(\nu+irx)|^2 K_{ix}(b)K_{ix}(c)\,dx = I_{n,\,r},$

$$I_{1,1} = 2^{\nu-1}\pi^{3/2}(bc)^\nu(b+c)^{-\nu}\Gamma(\nu+1/2)K_\nu(b+c) \qquad [\operatorname{Re}\nu\geqslant 0],$$

$$I_{2,1} = \frac{2^\nu\pi^{5/2}}{\Gamma(1/2-\nu)}(bc)^\nu|b-c|^{-\nu}K_\nu(|b-c|) \qquad [0\leqslant\operatorname{Re}\nu\leqslant 1/2],$$

$$I_{1,1/2} = 2^{1-2\nu}\pi^2(bc)^{2\nu}(b^2+c^2)^{-\nu}K_{2\nu}(\sqrt{b^2+c^2}\,) \qquad [\operatorname{Re}\nu\geqslant 0].$$

2. $\displaystyle\int\limits_0^{\infty} \frac{x\operatorname{th}\pi x}{|\Gamma(3/4+ix/2)|^2} K_{ix}(b)K_{ix}(c)\,dx = \frac{\sqrt{\pi bc}}{2}(b^2+c^2)^{-1/4}\exp(-\sqrt{b^2+c^2}\,).$

3. $\displaystyle\int\limits_0^{\infty} x\left\{\begin{matrix}\operatorname{sh}(\pi x/2)\operatorname{Re}J_{ix}(b)\\ \operatorname{ch}(\pi x/2)\operatorname{Im}J_{ix}(b)\end{matrix}\right\} K_{ix}(b)K_{ix}(c)\,dx = \pm\frac{\pi}{4}\left\{\begin{matrix}\sin z\\ \cos z\end{matrix}\right\} \qquad [z=b^2/(2c)].$

4. $\displaystyle\int\limits_0^{\infty} x\left\{\begin{matrix}\operatorname{sh}(\pi x/2)\operatorname{Re}Y_{ix}(b)\\ \operatorname{ch}(\pi x/2)\operatorname{Im}Y_{ix}(b)\end{matrix}\right\} K_{ix}(b)K_{ix}(c)\,dx = -\frac{\pi}{4}\left\{\begin{matrix}\cos z\\ \sin z\end{matrix}\right\} \qquad [z=b^2/(2c)].$

5. $\displaystyle\int\limits_0^{\infty} x\operatorname{sh}\frac{\pi x}{2}\operatorname{Re}[I_{ix/2}(a)]K_{ix/2}(b)K_{ix}(c)\,dx = \frac{\pi c}{2|c^2-4ab|^{1/2}}\left\{\begin{matrix}\exp z\\ \sin z\end{matrix}\right\}$

$$\left[z=\frac{a-b}{2\sqrt{ab}}|c^2-4ab|^{1/2},\ \left\{\begin{matrix}c<2\sqrt{ab}\\ c>2\sqrt{ab}\end{matrix}\right\}\right].$$

6. $\displaystyle\int\limits_0^{\infty} x\operatorname{th}\pi x\operatorname{Re}[I_{ix}(b)]K_{ix}(b)K_{ix}(c)\,dx = -\frac{\pi i}{4}\exp\left(-\frac{b^2}{2c}-c\right)\operatorname{erf}\left(\frac{ib}{\sqrt{2c}}\right).$

7. $\displaystyle\int\limits_0^{\infty} \operatorname{Re}[I_{\nu+ix/2}(b)K_{\nu-ix/2}(b)]K_{ix}(c)\,dx = \frac{\pi}{2}I_\nu\left(\frac{\sqrt{4b^2+c^2}-c}{2}\right)K_\nu\left(\frac{\sqrt{4b^2+c^2}+c}{2}\right).$

2.16.54. Интегралы по индексу, содержащие $K_{ix}(b)\left\{\begin{matrix}\operatorname{Re}K_{1/2+ix}(c)\\ \operatorname{Im}K_{1/2+ix}(c)\end{matrix}\right\}$.

Условия: $b,\ c>0$.

1. $\displaystyle\int\limits_0^{\infty} K_{ix}(b)\left\{\begin{matrix}\operatorname{Re}K_{1/2+ix}(c)\\ x\operatorname{Im}K_{1/2+ix}(c)\end{matrix}\right\} dx = \frac{\pi^{3/2}b^{(1\mp1)/2}e^{-b-c}}{2^{(4\mp1)/2}(b+c)^{(2\mp1)/2}}.$

2. $\int\limits_0^\infty x^{(1\mp1)/2} K_{ix}(b) \left\{ \begin{matrix} \operatorname{ch} ax \operatorname{Re} K_{1/2+ix}(c) \\ \operatorname{sh} ax \operatorname{Im} K_{1/2+ix}(c) \end{matrix} \right\} dx =$

$$= \left(\frac{\pi}{2}\right)^{3/2} \left\{ \begin{matrix} \operatorname{Re} (c + be^{-ia})^{-1/2} \\ \operatorname{Im} (c + be^{-ia})^{-1/2} \end{matrix} \right\} \exp\left(-\sqrt{b^2 + c^2 + 2bc\cos a}\right) \qquad [0 \leqslant a \leqslant \pi].$$

3. $\int\limits_0^\infty \operatorname{ch} \pi x K_{ix}(b) \operatorname{Re} K_{1/2+ix}(c)\, dx = \left(\frac{\pi}{2}\right)^{3/2} \frac{e^{b-c}}{\sqrt{c-b}} \left\{ \begin{matrix} 1 \\ 0 \end{matrix} \right\} \qquad \left[\left\{ \begin{matrix} 0 < b < c \\ 0 < c < b \end{matrix} \right\}\right].$

4. $\int\limits_0^\infty \operatorname{sh} \pi x K_{ix}(b) \operatorname{Im} K_{1/2+ix}(c)\, dx = \left(\frac{\pi}{2}\right)^{3/2} \frac{e^{c-b}}{\sqrt{b-c}} \left\{ \begin{matrix} 1 \\ 0 \end{matrix} \right\} \qquad \left[\left\{ \begin{matrix} 0 < c < b \\ 0 < b < c \end{matrix} \right\}\right].$

5. $\int\limits_0^\infty \operatorname{ch} \pi x K_{ix}^2(b) \operatorname{Re} K_{1/2+ix}(c)\, dx = \frac{\pi^{3/2}}{2^{5/2}\sqrt{c}} \exp\left(\frac{b^2}{4c} - c\right) K_0\left(\frac{b^2}{4c}\right).$

2.16.55. Интегралы по индексу, содержащие $\left\{ \begin{matrix} \operatorname{Re} K_{\nu\pm ix}(b) \operatorname{Re} K_{1/2+ix}(c) \\ \operatorname{Im} K_{\nu\pm ix}(b) \operatorname{Im} K_{1/2+ix}(c) \end{matrix} \right\}$.

Условия: $a,\ b,\ c > 0$.

1. $\int\limits_0^\infty \left\{ \begin{matrix} \operatorname{Re} K_{1/2+ix}(b) \operatorname{Re} K_{1/2+ix}(c) \\ \operatorname{Im} K_{1/2+ix}(b) \operatorname{Im} K_{1/2+ix}(c) \end{matrix} \right\} dx = \frac{\pi}{4} K_1(b+c) \pm \frac{\pi}{4} K_0(b+c).$

2. $\int\limits_0^\infty \cos ax \left\{ \begin{matrix} \operatorname{Re} K_{1/2+ix}(b) \operatorname{Re} K_{1/2+ix}(c) \\ \operatorname{Im} K_{1/2+ix}(b) \operatorname{Im} K_{1/2+ix}(c) \end{matrix} \right\} dx = \frac{\pi}{4} \operatorname{ch} \frac{a}{2} \left[\pm K_0(z) + \frac{b+c}{z} K_1(z)\right]$

$$\left[z = \sqrt{b^2 + c^2 + 2bc \operatorname{ch} a}\right].$$

3. $\int\limits_0^\infty \cos ax \operatorname{Re} [K_{1/2+ix}(b) K_{1/2+ix}(c)]\, dx = \frac{\pi}{2} \operatorname{ch} \frac{a}{2} K_0(z) \qquad \left[z = \sqrt{b^2 + c^2 + 2bc \operatorname{ch} a}\right].$

4. $\int\limits_0^\infty \operatorname{Re} [I_{\nu+ix}(b) K_{\nu-ix}(b)] \operatorname{Re} K_{1/2+ix}(c)\, dx = \frac{\pi^{3/2}}{2^{5/2}\sqrt{c}} \exp\left(-c - \frac{b^2}{4c}\right) I_\nu\left(\frac{b^2}{4c}\right)$

$$[\operatorname{Re} \nu > -1/2].$$

5. $\int\limits_0^\infty \operatorname{cth} \pi x \operatorname{Im} [I_{ix}(b) K_{ix}(b)] \operatorname{Re} K_{1/2+ix}(c)\, dx = \frac{1}{8}\sqrt{\frac{\pi}{2c}} \exp\left(\frac{b^2}{4c} - c\right) K_0\left(\frac{b^2}{4c}\right).$

2.16.56. Интегралы по индексу, содержащие $K_{irx}(a) K_{irx}(b) K_{ix}(c)$.

1. $\int\limits_0^\infty x \operatorname{sh} \pi x K_{irx}(a) K_{irx}(b) K_{ix}(c)\, dx = I_r,$

$$I_1 = \frac{\pi^2}{4} \exp\left(-\frac{a^2c^2 + b^2c^2 + a^2b^2}{2abc}\right) \qquad [|\arg a| + |\arg b| + |\arg c| < \pi/2],$$

$$I_{1/2} = \left\{ \begin{matrix} 1 \\ 0 \end{matrix} \right\} \frac{\pi^2 c}{\sqrt{c^2 - 4ab}} \cos\left(\frac{a-b}{2\sqrt{ab}} \sqrt{c^2 - 4ab}\right) \qquad \left[\left\{ \begin{matrix} c > 2\sqrt{ab} \\ c < 2\sqrt{ab} \end{matrix} \right\}\right].$$

2. $\int\limits_0^\infty x \operatorname{sh} \frac{\pi x}{2} K_{ix/2}(a) K_{ix/2}(b) K_{ix}(c)\, dx = \frac{\pi^2 c}{2\sqrt{c^2 + 4ab}} \exp\left(-\frac{a+b}{2\sqrt{ab}} \sqrt{c^2 + 4ab}\right)$

$$[|\arg a| + |\arg b| < \pi;\ c > 0].$$

3. $$\int\limits_0^\infty x\,\mathrm{sh}\,\frac{\pi x}{2}\,K_{ix/2}(ai)K_{ix/2}(-ai)K_{ix}(c)\,dx = \frac{\pi^2 c}{4\sqrt{4a^2+c^2}} \qquad [a,\ b,\ c>0].$$

4. $$\int\limits_0^\infty \mathrm{ch}\,\frac{\pi x}{2}\,K_{ix/2}^2(b)K_{ix}(c)\,dx = \frac{\pi^2}{2}\,K_0\left(\frac{\sqrt{c^2+4b^2}+c}{2}\right)K_0\left(\frac{\sqrt{c^2+4b^2}-c}{2}\right) \qquad [b,\ c>0].$$

5. $$\int\limits_0^\infty x\,\mathrm{sh}\,\pi x\,K_{\nu+ix/2}(b)K_{\nu-ix/2}(b)K_{ix}(c)\,dx =$$
$$= \left\{\begin{matrix}1\\0\end{matrix}\right\}2^{-2\nu-1}\frac{\pi^2 c}{b^{2\nu}\sqrt{c^2-4b^2}}\left[\left(c+\sqrt{c^2-4b^2}\right)^{2\nu}+\left(c-\sqrt{c^2-4b^2}\right)^{2\nu}\right] \qquad \left[\left\{\begin{matrix}0<2b<c\\0<c<2b\end{matrix}\right\}\right].$$

6. $$\int\limits_0^\infty x\,\mathrm{th}\,\pi x\,K_{ix}(a)K_{ix}(b)K_{ix}(c)\,dx = \frac{\pi^2}{4}\exp\left(\frac{a^2b^2+b^2c^2+a^2c^2}{2abc}\right)\mathrm{erfc}\left(\frac{ab+bc+ac}{\sqrt{2abc}}\right)$$
$[a,\ b,\ c>0]$.

7. $$\int\limits_0^\infty \mathrm{sh}\,\pi x\,\mathrm{Im}\,[K_{(1+ix)/2}(a)K_{(1+ix)/2}(b)]K_{ix}(c)\,dx = \left\{\begin{matrix}1\\0\end{matrix}\right\}\frac{\pi^2}{c^2-4ab}\cos\left(\frac{b-a}{2\sqrt{ab}}\sqrt{c^2-4ab}\right)$$
$$\left[\left\{\begin{matrix}c>2\sqrt{ab}\\c<2\sqrt{ab}\end{matrix}\right\}\right].$$

8. $$\int\limits_0^\infty x\,\mathrm{sh}\,\pi x\,K_{ix}^2(a)K_{ix}^2(b)\,dx = \frac{\pi^2}{4}\,K_0(2\sqrt{a^2+b^2}) \qquad [a,\ b>0].$$

9. $$\int\limits_0^\infty x\,\mathrm{th}\,\pi x\,K_{ix}^2(a)K_{ix}^2(b)\,dx = -\frac{\pi^2}{4}\,\mathrm{Ei}\,(-2a-2b) \qquad [a,\ b>0].$$

2.16.57. Интегралы, содержащие $\mathrm{Ei}\,(bx^{\pm n})K_\nu(cx)$.

1. $$\int\limits_0^\infty x^{\alpha-1}\,\mathrm{Ei}\,(-bx)K_\nu(x)\,dx =$$
$$= -\frac{2^{\alpha-1}b}{c^{\alpha+1}}\Gamma\left(\frac{\alpha+\nu+1}{2}\right)\Gamma\left(\frac{\alpha-\nu+1}{2}\right){}_3F_2\left(\frac{\alpha+\nu+1}{2},\ \frac{\alpha-\nu+1}{2},\ \frac{1}{2};\ \frac{3}{2},\ \frac{3}{2};\ \frac{b^2}{c^2}\right)+$$
$$+\frac{2^{\alpha-2}b^2}{c^{\alpha+2}}\Gamma\left(\frac{\alpha+\nu}{2}+1\right)\Gamma\left(\frac{\alpha-\nu}{2}+1\right){}_4F_3\left(\frac{\alpha+\nu}{2}+1,\ \frac{\alpha-\nu}{2}+1,\ 1,\ 1;\ 2,\ 2,\ \frac{3}{2};\ \frac{b^2}{c^2}\right)+$$
$$+\frac{2^{\alpha-3}}{c^\alpha}\Gamma\left(\frac{\alpha+\nu}{2}\right)\Gamma\left(\frac{\alpha-\nu}{2}\right)\left[\psi\left(\frac{\alpha+\nu}{2}\right)+\psi\left(\frac{\alpha-\nu}{2}\right)+2\mathbf{C}+2\ln\frac{2b}{c}\right]$$
$[\mathrm{Re}\,b,\ \mathrm{Re}\,c>0;\ \mathrm{Re}\,\alpha>|\,\mathrm{Re}\,\nu|]$.

2. $$\int\limits_0^\infty x^{\alpha-1}\,\mathrm{Ei}\,(-bx^2)K_\nu(cx)\,dx =$$
$$= \frac{2^{\nu-1}b^{(\nu-\alpha)/2}\Gamma(\nu)}{c^\nu(\nu-\alpha)}\Gamma\left(\frac{\alpha-\nu}{2}\right){}_2F_2\left(\frac{\alpha-\nu}{2},\ \frac{\alpha-\nu}{2};\ \frac{\alpha-\nu}{2}+1,\ 1-\nu;\ \frac{c^2}{4b}\right)-$$
$$-\frac{c^\nu\Gamma(-\nu)}{2^{\nu+1}(\alpha+\nu)b^{(\alpha+\nu)/2}}\Gamma\left(\frac{\alpha+\nu}{2}\right){}_2F_2\left(\frac{\alpha+\nu}{2},\ \frac{\alpha+\nu}{2};\ \frac{\alpha+\nu}{2}+1,\ 1+\nu;\ \frac{c^2}{4b}\right)$$
$[\mathrm{Re}\,b,\ \mathrm{Re}\,c>0;\ \mathrm{Re}\,\alpha>|\,\mathrm{Re}\,\nu|]$.

3. $$\int\limits_0^\infty \mathrm{Ei}\left(-\frac{b}{x}\right)K_1(cx)\,dx = -\frac{2}{c}\,K_0(e^{\pi i/4}\sqrt{2bc})K_0(e^{-\pi i/4}\sqrt{2bc}) \qquad [\mathrm{Re}\,b,\ \mathrm{Re}\,c>0].$$

4. $$\int_0^\infty x^{\alpha-1}e^{\pm bx}\,\mathrm{Ei}\,(\mp bx)K_\nu(cx)\,dx = -\frac{\pi}{2}\,U(0)$$

[Re b, Re $c>0$; Re $\alpha>|\,\mathrm{Re}\,\nu|$; $U(\gamma)$ см. в 2.13.28.6].

5. $$\int_0^\infty x^{\alpha-1}e^{\pm cx}\,\mathrm{Ei}\,(-bx)K_\nu(cx)\,dx =$$
$$= \frac{2^{\nu-1}b^{\nu-\alpha}\Gamma(\nu)\Gamma(\alpha-\nu)}{(\nu-\alpha)c^\nu}\,{}_3F_2\left(\frac{1}{2}-\nu,\ \alpha-\nu,\ \alpha-\nu;\ \alpha-\nu+1,\ 1-2\nu;\ \pm\frac{2c}{b}\right) -$$
$$- \frac{c^\nu\Gamma(-\nu)\Gamma(\alpha+\nu)}{2^{\nu+1}(\alpha+\nu)b^{\alpha+\nu}}\,{}_3F_2\left(\frac{1}{2}+\nu,\ \alpha+\nu,\ \alpha+\nu;\ \alpha+\nu+1,\ 1+2\nu;\ \pm\frac{2c}{b}\right)$$

[Re b, Re $c>0$; Re $\alpha>|\,\mathrm{Re}\,\nu|$].

6. $$\int_0^\infty x^{\alpha-1}e^{(b\mp c)x}\,\mathrm{Ei}\,(-bx)K_\nu(cx)\,dx = V(1)$$

$$\left[\mathrm{Re}\,b>0;\ \mathrm{Re}\,\alpha>|\,\mathrm{Re}\,\nu|,\ \left\{\begin{matrix}\mathrm{Re}\,c>0\\ \mathrm{Re}\,\alpha<3/2;\ |\arg c|<\pi\end{matrix}\right\}\right],$$

$$V(\gamma) = -\frac{2^{\nu-1}\pi b^{\nu-\alpha}}{c^\nu}\,\Gamma(\nu)\Gamma(\alpha-\nu)\frac{\cos^{1-\gamma}(\alpha-\nu)\pi}{\sin(\alpha-\nu)\pi}\times$$
$$\times\,{}_2F_1\left(\frac{1}{2}-\nu,\ \alpha-\nu;\ 1-2\nu;\ \mp\frac{(-1)^\gamma 2c}{b}\right) - \frac{\pi c^\nu}{2^{\nu+1}b^{\alpha+\nu}}\,\Gamma(-\nu)\Gamma(\alpha+\nu)\frac{\cos^{1-\gamma}(\alpha+\nu)\pi}{\sin(\alpha+\nu)\pi}\times$$
$$\times\,{}_2F_1\left(\frac{1}{2}+\nu,\ \alpha+\nu;\ 1+2\nu;\ \mp\frac{(-1)^\gamma 2c}{b}\right) \pm \frac{(-1)^\gamma\sqrt{\pi}}{(2c)^{\alpha-1}b}\left\{\begin{matrix}1\\ \cos\nu\pi\sec\alpha\pi\end{matrix}\right\}\times$$
$$\times\,\Gamma\left[\begin{matrix}\alpha+\nu-1,\ \alpha-\nu-1\\ \alpha-1/2\end{matrix}\right]{}_3F_2\left(1,\ 1,\ \frac{3}{2}-\alpha;\ 2-\nu-\alpha,\ 2+\nu-\alpha;\ \mp\frac{(-1)^\gamma 2c}{b}\right)$$

$$\left[\mathrm{Re}\,b>0;\ \mathrm{Re}\,\alpha>|\,\mathrm{Re}\,\nu|,\ \left\{\begin{matrix}\mathrm{Re}\,c>0\\ \mathrm{Re}\,\alpha<3/2;\ |\arg c|<\pi\end{matrix}\right\}\right].$$

7. $$\int_0^\infty x^{\alpha-1}e^{-(b\pm c)x}\,\mathrm{Ei}\,(bx)\,\mathrm{K}_\nu(cx)\,dx = V(0)$$

$$\left[\mathrm{Re}\,b>0;\ \mathrm{Re}\,\alpha>|\,\mathrm{Re}\,\nu|,\ \left\{\begin{matrix}\mathrm{Re}\,c>0\\ \mathrm{Re}\,\alpha<3/2;\ |\arg c|<\pi\end{matrix}\right\};\ V(\gamma)\ \text{см. в 2.16.57.6}\right].$$

8. $$\int_0^\infty x^{-1/2}e^{(b-c)x}\,\mathrm{Ei}\,(-bx)K_0(cx)\,dx =$$
$$= -\frac{\pi^{5/2}}{\sqrt{2c}}\,{}_2F_1\left(\frac{1}{2},\ \frac{1}{2};\ 1;\ 1-\frac{b}{2c}\right) = -\frac{\pi^{5/2}}{\sqrt{2c}}\,P_{-1/2}\left(\frac{b}{c}-1\right)$$ [Re b, Re $c>0$].

9. $$\int_0^\infty x^{-3/2}e^{b/x-cx}\,\mathrm{Ei}\left(-\frac{b}{x}\right)K_0(cx)\,dx = -\frac{2\pi^{3/2}}{\sqrt{b}}\,s_{0,0}(\sqrt{8bc})$$ [Re b, Re $c>0$].

2.16.58. Интегралы, содержащие $\left\{\begin{matrix}\mathrm{si}\,(bx)\\ \mathrm{ci}\,(bx)\end{matrix}\right\}K_\nu(cx)$.

1. $$\int_0^\infty x^{\alpha-1}\left\{\begin{matrix}\mathrm{si}\,(bx)\\ \mathrm{ci}\,(bx)\end{matrix}\right\}K_\nu(cx)\,dx = -\frac{\pi}{2}\,V(0)$$ [b, Re $c>0$; Re $\alpha>|\,\mathrm{Re}\,\nu|$; $V(\gamma)$см. в 2.13.29.1].

2. $$\int_0^\infty x^{\alpha-1}e^{-cx}\left\{\begin{matrix}\mathrm{si}\,(bx)\\ \mathrm{ci}\,(bx)\end{matrix}\right\}K_\nu(cx)\,dx = V(1) + \left\{\begin{matrix}1\\ 0\end{matrix}\right\}\widehat{V}$$

$$\left[b,\ \mathrm{Re}\,c>0;\ \mathrm{Re}\,\alpha>|\,\mathrm{Re}\,\nu|,\ \delta=\left\{\begin{matrix}1\\ 0\end{matrix}\right\}\right],$$

$$V(\gamma) = -\frac{\sqrt{\pi}\, b^{\delta+2}}{2(2+\delta)(1+2\delta)(2c)^{2+\alpha+\delta}}\,\Gamma\begin{bmatrix}\alpha+\nu+\delta+2,\ \alpha-\nu+\delta+2\\ 5/2+\alpha+\delta\end{bmatrix}\times$$
$$\times\,{}_6F_5\left(\frac{\alpha+\nu+2\delta}{2}+1,\ \frac{\alpha+\nu+3}{2},\ \frac{\alpha-\nu+2\delta}{2}+1,\ \frac{\alpha-\nu+3}{2},\ 1+\frac{\delta}{2},\ 1;\right.$$
$$\left.\frac{5+2\alpha}{4}+\delta,\ \frac{7+2\alpha}{4},\ \frac{\delta}{2}+2,\ 2,\ \frac{3}{2}+\delta;\ -\frac{b^2}{4c^2}\right) + \frac{\sqrt{\pi}\, b^{\delta}}{(2c)^{\alpha+\delta}}\,\Gamma\begin{bmatrix}\alpha+\nu+\delta,\ \alpha-\nu+\delta\\ 1/2+\alpha+\delta\end{bmatrix}\begin{Bmatrix}1\\ R(\gamma)\end{Bmatrix},$$
$$R(\gamma) = \mathbf{C} + \psi(\alpha+\nu) + \psi(\alpha-\nu) - \psi\left(\alpha+\frac{1}{2}\right) - \ln\frac{2c}{b} - (1-\gamma)\pi\,\mathrm{tg}\,\alpha\pi,$$
$$\widehat{V} = \frac{\pi^{3/2}}{2^{\alpha+1}c^{\alpha}}\,\Gamma\begin{bmatrix}\alpha+\nu,\ \alpha-\nu\\ \alpha+1/2\end{bmatrix}.$$

3. $$\int\limits_0^\infty x^{\alpha-1}e^{cx}\begin{Bmatrix}\mathrm{si}\,(bx)\\ \mathrm{ci}\,(bx)\end{Bmatrix}K_\nu(cx)\,dx = \mp\frac{\cos\nu\pi}{\cos\alpha\pi}\left[V(0)+\begin{Bmatrix}1\\0\end{Bmatrix}\widehat{V}\right]+$$
$$+\frac{b^{1/2-\alpha}}{1-2\alpha}\sqrt{\frac{2\pi}{c}}\,\Gamma\left(\alpha-\frac{1}{2}\right)\begin{Bmatrix}\sin[(2\alpha-1)\pi/4]\\ \cos[(2\alpha-1)\pi/4]\end{Bmatrix}\times$$
$$\times\,{}_5F_4\left(\frac{1+2\nu}{4},\ \frac{3+2\nu}{4},\ \frac{1-2\nu}{4},\ \frac{3-2\nu}{4},\ \frac{1-2\alpha}{4};\ \frac{1}{2},\ \frac{5-2\alpha}{4},\ \frac{5-2\alpha}{4},\ \frac{3-2\alpha}{4};\ -\frac{b^2}{4c^2}\right)\pm$$
$$\pm\frac{\sqrt{\pi}\, b^{3/2-\alpha}(1-4\nu^2)}{2(2c)^{3/2}(3-2\alpha)}\,\Gamma\left(\alpha-\frac{3}{2}\right)\begin{Bmatrix}\cos[(2\alpha-1)\pi/4]\\ \sin[(2\alpha-1)\pi/4]\end{Bmatrix}\times$$
$$\times\,{}_5F_4\left(\frac{3+2\nu}{4},\ \frac{5+2\nu}{4},\ \frac{3-2\nu}{4},\ \frac{5-2\nu}{4},\ \frac{3-2\alpha}{4};\ \frac{3}{2},\ \frac{5-2\alpha}{4},\ \frac{7-2\alpha}{4},\ \frac{7-2\alpha}{4};\ -\frac{b^2}{4c^2}\right)$$

$\left[b,\ \mathrm{Re}\,c>0;\ |\mathrm{Re}\,\nu|<\mathrm{Re}\,\alpha<3/2;\ V(\gamma),\ \widehat{V}\ \text{см. в 2.16.58.2}\right]$.

2.16.59. Интегралы, содержащие $\begin{Bmatrix}\mathrm{erf}\,(\varphi(x))\\ \mathrm{erfc}\,(\varphi(x))\end{Bmatrix}K_\nu(cx)$.

1. $$\int\limits_0^\infty x^{\alpha-1}\begin{Bmatrix}\mathrm{erf}\,(bx)\\ \mathrm{erfc}\,(bx)\end{Bmatrix}K_\nu(cx)\,dx = -\frac{\pi}{2}\,U(0)$$

[$\mathrm{Re}\,c>0;\ |\arg b|<\pi/4;\ \mathrm{Re}\,\alpha>|\mathrm{Re}\,\nu|-(1\pm1)/2;\ U(\gamma)$ см. в 2.13.30.1].

2. $$\int\limits_0^\infty x\,\mathrm{erf}\,(bx)K_0(cx)\,dx = \frac{1}{8b^2}\exp\left(\frac{c^2}{8b^2}\right)\left[K_1\left(\frac{c^2}{8b^2}\right)-K_0\left(\frac{c^2}{8b^2}\right)\right]$$

[$\mathrm{Re}\,c>0;\ |\arg b|<\pi/4$].

3. $$\int\limits_0^\infty x^{\alpha-1}\begin{Bmatrix}\mathrm{erf}\,(b\sqrt{x})\\ \mathrm{erfc}\,(b\sqrt{x})\end{Bmatrix}K_\nu(cx)\,dx = -\frac{\pi}{2}\,V(0)$$

[$\mathrm{Re}\,c>0;\ |\arg b|<\pi/4;\ \mathrm{Re}\,\alpha>|\mathrm{Re}\,\nu|-(1\pm1)/4;\ V(\gamma)$ см. в 2.13.30.2].

4. $$\int\limits_0^\infty x^{\alpha-1}e^{\mp b^2x^2}\begin{Bmatrix}\mathrm{erf}\,(ibx)\\ \mathrm{erfc}\,(bx)\end{Bmatrix}K_\nu(cx)\,dx = -\frac{\pi}{2}\,W(0)$$

[$\mathrm{Re}\,c>0;\ |\arg b|<(2\mp1)\pi/4;\ \mathrm{Re}\,\alpha>|\mathrm{Re}\,\nu|-(1\pm1)/2;\ W(\gamma)$ см. в 2.13.30.3].

5. $$\int\limits_0^\infty x^{\nu+1}e^{-b^2x^2}\,\mathrm{erf}\,(ibx)K_\nu(cx)\,dx = \frac{ic^\nu}{2^{\nu+2}b^{2\nu+2}}\,\Gamma\left(\nu+\frac{3}{2}\right)\exp\left(\frac{c^2}{4b^2}\right)\Gamma\left(-\nu-\frac{1}{2},\ \frac{c^2}{4b^2}\right)$$

[$\mathrm{Re}\,c>0;\ |\arg b|<\pi/4;\ \mathrm{Re}\,\nu>-3/2$].

6. $\displaystyle\int_0^\infty x^{\alpha-1}e^{\pm cx}\operatorname{erf}(b\sqrt{x})K_\nu(cx)\,dx = X(1)$

$$\left[\operatorname{Re} c>0;\ |\arg b|<\pi/4,\ \begin{Bmatrix} |\operatorname{Re}\nu|-1/2<\operatorname{Re}\alpha<1/2 \\ |\operatorname{Re}\nu|-1/2<\operatorname{Re}\alpha \end{Bmatrix}\right],$$

$$X(\gamma)=\pm(-1)^\gamma\frac{2b}{(2c)^{\alpha+1/2}}\Gamma\left[\begin{matrix}\alpha+\nu+1/2,\ \alpha-\nu+1/2\\ \alpha+1\end{matrix}\right]\begin{Bmatrix}\cos\nu\pi\operatorname{cosec}\alpha\pi\\ 1\end{Bmatrix}\times$$
$$\times\ {}_3F_2\left(\frac{1}{2},\ \alpha+\nu+\frac{1}{2},\ \alpha-\nu+\frac{1}{2};\ \alpha+1,\ \frac{3}{2};\ \pm\frac{b^2}{2c}\right)-$$
$$-\begin{Bmatrix}1\\0\end{Bmatrix}\frac{(-1)^\gamma 2b^{1-2\alpha}\Gamma(\alpha)}{\sqrt{2c}\,(1-2\alpha)}\,{}_3F_2\left(\frac{1}{2}+\nu,\ \frac{1}{2}-\nu,\ \frac{1}{2}-\alpha;\ \frac{3}{2}-\alpha,\ 1-\alpha;\ \frac{b^2}{2c}\right)+$$
$$+(1-\gamma)\frac{\sqrt{\pi}}{(2c)^\alpha}\Gamma\left[\begin{matrix}\alpha+\nu,\ \alpha-\nu\\ \alpha+1/2\end{matrix}\right]\begin{Bmatrix}\cos\nu\pi\sec\alpha\pi\\ 1\end{Bmatrix}.$$

7. $\displaystyle\int_0^\infty x^{\alpha-1}e^{\pm cx}\operatorname{erf}c(b\sqrt{x})K_\nu(cx)\,dx = X(0)$

[$\operatorname{Re} c>0$; $|\arg b|<\pi/4$, $\operatorname{Re}\alpha>|\operatorname{Re}\nu|$; $X(\gamma)$ см. в 2.16.59.6].

8. $\displaystyle\int_0^\infty x^{\alpha-1}e^{(\mp b^2-c)x}\begin{Bmatrix}\operatorname{erf}(ib\sqrt{x})\\ \operatorname{erfc}(b\sqrt{x})\end{Bmatrix}K_\nu(cx)\,dx = Y(1)$

[$\operatorname{Re} c>0$; $|\arg b|<(2\mp1)\pi/4$; $\operatorname{Re}\alpha>|\operatorname{Re}\nu|-(1\pm1)/4$],

$$Y(\gamma)=\frac{(2c)^{1/2-\alpha}}{b}\begin{Bmatrix}i\\1\end{Bmatrix}\Gamma\left[\begin{matrix}\alpha+\nu-1/2,\ \alpha-\nu-1/2\\ \alpha\end{matrix}\right]\left(\frac{\cos\nu\pi}{\sin\alpha\pi}\right)^{1-\gamma}\times$$
$$\times\ {}_3F_2\left(1,\ 1-\alpha,\ \frac{1}{2};\ \frac{3}{2}-\alpha-\nu,\ \frac{3}{2}-\alpha+\nu;\ \frac{(-1)^\gamma 2c}{b^2}\right)+$$
$$+\frac{\pi c^\nu}{2^{\nu+(1\pm1)/2}b^{2\alpha+2\nu}}\Gamma\left[\begin{matrix}-\nu\\ 1-\alpha-\nu\end{matrix}\right]\begin{Bmatrix}i\sec(\alpha+\nu)\pi\\ \operatorname{cosec}2(\alpha+\nu)\pi\end{Bmatrix}{}_2F_1\left(\frac{1}{2}+\nu,\ \alpha+\nu;\ 1+2\nu;\ \frac{(-1)^\gamma 2c}{b^2}\right)+$$
$$+\frac{2^{\nu-(1\pm1)/2}\pi}{b^{2\alpha-2\nu}c^\nu}\Gamma\left[\begin{matrix}\nu\\ 1-\alpha+\nu\end{matrix}\right]\begin{Bmatrix}i\sec(\alpha-\nu)\pi\\ \operatorname{cosec}2(\alpha-\nu)\pi\end{Bmatrix}{}_2F_1\left(\frac{1}{2}-\nu,\ \alpha-\nu;\ 1-2\nu;\ \frac{(-1)^\gamma 2c}{b^2}\right).$$

9. $\displaystyle\int_0^\infty x^{\alpha-1}e^{(\mp b^2+c)x}\begin{Bmatrix}\operatorname{erf}(ib\sqrt{x})\\ \operatorname{erfc}(b\sqrt{x})\end{Bmatrix}K_\nu(cx)\,dx = Y(0)$

[$\operatorname{Re} c>0$; $|\arg b|<(2\mp1)\pi/4$; $|\operatorname{Re}\nu|-(1\pm1)/4<\operatorname{Re}\alpha<1$; $Y(\gamma)$ см. в 2.16.59.8].

10. $\displaystyle\int_0^\infty \frac{1}{x}e^{(b^2-c)x}\operatorname{erf}(b\sqrt{x})K_0(cx)\,dx = \frac{2\pi\sqrt{2c}}{b}\arcsin\frac{b^2}{2c}$ [$\operatorname{Re}(2c-b^2)>0$; $|b|^2<2c$].

11. $\displaystyle\int_0^\infty x^{\alpha-1}e^{\mp b^2/x-cx}\begin{Bmatrix}\operatorname{erf}(ib/\sqrt{x})\\ \operatorname{erfc}(b/\sqrt{x})\end{Bmatrix}K_\nu(cx)\,dx = Z(1)$

[$\operatorname{Re} c>0$; $|\arg b|<(2\mp1)\pi/4$; $\operatorname{Re}\alpha>|\operatorname{Re}\nu|-1/2$],

$$Z(\gamma)=2^{3/2-\alpha}e^{(3\mp1)\pi i/4}bc^{1/2-\alpha}\Gamma\left[\begin{matrix}\alpha+\nu-1/2,\ \alpha-\nu-1/2\\ \alpha\end{matrix}\right]\times$$
$$\times\left(\frac{\cos\nu\pi}{\sin\alpha\pi}\right)^{1-\gamma}{}_2F_3\left(1,\ 1-\alpha;\ \frac{3}{2}-\nu-\alpha,\ \frac{3}{2}+\nu-\alpha,\ \frac{3}{2};\ \mp(-1)^\gamma 2b^2c\right)+$$
$$+\begin{Bmatrix}0\\1\end{Bmatrix}\frac{\sqrt{\pi}}{(2c)^\alpha}\Gamma\left[\begin{matrix}\alpha+\nu,\ \alpha-\nu\\ \alpha+1/2\end{matrix}\right]\times$$

$$\times\left(\frac{\cos\nu\pi}{\cos\alpha\pi}\right)^{1-\gamma}{}_1F_2\left(\frac{1}{2}-\alpha;\ 1-\nu-\alpha,\ 1+\nu-\alpha;\ (-1)^\gamma 2b^2c\right)\pm$$
$$\pm\frac{\pi b^{2\alpha+2\nu}c^\nu}{2^{\nu+(1\pm1)/2}}\Gamma\begin{bmatrix}-\nu\\1+\alpha+\nu\end{bmatrix}\begin{Bmatrix}i\sec(\alpha+\nu)\pi\\ \operatorname{cosec}2(\alpha+\nu)\pi\end{Bmatrix}\times$$
$$\times{}_1F_2\left(\frac{1}{2}+\nu;\ 1+2\nu,\ 1+\alpha+\nu;\ \mp(-1)^\gamma 2b^2c\right)+$$
$$+\frac{2^{\nu-(1\pm1)/2}\pi}{b^{2\nu-2\alpha}c^\nu}\Gamma\begin{bmatrix}\nu\\1+\alpha-\nu\end{bmatrix}\begin{Bmatrix}i\sec(\alpha-\nu)\pi\\ \operatorname{cosec}2(\alpha-\nu)\pi\end{Bmatrix}\times$$
$$\times{}_1F_2\left(\frac{1}{2}-\nu;\ 1-2\nu,\ 1+\alpha-\nu;\ \mp(-1)^\gamma 2b^2c\right).$$

12. $$\int_0^\infty x^{\alpha-1}e^{\mp b^2/x+cx}\begin{Bmatrix}\operatorname{erf}(ib/\sqrt{x})\\ \operatorname{erfc}(b/\sqrt{x})\end{Bmatrix}K_\nu(cx)\,dx=Z(0)$$

[$\operatorname{Re}c>0$; $|\arg b|<(2\mp1)\pi/4$; $|\operatorname{Re}\nu|-1/2<\operatorname{Re}\alpha<(3\pm1)/4$; $Z(\gamma)$ см. в 2.16.59.11].

13. $$\int_0^\infty\frac{1}{x}e^{-c(x+1/x)}\operatorname{erf}\left(i\sqrt{\frac{c}{x}}\right)K_0(cx)\,dx=2\pi iI_0(c\sqrt{2})K_0(c\sqrt{2})$$ [$\operatorname{Re}c>0$].

14. $$\int_0^\infty\frac{1}{x}e^{b^2/x-cx}\operatorname{erfc}\left(\frac{b}{\sqrt{x}}\right)K_\nu(cx)\,dx=\frac{\pi^{5/2}}{4\cos\nu\pi}\left[J_\nu^2(b\sqrt{2c})+Y_\nu^2(b\sqrt{2c})\right]$$

[$\operatorname{Re}b$, $\operatorname{Re}c>0$; $|\operatorname{Re}\nu|<1/2$].

15. $$\int_0^\infty\frac{1}{x}e^{(ax+b/x)^2}\operatorname{erfc}\left(ax+\frac{b}{x}\right)K_0(cx)\,dx=2K_0(z_+)K_0(z_-)$$

$\left[z_\pm=\sqrt{b/2}\left(a\pm\sqrt{a^2-4c^2}\right)^{1/2};\ \operatorname{Re}a,\ \operatorname{Re}b,\ \operatorname{Re}c>0\right]$.

2.16.60. Интегралы, содержащие $\begin{Bmatrix}S(bx^r)\\C(bx^r)\end{Bmatrix}K_\nu(cx)$.

1. $$\int_0^\infty x^{\alpha-1}\begin{Bmatrix}S(bx)\\C(bx)\end{Bmatrix}K_\nu(cx)\,dx=-\frac{\pi}{2}U(0)$$

[b, $\operatorname{Re}c>0$; $\operatorname{Re}\alpha>|\operatorname{Re}\nu|-(2\pm1)/2$; $U(\gamma)$ см. в 2.13.31.1].

2. $$\int_0^\infty x^{-1/2}C(b\sqrt{x})K_0(cx)\,dx=\frac{1}{2}\sqrt{\frac{\pi}{2c}}F\left(\arccos\frac{c-b^2}{c+b^2};\ \frac{1}{\sqrt{2}}\right)$$ [$c>b^2>0$; $b>0$].

3. $$\int_0^\infty x^{\alpha-1}e^{-cx}\begin{Bmatrix}S(bx)\\C(bx)\end{Bmatrix}K_\nu(cx)\,dx\doteq V(1)$$

$\left[b,\ \operatorname{Re}c>0;\ \operatorname{Re}\alpha>|\operatorname{Re}\nu|-(2\pm1)/2,\ \delta=\begin{Bmatrix}1\\0\end{Bmatrix}\right]$,

$$V(\gamma)=(\pm1)^{\gamma-1}\frac{\sqrt{2}\,b^{\delta+1/2}}{(2\delta+1)(2c)^{\alpha+\delta+1/2}}\left(\frac{\cos\nu\pi}{\sin\alpha\pi}\right)^{1-\gamma}\Gamma\begin{bmatrix}\alpha+\delta+\nu+1/2,\ \alpha+\delta-\nu+1/2\\ \alpha+\delta+1\end{bmatrix}\times$$
$$\times{}_5F_4\left(\frac{2\alpha+4\delta+2\nu+1}{4},\ \frac{2\alpha+2\nu+3}{4},\ \frac{2\alpha+4\delta-2\nu+1}{4},\ \frac{2\alpha-2\nu+3}{4},\ \frac{2\delta+1}{4};\right.$$
$$\left.\frac{2\delta+5}{4},\ \delta+\frac{1}{2},\ \frac{1+\alpha+2\delta}{4},\ 1+\frac{\alpha}{2};\ -\frac{b^2}{4c^2}\right)+(1-\gamma)\frac{b^{1/2-\alpha}\Gamma(\alpha)}{(1-2\alpha)\sqrt{c}}\begin{Bmatrix}\sin(\alpha\pi/2)\\ \cos(\alpha\pi/2)\end{Bmatrix}\times$$
$$\times{}_5F_4\left(\frac{2\nu+1}{4},\ \frac{2\nu+3}{4},\ \frac{1-2\nu}{4},\ \frac{3-2\nu}{4},\ \frac{1-2\alpha}{4};\ \frac{1}{2},\ \frac{5-2\alpha}{4},\ 1-\frac{\alpha}{2},\ \frac{1-\alpha}{2};\ -\frac{b^2}{4c^2}\right)-$$

$$- (1-\gamma)\frac{(1-4\nu^2)b^{3/2-\alpha}}{8(3-2\alpha)c^{3/2}} \times$$

$$\times\ {}_5F_4\left(\frac{3+2\nu}{4},\ \frac{5+2\nu}{4},\ \frac{3-2\nu}{4},\ \frac{5-2\nu}{4},\ \frac{3-2\alpha}{4};\ \frac{3}{2},\ \frac{7-2\alpha}{4},\ \frac{3-\alpha}{2},\ 1-\frac{\alpha}{2};\ -\frac{b^2}{4c^2}\right).$$

4. $$\int\limits_0^\infty x^{\alpha-1}e^{cx}\left\{\begin{matrix} S(bx) \\ C(bx) \end{matrix}\right\}K_\nu(cx)\,dx = V(0)$$

$[b>0;\ |\operatorname{Re}\nu|-(2\pm1)/2<\operatorname{Re}\alpha<1/2;\ |\arg c|<\pi;\ V(\gamma)$ см. в 2.16.60.3].

2.16.61. Интегралы, содержащие $\left\{\begin{matrix} \gamma(\mu,\ bx^{\pm n}) \\ \Gamma(\mu,\ bx^{\pm n}) \end{matrix}\right\}K_\nu(cx)$.

1. $$\int\limits_0^\infty x^{\alpha-1}\left\{\begin{matrix} \gamma(\mu,\ bx) \\ \Gamma(\mu,\ bx) \end{matrix}\right\}K_\nu(cx)\,dx = -\frac{\pi}{2}V(0)$$

$\left[\operatorname{Re}b,\ \operatorname{Re}c>0;\ \operatorname{Re}(\alpha+\mu)>|\operatorname{Re}\nu|,\ \left\{\begin{matrix} \operatorname{Re}\mu>0 \\ \operatorname{Re}\alpha>|\operatorname{Re}\nu| \end{matrix}\right\};\ V(\gamma)\text{ см. в 2.13.32.1}\right].$

2. $$\int\limits_0^\infty x^{\alpha-1}\left\{\begin{matrix} \gamma(\mu,\ bx^2) \\ \Gamma(\mu,\ bx^2) \end{matrix}\right\}K_\nu(cx)\,dx = -\frac{\pi}{2}W(0)$$

$\left[\operatorname{Re}b,\ \operatorname{Re}c>0;\ \operatorname{Re}(\alpha+2\mu)>|\operatorname{Re}\nu|,\ \left\{\begin{matrix} \operatorname{Re}\mu>0 \\ \operatorname{Re}\alpha>|\operatorname{Re}\nu| \end{matrix}\right\};\ W(\gamma)\text{ см. в 2.13.32.2}\right].$

3. $$\int\limits_0^\infty x^{\alpha-1}e^{-cx}\left\{\begin{matrix} \gamma(\mu,\ bx) \\ \Gamma(\mu,\ bx) \end{matrix}\right\}K_\nu(cx)\,dx = W(1)$$

$\left[\operatorname{Re}b,\ \operatorname{Re}c>0;\ \operatorname{Re}(\alpha+\mu)>|\operatorname{Re}\nu|,\ \left\{\begin{matrix} \operatorname{Re}\mu>0 \\ \operatorname{Re}\alpha>|\operatorname{Re}\nu| \end{matrix}\right\}\right],$

$$W(\gamma) = \pm\frac{\sqrt{\pi}\,b^\mu}{\mu(2c)^{\alpha+\mu}}\left(\frac{\cos\nu\pi}{\cos(\alpha+\mu)\pi}\right)^{1-\gamma}\Gamma\left[\begin{matrix} \alpha+\mu+\nu,\ \alpha+\mu-\nu \\ \alpha+\mu+1/2 \end{matrix}\right]\times$$

$$\times\ {}_3F_2\left(\mu,\ \alpha+\mu+\nu,\ \alpha+\mu-\nu;\ \alpha+\mu+\frac{1}{2},\ \mu+1;\ \frac{(-1)^\gamma b}{2c}\right)\pm$$

$$\pm(1-\gamma)\frac{\sqrt{2\pi}\,b^{1/2-\alpha}}{(1-2\alpha)\sqrt{c}}\Gamma\left(\alpha+\mu-\frac{1}{2}\right){}_3F_2\left(\frac{1}{2}-\alpha,\ \frac{1}{2}+\nu,\ \frac{1}{2}-\nu;\ \frac{3}{2}-\alpha,\ \frac{3}{2}-\alpha-\mu;\ \frac{b}{2c}\right)\mp$$

$$\mp(1-\gamma)\frac{(1-4\nu^2)\sqrt{\pi}\,b^{3/2-\alpha}}{4\sqrt{2}\,(3-2\alpha)c^{3/2}}\Gamma\left(\alpha+\mu-\frac{3}{2}\right)\times$$

$$\times\ {}_3F_2\left(\frac{3}{2}-\alpha,\ \frac{3}{2}+\nu,\ \frac{3}{2}-\nu;\ \frac{5}{2}-\alpha,\ \frac{5}{2}-\alpha-\mu;\ \frac{b}{2c}\right)+$$

$$+\left\{\begin{matrix} 0 \\ 1 \end{matrix}\right\}\frac{\sqrt{\pi}}{(2c)^\alpha}\left(\frac{\cos\nu\pi}{\cos\alpha\pi}\right)^{1-\gamma}\Gamma\left[\begin{matrix} \mu,\ \alpha+\nu,\ \alpha-\nu \\ \alpha+1/2 \end{matrix}\right].$$

4. $$\int\limits_0^\infty x^{\alpha-1}e^{cx}\left\{\begin{matrix} \gamma(\mu,\ bx) \\ \Gamma(\mu,\ bx) \end{matrix}\right\}K_\nu(cx)\,dx = W(0)$$

$\left[\operatorname{Re}b,\ \operatorname{Re}c>0;\ \operatorname{Re}(\alpha+\mu)>|\operatorname{Re}\nu|,\ \left\{\begin{matrix} \operatorname{Re}\mu>0;\ \operatorname{Re}\alpha<1/2 \\ \operatorname{Re}\alpha>|\operatorname{Re}\nu| \end{matrix}\right\};\ W(\gamma)\text{ см. в 2.16.61.3}\right].$

5. $$\int\limits_0^\infty x^{\alpha-1}e^{(b\pm c)x}\Gamma(\mu,\ bx)K_\nu(cx)\,dx = \frac{\sqrt{\pi}}{(2c)^\alpha}\left\{\begin{matrix} \cos\nu\pi\sec\alpha\pi \\ 1 \end{matrix}\right\}\times$$

$$\times\Gamma\begin{bmatrix}\alpha+\nu,\ \alpha-\nu,\ \mu\\ \alpha+1/2\end{bmatrix}{}_2F_1\left(\alpha+\nu,\ \alpha-\nu;\ \alpha+\frac{1}{2};\ \mp\frac{b}{2c}\right)-$$

$$-\frac{\sqrt{\pi}\,b^{\mu}}{\mu(2c)^{\alpha+\mu}}\begin{Bmatrix}\cos\nu\pi\sec(\alpha+\mu)\pi\\ 1\end{Bmatrix}\Gamma\begin{bmatrix}\alpha+\mu+\nu,\ \alpha+\mu-\nu\\ 1/2+\alpha+\mu\end{bmatrix}\times$$

$$\times{}_3F_2\left(1,\ \alpha+\mu+\nu,\ \alpha+\mu-\nu;\ \frac{1}{2}+\alpha+\mu,\ \mu+1;\ \mp\frac{b}{2c}\right)-$$

$$-\begin{Bmatrix}1\\0\end{Bmatrix}\frac{\pi^{3/2}b^{1/2-\alpha}}{\sqrt{2c}\,\cos(\alpha+\mu)\pi}\Gamma\begin{bmatrix}\alpha-1/2\\ 1-\mu\end{bmatrix}{}_2F_1\left(\frac{1}{2}+\nu,\ \frac{1}{2}-\nu;\ \frac{3}{2}-\alpha;\ -\frac{b}{2c}\right)$$

$$\left[\operatorname{Re}b>0;\ \operatorname{Re}\alpha>|\operatorname{Re}\nu|;\ \operatorname{Re}(\alpha+\mu)>|\operatorname{Re}\nu|,\ \begin{Bmatrix}|\arg c|<\pi;\ \operatorname{Re}(\alpha+\mu)<3/2\\ \operatorname{Re}c>0\end{Bmatrix}\right].$$

6. $$\int\limits_0^\infty x^{\alpha-1}e^{b/x\pm cx}\Gamma\left(\mu,\ \frac{b}{x}\right)K_\nu(cx)\,dx=\frac{\sqrt{\pi}}{(2c)^\alpha}\begin{Bmatrix}\cos\nu\pi\sec\alpha\pi\\ 1\end{Bmatrix}\Gamma\begin{bmatrix}\mu,\ \alpha+\nu,\ \alpha-\nu\\ \alpha+1/2\end{bmatrix}\times$$

$$\times{}_1F_2\left(\frac{1}{2}-\alpha;\ 1-\alpha-\nu,\ 1-\alpha+\nu;\ \mp2bc\right)-\frac{\sqrt{\pi}\,b^{\mu}}{\mu(2c)^{\alpha-\mu}}\times$$

$$\times\Gamma\begin{bmatrix}\alpha+\nu-\mu,\ \alpha-\nu-\mu\\ 1/2+\alpha-\mu\end{bmatrix}\begin{Bmatrix}\cos\nu\pi\sec(\alpha-\mu)\pi\\ 1\end{Bmatrix}\times$$

$$\times{}_2F_3\left(\frac{1}{2}+\mu-\alpha,\ 1;\ \mu+1,\ 1+\mu-\nu-\alpha,\ 1+\mu+\nu-\alpha;\ \pm2bc\right)+$$

$$+\frac{\pi b^{\alpha+\nu}c^{\nu}}{2^{\nu+1}\sin(\mu-\nu-\alpha)\pi}\Gamma\begin{bmatrix}-\nu,\ -\nu-\alpha\\ 1-\mu\end{bmatrix}{}_1F_2\left(\frac{1}{2}+\nu;\ 1+2\nu,\ 1+\alpha+\nu;\ \mp2bc\right)+$$

$$+\frac{\pi b^{\alpha-\nu}c^{-\nu}}{2^{1-\nu}\sin(\mu+\nu-\alpha)\pi}\Gamma\begin{bmatrix}\nu,\ \nu-\alpha\\ 1-\mu\end{bmatrix}{}_1F_2\left(\frac{1}{2}-\nu;\ 1-2\nu,\ 1+\alpha-\nu;\ \mp2bc\right)$$

$$\left[\operatorname{Re}b>0;\ \operatorname{Re}(\alpha-\mu)>|\operatorname{Re}\nu|-1,\ \begin{Bmatrix}|\arg c|<\pi;\ \operatorname{Re}\alpha,\ \operatorname{Re}(\alpha-\mu)<1/2\\ \operatorname{Re}c>0\end{Bmatrix}\right].$$

7. $$\int\limits_0^\infty x^{-3/2}e^{b/x-cx}\Gamma\left(\mu,\ \frac{b}{x}\right)K_0(cx)\,dx=\frac{2^{1-2\mu}\sqrt{\pi}}{\sqrt{b}}\Gamma\begin{bmatrix}1/2-\mu,\ 1/2-\mu\\ 1-\mu\end{bmatrix}S_{2\mu,0}(2\sqrt{2bc})$$

$$[\operatorname{Re}b,\ \operatorname{Re}c>0;\ \operatorname{Re}\mu<1/2].$$

2.16.62. Интегралы, содержащие $D_\mu(bx^{\pm r})K_\nu(cx)$.

1. $$\int\limits_0^\infty x^{\alpha-1}e^{\pm b^2x^2/4}D_\mu(bx)K_\nu(cx)\,dx=-\frac{\pi}{2}U(0)$$

[$\operatorname{Re}c>0;\ \operatorname{Re}\alpha>|\operatorname{Re}\nu|;\ |\arg b|<(2\pm1)\pi/4;\ U(\gamma)$ см. в 2.13.33.1].

2. $$\int\limits_0^\infty x^{\nu+1-\sigma}e^{-b^2x^2/4}D_{2\nu+\sigma}(bx)K_\nu(cx)\,dx=$$

$$=\sqrt{\frac{\pi}{2}}\frac{c^{\nu-1+\sigma}}{b^{2\nu+1}}e^{(2\nu-1+2\sigma)\pi i/2}\Gamma(2\nu+2-\sigma)\exp\left(\frac{c^2}{4b^2}\right)D_{-2\nu-2+\sigma}\left(\frac{c}{b}\right)$$

[$\sigma=0$ или $1;\ \operatorname{Re}c>0;\ \operatorname{Re}\nu>-(2-\sigma)/2;\ |\arg b|<\pi/4$].

3. $$\int\limits_0^\infty x^{\alpha-1}e^{\pm b^2x/4}D_\mu(b\sqrt{x})K_\nu(cx)\,dx=-\frac{\pi}{2}V(0)$$

[$\operatorname{Re}c>0;\ \operatorname{Re}\alpha>|\operatorname{Re}\nu|;\ |\arg b|<(2\pm1)\pi/4;\ V(\gamma)$ см. в 2.13.33.3].

4. $$\int\limits_0^\infty x^{\alpha-1}e^{(\pm b^2/4-c)x}D_\mu(b\sqrt{x})K_\nu(cx)\,dx=W(1)$$

[$\operatorname{Re}c>0;\ \operatorname{Re}\alpha>|\operatorname{Re}\nu|;\ |\arg b|<(2\pm1)\pi/4$],

$$W(\gamma)=\frac{2^{\mp(\mu+1\pm1)/2-\alpha}\sqrt{\pi}}{c^{\alpha}}\left(\frac{\cos\nu\pi}{\cos\alpha\pi}\right)^{1-\gamma}\left\{\begin{matrix}\Gamma^{-1}(-\mu)\\ \sqrt{\pi}\end{matrix}\right\}\Gamma\left[\begin{matrix}\alpha+\nu,\ \alpha-\nu\\ 1/2+\alpha\end{matrix}\right]\times$$

$$\times\Gamma^{\pm1}\left(\frac{1\mp1-2\mu}{4}\right){}_3F_2\left(\alpha+\nu,\ \alpha-\nu,\ \frac{1\mp1\mp2\mu}{4};\ \frac{1}{2}+\alpha,\ \frac{1}{2};\ \mp\frac{(-1)^{\gamma}b^2}{16c}\right)+$$

$$+\frac{(-1)^{\gamma}2^{\mp(\mu+1\pm3)/2-\alpha}\sqrt{\pi}\,b}{c^{\alpha+1/2}}\left(\frac{\cos\nu\pi}{\sin\alpha\pi}\right)^{1-\gamma}\times$$

$$\times\left\{\begin{matrix}\Gamma^{-1}(-\mu)\\ \sqrt{\pi}\end{matrix}\right\}\Gamma\left[\begin{matrix}\alpha+\nu+1/2,\ \alpha-\nu+1/2\\ \alpha+1\end{matrix}\right]\Gamma^{\pm1}\left(\frac{1\pm1-2\mu}{4}\right)\times$$

$$\times{}_3F_2\left(\alpha+\nu+\frac{1}{2},\ \alpha-\nu+\frac{1}{2},\ \frac{3\mp1\mp2\mu}{4};\ \frac{3}{2},\ \alpha+1;\ \mp\frac{(-1)^{\gamma}b^2}{16c}\right)+$$

$$+(1-\gamma)\frac{2^{\alpha\mp(\mu+1\pm1)/2}\sqrt{\pi}}{b^{2\alpha-1}\sqrt{c}}\left\{\begin{matrix}\Gamma^{-1}(-\mu)\\ \sqrt{\pi}\end{matrix}\right\}\Gamma(2\alpha-1)\Gamma^{\pm1}\left(\frac{1\pm1-2\mu}{4}\mp\alpha\right)\times$$

$$\times{}_3F_2\left(\frac{1}{2}+\nu,\ \frac{1}{2}-\nu,\ \frac{3\mp1\mp2\mu}{4}-\alpha;\ \frac{3}{2}-\alpha,\ 1-\alpha;\ \mp\frac{b^2}{16c}\right).$$

5. $$\int_0^\infty x^{\alpha-1}e^{(\pm b^2/4+c)x}D_\mu(b\sqrt{x})K_\nu(cx)\,dx=W(0)$$

$\left[\operatorname{Re}c>0;\ |\arg b|<(2\pm1)\pi/4,\ \left\{\begin{matrix}|\operatorname{Re}\nu|<\operatorname{Re}\alpha<(1-\operatorname{Re}\mu)/2\\ |\operatorname{Re}\nu|<\operatorname{Re}\alpha\end{matrix}\right\};\ W(\gamma)\ \text{см. в 2.16.62.4}\right].$

6. $$\int_0^\infty x^{-(\mu+3)/2}e^{(b^2/4-c)x}D_\mu(b\sqrt{x})K_0(cx)\,dx=-\frac{\pi\sqrt{2}\,\Gamma(-\mu-1)}{(\mu+1)c^{1/4}}\times$$

$$\times(b^2-4c)^{(2\mu+3)/4}P_{-1/2}^{\mu+3/2}\left(\frac{b}{2\sqrt{c}}\right)$$

$[\operatorname{Re}c>0;\ \operatorname{Re}\mu<-1;\ |\arg b|<3\pi/4]$.

7. $$\int_0^\infty x^{\alpha-1}e^{\pm b^2/(4x^2)}D_\mu\left(\frac{b}{x}\right)K_\nu(cx)\,dx=$$

$$=\frac{2^{(\alpha+\nu-3\mp1\mp\mu)/2}}{b^{\nu-\alpha}c^{\nu}}\Gamma(\nu)\Gamma(\nu-\alpha)\Gamma^{\pm1}\left(\frac{1\mp1}{4}\mp\frac{\nu-\alpha\pm\mu}{2}\right)\left\{\begin{matrix}\Gamma^{-1}(-\mu)\\ \sqrt{\pi}\end{matrix}\right\}\times$$

$$\times{}_1F_3\left(\frac{1\mp1}{4}+\frac{\alpha-\nu\mp\mu}{2};\ 1-\nu,\ 1+\frac{\alpha-\nu}{2},\ \frac{1+\alpha-\nu}{2};\ \pm\frac{b^2c^2}{8}\right)+$$

$$+2^{(\alpha-\nu-3\mp1\mp\mu)/2}b^{\alpha+\nu}c^{\nu}\Gamma(-\nu)\Gamma(-\nu-\alpha)\Gamma^{\pm1}\left(\frac{1\mp1}{4}\pm\frac{\alpha+\nu\mp\mu}{2}\right)\times$$

$$\times\left\{\begin{matrix}\Gamma^{-1}(-\mu)\\ \sqrt{\pi}\end{matrix}\right\}{}_1F_3\left(\frac{1\mp1}{4}+\frac{\alpha+\nu\mp\mu}{2};\ 1+\nu,\ 1+\frac{\alpha+\nu}{2},\ \frac{1+\alpha+\nu}{2};\ \pm\frac{b^2c^2}{8}\right)+$$

$$+\frac{2^{\alpha+\mu/2-2}\sqrt{\pi}}{c^{\alpha}}\Gamma\left[\begin{matrix}(\alpha+\nu)/2,\ (\alpha-\nu)/2\\ (1-\mu)/2\end{matrix}\right]\times$$

$$\times{}_1F_3\left(\frac{1\mp1\mp2\mu}{4};\ \frac{1}{2},\ 1-\frac{\alpha-\nu}{2},\ 1-\frac{\alpha+\nu}{2};\ \pm\frac{b^2c^2}{8}\right)-$$

$$-\frac{2^{\alpha+(\mu-5)/2}\sqrt{\pi}\,b}{c^{\alpha-1}}\Gamma\left[\begin{matrix}(\alpha+\nu-1)/2,\ (\alpha-\nu-1)/2\\ -\mu/2\end{matrix}\right]\times$$

$$\times{}_1F_3\left(\frac{3\mp1\mp2\mu}{4};\ \frac{3}{2},\ \frac{3-\nu-\alpha}{2},\ \frac{3+\nu-\alpha}{2};\ \pm\frac{b^2c^2}{8}\right)$$

$\left[\operatorname{Re}c>0,\ \left\{\begin{matrix}|\arg b|<3\pi/4;\ \operatorname{Re}(\alpha-\mu)>|\operatorname{Re}\nu|\\ |\arg b|<\pi/4\end{matrix}\right\}\right].$

8. $$\int\limits_0^\infty x^{1/2} D_{\nu-1/2}\left(\frac{b}{\sqrt{x}}\right) D_{-\nu-1/2}\left(\frac{b}{\sqrt{x}}\right) K_\nu(cx)\,dx = \frac{\pi}{2c^{3/2}} \exp(-b\sqrt{2c})$$

$[\operatorname{Re} c > 0;\ |\arg b| < \pi/4]$.

2.17. МНОГОЧЛЕНЫ ЛЕЖАНДРА $P_n(x)$

Многочлены $P_n(x)$ являются частными случаями многочленов Гегенбауэра и Якоби:

$$P_n(x) = C_n^{1/2}(x) = P_n^{(0,\,0)}(x),$$

поэтому интегралы общего вида, содержащие $P_n(x)$, можно получить из п. 2.21.1 и п. 2.22.1. При вычислении интегралов от $P_n(x)$ может оказаться полезной формула

$$P_n(-x) = (-1)^n P_n(x).$$

2.17.1. Интегралы от $(z^m \pm x^m)^\beta P_n(cx)$.

1. $$\int\limits_0^a x^{\alpha-1} P_{2n+\varepsilon}\left(\frac{x}{a}\right) dx = \frac{(-1)^n((1-\alpha+\varepsilon)/2)_n a^\alpha}{2((\alpha+\varepsilon)/2)_{n+1}}$$ $[\varepsilon = 0$ или $1;\ a > 0;\ \operatorname{Re}\alpha > -\varepsilon]$.

2. $$\int\limits_0^a x^m P_n\left(\frac{x}{a}\right) dx = 0$$ $[a > 0;\ n - m = 2,\ 4,\ 6,\ \ldots]$.

3. $$\int\limits_{-a}^a x^m P_n\left(\frac{x}{a}\right) dx = I_{m,\,n}$$ $[a > 0]$,

$I_{m,\,n} = 0$ $[m + n = 1,\ 3,\ 5,\ \ldots,$ или $m + n = 2,\ 4,\ 6,\ \ldots$ и $n - m = 2,\ 4,\ 6,\ \ldots]$,

$$I_{m,\,n} = \frac{\sqrt{\pi}\, m!\, a^{m+1}}{2^m \Gamma((m+n+3)/2)\Gamma((m-n)/2+1)}$$

$[m + n = 0,\ 2,\ 4,\ \ldots;\ n - m \neq 2,\ 4,\ 6,\ \ldots]$.

4. $$\int\limits_a^\infty x^{\alpha-1} P_n\left(\frac{x}{a}\right) dx = \frac{a^\alpha}{2^{\alpha+1}\sqrt{\pi}}\, \Gamma\left[\begin{matrix} -(n+\alpha)/2,\ (n-\alpha+1)/2 \\ 1-\alpha \end{matrix}\right]$$ $[a > 0;\ \operatorname{Re}\alpha < -n]$.

5. $$\int\limits_a^b (x-a)^{\alpha-1} P_n\left(\frac{x}{b}\right) dx = \frac{n!(b-a)^\alpha}{(\alpha)_{n+1}}\, P_n^{\alpha,\,-\alpha}\left(\frac{a}{b}\right)$$ $[-b < a < b;\ \operatorname{Re}\alpha > 0]$.

6. $$\int\limits_a^b (x-a)^{n-1} P_n\left(\frac{x}{b}\right) dx = \frac{(b-a)^n}{n}\left(\frac{a+b}{2b}\right)^n$$ $[-b < a < b]$.

7. $$\int\limits_a^b \frac{1}{\sqrt{x-a}}\, P_n\left(\frac{x}{b}\right) dx = \frac{2\sqrt{2b}}{2n+1} \sin\left[(2n+1)\arcsin\sqrt{\frac{b-a}{2b}}\right] = \\ = \frac{2a}{(2n+1)\sqrt{b-a}}\left[T_n\left(\frac{a}{b}\right) - T_{n+1}\left(\frac{a}{b}\right)\right]$$ $[-b < a < b]$.

8. $$\int\limits_{\pm a}^b (b-x)^{\beta-1} P_n\left(\frac{x}{a}\right) dx = \frac{n!}{(\beta)_{n+1}}\, (b \mp a)^\beta P_n^{(\pm\beta,\,\mp\beta)}\left(\frac{b}{a}\right)$$ $[-a < b < a;\ \operatorname{Re}\beta > 0]$.

9. $$\int\limits_{-a}^b \frac{1}{\sqrt{b-x}}\, P_n\left(\frac{x}{a}\right) dx = \frac{2a}{(2n+1)\sqrt{b+a}}\left[T_n\left(\frac{b}{a}\right) + T_{n+1}\left(\frac{b}{a}\right)\right]$$ $[-a < b < a]$.

10. $$\int_{-a}^{a}(x+a)^{\alpha-1}P_n\left(\frac{x}{a}\right)dx=\frac{(-1)^n(1-\alpha)_n}{(\alpha)_{n+1}}(2a)^{\alpha}$$ [a, $\operatorname{Re}\alpha>0$].

11. $$\int_{-a}^{a}\frac{1}{\sqrt{x+a}}P_n\left(\frac{x}{a}\right)dx=(-1)^n\frac{2\sqrt{2a}}{2n+1}$$ [$a>0$].

12. $$\int_{-a}^{a}\frac{1}{(x+z)^{\rho}}P_n\left(\frac{x}{a}\right)dx=J_{\rho}$$ [$a>0$; $|\arg(z^2-a^2)|<\pi$],

$$I_{\rho}=\frac{(-1)^n(\rho)_n(2a)^{n+1}}{(n+1)_{n+1}(z-a)^{n+\rho}}\,{}_2F_1\left(\rho+n,\ n+1;\ 2n+2;\ \frac{2a}{a-z}\right),$$

$$I_{3/2}=\frac{(-1)^n2^{3/2}(z-\sqrt{z^2-a^2}\,)^{n+1/2}}{a^n\sqrt{z^2-a^2}},\qquad I_{1/2}=\frac{(-1)^n2\sqrt{2}}{(2n+1)a^n}(z-\sqrt{z^2-a^2}\,)^{n+1/2}.$$

13. $$\int_{-a}^{a}\frac{1}{x-y}P_n\left(\frac{x}{a}\right)dx=-2Q_n\left(\frac{y}{a}\right)$$ [$a>0$; $y\notin[-a,a]$].

14. $$\int_{-a}^{a}\frac{1}{x-y}\left[P_n\left(\frac{y}{a}\right)P_{n-1}\left(\frac{x}{a}\right)-P_{n-1}\left(\frac{y}{a}\right)P_n\left(\frac{x}{a}\right)\right]dx=-\frac{2}{n}$$ [$a>0$; $-a<y<a$].

15. $$\int_{a}^{\infty}\frac{1}{(x+a)^{\rho}}P_n\left(\frac{x}{a}\right)dx=\frac{(-1)^{n+1}(\rho)_n}{(1-\rho)_{n+1}}(2a)^{1-\rho}$$ [$a>0$; $\operatorname{Re}\rho>n+1$].

16. $$\int_{a}^{\infty}\frac{1}{(x+z)^{\rho}}P_n\left(\frac{x}{a}\right)dx=\frac{(-1)^{n+1}n!}{(1-\rho)_{n+1}}(a+z)^{1-\rho}P_n^{(\rho-1,\,1-\rho)}\left(\frac{z}{a}\right)$$ [$a>0$; $\operatorname{Re}\rho>n+1$; $|\arg(z-a)|<\pi$].

17. $$\int_{0}^{a}\frac{1}{(x^2+z^2)^{\rho}}P_{2n}\left(\frac{x}{a}\right)dx=\frac{(-1)^n(\rho)_na^{2n+1}}{2(n+1/2)_{n+1}z^{2\rho+2n}}\,{}_2F_1\left(\rho+n,\ n+\frac{1}{2};\ 2n+\frac{3}{2};\ -\frac{a^2}{z^2}\right)$$ [a, $\operatorname{Re}z>0$].

18. $$\int_{-a}^{a}\frac{1}{(x^2+z^2)^{n+3/2}}P_{2n}\left(\frac{x}{a}\right)dx=\frac{2(-1)^na^{2n+1}}{(2n+1)z^{2n+2}(a^2+z^2)^{n+1/2}}$$ [a, $\operatorname{Re}z>0$].

19. $$\int_{-a}^{a}(a^2-x^2)^{\beta-1}P_n\left(\frac{x}{a}\right)dx=(-1)^n\sqrt{\pi}\,\Gamma\left[\begin{matrix}\beta\\ \beta+1/2\end{matrix}\right]a^{2\beta-1}\,{}_3F_2(-n,\ n+1,\ \beta;\ 2\beta,\ 1;\ 1)$$ [a, $\operatorname{Re}\beta>0$].

20. $$\int_{-a}^{a}(a^2-x^2)^{m}P_{2n}\left(\frac{x}{a}\right)dx=\frac{2m^2a^2}{(m-n)(2m+2n+1)}\int_{-a}^{a}(a^2-x^2)^{m-1}P_{2n}\left(\frac{x}{a}\right)dx$$ [$a>0$; $n<m$].

21. $$\int_{-a}^{a}(a^2-x^2)^{-3/4}P_{2n}(cx)\,dx=\frac{1}{\sqrt{2\pi a}}\Gamma^2\left(\frac{1}{4}\right)C_n^{1/4}(2a^2c^2-1)$$ [$a>0$].

2.17.2. Интегралы от $x^{\alpha}(z^2 \pm x^2)^{\beta} P_n(cx)$.

1. $$\int\limits_0^a x^{\alpha-1}(a^2-x^2)^{\beta-1} P_{2n+\varepsilon}(cx)\,dx = \frac{(-1)^n(1/2)_{n+\varepsilon}}{2^{1-\varepsilon} n!} a^{\alpha+2\beta+\varepsilon-2} c^{\varepsilon}\,\mathrm{B}\left(\frac{\alpha+\varepsilon}{2},\,\beta\right) \times$$
$$\times\, {}_3F_2\left(-n,\,\frac{1}{2}+n+\varepsilon,\,\frac{\alpha+\varepsilon}{2};\;\varepsilon+\frac{1}{2},\,\frac{\alpha+\varepsilon}{2}+\beta;\;a^2c^2\right)$$
$[\varepsilon = 0$ или $1;\ a,\ \operatorname{Re}\beta > 0;\ \operatorname{Re}\alpha > -\varepsilon]$.

2. $$\int\limits_0^a x^{n-2\beta}(a^2-x^2)^{\beta-1} P_n(cx)\,dx = \frac{1}{2}\,\mathrm{B}\left(\frac{1}{2}-\beta,\,\beta\right) a^{n-1} C_n^{1/2-\beta}(ac)$$
$[a > 0;\ 0 < \operatorname{Re}\beta < (n+1)/2]$.

3. $$\int\limits_0^a x^{\varepsilon}(a^2-x^2)^{\beta-1} P_{2n+\varepsilon}\left(\frac{x}{a}\right) dx = \frac{\sqrt{\pi}\,(1/2)_{n+\varepsilon}}{2(n!)}(1-\beta)_n a^{2\beta+\varepsilon-1}\Gamma\left[\begin{matrix}\beta\\ \beta+\varepsilon+n+1/2\end{matrix}\right]$$
$[\varepsilon = 0$ или $1;\ a,\ \operatorname{Re}\beta > 0]$.

4. $$\int\limits_0^a x^{2n+\varepsilon-2\beta}(a^2-x^2)^{\beta-1} P_{2n+\varepsilon}\left(\frac{x}{a}\right) dx = \frac{(1-\beta)_n a^{2n+\varepsilon-1}}{2(n!)}\,\mathrm{B}\left(\beta,\,n-\beta+\varepsilon+\frac{1}{2}\right)$$
$[\varepsilon = 0$ или $1;\ a > 0;\ 0 < \operatorname{Re}\beta < n+\varepsilon+1/2]$.

5. $$\int\limits_0^a \frac{x^{n-1}}{\sqrt{a^2-x^2}} P_n\left(\frac{x}{a}\right) dx = \frac{a^{n-1}}{n}$$ $[a,\ n > 0]$.

6. $$\int\limits_0^a \frac{x^{\alpha-1}}{(z^2 \pm x^2)^{\rho}} P_{2n+\varepsilon}\left(\frac{x}{a}\right) dx = \frac{(-1)^n((1-\alpha+\varepsilon)/2)_n a^{\alpha}}{2((\alpha+\varepsilon)/2)_{n+1} z^{2\rho}} \times$$
$$\times\, {}_3F_2\left(\rho,\,\frac{\alpha}{2},\,\frac{\alpha+1}{2};\;\frac{\alpha+\varepsilon}{2}+n+1,\,\frac{1+\alpha-\varepsilon}{2}-n;\;\mp\frac{a^2}{z^2}\right)$$
$$\left[\varepsilon = 0 \text{ или } 1;\ \operatorname{Re}\alpha > -\varepsilon,\ \left\{\begin{matrix}a,\ \operatorname{Re} z > 0\\ z > a > 0\end{matrix}\right\}\right].$$

7. $$\int\limits_0^a \frac{x^{\alpha-1}}{x^2-y^2} P_{2n+\varepsilon}\left(\frac{x}{a}\right) dx = I$$ $[\varepsilon = 0$ или $1;\ a,\ y > 0;\ \operatorname{Re}\alpha > -\varepsilon]$,

$$I = \frac{(-1)^{n+1} a^{\alpha}((1-\alpha+\varepsilon)/2)_n}{2y^2((\alpha+\varepsilon)/2)_{n+1}}\,{}_3F_2\left(1,\,\frac{\alpha}{2},\,\frac{\alpha+1}{2};\;\frac{\alpha+\varepsilon}{2}+n+1,\,\frac{1+\alpha-\varepsilon}{2}-n;\;\frac{a^2}{y^2}\right)$$
$[a < y]$,

$$I = \frac{(-1)^{\varepsilon+1}\pi}{2} y^{\alpha-2}\operatorname{tg}^{2\varepsilon-1}\frac{\alpha\pi}{2} P_{2n+\varepsilon}\left(\frac{y}{a}\right) + \frac{(-1)^n a^{\alpha-2}((3-\alpha+\varepsilon)/2)_n}{2((\alpha+\varepsilon)/2-1)_{n+1}} \times$$
$$\times\, {}_3F_2\left(1,\,1-\frac{\alpha+\varepsilon}{2}-n,\,\frac{3-\alpha+\varepsilon}{2}+n;\;\frac{3-\alpha}{2},\,2-\frac{\alpha}{2};\;\frac{y^2}{a^2}\right)$$ $[y < a]$.

8. $$\int\limits_a^b x^{\alpha-1}(b^2-x^2)^{\beta-1} P_{2n+\varepsilon}\left(\frac{x}{a}\right) dx = \frac{(-1)^{n+1}((1-\alpha+\varepsilon)/2)_n a^{\alpha} b^{2\beta-2}}{2((\alpha+\varepsilon)/2)_{n+1}} \times$$
$$\times\, {}_3F_2\left(1-\beta,\,\frac{\alpha}{2},\,\frac{\alpha+1}{2};\;\frac{1+\alpha-\varepsilon}{2}-n,\,\frac{\alpha+\varepsilon}{2}+n+1;\;\frac{a^2}{b^2}\right) +$$
$$+\,\frac{2^{2n+\varepsilon+1}(1/2)_{2n+\varepsilon}}{(2n+\varepsilon)!\,a^{2n+\varepsilon}} b^{\alpha+2\beta+\varepsilon+2n-2}\,\mathrm{B}\left(\beta,\,\frac{\alpha+\varepsilon}{2}+n\right) \times$$

$$\times {}_3F_2\left(-n,\, 1-\frac{\alpha+\varepsilon}{2}-\beta-n,\, \frac{1}{2}-\varepsilon-n;\, \frac{1}{2}-\varepsilon-2n,\, 1-\frac{\alpha+\varepsilon}{2}-n;\, \frac{a^2}{b^2}\right)$$

$[\varepsilon = 0$ или $1;\ b > a > 0;\ \operatorname{Re}\beta > 0]$.

9. $$\int_a^b x^{\alpha-1}(x^2-a^2)^{\beta-1}P_{2n+\varepsilon}\left(\frac{x}{b}\right)dx = \frac{(-1)^n((3-\alpha+\varepsilon)/2-\beta)_n}{2((\alpha+\varepsilon)/2+\beta-1)_{n+1}}\, b^{\alpha+2\beta-2}\times$$
$$\times {}_3F_2\left(1-\beta,\, 1-\frac{\alpha+\varepsilon}{2}-\beta-n,\, \frac{3-\alpha+\varepsilon}{2}-\beta+n;\, \frac{3-\alpha}{2}-\beta,\, 2-\beta-\frac{\alpha}{2};\, \frac{a^2}{b^2}\right)+$$
$$+\frac{(-1)^n(1/2)_{n+\varepsilon}a^{\alpha+2\beta+\varepsilon-2}}{2^{1-\varepsilon}n!b^\varepsilon}\,\mathrm{B}\left(\beta,\, 1-\beta-\frac{\alpha+\varepsilon}{2}\right)\times$$
$$\times {}_3F_2\left(-n,\, \frac{\alpha+\varepsilon}{2},\, \frac{1}{2}+\varepsilon+n;\, \frac{\alpha+\varepsilon}{2}+\beta,\, \varepsilon+\frac{1}{2};\, \frac{a^2}{b^2}\right)$$

$[\varepsilon = 0$ или $1;\ b > a > 0;\ \operatorname{Re}\beta > 0]$.

10. $$\int_a^b x^{-2\beta-n-1}(x^2-a^2)^{\beta-1}P_n\left(\frac{x}{b}\right)dx = \frac{n!(b^2-a^2)^\beta}{(2\beta)_{n+1}a^{n+2}b^{2\beta}}\, C_n^{\beta+1/2}\left(\frac{a}{b}\right)$$

$[b > a > 0;\ \operatorname{Re}\beta > 0]$.

11. $$\int_{-a}^a \frac{x^\varepsilon}{\sqrt{a^2-x^2}}\, P_{2n+\varepsilon}\left(\frac{x}{a}\right)dx = \pi\left[\frac{(1/2)_n}{n!}\right]^2\left(\frac{2n+1}{2n+2}\,a\right)^\varepsilon$$

$[\varepsilon = 0$ или $1;\ a > 0]$.

12. $$\int_0^\infty \frac{x^\varepsilon}{(x^2+a^2)^\rho}\, P_{2n+\varepsilon}\left(\frac{ix}{a}\right)dx = \frac{(-1)^n i^\varepsilon\sqrt{\pi}}{2(n!)}\, a^{1+\varepsilon-2\rho}\left(\frac{1}{2}\right)_{n+\varepsilon}(\rho)_n\Gamma\left[\begin{matrix}\rho-\varepsilon-n-1/2\\ \rho\end{matrix}\right]$$

$[\varepsilon = 0$ или $1;\ \operatorname{Re}a > 0;\ \operatorname{Re}\rho > n+\varepsilon+1/2]$.

13. $$\int_a^\infty x^{\alpha-1}(x^2-a^2)^{\beta-1}P_n\left(\frac{x}{b}\right)dx = \frac{2^{n-1}a^{\alpha+2\beta+n-2}(1/2)_n}{n!b^n}\,\mathrm{B}\left(\beta,\, 1-\frac{\alpha+n}{2}-\beta\right)\times$$
$$\times {}_3F_2\left(-\left[\frac{n}{2}\right],\, 1-\frac{\alpha+n}{2}-\beta,\, \frac{1}{2}+\left[\frac{n}{2}\right]-n;\, 1-\frac{\alpha+n}{2},\, \frac{1}{2}-n;\, \frac{b^2}{a^2}\right)$$

$[a > b > 0,\ \operatorname{Re}\beta > 0;\ \operatorname{Re}(\alpha+2\beta) < 2-n]$.

14. $$\int_a^\infty \frac{x^{\alpha-1}}{(x^2\pm z^2)^\rho}\, P_{2n+\varepsilon}\left(\frac{x}{a}\right)dx = \frac{(-1)^{n+1}a^{\alpha-2\rho}((1-\alpha+\varepsilon)/2+\rho)_n}{2((\alpha+\varepsilon)/2-\rho)_{n+1}}\times$$
$$\times {}_3F_2\left(\rho,\, \frac{1-\alpha+\varepsilon}{2}+\rho+n,\, \rho-n-\frac{\alpha+\varepsilon}{2};\, 1+\rho-\frac{\alpha}{2},\, \frac{1-\alpha}{2}+\rho;\, \mp\frac{z^2}{a^2}\right)$$

$\left[\varepsilon = 0 \text{ или } 1;\ \operatorname{Re}(\alpha-2\rho) < -2n-\varepsilon,\ \left\{\begin{matrix}a,\ \operatorname{Re}z > 0\\ a > z > 0\end{matrix}\right\}\right]$.

15. $$\int_a^\infty \frac{x^{\alpha-1}}{x^2-y^2}\, P_{2n+\varepsilon}\left(\frac{x}{a}\right)dx = I$$ $[\varepsilon = 0$ или $1;\ a,\ y > 0;\ \operatorname{Re}\alpha < 2-2n-\varepsilon]$,

$$I = (-1)^n\frac{a^\alpha((1-\alpha+\varepsilon)/2)_n}{2y^2((\alpha+\varepsilon)/2)_{n+1}}\,{}_3F_2\left(1,\, \frac{\alpha}{2},\, \frac{\alpha+1}{2};\, \frac{1+\alpha-\varepsilon}{2}-n,\, 1+\frac{\alpha+\varepsilon}{2}+n;\, \frac{a^2}{y^2}\right)+$$
$$+\frac{(-1)^{\varepsilon-1}\pi}{2}\, y^{\alpha-2}\operatorname{tg}^{2\varepsilon-1}\frac{\alpha\pi}{2}\, P_{2n+\varepsilon}\left(\frac{y}{a}\right)$$ $[a < y]$,

$$I = (-1)^{n+1}\frac{a^{\alpha-2}((3-\alpha+\varepsilon)/2)_n}{2((\alpha+\varepsilon)/2-1)_{n+1}}\times$$
$$\times {}_3F_2\left(1,\, \frac{3-\alpha+\varepsilon}{2}+n,\, 1-\frac{\alpha+\varepsilon}{2}-n;\, 2-\frac{\alpha}{2},\, \frac{3-\alpha}{2};\, \frac{y^2}{a^2}\right)$$ $[y < a]$.

2.17.3. Интегралы от $(x \pm a)^{\alpha}(b \pm x)^{\beta} P_n(\varphi(x))$.

1. $$\int\limits_a^b \frac{1}{\sqrt{(x-a)(b-x)}}\, P_n(cx)\, dx = \pi P_n(z_+) P_n(z_-)$$
$$\left[b > a;\ \sqrt{2}\, z_{\pm} = \left(1 + abc^2 \pm \sqrt{(1-a^2c^2)(1-b^2c^2)}\right)^{1/2}\right].$$

2. $$\int\limits_a^b (x-a)^{\alpha-1}(b-x)^{\beta-1} P_n\left(\frac{x}{a}\right) dx = \mathrm{B}\,(\alpha,\, \beta)(b-a)^{\alpha+\beta-1} \times$$
$$\times\, {}_3F_2\left(-n,\, n+1,\, \alpha;\ \alpha+\beta,\, 1;\ \frac{a-b}{2a}\right) \qquad [b > a;\ \operatorname{Re}\alpha,\, \operatorname{Re}\beta > 0].$$

3. $$\int\limits_a^b (x-a)^{n-\beta}(b-x)^{\beta-1} P_n\left(\frac{x}{a}\right) dx = \frac{\pi(1-\beta)_n}{n!\sin\beta\pi}\,(b-a)^n P_n^{(0,\,-\beta)}\left(\frac{b}{a}\right)$$
$$[b > a;\ 0 < \operatorname{Re}\beta < n+1].$$

4. $$\int\limits_{-a}^b (b-x)^{\beta-1}(a-x)^{-\tau} P_n\left(\frac{x}{a}\right) dx = \mathrm{B}\,(\beta,\, \tau-\beta)(a-b)^{\beta-1} \times$$
$$\times\, {}_3F_2\left(-n,\, n+1,\, 1-\tau;\ 1,\, 1+\beta-\tau;\ \frac{a-b}{2a}\right) + \frac{(1+\tau-\beta)_n}{(\beta-\tau)_{n+1}}\,(2a)^{\beta-\tau} \times$$
$$\times\, {}_3F_2\left(1-\beta,\, 1+\tau+n-\beta,\, \tau-\beta-n;\ 1+\tau-\beta,\, 1+\tau-\beta;\ \frac{a-b}{2a}\right)$$
$$[-a < b < a;\ \operatorname{Re}\beta > 0].$$

5. $$\int\limits_a^b (b-x)^{\beta-1}(x+a)^{-\tau} P_n\left(\frac{x}{a}\right) dx = \frac{2^n(1/2)_n}{n!a^n}\,\mathrm{B}\,(1+n-\tau,\, \beta)(a+b)^{\beta+n-\tau} \times$$
$$\times\, {}_3F_2\left(-n,\, -n,\, \tau-\beta-n;\ -2n,\, \tau-n;\ \frac{2a}{a+b}\right) + \frac{(-1)^{n+1}(\tau)_n}{(1-\tau)_{n+1}}\,(2a)^{1-\tau} \times$$
$$\times (a+b)^{\beta-1}\, {}_3F_2\left(1-\beta,\, 1-\tau,\, 1-\tau;\ 2+n-\tau,\, 1-\tau-n;\ \frac{2a}{a+b}\right) \qquad [b > a > 0;\ \operatorname{Re}\beta > 0].$$

6. $$\int\limits_a^b (x-a)^{\alpha-1}(b-x)^{\beta-1} P_n\left(\frac{x}{b}\right) dx = \mathrm{B}\,(\alpha,\, \beta)(b-a)^{\alpha+\beta-1} \times$$
$$\times\, {}_3F_2\left(-n,\, n+1,\, \beta;\ 1,\, \alpha+\beta;\ \frac{b-a}{2b}\right) \qquad [-b < a < b;\ \operatorname{Re}\alpha,\, \operatorname{Re}\beta > 0].$$

7. $$\int\limits_a^b (x-a)^{n-\beta}(b-x)^{\beta-1} P_n\left(\frac{x}{b}\right) dx = \frac{\pi(1-\beta)_n}{n!\sin\beta\pi}\,(b-a)^n P_n^{(0,\,\beta-n-1)}\left(\frac{a}{b}\right)$$
$$[b > a;\ 0 < \operatorname{Re}\beta < n+1].$$

8. $$\int\limits_a^b (x-a)^{\alpha-1}(x+b)^{-\tau} P_n\left(\frac{x}{b}\right) dx = (-1)^n\,\mathrm{B}\,(\alpha,\, \tau-\alpha)(a+b)^{\alpha-\tau} \times$$
$$\times\, {}_3F_2\left(-n,\, n+1,\, 1-\tau;\ 1,\, 1+\alpha-\tau;\ \frac{a+b}{2b}\right) + \frac{(-1)^n(1+\tau-\alpha)_n}{(\alpha-\tau)_{n+1}}\,(2b)^{\alpha-\tau} \times$$
$$\times\, {}_3F_2\left(1-\alpha,\, 1+\tau+n-\alpha,\, \tau-\alpha-n;\ 1+\tau-\alpha,\, 1+\tau-\alpha;\ \frac{a+b}{2b}\right)$$
$$[b > a > 0;\ \operatorname{Re}\alpha > 0].$$

9. $\int\limits_a^b (x-a)^{\tau-n-2}(x+b)^{-\tau} P_n\left(\frac{x}{b}\right) dx =$

$= \frac{(-1)^{n+1} n! (2b)^{1+n-\tau}}{(1-\tau)_{n+1}} (b-a)^{\tau-n-1}(b+a)^{-n-1} P_n^{(\tau-n-1,\,0)}\left(\frac{a}{b}\right)$ $[b > a > 0;\ \operatorname{Re}\tau > n+1]$.

10. $\int\limits_{-a}^a (x+a)^{\alpha-1}(a-x)^{\beta-1} P_n\left(\frac{x}{a}\right) dx = (2a)^{\alpha+\beta-1}\,\mathrm{B}\,(\alpha,\,\beta)\,{}_3F_2(-n,\,n+1,\,\beta;\,1,\,\alpha+\beta;\,1)$

$[a,\ \operatorname{Re}\alpha,\ \operatorname{Re}\beta > 0]$.

11. $\int\limits_{-a}^a (a+x)^{n-\beta}(a-x)^{\beta-1} P_n\left(\frac{x}{a}\right) dx = \left[\frac{(1-\beta)_n}{n!}\right]^2 \frac{(2a)^n \pi}{\sin\beta\pi}$ $[a > 0;\ 0 < \operatorname{Re}\beta < n+1]$.

12. $\int\limits_{-a}^a (a-x)^{\beta-1}(\pm x \mp z)^{-\theta} P_n\left(\frac{x}{a}\right) dx = \frac{(1-\beta)_n}{(\beta)_{n+1}} (2a)^{\beta}(\pm a \mp z)^{-\theta} \times$

$\times\ {}_3F_2\left(\theta,\,\beta,\,\beta;\,\beta-n,\,\beta+n+1;\,\frac{2a}{a-z}\right)$ $\left[a,\ \operatorname{Re}\beta > 0,\ \left\{\begin{matrix} z < -a \\ |\arg(z^2-a^2)| < \pi \end{matrix}\right\}\right]$.

13. $\int\limits_{-a}^a (x+a)^{\alpha-1}(z \pm x)^{-\theta} P_n\left(\frac{x}{a}\right) dx = \frac{(-1)^n (1-\alpha)_n}{(\alpha)_{n+1}} (2a)^{\alpha}(z \mp a)^{-\theta} \times$

$\times\ {}_3F_2\left(\alpha,\,\alpha,\,\theta;\,\alpha-n,\,\alpha+n+1;\,\frac{2a}{a \mp z}\right)$ $[a,\ \operatorname{Re}\alpha > 0;\ |\arg(z^2-a^2)| < \pi]$.

14. $\int\limits_{-a}^a \frac{x^m}{x-y} P_n\left(\frac{x}{a}\right) dx = -2y^m Q_n\left(\frac{y}{a}\right) - \left\{\begin{matrix} 1 \\ 0 \end{matrix}\right\} \frac{n! a^{n+1}}{2^{n-1}(3/2)_n}$

$\left[\left\{\begin{matrix} m \leqslant n \\ m = n+1 \end{matrix}\right\},\ a > 0,\ y \notin (-a,\,a)\right]$.

15. $\int\limits_{-a}^a \frac{(a-x)^{\beta-1}}{x-y} P_n\left(\frac{x}{a}\right) dx = I$ $[a,\ \operatorname{Re}\beta > 0]$,

$I = \pi \operatorname{ctg}\beta\pi (a-y)^{\beta-1} P_n\left(\frac{y}{a}\right) - \frac{(2-\beta)_n}{(\beta-1)_{n+1}} (2a)^{\beta-1} \times$

$\times\ {}_3F_2\left(1,\,2+n-\beta,\,1-\beta-n;\,2-\beta,\,2-\beta;\,\frac{a-y}{2a}\right)$ $[-a < y < a]$,

$I = \frac{(1-\beta)_n}{(a-y)(\beta)_{n+1}} (2a)^{\beta}\,{}_3F_2\left(1,\,\beta,\,\beta;\,\beta-n,\,\beta+n+1;\,\frac{2a}{a-y}\right)$ $[y < -a]$.

16. $\int\limits_a^\infty \frac{(x+a)^{-\tau}}{x-y} P_n\left(\frac{x}{a}\right) dx = I$ $[a > 0;\ \operatorname{Re}\tau > n]$,

$I = (-1)^{n+1} \frac{(\tau+1)_n}{(-\tau)_{n+1}} (2a)^{-\tau}\,{}_3F_2\left(1,\,\tau-n,\,\tau+n+1;\,\tau+1,\,\tau+1;\,\frac{a+y}{2a}\right)$ $[-a < y < a]$,

$I = \pi \operatorname{ctg}\tau\pi (a+y)^{-\tau} P_n\left(\frac{y}{a}\right) + (-1)^n \frac{(\tau)_n (2a)^{1-\tau}}{(a+y)(1-\tau)_{n+1}} \times$

$\times\ {}_3F_2\left(1,\,1-\tau,\,1-\tau;\,2+n-\tau,\,1-\tau-n;\,\frac{2a}{a+y}\right)$ $[y > a]$.

17. $\int\limits_a^\infty (x-a)^{\alpha-1}(x+a)^{-\tau} P_n\left(\frac{x}{a}\right) dx = \mathrm{B}\,(\alpha,\,\tau-\alpha-n)(2a)^{\alpha-\tau}\,{}_3F_2(-n,\,-n,\,\alpha;\,1,\,\tau-n;\,1)$

$[a > 0;\ 0 < \operatorname{Re}\alpha < \operatorname{Re}\tau - n]$.

18. $$\int_a^\infty (x+a)^{-\tau}(x+z)^{-\theta} P_n\left(\frac{x}{a}\right) dx = \\ = \frac{(-1)^{n+1}(\theta+\tau)_n(2a)^{1-\theta-\tau}}{(1-\theta-\tau)_{n+1}}\, {}_3F_2\left(\theta,\, \theta+\tau-n-1,\, \theta+\tau+n;\, \theta+\tau,\, \theta+\tau;\, \frac{a-z}{2a}\right)$$
$[a>0;\ \mathrm{Re}\,(\theta+\tau)>n+1;\ |\arg(z-a)|<\pi]$.

19. $$\int_a^\infty (x-a)^{\alpha-1}(x+z)^{-\theta} P_n\left(\frac{x}{a}\right) dx = \\ = \mathrm{B}\,(\alpha,\, \theta-\alpha)(a+z)^{\alpha-\theta}\, {}_3F_2\left(-n,\, n+1,\, \alpha;\, 1,\, 1+\alpha-\theta;\, \frac{a+z}{2a}\right)$$
$[a>0;\ 0<\mathrm{Re}\,\alpha<\mathrm{Re}\,\theta-n;\ |\arg(a+z)|<\pi]$.

20. $$\int_a^\infty (x-a)^{\alpha-1}(x+b)^{-\tau} P_n\left(\frac{x}{b}\right) dx = \frac{2^n(1/2)_n}{n!b^n}\,\mathrm{B}\,(\alpha,\, \tau-\alpha-n)(a+b)^{\alpha+n-\tau} \times \\ \times {}_3F_2\left(-n,\, -n,\, \tau-\alpha-n;\, \tau-n,\, -2n;\, \frac{2b}{a+b}\right)$$
$[a>b>0;\ 0<\mathrm{Re}\,\alpha<\mathrm{Re}\,\tau-n]$.

21. $$\int_a^\infty (x-a)^{\alpha-1}(x-b)^{-\tau} P_n\left(\frac{x}{b}\right) dx = \\ = \mathrm{B}\,(\alpha,\, \tau-\alpha)(a-b)^{\alpha-\tau}\, {}_3F_2\left(-n,\, n+1,\, 1-\tau;\, 1,\, 1+\alpha-\tau;\, \frac{b-a}{2b}\right)$$
$[a>b>0;\ 0<\mathrm{Re}\,\alpha<\mathrm{Re}\,\tau-n]$.

22. $$\int_a^\infty \frac{(x+\sqrt{x^2-a^2}\,)^{-\rho}}{\sqrt{x^2-a^2}} P_{2n+\varepsilon}\left(\frac{x}{a}\right) dx = \frac{a^{-\rho}}{\rho}\left(\frac{\rho^2}{\rho^2-1}\right)^{\varepsilon} \prod_{k=1}^{n} \frac{\rho^2-(2k+\varepsilon-1)^2}{\rho^2-(2k+\varepsilon)^2}$$
$[\varepsilon=0$ или $1;\ a>0;\ \mathrm{Re}\,\rho>2n+\varepsilon]$.

23. $$\int_0^a x^{\alpha-1} P_n\left(\frac{x+a}{2\sqrt{ax}}\right) dx = 2^{2n+1}(2\alpha-n)_{2n+1}a^{\alpha}$$
$[a>0;\ \mathrm{Re}\,\alpha>n/2]$.

24. $$\int_0^\infty x^{\alpha-1}(x+a)^{-(n+1)/2} P_n\left(\frac{2a+x}{2\sqrt{a(a+x)}}\right) dx = \frac{a^{\alpha-(n+1)/2}}{n!\sqrt{\pi}}(1-\alpha)_n\Gamma(\alpha)\Gamma\left(\frac{1}{2}-\alpha\right)$$
$[0<\mathrm{Re}\,\alpha<1/2;\ |\arg a|<\pi]$.

2.17.4. Интегралы от $(x\pm a)^{\alpha}(b\pm x)^{\beta}(d\pm x)^{\gamma}P_n(cx)$.

1. $$\int_{-a}^a (x+a)^{\alpha-1}(a-x)^{\beta-1}(z-x)^{n-\alpha-\beta+1} P_n\left(\frac{x}{a}\right) dx = = \mathrm{B}\,(\beta,\, \alpha-n-1)(2a)^{\alpha+\beta-1} \times \\ \times (z+a)^{-\beta}(z-a)^{n-\alpha+1}\, {}_3F_2\left(n+1,\, n+1,\, \beta;\, 1,\, 2+n-\alpha;\, \frac{z-a}{z+a}\right) + \\ + (-1)^n\left[\frac{(1-\alpha)_n}{n!}\right]^2 \frac{\pi}{\sin\alpha\pi}(2a)^{\alpha+\beta-1}(a+z)^{n-\alpha-\beta+1} \times \\ \times {}_3F_2\left(\alpha,\, \alpha,\, \alpha+\beta-n-1;\, \alpha-n,\, \alpha-n;\, \frac{z-a}{z+a}\right)$$
$[a,\ \mathrm{Re}\,\alpha,\ \mathrm{Re}\,\beta>0;\ |\arg(z^2-a^2)|<\pi]$.

2. $$\int_{-a}^a \frac{(x+a)^{n-\beta+1}}{x-y}(a-x)^{\beta-1} P_n\left(\frac{x}{a}\right) dx = \left[\frac{(2-\beta)_n}{n!}\right]^2 \frac{2^{n+1}\pi}{\sin\beta\pi} \times$$

$$\times\, a^{\beta+n-1}(a+y)^{1-\beta}\,{}_3F_2\left(1,\,2+n-\beta,\,2+n-\beta;\,2-\beta,\,2-\beta;\,\frac{y-a}{y+a}\right)+$$

$$+\,\pi\operatorname{ctg}\beta\pi(a+y)^{n-\beta+1}(a-y)^{\beta-1}P_n\left(\frac{y}{a}\right)\qquad [-a<y<a;\ 0<\operatorname{Re}\beta<n+2].$$

3. $$\int\limits_{\pm a}^{b}(x\mp a)^{\alpha-1}(b-x)^{\beta-1}(a\pm x)^{n-\alpha-\beta+1}P_n\left(\frac{x}{a}\right)dx=$$

$$=(\pm1)^n\,\mathrm{B}\,(\alpha,\,\beta)(2a)^{n-\beta+1}(a\pm b)^{-\alpha}(b\mp a)^{\alpha+\beta-1}\times$$

$$\times\,{}_3F_2\left(n+1,\,n+1,\,\alpha;\,1,\,\alpha+\beta;\,\frac{b\mp a}{b\pm a}\right)\qquad\left[\operatorname{Re}\alpha,\,\operatorname{Re}\beta>0,\,\left\{\begin{matrix}b>a\\ -a<b<a\end{matrix}\right\}\right].$$

4. $$\int\limits_{a}^{b}(x-a)^{\alpha-1}(b-x)^{\beta-1}(x+b)^{n-\alpha-\beta+1}P_n\left(\frac{x}{b}\right)dx=$$

$$=\mathrm{B}\,(\alpha,\,\beta)(2b)^{n-\alpha+1}(a+b)^{-\beta}(b-a)^{\alpha+\beta-1}\,{}_3F_2\left(n+1,\,n+1,\,\beta;\,1,\,\alpha+\beta;\,\frac{a-b}{a+b}\right)$$

$$[b>a>0;\ \operatorname{Re}\alpha,\,\operatorname{Re}\beta>0].$$

2.17.5. Интегралы от $A(x)e^{-px\pm m}P_n(cx)$.

1. $$\int\limits_{-a}^{a}e^{ipx}P_n\left(\frac{x}{a}\right)dx=\sqrt{\frac{2\pi a}{p}}\,e^{n\pi i/2}J_{n+1/2}(ap)\qquad [a>0].$$

2. $$\int\limits_{-a}^{a}e^{-px}P_n\left(\frac{x}{a}\right)dx=(-1)^n\sqrt{\frac{2\pi a}{p}}\,I_{n+1/2}(ap)\qquad [a>0].$$

3. $$\int\limits_{-a}^{\infty}e^{-px}P_n\left(\frac{x}{a}\right)dx=(-1)^n\left(\frac{p}{a}\right)^n\left(\frac{1}{p}\frac{d}{dp}\right)^n\left(\frac{e^{ap}}{p}\right)=\frac{(-1)^n}{p}\,e^{ap}\,{}_2F_0\left(-n,\,n+1;\,\frac{1}{2ap}\right)$$

$$[a,\,\operatorname{Re}p>0].$$

4. $$\int\limits_{a}^{\infty}e^{-px}P_n\left(\frac{x}{a}\right)dx=\sqrt{\frac{2a}{\pi p}}\,K_{n+1/2}(ap)\qquad [a,\,\operatorname{Re}p>0].$$

5. $$\int\limits_{a}^{\infty}x^{\alpha-1}e^{-px}P_{2n+\varepsilon}(cx)\,dx=\frac{(-1)^n(2c)^{\varepsilon}(1/2)_{n+\varepsilon}}{n!p^{\alpha+\varepsilon}}\,\Gamma(\alpha+\varepsilon)\times$$

$$\times\,{}_4F_1\left(-n,\,n+\varepsilon+\frac{1}{2},\,\frac{\alpha+1}{2},\,\frac{\alpha}{2}+\varepsilon;\,\varepsilon+\frac{1}{2};\,\frac{4c^2}{p^2}\right)\qquad [\varepsilon=0\text{ или }1;\ \operatorname{Re}p>0;\ \operatorname{Re}\alpha>-\varepsilon].$$

6. $$\int\limits_{-a}^{a}(x+a)^{\alpha-1}e^{-px}P_n\left(\frac{x}{a}\right)dx=$$

$$=(-1)^n\frac{(1-\alpha)_n}{(\alpha)_{n+1}}\,(2a)^{\alpha}e^{ap}\,{}_2F_2(\alpha,\,\alpha;\,\alpha+n+1,\,\alpha-n;\,-2ap)\qquad [a,\,\operatorname{Re}\alpha>0].$$

7. $$\int\limits_{a}^{\infty}(x-a)^{\alpha-1}e^{-px}P_n\left(\frac{x}{a}\right)dx=\frac{2^n(1/2)_n\Gamma(\alpha+n)}{n!a^np^{\alpha+n}}\,e^{-ap}\times$$

$$\times\,{}_2F_2(-n,\,-n;\,1-\alpha-n,\,-2n;\,2ap)\qquad [a,\,\operatorname{Re}p,\,\operatorname{Re}\alpha>0].$$

8. $$\int\limits_{a}^{\infty}(x+a)^{-\tau}e^{-px}P_n\left(\frac{x}{a}\right)dx=\frac{(-1)^{n+1}(\tau)_n(2a)^{1-\tau}}{(1-\tau)_{n+1}}\,e^{ap}\times$$

$$\times\,{}_2F_2(1-\tau,\,1-\tau;\,2+n-\tau,\,1-\tau-n;\,-2ap)+$$

$$+\frac{2^{2n}\Gamma(1+n-\tau)(1/2)_n}{n!(2a)^n}\,p^{\tau-n-1}e^{ap}\,{}_2F_2(-n,\,-n;\;-2n,\;\tau-n;\;-2ap)\qquad [a,\ \operatorname{Re}p>0].$$

9. $$\int_0^a x^{\alpha-1}e^{-px^2}P_{2n+\varepsilon}\left(\frac{x}{a}\right)dx=\frac{(-1)^n a^\alpha((1-\alpha+\varepsilon)/2)_n}{2((\alpha+\varepsilon)/2)_n}\times$$
$$\times\,{}_2F_2\left(\frac{\alpha}{2},\,\frac{\alpha+1}{2};\;\frac{1+\alpha-\varepsilon}{2}-n,\;\frac{\alpha+\varepsilon}{2}+n+1;\;-a^2p\right)$$
$[\varepsilon=0$ или $1;\ a>0;\ \operatorname{Re}\alpha>-\varepsilon]$.

10. $$\int_0^\infty x^{\alpha-1}e^{-px^2}P_{2n+\varepsilon}(cx)\,dx=\frac{(-1)^n2^{\varepsilon-1}c^\varepsilon(1/2)_{n+\varepsilon}}{p^{(\alpha+\varepsilon)/2}n!}\,\Gamma\left(\frac{\alpha+\varepsilon}{2}\right)\times$$
$$\times\,{}_3F_1\left(-n,\;\frac{1}{2}+n+\varepsilon,\;\frac{\alpha+\varepsilon}{2};\;\varepsilon+\frac{1}{2};\;\frac{c^2}{p}\right)$$
$[\varepsilon=0$ или $1;\ \operatorname{Re}p>0;\ \operatorname{Re}\alpha>-\varepsilon]$.

11. $$\int_0^\infty x^{\varepsilon}e^{-px^2}P_{2n+\varepsilon}(cx)\,dx=\frac{(-1)^n\sqrt{\pi}\,c^\varepsilon(1/2)_{n+\varepsilon}}{2p^{\varepsilon+1/2}n!}\,{}_2F_0\left(-n,\;n+\varepsilon+\frac{1}{2};\;\frac{c^2}{p}\right)$$
$[\varepsilon=0$ или $1;\ \operatorname{Re}p>0]$.

12. $$\int_a^\infty x^{\alpha-1}e^{-px^2}P_{2n+\varepsilon}\left(\frac{x}{a}\right)dx=\frac{(-1)^{n+1}a^\alpha((1-\alpha+\varepsilon)/2)_n}{2((\alpha+\varepsilon)/2)_{n+1}}\times$$
$$\times\,{}_2F_2\left(\frac{\alpha}{2},\,\frac{\alpha+1}{2};\;\frac{1+\alpha-\varepsilon}{2}-n,\;\frac{\alpha+\varepsilon}{2}+n+1;\;-a^2p\right)+$$
$$+\frac{2^{2n+\varepsilon-1}(1/2)_{2n+\varepsilon}}{(2n+\varepsilon)!\,a^{2n+\varepsilon}p^{(\alpha+\varepsilon)/2+n}}\,\Gamma\left(\frac{\alpha+\varepsilon}{2}+n\right)\times$$
$$\times\,{}_2F_2\left(-n,\;\frac{1}{2}-\varepsilon-n;\;\frac{1}{2}-\varepsilon-2n,\;1-n-\frac{\alpha+\varepsilon}{2};\;-a^2p\right)$$
$[\varepsilon=0$ или $1;\ a,\ \operatorname{Re}p>0]$.

13. $$\int_0^a x^{\alpha-1}e^{-px^{-2}}P_{2n+\varepsilon}\left(\frac{x}{a}\right)dx=\frac{(-1)^n a^\alpha((1-\alpha+\varepsilon)/2)_n}{2((\alpha+\varepsilon)/2)_{n+1}}\times$$
$$\times\,{}_2F_2\left(-\frac{\alpha+\varepsilon}{2}-n,\;\frac{1-\alpha+\varepsilon}{2}+n;\;\frac{1-\alpha}{2},\;1-\frac{\alpha}{2};\;-\frac{p}{a^2}\right)+$$
$$+\frac{(-1)^n2^{\varepsilon-1}}{n!\,a^\varepsilon}\,p^{(\alpha+\varepsilon)/2}\left(\frac{1}{2}\right)_{n+\varepsilon}\Gamma\left(-\frac{\alpha+\varepsilon}{2}\right){}_2F_2\left(-n,\;\frac{1}{2}+\varepsilon+n;\;\frac{1}{2}+\varepsilon,\;1+\frac{\alpha+\varepsilon}{2};\;-\frac{p}{a^2}\right)$$
$[\varepsilon=0$ или $1;\ a,\ \operatorname{Re}p>0]$.

14. $$\int_0^a x^{-n-3}e^{-px^{-2}}P_n\left(\frac{x}{a}\right)dx=\frac{e^{-pa^{-2}}}{2^{n+1}p^{n/2+1}}\,H_n\left(\frac{\sqrt{p}}{a}\right)$$
$[a,\ \operatorname{Re}p>0]$.

15. $$\int_a^\infty x^{\alpha-1}e^{-px^{-2}}P_{2n+\varepsilon}\left(\frac{x}{a}\right)dx=\frac{(-1)^{n+1}a^\alpha((1-\alpha+\varepsilon)/2)_n}{2((\alpha+\varepsilon)/2)_{n+1}}\times$$
$$\times\,{}_2F_2\left(-\frac{\alpha+\varepsilon}{2}-n,\;\frac{1-\alpha+\varepsilon}{2}+n;\;\frac{1-\alpha}{2},\;1-\frac{\alpha}{2};\;-\frac{p}{a^2}\right)$$
$[\varepsilon=0$ или $1;\ a>0;\ \operatorname{Re}\alpha<-2n-\varepsilon]$.

2.17.6. Интегралы от $A(x)e^{\varphi(x)}P_n(cx)$.

1. $$\int\limits_{-a}^{a}(x+a)^{\alpha-1}\exp\left(-p\frac{(a-x)^\varepsilon}{a+x}\right)P_n\left(\frac{x}{a}\right)dx=$$
$$=\frac{(-1)^n(1-\alpha)_n}{(\alpha)_{n+1}}(2a)^\alpha e^{\varepsilon p}\,{}_2F_2\left(-\alpha-n,\ n-\alpha+1;\ 1-\alpha,\ 1-\alpha;\ -\frac{p}{(2a)^{1-\varepsilon}}\right)+$$
$$+(-1)^n\Gamma(-\alpha)(2a)^{\alpha\varepsilon}p^\alpha e^{\varepsilon p}\,{}_2F_2\left(-n,\ n+1;\ 1,\ \alpha+1;\ -\frac{p}{(2a)^{1-\varepsilon}}\right)$$
$[\varepsilon=0$ или $1;\ a,\ \operatorname{Re}p>0]$.

2. $$\int\limits_{-a}^{a}(x+a)^{-n-2}\exp\left(-p\frac{(a-x)^\varepsilon}{a+x}\right)P_n\left(\frac{x}{a}\right)dx=$$
$$=\frac{(-1)^n n!}{(2a)^{(n+1)\varepsilon}p^{n+1}}\exp\left(\frac{\varepsilon p-p}{2a}\right)L_n\left(\frac{p}{(2a)^{1-\varepsilon}}\right)\qquad[\varepsilon=0\text{ или }1;\ a,\ \operatorname{Re}p>0].$$

3. $$\int\limits_{-a}^{a}(x+a)^{-n-\beta-1}(a-x)^{\beta-1}\exp\left(-p\frac{(a-x)^\varepsilon}{a+x}\right)P_n\left(\frac{x}{a}\right)dx=$$
$$=(-1)^n\Gamma(\beta+n)(2a)^{\beta-\beta\varepsilon-n\varepsilon-1}p^{-\beta-n}\exp\left(\frac{\varepsilon p-p}{2a}\right){}_2F_2\left(-n,\ -n;\ 1-\beta-n,\ 1;\ \frac{p}{(2a)^{1-\varepsilon}}\right)$$
$[\varepsilon=0$ или $1;\ a,\ \operatorname{Re}p,\ \operatorname{Re}\beta>0]$.

4. $$\int\limits_{-a}^{a}(x+a)^{n-\beta}(a-x)^{\beta-1}\exp\left(-p\frac{(a-x)^\varepsilon}{a+x}\right)P_n\left(\frac{x}{a}\right)dx=$$
$$=\left[\frac{(1-\beta)_n}{n!}\right]^2\frac{\pi(2a)^n}{\sin\beta\pi}\exp\left(\frac{\varepsilon p-p}{2a}\right){}_2F_2\left(\beta,\ \beta;\ \beta-n,\ \beta-n;\ \frac{p}{(2a)^{1-\varepsilon}}\right)+$$
$$+(-1)^n\Gamma(\beta-n-1)p^{n-\beta+1}(2a)^{\beta-\beta\varepsilon+n\varepsilon-1}\exp\left(\frac{\varepsilon p-p}{2a}\right)\times$$
$$\times\,{}_2F_2\left(n+1,\ n+1;\ 1,\ n-\beta+2;\ \frac{p}{(2a)^{1-\varepsilon}}\right)\qquad[\varepsilon=0\text{ или }1;\ a,\ \operatorname{Re}p,\ \operatorname{Re}\beta>0].$$

5. $$\int\limits_{-a}^{a}(x+a)^{n-\beta}(a-x)^{\beta-1}\exp\left(-p\frac{(a+x)^\varepsilon}{a-x}\right)P_n\left(\frac{x}{a}\right)dx=\left[\frac{(1-\beta)_n}{n!}\right]^2\times$$
$$\times\frac{\pi}{\sin\beta\pi}(2a)^n\exp\left(\frac{\varepsilon p-p}{2a}\right){}_2F_2\left(n-\beta+1,\ n-\beta+1;\ 1-\beta,\ 1-\beta;\ \frac{p}{(2a)^{1-\varepsilon}}\right)+$$
$$+\Gamma(-\beta)(2a)^{n-\beta+\beta\varepsilon}p^\beta\exp\left(\frac{\varepsilon p-p}{2a}\right){}_2F_2\left(n+1,\ n+1;\ 1,\ \beta+1;\ \frac{p}{(2a)^{1-\varepsilon}}\right)$$
$[\varepsilon=0$ или $1;\ a,\ \operatorname{Re}p>0;\ \operatorname{Re}\beta<n+1]$.

6. $$\int\limits_{-a}^{a}(x+a)^{-\beta-n-1}(a-x)^{\beta-1}\exp\left(-p\frac{(a+x)^\varepsilon}{a-x}\right)P_n\left(\frac{x}{a}\right)dx=$$
$$=\frac{\Gamma(-\beta)p^\beta}{(2a)^{\beta-\beta\varepsilon+n+1}}\exp\left(\frac{\varepsilon p-p}{2a}\right){}_2F_2\left(-n,\ -n;\ 1,\ \beta+1;\ \frac{p}{(2a)^{1-\varepsilon}}\right)$$
$[\varepsilon=0$ или $1;\ a,\ \operatorname{Re}p>0;\ \operatorname{Re}\beta<-n]$.

7. $$\int\limits_{a}^{\infty}(x-a)^{\alpha-1}\exp\left(-p\frac{(x+a)^\varepsilon}{x-a}\right)P_n\left(\frac{x}{a}\right)dx=$$
$$=\Gamma(-\alpha)(2a)^{\alpha\varepsilon}p^\alpha e^{-\varepsilon p}\,{}_2F_2\left(-n,\ n+1;\ 1,\ \alpha+1;\ \frac{p}{(2a)^{1-\varepsilon}}\right)$$
$[\varepsilon=0$ или $1;\ a,\ \operatorname{Re}p>0;\ \operatorname{Re}\alpha<-n]$.

8. $$\int_a^\infty (x+a)^{-\tau}\exp\left(-p\frac{(a-x)^\varepsilon}{a+x}\right)P_n\left(\frac{x}{a}\right)dx = \frac{(-1)^{n+1}(\tau)_n}{(1-\tau)_{n+1}}(2a)^{1-\tau}e^{\varepsilon p}\,{}_2F_2\left(\tau-n-1,\ \tau+n;\ \tau,\ \tau;\ -\frac{p}{(2a)^{1-\varepsilon}}\right)$$ [$\varepsilon = 0$ или 1; $a > 0$; $\operatorname{Re}\tau > n+1$].

9. $$\int_{-a}^a (x+a)^{\alpha-1}e^{-p\sqrt{x+a}}P_n\left(\frac{x}{a}\right)dx = \frac{(-1)^n(1-\alpha)_n}{(\alpha)_{n+1}}(2a)^\alpha\,{}_2F_3\left(\alpha,\ \alpha;\ \alpha+n+1,\ \alpha-n,\ \frac12;\ \frac{ap^2}{2}\right) - \frac{(-1)^n(1/2-\alpha)_n}{(\alpha+1/2)_{n+1}}(2a)^{\alpha+1/2}p\,{}_2F_3\left(\alpha+\frac12,\ \alpha+\frac12;\ \frac32,\ \alpha+n+\frac32,\ \alpha-n+\frac12;\ \frac{ap^2}{2}\right)$$ [a, $\operatorname{Re}\alpha > 0$].

10. $$\int_{-a}^a \frac{1}{\sqrt{x+a}}e^{-p\sqrt{x+a}}P_n\left(\frac{x}{a}\right)dx = (-1)^n 2\sqrt{2a}\,I_{n+1/2}\left(p\sqrt{\frac{a}{2}}\right)K_{n+1/2}\left(p\sqrt{\frac{a}{2}}\right)$$ [$a > 0$].

11. $$\int_{-a}^a (x+a)^{\alpha-1}\exp\left(-\frac{p}{\sqrt{x+a}}\right)P_n\left(\frac{x}{a}\right)dx = \frac{(-1)^n(1-\alpha)_n}{(\alpha)_{n+1}}(2a)^\alpha\,{}_2F_3\left(-\alpha-n,\ 1+n-\alpha;\ 1-\alpha,\ 1-\alpha,\ \frac12;\ \frac{p^2}{8a}\right) + (-1)^n 2\Gamma(-2\alpha)p^{2\alpha}\,{}_2F_3\left(-n,\ 1+n;\ 1,\ \alpha+1,\ \alpha+\frac12;\ \frac{p^2}{8a}\right) - \frac{(-1)^n(2-\alpha)_n}{(\alpha-1/2)_{n+1}}(2a)^{\alpha-1/2}p\,{}_2F_3\left(\frac12-\alpha-n,\ \frac32+n-\alpha;\ \frac32-\alpha,\ \frac32-\alpha,\ \frac32;\ \frac{p^2}{8a}\right)$$ [a, $\operatorname{Re}p > 0$].

12. $$\int_{-a}^a (x+a)^{-\beta-n-1}(a-x)^{\beta-1}\exp\left(-p\sqrt{\frac{a-x}{a+x}}\right)P_n\left(\frac{x}{a}\right)dx = \frac{(-1)^n\Gamma(2\beta+2n)}{2^n a^{n+1}p^{2\beta+2n}}\,{}_2F_3\left(-n,\ -n;\ 1,\ 1-\beta-n,\ \frac12-\beta-n;\ -\frac{p^2}{4}\right)$$ [a, $\operatorname{Re}p$, $\operatorname{Re}\beta > 0$].

13. $$\int_{-a}^a (x+a)^{n-\beta}(a-x)^{\beta-1}\exp\left(-p\sqrt{\frac{a-x}{a+x}}\right)P_n\left(\frac{x}{a}\right)dx = (-1)^n 2^{n+1}\Gamma(2\beta-2n-2)a^n p^{2(n-\beta+1)}\,{}_2F_3\left(n+1,\ n+1;\ 1,\ n-\beta+2,\ \frac32+n-\beta;\ -\frac{p^2}{4}\right) + \left[\frac{(1-\beta)_n}{n!}\right]^2\frac{\pi(2a)^n}{\sin\beta\pi}\,{}_2F_3\left(\beta,\ \beta;\ \beta-n,\ \beta-n,\ \frac12;\ -\frac{p^2}{4}\right) - \left[\frac{(1/2-\beta)_n}{n!}\right]^2\frac{\pi(2a)^n p}{\cos\beta\pi}\,{}_2F_3\left(\beta+\frac12,\ \beta+\frac12;\ \frac32,\ \frac12+\beta-n,\ \frac12+\beta-n;\ -\frac{p^2}{4}\right)$$ [a, $\operatorname{Re}p$, $\operatorname{Re}\beta > 0$].

14. $$\int_{-a}^a (x+a)^{-\beta-n-1}(a-x)^{\beta-1}\exp\left(-p\sqrt{\frac{a+x}{a-x}}\right)P_n\left(\frac{x}{a}\right)dx = \frac{p^{2\beta}\Gamma(-2\beta)}{2^n a^{n+1}}\,{}_2F_3\left(-n,\ -n;\ 1,\ \beta+\frac12,\ \beta+1;\ -\frac{p^2}{4}\right)$$ [a, $\operatorname{Re}p > 0$; $\operatorname{Re}\beta < -n$].

15. $$\int_{-a}^{a}(x+a)^{n-\beta}(a-x)^{\beta-1}\exp\left(-p\sqrt{\frac{a+x}{a-x}}\right)P_n\left(\frac{x}{a}\right)dx=$$
$$=2^{n+1}\Gamma(-2\beta)a^n p^{2\beta}\,{}_2F_3\left(n+1,\,n+1;\;\beta+1,\,\beta+\frac{1}{2},\,1;\;-\frac{p^2}{4}\right)+$$
$$+\left[\frac{(1-\beta)_n}{n!}\right]^2\frac{\pi(2a)^n}{\sin\beta\pi}\,{}_2F_3\left(1+n-\beta,\,1+n-\beta;\;1-\beta,\,1-\beta,\,\frac{1}{2};\;-\frac{p^2}{4}\right)+$$
$$+\left[\frac{(3/2-\beta)_n}{n!}\right]^2\frac{\pi(2a)^n p}{\cos\beta\pi}\,{}_2F_3\left(\frac{3}{2}+n-\beta,\,\frac{3}{2}+n-\beta;\;\frac{3}{2},\,\frac{3}{2}-\beta,\,\frac{3}{2}-\beta;\;-\frac{p^2}{4}\right)$$
$[a,\ \operatorname{Re}p>0;\ \operatorname{Re}\beta<n+1]$.

16. $$\int_{a}^{\infty}(x-a)^{\alpha-1}e^{-p\sqrt{x-a}}\,P_n\left(\frac{x}{a}\right)dx=\frac{2^{n+1}\Gamma(2\alpha+2n)(1/2)_n}{n!a^n p^{2\alpha+2n}}\times$$
$$\times\,{}_2F_3\left(-n,\,-n;\;-2n,\,1-\alpha-n,\,\frac{1}{2}-\alpha-n;\;-\frac{ap^2}{2}\right)$$ $[a,\ \operatorname{Re}p,\ \operatorname{Re}\alpha>0]$.

17. $$\int_{a}^{\infty}(x-a)^{\alpha-1}\exp\left(-\frac{p}{\sqrt{x-a}}\right)P_n\left(\frac{x}{a}\right)dx=$$
$$=2\Gamma(-2\alpha)p^{2\alpha}\,{}_2F_3\left(-n,\,n+1;\;1,\,\alpha+1,\,\alpha+\frac{1}{2};\;-\frac{p^2}{8a}\right)$$ $[a,\ \operatorname{Re}p>0;\ \operatorname{Re}\alpha<-n]$.

18. $$\int_{a}^{\infty}(x+a)^{-\tau}e^{-p\sqrt{x+a}}\,P_n\left(\frac{x}{a}\right)dx=$$
$$=\frac{(-1)^{n+1}(\tau)_n}{(1-\tau)_{n+1}}(2a)^{1-\tau}\,{}_2F_3\left(1-\tau,\,1-\tau;\;1-\tau-n,\,2+n-\tau,\,\frac{1}{2};\;\frac{ap^2}{2}\right)+$$
$$+\frac{2^{n+1}(1/2)_n\Gamma(2+2n-2\tau)}{n!a^n}\,p^{2\tau-2n-2}\,{}_2F_3\left(-n,\,-n;\;-2n,\,\tau-n,\,\tau-n-\frac{1}{2};\;\frac{ap^2}{2}\right)+$$
$$+\frac{(-1)^n(\tau-1/2)_n}{(3/2-\tau)_{n+1}}(2a)^{3/2-\tau}p\,{}_2F_3\left(\frac{3}{2}-\tau,\,\frac{3}{2}-\tau;\;\frac{3}{2},\,\frac{5}{2}+n-\tau,\,\frac{3}{2}-\tau-n;\;\frac{ap^2}{2}\right)$$
$[a,\ \operatorname{Re}p>0]$.

19. $$\int_{a}^{\infty}(x+a)^{-\tau}\exp\left(-\frac{p}{\sqrt{x-a}}\right)P_n\left(\frac{x}{a}\right)dx=$$
$$=\frac{(-1)^{n+1}(\tau)_n}{(1-\tau)_{n+1}}(2a)^{1-\tau}\,{}_2F_3\left(\tau-n-1,\,\tau+n;\;\frac{1}{2},\,\tau,\,\tau;\;\frac{p^2}{8a}\right)+$$
$$+\frac{(-1)^n(\tau+1/2)_n}{(1/2-\tau)_{n+1}}(2a)^{1/2-\tau}p\,{}_2F_3\left(\tau-n-\frac{1}{2},\,\tau+n+\frac{1}{2};\;\frac{3}{2},\,\tau+\frac{1}{2},\,\tau+\frac{1}{2};\;\frac{p^2}{8a}\right)$$
$[a>0;\ \operatorname{Re}\tau>n+1]$.

2.17.7. Интегралы, содержащие $\left\{\begin{matrix}\sin\varphi(x)\\ \cos\varphi(x)\end{matrix}\right\}P_n(\chi(x))$.

Обозначение: $\delta=\left\{\begin{matrix}1\\0\end{matrix}\right\}$.

1. $$\int_{0}^{a}\left\{\begin{matrix}\sin bx\,P_{2n+1}(x/a)\\ \cos bx\,P_{2n}(x/a)\end{matrix}\right\}dx=(-1)^n\sqrt{\frac{\pi a}{2b}}\,J_{2n+\delta+1/2}(ab)$$ $[a>0]$.

2. $$\int_0^a x^{\alpha-1} \left\{ \begin{matrix} \sin bx \\ \cos bx \end{matrix} \right\} P_{2n+\varepsilon}\left(\frac{x}{a}\right) dx = \frac{(-1)^n ((1-\alpha-\delta+\varepsilon)/2)_n}{2((\alpha+\delta+\varepsilon)/2)_{n+1}} a^{\alpha+\delta} b^\delta \times$$
$$\times {}_2F_3\left(\frac{\alpha}{2}+\delta,\ \frac{\alpha+1}{2};\ \frac{1+\alpha+\delta-\varepsilon}{2}-n,\ \delta+\frac{1}{2},\ \frac{\alpha+\delta+\varepsilon}{2}+n+1;\ -\frac{a^2b^2}{4}\right)$$

[$\varepsilon = 0$ или 1; $a > 0$; $\operatorname{Re}\alpha > -\delta-\varepsilon$].

3. $$\int_a^\infty x^{\alpha-1} \left\{ \begin{matrix} \sin bx \\ \cos bx \end{matrix} \right\} P_{2n+\varepsilon}\left(\frac{x}{a}\right) dx = \frac{(-1)^{n+1} ((1-\alpha-\delta+\varepsilon)/2)_n}{2((\alpha+\delta+\varepsilon)/2)_n} a^{\alpha+\delta} b^\delta \times$$
$$\times {}_2F_3\left(\frac{\alpha}{2}+\delta,\ \frac{\alpha+1}{2};\ \frac{1+\alpha+\delta-\varepsilon}{2}-n,\ \frac{\alpha+\delta+\varepsilon}{2}+n+1,\ \delta+\frac{1}{2};\ -\frac{a^2b^2}{4}\right) \pm$$
$$\pm \frac{(-1)^n 2^{2n+\varepsilon} (1/2)_{2n+\varepsilon} \Gamma(\alpha+\varepsilon+2n)}{(2n+\varepsilon)!\, a^{2n+\varepsilon} b^{\alpha+\varepsilon+2n}} \left\{ \begin{matrix} \cos[(\alpha+\varepsilon)\pi/2] \\ \sin[(\alpha+\varepsilon)\pi/2] \end{matrix} \right\} \times$$
$$\times {}_2F_3\left(-n,\ \frac{1}{2}-\varepsilon-n;\ \frac{1}{2}-\varepsilon-2n,\ 1-\frac{\alpha}{2}-\varepsilon-n,\ \frac{1-\alpha}{2}-n;\ -\frac{a^2b^2}{4}\right)$$

[$\varepsilon = 0$ или 1; $a,\ b > 0$; $\operatorname{Re}\alpha < 1-2n-\varepsilon$].

4. $$\int_{-a}^a (x+a)^{\alpha-1} \left\{ \begin{matrix} \sin(b\sqrt{x+a}) \\ \cos(b\sqrt{x+a}) \end{matrix} \right\} P_n\left(\frac{x}{a}\right) dx = \frac{(-1)^n (1-\alpha-\delta/2)_n}{(\alpha+\delta/2)_{n+1}} (2a)^{\alpha+\delta/2} b^\delta \times$$
$$\times {}_2F_3\left(\alpha+\frac{\delta}{2},\ \alpha+\frac{\delta}{2};\ 1+\alpha+n+\frac{\delta}{2},\ \frac{\delta}{2}+\alpha-n,\ \delta+\frac{1}{2};\ -\frac{a^2b^2}{4}\right)$$ [$a > 0$; $\operatorname{Re}\alpha > -\delta/2$].

5. $$\int_{-a}^a \frac{1}{\sqrt{x+a}} \left\{ \begin{matrix} \sin(b\sqrt{x+a}) \\ \cos(b\sqrt{x+a}) \end{matrix} \right\} P_n\left(\frac{x}{a}\right) dx =$$
$$= (\mp 1)^n \pi \sqrt{2a}\, J_{n+1/2}\left(b\sqrt{\frac{a}{2}}\right) J_{\pm n \pm 1/2}\left(b\sqrt{\frac{a}{2}}\right)$$ [$a > 0$].

6. $$\int_{-a}^a \frac{1}{\sqrt{x+z}} \left\{ \begin{matrix} \sin(b\sqrt{x+z}) \\ \cos(b\sqrt{x+z}) \end{matrix} \right\} P_n\left(\frac{x}{a}\right) dx = (-1)^n \pi \sqrt{2a}\, J_{n+1/2}(by_-) \left\{ \begin{matrix} J_{n+1/2}(by_+) \\ Y_{n+1/2}(by_+) \end{matrix} \right\}$$

$\left[\sqrt{2}\, y_\mp = \left(z \mp \sqrt{z^2-a^2}\right)^{1/2};\ z > a > 0\right]$.

7. $$\int_{-a}^a (x+a)^{\alpha-1} \left\{ \begin{matrix} \sin(b/\sqrt{x+a}) \\ \cos(b/\sqrt{x+a}) \end{matrix} \right\} P_n\left(\frac{x}{a}\right) dx = \frac{(-1)^n (1+\delta/2-\alpha)_n}{(\alpha-\delta/2)_{n+1}} (2a)^{\alpha-\delta/2} b^\delta \times$$
$$\times {}_2F_3\left(\frac{\delta}{2}-\alpha-n,\ 1+n+\frac{\delta}{2}-\alpha;\ 1+\frac{\delta}{2}-\alpha,\ 1+\frac{\delta}{2}-\alpha,\ \delta+\frac{1}{2};\ -\frac{b^2}{8a}\right) +$$
$$+ (-1)^{n+\delta} 2b^{2\alpha} \left\{ \begin{matrix} \sin\alpha\pi \\ \cos\alpha\pi \end{matrix} \right\} {}_2F_3\left(-n,\ n+1;\ 1,\ \alpha+1,\ \alpha+\frac{1}{2};\ -\frac{b^2}{8a}\right)$$

[$a,\ b > 0$; $\operatorname{Re}\alpha > -1/2$].

8. $$\int_{-a}^a (x+a)^{n-\beta} (a-x)^{\beta-1} \left\{ \begin{matrix} \sin(b\sqrt{a-x}/\sqrt{a+x}) \\ \cos(b\sqrt{a-x}/\sqrt{a+x}) \end{matrix} \right\} P_n\left(\frac{x}{a}\right) dx =$$
$$= (-2)^{n+1} \Gamma(2\beta-2n-2) a^n b^{2+2n-2\beta} \left\{ \begin{matrix} \sin\beta\pi \\ \cos\beta\pi \end{matrix} \right\} \times$$
$$\times {}_2F_3\left(n+1,\ n+1;\ 1,\ 2+n-\beta,\ \frac{3}{2}+n-\beta;\ \frac{b^2}{4}\right) \pi \left[\frac{(1-\beta-\delta/2)_n}{n!}\right]^2 \left\{ \begin{matrix} \sec\beta\pi \\ \operatorname{cosec}\beta\pi \end{matrix} \right\} (2a)^n b^\delta \times$$

$$\times {}_2F_3\left(\beta+\frac{\delta}{2},\ \beta+\frac{\delta}{2};\ \frac{\delta}{2}+\beta-n,\ \frac{\delta}{2}+\beta-n,\ \delta+\frac{1}{2};\ \frac{b^2}{4}\right)$$

$[a,\ b>0;\ -\delta/2<\operatorname{Re}\beta<n+3/2]$.

9. $$\int\limits_a^\infty (x+a)^{-\tau}\left\{\begin{matrix}\sin(b\sqrt{x+a}\,)\\ \cos(b\sqrt{x+a}\,)\end{matrix}\right\}P_n\left(\frac{x}{a}\right)dx=\frac{(-1)^{n+1}(\tau-\delta/2)_n}{(1+\delta/2-\tau)_{n+1}}(2a)^{1+\delta/2-\tau}b^\delta\times$$
$$\times {}_2F_3\left(1+\frac{\delta}{2}-\tau,\ 1+\frac{\delta}{2}-\tau;\ 2+\frac{\delta}{2}+n-\tau,\ 1+\frac{\delta}{2}-\tau-n,\ \delta+\frac{1}{2};\ -\frac{ab^2}{2}\right)\pm$$
$$\pm\frac{(-1)^n 2^{n+1}(1/2)_n}{n!a^n}\left\{\begin{matrix}\sin\tau\pi\\ \cos\tau\pi\end{matrix}\right\}b^{2\tau-2n-2}\Gamma(2n-2\tau+1)\times$$
$$\times {}_2F_3\left(-n,\ -n;\ -2n,\ \tau-n,\ \tau-n-\frac{1}{2};\ -\frac{ab^2}{2}\right)$$

$[b>0;\ \operatorname{Re}\tau>n+1/2]$.

10. $$\int\limits_a^\infty (x+a)^{-\tau}\left\{\begin{matrix}\sin(b/\sqrt{x+a}\,)\\ \cos(b/\sqrt{x+a}\,)\end{matrix}\right\}P_n\left(\frac{x}{a}\right)dx=\frac{(-1)^{n+1}(\tau+\delta/2)_n}{(1-\tau-\delta/2)_{n+1}}(2a)^{1-\tau-\delta/2}b^\delta\times$$
$$\times {}_2F_3\left(\tau-n+\frac{\delta}{2}-1,\ \tau+n+\frac{\delta}{2};\ \tau+\frac{\delta}{2},\ \tau+\frac{\delta}{2},\ \delta+\frac{1}{2};\ -\frac{b^2}{8a}\right)$$

$\left[\operatorname{Re}\tau>1+n-\frac{\delta}{2}\right]$.

11. $$\int\limits_0^{2\pi} P_{2n}(\cos x)\,dx=\frac{\pi}{2^{4n-1}}\binom{2n}{n}^2.$$

12. $$\int\limits_0^{2\pi}\cos x\,P_{2n+1}(\cos x)\,dx=\frac{\pi}{2^{4n+1}}\binom{2n}{n}\binom{2n+2}{n+1}.$$

13. $$\int\limits_0^{\pi}\sin mx\,P_n(\cos x)\,dx=\frac{2(m-n+1)(m-n+3)\dots(m+n-1)}{(m-n)(m-n+2)\dots(m+n)}$$

$[m>n,\ m+n=1,\ 3,\ 5,\ \dots]$,

$$=0$$

$[m\leqslant n$ или $m+n=2,\ 4,\ 6,\ \dots]$.

14. $$\int\limits_0^{\pi}\frac{1}{\sin(x/2)}\sin\left(\frac{2n+1}{2}x\right)P_n(\cos x)\,dx=\pi$$

$[a>0]$.

15. $$\int\limits_{-\pi/2}^{\pi/2} x\cos x\,P_n(\sin x)\,dx=\frac{1-(-1)^n}{2^{n+2}}\pi\left[\frac{(n-2)!!}{[(n+1)/2]!}\right]^2$$

$[n=1,\ 2,\ 3,\ \dots]$.

16. $$\int\limits_0^\infty e^{-px}P_{2n+\varepsilon}\left(\left\{\begin{matrix}\cos bx\\ \operatorname{ch} bx\end{matrix}\right\}\right)dx=I_{2n+\varepsilon}$$

$\left[\left\{\begin{matrix}\operatorname{Re}p>(2n+\varepsilon)|\operatorname{Im}b|\\ \operatorname{Re}p>(2n+\varepsilon)|\operatorname{Re}b|\end{matrix}\right\}\right]$,

$$I_{2n+\varepsilon}=\frac{p^{2\varepsilon-1}}{(p^2\pm b^2)^\varepsilon}\prod_{k=1}^n\frac{p^2\pm(2k+\varepsilon-1)^2b^2}{p^2\pm(2k+\varepsilon)^2b^2},$$
$$I_0=\frac{1}{p},\qquad I_1=\frac{p}{p^2\pm b^2},\qquad I_2=\frac{p^2\pm b^2}{p(p^2\pm 4b^2)}.$$

2.17.8. Интегралы от $A(x)\ln\varphi(x)P_n(cx)$.

1. $$\int\limits_{-a}^a (x+a)^{\alpha-1}\ln\frac{x+a}{2a}P_n\left(\frac{x}{a}\right)dx=\frac{(-1)^{n-1}(1-\alpha)_n(2a)^\alpha}{(\alpha)_{n+1}}\sum_{k=0}^n\frac{1}{k+\alpha}+\sum_{k=0}^{n-1}\frac{1}{k-\alpha+1}$$

$[a,\ \operatorname{Re}\alpha>0;\ \alpha\neq 1]$.

2. $$\int_{-a}^{a} \ln \frac{x+a}{2a} P_n\left(\frac{x}{a}\right) dx = \frac{(-1)^{n-1}2a}{n(n+1)} \qquad [a,\ n>0].$$

3. $$\int_{-a}^{a} (x+a)^{\alpha-1} \left\{ \begin{matrix} \ln(x+z) \\ \ln|x-z| \end{matrix} \right\} P_n\left(\frac{x}{a}\right) dx = \pm \frac{(-1)^n(-\alpha)_n}{(z-a)(\alpha-1)_{n+1}} (2a)^{\alpha+1} \times$$
$$\times\ {}_4F_3\left(1,\ 1,\ 1+\alpha,\ 1-\alpha-n;\ 2,\ 1+\alpha-n,\ 2-\alpha;\ \frac{2a}{a\pm z}\right) +$$
$$+ \frac{(-1)^n(1-\alpha)_n}{(\alpha)_{n+1}} (2a)^{\alpha} \ln(z\mp a) \qquad \left[a,\ \operatorname{Re}\alpha>0,\ \left\{ \begin{matrix} |\arg(z-a)|<\pi \\ z>-a \end{matrix} \right\}\right].$$

4. $$\int_{a}^{\infty} (x+a)^{-\tau} \left\{ \begin{matrix} \ln(x+z) \\ \ln|x-z| \end{matrix} \right\} P_n\left(\frac{x}{a}\right) dx = \pm \frac{(-1)^{n+1}(\tau-1)_n(2a)^{2-\tau}}{(z\mp a)(2-\tau)_{n+1}} \times$$
$$\times\ {}_4F_3\left(1,\ 1,\ 2-\tau,\ 2-\tau;\ 2,\ 2-\tau-n,\ 3+n-\tau;\ \frac{2a}{a\pm z}\right) +$$
$$+ \frac{(\mp 1)^{n+1}2^n\pi(1/2)_n(z\mp a)^{1-\tau+n}}{n!(\tau-n-1)a^n} \left\{ \begin{matrix} \operatorname{cosec}\tau\pi \\ \operatorname{ctg}\tau\pi \end{matrix} \right\} \times$$
$$\times\ {}_3F_2\left(-n,\ -n,\ \tau-n-1;\ \tau-n,\ -2n;\ \frac{2a}{a\pm z}\right) - \frac{(-1)^n(\tau)_n}{(1-\tau)_{n+1}} (2a)^{1-\tau} \ln(z\mp a)$$
$$\left[a>0;\ \operatorname{Re}\tau>n+1,\ \left\{ \begin{matrix} |\arg(z-a)|<\pi \\ z>-a \end{matrix} \right\}\right].$$

5. $$\int_{0}^{a} x^{\alpha-1} \left\{ \begin{matrix} \ln(x^2+z^2) \\ \ln|x^2-z^2| \end{matrix} \right\} P_{2n+\varepsilon}\left(\frac{x}{a}\right) dx = \pm \frac{(-1)^n a^{\alpha+2}((\varepsilon-\alpha-1)/2)_n}{2z^2((\alpha+\varepsilon)/2+1)_{n+1}} \times$$
$$\times\ {}_4F_3\left(1,\ 1,\ \frac{\alpha}{2}+1,\ \frac{\alpha+3}{2};\ 2,\ \frac{3+\alpha-\varepsilon}{2}-n,\ 2+n+\frac{\alpha+\varepsilon}{2};\ \mp\frac{a^2}{z^2}\right) +$$
$$+ \frac{(-1)^n a^{\alpha}((1+\varepsilon-\alpha)/2)_n}{((\alpha+\varepsilon)/2)_{n+1}} \ln z \qquad \left[\varepsilon=0 \text{ или } 1;\ a>0;\ \operatorname{Re}\alpha>-\varepsilon,\ \left\{ \begin{matrix} \operatorname{Re} z>0 \\ z>0 \end{matrix} \right\}\right].$$

6. $$\int_{a}^{\infty} x^{\alpha-1} \left\{ \begin{matrix} \ln(x^2+z^2) \\ \ln|x^2-z^2| \end{matrix} \right\} P_{2n+\varepsilon}\left(\frac{x}{a}\right) dx = \mp \frac{(-1)^n a^{\alpha-2} z^2((3+\varepsilon-\alpha)/2)_n}{2(1+(\alpha+\varepsilon)/2)_{n+1}} \times$$
$$\times\ {}_4F_3\left(1,\ 1,\ 1-\frac{\alpha+\varepsilon}{2}-n,\ \frac{3+\varepsilon-\alpha}{2}+n;\ 2,\ 2-\frac{\alpha}{2},\ \frac{3-\alpha}{2};\ \mp\frac{z^2}{a^2}\right) +$$
$$+ \frac{(-1)^n a^{\alpha}((1+\varepsilon-\alpha)/2)_n}{((\alpha+\varepsilon)/2)_{n+1}} \left[\sum_{k=0}^{n} \frac{1}{\alpha+\varepsilon+2k} + \sum_{k=0}^{n-1} \frac{1}{2k-\alpha+\varepsilon+1} - \ln a\right]$$
$$\left[\varepsilon=0 \text{ или } 1;\ a>0;\ \operatorname{Re}\alpha<-2n-\varepsilon,\ \left\{ \begin{matrix} \operatorname{Re} z<0 \\ z>0 \end{matrix} \right\}\right].$$

2.17.9. Интегралы от $A(x)\operatorname{Ei}(a+bx^m)P_n(cx)$.

1. $$\int_{-a}^{a} (x+a)^{\alpha-1} \operatorname{Ei}(-ab-bx) P_n\left(\frac{x}{a}\right) dx = \frac{(-1)^{n-1}(-\alpha)_n}{(\alpha+1)_{n+1}} (2a)^{\alpha+1} b \times$$
$$\times\ {}_4F_4(1,\ 1,\ \alpha+1,\ \alpha+1;\ 2,\ 2,\ \alpha-n+1,\ \alpha+n+2;\ -2ab) -$$
$$- \frac{(-1)^n(1-\alpha)_n}{(\alpha)_{n+1}} (2a)^{\alpha} \left[\mathbf{C} - \sum_{k=0}^{n} \frac{1}{k+\alpha} - \sum_{k=0}^{n-1} \frac{1}{k-\alpha+1} + \ln(2ab)\right] \qquad [a,\ \operatorname{Re}\alpha>0].$$

2. $$\int_{0}^{\infty} (x+a)^{-\tau} \operatorname{Ei}(-ab-bx) P_n\left(\frac{x}{a}\right) dx = (-1)^n \frac{(\tau-1)_n}{(2-\tau)_{n+1}} (2a)^{2-\tau} b \times$$

$$\times {}_4F_4(1,\,1,\,2-\tau,\,2-\tau;\;2,\,2,\,2-\tau-n,\,3+n-\tau;\;-2ab)+$$
$$+\frac{\maltese(1/2)_n b^{\tau-n-1}\Gamma(1+n-\tau)}{n!(\tau-n-1)a^n}\,{}_3F_3(-n,\,-n,\,\tau-n-1;\;\tau-n,\,\tau-n,\,-2n;\;-2ab)+$$
$$+\frac{(-1)^{n+1}(\tau)_n}{(1-\tau)_{n+1}}(2a)^{1-\tau}\left[\mathbf{C}-\sum_{k=0}^{n}\frac{1}{k-\tau+1}-\sum_{k=0}^{n-1}\frac{1}{k+\tau}+\ln(2ab)\right]\qquad [a,\ \operatorname{Re}b>0].$$

3. $$\int_0^a x^{\alpha-1}\operatorname{Ei}(-bx^2)P_{2n+\varepsilon}\Big(\frac{x}{a}\Big)\,dx=\frac{(-1)^{n+1}a^{\alpha+2}b((\varepsilon-\alpha-1)/2)_n}{2((\alpha+\varepsilon)/2+1)_{n+1}}\times$$
$$\times {}_4F_4\Big(1,\,1,\,\frac{\alpha+3}{2},\,\frac{\alpha}{2}+1;\;2,\,2,\,2+\frac{\alpha+\varepsilon}{2}+n,\,\frac{3+\alpha-\varepsilon}{2}-n;\;-a^2b\Big)+$$
$$+\frac{(-1)^n a^{\alpha}((1-\alpha+\varepsilon)/2)_n}{2((\alpha+\varepsilon)/2)_{n+1}}\left[\mathbf{C}-\sum_{k=0}^{n}\frac{2}{2k+\alpha+\varepsilon}-\sum_{k=0}^{n-1}\frac{2}{2k-\alpha+\varepsilon+1}+\ln(a^2b)\right]$$
$$[\varepsilon=0\ \text{или}\ 1;\ a>0;\ \operatorname{Re}\alpha>-\varepsilon;\ |\arg b|<\pi].$$

4. $$\int_a^\infty x^{\alpha-1}\operatorname{Ei}(-bx^2)P_{2n+\varepsilon}\Big(\frac{x}{a}\Big)\,dx=\frac{(-1)^{n}a^{\alpha+2}b((\varepsilon-\alpha-1)/2)_n}{2((\alpha+\varepsilon)/2+1)_{n+1}}\times$$
$$\times {}_4F_4\Big(1,\,1,\,\frac{\alpha}{2}+1,\,\frac{\alpha+3}{2};\;2,\,2,\,\frac{3+\alpha-\varepsilon}{2}-n,\,2+\frac{\alpha+\varepsilon}{2}+n;\;-a^2b\Big)+$$
$$+\frac{(-1)^{n+1} a^{\alpha}((1-\alpha+\varepsilon)/2)_n}{2((\alpha+\varepsilon)/2)_{n+1}}\left[\mathbf{C}-\sum_{k=0}^{n}\frac{2}{2k+\alpha+\varepsilon}-\sum_{k=0}^{n-1}\frac{2}{2k-\alpha+\varepsilon+1}+\ln(a^2b)\right]-$$
$$-\frac{2^{2n+\varepsilon}(1/2)_{2n+\varepsilon}}{(2n+\varepsilon)!a^{2n+\varepsilon}b^{(\alpha+\varepsilon)/2+n}(\alpha+\varepsilon+2n)}\Gamma\Big(\frac{\alpha+\varepsilon}{2}+n\Big)\times$$
$$\times {}_3F_3\Big(-n,\,\frac{1}{2}-\varepsilon-n,\,-\frac{\alpha+\varepsilon}{2}-n;\;\frac{1}{2}-\varepsilon-2n,\,1-\frac{\alpha+\varepsilon}{2}-n,\,1-\frac{\alpha+\varepsilon}{2}-n;\;-a^2b\Big)$$
$$[\varepsilon=0\ \text{или}\ 1;\ a,\ \operatorname{Re}b>0].$$

2.17.10. Интегралы от $A(x)\begin{Bmatrix}\operatorname{si}(\varphi(x))\\ \operatorname{ci}(\varphi(x))\end{Bmatrix}P_n(cx)$.

1. $$\int_0^a x^{\alpha-1}\begin{Bmatrix}\operatorname{si}(bx)\\ \operatorname{ci}(bx)\end{Bmatrix}P_{2n+\varepsilon}\Big(\frac{x}{a}\Big)\,dx=\frac{(-1)^{n+1}a^{\alpha+\delta+2}b^{\delta+2}((\varepsilon-\alpha-\delta-1)/2)_n}{2^{3-\delta}3^{2\delta}((\alpha+\delta+\varepsilon)/2+1)_{n+1}}\times$$
$$\times {}_4F_5\Big(1,\,1+\frac{\delta}{2},\,\frac{\alpha}{2}+\delta+1,\,\frac{3+\alpha}{2};\;2,\,\frac{\alpha+\delta+\varepsilon}{2}+n+2,\,2+\frac{\delta}{2},$$
$$\frac{3}{2}+\delta,\,\frac{3+\alpha+\delta-\varepsilon}{2}-n;\;-\frac{a^2b^2}{4}\Big)+$$
$$+\frac{(-1)^n a^{\alpha+\delta}b^{\delta}((1-\alpha-\delta+\varepsilon)/2)_n}{2((\alpha+\delta+\varepsilon)/2)_n}\begin{Bmatrix}1\\ R\end{Bmatrix}-\frac{\delta(-1)^n\pi a^{\alpha}((1-\alpha+\varepsilon)/2)_n}{4((\alpha+\varepsilon)/2)_{n+1}},$$
$$R=\mathbf{C}-\sum_{k=0}^{n}\frac{1}{2k+\alpha+\varepsilon}-\sum_{k=0}^{n-1}\frac{1}{2k-\alpha+\varepsilon+1}+\ln(ab)\qquad [\varepsilon=0\ \text{или}\ 1;\ a>0;\ \operatorname{Re}\alpha>-\varepsilon].$$

2. $$\int_a^\infty x^{\alpha-1}\begin{Bmatrix}\operatorname{si}(bx)\\ \operatorname{ci}(bx)\end{Bmatrix}P_{2n+\varepsilon}\Big(\frac{x}{a}\Big)\,dx=\frac{(-1)^{n}a^{\alpha+\delta+2}b^{\delta+2}((\varepsilon-\alpha-\delta-1)/2)_n}{2^{3-\delta}3^{2\delta}((\alpha+\varepsilon+\delta)/2+1)_{n+1}}\times$$
$$\times {}_4F_5\Big(1,\,1+\frac{\delta}{2},\,\frac{\alpha+\delta}{2},\,\frac{\alpha}{2}+\delta+1;\;2,\,\frac{\alpha+\delta+\varepsilon}{2}+n+2,$$
$$\delta+\frac{3}{2},\,2+\frac{\delta}{2},\,\frac{3+\alpha+\delta-\varepsilon}{2}-n;\;-\frac{a^2b^2}{4}\Big)+$$

$$+\frac{(-1)^{n-1}2^{2n+\varepsilon}(1/2)_{2n+\varepsilon}\Gamma(\alpha+\varepsilon+2n)}{(2n+\varepsilon)!(\alpha+\varepsilon+2n)a^{2n+\varepsilon}b^{\alpha+\varepsilon+2n}}\left\{\begin{matrix}\sin\left[(\alpha+\varepsilon)\pi/2\right]\\ \cos\left[(\alpha+\varepsilon)\pi/2\right]\end{matrix}\right\}{}_3F_4\biggl(-n,\ \frac{1}{2}-\varepsilon-n,$$

$$-\frac{\alpha+\varepsilon}{2}-n;\ 1-\frac{\alpha+\varepsilon}{2}-n;\ \frac{1}{2}-\varepsilon-2n,\ \frac{1-\alpha}{2}-n,\ 1-\frac{\alpha}{2}-\varepsilon-n;\ -\frac{a^2b^2}{4}\biggr)+$$

$$+\frac{(-1)^{n+1}a^{\alpha+\delta}b^{\delta}((1-\alpha+\varepsilon-\delta)/2)_n}{2((\alpha+\varepsilon+\delta)/2)_{n+1}}\left\{\begin{matrix}1\\ R\end{matrix}\right\}+\frac{(-1)^n\delta a^{\alpha}\pi((1-\alpha+\varepsilon)/2)_n}{4((\alpha+\varepsilon)/2)_{n+1}},$$

$$R=\mathbf{C}-\sum_{k=0}^{n}\frac{1}{2k+\alpha+\varepsilon}-\sum_{k=0}^{n-1}\frac{1}{2k-\alpha+\varepsilon+1}+\ln(ab)$$

[$\varepsilon=0$ или 1; $a,\ b>0$; $\operatorname{Re}\alpha<2-2\pi-\varepsilon$].

3. $$\int_{-a}^{a}(x+a)^{\alpha-1}\left\{\begin{matrix}\operatorname{si}(b\sqrt{x+a})\\ \operatorname{ci}(b\sqrt{x+a})\end{matrix}\right\}P_n\Bigl(\frac{x}{a}\Bigr)\,dx=$$

$$=\frac{(-1)^{n+1}(-\alpha-\delta/2)_n b^{\delta+2}2^{\alpha+3\delta/2-1}a^{\alpha+\delta/2+1}}{3^{2\delta}(\alpha+\delta/2+1)_{n+1}}\,{}_4F_5\biggl(1,\ 1+\frac{\delta}{2}+\alpha,\ \frac{\delta}{2}+1,$$

$$1+\alpha+\frac{\delta}{2};\ 2,\ 2+\frac{\delta}{2}+\alpha+n,\ \frac{3}{2}+\delta,\ 2+\frac{\delta}{2},\ 1+\frac{\delta}{2}+\alpha-n;\ -\frac{ab^2}{2}\biggr)+$$

$$+\frac{(-1)^n(1-\alpha-\delta/2)_n(2a)^{\alpha+\delta/2}b^{\delta}}{(\alpha+\delta/2)_{n+1}}\left\{\begin{matrix}1\\ R\end{matrix}\right\}-\frac{\delta(-1)^n2^{\alpha-1}\pi a^{\alpha}(1-\alpha)_n}{(\alpha)_{n+1}},$$

$$R=\mathbf{C}-\frac{1}{2}\sum_{k=0}^{n}\frac{1}{\alpha+k}-\frac{1}{2}\sum_{k=0}^{n-1}\frac{1}{k+1-\alpha}+\frac{1}{2}\ln(2ab^2)\qquad[a,\ \operatorname{Re}\alpha>0].$$

4. $$\int_{a}^{\infty}(x+a)^{-\tau}\left\{\begin{matrix}\operatorname{si}(b\sqrt{x+a})\\ \operatorname{ci}(b\sqrt{x+a})\end{matrix}\right\}P_n\Bigl(\frac{x}{a}\Bigr)\,dx=\frac{(-1)^n2^{3\delta/2-\tau}(\tau-\delta/2-1)_n a^{2+\delta/2-\tau}b^{\delta+2}}{3^{2\delta}(2+\delta/2-\tau)_{n+1}}\times$$

$$\times\,{}_4F_5\biggl(1,\ 1+\frac{\delta}{2},\ 2+\frac{\delta}{2}-\tau,\ 2+\frac{\delta}{2}-\tau;\ 2,\ \frac{3}{2}+\delta,\ 2+\frac{\delta}{2},$$

$$2+\frac{\delta}{2}-\tau-n,\ 3+\frac{\delta}{2}+n-\tau;\ -\frac{ab^2}{2}\biggr)\pm$$

$$\pm(-1)^n\frac{(1/2)_n2^n\Gamma(2n-2\tau+2)b^{2\tau-2n-2}}{n!(\tau-n-1)a^n}\left\{\begin{matrix}\sin\tau\pi\\ \cos\tau\pi\end{matrix}\right\}\times$$

$$\times\,{}_4F_5\biggl(-n,\ -n,\ \tau-n-1;\ -2n,\ \tau-n,\ \tau-n,\ \tau-n-\frac{1}{2};\ -\frac{ab^2}{2}\biggr)+$$

$$+\frac{(-1)^{n+1}(\tau-\delta/2)_n}{(1+\delta/2-\tau)_{n+1}}(2a)^{\delta/2-\tau+1}b^{\delta}\left\{\begin{matrix}1\\ R\end{matrix}\right\}+\frac{\delta(-1)^n(\tau)_n\pi a^{1-\tau}}{2^{\tau}(1-\tau)_{n+1}},$$

$$R=\mathbf{C}-\frac{1}{2}\sum_{k=0}^{n}\frac{1}{k-\tau+1}-\frac{1}{2}\sum_{k=0}^{n-1}\frac{1}{k+\tau}+\frac{1}{2}\ln(2ab^2)\qquad[a,\ b>0;\ \operatorname{Re}\tau>n].$$

2.17.11. Интегралы, содержащие $\left\{\begin{matrix}\operatorname{erf}(\varphi(x))\\ \operatorname{erfc}(\varphi(x))\end{matrix}\right\}P_n(cx)$.

1. $$\int_{0}^{\infty}x^{\alpha-1}\operatorname{erfc}(bx)P_{2n+\varepsilon}(cx)\,dx=\frac{(-1)^n(2c)^{\varepsilon}(1/2)_{n+\varepsilon}}{\sqrt{\pi}\,(\alpha+\varepsilon)n!b^{\alpha+\varepsilon}}\Gamma\Bigl(\frac{\alpha+\varepsilon+1}{2}\Bigr)\times$$

$$\times\,{}_4F_2\biggl(-n,\ \frac{1}{2}+\varepsilon+n,\ \frac{\alpha+1}{2},\ \frac{\alpha}{2}+\varepsilon,\ \frac{1}{2}+\varepsilon,\ \frac{\alpha+\varepsilon}{2}+1;\ \frac{c^2}{b^2}\biggr)$$

[$\varepsilon=0$ или 1; $\operatorname{Re}\alpha>-\varepsilon$; $|\arg b|<\pi/4$].

2. $$\int_{0}^{a}\operatorname{erf}(bx)P_{2n+1}\Bigl(\frac{x}{a}\Bigr)\,dx=\frac{(-1)^n}{2\sqrt{\pi ab^3}\,(n+1/2)_{n+2}}\,e^{-a^2b^2/2}M_{-3/4,\,n+3/4}(a^2b^2)\qquad[a>0].$$

3. $$\int_0^a x^{\alpha-1}\begin{Bmatrix}\operatorname{erf}(bx)\\ \operatorname{erfc}(bx)\end{Bmatrix} P_{2n+\varepsilon}\left(\frac{x}{a}\right)dx = \pm\frac{(-1)^n a^{\alpha+1} b((\varepsilon-\alpha)/2)_n}{\sqrt{\pi}\,((\alpha+\varepsilon+1)/2)_{n+1}}\times$$
$$\times\,{}_3F_3\left(\frac{1}{2},\,\frac{\alpha+1}{2},\,\frac{\alpha}{2}+1;\,\frac{3}{2},\,1+\frac{\alpha-\varepsilon}{2}-n,\,\frac{\alpha+\varepsilon+3}{2}+n;\,-a^2b^2\right)+$$
$$+\begin{Bmatrix}0\\1\end{Bmatrix}\frac{(-1)^n a^{\alpha}((1-\alpha+\varepsilon)/2)_n}{2((\alpha+\varepsilon)/2)_{n+1}}\qquad [\varepsilon = 0 \text{ или } 1;\ a>0;\ \operatorname{Re}\alpha > (\mp 1-1)/2-\varepsilon].$$

4. $$\int_0^a x^{2m+\varepsilon-3}\operatorname{erf}(bx)P_{2n+\varepsilon}\left(\frac{x}{a}\right)dx = \frac{(-1)^{m+n-1}a^{2n+\varepsilon+1}b^{2n-2m+3}}{\sqrt{\pi}\,(n+\varepsilon+1/2)_{n+1}(3+2n-2m)(n-m+1)!}\times$$
$$\times\,{}_3F_3\left(\frac{3}{2}+n-m,\,n+\frac{\varepsilon+1}{2},\,1+n+\frac{\varepsilon}{2};\,\frac{5}{2}+n-m,\,2n+\varepsilon+\frac{3}{2},\,n-m+2;\,-a^2b^2\right)$$
$$[\varepsilon = 0 \text{ или } 1;\ a>0;\ 1-\varepsilon\leqslant m\leqslant n].$$

5. $$\int_a^\infty x^{\alpha-1}\begin{Bmatrix}\operatorname{erf}(bx)\\ \operatorname{erfc}(bx)\end{Bmatrix} P_{2n+\varepsilon}\left(\frac{x}{a}\right)dx = \mp\frac{(-1)^n a^{\alpha+1} b((\varepsilon-\alpha)/2)_n}{\sqrt{\pi}\,((\alpha+\varepsilon+1)/2)_{n+1}}\times$$
$$\times\,{}_3F_3\left(\frac{1}{2},\,\frac{\alpha+1}{2},\,\frac{\alpha}{2}+1;\,\frac{\alpha+\varepsilon+3}{2}+n,\,1+\frac{\alpha-\varepsilon}{2}-n,\,\frac{3}{2};\,-a^2b^2\right)\mp$$
$$\mp\frac{2^{2n+\varepsilon}(1/2)_{2n+\varepsilon}}{\sqrt{\pi}\,(2n+\varepsilon)!(\alpha+\varepsilon+2n)a^{2n+\varepsilon}b^{\alpha+\varepsilon+2n}}\,\Gamma\left(\frac{\alpha+\varepsilon+1}{2}+n\right)\times$$
$$\times\,{}_3F_3\left(-n,\,\frac{1}{2}-\varepsilon-n,\,-\frac{\alpha+\varepsilon}{2}-n;\,1-\frac{\alpha}{2}-\varepsilon-n,\,\frac{1}{2}-\varepsilon-2n,\,\frac{1-\alpha}{2}-n;\,-a^2b^2\right)+$$
$$+\begin{Bmatrix}0\\1\end{Bmatrix}\frac{(-1)^{n+1}a^{\alpha}((1-\alpha+\varepsilon)/2)_n}{2((\alpha+\varepsilon)/2)_{n+1}}\qquad \left[\varepsilon = 0 \text{ или } 1;\ a>0,\ \begin{Bmatrix}\operatorname{Re}b>0;\ \operatorname{Re}\alpha<-2n-\varepsilon\\ \operatorname{Re}b>0\end{Bmatrix}\right].$$

6. $$\int_a^\infty (x-a)^{\alpha-1}\operatorname{erfc}(bx-ab)P_n\left(\frac{x}{a}\right)dx = \frac{1}{\alpha\sqrt{\pi}\,b^{\alpha}}\,\Gamma\left(\frac{\alpha+1}{2}\right)\times$$
$$\times\,{}_4F_2\left(-n,\,n+1,\,\frac{\alpha}{2},\,\frac{\alpha+1}{2};\,1,\,\frac{\alpha}{2}+1;\,\frac{1}{4a^2b^2}\right)\qquad [a,\ \operatorname{Re}\alpha>0;\ |\arg b|<\pi/4].$$

7. $$\int_{-a}^a (x+a)^{\alpha-1}\begin{Bmatrix}\operatorname{erf}(ab+bx)\\ \operatorname{erfc}(ab+bx)\end{Bmatrix} P_n\left(\frac{x}{a}\right)dx = \pm\frac{(-1)^n(-\alpha)_n 2^{\alpha+2}a^{\alpha+1}b}{\sqrt{\pi}\,(\alpha+1)_{n+1}}\times$$
$$\times\,{}_5F_5\left(\frac{1}{2},\,\frac{\alpha+1}{2},\,\frac{\alpha}{2}+1,\,\frac{\alpha+1}{2},\,\frac{\alpha}{2}+1;\,\frac{3}{2},\,\frac{\alpha-n+1}{2},\,\frac{\alpha-n}{2}+1,\,\frac{\alpha+n}{2}+1,\right.$$
$$\left.\frac{\alpha+n+3}{2};\,-4a^2b^2\right)+\begin{Bmatrix}0\\1\end{Bmatrix}(-1)^n(2a)^{\alpha}\frac{(1-\alpha)_n}{(\alpha)_{n+1}}\qquad [a>0;\ \operatorname{Re}\alpha>-(1\pm 1)/2].$$

8. $$\int_{-a}^a (x+a)^{\alpha-1}\begin{Bmatrix}\operatorname{erf}(b\sqrt{x+a})\\ \operatorname{erfc}(b\sqrt{x+a})\end{Bmatrix} P_n\left(\frac{x}{a}\right)dx = \pm\frac{(-1)^n(1/2-\alpha)_n 2^{\alpha+3/2}a^{\alpha+1/2}b}{\sqrt{\pi}\,(\alpha+1/2)_{n+1}}\times$$
$$\times\,{}_3F_3\left(\frac{1}{2},\,\alpha+\frac{1}{2},\,\alpha+\frac{1}{2};\,\frac{3}{2},\,\frac{3}{2}+\alpha+n,\,\frac{1}{2}+\alpha-n;\,-2ab^2\right)+$$
$$+\begin{Bmatrix}0\\1\end{Bmatrix}\frac{(-1)^n(1-\alpha)_n}{(\alpha)_{n+1}}\,(2a)^{\alpha}\qquad [a>0;\ \operatorname{Re}\beta>-(1\pm 1)/4].$$

9. $$\int_{-a}^a (x+a)^{m-1/2}\operatorname{erf}(b\sqrt{x+a})P_n\left(\frac{x}{a}\right)dx = \frac{(-1)^{m+n}2^{n+2}a^{n+1}b^{2n-2m+1}(n-m+1)_m}{\sqrt{\pi}\,(n+1)_{n+1}(1+2n-2m)}\times$$
$$\times\,{}_3F_3\left(\frac{1}{2}+n-m,\,n+1,\,n+1;\,\frac{3}{2}+n-m,\,2n+2,\,1+n-m;\,-2ab^2\right)\qquad [a>0;\ m<n].$$

10. $$\int_a^\infty (x-a)^{\alpha-1}\operatorname{erfc}(b\sqrt{x-a})P_n\left(\frac{x}{a}\right)dx = \frac{1}{\alpha\sqrt{\pi}\,b^{2\alpha}}\Gamma\left(\alpha+\frac{1}{2}\right)\times$$
$$\times\ {}_4F_2\left(-n,\ n+1,\ \alpha,\ \alpha+\frac{1}{2};\ 1,\ \alpha+1;\ \frac{1}{2ab^2}\right)\qquad [a,\ \operatorname{Re}\alpha>0;\ |\arg b|<\pi/4].$$

11. $$\int_a^\infty (x+a)^{-\tau}\left\{\begin{matrix}\operatorname{erf}(b\sqrt{x+a})\\ \operatorname{erfc}(b\sqrt{x+a})\end{matrix}\right\}P_n\left(\frac{x}{a}\right)dx = \pm\frac{(-1)^{n+1}(\tau-1/2)_n 2^{5/2-\tau}}{\sqrt{\pi}\,(3/2-\tau)_{n+1}}\times$$
$$\times\ a^{3/2-\tau}b\,{}_3F_3\left(\frac{1}{2},\ \frac{3}{2}-\tau,\ \frac{3}{2}-\tau;\ \frac{3}{2},\ \frac{5}{2}+n-\tau,\ \frac{3}{2}-\tau-n;\ -2ab^2\right)\pm$$
$$\pm\frac{2^n(1/2)_n\Gamma(3/2+n-\tau)b^{2\tau-2n-2}}{n!\sqrt{\pi}\,(\tau-n-1)a^n}\times$$
$$\times\ {}_3F_3\left(-n,\ -n,\ \tau-n-1;\ -2n,\ \tau-n-\frac{1}{2},\ \tau-n;\ -2ab^2\right)+$$
$$+\left\{\begin{matrix}0\\1\end{matrix}\right\}\frac{(-1)^{n+1}(\tau)_n}{(1-\tau)_{n+1}}(2a)^{1-\tau}\qquad \left[a>0,\ \left\{\begin{matrix}|\arg b|<\pi/4;\ \operatorname{Re}\tau>n+1\\ |\arg b|<\pi/4\end{matrix}\right\}\right].$$

12. $$\int_0^a x^{\alpha-1}e^{b^2x^2}\operatorname{erf}(bx)P_n\left(\frac{x}{a}\right)dx = \frac{a^{\alpha+1}b}{2^\alpha}\Gamma\left[\begin{matrix}\alpha+1\\ (\alpha-n)/2+1,\ (\alpha+n+3)/2\end{matrix}\right]\times$$
$$\times\ {}_3F_3\left(1,\ \frac{\alpha+1}{2},\ \frac{\alpha}{2}+1;\ \frac{3}{2},\ \frac{\alpha-n}{2}+1,\ \frac{\alpha+n+3}{2};\ a^2b^2\right)\qquad [a>0;\ \operatorname{Re}\alpha>2[n/2]-n-1].$$

13. $$\int_{-a}^a (x+a)^{\alpha-1}e^{b^2x}\operatorname{erf}(b\sqrt{x+a})P_n\left(\frac{x}{a}\right)dx = \frac{(-1)^n(1/2-\alpha)_n 2^{\alpha+3/2}a^{\alpha+1/2}b}{\sqrt{\pi}\,(\alpha+1/2)_{n+1}}e^{-ab^2}\times$$
$$\times\ {}_3F_3\left(1,\ \alpha+\frac{1}{2},\ \alpha+\frac{1}{2};\ \frac{3}{2},\ \frac{1}{2}+\alpha-n,\ \frac{3}{2}+\alpha+n;\ 2ab^2\right)\qquad [a>0;\ \operatorname{Re}\alpha>-1/2].$$

2.17.12. Интегралы, содержащие $\left\{\begin{matrix}J_\nu(\varphi(x))\\ I_\nu(\varphi(x))\end{matrix}\right\}P_n(cx)$.

1. $$\int_0^a x^{\alpha-1}\left\{\begin{matrix}J_\nu(bx)\\ I_\nu(bx)\end{matrix}\right\}P_{2n+\varepsilon}\left(\frac{x}{a}\right)dx = \frac{(-1)^n a^{\alpha+\nu}b^\nu((1-\alpha+\varepsilon-\nu)/2)_n}{2^{\nu+1}((\alpha+\varepsilon+\nu)/2)_{n+1}\Gamma(\nu+1)}\times$$
$$\times\ {}_2F_3\left(\frac{\alpha+\nu+1}{2},\ \frac{\alpha+\nu}{2};\ \nu+1,\ \frac{\alpha+\varepsilon+\nu}{2}+n+1,\ \frac{1+\alpha-\varepsilon+\nu}{2}-m;\ \mp\frac{a^2b^2}{4}\right)$$
$[\varepsilon=0$ или $1;\ a>0;\ \operatorname{Re}(\alpha+\nu)>-\varepsilon]$.

2. $$\int_a^\infty x^{\alpha-1}J_\nu(bx)P_{2n+\varepsilon}\left(\frac{x}{a}\right)dx = \frac{(-1)^{n+1}a^{\alpha+\nu}b^\nu((1-\alpha+\varepsilon-\nu)/2)_n}{2^{\nu+1}((\alpha+\varepsilon+\nu)/2)_{n+1}\Gamma(\nu+1)}\times$$
$$\times\ {}_2F_3\left(\frac{\alpha+\nu+1}{2},\ \frac{\alpha+\nu}{2};\ \nu+1,\ \frac{\alpha+\varepsilon+\nu}{2}+n+1,\ \frac{1+\alpha-\varepsilon+\nu}{2}-n;\ -\frac{a^2b^2}{4}\right)+$$
$$+\frac{2^{4n+2\varepsilon+\alpha-1}(1/2)_{2n+3}}{(2n+\varepsilon)!a^{2n+\varepsilon}b^{\alpha+\varepsilon+2n}}\Gamma\left[\begin{matrix}(\alpha+\varepsilon+\nu)/2+n\\ 1+(\nu-\alpha-\varepsilon)/2-n\end{matrix}\right]\times$$
$$\times\ {}_2F_3\left(-n,\ \frac{1}{2}-\varepsilon-n;\ \frac{1}{2}-\varepsilon-2n,\ 1-\frac{\nu+\alpha+\varepsilon}{2}-n,\ 1+\frac{\nu-\alpha-\varepsilon}{2}-n;\ -\frac{a^2b^2}{4}\right)$$
$[\varepsilon=0$ или $1;\ a,\ b>0;\ \operatorname{Re}\alpha<3/2-2n-\varepsilon]$.

3. $$\int_0^a x^{\alpha-1}J_\nu\left(\frac{b}{x}\right)P_{2n+\varepsilon}\left(\frac{x}{a}\right)dx = \frac{(-1)^n a^{\alpha-\nu}b^\nu((1-\alpha+\varepsilon+\nu)/2)_n}{2^{\nu+1}((\alpha+\varepsilon-\nu)/2)_{n+1}\Gamma(\nu+1)}\times$$

$$\times\ {}_2F_3\left(\frac{\nu-\alpha-\varepsilon}{2}-n,\ \frac{1-\alpha+\varepsilon+\nu}{2}+n;\ \nu+1,\ 1+\frac{\nu-\alpha}{2},\ \frac{1+\nu-\alpha}{2};\ -\frac{b^2}{4a^2}\right)+$$
$$+\frac{(-1)^n b^{\alpha+\varepsilon}}{2^{\alpha+\varepsilon+1}n!a^{\varepsilon}}\Gamma\left[\begin{matrix}(\nu-\alpha-\varepsilon)/2\\(\nu+\alpha+\varepsilon)/2+1\end{matrix}\right]\left(\varepsilon+\frac{1}{2}\right)_n\times$$
$$\times\ {}_2F_3\left(-n,\ \frac{1}{2}+\varepsilon+n;\ \varepsilon+\frac{1}{2},\ 1+\frac{\alpha+\varepsilon-\nu}{2},\ 1+\frac{\alpha+\varepsilon+\nu}{2};\ -\frac{b^2}{4a^2}\right)$$

[$\varepsilon=0$ или 1; $a,\ b>0$; $\operatorname{Re}\alpha>-3/2-\varepsilon$].

4. $$\int_0^a x^{-5/2}J_{2n+3/2}\left(\frac{b}{x}\right)P_{2n+1}\left(\frac{x}{a}\right)dx=(-1)^n\sqrt{\frac{2}{\pi b^3}}\sin\frac{b}{a}\qquad [a,\ b>0].$$

5. $$\int_{-a}^a (x+a)^{\alpha-1}\left\{\begin{matrix}J_\nu(b\sqrt{x+a}\,)\\I_\nu(b\sqrt{x+a}\,)\end{matrix}\right\}P_n\left(\frac{x}{a}\right)dx=(-1)^nA_{\alpha,\nu}\qquad [a,\ \operatorname{Re}(2\alpha+\nu)>0],$$

$$A_{\alpha,\nu}=\frac{2^{\alpha-\nu/2}a^{\alpha+\nu/2}b^\nu(1-\alpha-\nu/2)_n}{(\alpha+\nu/2)_{n+1}\Gamma(\nu+1)}\times$$
$$\times\ {}_2F_3\left(\alpha+\frac{\nu}{2},\ \alpha+\frac{\nu}{2};\ \nu+1,\ \alpha+\frac{\nu}{2}+n+1,\ \alpha+\frac{\nu}{2}-n;\ \mp\frac{ab^2}{2}\right),$$
$$A_{0,1}=\frac{(\pm1)^n\sqrt{2}}{b\sqrt{a}\,(2n+1)}\left[(n+1)J_{2n+2}(b\sqrt{2a}\,)\mp nJ_{2n}(b\sqrt{2a}\,)\right],$$
$$A_{3/2,1}=\frac{(\pm1)^n4a}{b(2n+1)}\left[(n+1)J_{2n+2}(b\sqrt{2a}\,)\mp nJ_{2n}(b\sqrt{2a}\,)\right],$$
$$A_{1,0}=\frac{(\pm1)^n2\sqrt{2a}}{b}J_{2n+1}(b\sqrt{2a}\,),$$
$$A_{2,0}=\frac{(\pm1)^n2(2a)^{3/2}}{b(2n+1)}\left[(n+1)J'_{2n+2}(b\sqrt{2a}\,)\mp nJ'_{2n}(b\sqrt{2a}\,)\right].$$

6. $$\int_a^\infty (x-a)^{\alpha-1}J_\nu(b\sqrt{x-a}\,)P_n\left(\frac{x}{a}\right)dx=\frac{2^{3n+2\alpha}(1/2)_n}{n!a^nb^{2\alpha+2n}}\Gamma\left[\begin{matrix}\nu/2+\alpha+n\\1+\nu/2-\alpha-n\end{matrix}\right]\times$$
$$\times\ {}_2F_3\left(-n,\ -n;\ -2n,\ 1-\frac{\nu}{2}-\alpha-n,\ 1+\frac{\nu}{2}-\alpha-n;\ \frac{ab^2}{2}\right)$$

[$a,\ b,\ \operatorname{Re}(2\alpha+\nu)>0$; $\operatorname{Re}\alpha<3/4-n$].

7. $$\int_a^\infty (x+a)^{-\tau}J_\nu(b\sqrt{x+a}\,)P_n\left(\frac{x}{a}\right)dx=\frac{(-1)^{n+1}(\tau-\nu/2)_n2^{2-\tau-\nu/2}}{(1+\nu/2-\tau)_{n+1}\Gamma(\nu+1)}a^{\nu/2+1-\tau}b^\nu\times$$
$$\times\ {}_2F_3\left(1+\frac{\nu}{2}-\tau,\ 1+\frac{\nu}{2}-\tau;\ 1+\frac{\nu}{2}-\tau-n,\ 2+\frac{\nu}{2}+n-\tau,\ \nu+1;\ -\frac{ab^2}{2}\right)+$$
$$+\frac{2^{3n-2\tau+2}(1/2)_n}{n!a^n}b^{2\tau-2n-2}\Gamma\left[\begin{matrix}1+n-\tau+\nu/2\\\nu/2+\tau-n\end{matrix}\right]\times$$
$$\times\ {}_2F_3\left(-n,\ -n;\ -2n,\ \frac{\nu}{2}+\tau-n,\ \tau-\frac{\nu}{2}-n;\ -\frac{ab^2}{2}\right)\qquad [a,\ b>0;\ \operatorname{Re}\tau>n+1/4].$$

8. $$\int_{-a}^a (x+a)^{\alpha-1}J_\nu\left(\frac{b}{\sqrt{x+a}}\right)P_n\left(\frac{x}{a}\right)dx=(-1)^n\left(\frac{b}{2}\right)^{2\alpha}\Gamma\left[\begin{matrix}\nu/2-\alpha\\1+\alpha+\nu/2\end{matrix}\right]\times$$
$$\times\ {}_2F_3\left(-n,\ n+1;\ 1,\ 1+\alpha-\frac{\nu}{2},\ 1+\alpha+\frac{\nu}{2};\ -\frac{b^2}{8a}\right)+$$

$$+ (-1)^n \frac{(1+\nu/2-\alpha)_n 2^{\alpha-3\nu/2} a^{\alpha-\nu/2} b^\nu}{(\alpha-\nu/2)_{n+1}\Gamma(\nu+1)} \times$$
$$\times {}_2F_3\left(1+\frac{\nu}{2}+n-\alpha,\ \frac{\nu}{2}-\alpha-n;\ \nu+1,\ 1+\frac{\nu}{2}-\alpha,\ 1+\frac{\nu}{2}-\alpha;\ -\frac{b^2}{8a}\right)$$
$[a,\ b>0;\ \operatorname{Re}\alpha > -3/4]$.

9. $$\int_a^\infty (x-a)^{\alpha-1} J_\nu\left(\frac{b}{\sqrt{x-a}}\right) P_n\left(\frac{x}{a}\right) dx = \left(\frac{b}{2}\right)^{2\alpha} \Gamma\left[\begin{matrix}\nu/2-\alpha\\ 1+\alpha+\nu/2\end{matrix}\right] \times$$
$$\times {}_2F_3\left(-n,\ n+1;\ 1,\ 1+\alpha+\frac{\nu}{2},\ 1+\alpha-\frac{\nu}{2};\ \frac{b^2}{8a}\right)$$
$[a,\ b>0;\ -3/4 < \operatorname{Re}\alpha < \operatorname{Re}\nu/2 - n]$.

10. $$\int_a^\infty (x+a)^{-\tau} \left\{\begin{matrix} J_\nu(b/\sqrt{x+a}\,) \\ I_\nu(b/\sqrt{x+a}\,)\end{matrix}\right\} P_n\left(\frac{x}{a}\right) dx = \frac{(-1)^{n+1}(\tau+\nu/2)_n 2^{1-3\nu/2-\tau}}{(1-\tau-\nu/2)_{n+1}\Gamma(\nu+1)} a^{1-\nu/2-\tau} b^\nu \times$$
$$\times {}_2F_3\left(\frac{\nu}{2}+\tau-n-1,\ \frac{\nu}{2}+\tau+n;\ \tau+\frac{\nu}{2},\ \tau+\frac{\nu}{2},\ \nu+1;\ \mp\frac{b^2}{8a}\right)$$
$[a>0;\ \operatorname{Re}(\nu+2\tau) > 2n+2]$.

11. $$\int_{-a}^a (x+a)^{-\beta-n-1}(a-x)^{\beta-1} J_\nu\left(b\sqrt{\frac{a-x}{a+x}}\right) P_n\left(\frac{x}{a}\right) dx = \frac{(-1)^n 2^{2\beta+n-1}}{a^{n+1} b^{2\beta+2n}} \times$$
$$\times \Gamma\left[\begin{matrix}\nu/2+\beta+n\\ 1+\nu/2-\beta-n\end{matrix}\right] {}_2F_3\left(-n,\ -n;\ 1,\ 1-\beta-n-\frac{\nu}{2},\ 1+\frac{\nu}{2}-\beta-n;\ \frac{b^2}{4}\right)$$
$[a,\ b,\ \operatorname{Re}(2\beta+\nu) > 0;\ \operatorname{Re}\beta < 3/4 - n]$.

12. $$\int_{-a}^a (x+a)^{n-\beta}(a-x)^{\beta-1} J_\nu\left(b\sqrt{\frac{a-x}{a+x}}\right) P_n\left(\frac{x}{a}\right) dx = \left[\frac{(1-\beta-\nu/2)_n}{n!}\right]^2 \times$$
$$\times \frac{2^{n-\nu}\pi a^n b^\nu}{\Gamma(\nu+1)\sin(\beta+\nu/2)\pi}\, {}_2F_3\left(\frac{\nu}{2}+\beta,\ \frac{\nu}{2}+\beta;\ \frac{\nu}{2}+\beta-n,\ \frac{\nu}{2}+\beta-n,\ \nu+1;\ \frac{b^2}{4}\right) +$$
$$+ (-1)^n 2^{2\beta-n-2} a^n b^{2n-2\beta+2} \Gamma\left[\begin{matrix}\nu/2+\beta-n-1\\ 2+\dfrac{\nu}{2}+n-\beta\end{matrix}\right] \times$$
$$\times {}_2F_3\left(n+1,\ n+1;\ 1,\ 2+n-\beta-\frac{\nu}{2},\ 2+n-\beta+\frac{\nu}{2};\ \frac{b^2}{4}\right)$$
$[a,\ b,\ \operatorname{Re}(2\beta+\nu) > 0;\ \operatorname{Re}\beta < 7/4 + n]$.

13. $$\int_{-a}^a (x+a)^{n-1} J_0\left(b\sqrt{\frac{a-x}{a+x}}\right) P_n\left(\frac{x}{a}\right) dx = \frac{a^n b^{2n}}{2^{n-1}(n!)^2} K_0(b)$$ $[a>0]$.

14. $$\int_0^a x^{n-1} J_0\left(\frac{c}{x}\sqrt{a^2-x^2}\,\right) P_n\left(\frac{x}{a}\right) dx = \frac{a^n c^{n-1}}{n!} e^{-c}$$ $[a>0]$.

15. $$\int_{-a}^a e^{bx} I_0(ab-bx) P_n\left(\frac{x}{a}\right) dx = \frac{2a}{2n+1} e^{-ab}[I_0(2ab) + I_{n+1}(2ab)]$$ $[a>0]$.

16. $$\int_0^a \left\{\begin{matrix}\sin bx\\ \cos bx\end{matrix}\right\} J_0(c\sqrt{a^2-x^2}\,) P_n\left(\frac{x}{a}\right) dx = (-1)^{n/2}\sqrt{\frac{\pi a}{2}}\,(b^2+c^2)^{-1/4} \times$$
$$\times J_{n+1/2}(a\sqrt{b^2+c^2}\,) P_n\left(\frac{b}{\sqrt{b^2+c^2}}\right)$$ $\left[a>0,\ n = \left\{\begin{matrix}1,\ 3,\ 5,\ \ldots\\ 0,\ 2,\ 4,\ \ldots\end{matrix}\right\}\right]$.

17. $\int\limits_0^a x^{-5/2} J_{2n+3/2}\left(\frac{b}{x}\right) J_0\left(\frac{c}{x}\sqrt{a^2-x^2}\right) P_n\left(\frac{x}{a}\right) dx =$

$= \sqrt{\frac{2}{\pi b}}\,(b^2-a^2c^2)_+^{-1/2} \sin\left(\frac{\sqrt{b^2-a^2c^2}}{a} - \frac{\pi n}{2}\right) P_n\left(\frac{\sqrt{b^2-a^2c^2}}{b}\right)$ $[a,\ b,\ c>0;\ b \neq ac]$.

18. $\int\limits_0^a x^{-3/2} J_{n+1/2}\left(\frac{b}{x}\right) J_0\left(\frac{c}{x}\sqrt{a^2-x^2}\right) P_n\left(\frac{x}{a}\right) dx = (-1)^{[n/2]}\sqrt{\frac{2b}{\pi}}\,(b^2-a^2c^2)_+^{-1/2} \times$

$\times \left\{\begin{matrix} \sin\left(\sqrt{b^2-a^2c^2}\,/a\right) \\ \cos\left(\sqrt{b^2-a^2c^2}\,/a\right) \end{matrix}\right\} P_n\left(\sqrt{\frac{b^2-a^2c^2}{b^2}}\right)$ $\left[a,\ b,\ c>0;\ b\neq ac;\ n = \left\{\begin{matrix} 1,\ 3,\ 5,\ \ldots \\ 0,\ 2,\ 4,\ \ldots \end{matrix}\right\}\right]$.

19. $\int\limits_{-a}^a J_0^2(b\sqrt{x+a}\,) P_n\left(\frac{x}{a}\right) dx = (-1)^n \frac{2a}{2n+1}\,[J_n^2(b\sqrt{2a}\,) + J_{n+1}^2(b\sqrt{2a}\,)]$ $[a>0]$.

20. $\int\limits_{-a}^a (x+a)^{\alpha-1} \left\{\begin{matrix} J_\mu(b\sqrt{x+a}\,) J_\nu(b\sqrt{x+a}\,) \\ I_\mu(b\sqrt{x+a}\,) I_\nu(b\sqrt{x+a}\,) \end{matrix}\right\} P_n\left(\frac{x}{a}\right) dx =$

$= (-1)^n 2^{\alpha-(\mu+\nu)/2} \frac{(1-(\mu+\nu)/2-\alpha)_n a^{\alpha+(\mu+\nu)/2} b^{\mu+\nu}}{(\alpha+(\mu+\nu)/2)_{n+1}\Gamma(\mu+1)\Gamma(\nu+1)} \times$

$\times\,{}_4F_5\left(\frac{\mu+\nu}{2}+\alpha,\ \frac{\mu+\nu}{2}+\alpha,\ \frac{\mu+\nu+1}{2},\ \frac{\mu+\nu}{2}+1;\ \frac{\mu+\nu}{2}+\alpha+n+1,\right.$

$\left.\frac{\mu+\nu}{2}+\alpha-n,\ \mu+1,\ \nu+1,\ \mu+\nu+1;\ \mp 2ab^2\right)$ $[a,\ \mathrm{Re}\,(2\alpha+\mu+\nu)>0]$.

2.17.13. Интегралы, содержащие $\left\{\begin{matrix} Y_\nu(\varphi(x)) \\ K_\nu(\varphi(x)) \end{matrix}\right\} P_n(cx)$.

1. $\int\limits_{-a}^a Y_0(b\sqrt{x+a}\,) P_n\left(\frac{x}{a}\right) dx = (-1)^n \frac{2\sqrt{2a}}{b\pi}\,[S_{2n+1}(b\sqrt{2a}\,) + \pi Y_{2n+1}(b\sqrt{2a}\,)]$ $[a>0]$.

2. $\int\limits_{-a}^a J_0(b\sqrt{x+a}\,) Y_0(b\sqrt{x+a}\,) P_n\left(\frac{x}{a}\right) dx =$

$= (-1)^n \frac{2a}{2n+1}\,[J_n(b\sqrt{2a}\,) Y_n(b\sqrt{2a}\,) + J_{n+1}(b\sqrt{2a}\,) Y_{n+1}(b\sqrt{2a}\,)]$ $[a>0]$.

3. $\int\limits_{-a}^a (x+a)^{\alpha-1} K_\nu(b\sqrt{x+a}\,) P_n\left(\frac{x}{a}\right) dx = \frac{(-1)^n 2^{\alpha+\nu/2-1}(1+\nu/2-\alpha)_n a^{\alpha-\nu/2}\Gamma(\nu)}{(\alpha-\nu/2)_{n+1} b^\nu} \times$

$\times\,{}_2F_3\left(\alpha-\frac{\nu}{2},\ \alpha-\frac{\nu}{2};\ 1+\alpha+n-\frac{\nu}{2},\ \alpha-n-\frac{\nu}{2},\ 1-\nu;\ \frac{ab^2}{2}\right) +$

$+ \frac{(-1)^n 2^{\alpha-\nu/2-1}(1-\nu/2-\alpha)_n a^{\alpha+\nu/2} b^\nu \Gamma(-\nu)}{(\alpha+\nu/2)_{n+1}} \times$

$\times\,{}_2F_3\left(\alpha+\frac{\nu}{2},\ \alpha+\frac{\nu}{2};\ 1+\alpha+\frac{\nu}{2}+n,\ \alpha-n+\frac{\nu}{2},\ \nu+1;\ \frac{ab^2}{2}\right)$ $[a>0;\ 2\,\mathrm{Re}\,\alpha > |\,\mathrm{Re}\,\nu|]$.

4. $\int\limits_{-a}^a K_0(b\sqrt{x+a}\,) P_n\left(\frac{x}{a}\right) dx = -\frac{2\sqrt{2a}}{b}\,[K_{2n+1}(b\sqrt{2a}\,) + (-1)^{n-1}\frac{i}{2}\,S_{2n+1}(ib\sqrt{2a}\,)]$

$[a>0]$.

5. $\int\limits_a^\infty (x-a)^{\alpha-1} K_\nu(b\sqrt{x-a}\,) P_n\left(\frac{x}{a}\right) dx = \frac{2^{2\alpha+3n-1}(1/2)_n}{n!\,a^n b^{2\alpha+2n}}\,\Gamma\left(\alpha+n+\frac{\nu}{2}\right)\Gamma\left(\alpha+n-\frac{\nu}{2}\right) \times$

$$\times {}_2F_3\left(-n,\,-n;\;-2n,\,1-n-\alpha-\frac{\nu}{2},\,1+\frac{\nu}{2}-\alpha-n;\;-\frac{ab^2}{2}\right)$$

[a, $\operatorname{Re} b>0$; $2\operatorname{Re}\alpha>|\operatorname{Re}\nu|$].

6. $$\int_a^\infty (x+a)^{-\tau}K_\nu(b\sqrt{x+a})P_n\left(\frac{x}{a}\right)dx=\frac{2^{3n-2\tau+1}(1/2)_n}{n!a^nb^{2+2n-2\tau}}\Gamma\left(1+n+\frac{\nu}{2}-\tau\right)\times$$
$$\times\Gamma\left(1+n-\frac{\nu}{2}-\tau\right){}_2F_3\left(-n,\,-n;\;-2n,\,\frac{\nu}{2}+\tau-n,\,\tau-\frac{\nu}{2}-n;\;\frac{ab^2}{2}\right)+$$
$$+\frac{(-1)^{n+1}(\nu/2+\tau)_n2^{\nu/2-\tau}a^{1-\nu/2-\tau}\Gamma(\nu)}{(1-\nu/2-\tau)_{n+1}b^\nu}\times$$
$$\times {}_2F_3\left(1-\tau-\frac{\nu}{2},\,1-\tau-\frac{\nu}{2};\;1-\nu,\,2+n-\frac{\nu}{2}-\tau,\,1-n-\frac{\nu}{2}-\tau;\;\frac{ab^2}{2}\right)+$$
$$+\frac{(-1)^{n+1}(\tau-\nu/2)_nb^{1+\nu/2-\tau}b^\nu\Gamma(-\nu)}{(1+\nu/2-\tau)_{n+1}2^{\nu/2+\nu}}\times$$
$$\times {}_2F_3\left(1+\frac{\nu}{2}-\tau,\,1+\frac{\nu}{2}-\tau;\;1+\nu,\,2+n+\frac{\nu}{2}-\tau,\,1+\frac{\nu}{2}-n-\tau;\;\frac{ab^2}{2}\right)$$

[a, $\operatorname{Re} b>0$].

7. $$\int_{-a}^a (x+a)^{\alpha-1}K_\nu\left(\frac{b}{\sqrt{x+a}}\right)P_n\left(\frac{x}{a}\right)dx=\frac{(-1)^na^\alpha}{2^{2\alpha+1}}\Gamma\left(\frac{\nu}{2}-\alpha\right)\Gamma\left(-\frac{\nu}{2}-\alpha\right)\times$$
$$\times {}_2F_3\left(-n,\,n+1;\;1,\,1+\alpha+\frac{\nu}{2},\,1+\alpha-\frac{\nu}{2};\;\frac{b^2}{8a}\right)+$$
$$+\frac{(-1)^n2^{\alpha+3\nu/2-1}(1-\nu/2-\alpha)_n}{(\alpha+\nu/2)_{n+1}b^\nu}a^{\alpha+\nu/2}\Gamma(\nu)\times$$
$$\times {}_2F_3\left(-\frac{\nu}{2}-\alpha-n,\,1-\frac{\nu}{2}+n-\alpha;\;1-\nu,\,1-\frac{\nu}{2}-\alpha,\,1-\frac{\nu}{2}-\alpha;\;\frac{b^2}{8a}\right)+$$
$$+\frac{(-1)^n2^{\alpha-3\nu/2-1}(1+\nu/2-\alpha)_n}{(\alpha-\nu/2)_{n+1}}a^{\alpha-\nu/2}b^\nu\Gamma(-\nu)\times$$
$$\times {}_2F_3\left(\frac{\nu}{2}-\alpha-n,\,1+\frac{\nu}{2}+n-\alpha;\;1+\nu,\,1+\frac{\nu}{2}-\alpha,\,1+\frac{\nu}{2}-\alpha;\;\frac{b^2}{8a}\right)$$

[a, $\operatorname{Re} b>0$].

8. $$\int_a^\infty (x-a)^{\alpha-1}K_\nu\left(\frac{b}{\sqrt{x-a}}\right)P_n\left(\frac{x}{a}\right)dx=\frac{b^{2\alpha}}{2^{2\alpha+1}}\Gamma\left(-\frac{\nu}{2}-\alpha\right)\Gamma\left(\frac{\nu}{2}-\alpha\right)\times$$
$$\times {}_2F_3\left(-n,\,n+1;\;1,\,1+\alpha-\frac{\nu}{2},\,1+\alpha+\frac{\nu}{2};\;-\frac{b^2}{8a}\right)$$

[a, $\operatorname{Re} b>0$; $2\operatorname{Re}\alpha<-|\operatorname{Re}\nu|-2n$].

9. $$\int_a^\infty (x+a)^{-\tau}K_\nu\left(\frac{b}{\sqrt{x+a}}\right)P_n\left(\frac{x}{a}\right)dx=\frac{(-1)^{n+1}2^{3\nu/2-\tau}(\tau-\nu/2)_na^{1+\nu/2-\tau}}{(1+\nu/2-\tau)_{n+1}b^\nu}\times$$
$$\times\Gamma(\nu){}_2F_3\left(\tau-n-\frac{\nu}{2}-1,\,\tau+n-\frac{\nu}{2};\;\tau-\frac{\nu}{2},\,\tau-\frac{\nu}{2},\,1-\nu;\;\frac{b^2}{8a}\right)+$$
$$+\frac{(-1)^{n+1}(\tau+\nu/2)_na^{1-\nu/2-\tau}b^\nu}{(1-\nu/2-\tau)_{n+1}2^{3\nu/2+\tau}}\Gamma(-\nu)\times$$
$$\times {}_2F_3\left(\tau+\frac{\nu}{2}-n-1,\,\tau+n+\frac{\nu}{2};\;\tau+\frac{\nu}{2},\,\tau+\frac{\nu}{2},\,\nu+1;\;\frac{b^2}{8a}\right)$$

[$a>0$; $2\operatorname{Re}\tau>|\operatorname{Re}\nu|+2n+2$].

10. $$\int_{-a}^a (x+a)^{-\beta-n-1}(a-x)^{\beta-1}K_\nu\left(b\sqrt{\frac{a-x}{a+x}}\right)P_n\left(\frac{x}{a}\right)dx=\frac{(-1)^n2^{2\beta+n-2}}{a^{n+1}b^{2\beta+2n}}\times$$

$$\times\Gamma\Big(\beta+n+\frac{\nu}{2}\Big)\Gamma\Big(\beta+n-\frac{\nu}{2}\Big)\,{}_2F_3\Big(-n,\,-n;\;1,\,1-n-\beta-\frac{\nu}{2},\,1+\frac{\nu}{2}-n-\beta;\;-\frac{b^2}{4}\Big)$$

$[a,\ \operatorname{Re} b>0;\ 2\operatorname{Re}\beta>|\operatorname{Re}\nu|]$.

11. $$\int\limits_{-a}^{a}(x+a)^{n-\beta}(a-x)^{\beta-1}K_\nu\Big(b\sqrt{\frac{a-x}{a+x}}\Big)P_n\Big(\frac{x}{a}\Big)\,dx=$$
$$=(-1)^n2^{2\beta-n-3}a^nb^{2n-2\beta+2}\Gamma\Big(\frac{\nu}{2}+\beta-n-1\Big)\Gamma\Big(\beta-\frac{\nu}{2}-n-1\Big)\times$$
$$\times\,{}_2F_3\Big(n+1,\,n+1;\;1,\,2+n-\beta-\frac{\nu}{2},\,2+n-\beta+\frac{\nu}{2};\;-\frac{b^2}{4}\Big)+$$
$$+\Big[\frac{(1-\nu/2-\beta)_n}{n!}\Big]^2\frac{2^{n-\nu-1}\pi a^nb^\nu}{\sin(\beta+\nu/2)\pi}\times$$
$$\times\,{}_2F_3\Big(\beta+\frac{\nu}{2},\,\beta+\frac{\nu}{2};\;\beta+\frac{\nu}{2}-n,\,\beta+\frac{\nu}{2}-n,\,\nu+1;\;-\frac{b^2}{4}\Big)+$$
$$+\Big[\frac{(1+\nu/2-\beta)_n}{n!}\Big]^2\frac{2^{\nu+n-1}\pi a^nb^{-\nu}}{\sin(\beta-\nu/2)\pi}\times$$
$$\times\,{}_2F_3\Big(\beta-\frac{\nu}{2},\,\beta-\frac{\nu}{2};\;\beta-\frac{\nu}{2}-n,\,\beta-\frac{\nu}{2}-n,\,1-\nu;\;-\frac{b^2}{4}\Big)$$
$[a,\ \operatorname{Re} b>0;\ 2\operatorname{Re}\beta>|\operatorname{Re}\nu|]$.

12. $$\int\limits_{-a}^{a}\frac{1}{\sqrt{x+a}}\,I_0(b\sqrt{x+a}\,)K_0(b\sqrt{x+a}\,)P_n\Big(\frac{x}{a}\Big)\,dx=$$
$$=\frac{(-1)^n\sqrt{2a}}{2n+1}\,[I_n(b\sqrt{2a}\,)K_n(b\sqrt{2a}\,)+I_{n+1}(b\sqrt{2a}\,)K_{n+1}(b\sqrt{2a}\,)]$$
$[a>0]$.

2.17.14. Интегралы от $A(x)P_m(bx)P_n(cx)$.

1. $$\int\limits_0^a P_m\Big(\frac{x}{a}\Big)P_n\Big(\frac{x}{a}\Big)\,dx=0$$
$[a>0;\ m-n=\pm2,\,\pm4,\,\pm6,\,\ldots]$.

2. $$\int\limits_0^a \Big[P_n\Big(\frac{x}{a}\Big)\Big]^2\,dx=\frac{a}{2n+1}$$
$[a>0]$.

3. $$\int\limits_0^a P_{2m+\varepsilon}\Big(\frac{x}{a}\Big)P_{2n}\Big(\frac{x}{a}\Big)\,dx=\frac{(-1)^{m+n}(2n+\varepsilon+1)(2n-\varepsilon)(1/2+\varepsilon)_m(-\varepsilon/2)_na}{2(2n-2m-\varepsilon)(2n+2m+\varepsilon+1)((\varepsilon+1)/2)_{n+1}m!}$$
$[\varepsilon=0$ или $1;\ a>0]$.

4. $$\int\limits_0^a x^{\alpha-1}P_{2m+\varepsilon}\Big(\frac{x}{a}\Big)\left\{\begin{matrix}P_{2n+1}(x/a)\\P_{2n}(x/a)\end{matrix}\right\}dx=\frac{(-1)^{m+n}2^{\varepsilon-1}a^\alpha(1/2)_{m+\varepsilon}((1+\delta-\varepsilon-\alpha)/2)_n}{m!((\alpha+\delta+\varepsilon)/2)_{n+1}}\times$$
$$\times\,{}_4F_3\Big(-m,\,\frac{1}{2}+\varepsilon+m,\,\frac{\alpha+1}{2},\,\frac{\alpha}{2}+\varepsilon;\;\varepsilon+\frac{1}{2},\,\frac{1+\alpha+\varepsilon-\delta}{2}-n,\,1+\frac{\alpha+\delta+\varepsilon}{2}+n;\;1\Big)$$
$\Big[\varepsilon=0$ или $1;\ a>0;\ \operatorname{Re}\alpha>-\varepsilon-\delta,\ \delta=\left\{\begin{matrix}1\\0\end{matrix}\right\}\Big]$.

5. $$\int\limits_0^a x^{\alpha-1}P_m\Big(\frac{x}{a}\Big)P_n\Big(\frac{x}{a}\Big)\,dx=\frac{\sqrt{\pi}\,(m+n)!a^\alpha}{2^\alpha m!n!}\,\Gamma\Big[\begin{matrix}\alpha\\(\alpha-m-n+1)/2,\,(\alpha+m+n)/2+1\end{matrix}\Big]\times$$
$$\times\,{}_3F_2\Big(-m,\,-n,\,\frac{\alpha-m-n}{2};\;-m-n,\,\frac{\alpha-m-n+1}{2};\;1\Big)$$
$[a>0;\ \operatorname{Re}\alpha>2[m/2]+2[n/2]-m-n]$.

6. $$\int_0^a x^l P_m\left(\frac{x}{a}\right) P_n\left(\frac{x}{a}\right) dx = \frac{2^{m+n}((l-m-n)/2+1)_{m+n} a^{l+1}}{(l+1)_{m+n+1}} \times {}_3F_2\left(-m,\, -n,\, \frac{1}{2};\, 1,\, \frac{l-m-n}{2}+1;\, 1\right) \quad [a>0].$$

7. $$\int_0^a x^{m+n-1} P_m\left(\frac{x}{a}\right) P_n\left(\frac{x}{a}\right) dx = \frac{(m+n-1)!}{2^{m+n} m!n!}\, a^{m+n} \quad [a>0;\ m+n \geqslant 1].$$

8. $$\int_0^a x^2 P_{n+2}\left(\frac{x}{a}\right) P_n\left(\frac{x}{a}\right) dx = \frac{a^3(n+1)(n+2)}{(2n+1)(2n+3)(2n+5)} \quad [a>0].$$

9. $$\int_0^a x^{\alpha-1} P_{2m+\varepsilon}\left(\frac{x}{b}\right) \begin{Bmatrix} P_{2n+1}(x/a) \\ P_{2n}(x/a) \end{Bmatrix} dx = \frac{(-1)^{m+n} 2^{\varepsilon-1} a^{\alpha+\varepsilon} (1/2)_{m+\varepsilon}((1+\delta-\varepsilon-\alpha)/2)_n}{m!((\alpha+\delta+\varepsilon)/2)_{n+1} b^{\varepsilon}} \times {}_4F_3\left(-m,\, \frac{1}{2}+\varepsilon+m,\, \frac{\alpha+1}{2},\, \frac{\alpha}{2}+\varepsilon;\, \frac{1}{2}+\varepsilon,\, \frac{1+\alpha+\varepsilon-\delta}{2}-n,\, 1+\frac{\alpha+\delta+\varepsilon}{2}+n;\, \frac{a^2}{b^2}\right)$$
$$\left[\varepsilon = 0 \text{ или } 1;\ b>a>0;\ \operatorname{Re}\alpha > -\varepsilon-\delta,\ \delta = \begin{Bmatrix} 1 \\ 0 \end{Bmatrix}\right].$$

10. $$\int_{-a}^a P_m\left(\frac{x}{a}\right) P_n\left(\frac{x}{a}\right) dx = \frac{2a}{2n+1}\, \delta_{m,n} \quad [a>0].$$

11. $$\int_{-a}^a P_{n-2m}\left(\frac{x}{a}\right) P_n(cx)\, dx = \frac{(-1)^m 2a^{n+1} c^n}{(1+2n-2m)}\, P_m^{(-n-1/2,\,-1)}\left(1-\frac{2}{a^2c^2}\right) \quad [a>0].$$

12. $$\int_{-a}^a (a\mp x)^{\beta-1} P_m\left(\frac{x}{a}\right) P_n\left(\frac{x}{a}\right) dx = \frac{(\pm 1)^{m+n}(1-\beta)_n}{(\beta)_{n+1}}\,(2a)^{\beta}\, {}_4F_3(-m,\, m+1,\, \beta,\, \beta;\, 1,\, \beta+n+1,\, \beta-n;\, 1) \quad [a,\ \operatorname{Re}\beta>0].$$

13. $$\int_{-a}^a (x+a)^{m+n} P_m\left(\frac{x}{a}\right) P_n\left(\frac{x}{a}\right) dx = \frac{[(n+1)_m]^2 (m+1)_n}{2^{m+n-1} m!(3/2)_{m+n}}\, a^{m+n+1} \quad [a>0].$$

14. $$\int_{-a}^a (x+a)^{2n} \left[P_n\left(\frac{x}{a}\right)\right]^2 dx = \frac{[(1/2)_n]^3 2^{4n+1}}{n!(3/2)_{2n}}\, a^{2n+1} \quad [a>0].$$

15. $$\int_{-a}^a (x+a)^{m-n-1} P_m\left(\frac{x}{a}\right) P_n\left(\frac{x}{a}\right) dx = 0 \quad [a>0;\ m>n].$$

16. $$\int_{-a}^a \frac{1}{x-y}\, P_m\left(\frac{x}{a}\right) P_n\left(\frac{x}{a}\right) dx = -2P_m\left(\frac{y}{a}\right) Q_n\left(\frac{y}{a}\right) + \frac{2}{n+1}\, \delta_{m,\,n+1} \quad [m \leqslant n+1;\ a>0].$$

17. $$\int_{-a}^a \frac{x}{x-y}\, P_m\left(\frac{x}{a}\right) P_n\left(\frac{x}{a}\right) dx = -2yP_m\left(\frac{y}{a}\right) Q_n\left(\frac{y}{a}\right) + \frac{2a}{n+1}\, \delta_{m,n} \quad [m \leqslant n;\ a>0].$$

18. $$\int_{-a}^{a} \frac{x^m}{x-y}\left[P_n\left(\frac{x}{a}\right)\right]^2 dx = I_m \qquad [a>0],$$

$$I_2 = -2y^2 P_n\left(\frac{y}{a}\right) Q_n\left(\frac{y}{a}\right) + \frac{2ay}{2n+1},$$

$$I_3 = -2y^3 P_n\left(\frac{y}{a}\right) Q_n\left(\frac{y}{a}\right) + \frac{2a}{2n+1}\left[y^2 + \frac{(n+1)(n+2)}{2(2n+3)}a^2 - \frac{n(n-1)}{2(2n-1)}a^2\right].$$

19. $$\int_{-a}^{a} \left(\frac{x-y}{x-a}\right)^2 \left[P_m\left(\frac{x}{a}\right) - P_{m-1}\left(\frac{x}{a}\right)\right]\left[P_n\left(\frac{x}{a}\right) - P_{n-1}\left(\frac{x}{a}\right)\right] dx = \frac{2m}{na}(y-a)^2$$
$$[a,\ y>0;\ m \leqslant n].$$

20. $$\int_{a}^{b} P_m\left(\frac{x}{b}\right) P_n\left(\frac{x}{a}\right) dx = \frac{b^{n-1}(b^2-a^2)}{2a^n}\, {}_2F_1\left(1+\frac{m-n}{2},\ \frac{1-m-n}{2};\ 2;\ 1-\frac{a^2}{b^2}\right)$$
$$[b>a>0].$$

21. $$\int_{a}^{b} x^{\alpha-1} P_{2m+\varepsilon}\left(\frac{x}{b}\right)\begin{Bmatrix} P_{2n+1}(x/a) \\ P_{2n}(x/a)\end{Bmatrix} dx =$$
$$= \frac{(-1)^{m+n-1} 2^{\varepsilon-1} a^{\alpha+\varepsilon} (1/2)_{m+\varepsilon}((1+\delta-\varepsilon-\alpha)/2)_n}{m!\,b^{\varepsilon}((\alpha+\delta+\varepsilon)/2)_{n+1}} \times$$
$$\times\, {}_4F_3\left(-m,\ m+\varepsilon+\frac{1}{2},\ \frac{\alpha+1}{2},\ \frac{\alpha}{2}+\varepsilon;\ \varepsilon+\frac{1}{2},\ \frac{1+\alpha+\varepsilon-\delta}{2}-n,\ \frac{\alpha+\delta+\varepsilon}{2}+n+1;\ \frac{a^2}{b^2}\right) +$$
$$+ \frac{(-1)^m 2^{2n+\delta-1} b^{\alpha+2n+\delta} (1/2)_{2n+\delta}((1+\varepsilon-\alpha-\delta)/2-n)_m}{(2n+\delta)!\,a^{2n+\delta}((\alpha+\delta+\varepsilon)/2+n)_{m+1}} \times$$
$$\times\, {}_4F_3\left(-n,\ \frac{1}{2}-\delta-n,\ \frac{1+\varepsilon-\alpha-\delta}{2}+m-n,\ -m-n-\frac{\alpha+\delta+\varepsilon}{2};\right.$$
$$\left.\frac{1}{2}-2n-\delta,\ \frac{1-\alpha}{2}-n,\ 1-\frac{\alpha}{2}-\delta-n;\ \frac{a^2}{b^2}\right) \qquad \left[\varepsilon = 0 \text{ или } 1;\ b>a>0,\ \delta = \begin{Bmatrix}1\\0\end{Bmatrix}\right].$$

22. $$\int_{a}^{\infty} (x+a)^{-\tau} P_m\left(\frac{x}{a}\right) P_n\left(\frac{x}{a}\right) dx = \frac{(-1)^{n+1} 2^{2m-\tau+1} (1/2)_m (\tau-m)_n a^{1-\tau}}{m!(1-\tau+m)_{n+1}} \times$$
$$\times\, {}_4F_3(-m,\ -m,\ \tau+n-m,\ \tau-m-n-1;\ -2m,\ \tau-m,\ \tau-m;\ 1)$$
$$[a>0;\ \operatorname{Re}\tau > m+n+1].$$

23. $$\int_{a}^{\infty} x^{\alpha-1} P_{2m+\varepsilon}\left(\frac{x}{b}\right)\begin{Bmatrix} P_{2n+1}(x/a) \\ P_{2n}(x/a)\end{Bmatrix} dx =$$
$$= \frac{(-1)^{n+1} 2^{2m+\varepsilon-1} a^{\alpha+2m+\varepsilon} (1/2)_{2m+\varepsilon}((1+\delta-\alpha-\varepsilon)/2-m)_n}{(2m+\varepsilon)!\,b^{2m+\varepsilon}((\alpha+\delta+\varepsilon)/2+m)_{n+1}} \times$$
$$\times\, {}_4F_3\left(-m,\ \frac{1}{2}-\varepsilon-m,\ \frac{1+\delta-\alpha-\varepsilon}{2}-m+n,\ -m-n-\frac{\alpha+\varepsilon+\delta}{2};\ 1-\frac{\alpha}{2}-\varepsilon-m,\right.$$
$$\left.\frac{1}{2}-\varepsilon-2m,\ \frac{1-\alpha}{2}-m;\ \frac{b^2}{a^2}\right) \qquad [\varepsilon = 0 \text{ или } 1;\ a>b>0;\ \operatorname{Re}\alpha < -2m-2n-\varepsilon-\delta].$$

24. $$\int_{-1}^{1} \frac{d^p P_m(x)}{dx^p}\,\frac{d^q P_n(x)}{dx^q}\,dx = 0 \qquad [m-n-p+q = 1,\ 3,\ 5,\ \ldots],$$
$$= 2^{2-p-q}\sum_{k=1}^{p} (-1)^{k-1}(p-k)!(q+k-1)!\binom{m+p-k}{p-k}\binom{m}{p-k} \times$$
$$\times \binom{n+q+k-1}{q+k-1}\binom{n}{q+k-1} \qquad [m-p-n+q = 0,\ 2,\ 4,\ \ldots].$$

2.17.15. Интегралы, содержащие $P_m(\varphi(x))P_n(cx)$.

1. $$\int_{-a}^{a}(x+a)^{\alpha-1}P_m(2bx+2ab-1)P_n\left(\frac{x}{a}\right)dx=(-1)^{m+n}\frac{(1-\alpha)_n}{(\alpha)_{n+1}}(2a)^{\alpha}\times$$
$$\times{}_4F_3(-m,\,m+1,\,\alpha,\,\alpha;\,\alpha+n+1,\,1,\,\alpha-n;\,2ab)\qquad[a,\,b,\,\operatorname{Re}\alpha>0,\,2ab<1].$$

2. $$\int_{a}^{b}P_m\left(\frac{2x+a-b}{a+b}\right)P_n\left(\frac{x}{a}\right)dx=\frac{(-1)^m2^n(1/2)_n(a+b)^{n+1}}{a^n(m+n+1)!}\times$$
$$\times{}_2F_1\left(m-n,\,-m-n-1;\,-2n;\,\frac{2a}{a+b}\right)\qquad[b>a>0].$$

3. $$\int_{a}^{b}P_m\left(\frac{2x+b-a}{a+b}\right)P_n\left(\frac{x}{b}\right)dx=\frac{(-1)^n2^{3m+1}(1/2)_m(-m)_nb^{m+1}}{(a+b)^m(m+n+1)!}\times$$
$$\times{}_2F_1\left(n-m,\,-m-n-1;\,-2m;\,\frac{a+b}{2b}\right)\qquad[b>a>0].$$

4. $$\int_{\pm a}^{b}(x\mp a)^{\alpha-1}P_m\left(\frac{2x\mp a-b}{b\mp a}\right)P_n\left(\frac{x}{a}\right)dx=\frac{(-1)^m(\pm1)^n(1-\alpha)_m(b\mp a)^{\alpha}}{(\alpha)_{m+1}}\times$$
$$\times{}_4F_3\left(-n,\,n+1,\,\alpha,\,\alpha;\,1,\,\alpha+m+1,\,\alpha-m;\,\frac{a\mp b}{2a}\right)\qquad\left[\operatorname{Re}\alpha>0,\,\begin{Bmatrix}b>a>0\\a>b>0\end{Bmatrix}\right].$$

5. $$\int_{a}^{b}(x+a)^{-\tau}P_m\left(\frac{2x+a-b}{a+b}\right)P_n\left(\frac{x}{a}\right)dx=$$
$$=\frac{(-1)^{m+n-1}(\tau)_n}{(1-\tau)_{n+1}}(2a)^{1-\tau}{}_4F_3\left(-m,\,m+1,\,1-\tau,\,1-\tau;\,2+n-\tau,\,1-\tau-n,\,1;\,\frac{2a}{a+b}\right)+$$
$$+\frac{(-1)^m2^n(1/2)_n(\tau-n)_m(a+b)^{n-\tau+1}}{n!a^n(1+n-\tau)_{m+1}}\times$$
$$\times{}_4F_3\left(-n,\,-n,\,\tau+m-n,\,\tau-m-n-1;\,-2n,\,\tau-n,\,\tau-n;\,\frac{2a}{a+b}\right)\qquad[b>a>0].$$

6. $$\int_{a}^{b}(b+x)^{-\tau}P_m\left(\frac{2x+b-a}{a+b}\right)P_n\left(\frac{x}{b}\right)dx=\frac{(-1)^{m+n+1}(\tau)_m}{(1-\tau)_{m+1}}(a+b)^{1-\tau}\times$$
$$\times{}_4F_3\left(-n,\,n+1,\,1-\tau,\,1-\tau;\,2+m-\tau,\,1-m-\tau,\,1;\,\frac{a+b}{2b}\right)+$$
$$+\frac{(-1)^n2^{3m-\tau+1}(1/2)_m(\tau-m)_nb^{m-\tau+1}}{m!(1-\tau+m)_{n+1}(a+b)^m}\times$$
$$\times{}_4F_3\left(-m,\,-m,\,\tau+n-m,\,\tau-m-n-1;\,-2m,\,\tau-m,\,\tau-m;\,\frac{a+b}{2b}\right)\qquad[b>a>0].$$

7. $$\int_{a}^{\infty}(x+b)^{-\tau}P_m\left(\frac{2x+b-a}{a+b}\right)P_n\left(\frac{x}{b}\right)dx=\frac{(-1)^{m+1}2^n(1/2)_n(\tau-n)_m}{n!b^n(1+n-\tau)_{m+1}}(a+b)^{n-\tau+1}\times$$
$$\times{}_4F_3\left(-n,\,-n,\,\tau+m-n,\,\tau-m-n-1;\,-2n,\,\tau-n,\,\tau-n;\,\frac{2b}{a+b}\right)$$
$$[a>b>0;\ \operatorname{Re}\tau>m+n+1].$$

8. $$\int_{a}^{\infty}(x+b)^{-\tau}P_n(2bx+2ab-1)P_n\left(\frac{x}{a}\right)dx=\frac{(-1)^{n+1}2^{3m-\tau+1}(1/2)_m(\tau-m)_n}{m!(1+m-\tau)_{n+1}}\times$$

$$\times\, a^{m-\tau+1} b^m\, {}_4F_3\left(-m,\, -m,\, \tau+n-m,\, \tau-m-n-1;\; -2m,\, \tau-m,\, \tau-m;\; \frac{1}{2ab}\right)$$

$[a>0;\; 2ab>1;\; \operatorname{Re}\tau>m+n+1]$.

9. $$\int_{-a}^{a} (x+a)^{\alpha-1} P_{2m+\varepsilon}(b\sqrt{x+a}\,) P_n\left(\frac{x}{a}\right) dx =$$
$$= \frac{(-1)^{m+n} 2^{\alpha+3\varepsilon/2} (1/2)_{m+\varepsilon} (1-\varepsilon/2-\alpha)_n}{m!(\alpha+\varepsilon/2)_{n+1}}\, a^{\alpha+\varepsilon/2} b^{\varepsilon} \times$$
$$\times\, {}_4F_3\left(-m,\, \frac{1}{2}+\varepsilon+m,\, \alpha+\frac{\varepsilon}{2},\, \alpha+\frac{\varepsilon}{2};\; \alpha+\frac{\varepsilon}{2}+n+1,\, \varepsilon+\frac{1}{2},\, \alpha+\frac{\varepsilon}{2}-n;\; 2ab^2\right)$$

$[\varepsilon=0$ или $1;\; a,\, b>0;\; 2ab^2<1;\; \operatorname{Re}\alpha>-\varepsilon/2]$.

10. $$\int_{-a}^{a} (x+a)^{\alpha-1} P_{2m+\varepsilon}\left(\sqrt{\frac{x+a}{2a}}\right) P_n\left(\frac{x}{a}\right) dx = \frac{(-1)^{m+n} 2^{\alpha+\varepsilon} (1/2)_{m+\varepsilon} (1-\varepsilon/2-\alpha)_n}{m!(\alpha+\varepsilon/2)_{n+1}} \times$$
$$\times\, a^{\alpha}\, {}_4F_3\left(-m,\, \frac{1}{2}+\varepsilon+m,\, \alpha+\frac{\varepsilon}{2},\, \alpha+\frac{1+\varepsilon}{2};\; 1+\alpha+\frac{\varepsilon}{2}+n,\, \varepsilon+\frac{1}{2},\, \alpha+\frac{\varepsilon}{2}-n;\; 1\right)$$

$[\varepsilon=0$ или $1;\; a>0;\; \operatorname{Re}\alpha>-\varepsilon/2]$.

11. $$\int_{a}^{b} P_{2m}\left(\sqrt{\frac{x+a}{b+a}}\right) P_n\left(\frac{x}{a}\right) dx = \frac{(-1)^m 2^n (1/2)_n (-1/2-n)_m (a+b)^{n+1}}{a^n (m+n+1)!} \times$$
$$\times\, {}_3F_2\left(-n,\, m-n-\frac{1}{2},\, -m-n-1;\; -2n,\, -\frac{1}{2}-n;\; \frac{2a}{a+b}\right) \qquad [b>a>0].$$

12. $$\int_{a}^{b} P_{2m}\left(\sqrt{\frac{x+b}{a+b}}\right) P_n\left(\frac{x}{b}\right) dx = \frac{(-1)^n 2^{m+1} (1/2+m)_m (-m)_n b^{m+1}}{m!(m+n+1)!(a+b)^m} \times$$
$$\times\, {}_3F_2\left(\frac{1}{2}-m,\, n-m,\, -m-n-1;\; \frac{1}{2}-2m,\, -m;\; \frac{a+b}{2b}\right) \qquad [b>a>0].$$

13. $$\int_{\pm a}^{b} (x\mp a)^{\alpha-1} P_{2m+\varepsilon}\left(\sqrt{\frac{x\mp a}{b\mp a}}\right) P_n\left(\frac{x}{a}\right) dx = \frac{(-1)^m (\pm1)^n ((1+\varepsilon)/2-\alpha)_m (b\mp a)^{\alpha}}{(\alpha+\varepsilon/2)_{m+1}} \times$$
$$\times\, {}_4F_3\left(-n,\, n+1,\, \alpha,\, \alpha+\frac{1}{2};\; 1,\, \frac{1-\varepsilon}{2}-\alpha-m,\, \alpha+\frac{\varepsilon}{2}+m+1;\; \frac{a\mp b}{2a}\right)$$

$\left[\varepsilon=0 \text{ или } 1;\; \operatorname{Re}\alpha>-\varepsilon/2,\; \begin{Bmatrix} b>a>0 \\ a>b>0 \end{Bmatrix}\right]$.

14. $$\int_{a}^{b} (x+a)^{-\tau} P_{2m+\varepsilon}\left(\sqrt{\frac{x+a}{b+a}}\right) P_n\left(\frac{x}{a}\right) dx =$$
$$= \frac{(-1)^{m+n-1} 2^{3\varepsilon/2-\tau+1} (1/2)_{m+\varepsilon} (\tau-\varepsilon/2)_n a^{\varepsilon/2-\tau+1}}{m!(1+\varepsilon/2-\tau)_{n+1} (a+b)^{\varepsilon/2}}\, {}_4F_3\left(-m,\, \frac{1}{2}+\varepsilon+m,\right.$$
$$\left. 1+\frac{\varepsilon}{2}-\tau,\, 1+\frac{\varepsilon}{2}-\tau;\; 2+n+\frac{\varepsilon}{2}-\tau,\, \frac{1}{2}+\varepsilon,\, 1+\frac{\varepsilon}{2}-\tau-n;\; \frac{2a}{a+b}\right) +$$
$$+ \frac{(-1)^m 2^n (1/2)_n ((\varepsilon-1)/2+\tau-n)_m (a+b)^{n-\tau+1}}{n! a^n (1+n-\tau+\varepsilon/2)_{m+1}} \times$$
$$\times\, {}_4F_3\left(-n,\, -n,\, \frac{\varepsilon-1}{2}+\tau-n+m,\, \tau-m-n-1-\frac{\varepsilon}{2};\; -2n,\, \tau-n,\, \tau-n-\frac{1}{2};\; \frac{2a}{a+b}\right)$$

$[\varepsilon=0$ или $1;\; b>a>0]$.

15. $$\int_a^b (x+b)^{-\tau} P_{2m+\varepsilon}\left(\sqrt{\frac{x+b}{a+b}}\right) P_n\left(\frac{x}{b}\right)dx = \frac{(-1)^{m+n-1}((\varepsilon-1)/2+\tau)_m (a+b)^{1-\tau}}{(1+\varepsilon/2-\tau)_{m+1}} \times$$
$$\times\ {}_4F_3\left(-n,\ n+1,\ \frac{3}{2}-\tau,\ 1-\tau;\ 2+\frac{\varepsilon}{2}+m-\tau,\ \frac{3-\varepsilon}{2}-\tau-m,\ 1;\ \frac{a+b}{2b}\right)+$$
$$+\frac{(-1)^n 2^{3m-\tau+3\varepsilon/2+1}(1/2)_{2m+\varepsilon}(\tau-m-\varepsilon/2)_n b^{m-\tau+\varepsilon/2+1}}{(2m+\varepsilon)!(1+\varepsilon/2+m-\tau)_{n+1}(a+b)^{m+\varepsilon/2}} \times$$
$$\times\ {}_4F_3\left(-m,\ \frac{1}{2}-\varepsilon-m,\ \tau-\frac{\varepsilon}{2}-m+n,\ \tau-\frac{\varepsilon}{2}-m-n-1;\ \tau-\frac{\varepsilon}{2}-m,\right.$$
$$\left.\frac{1}{2}-\varepsilon-2m,\ \tau-\frac{\varepsilon}{2}-m;\ \frac{a+b}{2b}\right) \qquad [\varepsilon = 0 \text{ или } 1;\ b > a > 0].$$

16. $$\int_a^\infty (x+a)^{-\tau} P_{2m+\varepsilon}(b\sqrt{x+a})\, P_n\left(\frac{x}{a}\right)dx =$$
$$= \frac{(-1)^{n+1}2^{3m+3\varepsilon/2-\tau+1}(1/2)_{2m+\varepsilon}(\tau-m-\varepsilon/2)_n a^{m+\varepsilon/2-\tau+1} b^{2m+\varepsilon}}{(2m+\varepsilon)!(m+\varepsilon/2-\tau+1)_{n+1}} \times$$
$$\times\ {}_4F_3\left(-m,\ \frac{1}{2}-\varepsilon-m,\ \tau-\frac{3}{2}-m+n,\ \tau-\frac{\varepsilon}{2}-m-n-1;\right.$$
$$\left.\frac{1}{2}-\varepsilon-2m,\ \tau-m-\frac{\varepsilon}{2},\ \tau-m-\frac{\varepsilon}{2};\ \frac{1}{2ab^2}\right)$$
$$[\varepsilon = 0 \text{ или } 1;\ a>0;\ 2ab^2>1;\ \operatorname{Re}\tau > m+n+\varepsilon/2+1].$$

17. $$\int_a^\infty (x+b)^{-\tau} P_{2m+\varepsilon}\left(\sqrt{\frac{x+a}{a+b}}\right) P_n\left(\frac{x}{b}\right)dx =$$
$$= \frac{(-1)^{m+1}2^n (1/2)_n((\varepsilon-1)/2+\tau-n)_m (a+b)^{n-\tau+1}}{n!\,b^n(1+n+\varepsilon/2-\tau)_{m+1}} \times$$
$$\times\ {}_4F_3\left(-n,\ -n,\ \frac{\varepsilon-1}{2}+\tau+m-n,\ \tau-m-n-\frac{\varepsilon}{2}-1;\ -2n,\ \tau-n-\frac{1}{2},\ \tau-n;\ \frac{2b}{a+b}\right)$$
$$[\varepsilon = 0 \text{ или } 1;\ a>b>0;\ \operatorname{Re}\tau > m+n+\varepsilon/2+1].$$

18. $$\int_a^\infty (x+a)^{-\tau} P_{2m+\varepsilon}\left(\sqrt{\frac{x+a}{2a}}\right) P_n\left(\frac{x}{a}\right)dx =$$
$$= \frac{(-1)^{m+1}2^{2n-\tau+1}(1/2)_n((\varepsilon-1)/2+\tau-n)_m a^{1-\tau}}{n!(n+\varepsilon/2-\tau+1)_{m+1}} \times$$
$$\times\ {}_4F_3\left(-n,\ -n,\ \frac{\varepsilon-1}{2}+\tau+m-n,\ \tau-m-n-\frac{\varepsilon}{2}-1;\ -2n,\ \tau-n-\frac{1}{2},\ \tau-n;\ 1\right)$$
$$[\varepsilon = 0 \text{ или } 1;\ a>0;\ \operatorname{Re}\tau > m+n+\varepsilon/2+1].$$

19. $$\int_{-a}^a P_{n_1}\left(\frac{x}{a}\right)P_{n_2}\left(\frac{x}{a}\right)\ldots P_{n_k}\left(\frac{x}{a}\right)P_{n_1+n_2+\ldots+n_k}\left(\frac{x}{a}\right)dx =$$
$$= \frac{(n_1+n_2+\ldots+n_k)!}{(2(n_1+n_2+\ldots+n_k)+1)!!}\,2a\prod_{j=1}^k \frac{(2n_j-1)!!}{n_j!} \qquad [a>0].$$

20. $$\int_{-a}^a P_m\left(\frac{x}{a}\right)P_n\left(\frac{x}{a}\right)P_p\left(\frac{x}{a}\right)P_q\left(\frac{x}{a}\right)dx = 2a\sum_{k=0}^n \frac{2m+2n-4k+1}{2m+2n-2k+1}\times$$

$$\times \frac{A_{m-k}A_kA_{n-k}A_{(p+q-m-n)/2+k}}{p+q+m+n-2k+1}\frac{A_{(p-q+m+n)/2-k}A_{(q-p+m+n)/2-k}}{A_{m+n-k}A_{(p+q+m+n)/2-k}},$$

$$A_j=\frac{(2j-1)!!}{j!} \qquad [a>0,\ p-q\leqslant m\pm n\leqslant p+q;\ p+q+m+n=2,\,4,\,6,\,\ldots].$$

21. $$\int\limits_{-a}^{a}(a-x)^{\beta-1}\operatorname{erf}(ab-bx)\Big[P_n\Big(\frac{x}{a}\Big)\Big]^2\,dx=\frac{2^{\beta+2}n!a^{\beta+1}b}{\sqrt{\pi}\,(\beta+1)_{n+1}}\times$$
$$\times\,{}_3F_3\Big(\frac{1}{2},\,\frac{\beta+1}{2},\,\frac{\beta}{2}+1;\ \frac{3}{2},\,\frac{\beta+n}{2}+1,\,\frac{\beta+n+3}{2};\ -a^2b^2\Big) \qquad [a>0;\ \operatorname{Re}\beta>-1].$$

22. $$\int\limits_{-a}^{a}(a-x)^{\beta-1}\operatorname{erf}(b\sqrt{a-x}\,)\Big[P_n\Big(\frac{x}{a}\Big)\Big]^2\,dx=$$
$$=\frac{2^{\beta+3/2}n!a^{\beta+1/2}b}{\sqrt{\pi}\,(\beta+1/2)_{n+1}}\,{}_2F_2\Big(\frac{1}{2},\,\beta+\frac{1}{2};\ \frac{3}{2},\,\beta+n+\frac{3}{2};\ -ab^2\Big) \qquad [a>0;\ \operatorname{Re}\beta>-1/2].$$

2.18. МНОГОЧЛЕНЫ ЧЕБЫШЕВА $T_n(x)$ и $U_n(x)$

Многочлены $T_n(x)$, $U_n(x)$ являются частными случаями многочленов Гегенбауэра и Якоби:

$$T_n(x)=\frac{n}{2}\lim_{\lambda\to 0}\Big[\lambda^{-1}C_n^{\lambda}(x)\Big]=\frac{n!}{(1/2)_n}\,P_n^{(-1/2,\,-1/2)}(x),$$

$$U_n(x)=C_n^1(x)=\frac{(n+1)!}{(3/2)_n}\,P_n^{(1/2,\,1/2)}(x),$$

поэтому для вычисления интегралов, содержащих эти многочлены, можно воспользоваться формулами из разделов 2.21, 2.22.

2.18.1. Интегралы, содержащие $T_n(\varphi(x))$.

1. $$\int\limits_0^a\frac{x^{\alpha-1}}{\sqrt{a^2-x^2}}\,T_n\Big(\frac{x}{a}\Big)\,dx=\frac{\pi a^{\alpha-1}}{2^{\alpha}}\,\Gamma\begin{bmatrix}\alpha\\(\alpha+n+1)/2,\ (\alpha-n+1)/2\end{bmatrix} \qquad [a,\ \operatorname{Re}\alpha>0].$$

2. $$\int\limits_a^b\frac{1}{\sqrt{(x-a)(b-x)}}\,T_n\Big(\frac{x}{b}\Big)\,dx=\frac{\pi}{2}\Big[P_n\Big(\frac{a}{b}\Big)+P_{n-1}\Big(\frac{a}{b}\Big)\Big] \qquad [b>a;\ n=1,\,2,\,3,\,\ldots].$$

3. $$\int\limits_{-a}^{a}(x+a)^{\alpha-1}(a-x)^{\beta-1}T_n\Big(\frac{x}{a}\Big)\,dx=(2a)^{\alpha+\beta-1}\,\mathrm{B}\,(\alpha,\,\beta)\,{}_3F_2\Big(-n,\,n,\,\beta;\ \frac{1}{2},\,\alpha+\beta;\ 1\Big)$$
$$[a,\ \operatorname{Re}\alpha,\ \operatorname{Re}\beta>0].$$

4. $$\int\limits_{-a}^{a}\frac{(x+a)^{\alpha-1}}{\sqrt{a-x}}\,T_n\Big(\frac{x}{a}\Big)\,dx=2^{1/2-\alpha}\pi a^{\alpha-1/2}\Gamma\begin{bmatrix}2\alpha\\\alpha+n+1/2,\ \alpha-n+1/2\end{bmatrix} \qquad [a,\ \operatorname{Re}\alpha>0].$$

5. $$\int\limits_{-a}^{a}\frac{1}{\sqrt{a^2-x^2}\,(x-y)}\,T_n\Big(\frac{x}{a}\Big)\,dx=\frac{\pi}{a}\,U_{n-1}\Big(\frac{y}{a}\Big) \qquad [-a<y<a;\ n=1,\,2,\,3,\,\ldots].$$

6. $$\int\limits_a^{\infty}\frac{x^{\alpha-1}}{\sqrt{x^2-a^2}}\,T_n\Big(\frac{x}{a}\Big)\,dx=\frac{a^{\alpha-1}}{2^{\alpha+1}}\,\Gamma\begin{bmatrix}(1-\alpha+n)/2,\ (1-\alpha-n)/2\\1-\alpha\end{bmatrix}$$
$$[a>0;\ \operatorname{Re}\alpha<1-n].$$

7. $$\int\limits_0^{\infty}e^{-px}T_n\Big(\frac{x}{a}\Big)\,dx=i^{n+1}aO_n(iap) \qquad [\operatorname{Re}p>0].$$

8. $$\int_0^a \frac{x^{-1/2}}{\sqrt{a^2-x^2}} e^{-px} T_n\left(\frac{x}{a}\right) dx =$$
$$= \frac{\pi}{2}\sqrt{\frac{\pi p}{2}} \left[I_{-(2n+1)/4}\left(\frac{ap}{2}\right) I_{(2n-1)/4}\left(\frac{ap}{2}\right) - I_{(2n+1)/4}\left(\frac{ap}{2}\right) I_{(1-2n)/4}\left(\frac{ap}{2}\right)\right] \qquad [a>0].$$

9. $$\int_{-a}^a \frac{1}{\sqrt{a^2-x^2}} e^{ipx} T_n\left(\frac{x}{a}\right) dx = i^n \pi J_n(ap) \qquad [a>0].$$

10. $$\int_{-a}^a \frac{1}{\sqrt{a^2-x^2}} e^{-px} T_n\left(\frac{x}{a}\right) dx = (-1)^n \pi I_n(ap) \qquad [a>0].$$

11. $$\int_a^\infty \frac{1}{\sqrt{x-a}} e^{-px} T_n\left(\frac{x}{a}\right) dx = \sqrt{8\pi a}\, e^{-ap} O_{2n}(\sqrt{8ap}\,) \qquad [a,\ \operatorname{Re} p>0].$$

12. $$\int_a^\infty \frac{1}{\sqrt{x^2-a^2}} e^{-px} T_n\left(\frac{x}{a}\right) dx = K_n(ap) \qquad [a,\ \operatorname{Re} p>0].$$

13. $$\int_0^a \frac{x^{-1/2}}{\sqrt{a^2-x^2}} e^{-p/x} T_n\left(\frac{x}{a}\right) dx = \sqrt{\frac{\pi}{a}}\, D_{n-1/2}\left(\sqrt{\frac{2p}{a}}\right) D_{-n-1/2}\left(\sqrt{\frac{2p}{a}}\right) \qquad [a,\ \operatorname{Re} p>0].$$

14. $$\int_{-a}^a (x+a)^{-n-3/2}(a-x)^{-1/2} \exp\left(-p\frac{a-x}{a+x}\right) T_n\left(\frac{x}{a}\right) dx = \frac{\sqrt{\pi}\, 2^{-3n-1}}{a^{n+1} p^{n+1/2}} H_{2n}(\sqrt{p}\,)$$
$$[a,\ \operatorname{Re} p>0].$$

15. $$\int_a^\infty \frac{1}{\sqrt{x-a}} e^{-p\sqrt{x-a}}\, T_n\left(\frac{x}{a}\right) dx = 2\sqrt{2a}\, O_{2n}(p\sqrt{2a}\,) \qquad [a,\ \operatorname{Re} p>0].$$

16. $$\int_0^a \frac{x^{n-2}}{\sqrt{a^2-x^2}\, \operatorname{ch}^m\left(b\sqrt{a^2-x^2}\,/x\right)} T_n\left(\frac{x}{a}\right) dx = I_m \qquad [a,\ \operatorname{Re} b>0],$$
$$I_1 = \left(\frac{b}{\pi}\right)^{n-1} \frac{a^{n-2}}{2^n}\left[\zeta\left(n,\ \frac{2b+\pi}{4\pi}\right) - \zeta\left(n,\ \frac{2b+4\pi}{4\pi}\right)\right] = \left(\frac{b}{\pi}\right)^{n-1} a^{n-2}\Phi\left(-1,\ n,\ \frac{2b+\pi}{2\pi}\right),$$
$$I_2 = \frac{na^{n-2}b^{n-1}}{\pi^n}\,\zeta\left(n+1,\ \frac{2b+\pi}{2\pi}\right).$$

17. $$\int_0^a \frac{1}{\sqrt{a^2-x^2}} \begin{Bmatrix} \sin bx T_{2n+1}(x/a) \\ \cos bx T_{2n}(x/a) \end{Bmatrix} dx = (-1)^n \frac{\pi}{2} J_{2n+(1\pm1)/2}(ab) \qquad [a>0].$$

18. $$\int_{-a}^a \cos\left(b\sqrt{a^2-x^2}\,\right) \begin{Bmatrix} \sin cx T_{2n+1}(x/a) \\ \cos cx T_{2n}(x/a) \end{Bmatrix} dx =$$
$$= (-1)^n \pi a J_{2n+(1\pm1)/2}\left(a\sqrt{b^2+c^2}\,\right) T_{2n+(1\pm1)/2}\left(\frac{c}{\sqrt{b^2+c^2}}\right) \qquad [a>0].$$

19. $$\int_0^a \frac{x^{\alpha-1}}{\sqrt{a-x}} \ln\frac{x}{a}\, T_n\left(\frac{x}{a}\right) dx =$$
$$= \sqrt{\pi}\, a^{\alpha-1/2}\Gamma\begin{bmatrix} \alpha \\ \alpha+1/2 \end{bmatrix} \sum_{k=0}^n \frac{(-n)_k (n)_k}{(\alpha+1/2)_k k! 2^k}\left[\psi(\alpha) - \psi\left(\alpha+k+\frac{1}{2}\right)\right] \qquad [a,\ \operatorname{Re}\alpha>0].$$

20. $$\int_0^a \frac{1}{\sqrt{a^2-x^2}} \left\{ \begin{matrix} \operatorname{erf}(bx) \\ \operatorname{erfi}(bx) \end{matrix} \right\} T_{2n+1}\left(\frac{x}{a}\right) dx = \frac{(\mp 1)^n \sqrt{\pi}\,(ab)^{2n+1}}{2^{2n+1}(2n+1)n!}\, {}_1F_1\left(n+\frac{1}{2};\ 2n+2;\ \mp a^2b^2\right) \quad [a>0].$$

21. $$\int_0^a \frac{x^{\alpha-1}}{\sqrt{a^2-x^2}} \operatorname{erf}(bx) T_n\left(\frac{x}{a}\right) dx = \frac{\sqrt{\pi}\, a^\alpha b}{2^\alpha} \Gamma\left[\begin{matrix} \alpha+1 \\ (\alpha+n)/2+1,\ (\alpha-n)/2+1 \end{matrix}\right] \times \\ \times {}_3F_3\left(\frac{1}{2},\ \frac{\alpha+1}{2},\ \frac{\alpha}{2}+1;\ \frac{3}{2},\ \frac{\alpha+n}{2}+1,\ \frac{\alpha-n}{2}+1;\ -a^2b^2\right)$$
$[a>0;\ \operatorname{Re}\alpha > 2[n/2]-n-1]$.

22. $$\int_a^\infty (x-a)^{\alpha-1} \operatorname{erfc}(b\sqrt{x-a})\, T_n\left(\frac{x}{a}\right) dx = \frac{1}{\sqrt{\pi}\,\alpha b^{2\alpha}} \Gamma\left(\alpha+\frac{1}{2}\right) {}_4F_2\left(-n,\ n,\ \alpha,\ \alpha+\frac{1}{2};\ \frac{1}{2},\ \alpha+1;\ -\frac{1}{2ab^2}\right)$$
$[a,\ \operatorname{Re}\alpha > 0;\ |\arg b| < \pi/4]$.

23. $$\int_0^a \frac{1}{\sqrt{a^2-x^2}}\, e^{\pm b^2x^2} \left\{ \begin{matrix} \operatorname{erf}(bx) \\ \operatorname{erfi}(bx) \end{matrix} \right\} T_{2n+1}\left(\frac{x}{a}\right) dx = (\pm 1)^n \frac{\pi}{2}\, e^{\pm a^2b^2/2} I_{n+1/2}\left(\frac{a^2b^2}{2}\right)$$
$[a>0]$.

24. $$\int_0^a \frac{x^{\alpha-1}}{\sqrt{a^2-x^2}}\, e^{b^2x^2} \operatorname{erf}(bx) T_n\left(\frac{x}{a}\right) dx = \frac{\sqrt{\pi}\, a^\alpha b}{2^\alpha} \Gamma\left[\begin{matrix} \alpha+1 \\ (\alpha+n)/2+1,\ (\alpha-n)/2+1 \end{matrix}\right] \times \\ \times {}_3F_3\left(1,\ \frac{\alpha+1}{2},\ \frac{\alpha}{2}+1;\ \frac{3}{2},\ \frac{\alpha+n}{2}+1,\ \frac{\alpha-n}{2}+1;\ a^2b^2\right) \quad [a>0;\ \operatorname{Re}\alpha > 2[n/2]-n-1].$$

25. $$\int_0^a \frac{1}{\sqrt{a^2-x^2}} J_\nu(bx) T_n\left(\frac{x}{a}\right) dx = \frac{\pi}{2} J_{(\nu+n)/2}\left(\frac{ab}{2}\right) J_{(\nu-n)/2}\left(\frac{ab}{2}\right)$$
$[a>0;\ \operatorname{Re}\nu > 2[n/2]-n-1]$.

26. $$\int_0^a \frac{x^{-1}}{\sqrt{a^2-x^2}} K_\nu\left(\frac{b}{x}\right) T_n\left(\frac{x}{a}\right) dx = \frac{\pi}{2b} W_{n/2,\,\nu/2}\left(\frac{b}{a}\right) W_{-n/2,\,\nu/2}\left(\frac{b}{a}\right) \quad [a,\ \operatorname{Re} b > 0].$$

27. $$\int_{-a}^a T_n^2\left(\frac{x}{a}\right) dx = \frac{4n^2-2}{4n^2-1}\, a \quad [a>0].$$

28. $$\int_{-a}^a \frac{1}{\sqrt{a^2-x^2}} T_m\left(\frac{x}{a}\right) T_n\left(\frac{x}{a}\right) dx = \left\{ \begin{matrix} \pi/2 \\ \pi \end{matrix} \right\} \delta_{m,\,n} \quad \left[a>0,\ \left\{ \begin{matrix} n>0 \\ n=0 \end{matrix} \right\}\right].$$

29. $$\int_{-a}^a (a\pm x)^{-1/2}(a\mp x)^{\beta-1} T_m\left(\frac{x}{a}\right) T_n\left(\frac{x}{a}\right) dx = \frac{(\pm 1)^{m+n}\sqrt{\pi}\,(1/2-\beta)_n}{(2a)^{1/2-\beta}} \times \\ \times \Gamma\left[\begin{matrix} \beta \\ \beta+n+1/2 \end{matrix}\right] {}_4F_3\left(-m,\ m,\ \beta,\ \beta+\frac{1}{2};\ \frac{1}{2},\ \beta+n+\frac{1}{2},\ \beta-n+\frac{1}{2};\ 1\right) \quad [a,\ \operatorname{Re}\beta > 0].$$

30. $$\int_{-a}^a \frac{(x+a)^{m\pm n-3/2}}{\sqrt{a-x}} T_m\left(\frac{x}{a}\right) T_n\left(\frac{x}{a}\right) dx = \left\{ \begin{matrix} 1 \\ 0 \end{matrix} \right\} \frac{\pi(2m+2n-2)!\,a^{m+n-1}}{2^{m+n}(2m-1)!(2n-1)!}$$
$\left[a>0,\ \left\{ \begin{matrix} m+n \neq 0 \\ m>n \end{matrix} \right\}\right]$.

31. $$\int_a^b \frac{1}{\sqrt{(b^2-x^2)(x^2-a^2)}}\, T_m\left(\frac{x}{b}\right)T_n\left(\frac{x}{a}\right) dx = \frac{\pi b^{n-1}}{2a^n}\, {}_2F_1\left(\frac{m-n+1}{2},\ \frac{1-m-n}{2};\ 1;\ 1-\frac{a^2}{b^2}\right) \qquad [b>a>0].$$

32. $$\int_a^b \frac{1}{\sqrt{(b^2-x^2)(x^2-a^2)}}\, T_{n-1}\left(\frac{x}{b}\right)T_n\left(\frac{x}{a}\right) dx = \frac{\pi b^{n-1}}{2a^n} \qquad [b>a>0;\ n=1,\ 2,\ 3,\ \ldots].$$

2.18.2. Интегралы, содержащие $U_n(cx)$.

1. $$\int_{-a}^{a} (x+a)^{\alpha-1}(a-x)^{\beta-1}U_n\left(\frac{x}{a}\right) dx = (2a)^{\alpha+\beta-1}(n+1)\,\mathrm{B}(\alpha,\ \beta)\,{}_3F_2\left(-n,\ n+2,\ \beta;\ \alpha+\beta,\ \frac{3}{2};\ 1\right) \qquad [a,\ \operatorname{Re}\alpha,\ \operatorname{Re}\beta>0].$$

2. $$\int_{-a}^{a} (x+a)^{\alpha-1}\sqrt{a-x}\, U_n\left(\frac{x}{a}\right) dx = (-1)^n(n+1)\sqrt{\pi}\, 2^{\alpha-1/2}\left(\frac{3}{2}-\alpha\right)_n \Gamma\left[\begin{matrix}\alpha\\ \alpha+n+3/2\end{matrix}\right] a^{\alpha+1/2} \qquad [a,\ \operatorname{Re}\alpha>0].$$

3. $$\int_{-a}^{a} \frac{1}{\sqrt{a^2-x^2}}\, U_{2n}(cx)\, dx = \pi P_n(2a^2c^2-1) \qquad [a>0].$$

4. $$\int_{-a}^{a} \frac{\sqrt{a^2-x^2}}{x-y}\, U_n\left(\frac{x}{a}\right) dx = -\alpha\pi T_{n+1}\left(\frac{y}{a}\right) \qquad [-a<y<a;\ n=1,\ 2,\ 3,\ \ldots].$$

5. $$\int_{-a}^{a} e^{ipx}U_n\left(\frac{x}{a}\right) dx = \frac{i^{n-1}\pi n}{p}\, J_n(ap) \qquad [a>0].$$

6. $$\int_a^{\infty} \sqrt{x^2-a^2}\, e^{-px}U_n\left(\frac{x}{a}\right) dx = \frac{(n+1)a}{p}\, K_{n+1}(ap) \qquad [a,\ \operatorname{Re}p>0].$$

7. $$\int_0^{\infty} \frac{e^{-px}}{\sqrt{x^2+a^2}}\, U_n\left(i\frac{x}{a}\right) dx = \frac{e^{\pi(n-1)i/2}}{2}\, S_n(ap) \qquad [\operatorname{Re}p>0].$$

8. $$\int_{-a}^{a} (x+a)^{-n-5/2}\sqrt{a-x}\, \exp\left(-p\frac{a-x}{a+x}\right)U_n\left(\frac{x}{a}\right) dx = \frac{\sqrt{\pi}\,(n+1)}{2^{3n+3}a^{n+1}p^{n+2}}\, H_{2n+1}(\sqrt{p}\,) \qquad [a,\ \operatorname{Re}p>0].$$

9. $$\int_a^{\infty} e^{-p\sqrt{x-a}}\, U_n\left(\frac{x}{a}\right) dx = \frac{4(n+1)a}{2n+1}\, O_{2n+1}(p\sqrt{2a}\,) \qquad [a,\ \operatorname{Re}p>0].$$

10. $$\int_0^{a} \frac{x^{n-1}}{\exp(p\sqrt{a^2-x^2}\,/x)\pm 1}\, U_n\left(\frac{x}{a}\right) dx = \pm\frac{a^n}{2n} \mp \frac{1}{2}\left(\frac{ap}{2\pi}\right)^n \zeta\left(n+1,\ \frac{p}{2\pi}+\frac{1\pm 1}{4}\right) - \left\{\begin{matrix}0\\ 1\end{matrix}\right\}\frac{\pi}{2p} \qquad [a,\ \operatorname{Re}p>0].$$

11. $\int_{-a}^{a} \sin(b\sqrt{a^2-x^2}) \left\{ \begin{matrix} \sin cx U_{2n+1}(x/a) \\ \cos cx U_{2n}(x/a) \end{matrix} \right\} dx =$

$$= (-1)^n \frac{\pi ab}{\sqrt{b^2+c^2}} J_{2n+1+\delta}(a\sqrt{b^2+c^2}) U_{2n+\delta}\left(\frac{c}{\sqrt{b^2+c^2}}\right) \qquad \left[a>0,\ \delta = \left\{ \begin{matrix} 1 \\ 0 \end{matrix} \right\}\right].$$

12. $\int_{-a}^{a} (x+a)^{\alpha-1} \sqrt{a-x}\, \operatorname{erf}(b\sqrt{x+a}) U_n\left(\frac{x}{a}\right) dx =$

$$= (-1)^n (n+1)(1-\alpha)_n (2a)^{\alpha+1} b \Gamma\left[\begin{matrix} \alpha+1/2 \\ \alpha+n+2 \end{matrix} \right] \times$$

$$\times {}_3F_3\left(\frac{1}{2},\ \alpha,\ \alpha+\frac{1}{2};\ \frac{3}{2},\ \alpha+n+2,\ \alpha-n;\ -2ab^2\right) \qquad [a>0;\ \operatorname{Re}\alpha > -1/2].$$

13. $\int_{-a}^{a} \sqrt{x+a}\, (a-x)^{\beta-1} U_m\left(\frac{x}{a}\right) U_n\left(\frac{x}{a}\right) dx =$

$$= 2^{\beta-1/2}\sqrt{\pi}\, (m+1)(n+1)(3/2-\beta)_n \Gamma\left[\begin{matrix} \beta \\ 3/2+\beta+n \end{matrix} \right] a^{\beta+1/2} \times$$

$$\times {}_4F_3\left(-m,\ m+2,\ \beta,\ \beta-\frac{1}{2};\ \frac{3}{2},\ \beta+n+\frac{3}{2},\ \beta-n-\frac{1}{2};\ 1\right) \qquad [a,\ \operatorname{Re}\beta > 0].$$

14. $\int_{-a}^{a} \sqrt{x+a}\, (a-x) U_m\left(\frac{x}{a}\right) U_n\left(\frac{x}{a}\right) dx = \frac{(-1)^{m+n} 16\sqrt{2}\, (m+1)(n+1) a^{5/2}}{(2m+2n+3)(2m+2n+5)[1-4(m-n)^2]}$

$[a>0].$

15. $\int_{-a}^{a} (x+a)^{m+n+3/2} \sqrt{a-x}\, U_m\left(\frac{x}{a}\right) U_n\left(\frac{x}{a}\right) dx = \frac{\pi(2m+2n+2)!}{2^{m+n+2}(2m+1)!(2n+1)!}\, a^{m+n+3}$

$[a>0].$

16. $\int_{-a}^{a} (x+a)^{m-n-1/2} \sqrt{a-x}\, U_m\left(\frac{x}{a}\right) U_n\left(\frac{x}{a}\right) dx = 0 \qquad [m>n;\ a>0].$

17. $\int_{-a}^{a} \sqrt{a^2-x^2}\, U_m\left(\frac{x}{a}\right) U_n\left(\frac{x}{a}\right) dx = \frac{\pi}{2} a^2 \delta_{m,n} \qquad [a>0].$

2.19. МНОГОЧЛЕНЫ ЛАГЕРРА $L_n^\lambda(x)$

2.19.1. Интегралы общего вида.

1. $\int_{0}^{a} x^{\alpha-1}(a^r-x^r)^{\beta-1} e^{-cx} L_n^\lambda(cx)\, dx =$

$$= \frac{a^{\alpha+r\beta-r}}{n!r} \Gamma(\beta) \sum_{k=0}^{\infty} \frac{(1+\lambda+k)_n}{k!} \Gamma\left[\begin{matrix} (\alpha+k)/r \\ \beta+(\alpha+k)/r \end{matrix} \right] (-ac)^k \qquad [a,\ r,\ \operatorname{Re}\alpha,\ \operatorname{Re}\beta > 0].$$

2. $\int_{a}^{\infty} x^{\alpha-1}(x^r-a^r)^{\beta-1} e^{-cx} L_n^\lambda(cx)\, dx =$

$$= \frac{a^{\alpha+r\beta-r}}{n!r} \Gamma(\beta) \sum_{k=0}^{\infty} \frac{(1+\lambda+k)_n}{k!} \Gamma\left[\begin{matrix} 1-\beta-(\alpha+k)/r \\ 1-(\alpha+k)/r \end{matrix} \right] (-ac)^k +$$

$$+ \frac{c^{r-r\beta-\alpha}}{n!} \sum_{k=0}^{\infty} \frac{(1-\beta)_k (1-\alpha+\lambda+r-r\beta+rk)_n}{k!} \Gamma(\alpha-r+r\beta-rk)(ac)^{rk}$$

$[a,\ r,\ \operatorname{Re}c,\ \operatorname{Re}\beta > 0].$

3. $$\int_0^\infty \frac{x^{\alpha-1}}{(x^r+z^r)^\rho} e^{-cx} L_n^\lambda(cx)\,dx = \frac{z^{\alpha-r\rho}}{n!r\Gamma(\rho)} \sum_{k=0}^\infty \frac{(1+\lambda+k)_n}{k!} \Gamma\left(\frac{\alpha+k}{r}\right) \Gamma\left(\rho-\frac{\alpha+k}{r}\right)(-cz)^k + \frac{c^{r\rho-\alpha}}{n!} \sum_{k=0}^\infty \frac{(\rho)_k(1-\alpha+\lambda+r\rho+rk)_n}{k!} \Gamma(\alpha-r\rho-rk)(-c^r z^r)^k$$

$[r,\ \mathrm{Re}\,c,\ \mathrm{Re}\,\alpha>0;\ r|\arg z|<\pi]$.

4. $$\int_0^\infty \frac{x^{\alpha-1}}{x^r-y^r} e^{-cx} L_n^\lambda(cx)\,dx = -\frac{\pi y^{\alpha-r}}{n!r} \sum_{k=0}^\infty \frac{(1+\lambda+k)_n}{k!} \operatorname{ctg}\frac{\alpha+k}{r}\pi(-cy)^k + \frac{c^{r-\alpha}}{n!} \sum_{k=0}^\infty (1-\alpha+\lambda+r+rk)_n \Gamma(\alpha-r-rk)(cy)^{rk}$$

$[r,\ y,\ \mathrm{Re}\,c,\ \mathrm{Re}\,\alpha>0]$.

5. $$\int_0^\infty x^{\alpha-1} e^{-px^r-cx} L_n^\lambda(cx)\,dx = U$$ $[r,\ \mathrm{Re}\,c,\ \mathrm{Re}\,p,\ \mathrm{Re}\,\alpha>0]$,

$$U = \frac{p^{-\alpha/r}}{n!r} \sum_{k=0}^\infty \frac{(1+\lambda+k)_n}{k!} \Gamma\left(\frac{\alpha+k}{r}\right)\left(-\frac{c}{p^{1/r}}\right)^k$$ $[r>1]$,

$$U = \frac{c^{-\alpha}}{n!} \sum_{k=0}^\infty \frac{1}{k!} (1-\alpha+\lambda-rk)_n \Gamma(\alpha+rk)\left(-\frac{p}{c^r}\right)^k$$ $[r<1]$,

U при $r=1$ см. в 2.19.3.2.

6. $$\int_0^\infty x^{\alpha-1} e^{-px^{-r}-cx} L_n^\lambda(cx)\,dx = \frac{p^{\alpha/r}}{n!r} \sum_{k=0}^\infty \frac{(1+\lambda+k)_n}{k!} \Gamma\left(-\frac{\alpha+k}{r}\right)(-cp^{1/r})^k + \frac{c^{-\alpha}}{n!} \sum_{k=0}^\infty \frac{(1-\alpha+\lambda+rk)_n}{k!} \Gamma(\alpha-rk)(-c^r p)^k$$

$[r,\ \mathrm{Re}\,c,\ \mathrm{Re}\,p>0]$.

7. $$\int_0^\infty x^{\alpha-1} e^{-cx} \begin{Bmatrix} \sin bx^r \\ \cos bx^r \end{Bmatrix} L_n^\lambda(cx)\,dx = V$$ $\left[b,\ r,\ \mathrm{Re}\,c>0;\ \mathrm{Re}\,\alpha>-\delta r,\ \delta=\begin{Bmatrix}1\\0\end{Bmatrix}\right]$,

$$V = \frac{b^{-\alpha/r}}{n!r} \sum_{k=0}^\infty \frac{(1+\lambda+k)_n}{k!} \Gamma\left(\frac{\alpha+k}{r}\right) \begin{Bmatrix} \sin[(\alpha+k)\pi/(2r)] \\ \cos[(\alpha+k)\pi/(2r)] \end{Bmatrix} \left(-\frac{c}{b^{1/r}}\right)^k$$ $[r>1]$,

$$V = \frac{b^\delta}{n!c^{\alpha+\delta r}} \sum_{k=0}^\infty \frac{(-1)^k(1-\alpha+\lambda-\delta r-2rk)_n}{k!(\delta+1/2)_k} \Gamma(\alpha+\delta r+2rk)\left(\frac{b}{2c^r}\right)^{2k}$$ $[r<1]$,

V при $r=1$ см. в 2.19.5.1.

8. $$\int_0^\infty x^{\alpha-1} e^{-cx} \begin{Bmatrix} \ln(x^r+z^r) \\ \ln|x^r-z^r| \end{Bmatrix} L_n^\lambda(cx)\,dx = \frac{\pi z^\alpha}{n!} \sum_{k=0}^\infty \frac{(1+\lambda+k)_n}{k!(\alpha+k)} \begin{Bmatrix} \operatorname{cosec}[(\alpha+k)\pi/r] \\ \operatorname{ctg}[(\alpha+k)\pi/r] \end{Bmatrix} (-cz)^k \pm \pm \frac{c^{r-\alpha} z^r}{n!} \sum_{k=0}^\infty \frac{(1-\alpha+\lambda+r+rk)_n}{k+1} \Gamma(\alpha-r-rk)(\mp c^r z^r)^k + \frac{r(1-\alpha+\lambda)_n}{n!c^\alpha} \Gamma(\alpha)\left[\psi(\alpha) - \sum_{k=1}^n \frac{1}{k-\alpha+\lambda} - \ln c\right]$$

$\left[r,\ \mathrm{Re}\,c,\ \mathrm{Re}\,\alpha>0,\ \begin{Bmatrix} r|\arg z|<\pi \\ z>0 \end{Bmatrix}\right]$.

9. $\int_0^\infty x^{\alpha-1}e^{-bx^r-cx}L_m^\gamma(bx^r)L_n^\lambda(cx)\,dx = W$ $[r,\ \operatorname{Re} b,\ \operatorname{Re} c,\ \operatorname{Re}\alpha > 0]$,

$$W = \frac{b^{-\alpha/r}}{m!n!r}\sum_{k=0}^\infty \frac{(1+\lambda+k)_n}{k!}\left(1+\gamma-\frac{\alpha+k}{r}\right)_m \Gamma\left(\frac{\alpha+k}{r}\right)\left(-\frac{c}{b^{1/r}}\right)^k \qquad [r>1],$$

W при $r = 1$ см. в 2.19.14.9.

10. $\int_0^\infty x^{\alpha-1}e^{-cx}\operatorname{Ei}(-bx^r)L_n^\lambda(cx)\,dx = X$ $[r,\ \operatorname{Re} b,\ \operatorname{Re} c,\ \operatorname{Re}\alpha > 0]$,

$$X = -\frac{b^{-\alpha/r}}{n!}\sum_{k=0}^\infty \frac{(1+\lambda+k)_n}{k!(\alpha+k)}\Gamma\left(\frac{\alpha+k}{r}\right)\left(-\frac{c}{b^{1/r}}\right)^k \qquad [r>1],$$

$$X = -\frac{b}{n!c^{\alpha+r}}\sum_{k=0}^\infty \frac{(1-\alpha+\lambda-r-rk)_n}{k!(k+1)^2}\Gamma(\alpha+r+rk)\left(-\frac{b}{c^r}\right)^k + \\ + \frac{(1-\alpha+\lambda)_n}{n!c^\alpha}\Gamma(\alpha)\left[\mathbf{C}+r\psi(\alpha)-r\sum_{k=1}^n\frac{1}{k-\alpha+\lambda}-\ln\frac{c^r}{b}\right] \qquad [r>1],$$

X при $r = 1$ см. в 2.19.7.2.

11. $\int_0^\infty x^{\alpha-1}e^{\pm bx^r-cx}\operatorname{Ei}(\mp bx^r)L_n^\lambda(cx)\,dx = Y$ $\left[r,\ \operatorname{Re} c,\ \operatorname{Re}\alpha > 0,\ \left\{\begin{matrix}|\arg b|<\pi\\ b>0\end{matrix}\right\}\right]$,

$$Y = -\frac{b^{-\alpha/r}\pi}{n!r}\sum_{k=0}^\infty \frac{(1+\lambda+k)_n}{k!}\Gamma\left(\frac{\alpha+k}{r}\right)\left\{\begin{matrix}\operatorname{cosec}[(\alpha+k)\pi/r]\\ \operatorname{ctg}[(\alpha+k)\pi/r]\end{matrix}\right\}\left(-\frac{c}{b^{1/r}}\right)^k \mp \\ \mp \frac{c^{r-\alpha}}{n!b}\sum_{k=0}^\infty k!(1-\alpha+\lambda+r+rk)_n\Gamma(\alpha-r-rk)\left(\mp\frac{c^r}{b}\right)^k \qquad [r>1],$$

$$Y = -\frac{c^{-\alpha}}{n!}\sum_{k=0}^\infty \frac{(1-\alpha+\lambda-rk)_n}{k!}\Gamma(\alpha+rk)\times \\ \times\left[\psi(k+1)-r\psi(\alpha+rk)+r\sum_{l=1}^n\frac{1}{l-\alpha+\lambda-rk}-\ln\frac{b}{c^r}\right]\left(\pm\frac{b}{c^r}\right)^k \qquad [r<1],$$

Y при $r = 1$ см. в 2.19.7.3.

12. $\int_0^\infty x^{\alpha-1}e^{-cx}\left\{\begin{matrix}\operatorname{si}(bx^r)\\ \operatorname{ci}(bx^r)\end{matrix}\right\}L_n^\lambda(cx)\,dx = Z$ $[b,\ r,\ \operatorname{Re} c,\ \operatorname{Re}\alpha > 0]$,

$$Z = -\frac{b^{-\alpha/r}}{n!}\sum_{k=0}^\infty \frac{(1+\lambda+k)_n}{k!(\alpha+k)}\Gamma\left(\frac{\alpha+k}{r}\right)\left\{\begin{matrix}\sin[(\alpha+k)\pi/(2r)]\\ \cos[(\alpha+k)\pi/(2r)]\end{matrix}\right\}\left(-\frac{c}{b^{1/r}}\right)^k \qquad [r>1],$$

$$Z = -\frac{b^{\delta+r}}{2\cdot 3^\delta n!c^{\alpha+\delta r+2r}}\sum_{k=0}^\infty \frac{(-1)^k}{(k+1)!(\delta+3/2)_k}\frac{(1-\alpha+\lambda-\delta r-2r-2rk)_n}{(\delta+2+2k)}\times \\ \times\Gamma(\alpha+\delta r+2r+2rk)\left(\frac{b}{2c^r}\right)^{2k}+\frac{b^\delta(1-\alpha+\lambda-\delta r)_n}{n!c^{\alpha+\delta r}}\Gamma(\alpha+\delta r)\left\{\begin{matrix}1\\ R\end{matrix}\right\}-\left\{\begin{matrix}1\\ 0\end{matrix}\right\}\frac{\pi(1-\alpha+\lambda)_n}{2c^\alpha n!}\Gamma(\alpha),$$

$$R = \mathbf{C}+r\psi(\alpha)-r\sum_{k=1}^n\frac{1}{k-\alpha+\lambda}-\ln\frac{c^r}{b} \qquad [r<1],$$

Z при $r = 1$ см. в 2.19.8.1.

13. $$\int_0^\infty x^{\alpha-1}e^{-cx}\begin{Bmatrix}\operatorname{erf}(bx^r)\\ \operatorname{erfc}(bx^r)\end{Bmatrix}L_n^\lambda(cx)\,dx = U$$

$[r,\ \operatorname{Re} c > 0;\ |\arg b| < \pi/4;\ \operatorname{Re}\alpha > -r(1\pm 1)/2]$,

$$U = \mp\frac{b^{-\alpha/r}}{\sqrt{\pi}\,n!}\sum_{k=0}^\infty \frac{(1+\lambda+k)_n}{k!(\alpha+k)}\Gamma\left(\frac{\alpha+k+r}{2r}\right)\left(-\frac{c}{b^{1/r}}\right)^k + \begin{Bmatrix}1\\0\end{Bmatrix}\frac{(1-\alpha+\lambda)_n}{n!c^\alpha}\Gamma(\alpha)\quad [r > 1/2],$$

$$U = \pm\frac{b}{\sqrt{\pi}\,n!c^{\alpha+r}}\sum_{k=0}^\infty \frac{(-1)^k(1-\alpha+\lambda-r-2rk)_n}{k!(k+1/2)}\Gamma(\alpha+r+2rk)\times$$
$$\times\left(\frac{b}{c^r}\right)^{2k} + \begin{Bmatrix}0\\1\end{Bmatrix}\frac{(1-\alpha+\lambda)_n}{n!c^\alpha}\Gamma(\alpha)\qquad [r < 1/2],$$

U при $r = 1/2$ см. в 2.19.9.4.

14. $$\int_0^\infty x^{\alpha-1}e^{-cx}\begin{Bmatrix}S(bx^r)\\ C(bx^r)\end{Bmatrix}L_n^\lambda(cx)\,dx = V\qquad \left[b,\ r,\ \operatorname{Re} c > 0;\ \operatorname{Re}\alpha > -r(\delta+1/2),\ \delta = \begin{Bmatrix}1\\0\end{Bmatrix}\right],$$

$$V = -\frac{b^{-\alpha/r}}{\sqrt{2\pi}\,n!}\sum_{k=0}^\infty \frac{(1+\lambda+k)_n}{k!(\alpha+k)}\Gamma\left(\frac{\alpha+k}{r}+\frac{1}{2}\right)\times$$
$$\times\begin{Bmatrix}\sin[(2\alpha+r+2k)\pi/(4r)]\\ \cos[(2\alpha+r+2k)\pi/(4r)]\end{Bmatrix}\left(-\frac{c}{b^{1/r}}\right)^k + \frac{(1-\alpha+\lambda)_n}{2(n!)c^\alpha}\Gamma(\alpha)\qquad [r > 1],$$

$$V = \frac{b^{\delta+1/2}}{\sqrt{2\pi}\,n!c^{\alpha+r\delta+r/2}}\sum_{k=0}^\infty \frac{(-1)^k(1-\alpha+\lambda-r\delta-r/2-2rk)_n}{k!(\delta+1/2)_k(\delta+1/2+2k)}\times$$
$$\times\Gamma(\alpha+r\delta+r/2+2rk)\left(\frac{b}{2c^r}\right)^{2k}\qquad [r < 1],$$

V при $r = 1$ см. в 2.19.10.1.

15. $$\int_0^\infty x^{\alpha-1}e^{-cx}\begin{Bmatrix}\gamma(\mu,\ bx^r)\\ \Gamma(\mu,\ bx^r)\end{Bmatrix}L_n^\lambda(cx)\,dx = W\qquad \left[r,\ \operatorname{Re} b,\ \operatorname{Re} c,\ \operatorname{Re}(\alpha+\mu r) > 0,\ \begin{Bmatrix}\operatorname{Re}\mu > 0\\ \operatorname{Re}\alpha > 0\end{Bmatrix}\right],$$

$$W = \mp\frac{b^{-\alpha/r}}{n!}\sum_{k=0}^\infty \frac{(1+\lambda+k)_n}{k!(\alpha+k)}\Gamma\left(\frac{\alpha+k}{r}+\mu\right)\left(-\frac{c}{b^{1/r}}\right)^k + \begin{Bmatrix}1\\0\end{Bmatrix}\frac{(1-\alpha+\lambda)_n}{n!c^\alpha}\Gamma(\alpha)\Gamma(\mu)$$

$[r > 1]$,

$$W = \pm\frac{b^\mu}{n!c^{\alpha+\mu r}}\sum_{k=0}^\infty \frac{(1-\alpha+\lambda-\mu r-rk)_n}{k!(\mu+k)}\Gamma(\alpha+\mu r+rk)\times$$
$$\times\left(-\frac{b}{c^r}\right)^{2k} + \begin{Bmatrix}0\\1\end{Bmatrix}\frac{(1-\alpha+\lambda)_n}{n!c^\alpha}\Gamma(\alpha)\Gamma(\mu)\qquad [r < 1],$$

W при $r = 1$ см. в 2.19.11.1.

16. $$\int_0^\infty x^{\alpha-1}e^{-cx}J_\mu(bx^r)L_n^\lambda(cx)\,dx = X\qquad [b,\ r,\ \operatorname{Re} c,\ \operatorname{Re}(\alpha+\mu r) > 0],$$

$$X = \frac{2^{\alpha/r-1}}{b^{\alpha/r}n!r}\sum_{k=0}^\infty \frac{(-1)^k(1+\lambda+k)_n}{k!}\Gamma\begin{bmatrix}(\mu r+\alpha+k)/(2r)\\ (\mu r-\alpha-k)/(2r)+1\end{bmatrix}\left(\frac{2c^r}{b}\right)^{k/r}\qquad [r > 1],$$

$X = X_-$

$$X_\mp = \frac{b^\mu}{2^\mu n!c^{\alpha+\mu r}\Gamma(\mu+1)}\sum_{k=0}^\infty \frac{(\mp 1)^k(1-\alpha+\lambda-\mu r-2rk)_n}{k!(\mu+1)_k}\Gamma(\alpha+\mu r+2rk)\left(\frac{b}{2c^r}\right)^{2k}$$

$[r < 1]$,

X при $r = 1$ см. в 2.19.12.3.

17. $\int\limits_0^\infty x^{\alpha-1}e^{-cx}I_\mu(bx^r)L_n^\lambda(cx)\,dx = X_+$

[r, $\operatorname{Re} c$, $\operatorname{Re}(\alpha+\mu r) > 0$; $|\arg b| < \pi$; X_+ см. в 2.19.1.16 и 2.19.12.3].

18. $\int\limits_0^\infty x^{\alpha-1}e^{-cx}\begin{Bmatrix} Y_\mu(bx^r) \\ K_\mu(bx^r)\end{Bmatrix} L_n^\lambda(cx)\,dx = U_\mu$ $\left[\operatorname{Re} c > 0;\ \operatorname{Re}\alpha > r|\operatorname{Re}\mu|,\ \begin{Bmatrix} b > 0 \\ \operatorname{Re} b > 0\end{Bmatrix}\right]$,

$$U_\mu = \mp\frac{2^{\alpha/r-2}}{\pi b^{\alpha/r} n! r}\sum_{k=0}^\infty \frac{(1+\lambda+k)_n}{k!}\Gamma\left(\frac{\alpha+\mu r+k}{2r}\right)\times$$

$$\times\Gamma\left(\frac{\alpha+k-\mu r}{2r}\right)\pi^{(1\mp1)/2}\left(2\cos\frac{\mu r-\alpha-k}{2r}\pi\right)^{(1\pm1)/2}\left(-\frac{2^{1/r}c}{b^{1/r}}\right)^k \quad [r > 1],$$

$$U_\mu = \mp\frac{c^{-\alpha}}{2\pi n!}\begin{Bmatrix} 2 \\ \pi\end{Bmatrix}\sum_{k=0}^\infty\frac{1}{k!}\left[A_k(\mu)+\begin{Bmatrix}\cos\mu\pi \\ 1\end{Bmatrix}A_k(-\mu)\right]\left(\mp\frac{b^2}{4c^{2r}}\right)^k,$$

$$A_k(\mu) = \left(\frac{2c^r}{b}\right)^\mu\frac{\Gamma(\mu)}{(1-\mu)_k}\Gamma(\alpha-\mu r+2rk)(1-\alpha+\lambda+\mu r-2rk)_n$$

[$r < 1$; $\mu \neq \ldots, -2, -1, 0, 1, 2, \ldots$].

$$U_m = \mp\frac{c^{-\alpha}}{2\pi n!}\begin{Bmatrix} 2 \\ \pi\end{Bmatrix}\left\{\sum_{k=0}^\infty\frac{A_k(m)}{k!}\left(\mp\frac{b^2}{4c^{2r}}\right)^k+\left(\pm\frac{b}{2c^r}\right)^m\sum_{k=0}^\infty\frac{1}{k!(m+k)!}\Gamma(\alpha+mr+2rk)\times\right.$$

$$\times(1-\alpha+\lambda-mr-2rk)_n[\psi(k+1)+\psi(k+m+1)-2r\psi(\alpha+mr+2rk)+$$

$$\left.+\ 2r\sum_{l=0}^{n-1}\frac{1}{1-\alpha+\lambda-mr-2rk+l}+2\ln\frac{2c^r}{b}\right]\left(\mp\frac{b^2}{4c^{2r}}\right)^k\Bigg\}$$

[$r < 1$; $m = 0, 1, 2, \ldots$],

U_μ при $r = 1$ см. 2.19.13.3.

2.19.2. Интегралы от $A(x)L_n^\lambda(cx)$.

1. $\int\limits_0^a x^{\alpha-1}(a-x)^{\beta-1}L_n^\lambda(cx)\,dx = \frac{a^{\alpha+\beta-1}(\lambda+1)_n}{n!}\mathrm{B}(\alpha,\ \beta)\,{}_2F_2(-n,\ \alpha;\ \alpha+\beta,\ \lambda+1;\ ac)$

[a, $\operatorname{Re}\alpha$, $\operatorname{Re}\beta > 0$].

2. $\int\limits_0^a x^\lambda(a-x)^{\beta-1}L_n^\lambda(cx)\,dx = a^{\beta+\lambda}\,\mathrm{B}(\beta,\ \lambda+n+1)L_n^{\beta+\lambda}(ac)$ [a, $\operatorname{Re}\beta > 0$; $\operatorname{Re}\lambda > -1$].

3. $\int\limits_a^\infty x^{\alpha-1}(x-a)^{\beta-1}L_n^\lambda(cx)\,dx = \frac{a^{\alpha+\beta-1}(\lambda+1)_n}{n!}\times$

$\times\,\mathrm{B}(\beta,\ 1-\alpha-\beta)\,{}_2F_2(-n,\ \alpha;\ \alpha+\beta,\ \lambda+1;\ ac)$ [a, $\operatorname{Re}\beta > 0$; $\operatorname{Re}(\alpha+\beta) < 1-n$].

4. $\int\limits_0^\infty \frac{x^{\alpha-1}}{(x+z)^\rho}L_n^\lambda(cx)\,dx = \frac{z^{\alpha-\rho}(\lambda+1)_n}{n!}\mathrm{B}(\alpha,\ \rho-\alpha)\,{}_2F_2(-n,\ \alpha;\ \lambda+1,\ 1+\alpha-\rho;\ -cz)$

[$\operatorname{Re}\alpha > 0$; $\operatorname{Re}(\alpha-\rho) < -n$; $|\arg z| < n$].

2.19.3. Интегралы от $A(x)e^{-px}L_n^\lambda(cx)$.

1. $\int\limits_0^\infty e^{-px}L_n^\lambda(cx)\,dx = \sum_{k=0}^n\frac{(\lambda)_k(p-c)^{n-k}}{p^{n-k+1}} = \frac{(\lambda+1)_n}{n!(p-c)}\,{}_2F_1\left(1,\ \lambda+n+1;\ \lambda+1;\ \frac{c}{c-p}\right)$

[$\operatorname{Re} p > 0$].

2. $\displaystyle\int\limits_0^\infty x^{\alpha-1}e^{-px}L_n^\lambda(cx)\,dx = \frac{\Gamma(\alpha)}{p^\alpha}\,P_n^{(\lambda,\,\alpha-\lambda-n-1)}\left(1-\frac{2c}{p}\right)$ $[\operatorname{Re} p,\ \operatorname{Re}\alpha > 0]$.

3. $\displaystyle\int\limits_0^\infty x^{\lambda}e^{-px}L_n^\lambda(cx)\,dx = \frac{\Gamma(\lambda+n+1)(p-c)^n}{n!p^{\lambda+n+1}}$ $[\operatorname{Re} p > 0;\ \operatorname{Re}\lambda > -1]$.

4. $\displaystyle\int\limits_0^\infty x^{n+2\lambda}e^{-px}L_n^\lambda(cx)\,dx = \frac{2^{2\lambda}\Gamma(\lambda+1/2)}{\sqrt{\pi}\,p^{2\lambda+n+1}}\,\Gamma(\lambda+n+1)C_n^{\lambda+1/2}\left(1-\frac{2c}{p}\right)$
$[\operatorname{Re} p > 0;\ \operatorname{Re}\lambda > -(n+1)/2]$.

5. $\displaystyle\int\limits_0^\infty x^{\alpha-1}e^{-cx}L_n^\lambda(cx)\,dx = \frac{(1-\alpha+\lambda)_n}{n!c^\alpha}\,\Gamma(\alpha)$ $[\operatorname{Re} c,\ \operatorname{Re}\alpha > 0]$.

6. $\displaystyle\int\limits_0^a x^{\alpha-1}(a-x)^{\beta-1}e^{-cx}L_n^\lambda(cx)\,dx =$
$\displaystyle = \frac{a^{\alpha+\beta-1}(1+\lambda)_n}{n!}\,\mathrm{B}(\alpha,\,\beta)\,{}_2F_2(\alpha,\,1+\lambda+n;\ \alpha+\beta,\,1+\lambda;\ -ac)$ $[a,\ \operatorname{Re}\alpha,\ \operatorname{Re}\beta > 0]$.

7. $\displaystyle\int\limits_a^\infty (x-a)^{\beta-1}e^{-cx}L_n^\lambda(cx)\,dx = \frac{\Gamma(\beta)}{c^\beta}\,e^{-ac}L_n^{\lambda-\beta}(ac)$ $[a,\ \operatorname{Re} c,\ \operatorname{Re}\beta > 0]$.

8. $\displaystyle\int\limits_a^\infty x^{\alpha-1}(x-a)^{\beta-1}e^{-cx}L_n^\lambda(cx)\,dx =$
$\displaystyle = \frac{a^{\alpha+\beta-1}(1+\lambda)_n}{n!}\,\mathrm{B}(\beta,\,1-\alpha-\beta)\,{}_2F_2(\alpha,\,1+\lambda+n;\ \alpha+\beta,\,1+\lambda;\ -ac) +$
$\displaystyle + \frac{c^{1-\alpha-\beta}}{n!}\,(2-\alpha-\beta+\lambda)_n\Gamma(\alpha+\beta-1)\times$
$\times\ {}_2F_2(1-\beta,\,2-\alpha-\beta+\lambda+n;\ 2-\alpha-\beta,\,2-\alpha-\beta+\lambda;\ -ac)$ $[a,\ \operatorname{Re} c,\ \operatorname{Re}\beta > 0]$.

9. $\displaystyle\int\limits_0^\infty \frac{x^{\alpha-1}}{(x+z)^\rho}\,e^{-cx}L_n^\lambda(cx)\,dx =$
$\displaystyle = \frac{z^{\alpha-\rho}(1+\lambda)_n}{n!}\,\mathrm{B}(\alpha,\,\rho-\alpha)\,{}_2F_2(\alpha,\,1+\lambda+n;\ 1+\alpha-\rho,\,1+\lambda;\ cz) + \frac{c^{\rho-\alpha}}{n!}\times$
$\times\,(1-\alpha+\lambda+\rho)_n\Gamma(\alpha-\rho)\,{}_2F_2(\rho,\,1-\alpha+\lambda+\rho+n;\ 1-\alpha+\lambda+\rho,\,1-\alpha+\rho;\ cz)$
$[\operatorname{Re} c,\ \operatorname{Re}\alpha > 0;\ |\arg z| < \pi]$.

10. $\displaystyle\int\limits_0^\infty \frac{x^{\alpha-1}}{x-y}\,e^{-cx}L_n^\lambda(cx)\,dx =$
$\displaystyle = \frac{c^{1-\alpha}}{n!}\,(2-\alpha+\lambda)_n\Gamma(\alpha-1)\,{}_2F_2(1,\,2-\alpha+\lambda+n;\ 2-\alpha,\,2-\alpha+\lambda;\ -cy) -$
$-\,(-1)^n\pi y^{\alpha-1}\operatorname{ctg}\alpha\pi(\lambda+1)_n e^{-cy}L_n^\lambda(cy)$ $[y,\ \operatorname{Re} c,\ \operatorname{Re}\alpha > 0]$.

11. $\displaystyle\int\limits_0^a x^{\alpha-1}(a^2-x^2)^{\beta-1}e^{-cx}L_n^\lambda(cx)\,dx = \frac{a^{\alpha+2\beta-2}(1+\lambda)_n}{2(n!)}\,\mathrm{B}\left(\frac{\alpha}{2},\,\beta\right)\times$
$\displaystyle\times\ {}_3F_4\left(\frac{\alpha}{2},\,\frac{1+\lambda+n}{2},\,1+\frac{\lambda+n}{2};\ \frac{1}{2},\,\frac{\alpha}{2}+\beta,\,\frac{1+\lambda}{2},\,1+\frac{\lambda}{2};\ \frac{a^2c^2}{4}\right) -$
$\displaystyle -\,\frac{a^{\alpha+2\beta-1}c(2+\lambda)_n}{2(n!)}\,\mathrm{B}\left(\frac{\alpha+1}{2},\,\beta\right)\times$

$$\times {}_3F_4\left(\frac{\alpha+1}{2},\,1+\frac{\lambda+n}{2},\,\frac{3+\lambda+n}{2};\,\frac{3}{2},\,\frac{\alpha+1}{2}+\beta,\,1+\frac{\lambda}{2},\,\frac{3+\lambda}{2};\,\frac{a^2c^2}{4}\right)$$

$[a,\ \operatorname{Re}\alpha,\ \operatorname{Re}\beta>0]$.

12. $$\int_a^\infty x^{\alpha-1}(x^2-a^2)^{\beta-1}e^{-cx}L_n^\lambda(cx)\,dx=\frac{a^{\alpha+2\beta-2}(1+\lambda)_n}{2(n!)}\,\mathrm{B}\left(1-\frac{\alpha}{2}-\beta,\,\beta\right)\times$$
$$\times {}_3F_4\left(\frac{\alpha}{2},\,\frac{1+\lambda+n}{2},\,1+\frac{\lambda+n}{2};\,\frac{1}{2},\,\frac{\alpha}{2}+\beta,\,\frac{1+\lambda}{2},\,1+\frac{\lambda}{2};\,\frac{a^2c^2}{4}\right)-$$
$$-\frac{a^{\alpha+2\beta-1}(2+\lambda)_n}{2(n!)}\,\mathrm{B}\left(\frac{1-\alpha}{2}-\beta,\,\beta\right)\times$$
$$\times {}_3F_4\left(\frac{\alpha+1}{2},\,1+\frac{\lambda+n}{2},\,\frac{3+\lambda+n}{2};\,\frac{3}{2},\,\frac{\alpha+1}{2}+\beta,\,1+\frac{\lambda}{2},\,\frac{3+\lambda}{2};\,\frac{a^2c^2}{4}\right)+$$
$$+\frac{c^{2-\alpha-2\beta}}{n!}(3-\alpha-2\beta+\lambda)_n\Gamma(\alpha+2\beta-2)\,{}_3F_4\left(1-\beta,\,\frac{3+n-\alpha+\lambda}{2}-\beta,\right.$$
$$\left.2-\beta+\frac{n-\alpha+\lambda}{2};\,\frac{3-\alpha+\lambda}{2}-\beta,\,2-\beta+\frac{\lambda-\alpha}{2},\,2-\frac{\alpha}{2}-\beta,\,\frac{3-\alpha}{2}-\beta;\,\frac{a^2c^2}{4}\right)$$

$[a,\ \operatorname{Re}c,\ \operatorname{Re}\beta>0]$.

13. $$\int_0^\infty \frac{x^{\alpha-1}}{(x^2+z^2)^\rho}e^{-cx}L_n^\lambda(cx)\,dx=\frac{z^{\alpha-2\rho}}{2(n!)}\,\mathrm{B}\left(\frac{\alpha}{2},\,\rho-\frac{\alpha}{2}\right)(1+\lambda)_n\times$$
$$\times {}_3F_4\left(\frac{\alpha}{2},\,\frac{1+\lambda+n}{2},\,1+\frac{\lambda+n}{2};\,\frac{1}{2},\,1+\frac{\alpha}{2}-\rho,\,\frac{1+\lambda}{2},\,1+\frac{\lambda}{2};\,-\frac{c^2z^2}{4}\right)-$$
$$-\frac{cz^{\alpha-2\rho+1}}{2(n!)}\,\mathrm{B}\left(\frac{\alpha+1}{2},\,\rho-\frac{\alpha+1}{2}\right)(2+\lambda)_n\times$$
$$\times {}_3F_4\left(\frac{\alpha+1}{2},\,1+\frac{\lambda+n}{2},\,\frac{3+\lambda+n}{2};\,\frac{3}{2},\,\frac{3+\alpha}{2}-\rho,\,1+\frac{\lambda}{2},\,\frac{3+\lambda}{2};\,-\frac{c^2z^2}{4}\right)+$$
$$+\frac{c^{2\rho-\alpha}}{n!}(1-\alpha+\lambda-2\rho)_n\Gamma(\alpha-2\rho)\,{}_3F_4\left(\rho,\,\frac{1-\alpha+\lambda+n}{2}+\rho,\right.$$
$$\left.1-\frac{\alpha-\lambda-n}{2}+\rho;\,\frac{1-\alpha+\lambda}{2}+\rho,\,1+\frac{\lambda-\alpha}{2}+\rho,\,1+\rho-\frac{\alpha}{2},\,\frac{1-\alpha}{2}+\rho;\,-\frac{c^2z^2}{4}\right)$$

$[\operatorname{Re}c,\ \operatorname{Re}z,\ \operatorname{Re}\alpha>0]$.

14. $$\int_0^\infty \frac{x^{\alpha-1}}{x^2-y^2}e^{-cx}L_n^\lambda(cx)\,dx=-\frac{\pi y^{\alpha-2}}{2(n!)}(1+\lambda)_n\operatorname{ctg}\frac{\alpha\pi}{2}\times$$
$$\times {}_2F_3\left(\frac{1+\lambda+n}{2},\,1+\frac{\lambda+n}{2};\,\frac{1}{2},\,\frac{1+\lambda}{2},\,1+\frac{\lambda}{2};\,\frac{c^2y^2}{4}\right)-$$
$$-\frac{\pi y^{\alpha-1}c(2+\lambda)_n}{2(n!)}\operatorname{tg}\frac{\alpha\pi}{2}\,{}_2F_3\left(1+\frac{\lambda+n}{2},\,\frac{3+\lambda+n}{2};\,\frac{3}{2},\,1+\frac{\lambda}{2},\,\frac{3+\lambda}{2};\,\frac{c^2y^2}{4}\right)+$$
$$+\frac{c^{2-\alpha}}{n!}\Gamma(\alpha-2)(3-\alpha+\lambda)_n\,{}_3F_4\left(\frac{3-\alpha+\lambda+n}{2},\,2-\frac{\alpha-\lambda-n}{2},\right.$$
$$\left.1;\,\frac{3-\alpha}{2},\,2-\frac{\alpha}{2},\,\frac{3-\alpha+\lambda}{2},\,2+\frac{\lambda-\alpha}{2};\,\frac{c^2y^2}{4}\right)\qquad [y,\ \operatorname{Re}c,\ \operatorname{Re}\alpha>0].$$

15. $$\int_0^a x^{\alpha-1}(\sqrt{a}-\sqrt{x})^{\beta-1}e^{-cx}L_n^\lambda(cx)\,dx=\frac{2a^{\alpha+(\beta-1)/2}(1+\lambda)_n}{n!}\,\mathrm{B}(2\alpha,\,\beta)\times$$
$$\times {}_3F_3\left(\alpha,\,\alpha+\frac{1}{2},\,1+\lambda+n;\,\alpha+\frac{\beta}{2},\,\alpha+\frac{\beta+1}{2},\,1+\lambda;\,-ac\right)\qquad [a,\ \operatorname{Re}\alpha,\ \operatorname{Re}\beta>0].$$

16. $$\int_a^\infty x^{\alpha-1}(\sqrt{x}-\sqrt{a}\,)^{\beta-1}e^{-cx}L_n^\lambda(cx)\,dx = \frac{2a^{\alpha+(\beta-1)/2}(1+\lambda)_n}{n!}\,\mathrm{B}\,(1-2\alpha-\beta,\,\beta)\times$$
$$\times\,{}_3F_3\Bigl(\alpha,\,\frac{1}{2}+\alpha,\,1+\lambda+n;\;\frac{1+\beta}{2}+\alpha,\,\frac{\beta}{2}+\alpha,\,1+\lambda;\;-ac\Bigr)+$$
$$+\,\frac{c^{(1-\beta)/2-\alpha}}{n!}\Bigl(\frac{3-\beta}{2}-\alpha+\lambda\Bigr)_n\Gamma\Bigl(\alpha+\frac{\beta-1}{2}\Bigr)\times$$
$$\times\,{}_3F_3\Bigl(\frac{1-\beta}{2},\,1-\frac{\beta}{2},\,\frac{3-\beta}{2}-\alpha+\lambda+n;\;\frac{1}{2},\,\frac{3-\beta}{2}-\alpha,\,\frac{3-\beta}{2}-\alpha+\lambda;\;-ac\Bigr)+$$
$$+\,\frac{c^{1-\alpha-\beta/2}\sqrt{a}\,(1-\beta)}{n!}\Bigl(2-\frac{\beta}{2}-\alpha+\lambda\Bigr)_n\Gamma\Bigl(\alpha+\frac{\beta}{2}-1\Bigr)\times$$
$$\times\,{}_3F_3\Bigl(1-\frac{\beta}{2},\,\frac{3-\beta}{2},\,2-\alpha-\frac{\beta}{2}+\lambda+n;\;\frac{3}{2},\,2-\alpha-\frac{\beta}{2}+\lambda,\,2-\alpha-\frac{\beta}{2};\;-ac\Bigr)$$

$[a,\ \mathrm{Re}\,c,\ \mathrm{Re}\,\beta>0]$.

17. $$\int_0^\infty \frac{x^{\alpha-1}}{(\sqrt{x}+\sqrt{z}\,)^\rho}\,e^{-cx}L_n^\lambda(cx)\,dx = \frac{2z^{\alpha-\rho/2}}{n!}\,\mathrm{B}\,(2\alpha,\,\rho-2\alpha)(1+\lambda)_n\times$$
$$\times\,{}_3F_3\Bigl(\alpha,\,\alpha+\frac{1}{2},\,1+\lambda+n;\;1+\alpha-\frac{\rho}{2},\,\frac{1-\rho}{2}+\alpha,\,1+\lambda;\;-cz\Bigr)+$$
$$+\,\frac{c^{\rho/2-\alpha}}{n!}\Bigl(1-\alpha+\lambda+\frac{\rho}{2}\Bigr)_n\Gamma\Bigl(\alpha-\frac{\rho}{2}\Bigr)\times$$
$$\times\,{}_3F_3\Bigl(\frac{\rho}{2},\,\frac{\rho+1}{2},\,1-\alpha+\lambda+\frac{\rho}{2}+n;\;\frac{1}{2},\,1+\frac{\rho}{2}-\alpha,\,1-\alpha+\lambda+\frac{\rho}{2};\;-cz\Bigr)-$$
$$-\,\frac{c^{(\rho+1)/2-\alpha}\sqrt{z}}{n!}\,\rho\Bigl(\frac{3+\rho}{2}-\alpha+\lambda\Bigr)_n\Gamma\Bigl(\alpha-\frac{\rho+1}{2}\Bigr)\times$$
$$\times\,{}_3F_3\Bigl(\frac{\rho+1}{2},\,\frac{\rho}{2}+1,\,\frac{3+\rho}{2}-\alpha+\lambda+n;\;\frac{3}{2},\,\frac{3+\rho}{2}-\alpha,\,\frac{3+\rho}{2}-\alpha+\lambda;\;-cz\Bigr)$$

$[\mathrm{Re}\,c,\ \mathrm{Re}\,\alpha>0;\ |\arg z|<2\pi]$.

18. $$\int_0^\infty \frac{x^{\alpha-1}}{\sqrt{x}-\sqrt{y}}\,e^{-cx}L_n^\lambda(cx)\,dx = -2\pi\frac{y^{\alpha-1/2}}{n!}(1+\lambda)_n\,\mathrm{ctg}\,(2\alpha\pi)\times$$
$$\times\,{}_1F_1(1+\lambda+n;\;1+\lambda;\;-cy)+\frac{c^{1/2-\alpha}}{n!}\Bigl(\frac{3}{2}-\alpha+\lambda\Bigr)_n\Gamma\Bigl(\alpha-\frac{1}{2}\Bigr)\times$$
$$\times\,{}_2F_2\Bigl(\frac{3}{2}-\alpha+\lambda+n,\,1;\;\frac{3}{2}-\alpha+\lambda,\,\frac{3}{2}-\alpha;\;-cy\Bigr)+$$
$$+\,\frac{c^{1-\alpha}\sqrt{y}}{n!}(2-\alpha+\lambda)_n\Gamma(\alpha-1)\,{}_2F_2(2-\alpha+\lambda+n,\,1;\;2-\alpha+\lambda,\,2-\alpha;\;-cy)$$

$[y,\ \mathrm{Re}\,c,\ \mathrm{Re}\,\alpha>0]$.

2.19.4. Интегралы от $x^\alpha e^{\varphi(x)}L_n^\lambda(cx)$.

1. $$\int_0^\infty x^{\alpha-1}e^{-p\sqrt{x}}\,L_n^\lambda(cx)\,dx = \frac{(-1)^n 2c^n}{n!\,p^{2\alpha+2n}}\,\Gamma(2\alpha+2n)\times$$
$$\times\,{}_2F_2\Bigl(-n,\,-\lambda-n;\;\frac{1}{2}-\alpha-n,\,1-\alpha-n;\;-\frac{p^2}{4c}\Bigr)$$ $[\mathrm{Re}\,p,\ \mathrm{Re}\,\alpha>0]$.

2. $$\int_0^\infty x^{\alpha-1}e^{-p\sqrt[3]{x}}\,L_n^\lambda(cx)\,dx = \frac{(-1)^n 3c^n}{n!\,p^{3\alpha+3n}}\,\Gamma(3\alpha+3n)\times$$
$$\times\,{}_2F_3\Bigl(-n,\,-\lambda-n;\;1-\alpha-n,\,\frac{3}{2}-\alpha-n,\,\frac{1}{2}-\alpha-n;\;\frac{p^3}{27c}\Bigr)$$ $[\mathrm{Re}\,p,\ \mathrm{Re}\,\alpha>0]$.

3. $$\int_0^\infty x^{\alpha-1}e^{-p/x}L_n^\lambda(cx)\,dx = \frac{(\lambda+1)_n}{n!}\Gamma(-\alpha)p^\alpha\,{}_1F_2(-n;\ \alpha+1,\ \lambda+1;\ -cp)$$
$[\operatorname{Re} p>0;\ \operatorname{Re}\alpha<-n]$.

4. $$\int_0^\infty x^{-n-2}e^{-p/x}L_n^{-2n}(cx)\,dx = \frac{(-1)^n 2c^{n+1/2}}{n!\sqrt{p}}O_{2n}(2\sqrt{cp}\,)$$ $[\operatorname{Re} p>0]$.

5. $$\int_0^\infty x^{-n-2}e^{-p/x}L_n^{-2n-1}(cx)\,dx = \frac{(-1)^n 4c^{n+1}}{n!(2n+1)}O_{2n+1}(2\sqrt{cp}\,)$$ $[\operatorname{Re} p>0]$.

6. $$\int_0^\infty x^{-2n-2}e^{-p/x}L_n^{-n-1/2}(cx)\,dx = \frac{(-c)^n}{p^{n+1}}y_n\left(\frac{1}{2i\sqrt{cp}}\right)y_n\left(-\frac{1}{2i\sqrt{cp}}\right)$$ $[\operatorname{Re} p>0]$.

7. $$\int_0^\infty x^{\alpha-1}e^{-p/\sqrt{x}}L_n^\lambda(cx)\,dx = \frac{2(\lambda+1)_n p^{2\alpha}}{n!}\Gamma(-2\alpha)\,{}_1F_3\left(-n;\ \alpha+1,\ \alpha+\frac{1}{2},\ \lambda+1;\ \frac{cp^2}{4}\right)$$
$[\operatorname{Re} p>0;\ \operatorname{Re}\alpha<-n]$.

8. $$\int_0^\infty x^{\alpha-1}e^{-px^2-cx}L_n^\lambda(cx)\,dx = \frac{(\lambda+1)_n}{2(n!)p^{\alpha/2}}\Gamma\left(\frac{\alpha}{2}\right)\times$$
$$\times\,{}_3F_3\left(\frac{1+\lambda+n}{2},\ 1+\frac{\lambda+n}{2},\ \frac{\alpha}{2};\ \frac{1+\lambda}{2},\ 1+\frac{\lambda}{2},\ \frac{1}{2};\ \frac{c^2}{4p}\right)-$$
$$-\frac{c(2+\lambda)_n}{2(n!)p^{(\alpha+1)/2}}\Gamma\left(\frac{\alpha+1}{2}\right){}_3F_3\left(\frac{\alpha+1}{2},\ 1+\frac{\lambda+n}{2},\ \frac{3+\lambda+n}{2};\ \frac{3}{2},\ 1+\frac{\lambda}{2},\ \frac{3+\lambda}{2};\ \frac{c^2}{4p}\right)$$
$[\operatorname{Re} p,\ \operatorname{Re}\alpha>0]$.

9. $$\int_0^\infty x^{\alpha-1}e^{-p\sqrt{x}-cx}L_n^\lambda(cx)\,dx = \frac{\Gamma(\alpha)(1-\alpha+\lambda)_n}{n!c^\alpha}\,{}_2F_2\left(\alpha,\ \alpha-\lambda;\ \frac{1}{2},\ \alpha-\lambda-n;\ \frac{p^2}{4c}\right)-$$
$$-\frac{p\Gamma(\alpha+1/2)}{n!c^{\alpha+1/2}}\left(\frac{1}{2}-\alpha+\lambda\right)_n{}_2F_2\left(\alpha+\frac{1}{2},\ \frac{1}{2}+\alpha-\lambda;\ \frac{3}{2},\ \frac{1}{2}+\alpha-\lambda-n;\ \frac{p^2}{4c}\right)$$
$[\operatorname{Re} c,\ \operatorname{Re}\alpha>0]$.

10. $$\int_0^\infty x^{(m-1)/2}e^{p\sqrt{x}-cx/2}L_n^m(cx)\,dx =$$
$$=\frac{\sqrt{\pi}}{n!}2^{(3-m)/2-n}c^{-(m+1)/2}\exp\left(\frac{p^2}{2c}-\frac{m\pi i}{2}\right)H_{m+n}\left(\frac{ip}{\sqrt{2c}}\right)H_n\left(\frac{ip}{\sqrt{2c}}\right)$$ $[\operatorname{Re} c>0]$.

11. $$\int_0^\infty x^{\alpha-1}e^{-p\sqrt[3]{x}-cx}L_n^\lambda(cx)\,dx = \frac{(1-\alpha+\lambda)_n}{n!c^\alpha}\Gamma(\alpha)\times$$
$$\times\,{}_2F_3\left(\alpha,\ \alpha-\lambda;\ \frac{1}{3},\ \frac{2}{3},\ \alpha-\lambda-n;\ -\frac{p^3}{27c}\right)+\frac{p^2}{2(n!)c^{\alpha+2/3}}\Gamma\left(\frac{2}{3}+\alpha\right)\left(\frac{1}{3}-\alpha+\lambda\right)_n\times$$
$$\times\,{}_2F_3\left(\frac{2}{3}+\alpha,\ \frac{2}{3}+\alpha-\lambda;\ \frac{4}{3},\ \frac{5}{3},\ \frac{2}{3}+\alpha-\lambda-n;\ -\frac{p^3}{27c}\right)-$$
$$-\frac{p}{n!c^{\alpha+1/3}}\Gamma\left(\alpha+\frac{1}{3}\right)\left(\frac{2}{3}-\alpha+\lambda\right)_n\times$$
$$\times\,{}_2F_3\left(\frac{1}{3}+\alpha,\ \frac{1}{3}+\alpha-\lambda;\ \frac{2}{3},\ \frac{4}{3},\ \frac{1}{3}+\alpha-\lambda-n;\ -\frac{p^3}{27c}\right)$$ $[\operatorname{Re} c,\ \operatorname{Re}\alpha>0]$.

12. $$\int_0^\infty x^{\alpha-1}e^{-p/x-cx}L_n^\lambda(cx)\,dx = \frac{p^\alpha(1+\lambda)_n}{n!}\,\Gamma(-\alpha)\,{}_1F_2(1+\lambda+n;\ 1+\alpha,\ 1+\lambda,\ cp) + \frac{(1-\alpha+\lambda)_n}{n!c^\alpha}\,\Gamma(\alpha)\,{}_1F_2(1-\alpha+\lambda+n;\ 1-\alpha,\ 1-\alpha+\lambda;\ cp)$$ [Re c, Re $p>0$].

13. $$\int_0^\infty x^{\lambda+n-1}e^{-p/x-cx}L_n^\lambda(cx)\,dx = \frac{(-1)^n 2p^{\lambda/2+n}}{n!c^{\lambda/2}}\,K_\lambda(2\sqrt{cp})$$ [Re c, Re $p>0$].

14. $$\int_0^\infty x^{\alpha-1}e^{-p/x^2-cx}L_n^\lambda(cx)\,dx = \frac{p^{\alpha/2}(1+\lambda)_n}{2(n!)}\,\Gamma\Bigl(-\frac{\alpha}{2}\Bigr)\times$$
$$\times\,{}_2F_4\Bigl(\frac{1+\lambda+n}{2},\ 1+\frac{\lambda+n}{2};\ \frac{1}{2},\ 1+\frac{\alpha}{2},\ \frac{1+\lambda}{2},\ 1+\frac{\lambda}{2};\ -\frac{c^2p}{4}\Bigr) - \frac{cp^{(\alpha+1)/2}(2+\lambda)_n}{2(n!)}\times$$
$$\times\,\Gamma\Bigl(-\frac{\alpha+1}{2}\Bigr)\,{}_2F_4\Bigl(1+\frac{\lambda+n}{2},\ \frac{3+\lambda+n}{2};\ \frac{3}{2},\ \frac{3+\alpha}{2},\ 1+\frac{\lambda}{2},\ \frac{3+\lambda}{2};\ -\frac{c^2p}{4}\Bigr) +$$
$$+\,\frac{c^{-\alpha}}{n!}\,(1-\alpha+\lambda)_n\Gamma(\alpha)\,{}_2F_4\Bigl(\frac{1-\alpha+\lambda+n}{2},\ 1-\frac{\alpha-\lambda-n}{2};\ 1-\frac{\alpha}{2},$$
$$\frac{1-\alpha}{2},\ \frac{1-\alpha+\lambda}{2},\ 1+\frac{\lambda-\alpha}{2};\ -\frac{c^2p}{4}\Bigr)$$ [Re c, Re $p>0$].

15. $$\int_0^\infty x^{\alpha-1}e^{-p/\sqrt{x}-cx}L_n^\lambda(cx)\,dx =$$
$$= \frac{2p^{2\alpha}}{n!}\,(1+\lambda)_n\Gamma(-2\alpha)\,{}_1F_3\Bigl(1+\lambda+n;\ \alpha+1,\ \frac{1}{2}+\alpha,\ 1+\lambda;\ -\frac{cp^2}{4}\Bigr) +$$
$$+\,\frac{(1-\alpha+\lambda)_n}{n!c^\alpha}\,\Gamma(\alpha)\,{}_1F_3\Bigl(1-\alpha+\lambda+n;\ \frac{1}{2},\ 1-\alpha,\ 1-\alpha+\lambda;\ -\frac{cp^2}{4}\Bigr) -$$
$$-\,\frac{p\Gamma(\alpha-1/2)}{n!c^{\alpha-1/2}}\Bigl(\frac{3}{2}-\alpha+\lambda\Bigr)_n\,{}_1F_3\Bigl(\frac{3}{2}-\alpha+\lambda+n;\ \frac{3}{2},\ \frac{3}{2}-\alpha,\ \frac{3}{2}-\alpha+\lambda;\ -\frac{cp^2}{4}\Bigr)$$
[Re c, Re $p>0$].

2.19.5. Интегралы от $x^\alpha e^{-cx}\begin{Bmatrix}\sin bx^{\pm r}\\ \cos bx^{\pm r}\end{Bmatrix}L_n^\lambda(cx)$.

Обозначение: $\delta = \begin{Bmatrix}1\\0\end{Bmatrix}$.

1. $$\int_0^\infty x^{\alpha-1}e^{-cx}\begin{Bmatrix}\sin bx\\ \cos bx\end{Bmatrix}L_n^\lambda(cx)\,dx = \frac{b^\delta(1-\alpha-\delta+\lambda)_n}{n!c^{\alpha+\delta}}\,\Gamma(\alpha+\delta)\times$$
$$\times\,{}_4F_3\Bigl(\frac{\alpha+1}{2},\ \frac{\alpha}{2}+\delta,\ \frac{1+\alpha-\lambda}{2},\ \frac{\alpha-\lambda}{2}+\delta;\ \delta+\frac{1}{2},\ \frac{1+\alpha-\lambda-n}{2},\ \frac{\alpha-\lambda-n}{2}+\delta;\ -\frac{b^2}{c^2}\Bigr)$$
[b, Re $c>0$; Re $\alpha>-\delta$].

2. $$\int_0^\infty x^{\lambda}e^{-cx}\begin{Bmatrix}\sin bx\\ \cos bx\end{Bmatrix}L_n^\lambda(cx)\,dx = e^{\pi i(n+\delta)/2}\frac{\Gamma(\lambda+n+1)}{2(n!)}\times$$
$$\times\,b^n[(c-ib)^{-\lambda-n-1}+(-1)^{n+\delta}(c+ib)^{-\lambda-n-1}]$$ [b, Re $c>0$; Re $\lambda>-1-\delta$].

3. $$\int_0^\infty x^{\alpha-1}e^{-cx}\begin{Bmatrix}\sin b\sqrt{x}\\ \cos b\sqrt{x}\end{Bmatrix}L_n^\lambda(cx)\,dx = \frac{b^\delta}{n!c^{\alpha+\delta/2}}\Bigl(1-\alpha-\frac{\delta}{2}+\lambda\Bigr)_n\Gamma\Bigl(\alpha+\frac{\delta}{2}\Bigr)\times$$
$$\times\,{}_2F_2\Bigl(\alpha+\frac{\delta}{2},\ \alpha+\frac{\delta}{2}-\lambda;\ \delta+\frac{1}{2},\ \alpha+\frac{\delta}{2}-\lambda-n;\ -\frac{b^2}{4c}\Bigr)$$ [b, Re $c>0$; Re $\alpha>-\delta/2$].

4. $$\int_0^\infty x^{n-(1\mp1)/4}e^{-cx}\left\{\begin{matrix}\sin b\sqrt{x}\\ \cos b\sqrt{x}\end{matrix}\right\}L^{n\pm1/2}(cx)\,dx =$$
$$= \sqrt{\pi}\left(\frac{b}{2}\right)^{2n+\delta}c^{-2n-\delta-1/2}\exp\left(-\frac{b^2}{4c}\right)L_n^{n\pm1/2}\left(\frac{b^2}{4c}\right) \qquad [b,\ \operatorname{Re}c>0].$$

5. $$\int_0^\infty x^{\alpha-1}e^{-cx}\left\{\begin{matrix}\sin(b/\sqrt{x}\,)\\ \cos(b/\sqrt{x}\,)\end{matrix}\right\}L_n^\lambda(cx)\,dx = b^\delta c^{\delta/2-\alpha}\Gamma\left(\alpha-\frac{\delta}{2}\right)\frac{(1-\alpha+\delta/2+\lambda)_n}{n!}\times$$
$$\times\,{}_1F_3\left(1-\alpha+\frac{\delta}{2}+\lambda+n;\ \frac{1}{2}+\delta,\ 1-\alpha+\frac{\delta}{2},\ 1-\alpha+\frac{\delta}{2}+\lambda;\ \frac{b^2c}{4}\right)\mp$$
$$\mp\frac{2(1+\lambda)_n b^{2\alpha}}{n!}\Gamma(-2\alpha)\left\{\begin{matrix}\sin\alpha\pi\\ \cos\alpha\pi\end{matrix}\right\}{}_1F_3\left(1+\lambda+n;\ 1+\alpha,\ \frac{1}{2}+\alpha,\ 1+\lambda;\ \frac{b^2c}{4}\right)$$
$$[b,\ \operatorname{Re}c>0;\ \operatorname{Re}\alpha>-1/2].$$

6. $$\int_0^\infty x^{-1/2}e^{-cx}\sin b\sqrt{x}\,L_n(cx)\,dx = \frac{(-1)^n in!}{2\sqrt{\pi c}}\left[D^2_{-n-1}\left(\frac{ib}{\sqrt{2c}}\right)-D^2_{-n-1}\left(-\frac{ib}{\sqrt{2c}}\right)\right]$$
$$[b,\ \operatorname{Re}c>0].$$

7. $$\int_0^\infty x^{-1/2}e^{-cx}\cos b\sqrt{x}\,L_n(cx)\,dx = (-1)^n\sqrt{\frac{\pi}{c}}\exp\left(-\frac{b^2}{4c}\right)L_n^{-n-1/2}\left(\frac{b^2}{4c}\right) \qquad [b,\ \operatorname{Re}c>0].$$

2.19.6. Интегралы от $x^\alpha e^{-cx}\ln^m\varphi(x)L_n^\lambda(cx)$.

1. $$\int_0^\infty x^{\alpha-1}e^{-cx}\ln(cx)L_n^\lambda(cx)\,dx = \frac{(1-\alpha+\lambda)_n}{n!c^\alpha}\Gamma(\alpha)\left[\psi(\alpha)-\sum_{k=1}^n\frac{1}{k-\alpha+\lambda}\right]$$
$$[\operatorname{Re}c,\ \operatorname{Re}\alpha>0].$$

2. $$\int_0^\infty x^{\lambda+m}e^{-cx}\ln(cx)L_n^\lambda(cx)\,dx = \frac{(-1)^{m-1}m!(n-m-1)!}{n!}\Gamma(\lambda+m+1)c^{-\lambda-m-1}$$
$$[m=0,\ 1,\ 2,\ \ldots,\ n-1;\ n\geqslant1;\ \operatorname{Re}c>0].$$

3. $$\int_0^\infty x^{\alpha-1}e^{-cx}\ln^2(cx)L_n^\lambda(cx)\,dx = \frac{(1-\alpha+\lambda)_n}{n!c^\alpha}\Gamma(\alpha)\times$$
$$\times\left[\left(\psi(\alpha)-\sum_{k=1}^n\frac{1}{k-\alpha+\lambda}\right)^2+\psi'(\alpha)-\sum_{k=1}^n\frac{1}{(k-\alpha+\lambda)^2}\right] \qquad [\operatorname{Re}c,\ \operatorname{Re}\alpha>0].$$

4. $$\int_0^\infty x^{\lambda+m}e^{-cx}\ln^2(cx)L_n^\lambda(cx)\,dx = (-1)^m\frac{2(m!)(n-m-1)!}{n!}\Gamma(\lambda+m+1)\times$$
$$\times[\psi(n-m)-\psi(m+1)-\psi(\lambda+m+1)]c^{-\lambda-m-1} \qquad [m=0,\ 1,\ 2,\ \ldots,\ n-1;\ n\geqslant1;\ \operatorname{Re}c>0].$$

5. $$\int_0^\infty x^{\alpha-1}e^{-cx}\left\{\begin{matrix}\ln(x+z)\\ \ln|x-z|\end{matrix}\right\}L_n^\lambda(cx)\,dx =$$
$$=\frac{\pi z^\alpha(1+\lambda)_n}{n!\alpha}\left\{\begin{matrix}\operatorname{cosec}\alpha\pi\\ \operatorname{ctg}\alpha\pi\end{matrix}\right\}{}_2F_2(1+\lambda+n,\ \alpha;\ \alpha+1,\ 1+\lambda;\ \pm cz)\pm$$
$$\pm\frac{c^{1-\alpha}z}{n!}(2-\alpha+\lambda)_n\Gamma(\alpha-1)\,{}_3F_3(1,\ 1,\ 2-\alpha+\lambda+n;\ 2,\ 2-\alpha,\ 2-\alpha+\lambda;\ \pm cz)+$$
$$+\frac{(1-\alpha+\lambda)_n}{n!c^\alpha}\Gamma(\alpha)\left[\psi(\alpha)-\sum_{k=1}^n\frac{1}{k-\alpha+\lambda}-\ln c\right] \qquad \left[\operatorname{Re}c,\ \operatorname{Re}\alpha>0,\ \left\{\begin{matrix}|\arg z|<\pi\\ z>0\end{matrix}\right\}\right].$$

6. $$\int_0^\infty x^{\alpha-1}e^{-cx}\left\{\begin{matrix}\ln(x^2+z^2)\\ \ln|x^2-z^2|\end{matrix}\right\}L_n^\lambda(cx)\,dx = \frac{\pi z^\alpha}{n!\alpha}(1+\lambda)_n\left\{\begin{matrix}\operatorname{cosec}(\alpha\pi/2)\\ \operatorname{ctg}(\alpha\pi/2)\end{matrix}\right\}\times$$
$$\times\,{}_3F_4\left(\frac{\alpha}{2},\,\frac{1+\lambda+n}{2},\,1+\frac{\lambda+n}{2};\,\frac{1}{2},\,\frac{\alpha}{2}+1,\,\frac{1+\lambda}{2},\,1+\frac{\lambda}{2};\,\mp\frac{c^2z^2}{4}\right)\mp$$
$$\mp\frac{\pi c z^{\alpha+1}(2+\lambda)_n}{n!(\alpha+1)}\left\{\begin{matrix}\sec(\alpha\pi/2)\\ \operatorname{tg}(\alpha\pi/2)\end{matrix}\right\}\times$$
$$\times\,{}_3F_4\left(\frac{\alpha+1}{2},\,1+\frac{\lambda+n}{2},\,\frac{3+\lambda+n}{2};\,\frac{3}{2},\,\frac{\alpha+3}{2},\,1+\frac{\lambda}{2},\,\frac{3+\lambda}{2};\,\mp\frac{c^2z^2}{4}\right)\pm$$
$$\pm\frac{c^{2-\alpha}z^2}{n!}(3-\alpha+\lambda)_n\Gamma(\alpha-2)\,{}_4F_5\left(1,\,1,\,\frac{3-\alpha+\lambda+n}{2},\right.$$
$$\left.2+\frac{\lambda-\alpha+n}{2};\,2,\,2-\frac{\alpha}{2},\,\frac{3-\alpha}{2},\,\frac{3-\alpha+\lambda}{2},\,2+\frac{\lambda-\alpha}{2};\,\mp\frac{c^2z^2}{4}\right)+$$
$$+\frac{2(1-\alpha+\lambda)_n}{c^\alpha}\Gamma(\alpha)\left[\psi(\alpha)-\sum_{k=1}^{n}\frac{1}{k-\alpha+\lambda}-\ln c\right]\qquad\left[\operatorname{Re}c,\ \operatorname{Re}\alpha>0,\ \left\{\begin{matrix}\operatorname{Re}z>0\\ z>0\end{matrix}\right\}\right].$$

2.19.7. Интегралы, содержащие $\operatorname{Ei}(bx^m)L_n^\lambda(cx)$.

1. $$\int_0^\infty \operatorname{Ei}(-bx)L_n(cx)\,dx = \frac{1}{(n+1)c}\left[\left(1-\frac{c}{b}\right)^{n+1}-1\right]\qquad[\operatorname{Re}b>0].$$

2. $$\int_0^\infty x^{\alpha-1}e^{-cx}\operatorname{Ei}(-bx)L_n^\lambda(cx)\,dx = -\frac{\Gamma(\alpha)(1+\lambda)_n}{n!b^\alpha\alpha}\times$$
$$\times\,{}_3F_2\left(1+\lambda+n,\,\alpha,\,\alpha;\,1+\alpha,\,1+\lambda;\,-\frac{c}{b}\right)\qquad[\operatorname{Re}b,\ \operatorname{Re}c,\ \operatorname{Re}\alpha>0].$$

3. $$\int_0^\infty x^{\alpha-1}e^{(\pm b-c)x}\operatorname{Ei}(\mp bx)L_n^\lambda(cx)\,dx =$$
$$=-\frac{\pi(1+\lambda)_n}{n!b^\alpha}\Gamma(\alpha)\left\{\begin{matrix}\operatorname{cosec}\alpha\pi\\ \operatorname{ctg}\alpha\pi\end{matrix}\right\}{}_2F_1\left(1+\lambda+n,\,\alpha;\,1+\lambda;\,\pm\frac{c}{b}\right)\mp$$
$$\mp\frac{c^{1-\alpha}}{n!b}(2-\alpha+\lambda)_n\Gamma(\alpha-1)\,{}_3F_2\left(1,\,1,\,2-\alpha+\lambda+n;\,2-\alpha,\,2-\alpha+\lambda;\,\pm\frac{c}{b}\right)$$
$$\left[\operatorname{Re}c,\ \operatorname{Re}\alpha>0,\ \left\{\begin{matrix}|\arg b|<\pi\\ b>0\end{matrix}\right\}\right].$$

4. $$\int_0^\infty e^{(b-c)x}\operatorname{Ei}(-bx)L_n(cx)\,dx = -\frac{1}{b(n+1)}\,{}_2F_1\left(1,\,n+1;\,n+2;\,1-\frac{c}{b}\right)$$
$$[\operatorname{Re}c>0;\ |\arg b|<\pi].$$

5. $$\int_0^\infty x^{\alpha-1}e^{-cx}\operatorname{Ei}(-bx^2)L_n^\lambda(cx)\,dx = -\frac{(1+\lambda)_n}{\alpha n!b^{\alpha/2}}\Gamma\left(\frac{\alpha}{2}\right)\times$$
$$\times\,{}_4F_4\left(\frac{\alpha}{2},\,\frac{\alpha}{2},\,\frac{1+\lambda+n}{2},\,1+\frac{\lambda+n}{2};\,\frac{1}{2},\,\frac{\alpha}{2}+1,\,\frac{1+\lambda}{2},\,1+\frac{\lambda}{2};\,\frac{c^2}{4b}\right)+$$
$$+\frac{(2+\lambda)_nc}{(\alpha+1)n!b^{(\alpha+1)/2}}\Gamma\left(\frac{\alpha+1}{2}\right)\times$$
$$\times\,{}_4F_4\left(\frac{\alpha+1}{2},\,\frac{\alpha+1}{2},\,1+\frac{\lambda+n}{2},\,\frac{3+\lambda+n}{2};\,\frac{3}{2},\,\frac{\alpha+3}{2},\,1+\frac{\lambda}{2},\,\frac{3+\lambda}{2};\,\frac{c^2}{4b}\right)$$
$$[\operatorname{Re}b,\ \operatorname{Re}\alpha>0].$$

6. $$\int_0^\infty x^{\alpha-1}e^{\pm bx^2-cx}\,\mathrm{Ei}\,(\mp bx^2)L_n^\lambda(cx)\,dx = -\frac{\pi(1+\lambda)_n}{2(n!)b^{\alpha/2}}\,\Gamma\left(\frac{\alpha}{2}\right)\left\{\begin{matrix}\operatorname{cosec}(\alpha\pi/2)\\ \operatorname{ctg}(\alpha\pi/2)\end{matrix}\right\}\times$$
$$\times\,{}_3F_3\left(\frac{\alpha}{2},\,\frac{1+\lambda+n}{2},\,1+\frac{\lambda+n}{2};\,\frac{1}{2},\,\frac{1+\lambda}{2},\,1+\frac{\lambda}{2};\,\mp\frac{c^2}{4b}\right)\pm$$
$$\pm\,\frac{\pi c(2+\lambda)_n}{2(n!)b^{(\alpha+1)/2}}\,\Gamma\left(\frac{\alpha+1}{2}\right)\left\{\begin{matrix}\sec(\alpha\pi/2)\\ \operatorname{tg}(\alpha\pi/2)\end{matrix}\right\}\times$$
$$\times\,{}_3F_3\left(\frac{\alpha+1}{2},\,1+\frac{\lambda+n}{2},\,\frac{3+\lambda+n}{2};\,\frac{3}{2},\,1+\frac{\lambda}{2},\,\frac{3+\lambda}{2};\,\mp\frac{c^2}{4b}\right)\mp$$
$$\mp\,\frac{c^{2-\alpha}}{n!b}\,(3-\alpha+\lambda)_n\Gamma(\alpha-2)\,{}_4F_4\left(1,\,1,\,\frac{3-\alpha+\lambda+n}{2},\,2-\frac{\alpha-\lambda-n}{2};\right.$$
$$\left.2-\frac{\alpha}{2},\,\frac{3-\alpha}{2},\,\frac{3-\alpha+\lambda}{2},\,2+\frac{\lambda-\alpha}{2};\,\mp\frac{c^2}{4b}\right)\qquad\left[\operatorname{Re}c,\ \operatorname{Re}\alpha>0,\ \left\{\begin{matrix}|\arg b|<\pi\\ b>0\end{matrix}\right\}\right].$$

2.19.8. Интегралы от $x^\alpha e^{-cx}\left\{\begin{matrix}\mathrm{si}\,(bx^r)\\ \mathrm{ci}\,(bx^r)\end{matrix}\right\}L_n^\lambda(cx)$.

1. $$\int_0^\infty x^{\alpha-1}e^{-cx}\left\{\begin{matrix}\mathrm{si}\,(bx)\\ \mathrm{ci}\,(bx)\end{matrix}\right\}L_n^\lambda(cx)\,dx = -\frac{(1+\lambda)_n\Gamma(\alpha)}{n!b^\alpha\alpha}\left\{\begin{matrix}\sin(\alpha\pi/2)\\ \cos(\alpha\pi/2)\end{matrix}\right\}\times$$
$$\times\,{}_5F_4\left(\frac{\alpha}{2},\,\frac{\alpha}{2},\,\frac{\alpha+1}{2},\,\frac{1+\lambda+n}{2},\,1+\frac{\lambda+n}{2};\,\frac{1}{2},\,\frac{\alpha}{2}+1,\,1+\frac{\lambda}{2},\,\frac{\lambda+1}{2};\,-\frac{c^2}{b^2}\right)\pm$$
$$\pm\,\frac{c\Gamma(\alpha+1)(\lambda+2)_n}{n!b^{\alpha+1}(\alpha+1)}\left\{\begin{matrix}\cos(\alpha\pi/2)\\ \sin(\alpha\pi/2)\end{matrix}\right\}\times$$
$$\times\,{}_5F_4\left(\frac{\alpha+1}{2},\,\frac{\alpha+1}{2},\,\frac{\alpha}{2}+1,\,1+\frac{\lambda+n}{2},\,\frac{3+\lambda+n}{2};\,\frac{3}{2},\,\frac{\alpha+3}{2},\,1+\frac{\lambda}{2},\,\frac{3+\lambda}{2};\,-\frac{c^2}{b^2}\right)$$
$$[b,\ \operatorname{Re}c,\ \operatorname{Re}\alpha>0].$$

2. $$\int_0^\infty x^{\alpha-1}e^{-cx}\left\{\begin{matrix}\mathrm{si}\,(b\sqrt{x})\\ \mathrm{ci}\,(b\sqrt{x})\end{matrix}\right\}L_n^\lambda(cx)\,dx = -\frac{b^{\delta+2}\Gamma(\alpha+\delta/2+1)}{2^{\delta+1}3^{2\delta}n!c^{\alpha+\delta/2+1}}\left(\lambda-\alpha-\frac{\delta}{2}\right)_n\times$$
$$\times\,{}_4F_4\left(1,\,\alpha+\frac{\delta}{2}+1,\,1+\frac{\delta}{2},\,1+\alpha+\frac{\delta}{2}-\lambda;\,2,\,\delta+\frac{3}{2},\,2+\frac{\delta}{2},\,1+\alpha+\frac{\delta}{2}-\lambda-n;\,-\frac{b^2}{4c}\right)+$$
$$+\,\frac{b^\delta(1-\alpha-\delta/2+\lambda)_n}{n!c^{\alpha+\delta/2}}\,\Gamma\left(\alpha+\frac{\delta}{2}\right)\left\{\begin{matrix}1\\ R\end{matrix}\right\}-\left\{\begin{matrix}1\\ 0\end{matrix}\right\}\frac{\pi(1-\alpha+\lambda)_n\Gamma(\alpha)}{2(n!)c^\alpha},$$
$$R=\mathbf{C}+\frac{\psi(\alpha)}{2}-\frac{1}{2}\sum_{k=1}^{n}\frac{1}{k-\alpha+\lambda}-\ln\frac{\sqrt{c}}{b}\qquad\left[b,\ \operatorname{Re}c,\ \operatorname{Re}\alpha>0;\ \delta=\left\{\begin{matrix}1\\ 0\end{matrix}\right\}\right].$$

2.19.9. Интегралы, содержащие $\left\{\begin{matrix}\mathrm{erf}\,(bx^r)\\ \mathrm{erfc}\,(bx^r)\end{matrix}\right\}L_n^\lambda(cx)$.

1. $$\int_0^\infty x^{\alpha-1}\,\mathrm{erfc}\,(b\sqrt{x})L_n^\lambda(cx)\,dx =$$
$$=\frac{(1+\lambda)_n\Gamma(1/2+\alpha)}{\sqrt{\pi}\,n!b^{2\alpha}\alpha}\,{}_3F_2\left(-n,\,\alpha,\,\frac{1}{2}+\alpha;\,1+\alpha,\,1+\lambda;\,\frac{c}{b^2}\right)\qquad[\operatorname{Re}\alpha>0;\ |\arg b|<\pi/4].$$

2. $$\int_0^\infty x^\lambda\,\mathrm{erfc}\,(\sqrt{cx})L_n^\lambda(cx)\,dx = \frac{\Gamma(3/2+\lambda)\Gamma(1/2+n)}{\pi n!(1+\lambda+n)c^{\lambda+1}}\qquad[\operatorname{Re}c>0;\ \operatorname{Re}\lambda>-1].$$

3. $$\int_0^\infty x^{\alpha-1}e^{-cx}\left\{\begin{matrix}\mathrm{erf}\,(bx)\\ \mathrm{erfc}\,(bx)\end{matrix}\right\}L_n^\lambda(cx)\,dx = \mp\frac{(1+\lambda)_n}{\sqrt{\pi}\,n!b^\alpha\alpha}\,\Gamma\left(\frac{\alpha+1}{2}\right)\times$$

$$\times\ {}_4F_4\left(\frac{\alpha}{2},\ \frac{\alpha+1}{2},\ \frac{1+\lambda+n}{2},\ 1+\frac{\lambda+n}{2};\ \frac{1}{2},\ \frac{\alpha}{2}+1,\ \frac{1+\lambda}{2},\ 1+\frac{\lambda}{2};\ \frac{c^2}{4b^2}\right)\pm$$

$$\pm\frac{c(2+\lambda)_n}{\sqrt{\pi}\,n!b^{\alpha+1}(\alpha+1)}\Gamma\left(\frac{\alpha}{2}+1\right)\times$$

$$\times\ {}_4F_4\left(\frac{\alpha+1}{2},\ \frac{\alpha}{2}+1,\ \frac{3+\lambda+n}{2},\ 1+\frac{\lambda+n}{2};\ \frac{3}{2},\ \frac{\alpha+3}{2},\ \frac{3+\lambda}{2},\ 1+\frac{\lambda}{2};\ \frac{c^2}{4b^2}\right)+$$

$$+\begin{Bmatrix}1\\0\end{Bmatrix}\frac{(1-\alpha+\lambda)_n}{n!c^\alpha}\Gamma(\alpha)\qquad [\operatorname{Re}c>0;\ \operatorname{Re}\alpha>-(1\pm1)/2;\ |\arg b|<\pi/4].$$

4. $$\int_0^\infty x^{\alpha-1}e^{-cx}\begin{Bmatrix}\operatorname{erf}(b\sqrt{x})\\ \operatorname{erfc}(b\sqrt{x})\end{Bmatrix}L_n^\lambda(cx)\,dx=\mp\frac{(1+\lambda)_n}{\sqrt{\pi}\,n!b^{2\alpha}\alpha}\Gamma\left(\alpha+\frac{1}{2}\right)\times$$

$$\times\ {}_3F_2\left(\alpha,\ \alpha+\frac{1}{2},\ 1+\lambda+n;\ \alpha+1,\ 1+\lambda;\ -\frac{c}{b^2}\right)+\begin{Bmatrix}1\\0\end{Bmatrix}\frac{(1-\alpha+\lambda)_n}{n!c^\alpha}\Gamma(\alpha)$$

$$[\operatorname{Re}c>0;\ \operatorname{Re}\alpha>-(1\pm1)/4;\ |\arg b|<\pi/4].$$

5. $$\int_0^\infty x^{\alpha-1}e^{(b^2-c)x}\operatorname{erfc}(b\sqrt{x})L_n^\lambda(cx)\,dx=\frac{(\lambda+1)_n\Gamma(\alpha)}{n!b^{2\alpha}\cos\alpha\pi}\,{}_2F_1\left(\lambda+n+1,\ \alpha;\ \lambda+1;\ \frac{c}{b^2}\right)+$$

$$+\frac{(3/2-\alpha+\lambda)_n\Gamma(\alpha-1/2)}{\sqrt{\pi}\,n!bc^{\alpha-1/2}}\,{}_3F_2\left(1,\ \frac{1}{2},\ \frac{3}{2}-\alpha+\lambda+n;\ \frac{3}{2}-\alpha,\ \frac{3}{2}-\alpha+\lambda;\ \frac{c}{b^2}\right)$$

$$[\operatorname{Re}c,\ \operatorname{Re}\alpha>0;\ |\arg b|<\pi/4].$$

6. $$\int_0^\infty x^{\lambda}e^{(b^2-c)x}\operatorname{erfc}(b\sqrt{x})L_n^\lambda(cx)\,dx=\frac{1}{\pi n!b^{2\lambda+2}(\lambda+n+1)}\Gamma\left(\lambda+\frac{3}{2}\right)\times$$

$$\times\Gamma\left(n+\frac{1}{2}\right){}_2F_1\left(\lambda+\frac{3}{2},\ \lambda+n+1;\ \lambda+n+2;\ 1-\frac{c}{b^2}\right)$$

$$[\operatorname{Re}c>0;\ \operatorname{Re}\lambda>-1;\ |\arg b|<\pi/4].$$

2.19.10. Интегралы от $x^\alpha e^{-cx}\begin{Bmatrix}S(bx^r)\\ C(bx^r)\end{Bmatrix}L_n^\lambda(cx)$.

Обозначение: $\delta=\begin{Bmatrix}1\\0\end{Bmatrix}$.

1. $$\int_0^\infty x^{\alpha-1}e^{-cx}\begin{Bmatrix}S(bx)\\ C(bx)\end{Bmatrix}L_n^\lambda(cx)\,dx=\frac{\sqrt{2}\,b^{\delta+1/2}(1/2-\alpha-\delta+\lambda)_n}{3^\delta\sqrt{\pi}\,n!c^{\alpha+\delta+1/2}}\Gamma\left(\alpha+\delta+\frac{1}{2}\right)\times$$

$$\times\ {}_5F_4\left(\frac{2\alpha+3}{4},\ \frac{2\alpha+1}{4}+\delta,\ \frac{2\delta+1}{4},\ \frac{3+2\alpha-2\lambda}{4},\ \frac{1+2\alpha-2\lambda}{4}+\delta;\right.$$

$$\left.\delta+\frac{1}{2},\ \frac{2\delta+5}{4},\ \frac{3+2\alpha-2\lambda-2n}{4},\ \frac{1+2\alpha-2\lambda-2n}{4}+\delta;\ -\frac{b^2}{c^2}\right)$$

$$[b,\ \operatorname{Re}c>0;\ \operatorname{Re}\alpha>-\delta-1/2].$$

2. $$\int_0^\infty x^{\alpha-1}e^{-cx}\begin{Bmatrix}S(b\sqrt{x})\\ C(b\sqrt{x})\end{Bmatrix}L_n^\lambda(cx)=$$

$$=\frac{\sqrt{2}\,b^{\delta+1/2}}{3^\delta\sqrt{\pi}\,n!c^{\alpha+(2\delta+1)/4}}\left(\frac{3-2\delta}{4}-\alpha+\lambda\right)_n\Gamma\left(\frac{1+2\delta}{4}+\alpha\right)\times$$

$$\times\ {}_3F_3\left(\frac{2\delta+1}{4},\ \frac{1+2\delta}{4}+\alpha,\ \frac{1+2\delta}{4}+\alpha-\lambda;\ \delta+\frac{1}{2},\ \frac{2\delta+5}{4},\ \frac{1+2\delta}{4}+\alpha-\lambda-n;\ -\frac{b^2}{4c}\right)$$

$$[b,\ \operatorname{Re}c>0;\ \operatorname{Re}\alpha>-(2\delta+1)/4].$$

2.19.11. Интегралы от $x^\alpha e^{-cx}\begin{Bmatrix}\gamma(\mu,\,bx^r)\\\Gamma(\mu,\,bx^r)\end{Bmatrix}L_n^\lambda(cx)$.

1. $$\int\limits_0^\infty x^{\alpha-1}e^{-cx}\begin{Bmatrix}\gamma(\mu,\,bx)\\\Gamma(\mu,\,bx)\end{Bmatrix}L_n^\lambda(cx)\,dx =$$
$$= \mp\frac{(1+\lambda)_n}{n!b^\alpha\alpha}\Gamma(\alpha+\mu)\,{}_3F_2\Big(\alpha,\,\alpha+\mu,\,1+\lambda+n;\;1+\alpha,\,1+\lambda;\;-\frac{c}{b}\Big)+$$
$$+\begin{Bmatrix}1\\0\end{Bmatrix}\frac{(1-\alpha+\lambda)_n}{n!c^\alpha}\Gamma(\alpha)\Gamma(\mu)\qquad\left[\operatorname{Re}b,\,\operatorname{Re}c,\,\operatorname{Re}(\alpha+\mu)>0,\,\begin{Bmatrix}\operatorname{Re}\mu>0\\\operatorname{Re}\alpha>0\end{Bmatrix}\right].$$

2. $$\int\limits_0^\infty e^{-cx}\gamma(\lambda,\,bx)L_n^\lambda(cx)\,dx = \frac{\Gamma(\lambda+n)}{n!c}\left(\frac{b}{b+c}\right)^{n+\lambda}\qquad[\operatorname{Re}b,\,\operatorname{Re}c,\,\operatorname{Re}\lambda>0].$$

3. $$\int\limits_0^\infty x^{\alpha-1}e^{-cx}\begin{Bmatrix}\gamma(\mu,\,bx^2)\\\Gamma(\mu,\,bx^2)\end{Bmatrix}L_n^\lambda(cx)\,dx = \mp\frac{(1+\lambda)_n}{n!b^{\alpha/2}\alpha}\Gamma\Big(\frac{\alpha}{2}+\mu\Big)\times$$
$$\times\,{}_4F_4\Big(\frac{\alpha}{2},\,\frac{\alpha}{2}+\mu,\,\frac{1+\lambda+n}{2},\,1+\frac{\lambda+n}{2};\;\frac{1}{2},\,1+\frac{\alpha}{2},\,\frac{1+\lambda}{2},\,1+\frac{\lambda}{2};\;\frac{c^2}{4b}\Big)\pm$$
$$\pm\frac{c(2+\lambda)_n}{b^{(\alpha+1)/2}(\alpha+1)}\Gamma\Big(\frac{1+\alpha}{2}+\mu\Big)\times$$
$$\times\,{}_4F_4\Big(\frac{1+\alpha}{2},\,\frac{\alpha+1}{2}+\mu,\,1+\frac{\lambda+n}{2},\,\frac{3+\lambda+n}{2};\;\frac{3}{2},\,\frac{3+\alpha}{2},\,1+\frac{\lambda}{2},\,\frac{3+\lambda}{2};\;\frac{c^2}{4b}\Big)+$$
$$+\begin{Bmatrix}1\\0\end{Bmatrix}\frac{(1-\alpha+\lambda)_n}{n!c^\alpha}\Gamma(\alpha)\Gamma(\mu)\qquad\left[\operatorname{Re}b,\,\operatorname{Re}c,\,\operatorname{Re}(\alpha+2\mu)>0,\,\begin{Bmatrix}\operatorname{Re}\mu>0\\\operatorname{Re}\alpha>0\end{Bmatrix}\right].$$

4. $$\int\limits_0^\infty x^{\alpha-1}e^{-cx}\begin{Bmatrix}\gamma(\mu,\,b\sqrt{x})\\\Gamma(\mu,\,b\sqrt{x})\end{Bmatrix}L_n^\lambda(cx)\,dx = \pm\frac{b^\mu(1-\alpha-\mu/2+\lambda)_n}{n!c^{\alpha+\mu/2}\mu}\Gamma\Big(\alpha+\frac{\mu}{2}\Big)\times$$
$$\times\,{}_3F_3\Big(\frac{\mu}{2},\,\alpha+\frac{\mu}{2},\,\alpha+\frac{\mu}{2}-\lambda;\;1+\frac{\mu}{2},\,\frac{1}{2},\,\alpha+\frac{\mu}{2}-\lambda-n;\;\frac{b^2}{4c}\Big)\mp$$
$$\mp\frac{b^{\mu+1}}{n!c^{\alpha+(\mu+1)/2}(\mu+1)}\Gamma\Big(\alpha+\frac{\mu+1}{2}\Big)\Big(\frac{1-\mu}{2}+\lambda-\alpha\Big)_n\times$$
$$\times\,{}_3F_3\Big(\frac{\mu+1}{2},\,\alpha+\frac{\mu+1}{2},\,\alpha+\frac{1+\mu}{2}-\lambda;\;\alpha+\frac{1+\mu}{2}-\lambda-n,\,\frac{\mu+3}{2},\,\frac{3}{2};\;\frac{b^2}{4c}\Big)+$$
$$+\begin{Bmatrix}0\\1\end{Bmatrix}\frac{(1-\alpha+\lambda)_n}{n!c^\alpha}\Gamma(\alpha)\Gamma(\mu)\qquad\left[\operatorname{Re}b,\,\operatorname{Re}c,\,\operatorname{Re}(2\alpha+\mu)>0,\,\begin{Bmatrix}\operatorname{Re}\mu>0\\\operatorname{Re}\alpha>0\end{Bmatrix}\right].$$

2.19.12. Интегралы, содержащие $\begin{Bmatrix}J_\mu(\varphi(x))\\I_\mu(\varphi(x))\end{Bmatrix}L_n^\lambda(cx)$.

1. $$\int\limits_0^\infty x^{\alpha-1}J_\mu(b\sqrt{x})L_n^\lambda(cx)\,dx = \frac{(-c)^n}{n!}\left(\frac{2}{b}\right)^{2\alpha+2n}\Gamma\begin{bmatrix}\alpha+\mu/2+n\\1-\alpha+\mu/2-n\end{bmatrix}\times$$
$$\times\,{}_2F_2\Big(-n,\,-\lambda-n;\;1-\alpha-\frac{\mu}{2}-n,\,1-\alpha+\frac{\mu}{2}-n;\;\frac{b^2}{4c}\Big)$$
$$[b>0;\;-\operatorname{Re}\mu<2\operatorname{Re}\alpha<3/2-2n].$$

2. $$\int\limits_0^\infty x^{\alpha-1}J_\mu\Big(\frac{b}{\sqrt{x}}\Big)L_n^\lambda(cx)\,dx = \frac{(\lambda+1)_n}{n!}\left(\frac{b}{2}\right)^{2\alpha}\Gamma\begin{bmatrix}\mu/2-\alpha\\1+\mu/2+\alpha\end{bmatrix}\times$$
$$\times\,{}_1F_3\Big(-n;\;1+\lambda,\,1+\alpha+\frac{\mu}{2},\,1+\alpha-\frac{\mu}{2};\;-\frac{b^2c}{4}\Big)\qquad[b>0;\;-3/2<2\operatorname{Re}\alpha<\operatorname{Re}\mu-2n].$$

3. $$\int_0^\infty x^{\alpha-1}e^{-cx}\begin{Bmatrix} J_\mu(bx) \\ I_\mu(bx)\end{Bmatrix} L_n^\lambda(cx)\,dx = \frac{b^\mu(1-\alpha-\mu+\lambda)_n}{2^\mu n!c^{\alpha+\mu}}\Gamma\begin{bmatrix}\alpha+\mu \\ 1+\mu\end{bmatrix} {}_4F_3\Big(\frac{\alpha+\mu}{2},$$
$$\frac{\alpha+\mu+1}{2}, \frac{1+\alpha+\mu-\lambda}{2}, \frac{\alpha+\mu-\lambda}{2};\ \mu+1,\ \frac{1+\alpha+\mu-\lambda-n}{2}, \frac{\alpha+\mu-\lambda-n}{2};\ \mp\frac{b^2}{c^2}\Big)$$
$$\left[\operatorname{Re}c,\ \operatorname{Re}(\alpha+\mu)>0,\ \begin{Bmatrix} b>0 \\ \operatorname{Re}(c-b)>0\end{Bmatrix}\right].$$

4. $$\int_0^\infty e^{-cx/2}J_0(bx)L_n(cx)\,dx = \frac{2}{\sqrt{4b^2+c^2}}P_n\left(\frac{c^2-4b^2}{c^2+4b^2}\right) \qquad [b,\ \operatorname{Re}c>0].$$

5. $$\int_0^a (a-x)^{n+1/2}e^{-cx/2}I_{n+1/2}\left(c\frac{a-x}{2}\right)L_n(cx)\,dx =$$
$$= \frac{n!}{\sqrt{\pi}\,c^{n+3/2}}e^{-ac/2}\left[1+2^{-2n-2}\sum_{k=1}^{2n+2}k\binom{2n+2}{k}\operatorname{ki}_{2k}(ac)\right] \qquad [a>0].$$

6. $$\int_0^\infty x^{\lambda/2}e^{-px}\begin{Bmatrix} J_\lambda(b\sqrt{x}) \\ I_\lambda(b\sqrt{x})\end{Bmatrix} L_n^\lambda(cx)\,dx = J(p,\ c) \qquad [\operatorname{Re}p>0;\ \operatorname{Re}\lambda>-1;\ |\arg b|<\pi],$$
$$J(p,\ c) = \left(\frac{b}{2}\right)^\lambda \frac{(p-c)^n}{p^{\lambda+n+1}}\exp\left(\mp\frac{b^2}{4p}\right)L_n^\lambda\left(\pm\frac{b^2c}{4pc-4p^2}\right),$$
$$J(c,\ c) = \frac{(\pm1)^n}{n!c^{\lambda+n+1}}\left(\frac{b}{2}\right)^{\lambda+2n}\exp\left(\mp\frac{b}{4c}\right).$$

7. $$\int_0^\infty x^{\alpha-1}e^{-cx}\begin{Bmatrix} J_\mu(b\sqrt{x}) \\ I_\mu(b\sqrt{x})\end{Bmatrix} L_n^\lambda(cx)\,dx = \frac{b^\mu(1-\alpha-\mu/2+\lambda)_n}{2^\mu n!c^{\alpha+\mu/2}}\Gamma\begin{bmatrix}\alpha+\mu/2 \\ \mu+1\end{bmatrix}\times$$
$$\times\ {}_2F_2\left(\alpha+\frac{\mu}{2},\ \alpha+\frac{\mu}{2}-\lambda;\ \alpha+\frac{\mu}{2}-\lambda-n,\ \mu+1;\ \mp\frac{b^2}{4c^2}\right)$$
$$[\operatorname{Re}c,\ \operatorname{Re}(2\alpha+\mu)>0;\ |\arg b|<\pi].$$

8. $$\int_0^\infty x^{(\lambda+n)/2}e^{-cx}\begin{Bmatrix} J_{\lambda-n}(b\sqrt{x}) \\ I_{\lambda-n}(b\sqrt{x})\end{Bmatrix} L_n^\lambda(cx)\,dx =$$
$$= (\pm1)^n\left(\frac{b}{2}\right)^{\lambda+n}c^{-\lambda-n-1}\exp\left(\mp\frac{b^2}{4c}\right)L_n^\lambda\left(\pm\frac{b^2}{4c}\right) \qquad [\operatorname{Re}c>0;\ \operatorname{Re}\lambda>-1;\ |\arg b|<\pi].$$

9. $$\int_0^\infty x^{\lambda/2}e^{-cx/2}\begin{Bmatrix} J_\lambda(b\sqrt{x}) \\ I_\lambda(b\sqrt{x})\end{Bmatrix} L_n^\lambda(cx)\,dx = \frac{(-1)^n2b^\lambda}{c^{\lambda+1}}\exp\left(\mp\frac{b^2}{2c}\right)L_n^\lambda\left(\pm\frac{b^2}{c}\right)$$
$$[\operatorname{Re}c>0;\ \operatorname{Re}\lambda>-1;\ |\arg b|<\pi].$$

10. $$\int_0^\infty x^{\alpha-1}e^{-cx}J_\mu\left(\frac{b}{\sqrt{x}}\right)L_n^\lambda(cx)\,dx =$$
$$= \frac{(\lambda+1)_n}{n!}\left(\frac{b}{2}\right)^{2\alpha}\Gamma\begin{bmatrix}\mu/2-\alpha \\ 1+\alpha-\mu/2\end{bmatrix} {}_1F_3\left(1+\lambda+n;\ 1+\alpha+\frac{\mu}{2},\ 1+\alpha-\frac{\mu}{2},\ 1+\lambda;\ \frac{b^2c}{4}\right)+$$
$$+\frac{c^{\mu/2-\alpha}}{n!}\left(\frac{b}{2}\right)^\mu\left(1-\alpha+\frac{\mu}{2}+\lambda\right)_n\Gamma\begin{bmatrix}\alpha-\mu/2 \\ \mu+1\end{bmatrix}\times$$
$$\times\ {}_1F_3\left(1-\alpha+\frac{\mu}{2}+\lambda+n;\ \mu+1,\ 1-\alpha+\frac{\mu}{2},\ 1-\alpha+\frac{\mu}{2}+\lambda;\ \frac{b^2c}{4}\right)$$
$$[b,\ \operatorname{Re}c>0;\ \operatorname{Re}\alpha>-3/4].$$

11. $\int\limits_{-a}^{a}(a^2-x^2)^{(2\lambda-1)/4}e^{-cx/2}J_{\lambda-1/2}\left(\frac{c}{2}\sqrt{a^2-x^2}\right)L_n^\lambda(cx+d)\,dx =$

$= \frac{\sqrt{\pi}\,n!a^{2\lambda}c^{\lambda-1/2}}{2^{2\lambda-1}\Gamma(\lambda+n+1)}\,L_n^\lambda(z_+)L_n^\lambda(z_-) \qquad \left[2z_\pm = \sqrt{d+ac}\pm\sqrt{d-ac};\ a>0;\ \operatorname{Re}\lambda>-1/2\right].$

12. $\int\limits_0^\infty x^\lambda e^{-px}\begin{Bmatrix} J_{2\lambda}(b\sqrt{x}) \\ I_{2\lambda}(b\sqrt{x})\end{Bmatrix}[L_n^\lambda(cx)]^2\,dx = \left(\frac{b}{2}\right)^{2\lambda}\frac{\Gamma(\lambda+n+1)}{\pi n!p^{2\lambda+1}}\exp\left(\mp\frac{b^2}{4p}\right)\times$

$\times\sum_{k=0}^{n}\frac{(-1)^k}{(n-k)!}\,\Gamma\begin{bmatrix} n-k+1/2,\ k+1/2 \\ 1+\lambda+k\end{bmatrix}\left(1-\frac{2c}{p}\right)^{2k}L_{2k}^{2\lambda}\left(\pm\frac{b^2c}{4pc-2p^2}\right)$

$[\operatorname{Re}p>0;\ \operatorname{Re}\lambda>-1/2;\ |\arg b|<\pi].$

13. $\int\limits_0^\infty x^\lambda e^{-cx}\begin{Bmatrix} J_{2\lambda}(b\sqrt{x}) \\ I_{2\lambda}(b\sqrt{x})\end{Bmatrix}[L_n^\lambda(cx)]^2\,dx = \left(\frac{b}{2}\right)^{2\lambda}c^{-2\lambda-1}\exp\left(\mp\frac{b^2}{4c}\right)\left[L_n^\lambda\left(\pm\frac{b^2}{4c}\right)\right]^2$

$[\operatorname{Re}c>0;\ \operatorname{Re}\lambda>-1/2;\ |\arg b|<\pi].$

14. $\int\limits_0^\infty x^{(\gamma+\lambda)/2}e^{-cx}J_{\gamma+\lambda}(b\sqrt{x})L_m^\gamma(cx)L_n^\lambda(cx)\,dx = \frac{(-1)^{m+n}}{c^{\gamma+\lambda+1}}\left(\frac{b}{2}\right)^{\gamma+\lambda}\exp\left(\mp\frac{b^2}{4c}\right)\times$

$\times L_m^{\gamma+m-n}\left(\pm\frac{b^2}{4c}\right)L_n^{\lambda-m+n}\left(\pm\frac{b^2}{4c}\right) \qquad [\operatorname{Re}c>0;\ \operatorname{Re}(\gamma+\lambda)>-1;\ |\arg b|<\pi].$

2.19.13. Интегралы, содержащие $\begin{Bmatrix} Y_\mu(bx^{\pm r}) \\ K_\mu(bx^{\pm r})\end{Bmatrix}L_n^\lambda(cx)$.

1. $\int\limits_0^\infty x^{\alpha-1}K_\mu(b\sqrt{x})L_n^\lambda(cx)\,dx = \frac{(-c)^n2^{2\alpha+2n-1}}{n!b^{2\alpha+2n}}\,\Gamma\left(\alpha+\frac{\mu}{2}+n\right)\Gamma\left(\alpha-\frac{\mu}{2}+n\right)\times$

$\times\,{}_2F_2\left(-n,\,-\lambda-n;\ 1-\alpha-\frac{\mu}{2}-n,\ 1-\alpha+\frac{\mu}{2}-n;\ -\frac{b^2}{4c}\right) \qquad [\operatorname{Re}b>0;\ 2\operatorname{Re}\alpha>|\operatorname{Re}\mu|].$

2. $\int\limits_0^\infty x^{\alpha-1}K_\mu\left(\frac{b}{\sqrt{x}}\right)L_n^\lambda(cx)\,dx = \frac{(\lambda+1)_nb^{2\alpha}}{2^{2\alpha+1}n!}\,\Gamma\left(\frac{\mu}{2}-\alpha\right)\Gamma\left(-\alpha-\frac{\mu}{2}\right)\times$

$\times\,{}_1F_3\left(-n;\ \lambda+1,\ 1+\alpha+\frac{\mu}{2},\ 1+\alpha-\frac{\mu}{2};\ \frac{b^2c}{4}\right) \qquad [\operatorname{Re}b>0;\ 2\operatorname{Re}\alpha+|\operatorname{Re}\mu|<-2n].$

3. $\int\limits_0^\infty x^{\alpha-1}e^{-cx}\begin{Bmatrix} Y_\mu(bx) \\ K_\mu(bx)\end{Bmatrix}L_n^\lambda(cx)\,dx =$

$= \mp\frac{2^{\alpha-2}(1+\lambda)_n}{\pi n!b^\alpha}\,\Gamma\left(\frac{\alpha+\mu}{2}\right)\Gamma\left(\frac{\alpha-\mu}{2}\right)\begin{Bmatrix} 2\cos[(\alpha-\mu)\pi/2] \\ \pi\end{Bmatrix}\times$

$\times\,{}_4F_3\left(\frac{\alpha+\mu}{2},\ \frac{\alpha-\mu}{2},\ \frac{1+\lambda+n}{2},\ 1+\frac{\lambda+n}{2};\ \frac{1}{2},\ \frac{1+\lambda}{2},\ 1+\frac{\lambda}{2};\ \mp\frac{c^2}{b^2}\right)\mp$

$\mp\,\frac{2^{\alpha-1}c(2+\lambda)_n}{\pi n!b^{\alpha+1}}\,\Gamma\left(\frac{\alpha+\mu+1}{2}\right)\Gamma\left(\frac{\alpha-\mu+1}{2}\right)\begin{Bmatrix} 2\sin[(\alpha-\mu)\pi/2] \\ \pi\end{Bmatrix}\times$

$\times\,{}_4F_3\left(\frac{\alpha-\mu+1}{2},\ \frac{\alpha+\mu+1}{2},\ 1+\frac{\lambda+n}{2},\ \frac{3+\lambda+n}{2};\ \frac{3}{2},\ 1+\frac{\lambda}{2},\ \frac{3+\lambda}{2};\ \mp\frac{c^2}{b^2}\right)$

$\left[\operatorname{Re}c>0;\ \operatorname{Re}\alpha>|\operatorname{Re}\mu|,\ \begin{Bmatrix} b>0 \\ \operatorname{Re}(b+c)>0\end{Bmatrix}\right].$

4. $$\int_0^\infty x^{\alpha-1}e^{-(b+c)x}K_\mu(bx)L_n^\lambda(cx)\,dx = \frac{\sqrt{\pi}\,(\lambda+1)_n}{n!(2b)^\alpha}\Gamma\left[\begin{matrix}\alpha+\mu,\ \alpha-\mu\\ \alpha+1/2\end{matrix}\right]\times$$
$$\times\,{}_3F_2\left(\alpha+\mu,\ \alpha-\mu,\ 1+\lambda+n;\ 1+\lambda,\ \frac{1}{2}+\alpha;\ -\frac{c}{2b}\right)\qquad [\mathrm{Re}\,(2b+c)>0;\ \mathrm{Re}\,\alpha>|\,\mathrm{Re}\,\mu|].$$

5. $$\int_0^\infty x^{\alpha-1}e^{-cx}\left\{\begin{matrix}Y_\mu(b\sqrt{x})\\ K_\mu(b\sqrt{x})\end{matrix}\right\}L_n^\lambda(cx)\,dx = \mp\left\{\begin{matrix}2\\ \pi\end{matrix}\right\}\frac{2^{\mu-1}(1-\alpha+\mu/2+\lambda)_n}{\pi n!b^\mu c^{\alpha-\mu/2}}\Gamma(\mu)\Gamma\left(\alpha-\frac{\mu}{2}\right)\times$$
$$\times\,{}_2F_2\left(\alpha-\frac{\mu}{2},\ \alpha-\frac{\mu}{2}-\lambda;\ 1-\mu,\ \alpha-\frac{\mu}{2}-\lambda-n;\ \mp\frac{b^2}{4c}\right)\mp$$
$$\mp\left\{\begin{matrix}2\cos\mu\pi\\ \pi\end{matrix}\right\}\frac{b^\mu\Gamma(-\mu)}{2^{\mu+1}\pi n!c^{\alpha+\mu/2}}\Gamma\left(\alpha+\frac{\mu}{2}\right)\left(1-\alpha-\frac{\mu}{2}+\lambda\right)_n\times$$
$$\times\,{}_2F_2\left(\alpha+\frac{\mu}{2},\ \alpha+\frac{\mu}{2}-\lambda;\ 1+\mu,\ \alpha+\frac{\mu}{2}-\lambda-n;\ \mp\frac{b^2}{4c}\right)$$
[$\mathrm{Re}\,c>0;\ 2\,\mathrm{Re}\,\alpha>|\,\mathrm{Re}\,\mu|;\ |\arg b|<\pi;$ при $\mu=0,\ 1,\ 2,\ \ldots$ см. 2.19.1.18].

6. $$\int_0^\infty x^{\alpha-1}e^{-cx}K_\mu\left(\frac{b}{\sqrt{x}}\right)L_n^\lambda(cx)\,dx = \frac{(1-\alpha+\mu/2+\lambda)_n b^\mu}{2^{\mu+1}n!c^{\alpha-\mu/2}}\Gamma\left(\alpha-\frac{\mu}{2}\right)\times$$
$$\times\,{}_1F_3\left(1-\alpha+\frac{\mu}{2}+\lambda+n;\ 1+\mu,\ 1-\alpha+\frac{\mu}{2},\ 1-\alpha+\frac{\mu}{2}+\lambda;\ -\frac{b^2c}{4}\right)+$$
$$+\frac{2^{\mu-1}(1-\alpha-\mu/2+\lambda)_n}{n!b^\mu c^{\alpha+\mu/2}}\Gamma\left(\alpha+\frac{\mu}{2}\right)\times$$
$$\times\,{}_1F_3\left(1-\alpha-\frac{\mu}{2}+\lambda+n;\ 1-\mu,\ 1-\alpha-\frac{\mu}{2},\ 1-\alpha-\frac{\mu}{2}+\lambda;\ -\frac{b^2c}{4}\right)\qquad [\mathrm{Re}\,b,\ \mathrm{Re}\,c>0].$$

2.19.14. Интегралы, содержащие $L_m^\gamma(a+bx^k)L_n^\lambda(cx)$.

1. $$\int_0^a x^\lambda(a-x)^\gamma L_m^\gamma(ca-ax)L_n^\lambda(cx)\,dx =$$
$$= a^{\gamma+\lambda+1}\frac{(m+n)!}{m!n!}\,\mathrm{B}\,(\gamma+m+1,\ \lambda+n+1)L_{m+n}^{\gamma+\lambda+1}(ac)\qquad [a>0;\ \mathrm{Re}\,\gamma,\ \mathrm{Re}\,\lambda>-1].$$

2. $$\int_0^a L_m(ca-cx)L_n(cx)\,dx = \frac{1}{c}\left[L_{m+n}(ac)-L_{m+n+1}(ac)\right]\qquad [a>0].$$

3. $$\int_0^a x^\lambda(a-x)^{\gamma+1}L_m^\gamma(ca-cx)L_n^\lambda(cx)\,dx = a^{\gamma+\lambda+2}(\gamma+1)(\gamma+\lambda+1)\frac{(m+n)!}{m!n!}\times$$
$$\times\,\mathrm{B}\,(\gamma+m+1,\ \lambda+n+1)L_{m+n}^{\gamma+\lambda+1}(ac)\qquad [a>0;\ \mathrm{Re}\,\gamma>-2;\ \mathrm{Re}\,\lambda>-1].$$

4. $$\int_0^\infty e^{-px}L_n(bx)L_n(cx)\,dx = \frac{(p-b-c)^n}{p^{n+1}}P_n\left(\frac{p^2-(b+c)p+2bc}{p(p-b-c)}\right)\qquad [\mathrm{Re}\,p>0].$$

5. $$\int_0^\infty x^{\alpha-1}e^{-px}L_n^\lambda(bx)L_n^\lambda(cx)\,dx =$$
$$= \frac{(\lambda+1)_n}{(n!)^2}\Gamma(\alpha)\left\{\frac{\partial^n}{\partial h^n}\left[(1-h)^{-\lambda-1}B^{-\alpha}\,{}_2F_1\left(\frac{\alpha}{2},\ \frac{\alpha+1}{2};\ \lambda+1;\ \frac{A^2}{B^2}\right)\right]\right\}_{h=0}$$
$$\left[A^2=\frac{4bch}{(1-h)^2},\ B=p+\frac{(b+c)h}{1-h};\ \mathrm{Re}\,p,\ \mathrm{Re}\,\alpha>0\right].$$

6. $$\int_0^\infty x^\lambda e^{-px} L_m^\lambda(bx) L_n^\lambda(cx)\,dx = \frac{(\lambda+1)_m(\lambda+1)_n}{m!n!p^{m+n+\lambda+1}} \Gamma(\lambda+1)(p-b)^m(p-c)^n \times$$
$$\times\, {}_2F_1\left(-m,\,-n;\;\lambda+1;\;\frac{bc}{(p-b)(p-c)}\right) = \frac{\Gamma(m+n+\lambda+1)(p-b)^m(p-c)^n}{m!n!p^{m+n+\lambda+1}} \times$$
$$\times\, {}_2F_1\left(-m,\,-n;\;-m-n-\lambda;\;\frac{p(p-b-c)}{(p-b)(p-c)}\right) \qquad [\operatorname{Re} p > 0;\ \operatorname{Re}\lambda > -1].$$

7. $$\int_0^\infty x^{2\lambda} e^{-px} L_n^\lambda(bx) L_n^\lambda(cx)\,dx = \frac{\Gamma(2\lambda+1)\Gamma(n+\lambda+1)}{n!p^{2\lambda+1}} \sum_{k=0}^\infty \frac{(-1)^k}{k!\Gamma(\lambda-k+1)} \times$$
$$\times \left(1-\frac{b+c}{2p}\right)^{n-k} C_{n+k}^{\lambda+1/2}\left(\frac{p^2+(b+c)p+2bc}{p(p-b-c)}\right) \qquad [\operatorname{Re} p > 0;\ \operatorname{Re}\lambda > -1/2].$$

8. $$\int_0^\infty x^{\alpha-1} e^{-cx} L_m^\gamma(bx) L_n^\lambda(cx)\,dx = \frac{(1+\gamma)_m(1-\alpha+\lambda)_n\Gamma(\alpha)}{m!n!b^\alpha} \times$$
$$\times\, {}_3F_2\left(-m,\,\alpha,\,\alpha-\lambda;\;1+\gamma,\,\alpha-\lambda-n;\;\frac{b}{c}\right) \qquad [\operatorname{Re} c,\ \operatorname{Re}\alpha > 0].$$

9. $$\int_0^\infty x^{\alpha-1} e^{-(b+c)x} L_m^\gamma(bx) L_n^\lambda(cx)\,dx = c^{-\alpha}\frac{(1+\lambda)_m}{m!n!}(1-\alpha+\lambda)_n\Gamma(\alpha) \times$$
$$\times\, {}_3F_2\left(\alpha,\,\alpha-\lambda,\,1+\gamma+m;\;\alpha-\lambda-n,\,1+\lambda;\;-\frac{b}{c}\right) \qquad [\operatorname{Re}(b+c),\ \operatorname{Re}\alpha > 0].$$

10. $$\int_0^\infty x^\lambda e^{-cx} L_m^\lambda(bx) L_n^\lambda(cx)\,dx = \frac{(-1)^n\Gamma(\lambda+m+1)(-m)_n(c-b)^{m-n}}{m!n!b^{\lambda-n+1}c^m}$$
$$[\operatorname{Re} c > 0;\ \operatorname{Re}\lambda > -1].$$

11. $$\int_0^\infty e^{-bx/2} L_m(bx) L_n(cx)\,dx = \frac{(-1)^m 2(b-2c)^n}{b^{n+1}} \sum_{k=0}^{\min(m,n)} \left(\frac{4c}{2c-b}\right)^k \binom{m}{k}\binom{n}{k}$$
$$[\operatorname{Re} b > 0;\ b \neq 2c],$$
$$= \frac{(-1)^{m+n}2^n}{c}\binom{m}{n} \qquad [\operatorname{Re} c > 0;\ b = 2c;\ n \leqslant m].$$

12. $$\int_0^\infty e^{-2cx} L_m(bx) L_n(cx)\,dx = \frac{(2c-b)^m}{2^{m+n+1}c^{m+1}} \sum_{k=0}^{\min(m,n)} \left(\frac{b}{2c-b}\right)^k \binom{m}{k}\binom{n}{k}$$
$$[\operatorname{Re} c > 0;\ b \neq 2c].$$

13. $$= \frac{2^{-n-1}}{c}\binom{n}{m} \qquad [\operatorname{Re} c > 0;\ b = 2c;\ m \leqslant n].$$

14. $$\int_0^\infty e^{-px} L_m(cx) L_n(cx)\,dx = \frac{(p-c)^{m+n}}{p^{m+n+1}} \sum_{k=0}^{\min(m,n)} \left(\frac{c}{p-c}\right)^{2k} \binom{m}{k}\binom{n}{k} \qquad [\operatorname{Re} p > 0].$$

15. $$\int_0^\infty x^{\alpha-1} e^{-cx} L_m^\gamma(cx) L_n^\lambda(cx)\,dx =$$
$$= \frac{(1+\gamma)_m(\lambda-\alpha+1)_n\Gamma(\alpha)}{m!n!c^\alpha}\, {}_3F_2(-m,\,\alpha,\,\alpha-\lambda;\;\gamma+1,\,\alpha-\lambda-n;\;1) \qquad [\operatorname{Re}\alpha,\ \operatorname{Re} c > 0].$$

16. $$\int_0^\infty x^{\lambda-m-n-1} e^{-cx} L_m^\gamma(cx) L_n^\lambda(cx)\,dx =$$
$$= \frac{c^{m+n-\lambda}(1+m+n)_n(1+\gamma-\lambda+m+n)_{m+n}}{n!m!(\gamma+m+1)_n}\,\Gamma(\lambda-m-n) \qquad [\operatorname{Re} c > 0;\ \operatorname{Re}\lambda > m+n].$$

17. $$\int\limits_0^\infty x^{\lambda-1}e^{-cx}L_m^\gamma(cx)L_n^\lambda(cx)\,dx=\frac{(1+\gamma)_m}{m!c^\lambda}\Gamma(\lambda)\qquad [\operatorname{Re}c,\ \operatorname{Re}\lambda>0].$$

18. $$\int\limits_0^\infty x^{\gamma+\lambda}e^{-cx}L_m^\gamma(cx)L_n^\lambda(cx)\,dx=\frac{(-1)^{m+n}}{c^{\gamma+\lambda+1}}\binom{\gamma+m}{n}\binom{\lambda+n}{m}\Gamma(\gamma+\lambda+1)$$ $$[\operatorname{Re}c>0;\ \operatorname{Re}(\gamma+\lambda)>-1].$$

19. $$\int\limits_0^\infty x^{\lambda}e^{-cx}L_m^\lambda(cx)L_n^\lambda(cx)\,dx=\frac{\Gamma(\lambda+n+1)}{n!c^{\lambda+1}}\delta_{m,\,n}\qquad [\operatorname{Re}c>0;\ \operatorname{Re}\lambda>-1].$$

20. $$\int\limits_0^\infty x^{\alpha-1}e^{-bx^2-cx}L_m^\gamma(bx^2)L_n^\lambda(cx)\,dx=\frac{(1+\lambda)_n}{m!n!2b^{\alpha/2}}\Gamma\left(\frac{\alpha}{2}\right)\left(1+\gamma-\frac{\alpha}{2}\right)_m\times$$ $$\times\,{}_4F_4\left(\frac{1+\lambda+n}{2},\,1+\frac{\lambda+n}{2},\,\frac{\alpha}{2},\,\frac{\alpha}{2}-\gamma;\ \frac{\alpha}{2}-\gamma-m,\,\frac{1}{2},\,\frac{1+\lambda}{2},\,1+\frac{\lambda}{2};\ \frac{c^2}{4b}\right)-$$ $$-\frac{c(2+\lambda)_n}{m!n!2b^{(\alpha+1)/2}}\left(\frac{1-\alpha}{2}+\gamma\right)_m\Gamma\left(\frac{\alpha+1}{2}\right){}_4F_4\left(\frac{1+\alpha}{2},\,\frac{1+\alpha}{2}-\gamma,\,1+\frac{\lambda+n}{2},\right.$$ $$\left.\frac{3+\lambda+n}{2};\ \frac{3}{2},\,\frac{1+\alpha}{2}-\gamma-m,\,1+\frac{\lambda}{2},\,\frac{3+\lambda}{2};\ \frac{c^2}{4b}\right)\qquad [\operatorname{Re}b,\ \operatorname{Re}c,\ \operatorname{Re}\alpha>0].$$

21. $$\int\limits_0^\infty e^{-cx}\sin b\sqrt{x}\,L_n^{1/2-\lambda}(cx)L_n^\lambda(cx)\,dx=\sqrt{\frac{\pi}{c^3}}\,\frac{b}{2}\exp\left(-\frac{b^2}{4c}\right)L_n^{1/2-\lambda}\left(\frac{b^2}{4c}\right)L_n^\lambda\left(\frac{b^2}{4c}\right)$$ $$[b,\ \operatorname{Re}c>0].$$

22. $$\int\limits_0^\infty x^{-1/2}e^{-cx}\cos b\sqrt{x}\,L_n^{-\lambda-1/2}(cx)L_n^\lambda(cx)\,dx=\sqrt{\frac{\pi}{c}}\,\exp\left(-\frac{b^2}{4c}\right)L_n^{-1/2-\lambda}\left(\frac{b^2}{4c}\right)L_n^\lambda\left(\frac{b^2}{4c}\right)$$ $$[b,\ \operatorname{Re}c>0].$$

23. $$\int\limits_0^\infty x^{\lambda_1+\ldots+\lambda_m}e^{-cx}L_{n_1}^{\lambda_1}(cx)\ldots L_{n_m}^{\lambda_m}(cx)\,dx=$$ $$=\frac{(-1)^{n_1+\ldots+n_m}}{c^{\lambda_1+\ldots+\lambda_m+1}}(1+\lambda_1)_{n_1}\ldots(1+\lambda_m)_{n_m}(\lambda_1+\ldots+\lambda_m)!\times$$ $$\times F_A^{(n)}(\lambda_1+\ldots+\lambda_m;\ -n_1,\ \ldots,\ -n_m;\ 1+\lambda_1,\ \ldots,\ 1+\lambda_m;\ 1,\ \ldots,\ 1)$$ $$[\lambda_1,\ \ldots,\ \lambda_m=0,\ 1,\ 2,\ \ldots;\ \operatorname{Re}c>0].$$

2.20. МНОГОЧЛЕНЫ ЭРМИТА $H_n(x)$

При вычислении некоторых интегралов, содержащих многочлены Эрмита $H_n(x)$, можно воспользоваться соотношением
$$H_{2n+\varepsilon}(x)=(-1)^n2^{2n+\varepsilon}n!x^\varepsilon L_n^{\varepsilon-1/2}(x^2)\qquad [\varepsilon=0\text{ или }1].$$
и формулами из раздела 2.19.

2.20.1. Интегралы общего вида.

Обозначение: $\delta=\begin{Bmatrix}1\\0\end{Bmatrix}$.

1. $$\int\limits_0^a x^{\alpha-1}(a^r-x^r)^{\beta-1}e^{-c^2x^2}\begin{Bmatrix}H_{2n+1}(cx)\\H_{2n}(cx)\end{Bmatrix}dx=(-1)^n\frac{2^{2n+\delta}}{r}a^{\alpha+r\beta-r+\delta}c^\delta\Gamma(\beta)\times$$ $$\times\sum_{k=0}^\infty\frac{(-1)^k}{k!}\left(k+\delta+\frac{1}{2}\right)_n\Gamma\left[\begin{matrix}(2k+\alpha+\delta)/r\\ \beta+(2k+\alpha+\delta)/r\end{matrix}\right](ac)^{2k}\qquad [a,\ r,\ \operatorname{Re}\beta>0;\ \operatorname{Re}\alpha>-\delta].$$

2. $$\int_a^\infty x^{\alpha-1}(x^r-a^r)^{\beta-1}e^{-c^2x^2}\left\{\begin{matrix} H_{2n+1}(cx) \\ H_{2n}(cx)\end{matrix}\right\}dx =$$
$$= (-1)^n\frac{2^{2n+\delta}}{r}a^{\alpha+r\beta-r+\delta}c^\delta\Gamma(\beta)\sum_{k=0}^\infty\frac{(-1)^k}{k!}\left(k+\delta+\frac{1}{2}\right)_n\times$$
$$\times\Gamma\left[\begin{matrix}1-\beta-(2k+\alpha+\delta)/r \\ 1-(2k+\alpha+\delta)/r\end{matrix}\right](ac)^{2k}+(-1)^n2^{2n+\delta-1}c^{r-r\beta-\alpha}\times$$
$$\times\sum_{k=0}^\infty\frac{(1-\beta)_k}{k!}\left(\frac{r(k-\beta+1)-\alpha+\delta+1}{2}\right)_n\Gamma\left(\frac{\alpha+\delta-r(k-\beta+1)}{2}\right)(ac)^{rk}$$
$[a,\ r,\ \operatorname{Re}\beta>0;\ |\arg c|<\pi/4]$.

3. $$\int_0^\infty\frac{x^{\alpha-1}}{(x^r+z^r)^\rho}e^{-c^2x^2}\left\{\begin{matrix} H_{2n+1}(cx) \\ H_{2n}(cx)\end{matrix}\right\}dx =$$
$$= (-1)^n\frac{2^{2n+\delta}}{r\Gamma(\rho)}c^\delta z^{\alpha-r\rho+\delta}\sum_{k=0}^\infty\frac{(-1)^k}{k!}\left(k+\delta+\frac{1}{2}\right)_n\Gamma\left(\frac{2k+\alpha+\delta}{r}\right)\times$$
$$\times\Gamma\left(\rho-\frac{2k+\alpha+\delta}{r}\right)(cz)^{2k}+(-1)^n2^{2n+\delta-1}c^{r\rho-\alpha}\times$$
$$\times\sum_{k=0}^\infty\frac{(-1)^k(\rho)_k}{k!}\left(\frac{r\rho+rk-\alpha+\delta+1}{2}\right)_n\Gamma\left(\frac{\alpha+\delta-r\rho-rk}{2}\right)(cz)^{rk}$$
$[r>0;\ r|\arg z|<\pi;\ \operatorname{Re}\alpha>-\delta;\ |\arg c|<\pi/4]$.

4. $$\int_0^\infty\frac{x^{\alpha-1}}{x^r-y^r}e^{-c^2x^2}\left\{\begin{matrix} H_{2n+1}(cx) \\ H_{2n}(cx)\end{matrix}\right\}dx =$$
$$= (-1)^{n+1}\frac{2^{2n+\delta}}{r}\pi c^\delta y^{\alpha+\delta-r}\sum_{k=0}^\infty\frac{(-1)^k}{k!}\left(k+\delta+\frac{1}{2}\right)_n\times$$
$$\times\operatorname{ctg}\left(\frac{2k+\alpha+\delta}{r}\pi\right)(cy)^{2k}+(-1)^n2^{2n+\delta-1}c^{r-\alpha}\times$$
$$\times\sum_{k=0}^\infty\left(\frac{r+rk-\alpha+\delta+1}{2}\right)_n\Gamma\left(\frac{\alpha+\delta-r-rk}{2}\right)(cy)^{rk}$$
$[r,\ y>0,\ \operatorname{Re}\alpha>-\delta;\ |\arg c|<\pi/4]$.

5. $$\int_0^\infty x^{\alpha-1}e^{px^r-c^2x^2}\left\{\begin{matrix} H_{2n+1}(cx) \\ H_{2n}(cx)\end{matrix}\right\}dx = U$$ $[r,\ \operatorname{Re}p>0;\ \operatorname{Re}\alpha>-\delta;\ |\arg c|<\pi/4]$,
$$U=(-1)^n\frac{2^{2n+\delta}c^\delta}{p^{(\alpha+\delta)/r}r}\sum_{k=0}^\infty\frac{1}{k!}\left(k+\delta+\frac{1}{2}\right)_n\Gamma\left(\frac{2k+\alpha+\delta}{r}\right)\left(-\frac{c^2}{p^{2/r}}\right)^k$$ $[r>2]$,
$$U=(-1)^n\frac{2^{2n+\delta-1}}{c^\alpha}\sum_{k=0}^\infty\frac{1}{k!}\left(\frac{\delta-\alpha-rk+1}{2}\right)_n\Gamma\left(\frac{\delta+\alpha+rk}{2}\right)\left(-\frac{p}{c^r}\right)^k$$ $[r<2]$,
U при $r=2$ см. в 2.20.3.4.

6. $$\int_0^\infty x^{\alpha-1}e^{-px^{-r}-c^2x^2}\left\{\begin{matrix} H_{2n+1}(cx) \\ H_{2n}(cx)\end{matrix}\right\}dx =$$
$$= (-1)^n\frac{2^{2n+\delta}}{r}c^\delta p^{(\alpha+\delta)/r}\sum_{k=0}^\infty\frac{1}{k!}\left(k+\delta+\frac{1}{2}\right)_n\Gamma\left(-\frac{2k+\alpha+\delta}{r}\right)(-c^2p^{2/r})^k+$$

$$+ (-1)^n \frac{2^{2n+\delta-1}}{c^\alpha} \sum_{k=0}^{\infty} \frac{1}{k!} \left(\frac{rk-\alpha+\delta+1}{2}\right)_n \Gamma\left(\frac{\alpha+\delta-rk}{2}\right)(-pc^r)^k$$

$[r,\ \operatorname{Re} p > 0;\ |\arg c| < \pi/4]$.

7. $$\int_0^\infty x^{\alpha-1} e^{-c^2x^2} \begin{Bmatrix} \sin bx^r \\ \cos bx^r \end{Bmatrix} H_{2n+\varepsilon}(cx)\, dx = V$$

$[\varepsilon = 0$ или $1;\ b,\ r > 0;\ \operatorname{Re}\alpha > -\varepsilon - \delta r;\ |\arg c| < \pi/4]$,

$$V = (-1)^n \frac{2^{2n+\varepsilon} c^\varepsilon}{b^{(\alpha+\varepsilon)/r} r} \sum_{k=0}^{\infty} \frac{1}{k!} \left(k+\varepsilon+\frac{1}{2}\right)_n \Gamma\left(\frac{2k+\alpha+\varepsilon}{r}\right) \times$$

$$\times \begin{Bmatrix} \sin[(2k+\alpha+\varepsilon)\pi/(2r)] \\ \cos[(2k+\alpha+\varepsilon)\pi/(2r)] \end{Bmatrix} \left(-\frac{c^2}{b^{2/r}}\right)^k \qquad [r > 2],$$

$$V = (-1)^n \frac{2^{2n+\varepsilon-1} b^\delta}{c^{\alpha+\delta r}} \sum_{k=0}^{\infty} \frac{1}{k!(\delta+1/2)_k} \left(\frac{1+\varepsilon-\alpha-\delta r}{2} - rk\right)_n \times$$

$$\times \Gamma\left(\frac{\alpha+\varepsilon+\delta r}{2} + rk\right) \left(-\frac{b^2}{4c^{2r}}\right)^k \qquad [r < 2],$$

V при $r = 2$ см. в 2.20.5.4.

8. $$\int_0^\infty x^{\alpha-1} e^{-c^2x^2} \begin{Bmatrix} \ln(x^r + z^r) \\ \ln|x^r - z^r| \end{Bmatrix} H_{2n+\varepsilon}(cx)\, dx =$$

$$= (-1)^n 2^{2n+\varepsilon} \pi c^\varepsilon z^{\alpha+\varepsilon} \sum_{k=0}^{\infty} \frac{(-c^2z^2)^k}{k!(2k+\alpha+\varepsilon)} \left(k+\varepsilon+\frac{1}{2}\right)_n \begin{Bmatrix} \operatorname{cosec}[(2k+\alpha+\varepsilon)\pi/r] \\ \operatorname{ctg}[(2k+\alpha+\varepsilon)\pi/r] \end{Bmatrix} \pm$$

$$\pm (-1)^n 2^{2n+\varepsilon-1} \frac{z^r}{c^{\alpha-r}} \sum_{k=0}^{\infty} \frac{(\mp c^r z^r)^k}{k+1} \left(\frac{r+rk-\alpha+\varepsilon+1}{2}\right)_n \Gamma\left(\frac{\alpha+\varepsilon-r-rk}{2}\right) +$$

$$+ (-1)^n \frac{2^{2n+\varepsilon-2} r}{c^\alpha} \left(\frac{\varepsilon-\alpha+1}{2}\right)_n \Gamma\left(\frac{\alpha+\varepsilon}{2}\right) \left[\psi\left(\frac{\alpha+\varepsilon}{2}\right) - \sum_{k=0}^{n-1} \frac{2}{2k-\alpha+\varepsilon+1} - 2\ln c\right]$$

$[\varepsilon = 0$ или $1;\ r > 0;\ \operatorname{Re}\alpha > -\varepsilon;\ |\arg c| < \pi/4;\ r|\arg z| < \pi]$.

9. $$\int_0^\infty x^{\alpha-1} e^{-c^2x^2} \operatorname{Ei}(-bx^r) \begin{Bmatrix} H_{2n+1}(cx) \\ H_{2n}(cx) \end{Bmatrix} dx = W$$ $[r,\ \operatorname{Re} b > 0;\ \operatorname{Re}\alpha > -\delta;\ |\arg c| < \pi/4]$,

$$W = (-1)^{n+1} \frac{2^{2n+\delta} c^\delta}{b^{(\alpha+\delta)/r}} \sum_{k=0}^{\infty} \frac{1}{k!(2k+\alpha+\delta)} \left(k+\delta+\frac{1}{2}\right)_n \Gamma\left(\frac{2k+\alpha+\delta}{r}\right) \left(-\frac{c^2}{b^{2/r}}\right)^k \qquad [r > 2],$$

$$W = (-1)^{n+1} \frac{2^{2n+\delta-1} b}{c^{\alpha+r}} \sum_{k=0}^{\infty} \frac{1}{k!(k+1)^2} \left(\frac{\delta-\alpha-r-rk+1}{2}\right)_n \times$$

$$\times \Gamma\left(\frac{\alpha+\delta+r+rk}{2}\right) \left(-\frac{b}{c^r}\right)^k + (-1)^n \frac{2^{2n+\delta-1}}{c^\alpha} \left(\frac{\alpha-\delta+1}{2}\right)_n \times$$

$$\times \Gamma\left(\frac{\alpha+\delta}{2}\right) \left[\mathbf{C} + \frac{r}{2}\psi\left(\frac{\alpha+\delta}{2}\right) - r\sum_{k=0}^{n-1} \frac{1}{2k-\alpha+\delta+1} - \ln\frac{c^r}{b}\right] \qquad [r < 2],$$

W при $r = 2$ см. в 2.20.7.2.

10. $$\int_0^\infty x^{\alpha-1} e^{\pm bx^r - c^2x^2} \operatorname{Ei}(\mp bx^r) H_{2n+\varepsilon}(cx)\,dx = U$$

$$\left[\varepsilon = 0 \text{ или } 1;\ r > 0;\ \operatorname{Re}\alpha > -\varepsilon;\ |\arg c| < \pi/4,\ \begin{Bmatrix} |\arg b| < \pi \\ b > 0 \end{Bmatrix}\right],$$

$$U = (-1)^{n+1} \frac{2^{2n+\varepsilon}\pi c^\varepsilon}{b^{(\alpha+\varepsilon)/r} r} \sum_{k=0}^\infty \frac{1}{k!}\left(k+\varepsilon+\frac{1}{2}\right)_n \Gamma\left(\frac{2k+\alpha+\varepsilon}{r}\right) \times$$
$$\times \begin{Bmatrix} \operatorname{cosec}[(2k+\alpha+\varepsilon)\pi/r] \\ \operatorname{ctg}[(2k+\alpha+\varepsilon)\pi/r] \end{Bmatrix} \left(-\frac{c^2}{b^{2/r}}\right)^k \mp (-1)^n \frac{2^{2n+\varepsilon-1}}{bc^{\alpha-r}} \times$$
$$\times \sum_{k=0}^\infty k!\left(\frac{r+rk-\alpha+\varepsilon+1}{2}\right)_n \Gamma\left(\frac{\alpha+\varepsilon-r-rk}{2}\right)\left(\mp\frac{c^r}{b}\right)^k \qquad [r > 2],$$

$$U = (-1)^{n+1} \frac{2^{2n+\varepsilon-1}}{c^\alpha} \sum_{k=0}^\infty \frac{1}{k!}\left(\frac{\varepsilon-\alpha-rk+1}{2}\right)_n \Gamma\left(\frac{\alpha+\varepsilon+rk}{2}\right) \times$$
$$\times \left[\psi(k+1) - \frac{r}{2}\psi\left(\frac{\alpha+\varepsilon+rk}{2}\right) + r\sum_{m=0}^n \frac{1}{2m-rk-\alpha+\varepsilon+1} + \ln\frac{c^r}{b}\right]\left(\pm\frac{b}{c^r}\right)^k$$
$$[r < 2],$$

U при $r = 2$ см. в 2.20.7.4.

11. $$\int_0^\infty x^{\alpha-1} e^{-c^2x^2} \begin{Bmatrix} \operatorname{si}(bx^r) \\ \operatorname{ci}(bx^r) \end{Bmatrix} H_{2n+\varepsilon}(cx)\,dx = V$$

$$[\varepsilon = 0 \text{ или } 1;\ b,\ r > 0;\ \operatorname{Re}\alpha > -\varepsilon;\ |\arg c| < \pi/4],$$

$$V = (-1)^{n+1} \frac{2^{2n+\varepsilon}c^\varepsilon}{b^{(\alpha+\varepsilon)/r}} \sum_{k=0}^\infty \frac{1}{k!(2k+\alpha+\varepsilon)}\left(k+\varepsilon+\frac{1}{2}\right)_n \Gamma\left(\frac{2k+\alpha+\varepsilon}{r}\right) \times$$
$$\times \begin{Bmatrix} \sin[(2k+\alpha+\varepsilon)\pi/(2r)] \\ \cos[(2k+\alpha+\varepsilon)\pi/(2r)] \end{Bmatrix} \left(-\frac{c^2}{b^{2/r}}\right)^k \qquad [r > 2],$$

$$V = (-1)^{n+1} \frac{2^{2n+\varepsilon-2} b^{\delta+2}}{3^\delta c^{\alpha+2r+\delta r}} \sum_{k=0}^\infty \frac{1}{(k+1)!(\delta+3/2)_k(2k+\delta+2)} \times$$
$$\times \left(\frac{1-\alpha+\varepsilon-\delta r}{2} - r - rk\right)_n \Gamma\left(\frac{\alpha+\varepsilon+\delta r}{2} + r + rk\right)\left(-\frac{b^2}{4c^{2r}}\right)^k +$$
$$+ (-1)^n \frac{2^{2n+\varepsilon-1}b^\delta}{c^{\alpha+\delta r}} \left(\frac{\varepsilon-\alpha-\delta r+1}{2}\right)_n \Gamma\left(\frac{\alpha+\varepsilon+\delta r}{2}\right) \begin{Bmatrix} 1 \\ R \end{Bmatrix} -$$
$$- \begin{Bmatrix} 1 \\ 0 \end{Bmatrix} (-1)^n \frac{2^{2n+\varepsilon-2}\pi}{c^\alpha}\left(\frac{\varepsilon-\alpha+1}{2}\right)_n \Gamma\left(\frac{\alpha+\varepsilon}{2}\right),$$
$$R = \mathbf{C} + \frac{r}{2}\psi\left(\frac{\alpha+\varepsilon}{2}\right) - r\sum_{k=0}^{n-1} \frac{1}{2k-\alpha+\varepsilon-\delta r+1} - \ln\frac{c^r}{b} \qquad [r < 2],$$

V при $r = 2$ см. в 2.20.8.2.

12. $$\int_0^\infty x^{\alpha-1} e^{-c^2x^2} \begin{Bmatrix} \operatorname{erf}(bx^r) \\ \operatorname{erfc}(bx^r) \end{Bmatrix} H_{2n+\varepsilon}(cx)\,dx = W$$

$$[\varepsilon = 0 \text{ или } 1;\ r > 0;\ \operatorname{Re}\alpha > -\varepsilon - r(1\pm 1)/2;\ |\arg b|,\ |\arg c| < \pi/4],$$

$$W = \mp\frac{(-1)^n 2^{2n+\varepsilon}c^{\varepsilon}}{\sqrt{\pi}\, b^{(\alpha+\varepsilon)/r}}\sum_{k=0}^{\infty}\frac{1}{k!(2k+\alpha+\varepsilon)}\left(k+\varepsilon+\frac{1}{2}\right)_n \times$$
$$\times\,\Gamma\left(\frac{2k+\alpha+\varepsilon+r}{2r}\right)\left(-\frac{c^2}{b^{2/r}}\right)^k + \begin{Bmatrix}1\\0\end{Bmatrix}\frac{(-1)^n 2^{2n+\varepsilon-1}}{c^{\alpha}}\left(\frac{\varepsilon-\alpha+1}{2}\right)_n\Gamma\left(\frac{\alpha+\varepsilon}{2}\right) \qquad [r>1],$$

$$W = \pm\frac{(-1)^n 2^{2n+\varepsilon}b}{\sqrt{\pi}\, c^{\alpha+r}}\sum_{k=0}^{\infty}\frac{1}{k!(2k+1)}\left(\frac{\varepsilon-\alpha-r-2rk+1}{2}\right)_n \times$$
$$\times\,\Gamma\left(\frac{\alpha+\varepsilon+r+2rk}{2}\right)\left(-\frac{b^2}{c^{2r}}\right)^k + \begin{Bmatrix}0\\1\end{Bmatrix}\frac{(-1)^n 2^{2n+\varepsilon-1}}{c^{\alpha}}\left(\frac{\varepsilon-\alpha+1}{2}\right)_n\Gamma\left(\frac{\alpha+\varepsilon}{2}\right) \qquad [r<1],$$

W при $r=1$ см. в 2.20.10.2.

13. $$\int_0^{\infty} x^{\alpha-1}e^{-c^2x^2}\begin{Bmatrix}S(bx^r)\\C(bx^r)\end{Bmatrix}H_{2n+\varepsilon}(cx)\,dx = U$$

[$\varepsilon = 0$ или 1; $b,\ r>0$; $\operatorname{Re}\alpha > -\varepsilon - r(2\pm 1)/2$; $|\arg c| < \pi/4$],

$$U = (-1)^{n-1}\frac{2^{2n+\varepsilon-1/2}c^{\varepsilon}}{\sqrt{\pi}\, b^{(\alpha+\varepsilon)/r}}\sum_{k=0}^{\infty}\frac{1}{k!(2k+\alpha+\varepsilon)}\left(k+\varepsilon+\frac{1}{2}\right)_n \times$$
$$\times\,\Gamma\left(\frac{2k+\alpha+\varepsilon}{r}+\frac{1}{2}\right)\begin{Bmatrix}\sin\left[(4k+2\alpha+2\varepsilon+r)\pi/(4r)\right]\\ \cos\left[(4k+2\alpha+2\varepsilon+r)\pi/(4r)\right]\end{Bmatrix}\left(-\frac{c^2}{b^{2/r}}\right)^k +$$
$$+\,(-1)^n\frac{2^{2n+\varepsilon-2}}{c^{\alpha}}\left(\frac{\varepsilon-\alpha+1}{2}\right)_n\Gamma\left(\frac{\alpha+\varepsilon}{2}\right) \qquad [r>2],$$

$$U = (-1)^n\frac{2^{2n+\varepsilon-1/2}b^{\delta+1/2}}{\sqrt{\pi}\, c^{\alpha+(2\delta+1)r/2}}\sum_{k=0}^{\infty}\frac{1}{k!(\delta+1/2)_k(4k+2\delta+1)} \times$$
$$\times\left(\frac{2\varepsilon-2\alpha-r-2\delta r-4rk+2}{4}\right)_n\Gamma\left(\frac{2\alpha+2\varepsilon+r+2\delta r+4rk}{4}\right)\left(-\frac{b^2}{4c^{2r}}\right)^k \qquad [r<2],$$

U при $r=2$ см. в 2.20.11.2.

14. $$\int_0^{\infty} x^{\alpha-1}e^{-c^2x^2}\begin{Bmatrix}\gamma(\mu,\ bx^r)\\ \Gamma(\mu,\ bx^r)\end{Bmatrix}H_{2n+\varepsilon}(cx)\,dx = V$$

$\left[\varepsilon = 0 \text{ или } 1;\ r,\ \operatorname{Re} b>0;\ \operatorname{Re}(\alpha+\mu r) > -\varepsilon,\ \begin{Bmatrix}\operatorname{Re}\mu>0\\ \operatorname{Re}\alpha>-\varepsilon\end{Bmatrix},\ |\arg c|<\pi/4\right]$,

$$V = \mp(-1)^n\frac{2^{2n+\varepsilon}c^{\varepsilon}}{b^{(\alpha+\varepsilon)/r}}\sum_{k=0}^{\infty}\frac{1}{k!(2k+\alpha+\varepsilon)}\left(k+\varepsilon+\frac{1}{2}\right)_n \times$$
$$\times\,\Gamma\left(\frac{2k+\alpha+\varepsilon+\mu r}{r}\right)\left(-\frac{c^2}{b^{2/r}}\right)^k + \begin{Bmatrix}1\\0\end{Bmatrix}(-1)^n\frac{2^{2n+\varepsilon-1}}{c^{\alpha}}\Gamma(\mu)\Gamma\left(\frac{\alpha+\varepsilon}{2}\right)\left(\frac{\varepsilon-\alpha+1}{2}\right)_n \qquad [r>2],$$

$$V = \pm\frac{(-1)^n 2^{2n+\varepsilon-1}b^{\mu}}{c^{\alpha+\mu r}}\sum_{k=0}^{\infty}\frac{1}{k!(k+\mu)}\left(\frac{\varepsilon-\alpha-\mu r-rk+1}{2}\right)_n \times$$
$$\times\,\Gamma\left(\frac{\alpha+\varepsilon+\mu r+rk}{2}\right)\left(-\frac{b}{c^r}\right)^k + \begin{Bmatrix}0\\1\end{Bmatrix}(-1)^n\frac{2^{2n+\varepsilon-1}}{c^{\alpha}}\left(\frac{\varepsilon-\alpha+1}{2}\right)_n\Gamma(\mu)\Gamma\left(\frac{\alpha+\varepsilon}{2}\right) \qquad [r<2],$$

V при $r=2$ см. в 2.20.12.2.

15. $\int\limits_0^\infty x^{\alpha-1}e^{-c^2x^2}J_\mu(bx^r)\begin{Bmatrix} H_{2n+1}(cx) \\ H_{2n}(cx)\end{Bmatrix}dx = W$

$[b,\ r>0;\ \operatorname{Re}(\alpha+\mu r)>-\delta;\ |\arg c|<\pi/4]$,

$$W = (-1)^n \frac{2^{2n+\delta+(\alpha+\delta)/r-1}c^\delta}{b^{(\alpha+\delta)/r}r}\sum_{k=0}^\infty \frac{1}{k!}\left(k+\delta+\frac{1}{2}\right)_n \times$$

$$\times\Gamma\begin{bmatrix}(\mu r+2k+\alpha+\delta)/(2r) \\ (\mu r-2k-\alpha-\delta)/(2r)+1\end{bmatrix}\left(-\frac{2^{2/r}c^2}{b^{2/r}}\right)^k \qquad [r>2],$$

$$W = W_- \qquad [r<2],$$

$$W_\pm = (-1)^n\frac{2^{2n+\delta-\mu-1}b^\mu}{c^{\alpha+\mu r}\Gamma(\mu+1)}\sum_{k=0}^\infty \frac{1}{k!(\mu+1)_k}\times$$

$$\times\left(\frac{\delta-\alpha-\mu r-2rk+1}{2}\right)_n\Gamma\left(\frac{\alpha+\delta+\mu r+2rk}{2}\right)\left(\pm\frac{b^2}{4c^{2r}}\right)^k,$$

W при $r=2$ см. в 2.20.13.5.

16. $\int\limits_0^\infty x^{\alpha-1}e^{-c^2x^2}I_\mu(bx^r)\begin{Bmatrix} H_{2n+1}(cx) \\ H_{2n}(cx)\end{Bmatrix}dx = W_+$

$[0<r<2;\ \operatorname{Re}(\alpha+\mu r)>-\delta;\ |\arg b|<\pi;\ |\arg c|<\pi/4;$
W_+ см. в 2.20.1.15, W_+ при $r=2$ см. в 2.20.13.5].

17. $\int\limits_0^\infty x^{\alpha-1}e^{-c^2x^2}\begin{Bmatrix} Y_\mu(bx^r) \\ K_\mu(bx^r)\end{Bmatrix}H_{2n+\varepsilon}(cx)\,dx = U_\mu$

$\left[\varepsilon=0 \text{ или } 1;\ r>0;\ \operatorname{Re}\alpha>r|\operatorname{Re}\mu|-\varepsilon;\ |\arg c|<\pi/4,\ \begin{Bmatrix} b>0 \\ \operatorname{Re} b>0\end{Bmatrix}\right]$,

$$U_\mu = \mp\frac{(-1)^n 2^{2n+\varepsilon+(\alpha+\varepsilon)/r-2}c^\varepsilon}{\pi b^{(\alpha+\varepsilon)/r}r}\sum_{k=0}^\infty\frac{1}{k!}\left(k+\varepsilon+\frac{1}{2}\right)_n\Gamma\left(\frac{2k+\alpha+\varepsilon+\mu r}{2r}\right)\times$$

$$\times\Gamma\left(\frac{2k+\alpha+\varepsilon-\mu r}{2r}\right)\pi^{(1\mp1)/2}\left(2\cos\frac{2k+\alpha+\varepsilon-\mu r}{2r}\pi\right)^{(1\pm1)/2}\left(-\frac{2^{2/r}c^2}{b^{2/r}}\right)^k \qquad [r>2],$$

$$U_\mu = \mp(-1)^n\frac{2^{2n+\varepsilon-2}}{\pi c^\alpha}\begin{Bmatrix} 2 \\ \pi\end{Bmatrix}\sum_{k=0}^\infty\frac{1}{k!}\left[A_k(\mu)+\begin{Bmatrix}\cos\mu\pi \\ 1\end{Bmatrix}A_k(-\mu)\right]\left(\mp\frac{b^2}{4c^{2r}}\right)^k$$

$[r<2;\ \mu\ne-2,\ -1,\ 0,\ 1,\ 2,\ \ldots]$,

$$A_k(\mu) = \left(\frac{2c^r}{b}\right)^\mu\frac{\Gamma(\mu)}{(1-\mu)_k}\left(\frac{\varepsilon-\alpha+\mu r-2rk+1}{2}\right)_n\Gamma\left(\frac{\alpha+\varepsilon-\mu r+2rk}{2}\right),$$

$$U_m = \mp(-1)^n\frac{2^{2n+\varepsilon-2}}{\pi c^\alpha}\begin{Bmatrix} 2 \\ \pi\end{Bmatrix}\left[\sum_{k=0}^{m-1}\frac{A_k(m)}{k!}\left(\mp\frac{b^2}{4c^{2r}}\right)^k+\right.$$

$$+\left(\pm\frac{2c^r}{b}\right)^{-m}\sum_{k=0}^\infty\frac{1}{k!(k+m)!}\left(\frac{\varepsilon-\alpha-rm-2rk+1}{2}\right)_n\times$$

$$\times\Gamma\left(\frac{\alpha+\varepsilon+rm+2rk}{2}\right)\left(\psi(k+1)+\psi(k+m+1)-r\psi\left(\frac{\alpha+\varepsilon+rm}{2}+rk\right)+\right.$$

$$\left.\left.+\ 2r\sum_{l=0}^{n-1}\frac{1}{2l-2rk-rm-\alpha+\varepsilon+1}+2\ln\frac{2c^r}{b}\right)\left(\mp\frac{b^2}{4c^{2r}}\right)^k\right]$$

$[r<2;\ m=0,\ 1,\ 2,\ \ldots]$,

U_μ при $r=2$ см. в 2.20.14.4.

18. $\displaystyle\int_0^\infty x^{\alpha-1}e^{-bx^r-c^2x^2}L_m^\gamma(bx^r)\left\{\begin{matrix}H_{2n+1}(cx)\\H_{2n}(cx)\end{matrix}\right\}dx = V$

[r, $\operatorname{Re} b > 0$; $\operatorname{Re}\alpha > -\delta$; $|\arg c| < \pi/4$],

$$V = \frac{(-1)^n 2^{2n+\delta}c^\delta}{m!\,b^{(\alpha+\delta)/r}r}\sum_{k=0}^\infty \frac{1}{k!}\left(k+\delta+\frac{1}{2}\right)_n\left(1+\gamma-\frac{2k+\alpha+\delta}{r}\right)_m\Gamma\left(\frac{2k+\alpha+\delta}{r}\right)\left(-\frac{c^2}{b^{2/r}}\right)^k$$

[$r > 2$],

$$V = \frac{(-1)^n 2^{2n+\delta-1}}{m!\,c^\alpha}\sum_{k=0}^\infty \frac{(k+\gamma+1)_m}{k!}\left(\frac{\delta-\alpha-rk+1}{2}\right)_n\Gamma\left(\frac{\alpha+\delta+rk}{2}\right)\left(-\frac{b}{c^r}\right)^k \qquad [r<2],$$

V при $r=2$ см. в 2.20.15.2.

19. $\displaystyle\int_0^\infty x^{\alpha-1}e^{-b^2x^{2r}-c^2x^2}H_m(bx^r)\left\{\begin{matrix}H_{2n+1}(cx)\\H_{2n}(cx)\end{matrix}\right\}dx = W$

[$r > 0$; $\operatorname{Re}\alpha > -\delta - rm/2 + r[m/2]$; $|\arg b|$, $|\arg c| < \pi/4$],

$$W = \frac{(-1)^{n+[m/2]}2^{m+2n+\delta-1}c^\delta}{b^{(\alpha+\delta)/r}r}\sum_{k=0}^\infty \frac{1}{k!}\left(k+\delta+\frac{1}{2}\right)_n \times$$

$$\times\left(\frac{m+1}{2}-\left[\frac{m}{2}\right]-\frac{2k+\alpha+\delta}{2r}\right)_{[m/2]}\Gamma\left(\frac{m}{2}-\left[\frac{m}{2}\right]+\frac{2k+\alpha+\delta}{2r}\right)\left(-\frac{c^2}{b^{2/r}}\right)^k \qquad [r>1],$$

W при $r=1$ см. в 2.20.16.13.

2.20.2. Интегралы от $A(x)H_n(cx)$.

Обозначение: $\delta = \left\{\begin{matrix}1\\0\end{matrix}\right\}$.

1. $\displaystyle\int_0^a x^{\alpha-1}(a^2-x^2)^{\beta-1}\left\{\begin{matrix}H_{2n+1}(cx)\\H_{2n}(cx)\end{matrix}\right\}dx = (-1)^n2^{2n+\delta-1}a^{\alpha+2\beta+\delta-2}c^\delta \times$

$$\times\,\mathrm{B}\left(\frac{\alpha+\delta}{2},\,\beta\right)\left(\delta+\frac{1}{2}\right)_n {}_2F_2\left(-n,\,\frac{\alpha+\delta}{2};\,\delta+\frac{1}{2},\,\frac{\alpha+2\beta+\delta}{2};\,a^2c^2\right)$$

[a, $\operatorname{Re}\beta > 0$; $\operatorname{Re}\alpha > -\delta$].

2. $\displaystyle\int_0^a x^{(1\pm1)/2}(a^2-x^2)^{\beta-1}\left\{\begin{matrix}H_{2n+1}(cx)\\H_{2n}(cx)\end{matrix}\right\}dx =$

$$= (-1)^n2^{2n-1}n!\sqrt{\pi}\,a^{2\beta+2\delta-1}c^\delta\Gamma\left[\begin{matrix}\beta\\n+\beta+\delta+1/2\end{matrix}\right]L_n^{\beta+\delta-1/2}(a^2c^2) \qquad [a,\ \operatorname{Re}\beta>0].$$

3. $\displaystyle\int_a^\infty x^{\alpha-1}(x^2-a^2)^{\beta-1}\left\{\begin{matrix}H_{2n+1}(cx)\\H_{2n}(cx)\end{matrix}\right\}dx = (-1)^n2^{2n+\delta-1}a^{\alpha+2\beta+\delta-2}c^\delta\left(\delta+\frac{1}{2}\right)_n \times$

$$\times\,\mathrm{B}\left(\beta,\,1-\beta-\frac{\alpha+\delta}{2}\right){}_2F_2\left(-n,\,\frac{\alpha+\delta}{2};\,\delta+\frac{1}{2},\,\frac{\alpha+2\beta+\delta}{2};\,a^2c^2\right)$$

[a, $\operatorname{Re}\beta > 0$; $\operatorname{Re}(\alpha+2\beta) > 2-2n-\delta$].

4. $\displaystyle\int_0^\infty \frac{x^{\alpha-1}}{(x^2+z^2)^\rho}\left\{\begin{matrix}H_{2n+1}(cx)\\H_{2n}(cx)\end{matrix}\right\}dx = (-1)^n2^{2n+\delta-1}c^\delta z^{\alpha+\delta-2\rho}\left(\delta+\frac{1}{2}\right)_n \times$

$$\times\,\mathrm{B}\left(\frac{\alpha+\delta}{2},\,\rho-\frac{\alpha+\delta}{2}\right){}_2F_2\left(-n,\,\frac{\alpha+\delta}{2};\,\delta+\frac{1}{2},\,1-\rho+\frac{\alpha+\delta}{2};\,-c^2z^2\right)$$

[$\operatorname{Re} z > 0$; $-\delta < \operatorname{Re}\alpha < 2\operatorname{Re}\rho - 2n - \delta$].

2.20.3. Интегралы от $x^\alpha e^{\varphi(x)} H_n(b+cx)$.

Обозначение: $\delta = \begin{Bmatrix} 1 \\ 0 \end{Bmatrix}$.

1. $$\int_0^\infty e^{-px} \begin{Bmatrix} H_{2n+1}(cx) \\ H_{2n}(cx) \end{Bmatrix} dx = \frac{(-1)^n (2n+\delta)!(2c)^\delta}{n! p^{\delta+1}} \, {}_2F_0\left(-n,\, 1;\; \frac{4c^2}{p^2}\right) \qquad [\operatorname{Re} p > 0].$$

2. $$\int_0^\infty x^{\alpha-1} e^{-px} H_n(cx)\, dx = \frac{n!(2c)^n}{p^{\alpha+n}} \sum_{k=0}^{[n/2]} \frac{\Gamma(\alpha+n-2k)}{k!(n-2k)!} \left(-\frac{p^2}{4c^2}\right)^k = \frac{(2c)^n}{p^{\alpha+n}} \Gamma(\alpha+n) \times$$
$$\times {}_2F_2\left(-\frac{n}{2},\, \frac{1-n}{2};\; \frac{1-n-\alpha}{2},\, 1-\frac{n+\alpha}{2};\; -\frac{p^2}{4c^2}\right) \qquad [\operatorname{Re} p > 0;\ \operatorname{Re} \alpha > 2[n/2]-n].$$

3. $$\int_0^\infty e^{-px^2} H_{2n}(cx)\, dx = \frac{\sqrt{\pi}\,(2n)!(c^2-p)^n}{2(n!)p^{n+1/2}} \qquad [\operatorname{Re} p > 0].$$

4. $$\int_0^\infty x^{\alpha-1} e^{-px^2} \begin{Bmatrix} H_{2n+1}(cx) \\ H_{2n}(cx) \end{Bmatrix} dx = (-1)^n \frac{2^{2n+\delta-1}}{c^\alpha} \left(\frac{\delta-\alpha+1}{2}\right)_n \Gamma\left(\frac{\alpha+\delta}{2}\right) \times$$
$$\times {}_2F_1\left(\frac{\alpha}{2},\, \frac{\alpha+1}{2};\; \frac{\alpha-\delta+1}{2}-n;\; \frac{c^2-p}{c^2}\right) \qquad [\operatorname{Re} \alpha > -\delta;\ \operatorname{Re} p > 0].$$

5. $$\int_0^\infty x^{2n} e^{-px^2} H_{2n+1}(cx)\, dx = \frac{(2n)!}{p^{n+1/2}} T_{2n+1}\left(\frac{c}{\sqrt{p}}\right) \qquad [\operatorname{Re} p > 0].$$

6. $$\int_0^\infty x^{2n-1} e^{-px^2} H_{2n}(cx)\, dx = \frac{(-1)^n 2^{n-1}(2n-1)!}{p^n} T_n\left(1-\frac{2c^2}{p}\right)$$
$$[\operatorname{Re} p > 0;\ n = 1,\, 2,\, 3,\, \ldots].$$

7. $$\int_0^\infty x e^{-px^2} H_{2n+1}(cx)\, dx = \frac{\sqrt{\pi}\,(2n+1)!c(c^2-p)^n}{2(n!)p^{n+3/2}} \qquad [\operatorname{Re} p > 0].$$

8. $$\int_0^\infty x^{2n+2} e^{-px^2} H_{2n+1}(cx)\, dx = \frac{(2n+1)!c}{p^{n+2}} U_n\left(\frac{2c^2}{p}-1\right) \qquad [\operatorname{Re} p > 0].$$

9. $$\int_{-\infty}^\infty e^{-2c^2x^2} H_{2n}(cx)\, dx = \frac{(-1)^n(2n)!\sqrt{\pi}}{2^{n+1/2} n! c} \qquad [|\arg c| < \pi/4].$$

10. $$\int_{-\infty}^\infty x^n e^{-px^2} H_n(cx)\, dx = \frac{n!\sqrt{\pi}}{p^{(n+1)/2}} P_n\left(\frac{c}{\sqrt{p}}\right) \qquad [\operatorname{Re} p > 0].$$

11. $$\int_{-\infty}^\infty x^{(1\pm1)/2} e^{-px^2} \begin{Bmatrix} H_{2n+1}(cx) \\ H_{2n}(cx) \end{Bmatrix} dx = \frac{(2n+\delta)!\sqrt{\pi}\,c^\delta(c^2-p)^n}{n! p^{n+\delta+1/2}} \qquad [\operatorname{Re} p > 0].$$

12. $$\int_0^\infty e^{-px^2} [H_n(b-cx) + H_n(b+cx)]\, dx = \frac{\sqrt{\pi}\,(p-c^2)^{n/2}}{2^{n+1/2} p^{(n+1)/2}} H_n\left(b\sqrt{\frac{p}{p-c^2}}\right) \qquad [\operatorname{Re} p > 0].$$

13. $$\int_0^\infty e^{-px-c^2x^2} \begin{Bmatrix} H_{2n+1}(cx) \\ H_{2n}(cx) \end{Bmatrix} dx =$$
$$= \frac{(-1)^n p^{2n+\delta}}{2\sqrt{\pi}\,c^{2n+\delta+1}} \Gamma(n+\delta+1) \Psi\left(n+\delta+\frac{1}{2},\, n+\delta+\frac{1}{2};\; \frac{p^2}{4c^2}\right) \qquad [|\arg c| < \pi/4].$$

14. $$\int_0^\infty x^{\alpha-1}e^{-px-c^2x^2}\begin{Bmatrix} H_{2n+1}(cx) \\ H_{2n}(cx)\end{Bmatrix}dx = (-1)^n\frac{2^{2n+\delta-1}}{c^\alpha}\left(\frac{\delta-\alpha+1}{2}\right)_n\Gamma\left(\frac{\alpha+\delta}{2}\right)\times$$
$$\times\,{}_2F_2\left(\frac{\alpha}{2},\,\frac{\alpha+1}{2};\,\frac{\alpha-2n+1-\delta}{2},\,\frac{1}{2};\,\frac{p^2}{4c^2}\right)-(-1)^n\frac{2^{2n+\delta-1}}{c^{\alpha+1}}\left(\frac{\delta-\alpha}{2}\right)_n\times$$
$$\times\Gamma\left(\frac{\alpha+\delta+1}{2}\right){}_2F_2\left(\frac{\alpha+1}{2},\,\frac{\alpha+2}{2};\,\frac{\alpha-2n+2-\delta}{2},\,\frac{3}{2};\,\frac{p^2}{4c^2}\right)$$
$[\operatorname{Re}\alpha > -\delta;\ |\arg c| < \pi/4]$.

15. $$\int_{-\infty}^\infty x^{ibx-c^2x^2/2}H_n(cx)\,dx = \frac{\sqrt{2\pi}}{c}\,i^n\exp\left(-\frac{b^2}{2c^2}\right)H_n\left(\frac{b}{c}\right)$$ $[b > 0;\ |\arg c| < \pi/4]$.

16. $$\int_{-\infty}^\infty e^{-p(x-y)^2}H_n(cx)\,dx = \frac{\sqrt{\pi}\,(p-c^2)^{n/2}}{p^{(n+1)/2}}\,H_n\left(cy\sqrt{\frac{p}{p-c^2}}\right)$$ $[y,\ \operatorname{Re}p > 0]$.

17. $$\int_{-\infty}^\infty e^{-c^2(x-y)^2}H_n(cx)\,dx = \sqrt{\pi}\,c^{n-1}(2y)^n$$ $[y > 0;\ |\arg c| < \pi/4]$.

18. $$\int_0^\infty x^{\alpha-1}e^{-p/x}\begin{Bmatrix} H_{2n+1}(cx) \\ H_{2n}(cx)\end{Bmatrix}dx = (-1)^n2^{2n+\delta}c^\delta p^{\alpha+\delta}\left(\delta+\frac{1}{2}\right)_n\times$$
$$\times\Gamma(-\alpha-\delta)\,{}_1F_3\left(-n;\,\delta+\frac{1}{2},\,\frac{\alpha}{2}+1,\,\frac{\alpha+2\delta+1}{2};\,\frac{p^2c^2}{4}\right)$$ $[\operatorname{Re}p > 0;\ \operatorname{Re}\alpha < -2n-\delta]$.

19. $$\int_0^\infty x^{\alpha-1}e^{-p/x^2}\begin{Bmatrix} H_{2n+1}(cx) \\ H_{2n}(cx)\end{Bmatrix}dx = (-1)^n2^{2n+\delta-1}c^\delta p^{(\alpha+\delta)/2}\left(\delta+\frac{1}{2}\right)_n\times$$
$$\times\Gamma(-\frac{\alpha+\delta}{2})\,{}_1F_2\left(-n;\,\delta+\frac{1}{2},\,\frac{\alpha+\delta}{2}+1;\,-pc^2\right)$$ $[\operatorname{Re}p > 0;\ \operatorname{Re}\alpha < -2n-\delta]$.

20. $$\int_0^\infty x^{\alpha-1}e^{-p/x-c^2x^2}\begin{Bmatrix} H_{2n+1}(cx) \\ H_{2n}(cx)\end{Bmatrix}dx = (-1)^n2^{2n+\delta}c^\delta p^{\alpha+\delta}\left(\delta+\frac{1}{2}\right)_n\times$$
$$\times\Gamma(-\alpha-\delta)\,{}_1F_3\left(n+\delta+\frac{1}{2};\,\delta+\frac{1}{2},\,\frac{\alpha}{2}+1,\,\frac{\alpha+1}{2}+\delta;\,-\frac{c^2p^2}{4}\right)+$$
$$+(-1)^n\frac{2^{2n+\delta-1}}{c^\alpha}\left(\frac{\delta-\alpha+1}{2}\right)_n\Gamma\left(\frac{\alpha+\delta}{2}\right){}_1F_3\left(\frac{2n-\alpha+\delta+1}{2};\,\frac{1}{2},\,1-\frac{\alpha}{2},\,\frac{1-\alpha}{2};\,-\frac{c^2p^2}{4}\right)-$$
$$-(-1)^n\frac{2^{2n+\delta-1}p}{c^{\alpha-1}}\left(\frac{\delta-\alpha}{2}+1\right)_n\Gamma\left(\frac{\alpha+\delta-1}{2}\right)\times$$
$$\times\,{}_1F_3\left(1+n+\frac{\delta-\alpha}{2};\,\frac{3}{2},\,1-\frac{\alpha}{2},\,\frac{3-\alpha}{2};\,-\frac{c^2p^2}{4}\right)$$ $[\operatorname{Re}p > 0;\ |\arg c| < \pi/4]$.

21. $$\int_0^\infty x^{n-2}e^{-p/x^2-c^2x^2}H_n(cx)\,dx = 2^{n-1}\sqrt{\pi}\,p^{(n-1)/2}e^{-2c\sqrt{p}}$$ $[\operatorname{Re}p > 0;\ |\arg c| < \pi/4]$.

22. $$\int_0^\infty x^{\alpha-1}e^{-p/x^2-c^2x^2}\begin{Bmatrix} H_{2n+1}(cx) \\ H_{2n}(cx)\end{Bmatrix}dx = (-1)^n2^{2n+\delta-1}c^\delta p^{(\alpha+\delta)/2}\left(\delta+\frac{1}{2}\right)_n\times$$
$$\times\Gamma\left(-\frac{\alpha+\delta}{2}\right){}_1F_2\left(n+\delta+\frac{1}{2};\,\delta+\frac{1}{2},\,\frac{\alpha+\delta}{2}+1;\,c^2p\right)+$$

$$+ (-1)^n \frac{2^{2n+\delta-1}}{c^\alpha} \left(\frac{\delta-\alpha+1}{2}\right)_n \Gamma\left(\frac{\alpha+\delta}{2}\right) {}_1F_2\left(\frac{2n-\alpha+\delta+1}{2};\ \frac{1-\alpha}{2},\ 1-\frac{\alpha}{2};\ c^2p\right)$$

$[\operatorname{Re} p > 0;\ |\arg c| < \pi/4]$.

23. $$\int\limits_0^\infty x^{\alpha-1} e^{-px^4-c^2x^2} \left\{ \begin{matrix} H_{2n+1}(cx) \\ H_{2n}(cx) \end{matrix} \right\} dx = (-1)^n \frac{2^{2n+\delta-2}c^\delta}{p^{(\alpha+\delta)/4}} \left(\delta+\frac{1}{2}\right)_n \Gamma\left(\frac{\alpha+\delta}{4}\right) \times$$
$$\times\ {}_3F_3\left(\frac{\alpha+\delta}{4},\ \frac{2n+3}{4},\ \frac{2n+1}{4}+\delta;\ \delta+\frac{1}{4},\ \frac{3}{4},\ \frac{1}{2};\ \frac{c^4}{4p}\right) -$$
$$- (-1)^n \frac{2^{2n+\delta-2}c^{\delta+2}}{p^{(\alpha+\delta+2)/4}} \left(\delta+\frac{3}{2}\right)_n \Gamma\left(\frac{\alpha+\delta+2}{4}\right) \times$$
$$\times\ {}_3F_3\left(\frac{\alpha+\delta+2}{4},\ \frac{2n+5}{4},\ \frac{2n+3}{4}+\delta;\ \delta+\frac{3}{4},\ \frac{5}{4},\ \frac{3}{2};\ \frac{c^4}{4p}\right)$$

$[\operatorname{Re} p > 0;\ \operatorname{Re}\alpha > -\delta]$.

24. $$\int\limits_0^\infty x^{\alpha-1} e^{-p/x^4-c^2x^2} \left\{ \begin{matrix} H_{2n+1}(cx) \\ H_{2n}(cx) \end{matrix} \right\} dx = (-1)^n 2^{2n+\delta-2} c^\delta p^{(\alpha+\delta)/4} \left(\delta+\frac{1}{2}\right)_n \Gamma\left(-\frac{\alpha+\delta}{4}\right) \times$$
$$\times\ {}_2F_4\left(\frac{2n+3}{4},\ \frac{2n+1}{4}+\delta;\ \delta+\frac{1}{4},\ \frac{3}{4},\ \frac{\alpha+\delta}{4}+1,\ \frac{1}{2};\ -\frac{c^4p}{4}\right) -$$
$$- (-1)^n 2^{2n+\delta-2} c^{\delta+2} p^{(\alpha+\delta+2)/4} \left(\delta+\frac{3}{2}\right)_n \Gamma\left(-\frac{\alpha+\delta+2}{4}\right) \times$$
$$\times\ {}_2F_4\left(\frac{2n+5}{4},\ \frac{2n+3}{4}+\delta;\ \delta+\frac{3}{4},\ \frac{5}{4},\ \frac{\alpha+\delta+6}{4},\ \frac{3}{2};\ -\frac{c^4p}{4}\right) +$$
$$+ (-1)^n \frac{2^{2n+\delta-1}}{c^\alpha} \left(\frac{\delta-\alpha+1}{2}\right)_n \Gamma\left(\frac{\alpha+\delta}{2}\right) \times$$
$$\times\ {}_2F_4\left(\frac{2n-\alpha+\delta+1}{4},\ \frac{2n-\alpha+\delta+3}{4};\ \frac{1-\alpha}{4},\ \frac{2-\alpha}{4},\ \frac{3-\alpha}{4},\ \frac{4-\alpha}{4};\ -\frac{c^4p}{4}\right)$$

$[\operatorname{Re} p > 0;\ |\arg c| < \pi/4]$.

2.20.4. Интегралы от $A(x)e^{-c^2x^2}H_n(cx)$.

Обозначение: $\delta = \left\{ \begin{matrix} 1 \\ 0 \end{matrix} \right\}$.

1. $$\int\limits_0^a x^{\alpha-1}(a-x)^{\beta-1} e^{-c^2x^2} \left\{ \begin{matrix} H_{2n+1}(cx) \\ H_{2n}(cx) \end{matrix} \right\} dx = (-1)^n 2^{2n+\delta} a^{\alpha+\beta+\delta-1} c^\delta\, \mathrm{B}(\beta,\ \alpha+\delta) \times$$
$$\times \left(\delta+\frac{1}{2}\right)_n {}_3F_3\left(n+\delta+\frac{1}{2},\ \frac{\alpha+1}{2},\ \frac{\alpha}{2}+\delta;\ \delta+\frac{1}{2},\ \frac{\alpha+\beta+1}{2},\ \frac{\alpha+\beta}{2}+\delta;\ -a^2c^2\right)$$

$[a,\ \operatorname{Re}\beta > 0;\ \operatorname{Re}\alpha > -\delta]$.

2. $$\int\limits_0^a x^{\alpha-1}(a^2-x^2)^{\beta-1} e^{-c^2x^2} \left\{ \begin{matrix} H_{2n+1}(cx) \\ H_{2n}(cx) \end{matrix} \right\} dx = (-1)^n 2^{2n+\delta-1} a^{\alpha+2\beta+\delta-2} c^\delta \times$$
$$\times\, \mathrm{B}\left(\beta,\ \frac{\alpha+\delta}{2}\right) \left(\delta+\frac{1}{2}\right)_n {}_2F_2\left(n+\delta+\frac{1}{2},\ \frac{\alpha+\delta}{2};\ \delta+\frac{1}{2},\ \frac{\alpha+2\beta+\delta}{2};\ -a^2c^2\right)$$

$[a,\ \operatorname{Re}\beta > 0;\ \operatorname{Re}\alpha > -\delta]$.

3. $$\int\limits_0^a x^{\alpha-1}(a^4-x^4)^{\beta-1} e^{-c^2x^2} \left\{ \begin{matrix} H_{2n+1}(cx) \\ H_{2n}(cx) \end{matrix} \right\} dx = (-1)^n 2^{2n+\delta-2} a^{\alpha+4\beta+\delta-4} c^\delta\, \mathrm{B}\left(\beta,\ \frac{\alpha+\delta}{2}\right) \times$$
$$\times \left(\delta+\frac{1}{2}\right)_n {}_3F_4\left(\frac{2n+3}{4},\ \frac{2n+1}{4}+\delta,\ \frac{\alpha+\delta}{4};\ \frac{3}{4},\ \frac{1}{4}+\delta,\ \beta+\frac{\alpha+\delta}{4},\ \frac{1}{2};\ \frac{a^4c^4}{4}\right) -$$

$$- (-1)^n 2^{2n+\delta-2} a^{\alpha+4\beta+\delta-2} c^{\delta+2}\, \mathrm{B}\left(\beta,\ \frac{\alpha+\delta+2}{2}\right)\left(\delta+\frac{3}{2}\right)_n \times$$
$$\times\ {}_3F_4\left(\frac{2n+5}{4},\ \frac{2n+3}{4}+\delta,\ \frac{\alpha+\delta+2}{4};\ \frac{5}{4},\ \frac{3}{4}+\delta,\ \beta+\frac{\alpha+\delta+2}{4},\ \frac{3}{2};\ \frac{a^4c^4}{4}\right)$$

[a, $\operatorname{Re}\beta > 0$; $\operatorname{Re}\alpha > -\delta$].

4. $$\int_a^\infty x^{\alpha-1}(x-a)^{\beta-1} e^{-c^2x^2} \left\{\begin{matrix} H_{2n+1}(cx) \\ H_{2n}(cx) \end{matrix}\right\} dx =$$
$$= (-1)^n 2^{2n+\delta} a^{\alpha+\beta+\delta-1} c^{\delta}\, \mathrm{B}(\beta,\ 1-\alpha-\beta-\delta)\left(\delta+\frac{1}{2}\right)_n \times$$
$$\times\ {}_3F_3\left(n+\delta+\frac{1}{2},\ \frac{\alpha+1}{2},\ \frac{\alpha}{2}+\delta;\ \frac{\alpha+\beta}{2}+\delta,\ \frac{\alpha+\beta+1}{2},\ \delta+\frac{1}{2};\ -a^2c^2\right) +$$
$$+ (-1)^n 2^{2n+\delta-1} c^{1-\alpha-\beta}\left(\frac{\delta-\alpha-\beta}{2}+1\right)_n \Gamma\left(\frac{\alpha+\beta+\delta-1}{2}\right) \times$$
$$\times\ {}_3F_3\left(\frac{1-\beta}{2},\ 1-\frac{\beta}{2},\ \frac{\delta-\alpha-\beta}{2}+n+1;\ 1-\frac{\alpha+\beta}{2},\ \frac{3-\alpha-\beta}{2},\ \frac{1}{2};\ -a^2c^2\right) +$$
$$+ (-1)^n 2^{2n+\delta-1} a c^{2-\alpha-\beta}(1-\beta)\left(\frac{\delta-\alpha-\beta+3}{2}\right)_n \Gamma\left(\frac{\alpha+\beta+\delta}{2}-1\right) \times$$
$$\times\ {}_3F_3\left(1-\frac{\beta}{2},\ \frac{3-\beta}{2},\ \frac{\delta-\alpha-\beta+3}{2}+n;\ \frac{3-\alpha-\beta}{2},\ 2-\frac{\alpha+\beta}{2},\ \frac{3}{2};\ -a^2c^2\right)$$

[a, $\operatorname{Re}\beta > 0$; $|\arg c| < \pi/4$].

5. $$\int_a^\infty x^{\alpha-1}(x^2-a^2)^{\beta-1} e^{-c^2x^2} \left\{\begin{matrix} H_{2n+1}(cx) \\ H_{2n}(cx) \end{matrix}\right\} dx = (-1)^n 2^{2n+\delta-1} a^{\alpha+2\beta+\delta-2} c^{\delta} \times$$
$$\times\, \mathrm{B}\left(\beta,\ 1-\beta-\frac{\alpha+\delta}{2}\right)\left(\delta+\frac{1}{2}\right)_n {}_2F_2\left(n+\delta+\frac{1}{2},\ \frac{\alpha+\delta}{2};\ \beta+\frac{\alpha+\beta}{2},\ \delta+\frac{1}{2};\ -a^2c^2\right) +$$
$$+ (-1)^n 2^{2n+\delta-1} c^{2-\alpha-2\beta}\left(\frac{3+\delta-\alpha}{2}-\beta\right)_n \Gamma\left(\frac{\alpha+\delta}{2}+\beta-1\right) \times$$
$$\times\ {}_2F_2\left(\frac{3+\delta-\alpha}{2}+n-\beta,\ 1-\beta;\ \frac{3-\alpha}{2}-\beta,\ 2-\beta-\frac{\alpha}{2};\ -a^2c^2\right)$$

[a, $\operatorname{Re}\beta > 0$; $|\arg c| < \pi/4$].

6. $$\int_a^\infty x^{\alpha-1}(x^4-a^4)^{\beta-1} e^{-c^2x^2} \left\{\begin{matrix} H_{2n+1}(cx) \\ H_{2n}(cx) \end{matrix}\right\} dx =$$
$$= (-1)^n 2^{2n+\delta-2} a^{\alpha+4\beta+\delta-4} c^{\delta}\, \mathrm{B}\left(\beta,\ 1-\beta-\frac{\alpha+\delta}{4}\right)\left(\delta+\frac{1}{2}\right)_n \times$$
$$\times\ {}_3F_4\left(\frac{2n+3}{4},\ \frac{2n+1}{4}+\delta,\ \frac{\alpha+\delta}{4};\ \beta+\frac{\alpha+\delta}{4},\ \frac{3}{4},\ \frac{1}{4}+\delta,\ \frac{1}{2};\ \frac{a^4c^4}{4}\right) -$$
$$- (-1)^n 2^{2n+\delta-2} a^{\alpha+4\beta+\delta-2} c^{\delta+2}\, \mathrm{B}\left(\beta,\ \frac{2-\alpha-\delta}{4}-\beta\right)\left(\delta+\frac{3}{2}\right)_n \times$$
$$\times\ {}_3F_4\left(\frac{2n+5}{4},\ \frac{2n+3}{4}+\delta,\ \frac{\alpha+\delta+2}{4};\ \frac{\alpha+\delta+2}{4}+\beta,\ \frac{5}{4},\ \frac{3}{4}+\delta,\ \frac{3}{2};\ \frac{a^4c^4}{4}\right) +$$
$$+ (-1)^n 2^{2n+\delta-1} c^{4-\alpha-4\beta}\left(\frac{5+\delta-\alpha}{2}-2\beta\right)_n \Gamma\left(\frac{\alpha+\delta}{2}+2\beta-2\right) \times$$
$$\times\ {}_3F_4\left(1-\beta,\ \frac{2n-\alpha+\delta+5}{4}-\beta,\ \frac{2n-\alpha+\delta+7}{4}-\beta;\ \frac{5-\alpha}{4}-\beta,\ \frac{6-\alpha}{4}-\beta,\right.$$
$$\left.\frac{7-\alpha}{4}-\beta,\ 2-\frac{\alpha}{4}-\beta;\ \frac{a^4c^4}{4}\right)$$

[a, $\operatorname{Re}\beta > 0$; $|\arg c| < \pi/4$].

7. $$\int\limits_0^\infty \frac{x^{\alpha-1}}{(x+z)^\rho} e^{-c^2x^2} \left\{ \begin{matrix} H_{2n+1}(cx) \\ H_{2n}(cx) \end{matrix} \right\} dx = (-1)^n 2^{2n+\delta} c^\delta z^{\alpha+\delta-\rho}\, \mathrm{B}\,(\alpha+\delta,\ \rho-\alpha-\delta) \times$$
$$\times \left(\delta+\frac{1}{2}\right)_n {}_3F_3\left(n+\delta+\frac{1}{2},\ \frac{\alpha+1}{2},\ \frac{\alpha}{2}+\delta;\ \frac{\alpha-\rho}{2}+1,\ \frac{\alpha-\rho+1}{2}+\delta,\ \delta+\frac{1}{2};\ -c^2z^2\right) +$$
$$+ (-1)^n 2^{2n+\delta-1} c^{\rho-\alpha} \left(\frac{1+\delta+\rho-\alpha}{2}\right)_n \Gamma\left(\frac{\alpha+\delta-\rho}{2}\right) \times$$
$$\times {}_3F_3\left(\frac{\rho}{2},\ \frac{\rho+1}{2},\ n+\frac{1+\delta+\rho-\alpha}{2};\ 1-\frac{\alpha-\rho}{2},\ \frac{1-\alpha+\rho}{2},\ \frac{1}{2};\ -c^2z^2\right) -$$
$$- (-1)^n 2^{2n+\delta-1} c^{1-\alpha+\rho} z\rho \left(1+\frac{\delta+\rho-\alpha}{2}\right)_n \Gamma\left(\frac{\alpha+\delta-\rho-1}{2}\right) \times$$
$$\times {}_3F_3\left(\frac{\rho+1}{2},\ \frac{\rho}{2}+1,\ 1+n+\frac{\delta+\rho-\alpha}{2};\ 1-\frac{\alpha-\rho}{2},\ \frac{3-\alpha+\rho}{2},\ \frac{3}{2};\ -c^2z^2\right)$$
$[\mathrm{Re}\,\alpha > -\delta;\ |\arg c| < \pi/4;\ |\arg z| < \pi]$.

8. $$\int\limits_0^\infty \frac{x^{\alpha-1}}{(x^2+z^2)^\rho} e^{-c^2x^2} \left\{ \begin{matrix} H_{2n+1}(cx) \\ H_{2n}(cx) \end{matrix} \right\} dx = (-1)^n 2^{2n+\delta-1} c^\delta z^{\alpha+\delta-2\rho}\, \mathrm{B}\left(\frac{\alpha+\delta}{2},\ \rho-\frac{\alpha+\delta}{2}\right) \times$$
$$\times \left(\delta+\frac{1}{2}\right)_n {}_2F_2\left(\frac{\alpha+\delta}{2},\ n+\delta+\frac{1}{2};\ \delta+\frac{1}{2},\ \frac{\alpha+\delta}{2}-\rho+1;\ c^2z^2\right) + (-1)^n 2^{2n+\delta-1} c^{2\rho-\alpha} \times$$
$$\times \left(\frac{\delta-\alpha+1}{2}+\rho\right)_n \Gamma\left(\frac{\alpha+\delta}{2}-\rho\right) {}_2F_2\left(\frac{1-\alpha+\delta}{2}+n+\rho,\ \rho;\ \frac{1-\alpha}{2}+\rho,\ \rho+1-\frac{\alpha}{2};\ c^2z^2\right)$$
$[\mathrm{Re}\,z > 0;\ \mathrm{Re}\,\alpha > -\delta;\ |\arg c| < \pi/4]$.

9. $$\int\limits_0^\infty \frac{x^{-1}}{x^2+z^2} e^{-c^2x^2} H_{2n+1}(cx)\, dx = (-2)^n \frac{\sqrt{\pi}}{z^2} \left[2^n n! - (2n+1)! e^{c^2z^2/2} D_{-2n-2}(cz\sqrt{2})\right]$$
$[\mathrm{Re}\,z > 0;\ |\arg x| < \pi/4]$.

10. $$\int\limits_0^\infty \frac{x^{\alpha-1}}{(x^4+z^4)^\rho} e^{-c^2x^2} \left\{ \begin{matrix} H_{2n+1}(cx) \\ H_{2n}(cx) \end{matrix} \right\} dx =$$
$$= (-1)^n 2^{2n+\delta-2} c^\delta z^{\alpha+\delta-4\rho}\, \mathrm{B}\left(\frac{\alpha+\delta}{4},\ \rho-\frac{\alpha+\delta}{4}\right)\left(\delta+\frac{1}{2}\right)_n \times$$
$$\times {}_3F_4\left(\frac{2n+3}{4},\ \frac{2n+1}{4}+\delta,\ \frac{\alpha+\delta}{4};\ \frac{1}{2},\ \frac{3}{4},\ \frac{1}{4}+\delta,\ \frac{\alpha+\delta}{4}-\rho+1;\ -\frac{c^4z^4}{4}\right) -$$
$$- (-1)^n 2^{2n+\delta-2} c^{\delta+2} z^{\alpha+\delta-4\rho+2}\, \mathrm{B}\left(\frac{\alpha+\delta+2}{4},\ \rho-\frac{\alpha+\delta+2}{4}\right)\left(\delta+\frac{3}{2}\right)_n \times$$
$$\times {}_3F_4\left(\frac{2n+5}{4},\ \frac{2n+3}{4}+\delta,\ \frac{\alpha+\delta+2}{4};\ \frac{3}{2},\ \frac{5}{4},\ \frac{3}{4}+\delta,\ \frac{2-\alpha-\delta}{4}-\rho;\ -\frac{c^4z^4}{4}\right) +$$
$$+ (-1)^n 2^{2n+\delta-1} c^{4\rho-\alpha} \left(2\rho+\frac{\delta-\alpha+1}{2}\right)_n \Gamma\left(\frac{\alpha+\delta}{2}-2\rho\right) \times$$
$$\times {}_3F_4\left(\rho,\ \frac{1-\alpha+\delta+2n}{4}+\rho,\ \frac{3-\alpha+\delta+2n}{4}+\rho;\ \frac{1-\alpha}{4}+\rho,\ \frac{2-\alpha}{4}+\rho,\right.$$
$$\left.\frac{3-\alpha}{4}+\rho,\ 1-\frac{\alpha}{4}+\rho;\ -\frac{c^4z^4}{4}\right)$$
$[\mathrm{Re}\,\alpha > -\delta;\ |\arg c|,\ |\arg z| < \pi/4]$.

11. $$\int\limits_0^\infty \frac{x^{\alpha-1}}{x-y} e^{-c^2x^2} \left\{ \begin{matrix} H_{2n+1}(cx) \\ H_{2n}(cx) \end{matrix} \right\} dx = (-1)^{n+1} 2^{2n+\delta} \pi c^\delta y^{\alpha+\delta-1} \operatorname{ctg} \alpha\pi \left(\delta+\frac{1}{2}\right)_n \times$$
$$\times {}_1F_1\left(n+\delta+\frac{1}{2};\ \delta+\frac{1}{2};\ -c^2y^2\right) + (-1)^n 2^{2n+\delta-1} c^{1-\alpha} \left(\frac{\delta-\alpha}{2}+1\right)_n \Gamma\left(\frac{\alpha+\delta-1}{2}\right) \times$$

$$\times {}_2F_2\left(1,\ \frac{\delta-\alpha}{2}+n+1;\ 1-\frac{\alpha}{2},\ \frac{3-\alpha}{2};\ -c^2y^2\right)+(-1)^n 2^{2n+\delta-1}c^{2-\alpha}y\left(\frac{\delta-\alpha+3}{2}\right)_n\times$$

$$\times\Gamma\left(\frac{\alpha+\delta}{2}-1\right){}_2F_2\left(1,\ \frac{3-\alpha+\delta}{2}+n;\ \frac{3-\alpha}{2},\ 2-\frac{\alpha}{2};\ -c^2y^2\right)$$

$[y>0;\ \operatorname{Re}\alpha>-\delta;\ |\arg c|<\pi/4]$.

12. $$\int_0^\infty \frac{x^{\alpha-1}}{x^2-y^2}e^{-c^2x^2}\left\{\begin{matrix}H_{2n+1}(cx)\\ H_{2n}(cx)\end{matrix}\right\}dx=(-1)^{n+1}2^{2n+\delta-1}\pi c^\delta y^{\alpha+\delta-2}\operatorname{ctg}\frac{\alpha+\delta}{2}\pi\left(\delta+\frac{1}{2}\right)_n\times$$

$$\times {}_1F_1\left(n+\delta+\frac{1}{2};\ \delta+\frac{1}{2};\ -c^2y^2\right)+(-1)^n2^{2n+\delta-1}c^{2-\alpha}\times$$

$$\times\left(\frac{\delta-\alpha+3}{2}\right)_n\Gamma\left(\frac{\alpha+\delta}{2}-1\right){}_2F_2\left(\frac{3-\alpha+\delta}{2}+n,\ 1;\ 2-\frac{\alpha}{2},\ \frac{3-\alpha}{2};\ -c^2y^2\right)$$

$[y>0;\ \operatorname{Re}\alpha>-\delta;\ |\arg c|<\pi/4]$.

13. $$\int_0^\infty \frac{x^{\alpha-1}}{x^4-y^4}e^{-c^2x^2}\left\{\begin{matrix}H_{2n+1}(cx)\\ H_{2n}(cx)\end{matrix}\right\}dx=(-1)^{n+1}2^{2n+\delta-2}\pi c^\delta y^{\alpha+\delta-4}\operatorname{ctg}\frac{\alpha+\delta}{4}\pi\left(\delta+\frac{1}{2}\right)_n\times$$

$$\times {}_2F_3\left(\frac{2n+3}{4},\ \frac{2n+1}{4}+\delta;\ \frac{1}{2},\ \frac{3}{4},\ \frac{1}{4}+\delta;\ \frac{c^4y^4}{4}\right)-(-1)^n2^{2n+\delta-2}\pi c^\delta y^{\alpha+\delta-4}\times$$

$$\times\operatorname{tg}\frac{\alpha+\delta}{4}\pi\left(\delta+\frac{3}{2}\right)_n{}_2F_3\left(\frac{2n+5}{4},\ \frac{2n+3}{4}+\delta;\ \frac{5}{4},\ \frac{3}{4}+\delta,\ \frac{3}{2};\ \frac{c^4y^4}{4}\right)+$$

$$+(-1)^n2^{2n+\delta-1}c^{4-\alpha}\left(\frac{\delta-\alpha+5}{2}\right)_n\Gamma\left(\frac{\alpha+\delta}{2}-2\right)\times$$

$$\times {}_3F_4\left(\frac{5-\alpha+\delta+2n}{4},\ \frac{2n-\alpha+\delta+7}{4},\ 1;\ \frac{5-\alpha}{4},\ \frac{6-\alpha}{4},\ \frac{7-\alpha}{4},\ 2-\frac{\alpha}{4};\ \frac{c^4y^4}{4}\right)$$

$[y>0;\ \operatorname{Re}\alpha>-\delta;\ |\arg c|<\pi/4]$.

2.20.5. Интегралы от $x^\alpha e^{-px^2}\left\{\begin{matrix}\sin bx^m\\ \cos bx^m\end{matrix}\right\}H_n(cx)$.

Обозначение: $\delta=\left\{\begin{matrix}1\\0\end{matrix}\right\}$.

1. $$\int_0^\infty e^{-c^2x^2}\left\{\begin{matrix}\sin bx\,H_{2n+1}(cx)\\ \cos bx\,H_{2n}(cx)\end{matrix}\right\}dx=\frac{(-1)^n\sqrt{\pi}}{2c}\left(\frac{b}{c}\right)^{2n+(1\pm1)/2}\exp\left(-\frac{b^2}{4c^2}\right)$$

$[|\arg b|<\pi/4]$.

2. $$\int_0^\infty e^{-px^2}\left\{\begin{matrix}\sin bx\,H_{2n+1}(cx)\\ \cos bx\,H_{2n}(cx)\end{matrix}\right\}dx=\frac{i^\delta\sqrt{\pi}\,(p-c^2)^{n/2}}{2p^{(n+1)/2}}\exp\left(-\frac{b^2}{4p}\right)H_n\left(\frac{bc}{2\sqrt{p(c^2-p)}}\right)$$

$[\operatorname{Re}p>0]$.

3. $$\int_0^\infty x^{\alpha-1}e^{-c^2x^2}\left\{\begin{matrix}\sin bx\\ \cos bx\end{matrix}\right\}H_{2n+\varepsilon}(cx)\,dx=(-1)^n\frac{2^{2n+\varepsilon-1}b^\delta}{c^{\alpha+\delta}}\left(\frac{1-\alpha-\delta+\varepsilon}{2}\right)_n\times$$

$$\times\Gamma\left(\frac{\alpha+\delta+\varepsilon}{2}\right){}_2F_2\left(\frac{\alpha}{2}+\delta,\ \frac{\alpha+1}{2};\ \delta+\frac{1}{2},\ \frac{\alpha+\delta-\varepsilon+1}{2}-n;\ -\frac{b^2}{4c^2}\right)$$

$[\varepsilon=0$ или $1;\ b>0;\ \operatorname{Re}\alpha>-\delta-\varepsilon;\ |\arg c|<\pi/4]$.

4. $$\int_0^\infty x^{\alpha-1}e^{-c^2x^2}\left\{\begin{matrix}\sin bx^2\\ \cos bx^2\end{matrix}\right\}H_{2n+\varepsilon}(cx)\,dx=$$

$$=(-1)^n\frac{2^{2n+\varepsilon-1}b^\delta}{c^{\alpha+2\delta}}\left(\frac{1-\alpha+\varepsilon}{2}-\delta\right)_n\Gamma\left(\frac{\alpha+\varepsilon}{2}+\delta\right)\times$$

$$\times {}_4F_3\left(\frac{\alpha+3}{4}, \frac{\alpha+1}{4}+\delta, \frac{\alpha+2}{4}, \frac{\alpha}{4}+\delta; \frac{\alpha-\varepsilon-2n+3}{4}, \frac{\alpha-\varepsilon-2n+1}{4}+\delta, \delta+\frac{1}{2}; -\frac{b^2}{c^4}\right)$$

$[\varepsilon = 0$ или $1;\ b > 0;\ \operatorname{Re}\alpha > -2\delta-\varepsilon;\ |\arg c| < \pi/4]$.

5. $$\int_{-\infty}^{\infty} e^{-c^2x^2}\left\{\begin{matrix}\sin bx\\ \cos bx\end{matrix}\right\}H_n(cx)\,dx = \frac{\sqrt{\pi}\,b^n}{c^{n+1}}\exp\left(-\frac{b^2}{4c^2}\right)\left\{\begin{matrix}\sin(\pi n/2)\\ \cos(\pi n/2)\end{matrix}\right\}$$ $[|\arg c| < \pi/4]$.

2.20.6. Интегралы от $x^{\alpha}e^{-c^2x^2}\ln^m\varphi(x)H_n(cx)$.

1. $$\int_0^{\infty} e^{-x^2}\ln x\,H_{2n}(x)\,dx = -\frac{\sqrt{\pi}}{4}(\mathbf{C}+2\ln 2)$$ $[n = 0]$.

2. $$= (-1)^{n-1}(n-1)!\,2^{2n-2}\sqrt{\pi}$$ $[n = 1, 2, 3, \ldots]$.

3. $$\int_0^{\infty} e^{-x^2}\ln x\,H_{2n+1}(x)\,dx = (-1)^{n-1}2^{n-1}\left(\mathbf{C}+2\sum_{k=1}^{n}\frac{1}{2k-1}\right)(2n-1)!!.$$

4. $$\int_0^{\infty} e^{-x^2}\ln^2 x\,H_{2n}(x)\,dx = \frac{\sqrt{\pi}}{8}\left[\psi''\left(\frac{1}{2}\right)-\psi'\left(\frac{1}{2}\right)\right]$$ $[n = 0]$.

5. $$= (-1)^n(n-1)!\,2^{2n-2}\sqrt{\pi}\left(\mathbf{C}+2\ln 2+\sum_{k=1}^{n-1}\frac{1}{k}\right)$$ $[n = 1, 2, 3, \ldots]$.

6. $$\int_0^{\infty} e^{-x^2}\ln^2 x\,H_{2n+1}(x)\,dx = \\ = (-1)^n2^{n-2}\left[\frac{\pi^2}{6}+\left(\mathbf{C}+2\sum_{k=1}^{n}\frac{1}{2k-1}\right)^2-4\sum_{k=1}^{n}\frac{1}{(2k-1)^2}\right](2n-1)!!.$$

7. $$\int_0^{\infty} x^{\alpha-1}e^{-c^2x^2}\left\{\begin{matrix}\ln(x+z)\\ \ln|x-z|\end{matrix}\right\}H_{2n+\varepsilon}(cx)\,dx = (-1)^n\frac{2^{2n+\varepsilon}\pi}{\alpha+\varepsilon}c^{\varepsilon}z^{\alpha+\varepsilon}\left(\varepsilon+\frac{1}{2}\right)_n \times \\ \times\left\{\begin{matrix}\operatorname{cosec}(\alpha+\varepsilon)\pi\\ \operatorname{ctg}(\alpha+\varepsilon)\pi\end{matrix}\right\}{}_2F_2\left(\frac{\alpha+\varepsilon}{2}, n+\varepsilon+\frac{1}{2}; \varepsilon+\frac{1}{2}, \frac{\alpha+\varepsilon}{2}+1; -c^2z^2\right) \pm \\ \pm(-1)^n\frac{2^{2n+\varepsilon-1}z}{c^{\alpha-1}}\left(\frac{\varepsilon-\alpha}{2}+1\right)_n\Gamma\left(\frac{\alpha+\varepsilon-1}{2}\right) \times \\ \times {}_3F_3\left(\frac{1}{2}, 1, \frac{\varepsilon-\alpha}{2}+n+1; \frac{3}{2}, 1-\frac{\alpha}{2}, \frac{3-\alpha}{2}; -c^2z^2\right) - (-1)^n\frac{2^{2n+\varepsilon-2}z^2}{c^{\alpha-2}}\left(\frac{3-\alpha+\varepsilon}{2}\right)_n \times \\ \times\Gamma\left(\frac{\alpha+\varepsilon}{2}-1\right){}_3F_3\left(1, 1, n-\frac{\alpha-\varepsilon-3}{2}; 2, \frac{3-\alpha}{2}, 2-\frac{\alpha}{2}; -c^2z^2\right) + \\ + (-1)^n\frac{2^{2n+\varepsilon-2}}{c^{\alpha}}\left(\frac{1-\alpha+\varepsilon}{2}\right)_n\Gamma\left(\frac{\alpha+\varepsilon}{2}\right)\left[\psi\left(\frac{\alpha+\varepsilon}{2}\right)-\sum_{k=0}^{n-1}\frac{2}{2k-\alpha+\varepsilon+1}-2\ln c\right]$$

$[\varepsilon = 0$ или $1;\ \operatorname{Re}\alpha > -\varepsilon;\ |\arg c| < \pi/4;\ |\arg z| < \pi]$.

8. $$\int_0^{\infty} x^{\alpha-1}e^{-c^2x^2}\left\{\begin{matrix}\ln(x^2+z^2)\\ \ln|x^2-z^2|\end{matrix}\right\}H_{2n+\varepsilon}(cx)\,dx = (-1)^n\frac{2^{2n+\varepsilon}\pi}{\alpha+\varepsilon}c^{\varepsilon}z^{\alpha+\varepsilon}\left(\varepsilon+\frac{1}{2}\right)_n \times \\ \times\left\{\begin{matrix}\operatorname{cosec}[(\alpha+\varepsilon)\pi/2]\\ \operatorname{ctg}[(\alpha+\varepsilon)\pi/2]\end{matrix}\right\}{}_2F_2\left(\frac{\alpha+\varepsilon}{2}, n+\varepsilon+\frac{1}{2}; \frac{\alpha+\varepsilon}{2}+1, \varepsilon+\frac{1}{2}; \pm c^2z^2\right) \pm \\ \pm(-1)^n\frac{2^{2n+\varepsilon-1}z^2}{c^{\alpha-2}}\left(\frac{3-\alpha+\varepsilon}{2}\right)_n\Gamma\left(\frac{\alpha+\varepsilon}{2}-1\right) \times$$

$$\times\ {}_3F_3\left(1,\ 1,\ \frac{3-\alpha+\varepsilon}{2}+n;\ 2,\ 2-\frac{\alpha}{2},\ \frac{3-\alpha}{2};\ \pm c^2z^2\right)+$$
$$+(-1)^n\frac{2^{2n+\varepsilon-1}}{c^\alpha}\left(\frac{1-\alpha+\varepsilon}{2}\right)_n\Gamma\left(\frac{\alpha+\varepsilon}{2}\right)\left[\psi\left(\frac{\alpha+\varepsilon}{2}\right)-\sum_{k=0}^{n-1}\frac{2}{2k-\alpha+\varepsilon+1}-2\ln c\right]$$

[$\varepsilon=0$ или 1; $\operatorname{Re}z>0$; $\operatorname{Re}\alpha>-\varepsilon$; $|\arg c|<\pi/4$].

2.20.7. Интегралы от $x^\alpha e^{\varphi(x)}\operatorname{Ei}(bx^m)H_n(cx)$.

Обозначение: $\delta=\left\{\begin{matrix}1\\0\end{matrix}\right\}$.

1. $$\int\limits_0^\infty x^{\alpha-1}e^{-c^2x^2}\operatorname{Ei}(-bx)\left\{\begin{matrix}H_{2n+1}(cx)\\H_{2n}(cx)\end{matrix}\right\}dx=(-1)^{n+1}\frac{2^{2n+\delta-1}b}{c^{\alpha+1}}\left(\frac{\delta-\alpha}{2}\right)_n\times$$
$$\times\Gamma\left(\frac{\alpha+\delta+1}{2}\right){}_3F_3\left(\frac{1}{2},\ \frac{\alpha+1}{2},\ \frac{\alpha}{2}+1;\ \frac{3}{2},\ \frac{3}{2},\ \frac{\alpha-\delta}{2}-n+1;\ \frac{b^2}{4c^2}\right)+$$
$$+(-1)^n\frac{2^{2n+\delta-3}b^2}{c^{\alpha+2}}\left(\frac{\delta-\alpha-1}{2}\right)_n\Gamma\left(\frac{\alpha+\delta}{2}+1\right)\times$$
$$\times\ {}_4F_4\left(1,\ 1,\ \frac{\alpha}{2}+1,\ \frac{\alpha+3}{2};\ 2,\ 2,\ \frac{3}{2},\ \frac{\alpha-\delta+3}{2}-n;\ \frac{b^2}{4c^2}\right)+$$
$$+(-1)^n\frac{2^{2n+\delta-1}}{c^\alpha}\Gamma\left(\frac{\alpha+\delta}{2}\right)\left(\frac{1-\alpha+\delta}{2}\right)_n\left[\mathbf{C}+\frac{1}{2}\psi\left(\frac{\alpha+\delta}{2}\right)-\sum_{k=0}^{n-1}\frac{1}{2k-\alpha+\delta+1}-2\ln\frac{c}{b}\right]$$

[$\operatorname{Re}\alpha>-\delta$; $|\arg b|<\pi$; $|\arg c|<\pi/4$].

2. $$\int\limits_0^\infty x^{\alpha-1}e^{-c^2x^2}\operatorname{Ei}(-bx^2)\left\{\begin{matrix}H_{2n+1}(cx)\\H_{2n}(cx)\end{matrix}\right\}dx=(-1)^{n+1}\frac{2^{2n+\delta}c^\delta}{b^{(\alpha+\delta)/2}(\alpha+\delta)}\left(\delta+\frac{1}{2}\right)_n\times$$
$$\times\Gamma\left(\frac{\alpha+\delta}{2}\right){}_3F_2\left(\frac{\alpha+\delta}{2},\ \frac{\alpha+\delta}{2},\ n+\delta+\frac{1}{2};\ \frac{\alpha+\delta}{2}+1,\ \delta+\frac{1}{2};\ -\frac{c^2}{b}\right)$$

[$\operatorname{Re}(b+c^2)>0$; $\operatorname{Re}\alpha>-\delta$].

3. $$\int\limits_0^\infty x^{\alpha-1}e^{-c^2x^2}\operatorname{Ei}(-bx^4)\left\{\begin{matrix}H_{2n+1}(cx)\\H_{2n}(cx)\end{matrix}\right\}dx=(-1)^{n+1}\frac{2^{2n+\delta}c^\delta}{b^{(\alpha+\delta)/4}(\alpha+\delta)}\left(\delta+\frac{1}{2}\right)_n\times$$
$$\times\Gamma\left(\frac{\alpha+\delta}{4}\right){}_4F_4\left(\frac{\alpha+\delta}{4},\ \frac{\alpha+\delta}{4},\ \frac{2n+3}{4},\ \frac{2n+1}{4}+\delta;\ \frac{1}{2},\ \frac{3}{4},\ \frac{1}{4}+\delta,\ \frac{\alpha+\delta}{4}+1;\ \frac{c^4}{4b}\right)+$$
$$+(-1)^n\frac{2^{2n+\delta}c^{\delta+2}}{b^{(\alpha+\delta+2)/4}(\alpha+\delta+2)}\left(\delta+\frac{3}{2}\right)_n\Gamma\left(\frac{\alpha+\delta+2}{4}\right)\times$$
$$\times\ {}_4F_4\left(\frac{\alpha+\delta+2}{4},\ \frac{\alpha+\delta+2}{4},\ \frac{2n+5}{4},\ \frac{2n+3}{4}+\delta;\ \frac{3}{2},\ \frac{5}{4},\ \frac{3}{4}+\delta,\ \frac{\alpha+\delta+6}{4};\ \frac{c^4}{4b}\right)$$

[$\operatorname{Re}b>0$; $\operatorname{Re}\alpha>-\delta$].

4. $$\int\limits_0^\infty x^{\alpha-1}e^{(\pm b-c^2)x^2}\operatorname{Ei}(\mp bx^2)H_{2n+\varepsilon}(cx)\,dx=(-1)^{n+1}\frac{2^{2n+\varepsilon-1}\pi c^\varepsilon}{b^{(\alpha+\varepsilon)/2}}\left(\varepsilon+\frac{1}{2}\right)_n\Gamma\left(\frac{\alpha+\varepsilon}{2}\right)\times$$
$$\times\left\{\begin{matrix}\operatorname{cosec}[(\alpha+\varepsilon)\pi/2]\\\operatorname{ctg}[(\alpha+\varepsilon)\pi/2]\end{matrix}\right\}{}_2F_1\left(n+\varepsilon+\frac{1}{2},\ \frac{\alpha+\varepsilon}{2};\ \varepsilon+\frac{1}{2};\ \pm\frac{c^2}{b}\right)\mp$$
$$\mp(-1)^n\frac{2^{2n+\varepsilon-1}}{bc^{\alpha-2}}\left(\frac{3-\alpha+\varepsilon}{2}\right)_n\Gamma\left(\frac{\alpha+\varepsilon}{2}-1\right){}_3F_2\left(1,\ 1,\ \frac{3-\alpha+\varepsilon}{2}+n;\ \frac{3-\alpha}{2},\ 2-\frac{\alpha}{2};\ \pm\frac{c^2}{b}\right)$$

$\left[\varepsilon=0 \text{ или } 1;\ \operatorname{Re}\alpha>-\varepsilon;\ |\arg c|<\pi/4,\ \left\{\begin{matrix}|\arg b|<\pi\\b>0\end{matrix}\right\}\right]$.

5. $\displaystyle\int_0^\infty x^{\alpha-1}e^{\pm bx^4-c^2x^2}\,\mathrm{Ei}\,(\mp bx^4)H_{2n+\varepsilon}(cx)\,dx =$

$$= (-1)^{n+1}\frac{2^{2n+\varepsilon-2}\pi c^\varepsilon}{b^{(\alpha+\varepsilon)/4}}\left(\varepsilon+\frac{1}{2}\right)_n\Gamma\left(\frac{\alpha+\varepsilon}{4}\right)\left\{\begin{matrix}\mathrm{cosec}\,[(\alpha+\varepsilon)\pi/4]\\ \mathrm{ctg}\,[(\alpha+\varepsilon)\pi/4]\end{matrix}\right\}\times$$
$$\times\,{}_3F_3\left(\frac{\alpha+\varepsilon}{4},\,\frac{2n+3}{4},\,\frac{2n+1}{4}+\varepsilon;\,\frac{1}{2},\,\frac{3}{4},\,\frac{1}{4}+\varepsilon;\,\mp\frac{c^4}{4b}\right)\pm$$
$$\pm(-1)^n\frac{2^{2n+\varepsilon-2}\pi c^{\varepsilon+2}}{b^{(\alpha+\varepsilon+2)/4}}\left(\varepsilon+\frac{3}{2}\right)_n\Gamma\left(\frac{\alpha+\varepsilon+2}{4}\right)\left\{\begin{matrix}\sec\,[(\alpha+\varepsilon)\pi/4]\\ \mathrm{tg}\,[(\alpha+\varepsilon)\pi/4]\end{matrix}\right\}\times$$
$$\times\,{}_3F_3\left(\frac{\alpha+\varepsilon+2}{4},\,\frac{2n+5}{4},\,\frac{2n+3}{4}+\varepsilon;\,\frac{3}{2},\,\frac{5}{4},\,\frac{3}{4}+\varepsilon;\,\mp\frac{c^4}{4b}\right)\mp$$
$$\mp(-1)^n\frac{2^{2n+\varepsilon-1}}{bc^{\alpha-4}}\left(\frac{5-\alpha+\varepsilon}{2}\right)_n\Gamma\left(\frac{\alpha+\varepsilon}{2}-2\right)\times$$
$$\times\,{}_4F_4\left(1,\,1,\,\frac{7-\alpha}{4}+n,\,\frac{5-\alpha}{4}+\varepsilon+n;\,\frac{5-\alpha}{4},\,\frac{6-\alpha}{4},\,\frac{7-\alpha}{4},\,2-\frac{\alpha}{4};\,\mp\frac{c^4}{4b}\right)$$
$$\left[\varepsilon=0\text{ или }1;\ \mathrm{Re}\,\alpha>-\varepsilon;\ |\arg c|<\pi/4,\ \left\{\begin{matrix}|\arg b|<\pi\\ b>0\end{matrix}\right\}\right].$$

2.20.8. Интегралы от $x^\alpha e^{-c^2x^2}\left\{\begin{matrix}\mathrm{si}\,(bx^m)\\ \mathrm{ci}\,(bx^m)\end{matrix}\right\}H_n(cx)$.

1. $\displaystyle\int_0^\infty x^{\alpha-1}e^{-c^2x^2}\left\{\begin{matrix}\mathrm{si}\,(bx)\\ \mathrm{ci}\,(bx)\end{matrix}\right\}H_{2n+\varepsilon}(cx)\,dx =$

$$= (-1)^{n+1}\frac{2^{2n+\varepsilon-2}b^{\delta+2}}{3^\delta c^{\alpha+\delta+2}(\delta+2)}\left(\frac{\varepsilon-\alpha-\delta-1}{2}\right)_n\Gamma\left(\frac{\alpha+\delta+\varepsilon}{2}+1\right)\times$$
$$\times\,{}_4F_4\left(1,\,\frac{\delta}{2}+1,\,\frac{\alpha+3}{2},\,\frac{\alpha}{2}+\delta+1;\,2,\,\frac{\delta}{2}+2,\,\delta+\frac{3}{2},\,\frac{\alpha+\delta-\varepsilon+3}{2}-n;\,-\frac{b^2}{4c^2}\right)+$$
$$+(-1)^n\frac{2^{2n+\varepsilon-1}b^\delta}{c^{\alpha+\delta}}\left(\frac{1-\alpha-\delta+\varepsilon}{2}\right)_n\Gamma\left(\frac{\alpha+\delta+\varepsilon}{2}\right)\left\{\begin{matrix}1\\ R\end{matrix}\right\}-$$
$$-\left\{\begin{matrix}1\\ 0\end{matrix}\right\}(-1)^n\frac{2^{2n+\varepsilon-2}\pi}{c^\alpha}\left(\frac{1-\alpha+\varepsilon}{2}\right)_n\Gamma\left(\frac{\alpha+\varepsilon}{2}\right),$$
$$R=\mathbf{C}+\frac{1}{2}\psi\left(\frac{\alpha+\varepsilon}{2}\right)-\sum_{k=0}^{n-1}\frac{1}{2k-\alpha-\delta+\varepsilon+1}-\ln\frac{c}{b}$$
$$\left[\varepsilon=0\text{ или }1;\ b>0;\ \mathrm{Re}\,\alpha>-\varepsilon;\ |\arg c|<\pi/4;\ \delta=\left\{\begin{matrix}1\\ 0\end{matrix}\right\}\right].$$

2. $\displaystyle\int_0^\infty x^{\alpha-1}e^{-c^2x^2}\left\{\begin{matrix}\mathrm{si}\,(bx^2)\\ \mathrm{ci}\,(bx^2)\end{matrix}\right\}H_{2n+\varepsilon}(cx)\,dx =$

$$= (-1)^{n+1}\frac{2^{2n+\varepsilon}c^\varepsilon}{b^{(\alpha+\varepsilon)/2}(\alpha+\varepsilon)}\left(\varepsilon+\frac{1}{2}\right)_n\Gamma\left(\frac{\alpha+\varepsilon}{2}\right)\left\{\begin{matrix}\sin\,[(\alpha+\varepsilon)\pi/4]\\ \cos\,[(\alpha+\varepsilon)\pi/4]\end{matrix}\right\}\times$$
$$\times\,{}_5F_4\left(\frac{\alpha+\varepsilon}{4},\,\frac{\alpha+\varepsilon}{4},\,\frac{\alpha+\varepsilon+2}{4},\,\frac{2n+3}{4},\,\frac{2n+1}{4}+\varepsilon;\,\frac{1}{2},\,\frac{3}{4},\,\frac{1}{4}+\varepsilon,\,\frac{\alpha+\varepsilon}{4}+1;\,-\frac{c^4}{b^2}\right)\pm$$
$$\pm(-1)^n\frac{2^{2n+\varepsilon}c^{\varepsilon+2}}{b^{(\alpha+\varepsilon)/2+1}(\alpha+\varepsilon+2)}\left(\varepsilon+\frac{3}{2}\right)_n\Gamma\left(\frac{\alpha+\varepsilon}{2}+1\right)\left\{\begin{matrix}\cos\,[(\alpha+\varepsilon)\pi/4]\\ \sin\,[(\alpha+\varepsilon)\pi/4]\end{matrix}\right\}\times$$
$$\times\,{}_5F_4\left(\frac{\alpha+\varepsilon+2}{4},\,\frac{\alpha+\varepsilon+2}{4},\,\frac{\alpha+\varepsilon}{4}+1,\,\frac{2n+5}{4},\,\frac{2n+3}{4}+\varepsilon;\,\frac{3}{2},\,\frac{5}{4},\right.$$
$$\left.\frac{3}{4}+\varepsilon,\,\frac{\alpha+\varepsilon+6}{4};\,-\frac{c^4}{b^2}\right)\qquad[\varepsilon=0\text{ или }1;\ b>0;\ \mathrm{Re}\,\alpha>-\varepsilon;\ |\arg c|<\pi/4].$$

2.20.9. Интегралы от $x^{\alpha}\left\{\begin{matrix}\operatorname{erf}(a+bx)\\ \operatorname{erfc}(a+bx)\end{matrix}\right\}H_n(cx)$.

1. $$\int_0^{\infty}[\operatorname{erf}(cx+d)-\operatorname{erf}(cx-d)]H_{2n}(cx)\,dx=\frac{(2d)^{2n+1}}{(2n+1)c}\qquad [|\arg c|<\pi/4].$$

2. $$\int_{-\infty}^{\infty}[\operatorname{erf}(cx+d)-\operatorname{erf}(cx)]H_n(cx)\,dx=\frac{(-1)^n(2d)^{n+1}}{(n+1)c}\qquad [|\arg c|<\pi/4].$$

3. $$\int_0^{\infty}x^{\alpha-1}\operatorname{erfc}(bx)\left\{\begin{matrix}H_{2n+1}(cx)\\ H_{2n}(cx)\end{matrix}\right\}dx=(-1)^n\frac{(2n+\delta)!(2c)^{\delta}}{n!\sqrt{\pi}\,(\alpha+\delta)b^{\alpha+\delta}}\Gamma\left(\frac{\alpha+\delta+1}{2}\right)\times$$
$$\times\,{}_3F_2\left(-2n-\delta,\ \frac{\alpha+1}{2},\ \frac{\alpha}{2}+\delta;\ \delta+\frac{1}{2},\ \frac{\alpha+\delta}{2}+1;\ \frac{c^2}{b^2}\right)$$
$$\left[\operatorname{Re}\alpha>-\delta;\ |\arg b|<\pi/4;\ \delta=\left\{\begin{matrix}1\\0\end{matrix}\right\}\right].$$

2.20.10. Интегралы от $x^{\alpha}e^{\varphi(x)}\left\{\begin{matrix}\operatorname{erf}(\chi(x))\\ \operatorname{erfc}(\chi(x))\end{matrix}\right\}H_n(cx)$.

1. $$\int_0^{\infty}e^{-c^2x^2}\operatorname{erf}(bx)H_{2n+1}(cx)\,dx=\frac{(-1)^n2^{2n}b^{2n+1}\Gamma(n+1/2)}{\sqrt{\pi}\,c(b^2+c^2)^{n+1/2}}\qquad [|\arg b|,\ |\arg c|<\pi/4].$$

2. $$\int_0^{\infty}x^{\alpha-1}e^{-c^2x^2}\left\{\begin{matrix}\operatorname{erf}(bx)\\ \operatorname{erfc}(bx)\end{matrix}\right\}H_{2n+\varepsilon}(cx)\,dx=\mp(-1)^n\frac{2^{2n+\varepsilon}c^{\varepsilon}}{\sqrt{\pi}\,b^{\alpha+\varepsilon}(\alpha+\varepsilon)}\left(\varepsilon+\frac{1}{2}\right)_n\times$$
$$\times\,\Gamma\left(\frac{\alpha+\varepsilon+1}{2}\right){}_3F_2\left(\frac{\alpha+1}{2},\ \frac{\alpha}{2}+\varepsilon,\ n+\varepsilon+\frac{1}{2};\ \varepsilon+\frac{1}{2},\ \frac{\alpha+\varepsilon}{2}+1;\ -\frac{c^2}{b^2}\right)+$$
$$+\left\{\begin{matrix}1\\0\end{matrix}\right\}\frac{(-1)^n2^{2n+\varepsilon-1}}{c^{\alpha}}\left(\frac{1-\alpha+\varepsilon}{2}\right)_n\Gamma\left(\frac{\alpha+\varepsilon}{2}\right)$$
$$[\varepsilon=0\ \text{или}\ 1;\ \operatorname{Re}\alpha>-\varepsilon-(1\pm1)/2;\ |\arg b|,\ |\arg c|<\pi/4].$$

3. $$\int_0^{\infty}x^{\alpha-1}e^{-c^2x^2}\left\{\begin{matrix}\operatorname{erf}(bx^2)\\ \operatorname{erfc}(bx^2)\end{matrix}\right\}H_{2n+\varepsilon}(cx)\,dx=$$
$$=\mp\frac{(-1)^n2^{2n+\varepsilon}c^{\varepsilon}}{\sqrt{\pi}\,b^{(\alpha+\varepsilon)/2}(\alpha+\varepsilon)}\left(\varepsilon+\frac{1}{2}\right)_n\Gamma\left(\frac{\alpha+\varepsilon+2}{4}\right)\times$$
$$\times\,{}_4F_4\left(\frac{\alpha+\varepsilon}{4},\ \frac{\alpha+\varepsilon+2}{4},\ \frac{2n+3}{4},\ \frac{2n+1}{4}+\varepsilon;\ \frac{1}{2},\ \frac{3}{4},\ \frac{1}{4}+\varepsilon,\ \frac{\alpha+\varepsilon}{4}+1;\ \frac{c^2}{4b^2}\right)\pm$$
$$\pm\,\frac{(-1)^n2^{2n+\varepsilon}c^{\varepsilon+2}}{\sqrt{\pi}\,b^{(\alpha+\varepsilon)/2+1}(\alpha+\varepsilon+2)}\left(\varepsilon+\frac{3}{2}\right)_n\Gamma\left(\frac{\alpha+\varepsilon}{4}+1\right)\times$$
$$\times\,{}_4F_4\left(\frac{\alpha+\varepsilon+2}{4},\ \frac{\alpha+\varepsilon}{4}+1,\ \frac{2n+5}{4},\ \frac{2n+3}{4}+\varepsilon;\ \frac{3}{2},\ \frac{5}{4},\ \frac{3}{4}+\varepsilon,\ \frac{\alpha+\varepsilon+6}{4};\ \frac{c^4}{4b^2}\right)+$$
$$+\left\{\begin{matrix}1\\0\end{matrix}\right\}\frac{(-1)^n2^{2n+\varepsilon-1}}{c^{\alpha}}\left(\frac{1-\alpha+\varepsilon}{2}\right)_n\Gamma\left(\frac{\alpha+\varepsilon}{2}\right)$$
$$[\varepsilon=0\ \text{или}\ 1;\ \operatorname{Re}\alpha>-\varepsilon-1\mp1;\ |\arg b|,\ |\arg c|<\pi/4].$$

4. $$\int_0^{\infty}x^{\alpha-1}e^{-c^2x^2}\left\{\begin{matrix}\operatorname{erf}(b\sqrt{x})\\ \operatorname{erfc}(b\sqrt{x})\end{matrix}\right\}H_{2n+\varepsilon}(cx)\,dx=\pm\frac{(-1)^n2^{2n+\varepsilon}b}{\sqrt{\pi}\,c^{\alpha+1/2}}\left(\frac{1-2\alpha+2\varepsilon}{4}\right)_n\times$$
$$\times\,\Gamma\left(\frac{2\alpha+2\varepsilon+1}{4}\right){}_3F_3\left(\frac{1}{4},\ \frac{2\alpha+1}{4},\ \frac{2\alpha+3}{4};\ \frac{1}{2},\ \frac{5}{4},\ \frac{2\alpha-2\varepsilon+3}{4}-n;\ \frac{b^4}{4c^2}\right)\mp$$

$$\mp \frac{(-1)^n 2^{2n+\varepsilon} b^3}{3\sqrt{\pi}\, c^{\alpha+3/2}} \left(\frac{2\varepsilon-2\alpha-1}{4}\right)_n \Gamma\left(\frac{2\alpha+2\varepsilon+3}{4}\right) \times$$
$$\times\, {}_3F_3\left(\frac{3}{4}, \frac{2\alpha+3}{4}, \frac{2\alpha+5}{4};\ \frac{3}{2}, \frac{7}{4}, \frac{2\alpha-2\varepsilon+5}{4}-n;\ \frac{b^4}{4c^2}\right) +$$
$$+ \begin{Bmatrix}1\\0\end{Bmatrix} \frac{(-1)^n 2^{2n+\varepsilon-1}}{c^\alpha} \left(\frac{1-\alpha+\varepsilon}{2}\right)_n \Gamma\left(\frac{\alpha+\varepsilon}{2}\right)$$

[$\varepsilon = 0$ или 1; $\operatorname{Re}\alpha > -\varepsilon - (1 \pm 1)/4$; $|\arg b|$, $|\arg c| < \pi/4$].

5. $$\int_0^\infty e^{-c^2x^2} [\operatorname{erf}(cx+d) - \operatorname{erf}(cx-d)] H_{2n}(cx)\, dx = -\frac{2^{2-n}}{c} e^{-d^2/2} H_{2n-1}\left(\frac{d}{\sqrt{2}}\right)$$

[$|\arg c| < \pi/4$; $n = 1, 2, 3, \ldots$].

6. $$\int_0^\infty e^{-c^2x^2} [1 + \operatorname{erf}(cx)] \operatorname{erfc}(cx) H_{2n}(cx)\, dx = \frac{(-1)^n 2^n}{\pi c} \Gamma\left(n+\frac{1}{2}\right) {}_2F_1\left(\frac{1}{2}, n+\frac{1}{2};\ \frac{3}{2};\ \frac{1}{4}\right)$$

[$|\arg c| < \pi/4$].

2.20.11. Интегралы от $x^\alpha e^{-c^2x^2} \begin{Bmatrix} S(bx^m) \\ C(bx^m) \end{Bmatrix} H_n(cx)$.

Обозначение: $\delta = \begin{Bmatrix}1\\0\end{Bmatrix}$.

1. $$\int_0^\infty x^{\alpha-1} e^{-c^2x^2} \begin{Bmatrix} S(bx) \\ C(bx) \end{Bmatrix} H_{2n+\varepsilon}(cx)\, dx =$$
$$= (-1)^n \frac{2^{2n+\varepsilon-1/2} b^{\delta+1/2}}{3^\delta \sqrt{\pi}\, c^{\alpha+\delta+1/2}} \left(\frac{1-2\alpha-2\delta+2\varepsilon}{4}\right)_n \Gamma\left(\frac{2\alpha+2\delta+2\varepsilon+1}{4}\right) \times$$
$$\times\, {}_3F_3\left(\frac{2\delta+1}{4}, \frac{2\alpha+3}{4}, \frac{2\alpha+1}{4}+\delta;\ \delta+\frac{1}{2}, \frac{2\delta+5}{4}, \frac{2\alpha+2\delta-2\varepsilon+3}{4}-\pi;\ -\frac{b^2}{4c^2}\right)$$

[$\varepsilon = 0$ или 1; $b > 0$; $\operatorname{Re}\alpha > -\varepsilon - (2 \pm 1)/2$; $|\arg c| < \pi/4$].

2. $$\int_0^\infty x^{\alpha-1} e^{-c^2x^2} \begin{Bmatrix} S(bx^2) \\ C(bx^2) \end{Bmatrix} H_{2n+\varepsilon}(cx)\, dx = (-1)^n \frac{2^{2n+\varepsilon-1/2} b^{\delta+1/2}}{3^\delta \sqrt{\pi}\, c^{\alpha+2\delta+1}} \left(\frac{\varepsilon-\alpha-2\delta}{2}\right)_n \times$$
$$\times \Gamma\left(\frac{\alpha+2\delta+\varepsilon+1}{2}\right) {}_5F_4\left(\frac{2\delta+1}{4}, \frac{\alpha+3}{4}, \frac{\alpha}{4}+1, \frac{\alpha+1}{4}+\delta, \frac{\alpha+2}{4}+\delta;\ \delta+\frac{1}{2}, \frac{2\delta+5}{4},\right.$$
$$\left.\frac{\alpha-2n-\varepsilon+2}{4}+\delta, \frac{\alpha-2n-\varepsilon}{4}+1;\ -\frac{b^2}{c^4}\right)$$

[$\varepsilon = 0$ или 1; $b > 0$; $\operatorname{Re}\alpha > -\varepsilon - 2 \mp 1$; $|\arg c| < \pi/4$].

2.20.12. Интегралы от $x^\alpha e^{-c^2x^2} \begin{Bmatrix} \gamma(\mu, bx^m) \\ \Gamma(\mu, bx^m) \end{Bmatrix} H_n(cx)$.

1. $$\int_0^\infty x^{\alpha-1} e^{-c^2x^2} \begin{Bmatrix} \gamma(\mu, bx) \\ \Gamma(\mu, bx) \end{Bmatrix} H_{2n+\varepsilon}(cx)\, dx = \pm(-1)^n \frac{2^{2n+\varepsilon-1} b^\mu}{c^{\alpha+\mu}\mu} \left(\frac{1-\alpha+\varepsilon-\mu}{2}\right)_n \times$$
$$\times \Gamma\left(\frac{\alpha+\varepsilon+\mu}{2}\right) {}_3F_3\left(\frac{\mu}{2}, \frac{\alpha+\mu}{2}, \frac{\alpha+\mu+1}{2};\ \frac{1}{2}, \frac{\mu}{2}+1, \frac{\alpha+\mu-\varepsilon+1}{2}-n;\ \frac{b^2}{4c^2}\right) \mp$$
$$\mp (-1)^n \frac{2^{2n+\varepsilon-1} b^{\mu+1}}{c^{\alpha+\mu+1}(\mu+1)} \left(\frac{\varepsilon-\alpha-\mu}{2}\right)_n \Gamma\left(\frac{\alpha+\varepsilon+\mu+1}{2}\right) \times$$
$$\times\, {}_3F_3\left(\frac{\mu+1}{2}, \frac{\alpha+\mu+1}{2}, \frac{\alpha+\mu}{2}+1;\ \frac{3}{2}, \frac{\mu+3}{2}, \frac{\alpha-\varepsilon+\mu}{2}-n+1;\ \frac{b^2}{4c^2}\right) +$$

$$+\begin{Bmatrix}0\\1\end{Bmatrix}(-1)^n\frac{2^{2n+\varepsilon-1}}{c^\alpha}\left(\frac{1-\alpha+\varepsilon}{2}\right)_n\Gamma(\mu)\Gamma\left(\frac{\alpha+\varepsilon}{2}\right)$$

$$\left[\varepsilon=0\text{ или }1;\ \operatorname{Re}b>0;\ \operatorname{Re}(\alpha+\mu)>-\varepsilon,\ \begin{Bmatrix}\operatorname{Re}\mu>0\\\operatorname{Re}\alpha>-\varepsilon\end{Bmatrix},\ |\arg c|<\pi/4\right].$$

2. $$\int_0^\infty x^{\alpha-1}e^{-c^2x^2}\begin{Bmatrix}\gamma(\mu,\,bx^2)\\\Gamma(\mu,\,bx^2)\end{Bmatrix}H_{2n+\varepsilon}(cx)\,dx=\mp(-1)^n\frac{2^{2n+\varepsilon}c^\varepsilon}{b^{(\alpha+\varepsilon)/2}(\alpha+\varepsilon)}\left(\varepsilon+\frac{1}{2}\right)_n\times$$

$$\times\Gamma\left(\frac{\alpha+\varepsilon}{2}+\mu\right){}_3F_2\left(\frac{\alpha+\varepsilon}{2},\ \frac{\alpha+\varepsilon}{2}+\mu,\ n+\varepsilon+\frac{1}{2};\ \varepsilon+\frac{1}{2},\ \frac{\alpha+\varepsilon}{2}+1;\ -\frac{c^2}{b}\right)+$$

$$+\begin{Bmatrix}1\\0\end{Bmatrix}(-1)^n\frac{2^{2n+\varepsilon-1}}{2c^\alpha}\left(\frac{1-\alpha+\varepsilon}{2}\right)_n\Gamma(\mu)\Gamma\left(\frac{\alpha+\varepsilon}{2}\right)$$

$$\left[\varepsilon=0\text{ или }1;\ \operatorname{Re}b>0;\ \operatorname{Re}(\alpha+2\mu)>-\varepsilon,\ \begin{Bmatrix}\operatorname{Re}\mu>0\\\operatorname{Re}\alpha>-\varepsilon\end{Bmatrix},\ |\arg c|<\pi/4\right].$$

2.20.13. Интегралы, содержащие $J_\mu(bx^{\pm m})H_n(cx)$.

1. $$\int_0^\infty x^{\alpha-1}J_\mu(bx)H_n(cx)\,dx=\frac{2^{2n+\alpha-1}c^n}{b^{n+\alpha}}\Gamma\begin{bmatrix}(\alpha+\mu+n)/2\\(\mu-\alpha-n)/2+1\end{bmatrix}\times$$

$$\times\ {}_2F_2\left(-\frac{n}{2},\ \frac{1-n}{2};\ 1-\frac{\alpha+\mu+n}{2},\ \frac{\alpha+n-\mu}{2};\ \frac{b^2}{4c^2}\right)$$

$$[b>0;\ 2[n/2]-n-\operatorname{Re}\mu<\operatorname{Re}\alpha<3/2-n].$$

2. $$\int_0^\infty x^{\alpha-1}J_\mu\left(\frac{b}{x}\right)H_{2n+\varepsilon}(cx)\,dx=(-1)^n2^{2n-\alpha-1}b^{\alpha+\varepsilon}c^\varepsilon\left(\varepsilon+\frac{1}{2}\right)_n\times$$

$$\times\Gamma\begin{bmatrix}(\mu-\alpha-\varepsilon)/2\\(\alpha+\mu+\varepsilon)/2+1\end{bmatrix}{}_1F_3\left(-n;\ \varepsilon+\frac{1}{2},\ \frac{\alpha+\varepsilon+\mu}{2}+1,\ \frac{\alpha+\varepsilon-\mu}{2}+1;\ -\frac{b^2c^2}{4}\right)$$

$$[\varepsilon=0\text{ или }1;\ b>0;\ -\varepsilon-3/2<\operatorname{Re}\alpha<\operatorname{Re}\mu-2n-\varepsilon].$$

3. $$\int_0^\infty x^{\alpha-1}e^{-c^2x^2}\begin{Bmatrix}J_\mu(bx)\\I_\mu(bx)\end{Bmatrix}H_{2n+\varepsilon}(cx)\,dx=(-1)^n\frac{2^{2n+\varepsilon-\mu-1}b^\mu}{c^{\alpha+\mu}}\left(\frac{1-\alpha+\varepsilon-\mu}{2}\right)_n\times$$

$$\times\Gamma\begin{bmatrix}(\alpha+\varepsilon+\mu)/2\\\mu+1\end{bmatrix}{}_2F_2\left(\frac{\alpha+\mu}{2},\ \frac{\alpha+\mu+1}{2};\ \mu+1,\ \frac{\alpha-\varepsilon+\mu+1}{2}-n;\ \mp\frac{b^2}{4c^2}\right)$$

$$[\varepsilon=0\text{ или }1;\ \operatorname{Re}(\alpha+\mu)>-\varepsilon;\ |\arg b|<\pi;\ |\arg c|<\pi/4].$$

4. $$\int_0^\infty x^{\mu+\sigma}e^{-c^2x^2}J_\mu(bx)H_n(cx)\,dx=\frac{2^{\sigma/2}b^{n/2-1}}{c^{\mu+(n+\sigma)/2}}\Gamma\begin{bmatrix}\mu+\sigma+1/2\\\mu+(2+\sigma-n)/2\end{bmatrix}\exp\left(-\frac{b^2}{8c^2}\right)\times$$

$$\times M_{(2\mu+n+3\sigma)/4,\,(2\mu-n+\sigma)/4}\left(\frac{b^2}{4c^2}\right)\qquad[\sigma=0\text{ или }1;\ \operatorname{Re}\mu>-(1+\sigma)/2;\ |\arg c|<\pi/4].$$

5. $$\int_0^\infty x^{\alpha-1}e^{-c^2x^2}\begin{Bmatrix}J_\mu(bx^2)\\I_\mu(bx^2)\end{Bmatrix}H_{2n+\varepsilon}(cx)\,dx=(-1)^n\frac{2^{2n+\varepsilon-\mu-1}b^\mu}{c^{\alpha+2\mu}}\left(\frac{1-\alpha+\varepsilon}{2}-\mu\right)_n\times$$

$$\times\Gamma\begin{bmatrix}(\alpha+\varepsilon)/2+\mu\\\mu+1\end{bmatrix}{}_4F_3\left(\frac{\alpha+2\mu}{4},\ \frac{\alpha+2\mu+1}{4},\ \frac{\alpha+2\mu+2}{4},\ \frac{\alpha+2\mu+3}{4};\ \mu+1,\right.$$

$$\left.\frac{\alpha-\varepsilon+2\mu-2n+1}{4},\ \frac{\alpha-\varepsilon+2\mu-2n+3}{4};\ \mp\frac{b^2}{c^4}\right)$$

$$\left[\varepsilon=0\text{ или }1;\ \operatorname{Re}(\alpha+2\mu)>-\varepsilon;\ |\arg c|<\pi/4,\ \begin{Bmatrix}b>0\\|\arg b|<\pi;\ \operatorname{Re}(c^2-b)>0\end{Bmatrix}\right].$$

2.20.14. Интегралы, содержащие $\left\{\begin{matrix} Y_\mu(bx^{\pm m}) \\ K_\mu(bx^{\pm m}) \end{matrix}\right\} H_n(cx)$.

1. $$\int_0^\infty x^{\alpha-1} K_\mu(bx) H_n(cx)\,dx = \frac{2^{2n+\alpha-2}c^n}{b^{n+\alpha}} \Gamma\Big(\frac{\alpha+\mu+n}{2}\Big)\Gamma\Big(\frac{\alpha-\mu+n}{2}\Big) \times$$
$$\times {}_2F_2\Big(-\frac{n}{2}, \frac{1-n}{2};\ 1-\frac{\alpha+\mu+n}{2}, 1-\frac{\alpha-\mu+n}{2};\ -\frac{b^2}{4c^2}\Big)$$
$[\operatorname{Re} b > 0;\ \operatorname{Re}\alpha > -n + 2[n/2] + |\operatorname{Re}\mu|]$.

2. $$\int_0^\infty x^{\alpha-1} K_\mu\Big(\frac{b}{x}\Big) H_{2n+\varepsilon}(cx)\,dx = (-1)^n 2^{2n-\alpha-2} b^{\alpha+\varepsilon} c^\varepsilon \Big(\varepsilon+\frac{1}{2}\Big)_n \times$$
$$\times \Gamma\Big(\frac{\mu-\alpha-\varepsilon}{2}\Big)\Gamma\Big(-\frac{\alpha+\varepsilon+\mu}{2}\Big) {}_1F_3\Big(-n;\ \varepsilon+\frac{1}{2}, \frac{\alpha+\varepsilon+\mu}{2}+1, \frac{\alpha+\varepsilon-\mu}{2}+1;\ \frac{b^2c^2}{4}\Big)$$
$[\varepsilon = 0$ или $1;\ \operatorname{Re} b > 0;\ \operatorname{Re}\alpha < -2n - \varepsilon - |\operatorname{Re}\mu|]$.

3. $$\int_0^\infty x^{\alpha-1} e^{-c^2x^2} \left\{\begin{matrix} Y_\mu(bx) \\ K_\mu(bx) \end{matrix}\right\} H_{2n+\varepsilon}(cx)\,dx = \mp(-1)^n \frac{2^{2n+\varepsilon+\mu-2}}{\pi b^\mu c^{\alpha-\mu}} \Big(\frac{1-\alpha+\varepsilon+\mu}{2}\Big)_n \times$$
$$\times \Gamma(\mu)\Gamma\Big(\frac{\alpha+\varepsilon-\mu}{2}\Big)\left\{\begin{matrix} 2 \\ \pi \end{matrix}\right\} {}_2F_2\Big(\frac{\alpha-\mu}{2}, \frac{\alpha-\mu+1}{2};\ 1-\mu, \frac{\alpha-\varepsilon-\mu+1}{2}-n;\ \mp\frac{b^2}{4c^2}\Big) \mp$$
$$\mp (-1)^n \frac{2^{2n+\varepsilon-\mu-2}b^\mu}{\pi c^{\alpha+\mu}} \Big(\frac{1-\alpha+\varepsilon-\mu}{2}\Big)_n \Gamma(-\mu)\Gamma\Big(\frac{\alpha+\varepsilon+\mu}{2}\Big) \times$$
$$\times \left\{\begin{matrix} 2\cos\mu\pi \\ \pi \end{matrix}\right\} {}_2F_2\Big(\frac{\alpha+\mu}{2}, \frac{\alpha+\mu+1}{2};\ \mu+1, \frac{\alpha-\varepsilon+\mu+1}{2}-n;\ \mp\frac{b^2}{4c^2}\Big)$$
$[\varepsilon = 0$ или $1;\ \operatorname{Re}\alpha > |\operatorname{Re}\mu| - \varepsilon;\ |\arg b| < \pi;\ |\arg c| < \pi/4;$ при $\mu = 0, 1, 2, \ldots$ см. 2.20.1.17$]$.

4. $$\int_0^\infty x^{\alpha-1} e^{-c^2x^2} \left\{\begin{matrix} Y_\mu(bx^2) \\ K_\mu(bx^2) \end{matrix}\right\} H_{2n+\varepsilon}(cx)\,dx = \mp(-1)^n \frac{2^{2n+(3\varepsilon+\alpha)/2-3}c^\varepsilon}{\pi b^{(\alpha+\varepsilon)/2}} \times$$
$$\times \Big(\varepsilon+\frac{1}{2}\Big)_n \Gamma\Big(\frac{\alpha+\varepsilon+2\mu}{2}\Big)\Gamma\Big(\frac{\alpha+\varepsilon-2\mu}{2}\Big) \pi^{(1\mp1)/2} \Big[2\cos\frac{\alpha+\varepsilon-2\mu}{4}\pi\Big]^{(1\pm1)/2} \times$$
$$\times {}_4F_3\Big(\frac{2n+3}{4}, \frac{2n+1}{4}+\varepsilon, \frac{\alpha+\varepsilon+2\mu}{2}, \frac{\alpha+\varepsilon-2\mu}{2};\ \frac{1}{2}, \frac{3}{4}, \frac{1}{4}+\varepsilon;\ \mp\frac{c^4}{b^2}\Big) -$$
$$- (-1)^n \frac{2^{2n+(3\varepsilon+\alpha)/2-3}c^{\varepsilon+2}}{\pi b^{(\alpha+\varepsilon)/2+1}} \Big(\varepsilon+\frac{3}{2}\Big)_n \Gamma\Big(\frac{\alpha+\varepsilon+2\mu+2}{2}\Big) \times$$
$$\times \Gamma\Big(\frac{\alpha+\varepsilon-2\mu+2}{4}\Big) \pi^{(1\mp1)/2} \Big[2\sin\frac{\alpha+\varepsilon-2\mu}{4}\pi\Big]^{(1\pm1)/2} \times$$
$$\times {}_4F_3\Big(\frac{2n+5}{4}, \frac{2n+3}{4}+\varepsilon, \frac{\alpha+\varepsilon+2\mu+2}{4}, \frac{\alpha+\varepsilon-2\mu+2}{4};\ \frac{3}{2}, \frac{5}{4}, \frac{3}{4}+\varepsilon;\ \mp\frac{c^4}{b^2}\Big)$$
$\left[\varepsilon = 0 \text{ или } 1;\ \operatorname{Re}\alpha > 2|\operatorname{Re}\mu| - \varepsilon;\ |\arg b| < \pi;\ |\arg c| < \pi/4, \left\{\begin{matrix} \operatorname{Re} c^2 > |\operatorname{Im} b| \\ \operatorname{Re}(b+c^2) > 0 \end{matrix}\right\}\right]$.

2.20.15. Интегралы, содержащие $L_m^\gamma(bx^k) H_n(cx)$.

Обозначение: $\delta = \left\{\begin{matrix} 1 \\ 0 \end{matrix}\right\}$.

1. $$\int_0^\infty x^{\alpha-1} e^{-bx-c^2x^2} L_m^\gamma(bx) \left\{\begin{matrix} H_{2n+1}(cx) \\ H_{2n}(cx) \end{matrix}\right\} dx = \frac{(-1)^n 2^{2n+\delta-1}(1+\gamma)_m}{m!\,c^\alpha} \times$$
$$\times \Gamma\Big(\frac{\alpha+\delta}{2}\Big)\Big(\frac{1-\alpha+\delta}{2}\Big)_n {}_4F_4\Big(\frac{1+\gamma+m}{2}, 1+\frac{\gamma+m}{2}, \frac{\alpha}{2}, \frac{1+\alpha}{2};\ \frac{1}{2}, \frac{1+\alpha-\delta}{2}-n,$$

$$\frac{1+\gamma}{2},\ 1+\frac{\gamma}{2};\ \frac{b^2}{4c^2}\biggr)-\frac{(-1)^n 2^{2n+\delta-1} b(2+\gamma)_m}{m!c^{\alpha+1}}\Gamma\left(\frac{\alpha+\delta+1}{2}\right)\left(\frac{\delta-\alpha}{2}\right)_n \times$$
$$\times\ {}_4F_4\left(1+\frac{\gamma+m}{2},\ \frac{3+\gamma+m}{2},\ \frac{\alpha+1}{2},\ 1+\frac{\alpha}{2};\ \frac{3}{2},\ 1+\frac{\alpha-\delta}{2}-n,\ 1+\frac{\gamma}{2},\ \frac{3+\gamma}{2};\ \frac{b^2}{4c^2}\right)$$

$[\mathrm{Re}\,\alpha > -\delta;\ |\arg c| < \pi/4]$.

2. $$\int_0^\infty x^{\alpha-1}e^{-(b+c^2)x^2}L_m^\gamma(bx^2)\begin{Bmatrix} H_{2n+1}(cx) \\ H_{2n}(cx)\end{Bmatrix}dx=\frac{(-1)^n 2^{2n+\delta-1}(1+\gamma)_m}{m!c^\alpha}\times$$
$$\times\,\Gamma\left(\frac{\alpha+\delta}{2}\right)\left(\frac{1-\alpha+\delta}{2}\right)_n {}_3F_2\left(1+\gamma,\ \frac{\alpha}{2},\ \frac{1+\alpha}{2};\ \frac{1+\alpha-\delta}{2}-n,\ 1+\gamma;\ -\frac{b}{c^2}\right)$$

$[\mathrm{Re}\,(b+c^2)>0;\ \mathrm{Re}\,\alpha > -\delta]$.

3. $$\int_0^\infty x^{\alpha-1}e^{-bx^4-c^2x^2}L_m^\gamma(bx^4)\begin{Bmatrix} H_{2n+1}(cx) \\ H_{2n}(cx)\end{Bmatrix}dx=$$
$$=\frac{(-1)^n 2^{2n+\delta-2}c^\delta}{b^{(\alpha+\delta)/4}m!}\left(\frac{1}{2}+\delta\right)_n\left(1+\gamma-\frac{\alpha+\delta}{4}\right)_n\Gamma\left(\frac{\alpha+\delta}{4}\right)\times$$
$$\times\ {}_4F_4\left(\frac{2n+3}{4},\ \frac{2n+1}{4}+\delta,\ \frac{\alpha+\delta}{4},\ \frac{\alpha+\delta}{4}-\gamma;\ \frac{1}{2},\ \frac{3}{4},\ \frac{1}{4}+\delta,\ \frac{\alpha+\delta}{4}-\gamma-m;\ \frac{c^4}{4b}\right)-$$
$$-\frac{(-1)^n 2^{2n+\delta-2}c^{\delta+2}}{b^{(\alpha+\delta+2)/4}m!}\left(\frac{3}{2}+\delta\right)_n\left(\gamma+\frac{2-\alpha-\delta}{4}\right)_m\Gamma\left(\frac{\alpha+\delta+2}{4}\right)\times$$
$$\times\ {}_4F_4\biggl(\frac{2n+5}{4},\ \frac{2n+3}{4}+\delta,\ \frac{2+\alpha+\delta}{4},\ \frac{2+\alpha+\delta}{4}-\gamma;\ \frac{3}{2},\ \frac{5}{4},$$
$$\frac{3}{4}+\delta,\ \frac{2+\alpha+\delta}{4}-\gamma-m;\ \frac{c^4}{4b}\biggr)$$

$[\mathrm{Re}\,b>0;\ \mathrm{Re}\,\alpha > -\delta]$.

4. $$\int_0^\infty e^{-4c^2x^2}\begin{Bmatrix}\sin bx\\ \cos bx\end{Bmatrix}L_n(4c^2x^2)\begin{Bmatrix} H_{2n+1}(cx) \\ H_{2n}(cx)\end{Bmatrix}dx=$$
$$=\frac{\sqrt{\pi}}{4c}\exp\left(-\frac{b^2}{16c^2}\right)L_n\left(\frac{b^2}{16c^2}\right)H_{2n+\delta}\left(\frac{b}{8c}\right)$$

$\left[b,\ \mathrm{Re}\,c>0;\ \delta=\begin{Bmatrix}1\\0\end{Bmatrix}\right]$.

2.20.16. Интегралы, содержащие $H_m(ax^k+b)H_n(cx+d)$.

Обозначение: $\delta=\begin{Bmatrix}1\\0\end{Bmatrix}$.

1. $$\int_0^\infty e^{-px^2}\begin{Bmatrix} H_{2m+1}(bx)H_{2n+1}(cx) \\ H_{2m}(bx)H_{2n}(cx)\end{Bmatrix}dx=$$
$$=(\pm 1)^{m+n}\sqrt{\pi}\,(bc)^\delta\frac{(2m+2n+2\delta)!(p-b^2)^m(p-c^2)^n}{2(m+n+\delta)!p^{m+n+\delta+1/2}}\times$$
$$\times\ {}_2F_1\left(-m,\ -n;\ -m-n-\delta+\frac{1}{2};\ \frac{p(p-b^2-c^2)}{(p-b^2)(p-c^2)}\right)$$

$[\mathrm{Re}\,p>0]$.

2. $$\int_0^\infty e^{-px^2}H_n(bx)H_n(cx)\,dx=\frac{2^{n-1}n!\sqrt{\pi}}{p^{(n+1)/2}}(b^2+c^2-p)^{n/2}P_n\left(\frac{bc}{\sqrt{p(b^2+c^2-p)}}\right)$$

$[\mathrm{Re}\,p>0]$.

3. $$\int_0^\infty e^{-px^2}H_n(icx)H_n(cx)\,dx=2^{n-1}n!e^{n\pi i/2}\sqrt{\frac{\pi}{p}}\,P_n\left(\frac{c^2}{p}\right)$$

$[\mathrm{Re}\,p>0]$.

4. $$\int\limits_{-\infty}^{\infty} e^{-px^2} \begin{Bmatrix} H_{2m+1}(bx)H_{2n+1}(cx) \\ H_{2m}(bx)H_{2n}(cx) \end{Bmatrix} dx = (2m+\delta)!(2n+\delta)!\sqrt{\frac{\pi}{p}} \times$$
$$\times \sum_{k=0}^{\min(m,\,n)} \frac{1}{(m-k)!(n-k)!(2k+\delta)!} \left(\frac{b^2-p}{p}\right)^{m-k} \left(\frac{c^2-p}{p}\right)^{n-k} \left(\frac{2bc}{p}\right)^{2k+\delta} \quad [\operatorname{Re} p > 0].$$

5. $$\int\limits_{-\infty}^{\infty} e^{-px^2} H_{2m}(bx)H_{2n+1}(cx)\, dx = 0 \quad [\operatorname{Re} p > 0].$$

6. $$\int\limits_{-\infty}^{\infty} e^{-px^2} H_m(cx)H_n(cx)\, dx = \frac{2^{m+n}(c^2-p)^{(m+n)/2}}{p^{(m+n+1)/2}} \Gamma\left(\frac{m+n+1}{2}\right) \times$$
$$\times {}_2F_1\left(-m,\, -n;\, \frac{1-m-n}{2};\, \frac{p}{2(p-c^2)}\right) \quad [\operatorname{Re} p > 0;\ m+n = 2,\, 4,\, 6,\, \ldots].$$

7. $$\int\limits_{-\infty}^{\infty} e^{-c^2x^2} H_m(bx)H_n(cx)\, dx = \begin{Bmatrix} 1 \\ 0 \end{Bmatrix} \frac{\sqrt{\pi}\, m! n b^n (b^2-c^2)^{(m-n)/2}}{((m-n)/2)! c^{m+1}}$$
$$\left[|\arg c| < \pi/4,\ \begin{Bmatrix} m-n = 2,\, 4,\, 6,\, \ldots \\ m < n \end{Bmatrix}\right].$$

8. $$\int\limits_{-\infty}^{\infty} e^{-c^2x^2} H_m(cx)H_n(cx)\, dx = \frac{2^n n! \sqrt{\pi}}{c} \delta_{m,\,n} \quad [|\arg c| < \pi/4].$$

9. $$\int\limits_{-\infty}^{\infty} e^{-2c^2x^2} H_m(cx)H_n(cx)\, dx = (-1)^{(m+n)/2} 2^{(m+n-1)/2} c^{-1} \Gamma\left(\frac{m+n+1}{2}\right)$$
$$[|\arg c| < \pi/4;\ m+n = 2,\, 4,\, 6,\, \ldots].$$

10. $$\int\limits_{-\infty}^{\infty} e^{-c^2x^2} H_m(a+cx)H_n(b+cx)\, dx = \frac{2^n \sqrt{\pi}\, m! b^{n-m}}{c} L_m^{n-m}(-2ab)$$
$$[|\arg c| < \pi/4;\ m \leqslant n].$$

11. $$\int\limits_{0}^{\infty} e^{-px^2} [H_m(b+ax)H_n(d+cx) + H_m(b-ax)H_n(d-cx)]\, dx =$$
$$= \sqrt{\frac{\pi}{2}}\, p^{-(m+n+1)/2} \sum_{k=0}^{\min(m,\,n)} \binom{m}{k}\binom{n}{k} k! (p-a^2)^{(m+k)/2} \times$$
$$\times (p-c^2)^{(n+k)/2} \left(\frac{2}{ac}\right)^k H_{m-k}\left(b\sqrt{\frac{2p}{p-a^2}}\right) H_{n-k}\left(d\sqrt{\frac{2p}{p-c^2}}\right) \quad [\operatorname{Re} p > 0].$$

12. $$\int\limits_{0}^{\infty} x^{\alpha-1} e^{-px^2} \begin{Bmatrix} H_{2m+1}(bx)H_{2n+1}(cx) \\ H_{2m}(bx)H_{2n}(cx) \end{Bmatrix} dx = \frac{(-1)^{m+n}(2m+\delta)!(2n+\delta)!(bc)^{\delta}}{m! n! 2 p^{\alpha/2+\delta}} \times$$
$$\times \Gamma\left(\frac{\alpha}{2}+\delta\right) F_2\left(-m,\, -n,\, \frac{\alpha}{2}+\delta;\, \frac{1}{2}+\delta,\, \frac{1}{2}+\delta;\, \frac{b^2}{p},\, \frac{c}{p}\right) \quad [\operatorname{Re} p > 0;\ \operatorname{Re}\alpha > -2\delta].$$

13. $$\int\limits_{0}^{\infty} x^{\alpha-1} e^{-(b^2+c^2)x^2} H_{2m+\varepsilon}(bx) \begin{Bmatrix} H_{2n+1}(cx) \\ H_{2n}(cx) \end{Bmatrix} dx =$$
$$= \frac{(-1)^{m+n} 2^{2m+2n+\delta+\varepsilon-1} c^{\delta}}{b^{\alpha+\delta}} \left(\frac{1}{2}+\delta\right)_n \left(\frac{1+\varepsilon-\alpha-\delta}{2}\right)_m \Gamma\left(\frac{\alpha+\varepsilon+\delta}{2}\right) \times$$

$$\times\ {}_3F_2\left(\frac{\alpha+\delta}{2},\ \frac{1+\alpha+\delta}{2},\ \frac{1}{2}+n+\delta;\ \frac{1+\alpha+\delta-\varepsilon}{2}-m,\ \frac{1}{2}+\delta;\ -\frac{c^2}{b^2}\right)$$

$[\varepsilon=0$ или $1;\ \operatorname{Re}(b^2+c^2)>0;\ \operatorname{Re}\alpha>-\delta-\varepsilon]$.

14. $$\int_0^\infty xe^{-px^2}H_{n+1}(cx)H_n(cx)\,dx=\frac{2^{n-1}n!(n+1)!\sqrt{\pi}\,c}{p^{3/2}}\sum_{k=1}^{n}\frac{(2k+1)!!}{k!(k+1)!(n-k)}\left(\frac{p-c^2}{p}\right)^k$$

$[\operatorname{Re}p>0]$.

15. $$\int_0^\infty x^{\alpha-1}e^{-c^2x^2}H_m(cx)H_n(cx)\,dx=$$
$$=\frac{\sqrt{\pi}}{2^{\alpha-m-n}c^\alpha}\Gamma\left[\begin{matrix}\alpha\\(\alpha-m-n+1)/2\end{matrix}\right]{}_2F_1\left(-m,\ -n;\ \frac{\alpha-m-n+1}{2};\ \frac{1}{2}\right)$$ $[\operatorname{Re}c>0]$.

16. $$\int_0^\infty x^{l+m+n}e^{-c^2x^2}H_m(cx)H_n(cx)\,dx=$$
$$=\frac{\sqrt{\pi}\,(l+m+n)!}{2^{l+1}\Gamma(l/2+1)c^{l+m+n+1}}\,{}_2F_1\left(-m-n;\ 1+\frac{l}{2};\ \frac{1}{2}\right)$$ $[|\arg c|<\pi/4]$.

17. $$\int_{-\infty}^\infty e^{-(x-y)^2}H_m(cx)H_n(cx)\,dx=$$
$$=\sqrt{\pi}\sum_{k=0}^{\min(m,\,n)}2^kk!\binom{m}{k}\binom{n}{k}(1-c^2)^{(m+n)/2-k}H_{m+n-2k}\left(\frac{cy}{\sqrt{1-c^2}}\right).$$

18. $$\int_{-\infty}^\infty e^{-(x-c)^2}H_m(cx)H_n(cx)\,dx=2^n\sqrt{\pi}\,m!c^{n-m}L_n^{n-m}(-2c^2)$$ $[m\leqslant n]$.

19. $$\int_{-\infty}^\infty e^{-3c^2x^2/2-px}H_m(a+cx)H_n(cx)\,dx=$$
$$=\frac{(-1)^{m+n}\sqrt{2\pi}}{3^{(m+n+1)/2}c}\exp\left(\frac{p^2}{6c^2}\right)\sum_{k=0}^{\min(m,\,n)}k!4^k\binom{m}{k}\binom{n}{k}H_{m-k}\left(\frac{p}{c\sqrt{3}}-a\sqrt{3}\right)H_{n-k}\left(\frac{p}{c\sqrt{3}}\right)$$

$[|\arg c|<\pi/4]$.

20. $$\int_0^\infty x^{\alpha-1}e^{-b^2x^4-c^2x^2}H_{2m+\varepsilon}(bx^2)\left\{\begin{matrix}H_{2n+1}(cx)\\H_{2n}(cx)\end{matrix}\right\}dx=$$
$$=\frac{(-1)^{m+n}2^{2m+2n+\delta+\varepsilon-2}c^\delta}{b^{(\alpha+\delta)/2}}\left(\frac{1}{2}+\delta\right)_n\left(\frac{2+2\varepsilon-\alpha-\delta}{4}\right)_m\Gamma\left(\frac{2\varepsilon+\alpha+\delta}{4}\right)\times$$
$$\times\ {}_4F_4\left(\frac{\alpha+\delta}{4},\ \frac{2+\alpha+\delta}{4},\ \frac{2n+3}{4},\ \frac{2n+1}{4}+\delta;\ \frac{1}{2},\ \frac{3}{4},\ \frac{1}{4}+\delta,\right.$$
$$\left.\frac{2+\alpha+\delta-2\varepsilon}{4}-m;\ \frac{c^4}{4b^2}\right)-\frac{(-1)^{m+n}2^{2m+2n+\delta+\varepsilon-2}c^{\delta+2}}{b^{(\alpha+\delta)/2+1}}\left(\frac{3}{2}+\delta\right)_n\left(\frac{2\varepsilon-\delta-\alpha}{4}\right)_m\times$$
$$\times\Gamma\left(\frac{2+\alpha+\delta+2\varepsilon}{4}\right){}_4F_4\left(\frac{2+\alpha+\delta}{4},\ 1+\frac{\alpha+\delta}{4},\ \frac{2n+5}{4},\right.$$
$$\left.\frac{2n+3}{4}+\delta;\ \frac{3}{2},\ \frac{5}{4},\ \frac{3}{4}+\delta,\ 1-m+\frac{\alpha+\delta-2\varepsilon}{4};\ \frac{c^4}{4b^2}\right)$$

$[\varepsilon=0$ или $1;\ \operatorname{Re}\alpha>-\delta-2\varepsilon;\ |\arg b|<\pi/4]$.

21. $$\int_0^\infty \frac{x^{-1}}{x^2+z^2}\, e^{-c^2x^2} H_{n+1}(cx) H_n(cx)\, dx = \frac{2^n n!(n+1)!\sqrt{\pi}}{z^2} \sum_{k=0}^{n} \frac{(-2)^k}{(k+1)!(n-k)!} \times$$
$$\times \left[1-(2k+1)!!e^{c^2z^2/2} D_{-2k-2}(cz\sqrt{2})\right] \qquad [\operatorname{Re} z>0;\ |\arg c|<\pi/4].$$

22. $$\int_0^\infty e^{-c^2x^2} \left\{\begin{matrix} \sin bx\, H_{n+2m+1}(cx) \\ \cos bx\, H_{n+2m}(cx) \end{matrix}\right\} H_n(cx)\, dx =$$
$$= (-1)^m 2^{n-1}\sqrt{\pi}\, n! \frac{b^{2m+(1\pm1)/2}}{c^{2m+(3\pm1)/2}} \exp\left(-\frac{b^2}{4c^2}\right) L_n^{2m+(1\pm1)/2}\left(\frac{b^2}{2c^2}\right) \qquad [b>0;\ |\arg c|<\pi/4].$$

23. $$\int_0^\infty \operatorname{erfc}(cx) H_{n+1}(cx) H_n(cx)\, dx = \frac{2^{n-1}n!}{c} - \frac{1}{4(n+1)c} H_{n+1}^2(0) \qquad [|\arg c|<\pi/4].$$

24. $$\int_0^\infty \operatorname{erfc}(\sqrt{2}\,cx) H_{n+1}(cx) H_n(cx)\, dx = \frac{(-1)^{n+1}2^{n-1}}{\sqrt{\pi}\,(n+1)c} \Gamma\left(n+\frac{3}{2}\right) - \frac{1}{4(n+1)c} H_{n+1}^2(0)$$
$$[|\arg c|<\pi/4].$$

25. $$\int_0^\infty e^{-2c^2x^2} \operatorname{erf}(bx) H_{n+1}(cx) H_n(cx)\, dx =$$
$$= \frac{(-1)^n 2^{2n-1}\Gamma(n+1/2) b(b^2+c^2)^n}{\sqrt{\pi}\, c(b^2+2c^2)^{n+1/2}}\, {}_2F_1\left(-n,\ -n;\ \frac{1}{2}-n;\ \frac{b^2+2c^2}{2(b^2+c^2)}\right) \qquad [|\arg c|<\pi/4].$$

26. $$\int_0^\infty e^{-c^2x^2} \operatorname{erf}(cx) H_{n+2m+1}(cx) H_n(cx)\, dx = \frac{(-1)^m(2m+2n+2)!}{2^{m+n+3/2}(2m+1)(m+n+1)!c}$$
$$[|\arg c|<\pi/4].$$

27. $$\int_{-\infty}^\infty x^{\alpha-1} e^{-c^2x^2} \operatorname{erfc}(bx) H_m(cx) H_n(cx)\, dx =$$
$$= \frac{2^{m+n-1}}{\alpha\pi b^\alpha} \Gamma\left(\frac{\alpha+1}{2}\right) \cos\frac{m+n}{2}\pi \sum_{k=0}^{\min(m,n)} (-1)^k k!\Gamma\left(\frac{m+n+1}{2}-k\right) \times$$
$$\times 2^{-k}\binom{m}{k}\binom{n}{k} {}_3F_2\left(\frac{\alpha}{2},\ \frac{\alpha+1}{2},\ \frac{m+n+1}{2}-k;\ \frac{1}{2},\ \frac{\alpha}{2}+1;\ -\frac{c^2}{b^2}\right)$$
$$[\operatorname{Re}\alpha>0;\ |\arg b|,\ |\arg c|<\pi/4].$$

2.20.17. Интегралы, содержащие $\prod_{j=1}^{m} H_{n_j}(cx)$, $m=3,\ 4$.

1. $$\int_{-\infty}^\infty e^{-2c^2x^2} H_l(cx) H_m(cx) H_n(cx)\, dx = \left\{\begin{matrix} 1 \\ 0 \end{matrix}\right\} \frac{2^{s-1}}{\pi c} \Gamma[s-l,\ s-m,\ s-n]$$
$$\left[|\arg c|<\pi/4,\ \left\{\begin{matrix} l+m+n=2s-1=1,\ 3,\ 5,\ \ldots \\ l+m+n=2s-1=2,\ 4,\ 6,\ \ldots \end{matrix}\right\}\right].$$

2. $$\int_{-\infty}^\infty e^{-c^2x^2} H_l(cx) H_m(cx) H_n(cx)\, dx = \frac{2^{(l+m+n)/2}\sqrt{\pi}\, l!m!n!}{c[(l+m-n)/2]![(m+n-l)/2]![(l+m-n)/2]!}$$
[$l+m+n=2,\ 4,\ 6,\ \ldots$; стороны с длинами l, m, n составляют треугольник; $|\arg c|<\pi/4$],
$= 0$ [в остальных случаях; $|\arg c|<\pi/4$].

3. $$\int_{-\infty}^{\infty} e^{-c^2x^2} H_{l+m+n}(cx)H_m(cx)H_n(cx)\,dx = \frac{2^{l+m+n}\sqrt{\pi}}{c}\,(l+m+n)!$$ $[|\arg c| < \pi/4;\ l = 1,\ 3,\ 5,\ \ldots]$.

4. $$\int_0^{\infty} e^{-3c^2x^2} \operatorname{erf}(icx)H_{2n+1}(cx)H_{2n}^2(cx)\,dx = \frac{2^{3n+3/2}i}{3\pi^{3/2}c}\,\Gamma^3\left(n+\frac{1}{2}\right)$$ $[|\arg c| < \pi/4]$.

5. $$\int_0^{\infty} e^{-3c^2x^2} \operatorname{erf}(ic\sqrt{2}\,x)H_{2n+1}(cx)H_{2n}^2(cx)\,dx = \frac{2^{3n+1/2}i}{3c}\left[\frac{(2n)!}{n!}\right]^3$$ $[|\arg c| < \pi/4]$.

6. $$\int_{-\infty}^{\infty} e^{-c^2x^2} H_m^2(cx)H_n^2(cx)\,dx = \frac{2^{m+n}\sqrt{\pi}}{c}\,m!n!\sum_{k=0}^{\min(m,\,n)}\binom{m}{k}\binom{n}{k}\binom{2k}{k}$$ $[|\arg c| < \pi/4]$.

2.21. МНОГОЧЛЕНЫ ГЕГЕНБАУЭРА $C_n^\lambda(x)$

При вычислении интегралов, содержащих многочлены Гегенбауэра $C_n^\lambda(x)$, могут оказаться полезными формулы

$$C_n^\lambda(x) = \frac{(2\lambda)_n}{(\lambda+1/2)_n}\,P_n^{(\lambda-1/2,\,\lambda-1/2)}(x), \qquad C_n^\lambda(-x) = (-1)^n C_n^\lambda(x).$$

2.21.1. Интегралы общего вида.
(Также см. 2.22.1 при $\rho = \sigma = \lambda - 1/2$.)
Обозначение: $\delta = \begin{Bmatrix}1\\0\end{Bmatrix}$.

1. $$\int_0^a x^{\alpha-1}(a^2-x^2)^{\lambda-1/2}(b^r-x^r)^{\beta-1}C_{2n+\varepsilon}^\lambda\left(\frac{x}{a}\right)dx = \frac{(-1)^n}{2(2n+\varepsilon)!}\,a^{\alpha+2\lambda-1}b^{\beta r-r}(2\lambda)_{2n+\varepsilon}\times$$
$$\times\Gamma\left(\lambda+\frac{1}{2}\right)\sum_{k=0}^{\infty}\frac{(1-\beta)_k}{k!}\,\Gamma\left[\begin{matrix}(\alpha+\varepsilon+rk)/2\\(\alpha+\varepsilon+rk+1)/2+\lambda+n\end{matrix}\right]\left(\frac{1-\alpha+\varepsilon-rk}{2}\right)_n\left(\frac{a}{b}\right)^{rk}$$
$[\varepsilon = 0$ или $1;\ a,\ r > 0;\ b > a;\ \operatorname{Re}\lambda > -1/2;\ \operatorname{Re}\alpha > -\varepsilon]$.

2. $$\int_0^a x^{\alpha-1}(a^r-x^r)^{\beta-1}(b^2-x^2)^{\lambda-1/2}C_{2n+\varepsilon}^\lambda\left(\frac{x}{b}\right)dx = \frac{(-1)^n 2^{2n+\varepsilon}a^{\alpha+\varepsilon+\beta r-r}b^{2\lambda-\varepsilon-1}}{(2n+\varepsilon)!\,r}\times$$
$$\times(\lambda)_{n+\varepsilon}\Gamma(\beta)\sum_{k=0}^{\infty}\frac{(1/2-\lambda-n)_k}{k!}\,\Gamma\left[\begin{matrix}(\alpha+\varepsilon+2k)/r\\\beta+(\alpha+\varepsilon+2k)/r\end{matrix}\right]\left(\varepsilon+k+\frac{1}{2}\right)_n\left(\frac{a}{b}\right)^{2k}$$
$[\varepsilon = 0$ или $1;\ a,\ r,\ \operatorname{Re}\beta > 0;\ b > a;\ \operatorname{Re}\alpha > -\varepsilon]$.

3. $$\int_a^b x^{\alpha-1}(x^2-a^2)^{\lambda-1/2}(b^r-x^r)^{\beta-1}C_{2n+\varepsilon}^\lambda\left(\frac{x}{a}\right)dx = \frac{a^{\alpha+2\lambda-1}b^{r\beta-r}}{2(2n+\varepsilon)!}\,\Gamma\left(\lambda+\frac{1}{2}\right)(2\lambda)_{2n+\varepsilon}\times$$
$$\times\sum_{k=0}^{\infty}\frac{(1-\beta)_k}{k!}\Gamma\left[\begin{matrix}(1-\alpha-\varepsilon-rk)/2-\lambda-n\\1-(\alpha+\varepsilon+rk)/2\end{matrix}\right]\left(\frac{1-\alpha+\varepsilon-rk}{2}\right)_n\left(\frac{a}{b}\right)^{rk}+$$
$$+\frac{2^{2n+\varepsilon}b^{\alpha+\varepsilon+2\lambda+r\beta-r+2n-1}(\lambda)_{n+\varepsilon}}{(2n+\varepsilon)!\,a^{2n+\varepsilon}r}\,\Gamma(\beta)\sum_{k=0}^{\infty}\frac{(1/2-\lambda-n)_k}{k!}\times$$
$$\times\Gamma\left[\begin{matrix}(\alpha+\varepsilon+2\lambda-2k+2n-1)/r\\\beta+(\alpha+\varepsilon+2\lambda-2k+2n-1)/r\end{matrix}\right](\varepsilon+\lambda-k+n)_n\left(\frac{a}{b}\right)^{2k}$$
$[\varepsilon = 0$ или $1;\ b > a > 0;\ r,\ \operatorname{Re}\beta > 0;\ \operatorname{Re}\lambda > -1/2]$.

$$\textbf{4.}\ \int\limits_a^b x^{\alpha-1}(x^r-a^r)^{\beta-1}(b^2-x^2)^{\lambda-1/2}C_{2n+\varepsilon}^{\lambda}\left(\frac{x}{b}\right)dx=\frac{(-1)^n}{2(2n+\varepsilon)!}\,b^{\alpha+2\lambda+r\beta-r-1}(2\lambda)_{2n+\varepsilon}\times$$
$$\times\Gamma\left(\lambda+\frac{1}{2}\right)\sum_{k=0}^{\infty}\frac{(1-\beta)_k}{k!}\,\Gamma\left[\begin{matrix}(\alpha+\varepsilon+r\beta-rk-r)/2\\(\alpha+\varepsilon+r\beta-rk-r+1)/2+\lambda+n\end{matrix}\right]\times$$
$$\times\left(\frac{\varepsilon+r(k-\beta+1)-\alpha+1}{2}\right)_n\left(\frac{a}{b}\right)^{rk}+\frac{(-1)^n2^{2n+\varepsilon}}{(2n+\varepsilon)!r}\,a^{\alpha+\varepsilon+\beta r-r}\times$$
$$\times b^{2\lambda-\varepsilon-1}(\lambda)_{n+\varepsilon}\Gamma(\beta)\sum_{k=0}^{\infty}\frac{(1/2-n-\lambda)_k}{k!}\Gamma\left[\begin{matrix}1-\beta-(\alpha+\varepsilon+2k)/r\\1-(\alpha+\varepsilon+2k)/r\end{matrix}\right]\left(\frac{1}{2}+\varepsilon+k\right)_n\left(\frac{a}{b}\right)^{2k}$$

[$\varepsilon=0$ или 1; $b>a>0$; r, $\operatorname{Re}\beta>0$; $\operatorname{Re}\lambda>-1/2$].

$$\textbf{5.}\ \int\limits_a^{\infty} x^{\alpha-1}(x^r-a^r)^{\beta-1}(x^2-b^2)^{\lambda-1/2}C_{2n+\varepsilon}^{\lambda}\left(\frac{x}{b}\right)dx=\frac{2^{2n+\varepsilon}a^{\alpha+\varepsilon+2\lambda+r\beta-r+2n-1}}{(2n+\varepsilon)!b^{2n+\varepsilon}r}(\lambda)_{n+\varepsilon}\Gamma(\beta)\times$$
$$\times\sum_{k=0}^{\infty}\frac{(1/2-n-\lambda)_k}{k!}\,\Gamma\left[\begin{matrix}1-\beta-(\alpha+\varepsilon+2\lambda+2n-2k-1)/r\\1-(\alpha+\varepsilon+2\lambda+2n-2k-1)/r\end{matrix}\right](\varepsilon+\lambda+n-k)_n\left(\frac{b}{a}\right)^{2k}$$

[$\varepsilon=0$ или 1; $a>b>0$; r, $\operatorname{Re}\beta>0$; $\operatorname{Re}(\alpha+2\lambda+r\beta)<r-\varepsilon-2n+1$].

$$\textbf{6.}\ \int\limits_a^{\infty} x^{\alpha-1}(x^2-a^2)^{\lambda-1/2}(x^r-b^r)^{\beta-1}C_{2n+\varepsilon}^{\lambda}\left(\frac{x}{a}\right)dx=\frac{a^{\alpha+2\lambda+r\beta-r-1}}{2(2n+\varepsilon)!}(2\lambda)_{2n+\varepsilon}\Gamma\left(\lambda+\frac{1}{2}\right)\times$$
$$\times\sum_{k=0}^{\infty}\frac{(1-\beta)_k}{k!}\Gamma\left[\begin{matrix}(1-\alpha-\varepsilon-r\beta+r+rk)/2-\lambda-n\\1+(r+rk-\alpha-\varepsilon-r\beta)/2\end{matrix}\right]\left(\frac{1-\alpha+\varepsilon+r+rk-r\beta}{2}\right)_n\left(\frac{b}{a}\right)^{rk}$$

[$\varepsilon=0$ или 1; $a>b>0$; $r>0$; $\operatorname{Re}\lambda>-1/2$; $\operatorname{Re}(\alpha+2\lambda+r\beta)<r-\varepsilon-2n+1$].

$$\textbf{7.}\ \int\limits_0^a\frac{x^{\alpha-1}}{(x^r+z^r)^{\rho}}\,(a^2-x^2)^{\lambda-1/2}C_{2n+\varepsilon}^{\lambda}\left(\frac{x}{a}\right)dx=I$$

[$\varepsilon=0$ или 1; a, $r>0$; $\operatorname{Re}\alpha>-\varepsilon$; $\operatorname{Re}\lambda>-1/2$; $r|\arg z|<\pi$],

$$I=\frac{(-1)^n}{2(2n+\varepsilon)!}\,a^{\alpha+2\lambda-1}z^{-r\rho}(2\lambda)_{2n+\varepsilon}\Gamma\left(\lambda+\frac{1}{2}\right)\times$$
$$\times\sum_{k=0}^{\infty}\frac{(-1)^k(\rho)_k}{k!}\,\Gamma\left[\begin{matrix}(\alpha+\varepsilon+rk)/2\\(\alpha+\varepsilon+rk+1)/2+\lambda+n\end{matrix}\right]\left(\frac{\varepsilon-\alpha-rk+1}{2}\right)_n\left(\frac{a}{z}\right)\qquad[|z|>a],$$
$$I=\frac{(-1)^n2^{2n+\varepsilon}a^{2\lambda-\varepsilon-1}z^{\alpha+\varepsilon-r\rho}}{(2n+\varepsilon)!r\Gamma(\rho)}(\lambda)_{n+\varepsilon}\sum_{k=0}^{\infty}\frac{(1/2-\lambda-n)_k}{k!}\Gamma\left(\frac{\alpha+\varepsilon+2k}{r}\right)\times$$
$$\times\Gamma\left(\rho-\frac{\alpha+\varepsilon+2k}{r}\right)\left(\varepsilon+k+\frac{1}{2}\right)_n\left(\frac{z}{a}\right)^{2k}+\frac{(-1)^n}{2(2n+\varepsilon)!}\,a^{\alpha+2\lambda-r\rho-1}(2\lambda)_{2n+\varepsilon}\Gamma\left(\lambda+\frac{1}{2}\right)\times$$
$$\times\sum_{k=0}^{\infty}\frac{(-1)^k(\rho)_k}{k!}\,\Gamma\left[\begin{matrix}(\alpha+\varepsilon-rk-r\rho)/2\\(\alpha+\varepsilon-rk-r\rho+1)/2+\lambda+n\end{matrix}\right]\left(\frac{\varepsilon-\alpha+rk+r\rho+1}{2}\right)_n\left(\frac{z}{a}\right)^{r}$$

[$|z|<a$].

$$\textbf{8.}\ \int\limits_a^{\infty}\frac{x^{\alpha-1}}{(x^r+z^r)^{\rho}}\,(x^2-a^2)^{\lambda-1/2}C_{2n+\varepsilon}^{\lambda}\left(\frac{x}{a}\right)dx=I$$

[$\varepsilon=0$ или 1; a, $r>0$; $\operatorname{Re}\lambda>-1/2$; $\operatorname{Re}(\alpha+2\lambda-r\rho)<1-2n-\varepsilon$; $r|\arg z|<\pi$],

$$I = \frac{a^{\alpha+2\lambda-1}}{2(2n+\varepsilon)!z^{r\rho}}(2\lambda)_{2n+\varepsilon}\Gamma\left(\lambda+\frac{1}{2}\right)\sum_{k=0}^{\infty}\frac{(-1)^k(\rho)_k}{k!}\times$$
$$\times\Gamma\begin{bmatrix}(1-\alpha-\varepsilon-rk)/2-\lambda-n\\1-(\alpha+\varepsilon+rk)/2\end{bmatrix}\left(\frac{1-\alpha+\varepsilon-rk}{2}\right)_n\left(\frac{a}{z}\right)^{rk}+$$
$$+\frac{2^{2n+\varepsilon}z^{\alpha+\varepsilon+2\lambda-r\rho+2n-1}}{(2n+\varepsilon)!a^{2n+\varepsilon}r\Gamma(\rho)}(\lambda)_{n+\varepsilon}\sum_{k=0}^{\infty}\frac{(1/2-n-\lambda)_k}{k!}\Gamma\left(\frac{\alpha+\varepsilon+2\lambda+2n-2k-1}{r}\right)\times$$
$$\times\Gamma\left(\rho-\frac{\alpha+\varepsilon+2\lambda+2n-2k-1}{r}\right)(\lambda+\varepsilon+n-k)_n\left(\frac{a}{z}\right)^{2k}\qquad [|z|>a],$$

$$I = \frac{a^{\alpha+2\lambda-r\rho-1}}{2(2n+\varepsilon)!}(2\lambda)_{2n+\varepsilon}\Gamma\left(\lambda+\frac{1}{2}\right)\sum_{k=0}^{\infty}\frac{(-1)^k(\rho)_k}{k!}\times$$
$$\times\Gamma\begin{bmatrix}(1-\alpha-\varepsilon+r\rho+rk)/2-\lambda-n\\1+(rk+r\rho-\alpha-\varepsilon)/2\end{bmatrix}\left(\frac{1-\alpha+\varepsilon+rk+r\rho}{2}\right)_n\left(\frac{z}{a}\right)^{rk}\qquad [|z|<a].$$

9. $$\int_0^a\frac{x^{\alpha-1}}{x^r-y^r}(a^2-x^2)^{\lambda-1/2}C_{2n+\varepsilon}^{\lambda}\left(\frac{x}{a}\right)dx = I$$

[$\varepsilon = 0$ или 1; $a,\ r,\ y>0$; $\operatorname{Re}\alpha>-\varepsilon$; $\operatorname{Re}\lambda>-1/2$],

$$I = \frac{(-1)^{n+1}}{2(2n+\varepsilon)!}a^{\alpha+2\lambda-1}y^{-r}(2\lambda)_{2n+\varepsilon}\Gamma\left(\lambda+\frac{1}{2}\right)\times$$
$$\times\sum_{k=0}^{\infty}\Gamma\begin{bmatrix}(\alpha+\varepsilon+rk)/2\\(\alpha+\varepsilon+rk+1)/2+\lambda+n\end{bmatrix}\left(\frac{\varepsilon-\alpha-rk+1}{2}\right)_n\left(\frac{a}{y}\right)^{rk}\qquad [y>a],$$

$$I = \frac{(-1)^{n+1}2^{2n+\varepsilon}\pi}{(2n+\varepsilon)!r}a^{2\lambda-\varepsilon-1}y^{\alpha+\varepsilon-r}(\lambda)_{n+\varepsilon}\sum_{k=0}^{\infty}\frac{(1/2-\lambda-n)_k}{k!}\operatorname{ctg}\left(\frac{\alpha+\varepsilon+2k}{r}\pi\right)\times$$
$$\times\left(\frac{1}{2}+\varepsilon+k\right)_n\left(\frac{y}{a}\right)^{2k}+\frac{(-1)^n}{2(2n+\varepsilon)!}a^{\alpha+2\lambda-r-1}(2\lambda)_{2n+\varepsilon}\Gamma\left(\lambda+\frac{1}{2}\right)\times$$
$$\times\sum_{k=0}^{\infty}\Gamma\begin{bmatrix}(\alpha+\varepsilon-rk-r)/2\\(\alpha+\varepsilon-rk-r+1)/2+\lambda+n\end{bmatrix}\left(\frac{\varepsilon-\alpha+rk+r+1}{2}\right)_n\left(\frac{y}{a}\right)^{rk}\qquad [y<a].$$

10. $$\int_a^{\infty}\frac{x^{\alpha-1}}{x^r-y^r}(x^2-a^2)^{\lambda-1/2}C_{2n+\varepsilon}^{\lambda}\left(\frac{x}{a}\right)dx = I$$

[$\varepsilon = 0$ или 1; $a,\ r,\ y>0$; $\operatorname{Re}\lambda>-1/2$; $\operatorname{Re}(\alpha+2\lambda)<r-\varepsilon-2n+1$],

$$I = -\frac{a^{\alpha+2\lambda-1}}{2(2n+\varepsilon)!y^r}(2\lambda)_{2n+\varepsilon}\Gamma\left(\lambda+\frac{1}{2}\right)\sum_{k=0}^{\infty}\Gamma\begin{bmatrix}(1-\alpha-\varepsilon-rk)/2-\lambda-n\\1-(\alpha+\varepsilon+rk)/2\end{bmatrix}\times$$
$$\times\left(\frac{\varepsilon-\alpha-rk+1}{2}\right)_n\left(\frac{a}{y}\right)^{rk}-\frac{2^{2n+\varepsilon}\pi y^{\alpha+\varepsilon+2\lambda-r+2n-1}}{(2n+\varepsilon)!a^{2n+\varepsilon}r}(\lambda)_{n+\varepsilon}\sum_{k=0}^{\infty}\frac{(1/2-\lambda-n)_k}{k!}\times$$
$$\times(\varepsilon+\lambda+n-k)_n\operatorname{ctg}\left(\frac{\alpha+\varepsilon+2\lambda+2n-2k-1}{r}\pi\right)\left(\frac{a}{y}\right)^{2k}\qquad [y>a],$$

$$I = \frac{a^{\alpha+2\lambda-r-1}}{2(2n+\varepsilon)!}(2\lambda)_{2n+\varepsilon}\Gamma\left(\lambda+\frac{1}{2}\right)\times$$
$$\times\sum_{k=0}^{\infty}\Gamma\begin{bmatrix}(1-\alpha-\varepsilon+rk+r)/2-\lambda-n\\1+(rk+r-\alpha-\varepsilon)/2\end{bmatrix}\left(\frac{\varepsilon-\alpha+rk+r+1}{2}\right)_n\left(\frac{y}{a}\right)^{rk}\qquad [y<a].$$

11. $$\int\limits_0^a x^{\alpha-1}(a^2-x^2)^{\lambda-1/2}e^{-px^r}C_{2n+\varepsilon}^{\lambda}\left(\frac{x}{a}\right)dx = \frac{(-1)^n}{2(2n+\varepsilon)!}a^{\alpha+2\lambda-1}(2\lambda)_{2n+\varepsilon}\Gamma\left(\lambda+\frac{1}{2}\right)\times$$
$$\times\sum_{k=0}^{\infty}\frac{1}{k!}\Gamma\left[\begin{matrix}(\alpha+\varepsilon+rk)/2\\(\alpha+\varepsilon+rk+1)/2+\lambda+n\end{matrix}\right]\left(\frac{\varepsilon-\alpha-rk+1}{2}\right)_n(-a^rp)^k$$
[$\varepsilon=0$ или 1; $a,\ r>0$; $\operatorname{Re}\alpha>-\varepsilon$; $\operatorname{Re}\lambda>-1/2$].

12. $$\int\limits_a^\infty x^{\alpha-1}(x^2-a^2)^{\lambda-1/2}e^{-px^r}C_{2n+\varepsilon}^{\lambda}\left(\frac{x}{a}\right)dx = \frac{a^{\alpha+2\lambda-1}}{2(2n+\varepsilon)!}(2\lambda)_{2n+\varepsilon}\Gamma\left(\lambda+\frac{1}{2}\right)\sum_{k=0}^{\infty}\frac{1}{k!}\times$$
$$\times\Gamma\left[\begin{matrix}(1-\alpha-\varepsilon-rk)/2-\lambda-n\\1-(\alpha+\varepsilon+rk)/2\end{matrix}\right]\left(\frac{1-\alpha+\varepsilon-rk}{2}\right)_n(-a^rp)^k+$$
$$+\frac{2^{2n+\varepsilon}p^{(1-\alpha-\varepsilon-2\lambda-2n)/r}}{(2n+\varepsilon)!a^{2n+\varepsilon}r}(\lambda)_{n+\varepsilon}\times$$
$$\times\sum_{k=0}^{\infty}\frac{(1/2-\lambda-n)_k}{k!}(\lambda+\varepsilon+n-k)_n\Gamma\left(\frac{\alpha+\varepsilon+2\lambda+2n-2k-1}{r}\right)\left(ap^{1/r}\right)^{2k}$$
[$\varepsilon=0$ или 1; $a,\ r,\ \operatorname{Re}p>0$; $\operatorname{Re}\lambda>-1/2$].

13. $$\int\limits_0^a x^{\alpha-1}(a^2-x^2)^{\lambda-1/2}e^{-px^{-r}}C_{2n+\varepsilon}^{\lambda}\left(\frac{x}{a}\right)dx = \frac{(-1)^n}{2(2n+\varepsilon)!}a^{\alpha+2\lambda-1}(2\lambda)_{2n+\varepsilon}\Gamma\left(\lambda+\frac{1}{2}\right)\times$$
$$\times\sum_{k=0}^{\infty}\frac{1}{k!}\Gamma\left[\begin{matrix}(\alpha+\varepsilon-rk)/2\\(\alpha+\varepsilon-rk+1)/2+\lambda+n\end{matrix}\right]\left(\frac{\varepsilon-\alpha+rk+1}{2}\right)_n\left(-\frac{p}{a^r}\right)^k+\frac{(-1)^n2^{2n+\varepsilon}}{(2n+\varepsilon)!r}\times$$
$$\times a^{2\lambda-\varepsilon-1}p^{(\alpha+\varepsilon)/r}(\lambda)_{n+\varepsilon}\sum_{k=0}^{\infty}\frac{(1/2-\lambda-n)_k}{k!}\Gamma\left(-\frac{\alpha+\varepsilon+2k}{r}\right)\left(\frac{1}{2}+\varepsilon+k\right)_n\left(\frac{p^{1/r}}{a}\right)^{2k}$$
[$\varepsilon=0$ или 1; $a,\ r,\ \operatorname{Re}p>0$; $\operatorname{Re}\lambda>-1/2$].

14. $$\int\limits_a^\infty x^{\alpha-1}(x^2-a^2)^{\lambda-1/2}e^{-px^{-r}}C_{2n+\varepsilon}^{\lambda}\left(\frac{x}{a}\right)dx = \frac{a^{\alpha+2\lambda-1}}{2(2n+\varepsilon)!}(2\lambda)_{2n+\varepsilon}\Gamma\left(\lambda+\frac{1}{2}\right)\sum_{k=0}^{\infty}\frac{1}{k!}\times$$
$$\times\Gamma\left[\begin{matrix}(1-\alpha-\varepsilon+rk)/2-\lambda-n\\1-(\alpha+\varepsilon-rk)/2\end{matrix}\right]\left(\frac{\varepsilon-\alpha+rk+1}{2}\right)_n\left(-\frac{p}{a^r}\right)^k$$
[$\varepsilon=0$ или 1; $a,\ r>0$; $-1/2<\operatorname{Re}\lambda<(1-\operatorname{Re}\alpha-\varepsilon-2n)/2$].

15. $$\int\limits_0^a x^{\alpha-1}(a^2-x^2)^{\lambda-1/2}\left\{\begin{matrix}\sin bx^r\\\cos bx^r\end{matrix}\right\}C_{2n+\varepsilon}^{\lambda}\left(\frac{a}{x}\right)dx =$$
$$=\frac{(-1)^n}{2(2n+\varepsilon)!}a^{\alpha+2\lambda+\delta r-1}b^{\delta}(2\lambda)_{2n+\varepsilon}\Gamma\left(\lambda+\frac{1}{2}\right)\sum_{k=0}^{\infty}\frac{(-1)^k}{k!(\delta+1/2)_k}\times$$
$$\times\Gamma\left[\begin{matrix}rk+(\alpha+\varepsilon+r\delta)/2\\\lambda+rk+n+(\alpha+\varepsilon+\delta r+1)/2\end{matrix}\right]\left(\frac{\varepsilon-\alpha-\delta r+1}{2}-rk\right)_n\left(\frac{a^rb}{2}\right)^{2k}$$
[$\varepsilon=0$ или 1; $a,\ r>0$; $\operatorname{Re}\alpha>-\varepsilon-\delta r$; $\operatorname{Re}\lambda>-1/2$].

16. $$\int\limits_a^\infty x^{\alpha-1}(x^2-a^2)^{\lambda-1/2}\left\{\begin{matrix}\sin bx^r\\\cos bx^r\end{matrix}\right\}C_{2n+\varepsilon}^{\lambda}\left(\frac{x}{a}\right)dx = \frac{a^{\alpha+2\lambda+\delta r-1}}{2(2n+\varepsilon)!}b^{\delta}(2\lambda)_{2n+\varepsilon}\Gamma\left(\lambda+\frac{1}{2}\right)\times$$
$$\times\sum_{k=0}^{\infty}\frac{(-1)^k}{k!(1/2+\delta)_k}\Gamma\left[\begin{matrix}(1-\alpha-\varepsilon-\delta r)/2-\lambda-rk-n\\1-(\alpha+\varepsilon+\delta r)/2-rk\end{matrix}\right]\times$$

$$\times\left(\frac{\varepsilon-\alpha-\delta r+1}{2}-rk\right)_n\left(\frac{a^rb}{2}\right)^{2k}+\frac{2^{2n+\varepsilon}}{(2n+\varepsilon)!a^{2n+\varepsilon}r}\times$$
$$\times b^{(1-\alpha-\varepsilon-2\lambda-2n)/r}(\lambda)_{n+\varepsilon}\sum_{k=0}^{\infty}\frac{(1/2-\lambda-n)_k}{k!}(\varepsilon+\lambda+n-k)_n\times$$
$$\times\Gamma\left(\frac{\alpha+\varepsilon+2\lambda+2n-2k-1}{r}\right)\left\{\begin{matrix}\sin[(\alpha+\varepsilon+2\lambda+2n-2k-1)\pi/(2r)]\\ \cos[(\alpha+\varepsilon+2\lambda+2n-2k-1)\pi/(2r)]\end{matrix}\right\}(ab^{1/r})^{2k}$$

$[\varepsilon=0$ или $1;\ a,\ b,\ r>0;\ -1/2<\operatorname{Re}\lambda<(r-\operatorname{Re}\alpha-\varepsilon-2n+1)/2]$.

17. $$\int_0^a x^{\alpha-1}(a^2-x^2)^{\lambda-1/2}\left\{\begin{matrix}\ln(x^r+z^r)\\ \ln|x^r-z^r|\end{matrix}\right\}C_{2n+\varepsilon}^\lambda\left(\frac{x}{a}\right)dx=I$$

$\left[\varepsilon=0\text{ или }1;\ a,\ r>0;\ \operatorname{Re}\alpha>-\varepsilon;\ \operatorname{Re}\lambda>-1/2,\ \left\{\begin{matrix}r|\arg z|<\pi\\ z>0\end{matrix}\right\}\right]$,

$$I=\pm\frac{(-1)^n}{2(2n+\varepsilon)!}a^{\alpha+2\lambda+r-1}z^{-r}(2\lambda)_{2n+\varepsilon}\Gamma\left(\lambda+\frac{1}{2}\right)\times$$
$$\times\sum_{k=0}^{\infty}\frac{(\mp1)^k}{k+1}\Gamma\left[\begin{matrix}(\alpha+\varepsilon+r+rk)/2\\ (\alpha+\varepsilon+r+rk+1)/2+\lambda+n\end{matrix}\right]\left(\frac{\varepsilon-\alpha-r-rk+1}{2}\right)_n\left(\frac{a}{z}\right)^{rk}+$$
$$+\frac{(-1)^na^{\alpha+2\lambda-1}r}{2(2n+\varepsilon)!}(2\lambda)_{2n+\varepsilon}\left(\frac{\varepsilon-\alpha+1}{2}\right)_n\Gamma\left[\begin{matrix}(\alpha+\varepsilon)/2,\ \lambda+1/2\\ (\alpha+\varepsilon+1)/2+\lambda+n\end{matrix}\right]\ln z\qquad[|z|>a],$$

$$I=\pm\frac{(-1)^n}{2(2n+\varepsilon)!}a^{\alpha+2\lambda-r-1}z^{r}(2\lambda)_{2n+\varepsilon}\Gamma\left(\lambda+\frac{1}{2}\right)\times$$
$$\times\sum_{k=0}^{\infty}\frac{(\mp1)^k}{k+1}\Gamma\left[\begin{matrix}(\alpha+\varepsilon-r-rk)/2\\ (\alpha+\varepsilon-r-rk+1)/2+\lambda+n\end{matrix}\right]\left(\frac{\varepsilon-\alpha+r+rk+1}{2}\right)_n\left(\frac{z}{a}\right)^{rk}+$$
$$+\frac{(-1)^na^{\alpha+2\lambda-1}r}{4(2n+\varepsilon)!}(2\lambda)_{2n+\varepsilon}\Gamma\left[\begin{matrix}(\alpha+\varepsilon)/2,\ \lambda+1/2\\ (\alpha+\varepsilon+1)/2+\lambda+n\end{matrix}\right]\left(\frac{\varepsilon-\alpha+1}{2}\right)_n\times$$
$$\times\left[\psi\left(\frac{\alpha+\varepsilon}{2}\right)-\psi\left(\frac{\alpha+\varepsilon+1}{2}+\lambda+n\right)-\sum_{j=0}^{n-1}\frac{2}{2j-\alpha+\varepsilon+1}+2\ln a\right]+$$
$$+\frac{(-1)^n2^{2n+\varepsilon}\pi a^{2\lambda-\varepsilon-1}z^{\alpha+\varepsilon}}{(2n+\varepsilon)!}(\lambda)_{n+\varepsilon}\sum_{k=0}^{\infty}\frac{(1/2-\lambda-n)_k}{k!(\alpha+\varepsilon+2k)}\times$$
$$\times\left(\frac{1}{2}+\varepsilon+k\right)_n\left\{\begin{matrix}\operatorname{cosec}[(\alpha+\varepsilon+2k)\pi/r]\\ \operatorname{ctg}[(\alpha+\varepsilon+2k)\pi/r]\end{matrix}\right\}\left(\frac{z}{a}\right)^{2k}\qquad[|z|<a].$$

18. $$\int_a^\infty x^{\alpha-1}(x^2-a^2)^{\lambda-1/2}\left\{\begin{matrix}\ln(x^r+z^r)\\ \ln|x^r-z^r|\end{matrix}\right\}C_{2n+\varepsilon}^\lambda\left(\frac{x}{a}\right)dx=I$$

$\left[\varepsilon=0\text{ или }1;\ a,\ r>0;\ -1/2<\operatorname{Re}\lambda<(1-\operatorname{Re}\alpha-\varepsilon-2n)/2,\ \left\{\begin{matrix}r|\arg z|<\pi\\ z>0\end{matrix}\right\}\right]$,

$$I=\pm\frac{a^{\alpha+2\lambda+r-1}}{2(2n+\varepsilon)!z^r}(2\lambda)_{2n+\varepsilon}\Gamma\left(\lambda+\frac{1}{2}\right)\sum_{k=0}^{\infty}\frac{(\mp1)^k}{k+1}\times$$
$$\times\Gamma\left[\begin{matrix}(1-\alpha-\varepsilon-r-rk)/2-\lambda-n\\ 1-(\alpha+\varepsilon+rk+r)/2\end{matrix}\right]\left(\frac{\varepsilon-\alpha-r-rk+1}{2}\right)_n\left(\frac{a}{z}\right)^{rk}+$$
$$+\frac{2^{2n+\varepsilon}\pi}{(2n+\varepsilon)!a^{2n+\varepsilon}}z^{\alpha+\varepsilon+2\lambda+2n-1}(\lambda)_{n+\varepsilon}\sum_{k=0}^{\infty}\frac{(1/2-\lambda-n)_k(\varepsilon+\lambda+n-k)_n}{k!(2k-\alpha-\varepsilon-2\lambda-2n+1)}\times$$

$$\times \begin{Bmatrix} \operatorname{cosec}[(1-\alpha-\varepsilon-2\lambda-2n+2k)\pi/r] \\ \operatorname{ctg}[(1-\alpha-\varepsilon-2\lambda-2n+2k)\pi/r] \end{Bmatrix} \left(\frac{a}{z}\right)^{2k} + \frac{a^{\alpha+2\lambda-1}r}{2(2n+\varepsilon)!}(2\lambda)_{2n+\varepsilon} \times$$

$$\times \left(\frac{\varepsilon-\alpha+1}{2}\right)_n \Gamma\begin{bmatrix} \lambda+1/2,\ (1-\alpha-\varepsilon)/2-\lambda-n \\ 1-(\alpha+\varepsilon)/2 \end{bmatrix} \ln z \qquad [|z|>a],$$

$$I = \pm\frac{a^{\alpha+2\lambda-r-1}z^r}{2(2n+\varepsilon)!}(2\lambda)_{2n+\varepsilon}\Gamma\left(\lambda+\frac{1}{2}\right)\sum_{k=0}^{\infty}\frac{(\mp 1)^k}{k+1} \times$$

$$\times \Gamma\begin{bmatrix} (1-\alpha-\varepsilon+r+rk)/2-\lambda-n \\ 1-(\alpha+\varepsilon-r-rk)/2 \end{bmatrix}\left(\frac{1-\alpha+\varepsilon+r+rk}{2}\right)_n\left(\frac{z}{a}\right)^{rk} -$$

$$-\frac{a^{\alpha+2\lambda-1}r}{4(2n+\varepsilon)!}(2\lambda)_{2n+\varepsilon}\left(\frac{1-\alpha+\varepsilon}{2}\right)_n\Gamma\begin{bmatrix} \lambda+1/2,\ (1-\alpha-\varepsilon)/2-\lambda-n \\ 1-(\alpha+\varepsilon)/2 \end{bmatrix} \times$$

$$\times \left[\psi\left(\frac{1-\alpha-\varepsilon}{2}-\lambda-n\right)-\psi\left(1-\frac{\alpha+\varepsilon}{2}\right)+\sum_{j=0}^{n-1}\frac{2}{2j-\alpha+\varepsilon+1}-2\ln a\right] \qquad [|z|<a].$$

19. $$\int_0^a x^{\alpha-1}(a^2-x^2)^{\lambda-1/2}\operatorname{Ei}(-bx^r)C_{2n+\varepsilon}^{\lambda}\left(\frac{x}{a}\right)dx = \frac{(-1)^{n+1}}{2(2n+\varepsilon)!}a^{\alpha+2\lambda+r-1}b(2\lambda)_{2n+\varepsilon} \times$$

$$\times \Gamma\left(\lambda+\frac{1}{2}\right)\sum_{k=0}^{\infty}\frac{1}{k!(k+1)^2}\Gamma\begin{bmatrix} (\alpha+\varepsilon+r+rk)/2 \\ (\alpha+\varepsilon+r+rk+1)/2+\lambda+n \end{bmatrix} \times$$

$$\times \left(\frac{\varepsilon-\alpha-r-rk+1}{2}\right)_n(-a^rb)^k + \frac{(-1)^n}{2(2n+\varepsilon)!}a^{\alpha+2\lambda-1} \times$$

$$\times (2\lambda)_{2n+\varepsilon}\Gamma\begin{bmatrix} (\alpha+\varepsilon)/2,\ \lambda+1/2 \\ (\alpha+\varepsilon+1)/2+\lambda+n \end{bmatrix}\left(\frac{\varepsilon-\alpha+1}{2}\right)_n\left[\mathbf{C}+\frac{r}{2}\psi\left(\frac{\alpha+\varepsilon}{2}\right)-\right.$$

$$\left.-\frac{r}{2}\psi\left(\frac{\alpha+\varepsilon+1}{2}+\lambda+n\right)-\sum_{j=0}^{n-1}\frac{r}{2j-\alpha+\varepsilon+1}+\ln(a^rb)\right]$$

[$\varepsilon = 0$ или 1; $a,\ r>0$; $\operatorname{Re}\alpha > -\varepsilon$; $\operatorname{Re}\lambda > -1/2$; $|\arg b| < \pi$].

20. $$\int_a^{\infty} x^{\alpha-1}(x^2-a^2)^{\lambda-1/2}\operatorname{Ei}(-bx^r)C_{2n+\varepsilon}^{\lambda}\left(\frac{x}{a}\right)dx = -\frac{a^{\alpha+2\lambda+r-1}b}{2(2n+\varepsilon)!}(2\lambda)_{2n+\varepsilon}\Gamma\left(\lambda+\frac{1}{2}\right) \times$$

$$\times \sum_{k=0}^{\infty}\frac{1}{k!(k+1)^2}\Gamma\begin{bmatrix} (1-\alpha-\varepsilon-r-rk)/2-\lambda-n \\ 1-(\alpha+\varepsilon+r+rk)/2 \end{bmatrix}\left(\frac{\varepsilon-\alpha-r-rk+1}{2}\right)_n(-a^rb)^k +$$

$$+\frac{a^{\alpha+2\lambda-1}}{2(2n+\varepsilon)!}(2\lambda)_{2n+\varepsilon}\Gamma\begin{bmatrix} \lambda+1/2,\ (1-\alpha-\varepsilon)/2-\lambda-n \\ 1-(\alpha+\varepsilon)/2 \end{bmatrix}\left(\frac{\varepsilon-\alpha+1}{2}\right)_n \times$$

$$\times \left[\mathbf{C}-\frac{r}{2}\psi\left(\frac{1-\alpha-\varepsilon}{2}-\lambda-n\right)+\frac{r}{2}\psi\left(1-\frac{\alpha+\varepsilon}{2}\right)-\sum_{j=0}^{n-1}\frac{r}{2j-\alpha+\varepsilon+1}+\ln(a^rb)\right] +$$

$$+\frac{2^{2n+\varepsilon}b^{(1-\alpha-\varepsilon-2\lambda-2n)/r}}{(2n+\varepsilon)!a^{2n+\varepsilon}}(\lambda)_{n+\varepsilon} \times$$

$$\times \sum_{k=0}^{\infty}\frac{(1/2-\lambda-n)_k(\varepsilon+\lambda+n-k)_n}{k!(2k-\alpha-\varepsilon-2\lambda-2n+1)}\Gamma\left(\frac{\alpha+\varepsilon+2\lambda+2n-2k-1}{r}\right)\left(ab^{1/r}\right)^{2k}$$

[$\varepsilon = 0$ или 1; $a,\ r,\ \operatorname{Re} b > 0$; $\operatorname{Re}\lambda > -1/2$].

21. $$\int_0^a x^{\alpha-1}(a^2-x^2)^{\lambda-1/2}\begin{Bmatrix} \operatorname{si}(bx^r) \\ \operatorname{ci}(bx^r) \end{Bmatrix}C_{2n+\varepsilon}^{\lambda}\left(\frac{x}{a}\right)dx =$$

$$= \frac{(-1)^{n+1}}{4\cdot 3^{\delta}(2n+\varepsilon)!}a^{\alpha+2\lambda+\delta r+2r-1}b^{\delta+2}(2\lambda)_{2n+\varepsilon}\Gamma\left(\lambda+\frac{1}{2}\right) \times$$

$$\times \sum_{k=0}^{\infty} \frac{(-1)^k}{(k+1)!(\delta+3/2)_k(2k+\delta+2)} \Gamma\left[\begin{matrix} r+rk+(\alpha+\varepsilon+\delta r)/2 \\ \lambda+r+rk+n+(\alpha+\varepsilon+\delta r+1)/2 \end{matrix}\right] \times$$
$$\times \left(\frac{\varepsilon-\alpha-\delta r+1}{2} - r - rk\right)_n \left(\frac{a^r b}{2}\right)^{2k} + \frac{(-1)^n}{2(2n+\varepsilon)!} a^{\alpha+2\lambda+\delta r-1} b^\delta \times$$
$$\times (2\lambda)_{2n+\varepsilon} \Gamma\left[\begin{matrix} (\alpha+\varepsilon+\delta r)/2,\ \lambda+\dfrac{1}{2} \\ (\alpha+\varepsilon+\delta r+1)/2+\lambda+n \end{matrix}\right] \left(\frac{\varepsilon-\alpha-\delta r+1}{2}\right)_n \begin{Bmatrix} 1 \\ R \end{Bmatrix} -$$
$$-\delta \frac{(-1)^n \pi}{4(2n+\varepsilon)!} a^{\alpha+2\lambda-1} (2\lambda)_{2n+\varepsilon} \Gamma\left[\begin{matrix} (\alpha+\varepsilon)/2,\ \lambda+1/2 \\ (\alpha+\varepsilon+1)/2+\lambda+n \end{matrix}\right] \left(\frac{\varepsilon-\alpha+1}{2}\right)_n,$$
$$R = \mathbf{C} + \frac{r}{2}\psi\left(\frac{\alpha+\varepsilon}{2}\right) - \frac{r}{2}\psi\left(\frac{\alpha+\varepsilon+1}{2}+\lambda+n\right) - \sum_{j=0}^{n-1} \frac{r}{2j-\alpha+\varepsilon+1} + \ln(a^r b)$$

[$\varepsilon = 0$ или 1; $a,\ r > 0$; $\operatorname{Re}\alpha > -\varepsilon$; $\operatorname{Re}\lambda > -1/2$].

22. $$\int_a^\infty x^{\alpha-1}(x^2-a^2)^{\lambda-1/2} \begin{Bmatrix} \operatorname{si}(bx^r) \\ \operatorname{ci}(bx^r) \end{Bmatrix} C_{2n+\varepsilon}^\lambda\left(\frac{x}{a}\right) dx = -\frac{a^{\alpha+2\lambda+\delta r+2r-1} b^{\delta+2}}{3^\delta \cdot 4(2n+\varepsilon)!} (2\lambda)_{2n+\varepsilon} \times$$
$$\times \Gamma\left(\lambda+\frac{1}{2}\right) \sum_{k=0}^{\infty} \frac{(-1)^k}{(k+1)!(\delta+3/2)_k(2k+\delta+2)} \Gamma\left[\begin{matrix} (1-\alpha-\varepsilon-\delta r)/2-\lambda-r-rk-n \\ 1-(\alpha+\varepsilon+\delta r)/2-r-rk \end{matrix}\right] \times$$
$$\times \left(\frac{\varepsilon-\alpha-\delta r+1}{2} - r - rk\right)_n \left(\frac{a^r b}{2}\right)^{2k} + \frac{2^{2n+\varepsilon} b^{(1-\alpha-\varepsilon-2\lambda-2n)/r}}{(2n+\varepsilon)! a^{2n+\varepsilon}} (\lambda)_{n+\varepsilon} \times$$
$$\times \sum_{k=0}^{\infty} \frac{(1/2-\lambda-n)_k(\varepsilon+\lambda+n-k)_n}{k!(2k-\alpha-\varepsilon-2\lambda-2n+1)} \Gamma\left(\frac{\alpha+\varepsilon+2\lambda+2n-2k-1}{r}\right) \times$$
$$\times \begin{Bmatrix} \sin[(\alpha+\varepsilon+2\lambda+2n-2k-1)\pi/(2r)] \\ \cos[(\alpha+\varepsilon+2\lambda+2n-2k-1)\pi/(2r)] \end{Bmatrix} (ab^{1/r})^{2k} +$$
$$+ \frac{a^{\alpha+2\lambda+\delta r-1} b^\delta}{2(2n+\varepsilon)!} (2\lambda)_{2n+\varepsilon} \Gamma\left[\begin{matrix} \lambda+1/2,\ (1-\alpha-\varepsilon-\delta r)/2-\lambda-n \\ 1-(\alpha+\varepsilon+\delta r)/2 \end{matrix}\right] \times$$
$$\times \left(\frac{1-\alpha+\varepsilon-\delta r}{2}\right)_n \begin{Bmatrix} 1 \\ R \end{Bmatrix} - \delta \frac{a^{\alpha+2\lambda-1}\pi}{4(2n+\varepsilon)!} (2\lambda)_{2n+\varepsilon} \times$$
$$\times \Gamma\left[\begin{matrix} \lambda+1/2,\ (1-\alpha-\varepsilon)/2-\lambda-n \\ 1-(\alpha+\varepsilon)/2 \end{matrix}\right] \left(\frac{1-\alpha+\varepsilon}{2}\right)_n,$$
$$R = \mathbf{C} - \frac{r}{2}\psi\left(\frac{1-\alpha-\varepsilon}{2}-\lambda-n\right) + \frac{r}{2}\psi\left(1-\frac{\alpha+\varepsilon}{2}\right) - \sum_{j=0}^{n-1} \frac{r}{2j-\alpha+\varepsilon+1} + \ln(a^r b)$$

[$\varepsilon = 0$ или 1; $a,\ b,\ r > 0$; $-1/2 < \operatorname{Re}\lambda < (2r - \operatorname{Re}\alpha - \varepsilon - 2n + 1)/2$].

23. $$\int_0^a x^{\alpha-1}(a^2-x^2)^{\lambda-1/2} \begin{Bmatrix} \operatorname{erf}(bx^r) \\ \operatorname{erfc}(bx^r) \end{Bmatrix} C_{2n+\varepsilon}^\lambda\left(\frac{x}{a}\right) dx =$$
$$= \pm \frac{(-1)^n}{(2n+\varepsilon)!\sqrt{\pi}} a^{\alpha+2\lambda+r-1} b (2\lambda)_{2n+\varepsilon} \Gamma\left(\lambda+\frac{1}{2}\right) \sum_{k=0}^{\infty} \frac{(-1)^k}{k!(2k+1)} \times$$
$$\times \Gamma\left[\begin{matrix} rk+(\alpha+\varepsilon+r)/2 \\ \lambda+rk+n+(\alpha+\varepsilon+r+1)/2 \end{matrix}\right] \left(\frac{\varepsilon-\alpha-r+1}{2} - rk\right)_n (a^r b)^{2k} +$$
$$+ \begin{Bmatrix} 0 \\ 1 \end{Bmatrix} \frac{(-1)^n}{2(2n+\varepsilon)!} a^{\alpha+2\lambda-1} (2\lambda)_{2n+\varepsilon} \Gamma\left[\begin{matrix} (\alpha+\varepsilon)/2,\ \lambda+1/2 \\ (\alpha+\varepsilon+1)/2+\lambda+n \end{matrix}\right] \left(\frac{\varepsilon-\alpha+1}{2}\right)_n$$

[$\varepsilon = 0$ или 1; $a,\ r > 0$; $\operatorname{Re}\lambda > -1/2$; $\operatorname{Re}\alpha > -r(1 \pm 1)/2 - \varepsilon$].

24. $$\int_a^\infty x^{\alpha-1}(x^2-a^2)^{\lambda-1/2}\left\{\begin{matrix}\operatorname{erf}(bx^r)\\ \operatorname{erfc}(bx^r)\end{matrix}\right\}C_{2n+\varepsilon}^{\lambda}\left(\frac{x}{a}\right)dx = \pm\frac{a^{\alpha+2\lambda+r-1}b}{\sqrt{\pi}\,(2n+\varepsilon)!}(2\lambda)_{2n+\varepsilon}\Gamma\left(\lambda+\frac{1}{2}\right)\times$$
$$\times\sum_{k=0}^{\infty}\frac{(-1)^k}{k!(2k+1)}\Gamma\left[\begin{matrix}(1-\alpha-\varepsilon-r)/2-rk-\lambda-n\\ 1-(\alpha+\varepsilon+r)/2-rk\end{matrix}\right]\left(\frac{\varepsilon-\alpha-r+1}{2}-rk\right)_n(a^rb)^{2k}\pm$$
$$\pm\frac{2^{2n+\varepsilon}b^{(1-\varepsilon-\alpha-2\lambda-2n)/r}(\lambda)_{n+\varepsilon}}{\sqrt{\pi}\,(2n+\varepsilon)!a^{2n+\varepsilon}}\sum_{k=0}^{\infty}\frac{(1/2-\lambda-n)_k(\varepsilon+\lambda+n-k)_n}{k!(2k-\alpha-\varepsilon-2\lambda-2n+1)}\times$$
$$\times\Gamma\left(\frac{\alpha+\varepsilon+2\lambda-2k+2n+r-1}{2r}\right)(a^rb)^{2k/r}+$$
$$+\left\{\begin{matrix}0\\1\end{matrix}\right\}\frac{a^{\alpha+2\lambda-1}}{2(2n+\varepsilon)!}(2\lambda)_{2n+\varepsilon}\Gamma\left[\begin{matrix}\lambda+1/2,\ (1-\alpha-\varepsilon)/2-\lambda-n\\ 1-(\alpha+\varepsilon)/2\end{matrix}\right]\left(\frac{\varepsilon-\alpha+1}{2}\right)_n$$
$$\left[\varepsilon=0 \text{ или } 1;\ a,\ r>0;\ \operatorname{Re}\lambda>-1/2,\ \left\{\begin{matrix}\operatorname{Re}b>0;\ \operatorname{Re}(\alpha+2\lambda)<1-2n-\varepsilon\\ \operatorname{Re}b>0\end{matrix}\right\}\right].$$

25. $$\int_0^a x^{\alpha-1}(a^2-x^2)^{\lambda-1/2}\left\{\begin{matrix}J_\nu(bx^r)\\ I_\nu(bx^r)\end{matrix}\right\}C_{2n+\varepsilon}^{\lambda}\left(\frac{x}{a}\right)dx = \frac{(-1)^n}{2^{\nu+1}(2n+\varepsilon)!}a^{\alpha+2\lambda+\nu r-1}b^\nu(2\lambda)_{2n+\varepsilon}\times$$
$$\times\Gamma\left[\begin{matrix}\lambda+1/2\\ \nu+1\end{matrix}\right]\sum_{k=0}^{\infty}\frac{(\mp1)^k}{k!(\nu+1)_k}\Gamma\left[\begin{matrix}(\alpha+\varepsilon+\nu r)/2+rk\\ (\alpha+\varepsilon+\nu r+1)/2+rk+\lambda+n\end{matrix}\right]\times$$
$$\times\left(\frac{\varepsilon-\alpha-\nu r+1}{2}-rk\right)_n\left(\frac{a^rb}{2}\right)^{2k}$$
$$[\varepsilon=0 \text{ или } 1;\ a,\ r>0;\ \operatorname{Re}(\alpha+\nu r)>-\varepsilon;\ \operatorname{Re}\lambda>-1/2].$$

26. $$\int_a^\infty x^{\alpha-1}(x^2-a^2)^{\lambda-1/2}J_\nu(bx^r)C_{2n+\varepsilon}^{\lambda}\left(\frac{x}{a}\right)dx = \frac{a^{\alpha+2\lambda+\nu r-1}b^\nu}{2^{\nu+1}(2n+\varepsilon)!}(2\lambda)_{2n+\varepsilon}\Gamma\left[\begin{matrix}\lambda+1/2\\ \nu+1\end{matrix}\right]\times$$
$$\times\sum_{k=0}^{\infty}\frac{(-1)^k}{k!(\nu+1)_k}\Gamma\left[\begin{matrix}(1-\alpha-\varepsilon-\nu r)/2-\lambda-rk-n\\ 1-(\alpha+\varepsilon+\nu r)/2-rk\end{matrix}\right]\left(\frac{\varepsilon-\alpha-\nu r+1}{2}-rk\right)_n\left(\frac{a^rb}{2}\right)^{2k}\times$$
$$\times\frac{2^{2n+\varepsilon-1}(\lambda)_{n+\varepsilon}}{(2n+\varepsilon)!a^{2n+\varepsilon}r}\left(\frac{b}{2}\right)^{(1-\alpha-\varepsilon-2\lambda-2n)/r}\sum_{k=0}^{\infty}\frac{(1/2-\lambda-n)_k}{k!}(\varepsilon+\lambda+n-k)_n\times$$
$$\times\Gamma\left[\begin{matrix}(\alpha+\varepsilon+2\lambda+\nu r+2n-2k-1)/(2r)\\ 1-(\alpha+\varepsilon+2\lambda-\nu r+2n-2k-1)/(2r)\end{matrix}\right]\left(\frac{a^rb}{2}\right)^{2k/r}$$
$$[\varepsilon=0 \text{ или } 1;\ a,\ b,\ r>0;\ -1/2<\operatorname{Re}\lambda<(3r/2-\operatorname{Re}\alpha-\varepsilon-2n)/2].$$

27. $$\int_0^a x^{\alpha-1}(a^2-x^2)^{\lambda-1/2}L_m^\gamma(bx^r)C_{2n+\varepsilon}^{\lambda}\left(\frac{x}{a}\right)dx = \frac{(-1)^n}{m!(2n+\varepsilon)!2}a^{\alpha+2\lambda-1}(2\lambda)_{2n+\varepsilon}(\gamma+1)_m\times$$
$$\times\Gamma\left(\lambda+\frac{1}{2}\right)\sum_{k=0}^{m}\frac{(-m)_k}{k!(\gamma+1)_k}\Gamma\left[\begin{matrix}(\alpha+\varepsilon+rk)/2\\ (\alpha+\varepsilon+rk+1)/2+\lambda+n\end{matrix}\right]\left(\frac{\varepsilon-\alpha-rk+1}{2}\right)_n(a^rb)^k$$
$$[\varepsilon=0 \text{ или } 1;\ a,\ r>0;\ \operatorname{Re}\alpha>-\varepsilon;\ \operatorname{Re}\lambda>-1/2].$$

28. $$\int_0^a x^{\alpha-1}(a^2-x^2)^{\lambda-1/2}e^{-bx^r}L_m^\gamma(bx^r)C_{2n+\varepsilon}^{\lambda}\left(\frac{x}{a}\right)dx = \frac{(-1)^n}{m!(2n+\varepsilon)!2}a^{\alpha+2\lambda-1}(2\lambda)_{2n+\varepsilon}\times$$
$$\times\Gamma\left(\lambda+\frac{1}{2}\right)\sum_{k=0}^{\infty}\frac{1}{k!}(k+\gamma+1)_m\Gamma\left[\begin{matrix}(\alpha+\varepsilon+rk)/2\\ (\alpha+\varepsilon+rk+1)/2+\lambda+n\end{matrix}\right]\left(\frac{\varepsilon-\alpha-rk+1}{2}\right)_n(-a^rb)^k$$
$$[\varepsilon=0 \text{ или } 1;\ a,\ r>0;\ \operatorname{Re}\alpha>-\varepsilon;\ \operatorname{Re}\lambda>-1/2].$$

29. $$\int_a^\infty x^{\alpha-1}(x^2-a^2)^{\lambda-1/2}e^{-bx^r}L_m^\gamma(bx^r)C_{2n+\varepsilon}^\lambda\left(\frac{x}{a}\right)dx = \frac{2^{2n+\varepsilon}b^{(1-\alpha-\varepsilon-2\lambda-2n)/r}}{m!(2n+\varepsilon)!a^{2n+\varepsilon}r}(\lambda)_{n+\varepsilon}\times$$
$$\times\sum_{k=0}^\infty\frac{(1/2-\lambda-n)_k}{k!}(\varepsilon+\lambda+n-k)_n\left(1+\gamma+\frac{1-\alpha-\varepsilon-2\lambda-2n+2k}{r}\right)_m\times$$
$$\times\Gamma\left(\frac{\alpha+\varepsilon+2\lambda+2n-2k-1}{r}\right)(a^rb)^{2k/r}+\frac{a^{\alpha+2\lambda-1}(2\lambda)_{2n+\varepsilon}}{m!(2n+\varepsilon)!2}\Gamma\left(\lambda+\frac{1}{2}\right)\times$$
$$\times\sum_{k=0}^\infty\frac{1}{k!}\left(\frac{1+\varepsilon-\alpha+rk}{2}\right)_n(k+\gamma+1)_m\Gamma\left[\begin{matrix}(1-\alpha-\varepsilon-2n-rk)/2-\lambda\\1-(\alpha+\varepsilon+rk)/2\end{matrix}\right](-a^rb)^k$$

[$\varepsilon=0$ или 1; $a,\ r,\ \operatorname{Re}b>0$; $\operatorname{Re}\lambda>-1/2$].

30. $$\int_0^a x^{\alpha-1}(a^2-x^2)^{\lambda-1/2}H_{2m+\varepsilon}(bx^r)\left\{\begin{matrix}C_{2n+1}^\lambda(x/a)\\C_{2n}^\lambda(x/a)\end{matrix}\right\}dx =$$
$$=\frac{(-1)^{m+n}(2m+\varepsilon)!2^{\varepsilon-1}}{m!(2n+\delta)!}a^{\alpha+2\lambda+r\varepsilon-1}b^\varepsilon(2\lambda)_{2n+\delta}\Gamma\left(\lambda+\frac{1}{2}\right)\times$$
$$\times\sum_{k=0}^m\frac{(-m)_k}{(1/2+\varepsilon)_kk!}\left(\frac{\delta-\varepsilon r-\alpha+1}{2}-rk\right)_n\Gamma\left[\begin{matrix}rk+(\alpha+\delta+\varepsilon r)/2\\\lambda+n+rk+(\alpha+\delta+r\varepsilon+1)/2\end{matrix}\right](a^rb)^{2k}$$

[$\varepsilon=0$ или 1; $a,\ r>0$; $\operatorname{Re}\alpha>-\varepsilon r-\delta$; $\operatorname{Re}\lambda>-1/2$].

31. $$\int_0^a x^{\alpha-1}(a^2-x^2)^{\lambda-1/2}e^{-b^2x^{2r}}H_{2m+\varepsilon}(bx^r)\left\{\begin{matrix}C_{2n+1}^\lambda(x/a)\\C_{2n}^\lambda(x/a)\end{matrix}\right\}dx =$$
$$=\frac{(-1)^{m+n}2^{2m+\varepsilon-1}}{(2n+\delta)!}a^{\alpha+2\lambda+\varepsilon r-1}b^\varepsilon(2\lambda)_{2n+\delta}\Gamma\left(\lambda+\frac{1}{2}\right)\sum_{k=0}^\infty\frac{(-1)^k}{k!}\times$$
$$\times\left(\frac{1}{2}+\varepsilon+k\right)_m\left(\frac{1+\delta-\varepsilon r-\alpha}{2}-rk\right)_n\Gamma\left[\begin{matrix}rk+(\delta+\varepsilon r+\alpha)/2\\\lambda+n+rk+(\varepsilon r+\alpha+\delta+1)/2\end{matrix}\right](a^rb)^{2k}$$

[$\varepsilon=0$ или 1; $a,\ r>0$; $\operatorname{Re}\alpha>-r\varepsilon-\delta$; $\operatorname{Re}\lambda>-1/2$].

32. $$\int_a^\infty x^{\alpha-1}(x^2-a^2)^{\lambda-1/2}e^{-b^2x^{2r}}H_{2m+\varepsilon}(bx^r)\left\{\begin{matrix}C_{2n+1}^\lambda(x/a)\\C_{2n}^\lambda(x/a)\end{matrix}\right\}dx =$$
$$=\frac{(-1)^m2^{2m+\varepsilon-1}a^{\alpha+2\lambda+\varepsilon r-1}b^\varepsilon}{(2n+\delta)!}(2\lambda)_{2n+\delta}\Gamma\left(\lambda+\frac{1}{2}\right)\sum_{k=0}^\infty\frac{(-1)^k}{k!}\left(\frac{1}{2}+\varepsilon+k\right)_m\times$$
$$\times\left(\frac{1+\delta-\varepsilon r-\alpha}{2}-rk\right)_n\Gamma\left[\begin{matrix}(1-\alpha-\delta-\varepsilon r)/2-\lambda-rk-n\\1-rk-(\alpha+\delta+\varepsilon r)/2\end{matrix}\right](a^rb)^{2k}+$$
$$+\frac{(-1)^mb^{(1-\alpha-2\lambda-2n-\delta)/r}2^{2m+2n+\delta+\varepsilon-1}}{(2n+\delta)!a^{2n+\delta}r}(\lambda_{n+\delta})\times$$
$$\times\sum_{k=0}^\infty\frac{1}{k!}\left(\frac{1}{2}-\lambda-n\right)_k(\delta+\lambda+n-k)_n\left(\frac{1+r-\alpha-\delta-2\lambda+r\varepsilon-2n+2k}{2r}\right)_m\times$$
$$\times\Gamma\left(\frac{\alpha+\delta+\varepsilon r+2\lambda+2n-2k-1}{2r}\right)(a^rb)^{2k/r}$$

[$\varepsilon=0$ или 1; $a,\ r,\ \operatorname{Re}b>0$; $\operatorname{Re}\lambda>-1/2$].

33. $$\int_0^a x^{\alpha-1}(a^2-x^2)^{\lambda-1/2}(b^{2r}-x^{2r})^{\gamma-1/2}C_{2m+\varepsilon}^\gamma\left(\frac{x^r}{b^r}\right)\left\{\begin{matrix}C_{2n+1}^\lambda(x/a)\\C_{2n}^\lambda(x/a)\end{matrix}\right\}dx =$$
$$=\frac{(-1)^{m+n}2^{2m+\varepsilon-1}a^{\alpha+2\lambda+\varepsilon r-1}b^{(2\gamma-\varepsilon-1)r}(\gamma)_{m+\varepsilon}(2\lambda)_{2n+\delta}}{(2m+\varepsilon)!(2n+\delta)!}\Gamma\left(\lambda+\frac{1}{2}\right)\sum_{k=0}^\infty\frac{1}{k!}\left(\frac{1}{2}-\gamma-m\right)_k\times$$

$$\times\left(\frac{1}{2}+\varepsilon+k\right)_m\left(\frac{1+\delta-\alpha-\varepsilon r}{2}-rk\right)_n\Gamma\left[\begin{matrix}(\alpha+\delta+\varepsilon r)/2+rk\\ \lambda+n+rk+(\alpha+\delta+\varepsilon r+1)/2\end{matrix}\right]\left(\frac{a}{b}\right)^{2rk}$$

[$\varepsilon=0$ или 1; $r>0$; $b>a>0$; $\operatorname{Re}\alpha>-\delta-\varepsilon r$; $\operatorname{Re}\lambda>-1/2$].

34. $$\int_a^b x^{\alpha-1}(x^2-a^2)^{\lambda-1/2}(b^{2r}-x^{2r})^{\gamma-1/2}C_{2m+\varepsilon}^{\gamma}\left(\frac{x^r}{b^r}\right)\left\{\begin{matrix}C_{2n+1}^{\lambda}(x/a)\\ C_{2n}^{\lambda}(x/a)\end{matrix}\right\}dx=$$

$$=\frac{(-1)^m2^{2m+\varepsilon-1}a^{\alpha+2\lambda+\varepsilon r-1}}{(2m+\varepsilon)!(2n+\delta)!}b^{(2\gamma-\varepsilon-1)r}(2\lambda)_{2n+\delta}(\gamma)_{m+\varepsilon}\Gamma\left(\lambda+\frac{1}{2}\right)\sum_{k=0}^{\infty}\frac{1}{k!}\left(\frac{1}{2}-\gamma-m\right)_k\times$$

$$\times\left(\frac{1}{2}+\varepsilon+k\right)_m\left(\frac{1+\delta-\varepsilon r-\alpha}{2}-rk\right)_n\Gamma\left[\begin{matrix}(1-\alpha-\delta-\varepsilon r)/2-\lambda-rk-n\\ 1-rk-(\alpha+\delta+\varepsilon r)/2\end{matrix}\right]\left(\frac{a}{b}\right)^{2rk}+$$

$$+\frac{(-1)^m2^{2n+\delta-1}b^{\alpha+\delta+2\lambda+2n+2r\gamma-r-1}}{(2m+\varepsilon)!(2n+\delta)!a^{2n+\delta}r}(\lambda)_{n+\delta}(2\gamma)_{2m+\varepsilon}\times$$

$$\times\Gamma\left(\gamma+\frac{1}{2}\right)\sum_{k=0}^{\infty}\frac{1}{k!}\left(\frac{1}{2}-\lambda-n\right)_k(\lambda+\delta+n-k)_n\left(\frac{1+r+2k+\varepsilon r-\alpha-2\lambda-2n-\delta}{2r}\right)_m\times$$

$$\times\Gamma\left[\begin{matrix}(\alpha+\delta+2\lambda+2n+\varepsilon r-2k-1)/(2r)\\ (\alpha+\delta+2\lambda+r+2rm+r\varepsilon+2n-2k-1)/(2r)+\gamma\end{matrix}\right]\left(\frac{a}{b}\right)^{2k}$$

[$\varepsilon=0$ или 1; $b>a>0$; $r>0$; $\operatorname{Re}\gamma$, $\operatorname{Re}\lambda>-1/2$].

35. $$\int_a^{\infty} x^{\alpha-1}(x^2-a^2)^{\lambda-1/2}(x^{2r}-b^{2r})^{\gamma-1/2}C_{2m+\varepsilon}^{\gamma}\left(\frac{x^r}{b^r}\right)\left\{\begin{matrix}C_{2n+1}^{\lambda}(x/a)\\ C_{2n}^{\lambda}(x/a)\end{matrix}\right\}dx=$$

$$=\frac{2^{2m+\varepsilon-1}(\gamma)_{m+\varepsilon}(2\lambda)_{2n+\delta}a^{\alpha+2\lambda+2\gamma r+2rm+\varepsilon r-r-1}}{(2m+\varepsilon)!(2n+\delta)!b^{2rm+\varepsilon r}}\Gamma\left(\lambda+\frac{1}{2}\right)\times$$

$$\times\sum_{k=0}^{\infty}\frac{1}{k!}\left(\frac{1}{2}-\gamma-m\right)_k(\gamma+\varepsilon+m-k)_m\left(\frac{1-\alpha+\delta-\varepsilon r+r}{2}-\gamma r-rm+rk\right)_n\times$$

$$\times\Gamma\left[\begin{matrix}(1+r-\delta-\alpha-\varepsilon r)/2+rk-\gamma r-\lambda-n-rm\\ 1+rk-rm-\gamma r-(\alpha+\varepsilon r+\delta-r)/2\end{matrix}\right]\left(\frac{b}{a}\right)^{2rk}$$

[$\varepsilon=0$ или 1; $r>0$; $a>b>0$; $-1/2<\operatorname{Re}\lambda<(1+r-2rm-2\gamma r-\operatorname{Re}\alpha-\delta-\varepsilon r-2n)/2$].

2.21.2. Интегралы от $(x\pm a)^{\alpha}(x^m\pm b^m)^{\beta}C_n^{\lambda}(\varphi(x))$.

1. $$\int_0^a x^{\alpha-1}(a^2-x^2)^{\beta-1}C_{2n+\varepsilon}^{\lambda}(cx)\,dx=\frac{(-1)^n(\lambda)_{n+\varepsilon}c^{\varepsilon}}{2^{1-\varepsilon}n!}a^{\alpha+2\beta+\varepsilon-2}\,\mathrm{B}\left(\frac{\alpha+\varepsilon}{2},\,\beta\right)\times$$

$$\times{}_3F_2\left(-n,\,\lambda+n+\varepsilon,\,\frac{\alpha+\varepsilon}{2};\,\varepsilon+\frac{1}{2},\,\frac{\alpha+\varepsilon}{2}+\beta;\,a^2c^2\right)$$

[$\varepsilon=0$ или 1; a, $\operatorname{Re}\beta>0$; $\operatorname{Re}\alpha>-\varepsilon$].

2. $$\int_0^a x^{2\lambda-2\beta+2n+\varepsilon-1}(a^2-x^2)^{\beta-1}C_{2n+\varepsilon}^{\lambda}(cx)\,dx=\frac{1}{2}\,\mathrm{B}\,(\lambda-\beta,\,\beta)a^{2\lambda+2n+\varepsilon-2}C_{2n+\varepsilon}^{\lambda-\beta}(ac)$$

[$\varepsilon=0$ или 1; a, $\operatorname{Re}\beta>0$; $\operatorname{Re}(\lambda-\beta)>-\varepsilon/2-n$].

3. $$\int_0^a x^{\varepsilon}(a^2-x^2)^{\beta-1}C_{2n+\varepsilon}^{\lambda}\left(\frac{x}{a}\right)dx=\frac{\sqrt{\pi}}{2(n!)}a^{2\beta+\varepsilon-1}(\lambda)_{n+\varepsilon}\left(\lambda-\beta+\frac{1}{2}\right)_n\Gamma\left[\begin{matrix}\beta\\ \beta+\varepsilon+n+1/2\end{matrix}\right]$$

[$\varepsilon=0$ или 1; a, $\operatorname{Re}\beta>0$].

4. $$\int_0^a x^{2\lambda-2\beta+2n+\varepsilon-1}(a^2-x^2)^{\beta-1}C_{2n+\varepsilon}^\lambda\left(\frac{x}{a}\right)dx=\frac{2^{2n+\varepsilon-1}}{(2n+\varepsilon)!}a^{2\lambda+2n+\varepsilon-2}\times$$
$$\times\left(\lambda-\beta+\frac{1}{2}\right)_n\Gamma\begin{bmatrix}\beta,\ \lambda+n-\beta+\varepsilon\\ \lambda\end{bmatrix}\qquad[\varepsilon=0\text{ или }1;\ a>0;\ 0<\operatorname{Re}\beta<\operatorname{Re}\lambda+n+\varepsilon].$$

5. $$\int_0^a x^{\alpha-1}(a^2-x^2)^{\lambda-1/2}C_{2n+\varepsilon}^\lambda\left(\frac{x}{a}\right)dx=\frac{(-1)^n2^{2n+\varepsilon-1}}{(2n+\varepsilon)!}(\lambda)_{n+\varepsilon}a^{\alpha+2\lambda-1}\times$$
$$\times\left(\frac{\varepsilon-\alpha+1}{2}\right)_n\mathrm{B}\left(\lambda+n+\frac{1}{2},\ \frac{\alpha+\varepsilon}{2}\right)\qquad[\varepsilon=0\text{ или }1;\ a>0;\ \operatorname{Re}\alpha>-\varepsilon;\ \operatorname{Re}\lambda>-1/2].$$

6. $$\int_0^a x^m(a^2-x^2)^{\lambda-1/2}C_n^\lambda\left(\frac{x}{a}\right)dx=0\qquad[n-m=2,\ 4,\ 6,\ \ldots;\ a>0;\ \operatorname{Re}\lambda>-1/2].$$

7. $$\int_a^b (x-a)^{\lambda-1}(b-x)^{\lambda-1}C_n^\lambda(cx)\,dx=n!\Gamma\begin{bmatrix}\lambda,\ \lambda\\ 2\lambda+n\end{bmatrix}(b-a)^{2\lambda-1}C_n^\lambda(z_+)C_n^\lambda(z_-)$$
$$\left[\sqrt{2}\,z_\pm=\left(1+abc^2\pm\sqrt{(1-a^2c^2)(1-b^2c^2)}\right)^{1/2};\ \operatorname{Re}\lambda>0\right].$$

8. $$\int_{\pm a}^b (x\mp a)^{\alpha-1}(b-x)^{\beta-1}C_n^\lambda\left(\frac{x}{a}\right)dx=\frac{(\pm1)^n}{n!}(2\lambda)_n\,\mathrm{B}(\alpha,\ \beta)(b\mp a)^{\alpha+\beta-1}\times$$
$$\times\ {}_3F_2\left(-n,\ 2\lambda+n,\ \alpha;\ \alpha+\beta,\ \lambda+\frac{1}{2};\ \frac{a\mp b}{2a}\right)\qquad[b>\pm a;\ a,\ \operatorname{Re}\alpha,\ \operatorname{Re}\beta>0].$$

9. $$\int_{-a}^b (x+a)^{\lambda-1/2}(b-x)^{\beta-1}C_n^\lambda\left(\frac{x}{a}\right)dx=$$
$$=(2\lambda)_n(a+b)^{\beta+\lambda-1/2}\Gamma\begin{bmatrix}\beta,\ \lambda+1/2\\ \beta+\lambda+n+1/2\end{bmatrix}P_n^{(\rho,\,\sigma)}\left(\frac{b}{a}\right)$$
$$[\rho=\lambda-\beta-1/2,\ \sigma=\beta+\lambda-1/2;\ -a<b<a;\ \operatorname{Re}\beta>0;\ \operatorname{Re}\lambda>-1/2].$$

10. $$\int_{-a}^b (x+a)^{2\lambda-\beta+n-1}(b-x)^{\beta-1}C_n^\lambda\left(\frac{x}{a}\right)dx=\frac{1}{(\lambda+1/2)_n}\Gamma\begin{bmatrix}\beta,\ 2\lambda-\beta+n\\ 2\lambda\end{bmatrix}\times$$
$$\times(a+b)^{2\lambda+n-1}P_n^{(\lambda-\beta-1/2,\,\lambda-1/2)}\left(\frac{b}{a}\right)\qquad[-a<b<a;\ \operatorname{Re}\beta>0;\ \operatorname{Re}(2\lambda-\beta)>-n].$$

11. $$\int_a^b (x-a)^{\lambda-1/2}(b-x)^{\beta-1}C_n^\lambda\left(\frac{x}{a}\right)dx=2^{2n}(\lambda)_n\,\mathrm{B}\left(\lambda+n+\frac{1}{2},\ \beta\right)\times$$
$$\times(a+b)^{\beta+\lambda+n-1/2}\,{}_2F_1\left(1-2\lambda-n,\ \frac{1}{2}-\beta-\lambda-n;\ 1-2\lambda-2n;\ \frac{2a}{a+b}\right)$$
$$[b>a>0;\ \operatorname{Re}\lambda>-1/2;\ \operatorname{Re}\beta>0].$$

12. $$\int_a^b (x-a)^{\alpha-1}(b-x)^{\beta-1}C_n^\lambda\left(\frac{x}{b}\right)dx=\frac{(2\lambda)_n}{n!}\mathrm{B}(\alpha,\ \beta)(b-a)^{\alpha+\beta-1}\times$$
$$\times\ {}_3F_2\left(-n,\ 2\lambda+n,\ \beta;\ \lambda+\frac{1}{2},\ \alpha+\beta;\ \frac{b-a}{2b}\right)\qquad[-b<a<b;\ \operatorname{Re}\alpha,\ \operatorname{Re}\beta>0].$$

13. $$\int_a^b (x-a)^{2\lambda-\beta+n-1}(b-x)^{\beta-1}C_n^\lambda\left(\frac{x}{b}\right)dx=\frac{1}{(\lambda+1/2)_n}\Gamma\begin{bmatrix}\beta,\ 2\lambda-\beta+n\\ 2\lambda\end{bmatrix}(b-a)^{2\lambda+n-1}\times$$
$$\times P_n^{(\lambda-1/2,\,\beta-\lambda-n-1/2)}\left(\frac{a}{b}\right)\qquad[-b<a<b;\ \operatorname{Re}\beta>0;\ \operatorname{Re}(2\lambda-\beta)>-n].$$

14. $$\int_a^b (x-a)^{\alpha-1}(b-x)^{\lambda-1/2}C_n^\lambda\left(\frac{x}{b}\right)dx = (2\lambda)_n\Gamma\begin{bmatrix}\alpha,\ \lambda+1/2\\ \alpha+\lambda+n+1/2\end{bmatrix}(b-a)^{\alpha+\lambda-1/2}\times$$
$$\times P_n^{(\rho,\,\sigma)}\left(\frac{a}{b}\right)\qquad [\rho=\lambda+\alpha-1/2,\ \sigma=\lambda-\alpha-1/2;\ -b<a<b;\ \mathrm{Re}\,\lambda>-1/2;\ \mathrm{Re}\,\alpha>0].$$

15. $$\int_{-a}^a (a^2-x^2)^{\beta-1}C_n^\lambda\left(\frac{x}{a}\right)dx =$$
$$= \frac{(-1)^n(2\lambda)_n\sqrt{\pi}}{n!}\Gamma\begin{bmatrix}\beta\\ \beta+1/2\end{bmatrix}a^{2\beta-1}{}_3F_2\left(-n,\ n+2\lambda,\ \beta;\ 2\beta,\ \lambda+\frac{1}{2};\ 1\right)\qquad [a,\ \mathrm{Re}\,\beta>0].$$

16. $$\int_{-a}^a (a^2-x^2)^{\lambda/2-1}C_{2n}^\lambda(cx)\,dx = \sqrt{\pi}\,a^{\lambda-1}\Gamma\begin{bmatrix}\lambda/2\\ (\lambda+1)/2\end{bmatrix}C_n^{\lambda/2}(2a^2c^2-1)\qquad [a,\ \mathrm{Re}\,\lambda>0].$$

17. $$\int_{-a}^a (a^2-x^2)^{\lambda-1/2}C_n^\lambda\left(\frac{x}{a}\right)dx = \delta_{n,0}\sqrt{\pi}\,a^{2\lambda}\Gamma\begin{bmatrix}\lambda+1/2\\ \lambda+1\end{bmatrix}\qquad [a>0;\ \mathrm{Re}\,\lambda>-1/2].$$

18. $$\int_{-a}^a (x+a)^{\alpha-1}(a-x)^{\beta-1}C_n^\lambda\left(\frac{x}{a}\right)dx =$$
$$= (2\lambda)_n\frac{(2a)^{\alpha+\beta-1}}{n!}\mathrm{B}(\alpha,\ \beta)\,{}_3F_2\left(-n,\ n+2\lambda,\ \beta;\ \alpha+\beta,\ \lambda+\frac{1}{2};\ 1\right)\qquad [a,\ \mathrm{Re}\,\alpha,\ \mathrm{Re}\,\beta>0].$$

19. $$\int_{-a}^a (x+a)^{\lambda-1/2}(a-x)^{\beta-1}C_n^\lambda\left(\frac{x}{a}\right)dx =$$
$$= \frac{(2\lambda)_n}{n!}\left(\frac{1}{2}+\lambda-\beta\right)_n\Gamma\begin{bmatrix}\beta,\ \lambda+1/2\\ \lambda+\beta+n+1/2\end{bmatrix}(2a)^{\lambda+\beta-1/2}\qquad [a,\ \mathrm{Re}\,\beta>0;\ \mathrm{Re}\,\lambda>-1/2].$$

20. $$\int_{-a}^a (x+a)^{2\lambda-\beta+n-1}(a-x)^{\beta-1}C_n^\lambda\left(\frac{x}{a}\right)dx =$$
$$= \frac{(2a)^{2\lambda+n-1}}{n!(\lambda+1/2)_n}\left(\lambda-\beta+\frac{1}{2}\right)_n\Gamma\begin{bmatrix}\beta,\ 2\lambda-\beta+n\\ 2\lambda\end{bmatrix}\qquad [a>0;\ 0<\mathrm{Re}\,\beta<2\,\mathrm{Re}\,\lambda+n].$$

21. $$\int_{-a}^a (x+a)^{\alpha-1}(a-x)^{\lambda-1/2}C_n^\lambda\left(\frac{x}{a}\right)dx = (-1)^n\frac{(2\lambda)_n}{n!}\left(\lambda-\alpha+\frac{1}{2}\right)_n\times$$
$$\times\Gamma\begin{bmatrix}\alpha,\ \lambda+1/2\\ \alpha+\lambda+n+1/2\end{bmatrix}(2a)^{\alpha+\lambda-1/2}\qquad [a,\ \mathrm{Re}\,\alpha>0;\ \mathrm{Re}\,\lambda>-1/2].$$

22. $$\int_{-a}^a x^m(a^2-x^2)^{\lambda-1/2}C_n^\lambda\left(\frac{c}{a}\right)dx = I_{m,n}\qquad [a>0;\ \mathrm{Re}\,\lambda>-1/2],$$
$$I_{m,n}=0\qquad [m+n=1,\ 3,\ 5,\ \ldots,\ \text{или } m+n=2,\ 4,\ 6,\ \ldots\ \text{и } n-m=2,\ 4,\ 6,\ \ldots\ ],$$
$$I_{m,n}=\frac{(2\lambda)_n\sqrt{\pi}\,m!}{n!2^m}\Gamma\begin{bmatrix}\lambda+1/2\\ (m+n)/2+\lambda+1,\ (m-n)/2+1\end{bmatrix}a^{m+2\lambda}$$
$$[m+n=0,\ 2,\ 4,\ \ldots;\ n-m\neq 2,\ 4,\ 6,\ \ldots\ ].$$

23. $$\int_0^\infty x^\varepsilon(x^2+a^2)^{-\rho}C_{2n+\varepsilon}^\lambda\left(\frac{ix}{a}\right)dx = \frac{(-1)^n\sqrt{\pi}\,i^\varepsilon}{2(n!)}a^{1+\varepsilon-2\rho}(\lambda)_{n+\varepsilon}\times$$
$$\times\left(\lambda+\rho-\frac{1}{2}\right)_n\Gamma\begin{bmatrix}\rho-\varepsilon-n-1/2\\ \rho\end{bmatrix}\qquad [\varepsilon=0\ \text{или}\ 1;\ \mathrm{Re}\,a>0;\ \mathrm{Re}\,\rho>n+\varepsilon+1/2].$$

24. $$\int_a^\infty x^{2\lambda-2\beta+2n+\varepsilon-1}(x^2-a^2)^{\beta-1}C_{2n+\varepsilon}^\lambda\left(\frac{x}{a}\right)dx = \frac{(-1)^{n+\varepsilon}2^{2n+\varepsilon-1}}{(2n+\varepsilon)!}\,a^{2\lambda+2n+\varepsilon-2}\times$$
$$\times\left(\lambda-\beta+\frac{1}{2}\right)_n\Gamma\begin{bmatrix}1-\lambda,\ \beta\\ \beta-\lambda-\varepsilon-n+1\end{bmatrix}\qquad [\varepsilon = 0 \text{ или } 1;\ a,\ \operatorname{Re}\beta>0;\ \operatorname{Re}\lambda<1-2n-\varepsilon].$$

25. $$\int_a^\infty x^{\alpha-1}(x^2-a^2)^{\lambda-1/2}C_n^\lambda\left(\frac{x}{a}\right)dx = \frac{(2\lambda)_n}{2^{\alpha+1}n!\sqrt{\pi}}\,a^{\alpha+2\lambda-1}\times$$
$$\times\Gamma\begin{bmatrix}(1-n-\alpha)/2-\lambda,\ (1+n-\alpha)/2,\ \lambda+1/2\\ 1-\alpha\end{bmatrix}\qquad [a>0;\ \operatorname{Re}(\alpha+2\lambda)<1-n;\ \operatorname{Re}\lambda>-1/2].$$

26. $$\int_a^\infty (x-a)^{\alpha-1}(x+a)^{-\tau}C_n^\lambda\left(\frac{x}{a}\right)dx = \frac{(2\lambda)_n}{n!}\,\mathrm{B}(\alpha,\ \tau-\alpha-n)(2a)^{\alpha-\tau}\times$$
$$\times\ {}_3F_2\left(-n,\ \alpha,\ \frac{1}{2}-\lambda-n;\ \lambda+\frac{1}{2},\ \tau-n;\ 1\right)\qquad [a,\ \operatorname{Re}\alpha>0;\ \operatorname{Re}(\alpha-\tau)<-n].$$

27. $$\int_a^\infty (x-a)^{\lambda-1/2}(x+a)^{-\tau}C_n^\lambda\left(\frac{x}{a}\right)dx =$$
$$= \frac{(\lambda+\tau-1/2)_n}{n!}\,(2\lambda)_n\Gamma\begin{bmatrix}\lambda+1/2,\ \tau-\lambda-n-1/2\\ \tau\end{bmatrix}(2a)^{\lambda-\tau+1/2}$$
$$[a>0;\ \operatorname{Re}\lambda>-1/2;\ \operatorname{Re}(\tau-\lambda)>n+1/2].$$

28. $$\int_a^\infty (x-a)^{2\lambda+\tau+n-2}(x+a)^{-\tau}C_n^\lambda\left(\frac{x}{a}\right)dx = \frac{(\lambda+\tau-1/2)_n}{n!(\lambda+1/2)_n}\times$$
$$\times\Gamma\begin{bmatrix}1-2\lambda,\ 2\lambda+\tau+n-1\\ \tau\end{bmatrix}(2a)^{2\lambda+n-1}\qquad [a>0;\ 1-n-\operatorname{Re}\tau<2\operatorname{Re}\lambda<1-2n].$$

29. $$\int_a^\infty (x-a)^{\alpha-1}(x+a)^{\lambda-1/2}C_n^\lambda\left(\frac{x}{a}\right)dx = \frac{(-1)^n(\lambda-\alpha+1/2)_n(2\lambda)_n}{n!}\times$$
$$\times\Gamma\begin{bmatrix}\alpha,\ 1/2-\alpha-\lambda-n\\ 1/2-\lambda\end{bmatrix}(2a)^{\alpha+\lambda-1/2}\qquad [a>0;\ 0<\operatorname{Re}\alpha<1/2-\operatorname{Re}\lambda-n].$$

30. $$\int_0^a x^{\alpha-1}(a-x)^{2\lambda-1}C_n^\lambda\left(\frac{x+a}{2\sqrt{ax}}\right)dx = \frac{a^{\alpha+2\lambda-1}}{n!}\left(\alpha+\lambda-\frac{n}{2}\right)_n\mathrm{B}\left(2\lambda+n,\ \alpha-\frac{n}{2}\right)$$
$$[a,\ \operatorname{Re}\lambda>0;\ \operatorname{Re}\alpha>n/2].$$

31. $$\int_0^a x^{\alpha-1}(a-x)^{-\lambda-n/2}C_n^\lambda\left(\frac{2a-x}{2\sqrt{a(a-x)}}\right)dx = \frac{a^{\alpha-\lambda-n/2}}{n!}\,(2\lambda-\alpha)_n\,\mathrm{B}(1-\lambda,\ \alpha)$$
$$[a,\ \operatorname{Re}\alpha>0;\ \operatorname{Re}\lambda<1-n].$$

32. $$\int_0^\infty x^{\alpha-1}(x+a)^{-\lambda-n/2}C_n^\lambda\left(\frac{2a+x}{2\sqrt{a(a+x)}}\right)dx = \frac{a^{\alpha-\lambda-n/2}}{n!}\,(2\lambda-\alpha)_n\,\mathrm{B}(\alpha,\ \lambda-\alpha)$$
$$[0<\operatorname{Re}\alpha<\operatorname{Re}\lambda;\ |\arg a|<\pi].$$

2.21.3. Интегралы от $\dfrac{A(x)}{x^m-y^m}\,C_n^\lambda(cx)$.

1. $$\int_0^a \frac{x^{\alpha-1}}{x^2-y^2}\,(a^2-x^2)^{\lambda-1/2}C_{2n+\varepsilon}^\lambda\left(\frac{x}{a}\right)dx = I$$
$$[\varepsilon = 0 \text{ или } 1;\ a,\ y>0;\ \operatorname{Re}\alpha>-\varepsilon;\ \operatorname{Re}\lambda>-1/2],$$

$$I=\frac{(-1)^{n+1}a^{\alpha+2\lambda-1}}{2(2n+\varepsilon)!y^2}(2\lambda)_{2n+\varepsilon}\left(\frac{1+\varepsilon-\alpha}{2}\right)_n\Gamma\left[\begin{matrix}\lambda+1/2,\ (\alpha+\varepsilon)/2\\(\alpha+\varepsilon+1)/2+\lambda+n\end{matrix}\right]\times$$
$$\times\,{}_3F_2\left(1,\ \frac{\alpha}{2},\ \frac{1+\alpha}{2};\ \frac{1+\alpha+\varepsilon}{2}+\lambda+n,\ \frac{1+\alpha-\varepsilon}{2}-n;\ \frac{a^2}{y^2}\right)\qquad [a<y],$$
$$I=\frac{(-1)^{n+\varepsilon+1}2^{\varepsilon-1}\pi}{n!}a^{2\lambda-\varepsilon-1}y^{\alpha+\varepsilon-2}(\lambda)_{n+\varepsilon}\operatorname{tg}^{2\varepsilon-1}\frac{\alpha\pi}{2}\times$$
$$\times\,{}_2F_1\left(\frac{1}{2}-\lambda-n,\ \frac{1}{2}+\varepsilon+n;\ \frac{1}{2}+\varepsilon;\ \frac{y^2}{a^2}\right)+$$
$$+\frac{(-1)^n a^{\alpha+2\lambda-3}}{2(2n+\varepsilon)!}(2\lambda)_{2n+\varepsilon}\left(\frac{\varepsilon-\alpha+3}{2}\right)_n\Gamma\left[\begin{matrix}\lambda+1/2,\ (\alpha+\varepsilon)/2-1\\(\alpha+\varepsilon-1)/2+\lambda+n\end{matrix}\right]\times$$
$$\times\,{}_3F_2\left(1,\ \frac{3-\alpha-\varepsilon}{2}-\lambda-n,\ \frac{3+\varepsilon-\alpha}{2}+n;\ \frac{3-\alpha}{2},\ 2-\frac{\alpha}{2};\ \frac{y^2}{a^2}\right)\qquad [y<a].$$

2. $$\int_{-a}^{a}\frac{(x+a)^{\lambda-1/2}}{x-y}(a-x)^{\beta-1}C_n^\lambda\left(\frac{x}{a}\right)dx=I\qquad [a,\ \operatorname{Re}\beta>0;\ \operatorname{Re}\lambda>-1/2],$$

$$I=\pi\operatorname{ctg}\beta\pi(a-y)^{\beta-1}(a+y)^{\lambda-1/2}C_n^\lambda\left(\frac{y}{a}\right)-\frac{(2\lambda)_n}{n!}\left(\lambda-\beta+\frac{3}{2}\right)_n\Gamma\left[\begin{matrix}\beta-1,\ \lambda+1/2\\\beta+\lambda+n-1/2\end{matrix}\right]\times$$
$$\times(2a)^{\beta+\lambda-3/2}\,{}_3F_2\left(1,\ \frac{3}{2}+n+\lambda-\beta,\ \frac{3}{2}-\beta-\lambda-n;\ 2-\beta,\ \frac{3}{2}+\lambda-\beta;\ \frac{a-y}{2a}\right)$$
$$[-a<y<a],$$
$$I=\frac{(2\lambda)_n}{n!(a-y)}\left(\lambda-\beta+\frac{1}{2}\right)_n\Gamma\left[\begin{matrix}\beta,\ \lambda+1/2\\\beta+\lambda+n+1/2\end{matrix}\right](2a)^{\lambda+\beta-1/2}\times$$
$$\times\,{}_3F_2\left(1,\ \beta,\ \frac{1}{2}+\beta-\lambda;\ \frac{1}{2}+\beta-\lambda-n,\ \frac{1}{2}+\beta+\lambda+n;\ \frac{2a}{a-y}\right)\qquad [y<-a].$$

3. $$\int_{-a}^{a}\frac{(x+a)^{2\lambda-\beta+n}}{x-y}(a-x)^{\beta-1}C_n^\lambda\left(\frac{x}{a}\right)dx=$$
$$=-\frac{2^{2\lambda+n}}{n!(\lambda+1/2)_n}\left(\lambda-\beta+\frac{3}{2}\right)_n\Gamma\left[\begin{matrix}\beta-1,\ 2\lambda-\beta+n+1\\2\lambda\end{matrix}\right]a^{\beta+\lambda+n-3/2}(a+y)^{\lambda-\beta+1/2}\times$$
$$\times\,{}_3F_2\left(1,\ 2\lambda-\beta+n+1,\ \lambda-\beta+n+\frac{3}{2};\ \lambda-\beta+\frac{3}{2},\ 2-\beta;\ \frac{y-a}{y+a}\right)+$$
$$+\pi\operatorname{ctg}\beta\pi(a+y)^{2\lambda-\beta+n}(a-y)^{\beta-1}C_n^\lambda\left(\frac{y}{a}\right)\qquad [-a<y<a;\ \operatorname{Re}\beta>0;\ \operatorname{Re}(\beta-2\lambda)<n+1].$$

4. $$\int_{-a}^{a}\frac{x^{2n}}{x-y}(a^2-x^2)^{\lambda-1/2}C_n^\lambda\left(\frac{x}{a}\right)dx=-\frac{\sqrt{\pi}\,2^{3/2-\lambda}}{\Gamma(\lambda)}e^{(1/2-\lambda)\pi i}a^{\lambda-1/2}y^m(y^2-a^2)^{(2\lambda-1)/4}\times$$
$$\times\,Q_{n+\lambda-1/2}^{\lambda-1/2}\left(\frac{y}{a}\right)-\left\{\begin{matrix}0\\1\end{matrix}\right\}\frac{n!2^{1-2\lambda-n}\pi}{\Gamma(\lambda)\Gamma(\lambda+n+1)}a^{2\lambda+n}$$
$$\left[\left\{\begin{matrix}m\leqslant n\\m=n+1\end{matrix}\right\},\ a>0;\ y\notin[-a,\ a];\ \operatorname{Re}\lambda>-1/2\right].$$

5. $$\int_{-a}^{a}\frac{1}{x-y}\left[C_n^\lambda\left(\frac{y}{a}\right)C_{n+1}^\lambda\left(\frac{x}{a}\right)-C_{n+1}^\lambda\left(\frac{y}{a}\right)C_n^\lambda\left(\frac{x}{a}\right)\right]dx=$$
$$=\frac{4(2\lambda-1)_{n+1}}{(n+1)!}\sum_{k=0}^{[n/2]}\frac{2k+\lambda}{(2k+1)(2k+2\lambda-1)}C_{2k}^\lambda\left(\frac{y}{a}\right)\qquad [a>0;\ -a<y<a].$$

6. $$\int\limits_a^\infty \frac{x^{\alpha-1}}{x^2-y^2}\,(x^2-a^2)^{\lambda-1/2}C_{2n+\varepsilon}^\lambda\left(\frac{x}{a}\right)dx = I$$

$[\varepsilon = 0$ или $1;\ a,\ y>0;\ \operatorname{Re}\lambda > -1/2;\ \operatorname{Re}(\alpha+2\lambda) < 3-2n-\varepsilon]$,

$$I = -\frac{a^{\alpha+2\lambda-1}}{2(2n+\varepsilon)!y^2}\,(2\lambda)_{2n+\varepsilon}\left(\frac{1+\varepsilon-\alpha}{2}\right)_n\Gamma\left[\begin{matrix}\lambda+1/2,\ (1-\alpha-\varepsilon)/2-\lambda-n\\ 1-(\alpha+\varepsilon)/2\end{matrix}\right]\times$$
$$\times\,{}_3F_2\left(1,\ \frac{\alpha}{2},\ \frac{1+\alpha}{2};\ \frac{1+\alpha-\varepsilon}{2}-n,\ \frac{1+\alpha+\varepsilon}{2}+\lambda+n;\ \frac{a^2}{y^2}\right)+$$
$$+(-1)^\varepsilon\frac{2^{\varepsilon+2n-1}\pi y^{\alpha+2\lambda+\varepsilon+2n-3}}{(2n+\varepsilon)!a^{2n+\varepsilon}}\,(\lambda)_{2n+\varepsilon}\operatorname{ctg}^{2\varepsilon-1}\left(\frac{\alpha}{2}+\lambda\right)\pi\times$$
$$\times\,{}_2F_1\left(\frac{1}{2}-\lambda-n,\ 1-\lambda-\varepsilon-n;\ 1-\lambda-\varepsilon-2n;\ \frac{a^2}{y^2}\right)\qquad [a<y],$$

$$I = \frac{a^{\alpha+2\lambda-3}}{2(2n+\varepsilon)!}\,(2\lambda)_{2n+\varepsilon}\left(\frac{3+\varepsilon-\alpha}{2}\right)_n\Gamma\left[\begin{matrix}\lambda+1/2,\ (3-\alpha-\varepsilon)/2-\lambda-n\\ 2-(\alpha+\varepsilon)/2\end{matrix}\right]\times$$
$$\times\,{}_3F_2\left(1,\ \frac{3+\varepsilon-\alpha}{2}+n,\ \frac{3-\alpha-\varepsilon}{2}-\lambda-n;\ 2-\frac{\alpha}{2},\ \frac{3-\alpha}{2};\ \frac{y^2}{a^2}\right)\qquad [y<a].$$

7. $$\int\limits_a^\infty \frac{(x-a)^{\lambda-1/2}}{x-y}\,(x+a)^{-\tau}C_n^\lambda\left(\frac{x}{a}\right)dx = I$$ $[a>0;\ \operatorname{Re}\lambda>-1/2;\ \operatorname{Re}(\lambda-\tau)<1/2-n]$,

$$I = \frac{(\lambda+\tau+1/2)_n}{n!}\,(2\lambda)_n\Gamma\left[\begin{matrix}\lambda+1/2,\ \tau-\lambda-n+1/2\\ \tau+1\end{matrix}\right](2a)^{\lambda-\tau-1/2}\times$$
$$\times\,{}_3F_2\left(1,\ \tau-\lambda-n+\frac{1}{2},\ \tau+\lambda+n+\frac{1}{2};\ \tau+1,\ \tau+\lambda+\frac{1}{2};\ \frac{a+y}{2a}\right)\qquad [-a<y<a],$$

$$I = \pi\operatorname{tg}(\lambda-\tau)\pi(a+y)^{-\tau}(y-a)^{\lambda-1/2}C_n^\lambda\left(\frac{y}{a}\right)-$$
$$-\frac{(2a)^{\lambda-\tau+1/2}(\tau+\lambda-1/2)_n(2\lambda)_n}{n!(a+y)}\,\Gamma\left[\begin{matrix}\lambda+1/2,\ \tau-\lambda-n-1/2\\ \tau\end{matrix}\right]\times$$
$$\times\,{}_3F_2\left(1,\ 1-\tau,\ \frac{3}{2}-\tau-\lambda;\ \frac{3}{2}+\lambda+n-\tau,\ \frac{3}{2}-\tau-\lambda-n;\ \frac{2a}{a+y}\right)\qquad [y>a].$$

8. $$\int\limits_a^\infty \frac{(x-a)^{\alpha-1}}{x-y}\,(x+a)^{\lambda-1/2}C_n^\lambda\left(\frac{x}{a}\right)dx = -\pi\operatorname{ctg}\alpha\pi(y-a)^{\alpha-1}(y+a)^{\lambda-1/2}C_n^\lambda\left(\frac{y}{a}\right)+$$
$$+(-1)^n\frac{(3/2+\lambda-\alpha)_n}{n!}\,(2\lambda)_n\Gamma\left[\begin{matrix}\alpha-1,\ 3/2-\alpha-\lambda-n\\ 1/2-\lambda\end{matrix}\right]\times$$
$$\times\,{}_3F_2\left(1,\ \frac{3}{2}+\lambda+n-\alpha,\ \frac{3}{2}-\lambda-\alpha-n;\ \frac{3}{2}+\lambda-\alpha,\ 2-\alpha;\ \frac{a-y}{2a}\right)$$

$[y>0;\ \operatorname{Re}\alpha>0;\ \operatorname{Re}(\alpha+\lambda)<3/2-n]$.

2.21.4. Интегралы от $(x^m\pm a^m)^\alpha(b^m\pm x^m)^\beta(d^m\pm x^m)^\gamma C_n^\lambda(cx)$.

1. $$\int\limits_0^a x^{\alpha-1}(a^2-x^2)^{\beta-1}(b^2-x^2)^{\lambda-1/2}C_{2n+\varepsilon}^\lambda\left(\frac{x}{b}\right)dx = \frac{(-1)^n a^{\alpha+2\beta+\varepsilon-2}b^{2\lambda-\varepsilon-1}(\lambda)_{n+\varepsilon}}{2^{1-\varepsilon}n!}\times$$
$$\times\operatorname{B}\left(\beta,\ \frac{\alpha+\varepsilon}{2}\right){}_3F_2\left(\frac{1}{2}-\lambda-n,\ \frac{\alpha+\varepsilon}{2},\ \frac{1}{2}+\varepsilon+n;\ \frac{1}{2}+\varepsilon,\ \frac{\alpha+\varepsilon}{2}+\beta;\ \frac{a^2}{b^2}\right)$$

$[\varepsilon=0$ или $1;\ b>a>0;\ \operatorname{Re}\beta>0;\ \operatorname{Re}\alpha>-\varepsilon]$.

2. $$\int_0^a \frac{x^{\alpha-1}}{(z^2 \pm x^2)^\rho}(a^2-x^2)^{\lambda-1/2} C_{2n+\varepsilon}^\lambda\left(\frac{x}{a}\right)dx = \frac{(-1)^n a^{\alpha+2\lambda-1}}{2(2n+\varepsilon)!z^{2\rho}}(2\lambda)_{2n+\varepsilon}\left(\frac{\varepsilon-\alpha+1}{2}\right)_n \times$$
$$\times \Gamma\left[\begin{matrix}\lambda+1/2,\ (\alpha+\varepsilon)/2\\ (\alpha+\varepsilon+1)/2+\lambda+n\end{matrix}\right] {}_3F_2\left(\rho,\ \frac{\alpha}{2},\ \frac{\alpha+1}{2};\ \frac{\alpha+\varepsilon+1}{2}+\lambda+n,\ \frac{\alpha-\varepsilon+1}{2}-n;\ \mp\frac{a^2}{z^2}\right)$$
$$\left[\varepsilon = 0 \text{ или } 1;\ \operatorname{Re}\alpha > -\varepsilon;\ \operatorname{Re}\lambda > -1/2,\ \left\{\begin{matrix}a,\ \operatorname{Re} z > 0\\ z > a > 0\end{matrix}\right\}\right].$$

3. $$\int_a^b x^{\alpha-1}(x^2-a^2)^{\beta-1}(b^2-x^2)^{\lambda-1/2} C_{2n+\varepsilon}^\lambda\left(\frac{x}{b}\right)dx =$$
$$= \frac{(-1)^n b^{\alpha+2\beta+2\lambda-3}}{2(2n+\varepsilon)!}(2\lambda)_{2n+\varepsilon}\left(\frac{\varepsilon-\alpha+3}{2}-\beta\right)_n \Gamma\left[\begin{matrix}\lambda+1/2,\ (\alpha+\varepsilon)/2+\beta-1\\ (\alpha+\varepsilon-1)/2+\beta+\lambda+n\end{matrix}\right] \times$$
$$\times {}_3F_2\left(1-\beta,\ \frac{3-\alpha-\varepsilon}{2}-\beta-\lambda-n,\ \frac{3+\varepsilon-\alpha}{2}-\beta+n;\ \frac{3-\alpha}{2}-\beta,\ 2-\beta-\frac{\alpha}{2};\ \frac{a^2}{b^2}\right) +$$
$$+ \frac{(-1)^n a^{\alpha+2\beta+\varepsilon-2} b^{2\lambda-\varepsilon-1}(\lambda)_{n+\varepsilon}}{2^{1-\varepsilon} n!} \mathrm{B}\left(\beta,\ 1-\beta-\frac{\alpha+\varepsilon}{2}\right) \times$$
$$\times {}_3F_2\left(\frac{\alpha+\varepsilon}{2},\ \frac{1}{2}+\varepsilon+n,\ \frac{1}{2}-\lambda-n;\ \frac{\alpha+\varepsilon}{2}+\beta,\ \frac{1}{2}+\varepsilon;\ \frac{a^2}{b^2}\right)$$
$$[\varepsilon = 0 \text{ или } 1;\ b > a > 0;\ \operatorname{Re}\beta > 0;\ \operatorname{Re}\lambda > -1/2].$$

4. $$\int_a^b x^{-2\lambda-2\beta-n}(x^2-a^2)^{\beta-1}(b^2-x^2)^{\lambda-1/2} C_n^\lambda\left(\frac{x}{b}\right)dx = \frac{(2\lambda)_n}{2(2\beta+2\lambda)_n}\mathrm{B}\left(\lambda+\frac{1}{2},\ \beta\right) \times$$
$$\times \frac{(b^2-a^2)^{\beta+\lambda-1/2}}{a^{2\lambda+n+1} b^{2\beta}} C_n^{\lambda+\beta}\left(\frac{a}{b}\right) \qquad [b > a > 0;\ \operatorname{Re}\lambda > -1/2;\ \operatorname{Re}\beta > 0].$$

5. $$\int_a^b x^{\alpha-1}(x^2-a^2)^{\lambda-1/2}(b^2-x^2)^{\beta-1} C_{2n+\varepsilon}^\lambda\left(\frac{x}{a}\right)dx =$$
$$= \frac{a^{\alpha+2\lambda-1} b^{2\beta-2}}{2(2n+\varepsilon)!}(2\lambda)_{2n+\varepsilon}\left(\frac{1+\varepsilon-\alpha}{2}\right)_n \Gamma\left[\begin{matrix}\lambda+1/2,\ (1-\alpha-\varepsilon)/2-\lambda-n\\ 1-(\alpha+\varepsilon)/2\end{matrix}\right] \times$$
$$\times {}_3F_2\left(1-\beta,\ \frac{\alpha}{2},\ \frac{1+\alpha}{2};\ \frac{1+\alpha-\varepsilon}{2}-n,\ \frac{1+\alpha+\varepsilon}{2}+\lambda+n;\ \frac{a^2}{b^2}\right) +$$
$$+ \frac{2^{2n+\varepsilon-1} b^{\alpha+2\beta+2\lambda+\varepsilon+2n-3}}{(2n+\varepsilon)! a^{2n+\varepsilon}}(\lambda)_{2n+\varepsilon}\mathrm{B}\left(\beta,\ \frac{\alpha+\varepsilon-1}{2}+\lambda+n\right) \times$$
$$\times {}_3F_2\left(\frac{1}{2}-\lambda-n,\ \frac{3-\alpha-\varepsilon}{2}-\lambda-\beta-n,\ 1-\varepsilon-\lambda-n;\ 1-\varepsilon-\lambda-2n,\right.$$
$$\left.\frac{3-\alpha-\varepsilon}{2}-\lambda-n;\ \frac{a^2}{b^2}\right) \qquad [\varepsilon = 0 \text{ или } 1;\ b > a > 0;\ \operatorname{Re}\beta > 0;\ \operatorname{Re}\lambda > -1/2].$$

6. $$\int_{\pm a}^b (x\mp a)^{\alpha-1}(b-x)^{\beta-1}(a\pm x)^{\lambda-1/2} C_n^\lambda\left(\frac{x}{a}\right)dx = \frac{(\pm 1)^n(2\lambda)_n}{n!}\mathrm{B}(\alpha,\ \beta) \times$$
$$\times (2a)^{\lambda-1/2}(b\mp a)^{\alpha+\beta-1} {}_3F_2\left(\alpha,\ \frac{1}{2}-\lambda-n,\ \frac{1}{2}+\lambda+n;\ \alpha+\beta,\ \lambda+\frac{1}{2};\ \frac{a\mp b}{2a}\right)$$
$$\left[\operatorname{Re}\alpha,\ \operatorname{Re}\beta > 0,\ \left\{\begin{matrix}b > a\\ -a < b < a\end{matrix}\right\}\right].$$

7. $$\int_{\pm a}^b (x\mp a)^{\alpha-1}(b-x)^{\beta-1}(a\pm x)^{2\lambda+n-\alpha-\beta} C_n^\lambda\left(\frac{x}{a}\right)dx =$$

$$= \frac{(\pm 1)^n (2\lambda)_n}{n!} \mathrm{B}(\alpha, \beta)(2a)^{2\lambda+n-\beta}(a \pm b)^{-\alpha}(b \mp a)^{\alpha+\beta-1} \times$$

$$\times {}_3F_2\left(\alpha, \lambda+n+\frac{1}{2}, 2\lambda+n; \alpha+\beta, \lambda+\frac{1}{2}; \frac{b \mp a}{b \pm a}\right) \qquad [-a < b < a;\ \mathrm{Re}\,\alpha, \mathrm{Re}\,\beta > 0].$$

8. $$\int_{-a}^{b} (x+a)^{\lambda-1/2}(b-x)^{\beta-1}(a-x)^{-\tau} C_n^\lambda\left(\frac{x}{a}\right) dx = \frac{(2\lambda)_n}{n!} \mathrm{B}(\beta, \tau-\beta) \times$$

$$\times (2a)^{\lambda-1/2}(a-b)^{\beta-\tau} {}_3F_2\left(1-\tau, \frac{1}{2}-\lambda-n, \lambda+n+\frac{1}{2}; \lambda+\frac{1}{2}, \beta-\tau+1; \frac{a-b}{2a}\right) +$$

$$+ \frac{(\lambda+\tau-\beta+1/2)_n}{n!} (2\lambda)_n \Gamma\left[\begin{matrix}\lambda+1/2, \beta-\tau \\ \beta+\lambda-\tau+n+1/2\end{matrix}\right](2a)^{\beta+\lambda-\tau-1/2} \times$$

$$\times {}_3F_2\left(1-\beta, \frac{1}{2}+\lambda+\tau+n-\beta, \frac{1}{2}+\tau-\beta-\lambda-n; 1+\tau-\beta, \frac{1}{2}+\lambda+\tau-\beta; \frac{a-b}{2a}\right)$$

$[-a < b < a;\ \mathrm{Re}\,\beta > 0;\ \mathrm{Re}\,\lambda > -1/2]$.

9. $$\int_{a}^{b} (x-a)^{\lambda-1/2}(b-x)^{\beta-1}(x+a)^{-\tau} C_n^\lambda\left(\frac{x}{a}\right) dx =$$

$$= \frac{2^n(\lambda)_n}{n!a^n} \mathrm{B}\left(\frac{1}{2}+\lambda+n-\tau, \beta\right)(a+b)^{\beta+\lambda-\tau+n-1/2} \times$$

$$\times {}_3F_2\left(\frac{1}{2}-\lambda-n, 1-2\lambda-n, \frac{1}{2}+\tau-\beta-\lambda-n; 1-2\lambda-2n, \frac{1}{2}+\tau-\lambda-n; \frac{2a}{a+b}\right) +$$

$$+ \frac{(\tau+\lambda-1/2)_n}{n!} (2\lambda)_n \Gamma\left[\begin{matrix}\lambda+1/2, \tau-n-\lambda-1/2 \\ \tau\end{matrix}\right](2a)^{\lambda-\tau+1/2}(a+b)^{\beta-1} \times$$

$$\times {}_3F_2\left(1-\beta, 1-\tau, \frac{3}{2}-\tau-\lambda; \frac{3}{2}+\lambda+n-\tau, \frac{3}{2}-\tau-\lambda-n; \frac{2a}{a+b}\right)$$

$[b > a > 0;\ \mathrm{Re}\,\lambda > -1/2,\ \mathrm{Re}\,\beta > 0]$.

10. $$\int_{a}^{b} (x-a)^{\alpha-1}(b-x)^{\beta-1}(x+b)^{\lambda-1/2} C_n^\lambda\left(\frac{x}{b}\right) dx = \frac{(2\lambda)_n}{n!} \mathrm{B}(\alpha, \beta)(2b)^{\lambda-1/2}(b-a)^{\alpha+\beta-1} \times$$

$$\times {}_3F_2\left(\beta, \frac{1}{2}-\lambda-n, \frac{1}{2}+\lambda+n; \alpha+\beta, \lambda+\frac{1}{2}; \frac{b-a}{2a}\right) \qquad [b > a > 0;\ a, \mathrm{Re}\,\alpha, \mathrm{Re}\,\beta > 0].$$

11. $$\int_{a}^{b} (x-a)^{\alpha-1}(b-x)^{\beta-1}(x+b)^{2\lambda+n-\alpha-\beta} C_n^\lambda\left(\frac{x}{b}\right) dx = \frac{(2\lambda)_n}{n!} \mathrm{B}(\alpha, \beta)(2b)^{2\lambda+n-\alpha} \times$$

$$\times (b-a)^{\alpha+\beta-1}(a+b)^{-\beta} {}_3F_2\left(\beta, 2\lambda+n, \frac{1}{2}+\lambda+n; \alpha+\beta, \lambda+\frac{1}{2}; \frac{a-b}{a+b}\right)$$

$[b > a > 0;\ \mathrm{Re}\,\alpha, \mathrm{Re}\,\beta > 0]$.

12. $$\int_{a}^{b} (x-a)^{\alpha-1}(b-x)^{\lambda-1/2}(x+b)^{-\tau} C_n^\lambda\left(\frac{x}{b}\right) dx = \frac{(-1)^n(2\lambda)_n}{n!} \mathrm{B}(\alpha, \tau-\alpha)(2b)^{\lambda-1/2} \times$$

$$\times (a+b)^{\alpha-\tau} {}_3F_2\left(1-\tau, \frac{1}{2}-\lambda-n, \frac{1}{2}+\lambda+n; \lambda+\frac{1}{2}, 1+\alpha-\tau; \frac{a+b}{2b}\right) +$$

$$+ \frac{(-1)^n}{n!}\left(\frac{1}{2}+\lambda+\tau-\alpha\right)_n (2\lambda)_n \Gamma\left[\begin{matrix}\lambda+1/2, \alpha-\tau \\ 1/2+\lambda+\alpha+n-\tau\end{matrix}\right](2a)^{\alpha+\lambda-\tau-1/2} \times$$

$$\times {}_3F_2\left(1-\alpha, \frac{1}{2}+\lambda+\tau+n-\alpha, \frac{1}{2}+\tau-\lambda-\alpha-n; \frac{1}{2}+\lambda+\tau-\alpha, 1+\tau-\alpha; \frac{a+b}{2b}\right)$$

$[b > a > 0;\ \mathrm{Re}\,\alpha > 0;\ \mathrm{Re}\,\lambda > -1/2]$.

13. $$\int_a^b (x-a)^{\tau-\lambda-n-3/2}(b-x)^{\lambda-1/2}(x+b)^{-\tau} C_n^\lambda\left(\frac{x}{b}\right) dx = (2\lambda)_n \Gamma\left[\begin{matrix}\lambda+1/2,\ \tau-\lambda-n-1/2\\ \tau\end{matrix}\right]\times$$
$$\times (2b)^{\lambda-\tau+n+1/2}(b-a)^{\tau-n-1}(b+a)^{-\lambda-n-1/2} P_n^{(\tau-n-1,\ \lambda-1/2)}\left(\frac{a}{b}\right)$$

$[b > a > 0;\ \operatorname{Re}(\tau-\lambda) > n+1/2;\ \operatorname{Re}\lambda > -1/2]$.

14. $$\int_{-a}^a (x+a)^{\alpha-1}(a-x)^{\beta-1}(z-x)^{2\lambda+n-\alpha-\beta} C_n^\lambda\left(\frac{x}{a}\right) dx =$$
$$= \frac{(2\lambda)_n}{n!} \mathrm{B}(\beta,\ \alpha-2\lambda-n)(2a)^{\alpha+\beta-1}(z+a)^{-\beta}(z-a)^{2\lambda+n-\alpha}\times$$
$$\times {}_3F_2\left(\beta,\ 2\lambda+n,\ \lambda+n+\frac{1}{2};\ \lambda+\frac{1}{2},\ 2\lambda+n+1-\alpha;\ \frac{z-a}{z+a}\right)+$$
$$+\frac{(-1)^n(\lambda-\alpha+1/2)_n}{n!(\lambda+1/2)_n}\Gamma\left[\begin{matrix}\alpha,\ 2\lambda+n-\alpha\\ 2\lambda\end{matrix}\right](2a)^{\alpha+\beta-1}(z+a)^{2\lambda+n-\alpha-\beta}\times$$
$$\times {}_3F_2\left(\alpha,\ \frac{1}{2}+\alpha-\lambda,\ \alpha+\beta-2\lambda-n;\ 1+\alpha-2\lambda-n,\ \frac{1}{2}+\alpha-\lambda-n;\ \frac{z-a}{z+a}\right)$$

$[a,\ \operatorname{Re}\alpha,\ \operatorname{Re}\beta > 0;\ |\arg(z^2-a^2)| < \pi]$.

15. $$\int_{-a}^a (x+a)^{\alpha-1}(a-x)^{\lambda-1/2}(z\pm x)^{-\theta} C_n^\lambda\left(\frac{x}{a}\right) dx =$$
$$= \frac{(-1)^n}{n!}\left(\frac{1}{2}+\lambda-\alpha\right)_n (2\lambda)_n \Gamma\left[\begin{matrix}\alpha,\ \lambda+1/2\\ \alpha+\lambda+n+1/2\end{matrix}\right](2a)^{\alpha+\lambda-1/2}(z\mp a)^{-\theta}\times$$
$$\times {}_3F_2\left(\alpha,\ \theta,\ \frac{1}{2}+\alpha-\lambda;\ \frac{1}{2}+\alpha-\lambda-n,\ \frac{1}{2}+\alpha+\lambda+n;\ \frac{2a}{a\pm z}\right)$$

$[a,\ \operatorname{Re}\alpha > 0;\ \operatorname{Re}\lambda > -1/2;\ |\arg(z^2-a^2)| < \pi]$.

16. $$\int_a^\infty x^{\alpha-1}(x^2-a^2)^{\beta-1}(x^2-b^2)^{\lambda-1/2} C_{2n+\varepsilon}^\lambda\left(\frac{x}{b}\right) dx = \frac{2^{2n+\varepsilon-1}a^{\alpha+2\beta+2\lambda+\varepsilon+2n-3}}{(2n+\varepsilon)!\,b^{2n+\varepsilon}}(\lambda)_{2n+\varepsilon}\times$$
$$\times \mathrm{B}\left(\beta,\ \frac{3-\alpha-\varepsilon}{2}-\beta-\lambda-n\right){}_3F_2\left(\frac{1}{2}-\lambda-n,\ \frac{3-\alpha-\varepsilon}{2}-\beta-\lambda-n,\right.$$
$$\left. 1-\lambda-\varepsilon-n;\ \frac{3-\alpha-\varepsilon}{2}-\lambda-n,\ 1-\lambda-\varepsilon-2n;\ \frac{b^2}{a^2}\right)$$

$[\varepsilon = 0$ или $1;\ a > b > 0;\ \operatorname{Re}\beta > 0;\ \operatorname{Re}(\alpha+2\lambda+2\beta) < 3-2n-\varepsilon]$.

17. $$\int_a^\infty x^{\alpha-1}(x^2-a^2)^{\lambda-1/2}(x^2-b^2)^{\beta-1} C_{2n+\varepsilon}^\lambda\left(\frac{x}{a}\right) dx =$$
$$= \frac{a^{\alpha+2\beta+2\lambda-3}}{2(2n+\varepsilon)!}(2\lambda)_{2n+\varepsilon}\left(\frac{3+\varepsilon-\alpha}{2}-\beta\right)_n \Gamma\left[\begin{matrix}\lambda+1/2,\ (3-\alpha-\varepsilon)/2-\beta-\lambda-n\\ 2-\beta-(\alpha+\varepsilon)/2\end{matrix}\right]\times$$
$$\times {}_3F_2\left(1-\beta,\ \frac{3-\alpha-\varepsilon}{2}-\beta-\lambda-n,\ \frac{3+\varepsilon-\alpha}{2}-\beta+n;\ 2-\beta-\frac{\alpha}{2},\ \frac{3-\alpha}{2}-\beta;\ \frac{b^2}{a^2}\right)$$

$[\varepsilon = 0$ или $1;\ a > b > 0;\ \operatorname{Re}\lambda > -1/2;\ \operatorname{Re}(\alpha+2\beta+2\lambda) < 3-2n-\varepsilon]$.

18. $$\int_a^\infty \frac{x^{\alpha-1}}{(x^2+z^2)^\rho}(x^2-a^2)^{\lambda-1/2} C_{2n+\varepsilon}^\lambda\left(\frac{x}{a}\right) dx =$$
$$= \frac{a^{\alpha+2\lambda-2\rho-1}}{2(2n+\varepsilon)!}(2\lambda)_{2n+\varepsilon}\left(\frac{1+\varepsilon-\alpha}{2}+\rho\right)_n \Gamma\left[\begin{matrix}\lambda+1/2,\ (1-\alpha-\varepsilon)/2+\rho-\lambda-n\\ 1+\rho-(\alpha+\varepsilon)/2\end{matrix}\right]\times$$

$$\times {}_3F_2\left(\rho,\ \frac{1+\varepsilon-\alpha}{2}+\rho+n,\ \frac{1-\alpha-\varepsilon}{2}+\rho-\lambda-n;\ 1+\rho-\frac{\alpha}{2},\ \frac{1-\alpha}{2}+\rho;\ -\frac{z^2}{a^2}\right)$$

[$\varepsilon = 0$ или 1; a, $\operatorname{Re} z > 0$; $\operatorname{Re}\lambda > -1/2$; $\operatorname{Re}(\alpha+2\lambda-2\rho) < 1-2n-\varepsilon$].

19. $$\int_a^\infty (x-a)^{\lambda-1/2}(x+a)^{-\tau}(x+z)^{-\theta} C_n^\lambda\left(\frac{x}{a}\right) dx =$$
$$= \frac{(\lambda+\theta+\tau-1/2)_n}{n!}(2\lambda)_n \Gamma\left[\begin{matrix}\lambda+1/2,\ \theta+\tau-\lambda-n-1/2\\ \theta+\tau\end{matrix}\right](2a)^{1/2+\lambda-\theta-\tau} \times$$
$$\times {}_3F_2\left(\theta,\ \theta+\tau-\lambda-n-\frac{1}{2},\ \theta+\tau+\lambda+n-\frac{1}{2};\ \theta+\tau,\ \theta+\tau+\lambda-\frac{1}{2};\ \frac{a-z}{2a}\right)$$

[$a > 0$; $\operatorname{Re}\lambda > -1/2$; $\operatorname{Re}(\lambda-\theta-\tau) < -n-1/2$; $|\arg(z-a)| < \pi$].

20. $$\int_a^\infty (x-a)^{\alpha-1}(x+a)^{\lambda-1/2}(x+z)^{-\theta} C_n^\lambda\left(\frac{x}{a}\right) dx = \frac{(2\lambda)_n}{n!}\mathrm{B}(\alpha,\ \theta-\alpha) \times$$
$$\times (2a)^{\lambda-1/2}(a+z)^{\alpha-\theta}\,{}_3F_2\left(\alpha,\ \frac{1}{2}+\lambda+n,\ \frac{1}{2}-\lambda-n;\ \frac{1}{2}+\lambda,\ 1+\alpha-\theta;\ \frac{a+z}{2a}\right) +$$
$$+ (-1)^n\frac{(1/2+\lambda+\theta-\alpha)_n}{n!}(2\lambda)_n\Gamma\left[\begin{matrix}\alpha-\theta,\ 1/2+\theta-\alpha-\lambda-n\\ 1/2-\lambda\end{matrix}\right](2a)^{\alpha+\lambda-\theta-1/2} \times$$
$$\times {}_3F_2\left(\frac{1}{2}+\lambda+\theta+n-\alpha,\ \frac{1}{2}+\theta-\lambda-\alpha-n,\ \theta;\ 1+\theta-\alpha,\ \frac{1}{2}+\lambda+\theta-\alpha;\ \frac{a+z}{2a}\right)$$

[a, $\operatorname{Re}\alpha > 0$; $\operatorname{Re}(\alpha+\lambda-\theta) < 1/2-n$; $|\arg(a+z)| < \pi$].

21. $$\int_a^\infty (x-a)^{\alpha-1}(x-b)^{\lambda-1/2}(x+b)^{-\tau} C_n^\lambda\left(\frac{x}{b}\right) dx =$$
$$= \frac{2^n(\lambda)_n}{n!b^n}\mathrm{B}\left(\alpha,\ \frac{1}{2}+\tau-\alpha-\lambda-n\right)(a+b)^{\alpha+\lambda+n-\tau-1/2} \times$$
$$\times {}_3F_2\left(\frac{1}{2}-\lambda-n,\ 1-2\lambda-n,\ \frac{1}{2}+\tau-\lambda-\alpha-n;\ \frac{1}{2}+\tau-\lambda-n,\ 1-2\lambda-2n;\ \frac{2b}{a+b}\right)$$

[$a > b > 0$; $\operatorname{Re}\alpha > 0$; $\operatorname{Re}(\tau-\lambda-\alpha) > n-1/2$].

22. $$\int_a^\infty (x-a)^{\alpha-1}(x-b)^{-\tau}(x+b)^{\lambda-1/2} C_n^\lambda\left(\frac{x}{b}\right) dx = \frac{(2\lambda)_n}{n!}\mathrm{B}(\alpha,\ \tau-\alpha)(2b)^{\lambda-1/2}(a-b)^{\alpha-\tau} \times$$
$$\times {}_3F_2\left(1-\tau,\ \frac{1}{2}+\lambda+n,\ \frac{1}{2}-\lambda-n;\ \lambda+\frac{1}{2},\ 1+\alpha-\tau;\ \frac{b-a}{2b}\right) +$$
$$+ (-1)^n\frac{(1/2+\tau+\lambda-\alpha)_n}{n!}(2\lambda)_n\Gamma\left[\begin{matrix}\alpha-\tau,\ 1/2+\tau-\alpha-\lambda-n\\ 1/2-\lambda\end{matrix}\right](2b)^{\alpha+\lambda-\tau-1/2} \times$$
$$\times {}_3F_2\left(\beta,\ \frac{1}{2}+\tau+\lambda+n-\alpha,\ \frac{1}{2}+\tau-\alpha-\lambda-n;\ 1+\tau-\alpha,\ \frac{1}{2}+\lambda+\tau-\alpha;\ \frac{b-a}{2b}\right)$$

[$a > b > 0$; $\operatorname{Re}\alpha > 0$; $\operatorname{Re}(\tau-\alpha-\lambda) > n-1/2$].

2.21.5. Интегралы от $A(x)e^{-px^{\pm m}}C_n^\lambda(cx)$.

1. $$\int_{-a}^a (a^2-x^2)^{\lambda-1/2}e^{-px} C_n^\lambda\left(\frac{x}{a}\right) dx = \frac{(-1)^n 2\pi}{n!}\Gamma\left[\begin{matrix}2\lambda+n\\ \lambda\end{matrix}\right]\left(\frac{a}{2p}\right)^\lambda I_{\lambda+n}(ap)$$

[$a > 0$; $\operatorname{Re}\lambda > -1/2$].

2. $$\int_{-a}^a (x+a)^{\lambda-1/2}(a-x)^{\beta-1}e^{-px} C_n^\lambda\left(\frac{x}{a}\right) dx = \frac{(\lambda-\beta+1/2)_n}{n!}(2\lambda)_n\Gamma\left[\begin{matrix}\beta,\ \lambda+1/2\\ \beta+\lambda+n+1/2\end{matrix}\right] \times$$

$$\times (2a)^{\beta+\lambda-1/2} e^{-ap} {}_2F_2\left(\beta,\, \beta-\lambda+\frac{1}{2};\; \beta+\lambda+n+\frac{1}{2},\, \beta-\lambda-n+\frac{1}{2};\; 2ap\right)$$

$[a,\ \operatorname{Re}\beta > 0;\ \operatorname{Re}\lambda > -1/2]$.

3. $$\int\limits_{-a}^{a} (x+a)^{\alpha-1}(a-x)^{\lambda-1/2} e^{-px} C_n^{\lambda}\left(\frac{x}{a}\right) dx = \\ = \frac{(-1)^n}{n!} (2\lambda)_n \left(\lambda-\alpha+\frac{1}{2}\right)_n \Gamma\begin{bmatrix} \alpha,\ \lambda+1/2 \\ \alpha+\lambda+n+1/2 \end{bmatrix} (2a)^{\alpha+\lambda-1/2} e^{ap} \times \\ \times {}_2F_2\left(\alpha,\, \alpha-\lambda+\frac{1}{2};\; \alpha+\lambda+n+\frac{1}{2},\, \alpha-\lambda-n+\frac{1}{2};\; -2ap\right)$$

$[a,\ \operatorname{Re}\alpha > 0;\ \operatorname{Re}\lambda > -1/2]$.

4. $$\int\limits_{0}^{\infty} x^{\alpha-1} e^{-px} C_{2n+\varepsilon}^{\lambda}(cx)\, dx = \frac{(-1)^n (2c)^{\varepsilon}}{n!\, p^{\alpha+\varepsilon}} (\lambda)_{n+\varepsilon} \Gamma(\alpha+\varepsilon) \times \\ \times {}_4F_1\left(-n,\, \frac{\alpha+1}{2},\, \frac{\alpha}{2}+\varepsilon,\, n+\lambda+\varepsilon;\; \varepsilon+\frac{1}{2};\; \frac{4c^2}{p^2}\right)$$

$[\varepsilon = 0$ или $1;\ \operatorname{Re} p > 0;\ \operatorname{Re}\alpha > -\varepsilon]$.

5. $$\int\limits_{\pm a}^{\infty} (x\mp a)^{\alpha-1} e^{-px} C_n^{\lambda}\left(\frac{x}{a}\right) dx = \frac{2^n (\lambda)_n \Gamma(\alpha+n)}{n!\, a^n p^{\alpha+n}} e^{\mp ap} \times \\ \times {}_2F_2\left(-n,\, \frac{1}{2}-\lambda-n;\; 1-\alpha-n,\, 1-2\lambda-2n;\; \pm 2ap\right)$$

$[a,\ \operatorname{Re} p,\ \operatorname{Re}\alpha > 0]$.

6. $$\int\limits_{-a}^{\infty} (x+a)^{\lambda-1/2} e^{-px} C_n^{\lambda}\left(\frac{x}{a}\right) dx = \frac{(-1)^n 2^{1-2\lambda}\sqrt{\pi}}{n!\, p^{\lambda+1/2}} \Gamma\begin{bmatrix} 2\lambda+n \\ \lambda \end{bmatrix} e^{ap} {}_2F_0\left(-n,\, 2\lambda+n;\; \frac{1}{2ap}\right)$$

$[a,\ \operatorname{Re} p > 0;\ \operatorname{Re}\lambda > -1/2]$.

7. $$\int\limits_{a}^{\infty} (x-a)^{\lambda-1/2}(x+a)^{-\tau} e^{-px} C_n^{\lambda}\left(\frac{x}{a}\right) dx = \\ = \frac{(\tau+\lambda-1/2)_n}{n!} (2\lambda)_n \Gamma\begin{bmatrix} \lambda+1/2,\ \tau-\lambda-n-1/2 \\ \tau \end{bmatrix} (2a)^{\lambda-\tau+1/2} e^{ap} \times \\ \times {}_2F_2\left(1-\tau,\, \frac{3}{2}-\tau-\lambda;\; \frac{3}{2}+\lambda+n-\tau,\, \frac{3}{2}-\tau-\lambda-n;\; -2ap\right) + \\ + \frac{2^n (\lambda)_n \Gamma(\lambda-\tau+n+1/2)}{n!\,(2a)^n} p^{\tau-\lambda-n-1/2} e^{ap} \times \\ \times {}_2F_2\left(1-2\lambda-n,\, \frac{1}{2}-\lambda-n;\; 1-2\lambda-2n,\, \frac{1}{2}+\tau-\lambda-n;\; -2ap\right)$$

$[a,\ \operatorname{Re} p > 0;\ \operatorname{Re}\lambda > -1/2]$.

8. $$\int\limits_{a}^{\infty} (x-a)^{\alpha-1}(x+a)^{\lambda-1/2} e^{-px} C_n^{\lambda}\left(\frac{x}{a}\right) dx = \\ = \frac{(-1)^n (\lambda-\alpha+1/2)_n (2\lambda)_n}{n!} \Gamma\begin{bmatrix} \alpha,\ 1/2-\alpha-\lambda-n \\ 1/2-\lambda \end{bmatrix} (2a)^{\alpha+\lambda-1/2} e^{-ap} \times \\ \times {}_2F_2\left(\alpha,\, \frac{1}{2}+\alpha-\lambda;\; \frac{1}{2}+\alpha-\lambda-n,\, \frac{1}{2}+\alpha+\lambda+n;\; 2ap\right) + \\ + \frac{2^n (\lambda)_n \Gamma(\alpha+\lambda+n-1/2)}{n!\, a^n} p^{1/2-\alpha-\lambda-n} e^{-ap} \times \\ \times {}_2F_2\left(\frac{1}{2}-\lambda-n,\, 1-2\lambda-n;\; \frac{3}{2}-\alpha-\lambda-n,\, 1-2\lambda-2n;\; 2ap\right)$$

$[a,\ \operatorname{Re} p,\ \operatorname{Re}\alpha > 0]$.

9. $$\int_0^\infty x^{\alpha-1}e^{-px^2}C_{2n+\varepsilon}^\lambda(cx)\,dx = \frac{(-1)^n 2^{\varepsilon-1}c^\varepsilon(\lambda)_{n+\varepsilon}}{p^{(\alpha+\varepsilon)/2}n!}\,\Gamma\Big(\frac{\alpha+\varepsilon}{2}\Big)\times$$
$$\times\,{}_3F_1\Big(-n,\,\frac{\alpha+\varepsilon}{2},\,\lambda+n+\varepsilon;\;\varepsilon+\frac12;\;\frac{c^2}{p}\Big)\qquad [\varepsilon=0\text{ или }1;\;\operatorname{Re}p>0;\;\operatorname{Re}\alpha>-\varepsilon].$$

10. $$\int_0^a x^{\alpha-1}(a^2-x^2)^{\lambda-1/2}e^{-px^2}C_{2n+\varepsilon}^\lambda\Big(\frac{x}{a}\Big)\,dx = \frac{(-1)^n a^{\alpha+2\lambda-1}}{2(2n+\varepsilon)!}\,(2\lambda)_{2n+\varepsilon}\Big(\frac{1+\varepsilon-\alpha}{2}\Big)_n\times$$
$$\times\,\Gamma\begin{bmatrix}\lambda+1/2,\,(\alpha+\varepsilon)/2\\(1+\alpha+\varepsilon)/2+\lambda+n\end{bmatrix}{}_2F_2\Big(\frac{\alpha}{2},\,\frac{1+\alpha}{2};\;\frac{1+\alpha-\varepsilon}{2}-n,\,\frac{1+\alpha+\varepsilon}{2}+\lambda+n;\;-a^2p\Big)$$
$$[\varepsilon=0\text{ или }1;\;a>0;\;\operatorname{Re}\alpha>-\varepsilon;\;\operatorname{Re}\lambda>-1/2].$$

11. $$\int_a^\infty x^{\alpha-1}(x^2-a^2)^{\lambda-1/2}e^{-px^2}C_{2n+\varepsilon}^\lambda\Big(\frac{x}{a}\Big)\,dx =$$
$$= \frac{a^{\alpha+2\lambda-1}}{2(2n+\varepsilon)!}\,(2\lambda)_{2n+\varepsilon}\Big(\frac{1+\varepsilon-\alpha}{2}\Big)_n\Gamma\begin{bmatrix}\lambda+1/2,\,(1-\alpha-\varepsilon)/2-\lambda-n\\1-(\alpha+\varepsilon)/2\end{bmatrix}\times$$
$$\times\,{}_2F_2\Big(\frac{\alpha}{2},\,\frac{1+\alpha}{2};\;\frac{1+\alpha-\varepsilon}{2}-n,\,\frac{1+\alpha+\varepsilon}{2}+\lambda+n;\;-a^2p\Big)+$$
$$+\,\frac{2^{2n+\varepsilon-1}p^{(1-\alpha-\varepsilon)/2-\lambda-n}}{(2n+\varepsilon)!\,a^{2n+\varepsilon}}\,(\lambda)_{2n+\varepsilon}\Gamma\Big(\frac{\alpha+\varepsilon-1}{2}+\lambda+n\Big)\times$$
$$\times\,{}_2F_2\Big(\frac12-\lambda-n,\,1-\lambda-\varepsilon-n;\;1-\lambda-\varepsilon-2n,\,\frac{3-\alpha-\varepsilon}{2}-\lambda-n;\;-a^2p\Big)$$
$$[\varepsilon=0\text{ или }1;\;a,\,\operatorname{Re}p>0;\;\operatorname{Re}\lambda>-1/2].$$

12. $$\int_0^a x^{\alpha-1}(a^2-x^2)^{\lambda-1/2}e^{-px^{-2}}C_{2n+\varepsilon}^\lambda\Big(\frac{x}{a}\Big)\,dx = \frac{(-1)^n a^{\alpha+2\lambda-1}}{2(2n+\varepsilon)!}\,(2\lambda)_{2n+\varepsilon}\Big(\frac{1+\varepsilon-\alpha}{2}\Big)_n\times$$
$$\times\,\Gamma\begin{bmatrix}\lambda+1/2,\,(\alpha+\varepsilon)/2\\(1+\alpha+\varepsilon)/2+\lambda+n\end{bmatrix}{}_2F_2\Big(\frac{1-\alpha-\varepsilon}{2}-\lambda-n,\,\frac{1+\varepsilon-\alpha}{2}+n;\;\frac{1-\alpha}{2},\,1-\frac{\alpha}{2};\;-\frac{p}{a^2}\Big)+$$
$$+\,\frac{(-1)^n2^{\varepsilon-1}}{n!}\,a^{2\lambda-\varepsilon-1}p^{(\alpha+\varepsilon)/2}(\lambda)_{n+\varepsilon}\Gamma\Big(-\frac{\alpha+\varepsilon}{2}\Big)\times$$
$$\times\,{}_2F_2\Big(\frac12-\lambda-n,\,\frac12+\varepsilon+n;\;\frac12+\varepsilon,\,1+\frac{\alpha+\varepsilon}{2};\;-\frac{p}{a^2}\Big)$$
$$[\varepsilon=0\text{ или }1;\;a,\,\operatorname{Re}p>0;\;\operatorname{Re}\lambda>-1/2].$$

13. $$\int_a^\infty x^{\alpha-1}(x^2-a^2)^{\lambda-1/2}e^{-px^{-2}}C_{2n+\varepsilon}^\lambda\Big(\frac{x}{a}\Big)\,dx =$$
$$= \frac{a^{\alpha+2\lambda-1}}{2(2n+\varepsilon)!}\,(2\lambda)_{2n+\varepsilon}\Big(\frac{1+\varepsilon-\alpha}{2}\Big)_n\Gamma\begin{bmatrix}\lambda+1/2,\,(1-\alpha-\varepsilon)/2-\lambda-n\\1-(\alpha+\varepsilon)/2\end{bmatrix}\times$$
$$\times\,{}_2F_2\Big(\frac{1-\alpha-\varepsilon}{2}-\lambda-n,\,\frac{1+\varepsilon-\alpha}{2}+n;\;\frac{1-\alpha}{2},\,1-\frac{\alpha}{2};\;-\frac{p}{a^2}\Big)$$
$$[\varepsilon=0\text{ или }1;\;a>0;\;\operatorname{Re}\lambda>-1/2;\;\operatorname{Re}(\alpha+2\lambda)<1-2n-\varepsilon].$$

2.21.6. Интегралы от $A(x)e^{\varphi(x)}C_n^\lambda(cx)$.

1. $$\int_{-a}^a (x+a)^{-\beta-n-1}(a-x)^{\beta-1}\exp\Big(-p\frac{(a-x)^\varepsilon}{a+x}\Big)C_n^\lambda\Big(\frac{x}{a}\Big)\,dx = \frac{(-1)^n}{n!}\,(2\lambda)_n\Gamma(\beta+n)\times$$
$$\times\,(2a)^{\beta-\beta\varepsilon-n\varepsilon-1}p^{-\beta-n}\exp\Big(\frac{\varepsilon p-p}{2a}\Big)\,{}_2F_2\Big(-n,\,\frac12-\lambda-n;\;1-\beta-n,\,\frac12+\lambda;\;\frac{p}{(2a)^{1-\varepsilon}}\Big)$$
$$[\varepsilon=0\text{ или }1;\;a,\,\operatorname{Re}p,\,\operatorname{Re}\beta>0].$$

2. $\int\limits_{-a}^{a}(x+a)^{2\lambda-\beta+n-1}(a-x)^{\beta-1}\exp\left(-p\frac{(a-x)^{\varepsilon}}{a+x}\right)C_n^{\lambda}\left(\frac{x}{a}\right)dx =$

$$= \frac{(1/2+\lambda-\beta)_n}{n!(\lambda+1/2)_n}\Gamma\left[\begin{matrix}\beta,\ 2\lambda+n-\beta\\ 2\lambda\end{matrix}\right](2a)^{2\lambda+n-1}\exp\left(\frac{\varepsilon p-p}{2a}\right)\times$$
$$\times\,{}_2F_2\left(\beta,\ \frac{1}{2}+\beta-\lambda;\ 1+\beta-2\lambda-n,\ \frac{1}{2}+\beta-\lambda-n;\ \frac{p}{(2a)^{1-\varepsilon}}\right)+$$
$$+\frac{(-1)^n(2\lambda)_n}{n!}\Gamma(\beta-2\lambda-n)(2a)^{(2\lambda-\beta+n)\varepsilon+\beta-1}p^{2\lambda-\beta+n}\exp\left(\frac{\varepsilon p-p}{2a}\right)\times$$
$$\times\,{}_2F_2\left(\frac{1}{2}+\lambda+n,\ 2\lambda+n;\ \frac{1}{2}+\lambda,\ 1+2\lambda+n-\beta;\ \frac{p}{(2a)^{1-\varepsilon}}\right)$$

[$\varepsilon = 0$ или 1; a, $\operatorname{Re}p$, $\operatorname{Re}\beta > 0$].

3. $\int\limits_{-a}^{a}(x+a)^{\alpha-1}(a-x)^{\lambda-1/2}\exp\left(-p\frac{(a-x)^{\varepsilon}}{a+x}\right)C_n^{\lambda}\left(\frac{x}{a}\right)dx =$

$$= \frac{(-1)^n}{n!}\left(\frac{1}{2}+\lambda-\alpha\right)_n(2\lambda)_n\Gamma\left[\begin{matrix}\alpha,\ \lambda+1/2\\ \alpha+\lambda+n+1/2\end{matrix}\right](2a)^{\alpha+\lambda-1/2}e^{\varepsilon p}\times$$
$$\times\,{}_2F_2\left(\frac{1}{2}-\alpha-n-\lambda,\ \frac{1}{2}+\lambda+n-\alpha;\ 1-\alpha,\ \frac{1}{2}+\lambda-\alpha;\ -\frac{p}{(2a)^{1-\varepsilon}}\right)+\frac{(-1)^n}{n!}(2\lambda)_n\Gamma(-\alpha)\times$$
$$\times(2a)^{\alpha\varepsilon+\lambda-1/2}p^{\alpha}e^{\varepsilon p}\,{}_2F_2\left(\frac{1}{2}+\lambda+n,\ \frac{1}{2}-\lambda-n;\ \lambda+\frac{1}{2},\ \alpha+1;\ -\frac{p}{(2a)^{1-\varepsilon}}\right)$$

[$\varepsilon = 0$ или 1; a, $\operatorname{Re}p > 0$; $\operatorname{Re}\lambda > -1/2$].

4. $\int\limits_{-a}^{a}(x+a)^{n+2\lambda-\beta-1}(a-x)^{\beta-1}\exp\left(-p\frac{(a+x)^{\varepsilon}}{a-x}\right)C_n^{\lambda}\left(\frac{x}{a}\right)dx =$

$$= \frac{(1/2+\lambda-\beta)_n}{n!(\lambda+1/2)_n}\Gamma\left[\begin{matrix}\beta,\ 2\lambda+n-\beta\\ 2\lambda\end{matrix}\right](2a)^{2\lambda+n-1}\exp\left(\frac{\varepsilon p-p}{2a}\right)\times$$
$$\times\,{}_2F_2\left(\frac{1}{2}+\lambda+n-\beta,\ 2\lambda+n-\beta;\ 1-\beta,\ \frac{1}{2}+\lambda-\beta;\ \frac{p}{(2a)^{1-\varepsilon}}\right)+$$
$$+\frac{(2\lambda)_n}{n!}\Gamma(-\beta)(2a)^{2\lambda+n-\beta+\beta\varepsilon-1}p^{\beta}\exp\left(\frac{\varepsilon p-p}{2a}\right)\times$$
$$\times\,{}_2F_2\left(\frac{1}{2}+\lambda+n,\ 2\lambda+n;\ \beta+1,\ \frac{1}{2}+\lambda;\ \frac{p}{(2a)^{1-\varepsilon}}\right)$$

[$\varepsilon = 0$ или 1; a, $\operatorname{Re}p > 0$; $\operatorname{Re}(\beta-2\lambda) < n$].

5. $\int\limits_{-a}^{a}(x+a)^{-\beta-n-1}(a-x)^{\beta-1}\exp\left(-p\frac{(a+x)^{\varepsilon}}{a-x}\right)C_n^{\lambda}\left(\frac{x}{a}\right)dx =$

$$= \frac{(2\lambda)_n\Gamma(-\beta)}{n!(2a)^{\beta-\beta\varepsilon+n+1}}p^{\beta}\exp\left(\frac{\varepsilon p-p}{2a}\right){}_2F_2\left(-n,\ \frac{1}{2}-\lambda-n;\ \frac{1}{2}+\lambda,\ 1+\beta;\ \frac{p}{(2a)^{1-\varepsilon}}\right)$$

[$\varepsilon = 0$ или 1; a, $\operatorname{Re}p > 0$; $\operatorname{Re}\beta < -n$].

6. $\int\limits_{-a}^{a}(x+a)^{\lambda-1/2}(a-x)^{-\lambda-n-3/2}\exp\left(-p\frac{(a+x)^{\varepsilon}}{a-x}\right)C_n^{\lambda}\left(\frac{x}{a}\right)dx =$

$$= \frac{(2\lambda)_n\Gamma(\lambda+1/2)}{(2a)^{(\lambda+n+1/2)\varepsilon-\lambda+1/2}p^{\lambda+n+1/2}}\exp\left(\frac{\varepsilon p-p}{2a}\right)L_n^{\lambda-1/2}\left(\frac{p}{(2a)^{1-\varepsilon}}\right)$$

[$\varepsilon = 0$ или 1; a, $\operatorname{Re}p > 0$; $\operatorname{Re}\lambda > -1/2$].

7. $$\int_a^\infty (x-a)^{\lambda-1/2}(x+a)^{-\tau}\exp\left(-p\frac{(a-x)^\varepsilon}{a+x}\right)C_n^\lambda\left(\frac{x}{a}\right)dx =$$
$$= \frac{(\tau+\lambda-1/2)_n}{n!}(2\lambda)_n\Gamma\left[\begin{matrix}\lambda+1/2,\ \tau-\lambda-n-1/2\\ \tau\end{matrix}\right](2a)^{\lambda-\tau+1/2}\times$$
$$\times e^{\varepsilon p}\,{}_2F_2\left(\tau-\lambda-n-\frac{1}{2},\ \tau+\lambda+n-\frac{1}{2};\ \tau,\ \tau+\lambda-\frac{1}{2};\ -\frac{p}{(2a)^{1-\varepsilon}}\right)$$
[$\varepsilon = 0$ или 1; $a>0$; $\operatorname{Re}\lambda > -1/2$; $\operatorname{Re}(\tau-\lambda) > n+1/2$].

8. $$\int_a^\infty (x-a)^{\alpha-1}(x+a)^{\lambda-1/2}\exp\left(-p\frac{(x+a)^\varepsilon}{x-a}\right)C_n^\lambda\left(\frac{x}{a}\right)dx =$$
$$= (-1)^n\frac{(1/2+\lambda-\alpha)_n}{n!}(2\lambda)_n\Gamma\left[\begin{matrix}\alpha,\ 1/2-\alpha-\lambda-n\\ 1/2-\lambda\end{matrix}\right](2a)^{\alpha+\lambda-1/2}\times$$
$$\times e^{-\varepsilon p}\,{}_2F_2\left(\frac{1}{2}-\alpha-\lambda-n,\ \frac{1}{2}+n+\lambda-\alpha;\ 1-\alpha,\ \frac{1}{2}+\lambda-\alpha;\ \frac{p}{(2a)^{1-\varepsilon}}\right)+$$
$$+\frac{(2\lambda)_n}{n!}\Gamma(-\alpha)(2a)^{\alpha\varepsilon+\lambda-1/2}p^\alpha e^{-\varepsilon p}\,{}_2F_2\left(\frac{1}{2}-\lambda-n,\ \frac{1}{2}+\lambda+n;\ \frac{1}{2}+\lambda,\ \alpha+1;\ \frac{p}{(2a)^{1-\varepsilon}}\right)$$
[$\varepsilon = 0$ или 1; a, $\operatorname{Re} p > 0$; $\operatorname{Re}(\alpha+\lambda) < 1/2-n$].

9. $$\int_{-a}^a (x+a)^{\lambda-1/2}(a-x)^{\beta-1}e^{-p\sqrt{a-x}}\,C_n^\lambda\left(\frac{x}{a}\right)dx =$$
$$= \frac{(-1)^n(\lambda-\beta+1/2)_n}{n!}(2\lambda)_n\Gamma\left[\begin{matrix}\beta,\ \lambda+1/2\\ \beta+\lambda+n+1/2\end{matrix}\right](2a)^{\beta+\lambda-1/2}\times$$
$$\times\,{}_2F_3\left(\beta,\ \beta-\lambda+\frac{1}{2};\ \beta+\lambda+n+\frac{1}{2},\ \beta-\lambda-n+\frac{1}{2},\ \frac{1}{2};\ \frac{ap^2}{2}\right)-$$
$$-\frac{(-1)^n}{n!}(\lambda-\beta)_n(2\lambda)_n\Gamma\left[\begin{matrix}\beta+1/2,\ \lambda+1/2\\ \beta+\lambda+n+1\end{matrix}\right](2a)^{\beta+\lambda}p\times$$
$$\times\,{}_2F_3\left(\beta+\frac{1}{2},\ \beta-\lambda+1;\ \frac{3}{2},\ \beta+\lambda+n+1,\ \beta-\lambda-n+1;\ \frac{ap^2}{2}\right)$$
[a, $\operatorname{Re}\beta > 0$; $\operatorname{Re}\lambda > -1/2$].

10. $$\int_{-a}^a (x+a)^{\alpha-1}(a-x)^{\lambda-1/2}\exp\left(-\frac{p}{\sqrt{x+a}}\right)C_n^\lambda\left(\frac{x}{a}\right)dx =$$
$$= \frac{(-1)^n}{n!}\left(\lambda-\alpha+\frac{1}{2}\right)_n(2\lambda)_n\Gamma\left[\begin{matrix}\alpha,\ \lambda+1/2\\ \alpha+\lambda+n+1/2\end{matrix}\right](2a)^{\alpha+\lambda-1/2}\times$$
$$\times\,{}_2F_3\left(\frac{1}{2}-\lambda-\alpha-n,\ \frac{1}{2}+\lambda+n-\alpha;\ 1-\alpha,\ \frac{1}{2}+\lambda-\alpha,\ \frac{1}{2};\ \frac{p^2}{8a}\right)+\frac{(-1)^n(2\lambda)_n}{n!}2^{\lambda+1/2}\times$$
$$\times\Gamma(-2\alpha)a^{\lambda-1/2}p^{2\alpha}\,{}_2F_3\left(\frac{1}{2}+\lambda+n,\ \frac{1}{2}-\lambda-n;\ \frac{1}{2}+\lambda,\ 1+\alpha,\ \frac{1}{2}+\alpha;\ \frac{p^2}{8a}\right)-$$
$$-\frac{(-1)^n}{n!}(\lambda-\alpha+1)_n(2\lambda)_n\Gamma\left[\begin{matrix}\alpha-1/2,\ \lambda+1/2\\ \alpha+\lambda+n\end{matrix}\right](2a)^{\alpha+\lambda-1}p\times$$
$$\times\,{}_2F_3\left(1-\alpha-\lambda-n,\ 1+\lambda+n-\alpha;\ \frac{3}{2}-\alpha,\ 1+\lambda-\alpha,\ \frac{3}{2};\ \frac{p^2}{8a}\right)$$
[a, $\operatorname{Re} p > 0$; $\operatorname{Re}\lambda > -1/2$].

11. $$\int_{-a}^{a} (x+a)^{-\beta-n-1}(a-x)^{\beta-1} \exp\left(-p\sqrt{\frac{a-x}{a+x}}\right) C_n^{\lambda}\left(\frac{x}{a}\right) dx =$$
$$= \frac{(-1)^n (2\lambda)_n \Gamma(2\beta+2n)}{n! 2^n a^{n+1} p^{2\beta+2n}} \, {}_2F_3\left(-n, \frac{1}{2}-\lambda-n; \lambda+\frac{1}{2}, 1-\beta-n, \frac{1}{2}-\beta-n; -\frac{p^2}{4}\right)$$
$[a, \operatorname{Re} p, \operatorname{Re}\beta > 0]$.

12. $$\int_{-a}^{a} (x+a)^{n+2\lambda-\beta-1}(a-x)^{\beta-1} \exp\left(-p\sqrt{\frac{a-x}{a+x}}\right) C_n^{\lambda}\left(\frac{x}{a}\right) dx =$$
$$= \frac{(-1)^n (2\lambda)_n}{n!} 2^{2\lambda+n} \Gamma(2\beta-4\lambda-2n) a^{2\lambda+n-1} p^{2(2\lambda+n-\beta)} \times$$
$$\times {}_2F_3\left(2\lambda+n, \lambda+n+\frac{1}{2}; \lambda+\frac{1}{2}, 1+n+2\lambda-\beta, \frac{1}{2}+n+2\lambda-\beta; -\frac{p^2}{4}\right) +$$
$$+ \frac{(1/2+\lambda-\beta)_n}{n!(\lambda+1/2)_n} \Gamma\left[\begin{matrix}\beta, 2\lambda+n-\beta \\ 2\lambda\end{matrix}\right] (2a)^{2\lambda+n-1} \times$$
$$\times {}_2F_3\left(\beta, \frac{1}{2}+\beta-\lambda; 1+\beta-2\lambda-n, \frac{1}{2}+\beta-\lambda-n, \frac{1}{2}; -\frac{p^2}{4}\right) -$$
$$- \frac{(\lambda-\beta)_n}{n!(\lambda+1/2)_n} \Gamma\left[\begin{matrix}\beta+1/2, 2\lambda-\beta+n-1/2 \\ 2\lambda\end{matrix}\right] (2a)^{2\lambda+n-1} p \times$$
$$\times {}_2F_3\left(\beta+\frac{1}{2}, 1+\beta-\lambda; \frac{3}{2}, 1+\beta-\lambda-n, \frac{3}{2}+\beta-2\lambda-n; -\frac{p^2}{4}\right)$$
$[a, \operatorname{Re} p, \operatorname{Re}\beta > 0]$.

13. $$\int_{-a}^{a} (x+a)^{-\beta-n-1}(a-x)^{\beta-1} \exp\left(-p\sqrt{\frac{a+x}{a-x}}\right) C_n^{\lambda}\left(\frac{x}{a}\right) dx =$$
$$= \frac{(2\lambda)_n}{n! 2^n a^{n+1}} p^{2\beta} \Gamma(-2\beta) \, {}_2F_3\left(-n, \frac{1}{2}-n-\lambda; \lambda+\frac{1}{2}, \beta+1, \beta+\frac{1}{2}; -\frac{p^2}{4}\right)$$
$[a, \operatorname{Re} p > 0;\ \operatorname{Re}\beta < -n]$.

14. $$\int_{-a}^{a} (x+a)^{n+2\lambda-\beta-1}(a-x)^{\beta-1} \exp\left(-p\sqrt{\frac{a+x}{a-x}}\right) C_n^{\lambda}\left(\frac{x}{a}\right) dx =$$
$$= \frac{(1/2+\lambda-\beta)_n}{n!(\lambda+1/2)_n} \Gamma\left[\begin{matrix}\beta, 2\lambda+n-\beta \\ 2\lambda\end{matrix}\right] (2a)^{2\lambda+n-1} \times$$
$$\times {}_2F_3\left(\frac{1}{2}+n+\lambda-\beta, 2\lambda+n-\beta; \frac{1}{2}, 1-\beta, \frac{1}{2}+\lambda-\beta; -\frac{p^2}{4}\right) + \frac{(2\lambda)_n}{n!} 2^{2\lambda+n} \times$$
$$\times \Gamma(-2\beta) a^{2\lambda+n-1} p^{2\beta} \, {}_2F_3\left(\lambda+n+\frac{1}{2}, 2\lambda+n; 1+\beta, \frac{1}{2}+\beta, \frac{1}{2}+\lambda; -\frac{p^2}{4}\right) -$$
$$- \frac{(1+\lambda-\beta)_n (2a)^{2\lambda+n-1} p}{n!(\lambda+1/2)_n} \Gamma\left[\begin{matrix}\beta-1/2, 2\lambda-\beta+n+1/2 \\ 2\lambda\end{matrix}\right] \times$$
$$\times {}_2F_3\left(\lambda-\beta+n+1, 2\lambda-\beta+n+\frac{1}{2}; \frac{3}{2}-\beta, 1+\lambda-\beta, \frac{3}{2}; -\frac{p^2}{4}\right)$$
$[a, \operatorname{Re} p > 0;\ \operatorname{Re}(\beta-2\lambda) < n]$.

15. $$\int_{\pm a}^{\infty} (x\mp a)^{\alpha-1} e^{-p\sqrt{x\mp a}} C_n^{\lambda}\left(\frac{x}{a}\right) dx = \frac{2^{n+1}(\lambda)_n \Gamma(2\alpha+2n)}{n! a^n p^{2\alpha+2n}} \times$$
$$\times {}_2F_3\left(-n, \frac{1}{2}-n-\lambda; 1-2\lambda-2n, 1-\alpha-n, \frac{1}{2}-\alpha-n; \mp\frac{ap^2}{2}\right)$$
$[a, \operatorname{Re} p, \operatorname{Re}\alpha > 0]$.

16. $$\int_{\pm a}^{\infty}(x\mp a)^{\alpha-1}\exp\left(-\frac{p}{\sqrt{x\mp a}}\right)C_n^\lambda\left(\frac{x}{a}\right)dx=2\frac{(\pm 1)^n(2\lambda)_n}{n!}\Gamma(-2\alpha)\times$$
$$\times p^{2\alpha}{}_2F_3\left(-n,\,2\lambda+n;\;\alpha+1,\,\alpha+\frac{1}{2},\,\lambda+\frac{1}{2};\;\mp\frac{p^2}{8a}\right)\qquad [a,\,\mathrm{Re}\,p>0;\;\mathrm{Re}\,\alpha<-n].$$

17. $$\int_a^{\infty}(x-a)^{\lambda-1/2}(x+a)^{-\tau}e^{-p\sqrt{x+a}}\,C_n^\lambda\left(\frac{x}{a}\right)dx=$$
$$=\frac{(\lambda+\tau-1/2)_n}{n!}(2\lambda)_n\Gamma\begin{bmatrix}\lambda+1/2,\,\tau-\lambda-n-1/2\\ \tau\end{bmatrix}(2a)^{\lambda-\tau+1/2}\times$$
$$\times{}_2F_3\left(1-\tau,\,\frac{3}{2}-\tau-\lambda;\;\frac{3}{2}-\tau-\lambda-n,\,\frac{3}{2}+\lambda+n-\tau,\,\frac{1}{2};\;\frac{ap^2}{2}\right)+$$
$$+\frac{2^{n+1}(\lambda)_n\Gamma(1+2n+2\lambda-2\tau)}{n!a^n}p^{2\tau-2\lambda-2n-1}\times$$
$$\times{}_2F_3\left(1-2\lambda-n,\,\frac{1}{2}-\lambda-n;\;1-2\lambda-2n,\,\frac{1}{2}+\tau-\lambda-n,\,\tau-\lambda-n;\;\frac{ap^2}{2}\right)-$$
$$-\frac{(\tau+\lambda-1)_n}{n!}(2\lambda)_n\Gamma\begin{bmatrix}\lambda+1/2,\,\tau-\lambda-n-1\\ \tau-1/2\end{bmatrix}(2a)^{1+\lambda-\tau}p\times$$
$$\times{}_2F_3\left(\frac{3}{2}-\tau,\,2-\tau-\lambda;\;\frac{3}{2},\,2+n+\lambda-\tau,\,2-\lambda-\tau-n;\;\frac{ap^2}{2}\right)$$
$$[a,\,\mathrm{Re}\,p>0;\;\mathrm{Re}\,\lambda>-1/2].$$

18. $$\int_a^{\infty}(x-a)^{\alpha-1}(x+a)^{\lambda-1/2}e^{-p\sqrt{x-a}}\,C_n^\lambda\left(\frac{x}{a}\right)dx=\frac{2^{n+1}(\lambda)_n\Gamma(2\alpha+2\lambda+2n-1)}{n!a^np^{2\alpha+2\lambda+2n-1}}\times$$
$$\times{}_2F_3\left(\frac{1}{2}-\lambda-n,\,1-2\lambda-n;\;1-2\lambda-2n,\,\frac{3}{2}-\alpha-\lambda-n,\,1-\alpha-\lambda-n;\;-\frac{ap^2}{2}\right)+$$
$$+\frac{(-1)^n(1/2+\lambda-\alpha)_n(2\lambda)_n}{n!}\Gamma\begin{bmatrix}\alpha,\,1/2-\alpha-\lambda-n\\ 1/2-\lambda\end{bmatrix}(2a)^{\alpha+\lambda-1/2}\times$$
$$\times{}_2F_3\left(\alpha,\,\frac{1}{2}+\alpha-\lambda;\;\frac{1}{2},\,\frac{1}{2}+\alpha-\lambda-n,\,\frac{1}{2}+\alpha+\lambda+n;\;-\frac{ap^2}{2}\right)-$$
$$-\frac{(-1)^n(\lambda-\alpha)_n}{n!}(2\lambda)_n\Gamma\begin{bmatrix}\alpha+1/2,\,-\alpha-\lambda-n\\ 1/2-\lambda\end{bmatrix}(2a)^{\alpha+\lambda}p\times$$
$$\times{}_2F_3\left(\alpha+\frac{1}{2},\,1+\alpha-\lambda;\;\frac{3}{2},\,1+\alpha-\lambda-n,\,1+\alpha+\lambda+n;\;-\frac{ap^2}{2}\right)\qquad [a,\,\mathrm{Re}\,p,\,\mathrm{Re}\,\alpha>0].$$

19. $$\int_a^{\infty}(x-a)^{\alpha-1}(x+a)^{\lambda-1/2}\exp\left(-\frac{p}{\sqrt{x-a}}\right)C_n^\lambda\left(\frac{x}{a}\right)dx=$$
$$=\frac{(-1)^n(\lambda-\alpha+1/2)_n}{n!}(2\lambda)_n\Gamma\begin{bmatrix}\alpha,\,1/2-\alpha-\lambda-n\\ 1/2-\lambda\end{bmatrix}(2a)^{\alpha+\lambda-1/2}\times$$
$$\times{}_2F_3\left(\frac{1}{2}-\alpha-\lambda-n,\,\frac{1}{2}+\lambda+n-\alpha;\;1-\alpha,\,\frac{1}{2}+\lambda-\alpha,\,\frac{1}{2};\;-\frac{p^2}{8a}\right)+$$
$$+\frac{2^{\lambda+1/2}(2\lambda)_n}{n!}\Gamma(-2\alpha)a^{\lambda-1/2}p^{2\alpha}{}_2F_3\left(\frac{1}{2}-\lambda-n,\,\frac{1}{2}+\lambda+n;\;\alpha+1,\,\alpha+\frac{1}{2},\,\lambda+\frac{1}{2};\;-\frac{p^2}{8a}\right)$$
$$[a,\,\mathrm{Re}\,p>0;\;\mathrm{Re}\,(\alpha+\lambda)<1/2-n].$$

20. $$\int_a^\infty (x-a)^{\lambda-1/2}(x+a)^{-\tau}\exp\left(-\frac{p}{\sqrt{x+a}}\right)C_n^\lambda\left(\frac{x}{a}\right)dx =$$
$$= \frac{(\tau+\lambda-1/2)_n}{n!}(2\lambda)_n\Gamma\left[\begin{matrix}\lambda+1/2,\ \tau-\lambda-n-1/2\\ \tau\end{matrix}\right](2a)^{\lambda-\tau+1/2}\times$$
$$\times\ {}_2F_3\left(\tau-\lambda-n-\frac{1}{2},\ \tau+\lambda+n-\frac{1}{2};\ \frac{1}{2},\ \tau,\ \tau+\lambda-\frac{1}{2};\ \frac{p^2}{8a}\right)-\frac{(\lambda+\tau)_n}{n!}(2\lambda)_n\times$$
$$\times\Gamma\left[\begin{matrix}\lambda+1/2,\ \tau-\lambda-n\\ \tau+1/2\end{matrix}\right](2a)^{\lambda-\tau}p\,{}_2F_3\left(\tau-\lambda-n,\ \tau+\lambda+n;\ \tau+\frac{1}{2},\ \tau+\lambda,\ \frac{3}{2};\ \frac{p^2}{8a}\right)$$
[$a>0$; $\operatorname{Re}\lambda>-1/2$; $\operatorname{Re}(\tau-\lambda)>n+1/2$].

2.21.7. Интегралы от $A(x)\left\{\begin{matrix}\sin\varphi(x)\\ \cos\varphi(x)\end{matrix}\right\}C_n^\lambda(cx)$.

Обозначение: $\delta=\left\{\begin{matrix}1\\ 0\end{matrix}\right\}$.

1. $$\int_0^a (a^2-x^2)^{\lambda-1/2}\left\{\begin{matrix}\sin bx\,C_{2n+1}^\lambda(x/a)\\ \cos bx\,C_{2n}^\lambda(x/a)\end{matrix}\right\}dx = \frac{(-1)^n\pi}{(2n+\delta)!}\left(\frac{a}{2b}\right)^\lambda\Gamma\left[\begin{matrix}2\lambda+2n+\delta\\ \lambda\end{matrix}\right]J_{2n+\lambda+\delta}(ab)$$
[$a>0$; $\operatorname{Re}\lambda>-1/2$].

2. $$\int_0^a x^{\alpha-1}(a^2-x^2)^{\lambda-1/2}\left\{\begin{matrix}\sin bx\\ \cos bx\end{matrix}\right\}C_{2n+\varepsilon}^\lambda\left(\frac{x}{a}\right)dx =$$
$$=\frac{(-1)^n}{2(2n+\varepsilon)!}a^{\alpha+2\lambda+\delta-1}b^\delta(2\lambda)_{2n+\varepsilon}\left(\frac{1+\varepsilon-\delta-\alpha}{2}\right)_n\Gamma\left[\begin{matrix}\lambda+1/2,\ (\alpha+\delta+\varepsilon)/2\\ (1+\alpha+\delta+\varepsilon)/2+\lambda+n\end{matrix}\right]\times$$
$$\times\ {}_2F_3\left(\frac{\alpha}{2}+\delta,\ \frac{1+\alpha}{2};\ \frac{1+\alpha+\delta-\varepsilon}{2}-n,\ \delta+\frac{1}{2},\ \frac{1+\alpha+\delta+\varepsilon}{2}+\lambda+n;\ -\frac{a^2b^2}{4}\right)$$
[$\varepsilon=0$ или 1; $a>0$; $\operatorname{Re}\alpha>-\varepsilon-\delta$; $\operatorname{Re}\lambda>-1/2$].

3. $$\int_0^\infty x^{\alpha-1}(x^2-a^2)^{\lambda-1/2}\left\{\begin{matrix}\sin bx\\ \cos bx\end{matrix}\right\}C_{2n+\varepsilon}^\lambda\left(\frac{x}{a}\right)dx =$$
$$=\frac{a^{\alpha+2\lambda+\delta-1}b^\delta}{2(2n+\varepsilon)!}(2\lambda)_{2n+\varepsilon}\left(\frac{1+\varepsilon-\alpha-\delta}{2}\right)_n\Gamma\left[\begin{matrix}\lambda+1/2,\ (1-\alpha-\delta-\varepsilon)/2-\lambda-n\\ 1-(\alpha+\delta+\varepsilon)/2\end{matrix}\right]\times$$
$$\times\ {}_2F_3\left(\frac{\alpha}{2}+\delta,\ \frac{\alpha+1}{2};\ \frac{1+\alpha+\delta-\varepsilon}{2}-n,\ \frac{1+\alpha+\delta+\varepsilon}{2}+\lambda+n,\ \delta+\frac{1}{2};\ -\frac{a^2b^2}{4}\right)\mp$$
$$\mp\frac{(-1)^n2^{2n+\varepsilon}b^{1-\alpha-2\lambda-\varepsilon-2n}}{(2n+\varepsilon)!a^{2n+\varepsilon}}(\lambda)_{2n+\varepsilon}\Gamma(\alpha+\varepsilon+2\lambda+2n-1)\left\{\begin{matrix}\cos[(\alpha+\varepsilon+2\lambda)\pi/2]\\ \sin[(\alpha+\varepsilon+2\lambda)\pi/2]\end{matrix}\right\}\times$$
$$\times\ {}_2F_3\left(\frac{1}{2}-\lambda-n,\ 1-\lambda-\varepsilon-n;\ 1-\lambda-\varepsilon-2n,\ \frac{3-\alpha}{2}-\varepsilon-\lambda-n,\right.$$
$$\left.1-\frac{\alpha}{2}-\lambda-n;\ -\frac{a^2b^2}{4}\right)$$
[$\varepsilon=0$ или 1; $a,\ b>0$; $\operatorname{Re}\lambda>-1/2$; $\operatorname{Re}(\alpha+2\lambda)<2-2n-\varepsilon$].

4. $$\int_{-a}^a (x+a)^{\alpha-1}(a-x)^{\lambda-1/2}\left\{\begin{matrix}\sin(b\sqrt{x+a})\\ \cos(b\sqrt{x+a})\end{matrix}\right\}C_n^\lambda\left(\frac{x}{a}\right)dx =$$
$$=\frac{(-1)^n(2\lambda)_n}{n!}\left(\frac{1-\delta}{2}-\alpha+\lambda\right)_n\Gamma\left[\begin{matrix}\alpha+\delta/2,\ \lambda+1/2\\ \alpha+n+\lambda+(\delta+1)/2\end{matrix}\right](2a)^{\alpha+\lambda+(\delta-1)/2}b^\delta\times$$
$$\times\ {}_2F_3\left(\alpha+\frac{\delta}{2},\ \frac{\delta+1}{2}+\alpha-\lambda;\ \frac{1+\delta}{2}+\alpha+\lambda+n,\ \frac{1+\delta}{2}+\alpha-\lambda-n,\ \delta+\frac{1}{2};\ -\frac{ab^2}{2}\right)$$
[$a>0$; $\operatorname{Re}\alpha>-\delta/2$; $\operatorname{Re}\lambda>-1/2$].

5. $$\int_{-a}^{a}(x+a)^{\alpha-1}(a-x)^{\lambda-1/2}\left\{\begin{matrix}\sin(b/\sqrt{x+a}\,)\\ \cos(b/\sqrt{x+a}\,)\end{matrix}\right\}C_n^\lambda\left(\frac{x}{a}\right)dx=$$
$$=\frac{(-1)^n}{n!}(2\lambda)_n\left(\frac{1+\delta}{2}+\lambda-\alpha\right)_n\Gamma\left[\begin{matrix}\lambda+1/2,\ \alpha-\delta/2\\ \alpha+\lambda+n+(1-\delta)/2\end{matrix}\right](2a)^{\alpha+\lambda-(\delta+1)/2}b^\delta\times$$
$$\times\,{}_2F_3\left(\frac{1+\delta}{2}-\alpha-\lambda-n,\ \frac{1+\delta}{2}+\lambda+n-\alpha;\ 1+\frac{\delta}{2}-\alpha,\ \frac{1+\delta}{2}+\lambda-\alpha,\ \delta+\frac{1}{2};\ -\frac{b^2}{8a}\right)+$$
$$+\frac{(-1)^{n+\delta}2^{\lambda+1/2}(2\lambda)_n}{n!}a^{\lambda-1/2}b^{2\alpha}\left\{\begin{matrix}\sin\alpha\pi\\ \cos\alpha\pi\end{matrix}\right\}\times$$
$$\times\,{}_2F_3\left(\lambda+n+\frac{1}{2},\ \lambda-n-\frac{1}{2};\ \alpha+\frac{1}{2},\ \alpha+1,\ \lambda+\frac{1}{2};\ -\frac{b^2}{8a}\right)$$
$[a,\ b>0;\ \operatorname{Re}\alpha,\ \operatorname{Re}\lambda>-1/2]$.

6. $$\int_{-a}^{a}(x+a)^{2\lambda+n-\beta-1}(a-x)^{\beta-1}\left\{\begin{matrix}\sin\left(b\sqrt{a-x}\,/\sqrt{a+x}\,\right)\\ \cos\left(b\sqrt{a-x}\,/\sqrt{a+x}\,\right)\end{matrix}\right\}C_n^\lambda\left(\frac{x}{a}\right)dx=$$
$$=\frac{(-1)^n(2\lambda)_n}{n!}2^{2\lambda+n}\Gamma(2\beta-4\lambda-2n)\left\{\begin{matrix}\sin(\beta-2\lambda)\pi\\ \cos(\beta-2\lambda)\pi\end{matrix}\right\}a^{2\lambda+n-1}b^{4\lambda+2n-2\beta}\times$$
$$\times\,{}_2F_3\left(2\lambda+n,\ \lambda+n+\frac{1}{2};\ \lambda+\frac{1}{2},\ 2\lambda-\beta+n+1,\ 2\lambda-\beta+n+\frac{1}{2};\ \frac{b^2}{4}\right)+$$
$$+\frac{1}{n!(\lambda+1/2)_n}\left(\frac{1-\delta}{2}+\lambda-\beta\right)_n\Gamma\left[\begin{matrix}\beta+\delta/2,\ 2\lambda+n-\beta-\delta/2\\ 2\lambda\end{matrix}\right](2a)^{2\lambda+n-1}\times$$
$$\times\,b^\delta\,{}_2F_3\left(\beta+\frac{\delta}{2},\ \frac{1+\delta}{2}+\beta-\lambda;\ \frac{1+\delta}{2}+\beta-\lambda-n,\ 1+\frac{\delta}{2}+\beta-2\lambda-n,\ \delta+\frac{1}{2};\ \frac{b^2}{4}\right)$$
$[a,\ b>0;\ \operatorname{Re}\beta>-\delta/2;\ \operatorname{Re}(\beta-2\lambda)<n+1/2]$.

7. $$\int_{a}^{\infty}(x-a)^{\lambda-1/2}(x+a)^{-\tau}\left\{\begin{matrix}\sin(b\sqrt{x+a}\,)\\ \cos(b\sqrt{x+a}\,)\end{matrix}\right\}C_n^\lambda\left(\frac{x}{a}\right)dx=$$
$$=\frac{(2\lambda)_n}{n!}\left(\tau+\lambda-\frac{\delta+1}{2}\right)_n\Gamma\left[\begin{matrix}\lambda+1/2,\ \tau-\lambda-n-(\delta+1)/2\\ \tau-\delta/2\end{matrix}\right](2a)^{(1+\delta)/2+\lambda-\tau}b^\delta\times$$
$$\times\,{}_2F_3\left(1+\frac{\delta}{2}-\tau,\ \frac{3+\delta}{2}-\tau-\lambda;\ \frac{3+\delta}{2}+\lambda+n-\tau,\ \frac{3+\delta}{2}-\lambda-\tau-n,\ \delta+\frac{1}{2};\ -\frac{ab^2}{2}\right)+$$
$$+\frac{(-1)^n2^{n+1}(\lambda)_n}{n!a^n}\left\{\begin{matrix}\cos(\tau-\lambda)\pi\\ \sin(\tau-\lambda)\pi\end{matrix}\right\}b^{2\tau-2\lambda-2n-1}\Gamma(2n+2\lambda-2\tau+1)\times$$
$$\times\,{}_2F_3\left(\frac{1}{2}-\lambda-n,\ 1-2\lambda-n;\ 1-2\lambda-2n,\ \frac{1}{2}+\tau-\lambda-n,\ \tau-\lambda-n;\ -\frac{ab^2}{2}\right)$$
$[b>0;\ \operatorname{Re}\lambda>-1/2;\ \operatorname{Re}(\tau-\lambda)>n]$.

8. $$\int_{a}^{\infty}(x-a)^{\alpha-1}(x+a)^{\lambda-1/2}\left\{\begin{matrix}\sin\left(b\sqrt{x-a}\,\right)\\ \cos\left(b\sqrt{x-a}\,\right)\end{matrix}\right\}C_n^\lambda\left(\frac{x}{a}\right)dx=$$
$$=\mp\frac{(-1)^n2^{n+1}(\lambda)_n\Gamma(2\alpha+2\lambda+2n-1)}{n!a^nb^{2\alpha+2\lambda+2n-1}}\left\{\begin{matrix}\cos(\alpha+\lambda)\pi\\ \sin(\alpha+\lambda)\pi\end{matrix}\right\}\times$$
$$\times\,{}_2F_3\left(\frac{1}{2}-\lambda-n,\ 1-2\lambda-n;\ 1-2\lambda-2n,\ \frac{3}{2}-\alpha-\lambda-n,\ 1-\alpha-\lambda-n;\ \frac{ab^2}{2}\right)+$$
$$+\frac{(-1)^n}{n!}\left(\frac{1-\delta}{2}+\lambda-\alpha\right)_n(2\lambda)_n\Gamma\left[\begin{matrix}\alpha+\delta/2,\ (1-\delta)/2-\lambda-\alpha-n\\ 1/2-\lambda\end{matrix}\right]2^{\alpha+\lambda-1/2}a^{\alpha+\lambda+(\delta-1)/2}\times$$
$$\times\,b^\delta\,{}_2F_3\left(\alpha+\frac{\delta}{2},\ \frac{1+\delta}{2}+\alpha-\lambda;\ \frac{1+\delta}{2}+\alpha-\lambda-n,\ \frac{1+\delta}{2}+\alpha+\lambda+n,\ \delta+\frac{1}{2};\ \frac{ab^2}{4}\right)$$
$[b>0;\ \operatorname{Re}\alpha>-\delta/2;\ \operatorname{Re}(\alpha+\lambda)<1-n]$.

9. $$\int_a^\infty (x-a)^{\lambda-1/2}(x+a)^{-\tau}\begin{Bmatrix}\sin\left(b/\sqrt{x+a}\right)\\ \cos\left(b/\sqrt{x+a}\right)\end{Bmatrix}C_n^\lambda\left(\frac{x}{a}\right)dx =$$
$$= \frac{(2\lambda)_n}{n!}\left(\tau+\lambda+\frac{\delta-1}{2}\right)_n\Gamma\left[\begin{matrix}\lambda+1/2,\ \tau-\lambda-n+(\delta-1)/2\\ \tau+\delta/2\end{matrix}\right](2a)^{\lambda-\tau+(1-\delta)/2}b^\delta\ \times$$
$$\times\ {}_2F_3\left(\tau-\lambda-n+\frac{\delta-1}{2},\ \tau+\lambda+n+\frac{\delta-1}{2};\ \tau+\frac{\delta}{2},\ \tau+\lambda+\frac{\delta-1}{2},\ \delta+\frac{1}{2};\ -\frac{b^2}{8a}\right)$$
$[\operatorname{Re}\lambda > -1/2;\ \operatorname{Re}(\lambda-\tau) < (\delta-1)/2-n]$.

10. $$\int_a^\infty (x-a)^{\alpha-1}(x+a)^{\lambda-1/2}\begin{Bmatrix}\sin\left(b/\sqrt{x-a}\right)\\ \cos\left(b/\sqrt{x-a}\right)\end{Bmatrix}C_n^\lambda\left(\frac{x}{a}\right)dx =$$
$$= \frac{(-1)^n(2\lambda)_n}{n!}\Gamma\left[\begin{matrix}\alpha-\delta/2,\ (1+\delta)/2-\alpha-\lambda-n\\ 1/2-\lambda\end{matrix}\right]\left(\frac{1+\delta}{2}+\lambda-\alpha\right)_n(2a)^{\alpha+\lambda-(\delta+1)/2}b^\delta\ \times$$
$$\times\ {}_2F_3\left(\frac{1+\delta}{2}+n+\lambda-\alpha,\ \frac{1+\delta}{2}-\alpha-\lambda-n;\ \frac{1+\delta}{2}+\lambda-\alpha,\ 1+\frac{\delta}{2}-\alpha,\ \delta+\frac{1}{2};\ \frac{b^2}{8a}\right)\mp$$
$$\mp\frac{(2\lambda)_n}{n!}\Gamma(-2\alpha)\begin{Bmatrix}\sin\alpha\pi\\ \cos\alpha\pi\end{Bmatrix}2^{\lambda+1/2}a^{\lambda-1/2}b^{2\alpha}\ \times$$
$$\times\ {}_2F_3\left(\frac{1}{2}-\lambda-n,\ \frac{1}{2}+\lambda+n;\ \frac{1}{2}+\lambda,\ \frac{1}{2}+\alpha,\ 1+\alpha;\ \frac{b^2}{8a}\right)$$
$[b>0;\ \operatorname{Re}(\alpha+\lambda) < (1+\delta)/2-n;\ \operatorname{Re}\alpha > -1/2]$.

2.21.8. Интегралы от $A(x)\ln\varphi(x)C_n^\lambda(cx)$.

1. $$\int_{-a}^a (x+a)^{\alpha-1}(a-x)^{\lambda-1/2}\ln\frac{x+a}{2a}\,C_n^\lambda\left(\frac{x}{a}\right)dx = \frac{(-1)^n(2\lambda)_n}{n!}\left(\frac{1}{2}+\lambda-\alpha\right)_n\ \times$$
$$\times\ \Gamma\left[\begin{matrix}\lambda+1/2,\ \alpha\\ \alpha+\lambda+n+1/2\end{matrix}\right](2a)^{\alpha+\lambda-1/2}\left[\psi(\alpha)-\psi\left(\frac{1}{2}+\alpha+\lambda+n\right)-\sum_{j=0}^{n-1}\frac{2}{2j-2\alpha+2\lambda+1}\right]$$
$[a,\ \operatorname{Re}\alpha > 0;\ \operatorname{Re}\lambda > -1/2]$.

2. $$\int_{-a}^a (x+a)^{\alpha-1}(a-x)^{\lambda-1/2}\begin{Bmatrix}\ln(x+z)\\ \ln|x-z|\end{Bmatrix}C_n^\lambda\left(\frac{x}{a}\right)dx =$$
$$= \pm\frac{(-1)^n(2\lambda)_n}{n!(z-a)}\left(\lambda-\alpha-\frac{1}{2}\right)_n\Gamma\left[\begin{matrix}\lambda+1/2,\ \alpha-1\\ \alpha+\lambda+n-1/2\end{matrix}\right](2a)^{\alpha+\lambda+1/2}\ \times$$
$$\times\ {}_4F_3\left(1,\ 1,\ \frac{3}{2}+\alpha-\lambda,\ \frac{3}{2}-\alpha-\lambda-n;\ 2,\ \frac{3}{2}+\alpha-\lambda-n,\ 2-\alpha;\ \mp\frac{2a}{z-a}\right)+$$
$$+\frac{(-1)^n}{n!}(2a)^{\alpha+\lambda-1/2}(2\lambda)_n\left(\lambda-\alpha+\frac{1}{2}\right)_n\Gamma\left[\begin{matrix}\alpha,\ \lambda+1/2\\ \alpha+\lambda+n+1/2\end{matrix}\right]\ln z$$
$$\left[a,\ \operatorname{Re}\alpha>0;\ \operatorname{Re}\lambda>-1/2,\ \begin{Bmatrix}|\arg(z-a)|<\pi\\ z>-a\end{Bmatrix}\right].$$

3. $$\int_a^\infty (x-a)^{\lambda-1/2}(x+a)^{-\tau}\begin{Bmatrix}\ln(x+z)\\ \ln|x-z|\end{Bmatrix}C_n^\lambda\left(\frac{x}{a}\right)dx =$$
$$= \pm\frac{(2\lambda)_n}{n!(z-a)}\left(\tau+\lambda-\frac{3}{2}\right)_n\Gamma\left[\begin{matrix}\lambda+1/2,\ \tau-\lambda-n-3/2\\ \tau-1\end{matrix}\right](2a)^{3/2+\lambda-\tau}\ \times$$
$$\times\ {}_4F_3\left(1,\ 1,\ \frac{5}{2}-\tau-\lambda,\ 2-\tau;\ 2,\ \frac{5}{2}-\tau-\lambda-n,\ \frac{5}{2}+\lambda+n-\tau;\ \mp\frac{2a}{z-a}\right)-$$
$$-\frac{(\mp1)^n2^{n+1}\pi(\lambda)_n(z-a)^{\lambda-\tau+n+1/2}}{n!(2\tau-2\lambda-2n-1)a^n}\begin{Bmatrix}\sec(\tau-\lambda)\pi\\ \operatorname{tg}(\tau-\lambda)\pi\end{Bmatrix}\ \times$$

$$\times {}_3F_2\left(\tau-\lambda-n-\frac{1}{2},\ \frac{1}{2}-\lambda-n,\ 1-2\lambda-n;\ \frac{1}{2}+\tau-\lambda-n,\ 1-2\lambda-2n;\ \mp\frac{2a}{z-a}\right)+$$
$$+\frac{(2a)^{\lambda-\tau+1/2}}{n!}(2\lambda)_n(\lambda+\tau-1/2)_n\Gamma\left[\begin{matrix}\lambda+1/2,\ \tau-\lambda-n-1/2\\ \tau\end{matrix}\right]\ln z$$
$$\left[a>0;\ \operatorname{Re}\lambda>-1/2;\ \operatorname{Re}(\tau-\lambda)>n+1/2,\ \left\{\begin{matrix}|\arg(z-a)|<\pi\\ z>-a\end{matrix}\right\}\right].$$

4. $$\int_0^a x^{\alpha-1}(a^2-x^2)^{\lambda-1/2}\left\{\begin{matrix}\ln(x^2+z^2)\\ \ln|x^2-z^2|\end{matrix}\right\}C_{2n+\varepsilon}^\lambda\left(\frac{x}{a}\right)dx=$$
$$=\pm\frac{(-1)^n a^{\alpha+2\lambda+1}}{2(2n+\varepsilon)!z^2}(2\lambda)_{2n+\varepsilon}\left(\frac{\varepsilon-\alpha-1}{2}\right)_n\Gamma\left[\begin{matrix}\lambda+1/2,\ (\alpha+\varepsilon)/2+1\\ (3+\alpha+\varepsilon)/2+\lambda+n\end{matrix}\right]\times$$
$$\times {}_4F_3\left(1,\ 1,\ \frac{\alpha}{2}+1,\ \frac{3+\alpha}{2};\ 2,\ \frac{3+\alpha-\varepsilon}{2}-n,\ \frac{3+\alpha+\varepsilon}{2}+\lambda+n;\ \mp\frac{a^2}{z^2}\right)+$$
$$+\frac{(-1)^n a^{\alpha+2\lambda-1}}{(2n+\varepsilon)!}(2\lambda)_{2n+\varepsilon}\left(\frac{1+\varepsilon-\alpha}{2}\right)_n\Gamma\left[\begin{matrix}\lambda+1/2,\ (\alpha+\varepsilon)/2\\ (1+\alpha+\varepsilon)/2+\lambda+n\end{matrix}\right]\ln z$$
$$\left[\varepsilon=0\ \text{или}\ 1;\ a>0;\ \operatorname{Re}\alpha>-\varepsilon;\ \operatorname{Re}\lambda>-1/2,\ \left\{\begin{matrix}\operatorname{Re}z>0\\ z>0\end{matrix}\right\}\right].$$

5. $$\int_a^\infty x^{\alpha-1}(x^2-a^2)^{\lambda-1/2}\left\{\begin{matrix}\ln(x^2+z^2)\\ \ln|x^2-z^2|\end{matrix}\right\}C_{2n+\varepsilon}^\lambda\left(\frac{x}{a}\right)dx=$$
$$=\pm\frac{a^{\alpha+2\lambda-3}z^2}{2(2n+\varepsilon)!}(2\lambda)_{2n+\varepsilon}\left(\frac{3+\varepsilon-\alpha}{2}\right)_n\Gamma\left[\begin{matrix}\lambda+1/2,\ (3-\alpha-\varepsilon)/2-\lambda-n\\ 2-(\alpha+\varepsilon)/2\end{matrix}\right]\times$$
$$\times {}_4F_3\left(1,\ 1,\ \frac{3-\alpha-\varepsilon}{2}-\lambda-n,\ \frac{3+\varepsilon-\alpha}{2}+n;\ 2,\ 2-\frac{\alpha}{2},\ \frac{3-\alpha}{2};\ \mp\frac{z^2}{a^2}\right)-$$
$$-\frac{a^{\alpha+2\lambda-1}}{2(2n+\varepsilon)!}(2\lambda)_{2n+\varepsilon}\left(\frac{1+\varepsilon-\alpha}{2}\right)_n\Gamma\left[\begin{matrix}\lambda+1/2,\ (1-\alpha-\varepsilon)/2-\lambda-n\\ 1-(\alpha+\varepsilon)/2\end{matrix}\right]\times$$
$$\times\left[\psi\left(\frac{1-\alpha-\varepsilon}{2}-\lambda-n\right)-\psi\left(1-\frac{\alpha+\varepsilon}{2}\right)+\sum_{j=0}^{n-1}\frac{2}{2j-\alpha+\varepsilon+1}-2\ln a\right]$$
$$\left[\varepsilon=0\ \text{или}\ 1;\ a>0;\ \operatorname{Re}\lambda>-1/2;\ \operatorname{Re}(\alpha+2\lambda)<1-2n-\varepsilon,\ \left\{\begin{matrix}\operatorname{Re}z>0\\ z>0\end{matrix}\right\}\right].$$

2.21.9. Интегралы от $A(x)\operatorname{Ei}(a+bx^m)C_n^\lambda(cx)$.

1. $$\int_{-a}^a (x+a)^{\alpha-1}(a-x)^{\lambda-1/2}\operatorname{Ei}(-ab-bx)C_n^\lambda\left(\frac{x}{a}\right)dx=$$
$$=\frac{(-1)^{n+1}(2\lambda)_n}{n!}\left(\lambda-\alpha-\frac{1}{2}\right)_n\Gamma\left[\begin{matrix}\alpha+1,\ \lambda+1/2\\ \alpha+\lambda+n+3/2\end{matrix}\right](2a)^{\alpha+\lambda+1/2}b\times$$
$$\times {}_4F_4\left(1,\ 1,\ \alpha+1,\ \alpha-\lambda+\frac{3}{2};\ 2,\ 2,\ \alpha-\lambda-n+\frac{3}{2},\ \alpha+\lambda+n+\frac{3}{2};\ -2ab\right)-$$
$$-\frac{(-1)^n}{n!}(2\lambda)_n\left(\lambda-\alpha+\frac{1}{2}\right)_n\Gamma\left[\begin{matrix}\alpha,\ \lambda+1/2\\ \alpha+\lambda+n+1/2\end{matrix}\right](2a)^{\alpha+\lambda-1/2}\times$$
$$\times\left[\mathbf{C}+\psi(\alpha)-\psi\left(\alpha+\lambda+n+\frac{1}{2}\right)-\sum_{j=0}^{n-1}\frac{2}{2j-2\alpha+2\lambda+1}+\ln(2ab)\right]$$
$$[a,\ \operatorname{Re}\alpha>0;\ \operatorname{Re}\lambda>-1/2].$$

2. $$\int_a^\infty (x-a)^{\lambda-1/2}(x+a)^{-\tau}\,\mathrm{Ei}\,(-ab-bx)C_n^\lambda\Big(\frac{x}{a}\Big)\,dx =$$
$$= -\frac{(2\lambda)_n}{n!}\Big(\lambda+\tau-\frac{3}{2}\Big)_n \Gamma\begin{bmatrix}\lambda+1/2,\ \tau-\lambda-n-3/2\\ \tau-1\end{bmatrix}(2a)^{\lambda-\tau+3/2}b\ \times$$
$$\times\ {}_4F_4\Big(1,\,1,\,\frac{5}{2}-\lambda-\tau,\,2-\tau;\ 2,\,2,\,\frac{5}{2}-\lambda-\tau-n;\ \frac{5}{2}+\lambda+n-\tau;\ -2ab\Big)+$$
$$+\frac{(\lambda)_n 2^{n+1}b^{\tau-\lambda-n-1/2}}{n!(2\tau-2\lambda-2n-1)a^n}\Gamma\Big(\frac{1}{2}+n+\lambda-\tau\Big)\,{}_3F_3\Big(\tau-\lambda-n-\frac{1}{2},\,\frac{1}{2}-\lambda-n,$$
$$1-2\lambda-n;\ \frac{1}{2}+\tau-\lambda-n,\,\frac{1}{2}+\tau-\lambda-n,\,1-2\lambda-2n;\ -2ab\Big)+$$
$$+\frac{(2\lambda)_n}{n!}\Big(\tau+\lambda-\frac{1}{2}\Big)_n\Gamma\begin{bmatrix}\lambda+1/2,\ \tau-\lambda-n-1/2\\ \tau\end{bmatrix}\times$$
$$\times(2a)^{\lambda-\tau+1/2}\Big[\mathbf{C}+\psi(\tau)-\psi\Big(\tau-\lambda-n-\frac{1}{2}\Big)-\sum_{j=0}^{n-1}\frac{2}{2j+2\lambda+2\tau-1}+\ln(2ab)\Big]$$
$[a,\ \mathrm{Re}\,b>0;\ \mathrm{Re}\,\lambda>-1/2]$.

3. $$\int_0^a x^{\alpha-1}(a^2-x^2)^{\lambda-1/2}\,\mathrm{Ei}\,(-bx^2)C_{2n+\varepsilon}^\lambda\Big(\frac{x}{a}\Big)\,dx =$$
$$=\frac{(-1)^{n+1}a^{\alpha+2\lambda+1}b}{2(2n+\varepsilon)!}(2\lambda)_{2n+\varepsilon}\Big(\frac{\varepsilon-\alpha-1}{2}\Big)_n\Gamma\begin{bmatrix}\lambda+1/2,\ (\alpha+\varepsilon)/2+1\\ (3+\alpha+\varepsilon)/2+\lambda+n\end{bmatrix}\times$$
$$\times\ {}_4F_4\Big(1,\,1,\,\frac{3+\alpha}{2},\,\frac{\alpha}{2}+1;\ 2,\,2,\,\frac{3+\alpha+\varepsilon}{2}+\lambda+n,\,\frac{3+\alpha-\varepsilon}{2}-n;\ -a^2b\Big)+$$
$$+\frac{(-1)^n a^{\alpha+2\lambda-1}}{2(2n+\varepsilon)!}(2\lambda)_{2n+\varepsilon}\Big(\frac{1+\varepsilon-\alpha}{2}\Big)_n\Gamma\begin{bmatrix}\lambda+1/2,\ (\alpha+\varepsilon)/2\\ (1+\alpha+\varepsilon)/2+\lambda+n\end{bmatrix}\times$$
$$\times\Big[\mathbf{C}+\psi\Big(\frac{\alpha+\varepsilon}{2}\Big)-\psi\Big(\frac{\alpha+\varepsilon+1}{2}+\lambda+n\Big)-\sum_{j=0}^{n-1}\frac{2}{2j-\alpha+\varepsilon+1}+\ln(a^2b)\Big]$$
$[\varepsilon=0$ или $1;\ a>0;\ \mathrm{Re}\,\alpha>-\varepsilon;\ \mathrm{Re}\,\lambda>-1/2;\ |\arg b|<\pi]$.

4. $$\int_a^\infty x^{\alpha-1}(x^2-a^2)^{\lambda-1/2}\,\mathrm{Ei}\,(-bx^2)C_{2n+\varepsilon}^\lambda\Big(\frac{x}{a}\Big)\,dx =$$
$$=-\frac{a^{\alpha+2\lambda+1}b}{2(2n+\varepsilon)!}(2\lambda)_{2n+\varepsilon}\Big(\frac{\varepsilon-\alpha-1}{2}\Big)_n\Gamma\begin{bmatrix}\lambda+1/2,\ -(\alpha+\varepsilon+1)/2-\lambda-n\\ -(\alpha+\varepsilon)/2\end{bmatrix}\times$$
$$\times\ {}_4F_4\Big(1,\,1,\,1+\frac{\alpha}{2},\,\frac{3+\alpha}{2};\ 2,\,2,\,\frac{3+\alpha-\varepsilon}{2}-n,\,\frac{3+\alpha+\varepsilon}{2}+\lambda+n;\ -a^2b\Big)+$$
$$+\frac{a^{\alpha+2\lambda-1}}{2(2n+\varepsilon)!}(2\lambda)_{2n+\varepsilon}\Big(\frac{1+\varepsilon-\alpha}{2}\Big)_n\Gamma\begin{bmatrix}\lambda+1/2,\ (1-\alpha-\varepsilon)/2-\lambda-n\\ 1-(\alpha+\varepsilon)/2\end{bmatrix}\times$$
$$\times\Big[\mathbf{C}-\psi\Big(\frac{1-\alpha-\varepsilon}{2}-\lambda-n\Big)+\psi\Big(1-\frac{\alpha+\varepsilon}{2}\Big)-\sum_{j=0}^{n-1}\frac{2}{1-\alpha+\varepsilon+2j}+\ln(a^2b)\Big]+$$
$$+\frac{2^{2n+\varepsilon}b^{(1-\alpha-\varepsilon)/2-\lambda-n}(\lambda)_{2n+\varepsilon}}{(2n+\varepsilon)!(1-\alpha-\varepsilon-2\lambda-2n)a^{2n+\varepsilon}}\Gamma\Big(\frac{\alpha+\varepsilon-1}{2}+\lambda+n\Big)\times$$
$$\times\ {}_3F_3\Big(\frac{1}{2}-\lambda-n,\,1-\lambda-\varepsilon-n,\,\frac{1-\alpha-\varepsilon}{2}-\lambda-n;\ 1-\lambda-\varepsilon-2n,$$
$$\frac{3-\alpha-\varepsilon}{2}-\lambda-n,\,\frac{3-\alpha-\varepsilon}{2}-\lambda-n;\ -a^2b\Big)$$
$[\varepsilon=0$ или $1;\ a,\ \mathrm{Re}\,b>0;\ \mathrm{Re}\,\lambda>-1/2]$.

2.21.10. Интегралы от $A(x)\begin{Bmatrix}\operatorname{si}(\varphi(x))\\ \operatorname{ci}(\varphi(x))\end{Bmatrix}C_n^\lambda(cx)$.

Обозначение: $\delta=\begin{Bmatrix}1\\0\end{Bmatrix}$.

1. $$\int_0^a x^{\alpha-1}(a^2-x^2)^{\lambda-1/2}\begin{Bmatrix}\operatorname{si}(bx)\\ \operatorname{ci}(bx)\end{Bmatrix}C_{2n+\varepsilon}^\lambda\left(\frac{x}{a}\right)dx=$$
$$=\frac{(-1)^{n+1}a^{\alpha+2\lambda+\delta+1}}{2^{3-\delta}3^{2\delta}(2n+\varepsilon)!}\,b^{\delta+2}(2\lambda)_{2n+\varepsilon}\left(\frac{\varepsilon-\alpha-\delta-1}{2}\right)_n\Gamma\left[\begin{matrix}\lambda+1/2,\ (\alpha+\varepsilon+\delta)/2+1\\ (\alpha+\varepsilon+\delta+3)/2+\lambda+n\end{matrix}\right]\times$$
$$\times\,{}_4F_5\left(1,\ 1+\frac{\delta}{2},\ \frac{\alpha}{2}+\delta+1,\ \frac{3+\alpha}{2};\ 2,\ \frac{\alpha+\varepsilon+\delta+3}{2}+\lambda+n,\ 2+\frac{\delta}{2},\ \frac{3}{2}+\delta,\right.$$
$$\left.\frac{3+\alpha+\delta-\varepsilon}{2}-n;\ -\frac{a^2b^2}{4}\right)+\frac{(-1)^na^{\alpha+2\lambda+\delta-1}}{2(2n+\varepsilon)!}\,b^\delta(2\lambda)_{2n+\varepsilon}\left(\frac{1+\varepsilon-\delta-\alpha}{2}\right)_n\times$$
$$\times\Gamma\left[\begin{matrix}\lambda+1/2,\ (\alpha+\delta+\varepsilon)/2\\ (1+\alpha+\delta+\varepsilon)/2+\lambda+n\end{matrix}\right]\begin{Bmatrix}1\\R\end{Bmatrix}-\delta\frac{(-1)^n\pi}{4(2n+\varepsilon)!}\,a^{\alpha+2\lambda-1}\times$$
$$\times(2\lambda)_{2n+\varepsilon}\left(\frac{1+\varepsilon-\alpha}{2}\right)_n\Gamma\left[\begin{matrix}\lambda+1/2,\ (\alpha+\varepsilon)/2\\ (1+\alpha+\varepsilon)/2+\lambda+n\end{matrix}\right],$$
$$R=\mathbf{C}+\frac{1}{2}\psi\left(\frac{\alpha+\varepsilon}{2}\right)-\frac{1}{2}\psi\left(\frac{1+\alpha+\varepsilon}{2}+\lambda+n\right)-\sum_{j=0}^{n-1}\frac{1}{2j-\alpha+\varepsilon+1}+\ln(ab)$$

[$\varepsilon=0$ или 1; $a>0$; $\operatorname{Re}\alpha>-\varepsilon$; $\operatorname{Re}\lambda>-1/2$].

2. $$\int_a^\infty x^{\alpha-1}(x^2-a^2)^{\lambda-1/2}\begin{Bmatrix}\operatorname{si}(bx)\\ \operatorname{ci}(bx)\end{Bmatrix}C_{2n+\varepsilon}^\lambda\left(\frac{x}{a}\right)dx=-\frac{a^{\alpha+2\lambda+\delta+1}b^{\delta+2}}{2^{3-\delta}3^{2\delta}(2n+\varepsilon)!}(2\lambda)_{2n+\varepsilon}\times$$
$$\times\left(\frac{\varepsilon-\alpha-\delta-1}{2}\right)_n\Gamma\left[\begin{matrix}\lambda+1/2,\ -(1+\alpha+\delta+\varepsilon)/2-\lambda-n\\ -(\alpha+\delta+\varepsilon)/2\end{matrix}\right]{}_4F_5\left(1,\ 1+\frac{\delta}{2},\ \frac{3+\alpha}{2},\right.$$
$$\left.\frac{\alpha}{2}+\delta+1;\ 2,\ \frac{3+\alpha+\delta+\varepsilon}{2}+\lambda+n,\ \frac{3}{2}+\delta,\ 2+\frac{\delta}{2},\ \frac{3+\alpha+\delta-\varepsilon}{2}-n;\ -\frac{a^2b^2}{4}\right)\mp$$
$$\mp\frac{(-1)^n2^{2n+\varepsilon}b^{1-\alpha-\varepsilon-2\lambda-2n}(\lambda)_{2n+\varepsilon}}{(2n+\varepsilon)!(1-\alpha-\varepsilon-2\lambda-2n)a^{2n+\varepsilon}}\Gamma(\alpha+\varepsilon+2\lambda+2n-1)\begin{Bmatrix}\cos[(\alpha+\varepsilon+2\lambda)\pi/2]\\ \sin[(\alpha+\varepsilon+2\lambda)\pi/2]\end{Bmatrix}\times$$
$$\times\,{}_3F_4\left(\frac{1}{2}-\lambda-n,\ \frac{1-\alpha-\varepsilon}{2}-\lambda-n,\ 1-\lambda-\varepsilon-n;\ \frac{3-\alpha-\varepsilon}{2}-\lambda-n,\right.$$
$$\left.1-\lambda-\varepsilon-2n,\ \frac{3-\alpha}{2}-\varepsilon-\lambda-n,\ 1-\frac{\alpha}{2}-\lambda-n;\ -\frac{a^2b^2}{4}\right)+$$
$$+\frac{a^{\alpha+2\lambda+\delta-1}b^\delta}{2(2n+\varepsilon)!}(2\lambda)_{2n+\varepsilon}\left(\frac{1+\varepsilon-\alpha-\delta}{2}\right)_n\Gamma\left[\begin{matrix}\lambda+1/2,\ (1-\alpha-\varepsilon-\delta)/2-\lambda-n\\ 1-(\alpha+\delta+\varepsilon)/2\end{matrix}\right]\times$$
$$\times\begin{Bmatrix}1\\R\end{Bmatrix}-\delta\frac{a^{\alpha+2\lambda-1}\pi}{4(2n+\varepsilon)!}(2\lambda)_{2n+\varepsilon}\left(\frac{1+\varepsilon-\alpha}{2}\right)_n\Gamma\left[\begin{matrix}\lambda+1/2,\ (1-\alpha-\varepsilon)/2-\lambda-n\\ 1-(\alpha+\varepsilon)/2\end{matrix}\right],$$
$$R=\mathbf{C}-\frac{1}{2}\psi\left(\frac{1-\alpha-\varepsilon}{2}-\lambda-n\right)+\frac{1}{2}\psi\left(1-\frac{\alpha+\varepsilon}{2}\right)-\sum_{j=0}^{n-1}\frac{1}{2j-\alpha+\varepsilon+1}+\ln(ab)$$

[$\varepsilon=0$ или 1; $a,\ b>0$; $\operatorname{Re}\lambda>-1/2$; $\operatorname{Re}(\alpha+2\lambda)<3-2n-\varepsilon$].

3. $$\int_{-a}^a(x+a)^{\alpha-1}(a-x)^{\lambda-1/2}\begin{Bmatrix}\operatorname{si}\left(b\sqrt{x+a}\right)\\ \operatorname{ci}\left(b\sqrt{x+a}\right)\end{Bmatrix}C_n^\lambda\left(\frac{x}{a}\right)dx=$$
$$=\frac{(-1)^{n+1}(2\lambda)_n}{3^{2\delta}n!}\left(\lambda-\alpha-\frac{\delta+1}{2}\right)_n2^{\alpha+\lambda+3(\delta-1)/2}a^{\alpha+\lambda+(\delta+1)/2}b^{\delta+2}\times$$

$$\times \Gamma\begin{bmatrix} \lambda+1/2,\ \alpha+\delta/2+1 \\ \alpha+\lambda+n+(\delta+3)/2 \end{bmatrix} {}_4F_5\left(1,\ \frac{3+\delta}{2}+\alpha-\lambda,\ 1+\frac{\delta}{2},\ 1+\alpha+\frac{\delta}{2};\right.$$

$$\left. 2,\ \frac{3+\delta}{2}+\alpha+\lambda+n,\ \frac{3}{2}+\delta,\ 2+\frac{\delta}{2},\ \frac{3+\delta}{2}+\alpha-\lambda-n;\ -\frac{ab^2}{2}\right)+$$

$$+\frac{(-1)^n(2\lambda)_n}{n!}\left(\frac{1-\delta}{2}+\lambda-\alpha\right)_n \Gamma\begin{bmatrix} \alpha+\delta/2,\ \lambda+1/2 \\ \alpha+\lambda+n+(\delta+1)/2 \end{bmatrix}(2a)^{\alpha+\lambda+(\delta-1)/2} b^{\delta}\times$$

$$\times\begin{Bmatrix} 1 \\ R \end{Bmatrix} - \delta\frac{(-1)^n}{2(n!)}(2a)^{\alpha+\lambda-1/2}\pi(2\lambda)_n\left(\lambda-\alpha+\frac{1}{2}\right)_n \Gamma\begin{bmatrix} \alpha,\ \lambda+1/2 \\ \alpha+\lambda+n+1/2 \end{bmatrix},$$

$$R=\mathbf{C}+\frac{1}{2}\psi(\alpha)-\frac{1}{2}\psi\left(\alpha+\lambda+n+\frac{1}{2}\right)-\sum_{j=0}^{n-1}\frac{1}{2j-2\alpha+2\lambda+1}+\frac{1}{2}\ln(2ab^2)$$

$[a,\ \operatorname{Re}\alpha>0;\ \operatorname{Re}\lambda>-1/2]$.

4. $$\int_a^\infty (x-a)^{\lambda-1/2}(x+a)^{-\tau}\begin{Bmatrix} \operatorname{si}(b\sqrt{x+a}) \\ \operatorname{ci}(b\sqrt{x+a}) \end{Bmatrix} C_n^\lambda\left(\frac{x}{a}\right)dx = -\frac{(2\lambda)_n}{3^{2\delta}n!}\left(\tau+\lambda-\frac{\delta+3}{2}\right)_n\times$$

$$\times 2^{\lambda-\tau+(3\delta-1)/2}\Gamma\begin{bmatrix} \lambda+1/2,\ \tau-\lambda-n-(\delta+3)/2 \\ \tau-\delta/2-1 \end{bmatrix} a^{\lambda-\tau+(\delta+3)/2} b^{\delta+2}\times$$

$$\times {}_4F_5\left(1,\ \frac{5+\delta}{2}-\tau-\lambda,\ 1+\frac{\delta}{2},\ 2-\tau+\frac{\delta}{2};\ 2,\ \frac{3}{2}+\delta,\ 2+\frac{\delta}{2},\right.$$

$$\left.\frac{5+\delta}{2}-\tau-\lambda-n,\ \frac{5+\delta}{2}+\lambda+n-\tau;\ -\frac{ab^2}{2}\right)+$$

$$+(-1)^n\frac{(\lambda)_n 2^{n+1}\Gamma(1+2n+2\lambda-2\tau)b^{2\tau-2\lambda-2n-1}}{n!(2\tau-2\lambda-2n-1)a^n}\begin{Bmatrix} \cos(\tau-\lambda)\pi \\ \sin(\tau-\lambda)\pi \end{Bmatrix}\times$$

$$\times {}_3F_4\left(\frac{1}{2}-\lambda-n,\ \tau-\lambda-n-\frac{1}{2},\ 1-2\lambda-n;\ 1-2\lambda-2n,\ \frac{1}{2}+\tau-\lambda-n,\right.$$

$$\left.\frac{1}{2}+\tau-\lambda-n,\ \tau-\lambda-n;\ -\frac{ab^2}{2}\right)+\frac{(2\lambda)_n}{n!}\left(\tau+\lambda-\frac{\delta+1}{2}\right)_n\times$$

$$\times\Gamma\begin{bmatrix} \lambda+1/2,\ \tau-\lambda-n-(\delta+1)/2 \\ \tau-\delta/2 \end{bmatrix}(2a)^{\lambda-\tau+(\delta+1)/2} b^{\delta}\begin{Bmatrix} 1 \\ R \end{Bmatrix}-$$

$$-\delta\frac{(2\lambda)_n}{n!}\left(\tau+\lambda-\frac{1}{2}\right)_n 2^{\lambda-\tau-1/2}\pi\Gamma\begin{bmatrix} \lambda+1/2,\ \tau-\lambda-n-1/2 \\ \tau \end{bmatrix} a^{\lambda-\tau+1/2},$$

$$R=\mathbf{C}+\frac{1}{2}\psi(\tau)-\frac{1}{2}\psi\left(\tau-\lambda-n-\frac{1}{2}\right)-\sum_{j=0}^{n-1}\frac{1}{2j+2\lambda+2\tau-1}+\frac{1}{2}\ln(2ab^2)$$

$[a,\ b>0;\ \operatorname{Re}\lambda>-1/2;\ \operatorname{Re}(\lambda-\tau)<1/2-n]$.

2.21.11. Интегралы, содержащие $\begin{Bmatrix} \operatorname{erf}(\varphi(x)) \\ \operatorname{erfc}(\varphi(x)) \end{Bmatrix} C_n^\lambda(cx)$.

1. $$\int_0^\infty x^{\alpha-1}\operatorname{erfc}(bx)C_{2n+\varepsilon}^\lambda(cx)\,dx = \frac{(-1)^n 2^\varepsilon(\lambda)_{n+\varepsilon}c^\varepsilon}{\sqrt{\pi}\,n!(\alpha+\varepsilon)b^{\alpha+\varepsilon}}\Gamma\left(\frac{\alpha+\varepsilon+1}{2}\right)\times$$

$$\times {}_4F_2\left(-n,\ n+\lambda+\varepsilon,\ \frac{\alpha+1}{2},\ \frac{\alpha}{2}+\varepsilon;\ \frac{1}{2}+\varepsilon,\ \frac{\alpha+\varepsilon}{2}+1;\ \frac{c^2}{b^2}\right)$$

$[\varepsilon=0$ или $1;\ \operatorname{Re}\alpha>-\varepsilon;\ |\arg b|<\pi/4]$.

2. $$\int_0^a (a^2-x^2)^{\lambda-1/2}\operatorname{erf}(bx)C_{2n+1}^\lambda\left(\frac{x}{a}\right)dx = \frac{(-1)^n(2\lambda)_{2n+1}}{2^{2n+1}(2n+1)n!}\Gamma\begin{bmatrix} \lambda+1/2 \\ 2n+\lambda+2 \end{bmatrix}\times$$

$$\times\frac{a^{\lambda-1}}{b^{\lambda+1}}e^{-a^2b^2/2}M_{-(\lambda+1)/2,\,n+(\lambda+1)/2}(a^2b^2)$$

$[a>0;\ \operatorname{Re}\lambda>-1/2]$.

3. $$\int\limits_0^a x^{\alpha-1}(a^2-x^2)^{\lambda-1/2}\left\{\begin{matrix}\operatorname{erf}(bx)\\ \operatorname{erfc}(bx)\end{matrix}\right\}C_{2n+\varepsilon}^\lambda\left(\frac{x}{a}\right)dx =$$
$$= \pm\frac{(-1)^n a^{\alpha+2\lambda}b}{\sqrt{\pi}\,(2n+\varepsilon)!}\,(2\lambda)_{2n+\varepsilon}\left(\frac{\varepsilon-\alpha}{2}\right)_n\Gamma\left[\begin{matrix}\lambda+1/2,\ (1+\alpha+\varepsilon)/2\\ (\alpha+\varepsilon)/2+\lambda+n+1\end{matrix}\right]\times$$
$$\times\,{}_3F_3\left(\frac{1}{2},\ \frac{1+\alpha}{2},\ 1+\frac{\alpha}{2};\ \frac{3}{2},\ 1+\frac{\alpha-\varepsilon}{2}-n,\ \frac{\alpha+\varepsilon}{2}+\lambda+n+1;\ -a^2b^2\right)+$$
$$+\left\{\begin{matrix}0\\1\end{matrix}\right\}\frac{(-1)^n}{2(2n+\varepsilon)!}\,a^{\alpha+2\lambda-1}(2\lambda)_{2n+\varepsilon}\left(\frac{1+\varepsilon-\alpha}{2}\right)_n\Gamma\left[\begin{matrix}\lambda+1/2,\ (\alpha+\varepsilon)/2\\ (1+\alpha+\varepsilon)/2+\lambda+n\end{matrix}\right]$$
[$\varepsilon=0$ или 1; $a>0$; $\operatorname{Re}\lambda>-1/2$; $\operatorname{Re}\alpha>(\mp1-1)/2-\varepsilon$].

4. $$\int\limits_a^\infty x^{\alpha-1}(x^2-a^2)^{\lambda-1/2}\left\{\begin{matrix}\operatorname{erf}(bx)\\ \operatorname{erfc}(bx)\end{matrix}\right\}C_{2n+\varepsilon}^\lambda\left(\frac{x}{a}\right)dx =$$
$$= \pm\frac{a^{\alpha+2\lambda}b}{\sqrt{\pi}\,(2n+\varepsilon)!}\,(2\lambda)_{2n+\varepsilon}\left(\frac{\varepsilon-\alpha}{2}\right)_n\Gamma\left[\begin{matrix}\lambda+1/2,\ -(\alpha+\varepsilon)/2-\lambda-n\\ (1-\alpha-\varepsilon)/2\end{matrix}\right]\times$$
$$\times\,{}_3F_3\left(\frac{1}{2},\ \frac{1+\alpha}{2},\ 1+\frac{\alpha}{2};\ \frac{3}{2},\ \frac{\alpha+\varepsilon}{2}+\lambda+n+1,\ 1+\frac{\alpha-\varepsilon}{2}-n;\ -a^2b^2\right)\pm$$
$$\pm\,\frac{2^{2n+\varepsilon}b^{1-\alpha-\varepsilon-2\lambda-2n}(\lambda)_{2n+\varepsilon}}{\sqrt{\pi}\,(2n+\varepsilon)!(1-\alpha-\varepsilon-2\lambda-2n)a^{2n+\varepsilon}}\,\Gamma\left(\frac{\alpha+\varepsilon}{2}+\lambda+n\right)\times$$
$$\times\,{}_3F_3\left(\frac{1}{2}-\lambda-n,\ 1-\lambda-\varepsilon-n,\ \frac{1-\alpha-\varepsilon}{2}-\lambda-n;\right.$$
$$\left.\frac{3-\alpha}{2}-\varepsilon-\lambda-n,\ 1-\lambda-\varepsilon-2n,\ 1-\lambda-n-\frac{a}{2};\ -a^2b^2\right)+$$
$$+\left\{\begin{matrix}0\\1\end{matrix}\right\}\frac{a^{\alpha+2\lambda-1}}{2(2n+\varepsilon)!}\,(2\lambda)_{2n+\varepsilon}\left(\frac{1+\varepsilon-\alpha}{2}\right)_n\Gamma\left[\begin{matrix}\lambda+1/2,\ (1-\alpha-\varepsilon)/2-\lambda-n\\ 1-(\alpha+\varepsilon)/2\end{matrix}\right]$$
$\left[\varepsilon=0 \text{ или } 1;\ a>0;\ \operatorname{Re}\lambda>-1/2,\ \left\{\begin{matrix}\operatorname{Re}b>0,\ \operatorname{Re}(\alpha+2\lambda)<1-2n-\varepsilon\\ \operatorname{Re}b>0\end{matrix}\right\}\right]$.

5. $$\int\limits_{-a}^\infty (x+a)^{\alpha-1}\operatorname{erfc}(ab+bx)C_n^\lambda\left(\frac{x}{a}\right)dx = \frac{(-1)^n(2\lambda)_n}{\alpha\sqrt{\pi}\,n!b^\alpha}\,\Gamma\left(\frac{\alpha+1}{2}\right)\times$$
$$\times\,{}_4F_2\left(-n,\ n+2\lambda,\ \frac{\alpha}{2},\ \frac{\alpha+1}{2};\ \lambda+\frac{1}{2},\ \frac{\alpha}{2}+1;\ \frac{1}{4a^2b^2}\right)$$
[a, $\operatorname{Re}\alpha>0$; $|\arg b|<\pi/4$].

6. $$\int\limits_{-a}^a (x+a)^{\alpha-1}(a-x)^{\lambda-1/2}\left\{\begin{matrix}\operatorname{erf}(ab+bx)\\ \operatorname{erfc}(ab+bx)\end{matrix}\right\}C_n^\lambda\left(\frac{x}{a}\right)dx =$$
$$= \pm\frac{(-1)^n(2\lambda)_n}{\sqrt{\pi}\,n!}\left(\lambda-\alpha-\frac{1}{2}\right)_n 2^{\alpha+\lambda+3/2}a^{\alpha+\lambda+1/2}b\Gamma\left[\begin{matrix}\alpha+1,\ \lambda+1/2\\ \alpha+\lambda+n+3/2\end{matrix}\right]\times$$
$$\times\,{}_5F_5\left(\frac{1}{2},\ \frac{\alpha+1}{2},\ \frac{\alpha}{2}+1,\ \frac{2\alpha-2\lambda+3}{4},\ \frac{2\alpha-2\lambda+5}{4};\ \frac{3}{2},\ \frac{2\alpha-2\lambda-2n+3}{4},\right.$$
$$\left.\frac{2\alpha-2\lambda-2n+5}{4},\ \frac{2\alpha+2n+2\lambda+3}{4},\ \frac{2\alpha+2\lambda+2n+5}{4};\ -4a^2b^2\right)+$$
$$+\left\{\begin{matrix}0\\1\end{matrix}\right\}\frac{(-1)^n(2\lambda)_n}{n!}\,(2a)^{\alpha+\lambda-1/2}\left(\lambda-\alpha+\frac{1}{2}\right)_n\Gamma\left[\begin{matrix}\alpha,\ \lambda+1/2\\ \alpha+\lambda+n+1/2\end{matrix}\right]$$
[$a>0$; $\operatorname{Re}\lambda>-1/2$; $\operatorname{Re}\alpha>-(1\pm1)/2$].

7. $$\int\limits_{-a}^a (x+a)^{\alpha-1}(a-x)^{\lambda-1/2}\left\{\begin{matrix}\operatorname{erf}\left(b\sqrt{x+a}\right)\\ \operatorname{erfc}\left(b\sqrt{x+a}\right)\end{matrix}\right\}C_n^\lambda\left(\frac{x}{a}\right)dx =$$

$$= \pm \frac{(-1)^n (2\lambda)_n}{\sqrt{\pi}\, n!} (\lambda - \alpha)_n 2^{\alpha+\lambda+1} a^{\alpha+\lambda} b \Gamma \begin{bmatrix} \alpha + 1/2,\ \lambda + 1/2 \\ \alpha + \lambda + n + 1 \end{bmatrix} \times$$

$$\times {}_3F_3\left(\frac{1}{2},\ \alpha + \frac{1}{2},\ 1 + \alpha - \lambda;\ \frac{3}{2},\ 1 + \alpha - \lambda - n,\ 1 + n + \alpha + \lambda;\ -2ab^2\right) +$$

$$+ \begin{Bmatrix} 0 \\ 1 \end{Bmatrix} \frac{(-1)^n}{n!} (2a)^{\alpha+\lambda-1/2} \left(\lambda - \alpha + \frac{1}{2}\right)_n (2\lambda)_n \Gamma \begin{bmatrix} \alpha,\ \lambda + 1/2 \\ \alpha + \lambda + n + 1/2 \end{bmatrix}$$

$[a > 0;\ \operatorname{Re}\lambda > -1/2;\ \operatorname{Re}\alpha > -(1 \pm 1)/4]$.

8. $$\int\limits_{\pm a}^{\infty} (x \mp a)^{\alpha-1} \operatorname{erfc}\left(b\sqrt{x \mp a}\right) C_n^{\lambda}\left(\frac{x}{a}\right) dx = \frac{(\pm 1)^n (2\lambda)_n}{\alpha \sqrt{\pi}\, n! b^{2\alpha}} \Gamma\left(\alpha + \frac{1}{2}\right) \times$$

$$\times {}_4F_2\left(-n,\ 2\lambda + n,\ \alpha,\ \alpha + \frac{1}{2};\ \alpha + 1,\ \lambda + \frac{1}{2};\ \frac{1}{2ab^2}\right)$$

$[a,\ \operatorname{Re}\alpha > 0;\ |\arg b| < \pi/4]$.

9. $$\int\limits_{a}^{\infty} (x - a)^{\lambda-1/2} (x + a)^{-\tau} \begin{Bmatrix} \operatorname{erf}\left(b\sqrt{x + a}\right) \\ \operatorname{erfc}\left(b\sqrt{x + a}\right) \end{Bmatrix} C_n^{\lambda}\left(\frac{x}{a}\right) dx =$$

$$= \pm \frac{(2\lambda)_n}{\sqrt{\pi}\, n!} (\tau + \lambda - 1)_n 2^{\lambda-\tau+2} \Gamma \begin{bmatrix} \lambda + 1/2,\ \tau - \lambda - n - 1 \\ \tau - 1/2 \end{bmatrix} a^{1+\lambda-\tau} b \times$$

$$\times {}_3F_3\left(\frac{1}{2},\ 2 - \tau - \lambda,\ \frac{3}{2} - \tau;\ \frac{3}{2},\ 2 + \lambda + n - \tau,\ 2 - \tau - \lambda - n;\ -2ab^2\right) \pm$$

$$\pm \frac{(\lambda)_n 2^{n+1} \Gamma(1 + n + \lambda - \tau) b^{2\tau-2\lambda-2n-1}}{n! \sqrt{\pi}\, (2\tau - 2\lambda - 2n - 1) a^n} {}_3F_3\left(\frac{1}{2} - \lambda - n,\ 1 - 2\lambda - n,\right.$$

$$\left.\tau - \lambda - n - \frac{1}{2};\ 1 - 2\lambda - 2n,\ \tau - \lambda - n,\ \frac{1}{2} + \tau - \lambda - n;\ -2ab^2\right) +$$

$$+ \begin{Bmatrix} 0 \\ 1 \end{Bmatrix} \frac{(2\lambda)_n}{n!} \left(\tau + \lambda - \frac{1}{2}\right)_n \Gamma \begin{bmatrix} \lambda + 1/2,\ \tau - \lambda - n - 1/2 \\ \tau \end{bmatrix} (2a)^{\lambda-\tau+1/2}$$

$$\left[a > 0;\ \operatorname{Re}\lambda > -1/2,\ \begin{Bmatrix} |\arg b| < \pi/4,\ \operatorname{Re}(\tau - \lambda) > n + 1/2 \\ |\arg b| < \pi/4 \end{Bmatrix}\right].$$

10. $$\int\limits_{0}^{a} x^{\alpha-1} (a^2 - x^2)^{\lambda-1/2} e^{b^2 x^2} \operatorname{erf}(bx) C_n^{\lambda}\left(\frac{x}{a}\right) dx =$$

$$= \frac{a^{\alpha+2\lambda} b (2\lambda)_n}{2^{\alpha} n!} \Gamma \begin{bmatrix} \alpha + 1,\ \lambda + 1/2 \\ (\alpha - n)/2 + 1,\ (\alpha + n)/2 + \lambda + 1 \end{bmatrix} \times$$

$$\times {}_3F_3\left(1,\ \frac{\alpha + 1}{2},\ \frac{\alpha}{2} + 1;\ \frac{3}{2},\ \frac{\alpha - n}{2} + 1,\ \frac{\alpha + n}{2} + \lambda + 1;\ a^2 b^2\right)$$

$[a > 0;\ \operatorname{Re}\alpha > 2[n/2] - n - 1;\ \operatorname{Re}\lambda > -1/2]$.

11. $$\int\limits_{-a}^{a} (x + a)^{\alpha-1} (a - x)^{\lambda-1/2} e^{b^2 x} \operatorname{erf}\left(b\sqrt{x + a}\right) C_n^{\lambda}\left(\frac{x}{a}\right) dx =$$

$$= \frac{(-1)^n (2\lambda)_n}{\sqrt{\pi}\, n!} (\lambda - \alpha)_n 2^{\alpha+\lambda+1} a^{\alpha+\lambda} b \Gamma \begin{bmatrix} \alpha + 1/2,\ \lambda + 1/2 \\ \alpha + \lambda + n + 1 \end{bmatrix} e^{-ab^2} \times$$

$$\times {}_3F_3\left(1,\ \alpha + \frac{1}{2},\ \alpha - \lambda + 1;\ \frac{3}{2},\ \alpha - \lambda - n + 1,\ \alpha + \lambda + n + 1;\ 2ab^2\right)$$

$[a > 0;\ \operatorname{Re}\lambda,\ \operatorname{Re}\alpha > -1/2]$.

2.21.12. Интегралы, содержащие $\left\{\begin{matrix} J_\nu(\varphi(x)) \\ I_\nu(\varphi(x)) \end{matrix}\right\} C_n^\lambda(cx)$.

1. $$\int\limits_0^a x^{\alpha-1}(a^2-x^2)^{\lambda-1/2}\left\{\begin{matrix} J_\nu(bx) \\ I_\nu(bx) \end{matrix}\right\} C_{2n+\varepsilon}^\lambda\left(\frac{x}{a}\right)dx =$$
$$= \frac{(-1)^n a^{\alpha+2\lambda+\nu-1}b^\nu}{2^{\nu+1}(2n+\varepsilon)!}(2\lambda)_{2n+\varepsilon}\left(\frac{1+\varepsilon-\alpha-\nu}{2}\right)_n \Gamma\left[\begin{matrix} \lambda+1/2,\ (\alpha+\varepsilon+\nu)/2 \\ \nu+1,\ (1+\alpha+\varepsilon+\nu)/2+\lambda+n \end{matrix}\right]\times$$
$$\times\ {}_2F_3\left(\frac{1+\alpha+\nu}{2},\ \frac{\alpha+\nu}{2};\ \nu+1,\ \frac{1+\alpha+\nu+\varepsilon}{2}+\lambda+n,\ \frac{1+\alpha+\nu-\varepsilon}{2}-n;\ \mp\frac{a^2b^2}{4}\right)$$

[$\varepsilon = 0$ или 1; $a>0$; $\operatorname{Re}(\alpha+\nu) > -\varepsilon$; $\operatorname{Re}\lambda > -1/2$].

2. $$\int\limits_a^\infty x^{\alpha-1}(x^2-a^2)^{\lambda-1/2} J_\nu(bx) C_{2n+\varepsilon}^\lambda\left(\frac{x}{a}\right)dx =$$
$$= \frac{a^{\alpha+2\lambda+\nu-1}b^\nu}{2^{\nu+1}(2n+\varepsilon)!}(2\lambda)_{2n+\varepsilon}\left(\frac{1+\varepsilon-\alpha-\nu}{2}\right)_n \Gamma\left[\begin{matrix} \lambda+1/2,\ (1-\alpha-\varepsilon-\nu)/2-\lambda-n \\ \nu+1,\ 1-(\alpha+\varepsilon+\nu)/2 \end{matrix}\right]\times$$
$$\times\ {}_2F_3\left(\frac{1+\alpha+\nu}{2},\ \frac{\alpha+\nu}{2};\ \nu+1,\ \frac{1+\alpha+\varepsilon+\nu}{2}+\lambda+n,\ \frac{1+\alpha+\nu-\varepsilon}{2}-n;\ -\frac{a^2b^2}{4}\right)+$$
$$+\ \frac{2^{4n+2\varepsilon+2\lambda+\alpha-2}b^{1-\alpha-2\lambda-\varepsilon-2n}}{(2n+\varepsilon)!\,a^{2n+\varepsilon}}(\lambda)_{2n+\varepsilon}\Gamma\left[\begin{matrix} (\alpha+\nu+\varepsilon-1)/2+\lambda+n \\ (3+\nu-\alpha-\varepsilon)/2-\lambda-n \end{matrix}\right]\times$$
$$\times\ {}_2F_3\left(\frac{1}{2}-\lambda-n,\ 1-\lambda-\varepsilon-n;\ 1-\lambda-\varepsilon-2n,\right.$$
$$\left.\frac{3-\alpha-\nu-\varepsilon}{2}-\lambda-n,\ \frac{3+\nu-\alpha-\varepsilon}{2}-\lambda-n;\ -\frac{a^2b^2}{4}\right)$$

[$\varepsilon = 0$ или 1; $a,\ b>0$; $\operatorname{Re}\lambda > -1/2$; $\operatorname{Re}(\alpha+2\lambda) < 5/2-2n-\varepsilon$].

3. $$\int\limits_0^a x^{\alpha-1}(a^2-x^2)^{\lambda-1/2} J_\nu\left(\frac{b}{x}\right) C_{2n+\varepsilon}^\lambda\left(\frac{x}{a}\right)dx =$$
$$= \frac{(-1)^n a^{\alpha+2\lambda-\nu-1}b^\nu}{2^{\nu+1}(2n+\varepsilon)!}(2\lambda)_{2n+\varepsilon}\left(\frac{1+\nu+\varepsilon-\alpha}{2}\right)_n \Gamma\left\{\begin{matrix} (\alpha+\varepsilon-\nu)/2,\ \lambda+1/2 \\ \nu+1,\ (1+\alpha+\varepsilon-\nu)/2+\lambda+n \end{matrix}\right\}\times$$
$$\times\ {}_2F_3\left(\frac{1+\nu-\alpha-\varepsilon}{2}-\lambda-n,\ \frac{1+\varepsilon+\nu-\alpha}{2}+n;\ \nu+1,\ 1+\frac{\nu-\alpha}{2},\ \frac{1+\nu-\alpha}{2};\ -\frac{b^2}{4a^2}\right)+$$
$$+\ \frac{(-1)^n(\lambda)_{n+\varepsilon}a^{2\lambda-\varepsilon-1}b^{\alpha+\varepsilon}}{2^{\alpha+1}n!}\Gamma\left[\begin{matrix} (\nu-\alpha-\varepsilon)/2 \\ (\alpha+\nu+\varepsilon)/2+1 \end{matrix}\right]\times$$
$$\times\ {}_2F_3\left(\frac{1}{2}+\varepsilon+n,\ \frac{1}{2}-\lambda-n;\ \frac{1}{2}+\varepsilon,\ 1+\frac{\alpha+\varepsilon-\nu}{2},\ 1+\frac{\alpha+\nu+\varepsilon}{2};\ -\frac{b^2}{4a^2}\right)$$

[$\varepsilon = 0$ или 1; $a,\ b>0$; $\operatorname{Re}\lambda > -1/2$; $\operatorname{Re}\alpha > -3/2-\varepsilon$].

4. $$\int\limits_0^a x^{-\lambda-2}(a^2-x^2)^{\lambda-1/2} J_{\lambda+n}\left(\frac{b}{x}\right) C_n^\lambda\left(\frac{x}{a}\right)dx = \frac{(-1)^{[n/2]}(2\lambda)_n 2^\lambda a^{2\lambda-1}\Gamma(\lambda+1/2)}{\sqrt{\pi}\,n!\,b^{\lambda+1}}\times$$
$$\times\left\{\begin{matrix} \sin(b/a) \\ \cos(b/a) \end{matrix}\right\}$$

$\left[a,\ b>0;\ -1/2<\operatorname{Re}\lambda<1\pm 1/2,\ n=\left\{\begin{matrix} 1,\ 3,\ 5,\ \ldots \\ 0,\ 2,\ 4,\ \ldots \end{matrix}\right\}\right]$.

5. $$\int\limits_{\pm a}^\infty (x\mp a)^{\alpha-1} J_\nu\left(b\sqrt{x\mp a}\right) C_n^\lambda\left(\frac{x}{a}\right)dx = \frac{(\pm1)^n(\lambda)_n 2^{2\alpha+3n}}{n!\,a^n b^{2\alpha+2n}}\Gamma\left[\begin{matrix} \nu/2+\alpha+n \\ \nu/2-\alpha-n+1 \end{matrix}\right]\times$$
$$\times\ {}_2F_3\left(-n,\ \frac{1}{2}-\lambda-n;\ 1-2\lambda-2n,\ 1-n-\alpha-\frac{\nu}{2},\ 1+\frac{\nu}{2}-\alpha-n;\ \pm\frac{ab^2}{2}\right)$$

[$a,\ b,\ \operatorname{Re}(2\alpha+\nu)>0$; $\operatorname{Re}\alpha < 3/4-n$].

6. $$\int_{\pm a}^{\infty}(x\mp a)^{\alpha-1}J_\nu\left(\frac{b}{\sqrt{x\mp a}}\right)C_n^\lambda\left(\frac{x}{a}\right)dx=\frac{(\pm1)^n(2\lambda)_n}{n!}\left(\frac{b}{2}\right)^{2\alpha}\Gamma\left[\begin{matrix}\nu/2-\alpha\\1+\alpha+\nu/2\end{matrix}\right]\times$$
$$\times\,{}_2F_3\left(-n,\,2\lambda+n;\,\frac12+\lambda,\,1+\alpha+\frac{\nu}{2},\,1+\alpha-\frac{\nu}{2};\,\pm\frac{b^2}{8a}\right)$$
$[a,\,b>0;\ \operatorname{Re}\alpha>-3/4;\ \operatorname{Re}(\nu-2\alpha)>2n].$

7. $$\int_{-a}^{a}(x+a)^{\alpha-1}(a-x)^{\lambda-1/2}\left\{\begin{matrix}J_\nu(b\sqrt{x+a})\\I_\nu(b\sqrt{x+a})\end{matrix}\right\}C_n^\lambda\left(\frac{x}{a}\right)dx=\frac{(-1)^n(2\lambda)_n}{n!}\left(\frac{1-\nu}{2}+\lambda-\alpha\right)_n\times$$
$$\times\,2^{\alpha+\lambda-(\nu+1)/2}\Gamma\left[\begin{matrix}\alpha+\nu/2,\,\lambda+1/2\\\nu+1,\,\alpha+\lambda+n+(\nu+1)/2\end{matrix}\right]a^{\alpha+\lambda+(\nu-1)/2}b^\nu\times$$
$$\times\,{}_2F_3\left(\frac{\nu}{2}+\alpha,\,\frac{1+\nu}{2}+\alpha-\lambda;\,\frac{1+\nu}{2}+\alpha+\lambda+n,\,\frac{1+\nu}{2}+\alpha-\lambda-n,\,\nu+1;\,\mp\frac{ab^2}{2}\right)$$
$[a,\ \operatorname{Re}(2\alpha+\nu)>0;\ \operatorname{Re}\lambda>-1/2].$

8. $$\int_{-a}^{a}(x+a)^{\lambda-1/2}(a-x)^{\beta-1}\left\{\begin{matrix}J_\nu(b\sqrt{a-x})\\I_\nu(b\sqrt{a-x})\end{matrix}\right\}C_n^\lambda\left(\frac{x}{a}\right)dx=\frac{(2\lambda)_n}{n!}\left(\frac{1-\nu}{2}+\lambda-\beta\right)_n\times$$
$$\times\,2^{\beta+\lambda-(\nu+1)/2}\Gamma\left[\begin{matrix}\beta+\nu/2,\,\lambda+1/2\\\nu+1,\,\beta+\lambda+n+(\nu+1)/2\end{matrix}\right]a^{\beta+\lambda+(\nu-1)/2}b^\nu\times$$
$$\times\,{}_2F_3\left(\beta-\lambda+\frac{\nu+1}{2},\,\beta+\frac{\nu}{2};\,\frac{1+\nu}{2}+\beta-\lambda-n,\,\frac{1+\nu}{2}+\lambda+\beta+n,\,\nu+1;\,\mp\frac{ab^2}{2}\right)$$
$[a,\ \operatorname{Re}(2\beta+\nu)>0;\ \operatorname{Re}\lambda>-1/2].$

9. $$\int_{a}^{\infty}(x-a)^{\lambda-1/2}(x+a)^{-\tau}J_\nu(b\sqrt{x+a})C_n^\lambda\left(\frac{x}{a}\right)dx=\frac{(2\lambda)_n}{n!}\left(\tau+\lambda-\frac{\nu+1}{2}\right)_n\times$$
$$\times\,2^{\lambda-\tau+(3-\nu)/2}\Gamma\left[\begin{matrix}\lambda+1/2,\,\tau-\lambda-n-(\nu+1)/2\\\nu+1,\,\tau-\nu/2\end{matrix}\right]a^{\lambda-\tau+(\nu+1)/2}b^\nu\times$$
$$\times\,{}_2F_3\left(1+\frac{\nu}{2}-\tau,\,\frac{3+\nu}{2}-\tau-\lambda;\,\frac{3+\nu}{2}-\tau-\lambda-n,\,\frac{3+\nu}{2}+\lambda+n-\tau,\,\nu+1;\,-\frac{ab^2}{2}\right)+$$
$$+\,\frac{(\lambda)_n2^{2\lambda-2\tau+3n+1}}{n!a^n}\Gamma\left[\begin{matrix}n+\lambda-\tau+(\nu+1)/2\\(1+\nu)/2+\tau-\lambda-n\end{matrix}\right]b^{2\tau-2\lambda-2n-1}\times$$
$$\times\,{}_2F_3\left(\frac12-\lambda-n,\,1-2\lambda-n;\,1-2\lambda-2n,\,\frac{1+\nu}{2}+\tau-\lambda-n,\,\frac{1-\nu}{2}+\tau-\lambda-n;\,-\frac{ab^2}{2}\right)$$
$[a,\,b>0;\ \operatorname{Re}\lambda>-1/2;\ \operatorname{Re}(\lambda-\tau)<1/4-n].$

10. $$\int_{a}^{\infty}(x-a)^{\alpha-1}(x+a)^{\lambda-1/2}J_\nu(b\sqrt{x-a})C_n^\lambda\left(\frac{x}{a}\right)dx=\frac{(-1)^n(2\lambda)_n}{n!}\left(\frac{1-\nu}{2}+\lambda-\alpha\right)_n\times$$
$$\times\,2^{\alpha+\lambda-(\nu+1)/2}\Gamma\left[\begin{matrix}\alpha+\nu/2,\,(1-\nu)/2-\alpha-\lambda-n\\\nu+1,\,1/2-\lambda\end{matrix}\right]a^{\alpha+\lambda+(\nu-1)/2}b^\nu\times$$
$$\times\,{}_2F_3\left(\frac{1+\nu}{2}+\alpha-\lambda,\,\alpha+\frac{\nu}{2};\,\frac{1+\nu}{2}+\alpha-\lambda-n,\,\frac{1+\nu}{2}+\alpha+\lambda+n,\,\nu+1;\,\frac{ab^2}{2}\right)+$$
$$+\,\frac{(\lambda)_n2^{2\alpha+2\lambda+3n-1}}{n!}\Gamma\left[\begin{matrix}(\nu-1)/2+\alpha+\lambda+n\\(3+\nu)/2-\lambda-\alpha-n\end{matrix}\right]a^{-n}b^{1-2\alpha-2\lambda-2n}\times$$
$$\times\,{}_2F_3\left(1-2\lambda-n,\,\frac12-\lambda-n;\,1-2\lambda-2n,\,\frac{3-\nu}{2}-\lambda-\alpha-n,\,\frac{3+\nu}{2}-\alpha-\lambda-n;\,\frac{ab^2}{2}\right)$$
$[a,\,b,\ \operatorname{Re}(2\alpha+\nu)>0;\ \operatorname{Re}(\alpha+\lambda)<5/4-n].$

11. $$\int_{-a}^{a}(x+a)^{\alpha-1}(a-x)^{\lambda-1/2}J_\nu\left(\frac{b}{\sqrt{x+a}}\right)C_n^\lambda\left(\frac{x}{a}\right)dx=$$
$$=\frac{(-1)^n(2\lambda)_n}{n!}2^{\lambda-2\alpha-1/2}\Gamma\begin{bmatrix}\nu/2-\alpha\\1+\alpha+\nu/2\end{bmatrix}a^{\lambda-1/2}b^{2\alpha}\times$$
$$\times{}_2F_3\left(\frac{1}{2}+\lambda+n,\ \frac{1}{2}-\lambda-n;\ \frac{1}{2}+\lambda,\ 1+\alpha-\frac{\nu}{2},\ 1+\alpha+\frac{\nu}{2};\ -\frac{b^2}{8a}\right)+$$
$$+\frac{(-1)^n(2\lambda)_n}{n!}\left(\frac{1+\nu}{2}+\lambda-\alpha\right)_n\Gamma\begin{bmatrix}\lambda+1/2,\ \alpha-\nu/2\\\nu+1,\ \alpha+\lambda+n+(1-\nu)/2\end{bmatrix}\times$$
$$\times 2^{\alpha+\lambda-(3\nu+1)/2}a^{\alpha+\lambda-(\nu+1)/2}b^\nu\times$$
$$\times{}_2F_3\left(\frac{1+\nu}{2}+\lambda+n-\alpha,\ \frac{1+\nu}{2}-\alpha-\lambda-n;\ \nu+1,\ 1+\frac{\nu}{2}-\alpha,\ \frac{1+\nu}{2}+\lambda-\alpha;\ -\frac{b^2}{8a}\right)$$
$[a,\ b>0;\ \operatorname{Re}\lambda>-1/2;\ \operatorname{Re}\alpha>-3/4]$.

12. $$\int_{a}^{\infty}(x-a)^{\lambda-1/2}(x+a)^{-\tau}\begin{Bmatrix}J_\nu(b/\sqrt{x+a})\\I_\nu(b/\sqrt{x+a})\end{Bmatrix}C_n^\lambda\left(\frac{x}{a}\right)dx=\frac{(2\lambda)_n}{n!}\left(\tau+\lambda+\frac{\nu-1}{2}\right)_n\times$$
$$\times 2^{(1-3\nu)/2+\lambda-\tau}\Gamma\begin{bmatrix}\lambda+1/2,\ (\nu-1)/2+\tau-\lambda-n\\\nu+1,\ \tau+\nu/2\end{bmatrix}a^{(1-\nu)/2+\lambda-\tau}b^\nu\times$$
$$\times{}_2F_3\left(\frac{\nu-1}{2}+\tau-\lambda-n,\ \frac{\nu-1}{2}+\tau+\lambda+n;\ \tau+\frac{\nu}{2},\ \frac{\nu-1}{2}+\tau+\lambda,\ \nu+1;\ \mp\frac{b^2}{8a}\right)$$
$[a>0;\ \operatorname{Re}\lambda>-1/2;\ \operatorname{Re}(\nu+2\tau-2\lambda)>2n+1]$.

13. $$\int_{a}^{\infty}(x-a)^{\alpha-1}(x+a)^{\lambda-1/2}J_\nu\left(\frac{b}{\sqrt{x-a}}\right)C_n^\lambda\left(\frac{x}{a}\right)dx=\frac{(2\lambda)_n}{n!}2^{\lambda-2\alpha-1/2}\Gamma\begin{bmatrix}\nu/2-\alpha\\1+\alpha+\nu/2\end{bmatrix}\times$$
$$\times a^{\lambda-1/2}b^{2\alpha}{}_2F_3\left(\frac{1}{2}+\lambda+n,\ \frac{1}{2}-\lambda-n;\ \frac{1}{2}+\lambda,\ 1+\alpha+\frac{\nu}{2},\ 1+\alpha-\frac{\nu}{2};\ \frac{b^2}{8a}\right)+$$
$$+\frac{(-1)^n(2\lambda)_n}{n!}\left(\frac{1+\nu}{2}+\lambda-\alpha\right)_n2^{\alpha+\lambda-(3\nu+1)/2}\times$$
$$\times\Gamma\begin{bmatrix}\alpha-\nu/2,\ (1+\nu)/2-\alpha-\lambda-n\\\nu+1,\ 1/2-\lambda\end{bmatrix}a^{\alpha+\lambda-(\nu+1)/2}b^\nu\times$$
$$\times{}_2F_3\left(\frac{1+\nu}{2}+\lambda+n-\alpha,\ \frac{1+\nu}{2}-\alpha-\lambda-n;\ \frac{1+\nu}{2}+\lambda-\alpha,\ 1+\frac{\nu}{2}-\alpha,\ \nu+1;\ \frac{b^2}{8a}\right)$$
$[a,\ b>0;\ \operatorname{Re}\alpha>-3/4;\ \operatorname{Re}(2\alpha+2\lambda-\nu)<1-2n]$.

14. $$\int_{-a}^{a}(x+a)^{-\beta-n-1}(a-x)^{\beta-1}J_\nu\left(b\sqrt{\frac{a-x}{a+x}}\right)C_n^\lambda\left(\frac{x}{a}\right)dx=\frac{(-1)^n(2\lambda)_n2^{2\beta+n-1}}{n!a^{n+1}b^{2\beta+2n}}\times$$
$$\times\Gamma\begin{bmatrix}\nu/2+\beta+n\\1+\nu/2-\beta-n\end{bmatrix}{}_2F_3\left(-n,\ \frac{1}{2}-\lambda-n;\ \frac{1}{2}+\lambda,\ 1-\beta-n-\frac{\nu}{2},\ 1+\frac{\nu}{2}-\beta-n;\ \frac{b^2}{4}\right)$$
$[a,\ b,\ \operatorname{Re}(2\beta+\nu)>0;\ \operatorname{Re}\beta<3/4-n]$.

15. $$\int_{-a}^{a}(x+a)^{n+2\lambda-\beta-1}(a-x)^{\beta-1}J_\nu\left(b\sqrt{\frac{a-x}{a+x}}\right)C_n^\lambda\left(\frac{x}{a}\right)dx=$$
$$=\frac{2^{n+2\lambda-\nu-1}}{n!(\lambda+1/2)_n}\left(\frac{1-\nu}{2}+\lambda-\beta\right)_n\Gamma\begin{bmatrix}\beta+\nu/2,\ 2\lambda+n-\beta-\nu/2\\\nu+1,\ 2\lambda\end{bmatrix}a^{n+2\lambda-1}b^\nu\times$$
$$\times{}_2F_3\left(\frac{1+\nu}{2}+\beta-\lambda,\ \beta+\frac{\nu}{2};\ \frac{1+\nu}{2}+\beta-\lambda-n,\ 1+\frac{\nu}{2}+\beta-2\lambda-n,\ \nu+1;\ \frac{b^2}{4}\right)+$$

$$+\frac{(-1)^n(2\lambda)_n}{n!}2^{2\beta-2\lambda-n-1}\Gamma\begin{bmatrix}\nu/2+\beta-2\lambda-n\\ 1+\nu/2+2\lambda+n-\beta\end{bmatrix}a^{2\lambda+n-1}b^{2(2\lambda+n-\beta)}\times$$

$$\times\,{}_2F_3\left(2\lambda+n,\ \frac{1}{2}+\lambda+n;\ \frac{1}{2}+\lambda,\ 1+2\lambda+n-\beta-\frac{\nu}{2},\ 1+2\lambda+n+\frac{\nu}{2}-\beta;\ \frac{b^2}{4}\right)$$

$[a,\ b,\ \mathrm{Re}\,(2\beta+\nu)>0;\ \mathrm{Re}\,(\beta-2\lambda)<3/4+n]$.

16. $$\int_{-a}^{a}(a^2-x^2)^{\lambda-1/2}(b-x)^{-\lambda/2}\begin{Bmatrix}J_\lambda\left(c\sqrt{b-x}\right)\\ Y_\lambda\left(c\sqrt{b-x}\right)\end{Bmatrix}C_n^\lambda\left(\frac{x}{a}\right)dx=\frac{2\pi}{n!}\Gamma\begin{bmatrix}2\lambda+n\\ \lambda\end{bmatrix}\left(\frac{a}{c}\right)^\lambda\times$$

$$\times J_{\lambda+n}(z_-)\begin{Bmatrix}J_{\lambda+n}(z_+)\\ Y_{\lambda+n}(z_+)\end{Bmatrix}\qquad\left[\sqrt{2}\,z_\pm=c\left(b\pm\sqrt{b^2-a^2}\right)^{1/2};\ b>a>0;\ \mathrm{Re}\,\lambda>-1/2\right].$$

17. $$\int_0^a(a^2-x^2)^{(2\lambda-1)/4}\begin{Bmatrix}\sin bx\\ \cos bx\end{Bmatrix}J_{\lambda-1/2}\left(c\sqrt{a^2-x^2}\right)C_n^\lambda\left(\frac{x}{a}\right)dx=$$

$$=(-1)^{[n/2]}\sqrt{\frac{\pi}{2}}\,\frac{a^\lambda c^{\lambda-1/2}}{(b^2+c^2)^{\lambda/2}}\,J_{\lambda+n}\left(a\sqrt{b^2+c^2}\right)C_n^\lambda\left(\frac{b}{\sqrt{b^2+c^2}}\right)$$

$$\left[a>0;\ \mathrm{Re}\,\lambda>-1/2,\ n=\begin{Bmatrix}1,\ 3,\ 5,\ \ldots\\ 0,\ 2,\ 4,\ \ldots\end{Bmatrix}\right].$$

18. $$\int_0^a x^{-5/2}(a^2-x^2)^{(2\lambda-1)/4}J_{\lambda+2n+1}\left(\frac{b}{x}\right)J_{\lambda-1/2}\left(\frac{c}{x}\sqrt{a^2-x^2}\right)C_n^\lambda\left(\frac{x}{a}\right)dx=$$

$$=\sqrt{\frac{2}{\pi}}\,(b^2-a^2c^2)_+^{-1/2}a^{2\lambda-1}b^{-\lambda}c^{\lambda-1/2}\sin\left(\frac{\sqrt{b^2-a^2c^2}}{a}-\frac{\pi n}{2}\right)C_n^\lambda\left(\frac{\sqrt{b^2-a^2c^2}}{b}\right)$$

$[a,\ b,\ c>0;\ b\neq ac;\ \mathrm{Re}\,\lambda>-1/2]$.

19. $$\int_0^a x^{-3/2}(a^2-x^2)^{(2\lambda-1)/4}J_{\lambda+n}\left(\frac{b}{x}\right)J_{\lambda-1/2}\left(\frac{c}{x}\sqrt{a^2-x^2}\right)C_n^\lambda\left(\frac{x}{a}\right)dx=$$

$$=(-1)^{[n/2]}\sqrt{\frac{2}{\pi}}\,(b^2-a^2c^2)_+^{-1/2}a^{2\lambda-1}b^{1-\lambda}c^{\lambda-1/2}\begin{Bmatrix}\sin\left(\sqrt{b^2-a^2c^2}\,/a\right)\\ \cos\left(\sqrt{b^2-a^2c^2}\,/a\right)\end{Bmatrix}C_n^\lambda\left(\frac{\sqrt{b^2-a^2c^2}}{b}\right)$$

$$\left[a,\ b,\ c>0;\ b\neq ac;\ \mathrm{Re}\,\lambda>-1/2,\ n=\begin{Bmatrix}1,\ 3,\ 5,\ \ldots\\ 0,\ 2,\ 4,\ \ldots\end{Bmatrix}\right].$$

20. $$\int_{-a}^{a}(x+a)^{\lambda-1/2}(a-x)^{\beta-1}\begin{Bmatrix}J_\mu\left(b\sqrt{a-x}\right)J_\nu\left(b\sqrt{a-x}\right)\\ I_\mu\left(b\sqrt{a-x}\right)I_\nu\left(b\sqrt{a-x}\right)\end{Bmatrix}C_n^\lambda\left(\frac{x}{a}\right)dx=$$

$$=\frac{2^{\beta+\lambda-(\mu+\nu+1)/2}(2\lambda)_n}{n!}\left(\frac{1-\mu-\nu}{2}+\lambda-\beta\right)_n a^{\beta+\lambda+(\mu+\nu-1)/2}b^{\mu+\nu}\times$$

$$\times\Gamma\begin{bmatrix}(\mu+\nu)/2+\beta,\ \lambda+1/2\\ \mu+1,\ \nu+1,\ \beta+n+\lambda+(\mu+\nu+1)/2\end{bmatrix}\times$$

$$\times\,{}_4F_5\left(\frac{\mu+\nu}{2}+\beta,\ \frac{1+\mu+\nu}{2}+\beta-\lambda,\ \frac{\mu+\nu+1}{2},\ \frac{\mu+\nu}{2}+1;\ \frac{1+\mu+\nu}{2}+\beta+\lambda+n,\right.$$

$$\left.\frac{1+\mu+\nu}{2}+\beta-\lambda-n,\ \mu+1,\ \nu+1,\ \mu+\nu+1;\ \mp 2ab^2\right)$$

$[a,\ \mathrm{Re}\,(2\beta+\mu+\nu)>0;\ \mathrm{Re}\,\lambda>-1/2]$.

2.21.13. Интегралы от $A(x)K_\nu(\varphi(x))C_n^\lambda(cx)$.

1. $$\int_{\pm a}^{\infty}(x\mp a)^{\alpha-1}K_\nu\left(b\sqrt{x\mp a}\right)C_n^\lambda\left(\frac{x}{a}\right)dx=\frac{(\pm1)^n(\lambda)_n 2^{2\alpha+3n-1}}{n!a^n b^{2\alpha+2n}}\Gamma\left(\alpha+n+\frac{\nu}{2}\right)\times$$
$$\times\Gamma\left(\alpha+n-\frac{\nu}{2}\right){}_2F_3\left(-n,\,\frac{1}{2}-\lambda-n;\;1-2\lambda-2n,\,1-n-\alpha-\frac{\nu}{2},\,1+\frac{\nu}{2}-\alpha-n;\;\mp\frac{ab^2}{2}\right)$$
$[a,\ \operatorname{Re}b>0;\ 2\operatorname{Re}\alpha>|\operatorname{Re}\nu|]$.

2. $$\int_{\pm a}^{\infty}(x\mp a)^{\alpha-1}K_\nu\left(\frac{b}{\sqrt{x\mp a}}\right)C_n^\lambda\left(\frac{x}{a}\right)dx=\frac{(\pm1)^n(2\lambda)_n}{n!2^{2\alpha+1}}\Gamma\left(\frac{\nu}{2}-\alpha\right)\Gamma\left(-\frac{\nu}{2}-\alpha\right)b^{2\alpha}\times$$
$$\times{}_2F_3\left(-n,\,2\lambda+n;\;\frac{1}{2}+\lambda,\,1+\alpha-\frac{\nu}{2},\,1+\alpha+\frac{\nu}{2};\;\mp\frac{b^2}{8a}\right)$$
$[a,\ \operatorname{Re}b>0;\ 2\operatorname{Re}\alpha<-2n-|\operatorname{Re}\nu|]$.

3. $$\int_{-a}^{a}(x+a)^{\lambda-1/2}(a-x)^{\beta-1}K_\nu\left(b\sqrt{a-x}\right)C_n^\lambda\left(\frac{x}{a}\right)dx=$$
$$=\frac{(2\lambda)_n}{n!}\left(\frac{1-\nu}{2}+\lambda-\beta\right)_n 2^{\beta+\lambda-(\nu+3)/2}a^{\beta+\lambda+(\nu-1)/2}b^\nu\Gamma\left[\begin{matrix}-\nu,\,\beta+\nu/2,\,\lambda+1/2\\ \beta+\lambda+n+(\nu+1)/2\end{matrix}\right]\times$$
$$\times{}_2F_3\left(\beta+\frac{\nu}{2},\,\frac{1+\nu}{2}+\beta-\lambda;\;\nu+1,\,\frac{1+\nu}{2}+\beta-\lambda-n,\,\frac{1+\nu}{2}+\beta+\lambda+n;\;\frac{ab^2}{2}\right)+$$
$$+\frac{(2\lambda)_n}{n!}\left(\frac{1+\nu}{2}+\lambda-\beta\right)_n 2^{\beta+\lambda+(\nu-3)/2}\Gamma\left[\begin{matrix}\nu,\,\beta-\nu/2,\,\lambda+1/2\\ \beta+\lambda+n+(1-\nu)/2\end{matrix}\right]a^{\beta+\lambda-(\nu+1)/2}b^{-\nu}\times$$
$$\times{}_2F_3\left(\beta-\frac{\nu}{2},\,\frac{1-\nu}{2}+\beta-\lambda;\;1-\nu,\,\frac{1-\nu}{2}+\beta-\lambda-n,\,\frac{1-\nu}{2}+\beta+\lambda+n;\;\frac{ab^2}{2}\right)$$
$[a>0;\ \operatorname{Re}\lambda>-1/2;\ 2\operatorname{Re}\beta>|\operatorname{Re}\nu|]$.

4. $$\int_{a}^{\infty}(x-a)^{\lambda-1/2}(x+a)^{-\tau}K_\nu\left(b\sqrt{x+a}\right)C_n^\lambda\left(\frac{x}{a}\right)dx=$$
$$=\frac{(\lambda)_n 2^{3n+2\lambda-2\tau}}{n!a^n}\Gamma\left(\frac{1+\nu}{2}+\lambda+n-\tau\right)\Gamma\left(\frac{1-\nu}{2}+\lambda+n-\tau\right)b^{2\tau-2\lambda-2n-1}\times$$
$$\times{}_2F_3\left(\frac{1}{2}-\lambda-n,\,1-2\lambda-n;\;1-2\lambda-2n,\,\frac{1+\nu}{2}+\tau-\lambda-n,\,\frac{1-\nu}{2}+\tau-\lambda-n;\;\frac{ab^2}{2}\right)+$$
$$+\frac{(2\lambda)_n}{n!}\left(\frac{\nu-1}{2}+\tau+\lambda\right)_n 2^{\lambda+(\nu-1)/2-\tau}\times$$
$$\times\Gamma\left[\begin{matrix}\nu,\,\lambda+1/2,\,(\nu-1)/2+\tau-\lambda-n\\ \tau+\nu/2\end{matrix}\right]a^{(1-\nu)/2+\lambda-\tau}b^{-\nu}\times$$
$$\times{}_2F_3\left(1-\tau-\frac{\nu}{2},\,\frac{3-\nu}{2}-\tau-\lambda;\;1-\nu,\,\frac{3-\nu}{2}+\lambda+n-\tau,\,\frac{3-\nu}{2}-\lambda-\tau-n;\;\frac{ab^2}{2}\right)+$$
$$+\frac{(2\lambda)_n}{n!}\left(\tau+\lambda-\frac{\nu+1}{2}\right)_n 2^{\lambda-\tau-(\nu+1)/2}\times$$
$$\times\Gamma\left[\begin{matrix}-\nu,\,\lambda+1/2,\,\tau-\lambda-n-(\nu+1)/2\\ \tau-\nu/2\end{matrix}\right]a^{(1+\nu)/2+\lambda-\tau}b^{\nu}\times$$
$$\times{}_2F_3\left(1+\frac{\nu}{2}-\tau,\,\frac{3+\nu}{2}-\tau-\lambda;\;1+\nu,\,\frac{3+\nu}{2}+\lambda-\tau+n,\,\frac{3+\nu}{2}-\lambda-\tau-n;\;\frac{ab^2}{2}\right)$$
$[a,\ \operatorname{Re}b>0;\ \operatorname{Re}\lambda>-1/2]$.

5. $$\int_a^\infty (x-a)^{\alpha-1}(x+a)^{\lambda-1/2}K_\nu\left(b\sqrt{x-a}\right)C_n^\lambda\left(\frac{x}{a}\right)dx = \frac{(\lambda)_n 2^{2\alpha+2\lambda+3n-2}}{n!a^n}\times$$
$$\times\Gamma\left(\alpha+\lambda+n+\frac{\nu-1}{2}\right)\Gamma\left(\alpha+\lambda+n-\frac{\nu+1}{2}\right)b^{1-2\alpha-2\lambda-2n}\times$$
$$\times\,{}_2F_3\left(\frac{1}{2}-\lambda-n,\ 1-2\lambda-n;\ 1-2\lambda-2n,\ \frac{3-\nu}{2}-\lambda-\alpha-n,\ \frac{3+\nu}{2}-\lambda-\alpha-n;\ -\frac{ab^2}{2}\right)+$$
$$+\frac{(-1)^n(2\lambda)_n}{n!}\left(\frac{1-\nu}{2}+\lambda-\alpha\right)_n 2^{\alpha+\lambda-(\nu+3)/2}\times$$
$$\times\Gamma\begin{bmatrix}\alpha+\nu/2,\ (1-\nu)/2-\alpha-\lambda-n\\ 1/2-\lambda\end{bmatrix}a^{\alpha+\lambda+(\nu-1)/2}b^\nu\times$$
$$\times\,{}_2F_3\left(\frac{1+\nu}{2}+\alpha-\lambda,\ \alpha+\frac{\nu}{2};\ \nu+1,\ \frac{1+\nu}{2}+\alpha-\lambda-n,\ \frac{1+\nu}{2}+\alpha+\lambda+n;\ -\frac{ab^2}{2}\right)+$$
$$+\frac{(-1)^n(2\lambda)_n}{n!}\left(\frac{1+\nu}{2}+\lambda-\alpha\right)_n 2^{\alpha+\lambda+(\nu-3)/2}\times$$
$$\times\Gamma\begin{bmatrix}\alpha-\nu/2,\ (1+\nu)/2-\alpha-\lambda-n\\ 1/2-\lambda\end{bmatrix}a^{\alpha+\lambda-(\nu+1)/2}b^{-\nu}\times$$
$$\times\,{}_2F_3\left(\frac{1-\nu}{2}+\alpha-\lambda,\ \alpha-\frac{\nu}{2};\ 1-\nu,\ \frac{1-\nu}{2}+\alpha-\lambda-n,\ \frac{1-\nu}{2}+\alpha+\lambda+n;\ -\frac{ab^2}{2}\right)$$
$[a,\ \operatorname{Re} b>0;\ 2\operatorname{Re}\alpha>|\operatorname{Re}\nu|]$.

6. $$\int_a^\infty (x-a)^{(\lambda-1)/2}(x+a)^{\lambda-1/2}K_\lambda\left(b\sqrt{x-a}\right)C_n^\lambda\left(\frac{x}{a}\right)dx =$$
$$=\frac{\pi^2}{2(n!)}\Gamma\begin{bmatrix}2\lambda+n\\ \lambda\end{bmatrix}\left(\frac{a}{b}\right)^\lambda\left[J_{\lambda+n}^2\left(b\sqrt{\frac{a}{2}}\right)+Y_{\lambda+n}^2\left(b\sqrt{\frac{a}{2}}\right)\right]$$
$[a,\ \operatorname{Re} b>0;\ \operatorname{Re}\lambda>-1/2]$.

7. $$\int_a^\infty (x^2-a^2)^{\lambda-1/2}(x+z)^{-\lambda/2}K_\lambda\left(b\sqrt{x+z}\right)C_n^\lambda\left(\frac{x}{a}\right)dx = \frac{1}{n!}\left(\frac{a}{\sqrt{b}}\right)^\lambda\Gamma\begin{bmatrix}2\lambda+n\\ \lambda\end{bmatrix}\times$$
$$\times K_{\lambda+n}(z_+)K_{\lambda+n}(z_-)$$
$\left[\sqrt{2}\,z_\pm=b^{1/2}\left(z\pm\sqrt{z^2-a^2}\right)^{1/2};\ a,\ \operatorname{Re} b>0;\ \operatorname{Re}\lambda>-1/2;\ |\arg z|<\pi\right]$.

8. $$\int_{-a}^a (x+a)^{\alpha-1}(a-x)^{\lambda-1/2}K_\nu\left(\frac{b}{\sqrt{x+a}}\right)C_n^\lambda\left(\frac{x}{a}\right)dx = = \frac{(-1)^n(2\lambda)_n}{n!}2^{\lambda-2\alpha-3/2}\Gamma\left(\frac{\nu}{2}-\alpha\right)\times$$
$$\times\Gamma\left(-\frac{\nu}{2}-\alpha\right)a^{\alpha+\lambda-1/2}\,{}_2F_3\left(\frac{1}{2}-\lambda-n,\ \frac{1}{2}+\lambda+n;\ \frac{1}{2}+\lambda,\ 1+\alpha+\frac{\nu}{2},\ 1+\alpha-\frac{\nu}{2};\ \frac{b^2}{8a}\right)+$$
$$+\frac{(-1)^n(2\lambda)_n}{n!}\left(\frac{1-\nu}{2}+\lambda-\alpha\right)_n 2^{\alpha+\lambda+3(\nu-1)/2}\Gamma\begin{bmatrix}\nu,\ \lambda+1/2,\ \alpha+\nu/2\\ \alpha+\lambda+n+(\nu+1)/2\end{bmatrix}a^{\alpha+\lambda+(\nu-1)/2}b^{-\nu}\times$$
$$\times\,{}_2F_3\left(\frac{1-\nu}{2}-\alpha-\lambda-n,\ \frac{1-\nu}{2}+\lambda-\alpha+n;\ 1-\nu,\ 1-\alpha-\frac{\nu}{2},\ \frac{1-\nu}{2}+\lambda-\alpha;\ \frac{b^2}{8a}\right)+$$
$$+\frac{(-1)^n(2\lambda)_n}{n!}\left(\frac{1+\nu}{2}+\lambda-\alpha\right)_n 2^{\alpha+\lambda-3(\nu+1)/2}\Gamma\begin{bmatrix}-\nu,\ \lambda+1/2,\ \alpha-\nu/2\\ \alpha+\lambda+n+(1-\nu)/2\end{bmatrix}a^{\alpha+\lambda-(\nu+1)/2}b^{\nu}\times$$
$$\times\,{}_2F_3\left(\frac{1+\nu}{2}-\alpha-\lambda-n,\ \frac{1+\nu}{2}+\lambda+n-\alpha;\ 1+\nu,\ 1+\frac{\nu}{2}-\alpha,\ \frac{1+\nu}{2}+\lambda-\alpha;\ \frac{b^2}{8a}\right)$$
$[a,\ \operatorname{Re} b>0;\ \operatorname{Re}\lambda>-1/2]$.

9. $$\int_a^\infty (x-a)^{\lambda-1/2}(x+a)^{-\tau} K_\nu\left(\frac{b}{\sqrt{x+a}}\right) C_n^\lambda\left(\frac{x}{a}\right) dx = \frac{(2\lambda)_n}{n!}\left(\tau+\lambda-\frac{\nu+1}{2}\right)_n \times$$
$$\times\, 2^{\lambda-\tau+(3\nu-1)/2}\Gamma\begin{bmatrix}\nu,\ \lambda+1/2,\ \tau-\lambda-n-(\nu+1)/2\\ \tau-\nu/2\end{bmatrix} a^{(1+\nu)/2+\lambda-\tau} b^{-\nu} \times$$
$$\times\, {}_2F_3\left(\tau-\lambda-n-\frac{\nu+1}{2},\ \lambda+\tau+n-\frac{\nu+1}{2};\ \tau-\frac{\nu}{2},\ \lambda+\tau-\frac{\nu+1}{2},\ 1-\nu;\ \frac{b^2}{8a}\right) +$$
$$+\frac{(2\lambda)_n}{n!}\left(\tau+\lambda+\frac{\nu-1}{2}\right)_n 2^{\lambda-\tau-(3\nu+1)/2} \times$$
$$\times\, \Gamma\begin{bmatrix}-\nu,\ \lambda+1/2,\ \tau-\lambda-n+(\nu-1)/2\\ \tau+\nu/2\end{bmatrix} a^{(1-\nu)/2+\lambda-\tau} b^{\nu} \times$$
$$\times\, {}_2F_3\left(\tau-\lambda-n+\frac{\nu-1}{2},\ \lambda+\tau+n+\frac{\nu-1}{2};\ \tau+\frac{\nu}{2},\ \lambda+\tau+\frac{\nu-1}{2},\ 1+\nu;\ \frac{b^2}{8a}\right)$$

$[a>0;\ \operatorname{Re}\lambda>-1/2;\ 2\operatorname{Re}(\tau-\lambda)>|\operatorname{Re}\nu|+2n+1]$.

10. $$\int_a^\infty (x-a)^{\alpha-1}(x+a)^{\lambda-1/2} K_\nu\left(\frac{b}{\sqrt{x-a}}\right) C_n^\lambda\left(\frac{x}{a}\right) dx = \frac{(-1)^n(2\lambda)_n}{n!}\left(\frac{1+\nu}{2}+\lambda-\alpha\right)_n \times$$
$$\times\, 2^{\alpha+\lambda-3(\nu+1)/2}\Gamma\begin{bmatrix}-\nu,\ \alpha-\nu/2,\ (1+\nu)/2-\alpha-\lambda-n\\ 1/2-\lambda\end{bmatrix} a^{\alpha+\lambda-(\nu+1)/2} b^{\nu} \times$$
$$\times\, {}_2F_3\left(\frac{1+\nu}{2}+\lambda-\alpha+n,\ \frac{1+\nu}{2}-\alpha-\lambda-n;\ \nu+1,\ 1+\frac{\nu}{2}-\alpha,\ \frac{1+\nu}{2}+\lambda-\alpha;\ -\frac{b^2}{8a}\right) +$$
$$+\frac{(-1)^n(2\lambda)_n}{n!}\left(\frac{1-\nu}{2}+\lambda-\alpha\right)_n 2^{\alpha+\lambda+3(\nu-1)/2} \times$$
$$\times\, \Gamma\begin{bmatrix}\nu,\ \alpha+\nu/2,\ (1-\nu)/2-\alpha-\lambda-n\\ 1/2-\lambda\end{bmatrix} a^{\alpha+\lambda+(\nu-1)/2} b^{-\nu} \times$$
$$\times\, {}_2F_3\left(\frac{1-\nu}{2}+\lambda+n-\alpha,\ \frac{1-\nu}{2}-\alpha-\lambda-n;\ 1-\nu,\ 1-\frac{\nu}{2}-\alpha,\ \frac{1-\nu}{2}+\lambda-\alpha;\ -\frac{b^2}{8a}\right) +$$
$$+\frac{(2\lambda)_n}{n!} 2^{\lambda-2\alpha-3/2}\Gamma\left(\frac{\nu}{2}-\alpha\right)\Gamma\left(-\frac{\nu}{2}-\alpha\right) a^{\lambda-1/2} b^{2\alpha} \times$$
$$\times\, {}_2F_3\left(\frac{1}{2}-\lambda-n,\ \frac{1}{2}+\lambda+n;\ \frac{1}{2}+\lambda,\ 1+\alpha-\frac{\nu}{2},\ 1+\alpha+\frac{\nu}{2};\ -\frac{b^2}{8a}\right)$$

$[a,\ \operatorname{Re}b>0;\ 2\operatorname{Re}(\alpha+\lambda)<1-|\operatorname{Re}\nu|-2n]$.

11. $$\int_{-a}^a (x+a)^{-\beta-n-1}(a-x)^{\beta-1} K_\nu\left(b\sqrt{\frac{a-x}{a+x}}\right) C_n^\lambda\left(\frac{x}{a}\right) dx =$$
$$= \frac{(-1)^n(2\lambda)_n 2^{2\beta+n-2}}{n!\,a^{n+1} b^{2\beta+2n}}\Gamma\left(\beta+n+\frac{\nu}{2}\right)\Gamma\left(\beta+n-\frac{\nu}{2}\right) \times$$
$$\times\, {}_2F_3\left(-n,\ \frac{1}{2}-\lambda-n;\ \frac{1}{2}+\lambda,\ 1-n-\beta-\frac{\nu}{2},\ 1+\frac{\nu}{2}-n-\beta;\ -\frac{b^2}{4}\right)$$

$[a,\ \operatorname{Re}b>0;\ 2\operatorname{Re}\beta>|\operatorname{Re}\nu|]$.

12. $$\int_{-a}^a (x+a)^{n+2\lambda-\beta-1}(a-x)^{\beta-1} K_\nu\left(b\sqrt{\frac{a-x}{a+x}}\right) C_n^\lambda\left(\frac{x}{a}\right) dx = \frac{(-1)^n(2\lambda)_n}{n!} \times$$
$$\times\, 2^{2\beta-2\lambda-n-2}\Gamma\left(\frac{\nu}{2}+\beta-2\lambda-n\right)\Gamma\left(\beta-2\lambda-n-\frac{\nu}{2}\right) a^{2\lambda+n-1} b^{2(2\lambda+n-\beta)} \times$$
$$\times\, {}_2F_3\left(\frac{1}{2}+\lambda+n,\ 2\lambda+n;\ \frac{1}{2}+\lambda,\ 1+2\lambda+n-\beta-\frac{\nu}{2},\ 1+2\lambda+n-\beta+\frac{\nu}{2};\ -\frac{b^2}{4}\right) +$$

$$+\frac{1}{n!(\lambda+1/2)_n}\left(\frac{1-\nu}{2}+\lambda-\beta\right)_n 2^{2\lambda+n-\nu-2}\Gamma\left[\begin{matrix}\beta-\nu/2,\ n+2\lambda-\beta-\nu/2\\ 2\lambda\end{matrix}\right]a^{2\lambda+n-1}b^{\nu}\times$$
$$\times\,{}_2F_3\left(\beta+\frac{\nu}{2},\ \frac{1+\nu}{2}+\beta-\lambda;\ \frac{1+\nu}{2}+\beta-\lambda-n,\ 1+\frac{\nu}{2}+\beta-2\lambda-n,\ 1+\nu;\ -\frac{b^2}{4}\right)+$$
$$+\frac{1}{n!(\lambda+1/2)_n}\left(\frac{1+\nu}{2}+\lambda-\beta\right)_n 2^{2\lambda+n+\nu-2}\Gamma\left[\begin{matrix}\beta+\nu/2,\ n+2\lambda-\beta+\nu/2\\ 2\lambda\end{matrix}\right]a^{2\lambda+n-1}b^{-\nu}\times$$
$$\times\,{}_2F_3\left(\beta-\frac{\nu}{2},\ \frac{1-\nu}{2}+\beta-\lambda;\ \frac{1-\nu}{2}+\beta-\lambda-n,\ 1-\frac{\nu}{2}+\beta-2\lambda-n,\ 1-\nu;\ -\frac{b^2}{4}\right)$$

$[a,\ \operatorname{Re} b>0;\ 2\operatorname{Re}\beta>|\operatorname{Re}\nu|]$.

2.21.14. Интегралы от $A(x)P_m(bx)C_n^{\lambda}(cx)$.

1. $$\int_0^a (a^2-x^2)^{\lambda-3/2}P_{2m}\left(\frac{x}{a}\right)C_n^{\lambda}\left(\frac{x}{a}\right)dx=$$
$$=\frac{a^{2\lambda-2}\pi(1/2)_{m+n-2[n/2]}}{2}\Gamma\left[\begin{matrix}\lambda-1/2\\ \lambda,\ m+n-2[n/2]+1/2\end{matrix}\right]\qquad [a>0;\ \operatorname{Re}\lambda>1/2].$$

2. $$\int_0^a x^{\alpha-1}(a^2-x^2)^{\lambda-1/2}P_{2m+\varepsilon}\left(\frac{x}{b}\right)\left\{\begin{matrix}C_{2n+1}^{\lambda}(x/a)\\ C_{2n}^{\lambda}(x/a)\end{matrix}\right\}dx=$$
$$=\frac{(-1)^{m+n}2^{\varepsilon-1}a^{\alpha+2\lambda+\varepsilon-1}(1/2)_{m+\varepsilon}(2\lambda)_{2n+\delta}}{m!(2n+\delta)!b^{\varepsilon}}\left(\frac{1-\alpha+\delta-\varepsilon}{2}\right)_n\times$$
$$\times\Gamma\left[\begin{matrix}\lambda+1/2,\ (\alpha+\delta+\varepsilon)/2\\ (1+\alpha+\delta+\varepsilon)/2+\lambda+n\end{matrix}\right]{}_4F_3\left(-m,\ \frac{1}{2}+\varepsilon+m,\ \frac{\alpha+1}{2},\ \frac{\alpha}{2}+\varepsilon;\right.$$
$$\left.\frac{1}{2}+\varepsilon,\ \frac{1+\alpha-\delta+\varepsilon}{2}-n,\ \frac{1+\alpha+\delta+\varepsilon}{2}+\lambda+n;\ \frac{a^2}{b^2}\right)$$
$$\left[\varepsilon=0\text{ или }1;\ b>a>0;\ \operatorname{Re}\lambda>-1/2;\ \operatorname{Re}\alpha>-\varepsilon-\delta,\ \delta=\left\{\begin{matrix}1\\0\end{matrix}\right\}\right].$$

3. $$\int_0^a x^{\alpha-1}(b^2-x^2)^{\lambda-1/2}P_{2n+\varepsilon}\left(\frac{x}{a}\right)\left\{\begin{matrix}C_{2n+1}^{\lambda}(x/b)\\ C_{2n}^{\lambda}(x/b)\end{matrix}\right\}dx=$$
$$=\frac{(-1)^{m+n}2^{\delta-1}a^{\alpha+\delta}b^{2\lambda-\delta-1}(\lambda)_{n+\delta}((1-\alpha-\delta+\varepsilon)/2)_m}{n!((\alpha+\delta+\varepsilon)/2)_{m+1}}\,{}_4F_3\left(\frac{1}{2}-\lambda-n,\ \frac{1}{2}+\delta+n,\right.$$
$$\left.\frac{\alpha+1}{2},\ \frac{\alpha}{2}+\delta;\ \delta+\frac{1}{2},\ \frac{1+\alpha+\delta-\varepsilon}{2}-m,\ \frac{\alpha+\delta+\varepsilon}{2}+m+1;\ \frac{a^2}{b^2}\right)$$
$$\left[\varepsilon=0\text{ или }1;\ b>a>0;\ \operatorname{Re}\alpha>-\varepsilon-\delta,\ \delta=\left\{\begin{matrix}1\\0\end{matrix}\right\}\right].$$

4. $$\int_{-a}^{a} P_{n-2m}\left(\frac{x}{a}\right)C_n^{\lambda}(cx)\,dx=\frac{(\lambda)_n a^{n+1}c^n}{(1/2)_{n-m+1}(1-\lambda-n)_m}P_n^{(-\lambda-n,\,\lambda-3/2)}\left(1-\frac{2}{a^2b^2}\right)$$
$[a>0]$.

5. $$\int_{-a}^{a}(x+a)^{\alpha-1}P_m\left(\frac{x}{a}\right)C_n^{\lambda}\left(\frac{x}{a}\right)dx=\frac{(-1)^{m+n}(2a)^{\alpha}(2\lambda)_n(1-\alpha)_m}{n!(\alpha)_{m+1}}\times$$
$$\times\,{}_4F_3\left(-n,\ 2\lambda+n,\ \alpha,\ \alpha;\ \lambda+\frac{1}{2},\ \alpha+m+1,\ \alpha-m;\ 1\right)\qquad[a,\ \operatorname{Re}\alpha>0].$$

6. $$\int_{-a}^{a}(a^2-x^2)^{\lambda-1/2}P_m\left(\frac{x}{a}\right)C_n^{\lambda}\left(\frac{x}{a}\right)dx=\frac{(-1)^n(n+1)_m(-m)_n\sqrt{\pi}\,(2\lambda)_n}{m!n!2^{2n}}\Gamma\left[\begin{matrix}\lambda+1/2\\ \lambda+n+1\end{matrix}\right]a^{2\lambda}\times$$

$$\times\ {}_3F_2\left(n-m,\ 1+m+n,\ \lambda+n+\frac{1}{2};\ 2\lambda+2n+1,\ n+1;\ 1\right) \qquad [a,\ n>0;\ \operatorname{Re}\lambda>-1/2].$$

7. $$\int_{-a}^{a}(a^2-x^2)^{\lambda-1/2}P_{n+2m}\left(\frac{x}{b}\right)C_n^\lambda\left(\frac{x}{a}\right)dx=\frac{(-1)^m(1/2)_{m+n}(2\lambda)_n\sqrt{\pi}\,a^{2\lambda+n+2m}}{(\lambda)_{m+n+1}n!b^{2m+n}}\times$$
$$\times\,\Gamma\left[\begin{matrix}\lambda+1/2\\ \lambda\end{matrix}\right]P_m^{(-1/2-n-2m,\,-\lambda-1/2)}\left(1-\frac{2b^2}{a^2}\right) \qquad [a>0;\ \operatorname{Re}\lambda>-1/2].$$

8. $$\int_{-a}^{a}(x+a)^{\lambda-1/2}(a-x)^{\beta-1}P_m\left(\frac{x}{a}\right)C_n^\lambda\left(\frac{x}{a}\right)dx=\frac{(2\lambda)_n(1/2+\lambda-\beta)_n}{n!}\,\Gamma\left[\begin{matrix}\beta,\ \lambda+1/2\\ \beta+\lambda+n+1/2\end{matrix}\right]\times$$
$$\times\,(2a)^{\beta+\lambda-1/2}\,{}_4F_3\left(-m,\ m+1,\ \frac{1}{2}+\beta-\lambda,\ \beta;\ 1,\ \frac{1}{2}+\beta+\lambda+n,\ \frac{1}{2}+\beta-\lambda-n;\ 1\right)$$
$$[a,\ \operatorname{Re}\beta>0;\ \operatorname{Re}\lambda>-1/2].$$

9. $$\int_{-a}^{a}(x+a)^{\lambda-1/2}(a-x)^{\lambda-3/2}P_m\left(\frac{x}{a}\right)C_n^\lambda\left(\frac{x}{a}\right)dx=$$
$$=\frac{\sqrt{\pi}}{2^{2\lambda-1}}\,\Gamma\left[\begin{matrix}\lambda-1/2\\ \lambda\end{matrix}\right](2a)^{2\lambda-1}\left[1+(-1)^n\frac{(-m)_{n+1}(m+1)_{n+1}(\lambda-1/2)_{n+1}}{(n+2\lambda)_{n+1}[(n+1)!]^2}\times\right.$$
$$\left.\times\ {}_4F_3\left(1+n-m,\ 2+m+n,\ \frac{1}{2}+\lambda+n,\ n+1;\ n+2,\ n+2,\ 2\lambda+2n+1;\ 1\right)\right]$$
$$[a>0;\ \operatorname{Re}\lambda>1/2].$$

10. $$\int_{a}^{b}(x^2-a^2)^{\lambda-1/2}P_m\left(\frac{x}{b}\right)C_n^\lambda\left(\frac{x}{a}\right)dx=\frac{(2\lambda)_nb^{n-1}}{(2\lambda+1)n!a^n}\,(b^2-a^2)^{\lambda+1/2}\times$$
$$\times\ {}_2F_1\left(1+\frac{m-n}{2},\ 1-\frac{m+n}{2};\ \lambda+\frac{3}{2};\ 1-\frac{a^2}{b^2}\right) \qquad [b>a>0;\ \operatorname{Re}\lambda>-1/2].$$

11. $$\int_{a}^{b}(b^2-x^2)^{\lambda-1/2}P_m\left(\frac{x}{a}\right)C_n^\lambda\left(\frac{x}{b}\right)dx=\frac{(2\lambda)_nb^{m-1}}{(2\lambda+1)n!a^m}\,(b^2-a^2)^{\lambda+1/2}\times$$
$$\times\ {}_2F_1\left(\lambda+\frac{n-m+1}{2},\ \frac{1-m-n}{2};\ \lambda+\frac{3}{2};\ 1-\frac{a^2}{b^2}\right) \qquad [b>a>0;\ \operatorname{Re}\lambda>-1/2].$$

12. $$\int_{a}^{b}x^{\alpha-1}(x^2-a^2)^{\lambda-1/2}P_{2m+\varepsilon}\left(\frac{x}{b}\right)\left\{\begin{matrix}C_{2n+1}^\lambda(x/a)\\ C_{2n}^\lambda(x/a)\end{matrix}\right\}dx=$$
$$=\frac{(-1)^m2^{\varepsilon-1}a^{\alpha+2\lambda+\varepsilon-1}(2\lambda)_{2n+\delta}(1/2)_{m+\varepsilon}}{m!(2n+\delta)!b^\varepsilon}\left(\frac{1+\delta-\varepsilon-\alpha}{2}\right)_n\times$$
$$\times\,\Gamma\left[\begin{matrix}\lambda+1/2,\ (1-\alpha-\delta-\varepsilon/2)-\lambda-n\\ 1-(\alpha+\delta+\varepsilon)/2\end{matrix}\right]{}_4F_3\left(-m,\ \frac{1}{2}+\varepsilon+m,\ \frac{\alpha+1}{2},\right.$$
$$\left.\frac{\alpha}{2}+\varepsilon;\ \varepsilon+\frac{1}{2},\ \frac{1+\alpha+\varepsilon-\delta}{2}-n,\ \frac{1+\alpha+\delta+\varepsilon}{2}+\lambda+n;\ \frac{a^2}{b^2}\right)+$$
$$+\,\frac{(-1)^m2^{2n+\delta-1}b^{\alpha+2\lambda+2n+\delta-1}(\lambda)_{2n+\delta}((\varepsilon-\alpha-\delta)/2+1-\lambda-n)_m}{(2n+\delta)!a^{2n+\delta}((\alpha+\delta+\varepsilon-1)/2+\lambda+n)_{m+1}}\times$$
$$\times\ {}_4F_3\left(\frac{1}{2}-\lambda-n,\ 1-\lambda-\delta-n,\ \frac{\varepsilon-\alpha-\delta}{2}+1+m-\lambda-n,\right.$$
$$\left.\frac{1-\alpha-\delta-\varepsilon}{2}-\lambda-m-n;\ 1-\lambda-\delta-2n,\ 1-\lambda-n-\frac{\alpha}{2},\ \frac{3-\alpha}{2}-\delta-\lambda-n;\ \frac{a^2}{b^2}\right)$$
$$[\varepsilon=0\ \text{или}\ 1;\ b>a>0;\ \operatorname{Re}\lambda>-1/2].$$

13. $$\int\limits_a^b x^{\alpha-1}(b^2-x^2)^{\lambda-1/2}P_{2m+\varepsilon}\Big(\frac{x}{a}\Big)\begin{Bmatrix} C_{2n+1}^{\lambda}(x/b) \\ C_{2n}^{\lambda}(x/b)\end{Bmatrix}dx =$$
$$= \frac{(-1)^{n+m-1}2^{\delta-1}a^{\alpha+\varepsilon}b^{2\lambda-\varepsilon-1}(\lambda)_{n+\delta}((1+\varepsilon-\delta-\alpha)/2)_m}{n!((\alpha+\delta+\varepsilon)/2)_{m+1}}\times$$
$$\times\, {}_4F_3\Big(\frac{1}{2}-\lambda-n,\ \frac{1}{2}+\delta+n,\ \frac{\alpha+1}{2},\ \frac{\alpha}{2}+\delta;\ \frac{1}{2}+\delta,\ \frac{1+\alpha+\delta-\varepsilon}{2}-m,$$
$$\frac{\alpha+\delta+\varepsilon}{2}+m+1;\ \frac{a^2}{b^2}\Big)+\frac{(-1)^n 2^{2m+\varepsilon-1}b^{\alpha+2\lambda+2m+\varepsilon-1}(1/2)_{2m+\varepsilon}(2\lambda)_{2n+\delta}}{(2m+\varepsilon)!(2n+\delta)!a^{2m+\varepsilon}}\times$$
$$\times\Big(\frac{1+\delta-\alpha-\varepsilon}{2}-m\Big)_n\Gamma\begin{bmatrix}\lambda+1/2,\ (\alpha+\delta+\varepsilon)/2+m \\ (1+\alpha+\delta+\varepsilon)/2+m+n+\lambda\end{bmatrix}\times$$
$$\times\, {}_4F_3\Big(-m,\ \frac{1}{2}-\varepsilon-m,\ \frac{1+\delta-\alpha-\varepsilon}{2}+n-m,\ \frac{1-\alpha-\delta-\varepsilon}{2}-\lambda-m-n;$$
$$\frac{1}{2}-\varepsilon-2m,\ \frac{1-\alpha}{2}-m,\ 1-\frac{\alpha}{2}-\varepsilon-m;\ \frac{a^2}{b^2}\Big)$$ [$\varepsilon = 0$ или 1; $b > a > 0$; $\operatorname{Re}\lambda > -1/2$].

14. $$\int\limits_a^\infty x^{\alpha-1}(x^2-a^2)^{\lambda-1/2}P_{2m+\varepsilon}\Big(\frac{x}{b}\Big)\begin{Bmatrix} C_{2n+1}^{\lambda}(x/a) \\ C_{2n}^{\lambda}(x/a)\end{Bmatrix}dx =$$
$$= \frac{2^{2m+\varepsilon-1}a^{\alpha+2\lambda+2m+\varepsilon-1}(2\lambda)_{2n+\delta}(1/2)_{2m+\varepsilon}}{(2m+\varepsilon)!(2n+\delta)!b^{2m+\varepsilon}}\times$$
$$\times\Big(\frac{1+\delta-\alpha-\varepsilon}{2}-m\Big)_n\Gamma\begin{bmatrix}\lambda+1/2,\ (1-\alpha-\varepsilon-\delta)/2-\lambda-m-n \\ 1-(\alpha+\delta+\varepsilon)/2-m\end{bmatrix}\times$$
$$\times\, {}_4F_3\Big(-m,\ \frac{1}{2}-\varepsilon-m,\ \frac{1+\delta-\alpha-\varepsilon}{2}+n-m,\ \frac{1-\alpha-\delta-\varepsilon}{2}-\lambda-m-n;$$
$$1-\frac{\alpha}{2}-\varepsilon-m,\ \frac{1}{2}-\varepsilon-2m,\ \frac{1-\alpha}{2}-m;\ \frac{b^2}{a^2}\Big)$$
[$\varepsilon = 0$ или 1; $a > b > 0$; $\operatorname{Re}\lambda > -1/2$; $\operatorname{Re}(\alpha+2\lambda) < 1-2m-2n-\varepsilon-\delta$].

15. $$\int\limits_a^\infty x^{\alpha-1}(x^2-b^2)^{\lambda-1/2}P_{2m+\varepsilon}\Big(\frac{x}{a}\Big)\begin{Bmatrix} C_{2n+1}^{\lambda}(x/b) \\ C_{2n}^{\lambda}(x/b)\end{Bmatrix}dx =$$
$$= \frac{(-1)^{m-1}2^{2n+\delta-1}a^{\alpha+2\lambda+2n+\delta-1}(\lambda)_{2n+\delta}((\varepsilon-\alpha-\delta)/2+1-\lambda-n)_m}{(2n+\delta)!b^{2n+\delta}((\alpha+\delta+\varepsilon-1)/2+\lambda+n)_{m+1}}\times$$
$$\times\, {}_4F_3\Big(\frac{1}{2}-\lambda-n,\ 1-\lambda-\delta-n,\ \frac{\varepsilon-\alpha-\delta}{2}+1-\lambda+m-n,$$
$$\frac{1-\alpha-\varepsilon-\delta}{2}-\lambda-m-n;\ \frac{3-\alpha}{2}-\delta-\lambda-n,\ 1-\lambda-\delta-2n,\ 1-\lambda-n-\frac{\alpha}{2};\ \frac{b^2}{a^2}\Big)$$
[$\varepsilon = 0$ или 1; $a > b > 0$; $\operatorname{Re}(\alpha+2\lambda) < 1-2m-2n-\varepsilon-\delta$].

16. $$\int\limits_a^\infty (x-a)^{\lambda-1/2}(x+a)^{-\tau}P_m\Big(\frac{x}{a}\Big)C_n^{\lambda}\Big(\frac{x}{a}\Big)\,dx =$$
$$= \frac{2^{2m+\lambda-\tau+1/2}(1/2)_m(2\lambda)_n(\tau+\lambda-m-1/2)_n a^{\lambda-\tau+1/2}}{m!n!}\times$$
$$\times\Gamma\begin{bmatrix}\lambda+1/2,\ \tau-\lambda-m-n-1/2 \\ \tau-m\end{bmatrix}{}_4F_3\Big(-m,\ -m,\ \tau+\lambda+n-m-\frac{1}{2},$$
$$\tau-\lambda-m-n-\frac{1}{2};\ -2m,\ \tau+\lambda-m-\frac{1}{2},\ \tau-m;\ 1\Big)$$
[$a > 0$; $-1/2 < \operatorname{Re}\lambda < \operatorname{Re}\tau-m-n-1/2$].

2.21.15. Интегралы от $A(x)P_m(\varphi(x))C_n^\lambda(cx)$.

1. $$\int_{-a}^{a}(a\pm x)^{\alpha-1}(a\mp x)^{\lambda-1/2}P_m(2bx\pm 2ab\mp 1)C_n^\lambda\left(\frac{x}{a}\right)dx = \frac{(\mp 1)^{m+n}(2\lambda)_n(1/2+\lambda-\alpha)_n}{n!}\Gamma\left[\begin{matrix}\alpha,\ \lambda+1/2\\ \alpha+\lambda+n+1/2\end{matrix}\right](2a)^{\alpha+\lambda-1/2}\times$$
$$\times\ {}_4F_3\left(-m,\ m+1,\ \frac{1}{2}+\alpha-\lambda,\ \alpha;\ 1,\ \alpha+\lambda+n+\frac{1}{2},\ \frac{1}{2}+\alpha-\lambda-n;\ 2ab\right)$$

$[a,\ b,\ \operatorname{Re}\alpha>0;\ 2ab<1;\ \operatorname{Re}\lambda>-1/2]$.

2. $$\int_{a}^{b}(x-a)^{\lambda-1/2}P_m\left(\frac{2x+a-b}{a+b}\right)C_n^\lambda\left(\frac{x}{a}\right)dx = \frac{(-1)^m(2\lambda)_{2n}(1/2-\lambda-n)_m}{n!(2a)^n(\lambda+1/2)_{m+n+1}}(a+b)^{\lambda+n+1/2}\,{}_3F_2\left(1-2\lambda-n,\ \frac{1}{2}+m-\lambda-n,\right.$$
$$\left.-\lambda-m-n-\frac{1}{2};\ 1-2\lambda-2n,\ \frac{1}{2}-\lambda-n;\ \frac{2a}{a+b}\right)$$

$[b>a>0;\ \operatorname{Re}\lambda>-1/2]$.

3. $$\int_{a}^{b}(b-x)^{\lambda-1/2}P_m\left(\frac{2x+b-a}{a+b}\right)C_n^\lambda\left(\frac{x}{b}\right)dx = \frac{(-1)^n2^{3m+\lambda+1/2}(1/2)_m(\lambda-m-1/2)_nb^{\lambda+m+1/2}}{(a+b)^m(\lambda+1/2)_{m+n+1}}\times$$
$$\times\ {}_3F_2\left(-m,\ \lambda+n-m-\frac{1}{2},\ -m-n-\lambda-\frac{1}{2};\ -2m,\ \lambda-m-\frac{1}{2};\ \frac{a+b}{2b}\right)$$

$[b>a>0;\ \operatorname{Re}\lambda>-1/2]$.

4. $$\int_{\pm a}^{b}(x\mp a)^{\alpha-1}(a\pm x)^{\lambda-1/2}P_m\left(\frac{2x\mp a-b}{b\mp a}\right)C_n^\lambda\left(\frac{x}{a}\right)dx = \frac{(-1)^m(\pm 1)^n(2\lambda)_n(1-\alpha)_m(2a)^{\lambda-1/2}(b\mp a)^\alpha}{n!(\alpha)_{m+1}}\times$$
$$\times\ {}_4F_3\left(\frac{1}{2}-\lambda-n,\ \frac{1}{2}+\lambda+n,\ \alpha,\ \alpha;\ \alpha+m+1,\ \alpha-m,\ 1;\ \frac{a\mp b}{2a}\right)$$

$\left[\operatorname{Re}\alpha>0,\ \begin{Bmatrix}b>a>0\\ a>b>0\end{Bmatrix}\right]$.

5. $$\int_{a}^{b}(x-a)^{\lambda-1/2}(x+a)^{-\tau}P_m\left(\frac{2x+a-b}{a+b}\right)C_n^\lambda\left(\frac{x}{a}\right)dx = \frac{(-1)^m(2\lambda)_n(\tau+\lambda-1/2)_n}{n!}\Gamma\left[\begin{matrix}\lambda+1/2,\ \tau-\lambda-n-1/2\\ \tau\end{matrix}\right](2a)^{1/2+\lambda-\tau}\times$$
$$\times\ {}_4F_3\left(-m,\ m+1,\ \frac{3}{2}-\tau-\lambda,\ 1-\tau;\ \frac{3}{2}+n+\lambda-\tau,\ \frac{3}{2}-\lambda-\tau-n,\ 1;\ \frac{2a}{a+b}\right)+$$
$$+\frac{(-1)^m2^n(\lambda)_n(\tau-\lambda-n+1/2)_m(a+b)^{1/2+\lambda+n-\tau}}{n!a^n(1/2+n+\lambda-\tau)_{m+1}}\times$$
$$\times\ {}_4F_3\left(\frac{1}{2}-\lambda-n,\ 1-2\lambda-n,\ \frac{1}{2}+\tau+m-\lambda-n,\ \tau-\lambda-m-n-\frac{1}{2};\right.$$
$$\left.1-2\lambda-2n,\ \frac{1}{2}+\tau-\lambda-n,\ \frac{1}{2}+\tau-\lambda-n;\ \frac{2a}{a+b}\right)$$

$[b>a>0;\ \operatorname{Re}\lambda>-1/2]$.

6. $$\int_a^b (b-x)^{\lambda-1/2}(b+x)^{-\tau} P_m\left(\frac{2x+b-a}{a+b}\right) C_n^{\lambda}\left(\frac{x}{b}\right) dx =$$
$$= \frac{(-1)^{m+n-1}(2\lambda)_n(\tau)_m(2b)^{\lambda-1/2}}{n!(1-\tau)_{m+1}}(a+b)^{1-\tau} \times$$
$$\times {}_4F_3\left(\frac{1}{2}-\lambda-n,\, \frac{1}{2}+\lambda+n,\, 1-\tau,\, 1-\tau;\; 2+m-\tau,\, 1-m-\tau,\, \lambda+\frac{1}{2};\; \frac{a+b}{2b}\right) +$$
$$+ \frac{(-1)^n 2^{3m+\lambda-\tau+1/2}(1/2)_m(2\lambda)_n(\lambda+\tau-m-1/2)_n}{m!n!(a+b)^m} \times$$
$$\times \Gamma\left[\begin{matrix}\lambda+1/2,\, 1+m-\tau\\ 3/2+\lambda+m+n-\tau\end{matrix}\right] b^{1/2+\lambda+m-\tau}\, {}_4F_3\Big(-m,\, -m,\, \lambda+\tau+n-m-\frac{1}{2},$$
$$\tau-\lambda-m-n-\frac{1}{2};\; -2m,\, \lambda+\tau-m-\frac{1}{2},\, \tau-m;\; \frac{a+b}{2b}\Big) \qquad [b>a>0;\ \operatorname{Re}\lambda>-1/2].$$

7. $$\int_a^\infty (x-b)^{\lambda-1/2} P_m\left(\frac{2x+b-a}{a+b}\right) C_n^{\lambda}\left(\frac{x}{b}\right) dx =$$
$$= \frac{(-1)^{m-1}2^n(\lambda)_n(1/2-\lambda-n)_m(a+b)^{\lambda+n+1/2}}{n!b^n(1/2+\lambda+n)_{m+1}} \times$$
$$\times {}_3F_2\left(1-2\lambda-n,\, \frac{1}{2}+m-\lambda-n,\, -\lambda-m-n-\frac{1}{2};\; 1-2\lambda-2n,\, \frac{1}{2}-\lambda-n;\; \frac{2b}{a+b}\right)$$
$$[a>b>0;\ \operatorname{Re}\lambda<-m-n-1/2].$$

8. $$\int_a^\infty (x-b)^{\lambda-1/2}(x+b)^{-\tau} P_m\left(\frac{2x+b-a}{a+b}\right) C_n^{\lambda}\left(\frac{x}{b}\right) dx =$$
$$= \frac{(-1)^{m-1}2^n(\lambda)_n(1/2+\tau-\lambda-n)_m(a+b)^{\lambda+n-\tau+1/2}}{n!b^n(1/2-\tau+\lambda+n)_{m+1}} \times$$
$$\times {}_4F_3\Big(\frac{1}{2}-\lambda-n,\, 1-2\lambda-n,\, \frac{1}{2}+\tau+m-\lambda-n,\, \tau-\lambda-m-n-\frac{1}{2};$$
$$1-2\lambda-2n,\, \frac{1}{2}+\tau-\lambda-n,\, \frac{1}{2}+\tau-\lambda-n;\; \frac{2b}{a+b}\Big)$$
$$[a>b>0;\ \operatorname{Re}(\tau-\lambda)>m+n+1/2].$$

9. $$\int_a^\infty (x-a)^{\lambda-1/2}(x+a)^{-\tau} P_m(2bx+2ab-1) C_n^{\lambda}\left(\frac{x}{a}\right) dx =$$
$$= \frac{2^{3m+\lambda-\tau+1/2}(1/2)_m(2\lambda)_n(\tau+\lambda-m-1/2)_n}{m!n!}\Gamma\left[\begin{matrix}\lambda+1/2,\, \tau-\lambda-m-n-1/2\\ \tau-m\end{matrix}\right] \times$$
$$\times a^{m+\lambda-\tau+1/2}b^m\, {}_4F_3\Big(-m,\, -m,\, \tau+\lambda+n-m-\frac{1}{2},\, \tau-\lambda-m-n-\frac{1}{2};$$
$$-2m,\, \tau+\lambda-m-\frac{1}{2},\, \tau-m;\; \frac{1}{2ab}\Big)$$
$$[a>0;\ 2ab>1;\ \operatorname{Re}\lambda>-1/2;\ \operatorname{Re}(\tau-\lambda)>m+n+1/2].$$

10. $$\int_{-a}^a (x+a)^{\alpha-1}(a-x)^{\lambda-1/2} P_{2m+\varepsilon}\left(b\sqrt{x+a}\right) C_n^{\lambda}\left(\frac{x}{a}\right) dx =$$
$$= \frac{(-1)^{m+n}(1/2)_{m+\varepsilon}(2\lambda)_n((1-\varepsilon)/2+\lambda-\alpha)_n}{m!n!}\Gamma\left[\begin{matrix}\lambda+1/2,\, \alpha+\varepsilon/2\\ \alpha+\lambda+n+(\varepsilon+1)/2\end{matrix}\right] \times$$

$$\times 2^{\alpha+\lambda+(3\varepsilon-1)/2}a^{\alpha+\lambda+(\varepsilon-1)/2}b^{\varepsilon}\,{}_4F_3\left(-m,\ \frac{1}{2}+\varepsilon+m,\ \alpha+\frac{\varepsilon}{2},\ \frac{1+\varepsilon}{2}+\alpha-\lambda;\right.$$
$$\left.\frac{1+\varepsilon}{2}+\alpha+\lambda+n,\ \frac{1}{2}+\varepsilon,\ \frac{1+\varepsilon}{2}+\alpha-\lambda-n;\ 2ab^2\right)$$

[$\varepsilon=0$ или 1; $a,\ b>0$; $2ab^2\leqslant 1$; $\operatorname{Re}\alpha>-\varepsilon/2$; $\operatorname{Re}\lambda>-1/2$].

11. $$\int_a^b(x-a)^{\lambda-1/2}P_{2m}\left(\sqrt{\frac{x+a}{b+a}}\right)C_n^\lambda\left(\frac{x}{a}\right)dx=\frac{(-1)^m(2\lambda)_{2n}(-\lambda-n)_m(a+b)^{\lambda+n+1/2}}{n!(2a)^n(\lambda+1/2)_{m+n+1}}\times$$
$$\times\,{}_3F_2\left(1-2\lambda-n,\ m-n-\lambda,\ -m-n-\lambda-\frac{1}{2};\ 1-2\lambda-2n,\ -\lambda-n;\ \frac{2a}{a+b}\right)$$

[$b>a>0$; $\operatorname{Re}\lambda>-1/2$].

12. $$\int_a^b(b-x)^{\lambda-1/2}P_{2m}\left(\sqrt{\frac{x+b}{a+b}}\right)C_n^\lambda\left(\frac{x}{b}\right)dx=$$
$$=\frac{(-1)^n(2b)^{m+\lambda+1/2}(1/2+m)_m(2\lambda)_n(\lambda-m-1/2)_n}{n!(\lambda+1/2)_{m+n+1}(a+b)^m}\times$$
$$\times\,{}_3F_2\left(\frac{1}{2}-m,\ \lambda+n-m-\frac{1}{2},\ -\lambda-m-n-\frac{1}{2};\ \frac{1}{2}-2m,\ \lambda-m-\frac{1}{2};\ \frac{a+b}{2b}\right)$$

[$b>a>0$; $\operatorname{Re}\lambda>-1/2$].

13. $$\int_{\pm a}^b(x\mp a)^{\alpha-1}(a\pm x)^{\lambda-1/2}P_{2m+\varepsilon}\left(\sqrt{\frac{x\mp a}{b\mp a}}\right)C_n^\lambda\left(\frac{x}{a}\right)dx=$$
$$=\frac{(-1)^m(\pm1)^n(2\lambda)_n((1+\varepsilon)/2-\alpha)_m(b\mp a)^\alpha(2a)^{\lambda-1/2}}{n!(\alpha+\varepsilon/2)_{m+1}}\times$$
$$\times\,{}_4F_3\left(\frac{1}{2}-\lambda-n,\ \frac{1}{2}+\lambda+n,\ \alpha,\ \alpha+\frac{1}{2};\ \frac{1}{2}+\lambda,\ \frac{1-\varepsilon}{2}-\alpha-m,\ \alpha+m+\frac{\varepsilon}{2}\mp1;\ \frac{a\mp b}{2a}\right)$$

$$\left[\varepsilon=0\text{ или }1;\ \operatorname{Re}\alpha>-\varepsilon/2,\ \begin{Bmatrix}b>a>0\\a>b>0\end{Bmatrix}\right].$$

14. $$\int_a^b(x-a)^{\lambda-1/2}(x+a)^{-\tau}P_{2m+\varepsilon}\left(\sqrt{\frac{x+a}{b+a}}\right)C_n^\lambda\left(\frac{x}{a}\right)dx=$$
$$=\frac{(-1)^m(1/2)_{m+\varepsilon}(2\lambda)_n}{m!n!(a+b)^{\varepsilon/2}}\left(\tau+\lambda-\frac{\varepsilon+1}{2}\right)_n2^{\lambda-\tau+(3\varepsilon+1)/2}\times$$
$$\times\,a^{\lambda-\tau+(\varepsilon+1)/2}\Gamma\left[\begin{matrix}\lambda+1/2,\ \tau-\lambda-n-(\varepsilon+1)/2\\ \tau-\varepsilon/2\end{matrix}\right]{}_4F_3\left(-m,\ \frac{1}{2}+\varepsilon+m,\right.$$
$$\left.\frac{3+\varepsilon}{2}-\tau-\lambda,\ 1+\frac{\varepsilon}{2}-\tau;\ \frac{3+\varepsilon}{2}+\lambda+n-\tau,\ \frac{1}{2}+\varepsilon,\ \frac{3+\varepsilon}{2}-\tau-\lambda-n;\ \frac{2a}{a+b}\right)+$$
$$+\frac{(-1)^m2^n(\lambda)_n(\varepsilon/2+\tau-\lambda-n)_m(a+b)^{\lambda+n-\tau+1/2}}{n!a^n((\varepsilon+1)/2+\lambda+n-\tau)_{m+1}}\times$$
$$\times\,{}_4F_3\left(\frac{1}{2}-\lambda-n,\ 1-2\lambda-n,\ \frac{\varepsilon}{2}+\tau-\lambda+m-n,\ \tau-m-n-\lambda-\frac{\varepsilon+1}{2};\right.$$
$$\left.1-2\lambda-2n,\ \frac{1}{2}+\tau-\lambda-n,\ \tau-\lambda-n;\ \frac{2a}{a+b}\right)$$

[$\varepsilon=0$ или 1; $b>a>0$; $\operatorname{Re}\lambda>-1/2$].

15. $$\int_a^b (b-x)^{\lambda-1/2}(b+x)^{-\tau} P_{2m+\varepsilon}\left(\sqrt{\frac{x+b}{a+b}}\right) C_n^\lambda\left(\frac{x}{b}\right) dx =$$
$$= \frac{(-1)^{m+n-1}(2\lambda)_n((\varepsilon-1)/2+\tau)_m(2b)^{\lambda-1/2}(a+b)^{1-\tau}}{n!(1+\varepsilon/2-\tau)_{m+1}}\, {}_4F_3\left(\frac{1}{2}-\lambda-n,\ \frac{1}{2}+\lambda+n,\right.$$
$$\left.\frac{3}{2}-\tau,\ 1-\tau;\ 2+\frac{\varepsilon}{2}+m-\tau,\ \frac{3-\varepsilon}{2}-\tau-m,\ \lambda+\frac{1}{2};\ \frac{a+b}{2b}\right)+$$
$$+\frac{(-1)^n(2\lambda)_n(1/2)_{2m+\varepsilon}}{n!(2m+\varepsilon)!}\left(\lambda+\tau-m-\frac{\varepsilon+1}{2}\right)_n \Gamma\left[\begin{matrix}\lambda+1/2,\ \varepsilon/2+1+m-\tau\\ (3+\varepsilon)/2+\lambda+m+n-\tau\end{matrix}\right]\times$$
$$\times 2^{\lambda+3m-\tau+(3\varepsilon+1)/2} b^{\lambda+m-\tau+(\varepsilon+1)/2}(a+b)^{-m-\varepsilon/2}\times$$
$$\times\, {}_4F_3\left(-m,\ \frac{1}{2}-\varepsilon-m,\ \lambda+\tau-m+n-\frac{\varepsilon+1}{2},\ \tau-\lambda-m-n-\frac{\varepsilon+1}{2};\right.$$
$$\left.\tau-m-\frac{3}{2},\ \frac{1}{2}-\varepsilon-2m,\ \lambda+\tau-m-\frac{\varepsilon+1}{2};\ \frac{a+b}{2b}\right)$$

[$\varepsilon = 0$ или 1; $b > a > 0$; $\operatorname{Re}\lambda > -1/2$].

16. $$\int_a^\infty (x-a)^{\lambda-1/2}(x+a)^{-\tau} P_{2m+\varepsilon}\left(b\sqrt{x+a}\right) C_n^\lambda\left(\frac{x}{a}\right) dx =$$
$$= \frac{(1/2)_{2m+\varepsilon}(2\lambda)_n}{(2m+\varepsilon)!n!}\left(\tau+\lambda-m-\frac{\varepsilon+1}{2}\right)_n 2^{\lambda+3m-\tau+(3\varepsilon+1)/2}\times$$
$$\times a^{\lambda+m-\tau+(\varepsilon+1)/2} b^{2m+\varepsilon}\Gamma\left[\begin{matrix}\lambda+1/2,\ \tau-\lambda-m-n-(\varepsilon+1)/2\\ \tau-m-\varepsilon/2\end{matrix}\right]\times$$
$$\times\, {}_4F_3\left(-m,\ \frac{1}{2}-\varepsilon-m,\ \tau+\lambda+n-m-\frac{\varepsilon+1}{2},\ \tau-\lambda-m-n-\frac{\varepsilon+1}{2};\right.$$
$$\left.\frac{1}{2}-\varepsilon-2m,\ \tau+\lambda-m-\frac{\varepsilon+1}{2},\ \tau-m-\frac{\varepsilon}{2};\ \frac{1}{2ab^2}\right)$$

[$\varepsilon = 0$ или 1; $a > 0$; $2ab^2 > 1$; $\operatorname{Re}\lambda > -1/2$; $\operatorname{Re}(\tau-\lambda) > m+n+(\varepsilon+1)/2$].

17. $$\int_a^\infty (x-b)^{\lambda-1/2}(x+b)^{-\tau} P_{2m+\varepsilon}\left(\sqrt{\frac{x+b}{a+b}}\right) C_n^\lambda\left(\frac{x}{b}\right) dx =$$
$$= \frac{(-1)^{m-1}2^n(\lambda)_n(\varepsilon/2+\tau-\lambda-n)_m}{n!b^n((1+\varepsilon)/2+\lambda+n-\tau)_{m+1}}(a+b)^{1/2+\lambda+n-\tau}\times$$
$$\times\, {}_4F_3\left(\frac{1}{2}-\lambda-n,\ 1-2\lambda-n,\ \frac{\varepsilon}{2}+\tau+m-\lambda-n,\ \tau-\lambda-m-n-\frac{\varepsilon+1}{2};\right.$$
$$\left.1-2\lambda-2n,\ \tau-\lambda-n,\ \frac{1}{2}+\tau-\lambda-n;\ \frac{2b}{a+b}\right)$$

[$\varepsilon = 0$ или 1; $a \geqslant b > 0$; $\operatorname{Re}(\tau-\lambda) > m+n+(\varepsilon+1)/2$; $\operatorname{Re}\lambda > -1/2$ при $a = b$].

2.21.16. Интегралы, содержащие $L_m^\gamma(a+bx^k)C_n^\lambda(cx)$.

1. $$\int_0^a x^{\alpha-1}(a^2-x^2)^{\lambda-1/2} L_m^\gamma(bx^2) C_{2n+\varepsilon}^\lambda\left(\frac{x}{a}\right) dx =$$
$$= \frac{(-1)^n a^{\alpha+2\lambda-1}}{m!(2n+\varepsilon)!2}(2\lambda)_{2n+\varepsilon}(\gamma+1)_m\left(\frac{1+\varepsilon-\alpha}{2}\right)_n \Gamma\left[\begin{matrix}\lambda+1/2,\ (\alpha+\varepsilon)/2\\ (\alpha+\varepsilon+1)/2+\lambda+n\end{matrix}\right]\times$$
$$\times\, {}_3F_3\left(-m,\ \frac{\alpha}{2},\ \frac{1+\alpha}{2};\ \frac{1+\alpha-\varepsilon}{2}-n,\ \gamma+1,\ \frac{\alpha+\varepsilon+1}{2}+\lambda+n;\ a^2b\right)$$

[$\varepsilon = 0$ или 1; $a > 0$; $\operatorname{Re}\lambda > -1/2$; $\operatorname{Re}\alpha > -\varepsilon$].

2. $$\int\limits_0^a x^{\alpha-1}(a^2-x^2)^{\lambda-1/2}e^{-bx^2}L_m^\gamma(bx^2)C_{2n+\varepsilon}^\lambda\left(\frac{x}{a}\right)dx =$$
$$= \frac{(-1)^n a^{\alpha+2\lambda-1}}{m!(2n+\varepsilon)!2}(2\lambda)_{2n+\varepsilon}(1+\gamma)_m\left(\frac{1+\varepsilon-\alpha}{2}\right)_n \Gamma\left[\begin{matrix}\lambda+1/2,\ (\alpha+\varepsilon)/2\\ (\alpha+\varepsilon+1)/2+\lambda+n\end{matrix}\right]\times$$
$$\times {}_3F_3\left(1+\gamma+m,\ \frac{\alpha}{2},\ \frac{1+\alpha}{2};\ \frac{1+\alpha-\varepsilon}{2}-n,\ 1+\gamma,\ \frac{\alpha+\varepsilon+1}{2}+\lambda+n;\ -a^2b\right)$$

[$\varepsilon = 0$ или 1; $a > 0$; $\operatorname{Re}\lambda > -1/2$; $\operatorname{Re}\alpha > -\varepsilon$].

3. $$\int\limits_a^\infty x^{\alpha-1}(x^2-a^2)^{\lambda-1/2}e^{-bx^2}L_m^\gamma(bx^2)C_{2n+\varepsilon}^\lambda\left(\frac{x}{a}\right)dx =$$
$$= \frac{2^{2n+\varepsilon-1}b^{(1-\alpha-\varepsilon)/2-\lambda-n}}{m!(2n+\varepsilon)!a^{2n+\varepsilon}}(\lambda)_{2n+\varepsilon}\left(\frac{3-\alpha-\varepsilon}{2}+\gamma-\lambda-n\right)_m\times$$
$$\times\Gamma\left(\frac{\alpha+\varepsilon-1}{2}+\lambda+n\right){}_3F_3\left(\frac{1}{2}-\lambda-n,\ 1-\lambda-\varepsilon-n,\ \frac{3-\alpha-\varepsilon}{2}+\gamma-\lambda-n+m;\right.$$
$$\left.\frac{3-\alpha-\varepsilon}{2}+\gamma-\lambda-n,\ 1-\lambda-\varepsilon-2n,\ \frac{3-\alpha-\varepsilon}{2}-\lambda-n;\ -a^2b\right)+$$
$$+\frac{a^{\alpha+2\lambda-1}(2\lambda)_{2n+\varepsilon}}{m!(2n+\varepsilon)!2}\left(\frac{1+\varepsilon-\alpha}{2}\right)_n(1+\gamma)_m\Gamma\left[\begin{matrix}\lambda+1/2,\ (1-\alpha-\varepsilon)/2-\lambda-n\\ 1-(\alpha+\varepsilon)/2\end{matrix}\right]\times$$
$$\times{}_3F_3\left(1+\gamma+m,\ \frac{1+\varepsilon-\alpha}{2}+n,\ \frac{\alpha+\varepsilon}{2};\ \frac{1+\alpha+\varepsilon}{2}+\lambda+n,\ 1+\gamma,\ \frac{1+\varepsilon-\alpha}{2};\ -a^2b\right)$$

[$\varepsilon = 0$ или 1; a, $\operatorname{Re} b > 0$; $\operatorname{Re}\lambda > -1/2$].

4. $$\int\limits_{-a}^a (x+a)^{\alpha-1}(a-x)^{\lambda-1/2}e^{-bx}L_m^\gamma(ab+bx)C_n^\lambda\left(\frac{x}{a}\right)dx =$$
$$= \frac{(-1)^n(1+\gamma)_m(2\lambda)_n}{m!n!}\left(\frac{1}{2}+\lambda-\alpha\right)_n\Gamma\left[\begin{matrix}\lambda+1/2,\ \alpha\\ \alpha+\lambda+n+1/2\end{matrix}\right](2a)^{\alpha+\lambda-1/2}\times$$
$$\times e^{ab}{}_3F_3\left(1+\gamma+m,\ \frac{1}{2}+\alpha-\lambda,\ \alpha;\ 1+\gamma,\ \frac{1}{2}+\alpha-\lambda-n,\ \frac{1}{2}+\alpha+\lambda+n;\ -2ab\right)$$

[a, $\operatorname{Re}\alpha > 0$; $\operatorname{Re}\lambda > -1/2$].

5. $$\int\limits_a^\infty (x-a)^{\lambda-1/2}e^{-bx}L_m^\gamma(ab+bx)C_n^\lambda\left(\frac{x}{a}\right)dx = \frac{2^n(\lambda)_n(1/2+\gamma-\lambda-n)_m}{m!n!a^n b^{\lambda+n+1/2}}\Gamma\left(\frac{1}{2}+\lambda+n\right)\times$$
$$\times e^{ab}{}_2F_2\left(1-2\lambda-n,\ \frac{1}{2}+\gamma-\lambda-n+m;\ 1-2\lambda-2n,\ \frac{1}{2}+\gamma-\lambda-n;\ -2ab\right)$$

[a, $\operatorname{Re} b > 0$; $\operatorname{Re}\lambda > -1/2$].

6. $$\int\limits_a^\infty (x-a)^{\lambda-1/2}(x+a)^{-\tau}e^{-bx}L_m^\gamma(ab+bx)C_n^\lambda\left(\frac{x}{a}\right)dx =$$
$$= \frac{(1+\gamma)_m(2\lambda)_n}{m!n!}\left(\lambda+\tau-\frac{1}{2}\right)_n\Gamma\left[\begin{matrix}\lambda+1/2,\ \tau-\lambda-n-1/2\\ \tau\end{matrix}\right](2a)^{1/2+\lambda-\tau}e^{ab}\times$$
$$\times{}_3F_3\left(\frac{3}{2}-\tau-\lambda,\ 1+\gamma+m,\ 1-\tau;\ \frac{3}{2}-\tau-\lambda-n,\ 1+\gamma,\ \frac{3}{2}+\lambda+n-\tau;\ -2ab\right)+$$
$$+\frac{2^n(\lambda)_n(1/2+\gamma+\tau-\lambda-n)_m}{m!n!a^n}\Gamma\left(\frac{1}{2}+n+\lambda-\tau\right)b^{\tau-\lambda-n-1/2}e^{ab}\times$$
$$\times{}_3F_3\left(\frac{1}{2}-\lambda-n,\ 1-2\lambda-n,\ \frac{1}{2}+\gamma+\tau-\lambda-n+m;\right.$$
$$\left.1-2\lambda-2n,\ \frac{1}{2}+\gamma+\tau-\lambda-n,\ \frac{1}{2}+\tau-\lambda-n;\ -2ab\right)$$

[a, $\operatorname{Re} b > 0$; $\operatorname{Re}\lambda > -1/2$].

2.21.17. Интегралы, содержащие $H_m(\varphi(x))C_n^\lambda(cx)$.

Обозначение: $\delta = \begin{Bmatrix} 1 \\ 0 \end{Bmatrix}$.

1. $$\int_0^a x^{\alpha-1}(a^2-x^2)^{\lambda-1/2} H_{2m+\varepsilon}(bx) \begin{Bmatrix} C_{2n+1}^\lambda(x/a) \\ C_{2n}^\lambda(x/a) \end{Bmatrix} dx = \frac{(-1)^{m+n}2^{2m+2\varepsilon-1}}{(2n+\delta)!} a^{\alpha+2\lambda+\varepsilon-1} \times \\ \times b^\varepsilon (2\lambda)_{2n+\delta} \left(\frac{1}{2}\right)_{m+\varepsilon} \left(\frac{1+\delta-\varepsilon-\alpha}{2}\right)_n \Gamma\begin{bmatrix} (\alpha+\varepsilon+\delta)/2 \\ (1+\alpha+\varepsilon+\delta)/2+\lambda+n \end{bmatrix} \times \\ \times {}_3F_3\left(-m, \frac{1+\alpha}{2}, \frac{\alpha}{2}+\varepsilon; \frac{1}{2}+\varepsilon, \frac{1+\alpha+\varepsilon-\delta}{2}-n, \frac{1+\alpha+\varepsilon+\delta}{2}+\lambda+n; a^2b^2\right)$$

[$\varepsilon = 0$ или 1; $a > 0$; $\operatorname{Re}\lambda > -1/2$; $\operatorname{Re}\alpha > -\varepsilon-\delta$].

2. $$\int_0^a x^{\alpha-1}(a^2-x^2)^{\lambda-1/2} e^{-b^2x^2} H_{2m+\varepsilon}(bx) \begin{Bmatrix} C_{2n+1}^\lambda(x/a) \\ C_{2n}^\lambda(x/a) \end{Bmatrix} dx = \\ = \frac{(-1)^{m+n}2^{2m+2\varepsilon-1}}{(2n+\delta)!} a^{\alpha+2\lambda+\varepsilon-1} b^\varepsilon (2\lambda)_{2n+\delta} \left(\frac{1}{2}\right)_{m+\varepsilon} \left(\frac{1+\delta-\varepsilon-\alpha}{2}\right)_n \times \\ \times \Gamma\begin{bmatrix} \lambda+1/2, (\alpha+\delta+\varepsilon)/2 \\ (1+\alpha+\delta+\varepsilon)/2+\lambda+n \end{bmatrix} {}_3F_3\left(\frac{1}{2}+\varepsilon+m, \frac{1+\alpha+\varepsilon}{2}, \frac{\alpha+\varepsilon}{2}; \right. \\ \left. \frac{1+\alpha+\varepsilon-\delta}{2}-n, \frac{1}{2}+\varepsilon, \frac{1+\alpha+\delta+\varepsilon}{2}+\lambda+n; -a^2b^2\right)$$

[$\varepsilon = 0$ или 1; $a > 0$; $\operatorname{Re}\lambda > -1/2$; $\operatorname{Re}\alpha > -\varepsilon-\delta$].

3. $$\int_a^\infty x^{\alpha-1}(x^2-a^2)^{\lambda-1/2} e^{-b^2x^2} H_{2m+\varepsilon}(bx) \begin{Bmatrix} C_{2n+1}^\lambda(x/a) \\ C_{2n}^\lambda(x/a) \end{Bmatrix} dx = \\ = \frac{(-1)^m 2^{2m+2\varepsilon-1} a^{\alpha+2\lambda+\varepsilon-1} b^\varepsilon}{(2n+\delta)!} (2\lambda)_{2n+\delta} \left(\frac{1}{2}\right)_{m+\varepsilon} \left(\frac{1+\delta-\varepsilon-\alpha}{2}\right)_n \times \\ \times \Gamma\begin{bmatrix} \lambda+1/2, (1-\alpha-\varepsilon-\delta)/2-\lambda-n \\ 1-(\alpha+\delta+\varepsilon)/2 \end{bmatrix} {}_3F_3\left(\frac{1}{2}+\varepsilon+m, \frac{\alpha}{2}+\varepsilon, \frac{\alpha+1}{2}; \right. \\ \left. \frac{1+\alpha+\varepsilon+\delta}{2}+\lambda+n, \frac{1+\alpha+\varepsilon-\delta}{2}-n, \frac{1}{2}+\varepsilon; -a^2b^2\right) + \\ + \frac{(-1)^m 2^{m+2n+\delta+\varepsilon-1} b^{1-\alpha-2\lambda-\delta-2n}}{(2n+\delta)! a^{2n+\delta}} (\lambda)_{2n+\delta} \left(\frac{\varepsilon-\alpha-\delta}{2}+1-\lambda-n\right)_m \times \\ \times \Gamma\left(\frac{\alpha+\varepsilon+\delta-1}{2}+\lambda+n\right) {}_3F_3\left(\frac{1}{2}-\lambda-n, 1-\lambda-\delta-n, \frac{\varepsilon-\alpha-\delta}{2}+1-\lambda-n+m; \right. \\ \left. 1-\lambda-\delta-2n, 1-\lambda-n-\frac{\alpha}{2}, \frac{3-\alpha}{2}-\delta-\lambda-n; -a^2b^2\right)$$

[$\varepsilon = 0$ или 1; a, $\operatorname{Re} b > 0$; $\operatorname{Re}\lambda > -1/2$].

4. $$\int_{-a}^a (x+a)^{\alpha-1}(a-x)^{\lambda-1/2} e^{-b^2x} H_{2m+\varepsilon}\left(b\sqrt{x+a}\right) C_n^\lambda\left(\frac{x}{a}\right) dx = \\ = \frac{(-1)^{m+n}(2\lambda)_n}{n!} \left(\frac{1-\varepsilon}{2}+\lambda-\alpha\right)_n 2^{\alpha+\lambda+2m+(3\varepsilon-1)/2} \left(\frac{1}{2}+\varepsilon\right)_m \times \\ \times \Gamma\begin{bmatrix} \alpha+\varepsilon/2, \lambda+1/2 \\ \alpha+\lambda+n+(\varepsilon+1)/2 \end{bmatrix} a^{\alpha+\lambda+(\varepsilon-1)/2} b^\varepsilon e^{ab^2} {}_3F_3\left(\frac{1}{2}+\varepsilon+m, \right. \\ \left. \frac{1+\varepsilon}{2}+\alpha-\lambda, \alpha+\frac{\varepsilon}{2}; \frac{1+\varepsilon}{2}+\alpha+\lambda+n, \frac{1+\varepsilon}{2}+\alpha-\lambda-n, \frac{1}{2}+\varepsilon; -2ab^2\right)$$

[$\varepsilon = 0$ или 1; $a > 0$; $\operatorname{Re}\lambda > -1/2$; $\operatorname{Re}\alpha > -\varepsilon/2$].

5. $$\int_a^\infty (x-a)^{\lambda-1/2}(x+a)^{-\tau}e^{-b^2x}H_{2m+\varepsilon}\big(b\sqrt{x+a}\,\big)C_n^\lambda\Big(\frac{x}{a}\Big)\,dx =$$

$$= \frac{(-1)^m(2\lambda)_n}{n!}\Big(\tau+\lambda-\frac{\varepsilon+1}{2}\Big)_n\Big(\frac{1}{2}+\varepsilon\Big)_m 2^{2m+\lambda+(3\varepsilon+1)/2-\tau}\times$$
$$\times\,\Gamma\begin{bmatrix}\lambda+1/2,\ \tau-\lambda-n-(\varepsilon+1)/2\\ \tau-\varepsilon/2\end{bmatrix}a^{\lambda-\tau+(\varepsilon+1)/2}b^\varepsilon e^{ab^2}\times$$
$$\times\,{}_3F_3\Big(\frac{1}{2}+\varepsilon+m,\ \frac{3+\varepsilon}{2}-\tau-\lambda,\ 1+\frac{\varepsilon}{2}-\tau;\ \frac{1}{2}+\varepsilon,\ \frac{3+\varepsilon}{2}+\lambda+n-\tau,$$
$$\frac{3+\varepsilon}{2}-\tau-\lambda-n;\ -2ab^2\Big)+\frac{(-1)^m(\lambda)_n}{n!a^n}\Big(\tau-\lambda-n+\frac{\varepsilon}{2}\Big)_m 2^{2m+\varepsilon+n}b^{2\tau-2\lambda-2n-1}\times$$
$$\times\,\Gamma\Big(\frac{1+\varepsilon}{2}+\lambda+n-\tau\Big)e^{ab^2}\,{}_3F_3\Big(\frac{1}{2}-\lambda-n,\ 1-2\lambda-n,\ \frac{\varepsilon}{2}+\tau-\lambda+m-n;$$
$$1-2\lambda-2n,\ \tau-\lambda-n,\ \frac{1}{2}+\tau-\lambda-n;\ -2ab^2\Big)$$

[$\varepsilon = 0$ или 1; $a>0$; $\operatorname{Re}\lambda>-1/2$; $|\arg b|<\pi/4$].

2.21.18. Интегралы от $A(x)C_m^\gamma(bx)C_n^\lambda(cx)$.

1. $$\int_0^a (a^2-x^2)^{\lambda-3/2}C_{2m}^\gamma\Big(\frac{x}{a}\Big)C_n^\lambda\Big(\frac{x}{a}\Big)\,dx =$$
$$= \frac{a^{2\lambda-2}\pi(\gamma+1/2)_m(\gamma)_{m+n-2[n/2]}}{2(m!)}\Gamma\begin{bmatrix}\lambda-1/2\\ \lambda,\ m+n-2[n/2]+1/2\end{bmatrix}$$

[$a>0$; $\operatorname{Re}\lambda>1/2$].

2. $$\int_0^a x^l(a^2-x^2)^{\lambda-1/2}C_m^\lambda\Big(\frac{x}{a}\Big)C_n^\lambda\Big(\frac{x}{a}\Big)\,dx = 2^{m+n-1}\frac{(2\lambda)_m(2\lambda)_n l!}{m!n!(l+m+n)!}\Big(\frac{l-m-n}{2}+1\Big)_{m+n}\times$$
$$\times\, a^{2\lambda+l}\,\mathrm{B}\Big(\lambda+\frac{1}{2},\ \frac{l+m+n+1}{2}\Big)\,{}_3F_2\Big(-m,\ -n,\ \lambda;\ 2\lambda,\ \frac{l-m-n}{2}+1;\ 1\Big)$$

[$a>0$; $\operatorname{Re}\lambda>-1/2$].

3. $$\int_0^a x^{m+n+2\lambda-2}(a^2-x^2)^{\lambda-1/2}C_m^\lambda\Big(\frac{x}{a}\Big)C_n^\lambda\Big(\frac{x}{a}\Big)\,dx =$$
$$= \frac{(2\lambda-1)_{m+n}\sqrt{\pi}}{2^{m+n+2\lambda}m!n!}\Gamma\begin{bmatrix}\lambda-1/2\\ \lambda\end{bmatrix}a^{m+n+4\lambda-2}$$

[$a>0$; $\operatorname{Re}\lambda>-1/2$].

4. $$\int_{-a}^a (x+a)^{\gamma+\lambda-1}(a-x)^{\beta-1}C_m^\gamma\Big(\frac{x}{a}\Big)C_n^\lambda\Big(\frac{x}{a}\Big)\,dx =$$
$$= \frac{(2\gamma)_m(2\lambda)_n}{m!n!}\Big(\frac{1}{2}+\lambda-\beta\Big)_n\Gamma\begin{bmatrix}\beta,\ \lambda+1/2\\ \beta+\lambda+n+1/2\end{bmatrix}(2a)^{\beta+\gamma+\lambda-1}\times$$
$$\times\,{}_4F_3\Big(\frac{1}{2}-\gamma-m,\ \frac{1}{2}+\gamma+m,\ \frac{1}{2}+\beta-\lambda,\ \beta;\ \beta+\lambda+n+\frac{1}{2},\ \gamma+\frac{1}{2},\ \frac{1}{2}+\beta-\lambda-n;\ 1\Big)$$

[a, $\operatorname{Re}\beta$, $\operatorname{Re}(\gamma+\lambda)>0$].

5. $$\int_{-a}^a (x+a)^{\lambda-1/2}(a-x)^{\beta-1}C_m^\gamma\Big(\frac{x}{a}\Big)C_n^\lambda\Big(\frac{x}{a}\Big)\,dx =$$
$$= \frac{(2a)^{\beta+\lambda-1/2}(2\gamma)_m(2\lambda)_n(1/2+\lambda-\beta)_n}{m!n!}\Gamma\begin{bmatrix}\beta,\ \lambda+1/2\\ \beta+\lambda+n+1/2\end{bmatrix}\times$$

$$\times {}_4F_3\left(-m,\, 2\gamma+m,\, \beta,\, \beta-\lambda+\frac{1}{2};\; \gamma+\frac{1}{2},\, \beta+\lambda+n+\frac{1}{2},\, \beta-\lambda-n+\frac{1}{2};\; 1\right)$$

$[a,\ \operatorname{Re}\beta>0;\ \operatorname{Re}\lambda>-1/2].$

6. $$\int_{-a}^{a}(x+a)^{3\lambda+m+n-3/2}(a-x)^{\lambda-1/2}C_m^\lambda\left(\frac{x}{a}\right)C_n^\lambda\left(\frac{x}{a}\right)dx=$$
$$=\frac{\sqrt{\pi}\,(2\lambda)_{m+n}}{2^{m+n}(\lambda+1/2)_m(\lambda+1/2)_n m!n!}\Gamma\begin{bmatrix}\lambda+m+n+1/2,\ 3\lambda+m+n-1/2\\ 2\lambda,\ 2\lambda+m+n+1/2\end{bmatrix}a^{4\lambda+m+n-1}$$

$[a>0;\ \operatorname{Re}\lambda>-1/2,\ (1-2m-2n)/6].$

7. $$\int_{-a}^{a}(x+a)^{\lambda+m-n-3/2}(a-x)^{\lambda-1/2}C_m^\lambda\left(\frac{x}{a}\right)C_n^\lambda\left(\frac{x}{a}\right)dx=$$
$$=\frac{(-1)^m 2^{1+n-m}\pi(2\lambda)_n(1/2-\lambda-n)_m}{\sqrt{\pi}\,m!(n-m)!(1/2+\lambda)_m}\,\Gamma\begin{bmatrix}\lambda+m-n-1/2\\ \lambda,\ 1/2+m-n\end{bmatrix}a^{2\lambda+m-n-1}$$

$[a>0;\ n\geqslant m;\ \operatorname{Re}\lambda>1/2+n-m].$

8. $$\int_{-a}^{a}(x+a)^{\lambda-1/2}(a-x)^{2\lambda-1}C_m^\lambda\left(\frac{x}{a}\right)C_n^\lambda\left(\frac{x}{a}\right)dx=\frac{(2a)^{3\lambda-1/2}(2\lambda)_m}{m!n!}\times$$
$$\times\Gamma\begin{bmatrix}\lambda+1/2,\ 2\lambda+n,\ 1/2+\lambda+m+n,\ 1/2-\lambda+n-m\\ 1/2-\lambda,\ 1/2+\lambda+n-m,\ 1/2+3\lambda+m+n\end{bmatrix}$$

$[a,\ \operatorname{Re}\lambda>0].$

9. $$\int_{-a}^{a}\frac{(a^2-x^2)^{\lambda-1/2}}{x-y}C_m^\lambda\left(\frac{x}{a}\right)C_n^\lambda\left(\frac{x}{a}\right)dx=-\frac{2\sqrt{\pi}}{\Gamma(\lambda)}\left(\frac{a}{2}\right)^{\lambda-1/2}e^{(1/2-\lambda)\pi i}(y^2-a^2)^{(2\lambda-1)/4}\times$$
$$\times C_m^\lambda\left(\frac{y}{a}\right)Q_{n+\lambda-1/2}^{\lambda-1/2}\left(\frac{y}{a}\right)$$

$[a>0;\ n\geqslant m;\ \operatorname{Re}\lambda>-1/2].$

10. $$\int_{-a}^{a}(a^2-x^2)^{\lambda-1/2}C_m^\lambda\left(\frac{x}{a}\right)C_n^\lambda\left(\frac{x}{a}\right)dx=\frac{\sqrt{\pi}\,(2\lambda)_n}{n!(n+\lambda)}\,\Gamma\begin{bmatrix}\lambda+1/2\\ \lambda\end{bmatrix}a^{2\lambda}\delta_{m,n}$$

$[a>0;\ \operatorname{Re}\lambda>-1/2].$

11. $$\int_{-a}^{a}(x+a)^{2\lambda-1}(a-x)^{\lambda-1/2}\left[C_n^\lambda\left(\frac{x}{a}\right)\right]^2dx=\left[\frac{(2\lambda)_n}{n!}\right]^2\mathrm{B}\left(\lambda+2n+\frac{1}{2},\ 2\lambda\right)(2a)^{3\lambda-1/2}$$

$[a,\ \operatorname{Re}\lambda>0].$

12. $$\int_{-a}^{a}(x+a)^{\lambda-1/2}(a-x)^{\lambda-3/2}\left[C_n^\lambda\left(\frac{x}{a}\right)\right]^2dx=\frac{\sqrt{\pi}\,(2\lambda)_n}{n!}\,\Gamma\begin{bmatrix}\lambda-1/2\\ \lambda\end{bmatrix}a^{2\lambda-1}$$

$[a>0;\ \operatorname{Re}\lambda>1/2].$

13. $$\int_{-a}^{a}(x+a)^{\lambda-1/2}(a-x)^{3\lambda+2n-3/2}\left[C_n^\lambda\left(\frac{x}{a}\right)\right]^2dx=$$
$$=\frac{\pi(\lambda)_n(\lambda+n+1/2)_n}{2^{2\lambda-1}(n!)^2}\,\Gamma\begin{bmatrix}3\lambda+2n-1/2\\ 2\lambda+n+1/2,\ \lambda\end{bmatrix}a^{4\lambda+2n-1}$$

$[a>0;\ \operatorname{Re}\lambda>-1/2,\ (1-4n)/6].$

14. $$\int_{a}^{\infty}(x-a)^{\gamma+\lambda-1}(x+a)^{-\tau}C_m^\gamma\left(\frac{x}{a}\right)C_n^\lambda\left(\frac{x}{a}\right)dx=$$
$$=\frac{2^{2m+\lambda+\gamma-\tau}(\gamma)_m(2\lambda)_n}{m!n!}(\tau+\lambda-\gamma-m)_n\Gamma\begin{bmatrix}\lambda+1/2,\ \tau-\lambda-\gamma-m-n\\ 1/2+\tau-\gamma-m\end{bmatrix}\times$$
$$\times a^{\lambda+\gamma-\tau}\,{}_4F_3\left(\frac{1}{2}-\gamma-m,\ 1-2\gamma-m,\ \tau+\lambda-\gamma+n-m,\ \tau-\lambda-\gamma-m-n;\right.$$

$$1-2\gamma-2m,\ \tau+\lambda-\gamma-m,\ \frac{1}{2}+\tau-\gamma-m;\ 1\Big) \qquad [a>0;\ 0<\operatorname{Re}(\gamma+\lambda)<\operatorname{Re}\tau-m-n].$$

15. $$\int_{-a}^{a}(a^2-x^2)^{\gamma-1/2}C_{n-2m}^{\gamma}\left(\frac{x}{a}\right)C_n^\lambda(cx)\,dx=\frac{(\lambda)_n(2\gamma)_{n-2m}\sqrt{\pi}\,a^{2\gamma+n}c^n}{(\gamma)_{n-m+1}(1-\lambda-n)_m(n-2m)!}\times$$
$$\times\Gamma\begin{bmatrix}\gamma+1/2\\ \gamma\end{bmatrix}P_m^{(-\lambda-n,\,\lambda-\gamma-1)}\left(1-\frac{2}{a^2c^2}\right) \qquad [a>0;\ \operatorname{Re}\gamma>-1/2].$$

16. $$\int_a^b(x^2-a^2)^{\lambda-1/2}(b^2-x^2)^{\gamma-1/2}C_m^\gamma\left(\frac{x}{b}\right)C_n^\lambda\left(\frac{x}{a}\right)dx=\frac{(2\gamma)_m(2\lambda)_nb^{n-1}}{2a^nm!n!}\times$$
$$\times\mathrm{B}\left(\gamma+\frac{1}{2},\lambda+\frac{1}{2}\right)(b^2-a^2)^{\gamma+\lambda}\,{}_2F_1\left(\gamma+\frac{m-n+1}{2},\ \frac{1-m-n}{2};\ \gamma+\lambda+1;\ 1-\frac{a^2}{b^2}\right)$$
$$[b>a>0;\ \operatorname{Re}\gamma,\ \operatorname{Re}\lambda>-1/2].$$

17. $$\int_0^a x^{\alpha-1}(a^2-x^2)^{\lambda-1/2}(b^2-x^2)^{\gamma-1/2}C_{2m+\varepsilon}^{\gamma}\left(\frac{x}{b}\right)\begin{Bmatrix}C_{2n+1}^\lambda(x/a)\\ C_{2n}^\lambda(x/a)\end{Bmatrix}dx=$$
$$=\frac{(-1)^{m+n}2^{\varepsilon-1}a^{\alpha+2\lambda+\varepsilon-1}}{m!(2n+\delta)!}b^{2\lambda-\varepsilon-1}(\gamma)_{m+\varepsilon}(2\lambda)_{2n+\delta}\left(\frac{1+\delta-\varepsilon-\alpha}{2}\right)_n\times$$
$$\times\Gamma\begin{bmatrix}\lambda+1/2,\ (\alpha+\delta+\varepsilon)/2\\ (1+\alpha+\delta+\varepsilon)/2+\lambda+n\end{bmatrix}{}_4F_3\left(\frac{1}{2}-\gamma-m,\ \frac{1}{2}+\varepsilon+m,\ \frac{1+\alpha}{2},\ \frac{\alpha}{2}+\varepsilon;\right.$$
$$\left.\frac{1}{2}+\varepsilon,\ \frac{1+\alpha+\varepsilon-\delta}{2}-n,\ \frac{1+\alpha+\delta+\varepsilon}{2}+\lambda+n;\ \frac{a^2}{b^2}\right)$$
$$\left[\varepsilon=0\text{ или }1;\ b>a>0;\ \operatorname{Re}\lambda>-1/2;\ \operatorname{Re}\alpha>-\varepsilon-\delta,\ \delta=\begin{Bmatrix}1\\0\end{Bmatrix}\right].$$

18. $$\int_a^b x^{\alpha-1}(x^2-a^2)^{\lambda-1/2}(b^2-x^2)^{\gamma-1/2}C_{2m+\varepsilon}^{\gamma}\left(\frac{x}{b}\right)\begin{Bmatrix}C_{2n+1}^\lambda(x/a)\\ C_{2n}^\lambda(x/a)\end{Bmatrix}dx=$$
$$=\frac{(-1)^m2^{\varepsilon-1}a^{\alpha+2\lambda+\varepsilon-1}b^{2\gamma-\varepsilon-1}}{m!(2n+\delta)!}(2\lambda)_{2n+\delta}(\gamma)_{m+\varepsilon}\left(\frac{1+\delta-\varepsilon-\alpha}{2}\right)_n\times$$
$$\times\Gamma\begin{bmatrix}\lambda+1/2,\ (1-\alpha-\delta-\varepsilon)/2-\lambda-n\\ 1-(\alpha+\delta+\varepsilon)/2\end{bmatrix}{}_4F_3\left(\frac{1}{2}-\gamma-m,\ \frac{1}{2}+\varepsilon+m,\ \frac{1+\alpha}{2},\ \frac{\alpha}{2}+\varepsilon;\right.$$
$$\left.\frac{1}{2}+\varepsilon,\ \frac{1+\alpha+\varepsilon-\delta}{2}-n,\ \frac{1+\alpha+\delta+\varepsilon}{2}+\lambda+n;\ \frac{a^2}{b^2}\right)+$$
$$+\frac{(-1)^m2^{2n+\delta-1}b^{\alpha+2\gamma+2\lambda+2n+\delta-2}}{(2m+\varepsilon)!(2n+\delta)!a^{2n+\delta}}(\lambda)_{2n+\delta}(2\gamma)_{2m+\varepsilon}\left(\frac{\varepsilon-\alpha-\delta}{2}+1-\lambda-n\right)_m\times$$
$$\times\Gamma\begin{bmatrix}\gamma+1/2,\ (\alpha+\delta+\varepsilon-1)/2+\lambda+n\\ (\alpha+\delta+\varepsilon)/2+\lambda+\gamma+m+n\end{bmatrix}\times$$
$$\times\,{}_4F_3\left(\frac{1}{2}-\lambda-n,\ 1-\lambda-\delta-n,\ \frac{\varepsilon-\alpha-\delta}{2}+1+m-\lambda-n,\right.$$
$$\left.1-\lambda-\gamma-m-n-\frac{\alpha+\delta+\varepsilon}{2};\ 1-\lambda-\delta-2n,\ 1-\lambda-n-\frac{\alpha}{2},\ \frac{3-\alpha}{2}-\delta-\lambda-n;\ \frac{a^2}{b^2}\right)$$
$$\left[\varepsilon=0\text{ или }1;\ b>a>0;\ \operatorname{Re}\gamma,\ \operatorname{Re}\lambda>-1/2,\ \delta=\begin{Bmatrix}1\\0\end{Bmatrix}\right].$$

19. $$\int_a^\infty x^{\alpha-1}(x^2-a^2)^{\lambda-1/2}(x^2-b^2)^{\gamma-1/2}C_{2m+\varepsilon}^{\gamma}\left(\frac{x}{b}\right)\begin{Bmatrix}C_{2n+1}^\lambda(x/a)\\ C_{2n}^\lambda(x/a)\end{Bmatrix}dx=$$

$$= \frac{2^{2m+\varepsilon-1}a^{\alpha+2\lambda+2\gamma+2m+\varepsilon-2}}{(2m+\varepsilon)!(2n+\delta)!b^{2m+\varepsilon}}(2\lambda)_{2n+\delta}(\gamma)_{2m+\varepsilon}\times$$

$$\times\left(\frac{\delta-\alpha-\varepsilon}{2}+1-\gamma-m\right)_n\Gamma\left[\begin{matrix}\lambda+1/2,\ 1-\gamma-\lambda-m-n-(\alpha+\varepsilon+\delta)/2\\ (3-\alpha-\delta-\varepsilon)/2-\gamma-m\end{matrix}\right]\times$$

$$\times{}_4F_3\left(\frac{1}{2}-\gamma-m,\ 1-\gamma-\varepsilon-m,\ \frac{\delta-\alpha-\varepsilon}{2}+1+n-\gamma-m,\right.$$

$$\left.1-\gamma-\lambda-m-n-\frac{\alpha+\varepsilon+\delta}{2};\ \frac{3-\alpha}{2}-\varepsilon-\gamma-m,\ 1-\gamma-\varepsilon-2m,\ 1-\gamma-m-\frac{\alpha}{2};\ \frac{b^2}{a^2}\right)$$

$$\left[\varepsilon=0\ \text{или}\ 1;\ a>b>0;\ \operatorname{Re}\lambda>-1/2;\ \operatorname{Re}(\alpha+2\gamma+2\lambda)<2-2m-2n-\varepsilon-\delta,\ \delta=\begin{Bmatrix}1\\0\end{Bmatrix}\right].$$

2.21.19. Интегралы, содержащие $C_m^\gamma(\varphi(x))C_n^\lambda(cx)$.

1. $$\int\limits_{-a}^{a}(x+a)^{\alpha-1}(a-x)^{\lambda-1/2}(1-ab-bx)^{\gamma-1/2}C_m^\gamma(2bx+2ab-1)C_n^\lambda\left(\frac{x}{a}\right)dx=$$

$$=\frac{(-1)^{m+n}(2\gamma)_m(2\lambda)_n}{m!n!}\left(\frac{1}{2}+\lambda-\alpha\right)_n\Gamma\left[\begin{matrix}\alpha,\ \lambda+1/2\\ \alpha+\lambda+n+1/2\end{matrix}\right](2a)^{\alpha+\lambda-1/2}\times$$

$$\times{}_4F_3\left(\frac{1}{2}+\gamma+m,\ \frac{1}{2}-\gamma-m,\ \frac{1}{2}+\alpha-\lambda,\ \alpha;\ \alpha+\lambda+n+\frac{1}{2},\ \frac{1}{2}+\gamma,\ \frac{1}{2}+\alpha-\lambda-n;\ 2ab\right)$$

$[a,\ b,\ \operatorname{Re}\alpha>0;\ 2ab<1;\ \operatorname{Re}\lambda>-1/2]$.

2. $$\int\limits_{a}^{b}(x-a)^{\lambda-1/2}(b-x)^{\gamma-1/2}C_m^\lambda\left(\frac{2x+a-b}{a+b}\right)C_n^\lambda\left(\frac{x}{a}\right)dx=$$

$$=\frac{(-1)^m(2\lambda)_{2n}(\gamma-\lambda-n)_m(2\gamma)_m}{m!n!(2a)^n}\Gamma\left[\begin{matrix}\gamma+1/2,\ \lambda+1/2\\ \lambda+\gamma+m+n+1\end{matrix}\right](a+b)^{\lambda+\gamma+n}\times$$

$$\times{}_3F_2\left(1-2\lambda-n,\ \gamma+m-\lambda-n,\ -\lambda-\gamma-m-n;\ 1-2\lambda-2n,\ \gamma-\lambda-n;\ \frac{2a}{a+b}\right)$$

$[b>a>0;\ \operatorname{Re}\lambda,\ \operatorname{Re}\gamma>-1/2]$.

3. $$\int\limits_{a}^{b}(x-a)^{\gamma-1/2}(b-x)^{\lambda-1/2}C_m^\gamma\left(\frac{2x+b-a}{a+b}\right)C_n^\lambda\left(\frac{x}{b}\right)dx=$$

$$=\frac{(-1)^n(2\gamma)_{2m}(\lambda-\gamma-m)_n(2\lambda)_n}{m!n!(a+b)^m}\Gamma\left[\begin{matrix}\lambda+1/2,\ \gamma+1/2\\ \lambda+\gamma+m+n+1\end{matrix}\right](2b)^{\lambda+\gamma+m}\times$$

$$\times{}_3F_2\left(1-2\gamma-m,\ \lambda+n-\gamma-m,\ -\lambda-\gamma-m-n;\ 1-2\gamma-2m,\ \lambda-\gamma-m;\ \frac{a+b}{2b}\right)$$

$[b>a>0;\ \operatorname{Re}\lambda,\ \operatorname{Re}\gamma>-1/2]$.

4. $$\int\limits_{\pm a}^{b}(x\mp a)^{\alpha-1}(b-x)^{\gamma-1/2}(a\pm x)^{\lambda-1/2}C_m^\gamma\left(\frac{2x\mp a-b}{\mp a+b}\right)C_n^\lambda\left(\frac{x}{a}\right)dx=$$

$$=\frac{(-1)^m(\pm1)^n(2\lambda)_n}{m!n!}\left(\frac{1}{2}+\gamma-\alpha\right)_m(2\gamma)_m\Gamma\left[\begin{matrix}\alpha,\ \gamma+1/2\\ \alpha+\gamma+m+1/2\end{matrix}\right](2a)^{\lambda-1/2}(b\mp a)^{\alpha+\gamma-1/2}\times$$

$$\times{}_4F_3\left(\frac{1}{2}-\lambda-n,\ \lambda+n+\frac{1}{2},\ \alpha,\ \alpha-\gamma+\frac{1}{2};\ \alpha+\gamma+m+\frac{1}{2},\ \frac{1}{2}+\alpha-\gamma-m,\ \lambda+\frac{1}{2};\ \frac{a\mp b}{2a}\right)$$

$$\left[\operatorname{Re}\alpha>0;\ \operatorname{Re}\gamma>-1/2,\ \begin{Bmatrix}b>a>0\\a>b>0\end{Bmatrix}\right].$$

5. $$\int_a^b (x-a)^{\lambda-1/2}(b-x)^{\gamma-1/2}(x+a)^{-\tau} C_m^\gamma\left(\frac{2x+a-b}{a+b}\right) C_n^\lambda\left(\frac{x}{a}\right) dx =$$
$$= \frac{(-1)^m (2\gamma)_m (2\lambda)_n}{m!n!} \left(\tau+\lambda-\frac{1}{2}\right)_n \Gamma\begin{bmatrix}\lambda+1/2,\ \tau-\lambda-n-1/2\\ \tau\end{bmatrix} \times$$
$$\times (2a)^{1/2+\lambda-\tau}(a+b)^{\gamma-1/2}\,{}_4F_3\left(\frac{1}{2}-\gamma-m,\ \frac{1}{2}+\gamma+m,\ \frac{3}{2}-\tau-\lambda,\ 1-\tau;\right.$$
$$\left.\frac{3}{2}+n+\lambda-\tau,\ \frac{3}{2}-\lambda-\tau-n,\ \gamma+\frac{1}{2};\ \frac{2a}{a+b}\right) + \frac{(-1)^m 2^n (\lambda)_n (2\gamma)_m}{m!n!a^n} \times$$
$$\times (\tau+\gamma-\lambda-n)_m \Gamma\begin{bmatrix}\gamma+1/2,\ 1/2+n+\lambda-\tau\\ 1+\gamma+\lambda+m+n-\tau\end{bmatrix}(a+b)^{\gamma+\lambda+n-\tau} \times$$
$$\times\,{}_4F_3\left(\frac{1}{2}-\lambda-n,\ 1-2\lambda-n,\ \tau+\gamma+m-\lambda-n,\ \tau-\lambda-\gamma-m-n;\right.$$
$$\left.1-2\lambda-2n,\ \tau+\gamma-\lambda-n,\ \frac{1}{2}+\tau-\lambda-n;\ \frac{2a}{a+b}\right) \qquad [b>a>0;\ \operatorname{Re}\lambda,\ \operatorname{Re}\gamma>-1/2].$$

6. $$\int_a^b (x-a)^{\gamma-1/2}(b-x)^{\lambda-1/2}(b+x)^{-\tau} C_m^\gamma\left(\frac{2x+b-a}{a+b}\right) C_n^\lambda\left(\frac{x}{b}\right) dx =$$
$$= \frac{(-1)^n (2\gamma)_m (2\lambda)_n}{m!n!} \left(\tau+\gamma-\frac{1}{2}\right)_m \Gamma\begin{bmatrix}\gamma+1/2,\ \tau-\gamma-m-1/2\\ \tau\end{bmatrix} \times$$
$$\times (2b)^{\lambda-1/2}(a+b)^{1/2+\gamma-\tau}\,{}_4F_3\left(\frac{1}{2}-\lambda-n,\ \lambda+n+\frac{1}{2},\ \frac{3}{2}-\tau-\gamma,\ 1-\tau;\right.$$
$$\left.\frac{3}{2}+\gamma+m-\tau,\ \frac{3}{2}-m-\tau-\gamma,\ \lambda+\frac{1}{2};\ \frac{a+b}{2b}\right) + \frac{(-1)^n 2^{\lambda+\gamma+3m-\varepsilon} (\gamma)_m (2\lambda)_n}{m!n!} \times$$
$$\times (\lambda+\tau-\gamma-m)_n \Gamma\begin{bmatrix}\lambda+1/2,\ 1/2+m+\gamma-\tau\\ 1+\lambda+\gamma+m+n-\tau\end{bmatrix} b^{\lambda+\gamma+m-\tau}(a+b)^{-m} \times$$
$$\times\,{}_4F_3\left(\frac{1}{2}-\gamma-m,\ 1-2\gamma-m,\ \lambda+\tau+n-\gamma-m,\ \tau-\gamma-\lambda-m-n;\right.$$
$$\left.1-2\gamma-2m,\ \lambda+\tau-\gamma-m,\ \frac{1}{2}+\tau-\gamma-m;\ \frac{a+b}{2b}\right) \qquad [a,\ b>0;\ \operatorname{Re}\gamma,\ \operatorname{Re}\lambda>-1/2].$$

7. $$\int_a^\infty (x-a)^{\gamma-1/2}(x-b)^{\lambda-1/2} C_m^\gamma\left(\frac{2x+b-a}{a+b}\right) C_n^\lambda\left(\frac{x}{b}\right) dx =$$
$$= \frac{2^n (\lambda)_n (2\gamma)_m}{m!n!b^n} (\gamma-\lambda-n)_m \Gamma\begin{bmatrix}\gamma+1/2,\ -\lambda-\gamma-n-m\\ 1/2-\lambda-n\end{bmatrix}(a+b)^{\gamma+\lambda+n} \times$$
$$\times\,{}_3F_2\left(1-2\lambda-n,\ \gamma+m-\lambda-n,\ -\lambda-\gamma-m-n;\ 1-2\lambda-2n,\ \gamma-\lambda-n;\ \frac{2b}{a+b}\right)$$
$$[a>b>0;\ \operatorname{Re}\gamma>-1/2;\ \operatorname{Re}(\lambda+\gamma)<-m-n].$$

8. $$\int_a^\infty (x-a)^{\gamma-1/2}(x-b)^{\lambda-1/2}(x+b)^{-\tau} C_m^\gamma\left(\frac{2x+b-a}{a+b}\right) C_n^\lambda\left(\frac{x}{b}\right) dx =$$
$$= \frac{2^n (\lambda)_n (2\gamma)_m}{m!n!b^n} (\gamma+\tau-\lambda-n)_m \Gamma\begin{bmatrix}\gamma+1/2,\ \tau-\lambda-\gamma-m-n\\ 1/2+\tau-\lambda-n\end{bmatrix} \times$$
$$\times (a+b)^{\gamma+\lambda+n-\tau}\,{}_4F_3\left(\frac{1}{2}-\lambda-n,\ 1-2\lambda-n,\ \gamma+\tau+m-\lambda-n,\right.$$
$$\left.\tau-\lambda-\gamma-m-n;\ 1-2\lambda-2n,\ \gamma+\tau-\lambda-n,\ \frac{1}{2}+\tau-\lambda-n;\ \frac{2b}{a+b}\right)$$
$$[a>b>0;\ \operatorname{Re}\gamma>-1/2;\ \operatorname{Re}(\tau-\gamma-\lambda)>m+n].$$

9. $\displaystyle\int_a^\infty (x-a)^{\lambda-1/2}(x+a)^{-\tau}(bx+ab-1)^{\gamma-1/2}C_m^\gamma(2bx+2ab-1)C_n^\lambda\left(\frac{x}{a}\right)dx =$

$$= \frac{2^{\lambda+\gamma+3m-\tau}(\gamma)_m(2\lambda)_n}{m!n!}(\tau+\lambda-\gamma-m)_n\Gamma\left[\begin{matrix}\lambda+1/2,\ \tau-\lambda-\gamma-m-n\\ 1/2+\tau-\gamma-m\end{matrix}\right]\times$$
$$\times a^{m+\lambda+\gamma-\tau}b^{\gamma+m-1/2}\,{}_4F_3\left(\frac{1}{2}-\gamma-m,\ 1-2\gamma-m,\ \tau+\lambda-\gamma+n-m,\right.$$
$$\left.\tau-\lambda-\gamma-m-n;\ 1-2\gamma-2m,\ \tau+\lambda-\gamma-m,\ \frac{1}{2}+\tau-\gamma-m;\ \frac{1}{2ab}\right)$$

$[a>0;\ 2ab>1;\ \operatorname{Re}\lambda>-1/2;\ \operatorname{Re}(\tau-\gamma-\lambda)>m+n]$.

10. $\displaystyle\int_{-a}^a (x+a)^{\alpha-1}(a-x)^{\lambda-1/2}(1-ab^2-b^2x)^{\gamma-1/2}C_{2m+\varepsilon}^\gamma\big(b\sqrt{x+a}\,\big)C_n^\lambda\left(\frac{x}{a}\right)dx =$

$$= \frac{(-1)^{m+n}(\gamma)_{m+\varepsilon}(2\lambda)_n}{m!n!}\left(\frac{1-\varepsilon}{2}+\lambda-\alpha\right)_n\Gamma\left[\begin{matrix}\lambda+1/2,\ \alpha+\varepsilon/2\\ \alpha+\lambda+n+(\varepsilon+1)/2\end{matrix}\right]\times$$
$$\times 2^{\alpha+\lambda+(3\varepsilon-1)/2}a^{\alpha+\lambda+(\varepsilon-1)/2}b^\varepsilon\,{}_4F_3\left(\frac{1}{2}-\gamma-m,\ \frac{1}{2}+\varepsilon+m,\ \alpha+\frac{\varepsilon}{2},\ \frac{1+\varepsilon}{2}+\alpha-\lambda;\right.$$
$$\left.\frac{1+\varepsilon}{2}+\alpha+\lambda+n,\ \frac{1}{2}+\varepsilon,\ \frac{1+\varepsilon}{2}+\alpha-\lambda-n;\ 2ab^2\right)$$

$[\varepsilon=0$ или $1;\ a,\ b>0;\ 2ab^2<1;\ \operatorname{Re}\alpha>-\varepsilon/2;\ \operatorname{Re}\lambda>-1/2]$.

11. $\displaystyle\int_{-a}^a (x+a)^{\alpha-1}(a-x)^{\gamma+\lambda-1}C_{2m+\varepsilon}^\gamma\left(\sqrt{\frac{x+a}{2a}}\right)C_n^\lambda\left(\frac{x}{a}\right)dx =$

$$= \frac{(-1)^{m+n}(\gamma)_{m+\varepsilon}(2\lambda)_n}{m!n!}\left(\frac{1-\varepsilon}{2}+\lambda-\alpha\right)_n\Gamma\left[\begin{matrix}\lambda+1/2,\ \alpha+\varepsilon/2\\ \alpha+\lambda+n+(\varepsilon+1)/2\end{matrix}\right]\times$$
$$\times 2^{\alpha+\lambda+\gamma+\varepsilon-1}a^{\alpha+\lambda+\gamma-1}\,{}_4F_3\left(\frac{1}{2}-\gamma-m,\ \frac{1}{2}+\varepsilon+m,\ \alpha+\frac{\varepsilon}{2},\ 1+\frac{\varepsilon}{2}+\alpha-\lambda;\right.$$
$$\left.\frac{1+\varepsilon}{2}+\alpha+\lambda+n,\ \varepsilon+\frac{1}{2},\ \frac{1+\varepsilon}{2}+\alpha-\lambda-n;\ 1\right)$$

$[\varepsilon=0$ или $1;\ a,\ \operatorname{Re}(\lambda+\gamma)>0;\ \operatorname{Re}\alpha>-\varepsilon/2]$.

12. $\displaystyle\int_{\pm a}^b (x\mp a)^{\alpha-1}(b-x)^{\gamma-1/2}(a\pm x)^{\lambda-1/2}C_{2m+\varepsilon}^\gamma\left(\sqrt{\frac{x\mp a}{b\mp a}}\right)C_n^\lambda\left(\frac{x}{a}\right)dx =$

$$= \frac{(-1)^m(\pm1)^n(2\gamma)_{2m+\varepsilon}(2\lambda)_n}{n!(2m+\varepsilon)!}\left(\frac{1+\varepsilon}{2}-\alpha\right)_m\Gamma\left[\begin{matrix}\gamma+1/2,\ \alpha+\varepsilon/2\\ \alpha+\gamma+m+(\varepsilon+1)/2\end{matrix}\right]\times$$
$$\times (b\mp a)^{\alpha+\gamma-1/2}(2a)^{\lambda-1/2}\,{}_4F_3\left(\frac{1}{2}-\lambda-n,\ \frac{1}{2}+\lambda+n,\ \alpha,\ \alpha+\frac{1}{2};\right.$$
$$\left.\frac{1}{2}+\lambda,\ \frac{1-\varepsilon}{2}-\alpha-m,\ \alpha+\gamma+m+\frac{\varepsilon+1}{2};\ \frac{a\mp b}{2a}\right)$$

$\left[\varepsilon=0 \text{ или } 1;\ \operatorname{Re}\alpha>-\varepsilon/2;\ \operatorname{Re}\lambda>-1/2,\ \begin{Bmatrix}b>a>0\\ a>b>0\end{Bmatrix}\right]$.

13. $\displaystyle\int_a^b (x-a)^{\lambda-1/2}(b-x)^{\gamma-1/2}C_{2m}^\gamma\left(\sqrt{\frac{x+a}{b+a}}\right)C_n^\lambda\left(\frac{x}{a}\right)dx =$

$$= \frac{(-1)^m(2\gamma)_{2m}(2\lambda)_{2n}}{(2m)!n!(2a)^n}(-\lambda-n)_m\Gamma\left[\begin{matrix}\gamma+1/2,\ \lambda+1/2\\ 1+\lambda+\gamma+m+n\end{matrix}\right](a+b)^{\gamma+\lambda+n}\times$$

$$\times\, {}_3F_2\left(1-2\lambda-n,\ m-n-\lambda,\ -m-n-\lambda-\gamma;\ 1-2\lambda-2n,\ -\lambda-n;\ \frac{2a}{a+b}\right)$$

$[b>a>0;\ \operatorname{Re}\gamma,\ \operatorname{Re}\lambda>-1/2]$.

14. $$\int_a^b (x-a)^{\gamma-1/2}(b-x)^{\lambda-1/2}C_{2m}^{\gamma}\left(\sqrt{\frac{x+b}{a+b}}\right)C_n^{\lambda}\left(\frac{x}{b}\right)dx=$$
$$=\frac{(-1)^n(\gamma)_{2m}(2\lambda)_n}{(2m)!n!}(\lambda-\gamma-m)_n\Gamma\left[\begin{matrix}\lambda+1/2,\ 1/2+\gamma+m\\ 1+\lambda+\gamma+m+n\end{matrix}\right]2^{\lambda+\gamma+3m}b^{\lambda+\gamma+m}(a+b)^{-m}\times$$
$$\times\, {}_3F_2\left(1-\gamma-m,\ n+\lambda-\gamma-m,\ -\lambda-\gamma-m-n;\ 1-\gamma-2m,\ \lambda-\gamma-m;\ \frac{a+b}{2b}\right)$$

$[b>a>0;\ \operatorname{Re}\gamma,\ \operatorname{Re}\lambda>-1/2]$.

15. $$\int_a^b (x-a)^{\lambda-1/2}(b-x)^{\gamma-1/2}(x+a)^{-\tau}C_{2m+\varepsilon}^{\gamma}\left(\sqrt{\frac{x+a}{b+a}}\right)C_n^{\lambda}\left(\frac{x}{a}\right)dx=$$
$$=\frac{(-1)^m(\gamma)_{m+\varepsilon}(2\lambda)_n}{m!n!}\left(\tau+\lambda-\frac{\varepsilon+1}{2}\right)_n\Gamma\left[\begin{matrix}\lambda+1/2,\ \tau-\lambda-n-(\varepsilon+1)/2\\ \tau-\varepsilon/2\end{matrix}\right]\times$$
$$\times\, 2^{\lambda-\tau+(3\varepsilon+1)/2}a^{\lambda-\tau+(\varepsilon+1)/2}(a+b)^{\gamma-(\varepsilon+1)/2}\,{}_4F_3\left(\frac{1}{2}-\gamma-m,\ \frac{1}{2}+\varepsilon+m,\right.$$
$$\left.\frac{3+\varepsilon}{2}-\tau-\lambda,\ 1+\frac{\varepsilon}{2}-\tau;\ \frac{3+\varepsilon}{2}+\lambda+n-\tau,\ \frac{1}{2}+\varepsilon,\ \frac{3+\varepsilon}{2}-\tau-\lambda-n;\ \frac{2a}{a+b}\right)+$$
$$+\frac{(-1)^n2^n(2\gamma)_{2m+\varepsilon}(\lambda)_n}{(2m+\varepsilon)!n!a^n}\left(\frac{\varepsilon}{2}+\tau-\lambda-n\right)_m\Gamma\left[\begin{matrix}\gamma+1/2,\ (\varepsilon+1)/2+\lambda+n-\tau\\ 1+\varepsilon/2+\lambda+\gamma+m+n-\tau\end{matrix}\right]\times$$
$$\times\,(a+b)^{\gamma+\lambda+n-\tau}\,{}_4F_3\left(\frac{1}{2}-\lambda-n,\ 1-2\lambda-n,\ \frac{\varepsilon}{2}+\tau+m-\lambda-n,\right.$$
$$\left.\tau-m-n-\lambda-\gamma-\frac{\varepsilon}{2};\ 1-2\lambda-2n,\ \frac{1}{2}+\tau-\lambda-n,\ \tau-\lambda-n;\ \frac{2a}{a+b}\right)$$

$[\varepsilon=0$ или $1;\ b>a>0;\ \operatorname{Re}\gamma,\ \operatorname{Re}\lambda>-1/2]$.

16. $$\int_a^b (x-a)^{\gamma-1/2}(b-x)^{\lambda-1/2}(x+b)^{-\tau}C_{2m+\varepsilon}^{\gamma}\left(\sqrt{\frac{x+b}{a+b}}\right)C_n^{\lambda}\left(\frac{x}{b}\right)dx=$$
$$=\frac{(-1)^n(2\gamma)_{2m+\varepsilon}(2\lambda)_n}{n!(2m+\varepsilon)!}\left(\frac{\varepsilon-1}{2}+\tau\right)_m\Gamma\left[\begin{matrix}\gamma+1/2,\ \tau-\gamma-m-(\varepsilon+1)/2\\ \tau-\varepsilon/2\end{matrix}\right]\times$$
$$\times\,(2b)^{\lambda-1/2}(a+b)^{1/2+\gamma-\tau}\,{}_4F_3\left(\frac{1}{2}-\lambda-n,\ \frac{1}{2}+\lambda+n,\ \frac{3}{2}-\tau,\ 1-\tau;\right.$$
$$\left.\frac{3+\varepsilon}{2}+\gamma+m-\tau,\ \frac{3-\varepsilon}{2}-\tau-m,\ \frac{1}{2}+\lambda;\ \frac{a+b}{2b}\right)+\frac{(-1)^n(2\lambda)_n(\gamma)_{2m+\varepsilon}}{n!(2m+\varepsilon)!}\times$$
$$\times\left(\lambda+\tau-\gamma-m-\frac{\varepsilon}{2}\right)_n\Gamma\left[\begin{matrix}\lambda+1/2,\ (1+\varepsilon)/2+\gamma+m-\tau\\ 1+\lambda+\gamma+m+n+\varepsilon/2-\tau\end{matrix}\right]2^{\lambda+\gamma+3m-\tau+3\varepsilon/2}\times$$
$$\times\, b^{\gamma+\lambda+m-\tau+\varepsilon/2}(a+b)^{-m-\varepsilon/2}\times$$
$$\times\,{}_4F_3\left(\frac{1}{2}-\gamma-m,\ 1-\varepsilon-\gamma-m,\ \lambda+\tau-\gamma-m+n-\frac{\varepsilon}{2},\ \tau-\lambda-\gamma-m-n-\frac{\varepsilon}{2};\right.$$
$$\left.\frac{1-\varepsilon}{2}-\gamma-m+\tau,\ 1-\varepsilon-\gamma-2m,\ \lambda+\tau-\gamma-m-\frac{\varepsilon}{2};\ \frac{a+b}{2b}\right)$$

$[\varepsilon=0$ или $1;\ b>a>0;\ \operatorname{Re}\gamma,\ \operatorname{Re}\lambda>-1/2]$.

17. $$\int_a^\infty (x-a)^{\lambda-1/2}(x+a)^{-\tau}(b^2x+ab^2-1)^{\gamma-1/2}C_{2m+\varepsilon}^{\gamma}\left(b\sqrt{x+a}\right)C_n^\lambda\left(\frac{x}{a}\right)dx =$$
$$= \frac{(\gamma)_{2m+\varepsilon}(2\lambda)_n}{(2m+\varepsilon)!n!}\left(\tau+\lambda-\gamma-m-\frac{\varepsilon}{2}\right)_n 2^{\lambda+\gamma+3m-\tau+3\varepsilon/2}\times$$
$$\times a^{\lambda+\gamma+m-\tau+\varepsilon/2}b^{2\gamma+\varepsilon+2m-1}\Gamma\left[\begin{matrix}\lambda+1/2,\ \tau-\gamma-\lambda-m-n-\varepsilon/2\\ \tau-\gamma-m+(1-\varepsilon)/2\end{matrix}\right]\times$$
$$\times {}_4F_3\left(\frac{1}{2}-m-\gamma,\ 1-\varepsilon-\gamma-m,\ \tau+\lambda-\gamma-m+n-\frac{\varepsilon}{2},\ \tau-\gamma-\lambda-m-n-\frac{\varepsilon}{2};\right.$$
$$\left.1-\varepsilon-\gamma-2m,\ \tau+\lambda-\gamma-m-\frac{\varepsilon}{2},\ \tau-\gamma-m+\frac{1-\varepsilon}{2};\ \frac{1}{2ab^2}\right)$$
[$\varepsilon = 0$ или 1; $a>0$; $2ab^2>1$; $\operatorname{Re}\lambda > -1/2$; $\operatorname{Re}(\tau-\gamma-\lambda) > m+n+\varepsilon/2$].

18. $$\int_a^\infty (x-a)^{\gamma-1/2}(x-b)^{\lambda-1/2}(x+b)^{-\tau}C_{2m+\varepsilon}^{\gamma}\left(\sqrt{\frac{x+b}{a+b}}\right)C_n^\lambda\left(\frac{x}{b}\right)dx = \frac{2^n(\lambda)_n(2\gamma)_{2m+\varepsilon}}{(2m+\varepsilon)!n!b^n}\times$$
$$\times\left(\frac{\varepsilon}{2}+\tau-\lambda-n\right)_m\Gamma\left[\begin{matrix}\gamma+1/2,\ \tau-\lambda-\gamma-m-n-\varepsilon/2\\ \tau-\lambda-n+(1-\varepsilon)/2\end{matrix}\right](a+b)^{\gamma+\lambda+n-\tau}\times$$
$$\times {}_4F_3\left(\frac{1}{2}-\lambda-n,\ 1-2\lambda-n,\ \frac{\varepsilon}{2}+\tau+m-\lambda-n,\ \tau-\lambda-\gamma-m-n-\frac{\varepsilon}{2};\right.$$
$$\left.1-2\lambda-2n,\ \tau-\lambda-n,\ \frac{1}{2}+\tau-\lambda-n;\ \frac{2b}{a+b}\right)$$
[$\varepsilon = 0$ или 1; $a>b>0$; $\operatorname{Re}\gamma > -1/2$; $\operatorname{Re}(\tau-\gamma-\lambda) > m+n+\varepsilon/2$].

19. $$\int_a^\infty (x-a)^{\gamma+\lambda-1}(x+a)^{-\tau}C_{2m+\varepsilon}^{\gamma}\left(\sqrt{\frac{x+a}{2a}}\right)C_n^\lambda\left(\frac{x}{a}\right)dx =$$
$$= \frac{2^{\lambda+\gamma+2n-\tau}(\lambda)_n(2\gamma)_{2m+\varepsilon}}{(2m+\varepsilon)!n!}\left(\frac{\varepsilon}{2}+\tau-\lambda-n\right)_m\Gamma\left[\begin{matrix}\gamma+1/2,\ \tau-\lambda-\gamma-m-n-\varepsilon/2\\ \tau-\lambda-n+(1-\varepsilon)/2\end{matrix}\right]\times$$
$$\times a^{\gamma+\lambda-\tau}\,{}_4F_3\left(\frac{1}{2}-\lambda-n,\ 1-2\lambda-n,\ \frac{\varepsilon}{2}+\tau+m-\lambda-n,\right.$$
$$\left.\tau-\lambda-\gamma-m-n-\frac{\varepsilon}{2};\ 1-2\lambda-2n,\ \tau-\lambda-n,\ \frac{1}{2}+\tau-\lambda-n;\ 1\right)$$
[$\varepsilon = 0$ или 1; $a>0$; $0<\operatorname{Re}(\gamma+\lambda)<\operatorname{Re}\tau-m-n-\varepsilon/2$].

20. $$\int_{-a}^a (x+a)^{\lambda-1/2}(a-x)^{\beta-1}\operatorname{erf}(ab-bx)\left[C_n^\lambda\left(\frac{x}{a}\right)\right]^2dx = \frac{[(2\lambda)_n]^2}{\sqrt{\pi}\,n!}2^{\beta+\lambda+3/2}a^{\beta+\lambda+1/2}b\times$$
$$\times\Gamma\left[\begin{matrix}\beta+1,\ \lambda+1/2\\ \beta+\lambda+n+3/2\end{matrix}\right]{}_3F_3\left(\frac{1}{2},\ \frac{\beta+1}{2},\ \frac{\beta}{2}+1,\ \frac{3}{2},\ \frac{\beta+\lambda+n}{2}+\frac{3}{4},\ \frac{\beta+\lambda+n}{2}+\frac{5}{4};\ -ab^2\right)$$
[$a>0$; $\operatorname{Re}\beta>-1$; $\operatorname{Re}\lambda>-1/2$].

21. $$\int_{-a}^a (x+a)^{\lambda-1/2}(a-x)^{\beta-1}\operatorname{erf}\left(b\sqrt{a-x}\right)\left[C_n^\lambda\left(\frac{x}{a}\right)\right]^2dx =$$
$$= \frac{[(2\lambda)_n]^2}{\sqrt{\pi}\,n!}2^{\beta+\lambda+1}a^{\beta+\lambda}b\Gamma\left[\begin{matrix}\beta+1/2,\ \lambda+1/2\\ \beta+\lambda+n+1\end{matrix}\right]{}_2F_2\left(\frac{1}{2},\ \beta+\frac{1}{2};\ \frac{3}{2},\ \beta+\lambda+n+1;\ -ab^2\right)$$
[$a>0$; $\operatorname{Re}\beta$, $\operatorname{Re}\lambda>-1/2$].

2.22. МНОГОЧЛЕНЫ ЯКОБИ $P_n^{(\rho,\sigma)}(x)$

При вычислении интегралов, содержащих многочлены Якоби $P_n^{(\rho,\sigma)}(x)$, может оказаться полезной формула

$$P_n^{(\rho,\sigma)}(-x) = (-1)^n P_n^{(\sigma,\rho)}(x).$$

2.22.1. Интегралы общего вида.

Обозначение: $\delta = \begin{Bmatrix} 1 \\ 0 \end{Bmatrix}$.

1. $$\int_{-a}^{b} (x+a)^{\alpha-1}(a-x)^{\rho}[(a+b)^r-(a+x)^r]^{\beta-1} P_n^{(\rho,\sigma)}\left(\frac{x}{a}\right) dx =$$
$$= \frac{(-1)^n}{n!r}(2a)^{\rho}(a+b)^{\alpha+r\beta-r}\Gamma(\beta)\sum_{k=0}^{\infty}\frac{(-\rho-n)_k}{k!}(\sigma+k+1)_n\Gamma\begin{bmatrix}(\alpha+k)/r \\ \beta+(\alpha+k)/r\end{bmatrix}\left(\frac{a+b}{2a}\right)^k$$

$[-a < b < a;\ r,\ \operatorname{Re}\alpha,\ \operatorname{Re}\beta > 0]$.

2. $$\int_{-a}^{a} (x+a)^{\alpha-1}(a-x)^{\rho}[z^r-(a+x)^r]^{-\theta} P_n^{(\rho,\sigma)}\left(\frac{x}{a}\right) dx =$$
$$= \frac{(-1)^n}{n!z^{r\theta}}(2a)^{\alpha+\rho}\Gamma(\rho+n+1)\sum_{k=0}^{\infty}\frac{(\theta)_k}{k!}(\sigma-\alpha-rk+1)_n\Gamma\begin{bmatrix}\alpha+rk \\ \alpha+\rho+rk+n+1\end{bmatrix}\left(\frac{2a}{z}\right)^{rk}$$

$[a,\ r,\ \operatorname{Re}\alpha > 0;\ \operatorname{Re}\rho > -1;\ |\arg z\,(z-2a)| < \pi]$.

3. $$\int_{a}^{b} (x-a)^{\rho}(x+a)^{-\tau}[(a+b)^r-(a+x)^r]^{\beta-1} P_n^{(\rho,\sigma)}\left(\frac{x}{a}\right) dx =$$
$$= \frac{(a+b)^{\rho+r\beta-r-\tau+n+1}}{n!(2a)^n r}\Gamma(\beta)\sum_{k=0}^{\infty}\frac{(-\rho-n)_k}{k!}(\sigma+\rho-k+n+1)_n \times$$
$$\times\Gamma\begin{bmatrix}(\rho-\tau-k+n+1)/r \\ \beta+(\rho-\tau-k+n+1)/r\end{bmatrix}\left(\frac{2a}{a+b}\right)^k + \frac{(2a)^{\rho-\tau+1}}{n!}(a+b)^{r\beta-r} \times$$
$$\times\Gamma(\rho+n+1)\sum_{k=0}^{\infty}\frac{(1-\beta)_k}{k!}(\sigma+\tau-rk)_n\Gamma\begin{bmatrix}\tau-\rho-n-rk-1 \\ \tau-rk\end{bmatrix}\left(\frac{2a}{a+b}\right)^{rk}$$

$[b > a > 0;\ r,\ \operatorname{Re}\beta > 0;\ \operatorname{Re}\rho > -1]$.

4. $$\int_{a}^{b} (b-x)^{\rho}(x+b)^{-\tau}[(b+x)^r-(a+b)^r]^{\alpha-1} P_n^{(\rho,\sigma)}\left(\frac{x}{b}\right) dx =$$
$$= \frac{(-1)^n}{n!r}(2b)^{\rho}(a+b)^{r\alpha-r-\tau+1}\Gamma(\alpha)\sum_{k=0}^{\infty}\frac{(-\rho-n)_k}{k!}(1+\sigma+k)_n\Gamma\begin{bmatrix}1-\alpha+(\tau-k-1)/r \\ 1+(\tau-k-1)/r\end{bmatrix} \times$$
$$\times\left(\frac{a+b}{2b}\right)^k + \frac{(-1)^n}{n!}(2b)^{\rho+r\alpha-r-\tau+1}\Gamma(\rho+n+1)\sum_{k=0}^{\infty}\frac{(1-\alpha)_k}{k!}(r+rk+\sigma+\tau-\alpha r)_n \times$$
$$\times\Gamma\begin{bmatrix}\alpha r-r-rk-\tau+1 \\ \rho+\alpha r-r-rk-\tau+n+2\end{bmatrix}\left(\frac{a+b}{2b}\right)^{rk}$$

$[b > a > 0;\ r,\ \operatorname{Re}\alpha > 0;\ \operatorname{Re}\rho > -1]$.

5. $$\int_{a}^{\infty} (x-b)^{\rho}(x+b)^{-\tau}[(b+x)^r-(a+b)^r]^{\alpha-1} P_n^{(\rho,\sigma)}\left(\frac{x}{b}\right) dx = \frac{(a+b)^{\rho+r\alpha-r-\tau+n+1}}{n!(2b)^n r}\Gamma(\alpha) \times$$
$$\times\sum_{k=0}^{\infty}\frac{(-\rho-n)_k}{k!}(\rho+\sigma-k+n+1)_n\Gamma\begin{bmatrix}1-\alpha-(\rho-\tau-k+n+1)/r \\ 1-(\rho-\tau-k+n+1)/r\end{bmatrix}\left(\frac{2b}{a+b}\right)^k$$

$[a > b > 0;\ r,\ \operatorname{Re}\alpha > 0;\ \operatorname{Re}(\rho+r\alpha-\tau) < r-n-1]$.

6. $\displaystyle\int_{-a}^{a}(a-x)^{\rho}(x+a)^{\alpha-1}[(a+x)^r+z^r]^{-\theta}P_n^{(\rho,\sigma)}\left(\frac{x}{a}\right)dx=I$

$[a,\ r,\ \operatorname{Re}\alpha>0;\ \operatorname{Re}\rho>-1;\ r|\arg z|<\pi],$

$$I=\frac{(-1)^n(2a)^{\rho}z^{\alpha-r\theta}}{n!r\Gamma(\theta)}\sum_{k=0}^{\infty}\frac{(-\rho-n)_k}{k!}(\sigma+k+1)_n\Gamma\left(\frac{\alpha+k}{r}\right)\Gamma\left(\theta-\frac{\alpha+k}{r}\right)\left(\frac{z}{2a}\right)^k+$$
$$+\frac{(-1)^n}{n!}(2a)^{\alpha+\rho-\theta r}\Gamma(\rho+n+1)\sum_{k=0}^{\infty}\frac{(-1)^k(\theta)_k}{k!}(\sigma+\theta r+rk-\alpha+1)_n\times$$
$$\times\Gamma\begin{bmatrix}\alpha-\theta r-kr\\ \alpha+\rho-\theta r-kr+n+1\end{bmatrix}\left(\frac{z}{2a}\right)^{rk}\qquad[|z|<2a],$$

$$I=\frac{(-1)^n(2a)^{\alpha+\rho}z^{-\theta r}}{n!}\Gamma(\rho+n+1)\sum_{k=0}^{\infty}\frac{(-1)^k(\theta)_k}{k!}(\sigma-\alpha-rk+1)_n\times$$
$$\times\Gamma\begin{bmatrix}\alpha+rk\\ \alpha+\rho+rk+n+1\end{bmatrix}\left(\frac{2a}{z}\right)^{rk}\qquad[|z|>2a].$$

7. $\displaystyle\int_{a}^{\infty}(x-a)^{\rho}(x+a)^{-\tau}[(x+a)^r+z^r]^{-\theta}P_n^{(\rho,\sigma)}\left(\frac{x}{a}\right)dx=I$

$[a,\ r>0;\ \operatorname{Re}\rho>-1;\ \operatorname{Re}(\rho-\tau-r\theta)<-n-1;\ r|\arg z|<\pi],$

$$I=\frac{(2a)^{1+\rho-\tau-r\theta}}{n!}\Gamma(\rho+n+1)\sum_{k=0}^{\infty}\frac{(-1)^k(\theta)_k}{k!}(\sigma+\tau+r\theta+rk)_n\times$$
$$\times\Gamma\begin{bmatrix}\tau+rk+r\theta-\rho-n-1\\ \tau+rk+r\theta\end{bmatrix}\left(\frac{z}{2a}\right)^{rk}\qquad[|z|<2a],$$

$$I=\frac{(2a)^{1+\rho-\tau}}{n!z^{r\theta}}\Gamma(\rho+n+1)\sum_{k=0}^{\infty}\frac{(-1)^k(\theta)_k}{k!}(\sigma+\tau-rk)_n\Gamma\begin{bmatrix}\tau-\rho-n-rk-1\\ \tau-rk\end{bmatrix}\left(\frac{2a}{z}\right)^{rk}+$$
$$+\frac{z^{\rho-\tau-r\theta+n+1}}{n!r(2a)^n\Gamma(\theta)}\sum_{k=0}^{\infty}\frac{(-\rho-n)_k}{k!}(\sigma+\rho-k+n+1)_n\Gamma\left(\frac{\rho-\tau-k+n+1}{r}\right)\times$$
$$\times\Gamma\left(\theta-\frac{\rho-\tau-k+n+1}{r}\right)\left(\frac{2a}{z}\right)^k\qquad[|z|>2a].$$

8. $\displaystyle\int_{-a}^{a}\frac{(x+a)^{\alpha-1}(a-x)^{\rho}}{(a+x)^r-(a+y)^r}P_n^{(\rho,\sigma)}\left(\frac{x}{a}\right)dx=I\qquad[a,\ r,\ \operatorname{Re}\alpha>0;\ \operatorname{Re}\rho>-1],$

$$I=\frac{(-1)^{n+1}\pi(2a)^{\rho}(a+y)^{\alpha-r}}{n!r}\sum_{k=0}^{\infty}\frac{(-\rho-n)_k}{k!}(\sigma+k+1)_n\operatorname{ctg}\frac{\alpha+k}{r}\pi\left(\frac{a+y}{2a}\right)^k+\frac{(-1)^n}{n!}\times$$
$$\times(2a)^{\alpha+\rho-r}\Gamma(\rho+n+1)\sum_{k=0}^{\infty}(\sigma+r+rk-\alpha+1)_n\Gamma\begin{bmatrix}\alpha-r-rk\\ \alpha+\rho-r-rk+n+1\end{bmatrix}\left(\frac{a+y}{2a}\right)^{rk}$$
$$[-a<y<a],$$

$$I=\frac{(-1)^{n-1}(2a)^{\alpha+\rho}}{n!(a+y)^r}\Gamma(\rho+n+1)\sum_{k=0}^{\infty}(\sigma-\alpha-rk+1)_n\Gamma\begin{bmatrix}\alpha+rk\\ \alpha+\rho+rk+n+1\end{bmatrix}\left(\frac{2a}{a+y}\right)^{rk}$$
$$[y>a].$$

9. $\displaystyle\int_{a}^{\infty}\frac{(x-a)^{\rho}(x+a)^{-\tau}}{(x+a)^r-(y+a)^r}P_n^{(\rho,\sigma)}\left(\frac{x}{a}\right)dx=I\qquad[a,\ r>0;\ \operatorname{Re}\rho>-1;\ \operatorname{Re}(\rho-\tau)<r-n-1],$

$$I=\frac{(2a)^{\rho-\tau-r+1}}{n!}\Gamma(\rho+n+1)\sum_{k=0}^{\infty}(\sigma+\tau+r+rk)_n\Gamma\begin{bmatrix}\tau+rk+r-\rho-n-1\\ \tau+r+rk\end{bmatrix}\left(\frac{a+y}{2a}\right)^{rk}$$
$$[-a<y<a],$$

$$I = -\frac{(2a)^{\rho-\tau+1}}{n!(a+y)^r}\Gamma(\rho+n+1)\sum_{k=0}^{\infty}(\sigma+\tau-rk)_n\Gamma\left[\begin{matrix}\tau-\rho-rk-n-1\\ \tau-rk\end{matrix}\right]\left(\frac{2a}{a+y}\right)^{rk} -$$

$$-\frac{(a+y)^{\rho-\tau-r+n+1}}{n!r(2a)^n}\pi\sum_{k=0}^{\infty}\frac{(-\rho-n)_k}{k!}(\sigma+\rho-k+n+1)_n\operatorname{ctg}\frac{\rho-\tau-k+n+1}{r}\pi\left(\frac{2a}{a+y}\right)^k$$

$[y > a]$.

10. $$\int_{-a}^{a}(x+a)^{\alpha-1}(a-x)^{\rho}e^{-p(x+a)^r}P_n^{(\rho,\,\sigma)}\left(\frac{x}{a}\right)dx = \frac{(-1)^n}{n!}(2a)^{\alpha+\rho}\Gamma(\rho+n+1)\times$$

$$\times\sum_{k=0}^{\infty}\frac{1}{k!}(\sigma-\alpha-rk+1)_n\Gamma\left[\begin{matrix}\alpha+rk\\ \alpha+\rho+rk+n+1\end{matrix}\right](-2^r a^r p)^k$$

$[a,\ r,\ \operatorname{Re}\alpha > 0;\ \operatorname{Re}\rho > -1]$.

11. $$\int_{-a}^{a}(x+a)^{\alpha-1}(a-x)^{\rho}e^{-p(x+a)^{-r}}P_n^{(\rho,\,\sigma)}\left(\frac{x}{a}\right)dx =$$

$$= \frac{(-1)^n}{n!}(2a)^{\alpha+\rho}\Gamma(\rho+n+1)\sum_{k=0}^{\infty}\frac{1}{k!}(\sigma+kr-\alpha+1)_n\Gamma\left[\begin{matrix}\alpha-rk\\ \alpha+\rho-rk+n+1\end{matrix}\right]\times$$

$$\times\left(-\frac{p}{2^r a^r}\right)^k + \frac{(-1)^n}{n!r}(2a)^{\rho}p^{\alpha/r}\sum_{k=0}^{\infty}\frac{(-\rho-n)_k}{k!}(\sigma+k+1)_n\Gamma\left(-\frac{\alpha+k}{r}\right)\left(\frac{p}{2^r a^r}\right)^{k/r}$$

$[a,\ r,\ \operatorname{Re}p > 0;\ \operatorname{Re}\rho > -1]$.

12. $$\int_{a}^{\infty}(x-a)^{\rho}(x+a)^{-\tau}e^{-p(x+a)^r}P_n^{(\rho,\,\sigma)}\left(\frac{x}{a}\right)dx = \frac{(2a)^{\rho-\tau+1}}{n!}\Gamma(\rho+n+1)\times$$

$$\times\sum_{k=0}^{\infty}\frac{1}{k!}(\sigma+\tau-rk)_n\Gamma\left[\begin{matrix}\tau-\rho-rk-n-1\\ \tau-rk\end{matrix}\right](-2^r a^r p)^k +$$

$$+\frac{p^{(\tau-\rho-n-1)/r}}{n!r(2a)^n}\sum_{k=0}^{\infty}\frac{(-\rho-n)_k}{k!}(\sigma+\rho-k+n+1)_n\Gamma\left(\frac{\rho-\tau-k+n+1}{r}\right)(2^r a^r p)^{k/r}$$

$[a,\ r,\ \operatorname{Re}p > 0;\ \operatorname{Re}\rho > -1]$.

13. $$\int_{a}^{\infty}(x-a)^{\rho}(x+a)^{-\tau}e^{-p(x+a)^{-r}}P_n^{(\rho,\,\sigma)}\left(\frac{x}{a}\right)dx = \frac{(2a)^{\rho-\tau+1}}{n!}\Gamma(\rho+n+1)\times$$

$$\times\sum_{k=0}^{\infty}\frac{(-1)^k}{k!}(\sigma+\tau+rk)_n\Gamma\left[\begin{matrix}\tau+rk-\rho-n-1\\ \tau+rk\end{matrix}\right]\left(\frac{p}{2^r a^r}\right)^k$$

$[a,\ r > 0;\ \operatorname{Re}\rho > -1;\ \operatorname{Re}(\rho-\tau) < -n-1]$.

14. $$\int_{-a}^{a}(x+a)^{\alpha-1}(a-x)^{\rho}\left\{\begin{matrix}\sin b\,(x+a)^r\\ \cos b\,(x+a)^r\end{matrix}\right\}P_n^{(\rho,\,\sigma)}\left(\frac{x}{a}\right)dx = \frac{(-1)^n}{n!}(2a)^{\alpha+\rho+r\delta}b^{\delta}\Gamma(\rho+n+1)\times$$

$$\times\sum_{k=0}^{\infty}\frac{(-1)^k}{k!(\delta+1/2)_k}(1+\sigma-\alpha-r\delta-2rk)_n\Gamma\left[\begin{matrix}\alpha+r\delta+2rk\\ \alpha+\rho+r\delta+2rk+n+1\end{matrix}\right]\left(\frac{a^r b}{2^{1-r}}\right)^{2k}$$

$[a,\ r > 0;\ \operatorname{Re}\rho > -1;\ \operatorname{Re}\alpha > -\delta r]$.

15. $$\int_{a}^{\infty}(x-a)^{\rho}(x+a)^{-\tau}\left\{\begin{matrix}\sin b\,(x+a)^r\\ \cos b\,(x+a)^r\end{matrix}\right\}P_n^{(\rho,\,\sigma)}\left(\frac{x}{a}\right)dx = \frac{(2a)^{\rho+\delta r-\tau+1}b^{\delta}}{n!}\Gamma(\rho+n+1)\times$$

$$\times\sum_{k=0}^{\infty}\frac{(-1)^k}{(1/2+\delta)_k k!}(\sigma+\tau-\delta r-2rk)_n\Gamma\left[\begin{matrix}\tau-\rho-n-\delta r-2rk-1\\ \tau-\delta r-2rk\end{matrix}\right]\left(\frac{a^r b}{2^{1-r}}\right)^{2k} +$$

$$+\frac{b^{(\tau-\rho-n-1)/r}}{n!r(2a)^n}\sum_{k=0}^{\infty}\frac{(-\rho-n)_k}{k!}(\sigma+\rho-k+n+1)_n\times$$
$$\times\Gamma\left(\frac{\rho-\tau-k+n+1}{r}\right)\begin{Bmatrix}\sin[(\rho-\tau-k+n+1)\pi/(2r)]\\ \cos[(\rho-\tau-k+n+1)\pi/(2r)]\end{Bmatrix}(2^r a^r b)^{k/r}$$
$$[a,\ b,\ r>0;\ \operatorname{Re}\rho>-1;\ \operatorname{Re}(\rho-\tau)<r-n-1].$$

16. $$\int_{-a}^{a}(x+a)^{\alpha-1}(a-x)^{\rho}\begin{Bmatrix}\ln[(a+x)^r+z^r]\\ \ln|(a+x)^r-z^r|\end{Bmatrix}P_n^{(\rho,\,\sigma)}\left(\frac{x}{a}\right)dx=I$$
$$\left[a,\ r,\ \operatorname{Re}\alpha>0;\ \operatorname{Re}\rho>-1,\ \begin{Bmatrix}r|\arg z|<\pi\\ z>0\end{Bmatrix}\right],$$
$$I=\frac{(-1)^n\pi}{n!}(2a)^{\rho}z^{\alpha}\sum_{k=0}^{\infty}\frac{(-\rho-n)_k}{k!(\alpha+k)}(\sigma+k+1)_n\begin{Bmatrix}\operatorname{cosec}[(\alpha+k)\pi/r]\\ \operatorname{ctg}[(\alpha+k)\pi/r]\end{Bmatrix}\left(\frac{z}{2a}\right)^k\pm$$
$$\pm\frac{(-1)^n}{n!}(2a)^{\alpha+\rho-r}z^r\Gamma(\rho+n+1)\times$$
$$\times\sum_{k=0}^{\infty}\frac{(\mp1)^k}{k+1}(\sigma-\alpha+r+rk+1)_n\Gamma\begin{bmatrix}\alpha-r-rk\\ \alpha+\rho-r-rk+n+1\end{bmatrix}\left(\frac{z}{2a}\right)^{rk}+$$
$$+\frac{(-1)^n r}{n!}(2a)^{\alpha+\rho}\,\mathrm{B}(\alpha,\ \rho+n+1)(\sigma-\alpha+1)_n\times$$
$$\times\left[\psi(\alpha)-\psi(\alpha+\rho+n+1)-\sum_{j=0}^{n-1}\frac{1}{\sigma-\alpha+j+1}+\ln(2a)\right]\qquad[|z|<2a],$$
$$I=\pm\frac{(-1)^n}{n!}(2a)^{\alpha+\rho+r}z^{-r}\Gamma(\rho+n+1)\times$$
$$\times\sum_{k=0}^{\infty}\frac{(\mp1)^k}{k+1}(\sigma-\alpha-r-rk+1)_n\Gamma\begin{bmatrix}\alpha-r-rk\\ \rho+\alpha-r-rk+n+1\end{bmatrix}\left(\frac{2a}{z}\right)^{rk}+$$
$$+\frac{(-1)^n r}{n!}(2a)^{\alpha+\rho}(1-\alpha+\sigma)_n\,\mathrm{B}(\alpha,\ \rho+n+1)\ln z\qquad[|z|>2a].$$

17. $$\int_{a}^{\infty}(x-a)^{\rho}(x+a)^{-\tau}\begin{Bmatrix}\ln[(x+a)^r+z^r]\\ \ln|(x+a)^r-z^r|\end{Bmatrix}P_n^{(\rho,\,\sigma)}\left(\frac{x}{a}\right)dx=I$$
$$\left[a,\ r>0;\ \operatorname{Re}\rho>-1;\ \operatorname{Re}(\rho-\tau)<-n-1,\ \begin{Bmatrix}r|\arg z|<\pi\\ z>0\end{Bmatrix}\right],$$
$$I=\pm\frac{(2a)^{\rho-\tau-r+1}z^r}{n!}\Gamma(\rho+n+1)\sum_{k=0}^{\infty}\frac{(\mp1)^k}{k+1}(\sigma+\tau+r+rk)_n\times$$
$$\times\Gamma\begin{bmatrix}\tau+r+rk-\rho-n-1\\ \tau+r+rk\end{bmatrix}\left(\frac{z}{2a}\right)^{rk}-\frac{(2a)^{\rho-\tau+1}r(\tau+\sigma)_n}{n!}\,\mathrm{B}(\rho+n+1,\ \tau-\rho-n-1)\times$$
$$\times\left[\psi(\tau-\rho-n-1)-\psi(\tau)+\sum_{j=0}^{n-1}\frac{1}{\sigma+\tau+j}-\ln(2a)\right]\qquad[|z|<2a],$$
$$I=\pm\frac{(2a)^{\rho+r-\tau+1}}{n!z^r}\Gamma(\rho+n+1)\sum_{k=0}^{\infty}\frac{(\mp1)^k}{k+1}(\sigma+\tau-r-rk)_n\times$$
$$\times\Gamma\begin{bmatrix}\tau-\rho-r-rk-n-1\\ \tau-r-rk\end{bmatrix}\left(\frac{2a}{z}\right)^{rk}+\frac{\pi z^{\rho-\tau+n+1}}{n!(2a)^n}\times$$
$$\times\sum_{k=0}^{\infty}\frac{(-\rho-n)_k(\sigma+\rho-k+n+1)_n}{k!(\tau-\rho+k-n-1)}\begin{Bmatrix}\operatorname{cosec}[(\tau-\rho+k-n-1)\pi/r]\\ \operatorname{ctg}[(\tau-\rho+k-n-1)\pi/r]\end{Bmatrix}\left(\frac{2a}{z}\right)^k+$$
$$+\frac{(2a)^{\rho-\tau+1}r}{n!}(\sigma+\tau)_n\,\mathrm{B}(\rho+n+1,\ \tau-\rho-n-1)\ln z\qquad[|z|>2a].$$

18. $$\int_{-a}^{a}(x+a)^{\alpha-1}(a-x)^{\rho}\,\mathrm{Ei}\,(-b(x+a)^r)P_n^{(\rho,\,\sigma)}\Bigl(\frac{x}{a}\Bigr)\,dx = \frac{(-1)^{n+1}}{n!}\,(2a)^{\alpha+\rho+r}b\Gamma(\rho+n+1)\times$$
$$\times\sum_{k=0}^{\infty}\frac{(\sigma-\alpha-r-rk+1)_n}{k!(k+1)^2}\,\Gamma\biggl[\begin{matrix}\alpha+r+rk\\ \alpha+\rho+r+rk+n+1\end{matrix}\biggr](-2^ra^rb)^k-$$
$$-\frac{(-1)^n}{n!}\,(\sigma-\alpha+1)_n\,\mathrm{B}\,(\rho+n+1,\,\alpha)(2a)^{\alpha+\rho}\biggl[\mathbf{C}+r\psi(\alpha)-r\psi(\alpha+\rho+n+1)-$$
$$-\sum_{j=0}^{n-1}\frac{r}{\sigma-\alpha+j+1}+\ln\,(2^ra^rb)\biggr]\qquad[a,\ r,\ \mathrm{Re}\,\alpha>0;\ \mathrm{Re}\,\rho>-1].$$

19. $$\int_{a}^{\infty}(x-a)^{\rho}(x+a)^{-\tau}\,\mathrm{Ei}\,(-b(x+a)^r)P_n^{(\rho,\,\sigma)}\Bigl(\frac{x}{a}\Bigr)\,dx = -\frac{(2a)^{\rho-\tau+r+1}b}{n!}\,\Gamma(\rho+n+1)\times$$
$$\times\sum_{k=0}^{\infty}\frac{(\sigma+\tau-r-rk)_n}{k!(k+1)^2}\Gamma\biggl[\begin{matrix}\tau-\rho-r-rk-n-1\\ \tau-r-rk\end{matrix}\biggr](-2^ra^rb)^k+\frac{b^{(\tau-\rho-n-1)/r}}{n!(2a)^n}\times$$
$$\times\sum_{k=0}^{\infty}\frac{(-\rho-n)_k(\sigma+\rho-k+n+1)_n}{k!(\tau-\rho+k-n-1)}\,\Gamma\biggl(\frac{\rho-\tau-k+n+1}{r}\biggr)(2^ra^rb)^{k/r}+$$
$$+\frac{(2a)^{\rho-\tau+1}}{n!}\,\mathrm{B}\,(\rho+n+1,\,\tau-\rho-n-1)(\sigma+\tau)_n\times$$
$$\times\biggl[\mathbf{C}-r\psi(\tau-\rho-n-1)+r\psi(\tau)-\sum_{j=0}^{n-1}\frac{r}{\sigma+\tau+j}+\ln\,(2^ra^rb)\biggr]$$
$$[a,\ r,\ \mathrm{Re}\,b>0;\ \mathrm{Re}\,\rho>-1].$$

20. $$\int_{-a}^{a}(x+a)^{\alpha-1}(a-x)^{\rho}\left\{\begin{matrix}\mathrm{si}\,(b(x+a)^r)\\ \mathrm{ci}\,(b(x+a)^r)\end{matrix}\right\}P_n^{(\rho,\,\sigma)}\Bigl(\frac{x}{a}\Bigr)\,dx = \frac{(-1)^{n+1}(2a)^{\alpha+\rho+r\delta+2r}}{2\cdot 3^{\delta}n!}\,b^{\delta+2}\times$$
$$\times\Gamma(\rho+n+1)\sum_{k=0}^{\infty}\frac{(-1)^k(\sigma-\alpha-r\delta-2r-2rk+1)_n}{(k+1)!(3/2+\delta)_k(2k+\delta+2)}\,\Gamma\biggl[\begin{matrix}\alpha+r\delta+2r+2rk\\ \alpha+\rho+r\delta+2r+2rk+n+1\end{matrix}\biggr]\times$$
$$\times\biggl(\frac{a^rb}{2^{1-r}}\biggr)^{2k}+\frac{(-1)^n}{n!}\,\mathrm{B}\,(\rho+n+1,\,\alpha+r\delta)(\sigma-\alpha-r\delta+1)_n(2a)^{\alpha+\rho+r\delta}b^{\delta}\left\{\begin{matrix}1\\ R\end{matrix}\right\}-$$
$$-\,\delta\frac{(-1)^n}{2(n!)}\,(2a)^{\alpha+\rho}\pi\,\mathrm{B}\,(\rho+n+1,\,\alpha)(\sigma-\alpha+1)_n,$$
$$R=\mathbf{C}+r\psi(\alpha)-r\psi(\alpha+\rho+n+1)-\sum_{j=0}^{n-1}\frac{r}{\sigma-\alpha+j+1}+\ln\,(2^ra^rb)$$
$$[a,\ r,\ \mathrm{Re}\,\alpha>0;\ \mathrm{Re}\,\rho>-1].$$

21. $$\int_{a}^{\infty}(x-a)^{\rho}(x+a)^{-\tau}\left\{\begin{matrix}\mathrm{si}\,(b(x+a)^r)\\ \mathrm{ci}\,(b(x+a)^r)\end{matrix}\right\}P_n^{(\rho,\,\sigma)}\Bigl(\frac{x}{a}\Bigr)\,dx = -\frac{(2a)^{\rho+\delta r+2r-\tau+1}}{2\cdot 3^{\delta}n!}\,b^{\delta+2}\times$$
$$\times\Gamma(\rho+n+1)\sum_{k=0}^{\infty}\frac{(-1)^k(\tau+\sigma-\delta r-2r-2rk)_n}{(k+1)!(3/2+\delta)_k(2k+\delta+2)}\,\Gamma\biggl[\begin{matrix}\tau-\rho-\delta r-2r-2rk-n-1\\ \tau-\delta r-2r-2rk\end{matrix}\biggr]\times$$
$$\times\biggl(\frac{a^rb}{2^{1-r}}\biggr)^{2k}+\frac{b^{(\tau-\rho-n-1)/r}}{n!(2a)^n}\sum_{k=0}^{\infty}\frac{(-\rho-n)_k}{k!(\tau-\rho+k-n-1)}\,(\sigma+\rho-k+n+1)_n\times$$
$$\times\Gamma\biggl(\frac{\rho-\tau-k+n+1}{r}\biggr)\left\{\begin{matrix}\sin\,[(\rho-\tau-k+n+1)\pi/(2r)]\\ \cos\,[(\rho-\tau-k+n+1)\pi/(2r)]\end{matrix}\right\}(2^ra^rb)^{k/r}+$$

$$+\frac{(2a)^{\rho+\delta r-\tau+1}b^{\delta}}{n!}(\sigma+\tau-\delta r)_n\,\mathrm{B}(\rho+n+1,\ \tau-\rho-\delta r-n-1)\begin{Bmatrix}1\\R\end{Bmatrix}-$$

$$-\delta\frac{(2a)^{\rho-\tau+1}\pi}{2(n!)}(\sigma+\tau)_n\,\mathrm{B}(\rho+n+1,\ \tau-\rho-n-1),$$

$$R=\mathbf{C}-r\psi(\tau-\rho-n-1)+r\psi(\tau)-\sum_{k=0}^{n-1}\frac{r}{\sigma+\tau+j}+\ln(2^r a^r b)$$

$[a,\ b,\ r>0;\ \operatorname{Re}\rho>-1;\ \operatorname{Re}(\rho-\tau)<2r-n-1]$.

22. $$\int_{-a}^{a}(x+a)^{\alpha-1}(a-x)^{\rho}\begin{Bmatrix}\operatorname{erf}(b(x+a)^r)\\\operatorname{erfc}(b(x+a)^r)\end{Bmatrix}P_n^{(\rho,\,\sigma)}\left(\frac{x}{a}\right)dx=\pm\frac{(-1)^n2(2a)^{\alpha+\rho+r}b}{n!\sqrt{\pi}}\times$$

$$\times\Gamma(\rho+n+1)\sum_{k=0}^{\infty}\frac{(-1)^k}{k!(2k+1)}(\sigma-\alpha-r-2rk+1)_n\Gamma\begin{bmatrix}\alpha+r+2rk\\\alpha+\rho+r+2rk+n+1\end{bmatrix}(2^r a^r b)^{2k}+$$

$$+\begin{Bmatrix}0\\1\end{Bmatrix}\frac{(-1)^n}{n!}(2a)^{\alpha+\rho}\,\mathrm{B}(\alpha,\ \rho+n+1)(\sigma-\alpha+1)_n$$

$[a,\ r>0;\ \operatorname{Re}\rho>-1;\ \operatorname{Re}\alpha>-(1\pm1)r/2]$.

23. $$\int_{a}^{\infty}(x-a)^{\rho}(x+a)^{-\tau}\begin{Bmatrix}\operatorname{erf}(b(x+a)^r)\\\operatorname{erfc}(b(x+a)^r)\end{Bmatrix}P_n^{(\rho,\,\sigma)}\left(\frac{x}{a}\right)dx=\pm\frac{2(2a)^{\rho+r-\tau+1}b}{n!\sqrt{\pi}}\Gamma(\rho+n+1)\times$$

$$\times\sum_{k=0}^{\infty}\frac{(-1)^k}{k!(2k+1)}(\sigma+\tau-r-2rk)_n\Gamma\begin{bmatrix}\tau-\rho-r-2rk-n-1\\\tau-r-2rk\end{bmatrix}(2^r a^r b)^{2k}\pm$$

$$\pm\frac{b^{(\tau-\rho-n-1)/r}}{n!(2a)^n\sqrt{\pi}}\sum_{k=0}^{\infty}\frac{(-\rho-n)_k(\sigma+\rho-k+n+1)_n}{k!(\tau-\rho+k-n-1)}\Gamma\left(\frac{r+\rho-\tau-k+n+1}{2r}\right)(2^r a^r b)^{k/r}+$$

$$+\begin{Bmatrix}0\\1\end{Bmatrix}\frac{(2a)^{\rho-\tau+1}}{n!}\mathrm{B}(\rho+n+1,\ \tau-\rho-n-1)(\sigma+\tau)_n$$

$$\left[a,\ r>0;\ \operatorname{Re}\rho>-1,\ \begin{Bmatrix}|\arg b|<\pi/4,\ \operatorname{Re}(\rho-\tau)<-n-1\\|\arg b|<\pi/4\end{Bmatrix}\right].$$

24. $$\int_{-a}^{a}(x+a)^{\alpha-1}(a-x)^{\rho}\begin{Bmatrix}J_\nu(b(x+a)^r)\\I_\nu(b(x+a)^r)\end{Bmatrix}P_n^{(\rho,\,\sigma)}\left(\frac{x}{a}\right)dx=$$

$$=\frac{(-1)^n2^{\alpha+\rho+\nu r-\nu}}{n!}a^{\alpha+\rho+\nu r}b^{\nu}\Gamma\begin{bmatrix}\rho+n+1\\\nu+1\end{bmatrix}\sum_{k=0}^{\infty}\frac{(\mp1)^k}{k!(\nu+1)_k}(\sigma-\alpha-\nu r-2rk+1)_n\times$$

$$\times\Gamma\begin{bmatrix}\alpha+\nu r+2rk\\\alpha+\rho+\nu r+2rk+n+1\end{bmatrix}\left(\frac{a^r b}{2^{1-r}}\right)^{2k}$$

$[a,\ r,\ \operatorname{Re}(\alpha+\nu r)>0;\ \operatorname{Re}\rho>-1]$.

25. $$\int_{a}^{\infty}(x-a)^{\rho}(x+a)^{-\tau}J_\nu(b(x+a)^r)P_n^{(\rho,\,\sigma)}\left(\frac{x}{a}\right)dx=\frac{2^{\rho-\tau+\nu r-\nu+1}}{n!}a^{\rho-\tau+\nu r+1}b^{\nu}\times$$

$$\times\Gamma\begin{bmatrix}\rho+n+1\\\nu+1\end{bmatrix}\sum_{k=0}^{\infty}\frac{(-1)^k}{k!(\nu+1)_k}(\sigma+\tau-\nu r-2rk)_n\Gamma\begin{bmatrix}\tau-\rho-\nu r-2rk-n-1\\\tau-\nu r-2rk\end{bmatrix}\left(\frac{a^r b}{2^{1-r}}\right)^{2k}+$$

$$+\frac{2^{(\rho-\tau+n+1)/r-n-1}b^{(\tau-\rho-n-1)/r}}{n!ra^n}\times$$

$$\times\sum_{k=0}^{\infty}\frac{(-\rho-n)_k}{k!}(\sigma+\rho-k+n+1)_n\Gamma\begin{bmatrix}(\nu r+\rho-\tau-k+n+1)/(2r)\\1+(\nu r-\rho+\tau+k-n-1)/(2r)\end{bmatrix}\left(\frac{a^r b}{2^{1-r}}\right)^{k/r}$$

$[a,\ b,\ r>0;\ \operatorname{Re}\rho>-1;\ \operatorname{Re}(\rho-\tau)<3r/2-n-1]$.

26. $$\int_{-a}^{a}(x+a)^{\alpha-1}(a-x)^{\rho}e^{-b(x+a)^r}L_m^{\gamma}(b(x+a)^r)P_n^{(\rho,\,\sigma)}\left(\frac{x}{a}\right)dx=\frac{(-1)^n}{m!n!}\,(2a)^{\alpha+\rho}\Gamma(\rho+n+1)\times$$
$$\times\sum_{k=0}^{\infty}\frac{1}{k!}\,(\gamma+k+1)_m(\sigma-\alpha-rk+1)_n\Gamma\left[\begin{matrix}\alpha+rk\\ \alpha+\rho+rk+n+1\end{matrix}\right](-2^ra^rb)^k$$
$[a,\ r,\ \operatorname{Re}\alpha>0;\ \operatorname{Re}\rho>-1]$.

27. $$\int_{a}^{\infty}(x-a)^{\rho}(x+a)^{-\tau}e^{-b(x+a)^r}L_m^{\gamma}(b(x+a)^r)P_n^{(\rho,\,\sigma)}\left(\frac{x}{a}\right)dx=\frac{(2a)^{\rho-\tau+1}}{m!n!}\,\Gamma(\rho+n+1)\times$$
$$\times\sum_{k=0}^{\infty}\frac{1}{k!}\,(\sigma+\tau-kr)_n(\gamma+k+1)_m\Gamma\left[\begin{matrix}\tau-\rho-rk-n-1\\ \tau-rk\end{matrix}\right](-2^ra^rb)^k+$$
$$+\frac{b^{(\tau-\rho-n-1)/r}}{m!n!r(2a)^n}\sum_{k=0}^{\infty}\frac{(-\rho-n)_k}{k!}\,(\sigma+\rho-k+n+1)_n\left(\gamma+1+\frac{\tau-\rho+k-n-1}{r}\right)_m\times$$
$$\times\Gamma\left(\frac{\rho-\tau-k+n+1}{r}\right)(2^ra^rb)^{k/r}$$
$[a,\ r,\ \operatorname{Re}b>0;\ \operatorname{Re}\rho>-1]$.

28. $$\int_{-a}^{a}(x+a)^{\alpha-1}(a-x)^{\rho}e^{-b^2(x+a)^{2r}}H_{2m+\varepsilon}(b(x+a)^r)P_n^{(\rho,\,\sigma)}\left(\frac{x}{a}\right)dx=$$
$$=\frac{(-1)^{m+n}2^{2m+\varepsilon}}{n!}\,(2a)^{\alpha+\rho+r\varepsilon}b^{\varepsilon}\Gamma(\rho+n+1)\sum_{k=0}^{\infty}\frac{(-1)^k}{k!}\left(\varepsilon+k+\frac{1}{2}\right)_m\times$$
$$\times(\sigma-\alpha-r\varepsilon-2rk+1)_n\Gamma\left[\begin{matrix}\alpha+r\varepsilon+2rk\\ \alpha+\rho+r\varepsilon+2rk+n+1\end{matrix}\right](2^ra^rb)^{2k}$$
$[\varepsilon=0$ или $1;\ a,\ r>0;\ \operatorname{Re}\rho>-1;\ \operatorname{Re}\alpha>-r\varepsilon]$.

29. $$\int_{a}^{\infty}(x-a)^{\rho}(x+a)^{-\tau}e^{-b^2(x+a)^{2r}}H_{2m+\varepsilon}(b(x+a)^r)P_n^{(\rho,\,\sigma)}\left(\frac{x}{a}\right)dx=$$
$$=\frac{(-1)^m2^{\rho+r\varepsilon+2m+\varepsilon-\tau+1}}{n!}\,a^{\rho+r\varepsilon-\tau+1}b^{\varepsilon}\Gamma(\rho+n+1)\times$$
$$\times\sum_{k=0}^{\infty}\frac{(-1)^k}{k!}\,(\sigma+\tau-r\varepsilon-2rk)_n\left(\varepsilon+k+\frac{1}{2}\right)_m\Gamma\left[\begin{matrix}\tau-\rho-r\varepsilon-2rk-n-1\\ \tau-r\varepsilon-2rk\end{matrix}\right]\times$$
$$\times(2^ra^rb)^{2k}+\frac{(-1)^mb^{(\tau-\rho-n-1)/r}2^{2m+\varepsilon-n-1}}{n!ra^n}\sum_{k=0}^{\infty}\frac{(-\rho-n)_k}{k!}\,(\sigma+\rho-k+n+1)_n\times$$
$$\times\left(\frac{r+r\varepsilon-\rho+\tau+k-n-1}{2r}\right)_m\Gamma\left(\frac{r\varepsilon+\rho-\tau-k+n+1}{2r}\right)(2^ra^rb)^{k/r}$$
$[\varepsilon=0$ или $1;\ a,\ r>0;\ \operatorname{Re}\rho>-1;\ |\arg b|<\pi/4]$.

30. $$\int_{-a}^{a}(x+a)^{\alpha-1}(a-x)^{\rho}[1-b^2(x+a)^{2r}]^{\gamma-1/2}C_{2m+\varepsilon}^{\gamma}(b(x+a)^r)P_n^{(\rho,\,\sigma)}\left(\frac{x}{a}\right)dx=$$
$$=\frac{(-1)^{m+n}2^{\alpha+\rho+r\varepsilon+2m+\varepsilon}a^{\alpha+\rho+r\varepsilon}}{n!(2m+\varepsilon)!}\,(\gamma)_{m+\varepsilon}\Gamma(\rho+n+1)b^{\varepsilon}\sum_{k=0}^{\infty}\frac{1}{k!}\left(\frac{1}{2}-\gamma-m\right)_k\times$$
$$\times\left(\frac{1}{2}+\varepsilon+k\right)_m(\sigma-\alpha-r\varepsilon-2rk+1)_n\Gamma\left[\begin{matrix}\alpha+r\varepsilon+2rk\\ \alpha+\rho+r\varepsilon+2rk+n+1\end{matrix}\right](2^ra^rb)^{2k}$$
$[\varepsilon=0$ или $1;\ a,\ b,\ r>0;\ 2ab^{1/r}<1;\ \operatorname{Re}\alpha>-r\varepsilon$ и $\operatorname{Re}\rho>-1$
(или $\operatorname{Re}(\rho+\gamma)>-1/2$ при $2ab^{1/r}=1)]$.

31. $$\int\limits_{\pm a}^{b}(x\mp a)^{\alpha-1}[(b\mp a)^{2r}-(x\mp a)^{2r}]^{\gamma-1/2}\left\{\begin{matrix}(x+a)^{\sigma}\\(a-x)^{\rho}\end{matrix}\right\}C_{2m+\varepsilon}^{\gamma}\left(\left(\frac{x\mp a}{b\mp a}\right)^{r}\right)P_n^{(\rho,\,\sigma)}\left(\frac{x}{a}\right)dx=$$

$$=\frac{(-1)^m(\pm1)^n(2a)^{\psi}(b\mp a)^{\alpha+2\gamma r-r}}{2(n!)r(2m+\varepsilon)!}\Gamma\left(\gamma+\frac{1}{2}\right)(2\gamma)_{2m+\varepsilon}\sum_{k=0}^{\infty}\frac{(-\psi-n)_k}{k!}\times$$

$$\times(\psi+k+1)_n\left(\frac{r+r\varepsilon-\alpha-k}{2r}\right)_m\Gamma\left[\begin{matrix}(r\varepsilon+\alpha+k)/(2r)\\m+\gamma+(r+r\varepsilon+\alpha+k)/(2r)\end{matrix}\right]\left(\frac{a\mp b}{2a}\right)^k$$

$\left[\varepsilon=0\text{ или }1;\ r>0;\ \operatorname{Re}\alpha>-r\varepsilon;\ \operatorname{Re}\gamma>-1/2,\ \left\{\begin{matrix}b>a>0\\a>b>0\end{matrix}\right\},\ \varphi=\left\{\begin{matrix}\rho\\\sigma\end{matrix}\right\},\ \psi=\left\{\begin{matrix}\sigma\\\rho\end{matrix}\right\}\right].$

32. $$\int\limits_{a}^{b}(x-a)^{\rho}[(a+b)^{2r}-(a+x)^{2r}]^{\gamma-1/2}(a+x)^{-\tau}C_{2m+\varepsilon}^{\gamma}\left(\left(\frac{a+x}{a+b}\right)^{r}\right)P_n^{(\rho,\,\sigma)}\left(\frac{x}{a}\right)dx=$$

$$=\frac{(-1)^m2^{2m+\varepsilon}(2a)^{\rho+r\varepsilon-\tau+1}(a+b)^{2r\gamma-r\varepsilon-r}}{n!(2m+\varepsilon)!}(\gamma)_{m+\varepsilon}\Gamma(\rho+n+1)\sum_{k=0}^{\infty}\frac{(1/2-\gamma-m)_k}{k!}\times$$

$$\times\left(\varepsilon+k+\frac{1}{2}\right)_m(\sigma+\tau-r\varepsilon-2rk)_n\Gamma\left[\begin{matrix}\tau-\rho-r\varepsilon-2rk-n-1\\\tau-r\varepsilon-2rk\end{matrix}\right]\left(\frac{2a}{a+b}\right)^{2rk}+$$

$$+\frac{(-1)^m(a+b)^{\rho+2r\gamma-\tau-r+n+1}}{n!2r(2m+\varepsilon)!(2a)^n}(2\gamma)_{2m+\varepsilon}\Gamma\left(\gamma+\frac{1}{2}\right)\sum_{k=0}^{\infty}\frac{(-\rho-n)_k}{k!}(\sigma+\rho-k+n+1)_n\times$$

$$\times\left(\frac{r+r\varepsilon+\tau+k-\rho-n-1}{2r}\right)_m\Gamma\left[\begin{matrix}(r\varepsilon+\rho-\tau-k+n+1)/(2r)\\\gamma+m+(r+r\varepsilon+\rho-\tau-k+n+1)/(2r)\end{matrix}\right]\left(\frac{2a}{a+b}\right)^k$$

$[\varepsilon=0\text{ или }1;\ r>0;\ b>a>0;\ \operatorname{Re}\rho>-1;\ \operatorname{Re}\lambda>-1/2].$

33. $$\int\limits_{a}^{b}[(x+b)^{2r}-(a+b)^{2r}]^{\gamma-1/2}(b-x)^{\rho}(x+b)^{-\tau}C_{2m+\varepsilon}^{\gamma}\left(\left(\frac{x+b}{a+b}\right)^{r}\right)P_n^{(\rho,\,\sigma)}\left(\frac{x}{b}\right)dx=$$

$$=\frac{(-1)^n(2b)^{\rho}(a+b)^{2r\gamma-\tau-r+1}}{n!2r(2m+\varepsilon)!}\Gamma\left(\gamma+\frac{1}{2}\right)(2\gamma)_{2m+\varepsilon}\sum_{k=0}^{\infty}\frac{(-\rho-n)_k}{k!}(\sigma+k+1)_n\times$$

$$\times\left(\frac{r+r\varepsilon+\tau-k-1}{2r}\right)_m\Gamma\left[\begin{matrix}(r+\tau-r\varepsilon-k-1)/(2r)-m-\gamma\\1-(r\varepsilon-\tau+k+1)/(2r)\end{matrix}\right]\left(\frac{a+b}{2b}\right)^k+$$

$$+\frac{(-1)^n2^{\rho+(2\gamma+\varepsilon+2m-1)r+2m+\varepsilon-\tau+1}b^{\rho+(2\gamma+\varepsilon+2m-1)r-\tau+1}}{n!(2m+\varepsilon)!(a+b)^{2mr+r\varepsilon}}\Gamma(\rho+n+1)\times$$

$$\times\sum_{k=0}^{\infty}\frac{(1/2-\gamma-m)_k}{k!}(\varepsilon+\gamma+m-k)_m(\sigma+\tau+r+2kr-2r\gamma-2rm-r\varepsilon)_n\times$$

$$\times\Gamma\left[\begin{matrix}2r\gamma+2rm+r\varepsilon-r-2rk-\tau+1\\\rho+2r\gamma+2rm+r\varepsilon-r-2rk-\tau+n+2\end{matrix}\right]\left(\frac{a+b}{2b}\right)^{2rk}$$

$[\varepsilon=0\text{ или }1;\ a,\ b,\ r>0;\ \operatorname{Re}\rho>-1;\ \operatorname{Re}\gamma>-1/2].$

34. $$\int\limits_{a}^{\infty}(x-a)^{\rho}(x+a)^{-\tau}[b^2(x+a)^{2r}-1]^{\gamma-1/2}C_{2m+\varepsilon}^{\gamma}(b(x+a)^{r})P_n^{(\rho,\,\sigma)}\left(\frac{x}{a}\right)dx=$$

$$=\frac{2^{2m+\varepsilon}(2a)^{\rho+r\varepsilon+2r\gamma+2mr-r-\tau+1}b^{\varepsilon+2\gamma+2m-1}}{n!(2m+\varepsilon)!}(\gamma)_{m+\varepsilon}\Gamma(\rho+n+1)\times$$

$$\times\sum_{k=0}^{\infty}\frac{(1/2-\gamma-m)_k}{k!}(\varepsilon+\gamma+m-k)_m(\tau+\sigma+r+2rk-r\varepsilon-2r\gamma-2rm)_n\times$$

$$\times\Gamma\left[\begin{matrix}\tau+r+2rk-r\varepsilon-2r\gamma-2rm-\rho-n-1\\\tau+r+2rk-r\varepsilon-2r\gamma-2rm\end{matrix}\right](2^ra^rb)^{-2k}$$

$\left[\varepsilon=0\text{ или }1;\ a,\ r>0;\ 2ab^{1/r}>1;\ \operatorname{Re}\rho>-1;\ \operatorname{Re}(\rho-\tau+2r\gamma)<r-n-2rm-r\varepsilon-1\right].$

35. $$\int_a^\infty [(x+b)^{2r}-(a+b)^{2r}]^{\gamma-1/2}(x-b)^\rho (x+b)^{-\tau} C_{2m+\varepsilon}^\gamma\left(\left(\frac{x+b}{a+b}\right)^r\right) P_n^{(\rho,\sigma)}\left(\frac{x}{b}\right) dx =$$
$$= \frac{(a+b)^{\rho+2r\gamma-\tau-r+n+1}}{2^{n+1}n!r(2m+\varepsilon)!b^n}(2\gamma)_{2m+\varepsilon}\Gamma\left(\gamma+\frac{1}{2}\right)\sum_{k=0}^\infty \frac{(-\rho-n)_k}{k!}(\rho+\sigma-k+n+1)_n \times$$
$$\times \left(\frac{r+r\varepsilon+\tau+k-\rho-n-1}{2r}\right)_m \Gamma\left[\begin{matrix}(r-r\varepsilon+\tau+k-\rho-n-1)/(2r)-\gamma-m\\ 1+(\tau-\rho+k-r\varepsilon-n-1)/(2r)\end{matrix}\right]\left(\frac{2b}{a+b}\right)^k$$
$[\varepsilon = 0$ или $1;\ r>0;\ a>b>0;\ \operatorname{Re}\gamma>-1/2;\ \operatorname{Re}(\rho-\tau+2r\gamma)<r-2rm-r\varepsilon-n-1]$.

36. $$\int_{-a}^a (x+a)^{\alpha-1}(a-x)^\rho[1-b(x+a)^r]^\lambda P_m^{(\lambda,\nu)}(2b(x+a)^r-1)P_n^{(\rho,\sigma)}\left(\frac{x}{a}\right) dx =$$
$$= \frac{(-1)^{m+n}}{m!n!}(2a)^{\alpha+\rho}\Gamma(\rho+n+1)\sum_{k=0}^\infty \frac{(-m-\lambda)_k}{k!}(\nu+k+1)_m(\sigma-\alpha-rk+1)_n \times$$
$$\times \Gamma\left[\begin{matrix}\alpha+rk\\ \rho+\alpha+n+rk+1\end{matrix}\right](2^r a^r b)^k$$
$\left[a,\ b,\ r,\ \operatorname{Re}\alpha>0;\ 2ab^{1/r}<1;\ \operatorname{Re}\rho>-1\right]$.

37. $$\int_{\pm a}^b (x\mp a)^{\alpha-1}[(b\mp a)^r-(x\mp a)^r]^\lambda \left\{\begin{matrix}(x+a)^\sigma\\ (a-x)^\rho\end{matrix}\right\} P_m^{(\lambda,\nu)}\left(2\left(\frac{x\mp a}{b\mp a}\right)^r-1\right) \times$$
$$\times P_n^{(\rho,\sigma)}\left(\frac{x}{a}\right) dx = \frac{(-1)^m(\pm 1)^n(2a)^\psi(b\mp a)^{\alpha+\lambda r}}{m!n!r}\Gamma(\lambda+m+1) \times$$
$$\times \sum_{k=0}^\infty \frac{(-\psi-n)_k}{k!}(\varphi+k+1)_n\left(\nu-\frac{\alpha+k}{r}+1\right)_m \Gamma\left[\begin{matrix}(\alpha+k)/r\\ \lambda+(\alpha+k)/r+m+1\end{matrix}\right]\left(\frac{a\mp b}{2a}\right)^r$$
$\left[r,\ \operatorname{Re}\alpha>0;\ \operatorname{Re}\lambda>-1,\ \left\{\begin{matrix}b>a>0\\ a>b>0\end{matrix}\right\},\ \varphi=\left\{\begin{matrix}\rho\\ \sigma\end{matrix}\right\},\ \psi=\left\{\begin{matrix}\sigma\\ \rho\end{matrix}\right\}\right]$.

38. $$\int_a^b (x-a)^\rho[(a+b)^r-(a+x)^r]^\lambda (a+x)^{-\tau} P_m^{(\lambda,\nu)}\left(2\left(\frac{a+x}{a+b}\right)^r-1\right)P_n^{(\rho,\sigma)}\left(\frac{x}{a}\right) dx =$$
$$= \frac{(-1)^m(2a)^{\rho-\tau+1}(a+b)^{r\lambda}}{m!n!}\Gamma(\rho+n+1)\sum_{k=0}^\infty \frac{(-\lambda-m)_k}{k!} \times$$
$$\times (\nu+k+1)_m(\sigma+\tau-rk)_n\Gamma\left[\begin{matrix}\tau-\rho-rk-n-1\\ \tau-rk\end{matrix}\right]\left(\frac{2a}{a+b}\right)^{rk} +$$
$$+ \frac{(-1)^m(a+b)^{r\lambda+\rho-\tau+n+1}}{n!m!r(2a)^n}\Gamma(\lambda+m+1)\sum_{k=0}^\infty \frac{(-\rho-n)_k}{k!}(\sigma+\rho-k+n+1)_n \times$$
$$\times \left(\frac{\tau+k-\rho-n-1}{r}+\nu+1\right)_m \Gamma\left[\begin{matrix}(\rho-\tau-k+n+1)/r\\ 1+\lambda+m+(\rho-\tau-k+n+1)/r\end{matrix}\right]\left(\frac{2a}{a+b}\right)^k$$
$[b>a>0;\ r>0;\ \operatorname{Re}\rho,\ \operatorname{Re}\lambda>-1]$.

39. $$\int_a^b [(x+b)^r-(a+b)^r]^\lambda (b-x)^\rho (b+x)^{-\tau} P_m^{(\lambda,\nu)}\left(2\left(\frac{x+b}{a+b}\right)^r-1\right) \times$$
$$\times P_n^{(\rho,\sigma)}\left(\frac{x}{b}\right) dx = \frac{(-1)^n}{m!n!r}(2b)^\rho(a+b)^{\lambda r-\tau+1}\Gamma(\lambda+m+1) \times$$
$$\times \sum_{k=0}^\infty \frac{(-\rho-n)_k}{k!}(\sigma+k+1)_n\left(\frac{\tau-k-1}{r}+\nu+1\right)_m \Gamma\left[\begin{matrix}(\tau-k-1)/r-\lambda-m\\ (\tau-k-1)/r+1\end{matrix}\right] \times$$
$$\times \left(\frac{a+b}{2b}\right)^k + \frac{(-1)^n}{m!n!}(2b)^{\rho+r\lambda+rm-\tau+1}(a+b)^{-mr}\Gamma(\rho+n+1) \times$$

$$\times \sum_{k=0}^{\infty} \frac{(-\lambda-m)_k}{k!} (\lambda+\nu-k+m+1)_m (\sigma+\tau+rk-r\lambda-rm)_n \times$$
$$\times \Gamma\left[\begin{matrix} rm+r\lambda-\tau-rk+1 \\ \rho+rm+r\lambda-\tau-rk+n+2 \end{matrix}\right] \left(\frac{a+b}{2b}\right)^{kr} \qquad [b>a>0;\ r>0;\ \operatorname{Re}\rho,\ \operatorname{Re}\lambda>-1].$$

40. $$\int_a^{\infty} (x-a)^{\rho}(x+a)^{-\tau}[b(x+a)^r-1]^{\lambda} P_m^{(\lambda,\,\nu)}(2b(x+a)^r-1) P_n^{(\rho,\,\sigma)}\left(\frac{x}{a}\right) dx =$$
$$= \frac{(2a)^{\rho+\lambda r+mr-\tau+1} b^{\lambda+m}}{m!n!} \Gamma(\rho+n+1) \sum_{k=0}^{\infty} \frac{(-\lambda-m)_k}{k!} (\nu+\lambda+m-k+1)_m \times$$
$$\times (\sigma+\tau-\lambda r-mr+rk)_n \Gamma\left[\begin{matrix} \tau+rk-\rho-\lambda r-mr-n-1 \\ \tau+rk-\lambda r-mr \end{matrix}\right] (2^r a^r b)^{-k}$$
$$\left[a,\ r>0;\ 2ab^{1/r}>1;\ \operatorname{Re}\rho>-1;\ \operatorname{Re}(\rho-\tau+\lambda r)<-mr-n-1\right].$$

41. $$\int_a^{\infty} [(x+b)^r-(a+b)^r]^{\lambda}(x-b)^{\rho}(x+b)^{-\tau} P_m^{(\lambda,\,\nu)}\left(2\left(\frac{x+b}{a+b}\right)^r-1\right) P_n^{(\rho,\,\sigma)}\left(\frac{x}{b}\right) dx =$$
$$= \frac{(a+b)^{\lambda r+\rho-\tau+n+1}}{m!n!r(2b)^n} \Gamma(\lambda+m+1) \sum_{k=0}^{\infty} \frac{(-\rho-n)_k}{k!} (\sigma+\rho-k+n+1)_n \times$$
$$\times \left(\frac{\tau+k-\rho-n-1}{r}+\nu+1\right)_m \Gamma\left[\begin{matrix} (\tau-\rho+k-n-1)/r-\lambda-m \\ 1+(\tau-\rho+k-n-1)/r \end{matrix}\right] \left(\frac{2b}{a+b}\right)^k$$
$$[r>0;\ a>b>0;\ \operatorname{Re}\lambda>-1;\ \operatorname{Re}(\rho-\tau+\lambda r)<-mr-n-1].$$

2.22.2. Интегралы от $(x \pm a)^{\alpha}(b \pm x)^{\beta} P_n^{(\rho,\,\sigma)}(cx)$.

1. $$\int_{\pm a}^{b} (x \mp a)^{\alpha-1}(b-x)^{\beta-1} P_n^{(\rho,\,\sigma)}\left(\frac{x}{a}\right) dx = \frac{(\pm 1)^n}{n!} (\varphi+1)_n \operatorname{B}(\alpha,\ \beta)(b \mp a)^{\alpha+\beta-1} \times$$
$$\times {}_3F_2\left(-n,\ \rho+\sigma+n+1,\ \alpha;\ \alpha+\beta,\ \varphi+1;\ \frac{a \mp b}{2a}\right)$$
$$\left[a>0;\ b>\pm a,\ \operatorname{Re}\alpha,\ \operatorname{Re}\beta>0,\ \varphi=\left\{\begin{matrix}\rho\\ \sigma\end{matrix}\right\}\right].$$

2. $$\int_{-a}^{b} (x+a)^{\sigma}(b-x)^{\beta-1} P_n^{(\rho,\,\sigma)}\left(\frac{x}{a}\right) dx = \operatorname{B}(\beta,\ \sigma+n+1)(a+b)^{\beta+\sigma} P_n^{(\rho-\beta,\,\sigma+\beta)}\left(\frac{b}{a}\right)$$
$$[-a<b<a;\ \operatorname{Re}\beta>0;\ \operatorname{Re}\sigma>-1].$$

3. $$\int_{-a}^{b} (x+a)^{n+\rho+\sigma-\beta}(b-x)^{\beta-1} P_n^{(\rho,\,\sigma)}\left(\frac{x}{a}\right) dx =$$
$$= \operatorname{B}(\beta,\ \rho+\sigma-\beta+n+1)(a+b)^{n+\rho+\sigma} P_n^{(\rho-\beta,\,\sigma)}\left(\frac{b}{a}\right)$$
$$[-a<b<a;\ \operatorname{Re}\beta>0;\ \operatorname{Re}(\rho+\sigma-\beta)>-n-1].$$

4. $$\int_a^{b} (x-a)^{\rho}(b-x)^{\beta-1} P_n^{(\rho,\,\sigma)}\left(\frac{x}{a}\right) dx = \frac{(\rho+\sigma+n+1)_n}{n!(2a)^n} \operatorname{B}(\rho+n+1,\ \beta)(a+b)^{\beta+\rho+n} \times$$
$$\times {}_2F_1\left(-\rho-\sigma-n,\ -\beta-\rho-n;\ -\rho-\sigma-2n;\ \frac{2a}{a+b}\right) \qquad [b>a>0;\ \operatorname{Re}\rho>-1;\ \operatorname{Re}\beta>0].$$

5. $$\int_a^b (x-a)^{\alpha-1}(b-x)^{\beta-1}P_n^{(\rho,\,\sigma)}\left(\frac{x}{b}\right)dx = \frac{(\rho+1)_n}{n!}\,\mathrm{B}\,(\alpha,\,\beta)(b-a)^{\alpha+\beta-1}\times$$
$$\times\,{}_3F_2\left(-n,\,\rho+\sigma+n+1,\,\beta;\,\rho+1,\,\alpha+\beta;\,\frac{b-a}{2b}\right)\qquad[-b<a<b;\ \mathrm{Re}\,\alpha,\ \mathrm{Re}\,\beta>0].$$

6. $$\int_a^b (x-a)^{\rho+\sigma-\beta+n}(b-x)^{\beta-1}P_n^{(\rho,\,\sigma)}\left(\frac{x}{b}\right)dx = \mathrm{B}\,(\beta,\,\rho+\sigma-\beta+n+1)(b-a)^{\rho+\sigma+n}\times$$
$$\times\,P_n^{(\rho,\,\beta-\rho-n-1)}\left(\frac{a}{b}\right)\qquad[-b<a<b;\ \mathrm{Re}\,\beta>0;\ \mathrm{Re}\,(\rho+\sigma-\beta)>-n-1].$$

7. $$\int_a^b (x-a)^{\alpha-1}(b-x)^{\rho}P_n^{(\rho,\,\sigma)}\left(\frac{x}{b}\right)dx = \mathrm{B}\,(\alpha,\,\rho+n+1)(b-a)^{\alpha+\rho}P_n^{(\rho+\alpha,\,\sigma-\alpha)}\left(\frac{a}{b}\right)$$
$$[-b<a<b;\ \mathrm{Re}\,\alpha>0;\ \mathrm{Re}\,\rho>-1].$$

8. $$\int_{-a}^{a} (x+a)^{\alpha-1}(a-x)^{\beta-1}P_n^{(\rho,\,\sigma)}\left(\frac{x}{a}\right)dx = \frac{(\rho+1)_n}{n!}\,\mathrm{B}\,(\alpha,\,\beta)(2a)^{\alpha+\beta-1}\times$$
$$\times\,{}_3F_2(-n,\,\rho+\sigma+n+1,\,\beta;\,\rho+1,\,\alpha+\beta;\,1)\qquad[a,\ \mathrm{Re}\,\alpha,\ \mathrm{Re}\,\beta>0].$$

9. $$\int_{-a}^{a} (x+a)^{\sigma}(a-x)^{\beta-1}P_n^{(\rho,\,\sigma)}\left(\frac{x}{a}\right)dx = \frac{(\rho-\beta+1)_n}{n!}\,\mathrm{B}\,(\beta,\,\sigma+n+1)(2a)^{\beta+\sigma}$$
$$[a,\ \mathrm{Re}\,\beta>0;\ \mathrm{Re}\,\sigma>-1].$$

10. $$\int_{-a}^{a} (x+a)^{\rho+\sigma-\beta+n}(a-x)^{\beta-1}P_n^{(\rho,\,\sigma)}\left(\frac{x}{a}\right)dx =$$
$$=\frac{(\rho-\beta+1)_n}{n!}\,\mathrm{B}\,(\beta,\,\rho+\sigma-\beta+n+1)(2a)^{\rho+\sigma+n}\qquad[a>0;\ 0<\mathrm{Re}\,\beta<\mathrm{Re}\,(\rho+\sigma)+n+1].$$

11. $$\int_{-a}^{a} (x+a)^{\alpha-1}(a-x)^{\rho}P_n^{(\rho,\,\sigma)}\left(\frac{x}{a}\right)dx = \frac{(-1)^n}{n!}\,(\sigma-\alpha+1)_n\,\mathrm{B}\,(\alpha,\,\rho+n+1)(2a)^{\alpha+\rho}$$
$$[a,\ \mathrm{Re}\,\alpha>0;\ \mathrm{Re}\,\rho>-1].$$

12. $$\int_{-a}^{a} (x+a)^{m/2}(a-x)^{l/2}P_n^{(l,\,m)}\left(\frac{x}{a}\right)dx = 0\qquad[n=l+1,\ l+2,\ \ldots;\ a>0].$$

13. $$\int_a^\infty (x-a)^{\alpha-1}(x+a)^{-\tau}P_n^{(\rho,\,\sigma)}\left(\frac{x}{a}\right)dx = \frac{(\rho+1)_n}{n!}\,\mathrm{B}\,(\alpha,\,\tau-\alpha-n)(2a)^{\alpha-\tau}\times$$
$$\times\,{}_3F_2(-n,\,\alpha,\,-n-\sigma;\,\rho+1,\,\tau-n;\,1)\qquad[a,\ \mathrm{Re}\,\alpha>0;\ \mathrm{Re}\,(\alpha-\tau)<-n].$$

14. $$\int_a^\infty (x-a)^{\rho}(x+a)^{-\tau}P_n^{(\rho,\,\sigma)}\left(\frac{x}{a}\right)dx =$$
$$=\frac{(\tau+\sigma)_n}{n!}\,\mathrm{B}\,(\rho+n+1,\,\tau-\rho-n-1)(2a)^{\rho-\tau+1}\qquad[a>0;\ \mathrm{Re}\,\rho>-1;\ \mathrm{Re}\,(\tau-\rho)>n+1].$$

15. $$\int_a^\infty (x-a)^{\tau+\rho+\sigma+n-1}(x+a)^{-\tau}P_n^{(\rho,\,\sigma)}\left(\frac{x}{a}\right)dx = \frac{(-1)^n(2a)^{\rho+\sigma+n}}{n!}\,(\sigma+\tau)_n\times$$
$$\times\,\mathrm{B}\,(\rho+\sigma+\tau+n,\,-\rho-\sigma-n)\qquad[a>0;\ \mathrm{Re}\,(\rho+\sigma+\tau)>-n;\ \mathrm{Re}\,(\rho+\sigma)<-2n].$$

16. $$\int_a^\infty (x-a)^{\alpha-1}(x+a)^{\sigma}P_n^{(\rho,\,\sigma)}\left(\frac{x}{a}\right)dx = \frac{(\rho-\alpha+1)_n}{n!}\,\mathrm{B}\,(\alpha,\,-\alpha-\sigma-n)(2a)^{\alpha+\sigma}$$
$$[a>0;\ 0<\mathrm{Re}\,\alpha<-\mathrm{Re}\,\sigma-n].$$

2.22.3. Интегралы от $\dfrac{x^k}{x-y}(x\pm a)^\alpha(b\pm x)^\beta P_n^{(\rho,\,\sigma)}(cx)$.

1. $\displaystyle\int\limits_{-a}^{a}\frac{(x+a)^\sigma}{x-y}(a-x)^{\beta-1}P_n^{(\rho,\,\sigma)}\Big(\frac{x}{a}\Big)\,dx=I$ $\quad[a,\ \operatorname{Re}\beta>0;\ \operatorname{Re}\sigma>-1],$

$$I=\pi\operatorname{ctg}\beta\pi(a-y)^{\beta-1}(a+y)^\sigma P_n^{(\rho,\,\sigma)}\Big(\frac{y}{a}\Big)-\frac{(\rho-\beta+2)_n}{n!}\,\mathrm{B}\,(\beta-1,\ \sigma+n+1)(2a)^{\beta+\sigma-1}\times$$
$$\times\,{}_3F_2\Big(1,\ \rho-\beta+n+2,\ 1-\beta-\sigma-n;\ 2-\beta,\ \rho-\beta+2;\ \frac{a-y}{2a}\Big)\qquad[-a<y<a],$$

$$I=\frac{(\rho-\beta+1)_n}{n!}\,\mathrm{B}\,(\beta,\ \sigma+n+1)\frac{(2a)^{\beta+\sigma}}{a-y}\times$$
$$\times\,{}_3F_2\Big(1,\ \beta,\ \beta-\rho;\ \beta-\rho-n,\ \beta+\sigma+n+1;\ \frac{2a}{a-y}\Big)\qquad[y<-a].$$

2. $\displaystyle\int\limits_{-a}^{a}\frac{(x+a)^{n+\rho+\sigma-\beta+1}}{x-y}(a-x)^{\beta-1}P_n^{(\rho,\,\sigma)}\Big(\frac{x}{a}\Big)\,dx=$

$$=-\frac{2^{\rho+\sigma+n+1}}{n!}(\rho-\beta+2)_n\,\mathrm{B}\,(\beta-1,\ \rho+\sigma-\beta+n+2)a^{n+\rho+\beta-1}(a+y)^{\sigma-\beta+1}\times$$
$$\times\,{}_3F_2\Big(1,\ \rho+\sigma-\beta+n+2,\ \rho-\beta+n+2;\ \rho-\beta+2,\ 2-\beta;\ \frac{y-a}{y+a}\Big)+$$
$$+\,\pi\operatorname{ctg}\beta\pi(a+y)^{\rho+\sigma-\beta+n+1}(a-y)^{\beta-1}P_n^{(\rho,\,\sigma)}\Big(\frac{y}{a}\Big)$$
$[-a<y<a;\ \operatorname{Re}\beta>0;\ \operatorname{Re}(\beta-\rho-\sigma)<n+2].$

3. $\displaystyle\int\limits_{-a}^{a}\frac{(x+a)^{\alpha-1}}{x-y}(a-x)^{\rho}P_n^{(\rho,\,\sigma)}\Big(\frac{x}{a}\Big)\,dx=I$ $\quad[a,\ \operatorname{Re}\alpha>0;\ \operatorname{Re}\rho>-1],$

$$I=-\pi\operatorname{ctg}\alpha\pi(a+y)^{\alpha-1}(a-y)^\rho P_n^{(\rho,\,\sigma)}\Big(\frac{y}{a}\Big)+\frac{(-1)^n}{n!}(\sigma-\alpha+2)_n\,\mathrm{B}\,(\alpha-1,\ \rho+n+1)\times$$
$$\times\,(2a)^{\alpha+\rho-1}\,{}_3F_2\Big(1,\ 1-\alpha-\rho-n;\ \sigma-\alpha+n+2;\ \sigma-\alpha+2,\ 2-\alpha;\ \frac{a+y}{2a}\Big)$$
$[-a<y<a],$

$$I=\frac{(-1)^{n+1}}{n!}(\sigma-\alpha+1)_n\,\mathrm{B}\,(\alpha,\ \rho+n+1)\frac{(2a)^{\alpha+\rho}}{a+y}\times$$
$$\times\,{}_3F_2\Big(1,\ \alpha,\ \alpha-\sigma;\ \alpha+\rho+n+1,\ \alpha-\sigma-n;\ \frac{2a}{a+y}\Big)\qquad[y>a].$$

4. $\displaystyle\int\limits_{-a}^{a}\frac{(x+a)^{m/2}}{x-y}(a-x)^{l/2}P_n^{(l,\,m)}\Big(\frac{x}{a}\Big)\,dx=$

$$=-\frac{2^{n-(l-m)/2+1}a^{n+1}}{(y-a)^{n-(l+m)/2+1}(2n+1)!}\Gamma\Big(n+\frac{l-m}{2}+1\Big)\Gamma\Big(n+\frac{l+m}{2}+1\Big)\times$$
$$\times\,{}_2F_1\Big(n-\frac{l+m}{2}+1,\ n+\frac{l-m}{2}+1;\ 2n+2;\ \frac{2a}{a-y}\Big)\qquad[-a<y<a].$$

5. $\displaystyle\int\limits_{-a}^{a}\frac{x^m(x+a)^\sigma}{x-y}(a-x)^{\rho}P_n^{(\rho,\,\sigma)}\Big(\frac{x}{a}\Big)\,dx=-2y^m(y-a)^\rho(y+a)^\sigma Q_n^{(\rho,\,\sigma)}\Big(\frac{y}{a}\Big)$

$[m=0,\ 1,\ 2,\ \ldots,\ n;\ a>0;\ |\arg(y^2-a^2)|<\pi;\ \operatorname{Re}\sigma,\ \operatorname{Re}\rho>-1].$

6. $\displaystyle\int\limits_{a}^{\infty}\frac{(x-a)^\rho}{x-y}(x+a)^{-\tau}P_n^{(\rho,\,\sigma)}\Big(\frac{x}{a}\Big)\,dx=I$ $\quad[a>0;\ \operatorname{Re}\rho>-1;\ \operatorname{Re}(\rho-\tau)<-n],$

$$I = \frac{(\sigma+\tau+1)_n}{n!} \mathrm{B}\,(\rho+n+1,\ \tau-\rho-n)(2a)^{\rho-\tau} \times$$
$$\times\ {}_3F_2\left(1,\ \tau-\rho-n,\ \sigma+\tau+n+1;\ \tau+1,\ \sigma+\tau+1;\ \frac{a+y}{2a}\right) \qquad [-a<y<a],$$
$$I = \pi\operatorname{ctg}(\tau-\rho)\pi(a+y)^{-\tau}(y-a)^{\rho} P_n^{(\rho,\,\sigma)}\left(\frac{y}{a}\right) -$$
$$-\frac{(2a)^{\rho-\tau+1}(\tau+\sigma)_n}{n!(a+y)} \mathrm{B}\,(\rho+n+1,\ \tau-\rho-n-1) \times$$
$$\times\ {}_3F_2\left(1,\ 1-\tau,\ 1-\sigma-\tau;\ \rho-\tau+n+2,\ 1-\sigma-\tau-n;\ \frac{2a}{a+y}\right) \qquad [y>a].$$

7. $$\int\limits_a^\infty \frac{(x-a)^{\alpha-1}}{x-y}(x+a)^{\sigma} P_n^{(\rho,\,\sigma)}\left(\frac{x}{a}\right)dx = -\pi\operatorname{ctg}\alpha\pi(y-a)^{\alpha-1}(y+a)^{\sigma}P_n^{(\rho,\,\sigma)}\left(\frac{y}{a}\right) +$$
$$+\frac{(\rho-\alpha+2)_n}{n!}\mathrm{B}\,(\alpha-1,\ 1-\alpha-\sigma-n)(2a)^{\alpha+\sigma-1} \times$$
$$\times\ {}_3F_2\left(1,\ \rho-\alpha+n+2,\ 1-n-\sigma-\alpha;\ \rho-\alpha+2,\ 2-\alpha;\ \frac{a-y}{2a}\right)$$
$$[y>a;\ \operatorname{Re}\alpha>0;\ \operatorname{Re}(\alpha+\sigma)<1-n].$$

2.22.4. Интегралы от $(x\pm a)^{\alpha}(b\pm x)^{\beta}(d\pm x)^{\gamma}P_n^{(\rho,\,\sigma)}(cx)$.

1. $$\int\limits_{\pm a}^{b}(x\mp a)^{\alpha-1}(b-x)^{\beta-1}\left\{\begin{matrix}(a+x)^{\sigma}\\(a-x)^{\rho}\end{matrix}\right\}P_n^{(\rho,\,\sigma)}\left(\frac{x}{a}\right)dx = \frac{(\pm1)^n(\varphi+1)_n}{n!}\mathrm{B}\,(\alpha,\ \beta)(2a)^{\psi} \times$$
$$\times\,(b\mp a)^{\alpha+\beta-1}\,{}_3F_2\left(\alpha,\ -\psi-n,\ \varphi+n+1;\ \varphi+1,\ \alpha+\beta;\ \frac{a\mp b}{2a}\right)$$
$$\left[\operatorname{Re}\alpha,\ \operatorname{Re}\beta>0,\ \left\{\begin{matrix}b>a\\-a<b<a\end{matrix}\right\},\ \varphi=\left\{\begin{matrix}\rho\\\sigma\end{matrix}\right\},\ \psi=\left\{\begin{matrix}\sigma\\\rho\end{matrix}\right\}\right].$$

2. $$\int\limits_{\pm a}^{b}(x\mp a)^{\alpha-1}(b-x)^{\beta-1}(a\pm x)^{\rho+\sigma-\alpha-\beta+n+1}P_n^{(\rho,\,\sigma)}\left(\frac{x}{a}\right)dx =$$
$$=\frac{(\pm1)^n(\varphi+1)_n}{n!}\mathrm{B}\,(\alpha,\ \beta)(2\alpha)^{\rho+\sigma-\beta+n+1}(a\pm b)^{-\alpha}(b\mp a)^{\alpha+\beta-1} \times$$
$$\times\ {}_3F_2\left(\varphi+n+1,\ \rho+\sigma+n+1,\ \alpha;\ \varphi+1,\ \alpha+\beta;\ \frac{b\mp a}{b\pm a}\right)$$
$$\left[-a<b<a;\ \operatorname{Re}\alpha,\ \operatorname{Re}\beta>0;\ \varphi=\left\{\begin{matrix}\rho\\\sigma\end{matrix}\right\}\right].$$

3. $$\int\limits_{-a}^{b}(x+a)^{\sigma}(b-x)^{\beta-1}(a-x)^{-\tau}P_n^{(\rho,\,\sigma)}\left(\frac{x}{a}\right)dx = \frac{(\rho+1)_n}{n!}\mathrm{B}\,(\beta,\ \tau-\beta)(2a)^{\sigma}(a-b)^{\beta-\tau} \times$$
$$\times\ {}_3F_2\left(1-\tau,\ -\sigma-n,\ \rho+n+1;\ \rho+1,\ \beta-\tau+1;\ \frac{a-b}{2a}\right) +$$
$$+\frac{(\rho+\tau-\beta+1)_n}{n!}\mathrm{B}\,(\sigma+n+1,\ \beta-\tau)(2a)^{\beta+\sigma-\tau} \times$$
$$\times\ {}_3F_2\left(1-\beta,\ \rho+\tau-\beta+n+1,\ \tau-\beta-\sigma-n;\ \tau-\beta+1,\ \rho+\tau-\beta+1;\ \frac{a-b}{2a}\right)$$
$$[-a<b<a;\ \operatorname{Re}\beta>0;\ \operatorname{Re}\sigma>-1].$$

4. $$\int\limits_{a}^{b}(x-a)^{\rho}(b-x)^{\beta-1}(x+a)^{-\tau}P_n^{(\rho,\,\sigma)}\left(\frac{x}{a}\right)dx =$$
$$=\frac{(\rho+\sigma+n+1)_n}{n!(2a)^n}\mathrm{B}\,(\rho-\tau+n+1,\ \beta)(a+b)^{\beta+\rho-\tau+n} \times$$

$$\times {}_3F_2\left(-\rho-n,\, -\rho-\sigma-n,\, \tau-\beta-\rho-n;\; -\rho-\sigma-2n,\, \tau-\rho-n;\; \frac{2a}{a+b}\right) +$$
$$+ \frac{(2a)^{\rho-\tau+1}}{n!}(\sigma+\tau)_n\,\mathrm{B}\,(\rho+n+1,\, \tau-\rho-n-1)(a+b)^{\beta-1}\times$$
$$\times {}_3F_2\left(1-\beta,\, 1-\tau,\, 1-\tau-\sigma;\; \rho-\tau+n+2,\, 1-\tau-\sigma-n;\; \frac{2a}{a+b}\right)$$

$[b>a>0;\ \operatorname{Re}\rho>-1;\ \operatorname{Re}\beta>0]$.

5. $$\int_a^b (x-a)^{\alpha-1}(b-x)^{\beta-1}(x+b)^{\sigma}P_n^{(\rho,\,\sigma)}\left(\frac{x}{b}\right)dx = \frac{(\rho+1)_n}{n!}\mathrm{B}\,(\alpha,\,\beta)(2b)^{\sigma}(b-a)^{\alpha+\beta-1}\times$$
$$\times {}_3F_2\left(-\sigma-n,\, \beta,\, \rho+n+1;\; \rho+1,\, \alpha+\beta;\; \frac{b-a}{2b}\right)$$ $[b>a>0;\ a,\ \operatorname{Re}\alpha,\ \operatorname{Re}\beta>0]$.

6. $$\int_a^b (x-a)^{\alpha-1}(b-x)^{\beta-1}(x+b)^{\rho+\sigma-\alpha-\beta+n+1}P_n^{(\rho,\,\sigma)}\left(\frac{x}{b}\right)dx =$$
$$= \frac{(\rho+1)_n}{n!}\mathrm{B}\,(\alpha,\,\beta)(2b)^{\rho+\sigma-\alpha+n+1}(b-a)^{\alpha+\beta-1}(b+a)^{-\beta}\times$$
$$\times {}_3F_2\left(\beta,\, \rho+\sigma+n+1,\, \rho+n+1;\; \alpha+\beta,\, \rho+1;\; \frac{a-b}{a+b}\right)$$ $[b>a>0;\ \operatorname{Re}\alpha,\ \operatorname{Re}\beta>0]$.

7. $$\int_a^b (x-a)^{\alpha-1}(b-x)^{\rho}(x+b)^{-\tau}P_n^{(\rho,\,\sigma)}\left(\frac{x}{b}\right)dx = \frac{(-1)^n}{n!}(1+\sigma)_n\,\mathrm{B}\,(\alpha,\,\tau-\alpha)(2b)^{\rho}(a+b)^{\alpha-\tau}\times$$
$$\times {}_3F_2\left(1-\tau,\, -\rho-n,\, \sigma+n+1;\; \sigma+1,\, \alpha-\tau+1;\; \frac{a+b}{2b}\right) +$$
$$+ \frac{(-1)^n}{n!}(\sigma+\tau-\alpha+1)_n\,\mathrm{B}\,(\rho+n+1,\, \alpha-\tau)(2b)^{\alpha+\rho-\tau}\times$$
$$\times {}_3F_2\left(1-\alpha,\, \sigma+\tau-\alpha+n+1,\, \tau-\alpha-\rho-n;\; \sigma+\tau-\alpha+1,\, \tau-\alpha+1;\; \frac{a+b}{2b}\right)$$

$[b>a>0;\ \operatorname{Re}\alpha>0;\ \operatorname{Re}\rho>-1]$.

8. $$\int_a^b (x-a)^{\tau-\rho-n-2}(b-x)^{\rho}(x+b)^{-\tau}P_n^{(\rho,\,\sigma)}\left(\frac{x}{b}\right)dx = \mathrm{B}\,(\tau-\rho-n-1,\, \rho+n+1)\times$$
$$\times (2b)^{\rho-\tau+n+1}(b-a)^{\tau-n-1}(b+a)^{-\rho-n-1}P_n^{(\tau-n-1,\,\sigma)}\left(\frac{a}{b}\right)$$

$[b>a>0;\ \operatorname{Re}(\tau-\rho)>n+1;\ \operatorname{Re}\rho>-1]$.

9. $$\int_{-a}^{a} x^m(x+a)^{\sigma}(a-x)^{\rho}P_n^{(\rho,\,\sigma)}\left(\frac{x}{a}\right)dx = I_m$$ $[a>0;\ \operatorname{Re}\rho,\ \operatorname{Re}\sigma>-1]$,

$I_m = 0$ $[m=0,\,1,\,2,\,\ldots,\,n-1]$,

$I_n = \mathrm{B}\,(\rho+n+1,\, \sigma+n+1)(2a)^{\rho+\sigma+n+1}$,

$$I_m = \frac{m!}{n!(m-n)!}\mathrm{B}\,(\rho+n+1,\, \sigma+n+1)2^{\rho+\sigma+n+1}a^{\rho+\sigma+m+1}\times$$
$$\times {}_2F_1(n-m,\, \rho+n+1;\; \rho+\sigma+2n+2;\; 2)$$ $[m=n+1,\,n+2,\,\ldots]$.

10. $$\int_{-a}^{a}(x+a)^{\alpha-1}(a-x)^{\beta-1}(z-x)^{\rho+\sigma-\alpha-\beta+n+1}P_n^{(\rho,\,\sigma)}\left(\frac{x}{a}\right)dx =$$
$$= \frac{(\rho+1)_n}{n!}\mathrm{B}\,(\beta,\, \alpha-\rho-\sigma-n-1)(2a)^{\alpha+\beta-1}(z+a)^{-\beta}(z-a)^{\rho+\sigma-\alpha+n+1}\times$$

$$\times\, {}_3F_2\left(\beta,\ \rho+\sigma+n+1,\ \rho+n+1;\ \rho+1,\ \rho+\sigma-\alpha+n+2;\ \frac{z-a}{z+a}\right)+$$
$$+\frac{(-1)^n(\sigma-\alpha+1)_n}{n!}\,\mathrm{B}\,(\rho+\sigma-\alpha+n+1,\ \alpha)(2a)^{\alpha+\beta-1}(a+z)^{\rho+\sigma-\alpha-\beta+n+1}\times$$
$$\times\, {}_3F_2\left(\alpha,\ \alpha-\sigma,\ \alpha+\beta-\rho-\sigma-n-1;\ \alpha-\rho-\sigma-n,\ \alpha-\sigma-n;\ \frac{z-a}{z+a}\right)$$

$[a,\ \mathrm{Re}\,\alpha,\ \mathrm{Re}\,\beta>0;\ |\arg(z^2-a^2)|<\pi]$.

11. $$\int_{-a}^{a}(x+a)^{\sigma}(a-x)^{\beta-1}(\pm x\mp z)^{-\theta}P_n^{(\rho,\,\sigma)}\left(\frac{x}{a}\right)dx=\frac{(\rho-\beta+1)_n}{n!}\,\mathrm{B}\,(\beta,\ \sigma+n+1)\times$$
$$\times\,(2a)^{\beta+\sigma}(\pm a\mp z)^{-\theta}\,{}_3F_2\left(\theta,\ \beta,\ \beta-\rho;\ \beta-\rho-n,\ \beta+\sigma+n+1;\ \frac{2a}{a-z}\right)$$

$\left[a,\ \mathrm{Re}\,\beta>0;\ \mathrm{Re}\,\sigma>-1,\ \left\{\begin{matrix} z<-a \\ |\arg(z^2-a^2)|<\pi\end{matrix}\right\}\right]$.

12. $$\int_{-a}^{a}(x+a)^{\alpha-1}(a-x)^{\rho}(z\pm x)^{-\theta}P_n^{(\rho,\,\sigma)}\left(\frac{x}{a}\right)dx=\frac{(-1)^n}{n!}(\sigma-\alpha+1)_n\,\mathrm{B}\,(\alpha,\ \rho+n+1)\times$$
$$\times\,(2a)^{\alpha+\rho}(z\mp a)^{-\theta}\,{}_3F_2\left(\alpha,\ \theta,\ \alpha-\sigma;\ \alpha-\sigma-n,\ \alpha+\rho+n+1;\ \frac{2a}{a\mp z}\right)$$

$[a,\ \mathrm{Re}\,\alpha>0;\ \mathrm{Re}\,\rho>-1;\ |\arg(z^2-a^2)|<\pi]$.

13. $$\int_{a}^{\infty}(x-a)^{\rho}(x+a)^{-\tau}(x+z)^{-\theta}P_n^{(\rho,\,\sigma)}\left(\frac{x}{a}\right)dx=\frac{(\theta+\tau+\sigma)_n}{n!}\,\mathrm{B}\,(\rho+n+1,\ \theta+\tau-\rho-n-1)\times$$
$$\times\,(2a)^{\rho-\theta-\tau+1}\,{}_3F_2\left(\theta,\ \theta+\tau-\rho-n-1,\ \theta+\tau+\sigma+n;\ \theta+\tau,\ \theta+\tau+\sigma;\ \frac{a-z}{2a}\right)$$

$[a>0;\ \mathrm{Re}\,\rho>-1;\ \mathrm{Re}\,(\rho-\theta-\tau)<-n-1;\ |\mathrm{Re}\,(z-a)|<\pi]$.

14. $$\int_{a}^{\infty}(x-a)^{\alpha-1}(x+a)^{\sigma}(x+z)^{-\theta}P_n^{(\rho,\,\sigma)}\left(\frac{x}{a}\right)dx=\frac{(\rho+1)_n}{n!}\,\mathrm{B}\,(\alpha,\ \theta-\alpha)(2a)^{\sigma}(a+z)^{\alpha-\theta}\times$$
$$\times\,{}_3F_2\left(\alpha,\ \rho+n+1,\ -\sigma-n;\ \rho+1,\ \alpha-\theta+1;\ \frac{a+z}{2a}\right)+$$
$$+\frac{(\rho+\theta-\alpha+1)_n}{n!}\,\mathrm{B}\,(\alpha-\theta,\ \theta-\sigma-\alpha-n)(2a)^{\alpha+\sigma-\theta}\times$$
$$\times\,{}_3F_2\left(\rho+\theta-\alpha+n+1,\ \theta-\sigma-\alpha-n,\ \theta;\ \theta-\alpha+1,\ \rho+\theta-\alpha+1;\ \frac{a+z}{2a}\right)$$

$[a,\ \mathrm{Re}\,\alpha>0;\ \mathrm{Re}\,(\alpha+\sigma-\theta)<-n;\ |\arg(a+z)|<\pi]$.

15. $$\int_{a}^{\infty}(x-a)^{\alpha-1}(x-b)^{\rho}(x+b)^{-\tau}P_n^{(\rho,\,\sigma)}\left(\frac{x}{b}\right)dx=\frac{(\rho+\sigma+n+1)_n}{n!(2b)^n}\,\mathrm{B}\,(\alpha,\ \tau-\alpha-\rho-n)\times$$
$$\times\,(a+b)^{\alpha+\rho-\tau+n}\,{}_3F_2\left(-\rho-n,\ -\rho-\sigma-n,\ \tau-\rho-\alpha-n;\ \tau-\rho-n,\ -\rho-\sigma-2n;\ \frac{2b}{a+b}\right)$$

$[a>b>0;\ \mathrm{Re}\,\alpha>0;\ \mathrm{Re}\,(\tau-\rho-\alpha)>n]$.

16. $$\int_{a}^{\infty}(x-a)^{\alpha-1}(x-b)^{-\tau}(x+b)^{\sigma}P_n^{(\rho,\,\sigma)}\left(\frac{x}{b}\right)dx=\frac{(\rho+1)_n}{n!}\,\mathrm{B}\,(\alpha,\ \tau-\alpha)(2b)^{\sigma}(a-b)^{\alpha-\tau}\times$$
$$\times\,{}_3F_2\left(1-\tau,\ \rho+n+1,\ -\sigma-n;\ \rho+1,\ \alpha-\tau+1;\ \frac{b-a}{2b}\right)+$$
$$+\frac{(\rho-\alpha+\tau+1)_n}{n!}\,\mathrm{B}\,(\alpha-\tau,\ \tau-\alpha-\sigma-n)(2b)^{\alpha+\sigma-\tau}\times$$

$$\times {}_3F_2\left(\beta,\, \tau+\rho-\alpha+n+1,\, \tau-\alpha-\sigma-n;\; \tau-\alpha+1,\, \rho+\tau-\alpha+1;\; \frac{b-a}{2b}\right)$$

$[a > b > 0;\ \operatorname{Re}\alpha > 0;\ \operatorname{Re}(\tau-\alpha-\sigma) > n]$.

2.22.5. Интегралы от $A(x)e^{-px}P_n^{(\rho,\,\sigma)}(cx)$.

1. $$\int_{-a}^{a}(x+a)^{\sigma}(a-x)^{\beta-1}e^{-px}P_n^{(\rho,\,\sigma)}\left(\frac{x}{a}\right)dx = \frac{(\rho-\beta+1)_n}{n!}\,\mathrm{B}\,(\beta,\,\sigma+n+1)(2a)^{\beta+\sigma}e^{-ap}\times$$
$$\times {}_2F_2(\beta,\, \beta-\rho;\; \beta+\sigma+n+1,\, \beta-\rho-n;\; 2ap)$$ $[a,\ \operatorname{Re}\beta > 0;\ \operatorname{Re}\sigma > -1]$.

2. $$\int_{\pm a}^{\infty}(x\mp a)^{\alpha-1}e^{-px}P_n^{(\rho,\,\sigma)}\left(\frac{x}{a}\right)dx = \frac{(\rho+\sigma+n+1)_n}{n!(2a)^n}\,\Gamma(\alpha+n)p^{-\alpha-n}e^{\mp ap}\times$$
$$\times {}_2F_2(-n,\, -\varphi-n;\; 1-\alpha-n,\, -\rho-\sigma-2n;\; \pm 2ap)$$ $\left[a,\ \operatorname{Re}p,\ \operatorname{Re}\alpha > 0;\ \varphi = \begin{Bmatrix}\rho\\ \sigma\end{Bmatrix}\right]$.

3. $$\int_{a}^{\infty}(x-a)^{\rho}(x+a)^{-\tau}e^{-px}P_n^{(\rho,\,\sigma)}\left(\frac{x}{a}\right)dx = \frac{(\sigma+\tau)_n}{n!}\,\mathrm{B}\,(\rho+n+1,\, \tau-\rho-n-1)(2a)^{\rho-\tau+1}e^{ap}\times$$
$$\times {}_2F_2(1-\tau,\, 1-\sigma-\tau;\; \rho-\tau+n+2,\, 1-\sigma-\tau-n;\; -2ap)+$$
$$+\frac{(\rho+\sigma+n+1)_n}{n!(2a)^n}\,\Gamma(\rho-\tau+n+1)p^{\tau-\rho-n-1}e^{ap}\times$$
$$\times {}_2F_2(-\rho-\sigma-n,\, -\rho-n;\; -\rho-\sigma-2n,\, \tau-\rho-n;\; -2ap)$$ $[a,\ \operatorname{Re}p > 0;\ \operatorname{Re}\rho > -1]$.

4. $$\int_{a}^{\infty}(x-a)^{\alpha-1}(x+a)^{\sigma}e^{-px}P_n^{(\rho,\,\sigma)}\left(\frac{x}{a}\right)dx = \frac{(\rho-\alpha+1)_n}{n!}\,\mathrm{B}\,(\alpha,\, -\alpha-\sigma-n)(2a)^{\alpha+\sigma}e^{-ap}\times$$
$$\times {}_2F_2(\alpha,\, \alpha-\rho;\; \alpha-\rho-n,\, \alpha+\sigma+n+1;\; 2ap)+\frac{(\rho+\sigma+n+1)_n}{n!(2a)^n}\times$$
$$\times\Gamma(\alpha+\sigma+n)p^{-\alpha-\sigma-n}e^{-ap}\times$$
$$\times {}_2F_2(-\sigma-n,\, -\rho-\sigma-n;\; 1-\alpha-\sigma-n,\, -\rho-\sigma-2n;\; 2ap)$$ $[a,\ \operatorname{Re}p,\ \operatorname{Re}\alpha > 0]$.

2.22.6. Интегралы от $A(x)e^{\varphi(x)}P_n^{(\rho,\,\sigma)}(cx)$.

1. $$\int_{-a}^{a}(x+a)^{-\beta-n-1}(a-x)^{\beta-1}\exp\left(-p\frac{(a-x)^{\varepsilon}}{a+x}\right)P_n^{(\rho,\,\sigma)}\left(\frac{x}{a}\right)dx =$$
$$=\frac{(-1)^n}{n!}\,(\sigma+1)_n\Gamma(\beta+n)(2a)^{\beta-\beta\varepsilon-n\varepsilon-1}p^{-\beta-n}\exp\left(\frac{\varepsilon p-p}{2a}\right)\times$$
$$\times {}_2F_2\left(-n,\, -\rho-n;\; 1-\beta-n,\, \sigma+1;\; \frac{p}{(2a)^{1-\varepsilon}}\right)$$ $[\varepsilon = 0$ или $1;\ a,\ \operatorname{Re}p,\ \operatorname{Re}\beta > 0]$.

2. $$\int_{-a}^{a}(x+a)^{\rho+\sigma-\beta+n}(a-x)^{\beta-1}\exp\left(-p\frac{(a-x)^{\varepsilon}}{a+x}\right)P_n^{(\rho,\,\sigma)}\left(\frac{x}{a}\right)dx =$$
$$=\frac{(\rho-\beta+1)_n}{n!}\,\mathrm{B}\,(\beta,\, \rho+\sigma-\beta+n+1)(2a)^{\rho+\sigma+n}\exp\left(\frac{\varepsilon p-p}{2a}\right)\times$$
$$\times {}_2F_2\left(\beta,\, \beta-\rho;\; \beta-\rho-\sigma-n,\, \beta-\rho-n;\; \frac{p}{(2a)^{1-\varepsilon}}\right)+$$
$$+\frac{(-1)^n}{n!}\,(\sigma+1)_n\Gamma(\beta-\rho-\sigma-n-1)\times$$
$$\times(2a)^{\beta+\varepsilon(\rho+\sigma-\beta+n+1)-1}p^{\rho+\sigma-\beta+n+1}\exp\left(\frac{\varepsilon p-p}{2a}\right)\times$$
$$\times {}_2F_2\left(\sigma+n+1,\, \rho+\sigma+n+1;\; \sigma+1,\, \rho+\sigma-\beta+n+2;\; \frac{p}{(2a)^{1-\varepsilon}}\right)$$

$[\varepsilon = 0$ или $1;\ a,\ \operatorname{Re}p,\ \operatorname{Re}\beta > 0]$.

3. $$\int\limits_{-a}^{a}(x+a)^{\alpha-1}(a-x)^{\rho}\exp\left(-p\frac{(a-x)^{\varepsilon}}{(a+x)}\right)P_n^{(\rho,\,\sigma)}\left(\frac{x}{a}\right)dx=\frac{(-1)^n}{n!}(\sigma-\alpha+1)_n\times$$
$$\times\,\mathrm{B}\,(\alpha,\ \rho+n+1)(2a)^{\alpha+\rho}e^{\varepsilon p}\times$$
$$\times\,{}_2F_2\left(-\alpha-\rho-n,\ \sigma-\alpha+n+1;\ 1-\alpha,\ \sigma-\alpha+1;\ -\frac{p}{(2a)^{1-\varepsilon}}\right)+$$
$$+\frac{(-1)^n}{n!}(\sigma+1)_n\Gamma(-\alpha)(2a)^{\rho+\alpha\varepsilon}p^{\alpha}e^{\varepsilon p}\,{}_2F_2\left(\sigma+n+1,\ -\rho-n;\ \sigma+1,\ \alpha+1;\ -\frac{p}{(2a)^{1-\varepsilon}}\right)$$
[$\varepsilon=0$ или 1; a, $\mathrm{Re}\,p>0$; $\mathrm{Re}\,\rho>-1$].

4. $$\int\limits_{-a}^{a}(x+a)^{\rho+\sigma-\beta+n}(a-x)^{\beta-1}\exp\left(-p\frac{(a+x)^{\varepsilon}}{a-x}\right)P_n^{(\rho,\,\sigma)}\left(\frac{x}{a}\right)dx=$$
$$=\frac{(\rho-\beta+1)_n}{n!}\,\mathrm{B}\,(\beta,\ \rho+\sigma-\beta+n+1)(2a)^{\rho+\sigma+n}\exp\left(\frac{\varepsilon p-p}{2a}\right)\times$$
$$\times\,{}_2F_2\left(\rho-\beta+n+1,\ \rho+\sigma-\beta+n+1;\ 1-\beta,\ \rho-\beta+1;\ \frac{p}{(2a)^{1-\varepsilon}}\right)+$$
$$+\frac{(\rho+1)_n}{n!}\Gamma(-\beta)(2a)^{\rho+\sigma-\beta+\beta\varepsilon+n}p^{\beta}\exp\left(\frac{\varepsilon p-p}{2a}\right)\times$$
$$\times\,{}_2F_2\left(\rho+n+1,\ \rho+\sigma+n+1;\ \beta+1,\ \rho+1;\ \frac{p}{(2a)^{1-\varepsilon}}\right)$$
[$\varepsilon=0$ или 1; a, $\mathrm{Re}\,p>0$; $\mathrm{Re}\,(\beta-\rho-\sigma)<n+1$].

5. $$\int\limits_{-a}^{a}(x+a)^{-\beta-n-1}(a-x)^{\beta-1}\exp\left(-p\frac{(a+x)^{\varepsilon}}{a-x}\right)P_n^{(\rho,\,\sigma)}\left(\frac{x}{a}\right)dx=$$
$$=\frac{(\rho+1)_n\Gamma(-\beta)}{n!(2a)^{\beta-\beta\varepsilon+n+1}}p^{\beta}\exp\left(\frac{\varepsilon p-p}{2a}\right){}_2F_2\left(-n,\ -n-\sigma;\ \rho+1,\ \beta+1;\ \frac{p}{(2a)^{1-\varepsilon}}\right)$$
[$\varepsilon=0$ или 1; a, $\mathrm{Re}\,p>0$; $\mathrm{Re}\,\beta<-n$].

6. $$\int\limits_{-a}^{a}(x+a)^{\sigma}(a-x)^{-\sigma-n-2}\exp\left(-p\frac{(a+x)^{\varepsilon}}{a-x}\right)P_n^{(\rho,\,\sigma)}\left(\frac{x}{a}\right)dx=$$
$$=\frac{\Gamma(\sigma+n+1)(2a)^{\sigma-\varepsilon(\sigma+n+1)}}{p^{\sigma+n+1}}\exp\left(\frac{\varepsilon p-p}{2a}\right)L_n^{\rho}\left(\frac{p}{(2a)^{1-\varepsilon}}\right)$$
[$\varepsilon=0$ или 1; a, $\mathrm{Re}\,p>0$; $\mathrm{Re}\,\sigma>-1$].

7. $$\int\limits_{\pm a}^{\infty}(x\mp a)^{\alpha-1}\exp\left(\mp p\frac{(x\pm a)^{\varepsilon}}{x\mp a}\right)P_n^{(\rho,\,\sigma)}\left(\frac{x}{a}\right)dx=\frac{(\pm1)^n}{n!}(\varphi+1)_n\Gamma(-\alpha)\times$$
$$\times\,(2a)^{\alpha\varepsilon}p^{\alpha}e^{\mp\varepsilon p}\,{}_2F_2\left(-n,\ \rho+\sigma+n+1;\ \alpha+1,\ \varphi+1;\ \pm\frac{p}{(2a)^{1-\varepsilon}}\right)$$
$\left[\varepsilon=0\text{ или }1;\ a,\ \mathrm{Re}\,p>0;\ \mathrm{Re}\,\alpha<-n;\ \varphi=\begin{Bmatrix}\rho\\ \sigma\end{Bmatrix}\right]$.

8. $$\int\limits_{a}^{\infty}(x-a)^{\rho}(x+a)^{-\tau}\exp\left(-p\frac{(a-x)^{\varepsilon}}{a+x}\right)P_n^{(\rho,\,\sigma)}\left(\frac{x}{a}\right)dx=$$
$$=\frac{(\tau+\sigma)_n}{n!}\,\mathrm{B}\,(\rho+n+1,\ \tau-\rho-n-1)(2a)^{\rho-\tau+1}e^{\varepsilon p}\times$$
$$\times\,{}_2F_2\left(\tau-\rho-n-1,\ \sigma+\tau+n;\ \tau,\ \sigma+\tau;\ -\frac{p}{(2a)^{1-\varepsilon}}\right)$$
[$\varepsilon=0$ или 1; $a>0$; $\mathrm{Re}\,\rho>-1$; $\mathrm{Re}\,(\tau-\rho)>n+1$].

9. $$\int_a^\infty (x-a)^{\alpha-1}(x+a)^\sigma \exp\left(-p\frac{(x+a)^\varepsilon}{x-a}\right) P_n^{(\rho,\,\sigma)}\left(\frac{x}{a}\right) dx = \frac{(\rho-\alpha+1)_n}{n!}\,\mathrm{B}\,(\alpha,\,-\alpha-\sigma-n)\times$$
$$\times (2a)^{\alpha+\sigma}e^{-\varepsilon p}\,{}_2F_2\left(-\alpha-\sigma-n,\,\rho-\alpha+n+1;\;1-\alpha,\,\rho-\alpha+1;\;\frac{p}{(2a)^{1-\varepsilon}}\right)+$$
$$+\frac{(\rho+1)_n}{n!}\Gamma(-\alpha)(2a)^{\sigma+\alpha\varepsilon}p^\alpha e^{-\varepsilon p}\,{}_2F_2\left(-\sigma-n,\,\rho+n+1;\;\rho+1,\,\alpha+1;\;\frac{p}{(2a)^{1-\varepsilon}}\right)$$

[$\varepsilon = 0$ или 1; a, $\operatorname{Re} p > 0$; $\operatorname{Re}(\alpha+\sigma) < -n$].

10. $$\int_{-a}^{a} (x+a)^{\alpha-1}(a-x)^\rho e^{-p\sqrt{x+a}}\, P_n^{(\rho,\,\sigma)}\left(\frac{x}{a}\right) dx = \frac{(-1)^n}{n!}(\sigma-\alpha+1)_n\,\mathrm{B}\,(\alpha,\,\rho+n+1)(2a)^{\alpha+\rho}\times$$
$$\times\,{}_2F_3\left(\alpha,\,\alpha-\sigma;\;\alpha+\rho+n+1,\,\alpha-\sigma-n,\,\frac{1}{2};\;\frac{ap^2}{2}\right)-$$
$$-\frac{(-1)^n}{n!}\left(\sigma-\alpha+\frac{1}{2}\right)_n \mathrm{B}\left(\alpha+\frac{1}{2},\,\rho+n+1\right)(2a)^{\alpha+\rho+1/2}p\times$$
$$\times\,{}_2F_3\left(\alpha+\frac{1}{2},\,\alpha-\sigma+\frac{1}{2};\;\frac{3}{2},\,\alpha+\rho+n+\frac{3}{2},\,\alpha-\sigma-n+\frac{1}{2};\;\frac{ap^2}{2}\right)$$

[a, $\operatorname{Re}\alpha > 0$; $\operatorname{Re}\rho > -1$].

11. $$\int_{-a}^{a} (x+a)^{\alpha-1}(a-x)^\rho \exp\left(-\frac{p}{\sqrt{x+a}}\right) P_n^{(\rho,\,\sigma)}\left(\frac{x}{a}\right) dx = \frac{(-1)^n}{n!}(\sigma-\alpha+1)_n\times$$
$$\times\,\mathrm{B}\,(\alpha,\,\rho+n+1)(2a)^{\alpha+\rho}\,{}_2F_3\left(-\alpha-\rho-n,\,\sigma-\alpha+n+1;\;\frac{1}{2},\,1-\alpha,\,\sigma-\alpha+1;\;\frac{p^2}{8a}\right)+$$
$$+\frac{(-1)^n(\sigma+1)_n}{n!}2^{\rho+1}\Gamma(-2\alpha)a^\rho p^{2\alpha}\,{}_2F_3\left(\rho+n+1,\,-\rho-n;\;\alpha+\frac{1}{2},\,\alpha+1,\,\sigma+1;\;\frac{p^2}{8a}\right)-$$
$$-\frac{(-1)^n}{n!}\left(\sigma-\alpha+\frac{3}{2}\right)_n \mathrm{B}\left(\alpha-\frac{1}{2},\,\rho+n+1\right)(2a)^{\alpha+\rho-1/2}p\times$$
$$\times\,{}_2F_3\left(\frac{1}{2}-\alpha-\rho-n,\,\sigma-\alpha+n+\frac{3}{2};\;\frac{3}{2},\,\frac{3}{2}-\alpha,\,\sigma-\alpha+\frac{3}{2};\;\frac{p^2}{8a}\right)$$

[a, $\operatorname{Re} p > 0$; $\operatorname{Re}\rho > -1$].

12. $$\int_{-a}^{a} (x+a)^{-\beta-n-1}(a-x)^{\beta-1}\exp\left(-p\sqrt{\frac{a-x}{a+x}}\right) P_n^{(\rho,\,\sigma)}\left(\frac{x}{a}\right) dx = \frac{(-1)^n(\sigma+1)_n}{n!2^n a^{n+1}}\times$$
$$\times\,\Gamma(2\beta+2n)p^{-2\beta-2n}\,{}_2F_3\left(-n,\,-n-\rho;\;\sigma+1,\,1-\beta-n,\,\frac{1}{2}-\beta-n;\;-\frac{p^2}{4}\right)$$

[a, $\operatorname{Re} p$, $\operatorname{Re}\beta > 0$].

13. $$\int_{-a}^{a} (x+a)^{\rho+\sigma-\beta+n}(a-x)^{\beta-1}\exp\left(-p\sqrt{\frac{a-x}{a+x}}\right) P_n^{(\rho,\,\sigma)}\left(\frac{x}{a}\right) dx =$$
$$=\frac{(-1)^n}{n!}(\sigma+1)_n 2^{\rho+\sigma+n+1}\Gamma(2\beta-2\rho-2\sigma-2n-2)a^{\rho+\sigma+n}p^{2(\rho+\sigma-\beta+n+1)}\times$$
$$\times\,{}_2F_3\left(\rho+\sigma+n+1,\,\sigma+n+1;\;\sigma+1,\,\rho+\sigma-\beta+n+2,\,\rho+\sigma-\beta+n+\frac{3}{2};\;-\frac{p^2}{4}\right)+$$
$$+\frac{(\rho-\beta+1)_n}{n!}\,\mathrm{B}\,(\beta,\,\rho+\sigma-\beta+n+1)(2a)^{\rho+\sigma+n}\times$$
$$\times\,{}_2F_3\left(\beta,\,\beta-\rho;\;\beta-\rho-\sigma-n,\,\beta-\rho-n,\,\frac{1}{2};\;-\frac{p^2}{4}\right)-$$

$$-\frac{(\rho-\beta+1/2)_n}{n!}\,\mathrm{B}\left(\beta+\frac{1}{2},\ \rho+\sigma-\beta+n+\frac{1}{2}\right)(2a)^{\rho+\sigma+n}p\times$$
$$\times\,{}_2F_3\left(\beta+\frac{1}{2},\ \beta-\rho+\frac{1}{2};\ \frac{3}{2},\ \beta-\rho-n+\frac{1}{2},\ \beta-\rho-\sigma-n+\frac{1}{2};\ -\frac{p^2}{4}\right)$$

$[a,\ \mathrm{Re}\,p,\ \mathrm{Re}\,\beta>0]$.

14. $$\int_{-a}^{a}(x+a)^{-\beta-n-1}(a-x)^{\beta-1}\exp\left(-p\sqrt{\frac{a+x}{a-x}}\right)P_n^{(\rho,\,\sigma)}\left(\frac{x}{a}\right)dx=$$
$$=\frac{(\rho+1)_n}{n!2^n}\,\Gamma(-2\beta)a^{-n-1}p^{2\beta}\,{}_2F_3\left(-n,\ -n-\sigma;\ \beta+1,\ \beta+\frac{1}{2},\ \rho+1;\ -\frac{p^2}{4}\right)$$

$[a,\ \mathrm{Re}\,p>0;\ \mathrm{Re}\,\beta<-n]$.

15. $$\int_{-a}^{a}(x+a)^{\rho+\sigma-\beta+n}(a-x)^{\beta-1}\exp\left(-p\sqrt{\frac{a+x}{a-x}}\right)P_n^{(\rho,\,\sigma)}\left(\frac{x}{a}\right)dx=$$
$$=\frac{(\rho-\beta+1)_n}{n!}\,\mathrm{B}\,(\beta,\ \rho+\sigma-\beta+n+1)(2a)^{\rho+\sigma+n}\times$$
$$\times\,{}_2F_3\left(\rho-\beta+n+1,\ \rho+\sigma-\beta+n+1;\ \frac{1}{2},\ 1-\beta,\ \rho-\beta+1;\ -\frac{p^2}{4}\right)+$$
$$+\frac{(\rho+1)_n}{n!}2^{\rho+\sigma+n+1}\Gamma(-2\beta)a^{\rho+\sigma+n}p^{2\beta}\times$$
$$\times\,{}_2F_3\left(\rho+n+1,\ \rho+\sigma+n+1;\ \beta+1,\ \beta+\frac{1}{2},\ \rho+1;\ -\frac{p^2}{4}\right)-$$
$$-\frac{(\rho-\beta+3/2)_n}{n!}\,\mathrm{B}\left(\beta-\frac{1}{2},\ \rho+\sigma-\beta+n+\frac{3}{2}\right)(2a)^{\rho+\sigma+n}p\times$$
$$\times\,{}_2F_3\left(\rho-\beta+n+\frac{3}{2},\ \rho+\sigma-\beta+n+\frac{3}{2};\ \frac{3}{2},\ \frac{3}{2}-\beta,\ \rho-\beta+\frac{3}{2};\ -\frac{p^2}{4}\right)$$

$[a,\ \mathrm{Re}\,p>0;\ \mathrm{Re}\,(\beta-\rho-\sigma)<n+1]$.

16. $$\int_{\pm a}^{\infty}(x\mp a)^{\alpha-1}e^{-p\sqrt{x\mp a}}\,P_n^{(\rho,\,\sigma)}\left(\frac{x}{a}\right)dx=\frac{(\rho+\sigma+n+1)_n}{2^{n-1}n!a^n}\,\Gamma(2\alpha+2n)p^{-2\alpha-2n}\times$$
$$\times\,{}_2F_3\left(-n,\ -n-\varphi;\ -p-\sigma-2n,\ 1-\alpha-n,\ \frac{1}{2}-\alpha-n;\ \mp\frac{ap^2}{2}\right)$$

$\left[a,\ \mathrm{Re}\,p,\ \mathrm{Re}\,\alpha>0,\ \varphi=\left\{\begin{matrix}\rho\\ \sigma\end{matrix}\right\}\right]$.

17. $$\int_{\pm a}^{\infty}(x\mp a)^{\alpha-1}\exp\left(-\frac{p}{\sqrt{x\mp a}}\right)P_n^{(\rho,\,\sigma)}\left(\frac{x}{a}\right)dx=2\frac{(\pm 1)^n}{n}\,(\varphi+1)_n\Gamma(-2\alpha)p^{2\alpha}\times$$
$$\times\,{}_2F_3\left(-n,\ \rho+\sigma+n+1;\ \alpha+1,\ \alpha+\frac{1}{2},\ \varphi+1;\ \mp\frac{p^2}{8a}\right)$$

$\left[a,\ \mathrm{Re}\,p>0;\ \mathrm{Re}\,\alpha<-n,\ \varphi=\left\{\begin{matrix}\rho\\ \sigma\end{matrix}\right\}\right]$.

18. $$\int_{a}^{\infty}(x-a)^{\rho}(x+a)^{-\tau}e^{-p\sqrt{x+a}}\,P_n^{(\rho,\,\sigma)}\left(\frac{x}{a}\right)dx=\frac{(\tau+\sigma)_n}{n!}\,\mathrm{B}\,(\rho+n+1,\ \tau-\rho-n-1)\times$$
$$\times\,(2a)^{\rho-\tau+1}\,{}_2F_3\left(1-\tau,\ 1-\sigma-\tau;\ 1-\sigma-\tau-n,\ \rho-\tau+n+2,\ \frac{1}{2};\ \frac{ap^2}{2}\right)+$$
$$+\frac{(\rho+\sigma+n+1)_n}{2^{n-1}n!a^n}\,\Gamma(2\rho-2\tau+2n+2)p^{2\tau-2\rho-2n-2}\times$$

$$\times {}_2F_3\left(-\rho-\sigma-n,\ -\rho-n;\ -\rho-\sigma-2n,\ \tau-\rho-n,\ \tau-\rho-n-\frac{1}{2};\ \frac{ap^2}{2}\right)-$$
$$-\frac{(\sigma+\tau-1/2)_n}{n!}\,\mathrm{B}\left(\rho+n+1,\ \tau-\rho-n-\frac{3}{2}\right)(2a)^{\rho-\tau+3/2}p\times$$
$$\times {}_2F_3\left(\frac{3}{2}-\tau,\ \frac{3}{2}-\sigma-\tau;\ \frac{3}{2},\ \rho-\tau+n+\frac{5}{2},\ \frac{3}{2}-\sigma-\tau-n;\ \frac{ap^2}{2}\right)$$
$[a,\ \mathrm{Re}\,p>0;\ \mathrm{Re}\,\rho>-1]$.

19. $$\int_a^\infty (x-a)^{\alpha-1}(x+a)^\sigma e^{-p\sqrt{x-a}}\,P_n^{(\rho,\sigma)}\left(\frac{x}{a}\right)dx=$$
$$=\frac{(\rho+\sigma+n+1)_n}{2^{n-1}n!a^n}\,\Gamma(2\alpha+2\sigma+2n)p^{-2\alpha-2\sigma-2n}\times$$
$$\times {}_2F_3\left(-\sigma-n,\ -\rho-\sigma-n;\ -\rho-\sigma-2n,\ 1-\alpha-\sigma-n,\ \frac{1}{2}-\alpha-\sigma-n;\ -\frac{ap^2}{2}\right)+$$
$$+\frac{(\rho-\alpha+1)_n}{n!}\,\mathrm{B}\,(\alpha,\ -\alpha-\sigma-n)(2a)^{\alpha+\sigma}\times$$
$$\times {}_2F_3\left(\alpha,\ \alpha-\rho;\ \alpha-\rho-n,\ \alpha+\sigma+n+1,\ \frac{1}{2};\ -\frac{ap^2}{2}\right)-$$
$$-\frac{(\rho-\alpha+1/2)_n}{n!}\,\mathrm{B}\left(\alpha+\frac{1}{2},\ -\alpha-\sigma-n-\frac{1}{2}\right)(2a)^{\alpha+\sigma+1/2}p\times$$
$$\times {}_2F_3\left(\alpha+\frac{1}{2},\ \alpha-\rho+\frac{1}{2};\ \alpha-\rho-n+\frac{1}{2},\ \alpha+\sigma+n+\frac{3}{2},\ \frac{3}{2};\ -\frac{ap^2}{2}\right)$$
$[a,\ \mathrm{Re}\,p,\ \mathrm{Re}\,\alpha>0]$.

20. $$\int_a^\infty (x-a)^{\alpha-1}(x+a)^\sigma \exp\left(-\frac{p}{\sqrt{x-a}}\right)P_n^{(\rho,\sigma)}\left(\frac{x}{a}\right)dx=$$
$$=\frac{(\rho-\alpha+1)_n}{n!}\,\mathrm{B}\,(\alpha,\ -\alpha-\sigma-n)(2a)^{\alpha+\sigma}\,{}_2F_3\Bigl(-\alpha-\sigma-n,\ \rho-\alpha+n+1;$$
$$\frac{1}{2},\ 1-\alpha,\ \rho-\alpha+1;\ -\frac{p^2}{8a}\Bigr)+2^{\sigma+1}\frac{(\rho+1)_n}{n!}\,\Gamma(-2\alpha)a^\sigma p^{2\alpha}\times$$
$$\times {}_2F_3\left(-\sigma-n,\ \rho+n+1;\ \alpha+1,\ \alpha+\frac{1}{2},\ \rho+1;\ -\frac{p^2}{8a}\right)$$
$[a,\ \mathrm{Re}\,p>0;\ \mathrm{Re}\,(\alpha+\sigma)<-n]$.

21. $$\int_a^\infty (x-a)^\rho(x+a)^{-\tau}\exp\left(-\frac{p}{\sqrt{x+a}}\right)P_n^{(\rho,\sigma)}\left(\frac{x}{a}\right)dx=\frac{(\sigma+\tau)_n}{n!}\times$$
$$\times\,\mathrm{B}\,(\rho+n+1,\ \tau-\rho-n-1)(2a)^{\rho-\tau+1}\,{}_2F_3\left(\tau-\rho-n-1,\ \sigma+\tau+n;\ \frac{1}{2},\ \tau,\ \sigma+\tau;\ \frac{p^2}{8a}\right)-$$
$$-\frac{(\sigma+\tau+1/2)_n}{n!}\,\mathrm{B}\left(\rho+n+1,\ \tau-\rho-n-\frac{1}{2}\right)(2a)^{\rho-\tau+1/2}p\times$$
$$\times {}_2F_3\left(\tau-\rho-n-\frac{1}{2},\ \sigma+\tau+n+\frac{1}{2};\ \frac{3}{2},\ \tau+\frac{1}{2},\ \sigma+\tau+\frac{1}{2};\ \frac{p^2}{8a}\right)$$
$[a>0;\ \mathrm{Re}\,\rho>-1;\ \mathrm{Re}\,(\tau-\rho)>n+1]$.

2.22.7. Интегралы от $A(x)\begin{Bmatrix}\sin\varphi(x)\\ \cos\varphi(x)\end{Bmatrix}P_n^{(\rho,\sigma)}(cx)$.

Обозначение: $\delta=\begin{Bmatrix}1\\0\end{Bmatrix}$.

1. $$\int_0^a (a^2-x^2)^\sigma\begin{Bmatrix}\sin bx\\ \cos bx\end{Bmatrix}P_n^{(\sigma,\sigma)}\left(\frac{x}{a}\right)dx=\frac{(-1)^m\sqrt{\pi}\,2^{\sigma-1/2}}{n!}\left(\frac{a}{b}\right)^{\sigma+1/2}\times$$
$$\times\,\Gamma(\sigma+n+1)J_{\sigma+n+1/2}(ab)$$
$\left[a>0;\ \mathrm{Re}\,\sigma>-1;\ n=\begin{Bmatrix}2m+1\\ 2m\end{Bmatrix}\right]$.

2. $$\int_{-a}^{a}(x+a)^{\alpha-1}(a-x)^{\rho}\left\{\begin{matrix}\sin b\sqrt{x+a}\\ \cos b\sqrt{x+a}\end{matrix}\right\}P_n^{(\rho,\sigma)}\left(\frac{x}{a}\right)dx=$$
$$=\frac{(-1)^n}{n!}(1-\alpha-\delta/2+\sigma)_n\,\mathrm{B}\left(\alpha+\frac{\sigma}{2},\ \rho+n+1\right)(2a)^{\alpha+\delta/2+\rho}b^{\delta}\times$$
$$\times\ {}_2F_3\left(\alpha+\frac{\delta}{2},\ \alpha+\frac{\delta}{2}-\sigma;\ \alpha+\frac{\delta}{2}+\rho+n+1,\ \alpha+\frac{\delta}{2}-\sigma-n,\ \delta+\frac{1}{2};\ -\frac{ab^2}{2}\right)$$
$[a>0;\ \operatorname{Re}\alpha>-\delta/2;\ \operatorname{Re}\rho>-1]$.

3. $$\int_{-a}^{a}(x+a)^{\alpha-1}(a-x)^{\rho}\left\{\begin{matrix}\sin(b/\sqrt{x+a})\\ \cos(b/\sqrt{x+a})\end{matrix}\right\}P_n^{(\rho,\sigma)}\left(\frac{x}{a}\right)dx=$$
$$=\frac{(-1)^n}{n!}\left(\frac{\delta}{2}-\alpha+\sigma+1\right)_n\mathrm{B}\left(\rho+n+1,\ \alpha-\frac{\delta}{2}\right)(2a)^{\alpha+\rho-\delta/2}b^{\delta}\times$$
$$\times\ {}_2F_3\left(\frac{\delta}{2}-\alpha-\rho-n,\ \frac{\delta}{2}-\alpha+\sigma+n+1;\ \frac{\delta}{2}-\alpha+1,\ \frac{\delta}{2}-\alpha+\sigma+1,\right.$$
$$\left.\delta+\frac{1}{2};\ -\frac{b^2}{8a}\right)+\frac{(-1)^{n+\delta}2^{\rho+1}}{n!}(\sigma+1)_n a^{\rho}b^{2\alpha}\left\{\begin{matrix}\sin\alpha\pi\\ \cos\alpha\pi\end{matrix}\right\}\times$$
$$\times\ {}_2F_3\left(\sigma+n+1,\ \rho-n;\ \alpha+1,\ \alpha+\frac{1}{2},\ \sigma+1;\ -\frac{b^2}{8a}\right)$$
$[a,\ b>0;\ \operatorname{Re}\alpha>-1/2;\ \operatorname{Re}\rho>-1]$.

4. $$\int_{-a}^{a}(x+a)^{\rho+\sigma-\beta+n}(a-x)^{\beta-1}\left\{\begin{matrix}\sin[b(a-x)^{1/2}(a+x)^{-1/2}]\\ \cos[b(a-x)^{1/2}(a+x)^{-1/2}]\end{matrix}\right\}P_n^{(\rho,\sigma)}\left(\frac{x}{a}\right)dx=$$
$$=-\frac{(\sigma+1)_n}{n!}2^{\rho+\sigma+n+1}\Gamma(2\beta-2\rho-2\sigma-2n-2)\times$$
$$\times\left\{\begin{matrix}\sin(\beta-\rho-\sigma)\pi\\ \cos(\beta-\rho-\sigma)\pi\end{matrix}\right\}a^{\rho+\sigma+n}b^{2(\rho+\sigma-\beta+n+1)}\times$$
$$\times\ {}_2F_3\left(\rho+\sigma+n+1,\ \sigma+n+1;\ \sigma+1,\ \rho+\sigma-\beta+n+2,\ \rho+\sigma-\beta+n+\frac{3}{2};\ \frac{b^2}{4}\right)+$$
$$+\frac{(\rho-\beta-\delta/2+1)_n}{n!}\mathrm{B}\left(\beta+\frac{\delta}{2},\ \rho+\sigma-\beta-\frac{\delta}{2}+n+1\right)(2a)^{\rho+\sigma+n}b^{\delta}\times$$
$$\times\ {}_2F_3\left(\beta+\frac{\delta}{2},\ \beta+\frac{\delta}{2}-\rho;\ \beta+\frac{\delta}{2}-\rho-n,\ \beta+\frac{\delta}{2}-\rho-\sigma-n,\ \delta+\frac{1}{2};\ \frac{b^2}{4}\right)$$
$[a,\ b>0;\ \operatorname{Re}\beta>-\delta/2;\ \operatorname{Re}(\beta-\rho-\sigma)<3/2+n]$.

5. $$\int_{a}^{\infty}(x-a)^{\rho}(x+a)^{-\tau}\left\{\begin{matrix}\sin(b\sqrt{x+a})\\ \cos(b\sqrt{x+a})\end{matrix}\right\}P_n^{(\rho,\sigma)}\left(\frac{x}{a}\right)dx=$$
$$=\frac{(\tau+\sigma-\delta/2)_n}{n!}\mathrm{B}\left(\rho+n+1,\ \tau-\rho-\frac{\delta}{2}-n-1\right)(2a)^{\rho+\delta/2-\tau+1}b^{\delta}\times$$
$$\times\ {}_2F_3\left(\frac{\delta}{2}-\tau+1,\ \frac{\delta}{2}-\sigma-\tau+1;\ \rho+\frac{\delta}{2}-\tau+n+2,\right.$$
$$\left.\frac{\delta}{2}-\sigma-\tau-n+1,\ \delta+\frac{1}{2};\ -\frac{ab^2}{2}\right)+\frac{(-1)^{n-1}}{2^{n-1}n!a^n}(\rho+\sigma+n+1)_n\times$$
$$\times\left\{\begin{matrix}\sin(\rho-\tau)\pi\\ \cos(\rho-\tau)\pi\end{matrix}\right\}b^{2(\tau-\rho-n-1)}\Gamma(2\rho-2\tau+2n+2)\times$$
$$\times\ {}_2F_3\left(-\rho-n,\ -\rho-\sigma-n;\ -\rho-\sigma-2n,\ \tau-\rho-n,\ \tau-\rho-n-\frac{1}{2};\ -\frac{ab^2}{2}\right)$$
$[b>0;\ \operatorname{Re}\rho>-1;\ \operatorname{Re}(\rho-\tau)<-n-1/2]$.

6. $$\int_a^\infty (x-a)^{\alpha-1}(x+a)^\sigma \left\{ \begin{matrix} \sin(b\sqrt{x-a}) \\ \cos(b\sqrt{x-a}) \end{matrix} \right\} P_n^{(\rho,\sigma)}\left(\frac{x}{a}\right) dx =$$
$$= \frac{(-1)^n}{2^{n-1} n! a^n} (\rho+\sigma+n+1)_n \Gamma(2\alpha+2\sigma+2n) b^{-2\alpha-2\sigma-2n} \left\{ \begin{matrix} \sin(\alpha+\sigma)\pi \\ \cos(\alpha+\sigma)\pi \end{matrix} \right\} \times$$
$$\times {}_2F_3\left(-\sigma-n,\ -\rho-\sigma-n;\ -\rho-\sigma-2n,\ 1-\alpha-\sigma-n,\ \frac{1}{2}-\alpha-\sigma-n;\ \frac{ab^2}{2}\right) +$$
$$+ \frac{(\rho-\alpha-\delta/2+1)_n}{n!} \mathrm{B}\left(-\alpha-\sigma-\frac{\delta}{2}-n,\ \alpha+\frac{\delta}{2}\right) 2^{\alpha+\sigma} a^{\alpha+\delta/2+\sigma} b^\delta \times$$
$$\times {}_2F_3\left(\alpha+\frac{\delta}{2},\ \alpha+\frac{\delta}{2}-\rho;\ \alpha+\frac{\delta}{2}-\rho-n,\ \alpha+\sigma+\frac{\delta}{2}+n+1,\ \delta+\frac{1}{2};\ \frac{ab^2}{2}\right)$$
$[b>0;\ \operatorname{Re}\alpha > -\delta/2;\ \operatorname{Re}(\alpha+\sigma) < 1/2-n]$.

7. $$\int_a^\infty (x-a)^\rho (x+a)^{-\tau} \left\{ \begin{matrix} \sin(b/\sqrt{x+a}) \\ \cos(b/\sqrt{x+a}) \end{matrix} \right\} P_n^{(\rho,\sigma)}\left(\frac{x}{a}\right) dx =$$
$$= \frac{(\sigma+\tau+\delta/2)_n}{n!} \mathrm{B}\left(\rho+n+1,\ \tau+\frac{\delta}{2}-\rho-n-1\right)(2a)^{\rho-\delta/2-\tau+1} \times$$
$$\times b^\delta\, {}_2F_3\left(\tau+\frac{\delta}{2}-\rho-n-1,\ \sigma+\tau+\frac{\delta}{2}+n;\ \tau+\frac{\delta}{2},\ \sigma+\tau+\frac{\delta}{2},\ \delta+\frac{1}{2};\ -\frac{b^2}{8a}\right)$$
$[\operatorname{Re}\rho > -1;\ \operatorname{Re}(\rho-\tau) < \delta/2-n-1]$.

8. $$\int_a^\infty (x-a)^{\alpha-1}(x+a)^\sigma \left\{ \begin{matrix} \sin(b/\sqrt{x-a}) \\ \cos(b/\sqrt{x-a}) \end{matrix} \right\} P_n^{(\rho,\sigma)}\left(\frac{x}{a}\right) dx =$$
$$= \frac{(\rho+\delta/2-\alpha+1)_n}{n!} \mathrm{B}\left(\alpha-\frac{\delta}{2},\ \frac{\delta}{2}-\alpha-\sigma-n\right)(2a)^{\alpha+\sigma-\delta/2} b^\delta \times$$
$$\times {}_2F_3\left(\frac{\delta}{2}-\alpha+\rho+n+1,\ \frac{\delta}{2}-\alpha-\sigma-n;\ \rho+\frac{\delta}{2}-\alpha+1,\ \frac{\delta}{2}-\alpha+1,\ \delta+\frac{1}{2};\ \frac{b^2}{8a}\right) \mp$$
$$\mp \frac{(\rho+1)_n}{n!} \Gamma(-2\alpha) \left\{ \begin{matrix} \sin\alpha\pi \\ \cos\alpha\pi \end{matrix} \right\} 2^{\sigma+1} a^\sigma b^{2\alpha}\, {}_2F_3\left(-\sigma-n,\ \rho+n+1;\ \alpha+1,\ \alpha+\frac{1}{2},\ \rho+1;\ \frac{b^2}{8a}\right)$$
$[b>0;\ \operatorname{Re}\alpha > -1/2;\ \operatorname{Re}(\alpha+\sigma) < \delta/2-n]$.

2.22.8. Интегралы от $A(x)\ln\varphi(x)P_n^{(\rho,\sigma)}(x)$.

1. $$\int_{-a}^a (x+a)^{\alpha-1}(a-x)^\rho \ln\frac{x+a}{2a}\, P_n^{(\rho,\sigma)}\left(\frac{x}{a}\right) dx = \frac{(-1)^n}{n!}(\sigma-\alpha+1)_n \mathrm{B}(\alpha,\ \rho+n+1)(2a)^{\alpha+\rho} \times$$
$$\times [\psi(\alpha-\sigma)+\psi(\alpha)-\psi(\alpha-\sigma-n)-\psi(\alpha+\rho+n+1)]$$
$[a,\ \operatorname{Re}\alpha>0;\ \operatorname{Re}\rho>-1]$.

2. $$\int_{-a}^a (x+a)^{\alpha-1}(a-x)^\rho \left\{ \begin{matrix} \ln(x+z) \\ \ln|x-z| \end{matrix} \right\} P_n^{(\rho,\sigma)}\left(\frac{x}{a}\right) dx = \pm\frac{(-1)^n(\sigma-\alpha)_n}{n!(z-a)} \mathrm{B}(\rho+n+1,\ \alpha-1) \times$$
$$\times (2a)^{\alpha+\rho+1}\, {}_4F_3\left(1,\ 1,\ \alpha-\sigma+1,\ 1-\alpha-\rho-n;\ 2,\ \alpha-\sigma-n+1,\ 2-\alpha;\ \mp\frac{2a}{z-a}\right) +$$
$$+ \frac{(-1)^n}{n!}(2a)^{\alpha+\rho}(1-\alpha+\sigma)_n \mathrm{B}(\alpha,\ \rho+n+1)\ln z$$
$$\left[a,\ \operatorname{Re}\alpha>0;\ \operatorname{Re}\rho>-1,\ \left\{ \begin{matrix} |\arg(z-a)|<\pi \\ z>-a \end{matrix} \right\}\right].$$

3. $$\int_a^\infty (x-a)^\rho (x+a)^{-\tau} \begin{Bmatrix} \ln(x+z) \\ \ln|x-z| \end{Bmatrix} P_n^{(\rho,\sigma)}\left(\frac{x}{a}\right) dx =$$
$$= \pm \frac{(\tau+\sigma-1)_n}{n!(z-a)} \mathrm{B}(\rho+n+1,\, \tau-\rho-n-2)(2a)^{\rho-\tau+2} \times$$
$$\times {}_4F_3\left(1,\, 1,\, 2-\tau-\sigma,\, 2-\tau;\, 2,\, 2-\tau-\sigma-n,\, \rho-\tau+n+3;\, \mp\frac{2a}{z-a}\right) \mp$$
$$\mp \frac{(\mp 1)^n \pi(\rho+\sigma+n+1)_n (z-a)^{\rho-\tau+n+1}}{n!(2a)^n(\tau-\rho-n-1)} \begin{Bmatrix} \operatorname{cosec}(\tau-\rho)\pi \\ \operatorname{ctg}(\tau-\rho)\pi \end{Bmatrix} \times$$
$$\times {}_3F_2\left(\tau-\rho-n-1,\, -\rho-n,\, -\rho-\sigma-n;\, \tau-\rho-n,\, -\rho-\sigma-2n;\, \mp\frac{2a}{z-a}\right) +$$
$$+ \frac{(2a)^{\rho-\tau+1}}{n!}(\sigma+\tau)_n \mathrm{B}(\rho+n+1,\, \tau-\rho-n-1)\ln z$$
$$\left[a>0;\ \operatorname{Re}\rho>-1;\ \operatorname{Re}(\rho-\tau)<-n-1,\ \begin{Bmatrix} |\arg(z-a)|<\pi \\ z>-a \end{Bmatrix}\right].$$

2.22.9. Интегралы от $A(x)\,\mathrm{Ei}\,(a+bx) P_n^{(\rho,\sigma)}(cx)$.

1. $$\int_{-a}^a (x+a)^{\alpha-1}(a-x)^\rho\, \mathrm{Ei}\,(-ab-bx) P_n^{(\rho,\sigma)}\left(\frac{x}{a}\right) dx =$$
$$= \frac{(-1)^{n+1}}{n!}(\sigma-\alpha)_n \mathrm{B}(\rho+n+1,\, \alpha+1)(2a)^{\alpha+\rho+1} b \times$$
$$\times {}_4F_4(1,\, 1,\, \alpha-\sigma+1,\, \alpha+1;\, 2,\, 2,\, \alpha-\sigma-n+1,\, \alpha+\rho+n+2;\, -2ab) -$$
$$- \frac{(-1)^n}{n!}(\sigma-\alpha+1)_n \mathrm{B}(\alpha,\, \rho+n+1)(2a)^{\alpha+\rho} \times$$
$$\times \left[\mathbf{C} + \psi(\alpha) - \psi(\alpha+\rho+n+1) - \sum_{j=0}^{n-1} \frac{1}{\sigma-\alpha+j+1} + \ln(2ab)\right]$$
$$[a,\ \operatorname{Re}\alpha>0;\ \operatorname{Re}\rho>-1].$$

2. $$\int_a^\infty (x-a)^\rho (x+a)^{-\tau}\, \mathrm{Ei}\,(-ab-bx) P_n^{(\rho,\sigma)}\left(\frac{x}{a}\right) dx =$$
$$= -\frac{(\sigma+\tau-1)_n}{n!} \mathrm{B}(\rho+n+1,\, \tau-\rho-n-2)(2a)^{\rho-\tau+2} b \times$$
$$\times {}_4F_4(1,\, 1,\, 2-\sigma-\tau,\, 2-\tau;\, 2,\, 2,\, 2-\sigma-\tau-n,\, \rho-\tau+n+3;\, -2ab) +$$
$$+ \frac{(\rho+\sigma+n+1)_n b^{\tau-\rho-n-1}}{n!(\tau-\rho-n-1)(2a)^n} \Gamma(\rho-\tau+n+1) \times$$
$$\times {}_3F_3(\tau-\rho-n-1,\, -\rho-n,\, -\rho-\sigma-n;\, \tau-\rho-n,\, \tau-\rho-n,\, -\rho-\sigma-2n;\, -2ab) +$$
$$+ \frac{(\sigma+\tau)_n}{n!} \mathrm{B}(\rho+n+1,\, \tau-\rho-n-1)(2a)^{\rho-\tau+1} \times$$
$$\times \left[\mathbf{C} + \psi(\tau) - \psi(\tau-\rho-n-1) - \sum_{j=0}^{n-1} \frac{1}{\sigma+\tau+j} + \ln(2ab)\right] \qquad [a,\ \operatorname{Re} b>0;\ \operatorname{Re}\rho>-1].$$

2.22.10. Интегралы от $A(x) \begin{Bmatrix} \mathrm{si}\,(b\sqrt{x+a}\,) \\ \mathrm{ci}\,(b\sqrt{x+a}\,) \end{Bmatrix} P_n^{(\rho,\sigma)}(cx)$.

Обозначение: $\delta = \begin{Bmatrix} 1 \\ 0 \end{Bmatrix}$.

1. $$\int_{-a}^a (x+a)^{\alpha-1}(a-x)^\rho \begin{Bmatrix} \mathrm{si}\,(b\sqrt{x+a}\,) \\ \mathrm{ci}\,(b\sqrt{x+a}\,) \end{Bmatrix} P_n^{(\rho,\sigma)}\left(\frac{x}{a}\right) dx =$$
$$= \frac{(-1)^{n+1}(\sigma-\alpha-\delta/2)_n}{3^{2\delta} n!} 2^{\alpha+\rho+3\delta/2-1} \mathrm{B}(\rho+n+1,\, \alpha+\frac{\delta}{2}+1) \times$$

$$\times a^{\alpha+\rho+\delta/2+1} b^{\delta+2} {}_4F_5\left(1,\, \alpha+\frac{\delta}{2}-\sigma+1,\, \frac{\delta}{2}+1,\, \alpha+\frac{\delta}{2}+1;\right.$$
$$\left.2,\, \alpha+\rho+\frac{\delta}{2}+n+2,\, \delta+\frac{3}{2},\, \frac{\delta}{2}+2,\, \alpha+\frac{\delta}{2}-\sigma-n+1;\, -\frac{ab^2}{2}\right)+$$
$$+\frac{(-1)^n(\sigma-\alpha-\delta/2+1)_n}{n!}\,\mathrm{B}\left(\rho+n+1,\, \alpha+\frac{\delta}{2}\right)(2a)^{\alpha+\rho+\delta/2} b^{\delta} \begin{Bmatrix} 1 \\ R \end{Bmatrix} -$$
$$-\delta\frac{(-1)^n}{2(n!)}(2a)^{\alpha+\rho}\pi(\sigma-\alpha+1)_n\,\mathrm{B}\,(\rho+n+1,\, \alpha),$$
$$R = \mathbf{C}+\frac{1}{2}\,\psi(\alpha)-\frac{1}{2}\,\psi(\alpha+\rho+n+1)-\frac{1}{2}\sum_{j=0}^{n-1}\frac{1}{\sigma-\alpha+j+1}+\frac{1}{2}\ln(2ab^2)$$

$[a,\ \mathrm{Re}\,\alpha > 0;\ \mathrm{Re}\,\rho > -1].$

2. $$\int_a^\infty (x-a)^\rho (x+a)^{-\tau} \begin{Bmatrix} \mathrm{si}\,(b\sqrt{x+a}\,) \\ \mathrm{ci}\,(b\sqrt{x+a}\,) \end{Bmatrix} P_n^{(\rho,\,\sigma)}\left(\frac{x}{a}\right)dx =$$
$$= -\frac{(\tau+\sigma-\delta/2-1)_n}{3^{2\delta} n!} 2^{\rho+3\delta/2-\tau} a^{\rho+\delta/2-\tau+2} b^{\delta+2}\times$$
$$\times\,\mathrm{B}\left(\rho+n+1,\, \tau-\rho-\frac{\delta}{2}-n-2\right){}_4F_5\left(1,\, \frac{\delta}{2}-\tau-\sigma+2,\, \frac{\delta}{2}+1,\, 2-\tau+\frac{\delta}{2};\right.$$
$$\left.2,\, \delta+\frac{3}{2},\, \frac{\delta}{2}+2,\, \frac{\delta}{2}+2-\tau-\sigma-n,\, \rho-\tau+\frac{\delta}{2}+n+3;\, -\frac{ab^2}{2}\right)-$$
$$-(-1)^n\frac{(\rho+\sigma+n+1)_n b^{2(\tau-\rho-n-1)}}{n!(\tau-\rho-n-1)(2a)^n}\Gamma(2\rho-2\tau+2n+2)\times$$
$$\times\begin{Bmatrix} \sin(\rho-\tau)\pi \\ \cos(\rho-\tau)\pi \end{Bmatrix} {}_3F_4(-\rho-n,\, \tau-\rho-n-1,\, -\rho-\sigma-n;$$
$$\left.-\rho-\sigma-2n,\, \tau-\rho-n,\, \tau-\rho-n-\frac{1}{2};\, -\frac{ab^2}{2}\right)+$$
$$+\frac{(\sigma+\tau-\delta/2)_n}{n!}\,\mathrm{B}\left(\rho+n+1,\, \tau-\rho-n-\frac{\delta}{2}-1\right)(2a)^{\rho+\delta/2-\tau+1} b^{\delta}\begin{Bmatrix} 1 \\ R \end{Bmatrix}-$$
$$-\delta\frac{(\sigma+\tau)_n}{n!}2^{\rho-\tau}\pi\,\mathrm{B}\,(\rho+n+1,\, \tau-\rho-n-1)a^{\rho-\tau+1},$$
$$R = \mathbf{C}+\frac{1}{2}\,\psi(\tau)-\frac{1}{2}\,\psi(\tau-\rho-n-1)-\frac{1}{2}\sum_{j=0}^{n-1}\frac{1}{\sigma+\tau+j}+\frac{1}{2}\ln(2ab^2)$$

$[a,\ b > 0;\ \mathrm{Re}\,\rho > -1;\ \mathrm{Re}\,(\rho-\tau) < -n].$

2.22.11. Интегралы, содержащие $\begin{Bmatrix} \mathrm{erf}\,(\varphi(x)) \\ \mathrm{erfc}\,(\varphi(x)) \end{Bmatrix} P_n^{(\rho,\,\sigma)}(\chi(x))$.

1. $$\int_0^a (a^2-x^2)^\sigma\,\mathrm{erf}\,(bx)P_{2n+1}^{(\sigma,\,\sigma)}\left(\frac{x}{a}\right)dx = \frac{(-1)^n}{2\sqrt{\pi}\,(2n+1)!}\Gamma\begin{bmatrix} n+1/2,\, \sigma+2n+2 \\ \sigma+2n+5/2 \end{bmatrix}\frac{a^{\sigma-1/2}}{b^{\sigma+3/2}}\times$$
$$\times M_{-(2\sigma+3)/4,\, n+(2\sigma+3)/4}(a^2b^2)$$

$[a > 0;\ \mathrm{Re}\,\sigma > -1].$

2. $$\int_{-a}^a (x+a)^{\alpha-1}(a-x)^\rho\begin{Bmatrix} \mathrm{erf}\,(ab+bx) \\ \mathrm{erfc}\,(ab+bx) \end{Bmatrix} P_n^{(\rho,\,\sigma)}\left(\frac{x}{a}\right)dx = \pm\frac{(-1)^n(\sigma-\alpha)_n}{\sqrt{\pi}\,n!}2^{\alpha+\rho+2}a^{\alpha+\rho+1}b\times$$
$$\times\,\mathrm{B}\,(\alpha+1,\, \rho+n+1)\,{}_5F_5\left(\frac{1}{2},\, \frac{\alpha+1}{2},\, \frac{\alpha}{2}+1,\, \frac{\alpha-\sigma+1}{2},\, 1+\frac{\alpha-\sigma}{2};\, \frac{3}{2},\, \frac{\alpha-\sigma-n+1}{2},\right.$$
$$\left.\frac{\alpha-\sigma-n}{2}+1,\, \frac{\alpha+\rho+n}{2}+1,\, \frac{\alpha+\rho+n+3}{2};\, -4a^2b^2\right)+$$

$$+\begin{Bmatrix}0\\1\end{Bmatrix}\frac{(-1)^n}{n!}(2a)^{\alpha+\rho}\,\mathrm{B}\,(\alpha,\ \rho+n+1)(\sigma-\alpha+1)_n \qquad [a>0;\ \operatorname{Re}\rho>-1;\ \operatorname{Re}\alpha>-(1\pm1)/2].$$

3. $$\int\limits_{-a}^{a}(x+a)^{\alpha-1}(a-x)^{\rho}\begin{Bmatrix}\operatorname{erf}(b\sqrt{x+a})\\ \operatorname{erfc}(b\sqrt{x+a})\end{Bmatrix}P_n^{(\rho,\,\sigma)}\left(\frac{x}{a}\right)dx=$$

$$=\pm\frac{(-1)^n}{n!\sqrt{\pi}}2^{\alpha+\rho+3/2}\left(\sigma-\alpha+\frac12\right)_n a^{\alpha+\rho+1/2}b\,\mathrm{B}\left(\alpha+\frac12,\ \rho+n+1\right)\times$$

$$\times\,{}_3F_3\left(\frac12,\ \alpha+\frac12,\ \alpha-\sigma+\frac12;\ \frac32,\ \alpha-\sigma-n+\frac12,\ \alpha+\rho+n+\frac32;\ -2ab^2\right)+$$

$$+\begin{Bmatrix}0\\1\end{Bmatrix}\frac{(-1)^n}{n!}(2a)^{\alpha+\rho}(\sigma-\alpha+1)_n\,\mathrm{B}\,(\alpha,\ \rho+n+1) \qquad [a>0;\ \operatorname{Re}\rho>-1;\ \operatorname{Re}a>-(1\pm1)/4].$$

4. $$\int\limits_{\pm a}^{\infty}(x\mp a)^{\alpha-1}\operatorname{erfc}(b\sqrt{x\mp a})P_n^{(\rho,\,\sigma)}\left(\frac{x}{a}\right)dx=$$

$$=\frac{(\pm1)^n(\varphi+1)_n}{n!\alpha\sqrt{\pi}\,b^{2\alpha}}\Gamma\left(\alpha+\frac12\right){}_4F_2\left(-n,\ \rho+\sigma+n+1,\ \alpha,\ \alpha+\frac12;\ \varphi+1,\ \alpha+1;\ \frac{1}{2ab^2}\right)$$

$$\left[a,\ \operatorname{Re}\alpha>0;\ |\arg b|<\pi/4,\ \varphi=\begin{Bmatrix}\rho\\ \sigma\end{Bmatrix}\right].$$

5. $$\int\limits_{a}^{\infty}(x-a)^{\rho}(x+a)^{-\tau}\begin{Bmatrix}\operatorname{erf}(b\sqrt{x+a})\\ \operatorname{erfc}(b\sqrt{x+a})\end{Bmatrix}P_n^{(\rho,\,\sigma)}\left(\frac{x}{a}\right)dx=$$

$$=\pm\frac{(\tau+\sigma-1/2)_n}{n!\sqrt{\pi}}2^{\rho-\tau+5/2}\,\mathrm{B}\left(\rho+n+1,\ \tau-\rho-n-\frac32\right)a^{\rho-\tau+3/2}b\times$$

$$\times\,{}_3F_3\left(\frac12,\ \frac32-\sigma-\tau,\ \frac32-\tau;\ \frac32,\ \rho-\tau+n+\frac52,\ \frac32-\sigma-\tau-n;\ -2ab^2\right)\pm$$

$$\pm\frac{(\sigma+\rho+n+1)_n b^{2(\tau-\rho-n-1)}}{n!\sqrt{\pi}\,(\tau-\rho-n-1)(2a)^n}\Gamma\left(\frac32+\rho-\tau+n\right){}_3F_3(-\rho-n,\ -\sigma-\rho-n,$$

$$\tau-\rho-n-1;\ -\sigma-\rho-2n,\ \tau-\rho-n-\frac12,\ \tau-\rho-n;\ -2ab^2\Big)+$$

$$+\begin{Bmatrix}0\\1\end{Bmatrix}\frac{(\tau+\sigma)_n}{n!}\,\mathrm{B}\,(\rho+n+1,\ \tau-\rho-n-1)(2a)^{\rho-\tau+1}$$

$$\left[a>0;\ \operatorname{Re}\rho>-1,\ \begin{Bmatrix}|\arg b|<\pi/4,\ \operatorname{Re}(\rho-\tau)<-n-1\\ |\arg b|<\pi/4\end{Bmatrix}\right].$$

6. $$\int\limits_{0}^{\infty}x^{\alpha-1}(a-x)^n\operatorname{erfc}(b\sqrt{x})P_n^{(\rho,\,\sigma)}\left(\frac{a+x}{a-x}\right)dx=$$

$$=\frac{a^n(\rho+1)_n}{n!\sqrt{\pi}\,\alpha b^{2\alpha}}\Gamma\left(\alpha+\frac12\right){}_4F_2\left(-n,\ -n-\sigma,\ \alpha,\ \alpha+\frac12;\ \rho+1,\ \alpha+1;\ \frac{1}{ab^2}\right)$$

$$[\operatorname{Re}\alpha>0;\ |\arg b|<\pi/4].$$

7. $$\int\limits_{-a}^{a}(x+a)^{\alpha-1}(a-x)^{\rho}e^{b^2x}\operatorname{erf}(b\sqrt{x+a})P_n^{(\rho,\,\sigma)}\left(\frac{x}{a}\right)dx=$$

$$=\frac{(-1)^n}{n!\sqrt{\pi}}\left(\sigma-\alpha+\frac12\right)_n 2^{\alpha+\rho+3/2}a^{\alpha+\rho+1/2}b\,\mathrm{B}\left(\alpha+\frac12,\ \rho+n+1\right)\times$$

$$\times\,e^{-ab^2}\,{}_3F_3\left(1,\ \alpha+\frac12,\ \alpha-\sigma+\frac12;\ \frac32,\ \alpha-\sigma-n+\frac12,\ \alpha+\rho+n+\frac32;\ 2ab^2\right)$$

$$[a>0,\ \operatorname{Re}\rho>-1;\ \operatorname{Re}\alpha>-1/2].$$

2.22.12. Интегралы, содержащие $\left\{\begin{matrix} J_\nu(\varphi(x)) \\ I_\nu(\varphi(x)) \end{matrix}\right\} P_n^{(\rho,\,\sigma)}(cx)$.

1. $$\int_{\pm a}^{\infty} (x \mp a)^{\alpha-1} J_\nu(b\sqrt{x \mp a}\,) P_n^{(\rho,\,\sigma)}\left(\frac{x}{a}\right) dx =$$
$$= (\pm 1)^n \frac{(\rho+\sigma+n+1)_n 2^{2\alpha+n}}{n! a^n b^{2\alpha+2n}} \Gamma\left[\begin{matrix} \nu/2+\alpha+n \\ \nu/2-\alpha-n+1 \end{matrix}\right] \times$$
$$\times {}_2F_3\left(-n,\, -\varphi-n;\, -\rho-\sigma-2n,\, 1-\alpha-\frac{\nu}{2}-n,\, \frac{\nu}{2}-\alpha-n+1;\, \pm\frac{ab^2}{2}\right)$$
$$\left[a,\, b,\, \operatorname{Re}(2\alpha+\nu)>0;\ \operatorname{Re}\alpha<3/4-n,\, \varphi=\left\{\begin{matrix}\rho\\ \sigma\end{matrix}\right\}\right].$$

2. $$\int_{\pm a}^{\infty} (x \mp a)^{\alpha-1} J_\nu\left(\frac{b}{\sqrt{x \mp a}}\right) P_n^{(\rho,\,\sigma)}\left(\frac{x}{a}\right) dx = (\pm 1)^n \frac{(\varphi+1)_n}{n!}\left(\frac{b}{2}\right)^{2\alpha} \Gamma\left[\begin{matrix} \nu/2-\alpha \\ \nu/2+\alpha+1 \end{matrix}\right] \times$$
$$\times {}_2F_3\left(-n,\, \rho+\sigma+n+1;\, \varphi+1,\, \alpha+\frac{\nu}{2}+1,\, \alpha-\frac{\nu}{2}+1;\, \pm\frac{b^2}{8a}\right)$$
$$\left[a,\, b>0;\ \operatorname{Re}\alpha<-3/4;\ \operatorname{Re}(2\alpha-\nu)<-2n,\, \varphi=\left\{\begin{matrix}\rho\\ \sigma\end{matrix}\right\}\right].$$

3. $$\int_{-a}^{a} (x+a)^{\alpha-1}(a-x)^{\rho} \left\{\begin{matrix} J_\nu(b\sqrt{x+a}\,) \\ I_\nu(b\sqrt{x+a}\,) \end{matrix}\right\} P_n^{(\rho,\,\sigma)}\left(\frac{x}{a}\right) dx =$$
$$= \frac{(-1)^n(\sigma-\alpha-\nu/2+1)_n}{n!\Gamma(\nu+1)} 2^{\alpha+\rho-\nu/2}\, \mathrm{B}\left(\alpha+\frac{\nu}{2},\, \rho+n+1\right) a^{\alpha+\rho+\nu/2} b^\nu \times$$
$$\times {}_2F_3\left(\alpha+\frac{\nu}{2},\, \alpha+\frac{\nu}{2}-\sigma;\, \alpha+\frac{\nu}{2}+\rho+n+1,\, \alpha+\frac{\nu}{2}-\sigma-n,\, \nu+1;\, \mp\frac{ab^2}{2}\right)$$
$$[a,\, \operatorname{Re}(2\alpha+\nu)>0,\, \operatorname{Re}\rho>-1].$$

4. $$\int_{a}^{\infty} (x-a)^{\rho}(x+a)^{-\tau} J_\nu(b\sqrt{x+a}\,) P_n^{(\rho,\,\sigma)}\left(\frac{x}{a}\right) dx =$$
$$= \frac{(\tau+\sigma-\nu/2)_n}{n!\Gamma(\nu+1)} 2^{\rho-\tau-\nu/2+1} a^{\rho+\nu/2-\tau+1} b^\nu\, \mathrm{B}\left(\rho+n+1,\, \tau-\rho-\frac{\nu}{2}-n-1\right) \times$$
$$\times {}_2F_3\left(\frac{\nu}{2}-\tau+1,\, \frac{\nu}{2}-\sigma-\tau+1;\, \frac{\tau}{2}-\sigma-\tau-n+1,\, \rho+\frac{\nu}{2}-\tau+n+2,\, \nu+1;\, -\frac{ab^2}{2}\right) +$$
$$+ \frac{(\rho+\sigma+n+1)_n}{n!(a)^n} 2^{2\rho-2\tau+n+2} b^{2(\tau-\rho-n-1)} \Gamma\left[\begin{matrix} \rho+\nu/2-\tau+n+1 \\ \tau+\nu/2-\rho-n \end{matrix}\right] \times$$
$$\times {}_2F_3\left(-\rho-n,\, -\sigma-\sigma-n;\, -\rho-\sigma-2n,\, \tau+\frac{\nu}{2}-\rho-n,\, \tau-\frac{\nu}{2}-\rho-n;\, -\frac{ab^2}{2}\right)$$
$$[a,\, b,\, \operatorname{Re}\rho>-1;\ \operatorname{Re}(\rho-\tau)<-n-1/4].$$

5. $$\int_{a}^{\infty} (x-a)^{\alpha-1}(x+a)^{\sigma} J_\nu(b\sqrt{x-a}\,) P_n^{(\rho,\,\sigma)}\left(\frac{x}{a}\right) dx =$$
$$= \frac{(1+\rho-\alpha-\nu/2)_n}{n!\Gamma(\nu+1)} 2^{\alpha+\sigma-\nu/2}\, \mathrm{B}\left(\alpha+\frac{\nu}{2},\, -\frac{\nu}{2}-\alpha-\sigma-n\right) a^{\alpha+\sigma+\nu/2} b^\nu \times$$
$$\times {}_2F_3\left(\alpha+\frac{\nu}{2}-\rho,\, \alpha+\frac{\nu}{2};\, \alpha+\frac{\nu}{2}-\rho-n,\, \alpha+\frac{\nu}{2}+\sigma+n+1,\, \nu+1;\, \frac{ab^2}{2}\right) +$$
$$+ \frac{(\rho+\sigma+n+1)_n}{n!(2a)^n}\left(\frac{2}{b}\right)^{2(\alpha+\sigma+n)} \Gamma\left[\begin{matrix} \nu/2+\alpha+\sigma+n \\ \nu/2-\alpha-\sigma-n+1 \end{matrix}\right] \times$$

$$\times {}_2F_3\left(-\rho-\sigma-n,\, -\sigma-n;\; -\rho-\sigma-2n,\, 1-n-\sigma-\alpha-\frac{\nu}{2},\, \frac{\nu}{2}-\alpha-\sigma-n+1;\; \frac{ab^2}{2}\right)$$

$[a,\ b,\ \mathrm{Re}\,(2\alpha+\nu)>0;\ \mathrm{Re}\,(\alpha+\sigma)<3/4-n]$.

6. $$\int_{-a}^{a}(x+a)^{\alpha-1}(a-x)^{\rho}J_\nu\left(\frac{b}{\sqrt{x+a}}\right)P_n^{(\rho,\sigma)}\left(\frac{x}{a}\right)dx=\frac{(-1)^n}{n!}(\sigma+1)_n2^{\rho-2\alpha}\times$$
$$\times\Gamma\begin{bmatrix}\nu/2-\alpha\\ \nu/2+\alpha+1\end{bmatrix}a^{\rho}b^{2\alpha}\,{}_2F_3\left(\sigma+n+1,\,-\rho-n;\;\sigma+1,\,\alpha-\frac{\nu}{2}+1,\,\alpha+\frac{\nu}{2}+1;\;-\frac{b^2}{8a}\right)+$$
$$+\frac{(-1)^n(\sigma+\nu/2-\alpha+1)_n}{n!\Gamma(\nu+1)}2^{\alpha+\rho-3\nu/2}\,\mathrm{B}\left(\rho+n+1,\,\alpha-\frac{\nu}{2}\right)a^{\alpha+\rho-\nu/2}b^{\nu}\times$$
$$\times{}_2F_3\left(\sigma+\frac{\nu}{2}-\alpha+n+1,\,\frac{\nu}{2}-\alpha-\rho-n;\;\nu+1,\,\frac{\nu}{2}-\alpha+1,\,\sigma+\frac{\nu}{2}-\alpha+1;\;-\frac{b^2}{8a}\right)$$

$[a,\ b>0;\ \mathrm{Re}\,\rho>-1;\ \mathrm{Re}\,\alpha>-3/4]$.

7. $$\int_{a}^{\infty}(x-a)^{\rho}(x+a)^{-\tau}\begin{Bmatrix}J_\nu(b/\sqrt{x+a})\\ I_\nu(b/\sqrt{x+a})\end{Bmatrix}P_n^{(\rho,\sigma)}\left(\frac{x}{a}\right)dx=\frac{(\sigma+\tau+\nu/2)_n}{n!\Gamma(\nu+1)}2^{\rho-3\nu/2-\tau+1}\times$$
$$\times\mathrm{B}\left(\rho+n+1,\,\frac{\nu}{2}-\rho+\tau-n-1\right)a^{\rho-\tau-\nu/2+1}b^{\nu}\,{}_2F_3\left(\frac{\nu}{2}+\tau-\rho-n-1,\,\sigma+\tau+\frac{\nu}{2}+n;\right.$$
$$\left.\tau+\frac{\nu}{2},\,\sigma+\tau+\frac{\nu}{2},\,\nu+1;\;\mp\frac{b^2}{8a}\right)$$

$[a>0;\ \mathrm{Re}\,\rho>-1;\ \mathrm{Re}\,(2\rho-2\tau-\nu)<-2n-2]$.

8. $$\int_{a}^{\infty}(x-a)^{\alpha-1}(x+a)^{\sigma}J_\nu\left(\frac{b}{\sqrt{x-a}}\right)P_n^{(\rho,\sigma)}\left(\frac{x}{a}\right)dx=\frac{(\rho+1)_n}{n!}2^{\sigma-2\alpha}a^{\sigma}b^{2\alpha}\times$$
$$\times\Gamma\begin{bmatrix}\nu/2-\alpha\\ \nu/2+\alpha+1\end{bmatrix}{}_2F_3\left(\rho+n+1,\,-\sigma-n;\;\rho+1,\,\alpha+\frac{\nu}{2}+1,\,\alpha-\frac{\nu}{2}+1;\;\frac{b^2}{8a}\right)+$$
$$+\frac{(\rho-\alpha+\nu/2+1)_n}{n!\Gamma(\nu+1)}2^{\alpha+\sigma-3\nu/2}\,\mathrm{B}\left(\alpha-\frac{\nu}{2},\,\frac{\nu}{2}-\alpha-\sigma-n\right)a^{\alpha+\sigma-\nu/2}b^{\nu}\times$$
$$\times{}_2F_3\left(1-\alpha+\frac{\nu}{2}+\rho+n,\,\frac{\nu}{2}-\alpha-\sigma-n;\;\rho+\frac{\nu}{2}-\alpha+1,\,\frac{\nu}{2}-\alpha+1,\,\nu+1;\;\frac{b^2}{8a}\right)$$

$[a,\ b>0;\ \mathrm{Re}\,\alpha>-3/4;\ \mathrm{Re}\,(\alpha+\sigma-\nu/2)<-n]$.

9. $$\int_{-a}^{a}(x+a)^{-\beta-n-1}(a-x)^{\beta-1}J_\nu\left(b\sqrt{\frac{a-x}{a+x}}\right)P_n^{(\rho,\sigma)}\left(\frac{x}{a}\right)dx=$$
$$=\frac{(-1)^n}{n!}(\sigma+1)_n2^{2\beta+n-1}\Gamma\begin{bmatrix}\beta+\nu/2+n\\ \nu/2-\beta-n+1\end{bmatrix}a^{-n-1}b^{-2\beta-2n}\times$$
$$\times{}_2F_3\left(-n,\,-\rho-n;\;\sigma+1,\,1-\beta-\frac{\nu}{2}-n,\,\frac{\nu}{2}-\beta-n+1;\;\frac{b^2}{4}\right)$$

$[b,\ \mathrm{Re}\,(2\beta+\nu)>0;\ \mathrm{Re}\,\beta<3/4-n]$.

10. $$\int_{-a}^{a}(x+a)^{\rho+\sigma-\beta+n}(a-x)^{\beta-1}J_\nu\left(b\sqrt{\frac{a-x}{a+x}}\right)P_n^{(\rho,\sigma)}\left(\frac{x}{a}\right)dx=$$
$$=\frac{(\rho-\beta-\nu/2+1)_n}{n!\Gamma(\nu+1)}2^{\rho+\sigma-\nu+n}\,\mathrm{B}\left(\beta+\frac{\nu}{2},\,\rho+\sigma-\beta-\frac{\nu}{2}+n+1\right)a^{\rho+\sigma+n}b^{\nu}\times$$
$$\times{}_2F_3\left(\beta+\frac{\nu}{2}-\rho,\,\beta+\frac{\nu}{2};\;\beta+\frac{\nu}{2}-\rho-n,\,\beta+\frac{\nu}{2}-\rho-\sigma-n,\,\nu+1;\;\frac{b^2}{4}\right)+$$
$$+\frac{(-1)^n}{n!}(\sigma+1)_n2^{2\beta-\rho-\sigma-n-2}a^{\rho+\sigma+n}b^{2(\rho+\sigma-\beta+n+1)}\Gamma\begin{bmatrix}\beta+\nu/2-\rho-\sigma-n-1\\ \nu/2+\rho+\sigma-\beta+n+2\end{bmatrix}\times$$

$$\times {}_2F_3\Big(\rho+\sigma+n+1,\ \sigma+n+1;\ \sigma+1,\ \rho+\sigma-\beta-\nu/2+n+2,$$
$$\rho+\sigma+\nu/2-\beta+n+2;\ \frac{b^2}{4}\Big) \qquad [a,\ b,\ \mathrm{Re}\,(2\beta+\nu)>0;\ \mathrm{Re}\,(\alpha-\rho-\sigma)<7/4+n].$$

11. $$\int\limits_{-a}^{a}(x+a)^{\sigma}(a-x)^{\beta-1}\begin{Bmatrix}J_\mu(b\sqrt{a-x}\,)J_\nu(b\sqrt{a-x}\,)\\ I_\mu(b\sqrt{a-x}\,)I_\nu(b\sqrt{a-x}\,)\end{Bmatrix}P_n^{(\rho,\,\sigma)}\Big(\frac{x}{a}\Big)\,dx=\frac{2^{\beta+\sigma-(\mu+\nu)/2}}{n!}\times$$
$$\times\, a^{\beta+\sigma+(\mu+\nu)/2}b^{\mu+\nu}\Big(\rho-\beta-\frac{\mu+\nu}{2}+1\Big)_n\Gamma\begin{bmatrix}\beta+(\mu+\nu)/2,\ \sigma+n+1\\ \mu+1,\ \nu+1,\ \beta+(\mu+\nu)/2+\sigma+n+1\end{bmatrix}\times$$
$$\times\,{}_4F_5\Big(\frac{\mu+\nu}{2}+\beta,\ \beta+\frac{\mu+\nu}{2}-\rho,\ \frac{\mu+\nu+1}{2},\ \frac{\mu+\nu}{2}+1;\ \beta+\frac{\mu+\nu}{2}+\sigma+n+1,$$
$$\beta+\frac{\mu+\nu}{2}-\rho-n,\ \mu+1,\ \nu+1,\ \mu+\nu+1;\ \mp 2ab^2\Big) \qquad [a,\ \mathrm{Re}\,(2\beta+\mu+\nu)>0;\ \mathrm{Re}\,\sigma>-1].$$

2.22.13. Интегралы от $A(x)K_\nu(\varphi(x))P_n^{(\rho,\,\sigma)}(cx)$.

1. $$\int\limits_{\pm a}^{\infty}(x\mp a)^{\alpha-1}K_\nu(b\sqrt{x\mp a}\,)P_n^{(\rho,\,\sigma)}\Big(\frac{x}{a}\Big)\,dx=$$
$$=\frac{(\pm1)^n(\rho+\sigma+n+1)_n}{n!a^nb^{2\alpha+2n}}2^{2\alpha+n-1}\Gamma\Big(\alpha+\frac{\nu}{2}+n\Big)\times$$
$$\times\,\Gamma\Big(\alpha-\frac{\nu}{2}+n\Big)\,{}_2F_3\Big(-n,\ -\varphi-n;\ -\rho-\sigma-2n,\ 1-n-\alpha-\frac{\nu}{2},\ \frac{\nu}{2}-\alpha-n+1;\ \mp\frac{ab^2}{2}\Big)$$
$$\Big[a,\ \mathrm{Re}\,b>0;\ 2\,\mathrm{Re}\,\alpha>|\,\mathrm{Re}\,\nu|,\ \varphi=\begin{Bmatrix}\rho\\ \sigma\end{Bmatrix}\Big].$$

2. $$\int\limits_{\pm a}^{\infty}(x\mp a)^{\alpha-1}K_\nu\Big(\frac{b}{\sqrt{x\mp a}}\Big)P_n^{(\rho,\,\sigma)}\Big(\frac{x}{a}\Big)\,dx=\frac{(\pm1)^n(\varphi+1)_n}{n!2^{2\alpha+1}}\,\Gamma\Big(\frac{\nu}{2}-\alpha\Big)\Gamma\Big(-\frac{\nu}{2}-\alpha\Big)b^{2\alpha}\times$$
$$\times\,{}_2F_3\Big(-n,\ \rho+\sigma+n+1;\ \varphi+1,\ \alpha-\frac{\nu}{2}+1,\ \alpha+\frac{\nu}{2}+1;\ \mp\frac{b^2}{8a}\Big)$$
$$\Big[a,\ \mathrm{Re}\,b>0;\ 2\,\mathrm{Re}\,\alpha<-2n-|\,\mathrm{Re}\,\nu|,\ \varphi=\begin{Bmatrix}\rho\\ \sigma\end{Bmatrix}\Big].$$

3. $$\int\limits_{-a}^{a}(x+a)^{\alpha-1}(a-x)^{\rho}K_\nu(b\sqrt{x+a}\,)P_n^{(\rho,\,\sigma)}\Big(\frac{x}{a}\Big)\,dx=$$
$$=\frac{(-1)^n}{n!}2^{\alpha+\rho+\nu/2+1}\Big(1+\sigma+\frac{\nu}{2}-\alpha\Big)_n\Gamma(\nu)\,\mathrm{B}\,\Big(\rho+n+1,\ \alpha-\frac{\nu}{2}\Big)a^{\alpha+\rho-\nu/2}b^{-\nu}\times$$
$$\times\,{}_2F_3\Big(\alpha-\frac{\nu}{2},\ \alpha-\frac{\nu}{2}-\sigma;\ \alpha-\frac{\nu}{2}+\rho+n+1,\ \alpha-\frac{\nu}{2}-\sigma-n,\ 1-\nu;\ \frac{ab^2}{2}\Big)+$$
$$+\,\frac{(-1)^n}{n!}2^{\alpha+\rho-\nu/2-1}\Big(\sigma-\alpha-\frac{\nu}{2}+1\Big)_n\Gamma(-\nu)\,\mathrm{B}\,\Big(\rho+n+1,\ \alpha+\frac{\nu}{2}\Big)a^{\alpha+\rho+\nu/2}b^{\nu}\times$$
$$\times\,{}_2F_3\Big(\alpha+\frac{\nu}{2},\ \alpha+\frac{\nu}{2}-\sigma;\ \alpha+\frac{\nu}{2}+\rho+n+1,\ \alpha+\frac{\nu}{2}-\sigma-n,\ \nu+1;\ \frac{ab^2}{2}\Big)$$
$$[a>0;\ \mathrm{Re}\,\rho>-1;\ 2\,\mathrm{Re}\,\alpha>|\,\mathrm{Re}\,\nu|].$$

4. $$\int\limits_{a}^{\infty}(x-a)^{\rho}(x+a)^{-\tau}K_\nu(b\sqrt{x+a}\,)P_n^{(\rho,\,\sigma)}\Big(\frac{x}{a}\Big)\,dx=\frac{(\rho+\sigma+n+1)_n}{n!}2^{2\rho-2\tau+n+1}\times$$
$$\times\,\Gamma\Big(\frac{\nu}{2}+\rho-\tau+n+1\Big)\Gamma\Big(\rho-\frac{\nu}{2}-\tau+n+1\Big)a^{-n}b^{2(\tau-\rho-n-1)}\times$$
$$\times\,{}_2F_3\Big(-\rho-n,\ -\rho-\sigma-n;\ -\rho-\sigma-2n,\ \frac{\nu}{2}-\rho+\tau-n,\ \tau-\frac{\nu}{2}-\rho-n;\ \frac{ab^2}{2}\Big)+$$

$$+\frac{(\nu/2+\sigma+\tau)_n}{n!}2^{\rho+\nu/2-\tau}\Gamma(\nu)\,\mathrm{B}\left(\rho+n+1,\ \frac{\nu}{2}+\tau-\rho-n-1\right)a^{\rho-\nu/2-\tau+1}b^{-\nu}\times$$
$$\times\,{}_2F_3\left(1-\tau-\frac{\nu}{2},\ 1-\frac{\nu}{2}-\sigma-\tau;\ 1-\nu,\ \rho-\tau-\frac{\nu}{2}+n+2,\ 1-\frac{\nu}{2}-\tau-\sigma-n;\ \frac{ab^2}{2}\right)+$$
$$+\frac{(\sigma+\tau-\nu/2)_n}{n!}2^{\rho-\nu/2-\tau}\Gamma(-\nu)\,\mathrm{B}\left(\rho+n+1,\ \tau-\frac{\nu}{2}-\rho-n-1\right)a^{\rho+\nu/2-\tau+1}b^{\nu}\times$$
$$\times\,{}_2F_3\left(\frac{\nu}{2}-\tau+1,\ \frac{\nu}{2}-\sigma-\tau+1;\ \nu+1,\ \rho+\frac{\nu}{2}-\tau+n+2,\ \frac{\nu}{2}-\sigma-\tau-n+1;\ \frac{ab^2}{2}\right)$$

$[a,\ \mathrm{Re}\,b>0;\ \mathrm{Re}\,\rho>-1]$.

5. $$\int_a^\infty (x-a)^{\alpha-1}(x+a)^{\sigma}K_\nu(b\sqrt{x-a}\,)P_n^{(\rho,\,\sigma)}\left(\frac{x}{a}\right)dx=$$
$$=\frac{(\rho+\sigma+n+1)_n}{n!}2^{2\alpha+2\sigma+n-1}\Gamma\left(\alpha+\frac{\nu}{2}+\sigma+n\right)\Gamma\left(\alpha-\frac{\nu}{2}+\sigma+n\right)a^{-n}b^{-2(\alpha+\sigma+n)}\times$$
$$\times\,{}_2F_3\left(-\sigma-n,\ -\rho-\sigma-n;\ -\rho-\sigma-2n,\ 1-\alpha-\frac{\nu}{2}-\sigma-n,\ 1-\alpha+\frac{\nu}{2}-\sigma-n;\ -\frac{ab^2}{2}\right)+$$
$$+\frac{(\rho-\alpha-\nu/2+1)_n}{n!}2^{\alpha+\sigma-\nu/2-1}\,\mathrm{B}\left(\alpha+\frac{\nu}{2},\ -\alpha-\frac{\nu}{2}-\sigma-n\right)a^{\alpha+\sigma+\nu/2}b^{\nu}\times$$
$$\times\,{}_2F_3\left(\alpha+\frac{\nu}{2}-\rho,\ \alpha+\frac{\nu}{2};\ \nu+1,\ \alpha+\frac{\nu}{2}-\rho-n,\ \alpha+\sigma+\frac{\nu}{2}+n+1;\ -\frac{ab^2}{2}\right)+$$
$$+\frac{(\rho+\nu/2-\alpha+1)_n}{n!}2^{\alpha+\sigma+\nu/2-1}\,\mathrm{B}\left(\alpha-\frac{\nu}{2},\ \frac{\nu}{2}-\alpha-\sigma-n\right)\times$$
$$\times\,a^{\alpha+\sigma-\nu/2}b^{-\nu}\,{}_2F_3\left(\alpha-\rho-\frac{\nu}{2},\ \alpha-\frac{\nu}{2};\ 1-\nu,\ \alpha-n-\rho-\frac{\nu}{2},\ \alpha+\sigma-\frac{\nu}{2}+n+1;\ -\frac{ab^2}{2}\right)$$

$[a,\ \mathrm{Re}\,b>0;\ 2\,\mathrm{Re}\,\alpha>|\,\mathrm{Re}\,\nu|]$.

6. $$\int_{-a}^{a}(x+a)^{\alpha-1}(a-x)^{\rho}K_\nu\left(\frac{b}{\sqrt{x+a}}\right)P_n^{(\rho,\,\sigma)}\left(\frac{x}{a}\right)dx=\frac{(-1)^n}{n!}(\sigma+1)_n2^{2\rho-2\alpha-1}\Gamma\left(\frac{\nu}{2}-\alpha\right)\times$$
$$\times\,\Gamma\left(-\frac{\nu}{2}-\alpha\right)a^{\alpha+\rho}\,{}_2F_3\left(-\rho-n,\ \sigma+n+1;\ \sigma+1,\ \alpha+\frac{\nu}{2}+1,\ \alpha-\frac{\nu}{2}+1;\ \frac{b^2}{8a}\right)+$$
$$+\frac{(-1)^n}{n!}\left(\sigma-\alpha-\frac{\nu}{2}+1\right)_n2^{\alpha+\rho+3\nu/2-1}\Gamma(\nu)\,\mathrm{B}\left(\rho+n+1,\ \alpha+\frac{\nu}{2}\right)a^{\alpha+\rho+\nu/2}b^{-\nu}\times$$
$$\times\,{}_2F_3\left(-\alpha-\frac{\nu}{2}-\rho-n,\ \sigma-\alpha-\frac{\nu}{2}+n+1;\ 1-\nu,\ 1-\alpha-\frac{\nu}{2},\ \sigma-\alpha-\frac{\nu}{2}+1;\ \frac{b^2}{8a}\right)+$$
$$+\frac{(-1)^n}{n!}\left(\sigma-\alpha+\frac{\nu}{2}+1\right)_n2^{\alpha+\rho-3\nu/2-1}\Gamma(-\nu)\,\mathrm{B}\left(\rho+n+1,\ \alpha-\frac{\nu}{2}\right)a^{\alpha+\rho-\nu/2}b^{\nu}\times$$
$$\times\,{}_2F_3\left(\frac{\nu}{2}-\alpha-\rho-n,\ \sigma-\alpha+\frac{\nu}{2}+n+1;\ \nu+1,\ \frac{\nu}{2}-\alpha+1,\ \frac{\nu}{2}-\alpha+\sigma+1;\ \frac{b^2}{8a}\right)$$

$[a,\ \mathrm{Re}\,b>0;\ \mathrm{Re}\,\rho>-1]$.

7. $$\int_a^\infty (x-a)^{\rho}(x+a)^{-\tau}K_\nu\left(\frac{b}{\sqrt{x+a}}\right)P_n^{(\rho,\,\sigma)}\left(\frac{x}{a}\right)dx=$$
$$=\frac{(\sigma+\tau-\nu/2)_n}{n!}2^{\rho+3\nu/2-\tau}\Gamma(\nu)\,\mathrm{B}\left(\rho+n+1,\ \tau-\rho-\frac{\nu}{2}-n-1\right)a^{\rho-\tau+\nu/2+1}b^{-\nu}\times$$
$$\times\,{}_2F_3\left(\tau-\rho-\frac{\nu}{2}-n-1,\ \sigma+\tau-\frac{\nu}{2}+n;\ \tau-\frac{\nu}{2},\ \sigma+\tau-\frac{\nu}{2},\ 1-\nu;\ \frac{b^2}{8a}\right)+$$
$$+\frac{(\sigma+\tau+\nu/2)_n}{n!}2^{\rho-3\nu/2-\tau}\Gamma(-\nu)\,\mathrm{B}\left(\rho+n+1,\ \tau+\frac{\nu}{2}-\rho-n-1\right)\times$$

$$\times\, a^{\rho-\tau-\nu/2+1} b^{\nu}\, {}_2F_3\left(\tau-\rho+\frac{\nu}{2}-n-1,\, \sigma+\tau+\frac{\nu}{2}+n;\; \tau+\frac{\nu}{2},\, \sigma+\tau+\frac{\nu}{2},\, \nu+1;\; \frac{b^2}{8a}\right)$$

$[a>0;\ \operatorname{Re}\rho>-1;\ 2\operatorname{Re}(\rho-\tau)<-|\operatorname{Re}\nu|-2n-2].$

8. $$\int_a^{\infty}(x-a)^{\alpha-1}(x+a)^{\sigma} K_{\nu}\left(\frac{b}{\sqrt{x-a}}\right) P_n^{(\rho,\,\sigma)}\left(\frac{x}{a}\right)dx =$$
$$=\frac{(\rho-\alpha+\nu/2+1)_n}{n!}2^{\alpha+\sigma-3\nu/2-1}\Gamma(-\nu)\,\mathrm{B}\left(\alpha-\frac{\nu}{2},\,\frac{\nu}{2}-\alpha-\sigma-n\right)a^{\alpha+\sigma-\nu/2}b^{\nu}\times$$
$$\times\, {}_2F_3\left(\rho+\frac{\nu}{2}-\alpha+n+1,\,\frac{\nu}{2}-\alpha-\sigma-n;\;\nu+1,\,\frac{\nu}{2}-\alpha+1,\,\rho+\frac{\nu}{2}-\alpha+1;\;-\frac{b^2}{8a}\right)+$$
$$+\frac{(\rho-\alpha-\nu/2+1)_n}{n!}2^{\alpha+\sigma+3\nu/2-1}\Gamma(\nu)\,\mathrm{B}\left(\alpha+\frac{\nu}{2},\,-\alpha-\frac{\nu}{2}-\sigma-n\right)a^{\alpha+\sigma+\nu/2}b^{-\nu}\times$$
$$\times\, {}_2F_3\left(\rho-\alpha-\frac{\nu}{2}+n+1,\,-\alpha-\frac{\nu}{2}-\sigma-n;\;1-\nu,\,1-\alpha-\frac{\nu}{2},\,\rho-\alpha-\frac{\nu}{2}+1;\;-\frac{b^2}{8a}\right)+$$
$$+\frac{(\rho+1)_n}{n!}2^{\sigma-2\alpha-1}\Gamma\left(\frac{\nu}{2}-\alpha\right)\Gamma\left(-\frac{\nu}{2}-\alpha\right)a^{\sigma}b^{2\alpha}\times$$
$$\times\, {}_2F_3\left(-\sigma-\nu,\,\rho+n+1;\;\rho+1,\,\alpha-\frac{\nu}{2}+1,\,\alpha+\frac{\nu}{2}+1;\;-\frac{b^2}{8a}\right)$$

$[a,\ \operatorname{Re}b>0;\ 2\operatorname{Re}(\alpha+\sigma)<-|\operatorname{Re}\nu|-2n].$

9. $$\int_{-a}^{a}(x+a)^{-\beta-n-1}(a-x)^{\beta-1}K_{\nu}\left(b\sqrt{\frac{a-x}{a+x}}\right)P_n^{(\rho,\,\sigma)}\left(\frac{x}{a}\right)dx =$$
$$=\frac{(-1)^n}{n!}(\sigma+1)_n 2^{2\beta+n-2}\Gamma\left(\beta+\frac{\nu}{2}+n\right)\Gamma\left(\beta-\frac{\nu}{2}+n\right)a^{-n-1}b^{-2\beta-2n}\times$$
$$\times\, {}_2F_3\left(-\nu,\,-\rho-n;\;\sigma+1,\,1-\beta-\frac{\nu}{2}-n,\,1-\beta+\frac{\nu}{2}-n;\;-\frac{b^2}{4}\right)$$

$[a,\ \operatorname{Re}b>0;\ 2\operatorname{Re}\beta>|\operatorname{Re}\nu|].$

10. $$\int_{-a}^{a}(x+a)^{\rho+\sigma-\beta+n}(a-x)^{\beta-1}K_{\nu}\left(b\sqrt{\frac{a-x}{a+x}}\right)P_n^{(\rho,\,\sigma)}\left(\frac{x}{a}\right)dx =$$
$$=\frac{(-1)^n}{n!}(\sigma+1)_n 2^{2\beta-\rho-\sigma-n-3}\Gamma\left(\beta+\frac{\nu}{2}-\rho-\sigma-n-1\right)\times$$
$$\times\,\Gamma\left(\beta-\frac{\nu}{2}-\rho-\sigma-n-1\right)a^{\rho+\sigma+n}b^{2(\rho+\sigma-\beta+n+1)}\,{}_2F_3(\sigma+n+1,$$
$$\rho+\sigma+n+1;\;\sigma+1,\,\rho+\sigma-\beta-\frac{\nu}{2}+n+2,\,\rho+\sigma-\beta+\frac{\nu}{2}+n+2;\;-\frac{b^2}{4}\Big)+$$
$$+\frac{(\rho-\beta-\nu/2+1)_n}{n!}2^{\rho+\sigma-\nu+n-1}\,\mathrm{B}\left(\rho+\sigma-\beta-\frac{\nu}{2}+n+1,\,\beta+\frac{\nu}{2}\right)a^{\rho+\sigma+n}b^{\nu}\times$$
$$\times\, {}_2F_3\left(\beta+\frac{\nu}{2},\,\beta+\frac{\nu}{2}-\rho;\;\beta+\frac{\nu}{2}-\rho-n,\,\beta+\frac{\nu}{2}-\rho-\sigma-n,\,\nu+1;\;-\frac{b^2}{4}\right)+$$
$$+\frac{(\rho-\beta+\nu/2+1)_n}{n!}2^{\rho+\sigma+\nu+n-1}\,\mathrm{B}\left(\rho+\sigma-\beta+\frac{\nu}{2}+n+1,\,\beta-\frac{\nu}{2}\right)a^{\rho+\sigma+n}\times$$
$$\times\, b^{-\nu}\,{}_2F_3\left(\beta-\frac{\nu}{2},\,\beta-\frac{\nu}{2}-\rho;\;\beta-\rho-\frac{\nu}{2}-n,\,\beta-\rho-\sigma-\frac{\nu}{2}-n,\,1-\nu;\;-\frac{b^2}{4}\right)$$

$[a,\ \operatorname{Re}b>0;\ 2\operatorname{Re}\beta>|\operatorname{Re}\nu|].$

2.22.14. Интегралы от $A(x)e^{-bx}L_m^\gamma(a+bx)P_n^{(\rho,\sigma)}(cx)$.

1. $$\int_{-a}^{a}(x+a)^{\alpha-1}(a-x)^\rho e^{-bx}L_m^\gamma(ab+bx)P_n^{(\rho,\sigma)}\left(\frac{x}{a}\right)dx = \frac{(-1)^n(\sigma-\alpha+1)_n(\gamma+1)_m}{m!n!}\,\mathrm{B}\,(\rho+n+1,\ \alpha)(2a)^{\alpha+\rho}e^{ab}\times$$
$$\times\,{}_3F_3(\gamma+m+1,\ \alpha-\sigma,\ \alpha;\ \gamma+1,\ \alpha-\sigma-n,\ \alpha+\rho+n+1;\ -2ab)\qquad [a,\ \operatorname{Re}\alpha>0;\ \operatorname{Re}\rho>-1].$$

2. $$\int_{a}^{\infty}(x-a)^\rho(x+a)^{-\tau}e^{-bx}L_m^\gamma(ab+bx)P_n^{(\rho,\sigma)}\left(\frac{x}{a}\right)dx = \frac{(\sigma+\tau)_n(\gamma+1)_m}{m!n!}\,\mathrm{B}\,(\rho+n+1,\ \tau-\rho-n-1)(2a)^{\rho-\tau+1}e^{ab}\times$$
$$\times\,{}_3F_3(1-\tau-\sigma,\ \gamma+m+1,\ 1-\tau;\ 1-\tau-\sigma-n,\ \gamma+1,\ \rho-\tau+n+2;\ -2ab)+$$
$$+\frac{(\sigma+\rho+n+1)_n(\gamma+\tau-\rho-n)_m}{m!n!(2a)^n}\Gamma(\rho-\tau+n+1)b^{\tau-\rho-n-1}e^{ab}\times$$
$$\times\,{}_3F_3(-\rho-n,\ -\rho-\sigma-n,\ \gamma+\tau-\rho+m-n;\ -\rho-\sigma-2n,\ \gamma+\tau-\rho-n,$$
$$\tau-\rho-n;\ -2ab)\qquad [a,\ \operatorname{Re}b>0;\ \operatorname{Re}\rho>-1].$$

2.22.15. Интегралы от $A(x)e^{-b^2x}H_m(b\sqrt{x+a}\,)P_n^{(\rho,\sigma)}(cx)$.

1. $$\int_{-a}^{a}(x+a)^{\alpha-1}(a-x)^\rho e^{-b^2x}H_{2m+\varepsilon}(b\sqrt{x+a}\,)P_n^{(\rho,\sigma)}\left(\frac{x}{a}\right)dx = \frac{(-1)^{m+n}}{n!}\times$$
$$\times\left(\sigma-\alpha-\frac{\varepsilon}{2}+1\right)_n\left(\varepsilon+\frac{1}{2}\right)_m 2^{\alpha+3\varepsilon/2+\rho+2m}\,\mathrm{B}\left(\alpha+\frac{\varepsilon}{2},\ \rho+n+1\right)a^{\alpha+\rho+\varepsilon/2}b^\varepsilon e^{ab^2}\times$$
$$\times\,{}_3F_3\left(m+\varepsilon+\frac{1}{2},\ \alpha-\sigma+\frac{\varepsilon}{2},\ \alpha+\frac{\varepsilon}{2};\ \alpha+\rho+\frac{\varepsilon}{2}+n+1,\ \alpha-\sigma+\frac{\varepsilon}{2}-n,\ \varepsilon+\frac{1}{2};\ -2ab^2\right)$$
$$[\varepsilon=0 \text{ или } 1;\ a>0;\ \operatorname{Re}\rho>-1;\ \operatorname{Re}\alpha>-\varepsilon/2].$$

2. $$\int_{a}^{\infty}(x-a)^\rho(x+a)^{-\tau}e^{-b^2x}H_{2m+\varepsilon}(b\sqrt{x+a}\,)P_n^{(\rho,\sigma)}\left(\frac{x}{a}\right)dx = \frac{(-1)^m}{n!}\left(\sigma+\tau-\frac{\varepsilon}{2}\right)_n\times$$
$$\times\left(\varepsilon+\frac{1}{2}\right)_m 2^{\rho-\tau+2m+3\varepsilon/2+1}\,\mathrm{B}\left(\rho+n+1,\ \tau-\rho-\frac{\varepsilon}{2}-n-1\right)a^{\rho-\tau+\varepsilon/2+1}b^\varepsilon e^{ab^2}\times$$
$$\times\,{}_3F_3\left(\varepsilon+m+\frac{1}{2},\ \frac{\varepsilon}{2}-\tau-\sigma+1,\ \frac{\varepsilon}{2}-\tau+1;\ \varepsilon+\frac{1}{2},\ \rho-\tau+\frac{\varepsilon}{2}+n+2,\right.$$
$$\left.\frac{\varepsilon}{2}-\tau-\sigma-n+1;\ -2ab^2\right)+\frac{(-1)^m}{n!a^n}(\sigma+\rho+n+1)_n\left(\tau+\frac{\varepsilon-1}{2}-\rho-n\right)_m\times$$
$$\times\,2^{2m+\varepsilon-n}b^{2(\tau-\rho-n-1)}\Gamma\left(\frac{\varepsilon}{2}+\rho-\tau+n+1\right)e^{ab^2}\,{}_3F_3\left(-\rho-n,\ -\rho-\sigma-n,\right.$$
$$\left.\frac{\varepsilon-1}{2}+\tau-\rho+m-n;\ -\rho-\sigma-2n,\ \tau-\rho-n,\ \tau-\rho-n-\frac{1}{2};\ -2ab^2\right)$$
$$[\varepsilon=0 \text{ или } 1;\ a>0;\ \operatorname{Re}\rho>-1;\ |\arg b|<\pi/4].$$

2.22.16. Интегралы, содержащие $C_m^\gamma(a+bx)P_n^{(\rho,\sigma)}(cx)$.

1. $$\int_{-a}^{a}(x+a)^{\gamma+\sigma-1/2}(a-x)^{\beta-1}C_m^\gamma\left(\frac{x}{a}\right)P_n^{(\rho,\sigma)}\left(\frac{x}{a}\right)dx = \frac{(2\gamma)_m}{m!n!}(1+\rho-\beta)_n\,\mathrm{B}\,(\beta,\ \sigma+n+1)\times$$
$$\times(2a)^{\beta+\sigma+\gamma-1/2}\,{}_4F_3\left(\frac{1}{2}-\gamma-m,\ \frac{1}{2}+\gamma+m,\ \beta-\rho,\ \beta;\ \beta+\sigma+n+1,\ \frac{1}{2}+\gamma,\ \beta-\rho-n;\ 1\right)$$
$$[a,\ \operatorname{Re}\beta>0;\ \operatorname{Re}(\gamma+\sigma)>-1/2].$$

2. $\displaystyle\int\limits_{-a}^{a} (x+a)^{\gamma+\sigma-1/2}(a-x)^{\rho-1} C_m^{\gamma}\left(\frac{x}{a}\right) P_n^{(\rho,\,\sigma)}\left(\frac{x}{a}\right) dx = \frac{(2\gamma)_m}{m!}\,\mathrm{B}\,(\rho,\, \sigma+n+1) \times$

$$\times (2a)^{\rho+\sigma+\gamma-1/2}\left[1+(-1)^n \frac{(1/2-\gamma-m)_{n+1}(1/2+\gamma+m)_{n+1}(\rho)_{n+1}}{(\rho+\sigma+n+1)_{n+1}(1/2+\gamma)_{n+1}(n+1)!} \times\right.$$

$$\times\, {}_4F_3\left(\frac{3}{2}+n-m-\gamma,\, \frac{3}{2}+m+n+\gamma,\, \rho+n+1,\, n+1;\; n+2,\, \rho+\sigma+2n+2,\right.$$

$$\left.\left.\frac{3}{2}+\gamma+n;\; 1\right)\right] \qquad [a,\ \mathrm{Re}\,\rho>0;\ \mathrm{Re}\,(\gamma+\sigma)>-1/2].$$

3. $\displaystyle\int\limits_{-a}^{a} (x+a)^{\gamma+\sigma-1/2}(a-x)^{\rho} C_m^{\gamma}\left(\frac{x}{a}\right) P_n^{(\rho,\,\sigma)}\left(\frac{x}{a}\right) dx =$

$$= \frac{(-1)^n(1/2+\gamma+n)_m(1/2-\gamma-m)_n(2\gamma)_m}{m!n!(\gamma+1/2)_m}\,\mathrm{B}\,(\rho+n+1,\, \sigma+n+1)(2a)^{\rho+\sigma+\gamma+1/2} \times$$

$$\times\, {}_3F_2\left(\frac{1}{2}+n-m-\gamma,\, \frac{1}{2}+\gamma+m+n,\, \rho+n+1;\; \rho+\sigma+2n+2,\, \frac{1}{2}+\gamma+n;\; 1\right)$$

$$[a,\ n>0;\ \mathrm{Re}\,\rho>-1;\ \mathrm{Re}\,(\gamma+\sigma)>-1/2].$$

4. $\displaystyle\int\limits_{a}^{\infty} (x-a)^{\gamma+\rho-1/2}(x+a)^{-\tau} C_m^{\gamma}\left(\frac{x}{a}\right) P_n^{(\rho,\,\sigma)}\left(\frac{x}{a}\right) dx = \frac{2^{\gamma+\rho-\tau+2m+1/2}(\gamma)_m}{m!n!} \times$

$$\times \left(\frac{1}{2}+\tau+\sigma-\gamma-m\right)_n \mathrm{B}\left(\rho+n+1,\, \tau-\rho-\gamma-m-n-\frac{1}{2}\right) a^{\gamma+\rho-\tau+1/2} \times$$

$$\times\, {}_4F_3\left(\frac{1}{2}-\gamma-m,\, 1-2\gamma-m,\, \frac{1}{2}+\tau+\sigma-\gamma+n-m,\, \tau-\rho-\gamma-m-n-\frac{1}{2};\right.$$

$$\left.1-2\gamma-2m,\, \frac{1}{2}+\tau+\sigma-\gamma-m,\, \frac{1}{2}+\tau-\gamma-m;\; 1\right)$$

$$[a>0;\ -1/2<\mathrm{Re}\,(\gamma+\rho)<\mathrm{Re}\,\tau-m-n-1/2].$$

5. $\displaystyle\int\limits_{-a}^{a} (x+a)^{\alpha-1}(a-x)^{\rho}(1-ab-bx)^{\gamma-1/2} C_m^{\gamma}(2bx+2ab-1) P_n^{(\rho,\,\sigma)}\left(\frac{x}{a}\right) dx =$

$$= \frac{(-1)^{m+n}(2\gamma)_m}{m!n!}\,(1+\sigma-\alpha)_n\,\mathrm{B}\,(\rho+n+1,\, \alpha)(2a)^{\alpha+\rho} \times$$

$$\times\, {}_4F_3\left(\alpha,\, \frac{1}{2}+\gamma+m,\, \frac{1}{2}-\gamma-m,\, \alpha-\sigma;\; \frac{1}{2}+\gamma,\, \alpha+\rho+n+1,\, \alpha-\sigma-n;\; 2ab\right)$$

$$[a,\ b,\ \mathrm{Re}\,\alpha>0;\ 2ab<1;\ \mathrm{Re}\,\rho>-1].$$

6. $\displaystyle\int\limits_{a}^{b} (x-a)^{\rho}(b-x)^{\gamma-1/2} C_m^{\gamma}\left(\frac{2x+a-b}{a+b}\right) P_n^{(\rho,\,\sigma)}\left(\frac{x}{a}\right) dx = \frac{(-1)^m(\rho+\sigma+n+1)_n(2\gamma)_m}{m!n!(2a)^n} \times$

$$\times \left(\gamma-\rho-n-\frac{1}{2}\right)_m \Gamma\left[\begin{matrix}\gamma+1/2,\ \rho+n+1\\ \rho+\gamma+m+n+3/2\end{matrix}\right](a+b)^{\gamma+\rho+n+1/2}\, {}_3F_2\left(-\rho-\sigma-n,\right.$$

$$\left.\gamma+m-\rho-n-\frac{1}{2},\, -\rho-\gamma-m-n-\frac{1}{2};\; -\rho-\sigma-2n,\, \gamma-\rho-n-\frac{1}{2};\; \frac{2a}{a+b}\right)$$

$$[b>a>0;\ \mathrm{Re}\,\gamma>-1/2;\ \mathrm{Re}\,\rho>-1].$$

7. $\displaystyle\int\limits_{a}^{b} (x-a)^{\gamma-1/2}(b-x)^{\rho} C_m^{\gamma}\left(\frac{2x+b-a}{a+b}\right) P_n^{(\rho,\,\sigma)}\left(\frac{x}{b}\right) dx = \frac{(-1)^n(2\gamma)_{2m}}{m!n!} \times$

$$\times\left(\frac{1}{2}+\sigma-\gamma-m\right)_n(2b)^{\rho+\gamma+m+1/2}(a+b)^{-m}\Gamma\left[\begin{matrix}\rho+n+1,\ \gamma+1/2\\ \rho+\gamma+m+n+3/2\end{matrix}\right]\times$$
$$\times\ {}_3F_2\left(1-2\gamma-m,\ \frac{1}{2}+\sigma+n-\gamma-m,\ -\gamma-\rho-m-n-\frac{1}{2};\ 1-2\gamma-2m,\right.$$
$$\left.\frac{1}{2}+\sigma-\gamma-m;\ \frac{a+b}{2b}\right)\qquad [b>a>0;\ \operatorname{Re}\gamma>-1/2;\ \operatorname{Re}\rho>-1].$$

8. $$\int\limits_{\pm a}^{b}(x\mp a)^{\alpha-1}(b-x)^{\gamma-1/2}\left\{\begin{matrix}(x+a)^{\sigma}\\(a-x)^{\rho}\end{matrix}\right\}C_m^{\gamma}\left(\frac{2x\mp a-b}{\mp a+b}\right)P_n^{(\rho,\,\sigma)}\left(\frac{x}{a}\right)dx=$$
$$=\frac{(-1)^m(\pm1)^n}{m!n!}(\varphi+1)_n\left(\frac{1}{2}+\gamma-\alpha\right)_m(2\gamma)_m\Gamma\left[\begin{matrix}\gamma+1/2,\ \alpha\\ \alpha+\gamma+m+1/2\end{matrix}\right](2a)^{\psi}(b\mp a)^{\alpha+\gamma-1/2}\times$$
$$\times\ {}_4F_3\left(-\psi-n,\ \varphi+n+1,\ \alpha,\ \alpha-\gamma+\frac{1}{2};\ \alpha+\gamma+m+\frac{1}{2},\ \frac{1}{2}+\alpha-\gamma-m,\ \varphi+1;\ \frac{a\mp b}{2a}\right)$$
$$\left[\operatorname{Re}\alpha>0;\ \operatorname{Re}\gamma>-1/2,\ \left\{\begin{matrix}b>a>0\\a>b>0\end{matrix}\right\},\ \varphi=\left\{\begin{matrix}\rho\\ \sigma\end{matrix}\right\},\ \psi=\left\{\begin{matrix}\sigma\\ \rho\end{matrix}\right\}\right].$$

9. $$\int\limits_{a}^{b}(x-a)^{\rho}(b-x)^{\gamma-1/2}(x+a)^{-\tau}C_m^{\gamma}\left(\frac{2x+a-b}{a+b}\right)P_n^{(\rho,\,\sigma)}\left(\frac{x}{a}\right)dx=$$
$$=\frac{(-1)^m(2\gamma)_m}{m!n!}(\tau+\sigma)_n\,\mathrm{B}\,(\rho+n+1,\ \tau-\rho-n-1)(2a)^{1+\rho-\tau}(a+b)^{\gamma-1/2}\times$$
$$\times\ {}_4F_3\left(\frac{1}{2}-\gamma-m,\ \frac{1}{2}+\gamma+m,\ 1-\tau-\sigma,\ 1-\tau;\ 2+n+\rho-\tau,\ 1-\sigma-\tau-n,\right.$$
$$\left.\frac{1}{2}+\gamma;\ \frac{2a}{a+b}\right)+\frac{(-1)^m(\rho+\sigma+n+1)_n(2\gamma)_m}{m!n!(2a)^n}\times$$
$$\times\left(\tau+\gamma-\rho-n-\frac{1}{2}\right)_m\Gamma\left[\begin{matrix}\gamma+1/2,\ 1+n+\rho-\tau\\ 3/2+\gamma+\rho+m+n-\tau\end{matrix}\right](a+b)^{\gamma+\rho+n+1/2-\tau}\times$$
$$\times\ {}_4F_3\left(-\rho-n,\ -\rho-\sigma-n,\ \tau+\gamma+m-\rho-n-\frac{1}{2},\ \tau-\rho-\gamma-m-n-\frac{1}{2};\ -\rho-\sigma-2n,\right.$$
$$\left.\tau+\gamma-\rho-n-\frac{1}{2},\ \tau-\rho-n;\ \frac{2a}{a+b}\right)\qquad [b>a>0;\ \operatorname{Re}\gamma>-1/2;\ \operatorname{Re}\rho>-1].$$

10. $$\int\limits_{a}^{b}(x-a)^{\gamma-1/2}(b-x)^{\rho}(b+x)^{-\tau}C_m^{\gamma}\left(\frac{2x+b-a}{a+b}\right)P_n^{(\rho,\,\sigma)}\left(\frac{x}{b}\right)dx=\frac{(-1)^n(2\gamma)_m}{m!n!}(1+\sigma)_n\times$$
$$\times\left(\tau+\gamma-\frac{1}{2}\right)_m\Gamma\left[\begin{matrix}\gamma+1/2,\ \tau-\gamma-m-1/2\\ \tau\end{matrix}\right](2b)^{\rho}(a+b)^{1/2+\gamma-\tau}\,{}_4F_3\left(-\rho-n,\ \sigma+n+1,\right.$$
$$\left.\frac{3}{2}-\tau-\gamma,\ 1-\tau;\ \frac{3}{2}+\gamma+m-\tau,\ \frac{3}{2}-m-\tau-\gamma,\ \sigma+1;\ \frac{a+b}{2b}\right)+$$
$$+\frac{(-1)^n(\gamma)_m2^{\gamma+\rho-\tau+3m+1/2}}{m!n!}\left(\frac{1}{2}+\sigma+\tau-\gamma-m\right)_n\mathrm{B}\left(\rho+n+1,\ \frac{1}{2}+m+\gamma-\tau\right)\times$$
$$\times\ b^{\rho+\gamma+m+1/2}(a+b)^{-m}\,{}_4F_3\left(\frac{1}{2}-\gamma-m,\ 1-2\gamma-m,\ \frac{1}{2}+\sigma+\tau+n-\gamma-m,\right.$$
$$\left.\tau-\gamma-\rho-m-n-\frac{1}{2};\ 1-2\gamma-2m,\ \frac{1}{2}+\sigma+\tau-\gamma-m,\ \frac{1}{2}+\tau-\gamma-m;\ \frac{a+b}{2b}\right)$$
$$[b>a>0;\ \operatorname{Re}\gamma>-1/2;\ \operatorname{Re}\rho>-1].$$

11. $$\int_a^\infty (x-a)^{\gamma-1/2}(x-b)^\rho C_m^\gamma\left(\frac{2x+b-a}{a+b}\right)P_n^{(\rho,\sigma)}\left(\frac{x}{b}\right)dx =$$
$$= \frac{(\rho+\sigma+n+1)_n(2\gamma)_m}{m!n!(2b)^n}\left(\gamma-\rho-n-\frac{1}{2}\right)_m \Gamma\left[\begin{matrix}\gamma+1/2,\ -\rho-\gamma-m-n-1/2\\ -\rho-n\end{matrix}\right]\times$$
$$\times (a+b)^{\gamma+\rho+n+1/2}\,{}_3F_2\left(-\rho-\sigma-n,\ \gamma+m-\rho-n-\frac{1}{2},\ -\rho-\gamma-m-n-\frac{1}{2};\right.$$
$$\left.-\rho-\sigma-2n,\ \gamma-\rho-n-\frac{1}{2};\ \frac{2b}{a+b}\right)$$
$[a > b > 0;\ \operatorname{Re}\gamma > -1/2;\ \operatorname{Re}(\gamma+\rho) < -m-n-1/2]$.

12. $$\int_a^\infty (x-a)^{\gamma-1/2}(x-b)^\rho (x+b)^{-\tau} C_m^\gamma\left(\frac{2x+b-a}{a+b}\right)P_n^{(\rho,\sigma)}\left(\frac{x}{b}\right)dx =$$
$$= \frac{(\sigma+\rho+n+1)_n(2\gamma)_m}{m!n!(2b)^n}\left(\gamma+\tau-\rho-n-\frac{1}{2}\right)_m \Gamma\left[\begin{matrix}\gamma+1/2,\ \tau-\rho-\gamma-m-n-1/2\\ \tau-\rho-n\end{matrix}\right]\times$$
$$\times (a+b)^{\gamma+\rho-\tau+n+1/2}\,{}_4F_3\left(-\rho-n,\ -\rho-\sigma-n,\ \gamma+\tau+m-\rho-n-\frac{1}{2},\right.$$
$$\left.\tau-\rho-\gamma-m-n-\frac{1}{2};\ -\rho-\sigma-2n,\ \gamma+\tau-\rho-n-\frac{1}{2},\ \tau-\rho-n;\ \frac{2b}{a+b}\right)$$
$[a > b > 0;\ \operatorname{Re}\gamma > -1/2;\ \operatorname{Re}(\tau-\gamma-\rho) > m+n+1/2]$.

13. $$\int_a^\infty (x-a)^\rho (x+a)^{-\tau}(bx+ab-1)^{\gamma-1/2} C_m^\gamma(2bx+2ab-1)P_n^{(\rho,\sigma)}\left(\frac{x}{a}\right)dx =$$
$$= \frac{(\gamma)_m 2^{\gamma+\rho-\tau+3m+1/2}}{m!n!}\left(\frac{1}{2}+\tau+\sigma-\gamma-m\right)_n \mathrm{B}\left(\rho+n+1,\ \tau-\rho-\gamma-m-n-\frac{1}{2}\right)\times$$
$$\times a^{1/2+m+\rho+\gamma-\tau} b^{\gamma+m-1/2}\,{}_4F_3\left(\frac{1}{2}-\gamma-m,\ 1-2\gamma-m,\ \frac{1}{2}+\tau+\sigma-\gamma+n-m,\right.$$
$$\left.\tau-\rho-\gamma-m-n-\frac{1}{2};\ 1-2\gamma-2m,\ \frac{1}{2}+\tau+\sigma-\gamma-m,\ \frac{1}{2}+\tau-\gamma-m;\ \frac{1}{2ab}\right)$$
$[a > 0;\ 2ab > 1;\ \operatorname{Re}\rho > -1;\ \operatorname{Re}(\tau-\gamma-\rho) > m+n+1/2]$.

14. $$\int_{-a}^a (x+a)^\sigma (a-x)^{\beta-1}\operatorname{erf}(ab-bx) C_n^{\sigma+1/2}\left(\frac{x}{a}\right)P_n^{(\rho,\sigma)}\left(\frac{x}{a}\right)dx =$$
$$= \frac{(\rho+1)_n(2\sigma+1)_n}{n!\sqrt{\pi}}2^{\beta+\sigma+2}a^{\beta+\sigma+1}b\Gamma\left[\begin{matrix}\beta+1,\ \sigma+1\\ \beta+\sigma+n+2\end{matrix}\right]\times$$
$$\times\,{}_3F_3\left(\frac{1}{2},\ \frac{\beta+1}{2},\ \frac{\beta}{2}+1;\ \frac{3}{2},\ \frac{\beta+\sigma+n}{2}+1,\ \frac{\beta+\sigma+n+3}{2};\ -a^2b^2\right)$$
$[a > 0;\ \operatorname{Re}\beta,\ \operatorname{Re}\sigma > -1]$.

15. $$\int_{-a}^a (x+a)^\sigma (a-x)^{\beta-1}\operatorname{erf}(b\sqrt{a-x}) C_n^{\sigma+1/2}\left(\frac{x}{a}\right)P_n^{(\rho,\sigma)}\left(\frac{x}{a}\right)dx =$$
$$= \frac{(\rho+1)_n(2\sigma+1)_n 2^{\beta+\sigma+3/2}a^{\beta+\sigma+1/2}b}{n!\sqrt{\pi}}\Gamma\left[\begin{matrix}\beta+1/2,\ \sigma+1\\ \beta+\sigma+n+3/2\end{matrix}\right]\times$$
$$\times\,{}_2F_2\left(\frac{1}{2},\ \beta+\frac{1}{2};\ \frac{3}{2},\ \beta+\sigma+n+\frac{3}{2};\ -ab^2\right)$$
$[a > 0;\ \operatorname{Re}\beta > -1/2;\ \operatorname{Re}\sigma > -1]$.

2.22.17. Интегралы от $A(x)C_m^\gamma(b\sqrt{x+a})P_n^{(\rho,\sigma)}(cx)$.

1. $$\int_{-a}^{a}(x+a)^{\alpha-1}(a-x)^{\rho}(1-ab^2-b^2x)^{\gamma-1/2}C_{2m+\varepsilon}^{\gamma}(b\sqrt{x+a})P_n^{(\rho,\sigma)}\left(\frac{x}{a}\right)dx =$$
$$= \frac{(-1)^{m+n}}{m!n!}(\gamma)_{m+\varepsilon}\left(1+\sigma-\alpha-\frac{\varepsilon}{2}\right)_n \mathrm{B}\left(\rho+n+1,\,\alpha+\frac{\varepsilon}{2}\right)2^{\alpha+\rho+3\varepsilon/2}a^{\alpha+\rho+\varepsilon/2}b^{\varepsilon}\times$$
$$\times\,{}_4F_3\left(\frac{1}{2}-\gamma-m,\,\frac{1}{2}+\varepsilon+m,\,\alpha+\frac{\varepsilon}{2},\,\frac{\varepsilon}{2}+\alpha-\sigma;\,\frac{\varepsilon}{2}+\alpha+\rho+n+1,\,\frac{1}{2}+\varepsilon,\right.$$
$$\left.\frac{\varepsilon}{2}+\alpha-\sigma-n;\,2ab^2\right)\qquad [\varepsilon = 0 \text{ или } 1;\ a,\,b>0;\ 2ab^2<1;\ \operatorname{Re}\alpha>-\varepsilon/2;\ \operatorname{Re}\rho>-1].$$

2. $$\int_{-a}^{a}(x+a)^{\alpha-1}(a-x)^{\gamma+\rho-1/2}C_{2m+\varepsilon}^{\gamma}\left(\sqrt{\frac{x+a}{2a}}\right)P_n^{(\rho,\sigma)}\left(\frac{x}{a}\right)dx =$$
$$= \frac{(-1)^{m+n}}{m!n!}(\gamma)_{m+\varepsilon}\left(1+\sigma-\alpha-\frac{\varepsilon}{2}\right)_n \mathrm{B}\left(\rho+n+1,\,\alpha+\frac{\varepsilon}{2}\right)2^{\alpha+\rho+\gamma+\varepsilon-1/2}a^{\alpha+\rho+\gamma-1/2}\times$$
$$\times\,{}_4F_3\left(\frac{1}{2}-\gamma-m,\,\frac{1}{2}+\varepsilon+m,\,\alpha+\frac{\varepsilon}{2},\,\frac{\varepsilon}{2}+\alpha-\sigma;\,\frac{\varepsilon}{2}+\alpha+\rho+n+1,\,\varepsilon+\frac{1}{2},\right.$$
$$\left.\frac{\varepsilon}{2}+\alpha-\sigma-n;\,1\right)\qquad [\varepsilon = 0 \text{ или } 1;\ a>0;\ \operatorname{Re}\alpha>-\varepsilon/2;\ \operatorname{Re}(\gamma+\rho)>-1/2].$$

3. $$\int_{\pm a}^{b}(x\mp a)^{\alpha-1}(b-x)^{\gamma-1/2}\begin{Bmatrix}(x+a)^{\sigma}\\(a-x)^{\rho}\end{Bmatrix}C_{2m+\varepsilon}^{\gamma}\left(\sqrt{\frac{x\mp a}{b\mp a}}\right)P_n^{(\rho,\sigma)}\left(\frac{x}{a}\right)dx =$$
$$= \frac{(-1)^m(\pm1)^n}{n!(2m+\varepsilon)!}(2\gamma)_{2m+\varepsilon}(1+\varphi)_n\left(\frac{1+\varepsilon}{2}-\alpha\right)_m\times$$
$$\times\,\Gamma\begin{bmatrix}\gamma+1/2,\ \alpha+\varepsilon/2\\ \alpha+\gamma+m+(\varepsilon+1)/2\end{bmatrix}(b\mp a)^{\alpha+\gamma-1/2}(2a)^{\psi}\times$$
$$\times\,{}_4F_3\left(-\psi-n,\,\varphi+n+1,\,\alpha,\,\alpha+\frac{1}{2};\,\varphi+1,\,\frac{1-\varepsilon}{2}-\alpha-m,\,\alpha+\gamma+m+\frac{\varepsilon+1}{2};\,\frac{a\mp b}{2a}\right)$$
$$\left[\varepsilon = 0 \text{ или } 1;\ \operatorname{Re}\alpha>-\varepsilon/2;\ \operatorname{Re}\gamma>-1/2,\ \begin{Bmatrix}b>a>0\\a>b>0\end{Bmatrix},\ \varphi=\begin{Bmatrix}\rho\\ \sigma\end{Bmatrix},\ \psi=\begin{Bmatrix}\sigma\\ \rho\end{Bmatrix}\right].$$

4. $$\int_{a}^{b}(x-a)^{\rho}(b-x)^{\gamma-1/2}C_{2m}^{\gamma}\left(\sqrt{\frac{x+a}{b+a}}\right)P_n^{(\rho,\sigma)}\left(\frac{x}{a}\right)dx =$$
$$= \frac{(-1)^m(2\gamma)_{2m}}{(2m)!n!(2a)^n}(\sigma+\rho+n+1)_n\left(-\rho-n-\frac{1}{2}\right)_m\times$$
$$\times\,\Gamma\begin{bmatrix}\gamma+1/2,\ \rho+n+1\\ 3/2+\rho+\gamma+m+n\end{bmatrix}(a+b)^{\gamma+\rho+n+1/2}\,{}_3F_2\left(-\rho-\sigma-n,\,m-n-\rho-\frac{1}{2},\right.$$
$$\left.-m-n-\rho-\gamma-\frac{1}{2};\,-\rho-\sigma-2n,\,-\rho-n-\frac{1}{2};\,\frac{2a}{a+b}\right)\qquad [b>a>0;\ \operatorname{Re}\rho>-1;\ \operatorname{Re}\gamma>-1/2].$$

5. $$\int_{a}^{b}(x-a)^{\gamma-1/2}(b-x)^{\rho}C_{2m}^{\gamma}\left(\sqrt{\frac{x+b}{a+b}}\right)P_n^{(\rho,\sigma)}\left(\frac{x}{b}\right)dx = \frac{(-1)^n(\gamma+m)_m}{(2m)!n!}\times$$
$$\times\left(\sigma-\gamma-m+\frac{1}{2}\right)_n \mathrm{B}\left(\rho+n+1,\,\frac{1}{2}+\gamma+m\right)2^{\rho+\gamma+3m+1/2}b^{\rho+\gamma+m+1/2}(a+b)^{-m}\times$$
$$\times\,{}_3F_2\left(1-\gamma-m,\,\frac{1}{2}+n+\sigma-\gamma-m,\,-\rho-\gamma-m-n-\frac{1}{2};\right.$$
$$\left.1-\gamma-2m,\,\sigma-\gamma-m+\frac{1}{2};\,\frac{a+b}{2b}\right)\qquad [b>a>0;\ \operatorname{Re}\rho>-1;\ \operatorname{Re}\gamma>-1/2].$$

6. $$\int\limits_a^b (x-a)^{\rho}(b-x)^{\gamma-1/2}(x+a)^{-\tau} C_{2m+\varepsilon}^{\gamma}\left(\sqrt{\frac{x+a}{b+a}}\right) P_n^{(\rho,\,\sigma)}\left(\frac{x}{a}\right) dx =$$
$$= \frac{(-1)^m(\gamma)_{m+\varepsilon}}{m!n!}\left(\tau+\sigma-\frac{\varepsilon}{2}\right)_n \mathrm{B}\left(\rho+n+1,\, \tau-\rho-n-\frac{\varepsilon}{2}-1\right) \times$$
$$\times 2^{1+\rho+3\varepsilon/2-\tau} a^{1+\rho+\varepsilon/2-\tau}(a+b)^{\gamma-(\varepsilon+1)/2} \times$$
$$\times {}_4F_3\left(\frac{1}{2}-\gamma-m,\, \frac{1}{2}+\varepsilon+m,\, 1+\frac{\varepsilon}{2}-\tau-\sigma,\, 1+\frac{\varepsilon}{2}-\tau;\, 2+\frac{\varepsilon}{2}+n+\rho-\tau,\, \frac{1}{2}+\varepsilon,\right.$$
$$\left. 1+\frac{\varepsilon}{2}-\tau-\sigma-n;\, \frac{2a}{a+b}\right) + \frac{(-1)^m(2\gamma)_{2m+\varepsilon}}{(2m+\varepsilon)!n!(2a)^n}(\rho+\sigma+n+1)_n\left(\frac{\varepsilon-1}{2}+\tau-\rho-n\right)_m \times$$
$$\times \Gamma\left[\begin{matrix}\gamma+1/2,\, \varepsilon/2+\rho+n+1-\tau\\ (3+\varepsilon)/2+\rho+\gamma+m+n-\tau\end{matrix}\right](a+b)^{\gamma+\rho+n-\tau+1/2} \times$$
$$\times {}_4F_3\left(-\rho-n,\, -\rho-\sigma-n,\, \frac{\varepsilon-1}{2}+\tau-\rho-n+m,\, \tau-m-n-\rho-\gamma-\frac{\varepsilon+1}{2};\right.$$
$$\left. -\rho-\sigma-2n,\, \tau-\rho-n,\, \tau-\rho-n-\frac{1}{2};\, \frac{2a}{a+b}\right)$$

[$\varepsilon = 0$ или 1; $b > a > 0$; $\operatorname{Re}\rho > -1$; $\operatorname{Re}\gamma > -1/2$].

7. $$\int\limits_a^b (x-a)^{\gamma-1/2}(b-x)^{\rho}(x+b)^{-\tau} C_{2m+\varepsilon}^{\gamma}\left(\sqrt{\frac{x+b}{a+b}}\right) P_n^{(\rho,\,\sigma)}\left(\frac{x}{b}\right) dx = \frac{(-1)^n(2\gamma)_{2m+\varepsilon}}{n!(2m+\varepsilon)!} \times$$
$$\times (1+\sigma)_n\left(\frac{\varepsilon-1}{2}+\tau\right)_m \Gamma\left[\begin{matrix}\gamma+1/2,\, \tau-\gamma-m-(\varepsilon+1)/2\\ \tau-\varepsilon/2\end{matrix}\right](2b)^{\rho}(a+b)^{1/2+\gamma-\tau} \times$$
$$\times {}_4F_3\left(-\rho-n,\, 1+\sigma+n,\, \frac{3}{2}-\tau,\, 1-\tau;\, \frac{3+\varepsilon}{2}+\gamma+m-\tau,\, \frac{3-\varepsilon}{2}-\tau-m,\, 1+\sigma;\, \frac{a+b}{2b}\right) +$$
$$+ \frac{(-1)^n(\varepsilon+\gamma+m)_m}{n!(2m+\varepsilon)!}\left(\sigma+\tau-\gamma-m+\frac{1-\varepsilon}{2}\right)_n \mathrm{B}\left(\rho+n+1,\, \frac{1+\varepsilon}{2}+\gamma+m-\tau\right) \times$$
$$\times 2^{\rho+\gamma+3m-\tau+(3\varepsilon+1)/2} b^{\rho+\gamma+m-\tau+(\varepsilon+1)/2}(a+b)^{-m-\varepsilon/2} \times$$
$$\times {}_4F_3\left(\frac{1}{2}-\gamma-m,\, 1-\varepsilon-\gamma-m,\, \sigma+\tau-\gamma-m+n+\frac{1-\varepsilon}{2},\, \tau-\rho-\gamma-m-n-\frac{\varepsilon+1}{2};\right.$$
$$\left. \frac{1-\varepsilon}{2}-\gamma-m+\tau,\, 1-\varepsilon-\gamma-2m,\, \sigma+\tau-\gamma-m+\frac{1-\varepsilon}{2};\, \frac{a+b}{2b}\right)$$

[$\varepsilon = 0$ или 1; $b > a > 0$; $\operatorname{Re}\rho > -1$; $\operatorname{Re}\gamma > -1/2$].

8. $$\int\limits_a^\infty (x-a)^{\rho}(x+a)^{-\tau}(b^2x+ab^2-1)^{\gamma-1/2} C_{2m+\varepsilon}^{\gamma}(b\sqrt{x+a})\, P_n^{(\rho,\,\sigma)}\left(\frac{x}{a}\right) dx = \frac{(\gamma)_{2m+\varepsilon}}{(2m+\varepsilon)!n!} \times$$
$$\times \left(\tau+\sigma-\gamma-m+\frac{1-\varepsilon}{2}\right)_n 2^{\rho+\gamma+3m-\tau+(3\varepsilon+1)/2} a^{\rho+\gamma+m-\tau+(\varepsilon+1)/2} b^{2\gamma+\varepsilon+2m-1} \times$$
$$\times \mathrm{B}\left(\rho+n+1,\, \tau-\gamma-\rho-m-n-\frac{\varepsilon+1}{2}\right) {}_4F_3\left(\frac{1}{2}-m-\gamma,\, 1-\varepsilon-\gamma-m,\right.$$
$$\tau+\sigma-\gamma-m+n+\frac{1-\varepsilon}{2},\, \tau-\gamma-\rho-m-n-\frac{\varepsilon+1}{2};\, 1-\varepsilon-\gamma-2m,$$
$$\left. \tau+\sigma-\gamma-m+\frac{1-\varepsilon}{2},\, \tau-\gamma-m+\frac{1-\varepsilon}{2};\, \frac{1}{2ab^2}\right)$$

[$\varepsilon = 0$ или 1; $a > 0$; $2ab^2 > 1$; $\operatorname{Re}\rho > -1$; $\operatorname{Re}(\rho-\tau+\gamma) < -m-n-(\varepsilon+1)/2$].

9. $$\int\limits_a^\infty (x-a)^{\gamma-1/2}(x-b)^{\rho}(x+b)^{-\tau} C_{2m+\varepsilon}^{\gamma}\left(\sqrt{\frac{x+b}{a+b}}\right) P_n^{(\rho,\,\sigma)}\left(\frac{x}{b}\right) dx = \frac{(\sigma+\rho+n+1)_n}{(2m+\varepsilon)!n!(2b)^n} \times$$

$$\times (2\gamma)_{2m+\varepsilon}\left(\frac{\varepsilon-1}{2}+\tau-\rho-n\right)_m \Gamma\left[\begin{matrix}\gamma+1/2,\ \tau-\rho-\gamma-m-n-(\varepsilon+1)/2\\ \tau-\rho-n-\varepsilon/2\end{matrix}\right]\times$$
$$\times (a+b)^{\gamma+\rho+n-\tau+1/2}\,{}_4F_3\biggl(-\rho-n,\ -\rho-\sigma-n,\ \frac{\varepsilon-1}{2}+\tau+m-\rho-n,\ \tau-\rho-\gamma-m-n-\frac{\varepsilon+1}{2};$$
$$-\rho-\sigma-2n,\ \tau-\rho-n-\frac{1}{2},\ \tau-\rho-n;\ \frac{2b}{a+b}\biggr)$$

$[\varepsilon=0$ или $1;\ a>b>0;\ \operatorname{Re}\gamma>-1/2;\ \operatorname{Re}(\rho+\gamma-\tau)<-m-n-(\varepsilon+1)/2]$.

10. $$\int_a^\infty (x-a)^{\gamma+\rho-1/2}(x+a)^{-\tau} C_{2m+\varepsilon}^{\gamma}\left(\sqrt{\frac{x+a}{2a}}\right) P_n^{(\rho,\,\sigma)}\left(\frac{x}{a}\right)dx = \frac{(\sigma+\rho+n+1)_n}{(2m+\varepsilon)!n!}\times$$
$$\times (2\gamma)_{2m+\varepsilon}\left(\frac{\varepsilon-1}{2}+\tau-\rho-n\right)_m \Gamma\left[\begin{matrix}\gamma+1/2,\ \tau-\rho-\gamma-m-n-(\varepsilon+1)/2\\ \tau-\rho-n-\varepsilon/2\end{matrix}\right]\times$$
$$\times (2a)^{\gamma+\rho-\tau+1/2}\,{}_4F_3\biggl(-\rho-n,\ -\rho-\sigma-n,\ \frac{\varepsilon-1}{2}+\tau+m-\rho-n,\ \tau-\rho-\gamma-m-n-\frac{\varepsilon+1}{2};$$
$$-\rho-\sigma-2n,\ \tau-\rho-n-\frac{1}{2},\ \tau-\rho-n;\ 1\biggr)$$

$[\varepsilon=0$ или $1;\ a>0;\ -1/2<\operatorname{Re}(\gamma+\rho)<\operatorname{Re}\tau-m-n-(\varepsilon+1)/2]$.

2.22.18. Интегралы от $A(x)P_m^{(\lambda,\,\nu)}(a+bx)P_n^{(\rho,\,\sigma)}(cx)$.

1. $$\int_{-a}^{a} (x+a)^{\sigma} P_m^{(0,\,\nu)}\left(\frac{x}{a}\right) P_n^{(0,\,\sigma)}\left(\frac{x}{a}\right)dx =$$
$$= \frac{(-1)^m(2n)!(-m)_n(\nu+n+1)_m(\sigma+n-\nu-m+1)_n}{m!n!(-m-\nu)_n(\sigma+n+1)_{2n+1}}(2a)^{\sigma+1}$$

$[a>0;\ m>n;\ \operatorname{Re}\sigma>-1]$.

2. $$\int_{-a}^{a} (x+a)^{\nu+\sigma}(a-x)^{\beta-1} P_m^{(\lambda,\,\nu)}\left(\frac{x}{a}\right) P_n^{(\rho,\,\sigma)}\left(\frac{x}{a}\right)dx = \frac{(\lambda+1)_m}{m!n!}(1+\rho-\beta)_n\,\mathrm{B}(\beta,\ \sigma+n+1)\times$$
$$\times (2a)^{\beta+\sigma+\nu}\,{}_4F_3(-m-\nu,\ \lambda+m+1,\ \beta-\rho,\ \beta;\ \beta+\sigma+n+1,\ \lambda+1,\ \beta-\rho-n;\ 1)$$

$[a,\ \operatorname{Re}\beta>0;\ \operatorname{Re}(\sigma+\nu)>-1]$.

3. $$\int_{-a}^{a} (x+a)^{\nu+\sigma}(a-x)^{\rho} P_m^{(\lambda,\,\nu)}\left(\frac{x}{a}\right) P_n^{(\rho,\,\sigma)}\left(\frac{x}{a}\right)dx =$$
$$= \frac{(-1)^n}{m!n!}(1+\lambda+n)_m(-m-\nu)_n\,\mathrm{B}(\rho+n+1,\ \sigma+n+1)(2a)^{\nu+\rho+\sigma+1}\times$$
$$\times\,{}_3F_2(n-m-\nu,\ \lambda+m+n+1,\ \rho+n+1;\ \rho+\sigma+2n+2,\ \lambda+n+1;\ 1)$$

$[a,\ n>0;\ \operatorname{Re}\rho,\ \operatorname{Re}(\nu+\sigma)>-1]$.

4. $$\int_{-a}^{a} (x+a)^{2\sigma}(a-x)^{\rho}\left[P_n^{(\rho,\,\sigma)}\left(\frac{x}{a}\right)\right]^2 dx = \left[\frac{(\sigma+1)_n}{n!}\right]^2 \mathrm{B}(\rho+2n+1,\ 2\sigma+1)(2a)^{\rho+2\sigma+1}$$

$[a>0;\ \operatorname{Re}\rho>-1;\ \operatorname{Re}\sigma>-1/2]$.

5. $$\int_{-a}^{a} (x+a)^{\alpha-1}(a-x)^{\lambda+\rho} P_m^{(\lambda,\,\nu)}\left(\frac{x}{a}\right) P_n^{(\rho,\,\sigma)}\left(\frac{x}{a}\right)dx =$$
$$= \frac{(-1)^{m+n}}{m!n!}(1+\nu)_m(1+\sigma-\alpha)_n\,\mathrm{B}(\alpha,\ \rho+n+1)(2a)^{\alpha+\rho+\lambda}\times$$
$$\times\,{}_4F_3(-m-\lambda,\ \nu+m+1,\ \alpha-\sigma,\ \alpha;\ \alpha+\rho+n+1,\ \nu+1,\ \alpha-\sigma-n;\ 1)$$

$[a,\ \operatorname{Re}\alpha>0;\ \operatorname{Re}(\lambda+\rho)>-1]$.

6. $\displaystyle\int\limits_{-a}^{a} (x+a)^{\sigma}(a-x)^{\lambda+\rho} P_m^{(\lambda,\,\nu)}\left(\frac{x}{a}\right) P_n^{(\rho,\,\sigma)}\left(\frac{x}{a}\right) dx =$

$$= \frac{(-1)^m}{m!n!}\,(1+\nu+n)_m(-m-\lambda)_n\,\mathrm{B}\,(\rho+n+1,\ \sigma+n+1)(2a)^{\rho+\sigma+\lambda+1}\ \times$$
$$\times\ {}_3F_2(n-m-\lambda,\ \nu+m+n+1,\ \sigma+n+1;\ \rho+\sigma+2n+2,\ \nu+n+1;\ 1)$$

$[a,\ n>0;\ \mathrm{Re}\,(\lambda+\rho),\ \mathrm{Re}\,\sigma>-1]$.

7. $\displaystyle\int\limits_{-a}^{a} (x+a)^{\sigma}(a-x)^{2\rho}\left[P_n^{(\rho,\,\sigma)}\left(\frac{x}{a}\right)\right]^2 dx = \left[\frac{(\rho+1)_n}{n!}\right]^2 \mathrm{B}\,(2\rho+1,\ \sigma+2n+1)(2a)^{2\rho+\sigma+1}$

$[a>0;\ \mathrm{Re}\,\rho>-1/2;\ \mathrm{Re}\,\sigma>-1]$.

8. $\displaystyle\int\limits_{-a}^{a} (x+a)^{\nu}(a-x)^{\rho} P_m^{(\rho,\,\nu)}\left(\frac{x}{a}\right) P_n^{(\rho,\,\sigma)}\left(\frac{x}{a}\right) dx = \frac{(2a)^{\nu+\rho+1}}{m!(n-m)!}\ \times$

$$\times\,\Gamma\left[\begin{matrix}\rho+\sigma+m+n+1,\ \rho+n+1,\ \nu+m+1,\ 1-\sigma+\nu\\ \rho+\sigma+n+1,\ \rho+\nu+m+n+2,\ 1+m-\sigma+\nu-n\end{matrix}\right]$$

$[a>0;\ \mathrm{Re}\,\nu,\ \mathrm{Re}\,\rho>-1]$.

9. $\displaystyle\int\limits_{a}^{\infty} (x-a)^{\rho+\lambda}(x+a)^{-\tau} P_m^{(\lambda,\,\nu)}\left(\frac{x}{a}\right) P_n^{(\rho,\,\sigma)}\left(\frac{x}{a}\right) dx =$

$$= \frac{(\lambda+\nu+m+1)_m}{m!n!}\,(\tau+\sigma-\lambda-m)_n\,\mathrm{B}\,(\rho+n+1,\ \tau-\lambda-\rho-m-n-1)(2a)^{1+\lambda+\rho-\tau}\ \times$$
$$\times\ {}_4F_3(-\lambda-m,\ -\nu-\lambda-m,\ \tau+\sigma-\lambda+n-m,\ \tau-\lambda-\rho-m-n-1;\ -\nu-\lambda-2m,$$
$$\tau+\sigma-\lambda-m,\ \tau-\lambda-m;\ 1)$$

$[a>0;\ -1<\mathrm{Re}\,(\lambda+\rho)<\mathrm{Re}\,\tau-m-n-1]$.

10. $\displaystyle\int\limits_{-a}^{a} \frac{x}{x-y}\,(x+a)^{\sigma}(a-x)^{\rho} P_m^{(\rho,\,\sigma)}\left(\frac{x}{a}\right) P_n^{(\rho,\,\sigma)}\left(\frac{x}{a}\right) dx = \frac{2^{\rho+\sigma+1}a^{\rho+\sigma+3}}{n!(y^2-a^2)}\ \times$

$$\times\,\Gamma\left[\begin{matrix}\rho+n+1,\ \sigma+n+1\\ \rho+\sigma+n+1,\ \rho+\sigma+2n+1\end{matrix}\right]\delta_{m,\,n} - 2y(y-a)^{\rho}(y+a)^{\sigma} P_m^{(\rho,\,\sigma)}\left(\frac{y}{a}\right) Q_n^{(\rho,\,\sigma)}\left(\frac{y}{a}\right)$$

$[m\leqslant n;\ a,\ y>0;\ \mathrm{Re}\,\rho,\ \mathrm{Re}\,\sigma>-1]$.

11. $\displaystyle\int\limits_{-a}^{a} \frac{x^{n-m+1}}{x-y}\,(x+a)^{\sigma}(a-x)^{\rho} P_m^{(\rho,\,\sigma)}\left(\frac{x}{a}\right) P_n^{(\rho,\,\sigma)}\left(\frac{x}{a}\right) dx =$

$$= \frac{1}{m!}\Gamma\left[\begin{matrix}\rho+n+1,\ \sigma+n+1,\ \rho+\sigma+2m+1\\ \rho+\sigma+2n+2,\ \rho+\sigma+m+1\end{matrix}\right](2a)^{\rho+\sigma+n-m+1}\ -$$
$$-\ 2(y-a)^{\rho}(y+a)^{\sigma}y^{n-m+1} P_m^{(\rho,\,\sigma)}\left(\frac{y}{a}\right) Q_n^{(\rho,\,\sigma)}\left(\frac{y}{a}\right)$$

$[m<n;\ a,\ y>0;\ \mathrm{Re}\,\rho,\ \mathrm{Re}\,\sigma>-1]$.

12. $\displaystyle\int\limits_{-a}^{a} (x+a)^{\alpha-1}(a-x)^{\rho} P_m^{(0,\,\nu)}(bx+ab-1) P_n^{(\rho,\,\sigma)}\left(\frac{x}{a}\right) dx =$

$$= \frac{(-1)^{m+n}}{m!n!}\,(1+\nu)_m(1+\sigma-\alpha)_n\,\mathrm{B}\,(\rho+n+1,\ \alpha)(2a)^{\alpha+\rho}\ \times$$
$$\times\ {}_4F_3(-m,\ \nu+m+1,\ \alpha-\sigma,\ \alpha;\ \alpha+\rho+n+1,\ \nu+1,\ \alpha-\sigma-n;\ ab)$$

$[a,\ b,\ \mathrm{Re}\,\alpha>0;\ ab<1;\ \mathrm{Re}\,\rho>-1]$.

13. $\displaystyle\int\limits_{-a}^{a} (x+a)^{\alpha-1}(a-x)^{\rho}(1-ab-bx)^{\lambda} P_m^{(\lambda,\,\nu)}(2bx+2ab-1) P_n^{(\rho,\,\sigma)}\left(\frac{x}{a}\right) dx =$

$$= \frac{(-1)^{m+n}}{m!n!}\,(1+\nu)_m(1+\sigma-\alpha)_n\,\mathrm{B}\,(\rho+n+1,\ \alpha)(2a)^{\alpha+\rho}\ \times$$
$$\times\ {}_4F_3(-m-\lambda,\ \nu+m+1,\ \alpha-\sigma,\ \alpha;\ \alpha+\rho+n+1,\ \nu+1,\ \alpha-\sigma-n;\ 2ab)$$

$[a,\ b,\ \mathrm{Re}\,\alpha>0;\ 2ab<1;\ \mathrm{Re}\,\rho>-1]$.

14. $$\int_a^b (x-a)^\rho (b-x)^\lambda P_m^{(\lambda,\,\nu)}\left(\frac{2x+a-b}{a+b}\right) P_n^{(\rho,\,\sigma)}\left(\frac{x}{a}\right) dx =$$
$$= \frac{(-1)^m(\rho+\sigma+n+1)_n}{m!n!(2a)^n}(\nu-\rho-n)_m \,\mathrm{B}\,(\lambda+m+1,\ \rho+n+1)(a+b)^{\lambda+\rho+n+1} \times$$
$$\times\, {}_3F_2\left(-\rho-\sigma-n,\ \nu-\rho+m-n,\ -\lambda-\rho-m-n-1;\ -\rho-\sigma-2n,\ \nu-\rho-n;\ \frac{2a}{a+b}\right)$$
$[b>a>0;\ \operatorname{Re}\lambda,\ \operatorname{Re}\rho>-1]$.

15. $$\int_a^b (x-a)^\rho (b-x)^\lambda P_m^{(\lambda,\,-\sigma)}\left(\frac{2x+a-b}{a+b}\right) P_n^{(\rho,\,\sigma)}\left(\frac{x}{a}\right) dx =$$
$$= \frac{(-1)^{m+n}(\lambda+1)_m(\rho+1)_n}{m!n!}\,\mathrm{B}\,(\lambda+1,\ \rho+1)\left(\frac{a+b}{2a}\right)^{\lambda-\sigma+m+1}(b-a)^{\lambda+\rho+1} \times$$
$$\times\, {}_2F_1\left(\lambda+\rho+m+n+2,\ m-n+\lambda-\sigma+1;\ \lambda+\rho+2;\ \frac{a-b}{2a}\right)$$
$[b>a>0;\ \operatorname{Re}\lambda,\ \operatorname{Re}\rho>-1]$.

16. $$\int_a^b (x-a)^\lambda (b-x)^\rho P_m^{(\lambda,\,\nu)}\left(\frac{2x+b-a}{a+b}\right) P_n^{(\rho,\,\sigma)}\left(\frac{x}{b}\right) dx =$$
$$= \frac{(-1)^n}{m!n!}(2b)^{\rho+\lambda+m+1}(a+b)^{-m}(\nu+\lambda+m+1)_m(\sigma-\lambda-m)_n \,\mathrm{B}\,(\rho+n+1,\ \lambda+m+1) \times$$
$$\times\, {}_3F_2\left(-\nu-\lambda-m,\ \sigma+n-\lambda-m,\ -\lambda-\rho-m-n-1;\ -\nu-\lambda-2m,\ \sigma-\lambda-m;\ \frac{a+b}{2b}\right)$$
$[a,\ b>0;\ \operatorname{Re}\lambda,\ \operatorname{Re}\rho>-1]$.

17. $$\int_{\pm a}^b (x\mp a)^{\alpha-1}(b-x)^\lambda \begin{Bmatrix}(x+a)^\sigma\\ (a-x)^\rho\end{Bmatrix} P_m^{(\lambda,\,\nu)}\left(\frac{2x\mp a-b}{\mp a+b}\right) P_n^{(\rho,\,\sigma)}\left(\frac{x}{a}\right) dx =$$
$$= \frac{(-1)^m(\pm1)^n}{m!n!}(\varphi+1)_n(1+\nu-\alpha)_m \,\mathrm{B}\,(\lambda+m+1,\ \alpha)(2a)^\psi(b\mp a)^{\alpha+\lambda} \times$$
$$\times\, {}_4F_3\left(-\psi-n,\ \varphi+n+1,\ \alpha,\ \alpha-\nu;\ \alpha+\lambda+m+1,\ \alpha-\nu-m,\ \varphi+1;\ \frac{a\mp b}{2a}\right)$$
$\left[\operatorname{Re}\alpha>0;\ \operatorname{Re}\lambda>-1,\ \begin{Bmatrix}b>a>0\\ a>b>0\end{Bmatrix},\ \varphi=\begin{Bmatrix}\rho\\ \sigma\end{Bmatrix},\ \psi=\begin{Bmatrix}\sigma\\ \rho\end{Bmatrix}\right]$.

18. $$\int_a^b (x-a)^\rho (b-x)^\lambda (x+a)^{-\tau} P_m^{(\lambda,\,\nu)}\left(\frac{2x+a-b}{a+b}\right) P_n^{(\rho,\,\sigma)}\left(\frac{x}{a}\right) dx =$$
$$= \frac{(-1)^m}{m!n!}(1+\nu)_m(\tau+\sigma)_n \,\mathrm{B}\,(\rho+n+1,\ \tau-\rho-n-1)(2a)^{1+\rho-\tau}(a+b)^\lambda \times$$
$$\times\, {}_4F_3\left(-\lambda-m,\ \nu+m+1,\ 1-\tau-\sigma,\ 1-\tau;\ 2+n+\rho-\tau,\ 1-\sigma-\tau-n,\ \nu+1;\ \frac{2a}{a+b}\right) +$$
$$+ \frac{(-1)^m(\rho+\sigma+n+1)_n}{m!n!(2a)^n}(\tau+\nu-\rho-n)_m \,\mathrm{B}\,(\lambda+m+1,\ 1+n+\rho-\tau)(a+b)^{\lambda+\rho-\tau+n+1} \times$$
$$\times\, {}_4F_3\Big(-\rho-n,\ -\rho-\sigma-n,\ \tau+\nu+m-\rho-n,\ \tau-\rho-\lambda-m-n-1;\ -\rho-\sigma-2n,$$
$$\tau+\nu-\rho-n,\ \tau-\rho-n;\ \frac{2a}{a+b}\Big)$$
$[b>a>0;\ \operatorname{Re}\lambda,\ \operatorname{Re}\rho>-1]$.

19. $$\int_a^b (x-a)^{\lambda}(b-x)^{\rho}(b+x)^{-\tau} P_m^{(\lambda,\,\nu)}\left(\frac{2x+b-a}{a+b}\right) P_n^{(\rho,\,\sigma)}\left(\frac{x}{b}\right) dx =$$
$$= \frac{(-1)^n}{m!n!}(2b)^{\rho}(a+b)^{\lambda-\tau+1}(1+\sigma)_n(\tau+\nu)_m \,\mathrm{B}\,(\lambda+m+1,\ \tau-\lambda-m-1)\ \times$$
$$\times\ {}_4F_3\left(-\rho-n,\ \sigma+n+1,\ 1-\tau-\nu,\ 1-\tau;\ 2+\lambda+m-\tau,\ 1-m-\tau-\nu,\ \sigma+1;\ \frac{a+b}{2b}\right) +$$
$$+\ \frac{(-1)^n}{m!n!}(2b)^{\rho+\lambda+m-\tau+1}(a+b)^{-m}(\nu+\lambda+m+1)_m(\sigma+\tau-\lambda-m)_n\ \times$$
$$\times\,\mathrm{B}\,(\rho+n+1,\ 1+m+\lambda-\tau)\,{}_4F_3\Big(-\lambda-m,\ -\nu-\lambda-m,\ \sigma+\tau+n-\lambda-m,\ \tau-\lambda-\rho-m-n-1;$$
$$-\nu-\lambda-2m,\ \sigma+\tau-\lambda-m,\ \tau-\lambda-m;\ \frac{a+b}{2b}\Big) \qquad [b>a>0;\ \operatorname{Re}\lambda,\ \operatorname{Re}\rho>-1].$$

20. $$\int_a^{\infty} (x-a)^{\lambda}(x-b)^{\rho} P_m^{(\lambda,\,\nu)}\left(\frac{2x+b-a}{a+b}\right) P_n^{(\rho,\,\sigma)}\left(\frac{x}{b}\right) dx =$$
$$= \frac{(\rho+\sigma+n+1)_n}{m!n!(2b)^n}(\nu-\rho-n)_m \,\mathrm{B}\,(\lambda+m+1,\ -\rho-\lambda-m-n-1)(a+b)^{\lambda+\rho+n+1}\ \times$$
$$\times\ {}_3F_2\left(-\rho-\sigma-n,\ \nu+m-\rho-n,\ -\rho-\lambda-m-n-1;\ -\rho-\sigma-2n,\ \nu-\rho-n;\ \frac{2b}{a+b}\right)$$
$$[a>b>0;\ \operatorname{Re}\lambda>-1;\ \operatorname{Re}(\rho+\lambda)<-m-n-1].$$

21. $$\int_a^{\infty} (x-a)^{\lambda}(x-b)^{\rho}(x+b)^{-\tau} P_m^{(\lambda,\,\nu)}\left(\frac{2x+b-a}{a+b}\right) P_n^{(\rho,\,\sigma)}\left(\frac{x}{b}\right) dx =$$
$$= \frac{(\rho+\sigma+n+1)_n}{m!n!(2b)^n}(\nu+\tau-\rho-n)_m \,\mathrm{B}\,(\lambda+m+1,\ \tau-\rho-\lambda-m-n-1)(a+b)^{\lambda+\rho+n-\tau+1}\ \times$$
$$\times\ {}_4F_3\Big(-\rho-n,\ -\rho-\sigma-n,\ \nu+\tau+m-\rho-n,\ \tau-\rho-\lambda-m-n-1;\ -\rho-\sigma-2n,$$
$$\nu+\tau-\rho-n,\ \tau-\rho-n;\ \frac{2b}{a+b}\Big) \qquad [a>b>0;\ \operatorname{Re}\lambda>-1;\ \operatorname{Re}(\rho+\lambda-\tau)<-m-n-1].$$

22. $$\int_a^{\infty} (x-a)^{\rho}(x+a)^{-\tau}(bx+ab-1)^{\lambda} P_m^{(\lambda,\,\nu)}(2bx+2ab-1) P_n^{(\rho,\,\sigma)}\left(\frac{x}{a}\right) dx =$$
$$= \frac{(\lambda+\nu+m+1)_m}{m!n!}(\tau+\sigma-\lambda-m)_n \,\mathrm{B}\,(\rho+n+1,\ \tau-\rho-\lambda-m-n-1)(2a)^{\rho+\lambda-\tau+m+1}b^{\lambda+m}\ \times$$
$$\times\ {}_4F_3\Big(-\lambda-m,\ -\nu-\lambda-m,\ \tau+\sigma-\lambda+n-m,\ \tau-\rho-\lambda-m-n-1;\ -\nu-\lambda-2m,$$
$$\tau+\sigma-\lambda-m,\ \tau-\lambda-m;\ \frac{1}{2ab}\Big) \qquad [a>0;\ 2ab>1;\ \operatorname{Re}\rho>-1;\ \operatorname{Re}(\rho+\lambda-\tau)<-m-n-1].$$

Глава 3. КРАТНЫЕ ИНТЕГРАЛЫ

3.1. ВВЕДЕНИЕ

В этой главе помещены двойные, тройные и многомерные интегралы, содержащие некоторые специальные функции. Основным способом вычисления этих интегралов является сведение их к повторным интегралам, которые находят путем последовательного интегрирования по каждой из переменных в отдельности. Кроме того, часто используется метод замены переменных интегрирования. Ряд формул общего характера, с помощью которых кратные интегралы могут быть приведены к одномерным, имеется в книге [12].

3.2. ДВОЙНЫЕ ИНТЕГРАЛЫ

3.2.1. Общие формулы.

Обозначение: $\widehat{f}(p) = \int\limits_0^\infty e^{-px} f(x)\,dx$.

1. $$\int\limits_0^\infty\int\limits_0^\infty e^{-px-qy} f(x+y)\,dx\,dy = -\frac{\widehat{f}(p)-\widehat{f}(q)}{p-q}.$$

2. $$\int\limits_0^\infty\int\limits_0^\infty e^{-px-qy} f(|x-y|)\,dx\,dy = \frac{\widehat{f}(p)+\widehat{f}(q)}{p+q}.$$

3. $$\int\limits_0^\infty\int\limits_0^\infty e^{-px-qy} f(xy)\,dx\,dy = 2\int\limits_0^\infty K_0(2\sqrt{pqt}\,)f(t)\,dt.$$

4. $$\int\limits_0^\infty\int\limits_0^\infty e^{-px-qy} f(\sqrt{x^2+y^2}\,)\,dx\,dy = -\int\limits_p^R \frac{1}{\sqrt{R^2-t^2}}\,\frac{d}{dt}\widehat{f}(t)\,dt - \int\limits_q^R \frac{1}{\sqrt{R^2-t^2}}\,\frac{d}{dt}\widehat{f}(t)\,dt$$
$$\left[R=\sqrt{p^2+q^2}\,\right].$$

3.2.2. Интегралы, содержащие $\Gamma(x)$, $\mathrm{Ei}\,(x)$ или $\mathrm{erf}\,(x)$.

Обозначение: $\widehat{f}(p) =. \int\limits_0^\infty e^{-px} f(x)\,dx$.

Условия: a, $\mathrm{Re}\,p$, $\mathrm{Re}\,q > 0$.

1. $$\int\limits_0^\infty\int\limits_0^\infty \frac{y^{x-1}}{\Gamma(x)}\,e^{-qy} f(x)\,dx\,dy = \widehat{f}(\ln q).$$

2. $$\int\limits_0^\infty\int\limits_0^\infty \frac{y^{ax}}{\Gamma(ax+1)}\,e^{-px-qy} f(x)\,dx\,dy = \frac{1}{q}\widehat{f}(p+a\ln q).$$

3. $$\int\limits_0^\infty\int\limits_0^1 \frac{y^{x+n}}{\Gamma(x+n+1)}\,e^{-px-qy}\,dx\,dy = \frac{q-e^{-p}}{q^{n+2}(p+\ln q)}.$$

4. $\displaystyle\int_0^\infty\int_1^\infty \frac{y^{x-1}}{\Gamma(x)}\, e^{-px-qy}\,dx\,dy = \frac{e^{-p}}{q(p+\ln q)}.$ **5.** $\displaystyle\int_0^\infty\int_0^\infty \frac{y^{x}}{\Gamma(x)}\, e^{-px-qy}\,dx\,dy = \frac{1}{q(p+\ln q)^2}.$

6. $\displaystyle\int_0^\infty\int_0^\infty \frac{x^m y^{x+n}}{\Gamma(x+n+1)}\, e^{-px-qy}\,dx\,dy = \frac{m!}{q^{n+1}(p+\ln q)^{m+1}}.$

7. $\displaystyle\int_0^\infty\int_0^\infty e^{-px-qy}\,\mathrm{Ei}\,(axy)\,dx\,dy = \frac{1}{pq}\Big[e^{-pq/a}\,\mathrm{Ei}\Big(\frac{pq}{a}\Big) - \ln\frac{pq}{a} - \mathbf{C}\Big].$

8. $\displaystyle\int_0^\infty\int_0^\infty x^{-3/2}y^{-5/4}e^{-p/x-q/\sqrt{y}}\,\mathrm{Ei}\,(-axy)\,dx\,dy = \frac{8\pi a}{\sqrt{pq}}\,\mathrm{Ei}\Big(-\sqrt{8q\sqrt{ap}}\Big).$

9. $\displaystyle\int_0^\infty\int_0^\infty e^{-p|x-y|}\,\mathrm{Ei}\,(-x)\,\mathrm{Ei}\,(-y)\,dx\,dy = \frac{4}{p}\ln 2 - \frac{\pi^2}{6p^2} - \frac{1}{p^2}\ln^2(p+1) - \frac{2}{p^2}\,\mathrm{Li}_2\Big(\frac{p-1}{p+1}\Big).$

10. $\displaystyle\int_0^\infty \mathrm{Ei}\,(-y)\int_0^y \mathrm{Ei}\,(-x)\,\mathrm{Ei}\,(x-y)\,dx\,dy = \int_0^\infty \mathrm{Ei}\,(-y)\int_y^\infty \mathrm{Ei}\,(-x)\,\mathrm{Ei}\,(y-x)\,dx\,dy = \frac{\pi^2}{12} - 2\ln 2.$

11. $\displaystyle\int_0^\infty\int_0^\infty \mathrm{Ei}\,(-x)\,\mathrm{Ei}\,(-y)\,\mathrm{Ei}\,(-|x-y|)\,dx\,dy = \frac{\pi^2}{6} - 4\ln 2.$

12. $\displaystyle\int_0^\infty\int_0^\infty \frac{1}{y^3}\, e^{-px-q/y^2}\,\mathrm{erf}\,(axy)f(x)\,dx\,dy = \frac{1}{2q}\,[\widehat{f}(p) - \widehat{f}(p+2a\sqrt{q}\,)].$

13. $\displaystyle\int_0^\infty\int_0^\infty \frac{1}{y^3}\, e^{-px-q/y^2}\,\mathrm{erf}\,(axy)\,dx\,dy = \frac{a}{p\sqrt{q}\,(p+2a\sqrt{q}\,)}.$

14. $\displaystyle\int_0^\infty\int_0^\infty \frac{1}{y^3}\, e^{-px-q/y^2}\,\mathrm{erfc}\,(axy)\,dx\,dy = \frac{1}{2q(p+2a\sqrt{q}\,)}.$

3.2.3. Интегралы, содержащие функцию параболического цилиндра $D_\nu(x)$.

Условия: a, $\mathrm{Re}\,p$, $\mathrm{Re}\,q > 0$.

1. $\displaystyle\int_0^\infty\int_0^\infty x^{-3/2}y^{\nu-2}e^{-p/x-q/y^2-a^2x^2y^2/4}D_\nu(axy)\,dx\,dy = \frac{\pi}{p^{1/2}}\,(2q)^{(\nu-1)/2}\exp\Big(-\sqrt{ap\sqrt{8q}}\Big).$

2. $$\int_0^\infty\int_0^\infty y^{\nu-2}e^{-px-q/y^2-a^2x^2y^2/4}D_\nu(axy)f(x)\,dx\,dy =$$
$$= 2^{(\nu-2)/2}\sqrt{\pi}\,q^{(\nu-1)/2}\int_0^\infty \exp\,[-(p+a\sqrt{2q}\,)x]f(x)\,dx.$$

3. $$\int_0^\infty e^{-qy}\int_0^y \frac{D_m(\sqrt{2x}\,)D_m(i\sqrt{2x}\,)}{\sqrt{x(y-x)}}\,D_n(\sqrt{2(y-x)}\,)D_n(i\sqrt{2(y-x)}\,)\,dx\,dy =$$
$$= (-1)^{(m+n)/2}\frac{\pi m!n!}{q}\,P_m\Big(\frac{1}{q}\Big)P_n\Big(\frac{1}{q}\Big) \qquad [m+n \text{ — четное}].$$

3.2.4. Интегралы, содержащие функцию Бесселя $J_\nu(x)$.

Обозначение: $\widehat{f}(p) = \int\limits_0^\infty e^{-px} f(x)\,dx$.

Условия: a, b, $\operatorname{Re} p$, $\operatorname{Re} q > 0$.

1. $\int\limits_0^\infty e^{-qy} \int\limits_0^y e^{-px} J_0(a\sqrt{xy-x^2}\,) f(x)\,dx\,dy = \frac{1}{q}\widehat{f}\left(p+q+\frac{a^2}{4q}\right).$

2. $\int\limits_0^\infty e^{-qy} \int\limits_0^y \left(\frac{y-x}{x}\right)^{\nu/2} J_\nu(a\sqrt{xy-x^2}\,) f(x)\,dx\,dy = \frac{a^\nu}{2^\nu q^{\nu+1}}\widehat{f}\left(q+\frac{a^2}{4q}\right)$ $[\operatorname{Re}\nu > -1]$.

3. $\int\limits_0^\infty e^{-qy} \int\limits_0^y \left(\frac{y-x}{y+x}\right)^{\nu/2} J_\nu(\sqrt{y^2-x^2}\,) f(x)\,dx\,dy = \frac{(\sqrt{q^2+1}+q)^{-\nu}}{\sqrt{q^2+1}}\widehat{f}(\sqrt{q^2+1}\,)$

$[\operatorname{Re}\nu > -1]$.

4. $\int\limits_0^\infty \int\limits_0^\infty \left(\frac{y}{x}\right)^{\nu/2} e^{-px-qy} J_\nu(a\sqrt{xy}\,) f(x)\,dx\,dy = \frac{a^\nu}{2^\nu q^{\nu+1}}\widehat{f}\left(p+\frac{a^2}{4q}\right).$

5. $\int\limits_0^\infty y^{\nu/2} e^{-qy} \int\limits_0^\infty (y+2x)^{-\nu/2} J_\nu(a\sqrt{y(y+2x)}\,) f(x)\,dx\,dy =$

$$= \frac{a^{\nu-2}(\sqrt{q^2+a^2}+q)^{1-\nu}(\sqrt{q^2+a^2}-q)}{\sqrt{q^2+a^2}}\widehat{f}(\sqrt{q^2+a^2}\mp q).$$

6. $\int\limits_0^\infty e^{-qy} \int\limits_0^y J_\nu(ax)\,dx\,dy = \frac{a^\nu}{q\sqrt{q^2+a^2}\,(q+\sqrt{q^2+a^2}\,)^\nu}$ $[\operatorname{Re}\nu > -1]$.

7. $\int\limits_0^\infty e^{-qy} \int\limits_0^y x^\nu J_\nu(ax)\,dx\,dy = \frac{(2a)^\nu \Gamma(\nu+1/2)}{\sqrt{\pi}\,q(q^2+1)^{\nu+1/2}}$ $[\operatorname{Re}\nu > -1/2]$.

8. $\int\limits_0^\infty e^{-qy} \int\limits_0^y \frac{J_\nu(a\sqrt{x}\,)}{\sqrt{y-x}}\,dx\,dy = \sqrt{\frac{\pi}{q^3}}\,e^{-a^2/(2q)} I_\nu\left(\frac{a^2}{2q}\right)$ $[\operatorname{Re}\nu > -2]$.

9. $\int\limits_0^\infty e^{-qy} \int\limits_0^y (y-x)^{n/2} e^{-p/x} J_n(a\sqrt{y-x}\,)\,dx\,dy = \frac{a^n}{2^n q^{n+1}(p+q)} \exp\left(-\frac{a^2}{4q}\right).$

10. $\int\limits_0^\infty e^{-qy} \int\limits_b^y \frac{J_1(a\sqrt{x^2-b^2}\,)}{\sqrt{x^2-b^2}}\,dx\,dy = \frac{e^{-bq}-e^{-b\sqrt{q^2+a^2}}}{abq}.$

11. $\int\limits_0^\infty e^{-qy} \int\limits_b^y \frac{xJ_1(a\sqrt{x^2-b^2}\,)}{\sqrt{x^2-b^2}}\,dx\,dy = \frac{1}{aq}\left(e^{-bq} - \frac{q}{\sqrt{q^2+a^2}}\,e^{-b\sqrt{q^2+a^2}}\right).$

12. $\int\limits_0^\infty e^{-qy} \int\limits_y^\infty \frac{J_1(a\sqrt{x^2-b^2}\,)}{\sqrt{x^2-b^2}}\,dx\,dy = \frac{e^{-b\sqrt{q^2+a^2}}-e^{-b(a+q)}}{abq}.$

13. $\int\limits_0^\infty e^{-qy} \int\limits_y^\infty \frac{xJ_1(a\sqrt{x^2-b^2}\,)}{\sqrt{x^2-b^2}}\,dx\,dy = \frac{1}{a\sqrt{q^2+a^2}}\,e^{-b\sqrt{q^2+a^2}}.$

14. $$\int_0^\infty \frac{1}{\sqrt{y}}\, e^{-qy} \int_a^\infty \frac{e^{-x^2/(4y)}}{\sqrt{x^2-a^2}}\, J_1(\sqrt{x^2-a^2}\,)\, dx\, dy = \frac{1}{a}\sqrt{\frac{\pi}{q}}\left(e^{-a\sqrt{q}} - e^{-a\sqrt{q+1}}\right).$$

15. $$\int_0^\infty\!\!\int_0^\infty e^{-px-qy} J_0(x+y)\, dx\, dy = \frac{p+q}{\sqrt{(p^2+1)(q^2+1)}\,(\sqrt{p^2+1}+\sqrt{q^2+1}\,)}.$$

16. $$\int_0^\infty\!\!\int_0^\infty e^{-px-qy} J_1(x+y)\, dx\, dy = \frac{p+q}{\sqrt{(p^2+q)(q^2+1)}\,(p\sqrt{q^2+1}+q\sqrt{p^2+1}\,)}.$$

17. $$\int_0^\infty\!\!\int_0^\infty e^{-px-qy} J_0(a\sqrt{x+y}\,)\, dx\, dy = \frac{e^{-a^2/(4q)}}{q(p-q)} - \frac{e^{-a^2/(4p)}}{p(p-q)}.$$

18. $$\int_0^\infty\!\!\int_0^\infty \frac{1}{\sqrt{x+y}}\, e^{-px-qy} J_1(a\sqrt{x+y}\,)\, dx\, dy = \frac{2}{a(p-q)}\,[e^{-a^2/(4p)} - e^{-a^2/(4q)}].$$

19. $$\int_0^\infty\!\!\int_0^\infty e^{-px-qy} J_0(a\sqrt{x^2+y^2}\,)\, dx\, dy = \frac{1}{p^2+q^2+a^2}\left(\frac{p}{\sqrt{q^2+a^2}} + \frac{q}{\sqrt{p^2+a^2}}\right).$$

20. $$\int_0^\infty\!\!\int_0^\infty e^{-px-qy} J_0(\sqrt{x^2+2xy}\,)\, dx\, dy = \frac{1}{p^2+1+(q-p)\sqrt{p^2+1}}.$$

21. $$\int_0^\infty\!\!\int_0^\infty \frac{x}{\sqrt{y^2+2xy}}\, e^{-px-qy} J_1(\sqrt{y^2+2xy}\,)\, dx\, dy = -\frac{q-\sqrt{q^2+1}}{p(p-q+\sqrt{q^2+1}\,)}.$$

22. $$\int_0^\infty\!\!\int_0^\infty y e^{-px-qy^2} J_0(axy)\, dx\, dy = \frac{1}{2a}\sqrt{\frac{\pi}{q}}\, e^{p^2q/a^2}\, \operatorname{erfc}\left(\frac{p\sqrt{q}}{a}\right).$$

23. $$\int_0^\infty\!\!\int_0^\infty e^{-px-qy} J_0(axy)\, dx\, dy = \frac{\pi}{2a}\left[\mathbf{H}_0\left(\frac{pq}{a}\right) - Y_0\left(\frac{pq}{a}\right)\right].$$

24. $$\int_0^\infty\!\!\int_0^\infty x^{\nu+1} y^{1-\nu} e^{-px-qy^2} J_\nu(axy)\, dx\, dy = \frac{2^\nu \Gamma(\nu+3/2) pq^{\nu+1/2}}{\sqrt{\pi}\, a^{\nu+3}}\, e^{p^2q/a^2}\, \Gamma\left(-\nu-\frac{1}{2},\, \frac{p^2q}{a^2}\right)$$
$[\operatorname{Re}\nu > -1]$.

25. $$\int_0^\infty\!\!\int_0^\infty x^{\nu} y^{1-\nu} e^{-px-qy^2} J_\nu(axy)\, dx\, dy = \frac{2^{\nu-1} \Gamma(\nu+1/2) q^{\nu-1/2}}{\sqrt{\pi}\, a^{\nu+1}}\, e^{p^2q/a^2}\, \Gamma\left(\frac{1}{2}-\nu,\, \frac{p^2q}{a^2}\right)$$
$[\operatorname{Re}\nu > -1/2]$.

26. $$\int_0^\infty\!\!\int_0^\infty x^{m+n-1} y^{m+1} e^{-px-qy^2} J_m(axy)\, dx\, dy =$$
$$= \frac{\Gamma(2m+n)}{a^{m+n}}\, (2q)^{n/2-1} e^{2p^2q/a^2} D_{-2m-n}\left(\frac{p\sqrt{2q}}{a}\right).$$

27. $$\int_0^\infty\!\!\int_0^\infty x^l y^m e^{-px^2-qy^2} J_\nu(axy)\, dx\, dy = A_\nu^{l,\,m}$$
$$\left[k_1 = a/\sqrt{4pq+a^2}\,,\ k_2 = a/(\sqrt{4pq+a^2}+2\sqrt{pq}\,);\ \operatorname{Re}\nu > -\min(l,\,m) - 1\right],$$
$$A_\nu^{\nu+1,\,0} = \frac{\Gamma(\nu/2+1/2) k_1^{\nu+1}}{2ap^{(\nu+1)/2}},$$
$$A_\nu^{\nu+1,\,\nu-2n+1} = \frac{\Gamma(\nu-n+1) 2^{\nu-2n} k_1^{\nu-n+1}}{a^{\nu-2n+2} p^n} \qquad [\operatorname{Re}\nu > -1],$$

$$A_\nu^{\nu+1,\,1-n} = \frac{\Gamma(\nu/2 - n/2 + 1)k_1^{\nu-n+2}a^{n-2}}{2^n p^{(\nu+n)/2}}$$

$[\operatorname{Re}\nu > n-2$ при $n = 1,\ 2,\ \ldots;\ -1 < \operatorname{Re}\nu \leqslant 0]$,

$$A_n^{2m-n+1,\,n+1} = 2^{2m-n}(m!)a^{n-2m-2}q^{m-n}k_1^{2m+2},$$

$$A_0^{1,\,2\nu-1} = \Gamma(\nu)a^{-2\nu}(4p)^{\nu-1}k_1^{2\nu}, \quad A_1^{\nu+1,\,1-\nu} = a^{\nu-2}(2p)^{-\nu}k_1^2,$$

$$A_0^{0,\,0} = \frac{k_1}{a}\mathbf{K}(k_1), \quad A_0^{0,\,2} = \frac{k_1}{2aq}\mathbf{E}(k_1), \quad A_0^{1,\,0} = -\frac{\sqrt{\pi/p}}{2\sqrt{4pq+a^2}}, \quad A_0^{1,\,1} = \frac{k_1^2}{a^2},$$

$$A_0^{2,\,2} = \frac{k_1^3}{a^3}[2\mathbf{E}(k_1) - \mathbf{K}(k_1)], \quad A_0^{\pm1/2,\,\pm1/2} = \frac{\sqrt{2}}{\pi}\Gamma^2\left(\frac{2\pm1}{4}\right)\begin{Bmatrix} 2k_1/a \\ 1 \end{Bmatrix}\frac{1}{k_2 a}\mathbf{K}(k_2),$$

$$A_1^{2,\,0} = \frac{k_1^2}{2ap}, \quad A_1^{1,\,1} = \frac{k_1}{a^2}[\mathbf{K}(k_1) - \mathbf{E}(k_1)], \quad A_1^{-1,\,3} = \frac{1}{2qk}[\mathbf{E}(k_1) - (1-k_1^2)\mathbf{K}(k_1)],$$

$$A_1^{-1,\,-1} = \frac{1}{k_1}[\mathbf{K}(k_1) - \mathbf{E}(k_1)], \quad A_1^{-1/2,\,-1/2} = \frac{4\Gamma^2(3/4)}{\pi\sqrt{ak_2}}[\mathbf{K}(k_2) - \mathbf{E}(k_2)],$$

$$A_2^{0,\,0} = \frac{1}{ak_1}[(2-k_1^2)\mathbf{K}(k_1) - 2\mathbf{E}(k_1)], \quad A_2^{3,\,-1} = \frac{a^2}{4p^2(4pq+a^4)}.$$

28. $$\int_0^\infty\int_0^\infty x^{\nu+3}y^{\nu+1}e^{-px^4-qy^4}J_\nu(axy)\,dx\,dy = \frac{\sqrt{\pi}\,a^\nu e^{a^2/(8\sqrt{pq})}}{2^{2\nu+4}\sqrt{p}\,(pq)^{(\nu+1)/2}} \quad [\operatorname{Re}\nu > -1].$$

29. $$\int_0^\infty\int_0^\infty \frac{1}{y^2}e^{-px-q/y}J_1(axy)\,dx\,dy = \frac{\pi a}{2p^2}\left[\mathbf{H}_1\left(\frac{aq}{p}\right) - Y_1\left(\frac{aq}{p}\right) - \frac{2}{\pi}\right].$$

30. $$\int_0^\infty\int_0^\infty \frac{x}{y^3}e^{-px^2-q/y^2}J_0(axy)\,dx\,dy = \frac{a}{4}\sqrt{\frac{1}{p^3q}}\,K_1\left(a\sqrt{\frac{q}{p}}\right).$$

31. $$\int_0^\infty\int_0^\infty xye^{-px^2-qy^2}\sin axy\,J_0(bxy)\,dx\,dy = \frac{a}{[(4pq+a^2-b^2)^2+16b^2pq]^{3/4}}[2\mathbf{E}(k) - \mathbf{K}(k)]$$

$$\left[k = \frac{1}{\sqrt{2}}\left(1 - \frac{4pq+a^2-b^2}{\sqrt{(4pq+a^2-b^2)^2+16b^2pq}}\right)^{1/2}\right].$$

32. $$\int_0^\infty\int_0^\infty e^{-px^2-qy^2}\cos axy\,J_0(bxy)\,dx\,dy = \frac{1}{[(4pq+a^2-b^2)^2+16b^2pq]^{1/4}}\mathbf{K}(k)$$

[k см. в 3.2.4.31].

33. $$\int_0^\infty\int_0^\infty \frac{y}{x}e^{-px^2-qy^2}\cos axy\,J_1(axy)\,dx\,dy =$$

$$= \frac{4bp}{[(4pq+a^2-b^2)^2+16b^2pq]^{1/4}[4pq+a^2-b^2+\sqrt{(4pq+a^2-b^2)^2+16b^2pq}\,]k^2}\times$$

$$\times[\mathbf{E}(k) - (1-k^2)\mathbf{K}(k)] \quad [k \text{ см. в } 3.2.4.31].$$

3.2.5. Интегралы, содержащие две функции Бесселя $J_\nu(x)$. Условия: $a,\ b,\ \operatorname{Re}p,\ \operatorname{Re}q > 0$.

1. $$\int_0^a\int_0^b J_0[2i\sqrt{i(a-x)(b-y)}\,]J_0(2i\sqrt{-ixy}\,)\,dx\,dy = \operatorname{bei}(2\sqrt{ab}\,).$$

2. $\int\limits_0^\infty e^{-qy} \int\limits_0^y \frac{J_\nu^2(2\sqrt{x})}{x\sqrt{y-x}}\,dx\,dy = \frac{1}{\nu}\sqrt{\frac{\pi}{q}}\,e^{-2/q}\left[I_\nu\left(\frac{2}{q}\right) + 2\sum_{k=1}^\infty I_{k+\nu}\left(\frac{2}{q}\right)\right]$ [$\operatorname{Re}\nu > 0$].

3. $\int\limits_0^\infty y^{\nu/2}e^{-qy} \int\limits_b^\infty \frac{J_\nu(2\sqrt{xy}\,)J_1(\sqrt{x^2-b^2}\,)}{\sqrt{x^2-b^2}}\,dx\,dy = \frac{b^{\nu/2-1}}{q^{\nu+1}}\left[e^{-b/q} - e^{-\sqrt{q^2+1}\,/(bq)}\right]$ [$\operatorname{Re}\nu > -1$].

4. $\int\limits_0^\infty e^{-qy} \int\limits_0^y J_0(2\sqrt{(y-x)x}\,)J_0(2\sqrt{bx}\,)\,dx\,dy = \frac{1}{q^2+1}\exp\left(-\frac{bq}{q^2+1}\right).$

5. $\int\limits_0^\infty\int\limits_0^\infty e^{-px^2-qy^2}J_\nu^2(axy)\,dx\,dy = I_\nu$ $\left[k = a/(\sqrt{pq+a^2} + \sqrt{pq}\,);\ \operatorname{Re}\nu > -1/2\right]$,

$$I_\nu = \frac{\Gamma^2(\nu+1/2)}{4\sqrt{pq}}\left[P_{-1/2}^\nu\left(\sqrt{\frac{pq+a^2}{pq}}\right)\right]^2, \qquad I_0 = \frac{2}{\pi ka}\,\mathbf{K}^2(k), \qquad I_1 = \frac{2}{\pi ka}\,[\mathbf{K}(k) - \mathbf{E}(k)]^2.$$

6. $\int\limits_0^\infty\int\limits_0^\infty xye^{-px^2-qy^2}J_\nu^2(axy)\,dx\,dy = \frac{1}{4\sqrt{pq(pq+a^2)}}\left(\frac{\sqrt{pq+a^2} - \sqrt{pq}}{a}\right)^{2\nu}$ [$\operatorname{Re}\nu > -1$].

7. $\int\limits_0^\infty\int\limits_0^\infty xy^{2\nu+1}e^{-px^2-qy^2}J_\nu^2(axy)\,dx\,dy = \frac{\Gamma(\nu+1/2)a^{2\nu}q^{-\nu}}{4\sqrt{\pi pq}\,(pq+a^2)^{\nu+1/2}}$ [$\operatorname{Re}\nu > -1/2$].

8. $\int\limits_0^\infty\int\limits_0^\infty x^{2\nu+1}y^{-2\nu+1}e^{-px^2-qy^2}J_\nu(axy)J_{-\nu}(axy)\,dx\,dy = \frac{q^\nu}{4p^\nu\sqrt{pq(pq+a^2)}}$ [$|\operatorname{Re}\nu| < 1$].

9. $\int\limits_0^\infty\int\limits_0^\infty xye^{-px^2-qy^2}J_\nu(axy)J_{\nu+1}(axy)\,dx\,dy =$

$$= \frac{1}{4}\Gamma^2\left(\nu+\frac{3}{2}\right)\sqrt{\frac{pq+a^2}{(pq)^3}}\,P_{-1/2}^{-\nu}\left(\sqrt{\frac{pq+a^2}{pq}}\right)P_{-1/2}^{-\nu-1}\left(\sqrt{\frac{pq+a^2}{pq}}\right)$$ [$\operatorname{Re}\nu > -3/2$].

10. $\int\limits_0^\infty\int\limits_0^\infty xye^{-px^2-qy^2}J_0(axy)J_1(axy)\,dx\,dy = \frac{\sqrt{pq+a^2}}{\pi apq}\mathbf{K}(k)[\mathbf{K}(k) - \mathbf{E}(k)]$ $\left[k = a/(\sqrt{pq+a^2} + \sqrt{pq}\,)\right]$.

11. $\int\limits_0^\infty\int\limits_0^\infty xe^{-px^2-qy^2}J_\nu(\sqrt{2i}\,xy)J_\nu(\sqrt{-2i}\,xy)\,dx\,dy = \sqrt{\frac{1}{8\pi p}}\,Q_{\nu-1/2}(pq)$ [$\operatorname{Re}\nu > -1/2$].

12. $\int\limits_0^\infty\int\limits_0^\infty xe^{-px^2-qy^2}J_0(\sqrt{2i}\,xy)J_0(\sqrt{-2i}\,xy)\,dx\,dy = \frac{1}{2\sqrt{\pi p(pq+1)}}\mathbf{K}\left(\sqrt{\frac{2}{pq+1}}\right)$ [$p,\ q,\ pq-1 > 0$].

13. $\int\limits_0^\infty\int\limits_0^\infty xe^{-px^2-qy^2}J_1(\sqrt{2i}\,xy)J_1(\sqrt{-2i}\,xy)\,dx\,dy = \frac{1}{k\sqrt{2^3\pi p}}\,[(2-k^2)\mathbf{K}(k) - 2\mathbf{E}(k)]$ $\left[p,\ q,\ pq-1 > 0;\ k = \sqrt{2}\,/\sqrt{pq+1}\,\right]$.

14. $\int\limits_0^\infty\int\limits_0^\infty xy\sin(x^2+y^2)\,J_0(ax)J_0(by)\,dx\,dy = \frac{1}{4}\sin\frac{a^2+b^2}{4}$ [$a,\ b > 0$].

3.2.6. Интегралы, содержащие три функции Бесселя $J_\nu(x)$.
Обозначение: $k = 4c\sqrt{ab}\,/\sqrt{(4pq+4ab+c^2)^2+16(aq-bp)^2}$.
Условия: a, b, $\operatorname{Re} p$, $\operatorname{Re} q > 0$.

1. $$\int_0^\infty\int_0^\infty f(x)J_0(xy)J_n(ay)J_n(by)\,dx\,dy = \frac{1}{2\pi}\int_0^{2\pi} f(\sqrt{a^2+b^2-2ab\cos\varphi}\,)\cos n\varphi\,d\varphi.$$

2. $$\int_0^\infty\int_0^\infty e^{-px-qy}J_0(ax)J_0(by)J_0(c\sqrt{xy}\,)\,dx\,dy = \frac{2}{\pi c\sqrt{ab}\,k}\mathbf{K}(k).$$

3. $$\int_0^\infty\int_0^\infty ye^{-px-qy}J_0(ax)J_0(by)J_0(c\sqrt{xy}\,)\,dx\,dy = \\ = \frac{32(4p^2q+4a^2q+c^2p)}{\pi c\sqrt{ab}\,[(4pq+4ab+c^2)^2+16(aq-bp)^2-16abc^2]k}\mathbf{E}(k).$$

4. $$\int_0^\infty\int_0^\infty e^{-px-qy}J_1(ax)J_1(by)J_2(c\sqrt{xy}\,)\,dx\,dy = \frac{1}{2\pi c\sqrt{ab}\,k}\,[(2-k^2)\mathbf{K}(k)-2\mathbf{E}(k)].$$

3.2.7. Интегралы, содержащие функцию Неймана $Y_\nu(x)$.
Условия: a, p, $q > 0$.

1. $$\int_0^\infty\int_0^\infty e^{-px^2-qy^2}Y_0(axy)\,dx\,dy = -\frac{1}{\sqrt{4pq+a^2}}\mathbf{K}\left(\sqrt{\frac{4pq}{4pq+a^2}}\right).$$

2. $$\int_0^\infty\int_0^\infty e^{-px-qy}Y_0(a\sqrt{x^2+y^2}\,)\,dx\,dy = \frac{4pq}{p^2+q^2+a^2}.$$

3.2.8. Интегралы, содержащие модифицированную функцию Бесселя $I_\nu(x)$.
Условия: a, b, $\operatorname{Re} p$, $\operatorname{Re} q > 0$.

1. $$\int_0^\infty e^{-qy}\int_0^y x^\nu I_\nu(ax)\,dx\,dy = \frac{(2a)^\nu\Gamma(\nu+1/2)}{\sqrt{\pi}\,q(q^2-1)^{\nu+1/2}} \qquad [\operatorname{Re}\nu > -1/2].$$

2. $$\int_0^\infty e^{-qy}\int_b^y \frac{I_1(a\sqrt{x^2-b^2}\,)}{\sqrt{x^2-b^2}}\,dx\,dy = \frac{e^{-b\sqrt{q^2-a^2}}-e^{-bq}}{abq}.$$

3. $$\int_0^\infty e^{-qy}\int_b^y \frac{x}{\sqrt{x^2-b^2}}\,I_1(a\sqrt{x^2-b^2}\,)\,dx\,dy = \frac{1}{aq}\left(\frac{q}{\sqrt{q^2-a^2}}\,e^{-b\sqrt{q^2-a^2}}-e^{-bq}\right).$$

4. $$\int_0^\infty e^{-qy}\int_b^y \frac{e^{-px}}{\sqrt{x^2-b^2}}\,I_1(a\sqrt{x^2-b^2}\,)\,dx\,dy = \frac{e^{-b\sqrt{(p+q+a)(p+q-a)}}-e^{-b(p+q)}}{abq}.$$

5. $$\int_0^\infty\int_0^\infty x^l y^m e^{-px^2-qy^2}I_n(axy)\,dx\,dy = A_n^{l,\,m} \qquad \left[p,\ q,\ 4pq-a^2>0;\ k=a/\sqrt{4pq}\,\right],$$

$$A_0^{0,\,0} = \frac{1}{2\sqrt{pq}}\mathbf{K}(k), \qquad A_0^{0,\,2} = \frac{1}{4(1-k^2)\sqrt{pq^3}}\mathbf{E}(k),$$

$$A_0^{1,\,1} = \frac{1}{4pq-a^2}, \qquad A_0^{2,\,2} = \frac{1}{8(1-k^2)^2\sqrt{p^3q^3}}\,[2\mathbf{E}(k)-(1-k^2)\mathbf{K}(k)],$$

$$A_0^{\pm 1/2,\,\pm 1/2} = \frac{2\pi}{(pq)^{1/4}}\,\Gamma^2\left(\frac{2\pm 1}{4}\right)\left\{\begin{matrix} 2(4pq-a^2)^{-1/2} \\ 1 \end{matrix}\right\}\mathbf{K}\left(\sqrt{\frac{1}{2}-\frac{1}{2}\sqrt{1-\frac{a^2}{4pq}}}\right),$$

$$A_1^{1,\,1} = \frac{1}{4pqk(1-k^2)}\,[\mathbf{E}(k)-(1-k^2)\mathbf{K}(k)],$$

$$A_1^{1,\,3} = \frac{1}{8pq^2k(1-k^2)^2}\,[(1+k^2)\mathbf{E}(k)-(1-k^2)\mathbf{K}(k)],$$

$$A_1^{3,\,3} = \frac{1}{16p^2q^2k(1-k^2)^3}\,[(1+7k^2)\mathbf{E}(k)-(1-k^2)(1+3k^2)\mathbf{K}(k)],$$

$$A_1^{-1,\,-1} = \frac{1}{k}\,[\mathbf{E}(k)-(1-k^2)\mathbf{K}(k)],\ A_1^{-1,\,1} = \frac{1}{2qk}\,[\mathbf{K}(k)-\mathbf{E}(k)],$$

$$A_1^{-1,\,3} = \frac{1}{4q^2k(1-k^2)}\,[(1-k^2)\mathbf{K}(k)-(1-2k^2)\mathbf{E}(k)],$$

$$A_1^{-1/2,\,-1/2} = \frac{8\Gamma^2(3/4)(pq)^{1/4}}{\pi a}\left[\mathbf{E}\left(\sqrt{\frac{1}{2}-\frac{1}{2}\sqrt{1-\frac{a^2}{4pq}}}\right) - \right.$$

$$\left. - \left(\frac{1}{2}+\sqrt{1-\frac{a^2}{4pq}}\right)\mathbf{K}\left(\sqrt{\frac{1}{2}-\frac{1}{2}\sqrt{1-\frac{a^2}{4pq}}}\right)\right],$$

$$A_2^{0,\,0} = \frac{1}{2k^2\sqrt{pq}}\,[(2-k^2)\mathbf{K}(k)-2\mathbf{E}(k)],$$

$$A_2^{0,\,2} = \frac{1}{4k^2(1-k^2)\sqrt{pq^3}}\,[(2-k^2)\mathbf{E}(k)-2(1-k^2)\mathbf{K}(k)],$$

$$A_2^{2,\,2} = \frac{1}{8k^2(1-k^2)^2\sqrt{p^3q^3}}\,[(1-k^2)(2-3k^2)\mathbf{K}(k)-2(1-2k^2)\mathbf{E}(k)],$$

$$A_2^{-2,\,0} = \frac{\sqrt{p}}{3k^2\sqrt{q}}\,[(2-k^2)\mathbf{E}(k)-2(1-k^2)\mathbf{K}(k)],$$

$$A_2^{-2,\,2} = \frac{\sqrt{p}}{6k^2\sqrt{q^3}}\,[(2+k^2)\mathbf{K}(k)-2(1+k^2)\mathbf{E}(k)],$$

$$A_2^{-2,\,-2} = \frac{2\sqrt{pq}}{9k^2}\,[(2-3k^2)(1-k^2)\mathbf{K}(k)-2(1-2k^2)\mathbf{E}(k)],$$

$$A_3^{1,\,1} = \frac{1}{4pqk^3(1-k^2)}\,[(8-7k^2)\mathbf{E}(k)-(1-k^2)(8-3k^2)\mathbf{K}(k)],$$

$$A_3^{1,\,3} = \frac{1}{8pq^2k^3(1-k^2)^2}\,[(8-9k^2)(1-k^2)\mathbf{K}(k)-(8-13k^2+3k^4)\mathbf{E}(k)],$$

$$A_3^{3,\,3} = \frac{1}{16p^2q^2k^3(1-k^2)^3}\,[(8-23k^2+23k^4)\mathbf{E}(k)-(1-k^2)(8-19k^2+15k^4)\mathbf{K}(k)],$$

$$A_3^{-1,\,3} = \frac{1}{12q^2k^3(1-k^2)}\,[(8-3k^2-2k^4)\mathbf{E}(k)-(1-k^2)(8+k^2)\mathbf{K}(k)],$$

$$A_3^{-1,\,-1} = \frac{1}{9k^3}\,[(8-7k^2)\mathbf{E}(k)-(8-3k^2)(1-k^2)\mathbf{K}(k)],$$

$$A_3^{-1,\,-3} = \frac{2q}{45k^3}\,[(8-9k^2)(1-k^2)\mathbf{K}(k)-(8-13k^2+3k^4)\mathbf{E}(k)],$$

$$A_3^{-3,\,1} = \frac{p}{15qk^3}\,[(8-3k^2-2k^4)\mathbf{E}(k)-(8+k^2)(1-k^2)\mathbf{K}(k)],$$

$$A_3^{-3,\,3} = \frac{p}{30q^2k^3}\,[(8+3k^2+4k^4)\mathbf{K}(k)-(8+7k^2+8k^4)\mathbf{E}(k)],$$

$$A_3^{-3,\,-3} = \frac{4pq}{225k^3}\,[(8-23k^2+23k^4)\mathbf{E}(k)-(1-k^2)(8-19k^2+15k^4)\mathbf{K}(k)].$$

6. $$\int_0^\infty\int_0^\infty \frac{1}{xy(x+y)^{1/2}}\, e^{-px-qy-2xy/(x+y)} I_n\left(\frac{2xy}{x+y}\right) dx\,dy =$$
$$= \frac{2\sqrt{\pi}}{n(2n-1)(\sqrt{p}+\sqrt{q}\,)^{2n-1}}\ {}_2F_1\left(n-\frac{1}{2},\ n;\ 2n+1;\ -\frac{4}{(\sqrt{p}+\sqrt{q}\,)^2}\right).$$

7. $$\int_0^\infty\int_0^\infty x^l y^m e^{-px^2-qy^2}\,\mathrm{sh}\,axy\, I_n(bxy)\,dx\,dy = B_n^{l,\,m}(a)$$
$$\left[a,\ b,\ p,\ q>0;\ 4pq>(a+b)^2;\ k^2 = 8b\sqrt{pq}\,/((2\sqrt{pq}+b)^2-a^2)\right],$$

$$B_0^{1,\,1}(a) = \frac{ak^3}{16\sqrt{2}\,b^{3/2}(pq)^{3/4}(1-k^2)}\mathbf{E}(k),$$
$$B_1^{2,\,0}(a) = \frac{ak}{16\sqrt{2}\,b^{3/2}p^{5/4}q^{1/4}(1-k^2)}\,[(2-k^2)\mathbf{E}(k)-2(1-k^2)\mathbf{K}(k)],$$
$$B_2^{-1,\,3}(a) = \frac{ap^{1/4}}{16\sqrt{2}\,b^{3/2}q^{7/4}k(1-k^2)}\,[(k^4-16k^2+16)\mathbf{E}(k)-8(k^2-1)(k^2-2)\mathbf{K}(k)].$$

8. $$\int_0^\infty\int_0^\infty x^l y^m e^{-px^2-qy^2}\,\mathrm{ch}\,axy\, I_n(bxy)\,dx\,dy = C_n^{l,\,m}(a)$$
$$\left[a,\ b,\ p,\ q>0;\ 4pq>(a+b)^2;\ k^2 = 8b\sqrt{pq}\,/((2\sqrt{pq}+b)^2-a^2)\right],$$

$$C_0^{0,\,0}(a) = \frac{k}{2^{3/2}b^{1/2}(pq)^{1/4}}\mathbf{K}(k),\qquad C_1^{-1,\,1}(a) = \frac{p^{1/4}}{2^{3/2}b^{1/2}q^{3/4}k}\,[(2-k^2)\mathbf{K}(k)-2\mathbf{E}(k)],$$
$$C_2^{-2,\,2}(a) = \frac{p^{3/4}}{6\sqrt{2}\,b^{1/2}q^{5/4}k^3}\,[(k^2-4)(3k^2-4)\mathbf{K}(k)+8(k^2-2)\mathbf{E}(k)],$$
$$C_3^{-3,\,3}(a) = \frac{p^{5/4}}{30\sqrt{2}\,b^{1/2}q^{7/4}k^5}\,[(2-k^2)(15k^4-128k^2+128)\mathbf{K}(k)-2(23k^4-128k^2+128)\mathbf{E}(k)].$$

9. $$\int_0^\infty\int_0^\infty x^l y^m e^{-px^2-qy^2}\left\{\begin{matrix}\sin axy\\ \cos axy\end{matrix}\right\} I_n(bxy)\,dx\,dy = \left\{\begin{matrix}-iB_n^{l,\,m}(ia)\\ C_n^{l,\,m}(ia)\end{matrix}\right\}$$
$$[b,\ p,\ q,\ 4pq-b^2>0;\ \text{см. } 3.2.8.7\text{–}8].$$

3.2.9. Интегралы, содержащие две модифицированные функции Бесселя $I_\nu(x)$.

Условия: a, b, $\mathrm{Re}\,p$, $\mathrm{Re}\,q>0$.

1. $$\int_0^\infty\int_0^\infty x^k y^l e^{-px^2-qy^2} I_m(ax)I_n(ay)\,dx\,dy = A_{m,\,n}^{k,\,l}$$
$$\left[p,\ q,\ pq-a^2>0;\ k^2 = (\sqrt{pq}-\sqrt{pq-a^2}\,)/(2\sqrt{pq}\,)\right],$$

$$A_{0,\,0}^{0,\,0} = \frac{1}{\pi\sqrt{pq}}\mathbf{K}^2(k),\qquad A_{0,\,0}^{2,\,0} = \frac{1}{2\pi(1-2k^2)\sqrt{p^3q}}\mathbf{K}(k)[2\mathbf{E}(k)-\mathbf{K}(k)],$$
$$A_{0,\,1}^{1,\,1} = \frac{1-2k^2}{2\pi pqk\sqrt{1-k^2}}\mathbf{K}(k)[\mathbf{E}(k)-(1-k^2)\mathbf{K}(k)],$$
$$A_{0,\,1}^{-1,\,3} = \frac{1-2k^2}{2\pi q^2k\sqrt{1-k^2}}\,[2\mathbf{E}(k)-\mathbf{K}(k)][(1-k^2)\mathbf{K}(k)-(1-2k^2)\mathbf{E}(k)],$$
$$A_{1,\,1}^{0,\,0} = \frac{1}{\pi k^2(1-k^2)\sqrt{pq}}\,[\mathbf{E}(k)-(1-k^2)\mathbf{K}(k)]^2,$$
$$A_{1,\,1}^{2,\,0} = \frac{1}{2\pi k^2(1-k^2)(1-2k^2)\sqrt{p^3q}}\,[\mathbf{E}(k)-(1-k^2)\mathbf{K}(k)][(1-k^2)\mathbf{K}(k)-(1-2k^2)\mathbf{E}(k)],$$

$$A_{1,\,1}^{-2,\,2} = \frac{\sqrt{p}}{3\pi k^2(1-k^2)\sqrt{q^3}}\,[(1-k^2)\mathbf{K}(k) - (1-2k^2)\mathbf{E}(k)]^2,$$

$$A_{1,\,2}^{1,\,1} = \frac{1-2k^2}{2\pi pqk^3\sqrt{(1-k^2)^3}}\,[\mathbf{E}(k) - (1-k^2)\mathbf{K}(k)][(2-3k^2)(1-k^2)\mathbf{K}(k) - 2(1-2k^2)\mathbf{E}(k)],$$

$$A_{1,\,2}^{-1,\,3} = \frac{1-2k^2}{6\pi q^2k^3\sqrt{(1-k^2)^3}}\,[(1-k^2)\mathbf{K}(k) - (1-2k^2)\mathbf{E}(k)] \times$$
$$\times [2(1-k^2+k^4)\mathbf{E}(k) - (1-k^2)(2-k^2)\mathbf{K}(k)],$$

$$A_{2,\,2}^{0,\,0} = \frac{1}{9\pi k^4(1-k^2)^2\sqrt{pq}}\,[(2-3k^2)(1-k^2)\mathbf{K}(k) - 2(1-2k^2)\mathbf{E}(k)]^2,$$

$$A_{2,\,2}^{2,\,0} = \frac{1}{6\pi k^4(1-k^2)^2(1-2k^2)\sqrt{p^3q}}\,[2(1-k^2+k^4)\mathbf{E}(k) - (2-k^2)(1-k^2)\mathbf{K}(k)] \times$$
$$\times [(2-3k^2)(1-k^2)\mathbf{K}(k) - 2(1-2k^2)\mathbf{E}(k)],$$

$$A_{2,\,2}^{-2,\,2} = \frac{\sqrt{p}}{15\pi k^4(1-k^2)^2\sqrt{q^3}}\,[2(1-k^2+k^4)\mathbf{E}(k) - (1-k^2)(2-k^2)\mathbf{K}(k)]^2,$$

$$A_{3,\,3}^{0,\,0} = \frac{1}{225\pi k^6(1-k^2)^3\sqrt{pq}}\,[(8-23k^2+23k^4)\mathbf{E}(k) - (1-k^2)(8-19k^2+15k^4)\mathbf{K}(k)]^2,$$

$$A_{3,\,3}^{-2,\,2} = \frac{\sqrt{p}}{315\pi k^6(1-k^2)^3\sqrt{q^3}}\,[(1-2k^2)(8-3k^2+3k^4)\mathbf{E}(k) - (1-k^2)(8-15k^2+3k^4)\mathbf{K}(k)]^2,$$

$$A_{2,\,3}^{1,\,1} = \frac{1-2k^2}{18\pi pqk^5\sqrt{(1-k^2)^5}}\,[(1-k^2)(2-3k^2)\mathbf{K}(k) - 2(1-2k^2)\mathbf{E}(k)] \times$$
$$\times [(8-23k^2+23k^4)\mathbf{E}(k) - (1-k^2)(8-19k^2+15k^4)\mathbf{K}(k)],$$

$$A_{2,\,3}^{-1,\,3} = \frac{1-2k^2}{30\pi q^2k^5\sqrt{(1-k^2)^5}}\,[2(1-k^2+k^4)\mathbf{E}(k) - (1-k^2)(2-k^2)\mathbf{K}(k)] \times$$
$$\times [(1-k^2)(8-15k^2+3k^4)\mathbf{K}(k) - (1-2k^2)(8-3k^2+3k^4)\mathbf{E}(k)].$$

2. $$\int_0^\infty\!\!\int_0^\infty x^k y^l e^{-px^2-qy^2} I_m(ax^2)I_n(by^2)I_r(cxy)\,dx\,dy = B_{m,\,n,\,r}^{k,\,l}$$

$[p > a;\ q > b;\ (p-a)(q-b) > c^2/4;\ k^2 = 16abc^2[4(p+a)(q-b)-c^2]^{-1}[4(p-a)(q+b)-c^2]^{-1}]$,

$$B_{0,\,0,\,0}^{1,\,1} = \frac{k}{2\pi c\sqrt{ab}}\mathbf{K}(k), \qquad B_{0,\,0,\,0}^{1,\,3} = \frac{k^3(4p^2q-4a^2q-c^2p)}{8\pi(1-k^2)(ab)^{3/2}c^3}\mathbf{E}(k),$$

$$B_{0,\,1,\,0}^{1,\,3} = \frac{k^3[(4p^2q-4a^2q-c^2p)^2+16b^2(p^2-a^2)^2-a^2c^4]}{64\pi(1-k^2)(p^2-a^2)(a^3b^5)^{1/2}c^3}\mathbf{E}(k) - \frac{k}{4\pi(ab^3)^{1/2}c}\mathbf{K}(k),$$

$$B_{1,\,1,\,2}^{1,\,1} = \frac{1}{2\pi kc\sqrt{ab}}\,[(2-k^2)\mathbf{K}(k) - 2\mathbf{E}(k)],$$

$$B_{1,\,1,\,2}^{1,\,3} = \frac{k(4p^2q-4a^2q-c^2p)}{8\pi(1-k^2)(ab)^{3/2}c^3}\,[(2-k^2)\mathbf{E}(k) - 2(1-k^2)\mathbf{K}(k)].$$

3. $$\int_0^\infty\!\!\int_0^\infty xye^{-px^2-qy^2} J_\nu(axy)I_\nu(axy)\,dx\,dy = \frac{(\sqrt{16p^2q^2+a^4}-4pq)^\nu}{a^{2\nu}\sqrt{16p^2q^2+a^4}} \qquad [\operatorname{Re}\nu > -1].$$

4. $$\int_0^\infty\!\!\int_0^\infty ye^{-px^2-qy^2} J_m(axy)I_m(axy)\,dx\,dy =$$
$$= \frac{1}{2a\sqrt{\pi q}}\,\Gamma\Big(m+\frac{1}{2}\Big)D_{-m-1/2}\Big(\frac{p\sqrt{q}}{a}\,e^{i\pi/4}\Big)D_{-m-1/2}\Big(\frac{p\sqrt{q}}{a}\,e^{-i\pi/4}\Big).$$

3.2.10. Интегралы, содержащие функцию Макдоналда $K_\nu(x)$. Условия: a, $\operatorname{Re} p$, $\operatorname{Re} q > 0$.

1. $$\int_0^\infty\int_0^\infty x^m y^m e^{-px^2-qy^2} K_0(axy)\,dx\,dy = A_m \qquad [k = (2\sqrt{pq}-a)/(1\sqrt{pq}+a)],$$

$$A_0 = \frac{\pi}{2\sqrt{pq}+a}\mathbf{K}(k), \quad A_1 = \frac{1}{4pq-a^2}\ln\sqrt{\frac{4pq}{a^2}}, \quad A_2 = \frac{\pi}{(2\sqrt{pq}+a)^3k^2}[\mathbf{K}(k)-\mathbf{E}(k)].$$

2. $$\int_0^\infty\int_0^\infty \frac{1}{y} e^{-px-q/y} K_1(axy)\,dx\,dy = \frac{\pi^2}{2p}\left[\mathbf{H}_1\left(\sqrt{\frac{aq}{p}}\right) - Y_1\left(\sqrt{\frac{aq}{p}}\right)\right] - \frac{\pi}{p}.$$

3. $$\int_0^\infty\int_0^\infty \frac{e^{-axy}}{x^{3/2}y} e^{-p/x-q/\sqrt{y}} K_m(axy)\,dx\,dy = 8\sqrt{\frac{\pi}{p}} K_{2m}(e^{i\pi/4}\sqrt[4]{8apq^2})K_{2m}(e^{-i\pi/4}\sqrt[4]{8apq^2}).$$

4. $$\int_0^\infty\int_0^\infty x^l y^m e^{-px^2-qy^2}\operatorname{sh}(axy)K_n(bxy)\,dx\,dy = A_n^{l,\,m}$$

$$\Big[a,\ b,\ \operatorname{Re} p,\ \operatorname{Re} q > 0;\ k_1 = \sqrt{(2\sqrt{pq}-b)^2-a^2}\Big/\sqrt{(2\sqrt{pq}+b)^2-a^2};$$
$$k_2 = \sqrt{a^2-(2\sqrt{pq}-b)^2}\Big/\sqrt{8bp^{1/2}q^{1/2}}\Big],$$

$$A_0^{1,\,1} = \frac{\pi a(1-k_1^2)^{3/2}}{2^{9/2}b^{3/2}(pq)^{3/4}k_1^2}[\mathbf{K}(k_1)-\mathbf{E}(k_1)] \qquad [a < |2\sqrt{pq}-b|],$$
$$= \frac{\pi a}{2^{9/2}b^{3/2}(pq)^{3/4}k_2^2(1-k_2^2)}[\mathbf{E}(k_2)+(k_2^2-1)\mathbf{K}(k_2)]$$
$$[|2\sqrt{pq}-b| < a < 2\sqrt{pq}+b],$$

$$A_1^{2,\,0} = \frac{\pi a(1-k_1^2)^{1/2}}{2^{9/2}b^{3/2}p^{5/4}q^{1/4}k_1^2}[(k_1^2+1)\mathbf{E}(k_1)+(k_1^2-1)\mathbf{K}(k_1)] \qquad [a < |2\sqrt{pq}-b|],$$
$$= \frac{\pi a}{2^{9/2}b^{3/2}p^{5/4}q^{1/4}k_2^2(1-k_2^2)}[(2k_2^2-1)\mathbf{E}(k_2)-(k_2^2-1)\mathbf{K}(k_2)]$$
$$[|2\sqrt{pq}-b| < a < 2\sqrt{pq}+b].$$

5. $$\int_0^\infty\int_0^\infty e^{-px^2-qy^2}\operatorname{ch}(axy)K_0(bxy)\,dx\,dy = \frac{\pi(1-k_1^2)^{1/2}}{2^{3/2}a^{1/2}(pq)^{1/4}}\mathbf{K}(k_1) \qquad [a < |2\sqrt{pq}-b|],$$
$$= \frac{\pi}{2^{3/2}a^{1/2}(pq)^{1/4}}\mathbf{K}(k_2) \qquad [|2\sqrt{pq}-b| < a < 2\sqrt{pq}+b],$$

[k_1, k_2 см. в 3.2.10.4].

6. $$\int_0^\infty\int_0^\infty xye^{-px^2-qy^2}\sin(axy)K_0(bxy)\,dx\,dy = \frac{\pi a}{[(2\sqrt{pq}+b)^2+a^2]^{3/2}k^2}[\mathbf{K}(k)-\mathbf{E}(k)]$$

$$\left[k = \sqrt{(2\sqrt{pq}-b)^2+a^2}\Big/\sqrt{(2\sqrt{pq}+b)^2+a^2}\right].$$

7. $$\int_0^\infty\int_0^\infty e^{-px^2-qy^2}\cos(axy)K_0(bxy)\,dx\,dy = \frac{\pi}{[(2\sqrt{pq}+b)^2+a^2]^{1/2}}\mathbf{K}(k)$$

[k см. в 3.2.10.6].

8. $$\int_0^\infty\int_0^\infty x^k y^l e^{-(x^2+y^2)/2} I_m(axy)K_n(xy)\,dx\,dy = A_{m,\,n}^{k,\,l} \qquad \left[a^2 < 4;\ k = (2-\sqrt{4-a^2})/4\right],$$

$$A_{0,0}^{0,0} = \frac{4k\sqrt{1-k^2}}{a}\mathbf{K}^2(k), \qquad A_{0,0}^{2,0} = \frac{2k\sqrt{1-k^2}}{a(1-2k^2)}\mathbf{K}(k)[2\mathbf{E}(k)-\mathbf{K}(k)],$$

$$A_{0,1}^{1,1} = \frac{2k\sqrt{1-k^2}}{a(1-2k^2)}\mathbf{K}(k)[2\mathbf{E}(k)-\mathbf{K}(k)], \qquad A_{1,0}^{1,1} = \frac{2}{a(1-2k^2)}\mathbf{K}(k)[\mathbf{E}(k)-(1-k^2)\mathbf{K}(k)],$$

$$A_{1,1}^{2,0} = \frac{2}{a(1-2k^2)}[2\mathbf{E}(k)-\mathbf{K}(k)][(1-k^2)\mathbf{K}(k)-(1-2k^2)\mathbf{E}(k)],$$

$$A_{2,0}^{0,0} = \frac{4}{ak\sqrt{1-k^2}}[\mathbf{E}(k)-(1-k^2)\mathbf{K}(k)]^2,$$

$$A_{2,0}^{2,0} = \frac{2}{ak(1-2k^2)\sqrt{1-k^2}}[\mathbf{E}(k)-(1-k^2)\mathbf{K}(k)][(1-k^2)\mathbf{K}(k)-(1-2k^2)\mathbf{E}(k)],$$

$$A_{2,1}^{1,1} = \frac{2}{ak(1-2k^2)\sqrt{1-k^2}}[\mathbf{E}(k)-(1-k^2)\mathbf{K}(k)][(1-k^2)\mathbf{K}(k)-(1-2k^2)\mathbf{E}(k)],$$

$$A_{2,1}^{-1,1} = \frac{4}{3a\sqrt{1-k^2}}[(1-2k^2)\mathbf{E}(k)-(1-k^2)\mathbf{K}(k)]^2,$$

$$A_{2,1}^{-1,3} = \frac{2}{3ak(1-2k^2)\sqrt{1-k^2}}[(1-k^2)\mathbf{K}(k)-(1-2k^2)\mathbf{E}(k)]\times$$
$$\times[(1-k^2)(1-8k^2)\mathbf{K}(k)-(1-16k^2+16k^4)\mathbf{E}(k)],$$

$$A_{2,2}^{2,0} = \frac{2}{3ak(1-2k^2)\sqrt{1-k^2}}[(1-k^2)\mathbf{K}(k)-(1-2k^2)\mathbf{E}(k)]\times$$
$$\times[(1-8k^2)(1-k^2)\mathbf{K}(k)-(1-16k^2+16k^4)\mathbf{E}(k)].$$

3.2.11. Интегралы, содержащие функции Кельвина $\operatorname{ber}_\nu(x)$ или $\operatorname{bei}_\nu(x)$.

Условия: a, b, $\operatorname{Re}p$, $\operatorname{Re}q > 0$.

1. $$\int_0^\infty\int_0^\infty \frac{xy}{\sqrt{b^2-x^2}}\exp\left[-\frac{a^4y^4}{2^6(b^2-x^2)}\right]\operatorname{ber}(axy)\,dx\,dy = -\frac{\pi}{3a^2}\left(e^{-b^2}+\varepsilon^2e^{-\varepsilon b^2}+\varepsilon e^{-\varepsilon^2b^2}\right)$$
$[\varepsilon \neq 1,\ \varepsilon^2 = 1]$.

2. $$\int_0^\infty\int_0^\infty y\left[\operatorname{ber}^2_{n+1/2}(axy)+\operatorname{bei}^2_{n+1/2}(axy)\right]e^{-px-qy^2}\,dx\,dy = \frac{(-1)^n n!}{2a\sqrt{\pi q}}D_{-n-1}\left(\frac{p\sqrt{q}}{a}\right)D_{-n-1}\left(-\frac{p\sqrt{q}}{a}\right).$$

3. $$\int_0^\infty\int_0^\infty xye^{-px^2-qy^2}\operatorname{bei}(axy)\,dx\,dy = \frac{a^2}{16p^2q^2+a^4}.$$

4. $$\int_0^\infty\int_0^\infty xye^{-px^2-qy^2}\operatorname{ber}(axy)\,dx\,dy = \frac{4pq}{16p^2q^2+a^4}.$$

5. $$\int_0^\infty\int_0^\infty x^{\nu+1}y^{1-\nu}e^{-px^2-qy^2}\operatorname{bei}_\nu(axy)\,dx\,dy = \left(\frac{ap}{2}\right)^\nu\frac{4pq\sin(3\nu\pi/4)+a^2\cos(3\nu\pi/4)}{16p^2q^2+a^4}$$
$[\operatorname{Re}\nu > -1]$.

6. $$\int_0^\infty\int_0^\infty x^{\nu+1}y^{1-\nu}e^{-px^2-qy^2}\operatorname{ber}_\nu(axy)\,dx\,dy = \left(\frac{ap}{2}\right)^\nu\frac{4pq\cos(3\nu\pi/4)-a^2\sin(3\nu\pi/4)}{16p^2q^2+a^4}$$
$[\operatorname{Re}\nu > -1]$.

7. $$\int_0^\infty\int_0^\infty x^{4n+1}y^3e^{-px^2-qy^4}\operatorname{bei}_{4n}(axy)\,dx\,dy = (-1)^n\sqrt{\frac{\pi}{2}}\frac{a^{4n}}{2^{5n+3}p^{4n+1}q^{n+1}}e^{-a^4/(2^7p^2q)}D_{2n+1}\left(\frac{a^2}{4p\sqrt{2q}}\right).$$

8. $\int\limits_0^\infty\int\limits_0^\infty x^{4n+1}ye^{-px^2-qy^4}\operatorname{ber}_{4n}(axy)\,dx\,dy =$

$$= (-1)^n\sqrt{\frac{\pi}{2}}\,\frac{a^{4n}}{2^{5n+5/2}p^{4n+1}q^{n+1/2}}\,e^{-a^4/(2^7p^2q)}D_{2n}\left(\frac{a^2}{4p\sqrt{2q}}\right).$$

9. $\int\limits_0^\infty\int\limits_0^\infty xy^3e^{-px^2-qy^4}\operatorname{bei}(axy)\,dx\,dy = \dfrac{\sqrt{\pi}\,a^2}{2^6p^2q^{3/2}}\,e^{-a^4/(2^6p^2q)}.$

10. $\int\limits_0^\infty\int\limits_0^\infty xye^{-px^2-qy^4}\operatorname{ber}(axy)\,dx\,dy = \dfrac{\sqrt{\pi}}{8p\sqrt{q}}\,e^{-a^4/(2^6p^2q)}.$

11. $\int\limits_0^\infty\int\limits_0^\infty xy^3e^{-px^2-qy^4}[\operatorname{ber}^2(axy)+\operatorname{bei}^2(axy)]\,dx\,dy = \dfrac{1}{8pq}\,e^{a^4/(16p^2q)}.$

12. $\int\limits_0^\infty\int\limits_0^\infty xye^{-px^4-qy^4}\operatorname{ber}(axy)\,dx\,dy = \dfrac{\pi}{16\sqrt{pq}}\,J_0\left(\dfrac{a^2}{8\sqrt{pq}}\right).$

13. $\int\limits_0^\infty\int\limits_0^\infty xyK_0(ax)K_0(by)(\operatorname{ber}x\operatorname{ber}y-\operatorname{bei}x\operatorname{bei}y)\,dx\,dy = \dfrac{ab-1}{(a^2+1)(b^2+1)}$

$[\operatorname{Re}a^2,\ \operatorname{Re}b^2 > 1/2].$

3.2.12. Интегралы, содержащие ортогональные многочлены.

1. $\int\limits_0^1\int\limits_0^\pi \dfrac{y^{2\beta+1}}{(1-y^2)^{\beta-\alpha+1}}\sin^{2\beta}x\,P_n^{(\alpha,\,\beta)}(2|\cos a\cos b+ye^{ix}\sin a\sin b|^2-1)\,dx\,dy =$

$$= \frac{\sqrt{\pi}}{2}\Gamma\left[\begin{matrix}\alpha-\beta,\ \beta+1/2\\ \alpha+1\end{matrix}\right]\frac{P_n^{(\alpha,\,\beta)}(\cos 2a)P_n^{(\alpha,\,\beta)}(\cos 2b)}{P_n^{(\alpha,\,\beta)}(1)}\qquad[\operatorname{Re}\alpha > \operatorname{Re}\beta > -1/2].$$

2. $\int\limits_{-1}^1\int\limits_{-1}^1 (1-x^2)^{\alpha-1}(1-y^2)^{\beta-1}C_{2n}^{\alpha+\beta}(ax+by)\,dx\,dy =$

$$= \pi\Gamma\left[\begin{matrix}\alpha,\ \beta\\ \alpha+1/2,\ \beta+1/2\end{matrix}\right]\frac{C_{2n}^{\alpha+\beta}(0)P_n^{(\alpha-1/2,\,\beta-1/2)}(A)P_n^{(\alpha-1/2,\,\beta-1/2)}(B)}{P_n^{(\alpha-1/2,\,\beta-1/2)}(-1)P_n^{(\alpha-1/2,\,\beta-1/2)}(1)}$$

$\left[2a=\sqrt{(1-A)(1-B)},\ 2b=\sqrt{(1+A)(1+B)};\ \operatorname{Re}\alpha,\ \operatorname{Re}\beta > 0\right].$

3. $$\iint\limits_{x^2+y^2\leqslant 1}\frac{P_m(x)P_n(y)}{\sqrt{1-x^2-y^2}}\,dx\,dy = \begin{cases}(-1)^{n/2}2\pi\dfrac{(n-1)!!}{n!!(2n+1)} & [m=n \text{ — четное число}],\\ 0 & [\text{в остальных случаях}].\end{cases}$$

4. $\int\limits_0^\infty\int\limits_0^\infty e^{-px-qy}L_n(x+y)\,dx\,dy = \dfrac{1}{p^{n+1}q^{n+1}(p-q)}\,[p^{n+1}(q-1)^n-q^{n+1}(p-1)^n].$

5. $\int\limits_0^\infty\int\limits_0^\infty x^{\nu/2}y^{\alpha-\nu/2}e^{-px-qy}J_\nu(2\sqrt{xy}\,)L_n^\alpha(y)\,dx\,dy = \dfrac{\Gamma(n+\alpha+1)(1+pq-p)^n}{n!p^{\nu-\alpha}(pq+1)^{n+\alpha+1}}$

$[\operatorname{Re}\alpha,\ \operatorname{Re}\nu > -1].$

6. $\int\limits_0^\infty\int\limits_0^\infty x^{\alpha-1}y^{\beta-1}(x+y)^\mu e^{-\lambda(x+y)}L_{n_1}^{\alpha_1}[a_1(x+y)]\ldots L_{n_m}^{\alpha_m}[a_m(x+y)]\,dx\,dy =$

$$= \prod_{k=1}^m\frac{(\alpha_k+1)_{n_k}}{n_k!}\Gamma\left[\begin{matrix}\alpha,\ \beta,\ \alpha+\beta+\mu\\ \alpha+\beta\end{matrix}\right]\lambda^{-\alpha-\beta-\mu}\times$$

$$\times F_A^{(m)}\left(\alpha+\beta+\mu,\ -n_1,\ \ldots,\ -n_m;\ \alpha_1+1,\ \ldots,\ \alpha_m+1;\ \frac{a_1}{\lambda},\ \ldots,\ \frac{a_m}{\lambda}\right)$$

$[\operatorname{Re}\alpha,\ \operatorname{Re}\beta,\ \operatorname{Re}\lambda,\ \operatorname{Re}(\alpha+\beta+\mu) > 0].$

3.3. ТРОЙНЫЕ ИНТЕГРАЛЫ

Обозначения: $\widehat{f}(p)=\int\limits_0^\infty e^{-px}f(x)\,dx$, $\widetilde{f}(p,\,q)=\int\limits_0^\infty\int\limits_0^\infty e^{-px-qy}f(x,\,y)\,dx\,dy$.

Условия: a, $\operatorname{Re}p$, $\operatorname{Re}q>0$.

3.3.1. Интегралы, содержащие гамма-функцию $\Gamma(x)$.

1. $$\int\limits_0^\infty\int\limits_0^\infty\int\limits_0^\infty \frac{y^{n+x-1}z^{x-1}}{\Gamma(x)\Gamma(x+n)}\,e^{-qy-rz}\,dx\,dy\,dz=\frac{1}{q^n\ln(qr)}.$$

2. $$\int\limits_0^\infty\int\limits_0^\infty e^{-qy-rz}\int\limits_0^y \frac{z^x}{\Gamma^2(x+1)}\,dx\,dy\,dz=\frac{1}{q^r}\,\nu\left(\frac{e^{-q}}{r}\right).$$

3.3.2. Интегралы, содержащие функцию Бесселя $J_\nu(x)$.

1. $$\iiint\limits_{x+y+z\leqslant 1}\frac{1}{\sqrt{x}}\,J_0(y)J_0(z)f(y+z)\,dx\,dy\,dz=2\int\limits_0^1\sqrt{1-t}\,\sin t f(t)\,dt.$$

2. $$\int\limits_0^\infty e^{-rz}\int\limits_0^z e^{-qy}\int\limits_0^y J_0(x)\,dx\,dy\,dz=\frac{1}{r(q+r)\sqrt{(q+r)^2+1}}.$$

3. $$\int\limits_0^\infty\int\limits_0^\infty e^{-qy-rz}\int\limits_{2a\sqrt{yz}}^\infty \frac{1}{x}\,J_0(x)\,dx\,dy\,dz=\frac{1}{2qr}\ln\frac{4qr+a^2}{a^2}.$$

4. $$\int\limits_0^\infty\int\limits_0^\infty e^{-qy-rz}\int\limits_0^z J_0(a\sqrt{z^2-x^2}\,)f(x+y)\,dx\,dy\,dz=$$
$$=\frac{1}{\sqrt{r^2+a^2}\,(q-\sqrt{r^2+a^2}\,)}\,[\widehat{f}(\sqrt{r^2+a^2}\,)-\widehat{f}(q)].$$

5. $$\int\limits_0^\infty\int\limits_0^\infty e^{-qy-rz}\int\limits_0^z J_0(a\sqrt{z^2-x^2}\,)f(x,\,y)\,dx\,dy\,dz=\frac{1}{\sqrt{r^2+a^2}}\,\widetilde{f}(\sqrt{r^2+a^2}\,,\,q).$$

6. $$\int\limits_0^\infty\int\limits_0^\infty e^{-qy-rz}\int\limits_0^z J_0(a\sqrt{x(z-x)}\,)f(x,\,y)\,dx\,dy\,dz=\frac{1}{r}\,\widetilde{f}\left(r+\frac{a^2}{4r},\,q\right).$$

7. $$\int\limits_0^\infty\int\limits_0^\infty e^{-qy-rz}\int\limits_0^z \sqrt{\frac{x}{z-x}}\,J_1(a\sqrt{x(z-x)}\,)f(x,\,y)\,dx\,dy\,dz=\frac{2}{a}\,\widetilde{f}(r,\,q)-\frac{2}{a}\,\widetilde{f}\left(r+\frac{a^2}{4r},\,q\right).$$

8. $$\int\limits_0^\infty\int\limits_0^\infty e^{-qy-rz}\int\limits_0^z \frac{x}{\sqrt{z^2-x^2}}\,J_1(a\sqrt{z^2-x^2}\,)f(x,\,y)\,dx\,dy\,dz=\frac{1}{a}\,\widetilde{f}(r,\,q)-\frac{1}{a}\,\widetilde{f}(\sqrt{r^2+a^2}\,,\,q).$$

9. $$\int\limits_0^\infty\int\limits_0^\infty\int\limits_0^\infty e^{-qy-rz}J_0(a\sqrt{x(y+z)}\,)f(x)\,dx\,dy\,dz=\frac{a^2r\widehat{f}\left(\dfrac{a^2}{4q}\right)-b^2q\widehat{f}\left(\dfrac{b^2}{4r}\right)}{qr(a^2r-b^2q)}.$$

10. $$\int\limits_0^\infty\int\limits_0^\infty\int\limits_0^\infty e^{-qy-rz}J_0(a\sqrt{xy}\,)J_0(b\sqrt{xz}\,)f(x)\,dx\,dy\,dz=\frac{1}{qr}\,\widehat{f}\left(\frac{a^2}{4q}+\frac{b^2}{4r}\right).$$

3.4. МНОГОМЕРНЫЕ ИНТЕГРАЛЫ

3.4.1. Интегралы, содержащие функции Бесселя $J_\nu(x)$ и Макдональда $K_\nu(x)$.

Обозначение: $d\mathbf{x} = dx_1\, dx_2 \ldots dx_n$.

1. $$\int_0^\infty \cdots \int_0^\infty J_\nu\left(\frac{c}{x_1 x_2 \ldots x_n}\right) \prod_{k=1}^n x_k^{2k/(n+1)-1} J_\nu(x_k)\, d\mathbf{x} = J_{n\nu+\nu}\Big((n+1)c^{1/(n+1)}\Big)$$

$[c > 0;\ \operatorname{Re}\nu > 1/2 - 2/(n+1)]$.

2. $$\int_0^\infty \cdots \int_0^\infty K_\nu\left(\frac{c}{x_1 x_2 \ldots x_n}\right) \prod_{k=1}^n x_k^{2k/(n+1)-1} K_\nu(x_k)\, d\mathbf{x} = \pi^n K_{n\nu+\nu}\Big((n+1)c^{1/(n+1)}\Big)$$

$[\operatorname{Re} c > 0]$.

3.4.2. Интегралы, содержащие ортогональные многочлены.

Обозначения: $\mathbf{bx} = b_1x_1 + b_2x_2 + \ldots + b_nx_n$, $d\mathbf{x} = dx_1\, dx_2 \ldots dx_n$.

1. $$\int\limits_{\substack{x_1\geqslant 0,\ \ldots,\ x_n\geqslant 0\\ x_1+\ldots+x_n\leqslant 1}} \cdots \int \prod_{i=1}^n x^{\alpha_i-1} P_m(x_1+\ldots+x_n) P_{m+2l}(x_1+\ldots+x_n)\, d\mathbf{x} = \frac{\delta_{0,\,l}}{2m+1} \prod_{i=1}^n \Gamma(\alpha_i)$$

$[\operatorname{Re}\alpha_1,\ \operatorname{Re}\alpha_2,\ \ldots,\ \operatorname{Re}\alpha_n > 0;\ \alpha_1 + \ldots + \alpha_n = 1]$.

2. $$\int\limits_{\substack{x_1\geqslant 0,\ \ldots,\ x_n\geqslant 0\\ x_1+\ldots+x_n\leqslant 1}} \cdots \int \prod_{i=1}^n x^{\alpha_i-1} P_m(x_1+\ldots+x_n) P_{m+1}(x_1+\ldots+x_n)\, d\mathbf{x} = \frac{m+1}{(2m+1)(2m+3)} \prod_{i=1}^n \Gamma(\alpha_i)$$

$[\operatorname{Re}\alpha_1,\ \operatorname{Re}\alpha_2,\ \ldots,\ \operatorname{Re}\alpha_n > 0;\ \alpha_1 + \ldots + \alpha_n = 2]$.

3. $$\int\limits_{\frac{x_1^2}{a_1^2}+\ldots+\frac{x_n^2}{a_n^2}\leqslant 1} \cdots \int \left(1-\sum_{k=1}^n \frac{x_k^2}{a_k^2}\right)^{\lambda-1} P_m^{(\alpha,\,\beta)}(bx) P_m^{(\beta,\,\alpha)}(bx)\, d\mathbf{x} = \frac{\pi^{n/2}\Gamma(\lambda)}{\Gamma(\lambda+n/2)} \binom{m+\alpha}{m} \binom{m+\beta}{m} \times$$
$$\times \left(\prod_{i=1}^n a_i\right) {}_5F_4\Big(-m,\ \alpha+\beta+m-1,\ \frac{\alpha+\beta+1}{2},\ \frac{\alpha+\beta+3}{2},\ \lambda+\frac{n-1}{2};\ \alpha+1,\ \beta+1,$$
$$\alpha+\beta+1,\ \lambda+\frac{n}{2};\ 1\Big)$$

$\left[\operatorname{Re}\lambda,\ \operatorname{Re}(\alpha+1),\ \operatorname{Re}(\beta+1) > 0;\ \sum_{k=1}^n a_k^2 b_k^2 = 1\right]$.

4. $$\int\limits_{\frac{x_1^2}{a_1^2}+\ldots+\frac{x_n^2}{a_n^2}\leqslant 1} \cdots \int \left(1-\sum_{k=1}^n \frac{x_k^2}{a_k^2}\right)^{\lambda-1} P_l^{(\alpha,\,\beta)}(bx) P_m^{(\alpha,\,\alpha)}(bx)\, d\mathbf{x} =$$
$$= \frac{2^{2\nu+1}\pi^{(n-1)/2}}{m!(l-m)!} \left(\prod_{i=1}^n a_i\right) \Gamma\left[\begin{matrix} \lambda+1/2,\ \alpha+l+1,\ \alpha+m+1,\ \alpha+\beta+l+m+1,\ \alpha-\beta+1 \\ \alpha+1,\ \alpha+\beta+l+1,\ 2\alpha+l+m+2,\ \alpha-\beta-l+m+1 \end{matrix}\right]$$

$[0 \leqslant m \leqslant l]$.

5. $$= 0$$ $[m > l]$,

$\left[\alpha+1 = \lambda+n/2;\ \operatorname{Re}(\alpha+1),\ \operatorname{Re}(\lambda+1/2) > 0;\ \sum_{k=1}^n a_k^2 b_k^2 = 1\right]$.

6. $$\int\limits_{\frac{x_1^2}{a_1^2}+\ldots+\frac{x_n^2}{a_n^2}\leqslant 1} \cdots \int \left(1-\sum_{k=1}^n \frac{x_k^2}{a_k^2}\right)^{\lambda-1} C_l^\alpha(bx) C_m^\alpha(bx)\, d\mathbf{x} = \frac{\pi^{n/2}\Gamma(\lambda)(2\alpha)_l}{l!(\alpha+l)\Gamma(\alpha)} \left(\prod_{i=1}^n a_i\right) \delta_{l,\,m}$$

$\left[\alpha+1 = \lambda+n/2;\ \operatorname{Re}(\alpha+1/2),\ \operatorname{Re}\lambda > 0;\ \sum_{k=1}^n a_k^2 b_k^2 = 1\right]$.

Глава 4. КОНЕЧНЫЕ СУММЫ

4.1. ВВЕДЕНИЕ

В этой главе помещены некоторые конечные суммы, содержащие различные специальные функции. При вычислении конечных сумм иногда может оказаться полезной следующая формула замены индекса суммирования:

$$\sum_{k=n_1}^{n_2} a_k = \sum_{k=n-n_2}^{n-n_1} a_{n-k},$$

в частности,

$$\sum_{k=0}^{n} a_k = \sum_{k=0}^{n} a_{n-k}.$$

Всюду в этой главе $l,\ m,\ n = 0,\ 1,\ 2,\ 3,\ \ldots,$ если не указаны другие условия.

4.2. ФУНКЦИИ БЕССЕЛЯ $J_\nu(z)$, $I_\nu(z)$, НЕЙМАНА $Y_\nu(z)$ И МАКДОНАЛЬДА $K_\nu(z)$

4.2.1. Суммы, содержащие $J_\nu(z)$.

1. $\displaystyle\sum_{k=0}^{n} J_{\nu\pm 2k}(z) = \pm\frac{1}{2}\int_0^z [J_{\nu\mp 1}(t) - J_{\nu\pm 2k\pm 1}(t)]\,dt$ $\qquad [\operatorname{Re}\nu > 0].$

2. $\displaystyle\sum_{k=0}^{n}(-1)^k J_{2k}(z) = \frac{1}{2}\cos z + \frac{1}{2}\,J_0(z) + (-1)^n U_{2n+2}(z,\ z).$

3. $\displaystyle\sum_{k=0}^{n}(-1)^k J_{2k+1}(z) = \frac{1}{2}\sin z + (-1)^n U_{2n+3}(z,\ z).$

4. $\displaystyle\sum_{k=1}^{n}(-1)^k k J_{2k}(z) = \frac{z}{4}[(-1)^n J_{2n+1}(z) - J_1(z)].$

5. $\displaystyle\sum_{k=1}^{n}(2k+1)J_{2k+1}(z) = \frac{z}{2} - (n+1)z\int_0^z \frac{1}{t}\,J_{2n+2}(t)\,dt.$

6. $\displaystyle\sum_{k=1}^{n}(-1)^k(2k+1)J_{2k+1}(z) = \frac{z}{2}\,[J_0(z) + (-1)^n J_{2n+2}(z)].$

7. $\displaystyle\sum_{k=1}^{n}(-1)^k(2k+\nu)J_{2k+\nu}(z) = \frac{z}{2}\,[(-1)^n J_{2n+\nu+1}(z) - J_{\nu+1}(z)].$

8. $\displaystyle\sum_{k=0}^{n}(-1)^k(\nu-2k)J_{\nu-2k}(z) = \frac{z}{2}\,[J_{\nu+1}(z) + (-1)^n J_{\nu-2n-1}(z)].$

9. $\displaystyle\sum_{k=0}^{n-1}\frac{(z/2)^k}{k!(n-k)}\,J_k(z) = \frac{2}{n!}\left(\frac{z}{2}\right)^n\left[\left.\frac{\partial J_\nu(z)}{\partial\nu}\right|_{\nu=n} - \frac{\pi}{2}\,Y_n(z)\right].$

10. $\sum_{k=0}^{n}(-1)^k\binom{n}{k}J_{\nu\pm 2k}(z)=(\pm 2)^n\frac{d^nJ_{\nu\pm n}(z)}{dz^n}$.

11. $\sum_{k=1}^{n}\binom{2n}{n-k}J_{2k}(z)=\frac{2^{2n-1}}{z^n}(2n-1)!!J_n(z)-\frac{1}{2}\binom{2n}{n}J_0(z)$.

12. $\sum_{k=0}^{n-1}J_{\mu\pm k}(z)J_{\nu\pm k}(z)=$
$=\frac{z}{2(\mu-\nu)}[J_{\mu\pm n}(z)J_{\nu\pm n\mp 1}(z)-J_{\mu\pm n\mp 1}(z)J_{\nu\pm n}(z)+J_{\mu\mp 1}(z)J_\nu(z)-J_\mu(z)J_{\nu\mp 1}(z)]$.

13. $\sum_{k=0}^{n}\binom{2n}{n-k}J_k^2(z)=\frac{1}{2}\binom{2n}{n}{}_1F_2\left(\frac{1}{2};\ 1,\ n+1;\ -z^2\right)+\frac{1}{2}\binom{2n}{n}J_0^2(z)$.

14. $\sum_{k=0}^{n}\binom{2n}{n-k}J_{k+1/2}(z)J_{k-1/2}(z)=$
$=\frac{(-1)^nz^{-n-1/2}(2n)!}{2(n!)\sqrt{\pi}}\left[J_{1/2-n}(2z)-z^{1/2-n}\sum_{k=0}^{n-1}\frac{(-1)^nz^{2k}}{k!\Gamma(k-n+3/2)}\right]+\frac{1}{2\pi z}\binom{2n}{n}\sin 2z$.

15. $\sum_{k=0}^{n}(-1)^k\frac{2k+1}{(n-k)!(n+k+1)!}J_{k+1/2}(z)J_{-k-1/2}(z)=\frac{z^{-n-1/2}}{n!\sqrt{\pi}}J_{n+1/2}(z)$.

16. $\sum_{k=0}^{n}\frac{(-1)^k}{(n-k)!}\binom{m-n}{k}\left(\frac{z}{2}\right)^{-k}J_{m-k}(z)=\frac{(-1)^n}{n!}J_{m-2n}(z)$ $[m>n]$.

4.2.2. Суммы, содержащие $Y_\nu(z)$.

1. $\sum_{k=0}^{n}Y_{\nu\pm 2k}(z)=\pm\frac{1}{2}\int_0^z[Y_{\nu\mp 1}(t)-Y_{\nu\pm 2n\pm 1}(t)]\,dt$ $[\operatorname{Re}\nu>0]$.

2. $\sum_{k=0}^{n}(-1)^k(2k+1)Y_{2k+1}(z)=\frac{z}{2}[Y_0(z)+(-1)^nY_{2n+2}(z)]$.

3. $\sum_{k=0}^{n}(-1)^k\binom{n}{k}Y_{2k+\nu}(z)=2^n\frac{d^nY_{n+\nu}(z)}{dz^n}$.

4.2.3. Суммы, содержащие $I_\nu(z)$.

1. $\sum_{k=1}^{n}(\pm 1)^kI_k(z)=\frac{(\pm 1)^{n+1}}{2n}\left[e^{\pm z}\int_0^z e^{\mp t}I_n(t)\,dt-zI_n(z)\mp zI_{n+1}(z)\right]-\frac{1}{2}I_0(z)+\frac{1}{2}e^{\pm z}$.

2. $\sum_{k=0}^{n}(-1)^kI_{2k+\nu}(z)=\frac{1}{2}\int_0^z[I_{\nu-1}(t)+(-1)^nI_{2n+\nu+1}(t)]\,dt$ $[\operatorname{Re}\nu>0]$.

3. $\sum_{k=0}^{n}\binom{n}{k}I_{\nu\pm 2k}(z)=2^n\frac{d^nI_{\nu\pm n}(z)}{dz^n}$.

4. $\sum_{k=0}^{n-1}\frac{(-z/2)^k}{k!(n-k)}I_k(z)=\frac{2}{n!}\left(\frac{z}{2}\right)^n\left[K_n(z)+(-1)^n\left.\frac{\partial I_\nu(z)}{\partial\nu}\right|_{\nu=n}\right]$.

4.2.4. Суммы, содержащие $K_\nu(z)$.

1. $\sum_{k=0}^{n}(-1)^kK_{2k+\nu}(z)=\frac{1}{2}\int_z^\infty[K_{\nu-1}(t)+(-1)^nK_{2n+\nu+1}(t)]\,dt$.

2. $\sum_{k=0}^{n}\binom{n}{k}K_{\nu\pm 2k}(z)=(-2)^n K_{\nu\pm n}(z).$

3. $\sum_{k=1}^{n}(-1)^k\binom{2n}{n-k}K_{2k}(z)=\frac{1}{2}\binom{2n}{n}\left[n!\left(-\frac{2}{z}\right)^n K_n(z)-K_0(z)\right].$

4. $\sum_{k=0}^{n-1}\frac{(z/2)^k}{k!(n-k)}K_k(z)=\frac{2}{n!}\left(\frac{z}{2}\right)^n\frac{\partial K_\nu(z)}{\partial\nu}\bigg|_{\nu=n}.$

5. $\sum_{k=0}^{n}\binom{n}{k}\frac{(-z/2)^k}{k!}K_k(z)=\frac{1}{2^n n!}\left(\frac{d}{z\,dz}\right)^n[z^{2n}K_0(z)].$

4.3. МНОГОЧЛЕНЫ ЛЕЖАНДРА $P_n(x)$

4.3.1. Суммы вида $\sum a_k P_{kl+m}(x)$.

1. $\sum_{k=1}^{n}(2k+2m+1)P_{k+m}(x)=$

$$=\frac{1}{x-1}\left[(m+n+1)(P_{m+n+1}(x)-P_{m+n}(x))-(m+1)(P_{m+1}(x)-P_m(x))\right].$$

2. $\sum_{k=0}^{n}(4k+2\sigma+1)P_{2k+\sigma}(x)=\frac{d}{dx}P_{2n+\sigma+1}(x)$ [$\sigma=0$ или 1].

3. $\sum_{k=0}^{n}\binom{n}{k}P_k(x)=2^{n/2}(x+1)^{n/2}P_n\left(\sqrt{\frac{x+1}{2}}\right).$

4. $\sum_{k=0}^{n}\binom{n}{k}(-x)^k P_k(x)=(1-x^2)^{n/2}P_n(\sqrt{1-x^2}).$

5. $\sum_{k=0}^{n}(-1)^k(4k+2\sigma+1)\frac{(a+\sigma+1)_k}{(n+\sigma+3/2)_k(1/2-a)_k(n-k)!}P_{2k+\sigma}(x)=$

$$=\frac{(2n+2\sigma+1)!}{(n+\sigma)!4^\sigma(a+1)^\sigma(-2a)_{2n}}C_{2n+\sigma}^{a-n+1}(x)$$ [$\sigma=0$ или 1].

6. $\sum_{k=1}^{n-1}\cos(n-k)x\,P_k(\cos x)=nP_n(\cos x).$

4.3.2. Суммы вида $\sum a_k\prod_i P_{kl_i+m_i}(x)$.

1. $\sum_{k=0}^{n}P_k(x)P_{n-k}(x)=U_n(x).$

2. $\sum_{k=0}^{n}(2k+1)P_k(x)P_k'(x)=P_n'(x)P_{n+1}'(x).$

3. $\sum_{k=0}^{n}\frac{1}{k+1}P_k(x)P_{n-k}(x)=\frac{1}{2}P_{n+1}(x)\ln\frac{1+x}{1-x}+Q_{n+1}(x)$ [$-1<x<1$].

4.4. МНОГОЧЛЕНЫ ЛАГЕРРА $L_n^\alpha(x)$

4.4.1. Суммы вида $\sum a_k L_{kl+m}^{k\alpha+\beta}(x)$.

1. $\sum_{k=0}^{n}L_k^\alpha(x)=L_n^{\alpha+1}(x).$

2. $\sum_{k=1}^{n}kL_k^\alpha(x)=(n+1)L_n^{\alpha+1}(x)-L_n^{\alpha+2}(x).$

3. $\sum_{k=1}^{n} \frac{1}{k} L_k(x) = \int_0^x \frac{1}{x} [L_n(x) - 1]\, dx + \psi(n+1) + \mathbf{C}.$

4. $\sum_{k=0}^{n} \frac{(-1)^k}{(n-k)!(\beta)_k} L_k^\alpha(x) = \frac{(-1)^n}{(\beta)_n} L_n^{\alpha-\beta-n+1}(x).$

5. $\sum_{k=0}^{n} (-1)^k \binom{n}{k} L_{m+k}^\alpha(x) = (-1)^n L_{m+n}^{\alpha-n}(x).$

6. $\sum_{k=0}^{n} \frac{(\beta+1)_k}{(\alpha+1)_k} L_k^\alpha(x) = \frac{(\beta+2)_n}{n!} {}_2F_2(-n,\ \beta+1;\ \alpha+1,\ \beta+2;\ x).$

7. $\sum_{k=0}^{n} \frac{t^k}{(n-k)!(\alpha+1)_k} L_k^\alpha(x) = \frac{(t+1)^n}{(\alpha+1)_n} L_n^\alpha\left(\frac{tx}{t+1}\right).$

8. $\sum_{k=0}^{n} \frac{(-1)^k}{(n-k)!(\alpha-n+1/2)_k} L_k^\alpha(x) = \frac{(-1)^n}{n! 2^{2n+1}(1/2-\alpha)_n \sqrt{x}} H_{2n+1}(\sqrt{x}\,).$

9. $\sum_{k=0}^{n} \frac{(-1)^k (1/2)_k}{(n-k)!(\alpha/2+1)_k (1/2-n)_k} L_{2k}^\alpha(x) = \frac{n!}{(\alpha/2+1)_n (1/2)_n} \left[L_n^{\alpha/2}\left(\frac{x}{2}\right)\right]^2.$

10. $\sum_{k=0}^{n} \frac{(-1)^k (ka+1)^{n-1}}{(n-k)!(\alpha+1)_k} L_k^\alpha\left(\frac{x}{ka+1}\right) = \frac{x^n}{n!(\alpha+1)_n (na+1)}.$

11. $\sum_{k=0}^{n} (-1)^k \binom{n}{k} L_m^{k+\alpha}(x) = \frac{d^n L_m^\alpha(x)}{dx^n}.$

12. $\sum_{k=0}^{n} \frac{(-x)^k}{(\alpha-n+1)_k} \binom{n}{k} L_m^{k+\alpha}(x) = \frac{(m+n)!}{m!(\alpha-n+1)_n} L_{m+n}^{\alpha-n}(x).$

13. $\sum_{k=0}^{n} \frac{(-x)^k}{(n-k)!(\alpha-\beta+1)_k (\beta+1)_k} L_k^{k+\alpha}(x) = \frac{n!}{(\alpha-\beta+1)_n (\beta+1)_n} L_n^{\alpha-\beta}(x) L_n^\beta(x).$

14. $\sum_{k=0}^{n} \frac{1}{(n-k)!(\beta)_k} L_k^{\alpha-k}(x) = \frac{1}{(\beta)_n} L_n^{\alpha+\beta-1}(x).$

15. $\sum_{k=0}^{n} \binom{n}{k} L_{k+m}^{\alpha-k}(x) = L_{m+n}^\alpha(x).$

16. $\sum_{k=0}^{n} \frac{2^{2k}}{(n-k)!(\alpha+1)_k} L_{2k}^{\alpha-k}(x) = \frac{1}{(\alpha+1)_n} L_{2n}^{2\alpha}(2x).$

17. $\sum_{k=0}^{n} \frac{(-t)^k}{(n-k)!} L_k^{n-2k}(x) = \frac{t^{n/2}}{n!} H_n\left(\frac{1+tx}{2\sqrt{t}}\right).$

18. $\sum_{k=0}^{n} \frac{(-1)^k (n-\alpha)_k}{(n-k)!(xy)^k} L_k^{\alpha-2k}(x+y) = \frac{n!}{(xy)^n} L_n^{\alpha-2n}(x) L_n^{\alpha-2n}(y).$

4.4.2. Суммы вида $\sum a_k \prod_i L_{kl_i+m_i}^{k\alpha_i+\beta_i}(x_i)$.

1. $\sum_{k=0}^{n} L_k(x) L_k(y) = \frac{n+1}{x-y} [L_n(x) L_{n+1}(y) - L_{n+1}(x) L_n(y)].$

2. $\sum_{k=0}^{n} [L_k(x)]^2 = (n+1)[L_n(x) L_n^1(x) - L_{n+1}(x) L_{n-1}^1(x)].$

3. $\sum_{k=0}^{n} L_k^\alpha(x) L_{n-k}^\beta(y) = L_n^{\alpha+\beta+1}(x+y).$

4. $$\sum_{k=0}^{n} \frac{k!}{(\alpha+1)_k} [L_k^{\alpha}(x)]^2 = \frac{(n+1)!}{(\alpha+1)_n} [L_n^{\alpha}(x)L_n^{\alpha+1}(x) - L_{n+1}^{\alpha}(x)L_{n-1}^{\alpha+1}(x)].$$

5. $$\sum_{k=0}^{n} (-1)^k \binom{n}{k} L_k(x)L_{n-k}(y) = \frac{(-1)^n}{n!} (x+y)^n P_n\left(\frac{y-x}{y+x}\right).$$

6. $$\sum_{k=0}^{n} \frac{(\beta)_k}{(\alpha+1)_k} L_k^{\alpha}(x)L_{n-k}^{\alpha-2\beta}(-x) = \frac{(\alpha-\beta+1)_n}{(\alpha+1)_n} L_n^{\alpha}(-x).$$

7. $$\sum_{k=0}^{n} \frac{(-1)^k}{(n-k)!(\alpha+1)_k} L_k^{\alpha}(x)L_{k+m}^{\alpha-m}(x) = \frac{(-1)^n}{(\alpha+1)_n} \binom{m+2n}{m+n} L_{m+2n}^{\alpha-m-n}(x).$$

8. $$\sum_{k=0}^{n} L_k^{\alpha-k}(x)L_{n-k}^{\beta+k}(y) = L_n^{\alpha+\beta}(x+y).$$

9. $$\sum_{k=0}^{n} L_k^{\alpha-2k}(x)L_{n-k}^{2k-\alpha-2n-2}(-x) = (-4)^n.$$

10. $$\sum_{k+l=n} \frac{(-1)^k}{(\alpha+1)_k(\beta+1)_l} L_k^{\alpha}(x)L_l^{\beta}(y) = \frac{(x+y)^n}{(\alpha+1)_n(\beta+1)_n} P_n^{(\alpha,\,\beta)}\left(\frac{y-x}{y+x}\right).$$

11. $$\sum_{\substack{k_1,\,k_2,\,\ldots,\,k_m\geqslant 0\\ k_1+k_2+\ldots+k_m=n}} L_{k_1}^{\alpha_1}(x_1)L_{k_2}^{\alpha_2}(x_2)\ldots L_{k_m}^{\alpha_m}(x_m) = L_n^{\alpha_1+\alpha_2+\ldots+\alpha_m+m-1}(x_1+x_2+\ldots+x_m).$$

4.5. МНОГОЧЛЕНЫ ЭРМИТА $H_n(x)$

4.5.1. Суммы вида $\sum a_k H_{kl+m}(\varphi(k)x)$.

1. $$\sum_{k=1}^{n} \frac{1}{(n-k)!(2k)!} H_{2k-1}(x) = \frac{\sqrt{\pi}}{2} e^{x^2}\left[\operatorname{erf}(x) - \frac{1}{\Gamma(n+1/2)}\gamma\left(n+\frac{1}{2},\, x^2\right)\right].$$

2. $$\sum_{k=0}^{n} \frac{1}{(n-k)!(2k+1)!} H_{2k}(x) = \frac{2^{2n}}{(2n+1)!} e^{x^2}[n! - \gamma(n+1,\, x^2)].$$

3. $$\sum_{k=0}^{n} \frac{1}{(n-k)!(2k+\sigma)!} H_{2k+\sigma}(x) = \frac{2^{2n+\sigma}}{(2n+\sigma)!} x^{2n+\sigma} \qquad [\sigma = 0 \text{ или } 1].$$

4. $$\sum_{k=0}^{n} \frac{(-1)^k}{(n-k)!(2k+1)!} H_{2k+1}(x) = \frac{(-1)^n 2^{n+1/2}}{(2n+1)!} H_{2n+1}\left(\frac{x}{\sqrt{2}}\right).$$

5. $$\sum_{k=0}^{n} \frac{(-1)^k}{k!2^{2k}} H_{2k+\sigma}(x) = \frac{(-1)^n}{n!2^{2n+1}x^{\sigma+1}} [H_{2n+1}(x) + \sigma x H_{2n+2}(x)] \qquad [\sigma = 0 \text{ или } 1].$$

6. $$\sum_{k=0}^{n} \frac{t^k}{(n-k)!(2k+\sigma)!} H_{2k+\sigma}(x) = \frac{(t-1)^n}{(2n+\sigma)!}\left(\frac{t-1}{t}\right)^{\sigma/2} H_{2n+\sigma}\left(x\sqrt{\frac{t}{t-1}}\right) \qquad [\sigma = 0 \text{ или } 1].$$

7. $$\sum_{k=0}^{n} \binom{n}{k} t^k H_k(x) = t^n H_n\left(x + \frac{1}{2t}\right).$$

8. $$\sum_{k=0}^{n} \frac{(-1)^k}{k!} \binom{2n-2k}{n-k} H_{2k}(x) = \frac{2^{2n}}{n!} L_n(x^2).$$

9. $$\sum_{k=0}^{2n} (ka+1)^{2n-k-1} \binom{2n}{k} (-2x)^{-k} H_k((ka+1)x) = \frac{(-1)^n (1/2)_n}{2na+1} x^{-2n}.$$

10. $$\sum_{k=0}^{[n/2]} \frac{(na-2ka+1)^{n/2-1}}{k!(n-2k)!} H_{n-2k}\left(\frac{x}{\sqrt{na-2ka+1}}\right) = \frac{(2x)^n}{n!(na+1)}.$$

11. $\sum_{k=0}^{n} k!2^k \binom{m}{k}\binom{n}{k} H_{m+n-2k}(x) = H_m(x)H_n(x)$ $[n \leqslant m]$.

4.5.2. Суммы вида $\sum a_k \prod H_{kl_i \pm m_i}(x_i)$.

1. $\sum_{k=0}^{n} \frac{1}{k!2^k} H_k(x)H_k(y) = \frac{1}{n!2^{n+1}(x-y)}[H_{n+1}(x)H_n(y) - H_n(x)H_{n+1}(y)]$.

2. $\sum_{k=0}^{n} \frac{1}{k!2^k} H_k^2(x) = \frac{1}{n!2^{n+1}}[H_{n+1}^2(x) - H_n(x)H_{n+2}(x)]$.

3. $\sum_{k=0}^{n} \binom{n}{k} t^k H_k(x)H_{n-k}(y) = (t^2+1)^{n/2} H_n\left(\frac{tx+y}{\sqrt{t^2+1}}\right)$.

4. $\sum_{k=0}^{n} \binom{n}{k} H_{2k}(x)H_{2n-2k}(y) = (-4)^n n! L_n(x^2+y^2)$.

5. $\sum_{k=0}^{n} (-1)^k \binom{n}{k} H_{2k}(x)H_{2n-2k}(y) = 2^n H_n\left(\frac{y+x}{\sqrt{2}}\right) H_n\left(\frac{y-x}{\sqrt{2}}\right)$.

6. $\sum_{k=0}^{\min(m,\,n)} (-2)^k k! \binom{m}{k}\binom{n}{k} H_{m-k}(x)H_{n-k}(x) = H_{m+n}(x)$.

7. $\sum_{k=0}^{n} \binom{2n}{2k} H_{2k}(x)H_{2n-2k}(y) = 2^{n-1}\left[H_{2n}\left(\frac{x+y}{\sqrt{2}}\right) + H_{2n}\left(\frac{x-y}{\sqrt{2}}\right)\right]$.

8. $\sum_{k=0}^{n} \binom{n}{k} H_k^2(x)H_{n-k}^2(y) = 2^n n! \sum_{k=0}^{n} (-1)^k L_k(2x^2+2y^2)$.

9. $$\sum_{\substack{k_1+k_2+\ldots+k_m=n \\ k_1,\,k_2,\,\ldots,\,k_m \geqslant 0}} \frac{a_1^{k_1} a_2^{k_2} \cdots a_m^{k_m}}{k_1!k_2!\ldots k_m!} H_{k_1}(x_1)H_{k_2}(x_2)\ldots H_{k_m}(x_m) =$$
$$= \frac{(a_1^2+a_2^2+\ldots+a_m^2)^{n/2}}{n!} H_n\left(\frac{a_1x_1+a_2x_2+\ldots+a_mx_m}{\sqrt{a_1^2+a_2^2+\ldots+a_m^2}}\right).$$

4.5.3. Суммы, содержащие специальные функции и $H_n(x)$.

1. $\sum_{k=0}^{n} \binom{n}{k} t^k P_{n-k}(x)H_k(y) = \sum_{k=0}^{[n/2]} \frac{t^{2k}(x^2-1)^k}{2^{2k}} \binom{n}{2k}\binom{2k}{k} H_{n-2k}\left(x+\frac{ty}{2}\right)$.

2. $$\sum_{k=0}^{n} (-1)^k \binom{n}{k} \left(\frac{x}{2y}\right)^k P_{n-k}(x)H_k(y) =$$
$$= (-1)^{n/2} \frac{1+(-1)^n}{2} \frac{n!}{(n/2)!} \left(\frac{x}{2y}\right)^n L_{n/2}\left(\frac{(x^2-1)y^2}{x^2}\right).$$

3. $\sum_{k=0}^{n} \frac{(-1)^k}{k!2^{2k}} L_{n-k}(x^2-y^2)H_{2k}(y) = \frac{(-1)^n}{n!x} 2^{-2n-1} H_{2n+1}(x)$.

4. $\sum_{k=0}^{2n} \frac{(1/2)_k}{(k!)^2} 2^{2k} L_{2n-k}^{2k}(2x^2)H_{2k}(x) = \frac{1}{(n!)^2} H_{2n}^2(x)$.

5. $\sum_{k=0}^{n} \frac{(-1)^k}{(k!)^2} L_{n-k}^{2k}(2x^2+2y^2)H_{2k}(x)H_{2k}(y) = \frac{(-1)^n}{(n!)^2} H_n^2(x)H_n^2(y)$.

4.6. МНОГОЧЛЕНЫ ГЕГЕНБАУЭРА $C_n^\nu(x)$

4.6.1. Суммы вида $\sum a_k C_k^\nu(\varphi(x))$.

1. $$\sum_{k=0}^{n}(\pm 1)^k (k+\nu) C_k^\nu(x) = \frac{(\pm 1)^k}{2(1\mp x)}[(n+2\nu)C_n^\nu(x) \mp (n+1)C_{n+1}^\nu(x)].$$

2. $$\sum_{k=0}^{n} \frac{2k+\nu+\sigma}{(n-k)!(n+\nu+\sigma+1)_k} C_{2k+\sigma}^\nu(x) = \frac{(\nu+\sigma)_{n+1}}{(2n+\sigma)!}(2x)^{2n+\sigma} \qquad [\sigma = 0 \text{ или } 1].$$

3. $$\sum_{k=0}^{n}(-1)^k \frac{(\nu+\sigma)_k (2k+\nu+\sigma)}{(n-k)!(n+\nu+\sigma+1)_k(\nu-\mu+1)_k} C_{2k+\sigma}^\nu(x) = \\ = \frac{(\nu+1)_{n+\sigma}\nu}{(1-\mu)_k(\nu-\mu+1)_n \mu^\sigma} C_{2n+\sigma}^{\mu-n}(x) \qquad [\sigma = 0 \text{ или } 1].$$

4. $$\sum_{k=0}^{n} \frac{t^k}{(n-k)!(2\nu)_k} C_k^\nu(x) = \frac{1}{(2\nu)_n}(1-2tx+t^2)^{n/2} C_n^\nu\left(\frac{1-tx}{\sqrt{1-2tx+t^2}}\right).$$

5. $$\sum_{k=0}^{n-1} \cos{(n-k)x}\, C_k^\nu(\cos x) = \frac{n}{2\nu} C_n^\nu(\cos x).$$

6. $$\sum_{k=0}^{n} \frac{t^k}{(n-k)!(1-\nu)_k} C_k^{\nu-k}(x) = \frac{(-t)^n}{(\nu-n)_n} C_n^{\nu-n}\left(x - \frac{1}{2t}\right).$$

7. $$\sum_{k=0}^{n} \frac{(-1)^k (n-2\nu+1)_k}{(n-k)![(1-\nu)_k]^2} (4\sin x \sin y)^{-k} C_k^{\nu-k}(\cos{(x+y)}) = \\ = \frac{n!}{[(\nu-1)_n]^2} (2\sin x \sin y)^{-n} C_n^{\nu-n}(\cos x) C_n^{\nu-n}(\cos y).$$

8. $$\sum_{k=0}^{2n}(-1)^k \frac{(ka+1)^{2n-k-1}[(ka+1)^2-4x]^{n/2}}{(2n-k)!(2\nu)_k} C_k^\nu\left(\frac{ka+1}{\sqrt{(ka+1)^2-4x}}\right) = \\ = \frac{2^{2n}(1/2)_n}{(2n)!(\nu+1/2)_n(1+2na)} x^n.$$

4.6.2. Суммы вида $\sum a_k \prod_i C_{kl_i}^{\nu_i}(x_i)$.

1. $$\sum_{k=0}^{2n}(-1)^k C_k^\nu(x) C_{2n-k}^\nu(x) = C_n^\nu(2x^2-1).$$

2. $$\sum_{k=0}^{n} C_k^\mu(x) C_{n-k}^\nu(x) = C_n^{\mu+\nu}(x).$$

3. $$\sum_{k=0}^{n}(k+\nu) C_k^\nu(x) C_{n-k}^{-\nu-n}(y) = \frac{(\nu)_{n+1}}{n!} 2^n (x-y)^n.$$

4. $$\sum_{k=0}^{n} \frac{(-1)^k (k+\nu)}{(n-k)!(n+2\nu+1)_k} C_k^\nu(x) C_{k+m}^{\nu-m}(x) = \\ = \frac{(2\nu+1)_n}{(\nu+1/2)_n(m-\nu+1)_n} 2^{-2n} \binom{m+2n}{n} C_{m+2n}^{\nu-m-n}(x).$$

5. $$\sum_{k=0}^{n} \frac{k!(k+\nu)}{(n-k)!(2\nu)_k(n+2\nu+1)_k} C_k^\nu(x) C_k^\nu(y) = \frac{(n+2\nu)(x+y)^n}{(\nu+1/2)_n 2^{n+1}} C_n^\nu\left(\frac{xy+1}{x+y}\right).$$

6. $$\sum_{k=0}^{n} \frac{(2k+\sigma)!(2k+\nu+\sigma)}{(n-k)!(2\nu+\sigma)_{2k}(n+\nu+\sigma+1)_k} C_{2k+\sigma}^\nu(x) C_{2k+\sigma}^\nu(y) = \\ = \frac{(n+\nu+\sigma)(2\nu)^\sigma}{(\nu+1/2)_n}(x^2+y^2-1)^{n+\sigma/2} C_{2n+\sigma}^\nu\left(\frac{xy}{\sqrt{x^2+y^2-1}}\right) \qquad [\sigma = 0 \text{ или } 1].$$

4.7. МНОГОЧЛЕНЫ ЯКОБИ $P_n^{(\alpha,\beta)}(x)$

4.7.1. Суммы вида $\sum a_k P_k^{(\alpha\pm kl,\,\beta\pm km)}(x)$.

1. $$\sum_{k=0}^{n} P_k^{(\alpha,0)}(x) = \frac{(\alpha+2)_n}{n!}\, {}_3F_2\left(-n,\, n+\alpha+2,\, \frac{\alpha+1}{2};\; \alpha+1,\, \frac{\alpha+3}{2};\; \frac{1-x}{2}\right).$$

2. $$\sum_{k=0}^{n} (\pm 1)^k (2k+\alpha+\beta+1)\frac{(\alpha+\beta+1)_k}{(\varphi+1)_k}\, P_k^{(\alpha,\beta)}(x) = (\pm 1)^n \frac{(\alpha+\beta+1)_{n+1}}{(\varphi+1)_n}\, P_n^{(\alpha+\delta,\,\beta-\delta+1)}(x)$$ $$\left[\varphi = \begin{Bmatrix}\beta\\ \alpha\end{Bmatrix},\ \delta = \begin{Bmatrix}1\\ 0\end{Bmatrix}\right].$$

3. $$\sum_{k=0}^{n} \frac{(\alpha+\beta+n+1)_k}{(n-k)!(\alpha+1)_k(\beta+1)_k}\, t^k P_k^{(\alpha,\beta)}(x) = \\ = \frac{(-1)^n n!}{(\alpha+1)_n(\beta+1)_n}\, P_n^{(\alpha,\beta)}\left(-t-\sqrt{t^2+2tx+1}\right)P_n^{(\alpha,\beta)}\left(-t+\sqrt{t^2+2tx+1}\right).$$

4. $$\sum_{k=0}^{n} \frac{t^k}{(n-k)!(\alpha+1)_k}\, P_k^{(\alpha,\beta-k)}(x) = \frac{1}{(\alpha+1)_n}\left(1+\frac{tx+t}{2}\right)^n P_n^{(\alpha,\,-\alpha-\beta-n-1)}\left(\frac{2+3t-tx}{2+t+tx}\right).$$

5. $$\sum_{k=0}^{n} \frac{(-1)^k}{(n-k)!(\alpha+1)_k}\, P_k^{(\alpha,\beta-k)}(x) = (-1)^n \frac{(\alpha+\beta+1)_n}{n!(\alpha+1)_n}\left(\frac{x-1}{2}\right)^n.$$

6. $$\sum_{k=0}^{n} \frac{(-1)^k}{(n-k)!(\gamma)_k}\, P_k^{(\alpha,\beta-k)}(x) = \frac{1}{(1-n-\gamma)_n}\, P_n^{(\alpha-\gamma-n+1,\,\beta+\gamma-1)}(x).$$

7. $$\sum_{k=0}^{n} \frac{(-1)^k}{(n-k)!(\gamma)_k}\left(\frac{2}{x+1}\right)^k P_k^{(\alpha,\beta-k)}(x) = \frac{(-1)^n}{(\gamma)_n}\left(\frac{2}{x+1}\right)^n P_n^{(\alpha-\gamma-n-1,\,\beta-n)}(x).$$

8. $$\sum_{k=0}^{n} \frac{(-1)^k}{(n-k)!(\alpha+1)_k}\left(\frac{2}{x+1}\right)^k P_k^{(\alpha,\beta-k)}(x) = \frac{(-\beta)_n}{n!(\alpha+1)_n}\left(\frac{x-1}{x+1}\right)^n.$$

9. $$\sum_{k=0}^{n} \frac{1}{(n-k)!(\gamma)_k}\left(\frac{2}{x+1}\right)^k P_k^{(\alpha-k,\,\beta-k)}(x) = \frac{1}{(\gamma)_n}\left(\frac{2}{x+1}\right)^n P_n^{(\alpha+\gamma-2n+1,\,\beta-n)}(x).$$

4.7.2. Суммы вида $\sum a_k \prod_i P_{kl_i+m_i}^{(k\alpha_i+\beta_i,\,k\gamma_i+\delta_i)}(x_i)$.

1. $$\sum_{k=0}^{n} \frac{1}{(\alpha+k)(\beta+n-k)}\, P_k^{(\alpha,\alpha)}(x)P_{n-k}^{(\beta,\beta)}(x) = \frac{\alpha+\beta}{\alpha\beta(\alpha+\beta+n)}\, P_n^{(\alpha+\beta,\,\alpha+\beta)}(x).$$

2. $$\sum_{k=0}^{n} \frac{1}{(\alpha+k)(\alpha+k-n)}\, P_k^{(\alpha,\alpha)}(x)P_{n-k}^{(-\alpha,-\alpha)}(x) = \frac{1}{\alpha^2}\,\delta_{0,n}.$$

3. $$\sum_{k=0}^{n} (2k+\alpha+\beta+1)\frac{k!(\alpha+\beta+1)_k}{(n-k)!(\alpha+1)_k(\beta+1)_k(\alpha+\beta+n+2)_k}\, P_k^{(\alpha,\beta)}(x)P_k^{(\alpha,\beta)}(y) = \\ = \frac{(\alpha+\beta+1)_{n+1}}{(\alpha+1)_n(\beta+1)_n}\left(\frac{x+y}{2}\right)^n P_n^{(\alpha,\beta)}\left(\frac{1+xy}{x+y}\right).$$

4. $$\sum_{k=0}^{n} (2k+\alpha+\beta+1)\frac{k!(\alpha+\beta+1)_k}{(n-k)!(\alpha+1)_k(\beta+1)_k(\alpha+\beta+n+2)_k}\, P_k^{(\alpha,\beta)}(x)P_k^{(\alpha,\beta)}(-x) = \\ = \frac{(\alpha+\beta+n+1)_n(\alpha+\beta+1)_{n+1}}{n!(\alpha+1)_n(\beta+1)_n}\,(1-x^2)^n.$$

5. $$\sum_{k=0}^{n} \frac{2k+\alpha+\beta+1}{(k+\alpha+\beta+1)_{n+1}}\, P_k^{(\alpha,\beta)}(x)P_{n-k}^{(-\alpha-k-1,\,-\beta-k-1)}(y) = \frac{1}{n!}\left(\frac{x-y}{2}\right)^n.$$

6. $$\sum_{k=0}^{n} \frac{(-\beta-n)_k}{(\alpha+1)_k} P_k^{(\alpha,\,\gamma-k)}(x) P_{n-k}^{(\beta,\,\delta+k)}(x) = \frac{(\alpha+\beta+\gamma+\delta+n+2)_n}{n!} \left(\frac{x-1}{2}\right)^n \times$$
$$\times\ {}_3F_2(-n,\ \alpha+\gamma+1,\ \alpha+\beta+n+1;\ \alpha+1,\ \alpha+\beta+\gamma+\delta+n+2;\ 1).$$

7. $$\sum_{k=0}^{n} P_k^{(\alpha-k,\,\beta-k)}(x) P_{n-k}^{(\gamma+k,\,\delta+k)}(x) = P_n^{(\alpha+\gamma,\,\beta+\delta)}(x).$$

8. $$\sum_{k=0}^{n} \frac{(\alpha+\beta+m+2n+1)_k}{k!} \left(\frac{x^2-1}{4}\right)^k P_{n-k}^{(\alpha+k,\,\beta+k)}(x) P_{m-k}^{(\alpha+n+k,\,\beta+n+k)}(x) =$$
$$= \binom{m+n}{n} P_{m+n}^{(\alpha,\,\beta)}(x) \qquad [n \leqslant m].$$

Глава 5. РЯДЫ

5.1. ВВЕДЕНИЕ

В этой главе приведены суммы рядов, содержащих некоторые специальные функции. При преобразовании таких рядов, в частности при приведении их к форме, которая принята в этой книге, можно воспользоваться формулами из приложения II.

Ряд формул общего характера, которые могут оказаться полезными при суммировании рядов, имеется в книге [12].

5.2. НЕПОЛНЫЕ ГАММА-ФУНКЦИИ $\gamma(\alpha, x)$, $\Gamma(\alpha, x)$

5.2.1. Ряды вида $\sum a_k \gamma(\alpha_k, x)$.

1. $\displaystyle\sum_{k=0}^{\infty} \frac{1}{k!}\,\gamma(k+\alpha, x) = \frac{x^\alpha}{\alpha}.$

2. $\displaystyle\sum_{k=0}^{\infty} \frac{1}{k!}\,[\gamma(k, x) - \gamma(k, y)] = \ln\frac{x}{y}$ $\qquad [x, y > 0].$

3. $\displaystyle\sum_{k=0}^{\infty} \frac{1}{k!(k+\beta)}\,\gamma(k+\alpha, x) = \frac{x^\alpha}{\alpha\beta}\,{}_2F_2(1, \alpha;\ \alpha+1, \beta+1;\ -x).$

4. $\displaystyle\sum_{k=0}^{\infty} \frac{(-1)^k}{k!(2k+\alpha)}\,\gamma(k+\alpha, x) = \frac{1}{4}\,\gamma^2\Big(\frac{\alpha}{2}, x\Big).$

5. $\displaystyle\sum_{k=0}^{\infty} \frac{1}{\Gamma(k+\beta+1)}\,\gamma(k+\alpha, x) = \frac{x^\alpha}{(\beta-\alpha)\Gamma(\beta)}\,[x^{-\alpha}\gamma(\alpha, x) - x^{-\beta}\gamma(\beta, x)].$

6. $\displaystyle\sum_{k=0}^{\infty} \frac{(\beta)_k}{k!(\gamma)_k}\,\gamma(k+\alpha, x) = \frac{x^\alpha}{\alpha}\,{}_2F_2(\alpha, \gamma-\beta;\ \alpha+1, \gamma;\ -x)$ $\qquad [\operatorname{Re}\gamma \geqslant \operatorname{Re}\beta > 0].$

5.2.2. Ряды вида $\displaystyle\sum \frac{t^k}{ka+b}\,\gamma(\alpha_k, x)$.

1. $\displaystyle\sum_{k=0}^{\infty} t^k\gamma(k+1, x) = \frac{1}{t}\,e^{-1/t}\Big[\operatorname{Ei}\Big(\frac{1}{t}\Big) - \operatorname{Ei}\Big(\frac{1}{t} - x\Big)\Big]$ $\qquad [|tx| < 1].$

2. $\displaystyle\sum_{k=0}^{\infty} t^k\gamma(2k+1, x) = \frac{1}{2\sqrt{t}}\Big\{e^{1/\sqrt{t}}\Big[\operatorname{Ei}\Big(-x - \frac{1}{\sqrt{t}}\Big) - \operatorname{Ei}\Big(-\frac{1}{\sqrt{t}}\Big)\Big] -$

$\displaystyle - e^{-1/\sqrt{t}}\Big[\operatorname{Ei}\Big(-x + \frac{1}{\sqrt{t}}\Big) - \operatorname{Ei}\Big(\frac{1}{\sqrt{t}}\Big)\Big]\Big\}$ $\qquad [t > 0;\ |tx| < 1].$

3. $\displaystyle\sum_{k=1}^{\infty} \frac{t^k}{k}\,\gamma(k+1, x) = e^{-1/t}\Big[\operatorname{Ei}\Big(\frac{1}{t}\Big) - \operatorname{Ei}\Big(-x + \frac{1}{t}\Big)\Big] + e^{-x}\ln(1 - tx)$ $\qquad [|tx| < 1].$

4. $\displaystyle\sum_{k=0}^{\infty} \frac{t^{2k+1}}{2k+1}\,\gamma(2k+2, x) = \frac{1}{2}\,e^{1/t}\Big[\operatorname{Ei}\Big(-x - \frac{1}{t}\Big) - \operatorname{Ei}\Big(-\frac{1}{t}\Big)\Big] -$

$$-\frac{1}{2}e^{-1/t}\left[\operatorname{Ei}\left(-x+\frac{1}{t}\right)-\operatorname{Ei}\left(\frac{1}{t}\right)\right]-e^{-x}\operatorname{Arth}(tx) \qquad [|tx|<1].$$

5. $\displaystyle\sum_{k=-\infty}^{\infty}\frac{1}{k+b}x^k\gamma(\alpha-k,\,x)=\frac{\pi\sin(\alpha+b)\pi}{x^b\sin\alpha\pi\sin b\pi}\gamma(\alpha+b,\,x).$

5.2.3. Ряды вида $\sum a_k t^k\gamma(\alpha_k,\,x)$.

1. $\displaystyle\sum_{k=0}^{\infty}\frac{t^k}{k!}\gamma(k+\alpha,\,x)=(1-t)^{-\alpha}\gamma(\alpha,\,x-tx).$

2. $\displaystyle\sum_{k=0}^{\infty}\frac{t^{2k}}{(2k)!}\gamma(k+1,\,x)=$

$$=\frac{\sqrt{\pi}}{4}te^{t^2/4}\left[2\operatorname{erf}\left(\frac{t}{2}\right)-\operatorname{erf}\left(\frac{t}{2}+\sqrt{x}\right)-\operatorname{erf}\left(\frac{t}{2}-\sqrt{x}\right)-e^{-x}\operatorname{ch}t\sqrt{x}+1\right].$$

3. $\displaystyle\sum_{k=0}^{\infty}\frac{t^{2k+1}}{(2k+1)!}\gamma(k+1,\,x)=\frac{\sqrt{\pi}}{2}e^{t^2/4}\left[2\operatorname{erf}\left(\frac{t}{2}\right)-\operatorname{erf}\left(\frac{t}{2}+\sqrt{x}\right)-\operatorname{erf}\left(\frac{t}{2}-\sqrt{x}\right)\right].$

4. $\displaystyle\sum_{k=0}^{\infty}(-1)^k\frac{t^{2k+1}}{k!(2k+1)}\gamma(k+1,\,x)=\sqrt{\pi}\int_0^{\sqrt{x}}\operatorname{erf}(tu)e^{-u^2}\,du.$

5. $\displaystyle\sum_{k=0}^{\infty}\frac{(-1)^k(k+n)!}{k!}t^k\gamma(k+1,\,x)=\frac{n!}{t}e^{1/t}\left[\Gamma\left(-n,\,\frac{1}{t}\right)-\Gamma\left(-n,\,x+\frac{1}{t}\right)\right] \qquad [|tx|<1].$

6. $\displaystyle\sum_{k=0}^{\infty}(-1)^k(a)_kt^k\gamma(k+1,\,x)=t^{-a}e^{1/t}\left[\gamma\left(1-a,\,x+\frac{1}{t}\right)-\gamma\left(1-a,\,\frac{1}{t}\right)\right] \qquad [|tx|<1].$

7. $\displaystyle\sum_{k=0}^{\infty}\frac{(-1)^k}{k!}t^{2k+1}\gamma(2k+1,\,x)=\frac{\sqrt{\pi}}{2}e^{1/(4t^2)}\left[\operatorname{erf}\left(tx+\frac{1}{2t}\right)-\operatorname{erf}\left(\frac{1}{2t}\right)\right].$

8. $\displaystyle\sum_{k=0}^{\infty}\frac{t^k}{k!}\gamma\left(k+\frac{1}{2},\,x\right)=\sqrt{\frac{\pi}{1-t}}\operatorname{erf}(\sqrt{x-tx}\,).$

9. $\displaystyle\sum_{k=0}^{\infty}\frac{t^{2k}}{(2k)!}\gamma\left(k+\frac{1}{2},\,x\right)=\frac{\sqrt{\pi}}{2}e^{t^2/4}\left[\operatorname{erf}\left(\sqrt{x}+\frac{t}{2}\right)+\operatorname{erf}\left(\sqrt{x}-\frac{t}{2}\right)\right].$

10. $\displaystyle\sum_{k=0}^{\infty}\frac{t^k}{k!\Gamma(k+1/2)}\gamma\left(k+\frac{1}{2},\,x\right)=\frac{1}{2}e^t[\operatorname{erf}(\sqrt{x}+\sqrt{t}\,)+\operatorname{erf}(\sqrt{x}-\sqrt{t}\,)].$

11. $\displaystyle\sum_{k=0}^{\infty}\frac{(-1)^kx^k}{k!\Gamma(k+1/2)}\gamma\left(k+\frac{1}{2},\,x\right)=e^{-x}[C(2x)+S(2x)].$

12. $\displaystyle\sum_{k=0}^{\infty}\frac{t^k}{k!}\gamma\left(\frac{k+1}{2},\,x\right)=\sqrt{\pi}e^{t^2/4}\left[\operatorname{erf}\left(\sqrt{x}-\frac{t}{2}\right)+\operatorname{erf}\left(\frac{t}{2}\right)\right].$

13. $\displaystyle\sum_{k=0}^{\infty}\frac{x^{k/2}}{k!}\gamma\left(\frac{k+\alpha}{2},\,x\right)=\frac{2x^{\alpha/2}}{\alpha}\,{}_2F_2\left(1,\,\alpha;\,\frac{\alpha+1}{2},\,\frac{\alpha}{2}+1;\,\frac{x}{4}\right).$

14. $\displaystyle\sum_{k=0}^{\infty}\frac{\Gamma(k-\alpha+1)}{k!x^k}\gamma(k+\alpha,\,x)=\frac{\pi^{3/2}x^{1/2}}{\sin\alpha\pi}e^{-x/2}I_{\alpha-1/2}\left(\frac{x}{2}\right) \qquad [\alpha>0].$

15. $\displaystyle\sum_{k=1}^{\infty}(-1)^k\frac{(2k-1)!!}{(2k)!!}t^k\gamma(k+1,\,x)=\sqrt{\frac{\pi}{t}}e^{1/t}\left[\operatorname{erf}\left(\sqrt{x+\frac{1}{t}}\right)-\operatorname{erf}\left(\sqrt{\frac{1}{t}}\right)\right].$

5.2.4. Разные ряды, содержащие $\gamma(\alpha_k,\, x)$.

1. $$\sum_{k=0}^{\infty} \frac{t^k}{k!} \cos ka\gamma\left(\frac{k+1}{2},\, x\right) = \frac{\sqrt{\pi}}{2}\left\{\exp\left(\frac{t^2}{4}\, e^{2ia}\right)\left[\operatorname{erf}\left(\sqrt{x} - \frac{t}{2}\, e^{ia}\right) + \operatorname{erf}\left(\frac{t}{2}\, e^{ia}\right)\right] + \right.$$
$$\left. + \exp\left(\frac{t^2}{4}\, e^{-2ia}\right)\left[\operatorname{erf}\left(\sqrt{x} + \frac{t}{2}\, e^{-ia}\right) + \operatorname{erf}\left(\frac{t}{2}\, e^{-ia}\right)\right]\right\}.$$

2. $$\sum_{k=0}^{\infty} \frac{t^k}{k!} \sin ka\gamma\left(\frac{k+1}{2},\, x\right) = \frac{\sqrt{\pi}}{2i}\left\{\exp\left(\frac{t^2}{4}\, e^{2ia}\right)\left[\operatorname{erf}\left(\sqrt{x} - \frac{t}{2}\, e^{ia}\right) + \operatorname{erf}\left(\frac{t}{2}\, e^{ia}\right)\right] - \right.$$
$$\left. - \exp\left(\frac{t^2}{4}\, e^{-2ia}\right)\left[\operatorname{erf}\left(\sqrt{x} - \frac{t}{2}\, e^{-ia}\right) + \operatorname{erf}\left(\frac{t}{2}\, e^{-ia}\right)\right]\right\}.$$

3. $$\sum_{k=0}^{\infty} \frac{1}{k!\Gamma(k+1/2)}\, \gamma\left(k + \frac{1}{2},\, x\right)\gamma\left(k + \frac{1}{2},\, y\right) =$$
$$= (\sqrt{x} + \sqrt{y}\,)\operatorname{erf}(\sqrt{x} + \sqrt{y}\,) - (\sqrt{x} - \sqrt{y}\,)\operatorname{erf}(\sqrt{x} - \sqrt{y}\,) - \frac{2}{\sqrt{\pi}}\, e^{-x-y}\operatorname{sh}(2\sqrt{xy}\,).$$

5.2.5. Ряды вида $\sum a_k t^k \Gamma(\alpha_k,\, x)$.

1. $$\sum_{k=0}^{\infty} t^k \Gamma(k,\, x) = \left[e^{-1/t}\operatorname{Ei}\left(-x + \frac{1}{t}\right) - \operatorname{Ei}(-x)\right] \qquad [|tx| < 1].$$

2. $$\sum_{k=0}^{\infty} t^k \Gamma(2k,\, x) = \frac{1}{2}\left[e^{-1/\sqrt{t}}\operatorname{Ei}\left(-x + \frac{1}{\sqrt{t}}\right) + e^{1/\sqrt{t}}\operatorname{Ei}\left(-x - \frac{1}{\sqrt{t}}\right) - 2\operatorname{Ei}(-x)\right]$$
$$[|tx| < 1].$$

3. $$\sum_{k=0}^{\infty} t^k \Gamma(2k+1,\, x) = \frac{1}{2t}\left[e^{-1/\sqrt{t}}\operatorname{Ei}\left(-x + \frac{1}{\sqrt{t}}\right) - e^{1/\sqrt{t}}\operatorname{Ei}\left(-x - \frac{1}{\sqrt{t}}\right)\right] \qquad [|tx| < 1].$$

4. $$\sum_{k=0}^{\infty} \frac{t^k}{k!}\, \Gamma(k,\, x) = \operatorname{Ei}(tx - x) \qquad [(1-t)x > 0].$$

5. $$\sum_{k=0}^{\infty} (-1)^k \frac{t^{2k+1}}{k!(2k+1)}\, \Gamma(k+1,\, x) = -\frac{\sqrt{\pi}}{2}\int_0^{\sqrt{x}} \operatorname{erf}(tu) e^{-u^2}\, du + \operatorname{arctg} t.$$

6. $$\sum_{k=0}^{\infty} \frac{(-1)^k}{k!(2k+1)}\, \Gamma(k+1,\, x) = \frac{\pi}{4}\, [1 - \operatorname{erf}^2(\sqrt{x}\,)].$$

7. $$\sum_{k=0}^{\infty} \frac{\Gamma(k+1/2)}{k!}\, t^{2k}\Gamma(-2k-1,\, x) = \frac{\sqrt{\pi}}{t}\int_{\arccos(t/x)}^{\pi/2} e^{-t/\cos u}\, dt$$
$$[t \geqslant 0;\ 0 < \arccos(t/x) < \pi/2].$$

8. $$\sum_{k=0}^{\infty} t^k \Gamma(k+\alpha+1,\, x)\Gamma(-k-\alpha,\, x) = \Gamma(\alpha+1)e^{-t}\Gamma(-\alpha,\, x-t).$$

9. $$\sum_{k=1}^{\infty} \frac{1}{k^n}\, \Gamma(n,\, kx) = \int_x^{\infty} \frac{u^{n-1}}{e^u - 1}\, du \qquad [x > 0;\ n = 2,\, 3,\, 4,\, \ldots].$$

5.3. ДЗЕТА-ФУНКЦИЯ РИМАНА $\zeta(z)$

5.3.1. Ряды, содержащие $\zeta(z)$.

1. $$\sum_{k=2}^{\infty} (\pm 1)^k [\zeta(k) - 1] = \frac{1}{2}\left\{\begin{matrix} 1 \\ 2 \end{matrix}\right\}.$$ **2.** $$\sum_{k=1}^{\infty} \left[\zeta\left(2k + \frac{1 \pm 1}{2}\right) - 1\right] = \frac{2 \mp 1}{4}.$$

3. $\sum_{k=2}^{\infty} \frac{(\pm 1)^k}{k} [\zeta(k) - 1] = \pm 1 \mp \mathbf{C} + \left\{ \begin{matrix} 0 \\ 1 \end{matrix} \right\} \ln 2.$

4. $\sum_{k=2}^{\infty} t^k \zeta(k) = -\mathbf{C}t - t\psi(1-t)$ $[|t| < 1].$

5. $\sum_{k=0}^{\infty} (\pm 1)^k t^{2k} \zeta(2k) = -\frac{\pi}{2} t \left\{ \begin{matrix} \operatorname{ctg} t\pi \\ \operatorname{cth} t\pi \end{matrix} \right\}$ $[|t| < 1].$

6. $\sum_{k=1}^{\infty} t^{2k+1} \zeta(2k+1) = \frac{1}{2} - \frac{\pi}{2} t \operatorname{ctg} t\pi - \mathbf{C}t - t\psi(t+1)$ $[|t| < 1].$

7. $\sum_{k=2}^{\infty} \frac{t^k}{k} \zeta(k) = \ln \Gamma(1-t) - \mathbf{C}t$ $[|t| < 1].$

8. $\sum_{k=1}^{\infty} \frac{t^{2k}}{k} \zeta(2k) = \ln (\pi t \operatorname{cosec} t\pi)$ $[|t| < 1].$

9. $\sum_{k=1}^{\infty} \frac{1}{2k+1} t^{2k+1} \zeta(2k+1) = \frac{1}{2} \ln (\pi t \operatorname{cosec} t\pi) - \ln \Gamma(t+1) - \mathbf{C}t$ $[|t| < 1].$

10. $\sum_{k=1}^{\infty} (\pm 1)^k \frac{(a)_k}{k!} [\zeta(k+a) - 1] = \pm \left\{ \begin{matrix} 1 \\ 2^{-a} \end{matrix} \right\}.$

11. $\sum_{k=0}^{\infty} \frac{(a)_k}{k!} t^k \zeta(k+a) = \zeta(a, 1-t)$ $[|t| < 1].$

12. $\sum_{k=1}^{\infty} \frac{(a)_k}{k! 2^k} \zeta(k+a) = 2^a (1 - 2^{1-a}) \zeta(a).$

13. $\sum_{k=0}^{\infty} \binom{n+k-1}{k} t^k \zeta(n+k) = \frac{(-1)^n}{(n-1)!} \psi^{(n-1)}(1-t)$ $[|t| < 1].$

5.3.2. Ряды, содержащие произведения $\zeta(z)$.

1. $\sum_{k=1}^{\infty} \frac{2^{2k}}{k} \zeta(2k) [(1 - 2^{-2k}) \zeta(k) - 1] = \ln \left(\frac{2}{\pi} \prod_{k=3}^{\infty} \sec \frac{\pi}{k} \right).$

5.4. ИНТЕГРАЛЬНЫЕ СИНУС Si (x) И КОСИНУС ci (x)

5.4.1. Ряды, содержащие Si (x).

1. $\sum_{k=1}^{\infty} \frac{1}{k^{2n+1}} \operatorname{Si}(kx) = \frac{(-1)^{n+1}}{(2n+1)!2} \sum_{k=0}^{2n+1} \binom{2n+1}{k} \frac{B_k (2\pi)^k}{2n-k+1} x^{2n-k+1}$

$[0 \leqslant x \leqslant 2\pi;\ n = 1, 2, 3, \ldots].$

2. $\sum_{k=1}^{\infty} \frac{(-1)^k}{k} \operatorname{Si}(kx) = -\frac{x}{2}$ $[-\pi < x < \pi].$

3. $\sum_{k=-\infty}^{\infty} \frac{(-1)^k}{k+a} \operatorname{Si}(kx) = -\pi \operatorname{cosec} a\pi \operatorname{Si}(ax)$ $[-\pi < x < \pi].$

4. $\sum_{k=0}^{\infty} \frac{(-1)^k}{(2k+1)^2} \operatorname{Si}((2k+1)x) = \frac{\pi x}{4}$ $[-\pi/2 \leqslant x \leqslant \pi/2].$

5. $\sum_{k=0}^{\infty} \frac{1}{(2k+1)^3} \operatorname{Si}((2k+1)x) = \frac{\pi x}{8} \left(\pi - \frac{|x|}{2} \right)$ $[-\pi \leqslant x \leqslant \pi].$

6. $\displaystyle\sum_{k=1}^{\infty} \frac{(-1)^{k+1}k}{k^2 \pm a^2} \operatorname{Si}(kx) = \frac{\pi}{2} \left\{ \begin{matrix} \operatorname{cosech} a\pi \operatorname{shi}(ax) \\ \operatorname{cosec} a\pi \operatorname{Si}(ax) \end{matrix} \right\}$ $[-\pi < x < \pi]$.

7. $\displaystyle\sum_{k=0}^{\infty} \frac{(-1)^k}{(2k+1)^2 \pm a^2} \operatorname{Si}((2k+1)x) = \frac{\pi}{4a} \left\{ \begin{matrix} \operatorname{sech}(a\pi/2) \operatorname{shi}(ax) \\ \sec(a\pi/2) \operatorname{Si}(ax) \end{matrix} \right\}$ $[-\pi/2 < x < \pi/2]$.

8. $\displaystyle\sum_{k=1}^{\infty} \frac{1}{k^2} \operatorname{Si}^2(k\pi) = \frac{\pi^2}{2}.$

5.4.2. Ряды, содержащие $\operatorname{ci}(x)$.

1. $\displaystyle\sum_{k=1}^{\infty} \operatorname{ci}(2k\pi) = \frac{1}{4} - \frac{\mathbf{C}}{2}.$ 2. $\displaystyle\sum_{k=0}^{\infty} \operatorname{ci}((2k+1)\pi) = \frac{\ln 2}{2} - \frac{1}{4}.$

3. $\displaystyle\sum_{k=0}^{\infty} \operatorname{ci}\left(\frac{2k+1}{2}\pi\right) = \frac{\ln 2}{2}.$

5.5. ИНТЕГРАЛЫ ВЕРОЯТНОСТИ erf (x), erfi (x)

5.5.1. Ряды, содержащие $\operatorname{erf}(x)$.

1. $\displaystyle\sum_{k=1}^{\infty} \frac{1}{k^2} e^{-k^2x^2} [\operatorname{erf}(a+ikx) + \operatorname{erf}(a-ikx)] =$
$$= \left(\frac{\pi^2}{3} + x^2\right) \operatorname{erf}(a) + \frac{2x}{\sqrt{\pi}} e^{-a^2} (\pi - ax) - 2\sqrt{\pi}\, x \qquad [0 \leqslant ax \leqslant \pi].$$

2. $\displaystyle\sum_{k=1}^{\infty} \frac{(-1)^{k+1}}{k^2} e^{-k^2x^2} [\operatorname{erf}(a+ikx) + \operatorname{erf}(a-ikx)] = \left(\frac{\pi^2}{6} - x^2\right) \operatorname{erf}(a) + \frac{2ax^2}{\sqrt{\pi}} e^{-a^2}$
$[-\pi/2 < ax < \pi/2]$.

3. $\displaystyle\sum_{k=1}^{\infty} (-1)^k \frac{1}{k^2+b^2} e^{-k^2x^2} [\operatorname{erf}(a+ikx) + \operatorname{erf}(a-ikx)] =$
$$= \frac{\pi e^{b^2x^2}}{2b \operatorname{sh} b\pi} [\operatorname{erf}(a+bx) + \operatorname{erf}(a-bx)] - \frac{1}{b^2} \operatorname{erf}(a) \qquad [-\pi/2 < ax < \pi/2].$$

5.5.2. Ряды, содержащие $\operatorname{erfi}(x)$.

1. $\displaystyle\sum_{k=-\infty}^{\infty} (-1)^k e^{-k^2b^2} \operatorname{erfi}(kx+a) = 0.$

2. $\displaystyle\sum_{k=1}^{\infty} \frac{1}{k} e^{-k^2x^2} [2 \operatorname{erfi}(kx) - \operatorname{erfi}(kx+ia) - \operatorname{erfi}(kx-ia)] = \pi \operatorname{erf}(a) + \frac{2}{\sqrt{\pi}} x(e^{-a^2} - 1)$
$[0 < ax < \pi]$.

3. $\displaystyle\sum_{k=1}^{\infty} \frac{(-1)^{k+1}}{k} e^{-k^2x^2} [2 \operatorname{erfi}(kx) - \operatorname{erfi}(kx+ia) - \operatorname{erfi}(kx-ia)] = \frac{2x}{\sqrt{\pi}} (1 - e^{-a^2})$
$[-\pi/4 < ax < \pi/4]$.

4. $\displaystyle\sum_{k=1}^{\infty} (-1)^{k+1} \frac{k}{k^2+b^2} e^{-k^2x^2} [2 \operatorname{erfi}(kx) - \operatorname{erfi}(kx+ia) - \operatorname{erfi}(kx-ia)] =$
$$= \frac{\pi}{2 \operatorname{sh} b\pi} e^{b^2x^2} [2 \operatorname{erf}(bx) - \operatorname{erf}(bx+a) - \operatorname{erf}(bx-a)] \qquad [-\pi/4 < ax < \pi/4].$$

5. $\displaystyle\sum_{k=1}^{\infty} \frac{1}{k^3} e^{-k^2x^2} [2 \operatorname{erfi}(kx) - \operatorname{erfi}(kx+ia) - \operatorname{erfi}(kx-ia)] =$
$$= \frac{2x}{3\sqrt{\pi}} (\pi^2 + 2x^2) - \frac{2x}{3\sqrt{\pi}} e^{-a^2} (\pi^2 + 2x^2 + 2a^2x^2 - 3\pi ax) - \pi x^2 \operatorname{erf}(a) \qquad [0 < ax < \pi].$$

5.6. ФУНКЦИЯ ПАРАБОЛИЧЕСКОГО ЦИЛИНДРА $D_\nu(x)$

5.6.1. Ряды вида $\sum a_k D_{\nu\pm k}(x)$.

1. $\sum_{k=0}^{\infty} \frac{t^k}{k!} D_{k+\nu}(x) = e^{t(2x-t)/4} D_\nu(x-t)$.

2. $\sum_{k=0}^{\infty} \frac{(-\nu)_k}{k!} t^k D_{\nu-k}(x) = e^{t(t-2x)/4} D_\nu(x-t)$ $[\operatorname{Re}\nu < 0]$.

5.6.2. Ряды вида $\sum a_k D_{nk}(x) D_{\nu-nk}(x)$.

1. $\sum_{k=0}^{\infty} \frac{(-\nu)_k}{k!} t^k D_k(x) D_{\nu-k}(y) = (t^2+1)^{\nu/2} \exp\left[-\frac{(x+ty)^2}{4(t^2+1)}\right] D_\nu\left(\frac{y-tx}{\sqrt{t^2+1}}\right)$ $[x,\ y>0;\ -1<t\leqslant 0;\ \operatorname{Re}\nu \geqslant 0]$.

2. $\sum_{k=0}^{\infty} (-1)^k \frac{(1/2)_k}{k!} D_{2k}(x) D_{-2k-1}(y) = \frac{1}{\sqrt{2\pi}} K_0\left(\frac{x^2+y^2}{4}\right)$ $[-\infty<x<\infty;\ 0\leqslant y<\infty]$.

5.7. ФУНКЦИЯ БЕССЕЛЯ $J_\nu(z)$

5.7.1. Ряды вида $\sum (\pm 1)^k J_{\nu\pm nk}(z)$.

Обозначения: $V(z) = \int_0^z J_0(t)\,dt = zJ_0(z) + \frac{\pi z}{2}[J_1(z)\mathbf{H}_0(z) - J_0(z)\mathbf{H}_1(z)]$, $\delta = \begin{Bmatrix}1\\0\end{Bmatrix}$

1. $\sum_{k=1}^{\infty} (\pm 1)^k J_k(z) = \frac{1}{2} - \frac{1}{2} J_0(z) \pm \frac{1}{2} V(z)$.

2. $\sum_{k=-\infty}^{\infty} J_{n\pm k}(z) = 1$.

3. $\sum_{k=-\infty}^{\infty} (-1)^k J_{n\pm k}(z) = (-1)^n$.

4. $\sum_{k=1}^{\infty} (\pm 1)^k J_{k+\nu}(z) = \frac{1}{2}\int_0^z [J_{\nu+1}(t) \pm J_\nu(t)]\,dt$.

5. $\sum_{k=0}^{\infty} (\pm 1)^k J_{k+1/2}(z) = C(z) \pm S(z)$.

6. $\sum_{k=0}^{\infty} J_{2k+\nu}(z) = \frac{1}{2}\int_0^z J_{\nu-1}(t)\,dt$ $[\operatorname{Re}\nu > 0]$.

7. $\sum_{k=0}^{\infty} (-1)^k J_{2k+\nu}(z) = \frac{1}{2}\int_0^z J_\mu(z-t) J_{\nu-\mu-1}(t)\,dt$ $[\operatorname{Re}\mu > -1;\ \operatorname{Re}(\nu-\mu) > 0]$.

8. $\sum_{k=0}^{\infty} J_{2k+2n}(z) = \frac{1}{2} - \frac{1}{2} J_0(z) - \sum_{k=1}^{n-1} J_{2k}(z)$ $[n \geqslant 1]$.

9. $\sum_{k=0}^{\infty} J_{2k+2n+1}(z) = \frac{1}{2} V(z) - \sum_{k=0}^{n-1} J_{2k+1}(z)$.

10. $\sum_{k=-\infty}^{\infty} J_{2k\pm 2n}(z) = 1$.

11. $\sum_{k=-\infty}^{\infty} J_{2k\pm 2n+1}(z) = 0$.

12. $\sum_{k=-\infty}^{\infty} (-1)^k J_{2k\pm 2n}(z) = (-1)^n \cos z$.

13. $\sum_{k=-\infty}^{\infty} (-1)^k J_{2k\pm 2n+1}(z) = (-1)^n \sin z$.

14. $\sum_{k=1}^{\infty} (\pm 1)^k J_{2k}(z) = \frac{1}{2}\begin{Bmatrix}1\\ \cos z\end{Bmatrix} - \frac{1}{2} J_0(z)$.

15. $\sum_{k=0}^{\infty}(\pm 1)^k J_{2k+1}(z) = \frac{1}{2}\left\{\begin{matrix} V(z) \\ \sin z \end{matrix}\right\}.$ **16.** $\sum_{k=0}^{\infty}(-1)^{[k/2]} J_{2k+1}(z) = \frac{1}{\sqrt{2}}\sin\frac{z}{\sqrt{2}}.$

17. $\sum_{k=0}^{\infty} J_{2k+(2\pm 1)/2}(z) = \left\{\begin{matrix} S(z) \\ C(z) \end{matrix}\right\}.$

18. $\sum_{k=0}^{\infty}(-1)^k J_{2k+(2\pm 1)/2}(z) = \frac{\sqrt{2}}{2}\sin z\left\{\begin{matrix} C(2z) \\ S(2z) \end{matrix}\right\} \mp \frac{\sqrt{2}}{2}\cos z\left\{\begin{matrix} S(2z) \\ C(2z) \end{matrix}\right\}.$

19. $\sum_{k=0}^{\infty}(\pm 1)^k J_{4k}(z) = \frac{1}{2}\left\{\begin{matrix} \cos^2(z/2) \\ \cos(z/\sqrt{2}) \end{matrix}\right\} + \frac{1}{2}J_0(z).$ **20.** $\sum_{k=0}^{\infty} J_{4k+2}(z) = \frac{1}{2}\sin^2\frac{z}{2}.$

21. $\sum_{k=0}^{\infty} J_{8k}(z) = \frac{1}{4}\cos\frac{z}{\sqrt{2}} + \frac{1}{4}\cos^2\frac{z}{2} + \frac{1}{2}J_0(z).$ **22.** $\sum_{k=0}^{\infty} J_{8k+4}(z) = \frac{1}{4}\cos^2\frac{z}{2} - \frac{1}{4}\cos\frac{z}{\sqrt{2}}.$

5.7.2. Ряды вида $\sum(\pm 1)^k(ka+b)^m J_{nk+\nu}(z)$.

Обозначения: $V(z) = \int_0^z J_0(t)\,dt = zJ_0(z) + \frac{\pi z}{2}[J_1(z)\mathbf{H}_0(z) - J_0(z)\mathbf{H}_1(z)]$, $\delta = \left\{\begin{matrix} 1 \\ 0 \end{matrix}\right\}.$

1. $\sum_{k=0}^{\infty}(\pm 1)^k(k+\nu)J_{k+\nu}(z) = \frac{z}{2}J_{\nu-1}(z) \pm \frac{z}{2}J_\nu(z) + \frac{z}{2}\int_0^z [J_\nu(t) \pm J_{\nu+1}(t)]\,dt$ $[\operatorname{Re}\nu > -1].$

2. $\sum_{k=-\infty}^{\infty} kJ_{n-k}(z) = n - z.$ **3.** $\sum_{k=1}^{\infty}(\pm 1)^k kJ_k(z) = -\frac{z}{2}J_1(z) + \frac{z}{2}V(z) \pm \frac{z}{2}.$

4. $\sum_{k=1}^{\infty}(\pm 1)^k(z \mp k \mp \nu)J_{k+\nu}(z) = \pm\frac{z}{2}J_{\nu+1}(z) - \frac{z}{2}J_\nu(z).$

5. $\sum_{k=0}^{\infty}(\pm 1)^k\left(k+\frac{1}{2}\right)J_{k+1/2}(z) = \sqrt{\frac{z}{\pi}}\cos\left(z \pm \frac{\pi}{4}\right) + zS(z) \pm zC(z).$

6. $\sum_{k=0}^{\infty}(\pm 1)^k(2k+\nu)J_{2k+\nu}(z) = \frac{z}{2}J_{\nu-1}(z) + \frac{z}{2}\left\{\begin{matrix} 1 \\ 0 \end{matrix}\right\}\int_0^z J_\nu(t)\,dt$ $[\operatorname{Re}\nu > -1].$

7. $\sum_{k=0}^{\infty}(-1)^k\left(2k+\frac{1\pm 1}{2}\right)J_{2k+\nu}(z) = \pm\frac{1}{2}\int_0^z \left\{\begin{matrix} \cos(z-t) \\ \sin(z-t) \end{matrix}\right\} J_{\nu-(1\mp 1)/2}(t)\,dt$

$[\operatorname{Re}\nu > -(1\mp 1)/2;$ см. 2.12.17.1].

8. $\sum_{k=0}^{\infty}(2k+2n+1)J_{2k+2n+1}(z) = \frac{z}{2} - \sum_{k=0}^{n-1}(2k+1)J_{2k+1}(z).$

9. $\sum_{k=0}^{\infty}(-1)^k(k+n)J_{2k+2n}(z) = \frac{z}{4}J_{2n-1}(z).$

10. $\sum_{k=1}^{\infty}(\pm 1)^k kJ_{2k}(z) = -\frac{z}{4}J_1(z) + \frac{z}{4}\left\{\begin{matrix} V(z) \\ 0 \end{matrix}\right\}.$

11. $\sum_{k=0}^{\infty}(\pm 1)^k(2k+1)J_{2k+1}(z) = \frac{z}{2}\left\{\begin{matrix} 1 \\ J_0(z) \end{matrix}\right\}.$

12. $\sum_{k=0}^{\infty}\left(2k+\delta+\frac{1}{2}\right)J_{2k+\delta+1/2}(z) = z\left\{\begin{matrix} C(z) \\ S(z) \end{matrix}\right\} \mp \sqrt{\frac{z}{2\pi}}\left\{\begin{matrix} \sin z \\ \cos z \end{matrix}\right\}.$

13. $\displaystyle\sum_{k=0}^{\infty}(-1)^k\left(2k+\delta+\frac{1}{2}\right)J_{2k+\delta+1/2}(z)=\sqrt{\frac{z}{2\pi}}\left\{\begin{matrix}\sin z\\ \cos z\end{matrix}\right\}.$

14. $\displaystyle\sum_{k=1}^{\infty}kJ_{4k}(z)=-\frac{z}{8}J_1(z)+\frac{z}{16}V(z).$ **15.** $\displaystyle\sum_{k=0}^{\infty}(4k+1)J_{4k+1}(z)=\frac{z}{4}+\frac{z}{4}J_0(z).$

16. $\displaystyle\sum_{k=0}^{\infty}(2k+1)J_{4k+2}(z)=\frac{z}{8}V(z).$ **17.** $\displaystyle\sum_{k=0}^{\infty}(4k+3)J_{4k+3}(z)=\frac{z}{4}-\frac{z}{4}J_0(z).$

18. $\displaystyle\sum_{k=1}^{\infty}(k+\mu)(k+\nu-z)J_{k+\nu}(z)=\frac{\mu+1}{2}zJ_\nu(z)-\frac{\mu z}{2}J_{\nu+1}(z).$

19. $\displaystyle\sum_{k=1}^{\infty}(-1)^{k+1}k(k+\mu)J_{2k+\nu}(z)=\frac{1}{4}\int_0^z tJ_{\nu-\mu}(z-t)J_\mu(t)\,dt$ $[\operatorname{Re}(\nu-\mu)>-1;\ \operatorname{Re}\mu>-2].$

20. $\displaystyle\sum_{k=1}^{\infty}(-1)^k k(2k+2n+\delta)J_{2k+2n+\delta}(z)=$

$$=(-1)^n\frac{z}{4}\left[\left\{\begin{matrix}\cos z\\ \sin z\end{matrix}\right\}+J_0(z)\left\{\begin{matrix}1\\ 0\end{matrix}\right\}-2\sum_{k=0}^{n+\delta-1}(-1)^kJ_{2k+1-\delta}(z)\right]\qquad\left[\delta=\left\{\begin{matrix}1\\ 0\end{matrix}\right\}\right].$$

21. $\displaystyle\sum_{k=0}^{\infty}(-1)^k(2k+1)(2k+2n+\delta)J_{2k+2n+\delta}(z)=\pm(-1)^n\frac{z}{2}\left[\left\{\begin{matrix}\cos z\\ \sin z\end{matrix}\right\}+J_0(z)\left\{\begin{matrix}1\\ 0\end{matrix}\right\}-\right.$

$$\left.-2\sum_{k=0}^{n+\delta-1}(-1)^kJ_{2k+1-\delta}(z)\pm(-1)^nJ_{2n-1+\delta}(z)\right]\qquad\left[\delta=\left\{\begin{matrix}1\\ 0\end{matrix}\right\}\right].$$

22. $\displaystyle\sum_{k=0}^{\infty}(-1)^k(2k+2n+\delta)J_{2k+2n+\delta}(z)=\pm(-1)^n\frac{z}{2}\left[\left\{\begin{matrix}\cos z\\ \sin z\end{matrix}\right\}+J_0(z)\left\{\begin{matrix}1\\ 0\end{matrix}\right\}-\right.$

$$\left.-2\sum_{k=0}^{n+\delta-1}(-1)^kJ_{2k+1-\delta}(z)+\frac{2n+\delta}{2}zJ_{2n-1+\delta}(z)\right]\qquad\left[\delta=\left\{\begin{matrix}1\\ 0\end{matrix}\right\}\right].$$

23. $\displaystyle\sum_{k=1}^{\infty}(\pm1)^kk^2J_k(z)=\frac{z^2}{2}\pm\frac{z}{2}[J_0(z)-zJ_1(z)+zV(z)].$

24. $\displaystyle\sum_{k=0}^{\infty}(2k+\nu)^2J_{2k+\nu}(z)=\frac{\nu z}{2}J_{\nu-1}(z)+\frac{z^2}{2}J_\nu(z)+\frac{z^2}{2}\int_0^z J_{\nu+1}(t)\,dt$ $[\operatorname{Re}\nu>-2].$

25. $\displaystyle\sum_{k=0}^{\infty}(-1)^k(2k+\nu)^2J_{2k+\nu}(z)=\frac{\nu z}{2}J_{\nu-1}(z)-\frac{z}{2}\int_0^z J_\mu(z-t)J_{\nu-\mu}(t)\,dt$

$[\operatorname{Re}\mu,\ \operatorname{Re}(\nu-\mu)>-1].$

26. $\displaystyle\sum_{k=1}^{\infty}(\pm1)^{k+1}k^2J_{2k}(z)=\frac{z}{8}\left\{\begin{matrix}z\\ \sin z\end{matrix}\right\}.$

27. $\displaystyle\sum_{k=0}^{\infty}(2k+1)^2J_{2k+1}(z)=\frac{z}{2}[J_0(z)-zJ_1(z)+zV(z)].$

28. $\displaystyle\sum_{k=0}^{\infty}(-1)^k(2k+1)^2J_{2k+1}(z)=\frac{z}{2}\cos z.$

29. $\displaystyle\sum_{k=0}^{\infty}\left(2k+\delta+\frac{1}{2}\right)^2J_{2k+\delta+1/2}(z)=z^2\left\{\begin{matrix}S(z)\\ C(z)\end{matrix}\right\}+\frac{1}{2}\sqrt{\frac{z}{2\pi}}\left\{\begin{matrix}\sin z\\ \cos z\end{matrix}\right\}\pm\frac{z^{3/2}}{\sqrt{2\pi}}\left\{\begin{matrix}\cos z\\ \sin z\end{matrix}\right\}.$

30. $$\sum_{k=0}^{\infty}(-1)^k\left(2k+\delta+\frac{1}{2}\right)^2 J_{2k+\delta+1/2}(z) = \mp\frac{1}{2}\sqrt{\frac{z}{2\pi}}\left\{\begin{matrix}\sin z\\ \cos z\end{matrix}\right\} \pm \frac{z}{\sqrt{2}}\left[\left\{\begin{matrix}\cos z\\ \sin z\end{matrix}\right\}C(2z) \pm \left\{\begin{matrix}\sin z\\ \cos z\end{matrix}\right\}S(2z)\right].$$

31. $$\sum_{k=1}^{\infty} k^3 J_k(z) = \frac{z}{2}\,[zJ_0(z) - z^2J_1(z) + z^2 + (1+z^2)V(z) + 1].$$

32. $$\sum_{k=1}^{\infty}(-1)^k k^3 J_k(z) = \frac{z}{2}\,[zJ_0(z) - z^2J_1(z) + (z^2+1)V(z)] - \frac{z(z^2+1)}{2}.$$

33. $$\sum_{k=0}^{\infty}(2k+\nu)^3 J_{2k+\nu}(z) = \frac{z}{2}\,[\nu^2+z^2]J_{\nu-1}(z) + \frac{1-\nu}{2}\,z^2J_\nu(z) + \frac{z}{2}\,(z^2+1)\int_0^z J_\nu(t)\,dt$$ $[\operatorname{Re}\nu > -1]$.

34. $$\sum_{k=0}^{\infty}(-1)^k(2k+\nu)^3 J_{2k+\nu}(z) = \frac{\nu^2 z}{2}\,J_{\nu-1}(z) - z^2J_\nu(z).$$

35. $$\sum_{k=1}^{\infty} k^3 J_{2k}(z) = \frac{z}{16}\,[zJ_0(z) - z^2J_1(z) + (1+z^2)V(z)].$$

36. $$\sum_{k=1}^{\infty}(-1)^k k^3 J_{2k}(z) = -\frac{z^2}{8}\,J_0(z).$$

37. $$\sum_{k=1}^{\infty}(2k+1)^3 J_{2k+1}(z) = \frac{z^3+z}{2}.$$

38. $$\sum_{k=0}^{\infty}(-1)^k(2k+1)^3 J_{2k+1}(z) = \frac{z}{2}\,J_0(z) - z^2J_1(z).$$

39. $$\sum_{k=0}^{\infty}\left(2k+\delta+\frac{1}{2}\right)^3 J_{2k+\delta+1/2}(z) = (z^3+z)\left\{\begin{matrix}C(z)\\ S(z)\end{matrix}\right\} \pm \frac{1}{4}\sqrt{\frac{z}{2\pi}}\left\{\begin{matrix}\sin z\\ \cos z\end{matrix}\right\} + \frac{z^{3/2}}{2\sqrt{\pi}}\left\{\begin{matrix}\cos z\\ \sin z\end{matrix}\right\} \mp \frac{z^{5/2}}{\sqrt{2\pi}}\left\{\begin{matrix}\sin z\\ \cos z\end{matrix}\right\}.$$

40. $$\sum_{k=0}^{\infty}(-1)^k\left(2k+\delta+\frac{1}{2}\right)^3 J_{2k+\delta+1/2}(z) = \frac{z}{\sqrt{2\pi}}\left[\frac{1}{4}\left\{\begin{matrix}\sin z\\ \cos z\end{matrix}\right\} \pm 2z\left\{\begin{matrix}\cos z\\ \sin z\end{matrix}\right\}\right].$$

41. $$\sum_{k=1}^{\infty}(\pm 1)^{k+1} k^4 J_{2k}(z) = \frac{z}{32}\left\{\begin{matrix}z(z^2+4)\\ \sin z + 3z\cos z\end{matrix}\right\}.$$

42. $$\sum_{k=1-\sigma}^{\infty}(2k+\sigma)^{2n+\sigma} J_{2k+\sigma}(z) = \sum_{k=0}^{n+\sigma-1}\left(\frac{z}{2}\right)^{2k-\sigma+2}\sum_{m=0}^{k}\frac{(-1)^m}{m!(2k-m-\sigma+2)!}\times (2k-2m-\sigma+2)^{2n+\sigma}$$ $[\sigma = 0$ или $1;\ n+\sigma = 1, 2, 3, \ldots]$.

43. $$\sum_{k=1-\delta}^{\infty}(-1)^k(2k+\delta)^{2n} J_{2k+\delta}(z) = \left\{\begin{matrix}\sin z\\ \cos z\end{matrix}\right\}\sum_{k=1}^{[n/2]}\frac{(-1)^k}{(2k-1)!}\left(\frac{z}{2}\right)^{2k}\sum_{m=1}^{4k}(-1)^m m(m-2k)^{2n} + \left\{\begin{matrix}\cos z\\ \sin z\end{matrix}\right\}\sum_{k=0}^{[(n+2\delta-3)/2]}\frac{(-1)^k}{(2k)!}\left(\frac{z}{2}\right)^{2k+1}\sum_{m=0}^{4k+2}(-1)^m m(m-2k-1)^{2n}$$ $\left[n = 1, 2, 3, \ldots;\ \delta = \left\{\begin{matrix}1\\ 0\end{matrix}\right\}\right]$.

5.7.3. Ряды вида $\sum \frac{P(k)}{Q(k)} J_{nk+\nu}(z)$.

1. $\sum_{k=1}^{\infty} \frac{1}{k} J_{2k}(z) = -\frac{2}{\pi} \int_0^1 \frac{\cos zt}{\sqrt{1-t^2}} \ln 2t \, dt.$

2. $\sum_{k=1}^{\infty} \frac{(-1)^k}{k} J_{2k}(z) = \frac{1}{2}\left(\ln \frac{z}{2} + \mathbf{C}\right) J_0(z) - \frac{\pi}{4} Y_0(z).$

3. $\sum_{k=0}^{\infty} \frac{1}{2k+1} J_{2k}(z) = \frac{1}{2} - \frac{\pi}{4}\mathbf{H}_1(z) + \frac{1}{2z} \int_0^z J_0(t) \, dt.$

4. $\sum_{k=0}^{\infty} \frac{1}{2k+1} J_{2k+1}(z) = \frac{\pi}{4}\mathbf{H}_0(z).$

5. $\sum_{k=0}^{\infty} \frac{1}{2k+1} J_{2k+\nu}(z) = \frac{\pi(\nu-1)}{4} \int_0^z \frac{1}{t} J_{\nu-1}(t)\mathbf{H}_0(z-t) \, dt$ $[\operatorname{Re}\nu > 1]$.

6. $\sum_{k=0}^{\infty} \frac{(-1)^k}{2k+1} J_{4k+2}(z) = \int_0^{\pi/4} \cos(z \sin t) \, dt - \frac{\pi}{4} J_0(z).$

7. $\sum_{k=1}^{\infty} \frac{1}{k^{2n+2}} J_{2k}(z) = T_n,$

$$\sum_{m=0}^{n-1} \frac{(-1)^m \pi^{2n-2m-1}}{(2n-2m-1)!} T_m = \frac{(-1)^{n+1} 2^{2n}}{(2n)!} \frac{\partial^{2n}}{\partial \nu^{2n}} \left[\nu \sin \frac{\nu\pi}{2} s_{-1,\nu}(z)\right]\Big|_{\nu=0} - \frac{\pi^{2n+1}}{(2n+1)!2} J_0(z),$$

$$T_0 = \frac{2}{\pi} \int_0^{\pi/2} t^2 \cos(z \cos t) \, dt - \frac{\pi^2}{12} J_0(z) = 2S_{-1,0}(z) - \frac{\pi^3}{3} J_0(z) - \frac{\partial^2 J_\nu(z)}{\partial \nu^2}\Big|_{\nu=0}.$$

8. $\sum_{k=1}^{\infty} \frac{(-1)^k}{k^{2n+2}} J_{2k}(z) = U_n,$

$$\sum_{m=0}^{n-1} \frac{(-1)^m \pi^{2n-2m}}{(2n-2m-1)!} U_m = \frac{1}{(2n)!2} \int_0^{\pi} t^{2n} \cos(z \cos t) \, dt - \frac{\pi^{2n+1}}{(2n+1)!2} J_0(z).$$

9. $\sum_{k=1}^{\infty} (-1)^k \frac{2k+1}{k(k+1)} J_{2k+1}(z) = \left(\ln \frac{z}{2} + \mathbf{C}\right) J_1(z) - \frac{1}{z} J_0(z) - \frac{\pi}{2} Y_1(z).$

10. $\sum_{k=1}^{\infty} \frac{(-1)^k}{k^2 - \nu^2} J_{2k}(z) = \frac{1}{2\nu^2} J_0(z) - \frac{\operatorname{cosec} \nu\pi}{\nu} \int_0^{\pi/2} \cos 2\nu t \cos(z \sin t) \, dt.$

11. $\sum_{k=0}^{\infty} \frac{1}{(k+\nu)^2 - 1} J_{2k+2\nu}(z) = \frac{z^{-2}}{2\nu(\nu-1)} \int_0^z t^2 J_{2\nu-1}(t) \, dt$ $[\operatorname{Re}\nu > -1]$.

12. $\sum_{k=1}^{\infty} \frac{(-1)^k}{(2k+\nu)^2 - 1} J_{2k+\nu}(z) = -\frac{1}{2(\nu+1)} J_{\nu+2}(z) - \frac{1}{z} \sum_{k=1}^{\infty} (-1)^k J_{2k+\nu+1}(z)$ [см. 5.7.1.7].

13. $\sum_{k=1}^{\infty} \frac{1}{4k^2 - 1} J_{2k}(z) = \frac{1}{2} J_0(z) + \frac{\pi}{4}\mathbf{H}_1(z) - \frac{1}{2}.$

14. $\sum_{k=1}^{\infty} \frac{(-1)^k}{4k^2 - 1} J_{2k}(z) = \frac{1}{2} J_0(z) - \frac{1}{2z} \sin z.$

15. $$\sum_{k=1}^{\infty} \frac{1}{9k^2-1}\, J_{2k}(z) = \frac{2}{9}\, s_{-1,\,2/3}(z) + \frac{1}{2}\, J_0(z).$$

16. $$\sum_{k=1}^{\infty} \frac{2k+\nu}{(2k+\nu)^2-1}\, J_{2k+\nu}(z) = \frac{1}{2(\nu+1)}\, J_{\nu+2}(z) + \frac{1}{2z}\int_0^z J_{\nu+2}(t)\,dt \qquad [\operatorname{Re}\nu > -3].$$

17. $$\sum_{k=0}^{\infty} \frac{2k+1}{(3k+1)(3k+2)}\, J_{2k+1}(z) = \frac{2}{9}\, s_{0,\,1/3}(z).$$

5.7.4. Разные ряды вида $\sum a_k J_{nk+\nu}(z)$.

1. $$\sum_{k=0}^{\infty} \frac{\Gamma(k+\mu)}{k!}\, J_{2k+\nu}(z) = 2^{-\mu}\int_0^z t^{\mu-1} J_{\nu-\mu}(z-t)\,dt \qquad [\operatorname{Re}\mu > 0;\ \operatorname{Re}(\mu-\nu) < 1].$$

2. $$\sum_{k=0}^{\infty} \frac{(1/2)_k}{k!}\, J_{2k+\nu}(z) = \frac{\sqrt{\pi z}}{2}\, J_{\nu/2}\Big(\frac{z}{2}\Big) J_{(\nu-1)/2}\Big(\frac{z}{2}\Big).$$

3. $$\sum_{k=0}^{\infty} \frac{(1/2)_k}{k!}\, J_{2k+(1\pm1)/2}(z) = \begin{Bmatrix} \sin(z/2) \\ \cos(z/2) \end{Bmatrix} J_0\Big(\frac{z}{2}\Big).$$

4. $$\sum_{k=0}^{\infty} \frac{(\nu)_k}{k!}\,(2k+\nu) J_{2k+\nu}(z) = \frac{1}{\Gamma(\nu)}\Big(\frac{z}{2}\Big)^{\nu} \qquad [\nu \neq 0,\ -1,\ -2,\ \ldots].$$

5. $$\sum_{k=0}^{\infty} \frac{k!}{(3/2)_k}\Big(2k+\frac{3}{2}\Big) J_{2k+3/2}(z) = \sqrt{\frac{z}{2\pi}}\ \operatorname{Si}(z).$$

6. $$\sum_{k=0}^{\infty} \frac{(\delta-\nu+3/2)_k}{(\nu)_k}\Big(2k+\delta+\frac{1}{2}\Big) J_{2k+\delta+1/2}(z) = \sqrt{\frac{2}{\pi}}\,(\nu-1) z^{\delta-2\nu+5/2}\int_0^z t^{2\nu-4}\begin{Bmatrix} \sin t \\ t\cos t \end{Bmatrix} dt$$
$$\left[\operatorname{Re}\nu > 1,\ \delta = \begin{Bmatrix} 1 \\ 0 \end{Bmatrix}\right].$$

7. $$\sum_{k=0}^{\infty} \frac{(1-\nu)_k}{(\nu)_k}\, J_{2k}(z) = \frac{1}{2}\, {}_1F_2\Big(\nu-\frac{1}{2};\ \frac{1}{2},\ \nu;\ -\frac{z^2}{4}\Big) + \frac{1}{2}\, J_0(z).$$

8. $$\sum_{k=1}^{\infty} \frac{(-1)^k(1-\nu)_k}{(\nu)_k}\, J_{2k}(z) = \frac{1}{2}\,\Gamma(\nu)\Big(\frac{z}{2}\Big)^{1-\nu} J_{\nu-1}(z) - \frac{1}{2}\, J_0(z).$$

9. $$\sum_{k=0}^{\infty} \frac{(2-\nu)_k}{(\nu)_k}\, J_{2k+1}(z) = \frac{z}{2}\, {}_1F_2\Big(\nu-\frac{1}{2};\ \frac{3}{2},\ \nu;\ -\frac{z^2}{4}\Big) \qquad [\operatorname{Re}\nu > 1;\ \nu \neq 2,\ 3,\ 4,\ \ldots].$$

10. $$\sum_{k=0}^{\infty} \frac{((\mu-\lambda+1)/2)_k\Gamma(k+(\mu+\lambda)/2)}{k!\Gamma(k+\mu+1)\Gamma(k+\nu+1/2)}\, J_{k+\nu}(z) = \frac{4\sqrt{\pi}\,(z/2)^{(\lambda-\mu)/2}}{\Gamma((\mu+\lambda+1)/2)\Gamma(\nu-(\mu+\lambda-1)/2)}\times$$
$$\times\int_0^{\pi/2} J_{\nu-(\lambda+\mu)/2}(z\sin^2 t) J_\mu(z\cos^2 t)\sin^{2\nu-\lambda-\mu+1} t\cos^{2\lambda-1} t\,dt$$
$$[\operatorname{Re}(\lambda+\mu) > 0;\ \operatorname{Re}(2\nu-\lambda-\mu) > -1].$$

11. $$\sum_{k=0}^{\infty} \frac{(-1)^k(2k+\nu)\Gamma(k+\nu)\Gamma(k-\mu+\nu)\Gamma(2k-\lambda+\mu+1)}{k!\Gamma(k+\mu+1)\Gamma(2k+\lambda-\mu+2\nu)}\, J_{2k+\nu}(z) =$$
$$= 2^{2\mu-2\nu+2}\sqrt{\frac{\pi z}{2}}\,\Gamma\begin{bmatrix} \mu-\lambda+1 \\ \mu+\lambda \end{bmatrix}\int_0^{\pi/2} J_{\nu-\mu-1/2}(z\sin^2 t) J_\mu(z\cos^2 t)\sin^{2\nu-2\mu} t\cos^{2\lambda-1} t\,dt$$
$$[\operatorname{Re}(\lambda+\mu),\ \operatorname{Re}(\nu-\mu) > 0].$$

12. $$\sum_{k=0}^{\infty} \frac{(-1)^k (\mu)_k \Gamma(k+\lambda+\mu)}{k!\Gamma(k+\lambda+1)} J_{2k+\nu}(z) = 2^{1-\mu} z^{\mu} \int_0^{\pi/2} J_{\lambda}(z\sin^2 t) J_{\nu-\lambda-\mu}(z\cos^2 t) \times$$
$$\times \sin^{2\mu-1} t \cos t \, dt \qquad [\mathrm{Re}\,(\lambda+\mu),\ \mathrm{Re}\,(\nu-\lambda-\mu+1) > 0].$$

13. $$\sum_{k=0}^{\infty} (-1)^k (2k+\nu) \frac{(2\nu-\delta)_{2k}}{(2k+\delta)!} J_{2k+\nu}(z) = \frac{2^{-\nu} z^{\nu-\delta}}{\Gamma(\nu)} \begin{Bmatrix} \sin z \\ \cos z \end{Bmatrix} \qquad \left[\mathrm{Re}\,\nu > 1/2,\ \delta = \begin{Bmatrix} 1 \\ 0 \end{Bmatrix}\right].$$

14. $$\sum_{k=0}^{\infty} \frac{(2k+\nu)\Gamma(k+\nu)}{k!\Gamma(k+\mu)\Gamma(\mu-\nu-k)} J_{2k+\nu}(z) = \frac{1}{\Gamma(\mu-\nu)} \left(\frac{z}{2}\right)^{\nu-\mu+1} J_{\mu-1}(z).$$

15. $$\sum_{k=0}^{\infty} \frac{(2k+\nu)\Gamma(k+\nu)}{k!(2k+1)(2k+2\nu-1)} J_{2k+\nu}(z) = \frac{\sqrt{\pi}}{4} \Gamma\left(\nu - \frac{1}{2}\right) \mathbf{H}_{\nu-1}(z).$$

16. $$\sum_{k=0}^{\infty} \frac{(2k+\nu)\Gamma(k+\nu)}{k![(2k+\nu)^2-\mu^2]} J_{2k+\nu}(z) = 2^{-\nu} s_{\nu-1,\,\mu}(z) \qquad [\nu \pm \mu \neq 0,\ -2,\ -4,\ \ldots].$$

17. $$\sum_{k=1}^{\infty} \frac{(2k+\nu)\Gamma(k+\nu)}{k!k(k+\nu)} J_{2k+\nu}(z) = 2^{2-\nu} S_{\nu-1,\,\nu}(z) +$$
$$+ \Gamma(\nu)\left[\pi Y_{\nu}(z) - 2\frac{\partial J_{\nu}(z)}{\partial \nu} - J_{\nu}(z)(\psi(\nu+1) + \mathbf{C})\right] \qquad [\nu \neq 0,\ -1,\ -2,\ \ldots].$$

18. $$\sum_{k=0}^{\infty} \frac{(-1)^k (2k+\nu)\Gamma(k+\mu+1)\Gamma(k+\nu)\Gamma(2k-\mu+\nu)}{k!\Gamma(k-\mu+\nu)\Gamma(2k+\mu+\nu+1)} J_{2k+\nu}(z) =$$
$$= \frac{z\Gamma^2(\mu+1)}{\Gamma(2\mu+1)} \int_0^{\pi/2} J_{\mu}(z\sin^2 t) J_{\nu-\mu-1}(z\cos^2 t) \sin^{2\mu+1} t \cos t \, dt$$
$$[\mathrm{Re}\,\mu > -1;\ \mathrm{Re}\,(\nu-\mu) > 0].$$

19. $$\sum_{k=0}^{\infty} \frac{(2k+\nu)(\nu)_k}{k!(\lambda)_k(\mu)_k} (\nu-\lambda+1)_k (\nu-\mu+1)_k J_{2k+\nu}(z) =$$
$$= \frac{1}{\Gamma(\nu)} \left(\frac{z}{2}\right)^{\nu} {}_1F_2\left(\lambda+\mu-\nu-1;\ \lambda,\ \mu;\ -\frac{z^2}{4}\right).$$

20. $$\sum_{k=0}^{\infty} \frac{(2k+\nu)(\mu)_k}{(\nu-\mu+1)_k} J_{2k+\nu}(z) = (\nu-\mu) z^{2\mu-\nu} \int_0^{z} t^{\nu-2\mu} J_{\nu-1}(t)\, dt \qquad [\mathrm{Re}\,(\nu-\mu) > 0].$$

21. $$\sum_{k=0}^{\infty} \frac{(-1)^k (2k+\nu)(\nu)_k(\nu-\mu)_k}{k!(\mu+1)_k} J_{2k+\nu}(z) = \Gamma\begin{bmatrix} \mu+1 \\ \nu \end{bmatrix} \left(\frac{z}{2}\right)^{\nu-\mu} J_{\mu}(z)$$
$$[\mu,\ \nu,\ \nu-\mu \neq -1,\ -2,\ -3,\ \ldots].$$

5.7.5. Ряды вида $\sum (ka+b) t^k J_{nk+\nu}(z)$.

1. $$\sum_{k=0}^{\infty} t^k J_{k+\nu}(z) = e^{i\nu\pi/2} t^{-\nu} [U_{\nu}(-itz,\ z) + iU_{\nu+1}(-itz,\ z)],$$
$$= z^{-\nu} e^{tz/2} \int_0^{z} x^{\nu} e^{-tx^2/(2z)} J_{\nu-1}(x)\, dx \qquad [\mathrm{Re}\,\nu > 1].$$

2. $$\sum_{k=-\infty}^{\infty} t^k J_{k\pm n}(z) = t^{\mp n} \exp\left[\left(t - \frac{1}{t}\right)\frac{z}{2}\right].$$

3. $$\sum_{k=0}^{\infty} t^{2k} J_{2k+\nu}(z) = z^{-\nu} \int_0^{z} x^{\nu}\, \mathrm{ch}\left(\frac{tx^2}{2z} - \frac{tz}{2}\right) J_{\nu-1}(x)\, dx \qquad [\mathrm{Re}\,\nu > 0].$$

4. $\sum\limits_{k=0}^{\infty}(-1)^k t^{2k} J_{2k+\nu}(z) = t^{-\nu} U_\nu(tz,\, z).$

5. $\sum\limits_{k=-\infty}^{\infty} t^{2k+(1\pm1)/2} J_{2k+2n+(1\pm1)/2}(z) = t^{-2n-(1\pm1)/2} \left\{ \begin{matrix} \operatorname{sh}[(a^2-1)x/(2a)] \\ \operatorname{ch}[(a^2-1)x/(2a)] \end{matrix} \right\}.$

6. $\sum\limits_{k=0}^{\infty} t^{2k+1} J_{2k+1}(z) = \dfrac{1}{2}\exp\left[\left(t-\dfrac{1}{t}\right)\dfrac{z}{2}\right] - \dfrac{1}{\pi}\int\limits_0^\infty \dfrac{1}{x^2+1}\cos\dfrac{(t^2+x^2)z}{2tx}\,dx$ $[0 \leqslant t < 1;\ z \geqslant 0].$

7. $\sum\limits_{k=-\infty}^{\infty} (-1)^k t^{2k} J_{2k+n}(z) = t^{-n}\cos\dfrac{t^2 z + a - n\pi t}{2t}.$

8. $\sum\limits_{k=-\infty}^{\infty} k t^k J_k(z) = \dfrac{1}{2}\left(t+\dfrac{1}{t}\right) z \exp\left[\left(t-\dfrac{1}{t}\right)\dfrac{z}{2}\right].$

9. $\sum\limits_{k=-\infty}^{\infty} (\pm1)^k k t^{2k} J_{2k}(z) = \dfrac{1}{4}\left(\dfrac{1}{t} \pm t\right) z \left\{ \begin{matrix} \operatorname{sh}[(t^2-1)z/(2t)] \\ \sin[(t^2+1)z/(2t)] \end{matrix} \right\}.$

10. $\sum\limits_{k=-\infty}^{\infty} (\pm1)^k (2k+1) t^{2k+1} J_{2k+1}(z) = \dfrac{1}{2}\left(t \pm \dfrac{1}{t}\right) \left\{ \begin{matrix} \operatorname{ch}[(t^2-1)z/(2t)] \\ \cos[(t^2+1)z/(2t)] \end{matrix} \right\}.$

5.7.6. Ряды вида $\sum \dfrac{t^k}{\Gamma(nk+\mu)} J_{k+\nu}(z)$.

1. $\sum\limits_{k=0}^{\infty} \dfrac{t^k}{k!} J_{k+\nu}(z) = z^{\nu/2}(z-2t)^{-\nu/2} J_\nu(\sqrt{z^2-2tz})$ $[|2t| < z].$

2. $\sum\limits_{k=0}^{\infty} \dfrac{t^k}{k!} J_{\nu-k}(z) = z^{-\nu/2}(z+2t)^{\nu/2} J_\nu(\sqrt{z^2+2tz})$ $[|2t| < z].$

3. $\sum\limits_{k=-\infty}^{\infty} \dfrac{t^k}{\Gamma(k+\nu+\sigma)} J_{k+\nu}(z) = t^{1-\sigma-\nu}\left(1-\dfrac{2t}{z}\right)^{(\sigma-1)/2} J_{1-\sigma}(\sqrt{z^2-2tz})$ [$\sigma = 0$ или 1].

4. $\sum\limits_{k=0}^{\infty} \dfrac{(z/2)^k}{\Gamma(k+\mu)} J_{k+\nu}(z) = \dfrac{2z^{\nu-2\mu+2}}{\Gamma(\mu-1)}\int\limits_0^z t^{2\mu-\nu-3} J_\nu(t)\,dt$ $[\operatorname{Re}\mu > 1].$

5. $\sum\limits_{k=-\infty}^{\infty} \dfrac{t^k}{\Gamma(k-\nu+3/2)} J_{\pm(k-\nu)}(z) = \sqrt{\dfrac{2}{\pi z}}\, t^{\nu-1/2} \left\{ \begin{matrix} \cos(\sqrt{z^2-2tz}) \\ \sin(\sqrt{z^2-2tz}) \end{matrix} \right\}.$

6. $\sum\limits_{k=0}^{\infty} \dfrac{z^k}{k!} J_{k+\nu}(z) = I_\nu(z).$

7. $\sum\limits_{k=0}^{\infty} \dfrac{(z/2)^k}{k!} J_{k+\nu}(z) = \dfrac{(z/2)^\nu}{\Gamma(\nu+1)}.$

8. $\sum\limits_{k=0}^{\infty} \dfrac{(-z/2)^k}{k!} J_{\nu-k}(z) = 0$ [$\operatorname{Re}\nu > 0$ или $\nu = 0, \pm1, \pm2, \ldots$].

9. $\sum\limits_{k=0}^{\infty} \dfrac{(z/2)^k}{(k+1)!} J_{k+1/2}(z) = \sqrt{\dfrac{2}{\pi z^3}}\,(1-\cos z).$

10. $\sum\limits_{k=0}^{\infty} \dfrac{(z/2)^k}{(k+2)!} J_{k+1/2}(z) = 4\sqrt{\dfrac{2}{\pi z^7}}\,(\cos z + z\sin z - 1).$

11. $\sum\limits_{k=0}^{\infty} \dfrac{z^k}{(2k+1)!!} J_k(z) = \dfrac{1}{z} V(z)$ [см. 5.7.1].

12. $\sum_{k=1}^{\infty} \frac{z^k}{(2k-1)!!} J_k(z) = zV(z) - zJ_1(z)$ [см. 5.7.1].

13. $\sum_{k=0}^{\infty} \frac{z^k}{(2k+1)!!} J_{k+1/2}(z) = \sqrt{\frac{2}{\pi z}} \operatorname{Si}(z).$

14. $\sum_{k=0}^{\infty} \frac{z^k}{(2k-1)!!} J_{k+1/2}(z) = \sqrt{\frac{z}{2\pi}} \left[z \operatorname{Si}(z) + \cos z - \frac{3\sin z}{z} \right].$

5.7.7. Ряды вида $\sum \frac{t^k}{k!(ka+b)^n} J_{k+\nu}(z)$.

1. $\sum_{k=0}^{\infty} \frac{(z/2)^k}{k!(k+\mu)} J_{k+\nu}(z) = \frac{2^{2-\mu}}{\Gamma(\nu)} z^{-\nu} s_{\nu+\mu-1,\,\nu-\mu}(z)$ [$\mu,\ \nu \neq 0,\ -1,\ -2,\ \ldots$].

2. $\sum_{k=0}^{\infty} \frac{(z/2)^k}{k!(k-\nu)} J_{k+\nu}(z) = \frac{\pi}{\Gamma(\nu+1)} \left(\frac{z}{2}\right)^{\nu} [\mathbf{E}_{-2\nu}(z) - \operatorname{ctg} \nu\pi \mathbf{J}_{-2\nu}(z)].$

3. $\sum_{k=0}^{\infty} \frac{(z/2)^k}{k!(k-\nu+1)} J_{k+\nu}(z) = \frac{\pi}{\Gamma(\nu-1)} \left(\frac{z}{2}\right)^{\nu-1} [\mathbf{E}_{2\nu-1}(z) - \operatorname{ctg} \nu\pi \mathbf{J}_{2\nu-1}(z)].$

4. $\sum_{k=0}^{\infty} \frac{(z/2)^k}{k!(2k+1)} J_{k+\nu}(z) = \sqrt{\frac{\pi}{2z}} \mathbf{H}_{\nu-1/2}(z).$

5. $\sum_{k=0}^{\infty} \frac{(z/2)^k}{k!(k+\nu)} J_{k+(1\pm 1)/4}(z) = \Gamma(\nu) \left(\frac{2}{z}\right)^{\nu} \begin{Bmatrix} \mathbf{H}_{\nu-1/2}(z) \\ J_\nu(z) \end{Bmatrix}.$

6. $\sum_{k=0}^{\infty} \frac{(z/2)^k}{k!(k+\nu)} J_{k-m}(z) = (-1)^m \Gamma(\nu) \left(\frac{2}{z}\right)^{\nu} J_{m+\nu}(z).$

7. $\sum_{k=1}^{\infty} \frac{(z/2)^k}{k!(2k-1)} J_k(z) = J_0(z) - \cos z.$

8. $\sum_{k=0}^{\infty} \frac{(z/2)^k}{k!(2k-1)} J_{k-1/2}(z) = \sqrt{\frac{2}{\pi z}} [\pi z \mathbf{H}_0(z) - 2].$

9. $\sum_{k=0}^{\infty} \frac{(z/2)^k}{k!(2k-1)} J_{k+1/2}(z) = \sqrt{\frac{2z}{\pi}} [\mathbf{H}_1(z) - 2].$

10. $\sum_{k=1}^{\infty} \frac{(z/2)^k}{k!k} J_k(z) = \frac{\pi}{2} Y_0(z) - \left(\mathbf{C} + \ln \frac{z}{2}\right) J_0(z).$

11. $\sum_{k=0}^{\infty} \frac{(z/2)^k}{k!(k+a)^2} J_{k+1}(z) = \Gamma(a) \left(\frac{2}{z}\right)^{a} \left[\frac{\partial J_{a-1}(z)}{\partial a} + \left(\psi(a) - \ln \frac{z}{2}\right) J_{a-1}(z) \right].$

12. $\sum_{k=1}^{\infty} \frac{(z/2)^k}{k!k^2} J_k(z) = \frac{\pi}{2} \left(\mathbf{C} + \ln \frac{z}{2}\right) Y_0(z) - \frac{1}{2} \left. \frac{\partial^2 J_\nu(z)}{\partial \nu^2} \right|_{\nu=0} - \frac{1}{2} \left[\frac{\pi^2}{6} + \left(\mathbf{C} + \ln \frac{z}{2}\right)^2 \right] J_0(z).$

13. $\sum_{k=0}^{\infty} \frac{(z/2)^k}{k!(4k^2-1)^2} J_{k+1}(z) = -\frac{1}{2} \sin z.$

5.7.8. Ряды вида $\sum \frac{\Gamma(ka+b)}{\Gamma(kc+d)\Gamma(kc+f)} t^k J_{nk+\nu}(z)$.

1. $\sum_{k=0}^{\infty} k! \left(\frac{z}{2}\right)^{-k} J_{k+\nu}(z) = \frac{(z/2)^\nu}{(\nu-1)\Gamma(\nu)} {}_1F_2\left(\nu-1;\ \nu,\ \nu;\ -\frac{z^2}{4}\right)$ [$\operatorname{Re} \nu > 1$].

2. $\displaystyle\sum_{k=0}^{\infty} k!\left(\frac{z}{2}\right)^{-k} J_{k+2}(z) = 1 - J_0(z).$

3. $\displaystyle\sum_{k=0}^{\infty} \frac{(\mu)_k}{k!(\lambda)_k}\left(\frac{z}{2}\right)^{k} J_{k+\nu}(z) = \frac{1}{\Gamma(\nu+1)}\left(\frac{z}{2}\right)^{\nu} {}_1F_2\left(\lambda-\mu;\ \lambda,\ \nu+1;\ -\frac{z^2}{4}\right).$

4. $\displaystyle\sum_{k=0}^{\infty} \frac{(\mu-\nu-1)_k}{k!(\mu)_k}\left(\frac{z}{2}\right)^{k} J_{k+\nu}(z) = \Gamma\begin{bmatrix}\mu\\ \nu+1\end{bmatrix}\left(\frac{z}{2}\right)^{\nu-\mu+1} J_{\mu-1}(z)$

$[\mu \neq \nu+1;\ \nu \neq -1,\ -2,\ -3,\ \ldots].$

5. $\displaystyle\sum_{k=0}^{\infty} \frac{(-1/2)_k}{k!(\nu+3/2)_k}\left(\frac{z}{2}\right)^{k} J_{k+\nu}(z) = \Gamma\begin{bmatrix}\nu+3/2\\ \nu+2\end{bmatrix}\sqrt{\frac{1}{2z}}\,[zJ_{\nu-1/2}(z) + J_{\nu+1/2}(z)].$

6. $\displaystyle\sum_{k=0}^{\infty} \frac{(1/2)_k}{k!(\nu/2+3/2)_k}\left(\frac{z}{2}\right)^{k} J_{k+\nu}(z) = 2^{\nu}\Gamma\begin{bmatrix}(\nu+1)/2,\ (\nu+3)/2\\ \nu+1\end{bmatrix} J_{(\nu-1)/2}\left(\frac{z}{2}\right) J_{(\nu+1)/2}\left(\frac{z}{2}\right).$

7. $\displaystyle\sum_{k=0}^{\infty} \frac{(1/2)_k}{k!(\nu/2+1)_k}\left(\frac{z}{2}\right)^{k} J_{k+\nu}(z) = 2^{\nu}\Gamma\begin{bmatrix}\nu/2+1,\ \nu/2+1\\ \nu+1\end{bmatrix} J_{\nu/2}^2\left(\frac{z}{2}\right).$

8. $\displaystyle\sum_{k=0}^{\infty} \frac{(2k-1)!!}{(k!)^2}\left(\frac{z}{4}\right)^{k} J_k(z) = J_0^2\left(\frac{z}{2}\right).$

9. $\displaystyle\sum_{k=0}^{\infty} \frac{(2k+1)!!}{(k!)^2}\left(\frac{z}{4}\right)^{k} J_k(z) = \left(1+\frac{z^2}{2}\right) J_0^2\left(\frac{z}{2}\right) + \frac{z^2}{2} J_1^2\left(\frac{z}{2}\right) - zJ_0\left(\frac{z}{2}\right) J_1\left(\frac{z}{2}\right).$

10. $\displaystyle\sum_{k=0}^{\infty} \frac{(2k-1)!!}{(k!)^2}\left(\frac{z}{4}\right)^{k} J_{k+1}(z) = \frac{z}{2} J_0^2\left(\frac{z}{2}\right) + \frac{z}{2} J_1^2\left(\frac{z}{2}\right).$

11. $\displaystyle\sum_{k=0}^{\infty} \frac{(2k-1)!!}{k!(k+1)!}\left(\frac{z}{4}\right)^{k} J_k(z) = J_0^2\left(\frac{z}{2}\right) - J_1^2\left(\frac{z}{2}\right).$

12. $\displaystyle\sum_{k=0}^{\infty} \frac{(2k-1)!!}{k!(k+1)!}\left(\frac{z}{4}\right)^{k} J_{k+1}(z) = 2J_0\left(\frac{z}{2}\right) J_1\left(\frac{z}{2}\right).$

13. $\displaystyle\sum_{k=0}^{\infty} \frac{(2k-1)!!}{k!(k+1)!}\left(\frac{z}{4}\right)^{k} J_{k+2}(z) = 2\,J_1^2\left(\frac{z}{2}\right).$

14. $\displaystyle\sum_{k=0}^{\infty} \frac{t^{2k+\delta}}{(2k+\delta)!}\, J_{2k+\nu+\delta}(z) =$

$\displaystyle= \frac{1}{2}\, z^{\nu/2}(z-2t)^{-\nu/2} J_\nu(\sqrt{z^2-2tz}\,) \mp \frac{1}{2}\, z^{\nu/2}(z+2t)^{-\nu/2} J_\nu(\sqrt{z^2+2tz}\,) \qquad \left[\delta = \begin{Bmatrix}1\\0\end{Bmatrix}\right].$

15. $\displaystyle\sum_{k=0}^{\infty} \frac{t^{2k+\nu}}{k!(k+\nu+1)}\, J_{2k+\nu}(z) = J_\nu\left(z\sin\left(\frac{1}{2}\arcsin\frac{4t}{z}\right)\right) J_\nu\left(z\cos\left(\frac{1}{2}\arcsin\frac{4t}{z}\right)\right)$

$[|z| \leqslant 4|t|].$

16. $\displaystyle\sum_{k=0}^{\infty} \frac{(z/2)^{2k+\nu}\Gamma(k+\alpha+\nu/2)\Gamma(k+\beta+\nu/2)}{k!\Gamma(k+\nu+1)\Gamma(2k+\alpha+\beta+\nu)}\, J_{2k+\nu}(z) =$

$\displaystyle= 2\int_0^{\pi/2} \sin^{2\alpha-1} t\cos^{2\beta-1} t J_\nu(z\sin t) J_\nu(z\cos t)\, dt \qquad [\operatorname{Re}\alpha,\ \operatorname{Re}\beta > -\operatorname{Re}\nu/2].$

5.7.9. Ряды, содержащие гиперболические функции и $J_\nu(z)$.

1. $\displaystyle\sum_{k=0}^{\infty} (\pm 1)^k \operatorname{ch} ka J_{2k}(z) = \frac{1}{2}\, J_0(z) + \frac{1}{2}\begin{Bmatrix}\operatorname{ch}[z\operatorname{sh}(a/2)]\\ \cos[z\operatorname{ch}(a/2)]\end{Bmatrix}.$

2. $\sum_{k=0}^{\infty}(\pm 1)^k \left\{\begin{matrix} \operatorname{sh}(2k+1)a \\ \operatorname{ch}(2k+1)a \end{matrix}\right\} J_{2k+1}(z) = \frac{1}{2}\left\{\begin{matrix} \operatorname{sh}(z \operatorname{sh} a) \\ \sin(z \operatorname{ch} a) \end{matrix}\right\}.$

3. $\sum_{k=1}^{\infty}(\pm 1)^k k \operatorname{sh} ka\, J_{2k}(z) = \pm\frac{z}{4}\left\{\begin{matrix} \operatorname{ch}(a/2)\operatorname{sh}[z \operatorname{sh}(a/2)] \\ \operatorname{sh}(a/2)\sin[z \operatorname{ch}(a/2)] \end{matrix}\right\}.$

4. $\sum_{k=0}^{\infty}(\mp 1)^k \left\{\begin{matrix} \operatorname{sh}(2k+1)a \\ \operatorname{ch}(2k+1)a \end{matrix}\right\} J_{2k+1}(z) = \frac{z}{2}\left\{\begin{matrix} \operatorname{sh} a \cos(z \operatorname{ch} a) \\ \operatorname{ch} a \operatorname{ch}(z \operatorname{sh} a) \end{matrix}\right\}.$

5. $\sum_{k=0}^{\infty}(\pm 1)^k \operatorname{ch} ka\, J_k^2(z) = \frac{1}{2}J_0^2(z) + \frac{1}{2}\left\{\begin{matrix} I_0(2z \operatorname{sh}(a/2)) \\ J_0(2z \operatorname{ch}(a/2)) \end{matrix}\right\}.$

5.7.10. Ряды вида $\sum a_k \left\{\begin{matrix} \sin(ka+b) \\ \cos(ka+b) \end{matrix}\right\} J_{nk+\nu}(z)$.

1. $\sum_{k=1}^{\infty}(\pm 1)^k \sin ka J_{k+\nu}(z) = \pm\frac{1}{2}\int_0^z \left(\frac{\nu}{t} \pm \cos a\right)\sin[(z-t)\sin a]J_\nu(t)\,dt$ $\quad[\operatorname{Re}\nu > 0].$

2. $\sum_{k=-\infty}^{\infty} \left\{\begin{matrix} \sin ka \\ \cos ka \end{matrix}\right\} J_{k+n}(z) = \left\{\begin{matrix} \sin(-na + z\sin a) \\ \cos(na - z\sin a) \end{matrix}\right\}.$

3. $\sum_{k=1}^{\infty}(\pm 1)^k \cos ka J_{k+\nu}(z) = \frac{1}{4}\operatorname{cosec} a \int_0^z \sin[(z-t)\sin a] \times$

$\times \left[\cos 2a J_\nu(t) \pm 2\cos a J'_\nu(t) - J_{\nu+2}(t)\right] dt$ $\quad[\operatorname{Re}\nu > 0].$

4. $\sum_{k=0}^{\infty}(\pm 1)^k \cos ka J_{2k}(z) = \frac{1}{2}\left\{\begin{matrix} \cos[z\sin(a/2)] \\ \cos[z\cos(a/2)] \end{matrix}\right\} + \frac{1}{2}J_0(z).$

5. $\sum_{k=0}^{\infty}(\pm 1)^k \left\{\begin{matrix} \sin(2k+1)a \\ \cos(2k+1)a \end{matrix}\right\} J_{2k+1}(z) = \frac{1}{2}\left\{\begin{matrix} \sin(z\sin a) \\ \sin(z\cos a) \end{matrix}\right\}.$

6. $\sum_{k=0}^{\infty} \cos(2k+1)a J_{2k+1}(z) = \frac{z}{4\sqrt{2}}\int_{2a}^{\pi} \frac{\sin t}{\sqrt{\cos 2a - \cos t}}\, J_0\left(z\sin\frac{t}{2}\right) dt.$

7. $\sum_{k=0}^{\infty}(-1)^k \left\{\begin{matrix} \sin ka \\ \cos ka \end{matrix}\right\} J_{2k+1/2}(z) =$

$= \mp\frac{\sqrt{2}}{2}\left\{\begin{matrix} \sin(a/4) \\ \cos(a/4) \end{matrix}\right\}\left[\sin\left(z\cos\frac{a}{2}\right)S\left(2z\cos^2\frac{a}{4}\right) + \cos\left(z\cos\frac{a}{2}\right)C\left(2z\cos^2\frac{a}{4}\right)\right] -$

$- \frac{\sqrt{2}}{2}\left\{\begin{matrix} \cos(a/4) \\ \sin(a/4) \end{matrix}\right\}\left[\sin\left(z\cos\frac{a}{2}\right)S\left(2z\sin^2\frac{a}{4}\right) - \cos\left(z\cos\frac{a}{2}\right)C\left(2z\sin^2\frac{a}{4}\right)\right].$

8. $\sum_{k=0}^{\infty}(-1)^k \left\{\begin{matrix} \sin ka \\ \cos ka \end{matrix}\right\} J_{2k+3/2}(z) =$

$= \mp\frac{\sqrt{2}}{2}\left\{\begin{matrix} \sin(3a/4) \\ \cos(3a/4) \end{matrix}\right\}\left[\sin\left(z\cos\frac{a}{2}\right)C\left(2z\cos^2\frac{a}{4}\right) - \cos\left(z\cos\frac{a}{2}\right)S\left(2z\cos^2\frac{a}{4}\right)\right] +$

$+ \frac{\sqrt{2}}{2}\left\{\begin{matrix} \cos(3a/4) \\ \sin(3a/4) \end{matrix}\right\}\left[\cos\left(z\cos\frac{a}{2}\right)S\left(2z\sin^2\frac{a}{4}\right) + \sin\left(z\cos\frac{a}{2}\right)C\left(2z\sin^2\frac{a}{4}\right)\right].$

9. $\sum_{k=0}^{\infty}(-1)^k \cos\left(2k + \frac{2\pm 1}{2}\right)a J_{2k+(2\pm 1)/2}(z) =$

$= \frac{\sqrt{2}}{2}\left\{\begin{matrix} \sin(z\cos a) \\ \cos(z\cos a) \end{matrix}\right\}C\left(2z\cos^2\frac{a}{2}\right) \mp \frac{\sqrt{2}}{2}\left\{\begin{matrix} \cos(z\cos a) \\ \sin(z\cos a) \end{matrix}\right\}S\left(2z\cos^2\frac{a}{2}\right).$

10. $\sum_{k=1}^{\infty}(\pm 1)^k k\sin ka J_{2k}(z) = \pm\frac{z}{4}\left\{\begin{matrix}\cos(a/2)\sin[z\sin(a/2)]\\ \sin(a/2)\sin[z\cos(a/2)]\end{matrix}\right\}.$

11. $\sum_{k=0}^{\infty}(\mp 1)^k(2k+1)\left\{\begin{matrix}\sin(2k+1)a\\ \cos(2k+1)a\end{matrix}\right\}J_{2k+1}(z) = \frac{z}{2}\left\{\begin{matrix}\sin a\cos(z\cos a)\\ \cos a\cos(z\sin a)\end{matrix}\right\}.$

12. $\sum_{k=-\infty}^{\infty} t^k \sin ka J_k(z) = \exp\left[\left(t-\frac{1}{t}\right)\frac{z}{2}\cos a\right]\sin\left[\left(t+\frac{1}{t}\right)\frac{z}{2}\sin a\right].$

13. $\sum_{k=1}^{\infty}(\pm 1)^k \cos ka\cos kb J_{2k}(z) =$

$$= \frac{1}{2}\left\{\begin{matrix}\cos[z\cos(a/2)\sin(b/2)]\cos[z\sin(a/2)\cos(b/2)]\\ \cos[z\cos(a/2)\cos(b/2)]\cos[z\sin(a/2)\sin(b/2)]\end{matrix}\right\} - \frac{1}{2}J_0(z).$$

14. $\sum_{k=0}^{\infty}(\pm 1)^k \sin(2k+1)a\left\{\begin{matrix}\sin(2k+1)b\\ \cos(2k+1)b\end{matrix}\right\}J_{2k+1}(z) = \frac{1}{2}\left\{\begin{matrix}\sin(z\sin a\cos b)\cos(z\cos a\sin b)\\ \sin(z\sin a\sin b)\cos(z\cos a\cos b)\end{matrix}\right\}$

$[0 \leqslant a < 1;\ b > 0].$

15. $\sum_{k=1}^{\infty} e^{i\pi nk/2}\cos ka J_{nk}(z) = \frac{1}{2n}\sum_{k=k_-}^{k_+}\alpha_k \exp\left(iz\cos\frac{2k\pi + a}{n}\right) - \frac{1}{2}J_0(z)$

$[a > 0;\ n = 1, 2, \ldots;\ k_\pm = \pm[(n\pi \mp a)/(2\pi)];\ \alpha_k = 1$ при $k \neq k_\pm$,
$\alpha_{k_\pm} = 1/2$ при $(n\pi \mp a)/(2\pi) = \ldots, -2, -1, 0, 1, 2, \ldots$,
$\alpha_{k_\pm} = 1$ при $(n\pi \mp a)/(2\pi) \neq \ldots, -2, -1, 0, 1, 2, \ldots]$.

5.7.11. Ряды вида $\sum(\pm 1)^k J_{\mu\pm nk}(w)J_{\nu\pm nk}(z)$.

1. $\sum_{k=1}^{\infty}(\pm 1)^k J_k(w)J_k(z) = \frac{1}{2}J_0(w\mp z) - \frac{1}{2}J_0(w)J_0(z).$

2. $\sum_{k=-\infty}^{\infty}(\pm 1)^k J_k(w)J_{\nu+k}(z) = J_\nu(z\mp w)$ $[|w| < |z|].$

3. $\sum_{k=-\infty}^{\infty}(\pm 1)^k J_k(w)J_{\nu-k}(z) = J_\nu(z\pm w)$ $[|w| < |z|].$

4. $\sum_{k=1}^{\infty}(-1)^k J_k(z)J_{k+n}(z) = \frac{1}{2}J_n(2z) - \frac{1}{2}\sum_{k=0}^{n}J_k(z)J_{n-k}(z).$

5. $\sum_{k=1}^{\infty}J_{k+\mu}(z)J_{k+\nu}(z) = \frac{z}{2(\mu-\nu)}[J_\mu(z)J_{\nu+1}(z) - J_{\mu+1}(z)J_\nu(z)].$

6. $\sum_{k=1}^{\infty}J_{k+\nu}^2(z) = \nu\int_0^z \frac{1}{t}J_\nu^2(t)\,dt - \frac{1}{2}J_\nu^2(z)$ $[\operatorname{Re} z, \operatorname{Re}\nu > 0;$ см. 1.8.3].

7. $\sum_{k=1}^{\infty}(\pm 1)^k J_{\nu+k}(z)J_{\nu-k}(z) = -\frac{1}{2}J_\nu^2(z) + \frac{1}{2}J_{2\nu}(2z)\left\{\begin{matrix}1\\ 0\end{matrix}\right\}.$

8. $\sum_{k=1}^{\infty}(\pm 1)^k J_{k+\nu}(z)J_{k-\nu}(z) = \frac{1}{2\pi}\left\{\begin{matrix}\nu^{-1}\sin\nu\pi\\ -4\nu\sin\nu\pi\, s_{-1,\,2\nu}(2z)\end{matrix}\right\} - \frac{1}{2}J_\nu(z)J_{-\nu}(z).$

9. $\sum_{k=1}^{\infty}(\pm 1)^k J_k^2(z) = \frac{1}{2}\left\{\begin{matrix}1\\ J_0(2z)\end{matrix}\right\} - \frac{1}{2}J_0^2(z).$ **10.** $\sum_{k=-\infty}^{\infty}J_{n\pm k}^2(z) = 1.$

11. $\sum_{k=0}^{\infty}(\pm 1)^k J_{k/2}^2(z) = \frac{1}{2} + \frac{1}{2} J_0^2(z) \pm \frac{1}{\pi} \operatorname{Si}(2z).$

12. $\sum_{k=0}^{\infty}(-1)^k J_{k+\nu}(z) J_{k-\nu+1}(z) = \frac{1}{\pi} \cos \frac{2\nu-1}{2} \pi s_{0,\,2\nu-1}(2z).$

13. $\sum_{k=0}^{\infty}(\pm 1)^k J_{k+1/2}^2(z) = \frac{1}{2\pi} \left\{ \begin{matrix} 2\operatorname{Si}(2x) \\ \pi \mathbf{H}_0(2x) \end{matrix} \right\}.$

14. $\sum_{k=0}^{\infty}(-1)^{[k/2]} J_{k+\nu}(z) J_{k-\nu+1}(z) = \frac{\sqrt{2}}{\pi} \cos \frac{2\nu-1}{2} \pi s_{0,\,2\nu-1}(\sqrt{2}\,z).$

15. $\sum_{k=0}^{\infty}(-1)^k J_{k+1/2}(z) J_{k+3/2}(z) = \frac{1}{2\pi z} \sin 2z + \frac{1}{2} \mathbf{H}_1(2z) - \frac{1}{\pi}.$

16. $\sum_{k=0}^{\infty}(-1)^k J_{k+\nu}(z) J_{k+\nu+1/2}(z) = \frac{1}{\sqrt{z}} \int_0^z \sqrt{t}\, J_\mu(t) J_{\mu-1/2}(t) J_{2\nu-2\mu}(2z-2t)\, dt$

$[-1/2 < \operatorname{Re}\mu < \operatorname{Re}\nu + 1/2].$

17. $\sum_{k=0}^{\infty} J_{\nu+k}(z) J_{\nu-k-1}(z) = \frac{1}{2} J_{2\nu-1}(2z)$ $[\operatorname{Re}\nu > 0].$

18. $\sum_{k=1}^{\infty}(\pm 1)^k J_{2k}(w) J_{2k}(z) = \frac{1}{4} \left\{ \begin{matrix} J_0(w+z) + J_0(w-z) \\ 2J_0(\sqrt{w^2+z^2}\,) \end{matrix} \right\} - \frac{1}{2} J_0(w) J_0(z).$

19. $\sum_{k=0}^{\infty} J_{2k+1}(w) J_{2k+1}(z) = \frac{1}{4} J_0(w-z) - \frac{1}{4} J_0(w+z).$

20. $\sum_{k=0}^{\infty} J_{2k+\nu}(z) J_{2k-\nu}(z) = \frac{1}{4\nu\pi} \sin \nu\pi - \frac{\nu}{\pi} \sin \nu\pi\, s_{-1,\,2\nu}(2z) + \frac{1}{2} J_\nu(z) J_{-\nu}(z).$

21. $\sum_{k=0}^{\infty}(-1)^k J_{2k+\nu}(z) J_{2k-\nu}(z) = -\frac{2\nu}{\pi} \sin \nu\pi\, s_{-1,\,2\nu}(\sqrt{2}\,z) + \frac{1}{2} J_\nu(z) J_{-\nu}(z).$

22. $\sum_{k=0}^{\infty} J_{2k+\nu}(z) J_{2k-\nu+2}(z) =$

$$= -\frac{1}{4(\nu-1)\pi} \sin \nu\pi - \frac{\nu-1}{\pi} \sin \nu\pi\, s_{-1,\,2\nu-2}(2z) + \frac{1}{2} J_\nu(z) J_{2-\nu}(z).$$

23. $\sum_{k=1}^{\infty} J_{2k+\delta}(z) J_{2k+n+\delta}(z) = \mp\frac{1}{4} J_n(2z) \pm \frac{1}{4} \sum_{k=0}^{n} J_k(z) J_{n-k}(z) +$

$$+ \frac{z}{4n} [J_1(z) J_n(z) - J_0(z) J_{n+1}(z)] - \delta J_1(z) J_{n+1}(z) \qquad \left[\delta = \left\{ \begin{matrix} 1 \\ 0 \end{matrix} \right\}\right].$$

24. $\sum_{k=-\infty}^{\infty}(-1)^k J_{2k+(1\pm 1)/2}(w) J_{2k+\nu+(1\pm 1)/2}(z) = J_\nu(\sqrt{w^2+z^2}\,) \left\{ \begin{matrix} \sin[\nu \operatorname{arctg}(w/z)] \\ \cos[\nu \operatorname{arctg}(w/z)] \end{matrix} \right\}$

$[|w| < |z|].$

25. $\sum_{k=1}^{\infty}(-1)^k J_{\nu+2k}(z) J_{\nu-2k}(z) = \frac{1}{2} J_{2\nu}(\sqrt{2}\,z) - \frac{1}{2} J_\nu^2(z)$ $[\operatorname{Re}\nu > 0].$

26. $\sum_{k=0}^{\infty}(-1)^k J_{2k+\nu}(z) J_{2k+\nu+1/2}(z) = \frac{1}{\pi}\sqrt{\frac{2}{z}} \int_0^z \sqrt{z-t}\, J_{2\nu-1/2}(2t)\, dt$ $[\operatorname{Re}\nu > -1/4].$

5.7.12. Ряды вида $\sum (\pm 1)^k (ka+b)^l J_{\mu\pm mk}(w) J_{\nu\pm nk}(z)$.

1. $\displaystyle\sum_{k=1}^{\infty} (\pm 1)^k k J_k(w) J_k(z) = \frac{\pm wz}{2(w \mp z)} [J_1(w)J_0(z) \mp J_0(w)J_1(z)].$

2. $\displaystyle\sum_{k=1}^{\infty} k J_{k+\nu}^2(z) =$

$$= \frac{z^2}{2} [J_\nu^2(z) + J_{\nu+1}^2(z)] - \frac{(2\nu+1)z}{2} J_\nu(z) J_{\nu+1}(z) - \frac{\nu z}{2} \left[J_{\nu+1}(z) \frac{\partial J_\nu(z)}{\partial \nu} - J_\nu(z) \frac{\partial J_{\nu+1}(z)}{\partial \nu} \right].$$

3. $\displaystyle\sum_{k=1}^{\infty} k J_{k+\nu}(z) J_{k-\nu}(z) = -\frac{z}{4} [J_\nu(z) J_{1-\nu}(z) + J_{\nu+1}(z) J_{-\nu}(z)] -$

$$- \frac{z^2}{2(4\nu^2-1)} J_\nu(z) J_{-\nu}(z) - \frac{z^2}{4(2\nu+1)} J_{\nu+1}(z) J_{-\nu-1}(z) + \frac{z^2}{4(2\nu-1)} J_{\nu-1}(z) J_{1-\nu}(z).$$

4. $\displaystyle\sum_{k=1}^{\infty} (-1)^k k J_{k+\nu}(z) J_{k-\nu}(z) = -\frac{z}{4} [J_\nu(z) J_{1-\nu}(z) + J_{\nu+1}(z) J_{-\nu}(z)].$

5. $\displaystyle\sum_{k=1}^{\infty} (\pm 1)^k k J_k^2(z) = \frac{z^2}{2} [J_0^2(z) + J_1^2(z)] \begin{Bmatrix} 1 \\ 0 \end{Bmatrix} - \frac{z}{2} J_0(z) J_1(z).$

6. $\displaystyle\sum_{k=1}^{\infty} k J_k(z) J_{k+1}(z) = \frac{z}{4} [1 - J_0^2(z) - J_1^2(z)].$

7. $\displaystyle\sum_{k=1}^{\infty} k J_{k+\mu}(\mu z) J_{k+\nu}(\nu z) = \frac{\mu\nu z}{2(\mu-\nu)} [J_{\mu+1}(\mu z) J_\nu(\nu z) - J_\mu(\mu z) J_{\nu+1}(\nu z)].$

8. $\displaystyle\sum_{k=-\infty}^{\infty} k J_{n-k}(nz) J_{m-k}(mz) = n(\delta_{m,n} - \delta_{0,n}).$

9. $\displaystyle\sum_{k=0}^{\infty} (\pm 1)^k \left(k + \frac{1}{2}\right) J_{k+1/2}(w) J_{k+1/2}(z) = \frac{\sqrt{wz}}{\pi(w \mp z)} \sin(w \mp z).$

10. $\displaystyle\sum_{k=0}^{\infty} \left(k + \frac{1}{2}\right) J_{k+\nu}(z) J_{k-\nu+1}(z) = \frac{z \sin \nu\pi}{4\pi\nu(1-\nu)}.$

11. $\displaystyle\sum_{k=0}^{\infty} (-1)^k \left(k + \frac{1}{2}\right) J_{k+\nu}(z) J_{k-\nu+1}(z) = \frac{z}{4} [J_\nu(z) J_{-\nu}(z) + J_{\nu-1}(z) J_{1-\nu}(z)].$

12. $\displaystyle\sum_{k=0}^{\infty} (\pm 1)^k \left(k + \frac{1}{2}\right) J_{k+1/2}^2(z) = \frac{1}{2\pi} \begin{Bmatrix} 2z \\ \sin 2z \end{Bmatrix}.$

13. $\displaystyle\sum_{k=0}^{\infty} (-1)^k \left(k + \frac{2 \pm 1}{4}\right) J_{k+(2\pm1)/4}^2(z) =$

$$= \frac{\sqrt{z}}{\pi} (2z)^\delta \Gamma\begin{bmatrix} 3/4 + \delta/2 \\ 5/4 + \delta/2 \end{bmatrix} {}_1F_2\left(\frac{3}{4} + \frac{\delta}{2};\ \frac{1}{2} + \delta,\ \frac{5}{4} + \frac{\delta}{2};\ -z^2\right) \qquad \left[\delta = \begin{Bmatrix} 1 \\ 0 \end{Bmatrix}\right].$$

14. $\displaystyle\sum_{k=1}^{\infty} (2k+\nu) J_{2k+\nu}(w) J_{2k+\nu}(z) = \frac{wz}{2(w^2 - z^2)} [w J_\nu(w) J_{\nu-1}(z) - z J_{\nu-1}(w) J_\nu(z)].$

15. $\displaystyle\sum_{k=0}^{\infty} (2k+\nu) J_{2k+\nu}^2(z) = \frac{z^2}{4} [J_{\nu-1}^2(z) - J_\nu(z) J_{\nu-2}(z)].$

16. $\displaystyle\sum_{k=1}^{\infty} k J_{2k}^2(z) = -\frac{z}{4} J_0(z) J_1(z) + \frac{z^2}{8} [J_0^2(z) + J_1^2(z)].$

17. $\sum_{k=1}^{\infty}\left(2k+\frac{2\pm 1}{2}\right)J_{2k+\nu+(2\pm1)/2}(z)J_{2k-\nu+(2\pm1)/2}(z)=$

$$=\frac{z\cos\nu\pi}{2\pi(1-4\nu^2)}\mp\frac{z}{8}\left[J_{\nu+1/2}(z)J_{-\nu-1/2}(z)+J_{\nu-1/2}(z)J_{1/2-\nu}(z)\right].$$

18. $\sum_{k=0}^{\infty}\left(2k+\frac{2\pm 1}{2}\right)J^2_{2k+(2\pm1)/2}(z)=\frac{z}{2\pi}\mp\frac{1}{4\pi}\sin 2z.$

19. $\sum_{k=0}^{\infty}(-1)^k(4k+2\pm1)J_{2k+(2\pm1)/2}(w)J_{4k+2\pm1}(z)=$

$$=\frac{z}{2^{3/2}\sqrt{\pi w}}\left[U_2(4w,\,z)\begin{Bmatrix}\cos w\\ \sin w\end{Bmatrix}\mp U_1(4w,\,z)\begin{Bmatrix}\sin w\\ \cos w\end{Bmatrix}\right].$$

20. $\sum_{k=1}^{\infty}k^2J_k(w)J_k(z)=\frac{wz}{2(w-z)}\,J_1(w-z).$ **21.** $\sum_{k=1}^{\infty}k^2J_k^2(z)=\frac{z^2}{4}.$

22. $\sum_{k=1}^{\infty}(-1)^kk^2J_k^2(z)=-\frac{z}{4}\,J_1(z).$ **23.** $\sum_{k=1}^{\infty}k^2J_{k+\nu}(z)J_{k-\nu}(z)=\frac{z^2}{4\nu(1-\nu^2)\pi}\sin\nu\pi.$

24. $\sum_{k=1}^{\infty}(-1)^kk^2J_{k+\nu}(z)J_{k-\nu}(z)=\frac{z}{8}\sin\nu\pi[s_{0,\,2\nu+1}(2z)-s_{0,\,2\nu-1}(2z)].$

25. $\sum_{k=-\infty}^{\infty}k^2J^2_{n\pm k}(z)=n^2+\frac{z^2}{2}.$

26. $\sum_{k=0}^{\infty}(-1)^k\left(k+\frac{1}{2}\right)^2J_{k+\nu}(z)J_{k-\nu+1}(z)=-\frac{z\sin\nu\pi}{2\pi}\,[\nu s_{-1,\,2\nu}(2z)+(1-\nu)s_{-1,\,2\nu-2}(2z)].$

27. $\sum_{k=1}^{\infty}k^2J_{2k}(w)J_{2k}(z)=\frac{wz}{16(w-z)}\,J_1(w-z)-\frac{wz}{16(w+z)}\,J_1(w+z).$

28. $\sum_{k=0}^{\infty}(-1)^k\left(k+\frac{1}{2}\right)^2J^2_{k+1/2}(z)=\frac{z}{2\pi}-\frac{z}{4}\mathbf{H}_1(2z).$

29. $\sum_{k=1}^{\infty}k^3J_k^2(z)=\frac{1}{12}\left[(4z^4+3z^2)J_0^2(z)+(4z^4+z^2)J_1^2(z)-4z^3J_0(z)J_1(z)\right].$

30. $\sum_{k=1}^{\infty}(-1)^kk^3J_{k+\nu}(z)J_{k-\nu}(z)=$

$$=-\frac{z^2}{4}\,J_\nu(z)J_{-\nu}(z)-\frac{z^2}{8}\,J_{\nu+1}(z)J_{-\nu-1}(z)-\frac{z^2}{8}\,J_{\nu-1}(z)J_{1-\nu}(z).$$

31. $\sum_{k=1}^{\infty}(-1)^kk^3J_k^2(z)=-\frac{z^2}{4}\,J_0^2(z)+\frac{z^2}{4}\,J_1^2(z).$

32. $\sum_{k=1}^{\infty}k^4J_{k+\nu}(z)J_{k-\nu}(z)=\frac{z^4}{5\cdot 2^5\,\mathrm{B}\,(3+\nu,\,3-\nu)}+\frac{z^2}{24\,\mathrm{B}\,(2+\nu,\,2-\nu)}.$

33. $\sum_{k=1}^{\infty}k^4J_k^2(z)=\frac{z^2}{4}\left(1+\frac{3}{4}\,z^2\right).$

34. $\sum_{k=1}^{\infty}(-1)^{k+1}k^4J_k^2(z)=\frac{z}{16}\,J_1(2z)+\frac{3z^2}{16}\,[J_0(2z)-J_2(2z)].$

35. $\sum_{k=1}^{\infty}k^{2n+2}J_k^2(z)=\frac{z^2}{2}\sum_{k=0}^{n}\frac{(2k+1)!!}{(k+1)!!}\left(\frac{z^2}{2}\right)^k\sum_{l=0}^{k}\frac{(-1)^l}{l!(2k-l+2)!}\,(k-l+1)^{2n+2}.$

36. $\sum_{k=0}^{\infty}(2k+1)^{2n+1}J_{k+1/2}^2(z)=\frac{2z}{\pi}\sum_{k=0}^{n}\frac{k!(2z^2)^k}{(2k+1)!!}\sum_{l=0}^{k}\frac{(-1)^l}{l!(2k-l+1)!}(2k-2l+1)^{2n+1}.$

5.7.13. Ряды вида $\sum \frac{P(k)}{Q(k)} J_{\mu\pm mk}(z)J_{\nu\pm nk}(z)$.

1. $\sum_{k=1}^{\infty}\frac{(-1)^k}{k}J_{\nu+k}(z)J_{\nu-k}(z)=-\frac{2}{\pi}\int_0^1\frac{\ln 2t}{\sqrt{1-t^2}}J_{2\nu}(2zt)\,dt$ [$\operatorname{Re}\nu>-1/2$].

2. $\sum_{k=0}^{\infty}\frac{1}{2k+1}J_k(z)J_{k+1}(z)=\frac{1}{2z}\sin^2 z.$

3. $\sum_{k=0}^{\infty}\frac{1}{2k+1}J_{k+1/2}^2(z)=\frac{2z}{\pi}\,{}_2F_3\left(1,\,1;\,\frac{3}{2},\,\frac{3}{2},\,\frac{3}{2};\,-z^2\right).$

4. $\sum_{k=0}^{\infty}\frac{(-1)^k}{2k+1}J_{2k+\nu}(z)J_{2k-\nu+2}(z)=$

$$=\frac{4(\nu-1)}{\pi}\sin\nu\pi\int_0^{\pi/4}s_{-1,\,2\nu-2}(2z\sin t)\,dt-\frac{\pi}{4}J_\nu(z)J_{-\nu}(z).$$

5. $\sum_{k=0}^{\infty}\frac{(-1)^k}{2k+1}J_{2k+1}^2(z)=\int_0^{\pi/4}J_0(2z\sin t)\,dt-\frac{\pi}{4}J_0^2(z).$

6. $\sum_{k=0}^{\infty}\frac{(-1)^k}{2k+1}J_{\mu+(2k+1)\nu}(z)J_{\mu-(2k+1)\nu}(z)=\frac{\pi}{4}J_\mu^2(z)$ [$\operatorname{Re}\mu>1;\ -1<\nu<1$].

7. $\sum_{k=0}^{\infty}\frac{(\pm1)^k}{2k+1}J_{\mu+k\nu}(z)J_{\mu+k\nu\pm1/2}(z)=$

$$=\frac{1}{2\sqrt{z}}\int_0^z\frac{\sqrt{z-t}}{t}\begin{Bmatrix}1-\cos 2t\\ \sin 2t\end{Bmatrix}J_{\mu-1}(z-t)J_{\mu-1/2}(z-t)\,dt\qquad\left[\operatorname{Re}\mu>0;\ \nu=\begin{Bmatrix}2\\1\end{Bmatrix}\right].$$

8. $\sum_{k=1}^{\infty}\frac{1}{k^2}J_k^2(z)=\frac{2}{\pi}\int_0^{\pi/2}t^2J_0(2z\cos t)\,dt-\frac{\pi^2}{12}J_0^2(z).$

9. $\sum_{k=1}^{\infty}\frac{1}{k^2-a^2}J_k^2(z)=\frac{1}{2a^2}J_0^2(z)-\frac{\pi}{2a}\operatorname{cosec}a\pi\,J_a(z)J_{-a}(z).$

10. $\sum_{k=2}^{\infty}\frac{1}{k^2-1}J_k^2(z)=\frac{1}{2}J_0^2(z)-\frac{1}{z}J_0(z)J_1(z)+\frac{1}{4}J_1^2(z).$

11. $\sum_{k=1}^{\infty}\frac{1}{4k^2-1}J_k^2(z)=\frac{1}{2}J_0^2(z)-\frac{\sin 2z}{4z}.$

12. $\sum_{k=1}^{\infty}\frac{(-1)^k}{4k^2-1}J_k^2(z)=-\frac{1}{2z}\int_0^z J_0(2t)\,dt+\frac{1}{2}J_0^2(z).$

13. $\sum_{k=0}^{\infty}(-1)^k\frac{2k+1}{(2k+1)^2-a^2}J_{k+\nu+1}(z)J_{\nu-k}(z)=\frac{\pi}{4}J_{\nu+(1+a)/2}(z)J_{\nu+(1-a)/2}(z).$

14. $\sum_{k=1}^{\infty}\frac{(-1)^{k-1}}{k^2-a^2}J_{\mu-k\nu}(z)J_{\mu+k\nu}(z)=\frac{\pi}{2a}\operatorname{cosec}a\pi\,J_{\mu-a\nu}(z)J_{\mu+a\nu}(z)-\frac{1}{2a^2}J_\mu^2(z)$

[$\operatorname{Re}\mu>-1/2;\ -1<\nu<1$].

15. $\sum_{k=0}^{\infty}(-1)^k \frac{2k+1}{(2k+1)^2-a^2} J_{\mu-(2k+1)\nu}(z)J_{\mu+(2k+1)\nu}(z) = \frac{\pi}{4} J_{\mu-a\nu}(z)J_{\mu+a\nu}(z)$ $[\operatorname{Re}\mu > -1/2;\ -1/2 < \nu < 1/2]$.

16. $\sum_{k=0}^{\infty} \frac{(-1)^k}{(2k+1)(2k+3)(2k+5)} J_{\mu-(2k+3)\nu}(z)J_{\mu+(2k+3)\nu}(z) =$

$= \frac{\pi}{16} J_\mu^2(z) + \frac{\pi}{16} J_{\mu-2\nu}(z)J_{\mu+2\nu}(z) - \frac{1}{3} J_{\mu-\nu}(z)J_{\mu+\nu}(z)$ $[\operatorname{Re}\mu > -1/2;\ -1/2 < \nu < 1/2]$.

5.7.14. Разные ряды вида $\sum a_k J_{\mu\pm mk}(z)J_{\nu\pm nk}(z)$.

1. $\sum_{k=0}^{\infty} \frac{(\lambda)_k}{k!} J_{k+\mu}(z)J_{k+\nu}(z) =$

$= \frac{(z/2)^{\mu+\nu}}{\Gamma(\mu+1)\Gamma(\nu+1)}\, {}_2F_3\left(\frac{\mu+\nu-\lambda+1}{2}, \frac{\mu+\nu-\lambda+2}{2};\ \mu+1,\ \nu+1,\ \mu+\nu-\lambda+1;\ -z^2\right)$.

2. $\sum_{k=0}^{\infty}(-1)^k \frac{(\mu)_k}{k!} J_{k+\nu}(z)J_{k+\mu-\nu}(z) =$

$= \frac{(z/2)^{\mu}}{\Gamma(\nu+1)\Gamma(\mu-\nu+1)}\, {}_1F_2\left(\frac{\mu+1}{2};\ \nu+1,\ \mu-\nu+1;\ -z^2\right)$.

3. $\sum_{k=0}^{\infty}(-1)^k \frac{(\lambda)_k}{k!} J_{\mu+k}(z)J_{\nu-k}(z) = \Gamma\left[\begin{matrix}\mu+\nu-\lambda+1\\ \nu+1,\ \mu+\nu+1,\ \mu-\lambda+1\end{matrix}\right]\left(\frac{z}{2}\right)^{\mu+\nu} \times$

$\times\, {}_2F_3\left(\frac{\mu+\nu-\lambda+1}{2}, \frac{\mu+\nu-\lambda+2}{2};\ \nu+1,\ \mu+\nu+1,\ \mu-\lambda+1;\ -z^2\right)$.

4. $\sum_{k=0}^{\infty} \frac{(\nu-1/2)_k}{k!} J_{k+\nu}(z)J_{k-1/2}(z) = \frac{2^{-\nu+1/2}}{\sqrt{\pi z}} J_\nu(2z)$.

5. $\sum_{k=0}^{\infty} \frac{(-1/2)_k}{k!} J_{k+\nu}(z)J_{k+\nu-1/2}(z) = \sqrt{\frac{2}{\pi z}}\, J_{2\nu}(2z)$.

6. $\sum_{k=0}^{\infty}(-1)^k \frac{(1/2-\nu)_k}{(\nu+3/2)_k} J_{\nu+k}(z)J_{\nu-k-1}(z) = \frac{\Gamma(\nu+3/2)}{2\Gamma(\nu+1)\sqrt{z}} J_{2\nu-1/2}(2z)$ $[\operatorname{Re}\nu > 0]$.

7. $\sum_{k=1}^{\infty} \frac{(1-\mu)_k}{(\mu)_k} J_{\nu+k}(z)J_{\nu-k}(z) =$

$= \frac{1}{2\sqrt{\pi}}\Gamma\left[\begin{matrix}\mu,\ \nu+1/2\\ 2\nu+1,\ \mu+\nu\end{matrix}\right] z^{2\nu}\, {}_1F_2\left(\nu+\frac{1}{2};\ \mu+\nu,\ 2\nu+1;\ -z^2\right) - \frac{1}{2} J_\nu^2(z)$ $[\operatorname{Re}\mu > 1/2]$.

8. $\sum_{k=1}^{\infty}(-1)^k \frac{(1-\nu)_k}{(\nu)_k} J_k^2(z) = \frac{1}{2}\, {}_1F_2\left(\frac{1}{2};\ 1,\ \nu;\ -z^2\right) - \frac{1}{2} J_0^2(z)$ $[\operatorname{Re}\nu > 1/2]$.

9. $\sum_{k=0}^{\infty}(-1)^k \frac{(2\nu-1)_k}{k!} J_{k+\nu}(z)J_{k+\nu-1}(z) = \frac{2^{1-2\nu} z^{\nu-1}}{\Gamma(\nu)} J_\nu(2z)$.

10. $\sum_{k=0}^{\infty}(-1)^k (k+\nu) \frac{(4\nu)_{2k}}{(2k)!} J_{k+\nu}^2(z) = \frac{1}{\nu\Gamma^2(\nu)}\left(\frac{z}{2}\right)^{2\nu} {}_1F_2\left(\nu+\frac{1}{2};\ \frac{1}{2},\ \nu+1;\ -z^2\right)$ $[\operatorname{Re}\nu > 0]$.

11. $\sum_{k=0}^{\infty}(-1)^k (k+\nu) \frac{(4\nu-1)_{2k}}{(2k+1)!} J_{k+\nu}^2(z) = \frac{1}{\nu\Gamma^2(\nu)}\left(\frac{z}{2}\right)^{2\nu} {}_1F_2\left(\nu+\frac{1}{2};\ \frac{3}{2},\ \nu+1;\ -z^2\right)$ $[\operatorname{Re}\nu > 1/4]$.

12. $\sum_{k=0}^{\infty}(2k+\mu+\nu) \frac{(\mu+\nu)_k}{k!} J_{k+\mu}(z)J_{k+\nu}(z) = \frac{\mu+\nu}{\Gamma(\mu+1)\Gamma(\nu+1)}\left(\frac{z}{2}\right)^{\mu+\nu}$.

13. $$\sum_{k=0}^{\infty}(-1)^k(k+\nu)\frac{(2\nu)_k}{k!}\,J_{k+\nu}(w)J_{k+\nu}(z)=\frac{1}{\Gamma(\nu)}\left(\frac{wz}{2}\right)^{\nu}(w+z)^{-\nu}J_\nu(w+z).$$

14. $$\sum_{k=0}^{\infty}(2k+2\mu+1)\frac{(2\mu+1)_k}{k!}\,J_{k+\nu}(z)J_{k+\nu+1/2}(z)=$$
$$=\frac{2\mu+1}{\sqrt{2\pi}\,\Gamma(2\nu+2)}\,z^{2\nu+1/2}\,{}_2F_3\left(\nu-\mu-\frac{1}{4},\,\nu-\mu+\frac{1}{4};\,2\nu-2\mu+\frac{1}{2},\,\nu+1,\,\nu+\frac{3}{2};\,-z^2\right)$$
[$\operatorname{Re}\mu>-5/4$; $\operatorname{Re}(\nu-\mu)>1/4$].

15. $$\sum_{k=0}^{\infty}(\pm1)^k\frac{(2k+\mu+\nu)(\mu+\nu)_k}{k![(2k+\mu+\nu)^2-1]}\,J_{k+\mu}(z)J_{k+\nu}(z)=\frac{\mu+\nu}{[(\mu+\nu)^2-1]\Gamma(\mu+1)\Gamma(\nu+1)}\times$$
$$\times\left(\frac{z}{2}\right)^{\mu+\nu}{}_2F_3\left(\left(\frac{\mu+\nu+1}{2}\right)^{(1\mp1)/2},\,\frac{\mu+\nu+2}{2};\,\mu+1,\,\nu+1,\,\frac{\mu+\nu+3}{2};\,-z^2\right).$$

16. $$\sum_{k=0}^{\infty}(-1)^k(2k+\nu)\frac{(\nu)_k}{k!}\,J_{2k+\nu}(w)J_{2k+\nu}(z)=\frac{1}{\Gamma(\nu)}\left(\frac{wz}{2}\right)^{\nu}(w^2+z^2)^{-\nu/2}J_\nu(\sqrt{w^2+z^2}\,).$$

17. $$\sum_{k=0}^{\infty}\frac{(2k+\mu-\nu)(\mu-\nu)_k}{k![(2k+\mu-\nu)^2-1]}\,J_{\mu+k}(z)J_{\nu-k}(z)=$$
$$=\frac{2\sqrt{\pi}\,(z/4)^{\mu+\nu}}{[\mu^2-(\nu+1)^2]\Gamma\left[\mu+1,\,\dfrac{\mu+\nu+1}{2},\,\dfrac{\mu-\nu}{2}\right]}\times$$
$$\times\,{}_2F_3\left(\frac{\mu+\nu+1}{2},\,\frac{\mu+\nu+2}{2};\,\mu+1,\,\mu+\nu+1,\,\frac{\mu+\nu+3}{2};\,-z^2\right).$$

18. $$\sum_{k=0}^{\infty}(-1)^k\frac{(2k+\mu-\nu)(\mu-\nu)_k}{k![(2k+\mu-\nu)^2-1]}\,J_{\mu+k}(z)J_{\nu-k}(z)=$$
$$=\Gamma\left[\begin{matrix}(\mu-\nu-1)/2\\(\mu-\nu)/2\end{matrix}\right]2^{\nu-\mu-1}\sqrt{\pi}\,J_{(\mu+\nu+1)/2}(z)J_{(\mu+\nu-1)/2}(z).$$

19. $$\sum_{k=0}^{\infty}\frac{(\mu+\nu)_k(\mu+\nu-\lambda+1)_k}{k!(\lambda)_k}\,J_{k+\mu}(z)J_{k+\nu}(z)=\frac{(z/2)^{\mu+\nu}}{\Gamma(\mu+1)\Gamma(\nu+1)}\times$$
$$\times\,{}_3F_4\left(\frac{\mu+\nu+1}{2},\,\frac{\mu+\nu+2}{2},\,\frac{2\lambda-\mu-\nu}{2};\,\lambda,\,\mu+1,\,\nu+1,\,\frac{\mu+\nu+2}{2};\,-z^2\right).$$

20. $$\sum_{k=0}^{\infty}(-1)^k\frac{(\mu-\nu)_k(\mu-\nu-\lambda)_k}{k!(\lambda)_k}\,J_{\mu+k}(z)J_{\nu-k}(z)=$$
$$=\Gamma\left[\begin{matrix}(\mu-\nu+2)/2,\,(3\nu-\mu+2\lambda)/2,\,\lambda\\\nu+1,\,\mu-\nu+1,\,(\mu+\nu+2)/2,\,\nu+\lambda,\,\nu-2\mu+2\lambda\end{matrix}\right]\left(\frac{z}{2}\right)^{\mu+\nu}\times$$
$$\times\,{}_3F_4\left(\frac{\mu+\nu+1}{2},\,\frac{\mu+\nu+2}{2},\,\frac{2\nu-\mu+2\lambda}{2};\,\nu+1,\,\mu+\nu+1,\,\frac{\mu+\nu+2}{2},\,\lambda+\nu;\,-z^2\right).$$

21. $$\sum_{k=0}^{\infty}(2k+\mu-\nu)\frac{(\mu-\nu)_k(\mu-\nu-\lambda+1)_k}{k!(\lambda)_k}\,J_{\mu+k}(z)J_{\nu-k}(z)=\Gamma\left[\begin{matrix}\lambda\\\nu+1,\,\mu-\nu,\,\lambda+\nu\end{matrix}\right]\times$$
$$\times\left(\frac{z}{2}\right)^{\mu+\nu}{}_2F_3\left(\frac{\mu+\nu+1}{2},\,\frac{\mu+\nu+2}{2};\,\nu+1,\,\mu+\nu+1,\,\lambda+\nu;\,-z^2\right)$$
[$\nu=0,\,1,\,2,\,\ldots$ или $\operatorname{Re}(\mu+\nu-2\lambda)>0$].

22. $$\sum_{k=0}^{\infty}(-1)^k(2k+\mu+\nu)\frac{(\mu+\nu)_k(\mu+\nu-\lambda+1)_k}{k!(\lambda)_k}\,J_{k+\mu}(z)J_{k+\nu}(z)=$$
$$=\frac{\mu+\nu}{\Gamma(\mu+1)\Gamma(\nu+1)}\left(\frac{z}{2}\right)^{\mu+\nu}{}_2F_3\left(\frac{\mu+\nu+1}{2},\,\frac{\mu+\nu+2}{2};\,\mu+1,\,\nu+1,\,\lambda;\,-z^2\right).$$

5.7.15. Ряды вида $\sum a_k t^k J_{\mu\pm k}(w) J_{\nu\pm k}(z)$.

1. $\sum\limits_{k=-\infty}^{\infty} (-1)^k t^{2k} J_k^2(z) = J_0\left[\left(t+\frac{1}{t}\right)z\right]$.

2. $\sum\limits_{k=1}^{\infty} t^k J_{k+\nu}(tz) J_{k+\nu+1}(z) = \frac{t}{t^2-1}\,[J_{\nu+1}(tz)J_\nu(z) - tJ_\nu(tz)J_{\nu+1}(z)]$.

3. $\sum\limits_{k=-\infty}^{\infty} e^{ika} J_k(w) J_{k+\nu}(z) = \left(\frac{z-we^{-ia}}{z-we^{ia}}\right)^{\nu/2} J_\nu(\sqrt{w^2+z^2-2wz\cos a})$

$[|we^{\pm ia}| < |z|$ при $\nu \neq 0, \pm 1, \pm 2, \ldots]$.

4. $\sum\limits_{k=-\infty}^{\infty} (\pm 1)^k t^{2k} J_k(z) J_{\nu-k}(z) = t^\nu \begin{Bmatrix} J_\nu(z/t+tz) \\ I_\nu(z/t-tz) \end{Bmatrix}$

$[|t| < 1$ при $\nu \neq \ldots, -2, -1, 0, 1, 2, \ldots]$.

5. $\sum\limits_{k=0}^{\infty} (-1)^k \frac{\Gamma(k+1/2)}{k!}\, t^k J_{k+1}(tx) J_{\mu-k}(x) =$

$$= (2x)^{1/2} \int\limits_0^\infty (u^2+1)^{-(2\mu+2\nu+1)/4} J_\nu(tx\sqrt{u^2+1})\, J_{\mu+1/2}(x\sqrt{u^2+1})\, du$$

$[t,\ x > 0;\ \mathrm{Re}\,(\mu+\nu) > -3/2]$.

5.7.16. Ряды, содержащие три и более функций $J_\nu(z)$.

1. $\sum\limits_{k=1}^{\infty} (-1)^k J_{\nu+k}(w) J_{\nu-k}(w) J_{2k}(z) = \frac{1}{\pi} \int\limits_0^{\pi/2} J_{2\nu}(2w\sin t)\cos(z\sin t)\, dt - \frac{1}{2} J_\nu^2(w) J_0(z)$

$[\mathrm{Re}\,\nu > -1/2]$.

2. $\sum\limits_{k=1}^{\infty} (-1)^k J_{\nu+k}(w) J_{\nu-k-1}(w) J_{2k+1}(z) = \frac{1}{\pi} \int\limits_0^{\pi/2} J_{2\nu-1}(2w\sin t)\sin(z\sin t)\, dt$

$[\mathrm{Re}\,\nu > -1/2]$.

3. $\sum\limits_{k=0}^{\infty} (2k+\mu+\nu) J_{k+\mu}(w) J_{k+\nu}(w) J_{2k+\mu+\nu}(z) =$

$$= \frac{1}{\sqrt{\pi}}\, G_{22}^{20}\left(\frac{w^2z^2}{4}\,\middle|\, \begin{matrix} 1-(\nu-\mu)/2,\ 1-(\mu-\nu)/2 \\ 1,\ 1/2 \end{matrix}\right).$$

4. $\sum\limits_{k=0}^{\infty} (2k+\nu) J_{2k+\nu}(w) J_{2k+\nu}^2(z) = \frac{1}{4}\, e^{-z^2/(2w)}$ $[\mathrm{Re}\, z^2,\ \mathrm{Re}\,\nu > 0]$.

5. $\sum\limits_{k=0}^{\infty} (2k+\mu+\nu) J_{k+\mu}(w) J_{k+\nu}(w) J_{k+\mu}(z) J_{k+\nu}(z) =$

$$= \frac{1}{\pi}\, G_{33}^{21}\left(\frac{w^2}{z^2}\,\middle|\, \begin{matrix} 0,\ 1-(\mu-\nu)/2,\ 1-(\nu-\mu)/2 \\ (\mu-\nu)/2,\ (\nu-\mu)/2,\ 1 \end{matrix}\right).$$

5.7.17. Ряды вида $\sum a_k \begin{Bmatrix} \sin(ka+b) \\ \cos(ka+b) \end{Bmatrix} J_{mk+\mu}(w) J_{nk+\nu}(z)$.

1. $\sum\limits_{k=0}^{\infty} (\pm 1)^k \cos ka\, J_k(w) J_k(z) = \frac{1}{2} J_0(w) J_0(z) + \frac{1}{2} J_0(\sqrt{w^2+z^2 \mp 2wz\cos a})$.

2. $\sum\limits_{k=-\infty}^{\infty} (\pm 1)^k \sin ka\, J_k(w) J_{k+\nu}(z) =$

$$= \pm\sin\left(\nu \arcsin \frac{w\sin a}{\sqrt{w^2+z^2 \mp 2wz\cos a}}\right) J_\nu(\sqrt{w^2+z^2 \mp 2wz\cos a})$$

$[|we^{ia}|,\ |we^{-ia}| < |z|;$ условие опускается при $\nu = 0, 1, 2, \ldots]$.

3. $$\sum_{k=-\infty}^{\infty} (\pm 1)^k \cos ka J_k(w) J_{k+\nu}(z) = \cos\left(\nu \arcsin \frac{w \sin a}{\sqrt{w^2+z^2 \mp 2wz\cos a}}\right) \times J_\nu\left(\sqrt{w^2+z^2 \mp 2wz\cos a}\right)$$ $[|we^{ia}|,\ |we^{-ia}| < |z|;$ условие опускается при $\nu = 0,\ 1,\ 2,\ \ldots]$.

4. $$\sum_{k=1}^{\infty} \cos ka J_k^2(z) = \frac{1}{2} J_0\left(2z\sin\frac{a}{2}\right) - \frac{1}{2} J_0^2(z).$$

5. $$\sum_{k=0}^{\infty} (\pm 1)^k \left\{\begin{matrix} \sin(2k+1)a \\ \cos(2k+1)a \end{matrix}\right\} J_k(z) J_{k+1}(z) = \frac{1}{2} J_1\left(2z\left\{\begin{matrix} \sin a \\ \cos a \end{matrix}\right\}\right).$$

6. $$\sum_{k=0}^{\infty} (\pm 1)^k \left\{\begin{matrix} \sin(2k+1)a \\ \cos(2k+1)a \end{matrix}\right\} J_{k+1/2}^2(z) = \frac{1}{2}\mathbf{H}_0\left(2z\left\{\begin{matrix} \sin a \\ \cos a \end{matrix}\right\}\right).$$

7. $$\sum_{k=1}^{\infty} (-1)^k \cos ka J_{k+\nu}(z) J_{k-\nu}(z) = \frac{\operatorname{cosec}\nu\pi}{4}\left[\mathbf{E}_{2\nu}\left(2z\cos\frac{a}{2}\right) - \mathbf{E}_{-2\nu}\left(2z\cos\frac{a}{2}\right)\right] - \frac{1}{2} J_\nu(z) J_{-\nu}(z).$$

8. $$\sum_{k=1}^{\infty} \cos ka J_{nk}(w) J_{nk}(z) = \frac{1}{2n}\sum_{k=k_-}^{k_+} \alpha_k J_0\left(\sqrt{w^2+z^2-2wz\cos\frac{2k\pi+a}{n}}\right) - \frac{1}{2} J_0(w) J_0(z)$$
$[n \geqslant 1;\ k_\pm = \pm[(n\pi \mp a)/(2\pi)];\ \alpha_k = 1$ при $k \neq k_\pm$,
$\alpha_{k_\pm} = 1/2$ при $(n\pi \mp a)/(2\pi) = \ldots,\ -2,\ -1,\ 0,\ 1,\ 2,\ \ldots$,
$\alpha_{k_\pm} = 1$ при $(n\pi \mp a)/(2\pi) \neq \ldots,\ -2,\ -1,\ 0,\ 1,\ 2,\ \ldots]$.

9. $$\sum_{k=1}^{\infty} (\pm 1)^k \cos 2ka J_{k-1/4}(z) J_{k+1/4}(z) = \frac{1}{\sqrt{2\pi z}}\left\{\begin{matrix} \sqrt{\operatorname{cosec} a}\ [\cos(2z\sin a) C(2z\sin a) + \sin(2z\sin a) S(2z\sin a)] \\ \sqrt{\sec a}\ [\cos(2z\cos a) C(2z\cos a) + \sin(2z\cos a) S(2z\cos a)] \end{matrix}\right\} - \frac{1}{2} J_{1/4}(z) J_{-1/4}(z).$$

10. $$\sum_{k=0}^{\infty} (\pm 1)^k \left\{\begin{matrix} \sin(2k+1)a \\ \cos(2k+1)a \end{matrix}\right\} J_{k+1/4}(z) J_{k+3/4}(z) = \frac{1}{\sqrt{2\pi z}}\left\{\begin{matrix} \sqrt{\operatorname{cosec} a}\ [\sin(2z\sin a) C(2z\sin a) - \cos(2z\sin a) S(2z\sin a)] \\ \sqrt{\sec a}\ [\sin(2z\cos a) C(2z\cos a) - \cos(2z\cos a) S(2z\cos a)] \end{matrix}\right\}.$$

11. $$\sum_{k=0}^{\infty} \cos(2k+1)a J_{k+1/2}(w) J_{k+1/2}(z) = \frac{1}{\pi}\int_{t_1}^{t_2} \frac{\sin t\, dt}{\sqrt{t^2-w^2-z^2+2wz\cos 2a}}$$
$\left[t_1 = \sqrt{w^2+z^2-2wz\cos 2a};\ t_2 = w+z\right]$.

12. $$\sum_{k=1}^{\infty} (\pm 1)^k \cos(n+k)a J_k(z) J_{2n+k}(z) = \frac{(\mp 1)^n}{2} J_{2n}\left(2z\left\{\begin{matrix} \sin(a/2) \\ \cos(a/2) \end{matrix}\right\}\right) - (\mp 1)^n \sum_{k=1}^{n} (\mp 1)^k \cos ka J_{n+k}(z) J_{n-k}(z) - \frac{(\mp 1)^n}{2} J_n^2(z).$$

13. $$\sum_{k=0}^{\infty} (\pm 1)^k \left\{\begin{matrix} \sin(2n+2k+1)a \\ \cos(2n+2k+1)a \end{matrix}\right\} J_k(z) J_{2n+k+1}(z) = \frac{(\mp 1)^n}{2} J_{2n+1}\left(2z\left\{\begin{matrix} \sin a \\ \cos a \end{matrix}\right\}\right) - (\mp 1)^n \sum_{k=0}^{n-1} (\mp 1)^k \left\{\begin{matrix} \sin(2k+1)a \\ \cos(2k+1)a \end{matrix}\right\} J_{n-k}(z) J_{n+k+1}(z).$$

14. $$\sum_{k=0}^{\infty} (-1)^k \cos(2k+1)a\, J_{k+\nu+1/2}(z) J_{k-\nu+1/2}(z) = -\frac{\sec\nu\pi}{4}\left[\mathbf{E}_{2\nu}(2z\cos a) + \mathbf{E}_{-2\nu}(2z\cos a)\right].$$

5.7.18. Ряды вида $\sum a_k \begin{Bmatrix} \sin(ka+b) \\ \cos(ka+b) \end{Bmatrix} J_{\mu+k\nu}(z) J_{\mu-k\nu}(z)$.

1. $$\sum_{k=1}^{\infty} (\pm 1)^k \cos ka J_{\nu+k}(z) J_{\nu-k}(z) = \frac{1}{2} J_{2\nu}\left(2z \begin{Bmatrix} \cos(a/2) \\ |\sin(a/2)| \end{Bmatrix}\right) - \frac{1}{2} J_\nu^2(z) \qquad [\operatorname{Re}\nu > -1/2].$$

2. $$\sum_{k=0}^{\infty} (\mp 1)^k \begin{Bmatrix} \sin(2k+1)a \\ \cos(2k+1)a \end{Bmatrix} J_{\nu+k+1/2}(z) J_{\nu-k-1/2}(z) = \frac{1}{2} J_{2\nu}\left(2z \begin{Bmatrix} |\sin a| \\ \cos a \end{Bmatrix}\right) \qquad [\operatorname{Re}\nu > -1/2].$$

3. $$\sum_{k=1}^{\infty} \cos ka J_{\mu+k\nu}(z) J_{\mu-k\nu}(z) = \frac{1}{2\nu} \sum_{k=k_-}^{k_+} \alpha_k J_{2\mu}\left(2z \cos\frac{2k\pi + a}{2\nu}\right) - \frac{1}{2} J_\mu^2(z)$$

[$\operatorname{Re}\mu > -1/2$; $\operatorname{Re}\nu > 0$ при $a = 0, \pm\nu\pi$; $k_\pm = \pm[(\nu\pi \mp a)/(2\pi)]$;
$\alpha_k = 1$ при $k \neq k_\pm$, $\alpha_{k_\pm} = 1/2$ при $(\nu\pi \mp a)/(2\pi) = \ldots, -2, -1, 0, 1, 2, \ldots$,
$\alpha_{k_\pm} = 1$ при $(\nu\pi \mp a)/(2\pi) \neq \ldots, -2, -1, 0, 1, 2, \ldots$].

4. $$\sum_{k=1}^{\infty} \frac{(\pm 1)^k}{k} \sin k\nu\pi J_{\mu+k\nu}(z) J_{\mu-k\nu}(z) = \frac{\pi}{2}\left(\begin{Bmatrix} 1 \\ 0 \end{Bmatrix} + \nu\right) J_\mu^2(z)$$

[$\operatorname{Re}\mu > -(3 \mp 1)/4$; $0 < \nu < (3 \pm 1)/4$].

5. $$\sum_{k=0}^{\infty} \frac{1}{2k+1} \sin(2k+1)\nu\pi J_{\mu-(2k+1)\nu}(z) J_{\mu+(2k+1)\nu}(z) = \frac{\pi}{4} J_\mu^2(z)$$

[$\operatorname{Re}\mu > -1$; $0 < \nu < 1/2$].

6. $$\sum_{k=0}^{\infty} \frac{(-1)^k}{2k+1} \cos(2k+1)\nu\pi J_{\mu-(2k+1)\nu}(z) J_{\mu+(2k+1)\nu}(z) = \frac{\pi}{4} J_\mu^2(z)$$

[$\operatorname{Re}\mu > -1/2$; $-1/4 < \nu < 1/4$].

7. $$\sum_{k=1}^{\infty} \frac{(\pm 1)^k}{k^2} \cos k\nu\pi J_{\mu-k\nu}(z) J_{\mu+k\nu}(z) = \frac{\pi^2}{12} \begin{Bmatrix} 3\nu^2 - 3\nu + 2 \\ 3\nu^2 - 1 \end{Bmatrix} J_\mu^2(z) - \frac{\nu^2}{2} J_\mu(z) \frac{\partial^2 J_\mu(z)}{\partial\mu^2} + \frac{\nu^2\pi}{2}\left[\frac{\partial J_\mu(z)}{\partial\mu}\right]^2$$

[$\operatorname{Re}\mu > -1/2$; $-(1 \mp 1)/4 < \nu < (3 \pm 1)/4$].

8. $$\sum_{k=0}^{\infty} \frac{(-1)^k}{(2k+1)^2} \sin(2k+1)\nu\pi J_{\mu+(2k+1)\nu}(z) J_{\mu-(2k+1)\nu}(z) = \frac{\pi^2\nu}{4} J_\mu^2(z)$$

[$\operatorname{Re}\mu > -1/2$; $-1/4 < \nu < 1/4$].

9. $$\sum_{k=1}^{\infty} \frac{(-1)^k}{k(k+1)} \sin(2k+1)\nu\pi J_{\mu-(2k+1)\nu}(z) J_{\mu+(2k+1)\nu}(z) = \sin\nu\pi J_{\mu-\nu}(z) J_{\mu+\nu}(z) - 2\pi\cos\nu\pi J_{\mu-\nu}(z) J_{\mu+\nu}(z) - 2\sin\nu\pi \frac{\partial}{\partial\nu}\left[J_{\mu-\nu}(z) J_{\mu+\nu}(z)\right]$$

[$\operatorname{Re}\mu > -1/2$; $-1/4 < \nu < 1/4$].

10. $$\sum_{k=1}^{\infty} \frac{1}{k(k+1)} \cos(2k+1)\nu\pi J_{\mu-(2k+1)\nu}(z) J_{\mu+(2k+1)\nu}(z) = \cos\nu\pi J_{\mu-\nu}(z) J_{\mu-\nu}(z) - \pi\sin\nu\pi J_{\mu-\nu}(z) J_{\mu+\nu}(z) + 2\pi\sin\nu\pi J_{\mu-\nu}(z) J_{\mu+\nu}(z) - 2\cos\nu\pi \frac{\partial}{\partial\nu}\left[J_{\mu-\nu}(z) J_{\mu+\nu}(z)\right]$$

[$\operatorname{Re}\mu > -1/2$; $0 < \nu < 1/2$].

11. $$\sum_{k=0}^{\infty} \frac{(\pm 1)^{k+1}}{(2k-1)(2k+3)} \begin{Bmatrix} \cos(2k+1)\nu\pi \\ \sin(2k+1)\nu\pi \end{Bmatrix} J_{\mu-(2k+1)\nu}(z) J_{\mu+(2k+1)\nu}(z) = \mp\frac{\pi}{8} \cos 2\nu\pi J_{\mu-2\nu}(z) J_{\mu+2\nu}(z)$$

[$\operatorname{Re}\mu > -(3 \mp 1)/4$; $-(1 \mp 1)/8 < \nu < (3 \pm 1)/8$].

12. $$\sum_{k=0}^{\infty} (\pm 1)^{k+1} \frac{2k+1}{(2k-1)(2k+3)} \begin{Bmatrix} \sin(2k+1)\nu\pi \\ \cos(2k+1)\nu\pi \end{Bmatrix} J_{\mu-(2k+1)\nu}(z) J_{\mu+(2k+1)\nu}(z) = \frac{\pi}{4} \cos 2\nu\pi J_{\mu-2\nu}(z) J_{\mu+2\nu}(z)$$

[$\operatorname{Re}\mu > -1/2$; $-(1 \mp 1)/8 < \nu < (3 \pm 1)/8$].

13. $$\sum_{k=1}^{\infty} \frac{(\pm 1)^k}{k^2-a^2} \cos k\nu\pi\, J_{\mu+k\nu}(z) J_{\mu-k\nu}(z) = \frac{1}{2a^2} J_\mu^2(z) - \frac{\pi}{2a} \operatorname{cosec} a\pi \cos\left[\left(\frac{1\pm 1}{2}-\nu\right)a\pi\right] \times$$
$$\times J_{\mu+a\nu}(z) J_{\mu-a\nu}(z) \qquad [\operatorname{Re}\mu > -(5\mp 1)/4;\ 0<\nu<(3\pm 1)/4].$$

14. $$\sum_{\substack{k=1\\k\neq n}}^{\infty} \frac{1}{k^2-n^2} \cos k\nu\pi\, J_{\mu-k\nu}(z) J_{\mu+k\nu}(z) = \frac{1}{2n^2} J_\mu^2(z) + \frac{1}{4n^2} \cos n\nu\pi\, J_{\mu-n\nu}(z) J_{\mu+n\nu}(z) -$$
$$- \frac{\nu\pi}{2n} \sin n\nu\pi\, J_{\mu-n\nu}(z) J_{\mu+n\nu}(z) - \frac{\nu\pi}{2n^2} \cos n\nu\pi \frac{\partial}{\partial\nu}\left[J_{\mu-n\nu}(z) J_{\mu+n\nu}(z)\right]$$
$$[\operatorname{Re}\mu > 1/2;\ 0<\nu<1].$$

15. $$\sum_{k=2}^{\infty} \frac{(-1)^k}{k^2-1} \cos k\nu\pi\, J_{\mu-k\nu}(z) J_{\mu+k\nu}(z) = \frac{1}{2} J_\mu^2(z) - \frac{1}{4} \cos \nu\pi\, J_{\mu-\nu}(z) J_{\mu+\nu}(z) -$$
$$- \frac{\nu}{2}\left[\pi \sin \nu\pi\, J_{\mu-\nu}(z) J_{\mu+\nu}(z) - \cos\nu\pi \frac{\partial}{\partial\nu}\left(J_{\mu-\nu}(z) J_{\mu+\nu}(z)\right)\right]$$
$$[\operatorname{Re}\mu > -1/2;\ -1/2<\nu<1/2].$$

16. $$\sum_{k=0}^{\infty} \frac{(-1)^k}{(2k+1)^2-a^2} \sin(2k+1)\nu\pi\, J_{\mu-(2k+1)\nu}(z) J_{\mu+(2k+1)\nu}(z) = \frac{\pi}{4a} \sec\frac{a\pi}{2} \sin a\nu\pi \times$$
$$\times J_{\mu-a\nu}(z) J_{\mu+a\nu}(z) \qquad [\operatorname{Re}\mu > -1;\ -1/4<\nu<1/4].$$

17. $$\sum_{k=1}^{\infty} \frac{(\pm 1)^k k}{k^2-a^2} \sin k\nu\pi\, J_{\mu+k\nu}(z) J_{\mu-k\nu}(z) = \frac{\pi}{2} \operatorname{cosec} a\pi \sin\left[\left(\frac{1\pm 1}{2}-\nu\right)a\pi\right] \times$$
$$\times J_{\mu+a\nu}(z) J_{\mu-a\nu}(z) \qquad [\operatorname{Re}\mu > -(3\mp 1)/4;\ 0<\nu<(3\pm 1)/4].$$

18. $$\sum_{\substack{k=1\\k\neq n}}^{\infty} \frac{k}{k^2-n^2} \sin k\nu\pi\, J_{\mu-k\nu}(z) J_{\mu+k\nu}(z) = \frac{(\nu+1)\pi}{2} \cos n\nu\pi\, J_{\mu-n\nu}(z) J_{\mu+n\nu}(z) -$$
$$- \frac{\nu}{2} \sin n\nu\pi \frac{\partial}{\partial\nu}\left[J_{\mu-n\nu}(z) J_{\mu+n\nu}(z)\right] - \frac{1}{4n} \sin n\nu\pi\, J_{\mu-n\nu}(z) J_{\mu+n\nu}(z)$$
$$[\operatorname{Re}\mu > -1/2;\ 0<\nu<1;\ n=1,\,2,\,3,\,\ldots].$$

19. $$\sum_{k=2}^{\infty} \frac{(-1)^k k}{k^2-1} \sin k\nu\pi\, J_{\mu-k\nu}(z) J_{\mu+k\nu}(z) = \frac{1}{4} \sin \nu\pi\, J_{\mu-\nu}(z) J_{\mu+\nu}(z) +$$
$$+ \frac{\nu\pi}{2} \cos\nu\pi\, J_{\mu-\nu}(z) J_{\mu+\nu}(z) + \frac{\nu}{2} \sin\nu\pi \frac{\partial}{\partial\nu}\left[J_{\mu-\nu}(z) J_{\mu+\nu}(z)\right]$$
$$[\operatorname{Re}\mu > -1/2;\ -1/2<\nu<1/2].$$

20. $$\sum_{k=0}^{\infty} (-1)^k \frac{2k+1}{(2k+1)^2-a^2} \cos(2k+1)\nu\pi\, J_{\mu-(2k+1)\nu}(z) J_{\mu+(2k+1)\nu}(z) =$$
$$= \frac{\pi}{4} \sec\frac{a\pi}{2} \cos a\nu\pi\, J_{\mu-a\nu}(z) J_{\mu+a\nu}(z) \qquad [\operatorname{Re}\mu > -1/2;\ -1/4<\nu<1/4].$$

21. $$\sum_{k=0}^{\infty} \frac{(-1)^k}{(2k+1)(2k+3)(2k+5)} \cos(2k+3)\nu\pi\, J_{\mu+(2k+3)\nu}(z) J_{\mu-(2k+3)\nu}(z) =$$
$$= \frac{\pi}{16} J_\mu^2(z) + \frac{\pi}{16} \cos 2\nu\pi\, J_{\mu+2\nu}(z) J_{\mu-2\nu}(z) - \frac{1}{3} \cos\nu\pi\, J_{\mu+\nu}(z) J_{\mu-\nu}(z)$$
$$[\operatorname{Re}\mu > -1/2;\ -1/4<\nu<1/4].$$

5.7.19. Ряды вида $\sum a_k J_\nu(kx)$.

1. $$\sum_{k=1}^{\infty} J_{2n}(kx) = \frac{1}{x} - \frac{1}{2}\delta_{n,0} + 2\sum_{k=1}^{m} (x^2-4k^2\pi^2)^{-1/2} \cos\left(2n \arcsin\frac{2k\pi}{x}\right)$$
[m — целое число, для которого $2m\pi < x < 2(m+1)\pi$].

2. $\sum_{k=0}^{\infty}(-1)^k J_0(kx) = \frac{1}{2}$ $[0 < x < \pi]$.

3. $\sum_{k=1}^{\infty} \frac{1}{k} J_1(kx) = 1 - \frac{x}{4} + \frac{2}{x} \sum_{k=1}^{m}(x^2 - 4k^2\pi^2)^{-1/2}$

[m — целое число, для которого $2m\pi < x < 2(m+1)\pi$].

4. $\sum_{k=1}^{\infty} \frac{(\pm 1)^k}{k} J_{2n+1}(kx) = \frac{1}{2n+1} \left\{ \begin{matrix} 1 \\ 0 \end{matrix} \right\}$ $[n = 1, 2, 3, \ldots;\ 0 < x < (3 \pm 1)\pi/2]$.

5. $\sum_{k=1}^{\infty} \frac{(\pm 1)^k}{k^2} J_{2n}(kx) = \frac{x^2}{8}\delta_{0,n} - \frac{x^2}{16}\delta_{1,n} + \frac{x}{4n^2-1}\left\{ \begin{matrix} 1 \\ 0 \end{matrix} \right\} \pm \frac{\pi^2}{12}\left\{ \begin{matrix} 2 \\ 1 \end{matrix} \right\}\delta_{0,n}$

$[-(1 \mp 1)\pi/2 < x < (3 \pm 1)\pi/2]$.

6. $\sum_{k=1}^{\infty} \frac{1}{k^3} J_{2n+1}(kx) = \frac{x^3}{32}\left(\delta_{0,n} - \frac{1}{3}\delta_{1,n}\right) + \frac{x^2}{(2n+3)(4n^2-1)} + \frac{\pi^2 x}{12}\delta_{0,n}$ $[0 \leqslant x \leqslant 2\pi]$.

7. $\sum_{k=1}^{\infty} \frac{(-1)^k}{k^3} J_{2n+1}(kx) = \frac{x^3}{32}\left(\delta_{0,n} - \frac{1}{3}\delta_{1,n}\right) - \frac{\pi^2 x}{24}\delta_{0,n}$ $[-\pi \leqslant x \leqslant \pi]$.

8. $\sum_{k=1}^{\infty} \frac{1}{k^m} J_{2n+m}(kx) = \frac{x^{m-1}}{(2n+1)(2n+3)\ldots(2n+2m-1)}$

$[m,\ n = 1, 2, 3, \ldots;\ 0 < x < 2\pi]$.

9. $\sum_{k=1}^{\infty} k^{2n-\nu} J_\nu(kx) = \frac{1}{(2n+1)}\left(\frac{x}{2}\right)^{\nu-2n-1}\Gamma\left[\begin{matrix} n+3/2 \\ \nu-n+1/2 \end{matrix}\right]$

$[n = 1, 2, 3, \ldots;\ \operatorname{Re}\nu > 2n - 1/2;\ 0 \leqslant x < 2\pi]$.

10. $\sum_{k=1}^{\infty}(-1)^k k^{2n-\nu} J_\nu(kx) = 0$

[$n = 1, 2, 3, \ldots;\ -1/2 < \operatorname{Re}\nu - 2n \leqslant 1/2$ при $0 \leqslant x < \pi$, $\operatorname{Re}\nu - 2n > 1/2$ при $0 \leqslant x \leqslant \pi$].

11. $\sum_{k=1}^{\infty} \frac{(\pm 1)^k}{k^\nu} J_\nu(kx) = -\frac{1}{\Gamma(\nu+1)} 2^{-\nu-1} x^\nu +$

$+ \frac{\sqrt{\pi}}{\Gamma(\nu+1/2)} 2^{-\nu+1} x^{-\nu} \sum_{k=1}^{m}\left[x^2 - \left(2k - \frac{1 \mp 1}{2}\right)^2 \pi^2\right]^{\nu-1/2} + \frac{\sqrt{\pi}}{\Gamma(\nu+1/2)} 2^{-\nu} x^{\nu-1} \left\{ \begin{matrix} 1 \\ 0 \end{matrix} \right\}$

[$\operatorname{Re}\nu > -1/2$; m — целое число, для которого $(2m - (1 \mp 1)/2)\pi < x < (2m + 1 + (1 \pm 1)/2)\pi$].

12. $\sum_{k=1}^{\infty} \frac{(\pm 1)^k}{k^{\nu+2}} J_\nu(kx) = \frac{2^{-\nu-3}x^{\nu+2}}{\Gamma(\nu+2)} \pm \frac{2^{-\nu-2}\pi^2 x^\nu}{3\Gamma(\nu+1)}\left\{ \begin{matrix} 2 \\ 1 \end{matrix} \right\} - \frac{2^{-\nu-1}\sqrt{\pi}\, x^{\nu+1}}{\Gamma(\nu+3/2)}\left\{ \begin{matrix} 1 \\ 0 \end{matrix} \right\}$

$[\operatorname{Re}\nu > -5/2;\ 0 < x < (3 \pm 1)\pi/2]$.

13. $\sum_{k=1}^{\infty} \frac{1}{k^{2n+\nu}} J_\nu(kx) = \frac{(-1)^{n+1} x^{2n+\nu}}{(2n)!\, 2^{\nu+1}\sqrt{\pi}} \sum_{k=0}^{2n} \Gamma\left[\begin{matrix} n-(k-1)/2 \\ n+\nu+1-k/2 \end{matrix}\right] \binom{2n}{k} \left(\frac{2\pi}{x}\right)^k B_k$

$[n = 1, 2, 3, \ldots;\ \operatorname{Re}\nu > -2n - 1/2;\ 0 < x < 2\pi]$.

14. $\sum_{k=1}^{\infty} \frac{(-1)^k}{k^{2n+\nu}} J_\nu(kx) =$

$= \frac{(-1)^{n+1} x^{2n+\nu}}{(2n)!\, 2^{\nu+1}\sqrt{\pi}} \sum_{k=0}^{2n} \binom{2n}{k} B_k \sum_{l=0}^{2n-k} \binom{2n-k}{l} \frac{2^k \pi^{k+l}}{x^{k+l}} \Gamma\left[\begin{matrix} n-(k+l-1)/2 \\ \nu+n+1-(k+l)/2 \end{matrix}\right]$

$[\operatorname{Re}\nu > -2n - 1/2;\ -\pi < x < \pi]$.

15. $\displaystyle\sum_{k=1}^{\infty} \frac{1}{k^2 \pm a^2} J_{2n}(kx) = \mp\frac{1}{2a^2}\delta_{0,n} - \frac{(\mp 1)^n \pi}{2a}\left\{\begin{matrix} \operatorname{cth} a\pi I_{2n}(ax) - \mathbf{L}_{2n}(ax) \\ \operatorname{ctg} a\pi J_{2n}(ax) - \mathbf{E}_{2n}(ax)\end{matrix}\right\}$ $[0 < x < \pi]$.

16. $\displaystyle\sum_{k=1}^{\infty} \frac{(-1)^{k-1}}{k^2 \pm a^2} J_{2n}(kx) = \frac{\pi}{2a}\left\{\begin{matrix} (-1)^{n+1} \operatorname{cosech} a\pi I_{2n}(ax) \\ \operatorname{cosec} a\pi J_{2n}(ax)\end{matrix}\right\} \pm \frac{1}{2a^2}\delta_{0,n}$ $[-\pi \leqslant x \leqslant \pi]$.

17. $\displaystyle\sum_{\substack{k=1\\k\neq m}}^{\infty} \frac{1}{k^2 - m^2} J_{2n}(kx) =$

$\displaystyle = \frac{1}{4m^2} J_{2n}(mx) + \frac{\pi}{2m}\mathbf{E}_{2n}(mx) + \frac{x}{4m}[J_{2n+1}(mx) - J_{2n-1}(mx)] + \frac{1}{2m^2}\delta_{n,0}$ $[0 < x < 2\pi]$.

18. $\displaystyle\sum_{k=2}^{\infty} \frac{(-1)^k}{k^2 - 1} J_{2n}(kx) = \frac{1}{2}\delta_{0,n} - \frac{x}{4}[J_{2n+1}(x) - J_{2n-1}(x)] - \frac{1}{4} J_{2n}(x)$ $[-\pi < x < \pi]$.

19. $\displaystyle\sum_{k=1}^{\infty} \frac{(-1)^{k+1} k}{k^2 - a^2} J_{2n+1}(kx) = \frac{\pi}{2} \operatorname{cosec} a\pi J_{2n+1}(ax)$ $[-\pi < x < \pi]$.

20. $\displaystyle\sum_{\substack{k=1\\k\neq m}}^{\infty} \frac{k}{k^2 - m^2} J_{2n+1}(kx) = \frac{\pi}{2}\mathbf{E}_{2n+1}(mx) - \frac{1}{4m} J_{2n+1}(mx) + \frac{x}{4}[J_{2n+2}(mx) - J_{2n}(mx)]$

$[m \geqslant 1;\ 0 < x < 2\pi]$.

21. $\displaystyle\sum_{k=2}^{\infty} \frac{(-1)^k k}{k^2 - 1} J_{2n+1}(kx) = \frac{1}{4} J_{2n+1}(x) + \frac{x}{4}[J_{2n}(x) - J_{2n+2}(x)]$ $[-\pi < x < \pi]$.

22. $\displaystyle\sum_{k=1}^{\infty} \frac{k}{k^2 - a^2} J_{2n+1}(kx) = \frac{\pi}{2}[\mathbf{E}_{2n+1}(ax) - \operatorname{ctg} a\pi J_{2n+1}(ax)]$ $[0 < x < 2\pi]$.

23. $\displaystyle\sum_{k=1}^{\infty} (\pm 1)^k \frac{k^{-\nu}}{k^2 - a^2} J_\nu(kx) = \frac{2^{-\nu-1} x^\nu}{a^2 \Gamma(\nu+1)} - \frac{\pi}{2} a^{-\nu-1}\left[J_\nu(ax)\left\{\begin{matrix}\operatorname{ctg} a\pi \\ \operatorname{cosec} a\pi\end{matrix}\right\} + \mathbf{H}_\nu(ax)\left\{\begin{matrix}1\\0\end{matrix}\right\}\right]$

$\left[\left\{\begin{matrix} 0 < x < 2\pi \\ 0 < x \leqslant \pi;\ \operatorname{Re}\nu > -5/2\end{matrix}\right\}\right]$.

24. $\displaystyle\sum_{k=1}^{\infty} \frac{k^{2-\nu}}{k^2 - a^2} J_\nu(kx) = \frac{\sqrt{\pi}}{\Gamma(\nu+1/2)} 2^{-\nu} x^{\nu-1} - \frac{\pi}{2} a^{1-\nu}[\mathbf{H}_\nu(ax) + \operatorname{ctg} a\pi J_\nu(ax)]$

$[\operatorname{Re}\nu \geqslant 1/2;\ 0 < x < \pi]$.

25. $\displaystyle\sum_{k=1}^{\infty} (-1)^{k+1} \frac{k^{2n-\nu}}{k^2 - a^2} J_\nu(kx) = \frac{\pi}{2} a^{2n-\nu-1} \operatorname{cosec} a\pi J_\nu(ax)$

$[\operatorname{Re}\nu > 2n - 5/2;\ n = 1, 2, 3, \ldots;\ 0 < x < \pi]$.

5.7.20. Ряды вида $\sum a_k J_\nu((2k+1)x)$.

1. $\displaystyle\sum_{k=0}^{\infty} \frac{1}{2k+1} J_{2n+1}((2k+1)x) = \frac{1}{2(2n+1)}$ $[n = 1, 2, 3, \ldots;\ 0 < x < \pi]$.

2. $\displaystyle\sum_{k=0}^{\infty} \frac{(-1)^k}{2k+1} J_{2n}((2k+1)x) = \frac{\pi}{4}\delta_{0,n}$ $[-\pi/2 < x < \pi/2]$.

3. $\displaystyle\sum_{k=0}^{\infty} \frac{1}{(2k+1)^2} J_{2n}((2k+1)x) = \frac{\pi^2}{8}\delta_{0,n} - \frac{|x|}{2}$ $[-\pi < x < \pi]$,

$\displaystyle = \frac{\pi^2}{8} - \frac{x}{2} + \sqrt{x^2 - \pi^2} - \pi \arccos\frac{\pi}{x}$ $[\pi \leqslant x < 2\pi]$.

4. $\displaystyle\sum_{k=0}^{\infty} \frac{(-1)^k}{(2k+1)^2} J_{2n+1}((2k+1)x) = \frac{\pi x}{8}\delta_{0,n}$ $[-\pi/2 \leqslant x \leqslant \pi/2]$.

5. $\sum_{k=0}^{\infty} \frac{1}{(2k+1)^3} J_{2n+1}((2k+1)x) = \frac{\pi^2 x}{16}\delta_{0,n} + \frac{x|x|}{4(2n+3)(4n^2-1)}$ $[-\pi \leqslant x \leqslant \pi]$.

6. $\sum_{k=0}^{\infty} \frac{(-1)^k}{(2k+1)^3} J_{2n}((2k+1)x) = \frac{\pi^3}{32}\delta_{0,n} - \frac{\pi x^2}{16}\delta_{0,n} - \frac{\pi x^2}{32}\delta_{1,n}$ $[-\pi/2 \leqslant x \leqslant \pi/2]$.

7. $\sum_{k=0}^{\infty} \frac{1}{(2k-1)(2k+3)} J_{2n}((2k+1)x) = \frac{\pi}{8}\mathbf{E}_{2n}(2x)$ $[0 < x < \pi]$.

8. $\sum_{k=0}^{\infty} \frac{(-1)^k}{(2k-1)(2k+3)} J_{2n+1}((2k+1)x) = -\frac{\pi}{8} J_{2n+1}(2x)$ $[-\pi/2 \leqslant x \leqslant \pi/2]$.

9. $\sum_{k=0}^{\infty} \frac{2k+1}{(a-k)(a+k+1)} J_{2n+1}((2k+1)x) =$

$= \pi \operatorname{cosec} a\pi[\cos a\pi\, J_{2n+1}((2a+1)x) - \sin a\pi\, \mathbf{E}_{2n+1}((2a+1)x)]$ $[0 < x < \pi]$.

10. $\sum_{k=0}^{\infty} \frac{(-1)^k}{(4k^2-1)(2k+3)} J_{2n}((2k+1)x) = -\frac{\pi}{16}\delta_{0,n} - \frac{\pi}{16} J_{2n}(2x)$ $[-\pi/2 < x < \pi/2]$.

11. $\sum_{k=0}^{\infty} \frac{1}{(2k+1)^{\nu+2}} J_{\nu}((2k+1)x) = 2^{-\nu-3}\frac{\pi^2 x^{\nu}}{\Gamma(\nu+1)} - 2^{-\nu-2}\frac{\sqrt{\pi}\, x^{\nu+1}}{\Gamma(\nu+3/2)}$

$[\operatorname{Re}\nu > -3/2;\ 0 < x < \pi]$.

12. $\sum_{k=0}^{\infty} (2k+1)^{2n-\nu} J_{\nu}((2k+1)x) = \frac{2^{2n-\nu}}{2n+1}\Gamma\begin{bmatrix} n+3/2 \\ \nu-n+1/2 \end{bmatrix} x^{\nu-2n-1}$

$[\operatorname{Re}\nu \geqslant 2n+1;\ 0 < x < 2\pi]$.

13. $\sum_{k=0}^{\infty} \frac{(-1)^k}{(2k+1)^{2n+\nu+1}} J_{\nu}((2k+1)x) =$

$= \frac{(-1)^n 2^{-\nu-2} x^{2n+\nu}\sqrt{\pi}}{(2n)!} \sum_{k=0}^{2n} \frac{1}{2^k}\binom{2n}{k}\left(\frac{\pi}{x}\right)^k E_k \Gamma\begin{bmatrix} n-(k-1)/2 \\ \nu+n+1-k/2 \end{bmatrix}$ $[-\pi/2 < x < \pi/2]$.

14. $\sum_{k=0}^{\infty} \frac{1}{(2k+1)^2 - a^2} J_{2n}((2k+1)x) = \frac{\pi}{4a}\operatorname{ctg}\frac{a\pi}{2} J_{2n}(ax) + \frac{\pi}{4a}\mathbf{E}_{2n}(ax)$ $[0 \leqslant x \leqslant \pi]$.

15. $\sum_{k=0}^{\infty} \frac{(-1)^k}{(2k+1)^2 - a^2} J_{2n+1}((2k+1)x) = \frac{\pi}{4a}\sec\frac{a\pi}{2} J_{2n+1}(ax)$ $[-\pi/2 \leqslant x \leqslant \pi/2]$.

16. $\sum_{k=0}^{\infty} \frac{2k+1}{(2k+1)^2 - a^2} J_{2n+1}((2k+1)x) = \frac{\pi}{4}\sec\frac{a\pi}{2}[\cos a\pi\, \mathbf{E}_{2n+1}(ax) + \sin a\pi\, J_{2n+1}(ax)]$

$[0 < x < \pi]$.

17. $\sum_{k=0}^{\infty} (-1)^k \frac{2k+1}{(2k+1)^2 \pm a^2} J_{2n}((2k+1)x) = \frac{\pi}{4}\begin{Bmatrix} (-1)^n \operatorname{sech}(a\pi/2) I_{2n}(ax) \\ \sec(a\pi/2) J_{2n}(ax) \end{Bmatrix}$

$[-\pi/2 < x < \pi/2]$.

5.7.21. Ряды вида $\sum a_k J_{nk+\nu}(z\sqrt{ka+b})$.

1. $\sum_{k=-\infty}^{\infty} [(2k+\sigma)a+1]^{(2n+\sigma)/2} J_{2k+\sigma}(z\sqrt{(2k+\sigma)a+1}) =$

$= \sum_{k=0}^{n} \left(\frac{z}{2}\right)^{2k+\sigma} \sum_{l=-k-\sigma}^{k} \frac{(-1)^{k+l}[(2l+\sigma)a+1]^{k+n+\sigma}}{(k-l)!(k+l+\sigma)!}$ $[\sigma = 0$ или $1]$.

2. $$\sum_{k=0}^{\infty} \frac{(ka+b+1)^k}{k!(ka+1)^{(k+\nu+2)/2}} \left(\frac{z}{2}\right)^k J_{k+\nu}(z\sqrt{ka+1}) = \frac{(z/2)^\nu}{\Gamma(\nu+1)}\, {}_1F_2\left(\frac{1}{a};\ 1+\frac{1}{a},\ \nu+1;\ \frac{bz^2}{4}\right).$$

3. $$\sum_{k=0}^{\infty} \frac{(ka-b+1)^{k-1}}{k!(ka+1)^{(\nu-k)/2+1}} \left(\frac{z}{2}\right)^k J_{k+\nu}(z\sqrt{ka+1}) = \frac{b^{-\nu/2}}{1-b}\, J_\nu(\sqrt{b}\, z).$$

4. $$\sum_{k=0}^{\infty} \frac{(z/2)^k}{k!(ka+1)^{(\nu+2)/2-k}}\, J_{k+\nu}(z\sqrt{ka+1}) = \frac{(z/2)^\nu}{\Gamma(\nu+1)}.$$

5. $$\sum_{k=0}^{\infty} \frac{1}{k!}\left(\frac{kx^2}{4}\right)^{(k+n)/2} J_{k+n}(x\sqrt{k}) = S_n,$$
$$S_0 = e^{x^2/4}, \quad S_1 = \frac{x^4}{32}\, e^{x^2/4}, \quad S_2 = \frac{x^6}{128}\left(\frac{1}{3}+\frac{x^2}{16}\right)e^{x^2/4}.$$

5.7.22. Ряды вида $\sum a_k J_n(x\sqrt{(ka+b)^2 \pm c^2})$.

1. $$\sum_{k=1}^{\infty} (\pm 1)^k J_0(x\sqrt{k^2+a^2}) = \frac{\cos ax}{x}\begin{Bmatrix}1\\0\end{Bmatrix} - \frac{1}{2}\, J_0(ax) \qquad [0 < x < (3\pm 1)\pi/2].$$

2. $$\sum_{k=0}^{\infty} \frac{(-1)^k}{2k+1}\, J_0(x\sqrt{(2k+1)^2+a^2}) = \frac{\pi}{4}\, J_0(ax) \qquad [0 < x < \pi].$$

3. $$\sum_{k=1}^{\infty} \frac{(\pm 1)^k}{(k^2+a^2)^{\nu/2}}\, J_\nu(x\sqrt{k^2+a^2}) = \begin{Bmatrix}1\\0\end{Bmatrix}\sqrt{\frac{\pi}{2x}}\, a^{1/2-\nu} J_{\nu-1/2}(ax) - \frac{a^{-\nu}}{2}\, J_\nu(ax)$$
$$[\operatorname{Re}\nu \geqslant 0;\ 0 < x < (3\pm 1)\pi/2].$$

4. $$\sum_{k=1}^{\infty} \frac{(-1)^k}{k^2(k^2+a^2)^{\nu/2}}\, J_\nu(x\sqrt{k^2+a^2}) = \frac{x}{4a^{\nu+1}}\, J_{\nu+1}(ax) - \frac{\pi^2}{12a^\nu}\, J_\nu(ax)$$
$$[\operatorname{Re}\nu > -5/2;\ 0 < x < \pi].$$

5. $$\sum_{k=1}^{\infty} \frac{(\pm 1)^k k^{2n-2}}{(k^2+a^2)^n}\, J_{2n}(x\sqrt{k^2+a^2}) = \begin{Bmatrix}1\\0\end{Bmatrix}\frac{2^{2n+1}(2n)!}{(2n-1)a^{2n+1}}\, J_{2n+1}(ax)$$
$$[n = 2,\ 3,\ 4,\ \ldots;\ 0 < x < \pi].$$

6. $$\sum_{k=1}^{\infty} \frac{(-1)^k}{(k^2-b^2)(k^2+a^2)^{\nu/2}}\, J_\nu(x\sqrt{k^2-a^2}) =$$
$$= \frac{1}{2a^\nu b^2}\, I_\nu(ax) - \frac{\pi \operatorname{cosec} b\pi}{2b(b^2-a^2)^{\nu/2}}\, J_\nu(x\sqrt{b^2-a^2}) \qquad [\operatorname{Re}\nu > -5/2;\ 0 < x < \pi].$$

5.7.23. Ряды вида $\sum a_k \begin{Bmatrix}\sin ka\\ \cos ka\end{Bmatrix} J_\nu(kx)$.

1. $$\sum_{k=1}^{\infty} \sin ka\, J_0(kx) = \frac{1}{2\pi}\sum_{k=1}^{n}\frac{1}{k} - \frac{1}{2\pi}\begin{Bmatrix}1\\0\end{Bmatrix}\sum_{k=1}^{m}\frac{1}{k} -$$
$$- \sum_{k=n+1}^{\infty}\left[\frac{1}{\sqrt{(2k\pi-a)^2-x^2}} - \frac{1}{2k\pi}\right] - \sum_{k=\sigma+1}^{\infty}\left[\frac{1}{\sqrt{(2k\pi+a)^2-x^2}} - \frac{1}{2k\pi}\right]$$
$\left[\begin{Bmatrix}\sigma = m;\ 0 \leqslant a < x\\ \sigma = 0;\ a > x > 0\end{Bmatrix};\ m+1,\ n+1\right.$ — натуральные числа, для которых
$\left.2m\pi < \pm x \mp a < 2(m+1)\pi \text{ и } 2n\pi < x+a < 2(n+1)\pi\right].$

2. $$\sum_{k=1}^{\infty} \cos ka\, J_0(kx) = -\frac{1}{2} + \sum_{k=\sigma+1}^{n}\frac{1}{\sqrt{x^2-(2k\pi-a)^2}} +$$
$$+ \left[\frac{1}{\sqrt{x^2-a^2}} + \sum_{k=1}^{m}\frac{1}{\sqrt{x^2-(2k\pi+a)^2}}\right]\begin{Bmatrix}1\\0\end{Bmatrix} \qquad \left[\begin{Bmatrix}\sigma = 0;\ 0 \leqslant a < x\\ \sigma = m;\ a > x > 0\end{Bmatrix};\ m,\ n \text{ см. в } 5.7.23.1\right].$$

3. $\sum_{k=1}^{\infty}(-1)^k \left\{\begin{matrix} \sin ka \\ \cos ka \end{matrix}\right\} J_0(kx) = \sum_{k=1}^{\infty} \left\{\begin{matrix} \sin k\,(a+\pi) \\ \cos k\,(a+\pi) \end{matrix}\right\} J_0(kx).$

4. $\sum_{k=1}^{\infty} \frac{(\pm 1)^k}{k^{\nu+1}} \sin kx\, J_\nu(kx) = -\frac{1}{\Gamma(\nu+1)}\left(\frac{x}{2}\right)^{\nu+1} + \frac{\pi}{2\Gamma(\nu+1)}\left(\frac{x}{2}\right)^{\nu}\left\{\begin{matrix} 1 \\ 0 \end{matrix}\right\}$

$[\operatorname{Re}\nu > -(2\mp 1)/2;\ 0 < x < (3\pm 1)\pi/4].$

5. $\sum_{k=1}^{\infty} \frac{(\pm 1)^k}{k^{\nu+2}} \cos kx\, J_\nu(kx) = \frac{2^{-\nu-3}x^\nu}{3\Gamma(\nu+2)}\left[3x^2 + 2(\nu+1)\left\{\begin{matrix} 3x^2 - 6\pi x + 2\pi^2 \\ 3x^2 - \pi^2 \end{matrix}\right\}\right]$

$[\operatorname{Re}\nu > -(4\mp 1)/2;\ 0 < x < (3\pm 1)\pi/4].$

6. $\sum_{k=1}^{\infty} \frac{1}{k^2 - a^2} \left\{\begin{matrix} k\sin kb \\ \cos kb \end{matrix}\right\} J_0(kx) = \pm\frac{\pi}{2a}\operatorname{cosec} a\pi \left\{\begin{matrix} a\sin a\,(\pi - b) \\ \cos a\,(\pi - b) \end{matrix}\right\} J_0(ax) + \frac{1}{2a^2}\left\{\begin{matrix} 0 \\ 1 \end{matrix}\right\}$

$[0 < b + x < 2\pi;\ 0 < b - x < 2\pi].$

7. $\sum_{k=1}^{\infty} \frac{(\pm 1)^k k^{-\nu}}{k^2 - a^2} \cos kx\, J_\nu(kx) = \frac{2^{-\nu-1}x^\nu}{a^2\Gamma(\nu+1)} - \frac{\pi}{2}\, a^{-\nu-1}\operatorname{cosec} a\pi \left\{\begin{matrix} \cos a\,(x-\pi) \\ \cos ax \end{matrix}\right\} J_\nu(cx)$

$[\operatorname{Re}\nu > -(4\mp 1)/2;\ 0 < x < (3\pm 1)\pi/4;\ ].$

5.7.24. Ряды вида $\sum a_k J_\mu(kx + a) J_\nu(ky + b)$.

1. $\sum_{k=1}^{\infty} \frac{1}{k}\, J_{2m+1}(kx) J_{2n(2m+1)}(kx) = (-1)^{m+n+1}\frac{2}{(2m+1)^2(4n^2-1)\pi}$

$[m = 0,\ 1,\ 2,\ \ldots;\ n = 1,\ 2,\ 3,\ \ldots;\ 0 < x < \pi].$

2. $\sum_{k=1}^{\infty} \frac{1}{k}\, J_0(kx) J_{2n+1}(kx) = (-1)^n\left[\frac{2}{(2n+1)^2\pi} - \frac{x}{4}\,\delta_{n,0}\right]$ $[0 < x < \pi].$

3. $\sum_{k=1}^{\infty} \frac{1}{k}\, J_m(kx) J_{l+2mn}(kx) = (-1)^{m(n+1)+[(m+l-1)/2]}\frac{2}{[(l+2mn)^2 - m^2]\pi}$

$[n = 1,\ 2,\ 3,\ \ldots;\ m = 2,\ 3,\ 4,\ \ldots;\ l = \pm 1,\ \pm 2,\ \pm 3,\ \ldots;\ m + l$ — нечетное число; $0 < x < \pi].$

4. $\sum_{k=1}^{\infty} \frac{(\pm 1)^k}{k}\, J_{n+\nu+1/2}(kx) J_{n-\nu+1/2}(kx) = \left\{\begin{matrix} 1 \\ 0 \end{matrix}\right\}\frac{\sin\nu\pi}{(2n+1)\nu\pi}$

$[n = 1,\ 2,\ 3,\ \ldots;\ 0 < x < (3\pm 1)\pi/4].$

5. $\sum_{k=1}^{\infty} \frac{(\pm 1)^k}{k}\, J_{n+1/2}^2(kx) = \left\{\begin{matrix} 1 \\ 0 \end{matrix}\right\}\frac{1}{(2n+1)}$ $[n = 1,\ 2,\ 3,\ \ldots;\ 0 < x < (3\pm 1)\pi/4].$

6. $\sum_{k=1}^{\infty} \frac{(\pm 1)^k}{\sqrt{k}}\, J_\nu(kx) J_{1/2-\nu}(kx) = -\frac{\sqrt{x}}{2\sqrt{2}\,\Gamma(1+\nu)\Gamma(3/2-\nu)} + \frac{\pi}{\sqrt{2x}\,\Gamma(1/2+\nu)\Gamma(1-\nu)}\left\{\begin{matrix} 1 \\ 0 \end{matrix}\right\}$

$[0 < x < (3\pm 1)\pi/4].$

7. $\sum_{k=1}^{\infty} k^{-\mu-\nu} J_\mu(kx) J_\nu(ky) = \frac{1}{\Gamma(\mu+1)} 2^{-\mu-\nu}x^\mu y^\nu \times$

$\times\left[\frac{\sqrt{\pi}}{y\Gamma(\nu+1/2)}\, {}_2F_1\left(\frac{1}{2} - \nu,\ \frac{1}{2};\ \mu+1;\ \frac{x^2}{y^2}\right) - \frac{1}{2\Gamma(\nu+1)}\right]$

$[\operatorname{Re}\mu,\ \operatorname{Re}\nu > -1/2;\ 0 < x < y < \pi].$

8. $\sum_{k=1}^{\infty}(-1)^{k+1}k^{-2\nu} J_\nu(kx) J_\nu(ky) = \frac{2^{-2\nu-1}(xy)^\nu}{\Gamma^2(\nu+1)}$

$[\operatorname{Re}\nu > -1/2;\ x,\ y > 0;\ x + y < \pi;\ \operatorname{Re}\nu > 0$ при $x + y \leqslant \pi].$

9. $$\sum_{k=1}^{\infty} \frac{1}{k^{\mu+\nu}} J_\mu(kx)J_\nu(kx) = -\frac{x^{\mu+\nu}}{2^{\mu+\nu+1}\Gamma(\mu+1)\Gamma(\nu+1)} + \frac{\sqrt{\pi}\, x^{\mu+\nu-1}}{2^{\mu+\nu}} \Gamma\left[\begin{matrix} \mu+\nu \\ \mu+1/2,\ \nu+1/2,\ \mu+\nu+1/2 \end{matrix}\right]$$ [Re $(\mu+\nu) > 0$; $0 < x < \pi$].

10. $$\sum_{k=1}^{\infty} \frac{1}{k^{\mu+\nu+2}} J_\mu(kx)J_\nu(kx) = \frac{2^{-\mu-\nu-1}\pi^2 x^{\mu+\nu}}{3\Gamma(\mu+1)\Gamma(\nu+1)} + \frac{2^{-\mu-\nu-3}(\mu+\nu+2)x^{\mu+\nu+2}}{\Gamma(\mu+2)\Gamma(\nu+2)} - \left(\frac{x}{2}\right)^{\mu+\nu+1} \sqrt{\pi}\,\Gamma\left[\begin{matrix} \mu+\nu+2 \\ \mu+3/2,\ \nu+3/2,\ \mu+\nu+3/2 \end{matrix}\right]$$ [Re μ, Re $\nu > -1$; $0 < x < \pi$].

11. $$\sum_{k=1}^{\infty} (-1)^k k^{2n-\mu-\nu} J_\mu(kx)J_\nu(kx) = 0$$ [$-1/2 <$ Re $(\mu+\nu) - 2n \leqslant 1/2$; $0 \leqslant x < \pi/2$] или [Re $(\mu+\nu) - 2n > 1/2$; $0 \leqslant x \leqslant \pi/2$].

12. $$\sum_{k=1}^{\infty} (-1)^k k^{-\mu-\nu-2} J_\mu(kx)J_\nu(kx) = \frac{1}{\Gamma(\mu+1)\Gamma(\nu+1)} 2^{-\mu-\nu-2} x^{\mu+\nu} \times \left[\frac{(\mu+\nu+2)x^2}{2(\mu+1)(\nu+1)} - \frac{\pi^2}{3}\right]$$ [Re $(\mu+\nu) > -3$; $0 < x < \pi/2$].

13. $$\sum_{k=1}^{\infty} (-1)^k \frac{k^{-\mu-\nu}}{k^2-a^2} J_\mu(kx)J_\nu(kx) = \frac{1}{a^2\Gamma(\mu+1)\Gamma(\nu+1)} 2^{-\mu-\nu} x^{\mu+\nu} - \frac{\pi}{2\sin a\pi} a^{-\mu-\nu-1} J_\mu(ax)J_\nu(ax)$$ [Re $(\mu+\nu) > -3$; $0 < x < \pi/2$].

14. $$\sum_{k=1}^{\infty} \frac{(-1)^{k-1}}{k^2-a^2} J_{n+\nu}(kx)J_{n-\nu}(kx) = \frac{\pi}{2a} \operatorname{cosec} a\pi\, J_{n+\nu}(ax)J_{n-\nu}(ax) - \frac{\sin\nu\pi}{2a^2\nu} \delta_{0,\,n}$$ [$-\pi/2 \leqslant x \leqslant \pi/2$].

15. $$\sum_{k=1}^{\infty} \frac{\sqrt{k}}{k^2-a^2} J_\nu(kx)J_{-\nu-1/2}(kx) = -\frac{\pi}{2\sqrt{a}} \left[J_{\nu+1/2}(ax)J_{-\nu}(ax) + \operatorname{ctg} a\pi\, J_\nu(ax)J_{-\nu-1/2}(ax)\right] + \frac{a^{-2}(2x)^{-1/2}}{\Gamma(\nu+1)\Gamma(1/2-\nu)}$$ [$0 < x < \pi$].

16. $$\sum_{k=1}^{\infty} \frac{(-1)^k k}{k^2-a^2} J^2_{n+1/2}(kx) = -\frac{\pi}{2} \operatorname{cosec} a\pi\, J^2_{n+1/2}(ax)$$ [$0 < x < \pi/2$].

17. $$\sum_{k=1}^{\infty} (\pm 1)^k \frac{k^{3/2}}{k^2-a^2} J_\nu(kx)J_{-\nu+1/2}(kx) = -\frac{\pi}{2\sqrt{a}} \operatorname{cosec} a\pi\, J_\nu(ax)J_{-\nu+1/2}(ax) \left\{\begin{matrix} \cos a\pi \\ 1 \end{matrix}\right\} + \frac{\pi}{2\sqrt{a}} J_{\nu-1/2}(ax)J_{-\nu}(ax) \left\{\begin{matrix} 1 \\ 0 \end{matrix}\right\}$$ [$0 < x < (3 \pm 1)\pi/4$].

18. $$\sum_{k=0}^{\infty} \frac{1}{2k+1} J_{n+\nu+1/2}((2k+1)x)J_{n-\nu+1/2}((2k+1)x) = \frac{\sin\nu\pi}{2(2n+1)\nu\pi}$$ [$n = 1, 2, 3, \ldots$; $0 < x < \pi$].

19. $$\sum_{k=0}^{\infty} \frac{1}{2k+1} J^2_{n+1/2}((2k+1)x) = \frac{1}{2(2n+1)}$$ [$n = 1, 2, 3, \ldots$; $0 < x < \pi$].

20. $$\sum_{k=0}^{\infty} \frac{1}{2k+1} J_m((2k+1)x)J_n((2k+1)y) = \frac{y^n}{4x^n} \Gamma\left[\begin{matrix} (m+n)/2 \\ n+1,\ (m-n)/2+1 \end{matrix}\right] \times {}_2F_1\left(\frac{m+n}{2}, \frac{n-m}{2}; n+1; \frac{y^2}{x^2}\right)$$ [$m+n$ — четное; $x + y < \pi$].

21. $\sum_{k=0}^{\infty} \frac{1}{(2k+1)^2} J_{n+\nu}((2k+1)x) J_{n-\nu}((2k+1)x) = \frac{\pi}{8\nu} \sin \nu\pi \delta_{0,n} + \frac{|x|}{(4\nu^2-1)\pi} \cos \nu\pi$

$[-\pi/2 \leqslant x \leqslant \pi/2]$.

22. $\sum_{k=0}^{\infty} \frac{1}{(2k+1)^2} J_n^2((2k+1)x) = \frac{\pi^2}{8} \delta_{0,n} - \frac{|x|}{\pi}$ $[-\pi/2 \leqslant x \leqslant \pi/2]$.

23. $\sum_{k=1}^{\infty} \frac{1}{(2k+1)^3} J_m((2k+1)x) J_n((2k+1)y) = \frac{y^n}{16x^{n-2}} \Gamma\left[\begin{matrix} (m+n-2)/2 \\ n+1,\ (m-n+4)/2 \end{matrix}\right] \times$

$\times\ {}_2F_1\left(\frac{m+n-2}{2}, \frac{n-m-2}{2};\ n+1;\ \frac{y^2}{x^2}\right) + \frac{\pi^2 x}{16} \delta_{1,m} \delta_{0,n} + \frac{\pi^2 y}{16} \delta_{0,m} \delta_{1,n}$

$[m+n$ — четное; $x+y<\pi]$.

24. $\sum_{k=0}^{\infty} \frac{(-1)^k}{(2k+1)^3} J_n^2((2k+1)x) = \frac{\pi^3}{32} \delta_{0,n} - \frac{\pi x^2}{16} (2\delta_{0,n} + \delta_{1,n})$ $[-\pi/4 \leqslant x \leqslant \pi/4]$.

25. $\sum_{k=0}^{\infty} \frac{(-1)^k}{(2k+1)^3} J_{n+\nu}((2k+1)x) J_{n-\nu}((2k+1)x) = \frac{\pi^2 \sin \nu\pi}{32\nu} \delta_{0,n} - \frac{x^2 \sin \nu\pi}{16\nu(1-\nu^2)} (2\delta_{0,n} +$

$+ \delta_{1,n})$ $[-\pi/4 \leqslant x \leqslant \pi/4]$.

26. $\sum_{k=0}^{\infty} (-1)^k \frac{(2k+1)^{1-\mu-\nu}}{(2k+1)^2 - a^2} J_\mu((2k+1)x) J_\nu((2k+1)x) = \frac{\pi}{4 \cos(a\pi/2)} a^{-\mu-\nu} J_\mu(ax) J_\nu(ax)$

$[\mathrm{Re}(\mu+\nu) > -2;\ 0 < x < \pi/4]$.

27. $\sum_{k=0}^{\infty} \frac{(-1)^k}{(2k+1)(2k+3)(2k+5)} J_{n+\nu}((2k+3)x) J_{n-\nu}((2k+3)x) =$

$= \frac{\sin \nu\pi}{16\nu} \delta_{0,n} + \frac{\pi}{16} J_{n+\nu}(2x) J_{n-\nu}(2x) - \frac{1}{3} J_{n+\nu}(x) J_{n-\nu}(x)$ $[-\pi/2 < x < \pi/2]$.

28. $\sum_{k=0}^{\infty} \frac{(-1)^k}{(2k+1)(2k+3)(2k+5)} J_n^2((2k+3)x) = \frac{\pi}{16} \delta_{0,n} + \frac{\pi}{16} J_n^2(2x) - \frac{1}{3} J_n^2(x)$

$[-\pi/2 < x < \pi/2]$.

29. $\sum_{k=0}^{\infty} (-1)^k (2k+1)^{-\mu-\nu-1} J_\mu((2k+1)x) J_\nu((2k+1)x) = \frac{\pi}{\Gamma(\mu+1)\Gamma(\nu+1)} 2^{-\mu-\nu-2} x^{\mu+\nu}$

$[\mathrm{Re}(\mu+\nu) > -2;\ 0 < x < \pi/2]$.

5.7.25. Ряды вида $\sum a_k J_{k+\mu}(z\sqrt{ka+b}) J_{k+\nu}(z\sqrt{ka+b})$.

1. $\sum_{k=-\infty}^{\infty} J_{k+2m}(z\sqrt{ka+1}) J_{k+2n}(z\sqrt{ka+1}) = \delta_{m,n}$.

2. $\sum_{k=-\infty}^{\infty} \frac{1}{\sqrt{ka+1}} J_{k+2m}(z\sqrt{ka+1}) J_{k+2n+1}(z\sqrt{ka+1}) = 0$.

5.7.26. Ряды вида $\sum a_k J_\mu(x\sqrt{(ka+b)^2+c^2}) J_\nu(x\sqrt{(ka+b)^2+c^2})$.

1. $\sum_{k=1}^{\infty} \frac{(-1)^k}{k^2-a^2} J_0^2(x\sqrt{k^2+b^2}) = \frac{1}{2a^2} J_0^2(bx) - \frac{\pi}{2a} \operatorname{cosec} a\pi J_0^2(x\sqrt{a^2+b^2})$ $[0 < x < \pi/2]$.

2. $\sum_{k=1}^{\infty} \frac{(-1)^{k+1}}{(k^2+a^2)^{(\mu+\nu)/2}} J_\mu(x\sqrt{k^2+a^2}) J_\nu(x\sqrt{k^2+a^2}) = \frac{a^{-\mu-\nu}}{2} J_\mu(ax) J_\nu(ax)$

$[\mathrm{Re}(\mu+\nu) > -1;\ 0 < x < \pi/2]$.

3. $$\sum_{k=0}^{\infty} \frac{(-1)^k}{2k+1} J_\nu(x\sqrt{(2k+1)^2+a^2})J_{-\nu}(x\sqrt{(2k+1)^2+a^2}) = \frac{\pi}{4} J_\nu(ax)J_{-\nu}(ax)$$ $[0 < x < \pi/2]$.

5.7.27. Ряды вида $\sum a_k J_\nu(\sqrt{k^2x^2+a^2} + kb_1x + c_1)J_\nu(\sqrt{k^2x^2+a^2} + kb_2x + c_2)$.

1. $$\sum_{k=1}^{\infty} \frac{(\pm 1)^k}{k} J_{n+1/2}(\sqrt{k^2x^2+a^2} + a)J_{n+1/2}(\sqrt{k^2x^2+a^2} - a) = \frac{1}{2n+1}\begin{Bmatrix}1\\0\end{Bmatrix} J_0^2(2a)$$ $[n = 1, 2, 3, \ldots;\ 0 < x < (3\pm 1)\pi/4]$.

2. $$\sum_{k=1}^{\infty} \frac{(-1)^k}{k^{2\nu+2}} J_\nu(\sqrt{k^2x^2+a^2} + a)J_\nu(\sqrt{k^2x^2+a^2} - a) = \frac{2^{-2\nu-2}}{\Gamma(\nu+1)}\left(\frac{x^2}{a}\right)^\nu \left[\frac{x^2}{a} J_{\nu+1}(2a) - \frac{\pi^2}{3} J_\nu(2a)\right]$$ $[\operatorname{Re}\nu > -3/2;\ -\pi/2 < x < \pi/2]$.

3. $$\sum_{k=0}^{\infty} \frac{(-1)^k}{2k+1} J_n(\sqrt{(2k+1)^2x^2+a^2} + a)J_n(\sqrt{(2k+1)^2x^2+a^2} - a) = \frac{\pi}{4}\delta_{0,n}J_n^2(2a)$$ $[-\pi/4 < x < \pi/4]$.

4. $$\sum_{k=0}^{\infty} \frac{(-1)^k}{(2k+1)^2-b^2} J_{n+1/2}(\sqrt{(2k+1)^2x^2+a^2} + a)J_{n+1/2}(\sqrt{(2k+1)^2x^2+a^2} - a) = \frac{\pi}{4b}\sec\frac{b\pi}{2} J_{n+1/2}(\sqrt{a^2+b^2x^2} + a)J_{n+1/2}(\sqrt{a^2+b^2x^2} - a)$$ $[-\pi/4 \leqslant x \leqslant \pi/4]$.

5. $$\sum_{k=0}^{\infty} \frac{(-1)^k}{(2k+1)^{2\nu+1}} J_\nu(\sqrt{(2k+1)^2x^2+a^2} + a)J_\nu(\sqrt{(2k+1)^2x^2+a^2} - a) = \frac{2^{-2\nu-2}\pi}{\Gamma(\nu+1)}\left(\frac{x^2}{a}\right)^\nu J_\nu(2a)$$ $[\operatorname{Re}\nu > -1;\ 0 < x < \pi/4]$.

6. $$\sum_{k=0}^{\infty} \frac{(-1)^k}{2k+1} J_\nu(\sqrt{(2k+1)^2x^2+a^2} + (2k+1)x)J_\nu(\sqrt{(2k+1)^2x^2+a^2} - (2k+1)x) = \frac{\pi}{4} J_\nu^2(a)$$ $[-\pi/4 < x < \pi/4]$.

7. $$\sum_{k=1}^{\infty} \frac{(-1)^k}{k^2-b^2} J_\nu(\sqrt{k^2x^2+a^2} + kx)J_\nu(\sqrt{k^2x^2+a^2} - kx) = \frac{1}{2b^2} J_\nu^2(a) - \frac{\pi}{2b}\operatorname{cosec} b\pi\, J_\nu(\sqrt{a^2+b^2x^2} + bx)J_\nu(\sqrt{a^2+b^2x^2} - bx)$$ $[\operatorname{Re}\nu > -5/2;\ 0 < x < \pi/2]$.

5.7.28. Ряды вида $\sum a_k \begin{Bmatrix}\sin ka\\ \cos ka\end{Bmatrix} J_\mu(kx)J_\nu(ky)$.

1. $$\sum_{k=1}^{\infty} \frac{\sin ka}{k} J_m(kx)J_{2n+m}(ky) = (-1)^n\delta_{n,0}\delta_{m,0}\left(\frac{\pi-a}{2} + \pi\left[\frac{a}{2\pi}\right]\right)$$ $[|x| + |y| < \pi - |\pi - a + 2\pi(a/(2\pi))|]$.

2. $$\sum_{k=1}^{\infty} \frac{\cos ka}{k} J_m(kx)J_{2n-m+1}(ky) = (-1)^{n-1}\delta_{n,0}\left(\delta_{m,1}\frac{x}{4} + \delta_{m,0}\frac{y}{4}\right)$$ $[|x| + |y| < \pi - |\pi - a + 2\pi(a/(2\pi))|]$.

5.7.29. Ряды вида $\sum a_k \begin{Bmatrix}\sin ka\\ \cos ka\end{Bmatrix} J_\nu(\varphi(kx))J_\nu(\chi(kx))$.

1. $$\sum_{k=1}^{\infty} \cos ka\, J_\nu(\sqrt{k^2x^2+b^2} + kx)J_\nu(\sqrt{k^2x^2+b^2} - kx) =$$

$$= \sum_{k=k_-}^{k_+} \alpha_k [x^2 - (2k\pi + a)^2]^{-1/2} J_{2\nu}\left(\frac{b}{x}\sqrt{x^2 - (2k\pi + a)^2}\right) - \frac{1}{2} J_\nu^2(b)$$

[$\operatorname{Re}\nu > -1/2$; $\operatorname{Re}\nu > 1/2$ при $x = \pm a$; $k_\pm = \pm[(x \mp a)/(2\pi)]$;
$\alpha_k = 1$ при $k \neq k_\pm$, $\alpha_{k_\pm} = 1/2$ при $(x \mp a)/(2\pi) = \ldots, -2, -1, 0, 1, 2, \ldots$,
$\alpha_{k_\pm} = 1$ при $(x \mp a)/(2\pi) \neq \ldots, -2, -1, 0, 1, 2, \ldots$].

2. $$\sum_{k=1}^{\infty} \frac{(\pm 1)^k}{k} \sin 2kx \, J_\nu(\sqrt{k^2x^2 + a^2} + kx) J_\nu(\sqrt{k^2x^2 + a^2} - kx) = \frac{\pi}{2} J_\nu^2(a) \begin{Bmatrix} 1 \\ 0 \end{Bmatrix} - x J_\nu^2(a)$$

[$\operatorname{Re}\nu > -(2 \mp 1)\pi/2$; $0 < x < (3 \pm 1)\pi/8$].

3. $$\sum_{k=1}^{\infty} \frac{(\pm 1)^k}{k^2 - b^2} \cos 2kx \, J_\nu(\sqrt{k^2x^2 + a^2} + kx) J_\nu(\sqrt{k^2x^2 + a^2} - kx) =$$

$$= \frac{1}{2b^2} J_\nu^2(a) - \frac{\pi}{2b} \operatorname{cosec} b\pi \begin{Bmatrix} \cos b\,(2x - \pi) \\ \cos 2bx \end{Bmatrix} J_\nu(\sqrt{a^2 + b^2x^2} + b) J_\nu(\sqrt{a^2 + b^2x^2} - b)$$

[$\operatorname{Re}\nu > -(4 \mp 1)/2$; $0 < x < (3 \pm 1)\pi/8$].

5.7.30. Ряды вида $\sum a_k J_{k\mu+\nu}(kz + b)$.

Обозначение: $\Delta = \dfrac{z}{1 + \sqrt{1 - z^2}} \exp\sqrt{1 - z^2}$, $\Delta_1 = \dfrac{2z}{1 + \sqrt{1 - 4z^2}} \exp\sqrt{1 - 4z^2}$.

1. $$\sum_{k=1}^{\infty} (\pm 1)^{k-1} J_k(kz) = \frac{z}{2(1 \mp z)}$$ [$|\Delta| < 1$].

2. $$\sum_{k=-\infty}^{\infty} J_{k \pm n}(kz) = \frac{1}{1 - z}$$ [$|\Delta| < 1$].

3. $$\sum_{k=1}^{\infty} k[J_{k-1}(kx) - J_{k+1}(kx)] = \frac{1}{(1 - x)^2}$$ [$-1 < x < 1$].

4. $$\sum_{k=-\infty}^{\infty} \frac{1}{k} J_{k-n}(kz) = \frac{1}{n}$$ [$n \neq 0$].

5. $$\sum_{k=1}^{\infty} \frac{1}{k} [J_{k-1}(kx) - J_{k+1}(kx)] = \frac{x}{2} + 1$$ [$-1 < x < 1$].

6. $$\sum_{k=1}^{\infty} (\pm 1)^k k^{2n} J_k(kz) = \frac{(-1)^n}{2} \left[\frac{d^{2n}}{da^{2n}} (1 - z\cos b)^{-1}\right]\Bigg|_{a=(\pi \mp \pi)/2}$$

[$a = b - z\sin b$; $|\Delta| < 1$].

7. $$\sum_{k=1}^{\infty} \frac{(-1)^k}{k^2} J_k(kz) = \frac{z(z - 4)}{8}$$ [$|\Delta| < 1$].

8. $$\sum_{k=1}^{\infty} \frac{1}{k^2 + a^2} J_k(kz) = -\frac{1}{2a^2} + \frac{1}{2a} \int_0^\infty \exp[-a(t - z\sin t)]\, dt$$ [$\operatorname{Re} a > 0$; $|\Delta| < 1$].

9. $$\sum_{k=1}^{\infty} \frac{(-1)^k}{k^2 - a^2} J_k(kz) = -\frac{\pi}{2a} \operatorname{cosec} a\pi \, J_a(az) - \frac{1}{2a^2}$$ [$|\Delta| < 1$].

10. $$\sum_{k=1}^{\infty} k^p J_{2k}(2kz) = S_p$$ [$|\Delta| < 1$],

$$S_2 = \frac{z^2(z^2 + 1)}{2(z^2 - 1)^4}, \quad S_0 = \frac{z^2}{2(1 - z^2)}, \quad S_{-2} = \frac{z^2}{2}, \quad S_{-4} = \frac{z^2}{2} - \frac{z^4}{8}, \quad S_{-6} = \frac{z^2}{2} - \frac{5z^4}{32} + \frac{z^6}{72}.$$

11. $\sum_{k=1}^{\infty} \frac{1}{k^2+a^2} J_{2k}(2kz) = \frac{1}{2a^2z^2}\left[{}_1F_2(1;\ ai,\ -ai;\ a^2z^2) - 1 - z^2\right]$ $[|\Delta|<1]$.

12. $\sum_{k=0}^{\infty} (2k+1)^p J_{2k+1}((2k+1)z) = T_p$ $[|\Delta_1|<1]$,

$$T_0 = \frac{z}{2(1-z^2)},\quad T_{-2} = \frac{z}{2},\quad T_{-4} = \frac{z}{2} - \frac{z^3}{18},\quad T_{-6} = \frac{z}{2} - \frac{5z^3}{81} + \frac{z^5}{450}.$$

13. $\sum_{k=0}^{\infty} \frac{1}{(2k+1)^2+a^2} J_{2k+1}((2k+1)z) = \frac{1}{2a^2z}\left[{}_1F_2\left(1;\ \frac{1+ai}{2},\ \frac{1-ai}{2};\ \frac{a^2z^2}{4}\right) - 1\right]$

$[|\Delta|<1]$.

14. $\sum_{k=0}^{\infty} \frac{\Gamma(k+\nu)}{k!} (2k+\nu) J_{2k+\nu}((2k+\nu)z) = \left(\frac{z}{2}\right)^\nu$ $[|\Delta_1|<1]$.

15. $\sum_{k=0}^{\infty} \frac{\Gamma(k+\nu)}{k!(2k+\nu)^{\nu+1}} J_{2k+\nu}((2k+\nu)z) = \frac{1}{\nu^2}\left(\frac{z}{2}\right)^\nu$

$[\nu \neq 0,\ -1,\ -2,\ \ldots;\ |\Delta|<1;\ |\Delta_1|<1]$.

16. $\sum_{k=0}^{\infty} \frac{\Gamma(k+2\nu)}{k!(k+\nu)^{2\nu-1}} J_{2k+2\nu}(2(k+\nu)z) = \frac{z^{2\nu}}{2(1-z^2)}$ $[|\Delta_1|<1]$.

17. $\sum_{k=0}^{\infty} \frac{\Gamma(k+2\nu)}{k!(k+\nu)^{2\nu+1}} J_{2k+2\nu}(2(k+\nu)z) = \frac{z^{2\nu}}{2\nu^2}$ $[|\Delta_1|<1]$.

18. $\sum_{k=0}^{\infty} \frac{\Gamma(k+2\nu)}{k!(k+\nu)^{2\nu+3}} J_{2k+2\nu}(2(k+\nu)z) = \frac{z^{2\nu}}{2\nu^2}\left[\frac{1}{\nu^2} - \frac{z^2}{(\nu+1)^2}\right]$ $[|\Delta_1|<1]$.

5.7.31. Ряды вида $\sum a_k J_{k\mu_1+\nu_1}(kz+b_1) J_{k\mu_2+\nu_2}(kz+b_2)$.

Обозначение: $\Delta = \frac{z}{1+\sqrt{1-z^2}} \exp\sqrt{1-z^2}$, $\Delta_1 = \frac{2z}{1+\sqrt{1-4z^2}} \exp\sqrt{1-4z^2}$.

1. $\sum_{k=1}^{\infty} J_k^2(kz) = \frac{1}{2\sqrt{1-z^2}} - \frac{1}{2}$ $[|\Delta|<1]$.

2. $\sum_{k=1}^{\infty} k^2 J_k^2(kz) = \frac{z^2(z^2+4)}{16(1-z^2)^{7/2}}$ $[|\Delta|<1]$.

3. $\sum_{k=-\infty}^{\infty} \frac{1}{k} J_{k-m}(kz) J_{k-n}(kz) = \frac{1}{n}\delta_{m,n}$ $[m+n \neq 0;\ |\Delta|<1]$.

4. $\sum_{k=-\infty}^{\infty} \frac{1}{k^2} J_{k-n}^2(kz) = \frac{1}{n^2}$ $[n \neq 0;\ |\Delta|<1]$.

5. $\sum_{k=1}^{\infty} \frac{1}{k^2} J_k^2(kz) = \frac{z^2}{4}$ $[|\Delta|<1]$.

6. $\sum_{k=1}^{\infty} \frac{1}{k^2-a^2} J_k^2(kz) = \frac{1}{2a^2} - \frac{\pi}{2a} \operatorname{cosec} a\pi\, J_a(az) J_{-a}(az)$ $[|\Delta|<1]$.

7. $\sum_{k=1}^{\infty} \frac{1}{4k^2-1} J_k^2(kz) = \frac{z - \sin z}{2z}$ $[|\Delta|<1]$.

8. $\sum_{k=0}^{\infty} J_k((2k+1)z) J_{k+1}((2k+1)z) = \frac{1}{\sqrt{1-4z^2}} - 1$ $[|\Delta_1|<1]$.

9. $\sum_{k=0}^{\infty} \frac{\Gamma(k+2\nu)}{k!(k+\nu)^{2\nu+1}} J_{k+\nu}^2((k+\nu)z) = \frac{\Gamma(2\nu+1)}{2\nu^2\Gamma^2(\nu+1)} \left(\frac{z}{2}\right)^{2\nu}$ $[|\Delta_1| < 1]$.

10. $\sum_{k=0}^{\infty} \frac{(\mu)_k}{k!(2k+\mu)^{\mu+1}} J_{k+\nu}((2k+\mu)z) J_{k+\mu-\nu}((2k+1)z) = \frac{(z/2)^{\mu}}{\mu\Gamma(\nu+1)\Gamma(\mu-\nu+1)}$ $[|\Delta_1| < 1]$.

5.7.32. Ряды вида $\sum a_k \begin{Bmatrix} \sin ka \\ \cos ka \end{Bmatrix} J_k(kz)$.

Обозначение: $t - z\sin t = a$, $\operatorname{Im} a = 0$.

Условие: $\left| \frac{z}{1+\sqrt{1-z^2}} \exp\sqrt{1-z^2} \right| < 1$.

1. $\sum_{k=1}^{\infty} \begin{Bmatrix} k\sin ka \\ \cos ka \end{Bmatrix} J_k(kz) = \frac{z}{2} \begin{Bmatrix} (1-z\cos t)^{-3}\sin t \\ (1-z\cos t)^{-1}\cos t \end{Bmatrix}$.

2. $\sum_{k=1}^{\infty} \frac{1}{k} \sin ka J_k(kz) = \frac{t-a}{2}$.

3. $\sum_{k=1}^{\infty} \frac{1}{k} \begin{Bmatrix} \sin ka \\ \cos ka \end{Bmatrix} [J_{k-n}(kz) \pm J_{k+n}(kz)] = \frac{1}{n} \begin{Bmatrix} \sin nt \\ \cos nt \end{Bmatrix}$ $[n = 1, 2, 3, \ldots]$.

5.7.33. Ряды, содержащие нули функции Бесселя $J_\nu(z)$.

Обозначение: $\gamma_{\nu,k}$ — положительные нули функции $J_\nu(x)$, причем $\gamma_{\nu,k+1} > \gamma_{\nu,k}$; $\gamma_k = \gamma_{0,k}$.

Условие: $0 \leqslant x < 1$.

1. $\sum_{k=1}^{\infty} \frac{J_\nu(\gamma_{\nu,k}x)}{\gamma_{\nu,k}J_{\nu+1}(\gamma_{\nu,k})} = \frac{x^\nu}{2}$. **2.** $\sum_{k=1}^{\infty} \frac{J_0(\gamma_k x)}{\gamma_k^2 J_1^2(\gamma_k)} = -\frac{1}{2}\ln x$.

3. $\sum_{k=1}^{\infty} \frac{J_0(\gamma_k x)}{\gamma_k^3 J_1(\gamma_k)} = \frac{x^2}{8} - \frac{1}{8}$. **4.** $\sum_{k=1}^{\infty} \frac{\gamma_{\nu,k} J_\nu(\gamma_{\nu,k}x)}{(\gamma_{\nu,k}^2 - a^2) J_{\nu+1}(\gamma_{\nu,k})} = \frac{J_\nu(ax)}{2J_\nu(a)}$.

5. $\sum_{k=1}^{\infty} \frac{J_\nu(\gamma_{\nu,k}x)}{\gamma_{\nu,k}(\gamma_{\nu,k}^2 - a^2) J_{\nu+1}(\gamma_{\nu,k})} = \frac{1}{2a^2}\left[\frac{J_\nu(ax)}{J_\nu(a)} - x^\nu\right]$.

6. $\sum_{k=1}^{\infty} \frac{J_{\nu+1}(\gamma_{\nu,k}x)}{(\gamma_{\nu,k}^2 - a^2) J_{\nu+1}(\gamma_{\nu,k})} = \frac{1}{2a} \frac{J_{\nu+1}(ax)}{J_\nu(a)}$.

7. $\sum_{k=1}^{\infty} \frac{J_0(\gamma_k a) J_0(\gamma_k x)}{\gamma_k^2 J_1^2(\gamma_k)} = -\frac{1}{2}\ln a$ $[0 \leqslant x \leqslant a \leqslant 1]$.

8. $\sum_{k=1}^{\infty} \frac{J_{\mu+\nu+1}(\gamma_{\nu,k}) J_\nu(\gamma_{\nu,k}x)}{\gamma_{\nu,k}^{\mu+1} J_{\nu+1}^2(\gamma_{\nu,k})} = \frac{(1-x^2)^\mu x^\nu}{2^{\mu+1}\Gamma(\mu+1)}$ $[0 < x < 1;\ \operatorname{Re}\mu, \operatorname{Re}\nu > -1]$.

9. $\sum_{k=1}^{\infty} \frac{J_\nu(\gamma_{\nu,k}a) J_\nu(\gamma_{\nu,k}x)}{(\gamma_{\nu,k}^2 - a^2) J_{\nu+1}^2(\gamma_{\nu,k})} = \frac{\pi J_\nu(ax)}{4J_\nu(a)} [J_\nu(ax)Y_\nu(a) - J_\nu(x)Y_\nu(ax)]$ $[0 \leqslant x \leqslant a < 1]$.

10. $\sum_{k=1}^{\infty} \frac{1}{\gamma_{\nu,k}^{2m}} = S_{2m,\nu}$,

$$S_{2m+2,\nu} = \frac{1}{4} \sum_{k=1}^{m} \left(-\frac{1}{4}\right)^{m-k} \frac{S_{2k,\nu}}{(m-k+1)!(\nu+1)_{m-k+1}} + (-1)^m \left(\frac{1}{4}\right)^{m+1} \frac{1}{m!(\nu+1)_{m+1}},$$

$$S_{2,\nu} = \frac{1}{4(\nu+1)}, \quad S_{4,\nu} = \frac{1}{16(\nu+1)^2(\nu+2)},$$

$$S_{6,\nu} = \frac{1}{32(\nu+1)^3(\nu+2)(\nu+3)}, \quad S_{8,\nu} = \frac{5\nu+11}{256(\nu+1)^4(\nu+2)^2(\nu+3)(\nu+4)}.$$

11. $$\sum_{k=1}^{\infty} \frac{1}{\gamma_{\nu,k}^{2m-\nu+1} J_{\nu+1}(\gamma_{\nu,k})} = T_{2m,\nu},$$

$$T_{2m+2,\nu} = \frac{1}{4}\sum_{k=1}^{m}\left(-\frac{1}{4}\right)^{m-k}\frac{T_{2k,\nu}}{(m-k+1)!(\nu+1)_{m-k+1}} + \left(\frac{1}{2}\right)^{2m-\nu+3}\frac{(-1)^m\Gamma^2(\nu+1)}{(m+1)!(m+\nu+2)},$$

$$T_{2,\nu} = \left(\frac{1}{2}\right)^{3-\nu}\frac{\Gamma(\nu+1)}{\nu+1}, \quad T_{4,\nu} = \left(\frac{1}{2}\right)^{6-\nu}\frac{(\nu+3)\Gamma(\nu+1)}{(\nu+1)^2(\nu+2)},$$

$$T_{6,\nu} = \left(\frac{1}{2}\right)^{8-\nu}\frac{(\nu^2+8\nu+19)\Gamma(\nu+1)}{3(\nu+1)^3(\nu+2)(\nu+3)}.$$

12. $$\sum_{k=1}^{\infty}\frac{\sin\gamma_k}{\gamma_k^2 J_1(\gamma_k)} = \frac{1}{2}.$$ **13.** $$\sum_{k=1}^{\infty}\frac{\sin\gamma_k}{\gamma_k^3 J_1^2(\gamma_k)} = \frac{1}{2} - \frac{1}{2}\ln 2.$$

14. $$\sum_{k=1}^{\infty}\frac{1}{(\gamma_{1,k}^2 - a^2)J_0(\gamma_{1,k})} = \frac{1}{a^2} - \frac{1}{2a}J_1(a).$$

15. $$\sum_{k=1}^{\infty}\left(\frac{1}{\gamma_k} - \frac{\gamma_k}{\gamma_k^2 - a^2}\right)\frac{1}{J_1(\gamma_k)} = \frac{1}{2} - \frac{1}{2J_0(a)}.$$

16. $$\sum_{k=0}^{\infty}\left[\frac{\gamma_k^2}{(\gamma_k^2 - a^2)^2} - \frac{1}{\gamma_k^2 - a^2}\right]\frac{1}{J_1^2(\gamma_k)} = \frac{1}{4J_0^2(a)} - \frac{1}{4}.$$

17. $$\sum_{k=1}^{\infty}\left[\frac{\gamma_{1,k}^3}{(\gamma_{1,k}^2 - a^2)^2} - \frac{1}{\gamma_{1,k}^2 - a^2}\right]\frac{1}{J_0^2(\gamma_{1,k})} = \frac{1}{4J_1^2(a)} - \frac{1}{a^2} - \frac{1}{4}.$$

Ниже λ_k — положительные нули функции $zJ'_\nu(z) + \mu J_\nu(z)$, $\lambda_{k+1} > \lambda_k$.

18. $$\sum_{k=1}^{\infty}\frac{\lambda_k J_{\nu+1}(\lambda_k)J_\nu(\lambda_k x)}{(\lambda_k^2 - \nu^2)J_\nu^2(\lambda_k) + \lambda_k^2[J'_\nu(\lambda_k)]^2} = \frac{x^\nu}{2}$$ $[0 \leqslant x \leqslant 1;\ \mathrm{Re}\,(\mu+\nu) > 0]$.

19. $$\sum_{k=1}^{\infty}\frac{\lambda_k^2 J_\nu(\lambda_k x)[\lambda_k J_{\nu+1}(\lambda_k)J_\nu(a) - aJ_\nu(\lambda_k)J_{\nu+1}(a)]}{(\lambda_k^2 - a^2)\{\lambda_k^2[J'_\nu(\lambda_k)]^2 + (\lambda_k^2 - \nu^2)J_\nu^2(\lambda_k)\}} = \frac{1}{2}J_\nu(ax)$$ $[0 \leqslant x \leqslant 1]$.

5.8. МОДИФИЦИРОВАННАЯ ФУНКЦИЯ БЕССЕЛЯ $I_\nu(z)$

5.8.1. Ряды вида $\sum a_k I_{\nu\pm nk}(z)$.

1. $$\sum_{k=0}^{\infty}(\pm 1)^k I_{k+\nu}(z) = \frac{1}{2(1-\nu)}\left[e^{\pm z}\int_0^z e^{\mp t}I_{\nu-1}(t)\,dt - zI_{\nu-1}(z) \mp zI_\nu(z)\right]$$ $[\mathrm{Re}\,\nu > 0]$.

2. $$\sum_{k=1}^{\infty}(\pm 1)^k I_k(z) = \frac{1}{2}e^{\pm z} - \frac{1}{2}I_0(z).$$ **3.** $$\sum_{k=0}^{\infty}(\pm 1)^k I_{k+1/2}(z) = \frac{1}{2}e^{\pm z}\left\{\begin{matrix}\mathrm{erf}\,(\sqrt{2z}\,)\\ \mathrm{erfi}\,(\sqrt{2z}\,)\end{matrix}\right\}.$$

4. $$\sum_{k=0}^{\infty}(-1)^{[(k+\delta)/2]}I_{k+1/2}(z) = \frac{1}{\sqrt{2}}\left\{\begin{matrix}\mathrm{erf}\,(\sqrt{z}\,)\\ \mathrm{erfi}\,(\sqrt{z}\,)\end{matrix}\right\}$$ $\left[\delta = \left\{\begin{matrix}1\\0\end{matrix}\right\}\right]$.

5. $$\sum_{k=0}^{\infty}I_{2k+(2\pm 1)/2}(z) = \frac{1}{4}e^z\,\mathrm{erf}\,(\sqrt{2z}\,) \mp \frac{1}{4}e^{-z}\,\mathrm{erfi}\,(\sqrt{2z}\,).$$

6. $$\sum_{k=0}^{\infty}(\pm 1)^k I_{2k}(z) = \frac{1}{2}I_0(z) + \frac{1}{2}\left\{\begin{matrix}\mathrm{ch}\,z\\ 1\end{matrix}\right\}.$$ **7.** $$\sum_{k=0}^{\infty}I_{2k+1}(z) = \frac{1}{2}\,\mathrm{sh}\,z.$$

8. $$\sum_{k=0}^{\infty}(-1)^k I_{2k+\nu}(z) = \frac{1}{2}\int_0^z I_{\nu-1}(t)\,dt$$ $[\mathrm{Re}\,\nu > 0;$ см. 1.11.1].

9. $\sum_{k=1}^{\infty}(\pm1)^k(k+\nu)I_{k+\nu}(z) = \frac{z}{2}\,[I_{\nu+1}(z) \pm I_\nu(z)].$

10. $\sum_{k=0}^{\infty}(\pm1)^k(\nu-k)I_{\nu-k}(z) = -\frac{z}{2}\,[I_{\nu+1}(z) \pm I_\nu(z)].$

11. $\sum_{k=1}^{\infty}(\pm1)^k k I_{k+\nu}(z) = \pm\frac{1}{2}\,e^{\pm z}\int_0^z e^{\mp t}I_\nu(t)\,dt$ [$\operatorname{Re}\nu > -1$; см. 1.11.2].

12. $\sum_{k=1}^{\infty}k^{2n}I_k(z) = e^z\sum_{k=1}^{n}\frac{1}{(k-1)!}\left(\frac{z}{2}\right)^k\sum_{m=1}^{2k}(-1)^m m(m-k)^{2n}.$

13. $\sum_{k=1}^{\infty}\frac{1}{k}\,I_{2k}(z) = \frac{1}{2}\,K_0(z) + \frac{1}{2}\left(\ln\frac{z}{2} + \mathbf{C}\right)I_0(z).$

14. $\sum_{k=1}^{\infty}\frac{(-1)^k}{k^2}\,I_k(z) = \frac{1}{2}\,H_{-1,\,0}(z) - \frac{1}{4}\left.\frac{\partial^2 I_\nu(z)}{\partial\nu^2}\right|_{\nu=0} - \frac{\pi^2}{12}\,I_0(z).$

15. $\sum_{k=1}^{\infty}\frac{(\pm1)^k}{4k^2-1}\,I_k(z) = \frac{1}{2}\,I_0(z) - \frac{1}{2^{5/2}}\sqrt{\frac{\pi}{z}}\,e^{\mp z}\left\{\begin{matrix}\operatorname{erfi}(\sqrt{2z}\,)\\ \operatorname{erf}(\sqrt{2z}\,)\end{matrix}\right\}.$

16. $\sum_{k=1}^{\infty}(\pm1)^k\frac{2k+1}{k(k+1)}\,I_{k+1/2}(z) = \pm\frac{1}{\sqrt{2\pi z}}\,e^{\pm z}[\mathbf{C} + \ln(2z) - \operatorname{Ei}(\mp2z)] - \sqrt{\frac{2}{\pi z}}\,\operatorname{sh} z.$

17. $\sum_{k=1}^{\infty}\frac{n+2k}{k(k+n)}\,I_{2k+n}(z) =$

$$= (-1)^n K_n(z) + \left[\ln\frac{z}{2} - \psi(n+1)\right]I_n(z) - \frac{n!}{2}\left(-\frac{2}{z}\right)^n\sum_{k=0}^{n-1}\frac{(-z/2)^k}{k!(k-n)}\,I_k(z).$$

18. $\sum_{k=1}^{\infty}(-1)^k(2k+1)I_{2k+1}(z)\sum_{l=1}^{k}\frac{1}{l} = \frac{z}{2}\int_0^z\frac{1-I_0(t)}{t}\,dt.$

5.8.2. Ряды вида $\sum a_k\frac{(b)_k}{(c)_k}\,I_{nk+\nu}(z)$.

1. $\sum_{k=0}^{\infty}(\pm1)^k\frac{k+\nu}{k!}\,(2\nu)_k I_{k+\nu}(z) = \frac{1}{\Gamma(\nu)}\left(\frac{z}{2}\right)^\nu e^{\pm z}$ [$\nu \neq 0, -1, -2, \ldots$].

2. $\sum_{k=0}^{\infty}(-1)^k\frac{k+\nu}{k![(k+\nu)^2-\mu^2]}\,(2\nu)_k I_{k+\nu}(z) = \frac{2^{-\nu}}{\Gamma(\nu)}\,h_{\nu-1,\,\mu}(z)$ [$\nu,\ \nu\pm\mu \neq 0, -1, -2, \ldots$].

3. $\sum_{k=1}^{\infty}(-1)^k\frac{k+\nu}{k!k(k+2\nu)}\,(2\nu)_k I_{k+\nu}(z) = \frac{2^{-\nu}}{\Gamma(\nu)}\,H_{\nu-1,\,\nu}(z) - \frac{1}{2}\,\frac{\partial I_\nu(z)}{\partial\nu} - \frac{1}{2}\sec\nu\pi\,K_\nu(z) -$

$$- \frac{1}{2}\,[\psi(2\nu+1) + \mathbf{C}]I_\nu(z)$$ [$\nu,\ 1/2\pm\nu \neq 0, -1, -2, \ldots$].

4. $\sum_{k=0}^{\infty}(-1)^k\frac{k+\nu}{k![(k+\nu)^2-1/4]}\,(2\nu)_k I_{k+\nu}(z) = \frac{2^{-2\nu+1/2}}{(2\nu-1)\Gamma(\nu)}\,z^{-1/2}e^z\gamma\left(\nu+\frac{1}{2},\,2z\right)$

[$\operatorname{Re}\nu > -1/2$].

5. $\sum_{k=0}^{\infty}\frac{k+\nu}{(\mu+2)_k}\,(2\nu-\mu-1)_k I_{k+\nu}(z) =$

$$= \frac{\mu(\mu+1)}{2}\,z^{\nu-\mu-1}e^z\int_0^z t^{\mu-\nu}e^{-t}I_{\nu-1}(t)\,dt + \frac{\mu+1}{2}\,I_{\nu-1}(z)$$ [$\operatorname{Re}\mu > 0$].

6. $\sum_{k=0}^{\infty}(-1)^k \frac{k+\nu}{(\mu)_k}(2\nu-\mu+1)_k I_{k+\nu}(z) = \frac{(z/2)^\nu}{\Gamma(\nu)} e^{-z}\, {}_2F_2\left(\mu-1,\ \nu+\frac{1}{2};\ \mu,\ 2\nu;\ 2z\right).$

7. $\sum_{k=0}^{\infty}(-1)^k \frac{(2\nu)_k(2\nu-\mu)_k}{k!(\mu+1)_k} I_{k+\nu}(z) = \frac{(z/2)^\nu}{\Gamma(\nu)} e^{-z}\, {}_1F_1\left(\mu-\nu+\frac{1}{2};\ \mu+1;\ 2z\right).$

8. $\sum_{k=0}^{\infty} \frac{k+\nu}{k!(\mu)_k}(2\nu)_k(2\nu-\mu+1)_k I_{k+\nu}(z) = \frac{(z/2)^\nu}{\Gamma(\nu)} e^{-z}\, {}_1F_1\left(\nu+\frac{1}{2};\ \mu;\ 2z\right).$

9. $\sum_{k=0}^{\infty}(-1)^k \frac{k+\nu}{k!(\lambda)_k(\mu)_k}(2\nu)_k(2\nu-\lambda+1)_k(2\nu-\mu+1)_k I_{k+\nu}(z) =$

$$= \frac{(z/2)^\nu}{\Gamma(\nu)} e^{-z}\, {}_2F_2\left(\lambda+\mu-2\nu-1,\ \nu+\frac{1}{2};\ \lambda,\ \mu;\ 2z\right).$$

10. $\sum_{k=0}^{\infty}(-1)^k \frac{2k+\nu}{k+\mu+1}\, \frac{(\nu-\mu+1)_k}{(\mu)_k} I_{2k+\nu}(z) = z^{\nu-2\mu+2}\int_0^z t^{2\mu-\nu-2} I_{\nu-1}(t)\, dt$ [$\operatorname{Re}\mu > 1$].

11. $\sum_{k=0}^{\infty}(-1)^k \frac{2k+\nu}{k!}(\nu)_k I_{2k+\nu}(z) = \frac{1}{\Gamma(\nu)}\left(\frac{z}{2}\right)^\nu$ [$\nu \neq \ldots,\ -1,\ -2,\ \ldots$].

5.8.3. Ряды вида $\sum a_k t^k I_{\nu\pm nk}(z)$.

1. $\sum_{k=0}^{\infty} t^k I_{k+\nu}(z) = z^{-\nu} e^{tz/2}\int_0^z \tau^\nu \exp\left(-\frac{t\tau^2}{2z}\right) I_{\nu-1}(\tau)\, d\tau$ [$\operatorname{Re}\nu > 0$].

2. $\sum_{k=-\infty}^{\infty} t^k I_k(z) = \exp\left(\left(t+\frac{1}{t}\right)\frac{z}{2}\right)$ [$t \neq 0$].

3. $\sum_{k=0}^{\infty}(\pm 1)^k t^k I_{k+1/2}(z) =$

$$= \frac{1}{2\sqrt{t}}\exp\left(\pm\left(t+\frac{1}{t}\right)\frac{z}{2}\right)\left\{\begin{matrix} \operatorname{erf}\left[\sqrt{tz/2}+\sqrt{z/(2t)}\right]+\operatorname{erf}\left[\sqrt{tz/2}-\sqrt{z/(2t)}\right] \\ \operatorname{erfi}\left[\sqrt{tz/2}+\sqrt{z/(2t)}\right]+\operatorname{erfi}\left[\sqrt{tz/2}-\sqrt{z/(2t)}\right] \end{matrix}\right\}.$$

4. $\sum_{k=0}^{\infty} \frac{t^k}{k!} I_{\nu\pm k}(z) = \left(\frac{2t}{z}+1\right)^{\mp\nu/2} I_\nu(\sqrt{z^2+2tz}\,)$ $\left[\left\{\begin{matrix} t,\ z \text{ — любые} \\ |2t| < |z| \end{matrix}\right\}\right].$

5. $\sum_{k=0}^{\infty} \frac{(-z)^k}{k!} I_{k+\nu}(z) = J_\nu(z).$

6. $\sum_{k=0}^{\infty} \frac{t^k}{k!} I_{\pm k\mp 1/2}(z) = \sqrt{\frac{2}{\pi z}}\left\{\begin{matrix} \operatorname{ch}\sqrt{z^2+2tz} \\ \operatorname{sh}\sqrt{z^2+2tz} \end{matrix}\right\}$ $\left[\left\{\begin{matrix} t,\ z \text{ — любые} \\ |2t| < |z| \end{matrix}\right\}\right].$

7. $\sum_{k=0}^{\infty} \frac{(2k-1)!!}{k!} t^k I_k(z) = \frac{e^z}{2\pi}\int_0^{2\pi} e^{-z\cos\tau(1+t\cos\tau)}\, d\tau.$

8. $\sum_{k=0}^{\infty} \frac{(-z/2)^k}{k!(k+\nu)} I_k(z) = \Gamma(\nu)\left(\frac{z}{2}\right)^{-\nu} I_\nu(z).$

9. $\sum_{k=1}^{\infty} \frac{(-z/2)^k}{k!k} I_k(z) = -K_0(z) - \left(\ln\frac{z}{2}+\mathbf{C}\right) I_0(z).$

10. $\sum_{k=1}^{\infty} \frac{(-z/2)^k}{k!k^2} I_k(z) = -\left(\ln\frac{z}{2}+\mathbf{C}\right) K_0(z) - \frac{1}{2}\left[\frac{\pi^2}{6}+\left(\ln\frac{z}{2}+\mathbf{C}\right)^2\right] I_0(z) - \frac{1}{2}\left.\frac{\partial^2 I_\nu(z)}{\partial\nu^2}\right|_{\nu=0}.$

11. $\sum_{k=0}^{\infty} \frac{(-z/2)^k}{k!(2k+1)^2} I_k(z) = \frac{1}{4z} [2 \operatorname{sh} z \ (\mathbf{C} + \ln(2z)) + e^{-z} \operatorname{Ei}(2z) - e^z \operatorname{Ei}(-2z)].$

12. $\sum_{k=0}^{\infty} \frac{(-z/2)^k}{k!(2k-1)^2} I_k(z) = \frac{1}{2} \operatorname{ch} z[2 - \mathbf{C} - \ln(2z)] + \frac{1}{4} [e^{-z} \operatorname{Ei}(2z) + e^z \operatorname{Ei}(-2z)].$

13. $\sum_{k=-\infty}^{\infty} \frac{(-z/2)^k}{(k+\mu)\Gamma(k-\nu+1/2)} I_{\nu-k}(z) = \frac{\pi(z/2)^{-\mu} \operatorname{cosec} \mu\pi}{\Gamma(1/2-\mu-\nu)} I_{\mu+\nu}(z).$

14. $\sum_{k=0}^{\infty} \left(\frac{z}{2}\right)^k I_{k+\nu}(z) \sum_{l=0}^{k} \frac{(-1)^l}{l!} = \frac{1}{\Gamma(\nu)} \left(\frac{z}{2}\right)^{-\nu} e^{z^2/4} \gamma\left(\nu, \frac{z^2}{4}\right)$ $[\operatorname{Re} \nu > 0].$

15. $\sum_{k=0}^{\infty} \left(\frac{z}{2}\right)^k I_{k+1/2}(z) \sum_{l=0}^{k} \frac{(-1)^l}{l!} = \sqrt{\frac{2}{z}}\, e^{z^2/4} \operatorname{erf}\left(\frac{z}{2}\right).$

16. $\sum_{k=1}^{\infty} \frac{(-z/2)^k}{k!} I_k(z) \sum_{l=0}^{k} \frac{1}{l} = -2 \int_0^z \frac{1}{t} [I_0(t) - 1] \, dt.$

5.8.4. Ряды, содержащие гиперболические функции и $I_\nu(z)$.

1. $\sum_{k=0}^{\infty} (\pm 1)^k \operatorname{ch} ka I_{2k}(z) = \frac{1}{2} I_0(z) + \frac{1}{2} \begin{Bmatrix} \operatorname{ch}[z \operatorname{ch}(a/2)] \\ \cos[z \operatorname{sh}(a/2)] \end{Bmatrix}.$

2. $\sum_{k=0}^{\infty} (\mp 1)^k \begin{Bmatrix} \operatorname{sh}(2k+1)a \\ \operatorname{ch}(2k+1)a \end{Bmatrix} I_{2k+1}(z) = \frac{1}{2} \begin{Bmatrix} \sin(z \operatorname{sh} a) \\ \operatorname{sh}(z \operatorname{ch} a) \end{Bmatrix}.$

3. $\sum_{k=1}^{\infty} (\pm 1)^k k \operatorname{sh} ka \, I_{2k}(z) = \pm \frac{z}{4} \begin{Bmatrix} \operatorname{sh}(a/2) \operatorname{sh}[z \operatorname{ch}(a/2)] \\ \operatorname{ch}(a/2) \sin[z \operatorname{sh}(a/2)] \end{Bmatrix}.$

4. $\sum_{k=0}^{\infty} (\pm 1)^k (2k+1) \begin{Bmatrix} \operatorname{sh}(2k+1)a \\ \operatorname{ch}(2k+1)a \end{Bmatrix} I_{2k+1}(z) = \frac{z}{2} \begin{Bmatrix} \operatorname{sh} a \operatorname{ch}(z \operatorname{ch} a) \\ \operatorname{ch} a \cos(z \operatorname{sh} a) \end{Bmatrix}.$

5. $\sum_{k=0}^{\infty} (\pm 1)^k \operatorname{ch} ka \, I_k^2(z) = \frac{1}{2} I_0(z) + \frac{1}{2} \begin{Bmatrix} I_0(2z \operatorname{ch}(a/2)) \\ J_0(2z \operatorname{sh}(a/2)) \end{Bmatrix}.$

5.8.5. Ряды вида $\sum a_k \begin{Bmatrix} \sin(ka+b) \\ \cos(ka+b) \end{Bmatrix} I_{\mu \pm k\nu}(z)$.

1. $\sum_{k=1}^{\infty} (\pm 1)^k \sin ka I_{k+\nu}(z) = \pm \frac{\sin a}{2} \int_0^z e^{\pm(z-t)\cos a} I_\nu(t) \, dt$ $[\operatorname{Re} \nu > -1].$

2. $\sum_{k=1}^{\infty} \sin ka I_k(z) = \frac{1}{2} \sin a \int_0^z e^{-t \cos a} I_0(t) \, dt.$

3. $\sum_{k=1}^{\infty} (\pm 1)^k \cos ka I_k(z) = \frac{1}{2} e^{\pm z \cos a} - \frac{1}{2} I_0(z).$

4. $\sum_{k=0}^{\infty} \cos ka I_{kn}(z) = \frac{1}{2n} \sum_{k=k_-}^{k_+} \alpha_k \exp\left(z \cos \frac{2k\pi + a}{n}\right) + \frac{1}{2} I_0(z)$

$[k_\pm = \pm[(n\pi \mp a)/(2\pi)];\ \alpha_k = 1$ при $k \neq k_\pm,\ \alpha_{k_\pm} = 1/2$ при $(n\pi \mp a)/(2\pi) = \ldots, -2, -1, 0, 1, 2, \ldots,\ \alpha_{k_\pm} = 1$ при $(n\pi \mp a)/(2\pi) \neq \ldots, -2, -1, 0, 1, 2, \ldots].$

5. $\sum_{k=1}^{\infty} (\pm 1)^k \cos ka I_{2k}(z) = \frac{1}{2} \begin{Bmatrix} \operatorname{ch}[z \cos(a/2)] \\ \operatorname{ch}[z \sin(a/2)] \end{Bmatrix} - \frac{1}{2} I_0(z).$

6. $\sum_{k=1}^{\infty}(\pm 1)^k \cos ka\, I_{k/2}(z) = \frac{1}{2} e^{z\cos 2a}\left\{\begin{matrix} 1+\operatorname{erf}(\sqrt{2z}\cos a) \\ \operatorname{erfc}(\sqrt{2z}\cos a)\end{matrix}\right\} - \frac{1}{2} I_0(z).$

7. $\sum_{k=0}^{\infty}(\pm 1)^k \sin(2k+1)a\, I_{k+1/2}(z) = \frac{1}{2} e^{\pm z\cos 2a}\left\{\begin{matrix} \operatorname{erfi}(\sqrt{2z}\sin a) \\ \operatorname{erf}(\sqrt{2z}\sin a)\end{matrix}\right\}.$

8. $\sum_{k=0}^{\infty}(\pm 1)^k \cos(2k+1)a\, I_{k+1/2}(z) = \frac{1}{2} e^{\pm z\cos 2a}\left\{\begin{matrix} \operatorname{erf}(\sqrt{2z}\cos a) \\ \operatorname{erfi}(\sqrt{2z}\cos a)\end{matrix}\right\}.$

5.8.6. Ряды вида $\sum a_k I_{\mu+k\nu}(w) I_{\rho+k\sigma}(z)$.

1. $\sum_{k=-\infty}^{\infty} I_k(w) I_{n-k}(z) = I_\nu(w+z).$

2. $\sum_{k=1}^{\infty} \frac{(-1)^k}{k^2-a^2} I_{\mu-k\nu}(z) I_{\mu+k\nu}(z) = \frac{1}{2a^2} I_\nu^2(z) - \frac{\pi}{2a}\operatorname{cosec} a\pi\, I_{\mu-\nu a}(z) I_{\mu+\nu a}(z)$

[$\operatorname{Re}\mu > -3/2;\ 0 < \nu < 1$].

5.8.7. Ряды вида $\sum a_k \left\{\begin{matrix} \sin(ka+b) \\ \cos(ka+b)\end{matrix}\right\} I_{\mu\pm k\nu}(w) I_{\rho\pm k\sigma}(z)$.

1. $\sum_{k=-\infty}^{\infty} (\pm 1)^k \sin ka\, I_k(w) I_{k+\nu}(z) =$

$$= \mp\sin\left(\nu \arcsin \frac{w\sin a}{\sqrt{w^2+z^2\pm 2wz\cos a}}\right) I_\nu(\sqrt{w^2+z^2\pm 2wz\cos a}) \qquad [|w| < |z|].$$

2. $\sum_{k=-\infty}^{\infty} (\pm 1)^k \cos ka\, I_k(w) I_{k+\nu}(z) =$

$$= \cos\left(\nu \arcsin \frac{w\sin a}{\sqrt{w^2+z^2\pm 2wz\cos a}}\right) I_\nu(\sqrt{w^2+z^2\pm 2wz\cos a}).$$

3. $\sum_{k=1}^{\infty}(\pm 1)^k \cos ka\, I_k(w) I_k(z) = \frac{1}{2} I_0(\sqrt{w^2+z^2\pm 2wz\cos a}) - \frac{1}{2} I_0(w) I_0(z).$

4. $\sum_{k=1}^{\infty}(-1)^k \cos ka\, I_{kn}(w) I_{kn}(z) =$

$$= \frac{1}{2n}\sum_{k=k_-}^{k_+} I_0\left(\sqrt{w^2+z^2-2wz\cos\frac{2k\pi+a}{n}}\right) - \frac{1}{2} I_0(w) I_0(z) \qquad [k_\pm \text{ см. в 5.8.5.4}].$$

5. $\sum_{k=1}^{\infty}(\pm 1)^k \cos ka\, I_{\nu-k}(z) I_{\nu+k}(z) = \frac{1}{2} I_{2\nu}\left(2z\left\{\begin{matrix} \cos a \\ |\sin a|\end{matrix}\right\}\right) - \frac{1}{2} I_\nu^2(z) \qquad [\operatorname{Re}\nu > -1/2].$

6. $\sum_{k=0}^{\infty}(\mp 1)^k \left\{\begin{matrix} \sin(2k+1)a \\ \cos(2k+1)a\end{matrix}\right\} I_{\nu-k-1/2}(z) I_{\nu+k+1/2}(z) = \frac{1}{2} I_{2\nu}\left(2z\left\{\begin{matrix} \sin a \\ \cos a\end{matrix}\right\}\right) \qquad [\operatorname{Re}\nu > -1/2].$

7. $\sum_{k=1}^{\infty} \cos ka\, I_{\mu-k\nu}(z) I_{\mu+k\nu}(z) = \frac{1}{2\nu}\sum_{k=k_-}^{k_+} \alpha_k I_{2\mu}\left(2z\cos\frac{2k\pi+a}{2\nu}\right) - \frac{1}{2} I_\mu^2(z)$

[$k_\pm = \pm[(\nu\pi \mp a)/(2\pi)]$; $\operatorname{Re}\mu > -1/2$; $\operatorname{Re}\mu > 0$ при $a = \pm\nu\pi$;
$\alpha_k = 1$ при $k \neq k_\pm$, $\alpha_{k_\pm} = 1/2$ при $(\nu\pi \mp a)/(2\pi) = \ldots, -2, -1, 0, 1, 2, \ldots$,
$\alpha_{k_\pm} = 1$ при $(\nu\pi \mp a)/(2\pi) \neq \ldots, -2, -1, 0, 1, 2, \ldots$].

8. $\sum_{k=1}^{\infty} \cos ka \cos\frac{k\nu\pi}{2} I_{\mu-k\nu}(z) I_{\mu+k\nu}(z) = \frac{1}{2\nu}\sum_{k=k_-}^{k_+} I_{2\mu}\left(2z\sin\frac{2k\pi+a}{\nu}\right) - \frac{1}{2} I_\mu^2(z)$

[$\operatorname{Re}\mu > -1/2$; $\operatorname{Re}\mu > 0$ при $a = 0, \pm\pi\nu$; $k_\pm$ см. в 5.8.7.7].

9. $\sum_{k=1}^{\infty} \frac{(\pm 1)^k}{k} \sin k\nu\pi I_{\mu-k\nu}(z) I_{\mu+k\nu}(z) = \frac{\pi}{2} \left\{ \begin{matrix} 1-\nu \\ \nu \end{matrix} \right\} I_\mu^2(z)$

$[\operatorname{Re}\mu > -(3 \mp 1)/4;\ 0 < \nu < (3 \pm 1)/4]$.

10. $\sum_{k=1}^{\infty} \frac{(\pm 1)^k}{k^2 - a^2} \cos k\nu\pi I_{\mu-k\nu}(z) I_{\mu+k\nu}(z) = \frac{1}{2a^2} I_\mu^2(z) - \frac{\pi}{2a} \operatorname{cosec} a\pi \left\{ \begin{matrix} \cos(\nu-1)a\pi \\ \cos\nu a\pi \end{matrix} \right\} \times$

$\times I_{\mu-a\nu}(z) I_{\mu+a\nu}(z)$ $[\operatorname{Re}\mu > -(5 \mp 1)/4;\ 0 < \nu < (3 \pm 1)/4]$.

11. $\sum_{k=1}^{\infty} \frac{k}{k^2 - a^2} \sin k\nu\pi I_{\mu-k\nu}(z) I_{\mu+k\nu}(z) = -\frac{\pi}{2} \operatorname{cosec} a\pi \left\{ \begin{matrix} \sin(\nu-1)a\pi \\ \sin\nu a\pi \end{matrix} \right\} I_{\mu-a\nu}(z) I_{\mu+a\nu}(z)$

$[\operatorname{Re}\mu > -(3 \mp 1)/4;\ 0 < \nu < (3 \pm 1)/4]$.

5.9. РАЗНЫЕ РЯДЫ, СОДЕРЖАЩИЕ ФУНКЦИИ БЕССЕЛЯ $J_\nu(z)$, $I_\nu(z)$, НЕЙМАНА $Y_\nu(z)$ И МАКДОНАЛЬДА $K_\nu(z)$

5.9.1. Ряды вида $\sum a_k Y_{k\mu+\nu}(kx+y)$ и $\sum a_k K_{k\mu+\nu}(kx+y)$.

1. $\sum_{k=0}^{\infty} (-1)^k t^k K_{k+1/2}(z) = \frac{\pi}{2\sqrt{t}} \exp\left[\frac{z}{2}\left(t + \frac{1}{t}\right)\right] \operatorname{erfc}\left(\sqrt{\frac{tz}{2}} + \sqrt{\frac{z}{2t}}\right)$.

2. $\sum_{k=1}^{\infty} \cos ka Y_0(kx) = \frac{1}{\pi}\left(\ln\frac{4\pi}{x} - \mathbf{C}\right) + \frac{1}{2\pi}\sum_{k=1}^{n}\frac{1}{k} + \frac{1}{2\pi}\left\{\begin{matrix}1\\0\end{matrix}\right\}\sum_{k=1}^{m}\frac{1}{k} -$

$- \sum_{k=n+1}^{\infty}\left[\frac{1}{\sqrt{(2k\pi-a)^2-x^2}} - \frac{1}{2k\pi}\right] - \sum_{k=\sigma+1}^{\infty}\left[\frac{1}{\sqrt{(2k\pi+a)^2-x^2}} - \frac{1}{2k\pi}\right] -$

$- \left\{\begin{matrix}0\\1\end{matrix}\right\}\sum_{k=0}^{m}\frac{1}{\sqrt{(2k\pi-a)^2-x^2}}$ $\left[\left\{\begin{matrix}\sigma = m;\ 0 \leqslant a < x\\ \sigma = 0;\ a > x > 0\end{matrix}\right\};\ m+1,\ n+1 -\right.$

натуральные числа, для которых $2m\pi < a - x < 2(m+1)\pi$ и $2n\pi < a + x < 2(n+1)\pi\Big]$.

3. $\sum_{k=1}^{\infty} (-1)^k \cos ka Y_0(kx) = \sum_{k=1}^{\infty} \cos k\,(a+\pi) Y_0(kx)$.

4. $\sum_{k=1}^{\infty} \cos ka K_0(kx) = \frac{\pi}{2\sqrt{x^2+a^2}} + \frac{1}{2}\left(\mathbf{C} + \ln\frac{x}{4\pi}\right) + \frac{\pi}{2}\sum_{k=1}^{\infty}\left[\frac{1}{\sqrt{(2k\pi-a)^2+x^2}} - \frac{1}{2k\pi}\right] +$

$+ \frac{\pi}{2}\sum_{k=1}^{\infty}\left[\frac{1}{\sqrt{(2k\pi+a)^2+x^2}} - \frac{1}{2k\pi}\right]$ $[x > 0;\ \operatorname{Im} a = 0]$.

5. $\sum_{k=0}^{\infty} (-1)^k \left\{\begin{matrix}\sin ka\\ \cos ka\end{matrix}\right\} K_{k+1/2}(z) = \mp\frac{\pi}{2}\left\{\begin{matrix}\sin(a/2)\\ \cos(a/2)\end{matrix}\right\} e^{z\cos a} \operatorname{erfc}\left(\sqrt{2}\, z\cos\frac{a}{2}\right)$.

5.9.2. Ряды, содержащие произведения функций $J_\nu(z)$, $Y_\nu(z)$, $I_\nu(z)$, $K_\nu(z)$.

1. $\sum_{k=0}^{\infty} (\pm 1)^k \cos ka J_k(w) Y_k(z) = \frac{1}{2} Y_0\left(\sqrt{w^2 + z^2 \mp 2wz\cos a}\right) + \frac{1}{2} J_0(w) Y_0(z)$

$[|we^{ia}|,\ |we^{-ia}| < |z|]$.

2. $\sum_{k=-\infty}^{\infty} (\pm 1)^k \cos ka J_k(w) Y_{k+\nu}(z) = \cos\left(\nu \arcsin\frac{w\sin a}{\sqrt{w^2+z^2 \mp 2wz\cos a}}\right) \times$

$\times Y_\nu\left(\sqrt{w^2 + z^2 \mp 2wz\cos a}\right)$ $[|we^{ia}|,\ |we^{-ia}| < |z|]$.

3. $$\sum_{k=-\infty}^{\infty}(\pm 1)^k \sin ka J_k(w) Y_{k+\nu}(z) = \sin\left(\nu \arcsin \frac{w\sin a}{\sqrt{w^2+z^2\mp 2wz\cos a}}\right)\times$$
$$\times Y_\nu(\sqrt{w^2+z^2\mp 2wz\cos a}) \qquad [|we^{ia}|,\ |we^{-ia}|<|z|].$$

4. $$\sum_{k=0}^{\infty}\cos ka J_{kn}(w) Y_{kn}(z) = \frac{1}{2n}\sum_{k=k_-}^{k_+}\alpha_k Y_0\left(\sqrt{w^2+z^2-2wz\cos\frac{2k\pi+a}{n}}\right)+\frac{1}{2}J_0(w)Y_0(z)$$
$[k_\pm=\pm[(n\pi\mp a)/(2\pi)];\ \alpha_k=1$ при $k\neq k_\pm$, $\alpha_{k_\pm}=1/2$ при $(n\pi\mp a)/(2\pi)=\ldots,\ -2,\ -1,\ 0,\ 1,\ 2,\ \ldots;$ $\alpha_{k_\pm}=1$ при $(n\pi\mp a)/(2\pi)\neq\ldots,\ -2,\ -1,\ 0,\ 1,\ 2,\ \ldots]$.

5. $$\sum_{k=0}^{\infty}(-1)^{k+1}\cos(2k+1)a J_{k+1/2}(bz) Y_{k+1/2}(cz) = \frac{1}{\pi}\int_{t_1}^{t_2}\frac{\cos tz\,dt}{\sqrt{b^2+c^2+2bc\cos 2a-t^2}}$$
$$\left[t_1=c-b,\ t_2=\sqrt{b^2+c^2+2bc\cos 2a};\ c>b\right].$$

6. $$\sum_{k=0}^{\infty}(-1)^k J_{2k+(1\pm 1)/2}(z) I_{2k+(1\pm 1)/2}(z) = \frac{1}{2}\left\{\begin{matrix}\operatorname{bei}(z\sqrt{2})\\ \operatorname{ber}(z\sqrt{2})+J_0(z)I_0(z)\end{matrix}\right\}.$$

7. $$\sum_{k=-\infty}^{\infty}(-1)^k J_{2k+n+(1\pm 1)/2}(z) I_{2k+(1\pm 1)/2}(z) = (-1)^n\left\{\begin{matrix}\operatorname{bei}_n(z\sqrt{2})\\ \operatorname{ber}_n(z\sqrt{2})\end{matrix}\right\}.$$

8. $$\sum_{k=1}^{\infty}[t^{-k}+(-t)^k]J_k(z)I_k(z) = J_0\left(z\sqrt{t-\frac{1}{t}}\right)-J_0(z)I_0(z).$$

9. $$\sum_{k=-\infty}^{\infty}\left\{\begin{matrix}\sin ka\\ \cos ka\end{matrix}\right\}I_k(w)K_{k+\nu}(z) = \left\{\begin{matrix}\sin\nu\psi\\ \cos\nu\psi\end{matrix}\right\}K_\nu(\sqrt{w^2+z^2-2wz\cos a})$$
$$\left[\psi=\arcsin(w\sin a/\sqrt{w^2+z^2-2wz\cos a});\ |we^{ia}|,\ |we^{-ia}|<|z|\right].$$

10. $$\sum_{k=0}^{\infty}\cos ka I_k(w) K_k(z) = \frac{1}{2}K_0(\sqrt{w^2+z^2-2wz\cos a})+\frac{1}{2}I_0(w)K_0(z)$$
$$[|we^{\pm ia}|<|z|].$$

11. $$\sum_{k=0}^{\infty}\cos ka I_{kn}(w) K_{kn}(z) = \frac{1}{2n}\sum_{k=k_-}^{k_+}K_0\left(\sqrt{w^2+z^2-2wz\cos\frac{2k\pi+a}{n}}\right)-\frac{1}{2}I_0(w)K_0(z)$$
[$k_\pm$ см. в 5.9.2.4].

12. $$\sum_{k=1}^{\infty}(\pm 1)^k\cos ka J_{2k}(z) K_{2k}(z) =$$
$$=\frac{1}{4}\left[K_0\left(2^{1/2}ze^{i\pi/4}\left\{\begin{matrix}\sin(a/2)\\ \cos(a/2)\end{matrix}\right\}^{1/2}\right)+K_0\left(2^{1/2}ze^{-i\pi/4}\left\{\begin{matrix}\sin(a/2)\\ \cos(a/2)\end{matrix}\right\}^{1/2}\right)\right]-\frac{1}{2}J_0(z)K_0(z).$$

13. $$\sum_{k=0}^{\infty}(\pm 1)^k\left\{\begin{matrix}\sin(2k+1)a\\ \cos(2k+1)a\end{matrix}\right\}J_{2k+1}(z)K_{2k+1}(z) =$$
$$=\frac{i}{4}\left[K_0\left(2^{1/2}ze^{i\pi/4}\left\{\begin{matrix}\sin a\\ \cos a\end{matrix}\right\}^{1/2}\right)-K_0\left(2^{1/2}ze^{-i\pi/4}\left\{\begin{matrix}\sin a\\ \cos a\end{matrix}\right\}^{1/2}\right)\right].$$

14. $$\sum_{k=0}^{\infty}(\pm 1)^k\left\{\begin{matrix}\sin(2k+1)a\\ \cos(2k+1)a\end{matrix}\right\}I_{k+1/2}(z)K_{k+1/2}(z) = \frac{\pi}{4}\left[I_0\left(2z\left\{\begin{matrix}\sin a\\ \cos a\end{matrix}\right\}\right)-\mathbf{L}_0\left(2z\left\{\begin{matrix}\sin a\\ \cos a\end{matrix}\right\}\right)\right].$$

15. $\sum_{k=1}^{\infty}(-1)^k \cos ka I_{k-\nu}(z)K_{k+\nu}(z) = -\frac{\pi}{2\sin 2\nu\pi} \times$

$$\times \left[\mathbf{J}_{-2\nu}\left(2iz\cos\frac{a}{2}\right) + \mathbf{J}_{-2\nu}\left(-2iz\cos\frac{a}{2}\right) - 2\cos\nu\pi\, I_{-2\nu}\left(2z\cos\frac{a}{2}\right) - \frac{1}{2}\, I_{-\nu}(z)K_{\nu}(z)\right]$$

$[\operatorname{Re}\nu < 1/2]$.

16. $\sum_{k=0}^{\infty}(-1)^k \cos(2k+1)a I_{k+\nu+1/2}(z)K_{k-\nu+1/2}(z) =$

$$= \frac{\pi}{4\sin 2\nu\pi}\left[i\mathbf{J}_{2\nu}(2iz\cos a) - i\mathbf{J}_{2\nu}(-2iz\cos a) + 2\sin\nu\pi\, I_{2\nu}(2z\cos a)\right] \qquad [\operatorname{Re}\nu > -1/2].$$

17. $\sum_{k=1}^{\infty}(-1)^k \cos ka[I_{k+\nu}(z)K_{k-\nu}(z) + I_{k-\nu}(z)K_{k+\nu}(z)] =$

$$= 2\cos\nu\pi\, K_{2\nu}\left(2z\cos\frac{a}{2}\right) - I_{\nu}(z)K_{-\nu}(z) - I_{-\nu}(z)K_{\nu}(z) \qquad [\operatorname{Re}\nu > -1/2].$$

18. $\sum_{k=0}^{\infty}(-1)^k \cos(2k+1)a[I_{k-\nu+1/2}(z)K_{k+\nu+1/2}(z) - I_{k+\nu+1/2}(z)K_{k-\nu+1/2}(z)] =$

$$= 2\sin\nu\pi\, K_{2\nu}(2z\cos a) \qquad [\operatorname{Re}\nu > -1/2].$$

19. $\sum_{k=0}^{\infty}(2k+\mu+\nu)J_{2k+\mu+\nu}(x)I_{k+\mu}(y)K_{k+\nu}(y) =$

$$= \left(\frac{xy}{2}\right)^{\mu-\nu}\Gamma\left[\begin{matrix}1-(\mu-\nu)/2,\ (1-\mu+\nu)/2\\ 1-\mu\end{matrix}\right]{}_2F_1\left(1-\frac{\mu-\nu}{2},\ \frac{1-\mu+\nu}{2};\ 1-\mu;\ -\frac{4}{x^2y^2}\right).$$

20. $\sum_{k=0}^{\infty}(2k+\nu)J_{2k+\nu}(x)J_{2k+\nu}(y)K_{2k+\nu}(z) = \frac{1}{4}\exp\left(-\frac{\sqrt{yz}}{2x} - \frac{x(z-y)}{2\sqrt{yz}}\right)$

$[x,\ y,\ z,\ \operatorname{Re}\nu > 0]$.

21. $\sum_{k=0}^{\infty}(2k+\mu+\nu)I_{k+\mu}(x)I_{k+\mu}(y)K_{k+\nu}(x)K_{k+\nu}(y) =$

$$= \frac{1}{4\pi}G_{33}^{32}\left(\frac{x^2}{y^2}\middle|\begin{matrix}0,\ 1-(\mu-\nu)/2,\ 1+(\mu-\nu)/2\\ (\mu-\nu)/2,\ (\nu-\mu)/2,\ 1\end{matrix}\right).$$

5.10. МНОГОЧЛЕНЫ ЛЕЖАНДРА $P_n(x)$

5.10.1. Ряды вида $\sum a_k P_{nk+m}(x)$.

1. $\sum_{k=0}^{\infty}(\pm 1)^k P_k(x) = \frac{1}{\sqrt{2(1\mp x)}}$ $\qquad [|x| < 1]$.

2. $\sum_{k=0}^{\infty} t^k P_k(x) = \frac{1}{\sqrt{1-2tx+t^2}}$ $\qquad \left[|t| < \min|x \pm \sqrt{x^2-1}\,|\right]$.

3. $\sum_{k=1}^{\infty} kt^k P_k(x) = \frac{t(x-t)}{(1-2tx+t^2)^{3/2}}$ $\qquad \left[|t| < \min|x \pm \sqrt{x^2-1}\,|\right]$.

4. $\sum_{k=1}^{\infty} \frac{t^k}{k} P_k(x) = \ln\frac{2}{1-tx+\sqrt{1-2tx+t^2}}$ $\qquad [|x| \leqslant 1]$.

5. $\sum_{k=0}^{\infty} \frac{1}{k+1} P_k(x) = \ln\left(1+\sqrt{\frac{2}{1-x}}\right)$.

6. $\sum_{k=2}^{\infty} \frac{1}{k-1} P_k(\cos x) = -\cos x \ln\left[\sin\frac{x}{2}\left(1+\sin\frac{x}{2}\right)\right] - 2\sin\frac{x}{2}\left(1-\sin\frac{x}{2}\right)$.

7. $\sum_{k=0}^{\infty} \frac{k!}{(k+n)!}\, t^{k+n} P_k(x) = S_n \qquad \left[|t| < 1;\ -1 < x < 1;\ \rho = \sqrt{1-2tx+t^2}\right],$

S_0 см. в 5.10.1.2,

$$S_1 = \ln\left|\frac{\rho + t - x}{1-x}\right|, \qquad S_2 = (t-x)\ln\left|\frac{\rho+t-x}{1-x}\right| + 1 - \rho,$$

$$S_n = \frac{2n-1}{n^2}(t-x)S_{n-1} - \frac{\rho^2}{n^2}S_{n-2} + \frac{t^{n-1}}{n!n}.$$

8. $\sum_{k=0}^{\infty} \frac{(k+n)!}{k!}\, t^k P_{k+n}(x) = n!\rho^{-n-1} P_n\left(\frac{x-t}{\rho}\right)$

$\left[-1 \leqslant x \leqslant 1;\ 0 < t < 1;\ \rho = \sqrt{1-2tx+t^2}\right].$

9. $\sum_{k=0}^{\infty} \frac{1}{2k+1} P_k(x) = \frac{\pi}{4} P_{-1/2}(-x).$

10. $\sum_{k=1}^{\infty} \frac{1}{(2k-1)(2k+3)} P_k(x) = \frac{1}{3} - \sqrt{\frac{1-x}{8}} \qquad [-1 < x < 1].$

11. $\sum_{k=0}^{\infty} (-1)^k \frac{2k+1}{(k-a)(k+a+1)} P_k(x) = -\frac{\pi}{\sin a\pi} P_a(x) \qquad [-1 < x \leqslant 1;\ a \neq 0,\ \pm 1,\ \pm 2,\ \ldots].$

12. $\sum_{k=0}^{\infty} \frac{x^{k+1}}{k+1} P_k(x) = \frac{1}{2}\ln\frac{1+x}{1-x} \qquad [-1 < x < 1].$

13. $\sum_{k=0}^{\infty} \frac{t^k}{k!} P_k(x) = e^{tx} J_0(t\sqrt{1-x^2}) \qquad [-1 \leqslant x \leqslant 1].$

14. $\sum_{k=0}^{\infty} \frac{t^{2k+\delta}}{(2k+\delta)!} P_{2k+\delta}(x) = \begin{Bmatrix} \operatorname{sh} tx \\ \operatorname{ch} tx \end{Bmatrix} J_0(t\sqrt{1-x^2}) \qquad \left[-1 \leqslant x \leqslant 1;\ \delta = \begin{Bmatrix} 1 \\ 0 \end{Bmatrix}\right].$

15. $\sum_{k=0}^{\infty} \frac{t^k}{(a)_k} P_k(x) = \Phi_2\left(\frac{1}{2}, \frac{1}{2};\ a;\ tu_-,\ tu_+\right) \qquad \left[u_\pm = x \pm \sqrt{x^2-1};\ |tu_\pm| < 1\right].$

16. $\sum_{k=0}^{\infty} \frac{(a)_k}{k!}\, t^k P_k(x) = (1-tu_+)^{-a}\, {}_2F_1\left(\frac{1}{2},\ a;\ 1;\ \frac{tu_- - tu_+}{1-tu_+}\right)$

$\left[u_\pm = x \pm \sqrt{x^2-1};\ |tu_\pm| < 1\right],$

$$= (1-2tx+t^2)^{-a/2}\, {}_2F_1\left(a,\ 1-a;\ 1;\ \frac{1}{2} - \frac{1-tx}{2\sqrt{1-2tx+t^2}}\right).$$

17. $\sum_{k=0}^{\infty} (2k+1)\frac{(2-a)_k}{(a)_k} P_k(x) = (a-1)\left(\frac{1-x}{2}\right)^{a-2} \qquad [-1 < x < 1;\ a > 5/4].$

18. $\sum_{k=0}^{\infty} (-1)^k (4k+1)\frac{(3/2-a)_k}{(a)_k} P_{2k}(x) = 2(a-1)|x|^{2a-3} \qquad [-1 < x < 1;\ a > 1].$

19. $\sum_{k=0}^{\infty} \frac{t^k}{(k!)^2} P_k(x) = I_0(\sqrt{2t(x-1)})\, I_0(\sqrt{2t(x+1)}).$

20. $\sum_{k=0}^{\infty} \frac{(a)_k}{(k!)^2}\, t^k P_k(x) = \Psi_2\left(a;\ 1,\ 1;\ \frac{tx-t}{2},\ \frac{tx+t}{2}\right).$

21. $\sum_{k=0}^{\infty} \frac{(a)_k (b)_k}{(k!)^2}\, t^k P_k(x) = F_4\left(a,\ b;\ 1,\ 1;\ \frac{tx-t}{2},\ \frac{tx+t}{2}\right).$

22. $\sum_{k=0}^{\infty} \frac{(a)_k(1-a)_k}{(k!)^2}\, t^k P_k(x) = {}_2F_1\left(a,\ 1-a;\ 1;\ \frac{1-t-\rho}{2}\right) {}_2F_1\left(a,\ 1-a;\ 1;\ \frac{1+t-\rho}{2}\right)$
$\left[\rho = \sqrt{1-2tx+t^2}\,\right].$

23. $\sum_{k=0}^{\infty} (4k+1) \frac{(a)_k(-a)_k}{(3/2+a)_k(3/2-a)_k}\, P_{2k}(\cos x) = \frac{1-4a^2}{\sin 2a\pi}\,[\sin 2a(\pi - x) + \sin 2ax]$
$[0 \leqslant x \leqslant \pi].$

24. $\sum_{k=0}^{\infty} (4k+2n-1) \frac{(-1/2)_k(n-1/2)_k}{k!(k+n)!}\, P_{2k+n-1}(x) = \frac{4\sin(n \arccos x)}{n\sqrt{\pi}\,\Gamma(n-1/2)}.$

25. $\sum_{k=0}^{\infty} (4k+2\sigma+1) \frac{(\sigma+1/2)_k(\sigma+3/2-a)_k}{k!(a)_k}\, P_{2k+\sigma}(x) =$
$= \frac{2^{\sigma+1}}{\sqrt{\pi}} \Gamma\left[\begin{matrix} a \\ a-\sigma-1/2 \end{matrix}\right] x^{\sigma}(1-x^2)^{a-\sigma-3/2}$ $[\sigma = 0$ или $1;\ -1 < x < 1].$

26. $\sum_{k=0}^{\infty} (4k+3) \frac{(1/2-a)_k(1/2+a)_k}{(2-a)_k(2+a)_k}\, P_{2k+1}(\cos x) = \frac{4(a^2-1)}{\sin 2a\pi}\,[\sin 2ax + \sin 2a(\pi - x)].$

27. $\sum_{k=0}^{\infty} (4k+3) \left[\frac{(1/2)_k}{(k+1)!}\right]^2 P_{2k+1}(x) = \frac{8}{\pi} \arcsin x.$

28. $\sum_{k=0}^{\infty} (-1)^k (4k+1) \left[\frac{(1/2)_k}{k!}\right]^3 P_{2k}(\cos x) = \frac{4}{\pi^2} \mathbf{K}(\sin x).$

29. $\sum_{k=0}^{\infty} (-1)^k (4k+1) \frac{(-1/2)_k}{(k+1)!} \left[\frac{(1/2)_k}{k!}\right]^2 P_{2k}(\cos x) = \frac{8}{\pi^2} \mathbf{E}(\sin x).$

5.10.2. Ряды вида $\sum a_k \prod_i P_k(x_i)$.

1. $\sum_{k=0}^{\infty} t^k P_k(\cos x) P_k(\cos y) = \frac{4}{\pi(u_+ + u_-)}\, K\left(\frac{u_+ - u_-}{u_+ + u_-}\right)$
$\left[|t| < 1;\ u_{\pm} = \sqrt{1 - 2t\cos(x \pm y) + t^2}\,\right].$

2. $\sum_{k=1}^{\infty} \frac{2k+1}{k(k+1)}\, P_k(x) P_k(y) = 2\ln 2 - 1 - \ln[(1-x)(1+y)]$ $[-1 < x \leqslant y < 1].$

3. $\sum_{k=0}^{\infty} (-1)^k \cos(2k+1)a [P_k(\cos x)]^2 = \frac{1}{\pi} \left\{\begin{matrix} \operatorname{cosec} x \\ \sec a \end{matrix}\right\} \mathbf{K}(\operatorname{cosec} x \cos^{\pm 1} a)$
$\left[0 < x < \pi;\ \left\{\begin{matrix} \cos a < \sin x \\ \cos a > \sin x \end{matrix}\right\}\right].$

4. $\sum_{k=0}^{\infty} (2k+1) P_k(x) P_k(y) P_k(z) = \frac{2}{\pi}\,(1 + 2xyz - x^2 - y^2 - z^2)_+^{-1/2}.$

5.10.3. Ряды, содержащие специальные функции и $P_n(x)$.

Обозначение: $\rho = (w^2 + z^2 - 2wz\cos x)^{1/2}$.

1. $\sum_{k=0}^{\infty} (2k+1) J_{2k+1}(z) P_k(x) = \frac{z}{2}\, J_0\left(z\sqrt{\frac{1-x}{2}}\right)$ $[-1 \leqslant x \leqslant 1].$

2. $\sum_{k=0}^{\infty} (2k+1) I_{k+1/2}(z) P_k(x) = \sqrt{\frac{2z}{\pi}}\, e^{xz}$ $[-1 \leqslant x \leqslant 1].$

3. $\sum_{k=0}^{\infty}(\pm 1)^k J_{k+1/2}(w) J_{\pm k\pm 1/2}(z) P_k(\cos x) = \frac{2\sqrt{wz}}{\pi\rho}\begin{Bmatrix}\sin\rho\\ \cos\rho\end{Bmatrix}$ $\quad [|we^{ix}|,\ |we^{-ix}| < |z|].$

4. $\sum_{k=0}^{\infty}(2k+1) J_{k+1/2}(w) H_{k+1/2}^{(j)}(z) P_k(\cos x) = \frac{2(-1)^{j+1}\sqrt{wz}}{\pi i\rho}\, e^{(-1)^{j+1}\rho}$

$[j = 1,\ 2;\ |we^{\pm ix}| < |z|].$

5. $\sum_{k=0}^{\infty}(2k+1) I_{k+1/2}(w) K_{k+1/2}(z) P_k(\cos x) = \frac{\sqrt{wz}}{\rho}\, e^{-\rho}$ $\quad [|we^{\pm ix}| < |z|].$

5.11. МНОГОЧЛЕНЫ ЛАГЕРРА $L_n^\alpha(x)$

5.11.1. Ряды вида $\sum a_k L_{k+n}^\alpha(x)$.

1. $\sum_{k=0}^{\infty}\frac{1}{k+b}\, L_k^\alpha(x) = \Gamma\begin{bmatrix}-\alpha,\ b\\ b-\alpha\end{bmatrix}{}_1F_1(b;\ \alpha+1;\ x) + \Gamma(\alpha)x^{-\alpha}\,{}_1F_1(b-\alpha;\ 1-\alpha;\ x).$

2. $\sum_{k=0}^{\infty}\frac{1}{k+\alpha}\, L_k^\alpha(x) = \Gamma(\alpha)x^{-\alpha}$ $\quad [x > 0].$

3. $\sum_{k=1}^{\infty}\frac{1}{k}\, L_k(x) = -\ln x - \mathbf{C}$ $\quad [x > 0].$

4. $\sum_{k=0}^{\infty}\frac{1}{k+1}\, L_k(x) = -e^x\,\mathrm{Ei}\,(-x)$ $\quad [x > 0].$

5. $\sum_{k=0}^{\infty}\frac{1}{k+1}\, L_k^\alpha(x) = x^{-\alpha}e^x\Gamma(\alpha,\ x)$ $\quad [x > 0;\ \alpha > -1].$

6. $\sum_{k=0}^{\infty}\frac{1}{2k+1}\, L_k(x) = \frac{1}{2}\, e^{x/2}K_0\left(\frac{x}{2}\right).$

7. $\sum_{k=1}^{\infty}\frac{(-1)^k}{(k)_{n+1}}\, L_{k+n}(x) = \frac{1}{n!}\left\{\frac{x^n}{n!}\left[\sum_{k=1}^{n}\frac{(-1)^k}{k}\binom{n}{k} - \psi(n+1) + \ln x\right] - \sum_{k=1}^{n}\frac{(-1)^k x^{n-k}}{(n-k)!k}\binom{n}{k}\right\}$

$[x > 0].$

8. $\sum_{k=0}^{\infty}\frac{(b)_k}{(c)_k}\, L_k^\alpha(x) = \Gamma\begin{bmatrix}c,\ b-c+\alpha+1\\ b,\ c-b\end{bmatrix}x^{c-b-\alpha-1}\,{}_1F_1(-\alpha-1;\ c-b-\alpha;\ x) +$

$+\Gamma\begin{bmatrix}c,\ c-b-\alpha-1\\ c-b,\ c-\alpha-1\end{bmatrix}{}_1F_1(b;\ \alpha+b-c+2;\ x)$ $\quad [-1 < \mathrm{Re}\,\alpha < 2\,\mathrm{Re}\,(c-b) - 1/2].$

9. $\sum_{k=1}^{\infty}\frac{(k-1)!}{(\alpha+1)_k}\, L_k^\alpha(x) = \psi(\alpha+1) - \ln x$ $\quad [\mathrm{Re}\,\alpha > -1;\ x > 0].$

10. $\sum_{k=0}^{\infty}\frac{(b)_k}{(\alpha+1)_k}\, L_k^\alpha(x) = \Gamma\begin{bmatrix}\alpha+1\\ \alpha-b+1\end{bmatrix}x^{-b}$

$[\mathrm{Re}\,\alpha > -1;\ \mathrm{Re}\,b < \min(\mathrm{Re}\,\alpha+1,\ (2\,\mathrm{Re}\,\alpha+1)/4);\ x > 0].$

11. $\sum_{k=0}^{\infty}\frac{(l/2)_k}{(\alpha+2)_k}\, L_k^\alpha(x) = \sqrt{\pi}\,\Gamma\begin{bmatrix}\alpha+2\\ \alpha+3/2\end{bmatrix}e^x\,\mathrm{erfc}\,(\sqrt{x}\,).$

5.11.2. Ряды вида $\sum a_k t^k L_{k+n}^\alpha(ka+x)$.

1. $\sum_{k-0}^{\infty} t^k L_k^\alpha(x) = (1-t)^{-\alpha-1}\exp\left(\frac{tx}{t-1}\right)$ $\quad [|t| < 1].$

2. $\sum_{k=0}^{\infty} \frac{t^k}{k+\alpha} L_k^{\alpha}(x) = (tx)^{-\alpha} \gamma\left(\alpha, \frac{tx}{1-t}\right)$ [$\operatorname{Re}\alpha > 0$; $|t| < 1$; $x > 0$].

3. $\sum_{k=0}^{\infty} \frac{t^{k+1}}{k+1} L_k(x) = -e^x \operatorname{Ei}(-x) + e^x \operatorname{Ei}\left(\frac{x}{1-t}\right)$.

4. $\sum_{k=1}^{\infty} \frac{2^{-k}}{k} L_k(x) = \operatorname{Ei}(-x) - \ln\frac{x}{2} - \mathbf{C}$.

5. $\sum_{k=0}^{\infty} \frac{t^k}{(\alpha-n+1)_k} L_k^{\alpha}(x) = \Gamma(\alpha-n+1)(tx)^{(n-\alpha)/2} e^t \sum_{k=0}^{n} (-1)^k \binom{n}{k} \left(\frac{t}{x}\right)^{k/2} J_{\alpha-k}(2\sqrt{tx})$.

6. $\sum_{k=0}^{\infty} \frac{(b)_k}{(\alpha+1)_k} t^k L_k^{\alpha}(x) = (1-t)^{-b} {}_1F_1\left(b;\ \alpha+1;\ -\frac{xt}{1-t}\right)$ [$|t| < 1$; $\alpha > -1$; $x > 0$].

7. $\sum_{k=0}^{\infty} \frac{(a)_k}{(\alpha+\beta)_k} t^k L_k^{\alpha}(x) = (1-t)^{-a} \Phi_1\left(a,\ \beta-1;\ \alpha+\beta;\ \frac{t}{t-1},\ -\frac{tx}{t-1}\right)$

[$-1 \leqslant t < 1$; $\operatorname{Re}\alpha > -1$;].

8. $\sum_{k=0}^{\infty} \binom{k+n}{k} t^k L_{k+n}^{\alpha}(x) = (1-t)^{-a-n-1} e^{-tx/(1-t)} L_n^{\alpha}\left(\frac{tx}{1-t}\right)$.

9. $\sum_{k=0}^{\infty} \frac{(n+\alpha+1)_k}{(\alpha+1)_k} t^k L_k^{\alpha}(x) = n!\Gamma\begin{bmatrix}\alpha+1\\ n+\alpha+1\end{bmatrix}(1-t)^{-n-\alpha-1} e^{-tx/(1-t)} L_n^{\alpha}\left(\frac{tx}{1-t}\right)$.

10. $\sum_{k=0}^{\infty} \frac{(1/2)_k}{(\alpha+1)_k} t^k L_{2k}^{\alpha}(x) = (1-t^2)^{-1/2} \left(\frac{tx}{2}\right)^{-\alpha/2} e^{-tx/(1-t)} I_{\alpha/2}\left(\frac{tx}{1-t}\right)$.

11. $\sum_{k=1}^{\infty} \frac{(-1)^k}{k} 2^{-k/2} \begin{Bmatrix}\sin(k\pi/4)\\ \cos(k\pi/4)\end{Bmatrix} L_k(x) = \begin{Bmatrix}\pi/4 - \operatorname{Si}(x)\\ \ln(\sqrt{2}/x) - \mathbf{C} + \operatorname{ci}(x)\end{Bmatrix}$.

12. $\sum_{k=0}^{\infty} \frac{(ka+b)^k}{(\alpha+1)_k} t^k L_k^{\alpha}(ka+x) = \frac{\Gamma(\alpha+1)e^{bu}}{1-au} (bxu)^{-\alpha/2} J_{\alpha}(2\sqrt{bxu})$ [$u = te^{au}$].

13. $\sum_{k=0}^{\infty} \frac{(ka+1)^k}{(\alpha+1)_k} t^k L_k^{\alpha}\left(\frac{x}{ka+1}\right) = \frac{\Gamma(\alpha+1)e^z}{(1-az)(xz)^{\alpha/2}} J_{\alpha}(2\sqrt{xz})$

[$t = ze^{-az}$; $|aze^{1-az}| < 1$].

14. $\sum_{k=0}^{\infty} \frac{(ka+1)^{k-1}}{(\alpha+1)_k} t^k L_k^{\alpha}\left(\frac{x}{ka+1}\right) = e^z {}_1F_2\left(\frac{1}{a};\ \alpha+1,\ \frac{1}{a}+1;\ -xz\right)$

[$t = ze^{-az}$; $|aze^{1-az}| < 1$].

15. $\sum_{k=0}^{\infty} t^k \begin{Bmatrix}\sin ka\\ \cos ka\end{Bmatrix} L_k(x) = \rho e^{\rho tx(t-\cos a)} \left[\begin{Bmatrix}-1+t\cos a\\ t\sin a\end{Bmatrix} \sin(\rho tx \sin a) + \right.$

$\left. + \begin{Bmatrix}t\sin a\\ 1-t\cos a\end{Bmatrix} \cos(\rho tx \sin a)\right]$ [$\rho = (1-2t\cos a + t^2)^{-1}$].

5.11.3. Ряды вида $\sum a_k L_{k+n}^{\alpha}(x) L_k^{\beta}(y)$.

1. $\sum_{k=0}^{\infty} \frac{1}{k+1} L_k(x) L_k(y) = -e^{x+y} \operatorname{Ei}(-x)$ [$0 < y \leqslant x$].

2. $\sum_{k=0}^{\infty} \frac{1}{2k+1} L_k(x) L_k(y) = \frac{1}{2} e^{(x+y)/2} I_0\left(\frac{x}{2}\right) K_0\left(\frac{y}{2}\right)$ [$x \leqslant y$].

3. $$\sum_{k=0}^{\infty}\frac{k!}{(\beta+1)_k}L_k^\alpha(x)L_k^\beta(y)=\Gamma\begin{bmatrix}\beta+1\\ \beta-\alpha\end{bmatrix}y^{-\alpha}(y-x)^{\beta-\alpha-1}e^x\eta(y-x)$$
$[\eta(t)=0,\ t<0;\ \eta(1)=1,\ t>0;\ \eta(0)=1/2]$.

4. $$\sum_{k=0}^{\infty}\frac{k!}{(\alpha+1)_k}L_k^\alpha(x)L_{k+1}^{\alpha-1}(y)=x^{-\alpha}e^x[\alpha\Gamma(\alpha,\ y)-\Gamma(\alpha+1)\eta(y-x)]$$
$[x,\ y,\ \alpha>0;\ \eta(t)$ см. в 5.11.3.3].

5. $$\sum_{k=0}^{\infty}t^kL_k(x)L_k^n(y)=(1-t)^{-n-1}\exp\left(\frac{x+y}{t-1}t\right)\sum_{k=0}^{n}(-1)^k\binom{n}{k}\left(\frac{tx}{y}\right)^{k/2}I_k\left(\frac{2\sqrt{txy}}{1-t}\right).$$

6. $$\sum_{k=0}^{\infty}\frac{k!}{(\alpha+1)_k(k+1)}L_k^\alpha(x)L_k^\alpha(y)=\alpha(xy)^{-\alpha}e^{x+y}\gamma(c,\ x)\Gamma(\alpha,\ y)$$ $[0<x\leqslant y]$.

7. $$\sum_{k=0}^{\infty}\frac{k!}{(\alpha+1)_k}t^kL_k^\alpha(x)L_k^{\alpha+n}(y)=\Gamma(\alpha+1)(1-t)^{-n-1}(txy)^{-\alpha/2}\times$$
$$\times\exp\left(\frac{x+y}{t-1}t\right)\sum_{k=0}^{n}(-1)^k\binom{n}{k}\left(\frac{tx}{y}\right)^{k/2}I_{k+\alpha}\left(\frac{2\sqrt{txy}}{1-t}\right)$$ $[|t|<1]$.

5.11.4. Ряды вида $\sum a_kL_{nk+m}^{\alpha k+\beta}(x)$.

1. $$\sum_{k=1}^{\infty}t^kL_n^{-n-k}(x)=\frac{t}{(1-t)^n}L_n^{-n-1}(x-tx).$$

2. $$\sum_{k=0}^{\infty}\frac{t^k}{k!}L_n^{k-n}(x)=\frac{e^t}{n!}(t-x)^n.$$

3. $$\sum_{k=0}^{\infty}\frac{t^k}{k!}L_n^{k+\alpha}(x)=e^tL_n^\alpha(x-t).$$

4. $$\sum_{k=0}^{\infty}\frac{t^k}{k!}L_n^{n-k-1}(x)=(-x)^ne^t\sum_{k=0}^{n}\frac{x^{-k}}{(n-k)!}L_k(-t).$$

5. $$\sum_{k=0}^{\infty}\frac{(\alpha)_k}{k!}t^kL_n^{k-n}(x)=\frac{(-t)^n}{(1-t)^{-n-\alpha}}L_n^{-n-\alpha}\left(x-\frac{x}{t}\right).$$

6. $$\sum_{k=0}^{\infty}t^kL_k^{\alpha k+\beta}(x)=\frac{(1+v)^{\beta+1}}{1-\alpha v}e^{-xv}$$ $[t=v(t)(1+v(t))^{-\alpha-1},\ v(0)=0]$.

7. $$\sum_{k=0}^{\infty}t^kL_k^{k+\alpha}(x)=\frac{1}{\sqrt{1-4t}}\left(\frac{2}{1+\sqrt{1-4t}}\right)^\alpha\exp\left(\frac{-2tx}{1-2t+\sqrt{1-4t}}\right).$$

8. $$\sum_{k=0}^{\infty}t^kL_k^{\alpha-k}(x)=(1+t)^\alpha e^{-tx}$$ $[|t|<1]$.

9. $$\sum_{k=0}^{\infty}t^kL_k^{\alpha-2k}(x)=\frac{1}{\sqrt{1+4t}}\left(\frac{1+\sqrt{1+4t}}{2}\right)^{\alpha+1}\exp\left(\frac{1-\sqrt{1+4t}}{2}x\right).$$

10. $$\sum_{k=0}^{\infty}\frac{t^k}{k+1}L_k^{-2k-1}(x)=\frac{1}{tx}-\frac{1}{tx}\exp\left(\frac{1-\sqrt{1+4t}}{2}x\right).$$

11. $$\sum_{k=0}^{\infty}\frac{t^k}{(\beta)_k}L_k^{\alpha-k}(x)=\Phi_3(-\alpha;\ \beta;\ -t,\ -tx).$$

12. $$\sum_{k=0}^{\infty}\frac{t^k}{(\alpha/2+1)_k}L_k^{k+\alpha}(x)=(t^2-tx)^{-\alpha/4}e^{2t}I_{\alpha/2}(2\sqrt{t^2-tx}).$$

13. $$\sum_{k=0}^{\infty}\binom{n+k}{k}t^kL_{n+k}^{\alpha-k}(x)=(1+t)^\alpha e^{-tx}L_n^\alpha(tx+x).$$

14. $$\sum_{k=0}^{\infty}\binom{n+k}{k}t^kL_{n+k}^{-2n-2k-1}(x)=(1+4t)^{-n-1/2}\exp\left(\frac{1-\sqrt{1+4t}}{2}x\right)L_n^{-2n-1}(x\sqrt{1+4t}).$$

15. $$\sum_{k=0}^{\infty} \frac{(\gamma)_k}{(\beta)_k} t^k L_k^{\alpha-k}(x) = \Phi_1(\gamma,\, -\alpha;\; \beta;\; -t,\, tx) \qquad [|t| < 1].$$

16. $$\sum_{k=0}^{\infty} t^k L_k^{\alpha-k/2}(x) = \frac{2(1+u)^{\alpha+1}}{2+u}\, e^{-xu} \qquad \left[u = t(t+\sqrt{t^2+4}\,)/2\right].$$

17. $$\sum_{k=0}^{\infty} \frac{t^k}{\alpha+k/2} L_k^{\alpha-k/2}(x) = \frac{1}{\alpha}\,(1+u)^{\alpha}\, {}_1F_1(2\alpha;\; 2\alpha+1;\; -xu) \qquad \left[u = t(t+\sqrt{t^2+4}\,)/2\right].$$

18. $$\sum_{k=0}^{\infty} \frac{(\beta)_k(-\alpha-\beta)_k}{(-\alpha)_k} t^k L_k^{\alpha-2k}(x) = \int_0^{\infty} e^{-\tau}\, {}_2F_1\left(\beta,\, -\alpha-\beta;\; 1;\; \frac{1+tx-u}{2}\right) \times$$
$$\times\, {}_2F_1\left(\beta,\, -\alpha-\beta;\; 1;\; \frac{1-tx-u}{2}\right) d\tau \qquad \left[u = (1+2t(x+2\tau)+t^2x^2)^{1/2}\right].$$

5.11.5. Ряды вида $\sum a_k L_{n_1k+m_1}^{\alpha_1k+\beta_1}(x) L_{n_2k+m_2}^{\alpha_2k+\beta_2}(y)$.

1. $$\sum_{k=0}^{\infty} t^k L_k^{\alpha-k}(x) L_n^{k-n}(y) = t^n(1+t)^{\alpha-n} e^{-tx} L_n^{\alpha-n}\left(\frac{1+t}{t}\,(tx+y)\right) \qquad [|t| < 1].$$

2. $$\sum_{k=0}^{\infty} k!t^k L_k^{\alpha-k}(x) L_k^{n-k}(y) = n!t^n(1-ty)^{\alpha-n} e^{txy} L_n^{\alpha-n}\left(-\frac{(1-tx)(1-ty)}{t}\right).$$

3. $$\sum_{k=0}^{\infty} \frac{y^k}{(\alpha+1)_k} L_k^{\alpha}(x) L_n^{k+\beta}(y) = \frac{(\beta+1)_n}{n!}\, e^y\, {}_1F_2(\beta+n+1;\; \alpha+1,\, \beta+1;\; -xy).$$

4. $$\sum_{k=0}^{\infty} \frac{y^k}{(\alpha+1)_k} L_k^{\alpha}(x) L_n^{k-n+\alpha}(y) = \frac{\Gamma(\alpha+1)}{n!}\,(xy)^{(n-\alpha)/2} e^y J_{\alpha-n}(2\sqrt{xy}\,).$$

5. $$\sum_{k=0}^{\infty} \frac{k!}{(\alpha+1)_k} t^k L_k^{\alpha}(x) L_k^{\beta-k}(y) = (1+t)^{\beta} e^{-ty} \Phi_3\left(-\beta;\; \alpha+1;\; \frac{tx}{1+t},\, txy\right).$$

6. $$\sum_{k=0}^{\infty} \frac{(-1)^k k!}{(\alpha+1)_k} L_k^{\alpha}(x) L_k^{\beta-k}(y) = \Gamma(\alpha+1) x^{(\beta-\alpha)/2} y^{-(\alpha+\beta)/2} e^y J_{\alpha+\beta}(2\sqrt{xy}\,)$$
$$[x > 0;\; \operatorname{Re}\alpha > -1].$$

7. $$\sum_{k=0}^{\infty} \frac{k!}{(\alpha+1)_k} t^k L_k^{\alpha}(x) L_k^{-k}(y) = \Gamma(\alpha+1)(txy)^{-\alpha/2} e^{-ty} I_{\alpha}(2\sqrt{txy}\,).$$

5.11.6. Ряды, содержащие специальные функции и $L_n^{\alpha}(x)$.

1. $$\sum_{k=0}^{\infty} \frac{1}{\Gamma(k+\alpha+1)}\, \gamma(k+\alpha+1,\, x) L_k^{\alpha}(y) = \left(\frac{x}{y}\right)^{(\alpha+1)/2} J_{\alpha+1}(2\sqrt{xy}\,).$$

2. $$\sum_{k=0}^{\infty} (-1)^k \frac{k!(2k+\alpha+1)}{(\alpha+1)_k} I_{k+(\alpha+1)/2}(z) L_k^{\alpha}(x) L_k^{\alpha}(-x) =$$
$$= \frac{2}{\Gamma((\alpha+1)/2)} \left(\frac{z}{2}\right)^{(\alpha+1)/2} e^{-z}\, {}_0F_2\left(\frac{\alpha+1}{2},\, \alpha+1;\; \frac{x^2z}{2}\right).$$

3. $$\sum_{k=0}^{\infty} t^k P_k(x) L_k(y) = \rho \exp(\rho^2 ty(t-x)) J_0(\rho^2 ty\sqrt{1-x^2}\,) \qquad \left[\rho = (1-2tx+t^2)^{-1/2}\right].$$

5.12. МНОГОЧЛЕНЫ ЭРМИТА $H_n(x)$

5.12.1. Ряды вида $\sum a_k H_{nk+m}(\varphi(k,\, x))$.

1. $$\sum_{k=0}^{\infty} \frac{t^k}{k!} H_k(ka+x) = \frac{e^{2xz-z^2}}{1-2az} \qquad [t = ze^{-2az}].$$

2. $\sum_{k=0}^{\infty} \frac{t^k}{[k/2]!} H_k(x) = (1+4t^2)^{-3/2}(1+2xt+4t^2)e^{4x^2t^2/(1+4t^2)}.$

3. $\sum_{k=0}^{\infty} \frac{t^k}{k!} H_{k+n}(x) = e^{2xt-t^2} H_n(x-t).$

4. $\sum_{k=0}^{\infty} \frac{t^k}{k!} H_{2k+n}(x) = (1+4t)^{-(n+1)/2} e^{4tx^2/(1+4t)} H_n\left(\frac{x}{\sqrt{1+4t}}\right)$ $[|t| < 1/2].$

5. $\sum_{k=0}^{\infty} \frac{(\pm 1)^k t^{2k}}{(2k+n)!} H_{2k+n}(x) = (\pm 1)^{[n/2]} \frac{e^{\mp t^2}}{t^n} \left[\frac{1-(-1)^n}{2}\left\{\begin{matrix}\operatorname{sh} 2xt\\ \sin 2xt\end{matrix}\right\} + \frac{1+(-1)^n}{2}\left\{\begin{matrix}\operatorname{ch} 2xt\\ \cos 2xt\end{matrix}\right\}\right].$

6. $\sum_{k=0}^{\infty} \frac{(-1)^k t^{2k+\delta}}{(2k+\delta)!} H_{2k+\delta}(x) = e^{t^2}\left\{\begin{matrix}\sin 2xt\\ \cos 2xt\end{matrix}\right\}$ $\left[\delta = \left\{\begin{matrix}1\\0\end{matrix}\right\}\right].$

7. $\sum_{k=0}^{\infty} \frac{t^{2k+1}}{(2k+1)!} H_{2k}(x) = \frac{\sqrt{\pi}}{4} e^{x^2} [\operatorname{erf}(x+t) - \operatorname{erf}(x-t)].$

8. $\sum_{k=0}^{\infty} \frac{t^{2k+2}}{(2k+2)!} H_{2k+1}(x) = \frac{\sqrt{\pi}}{4} e^{x^2} \operatorname{erf}(x) - \frac{\sqrt{\pi}}{4} e^{x^2} [\operatorname{erf}(x+t) + \operatorname{erf}(x-t)].$

9. $\sum_{k=0}^{\infty} \frac{(-1)^k}{(2k+1)!} x^{2k+1} H_{2k}(x) = \frac{\sqrt{\pi}}{2} e^{x^2} [C(2x^2) - S(2x^2)].$

10. $\sum_{k=0}^{\infty} \frac{(-1)^k}{(2k+2)!} x^{2k+2} H_{2k+1}(x) = \frac{\sqrt{\pi}}{2} e^{x^2} [C(2x^2) + S(2x^2)] - \frac{\sqrt{\pi}}{2} e^{x^2} \operatorname{erf}(x).$

11. $\sum_{k=0}^{\infty} \frac{(-1)^k t^{2k+1}}{k!(2k+1)} H_{2k+1}(x) = \frac{\sqrt{\pi}}{2} \operatorname{erf}\left(\frac{2tx}{\sqrt{1-4t^2}}\right).$

12. $\sum_{k=0}^{\infty} \frac{(-1)^k}{k!(2k+1)2^{2k}} H_{2k}(x) = \frac{\pi}{2} e^{x^2} \operatorname{erfc}(x)$ $[0 \leqslant x < \infty].$

13. $\sum_{k=0}^{\infty} \frac{(-1)^k}{k!(2k+1)2^{2k}} H_{2k+1}(x) = \sqrt{\pi} \operatorname{sgn} x.$

14. $\sum_{k=0}^{\infty} \frac{(-1)^k}{k!(k+a)2^{2k}} H_{2k+\sigma}(x) = 2^{(2a+\sigma)/2} \Gamma(a) e^{x^2/2} D_{\sigma-2a}\left(\frac{x}{\sqrt{2}}\right)$ $[\sigma = 0$ или $1].$

15. $\sum_{k=0}^{\infty} \frac{(-1)^k}{k!(2k+1)2^{3k}} H_{2k}(x) = \frac{\pi}{2\sqrt{2}} e^{x^2} [1 - \operatorname{erf}^2(x)].$

16. $\sum_{k=0}^{\infty} \frac{(-1)^k}{k!(2k+1)2^{3k}} H_{2k+1}(x) = \sqrt{2\pi} \operatorname{erf}(x).$

17. $\sum_{k=0}^{\infty} \frac{(-1)^k}{k!(2k+1)(2k+3)2^{2k}} H_{2k+1}(x) = \frac{\pi}{2} x e^{x^2} \operatorname{erfc}(x).$

18. $\sum_{k=0}^{\infty} \frac{(-1)^k}{2^{3k}(3/2)_k} H_{2k+1}(x) = 2\sqrt{\pi}\, e^{-x^2} \operatorname{erfi}(x).$

19. $\sum_{k=0}^{\infty} \frac{(a)_k}{(2k+\delta)!} t^k H_{2k+\delta}(x) = (1+t)^{-a}\left\{\begin{matrix}2x\\ 1\end{matrix}\right\} {}_1F_1\left(a;\ \frac{1}{2}+\delta;\ \frac{x^2t}{t+1}\right)$

$\left[\delta = \left\{\begin{matrix}1\\0\end{matrix}\right\};\ |t| < 1 \text{ при } \delta = 0\right].$

20. $\sum_{k=0}^{\infty} \frac{(-1)^k (a)_k}{(2k+\delta)!} H_{2k+\delta}(x) = \frac{\sqrt{\pi}}{\Gamma(\delta - a + 1/2)} |x|^{-2a+\delta} \begin{Bmatrix} \operatorname{sgn} x \\ 1 \end{Bmatrix}$ $\left[\delta = \begin{Bmatrix} 1 \\ 0 \end{Bmatrix};\ a < (3 \pm 1)/4\right]$.

21. $\sum_{k=0}^{\infty} \frac{(a)_{[k/2]} t^k}{[k/2]!(1/2)_{[k/2]}} H_k(x) = (1+4t^2)^{-a}\, {}_1F_1\left(a;\ \frac{1}{2};\ \frac{4x^2t^2}{1+4t^2}\right) + \frac{32at^3x^3}{3(1+4t^2)^{a+2}}\, {}_1F_1\left(a+1;\ \frac{5}{2};\ \frac{4x^2t^2}{1+4t^2}\right) + \frac{2xt(1+4t^2-8at^2)}{(1+4t^2)^{a+1}}\, {}_1F_1\left(a;\ \frac{3}{2};\ \frac{4x^2t^2}{1+4t^2}\right)$.

22. $\sum_{k=0}^{\infty} \frac{t^{2k}}{k!(3/4)_k} H_{4k}(x) = \frac{\Gamma(3/4)}{(1-64t^2)^{1/2}} (4x^2t)^{1/4} \exp\left(\frac{64x^2t^2}{64t^2-1}\right) I_{-1/4}\left(\frac{8x^2t}{1-64t^2}\right)$.

23. $\sum_{k=0}^{\infty} \frac{t^{2k}}{k!(5/4)_k} H_{4k+1}(x) = \frac{x^2\Gamma(1/4)}{2(1-64t^2)^{1/2}} (-4x^2t)^{-1/4} \exp\left(\frac{64x^2t^2}{64t^2-1}\right) I_{1/4}\left(\frac{8x^2t}{64t^2-1}\right)$.

24. $\sum_{k=0}^{\infty} \frac{t^k}{k!} H_k(ka+x) = \frac{1}{1-az} e^{xz-z^2/4}$ $[2t = ze^{-az};\ |aze^{1-az}| < 1]$.

25. $\sum_{k=0}^{\infty} \frac{t^k}{k!(ka+x)} H_k(ka+x) = \frac{e^z}{x}\, {}_1F_1\left(\frac{x}{2a};\ \frac{x}{2a}+1;\ -\frac{z^2}{4}\right)$ $[2t = ze^{-az};\ |aze^{1-az}| < 1]$.

26. $\sum_{k=0}^{\infty} \frac{(ka+1)^{k/2} t^k}{k!} H_k\left(\frac{x}{\sqrt{ka+1}}\right) = \frac{1}{1+2az} e^{2x\sqrt{z}-z}$ $[t = \sqrt{z}\, e^{az};\ |2aze^{1-2az}| < 1]$.

27. $\sum_{k=0}^{\infty} \frac{(ka+1)^{k/2-1} t^k}{k!} H_k\left(\frac{x}{\sqrt{ka+1}}\right) = e^{-z}\, {}_1F_1\left(\frac{1}{a};\ \frac{1}{a}+1;\ 2x\sqrt{z}\right)$ $[t = \sqrt{z}\, e^{az};\ |2aze^{1-2az}| < 1]$.

28. $\sum_{k=0}^{\infty} \frac{(kb+1)^{k/2}}{k!} t^k H_k\left(\frac{ka+x}{\sqrt{kb+1}}\right) = \frac{1}{1+2bz^2+2az} e^{-z^2-2xz}$ $\left[t = -ze^{bz^2+2az};\ |2aze^{bz^2+2az+1}| < 1\right]$.

29. $\sum_{k=0}^{\infty} \frac{(kb+1)^{(k-2)/2}}{k!} t^k H_k\left(\frac{ka+x}{\sqrt{kb+1}}\right) = e^{-z^2-2xz}\, {}_1F_1\left(1;\ \frac{b+1}{b};\ \frac{2z(bx-a)}{b}\right)$ [условие см. в 5.12.1.28].

30. $\sum_{k=0}^{\infty} \frac{(ka+1)^{(k-2)/2}}{k!} t^k H_k(x\sqrt{ka+1}) = e^{-z^2-2xz}$ [условие см. в 5.12.1.28 при $a = b$].

31. $\sum_{k=0}^{\infty} \frac{(kb+1)^{k/2}}{k!} t^k H_k\left(\frac{ka+x}{\sqrt{kb+1}}\right) = e^{-z^2-2xz}\, {}_1F_1\left(1;\ \frac{x+2a}{2a};\ \frac{z^2(a-bx)}{a}\right)$ [условие см. в 5.12.1.28].

32. $\sum_{k=0}^{\infty} \frac{t^k}{k!} \cos\left(2tx - \frac{k\pi}{2}\right) H_k(x) = e^{t^2}$.

33. $\sum_{k=0}^{\infty} \frac{(-1)^k}{2^k k!} (2t-1)^k \cos\left[(2t-1)x + \frac{k\pi}{2}\right] H_k(x) = e^{(2t-1)^2/4}$.

34. $\sum_{k,\, l=0}^{\infty} \frac{t^k u^l}{k!\, l!} H_{k+l}(x) = e^{2ux-u^2+2t(x-u)-t^2}$.

5.12.2. Ряды вида $\sum a_k \prod_i H_{n_i k+m_i}(x_i)$.

1. $$\sum_{k=0}^{\infty} \frac{t^k}{k!} H_{k+m}(x) H_{k+n}(y) = (1-4t^2)^{-(m+n+1)/2} \exp\left[\frac{4txy - 4t^2(x^2+y^2)}{1-4t^2}\right] \times \\ \times \sum_{k=0}^{\min(m,\,n)} 2^{2k} k! \binom{m}{k}\binom{n}{k} t^k H_{m-k}\left(\frac{x-2ty}{\sqrt{1-4t^2}}\right) H_{n-k}\left(\frac{y-2tx}{\sqrt{1-4t^2}}\right) \qquad [|t|<1/2].$$

2. $$\sum_{k=0}^{\infty} \frac{1}{(2k+1)!(2k+1)2^{2k}} H_{2k+1}(x) H_{2k+1}(y) = \pi \operatorname{erfi}(x) \qquad [0 \leqslant x \leqslant y].$$

3. $$\sum_{k,\,l=0}^{\infty} \frac{t^k u^l}{k!\,l!} H_k(x) H_l(y) H_{k+l+m}(z) = (1-4t^2-4u^2)^{-(m+1)/2} \times \\ \times \exp\left[\frac{-4(t^2+u^2)z^2 + 4(tx+uy)z - 4(tx+uy)^2}{1-4t^2-4u^2}\right] H_m\left(\frac{x-2tx-2uy}{\sqrt{1-4t^2-4u^2}}\right).$$

5.12.3. Ряды, содержащие специальные функции и $H_n(x)$.

1. $$\sum_{k=0}^{\infty} \frac{(-1)^k}{(2k)!} \gamma\left(k+\frac{1}{2},\, a^2\right) H_{2k}(x) = \frac{\sin 2ax}{x}.$$

2. $$\sum_{k=0}^{\infty} \frac{(-1)^k}{(2k+1)!} \gamma(k+1,\, a^2) H_{2k+1}(x) = \frac{1-\cos 2ax}{x}.$$

3. $$\sum_{k=0}^{\infty} \frac{(-1)^k}{(2k)!} \Gamma(k,\, a^2) H_{2k}(x) = -2 \operatorname{ci}(2a|x|).$$

4. $$\sum_{k=0}^{\infty} \frac{(-1)^k}{(2k+1)!} \gamma\left(k+\frac{1}{2},\, a^2\right) H_{2k+1}(x) = 2 \operatorname{si}(2ax) + \pi.$$

5. $$\sum_{k=0}^{\infty} \frac{t^k}{k!} \gamma\left(\frac{k+1}{2},\, a^2\right) H_k(x) = \\ = \sqrt{\frac{\pi}{1+t^2}}\, e^{t^2x^2/(1+t^2)} \left[\operatorname{erf}\left(a\sqrt{1+t^2} + \frac{tx}{\sqrt{1+t^2}}\right) - \operatorname{erf}\left(\frac{tx}{\sqrt{1+t^2}}\right)\right].$$

6. $$\sum_{k=0}^{\infty} \frac{t^{2k}}{(2k)!} \gamma\left(k+\frac{1}{2},\, a^2\right) H_{2k}(x) = \\ = \frac{\sqrt{\pi}}{2\sqrt{1+t^2}}\, e^{t^2x^2/(1+t^2)} \left[\operatorname{erf}\left(a\sqrt{1+t^2} + \frac{tx}{\sqrt{1+t^2}}\right) + \operatorname{erf}\left(a\sqrt{1+t^2} - \frac{tx}{\sqrt{1+t^2}}\right)\right].$$

7. $$\sum_{k=0}^{\infty} \frac{t^k}{k!} L_n^{k+\nu}(2tx) H_k(x) = \frac{(\nu+1)_n}{n!}\, e^{2tx}\, {}_2F_2\left(\frac{n+\nu+1}{2},\, \frac{n+\nu+2}{2};\, \frac{\nu+1}{2},\, \frac{\nu+2}{2};\, -t^2\right).$$

5.13. МНОГОЧЛЕНЫ ГЕГЕНБАУЭРА $C_n^\nu(x)$

5.13.1. Ряды вида $\sum a_k C_{nk+m}^\nu(\varphi(k,\, x))$.

1. $$\sum_{k=0}^{\infty} t^k C_k^\nu(x) = (1-2tx+t^2)^{-\nu} \qquad [|t|<1].$$

2. $$\sum_{k=0}^{\infty} \frac{t^k}{(a)_k} C_k^\nu(x) = \Phi_2(\nu,\, \nu;\, a;\, tu_-,\, tu_+) \qquad \left[u_\pm = x \pm \sqrt{x^2-1};\ |tu_\pm|<1\right].$$

3. $$\sum_{k=0}^{\infty} \frac{t^k}{(2\nu)_k} C_k^\nu(x) = \Gamma\left(\nu+\frac{1}{2}\right) e^{xt} \left(\frac{t}{2}\sqrt{1-x^2}\right)^{1/2-\nu} J_{\nu-1/2}(t\sqrt{1-x^2}\,).$$

4. $$\sum_{k=0}^{\infty} \frac{t^{2k}}{(2\nu+\delta)_{2k}} C_{2k+\delta}^{\nu}(x) = \Gamma\left(\nu+\frac{1}{2}\right)\left(\frac{t}{2}\right)^{\mp 1/2-\nu} (x^2-1)^{(1-2\nu)/4} \left\{ \begin{matrix} \nu \operatorname{sh} xt \\ \operatorname{ch} xt \end{matrix} \right\} I_{\nu-1/2}(t\sqrt{x^2-1}) \qquad \left[\delta = \left\{ \begin{matrix} 1 \\ 0 \end{matrix} \right\}\right].$$

5. $$\sum_{k=0}^{\infty} \frac{(\mu)_k}{(2\nu)_k} t^k C_k^{\nu}(x) = (1-tx)^{-\mu} {}_2F_1\left(\frac{\mu}{2}, \frac{\mu+1}{2};\ \nu+\frac{1}{2};\ t^2 \frac{x^2-1}{(1-tx)^2}\right).$$

6. $$\sum_{k=0}^{\infty} (k+\nu) \frac{(\mu)_k}{(2\nu-\mu+1)_k} C_k^{\nu}(x) = \Gamma\left[\begin{matrix} 2\nu-\mu+1 \\ \nu,\ \nu-\mu+1/2 \end{matrix}\right] 2^{\mu-2\nu} \sqrt{\pi}\,(1-x)^{-\mu}$$

$[-1 < x < 1;\ 2\mu < \nu+1$ при $\nu \geqslant 0;\ 2\mu < 2\nu+1$ при $-1/2 < \nu \leqslant 0]$.

7. $$\sum_{k=0}^{\infty} (-1)^k (2k+\nu+1) \frac{(1/2)_k}{(\nu+3/2)_k} C_{2k+1}^{\nu}(x) = \Gamma\left[\begin{matrix} \nu+3/2 \\ \nu \end{matrix}\right] \sqrt{\pi}\, \operatorname{sgn} x$$

$[-1 < x < 1;\ \nu > -1/2]$.

8. $$\sum_{k=0}^{\infty} \frac{(\nu+1/2)_k}{(2\nu)_k} t^k C_k^{\nu}(x) = 2^{\nu-1/2}(1-2tx+t^2)^{-1/2}(1-tx+\sqrt{1-2tx+t^2})^{1/2-\nu}$$

$[|t| < 1]$.

9. $$\sum_{k=0}^{\infty} \binom{n+k}{k} t^k C_{n+k}^{\nu}(x) = (1-2tx+t^2)^{-n/2-\nu} C_n^{\nu}\left(\frac{x-t}{\sqrt{1-2tx+t^2}}\right).$$

10. $$\sum_{k=0}^{\infty} \frac{t^k}{(2\nu)_k(\nu+1/2)_k} C_k^{\nu}(x) = \Gamma^2\left(\nu+\frac{1}{2}\right)\left(\frac{t\sqrt{x^2-1}}{2}\right)^{1/2-\nu} I_{\nu-1/2}(\sqrt{2t(x-1)})\, I_{\nu-1/2}(\sqrt{2t(x+1)}).$$

11. $$\sum_{k=0}^{\infty} \frac{(\mu)_k(2\nu-\mu)_k}{(2\nu)_k(\nu+1/2)_k} t^k C_k^{\nu}(x) = {}_2F_1\left(\mu,\ 2\nu-\mu;\ \nu+\frac{1}{2};\ \frac{1-t-\sqrt{1-2tx+t^2}}{2}\right) \times {}_2F_1\left(\mu,\ 2\nu-\mu;\ \nu+\frac{1}{2};\ \frac{1+t-\sqrt{1-2tx+t^2}}{2}\right).$$

12. $$\sum_{k=0}^{\infty} \frac{[(ka+1)^2+b^2]^{k/2}}{(2\nu)_k} t^k C_k^{\nu}\left(\frac{ka+1}{\sqrt{(ka+1)^2+b^2}}\right) = \frac{2^{\nu-1/2}\Gamma(\nu+1/2)e^z}{(1-az)(bz)^{\nu-1/2}} J_{\nu-1/2}(bz)$$

$[t = ze^{-az};\ |aze^{1-az}| < 1]$.

13. $$\sum_{k=0}^{\infty} \frac{(ka+1)^{k/2-1}(ka+b+1)^{k/2}}{(2\nu)_k} t^k C_k^{\nu}\left(\frac{2ka+b+2}{2\sqrt{(ka+1)(ka+b+1)}}\right) = e^z {}_2F_2\left(\nu,\ \frac{1}{a};\ 2\nu,\ \frac{1}{a}+1;\ bz\right)$$

$[t = ze^{-az};\ |aze^{1-az}| < 1]$.

14. $$\sum_{k=0}^{\infty} \frac{[(ka+1)^2-4b]^{k/2}}{(2\nu)_k(ka+1)} t^k C_k^{\nu}\left(\frac{ka+1}{\sqrt{(ka+1)^2-4b}}\right) = e^z {}_1F_2\left(\frac{1}{2a};\ \nu+\frac{1}{2},\ \frac{1}{2a}+1;\ bz^2\right)$$

$[t = ze^{-az};\ |aze^{1-az}| < 1]$.

5.13.2. Ряды вида $\sum a_k t^k C_k^{\mu}(x) C_k^{\nu}(y)$.

1. $$\sum_{k=0}^{\infty} \frac{k!}{(2\mu)_k} t^k C_k^{\mu}(x) C_k^{\nu}(y) = (y-tx)^{-2\nu} F_4\left(\nu,\ \nu+\frac{1}{2};\ \mu+\frac{1}{2},\ \nu+\frac{1}{2};\ \frac{t^2(x^2-1)}{(y-tx)^2},\ \frac{y^2-1}{(y-tx)^2}\right).$$

2. $\sum\limits_{k=0}^{\infty} \frac{k!}{(2\nu)_k} t^k C_k^\nu(\cos x) C_k^\nu(\cos y) =$

$$= [1 - 2t\cos(x-y) + t^2]^{-\nu} {}_2F_1\left(\nu,\ \nu;\ 2\nu;\ -\frac{4t\sin x\sin y}{1-2t\cos(x-y)+t^2}\right) \qquad [|t|<1].$$

5.13.3. Ряды, содержащие специальные функции и $C_n^\nu(x)$.

1. $\sum\limits_{k=0}^{\infty} (-1)^k (2k+\nu+\delta) J_{2k+\nu+\delta}(z) C_{2k+\delta}^\nu(x) = \frac{1}{\Gamma(\nu)}\left(\frac{z}{2}\right)^\nu \begin{Bmatrix} \sin xz \\ \cos xz \end{Bmatrix} \qquad \left[\delta = \begin{Bmatrix} 1 \\ 0 \end{Bmatrix}\right].$

2. $\sum\limits_{k=0}^{\infty} (2k+\nu) \frac{(1/2)_k}{(\nu+1/2)_k} J_{2k+\nu}(z) C_{2k}^\nu(x) =$

$$= \Gamma\begin{bmatrix} \nu+1/2 \\ \nu \end{bmatrix} \left(\frac{z}{2}\right)^{1/2} (1-x^2)^{(1-2\nu)/4} J_{\nu-1/2}(z\sqrt{1-x^2}).$$

3. $\sum\limits_{k=0}^{\infty} (\pm 1)^k (k+\nu) I_{k+\nu}(z) C_k^\nu(x) = \frac{1}{\Gamma(\nu)}\left(\frac{z}{2}\right)^\nu e^{\pm xt}.$

4. $\sum\limits_{k=0}^{\infty} \frac{k!}{(2\nu)_k} t^k L_k^{2\nu-1}(y) C_k^\nu(x) = \rho\Gamma\left(\nu+\frac{1}{2}\right)\left(\frac{tx}{2}\right)^{1/2-\nu} (y^2-1)^{(1-2\nu)/4} \times$

$$\times \exp(\rho^2 tx(t-y)) I_{\nu-1/2}(\rho^2 tx\sqrt{y^2-1}) \qquad \left[\rho = (1-2ty+t^2)^{-1/2}\right].$$

5. $\sum\limits_{k=0}^{\infty} (k+\nu) J_{k+\nu}(w) Z_{k+\nu}(z) C_k^\nu(x) = \frac{1}{\Gamma(\nu)}\left(\frac{wz}{2\rho}\right)^\nu Z_\nu(\rho).$

$[Z_\nu(z) = J_\nu(z),\ Y_\nu(z),\ H_\nu^{(1,\,2)}(z);\ \rho = \sqrt{w^2+z^2-2xwz};$
$\nu \neq 0,\ -1,\ -2,\ \ldots;\ |w\exp(\pm i\arccos x)| < |z|$ при $Z_\nu(z) \neq J_\nu(z)]$.

6. $\sum\limits_{k=0}^{\infty} (-1)^k (k+\nu) I_{k+\nu}(w) M_{k+\nu}(z) C_k^\nu(x) = \frac{1}{\Gamma(\nu)}\left(\frac{wz}{2\rho}\right)^\nu M_\nu(z)$

$[M_\nu(z) = I_\nu(z),\ e^{i\pi\nu}K_\nu(z);\ \rho = \sqrt{w^2+z^2-2xwz};\ \nu \neq 0,\ -1,\ -2,\ \ldots;$
$|w\exp(\pm\arccos x)| < |z|]$.

7. $\sum\limits_{k=0}^{\infty} (k+\nu) I_{(2k+2\nu-1)/4}(z) I_{(2k+2\nu+1)/4}(z) C_k^\nu(x) =$

$$= 2^{2\nu+3/2}\nu z^\nu \Gamma\begin{bmatrix} \nu+1 \\ 2\nu+2 \end{bmatrix} {}_1F_1\left(\nu+1;\ \nu+\frac{3}{2};\ 2xz\right).$$

8. $\sum\limits_{k=0}^{\infty} i^k (k+\nu) \frac{k!}{(2\nu)_k} J_{k+\nu}(z) C_k^\nu(\cos x) C_k^\nu(\cos y) =$

$$= \Gamma\begin{bmatrix} \nu+1/2 \\ \nu \end{bmatrix} \sqrt{\frac{z}{2}} (\sin x\sin y)^{(1-2\nu)/2} e^{iz\cos x\cos y} J_{\nu-1/2}(z\sin x\sin y).$$

5.14. МНОГОЧЛЕНЫ ЯКОБИ $P_n^{(\alpha,\,\beta)}(x)$

5.14.1. Ряды вида $\sum a_k P_{nk+m}^{(\alpha,\,\beta)}(x)$.

Обозначение: $\rho = \sqrt{t^2-2tx+1}$.

1. $\sum\limits_{k=0}^{\infty} t^k P_k^{(\alpha,\,\beta)}(x) = 2^{\alpha+\beta}\rho^{-1}(1-t+\rho)^{-\alpha}(1+t+\rho)^{-\beta} \qquad [|t|<1].$

2. $\displaystyle\sum_{k=0}^{\infty} t^k P_{n+k}^{(\alpha,\beta)}(x) =$

$$= \frac{(\alpha+1)_n}{n!}\left(\frac{1+x}{2}\right)^{-\beta-n} F_2\left(\alpha+n+1,\, -\beta-2n,\, 1;\ \alpha+1,\, n+1;\ \frac{1-x}{2},\, \frac{t+tx}{x}\right).$$

3. $\displaystyle\sum_{k=0}^{\infty} \frac{t^{k+1}}{k+1} P_k^{(\alpha,-\alpha)}(x) = \frac{1}{\alpha}\left(\frac{1-t+\rho}{1+t+\rho}\right)^{-\alpha} - \frac{1}{\alpha}.$

4. $\displaystyle\sum_{k=0}^{\infty} \frac{t^k}{k+\alpha} P_k^{(\alpha,\alpha)}(x) = \frac{2^{2\alpha}}{\alpha}(1-t+\rho)^{-\alpha}(1+t+\rho)^{-\alpha}$ $[\alpha \neq 0,\, -1,\, -2,\, \ldots]$.

5. $\displaystyle\sum_{k=0}^{\infty} \frac{t^k}{k+\alpha} P_k^{(\alpha,-1)}(x) = \frac{2^{\alpha}}{\alpha}(1-t+\rho)^{-\alpha}$ $[\alpha \neq 0,\, -1,\, -2,\, \ldots]$.

6. $\displaystyle\sum_{k=0}^{\infty} \frac{(\alpha+\beta+1)_k}{(\beta+1)_k} t^k P_k^{(\alpha,\beta)}(x) =$

$$= (1+t)^{-\alpha-\beta-1}\, {}_2F_1\left(\frac{\alpha+\beta+1}{2},\, \frac{\alpha+\beta+2}{2};\ \beta+1;\ \frac{2tx+2t}{(t+1)^2}\right).$$

7. $\displaystyle\sum_{k=0}^{\infty} \frac{t^k}{(\alpha+1)_k(\beta+1)_k} P_k^{(\alpha,\beta)}(x) =$

$$= \Gamma(\alpha+1)\Gamma(\beta+1)\left(\frac{2}{t}\right)^{(\alpha+\beta)/2}(x-1)^{-\alpha/2}(x+1)^{-\beta/2} I_\alpha(2t\sqrt{x-1}\,) I_\beta(2t\sqrt{x+1}\,).$$

8. $\displaystyle\sum_{k=0}^{\infty} \frac{(\alpha+\beta+1)_k(2k+\alpha+\beta+1)}{(\alpha+1)_k} t^k P_k^{(\alpha,\beta)}(x) =$

$$= \frac{(\alpha+\beta+1)(t+1)}{(1-t)^{\alpha+\beta+2}}\, {}_2F_1\left(\frac{\alpha+\beta+2}{2},\, \frac{\alpha+\beta+3}{2};\ \alpha+1;\ \frac{2t(x-1)}{(t-1)^2}\right).$$

9. $\displaystyle\sum_{k=0}^{\infty} \frac{(\gamma)_k}{(\alpha+1)_k(\beta+1)_k} t^k P_k^{(\alpha,\beta)}(x) = \Psi_2\left(\gamma;\ \alpha+1,\, \beta+1;\ \frac{tx-t}{2},\, \frac{tx+t}{2}\right).$

10. $\displaystyle\sum_{k=0}^{\infty} \frac{(\alpha+\beta+n+1)_k}{(\gamma)_k}\binom{n+k}{k} t^k P_{n+k}^{(\alpha,\beta)}(x) =$

$$= \frac{(\alpha+1)_n}{n!}\left(\frac{x+1}{2}\right)^{-\alpha-\beta-n-1} F_4\left(\alpha+n+1,\, \alpha+\beta+n+1;\ \gamma,\, \alpha+1;\ \frac{2t}{x+1},\, \frac{x-1}{x+1}\right).$$

11. $\displaystyle\sum_{k=0}^{\infty} \frac{(\gamma)_k(\alpha+\beta-\gamma+1)_k}{(\alpha+1)_k(\beta+1)_k} t^k P_k^{(\alpha,\beta)}(x) =$

$$= {}_2F_1\left(\gamma,\, \alpha+\beta-\gamma+1;\ \alpha+1;\ \frac{1-t-\rho}{2}\right) {}_2F_1\left(\gamma,\, \alpha+\beta-\gamma+1;\ \beta+1;\ \frac{1+t-\rho}{2}\right).$$

12. $\displaystyle\sum_{k=0}^{\infty} \frac{(1/2)_k(\alpha+\beta+1/2)_k}{(\alpha+1)_k(\beta+1)_k} t^k P_{2k}^{(2\alpha,2\beta)}(x) =$

$$= (1-t)^{-\alpha-\beta-1/2} F_4\left(\frac{\alpha+\beta+1}{2},\, \frac{\alpha+\beta+2}{2};\ \beta+1,\, \alpha+1;\ -t\left(\frac{1+x}{1-t}\right)^2,\, -t\left(\frac{1-x}{1-t}\right)^2\right).$$

13. $\displaystyle\sum_{k=0}^{\infty} \frac{(\gamma)_k(\delta)_k}{(\alpha+1)_k(\beta+1)_k} t^k P_k^{(\alpha,\beta)}(x) = F_4\left(\gamma,\, \delta;\ \alpha+1,\, \beta+1;\ \frac{tx-t}{2},\, \frac{tx+t}{2}\right).$

14. $$\sum_{k=0}^{\infty}(2k+\alpha+\beta+1)\frac{(\alpha+\beta+1)_k(1-\gamma)_k}{(\alpha+1)_k(\alpha+\beta+\gamma+1)_k}\,P_k^{(\alpha,\,\beta)}(x)=$$
$$=\Gamma\begin{bmatrix}\alpha+1,\ \alpha+\beta+\gamma+1\\ \alpha+\beta+1,\ \alpha+\gamma\end{bmatrix}\left(\frac{1-x}{2}\right)^{\gamma-1}\qquad [-1<x<1;\ -\gamma<\min(\alpha,\ \alpha/2-1/4)].$$

5.14.2. Ряды вида $\sum a_k P_{nk+m}^{(\alpha,\,\beta-k\gamma)}(x)$.

1. $$\sum_{k=0}^{\infty}t^kP_k^{(\alpha,\,\beta-k)}(x)=(1-t)^{\beta}\left(1-\frac{tx+t}{2}\right)^{-\alpha-\beta-1}\qquad [|t|<1].$$

2. $$\sum_{k=0}^{\infty}t^kP_{n+k}^{(\alpha,\,\beta-k)}(x)=$$
$$=\frac{(\alpha+1)_n}{n!}\left(\frac{x+1}{2}\right)^{-\beta}\left(\frac{x-1}{2}\right)^{n}F_2\left(n+\alpha+1,\ -n-\beta,\ 1;\ \alpha+1,\ n+1;\ \frac{1-x}{2},\ \frac{tx+t}{2}\right).$$

3. $$\sum_{k=0}^{\infty}t^kP_k^{(\alpha,\,\beta-k\gamma)}(x)=\frac{(1-z)^{\alpha+1}[2-(1-x)(1-z)]^{\beta+1}}{(1+x)^{\beta}[2-(1-x)(1-z)(1+z-\gamma z)]}$$
$$[t=-2z(2-(1-x)(1-z))^{\gamma-1}(1-z)^{-1}(1+x)^{-\gamma}].$$

4. $$\sum_{k=0}^{\infty}\frac{t^k}{(\alpha+1)_k}\,P_k^{(\alpha,\,\beta-k)}(x)=e^t\,{}_1F_1\left(\alpha+\beta+1;\ \alpha+1;\ \frac{tx-t}{2}\right)\qquad [|t|<1].$$

5. $$\sum_{k=0}^{\infty}\frac{t^k}{(\gamma)_k}\,P_k^{(\alpha,\,\beta-k)}(x)=\Phi_2\left(\alpha+\beta+1,\ -\beta;\ \gamma;\ \frac{tx+t}{2},\ t\right).$$

6. $$\sum_{k=0}^{\infty}\frac{t^k}{\beta-k(\gamma-1)}\,P_k^{(\alpha,\,\beta-k\gamma)}(x)=$$
$$=\frac{(1-z)^{\alpha+1}[2-(1-x)(1-z)]^{\beta}}{\beta(1+x)^{\beta}}\,{}_2F_1\left(1,\ \alpha+1;\ 1-\frac{\beta}{\gamma-1};\ z\right)\qquad [z \text{ см. в } 5.14.2.3].$$

7. $$\sum_{k=0}^{\infty}\frac{t^k}{k+\alpha}\,P_k^{(\alpha,\,-\alpha(\gamma-1)-k\gamma)}(x)=\frac{1}{\alpha}\,(1+x)^{\alpha(\gamma-1)}(1-z)^{\alpha}[2-(1-x)(1-z)]^{-\alpha(\gamma-1)}$$
$$[z \text{ см. в } 5.14.2.3].$$

8. $$\sum_{k=0}^{\infty}\binom{n+k}{k}t^kP_{n+k}^{(\alpha,\,\beta-k)}(x)=(t+1)^{-\beta}\left(1-\frac{tx+t}{2}\right)^{\beta-\alpha-n-1}P_n^{(\alpha,\,\beta)}\left(\frac{2x-tx-t}{2-tx-t}\right).$$

9. $$\sum_{k=0}^{\infty}\frac{(\gamma)_k}{(\alpha+1)_k}\,t^kP_k^{(\alpha,\,\beta-k)}(x)=(1-t)^{-\gamma}\,{}_2F_1\left(\alpha+\beta+1,\ \gamma;\ \alpha+1;\ \frac{tx-t}{2-2t}\right).$$

10. $$\sum_{k=0}^{\infty}\frac{(\delta)_k}{(\gamma)_k}\,t^kP_k^{(\alpha,\,\beta-k)}(x)=F_1\left(\delta,\ -\beta,\ \alpha+\beta+1;\ \gamma;\ t,\ \frac{tx+t}{2}\right)$$
$$[|t|<1;\ |t(x+1)|<2].$$

11. $$\sum_{k=0}^{\infty}\frac{(n+k)!(\gamma)_k}{k!(\delta)_k}\,t^kP_{n+k}^{(\alpha,\,\beta-k)}(x)=$$
$$=(\alpha+1)_n\left(\frac{x+1}{2}\right)^{-\beta}\left(\frac{x-1}{2}\right)^{n}F_2\left(n+\alpha+1,\ -n-\beta,\ \gamma;\ \alpha+1,\ \delta;\ \frac{1-x}{2},\ \frac{tx+t}{2}\right).$$

12. $$\sum_{k=0}^{\infty}\frac{(n+2k)!}{k!(\gamma)_k}\,t^{2k}P_{n+2k}^{(\alpha,\,\beta-2k)}(x)=(\alpha+1)_n\left(\frac{2}{x+1}\right)^{\beta}(1+t+tx)^{-n-\alpha-1}\times$$
$$\times F_2\left(n+\alpha+1,\ \gamma-\frac{1}{2},\ -\beta-n;\ 2\gamma-1,\ \alpha+1;\ \frac{2tx+2t}{tx+t+1},\ \frac{1-x}{2tx+2t+2}\right).$$

13. $$\sum_{k=0}^{\infty} \frac{(ka+b)^k}{(\alpha+1)_k} t^k P_k^{(\alpha,\,\beta-k)}(ka+x) = \frac{e^{bv}}{1-av}\,{}_1F_1\left(\alpha+\beta+1;\ \alpha+1;\ \frac{bx-1}{2}v\right)$$
$[v = te^{av}]$.

5.14.3. Ряды вида $\sum a_k P_{nk+m}^{(\alpha+k\mu,\,\beta+k\nu)}(x)$.

1. $$\sum_{k=0}^{\infty} t^k P_k^{(\alpha-k\mu,\,\beta-k\nu)}(x) = \frac{(u+1)^{-\alpha}(v+1)^{-\beta}}{1+(1-\mu)u+(1-\nu)v}$$
$\left[2u = -t(x+1)(u+1)^{\mu}(v+1)^{\nu-1},\ 2v = -t(x-1)(u+1)^{\mu-1}(v+1)^{\nu}\right]$.

2. $$\sum_{k=0}^{\infty} t^k P_k^{(\alpha-k,\,\alpha-k)}(x) = \left(1+\frac{tx+t}{2}\right)^{\alpha}\left(1+\frac{tx-t}{2}\right)^{\alpha}.$$

3. $$\sum_{k=0}^{\infty} \frac{t^k}{k+2\alpha} P_k^{(\alpha-k/2,\,\alpha-k/2)}(x) = \frac{1}{2\alpha}(\rho+1)^{\alpha}\left(1+\frac{\rho-\rho x}{2}\right)^{-2\alpha} \qquad \left[2\rho = t(t+\sqrt{t^2+4})\right].$$

4. $$\sum_{k=0}^{\infty} \frac{t^k}{k+2\alpha} P_k^{(\alpha-k/2,\,\beta-k/2)}(x) = \frac{1}{2\alpha}(\rho+1)^{\alpha}\,{}_2F_1\left(2\alpha,\ \alpha+\beta+1;\ 2\alpha+1;\ -\frac{\rho-\rho x}{2}\right)$$
$\left[2\rho = t(t+\sqrt{t^2+4})\right]$.

5. $$\sum_{k=0}^{\infty} \frac{t^k}{(-\alpha-\beta)_k} P_k^{(\alpha-k,\,\beta-k)}(x) = e^{-t(x+1)/2}\,{}_1F_1(-\beta;\ -\alpha-\beta;\ t).$$

6. $$\sum_{k=0}^{\infty} \frac{(\gamma)_k}{(-\alpha-\beta)_k} t^k P_k^{(\alpha-k,\,\beta-k)}(x) = \left(1+\frac{tx+t}{2}\right)^{-\gamma}{}_2F_1\left(-\beta,\ \gamma;\ -\alpha-\beta;\ \frac{2t}{tx+t+2}\right).$$

7. $$\sum_{k=-n}^{\infty} \frac{(\alpha+1)_k}{(k+n)!} t^k P_n^{(k,\,\alpha-k)}(x) = \left(-\frac{2}{t}\right)^{n}\left(\frac{1-t}{1-x}\right)^{n}\left(1+\frac{tx-t}{2}\right)^{-\alpha-1}.$$

8. $$\sum_{k=0}^{\infty} \binom{n+k}{n} t^k P_{n+k}^{(\alpha-k,\,\beta-k)}(x) = \left(1+\frac{tx+t}{2}\right)^{\alpha}\left(1+\frac{tx-t}{2}\right)^{\beta} P_n^{(\alpha,\,\beta)}\left(x+\frac{tx^2-t}{2}\right).$$

9. $$\sum_{k=0}^{\infty} \frac{(-1)^k t^{2k+\delta}}{(-\alpha-\beta)_{2k+\delta}} P_{2k+\delta}^{(\alpha-2k-\delta,\,\beta-2k-\delta)}(x) = \begin{Bmatrix} \sin[t(1-x)/2] \\ \cos[t(1-x)/2] \end{Bmatrix} \times$$
$$\times\,{}_2F_3\left(-\frac{\alpha}{2},\ \frac{1-\alpha}{2};\ \frac{1}{2},\ -\frac{\alpha+\beta}{2},\ \frac{1-\alpha-\beta}{2};\ -\frac{t^2}{4}\right) \mp \frac{2^{1-\delta}\alpha t}{\alpha\mp\beta}\begin{Bmatrix} \cos[t(1-x)/2] \\ \sin[t(1-x)/2] \end{Bmatrix} \times$$
$$\times\,{}_2F_3\left(\frac{1-\alpha}{2},\ \frac{2-\alpha}{2};\ \frac{3}{2},\ \frac{1-\alpha-\beta}{2},\ \frac{2-\alpha-\beta}{2};\ -\frac{t^2}{4}\right) \qquad \left[\delta = \begin{Bmatrix} 1 \\ 0 \end{Bmatrix}\right].$$

10. $$\sum_{k=0}^{\infty} \frac{(ka+b)^k}{(-\alpha-\beta)_k} t^k P_k^{(\alpha-k,\,\beta-k)}(ka+x) = \frac{e^{bw}}{1-aw}\,{}_1F_1\left(-\beta;\ -\alpha-\beta;\ -\frac{2w}{bx+1}\right)$$
$[2w = -t(bx+1)e^{aw}]$.

5.14.4. Ряды вида $\sum a_k P_k^{(\alpha+k\beta,\,\mu+k\nu)}(x) P_{k+n}^{(\rho+k\sigma,\,\chi+k\eta)}(x)$.

1. $$\sum_{k=0}^{\infty} \frac{k!(\alpha+\beta+1)_k}{(\alpha+1)_k(\beta+1)_k} t^k P_k^{(\alpha,\,\beta)}(x) P_k^{(\alpha,\,\beta)}(y) = (1+t)^{-\alpha-\beta-1} \times$$
$$\times\ F_4\left(\frac{\alpha+\beta+1}{2},\ \frac{\alpha+\beta+2}{2};\ \alpha+1,\ \beta+1;\ \frac{t(1-x)(1-y)}{(1+t)^2},\ \frac{t(1+x)(1+y)}{(1+t)^2}\right).$$

2. $$\sum_{k=0}^{\infty} (2k+\alpha+\beta+1)\frac{k!(\alpha+\beta+1)_k}{(\alpha+1)_k(\beta+1)_k} t^k P_k^{(\alpha,\,\beta)}(x) P_k^{(\alpha,\,\beta)}(y) = \frac{(\alpha+\beta+1)(1-t)}{(1+t)^{\alpha+\beta+2}} \times$$

$$\times\ F_4\left(\frac{\alpha+\beta}{2}+1,\ \frac{\alpha+\beta+3}{2};\ \alpha+1,\ \beta+1;\ \frac{t(1-x)(1-y)}{(1+t)^2},\ \frac{t(1+x)(1+y)}{(1+t)^2}\right).$$

3. $$\sum_{k=0}^{\infty}(2k+\gamma+1)\frac{k!(\gamma+1)_k}{(\alpha+1)_k(\beta+1)_k}\,P_k^{(\alpha,\,\gamma-\alpha)}(x)P_k^{(\gamma-\beta,\,\beta)}(y)=$$
$$=\begin{Bmatrix}1\\0\end{Bmatrix}\Gamma\begin{bmatrix}\alpha+1,\ \beta+1\\ \gamma+1,\ \alpha+\beta-\gamma\end{bmatrix}\frac{2^{\gamma+1}(y-x)^{\alpha+\beta-\gamma-1}}{(1-x)^{\alpha}(1+y)^{\beta}}\qquad\left[\begin{Bmatrix}x<y\leqslant 1\\ 1\leqslant y<x\end{Bmatrix}\right].$$

4. $$\sum_{k=0}^{\infty}\frac{(n+k)!(\mu+\nu+1)_k}{(\alpha+1)_k(\beta+1)_k}\,t^kP_k^{(\alpha,\,\beta)}(x)P_{n+k}^{(\mu,\,\nu)}(y)=(\mu+1)_n(\mu+\nu+1)_n\left(\frac{2}{y+1}\right)^{n+\nu+1}\times$$
$$\times\ F_C^{(3)}\left(n+\mu+1,\ n+\mu+\nu+1;\ \mu+1,\ \alpha+1,\ \beta+1;\ \frac{y-1}{y+1},\ t\frac{x-1}{y+1},\ t\frac{x+1}{y+1}\right)$$
$$\left[|t(x+1)^{1/2}|+|t(x-1)^{1/2}|+|y-1|^{1/2}<|y+1|^{1/2}\right].$$

5. $$\sum_{k=0}^{\infty}\frac{k!}{(\alpha+1)_k}\,t^kP_k^{(\alpha,\,\beta-k)}(x)P_k^{(\alpha,\,\gamma-k)}(y)=$$
$$=(1-t)^{\alpha+\beta+\gamma+1}u^{-\alpha-\beta-1}v^{-\alpha-\gamma-1}\,{}_2F_1\left(\alpha+\beta+1,\ \alpha+\gamma+1;\ \alpha+1;\ \frac{t(x-1)(y-1)}{4uv}\right)$$
$$[u=1-t(x+1)/2,\ v=1-t(y+1)/2].$$

6. $$\sum_{k=0}^{\infty}\frac{k!}{(\sigma+1)_k}\,t^kP_k^{(\alpha-k,\,\beta-k)}(x)P_k^{(\rho-k,\,\sigma)}(y)=\left(1-\frac{x+1}{2}\,t\right)^{\alpha}\left(1-\frac{x-1}{2}\,t\right)^{\beta}\times$$
$$\times\ F_1\left(\rho+\sigma+1,\ -\alpha,\ -\beta;\ \sigma+1;\ -\frac{t(x+1)(y+1)}{4-2t(x+1)},\ -\frac{t(x-1)(y+1)}{4-2(x-1)t}\right).$$

7. $$\sum_{k=0}^{\infty}\frac{k!}{(-\alpha-\beta)_k}\,t^kP_k^{(\alpha-k,\,\beta-k)}(x)P_k^{(\alpha-k,\,\beta-k)}(y)=u^{\alpha}v^{\beta}\,{}_2F_1\left(-\alpha,\ -\beta;\ -\alpha-\beta;\ \frac{-t}{uv}\right)$$
$$[u=1-(x+1)(y+1)/4,\ v=1-(x-1)(y-1)/4].$$

5.14.5. Ряды, содержащие специальные функции и $P_n^{(\alpha,\,\beta)}(x)$.

1. $$\sum_{k=0}^{\infty}(-1)^k\left(2k+\alpha+\delta+\frac{1}{2}\right)\frac{(2\alpha+\delta+1)_{2k}}{(\alpha+\delta+1)_{2k}}\,J_{2k+\alpha+\delta+1/2}(z)P_{2k+\delta}^{(\alpha,\,\alpha)}(x)=$$
$$=\frac{(2z)^{\alpha+1/2}}{2\sqrt{\pi}}\Gamma\begin{bmatrix}\alpha+\delta+1\\ 2\alpha+\delta+1\end{bmatrix}\begin{Bmatrix}\sin xz\\ \cos xz\end{Bmatrix}\qquad\left[|x|\leqslant 1;\ \delta=\begin{Bmatrix}1\\0\end{Bmatrix}\right].$$

2. $$\sum_{k=0}^{\infty}(-1)^k(2k+\alpha+\beta+1)\frac{(\alpha+\beta+1)_k}{(\alpha+1)_k}\,I_{k+(\alpha+\beta+1)/2}(z)P_k^{(\alpha,\,\beta)}(x)=$$
$$=\frac{2}{\Gamma((\alpha+\beta+1)/2)}\left(\frac{z}{2}\right)^{(\alpha+\beta+1)/2}e^{-z}\,{}_1F_1\left(\frac{\alpha+\beta}{2}+1;\ \alpha+1;\ z-xz\right).$$

3. $$\sum_{k=0}^{\infty}\frac{k!}{(\alpha+1)_k}\,t^kL_k^{\alpha}(x)P_k^{(\alpha,\,\beta-k)}(y)=$$
$$=(1-t)^{\beta}\left(1-\frac{1+y}{2}\,t\right)^{-\alpha-\beta+1}\exp\left(\frac{tx}{t-1}\right){}_1F_1\left(\alpha+\beta+1;\ \alpha+1;\ \frac{tx(1-y)}{(1-t)(2-t-ty)}\right).$$

4. $$\sum_{k=0}^{\infty}(2k+\alpha+\beta+1)\frac{k!(\alpha+\beta+1)_k}{(\alpha+1)_k(\beta+1)_k}\,I_{k+(\alpha+\beta+1)/2}(z)P_k^{(\alpha,\,\beta)}(x)P_k^{(\alpha,\,\beta)}(-x)=$$
$$=\frac{2}{\Gamma((\alpha+\beta+1)/2)}\left(\frac{z}{2}\right)^{(\alpha+\beta+1)/2}e^{-z}\times$$
$$\times\ {}_3F_3\left(\frac{\alpha+\beta+1}{2},\ \frac{\alpha+\beta}{2}+1,\ \frac{\alpha+\beta}{2}+1;\ \alpha+1,\ \beta+1,\ \alpha+\beta+1;\ 2(1-x^2)z^2\right).$$

Приложение I. БИНОМИАЛЬНЫЕ КОЭФФИЦИЕНТЫ $\binom{a}{b}$ И СИМВОЛ ПОХГАММЕРА $(a)_k$

I.1. БИНОМИАЛЬНЫЕ КОЭФФИЦИЕНТЫ $\binom{a}{b}$

$$\binom{a}{k} = (-1)^k \frac{(-a)_k}{k!} = \frac{a(a-1)\ldots(a-k+1)}{k!} \qquad [k = 1,\ 2,\ 3,\ \ldots\ ].$$

$$\binom{a}{0} = 1, \quad \binom{a}{-k} = 0 \qquad [k = 1,\ 2,\ 3,\ \ldots;\ a \neq -1,\ -2,\ -3,\ \ldots\ ].$$

$$\binom{n}{k} = \frac{n!}{k!(n-k)!} \qquad [k = 1,\ 2,\ 3,\ \ldots,\ n].$$

$$\binom{n}{k} = 0 \qquad [k = -1,\ -2,\ -3,\ \ldots \text{ или } k > n].$$

$$\binom{n}{k} = \binom{n}{n-k} \qquad [n \geqslant k \geqslant 0].$$

$$\binom{a}{k} = (-1)^k \binom{-\alpha+k-1}{k}, \quad \binom{a}{b} = \frac{\Gamma(a+1)}{\Gamma(b+1)\Gamma(a-b+1)}.$$

$$\binom{a}{b} = \binom{a}{a-b} \qquad [b \neq -k,\ k+a, \text{ где } k = -1,\ -2,\ -3,\ \ldots\ ].$$

$$\binom{a}{b+1} = \frac{a}{b+1}\binom{a-1}{b} = \frac{a-b}{b+1}\binom{a}{b}, \quad \binom{a}{b} + \binom{a}{b+1} = \binom{a+1}{b+1}.$$

$$\binom{n+\alpha}{n}\binom{b}{n+a} = \binom{b}{n}\binom{b-n}{a} = \binom{b}{a}\binom{b-a}{n}.$$

$$\binom{-1/2}{n} = \frac{(-1)^n}{2^{2n}}\binom{2n}{n} = (-1)^n \frac{(2n-1)!!}{(2n)!!}.$$

$$\binom{1/2}{n} = \frac{(-1)^{n-1}}{2^{2n-1}n}\binom{2n-2}{n-1} = (-1)^{n-1}\frac{(2n-3)!!}{(2n-2)!!n}.$$

$$\binom{n+1/2}{2n+1} = (-1)^n 2^{-4n-1}\binom{2n}{n}, \quad \binom{2n+1/2}{n} = 2^{-2n}\binom{4n+1}{2n}.$$

$$\binom{n}{1/2} = \frac{2^{2n+1}}{\pi}\binom{2n}{n}^{-1}, \quad \binom{n}{n/2} = \frac{2^{2n}}{\pi}\binom{n}{(n-1)/2}.$$

I.2. СИМВОЛ ПОХГАММЕРА $(a)_k$

$$(a)_k = a(a+1)\ldots(a+k-1) = \frac{\Gamma(a+k)}{\Gamma(a)} = (-1)^k \frac{\Gamma(1-a)}{\Gamma(1-a-k)}.$$

$$(a)_0 = 1, \quad (a)_{-k} = \frac{\Gamma(a-k)}{\Gamma(a)} = \frac{(-1)^k}{(1-a)_k} \qquad [a \neq 1,\ 2,\ \ldots,\ k;\ k = 1,\ 2,\ 3,\ \ldots\ ].$$

$$(n)_k = \frac{(n+k-1)!}{(n-1)!}, \quad (1)_k = k!, \quad (1/2)_k = 2^{-2k}\frac{(2k)!}{k!}, \quad (3/2)_k = 2^{-2k}\frac{(2k+1)!}{k!}.$$

$$(a)_{n+k} = (a)_n(a+n)_k, \quad (a)_{n-k} = \frac{(-1)^k (a)_n}{(1-a-n)_k}.$$

$$(a)_{nk} = \left(\frac{a}{n}\right)_k \left(\frac{a+1}{n}\right)_k \ldots \left(\frac{a+n-1}{n}\right)_k n^{nk}, \quad (a)_{2k} = \left(\frac{a}{2}\right)_k \left(\frac{a+1}{2}\right)_k 2^{2k}.$$

$$(nk)! = \left(\frac{1}{n}\right)_k \left(\frac{2}{n}\right)_k \ldots \left(\frac{n-1}{n}\right)_k k!n^{nk}, \quad (2k)! = \left(\frac{1}{2}\right)_k k!2^{2k}.$$

$$(nk+m)! = m!\left(\frac{m+1}{n}\right)_k \left(\frac{m+2}{n}\right)_k \ldots \left(\frac{m+n}{n}\right)_k n^{nk}, \quad (2k+1)! = \left(\frac{3}{2}\right)_k k!2^{2k}.$$

$$(a+mk)_{nk} = \frac{(a)_{mk+nk}}{(a)_{mk}}, \quad (a+k)_k = \frac{(a)_{2k}}{(a)_k}, \quad (a+m)_k = \frac{(a)_k(a+k)_m}{(a)_m}.$$

$$(a-mk)_{nk} = (-1)^{mk}(a)_{nk-mk}(1-a)_{mk} \qquad [n \geqslant m].$$

$$= (-1)^{nk}\frac{(1-a)_{mk}}{(1-a)_{mk-nk}} \qquad [n < m].$$

$$(a-k)_k = (-1)^k(1-a)_k, \quad (a-m)_k = \frac{(1-a)_m(a)_k}{(1-a-k)_m}.$$

$$(a+mk)_{n\pm lk} = \frac{(a)_n(a+n)_{mk\pm lk}}{(a)_{mk}}, \quad (a+k)_{n-k} = \frac{(a)_n}{(a)_k}.$$

$$(a-mk)_{n\pm lk} = \frac{(-1)^{lk}(a)_n(1-a)_{mk}}{(1-a-n)_{mk\mp lk}}, \quad (a-k)_{n-k} = \frac{(-1)^k(a)_n(1-a)_k}{(1-a-n)_{2k}}.$$

Приложение II. НЕКОТОРЫЕ СПЕЦИАЛЬНЫЕ ФУНКЦИИ И ИХ СВОЙСТВА

II.1. ГАММА-ФУНКЦИЯ $\Gamma(z)$

Определение:

$$\Gamma(z) = \int_0^\infty t^{z-1} e^{-t}\, dt \qquad [\operatorname{Re} z > 0].$$

При $\operatorname{Re} z \leqslant 0$ функция $\Gamma(z)$ определяется как аналитическое продолжение интеграла.

$\Gamma(z)$ — аналитическая функция во всей z-плоскости, за исключением точек $z = 0, -1, -2, \ldots$, в которых она имеет простые полюсы.

$\Gamma(z+1) = z\Gamma(z), \quad \Gamma(n+1) = n!, \quad \Gamma(1) = \Gamma(2) = 1.$

$$\Gamma(z+k) = (z)_k \Gamma(z), \quad \Gamma(z-k) = \frac{(-1)^k}{(1-z)_k}\Gamma(z),$$

$$\Gamma(z+nk) = \Gamma(z)\left(\frac{z}{n}\right)_k \left(\frac{z+1}{n}\right)_k \ldots \left(\frac{z+n-1}{n}\right)_k n^{nk},$$

$$\Gamma(z-nk) = \frac{(-1)^{nk}\Gamma(z) n^{-nk}}{\left(\frac{1-z}{n}\right)_k \left(\frac{2-z}{n}\right)_k \ldots \left(\frac{n-z}{n}\right)_k},$$

$$\Gamma(z+2k) = \Gamma(z)\left(\frac{z}{2}\right)_k \left(\frac{z+1}{2}\right)_k 2^{2k}, \quad \Gamma(z-2k) = \frac{\Gamma(z) 2^{-2k}}{\left(\frac{1-z}{2}\right)_k \left(\frac{2-z}{2}\right)_k}.$$

$$\Gamma\left(n+\frac{1}{2}\right) = \frac{\sqrt{\pi}}{2^n}(2n-1)!!, \quad \Gamma\left(\frac{1}{2}\right) = \sqrt{\pi}, \quad \Gamma\left(\frac{3}{2}\right) = \frac{\sqrt{\pi}}{2}.$$

$$\Gamma\left(\frac{1}{2}-n\right) = (-1)^n \frac{2^n\sqrt{\pi}}{(2n-1)!!}, \quad \Gamma\left(-\frac{1}{2}\right) = -2\sqrt{\pi}, \quad \Gamma\left(-\frac{3}{2}\right) = \frac{4\sqrt{\pi}}{3}.$$

$$\Gamma\left(n+\frac{1}{3}\right) = \frac{1\cdot 4\cdot 7\ldots(3n-2)}{3^n}\Gamma\left(\frac{1}{3}\right), \quad \Gamma\left(\frac{1}{3}\right) = 2,678938\ldots,$$

$$\Gamma\left(n+\frac{2}{3}\right) = \frac{2\cdot 5\cdot 8\ldots(3n-1)}{3^n}\Gamma\left(\frac{2}{3}\right), \quad \Gamma\left(\frac{2}{3}\right) = 1,354118\ldots,$$

$$\Gamma\left(n+\frac{1}{4}\right) = \frac{1\cdot 5\cdot 9\ldots(4n-3)}{4^n}\Gamma\left(\frac{1}{4}\right), \quad \Gamma\left(\frac{1}{4}\right) = 3,625600\ldots,$$

$$\Gamma\left(n+\frac{3}{4}\right) = \frac{3\cdot 7\cdot 11\ldots(4n-1)}{4^n}\Gamma\left(\frac{3}{4}\right), \quad \Gamma\left(\frac{3}{4}\right) = 1,225417\ldots$$

$$\Gamma(z)\Gamma(-z) = -\frac{\pi}{z\sin\pi z}, \quad \Gamma(z)\Gamma(1-z) = \frac{\pi}{\sin\pi z},$$

$$\Gamma\left(\frac{1}{2}+z\right)\Gamma\left(\frac{1}{2}-z\right) = \frac{\pi}{\cos\pi z}, \quad \Gamma(1+z)\Gamma(1-z) = \frac{\pi z}{\sin\pi z}.$$

$$\frac{\Gamma(z+1)}{\Gamma(w+1)\Gamma(z-w+1)} = \binom{z}{w}.$$

$$\Gamma(nz) = (2\pi)^{(1-n)/2} n^{nz-1/2} \prod_{k=0}^{n-1} \Gamma\left(z+\frac{k}{n}\right), \quad \Gamma(2z) = \frac{2^{2z-1}}{\sqrt{\pi}}\Gamma(z)\Gamma\left(z+\frac{1}{2}\right),$$

$$\Gamma(3z) = \frac{3^{3z-1/2}}{2\pi}\,\Gamma(z)\Gamma\left(z+\frac{1}{3}\right)\Gamma\left(z+\frac{2}{3}\right).$$

$$|\Gamma(ix)|^2 = \frac{\pi}{x \operatorname{sh} \pi x}, \quad \left|\Gamma\left(\frac{1}{2}+ix\right)\right|^2 = \frac{\pi}{\operatorname{ch} \pi x}, \quad |\Gamma(1+ix)|^2 = \frac{\pi}{\operatorname{sh} \pi x},$$

$$\Gamma\left(\frac{1}{4}+ix\right)\Gamma\left(\frac{3}{4}-ix\right) = \frac{\pi\sqrt{2}}{\operatorname{ch} \pi x + i \operatorname{sh} \pi x}.$$

II.2. БЕТА-ФУНКЦИЯ B $(a,\, b)$

Определение:

$$\mathrm{B}\,(a,\, b) = \int_0^1 t^{a-1}(1-t)^{b-1}\, dt.$$

$$= \int_0^\infty \frac{t^{a-1}}{(t+1)^{a+b}}\, dt \qquad [\operatorname{Re} a,\ \operatorname{Re} b > 0].$$

$$\mathrm{B}\,(a,\, b) = \frac{\Gamma(a)\Gamma(b)}{\Gamma(a+b)} \equiv \Gamma\begin{bmatrix} a,\ b \\ a+b \end{bmatrix}.$$

$$\mathrm{B}\,(m+1,\, n+1) = \frac{m!n!}{(m+n+1)!}.$$

$$\mathrm{B}\left(\frac{1}{2},\, \frac{n}{2}\right) = A\frac{(n-2)!!}{(n-1)!!}, \quad \mathrm{B}\left(\frac{3}{2},\, \frac{n}{2}\right) = A\frac{(n-2)!!}{(n+1)!!}, \quad A = \begin{cases} 2, & n = 2,\ 4,\ 6,\ \ldots, \\ \pi, & n = 1,\ 3,\ 5,\ \ldots \end{cases}$$

II.3. ПСИ-ФУНКЦИЯ $\psi(z)$

Определение:

$$\psi(z) = \frac{\Gamma'(z)}{\Gamma(z)} = \frac{d}{dz} \ln \Gamma(z).$$

$\psi(z)$ — аналитическая функция во всей z-плоскости, за исключением точек $z = 0,\ -1,\ -2,\ \ldots$, в которых она имеет простые полюсы.

$$\psi(z+n) = \psi(z) + \sum_{k=0}^{n-1} \frac{1}{k+z}, \quad \psi(z-n) = \psi(z) - \sum_{k=1}^{n} \frac{1}{z-k}, \quad \psi(z+1) = \psi(z) + \frac{1}{z},$$

$$\psi(n+1) = -\mathbf{C} + \sum_{k=1}^{n} \frac{1}{k}, \quad \psi(1) = -\mathbf{C}, \quad \mathbf{C} = \lim_{n\to\infty}\left(\sum_{k=1}^{n} \frac{1}{k} - \ln n\right) = 0,5772156649\ldots$$

$$\psi\left(\frac{1}{2} \pm n\right) = -\mathbf{C} - 2\ln 2 + 2\sum_{k=0}^{n-1} \frac{1}{2k+1}, \quad \psi\left(\frac{1}{2}\right) = -\mathbf{C} - 2\ln 2.$$

$$\psi\left(\frac{1}{3}\right) = -\mathbf{C} - \frac{\pi}{2\sqrt{3}} - \frac{3}{2}\ln 3, \quad \psi\left(\frac{2}{3}\right) = -\mathbf{C} + \frac{\pi}{2\sqrt{3}} - \frac{3}{2}\ln 3.$$

$$\psi\left(\frac{1}{4}\right) = -\mathbf{C} - \frac{\pi}{2} - 3\ln 2, \quad \psi\left(\frac{3}{4}\right) = -\mathbf{C} + \frac{\pi}{2} - 3\ln 2.$$

$$\psi\left(\frac{p}{q}\right) = -\mathbf{C} - \ln(2q) - \frac{\pi}{2}\operatorname{ctg}\frac{p\pi}{q} + 2\sum_{k=1}^{[(q-1)/2]} \cos\frac{2pk\pi}{q}\,\ln\sin\frac{k\pi}{q}$$

$$[p = 1,\ 2,\ \ldots,\ q-1;\ q = 2,\ 3,\ 4,\ \ldots].$$

$$\psi(z) - \psi(-z) = -\pi\operatorname{ctg}\pi z - \frac{1}{z}, \quad \psi(z) - \psi(1-z) = -\pi\operatorname{ctg}\pi z,$$

$$\psi(1+z) - \psi(1-z) = \frac{1}{z} - \pi\operatorname{ctg}\pi z.$$

$$\psi\left(\frac{1}{2}+z\right) - \psi\left(\frac{1}{2}-z\right) = \pi\operatorname{tg}\pi z, \quad \psi\left(\frac{z}{2}\right) - \psi\left(\frac{z+1}{2}\right) = -2\beta(z).$$

$$\psi(n) - \psi\left(\frac{z+1}{2}\right) = ((-1)^n + 1)\ln 2 + \sum_{k=1}^{n-1} \frac{(-1)^{n+k}}{k}.$$

$$\psi(nz) = \frac{1}{n}\sum_{k=0}^{n-1} \psi\left(z + \frac{k}{n}\right) + \ln n, \qquad \psi(2z) = \frac{1}{2}\,\psi(z) + \frac{1}{2}\,\psi\left(z + \frac{1}{2}\right) + \ln 2.$$

$$\operatorname{Re}\psi(ix) = \operatorname{Re}\psi(-ix) = \operatorname{Re}\psi(1+ix) = \operatorname{Re}\psi(1-ix) = -\mathbf{C} + x^2\sum_{k=1}^{\infty}\frac{1}{k(k^2+x^2)}.$$

$$\operatorname{Im}\psi(ix) = \frac{1}{2x} + \frac{\pi}{2}\operatorname{cth}\pi x, \qquad \operatorname{Im}\psi(1+ix) = -\frac{1}{2x} + \frac{\pi}{2}\operatorname{cth}\pi x = x\sum_{k=1}^{\infty}\frac{1}{k^2+x^2}.$$

$$\operatorname{Im}\psi\left(\frac{1}{2} + ix\right) = \frac{\pi}{2}\operatorname{th}\pi x.$$

$$\psi(z) = -\mathbf{C} + (z-1)\sum_{k=0}^{\infty}\frac{1}{(k+1)(k+z)}.$$

$$\psi^{(n)}(z) = (-1)^{n+1}n!\sum_{k=0}^{\infty}\frac{1}{(k+z)^{n+1}}.$$

$$\psi^{(n)}(z+1) = \psi^{(n)}(z) + (-1)^n n! z^{-n-1}.$$

$$= (-1)^{n+1}\sum_{k=0}^{\infty}\frac{(-1)^k(n+k)!}{k!}\,\zeta(n+k+1)z^k \qquad [|z|<1].$$

$$\psi^{(n)}(z+m) = \psi^{(n)}(z) + (-1)^n n!\sum_{k=0}^{m-1}\frac{1}{(k+z)^{n+1}}.$$

$$\psi^{(n)}(1-z) = (-1)^n\psi^{(n)}(z) + (-1)^n\pi\frac{d^n}{dz^n}\operatorname{ctg}\pi z.$$

$$\psi^{(n)}(mz) = \ln m + \frac{1}{m^{n+1}}\sum_{k=0}^{m-1}\psi^{(n)}\left(z + \frac{k}{m}\right) \qquad [n = 1,\, 2,\, 3,\, \ldots].$$

$$\psi^{(n)}(m+1) = (-1)^n n!\left[-z(n+1) + \sum_{k=1}^{m}\frac{1}{k^{n+1}}\right].$$

$$\psi^{(n)}(1) = (-1)^{n+1}n!\zeta(n+1) \qquad [n = 1,\, 2,\, 3,\, \ldots].$$

$$\psi^{(n)}\left(\frac{1}{2}\right) = (-1)^{n+1}n!(2^{n+1}-1)\zeta(n+1) \qquad [n = 1,\, 2,\, 3,\, \ldots].$$

$$\psi'(1) = \frac{\pi^2}{6}, \quad \psi'(m) = \frac{\pi^2}{6} - \sum_{k=1}^{m-1}\frac{1}{k^2}, \quad \psi'\left(\frac{1}{2}\right) = \frac{\pi^2}{2} \quad \psi'\left(\frac{1}{2} \pm m\right) = \frac{\pi^2}{2} \mp 4\sum_{k=1}^{m}\frac{1}{(2k-1)^2},$$

II.4. ДЗЕТА-ФУНКЦИЯ РИМАНА $\zeta(z)$ И $\zeta(z,\, v)$

Определения:

$$\zeta(z) = \sum_{k=1}^{\infty}\frac{1}{k^z} = \frac{1}{1-2^{-z}}\sum_{k=1}^{\infty}\frac{1}{(2k-1)^2} \qquad [\operatorname{Re} z > 1].$$

$$= \frac{1}{1-2^{1-z}}\sum_{k=1}^{\infty}\frac{(-1)^{k+1}}{k^z} \qquad [\operatorname{Re} z > 0;\ z \neq 1].$$

$$\zeta(z,\, v) = \sum_{k=0}^{\infty}\frac{1}{(k+v)^z} \qquad [\operatorname{Re} z > 1;\ v \neq 0,\, -1,\, -2,\, \ldots].$$

При $\operatorname{Re} z \leqslant 1$, $z \neq 1$ функции $\zeta(z)$, $\zeta(z,\, v)$ определяются как аналитические продолжения приведенных рядов.

$\zeta(z)$, $\zeta(z,\, v)$ — аналитические функции во всей z-плоскости, за исключением точки $z = 1$, в которой они имеют простой полюс.

$\zeta(z) = 2^z \pi^{z-1} \sin\frac{\pi z}{2}\, \Gamma(1-z)\zeta(1-z).$

$\zeta(z,\, 1) = \zeta(z), \quad \zeta\left(z,\, \frac{1}{2}\right) = (2^z - 1)\zeta(z).$

$\zeta(0,\, v) = \frac{1}{2} - v, \quad \zeta(-n,\, v) = -\frac{B_{n+1}(v)}{n+1}, \quad \zeta(-n) = (-1)^n \frac{B_{n+1}}{n+1}, \quad \zeta(1-2n) = -\frac{B_{2n}}{2n},$

$\zeta(-2n) = 0, \quad \zeta(2n) = \frac{(2\pi)^{2n}}{2(2n)!}|B_{2n}|$ $[n = 1,\, 2,\, 3,\, \ldots].$

$\zeta(0) = -\frac{1}{2}, \quad \zeta(2) = \frac{\pi^2}{6}, \quad \zeta(4) = \frac{\pi^4}{90}.$

II.5. ИНТЕГРАЛЬНАЯ ПОКАЗАТЕЛЬНАЯ ФУНКЦИЯ Ei (z), ИНТЕГРАЛЬНЫЕ СИНУСЫ si (z), Si (z), shi (z) И КОСИНУСЫ ci (z), chi (z)

Определения:

$$\mathrm{Ei}\,(x) = \int_{-\infty}^{x} \frac{e^t}{t}\, dt = -\int_{-x}^{\infty} \frac{e^{-t}}{t}\, dt \qquad [x < 0].$$

$$= \mathbf{C} + \ln x + \int_0^x \frac{e^t - 1}{t}\, dt \qquad [x > 0].$$

$$\mathrm{si}\,(x) = -\int_x^{\infty} \frac{\sin t}{t}\, dt. \quad \mathrm{Si}\,(x) = \frac{\pi}{2} + \mathrm{si}\,(x) = \int_0^x \frac{\sin t}{t}\, dt.$$

$$\mathrm{ci}\,(x) = -\int_x^{\infty} \frac{\cos t}{t}\, dt = \mathbf{C} + \ln x + \int_0^x \frac{\cos t - 1}{t}\, dt.$$

$$\mathrm{shi}\,(x) = \int_0^x \frac{\mathrm{sh}\, t}{t}\, dt. \quad \mathrm{chi}\,(x) = \mathbf{C} + \ln x + \int_0^x \frac{\mathrm{ch}\, t - 1}{t}\, dt.$$

На z-плоскости эти функции определяются как аналитические продолжения приведенных интегралов с помощью рядов

$\mathrm{Ei}\,(z) = -e^z \Psi(1,\, 1;\, -z) = \mathbf{C} + \ln z + z\,{}_2F_2(1,\, 1;\, 2,\, 2;\, z).$

$\left\{ \begin{matrix} \mathrm{Si}\,(z) \\ \mathrm{shi}\,(z) \end{matrix} \right\} = z\,{}_1F_2\left(\frac{1}{2};\, \frac{3}{2},\, \frac{3}{2};\, \mp\frac{z^2}{4}\right).$

$\left\{ \begin{matrix} \mathrm{ci}\,(z) \\ \mathrm{chi}\,(z) \end{matrix} \right\} = \mathbf{C} + \ln z \mp \frac{z^2}{4}\; {}_2F_3\left(1,\, 1;\, 2,\, 2,\, \frac{3}{2};\, \mp\frac{z^2}{4}\right).$

$\mathrm{Ei}\,(\pm iz) = \mathrm{ci}\,(z) \pm i\, \mathrm{si}\,(z).$

$\mathrm{Ei}\,(z) = -\Gamma(0,\, -z).$

$\left\{ \begin{matrix} \mathrm{si}\,(z) \\ \mathrm{ci}\,(z) \end{matrix} \right\} = \frac{(-i)^{(1\pm 1)/2}}{2}\, [\mathrm{Ei}\,(iz) \mp \mathrm{Ei}\,(-iz)].$

$\mathrm{si}\,(-z) = -\pi - \mathrm{si}\,(z), \quad \mathrm{Si}\,(-z) = -\,\mathrm{Si}\,(z).$

$\mathrm{ci}\,(e^{\pm\pi i}x) = \mathrm{ci}\,(x) \pm \pi i$ $[x > 0].$

$\mathrm{shi}\,(z) = -i\,\mathrm{Si}\,(iz), \quad \mathrm{chi}\,(z) = \mathrm{ci}\,(iz) - \frac{\pi i}{2}.$

$\frac{d}{dz}\,\mathrm{Ei}\,(-z) = \frac{e^{-z}}{z}.$

$\frac{d}{dz}\left\{ \begin{matrix} \mathrm{si}\,(z) \\ \mathrm{ci}\,(z) \end{matrix} \right\} = \frac{1}{z}\left\{ \begin{matrix} \sin z \\ \cos z \end{matrix} \right\}.$

$\frac{d}{dz}\left\{ \begin{matrix} \mathrm{shi}\,(z) \\ \mathrm{chi}\,(z) \end{matrix} \right\} = \frac{1}{z}\left\{ \begin{matrix} \mathrm{sh}\, z \\ \mathrm{ch}\, z \end{matrix} \right\}.$

II.6. ИНТЕГРАЛЫ ВЕРОЯТНОСТИ erf (z), erfc (z), erfi (z) И ИНТЕГРАЛЫ ФРЕНЕЛЯ $S(z)$, $C(z)$, $S(z,\nu)$, $C(z,\nu)$

Определения:

$$\operatorname{erf}(x) = \frac{2}{\sqrt{\pi}}\int_0^x e^{-t^2}\,dt.$$

$$\operatorname{erfc}(x) = 1 - \operatorname{erf}(x) = \frac{2}{\sqrt{\pi}}\int_x^\infty e^{-t^2}\,dt. \quad \operatorname{erfi}(x) = -i\operatorname{erf}(ix) = \frac{2}{\sqrt{\pi}}\int_0^x e^{t^2}\,dt.$$

$$S(x) = \frac{1}{\sqrt{2\pi}}\int_0^x \frac{\sin t}{\sqrt{t}}\,dt, \quad \frac{1}{2} - S(x) = \frac{1}{\sqrt{2\pi}}\int_x^\infty \frac{\sin t}{\sqrt{t}}\,dt.$$

$$C(x) = \frac{1}{\sqrt{2\pi}}\int_0^x \frac{\cos t}{\sqrt{t}}\,dt, \quad \frac{1}{2} - C(x) = \frac{1}{\sqrt{2\pi}}\int_x^\infty \frac{\cos t}{\sqrt{t}}\,dt.$$

$$\left\{\begin{matrix} S(x,\nu) \\ C(x,\nu) \end{matrix}\right\} = \int_x^\infty t^{\nu-1}\left\{\begin{matrix} \sin t \\ \cos t \end{matrix}\right\} dt \qquad [\operatorname{Re}\nu < 1].$$

На z-плоскости эти функции определяются как аналитические продолжения приведенных интегралов с помощью рядов

$$\left\{\begin{matrix} \operatorname{erf}(z) \\ \operatorname{erfi}(z) \end{matrix}\right\} = \frac{2}{\sqrt{\pi}}\, z\,{}_1F_1\!\left(\frac{1}{2};\, \frac{3}{2};\, \mp z^2\right). \quad \operatorname{erfc}(z) = \frac{1}{\sqrt{\pi}}\, e^{-z^2}\Psi\!\left(\frac{1}{2},\, \frac{1}{2};\, z^2\right).$$

$$S(z) = \frac{z}{3}\sqrt{\frac{2z}{\pi}}\,{}_1F_2\!\left(\frac{3}{4};\, \frac{3}{2},\, \frac{7}{4};\, -\frac{z^2}{4}\right), \quad C(z) = \sqrt{\frac{2z}{\pi}}\,{}_1F_2\!\left(\frac{1}{4};\, \frac{1}{2},\, \frac{5}{4};\, -\frac{z^2}{4}\right).$$

$$\left\{\begin{matrix} S(z,\nu) \\ C(z,\nu) \end{matrix}\right\} = \left\{\begin{matrix} \sin(\nu\pi/2) \\ \cos(\nu\pi/2) \end{matrix}\right\}\Gamma(\nu) - \frac{z^{\nu+\delta}}{\nu+\delta}\,{}_1F_2\!\left(\frac{\nu+\delta}{2};\, \frac{\nu+\delta}{2}+1,\, \delta+\frac{1}{2};\, -\frac{z^2}{4}\right) \qquad \left[\delta = \left\{\begin{matrix} 1 \\ 0 \end{matrix}\right\}\right].$$

$$\operatorname{erf}(z) = \sqrt{2}\, e^{\mp\pi i/4}[C(\pm iz^2) \pm iS(\pm iz^2)].$$

$$\left\{\begin{matrix} \operatorname{erf}(z) \\ \operatorname{erfc}(z) \end{matrix}\right\} = \frac{1}{\sqrt{\pi}}\left\{\begin{matrix} \gamma(1/2,\, z^2) \\ \Gamma(1/2,\, z^2) \end{matrix}\right\}.$$

$$\frac{d}{dz}\left\{\begin{matrix} \operatorname{erf}(z) \\ \operatorname{erfc}(z) \end{matrix}\right\} = \pm\frac{2}{\sqrt{\pi}}\, e^{-z^2}.$$

$$\left\{\begin{matrix} S(z) \\ C(z) \end{matrix}\right\} = (-i)^{(1\pm1)/2}2^{-3/2}\left[e^{\pi i/4}\operatorname{erf}(e^{-\pi i/4}\sqrt{z}\,) \mp e^{-\pi i/4}\operatorname{erf}(e^{\pi i/4}\sqrt{z}\,)\right].$$

$$\frac{d}{dz}\left\{\begin{matrix} S(z) \\ C(z) \end{matrix}\right\} = \frac{1}{\sqrt{2\pi z}}\left\{\begin{matrix} \sin z \\ \cos z \end{matrix}\right\}.$$

$$\left\{\begin{matrix} S(z) \\ C(z) \end{matrix}\right\} = \frac{1}{2} - \frac{1}{\sqrt{2\pi}}\left\{\begin{matrix} S(z,\, 1/2) \\ C(z,\, 1/2) \end{matrix}\right\}.$$

$$\left\{\begin{matrix} S(z,\, 0) \\ C(z,\, 0) \end{matrix}\right\} = -\left\{\begin{matrix} \operatorname{si}(z) \\ \operatorname{ci}(z) \end{matrix}\right\}.$$

II.7. НЕПОЛНЫЕ ГАММА-ФУНКЦИИ $\gamma(\nu, z)$, $\Gamma(\nu, z)$

Определения:

$$\gamma(\nu,\, x) = \int_0^x t^{\nu-1}e^{-t}\,dt \qquad [\operatorname{Re}\nu > 0].$$

$$\Gamma(\nu,\, x) = \Gamma(\nu) - \gamma(\nu,\, x) = \int_x^\infty t^{\nu-1}e^{-t}\,dt.$$

На z-плоскости функции $\gamma(\nu,\ z)$, $\Gamma(\nu,\ z)$ определяются как аналитические продолжения приведенных интегралов с помощью рядов

$$\gamma(\nu,\ z) = \frac{z^\nu}{\nu}\ {}_1F_1(\nu;\ \nu+1;\ -z).$$

$$\Gamma(\nu,\ z) = e^{-z}\Psi(1-\nu;\ 1-\nu;\ z).$$

$$\gamma(\nu+1,\ z) = \nu\gamma(\nu,\ z) - z^\nu e^{-z}.$$

$$\Gamma(\nu+1,\ z) = \nu\Gamma(\nu,\ z) - z^\nu e^{-z}.$$

$$\begin{Bmatrix} \gamma(n+1,\ z) \\ \Gamma(n+1,\ z) \end{Bmatrix} = n!\left[\begin{Bmatrix} 1 \\ 0 \end{Bmatrix} \mp e^{-z}\sum_{k=0}^{n}\frac{z^k}{k!}\right].$$

$$\Gamma(\nu,\ z) = e^{\pi\nu i/2}[C(-iz,\ \nu) - iS(-iz,\ \nu)].$$

$$\frac{d}{dz}\begin{Bmatrix} \gamma(\nu,\ z) \\ \Gamma(\nu,\ z) \end{Bmatrix} = \pm z^{\nu-1}e^{-z}.$$

$$\begin{Bmatrix} \gamma(1/2,\ z) \\ \Gamma(1/2,\ z) \end{Bmatrix} = \sqrt{\pi}\begin{Bmatrix} \operatorname{erf}(\sqrt{z}\,) \\ \operatorname{erfc}(\sqrt{z}\,) \end{Bmatrix}.$$

$$\Gamma(0,\ z) = -\operatorname{Ei}(-z).$$

II.8. ФУНКЦИЯ ПАРАБОЛИЧЕСКОГО ЦИЛИНДРА $D_\nu(z)$

Определение:

$$D_\nu(z) = 2^{\nu/2}e^{-z^2/4}\Psi\left(-\frac{\nu}{2},\ \frac{1}{2};\ \frac{z^2}{2}\right) = 2^{(\nu-1)/2}e^{-z^2/4}z\Psi\left(\frac{1-\nu}{2},\ \frac{3}{2};\ \frac{z^2}{2}\right) =$$

$$= 2^{\nu/2}e^{-z^2/4}\left[\frac{\sqrt{\pi}}{\Gamma[(1-\nu)/2]}\ {}_1F_1\left(-\frac{\nu}{2};\ \frac{1}{2};\ \frac{z^2}{2}\right) - \frac{\sqrt{2\pi}}{\Gamma(-\nu/2)}\ z\,{}_1F_1\left(\frac{1-\nu}{2};\ \frac{3}{2};\ \frac{z^2}{2}\right)\right].$$

$$D_\nu(z) = \frac{\Gamma(\nu+1)}{\sqrt{2\pi}}\left[e^{\nu\pi i/2}D_{-\nu-1}(iz) + e^{-\nu\pi i/2}D_{-\nu-1}(-iz)\right] =$$

$$= e^{\mp\nu\pi i}D_\nu(-z) + \frac{\sqrt{2\pi}}{\Gamma(-\nu)}\ e^{\mp(\nu+1)\pi i/2}D_{-\nu-1}(\pm iz).$$

$$D_{\nu+1}(z) - zD_\nu(z) + \nu D_{\nu-1}(z) = 0.$$

$$\frac{d}{dz}\ D_\nu(z) \pm \frac{z}{2}\ D_\nu(z) \mp \begin{Bmatrix} \nu \\ 1 \end{Bmatrix} D_{\nu\mp1}(z) = 0.$$

$$\frac{d^n}{dz^n}\left[e^{\pm z^2/4}D_\nu(z)\right] = (-1)^n\begin{Bmatrix} (-\nu)_n \\ 1 \end{Bmatrix} e^{\pm z^2/4}D_{\nu\mp n}(z).$$

$$D_{-1}(z) = \sqrt{\frac{\pi}{2}}\ e^{z^2/4}\operatorname{erfc}\left(\frac{z}{\sqrt{2}}\right).$$

$$D_{-2}(z) = -\sqrt{\frac{\pi}{2}}\ ze^{z^2/4}\operatorname{erfc}\left(\frac{z}{\sqrt{2}}\right) + e^{-z^2/4}.$$

$$D_{-n-1}(z) = \frac{(-1)^n}{n!}\sqrt{\frac{\pi}{2}}\ e^{-z^2/4}\frac{d^n}{dz^n}\left[e^{z^2/4}\operatorname{erfc}\left(\frac{z}{\sqrt{2}}\right)\right].$$

$$D_{-1/2}(z) = \sqrt{\frac{z}{2\pi}}\ K_{1/4}\left(\frac{z^2}{4}\right).$$

$$D_{-3/2}(z) = \frac{z^{3/2}}{\sqrt{2\pi}}\left[K_{3/4}\left(\frac{z^2}{4}\right) - K_{1/4}\left(\frac{z^2}{4}\right)\right].$$

$$D_n(z) = 2^{-n/2}e^{-z^2/4}H_n\left(\frac{z}{\sqrt{2}}\right).$$

II.9. ФУНКЦИИ БЕССЕЛЯ $J_\nu(z)$, НЕЙМАНА $Y_\nu(z)$ И ГАНКЕЛЯ $H_\nu^{(1)}(z)$, $H_\nu^{(2)}(z)$

Определения:

$$J_\nu(z) = \frac{1}{\Gamma(\nu+1)}\left(\frac{z}{2}\right)^\nu {}_0F_1\left(\nu+1;\ -\frac{z^2}{4}\right) = \sum_{k=0}^{\infty}\frac{(-1)^k(z/2)^{2k+\nu}}{k!\Gamma(k+\nu+1)}.$$

$$Y_\nu(z) = \frac{1}{\sin\nu\pi}[J_\nu(z)\cos\nu\pi - J_{-\nu}(z)] \qquad [\nu \neq \pm n].$$

$$Y_n(z) = \lim_{\nu\to n} Y_\nu(z) = \frac{2}{\pi} J_n(z)\ln\frac{z}{2} - \frac{1}{\pi}\sum_{k=0}^{n-1}\frac{(n-k-1)!}{k!}\left(\frac{z}{2}\right)^{2k-n} - \\ - \frac{1}{\pi}\sum_{k=0}^{\infty}\frac{(-1)^k}{(n+k)!k!}[\psi(n+k+1)+\psi(k+1)]\left(\frac{z}{2}\right)^{n+2k}.$$

$$H_\nu^{\left(\left\{{1 \atop 2}\right\}\right)}(z) = J_\nu(z) \pm iY_\nu(z) = \pm\frac{i}{\sin\nu\pi}\left[e^{\mp\nu\pi i}J_\nu(z) - J_{-\nu}(z)\right].$$

$$J_{-n}(z) = (-1)^n J_n(z), \qquad Y_{-n}(z) = (-1)^n Y_n(z).$$

$$H_{-n}^{(1,\,2)}(z) = (-1)^n H_n^{(1,\,2)}(z), \qquad H_{-\nu}^{\left(\left\{{1 \atop 2}\right\}\right)}(z) = e^{\pm\nu\pi i}H_\nu^{\left(\left\{{1 \atop 2}\right\}\right)}(z).$$

Ниже $Z_\nu(z)$ — любая линейная комбинация функций $J_\nu(z)$, $Y_\nu(z)$, $H_\nu^{(1)}(z)$, $H_\nu^{(2)}(z)$, коэффициенты которой не зависят от z и ν.

$$2\nu Z_\nu(z) = zZ_{\nu+1}(z) + zZ_{\nu-1}(z).$$

$$z\frac{d}{dz}Z_\nu(z) = \pm\nu Z_\nu(z) \mp zZ_{\nu\pm1}(z).$$

$$2\frac{d}{dz}Z_\nu(z) = Z_{\nu-1}(z) - Z_{\nu+1}(z).$$

$$\frac{d}{dz}\left[z^{\pm\nu}Z_\nu(z)\right] = \pm z^{\pm\nu}Z_{\nu\mp1}(z).$$

$$\left(\frac{1}{z}\frac{d}{dz}\right)^m\left[z^{\pm\nu}Z_\nu(z)\right] = (\pm1)^m z^{\pm\nu-m}Z_{\nu\mp m}(z).$$

$$\frac{d^m}{dz^m}Z_\nu(z) = \frac{1}{2^m}\sum_{k=0}^{m}(-1)^k\binom{m}{k}Z_{\nu-m+2k}(z).$$

$$\left\{\begin{matrix} J_2(z) \\ Y_2(z)\end{matrix}\right\} = \frac{2}{z}\left\{\begin{matrix} J_1(z) \\ Y_1(z)\end{matrix}\right\} - \left\{\begin{matrix} J_0(z) \\ Y_0(z)\end{matrix}\right\}, \qquad H_2^{(1,\,2)}(z) = \frac{2}{z}H_1^{(1,\,2)}(z) - H_0^{(1,\,2)}(z).$$

$$\frac{d}{dz}\left\{\begin{matrix} J_0(z) \\ Y_0(z)\end{matrix}\right\} = -\left\{\begin{matrix} J_1(z) \\ Y_1(z)\end{matrix}\right\}, \qquad \frac{d}{dz}H_0^{(1,\,2)}(z) = -H_1^{(1,\,2)}(z).$$

$$J_\nu(ze^{m\pi i}) = e^{m\nu\pi i}J_\nu(z).$$

$$J_n(-z) = J_{-n}(z), \qquad J_n(iz) = i^n I_n(z).$$

$$J_\nu(ze^{(-1\pm2)\pi i/2}) = e^{(\pm2-1)\nu\pi i/2}I_\nu(z) \qquad \left[\left\{\begin{matrix} -\pi < \arg z \leqslant \pi/2 \\ \pi/2 < \arg z \leqslant \pi\end{matrix}\right\}\right].$$

$$Y_{\pm\nu}(ze^{m\pi i}) = e^{-m\nu\pi i}Y_{\pm\nu}(z) + 2i\sin m\nu\pi\left\{\begin{matrix} \operatorname{ctg}\nu\pi \\ \operatorname{cosec}\nu\pi\end{matrix}\right\}J_\nu(z).$$

$$Y_\nu(ze^{\pi i/2}) = e^{(\nu+1)\pi i/2}I_\nu(z) - \frac{2}{\pi}e^{-\nu\pi i/2}K_\nu(z) \qquad [-\pi < \arg z \leqslant \pi/2].$$

$$H_\nu^{\left(\left\{{1 \atop 2}\right\}\right)}(ze^{m\pi i}) = \mp e^{\mp\nu\pi i}\frac{\sin m\nu\pi}{\sin\nu\pi}H_\nu^{\left(\left\{{2 \atop 1}\right\}\right)}(z) \mp \frac{\sin(m\mp1)\nu\pi}{\sin\nu\pi}H_\nu^{\left(\left\{{1 \atop 2}\right\}\right)}(z) \\ [m = \ldots,\,-2,\,-1,\,0,\,1,\,2,\,\ldots].$$

$$H_\nu^{\left(\left\{{1 \atop 2}\right\}\right)}(ze^{\pm\pi i}) = -H_{-\nu}^{\left(\left\{{2 \atop 1}\right\}\right)}(z).$$

$$J_\nu(z) = \frac{Y_{-\nu}(z) - Y_\nu(z)\cos\nu\pi}{\sin\nu\pi} = H_\nu^{\left(\left\{{1 \atop 2}\right\}\right)}(z) \mp iY_\nu(z) = \frac{1}{2}[H_\nu^{(1)}(z) + H_\nu^{(2)}(z)].$$

$$Y_\nu(z) = \pm iJ_\nu(z) \mp iH_\nu^{\left(\left\{{1 \atop 2}\right\}\right)}(z) = \frac{1}{2i}[H_\nu^{(1)}(z) - H_\nu^{(2)}(z)].$$

$$J_\nu(z)Y_{\nu+1}(z) - J_{\nu+1}(z)Y_\nu(z) = -\frac{2}{\pi z}.$$

$$H_{\pm\nu}^{(1)}(z) = \frac{2}{\pi i}e^{\mp\nu\pi i/2}K_\nu(-iz).$$

$$J_{\pm n\pm1/2}(z) = (\mp1)^n\sqrt{\frac{2}{\pi}}\,z^{n+1/2}\left(\frac{1}{z}\frac{d}{dz}\right)^n\left(\frac{1}{z}\left\{\begin{matrix}\sin z \\ \cos z\end{matrix}\right\}\right) = \sqrt{\frac{2}{\pi z}}\left[\left\{\begin{matrix}\sin(z - n\pi/2) \\ \cos(z + n\pi/2)\end{matrix}\right\}\times\right.$$

$$\times \sum_{k=0}^{[n/2]} \frac{(-1)^k(n+2k)!}{(2k)!(n-2k)!(2z)^{2k}} \pm \begin{Bmatrix} \cos(z-n\pi/2) \\ \sin(z+n\pi/2) \end{Bmatrix} \sum_{k=0}^{[(n-1)/2]} \frac{(-1)^k(n+2k+1)!}{(2k+1)!(n-2k-1)!(2z)^{2k+1}} \Bigg].$$

$$J_{\pm1/2}(z) = \sqrt{\frac{2}{\pi z}} \begin{Bmatrix} \sin z \\ \cos z \end{Bmatrix}.$$

$$J_{\pm3/2}(z) = \sqrt{\frac{2}{\pi z}} \left[\pm\frac{1}{z} \begin{Bmatrix} \sin z \\ \cos z \end{Bmatrix} - \begin{Bmatrix} \cos z \\ \sin z \end{Bmatrix} \right].$$

$$J_{\pm5/2}(z) = \sqrt{\frac{2}{\pi z}} \left[\left(\frac{3}{z^2}-1\right) \begin{Bmatrix} \sin z \\ \cos z \end{Bmatrix} \mp \frac{3}{z} \begin{Bmatrix} \cos z \\ \sin z \end{Bmatrix} \right].$$

$$Y_{\pm n\pm1/2}(z) = \mp(-1)^n J_{\mp n\mp1/2}(z).$$

$$Y_{\pm1/2}(z) = \mp\sqrt{\frac{2}{\pi z}} \begin{Bmatrix} \cos z \\ \sin z \end{Bmatrix}.$$

$$H^{(j)}_{n-1/2}(z) = \sqrt{\frac{2}{\pi z}}\, e^{(-1)^j(n\pi/2-z)i} \sum_{k=0}^{n-1} (-1)^{kj} \frac{(n+k-1)!}{k!(n-k-1)!} \frac{1}{(2iz)^k} \qquad [j=1,\,2].$$

$$H^{(j)}_{\pm1/2}(z) = ((-1)^j i)^{(1\pm1)/2} \sqrt{\frac{2}{\pi z}}\, e^{-(-1)^j iz} \qquad [j=1,\,2].$$

II.10. МОДИФИЦИРОВАННАЯ ФУНКЦИЯ БЕССЕЛЯ $I_\nu(z)$, И ФУНКЦИЯ МАКДОНАЛЬДА $K_\nu(z)$

Определения:

$$I_\nu(z) = \frac{1}{\Gamma(\nu+1)} \left(\frac{z}{2}\right)^\nu {}_0F_1\left(\nu+1;\ \frac{z^2}{4}\right) = \sum_{k=0}^{\infty} \frac{(z/2)^{2k+\nu}}{k!\Gamma(k+\nu+1)}.$$

$$K_\nu(z) = \frac{\pi}{2\sin\nu\pi} [I_{-\nu}(z) - I_\nu(z)] \qquad [\nu \neq \pm n].$$

$$K_n(z) = \lim_{\nu\to n} K_\nu(z) = (-1)^{n+1} I_n(z) \ln\frac{z}{2} + \frac{1}{2} \sum_{k=0}^{n-1} (-1)^k \frac{(n-k-1)!}{k!} \left(\frac{z}{2}\right)^{2k-n} +$$
$$+ \frac{(-1)^n}{2} \sum_{k=0}^{\infty} \frac{\psi(k+n+1)+\psi(k+1)}{(n+k)!k!} \left(\frac{z}{2}\right)^{n+2k}.$$

$$I_{-n}(z) = I_n(z), \qquad K_{-\nu}(z) = K_\nu(z).$$

$$2\nu \begin{Bmatrix} I_\nu(z) \\ K_\nu(z) \end{Bmatrix} = \begin{Bmatrix} zI_{\nu-1}(z) - zI_{\nu+1}(z) \\ -zK_{\nu-1}(z) + zK_{\nu+1}(z) \end{Bmatrix}.$$

$$z\frac{d}{dz} I_\nu(z) = \pm\nu I_\nu(z) + zI_{\nu\pm1}(z).$$

$$z\frac{d}{dz} K_\nu(z) = \pm\nu K_\nu(z) - zK_{\nu\pm1}(z).$$

$$2\frac{d}{dz} \begin{Bmatrix} I_\nu(z) \\ K_\nu(z) \end{Bmatrix} = \begin{Bmatrix} I_{\nu-1}(z) + I_{\nu+1}(z) \\ -K_{\nu-1}(z) - K_{\nu+1}(z) \end{Bmatrix}.$$

$$\frac{d}{dz}\left[z^{\pm\nu} I_\nu(z)\right] = z^{\pm\nu} I_{\nu\mp1}(z), \qquad \frac{d}{dz}\left[z^{\pm\nu} K_\nu(z)\right] = -z^{\pm\nu} K_{\nu\mp1}(z).$$

$$\left(\frac{1}{z}\frac{d}{dz}\right)^m \left[z^{\pm\nu} I_\nu(z)\right] = z^{\pm\nu-m} I_{\nu\mp m}(z), \qquad \left(\frac{1}{z}\frac{d}{dz}\right)^m \left[z^{\pm\nu} K_\nu(z)\right] = (-1)^m z^{\pm\nu-m} K_{\nu\mp m}(z).$$

$$\frac{d^m}{dz^m} \begin{Bmatrix} I_\nu(z) \\ K_\nu(z) \end{Bmatrix} = \frac{(\pm1)^m}{2^m} \sum_{k=0}^{m} \binom{m}{k} \begin{Bmatrix} I_{\nu-m+2k}(z) \\ K_{\nu-m+2k}(z) \end{Bmatrix}.$$

$$I_2(z) = -\frac{2}{z} I_1(z) + I_0(z), \qquad K_2(z) = \frac{2}{z} K_1(z) + K_0(z).$$

$$\frac{d}{dz} I_0(z) = I_1(z), \qquad \frac{d}{dz} K_0(z) = -K_1(z).$$

$$I_\nu(ze^{m\pi i}) = e^{m\nu\pi i} I_\nu(z).$$

$$I_n(-z) = (-1)^n I_n(z).$$

$$I_\nu(ze^{\pm\pi i/2}) = e^{\pm\nu\pi i/2} J_\nu(z) \qquad \left[\begin{Bmatrix} -\pi < \arg z \leqslant \pi/2 \\ \pi/2 < \arg z \leqslant \pi \end{Bmatrix}\right].$$

$$K_\nu(ze^{m\pi i}) = e^{-m\nu\pi i} K_\nu(z) - i\pi \frac{\sin m\nu\pi}{\sin \nu\pi} I_\nu(z) \qquad [\nu \neq \pm n].$$

$$K_\nu(ze^{\pm\pi i/2}) = \mp\frac{\pi}{2} e^{(\mp\nu+1)\pi i/2}[J_\nu(z) \mp iY_\nu(z)] = \mp\frac{\pi}{2} e^{(\mp\nu+1)\pi i/2} H_\nu^{\left\{\binom{2}{1}\right\}}(z).$$

$$I_\nu(z) = e^{-\nu\pi i/2} J_\nu(ze^{\pi i/2}) \qquad [-\pi < \arg z \leqslant \pi/2].$$

$$= e^{3\nu\pi i/2} J_\nu(ze^{-3\pi i/2}) \qquad [\pi/2 < \arg z \leqslant \pi].$$

$$K_\nu(z) = \pm\frac{\pi i}{2} e^{\pm\nu\pi i/2} H_\nu^{(\{^1_2\})}(ze^{\pm\pi i/2}) \qquad \left[\begin{Bmatrix} -\pi < \arg z \leqslant \pi/2 \\ \pi/2 < \arg z \leqslant \pi \end{Bmatrix}\right].$$

$$= \frac{\pi}{2} e^{(\pm\nu+1)\pi i/2} H_{\pm\nu}^{(1)}(ze^{\pi i/2}).$$

$$I_\nu(z)K_{\nu+1}(z) + I_{\nu+1}(z)K_\nu(z) = \frac{1}{z}.$$

$$I_{\pm n\pm 1/2}(z) = z^n \left(\frac{1}{z}\frac{d}{dz}\right)^n \left[\frac{1}{z}\begin{Bmatrix} \operatorname{sh} z \\ \operatorname{ch} z \end{Bmatrix}\right].$$

$$= \frac{1}{\sqrt{2\pi z}} \left[e^z \sum_{k=0}^{n} \frac{(-1)^k (n+k)!}{k!(n-k)!(2z)^k} \pm (-1)^{n+1} e^{-z} \sum_{k=0}^{n} \frac{(n+k)!}{k!(n-k)!(2z)^k}\right].$$

$$I_{\pm 1/2}(z) = \sqrt{\frac{2}{\pi z}} \begin{Bmatrix} \operatorname{sh} z \\ \operatorname{ch} z \end{Bmatrix}, \qquad I_{\pm 3/2}(z) = \sqrt{\frac{2}{\pi z}} \left[\begin{Bmatrix} \operatorname{ch} z \\ \operatorname{sh} z \end{Bmatrix} \mp \frac{1}{z} \begin{Bmatrix} \operatorname{sh} z \\ \operatorname{ch} z \end{Bmatrix}\right].$$

$$I_{\pm 5/2}(z) = \sqrt{\frac{2}{\pi z}} \left[\left(\frac{2}{z^2} + 1\right)\begin{Bmatrix} \operatorname{sh} z \\ \operatorname{ch} z \end{Bmatrix} - \frac{3}{z}\begin{Bmatrix} \operatorname{ch} z \\ \operatorname{sh} z \end{Bmatrix}\right].$$

$$K_{n+1/2}(z) = \sqrt{\frac{\pi}{2z}}\, e^{-z} \sum_{k=0}^{n} \frac{(n+k)!}{k!(n-k)!(2z)^k}.$$

$$= n!\sqrt{\frac{\pi}{2z}}\,(-2z)^{-n} e^{-z} L_n^{-2n-1}(2z).$$

$$K_{\pm 1/2}(z) = \sqrt{\frac{\pi}{2z}}\, e^{-z}, \qquad K_{\pm 3/2}(z) = \sqrt{\frac{\pi}{2z}} \left(1 + \frac{1}{z}\right) e^{-z}.$$

II.11. ОРТОГОНАЛЬНЫЕ МНОГОЧЛЕНЫ ЛЕЖАНДРА $P_n(z)$, ЧЕБЫШЕВА $T_n(z)$, $U_n(z)$, ЛАГЕРРА $L_n(z)$, $L_n^\lambda(z)$, ЭРМИТА $H_n(z)$, ГЕГЕНБАУЭРА $C_n^\lambda(z)$ И ЯКОБИ $P_n^{(\rho,\sigma)}(z)$

Определения:

$$P_n(z) = \frac{1}{2^n} \sum_{k=0}^{[n/2]} (-1)^k \binom{n}{k} \binom{2n-2k}{n} z^{n-2k},$$

$$= \frac{1}{2^{2n}} \sum_{k=0}^{n} \binom{2k}{n} \binom{2n-2k}{n-k} \cos[(n-2k)\arccos z]$$

— многочлены Лежандра;

$$T_n(z) = \frac{n}{2} \sum_{k=0}^{[n/2]} (-1)^k \frac{(n-k-1)!}{k!(n-2k)!} (2z)^{n-2k},$$

$$= \cos(n \arccos z)$$

— многочлены Чебышева 1-го рода;

$$U_n(z) = \sum_{k=0}^{[n/2]} (-1)^k \frac{(n-k)!}{k!(n-2k)!} (2z)^{n-2k},$$

$$= (1-z^2)^{-1/2} \sin[(n+1)\arccos z]$$

— многочлены Чебышева 2-го рода;

$$L_n^\lambda(z) = \sum_{k=0}^{n} \frac{(-1)^k}{k!} \binom{n+\lambda}{n-k} z^k \qquad [\operatorname{Re}\lambda > -1]$$

— обобщенные многочлены Лагерра (при $\lambda = 0$ — многочлены Лагерра $L_n(z) \equiv L_n^0(z)$);

$$H_n(z) = n! \sum_{k=0}^{[n/2]} \frac{(-1)^k}{k!(n-2k)!} (2z)^{n-2k}$$

— многочлены Эрмита;

$$C_n^\lambda(z) = \sum_{k=0}^{[n/2]} \frac{(-1)^k (\lambda)_{n-k}}{k!(n-2k)!} (2z)^{n-2k}, ,$$

$$= \sum_{k=0}^{n} \frac{(\lambda)_k (\lambda)_{n-k}}{k!(n-k)!} \cos\left[(n-2k) \arccos z\right] \qquad [\operatorname{Re}\lambda > -1/2;\ \lambda \neq 0],$$

$$C_n^0(z) = \lim_{\lambda\to 0}\left[\lambda^{-1} C_n^\lambda(z)\right] = \sum_{k=0}^{[n/2]} (-1)^k \frac{(n-k-1)!}{k!(n-2k)!} (2z)^{n-2k},$$

$$= \frac{2}{n} \cos\left(n \arccos z\right) \qquad [n \neq 0],$$

$$C_0^0(z) = 1$$

— многочлены Гегенбауэра;

$$P_n^{(\rho,\,\sigma)}(z) = \frac{1}{2^n} \sum_{k=0}^{n} \binom{n+\rho}{k} \binom{n+\sigma}{n-k} (z+1)^k (z-1)^{n-k},$$

$$= \frac{1}{n!} \Gamma\left[\begin{matrix} \rho+n+1 \\ \rho+\sigma+n+1 \end{matrix}\right] \sum_{k=0}^{n} 2^{-k} \binom{n}{k} \Gamma\left[\begin{matrix} \rho+\sigma+n+k+1 \\ \rho+k+1 \end{matrix}\right] (z-1)^k$$

$$[\operatorname{Re}\rho,\ \operatorname{Re}\sigma > -1]$$

— многочлены Якоби.

Формулы Родрига $f_n(z) = \dfrac{1}{b_n \rho(z)} \dfrac{d^n}{dz^n} \{\rho(z)[g(z)]^n\}$

$f_n(z)$	b_n	$\rho(z)$	$g(z)$
$P_n(z)$	$(-1)^n 2^n n!$	1	$1-z^2$
$T_n(z)$	$(-1)^n 2^n (1/2)_n$	$(1-z^2)^{-1/2}$	$1-z^2$
$U_n(z)$	$(-1)^n 2^n \dfrac{(3/2)_n}{n+1}$	$(1-z^2)^{1/2}$	$1-z^2$
$L_n(z)$	$n!$	e^{-z}	z
$L_n^\lambda(z)$	$n!$	$z^\lambda e^{-z}$	z
$H_n(z)$	$(-1)^n$	e^{-z^2}	1
$C_n^\lambda(z)$	$(-1)^n 2^n n! \dfrac{(\lambda+1/2)_n}{(2\lambda)_n}$	$(1-z^2)^{\lambda-1/2}$	$1-z^2$
$P_n^{(\rho,\,\sigma)}(z)$	$(-1)^n 2^n n!$	$(1-z)^\rho (1+z)^\sigma$	$1-z^2$

Четность, частные значения

$f_n(z)$	$f_n(-z)$	$f_n(1)$	$f_n(0)$
$P_n(z)$	$(-1)^n P_n(z)$	1	$\begin{cases} 0, & n=2m+1 \\ \dfrac{(-1)^m}{4^m}\dbinom{2m}{m}, & n=2m \end{cases}$
$T_n(z)$	$(-1)^n T_n(z)$	1	$\begin{cases} 0, & n=2m+1 \\ (-1)^m, & n=2m \end{cases}$

$f_n(z)$	$f_n(-z)$	$f_n(1)$	$f_n(0)$
$U_n(z)$	$(-1)^n U_n(z)$	$n+1$	$\begin{cases} 0, \; n=2m+1 \\ (-1)^m, \; n=2m \end{cases}$
$L_n^\lambda(z)$			$\dfrac{(\lambda+1)_n}{n!}$
$H_n(z)$	$(-1)^n H_n(z)$		$\begin{cases} 0, \; n=2m+1 \\ (-1)^m \dfrac{(2m)!}{m!}, \; n=2m \end{cases}$
$C_n^\lambda(z)$ $\lambda \neq 0$	$(-1)^n C_n^\lambda(z)$	$\dfrac{(2\lambda)_n}{n!}$	$\begin{cases} 0, \; n=2m+1 \\ (-1)^m \dfrac{(\lambda)_m}{m!}, \; n=2m \end{cases}$
$C_n^0(z)$ $n \neq 0$	$(-1)^n C_n^0(z)$	$\dfrac{2}{n}$	$\begin{cases} 0, \; n=2m+1 \\ \dfrac{(-1)^m}{m}, \; n=2m \end{cases}$
$P_n^{(\rho,\,\sigma)}(z)$	$(-1)^n P_n^{(\rho,\,\sigma)}(z)$	$\dfrac{(\rho+1)_n}{n!}$	

$$P_0(z) = 1, \quad P_1(z) = z, \quad P_2(z) = \frac{3}{2}\,z^2 - \frac{1}{2};$$
$$T_0(z) = 1, \quad T_1(z) = z, \quad T_2(z) = 2z^2 - 1;$$
$$U_0(z) = 1, \quad U_1(z) = 2z, \quad U_2(z) = 4z^2 - 1;$$
$$L_0^\lambda(z) = 1, \quad L_1^\lambda(z) = 1 + \lambda - z, \quad L_2^\lambda(z) = \frac{1}{2}\,[(1+\lambda-z)(3+\lambda-z) - 1 - \lambda];$$
$$H_0(z) = 1, \quad H_1(z) = 2z, \quad H_2(z) = 4z^2 - 2;$$
$$C_0^\lambda(z) = 1, \quad C_1^\lambda(z) = 2\lambda z \quad (\lambda \neq 0), \quad C_1^0(z) = 2z,$$
$$C_2^\lambda(z) = 2\lambda(\lambda+1)z^2 - \lambda \quad (\lambda \neq 0), \quad C_2^0(z) = 2z^2 - 1;$$
$$P_0^{(\rho,\,\sigma)}(z) = 1, \quad P_1^{(\rho,\,\sigma)}(z) = \frac{1}{2}\,[(\rho+\sigma+2)z + \rho - \sigma],$$

$$P_2^{(\rho,\,\sigma)}(z) = \frac{1}{8}\,[(\rho+\sigma+3)(\rho+\sigma+4)z^2 + 2(\rho+\sigma+3)(\rho-\sigma)z + \\ + (\rho+1)(\rho+2) + (\sigma+1)(\sigma+2) - 2(\rho+2)(\sigma+2)].$$

Соотношения между многочленами

$P_n(z) = C_n^{1/2}(z) = P_n^{(0,\,0)}(z)$.

$T_n(z) = \dfrac{n}{2} \lim\limits_{\lambda\to 0} \left[\lambda^{-1} C_n^\lambda(z)\right] = \dfrac{n!}{(1/2)_n}\, P_n^{(-1/2,\,-1/2)}(z)$,

$T_n(z) = U_n(z) - zU_{n-1}(z)$,

$\quad = zU_{n-1}(z) - U_{n-2}(z)$,

$\quad = 2^{-1}[U_n(z) - U_{n-2}(z)]$,

$T_{2n+1}(z) = \dfrac{n!}{(1/2)_n}\, zP_n^{(-1/2,\,1/2)}(2z^2 - 1)$.

$U_n(z) = C_n^1(z) = \dfrac{(n+1)!}{(3/2)_n}\, P_n^{(1/2,\,1/2)}(z)$,

$\quad = (1 - z^2)^{-1}[zT_{n+1}(z) - T_{n+2}(z)]$,

$$U_{2n}(z) = \frac{n!}{(1/2)_n} P_n^{(1/2,\,-1/2)}(2z^2-1).$$

$$L_n^{\lambda}(z) = \lim_{\sigma\to\infty} P_n^{(\lambda,\,\sigma)}\left(1-\frac{2z}{\sigma}\right),$$

$$L_n^{-1/2}(z) = \frac{(-1)^n}{n!2^{2n}} H_{2n}(\sqrt{z}\,),$$

$$L_n^{1/2}(z) = \frac{(-1)^n}{n!2^{2n+1}\sqrt{z}} H_{2n+1}(\sqrt{z}\,).$$

$$H_n(z) = n! \lim_{\lambda\to\infty}\left[\lambda^{-n/2} C_n^{\lambda}\left(\frac{z}{\sqrt{\lambda}}\right)\right],$$

$$H_{2n}(z) = (-1)^n 2^{2n} n! L_n^{-1/2}(z^2),$$

$$H_{2n+1}(z) = (-1)^n 2^{2n+1} n! z L_n^{1/2}(z^2).$$

$$C_n^{\lambda}(z) = \frac{(2\lambda)_n}{(\lambda+1/2)_n} P_n^{(\lambda-1/2,\,\lambda-1/2)}(z) \qquad [\lambda\neq 0],$$

$$= \frac{\Gamma(\lambda+1/2)(2\lambda)_n}{n!}\left(\frac{z^2-1}{4}\right)^{(1-2\lambda)/4} P^{1/2-\lambda}_{n+\lambda-1/2}(z) \qquad [\lambda\neq 0],$$

$$C_n^0(z) = \frac{2}{n} T_n(z),$$

$$C_{2n}^{\lambda}(z) = \frac{(\lambda)_n n! 2^{2n}}{(2n)!} P_n^{(\lambda-1/2,\,-1/2)}(2z^2-1) \qquad [\lambda\neq 0],$$

$$C_{2n+1}^{\lambda}(z) = \frac{(\lambda)_{n+1} n! 2^{2n+1}}{(2n+1)!} z P_n^{(\lambda-1/2,\,1/2)}(2z^2-1) \qquad [\lambda\neq 0],$$

$$C_n^{\lambda}(z) = \frac{(-2)^n(\lambda)_n}{(2\lambda+n)_n}(z^2-1)^{n/2} C_n^{1/2-\lambda-n}\left(\frac{z}{\sqrt{z^2-1}}\right).$$

$$P_n^{(\sigma,\,\sigma)}(z) = \frac{(\sigma+1)_n}{(2\sigma+1)_n} C_n^{\sigma+1/2}(z),$$

$$P_n^{(\rho,\,-1/2)}(z) = \frac{(1/2)_{n+1}}{(\rho+1/2)_{n+1}}\sqrt{\frac{2}{z+1}}\, C_{2n+1}^{\rho+1/2}\left(\sqrt{\frac{z+1}{2}}\right),$$

$$= \frac{(1/2)_n}{(\rho+1/2)_n} C_{2n}^{\rho+1/2}\left(\sqrt{\frac{z+1}{2}}\right),$$

$$P_n^{(1/2,\,-1/2)}(z) = \frac{(1/2)_n}{n!} U_{2n}\left(\sqrt{\frac{z+1}{2}}\right),$$

$$P_n^{(1/2,\,1/2)}(z) = \frac{(3/2)_n}{(n+1)!} U_n(z),$$

$$P_n^{(-1/2,\,1/2)}(z) = \frac{(1/2)_n}{n!}\sqrt{\frac{2}{z+1}}\, T_{2n+1}\left(\sqrt{\frac{z+1}{2}}\right),$$

$$P_n^{(-1/2,\,-1/2)}(z) = \frac{(1/2)_n}{n!} T_n(z),$$

$$P_n^{(0,\,0)}(z) = P_n(z).$$

$$P_n^{(\rho,\,\sigma)}(z) = \left(\frac{1-z}{2}\right)^n P_n^{(-\rho-\sigma-2n-1,\,\sigma)}\left(\frac{z+3}{z-1}\right),$$

$$= \left(-\frac{1+z}{2}\right)^n P_n^{(-\rho-\sigma-2n-1,\,\rho)}\left(\frac{z-3}{z+1}\right),$$

$$= \left(\frac{1+z}{2}\right)^n P_n^{(\rho,\,-\rho-\sigma-2n-1)}\left(\frac{3-z}{1+z}\right),$$

$$= \left(\frac{z-1}{2}\right)^n P_n^{(\sigma,\,-\rho-\sigma-2n-1)}\left(\frac{3+z}{1-z}\right).$$

Представления через функцию Гаусса

$$f_n(z) = q\,{}_2F_1(a,\ b;\ c;\ h(z))$$

$f_n(z)$	q	a	b	c	$h(z)$
$P_n(z)$	$(\pm 1)^n$	$-n$	$n+1$	1	$\frac{1\mp z}{2}$
$P_n(z)$	$\binom{2n}{n}\left(\frac{z\mp 1}{2}\right)^n$	$-n$	$-n$	$-2n$	$\frac{2}{1\mp z}$
$P_n(z)$	$\left(\frac{z\pm 1}{2}\right)^n$	$-n$	$-n$	1	$\frac{z\mp 1}{z\pm 1}$
$P_n(z)$	$\binom{2n}{n}\left(\frac{z}{2}\right)^n$	$-\frac{n}{2}$	$\frac{1-n}{2}$	$\frac{1}{2}-n$	$\frac{1}{z^2}$
$P_n(z)$	z^n	$-\frac{n}{2}$	$\frac{1-n}{2}$	1	$1-\frac{1}{z^2}$
$P_{2n}(z)$	$(-1)^n\frac{(1/2)_n}{n!}$	$-n$	$\frac{1}{2}+n$	$\frac{1}{2}$	z^2
$P_{2n+1}(z)$	$(-1)^n\frac{(3/2)_n}{n!}\,z$	$-n$	$\frac{3}{2}+n$	$\frac{3}{2}$	z^2
$T_n(z)$	$(\pm 1)^n$	$-n$	n	$\frac{1}{2}$	$\frac{1\mp z}{2}$
$T_n(z)$	$2^{n-1}(z\mp 1)^n$	$-n$	$\frac{1}{2}-n$	$1-2n$	$\frac{2}{1\mp z}$
$T_n(z)$	$\left(\frac{z\pm 1}{2}\right)^n$	$-n$	$\frac{1}{2}-n$	$\frac{1}{2}$	$\frac{z\mp 1}{z\pm 1}$
$T_n(z)$	$2^{n-1}z^n$	$-\frac{n}{2}$	$\frac{1-n}{2}$	$1-n$	$\frac{1}{z^2}$
$T_{2n}(z)$	$(-1)^n$	$-n$	n	$\frac{1}{2}$	z^2
$T_{2n+1}(z)$	$(-1)^n(2n+1)z$	$-n$	$n+1$	$\frac{3}{2}$	z^2
$U_n(z)$	$(\pm 1)^n(n+1)$	$-n$	$n+2$	$\frac{3}{2}$	$\frac{1\mp z}{2}$
$U_n(z)$	$2^{2n}(z\mp 1)^n$	$-n$	$-n-\frac{1}{2}$	$-2n-1$	$\frac{2}{1\mp z}$
$U_n(z)$	$(n+1)\left(\frac{z\pm 1}{2}\right)^n$	$-n$	$-n-\frac{1}{2}$	$\frac{3}{2}$	$\frac{z\mp 1}{z\pm 1}$
$U_n(z)$	$(2z)^n$	$-\frac{n}{2}$	$\frac{1-n}{2}$	$-n$	$\frac{1}{z^2}$
$U_{2n}(z)$	$(-1)^n$	$-n$	$n+1$	$\frac{1}{2}$	z^2
$U_{2n+1}(z)$	$(-1)^n(n+1)2z$	$-n$	$n+2$	$\frac{3}{2}$	z^2

$f_n(z)$	q	a	b	c	$h(z)$
$C_n^\lambda(z)$	$(\pm1)^n \frac{(2\lambda)_n}{n!}$	$-n$	$n+2\lambda$	$\frac{1}{2}+\lambda$	$\frac{1\mp z}{2}$
$C_n^\lambda(z)$	$\frac{2^n(\lambda)_n}{n!}(z\mp1)^n$	$-n$	$\frac{1}{2}-\lambda-n$	$1-2\lambda-2n$	$\frac{2}{1\mp z}$
$C_n^\lambda(z)$	$\frac{(2\lambda)_n}{n!}\left(\frac{z\pm1}{2}\right)^n$	$-n$	$\frac{1}{2}-\lambda-n$	$\frac{1}{2}+\lambda$	$\frac{z\mp1}{z\pm1}$
$C_n^\lambda(z)$	$\frac{(\lambda)_n}{n!}(2z)^n$	$-\frac{n}{2}$	$\frac{1-n}{2}$	$1-\lambda-n$	$\frac{1}{z^2}$
$C_{2n}^\lambda(z)$	$\frac{(-1)^n(\lambda)_n}{n!}$	$-n$	$n+\lambda$	$\frac{1}{2}$	z^2
$C_{2n+1}^\lambda(z)$	$\frac{(-1)^n(\lambda)_{n+1}}{n!}2z$	$-n$	$n+\lambda+1$	$\frac{3}{2}$	z^2
$P_n^{(\rho,\sigma)}(z)$	$\frac{(\rho+1)_n}{n!}$	$-n$	$n+\rho+\sigma+1$	$\rho+1$	$\frac{1-z}{2}$
$P_n^{(\rho,\sigma)}(z)$	$\frac{(\rho+\sigma+n+1)_n}{n!}\left(\frac{z-1}{2}\right)^n$	$-n$	$-n-\rho$	$-2n-\rho-\sigma$	$\frac{2}{1-z}$
$P_n^{(\rho,\sigma)}(z)$	$\frac{(\rho+1)_n}{n!}\left(\frac{z+1}{2}\right)^n$	$-n$	$-n-\sigma$	$\rho+1$	$\frac{z-1}{z+1}$

$$L_n(z) = {}_1F_1(-n;\ 1;\ z), \qquad L_n^\lambda(z) = \frac{(\lambda+1)_n}{n!}\,{}_1F_1(-n;\ \lambda+1;\ z).$$

$$H_n(z) = 2^n\Psi\left(-\frac{n}{2},\ \frac{1}{2};\ z^2\right) = 2^n\Psi\left(\frac{1-n}{2},\ \frac{3}{2};\ z^2\right),$$

$$H_{2n+\varepsilon}(z) = (-1)^n\frac{(2n+\varepsilon)!}{n!}(2z)^\varepsilon\,{}_1F_1\left(-n;\ \frac{1}{2}+\varepsilon;\ z^2\right) \qquad [\varepsilon = 0 \text{ или } 1].$$

Рекуррентные формулы

$$\alpha_n f_{n+1}(z) = (\beta_n + \gamma_n z)f_n(z) - \delta_n f_{n-1}(z)$$

$f_n(z)$	α_n	β_n	γ_n	δ_n
$P_n(z)$	$n+1$	0	$2n+1$	n
$T_n(z)$	1	0	2	1
$U_n(z)$	1	0	2	1
$L_n(z)$	$n+1$	$2n+1$	-1	n
$L_n^\lambda(z)$	$n+1$	$2n+\lambda+1$	-1	$n+\lambda$
$H_n(z)$	1	0	2	$2n$
$C_n^\lambda(z)$	$n+1$	0	$2(n+\lambda)$	$n+2\lambda-1$
$P_n^{(\rho,\sigma)}(z)$	$2(n+1)\times(n+\rho+\sigma+1)\times(2n+\rho+\sigma)$	$(2n+\rho+\sigma+1)\times(\rho^2-\sigma^2)$	$(2n+\rho+\sigma)_3$	$2(n+\rho)(n+\sigma)\times(2n+\rho+\sigma+2)$

$$\begin{aligned}T_n(z) &= U_n(z) - zU_{n-1}(z),\\ &= zU_{n-1}(z) - U_{n-2}(z),\\ &= \frac{1}{2}[U_n(z) - U_{n-2}(z)].\end{aligned}$$

$$(1-z^2)U_{n-1}(z) = zT_n(z) - T_{n+1}(z).$$

$$n!L_n^{m-n}(z) = (-z)^{n-m} m! L_m^{n-m}(z), \quad L_n^\lambda(z) = L_n^{\lambda+1}(z) - L_{n-1}^{\lambda+1}(z),$$

$$zL_n^{\lambda+1}(z) = (n+\lambda+1)L_n^\lambda(z) - (n+1)L_{n+1}^\lambda(z),$$

$$= (n+\lambda)L_{n-1}^\lambda(z) - (n-z)L_n^\lambda(z),$$

$$(n+\lambda+1)L_n^\lambda(z) = (n+1)L_{n+1}^{\lambda+1}(z) - (n+1-z)L_n^{\lambda+1}(z).$$

$$nC_n^\lambda(z) = 2\lambda\Big[zC_{n-1}^{\lambda+1}(z) - C_{n-2}^{\lambda+1}(z)\Big],$$

$$= (2\lambda+n-1)zC_{n-1}^\lambda(z) - 2\lambda(1-z^2)C_{n-2}^{\lambda+1}(z),$$

$$(n+\lambda)C_n^\lambda(z) = \lambda\Big[C_n^{\lambda+1}(z) - C_{n-2}^{\lambda+1}(z)\Big],$$

$$(n+2\lambda)C_n^\lambda(z) = 2\lambda\Big[C_n^{\lambda+1}(z) - zC_{n-1}^{\lambda+1}(z)\Big],$$

$$2\lambda(1-z^2)C_{n-1}^{\lambda+1}(z) = (2\lambda+n-1)C_{n-1}^\lambda(z) - nzC_n^\lambda(z),$$

$$= (n+2\lambda)zC_n^\lambda(z) - (n+1)C_{n+1}^\lambda(z).$$

$$\Big(n + \frac{\rho+\sigma}{2} + 1\Big)(1-z)P_n^{(\rho+1,\,\sigma)}(z) = (n+\rho+1)P_n^{(\rho,\,\sigma)}(z) - (n+1)P_{n+1}^{(\rho,\,\sigma)}(z),$$

$$\Big(n + \frac{\rho+\sigma}{2} + 1\Big)(1+z)P_n^{(\rho,\,\sigma+1)}(z) = (n+\sigma+1)P_n^{(\rho,\,\sigma)}(z) + (n+1)P_{n+1}^{(\rho,\,\sigma)}(z),$$

$$(2n+\rho+\sigma)P_n^{(\rho-1,\,\sigma)}(z) = (n+\rho+\sigma)P_n^{(\rho,\,\sigma)}(z) - (n+\sigma)P_{n-1}^{(\rho,\,\sigma)}(z),$$

$$(2n+\rho+\sigma)P_n^{(\rho,\,\sigma-1)}(z) = (n+\rho+\sigma)P_n^{(\rho,\,\sigma)}(z) + (n+\rho)P_{n-1}^{(\rho,\,\sigma)}(z),$$

$$(1-z)P_n^{(\rho+1,\,\sigma)}(z) + (1+z)P_n^{(\rho,\,\sigma+1)}(z) = 2P_n^{(\rho,\,\sigma)}(z),$$

$$P_n^{(\rho,\,\sigma-1)}(z) - P_n^{(\rho-1,\,\sigma)}(z) = P_{n-1}^{(\rho,\,\sigma)}(z).$$

Производные многочленов

$f_n(z)$	$\dfrac{d^m}{dz^m} f_n(z)$	Условие
$P_n(z)$	$(2m-1)!!C_{n-m}^{m+1/2}(z)$	$m \leqslant n$
$T_n(z)$	$2^{m-1}(m-1)!nC_{n-m}^m(z)$	$m \leqslant n$
$U_n(z)$	$2^m m! C_{n-m}^{m+1}(z)$	$m \leqslant n$
$L_n(z)$	$(-1)^m L_{n-m}^m(z)$	$m \leqslant n$
$z^\lambda L_n^\lambda(z)$	$(n-m+\lambda+1)_m z^{\lambda-m} L_n^{\lambda-m}(z)$	
$z^\lambda e^{-z} L_n^\lambda(z)$	$\dfrac{(m+n)!}{n!} z^{\lambda-m} e^{-z} L_{n+m}^{\lambda-m}(z)$	
$z^{-1/2}H_{2n}(\sqrt{z})$	$(-1)^n 2^{2n}\Big(n-m+\dfrac{1}{2}\Big)_m n! z^{-1/2-m} L_n^{-1/2-m}(z)$	
$H_{2n+1}(\sqrt{z})$	$(-1)^n 2^{2n+1}\Big(n-m+\dfrac{3}{2}\Big)_m n! z^{1/2-m} L_n^{1/2-m}(z)$	
$z^{-1/2}e^{-z}H_{2n}(\sqrt{z})$	$(-1)^n 2^{2n}(m+n)! z^{-1/2-m} e^{-z} L_{n+m}^{-1/2-m}(z)$	
$e^{-z}H_{2n+1}(\sqrt{z})$	$(-1)^n 2^{2n+1}(m+n)! z^{1/2-m} e^{-z} L_{n+m}^{1/2-m}(z)$	
$C_n^\lambda(z)$	$2^m(\lambda)_m C_{n-m}^{\lambda+m}(z)$	$m \leqslant n$
$P_n^{(\rho,\,\sigma)}(z)$	$2^{-m}(\rho+\sigma+n+1)_m P_{n-m}^{(\rho+m,\,\sigma+m)}(z)$	$m \leqslant n$

$$\alpha(z)\frac{d}{dz}f_n(z) = \beta(z)f_n(z) + \gamma(z)f_{n-1}(z)$$

$f_n(z)$	$\alpha(z)$	$\beta(z)$	$\gamma(z)$
$P_n(z)$	$1-z^2$	$-nz$	n
$T_n(z)$	$1-z^2$	$-nz$	n
$U_n(z)$	$1-z^2$	$-nz$	$n+1$
$L_n(z)$	z	n	$-n$
$L_n^\lambda(z)$	z	n	$-n-\lambda$
$H_n(z)$	1	0	$2n$
$C_n^\lambda(z)$	$1-z^2$	$-nz$	$n+2\lambda-1$
$P_n^{(\rho,\,\sigma)}(z)$	$(2n+\rho+\sigma)(1-z^2)$	$n[\rho-\sigma-(2n+\rho+\sigma)z]$	$2(n+\rho)(n+\sigma)$

$$(1-z^2)\frac{d}{dz}P_n(z) = \frac{n(n+1)}{2n+1}[P_{n-1}(z) - P_{n+1}(z)],$$

$$\frac{d^m}{dz^m}\left[z^{n/2}(1-z)^{m-n-1}P_n\left(\frac{1+z}{2\sqrt{z}}\right)\right] = \frac{n!}{(n-m)!}z^{(n-m)/2}(1-z)^{-n-1}P_{n-m}\left(\frac{1+z}{2\sqrt{z}}\right) \quad [n \geqslant m],$$

$$\frac{d^m}{dz^m}\left[z^{-(n+1)/2}(z-1)^{m+n}P_n\left(\frac{1+z}{2\sqrt{z}}\right)\right] = \frac{(m+n)!}{n!}z^{-(m+n+1)/2}(z-1)^nP_{m+n}\left(\frac{1+z}{2\sqrt{z}}\right).$$

$$\frac{d}{dz}T_n(z) = nU_{n-1}(z).$$

$$\frac{d}{dz}L_n^\lambda(z) = -L_{n-1}^{\lambda+1}(z), \qquad z\frac{d}{dz}L_n^\lambda(z) = (n+1)L_{n+1}^\lambda(z) - (n+\lambda+1-z)L_n^\lambda(z),$$

$$\frac{d}{dz}\left[L_n^\lambda(z) - L_{n+1}^\lambda(z)\right] = L_n^\lambda(z),$$

$$\frac{d^m}{dz^m}\left[e^{-z}L_n^\lambda(z)\right] = (-1)^m e^{-z}L_n^{\lambda+m}(z),$$

$$\frac{d^m}{dz^m}\left[z^{m-n-1}L_n^\lambda(z)\right] = (-1)^m(\lambda+n-m+1)_m z^{-n-1}L_{n-m}^\lambda(z) \quad [n \geqslant m],$$

$$\frac{d^m}{dz^m}\left[z^{m+n+\lambda}e^{-z}L_n^\lambda(z)\right] = \frac{(m+n)!}{n!}z^{n+\lambda}e^{-z}L_{m+n}^\lambda(z),$$

$$\frac{d^m}{dz^m}\left[z^{m-1}L_n^\lambda\left(\frac{1}{z}\right)\right] = z^{-m-1}L_{n-m}^{\lambda+m}\left(\frac{1}{z}\right) \quad [n \geqslant m],$$

$$\frac{d^m}{dz^m}\left[z^nL_n^\lambda\left(\frac{1}{z}\right)\right] = (n-m+\lambda+1)_m z^{n-m}L_{n-m}^\lambda\left(\frac{1}{z}\right) \quad [n \geqslant m],$$

$$\frac{d^m}{dz^m}\left[z^{m-\lambda-1}L_n^\lambda\left(\frac{1}{z}\right)\right] = (-1)^m(n-m+\lambda+1)_m z^{-\lambda-1}L_n^{\lambda-m}\left(\frac{1}{z}\right),$$

$$\frac{d^m}{dz^m}\left[z^{m-1}e^{-1/z}L_n^\lambda\left(\frac{1}{z}\right)\right] = z^{-m-1}e^{-1/z}L_n^{\lambda+m}\left(\frac{1}{z}\right),$$

$$\frac{d^m}{dz^m}\left[z^{-n-\lambda-1}e^{-1/z}L_n^\lambda\left(\frac{1}{z}\right)\right] = (-1)^m\frac{(m+n)!}{n!}z^{-m-n-\lambda-1}e^{-1/z}L_{m+n}^\lambda\left(\frac{1}{z}\right).$$

$$\frac{d^m}{dz^m}[z^{m-n-1}H_{2n}(\sqrt{z})] = \frac{(2n)!}{(2n-2m)!}z^{-n-1}H_{2n-2m}(\sqrt{z}) \quad [n \geqslant m],$$

$$\frac{d^m}{dz^m}\Big[z^{m-n-3/2}H_{2n+1}(\sqrt{z}\,)\Big] = \frac{(2n+1)!}{(2n-2m+1)!}\,z^{-n-3/2}H_{2n-2m+1}(\sqrt{z}\,) \qquad [n \geqslant m],$$

$$\frac{d^m}{dz^m}\left[z^n H_{2n}\left(\frac{1}{\sqrt{z}}\right)\right] = (-1)^m\frac{(2n)!}{(2n-2m)!}\,z^{n-m}H_{2n-2m}\left(\frac{1}{\sqrt{z}}\right) \qquad [n \geqslant m],$$

$$\frac{d^m}{dz^m}\left[z^{n+1/2} H_{2n+1}\left(\frac{1}{\sqrt{z}}\right)\right] = (-1)^m\frac{(2n+1)!}{(2n-2m+1)!}\,z^{n-m+1/2}H_{2n-2m+1}\left(\frac{1}{\sqrt{z}}\right) \qquad [n \geqslant m],$$

$$\frac{d^m}{dz^m}\Big[z^{m+n-1/2}e^{-z}H_{2n}(\sqrt{z}\,)\Big] = \frac{(-1)^m}{2^{2m}}\,z^{n-1/2}e^{-z}H_{2m+2n}(\sqrt{z}\,),$$

$$\frac{d^m}{dz^m}\big[z^{m+n}e^{-z}H_{2n+1}(\sqrt{z}\,)\big] = \frac{(-1)^m}{2^{2m}}\,z^{n}e^{-z}H_{2m+2n+1}(\sqrt{z}\,).$$

$$\frac{d}{dz}\,C_n^\lambda(z) = 2\lambda C_{n-1}^{\lambda+1}(z),$$

$$(1-z^2)\frac{d}{dz}\,C_n^\lambda(z) = (n+2\lambda)zC_n^\lambda(z) - (n+1)C_{n+1}^\lambda(z),$$

$$\frac{d}{dz}\,C_{n\pm1}^\lambda(z) - z\frac{d}{dz}\,C_n^\lambda(z) = \begin{Bmatrix} n+2\lambda \\ -n \end{Bmatrix} C_n^\lambda(z),$$

$$\frac{d^m}{dz^m}\left[z^{m-1}C_n^\lambda\left(1-\frac{2}{z}\right)\right] = \frac{(-4)^m}{(1-\lambda-m)_m}\,z^{-m-1}C_{n-m}^{\lambda+m}\left(1-\frac{2}{z}\right) \qquad [n \geqslant m],$$

$$\frac{d^m}{dz^m}\left[z^{m-2\lambda}(1-z)^{\lambda-1/2}C_n^\lambda\left(1-\frac{2}{z}\right)\right] =$$
$$= 2^{-2m}\frac{(m+n)!}{n!}\,\frac{(1-2\lambda-n)_m}{(1-\lambda)_m}\,z^{m-2\lambda}(1-z)^{\lambda-m-1/2}C_{m+n}^{\lambda-m}\left(1-\frac{2}{z}\right),$$

$$\frac{d^m}{dz^m}\Big[z^{m+n+\lambda-1}C_{2n}^\lambda(\sqrt{z}\,)\Big] = (\lambda)_m z^{\lambda+n-1}C_{2n}^{\lambda+m}(\sqrt{z}\,),$$

$$\frac{d^m}{dz^m}\Big[z^{m+n+\lambda-1/2}C_{2n+1}^\lambda(\sqrt{z}\,)\Big] = (\lambda)_m z^{\lambda+n-1/2}C_{2n+1}^{\lambda+m}(\sqrt{z}\,),$$

$$\frac{d^m}{dz^m}\Big[z^{m-n-1}C_{2n}^\lambda(\sqrt{z}\,)\Big] = (-1)^m\frac{(n-m)!}{n!}\,\frac{z^{-n-1}}{(\lambda)_m}\,C_{2n-2m}^{\lambda+m}(\sqrt{z}\,) \qquad [n \geqslant m].$$

$$\frac{d^m}{dz^m}\Big[z^{m-n-3/2}C_{2n+1}^\lambda(\sqrt{z}\,)\Big] = (-1)^m\frac{(n-m)!}{n!}\,\frac{z^{-n-3/2}}{(\lambda)_m}\,C_{2n-2m+1}^{\lambda+m}(\sqrt{z}\,) \qquad [n \geqslant m].$$

$$\frac{d^m}{dz^m}\Big[z^{m+n-1/2}(1-z)^{\lambda-1/2}C_{2n}^\lambda(\sqrt{z}\,)\Big] =$$
$$= \frac{(m+n)!}{n!}\,\frac{(2m+2n-1)!!}{(2n-1)!!}\,\frac{z^{n-1/2}}{2^m(1-\lambda)_m}\,(1-z)^{\lambda-m-1/2}C_{2m+2n}^{\lambda-m}(\sqrt{z}\,).$$

$$\frac{d^m}{dz^m}\Big[z^{m+n}(1-z)^{\lambda-1/2}C_{2n+1}^\lambda(\sqrt{z}\,)\Big] =$$
$$= \frac{(m+n)!}{n!}\,\frac{(2m+2n+1)!!}{(2n+1)!!}\,\frac{z^{n}}{2^m(1-\lambda)_m}\,(1-z)^{\lambda-m-1/2}C_{2m+2n+1}^{\lambda-m}(\sqrt{z}\,).$$

$$\frac{d^m}{dz^m}\Big[(1+z)^\sigma P_n^{(\rho,\,\sigma)}(z)\Big] = (n-m+\sigma+1)_m(1+z)^{\sigma-m}P_n^{(\rho+m,\,\sigma-m)}(z),$$

$$\frac{d^m}{dz^m}\Big[(1+z)^{m-n-1}P_n^{(\rho,\,\sigma)}(z)\Big] = (-1)^m(-n-\sigma)_m(1+z)^{-n-1}P_{n-m}^{(\rho+m,\,\sigma)}(z) \qquad [n \geqslant m],$$

$$\frac{d^m}{dz^m}\Big[(1+z)^{m+n+\rho+\sigma}P_n^{(\rho,\,\sigma)}(z)\Big] = (-1)^m(-m-n-\rho-\sigma)_m(1+z)^{n+\rho+\sigma}P_n^{(\rho+m,\,\sigma)}(z),$$

$$\frac{d^m}{dz^m}\Big[(1-z)^\rho(1+z)^\sigma P_n^{(\rho,\,\sigma)}(z)\Big] = (-2)^m\frac{(m+n)!}{n!}\,(1-z)^{\rho-m}(1+z)^{\sigma-m}P_{m+n}^{(\rho-m,\,\sigma-m)}(z),$$

$$\frac{d^m}{dz^m}\Big[(1-z)^{m+n+\rho}(1+z)^{\sigma}P_n^{(\rho,\,\sigma)}(z)\Big] = (-2)^m\frac{(m+n)!}{n!}\,(1-z)^{n+\rho}(1+z)^{\sigma-m}P_{m+n}^{(\rho,\,\sigma-m)}(z),$$

$$\frac{d^m}{dz^m}\left[z^{m-1}P_n^{(\rho,\,\sigma)}\left(1-\frac{2}{z}\right)\right] = \frac{(n+\rho+\sigma+1)_m}{z^{m+1}}\,P_{n-m}^{(\rho+m,\,\sigma+m)}\left(1-\frac{2}{z}\right) \qquad [n\geqslant m],$$

$$\frac{d^m}{dz^m}\left[z^{n}P_n^{(\rho,\,\sigma)}\left(1-\frac{2}{z}\right)\right] = (n-m+\rho+1)_m z^{n-m}P_{n-m}^{(\rho,\,\sigma+m)}\left(1-\frac{2}{z}\right) \qquad [n\geqslant m],$$

$$\frac{d^m}{dz^m}\left[z^{-n-\rho-\sigma-1}P_n^{(\rho,\,\sigma)}\left(1-\frac{2}{z}\right)\right] = (-1)^m(n+\rho+\sigma+1)_m z^{-m-n-\rho-\sigma-1}P_n^{(\rho,\,\sigma+m)}\left(1-\frac{2}{z}\right),$$

$$\frac{d^m}{dz^m}\left[z^{-2n-\rho-\sigma-1}P_n^{(\rho,\,\sigma)}\left(1-\frac{2}{z}\right)\right] = (-m-n-\rho-\sigma)_m z^{-m-2n-\rho-\sigma-1}P_n^{(\rho,\,\sigma+m)}\left(1-\frac{2}{z}\right),$$

$$\frac{d^m}{dz^m}\left[z^{m-\rho-1}P_n^{(\rho,\,\sigma)}\left(1-\frac{2}{z}\right)\right] = (-1)^m(n-m+\rho+1)_m z^{-\rho-1}P_n^{(\rho-m,\,\sigma+m)}\left(1-\frac{2}{z}\right),$$

$$\frac{d^m}{dz^m}\left[z^{n}(1-z)^{\rho}P_n^{(\rho,\,\sigma)}\left(1-\frac{2}{z}\right)\right] = (-n-\sigma)_m z^{n}(1-z)^{\sigma-m}P_n^{(\rho,\,\sigma-m)}\left(1-\frac{2}{z}\right),$$

$$\frac{d^m}{dz^m}\left[z^{n}(1-z)^{m-n-1}P_n^{(\rho,\,\sigma)}\left(1-\frac{2}{z}\right)\right] = (-n-\sigma)_m z^{n-m}(1-z)^{-n-1}P_{n-m}^{(\rho+m,\,\sigma)}\left(1-\frac{2}{z}\right) \qquad [n\geqslant m],$$

$$\frac{d^m}{dz^m}\left[z^{n}(1-z)^{m-n-\rho-1}P_n^{(\rho,\,\sigma)}\left(1-\frac{2}{z}\right)\right] = (-1)^m(-n-\rho)_m z^{n}(1-z)^{-n-\rho-1}P_n^{(\rho-m,\,\sigma)}\left(1-\frac{2}{z}\right),$$

$$\frac{d^m}{dz^m}\left[z^{-n-\rho-\sigma-1}(1-z)^{\sigma}P_n^{(\rho,\,\sigma)}\left(1-\frac{2}{z}\right)\right] = \frac{(m+n)!}{n!}\,z^{-n-\rho-\sigma-1}(1-z)^{\sigma-m}P_{m+n}^{(\rho,\,\sigma-m)}\left(1-\frac{2}{z}\right),$$

$$\frac{d^m}{dz^m}\left[z^{m-\rho-\sigma-1}(1-z)^{\sigma}P_n^{(\rho,\,\sigma)}\left(1-\frac{2}{z}\right)\right] = \frac{(m+n)!}{n!}\,z^{m-\rho-\sigma-1}(1-z)^{\sigma-m}P_{m+n}^{(\rho-m,\,\sigma-m)}\left(1-\frac{2}{z}\right),$$

$$\frac{d^m}{dz^m}\left[z^{-n-\rho-\sigma-1}(1-z)^{m+n+\sigma}P_n^{(\rho,\,\sigma)}\left(1-\frac{2}{z}\right)\right] = \frac{(m+n)!}{n!}\,z^{-n-\rho-\sigma-1}(1-z)^{n+\sigma}P_{m+n}^{(\rho-m,\,\sigma)}\left(1-\frac{2}{z}\right).$$

СПИСОК ЛИТЕРАТУРЫ

1. *Бейтмен Г., Эрдейи А.* Высшие трансцендентные функции. — М.: Наука, 1965, Т. 1; 1966. Т. 2; 1967, Т. 3.
2. *Бейтмен Г., Эрдейи А.* Таблицы интегральных преобразований. — М.: Наука, 1969, Т. 1; 1970, Т. 2.
3. *Брычков Ю. А., Прудников А. П.* Интегральные преобразования обобщенных функций. — М.: Наука, 1977.
4. *Ватсон Г. Н.* Теория бесселевых функций, Ч. I. — М.: ИЛ, 1949.
5. *Градштейн И. С., Рыжик И. М.* Таблицы интегралов, сумм, рядов и произведений. — Изд. 5-е. — М.: Наука, 1971.
6. *Диткин В. А., Прудников А. П.* Справочник по операционному исчислению. — М.: Высшая школа, 1965.
7. *Диткин В. А., Прудников А. П.* Интегральные преобразования и операционное исчисление. — Изд. 2-е. — М.: Наука, 1974.
8. *Диткин В. А., Прудников А. П.* Операционное исчисление по двум переменным и его приложения. — М.: Физматгиз, 1958.
9. *Лебедев Н. Н.* Специальные функции и их приложения. — Изд. 2-е. — М.–Л.: Физматгиз, 1963.
10. *Маричев О. И.* Метод вычисления интегралов от специальных функций (теория и таблицы формул). —Минск: Наука и техника, 1978.
11. Математические таблицы / Под ред. В. В. Карпенко, Е. Т. Колесова, Ю. С. Яковлева. — Изд. 3-е. — Л.: 1978.
12. *Прудников А. П., Брычков Ю. А., Маричев О. И.* Интегралы и ряды. Элементарные функции. — М.: Наука. 1981.
13. Справочник по специальным функциям с формулами, графиками и математическими таблицами / Под ред. М. Абрамовица и И. Стиган. — М.: Наука, 1979.
14. *Уиттекер Э. Т., Ватсон Д. Н.* Курс современного анализа. — Изд. 2-е. — М.: Физматгиз, 1962, Т. 1; 1963, Т. 2.
15. *Хаджи П. И.* Функция вероятности. — Кишинев: Ин-т прикладной физики АН Молд. ССР., 1971.
16. *Янке Е., Эмде Ф., Леш Ф.* Специальные функции. Формулы, графики, таблицы. — Изд. 3-е. — М.: Наука, 1977.
17. *Colombo S.* Les transformations de Mellin et de Hankel, applications à la physique mathématique. — P.: CNRS, 1959.
18. *Colombo S., Lavoine J.* Transformation de Laplace et de Mellin. Formulaires. Mode d'utilisation. — P.: Mem. Sci. Math., 1972.
19. *Doetsch G.* Handbuch der Laplace-Transformation. — Basel: Birkhäuser Verlag, 1950–1956. Bd. I–IV.
20. *Doetsch G., Kniess H., Voelker D.* Tabellen zur Laplace-Transformation. — Berlin, Göttingen: Springer-Verlag, 1947.
21. *Exton H.* Handbook of hypergeometric integrals: theory, applications, tables, computer programs. — Chichester (Sussex): Horwood, 1978.
22. *Hansen Eldon R.* A table of series and products. — Englewood Cliffs. — London: Printice-Hall, 1975.
23. *Luke Y. L.* Integrals of Bessel Functions. — N.Y.: McGraw Hill Book Company, 1962.
24. *Magnus W., Oberhettinger F., Soni R. P.* Formulas and Theorems for the Special Functions of Mathematical Physics. — 3 ed. — N.Y.; Berlin: Springer-Verlag, 1966.
25. *Mathai A. M., Saxena R. K.* Generalized Hypergeometric Functions with Applications in Statistics and Physical Sciences // Lect. Notes Math. – 1973. – № 348.

26. *McBride E. B.* Obtaining generating functions. — Berlin: Springer-Verlag, 1971.
27. *McLachlan N. W.* Bessel functions for engineers. — Oxford: Clarendon Press, 1955.
28. *Oberhettinger F.* Tabellen zur Fourier Transformation. — Berlin: Springer-Verlag, 1957.
29. *Oberhettinger F.* Tables of Bessel Transforms. — N.Y., Heidelberg, Berlin: Springer-Verlag, 1972.
30. *Oberhettinger F.* Fourier expansions. A collection of formulas. — N.Y.: Academic Press, 1973.
31. *Oberhettinger F.* Tables of Mellin Transforms. — N.Y., Heidelberg, Berlin: Springer-Verlag, 1974.
32. *Oberhettinger F., Badii L.* Tables of Laplace Transforms. — N.Y., Heidelberg, Berlin: Springer-Verlag, 1973.
33. *Oberhettinger F., Higgins T. P.* Tables of Lebedev, Mehler and generalized Mehler Transforms. Math. Note, № 246, Boeing Scientific Research Laboratories, Seattle, Washington, 1961.
34. *Roberts G. E., Kaufman H.* Table of Laplace Transforms. — Toronto: McAinsh and Co.; Philadelphia; London: W. B. Saunders Co., 1966.
35. *Slater L. J.* Generalized Hypergeometric Functions. — London, N.Y.: Cambridge Univ. Press, 1966.
36. *Voelker D., Doetsch G.* Die Zweidimensionale Laplace Transformation. — Basel: Birkhäuser, 1950.
37. *Wheelon A. D.* Tables of Summable Series and Integrals Involving Bessel Functions. — San Francisco: Holden-Day Inc., 1968.

УКАЗАТЕЛЬ ОБОЗНАЧЕНИЙ ФУНКЦИЙ И ПОСТОЯННЫХ

$A(x)$ — алгебраическая функция или степенная функция с произвольным показателем

$\operatorname{am} u \equiv \operatorname{am}(u,\,k)$ — эллиптическая функция Якоби, $u = \int\limits_0^{\operatorname{am} u} \frac{dt}{\sqrt{1-k^2\sin^2 t}}$

$\operatorname{Ai}(z) = \frac{1}{\pi}\sqrt{\frac{z}{3}}\,K_{1/3}\left(\frac{2}{3}\,z^{3/2}\right)$ — функция Эйри

$\arccos z$, $\arcsin z$, $\operatorname{arccosec} z$, $\operatorname{arcsec} z$, $\operatorname{arcctg} z$, $\operatorname{arctg} z$ — обратные тригонометрические функции

$\operatorname{Arch} z$, $\operatorname{Arsh} z$, $\operatorname{Arcosech} z$, $\operatorname{Arsech} z$, $\operatorname{Arcth} z$, $\operatorname{Arth} z$ — обратные гиперболические функции

$\arg z$ — аргумент комплексного числа z $\left(z = |z|e^{i\arg z}\right)$

B_n — числа Бернулли

$B_n(z)$ — многочлены Бернулли

$\operatorname{bei}_\nu(z)$, $\operatorname{ber}_\nu(z)$, $\operatorname{bei}(z) = \operatorname{bei}_0(z)$, $\operatorname{ber}(z) = \operatorname{ber}_0(z)$ $\left(\operatorname{ber}_\nu(x) + i\operatorname{bei}_\nu(x) = J_\nu(e^{3\pi i/4}x)\right)$ — функции Кельвина

$\operatorname{Bi}(z) = \sqrt{\frac{z}{3}}\left[I_{-1/3}\left(\frac{2}{3}\,z^{3/2}\right) + I_{1/3}\left(\frac{2}{3}\,z^{3/2}\right)\right]$ — функция Эйри

$\mathbf{C} = 0,5772156649\ldots$ — постоянная Эйлера

$C(x) = \frac{1}{\sqrt{2\pi}}\int\limits_0^x \frac{\cos t}{\sqrt{t}}\,dt$ — косинус-интеграл Френеля

$C(x,\,\nu) = \int\limits_x^\infty t^{\nu-1}\cos t\,dt \quad [\operatorname{Re}\nu < 1]$ — обобщенный косинус-интеграл Френеля

$C_n^\lambda(z) = \frac{(2\lambda)_n}{n!}\,{}_2F_1\left(-n,\,n+2\lambda;\;\lambda+\frac{1}{2};\;\frac{1-z}{2}\right)$ — многочлены Гегенбауэра

$\operatorname{cd} u = \frac{\operatorname{cn} u}{\operatorname{dn} u}$, $\operatorname{cn} u = \cos(\operatorname{am} u)$ — эллиптические функции Якоби

$\operatorname{ch} z = \frac{e^z + e^{-z}}{2}$ — гиперболический косинус

$\operatorname{chi}(x) = \mathbf{C} + \ln x + \int\limits_0^x \frac{\operatorname{ch} t - 1}{t}\,dt$ — интегральный гиперболический косинус

$\operatorname{ci}(x) = -\int\limits_0^x \frac{\cos t}{t}\,dt$ — интегральный косинус

$\cos z = \operatorname{ch}(iz) = \frac{e^{iz} + e^{-iz}}{2}$ — тригонометрическая функция

$\operatorname{cosec} z = \frac{1}{\sin z}$ — тригонометрическая функция

$\operatorname{cosech} z = \dfrac{1}{\operatorname{sh} z}$ — гиперболическая функция

$\operatorname{ctg} z = \dfrac{\cos z}{\sin z} = i \operatorname{cth}(iz)$ — тригонометрическая функция

$\operatorname{cth} z = \dfrac{\operatorname{ch} z}{\operatorname{sh} z} = \dfrac{e^z + e^{-z}}{e^z - e^{-z}}$ — гиперболическая функция

$\mathbf{D}(k) = \int\limits_0^{\pi/2} \dfrac{\sin^2 t\, dt}{\sqrt{1 - k^2 \sin^2 t}} = D\left(\dfrac{\pi}{2},\, k\right)$ — полный эллиптический интеграл

$D(\varphi,\, k) = \int\limits_0^{\varphi} \dfrac{\sin^2 t\, dt}{\sqrt{1 - k^2 \sin^2 t}}$ — эллиптический интеграл

$D_\nu(z) = 2^{\nu/2} e^{-z^2/4} \Psi\left(-\dfrac{\nu}{2},\, \dfrac{1}{2};\, \dfrac{z^2}{2}\right)$ — функция параболического цилиндра

$\operatorname{dc} u = \dfrac{\operatorname{dn} u}{\operatorname{cn} u}$, $\operatorname{dn} u = \sqrt{1 - k^2 \sin^2(\operatorname{am} u)}$, $\operatorname{ds} u = \dfrac{\operatorname{dn} u}{\operatorname{sn} u}$ — эллиптические функции Якоби

$\mathbf{E}(k) = \int\limits_0^{\pi/2} \sqrt{1 - k^2 \sin^2 t}\; dt$ — полный эллиптический интеграл 2-го рода

$E(\varphi,\, k) = \int\limits_0^{\varphi} \sqrt{1 - k^2 \sin^2 t}\; dt$ — эллиптический интеграл 2-го рода

E_n — числа Эйлера

$E_n(z)$ — многочлены Эйлера

$\mathbf{E}_\nu(z) = \dfrac{1}{\pi} \int\limits_0^{\pi} \sin(\nu t - z \sin t)\, dt$ — функция Вебера

$\operatorname{Ei}(x) = \int\limits_{-\infty}^{x} \dfrac{e^t}{t}\, dt$ — интегральная показательная функция

$e = 2,718281828459\ldots$

$e^z = \exp z$ — показательная функция

$\operatorname{erf}(x) = \dfrac{2}{\sqrt{\pi}} \int\limits_0^{x} e^{-t^2}\, dt$ — интеграл вероятности

$\operatorname{erfc}(x) = 1 - \operatorname{erf}(x) = \dfrac{2}{\sqrt{\pi}} \int\limits_x^{\infty} e^{-t^2}\, dt$ — дополнительный интеграл вероятности

$\operatorname{erfi}(x) = \dfrac{2}{\sqrt{\pi}} \int\limits_0^{x} e^{t^2}\, dt$ — интеграл вероятности мнимого аргумента

$F(\varphi,\, k) = \int\limits_0^{\varphi} \dfrac{dt}{\sqrt{1 - k^2 \sin^2 t}}$ — эллиптический интеграл 1-го рода

$${}_2F_1(a,\, b;\, c;\, z) = \sum_{k=0}^{\infty} \frac{(a)_k (b)_k}{(c)_k} \frac{z^k}{k!} \qquad [|z| < 1],$$

$$= \Gamma\begin{bmatrix} c \\ b,\ c-b \end{bmatrix} \int\limits_0^1 t^{b-1}(1-t)^{c-b-1}(1-tz)^{-a}\,dt \qquad [\operatorname{Re} c > \operatorname{Re} b > 0;\ |\arg(1-z)| < \pi]$$

— гипергеометрическая функция Гаусса

$${}_pF_q(a_1,\ \ldots,\ a_p;\ b_1,\ \ldots,\ b_q;\ z) \equiv {}_pF_q\left(\begin{matrix} a_1,\ \ldots,\ a_p;\ z \\ b_1,\ \ldots,\ b_q \end{matrix}\right) = \sum_{k=0}^{\infty} \frac{(a_1)_k(a_2)_k\ldots(a_p)_k}{(b_1)_k(b_2)_k\ldots(b_p)_k}\frac{z^k}{k!}$$

— обобщенная гипергеометрическая функция

${}_1F_1(a;\ b;\ z) = \sum\limits_{k=0}^{\infty} \dfrac{(a)_k z^k}{(b)_k k!}$ — вырожденная гипергеометрическая функция

$$F_A^{(n)}(a,\ b_1\ldots,\ b_n;\ c_1,\ \ldots,\ c_n;\ z_1,\ \ldots,\ z_n) =$$
$$= \sum_{k_1,\ \ldots,\ k_n=0}^{\infty} \frac{(a)_{k_1+\ldots+k_n}(b_1)_{k_1}\ldots(b_n)_{k_n}}{(c_1)_{k_1}\ldots(c_n)_{k_n}}\frac{z_1^{k_1}\ldots z_n^{k_n}}{k_1!\ldots k_n!} \qquad \left[\sum_{j=1}^{n}|z_j| < 1\right]$$

— функция Лауричелла

$$F_C^{(n)}(a,\ b;\ c_1,\ \ldots,\ c_n;\ z_1,\ \ldots,\ z_n) =$$
$$= \sum_{k_1,\ \ldots,\ k_n=0}^{\infty} \frac{(a)_{k_1+\ldots+k_n}(b)_{k_1+\ldots+k_n}}{(c_1)_{k_1}\ldots(c_n)_{k_n}}\frac{z_1^{k_1}\ldots z_n^{k_n}}{k_1!\ldots k_n!} \qquad \left[\sum_{j=1}^{n}\sqrt{|z_j|} < 1\right]$$

— функция Лауричелла

$F_j(\ldots;\ z,\ \zeta)\ [j = 1,\ 2,\ 3,\ 4]$ — функции Аппеля:

$$F_1(a,\ b,\ b';\ c;\ z,\ \zeta) = \sum_{k,\ l=0}^{\infty} \frac{(a)_{k+l}(b)_k(b')_l}{(c)_{k+l}}\frac{z^k\zeta^l}{k!l!} \qquad [|z|,\ |\zeta| < 1]$$

$$F_2(a,\ b,\ b';\ c,\ c';\ z,\ \zeta) = \sum_{k,\ l=0}^{\infty} \frac{(a)_{k+l}(b)_k(b')_l}{(c)_k(c')_l}\frac{z^k\zeta^l}{k!l!} \qquad [|z| + |\zeta| < 1]$$

$$F_3(a,\ a',\ b,\ b';\ c;\ z,\ \zeta) = \sum_{k,\ l=0}^{\infty} \frac{(a)_k(a')_l(b)_k(b')_l}{(c)_{k+l}}\frac{z^k\zeta^l}{k!l!} \qquad [|z|,\ |\zeta| < 1]$$

$$F_4(a,\ b;\ c,\ c';\ z,\ \zeta) = \sum_{k,\ l=0}^{\infty} \frac{(a)_{k+l}(b)_{k+l}}{(c)_k(c')_l}\frac{z^k\zeta^l}{k!l!} \qquad [\sqrt{|z|} + \sqrt{|\zeta|} < 1]$$

$\mathbf{G} = \sum\limits_{k=0}^{\infty} \dfrac{(-1)^k}{(2k+1)^2} = 0{,}9159655942\ldots$ — постоянная Каталана

$G_{p,\ q}^{m,\ n}\left(z\left|\begin{matrix} a_1,\ \ldots,\ a_p \\ b_1,\ \ldots,\ b_q \end{matrix}\right.\right)$ — G-функция Мейера

$\mathbf{H}_\nu(z) = \dfrac{2}{\sqrt{\pi}}\left(\dfrac{z}{2}\right)^{\nu+1}\dfrac{1}{\Gamma(\nu+3/2)}\,{}_1F_2\left(1;\ \dfrac{3}{2},\ \nu+\dfrac{3}{2};\ -\dfrac{z^2}{4}\right)$ — функция Струве

$H_\nu^{(1)}(z) = J_\nu(z) + iY_\nu(z),\ H_\nu^{(2)}(z) = J_\nu(z) - iY_\nu(z)$ — функции Бесселя 3-го рода (функции Ганкеля 1-го и 2-го рода)

$H_n(z) = (-1)^n e^{z^2}\dfrac{d^n}{dz^n}\,e^{-z^2}$ — многочлены Эрмита

$$h_{\mu,\ \nu}(z) = \frac{z^{\mu+1}e^{-z}}{(\mu+1)^2-\nu^2}\,{}_2F_2\left(1,\ \mu+\frac{3}{2};\ \mu-\nu+2,\ \mu+\nu+2;\ 2z\right)$$

$$H_{\mu,\ \nu}(z) = h_{\mu,\ \nu}(z) - \frac{\sqrt{\pi}\,\Gamma(\mu-\nu+1)\Gamma(\mu+\nu+1)}{2^{\mu+1}\Gamma(\mu+3/2)}\left[I_\nu(z) + \frac{\sin(\nu-\mu)\pi}{\pi\cos\mu\pi}\,K_\nu(z)\right]$$

$I_\nu(z) = \dfrac{1}{\Gamma(\nu+1)}\left(\dfrac{z}{2}\right)^\nu {}_0F_1\left(\nu+1;\ \dfrac{z^2}{4}\right) = e^{-\nu\pi i/2} J_\nu(e^{\pi i/2} z)$ — модифицированная функция Бесселя 1-го рода (функция Бесселя мнимого аргумента)

$\operatorname{Im} z$ — мнимая часть комплексного числа $z = x + iy$ ($\operatorname{Im} z = y$)

$J_\nu(z) = \dfrac{1}{\Gamma(\nu+1)}\left(\dfrac{z}{2}\right)^\nu {}_0F_1\left(\nu+1;\ -\dfrac{z^2}{4}\right)$ — функция Бесселя 1-го рода

$\mathbf{J}_\nu(z) = \dfrac{1}{\pi}\int\limits_0^\pi \cos(\nu t - z\sin t)\,dt$ — функция Ангера

$J(x,\,y) = 1 - e^{-y}\int\limits_0^x e^{-t} I_0(2\sqrt{yt}\,)\,dt$

$\mathbf{K}(k) = \int\limits_0^{\pi/2} \dfrac{dt}{\sqrt{1-k^2\sin^2 t}} = F\left(\dfrac{\pi}{2},\,k\right)$ — полный эллиптический интеграл 1-го рода

$K_\nu(z) = \dfrac{\pi[I_{-\nu}(z) - I_\nu(z)]}{2\sin\nu\pi}\quad [\nu \ne n],\qquad K_n(z) = \lim\limits_{\nu\to n} K_\nu(z)\quad [n = 0,\ \pm1,\ \pm2,\ \ldots]$ — функция Макдональда (модифицированная функция Бесселя 3-го рода)

$k_\nu(z) = \dfrac{1}{\Gamma(\nu/2+1)} W_{\nu/2,\,1/2}(2z)$ — функция Бэйтмена

$\operatorname{kei}_\nu(z),\ \operatorname{ker}_\nu(z),\ \operatorname{kei}(z) = \operatorname{kei}_0(z),\ \operatorname{ker}(z) = \operatorname{ker}_0(z)$ $\left(\operatorname{ker}_\nu(x) + i\operatorname{kei}_\nu(x) = e^{-\nu\pi i/2} K_\nu(e^{\pi i/4}x)\right)$ — функции Кельвина

$L(x) = -\int\limits_0^x \ln\cos t\,dt$ — функция Лобачевского

$\mathbf{L}_\nu(z) = e^{-(\nu+1)\pi i/2}\mathbf{H}_\nu(e^{\pi i/2}z)$ — модифицированная функция Струве

$L_n(z) = L_n^0(z)$ — многочлены Лагерра

$L_n^\lambda(z) = \dfrac{z^{-\lambda}e^z}{n!}\,\dfrac{d^n}{dz^n}\left(z^{n+\lambda}e^{-z}\right)$ — обобщенные многочлены Лагерра

$$\operatorname{Li}_\nu(z) = \sum_{k=1}^\infty \frac{z^k}{k^\nu} \qquad [|z| < 1],$$

$$= \frac{z}{\Gamma(\nu)}\int\limits_0^\infty \frac{t^{\nu-1}\,dt}{e^t - z} \qquad [\operatorname{Re}\nu > 0;\ |\arg(1-z)| < \pi]$$

— полилогарифм порядка ν

$\operatorname{li}(z) = \operatorname{Ei}(\ln z),\ \operatorname{li}(x) = \int\limits_0^x \dfrac{dt}{\ln t}$ — интегральный логарифм

$\ln z = \ln|z| + i\arg z$ — натуральный логарифм $[z = |z|e^{i(\arg z + 2\pi k)},\ k = 0,\ \pm1,\ \pm2,\ \ldots]$

$M_{\varkappa,\,\mu}(z) = z^{\mu+1/2}e^{-z/2}{}_1F_1\left(\mu - \varkappa + \dfrac{1}{2};\ 2\mu+1;\ z\right)$ — вырожденная гипергеометрическая функция Уиттекера

$\operatorname{nc} u,\ \operatorname{nd} u,\ \operatorname{ns} u,\ \operatorname{nc} u = \dfrac{1}{\operatorname{cn} u},\ \operatorname{nd} u = \dfrac{1}{\operatorname{dn} u},\ \operatorname{ns} u = \dfrac{1}{\operatorname{sn} u}$ — эллиптические функции Якоби

$O_n(z) = \frac{n}{4} \sum_{k=0}^{[n/2]} \frac{(n-k-1)!}{k!} \left(\frac{z}{2}\right)^{2k-n-1}$ — многочлены Неймана

$P_n(z) = \frac{2^{-n}}{n!} \frac{d^n}{dz^n} (z^2-1)^n$ — многочлены Лежандра

$P_\nu(z) = P_\nu^0(z) = {}_2F_1\left(-\nu,\ 1+\nu;\ 1;\ \frac{1-z}{2}\right)$ $[|\arg(1+z)| < \pi]$ — функция Лежандра 1-го рода

$P_\nu^\mu(z) = \frac{1}{\Gamma(1-\mu)} \left(\frac{z+1}{z-1}\right)^{\mu/2} {}_2F_1\left(-\nu,\ 1+\nu;\ 1-\mu;\ \frac{1-z}{2}\right)$ $[|\arg(z \pm 1)| < \pi]$

$P_\nu^\mu(x) = \frac{1}{\Gamma(1-\mu)} \left(\frac{1+x}{1-x}\right)^{\mu/2} {}_2F_1\left(-\nu,\ 1+\nu;\ 1-\mu;\ \frac{1-x}{2}\right)$ $[-1 < x < 1]$ — присоединенная функция Лежандра 1-го рода

$P_n^{(\rho,\,\sigma)}(z) = \frac{(-1)^n}{2^n n!} (1-z)^{-\rho}(1+z)^{-\sigma} \frac{d^n}{dz^n} [(1-z)^{\rho+n}(1+z)^{\sigma+n}]$ — многочлены Якоби

$Q_\nu(z) = Q_\nu^0(z)$ — функция Лежандра 2-го рода

$$Q_\nu^\mu(z) = \frac{e^{i\mu\pi}\sqrt{\pi}}{2^{\nu+1}} \Gamma\left[\begin{matrix}\mu+\nu+1 \\ \nu+3/2\end{matrix}\right] z^{-\mu-\nu-1}(z^2-1)^{\mu/2}\, {}_2F_1\left(\frac{\mu+\nu+1}{2},\ \frac{\mu+\nu}{2}+1;\ \nu+\frac{3}{2};\ \frac{1}{z^2}\right) \qquad [|\arg(z\pm 1)|,\ |\arg z| < \pi].$$

$$Q_\nu^\mu(x) = \frac{1}{2} e^{-i\mu\pi} \left[e^{-i\mu\pi/2} Q_\nu^\mu(x+i0) + e^{i\mu\pi/2} Q_\nu^\mu(x-i0)\right] = \frac{\pi}{2\sin\mu\pi} \left[P_\nu^\mu(x)\cos\mu\pi - \Gamma\left[\begin{matrix}\mu+\nu+1 \\ \nu-\mu+1\end{matrix}\right] P_\nu^{-\mu}(x)\right] \qquad [-1 < x < 1].$$

— присоединенная функция Лежандра 2-го рода

$$Q_n^{(\alpha,\,\beta)}(z) = 2^{\alpha+\beta+n} \Gamma\left[\begin{matrix}\alpha+n+1,\ \beta+n+1 \\ \alpha+\beta+2n+2\end{matrix}\right] (z-1)^{-\alpha-n-1}(z+1)^\beta \times {}_2F_1\left(n+1,\ \alpha+n+1;\ \alpha+\beta+2n+2;\ \frac{2}{1-z}\right) \qquad [|\arg(z\pm 1)| < \pi].$$

— функция Якоби 2-го рода

$\mathrm{Re}\, z$ — действительная часть комплексного числа $z = x + iy$ ($\mathrm{Re}\, z = x$)

$S(x) = \frac{1}{\sqrt{2\pi}} \int_0^x \frac{\sin t}{\sqrt{t}}\, dt$ — синус-интеграл Френеля

$$S_n(z) = \sum_{k=0}^{[n/2]} \frac{n-k-1}{k!} \left(\frac{z}{2}\right)^{2k-n}, \qquad S_0(z) = 1$$

$S(x,\ \nu) = \int_x^\infty t^{\nu-1} \sin t\, dt$ $[\mathrm{Re}\,\nu < 1]$ — обобщенный синус-интеграл Френеля

$$S_{\mu,\,\nu}(z) = s_{\mu,\,\nu}(z) + 2^{\mu-1}\Gamma\left[\begin{matrix}\nu,\ (\mu+\nu+1)/2 \\ (1+\nu-\mu)/2\end{matrix}\right] \left(\frac{z}{2}\right)^{-\nu} {}_0F_1\left(1-\nu;\ -\frac{z^2}{4}\right) + 2^{\mu-1}\Gamma\left[\begin{matrix}-\nu,\ (1+\mu-\nu)/2 \\ (1-\mu-\nu)/2\end{matrix}\right] \left(\frac{z}{2}\right)^{\nu} {}_0F_1\left(1+\nu;\ -\frac{z^2}{4}\right).$$

— функция Ломмеля

$s_{\mu,\,\nu}(z) = \frac{z^{\mu+1}}{(\mu-\nu+1)(\mu+\nu+1)}\, {}_1F_2\left(1;\ \frac{\mu-\nu+3}{2},\ \frac{\mu+\nu+3}{2};\ -\frac{z^2}{4}\right)$ — функция Ломмеля

$\mathrm{Si}\,(x) = \int\limits_0^x \frac{\sin t}{t}\,dt$ — интегральный синус

$\mathrm{si}\,(x) = \mathrm{Si}\,(x) - \frac{\pi}{2} = -\int\limits_x^\infty \frac{\sin t}{t}\,dt$ — интегральный синус

$\sec z = \frac{1}{\cos z}$ — тригонометрическая функция

$\mathrm{sech}\, z = \frac{1}{\mathrm{ch}\, z}$ — гиперболическая функция

$\mathrm{sgn}\, x = \begin{cases} 1, & x > 0, \\ 0, & x = 0, \\ -1, & x < 0 \end{cases}$

$\mathrm{sh}\, z = \frac{e^z - e^{-z}}{2}$ — гиперболическая функция

$\mathrm{shi}\,(x) = \int\limits_0^x \frac{\mathrm{sh}\, t}{t}\,dt = -i\,\mathrm{Si}\,(ix)$ — интегральный гиперболический синус

$\sin z = -i\,\mathrm{sh}\,(iz) = \frac{e^{iz} - e^{-iz}}{2i}$ — тригонометрическая функция

$\mathrm{sn}\, u = \sin\,(\mathrm{am}\, u)$ — эллиптическая функция Якоби

$T_n(z) = \cos\,(n \arccos z) = \frac{1}{2}\,[(z + \sqrt{z^2-1}\,)^n + (z - \sqrt{z^2-1}\,)^n]$ — многочлены Чебышева 1-го рода

$\mathrm{tg}\, z = \frac{\sin z}{\cos z} = -i\,\mathrm{th}\,(iz)$ — тангенс

$\mathrm{th}\, z = \frac{\mathrm{sh}\, z}{\mathrm{ch}\, z} = \frac{e^z - e^{-z}}{e^z + e^{-z}}$ — гиперболический тангенс

$U_n(z) = \frac{\sin\,[(n+1)\arccos z]}{\sqrt{1-z^2}}$ — многочлены Чебышева 2-го рода

$U_\nu(z,\,\zeta) = \sum\limits_{k=0}^\infty (-1)^k \left(\frac{z}{\zeta}\right)^{2k+\nu} J_{2k+\nu}(\zeta)$ — функция Ломмеля двух переменных

$V_\nu(z,\,\zeta) = \cos\left(\frac{z}{2} + \frac{\zeta^2}{2z} + \frac{\nu\pi}{2}\right) + U_{2-\nu}(z,\,\zeta)$

$W_{\varkappa,\,\mu}(z) = z^{\mu+1/2} e^{-z/2} \Psi\left(\mu - \varkappa + \frac{1}{2},\, 2\mu+1;\; z\right)$ — вырожденная гипергеометрическая функция Уиттекера

$Y_\nu(z) = \frac{\cos \nu\pi\, J_\nu(z) - J_{-\nu}(z)}{\sin \nu\pi}$ $[\nu \neq n]$, $Y_n(z) = \lim\limits_{\nu \to n} Y_\nu(z)$ $[n = 0,\, \pm 1,\, \pm 2,\, \ldots]$ — функция Неймана (функция Бесселя 2-го рода)

$y_n(z) = {}_2F_0\left(-n,\, n+1;\; -\frac{z^2}{2}\right)$ — многочлены Бесселя

$\mathrm{B}\,(\alpha,\,\beta) = \frac{\Gamma(\alpha)\Gamma(\beta)}{\Gamma(\alpha+\beta)}$ — бета-функция

$\mathrm{B}_{\,x}(\alpha,\,\beta) = \int\limits_0^x t^{\alpha-1}(1-t)^{\beta-1}\,dt$ — неполная бета-функция

$\beta(z) = \frac{1}{2}\left[\psi\left(\frac{z+1}{2}\right) - \psi\left(\frac{z}{2}\right)\right]$

$\Gamma(z) = \int\limits_0^\infty t^{z-1} e^{-t}\, dt \quad [\operatorname{Re} z > 0]$ — гамма-функция

$\Gamma(\nu,\, x) = \int\limits_x^\infty t^{\nu-1} e^{-t}\, dt$ — дополнительная неполная гамма-функция

$\gamma(\nu,\, x) = \Gamma(\nu) - \Gamma(\nu,\, x) = \int\limits_0^x t^{\nu-1} e^{-t}\, dt$ — неполная гамма-функция

$\Gamma\left[\begin{matrix} a_1,\, \ldots,\, a_m \\ b_1,\, \ldots,\, b_n \end{matrix}\right] = \frac{\prod\limits_{k=1}^{m} \Gamma(a_k)}{\prod\limits_{l=1}^{n} \Gamma(b_l)}, \qquad \Gamma[a_1,\, \ldots,\, a_m] = \prod\limits_{k=1}^{m} \Gamma(a_k)$

$\Delta(k,\, a) = \frac{a}{k},\, \frac{a+1}{k},\, \ldots,\, \frac{a+k-1}{k}$

$\delta_{m,\,n} = \begin{cases} 0,\ m \neq n, \\ 1,\ m = n \end{cases}$ — символ Кронекера

$\zeta(z) = \sum\limits_{k=1}^{\infty} \frac{1}{k^z}\ [\operatorname{Re} z > 1]$ — дзета-функция Римана

$\zeta(z,\, v) = \sum\limits_{k=0}^{\infty} \frac{1}{(v+k)^z}\ [\operatorname{Re} z > 1;\ v \neq 0,\, -1,\, -2,\, \ldots]$ — обобщенная дзета-функция Римана

$\theta_i(x,\, q)$ — эллиптические тэта-функции

$\theta_0(x,\, q) = 1 + 2\sum\limits_{k=1}^{\infty} (-1)^k q^{k^2} \cos 2kx$

$\theta_1(x,\, q) = 2\sum\limits_{k=0}^{\infty} (-1)^k q^{(k+1/2)^2} \sin{(2k+1)x}$

$\theta_2(x,\, q) = 2\sum\limits_{k=0}^{\infty} q^{(k+1/2)^2} \cos{(2k+1)x}$

$\theta_3(x,\, q) = 1 + 2\sum\limits_{k=1}^{\infty} q^{k^2} \cos 2kx$

$\theta_4(x,\, q) \equiv \theta_0(x,\, q)$

$\Lambda_0(\varphi,\, k) = \frac{2}{\pi}\left[\mathbf{E}(k) F(\varphi,\, \sqrt{1-k^2}\,) + \mathbf{K}(k) E(\varphi,\, \sqrt{1-k^2}\,) - \mathbf{K}(k) F(\varphi,\, \sqrt{1-k^2}\,)\right]$

$\lambda(z,\, \alpha) = \int\limits_0^\alpha z^{-t}\Gamma(t+1)\, dt$

$\nu(z) = \int\limits_0^\infty \frac{z^t}{\Gamma(t+1)}\, dt$

$\Pi(\varphi,\, \alpha^2,\, k) = \int\limits_0^\varphi \frac{dt}{(1-\alpha^2 \sin^2 t)\sqrt{1-k^2 \sin^2 t}}$ — эллиптический интеграл 3-го рода

$\Phi(z,\ s,\ v)=\sum\limits_{k=0}^{\infty}\dfrac{z^k}{(v+k)^s}\quad [|z|<1;\ v\neq 0,\ -1,\ -2,\ \dots]$

$\Phi_1(a,\ b;\ c;\ z,\ \zeta)=\sum\limits_{k,\ l=0}^{\infty}\dfrac{(a)_{k+l}(b)_k}{(c)_{k+l}}\,\dfrac{z^k\zeta^l}{k!l!}\quad [|z|<1]$

$\Phi_2(b,\ b';\ c;\ z,\ \zeta)=\sum\limits_{k,\ l=0}^{\infty}\dfrac{(b)_k(b')_l}{(c)_{k+l}}\,\dfrac{z^k\zeta^l}{k!l!}$

$\Phi_3(b;\ c;\ z,\ \zeta)=\sum\limits_{k,\ l=0}^{\infty}\dfrac{(b)_k}{(c)_{k+l}}\,\dfrac{z^k\zeta^l}{k!l!}$

$\Psi(a,\ c;\ z)=\Gamma\begin{bmatrix}1-c\\ 1+a-c\end{bmatrix}{}_1F_1(a;\ c;\ z)+\Gamma\begin{bmatrix}c-1\\ a\end{bmatrix}z^{1-c}{}_1F_1(1+a-c;\ 2-c;\ z)$ — вырожденная гипергеометрическая функция

$\Psi_1(a,\ b;\ c,\ c';\ z,\ \zeta)=\sum\limits_{k,\ l=0}^{\infty}\dfrac{(a)_{k+l}(b)_k}{(c)_k(c')_l}\,\dfrac{z^k\zeta^l}{k!l!}\quad [|z|<1]$

$\Psi_2(a;\ c,\ c';\ z,\ \zeta)=\sum\limits_{k,\ l=0}^{\infty}\dfrac{(a)_{k+l}}{(c)_k(c')_l}\,\dfrac{z^k\zeta^l}{k!l!}$

$\psi(z)=[\ln\Gamma(z)]'=\dfrac{\Gamma'(z)}{\Gamma(z)}$ — пси-функция

$\psi^{(n)}(z)=\dfrac{d^n}{dz^n}\,\psi(z)$

УКАЗАТЕЛЬ ОБОЗНАЧЕНИЙ СИМВОЛОВ

$(a)_k = a(a+1)\dots(a+k-1)\quad [k=1,\,2,\,3,\,\dots\,],\ a_0 = 1$ — символ Похгаммера

$n! = 1\cdot 2\cdot 3\dots(n-1)n,\quad 0! = 1! = 1$

$(2n)!! = 2\cdot 4\cdot 6\dots(2n-2)2n = 2^n n!$

$$(2n+1)!! = 1\cdot 3\cdot 5\dots(2n+1) = \frac{2^{n+1}}{\sqrt{\pi}}\,\Gamma\left(n+\frac{3}{2}\right) = \left(\frac{3}{2}\right)_n 2^n$$

$$n!! = \begin{cases} (2k)!!, & n = 2k, \\ (2k+1)!!, & n = 2k+1, \end{cases}\quad 0!! = (-1)!! = 1$$

$\displaystyle\binom{n}{k} = \frac{n(n-1)\dots(n-k+1)}{k!} = \frac{n!}{k!(n-k)!} = \frac{(-1)^k(-n)_k}{k!}$ — биномиальные коэффициенты

$$\binom{n}{0} = 1$$

$$(a)_+^\lambda = \begin{cases} a^\lambda, & a > 0, \\ 0, & a < 0 \end{cases}$$

$\operatorname{Re} a,\ \operatorname{Re} b > c$ означает $\operatorname{Re} a > c$ и $\operatorname{Re} b > c$

$[x] = n\quad [n \leqslant x < n+1,\ n = 0,\ \pm 1,\ \pm 2,\ \dots\,]$ — целая часть числа x

$\overline{z} = x - iy\quad [z = x + iy]$

$|z| = \sqrt{x^2 + y^2}$

$$|x| = \begin{cases} x, & x \geqslant 0, \\ -x, & x < 0 \end{cases}$$

$$\prod_{k=m}^{n} a_k = a_m a_{m+1}\dots a_n\quad [n \geqslant m]$$

$$= 1\quad [n < m]$$

$$\prod_{k=1}^{\infty} a_k(z) = \lim_{n\to\infty}\prod_{k=1}^{n} a_k(z)$$

$$\sum_{k=m}^{n} a_k = a_m + a_{m+1} + \dots + a_n\quad [n \geqslant m]$$

$$= 0\quad [n < m]$$

$$\sum_{k=1}^{\infty} a_k(z) = \lim_{n\to\infty}\sum_{k=1}^{n} a_k(z)$$

◎ 编辑手记

本书是一部版权引进自俄罗斯的俄文版数学工具书，中文书名可译为《积分和级数．第 2 卷，特殊函数》（第 2 版）．

本书的作者共有三位．第一位是阿纳托利·普拉托诺维奇·普鲁德尼科夫，俄罗斯数学家，特殊函数和积分变换领域的专家，任职于俄罗斯科学院计算中心；第二位是尤里·亚历山大罗维奇·布雷奇科夫，俄罗斯数学家，任职于俄罗斯科学院斯捷克洛夫数学研究所；第三位是奥列格·伊戈里耶维奇·马里切夫，美籍俄裔数学家．

本书的版权编辑佟雨繁女士翻译了本书的目录如下：

1.14 勒让德正交多项式 $P_n(x)$，切比雪夫正交多项式 $T_n(x)$，$U_n(x)$，拉盖尔正交多项式 $L_n(x)$，$L_n^\alpha(x)$，埃尔米特正交多项式 $H_n(x)$，戈根鲍尔正交多项式 $C_n^\nu(x)$ 和雅可比正交多项式 $P_n^{(\alpha,\beta)}(x)$

第 2 章 定积分

2.1 引言

2.2 伽马函数 $\Gamma(x)$

2.3 ψ 函数 $\psi(x)$

2.4 黎曼 ζ 函数 $\zeta(x)$

2.5 指数积分 $\mathrm{Ei}(x)$

2.6 正弦积分函数 $\mathrm{si}(x)$ 和余弦积分函数 $\mathrm{ci}(x)$

2.7 积分双曲正弦 $\mathrm{shi}(x)$ 和积分双曲余弦 $\mathrm{chi}(x)$

2.8 概率积分 $\mathrm{erf}(x)$，$\mathrm{erfc}(x)$

2.9 菲涅耳积分 $S(x)$ 和 $C(x)$

2.10 不完全伽马函数 $\Gamma(v,x)$ 和 $\gamma(v,x)$

2.11 抛物柱面函数 $D_\nu(x)$

2.12 贝塞尔函数 $J_\nu(x)$

2.13 诺依曼函数 $Y_\nu(x)$

2.14 汉克尔函数 $H_\nu^{(1)}(x)$ 和 $H_\nu^{(2)}(x)$

2.15 修正的贝塞尔函数 $I_\nu(x)$

2.16 麦克唐纳函数 $K_\nu(x)$

2.17 勒让德多项式 $P_n(x)$

2.18 切比雪夫多项式 $T_n(x)$，$U_n(x)$

2.19 拉盖尔多项式 $L_n^\lambda(x)$

2.20 埃尔米特多项式 $H_n(x)$

2.21 戈根鲍尔多项式 $C_n^\lambda(x)$

2.22 雅可比多项式 $P_n^{(\rho,\sigma)}(x)$

第 3 章 多重积分

3.1 引言

3.2 二重积分

3.3 三重积分

3.4 多重积分

第 4 章 有限和

4.1 引言

4.2 贝塞尔函数 $J_\nu(z)$，$I_\nu(z)$，诺依曼函数 $Y_\nu(z)$，麦克唐纳函数 $K_\nu(z)$

正如本书作者自己所介绍:

本书包括不定积分和定积分、有限和,以及带有特殊函数的级数.本书是一本最为全面的参考指南,包含类似出版物,以及科学和期刊文献中发布的结果.本书适用于各类知识领域的广大专业人士,以及高等院校相关专业的学生参考阅读.

解法中需要积分计算和级数求和的各类问题,促使经典分析的这一领域中出现了大量指南手册.在这些手册中,格拉德什金和雷日克所编写的著名的《积分、级数和乘积表》,最能够反映编写期间的主要成果.这些表格中包含了20世纪40年代末才获得的公式.从那时起,对数学分析领域的关注一直没有减少,并且实际应用的要求使得需要出版更完整的参考手册,以反映新的成果.因此,1981年,我们出版了《积分和级数.基本函数》一书,其中包含带有基本函数的积分和级数,并且很大程度上包含上述手册的相关章节.

本书中包含带有特殊函数的不定积分和定积分(包括多重积分)、有限和与级数.本书可以满足不同科学技术领域的广大专业人士的需求,并且包含类似出版物中的成果,以及近期出版的科学和期刊文献中的成果.书中有许多成果是首次发表的.

本书提供了非常详细的目录,借此您可以找到所需公式.本书使用的均为数学文献中通用的符号,并在文末的索引中给出.例如,2.2.4.3表示2.2.4节中的第3个公式.在所有章节中,如果没有另行指出,那么 $k,l,m,n=0,1,2,3,\cdots$

为了紧凑起见,使用缩写符号.例如,公式

$$\int_0^\infty x^{\alpha-1}\begin{Bmatrix}\sin cx\\ \cos cx\end{Bmatrix}J_\nu(cx)\,\mathrm{d}x=\frac{2^{\nu-1}}{c^\alpha}\Gamma\begin{bmatrix}(2\alpha+2\nu+1\pm1)/4,1/2-\alpha\\ (3\pm1-2\alpha-2\nu)/4,1+\nu-\alpha\end{bmatrix}$$

$$\left[c>0;-\begin{Bmatrix}1\\0\end{Bmatrix}-\operatorname{Re}\nu<\operatorname{Re}\alpha<1/2\right]$$

是以下两个公式的缩写

$$\int_0^\infty x^{\alpha-1}\sin cxJ_\nu(cx)\,\mathrm{d}x=\frac{2^{\nu-1}}{c^\alpha}\Gamma\begin{bmatrix}(\alpha+\nu+1)/2,1/2-\alpha\\ 1-(\alpha+\nu)/2,1+\nu-\alpha\end{bmatrix}$$

$$[c>0;-1-\operatorname{Re}\nu<\operatorname{Re}\alpha<1/2]$$

(仅使用大括号中的高位字符和高位表达式)和

$$\int_0^\infty x^{\alpha-1}\cos cxJ_\nu(cx)\,\mathrm{d}x=\frac{2^{\nu-1}}{c^\alpha}\Gamma\begin{bmatrix}(\alpha+\nu)/2,1/2-\alpha\\ (1-\alpha-\nu)/2,1+\nu-\alpha\end{bmatrix}$$

(仅使用大括号中的低位字符和低位表达式). 根据定义

$$\Gamma\begin{bmatrix}a_1,\cdots,a_m\\ b_1,\cdots,b_n\end{bmatrix}=\prod_{k=1}^{m}\Gamma(a_k)/\prod_{l=1}^{n}\Gamma(b_l)$$

同一积分的不同表现形式用不同的序号写出,但左侧部分不重复.

本书末尾提供了参考资料,在积分计算、级数求和,以及将其变换为本书中包含的某种形式时可以使用.

在本书编写过程中参考的主要文献也在文末给出.

与本书相近的出版物不多见,早期的有彼得曼著、张致中译的《高级超越函数》. 正如爱尔台里在引言中所介绍:

《高级超越函数》一书共分三卷,此为其第一卷. 这一部著作可作为魏塔克、瓦特松和华生的名著《现代分析教程》第二部分超越函数的最新注解. 彼得曼(是魏塔克的学生)为他的"函数导数"做了很大的规划,他的著作在详细说明一些最重要函数的性质之外,还包括了一切不论是首先创立的或深入研究的特殊函数的历史起源、定义、有关的基本公式及著作目录. 将这些函数按它们的定义分成十二个不同类目,记幂级数、母函数、无穷乘积、叠微分、不定积分、定积分、微分方程、差分方程、函数方程、三角级数、正交函数级数及积分方程. 表示每个函数的定积分表及若干新函数的数值表为"导论"的一个组成部分,而定积分的推广表及若干特殊函数数值表也作为著作中的一部分.

这样一部著作的重要意义是不需要强调的. 彼得曼对过去和现代数学文献方面的无可比拟的知识及其一贯的无比勤奋是本书宏大规模的有力保证,在很多方面也是决定因素,这部著作是一部特殊函数的牛津大词典.

我们的能力以及整理时间的现实估价使彼得曼原来的计划有了巨大

的修改.只有彼得曼本人的渊博才能道出许多特殊函数的可靠切实的历史,我们现有的能力尚不足以收集所有的函数.因此我们只能列举一些我们认为较为重要的特殊函数的主要性质(也许要远比彼得曼所计划的简略).这在数学上所造成的损失是重大的、可惜的,而且是无可挽回的.但我们希望这些损失能以本书篇幅适当的精简,组织较为清楚来稍作弥补.我们只能希望,本书目前的内容虽远比彼得曼所考虑的少得多,但在逊色的基础上,本书仍能给读者以较大的帮助.

为了更好地了解本书的编排原则,我们将彼得曼的《高级超越函数》的编纂原则介绍如下:

现在我们可以说一说编写本书的大体方法.首先,我们做了一个试验性的目录表.而后由编辑部的每一位年长编辑编写若干章.在这一工作中,年长的编辑均有年轻编辑协助,年轻编辑的主要任务是编写积分变换表.最后,将各章加以修正编订,以资连贯.在第一卷的6章中,马格努斯主要负责第2章和第4章,奥伯赫廷格负责第1章和第3章,特里柯密负责第6章.相互关联的各章做适当的必要合作.例如,勒让德函数与超比级数有关,因此由马格努斯及奥伯赫廷格共同规划以资衔接.又如第2,4及5章是互相关联的,由马格努斯及爱尔台里共同规划,其余也是如此.

本书各章的特质有很大的不同.这种表现上的不同一部分是由于主要编写者具有个别的风格,而大部分则由于不同的问题将有不同的函数.基本上重要的常见函数,如γ函数,我们力图说得适当详细并有很好的系统性.有几章除证明稍加精简不能详细列出外,差不多可作高等教科书读物.另一方面,在应用数学中不常见的一些函数,根据我们现在所知,做了一些极为简略的叙述,不加以推演.书中的第5章也许就是这种情形的最明显的例子.有许多函数,其一般理论可以说得很简单,但其实际应用却依赖于经常使用其无法简化的公式的惊人排列.在这种情形下,我们在本文内或在该章中专开一节列出推广公式.在这一方面可以一提的是在我们知道古尔萨的超比级数全部二次变换表(转载于第2章)之前还没有普遍合用的,超比方程退化情形的完全分析(2.2.2)也如此.贝塞尔函数中有这样一个独特的情况,那就是1922年以前的所有结果有完全的系统的记载可查,而在1922年以后所得的结果有很多且很分散.在这种情况下,我们决定对华生书上讨论的科目稍予叙述,而集中讨论那些至今尚不为周知的结果.概括地说,每一个函数实际上表示它独特的问题,我们决定依每一个问题的本身价值来处理.在每一种情况下,我们采用了我们认为最好的解——即使有损于本书的统一性的解.

每章之后附有参考资料的目录，其所包括不仅为该章所叙材料的文件，而且也足以帮助读者去找其他资料. 这种目录的完备程度随作者的个别风格而不同，也因函数的重要性及其本质而有别. 但必须指出，这样的目录并不是研究提要. 本书所提到的函数的系统纲要不仅超出了我们的编纂力量，这也将大大增加本书的容量.

我们力求将应用数学中极大部分重要的函数都列入. 应列入的函数的选择以及记法的选择都以数学根据决定. 例如合流超比函数的记法有好几种，我们采用数学著作上常用的两种记法中的一种，而对其余一种也略作叙述，但不采用量子论中所用的记法. 在数学上不加研究的特殊函数，即使它们已被系统化，甚至已在实用上有用的也不列入. 另一方面，在这类著作中不常见的特殊函数，如数论中的函数，特殊自守函数等在本书中都有列入. 讲述这种函数的几章老实说都是试验性质的，我们完全理解把这种函数并入习惯上所称的特殊函数族中是值得怀疑的.

在本书的许多部分中，我们不能使彼得曼浩瀚的注解得到推广应用：我们觉得从我们对各种函数的知识经合用文献的补充后较易于推行编纂. 虽然如此，在有些时候，彼得曼的注解却得到了广泛应用. 母函数这一章就是根据彼得曼所编的母函数目录来编写的.

关于《高级超越函数》这本书的记法及参考资料的一点说明：

记法的选用是特别困难的，有些特殊函数如第一类贝塞尔函数，具有一般公认的记法；还有一些函数，如合流超比函数，它们有几种本质上不同而各自独立的记法. 最难处理的问题是有些函数所用差不多相同的符号具有几种不同的意义，埃尔米特多项式通常以 $\mathrm{H}_n(x)$ 或 $\mathrm{He}_n(x)$ 代表，但这个符号有时却表示 $\exp(-x^2)$ 的叠微分所导出的多项式，而有时又用以表示从 $\exp(-\frac{1}{2}x^2)$ 导出的多项式. 此外，有的作者用阶乘 $n!$，有的作者却不用. 我们决定在本书中采用一致的记法. 在这个原则上，合流超比级数中的偏差最大，在本书的极大部分中，这个级数均用 ${}_1F_1$ 表示，但在第 6 章中(以后几章中也有)，同一级数却用 Φ 表示(Ψ 表示合流超比方程的第二个解).

凡属可能的时候我们总采用标准记法. 在贝塞尔函数的情形中，我们采用华生在其不朽著作中所用的记法，而对正交多项式则用塞戈的记法(除对特种球多项式用 c_n^v 表示之外). 对于勒让德函数，我们根据杨克—埃姆德、马格努斯—奥伯赫廷格及其他几位作者的记法，把 $(-1,1)$ 区间内勒让德函数的定义和这个区间外复平面内的定义分开. 在两种都可以的情形下，我们决定用较为方便或有更多数值表可用的那种记法. 我们固定地使用数值表所用的定义,即使有时我们觉得从数学观点来说另一种定义更为合适,亦所不取.所有一切记法在第一次出现时均附说明.本书末尾附有记法表,可帮助读者了解本书所用任一记法的意义,并有索引,列出本书中任一函数的记法.

虽然各章的参考材料很多都是交叉的,但有许多章还是可以单独阅读.在同一节里的方程式用简单的一个数字注明,别的章里的方程式用两个数字表示,前面一个数表示第几节,后面一个数表示方程式.例如(3)表示本节的方程式(3),2.1(3)表示第2章第1节中的方程(3).文献的表示前面是作者名字,后面是发表的年份,与每章末尾所附的参考资料一致.

《高级超越函数》第一卷的目录如下:

《高级超越函数》第二卷的前言如下：

本书的目的和历史已在第一卷的引言中说明.现在这本第二卷中所包括的有贝塞尔函数及一些特殊合流超几何函数，正交多项式及有关材料，椭圆函数及椭圆积分.编纂的方法仍和第一卷一样.在本卷的各章中，马格努斯负责编写第9及第11章，奥勃列伊莫夫负责编写第7章，特里柯密负责第8，10及13各章.因为本卷后面几章的定稿是在初稿作者离开Pasadena之后才编成，所以给编辑工作增加了很多困难，在修正稿与初稿之间，有些地方有着巨大的修改.

关于贝塞尔函数方面，在华生的著作《贝塞尔函数论》已有的材料中，我们只做了简略的介绍，而对该书刊行以后新发现的一些结果则做了较为详细的叙述.抛物柱函数方面，在本卷中也介绍得比较全面，但对回转抛物面函数则只做了极简单的引述，因为已出版的H.Buchholz所著的*Die konfluente hypergeometrische Funktion*（Springer-Verlag(1953)）一书已为这个函数提供了详细的材料.在由积分所定义的一些函数（如误差函数、指数函数等）中，我们采用的记法（无法一致）是纯数学中认为最好的记法，以及现有数学表使用者认为最方便的记法之间的一种折中记法.在正交多项式的几章中，我们简略地介绍了一些一般的理论，大家取自赛戈的著作，主要说明古典正交多项式的性质，不过我们认为，介绍一些较陌生的多项式、离散变量的多项式、超球调和函数，以及一些多变量双正交多项式还是有用的.有关椭圆积分及椭圆函数的一章叙述得比较简单，但我们希望在研究这些函数时应该要用到的一些主要材料都能在第一章中找到，特别是，我们对于第三类椭圆积分的材料收集得比其他方面要多，凡是在研究拉梅函数或椭球面波函数时需要用的一些材料，实际上在本书中也已齐备.我们希望第13章中的许多公式的表列方法将增加这一章的实用性.

像在第一卷中一样，在每章之末都附有参考资料目录，书目的多少随各章的题材而不同.在椭圆积分及椭圆函数一章中所列举的参考资料，仅是一些比较新的书和一些必须参考的经典著作.我们对以前已经刊行的专门书籍目录中的著作提得较少，而对这些目录刊行以后新出版的书籍或新发表的论文则提得较多.

书末有记法表及索引，第一卷中应用过的一些记法在这里常要用到，我们不再加以说明，其定义可参看第一卷末的记法表.这里所用各种参考方法仍和第一卷相同.文内，对参考资料先写作者姓名，其后是发表年份，详细列于章末.同一节里的方程只用一个数码表示，不同节中的方程用章节及方程的数码表示.章次是接续第一卷计数的，第1至第6章在第一卷，第7至第13章在第二卷.例如3—7(27)是指第3章§7中的方程(27)，在

第一卷中,9－7(12) 则是第二卷中第 9 章 §7 的方程(12).

《高级超越函数》第二卷的目录如下：

《高级超越函数》第三卷的前言如下:

彼得曼遗稿编辑部成立的起因和目的已在第一卷引言中说明,现在这一本是该部编辑的最后一卷. 总计有《高级超越函数》三卷及《积分变换表》两卷. 本卷所收计有:自守函数,拉梅与马蒂厄函数,球体及椭球波函数,数论函数导引等各章;其中有一章专门叙述母函数. 这一卷是在彼得曼遗稿编辑部离开 Pasadena 之后编写的,但麦格纽斯教授在其参加纽约大学工作之后,仍担任了本卷第 14,17,19 各章的撰写工作.

第14章所收的是一些能直接构作的自守函数.这一章中介绍的一般定理,其主要目的是为所举例子做说明,至于这一科目的代数及数论方面的深入研究,已不在本书范围之内.在拉梅函数一章中,我们省略了拉梅多项式的讨论(在一些较易见的书籍中均有适当叙述),而着重于周期拉梅函数及拉梅-Wangerin函数的最新理论的探讨.本书关于马蒂厄函数叙述得较多,其取材以McLachlan的著作为主要的根据,该书是这一方面的标准著作.另外,由Meixner及Schäfke编写的有关马蒂厄函数一书现在正在付梓,不久当可问世.马蒂厄函数方面现在主要有两种对等的记法,本书所采用的是英美及欧洲大陆上大部分地区通用的一种记法,不过,这一函数的很多数值表却用另一种记法.在球体波函数方面,我们删了很多早期的文献(由于在别的书上容易找到),而就Bouwkamp, Meixner等在最近十五年内所得的结果做了一个总结.Meixner及Schäfke即将出版的著作中也有这方面的题材.椭球波函数的叙述较为简略,在一定程度上反映了这一科目目前还不够充实.数论函数一章的目的是介绍某些算术函数的若干较重要的性质,其详细研究也不属于本书范围.承Apostol教授审阅了这一章,并提供了17.11节.我们对目前所知尚不多的一些特殊函数也专辟了几节,做了简略的介绍,这些函数还是最近几年来一些论文所致力研究的.最后一章母函数,收集了很多材料,这是彼得曼教授遗留下的规划之一.他所遗留下的其他材料包括有定义特殊函数的微分方程、幂级数、n阶导数公式等的表,最为遗憾的是我们在编辑过程中决定把这些材料都节略了,没有收入本书之中.本卷第14,17两章的编纂都是试验性质的,我们希望,它应能给读者以一定的帮助.

像在前一卷中一样,每章之末都附有大量的参考资料,所列当然无法完备,但对所论函数来说,这些文献已够做介绍,并可帮助读者找到其他材料,各不同函数的有关书目则参引在正文之中.

《高级超越函数》第三卷的目录如下:

本书是给专业人员用的,例如胡思得[①]院士就曾说过:[②]

> 专家们往往擅长于抓主要矛盾,但抓法各有巧妙之处,彭恒武先生有一个著名公式即所谓 $3 \cong \infty$,意思是比较两个因素,如果甲 / 乙 $\geqslant 3$,这个 3 你可看成是无穷大,也就是乙可以忽略不计,集中精力先考虑甲,然后再考虑乙作修正;而程开甲先生习惯用勒让德函数展开,取前几项作近似,很快可看到问题的主要特征;周光召擅长微扰方法,把物理量分解出零级量、一级量、二级量,然后分别写出对应的方程求解.

今年是本工作室成立的第十五个年头,因地处边陲,品味小众,所以一直是举步维艰,但东野圭吾有句话有点意思:“放弃不难,但坚持一定很酷”.

刘培杰

2021 年 1 月 18 日

于哈工大

① 胡思得,原子核物理和核武器工程专家.1936 年 3 月 31 日生于浙江宁波.1958 年毕业于复旦大学.现任中国工程物理研究院研究员.1995 年当选为中国工程院院士.他长期从事并先后参加或主持了多项核武器的理论研究和设计工作.在突破原子弹阶段,氢弹的研究设计和发展以及核试验的近区物理测试中做了大量组织领导工作,创造性地解决了一系列关键技术问题,为我国核武器的研究设计和发展做出了重要贡献.作为主要完成者之一,获国家科技进步奖特等奖 1 项,国家科技进步奖一等奖 3 项,二等奖 1 项,部委级科技进步奖多项.

② 摘自《院士思维》(第四卷 · 中国工程院院士卷),卢嘉锡等主编,安徽教育出版社,2003.